E F G H

N O P R

W X Y Z

A B C D

I K L M

S T U V

SAUR

ALLGEMEINES

KÜNSTLER-

LEXIKON

SAUR

ALLGEMEINES KÜNSTLER-LEXIKON

Die Bildenden Künstler
aller Zeiten und Völker

BAND 26
DELWAIDE – DEWAGUT

K · G · Saur
München · Leipzig 2000

Die Deutsche Bibliothek – CIP-Einheitsaufnahme

Saur allgemeines Künstlerlexikon: die bildenden Künstler aller Zeiten und Völker / [begr. und mithrsg. von Günter Meissner]. – München ; Leipzig : Saur.
Ausg. im Verl. Seemann, Leipzig u.d.T.: Allgemeines Künstler-Lexikon
ISBN 3-598-22740-X

Bd. 26. Delwaide. – Dewagut. – 2000
ISBN 3-598-22766-3

Gedruckt auf säurefreiem und chlorarmem Papier
Printed on acid-free and chlorine-free paper

Printed in the Federal Republic of Germany

Datenerfassung: AKL-Redaktion, Leipzig
Datenaufbereitung: Startext GmbH, Bonn
Satz: Microcomposition, München
Druck: Strauss Offsetdruck GmbH, Mörlenbach
Binden: Kunst- und Verlagsbuchbinderei GmbH, Baalsdorf
ISBN 3-598-22740-X (Gesamt)

Herausgeber
K.G. Saur Verlag München-Leipzig
Begründet und mitherausgegeben von Günter Meißner

Unter der Schirmherrschaft des
Comité International d'Histoire de l'Art
in Zusammenarbeit mit dem
Deutschen Dokumentationszentrum für Kunstgeschichte
(Bildarchiv Foto Marburg)

Verlegerische Koordination
Clara Waldrich

Chefredaktion
Eberhard Kasten – Andrea Nabert – Michael Steppes

Redaktion
Ina Deicke – Majang Hartwig – Michael Heyder
Birgit Schubarth

Caren Fuhrmann – Birgit Thiemann

Schlußredaktion
Günter Meißner – Volker Frank

Bibliothek/Bibliographie
Martina Jahn

Datenverarbeitung
Uwe Wesneck

Datenbank
Hans-Georg Brandt – Frank Stecker

Graphikdesign
Günter Becker

Herstellung
Manfred Link

An der redaktionellen Erarbeitung waren beteiligt:
Susana de Andrade (S. de A.) – Waltraud Baumberger (W. B.) – Mónica Bayón Eder (M. B. E.) – Silke Bettermann (S. B.) – Gerhard Bissell (G. B.) – Kathrin Bode (K. Bo.) – Katrin Boskamp-Priever (K. B.-P.) – Nicola Buhl (N. B.) – Claudia Däubler-Hauschke (C. D.-H.) – Ina Deicke (I. D.) – Kristiane Frank (K. F.) – Volker Frank (V. F.) – Roswitha Friedel (Auskunft) – Anke Friedel-Nguyen (A. F.-N.) – Gerhard Fries (G. Fries) – Caren Fuhrmann (C. F.) – Susanne Geese (S. Ge.) – Tilo Grabach (T. Gr.) – Kristina Gräfe – Annette Hagedorn (A. Ha.) – Renate Hannemann (Satzkorrektur) – Antje Hansen (A. Han.) – Majang Hartwig (M. Ha.) – Werner Hartwig (W. H.) – Sven Hauschke (S. H.) – Michael Heyder (M. H.) – Kim Karlsson (K. K.) – Dagmar Kassek (D. K.) – Eberhard Kasten (E. K.) – Manfred Knedlik (M. K.) – Thilo Koenig (T. K.) – Christine Kontressowitz (Satzkorrektur) – Birgit Krehl (B. K.) – Christiane Kruse (Ch. K.) – Gudrun Libnow (G. L.) – Susanne Christine Martin (S. C. M.) – Günter Meißner (G. M.) – Andrea Mesecke (A. M.) – Ulrike Middendorf (U. Mi.) – Skaistis Mikulionis (S. Mi.) – María Ferreira Morais (M. F. M.) – Werner Müller (W. M.) – Andrea Nabert (A. N.) – Christiane Neue (Ch. N.) – Ágnes Nováky (Á.No.) – Fotini Ntantalia (F. Nt.) – Michael Nungesser (M. N.) – Susanna Partsch (S. P.) – Renate Petriconi (R. P.) – Catrin Ritter (C. R.) – Annegret Rittmann (A. R.) – Uta Römer (U. R.) – Christine Rohrschneider (Ch. R.) – Klaus Rutjes (Archiv) – Karin Sagner-Düchting (K. S.-D.) – Andrea Schaller (A. S.) – Jörg Schepers (J. S.) – Franz-Xaver Schlegel (F.-X. Sch.) – Birgit Schubarth (B. S.) – Sabine Schürholz (S. Schü.) – Stefan Schulze (St. Sch.) – Monika Spiller (M. S.) – Sven-Wieland Staps (S.-W. S.) – Wiebke Steinmetz (W. St.) – Julia Stobbe (J. St.) – Beate Stock (B. St.) – Elmar Stolpe (E. S.) – Andreas Stolzenburg (A. St.) – Henriette Stuchtey (H. St.) – Birgit Thiemann (B. Th.) – Jürgen Tiede (J. T.) – Renate Treydel (R. T.) – Dankmar Trier (D. T.) – Rainer Vollkommer (R. V.) – Doris Vollkommer-Glökler (D. V.-G.) – Gerhard Wiedmann (G. W.) – Luis Eduardo Wuffarden (L. E. W.) – Hannelore Zimmermann (Satzkorrektur)

Internationaler Lexikonbeirat

Autorenverzeichnis

Patricia Ainslie, Calgary
Raisa Akulova, Chişinău
Volodymyr Aleksandrovyč, L'viv
Glenny Alfsen, Oslo
Wilhelm Amann, Regensburg
Susanne Anderson-Riedel, Rom
Marialuisa Angiolillo, Rom
Inga Lena Ångström Grandien, Stockholm
Karin Aridas, Berlin
Christopher Drew Armstrong, Paris
Miloš Arsić, Novi Sad

Katalin Bakos, Budapest
Irena Bal, Warschau
Françoise Baligand, Douai
Hanna Bartnicka-Górska, Warschau
Laurence Baudoux-Rousseau, Rivière
Raffaella Beccaro, Genua
Nina Martynovna Beloglazova, Moskau
Giuseppe Bergamini, Udine
Aleksandra Bernatowicz, Warschau
Pascal-François Bertrand, Toulouse
Gilles Bienvenu, Nantes
Silvestra Bietoletti, Florenz
Tomas Björk, Stockholm
Pierre Bonniel, Villefranche-sur-Saône
Hans-Olof Boström, Karlstad
Oliver Botar, Winnipeg
Jean Paul Bouillon, Paris
Roger Bouillot, Paris
Annette Bourrut Lacouture, Rambouillet
Jean Boyer, Boulogne-Billancourt
Aija Brasliņa, Riga
Gabriele Bremer, Lübeck
Geneviève Bresc-Bautier, Paris
Hermann Brommer, Merdingen
Yves Bruand, Toulouse
Hans-Peter Bühler, München
Svetlana V. Butarygina, Moskau

Giovanna Capitelli, Rom
Fernanda Capobianco, Neapel
Muriel Caron, Paris
Anne-Laure Carré, Paris
Nicolas Chabrol, Riom
Karen A. Chačaturjan, Moskau
Alkis Charalampidis, Thessaloniki
Alain Chevalier, Grenoble
Levon Chookaszian, Erevan
Svetlana Chromčenko, Moskau
Catherine Coley, Nancy
María Teresa Constantin, Buenos Aires
Glenn R. Cooke, Brisbane

Nicola Corradini, Pisa
Patricia Corsani, Buenos Aires
Sophie Couvra, Lyon
Micheline Cuénin, Orléans
Paul Culot, Uccle
Sanja Cvetnić, Zagreb

Nina Damsgaard, Vejle
Brigitte Daprà, Neapel
Jean-Marie Darnis, Paris
Elisa Debenedetti, Rom
Natal'ja Jur'evna Denisova, Moskau
Anne Charlotte Depondt de Ruidiaz, Maisons-Laffitte
Sylvie Deswarte-Rosa, Lyon
Anne Dion-Tenenbaum, Paris
Janey Dolan, Perth
Vladimír Dolínek, Prag
Fabienne Doulat, Paris
Jutta Dresch, Karlsruhe
Gérard Durozoi, La Madeleine

Erich Egg, Innsbruck
Rudolph E. O. Ekkart, Den Haag
Thomas Elsen, Augsburg

Christine Farese Sperken, Bari
Hanna Faryna-Paszkiewicz, Warschau
Galija Fatychava, Minsk
Rudolf Feurer, Würzburg
Katia Fiorentino, Neapel
Valentyn Mykolajovyč Fomenko, Kiev
Irina Sergeevna Fomičeva, Moskau
Brian Foss, Montreal
Gjergj Frashëri, Bonn
Christian Freigang, Göttingen
Marion Frenger, Bonn
Gerhard Fries, Paris
Anke Fröhlich, Dresden
Rossella Froissart, Paris
Helmut Fußbroich, Köln

Melissa Gabardi, Mailand
François-Marc Gagnon, Montreal
Yves Gallet, Dammarie-les-Lys
Thomas Ganschow, Basel
Larisa Georgievna Ganzenko, Kiev
Nicole Garnier, Paris
Bruno Gaudichon, Roubaix
Katalin Gellér, Budapest
Christophe Georgel, Nancy
Alain Girard, Pont-Saint-Esprit
Tony Godfrey, London
Kirsten Görtz, Bonn
Rhona Goodspeed, Hull
Sabine Grabner, Wien
Thierry Greub, Basel
Andreas Greulich, Wiesbaden

Holger Grimm, Hannover
András Grotte, Budapest
Nathalie Guilbaud, Paris
Valérie Guillaume, Paris

Alicia Haber, Montevideo
Etienne Hamon, Paris
Luise Hartmann, Rostock
Jill Hartz, Charlottesville
Ute Haug, Kleve
Rolf Bernhard Heer, Starnberg
Horst van Hees, Saarbrücken
Jan Jaap Heij, Assen
Mary-Elizabeth Hellyer, London
Jörg Michael Henneberg, Oldenburg
Milena Heraković, Belgrad
Marta Herucová, Bratislava
Wolfgang Hilger, Wien
Thomas Hirsch, Düsseldorf
Éva Hollósi, Budapest
Inga Holmstrup (†), Kopenhagen
Barbro Hovstadius, Sigtuna
Michael Huey, Wien
Chantal Humbert, Paris
Irena Huml, Warschau

Breda Ilich Klančnik, Ljubljana
Bohumír Indra, Opava
Jana Intihar Ferjan, Ljubljana

Roman Jaciv, L'viv
Pierre Jacky, Paris
Svoboda Jähne, Berlin
Natal'ja Dmitrievna Janko, Kiev
Anne Jaylet, Bourges
Heiko Jörn, Leer
Catherine Join-Diéterle, Paris

Aleksandar Kadijević, Belgrad
Pierre-Yves Kairis, Liège
Krunoslav Kamenov, Zagreb
Christine Kamm-Kyburz, Zug
Tetjana Kara-Vasylijeva, Kiev
Mara Kardamitsi-Adami, Athen
Petra Kathke, Berlin
Marija Katkova, Moskau
Elisabeth Kieven, Rom
Serhij Kost'ovyč Kilesso, Kiev
Károly Kincses, Kecskemét
Ulla Kjær, Brønshøj
Günter Kloss, Karlsruhe
Manfred Knedlik, Nürnberg
Ralph Knickmeier, Hamburg
Laurentius Koch, Ettal
Vladimir Konjikusic, München
Anna Kopócsy, Csömör
Ioannis Kotoulas, Athen
Bärbel Kovalevski, Berlin
Arkadij Fedorovič Kraševinnikov, Moskau
Helmut Kronthaler, München
Anette Kubitza, Goleta

Katalin Sz. Kürti, Budapest
Dina Kukulis, Münster
Jāzeps Kukulis-Baltinavietis, Münster
Valerij Anatol'evič Kulakov, Moskau
Andrea Kunard, Ottawa

Alastair Laing, London
Andrea Lange, Berlin
Peter J. Larocque, Saint John
Natalija E. Lavrent'eva, Moskau
François Le Bœuf, Nantes
Elisabeth Lebon, Arcueil
Jens Ole Lefèvre, Skive
Beata Lejman, Wrocław
Irina Aronovna Lejtes, Moskau
Isabelle-Cécile Le Mée, Bondy
Michail Alekseevič Leont'ev, Moskau
Denis Lessard, Montreal
Gaël Lesterlin, Paris
Eckhard Leuschner, Rom
Olivier Liardet, Paris
Michael Lissok, Greifswald
Dominique Lobstein, Asnières
Tomas Lochman, Basel
Marina Lopato, St. Petersburg
Michael Losse, Marburg
Claude Loupiac, Paris
Heike Lüddemann, Leipzig
Anne Lumban Tobing, Hamburg
Marie-Josèphe Lussien-Maisonneuve, Lille

Gaëtane Maës, Courtrai-Marke
Urszula Makowska, Warschau
François Marandet, Antony
Csilla Markója, Budapest
Predrag Marković, Zagreb
Marie-Colette Marmois-Iochum, Ludres
Ivo Maroević, Zagreb
Bernard Marrey, Paris
Cecilia Martelli, Florenz
Brenda Martin, Melbourne
Gay van der Meer, Den Haag
Fred G. Meijer, Den Haag
Majken Meinhardt, Kopenhagen
Hélène Meyer, Dijon
Henry Meyric Hughes, London
Ulrike Middendorf, Münster
Wolfgang Milde, Wolfenbüttel
Ingrid Möller, Seehof
Bernard Mulaire, Montreal
Marco Mulazzani, Venedig
Béatrice Mura-Todesco, Dijon
Jenő Murádin, Cluj-Napoca
John Murdoch, London

Dragan Nagorni, München
Věra Naňková, Prag
Cécile Navarra, Talence
Remus Niculescu, Bukarest
Odile Nouvel-Kammerer, Asnières
Ľubomír Novotný, Bratislava

Ariadna Jul'evna Nurok, Moskau

David Ojalvo, Paris
Mora Dianne O'Neill, Halifax
Cornelia Oßwald-Hoffmann, München
Beate Ostermann, Köln

Heinz Pachen, Rockenhausen
Nicole Palard, Bordeaux
Paola Pallottino, Bologna
Hélène Palouzié, Montpellier
Maria Cristina Paoluzzi, Rom
Dimitris Pavlopoulos, Athen
Pavla Pečinková, Prag
Taccjana Pešyna, Minsk
Anna Petrová-Pleskotová, Bratislava
Aldo Pillittu, Cagliari
Pierre Pinon, Paris
Lucia Pirzio Biroli Stefanelli, Rom
Salvatore Pisani, Fiesole
Alla Pivnenko, Charkiv
Herbert Plaeschke, Halle
Jean Claude Poinsignon, Valenciennes
Michel Poivert, Paris
Vincent Pomarède, Chatou
Raquel Pontet, Montevideo
Martine Porte, Allériot
Maxime Préaud, Boulogne-Billancourt

Joëlle Raineau, Paris
Vera Rasmussen, Kopenhagen
Sophie Raux-Carpentier, La Madeleine
Emese Révész, Gödöllő
Dušan Riedl, Brno
Paul-Louis Rinuy, Paris
François Robichon, Boulogne-Billancourt
Monika Römisch, München
Francesco Rossi, Bergamo
Aurélia Rostaing, Le Perreux
Carsten Roth, Bochum
Valentyna Vasylivna Ruban, Kiev
Francesc Ruiz i Quesada, Barcelona
Attila Rum, Gödöllő

Nicolae Sabău, Cluj-Napoca
Ljudmila Vladimirovna Sajgina, Moskau
Joël Sakarovitch, Paris
Luigi Salvagnini, Florenz
Udolpho van de Sandt, Paris
Michael Schatz, München
Uwe Schneider, Berlin
Ulrike Schubert, Frankfurt am Main
Katharina Schütter, Hamburg
Karl Schulz, Wien
Annie Scottez-De Wambrechies, Marcq-en-Barœul
Gero Seelig, Berlin

Anne Segaut, Beaune
Citti Siracusano, Mailand
Robert Smith, Geelong
Martin Andreas Stadler, Würzburg
Blanka Stehlíková, Prag
Beate Stock, Ottawa
Andreas Strobl, München
Alexandra Sucrow, Paderborn
Burkhard Sülzen, Berlin
Gizella Szatmári, Budapest
László Százados, Budapest

Janusz Tandecki, Toruń
Harald Tesan, Erlangen
Simon Texier, Paris
Petra Thoma, München
David E. L. Thomas, Carlton
Sigrid Rømcke Thue, Oslo
Natalija A. Tjurina, Moskau
Melinda Tóth, Budapest
Barbara Tuchołka-Włodarska, Gdańsk
Edgar Tumak, Ottawa

Regina Urbonienė, Vilnius

Vladimiro Valerio, Neapel
Ferenc Vámossy, Budapest
Jiří Vaněk, Brno
Sylvie de Vesvrotte, Montmirey-la-Ville
Gheorghe Vida, Bukarest
Valda Vilīte, Riga
Jadranka Vinterhalter, Zagreb
Ioana Vlasiu, Bukarest
Nadežda Vladimirovna Vul'fert, Moskau

Georg Wacha, Linz
Sabina Wagner, Frankfurt am Main
Gérard de Wallens, La-Celle-Saint-Cloud
Pierre Wat, Paris
Andrea Weber, Heidelberg
Wolfgang Weber, Mainz
Tünde Wehli, Budapest
Gabriele Weichart, Heidelberg
Weilbach-Redaktion, Nivå
Stefanie Wettstein, Zürich
Anna Wierzbicka, Warschau
Alan Windsor, London
Elke Katharina Wittich, Hamburg
Reinhard Wortmann, Tübingen
Elisabeth Wynhoff, Bonn

Enlin Yang, Berlin

Marina Georgievna Zajceva, Moskau
Andrea Zanella, Rom
Stanislav Živković, Belgrad
Zoja Zolotnickaja, Moskau
Gojko Zupan, Ljubljana
Claudine Zuzinec, Bourg-la-Reine

Benutzungshinweise

Instructions how to use this book are published in volume 1, pages XV/XVI.

Le Guide de l'utilisateur est publié au tome 1, pages XVII/XVIII.

Le istruzioni sono pubblicate nel volume 1, alle pagine XIX/XX.

Indicaciones para el uso se encuentran en el tomo 1, paginas XXI/XXII.

Указания к пользованию опубликованы в 1-ом томе на страницах XXIII/XXIV.

Zeichen und Piktogramme:

* geboren
born
né
nato
nacido
родился

† gestorben
deceased
mort
morto
muerto
умер

⚭ verheiratet (mit), Heirat
married
marié
sposato
casado
женат

→ siehe (bei Verweisungen)
see (in case of cross references)
voir (chez renvois)
vide (per rinvii)
véase (en casa de remisiónes)
смотри (при ссылках)

🏛 Werke des Künstlers mit Standorten
The artist's works, with their locations
Œuvres de l'artiste avec le lieu
Opere dell'artista con le ubicazioni
Obras del artista y el lugar
произведения художника с указанием прописью места их хранения

✉ Selbstzeugnisse und Schriften des Künstlers
The artist's writings and other forms of personal testimony
Témoignages et écrits de l'artiste
Testimonianze e scritti dell'artista
Documentos autobiográficos y escritos del artista
сочинения и высказывания самого художника

👁 *E:* Einzelausstellungen
One-man exhibitions
Expositions particulières
Mostre personali
Exposiciones individuales
персональные выставки

👁 *G:* Gruppenausstellungen und Ausstellungsbeteiligungen
Group exhibitions or participation in exhibitions
Expositions de groupes et participation à des expositions
Mostre di gruppo e participazioni a mostre
Exposiciones colectivas y participaciones en una exposición
групповые выставки и участие в выставках

📖 Bibliographie und Hinweise auf ungedrucktes Quellenmaterial
Bibliography and references to unpublished source material
Bibliographie et renvois à des sources inédites
Bibliografia e indicazioni a fonti non stampate
Bibliografia e indicaciones relativas a fuentes inéditas
библиография и ссылки на неопубликованные источники

I. Ansetzung der Namen

Der als Ordnungswort angesetzte **Name** (in der Regel der Familienname) erscheint im Druck stets **halbfett**. Andere Namensformen sind in Klammern nachgestellt. Die Schreibung des Namens richtet sich in der Regel nach der im Herkunftsland des betreffenden Künstlers üblichen Schreibung, es sei denn, eine andere Form wird von ihm selbst gebraucht oder ist bekannter. Die *Vornamen* (im Russischen und Bulgarischen auch die Vatersnamen) einschließlich ihrer in Klammern nachgesetzten Nebenformen erscheinen *kursiv*. Die Namensansetzung folgt weitgehend den seit 1977 für Bibliotheken verbindlichen „Regeln für die Alphabetische Katalogisierung" (RAK). Künstler werden unter ihrem Pseudonym angesetzt, wenn sie darunter bekannter sind als unter ihrem wirklichen Namen. Künstler der Antike und des Mittelalters sind unter ihrem persönlichen Namen angesetzt. Künstler aus der Periode des Überganges zur Neuzeit ohne gesicherten Familiennamen erscheinen unter ihrem Vornamen, oft zusammen mit einer Herkunftsbezeichnung (z. B. **Agostino da Casanova**); Berufsbezeichnungen (z. B. **Adam** the Mason), geistliche Titel und Adelstitel gelten nicht als Namensbestandteil. Doppelnamen, Namensketten und Namen mit Präfixen, Präpositionen und Artikeln bzw. deren Verschmelzungen werden entsprechend den nationalen Gepflogenheiten behandelt. So sind beispielsweise mehrgliedrige italienische Namen des 19. und 20. Jahrhunderts unter **De, Degli** usw. angesetzt. Bei arabischen Namen vor dem 20. Jahrhundert erscheint das bekannteste Glied der Namenskette als Ordnungswort; falls dieses unbekannt ist, wird die gesamte Namenskette angesetzt. Im Interesse des Benutzers sind wir jedoch als Nachschlagewerk eines Fachgebietes mit bereits stark verwurzelter Tradition der Namensansetzung nicht in jedem Fall RAK gefolgt, sondern haben, wie überhaupt in Zweifelsfällen, Verweisungen gebraucht.

II. Alphabetische Ordnung der Namen

Die Anordnung der Namen erfolgt nach den 26 Buchstaben des lateinischen Alphabets. Danach sind i und j getrennt und die Umlaute ä, ö, ü als ae, oe, ue behandelt. Das deutsche ß ist wie ss zu lesen, das dänische ø wie oe, æ wie ae und å wie a. Die diakritischen Zeichen und die zuweilen dem Ordnungswort in Normalschrift vorangestellten Berufsbezeichnungen und Titel (z. B. bei arabischen Künstlern Āġā, Ḥaǧǧī, Muʿallim, Sulṭān) sind für die Anordnung ohne Bedeutung. Bei Ordnungswörtern in Form mehrgliedriger Namen bestimmt das erste selbständige Namensglied die Stellung in der Gesamtordnung (z. B. steht **Ai Mitsu** vor **Aia**, *Giovanni dell'*). Dabei ist zu beachten, daß die zu einem mehrgliedrigen Namen gehörenden und daher halbfett gesetzten Präfixe, Präpositionen und Artikel (z. B. **al-, da, de, du, la, le, of, van, von**), beigefügte Ordnungszahlen (z. B. **Alfonso I. d'Este**) sowie arabische Verwandschaftsangaben (z. B. **ben, ibn**) nicht bei der alphabetischen Ordnung berücksichtigt werden. Hingegen werden Präfixe am Anfang eines Namens, die in der Ordnungsgruppe des Familiennamens anzusetzen sind, mit dem nachfolgenden Namensbestandteil als ein Ordnungswort behandelt. Gleichlautende Namen werden wie folgt geordnet:

1. Sammelverweisungen auf andere Namensformen;

2. Familien- oder Gruppenartikel (untereinander chronologisch geordnet, innerhalb einer Familie alphabetisch nach den Vornamen);

3. Namen ohne Vornamen (in chronologischer Folge);

4. Namen mit Vornamen (in alphabetischer Folge der Vornamen);

5. Doppelnamen, Namen mit Herkunftsbezeichnungen und andere zusammengesetzte Namen (alphabetisch geordnet nach dem jeweils folgenden Namensteil).

III. Umschrift

Personennamen, Literaturzitate, teilweise auch geographische Eigennamen, Titel und bestimmte Termini aus Sprachen mit nichtlateinischem Alphabet sind in lateinischer Umschrift wiedergegeben. Verwendete Umschriftsysteme:

1. Für *Russisch* und *Bulgarisch* gelten die von der International Organization for Standardization (ISO) , für Russisch außerdem die von der Akademie der Wissenschaften der UdSSR empfohlene Transliteration.

2. Die Wiedergabe des Neugriechischen mit lateinischen Buchstaben erfolgt nach den Bestimmungen der Griechischen Gesellschaft zur Normsetzung (*Ellinkos Organismos Typopoiisis* = ELOT).

3. Für *Arabisch* gelten die Richtlinien der Deutschen Morgenländischen Gesellschaft, wobei Namensformen nach anderen international verbreiteten Umschriften, soweit notwendig, durch Verweisungen berücksichtigt sind.

4. Für das *Chinesisch* der Volksrepublik China gilt die amtliche lateinische Umschrift Pinyin, für die Republik China (Taiwan) dagegen die nach dem englischen System von Wade/Giles. Transkriptionen der jeweiligen anderen Schreibweise erscheinen ggf. als Verweisungen.

5. Für *Japanisch* findet das System von Hepburn Anwendung, das mit dem der Rōmaji-kai (Gesellschaft für Lateinschrift) übereinstimmt.

In allen übrigen Fällen werden für Namensansetzungen und Verweisungen Formen der Umschrift benutzt, die in den jeweiligen Fach- oder Sprachbereichen allgemeine Gültigkeit erlangt haben oder phonetisch relativ eindeutig reproduzierbar sind.

IV. Verweisungen

Die Hinweispfeil (→) wird verwendet bei:

1. voneinander abweichende Formen des Namens eines Künstlers;

2. Einzelnamen, die in Familien- oder Gruppenartikeln behandelt werden;

3. Pseudonymen;

4. Doppelnamen und zusammengesetzten Namen, bei denen die Möglichkeit verschiedener Ansetzung besteht.

Mit „v. e." werden Verweisungen auf weitere Namensformen und Sammelverweisungen gekennzeichnet.

Mit „cf." wird auf Künstler verwiesen, die in einem anderen Artikel behandelt sind.

Nicht gesondert verwiesen wird in den nachfolgend aufgeführten Fällen. Die Verweise gelten nach beiden Seiten:
D ↔ T

V. Artikelgliederung

Der Haupttext enthält die Biographie sowie die Werk- und Schaffenscharakteristik. Bei russischen Künstlern sind die Lebensdaten sowohl nach dem älteren Julianischen wie nach dem Gregorianischen Kalender (in Klammern nachgestellt) angegeben. Im Haupttext genannte *Werktitel* sind in der Regel *kursiv* hervorgehoben.

Der Dokumentationsteil ist durch 4 Piktogramme gegliedert:

🏛 = Werke des Künstlers mit den durch KAPITÄLCHEN hervorgehobenen STANDORTEN (in der Regel alphabetisch geordnet nach Orten, in zweckdienlichen Fällen aber auch chronologisch nach Werken oder zusammengefaßt zu Werkgruppen). Werktitel in den Weltsprachen sind meist in der jeweiligen Originalform angegeben.

✉ = Selbstzeugnisse und Schriften des Künstlers.

👁 = Ausstellungen, unterteilt in *E:* (Einzelausstellungen) und *G:* (Gruppenausstellungen und Ausstellungsbeteiligungen). Mit (Kat.) wird auf einen Ausstellungskatalog hingewiesen, der im allgemeinen nicht mehr in der Bibliographie wiederholt wird.

📖 = Bibliographie und Hinweise auf ungedrucktes Quellenmaterial.

Für unsignierte, redaktionell erarbeitete Artikel zeichnen die auf Seite V genannten Redakteure verantwortlich.

VI. Bibliographie

Die Bibliographie ist in zwei Gruppen gegliedert:

1. Lexika, Enzyklopädien und ähnliche Nachschlagewerke (am Anfang stehen die Hinweise auf die Künsterlexika von Thieme-Becker und Vollmer, die anderen sind chronologisch geordnet).

2. Sämtliche übrige Literatur in chronologischer Ordnung (in Ausnahmefällen wurde eine weitergehende Untergliederung vorgenommen).

Zur Zitierweise:

Bei *Büchern* werden aufgeführt: Name des Verfassers bzw. Herausgebers, Titel des Werkes, Bandzahl (römische Zahl), Erscheinungsort und -jahr (mit hochgestellter Auflagenzahl); gegebenenfalls Serientitel in Klammern, Seiten- bzw. Spaltenzahlen und Abbildungsvermerk. Beispiel: *M. Ragon/M. Seuphor,* L'art abstrait, IV, P. 1974, 123, 126.

Bei Artikeln in *Periodika*: Verfassername, Aufsatztitel (aus Gründen der Platzersparnis mußte auf eine durchgängige Zitierung der Aufsatztitel verzichtet werden), Titel der Zeitschrift, Band bzw. Jahrgang (arabische Zahl) und Jahr (nach Doppelpunkt), Heft, Nummer oder Monat (in Klammern), Seiten- bzw. Spaltenzahlen, eventuell Abbildungsvermerk. Beispiel: *M. Salmi,* Commentarii 2:1951 (3/4) 172s.; *P. Bologna,* Arch. stor. ital. Ser. 5, 17:1896, 133–135.

VII. Abkürzungen

Im Haupttext sind allgemeine Abkürzungen sparsam verwendet worden. International bekannte und unmittelbar verständliche Abkürzungen (z. B. für Staatenbezeichnungen, geographische Angaben, akademische Grade) erscheinen nicht im Abkürzungsverzeichnis. Dies gilt auch für viele deutsche Adjektive und Adverbien, die durch den Wegfall der Endung „-ich“ bzw. „-isch“ gekürzt sind. Ein Teil der Abkürzungen ist nur begrenzt angewendet, besonders bei Literaturangaben, ferner bei Institutionen, Orts-, Zeit- und Werkangaben.

Abkürzungsverzeichnis

I. Allgemeine Abkürzungen

A.	Anfang
aarsber.	aarsberetning
ABA	Academia das Belas-Artes, Academia de Bellas Artes, Académie des Beaux-Arts, Accademia delle (di) Belle Arti
Abb.	Abbildung
Abh.	Abhandlung
ABK	Akademie der bildenden Künste, Academie voor Beeldende Kunsten
Abschn.	Abschnitt
Abt.	Abteilung
AC	Art Center, Art Centre
acad.	academy, académie ...; academic, académique ...
accad.	accademia
AFA	Academy of Fine Arts
AG	Art Gallery
AIA	American Institute of Architects
AJG	Alšová Jihočeská galerie
AK	Akademie der Künste
Akad., akad.	Akademie; akademisch
allg.	allgemein
AM	Art Museum
Amer., amer.	American, américain, amerikanisch ...
and.	andere
angew.	angewandt
angloamer.	angloamerikanisch
Anh.	Anhang
Anm.	Anmerkung
Ann., ann.	Annalen, annales
anschl.	anschließend
Anz.	Anzeiger
AP	Alte Pinakothek
ap.	apéndice
App., app.	Appendix, appendice
Aqu.	Aquarell
Arch., arch.	Archiv, archief ...
archäol.	archäologisch
ArchAKL	Archiv Allgemeines Künstlerlexikon
archaeol., archéol.	archaeological, archéologique ...
Archit., archit.	Architektur, architecture ...
arqueol.	arqueológico
arquit.	arquitectura
arr.	arrondissement
Art.	Artikel
artist., artíst.	artistical, artístico ...
aserb.	aserbaidschanisch
ASK	Academie voor Schone Kunsten
ASKT	Anotati Scholi Kalon Technon
asoc.	asociación, ...
ASP	Akademia sztuk pięknych
Ass., ass.	Assistent, assistant ...
assoc.	association, associazione ...
Assoz.	Assoziation
AT	Altes Testament
Aufl.	Auflage
Aug.	August
Aukt.	Auktion; Auktions~
Ausb.	Ausbildung
Ausf.	Ausführung
Ausg.	Ausgabe
ausgef.	ausgeführt
ausschl.	ausschließlich
Ausst.	Ausstellung; Ausstellungs~
Austral.	Australian
Ausz.	Auszeichnung
av.	avenue, avenida
Ave.	Avenue
b.	bei
BA	beaux-arts, belle arti, belas artes ...
BD	Baudenkmal
Bd(e)	Band, Bände
Bearb., bearb.	Bearbeiter; Bearbeitung; bearbeitet
bed.	bedeutend
beg.	begonnen
begr.	begraben
Beih.	Beiheft
Beil.	Beilage
Beitr.	Beitrag
bek.	bekannt
Ber.	Bericht
Bes., bes.	Besitz; besonders
Beschr., beschr.	Beschreibung; beschreibend
betr.	betreffend; betrifft
Bez.; bez.	Bezirk; bezeichnet
BG	Billedgalleri
BI	British Institution
Bibl., bibl.	Bibliothek, biblioteca ...; Bibliotheks~
Bibliogr., bibliogr.	Bibliographie, bibliography ...; bibliographisch, bibliographic ...
Bien.	Bienal
Bienn., bienn.	Biennale, biennial
Bijdr.	Bijdragen
bild.	bildend
Biogr., biogr.	Biographie, biography ...; biographisch, biographic ...
Biul.	Biuletyn
BKD	Bau- und Kunstdenkmal, -denkmäler
Bl(l).	Blatt, Blätter
BM	British Museum
BN	Bibliothèque Nationale de France, Biblioteca Nacional
Bol., bol.	Boletín, boletín, boletim ...
boll.	bollettino
brasil.	brasilianisch, brasileiro ...
Brit., brit.	British, britannique ...
BSGS	Bayerische Staatsgemäldesammlungen
BTM	Budapesti Történeti Múzeum

buddh. buddhistisch, buddhistic ...
bulg. bulgarisch
Bull., bull. Bulletin, bullettino ...
BvB Museum Boymans-van Beuningen
BW Baden-Württemberg
BWA Biuro Wystaw Artystycznych
Byz., byz. Byzantine; byzantinisch ...
bzw. beziehungsweise

c. century
ca. circa
cab. cabinet
cah. cahiers
Canad., canad. Canadian, canadienne
cap. capilla
capp. cappella
CARS Centro de Arte Reina Sofia
čas. časopis
cat. catalogue, catálogo ...
cf. confer, vergleiche
chap. chapel, chapelle
Char., char. Charakter, character ...; charakteristisch, characteristic ...
Chin., chin. Chinese; chinesisch, chinois ...
Chron., chron. Chronik, chronicle ...
civ. civico
cl. classe
ČMVU České muzeum výtvarných umění
Cod., cod. Codex, códice ...
col. colección; Kolumne, columna(e)
coll. collection, collezione ...
com. comisión; comunale
comm. commission, commissione ...; communal ...
congr. congress, congrès ...
contemp. contemporary, contemporain ...
crit. critical, critico, crítico ...
CSW Centrum Sztuki Współczesnej
cuad. cuaderno
cult. culture, cultura; cultural, culturale

d. Ä. der Ältere
Darst. Darstellung
Dat., dat. Datierung; datiert
del. delineavit
Denkmpfl. Denkmalpflege
dép., dep. département, departamento; départemental
dept. department
ders. derselbe
descr. description, descrizione ...
Dez. Dezember
dgl. dergleichen, desgleichen
d. Gr. der Große
d. h. das heißt
d. H. der Hedschra
DHM Deutsches Historisches Museum
dic. dicionário
dicc. diccionario
dict. dictionary, dictionnaire
Dipl. Diplom
Dir., dir. Direktor, directeur ...; Direktions~
Diss., diss. Dissertation ...
distr. district, distretto ...
diz. dizionario
d. J. der Jüngere
doc. document; documentary ...
Dok., dok. Dokument ...; dokumentiert; dokumentarisch
Doz. Dozent
dt. deutsch

E. Ende
ead. eadem, dieselbe
EBA Escuela de Bellas Artes, Escola de Belas Artes ...
ebd. ebenda
éc. école
EcBA Ecole des Beaux-Arts
Ed., ed., éd. Editor, éditeur ...; Edition; ediert, edited ...
ehem. ehemalig; ehemals
eig. eigen(en...)
eigtl. eigentlich
Einf. Einführung
Einl. Einleitung
einschl. einschließlich
ENBA Escuela Nacional de Bellas Artes ...
enc. enciclopedia, encyclopédie ...; encyclopedian, encyclopédique ...
ENSBA Ecole nationale supérieure des Beaux-Arts
Entst. Entstehung
Enz., enz. Enzyklopädie; enzyklopädisch
erb. erbaut
Erg., erg. Ergänzung; Ergänzungs~; ergänzt; ergänzend
ErgH. Ergänzungsheft
erh. erhalten
Ern., ern. Erneuerung; erneuert
ersch. erschienen
Erw., erw. Erwähnung; erwähnt
esc. escola, escuela
escult. escultura
esp. español ...
espos. esposizione
est. estudios, estudos ...
ét. étude
etc. et cetera
ETH Eidgenössische Technische Hochschule
ethnogr., etnogr. ethnographisch, ethnographic, etnográfico ...
Europ., europ. europäisch, European ...
ev. evangelisch
evtl. eventuell
exhib. exhibition
expos., expoz. exposition, exposición, expozitie ...

F. Folge
FA Fine Arts
Fa. Firma
fac. faculty, faculté ...
facs. facsimilie ...
Fak. Fakultät
Faks. Faksimile
Fam., fam. Familie, family ...
fasc. fascicle ...
Fasz. Faszikel
Febr. Februar
fec. fecit
Festschr. Festschrift
FG Kunstforenings Faste Galleri
FHS Fachhochschule
fl. florin, Gulden
FNAC Fonds national d'Art contemporain

fol.	folio
fond.	fondation, fondazione
Forsch.	Forschung; Forschungs~
Forts.	Fortsetzung
Fotogr., fotogr.	Fotografie, fotografia; fotografisch, fotográfico ...
found.	foundation
FRAC	Fonds régional d'Art contemporain
Fragm., fragm.	Fragment ...; fragmentarisch, fragmentaire ...
franç.	français
frz.	französisch
FS	Fachschule
fund.	fundación, fundação
g., gg.	god, gody
GA	Galleria d'Arte
gab.	gabinetto
gac.	gaceta
GAC	Galleria d'Arte Contemporanea ...
Gal., gal.	Galerie, galería ...
gall.	gallery ...
GAM	Galleria d'Arte Moderna; Galerie d'art modern ...
GAMC	Galleria d'Arte Moderna e Contemporanea
gaz.	gazette
gazz.	gazzetta
GDS	Gabinetto Disegni e Stampe
geb.	geboren
gegr.	gegründet
Gem.	Gemälde
gen., gén.	genannt; general, général ...
geogr.	geographisch, geographical, geográfico ...
Ges.	Gesellschaft
Gesch.	Geschichte; Geschichts~; Geschiedenis
Gest.	Gestaltung
gest.	gestorben
get.	getauft
gew.	geweiht
gez.	gezeichnet
GG	Gemälde-Galerie
GG AM	Gemäldegalerie Alte Meister
GG NM	Gemäldegalerie Neue Meister
Ghan., ghan.	ghanaisch, Ghanaian, ghanaique ...
GHMP	Galerie hlavního města Prahy
GI	Royal Glasgow Institute of the Fine Arts
giorn.	giornale
GMS	Galerija Matice srpske
GNM	Germanisches Nationalmuseum
gos.	gosudarstvennyj
gouv.	gouvernement
govt.	government
graf., gráf.	grafico, gráfico ...
graph.	graphisch, graphical, graphique ...
GrS	Graphische Sammlung
Guggenheim	Solomon R. Guggenheim Museum
GVU	Galerie výtvarných umění
H., h.	Hälfte, half; Heft
Hab., hab.	Habilitation; Habilitations~ ...
HAUM	Herzog Anton Ulrich-Museum
HAZU	Hrvatska akademija znanosti i umetnosti
Hb., hb.	Handbuch, handbook
HBK	Hochschule für Bildende Künste
HdK	Hochschule der Künste
Hebr., hebr., hébr.	hebräisch, Hebraic, hébraique
HGB	Hochschule für Grafik und Buchkunst
hist.	history, histoire ...; historisch, historic ...
Hl(l)., hl.	Heilige(r), Heiligen; heilig
HM	Historisches Museum
holl.	holländisch, hollandais
Hrsg., hrsg.	Herausgeber; herausgegeben
HS	Hochschule
Hs(s).	Handschrift(en)
Hschn.	Holzschnitt
Hst.	Holzstich
Hw.	Hauptwerk
ibid.	ibidem, daselbst
iconogr.	iconography, iconographie ...; iconographic, iconographique ...
id.	idem, derselbe, dasselbe
Ikonogr., ikonogr.	Ikonographie; ikonographisch
il.	ilustración; ilustrado
Ill., ill.	Illustration, illustrazione ...; illustriert, illustrated ...
IMM	Iparművészeti Múzeum
inc.	incidit
Inf., inf.	Information, información ...
Ing., ing.	Ingenieur, ingegnere, ingeniero
Inschr., inschr.	Inschrift; inschriftlich
inscr.	inscription
Inst., inst.	Institut, institute ...
internac.	internacional
internat.	international
internaz.	internazional
introd.	introduction, introduzione ...
Inv., inv.	Inventar, inventaire ...; invenit
iscr.	iscrizione
isk.	iskusstvo
ist.	istituto
istor.	istorico
Ital., ital.	italienisch, Italian ...
IVAM	Instituto Valenciano de Arte Moderno
izv.	izvěstaj, izvestija
J., j.	Journal, journaal, jurnal ...
Jan.	Januar
Jap., jap.	Japanese, japanisch, japonais ...
JAZU	Jugoslavenska akademija znanosti i umjetnosti
Jb(b)., jb(b).	Jahrbuch, Jahrbücher, jaarboek ...
JBer., jber.	Jahresbericht, jaarbericht
Jg	Jahrgang
Jh.	Jahrhundert
JH	Jahresheft
Joh. Bapt.	Johannes Baptista
Joh. Ev.	Johannes Evangelista
JPM	Janus Pannonius Múzeum
JSchr.	Jahresschrift
Jugosl., jugosl.	Jugoslavic, jugoslawisch ...
jun.	junior
K	Katalog
KA	Kunstakademie
Kab.	Kabinett
Kap.	Kapelle
Kat.	Katalog
kath.	katholisch
KD	Kunstdenkmale, Kunstdenkmäler
KG	Kunst-Galerie, Kunstgalleri
kgl.	königlich, kongelig ...
KGM	Kunstgewerbemuseum
KGS	Kunstgewerbeschule
KH	Kunsthalle

KHS Kunsthochschule
KIM Kunstindustriemuseum
k. k. kaiserlich-königlich
Kl. Klasse
KM Kunstmuseum ...
kol. koloriert
Komm. Kommission
Komp. Komposition
Kongr. Kongreß
koninkl. koninklijk
Korr., korr. Korrespondenz; korrespondierend
Kpst. Kupferstich
Kr. Kreis
KS Kunstsammlung(en)
KSch Kunstschule
Kt. Kanton
kult. kulturell
Kunstf. Kunstführer
Kunstgesch., kunstgesch. Kunstgeschichte; kunstgeschichtlich
Kunstgew. Kunstgewerbe
KunstH. Kunstheft
kunsthist. kunsthistorisch
Kunstwiss., kunstwiss. Kunstwissenschaft; kunstwissenschaftlich
KV Kunstverein

LA Landesarchiv
Lat., lat. Latin ..., lateinisch
lateinamer. lateinamerikanisch
latinoamer. latinoamericano
LDM Lietuvos dailės muziejus
lett. letteratura, lettere; lettisch
Lex., lex. Lexikon, lexicon, lexikón ...
Lfg Lieferung
LG Landesgalerie
libr. library, librairie ...
Lit., lit. Literatur, literature ...; Literatur~; literarisch, literary ...
Lith., lith. Lithographie, lithography
lithogr., litogr. lithographisch, lithographic, litográfico ...; lithographiert
litt. littérature; littéraire
livr. livraison
LM Landesmuseum
loc. cit. loco citato, am angeführten Ort
Lsch. Landschaft(en)
lt. laut
Ltg Leitung
Lw. Leinwand

M., m. Mitte, middle
MA Mittelalter, middle ages
ma. mittelalterlich
MAC Musée d'Art contemporain, Museo de Arte Contemporaneo
MAD Musée des Arts décoratifs
Mag., mag. Magazin, magazine, magazzino ...; Magister
MAH Musée d'Art et d'Histoire
MAK Museum für angewandte Kunst
MAM Musée d'Art moderne, Museo d'Arte Moderna ...
MAMC Musée d'Art moderne et contemporain, Museo d'Arte Moderna e Contemporanea ...
MAMVP Musée d'Art moderne de la Ville de Paris
Man. Manufaktur
Mat., mat. Material(ien), materiali ...
MBA Musée des Beaux-Arts, Museo de Bellas Artes ...
MBer. Monatsbericht
MBK Museum der bildenden Künste
MBl(l). Monatsblatt, Monatsblätter
MCiv. Museo Civico
MCom. Museo Comunale
Meckl. Mecklenburg
Med., med., méd. Medaille, medal, médaille ...
medd. meddellande, meddelelse(r)
meded. medede(e)lingen
Mem., mem., mém. Memoiren, memoirs, mémoire ...
Metrop. Mus. Metropolitan Museum of Art
MFA Museum of Fine Art(s)
MfG Museum für Gestaltung
MH Monatsheft
Min., min. Miniatur, miniature, miniatura ...
Minist., minist. Ministerium, ministére ...
misc. miscellanea, miscelánea ...
Misz. Miszellen
Mitarb. Mitarbeit; Mitarbeiter
Mitbegr. Mitbegründer
Mitgl. Mitglied; Mitgliedschaft
Mitt. Mitteilung
MKG Museum für Kunst und Gewerbe
MLW Muzeum Leona Wyczółkowskiego
MM Mākslas muzejs
MMA Museum of Modern Art
MMK Museum für moderne Kunst ...
MN Muzeum Narodowe; Museo Nacional ...
MNAC Musée National d'Art Contemporain, Museo Nacional de Arte Contemporaneo
MNAM Musée national d'Art moderne
MNBA Museo Nacional de Bellas Artes ...
MO Muzeum Okręgowe
mod. modern, moderne, moderno ...
Mon., mon. Monument, monumento ...; monumental, monumentale ...
Monogr., monogr. Monogramm ...; Monographie, monografía ...; monogrammiert ...
mpal municipal
MRBAB Musées royaux des Beaux-Arts de Belgique
Ms(s)., ms(s). Manuskript(e), manuscript(s), manuscrit(s) ...
Mschr. Maschinenschrift
MSK Museum voor Schone Kunsten
MSPC Muzej Srpske pravoslavne crkve
MSU Muzej savremene umetnosti/suvremene umjetnosti; Muzej na sovremeneta umetnost
MSZ Muzeum Sztuki
MTA Magyar Tudományos Akadémia
mun. municipal
Mus., mus. Museum, musée ...; Museums~
muz., múz. muzeul, muzeum, múzeum ...
MuzTat Muzeum Tatrzańskie
MZ Meisterzeichen

N, n. Norden; Nord-; nördlich ...
nac., nač. nacional, načalo
Nachf. Nachfolge; Nachfolger
nachg. nachgewiesen
Nachr. Nachricht

Nachtr.	Nachtrag
nachw.	nachweisbar
NAD	National Academy of Design
Nat., nat., naz.	National~; national, nazionale
NB	Nationalbibliothek
n. Chr.	nach Christus
Ndb.	Niederbayern
necr., nécr.	necrology, nécrologe ...
Nekr.	Nekrolog
N. F.	Neue Folge
NFG	Nationale Forschungs- und Gedenkstätten der klassischen deutschen Literatur
NG	Nationalgalerie, National Gallery, Národní galerie, Narodna galerija, Nasjonalgalleri, Nemzeti galéria
NGG	Nationale Gemäldegalerie
niederl.	niederländisch
NM	Nationalmuseum, National Museum, Narodni muzej, Národné muzeum, Nemzeti Múzeum
NMMA	National Museum of Modern Art
NO, nö.	Nordosten; Nordost-; nordöstlich
NÖ	Niederösterreich
nordamer.	nordamerikanisch
Not., not.	Notiz, notice, noticia ...; Notiz~
nouv.	nouveau
Nov.	November
NP	Neue Pinakothek
Nr(n)	Nummer(n)
NRW	Nordrhein-Westfalen
N. S., n. s.	Neue Serie, new series, nouvelle série ...
NT	Neues Testament
NW, nw.	Nordwesten; Nordwest-; nordwestlich
O, ö.	Osten; Ost-; östlich
o. ä.	oder ähnliches
Obb.	Oberbayern
öff.	öffentlich
österr.	österreichisch
Okt.	Oktober
OÖ	Oberösterreich
op. cit.	opus citatum, angeführtes Werk
Orig., orig.	Original, original, originale ...; original~
Oss.	Zakład Narodowy im. Ossolińskich
p.	part, partie ...
p(p).	Seite(n), page(s), pagina
PAFA	Pennsylvania Academy of Fine Arts
paint.	painting
Pal., pal.	Palast, palace, palais ...
paläst.	palästinensisch
pam.	památky, pamiatky ...
PCiv.	Pinacoteca Civica
PCom.	Pinacoteca Comunale
peint.	peinture
per., pér.	periodical, périodique, periodico ...
Pfarrk.	Pfarrkirche
Phil., phil.	Philosophie, philosophy ...; philosophisch, philosophique, philosophical ...
photogr.	photography, photographie; photographic, photographique ...
pict.	pictura
Pin., pin.	Pinakothek, pinacoteca
pint.	pintura
pinx.	pinxit
pitt.	pittura
Pl.	Platz, Place, plaza, ploščad'
plast.	plastique
plást.	plástico
PN	Pinacoteca Nazionale
pol.	polovina
Portr., portr.	Porträt, portrait ...
portug.	portugiesisch, portugais ...
Präs.	Präsident
pref., préf.	preface, préface
Priv., priv.	Privat~; privat ...
Prof., prof.	Professur; Professor, professeur ...
Prov., prov.	Provinz, province ...; Provinzial~
Pseud., pseud.	Pseudonym ...
pubbl.	pubblicazione; pubblico
Publ., publ.	Publikation, publication ...; publiziert, published ...
quad.	quaderno
Quadrienn., quadrienn.	Quadriennale, quadriennal
Quart., quart.	Quartal; quarterly
q. v.	quod vide, siehe dies
R., r.	Reihe; royal, real ...; recto
RA	Royal Academy of Arts
RABA	Real Academia de Bellas Artes
racc.	raccolta
Rad.	Radierung
Rapp., rapp.	Rapport, rapporto ...
rass.	rassegna
rec.	recueil
Rech.	Recherche ...
reconstr.	reconstruction; reconstructed
Red., red.	Redakteur; Redaktion; redigiert
Reg.	Regierung; Regierungs~; Register
Rekonstr., rekonstr.	Rekonstruktion; rekonstruiert
Relig., relig.	Religion; religiös, religieux ...
Renaiss.	Renaissance
rend.	rendiconto
Repert., repert., répert.	Repertorium, repertoir, répertoire ...
Repr.	Reprint
Reprod., reprod.	Reproduktion, reproduction ...; reproduziert, reproduced ...
Rest., rest.	Restaurierung, restauration ...; restauriert, restored ...
Retr.	Retrospektive
rev.	review, revue, revista, ...; revidiert, revised, revisé ...
Rez.	Rezension
RIBA	Royal Institute of British Architects
riv.	rivista
RKD	Rijksbureau voor Kunsthistorische documentatie
RM	Rijksmuseum
RP	Rheinland-Pfalz
RSA	Royal Scottish Academy
s(s).	sequens, folgende; siècle, siglo
S(S).	Santa, Santo, São ...
S, s.	Süden, south ...; Süd-; südlich
s. a.	sine anno, ohne Jahr
Sa.	Santa
SAfr.	Salon des Artistes français
SANU	Srpska akademija nauka i umetnosti
sb.	sbornik, sborník
SB	Sitzungsbericht
sc.	science, scienza; scientific ...
SchA	School of Art
Schr.	Schrift

schweiz.	schweizerisch
scolt.	scoltura
sculps.	sculpsit
sculpt.	sculpture
scult.	scultura
sec., séc.	secolo, século
sel.	selig
sem.	seminario
sen.	senior
Sep.	Separatum, Sonderdruck
Sept.	September
Ser., ser., sér.	Serie, series, série ...
SG	Staatsgalerie
SGG	Staatliche Gemäldegalerie
SGS	Staatsgemäldesammlung
SH	Schleswig-Holstein
Sign., sign.	Signatur; signiert; Signum ...
SKH	Staatliche Kunsthalle
SKS	Staatliche Kunstsammlung
Skulpt.	Skulptur
s. l.	sine loco, ohne Ort
s. l. e. a.	sine loco et anno, ohne Ort und Jahr
Slg(n)	Sammlung(en)
slov.	slovník, slovar' ...
SM	Stadtmuseum
SMPK	Staatliche Museen zu Berlin, Preußischer Kulturbesitz
s. o.	siehe oben
SO, sö.	Südosten; Südost-; südöstlich
So.	Santo
soc.	society, société ...; social ...
sog.	sogenannt
soz.	sozial
sprav.	spravočnik
SPSG	Stiftung Preußische Schlösser und Gärten
SSG	Staatliche Schlösser und Gärten
ST	Sachsen-Anhalt
St., St-, Ste-	Sankt, Saint-, Sainte-
StA	Stadtarchiv
Städel	Städelsches Kunstinstitut und Städtische Galerie
sted.	stedelijk
Stellv., stellv.	Stellvertreter; stellvertretender
StG	Städtische Galerie
Stip.	Stipendium
StKH	Städtische Kunsthalle
StKS	Städtische Kunstsammlung(en)
StM	Städtisches Museum
Stmk	Steiermark
stor.	storico
Str.	Straße, street, straat
StsA	Staatsarchiv
Stud., stud.	Studium, study ...; studiert
s. u.	siehe unten
supl.	suplemento
Suppl., suppl.	Supplement, supplément ...
s. v.	sub voce, unter dem Stichwort
Sv.	Sveti, Sveta
SW, sw.	Südwesten; Südwest-; südwestlich
św.	święty ...
sz.	század
SzM	Szépművészeti Múzeum
Szt.	Szent
t.	tome, tomo ...
Tab.	Tabelle
Taf.	Tafel
tav.	tavola
Teiln.	Teilnahme; Teilnehmer
teilw.	teilweise
teol.	teologico
Test.	Testament
TH	Technische Hochschule
theol.	theologisch, theologic ...
Thür.	Thüringen
tidskr.	tidskrift
tijdschr.	tijdschrift
tipogr.	tipografia; tipografico, tipográfico
Tl(e)	Teil(e)
Topogr., topogr.	Topographie, topography, topografia ...; topographisch, topographic, topográfico ...
Trad., trad.	Tradition; traditionell ...
Trienn., trienn.	Triennale, triennal
TU	Technische Universität
Typogr., typogr.	Typographie, typography ...; typographisch, typographic ...
u. a.	und anderes; unter anderem
u. ä.	und ähnliches
u. a. m.	und anderes mehr
u. d. T.	unter dem Titel
Uffizien	Galleria degli Uffizi
UG	Um(j)etnička galerija, Umetnostna galerija
ul.	ulica, ulice
UNAM	Universidad Nacional Autónoma Mexicana
unbek.	unbekannt
undat.	undatiert ...
Univ., univ.	Universität, university, université ...; universal, universel ...
Unters.	Untersuchung
unveröff.	unveröffentlicht
unvoll.	unvollendet
unvollst.	unvollständig
unwahrsch.	unwahrscheinlich
UPM	Uměleckoprůmyslové muzeum
urkdl.	urkundlich
urspr.	ursprünglich
urug.	uruguayisch
u. Z.	unserer Zeitrechnung
V., v(v).	Viertel; vek; verso; vide; vom, von
V & A	Victoria and Albert Museum
v. a.	vor allem
Vbg	Vorarlberg
v. Chr.	vor Christus
v. e.	vide etiam, siehe auch
venez.	venezianisch, veneziano
Ver.	Verein
Verb.	Verband
Verf., verf.	Verfasser; verfaßt
Verh., verh.	Verhandlung, verhandeling; verheiratet
Veröff., veröff.	Veröffentlichung; veröffentlicht
versch.	verschieden
Verz.	Verzeichnis
vgl.	vergleiche
viell.	vielleicht
VjBl(l).	Vierteljahresblatt, Vierteljahresblätter
VjH	Vierteljahresheft
VjSchr.	Vierteljahresschrift
vol.	volume ...
Voll., voll.	Vollendung; vollendet
vollst.	vollständig
Vorabdr.	Vorabdruck

Vors.	Vorsitzender
Vorw.	Vorwort
Vrg(n)	Vereinigung(en)
v. u. Z.	vor unserer Zeitrechnung
vyp.	vypusk
W, w.	Westen; West-; westlich ...
WA	Weltausstellung
wahrsch.	wahrscheinlich
Wallfk.	Wallfahrtskirche
Westf.	Westfalen
Wettb.	Wettbewerb
Whitney	Whitney Museum of American Art
Wiss., wiss.	Wissenschaft; wissenschaftlich
WK	Weltkrieg
Wkst.	Werkstatt
Wkstn	Werkstätten
woj.	województwo; Wojewodschaft
WRM	Wallraf-Richartz-Museum
Württ., württ.	Württemberg; württembergisch
WV	Werkverzeichnis
yb.	yearbook
zahlr.	zahlreich
z. B.	zum Beispiel
Zbl.	Zentralblatt
Zchng(n)	Zeichnung(en)
Zeitgen., zeitgen.	Zeitgenosse; zeitgenössisch
zerst.	zerstört
zit.	zitiert
Zs(s).	Zeitschrift(en)
z. T.	zum Teil
Ztg(n)	Zeitung(en)
zugeschr.	zugeschrieben
zus.	zusammen
Zuschr.	Zuschreibung; Zuschrift
zw.	zwischen
z. Z.	zur Zeit

II. Abgekürzt zitierte Literatur

A

Aa I, 1852 ...	A. J. van der Aa, Biographisch woordenboek der Nederlanden, I–XXI, Haarlem 1852–78
AAA I, 1986 ...	American art analog, compiled by M. D. Zellmann, I–III, N. Y. 1986
AAF	Archives de l'art français (P.) 1851/52 ss. (seit 1872: Nouvelles archives de l'art français)
AALL I, 1959 ...	Arte e artisti dei laghi lombardi, Como, I 1959, II 1964
AAW I, 1974 ...	D. O. Dawdy, Artists of the American West, I–III, Chicago/Athens, Ohio 1974–85
Abeler, 1977	J. Abeler, Meister der Uhrmacherkunst, Wuppertal 1977
Accascina, Marchi, 1976	M. Accascina, I marchi delle argentiere e oreficerie siciliane, Busto Arsizio 1976
Accascina, Oreficeria, 1976	M. Accascina, Oreficeria di Sicilia dal XII al XIX secolo, Palermo 1976
Achleitner I, 1980 ...	F. Achleitner, Österreichische Architektur im 20. Jahrhundert, I ss., Sg./W. 1980 ss.
Acquarone, 1950	F. Acquarone, Mestres da pintura no Brasil, Rio [ca. 1950]
Acuña, 1964	L. A. Acuña, Diccionaro biográfico de artistas que trabajaron en el Nuevo Reino de Granada, Bogotá 1964
ADB I, 1875 ...	Allgemeine Deutsche Biographie, I–LVI, L. 1875–1912 (Repr. B. 1967–71)
Addleshaw, 1971	G. W. O. Addleshaw, Architects, sculptors, designers and craftsmen, 1770–1970, ..., in: Architectural history 14:1971, 74–112
Adhémar, Druckgrafik, 1968	J. Adhémar, Populäre Druckgrafik Europas. Frankreich 15.-20. Jahrhundert, M. 1968
Adhémar, Lith., 1937	J. Adhémar, Les lithographies de paysage en France à l'époque romantique, P. 1937
Aellen, 1921 ...	H. Aellen, Schweizerisches Zeitgenossen-Lexikon, Bern 1921 und Erg.-Bd (Chur/L. 1926); Bern/L. ^{2}1932
Aggházy I, 1959 ...	M. Aggházy, A barokk szobrászat magyarországon, I–III, Bp. 1959
Agulló y Cobo, 1981	M. Agulló y Cobo, Más noticias sobre pintores madrileños de los siglos XVI al XVIII, Ma. 1981
Agulló y Cobo, Doc., 1978	M. Agulló y Cobo, Documentos sobre escultores, entalladores y ensambladores de los siglos XVI al XVIII, Vd. 1978
Agulló y Cobo, Not., 1978	M. Agulló y Cobo, Noticias sobre pintores madrileños de los siglos XVI y XVII, Ma. 1978 (Documentos inéditos para la historia del arte, 1)
AiA	Art in America (Springfield, Mass./N. Y.) 1:1913 ss. [9:1921 (Dez.) – 27:1939 (April) u.d.T.: Art in America and elsewhere]
AIC I, 1965 ...	Arte italiana contemporanea, I–VIII, Fi. 1965–77
Ajni, 1972	L. S. Ajni, Iskusstvo Tadžikskoj SSSR, Le. 1972
AKL1, 1983 ...	Allgemeines Künstlerlexikon. Die bildenden Künstler aller Zeiten und Völker, I ss., L. 1983 ss.; Nachdr. der Erstausgabe I–III in 4 Bänden und Weiterführung: M./L. 1992 ss.; Reg. zu Bdn I–X in 2 Tln 1995, zu Bdn XI–XX 1998
Alauzen, 1984	A. M. Alauzen, La peinture en Provence, Marseille 1984
Alauzen, 1986	A. Alauzen, Dictionnaire des peintres et sculpteurs de Provence, Alpes, Côte d'Azur, Marseille 1986
Albertina-Kat. I, 1926 ...	Beschreibender Katalog der Handzeichnungen in der Graphischen Sammlung Albertina, I ss., W. 1926 ss.
Alcahalí, 1897	J. M. R. de L. Y. de Alcahalí de Mosquera, Diccionario biográfico de artistas valencianos, Valencia 1897

Aldana Fernández, 1970	S. Aldana Fernández, Guía abreviada de artistas valencianos, Valencia 1970 (Publicaciones del Archivio municipal de Valencia, Ser. 1. Catálogos, guías y repertorios, 3)
Alizeri I, 1864 ...	F. Alizeri, Notizie dei professori del disegno in Liguria dalla fondazione dell'Accademia, I–III, Ge. 1864–66; ^{2}1870–80 (6 Bde)
Alvarez Emparanza, 1978	J. M. Alvarez Emparanza, La pintura vasca contemporánea, 1935/1978, San Sebastián 1978
Alves, 1976	M. Alves, Dicionário de artistas e artifices na Bahia, Salvador 1976
AmArtAnn	American art annual (N. Y./Wa.) 1:1898–37:1945/48 (1949)
AMK	Alte und moderne Kunst (W.) 1:1956 ss.
Andreini, 1971	I. Andreini (Ed.), La pittura italiana del 1970, Mi. 1971
Andrés Llordén, 1959	P. Andrés Llordén, Pintores y doradores malagueños, Avila 1959
Andrés Llordén, 1960	P. Andrés Llordén, Escultores y entalladores malagueños, Avila 1960
Andrés Llordén, 1962	P. Andrés Llordén, Arquitectos y canteros malagueños, Avila 1962
Andresen, MR I, 1866 ...	A. Andresen, Die deutschen Maler-Radierer <Peintres-graveurs> des 19. Jahrhunderts nach ihren Leben und Werken, I–V, L. 1866–74 (Repr. Hildesheim/N. Y. 1971)
Andresen, PG I, 1864 ...	A. Andresen, Der deutsche Peintre-graveur oder die deutschen Maler als Kupferstecher nach ihrem Leben und ihren Werken, von dem letzten Drittel des 16. Jahrhunderts bis zum Schluß des 18. Jahrhunderts ..., I–V, L. 1864–78
Anisova, 1973	K. P. Anisova, Chudožniki Karelii, Petrozavodsk 1973
Antaldi, 1805	A. Antaldi, Notizie di alcuni architetti, pittori, scultori di Urbino – Pesaro, Ms., Urbino 1805
AnzSchwAlt	Anzeiger für schweizerische Altertumskunde (Z.) 1:1868/71–8:1896/98; N. F., 1:1899–40:1938
Apted/Hannabuss, 1978	M. R. Apted/S. Hannabuss (Ed.), Painters in Scotland. A biographical dictionary, Edinburgh 1978
Araujo Gómez, 1885	F. Araujo Gómez, Historia de la escultura en España desde principios del siglo XVI hasta fines del XVIII y causas de su decadencia, Ma. 1885
Archer I, 1969 ...	M. Archer, British drawings in the India Office Library (K), I–II, Lo. 1969
Archibald, 1980 ...	E. H. H. Archibald, Dictionary of sea painters, Woodbridge 1980 (Repr. 1982); ^{2}1989
ArchitForum	Architectural forum (N. Y.) 1:1892 ss.
ArchitRec	Architectural record (Concord, N. H. u.a.) 1:1891 ss.
ArchitRev	The Architectural review (Lo.) 1:1896 ss.
Areán, 1972	C. Areán, Treinta años de arte español (1943–72), Ma. 1972
Argul, 1966	J. P. Argul, Las artes plásticas del Uruguay, Montevideo 1966
Arnáez, 1985	E. Arnáez, Orfebrería religiosa en la provincia de Segovia. En los siglos XVIII y XIX, Ma. 1985
Arnaud/Busignani I, 1961 ...	E. Arnaud/A. Busignani (Ed.), Artisti italiani contemporanei, Arezzo, I 1961, II 1962; ed. A. Guaraldi u.a., Fi., III 1963
Ars hispaniae I, 1947 ...	Ars hispaniae. Historia universal del arte hispánico, I–XXII, Ma. 1947–77
ArtB	The Art bulletin (N. Y.) 1:1913 ss.
ArteModItalia, 1967	Arte moderna in Italia 1915–1935 (K), Fi. 1967
ArtInternat	Art international (P.) 1:1956–27:1984; N. S., 1:1987–14:1991
ArtJ	The Art journal (N. Y.) 20:1960/61 ss.
Arto, 1978 ...	Dictionnaire biographique des artistes belges de 1830 à 1970, Br. 1978 *sowie* Biographisch woordenboek der Belgische kunstenaars van 1830 tot 1970, ed. Arto, Br. 1979
Arto, 1987 ...	Dictionnaire biographique illustré des artistes en Belgique depuis 1830, ed. Arto, Br. 1987; erw. Neuausg., ed. A. und I. D. Tommelein, 1995 *sowie* Geïllustreerd biografisch woordenboek der kunstenaars in België na 1830, ed. Arto, Br. 1991
ArtQu	Art quarterly (Detroit, Mich.) 1:1938 ss.
ArtsMag	Arts magazine (N. Y.) 1:1926–66:1991/92
ArtsRev	Arts review (Lo.) 1:1949–45:1993 (3)
ASA Italia I, 1971 ...	Archivio storico degli artisti. Italia -'900, I–XII, Mi. 1971–75
ASL	Archivio storico lombardo (Mi.) 1:1874 ss.
Ataöv, 1979	T. Ataöv, Pictura turca, Bu. 1979
Atterbury/Batkin, 1990	P. Atterbury/M. Batkin, The dictionary of Minton, Woodbridge 1990
Aubert, 1930	M. Aubert, La Bourgogne. La sculpture, I–III, P. 1930
Audin/Vial I, 1918 ...	M. Audin/E. Vial, Dictionnaire des artistes et ouvriers d'art du Lyonnais, I–II, P. 1918–19 (Dictionnaire des artistes et ouvriers d'art de la France par provinces)
Auer, 1985 ...	M./M. Auer, Encyclopédie internationale des photographes de 1839 à nos jours, Hermance 1985; 1992; 1997
Auerbach, 1954	E. Auerbach, Tudor artists, Lo. 1954
AustralDB I, 1966 ...	Australian dictionary of biography, I ss., Mb. 1966 ss.

B

Bacci, 1944	P. Bacci, Documenti e commenti per la storia dell'arte, Fi. 1944
BadBiogr I, 1881 ...	Badische Biographien, I–IV, Ka. 1881–91; V–VI, He. 1906–35; N. F., I ss., St. 1982 ss.
Baglione, Vite, 1642 ...	G. Baglione, Le vite de' pittori, scultori ed architetti dal Ponteficato di Gregorio XIII del 1572 fino a' tempi di Papa Urbano VIII nel 1642, R. 1642 und spätere Ausg.
Baḥnassī, 1980	A. Baḥnassī, Al-fann al-ḥadīṯ fī-l-bilād al-ʿara-biya, Tunis 1980

Baillie, 1929 ...	G. H. Baillie, Watchmakers and clockmakers of the world, Lo. 1929; ^{2}1947; ^{3}1951 (Repr. als Bd I, 1976; II [von R. Loomes], 1976 und weitere Repr.)
Bailly-Herzberg, 1972	J. Bailly-Herzberg, L'eau-forte de peintre au XIXe siècle et la Société des aquafortistes (1862–67), II, P. 1972
Bailly-Herzberg, 1985	J. Bailly-Herzberg, Dictionnaire de l'estampe en France 1830–1950, P. 1985
Baldinucci, ed. *Manni*, I, 1767 ...	F. Baldinucci, Notizie dei professori de' disegno da Cimabue in qua ..., ed. Manni, I–XXI, Fi. 1767–73
Baldinucci, ed. *Ranalli*, I, 1845 ...	F. Baldinucci, Notizie dei professori del disegno da Cimabue in qua ... (1681), ed. F. Ranalli, I–V, Fi. 1845–47 (Repr. 1974)
Baldinucci App., ed. *Barocchi*, 1975 ...	F. Baldinucci, Notizie dei professori del disegno da Cimabue in qua (ed. F. Ranalli 1845–47), App. in 2 Bdn v. P. Barocchi, mit Ind., ed. A. Boschetto, Fi. 1975 (als Bde VI–VII der Repr.-Ausg. Fi. 1974)
Bamford, 1983	F. Bamford, A dictionary of Edinburgh wrights and furniture makers. 1660–1840, Lo. 1983
Baquero Almansa, 1913	A. Baquero Almansa, Artistas murcianos, Murcia 1913
Barbieri, 1972	F. Barbieri, Illuministi e neoclassici a Vicenza, Vi. 1972
Barbieri, Scultori, 1984	F. Barbieri, Scultori a Vicenza, Vi. 1984
Barbosa, 1976	O. Barbosa, Dictionarul artiştilor români contemporani, Bu. 1976
Bargoni, 1976	A. Bargoni, Maestri orafi e argentieri in Piemonte dal XVII al XIX secolo, T. 1976
Barón Thaidigsmann, 1986	J. Barón Thaidigsmann, Diccionario de pintores y escultores, in: Enciclopedia temática de asturias, VI, Gijón 1986
Baroni, Doc. I, 1940 ...	C. Baroni, Documenti per la storia dell'architettura a Milano nel Rinascimento e nel Barocco, I: Edifici sacri (1), Fi. 1940 (Raccolta di fonti per la storia dell'arte, 4), II: R. 1968 (Fonti e documenti inediti per la storia dell'arte, 2)
Bartsch I, 1803 ...	A. Bartsch, Le peintre-graveur ..., I–XXI und Suppl., W. 1803–21 und L. 1843 (Nachdr. L. 1854–76 in 22 Bdn); Neuausg. Würzburg 1920–22 (Repr. Nieuwkoop/Hildesheim 1970)
Bassegoda Nonell, 1973	J. Bassegoda Nonell, Los maestros de obras de Barcelona, Ba. ^{2}1973
Bauchal, 1887	C. Bauchal, Nouveau dictionnaire biographique et critique des architectes français, P. 1887
Bauer, GEM I, 1976 ...	H. Bauer (Ed.), Die große Enzyklopädie der Malerei, I–VIII, FiB./Basel/W. 1976–78
Bauer/Carpentier I, 1984 ...	A. Bauer/J. Carpentier, Répertoire des artistes d'Alsace des XIXe et XXe siècles, I–VI, Strasbourg 1984–91
Bauer/Rupprecht I, 1976 ...	H. Bauer/B. Rupprecht (Ed.), Corpus der barocken Deckenmalerei in Deutschland, I–VI, M. 1976–98
BBK/LVB Dok. 1, 1991 ...	Berufsverband Bildender Künstler / Landesverband Bayern, Dokumentation, Tl 1–2 und Erg.-Bd, M. 1991
Bd'A	Bollettino d'arte (R.) 1:1907 ss.
BE, ..., 1951 ...	The buildings of England, ed. N. Pevsner/J. Nairn, Harmondsworth [u.a.] 1951 ss.
Beach, 1981	M. C. Beach, The imperial image. Paintings for the Mughal court (K), Wa. 1981
Beard, Georg., 1966	G. W. Beard, Georgian craftsmen and their work, Lo. 1966
Beard, Nat., 1985	G. Beard, The National Trust book of English furniture, Harmondsworth [u.a.] 1985
Beard/Gilbert, 1986	G. Beard/C. Gilbert (Ed.), Dictionary of English furniture makers. 1660–1840, Leeds 1986
Beaulieu/Beyer, 1992	M. Beaulieu/V. Beyer, Dictionnaire des sculpteurs français du Moyen Age, P. 1992
Bellier/Auvray I, 1882 ...	E. Bellier de La Chavignerie/L. Auvray, Dictionnaire général des artistes de l'Ecole Française depuis l'origine des arts du dessin jusqu'à nos jours, I–II und Suppl., P. 1882–87
Bellori, Vite, 1672	G. P. Bellori, Le vite de' pittori, scultori ed architetti moderni, R. 1672; Faks.-Ausg. R. 1931
Béné-Petitclerc, 1968	F. Béné-Petitclerc, Ebenisten der Louis-XVI-Möbel, Bg. 1968
Bénézit I, 1911 ...	E. Bénézit, Dictionnaire critique et documentaire des peintres, sculpteurs, dessinateurs et graveurs de tous les temps et de tous les pays ..., I–III, P. 1911–24; ^{2}1948–55 (8 Bde); ^{3}1966 (8 Bde); 1976 (10 Bde); 1994 (14 Bde)
Benko, 1969	N. Benko, Art and artists of South Australia, Adelaide 1969
Bentein-Stoelen, 1971	M.-R. Bentein-Stoelen, Middelheim. Catalogue de la collection, Ant. 1971
Bérard, 1872	A. Bérard, Dictionnaire biographique des artistes français du XIIe au XVIIe siècle, P. 1872
Berckenhagen, 1970	E. Berckenhagen (Ed.), Die französischen Zeichnungen der Kunstbibliothek Berlin (K), B. 1970
Berenson, Drawings I, 1938 ...	B. Berenson, Drawings of the Florentine painters, I–III, Chicago 1938 (Repr. Chicago/Lo. 1970)
Berenson, Pictures, C/N Ital. I, 1968 ...	B. Berenson, Italian pictures of the Renaissance. Central Italian and North Italian schools, I–III, Lo./N. Y. 1968
Berenson, Pictures, Flor. I, 1963 ...	B. Berenson, Italian pictures of the Renaissance. Florentine school, I–II, Lo. 1963
Berenson, Pictures, Ven. I, 1957 ...	B. Berenson, Italian pictures of the Renaissance. Venetian school, I–II, Lo. 1957
Berger, 1970	R. Berger (Dir.), Peintres vaudois, Lausanne 1970
Beringer, 1922	J. A. Beringer, Badische Malerei 1770–1920, Ka. ^{2}1922 (Repr. 1979)
Beringheli, 1991	G. Beringheli, Dizionario degli artisti liguri, Ge. 1991
Berko, 1981	P. und V. Berko, Dictionary of Belgian painters born between 1750 and 1875, Br. 1981

Berko, Seascapes, 1984	P. und V. Berko, Seascapes of Belgian painters born between 1750 and 1875, Knokke-Zoute 1984
Berman, 1974 ...	E. Berman, Art and artists of South Africa, Cape Town/Rotterdam 1974; ^{2}1983; ^{3}1993
Bernhard, 1965	M. Bernhard, Verlorene Werke der Malerei, B. 1965
Bernt I, 1979 ...	W. Bernt, Die niederländischen Maler und Zeichner des 17. Jahrhunderts, M., I–III ^{4}1979–80, IV–V ^{2}1979–80
Bessone-Aurelj, DizPitt, 1915 ...	A. M. Bessone-Aurelj, Dizionario dei pittori italiani ..., Città di Castello 1915, R. ^{2}1928
Bessone-Aurelj, DizScultArchit, 1947	A. M. Bessone-Aurelj, Dizionario degli scultori ed architetti italiani, Ge. 1947
Bettelheim I, 1896 ...	A. Bettelheim (Ed.), Biographisches Jahrbuch und deutscher Nekrolog, I–XVIII, B. 1896–1917
Beuque/Frapsauce, 1964	E. Beuque/M. Frapsauce, Dictionnaire des poinçons de maîtres-orfèvres français du XIVe siècle à 1838, P. 1964
BHS	Biuletyn historii sztuki (War.) 1:1932 ss.
Bidault, 1971	P. Bidault, Etains réligieux XVIIe-XIXe siècle, P. 1971
Biedrzynski I, 1979 ...	E. Biedrzynski, Bruckmanns Porzellan-Lexikon, I–II, M. 1979
Billcliffe I, 1990 ...	R. Billcliffe (Comp.), The Royal Glasgow Institute of the Fine Arts 1861–1989. A dictionary of exhibitors at the annual exhibitions of the Royal Glasgow Institute of the Fine Arts, I–IV, Glasgow 1990–92
Billedkunsten I, 1969 ...	Billedkunstens Hvem-Hvad-Hvor, Red.: J. Graff/M. Marcussen/M. Rud, Kph., I 1969, II 1970
Bimbenet-Privat, 1992	M. Bimbenet-Privat, Les orfèvres parisiens de la Renaissance (1506–1620), P. 1992
Binyon/Wilkinson/Gray, 1933	L. Binyon/J. V. Wilkinson/B. Gray, Persian miniature painting, Lo. 1933
Biurrún y Sótil, 1935	T. Biurrún y Sótil, La escultura religiosa y bellas artes en Navarra durante la época del Renacimiento, Pamplona 1935
Bjerkoe, 1957 ...	E. H. und J. A. Bjerkoe, The cabinetmakers of America, Garden City/N. Y. 1957; Exton, Pa. ^{2}1978
Bjurström, 1972	P. Bjurström (Red.), Svenska illustratörer, ed. Nationalmuseum och Föreningen Svenska Tecknare, Sth. 1972
BK	Bildende Kunst (D.) 1953–64; (B.) 1965–90
Blättel, 1992	H. Blättel, International dictionary miniature painters, porcelain painters, silhouettists, M. 1992
Blas, 1972	J. I. de Blas, Diccionario de pintores españoles contemporáneos desde 1881, Ma. 1972
Bloch/Grzimek, 1978	P. Bloch/W. Grzimek, Das klassische Berlin, Ffm. 1978
BMetrMus	Bulletin of the Metropolitan Museum of Art (N. Y.) 1:1905/06–37:1942; N. S., 1:1942/43 ss.
BNB I, 1866 ...	Biographie nationale, ed. Académie Royale des Sciences, des Lettres et des Beaux-Arts de Belgique, I–XXVIII und XXIX (= Suppl. 1) ss., Br. 1866–1944 und 1957 ss.
BNL	Biographie nationale du pays de Luxembourg depuis ses origines jusqu'à nos jours, Luxemburg 1949 ss.
Boase I, 1965 ...	F. Boase, Modern English biography containing thousand concise memoirs of persons who have dead since the year 1850, I–V, Lo. 1965
Bodart I, 1970 ...	D. Bodart, Les peintres des Pays-Bas méridionaux et de la principauté de Liège à Rome au XVIIe siècle, I–II, Br./R. 1970 (Etudes d'histoire de l'art publiées par l'Institut historique belge de Rome, 2)
Bøje, 1962	C. A. Bøje, Danske guld og sølv smedemærker før 1870, Kph. 1962
Bøje I, 1979 ...	C. A. Bøje, Danske guld og sølv smedemærker før 1870, Kph., I 1979, II–III 1982
Börsch-Supan, 1971	H. Börsch-Supan, Die Kataloge der Berliner Akademieausstellungen 1786–1850, I–II und Reg.-Bd, B. 1971 (Quellen und Schriften zur bildenden Kunst, 4)
Börsch-Supan, Baukunst, 1977	E. Börsch-Supan, Berliner Baukunst nach Schinkel 1840–1870, M. 1977 (Studien zur Kunst des 19. Jahrhunderts, 25)
Börsch-Supan, Malerei, 1988	H. Börsch-Supan, Die deutsche Malerei von Anton Graff bis Hans von Marées, 1760–1870, M. 1988
Börsch-Supan, Romantiker, 1972	H. Börsch-Supan, Deutsche Romantiker. Deutsche Maler zwischen 1800 und 1850, M./Gütersloh/W. 1972
Boesch, 1955	P. Boesch, Die Schweizer Glasmalerei, Basel 1955 (Schweizer Kunst, 6)
Bösel, Jesuitenarchit. I, 1985	R. Bösel, Jesuitenarchitektur in Italien, I: Die Baudenkmäler der römischen und neapolitanischen Ordensprovinz, W. 1985 (Publikationen des Historischen Instituts beim Österreichischen Kulturinstitut in Rom, I. Abt., 7. Bd)
Bösken, 1970	S. Bösken, Die Mainzer Goldschmiedezunft, Diss. 1969, Mainz 1970
Boetticher I. 1, 1891 ...	F. von Boetticher, Malerwerke des neunzehnten Jahrhunderts, I. 1,2 und II. 1,2, D. 1891–1901; unveränderter Neudr. L. 1944 (II. 1,2) und 1948 (I. 1,2)
Bogdanov, 1975	A. Bogdanov, Izobrazitel'noe iskusstvo Arabskoj Respubliki Egiped, Mo. 1975
Bologna, 1969	F. Bologna, I pittori alla corte angioina di Napoli 1266–1414, R. 1969 (Saggi e studi di storia dell'arte, 2)
Bolton, 1923 ...	T. Bolton, Early American portrait draughtsmen in crayons, N. Y. 1923 (Library of American art) (Repr. 1970)

Bombe, 1912	W. Bombe, Geschichte der Peruginer Malerei, B. 1912
Bombelli, 1957	A. Bombelli, Pittori cremaschi dal 1400 ad oggi, Mi. 1957
Bonacker, 1966	W. Bonacker, Kartenmacher aller Länder und Zeiten, St. 1966
Borg, 1935	T. Borg, Guld- och silversmeder i Finland 1373–1873. Deras stämlar och arbeten, Helsingfors 1935
Borisowa/Sternin, 1988	E. A. Borisowa/G. J. Sternin, Jugendstil in Rußland, St. 1988
Borsi/Morolli/Quinterio, 1979	F. Borsi/G. Morolli/F. Quinterio, Brunelleschiani, R. 1979 (Fonti e documenti per la storia dell'architettura, 7)
Borzikowsky, 1981	H. Borzikowsky (Ed.), Von allerhand Figuren und Abbildungen. Kupferstecher des 17. Jahrhunderts im Umkreis des Gottorfer Hofes, Husum 1981
Boselli, 1977	C. Boselli, Regesto artistico dei notai roganti in Brescia dall'anno 1500 all'anno 1560, I: Regesto, II: Documenti, Bs. 1977
Bosilkov, 1973	S. Bosilkov, Bălgarskijat plakat, Sofija 1973
Boskovits, 1975	M. Boskovits, Pittura fiorentina alla vigilia del Rinascimento, 1370–1400, Fi. 1975
Bosl, 1983 ...	K. Bosl (Ed.), Bosls bayerische Biographie, Rb. 1983, Erg.-Bd 1988
Bossaglia, 1987	R. Bossaglia (Ed.), Archivi del Liberty italiano. Architettura, Mi. 1987
Bossard I, 1920 ...	G. Bossard, Die Zinngießer der Schweiz und ihr Werk, Zug, I 1920, II 1934 (Neudruck Osnabrück 1978)
Boulton I, 1964 ...	A. Boulton, Historia de la pintura en Venezuela, I–III, Caracas 1964–72
Bourdet-Guillerault, 1979	H. Bourdet-Guillerault, Dictionnaire des peintres, sculpteurs, graveurs de Marseille et de la région, Marseille 1979
Bousquet, 1980	J. Bousquet, Recherches sur le séjour des peintres français à Rome au XVIIe siècle, Montpellier 1980
Bradley I, 1887 ...	J. W. Bradley, A dictionary of miniaturists, illuminators, calligraphers and copyists ..., I–III, Lo. 1887–89 (Repr. N. Y. 1958)
Bradshaw, RBA 1824/1892, 1973 ...	M. Bradshaw, Royal Society of British Artists. Members exhibiting 1824–92 ..., Leigh-on-Sea 1973 ss.
Braga, 1942	T. Braga (Ed.), Artistas pintores no Brasil, S. P. 1942
Branca, 1973	R. Branca, Maestri incisori di Sardegna, Cagliari 1973
Brander Dunthorne, 1976	K. Brander Dunthorne, Artists exhibited in Wales. 1945/74, Cardiff 1976
Brauksiepe, 1986	B. Brauksiepe/A. Neugebauer, Künstlerlexikon. 250 Maler in Rheinland-Pfalz 1450–1950, Mainz 1986
Brault-Lerch, 1976	S. Brault-Lerch, Les orfèvres de Franche-Comté et de la principauté de Montbéliard du Moyen Age au XIXe siècle, Genève 1976 (Dictionnaire des poinçons de l'orfèvrerie provinciale française, 1)
Braun, Kirchenbauten I, 1908 ...	J. Braun, Die Kirchenbauten der deutschen Jesuiten, FiB., I 1908, II 1910
Brayda/Coli/Sesia, 1963	C. Brayda/L. Coli/D. Sesia, Ingegneri e architetti del Sei e Settecento in Piemonte, T. 1963
BrDiccPintBol, 1986	Breve diccionario biográfico de pintores bolivianos contemporáneos 1900–1985, La Paz 1986
Bremer I, 1997 ...	G. Bremer, Schleswig-Holsteinisches Künstlerlexikon des 20. Jahrhunderts, I–II, Egelsbach/Ffm./St. Peter Port 1997
Brentani I, 1935 ...	L. Brentani, Dizionario illustrato dei maestri d'arte ticinesi, I, Lugano 1935; II, Como 1937
Brenzoni, 1972	R. Brenzoni, Dizionario di artisti veneti, Fi. 1972
Brewington, 1982	D. E. R. Brewington, Dictionary of marine artists, Salem, Mass. 1982
Britten's old clocks, 1973	Britten's old clocks and watches and their makers, ed. C. Clutton/G. H. Baillie/C. A. Ilbert, Lo. ^{8}1973 (Repr. 1975)
Brjusova, 1984	V. G. Brjusova, Russkaja živopis' 17 veka, Mo. 1984
Brockhaus-Efron I, 1890 ...	Enciklopedičeskij slovar', 86 Halb-Bde, StP. 1890–1907
Brook-Hart, 1974	D. Brook-Hart, British 19th century marine painting, Woodbridge 1974
Brown, 1966	E. S. Brown, Africas' contemporary art and artists, N. Y. 1966
Brown, IndPaint, 1924	P. Brown, Indian painting under the Mughals, A. D. 1550 to A. D. 1750, Ox. 1924
Brown/Haward/Kindred, 1991	C. Brown/B. Haward/R. G. Kindred, Dictionary of architects of Suffolk buildings 1800–1914, Ipswich 1991
Browne/Partnow, 1982	T. Browne/E. Partnow, Macmillan biographical encyclopedia of photographic artists & innovators, N. Y./Lo. 1982
Bruckner, NSB, 1938 ...	A. Bruckner (Ed.), Neue Schweizer Biographie, Basel 1938 (Nachtr. 1942)
Brun, SKL I, 1905 ...	C. Brun, Schweizerisches Künstler-Lexikon, ed. Schweizerischer Kunstverein, I–IV, Frauenfeld 1905–17 (Repr. Nendeln 1967)
Brune, 1912	P. Brune, Dictionnaire des artistes et ouvriers d'art de la Franche-Comté, P. 1912
Bryan I, 1816 ...	M. Bryan, A biographical and critical dictionary of painters and engravers ..., I–II, Lo. 1816 und spätere Ausg.
BS, ..., 1978 ...	The buildings of Scotland, ed. N. Pevsner, Harmondsworth u.a. 1978 ss.
BSEE	Boletín de la Sociedad española de excursiones. Arte, arqueología, historia (Ma.) 1:1893/94 ss.
BSHAF	Bulletin de la Société de l'histoire de l'art français (P.) 1:1875 ss.

Buchowiecki I, 1967 ...	W. Buchowiecki, Handbuch der Kirchen Roms, W., I 1967, II 1970, III 1974, IV (von B. Kuhn-Forte) 1997
Buckman, 1998	D. Buckman, Dictionary of artists in Britain since 1945, Bristol 1998
Bulgakov I, 1889 ...	F. I. Bulgakov, Naši chudožniki (živopiscy, skul'ptory, mosaicisty, gravery i medal'ery) na akademičeskich vystavkach poslednego 25-letija, StP., I 1889, II 1890
Bulgari I. 1, 1958 ...	C. G. Bulgari, Argentieri, gemmari e orafi d'Italia, I. 1-IV, R. 1958–74
Burbidge I, 1974 ...	R. B. Burbidge, A dictionary of British flower, fruit and still life painters, I–II, Leigh-on-Sea 1974
Burke, 1980	J. Burke, Australian women artists 1840–1944, Collingwood 1980
BurlMag	The Burlington magazine [bis 1947: for Connoisseurs] (Lo.) 1:1903 ss.
Bushnell, 1949	G. H. Bushnell, Scottish engravers, Lo./N. Y./Tor. 1949
Busse, 1977	J. Busse, Internationales Handbuch aller Maler und Bildhauer des 19. Jahrhunderts (Busse-Verzeichnis), Wb. 1977 (zit. wird nach der laufenden Künstler-Nr)
Buttin/Jacqueline, 1991	A. Buttin/S. Jacqueline, Les peintres de la Savoie 1860–1940, Chambery 1991
Butzbacher Künstler-Interviews I, 1980 ...	Butzbacher Künstler-Interviews, I ss., Da. 1980 ss. (Hessische Beiträge zur deutschen Literatur)
BW, ..., 1979 ...	The buildings of Wales, Harmondsworth u.a. 1979 ss.

C

Camard/Belfort, 1974	J.-P. Camard/A.-M. Belfort (Ed.), Dictionnaire des peintres et sculpteurs provençaux 1880–1950, Marseille 1974
Campbell, 1983	J. Campbell, Australian watercolour painters 1780–1980, Adelaide 1983
Campbell, 1989	J. Campbell, Australian watercolour painters. 1780 to the present day, Roseville, N. S. W. 1989
Campe I, 1951 ...	P. Campe, Lexikon liv- und kurländischer Baumeister, Bauhandwerker und Baugestalter von 1400–1850, Sth., I 1951, II 1957
Campofiorito, 1983	Qu. Campofiorito, História da pintura brasileira no século XIX, Rio 1983
Campori, 1855	G. Campori, Gli artisti italiani e stranieri negli Stati Estensi, Md. 1855 (Repr. R. 1969)
Campori, Mem., 1873	G. Campori, Memorie biografiche degli scultori, architetti, pittori ... nativi di Carrara e della provincia di Massa, Md. 1873
Campoy, 1973	A. M. Campoy, Diccionario crítico del arte español contemporáneo, Ma. 1973
Campoy, 1976	A. M. Campoy, 100 maestros de la pintura española contemporánea, Ma. 1976
Cantelli, 1983	G. Cantelli, Repertorio della pittura fiorentina del Seicento, Fi. 1983
Capitanio I, 1986 ...	A. Capitanio, Orafi e marchi lucchesi, Fi. 1986
Caramel/Pirovano, 1974	L. Caramel/C. Pirovano, Galleria d'Arte Moderna. Opere del Novecento (K), Mi. 1974 (Musei e gallerie di Milano)
Caramel/Pirovano I, 1975 ...	L. Caramel/C. Pirovano, Galleria d'Arte Moderna. Opere dell'Ottocento (K), I–III, Mi. 1975 (Musei e gallerie di Milano)
Cassan, Auvergne, 1984	C. G. Cassan, Les orfèvres de la juridiction monétaire de Riom – Auvergne, Bourbonnais, Marche, Velay – du XVIe au XIXe siècle et leurs poinçons, P. 1984
Cassan, Avignon, 1984	C. G. Cassan, Les orfèvres d'Avignon et du Comtat Venaissin, P. 1984
Cassan, Normandie, 1980	C. G. Cassan, Les orfèvres de la Normandie du XVIe au XIXe siècle et leurs poinçons, P. 1980
Casson, 1967	M. Casson, Pottery in Britain today, Lo. 1967
Castel/Thomas/Daniel, 1987	Y.-P. Castel/G.-M. Thomas/T. Daniel, Artistes en Bretagne, Quimper 1987
Cat. Brit. Mus., Drawings Brit. artists I, 1898 ...	Catalogue of drawings by British artists and artists of foreign origin working in Great Britain, preserved in the Department of Prints and Drawings in the British Museum, I–IV, Lo. 1898–1907
Cat. Brit. Mus., Engraved Brit. portr. I, 1908 ...	Catalogue of engraved British portraits preserved in the Department of Prints and Drawings in the British Museum, I–VI, Lo. 1908–25
Cat. Veneto I, 1974 ...	Catalogo degli artisti del Veneto, I–II, Mi. 1974
Catalano, 1981	G. Catalano, The years of hope. Australian art and criticism 1959–1968, Mb. 1981
CatBolaffiArch, 1966	Catalogo Bolaffi dell'architettura italiana 1963–66, T. 1966
CatBolaffiArtMod, 1966	Catalogue Bolaffi d'art moderne. Le marché de Paris, T./P. 1966
CatBolaffiGraf I, 1970 ...	Catalogo nazionale Bolaffi della grafica, I ss., T. 1970 ss.
CatBolaffiMod I, 1962 ...	Catalogo nazionale Bolaffi d'arte moderna, I ss., T. 1962 ss.
CatBolaffiNaïf III, 1977	Catalogo nazionale Bolaffi dei naïfs, III, T. 1977
CatBolaffiOtt I, 1964 ...	Catalogo Bolaffi della pittura italiana dell'800, I ss., T. 1964 ss.
CatBolaffiScult I, 1976 ...	Catalogo nazionale Bolaffi della scultura, I ss., T. 1976 ss.
Catello, Argenti, 1972 ...	E. und C. Catello, Argenti napoletani dal XVI al XIX secolo, N. 1972 (Ausg. Banco di Napoli); 1973
Catello, Oreficeria, 1975	E. und C. Catello, L'oreficeria a Napoli nel XV secolo, N. 1975
CatPittItal'300/'700, 1985	Catalogo della pittura italiana dal'300 al '700, Mi. 1985
Cavalcanti I, 1973 ...	C. Cavalcanti (Ed.), Dicionário brasileiro de artistas plásticos, I ss., Brasília 1973 ss. (Coleção dicionários especializados, 5)
Ceán Bermúdez I, 1800 ...	J. A. Ceán Bermúdez, Diccionario histórico de los más ilustres profesores de las Bellas Artes en España, I–VI, Ma. 1800 (Repr. 1965)
Ceci, 1911	G. Ceci, Saggio di una bibliografia per la storia delle arti figurative nell'Italia meridionale, Bari 1911

Ceci I, 1937 ...	G. Ceci, Bibliografia per la storia delle arti figurative nell'Italia meridionale, I–II, N. 1937
Celio, ed. *Zocca*, 1967	G. Celio, Memoria delli nomi dell'artefici delle pitture che sono in alcune chiese, facciate, e palazzi di Roma, N. 1638 (Faks. Mi. 1967, ed. Zocca)
Cerny, 1978	W. Cerny, Mitglieder der Wiener Akademie, W. 1978
Červonnaja, 1978	S. M. Červonnaja, Živopis' avtonomnych respublik RSFSR, Mo. 1978
Červonnaja, 1984	S. M. Červonnaja, Chudožniki Sovetskoj Tatarii, Kazan' 1984
Chaffers, 1883	W. Chaffers, Gilda aurifabrorum. History of English goldsmiths and plateworkers and their marks stamped on plate, Lo. 1883
Chamot/Farr/Butlin I, 1964 ...	M. Chamot/D. Farr/M. Butlin, The modern British paintings, drawings and sculpture (K), I–II, Lo. 1964 (Tate Gallery catalogues)
Champeaux, 1886	A. de Champeaux, Dictionnaire des fondeurs, ciseleurs, modeleurs en bronze et doreurs, A-C, P./Lo. 1886
Chan-Magomedow, 1983	S. O. Chan-Magomedow, Pioniere der sowjetischen Architektur, D. 1983 (unveränderter Nachdr. 1988)
Chapuis, 1917	A. Chapuis, Histoire de la pendulerie neuchâteloise, P./Neuchâtel 1917
Chapuis, 1931	A. Chapuis, Pendules neuchâteloises. Documents nouveaux, Neuchâtel 1931
Chatzidakis I, 1987	M. Chatzidakis, Ellines zografoi meta tin alosi (1450–1830), I, At. 1987
Chavarri, 1976	R. Chavarri, Artistas contemporáneas en España, Ma. 1976
Ch'en Chih-Mai, 1966	Ch'en Chih-Mai, Chinese calligraphers and their art, Lo./N. Y. 1966
Chodyński, Spis, 1981	A. R. Chodyński, Spis bursztynników gdańskich od XVI do początku XIX wieku, in: Rocznik Gdański 41:1981 (1) 193–214
Chodyński, Uwagi, 1976	A. R. Chodyński, Uwagi o złotnikach i srebrnikach działających w Gdańsku, in: Biuletyn historii sztuki 38:1976 (2) 109–112
Christou, 1988	Ch. Christou (Ed.), Greek artists abroad, At. 1988
Chroniko, 1972	Chroniko 1972. Kallitechnike pneumatike zoe ..., At. 1972
ChudKazachstana, 1987	Chudožniki Kazachstana. Spravočnik, Alma-Ata 1987
ChudSSSR I, 1970 ...	Chudožniki narodov SSSR. Biobibliografičeskij slovar', I ss., Mo. 1970 ss.
Cien años I, 1988 ...	Cien años de pintura en España y Portugal (1830–1930), I–XI, Ma. 1988–93
Cipriani, Indice, 1966	R. Cipriani, Indice del codice diplomatico artistico di Pavia dall'anno 1350 al 1550, ed. R. Maiocchi, Mi. 1966
Clapp I, 1970 ...	J. Clapp, Sculpture index, I–II, Metuchen, N. J. 1970
Clark, Ceramics, 1987	G. Clark, American ceramics, 1867 to the present, N. Y. 1987
Clark, Ohio, 1932	E. M. Clark, Ohio art and artists, Richmond 1932
Clarke, 1969	B. F. L. Clarke, Church builders of the 19th century, Newton Abbot 1969
Claussen, 1987	P. C. Claussen, Magistri doctissimi romani, St. 1987 (Forschungen zur Kunstgeschichte und christlichen Archäologie, 14. Corpus Cosmatorum, 1)
Coekelberghs, 1976	D. Coekelberghs, Les peintres belges à Rome de 1700 à 1830, Br./R. 1976
Coll. De Vinck I, 1909 ...	Bibliothèque Nationale, Un siècle d'histoire de France par l'estampe, 1770–1871. Collection De Vinck : inventaire analytique, P. 1909–1979
Collins I, 1973 ...	J. L. Collins, Women artists in America, Chattanooga (Tenn.), I 1973, II 1975
Colnaghi, 1928 ...	Sir D. E. Colnaghi, A dictionary of Florentine painters from the 13th to the 17th centuries, ed. G. Konody/S. Brinton, Lo. 1928; neue Ausg. (mit Introductory Essays und Indices), ed. C. E. Malvani, Fi. 1986
Colophons I, 1965 ...	Bénédictins du Bouveret, Colophons de manuscrits occidentaux dès origines au XVIe siècle, I–V, Fribourg 1965–79 (Spicilegii Friburgensis subsidia, 2–6)
Colvin, 1954 ...	H. M. Colvin, A biographical dictionary of English (British) architects 1660 to 1840 (1600 to 1840), Lo. 1954; ^{2}1978; New Haven ^{3}1995
Comanducci I, 1970 ...	A. M. Comanducci, Dizionario illustrato dei pittori, disegnatori e incisori italiani moderni e contemporanei, I–V, Mi. ^{4}1970–74 und I ^{5}1982
Concioni/Ferri/Ghilarducci, 1988	G. Concioni/C. Ferri/G. Ghilarducci, Pittori rinascimentali a Lucca, Lucca 1988
ContempArtists, 1977 ...	Contemporary artists, Lo. 1977; ^{2}1983 (Contemporary arts series); Chicago u.a. ^{4}1996
ContempDesigners, 1984 ...	Contemporary designers, Lo./Chicago 1984; ^{2}1985; ^{5}1990
Coomaraswamy, 1927 ...	A. K. Coomaraswamy, Geschichte der indischen und indonesischen Kunst, L. 1927 (Repr. St. 1965)
Cora, 1973	G. Cora, Storia della maiolica di Firenze e del contado. Secoli XIV e XV, I–II, Fi. 1973
Cormack, 1985	M. Cormack, A concise catalogue of painting in the Yale Center for British Art, New Haven 1985
Corna I, 1930 ...	A. Corna, Dizionario della storia dell'arte in Italia, I–II, Piacenza ^{2}1930
Corresp. des Directeurs I, 1887 ...	A. de Montaiglon/J. Guiffrey (Ed.), Correspondance des directeurs de l'Académie de France à Rome, (1666–1804), I–XVII, P. 1887–1908, XVIII: P. Cornu (Ed.), Table générale, P. 1912; N. S., I: G. Brunel (Ed.), Répertoires, R. 1979; N. S., II: G. Brunel/I. Julia, Directorat de Suvée, 1795–1807, I–II, R. 1984
Cotarelo y Mori I, 1913 ...	E. Cotarelo y Mori, Diccionario biográfico y bibliográfico de calígrafos españoles, Ma., I 1913, II 1916
Couselo Bouzas, 1932	J. Couselo Bouzas, Galicia artística en el siglo XVIII y primer tercio del XIX, Santiago de Compostela 1932
Couselo Bouzas, 1950	J. Couselo Bouzas, La pintura gallega, La Coruña 1950

Crd'A	Critica d'arte (Fi.) 1:1935 ss.
Creative Canada I, 1971 ...	Creative Canada, Tor., I 1971, II 1972
Cresti/Zangheri, 1978	C. Cresti/L. Zangheri, Architetti e ingegneri nella Toscana dell'Ottocento, Fi. 1978
Crivelli, 1966	A. Crivelli, Artisti ticinesi in Russia, Locarno 1966 (Artisti ticinesi nel mondo, 1)
Crivelli, 1969	A. Crivelli, Artisti ticinesi da Baltico al Mar Nero, Locarno 1969
Crivelli, 1970	A. Crivelli, Artisti ticinesi in Europa, Locarno [u.a.] 1970
Crivelli, 1971	A. Crivelli, Artisti ticinesi in Italia, Locarno [u.a.] 1971
Croft-Murray/Hulton I, 1960 ...	E. Croft-Murray/P. Hulton, Catalogue of British drawings in the British Museum, I: XVI and XVII centuries, Lo. 1960
Crookshank/The Knight of Glin, 1978	A. Crookshank/The Knight of Glin, The painters of Ireland c. 1660–1920, Lo. 1978
Crowe/Cavalcaselle I, 1903 ...	J. A. Crowe/G. B. Cavalcaselle, A history of painting in Italy, ed. L. Douglas/T. Borenius, I–VI, Lo. 1903–40 und andere Ausg.
ČSM	Časopis Slezského muzea (Opava), Ser. B, 1:1951 ss.; ab 40:1991 u.d.T.: Časopis Slezského zemského muzea
Čuchovski, 1971	P. Čuchovski, Săvremenna bălgarska grafika, Sofija 1971
Cummings, 1966 ...	P. Cummings, A dictionary of contemporary American artists, N. Y. 1966; ^{2}1968; 1971; ^{5}1988
Czeike I, 1992 ...	F. Czeike, Historisches Lexikon Wien, I–V, W. 1992–97

D

DA I, 1996 ...	The dictionary of art, ed. J. Turner, I–XXXIV, Lo./N. Y. 1996
Dacier, 1925	E. Dacier, La gravure de genre et de mœurs, P./Br. 1925 (La gravure en France au XVIIIe siècle)
Dacier, 1944	E. Dacier, La gravure française, P. 1944
Dalla Vestra, 1975	G. Dalla Vestra, I pittori bellunesi prima dei Vecellio, Ve. 1975
Danckert, 1954 ...	L. Danckert, Handbuch des europäischen Porzellans, M. 1954; 1978; ^{5}1984; 1992
D'Ancona/Aeschlimann, 1940 ...	P. D'Ancona/E. Aeschlimann, Dictionnaire des miniaturistes du moyen âge et de la Renaissance dans les différentes contrées de l'Europe, Mi. 1940; ^{2}1949 (Repr. Nendeln 1969)
Darmon, 1927	J.-E. Darmon, Dictionnaire des peintres miniaturistes sur vélin, parchemin, ivoires et écaille, P. 1927
Das, 1978	A. K. Das, Mughal painting during Jahangir's time, Calcutta 1978
Davidson I, 1988 ...	M. G. Davidson, Kunst in Deutschland 1933–1945, I–III, Tb. 1988–95
DAVV I, 1982 ...	Diccionario de las artes visuales en Venezuela, Caracas, I 1982, II 1984
Davydova, 1974	M. V. Davydova, Očerki istorii russkogo teatral'no-dekoracionnogo iskusstva XVIII – načala XX veka, Mo. 1974
Day I, 1967 ...	H. A. E. Day, East Anglian painters, I–III, Eastbourne 1967–69
DBA, 1993	Directory of British architects 1834–1900, Lo. 1993
DBEC I, 1970 ...	Diccionario biográfico español contemporáneo, I–III, Ma. 1970
DBF I, 1933 ...	Dictionnaire de biographie française, sous la direction de J. Balteau/M. Barroux/M. Prévost, I ss., P. 1933 ss.
DBFC, 1950	Dictionnaire biographique français contemporain, P. 1950
DBI I, 1960...	Dizionario biografico degli Italiani, I ss., R. 1960 ss.
DBJb	Deutsches Biographisches Jahrbuch, St. 1914 ss. (Forts. von Biographisches Jahrbuch und deutscher Nekrolog, ed. A. Bettelheim)
DCB I, 1966 ...	Dictionary of Canadian biography, I ss., Tor. 1966 ss.
DČVU 1. 1, 1984 ...	Dějiny českého vytvarného umění, 1. 1-2. 2, Praha 1984–89
De Angelis, Scen., 1938	A. De Angelis, Scenografi italiani di ieri e di oggi, R. 1938
De Benedictis, 1979	C. de Benedictis, La pittura senese 1330–1370, Fi. 1979 (Istituto di Storia dell'Arte, Università di Firenze. Monografie e studi. Sez. 1a Medioevo e Rinascimento)
De Gubernatis, 1889 ...	A. De Gubernatis, Dizionario degli artisti italiani viventi, pittori, scultori e architetti, Fi. 1889; ^{2}1901; ^{3}1906
De Maere/Wabbes, 1994	J. de Maere/M. Wabbes, Illustrated dictionary of 17th century Flemish painters, I–III, Br. 1994
De Micheli/Margonari I, 1972 ...	M. De Micheli/R. Margonari, Naïfs italiani, I–II, Parma 1972–74
De Vita, 1970	C. De Vita, Armaioli romani. Dagli archivi dell'Università e della Confraternita di Sant'Eligio dei Ferrari in Roma, R. 1970
DEAU I, 1968 ...	Dizionario enciclopedico di architettura e urbanistica, ed. P. Portoghesi, I–VI, R. 1968–69
DEB I, 1972 ...	Dizionario enciclopedico Bolaffi dei pittori e degli incisori italiani. Dall' XI al XX secolo, I–XI, T. 1972–76
Debiaggi, 1968	C. Debiaggi, Dizionario degli artisti valsesiani dal secolo XIV al XX, Varallo 1968
Dehio-..., 1905 ...	Handbuch der deutschen Kunstdenkmäler, begründet von G. Dehio, teilweise fortgef. von E. Gall, Neubearb. besorgt durch die Dehio-Vereinigung, B. u.a. 1905 ss.
Dehio-..., 1953 ...	G. Dehio, Handbuch der Österreichischen Kunstdenkmäler, W./M. 1953 ss.
Delaire, 1907	E. Delaire, Les architectes élèves de l'Ecole des Beaux-Arts 1793–1907, P. ^{2}1907
D'Elia, 1970	P./M. D'Elia, I pittori del Guercio, Molfetta 1970
Delogu, 1930	G. Delogu, Pittori veneti, minori del '700, Ve. 1930
Delouche, 1977	D. Delouche, Peintres de la Bretagne, P. 1977

	Denaro, 1972	V. F. Denaro, The goldsmiths of Malta and their marks, Fi. 1972 (Arte e archeologia. Studi e documenti, 3)
	Devauchelle I, 1959 ...	R. Devauchelle, La reliure en France de ses origines à nos jours, I–III, P. 1959–61
	Dicc. biogr. I, 1966 ...	Diccionari biogràfic, I–IV, Ba. 1966–70
	Dickason Cederholm, 1973	T. Dickason Cederholm, Afro-American artists, Boston 1973
	DictNatContemp I, 1906 ...	Dictionnaire national des contemporains, I–V, P. 1906
	DictWelshBiogr, 1959	The dictionary of Welsh biography down to 1940, Lo. 1959
	Dimier I, 1928 ...	L. Dimier (Ed.), Les peintres français du XVIIIe siècle, I–II, P./Br. 1928–30
	Dinova-Ruseva, 1975	V. Dinova-Ruseva, Bălgarska scenografija, Sofija 1975
	Dixon/Muthesius, 1978	R. Dixon/S. Muthesius, Victorian architecture, Lo. 1978 (The world of art library)
	DizBiogrMerid I, 1974 ...	Dizionario biografico dei meridionali, I–III, N. 1974
	DizBolaffiScult, 1972	Dizionario Bolaffi degli scultori italiani moderni, T. 1972
	DizESA I, 1968 ...	Gli anni '60 dell'arte italiana, I ss., Piacenza 1968 ss. (später: Gli anni '60 e '70 dell'arte italiana bzw. Dizionario E. S. A. Gli anni '60 e '70)
	DizPittMantovani I, 1974 ...	Dizionario dei pittori mantovani, I–II, Mantova 1974–75
	DKL I, 1979 ...	Dansk kunsthåndværker leksikon, Red.: V. Bruun u.a., I–II, Kph. 1979
	Dlabacž, 1815 ...	G. J. Dlabacž, Allgemeines historisches Künstler-Lexikon für Böhmen und zum Theil auch für Mähren und Schlesien, 3 Bde in 1 Bd, Prag 1815 (Repr. Hildesheim/N. Y. 1973)
	DNB I, 1885 ...	Dictionary of national biography, I–LXIII und Suppl. I–III, Lo. 1885–1901 und spätere Ausg.
	Dobai I, 1974 ...	J. Dobai, Die Kunstliteratur des Klassizismus und der Romantik in England, I–III, Bern 1974–77, Reg.-Bd 1984
	Don Riccardo I, 1972 ...	Don Riccardo [R. Arciello], Artecatalogo Vesuvio, I–III, R. 1972–73
	Donati, 1961	U. Donati, Artisti ticinesi a Venezia, Lugano 1961
	Donzelli, 1957	C. Donzelli, I pittori veneti del Settecento, Fi. 1957
	Donzelli/Pilo, 1967	C. Donzelli/G. M. Pilo, I pittori del Seicento veneto, Fi. 1967
	DPB I, 1995 ...	Le dictionnaire des peintres belges du XIVe siècle à nos jours depuis les premiers maîtres des anciens Pays-Bas méridionaux et de la Principauté de Liège jusqu'aux artistes contemporains, I–III, Br. 1995
	DPEE I, 1994 ...	Diccionario de pintores y escultores españoles del siglo XX, I ss., Ma. 1994 ss.
	DPM I/1, 1979 ...	Diccionario biográfico enciclopedico de la pintura mexicana, I ss., Méx. 1979 ss.
	Drăguţ, 1976	V. Drăguţ/V. Florea/D. Grigorescu/M. Mihalache, Pictura românească în imagini, Bu. ^{2}1976
	Dressler II, 1930 ...	W. O. Dressler (Ed.), Dresslers Kunsthandbuch, II: Das Buch der lebenden deutschen Künstler, Altertumsforscher, Kunstgelehrten und Kunstschriftsteller, B. ^{9}1930
	Drexler, 1977	A. Drexler (Ed.), Museum of Modern Art. Architecture of the Ecole des Beaux-Arts (K), N. Y. 1977
	Du Camp, 1855	M. Du Camp, Les Beaux-Arts à l'Exposition Universelle de 1855, P. 1855
	Du Peloux I, 1930 ...	C. Du Peloux de Saint Romain, Répertoire biographique et bibliographique des artistes du XVIIIe siècle français, P., I 1930, II 1941
	Dugast/Parizet I, 1990 ...	A. Dugast/I. Parizet, Dictionnaire par noms d'architectes des constructions élevées à Paris aux XIXe et XXe siècles, première sér., P., I 1990, II 1991, III 1993
	Duncan, 1986	A. Duncan, Art déco. Die Möbelkunst der französischen Designer, St. 1986
	Dunford, 1990	P. Dunford, A biographical dictionary of women artists in Europe and America since 1850, Philadelphia 1990
	Dzantiev, 1982 ...	A. A. Dzantiev, Chudožniki severnoj Osetii. Naučno-bibliografičeskij spravočnik, Ordžonikidze 1982; Le. 1988
	Dznuni, 1977	D. Dznuni, Hay kerparvestagetner. Hamařot bařaran, E. 1977 (Armen. Künstler)
E	EAA I, 1958 ...	Enciclopedia dell'arte antica classica e orientale, R., I–VII, (1958–66), Suppl. 1970 (1973), Atlante (1973, 1981)
	EAAm I, 1968 ...	Enciclopedia del arte en América, ed. V. Gesualdo, 5 Bde (Historia I–II, Biografias I–III), Bs.As. 1968 (zit. werden die Bde der Biografias)
	EAPD, 1989	C. Gerón, Enciclopedia de las artes plásticas dominicanas (1844–1988), Santo Domingo 1989
	EB I, 1965 ...	Encyclopaedia Britannica, ed. W. E. Preece, I–XXIV, Chicago [u.a.] 1965 *sowie* The new encyclopaedia Britannica, 15. ed., 1991 ss.
	Ebertshäuser, 1979	H. C. Ebertshäuser, Malerei im 19. Jahrhundert. Münchner Schule, M. 1979
	EČSF, 1993	Encyklopedie českých a slovenských fotografů, Praha 1993
	EČVU, 1975	Encyklopedie českého výtvarného uměni, Praha 1975
	Edouard-Joseph I, 1930 ...	R. Edouard-Joseph, Dictionnaire biographique des artistes contemporains 1910–1930, I–IV, P. 1930–37
	Edwards/Jourdain, 1944 ...	R. Edwards/M. Jourdain, Georgian cabinetmakers, Lo. 1944; ^{2}1946
	Egg, 1970 ...	E. Egg, Kunst in Tirol. Baukunst und Plastik Inn./W./M. 1970; 1973
	Egg, 1972	E. Egg, Kunst in Tirol. Malerei und Kunsthandwerk, Inn./W./M. 1972
	EHU I, 1995 ...	Enciklopedija hrvatske umjetnosti, I–II, Zagreb 1995–96
	EI I, 1929 ...	Enciclopedia italiana di science, lettere ed arti, R. I–XXXV 1929–37, App. 1938–61 (4 Bde), Ind. 1939 und 1952 (2 Bde)

EIIB I, 1980 ... Enciklopedija na izobrazitelnite izkustva v Bălgarija, I ss., Sofija 1980 ss.
Eisenberg I, 1889 ... L. Eisenberg, Das geistige Wien. Künstler- und Schriftsteller-Lexikon, I–V, W. 1889–93
EKABL, 1996 Eesti kunsti ja arhitektuuri biograafiline leksikon, Tallinn 1996
El Nouty, 1953 H. El Nouty, Les peintres français en Egypte au XIXe siècle, Diss. Paris 1953
ĖLM I, 1984 ... Ėncyklapedyja litaratury i mastactva Belarusi, I–V, Minsk 1984–87
ELU I, 1959 ... Enciklopedija likovnih umjetnosti, I–IV, Zagreb 1959–66
Emert, 1939 G. B. Emert, Fonti manoscritte inedite per la storia dell'arte nel Trentino, Fi. 1939 (Raccolta di fonti per la storia dell'arte, 3)
Engen, 1979 R. K. Engen, Dictionary of Victorian engravers, print publishers and their works, C. 1979
Engen, 1985 R. K. Engen, Dictionary of Victorian wood engravers, C. 1985
Enggass, 1976 R. Enggass, Early eighteenth-century sculpture in Rome, I–II, Philadelphia 1976
Ensko, 1948 ... S. G. C. Ensko, American silversmiths and their marks, N. Y. 1948 (Repr. 1983)
Ėrmitaž, 1991 Ėrmitaž. Istorija stroitel'stva i architektura zdanij, Red.: B. B. Piotrovskij, Le. 1991
ESlov I, 1977 ... Encyklopédia SLOVENSKA, I ss., Bra. 1977 ss.
Esnault I, 1899 ... G.-R. Esnault, Dictionnaire des artistes et artisans manceaux, I–II, Laval 1899
ESp I, 1954 ... Enciclopedia dello spettacolo, I–IX, Aggiornamenti (ab 1955) und Indice-Repert. (1968), R. 1954–62, 1966 ss.
Espín Rael, 1986 J. Espín Rael, Artistas y artífices levantinos, Murcia 1986
EU SEDA I, 1969 ... Enciclopedia universale SEDA dell'arte moderna, I–VIII, Mi. 1969
EUA I, 1958 ... Enciclopedia universale dell'arte, ed. M. Pallottino, Ve./R., I–XV 1958–67 (unveränd. Nachdr. 1971–72); Suppl. 1978
EUI I, 1908 ... Enciclopedia universal ilustrada europeo-americana, Ma., I–LXX 1908–30, Ap. 1–10 1930–33, Supl. 1934 (1935)-1987/88 (1991), Index 1934–80 (1991)
Evers, 1983 U. Evers, Deutsche Künstlerinnen des 20. Jahrhunderts, Ha. 1983
EWA I, 1959 ... Encyclopedia of world art, I–XV, N. Y./Tor./Lo. 1959–68; revised printing 1971–72 (12 Bde). Engl. Ausg. der Enciclopedia universale dell'arte

F

Fabiani, 1961 G. Fabiani, Artisti del Sei-Settecento in Ascoli, Ascoli Piceno 1961
Fagiolo dell'Arco, 1966 M. Fagiolo dell'Arco, Rapporto 60. Le arti oggi in Italia, R. 1966
Fajnberg, 1983 A. B. Fajnberg, Chudožniki Tatarii, Le. 1983
Faldi, 1970 I. Faldi, Pittori viterbesi di cinque secoli, R. 1970
Falk, 1985 P. H. Falk, Who was who in American art, Madison, Conn. 1985
Falk/Archer, 1981 T. Falk/M. Archer, Indian miniatures in the India Office Library (K), Lo./Delhi/Karachi 1981
Falossi, PPC, 1966 ... G. Falossi (Ed.), Pittori e pittura contemporanea. Quotazioni e prezzi degli artisti italiani, Mi. 1966 ss. (1984 u.d.T.: Dizionario della pittura italiana contemporanea)
Fanelli/Godoli I, 1990 ... G. Fanelli/E. Godoli, Dizionario degli illustratori simbolisti e art nouveau, I–II, Fi. 1990
Fanucci Lovitch, 1991 M. Fanucci Lovitch, Artisti attivi a Pisa fra XIII e XVIII secolo, Pisa 1991
Fanucci Lovitch II, 1995 M. Fanucci Lovitch, Artisti attivi a Pisa fra XIII e XVII secolo, II, Pisa 1995
Farr Thompson, 1970 N. R. Farr Thompson, A checklist of artists in New Orleans in the 19th century, Magisterarbeit Louisiana State University, New Orleans 1970
Favaro, 1975 E. Favaro, L'arte dei pittori in Venezia e i suoi statuti, Fi. 1975 (Università di Padova. Pubblicazioni della Facoltà di lettere e filosofia, 55)
Feddersen, 1984 B. H. Feddersen, Schleswig-Holsteinisches Künstlerlexikon, Bredstedt 1984
Fel'kerzam, 1907 A. E. Fel'kerzam, Alfavitnyj ukazatel' Sankt Peterburgskich zolotych i serebrjanych del masterov, juvelirov, graverov i proč. 1714–1814, StP. 1907 (Beil. der Zs. Starye gody)
Fielding, 1984 ... Mantle Fielding's dictionary of American painters, sculptors and engravers, new completely revised, enlarged and updated ed. by G. B. Opitz, Poughkeepsie, N. Y. 1984 und spätere Aufl.
Fielding/Carr, 1926 ... Mantle Fieldings dictionary of American painters, sculptors and engravers, comp. by J. F. Carr, N. Y. 1965 (Repr. der Ausg. von 1926)
Figueroa, 1887 P. P. Figueroa, Diccionario biográfico chileno (1550–1887), S. Ch. 1887
Filangieri I, 1891 ... G. Filangieri, Indice degli artefici delle arti maggiori e minori, I–II, Napoli 1891 (Documenti per la storia, le arti e le industrie delle provincie napoletane, V. VI)
Filippini/Zucchini, Sec. XIII–XIV, 1947 F. Filippini/G. Zucchini, Miniatori e pittori a Bologna. Documenti dei secoli XIII e XIV, Fi. 1947 (Raccolta di fonti per la storia dell'arte, 6)
Filippini/Zucchini, Sec. XV, 1968 F. Filippini/G. Zucchini, Miniatori e pittori a Bologna. Documenti del secolo XV, R. 1968 (Accademia Nazionale dei Lincei. Fonti e documenti inediti per la storia dell'arte, 3)
Fincham, 1897 H. W. Fincham, Artists and engravers of British and American book plates, Lo. 1897
Fiori, 1971 G. Fiori, Architetti, scultori e artisti minori piacentini, in: Bolletino storico piacentino 66:1971, 53–70
Fischnaler, 1934 K. Fischnaler, Innsbrucker Chronik, V: Neue Beiträge mit dem Innsbrucker Künstler-Kreis 1209–1928, Inn. 1934
Fisher, 1972 S. W. Fisher, A dictionary of watercolour painters 1750–1900, Lo. 1972
Fisković, 1959 C. Fisković, Zadarski sredovječni majstori, Split 1959
Fleischhauer, 1958 W. Fleischhauer, Barock im Herzogtum Württemberg, St. 1958
Fleischhauer, 1971 W. Fleischhauer, Renaissance im Herzogtum Württemberg, St. 1971
Flemig, 1993 K. Flemig, Karikaturisten-Lexikon, M. u.a. 1993

Fleury, 1969	M.-A. Fleury, Documents du Minutier Central concernant les peintres, les sculpteurs et les graveurs au XVIIe siècle (1600–1650), I, P. 1969
Flippo, 1981	W. G. Flippo (Ed.), Lexicon of the Belgian romantic painters, Ant. 1981
FlorMitt	Mitteilungen des Kunsthistorischen Institutes in Florenz (Fi. u.a.) 1:1908/11 (1911) ss.
Focke, 1890	J. Focke, Bremische Werkmeister aus älterer Zeit, Bremen 1890
Forrer I, 1904 ...	L. Forrer, Biographical dictionary of medallists, I–VIII, Lo. 1904–30 (Repr. N. Y. 1970; Lo. 1979–80)
Foskett I, 1972 ...	D. Foskett, A dictionary of British miniature painters, I–II, Lo. 1972
Foster, 1926	J. J. Foster, A dictionary of painters of miniatures, Lo. 1926
Foucart, 1987	B. Foucart, Le renouveau de la peinture religieuse en France 1800–1860, P. 1987
Frantziskakis, 1957	E. K. Frantziskakis, Ellines zografoi tou dekatou enatou aionos, At. 1957
Frédéric I, 1977 ...	L. Frédéric, Encyclopaedia of Asian civilizations, I–XI, Villecresnes, P. 1977–87
Fredericksen/Zeri, 1972	B. B. Fredericksen/F. Zeri, Census of pre-nineteenth-century Italian paintings in North American Public Collections, C., Mass. 1972
Fremantle, 1975	R. Fremantle, Florentine Gothic painters, Lo. 1975
Friedenthal, 1931	A. Friedenthal, Die Goldschmiede Revals, Lübeck 1931 (Quellen und Darstellungen zur hanseatischen Geschichte, N. F., 8)
Friedrichs I, 1971 ...	E. Friedrichs (Ed.), Lebensbilder-Register. Alphabetisches Verzeichnis der in den deutschen regionalen „Lebensbilder"-Sammelbänden behandelten Personen, Neustadt/Aisch, I 1971, II 1985
Fuchs, Geb. Jgg. I, 1976 ...	H. Fuchs, Die österreichischen Maler der Geburtsjahrgänge 1881–1900, I–II, W. 1976–77
Fuchs, Maler (19. Jh.) I, 1972 ...	H. Fuchs, Die österreichischen Maler des 19. Jahrhunderts, I–IV, W. 1972–74; Erg.-Bde I–II, 1978–79
Fuchs, Maler (20. Jh.) I, 1985 ...	H. Fuchs, Die österreichischen Maler des 20. Jahrhunderts, I–IV, W. 1985–86; Erg.-Bde I–II, 1991–92
G *Gabibov/Novruzova*, 1978	N. D. Gabibov/D. G. Novruzova (Ed.), Izobrazitel'noe iskusstvo Azerbajdžanskoj SSSR, Mo. 1978
Gahlnbäck, 1925	J. Gahlnbäck, Zinn und Zinngießer in Finnland, Helsinki 1925
Gahlnbäck, 1928	J. Gahlnbäck, Russisches Zinn, Mo., I 1928
Gahlnbäck, 1929	J. Gahlnbäck, Zinn und Zinngießer in Liv-, Est- und Kurland, Lübeck 1929 (Quellen und Darstellungen zur Hansischen Geschichte, N. F., 7)
Gaibi, 1978	A. Gaibi, Armi da fuoco italiane dal Medioevo al Risorgimento, Busto Arsizio 1978
Galaz/Ivelič, 1981	G. Galaz/M. Ivelič, La pintura en Chile, Valparaiso 1981
Galetti/Camesasca I, 1951 ...	U. Galetti/E. Camesasca, Enciclopedia della pittura italiana, I–III, Mi. 1951
Gall. Uffizi, 1979 ...	Gli Uffizi. Catalogo generale, Fi. 1980
Gallet, 1995	M. Gallet, Les architectes parisiens du XVIIIe siècle. Dictionnaire biographique et critique, P. 1995
Gamulin I, 1987 ...	G. Gamulin, Hrvatsko slikarstvo XX. stoljeća, Zagreb, I 1987, II 1988 (Povijest umjetnosti u Hrvatskoj)
García Chico I, 1940 ...	E. García Chico, Documentos para el estudio del arte en Castilla, I–III, Vd. 1940–46
Gardner, Stonecutters, 1945	A. T. E. Gardner, Yankee stonecutters. The first American school of sculpture, 1800–1850, N. Y. 1945
Garrison, 1949 ...	E. B. Garrison, Italian Romanesque panel painting, Fi. 1949 (Repr. N. Y. 1976)
Garrut, 1974	J. M. Garrut, Dos siglos de pintura catalana (XIX–XX), Ma. 1974
Garzelli I, 1985 ...	Miniatura fiorentina del Rinascimento 1440–1525, ed. A. Garzelli, I–II, Fi. 1985 (Inventari e cataloghi toscani, 18; 19)
Gaudriault, 1988	R. Gaudriault, Répertoire de la gravure de mode française des origines à 1815, P. 1988
Gaya Nuño, 1964	J. A. Gaya Nuño, La pintura española en los museos provinciales, Ma. 1964
Gaya Nuño, 1968	J. A. Gaya Nuño, Historia y guía de los museos de España, Ma. 1968
GBA	Gazette des Beaux-Arts (P.) 1:1859 ss.
GEA, ..., 1985	Guide to exhibited artists. Craftsmen. European painters. North American painters. Printmakers. Sculptors, Ox. 1985
Gelsted, 1942	O. Gelsted, Gelsteds kunstner-leksikon, med 1100 biografier af danske billedhuggere, malere, grafikere og dekorative kunstnere fra 1900–1942, Kph. 1942
Gente nostra I, 1968 ...	Gente nostra. Artisti italiani contemporanei, I–III, T. 1968–70
GEPB I, 1936 ...	Grande enciclopédia portuguesa a brasileira, I–XXXVII, Li./Rio 1936–58, Erg.-Bde
Germaine, 1979	M. Germaine, Artists and galleries of Australia and New Zealand, Sydney [u.a.] 1979
Germaine, 1984 ...	M. Germaine, Artists and galleries of Australia, Brisbane 1984; Neuaufl. I–II, Sydney 1990; 1997 (CD-ROM)
Germaine, 1991	M. Germaine, A dictionary of women artists of Australia, Tortola 1991
Gestoso y Pérez I, 1899 ...	J. Gestoso y Pérez, Ensayo de un diccionario de los artífices que florecieron en Sevilla desde el siglo XIII al XVIII inclusive, I–III, Sevilla 1899–1908
Gesualdo/Biglione/Santos I, 1988 ...	V. Gesualdo/A. Biglione/R. Santos, Diccionario de artistas plásticos en la Argentina, I–II, Bs.As. 1988
Giannone, 1941	O. Giannone, Giunte sulle vite de' pittori napoletani, N. 1941 (R. Deputazione napoletana di storia patria. Memorie e documenti, 2)

Gibertini, 1964	D. Gibertini, Liste des horlogers genevois du XVIe siècle au milieu du XIXe siècle, in: Genava, N. S., 12:1964, 217–246
Gibson, 1975	A. H. Gibson, Artists of Early Michigan, Detroit 1975
Gillet, 1911	L. Gillet, Nomenclature des ouvrages de peinture, sculpture, architecture, gravure, lithographie ..., Saint-Denis 1911
Ginisty, 1916 ...	P. Ginisty, Les artistes morts pour la Patrie (août 1914-décembre 1915), P. 1916; 2. Ser. 1919
Giofyllis I, 1962 ...	F. Giofyllis, Istoria tis neoellinikis technis, At., I 1962, II 1963
Giraudet, 1885	E. Giraudet, Les artistes tourangeaux, Tours 1885
Giubbini, 1976	G. Giubbini, L'acquaforte originale in Piemonte e in Liguria 1860–1875, Ge. 1976
Gläser, 1930	K. Gläser, Berliner Porträtisten 1820–1852. Versuch einer Katalogisierung, B. 1930
Gmeiner/Pirhofer, 1985	A. Gmeiner/G. Pirhofer, Der Österreichische Werkbund, Sg./W. 1985
GNB I, 1978 ...	Genshoku gendai nihon no bijutsu (Moderne japanische Kunst in Farbe), I–XVIII, To. 1978–80
Gnoli, 1923	U. Gnoli, Pittori e miniatori nell'Umbria, Spoleto 1923
Godefroy, 1965	G. Godefroy, Les orfèvres de Lyon (1306–1791) et de Trévoux (1700–1786), P. 1965
Gol'cov, 1987	D. D. Gol'cov (Ed.), Izobrazitel'noe iskusstvo Sovetskoj Moldavii, Kišinev 1987
Golomshtok/Glezer, 1977	I. Golomshtok/A. Glezer, Unofficial art from the Soviet Union, Lo. 1977
Golubova, 1973	E. I. Golubova, Art of the autonomous republics of the Russian Federation, Le. 1973
Golzio/Zander, 1968	V. Golzio/G. Zander, L'arte in Roma nel secolo XV, Bo. 1968
González Echegaray, 1991	M. del C. González Echegaray u.a., Artistas cántabros de la Edad Moderna, Santander 1991
Gorčakov, 1964	V. A. Gorčakov, Chudožniki Kabardino-Balkarii, Le. 1964
Gordon-Brown, 1975	A. Gordon-Brown, Pictorial Africana, Cape Town/Rotterdam 1975
Gorenflo I, 1988 ...	R. M. Gorenflo, Verzeichnis der bildenden Künstler von 1880 bis heute, I–III, Rüsselsheim 1988
Granges de Surgères, 1893	M. de Granges de Surgères, Artistes français des XVIIe et XVIIIe siècles (1681–1787), P. 1893
Grant, Chronol-Hist I, 1926 ...	M. H. Grant, A chronological history of the old English landscape painters (in oil). From the 16th century to the 19th century, Leigh-on-Sea, I 1926, II 1926, III 1947; rev. und erw. Aufl., I–VIII, 1957–61 (Repr. 1971–74)
Grant, Dict., 1952	M. H. Grant, A dictionary of British landscape painters. From the 16th century to the early 20th century, Leigh-on-Sea 1952 (Repr. mit Suppl. 1970)
Grant, Etchers, 1952 ...	M. H. Grant, A dictionary of British etchers, Lo. 1952; ^{2}1953
Grant, Sculptors, 1953	M. H. Grant, A dictionary of British sculptors. From the XIIIth century to the XXth century, Lo. 1953
Grassi, 1966	L. Grassi, Province del Barocco e del Rococò, Mi. 1966
Graves, BI, 1908	A. Graves, The British Institution, 1806–1867. A complete dictionary of contributors and their work from the foundation of the Institution, Lo. 1908
Graves, Dict., 1884 ...	A. Graves, A dictionary of artists who have exhibited works in the principal London exhibition of oil painting from 1760 to 1893, Lo. 1884; ^{2}1895; ^{3}1901 (Repr. N. Y. 1970)
Graves, LE I, 1913 ...	A. Graves, A century of loan exhibitions, 1813–1912, I–V, Lo. 1913–15
Graves, RA I, 1905 ...	A. Graves, The Royal Academy of Arts. A complete dictionary of contributers and their work from its foundation in 1769 to 1904, I–VIII, Lo. 1905–06
Graves, Soc., 1907	A. Graves, The Society of Artists of Great Britain, 1760–1791. The Free Society of Artists, 1761–1783. A complete dictionary of contributors and their work from the foundation of the Society to 1791, Lo. 1907 (Faks.-Ausg. Bath 1969)
Graviroval'naja Palata, 1985	Graviroval'naja Palata Akademii Nauk XVIII veka. Sbornik dokumentov, Le. 1985
Gray, 1985	A. S. Gray, Edwardian architecture. A biographical dictionary, Lo. 1985
Gretenkord, 1993	B. Gretenkord, Künstler der Kolonialzeit in Lateinamerika, B. 1993
Grimwade, 1976	A. G. Grimwade, London goldsmiths, 1697–1837. Their marks and lives from the original registers at Goldsmith's Hall and other sources, Lo. 1976
Groce/Wallace, 1957 ...	G. C. Groce/D. H. Wallace, The New York Historical Society's dictionary of artists in America, 1564–1860, New Haven/Lo. 1957; ^{4}1969
Grodecki I, 1985 ...	C. Grodecki, Histoire de l'art au XVIe siècle, 1540–1600, P., I 1985, II 1986 (Documents du Minutier Central des Notaires de Paris)
Grotkamp-Schepers, 1980	B. Grotkamp-Schepers, Die Mannheimer Zeichnungsakademie (1756/69–1803) und die Werke der ihr angeschlossenen Maler und Stecher, He. 1980
Grzimek, 1974	W. Grzimek, Deutsche Bildhauer des zwanzigsten Jahrhunderts. Leben, Schulen, Wirkungen, Wb. 1974
GTG, 1986	Gosudarstvennaja Tret'jakovskaja Galereja. Istorija i kollekcii, Mo. 1986
GUDJ I, 1980 ...	Genshoku Ukiyo-e Daihyakka Jiten (Allgemeines enzyklopädisches Lexikon des Ukiyo-e), I–XI, To. 1980–82
Günter, 1929	H. Günter, Südwestdeutsche Kirchenmaler des Barock. Die Konstanzer und Freiburger Meister des 18. Jahrhunderts, Au. 1929
Gugong I, 1989 ...	Gugong shuhua tulu (Illustrierter Katalog der Malerei und Kalligraphie des Palastmuseums), I–XIII, Taibei 1989–94

	Guibert, 1908	L. Guibert, Catalogue des artistes limousins, in: Bulletin de la Société archéologique et historique du Limousin 58:1908, 119–209
	Guidi, 1932	M. Guidi, Dizionario degli artisti ticinesi, R. 1932
	Guiffrey, 1915 ...	J. Guiffrey, Histoire de l'Académie de Saint-Luc, P. 1915 (Archives de l'art français, nouv. pér., 9) (Repr. 1970)
	Gunnis, 1953 ...	R. Gunnis, Dictionary of British sculptors, 1660–1851, Lo. 1953; ^{2}1968
	Guo Weiqi, 1956	W. Guo, Song Yuan Ming Qing shu hua jia nianbiao (Chronologische Tabelle der Kalligraphen und Maler der Song-, Yuan-, Ming- und Qing-Zeit), Hongkong 1956
	Guyot de Fère, 1835	F.-F. Guyot de Fère, Statistique des beaux-arts, P. 1835
	Gwinner, 1862 ...	Ph. F. Gwinner, Kunst und Künstler in Frankfurt am Main. Vom 13. Jahrhundert bis zur Eröffnung des Städel'schen Kunstinstituts, Ffm. 1862; 1867 (Zusätze und Berichtigungen) (Repr. L. 1975)
H	*Hadfield/Harling/Highton*, 1980	M. Hadfield/R. Harling/L. Highton, British gardeners. A biographical dictionary, Lo. 1980
	Häberle, 1934	A. Häberle, Die Goldschmiede zu Ulm, Ulm 1934 (Ulmer Schriften zur Kunstgeschichte, 10)
	Haftmann, 1954 ...	W. Haftmann, Malerei im 20. Jahrhundert, M. 1954 und spätere Ausg.
	Haftmann, 1986	W. Haftmann, Verfemte Kunst, Köln 1986
	Hagen, 1983	K. Hagen, Lexikon deutschbaltischer bildender Künstler, Köln 1983
	Hajdecki, 1908	A. Hajdecki, Exzerpte zur österreichischen Kunstgeschichte aus Wiener Pfarrmatrikeln und den Totenbüchern der Stadt Wien, W. 1908 (Quellen zur Geschichte der Stadt Wien, I. Abt., VI. Bd)
	al-Ḫālidī, 1971	Ġ.al-Ḫālidī, Arbaʿūn ʿāman min al-fann at-taškīlī fi-l-quṭr al-ʿarabī as-sūrī (40 Jahre bildende Kunst in Syrien), Damaskus 1971
	Hall, Cumbria, 1979 ...	M. Hall, The artists of Cumbria. An illustrated dictionary of Cumberland, Westmoreland, North Lancashire and North Yorkshire painters, sculptors, draughtsmen and engravers born between 1615 and 1900, Newcastle upon Tyne 1979; ^{2}1986 (Artists of the regions series)
	Hall, Northumbria, 1973 ...	M. Hall, The artists of Northumbria. A dictionary of Northumberland and Durham painters, draughtsmen and engravers, born 1647–1900, Newcastle upon Tyne 1973; ^{2}1986 (Artists of the regions series)
	Hall, Nottingham, 1953	H. C. Hall, Artists and sculptors of Nottingham and Nottinghamshire, 1750–1950. A biographical dictionary, Nottingham 1953
	Hall, Portr., 1963	H. van Hall, Portretten van Nederlandse beeldende kunstenaars, Am. 1963
	Hall, Repert. (I), 1936 ...	H. van Hall, Repertorium voor de geschiedenis der Nederlandsche schilder- en graveerkunst sedert het begin der 12de eeuw tot het eind van 1932, D. H., (I) 1936, (II) 1949 (betr. 1933–46)
	al-Ḥamāwī, 1909	Y. al-Ḥamāwī, Muʿǧam al-udabāʾ al-musammam bi iršād al-arīb (Schriftsteller-Lexikon), Kairo 1909
	Hamilton, 1958 ...	S. Hamilton, Early American book illustrators and wood engravers 1670–1870, Pr. 1958; I–II, ^{2}1968
	Ḥamūdī, 1973	Ǧ.Ḥamūdī, Dalīl al-fannānīn al-ʿirāqīyyīn (Verzeichnis der irakischen Künstler), Bagdad 1973
	Hanæus, 1976	A. Hanæus, Konstnärer i Medelpad, Sundsvall 1976
	Hanebutt-Benz, 1984	E.-M. Hanebutt-Benz, Studien zum deutschen Holzstich im 19. Jahrhundert, Sep. aus: Archiv für Geschichte des Buchwesens 24:1984 (3–6)
	Hansen, 1979	H. W. Hansen, Deutsche Holzschnittmeister des 20. Jahrhunderts, Toppenstedt 1979
	Harambourg, 1985	L. Harambourg, Dictionnaire des peintres paysagistes français au XIXe siècle, Neuchâtel 1985
	Harcos, 1991	L. Harcos, Peintres et graveurs lorrains, 1833–1980, Nancy 1991
	Hardouin-Fugier/Grafe, 1978	E. Hardouin-Fugier/E. Grafe, The Lyon School of flower painting, Leigh-on-Sea 1978
	Hardouin-Fugier/Grafe, 1989	E. Hardouin-Fugier/E. Grafe, French flower painters of the XIXth century, Lo. 1989
	Hardouin-Fugier/Grafe, 1992	E. Hardouin-Fugier/E. Grafe, Les peintres de fleurs en France, P. 1992
	Harper, 1970	J. R. Harper, Early painters and engravers in Canada, Tor. 1970
	Harris, 1971	J. Harris, A catalogue of British drawings for architecture, decoration, sculpture and landscape gardening, 1550–1900, in American collections, Upper Saddle River 1971
	Harris, 1976	P. Harris, A concise dictionary of Scottish painters, Edinburgh 1976
	Harvey, 1954 ...	J. Harvey, English mediaeval architects. A biographical dictionary down to 1550, Lo. 1954; 2. rev. Ausg., Gloucester 1984 (Repr. 1987)
	Hatje, 1963	G. Hatje (Ed.), Knaurs Lexikon der modernen Architektur, M./Z. 1963
	Hatje, 1983	Hatje Lexikon der Architektur des 20. Jahrhunderts, St. 1983
	Hautecœur I, 1943 ...	L. Hautecœur, Histoire de l'architecture classique en France, I–VII, P. 1943–57
	HBL I, 1983 ...	Hrvatski biografski leksikon, I ss., Zagreb 1983 ss.
	HBLS I, 1921 ...	Historisch-Biographisches Lexikon der Schweiz, ed. H. Türler/M. Godet, I–VII und Suppl., Neuenburg 1921–34
	Heal, 1931 ...	A. Heal, The English writing-masters and their copy-books, 1570–1800, C. 1931 (Repr. Hildesheim 1962)

Heal, 1935	A. Heal, The London goldsmiths, 1200–1800, C. 1935
Heal, 1953	A. Heal, The London furniture makers, from the Restoration to the Victorian era, 1660–1840, Lo. 1953
Heimbürger Ravalli, 1977	M. Heimbürger Ravalli, Architettura, scultura e arti minori nel Barocco italiano. Ricerche nell'Archivio Spada, Fi. 1977
Heinecken I, 1778 ...	K. H. von Heinecken, Dictionnaire des artistes, dont nous avons des estampes, avec une notice detaillée de leurs ouvrages gravés, I–IV, L. 1778–90
Heller, 1995	J. und N. G. Heller (Ed.), North American women artists of the 20th century, N. Y./Lo. 1995
Helwig I, 1953 ...	H. Helwig, Handbuch der Einbandkunde, I–III, Ha. 1953–55
Herluison, 1873 ...	Actes d'État-Civil d'artistes français, publ. par H. Herluison, Orléans 1873 (Repr. Genève 1972)
Hesse, 1987	G. Hesse/M. A. Bingel (Bearb.), Künstler der jungen Generation – Artists of the „Young Generation", M. [u.a.] 1987
Hewitt, 1977	J. Hewitt, Art in Ulster, 1. Paintings, drawings, prints and sculpture for the last 400 years to 1957, Belfast 1977
Hickmann/Mode/Mahn, 1975	R. Hickmann/H. Mode/S. Mahn, Miniaturen, Volks- und Gegenwartskunst Indiens, L. 1975
Highwater, 1980	J. Highwater, The sweet grass lives on. 50 contemporary North American Indian artists, N. Y. 1980
Hill I, 1930 ...	G. F. Hill, A corpus of Italian medals of the Renaissance before Cellini, I–II, Ox./Lo. 1930
Hind I, 1938 ...	A. M. Hind, Early Italian engraving, I–VII, Lo. 1938–48 (Repr. Nendeln 1970–78)
Hind I, 1952 ...	A. M. Hind, Engraving in England in the 16th and 17th centuries, I–III, C. 1952–64
Hintze, 1979	E. Hintze, Schlesische Goldschmiede, Osnabrück 1979 (Repr. aus: Schlesiens Vorzeit, N. F.: Jahrbuch des Schlesischen Museums für Kunstgewerbe und Altertümer 6:1912 und 7:1916)
Hintze I, 1921 ...	E. Hintze, Die deutschen Zinngießer und ihre Marken, I–VII, L. 1921–31 (Repr. Aalen 1964–65)
Hitchcock, 1968	H.-R. Hitchcock, Architecture of the XIX and XX centuries, Harmondsworth 1968
Hollstein, German I, 1954 ...	F. W. H. Hollstein, German engravings, etchings and woodcuts ca. 1400–1700, I ss., Am. 1954 ss.
Hollstein I, 1949 ...	F. W. H. Hollstein, Dutch and Flemish etchings, engravings and woodcuts, 1450–1700, I ss., Am. 1949 ss.
Honey I, 1949 ...	W. B. Honey, European ceramic art from the end of the middle ages to about 1815, Lo., I 1949, II 1952
Hoogewerff, 1942	G. J. Hoogewerff, Nederlandsche kunstenaars te Rome (1600–1725). Uittreksels uit de parochiale archieven, D. H. 1942 (Studien van het Nederlandsch Instituut te Rome, 3)
Horn, Cartoons I, 1980 ...	M. Horn (Ed.), The world encyclopedia of cartoons, I–II, N. Y. u.a. 1980; I–VII, Philadelphia ^{2}1999
Horn, Comics I, 1976 ...	M. Horn, The world encyclopedia of comics, I–II, N. Y. 1979; I–VI, N. Y. 1983; I–VII, N. Y. 1999
Horne, 1994	A. Horne, The dictionary of 20th century British book illustrators, Woodbridge 1994
Houfe, 1978 ...	S. Houfe, The dictionary of British book illustrators and caricaturists 1800–1914, Woodbridge/Suffolk 1978; rev. ed. 1981
Huart, 1908	C. Huart, Les calligraphes et les miniaturistes de l'Orient musulman, P. 1908 (Repr. Osnabrück 1972)
Hüseler I, 1956 ...	K. Hüseler, Deutsche Fayencen. Ein Handbuch der Fabriken, ihrer Meister und Werke, St., I 1956, II 1957, III 1958
Hughes, 1986	E. M. Hughes, Artists in California 1786–1940, San Francisco 1986
Hunnisett, 1980	B. Hunnisett, A dictionary of British steel engravers, Leigh-on-Sea 1980
Hunnisett, 1989	B. Hunnisett, An illustrated dictionary of British steel engravers, Aldershot 1989
Huse/Wolters, 1986	N. Huse/W. Wolters, Venedig. Die Kunst der Renaissance, M. 1986
Huyghe, 1939	R. Huyghe, Les contemporains. Notices biographiques par G. Bazin, P. 1939 (La peinture française, 1)

I

IBDCEE II. 1, 1983 ...	International biographical dictionary of Central European emigrés 1933–1945. II: The arts, sciences, and literature, P. 1–2, M. [u.a.] 1983 (Biographisches Handbuch der deutschsprachigen Emigration nach 1933, II)
Ibn Ḥagar	Ibn Ḥagar, Ad-durar al-kamīna (Die verborgenen Quellen), Hs. Kairo
Ibn Taġrī Bardī	Ibn Taġrī Bardī, Al-manhal aṣ-ṣāfi (Der reine Ursprung), Hs. Kairo
Ibrāhīm, 1971	F. A. Ibrāhīm, Qāmūs mašāhīr al-fannānīn at-taškīlyyīn (Lexikon der berühmten bildenden Künstler), Kairo 1971
IFF, Après1800 I, 1930 ...	Bibliothèque Nationale, Département des estampes. Inventaire du fonds français après 1800, I ss., P. 1930 ss.
IFF, GravXVI I, 1932 ...	Bibliothèque Nationale, Département des estampes. Inventaire du fonds français. Graveurs du seizième siècle, I–II, P. 1932–38 (Repr. 1971)

IFF, GravXVII I, 1939 ...	Bibliothèque Nationale, Département des estampes. Inventaire du fonds français. Graveurs du XVIIe siècle, I ss., P. 1939 ss.
IFF, GravXVIII I, 1931 ...	Bibliothèque Nationale, Département des estampes. Inventaire du fonds français. Graveurs du XVIIIe siècle, I ss., P. 1931 ss.
IIN SSSR I, 1971 ...	Istorija iskusstva narodov SSSR, I ss., Mo. 1971 ss.
IJP, 1958 ...	Index of Japanese painters, compiled by the Society of Friends of Eastern Art, Tuttle Ed., Rutland, Vt./To. 1958; ^{2}1959; ^{3}1968
Immerzeel I, 1842 ...	J. Immerzeel jr., De levens en werken der Hollandsche en Vlaamsche kunstschilders, beeldhouwers, graveurs en bouwmeesters van het begin der 15de eeuw tot heden (1840), ed. C. H. Immerzeel, I–III, Am. 1842–43; ^{2}1855 (Repr. 1974)
Incisa della Rocchetta, 1979	G. Incisa della Rocchetta, La collezione dei ritratti dell'Accademia di San Luca (K), R. 1979 (Accademia Nazionale di San Luca, Studi e cataloghi, 4)
Ineichen/Zanoni, 1985	H. Ineichen/T. Zanoni, Luzerner Architekten, Z./Bern 1985
Ingelman, 1983	I. Ingelman, Förteckning över kvinnliga elever i konstakademin 1864–1924, Uppsala 1983
Ingendaay, 1976	M. Ingendaay, Sienesische Altarbilder des sechzehnten Jahrhunderts, Diss., Bonn 1976
INSA	Inventar der neueren Schweizer Architektur. INSA. 1850–1920, ed. Schweizerische Gesellschaft für Kunstgeschichte, Z., I 1984, II 1986, III 1982, IV 1982, V 1990, VI 1991, VIII 1996, X 1992
Irwin, 1975	D. und F. Irwin, Scottish painters at home and abroad, 1700–1900, Lo. 1975
IskČuvašii, 1980	Izobrazitel'noe iskusstvo Sovetskoj Čuvašii, Mo. 1980
IskDagestana, 1981	Iskusstvo Dagestana. Al'bom, Mo. 1981
Iskusstvo	Iskusstvo, ed. Ministerstvo kul'tury SSSR (Mo.) 1:1933 ss.
Islimyeli I, 1967 ...	N. Islimyeli, Turk plâstik sanatçilari ensiklopedisi, I–III, Ankara 1967–71
Ivanova, 1971	V. Ivanova, Săvremenna bălgarska skulptura, Sofija 1971
Ivanova, 1978	V. Ivanova, Bălgarska monumentalna skulptura, Sofija 1978
Iwanek, 1967	W. Iwanek, Słownik artystów na Śląsku Cieszyńskim, Bytom 1967 (Rocznik Muzeum Górnośląskiego w Bytomiu. Sztuka, zeszyt 2)
Izkustvo	Izkustvo, ed. Ministerstvo na Kulturata/Săjuz na chudožnicite v Bălgarija (Sofija) 1:1951 ss.

J

Jackson, 1921 ...	C. J. Jackson, English goldsmiths and their marks. A history of the goldsmiths and plate workers of England, Scotland, and Ireland, Lo. 1921; N. Y. ^{2}1964
Jackson, 1970	A. Jackson, The politics of architecture. A history of modern architecture in Britain, Tor. 1970
Jackson, BA, 1999	C. E. Jackson, Dictionary of bird artists of the world, Woodbridge 1999
Jacob, 1975	S. Jacob (Bearb.), Italienische Zeichnungen der Kunstbibliothek Berlin. Architektur und Dekoration 16. bis 18. Jahrhundert, B. 1975
Jacobs I, 1993 ...	P. M. J. Jacobs, Beeldend Nederland. Biografisch handboek, I–II, Tilburg 1993
Jacquot I, 1900 ...	A. Jacquot, Essai de répertoire des artistes lorrains, I–XI, P. 1900–13
Jakovsky, 1957	A. Jakovsky, Die naive Malerei in Frankreich, Z. 1957
Jakovsky, 1967 ...	A. Jakovsky, Peintres naïfs, Basel/Ha./W. 1967; Neuausg. Basel 1976
Jal, 1867 ...	A. Jal, Dictionnaire critique de biographie et d'histoire, P. 1867; ^{2}1872
Janneau, 1965	G. Janneau, La peinture française au XVIIe siècle, Genève 1965
Janneau, 1975	G. Janneau, Les ateliers parisiens d'ébénistes et de menuisiers aux XVIIe et XVIIIe siècles, P. 1975
Jansa, 1912	F. Jansa, Deutsche bildende Künstler in Wort und Bild, L. 1912
JbAK	Jahrbuch der Kunsthistorischen Sammlungen des Allerhöchsten Kaiserhauses (W.) 1:1883–34:1917
JbBerlMus	Jahrbuch der Berliner Museen (Vorgänger: Jahrbuch der Preußischen Kunstsammlungen), N. F., 1:1959 ss.
JbKS Wien	Jahrbuch der Kunsthistorischen Sammlungen in Wien (Forts. von JbAK)
JbPrK	Jahrbuch (der Stiftung) Preußischer Kulturbesitz (B./Köln) 1:1962 ss.
JbPrKS	Jahrbuch der (Königlich) Preußischen Kunstsammlungen (B.) 1:1880–64:1943 (1944)
JbZK Wien	Jahrbuch des Kunsthistorischen Instituts der K. K. Zentralkommission für Denkmalpflege (W. u.a.) 1:1907–14:1920 (1922)
Jenny I, 1971 ...	Kunstführer durch die Schweiz, begründet von H. Jenny, ed. H. R. Hahnloser/A. A. Schmid, I–III, Bern/Wabern 1971–82
Jeppe, 1963	H. Jeppe, South African artists, 1900–1962, Johannesburg 1963
Jessen, Ornamentstich I, 1922 ...	P. Jessen, Meister des Ornamentstichs, I–IV, B. 1922–24
Jessen, Schreibkunst, 1924	P. Jessen, Meister der Schreibkunst aus drei Jahrhunderten, St. 1924
Jianou, 1986	I. Jianou, Romanian artists in the West, L. A. 1986
Jiřík, 1930	F. X. Jiřik, Miniatura a drobná podobizna v době empirové a probuzenské v Čechách, Praha 1930
Johnson, 1980	D. L. Johnson, Australian architecture 1901–51. Sources of modernism, Sydney 1980
Johnson I, 1975 ...	J. Johnson, Works exhibited at the Royal Society of British artists 1824–93 and at the New English Art Club 1888–1917. An Antique Collector's Club research project, I–II, Woodbridge 1975

Johnson/Greutzner, 1976 ...	J. Johnson/A. Greutzner (Ed.), The dictionary of British artists, 1880–1940, Woodbridge 1976 (Repr. 1980); 1984; 1986; 1990
Joray I, 1955 ...	M. Joray, La sculpture moderne en Suisse, I–III, Neuchâtel 1955–67 (dt.: Schweizer Plastik der Gegenwart)
Jordan, 1966	R. F. Jordan, Victorian architecture, Harmondsworth 1966
Jourdan-Barry, 1974	R. Jourdan-Barry, Les orfèvres de la généralité d'Aix-en-Provence du XIVe siècle au début du XIXe siècle, P. 1974
JWarburg	Journal of the Warburg and Courtauld Institutes (Lo.) 1:1937 ss.

K

Karel, 1992	D. Karel, Dictionnaire des artistes de langue française en Amérique du Nord, Qu. 1992
Karling, 1943	S. Karling, Holzschnitzerei und Tischlerkunst der Renaissance und des Barocks in Estland, Dorpat 1943 (Verhandlungen der Gelehrten estnischen Gesellschaft, 34)
Kaur, 1982	Nideśikā āj kī bhāratīya nārī, Haupt-Red.: A. Kaur, New Delhi 1982
Kazarjan, 1978	M. M. Kazarjan, Izobrazitel'noe iskusstvo Armjanskoj SSR, Mo. 1978
KChE I, 1962 ...	Kratkaja chudožestvennaja enciklopedija. Iskusstvo stran i narodov mira, I–V, Mo. 1962–81
KD Bulgarien, 1983	Kunstdenkmäler in Bulgarien, L. 1983
KD ČS, ..., 1978 ...	Kunstdenkmäler in der Tschechoslowakei, I–III, L. 1978–86
KD Jugoslawien I, 1981	Kunstdenkmäler in Jugoslawien, I–II, L. 1981
KD Rumänien, 1986	Kunstdenkmäler in Rumänien, L. 1986
KD Schweiz I, 1927 ...	Die Kunstdenkmäler der Schweiz, I ss., Basel 1927 ss.
KD SO-Polen, 1984	Südostpolen, War./L. 1984 (Kunstdenkmäler in Polen)
KD SU, ..., 1978 ...	Kunstdenkmäler in der Sowjetunion, ..., Mo. u.a. 1978 ss.
KD Ungarn, 1974 ...	Kunstdenkmäler in Ungarn, L. 1974; ^{2}1981
Kerr, 1992	J. Kerr (Ed.), The dictionary of Australian artists. Painters, scetchers, photographers and engravers to 1870, Mb. 1992
Kerr I, 1984	J. Kerr (Ed.), Dictionary of Australian artists. Working paper I: painters, photographers and engravers 1770–1870, Sydney 1984
Khrum, 1978	P. von Khrum, Silversmiths of New York City 1684–1850, N. Y. 1978
Kieling, ArchBerlin18. Jh., 1983	U. Kieling, Berliner Architekten und Baumeister bis 1800, B. 1983 (Miniaturen zur Geschichte, Kultur und Denkmalpflege Berlins, 9)
Kieling, ArchBerlin19. Jh., 1986	U. Kieling, Berliner Baubeamte und Staatsarchitekten im 19. Jahrhundert, B. 1986 (Miniaturen zur Geschichte, Kultur und Denkmalpflege Berlins, 17)
Kießling, 1979	H. Kießling, Malerei heute. 127 Künstler und 127 Farbtafeln und Kurzbiographien aus der Kunstszene München von 1953–1978. Ein zeitgenössischer regionaler Überblick für Sammler und Liebhaber, M./W. 1979
Kim Jòng-jun, 1959	Hankuk sŏhoa inmjŏngasŏ (Enzyklopädisches Wörterbuch der koreanischen Kalligraphie und Malerei), Sŏl 1959 (koreanisch in chinesischer Schrift)
Kindler, ML I, 1964 ...	Kindlers Malerei-Lexikon, I–VI, Z. 1964–71; Köln ^{2}1980
Kiričenko, 1978 ...	E. I. Kiričenko, Russkaja architektura 1830–1910-ch godov, Mo. 1978; 1982
Kjellberg, 1987	P. Kjellberg, Les bronzes du XIXe siècle, P. 1987
Kjellberg, 1989	P. Kjellberg, Le mobilier français du XVIIIe siècle, P. 1989
Kjellberg, 1994	P. Kjellberg, Le mobilier du XXe siècle. Dictionnaire des créateurs, P. 1994
Klemm, 1882	A. Klemm, Württembergische Baumeister und Bildhauer bis ums Jahr 1750 (Sep. aus: Württembergische Vierteljahreshefte für Landesgeschichte 5:1882)
KlP I, 1964 ...	Der Kleine Pauly. Lexikon der Antike, ed. K. Ziegler/W. Sontheimer, I–V, St. 1964–75
Knowles, 1982	R. Knowles, Contemporary Irish art, Dublin 1982
Kohlbach, 1961	R. Kohlbach, Steirische Baumeister, Graz 1961
Kondakov I, 1914 ...	S. N. Kondakov, Jubilejnyj spravočnik imperatorskoj Akademii chudožestv. 1764–1914, Tl 1 und 2, StP. 1914
Konstlex., 1972	Konstlexikon. Svensk konst under 100 år, Sth. 1972
Kontha, 1985	S. Kontha (Ed.), Magyar művészet 1919–1945, Bp. 1985
Koroma, 1962	K. Koroma (Red.), Suomen kuvataiteilijat, Porvoo/Helsinki 1962
Kostin, 1976	V. I. Kostin, OST (obščestvo stankovistov), Le. 1976
Kőszeghy, 1936	E. Kőszeghy, Merkzeichen der Goldschmiede Ungarns vom Mittelalter bis 1867, Bp. 1936
Kourtikakis, 1975	A. Kourtikakis, Lefkoma ellinon kallitechnon 1800–1975, At. 1975
Krackowizer/Berger, 1931	F. Krackowizer/F. Berger, Biographisches Lexikon des Landes Österreich ob der Enns. Gelehrte, Schriftsteller und Künstler Oberösterreichs seit 1800, Passau/Linz 1931
Kramm I, 1857 ...	C. Kramm, De levens en werken der Hollandsche en Vlaamsche kunstschilders, beeldhouwers, graveurs en bouwmeesters, van den vroegsten tot op onzen tijd, I–VI und Suppl., Am. 1857–64 (Repr. Am. 1974)
Krantz, 1985	American artists, ed. Les Krantz, N. Y./Ox. 1985
Krause, LexOberschles I, 1933 ...	W. Krause, Grundriß eines Lexikons bildender Künstler und Kunsthandwerker in Oberschlesien. Von den Anfängen bis zur Mitte des 19. Jahrhunderts, Oppeln, I 1933, II 1935
Kreisel I, 1968 ...	H. Kreisel, Die Kunst des deutschen Möbels, I–III, M. ^{1}1968–73; ^{2}1974–83
Kreuzer-Eccel, 1982	E. Kreuzer-Eccel, Aufbruch. Malerei und Graphik in Nord-Ost-Südtirol nach 1945, Bozen 1982
Krichbaum, 1981	J. Krichbaum, Lexikon der Fotografen, Ffm. 1981

	Krichbaum/Zondergeld, 1979	J. Krichbaum/R. A. Zondergeld, Künstlerinnen. Von der Antike bis zur Gegenwart, Köln 1979
	Krishnan, 1981	S. A. Krishnan (Ed.), Artists' directory, ed. Lalit Kala Akad., New Delhi 1981
	KüNRW I, 1966 ...	Bildende Künstler im Land Nordrhein-Westfalen, I–VI, Recklinghausen 1966–70
	Künstler-Verz. BW I, 1982 ...	Künstlerverzeichnis Baden-Württemberg, I–III, St. 1982 (Loseblatt-Ausg.)
	Kürschner, GraphHb, 1959 ...	Kürschners Graphiker-Handbuch. Deutschland, Österreich, Schweiz, ed. C. Fergg-Frowein, B. 1959; ^{2}1967
	Kukuljević Sakcinski I, 1858 ...	I. Kukuljević Sakcinski, Slovnik umjetnikah Jugoslavenskih, I–IV, Zagreb 1858–60
	Kunczyńska-Iracka, 1978	A. Kunczyńska-Iracka, Malarstwo ludowe kręgu częstochowskiego, Wr. [u.a.] 1978 (Studia z historii sztuki, 28)
	Kunst	Die Kunst [und das schöne Heim] (M.) 1:1899/1900 ss.
	Kušnerovskaja, 1974	G. S. Kušnerovskaja, Izobrazitel'noe iskusstvo Baškirskoj Avtonomnoj Sovetskoj Socialističeskoj Respubliki, Mo. 1974
	Kuvataiteilijat, 1972 ...	Kuvataiteilijat. Suomen kuvataiteilijoiden henkilöhakemisto 1972, ed. Suomen Taiteilijaseura/Konstnärsgillet i Finland, Porvoo/Helsinki 1972 und spätere Ausg.
	KVS, 1991	Künstlerverzeichnis der Schweiz, Frauenfeld 1991
L	*La Roque*, 1877	L. de la Roque, Biographie monpelliéraine – peintres, sculpteurs, architectes, Montpellier 1877
	Labande, 1932	L. H. Labande, Les primitifs français, I–II, Marseille 1932
	Lambourne/Hamilton, 1980	L. Lambourne/J. Hamilton, British watercolours in the Victoria and Albert Museum (K), Lo. 1980
	Lami, 1898	St. Lami, Dictionnaire des sculpteurs de l'Ecole française du Moyen Age au règne de Louis XIV, P. 1898
	Lami, 1906	St. Lami, Dictionnaire des sculpteurs de l'Ecole française sous le règne de Louis XIV, P. 1906
	Lami I, 1910 ...	S. Lami, Dictionnaire des sculpteurs de l'Ecole française au dix-huitième siècle, P., I 1910, II (mit Suppl.) 1911
	Lami I, 1914 ...	S. Lami, Dictionnaire des sculpteurs de l'Ecole française au dix-neuvième siècle, I–IV, P. 1914–21
	Lane I, 1978 ...	C. Lane, Sporting aquatints and their engravers, I–II, Leigh-on-Sea 1978–79
	Langdon, 1966	J. E. Langdon, Canadian silversmiths 1700–1900, Tor. 1966
	Lanzi, 1789 ...	L. Lanzi, Storia pittorica dell'Italia ..., Bassano 1789 und spätere Ausg.
	Lapšin, 1974	V. P. Lapšin, Sojuz russkich chudožnikov, Le. 1974
	Lapšin, 1983	V. P. Lapšin, Chudožestvennaja žizn' Moskvy i Petrograda v 1917 godu, Mo. 1983
	Lavagnino, 1940	E. Lavagnino, Gli artisti italiani in Portogallo, R. 1940 (L'opera del genio italiano all'estero)
	Laveissière I, 1980	S. Laveissière, Dictionnaire des artistes et ouvriers d'art de Bourgogne, I: A-K, P. 1980 (Dictionnaire des artistes et ouvriers d'art de la France par provinces)
	Lazzarini, 1908 ...	V. Lazzarini, Documenti relativi alla pittura padovana del secolo XV, Ve. 1908 (Repr. Bo. 1974)
	LdK I, 1968 ...	Lexikon der Kunst. Architektur, Bildende Kunst, Angewandte Kunst, Industrieformgestaltung, Kunsttheorie, I–V, L. 1968–78; Neubearb.: I–VII, L. 1987–94
	Le Blanc I, 1854 ...	C. Le Blanc, Manuel de l'amateur d'estampes, contenant ... un dictionnaire des graveurs de toutes les nations ..., I–IV, P. 1854–90
	Le Harivel, 1983	A. Le Harivel (Ed.), National Gallery of Ireland Dublin. Illustrated summary catalogue of drawings, watercolours and miniatures, Dublin 1983
	Leblond, 1921	V. Leblond, L'art et les artistes en Ile-de-France au XVIe siècle d'après les minutes notariales, P. 1921
	Ledoux-Lebard, 1965	D. Ledoux-Lebard, Les ébénistes parisiens du XIXe siècle (1795–1870), P. 1965
	Ledoux-Lebard, 1989	D. Ledoux-Lebard, Le mobilier français du XIXe siècle, 1795–1889. Dictionnaire des ébénistes et des menuisiers, P. 1989
	Lehmann, 1983	K. Lehmann, Bildende Künstler und Autoren Düsseldorf, Dd. 1983
	Lehmann-Brockhaus I, 1955 ...	O. Lehmann-Brockhaus, Lateinische Schriftquellen zur Kunst in England, Wales und Schottland vom Jahre 901 bis zum Jahre 1307, I–V, M. 1955–60 (Veröffentlichungen des Zentralinstituts für Kunstgeschichte in München, 1)
	LEJ I, 1984 ...	Likovna enciklopedija Jugoslavije, I ss., Zagreb 1984 ss.
	Lejkind/Machrov/Severjuchin, 1999	O. L. Lejkind/K. V. Machrov/D. Ja. Severjuchin, Chudožniki russkogo zarubež'ja 1917–1939. Biografičeskij slovar', StP. 1999
	LEK I, 1997 ...	Lexiko ellinon kallitechnon, ed. D. Komine-Dialete, I ss., At. 1997 ss.
	Leman, 1985	J. und M. Leman, A world of their own. Twentieth century British naïve painters, Lo. 1985
	Lemberger, 1911	E. Lemberger, Meisterminiaturen aus fünf Jahrhunderten, mit Anh.: Künstlerlexikon der Miniaturmalerei mit den biographischen Daten von mehr als 6000 Miniaturisten, St. 1911
	Lemonnier, Procès-verbaux I, 1911 ...	H. Lemonnier (Ed.), Procès-verbaux de l'Académie Royale d'Architecture 1671–1793 ..., I–IX, P. 1911–26, X: W. Viennot (Ed.), Table générale, P. 1929
	Lenz, 1970	W. Lenz (Ed.), Deutschbaltisches biographisches Lexikon 1710–1960, Köln/W. 1970

Lepszy, 1933	L. Lepszy, Przemysł złotniczy w Polsce, Kraków 1933
Lever, 1975	C. Lever, Goldsmiths and silversmiths of England, Lo. 1975
Levi D'Ancona, 1962	M. Levi D'Ancona, Miniatura e miniatori a Firenze dal 14 al 16 secolo, Fi. 1962 (Storia della miniatura. Studi e documenti, 1)
Lewis, 1973	F. Lewis, A dictionary of Dutch and Flemish flower, fruit and still life painters 15th to 19th century, Leigh-on-Sea 1973
Lewis, 1974	F. Lewis, A dictionary of British bird painters, Leigh-on-Sea 1974
Lewis, 1979	F. Lewis, A dictionary of British historical painters, Leigh-on-Sea 1979
LGB I, 1985 ...	Lexikon des gesamten Buchwesens, 2., völlig neubearb. Aufl., I ss., St. 1985 ss.
Ligocki, 1977	A. Ligocki, Plastycy śląska i zagłębia, Katowice 1977
Linstrum, 1978	D. Linstrum, West Yorkshire architects and architecture, Lo. 1978
Lira, 1902	P. Lira, Diccionario biográfico de pintores, S. Ch. 1902
List, 1967 ...	R. List, Kunst und Künstler in der Steiermark, Ried im Innkreis 1967–82
Lister, 1977	E. Lister/S. Williams, Twentieth century British naive and primitive artists, Lo. 1977
Lister, 1984	R. Lister, Prints and printmaking. A dictionary and handbook of the art in nineteenth-century Britain, Lo. 1984
LivreD'Or, 1914	Le livre d'or des peintres exposants, P. ^{8}1914
LivreD'Or, 1921	Le livre d'or des peintres exposants morts pour la France pendant la Grande Guerre, P. 1921
LKJL I, 1975 ...	Lexikon der Kinder- und Jugend-Literatur, I–III, Weinheim/Basel 1975–79; ^{3}1984 mit Erg.- und Reg.-Bd
Llaguno y Amírola I, 1829 ...	E. de Llaguno y Amírola, Noticias de los arquitectos y arquitectura de España desde su restauración ..., I–IV, Ma. 1829
Llano Gorostiza, 1966	M. Llano Gorostiza, Pintura vasca, Bilbao 1966
Lo Gatto I, 1934 ...	E. Lo Gatto, Gli artisti italiani in Russia, I–III, R. 1934–43 (L'opera del genio italiano all'estero); ed. A. Lo Gatto, I–IV, Mi. 1990–94
Loeber, 1981	R. Loeber, A biographical dictionary of architects in Ireland, 1600–1720, Lo. 1981
Löffler, 1955 ...	F. Löffler, Das alte Dresden, Dresden 1955 (Nachdr. L. 1981) und spätere Ausg.
Löfgren, 1927	A. Löfgren, Finländska tenngjutare och deras stämpling före 1809, Helsingfors 1927
Lösel, 1983	E. M. Lösel, Zürcher Goldschmiedekunst vom 13. bis zum 19. Jahrhundert, Z. 1983
Long, 1929 ...	B. S. Long, British miniaturists, 1520–1860, Lo. 1929; ^{2}1966
Loomes, 1976 ...	B. Loomes, Watchmakers and clockmakers of the world, II, Colchester 1976 (Repr. 1980, 1984); ^{2}1989 (Repr. 1992)
Loomes, 1981	B. Loomes, The early clockmakers of Great Britain, Lo. 1981
Łopaciński, 1946	E. Łopaciński, Materiały do dziejów rzemiosła artystycznego w Wielkim Księstwie Litewskim (XV–XIX w.), War. 1946
López Martínez, Arquit., 1928	C. López Martínez, Arquitectos, escultores y pintores vecinos de Sevilla, Sevilla 1928 (Notas para la historia del arte)
López Martínez, Retablos, 1928	C. López Martínez, Retablos y esculturas de traza sevillana, Sevilla 1928 (Notas para la historia del arte)
Lotz, 1800–1880, 1991	F. Lotz, Artistes peintres alsaciens d'un temps ancien (1800–1880), Kaysersberg 1991
Lotz, 1880–1982, 1987	F. Lotz, Artistes-peintres alsaciens de jadis et de naguère, 1880–1982, Kaysersberg 1987
Lotz, Avant 1800, 1994	F. Lotz, Artistes-peintres alsaciens décédés avant 1800, Kaysersberg 1994
Lotz, Jan. 1982, 1985	F. Lotz, Artistes peintres d'Alsace vivant et œuvrant à la date du 1er janvier 1982, Kaysersberg 1985
Łoza, 1954	S. Łoza, Architekci i budowniczowie w Polsce, War. 1954
LPE I, 1981 ...	Latvijas padomju enciklopēdija, I–X, Rīga 1981–88
LTE I, 1976 ...	Lietuviškoji tarybinė enciklopedija, I–XII, Vilnius 1976–84 , Suppl. (A-Ž) 1985
Luciani, 1974	L./F. Luciani, Dizionario dei pittori italiani dell'800, Fi. 1974
Lukošiūnienė/Manelienė, 1981	L. Lukošiūnienė/Ž.Manelienė, Lietuvos TSR dailė. 1940–1970. Bibliografinė rodykle, Vilnius 1981
LWBK I, 1992 ...	Lexicon van Westvlaamse beeldende kunstenaars, I–VII, Brugge 1992–98
Lydakis, Gesch., 1972	S. Lydakis, Geschichte der griechischen Malerei des 19. Jahrhunderts, M. 1972 (Materialien zur Kunst des 19. Jahrhunderts, 7)
Lydakis I, 1975 ...	S. Lydakis, Oi ellines zografoi, At., I 1975/76, II–IV 1976, V (Oi ellines glyptes) 1981
LZSK, 1981	Lexikon der zeitgenössischen Schweizer Künstler, ed. Schweizerisches Institut für Kunstwissenschaft (Red.: H.-J. Heusser), Frauenfeld/St. 1981

M

MAB I, 1995 ...	Māksla un arhitektūra biogrāfiās, I ss., Riga 1995 ss.
MacDonald, 1967 ...	C. S. MacDonald, A dictionary of Canadian artists, Ottawa 1967 und spätere Ausg.
Machelart, 1987	F. Machelart, Peintres et sculpteurs de la confrérie Saint-Luc de Valenciennes aux XVIIe et XVIIIe siècles, Valenciennes 1987
Mackay, 1977	J. Mackay, The dictionary of Western sculptors in bronze, Woodbridge 1977 (Repr. 1992; 1995)
MacLaren I, 1991 ...	N. MacLaren, National Gallery London. The Dutch School, I–II, Lo. 1991
Macmillan I, 1982 ...	Macmillan encyclopedia of architects, I–IV, N. Y. 1982
Macquoid/Edwards I, 1924 ...	P. Macquoid/R. Edwards, The dictionary of English furniture, from the Middle Ages to the late Georgian period, I–III, Lo. 1924–27; ^{2}1954 (Repr. Woodbridge 1986)

Madariaga I, 1971 ... L. Madariaga, Pintores vascos, I–III, San Sebastián 1971–72
Màdaro, 1970 A. Màdaro, Artisti trevigiani dell'900, Treviso 1970
Madsen I, 1946 ... H. Madsen, 200 danske malere og deres værker, I–II, Kph. 1946
Magalhães Basto, 1964 A. de Magalhães Basto, Apontamentos para um dicionário de artistas e artífices, que trabalharam no Porto do século XV–XVIII, Porto 1964
MagArt Magazine of art (N. Y. u.a.) 7:1915/16–46:1953 (bis 29:1936 u.d.T. American magazine of art)
Maggiore, '800, 1955 D. Maggiore, Arte e artisti dell'Ottocento napolitano, N. 1955
Maggiore, ArtViventi, 1955 D. Maggiore, Artisti viventi d'Italia, N. 1955
Maggiorotti II, 1936 ... L. A. Maggiorotti, Architetti e architetture militari, R., II 1936, III 1939 (L'opera del genio italiano all'estero)
MagyÉletLex I, 1981 ... Magyar eletrajzi lexikon, I–III, Bp. ^{3}1981–85
MagyFestAdat, 1988 G. Seregélyi, Magyar festők és grafikusok adattára. Életrajzi lexikon az 1800–1988 között alkotó festő- es grafikusművészekről, Szeged 1988
MagyKépLex, 1915 J. Szendrei/Gy. Szentiványi, Magyar képzőművészek lexikon, I, Bp. 1915
Maitron I. 1, 1964 ... J. Maitron (Ed.), Dictionnaire biographique du mouvement ouvrier français, I. 1 ss., P. 1964 ss.
Mak van Waay, 1944 S. J. Mak van Waay, Lexicon van Nederlandsche schilders en beeldhouwers (1870–1940), Am. 1944
Malatesta, 1939 E. Malatesta, Armi ed armaioli, Mi. 1939 (Enciclopedia biografica e bibliografica „Italiana", Ser. L)
Mallalieu I, 1976 ... H. L. Mallalieu, The dictionary of British watercolour artists up to 1920, Woodbridge, I 1976, II 1979
Mallett, 1935 ... D. T. Mallett, Mallett's index of artists. International – biographical, N. Y. 1935, Suppl. 1940 (Repr. 1948)
Malpel I, 1910 ... C. Malpel, Notes sur l'art d'aujourd'hui et peut-être de demain, I–II, P./Toulouse 1910
Maltese, 1960 C. Maltese, Storia dell'arte in Italia 1785–1943, T. 1960 (Saggi, 274)
Maltese, 1962 C. Maltese, Arte in Sardegna dal V al XVIII, R. 1962
Mander, 1604 ... C. van Mander, Het schilder-boeck, Haarlem 1604; 2. Ausg.: Het leven der doorluchtighe Nederlandsche en Hoogduitsche schilders, Am. 1618 (1616–17); frz. Ausg., ed. Hymans, I–II, P. 1884; 1885; dt. Ausg., ed. Floerke, I–II, M./L. 1906 und andere Ausg.
Mankowitz/Haggar, 1957 W. Mankowitz/R. G. Haggar, The concise encyclopedia of English pottery and porcelain, Lo. 1957
Marcel, 1935 C. L. Marcel, Artistes et ouvriers d'art à Langres avant la Révolution, Langres 1935
Marchal/Wintrebert, 1987 G.-L. Marchal/P. Wintrebert, Arras et l'art au XIXe siècle, Arras 1987
Marconi/Cipriani/Valeriani, 1974 P. Marconi/A. Cipriani/E. Valeriani, I disegni di architettura dell'Archivio Storico dell'Accademia di San Luca, R. 1974
Marín-Medina, 1978 J. Marín-Medina, La escultura española contemporánea (1800–1978), Ma. 1978
Marinski, 1971 L. Marinski, Nacionalna Chudožestvena Galerija. Bălgarska živopis, 1825–1970 (K), Sofija 1971
Marinski, 1975 L. Marinski, Nacionalna Chudožestvena Galerija. Bălgarska skulptura, 1878–1974 (K), Sofija 1975
Markmiller, 1982 F. Markmiller (Ed.), Barockmaler in Niederbayern, Rb. 1982 (Niederbayern, Land und Leute)
Marrodán I, 1989 ... M. A. Marrodán, Diccionario de pintores vascos, I–V, Madrid 1989
Martín de Retana I, 1973 ... J. M. Martín de Retana, Pintores y escultores vascos de ayer hoy y mañana, I–XXV, Bilbao 1973–83
Martin I, 1912 ... F. R. Martin, The miniature painting and painters of Persia, India and Turkey from the 8th to the 18th century, I–II, Lo. 1912 (Repr. 1971)
Martins I, 1974 ... J. Martins, Dicionário de artistas e artífices dos séculos XVIII e XIX em Minas Gerais, I–II, Rio 1974
Marzūq, 1974 M. ʿA. Marzūq, Al-funūn az-zaḫrafa al-islāmīya fi ʿaṣr al-ʿuṯmān (Die dekorativen islamischen Künste im Osmanenzeitalter), Kairo 1974
Masetti Zannini, 1974 G. L. Masetti Zannini, Pittori della seconda metà del Cinquecento in Roma, R. 1974 (Raccolta di fonti per la storia dell'arte, Ser. 2, Bd 2)
Matzner, 1987 F. Matzner, Künstlerlexikon mit Registern zur documenta 1–8, Kassel 1987
Maurice I, 1976 ... K. Maurice, Die deutsche Räderuhr, I–II, 2 Anh., M. 1976
Mayer, Architects, 1956 L. A. Mayer, Islamic architects and their works, Genève 1956
Mayer, Armourers, 1962 L. A. Mayer, Islamic armourers and their works, Genève 1962
Mayer, Astrolabists, 1956 L. A. Mayer, Islamic astrolabists and their works, Genève 1956
Mayer, Glassmakers, 1954 L. A. Mayer, Islamic glassmakers and their works, Genève 1954
Mayer, Metalworkers, 1959 L. A. Mayer, Islamic metalworkers and their works, Genève 1959
Mayer, Woodcarvers, 1958 L. A. Mayer, Islamic woodcarvers and their works, Genève 1958
Mayne, 1970 A. Mayne, British profile miniaturists, Lo. 1970 (Faber collectors library)
Mazalić, 1967 Đ.Mazalić, Leksikon umjetnika slikara, vajara, graditelja, zlatara, kaligrafa i drugih koji su radili u Bosni i Hercegovini, Sarajevo 1967
McCulloch, 1968 ... A. McCulloch, Encyclopedia of Australian art, Lo. 1968; ^{2}1969; 1977; neubearb. und erw. Ausg.: I–II, Hawsthorn 1984; Lo. 1994

McCullough, 1977	B. McCullough, Australian naive painters, Mb. 1977
McEwan, 1994	P. J. M. McEwan, Dictionary of Scottish art and architecture, Woodbridge 1994
McInnes, 1939	G. McInnes, A short history of Canadian art, Tor. 1939
McKechnie, 1978	S. McKechnie, British silhouette artists and their work, 1760–1860, Lo. 1978
McLean, 1974	R. McLean, Victorian publishers' book-binding in cloth and leather, Lo. 1974
Medaković, 1991	D. Medaković, Serbischer Barock, W./Köln/Weimar 1991
Medeiros, 1988	J. Medeiros, Dicionário dos pintores do Brasil, Rio 1988
Meeks, 1966	C. L. V. Meeks, Italian architecture 1750–1914, New Haven/L. 1966
Meis, 1979	R. Meis, Taschenuhren, M. 1979
Melchiori, ed. *Bordignon Favero*, 1968	N. Melchiori, Notizie di pittori e altri scritti, ed. G. Bordignon Favero, Ve./R. 1968 (Civiltà veneziana. Fonti e testi, 10, Ser. 1. 7)
Mele, 1960	G. L. Mele, Maestri del Duomo, Mi. 1960 (Sep.)
Mémoires inédits I, 1887 ...	Mémoires inédits sur la vie et les ouvrages des membres de l'Académie Royale de Peinture et de Sculpture, ed. L.-E. Dussieux u.a., I–II, P. 1854; ^{2}1887
MercatoArtItal, 1971	Il mercato artistico italiano, 1800–1900, T. 1971
Merlino, 1954	A. Merlino, Diccionario de artistas plásticos de la Argentina. Siglos XVIII–XIX–XX, Bs.As. 1954
Merlo, 1895 ...	J. J. Merlo, Kölnische Künstler in alter und neuer Zeit, ed. E. Firmenich-Richartz, Dd. 1895 (Repr. Nieuwkoop 1966)
Meyer, KL I, 1872 ...	J. Meyer (Ed.), Allgemeines Künstler-Lexikon, I–III, L. 1872–85
Mezzetti/Mattaliano I, 1980 ...	A. Mezzetti/E. Mattaliano, Indice ragionato delle „vite de' pittori e scultori ferraresi" di Gerolamo Baruffaldi, I–III, Ferrara 1980–83
Middeldorf Kosegarten, 1984	A. Middeldorf Kosegarten, Sienesische Bildhauer am Duomo Vecchio, M. 1984 (Italienische Forschungen, F. 3, Bd 13)
Milanesi, Doc. I, 1854 ...	G. Milanesi, Documenti per la storia dell'arte senese, Siena, I (secoli XIII/XIV) 1854, II (secoli XV/XVI) 1854, III (secolo XVI) 1856
Milner, 1993	J. Milner, A dictionary of Russian and Soviet artists, Woodbridge 1993
Minghetti, 1939	A. Minghetti, Ceramisti, Mi. 1939 (Enciclopedia biografica e bibliografica „Italiana", Ser. XLI)
Mireur I, 1911 ...	H. Mireur, Dictionnaire de ventes d'art faites en France et à l'étranger pendant les XVIIIe et XIXe siècles, I–VII, P. 1911–12
Mitchell, 1985	S. Mitchell, The dictionary of British equestrian artists, Woodbridge 1985
Mithoff, 1885	H. W. H. Mithoff, Mittelalterliche Künstler und Werkmeister Niedersachsens und Westfalens, Hn. 1885
MLTE I, 1966 ...	Mažoji lietuviškoji tarybinė enciklopedija, I–III, Vilnius 1966–71
ModÉpLex, 1978	Modern építészeti lexikon, Red.: M. Kubinszky, Bp. 1978
Moir, 1967	A. Moir, Italian followers of Caravaggio, C. 1967
Mongitore, 1977	A. Mongitore, Memorie dei pittori, scultori, architetti, artefici in cera siciliani, ed. E. Natoli, Palermo 1977
Montaiglon, Procès-verbaux I, 1875 ...	A. de Montaiglon (Ed.), Procès-verbaux de l'Académie Royale de Peinture et de Sculpture, 1648–1792 ... D'après les registres originaux conservés à l'Ecole des Beaux-Arts, I–X, P. 1875–92 und Table ... rédigée ... par P. Cornu, P. 1909
Monte I, 1971 ...	G. Do Monte, Dicionário histórico e biográfico de artistas amadores e técnicos eborenses, I–II, Évora 1971–73
Montecino Montalva, 1970	S. Montecino Montalva, Pintores y escultores de Chile, S. Ch. 1970
Monteverdi, 1976	M. Monteverdi, Dizionario critico Monteverdi. Pittori e scultori italiani contemporanei, Mi. 1976
Monteverdi, Storia I, 1975 ...	M. Monteverdi u.a., Storia della pittura italiana dell'Ottocento, I–III, Mi. 1975; ^{2}1984
Moore, 1934 ...	W. Moore, The story of Australian art, I–II, Sydney 1934 (Repr. 1980)
Morales y Marín, 1973	J. L. Morales y Marín, Diccionario de la pintura en Murcia, Murcia 1973
Morales y Marín, 1980	J. L. Morales y Marín, La pintura aragonesa en el siglo XVII, Zaragoza 1980
Morpurgo, 1970	E. Morpurgo, Nederlandse klokken- en horlogenmakers vanaf 1300, Am. 1970
Morpurgo II, 1962	E. Morpurgo, Gli artisti italiani in Austria, II, R. 1962 (L'opera del genio italiano all'estero)
Morris/Roberts, 1998	E. Morris/E. Roberts, The Liverpool Academy and other exhibitions of contemporary art in Liverpool 1774–1867, Liverpool 1998
Moschini Marconi I, 1955 ...	S. Moschini Marconi, Gallerie dell'Accademia di Venezia, I–III, R. 1955–70 (Cataloghi dei musei e gallerie d'Italia)
Moure, 1984	N. D. W. Moure, Dictionary of art and artists in Southern California before 1930, L. A. 1984 (Publications in Southern California art, 3)
Moxley/Woods, 1986	R. Moxley/F. Woods (Ed.), Illustrated directory of architects 1986/87, Lo. 1986
MSCh, 1979	Molodye sovetskie chudožniki, ed. M. T. Kuz'mina, Mo. 1979
MU, 1992	Mytci Ukraïny, Kyïv 1992
MU, 1997	Mystectvo Ukraïny, Kyïv 1997
Muchatova, 1984	O. Muchatova (Ed.), Izobrazitel'noe iskusstvo Turkmenskoj SSR, Mo. 1984
Mühlpfordt, 1970	H. M. Mühlpfordt, Königsberger Skulpturen und ihre Meister 1255–1945, Würzburg 1970
MüJb	Münchner Jahrbuch der bildenden Kunst (M.) 1:1906 ss.
Mülfarth, 1987	L. Mülfarth, Kleines Lexikon Karlsruher Maler, Ka. 1987

Müller/Singer I, 1895 ...	H. A. Müller/H. W. Singer, Allgemeines Künstler-Lexikon. Leben und Werke der berühmtesten bildenden Künstler, Ffm., I–VI 1895–1906 und spätere Aufl.
Münchner Maler I, 1981 ...	Münchner Maler im 19. Jahrhundert, ed. H. Ludwig u.a., M., I–IV 1981–83, V–VI 1993–94
Müntz, Renaiss. I, 1889 ...	E. Müntz, Histoire de l'art pendant la Renaissance, I–III, P. 1889–95
Müntz, XV/XVI s. I, 1878 ...	E. Müntz, Les arts à la cour des papes pendant le XV et le XVI siècle, P., I 1878, II 1879, III 1882
Mulczyński, 1996	J. Mulczyński, Słownik grafików Poznania i Wielkopolski XX wieku urodzonych do 1939 roku, Poznań 1996
Muller, Portr., 1853	F. Muller, Beschrijvende catalogus van 7000 portretten van Nederlanders, Am. 1853
al-Munāṣira, 1975	ʿI.al-Munāṣira, Al-fann at-taškīlī al-falasṭīnī (Die palästinensische bildende Kunst) 1927–75, Beirut 1975
Muñoz y Manzano (Viñaza) I, 1889 ...	C. Muñoz y Manzano (conde de la Viñaza), Adiciones al diccionario histórico de los más ilustres profesores de las bellas artes, I–IV, Ma. 1889–94
Muthesius I, 1908 ...	H. Muthesius, Das englische Haus, I–III, B. 1908
Műv	Művészet (Bp.) 1:1902–17:1918 *sowie* 1:1960 ss.
MűvÉlet, 1968	G. Pogány, Művész életrajzok, Bp. 1968
MűvÉlet, 1978	A. Tasnádi/S. Varga/G. Zombory, Művész életrajzok, Bp. 1978
MűvÉlet, 1985	G. Pogány/A. Tasnádi/G. Zombory/S. Varga, Művész életrajzok, Bp. 1985
MűvÉrt	Művészettörténeti értesítő (Bp.) 1:1952 ss.
MűvLex I, 1965 ...	Művészeti lexikon, ed. A. Zádor/I. Genthon, I–IV, Bp. 1965–68; ^{3}1981
Myers, DAA I, 1970 ...	B. S. Myers (Ed.), Dizionario dell'arte e degli artisti, I–IV, Mi. 1970 (ital. Ausg. des McGraw-Hill dictionary of art, N. Y./Lo. 1969)
Myers, EP, 1955 ...	B. S. Myers (Ed.), Encyclopedia of painting. Painters and painting of the world from the prehistoric times to the present day, N. Y. 1955; ital. Ausg.: Enciclopedia della pittura, Mi. 1965
MZK Wien	Mitteilungen der K. K. Zentralkommission zur Erforschung und Erhaltung der Kunst- und Historischen Denkmale (W.) 1:1902 ss. (auch: Mitteilungen der K. K. Zentralkommission zur Erforschung und Erhaltung der Baudenkmale *sowie* Mitteilungen der K. K. Zentralkommission für Denkmalpflege in Wien)

N

NAAF	Nouvelles archives de l'art français (P.) 1872 ss.
NACF Rev.	National art-collectors fund. Review (Lo.) 1:1904 ss.
Nagel, 1986	G. K. Nagel, Schwäbisches Künstlerlexikon, M. 1986
Nagler, KL I, 1835 ...	G. K. Nagler, Neues allgemeines Künstler-Lexicon ..., I–XXII, M. 1835–52; unveränd. Abdrucke davon: Linz 1904; L. 1924; W. 1924
Nagler, Monogr. I, 1858 ...	G. K. Nagler, Die Monogrammisten und diejenigen bekannten und unbekannten Künstler aller Schulen ..., I–VI, M. 1858–79, Generalindex M. 1920 (Repr. Nieuwkoop/Hildesheim 1966)
Naik, 1986	N. S. Naik (Ed.), Kala Kird. Art & artists directory, Bombay 1986
Navarro, 1929	J. G. Navarro, La escultura en el Ecuador, Ma. 1929
NB	Nihon-no-bijutsu (To.) 1:1966 ss.
NBK	Neue Bildende Kunst (B.) 1:1991 ss.
NBM	Nenkan – Bijutsuka meikan (Jährliches Künstlernamenverzeichnis), To.
NBW I, 1964 ...	Nationaal biografisch woordenboek, I ss., Br. 1964 ss.
NBZ I, 1969 ...	Nihon Bijutsu Zenshū (Collection of Japanese Fine Art), ed. T. Fujita, I–VI, To. 1969
NDB I, 1953 ...	Neue Deutsche Biographie, I ss., B. 1953 ss.
Nebbia, 1908	U. Nebbia, La scultura del Duomo di Milano, Mi. 1908
NEČVU, 1995	Nová encyklopedie českého výtvarného umění, Praha 1995
Németh, 1981	L. Németh (Ed.), Magyar művészet 1890–1919, Bp. 1981
Neumann, 1905	W. Neumann, Verzeichnis baltischer Goldschmiede, ihrer Merkzeichen und Werke, in: Sitzungsberichte der Gesellschaft für Geschichte und Altertumskunde der Ostseeprovinzen Rußlands aus dem Jahre 1904, Riga 1905, 121–195
Neumann, LbK, 1908 ...	W. Neumann (Ed.), Lexikon baltischer Künstler, Riga 1908 (Repr. Hannover 1972)
Neuwirth, Lex. I, 1976 ...	W. Neuwirth, Lexikon Wiener Gold- und Silberschmiede und ihre Punzen 1867–1922, I–II, W. 1976–77
Neuwirth I, 1977 ...	W. Neuwirth, Porzellanmalerlexikon 1840–1914, I–II, Bg. 1977
NKKL, 1991	Natur och Kulturs konstnärslexikon, Sth. 1991
NKL I, 1982 ...	Norsk kunstnerleksikon. Bildende kunstnere, arkitekter, kunsthåndverkere, I–IV, Oslo 1982–86
NNBW I, 1911 ...	Nieuw Nederlandsch biografisch woordenboek, Red.: P. C. Molhuysen/P. J. Blok/F. K. Kossmann, I–X, Leiden 1911–37
Nocq I, 1926 ...	H. Nocq, Le poinçon de Paris. Répertoire des maîtres-orfèvres de la juridiction de Paris depuis le Moyen-Age jusqu'à la fin du XVIIIe siècle, I–V, P. 1926–31 (Repr. 1968)
NÖB I, 1923 ...	Neue Österreichische Biographie 1815–1918, I ss., W. 1923 ss.
Nordström, 1926	E. Nordström, Suomen taiteilijat. Maalarit ja kuvanveistäjät, Helsinki 1926
Norris, 1974 ...	G. Norris (Ed.), Australian artists today, Frankston 1974; ^{2}1979; ^{3}1984

	Nostrand, 1980	J. van Nostrand, The first hundred years of painting in California 1775–1875, San Francisco 1980
	NouvDictSculpt, 1970	Nouveau dictionnaire de la sculpture moderne, P. 1970
O	*Obol'janinov*, 1913	N. Obol'janinov, Russkie gravery i litografy. Dobavlenie k „Slovarju russkich graverov" Rovinskogo i k „Opisaniju neskol'kich gravjur i litografij" Tevjašova, Mo. 1913
	Obreen I, 1877 ...	F. D. O. Obreen, Archief voor Nederlandsche kunstgeschiedenis, I–VII, Rotterdam 1877–90 (Repr. Utrecht 1971)
	ÖBL I, 1957 ...	Österreichisches biographisches Lexikon 1815–1950, I ss., Graz/Köln 1957 ss.
	ÖKL I, 1974 ...	R. Schmidt, Österreichisches Künstlerlexikon von den Anfängen bis zur Gegenwart, Lfg I–V, W. 1974–79 (als Bd I 1980 ersch.)
	ÖKT I, 1907 ...	Österreichische Kunsttopographie, I ss., W. 1907 ss.
	ÖZKD	Österreichische Zeitschrift für Kunst und Denkmalpflege 1:1947 ss.
	Offner, Corpus ..., 1930 ...	R. Offner, A critical and historical corpus of Florentine painting, N. Y. u.a. 1930 ss.
	Old Hull Artists, 1951	Old Hull artists, in: Early marine paintings and Hull art directory (K), Kingston upon Hull 1951
	Olivier, 1975	R. Olivier, Dictionnaire biographique des créateurs de la Région de Joliette, Que. 1975
	Olpin, 1980	R. S. Olpin, Dictionary of Utah art, Salt Lake City 1980
	Onishi, 1975	R. Onishi, Shina shoga jinmei jisho (Lexikon der chinesischen Kalligraphen und Maler), To. 1975
	Ontario artists, 1978	The Index of Ontario artists, Tor. 1978
	Oretti, ed. *Biagi*, 1981	Marcello Oretti e il patrimonio artistico del contado bolognese, Indice, ed. D. Biagi, Bo. 1981 (Istituto per i beni artistici culturali naturali della Regione Emilia-Romagna, Doc. 15)
	Oretti, ed. *Calbi/Scaglietti Kelescian*, 1984	Marcello Oretti e il patrimonio artistico privato bolognese, Indice, ed. E. Calbi/D. Scaglietti Kelescian, Bo. 1984 (Istituto per i beni artistici culturali naturali della Regione Emilia-Romagna, Doc. 22)
	Orlandi, Abecedario, 1704 ...	P. A. Orlandi, Abecedario pittorico ..., Bo. 1704; spätere Ausg.: Bo. 1719; N. 1733 und 1763; Ve. 1753; Fi. 1788 (2 Bde)
	Orlandoni, 1998	B. Orlandoni, Artigiani e artisti in Valle d'Aosta. Dal XIII secolo all'epoca napoleonica, Ivrea 1998
	Ortega Ricaurte, 1965 ...	C. Ortega Ricaurte, Diccionario de artistas en Colombia, Bogotá 1965; ^{2}1979
	Osborne, 1981 ...	The Oxford companion to twentieth-century art, ed. H. Osborne, N. Y. 1981 (Repr. 1984; 1990)
	Ossorio y Bernard, 1883/84	M. Ossorio y Bernard, Galería biográfica de artistas españoles del siglo XIX, Ma. 1883/84
	Osterwalder, ..., 1983 ...	M. Osterwalder, Dictionnaire des illustrateurs, P. 1983 (Repr. Neuchâtel 1989) und weitere Ausg.
	Ottomeyer, 1971	H. Ottomeyer, Autobiographies d'architectes parisiens, in: Bulletin de la Société de l'histoire de Paris et de l'Ile de France 98:1971, 141–207
	Oudin, 1970	B. Oudin, Dictionnaire des architectes, P. 1970
P	*Paatz*, Kirchen I, 1940 ...	W. und E. Paatz, Die Kirchen von Florenz, I–V und Reg.-Bd, Ffm. 1940–54
	Padovano, 1951	E. Padovano, Dizionario degli artisti contemporanei, Mi. 1951
	Páez Rios I, 1981 ...	E. Páez Rios, Repertorio de grabados españoles, I–III, Ma. 1981–83
	Pailloux, 1962	E. Pailloux, Orfèvres et poinçons XVIIe-XVIIIe-XIXe siècles, Poitou – Angoumois – Aunis – Saintonge, La Rochelle 1962
	Paischeff, 1943	A. Paischeff (Red.), Suomen kuvaamataiteilijat, Helsinki 1943
	Pamplona I, 1954 ...	F. de Pamplona, Dicionário de pintores e escultores portugueses ou que trabalharam em Portugal, I–V, Li. ^{1}1954 ss.; ^{2}1987–88; 1991
	Panzetta, 1989 ...	A. Panzetta, Dizionario degli scultori italiani dell'Ottocento, T. 1989; überarb. Neuaufl. 1994 in 2 Bdn und App.
	Paoletti I, 1893 ...	P. Paoletti, L'architettura e la scultura del Rinascimento in Venezia, I–II, Ve. 1893
	Park, 1949	E. A. Park, Mural painters in America, Pittsburgh 1949
	Parry-Crooke, 1979	C. Parry-Crooke (Ed.), Contemporary British artists, Lo. 1979
	Pasculli Ferrara, 1983	M. Pasculli Ferrara, Arte napoletana in Puglia dal XVI al XVIII secolo, Fasano 1983
	Passavant I, 1860 ...	J. D. Passavant, Le peintre-graveur, I–VI, L. 1860–64
	Passeri, Vite, 1772 ...	G. B. Passeri, Vite de'pittori, scultori ed architetti che hanno lavorato in Roma morti dal 1641 al 1673, R. 1772; L./W. 1934, ed. J. Hess (Repr. Bo. 1976)
	Pataky, 1951	D. Pataky, A magyar rézmetszés története, Bp. 1951
	Patrimonio Bologna, 1979	Il patrimonio artistico e architettonico di Bologna 1792, Bo. 1979 (Istituto per i beni artistici culturali naturali della Regione Emilia-Romagna, Doc. 8)
	Patrizzi/Sturm, 1981	D. Patrizzi/F. X. Sturm, Schmuckuhren 1790–1850, M. 1981
	Pavière, Flower I, 1962 ...	S. H. Pavière, A dictionary of flower, fruit and still life painters, I–III, Leigh-on-Sea 1962–64
	Pazaurek I, 1925 ...	G. E. Pazaurek, Deutsche Fayence- und Porzellan-Hausmaler, I–II, St. 1925; ^{2}1971
	Pelliccioni, 1949	A. Pelliccioni, Dizionario degli artisti incisori italiani (dalle origini al XIX secolo), Carpi 1949

	Peppin/Micklethwait, 1983	B. Peppin/L. Micklethwait, Dictionary of British book illustrators. The 20th century, Lo. 1983
	Pereira Salas, 1965	E. Pereira Salas, Historia del arte en el Reino de Chile, S. Ch. 1965
	Pérez Costanti, Dicc., 1930	P. Pérez Costanti, Diccionario de artistas que florecieron en Galicia durante los siglos XVI y XVII, Santiago de Compostela 1930
	Petránsky, 1985	L. Petránsky, Moderná slovenská grafika 1918–83, Bra. 1985
	Petrov I, 1864 ...	P. N. Petrov, Sbornik materialov dlja istorii imperatorskoj Akademii chudožestv za sto let ee suščestvovanija, I–III, StP. 1864–66
	Petrov/Kamenski, 1991	V. Petrov/A. Kamenski, „Le Monde de l'Art". Association artistique russe du début du XXe siècle, Le. 1991 (auch in dt. und engl.)
	Petrová-Pleskotová, 1970 ...	A. Petrová-Pleskotová, Bratislavskí výtvarní umelci a umeleckí remeselníci 18. storočia, in: Ars 4:1970 (1–2) 209–241 und 6–8:1972/74 (1–6) 287–299
	Pfister, 1993	M. Pfister, Baumeister aus Graubünden – Wegbereiter des Barock, M./Chur 1993
	Pieper-Lippe, 1974	M. Pieper-Lippe, Zinn im südlichen Westfalen, Münster 1974 (Westfalen, Sonderheft 19)
	Pieper-Lippe, 1980	M. Pieper-Lippe, Zinn im nördlichen Westfalen, Münster 1980 (Westfalen, Sonderheft 21)
	Pillich, 1959 ...	W. Pillich, Kunstregesten aus den Hofparteienprotokollen des Obersthofmeisters von 1637–1780, in: Mitteilungen des Österreichischen Staatsarchivs 12:1959 ...
	Pio, ed. *Enggass*, 1977	N. Pio, Le vite di pittori, scultori et architetti, ed. C. und R. Enggass, Città del Vaticano 1977 (Studi e testi, 278)
	Piompinos, 1979...	F. L. Piompinos, Ellines agiografoi mechri to 1821, At. 1979; ^{2}1984
	PittItalCinquec I, 1987 ...	Il Cinquecento, I–II, Mi. 1987 (La pittura in Italia); erw. Neuausg. 1988
	PittItalDuec I, 1985 ...	Il Duecento e il Trecento, I–II, Mi. 1985 (La pittura in Italia); erw. Neuausg. 1986
	PittItalNovec/1 I, 1992 ...	Il Novecento/1–3, I–II, Mi. 1992–94 (La pittura in Italia)
	PittItalOttoc I, 1991 ...	L'Ottocento, I–II, Mi. 1991 (La pittura in Italia)
	PittItalQuattroc I, 1986 ...	Il Quattrocento, I–II, Mi. 1986 (La pittura in Italia); Neuausg. 1987
	PittItalSeic I, 1988 ...	Il Seicento, I–II, Mi. 1988 (La pittura in Italia); erw. Neuausg. 1989
	PittItalSettec I, 1989 ...	Il Settecento, I–II, Mi. 1989 (La pittura in Italia); ^{2}1990
	PKG	Propyläen-Kunstgeschichte, N. F., I–XVIII, B. 1967–74; Suppl.-Bd I ss., 1977 ss.; Sonderband I ss., 1980 ss.
	PlástUrug I, 1975 ...	Plásticos uruguayos, I–II, Montevideo 1975
	Plüss/Tavel I, 1958 ...	Künstler-Lexikon der Schweiz, XX. Jahrhundert, ed. Verein zur Herausgabe des Schweizerischen Künstlerlexikons, Red.: E. Plüss/H. von Tavel, Frauenfeld, I 1958–61, II 1963–67; Nachtr. von Todesdaten 1967 (Nachdr. 1974 und 1983)
	Pons, 1986	B. Pons, De Paris à Versailles 1699–1736. Les sculpteurs ornemanistes parisiens ..., Strasbourg 1986
	Pontual, 1969	R. Pontual, Dicionário das artes plásticas no Brasil, Rio 1969
	Pope-Hennessy, Sculpt. I, 1955 ...	J. Pope-Hennessy, An introduction to Italian sculpture, I–III, Lo. 1955–62; 2. Aufl. Lo./N. Y., I 1972, II 1971, III 1970; Neuausgabe N. Y. 1985
	Popelka I, 1928 ...	F. Popelka, Geschichte der Stadt Graz, Graz, I 1928, II 1935; ^{2}1959–60
	Popis	Popis slikarskih i vajarskih dela Vojvodine (Novi Sad) 1:1965 ss.
	Popsavova, 1975	D. J. Popsavova, Bălgarsko izobrazitelno izkustvo, Sofija 1975
	Portal, 1925	C. Portal, Dictionnaire des artistes et ouvriers d'art du Tarn du XIIIe au XXe siècle, Albi 1925
	Portalupi, 1973	M. Portalupi, Arte nella Svizzera romanda, Mi. 1973
	Postnikova-Loseva, 1974	M. M. Postnikova-Loseva, Russkoe juvelirnoe iskusstvo, ego centry i mastera, XVI–XIX vekov, Mo. 1974
	Postnikova-Loseva/Platonova/Ul'janova, 1983	M. M. Postnikova-Loseva/N. G. Platonova/B. L. Ul'janova, Zolotoe i serebrjanoe delo XV–XX vekov, Mo. 1983
	Požarskaja, 1970	M. N. Požarskaja, Russkoe teatral'no-dekoracionnoe iskusstvo konca XIX – načala XX veka, Mo. 1970
	Prause, 1975	M. Prause, Die Kataloge der Dresdner Akademie-Ausstellungen 1801–1850 (mit Reg.-Bd), B. 1975 (Quellen und Schriften zur bildenden Kunst, 5)
	Preston, 1974	R. Preston, The seventeenth century marine painters of the Netherlands, Leigh-on-Sea 1974
	ProgrArchit	Progressive architecture (N. Y.) 1:1920–76:1995
	Prokušev, 1982	G. I. Prokušev, Chudožniki Marijskoj ASSR, Le. 1982
	Pronina, 1983	I. A. Pronina, Dekorativnoe iskusstvo v Akademii Chudožestv, Mo. 1983
	Protić I, 1970 ...	M. B. Protić, Srpsko slikarstvo XX veka, I–II, Bgd. 1970
	Prytkova, 1982	L. A. Prytkova (Ed.), Chudožniki Sovetskoj Kirgizii, Frunze 1982
	PSB I, 1935 ...	Polski słownik biograficzny, I ss., Krakow 1935 ss.
	Puviani, Diz. I, 1974 ...	F. Puviani, Dizionario dei pittori, scultori e incisori, Ferrara, I 1974, II 1975
	Pyke, 1973	E. J. Pyke, A biographical dictionary of wax modellers, Ox. 1973
Q	Quellen Doria-Pamphilj, 1972	Quellen aus dem Archiv Doria-Pamphilj zur Kunsttätigkeit in Rom unter Innocenz X., Gesamt-Red.: J. Garms, R./W. 1972 (Publikationen des Österreichischen Kulturinstituts in Rom, II. Abt., 3. R., Bd 4)

Quintanilla, 1962	M. Quintanilla, Algunas notas sobre artífices segovianos (1560–1660), in: Estudios segovianos 14:1962, 77–188

R

Raczynski, 1846	A. Raczynski, Les arts en Portugal, P. 1846
Raczynski, 1847	A. Raczynski, Dictionnaire historico-artistique du Portugal, P. 1847
Rae, 1983	R. Rae, Cartoonists of Australia, Marrickville, N. S. W. 1983
Ráfols I, 1951 ...	J. F. Ráfols, Diccionario biográfico de artistas de Cataluña desde le época romana hasta nuestros días, I–III, Ba. 1951–54
Ràfols I, 1985 ...	Diccionario „Ràfols“ de artistas contemporáneos de Cataluña y Baleares, I ss., Ba. 1985 ss.
Rambaud I, 1964 ...	M. Rambaud, Documents du Minutier Central concernant l'histoire de l'art (1700–1750), P., I 1964, II 1971
Ramsden, 1950	C. Ramsden, French bookbinders 1789–1848, Lo. 1950
Rasmo, 1966 ...	N. Rasmo, Appunti per un dizionario artistico atesino, in: Cultura atesina – Kultur des Etschlandes (Bolzano) 20:1966, 73–120; 21:1972, 35–99
Rasmo I, 1980 ...	N. Rasmo, Dizionario biografico degli artisti atesini, I ss., Bolzano 1980 ss.
Rassd'A	Rassegna d'arte antica e moderna (Mi.) 1901 ss.; N. S., 1:1914 ss.
Rastawiecki, SłRytow., 1886	E. Rastawiecki, Słownik rytowników polskich tudzież obcych w Polsce osiadłych lub czasowo w niej pracujących, Poznań 1886
Rastawiecki I, 1850 ...	E. Rastawiecki, Słownik malarzów polskich tudzież obcych w Polsce osiadłych lub czasowo w niej pracujących, I–III, War. 1850–57
Rathke-Köhl, 1964	S. Rathke-Köhl, Geschichte des Augsburger Goldschmiedegewerbes vom Ende des 17. bis zum Ende des 18. Jahrhunderts, Diss. Hamburg, Au. 1964 (Schwäbische Geschichtsquellen und Forschungen, 6)
RBS I, 1896 ...	A. A. Polovcev (Ed.), Russkij biografičeskij slovar', I–XXXV, StP. 1896–1918
RChK II, 1969 ...	Russkaja chudožestvennaja kul'tura konca XIX – načala XX veka (1895–1907), kniga 2: Izobrazitel'noe iskusstvo, architektura, dekorativno-prikladnoe iskusstvo, Mo. 1969; kniga 4, Mo. 1980
Rd'A	Rivista d'arte (Fi.) 1:1903–36:1961/62 (1963)
Read, 1983	B. Read, Victorian sculpture, New Haven 1983
Reclams Kunstf. ...	Reclams Kunstführer, St. 1957 ss. (in versch. Aufl.)
Redgrave, 1874 ...	S. Redgrave, A dictionary of artists of the English School, Lo. 1874; ^{2}1878 (Repr. 1970)
Rees, 1912	T. M. Rees, Welsh painters, engravers, sculptors (1527–1911), Carnarvon 1912
Reid, 1928 ...	F. Reid, Illustrators of sixties, Lo. 1928 (Repr. u.d.T.: Illustrators of the eighteen sixties, N. Y. 1975)
Reid, 1973 ...	D. Reid, A concise history of Canadian painting, Tor. 1973; ^{2}1988
Reineking von Bock, 1979	G. Reineking von Bock, Keramik des 20. Jahrhunderts, Deutschland, M. 1979
Reitzner, 1952/53	V. Reitzner, in: Alt-Wien-Lexikon für Österreichische und Süddeutsche Kunst und Kunstgewerbe: Edelmetalle und deren Punzen 3:1952/53, 193 ss.
Renard, 1913	E. Renard, Von alten rheinischen Glocken, in: Mitteilungen des Rheinischen Vereins für Denkmalpflege und Heimatschutz 12:1913 (1) 1-83
Renard, 1985	J.-C. Renard, L'âge de la fonte – un art, une industrie 1800–1914, P. 1985
Renouard, 1901	P. Renouard, Documents sur les imprimeurs, libraires, cartiers, graveurs ... ayant exercé à Paris de 1450 à 1600, P. 1901
Renouvier, 1863	J. Renouvier, Histoire de l'art pendant la Révolution, P. 1863
Repert. Gab. Fotogr. I, 1978 ...	Istituto centrale per il catalogo e la documentazione Roma, Dipinti dei musei e gallerie di Roma. Repertorio delle fotografie del Gabinetto fotografico nazionale, R. I 1978, II 1981
RepertKw	Repertorium für Kunstwissenschaft (B. u.a.) 1:1876–52:1931
RIASA	Rivista dell'Istituto Nazionale d'Archeologia e Storia dell'Arte (R.) 1:1952 ss.
RIBAJ	Journal of the Royal Institute of British Architects (Lo.) 1:1835/36 ss.
Ribbe/Schäche, 1987	W. Ribbe/W. Schäche (Ed.), Baumeister, Architekten, Stadtplaner. Biographien zur baulichen Entwicklung Berlins, B. 1987 (Reihe Berlinische Lebensbilder)
Ricci, 1983	P. Ricci, Arte e artisti a Napoli, 1800–1943, N. 1983
Riccoboni, 1942	A. Riccoboni, Roma nell'arte. La scultura nell'evo moderno dal Quattrocento ad oggi, R. 1942
Ries, 1992	H. Ries, Illustration und Illustratoren des Kinder- und Jugendbuches im deutschsprachigen Raum 1871–1914, Osnabrück 1992
Rigoni, 1970	E. Rigoni, L'arte rinascimentale in Padova, Pd. 1970 (Medioevo e umanesimo, 9)
Rittmeyer, Lichtensteig, 1944	D. F. Rittmeyer, Von den Goldschmieden in Lichtensteig im Toggenburg und ihren Arbeiten, in: Zeitschrift für schweizerische Archäologie 6:1944, 19–38
Rittmeyer, Luzern, 1941	D. F. Rittmeyer, Geschichte der Luzerner Silber- und Goldschmiedekunst von den Anfängen bis zur Gegenwart, Luzern 1941 (Luzerner Geschichte und Kultur, Tl 3, Bd 4)
Rittmeyer, Rapperswil, 1949	D. F. Rittmeyer, Rapperswiler Goldschmiedekunst, in: Mitteilungen der Antiquarischen Gesellschaft Zürich 34:1949 (3) 1-163
Rittmeyer, Schaffhausen, 1947	D. F. Rittmeyer, Schaffhauser Goldschmiede, in: Schaffhauser Beiträge zur vaterländischen Geschichte 1947, 5–39
Rittmeyer, Sursee, 1936	D. F. Rittmeyer, Hans Peter Staffelbach, in: AnzSchwAlt, N. F., 38:1936 (2) 137–144; (3) 177–207; (4) 274–311

Rittmeyer, Wil, 1963	D. F. Rittmeyer, Die Goldschmiede und die Kirchenschätze in der Stadt Wil, Wil 1963
Rittmeyer, Winterthur, 1962	D. F. Rittmeyer, Die alten Winterthurer Goldschmiede, in: Mitteilungen der Antiquarischen Gesellschaft Zürich 42:1962 (1)
Rittmeyer, Zug, 1943	D. F. Rittmeyer, Zuger Goldschmiede, in: Zuger Neujahrsblatt 1943, 36–38
Rjazancev, 1976	I. V. Rjazancev, Iskusstvo sovetskogo vystavočnogo ansamblja 1917–1970, Mo. 1976
Robb/Smith, 1993	G. Robb/E. Smith, Concise dictionary of Australian artists, Carlton, Vic. 1993
Roberts, DJA, 1976 ...	L. P. Roberts, A dictionary of Japanese artists. Painting, sculpture, ceramics, prints, lacquer, To./N. Y. 1976; ^{2}1977
Röder, 1934	J. Röder, Die Olmützer Künstler und Kunsthandwerker des Barock. Ein biografisches Lexikon, Olmütz 1934
RömJb	Römisches Jahrbuch für Kunstgeschichte (Kunstgeschichtliches Jahrbuch der Bibliotheca Hertziana) (M. u.a.) 1:1937 ss.
Roget I, 1891 ...	J. L. Roget, A history of the „Old Water-Colour" Society, now the Royal Society of Painters in Water Colours, I–II, Lo. 1891 (Repr. Woodbridge 1972)
Roli, 1977	R. Roli, Pittura bolognese, 1650–1800, Bo. 1977
Romagnoli, Biogr. I (vor 1835), 1976 ...	E. Romagnoli, Biografia cronologica de' bellartisti senesi 1200–1800, I–XII, XIII (Index), Ms. Siena, Biblioteca Comunale, vor 1835 (Repr. Fi. 1976)
Rombouts/Lerius I, 1872 ...	P. Rombouts/T. van Lerius, De liggeren en andere historische archieven der Antwerpsche Sint Lucasgilde, I–II, Ant./D. H. 1872
Rondot, 1888	N. Rondot, Les peintres de Lyon du XIVe au XVIIIe siècle, P. 1888
Rondot, 1902	N. Rondot, L'art et les artistes à Lyon du XIVe au XVIIIe siècle, Lyon 1902
Roosen-Runge, 1950	M. Roosen-Runge, Die Goldschmiede der Stadt Bern, in: Jahrbuch des Historischen Museums in Bern 30:1950, 5–75
Rosenberg, 1889 ...	M. Rosenberg, Der Goldschmiede Merkzeichen, Ffm. 1889; ^{2}1911; ^{3}1922–28 (4 Bde)
Rossitti, 1981	V. Rossitti, Dizionario degli incisori friulani, Bo. 1981
Rothenstein I, 1952 ...	J. Rothenstein, Modern English painters, Lo., I 1952, II 1956, III 1974; rev. ed. 1976
Rott I, 1933 ...	H. Rott, Quellen und Forschungen zur südwestdeutschen und schweizerischen Kunstgeschichte im 15. und 16. Jahrhundert, I–III, St. 1933–38
Roudié, 1958	P. Roudié, Peintres et verriers de Bordeaux à la fin du XVe et au début du XVIe siècle, in: Bulletin et mémoires de la Société archéologique de Bordeaux 59:1958 (1954–56) 122–132
Roudié, 1969	P. Roudié, Répertoire biographique des artistes et artisans d'art ayant travaillé à Bordeaux, en Bordelais et en Bazadais de 1453 à 1550, Bordeaux 1969
Rovinskij I, 1895 ...	D. A. Rovinskij, Podrobnyj slovar' russkich graverov XVI–XIX vekov, I–II, StP. 1895
Rowan, 1979	A. Rowan, North West Ulster, Harmondsworth [u.a.] 1979 (The buildings of Ireland)
RoyalAcadExhib I, 1973 ...	Royal Academy Exhibitors 1905–1970. A dictionary of artists and their work in the Summer Exhibitions of the Royal Academy of Arts, I–VI, East Ardsley/Wakefield 1973–82
RoyalHibAcad I, 1986 ...	Royal Hibernian Academy of Arts Dublin. Index of exhibitors and their works 1826–1979, I–III, Dublin 1986–87
RSA Exhibitors I, 1991 ...	C. Baile de Laperriere (Ed.), The RSA exhibitors 1826–1990, I–IV, Calne 1991
ar-Rubaiʿī, 1972	Š.ar-Rubaiʿī, Al-fann at-taškīlī al-muʿāṣir fi-l-ʿIrāq (Die zeitgenössische bildende Kunst im Irak), Bagdad 1972
ar-Rubaiʿī, 1976	Š.ar-Rubaiʿī, Lauḥāt wa afkār (Gemälde und Ideen), Bagdad 1976
Rubcov, 1962 ...	N. N. Rubcov, Istorija litejnogo proizvodstva v SSSR, Čast' 1, Mo./Le. 1947; ^{2}1962
Rückert, 1990	R. Rückert, Biographische Daten der Meißner Manufakturisten des 18. Jahrhunderts, M. 1990 (Katalog der Meißner Porzellan-Sammlung. Stiftung Ernst Schneider, Schloß Lustheim, Oberschleißheim vor München, Beiband) (Kataloge des Bayerischen Nationalmuseums München, 20)
Rump, 1912	E. Rump, Lexikon der bildenden Künstler Hamburgs, Altonas und der näheren Umgebung, Ha. 1912
RussMuz, Skul'pt., 1988	Gosudarstvennyj Russkij Muzej. Skul'ptura XVIII – načalo XX veka (K), Le. 1988
RussMuz, Živop., 1980	Gosudarstvennyj Russkij Muzej. Živopis' XVIII – načalo XX veka (K), Le. 1980
S	
Sabater I, 1972 ...	G. Sabater, La pintura contemporánea en Mallorca, Palma de Mallorca, I 1972, II 1982
Sailer, 1943	L. Sailer, Die Stukkateure, W. 1943 (Die Künstler Wiens, 1)
Salerno, NatMorta, 1984	L. Salerno, La natura morta italiana 1560–1805, R. 1984
Salerno I, 1977 ...	L. Salerno, Pittori di paesaggio del Seicento a Roma, R. I–II 1977, III 1980
Salverte, 1985	F. de Salverte, Les ébénistes du XVIIIe siècle, P. 1985
Sampaio de Andrade, 1959	A. Sampaio de Andrade, Dicionário histórico e biográfico de artistas e técnicos portugueses seculos XIV–XX, Li. 1959
Samuels, 1976	P. und H. Samuels, The illustrated biographical encyclopedia of artists of the American West, N. Y. 1976
San Vicente I, 1976 ...	A. San Vicente, La platería de Zaragoza en el bajo renacimiento 1545–1599, I–III, Zaragoza 1976
Sanchis y Sivera, 1914	J. Sanchis y Sivera, Pintores medievales en Valencia, Ba. 1914
Sander, 18. Jh., 1926	M. Sander, Die illustrierten französischen Bücher des 18. Jahrhunderts, St. 1926 (Taschenbibliographien für Büchersammler, 3)

Sander, 19. Jh., 1924	M. Sander, Die illustrierten französischen Bücher des 19. Jahrhunderts, St. 1924 (Taschenbibliographien für Büchersammler, 1)
Sandler, 1978	I. Sandler, The New York School. The painters and sculptors of the fifties, N. Y./Hagerstown/San Francisco 1978
Sanjurjo, 1993	A. Sanjurjo (Ed.), Contemporary Latin American artists. Exhibitions at the Organization of American States 1965–1985, Metuchen, N. J./Lo. 1993
Santos Torroella I, 1985 ...	R. Santos Torroella [Dir.], Enciclopèdia vivent de la pintura i l'escultura catalanes, I ss., Ba. 1985 ss.
Sanyal, 1961	B. C. Sanyal (Ed.), Artists directory, ed. Lalit Kala Akad., New Delhi 1961
Sanz y Díaz, 1953	J. Sanz y Díaz, Pintores hispanoamericanos contemporáneos, Ba. 1953
Sartin, 1978	S. Sartin, A dictionary of British narrative painters, Leigh-on-Sea 1978
Sartori, Doc., 1976	A. Sartori, Documenti per la storia dell'arte a Padova, ed. C. Fillarini, Vi. 1976 (Fonti e studi per la storia del Santo a Padova, Fonti, 3)
Sarullo I, 1993 ...	L. Sarullo, Dizionario degli artisti siciliani, I–IV, Palermo 1993 ss.
SBL I, 1925/32 ...	U. I. Cankar/F. K. Lukman, Slovenski biografski leksikon, I ss., Ljubljana 1925 ss.
SBS I, 1986 ...	Slovenský biografický slovník, I–VI, Martin 1986–94
Scarlett, 1980	K. Scarlett, Australian sculptors, Mb. 1980
Schede Vesme I, 1963 ...	A. Baudi di Vesme, Schede Vesme. L'arte in Piemonte dal XVI al XVIII secolo, I–IV, T. 1963–82
Schedelmann, 1972	H. Schedelmann, Die großen Büchsenmacher. Leben, Werke, Marken vom 15. bis 19. Jh., Bg. 1972
Scheen, 1981	P. A. Scheen, Lexicon Nederlandse beeldende kunstenaars 1750–1880, D. H. 1981
Scheen I, 1969 ...	P. A. Scheen, Lexicon Nederlandse beeldende kunstenaars 1750–1950, D. H., I 1969, II 1970
Scheffler, Goldschm. Berlin, 1968	W. Scheffler, Berliner Goldschmiede, B. 1968
Scheffler, Goldschm. Hessen, 1976	W. Scheffler, Goldschmiede Hessens, B./N. Y. 1976
Scheffler, Goldschm. Main/Neckar, 1977	W. Scheffler, Goldschmiede an Main und Neckar, Hn. 1977
Scheffler, Goldschm. Mittel/NO-Dtld, 1980	W. Scheffler, Goldschmiede Mittel- und Nordostdeutschlands von Wernigerode bis Lauenburg in Pommern, B./N. Y. 1980
Scheffler, Goldschm. Niedersachsen I, 1965 ...	W. Scheffler, Goldschmiede Niedersachsens, Halb-Bd 1–2, B. 1965
Scheffler, Goldschm. Oberfranken, 1989	W. Scheffler, Goldschmiede Oberfrankens, B./N. Y. 1989
Scheffler, Goldschm. Ostallgäu, 1981	W. Scheffler, Goldschmiede des Ostallgäus, Hn. 1981
Scheffler, Goldschm. Ostpreußen, 1983	W. Scheffler, Goldschmiede Ostpreußens, B./N. Y. 1983
Scheffler, Goldschm. Rhld-Westf. I, 1973 ...	W. Scheffler, Goldschmiede Rheinland-Westfalen, Halb-Bd 1–2, B./N. Y. 1973
Scheltema I, 1855 ...	P. Scheltema, Aemstels oudheid of gedenkwaardigkeiten van Amsterdam, I–VII, Am. 1855–85
Schidlof, 1911	L. Schidlof, Die Bildnisminiatur in Frankreich im XVII., XVIII. und XIX. Jahrhundert, W./L. 1911
Schidlof I, 1964 ...	L. R. Schidlof, The miniature in Europe in the 16th, 17th, 18th and 19th centuries, I–IV, Graz 1964
Schlugleit, 1936	D. Schlugleit, Alphab. naamlijst op de goud- en zilversmeden te Antwerpen voor 1600, in: Bijdragen tot te geschiedenis in zonderheit van het Hertogdom Brabant 27:1936
Schlugleit, 1969	D. Schlugleit, De Antwerpse goud- en zilversmeden in het corporatief stelsel, 1382–1798, Wetteren 1969
Schmidt, 1951	R. Schmidt, Das Wiener Künstlerhaus. Eine Chronik 1861–1951, W. 1951
Schmidt, 1967	W. Schmidt, Russische Graphik des XIX. und XX. Jahrhunderts, L. 1967
Schneider, 1976	H. Schneider, Schweizer Waffenschmiede, vom 15. bis 20. Jahrhundert, Z. 1976
Schneider, Zinn I, 1970 ...	H. Schneider, Zinn, I–III, Olten/FiB. 1970–83
Schnell, Kl. Kunstf.	H. Schnell (Ed.), Kleine Kunstführer, M./Z.
Schnell/Schedler, 1988	H. Schnell/U. Schedler, Lexikon der Wessobrunner Künstler und Handwerker, M./Z. 1988
Schöny I, 1970 ...	H. Schöny, Wiener Künstler-Ahnen, I–II, W. 1970–75
SChU, 1973	Slovnyk chudožnykiv Ukraïny, Kyïv 1973
Schurr, 1969	G. Schurr, Les petits maîtres de la peinture, valeur de demain, P. 1969
Schurr, Guidargus, 1980 ...	G. Schurr, Le guidargus de la peinture du XIXe siècle à nos jours, P. 1980 ss.
Schurr I, 1975 ...	G. Schurr, Les petits maîtres de la peinture, valeur de demain 1820–1920, P., I 1975, II 1972, III 1976, IV 1979, V 1981, VI 1985, VII 1989
Schurr/Cabanne I, 1996 ...	G. Schurr/P. Cabanne, Dictionnaire des petits maîtres de la peinture, I–II, P. 1996
SchwBZ	Schweizerische Bauzeitung (Z.) 1:1883 ss.
Schweers, 1986	H. F. Schweers, Genrebilder in deutschen Museen, M. [u.a.] 1986

Schweers I, 1981 ...	H. F. Schweers, Gemälde in deutschen Museen. Katalog der in der BRD ausgestellten Werke, M. [u.a.], I 1981, II 1982
Schweers I, 1994 ...	H. F. Schweers, Gemälde in deutschen Museen, I–X, M. [u.a.] 1994
Schweiger, 1982	W. J. Schweiger, Wiener Werkstätte. Kunst und Handwerk 1903–1932, W. 1982
Seling I, 1980 ...	H. Seling, Die Kunst der Augsburger Goldschmiede 1529–1868, I–III, M. 1980, Suppl. zu Bd III, 1994
Service, 1977	A. Service, Edwardian architecture. A handbook to building design in Britain 1890–1914, Lo. 1977 (The world of art library)
Servolini, 1955	L. Servolini, Dizionario illustrato degli incisori italiani moderni e contemporanei, Mi. 1955
Seubert I, 1857 ...	A. F. Seubert, Die Künstler aller Zeiten und Völker ..., I–III, St. 1857–64; [2]1878–79; [3]1882 (seit 1878: Allgemeines Künstlerlexicon oder Leben und Werke der berühmtesten bildenden Künstler ...)
Severjuchin/Lejkind, 1992	D. Ja. Severjuchin/O. L. Lejkind, Zolotoj vek chudožestvennych ob''edinenij v Rossii i SSSR (1820–1932), StP. 1992
Severjuchin/Lejkind, 1994	D. Ja. Severjuchin/O. L. Lejkind, Chudožniki russkoj ėmigracii (1917–1941), StP. 1994
Seymour, 1988	N. N. Seymour, An index-dictionary of Chinese artists, collectors and connoisseurs, Metuchen, N. J./Lo. 1988
Seyn, Dessinat., 1947	E. M. H. de Seyn, Dessinateurs, graveurs et peintres des anciens Pays-Bas. École flamande et hollandaise, Turnhout 1947
Seyn, Dict. I, 1935 ...	E. de Seyn, Dictionnaire biographique des sciences, des lettres et des arts en Belgique, Br., I 1935, II 1936
Sgadari di lo Monaco, 1940	Sgadari di lo Monaco, Pittori e scultori siciliani, dal Seicento al primo Ottocento, Palermo 1940
Shapley, Kress Coll., 1966	F. R. Shapley, Paintings from the Samuel H. Kress Collection. Italian schools, XIII–XV century (K), Lo. 1966
Shapley, Kress Coll., 1968	F. R. Shapley, Paintings from the Samuel H. Kress Collection. Italian schools, XV–XVI century (K), Lo. 1968
Shapley, Kress Coll., 1973	F. R. Shapley, Paintings from the Samuel H. Kress collection. Italian schools, XVI–XVIII century (K), Lo. 1973
Shapley I, 1979 ...	F. R. Shapley, National Gallery of Art. Catalogue of the Italian paintings, I–II, Wa. 1979
Sidorov, 1969	A. A. Sidorov, Russkaja grafika načala XX veka. Očerki i teorii, Mo. 1969
Singer, BK I, 1930 ...	H. W. Singer, Allgemeiner Bildniskatalog, I–XIV, L. 1930–36
Singer, NBK I, 1937 ...	H. W. Singer, Neuer Bildniskatalog, I–V, L. 1937–38
Siret I, 1924 ...	A. Siret, Dictionnaire historique et raisonné des peintres de toutes les écoles depuis l'origine de la peinture jusqu'à nos jours, I–II, B. [3]1924
Sitzmann, Ostfr., 1957 ...	K. Sitzmann, Künstler und Kunsthandwerker in Ostfranken, Kulmbach 1957; [2]1983 (Nachdr. aus: Die Plassenburg, Schriften für Heimatforschung und Kulturpflege in Ostfranken, Bd 12 in Zusammenfassung mit Bd 16,2–3 und Bd 37,4). Erg. und Berichtigungen, Reg., ibid. 1962 (Die Plassenburg, Schriften für Heimatforschung und Kulturpflege, 12. 16)
SłArtPlast, 1972	Słownik artystów plastyków. Artyści plastycy Okręgu Warszawskiego ZPAP 1945–1970, War. 1972
SłArtPolsk I, 1971 ...	Słownik artystów polskich i obcych w Polsce działających, ed. Instytut Sztuki Polskiej Akademii Nauk, I ss., Wr. u.a. 1971 ss.; Uzupełnienia i sprostowania do t. I–II, 1979, do t. I–IV, 1993
SłJArt, 1972	J. J. Połatek/J. Paszenda, Słownik jezuitów artystów, Kraków 1972
Smith, AA, 1930 ...	R. C. Smith, A biographical index of American artists, Baltimore 1930 (Repr. Detroit, Mich. 1976)
Smith, AP, 1962	B. Smith, Australian painting 1788–1960, Mb. 1962
Smith, AP, 1971	B. Smith, Australian painting 1788–1970, Mb. [2]1971
Smith, AP, 1991	B. Smith, Australian painting 1788–1990, Mb. 1991
Smith, Clockm., 1921 ...	J. Smith, Old Scottish clockmakers from 1453 to 1850, Edinburgh [2]1921 (Repr. East Ardsley/Wakefield/N. Y. 1975)
SN	Sakuhin nenkan – gendai nihon no bijutsu (Jahrbücher moderner japanischer Kunst), To. 1976 ss.
Snoddy, 1996	T. Snoddy, Dictionary of Irish artists. 20th century, Dublin 1996
Snodgrass, 1968	American Indian painters. A biographical directory, compiled by J. O. Snodgrass, N. Y. 1968 (Contributions from the Museum of the American Indian Heye Foundation, XXI, P. 1)
Sobko I, 1893 ...	N. P. Sobko, Slovar' russkich chudožnikov s drevnejšich vremen do našich dnej (XI–XIX vekov), I–III, StP. 1893–99
Soprani, Vite, 1674 ...	R. Soprani, Le vite de' pittori, scultori e architetti genovesi e de' forestieri che in Genova operarono, Ge. 1674; ed. G. Ratti, I–II, 1768–69
Soria, 1982	R. Soria, Dictionary of nineteenth-century American artists in Italy 1760–1914, Rutherford [u.a.] 1982
Soria, 1993	R. Soria, American artists of Italian heritage, 1776–1945. A biographical dictionary, Rutherford u.a. 1993

Sorrenti, 1990	P. Sorrenti, Pittori, scultori, architetti e artigiani pugliesi dall'antiquità ai nostri giorni, Bari 1990
Souchal I, 1977 ...	F. Souchal, French sculptors of the 17th and 18th centuries. The reign of Louis XIV, I–III, Lo. 1977–87, Suppl. 1993
SoupPam I, 1898 ...	Soupis památek historických a uměleckých v království Českém (seit 1918 u.d.T.: Soupis památek historických a uměleckých v Republice Československé), I–LI, Praha 1898–1938 (z.T. dt.: Topographie der historischen und Kunstdenkmale im Königreich Böhmen; seit 1918: Topographie der historischen und kunstgeschichtlichen Denkmale in der Tschechoslowakischen Republik)
Sousa Viterbo I, 1899 ...	F. Marques de Sousa Viterbo, Diccionário histórico e documental dos arquitectos, engenheiros e construtores portugueses, Li., I 1899, II 1904, III 1922 (Repr. 1990)
Spalding, 1986	F. Spalding, British art since 1900, Lo. 1986 (World of art)
Spalding, 1990 ...	F. Spalding, 20th century painters and sculptors, Woodbridge 1990 (Dictionary of British art, 6) (Repr. 1991)
Spanish artists I, 1993 ...	Spanish artists from the fourth to the twentieth century. A critical dictionary, N. Y. u.a., I 1993
Sparks, 1971	E. Sparks, A biographical dictionary of painters and sculptors in Illinois 1808–1945, Diss. Northwestern University, Evanston, Ill. 1971
Spielmann, 1901	M. H. Spielmann, British sculpture and sculptors of today, Lo. 1901
Spielmann, 1972	H. Spielmann, Bildhauer in Hamburg 1900–1972, Ha. 1972
Spies I, 1996 ...	G. Spies, Braunschweiger Goldschmiede, I–III, B./M. 1996
Spinosa, 1979	N. Spinosa (Ed.), Le arti figurative a Napoli nel Settecento, N. 1979
Spiteris, 1971	T. Spiteris, Arte dopo il 1945. Grecia, Bo. 1971 (Arte dopo il 1945, 3)
SSSU, 1967	Slovník súčasného slovenského umenia, Bra. 1967
Stange I, 1967 ...	A. Stange, Kritisches Verzeichnis der deutschen Tafelbilder vor Dürer, I–III, M. 1967–78
Starcev I, 1933 ...	I. I. Starcev, Detskaja literatura. Bibliografija, I ss., Mo. 1933 ss.
Stchoukine, 1929	I. Stchoukine, Peinture indienne, P. 1929
Stchoukine, 1936	I. Stchoukine, La peinture iranienne sous les derniers ʿAbbāsides et les Īl-Khāns, Bruges 1936
Stchoukine, 1954	I. Stchoukine, Les peintures des manuscrits timurides, P. 1954
Stchoukine, 1959	I. Stchoukine, Les peintures des manuscrits ṣafavis, de 1502 à 1587, P. 1959
Stchoukine, 1964	I. Stchoukine, Les peintures des manuscrits des Shá ʿAbbās Ier, à la fin des Ṣafavis, P. 1964
Stchoukine, 1966	I. Stchoukine, La peinture turque d'après les manuscrits illustrés, 1: De Sulaymān Ier à ʿOsmān IIe, 1520–1622, P. 1966
Stchoukine, 1971	I. Stchoukine, La peinture turque d'après les manuscrits illustrés, II: De Murad IV à Mustafa III, P. 1971
Stchoukine, 1977	I. Stchoukine, La peinture des manuscrits de la „Khamseh" de Niẓāmī, P. 1977
Steingräber, 1979	E. Steingräber (Ed.), Deutsche Kunst der 20er und 30er Jahre, M. 1979
Štelin I, 1990 ...	Zapiski Jakova Štelina ob izjaščnych iskusstvach v Rossii, I–II, Mo. 1990
Stepanyan I, 1973 ...	G. X. Stepanyan, Kensagrakan bařaran (hay mšakuytʿi gorcičʿner), E., I 1973, II 1981, III 1990 (Biographisches Lexikon armenischer Kulturschaffender)
Stępień/Liczbińska, 1994	H. Stępień/M. Liczbińska, Artyści polscy w środowisku monachijskim w latach 1828–1914, War. 1994
Sternberg-Manderscheid, 1913	F. von Sternberg-Manderscheid, Beiträge und Berichtigungen zu Dlabacž Lexikon böhmischer Künstler, Prag 1913
Stewart I, 1997 ...	A. M. Stewart, Irish art societies and sketching clubs. Index of exhibitors 1870–1980, I–II, Dublin 1997
Stewart/Cutten, 1997	B. Stewart/M. Cutten, The dictionary of portrait painters in Britain up to 1920, Woodbridge 1997
Stolberg, 1979	L. Stolberg, Die steirischen Uhrmacher ..., Graz 1979
Stone, 1955 ...	L. Stone, Sculpture in Britain. The Middle Ages, Harmondsworth 1955, ^{2}1972 (The Pelican history of art)
StoriaArteItal (Einaudi) I, 1979 ...	Storia dell'arte italiana (Einaudi), I–XII, T. 1979–83
Strazzullo, Archit., 1969	F. Strazzullo, Architetti e ingegneri napoletani dal '500 al '700, N. 1969
Strazzullo, Corpor., 1962	F. Strazzullo, La corporazione dei pittori napoletani, N. 1962
Strazzullo, Doc. I, 1955	F. Strazzullo, Documenti inediti per la storia dell'arte a Napoli, I, N. 1955
Strickland I, 1913 ...	W. G. Strickland, A dictionary of Irish artists, I–II, Dublin/Lo. 1913 (Repr. Shannon 1969)
Ströter-Bender, 1991	J. Ströter-Bender, Zeitgenössische Kunst der „Dritten Welt", Köln 1991 (DuMont-Taschenbücher, 265)
Strutt I, 1785 ...	J. Strutt, A biographical dictionary; containing an historical account of all engravers, from the earliest period of the art of engraving to the present time ..., Lo., I 1785, II 1786
StudInternat	Studio international (Lo.) 167:1964–201:1988 (1:1893–167:1964 u.d.T.: The Studio)
Sturm I, 1979 ...	H. Sturm (Ed.), Biographisches Lexikon zur Geschichte der Böhmischen Länder, I ss., M./W. 1979 ss.
Summerson, 1963 ...	J. Summerson, Architecture in Britain, 1530 to 1830, Harmondsworth 1963; ^{5}1969 (The Pelican history of art, 3)

SúpPamSlov I, 1967 ...	Súpis pamiatok na Slovensku, I–III, Bra. 1967–69
Suzuki I, 1982 ...	K. Suzuki (Ed.), Comprehensive illustrated catalog of Chinese paintings, I–V, To. 1982–83
SvBL I, 1917/18 ...	Svenskt biografiskt lexikon, ed. B. Boëthius/B. Hildebrand, I ss., Sth. 1917/18 ss.
SvK, 1974 ...	Svenska konstnärer. Biografisk handbok, Sth. 1974; 1990
SvKL I, 1952 ...	Svenskt konstnärslexikon, I–V, Malmö 1952–67
SWA I, 1996 ...	C. Baile de Laperrière (Ed.), The Society of Women Artists exhibitors 1855–1996, I–IV, Calne 1996
Swärd, Målere I, 1979	G. Swärd, 200 svenska målere, Klippan, I 1979
Swärd, Östergötland, 1985	G. und K. Swärd, Konstnärer i Östergötland och Örebro län, Klippan 1985
Swärd, Sörmland, 1985	G. und K. Swärd, Konstnärer i Sörmland, Västmanland och Uppsala län, Klippan 1985
Swärd, Stockholm I, 1984 ...	G. und K. Swärd, Konstnärer i Stockholm, I–IV, Klippan 1984
Syrkina/Kostina, 1978	F. Ja. Syrkina/E. M. Kostina, Russkoe teatral'no-dekoracionnoe iskusstvo, Mo. 1978

T

Tannock, 1978	M. Tannock, Portuguese 20th century artists, Chichester 1978
Tardito-Amerio, 1968	R. Tardito-Amerio, Italienische Architekten, Stukkatoren und Bauhandwerker der Barockzeit in den welfischen Ländern und im Bistum Hildesheim, Göttingen 1968 (Nachrichten der Akademie der Wissenschaften in Göttingen, Philologisch-historische Klasse 1968[6])
Tardy, Horlogers I, 1971 ...	H. L. und H. L. Tardy, Dictionnaire des horlogers français, P., I 1971, II 1972
Tardy, Porcelaines, 1967	Tardy, Les porcelaines françaises, P. 1967
Tardy, Poteries I, 1974 ...	Tardy u.a., Les poteries et les faiences françaises, P., I 1974, II 1969, III 1971
Tasmanian crafts, 1983	Tasmanian crafts. Makers and sellers, Hobart 1983
Tatman/Moss, 1985	S. L. Tatman/R. W. Moss, Biographical dictionary of Philadelphia architects: 1700–1930, Boston 1985
Tazawa, 1981 ...	Y. Tazawa (Ed.), Biographical dictionary of Japanese art, To. 1981; ²1983
TCI	Guida d'Italia del Touring Club Italiano, I–XXIII, Mi. 1962 ss. (jeder Bd in versch. Aufl.)
Teichl, 1951	R. Teichl, Österreicher der Gegenwart. Lexikon schöpferischer und schaffender Zeitgenossen, W. 1951
Teixeira Leite, 1988	J. R. Teixeira Leite, Dicionário crítico da pintura no Brasil, S. P. 1988
Tesouros, 1976	Tesouros artísticos de Portugal. Selecções do Reader's Digest, Li. 1976
ThB1, 1907 ...	Allgemeines Lexikon der bildenden Künstler von der Antike bis zur Gegenwart, begründet von U. Thieme/F. Becker, I–XXXVII, L. 1907–50
Thiemann-Stoedtner, 1989	O. Thiemann-Stoedtner, Dachauer Maler, Dachau ²1989
Thomas/de Vries, 1977 ...	K. Thomas/G. de Vries, Du Mont's Künstler-Lexikon von 1945 bis zur Gegenwart, Köln 1977; ³1981
Þórðarson I, 1925 ...	M. Þórðarson, Íslenzkir listamenn, I–II, Reykjavik 1925
Thorpe I, 1929 ...	W. A. Thorpe, A history of English and Irish glass, I–II, Lo. 1929 (Repr. 1969)
Thuile I, 1964 ...	J. Thuile, Histoire de l'orfèvrerie du Languedoc : généralités de Montpellier et de Toulouse. Répertoire des orfèvres depuis le Moyen-Age jusqu'au début du XIXᵉ siècle, I–III, Montrouge 1964–69
Ticozzi, Diz. Archit. I, 1835	S. Ticozzi, Dizionario degli architetti etc., I, Mi. 1835
Tiessen I, 1968 ...	W. Tiessen, Die Buchillustration in Deutschland, Österreich und der Schweiz seit 1945, I–VI, Neu-Isenburg 1968–89
Tischer, 1928	F. Tischer, Böhmisches Zinn und seine Marken, L. 1928 (Repr. Osnabrück 1973)
Titi, Descr., 1674 ...	F. Titi, Descrizione delle pitture, sculture e architetture esposte al pubblico in Roma ..., R. 1674; ⁶1763 (Repr. 1978)
Titley, 1977	N. M. Titley, Miniatures from Persian manuscripts. A catalogue and subject index of paintings from Persia, India and Turkey in the British Library and The British Museum, Lo. 1977
TLE I, 1985 ...	Tarybų lietuvos enciklopedija, I–IV, Vilnius 1985–88
Toesca I, 1927 ...	P. Toesca, Storia dell'arte italiana, T., I 1927, II 1951 (Repr. 1965–71)
Tolstoj, 1978	V. P. Tolstoj (Ed.), Monumental'noe iskusstvo SSSR, Mo. 1978
Toman, Dodatky, 1955	P. Toman, Dodatky ke Slovníku československých výtvarných umělců, Praha 1955
Toman I, 1947 ...	P. Toman, Nový slovník československých výtvarných umělců, 3. Aufl., Praha, I 1947, II 1950
Tomassoni, 1971	I. Tomassoni, Italia, Bo. 1971 (Arte dopo il 1945, 2)
Toussaint, 1965	M. Toussaint, Pintura colonial en México, Méx. 1965
TPChV, 1987	Tovariščestvo peredvižnych chudožestvennych vystavok 1869–1899. Pis'ma, dokumenty, Mo. 1987
Trenschel, 1991	H.-P. Trenschel, Würzburger Büchsenmacher. Zunft, Meister, Werke, Würzburg 1991
Trépanier, 1980	J. Trépanier, Cent peintres du Québec, Qu. 1980
Trevisan, 1983	A. Trevisan, Escultores contemporâneos do Rio Grande do Sul, Porto Alegre 1983
Trier/Weyres I, 1980 ...	E. Trier/W. Weyres (Ed.), Kunst des 19. Jahrhunderts im Rheinland, I–V, Dd. 1979–81
Trifunović, 1973	L. Trifunović, Srpsko slikarstvo 1900–1950, Bgd. 1973
Troescher, Malerei, 1966	G. Troescher, Burgundische Malerei. Maler und Malwerke um 1400 in Burgund ..., B. 1966
Troescher, Plastik, 1940	G. Troescher, Die burgundische Plastik des ausgehenden Mittelalters und ihre Wirkung auf die europäische Kunst, Ffm. 1940

	Troescher I, 1953 ...	G. Troescher, Kunst- und Künstlerwanderungen in Mitteleuropa 800–1800, BB., I 1953, II 1954
	Troickij, 1914	V. I. Troickij, Slovar' mastera chudožniki zolotogo i serebrjanogo dela, almazniki i susal'niki, rabotavšie v Moskve pri patriaršem dvore v XVI veke, Mo. 1914
	Troickij I, 1928 ...	V. I. Troickij, Slovar' moskovskich masterov zolotogo, serebrjanogo i almaznogo dela XVII veka, Le., I 1928, II 1930
	Trufešev, 1981	N. Trufešev, Architekturno-skulpturnijat pametnik v Bălgarija, Sofija 1981
	Turnbull, 1976	H. Turnbull, Artists of Yorkshire, Snape Bedale 1976
	Turnor, 1950	R. Turnor, Nineteenth century architecture in Britain, Lo. [u.a.] 1950
U	*Učníková*, 1980	D. Učníková, Historický portrét na Slovensku. Zo zbierok 13 múzeí (16.-18. stor.), Martin/Bra. 1980
	UPČ I, 1977 ...	Umělecké památky Čech, I–IV, Praha 1977–82
	Upmark, 1943	G. Upmark, Guld- och silversmeder i Sverige 1520–1850, Sth. 1943
	UPMS I, 1994 ...	B. Samek, Umelecké památky Moravy a Slezska, I ss. Praha 1994 ss.
	URCh, 1972	Ukraïns'ki radjans'ki chudožniki. Dovidnik, Kyïv 1972
	Ureña Portero, 1982	G. Ureña Portero, Las vanguardias artísticas en la postguerra española, 1940–1959, Ma. 1982
	Uspenskij, 1910	A. I. Uspenskij, Carskie ikonopiscy i živopiscy XVII veka. Slovar', Mo. 1910
	Uspenskij, 1913	A. I. Uspenskij, Slovar' chudožnikov XVIII veka, pisavšich v imperatorskich dvorcach, Mo. 1913
V	*Vaglia*, 1948	U. Vaglia, Dizionario degli artisti e degli artigiani valsabbini, Sabbio Chiese 1948
	Valverde Madrid, 1974	J. Valverde Madrid, Ensayo socio-histórico de retablistas cordobeses del siglo XVIII, Córdoba 1974
	van Marle I, 1923 ...	R. van Marle, The development of the Italian Schools of painting, I–XIX, D. H. 1923–38 (Repr. N. Y. 1970)
	Vargas Ugarte, 1968	R. Vargas Ugarte, Ensayo de un diccionario de artífices de la América Meridional, Burgos ^{2}1968
	Vasari, ed. ...	G. Vasari, Le vite de' più eccellenti pittori, scultori e architetti, Fi. 1550; ^{2}1568 (zit. nach der Ausg. von G. Milanesi [9 Bde, Fi. 1878–85] und nach anderen Ausg.)
	Vasiliev, 1965	A. Vasiliev, Bălgarski văzroždenski majstori, Sofija 1965
	Venturi, Index I, 1975 ...	A. Venturi, Storia dell'arte italiana, Index: J. D. Sisson, I–II, Nendeln 1975
	Venturi I, 1901 ...	A. Venturi, Storia dell'arte italiana, I–XI, Mi. 1901–40 (Repr. Nendeln 1967)
	Vergnet-Ruiz/Laclotte, 1962	J. Vergnet-Ruiz/M. Laclotte, Petits et grands musées de France. La peinture française des primitifs à nos jours, P. 1962
	Verlet I, 1956 ...	P. Verlet, Les meubles du XVIIIe siècle, I–II, P. 1956
	Verlet-Réaubourg, 1977	N. Verlet-Réaubourg, Les orfèvres du ressort de la Monnaie de Bourges, Genève 1977 (Dictionnaire des poinçons de l'orfèvrerie provinciale française, 2)
	Vevey, 1985	F.-P. de Vevey, Manuel des orfèvres de Suisse romande, Fribourg 1985
	Vial/Marcel/Girodie I, 1912 ...	H. Vial/A. Marcel/A. Girodie, Les artistes décorateurs du bois. Répertoire alphabétique des ébénistes, menuisiers, sculpteurs, doreurs sur bois, ..., ayant travaillé en France aux XVIIe et XVIIIe siècles, P., I 1912, II (mit Suppl.) 1922
	Vicario, 1990 ...	V. Vicario, Gli scultori italiani dal Neoclassicismo al Liberty, Lodi 1990; erw. Neuaufl. 1994
	Villalpando/Vera, 1952	M. Villalpando/J. de Vera, Notas para un diccionario de artistas segovianos del siglo XVI, Segovia 1952
	Vinson, 1990	International dictionary of art and artists, II: Artists, ed. J. Vinson, Chicago/Lo. 1990
	Vol, 1953 ...	H. Vollmer, Allgemeines Lexikon der bildenden Künstler des XX. Jahrhunderts, I–VI, L. 1953–62
	VSII Sprav. I, 1965 ...	Vystavki sovetskogo izobrazitel'nogo iskusstva. Spravočnik, I ss., Mo. 1965 ss.
	Vystavki I, 1989 ...	Personal'nye i gruppovye vystavki sovetskich chudožnikov, I ss., Mo. 1989 ss.
W	*Waller*, 1938	F. G. Waller, Biographisch woordenboek van Nord Nederlandsche graveurs, D. H. 1938
	Ward I, 1989 ...	C. A. Ward, Moscow and Leningrad, M. [u.a.], I 1989, II 1992
	Ware, 1967	D. Ware, A short dictionary of British architects, Lo. 1967
	Warncke, GoLübeck, 1937	A. Warncke, Lübecker Goldschmiede, Flensburg 1937
	Warncke, ZiLübeck, 1922	J. Warncke, Die Zinngießer in Lübeck, in: Veröffentlichungen zur Geschichte der Freien und Hansestadt Lübeck, VI, Lübeck 1922, 125–234
	Wasmuth, LdB I, 1929 ...	Wasmuths Lexikon der Baukunst, ed. G. Wasmuth/L. Adler, I–V, B. 1929–37
	Wastler, 1883	J. Wastler, Steirisches Künstler-Lexikon, Graz 1883
	Waterhouse, 1976	E. Waterhouse, Roman Baroque painting, Lo. 1976
	Waterhouse, 1988	E. Waterhouse, The dictionary of 16th and 17th century British painters, Woodbridge 1988 (Dictionary of British art, 1)
	Waterhouse, Dict., 1981	E. Waterhouse, The dictionary of British 18th century painters in oils and crayons, Woodbridge 1981
	Waters I, 1975 ...	G. M. Waters, Dictionary of British artists working 1900–1950, Eastbourne, I 1975, II [ca. 1976]

Watson-Jones, 1986	V. Watson-Jones, Contemporary American women sculptors, Phoenix 1986
Weber, 1933 ...	S. Weber, Artisti trentini e artisti che operarono nel Trentino, Trento 1933 (Repr. 1974); ^{2}1944; ed. N. Rasmo, 1977
Weilbach I, 1947 ...	Weilbachs Kunstnerleksikon, Red.: M. Bodelsen/P. Engelstoft, I–III, Kph. 1947–52, Neuaufl. 1994 ss.
Weingartner, KD Südtirols I, 1923 ...	J. Weingartner, Die Kunstdenkmäler Südtirols, I–IV, W./Au. 1923–30; 7. Aufl.: Bozen/Inn./W., I 1985, II 1991
Weise I, 1927 ...	G. Weise, Spanische Plastik aus sieben Jahrhunderten, I–IV, Tb. 1927–39
Weise I, 1957 ...	G. Weise, Die Plastik der Renaissance und des Frühbarock im nördlichen Spanien, I–II, Tb. 1957–59
Weizsäcker/Dessoff I, 1907 ...	H. Weizsäcker/A. Dessoff, Kunst und Künstler in Frankfurt am Main im 19. Jahrhundert, Ffm., I 1907, II 1909
Well, 1988	W. G. Well, Maler im Fürstenfeldbrucker Land, M. 1988
Weyres/Mann, 1968	W. Weyres/A. Mann, Handbuch zur rheinischen Baukunst des 19. Jahrhunderts, Köln 1968
Whinney, 1964 ...	M. Whinney, Sculpture in Britain 1530 to 1830, Harmondsworth 1964; Lo. ^{2}1988 (The Pelican history of art)
Whitelaw, 1977	C. E. Whitelaw, Scottish arms makers, Lo. 1977
Wiemeersch, 1973	A. Wiemeersch, Contemporary painters and sculptors in Belgium, Ant. 1973
Wietek, 1986	G. Wietek, 200 Jahre Malerei im Oldenburger Land, Oldenburg 1986
Wildenstein, 1966	D. Wildenstein, Documents inédits sur les artistes français du XVIIIe siècle, conservés au Minutier Central des Notaires de la Seine aux Archives Nationales, P. 1966
Wilenski I, 1960 ...	R. H. Wilenski, Flemish painters 1480–1830, I–II, Lo. 1960
Wilhelmi, 1996	C. Wilhelmi, Künstlergruppen in Deutschland, Österreich und der Schweiz seit 1900. Ein Handbuch, St. 1996
Wilkinson, 1973	W. R. T. Wilkinson, Indian colonial silver, Lo. 1973
Willigen, 1870	A. van der Willigen, Les artistes de Haarlem, Haarlem/D. H. 1870
Wilson, BritMilP, 1972	A. D. P. Wilson, A dictionary of British military painters, Leigh-on-Sea 1972
Wilson, Marine, 1967 ...	A. Wilson, A dictionary of British marine painters, Leigh-on-Sea 1967 (Repr. 1970)
Wingfield, 1992	M. A. Wingfield, A dictionary of sporting artists, 1650–1990, Woodbridge 1992
Wininger I, 1925 ...	S. Wininger, Große Jüdische Nationalbiographie, I–VII, Cernăuti 1925–36
Winkler-Prins I, 1958 ...	A. Winkler-Prins, Van de kunst. Encyclopedie van de architektuur, beeldende kunst, kunstnijverheid, Am./Br., I 1958, II 1959, III 1959
Withey, 1956 ...	H. F./E. R. Withey, Biographical dictionary of American architects (deceased), L. A. 1956; ^{2}1970
Witte, 1932	F. Witte, Quellen zur rheinischen Kunstgeschichte, B. 1932 (Tausend Jahre deutsche Kunst am Rhein, 5)
Witte, 1981 ...	K. Witte, Exlibris-Monogrammlexikon europäischer Künstler, Frederikshavn 1981; ^{2}1984 (3 Bde); ^{3}1986; ^{4}1991 ss.
Wittkower, 1958 ...	R. Wittkower, Art and architecture in Italy 1600 to 1750, Harmondsworth u.a. 1958; ^{2}1965; 1978; ital. Ausg.: T. 1972 (Biblioteca di storia dell'arte, 14)
WJbKg	Wiener Jahrbuch für Kunstgeschichte (W.) 1:1921/22 ss. (Forts. des Jahrbuches des Kunsthistorischen Instituts der K. K. Zentralkommission für Denkmalpflege)
Wodehouse, 1978	L. Wodehouse, British architects, 1840–1976, Detroit 1978
Wojciechowski I, 1967 ...	A. Wojciechowski (Red.), Polskie życie artystyczne w latach ..., Wr., I 1967, II 1974, III 1992
Wolf-Hamel, 1977	C. Wolf-Hamel, Verzeichnis saarländischer bildender Künstler und Kunsthandwerker, Hassel 1977
Wolff-Thomsen, 1994	U. Wolff-Thomsen, Lexikon schleswig-holsteinischer Künstlerinnen, Heide 1994
Wollmann, 1992	J. A. Wollmann, Die Willinghäuser Malerkolonie und die Malerkolonie Kleinsassen, Schwalmstadt-Treysa 1992
Wood, 1971 ...	C. Wood, The dictionary of Victorian painters, Woodbridge 1971; ^{2}1978 (Repr. 1991); I–II, ^{3}1995 (Dictionary of British art, 4)
Wood, Animal, 1973	J. C. Wood, A dictionary of British animal painters, Leigh-on-Sea 1973
Wunschheim, OÖ, 1980 ...	J. Wunschheim, Oberösterreichische Künstlerbiographie 1965–1975 ..., in: Kunstjahrbuch der Stadt Linz 1980 ss.
Wurzbach, BiogrLexÖsterr I, 1856 ...	C. von Wurzbach, Biographisches Lexikon des Kaiserthums Österreich ..., I–LX, W. 1856–91, Reg.-Bd 1923
Wurzbach, NKL I, 1906 ...	A. von Wurzbach, Niederländisches Künstler-Lexikon, I–III, W./L. 1906–1911 (Repr. Am. 1974)
WWAA, 1936/37 ...	Who's who in American art, N. Y. 1936/37 ss.
WWArt, 1927 ...	Who's who in art. Biographies of leading men and women in the world of art today, Lo. 1927 ss.
WWAVA, 1991 ...	Who's who of Australian visual artists, Port Melbourne 1991; 1995
WWCCA, 1996	Who's who in contemporary ceramic arts, M. 1996
WWCGA, 1993	Who's who in contemporary glass art, M. 1993
WWGA I, 1962 ...	Who's who in graphic art, Z./Dübendorf, I 1962, II 1982
WWJapArtists, 1961	Who's who among Japanese artists, ed. M. Saburo, To. 1961
WWKarnatakaArt, 1983	Who's who of Karnataka artists, ed. Karnataka Lalithkala Academy, Bangalore 1983

	WWLA I, 1947 ...	Who is who in Latin America, I–VII, Stanford 1945–51
	WwWA I, 1968 ...	Who was who in America, I–IV, Chicago 1966–1968
Y	*Yoshida*, UJ I, 1965 ...	T. Yoshida (Ed.), Ukiyo-e-Jiten (Lexikon des Ukiyo-e), I–III, To. 1965–71
	Young, 1968	W. Young (Ed.), A dictionary of American artists, sculptors and engravers, C., Mass. 1968
	Yu Jianhua, 1981	Yu Jianhua, Lexikon der chinesischen Künstler, Shanghai 1981
Z	ZAK	Zeitschrift für Schweizerische Archäologie und Kunstgeschichte (Basel) 1:1939 ss. (Forts. des Anzeigers für Schweizerische Altertumskunde)
	Zampetti, 1969	P. Zampetti, Dal Ricci al Tiepolo (K), Ve. 1969
	Zampetti, PittMarch, 1970	P. Zampetti, La pittura marchigiana da Gentile a Raffaello, Mi. [1970]
	Zampetti I, 1969 ...	P. Zampetti, A dictionary of Venetian painters, I–V, Leigh-on-Sea 1969–79
	Zani I, 1819 ...	P. Zani, Enciclopedia metodica critico-ragionata delle belle arti ..., I–XXVIII, Parma ^{2}1819–22 (1817–24)
	Zarco del Valle I, 1916 ...	M. R. Zarco del Valle, Datos documentales para la historia del arte español, I–II, Ma. 1916
	ZBK	Zeitschrift für bildende Kunst (L.) 1:1866 ss.
	Železnov, 1907	V. Železnov, Ukazatel' masterov, russkich i inozemcev, gornogo, metalličeskogo i oružejnogo dela i svjazannych s nimi remesel i proizvodstv, rabotavšich v Rossii do XVIII veka, StP. 1907
	Zendralli, 1958	A. M. Zendralli, I magistri grigioni. Architetti e costruttori, scultori, stuccatori e pittori dal 16 al 18 secolo, Poschiavo 1958
	Zeri, 1976	F. Zeri, Italian paintings in the Walters Art Gallery (K), I–II, Baltimore 1976
	Zeri, 1980	F. Zeri, Italian paintings. A catalogue of the collection of The Metropolitan Museum of Art. Sienese and central Italian schools, N. Y. 1980
	Zeri, Gall. Spada, 1954	F. Zeri, La Galleria Spada in Roma. Catalogo dei dipinti, Fi. 1954 (Biblioteca di „Proporzioni")
	Zeri/Gardner, 1971	F. Zeri/E. E. Gardner, Italian paintings. A catalogue of the collection of the Metropolitan Museum of Art. Florentine School, N. Y. 1971
	Zeri/Gardner, 1973	F. Zeri/E. E. Gardner, Italian paintings. A catalogue of the collection of the Metropolitan Museum of Art. Venetian School, N. Y. 1973
	Zeri/Gardner, 1986	F. Zeri/E. E. Gardner, Italian paintings. A catalogue of the collection of the Metropolitan Museum of Art. North Italian School, N. Y. 1986
	Zhongguo gudai I, 1986 ...	Zhongguo gudai shuhua tumu (Illustrated catalogue of selected works of ancient Chinese painting and calligraphy), I–XII, Bj. 1986–93
	Zhongguo xiandai, 1988	Zhongguo xiandai meishujia (Lexikon moderner chinesischer Künstler), Bj. 1988
	Zils, 1913	W. Zils (Ed.), Geistiges und künstlerisches München in Selbstbiographien, M. 1913
	Zimmermann, 1994	R. Zimmermann, Expressiver Realismus, M. 1994
	ZKg	Zeitschrift für Kunstgeschichte (B.) 1:1932
	ZKW	Zeitschrift des Deutschen Vereins für Kunstwissenschaft (B.) 1:1934 ss. (seit 1947: Zeitschrift für Kunstwissenschaft)
	ZLUMS	Zbornik za likovne umetnosti Matice srpske (Novi Sad) 1:1965 ss.
	ZNAMUZ	Zbornik radova Narodnog muzeja u Beogradu (Bgd.) 1:1958 ss.
	Zülch, 1935	W. K. Zülch, Frankfurter Künstler 1223–1700, Ffm. 1935 (Repr. 1967)

III. Abkürzungen häufig vorkommender Verlagsorte

Am.	Amsterdam
Ant.	Antwerpen
At.	Athinä (Athen)
Au.	Augsburg
B.	Berlin
Ba.	Barcelona
BB.	Baden-Baden
Be.	Bergamo
Bg.	Braunschweig
Bgd.	Beograd (Belgrad)
Bj.	Beijing (Peking)
Bo.	Bologna
Bp.	Budapest
Br.	Bruxelles (Brüssel)
Bra.	Bratislava
Bs.	Brescia
Bs.As.	Buenos Aires
Bu.	Bucureşti (Bukarest)
C.	Cambridge, England
C., Mass.	Cambridge, Massachusetts
D.	Dresden
Da.	Darmstadt
Dd.	Düsseldorf
D. H.	's-Gravenhage (Den Haag)
E.	Erevan
Fa.	Faenza
Ffm.	Frankfurt am Main
Fi.	Firenze (Florenz)
FiB.	Freiburg im Breisgau
Ge.	Genova (Genua)
Ha.	Hamburg
He.	Heidelberg
Hn.	Hannover
Inn.	Innsbruck
Ka.	Karlsruhe
Kph.	København (Kopenhagen)
L.	Leipzig
L. A.	Los Angeles
Le.	Leningrad
Li.	Lisboa (Lissabon)
Lo.	London
M.	München
Ma.	Madrid
Mb.	Melbourne
Md.	Modena
Méx.	México, D. F. (Mexiko-Stadt)
Mh.	Mannheim
Mi.	Milano (Mailand)
Ml.	Montréal
Mo.	Moskva (Moskau)
N.	Napoli (Neapel)
Nü.	Nürnberg
N.Y.	New York
Ox.	Oxford
P.	Paris
Pd.	Padova (Padua)
Pe.	Perugia
Pr.	Princeton, N. J.
Qu.	Québec
R.	Roma (Rom)
Rb.	Regensburg
Rio	Rio de Janeiro
S.Ch.	Santiago de Chile
Sg.	Salzburg
S.P.	São Paulo
St.	Stuttgart
Sth.	Stockholm
StP.	Sankt Peter(s)burg
T.	Torino (Turin)
Tb.	Tübingen
To.	Tōkyō (Tokio)
Tor.	Toronto
Ud.	Udine
Vd.	Valladolid
Ve.	Venezia (Venedig)
Vi.	Vicenza
Vr.	Verona
W.	Wien
Wa.	Washington, D. C.
War.	Warszawa (Warschau)
Wb.	Wiesbaden
Wr.	Wrocław
Z.	Zürich

D

Delwaide, *Armand (Armand Gérard Marie)*, belg. Maler, * 25. 1. 1887 Brügge, † 30. 3. 1956 Oostende, lebte dort. Stud.: Akad. Brügge bei Florimond van Acker und Edmond van Hove; Koninkl. Acad. voor Schone Kunsten Gent, hier Bekanntschaft mit Constant Permeke, Frits van den Berghe, Robert Aerens, Julien van de Veegaete und Victor de Budt. Anschl. in Brüssel und Paris, ab 1919 in Oostende, hier Freundschaft mit James Ensor und Leon Silliaert. 1952 wurde ein Großteil von D.s Œuvre bei einer Springflut vernichtet. – Malte Stilleben (*Stilleven met Makrelen*), Lsch. und Marinen in gemäßigt expressionist. Manier, ferner Porträts. 🏛 OOSTENDE, MSK. 👁 *E:* Oostende: 1931, '35 Studio; 1964 Feest-Pal.: Retr.; 1987 MSK. 📖 NBW XI, 1985; LWBK I, Brugge 1992; DPB I, 1995. – *N. Hostyn*, Beeldend Oostende, Brügge 1993. T. Gr.

Dely, *Alice* → **Vörösné Dely,** *Alice*

Delyen (De Leyen; De Lieu; De Lion; De Ly[e]n; De[s]lien; Deslyens), *Jacques-François* (irrtüml. *Jean-François*), Maler, Kupferstecher, * 25. 7. 1684 Gent (get. am selben Tag in der Pfarrk. St-Michel Sud), † 3. 3. (nicht 3. 5.) 1761 Paris. Lebt wohl mindestens ab 1722 vorwiegend dort. D. hinterließ Portr., hist. und Genreszenen (*La Lanterne magique*, Salon 1740; *La Marmotte*, 1731, Salon 1741, Ponce, Mus. de Arte), lt. Seyn zudem mytholog. Darst. (keine bek.), und ist ein weitgehend in Vergessenheit geratener Maler, dessen Personenstand und Vita fast unbek. sind: Vorname, Schreibweise des Fam.-Namens und Geburtsdatum sind lange Zeit nicht nachw., nur der Geburtsort stand zweifelsfrei fest. Eine an der Univ. von Louvain-La-Neuve in Vorbereitung befindl. Diss. könnte zur Neubewertung dieses begabten Künstlers führen, von dem kaum gesicherte sign. Werke bek. sind. Nach gegenwärtigem Erkenntnisstand wurden seine besten Arbeiten wahrsch. bed. frz. Porträtisten, die weniger guten Werke zweitrangigen Malern oder D. selbst zugeschrieben. Der irrtüml. Vorname wird seit Jal (1872) regelmäßig fälschl. verwendet; von den versch. in den wenigen Nachschlagewerken und Dok. angeführten Formen des Nachnamens setzt sich die Schreibweise Delyen, d.h. die Sign. auf einem Damenbildnis (Orléans, MBA), seit Le Brun-Dalbanne (1876) zunehmend durch. Zur Ausb. ist nichts bek., erst die Aufnahme als Meister 1705 in die Gilde der Maler, Bildhauer und Glasmaler von Gent, zunächst unter dem Namen Jacques De Lyn; später dort dok. als De Leyen und De Lyen mit der Qualifikation eines Feinmalers (fyn schilder; Bezeichnung zur Unterscheidung der dortigen Tafel- von den Dekorationsmalern). Von Kunsthistorikern wird keine einheitl. Auffassung zum chronolog. Ablauf von D.s Ausb. und zum Frühschaffen vertreten. 1722 beteiligt er sich an der Expos. de Jeunesse in Paris (Pl. Dauphine) mit Portr., die im von Bellier zur Ausst. publ. Art. nicht identifiziert werden können. Nach der Rückkehr von Robert van Audenaerde aus Rom 1723 soll er in Gent dessen Schüler gewesen sein und seine Malweise so perfekt assimiliert haben, daß er über die Landesgrenzen hinaus zu Ansehen gelangte, was jedoch nicht nachw. ist. Zu einem unbek. Zeitpunkt Ankunft in Paris, wo D. lt. Test. von Elisabeth-Marguerite de Largillierre Schüler ihres Vaters, des Malers Nicolas de Largillierre, geworden sein soll. Am 24. 11. 1725 Aufnahme als Porträtist in die Acad. royale de Peint. et de Sculpt. mit Portr. vom Bildhauer *Guillaume Coustou* und vom Historienmaler *Nicolas Bertin* (beide in Versailles, Château; gestochen von Nicolas de Larmessin und Bernard Lépicié als deren Aufnahmestücke in die Akad.). Am 6. 7. 1728 Berufung als Peintre du Roi (lt. Angabe im Reg. der St. Lukasgilde in Gent). 1737–47 im Pariser Salon nur mit insgesamt 12 Gem. vertreten, u.a. drei verschollenen, in den Salon-Kat. nicht gen. Porträts. Erst 1876 wird dem bereits zu Lebzeiten in Vergessenheit geratenen D. von Le Brun-Dalbanne, Konservator in Troyes (MBA et d'Archéologie), das bis dahin als Werk von Jean-Marc Nattier angesehene Portr. von *Nicolas-René Berryer* (Generalleutnant der Polizei) zugeschr., und zum 1928 von Georges Huard vorgestellten ersten Entwurf eines Kat. gibt es bis zu den Publ. der 1990er Jahre keine neuen Erkenntnisse. Schon Mariette (1854) bemerkt zur sonderbaren Tatsache des ausbleibenden Erfolgs, daß D. auf einem Gem. die Öffentlichkeit als Esel darstellt, der sich in seinem Atelier als Richter von dessen Werken aufspielt; entgegen der urspr. Absicht sendet er das Bild nicht zum Salon ein, fertigt jedoch einen Stich danach und einen weiteren mit einem Selbstbildnis bei der Ausübung seines Berufs (Stich nicht lokalisiert). D.s WV umfaßt bislang sechs unbestreitbare und vier weitere, mit hoher Wahrscheinlichkeit von ihm ausgef. Gem.; im Kunsthandel sind zahlr. weitere, uns weitgehend unbek. Werke im Umlauf. Insgesamt ist von ca. 100 Gem. auszugehen; eine definitive Anzahl kann jedoch noch nicht angegeben werden. D. stirbt im Kloster St-Germain und hinterläßt keine Erben, er wird auf dem Cimetière des Innocents begr. in Anwesenheit von Charles-Nicolas Cochin fils, Sekretär der Acad. royale de Peint. et de Sculpt., und Joseph-Marie Vien, Prof. ebd. Die Haushälterin Jeanne Goyer, Witwe des Malergesellen Pierre Jansien Sounier, erklärt, daß in Paris keine Erben bek. sind. Der Nachlaß wird von einer Nichte, Nonne in Caen, abgelehnt und am 29. 4. 1761 gemäß Urteil der Domänenkammer in Anwendung des Heimfallsrechts an den König abgetreten. Neben zwei Verträgen zu Leibrenten (über 500 bzw. 100 livres) enthält er mehrere, nicht näher ausgewiesene Gem. sowie die großformatigen Darst. eines Neugeborenen, eines Militärangehörigen und eines Tigers. Im Atelier befanden sich wahrsch. noch unvoll. Portr. der beiden Kinder von Jean-Félix Gourdain, Kanzleischreiber im Staatsrat; sie waren Gegenstand eines Geschäfts über 100 livres, D.s vierteljährl. Mietzins; nach dem Umzug in ein anderes Stockwerk entrichtet er nur noch 50 livres; diese Umstände lassen den Schluß zu, daß er auch in hohem Alter noch malt und in armseligen Verhältnissen gelebt haben muß. Am 26. 5. 1761 Nachlaßverkauf zugunsten der Domänenkammer. – Von Kunsthistorikern wurden versch. interessante Hypothesen aufgestellt: Bellier de la Chavignerie ordnet D. der Ec. Franç. zu, obwohl er im Gebiet des heutigen Belgien geb. wurde, jedoch jung nach Frankreich kam, wo er die Grundregeln der Kunst erlernte, lebte und starb. Diese Auffassung ist teilw. anzuzweifeln, denn 1705 wird D. Meister in Gent und hat dort zumindest die Grund-Ausb. absolviert; andererseits ist er 1722 (ca. 38jährig) zur Expos. de Jeunesse in Paris. Le Brun-Dalbanne bringt D.s Auswanderung nach Frankreich mit dem Vorbild anderer fläm. Künstler in Verbindung, die ihre Heimat nach dem Fall der span. Monarchie und dem daraus resultierenden Unheil verließen, was jedoch ebensowenig zu bestätigen ist. Die durch den Span. Erbfolgekrieg verursachten Unruhen erstrecken sich ungefähr von 1700 (Tod von Karl II.) bis 1714 (Inthronisierung von Karl VI.), D. hätte Gent also sehr früh verlassen. In seiner Malerei vereint er den fläm. Geschmack und die dort übliche Darstellungsweise mit der für Frankreich typ. Virtuosität, die für Gent und Antwerpen A. 18. Jh. nicht mehr typ. gewesen zu sein scheint, und steht damit in der Trad. von Largillierre, Hyacinthe Rigaud, Jean-Baptiste Santerre und Nattier. 🏛 NIMES, MBA: Selbstbildnis; Portr. de la maman de J.-F. D., beide nicht dat., Zuschr. ORLEANS, MBA: Portr. de femme en source, urspr. als Portr. de Madame Ménars de Marigny erachtet, sign., dat. 1742. PONCE, Mus. de Arte. TROYES, MBA et d'Archéologie: Portr. de Nicolas-René Berryer, um 1750/59. VERSAILLES, Château: u.a. Portr. de N.-R. Berryer (Kopie); Portr. d'une Princesse Royale non identifiée, urspr. Dame inconnue gen. (Zuschr.). ZÜRICH, Stiftung RAU: Selbstbildnis (Zuschr.). – Priv.-Slg: Un Buveur sous une treille (Zuschr.). 👁 *G:* 1737–47 Paris, Salon. 📖 ThB23, 1929 (s.v. Lyen, J. F. de). *J. R. Fuessli*, Allg. Künstler-Lex., II, Z. 1806, 743, col. 1; *Zani* I. 12, 1822; *Jal*, 1872; BNB V, 1876; *Bellier/Auvray* I, 1882; *Seyn*, Dict. I, 1935; Petit Larousse de la peint., P. 1979; DPB I, 1995. – *A. J. Dezallier d'Argenville*, Abrégé de la vie des plus fameux peintres, IV, P. 1762, 303; *P. de Chennevières/A. de Montaiglon* (Ed.), Abecedario de P. J. Mariette et autres notes de cet auteur sur les arts et les artistes, II, P. 1854, 88 (s.v. D, Jean); *C. Kramm* I, 1857, 333; *E. Bellier de la Chavignerie*, Notes pour servir à l'hist. de l'expos. de la jeunesse qui avait lieu, chaque année, à Paris, les jours de la grande et de la petite Fête Dieu, à la pl. Dauphine et sur le Pont Neuf, P./Br. 1864; *E. Le Brun-Dalbanne*, Le peintre De Lyen au Mus. de Troyes, Mém. de la Soc. acad. de l'Aube 40:1876 (Sonder-Nr); *Montaiglon*, Procès-verbaux, VII, 1881, 158; *J. Guiffrey*, in: Scellés et inv. d'artistes franç. du XVIIe et du XVIIIe ss. Doc. inédits tirés des Arch. nat., II: 1741–1770, NAAF 1885, 292 s.; *V. van der Haeghen*, La Corporation des peintres et des sculpteurs de Gand, Ann. de la Soc. d'Hist. et d'Archéologie de Gand – Handelingen der Maatschappij van Gescheid en Oudheidkunde te Gent 6:1905/06, 99, 299; *G. Huard*, in: *Dimier* I, 1928, 261–264, Abb. XLV; *G. de Wallens*, La peint. des Pays-Bas méridionaux au XVIIIe s. conservée au MN de Versailles, Mag.-Arbeit Univ. Catholique de Louvain, 1993; *id.*, Les deux morceaux de réception de J.-F. D. (Gand 1684-Paris 1761). Et. matérielle, hist., technique et stylistique, Rev. des archéologues et historiens d'art de Louvain (Louvain-la-Neuve) 27:1994 (1996), 87–106.

G. de Wallens

Delyen, *Jean-François* → **Delyen,** *Jacques-François*

Delync, *Willem* → **Dedelinc,** *Willem* (1482)

Delzant (Belin-Delzant), *Andrée-Marie* (geb. Belin), frz. Pastellzeichnerin, * 7. 2. 1877 Paris, dort ansässig. Schülerin von Jules Joseph Lefebvre und Tony Robert-Fleury. 👁 *G:* ab 1897 Paris, SAfr. 📖 Vol, 1953. *Bénézit* III, 1976.

Delzers, *Antonin (Antonin-Jean)*, frz. Kupferstecher (auch in Mezzotinto), Radierer, Zeichner, * 17. 8. 1873 (lt. DBF: 1875) Castelsarrasin/Tarn-et-Garonne, † 7. 11. 1943 ebd. (lt. Bénézit: 6. 6. 1956 Coron/Maine-et-Loire), lebte in Paris. Stud.: EcBA Toulouse und Paris, Schüler von Adolphe William Bouguereau, Jules Jacquet und Jean Patricot. 1900 Rompreis. Stach nach fremden Vorlagen (z.B. nach Van Dyck, Rembrandt, Delacroix, Pierre Paul, Prud'hon, Jean-Joseph Benjamin-Constant) und Portr. nach eig. Entwürfen; auch Ill. (z.B. *Die Leiden des jungen Werther* von Goethe; *Manon Lescaut* von Abbé Prévost). D. arbeitete für die Soc. de Gravure de Toulouse (stach 1902 *Réception d'Henri d'Orléans dans l'ordre du St-Esprit* von Philippe de Champaigne), die Soc. franç. des Amis des Arts, die GBA sowie für brit. Auftraggeber. Er lehrte an der Ec. polytechnique in Paris und war Graveur de l'Etat bei der Herstellung zahlr. Briefmarken. Präs. der Assoc. franç. des Artistes graveurs au burin. Ritter der Ehrenlegion. 🏛 CARCASSONNE, MBA. MONTAUBAN, Mus. Ingres. PARIS, BN, Cab. des Estampes: u.a. Les quatre evangélistes nach Jacob Jordaens, Kpst. (Ehren-Med., SAfr., Paris 1926). TOULOUSE, Mus. 👁 *G:* Paris, SAfr. (1898 Ausz.; ab 1899 Mitgl., später Vors. der Jury). 📖 ThB9, 1913; Vol, 1953. DBF X, 1965; *Bénézit* III, 1976; *Osterwalder*, 1890–1945, 1992. – IFF, Après1800 VI, 1953.

C. R.

Del Zotto, *Luciano*, ital. Maler, Bildhauer, * 1932 Udine, lebt dort. Nimmt als Maler Einflüsse des Neorealismus der Nachkriegszeit und der Mailänder Nuova Figurazione auf (*Figura femminile*, 1986; *Nudo di donna*, 1987) und fühlt sich gleichzeitig dem Primitivismus von Gauguin verpflichtet (*La famiglia*, 1986). Die Stilleben der 80er Jahre kennzeichnet eine leuchtende Farbigkeit auf der Grundlage der Dissonanz von Blau und Rot. Den Bildhauer D. beschäftigen die Themen der Mutterschaft und der Liebe, dafür greift er zurück auf den neoklassizist. Picasso der 20er Jahre und auf Alberto Giacometti (*Nudo seduto*, Terrakotta, 1987). 🏛 AQUILEIA/Udine: Mon. alla Resistenza. ATTIMIS/Udine, Sala del Consiglio Mun.: Basrelief. CAMPOFORMIDO/Udine, Scuola elementare e materna. CARPI/Modena, Ospedale Civile: Keramik. LATISANA/Udine, Ospedale Civile. UDINE: Mon. a C. Percoto. VICENZA, Com.: Basrelief. – Scuola Media O. Calderari: Basrelief. ⊙ *E:* seit 1965 Venedig, Gall. Il Traghetto / Udine, Gall. Nuova Margutta / Triest, Gall. Malcanton; Gall. Cartesius. – *G:* seit 1960: Udine: Premio Bassanin / Premio Città di Terni Padua: Bienn. Triveneta / Gualdo Tadino (Perugia) / Mostra Internaz. della Ceramica. 📖 *L. Damiani*, D., Ud. 1988. N. Corradini

Del Zozzo, *Gino Luchi*, ital. Bildhauer, * 8. 2. 1909 Fermo, † 8. 10. 1989 Forlì. Stud. in Bologna und Modena. V.a. figürl. Darst. in geschlossenen Umrissen, archaisch-lapidaren, gewölbten Formen. Seine Arbeiten in Naturstein und Holz sind von zeitloser Wirkung und greifen (teilw. lit. inspiriert) soz. und humane Probleme auf. In den Marken Mitgl. der 5 artisti contemp., in Rom der Accad. dei 500. ⊙ *G:* 1947 Premio Recanati / 1948 Rom: Quadrienn. / 1949 Premio Ravenna / 1949, '50 Premio Suzzara. 📖 *Arnaud/Busignani* I, 1961; AIC I, 1965; EU SEDA III, 1969. – Mitt. Comune di Forlì, 1999. S.-W. S.

Dem → **Demetrescu-Dem,** *Ion*

Dem. Bălăcescu, *Lucia* → **Bălăcescu,** *Lucia*

Dema, *Anatolij Gordeevič*, russ. Bildhauer, * 31. 7. 1937 Sterlitamak, lebt in St. Petersburg. Stud.: 1956–64 HS für angew. Kunst ebd. (Leningrad) bei Valentin Lavrent'evič Rybalko, Viktor Aleksandrovič Sinajskij. Lehrt seit 1965 dort (jetzt Akad. für angew. Kunst; ab 1987 Lehrstuhlleiter, 1994 Prof.). Ausz.: 1987 Grekov-Med. in Gold; 1988 Verdienter Künstler der Russ. Föderation. – Bes. Mon.-Werke zu hist. und revolutionshist. Themen sowie Portr. von Zeitgenossen (z.B. *Vljublennye*, Kupfer, getrieben, 1969; Verdienter Kunstschaffender der Russ. Föderation *S. Vronskij*, Bronze, 1970; *Portret devuški*, Schamotte, 1973; *Maljary*, Bronze, 1979; *Indira Gandhi*, Bronze, 1981; *Baškirka*, Marmor, 1990). Auch Teiln. an Allunions-Wettb. für Denkmals-Entwürfe (u.a. *Odessa – gorod-geroj*, 1967, 1. Platz; *Geroičeskim zaščitnikam Leningrada*, 1972, 1. Platz, zus. mit Feliks Karlovič Romanovskij; *Pogibšim čekistam*, 1973, für Kiev, 1. Platz). 🏛 ST. PETERSBURG, Russ. Mus. – Mus. der Akad. für angew. Kunst. – Hotel „St-Peterburg", Vorplatz: Petrovskij fregat „Krejser", Kupfer, getrieben, 1973. – Literatur-Café: Leuchter, Bronze, Kristall (zus. mit Natalija Pavlovna Malevska-Malevič). – *Denkmäler*: KOPENHAGEN: den auf dän. Territorium gefallenen Sowjetbürgern, 1990. MYKOLAÏV: den Matrosen des Panzerkreuzers Potemkin, 1975; Schwarzmeerflotte, 1977, alle Bronze, Granit. ST. PETERSBURG, Peter-Pauls-Festung: Obelisk an der Hinrichtungsstätte der Dekabristen, Granit, 1975 (zus. mit Aleksandr Michajlovič Ignat'ev). – Festung Schlüsselburg: Den Verteidigern der Festung, Bronze, Stahl, Kupfer, getrieben, 1985 (zus. mit Grigorij Danilovič Jastrebeneckij). – Den gefallenen Lehrern und Studenten der Elektrotechn. HS, Bronze, Granit, 1990. UST'-TOSNO: Nevskij porog, Beton, Kupfer, getrieben, 1967 (zus. mit Romanovskij). ⊙ *E:* 1978 St. Petersburg, Mus. der HS für angew. Kunst. – *G:* seit 1958, u.a. 1967 Montreal: WA. 📖 Vystavka proizvedenij leningradskich chudožnikov, V. I. Leninu posvjaščennaja (1870–1970; K), Le. 1970, 50; Vserossijskaja vystavka proizvedenij molodych chudožnikov. 1972 (K), Le. 1974, 69, 76, 112; *V. V. Kotenočkin*, Pojasom nemerknuščej slavy, Mo. 1975, 105; Chronika chudožestvennoj žizni: 1976, Mo. 1977, 297; 1977, Mo. 1979, 346; Sovetskoe dekorativnoe isk.-76, Mo. 1978; Sady i parki Leningrada, Le. 1981, 123; Izobrazitel'noe isk. Leningrada. Vystavka proizvedenij leningradskich chudožnikov 1976–77, Le. 1981, 401, 471; Vystavka proizvedenij leningradskich chudožnikov 1980 (K), Le. 1983, 31; *G. P. Ignat'eva u.a.*, Šlissel'burgskaja krepost', Le. 1986, 96. L. Makoed

Dema, *Andrij Hryhorovyč* → **Deša** (Goldschmiede-Fam.)

Dema, *Hryhorij Vasyl'ovyč* → **Deša** (Goldschmiede-Fam.)

Demaan, Comte, Baumeister, Domherr von St.-Lambert in Lüttich, lieferte um 980 die Pläne für die Kollegiatskirche St.-Michel und für den Hauptaltar sowie den Turmumbau des Domes St.-Lambert (1796 abgerissen). 📖 ThB9, 1913.

Demachy (de Machy; Machy), *Pierre-Antoine*, frz. Maler, Kupferstecher, * 17. 9. 1723 Paris, † 10. 9. 1807 ebd. Sohn des Kunsttischlers *Antoine de Machy*, Bruder des Goldschmieds Pierre Louis de Machy, Vater des Kupferstechers und Archit.-Malers de Machy. Ausb. in Paris bei Giovanni Niccolò Servandoni. 1749 erster dok. Beleg für die künstler. Tätigkeit (Mitarb. bei den Trauerfeiern für die Duchesse d'Orléans in Notre-Dame). Am 29. 11. 1755 Agrée, 30. 9. 1758 Mitgl. der Acad. R. de peint. et de sculpt. (das vermutl. Aufnahmestück *Intérieur d'un temple*, Salon 1759, ist evtl. ident. mit einem Gem. des Louvre, Inv. 6409), 25. 12. 1775 Conseiller. Da D. fast immer an den Sitzungen der Acad. teilnimmt und alljährl. bis 1802 im Salon ausstellt, hat er Paris vermutl. nie für längere Zeit verlassen (nach einer Hypothese von M. Roland Michel hätte er jedoch als junger Mann Rom besucht). Bereits vor 1760 führt D. in der Marien- und der Kalvarien-Kap. in St-Roch dekorative Malereien aus; daneben malt er Bühnenbilder für *Dardanus* (1760, Acad. R. de musique) von Rameau und *Alceste* von Gluck. 1764 neben Charles-Michel-Ange Challe Ernennung zum Dessinateur du Cab. du Roi. 1762–65 malt er in dem von Etienne-Louis Boullée umgestalteten Hof des Hôtel Tourolle eine Perspektive in Form eines Triumphbogens für die Künste (zerst.), vor 1767 eine weitere für die von Pierre Contant d'Ivry gebaute Ehrentreppe im Pal. Royal (die Ausf. wird durch Planänderungen des Architekten verzögert und die Frage der Entlohnung D.s deshalb erst 1768 durch Gutachten entschieden). Am 13. 3. 1769 erhält D. dank der Unterstützung von Charles Nicolas Cochin ein Atelier im Louvre. 1777 stellt er im Salon Veduten von Rouen aus. Am 30. 6. 1781 erfolgreiche Bitte, sechs Pariser Veduten mit dem Privileg der Acad. R. stechen zu dürfen. 1783 gewährt ihm Surintendant Marigny eine Rente von 500 Livres. 1785 wird D. Nachf. von Jacques Sébastien Leclerc als Prof. für Perspektive. Um 1790 liefert er Ill. zum *Recueil de tous les costumes des ordres relig. et militaires* von Jacques Charles Bar; ähnl. Sujets sticht er zus. mit Laurent Guyot; weitere Stiche zus. mit Titel, Jacques Philippe Lebas, Jacques Aliamet, Antoine-François Hémery, den Campions und den Hertel. – D. malt v.a. Ansichten von Paris, Darst. von realer wie imaginärer Archit., Ruinenbilder und zeitgen. Ereignisse, ist aber auch als Dosenmaler bekannt. 1757 vom Mercure de France mit Giovanni Paolo Pannini verglichen, entgeht er doch nicht der Kritik von Diderot, der eine übertriebene geometr. Härte bemängelt. Dennoch ist D. in zahlr. zeitgen. Slgn mit Gem. vertreten und vermag es, den Geschmackswandel zw. Ancien Régime und Revolutionszeit zu überstehen. Wegen der generischen Bildtitel (häufig *Tableau d'archit.* oder *Ruines*) fällt es oft schwer, Werke zu erkennen, zuzuschreiben oder zu datieren. Z. T. wurden D.s Gem. durch ihn selbst, seinen Sohn sowie durch Pierre-François Basan, Edouard Descourtis und Jean-François Janinet gestochen. ⌂ AMIENS, Mus. de Picardie. ANGERS, MBA. BUDAPEST, SzM. CARCASSONNE, MBA. DIJON, Mus. Magnin. EPINAL, Mus. dép. des Vosges. LILLE, MBA. MONTPELLIER, Mus. Fabre. MOSKAU, Puškin-MBK. PARIS, BN, Cab. des estampes. – Louvre. – Mus. Carnavalet: wichtigste Slg der Werke D.s. PAU, MBA. ROUEN, MBA. ST. PETERSBURG, Ermitage. STRASBOURG, MBA. TOURS, MBA. VALENCIENNES, MBA. VERSAILLES, Mus. du Château. – Mus. Lambinet. VIZELLE, Mus. de la Révolution Franç. ⊙ *G:* Paris: 1757–1802 häufig Salon; 1783 Salon de la Correspondance. ▭ ThB23, 1929 (s.v. Machy, Pierre Antoine de). DBF X, 1965; DA XX, 1996 (s.v. Machy, Pierre Antoine de). – *D. Diderot*, Salons 1759–1781, ed. *J. Seznec/J. Adhémar*, 4 Bde, Ox. 1957–67; *L. Deshairs*, Le paysage au XVIIIe s. après Watteau, in: Hist. du paysage en France, P. 1908; *T. Leclère*, Hubert Robert, P. 1913; The age of Neo-classicism (K RA, V & A), Lo. 1972; *P. de La Vaissière*, Bull. du Mus. Carnavalet 28:1975 (2) 16–30; Piranèse et les français 1740–1790 (K Villa Medici u.a.), R. 1976; The eye of Thomas Jefferson (K NG of Art), Wa. 1976; *M. Roland Michel*, in: Piranèse et les Français. Actes du colloque (1976), R. 1978; *C. Lorgues*, Bull. de la Soc. de l'Hist. de Paris et de l'Ile de France 106:1979, 37–49; Les arts du théâtre de Watteau à Fragonard (K Gal. des BA), Bordeaux 1980; Soufflot et son temps (K Caisse nat. des mon. hist. et des sites), P. 1980; *M. Roland Michel*, Cah. de la recherche architecturale 1980 (6–7) 54–67; De la place Louis XV à la Place de la Concorde (K Mus. Carnavalet), P. 1982; Le Temple. Représentation de l'archit. sacrée (K MN Message Biblique Marc Chagall), Nizza 1982; La Révolution Franç. et le Romantisme (K Mus. Fuji), To. 1987; *M. Gallet* (Ed.), Contant, Chevotet, Chaussard. Un cab. d'architectes au siècle des Lumières, Lyon 1987; Versailles vu par les peintres. De D. à Levy-Dhurmer (K Mus. Lambinet), Versailles 1992; *J. M. Pérouse de Montclos*, Etienne Louis Boullée, P. 1994; *A. Chevalier*, in: *P. Bordes/A. Chevalier*, Mus. de la Révolution Française (K), P. 1996; *A. Zanella*, in: Scritti in onore di Alessandro Marabottini, R. 1997; Autour de Claude-Joseph Vernet (K MBA), Rouen 1999; *J.-M. Bruson/C. Leribault*, Peint. du Mus. Carnavalet (K), P. 1999; *J.-M. Bruson*, P.-A. D. (1723–1807), in: *R. Dartevelle*, Une dynastie fam. au centre du négoce, de la finance et des arts (K Mus. de l'Armée), P. 1999. A. Zanella

Demachy, *Robert*, frz. Bankier, Amateurfotograf, * 7. 7. 1859 Saint-Germain-en-Laye, † 29. 12. 1936 Hennequeville/Calvados. Hauptvertreter des Piktoralismus in Frankreich; 1914 Aufgabe der künstler. Tätigkeit, um die Bankgeschäfte wieder aufzunehmen. Mitgl.: 1882 Soc. franç. de la photogr.; 1895 Photo-Club de Paris; Soc. d'excursions des amateurs photographes; 1905 Linked Ring; Redaktion der Rev. de Photographie. – V.a. mit der Weiterentwicklung der Pigmentverfahren beschäftigt, bes. des Gummi-Bichromat-Verfahrens und der Bromöldrucktechnik. Veröff. von D.s Aufnahmen in den Zss. Photo-mag., Studio, Photo-gaz., Photogr., Kunst in der Photogr., Fotografía artística, Art photogr., Epreuve photogr., Marseille rev. photogr. und Illustration sowie in den im folgenden gen. Publ., für die er außerdem zahlr. Beitr. zu techn. und theoret. Fragen verfaßte. ⌂ BATH, R. Soc. of Photogr. CHALON-SUR-SAONE, Mus. Nicéphore Niépce. HAMBURG, MKG, Slg Ernst Juhl. NEW YORK, MMA. PARIS, Soc. franç. de photogr. – BN. ✉ *D./A. Maskell*, Le procédé à la gomme bichromatée, ou Photo aquateinte, P. 1898; *D./C. Puyo*, Les procédés d'art en photogr., P. 1906; *D./C. H. Hewitt*, How to make oil and bromoil prints, 1908; Le report des épreuves à l'huile, P. 1912; *D. u.a.*, How to make oil and bromoil prints in monochrome and colour, 1914; ca. 100 Art. in Fach-Zss.: u.a. Bull. du Photo-Club de Paris; Rev. de photogr.; Annuaire gén. et internat. de photogr.; Amateur photographer; Photogr. j.; Camera notes; Camera work; Photogramme; Photograms of the year. ⊙ *E:* 1901, '04, '07 London, R. Soc. of Photogr. / Paris: 1897 (zus. mit Constant Puyo), 1903, '04 D.s Atelier; 1899 Atelier von Maurice Brémard (zus. mit Puyo); 1907 Villa des Arts; 1980 Trianon de Bagatelle (K). – *G:* Paris: 1889 WA (Bronze-Med.); 1892 Expos. internat. de photogr. et des industries qui s'y rattachent (Mitgl. der Zulassungsjury); 1894–1914 Salon du Photo-Club de Paris; 1900 WA (Kl. XII); 1904 Salon d'Automne / 1892, '96 Brüssel, Salon d'art photogr. de l'Assoc. belge de photogr. / 1895–1908 London, Photogr. Salon / 1896–99, 1902–03 Hamburg: Internat. Foto-Ausst. / 1896, '99 Berlin: Internat. Ausst. für Amateur-Fotogr. / 1898 Wien, Ausst. des Camera Club / 1889–1900 Philadelphia (Pa.): Salon of Photogr. / 1901 Glasgow: WA / 1902–03 Brüssel, Salon du Cercle „L'Effort" / 1903, '05 Nizza, Salon de l'Artist. / 1904 St. Louis: WA / 1905 Lüttich: WA; Marseille: Expos. du Photo-Club / 1906 New York, Little Gall. / 1906 Philadelphia (Pa.), PAFA: Exhib. of the Photo-Secession / 1908 Nizza: Expos. des BA, Abt. „blanc & noir" / 1908 London, New English Club / 1910 Brüssel: WA; Algier: Salon internat. du Photo-Club / 1911 Buffalo (N. Y.): Internat. Exhib. of pictorialist photogr. ▭ *C. Naylor* (Ed.), Contemp. photographers, Chicago/Lo. ^{2}1988 (Ausst.); Dict. mondial de la photogr., P. 1994; Dict. de la photogr., P. 1996; DA VIII, 1996. – *G. Besson*, Marseille rev. photogr. 1907 (Juni) 81 s. *C. Ménard*, Photo-mag. 1911 (15); *B. Jay*, R. D., photogr. and essays, Lo. 1974 (Bibliographie); *M. Poivert*, Le pictorialisme en France, P. 1992; *id.* (Einführung), R. D., P. 1997. – New Haven/Conn., Yale Univ., Beinecke Rare Book & Ms. library, Coll. of Amer. lit., Stieglitz Arch.: Korrespondenz mit Alfred Stieglitz (68 Briefe D.s, 2 Briefe von

Stieglitz, 1898–1910). M. Poivert

Demadières, *Josephine* cf. **Demadières,** *Juliette*

Demadières, *Juliette*, Lithographin in Orléans, A. 19. Jh., bek. durch die Bll. *Junge Bäuerin* und *Pierre Ladureau* .... Verwandt (Mutter?) mit der Malerin *Joséphine D.*, einer Tochter des ehem. Dir. des Mus. von Orléans, die im Pariser Salon 1837–39 Lsch. ausstellte. ThB9, 1913. *Harambourg*, 1985; *Marchal/ Wintrebert*, 1987 (beide s.v. D., Joséphine).

De Maestri (Demaestri), *Lazzaro*, ital. Maler, * 15. 3. 1840 Savona, † 28. 10. 1910 ebd. Nach ersten Zeichen-Stud. in Savona schrieb er sich 1855 an der Accad. Ligustica di BA in Genua ein, wo er 1860–62 jährl. Preise erhielt; hier unterrichtet und stark beeinflußt von Giuseppe Frascheri. 1868–70 konnte er dank des Stip. Marcello Durazzo (gewonnen bei der Accad. Ligustica) seine Stud. in Florenz fortsetzen. Nach Spezialisierung in der Freskokunst dekorierte er viele Kirchen, Villen und Pal. in Ligurien. 1884 Accad. di merito bei der Accad. Ligustica. In seinen Arbeiten lassen sich viele Beziehungen zu Francesco Coghetti feststellen, dessen Fresken im Dom zu Savona ihn seit der Kindheit beeindruckt haben dürften. LAVAGNOLA/Savona, Pfarrk.: Der predigende hl. Dalmatius. NOLI/Noli, Dom: Befreiung Petri aus dem Kerker; Die Reue des hl. Petrus. ROVIASCA/ Savona, Pfarrk. SASSELLO/Savona, Chiesa della Trinità: Verklärung; Adam und Eva, Krönung Mariä. SAVONA, Pal. Balbi. – Villa Astengo. – Kirche S. Martino. – Kirche S. Pietro. – Dom: Die Ehebrecherin; Jesus segnet die Kinder; Joh. Bapt.; Heimsuchung; Taufe Christi; Enthauptung; Die Propheten. VARAZZE/Savona, S. Ambrogio, Die Herabkunft des hl. Geistes; Hochzeit zu Kana. ThB9, 1913 (s.v. Demaestri, Lazzaro). *Comanducci* II, 1971; DEB VII, 1975 (s.v. Maestri, Lazzaro de); *Beringheli*, 1991; *G. Costa*, Pittori liguri dell'800 e del primo '900, Ge. 1994. – *F. Noberasco*, Artisti savonesi, Savona 1931; *V. Rocchiero*, Scuole, gruppi, pittori dell'Ottocento ligure, R. u. a. 1981, 555.
R. Beccaro

Demaggio, *Antonio* → **Maggi,** *Giacomo Antonio de*

Demagnez, *Marie-Antoinette*, frz. Bildhauerin, * Mai 1869 Paris, † 1925 ebd. Tätig in Paris. Schülerin von Victor Peter und Antonin Mercié. – Arbeiten in Bronze, Stein, Marmor und Terrakotta zu meist symbol. Themen und Plaketten. PARIS, Jardin de la Présidence. – Louvre. – Orsay. TILL-MOYLAND/ Niederrhein, Mus. Schloß Moyland. *G:* Paris: 1892, '93 SAfr. (Portr.-Büsten, später auch Statuen und Statuetten); ab 1910 Salon de la Soc. Nat. des BA; 1900 WA (Bronze-Med. für die Steinfigur La Poésie). ThB9, 1913; Vol, 1953. *Bénézit* III, 1976; *Mackay*, 1977. – *E. Wynhoff*, Medaillen und Plaketten des Jugendstils, Bedburg-Hau 2000 (in Vorbereitung). E. Wynhoff

Demahis, *Etienne Achille*, frz. Maler, * 17. 11. 1801 Paris, † 1843 ebd. Stud.: ab 1821 EcBA Paris bei Abel de Pujol. – Portr., hist. Darst., Genrebilder. VERSAILLES, Gal.: u.a. Die Schlacht bei Lützelburg, 10. 10. 1758; Elisabeth von Lothringen, Portr. (nach dem Original im Schloß von Eu). *G:* 1834–37 Paris, Salon. ThB9, 1913. *Bénézit* III, 1976. – IFF, Après1800 VI, 1953. C. R.

Demaille, *Louis-Cosme*, frz. Bildhauer, Medailleur, * 21. 3. 1837 Gigondas/Vaucluse, † 10. 12. 1906 Paris. Stud.: zunächst Ec. des Arts et Metiers, ab 1862 EcBA Paris bei Emile Lecomte-Vernet und Augustin Alexandre Dumont; daneben bis ca. 1863 Militärdienst in Vincennes. Allegor. und mytholog. Sujets (Statuen und Gruppen) in neoklassizist. Stil; gelegentl. Genre; außerdem Portr. zeitgen. und hist. Persönlichkeiten (Statuen, Büsten, Medaillons in Gips, Stein, Marmor und Terrakotta). Staatl. und städt. Ankäufe, u.a. *La ville de Rennes* (Stein, 1881) für das Pariser Hôtel de Ville. Mitgl. der Soc. des Artistes franç.; bek. auch eine Bronzebüste (1875) seiner Tochter für deren Grab auf dem Friedhof Montparnasse. Ausz.: 1866 Med. 3. Kl.; 1885 Med. 2. Kl. AVIGNON, Mus. Calvet: Hercule enfant, étouffant les serpents, Marmor, 1863; Jeune homme nu; Jeune homme en costume du Moyen-Age; Groupe du lutteur; Selbst-Portr.; Victor de Laprade (Modell). CARPENTRAS, Mus. Duplessis: Jeune Savoyard faisant danser sa marmotte, Gips, Salon 1867; Bismarck terrassé par la France, Terrakotta, 1871; Jean-Jacques Rousseau, Gips, 1885; Danton, Gips, 1889; Docteur Tarturel (Beaumes de Venise), Marmorbüste, Salon 1891; Eugène Guérin, Terrakottabüste, 1893. GRENOBLE, Mus. de Peint. et de Sculpt.: Protection, Gips, 1885. PARIS, Mus. Galliera: Amour (lt. Bénézit). *G:* Paris: 1863–1906 Salon; 1889, 1900 (Mention honorable) WA. ThB9, 1913. *Lami* II, 1916; DBF X, 1965; *Bénézit* III, 1976; *Mackay*, 1977; *Alauzen*, 1986 (s.v. Dumaille, Louis). – Peint. et sculpt. du XIXe s. La coll. du Mus. de Grenoble (K), P. 1995. E. S.

Demailly (Demailli; [de] Mailly), *Barnabé Augustin*, frz. Goldschmied, Emailmaler (?), get. 5. 5. 1732 Paris, † um 1793. Sohn eines Goldschmiedemeisters. 1. 9. 1764 Meister in Paris; 1. 1. 1777 Tod seiner Ehefrau. Kam auf Einladung von Ekaterina II nach St. Petersburg, frühestens 1778 und spätestens vor dem 10. 12. 1781 (in der Pariser Liste als in der Provinz [lt. Denis Roche in Rußland] ansässig bez.). Evtl. auch Aufenthalt in Tobol'sk. – Arbeiten im Louis-Seize-Stil, am bekanntesten die Schreibtischgarnitur *Česmenskaja černil'nica* (Bronze, vergoldet, patiniert, Silber, Farbemail-Min., gegossen, graviert, matt vergoldet, sign. „BARNAB. Augustin Demailli. Paris", 1773, Ermitage St. Petersburg; Modelle der Skulpt. [putti] von Jean-Antoine Houdon). Die Garnitur wurde auf Bestellung von Ekaterina II anläßl. des Sieges über die Türkei in der Bucht von Česme (1770) gefertigt; sie war urspr. für den Kapitelsaal des Hl.-Georg-Ordens bestimmt. Snowman schreibt D. die Emailbemalung der Tabatière „Česmenskaja tabakerka" (1771, ebd.) zu, was Uchanova (in: Rossija-Francija...) jedoch zurückweist mit dem Hinweis auf den Zeitpunkt von D.s Eintreffen in Rußland, der in der Korr. Ekaterinas II mit dem Schriftsteller und Diplomaten F.-M. Grimm belegt ist (vgl. Sb. Imperatorskogo Russkogo istoričeskogo obščestva, XXIII, StP. 1878, 105, 109). In der älteren Lit. verschmelzen bisweilen die Angaben zu D. und Charles Jacques D., die daher häufig als miteinander ident. betrachtet wurden. ST. PETERSBURG, Ermitage: u.a. Obelisk mit Monogramm Ekaterinas II,

Jaspis, zw. 1782–88 (sign. „B.A. Demailly invenit à Tobolsk"; lt. Inschr. gefertigt im Auftrag von E. P. Kaškin [1782–88 Statthalter von Perm' und Tobol'sk] und unter Aufsicht von „Ivan Patušev" [korrekt Patrušov, ein Vorsteher der Schleiferei Ekaterinburg]). ThB23, 1929. *Nocq* III, 1928; ChudSSSR III, 1976 (s.v. Demajl'i, Barnabo Ogjusten; Lit.). – Chudožestvennye sokrovišča Rossii, II, StP. 1902, 330–340; *A. P. Mjuller*, Inostrannye živopiscy i skul'ptory v Rossii, Mo. 1925, 47 (s.v. de-Majlli, Barnabė-Ogjusten); *T. Ėristova*, Sokrovišča Ėrmitaža, Mo./Le. 1949, 301 s. (als Demal'i, Barnab Avgustin; falsches Geburtsjahr); *A. E. Fersman*, Očerki po istorii kamnja, II, Mo. 1961, 98; *A. K. Snowman*, Eighteenth c. gold boxes of Europe, Lo. 1966, 107; Rossija-Francija. Vek Prosveščenija (K), Le. 1987, Nrn 449, 583. V. Kulakov

Demailly (de Mailly), *Charles Jacques*, frz. Emailminiaturmaler, Zeichner, * Paris, † 1808 Moskau. Verkehrte mit Jean-Antoine Houdon (dessen Portr. von D.s Frau wurde 1771 im Pariser Salon gezeigt). Arbeitete (lt. Uchanova, in: Rossija-Francija...) in den 1770er Jahren in Moskau, vermutl. auch in St. Petersburg. – Portr. (u.a. versch. von *Ekaterina II*; *Emel'jan Pugačev*; evtl. *Aleksandr I*) sowie allegor. Zchngn. In der älteren Lit. mit Barnabé Augustin D. vermischt. PARIS, Louvre: goldene Tabatière mit Emailmalerei (Fruchtmotive) auf dem Deckel, MZ unvollst. und nicht zu entziffern, StP. 177?, sign. „De Mailly invt et pinxt" (lt. Aufschrift von Ekaterina II 1796 Lev Aleksandrovič Naryškin geschenkt). VERSAILLES, NM: Ekaterina II, Portr.-Min. *G:* 1793 Paris, Salon. ThB23, 1929. *Bénézit* VII, 1976. – *A. P. Mjuller*, Inostrannye živopiscy i skul'ptory v Rossii, Mo. 1925, 47 (s.v. de-Majlli); *ead.*, Byt inostrannych chudožnikov v Rossii, Le. 1927 (im Reg. fälschl. als de Majlli, Barnabė Ogjusten); *H. H. Arnason*, The Sculptures of Houdon, Lo. 1975; Rossija-Francija. Vek Prosveščenija (K), Le. 1987, Nr 453. V. Kulakov

Demailly, *Henri-Aimé-Charles*, frz. Maler, * 1776 (1790 lt. Bénézit) Lille, † 1858. Autodidakt. Hist. und relig. Motive (u.a. Hll.-Darst. in Lebensgröße), z.T. in Grisaillemalerei, dabei tätig für Kirchen in Lille (z.B. St-Etienne; Hospice général) und Paris (Karmeliterinnenkloster; Kap. der Augustinerinnen), dort 1831 wohnhaft. Auch Portr. (u.a. *Louis-Joseph Watteau*). LILLE, Mus. de l'Hospice Comtesse. ThB9, 1913. *Bellier/Auvray* I, 1882; *Bénézit* III, 1976. – *G. Maes*, Valentiana (Valenciennes) 1990 (6) 71–76. K. S.-D.

Demailly, *Louis (Louis Hector François)*, frz. Maler, * 10. 9. 1879 Marœuil/Pas-de-Calais, † 10. 11. 1942 wahrsch. Paris. Aufgewachsen in Lomme/Nord. V.a. durch die Bekanntschaft der Fam. D. mit den Malern Emile Adélard Breton und Jules Breton entschied sich D. für eine künstler. Laufbahn. Stud.: ab 1898 EcBA Lille bei Pharaon de Winter. Einige Jahre später zog D. nach Paris; bewunderte die pointillist. Malweise von Henri Martin und war befreundet mit dem kubist. Maler Auguste Herbin, den er porträtierte (1903 SAfr.). Nach dem 1. WK widmete sich D. der Landschaftsmalerei und der poet. geprägten figürl. Darst. (Portr., Genremotive). Ausz.: 1934 John Henning-Fry-Preis; 1937 Claverie-Preis. Nach D.s Tod wurden seine Arbeiten ausgestellt: 1943 Paris, La Gal., 10, rue de Tholozé (40 Gem.); 1951 (16 Gem.), '58 Arras, Salle des concerts. ARRAS, MBA: Femme endormie, 1931; Selbst-Portr., 1932; Après-midi d'été (1934 SAfr.); Dans le verger (1938 SAfr.), alle Öl. *G:* ab 1903 Paris, SAfr. (Mitgl.; 1930 Silber-Med.; 1938 Gold-Med.) / ab 1905 Arras, Gal. Vasse. Vol, 1953. *Bénézit* III, 1976; *Marchal/Wintrebert*, 1987. – *C. Rameix*, L'éc. de Crozant, Limoges 1991. C. R.

Demaine, *George Frederick*, brit. Maler, Bildhauer, * 2. 2. 1892 Keighley/Yorks., † 1966, lebte in London und Bushey Heath/Herts. Stud.: Keighley SchA; nach 1918–21 R. College of Art (Associate), London. – Lsch. in Aqu. (u.a. *Westminster Embankment; Hampstead Heath; Poole Harbour*) sowie Plastiken und Reliefs als Archit.-Dekoration. *G:* 1921–36 London, u.a. RA / Bristol, R. West of England Acad. Vol, 1953. *Waters* I, 1975; *Johnson/Greutzner*, 1976 (Repr. 1990); *Turnbull*, 1976; *Mackay*, 1977; RoyalAcadExhib II, 1977; *D. Buckman*, Dict. of artists in Britain since 1945, Bristol 1998. K. F.

De Maine, *Johanna (Johanna Maria*; geb. de Looze), niederl.-austral. Keramikerin, * 22. 2. 1948 Rotterdam. Seit ca. 1954 in Australien. 1971 umfangreiche Reisen in Asien und Beginn mit Keramik. 1974–75 Stud. am Nelson and Colne College, England. Ab 1976 eig. Atelier in Calliope, Central Queensland, 1981 Umzug nach Landsborough an der Sunshine Coast von Queensland. Hier entstehen Keramiken in Ser.-Produktion. Stud.: 1992–93 Gippsland Campus, Monash Univ., Victoria; bis 1995 (Master of FA), 1996 (Bachelor of Education) Queensland Univ. of Technology, Brisbane; bis 1998 (Bachelor of Art, Computer Based Art and Design) Univ. of the Sunshine Coast, Sippy Downs/Qnsld. Preise: u.a. 1979, '89, '94 Caloundra Arts Festival; 1990, '94 John Paul College Potter's Award, Brisbane; 1981, '97 Martin Hansen Prize, Gladstone; 1985–86 Caboolture Arts Festival; 1985, '91 Gold Coast Ceramic Art Award, Surfers Paradise; 1985, '90 Pacific Festival Prize, Townsville; 1986, '89–90, '94 Pioneer Potter's Award, Mackay; 1987 Queen Victoria Mus. and AG, Launceton. – D. ergründet die nach eig. Ansicht „klass." keram. Stile. Mit einem distinguierten Sinn für Proportion führt sie die Trad. des Behälters weiter. Ein wichtiges Merkmal ihrer Kunst sind Kanneluren. In frühen Arbeiten verschmilzt sie ö. und w. Trad., indem sie kannelierte Dekoration mit Salz oder Celadon glasiert. Nach ihren kürzl. absolvierten Stud. konzentriert sich D. nunmehr auf Lüsterglasuren und betont Schattierungen und Farbigkeit. Zudem verwendet sie jetzt auch bildl. Motive. Durch die häufig dargestellten Glasshouse Mountains, in deren Nähe sie lebt, weist sie ihren Arbeiten eine Ortsbezogenheit zu. BRISBANE, City Hall AG and Mus. – Queensland AG. – Queensland Univ. of Technology Art Coll. CALOUNDRA/Qnsld., Regional AG. CASTLEMAINE, AG and Hist. Mus. GLADSTONE/Qnsld., Regional AG and Mus. LAUNCESTON, Queen Victoria Mus. and AG. STANTHORPE/Qnsld., AG. SURFERS PARADISE, Gold Coast City AG. SYDNEY, Manly AG and Mus. – Mus. of Applied Arts and Sc. TOOWOOMBA, Univ.

of Southern Queensland. 🖂 Salt-glazing techniques, Pottery in Australia 27:1988 (4) 44 s. 👁 *E:* 1979–80 Biloela, Tiarno Gall. / 1979–80 Rockhampton, Gall. Up Top / 1980–81 Ballina, Mackay Harrison Gall. / Brisbane: 1980 Craft Council of Queensland Gall.; 1980, '82, '84 Queensland Potter's Assoc. Gall.; 1987 Fusions Gall.; 1989 Margaret Francey Gall.; 1995 Queensland Univ. of Technology; Metro Arts (mit Sohn Tobias D.) / 1983, '87 Sydney, Potter's Soc. / Melbourne: 1984 Crafts Centre; 1994 Distelfink Gall. / 1994 Narellan, Boyd Gall. / 1997 Gladstone, Regional AG. 📖 *Germaine*, 1984; I, 1990; 1991; 1997. – Salzbrand-Keramik. Internat. Wettb., Koblenz 1986; 1989; 1993 (Schriftenreihe der Handwerkskammer); *J. Hoare* (Ed.), Clay statements II, Toowoomba 1987; *J. Shaw*, Craft arts (Sydney) 1987 (10) 43–45; *T. Ewan*, Pottery in Australia 27:1988 (1) 67 s.; *J. Mansfield*, Salt glaze ceramics. An internat. perspective, Sydney 1991; *J. Shaw*, Pottery in Australia 35:1996 (3) 40 s.; *G. R. Cooke*, Object (Sydney) 1998 (3) 48–53.

G. R. Cooke

Demaine, *Martin*, US-amer.-kanad. Glaskünstler, Kinderbuchautor, * 1942 Boston/Mass., lebt in Halifax. Stud.: Tufts Univ., Medford/Mass. (Mathematik und Jura). Militärdienst in der U. S. Army. D. leitet eine Tabakgroßhandelsfirma, schreibt Kinderbücher und produziert Poster in Serigraphie. In den späten 60er Jahren in England. Bis 1970 Stud. am Leicester Polytechnic; evtl. Mitarb. am Glass House in London. Im Febr. 1972 gründet er in Little Bartibog/N. B. die Little Bartibog Glass Works; 1974 unter dem Namen Mactaquac Glass Works nach Keswick/N. B. verlegt, später in D. Glass Studio umbenannt. Um das Atelier in Keswick (M. der 70er Jahre das größte Glaskunstatelier Kanadas), das als Wegbereiter bei der Wiederbelebung von Arts and Crafts wirkt, entwickelt sich kurz danach die Kunsthandwerkerkooperative Opus Craft Village. Ca. 1977 schließt er das Studio und zieht nach Halifax. Zu D.s Schülern zählen Paddy Ormiston (gen. Ruby), Bill Graff, Patrick Stanley und Jon Sawyer. – D. verwendet für seine funktionalen und dekorativen Glasobjekte sowie für kleine Skulpt. zunächst Altglas und natürl. Mat. für die Färbung, später Bruchglas einer lokalen Glasfabrik. Er überbrückt die Kluft zw. den Primärkräften der internat. Studioglasbewegung und lokaler Glaskunst und setzt es sich zum Ziel, der künstler. Sprache des Art Nouveau eine mod. Form zu geben. 🏛 ADELAIDE, AG of South Australia. HALIFAX, Nova Scotia Mus. HULL/Que., Canad. Mus. of Civilization. MONTREAL, MFA. SAINT JOHN, New Brunswick Mus. 👁 *G:* 1986 Fredericton, Univ. of New Brunswick AC: Ours (Wander-Ausst.) / 1992 Saint John, New Brunswick Mus.: Canada 125/NBM 150. 📖 Artisan's corner. The fine art of glass blowing, Fredericton, N. B. [vor 1974], 3; The glass man, s.l. [vor 1974], 119–123; *J. Danard*, Financial Post v. 9. 8. 1975, C-3.

P. J. Larocque

Demaine, *Robert (Robert Snowden)*, austral. Architekt, * 23. 2. 1895 Melbourne. Stud.: ab 1913 Univ. of Melbourne (unterbrochen durch Wehrdienst im 1. WK); daneben Ausb. bei Bates, Peebles und Smart ebd.; 1920 kriegsbedingtes Sonderexamen am R. Victorian Inst. of Architects, Melbourne. 1937 eig. Archit.-Büro mit Partnern, später bek. als R. S. D., Russell, Trundle, Armstrong und Orton. Mitgl.: R. Victorian Inst. of Architects (1921 außerordentl. Mitgl.; 1936 ordentl. Mitgl.; 1945–47 Präs.; später Ehrensekretär und Schatzmeister); R. Austral. Inst. of Architects (1943 Mitgl.; 1946–54 Beirats-Mitgl., 1951–52 Vors. der Kommission für Archit.-Ausb.; 1952–54 Präs.); 1951 RIBA. – D. hatte wesentl. Anteil daran, den Berufsstand in Victoria zu einigen durch den 1946 erfolgten Zus.-Schluß zu einer einzigen Ges. Er hatte große Bedeutung als Inhaber des an der Univ. of Melbourne gegr. Lehrstuhls für Archit. und durch Einrichtung eines Dienstleistungsunternehmens für den Bau von kleinen Häusern, das betrieben wurde durch die Ztg Age und das R. Victorian Inst. of Architects. – Zahlr. Krankenhäuser und Geschäftsgebäude in Victoria. 📖 *J. M. Freeland*, The making of a profession, Sydney 1971.

R. Smith

De Maio, *Francesco*, ital. Maler, * 6. 10. 1927 (Comanducci: 16. 10.) Castel San Giorgio/Salerno, lebt in Genua. Stud.: Neapel, bei Vincenzo Irolli und Clemente Tafuri; Ist. d'Arte Genua. Gründet 1955 in Genua die Gruppe Acquasola. 1956–61 Lehrer an der Abendschule für Kunst S. Quirico (Weiterbildung von Freskanten, Restauratoren). – Anfangs impressionist., dann zunehmend expressive Lsch., Marinen, Figürl. und Blumen, teilw. phantast. verfremdet (z.B. Figuren vor verwüsteten Stadtansichten). Vitaler, rascher Strich, warme, kräftige (gelb-rot-grün-violett dominierte) Palette, kontrastreiche Lichtführung. 👁 *E:* Genua: 1957 Gall. Genova; 1957, '74 Gall. Contemp.; 1968 Gall. Boccadasse / 1957 Cava dei Tirreni, Gall. Van Dyck / Mailand: 1968, '75 Gall. Lux; 1974, '76 Circolo Cult. de Santis / 1968 Cuneo, Gall. Etruria / 1970 Tortona, Salone Commercianti / 1971 Rom, Gall. S. Marco. – *G:* 1968 Genua: Mostra Arte e Terzo Mondo. 📖 *Comanducci* II, 1971; DizESA III, 1971; DizBiogrMerid I, 1974; Arte ital. per il mondo, V, T. 1978.

S.-W. S.

De Maio, *Mario*, ital. Maler, Plastiker, * 14. 11. 1928, lebt seit 1934 in Mailand. Stud.-Abschluß in Biologie, Univ. Pavia. Führt in den 60er Jahren abstrakte Komp. mit Collagen und gefaltetem, übereinandergelegtem Papier aus (*R 01–12*, 1962; *F 2–6*, 1965; *F 14*, 1968). Malt später mit Pastell vertikale Streifen auf farbiges Papier und erreicht Flimmereffekte und feine Lichtmodulationen (*Costruzione su due registri sovrapposti 7*, 1973; *S. 27–6*, 1985; *S 37*, 1987). Konstruiert A. der 90er Jahre monochrome, quadrat. Strukturen aus Karton, Holz, Glas und Stuck. 🖂 Dichiarazione, in: Abstracta (K), Mi. 1987. 👁 *E:* Bologna: 1970, '73, '82 Gall. Caldarese; 1983 Gall. S. Luca (K: M. N. Varga) / Mailand: 1983, '92 Gall. Vinciana (K: R. Sanesi/L. Caramel); 1989, '90, '93 Gall. Arte Struktura; 1992 Gall. Marin / 1983 Ferrara, Pal. dei Diamanti (K: G. Dorfles) / 1984 Sondrio, Pal. della Prov.; Padua, Gall. La Chiocciola / 1995 Carrara, Atelier Arti Visive. – *G:* Mailand: 1985, '87 Gall. Arte Struktura: Nuova Visualità; 1987 Gall. Vinciana: Abstracta / 1986 Cesena, Gall. Com.: Itinerari europei della Nuova Visualità / 1991 Zürich, Ist. di Studi Ital.: Costruttivismo, concretismo e cinevisualismo. 📖 *G. Di Genova*, Storia dell'arte ital. del'900, Bo. 1991. – *P. Serra*, Terzo occhio 1983 (Sept.) 52; *B. Munari*, Expo Arte (K), Bari 1987; *G. C. Argan u.a.*, Arte costruita (K), Mi. 1989; *A. Veca*, Kostruito '94 (K), Mi. 1994; *T. Trini*, Terzo occhio 22:1996 (2) 40 s. N. Corradini

De Maistre, *Leroy Leveson Laurent Joseph* → **Maistre,** *Roy de*

Demajo, *Giselle*, brasil. Bildhauerin, 20. Jh., Rio de Janeiro. Fertigt kleinformatige Keramik und Porzellan-Skulpt., letztere mit Gold- und Platinglasuren (decoradas em Platina e ouro), sowie emaillierte Kupferobjekte. ⊙ *E:* 1966 Rio de Janeiro, Gal. Montmartre Jorge. 📖 *Cavalcanti* II, 1974. B. Th.

De Majo, *Willy Maks*, brit. Graphikdesigner, Designer jugosl. Herkunft, * 25. 7. 1917 Wien, † 17. 10. 1993. Stud. in Wien: Schule für graph. Künste: Handels-Akad.; Abendklassen am Urania-Polytechnikum bei Erwin Puchinger. Ab 1936 in Belgrad freischaffend, emigrierte 1939 nach Großbritannien, dort u.a. 1940–41 Radiomoderator beim BBC Overseas Service, London. Nach Kriegsdienst ab 1946 eig. Designbüro „W. M. D. Associates" in London, z.T. mit den Partnern Louis Bramberg und seiner Frau Veronica Mary D. (geb. Booker). 1963–65 Präs. des Internat. Council of Graphic Design Association. Ausz.: 1969 Med. der Soc. of Industrial Artists and Designers; 1983 Gedenk-Med. des Assoc. of Polish Plastic Artists and Designers. – D. war v.a. als Designberater tätig, so u.a. ab 1946 für die Miles Martin Pen Company, später für Firmen in Europa, USA und Venezuela (u.a. Charles Letts and Co., Transparent Paper Ltd., Miles Aircraft Ltd., Philips, Micron CA/Caracas). Ab 1948 entwarf er Messestände und z.B. 1961 die Ausst. des Baden Powell House, London. Beim Festival of Britain 1951 war D. Koordinator und Designer der Farm and Factory Exhib. in Belfast. Er entwarf Firmendesign, Industrieprodukte und Inneneinrichtungen, z.B. von Flugzeugen. Internat. anerkannt waren seine Verpackungsgestaltungen. D. löste komplexe Zusammenhänge mit praktischen und vielseitigen Ideen, die stets Design, Herstellung und Verkaufsstrategie mit einbezogen. Mit der von ihm initiierten Gründung des Internat. Council of Graphic Design Assoc. leistete D. ferner einen bed. Beitrag zur internat. Zusammenarbeit von Designern. 🏛 BOLTON, Internat. Council of Graphic Design Assoc. Visual Arch. LONDON, V & A. 📖 WWArt, 1972; 1974; 1984; IBDCEE II. 1, 1983; ContempDesigners, 1985; Who was who IX: 1991–1995, Lo. 1996. – Design quart. 1956 (36) 23–25; Print 15:1961 (2) 50–53; Die Vertreibung des Geistigen aus Österreich (K HS für angew. Kunst), W. 1985; *M. Banham/B. Hillier*, A tonic to the nation. The festival of Britain 1951, Lo. 1976; *F. Peskett*, Festival times 1:1989 (4) 2–10; *J. Frascara* (Ed.), Graphic design. World views, N. Y. 1990. H. St.

Deman, *Albert*, frz. Maler, Zeichner, Graphiker, * 15. 1. 1929 Bousbecque/Nord. Stud.: 1945 EcBA Lille; 1946 EcBA Nantes. 1946–71 im Vendée, danach in La Rochelle ansässig. 1958 Publ. der Lith.-Ser. *Bestiaire* (Vorwort: M. Genevoix). Ausz.: 1953 Prix de la Jeune Peint.; Bronze-Med., Bienn. in Menton. 1958 kaufte die Stadt Paris das Öl-Gem. *La parisienne au marché aux puces de Saint-Ouen*. – Figürl., Lsch., Blumen, Tiermotive in Öl, Aqu., Pastell; manierist. Malweise (inspiriert von Jean Marie Carzou) mit Betonung auf stilisierte Wahrnehmbarkeit und Eigenständigkeit der Form- und Farbgebung, in den 1980er Jahren an die lyr. Abstraktion angrenzend. 🏛 PARIS, MNAM. – BN, Cab. des Estampes. POITIERS, Mus. de l'Hôtel-de-Ville: Le soir sur la grève ..., Öl, 1954. SABLES D'OLONNE, Mus. ⊙ *E:* ab 1955 Paris, Gal. Drouant-David. – *G:* u.a. ab 1946 La Roche-sur-Yon, Salon / 1957–60 Paris, Salon des Peintres témoins de leur temps / 1983–87 Cannes, Gal. du Carlton. 📖 *Bénézit* IV, 1999. – *B. Chavanne/B. Gaudichon*, Cat. raisonné des peint. des XIXe et XXe ss. ... dans les coll. du Mus. de la Ville de Poitiers et de la Soc. des Antiquaires de l'Ouest, Poitiers 1988; Connaissance des arts 1991 (473/474). C. R.

De Manara (Demanara; Manara), *Orazio (Horace)*, Marchese, ital. Maler, * 4. 11. 1804 Parma. Stud.: ABA ebd. 1847–52 in London, 1865–72 in Château-Thierry, danach in Boulogne-sur-Mer ansässig. V.a. Bildnisse. 🏛 BESANÇON, MBA: Portr. Marquis de Grammont, député de Haute-Saône, 1838 (Geschenk der Erben). CHATEAU-THIERRY, Mus. Jean-de-La-Fontaine: Portr. Adeline Gardon, gen. Rossa. ⊙ *G:* 1838–70 Paris, Salon / 1852 Rondon, RA. 📖 ThB23, 1929 (s.v. Manara, Orazio). *Comanducci* II, 1971; *Wood*, 1978 (s.v. Demanara, H.); *Bénézit* IX, 1999 (s.v. Manara, Horace de). – Mitt. G. Courtet, Besançon, MBA. E. K.

De Mance, *Henri*, US-amer. Maler, * 5.(oder 4.) 10. 1871 Hamburg, † 3. 10. 1948 New York, lebte dort und in Sorrento/Italien. Stud. in Hamburg, München (bei Franz von Lenbach), Paris; Schüler von Robert Henri. – Lsch., Figürl. 🏛 MARBACH am Neckar, Schiller-NM: Herren-Portr.; Hudson-Lsch. ⊙ *G:* u.a. 1910, '25, '34 New York, NAD. 📖 Vo6, 1962 (s.v. Mance, Henri de). *Fielding*, 1984; *Falk*, 1985; *K. Bott*, Dt. Künstler in Amerika – Amer. Künstler in Deutschland, Weimar 1996; *P. C. Merrill*, German immigrant artists in America, Lanham, Md./Lo. 1997. C. R.

Demanche, *Blanche Marguerite*, frz. Malerin, * 17. 12. 1868 Douai, lebte in Paris. Schülerin von Jean-Joseph Benjamin-Constant, Jean Paul Laurens und Victor Marec. – Genrebilder (Kinderszenen, häusl. Milieu), Lsch. in Öl, Pastell. ⊙ *G:* ab 1896 Paris, SAfr. (1905 Mitgl.; 1911 Ausz.). 📖 ThB9, 1913 (s.v. D., B. M.). *Bénézit* III, 1976. C. R.

Demanche, *Georges-Jules*, frz. Landschaftsmaler, * 12. 6. 1870 Bellevue b. Meudon/Hauts-de-Seine. Schüler von Jean Paul Laurens und Jean-Joseph Benjamin-Constant in Paris. Mitgl. der Soc. des Artistes franç. – Malte und zeichnete Akte, Tiere und Lsch. ⊙ *G:* ab 1904 Paris, Salon de la Soc. Nat. des BA. 📖 ThB9, 1913. *Bénézit* III, 1976.

Demanche, *Michel S.*, US-amer. Malerin, Fotografin, * 16. 8. 1953 Fort Worth/Tex., lebt dort. Stud.: 1975 Univ. of Texas, Arlington; 1980 North Texas State Univ., Denton. Dir. der Salisbury Alternative Space Gall., Md. – Mischtechnik. 📖 WWAA, 1991/92–1997/98 (Werke, Ausst.). C. R.

Demand, *Thomas Cyrill*, dt. Fotograf, * 11. 8. 1964

München, lebt in Berlin. Stud.: 1987–89 ABK München; 1989–92 KA Düsseldorf (Bildhauerei, Meisterschüler bei Fritz Schwegler); 1993/94 Goldsmith's College, London (MA Fine Arts). D. ist neben Oliver Boberg und Christine Erhard ein internat. bed. Repräsentant junger dt. Künstler, deren Fotogr. ihre Grundlage im modellhaften Nachbau räuml. Gegebenheiten in der Skulpt. findet. Über die Dok.-Fotogr. seiner plast. Arbeiten gelangte D. während des Stud. zur künstler. Fotografie. Noch im Kleinformat aufgenommen, verselbständigten sich die Fotoarbeiten soweit, daß sie zu den eigtl. künstler. Produkten D.s wurden. Schließl. verwendete er nur noch die Großformatkamera zur Steigerung der Aufnahmequalität und der Herausarbeitung der Spezifika in der perspektiv. Wiedergabe. D. benutzt zwar das Medium der Fotografie, ist aber im eigtl. Sinn kein Fotograf. Reale Räume oder Szenerien, die schon einmal als Bilder durch die Printmedien oder das Fernsehen verbreitet wurden, rekonstruiert D. in Originalgröße im Atelier aus Pappe und Papier, um sie als großformatige Fotogr., meist im Verhältnis 1:1, wieder abzulichten und zu Gleichnissen für bestimmte Themen zu verdichten. Die fast ausschl. Verwendung von Papier und Pappe für die Objekte hat u.a. ihren Grund in dem matten Oberflächencharakter dieser Werkstoffe, die D.s Fotoarbeiten so eigenartig distanziert erscheinen lassen. In London wurde D., angeregt durch die Wiedervereinigung Deutschlands, für die Themen der jüngeren dt. Gesch. sensibilisiert. Er wählt v.a. Geschehnisse und Orte aus, die im kollektiven Gedächtnis der Ges. als Bilder präsent sind. In seiner Arbeit *Raum* (1994) stellt er z.B. das „Führerhauptquartier" nach dem Attentat auf Hitler am 20. 7. 1944 nach. Für D. ist diese Fotogr. im Laufe der Jahrzehnte zur Chiffre des Mythos des Widerstands geworden. Aus den Bildern selbst läßt sich jedoch nicht auf die Ereignisse und Ursprungsbilder der Arbeiten schließen, da D. schon bei den Modellen alle identitätstragenden Details vermeidet. Er wählt bewußt banale Titel ohne konkreten inhaltl. Bezug, so daß die Arbeiten keine Historienbilder sind sondern vielmehr medienkrit. Auseinandersetzung mit der Fotogr. und ihrer Wertigkeit im Gedächtnis der Gesellschaft. Den visuellen Reiz beziehen die Fotoarbeiten D.s aus der Spannung zw. der Widerspiegelung einer konkreten Wirklichkeit und dem ästhet. Bewußtsein, mit dem die Modelle gebaut wurden. 🏛 BERLIN, Berlin. Gal. BONN, Bundes-KH. DRESDEN, Siemens Kulturstiftung. ESSEN, Mus. Folkwang. MÜNCHEN, Lenbachhaus. – BSGS, SG Mod. Kunst. NEW YORK, MMA. – Guggenheim. PARIS, FNAC. PITTSBURGH/Pa., Carnegie Mus. of Art. 👁 *E:* 1992 München, Gal. Tanit / 1995 London, Victoria Miró Gall. / 1997 Vassivière, Centre d'Art contemp. / 1998 Bielefeld, KH; Zürich, KH; Freiburg im Breisgau, KV / 1999 London, Tunnel, Tate Gall. – *G:* 1996 New York, MMA: New Photography; Essen, Mus. Folkwang: Raumbilder Bildräume / 1997 Berlin, Martin Gropius Bau/Berlin. Gal.: Positionen künstler. Fotogr. in Deutschland seit 1945 / 1999 Bonn, KM: Große Illusionen (Demand, Gursky, Ruscha). 📖 Bilder zeigen (K Forum für Zeitgen. Fotogr.), M. 1990; *M. Steinweg* (Ed.), Fotogr. nell'arte tedesca contemp. (K Mailand/Modena), Mi. 1996; Prospekt '96. Photogr. in der Gegenwartskunst (K), Ffm. 1996; *R. Durand*, Art press 1997 (221) 40–45; *S. Berg* (Ed.), T. D. (K), FiB. 1998; T. D. (K Zürich/Bielefeld), Z. 1998; Realer Raum, Bildraum (K), St. 1998; *R. Händler*, Art 1998 (9) 96 s.; Große Illusionen (K Bonn/North Miami), Köln 1999. A. Greulich

De Mandiargues, *Bona* → **Bona** (1926)

Demandre, *Antoine* → **Dumandré,** *Antonio*

Demandre, *Hubert* → **Dumandré,** *Huberto*

Demanet, *Victor (Victor-Joseph-Ghislain)*, belg. Bildhauer, Medailleur, * 3. 2. 1895 Givet/Ardennen, † 7. 2. 1964 Ixelles/Brüssel. Sohn und Schüler des Antiquitätenhändlers Pierre D. Stud.: 1916–19 ABA, Namur, bei Désiré Hubin (1. Preis Modellieren; 3. Preis für Entwurfs-Zchng). Militärdienst in Brüssel. 1921 in Paris als Antiquitätenhändler tätig. Ab 1922 unregelmäßiges Stud. an der Acad. R. des BA in Brüssel, in Namur ansässig. 1926 Heirat und endgültige Übersiedlung nach Brüssel. Zus.-Arbeit mit dem Atelier Fonson et Fisch. Mitgl.: SAfr.; Jury-Mitgl. Prix Godecharle. Ausz.: 1929 Ritter, '48 Offizier des Ordre de la Couronne; 1931 1. Preis, jährl. Wettb., Acad. R. de Belgique; 1937 Ritter, '61 Offizier des Leopoldordens; 1947 Ritter der Ehrenlegion; 1954 Kommandeur der Etoile Noir, Paris. – Zahlr. Bronze-Standbilder, -Büsten und -Med., die sich in drei Kategorien unterteilen lassen: bis 1946 frei inspirierte Bildwerke mit sozialem Aspekt, dem schwer arbeitenden Handwerker gewidmet und stark von Constantin Meunier, Auguste Rodin und Paul Landowski beeinflußt. D. verherrlicht die körperl. Arbeit und kraftvolle Bewegung. Einen zweiten Komplex umfassen priv. Aufträge, v.a. Büsten und Med., die den Vorstellungen des Auftraggebers folgen. Die öff. Skulpt. beinhalten ca. 70 Darst. von Soldaten und Königshäupter, u.a. *Königin Astrid* (Charleroi). Im Standbild von *König Leopold II.*, 1928 (Namur, Place d'Armes), vereint D. konzentrierte Dynamik und Expressivität. Im Gegensatz dazu ein Bozzetto des Königs, in dem D. Nachdenklichkeit und Ruhe vermittelt (Namur, Mus. de la Dynastie). Ab 1926 führt D. ca. 115 Gedenk-Med. und Plaketten bek. Persönlichkeiten und Inst. Belgiens in unterschiedl. Techniken aus, beeinflußt von den Ateliers de la Monnaie in Paris. Meist werden die Entwürfe bei der Med.-Fabrik Fonson et Fisch in Brüssel geprägt. D.s Hs. ist trad., die Komp. präzise und ausgewogen. Er überträgt das Wesen der Skulpt. auf die Medaille. In vorbereitenden Skizzen legt er das Aussehen eines vergrößerten Tonmodells fest, aus dem über Abguß- und Verkleinerungsverfahren die eigtl. Med. entsteht. Darüber hinaus Bronzemasken, u.a. *James Ensor* (Standort unbek.), Dekorationsobjekte und Gebrauchsgegenstände (z.B. Brieföffner). 🏛 ARLON: Denkmal des Generals Patton, 1957. BANDE: Denkmal zur Erinnerung der Offensive von Rundstedt, 1947. BOUILLON: Godefroid de Bouillon und St. Arnould, 1939. CHALONS-SUR-MARNE, Mus. CHARLEROI: Gefallenen-Denkmal, 1934. GIVET: König Albert I., 1937. LEOPOLDVILLE: König Albert I., 1939. LONDON, Christie's (Aukt. v. 28. 3. 1996). MEZIERES, Place de l'Hôtel de Ville: König Albert I. von Belgien, Standbild, 1934/35. NAMUR: Leopold II., Standbild, 1931; König Albert I., Reiterstandbild,

1954. OOSTENDE, MSK: Bürgermeister Adolf van Glabbeke, Portr.-Büste, Bronze. PLANCENOIT: Victor Hugo, 1956. ST. JEAN CAP FERRAT: Leopold II., Büste, 1951. TRIEST, MCiv. di Storia Patria. – MCiv. Morpurgo de Nilmo: jeweils Bronzen. VICHY: König Albert I., 1938. WELKENRAEDT: König Albert I., Büste, 1960. ⊙ *E:* 1946 Brüssel, Compagnie des Bronzes (Retr.). – *G:* 1922 Rom: Espos. coloniale (Ehren-Dipl.) / Namur: 1922–39 Expos. du Progrès; 1924, '36 Expos. internat. et trienn. des BA; 1928 Salon Stella / ab 1923 Paris, SAfr. (1924 ehrenvolle Erw.; 1935 3. Med.) / 1925 Straßburg: Expos. coloniale (Dipl. hors concours der frz. Reg.) / 1935 Lüttich: Expos. internat. (Gold-Med.) / 1936 Venedig: Bienn. / 1949–63 Paris und Den Haag, alle Ausst. der Fédération Internat. de la Méd. / 1998 Den Haag, Retr. der Fédération Internat. de la Méd. ▭ Vol, 1953. *Bénézit* III, 1976; *Mackay*, 1977; BNB XLIII, 1983 (Suppl. XV); *Arto*, 1995. – *S. Pierron*, La sculpt. en Belgique 1830–1930, P./Br. 1932; *J. P. Vaillant*, La Grivem Mézières 1964 (124, Okt./Dez.); *J. Toussaint*, Rev. des archéologues et des historiens d'art de Louvain 14:1981, 338 s.; 16:1983, 178–198; *id.*, Rev. belge de numismatique et de sigillographie 130:1984, 141–204; Arts plast. dans la prov. de Namur 1800–1945 (K Namur), Br. 1993 (Lit.). – Mitt. G. van der Meer. U. R.

Demange, *Adolphe*, frz. Maler, * 10. 9. 1857 Mignéville/Meurthe-et-Moselle, † 1928. In Nancy Schüler von Charles Louis Gratia. – Portr., Genremotive, Stillleben, Lsch. in Öl, Aqu., Pastell. ⌂ PARIS, Mus. de la Comédie Franç.: Mme Allan. ⊙ *G:* Nancy, Salon / 1896–26 Paris, SAfr. (1901 Mitgl.; z.B. Portr. von Gratia, 1910). ▭ ThB9, 1913. *Harcos*, 1991; *Schurr/Cabanne* I, 1996. – *Schurr* IV, 1979. C. R.

Demange, *Albert*, frz. Maler, * 15. 12. 1913 Lelling b. Grostenquin/Moselle. Schüler von Clément Kieffer und Nicolas Untersteller. Zunächst Lehrer in Amnéville; während des 2. WK Weiterbildung an der Faculté in Poitiers. 1946 Professur an der Ec. Professionelle in Metz; 1958 Inspecteur de l'enseignement artistique. ⊙ *G:* Metz: seit 1946 Groupement des Artistes Mosellans (u.a. Lsch.); 1951 Gal. Louyot. ▭ *Harcos*, 1991. C. R.

Demange, *François* (1814) cf. **Demange,** *Joseph-François*

Demange, *Jean*, frz. Maler in Paris, am 1. 2. 1752 Meister der Acad. de St-Luc. Bis 1786 in der rue Saint-Denis nachweisbar. ▭ ThB9, 1913. – *Guiffrey*, 1915 (Repr. 1970).

Demange (Demenge), *Joseph-François*, frz. Architekt, Zeichner, Geometer, * 14. 6. 1716 Nancy, † 22. 4. 1781 ebd. Sohn eines Maurermeisters und Steinmetzen; mit den lothring. Architekten-Fam. Bauguet und Gabory sowie der Fam. des Architekten Pierre Michel verschwägert. Wahrsch. Mitarb. von Emmanuel Héré de Corny bei der Gest. von Plätzen in Nancy. Ab 1753 als Geometer für den dortigen Stadtrat tätig, ist D. für die Inspizierung der Quellen zuständig, errichtet Brunnen (Pl. Saint-Epvre) und fertigt topogr. Karten. Zudem arbeitet er für priv. Kunden. Von seinem Sohn *François D.* stammt wahrsch. der Entwurf *Mon. funéraire pour Stanislas* (1814). – D. erweist sich als geschickter Zeichner beim 1770 vorgelegten Umbauprojekt für das Couvent de la Visitation in Nancy, dem jedoch ein antikisierender Entwurf des Pariser Architekten Jacques-Denis Antoine vorgezogen wird, und der Entwurf *Mausolée à Charles V* (1772–81) ist Ausdruck eines sicheren Gespürs für dekorative Effekte. Beide von trad. Archit.-Formen beeinflußte Denkmalentwürfe zeigen D.s Fähigkeit zu präziser Zchng und seinen Sinn für Ornamentik. ▭ ThB9, 1913 (s.v. Demange, Joseph). – *F. Pupil*, Rech. sur les architectes de Nancy de la mort de Héré à la Révolution, Diss. Nancy 1968 (Mschr.), 101, 108, 117, 123 s., 158, 162–166; *C. Humbert*, Les sources de l'orientalisme, son développement sous Léopold Ier de Lorraine, Diss. Univ. Nancy 1976 (Mschr.), 219; *F. Pupil*, BSHAF 1976 (1978), 201–218; *id.*, Dossier de l'art 1992 (7). C. Humbert

Demange, *Léon*, frz. Amateurzeichner, Illustrator, Autor, * 20. 8. 1889 Lessy-lès-Metz, † 17. 3. 1972 Metz. Aktives Mitgl. der antideutschen Vrg „La Lorraine Sportive", die 1911 aufgelöst wurde; als Antwort darauf fertigte D. satir. Zchngn, von denen einige als Postkarten ersch. (in Auflagenhöhe bis zu 100000 Stück). Lieferte 34 Zchngn zur Ill. von *Les Maisons hist.* (ed. J. J. Barbé), 1937. Während der dt. Okkupation lebte D. in Antibes. ✉ La potée lorraine, contes, historiettes, Nizza 1942 (mit 49 eig. Zchngn illustriert). ⊙ *G:* 1911 Epinal, Salon (Noce villageoise en Lorraine). ▭ *Harcos*, 1991. C. R.

Demange, *Pierre Aimé*, frz. Maler, Miniaturist, Karikaturist, * 1802 Nancy, † 1853 Paris. – Portr.-Min.; Lsch. in Aqu. ⌂ PARIS, BN, Cab. des Estampes: Les mésaventures (in der Art von Rodolphe Töpffer), sechs Farb-Lith., P. (ed. Gihaut frères), 1827/28. ⊙ *G:* 1827–42 Paris, Salon. ▭ ThB9, 1913. *Schidlof* I, 1964. – IFF, Après1800 VI, 1953. C. R.

Demangeat, *Eugène*, frz. Architekt, * 1818 Nantes, † A. Jan. 1890 Paris. Entstammt einer Architekten-Fam.: Bruder von *Joseph-Charles D.*, Neffe von *Georges D.*, auch verwandt mit einem *Nicolas D.* (1743 Kirchturmbau in Paimbœuf); Schwiegervater des Architekten Félix-Marie Le Nevé. Stud.: zunächst bei Armand Guillemet in Nantes; ab 1836 EcBA Paris bei Jean Jacques Marie Huvé, Jean Nicolas Huyot und Louis Hippolyte Lebas; erhält 1844 den 2. Rompreis. Anschl. Aufenthalt in Rom und Florenz. Nach der Rückkehr baut D. zahlr. öff. Einrichtungen, Schlösser, Industrieanlagen und Wohnhäuser in ganz Frankreich (z.B. Kirche St-Pierre, Nantes; Verlagshaus Goupil, Paris; Werksgebäude von Martell, Cognac) und beteiligt sich erfolgreich an Wettb. (Pl. St-Pierre in Nantes, 1. Preis; 1869 Wiener Rathaus; Pariser Rathaus, beide prämiert). ⌂ *Mietshäuser:* PARIS, 35, rue de Turbigo: 1860. – 67, rue de Courcelles: 1876. – av. Georges V: 1880. – 44, rue Notre-Dame de Lorette: 1881 (zus. mit Le Nevé). ✉ Et. d'archit. en Italie; Relevé des principaux mon. de Florence. ▭ ThB9, 1913. *Delaire*, 1907; DBF X, 1965; *Dugast/Parizet* II, 1991. R. T.

Demangeat, *Georges* cf. **Demangeat,** *Eugène*

Demangeat, *Joseph-Charles* cf. **Demangeat,** *Eugène*

Demangeat, *Nicolas* cf. **Demangeat,** *Eugène*

Demangeat-Quinemant, *Valentine* (geb. Quinemant), frz. Malerin, * 1891 Thonon, lebte in Chambéry. Schülerin von Jean Marius Bugnard. Ab 1925 Mitgl. und 1957–75 Sekretär der Soc. savoisienne des BA. – V.a. Blumenbilder (*Roses de Noël*) in Aqu. und Öl; auch Lsch. ⊙ *E:* 1988 Chambéry, Espace Malraux. ▭ *Buttin/Jacqueline*, 1991. C. R.

Demangel, *Andrée*, frz. Zeichnerin, Holzbildhauerin, * 20. 5. 1889 Besançon, dort tätig. Schülerin von Baille, Laethier, Tyrodi und Franceschi. ⊙ *G:* ab 1921 Paris, SAfr. (Mitgl.). ▭ Vol, 1953. *Bénézit* III, 1976.

Demangeot, *C.*, frz. Stecher, E. 19. Jh. Stach u.a. Wappen, Exlibris, Reprod. von Gem., z.B. *Moulin de l'ancien régime* nach Léon Fleury. ▭ ThB9, 1913.

Demangeot, *Nicolas-Léopold* cf. **Demangeot,** *Sébastien*

Demangeot (de Mangeot), *Sébastien*, frz. Architekt, Zeichner, Geometer, * 5. 5. 1687 Nancy, † um 1739. Sohn eines Schneiders; D.s Fam. ist verschwägert mit der Bildhauer-Fam. Chassel und der Fam. des Architekten Jean Betto. Freund des Malers und Stechers Claude Jacquart. Stud. in Italien, v.a. in Rom; um 1710/14 Rückkehr nach Lothringen. Am 18. 2. 1721 zum Architecte ordinaire von Herzog Leopold I. ernannt. Zusammenarbeit mit dem Architekten Joseph Duc bei der Instandsetzung des Pal. ducal von Nancy und bei der Umgestaltung versch. Schlösser, u.a. in Lunéville und Commercy. Auch für den Stadtrat von Nancy tätig: Bau des Brunnens auf der Pl. de Grève (1731 auf die Pl. Saint-Epvre umgesetzt), Erstellung von Aufmaßen (Kirche St-Sébastien in Nancy), Fertigung von Karten (z.B. zwei topogr. Karten der Neustadt von Nancy) und Plänen (Entwurf und Kostenvoranschlag für die Brücke an der Porte St-Nicolas). Als fähiger Zeichner gestaltet D. den 1729 in der Eglise des Jésuites zur Bestattungsfeier von Herzog Leopold I. errichteten Katafalk, ephemere Dekorationen anläßl. des Einzugs von Herzog Franz III. in Nancy sowie den für dessen Vermählung mit Maria-Theresia von Österreich bestimmten *Temple de l'hymen* (1736, Stich von Jacquart). 1734 zeichnet D. einen *Arc de Triomphe à la Gloire de Charles V* (Stich ebenfalls von Jacquart) zum 50. Jahrestag der Aufhebung der Belagerung von Wien nach dem Sieg über die Türken. D. stirbt ledig. – An Francesco Bibiena orientiert, repräsentiert D. am lothring. Hof neben Jacquart und Giacomo Barilli die barocke Tendenz der Bologneser Schule. Der jüngere Bruder D.s, der Architekt *Nicolas-Léopold D.* (* 23. 4. 1698), ist sein Mitarbeiter. ▭ ThB9, 1913. – *H. Lepage*, Les arch. de Nancy, II, Nancy 1865, 351, 354; *P. Marot*, Pays lorrain 1931, 141–146; *F. Pupil*, Rech. sur les architectes de Nancy de la mort de Héré à la Révolution, Diss. Univ. Nancy 1968 (Mschr.), 25, 126, 224; *C. Humbert*, Les sources de l'orientalisme, son développement sous Léopold 1er de Lorraine, Diss. Univ. Nancy 1976 (Mschr.), 203; *id.*, Pays lorrain 61:1980 (3) 125–158. – Nancy, Arch. dép. de Meurthe-et-Moselle. C. Humbert

De Mango, *Leonardo*, ital. Maler, * 19. 2. 1843 Bisceglie/Bari, † 26. 1. 1930 Konstantinopel. Stud.: 1862–70 ABA Neapel bei Filippo Palizzi, Francesco Saverio Raffaele Altamura, Giuseppe Mancinelli, Bernardo Celentano und v.a. Domenico Morelli. 1867 Preis in der Zeichenklasse. Aus dieser Frühzeit auch Portr. (ein 1868 dat. in Bari, Pin. Prov.). Geht 1874 nach Beirut; hier einige Jahre Zeichenlehrer am Jesuitenkolleg. Malt Marinen, Lsch., antike Mon., u.a. die Tempel von Baalbek und Palmyra und Szenen aus dem trad. bestimmten Alltagsleben. Reisen nach Damaskus, Kairo und durch Ägypten sowie nach Tripolis. Lernt hier den ital. Generalkonsul kennen, der zwei Gem. D.s an den ital. König Umberto I. vermittelt. 1884 stellt er in Turin *La notizia della resa di Tel-el-Khebir* aus; malt u.a. die *Ruine des Marc-Aurel-Bogens* und den *Marabout von Sidi Mansour Al Hammandji* in der Wüste. Nach einem dreimonatigen Aufenthalt in Mailand bricht er 1883 nach Konstantinopel auf, wo er, bis auf eine kurze Unterbrechung während des türk.-ital. Krieges 1911–12 (Aufenthalt bei seinem Bruder in Bisceglie) bis zu seinem Tod lebt. In Konstantinopel schließt sich D. mit den ital. Malern Pietro Bellò, Fausto Zonaro und Salvatore Valerie der 1883 von Osman Hamdi gegr. ersten Kunst-Akad. an. Malt v.a. Lsch. und oriental. Szenen (u.a. *Le chanteur populaire*; *Impressioni di strada a Eyoub*, 1908; weitere Werke bei Thalasso, 1910); bes. geschätzt sind seine Ansichten der Stadtviertel von Konstantinopel. Das Gem. *Chiara di luna a Fanaraki* wird von den Söhnen des Sultans Abdul Hamid erworben. D.s Stil nähert sich im Alter zunehmend dem des frz. Orientmalers Alexandre Gabriel Decamps. D.s künstler. Nachlaß befindet sich in versch. türk. Slgn. Als einer der ersten ital. Künstler im Ausland schloß sich D. der faschist. Partei an, die die letzte Ausst. vor seinem Tod organisierte. ⌂ Bari, Pin. Prov. ⊙ *G:* 1901–04 Konstantinopel, Salon. ▭ ThB24, 1930 (s.v. Mango, Leonardo de). *Sorrenti*, 1990; *Bénézit* IX, 1999 (s.v. Mango, Leonardo de). – *A. Thalasso*, L'art ottoman. Les peintres de Turquie, P. 1910; *Ceci* II, 1937; *C. Juler*, Les orientalistes de l'éc. ital., P. ²1992 (Les orientalistes, 5); *C. Farese Sperken*, La pitt. dell'Ottocento in Puglia, Bari 1996. E. K.

Demanne, *Thérèse Victorine* → **Manne,** *Thérèse Victorine de*

Demannez (Desmannes; Desmannez), *Joseph Arnold*, belg. Kupferstecher, * 19. 8. 1826 Antwerpen, † 1902 Sint-Josse-ten-Noode/Brüssel, tätig in Brüssel. Stud.: Ec. de Gravure, Brüssel, bei Luigi Calamatta. Mitgl. der Akad., ebd. – Zahlr. Reprod.-Stiche nach hist. und zeitgen. Gem. in qualitätvoller, detailgetreuer Manier. Arbeitete für Pariser Verleger, bes. für Goupil, und u.a. für die Zss. L'artiste (z.B. *Leda* nach Calamatta, 1858), Art Journal sowie Mus. hist. Belge (hrsg. v. Calamatta, Br. 1851 ss.). Viell. ident. mit dem Kupferstecher *Desmannez*, von dem die BN Paris das Bl. *Roméo et Juliette* nach Ch. Jalabert (1867) besitzt (ersch. u.a. bei Goupil). ⌂ Paris, BN. ▭ ThB9, 1913. *Wurzbach*, NKL I, 1906; IFF, Après 1800 VI, 1953.

Demant Hatt (D.-Hansen; Hatt), *Emilie (Emilie Laurentze)*, dän. Malerin, * 24. 1. 1873 Selde/Salling, † 4. 12. 1958 Frederiksberg/Kopenhagen. Stud.: Zeichnen bei Ida Schiøttz-Jensen; 1898 Examen an der Zeichenschule Frøkener Mundt og Luplaus; 1898–1901 und 1906–07 KA Kopenhagen. 1911 Heirat mit dem Geologen und Archäologen Gudmund Hatt. Reisen: u.a. Lappland, Grönland, 1912 Rußland, 1914/15 Amerika und Kanada. Ausz.: 1940 Artur Hazelius-Med., Stockholm (in Anerkennung ihrer Lappland-Studien). – D.s Schaffen hat zwei Phasen: bis 1924 entstehen naturalist. Arbeiten, bes. mit Studien und Lsch. von Lappland. Nach dem Studium mod. Malerei gelangt sie zu expressiven Ausdrucksformen, u.a. Giersing-Bilder. In den 1930er Jahren entwickelte sie einen persönl. Malstil. Die Bilder dieser zweiten Periode zählen zu den bemerkenswerten und stärksten Arbeiten des dän. Expressionismus. D. arbeitete auch auf lit. Gebiet. Während ihrer Aufenthalte in Lappland 1904, 1907–08 und später studierte sie das Alltagsleben der Lappen, z.B. *Med Lapperene i Højfeldet*, 1913, und *Ved Ilden* (Am Feuer), 1922, ill. mit eig. Hschn. ⌂ Skive, KM. Stockholm, Nordiska Mus. ⊙ *E:* 1934, '37, '49 Kopenhagen, Charlottenborg / 1983 Skive, KM / 1986 Holte, Gammel Holtegård. ▭ ThB9, 1913; Vo1, 1953; Vo2, 1955. *Gelsted*, 1942; Billedkunsten I, 1969; *Bénézit* III, 1976; *Weilbach* II, 1994. J. O. Lefèvre

Demany, *Emile Philippe Joseph*, belg. Architekt, * 2. 4. 1845 Lüttich, † 23. 4. 1908. Stud.: Akad. in Lüttich bei Prof. Jean Herman (Zeichnen) und Julien Etienne Rémont (Archit.). – Entwarf zahlr. Sakral- und Profanbauten (öff. Bauten, Wohnhäuser und Schlösser) in den Prov. Lüttich, Limbourg u.a.: Inst. Montefiore, Lüttich und Kirchen in Dolhain, Jemeppe, Villers und Voroux. ▭ ThB9, 1913 (eig. Schr.). DEAU II, 1968.

Demany, *Ferdinand L. D.*, belg. Architekt, * 25. 5. 1834 Lüttich, † 22. 3. 1896. Stud.: Akad. Lüttich, bei Prof. Jean Herman und Julien Etienne Rémont. Vorübergehend Mitarb. seines Cousins Laurent Toussaint Joseph D. – Funktional gestaltete Schlösser und Privathäuser in der Prov. Limbourg und in den wallon. Prov. ▭ ThB9, 1913 (Werke).

Demany, *Jacques Laurent Joseph* cf. **Demany,** *Laurent Toussaint Joseph*

Demany, *Laurent Toussaint Joseph*, belg. Architekt, * 26. 2. 1827 Lüttich, † 14. 4. 1898 ebd. Vater von Paul D.; Cousin von Ferdinand L. D. D. Zunächst Mitarb. seines Vaters *Jacques Laurent Joseph D.* Anschl., als Mitgl. der Akad. in Lüttich, zahlr. Aufträge. Baute v.a. im Neo-Renaissancestil. Hw.: Erweiterungsbau der Univ. (1817 gegr.), Voll. des Konservatoriums (beg. von Boonen), Pal. Wauters (im Louis-treize-Stil) und Pal. Braconnier-de-Macar. ▭ ThB9, 1913.

Demany, *Paul*, belg. Architekt, * 6. 4. 1859 Lüttich, † um 30. 8. 1912 (ermordet) Bray-Dunes/Dunkerque. Ausb. bei seinem Vater Laurent Toussaint Joseph D. und an der Akad., Lüttich. In Brüssel Mitarb. von Emile Janlet. – Erbaute Pal., Schlösser und Villen im Rheinland und in Wallonien, z.B. in Lüttich mehrere Häuser der Av. Blonden und die Brücke von Fragnée. Zu erw. sind seine Gesimsprofile sowie seine Zchngn. Besaß eine umfangreiche Kunst-Slg. ▭ ThB9, 1913.

Demaqueira, *Pedro*, span. Steinmetzmeister, 1702 Vertrag zum Neubau der Santiago-Kirche in Baldráns, Tui. ▭ *E. Iglesias Almeida*, Arte y artistas en la antigua diócesis de Tui, Tui 1989.

Demarçay, *Camille*, frz. Porträt- und Blumenmalerin, * Paris, tätig M. 19. Jh. Schülerin von Eugénie Hautier. Aukt.-Verkauf 1881 Paris, Vente Andrieux. ⊙ *G:* 1869–80 Paris, Salon. ▭ ThB9, 1913. *Pavière*, Flower III. 2, 1964; *Bénézit* III, 1976; *Hardouin-Fugier/Grafe*, 1989.

Demarchelier, *Patrick*, frz. Fotograf, * 1943 b. Paris. Ab 1963 in Paris; Ass. des Modefotografen Hans Feurer. – Fotografiert für Zss. (Tatler, Vogue, Harper's Bazaar) und Werbung, auch Schwarzweiß-Portr. von Schaupielern, Modellen, Prominenten (*Prinzessin Diana*), Musikern, auch ethnograph. Motive sowie Landschaften. Foto-Publ.: *B. Heizer* (Ed.), P. D., Fotografien, Hombrechtikon/Z. 1996; Glamour, P. D., Kempen 1999. ⊙ *E:* 2000 Mailand, Padiglione d'Arte contemp. (K). ▭ *G. Nathan*, Amer. Photographer 22:1989 (Mai) 36–45; *S. Takahashi*, Idea 41:1993 (237); *D. Schonauer u.a.*, Amer. Photo 5:1994 (Jan./Febr.) 61–101; *K.-E. Livingstone/D. Schonauer*, ibid. 6:1995 (Sept./Okt.) 30 s. T. K.

De Marchi, *Guido*, ital. Maler, Freskant, * 12. 1. 1897 Ravenna, † 6. 2. 1965 Albenga/Savona, tätig in Ravenna. Stud.: ABA ebd. bei Diego Valeri und Giovanni Guerrini; ABA Venedig. 1916–20 Militärdienst. Malt 1921 eine *Madonna del Consiglio* in der Capp. della Villa Ipastorelle in Voltana di Lugo. 1921–23 Lehrtätigkeit an der ABA Ravenna, dann in Giulianova/Teramo, Gardone Val Trompia, in Feltre und 1933–59 in Albenga. 1922 gewinnt D. den Wettb. um eine Marmor-Taf. für die Gefallenen und arbeitet mit Guerrini an den Fresken des Pal. Byron in Ravenna. 1926 Entwürfe für fünf Briefmarken zum 700jährigen Jubiläum des Franziskanerordens. E. der 20er Jahre malt D. Stilleben, Genrebilder, Portr. und Berg-Lsch. (*In Romagna*; *Santuario di S. Rocco in Val Trompia*; *Donna V. G.*). Nimmt dann das Thema der Industrie-Lsch. auf, bevorzugt dunkelgedämpfte Farbtöne wie Grau, Braun und Dunkelblau (*Officine*; *Case operaie*, 1931). Ab 1934 hellt sich seine Palette auf, D. stützt sich jetzt auf eine leichte, delikate Farbgebung von impressionist. Prägung (*Vele a Fano*, 1934; *Sappada*, 1935; *Neve ad Albenga*, 1938). Malt in den 40er und 50er Jahren Lsch., die von ruhigem, zartem Licht durchdrungen sind (*Case di Garresio*, 1949; *Il Monte Bianco dietro ai pini*, 1951; *Dal greto del Centa*, 1953). In den Portr. wechseln sich Freilicht-Darst. (*Pia*, 1951; *Signorina B. M. B.*, 1963) und Atelierbilder (*La cartomante*, 1951; *La moglie*, 1955) ab. ⌂ Beirut, S. Michel de Zonk: Madonna della Rosa. Massa Marittima/Grosseto, Chiesa della Tenuta Perolla: Madonna del Buon Consiglio, 1960. Ravenna, Ist. di S. Teresa: Pietà, 1920. ⊙ *E:* 1948 Alassio / 1965 Rom, Gall. Burckardt; Savona, Gall. La Tana; Ravenna, Gall. Le Arti / 1967 Mailand, Permanente. – *G:* 1926 Modigliana: Bienn. / 1928 Venedig: Bienn. / Mailand: 1928 Fiera: Mostra d'arte montana; 1946 L'Angelicum: Mostra d'Arte Sacra; 1966 Pal. del Turismo: Mostra del paesaggio ital. / ab 1929 Bologna: Mostra Sindacale / Rom: 1931 Quadrienn.; 1958 Pal. delle Espos.: Mostra d'Arte Pura / ab 1946 Ravenna: Mostra Prov. / 1951 Forlì: Bienn. / 1959 Albenga, Pal. Vescovile: Mostra d'Arte Sacra. 🕮 *Comanducci* II, 1971. – *F. Passoni* (Ed.), G. D., Albenga 1971. N. Corradini

Demarchi, *V. (N.?)*, ital. Porträtzeichner, 1. Drittel 19. Jh. möglicherweise in Rußland tätig. – Schuf Adelsporträts, u.a. von Kaiser *Nikolaj I* (sign., gestochen von Giuseppe Longhi bzw. [lt. Comanducci] von Giuseppe Mussi), Graf *V. V. Orlov-Denisov*, Fürst *F. V. Osten-Sacken* (beide gestochen von T. Tine). 🕮 ThB9, 1913 (Lit.). *Comanducci* II, 1971. N. Tjurina

De Marchi, *Valerio*, ital. Bildhauer, Maler, * 17. 1. 1941 Conegliano Veneto, lebt in Soligo/Treviso. Autodidakt. Malt in den 70er Jahren symbolist., orientiert v.a. an Werken von Giorgio De Chirico aus den 20er Jahren (*I conformisti*). Später ausschl. weibl. Akte in Bronze, deren betont lebendige Körper an die Tänzerinnen des Francesco Messina erinnern. Auch in den 80er und 90er Jahren widmet er sich der Darst. weibl. Schönheit in patinierter Bronze von sinnlich-zarter Plastizität (*Licia*; *Diana*; *Isabella*; *Danae*, 1991). In *Ninfa con putto* finden sich Elemente des Hellenismus. 👁 *E:* 1977 Conegliano, Gall. Cristallo / Treviso: 1978 Gall. Le Cave; 1991 Casa dei Carraresi / 1979 Padua, Gall. La Scacchiera; Verona, Gall. Ghelfi / 1981 Salzburg, Gal. Goldgasse / 1982 Wien, Gal. Nagl / 1983 Solighetto, Centro Fabbri / 1984 München, Gal. Bubenik / 1989 Algung, Vereinshaus P. Thalguther. 🕮 Cat. degli artisti veneti, I, R. 1979; CatBolaffiScult X, 1994. – *O. Stefani*, Valerius. Le ninfe, Pieve di Soligo/Treviso 1997. N. Corradini

De Marchi, *Vittorio*, ital. Maler, * 1876 Saint Gaultier(?)/Frankreich, † 1934 Varallo, aus einer aus Varallo stammenden Fam. Stud.: Accad. di Brera, Mailand; Polytechnikum Zürich. Später Dir. der Scuola del Libro in Mailand und scharfsinniger Erfinder amüsanter Bühnenszenen, Ill. und komischer Karikaturen. 🕮 *Debiaggi*, 1968.

De Marchis, *Alessio* → **Marchis,** *Alessio de*

De Marchis, *Giandomenico*, ital. Bildhauer, Keramiker, Medailleur, * 24. 10. 1893 (1897?) Villadeati/Alessandria, † 1951 São Paulo. 22jährig kämpft er als Offizier der Bersaglieri in Libyen, dann im 1. WK. Gibt 1933 seine militär. Laufbahn und die Lehrtätigkeit (Leibeserziehung) an der Militär-Akad. Farnesina auf. Schüler des Bildhauers Naum Michel Los. Arbeitet u.a. in Großbritannien und Spanien; gewinnt 1938 den Concorso San Remo (Dinamica dello sport) mit *Kugelstoßer* und prägt 1943 die Med. für den ital.-dt. Feldzug in Afrika. Nach dem 2. WK Übersiedlung nach Brasilien. Bevorzugt Darst. des bewegten menschl. Körpers und Portr., die der offiziellen röm. Bildhauerkunst der 1920/30 er Jahre z.Z. des Faschismus folgen (*Mussolini*; *Vittorio Emanuele III*; *Francisco Franco*; *Donna Carmen Polo Franco*). 🏛 BUTRINTO/Albanien: Mon. Ugolini. GORIZIA, Friedhof: Grabstätte Tamagnini. MAILAND, Mon. Friedhof: Grabstätte Roberto Regazzi. PIAZZA ARMERINA: Mon. des Generals Cascino, 1939. PORTO CORSINI: Mon. Costanzo Ciano, 1940. ROM, Foro Mussolini (Italico): Stabhochspringer, 1936; Kugelstoßer, 1938. – GAM: Büste des Generals Pietro Badoglio. – Mus. dei Bersaglieri: Büste des Marschall Bastico. – Mus. del Risorgimento: Büste des Generals Cadorna. TIRANA: Mon. Topallaj; Mon. alla missione Tellini. 👁 *G:* 1936 Berlin: Olymp. Spiele / Rom: 1936, '40 Mostra d'arte sportiva; 1940 Gall. S. Bernardo; 1942 Prima mostra artisti ital. in armi / 1937 Neapel: Mostra Quadrienn. del Sindacato Naz. Fascista BA (Premio del CONI) / 1939 Burgos; San Sebastiano / 1940 Madrid, MAM / 1940, '42 Venedig: Bienn. / 1941 Mailand: Mostra Quadrienn. del Sindacato Naz. Fascista / 1943 München: Mostra artisti ital. in grigioverde (engl. Gefangener). 🕮 *Bessone-Aurelj*, DizScultArchit, 1947; *Padovano*, 1951; *Cavalcanti* III, 1977 (s.v. Marchis, Giandomenico de); *Panzetta*, 1994; *Vicario*, 1994. – Lo scultore e il marmo 1936 (5) 3; 1936 (15) 4; 1936 (29) 3; 1937 (41) 3; 1939 (28) 1; 1939 (37) 3; 1940 (16) 1; 1940 (21) 3; 1941 (42) 2; 1942 (32/33) 2; Illustrazione ital. 1939 (33) 41; 1940 (1) 27 s.; 1943, 201; Arte mediterranea 1940 (2/3) 60; *Riccoboni*, 1942 (Werke); *F. Sapori*, Scult. ital. mod., R. 1949, 450. G. Salvagnini

Demarco, *Hugo (Hugo Rodolfo)*, argentin. Lichtkinetiker, Maler, * 13. 7. 1932 Buenos Aires, † 1995 Paris. Stud.: ab 1957 EBA „P. Pueyrredón" und Esc. Superior de BA „E. de la Cárcova", beide Buenos Aires. Lehrer für Zeichnen und Graphik an der Acad. Nac. de BA ebd. Übersiedelte 1959 nach Paris. Bereitete 1960 u.a. zus. mit seinen Studienkollegen Horacio García-Rossi, Francisco Sobrino und Julio Le Parc die Gründung der Groupe de Rech. d'Art Visuel (GRAV) vor, ohne dieser jedoch beizutreten. 1962 Reise-Stip. der frz. Regierung. – D. zählt zu den Pionieren der kinet. Kunst. 1959–61 erforscht er die Wirkung von Farbe in transparenten Mat. in Verbindung mit Lichtreflexionen und Einflüssen der Bewegung, u.a. mittels Verwendung von rostfreiem Stahl und Spiegeln. Die Strukturen und Farben verändern sich je nach Standort des Betrachters und machen den Unterschied zw. realer und virtueller Bewegung deutlich. Seit 1962 Beschäftigung mit Schwarzlicht (ultraviolettem Licht), wodurch eine neue Sicht auf das Werk entsteht, indem der eigtl. Mechanismus hinter dem Spiel der sich bewegenden Formen und Farben verschwindet. Durch die Bewegung werden definierte Farben zu changierenden, chromat. Kombinationen und geometr. Strukturen zu plast. (räuml.) Phänomenen. 🏛 AMSTERDAM, Slg Peter Stuyvesant. BRÜSSEL, Pal. des BA. BUENOS AIRES, MNBA. – Slg Torcuato Di Tella. CARACAS, MAC „S. Imber". – MBA. CIUDAD BOLIVAR, MAM „J. Soto". GELSENKIRCHEN, SM. KÖLN, Mus. Ludwig. LAUSANNE, MBA. LEVERKUSEN, StM. MADRID, CARS. MANAGUA, Mus. de Arte Latinoamer. NEW YORK, MMA. PARIS, MAMVP. PARMA, Univ., Mus. RECKLINGHAUSEN, SKH. SANTIAGO DE CHILE, MAC, Slg Mus. Internac. S. Allende. SYDNEY, Univ. of Sydney Art Coll. TEL AVIV, Mus. of Art. 👁 *E:* ab 1960 mehrfach Paris, Gal. Denise René / 1967 Eßlingen, Op-Art Gal. / 1968 Bilbao, Gal. Grises / 1969 Buenos Aires, Gal. Rubbers / 1972 Caracas, Gal. Antanona / 1972 Mailand, Gall. del Naviglio; 1974 Gall. Zen / 1977 Caen, Centre de Recherche Esthétique / Brescia: El Espacio, 1979 GAM; 1990 Gall. Studio F22 / 1989 Padua, Gall. La Chicciolo / 1990 Lecco, Gall. Arieta. – *G:* Paris: MAMVP: 1963 L'Art latino-américain; 1967, '96 (K) Lumière et Mouvement (K); 1983 Electra (K); Gal. Denise René:

1964 Mouvement 2 (K); 1966 Structure et Mouvement / 1964 New York, MMA: The Responsive Eye (K) / 1965 Austin, Univ. of Texas Mus.: Exhib. of Retinal and Perceptual Art (K) / 1967 Krefeld, Gal. Denise René, Hans Mayer: Vom Konstruktivismus zur Kinetik 1917–1967 (K); Wien, Mus. des 20. Jh.: Kinetika (K) / 1968 San Antonio: Section franç. à l'Expos. internat.: Hemifair 1968 / Saint-Paul (Alpes-Maritimes): 1968 Fond. Maeght: L'Art vivant: 1965–1968; 1992 ebd.: L'Art en Mouvement (K) / 1971 Hamburg: Electric Art / 1972 Venedig: Bienn. / 1978 Athen, Gal. Zomboulakis: Art Cinétique / 1979 Padua: Bienn. zeitgen. Kunst / 1981 Genua, Pal. Reale / 1982 Berlin, daadgalerie: Künstler aus Lateinamerika (K). ▭ NouvDictSculpt, 1970; Phaidon Dict. of twentieth-c. art, Ox. 1973; ^{2}1977; ContempArtists, 1983. – *F. Popper*, L'art cinétique, P. 1967; Artisti latinoamer. in Europa (K), Ve. 1982; Vingt-cinq ans d'art en France 1960–1985, P. 1986; *D. Bayón/R. Pontual*, La peint. de l'Amérique latine au XXe s., P. 1990; *F. Popper*, L'art à l'âge électronique, P. 1993; *Sanjurjo*, 1993; *G. Rickey*, Constructivism, N. Y. 1995; Kinet. Kunst. Die Slg des StM Gelsenkirchen (K), He. 1998. – Mitt. M. Nungesser, Berlin. R. B. Heer

De Marco, *Jean*, US-amer. Bildhauer, Graphiker frz. Herkunft, * 2. 5. 1898 Paris, lebte in New York, in den 1980er Jahren in Cervaro/Italien. Stud.: Ec. nat. des Arts decoratifs, Paris, bei Antoine Bourdelle. Nach dem 1. WK Übersiedlung in die USA, Einbürgerung. Lehrtätigkeit: Columbia Univ., New York; Boston MFA School; NAD, New York; Bennett Junior College, Milbrook/N. Y.; Iowa State Univ., Ames. Ausz.: u.a. 1950 Nat. Inst. of Arts and Letters Grant; 1959 Med. of Merit, Amer. Acad. of Arts and Letters; zwei Gold-Med., NAD. – Figürl. Skulpt., bes. Frauen-Darst. (u.a. *Creole Girl*, roter Sandstein; *Indian Woman*, Marmor), Arbeiten zu sakralen Themen (*Christ and his Apostles*, Relief, Kupfer, getrieben) u.a. ⛫ BALTIMORE/Md., Cathedral of the Blessed Virgin Mary: 12 Hochreliefs, Stein. BROOKLYN/N. Y., Brooklyn Mus. CENTERVILLE/Ohio, House of Theology: 2 Marmorstatuen. MONTE CASSINO/Italien, Abtei, Bibl.: 12 Reliefs mit Szenen aus dem Leben des hl. Benedikt. NEW YORK, Metrop. Mus. NORFOLK/Va., Chrysler Mus. OMAHA/Nebr., Joslyn AM: Graphiken. PROSPECTVILLE/Pa., Whitemarsh Park. SAN FRANCISCO/Calif.: West Coast Memorial of World War II. WASHINGTON/D. C., Smithsonian Institution, Nat. Art Coll. – Nat. Shrine Immaculate Conception: Skulpt. für 2 Kap. und 3 mon. Statuen. – House of Congress: 2 mon. Portr.-Medaillons, Marmor. ◉ *E:* New York: 1936 Marie Sterner Gall.; 1940 Boyer Gall.; 1941, '43, '45 Buchholz Gall.; 1946 Clay Club / 1948 Philadelphia, Art Alliance; Boston, MFA School. ▭ Vo6, 1962 (s.v. Marco, Jean de). WWAA, 1940/41–1984; *Clapp* II, 1970 (s.v., D., Jean Antoine); *Mackay*, 1977; *Falk*, 1985. Ch. R.

Demarco (D. Rodas), *Juan Carlos*, urug. Maler, Silberschmied, * 13. 8. 1921 Montevideo, † 16. 6. 1999 ebd. Stud.: ab 1936 Círculo de BA in Montevideo bei Severino Pose, 1937–39 bei Guillermo Laborde und 1940–42 bei José Cúneo Perinetti. Ausz.: 1942 und 1977 Erw. bei den Salón Nac. de Artes Plást.; 1978 Preis der Univ. de Rca beim Salón de Salto, Uruguay. – Bis E. der 50er Jahre malte D. Lsch. mit akzentuierten Perspektiven. In den 60er Jahren errang er für seine subtilen Aqu. und informalist. Tusch-Zchngn sowie die Goldschmiede-Arbeiten größere Anerkennung. ⛫ MONTEVIDEO, MN de Artes Visuales. ◉ *E:* 1964 Montevideo, Círculo de BA / 1965 Piriápolis, Asoc. Cristiana de Jóvenes / 1965 Montevideo, Inst. Gen. Electric / 1966 Salto, Estudio 2 / 1970 San José, Gal. Goldoni / 1971 Montevideo, Gal. Losada Artes y Letras / 1972 Rivera, Mus. de Artes. – *G:* 1965–67 Punta del Este: Bien. de Artes Aplicadas. ▭ PlástUrug I, 1975. – *E. Vernazza*, El Día (Montevideo) Aug. 1957; Epoca (Montevideo) v. 11. 6. 1965; El País (Montevideo) v. 1. 8. 1966; El Pueblo (Salto) v. 27. 7. 1966. R. Pontet

De Marco, *Michele*, ital. Bildhauer, * 26. 12. 1832 Neapel, lebte dort. Stud.: ABA Neapel. Nach ausgedehnten Reisen durch Europa Rückkehr nach Neapel und Entfaltung intensiver Bildhauertätigkeit: Genre- und Bildnisplastik, Büsten, Grabmalsplastik. ⛫ AMALFI, Dom: Dekoration. NEAPEL-Chiaiano, Pal. Bonino: Dekoration des Eingangsbereiches. – Säule für die ital. Märtyrer. PORTICI/Neapel, Friedhof: Kap. des Fürsten von Cimmitino; Grab-Mon. Conte Scaletta und Fam. Ranieri; zwei Büsten für die Fam. Lopez. ▭ ThB24, 1930 (s.v. Marco, Michele De). *Vicario*, 1990; *Panzetta*, 1994; *Bénézit* IX, 1999 (s.v. Marco, Michele de). – *Ceci* II, 1937. E. K.

Demarco, *Richard*, brit. Maler, Zeichner, Illustrator, Galerist, * 1930 Edinburgh, lebt dort. Entstammt einer aus Italien eingewanderten Familie. Stud.: 1949–53 Edinburgh College of Art, u.a. Wandmalerei bei Leonard Rosoman und graph. Design bei John Kingsley Cook. 1954–56 Kunsterzieher an der Duns Scotus Academy. 1963 Gründungs-Mitgl. des Traverse Theatre; Vize-Präs. des Traverse Committee of Management; Dir. der Traverse AG. 1966 Gründung der R. D. Gall., die 20 Jahre erfolgreich existierte und zu einem Zentrum für innovative Kunst und Theater wurde. 1972–74 Dir. der internat. Sommerschule „Edinburgh Arts" während der Edinburgh Festivals, bei der er mod. Kunstkonzepte vertrat, unterstützt von Künstlern wie Joseph Beuys, Tadeusz Kantor und Paul Neagu. D. engagierte sich für den Ausbau künstler. Kontakte zu osteurop. Ländern (Polen, Rumänien, Ungarn). Ausz.: 1975 Scottish Arts Council Award für die Verdienste um die zeitgen. schott. Kunst; 1976 Ausz. durch die Volksrepublik Polen für die Förderung der kulturellen Beziehungen zw. Großbritannien und Polen; 1984 Order of the Brit. Empire; 1987 Cavaliere della Repubblica d'Italia. – Wand-Gem., gebrauchsgraph. Entwürfe (Schallplattenhüllen, Tapeten), Ill., Ansichten (Aqu., Gouache, Bleistift, Tusche) von Edinburgh und Städten des europ. Kontinents (u.a. *The Malta Suite*, 1970) in einer eher konventionellen Art im Vergleich zu der Kunst, mit der er als Galerist und Theoretiker identifiziert wurde. D. übte einen wesentl. Einfluß auf die Entwicklung der Kunst in Schottland aus durch seine Unterstützung zahlr. Aktionen und Verlautbarungen der Avantgarde. ⛫ EDINBURGH, Scottish NG of Mod. Art. – Scottish Arts Council. KRAKAU, Univ. LONDON,

V & A. PHILADELPHIA/Pa., Mus. of Art. SHEFFIELD, City AG. ✉ The artist as explorer, 1978; The road to Meikle Seggie, 1979; Ex cathedra, Performance 1987/88 (51–51) 35–39. ⊙ *E:* 1962 Edinburgh, Douglas and Foulis AG. 📖 WWArt, 1972; 1974; 1984; RoyalAcadExhib II, 1977; GEA, EP, 1985; GEA, Printmakers, 1985; *N. de Piro*, The internat. dict. of artists who painted Malta, Valletta 1988; RSA Exhibitors I, 1991; *Spalding*, 1991; *A. Windsor* (Ed.), Hb. of mod. Brit. paint. 1900–1980, Aldershot 1992; *McEwan*, 1994. – Performance 1987 (46) 15–19; *C. Henry*, ArtsRev 43:1991 (7) 162 s.; *C. Stephens*, Variant 1993 (13) 54–58. Ch. R.

Demarco Rodas, *Juan Carlos* → **Demarco,** *Juan Carlos*

Demarcy, *Antoinette Louise*, frz. Miniaturmalerin, * 25. 12. 1788 Paris, † 1859 Nizza. V.a. Portr.-Min. ⊙ *G:* 1824–41 Paris, Salon. 📖 ThB9, 1913. *Bénézit* III, 1976; *C. Petteys*, Dict. of women artists, Boston 1985. – *Schidlof*, 1911; *Lemberger*, 1911; Sotheby's (Aukt.), Lo. v. 23. 7. 1979, Nr 115; Et. Tajan (K), P. 1994, Nr 55. P. Kathke

Demarczyk, *Leonard*, poln. Bildhauer, Maler, Graphiker, * 2. 5. 1911 Rozbark/Kr. Bytom, † 6. 10. 1961 Krakau. Stud.: Staatl. Schule für dekorative Künste und Kunsthandwerk, Poznań, bei Jan Wysocki; 1929–35 ASP, Krakau, bei Konstanty Laszczka (zahlr. Ausz.). Ab 1950 Lehrtätigkeit: TH Krakau, Fachbereich Bildhauerei der Fak. Archit. – Portr. (*K. Laszczka*, Kopf), relig. Skulpt. (*Christuskopf*, Holz; *Madonna mit Kind*, einige Varianten als Vollplastik bzw. als Basrelief, Kupfer), Genreplastiken (*Górale*, Bronze; *Bergarbeiter*, Gips; *Schäferin*, Keramik) sowie Mon.-Skulpturen. Außerdem Tempera-Gem., Aqu. und Kupferstiche. Im Nachlaß (im Bes. von J. und E. Demarczyk, Krakau) befanden sich zahlr. Skizzen und Zchngn mit Portr. sowie zum Thema der Okkupation. 🏛 KOZŁÓWKA, Muz. Ministerstwa Kultury i Sztuki, Centralna Składnica. KRAKAU, Rakowicki-Friedhof: Denkmal für poln. und sowjet. Soldaten des 2. WK, Sandstein. ⊙ *E:* 1966 Krakau, Ges. der Freunde der Schönen Künste (postum). 📖 SłArtPolsk II, 1975. Ch. R.

De Mare, *Eric Samuel*, brit. Fotograf, * 10. 9. 1910 London, lebt in Painswick/Glos. Stud.: 1928–33 Architectural Assoc., London. 1942–46 Hrsg. des Architect's J., anschl. freischaffend. – D. fotografierte v.a. unbeachtete Archit. wie Lagerhäuser, Maschinenschuppen, Brücken, Leuchttürme, Brauereien, Docks, Treppen, Details von Konstruktionen und Mat. und zeigte damit früh die funktionalist. Ästhetik der Industriearchitektur. Char. Elemente der Fotogr. sind Klarheit, die Betonung der Geometrie und der Rhythmik einzelner Bauglieder in Vogel- und Froschperspektive. Große Anerkennung erlangte D. mit einer Publ. über Englands Kanal-Archit. (*The canals of England*, Lo. 1950), in der er mit alten Lith. und eig. Fotogr. von v.a. Brücken, Pollern, Schleusen und Tunnels die architekton. und wirtschaftl. Bedeutung der Kanäle hervorhob. D. ist ein bed. Architekturfotograf, dessen von der Trad. des Funktionalismus geprägtes Werk u.a. Architekten wie James Stirling beeinflußte. 🏛 LONDON, RIBA. – V & A. PARIS, BN. ✉ Regelmäßig Beiträge v.a. in ArchitRev und Architect's j.; Time on the Thames, Lo. 1952; The bridges of Britain, Lo. 1954; Photogr., Lo. 1957; Photogr. and archit., Lo. 1961; The city of Westminster, Lo. 1968; The nautical style, Lo. 1973; Architectural photogr., Lo. 1975. ⊙ *E:* 1958, '90 London, Architectural Assoc. / 1966 Beauford, AC (mit Bill Brandt, John Piper) / 1991 Glasgow, School of Archit. 📖 Who's who, Lo. 1999. – Architect's j. 180:1984 (17) 111; *H. Pearman*, Design week 5:1990 (40) 12; *R. Elwall*, RIBAJ 98:1991 (Juli) 34–36; Photographic j. 131:1991 (April) 174; ArchitRev 189:1991 (Jan.) 9 s.; *N. Weaver*, Issues in archit., art and design 2:1991/92 (1) 140 s. – London, V & A, Dokumentation. H. St.

Demare, *Henri*, frz. Zeichner, Karikaturist, Plakatgestalter, * 3. 5. 1846, † Jan. 1881 Paris. Stud.: u.a. EcBA Paris. Mitgl. der Pariser Kommune; emigrierte 1872 nach Wien; 1873 Rückkehr nach Paris. Arbeitete dort für mehrere Zss., z.B. La Lune; La Lutte; Le Carillon, La Chronique parisienne; J. amusant; L'Etrille; Les Hommes d'aujourd'hui (D. wurde Nachf. von André Gill). – Inspiriert von Cham und Gill widmete sich D. v.a. der polit. Satire. 🏛 PARIS, BN. 📖 ThB9, 1913. *Osterwalder*, 1800–1914, 1989. – IFF, Après1800 VI, 1953. C. R.

Demare, *Joannes*, fläm. Maler, * um 1640 Antwerpen (?), † nach 1676. 1662/63 Meister der St.-Lukasgilde in Antwerpen. Eine 1676 dat. *Présentation de la Vierge* befindet sich im Maagdenhuismuseum in Antwerpen; lt. einem Inv. von 1847 des gleichen Mus. werden ihm drei weitere Werke zugeschr.: *Arbeitende Orphelinen*; *Orphelinen im Maagdenhuis*, und *Portr. von François van Hildernissen*. 📖 DPB I, 1995 (Lit.). T. Gr.

Demaree, *Betty (Elizabeth Ann)*, US-amer. Malerin, * 19. 10. 1918 Denver/Colo., dort ansässig. Stud.: Cooper Union SchA, New York; bei Robert E. Wood, Rex Brandt, Edgar A. Whitney, Mario Cooper, Milford Zornes und Charles Reid. – Aqu., Pastell. 📖 WWAA, 1980–1997/98 (Werke, Ausst., Ausz.). C. R.

Demarées, *Georg* → **Desmarées,** *Georges*

Demarest, *Albert (Guillaume-Albert)*, frz. Maler, * 7. 3. 1848 Rouen, † 18. 11. 1906 Paris. Zunächst Archit.-Stud. (1870 Abbruch wegen des Dt.-Frz. Krieges). Dann war D. in der Gebrauchsgraphik tätig, bis Jules Lavée und Jean-Paul Laurens ihn zur Stilleben- und Genremalerei ermutigten. – V.a. breton. Fischerszenen (u.a. *Départ pour la Pêche*, 1904), z.T. in sozialrealist., melanchol. Manier. 🏛 NANTES, MBA: Le vœu. ⊙ *G:* ab 1879 Paris, SAfr. (z.B. Le voyage in extremis, 1880; Triptychon für das Treppenhaus des Theaters in Rouen, 1882; 1894 Ausz.). 📖 ThB9, 1913. *Bénézit* III, 1976; *Schurr/Cabanne* I, 1996. – *Schurr* IV, 1979. C. R.

Demarest, *Jan-Karel*, belg. Maler, Bildhauer, * 1. 10. 1947 Brügge, lebt in Oostkamp. Stud.: Gesellschafts-Wiss. in Brügge; anschl. Graphik am Hooger Inst. St. Lukas in Gent und Akad. Likovnik Umetnosti in Belgrad. Doz. an der Sted. Akad. voor Schone Kunsten Brügge. Gründungs-Mitgl. der Gruppe Vlaams Intuïtief Meditatief Aktiegroep Kunst. – Nonfigurative Gem. und Skulpturen. 🏛 OOSTENDE, MSK. ⊙ *E:* 1969, '71, '79, '81

Brügge. 🕮 LWBK II, 1993; DPB I, 1995. – *F. Bonneure*, J. D. (K), Brügge 1988. T. Gr.

Demarest, *Louis-Adolphe*, frz. Landschaftsmaler, * 21. 11. 1842 Sainte-Austreberthe/Pas-de-Calais. Das MBA Rouen besitzt keine Werke von D. (vgl. Bénézit). ◎ *G:* 1864–72 Paris, Salon (Aqu.) / 1875 Arras, Union artistique du Pas-de-Calais. 🕮 ThB9, 1913. *Bénézit* III, 1976; *Marchal/Wintrebert*, 1987. – Mitt. MBA, Rouen.

Démaret, *Jean*, frz. Architekt, Ing., * 1897 Charleville/Ardennes, † 1967. Stud. in Paris: Archit. an der EcBA bei Gustave Umbdenstock und Paul Tournon; Ingenieurwesen an der Ec. centrale. Später in beiden Einrichtungen Prof. für Konstruktionslehre. Als Architekt in versch. Firmen tätig: Buchhandlung und Messageries Hachette; Forges et Aciéries in Hagondange/Moselle; Fédération nat. Automobile; Soc. Fins de l'Est (Autohersteller Renault); zudem „inspecteur gén. des Bâtiments civils et Pal. nat.". V.a. bek. geworden mit dem 1932 errichteten Gebäude für die Messageries Hachette (Paris, 15. Arr., Rue Balard), das durch eine horizontale Fassadengliederung und techn. perfekte Innenraumplanung bemerkenswert ist. D.s zweigleisige Ausb. macht sich auch bei der Garage in der Rue Carrier-Belleuse (Paris, 15. Arr., 1934) bemerkbar, bei der Ein- und Ausfahrt als Richtungsverkehr angelegt sind. Im Auftrag der Fa. Forges et Aciéries Wohnungsbau für Arbeiter und Ledige. In Vorbereitung der Pariser WA 1937 am Wettb. um den Flughafen Le Bourget beteiligt (1935); anschl. plant D. zus. mit Pierre Vágó den Club des Architectes. In den 30er Jahren errichtet er überdies ein Haus und versch. Firmengebäude in Malakoff/Hauts-de-Seine, Villen in der frz. Prov. und ein Mietshaus in Paris (Rue Jean-de-Beauvais, 5. Arr.). 1945–67 erneut als Ing.-Architekt tätig, baut D. v.a. in Paris mehrere Bürogebäude und das den Square René-Le-Gall dominierende Rodin-Lyzeum (13. Arr., Rue des Cordelières/Rue Corvisart). ✉ *D./C. de Chessin*, Garages, Archit. d'aujourd'hui 1932 (Juni/Juli) 14–27; Cours de construction, P. 1938; Cours de constructions civiles, II: Dessins, P. 1938; Esthétique et construction des ouvrages d'art, P. 1948. 🕮 Enc. de l'archit. Constructions mod., P. [ca. 1929–40], Abb. 26 ss. – *R. Herbst*, Nouv. devantures et agencements de magasins, P. [ca. 1931], Taf. 16; Archit. d'aujourd'hui 1931 (Juni/Juli) 130–135; 1931/32 (Dez./Jan.) 28; 1932 (Juni/Juli) 23; 1933 (Jan./Febr.) 104 s.; 1935 (3) 76; 1935 (7) 40; 1935 (9) 88; 1935 (11) 69–75; 1936 (2) 11 s.; 1936 (12) 40 s.; 1937 (3) 68–71; 1937 (9) 50 s.; Architecte 1932, 1–6, Abb. 1–6, 104–109, Taf. 1–4; *B. Lemoine/P. Rivoirard*, Paris. L'archit. des années trente, P./Lyon 1987, 109 ss. S. Texier

Demaret, *Luca* → **Dameret,** *Luca*

Demarez, *G. J.*, Goldschmied, 1743 dok. mit zwei pyramidenförmigen Reliquiaren für die Kap. der Ec. dominicale in Mons. 🕮 ThB9, 1913.

De Mari Monticelli, *Nina* (geb. Monticelli; verh. Marchesa de Mari), ital. Malerin, * 1816 Genua, † 5. 9. 1890 ebd., tätig in Genua. Schülerin des Domenico Pasquale Cambiaso. 1866 im Album der Soc. Promotrice di BA von Genua unter den „amatori d'arte" verzeichnet. 🕮 *Beringheli*, 1991. – *V. Rocchiero*, Scuole, gruppi, pittori dell'Ottocento ligure, R. u.a. 1981, 566; *G. Costa*, Guida al collezionismo, Ge. 1985, 31; *id.*, Pittori liguri dell'800 e del primo '900, Ge. 1994, 55. R. Beccaro

De Maria, *Adolfo*, ital. Maler, * 15. 11. 1873 Bazzano/Bologna, † 25. 6. 1934 Siena. Auf Anraten des Bruders Volturno besucht D. die Zeichenschule in Bazzano. Stud.: ABA Bologna; hier zahlr. Preise, Dipl. als Zeichenlehrer. ⚭ 1899 Augusta Arcangeli. Die Töchter *Maria* (1901–83) und *Ada D.* (1906–95) waren ebenfalls als Malerinnen tätig. 1904 gewinnt D. den Concorso per l'insegnamento del disegno der Scuola Tornielli in Novara. 1912 Umzug nach Siena. Fortan Lehrer an der Scuola „Caterina Benincasa". Widmete sich v.a. der Lsch., bes. der Gegend um Bologna. 🏛 Bazzano/Bologna, Comune. ◎ *G:* 1898–1903 Bologna, Soc. Francesco Francia / 1919–19 Florenz, Concorso Ussi / 1920, '27 ebd., Soc. Promotrice / 1922 Venedig: Bienn. 🕮 *A. P. Torresi*, Neomedicei, Ferrara 1996. – *F. Solmi/M. Pasquali*, Maria D., Bo. 1984; *G. Ruggeri/G. Chierici*, D., Bo. 1996; La Bienn. di Venezia. Le Espos. Internaz. d'Arte 1895–1995, Mi. 1996. A. St.

De Maria, *Astolfo*, ital. Maler, Freskomaler, Werbegraphiker, Illustrator, Kunstkritiker, * 16. 8. 1891 Rom, † 3. 1. 1946 Venedig. Sohn des Malers Mario D. (Marius Pictor). 1892 siedelt die Fam. nach Venedig über; in der Kindheit und frühen Jugend häufig in Bremen, der Geburtsstadt der Mutter. Stud.: 1913/14 Scuola libera di Pitt. ABA Venedig; ab 1915 Kriegsdienst, wo er auf Veranlassung der Mutter dem Dichter Gabriele D'Annunzio als Motorradfahrer und Zeichner dient. Es entstehen einige Zchngn zum Thema des Krieges (*Studi di cadaveri*; *Camminamento*; *Il fante*; *Miraggi di un combattente*). 1917 malt er in Tempera, Aqu. und Tusche *Allegoria erotica* (Gardone Riviera, Vittoriale degli Italiani), das stark an der Ill. von Aubrey Beardsley „Bauchtanz" für die Salomé von Oskar Wilde orientiert ist. 1917–19 entsteht *Dogaressa* (Tempera, Aqu., Bleistift, Glas-Fragm.), 1919/20 *Il rospo* (Tempera) mit Zügen der Neuen Sachlichkeit. 1921 arbeitet er zus. mit Bortolo Sacchi an den Fresken von Guido Cadorin in der Verkündigungskirche in Col S. Martino/Treviso. 1921/22 entstehen nach Fotogr. *Ritratto di Grubicy de Dragon* und *Ritratto di D'Annunzio*. 1925 hilft er Cadorin bei der Ausmalung der Kirche von Moriagodella Battaglia/Treviso. 1926 malt er *Baruffa*; die erregte Gestik und die deformierten Gesichter erinnern an den expressiven Verismus von Otto Dix und George Grosz. 1927 führt er drei Stilleben mit dem Motiv der Maske aus. In den 30er Jahren in einigen Portr. erneute Orientierung an dt. Vorbildern (*Ritratto del signor di Brescia*, 1931), in anderen Portr. jedoch scheint er jede nord. Härte zugunsten warmer maler. Effekte zu vermeiden (*Ritratto di Adele in divisa da scherma*, um 1931; *Ritratto di Adele con cappello azzurro*, Pastell, 1936/37). Gleichzeitig malt er primitivist. geprägte Lsch. (*Borin in laguna*, 1931; *Campo Bandiera e Moro*, 1932; *Primavera in Laguna*, 1934). In *In attesa dei padroni* (1935) stellt er eine von irrealem Licht illuminierte und nur von Statuen bevölkerte Villa dar, die sich an die von Giorgio De Chirico 1922 gemalten röm. Villen anlehnt. 1935/36 Reisen und längere Aufenthalte in Deutschland, Belgien, London und Paris, wohin er auch in den folgenden Jahren reist.

Publ. 1938/39 als Kunstkritiker unter den Pseud. *Ademar* und *Ademar di Trevano*. In den 30er Jahren auch als Werbegraphiker tätig, fertigt versch. Entwürfe und Plakate (Mostra Naz. Canina, 1933/34; XX. Bienn. di Venezia, 1936; Sagra di Musica Sacra, Assisi 1937; Corse al trotto, Bologna 1938/39). A. der 40er Jahre lebt D. in Asolo und malt stark realist. geprägte Portr. (*La signora Lola Protti*; *Donna Juccia Vaccari*), daneben auch surreale und Traumbilder (*Duello all'alba*, 1942; *Favola*, 1944). ⌂ GARDONE RIVIERA, Vittoriale degli Italiani. VENEDIG, Cassa di Risparmio. ✉ Divagazioni sui dilettanti pittori, L'Unione. Foglio sindacale delle Venezie v. 22. 5. 1938; Altro è il parlar di affresco e altro ..., Meridiano di Roma v. 15. 1. 1939; La mostra del ritratto a Londra, Gazzetta di Venezia v. 13. 7. 1939. – Venedig, Fond. D.: Guerra italo-austriaca (Ms.). ◉ *E:* 1945 Venedig, Gall. Venezia. – *G:* Venedig: 1920, '22, '30–34, '42 Bienn.; ab 1922 Opera Bevilacqua La Masa; 1943 Mostra Sindacale Triveneta; 1944 Procuratie, Ala napoleonica: Settimana del profugo; Piazza S. Marco: 1944 Mostra Sindacale; 1948 Mostra dei primi espositori di Ca' Pesaro / Padua: 1927 Sala della Ragione: Arte delle Venezie; 1942 Gall. Le Tre Venezie: Mostra d'Arte Ital. Contemp. / 1933 München, Stuttgart, Köln, Kassel, Berlin, Dresden: Ausst. neuzeitl. ital. Kunst / 1937/38 Warschau, Helsinki, Tallinn, Riga: Mostra del paesaggio ital. all'estero / 1941 Mailand, Pal. dell'arte: Mostra del Sindaco Naz. Fascista BA / 1942 Linz: Neuzeitl. Kunstschau / 1991 Mesola, Castello Estense; Bari, Castello Svevo: Ritratto. ▭ *Comanducci* II, 1971; DBI XXXVIII, 1990 (im Art. De Maria, Mario); PittItal Novec/1 II, 1992. – *S. Marinelli*, Venezia arti 4:1990, 148 ss.; Cat. Bolaffi del Manifesto ital., T. 1995; *G. Dal Canton*, in: Venezia e la Bienn. (K Pal. Ducale Venedig), Mi. 1995; *ead.*, A. D. (K Venedig), Mi. 1996 (Bibliogr).
N. Corradini

Demaría, *Bernabé*, argentin. Maler, Literat, Politiker, * 17. 1. 1824 Buenos Aires, † 25. 5. 1910 ebd. 1844–47 in Montevideo ansässig. Anschl. Ausb. in Madrid, v.a. beim Maler Antonio María Esquivel, der D. 1850 porträtiert. Ehren-Mitgl. der Soc. de Amigos del País von Sevilla und Granada. 1854 Rückkehr nach Buenos Aires. 1877–86 Senator und Abgeordneter; engagiert sich bes. für die Förderung der Kunst, v.a. die Schaffung eines MBA (nicht verwirklicht); 1878 Gründung einer priv. Acad. de Dibujo. – In der Frühphase unter dem Einfluß von Esquivel romant. Darst. (*La cazadora*, 1859); *El gaucho*, eins der Hw., ist mit seiner naturnahen Genrehaftigkeit bereits richtungweisend für D.s Weg. Neben einigen Portr. (*Retrato del Poeta Respronceda; Selbstbildnis*, Buenos Aires, Mus. Mpal „C. de Saavedra") und relig. Darst. (*Trinidad*, Auftrag des span. Bischofs Escalada) malt D. aus Begeisterung für die Atmosphäre in ländl. Gegenden zahlr., zumeist sehr authent. wirkende Milieustudien, wie *La feria de Mairena; Baile de boda* und *La tentación de Rosa por Urquiza*, 1853. Daneben schreibt er Gedichte, krit. Essays und Theaterstücke. ⌂ BUENOS AIRES, Mus. Hist. Nac.: ca. 400 Gem. (Schenkung lt. D.s Test.). – MNBA. ✉ Modo de expresar en el rostro las diferentes pasiones del hombre. ▭ *Merlino*, 1954; EAAm I, 1968 (Lit.); *Gesualdo/Biglione/Santos* I, 1988. – *R. Brughetti*, Nueva hist. de lapint. y la escult. en la Argentina, Bs.As. 1991.
R. T.

De Maria, *Francesco*, ital. Maler, Aquarellist, Lithographiezeichner, * 29. 12. 1845 Caserta, † 22. 12. 1908 Neapel. Gab eine Karriere bei der kgl. Marine auf und war ab ca. 1874 Schüler von Vincenzo Petroccelli; nachfolgend bis 1877 Stud. am Ist. di BA Neapel (Preis im Aktkurs). Geschätzter Aquarellist; 1887 für einen engl. Geschäftsmann in London tätig. V.a. Genreszenen (*Dopo il ballo*), Historienbilder (Szenen aus der röm. Gesch., z.B. *L'ultima orgia di Silla a Cuma*; *Messalina*, 1904 auf der Promotrice ausgestellt), oriental. Motive, Marinen und Porträts. Ritter der ital. Krone. ⌂ GENUA-Pegli, Civ. Mus. Navale. NEAPEL, MN di Capodimonte. – MN di S. Martino. ▭ ThB24, 1930 (s.v. Maria, Francesco de). *Servolini*, 1955; *Brewington*, 1982 (s.v. Maria, Francesco de); *Bénézit* IX, 1999 (s.v. Maria, Francesco de). – *Ceci* II, 1937.
E. K.

De Maria (Demaria), *Giacomo*, ital. Bildhauer, * 17. 7. 1762 (lt. DBI) Bologna, † 26. 9. 1838 ebd. Bruder des Giuseppe D. Stud.: Accad. Clementina Bologna bei Domenico Piò, Preise 1778 und 1782 ebd.; 1787–88 Accad. di S. Luca in Rom, 1788 Preis für Skulpt. ebd. Fiel bereits 1782 in Bologna mit dem Relief *Der Tod des Germanicus* auf. Zugleich Mitarb. von Andrea Bergondi in Rom, wurde für D. die Kunst des nur wenig älteren, gerade aufstrebenden Antonio Canova stilprägend, mit dem sich D. anfreundete. Verhalten deutet sich Canovas Einfluß im Relief eines geflügelten Genius an, der inmitten der Allegorien der Schönen Künste die Bildhauerei bekränzt (Marmor, 1789, Bologna, PN). Für das in der maler. Behandlung des Reliefgrunds noch immer spätbarockem Illusionismus verpflichtete Werk erhielt D. 1789 den zum zweiten Mal ausgeschriebenen Premio Curlandese. Im gleichen Jahr Mitgl. der Accad. Clementina, entwickelte sich D., nun wieder in Bologna, zu einem Hauptvertreter klassizist. Skulpt. der Region, der zur Erneuerung oberital. Kunst insgesamt beitrug. In enger Zusammenarbeit mit dem Architekten Angelo Venturoli, dem schon das Büstendenkmal des einflußreichen Kunstförderers *Piotr Biron*, Herzogs von Kurland, für den Bologneser Pal. Poggi zu verdanken war, entstanden erste bed. Aufträge, z.B. vier Terrakottareliefs am Pal. Pietramellara (1791, heute im Vestibül) oder die aufwendige Ausstattung der Innenräume, bes. des Treppenhauses des Pal. Hercolani mit allegor. Statuen in Stuck (bald nach 1800). Seine zahlreichen Funeralskulpturen berufen sich oft auf das Vorbild Canovas, v.a. die *Eternità*, eine sitzende Verschleierte auf dem Mon. Caprara (1812). Auch D.s Napoleondenkmal für Ferrara (1810 auf der heutigen Piazza Ariostea enthüllt, 1814 zerst.) folgte der bek. Statue Canovas entsprechend dem „heroischen Stil". D., eine wichtige Persönlichkeit im kult. Leben Bolognas, war 1804–31 Präs. der neu eingerichteten Accad. Naz. und hatte als Prof. für Bildhauerei zahlr. Schüler, darunter Adamo Tadolini, Alessandro Franceschi, Massimiliano Putti und Cesare Gibelli. 1819 Mitgl. der Berliner AK. Wie Canova unterhielt er freundschaftl. Beziehungen zu dem Maler Andrea Appiani. ⌂ ANCONA, Teatro delle Muse: Giebelrelief mit Apoll und den Musen, 1821–26. BOLOGNA, ABA: Tod des Germanicus, Terrakottarelief, 1782; Büste und Relief für das Ehrenmal P. Biron, Marmor, 1786–95; Tod der Virginia, Gipsmodell der Statuengruppe. – Bibl. Com.: Terrakottahochrelief. – Bibl. Univ.: Statue Pius VII. – Coll. Com. d'Arte: Herkules und der Nemeische Löwe, Terrakotta. – Pal. Com., Gall. Vidoniana: zwei Supraportenreliefs mit der Verurteilung der Söhne des Brutus und des Mucius Scaevola, Stuck, um 1795; Apoll, Gipsstatue. – Pal. Tanari, Vestibül: Hl. Fam., Lünettenhochrelief, Stuck. – Villa Aldini: Tympanon mit Darst. des Olymp, Steinguß; Statuen. – Certosa, Cimitero: 25 Grabdenkmäler, u.a. die der Conventi, Doria Fieschi, Garatoni, Malvezzi, Lupari, Ranuzzi, Cospi, Tinti, Vogli, Beccadelli, Grimaldi, Donati, Bavosi, Gandolfi, Caprara, 1804–35. – Certosa, Pantheon degli uomini illustri: Marmorbüsten A. Aldini, G. Atti, S. Canterzani, I. Magnani, S. Mattei, L. Valeriani, A. Venturoli. – Chiesa del Corpus Domini: Hl. Rosalia und Engel. – S. Francesco: Grabmal Francesco Zambeccari, 1813. – S. Giorgio: Statuen in der 4. Kap.; Abendmahl-Relief am Altar. – S. Petronio: zwei Engel. – Santuario S. Maria della Vita: Altarkreuz. – Univ. degli Studi: Denkmäler für Luigi Galvani, Gaetano Monti, Francesco De Marchi. BUDRIO, S. Lorenzo: zwei Reliefs in der 6. Kap. FERRARA, Casa Romei: Fragm. der 1814 zerst. Kolossalstatue Napoleons I. FLORENZ, S. Croce: Dantegrabmal (zus. mit and.). LIVERPOOL, Walker AG: Tod der Virginia, Marmorgruppe, 1806–10. LONDON, Trinity FA Ltd: Tod der Virginia, Marmorgruppe. MAILAND, Dom, Fassade: Apostel Matthäus, Marmorstatue, 1810. MARTIGNONE, S. Croce: Oratorium. PERSICETO, S. Giovanni: Portalreliefs. REGGIO EMILIA, Dom: Grabmal Antonio Re. RIMINI, Tempio Malatestiano: Grabmal Paolo Garattoni, 1827–28. VENEDIG, Slg Macchi: Napoleonstatue. ▭ ThB24, 1930 (s.v. Maria, Giacomo de). DBI XXXVIII, 1990 (Lit.); *Vicario*, 1990; *Panzetta*, 1994 (Lit.). – *C. Brisighella*, Descr. delle pitt. e scult. della città di Ferrara (18. Jh.), ed. *M. A. Novelli*, Ferrara 1991, 543; *E. Lavagnino*, L'arte mod., I, T. 1961; TCI Marche, 1962, 69; Mostra della scult. bolognese del Settecento (K), Bo. 1965; Neoclassicismo. Atti del Convegno internaz. (1971), Ge. 1973, 112–117; L'arte del Settecento emiliano, La pitt. L'Accad. Clementina (K), Bo. 1979, 226 s.; Archit., scenografia, pitt. di paesaggio (K), Bo. 1979, 293; L'arredo sacro e profano. La racc. Zambeccari (K), Bo. 1979, 101, 186; I concorsi curlandesi. Bologna, ABA 1785–1870 (K), Bo. 1980, 11–15, 134 s; *A. Nava Cellini*, La scult. del Settecento, T. 1982, 131; Ricerche di storia dell'arte 1987 (33) 50 s.; Studia italopolonica 2:1987, 65–70; *C. Degli Esposti u.a.*, Bologna, Bo. 1988, 29, 123, 126, 186, 199; Bertel Thorvaldsen, 1770–1844. Scultore danese a Roma (K), R. 1989, 97 s., 177; Ferrara, riflessi di una rivoluzione (K), Ferrara 1989, 124–131; Accad. Clementina. Atti e mem. 24:1989, 65–81; 27:1990, 105–135; Arte a Bologna 1:1990, 73–81; Ottocento ital. 2:1992 (6) 23–29. H. Tesan

De Maria, *Giovanni*, ital. Maler, Bildhauer, * 6. 6. 1924 Arsago Seprio/Varese, lebt dort. Beginnt A. der 50er Jahre mit neorealist. Malerei. Bleibt auch später einer Darst. von starker Dramatik und soz. Unbehagen treu, die er mit dissonanten Farben und einer verworren-konvulsiven Zeichengebung ausdrückt. Entwickelt in den 70er Jahre in 14 Taf. das myth. Thema von Liebe und Tod (*Eros e Thanatos*, 1971–75). ⌂ MASNAGO/Varese, Pfarrk. ◉ *E:* 1953 Cremona, Gall. Ferboli / Gallarate: 1955 Gall. Bianchi; 1964 Gall. Amici dell'Arte; 1971 Gall. Sagittario / Mailand: 1967 Gall. Solferino; 1970, '75 Gall. Il Vertice / 1970 Varese, Gall. La Varesina / 1970, '72 Palermo, Gall. L'Asterisco / 1973 Turin, Gall. Viotti. – *G:* 1967 Zoagli: Premio Tosi; 1972 Stresa: Premio Visconti. ▭ ASA Italia IV, 1971; *Comanducci* II, 1971; CatBolaffiMod IX. 2, 1974. – *F. Passoni*, G. D. (K), Gallarate 1975 (Bibliogr.). N. Corradini

De Maria, *Giuseppe*, ital. Bildhauer, tätig E. 18. Jh. in Bologna, Bruder des Giacomo D. Offenbar zu wenig eigenständig, scheint er vorwiegend als Ornamentbildhauer in dessen Atelier gearbeitet zu haben. ⌂ BOLOGNA, ABA: Blattwerkfries am Ehrenmal P. Biron, Herzog von Kurland, Marmor, 1786–95. ▭ DBI XXXVIII, 1990 (im Art. De Maria, Giacomo). H. Tesan

De Maria, *Guido*, ital. Karikaturist, Trickfilmzeichner, Werbegraphiker, * 20. 12. 1932 Lama Mocogno/ Modena, lebt in Modena. Stud.: Univ. Bologna. Seit den 50er Jahren als Karikaturist für versch. ital. Ztgn und Zss. tätig. 1960 wandte sich D. zunächst der Werbung zu und gründete kurz darauf das Filmstudio Vimderfilm, das sowohl zahlr. Real-, als auch Zeichentrickfilme produzierte, u.a. die Fernsehproduktion *Salomone il pirata pacioccone*. 1968 entstand der Kinofilm *Flashback*. 1969 arbeitete D. in Modena kurzzeitig für das Filmstudio von Secondo Bignardi. 1971 gründete er das neue Studio Playvision und produzierte mit Franco Bonvicini (Bonvi) die Fernsehtrickfilmserie *Nick Carter* (25 Folgen, 1972–76). 1972 entstanden die Produktion *Gulp, I Fumetti in TV* und versch. Fernsehsendungen zum Thema Comics. D.s erfolgreichste Trickfilmserie wurde *Alan Ford e il Gruppo TNT* nach der gleichnamigen ital. Comic-Serie. Seit 1977 drehte D. mit *Supergulp, I Fumetti in TV* eine Forts. zur Produktion von 1972. ▭ *M. Horn* (Ed.), The world enc. of cartoons, N. Y./Lo. 1980. H. Kronthaler

De Maria, *James*, Bühnenmaler, um 1800 in Birmingham tätig. Offenbar ident. mit dem bei ThB gen. *S. De Maria* (Lehrer von David Cox d.Ä.). Cox verglich D.s Bühnenmalerei in der Farbgebung mit Richard Wilson, in der Komp. mit Claude Lorrain. ▭ ThB24, 1929 (s.v. Maria, S. De). – *T. Fawcett*, The rise of English prov. art, Ox. 1974; *Dobai* III, 1977. K. F.

De Maria, *Mario* (Pseud.: Marius Pictor), ital. Maler, Fotograf, Architekt, Illustrator, Musiker, * 9. 9. 1852 (lt. DBI) Bologna, † 18. 3. 1924 Venedig. Enkel von Giacomo D., Sohn des Arztes und Kunstsammlers Fabio D., Vater von Astolfo D. Musiker-Ausb.; Stud.: 1872–78 ABA Bologna bei Antonio Puccinelli. Freundschaft mit Luigi Serra, mit ihm 1873 Reise zur WA in Wien; 1878 war D. zur WA in Paris, 1882 in London. 1882 Umzug nach Rom, Studio in der via Margutta; befreundet sich mit den Nachbarn Vincenzo Cabianca und Giovanni Costa. Zahlr. Ausst.-Beteiligungen in München (Glaspalast, 1883–1913, u.a. 1888 mit Francesco Paolo

Michetti), Berlin (1887, '91), Brüssel und London; eig. Fotogr., u.a. von Nadar-Portr. angeregt. Teiln. an den Künstlertreffen im Caffè Greco, u.a. mit Giuseppe Cellini, Napolene Parisani, Norberto Pazzini, Gaetano Vannicola, Alfredo Ricci, Alessandro Morani und den Kritikern Angelo Conti, Diego Angeli, Adolfo De Bosis. Ab 1886 Mitgl. der Soc. In Arte Libertas, Teiln. an den Ausst. 1886 (Studio Giorgi) und 1887 (Studio Vannutelli, Pal. Doria Pamphili). Beteiligt an den Ill. der *Isaotta Guttadauro* des befreundeten Gabriele D'Annunzio (R. 1886). 1887 als einziger Italiener Ausst. mit dem Circolo Artist. Tedesco (u.a. mit Anselm Feuerbach und Arnold Böcklin). Um 1887 ⚭ Emilia Voight; mehrere Aufenthalte in Deutschland und Holland. 1892 Umzug nach Venedig, Studio an den Zattere. Ab 1894 mit Bartolomeo Bezzi bed. Befürworter einer internat. Bienn., nachfolgend häufig Jury-Mitgl. und regelmäßige eig. Beteiligung. Mit Conti und D'Annunzio Anreger von kunsttheoret. Debatten. Ab 1894 sign. D. mit „Marius Pictor". 1895 mit Bezzi Entwurf der Fassade des Biennale-Pavillons „Pro Arte" als klassizist. Kunsttempel (1914 ersetzt). Ab ca. 1898 auch Tätigkeit als Architekt: Hotelprojekt für Cortina im neogot. „alpinen" Stil; 1912–13 neogot. Entwurf und Bau der eig. venez. „Casa dei tre oci" (auch: occhi) auf der Giudecca; Design-Entwürfe. Ab 1905 Klinikaufenthalt in Bern; dort Tier-Zchngn. im Zoo. Auch Ill., u.a. für Giovan Francesco Malipiero 1908 Frontispiz der Partitur *Cavalcata della morte*, 1914 Bühnenbildentwurf (*Canossa*). 1913 Kritik von Carlo Carrà und Luigi Russolo an D.s Kunst als „pittura passatista" (in: Lacerba 1913, 1. Sept.). Rückzug nach Asolo, dort Bau einer Kopie des Rembrandt-Hauses, und Bologna. Mitgl.: 1899 Corporazioni dei Pittori e Scultori. – D. spielte eine bed. Rolle im röm. und venez. Kulturleben des späten 19. Jh. Seine Malerei eines „visionären Realismus" (C. Tempesta, in: Kat. Venedig 1983) zeigt naturalist. ebenso wie symbolist. Elemente. Wesentl. Einflüsse kamen früh von der frz. Plein-air-Malerei (Schule von Barbizon, Constant Troyon, Alexandre-Gabriel Descamps) und von den toskan. Macchiaioli, dann auch vom ital. Quattrocento und von der fläm. Kunst des 17. Jh., v.a. von Rembrandt, auf den D. sich berief. Neben dem deutl. Bezug auf die Kunst-Gesch. (D. erwarb auch Gem. von Tizian und Canaletto für die Fam.-Slg) bezog er sich auf Lit. oder idealist.-phil. Quellen (Schopenhauer). Sein Interesse für eine Erneuerung der ital. Kunst, die D. mit dem antiakad. sezessionist. Kreis In Arte Libertas teilte, und für genaue Naturbeobachtung, die zu exakten Detail-Darst. und um 1882–87 zur eig. fotograf. Praxis führte, verband D. schon bald mit einem Hang zu romant. und phantast. Themen. Seine Vorliebe für das Morbide oder Makabre wurde von den Zeitgen. mit Edgar Allan Poe, E. T. H. Hoffmann und Charles Baudelaire verglichen. Häufig malte er Nachtstücke im Mondschein, auch mit unheilvollem oder dämon. Geschehen (z.B. Triptychon *Venezia nel 1848: La peste, La guerra, La fame*, vor 1898), als Schauplätze einer Bluttat (*La luna sulle tavole di un'osteria*, 1884–86) oder mit fiktiv-surrealem Gehalt (*Il fabbricatore di scheletri*, 1888). D. stand auch Böcklin (*I cipressi di Villa Massimo*, 1886) und James Mac Neill Whistler nahe, dem er 1887 eine Gem.-Gruppe widmete. Daneben auch Genrebilder, Portr., allegor. Gem., Lsch., Seestücke, Archit.-Veduten und belebte venez., E. der 90er Jahre auch oriental. Szenen. In Venedig malte D. zunehmend symbolist.-dekadente Bilder von Größe und Verfall der Stadt mit altem Gemäuer und verlassenen Kanälen im Dunst, oder Kostümszenen, so die Tizian zitierende venez. Eloge *Il fondaco dei Turchi* (ca. 1909–20) nach einem alten Foto vor der Renovierung. D. arbeitete mit deutl. Chiaroscuro, starken Farbkontrasten, die er auch in Gem.-Titel ausdrückte, und reliefartigem Farbauftrag, später v.a. mit eig. Mat.-Experimenten, um reiche Effekte von Glasur oder Email und Verschleierungen (u.a. mit Ambra-Firnis) zu erreichen. Die Fotogr. spielte für D. eine bed. Rolle: in seinem Album finden sich neben 183 eig. Aufnahmen zahlr. Bilder and. Fotografen, die er z.T. getreu als Gem.-Vorlage verwendete (u.a. *Un pollaio a Terracina*, 1883–86; *L'oasi di Tripoli*, 1899). Vergleichbar and. zeitgen. Malern, hielt er das eig. Leben, sein Studio, die Malerfreunde oder Stadtveduten fest. D. fotografierte daneben – wie in Rom etwa Ettore Roesler-Franz und Giuseppe Primoli – skizzenhaft Alltags- und Arbeits-Szenen (Passanten, Märkte, Schlachthof, Bauarbeiten), alte Mauern und verlassene Winkel, auch in der Campagna Romana, in Tivoli, Terracina, Subiaco und auf Capri. Er stellte soz. Sitationen auch als Bildvorlagen und experimentierte mit Bewegungstudien. 🏛 ASCOLI PICENO, PCiv. BOLOGNA, GAM. FLORENZ, GAM. di Pal. Pitti. – Uffizien. GENUA, GAM. MAILAND, GAM. PARIS, Mus. d'Orsay. PIACENZA, GAM Ricci Oddi. ROM, Gall. Naz. d'Arte Mod. TRIEST, Civ. Mus. Revoltella. VENEDIG, MAM Ca' Pesaro. – Cassa di Risparmio. ✉ La luce di Rembrandt, Il Marzocco 1911 (29. Jan.). 👁 *E:* Venedig: 1909, '26 Bienn.; 1983 Casa dei tre oci (K: Ausst.-Verz.; Lit.) / 1990 Bologna (mit Giacomo und Astolfo D.). – *G:* 1883 Rom: Espos. di BA (K) / 1894, 1900 (K) Mailand: Trienn. / 1910 Brüssel, WA (K) / Venedig: 1895–1932 regelmäßig Bienn.; 1935 Mostra dei quarant'anni della Bienn. (K). 📖 ThB24, 1930 (s.v. Maria, Mario de). *Galetti/Cameasca* I, 1951; CatBolaffiOtt I, 1964 ss.; *Comanducci* II, 1971; *Luciani*, 1974; DEB VII, 1975 (s.v. Maria, Mario de); *Zampetti* V, 1979; DBI XXXVIII, 1990 (Ausst., Lit.); PittItalOttoc II, 1991 (Lit.); PittItalNovec/ 1 II, 1992; DA VIII, 1996; *Auer*, 1997. – *M. Falzone del Barbarò/C. Tempesta* (Ed.), Marius Pictor fotografo (K Venedig), Mi. 1979; Fotogr. ital. dell'Ottocento (K Florenz, Pal. Pitti), Mi. 1979; *Monteverdi*, Storia II, III, 1975; StoriaArteital (Einaudi) IX. 2, 1981; VII, 1982; *P. Becchetti*, La fotogr. a Roma, R. 1983; *I. Zannier*, Storia della fotogr. ital., R./Bari 1986; Il secondo '800 ital. (K Pal. Reale), Mi. 1988; *C. Juler*, Les orientalistes de l'éc. ital., P. ^{2}1992 (Les orientalistes, 5); La Bienn. di Venezia. Le Espos. Internaz. d'Arte 1895–1995, Mi. 1996. – Rom, Gall. Naz. d'Arte Mod. Venedig, Fam. D.; Arch. Stor. delle Arti Contemp. T. K.

De Maria (Demaria), *Nicola*, ital. Maler, Bildhauer, Zeichner, * 6. 12. 1954 Foglianise/Benevento, lebt in Turin. 1966 übersiedelt D. mit seiner Fam. nach Turin. Stud.: Medizin. Experimentiert in den 70er Jahren v.a. mit fotogr. Mitteln. 1973 erste Ausst.-Teiln.; geht allmähl. zu kleinen, elementar und archaisch wirkenden Zchngn über (*Disegno antico*, 1975; *Nuovi demoni del mondo*, 1976; *Genova*, 1977). Malt 1978 ausdrucksstarke, lyr.-abstrakte Komp. (*Carro che mi porta lontano*; *Poeta Ribelle nella metropoli*; *Non vedo l'amico*) und beginnt großzügig die Wände des gesamten Raumes in seine Malereien einzubeziehen (*Non avendo viaggiato per mare*; *Musica-occhi*). E. der 70er Jahre neben Sandro Chia, Francesco Clemente, Enzo Cucchi und Mimmo Paladino jüngster Vertreter der ital. „Transavanguardia". In der Folgezeit zahlr. Installationen, teilw. aus früheren Arbeiten, Chiffren und Fragm., sowie Verwendung fließender, leuchtkräftiger, bisweilen fluoreszierender v.a. Grün-, Gelb-, Rot-, Blau- und Violett-Töne (*Dipingo l'essere che sto creando*, 1980; *Testa di fuoco-Spirito bianco-Musica interna*, 1989). D. verarbeitet in seinen Ideenbildern eigenwillig verschiedenste Inspirationsquellen von der dt. Romantik (C. D. Friedrich, auf den er sich häufig beruft) bis zur Moderne. ◎ *E:* 1975 Genua, Gall. Forma / Neapel: 1975 Villa Volpicelli; 1976 Mod. Art Agency / 1976 Maastricht, Agora Studio / 1977 ss. Mailand, Gall. Toselli / Köln: 1978 Gal. Maenz; 1983 ss. Gal. Karsten Greve / Turin: 1978 ss. Gall. Persano; 1985 Castello di Rivoli / Bologna: 1979 Gall. Diacono; 1996 Gall. Cardi / Zürich: 1980 ss. Gal. Annemarie Verna; 1985 Kunsthaus: Paroli cinesi (K: U. Perucchi-Petri) / London: 1981 Lisson Gall.; 1985 Mayor Gall. / Venedig: 1981 Gall. Capricorno; 1999 Gall. A+A / Rom: 1982 Gall. Diacono; 1988 Gall. Monti / 1983 Krefeld, Mus. Haus Lange (K); Gand, Vereniging von het Mus. van Hedendaagre Kunst / Basel: 1983 KH (K: J. C. Ammann); 1989 Gal. Tomas / 1985 Modena, Gall. Mazzoli; Eindhoven, Sted. van Abbe-Mus. (K) / 1985 ss. Paris, Gal. Lelong / 1986 Frankfurt, Gal. Mayer Ellinger; Wien, Gal. Ulysses; Bonn, Städt. KM; Mühlheim an der Ruhr, Karin-Bolz-Gal. (K) / 1986, '93 New York, Lelong Gall. / 1987 München, Art Forum Tomas / 1988 Saint Louis, Grenberg Gall.; Tokio, Seibu MMA; Los Angeles, Weinberg Gall.; Malmö, Gal. Wallner / Boston: 1988, '92 Segal Gall.; 1989 Harcus Gall.; 1994 Diacono Gall. / 1990 Saarbrüchen, Saarland Mus.; Nimes, MBA; Stuttgart, Gal. Kaess-Weiss / 1991 Kopenhagen, Gal. Asbaek; Brescia, Gall. Valerio / 1992 Hannover, Gal. Marika Marghescu (K: J. Frémon); Lugano, Gall. del Sogno; Santa Fé, Carpenter FA / Châtellerault, Gal. de L'Ancien Collège / 1994 Ludwigsburg, Villa Franck KV (K); Montbéliard, MAC / 1996 Yokohama, Port Said Gall. / 1998–99 Linz, Neue Gal. u.a.: Poesia dpinta (K: A. Crandal u.a.) – *G:* 1975 Mailand, Rotonda della Besana: Fotomedia / 1977 Turin, Teatro Gobetti: Fotogr. come analisi / Paris: 1977 Bienn.; 1981 Centre Pompidou: Identité ital. / 1979 Acireale, Pal. di Città: Opere fatte ad arte; Gennazzano, Pal. Colonna: Le presenze; Köln, Gal. Maenz: Arte cifra / 1980 Ravenna, PCom.: Ut pictura poesis; Basel, KH u.a.: Sieben junge Künstler aus Italien / 1980, '90, '93 Venedig: Bienn. / 1981 São Paulo: Bien. / Rom: 1981 Gall. Naz. d'Arte Mod.: Arte e critica; 1982 Mura Aureliane: Avanguardia Transavanguardia / 1982 Modena, GAM: Transavanguardia Italia-America 68–77; Kassel: documenta; Berlin, Martin Gropius Bau: Zeitgeist; New York, Guggenheim Mus.. Aspects of ital. New Art / 1983 Madrid, Fund. Caja de Pensiones: Italia. La Transavanguardia / 1993 San Marino, GAM: L'astrazione ridefinita / 1994 Salzburg, Gal. Mario Mauroner: Poesie und Suggestion / 1997 Bologna, GAM: Arte ital. ultimi quarant'anni / 1998 Künzelsau, Mus. Würth: Transavanguardia; Neapel, Piazza del Plebiscito: Bandiere di maggio (alle K). ▭ CatBolaffiScult V, 1981; CatBolaffiMod XIX, 1983; ContempArtists, 1983; GEA, EP, 1985; *Hesse*, 1987; Cat. dell'arte mod. ital. XXVII, Mi. 1991; PittItalNovec/2 II, 1993; DA VIII, 1996; Diz. degli artisti ital. contemp., Mi. 1996; *P. Le Thorel-Daviot*, Petit dict. des artistes contemp., P. 1996; Cat. dell'arte mod. ital., XXXIII, Mi. 1997. – *A. Bonito Oliva*, La Transavanguardia ital., Mi. 1980; *R. De Fusco*, Storia dell'arte contemp., Bari 1983; *J. Frémon*, Repères 1985 (24); *C. Vielhaber*, Das Kunstwerk 39:1986 (4/5) 180 s.; *G. Raillard*, ibid. 1992 (74); Di segno ital. = Ital. Zchngn. 1908/1988 (K Städel Frankfurt am Main u.a.), Mi. 1988; *P. Piguet*, Cimaise 35:1988 (197) 133–136; *G. Raillard*, Reperes 1992 (74) 1–53; PittItalNovec/3, 1994; Finarte (Aukt.) 1087, Mi. 1999, Nr 248; *P. Bisci* (Ed.), Sei artisti per Goethe (K), R. 1999. – Arch. AKL. N. Corradini

Demaria (de Maria), *Pierre-Jean*, frz. Maler, Dekorateur, Illustrator, * 24. 6. 1896 Paris, † 23. 1. 1984 Orléans. Ab 1953 in Régusse tätig. Schüler von Jacques-Marie-Omer Camoreyt. – V.a. Lsch., Figurenszenen (Boxer und Neger), arbeitete nach 1926 unter dem Eindruck der Werke von Marcel Duchamp und Constantin Brancusi. Neuere Arbeiten in minutiöser, fast altmeisterl. Technik zeigen, in Annäherung an den Surrealismus, komplizierte Phantasiemaschinen, deren mechan. Elemente menschl. anmutende Haltungen assoziieren und dabei auf tragikomische Weise die Mechanisierung des 20. Jh. thematisieren. Auch Entwürfe für Möbel, Paravents, Teppiche mit geometr.-abstrakten Motiven. 1925 Projekte für Kioske und Pavillons (mit Djo-Bourgeois) für die Ausst. Arts décoratifs in Paris. ⌂ CANNES, Château de la Castre. – Mus. mun. PARIS, FNAC. QUEBEC, Mus. du Québec. ◎ *E:* 1969 Nizza. – Gal. des Ponchettes; Gal. Krivy (K). – *G:* Paris: 1923–29 Salon des Indépendants; 1925, '71 Salon d'Automne; 1964–68 Salon des Comparaisons; 1968 Grands et Jeunes d'Aujourd'hui; 1969 Salon de Mai; 1975 Salon de la Soc. Nat. des BA. ▭ Vol, 1953. *Bénézit* III, 1976; *P. Kjellberg*, Art Déco, P. 1981; *Alauzen*, 1986; *Kjellberg*, 1994. – Mitt. FNAC, Paris. K. S.-D.

De Maria, *Walter (Walter Joseph)*, US-amer. Installations- und Land Art-Künstler, * 1. 10. 1935 Albany/Calif., lebt seit 1960 in New York. Stud.: 1953–59 Gesch. und Kunst, Univ. of California, Berkeley. 1969 Guggenheim Fellowship, 1976 Mather Sculpt.-Preis, Art Inst. of Chicago, 1987 Internat. Preis für bild. Kunst von Baden-Württemberg. Seit 1963 Einzel-Ausst. mit Plastiken, M. der 60er Jahre zahlr. andere Aktivitäten: Musikaufnahmen (The Cricket Music, 1964; The Ocean Music, 1968), Drummer in der Rock-Band Velvet Underground, 1965, Filme (Three Circles and Two Lines in the Desert, 1969; Hard Core, 1969). 1968 erste Land Art-Arbeit, 1968 und

'77 Teiln. an der documenta, Kassel, seit 1968 sieben große raumbezogene Arbeiten, fünf realisierte Land Art-Projekte, einige in Planung (*The 2000 Ring Lightning Field*, 1983). – Nach dem Umzug nach New York, der D. Kontakte zu dem Maler und Bildhauer Robert Morris, zur Tänzerin Yvonne Rainer und zum Komponisten La Monte Young brachte, gestaltete er Plastiken in Holz, Edelstahl und Aluminium. Die stereometr. Objekte bedienen sich als Einzelobjekt oder in Reihung in Material, Form und Struktur des reduzierten Vokabulars der Minimal Art. Sie erhalten aber durch beigefügte schriftl. Anweisungen zu Aktionen des Betrachters eine konzeptionelle Komponente, die die Bedeutungsreduktion der Minimal Art nutzt, um die Rezeption gezielt zu steuern. Die Betrachter werden über „sinnlose" Aktionen (*Boxes of meaningless work*, 1961/62) oder angekündigte spektakuläre „Bedrohungen" (*Bed of Spikes*, 1968/69) aktiv in den Prozeß der Bedeutungsfindung einbezogen. Das Ziel, einer gewohnten, konsumorientierten Wahrnehmung von Kunst entgegen zu arbeiten und durch dramat. Emotionalisierung der Wahrnehmung zu einer Konzentration und Intensivierung der Erfahrung zu gelangen, verfolgt D. konsequent mit den seit E. der 60er Jahre entstehenden ortsbezogenen Arbeiten, bei denen er mit Innenräumen, v.a. aber mit landschaftl. Räumen operiert. In Arbeiten wie dem *Münchner Erdraum* (1968), in der er drei Räume einer Gal. mit 50 Kubikmetern Torf anfüllt, verweigert er im buchstäbl. Sinne den Besuchern die gewohnte Rezeption des Raumes als einen neutralen Präsentationsrahmen und lenkt deren Wahrnehmung auf die Präsenz der Erde als Lebensgrund. Die Bedingungen von Wahrnehmung werden auch in den Rauminstallationen thematisiert, die sich der seriellen Anordnung stereometr. Formen bedienen (*The Broken Kilometer*, 1979). Deren mathemat. errechnete Struktur ist so angelegt, daß sie zu Irritationen über Konzepte wie Ordnung/Unordnung, Realität/Abstraktion führt. Bei den Land Art-Arbeiten (*Mile Long Drawing*, 1968, Mohave Wüste/Calif.; *Cross*, 1969, Mirage Lake/Calif.) soll mit reduziertem Einsatz der materiellen Mittel v.a. durch die Wahl der Orte und die Art der Inszenierung das Erleben von intensiven Energien, Gefahr und Schönheit ermöglicht werden. Bekanntestes Beispiel ist das *Lightning Field* (1977) in der Wüste von New Mexiko, bei dem 400 spitze Edelstahlstäbe, die in gleichmäßigen Abständen und in gleicher Höhe auf einem rechteckigen Feld aufgestellt wurden, bei Gewitter Blitze anziehen sollen. Gemeinsam ist allen Arbeiten, daß sie an entlegenen Orten (Wüste) situiert, schwer zugänglich sind und nur in Isolation und unter extremen Bedingungen wahrgenommen werden können. Eine meist mon. Dimension, die Distanzierung und Isolierung der Besucher sind die Mittel, die D. einsetzt, um die Kunstbetrachtenden in eine von ihm initiierte Selbsterfahrung zu versetzen. In einem quasi relig. Ritual, in dem der Künstler in der Rolle des „Hohenpriesters" fungiert, soll die gewöhnl. Wahrnehmung zu Erfahrung von Schönheit und Erhabenheit erweitert werden. 🏛 BASEL, KM. FRANKFURT am Main, MMK. NEW YORK, Dia Art Found. – MMA. – Whitney. ROTTERDAM, BvB. TULA DESERT/Nev.: Las Vegas Piece. WEST CENTRAL NEW MEXICO: The Lightning Field. ✉ Art yard, in: An anthology, ed. *L. Young u.a.*, N. Y. 1963; Artforum 8:1980 (4) 52–59. 👁 *E:* New York: 1963 9 Great Jones Street; 1965 P. Cooper Gall.; 1966 Cordier & Ekstrom Gall. / 1968 München, Gal. H. Friedrich / 1969 New York, Dwan Gall. / 1972 Basel, KM (K: F. Meyer) / 1974 Darmstadt, Hess. LM (K) / 1977, '79 New York, H. Friedrich Gall. / 1980, '97 ebd., Dia Art Found. / 1981, '82 Paris, Centre G. Pompidou (K) / 1984–85 Rotterdam, BvB (K: W. A. L. Beeren) / 1986 New York, Xavier Fourcade Gall. / 1986–87 Stuttgart, SG (K: T. Kellein) / 1989 Stockholm, Mod. Mus. / 1990 Paris, Assemblée Nat. (K) / 1992 New York, Gagosian Gall. (K). – *G:* 1980 Venedig: Bienn. (K) / 1981 Köln, Mus. der Stadt: Westkunst (K) / 1984 New York, Whitney: Blam! (K); Paris, Gal. nat. du grand Pal.: La rime et la raison (K) / 1985 New York, Guggenheim: Transformations in Sculpt. (K) / 1986 Paris, Centre G. Pompidou: Qu'est-ce que c'est la sculpt. mod.? (K) / 1988 Berlin, Hamburger Bahnhof: Zeitlos (K) / 1990 ebd., Martin-Gropius-Bau: GegenwartEwigkeit (K); Amsterdam, Sted. Mus.: Energien (K); Athen, Deste Found. of Contemp. Art: Artificial Nature (K: J. Deitch); 1991 Indianapolis, Mus. of Art: Power (K) / 1992 Basel, KH: Transform (K). 📖 WWAA, 1980–1997/98; *Thomas/de Vries*, 1981; ContempArtists, 1983; *Osborne*, 1984; Künstler. Krit. Lex. der Gegenwartskunst, Ausg. 4, M. 1988; Dict. de la sculpt., P. 1992; DA VIII, 1996; *I. F. Walther*, Künstlerlexikon, in: Kunst des 20. Jh., II, Köln u.a. 1998. – *D. Bourdon*, ArtInternat 12:1968 (10) 39–43; *G. Battcock* (Ed.), Minimal art, N. Y. 1968; *G. Celant*, Arte povera, Mi. 1969; *E. Cameron*, StudInternat 180:1970 (10) 150–155; *C. Huber*, Kunst-Jb. (Hn.) 1:1970; *G. Müller*, The new avant-garde. Issues for the art of the seventies, N. Y. 1972, 150–157; *D. Christ*, Kunstnachrichten 9:1973 (6) 2–9; *L. Glozer*, Kunstkritiken, Ffm. 1974, 241–246; *E. Baker*, AiA 1976 (1/2) 92–96; *G. Celant*, Domus 607:1980 (5) 65–67; *J. Beardsley*, ArtJ 52:1982 (3) 227–228; *A. Sonfist* (Ed.), Art in the land, N. Y. 1983, 17–20, 80–84; *J. Beardsley*, Earthworks and beyond, N. Y. 1984, 62 s.; *K. Honnef*, Kunstforum 1985 (1/2) 278–283; *A. Le Normand-Romain u.a.*, Sculpt. The adventure of mod. sculpt. in the 19th and 20th c., N. Y. 1986, 276 s.; *M. R. Rubinstein*, ArtsMag 61:1987 (3) 20 s.; *R.-G. Dienst*, Das Kunstwerk 41:1988, 98 s.; *A. C. Chave*, ArtsMag 64:1990 (1) 44–63; *F. Meyer*, W. D., Ffm. 1991; *L. Nittve*, Artforum 30:1992 (Sommer) 70–73; *N. Wakefield*, Flash art 1995 (5/6) 91–94. A. Weber

De Maria Bergler, *Ettore*, ital. Maler, Freskant, * 25. 12. 1850 Neapel, † 28. 2. 1938 Palermo. 1875–77 Schüler von Francesco Lojacono in Palermo. Unterstützt durch den Palermitaner Baron Giovanni Riso geht D. nach Neapel, wo er die Ateliers von Domenico Morelli, Edoardo Dalbono und Filippo Palizzi besucht. Bis 1885 mehrmals in Rom und Florenz; dort Kontakt zu den Macchiaioli. Porträtiert 1878 den Bildhauer *Rinaldo Carnielo* (Palermo, Priv.-Bes. Casa De Maria). Es entstehen zahlr. Lsch., die auf Ausst. im In- und Ausland gezeigt werden (u.a. *Popolana di Piana dei Greci*; *Terrazza siciliana*; *Impressioni e ricordi*; *Campagna di Siracusa*).

Neben der Lsch. spielt das Portr. eine große Rolle in D.s Werk (*Portr. der Fam.*, Palermo, Priv.-Bes. Casa De Maria). Auch erfolgreicher Dekorationsmaler, schuf u.a. zus. mit Rocco Lentini und Michele Cortegiani 1893–97 die Fresken des Teatro Massimo in Palermo. Sein Hw. sind die 1900 entstandenen Dekorationsmalereien im Liberty-Stil des von Ernesto Basile erb. Speisesaales des Grand Hotels Villa Igea in Palermo. Die Bozzetti befinden sich im Bes. der Fam. in Palermo (*Floralia*; *Profumo del mattino*; *Profumo della sera*). 1912 entstehen acht Supraporten für die Sala del Consiglio der Cassa di Risparmio in Palermo. 1913–31 Lehrstuhlinhaber für Malerei an der ABA Palermo. D.s zeitgemäße, aber meist nur wenig eigenständige Jugendstil-Malerei mit symbolist. Motiven zeigt Anklänge an die frz. Nabis. ⌂ AGRIGENT, MCiv.: Tempio di Giunone. MALFITANO/Palermo, Villa Whitaker, Sala d'estate: Fresken, 1887–89. NEAPEL, MN di Capodimonte: Il voto. PALERMO, Gall. Mun.: Portr. Signora Lécerf; Donna di Sicilia; Rinaldo e Armida, 1912; Portr. Don Carlos Duca di Madrid, Pastell; Portr. Donna Maria de Ronha Duchessa di Madrid, Pastell; Taormina; Pal. Sclafani; Portr. Signora Guarrasi, 1923; Contadina con brocca; Cigni balla fontana Pretoria; Paesaggio con fiume. – Banco di Sicilia: Portr. der General-Dir. ROM, Gall. Naz. d'Arte Mod.: Sera; Marina. VENEDIG, MAM Ca' Pesaro: Curiosa; Conca d'oro. ⊙ *G:* 1880 Neapel, Soc. Promotrice Salvatore Rosa / 1883 Rom: Mostra di BA / 1889 Palermo, Soc. Promotrice / 1891 Palermo: Espos. Naz. / 1901, '03, '07, '09 (Personal-Ausst.), '10, '12 Venedig: Bienn. 🕮 ThB24, 1930 (s.v. Maria-Bergler, Ettore de). *Galetti/Camesasca* I, 1951; *Comanducci* II, 1971; *Luciani*, 1974; DBI XXXVIII, 1990 (Lit.); PittItalOttoc II, 1991 (Lit.); *Sarullo* II, 1993. – Emporium 30:1909, 180; *Ceci* II, 1937; *R. Bossaglia*, Il Liberty, Fi. 1974, 124, Taf. 58; *Monteverdi*, Storia III, 1975; *F. Grasso*, in: Storia della Sicilia, X, Palermo 1981, 194; *M. Accascina*, Ottocento siciliano: pitt., Palermo 1982, 127 s. (Werke, Lit.); I pittori dell'Ottocento in Sicilia nelle coll. del Banco di Sicilia (K), Palermo 1983; *L. Bica* (Ed.), E. D. (K GAM Empedocle Restivo), Palermo 1988; *G. Pirrone*, Palermo, una capitale. Dal Settecento al Liberty, Mi. 1989, 116–129; *id./E. Sessa*, in: *C. Cresti* (Ed.), Massoneria e archit. (Kongr. Florenz 1988), Foggia 1989, 181–194; La Bienn. di Venezia. Le Espos. Internaz. d'Arte 1895–1995, Mi. 1996. A. St.

Demarin, *Aleksandr Michajlovič*, russ. Graphiker, Zeichner, Buchgestalter, Maler in Weißrußland, * 15. 3. 1938 Bogorodsk b. Gor'kij (Nižnij Novgorod), lebt in Minsk. Stud.: 1954–59 Kunst-FS Gor'kij; 1960–66 HS für bild. und Bühnenkunst Minsk bei Pavel Konstantinovič Ljubomudrov, Arlen Michajlavič Kaškurevič, Nikolaj Timofeevič Gutiev, Aleksandr Petrovič Mozalev, Maj Vol'fovič Dancig. Lehrte 1969–78 ebd. Zeichnung. – D. ist einer der bedeutendsten weißruss. Graphiker, der psycholog. tieflotende und originelle Komp. gestaltet. Neben freier Graphik (z.B. die Ser. *Ne zabudt'e Belarus'*, 1970; *Traktorozavodcy*, 1972, beide Linolschnitt; *Na sjužety russkoj klassiki*, 1980–88) bevorzugt Buchgraphik (Linolschnitte, Lith., Aqu.); Gest. von insgesamt ca. 50 Buch-Ed., u.a. Ja. Kolas, *Na rostanjach* (1967, 1968); M. Lyn'koŭ, *Vekapomnyja dni* (1969); I. Melež, *Minski napramak* (1974); I. Šamjakin, *Scjagi nad štykami* (1976); A. Tolstoj, *Choždenie po mukam* (1973); E. A. Poe, *Rasskazy* (1997), alle Feder/Tusche, Aqu. Den Ill. geht eine intensive Beschäftigung mit dem Text und hist. Kontext (teils auch Besuch der Schauplätze) voraus. Ab 1984 auch Gem., teils in der Trad. der russ. Peredvižniki und ihrer moral.-humanist. Tendenz (z.B. *Pereprava. 1944 god*, 1985; *29-j god. Poles'e*, beide Öl, 1987). Zeichnet oft nach der Natur. ⌂ MINSK, Nat. KM. – MMK. – Mus. für Gesch. des 2. WK. – Mus. für Gesch. und Kultur. – Jakub-Kolas-Lit.-Mus. 🕮 ChudSSSR III, 1976 (Lit.); ĖLM II, 1985; Belaruski Sajuz Mastakoŭ, Minsk 1998. – Mastactva saveckaj Belarusi, Minsk 1968; Mastak i kniha, Minsk 1973; *V. F. Šmataŭ*, Sučasnaja belaruskaja hrafika 1945–1977, Minsk 1979, 98, 122 (s.v. Dėmaryn, Aljaksandr Michajlavič); *M. Gančaroŭ*, Mastactva mužnasci i heraizmu, Minsk 1976; Gruppovaja vystavka proizvedenij chudožnikov byvšich vospitannikov Gor'kovskogo spec. detskogo doma muzykal'no-chudožestvennogo vospitanija (K), Gor'kij 1983, 82; Belaruskaja knižnaja grafika, Minsk 1987, 12, 114 s.; Časopis Belarusi 1988 (9) 19.

G. Fatychava

De Marinis, *Fausto*, ital. Maler, Bildhauer, * 23. 2. 1938 Harar/Äthiopien, lebt in Illasi/Verona. Stud.: Vermessungswesen-Ing. am Ist. Tecnico Acerbo, Pescara (1957 Dipl.); Liceo Artist., ebd. Malt in den 60er Jahren von Van Gogh und Gauguin angeregte Bilder. Später entwickelt D. das Thema des Baumes als Lebenssymbol, das er in stark abstrahierender Komp. ausführt (*Andare andare, crescere, crescere*, 1970; *L'albero*, 1972). Kombiniert 1975 in der Skulptur *L'uccello* Metall und Holz. 1978 konstruiert er aus Holz, Gips und Stahl *Seconda scacchiera*. 1979 beendet D. seine Tätigkeit als Vermessungs-Ing. in der Soc. Autostrade und widmet sich vollst. der Kunst. Realisiert 1981 in Enna auf einer 720 m² großen Tuffsteinwand ein mon. mytholog. Wandbild zu Demeter und Persephone. Anschl. Reisen nach Ceylon, Brasilien, Niederlande, Algerien. Die Bilder der 80er und 90er Jahre zeigen eine postexpressionist.-abstrakte Bildsprache, die von Kandinsky und Matisse beeinflußt ist (*Lettera dal Brasile*; *Nel giardino della memoria*; *La luna in fiore*). ⊙ *E:* 1963, '68 Arezzo, Gall. L'Incontro / 1964 Lucca, Gall. S. Michele; Mailand, Gall. Montenapoleone / 1966 Prato, Gall. Del Rigo / 1969 Cesena, Gall. Paese Nuovo / 1971 Catania, Gall. Il Punto / 1972 Venedig, Gall. Il Riccio / 1979 Trient, Pal. Pretorio / Verona: 1980 Pal. Montanari; 1983, '91 Studio De Rossi; 1991 Pal. della Gran Guardia / 1981 Pordenone, Gall. La Roggia / 1986 Savona, Gall. Il Brandale; Luzern, Gal. Stern; Augsburg, Gal. Pichler / 1988 Algier, Ist. Ital. di Cult.; Cortona, Pal. Casali / 1989 Zagreb, Ist. Ital. di Cult. / 1992 Gubbio, Casa di S. Ubaldo. – *G:* 1978 Noventa Vicentina, Villa Barbarigo: Insieme per (s)comunicare / 1981 L'Aquila, ehem. Kirche S. Filippo: Chiecci, D., Ticci / 1984 Mantua, Libr. Einaudi: Ritmeventinganno / 1985 Brescia, Gall. Sincron: Omaggio agli Etruschi / 1986 Bergamo, Gall. Fumagalli: Umanesimo Poetico-Politico / 1987 Verona, Gall. Cinquetti: Lettera

(K: A. Mozzambani) / 1988 Bassano del Grappa, Pal. Agostinelli: Attualità del Realismo / 1991 Illasi (Verona), Domus Jani: Gli artisti della Val d'Illasi. 🕮 *Falossi*, PPC, 1975. – *E. Di Grazia*, F. D. (K Ist. Ital. di Cult.), Thessaloniki 1992 (Bibliogr.). N. Corradini

De Marinis, *Raffaele*, ital. Maler, Kunstkritiker, * 21. 4. 1911 Spinazzola/Bari, lebte seit 1950 in Rom (betrieb gleichzeitig ein Atelier in Venedig). Stud.: bis 1937 Liceo Artist. in Neapel (Dipl.); Scuola Superiore di Archit., Scuola Libera del Nudo und ABA Rom, bei Gaetano Paloscia und Carlo Siviero. 1943 Lehrbefähigung (Zeichnen). 1967–71 Ltg der Scuole d'Arte E. Rolli und G. Valadier in Rom. Steht 1971 zur Wahl für den Lehrstuhl für figürl. Zeichnen der Accad. Albertina in Turin. 1972 Doz. für figürl. Zeichnen an der ABA Neapel; 1976 Qualifikation für den Lehrstuhl für Malerei an der ABA Florenz. – D. durchläuft romant.-impressionist., expressionist. und postexpressionist. Schaffensphasen. Anfangs v.a. Pastelle; auch Lsch. in Öl mit kräftigen Hell-Dunkel-Effekten in gebrochenen Farben. Dann Formverfestigung und individuellere Motivwahl (Figürl., Stillleben) sowie schlichte (Stadt-)Lsch. voller Harmonie und ruhiger Schönheit. Im Spätwerk beeinflußt durch postkubist. Tendenzen. Mitgl. zahlr. KA, des Ordine dei Pittori Professionisti Europei, Cavaliere Ufficiale del Ordine di Merito della Repubblica Italiana. 🏛 ASSISI, Gall. del Santuario di S. Francesco. ROM, GAM del Comune di Roma. – Mus. Capitolini. VENEDIG, MAM Ca' Pesaro. 👁 *G:* 1966 Montecatini, ABA: Mostra Pitt. e Scult. Europ.; Ancona: Mostra Disegno Internaz. 🕮 *M. Ricci*, Enc. degli artisti ital., I, Foggia 1961; *Comanducci* II, 1971; DizESA III, 1971 (Ausst.-Verz.); Arte ital. per il mondo, VI, T. 1979; *Sorrenti*, 1990. S.-W. S.

Demarki, *N.* → **Demarchi,** *V.*

Demarle, *A.*, frz. Zeichner, Lithograph, 2. H. 19. Jh. u.a. in Strasbourg tätig. Fertigte 1867–69 Zchngn (Schloßansichten von Andlau, Freundstein, Landsberg, Osthouse u.a.; Portr. elsäss. Adliger) zur Ill. (gestochen von P. Ulrich) für „L'Alsace noble" von Ernest Lehr. 🕮 ThB9, 1913. *Bauer/Carpentier* I, 1984; *Lotz*, 1800–1880, 1991; Complément au tome 3, in: *Lotz*, Avant 1800, 1994. – IFF, Après1800 VI, 1953. C. R.

Demarle, *Alexis*, frz. Radierer, Maler, * 1872 Paris, dort tätig. Schüler der Acad. Cormois. Bekannt mit Eugène Carrière (um 1902). Radiert frz., holl. und norddt. Lsch.; ferner Zchngn und Pastelle. 👁 *E:* 1912 München, Kunstsalon Steinicke. – *G:* ab 1903 Paris, Salon de la Soc. Nat. des BA und des Indépendants. 🕮 ThB9, 1913. *Bénézit* III, 1976.

Demarmels, *Hans*, schweiz. Architekt, * 16. 10. 1931 Zürich, lebt dort. 1947–50 ebd. Lehre in einem Archit.-Büro, 1950–52 Praktikum als Maurer und Zimmermann. Reisen: 1952/1953 Mittelmeerländer, Naher Osten, 1953–57 Tätigkeit als Architekt und Innenarchitekt im Libanon, 1958 Irak, ab 1959 eig. Büro in Zürich. – D. entwirft Ein- und Mehrfamilienhäuser und entwickelt ein System für vorgefertigte Bauten aus Betonelementen, Fabrikation aller Einzelteile, z.T. auch der Möbel. 🏛 GEROLDSWIL: Überbauung Steinhalde, 1962/63. 🕮 Bauen und Wohnen 24:1969 (9). N. B.

Demarmels, *Ludwig*, schweiz. Maler, Graphiker, Zeichner, Illustrator, Bildhauer, Bühnenbildner, Collagist, Konzeptkünstler, * 4. 9. 1917 Stierva/Graubünden, † 21. 7. 1992 Romanshorn/Thurgau. Bürger von Salouf/Graubünden. 1933–37 Lehre als Dekorationsmaler, daneben Ausb. bei Oswald Saxer. 1940–44 freischaffend. Stud.: 1943/44 Priv. Akad. Henry Zabel in Zürich. 1947–68 eig. Atelier für Dekorationsmalerei in Davos. Ab 1951 in Romanshorn ansässig. Nach 1968 ausschl. freischaffender Künstler. – Bes. baugebundene Werke, Wandbilder in Fresko- und Seccomalerei, als Sgrafitti, Reliefs, außerdem Skulpt. in Holz, Beton und Eisen. Daneben Gem. (Öl, Acryl, Aqu.) mit Graubündner Motiven, später auch Lsch. vom Bodensee. Außerdem Zchngn, Lith. und Hschn. im Schwarzweiß-Kontrast sowie Ill., u.a. zu *Detgas e praulas da Surmeir*, Turitg/Coira 1988. 🏛 MARMORERA, Gemeindehaus: Wand-Gem., 1975. ROMANSHORN, Gaswerk: Wand-Gem., 1965. – Minigolfanlage: Betonplastik, 1972. SAVOGNIN, Hotel Piz Mitgel: Wand-Gem., 1968. STIERVA, Schul- und Gemeindehaus: Fassadenrelief, 1970. 👁 *E:* 1959 Zürich, Gal. Beno / 1985 Sempach, Zyt Gal. (K). 🕮 KVS, 1991; LZSK, 1981 (TV- und Radio-Reports); Biogr. Lex. der Schweizer Kunst, I, Z. 1998. – Thurgauer Künstler, Dokumentation, Amriswil 1979; *L. Uffer*, Impressiuns Grischunas, Mappe mit Reproduktionen nach L. D., Disentis 1983; *H. J. Soldat*, Calender Romontsch 125:1984, 159–168; *M. Tobler*, L. D., Disentis 1987; *id.*, Thurgauer Jahresmappe 1988, 20–25; *id.*, Terra Grischuna 48:1989 (3) 56 ss.; *D. Larese*, Thurgauer Künstlergruppe, Amriswil 1991. D. T.

Demarmels (Liesch-D.), *Madlaina*, schweiz. Malerin, Zeichnerin, Bildhauerin, * 10. 3. 1929 Scuol. 1947–48 im Atelier von Edgar Vital; anschl. Stud.: 1948–49 SchA, Nottingham; 1949–50 Acad. de la Grande Chaumière, Paris, bei André Lhote. 1951–52 Bühnenbild-Ass. von Max Röthlisberger am Opernhaus Zürich. 1953–65 eig. Atelier in Scoul, anschl. in Zürich. Ausz.: 1982 Kunstpreis Kt. Graubünden. – In den 60er und 70er Jahren v.a. abstrakte Gem. (z.B. *Tönende Grenze*), in denen D. die Formgrenzen im Bild durch Ritzungen und Verkrustungen aufbricht, die reiche Nuancierung der Farben gibt diesen darüberhinaus symbol. Bedeutung. Später spannungsvolle Arbeiten (u.a. Collagen, Installationen, Objekte, Zchngn, Wandgestaltungen, Tapisserien und Fotogr.), die Elemente und Formen versch. Herkunft (z.B. geolog. Anordnungen und antike Spolien) zu metaphys. Aussagen verdichten. In der Werkgruppe *Quellas da Russonch* (1982–84) aus 13 Gem. und 13 Gipsfiguren verbindet D. Malerei und Skulptur. 🏛 CHUR, Gewerbeschule: Holzwand, 1970. – Barblanschulhaus: Tapisserie, 1971. – Bündner Kantonalbank, 1980. DAVOS, Krankenhaus, Speisesaal: Wandgestaltung, 1977. LAVIN, Scuola da paurs, 1961. MAIENFELD, Försterschule: Tapisserie, 1976. MEILEN, Bahnhof: Farbkonzept, 1988. 👁 *E:* 1973 Zürich, Gal. Trittligasse / 1985 Glarus, Kunsthaus (K). 🕮 LZSK, 1981; KVS, 1991; Biogr. Lex. der Schweizer Kunst, I, Z. 1998. – *S. Golowin*, M. D., Bilder 1974–79 (K Torkel-Gal. Maienfeld), Z. 1979 (Ausst.); *C. Könz*, Il chalender ladin 1981 (71) 73 s. T. Gr.

Demarne, frz. Porzellanmaler, 1808–14 in der Porzellan-Man. in Sèvres. ▭ ThB9, 1913. *Bénézit* III, 1976.

Demarne, *Caroline*, frz. Landschafts- und Porzellanmalerin, 1822–25 in der Man. von Sèvres tätig. ∞ Maler Jean François Robert; Tochter von Jean-Louis D., von dem sie einige Werke kopiert, die unter seinem Namen verkauft werden. ▭ ThB9, 1913. – De la nature. Paysages de Poussin à Courbet dans les coll. du Mus. Fabre (K), Montpellier 1996. R. T.

Demarne (De Marne), *Jean-Louis* (gen. Demarnette), Maler, Radierer, * vermutl. 1752 (oder 22. 1. [lt. ThB] bzw. 7. 3. 1754 [lt. Flippo]) Brüssel, † 24. 3. 1829 Paris. Vater von Caroline D. Nach dem Tod seines Vaters, eines in Brüssel stationierten Offiziers, geht D. 12jährig mit der Mutter nach Paris. Ab 1769 Schüler des Historienmalers Gabriel Briard. 1774 (in Konkurrenz zu Jacques-Louis David) erfolglose Teiln. am Wettb. um den Rompreis. Aus Enttäuschung über die Historienmalerei gestaltet D. nun Lsch. und Genreszenen, zumeist mit Tieren. 1783 „agréé" der Acad. royale de Peint. et de Sculpt. mit *Paysage avec animaux* (wird jedoch nie vollwertiges Mitgl.). Im selben Jahr zus. mit dem befreundeten Maler Nicolas Antoine Taunay Reise in die Frz. Schweiz, wo D. Stud. nach der Natur malt; Harambourg vermutet aufgrund mehrerer Werktitel zudem einen Aufenthalt in der Normandie (z.B. *Une foire de Normandie*, Salon 1812; *Vue des côtes de Normandie*, Salon 1824). Wohl vorrangig auf kommerziellen Erfolg ausgerichtet, ist D. wenig ambitioniert auf Ehrungen durch öff. Institutionen; so kommt er kaum in den Genuß des Mäzenatentums von Napoleon I. und lehnt 1815 die Mitgliedschaft im Institut de France ab; 1828 nimmt er lediglich die Ausz. als Ritter der Ehrenlegion an. Bereits zu Lebzeiten ist D. bei bed. Sammlern sehr gefragt, v.a. dem Comte de Nape (1817 im Bes. von 13 Werken; überdies Verfasser von D.s erster Biogr. nach dessen eig. Ber.), der Kaiserin Joséphine (vier Stück), dem Maler Carle Vernet und bes. russ. Aristokraten. Auch offizielle Aufträge bleiben nicht aus, z.B. 1806 von Dominique Vivant Denon zur Darst. *Napoléon et Pie VII à Fontainebleau* für das Schloß in Fontainebleau (1808 voll., heute in Versailles, Château; der landschaftl. Hintergrund ist von Alexandre Hyacinthe Dunouy). 1815 erwirbt der frz. Staat die beiden wichtigen Werke *La Route* und *La Foire* (beide in Paris, Louvre). Trotz des konstanten Erfolgs ist D. aus unbek. Gründen gezwungen, 1809–13 in der Man. von Sèvres Porzellan mit den ab E. 18. Jh. sehr beliebten Schäferszenen zu dekorieren. – Obwohl sich D.s Laufbahn in Frankreich vollzieht, ist er v.a. von der holl. Malerei des 17. Jh. geprägt und stark an Künstlern wie Karel Dujardin und Nicolaes Berchem (bes. bei Tieren) sowie an Aelbert Jacobsz. Cuyp, Adriaen und Isaac van Ostade orientiert. Char. für die häufig nach der Natur gemalten Bilder ist ihre minutiöse Wiedergabe in kurzem, prägnantem Duktus sowie die geschickte und bemerkenswert einfühlsame Darst. von atmosphär. und Lichteffekten. Damit ist D. ein viell. nicht gebührend gewürdigter Repräsentant der sich im 18. Jh. unter dem Einfluß der holl. Malerei herausbildenden frz. Lsch.-Malerei und gilt in gewissem Sinn als ein Vorläufer der Schule von Barbizon. Sein umfangreiches Œuvre (Watelin beziffert es allein auf mehr als 1000 Gem.) umfaßt v.a. ländl., oftmals durch anekdotenhafte Darst. belebte Ansichten (z.B. *Une foire à la porte d'une auberge*, Salon 1814, Paris, Louvre), Märkte, zumeist Viehmärkte, mit denen D. seinen Erfolg begründet (*Un marché aux bœufs*, Salon 1808), weitere Tierszenen, häufig weidende Herden (*Animaux dans un Pâturage*, Salon 1822), Marinen, bes. Strandszenen mit Fischern (*Une prise sur les bords de la mer*, Cherbourg, Mus. Thomas Henry), und für ihn ganz bes. typ. Straßenszenen (*La route de Bagneux*). D. haftet der Makel an, dasselbe Motiv sehr häufig wiederholt zu haben; diese offenbar den Wünschen der Auftraggeber geschuldete Praxis verhilft ihm jedoch zu jener ihn auszeichnenden Originalität, mit der er die Motive durch figürl. Staffage (Reisende, Hirten mit ihren Herden, Kinder) u.a. Beiwerk (Postkutschen, Getreidefuhrwerke, Flüsse, Brücken, Gehöfte, Gebäude) einfallsreich variiert und belebt (*Une grande route avec une diligence*, Paris, Louvre). Bisweilen greift er im späteren Schaffen auch wieder auf hist. Themen zurück (*Cincinnatus de retour à sa charrue*, 1795, verschollen; *La bataille de Nazareth*, 1801), gestaltet mytholog. Darst. (*Enfance de Bacchus*, Montpellier, Mus. Fabre) und orientiert sich am sog. Troubadour-Stil mit einer Vorliebe für got. Ädikulen, Brunnen und ma. Schlösser (*Le Pont près du château*, Dijon, MBA). Zudem entstehen gemeinschaftl. Werke mit befreundeten Malern; so gestaltet D. die figürl. Staffage zu Lsch. von Lancelot Théodore de Turpin de Crissé, César Van Loo, Georges Michel, Lazare Bruandet, Louis Léopold Boilly, Jacques François Joseph Swebach, Simon Mathurin Lantarat, Xavier Leprince und Alexandre Louis Robert Millin du Perreux. Seine spezif. Malweise findet auch viele Nachahmer, z.B. Alexandre Pau de Saint-Martin, Jean-François Demay, Philippe Budelot, Jean-Baptiste Gabriel Langlacé sowie die Schüler Jean François Robert (D.s Schwiegersohn) und Symphorien Lajoye. Die in der Malerei bewährten Themen behandelt D. auch im graph. Œuvre; lt. IFF sind ca. 40 Rad. und einige Lith. bek., bei denen es ihm wiederum gelingt, Einflüsse der holl. Malerei mit der eig. tiefen Naturverbundenheit in Einklang zu bringen; erwähnenswert sind v.a. die Rad. *Le troupeau sur le pont* (Hw.) und *Le Marchand de légumes à la campagne* sowie die Lith. *Intérieur d'une cour* und *L'abreuvoir*. Andererseits dienen D.s Gem. als Vorlagen für Kpst., z.B. von Adam Piliński, und Lith., so von Gottfried Engelmann, François Séraphin Delpech und Jules de Bonnemaison. ⌂ AMIENS, Mus. de Picardie. BESANÇON, MBA. BORDEAUX, MBA. BRÜSSEL, Mus. d'Art ancien. – MRBAB. CHATEAUROUX, Mus. Bertrand. CHERBOURG, Mus. Thomas Henry. DIEPPE, Château-Mus. DIJON, MBA. DOLE, Mus. mun. DUNKERQUE, MBA. GRAY, Mus. Baron Martin. GRENOBLE, Mus. de Peint. et de Sculpt. LE HAVRE, MBA André Malraux. LYON, MBA. MONTPELLIER, Mus. Fabre. MOSKAU, Puškin-MBK. MÜNCHEN, BSGS. ORLEANS, MBA. PARIS, Louvre. – Petit Pal. – Mus. Marmottan. QUIMPER, MBA. ROUEN, MBA et de la Céramique. ST. PETERSBURG, Ermitage. TOULOUSE, Mus. des Augustins. VALENCE, Mus. mun. VALENCIENNES, MBA. VERSAILLES, Château.

◉ *G:* 1783–1827 Paris, Salon (1806 und 1819 Med. 1. Kl.). ▭ ThB24, 1930 (s.v. Marne, Jean Louis). *Wilenski* II, 1960; DBF X, 1965; *Berko*, 1981; *Flippo*, 1981; *Harambourg*, 1985; *Schweers* III, 1994; DA VIII, 1996; *Bénézit* IV, 1999. – IFF, Après1800 VI, 1953; Kat. Kartinnoj Gal. (K), Mo. 1961; *Vergnet-Ruiz/Laclotte*, 1962; *J. Watelin*, Le peintre J.-L. De Marne, 1752–1829, P./ Lausanne 1962 (Bibl. des arts, 10); *D. Romand*, Gaz. de l'Hôtel Drouot 81:1972 (36) 18 ss.; 81:1972 (38) 20 s.; 81:1972 (40) 22 s.; Gos. Ermitaž. Zapadnoevropejskaja živopis' (K), I, Le. 1976; Christie's (Aukt.), Lo. 18. 4. 1980; 1. 5. 1981; 7.–9. 7. 1981; 23. 3. 1984; MRBAB. Cat. inv. de la peint. mod., Br. 1984; De la nature. Paysages de Poussin à Courbet dans les coll. du Mus. Fabre (K), Montpellier 1996. R. T.

Demarne, *Michel*, Kupferstecher in Paris, A. 18. Jh. Am 13. 9. 1726 in einem Mietvertrag dok. belegt. Bek. sind sieben Bll. für Cartouches nouv. dédiées à Monsieur Robert de Cote ... gravée par M. D. en 1727 ... A Paris, chez Demarne. 1743 urkdl. „graveur de la Reine et architecte" genannt. Lt. Bayón/Marx gilt eine von einem D. ill. Bibel (dat. 1728, Rio de Janeiro, Bibl. nac.) als Vorlage für sechs Tafeln in der Kirche San Francisco in Ouro Preto/Brasilien. ▭ ThB9, 1913. *Bénézit* III, 1976. – *Rambaud* II, 1971; *D. Bayón/M. Marx*, Hist. of South Amer. colonial art and archit., N. Y. 1989.

Demarne, *Pierre*, frz. Maler, Zeichner, * 24. 12. 1924 Paris, † 31. 1. 1999, lebte in Neuilly-sur-Seine. Zunächst Stud. der Psychologie (Promotion) in Paris. 1947 Begegnung mit André Breton und Anschluß an die Gruppe der Surrealisten sowie Kontakte zu Matisse, Picasso, Chagall, Magritte und den Schriftstellern Albert Camus und Raymond Queneau. 1956 Mitgl. der Bewegung Phases um Edouard Jaguer. 1960 in New York, dort Begegnung mit Marcel Duchamp. 1965 Mitgl. der Acad. de Neuilly. – Surrealist., enigmat. Gem., Feder-Zchngn (z.B. *Symbole*) und Lith. (u.a. für Notre Ile de Pâques, 1990; Text von Michel Butor), in denen Elemente der Schrift (Buchstaben) mit einem farbig und bildner. reduzierten Vokabular (oft schwarz-weiß oder zwei Farbfelder) zu Gebilden verknüpft werden, die wie Stelen, Totems oder Megalithe anmuten, welche D. mit stilisierten Umrissen menschlicher Figuren konfrontiert. Neuere Arbeiten belegen dabei eine intensive Auseinandersetzung mit den Schriften von Sigmund Freud (*Hommage à Freud*, 1994). ✉ Bref étoile (Ill. von Jacques Herold), P. 1951; Pure peine perdue (Ill. von Henri Matisse und Marc Chagall), P. 1955; *D./M. Rouquerol*, Les ordinatuers, P. 1959 („Que sais-je?" – Le point des connaissances actuelles, 832); Neubearbeitung ed. P., 1998; René Magritte (Ill. von Magritte), Tilleur-lez-Liège 1961; L'art et l'ordinateur; Art, artistes, U.N.P.F., P. 1977; 1987 Muets chevalets, Neuilly-sur-Seine 1987; Art, artistes 1998 (Febr.)(Schriften 1977–87) ◉ *E:* 1960 New York, Gall. D'Arcy / Paris: 1956 Gal. Creuze (mit Henri Pinhas); 1970, '80 Gal. de Seine; 1980, '90, '95 Gal. 20 / 1993 Evreux, Gal. Entrevisions. – *G:* 1947 Paris, Expos. internat. du Surréalisme / 1960 New York, Internat. Surrealismus-Ausst. / 1989 Mailand, Expos. i Surrealisti; Frankfurt am Main, Schirn KH: Die Surrealisten (K). – *G:* 1997 Cordes sur Ciel, Maison Fonpeyrouse: Francis Meunier – sesamis surréalistes (auch künstler. Berater). ▭ P. D. Dessins, peint., Narbonne 1994 (Lit.). – Mitt. D. (1995); L. Demarne, Neuilly-sur-Seine. K. S.-D.

Demarnette → **Demarne,** *Jean-Louis*

Demarquay, *Barthélemy Eugène*, frz. Genremaler, * 19. 3. 1818 Paris, lebte dort. Schüler von Nicolas-Toussaint Charlet (?). ◉ *G:* 1844, '48, '51 Paris, Salon. ▭ ThB9, 1913. *Bénézit* III, 1976. C. R.

Demarquet, *Irma* → **Crauk,** *Irma*

Demarquet-Crauk, *Narcisse Désiré* (eigtl. Demarquet, *Désiré Narcisse*), frz. Maler, * 30. 5. 1846 Amiens, † 29. 11. 1923 Incheville/Seine-Maritime. ⚭ um 1879 die Malerin Irma Crauk. In Amiens Schüler von Alexandre Ségé und Charles Alexandre Crauk, dem späteren Schwiegervater. 1880 im Pariser Salon zus. mit der Ehefrau, mit der D. für die Kirche von La Chaussée-Tirancourt/Somme eine mon. Darst. malt. Ab 1889 Prof. für Zeichnen an der Ec. spéciale militaire von Saint-Cyr; mit dem Schwiegervater publiziert D. die Slg *Croquis rapides et vues d'après nature* (mit Anleitungen zum perspektiv. Zeichnen). Ritter der Ehrenlegion. ▭ ThB9, 1913 (im Art. Demarquet, Irma). *Bellier/Auvray*, Suppl., 1887; *Bénézit* IV, 1999. – Valenciennes, Bibl. mun.: *E. D. Fromentin*, L'éc. valenciennoise, IV, 224 (Ms.).
J. C. Poinsignon

De Mars, *Vernon Armand*, US-amer. Architekt, Stadt- und Landschaftsplaner, * 26. 2. 1908 San Francisco, lebt in Berkeley/Calif. Stud.: 1925–31 Univ. of California, ebd. 1937–43 tätig für die US Farm Security Administration der Weststaaten. 1939 in San Francisco Gründung der Stadt- und Regionalplanungsorganisation TELESIS zus. mit Burton Cairns, Joseph McCarthy, Garrett Eckbo, T. J. Kent und Francis Violich. 1943–44 Leiter der Housing Standards Section bei der Nat. Housing Agency in Washington/D. C. Teiln. am 2. WK. 1950–65 Partnerschaft mit Donald Reay als D. and Reay in Berkeley, ab 1965 mit John Wells als D. and Wells, ebd. 1975 Ruhestand. Lehrtätigkeit: 1947–49 Massachusetts Inst. of Technology, Cambridge; 1951–75 in versch. Positionen an der Univ. of California, Berkeley. Mitgl.: AIA (1964 Fellow); Amer. Soc. of Landscape Architects; Assoc. of Amer. Univ. Ausz. und Preise: u.a. 1957, '63 AIA Awards; 1958, '59, '60 Preise der Zs. Progressive Archit.; 1978 First Honor Award des AIA, Northern California Chapter. – D.s berufliche Laufbahn beginnt mit einer Tätigkeit im staatl. Verwaltungsdienst. Unter Einhaltung strenger funktionaler, ökonom., klimatischer und soziolog. Auflagen betraut mit der neuen Aufgabe, Siedlungen samt Kirchen, Schulen, Krankenhäuser etc. für Landarbeiter zu bauen. Die Wohnungen sind in Reihen jeweils gleicher Zeilen untergebracht, deren Formensprache modern, die Bauweise teilw. trad. ist (Adobe-Bauweise in Chandler). Ab M. der 40er Jahre setzt ein Wandel ein, den er zunächst nur theoretisch artikuliert, mit der Gründung des eig. Büros auch praktisch umsetzt. Bei entschiedener Abkehr von einer strengen Ordnung im Sinne von Mies van der Rohe und damit verbundener Uniformität propagiert D. nun die funktional-stilist. Vielfalt innerhalb eines Projekts, um den individuellen Bedürfnissen der Bewohner besser gerecht zu werden und die Vitalität ganzer Siedlungen zu fördern. Die konsequenteste Umsetzung dieser wie er sie nennt „planned chaos"-Philosophie gelingt ihm mit dem Student Center der Univ. of California, Berkeley (mit Donald Hardison, Wettb. 1. Preis, 1960–69), wobei Größe und Stil der vier Gebäude stark differieren und dem Platz nach Vorbild gewachsener europ. Städte eine wichtige Rolle zukommt. Daneben entstanden Wohnsiedlungen mit großen Freiflächen und Bauten mit unterschiedlichen Baukörpern wie Punkthochhäuser und kleinteilige flache Bauten. 🏛 BERKELEY/Cal., 240 The Uplands: eig. Wohnhaus, 1951. – Univ. of California: Lawrence Hall of Sc., 1962; Wurster Hall of Sc. (mit Joseph Esherick und Donald Olsen), 1965; Wheeler Hall, 1973. CHANDLER/Ariz.: Cooperative Farm and Workers' Housing, 1937–43. HAMILTON NEW TOWN/Cal.: Bebauungsplan (mit Livingston and Blayney und Lawrence Halprin), 1965. OAKLAND, California College of Arts and Crafts: Bibliotheks- und Schulgebäude, 1968. RICHMOND/Cal.: Easter Hill Village (mit Donald Hardison), 1954. SACRAMENTO/Cal.: Capitol Towers (mit Wurster, Bernardi and Emmons und Edward Larrabee Barnes, Wettb. 1. Preis), 1958–65; Bebauungsplan zur Sanierung des hist. Hafengebiets (mit Candeub, Fleissig and Assoc.), 1963; (mit Robert D. Hill), 1968. – California State Univ.: Student Union, 1975. SAN FRANCISCO: Marin City (Wettb. 1. Preis), 1958–65; Golden Gateway Sanierung (mit Wurster, Bernardi and Emmons, Wettb. 1. Preis), 1959–66. SANTA MONICA/Cal.: Ocean Park, 1961. SUNNYVALE/Cal.: Aster Park, 1974. WALNUT CREEK/Cal.: Bebauungsplan für das Behördenviertel, 1960–73. WOODVILLE b. Portersville/Cal.: Farm Workers' Center, 1937–43. YUBA CITY/Cal.: Farm Workers' Center, 1937–43. ✉ Look homeward, housing!, ArchitRec 99:1946, 86–89; Diskussionsteilnahme über Student Center, Univ. of California, ProgrArchit 39:1958 (Dez.) 81–84. ⊙ *G:* 1940 San Francisco, MMA: TELESIS / 1944 New York, MMA: Built in U. S. A.; ebd.: Homes for Tomorrow / 1957 Washington (D. C.), AIA: 10 Buildings of Architects. 📖 Vo3, 1956 (s.v. Mars, Vernon de). *A. L. Morgan/C. Naylor* (Ed.), Contemp. architects, Chicago [2]1987; *L. Krantz* (Ed.), Amer. architects, N. Y./Ox. 1989; *M. Emanuel u.a.* (Ed.), Contemp. architects, N. Y. u.a. [3]1994; Dict. de l'archit. du XX[e] s., P. 1996. – *L. Wodehouse*, Amer. architects from the First World War to the present, Detroit, Mich. 1977; *A. Roth*, La nouvelle archit., Z. 1940; ArchitForum 74:1941 (Jan.) 2–16; 115:1961 (Okt.) 112 s.; 124:1966 (Jan.-Febr.) 56–63; ArchitRev 121:1957 (Mai) 336–386; ProgrArchit 41:1960 (Jan) 100–107; Art and archit. 77:1960 (Nov.) 18 s.; Baumeister 59:1962 (6) 543–549; *W. Condit*, Amer. building, Chicago 1969; *P. Heyer*, Architects on archit., N. Y. 1978; *S. B./J. M. Woodbridge*, Archit. San Francisco. The guide, San Francisco 1982. M. Römisch

Demarteau, *Antoine-Joseph* cf. **Demarteau,** *Gilles Antoine*

Demarteau, *Gilles*, frz. Stecher, Radierer, Kunstverleger, * 19. 1. 1722 Lüttich, † 31. 7. 1776 Paris. Sohn eines Henri D.; Bruder des Goldschmieds *Joseph D.*; Onkel von Gilles Antoine D. Wie sein Bruder erlernte er zunächst beim Vater, einem Waffenschmied, die Metallgravur und das Goldschmiedehandwerk. Stud. bei den Jesuiten des Collège d'Isle und zweifellos auch an der Akad. bei Coclers. Dem Bruder folgend 1739 in Paris Forts. der Ausb. bei Lacolombe als „Orfèvre-ciseleur", möglicherweise auch bei Roettiers. Meisterpatent am 12. 3. 1746. Einbürgerung 1749. Nachdem D. im Anschluß an seine Lehrzeit hauptsächl. als Ornamentstecher, u.a. bei Lacolombe, tätig war – 1751 erhielt er diesbezügl. für zehn Jahre ein kgl. Privileg – etablierte er 1755 in der Rue de la Pelleterie eine Stecherwerkstatt und einen Kunstverlag, mit dem er sich durch virtuose Stiche in der neuen Crayonmanier rasch einen Namen machte. Nach ersten, noch zögerlichen Versuchen (*Vue des environs de Hanovre*, unsign., um 1756) entwickelte D. erst im Laufe seiner sechs *Livres d'ornements* (1757–59) eine überzeugende Methode der drucktechn. Faksimilierung von Kreidezeichnungen. Entscheidend war wohl die zeitweilige Mitarb. von Charles Nicolas Cochin, der bei dem Stecher Jean-Charles François, mit dem sich D. um die Urheberschaft an dem neuen Verfahren stritt, eine verbesserte Methode der Crayonmanier kennengelernt hatte und diese in D.s Wkst. einbrachte. Unterdessen gab er sein urspr. Handwerk nicht auf: 1762 wurde er bei der Monnaie de Paris als „Graveur-Ciseleur" vereidigt. In der Folgezeit entstanden mehr als 500 Bll. in Kreidemanier, die wegen ihrer techn. Brillanz und niedriger Preise bei den Zeitgen. großen Anklang fanden. Namentlich Diderot erwähnt D.s Arbeiten mehrfach in seinen Salonberichten (u.a. 1767) und äußert sich enthusiastisch über das Vermögen, Kreide-Zchngn täuschend ähnlich wiederzugeben. Zwar führt das von Gilles Antoine D. 1788 erstellte WV von D. mehr als 600 numerierte Stiche auf, doch dürfte die tatsächl. Zahl wegen der nicht aufgenommenen Ornamentstiche bei über 700 liegen. Es handelt sich im wesentlichen um Stichreproduktionen nach Stud.-Zchngn zeitgen. frz. Meister in Kreidemanier, die Rötel oder schwarze Kreiden imitieren und gelegentlich auch die beiden Farben kombinieren (zuerst Mai 1767 *Kopf eines bärtigen Alten* und drei Frauenköpfe nach François Boucher). Am häufigsten reproduzierte D. Vorlagen von Boucher, zu dessen europ. Wirkung als Meister der Zchng nicht zuletzt D.s Reprod. beigetragen haben (z.B. *Naïades et Triton* nach Vorstudien zu dessen Gem. Lever du soleil, Le Petit Jardinier, Vénus couronnée u. v. a.). Daneben reproduzierte D. auch Hand-Zchngn von Zeitgen. wie Charles Dagomer, Edme Bouchardon, Jean-Baptiste Huet, Charles Parrocel, Jean-Baptiste Marie Pierre, Carle van Loo oder Le Prince, gelegentl. auch in Form von Studienbüchern, die für den akad. Unterricht bestimmt waren. Nach einer Zchng von Cochin von 1760 entstand D.s Hw. *Licurgue blessé dans une sedition*, das er als Rezeptionsstück für seine Aufnahme in die Acad. royale einreichte (zugelassen 26. 4. 1766, aufgenommen 2. 9. 1769). Wegen der Verdienste um die Perfektionierung der Crayonmanier sprach ihm Ludwig XV. im Dez. 1770 die früher seinem kurz zuvor verstorbenen Rivalen François gewährte Pension von 600 Livres zu und ernannte D. zum Graveur du Roy. Am 13. 11. 1771 erhielt er von der Akad. die Genehmigung, mehrere der berühmtesten

Akt-Zchngn, die sie zu pädagog. Zwecken aufbewahrte, in Kreidemanier zu stechen. D. hatte mehrere Schüler, darunter Louis Bernard Coclers, Jean-Baptiste Le Prince, Pierre-Joseph und Henri-Joseph Redouté, Joseph und Nicolas Varin und vor allem seinen Neffen Gilles Antoine D., den er 1776 als Mitarb. aufnahm, woraus heute eine Reihe von Zuschr.-Problemen resultiert. – D.s Verkaufsraum in der Rue de la Pelleterie statteten Boucher, Fragonard und J. B. Huet um 1765 mit großformatigen Trompe-l'Œil-Gem. aus (heute im Mus. Carnavalet, Paris). Er bezeugt die tiefe Verbindung, die zw. D. und den Künstlern, mit denen er zusammenarbeitete, bestanden haben muß. D. hinterließ zahlr. Stiche in Kreidemanier nach diesem Dekor. – In dem von dem Notar Boutet erstellten Nachlaß-Inv. vom 31. 7. 1776 wird sein Vermögen auf 44. 000 Livres geschätzt. ⌂ PARIS, BN. ☐ ThB9, 1913. *Dacier*, 1925; *Du Peloux* I, 1930; DBF X, 1965; *Bénézit* III, 1976; Das große Lex. der Graphik, Bg. 1984; DA VIII, 1996. – *A. Guérinet* (Ed.), Œvre de différents genres dessinée par J. B. Huet ... et gravée par Demarteau ..., P. s.a. (nach 1900); *M. Bouchot*, Rev. de l'art ancien et mod. 18:1905, 97–112; *A. de Neuville*, G. D., Turnhout 1920; *E. Dacier*, Byblis 1923 (Frühjahr) 39–48; Expos. de l'œuvre de G. D. (K Soc. lyonnaise des amis de la gravure), Lyon 1923; *J. Hérold*, Jean-Charles François, P. 1931; *id.*, Louis-Marin Bonnet, P. 1935; *A. Watt*, Apollo 29:1939, 86–89; *H. Glaesener*, Rev. des ét. hist. 106:1939, 41–44; Expos. d'estampes de Gilles & Gilles-Antoine D. (K Bibl. de l'Univ. de Liège), Lüttich 1946; *J. R. Thomé*, Du baroque à François Boucher, P. 1947; IFF, GravXVIII VI, 1949; *A. Weixlgärtner*, Göteborgs KM arstryck 1955/56, 45–93; *H. Maedebach*, Frz. Farbstiche (1735–1815) aus dem Kpst.-Kab. der Veste Coburg (K), Coburg 1965; *C. Young*, Allen Memorial AM bull. (Oberlin) 26:1968/69, 106–115; *R. S. Slatkin*, Master drawings 10:1972, 264–283; *J. Wilhelm*, Bull. du Mus. Carnavalet 28:1975 (1) 6–20; *A. de Gaigneron*, Connaissance des arts 279:1975, 98 s.; Meisterwerke europ. Graphik. 15.–18. Jh. aus dem Bes. des Kpst.-Kab. Coburg (K), Coburg ²1976, 109; *A. Habets*, La vie wallonne 51:1977, 26–29; *P. Jean-Richard*, L'œuvre gravé de François Boucher dans la coll. Edmond de Rothschild (K), P. 1978; Regency to Empire. French printmaking 1715–1814 (K Minneapolis/Baltimore), Baltimore, Md. u.a. 1984; *A. Griffiths*, Print quart. 4:1987, 255–270 (bes. 256 s.). R. Feurer/J. Raineau

Demarteau, *Gilles Antoine* (gen. D. le Jeune), frz. Stecher, Kunstverleger, * 1750 Lüttich, † 8. 9. 1802 Paris. Neffe und Schüler von Gilles D. Sohn von *Joseph D.*, der am Quai des Orfèvres eine Goldschmiede-Wkst. hatte; Bruder des Goldschmieds *Antoine-Joseph*, der nach dem Tod des Vaters 1776 die Wkst. übernimmt. Schwiegersohn von Jacques Aliamet und Marie Henot, beide Stecher. Vater des *Jacques-Antoine D.* und des Ing. Jacques-Marie-Alexandre D. Führte nach dem Tod seines Onkels 1776 dessen Kunstverlag in der Rue de la Pelleterie fort, bezog aber bereits 1777 ein neues Verlagshaus im Cloître Saint Benoît, Ecke Rue des Mathurins. 1788 gab er einen Kat. der Stiche des Onkels und der eig. heraus. Er stach in techn. meisterhafter Crayonmanier Rötel- und Kreide-Zchngn zeitgen. Meister, v.a. von Jean-Baptiste Huet, Le Prince (*La Femme blessée*), Boucher (*Vénus à sa toilette*), Watteau (*Cahier de figures*), Landschaften nach Dubois u.a., jedoch mit geringerem Erfolg als sein Onkel. Während der Revolution stellte er jede Tätigkeit ein, nachdem sein Name auf die Liste der verdächtigten Personen gesetzt worden war, und konnte sie erst unter dem Directoire wieder aufnehmen. ⌂ PARIS, BN. ☐ ThB9, 1913. *Du Peloux* I, 1930; *Bénézit* III, 1976; DA VIII, 1996. – *R. Berliner*, Ornamentale Vorlagenblätter des 15.–18. Jh., I, L. 1926, 106; IFF, GravXVIII VI, 1949; IFF, Après 1800 VI, 1953; *H. Maedebach*, Frz. Farbstiche (1735–1815) aus dem Kpst.-Kab. der Veste Coburg (K), Coburg 1965; *J. Wilhelm*, Bull. du Mus. Carnavalet 28:1975 (1) 6–20; *P. Jean-Richard*, L'Œuvre gravé de François Boucher dans la coll. Edmond de Rothschild (K), P. 1978; *S. Costa*, in: L'Estasi di S. Cecilia di Raffaello da Urbino nella PN di Bologna (K), Bo. 1983, 205–211; *A. Griffiths*, Print quart. 4:1987 (3) 255–270; Regency to Empire. French printmaking 1715–1814 (K Wander-Ausst.), Minneapolis/Minn. 1984, 174 s., Nrn 74, 95; *B. Schumann*, Weltkunst 61:1991 (2) 130–134.
R. Feurer/J. Raineau

Demarteau, *Jacques-Antoine* cf. **Demarteau,** *Gilles Antoine*

Demarteau, *Joseph* cf. **Demarteau,** *Gilles*

Demarteau, *Joseph* cf. **Demarteau,** *Gilles Antoine*

De Martelly, *John Stockton*, US-amer. Graphiker, Maler, Illustrator, * 10. 9. 1903 Philadelphia/Pa., † 1979 Lansing/Mich. Stud.: PAFA, Philadelphia, bei Hugh Henry Breckenridge und Daniel Garber; Carnegie Inst., Pittsburgh; außerdem Schüler von Henry McCarter, George Benjamin Luks und Thomas Hart Benton; 1928 ABA Florenz; R. College of Art, London (Hschn., Rad., Stich). Ab 1931 wieder in den USA. Lehrtätigkeit: u.a. Kansas City Art Inst., Mo.; 1943–79 Michigan State Univ., East Lansing; 1954–59 Cranbrook Acad. of Art, Bloomfield Hills/Mich. 1940–43 in New Hampshire ansässig, später in East Lansing/Mich. und Okemos/Mich. – Zunächst unter dem Einfluß des befreundeten Benton ländl. Szenen des amer. Mittelwestens; wie dieser malte D. Eitempera-Gem. nach dreidimensionalen Modellen aus Plastilina. E. der 30er/A. der 40er Jahre Ill. (Rad.), u.a. für *Green Mansions* von W. H. Hudson, N. Y. 1943. 1943–51 Portr. von Lehrenden der Michigan State Univ. Wandte sich später neuen Themen zu, bei denen er and. Techniken, u.a. Pastell und Öl, ausprobierte. Die Lith. wurde zur bevorzugten, ab M. der 50er Jahre fast ausschl. Technik, D. entwickelte dabei ein Verfahren zum Erzielen subtiler Tonabstufungen. Bis auf eine kurze abstrakte Periode M. der 50er und in den 60er Jahren arbeitete D. stets gegenständlich. Ferner polit. Karikaturen und Ill. für die Democracy Publishing Company, Intercollegiate Press und die Richardson Publishing Company. ⌂ BLOOMFIELD HILLS/Mich., Cranbrook Acad. of Art Mus. CHICAGO, Enc. Britannica. EAST LANSING, Michigan State Univ., Kresge AM. JERUSALEM, Bezalel NM. KALAMAZOO/Mich., Inst. of Arts. LONDON, V & A. NEW YORK, MMA. – Whitney. – Metrop. Mus. OKEMOS/

Mich., Capitol Savings and Loan. PHILADELPHIA, PAFA. PITTSBURGH, Carnegie Inst. TEL AVIV, Mus. ⊙ *E:* 1958 Birmingham, Little Gall. / 1964 Midland (Mich.), Midland Art Assoc., Grace A. Dow Memorial Libr. / 1970 East Lansing, Michigan State Univ., Kresge AM / 1971 Muskegon (Mich.), Mus. of Art / 1974 Grand Rapids (Mich.), AM. ▭ WWAA, 1940/41–1984 (Nekr., wohl irrig † 1980); *Falk*, 1985; Artists in Michigan, 1900–1976, Detroit 1989. – *B. North/S. H. Goddard*, Rural America. Prints from the coll. of Steven Schmidt (K Wander-Ausst.), Lawrence, Kan. 1993, 103 s.; *B. North*, The prints of J. S. D., 1903–1979 (K Wander-Ausst.), East Lansing, Mich. 1997. Ch. R.

Demartin-Gangl, *Magdalene* → **Gangl,** *Magdalene*

Demartinécourt (De Martinécourt), *Pierre*, frz. Maler, Zeichner, * 1758 Dijon, † 1850 ebd. Stud.: EcBA Dijon bei François Devosge; 1779 und 1780 Nebenpreise für Gem.; 1781 1. Preis für Malerei. 1786 und 1787 Teiln. am Wettb. um den Rompreis; 1787 wegen eines Betrugsversuchs jedoch wieder ausgeschlossen wie auch Anatole Devosge und Louis Baillot; mit letzterem wird D. von der Schule verwiesen. Ab 1797 Mitgl. der von der Soc. populaire in Dijon etablierten Comm. des Mon.; im selben Jahr Unterzeichner einer Petition an die Stadtverwaltung, in der die Wiederaufstellung versch. Kunstwerke in Dijon gefordert wird (während der Frz. Revolution verwüstete Denkmäler). – D. hinterließ ein umfangreiches, jedoch nicht bes. einfallsreiches Œuvre, v.a. Lsch. und Ansichten aus Dijon und der Umgebung (z.B. *Vue des Chartreux de Champmol près de Dijon du côté de cette ville*, Aqu. [Dijon, MBA], und *L'Hôpital du St-Esprit, et le Bastion des Guise*, Zchng, um 1780 [Dijon, Bibl. mun.]); 1811 schreibt Pierre Paul Prud'hon an A. Devosge, den Dir. der Ec. de Dessin in Dijon, D. verdiene den Titel eines Malers nicht, ein wohl etwas übertrieben hartes Urteil. Einem Antrag D.s von 1848 an die Stadtverwaltung betr. den Ankauf eines Werkes wird stattgegeben (mit 100 francs bezahlt). Weitere nachw. Gem.: zwei Lsch., Öl bzw. Gouache (beide 1777 in Dijon ausgestellt); *Paysage bûcheron près d'un ruisseau, sortant d'un bois* (Verkauf La Loge, 1872); *Portr. de Melle X* (1849 in Dijon ausgestellt); *Un Cheval* und zwei weitere Lsch. (Verkauf Delamarche, Dijon 1860). ⌂ DIJON, MBA: L'Aurore, sign. (im Magazin); Paysage du Vivarais (1848 erworben), beide Gem.; versch. Zchngn. – Bibl. mun.: Zchngn. ⊙ *G:* 1777–1849 Dijon. ▭ ThB9, 1913 (s.v. Demartinécourt). *Bénézit* III, 1976; *Laveissière* I, 1980 (Werke, Lit.). A. Segaut

Demartini, *Eduard*, tschech. Maler, * 13. 6. 1892 Prag, † 1961 ebd. Stud.: bis 1913 ABK Prag bei Vojtěch Hynais. Vor dem 1. WK Stud.-Reise nach München, während des Krieges in Italien; 1925 in Paris. Stellte u.a. mit dem Künstler-Ver. Myslbek in Prag aus. – Hauptsächl. Portr. (z.B. des Architekten *Jan Jiří Krofta*), auch figürl. Komp., z.T. mit Lsch.-Elementen, und Akte. ⊙ *E:* 1920, '26 Prag. ▭ Vol, 1953. *Toman* I, 1947; *Witte* I, 1991; *P. Pavliňák* (Ed.), Signatury českých a slovenských výtvarných umělců, Ostrava 1995. B. S.

Demartini (De Martini), *Enrico*, schweiz. Architekt, * 26. 2. 1838 Grancia b. Lugano, † 28. 10. 1886 Lugano. 1860 Baumeister-Dipl. in Mailand. Architekt und Unternehmer. Befreundet mit dem Bildhauer Vincenzo Vela. Werke: u. a. Palazzi an der Südseite der Piazza del Duomo und Porta Orientale (jetzt Porta Venezia) in Mailand, 1874 Bahnhof von Lugano, Gebäude für die Gotthardbahn zw. Lugano und Chiasso, Bellinzona und Locarno. Daneben errichtete D. die Bahnlinien von Como nach Camerlata und von Mailand nach Magenta. 1883 Mitgl. des Baukomitees des Eidgenöss. Schützenfestes, Lugano. ▭ ThB9, 1913. *Brun*, SKL I, 1905; HBLS II, 1924. N. B.

De Martini, *Gaetano*, ital. Maler, * 28. 5. 1840 (lt. DBI; ThB: 27. 5. 1845) Benevento, † 9. 6. 1917 (lt. DBI; ThB: 9. 7. 1917) Neapel. Ausb. als Ing. im Collegio degli scolopi in Benevento. A. der 50er Jahre beginnt D. im Atelier von Achille Vianelli zu malen. Seit den 60er Jahren in Neapel, wo Lsch.-Aqu. im Stil von Giacinto Gigante entstehen. Strebt aber zur Figurenmalerei und lernt in den Ateliers von Tommaso De Vivo und Giuseppe Mancinelli. Nach dem Tod des Bruders Raffaele D. 1869 erzwungene Rückkehr nach Benevento. A. der 70er Jahre erneut in Neapel, wo er, der Malerei von Domenico Morelli folgend, mit dem er auch das Atelier teilt, mit Erfolg Hist.-Gem., bes. neopompejan. und oriental. Sujets, seltener relig. Bilder schafft. Seine Werke sind stilist. denen von Lawrence Alma-Tadema durchaus vergleichbar. Unter seinen Portr. ist das seines Lehrers *Achille Vianelli* zu erwähnen (1869, Priv.-Bes.). 1876 stellt er mit großem Erfolg das auf einer Satire des Horaz basierende Gem. *Lo schiavo e la padrona* in der Soc. Promotrice in Neapel aus, das von Giuseppe De Sanctis für die Mitgl. der Soc. gestochen wurde. Ehren-Prof. des R. Ist. di BA di Napoli. – D.s dem Orientalismus folgende Malerei weist z.T. nostalg. und durch die Themenwahl forcierte moral. bzw. auch sozialkrit. Nuancen auf (*Orgia*; *Patrizi e schiavi romani*). ⌂ ASCOLI PICENO, PCiv.: Dopo il bagno (Bes. der GAM, Rom). BENEVENTO, Mus. del Sannio: Orfana; Popolana beneventana. – Bibl. archivescovile: Selbst-Portr. ROM, Mus. Vaticani, Coll. d'Arte Relig. Mod.: S. Paolo alla corte di nero (1883 erstmals ausgestellt). ⊙ *G:* 1874–1912 Neapel, Soc. Promotrice / 1910 Santiago de Chile, Espos. Internaz. di BA. ▭ ThB24, 1930; Vo6, 1962 (beide s.v. Martini, Gaetano de). *De Gubernatis*, 1889; *E. Giannelli*, Artisti napoletani viventi, N. 1916, 208–211 (Werke); *Comanducci* II, 1971 (* 17. 5. 1840); *Luciani*, 1974; DBI XXXVIII, 1990 (Ausst., Lit.); PittItalOttoc II, 1991 (Lit.). – Cat. delle opere e della racc. del pittore G. D., N. 1918; *Ceci* II, 1937; *Monteverdi*, Storia III, 1975. A. St.

Demartini, *Hugo*, tschech. Bildhauer, Objektkünstler, * 11. 7. 1931 Prag, lebt dort. ⚭ Malerin Kateřina Malichová. 1945–49 Ausb. zum Steinmetz, 1949–54 Stud. ABK Prag. 1990–95 dort Prof. Mitgl.: ab 1987 Gruppe Zaostalí (Die Zurückgebliebenen); ab 1988 Nová skupina (Neue Gruppe); ab 1991 Jiná geometrie (Die andere Geometrie). – D. entdeckt nach anfängl. klass. Arbeiten (Büsten, Portr., Reliefs mit sakralen Motiven) bereits M. 50er Jahre die Fläche und den leeren Raum als Ausdrucksmöglichkeiten künstler. Formen. Figuren und skulpturale Ansätzen weichen Impulsen aus der abstrakten Malerei. A. der 60er Jahre vollzieht er als Vertreter des tschech. Informel den Übergang von der Komp. zur Struktur; inhaltl. Momente werden unterdrückt und es dominiert die Konzentration auf immanente Bedeutungsmöglichkeiten bildhauer. und nichtbildhauer. Materialien und abstrakter künstler. Formen. Seine Experimente münden in Reliefs und Objekte, die auf dem unpersönlichen Prinzip serieller Reihen und Variationen von elementaren geometr. Formen, insbesondere Kugel und Halbkugel aufgebaut sind. Seine darauf basierenden verchromten Metallreliefs weisen ihn M. 60er Jahre als einen führenden Repräsentanten neokonstruktivist. Tendenzen aus. 1968 realisiert D. seine erste Aktion in der Natur, in der er sich der Reflexion von Naturgeschehen und zufälliger Prozesse zuwendet. Kurz verläßt er den Bereich bildhauer. Artefakte und experimentiert mit einer Konzeption des Schaffens als Aktion, fixiert durch die Fotografie. Die Konfrontation der rationalen, mathemat. definierten Ordnung mit dem Zufallsprinzip entwickelt er in den 70er Jahren in minimalist. Zyklen (z.B. *Projekty*, *Mimo vymezené místo* [Außerhalb des begrenzten Ortes]) weiter, in denen er vorgefertigte Elemente in zufällige Konstellationen bringt. Er verbindet die Aktion mit dem Objekt und gelangt auf formaler Ebene von der Reliefreduktion zur Neudefinierung des bildhauer. Raumes und auf der Bedeutungsebene von der Technikgläubigkeit des Menschen zur Beobachtung ambivalenter Beziehungen von Schaffen und Verfall. E. der 70er Jahre prägt introvertierte Reflexion sein Schaffen und in seine geometr. Formenlehre kehren illusionist. Elemente zurück. Er schließt seine Objekte in Plexiglasschränke ein und schafft so imaginäre geschlossene Räume der Ruhe und Stille (z.B. Zyklus *Modely*). Repräsentativ für D.s Entwicklung sind die Zyklen *Modely místa* (Modelle des Ortes) und *Místa* (Orte), Versuche einer maximalen Reduktion von Ausdrucksmitteln und zugleich einer Komprimierung von deren potentieller innerer Bedeutsamkeit. Er kehrt hier zu den einfachsten bildhauer. Materialien, Holz und Gips, zurück, aus denen er vergängl. weiße Monumente schafft. Eigenwillig verbindet er die geometr. Abstraktion mit illusionärer Fiktion und das minimalist. Objekt mit narrativer Installation. In zahlr. Variationen wiederholt er zerfallende kubische Formen und negativ vertiefte Räume, die Gräber und Ruinen assoziieren, aber auch mag. Plätze der Ewigkeit. ⌂ BASEL, Das Progressive Mus. ESSEN, Mus. Folkwang. HLUBOKÁ NAD VLTAVOU, AJG. HOUSTON, Coll. Ménil. HUMBLEBÆK, Louisiana. KARLOVY VARY, Gal. umění. LOUNY, Gal. B. Rejta. NEW YORK, McCrory Coll. PARIS, MNAM. PRAG, NG. – GHMP. – ČMVU. ✉ Poznámky, in: Vytvarné umění 1969 (19); Akce 1968–69, Praha 1976; Interview: Někdo něco 1986 (6); V Čechách se nesmí krákorat, in: Sborník Památce Václava Navrátila, Praha 1987; *D./ P. Wittlich/J. Hlaváček*, H. D., Praha 1991; V umění není čemu rozumět, aneb Kam plave rybička, Metropolitan 1992 (43). ◎ *E:* Prag: 1963 Kulturní klub krajského projektového úřadu; 1966 Gal. na Karlově náměstí (K: L. Vachtova); 1970 Alšova síň (mit Radek Kratina); 1986 Gal. Atrium (mit Pavel Nešleha; K: J. Kříž); 1988 Lidový dům (mit Jiří Sozanský; K: J. Hlaváček); 1991 GHMP (K: M. Halířová); 1992 Mánes (K: M. Nešlehová); 1999 Špálova gal. / 1971 Louny, Gal. Benedikta Rejta (K: J. Sekera) / 1979 Tábor, Muz. Bechyňská brána (mit Bedřich Dlouhý, Zdeněk Ziegler; K: J. Kříž) / 1994 Brno, Dům umění (K: J. Valoch). – *G:* zahlr. seit 1953, u.a. 1967 San Marino: Bienn. Internaz.; Frankfurt am Main, Gal. der J. W. Goethe-Univ.: Konstruktive Tendenzen aus der Tschechoslowakei (K: J. Padrta) / 1968 Paris, Mus. Rodin: Sculpt. contemp. Tchécoslovaque / 1969 Nürnberg, KH: Konstruktive Kunst (K: J. Kotalík); Rom, GNAM und Chicago, Baruch Gall.: Zeitgen. tschechoslowak. Kunst / 1972 Köln, Gal. Gmurzynska: 50 Jahre Konstruktivismus in Europa / 1983 Bochum, Mus.: Das Prinzip Hoffnung / Prag: 1991 Gal. V. Špály: Český informel; 1992 Mánes: Situace 92; 1996 ČMVU: Umění zastaveného času; 1999 GHMP: Akce, slovo, pohyb, prostor / 1997 Olomouc, Muz. umění: Mezi tradicí a experimentem. 📖 *Toman*, Dodatky, 1955; *Clapp* I, 1970; NouvDictSculpt, 1970; *Bénézit* III, 1976; GEA, Sculptors, 1985; NEČVU, 1995 (Ausst. bis 1988, Lit.). – *P. Restany*, D'Ars 1967 (8); *J. Padrta*, Výtvarná práce 1967 (15); *Z. Felix*, Výtvarné umění 1967 (2); *J. Chalupecký*, Studio Internat. 1972 (945); *V. Čiháková*, The Environment Design 1974 (8); *K. Srp*, H. D. – Modely, Praha 1983; *L. Hlaváček*, Umění 1985 (1); *A. Svoboda*, Ateliér 1992 (1; 4); *J. Chalupecký*, Nové umění v Čechách, Praha 1994; *M. Koleček*, Ateliér 1994 (26); *M. Reissner*, Bulletin Moravské gal. v Brně 1996 (52); *J. Šetlík*, Cesty po ateliérech, Praha 1996; *M. Nešlehová*, Poselství jiného výrazu, Praha 1997; *J. Hlaváček*, Ateliér 1999 (8); *J. Fiala*, Vesmír 1999 (5). P. Pečinková

De Martini, *Jacopo*, ital. Bildhauer, * 1793 Venedig, † 1841 ebd. Schüler von Antonio Canova; Stud. an der ABA Venedig bzw. als deren Schüler an der Scuola di Perfezionamento in Rom (Ausb.-Möglichkeit in Rom 1804 geschaffen, offiziell jedoch erst ab 1809 eröffnet; mit 3-Jahres-Stip. von 5000 Lire). Lt. Brief von Leopoldo Cigognara an A. Canova v. 13. 8. 1815 gewann D. bereits 1812 einen Romplatz, mußte aber wegen Reduzierung der Ausb.-Plätze verzichten. 1815 zweite erfolgreiche Bewerbung; wegen gesundheitl. Probleme beendete er die Ausb. 1818 vor dem offiziellen Abschluß. Im Rom tätig im Atelier von A. Canova, zus. mit Frassine und Baruffali (wie aus dem gleichzeitigen Briefwechsel zw. Conte Cigognara und Canova ersichtl. ist). D. lieferte die lt. Akad.-Statut erforderl. Nachweise seiner Qualifizierung: eine Büste der *Venezia* und ein Flachrelief mit *Hektor tadelt Paris* (Venedig). Wieder in Venedig, wurde er Verwalter der ABA. Dieser Zeit entstammt eine Büste des *Antonio Selva*, die sich noch 1856 in der Loggia des Erdgeschosses der Gall. dell'Accad. befand (heute verschollen). Das Grab-Mon. für Antonio Canova in S. Maria Gloriosa dei Frari entstand nach dessen eigenem Entwurf für ein Grab von Tizian (1790–95), dann wiederverwendet für ein Grabmal der Erzherzogin Maria Christina in Wien. Conte Leopoldo Cicognara und Abate Giovan Battista Sartori Canova (Bruder des Bildhauers) bestimmten die erneute Verwendung des Projektes für S. Maria Gloriosa dei Frari. Das Mon. in Pyramidenform stellt die drei von Genien geleiteten allegor. Figuren der Künste dar, die Blumen auf das Grab des Künstlers streuen. Beteiligt waren daran die von Canova geprägten akad. Bildhauer Bartolomeo Ferrari (Bildhauerei), Luigi Zandomeneghi (Malerei und Archit.), Rinaldo Rinaldi (Löwe und Genius, hinter der Figur der Bildhauerei), Antonio Bosa (Flachrelief) und Giuseppe De Fabris (sitzender Genius). D.s Anteil an dieser Arbeit wird von Quellen und Forsch. widersprüchl. eingeschätzt. Bénézit schreibt D. die Figur der Malerei und Archit. zu, Fehl hingegen ausschl. die diese begleitenden beiden Genien. 🏛 VENEDIG, Gall. dell'Accad.: Aeneas verweigert dem verwundeten Paris seine Hilfe, Flachrelief, Gips, vor 1821; Hektor tadelt Paris, Flachrelief, Gips, 1817; Venezia, Marmorbüste, 1817; Adonis, Marmor, vor 1821. 📖 ThB24, 1930 (s.v. Martini, Jacopo de). *Vicario*, 1990; *Panzetta*, 1994; *Bénézit* IX, 1999 (s.v. Martini, Jacopo de). – *V. Malamani* (Ed.), Un'amicizia di Antonio Canova. Lett. di lui al conte Leopoldo Cicognara, Città di Castello 1890, 76 (4. 1. 1817), 79 (15. 1. 1817), 133 (8. 11. 1817); *Moschini Marconi* III, 1970, 228; *H. Honour*, BurlMag 114:1972, 220 ss.; *L. Cicognara*, Lett. ad Antonio Canova, ed. *G. Venturi*, Urbino 1973, 126; Venezia nell'età di Canova, 1780–1830 (K), Ve. 1978, 265; *P. Fehl*, Labyrinthos 1:1982, 44 ss.

E. Debenedetti/M. C. Paoluzzi

De Martini, *Joseph*, US-amer. Maler, * 20. 7. 1896 Mobile/Ala., in den 1980er Jahren in New York ansässig. Stud.: NAD, New York, bei Leon Krill und Ivan G. Olinsky. Ausz.: 1950 NAD; 1951 Guggenheim Found. Fellowship; 1952 Gold-Med. der PAFA, Philadelphia. – Bes. Lsch. 🏛 ANDOVER/Mass., Addison Gall. of Amer. Art. BOSTON, MFA. MEMPHIS/Tenn., Memphis Brooks Mus. of Art. MINNEAPOLIS/Minn., Walker AC. NEW YORK, MMA. – Metrop. Mus. ST. LOUIS, City AM. WASHINGTON/D. C., Phillips Coll. 👁 *G:* ab 1935 zahlr. New York, u.a. 1941, '43, '47 Macbeth Gall. 📖 Vo3, 1956 (s.v. Martini, Joseph De). WWAA, 1940/41–1984; *Cummings*, 1968; *Falk*, 1985; *Soria*, 1993. Ch. R.

De Martino, *Edoardo (Edoardo Federico)*, ital. Maler, Illustrator, Graphiker, Seemann, * 29. 3. 1838 Meta/Sorrento, † 21. 5. 1912 Hampstead/London. Stud.: ab 1849 Accad. della Marina Militare, Neapel; Malkurse bei Giacinto Gigante und Domenico Morelli, ebd.; außerdem Beschäftigung mit Modell- und Schiffbau; 1855 bei Juan Manuel Blanes, Montevideo. 1863–68 Leutnant der ital. Kriegsmarine. Anschl. in Porto Alegre und Rio de Janeiro ansässig und als Maler Teiln. an den Schlachten von Curupayti, Humaitá und Riachuelo. Hofmaler von Kaiser Don Pedro II. 1870–75 in Buenos Aires und Montevideo ansässig. 1876 Übersiedelung nach Cowes/Isle of Wight und Atelier in St. John's Wood. Ab 1898 Marine Painter in Ordinary to Her Majesty Queen Victoria and the Royal Yacht Squadron (später Eduard VII). Zahlr. Seereisen, u.a. 1895 nach New York, und Gast vieler Königs- und Kaiserhäuser. Ausz.: u.a. 1871 Rosenkreuzerorden von Pedro II; ab 1873 korr. Mitgl. der Acad. Imperiale dos BA, Rio de Janeiro; 1902 Ehren-Prof. der ABA Neapel; Cavaliere dell'Ordine della Corona d'Italia. – D. widmete sich in Aqu. und Öl-Gem. v.a. der hist.-genauen Darst. von Seestücken, Schiffen, Schlachten und geschichtl. Ereignissen im Gefolge von holländ. Marinemalerei des 17. Jh. und engl. des frühen 19. Jh. Er malte Hafenszenen aus Buenos Aires und Montevideo, die brasil. Flotte während des Krieges mit Paraguay 1868–69 (z.B. *Ataque a los acorazados Barroso y Río Grande; Combate naval del Riachuelo*) und Ser. über die Schlacht von Trafalgar; zu seinen Auftragswerken zählen auch Portr. (z.B. *João Manoel Mena Barreto*). D. übte großen Einfluß auf die mod. Marinemalerei aus, u.a. auf Thomas Jacques Somerscales und John Fraser. 🏛 BUENOS AIRES, Mus. Hist. Nac. – Mus. Mitre. – Mus. Naval. – MNBA. – Presidencia de la Nación. COWES, Royal Yacht Squadron. GREENWICH, Maritime Mus. KIEL, Föhrde-Club. – Yacht Club. LIVERPOOL, Walker AG. LIVORNO, Accad. Navale. LONDON, Buckingham Pal. – Lloyd's Register of Shipping. META, Rathaus. MONTEVIDEO, Club Uruguay: Tiempos felices. – Mus. Hist. Nac. – MNBA. NEAPEL, Comando in Capo Dipart. M. M. Basso Tirreno. NEW YORK, Yacht Club. PETROPOLIS, Mus. Imperial. RIO DE JANEIRO, ENBA. – Mus. Hist. Nac. – Mus. Naval e Oceanografico. – MNBA. ROM, GAM. – Pal. del Quirinale. SÃO PAULO, Mus. de Arte. – Pin. do Estado. SORRENTO, Kirche S. Antonino. – Mus. Correale. TOKIO, Kaiser-Pal. 👁 *G:* 1870, '72, '75, '89 Rio de Janeiro: Expos. Geral das BA. 📖 ThB24, 1930 (s.v. Martino, Edoardo de). *Braga*, 1942; *Galetti/Camesasca* I, 1951; *Merlino*, 1954; *Servolini*, 1955; EAAm I, 1968; *Pontual*, 1969; *Comanducci* II, 1971; *Fisher*, 1972; *Cavalcanti* II, 1974; *Johnson/Greutzner*, 1976; *Wood*, 1978 (Repr. 1991); *Houfe*, 1981; *Brewington*, 1982 (s.v. Dimartino, Edouardo de); *Gesualdo/Biglione/Santos* I, 1988; *Medeiros*, 1988; *Teixeira Leite*, 1988; DBI XXXVIII, 1990 (Bibliogr.); Designers internat. index, I, Lo. u.a. 1991. – *Argul*, 1966; *W. E. Laroche*, Los precursores, Montevideo 1961; *A. Damasceno*, Artes plást. no Rio Grande do Sul (1755–1900), Pôrto Alegre 1971; Schiffahrt und Kunst aus Argentinien (K Messe), Ha. 1991. M. N.

De Martino, *Giovanni*, ital. Bildhauer, * 3. 1. 1870 Neapel, † 3. 3. 1935 (Ricci: 1938) ebd. Stud.: Ist. di BA Neapel, Schüler des Malers Giovacchino Toma. Arbeitete am E. des Jh. eine Zeitlang in Paris. V.a. von romant. Naturalismus und soz. Verismus erfüllte Genreszenen und Gruppen (z.B. *Fanciullo dell'orfanotrofio; Scodella vuota; Infanzia dolorante; Cicala infrigidita; Bimba irredenta*) sowie Köpfe. Lebte völlig verarmt mit einem seiner Brüder in einer Grotte in Posillipo. 🏛 ROM, Mus. del Quirinale: Indigente. TURIN, Civ. GAM: Giovane prete, 1933; Inno a Roma, 1934; Balilla, 1935. 👁 *E:* 1935 Neapel, Sindacale Napoletana: Retr. (K: P. Barillà). – *G:* Florenz: 1897 Espos. artist. di beneficenza; 1904 Primaverile; 1908 Soc. di BA; 1933 Quadrienn. del Sindacato Naz. Fascista BA / Rom: ab 1910 Amatori e Cultori; 1921 Bienn.; 1935 Quadrienn. / 1912 Venedig: Bienn. / Neapel: 1915 Soc. S. Rosa; 1917 Espos. d'Arte di Villa Lucia; 1921 Bienn.; 1927 Promotrice; ab 1929 Mostra d'arte del Sindacato Fascista Artisti della Campania; 1934 Mostra Internaz. d'arte coloniale; Sindacale; 1935 Sindacale Campana / 1933 Turin, Amici dell'Arte. 📖 ThB24, 1930 (s.v. Martino, Giovanni de). *E. Giannelli*, Artisti napoletani viventi, N. 1916; *Bessone-Aurelj*, DizScultArchit, 1947; *Panzetta*, 1994; *Vicario*,

1994. – Natura ed arte 1904 (16) 266; Lo scultore e il marmo 1908 (60) 1; Emporium 1919 (295) 49; (305) 257; 1921 (318) 309; 1930 (426) 334; 1933 (459) 166, 168; La Fiamma 1921 (26/28) 7 s.; 1924 (22); L'Ill. ital. 1921 (32) 156; (322) 203, 205; 1934 (17) 638; la bien Napoli. Rass. municipale 1927 (5) 41; 1933 (3/4) 69; 1934 (3/4) 85; Arte cristiana 1929, 15; *F. Sapori*, L'amico degli artisti, R. 1931, 141 ss.; *id.*, Scult. ital. mod., R. 1949; *Ricci*, 1983, 83. G. Salvagnini

Demartis, *James J.*, US-amer. Maler, * 30. 3. 1926 Corona/N. Y., in North Adams/Mass. ansässig. Stud.: 1950–54 ABA, Florenz. 1961 Emily Lowe Award. ▭ WWAA, 1980–1997/98 (Ausst.). C. R.

Demary, *Helmut*, dt. Graphikdesigner, Maler, * 15. 6. 1929 Düren, lebt in Haan. Ausb.: Priv. Malschule in Düsseldorf, Werkschule in Köln. – In der Malerei bes. abstrahierte Landschaften. V.a. Graphik-Designer in der Werbung, Typographie, Signets, Farbgestaltung, Karikaturen für Verpackungen, Prospekte, Anzeigen, Poster. ⊙ *G:* 1957 Düren, Leopold-Hoesch-Mus. / 1968 Köln, Dumont-Studio. ▭ Vol, 1953. *H. J. Orth* (Ed.), Düsseldorf creativ, Dd. 1980. – *H. F. Albrecht*, Gebrauchsgraphik 42:1971 (3) 46–51. A. R.

Demary, *L.*, Radierer, bek. sind zahlr. Portr.-Bll. von 1844 und 1845 für die „Gal. des contemporains illustres" (bei Bineteau), u.a. von *Graf Karl Wassiljewitsch Nesselrode*, *Ludwig Tieck*, *David d'Angers* und *W. Scott* (alle Paris, BN). ▭ ThB9, 1913. – IFF, Après1800 VI, 1953.

Demary, *Stefan*, dt. Objektkünstler, Bildhauer * 14. 3. 1958 Troisdorf, lebt in Düsseldorf. 1978–85 Stud. KA Düsseldorf, 1981/82 Stip. Cité Internat. des Arts in Paris; 1983 Meisterschüler bei Fritz Schwegler. – D.s Objekte und Fotoarbeiten stehen in der Trad. der Ready-mades, die er durch geringe Eingriffe verfremdet und als „manipulierte Ready-mades" bezeichnet. Auch Arbeiten im öff. Raum (u.a. in Düsseldorf, Bocholt). ⊙ *E:* 1983 Regensburg, Gal. Wittenbrink (K) / 1985 Worms, Gal. Schütz (K) / 1988 Dortmund, Mus. am Ostwall (K) / 1990 München, BSGS (K) / 1991 Bremerhaven, KH / 1993 Hannover, Kunstraum Neue Kunst / 1995 Bonn, KV: Duchamps Urenkel (K). – *G:* 1984 Hamburg, KH: Im toten Winkel / 1988 Baden-Baden, SKH: Hier 88 (K); 1991 Luzern, Gal. Mai 36; Bonn, KV: Zeit-Rausch (K) / 1992 Bremen, KH: Barkenhoff-Stip. (K) / 1994 Esslingen, Villa Merkel: Züge-Züge (K) / 1996 Plön, Schloß: Landschaft (K). ▭ Kunstwerk 41:1988 (2) 90; *W. Alberg* (Ed.), Künstlerleben in Düsseldorf, Dd. 1991; Kunstforum Internat. 1992 (120) 90–96. A. R.

Demarzi, *Nicola* → **Nicola de Marsi**

De Marziani, *Hugo*, argentin. Maler, Graphiker, Zeichner, * 8. 3. 1941 La Plata, lebt seit 1974 in Buenos Aires. Stud.: 1954–59 Esc. Superior de BA, Univ. Nac. de La Plata bei Miguel A. Elgarte, Adolfo De Ferrari und Fernando López Anaya. 1974 Reise nach Italien und Frankreich. 1975–76 mit Stip. „Francesco Romero" der Ital. Botschaft und des Fondo Nac. de las Artes in Mailand ansässig. 1985 mit Stip. für Lateinamer. Malerei der Guggenheim Memorial Found. Aufenthalt in New York. Zahlr. Ausz.: u.a. 1973 1. Preis für Malerei „Marcelo de Ridder", MNBA; 1990 Großer Ehrenpreis „Presidente de la Nac.", Salón Nac. de Artes Plást.; 1995 1. Preis für Malerei „Security", Salas Nac. de Cult., alle Buenos Aires. – In den Anfangsjahren bilden Zchng und Graphik die Basis für Werke wie *El loco de la colina* (1968) oder das Diptychon *Hipofisis poco activa*, char. durch fragmentierte, deformierte, schweigende und bewegungslose Figuren. Trotzdem beginnt allmähl. der Einfluß von Bauhaus, Max Bill und Konkreter Kunst, die ihn Jahre später vom Figürlichen wegführen. 1973 präsentiert er erstmals in der hauptstädt. Gal. Carmen Waugh Lsch., die zeigen, daß die Natur zum Angelpunkt seiner zukünftigen Erkundungen wird. In Acryl-Gem. dieser Etappe finden sich Weiden und Gras, Elemente, die anfängl. an D.s Reisen in den Süden der Prov. Buenos Aires erinnern. Durch den Rückgriff auf das Bild im Bild scheinen die Figuren zw. den fragmentierten Ebenen festgehalten. Rätselhafte Gestalten, Bäume und Tiere sind durch dynam.-kräftige Pinselstriche in Grün und Gelb dargestellt (z.B. *Modo de vida*, 1973). Die Weide wächst trotz Horizontlinie wild über die ganze Lw., D. spielt mit Raum und Vielansichtigkeit. Montage und Fragmentierung sind die Prinzipien dieses szenograph. wirkenden Raumes. 1975 ist ein Übergangsjahr, in dem er die Perspektive der Renaiss. aufgibt und zw. Illusion und Realität schwankt. Er verläßt endgültig die menschl. Gestalt und nähert sich der Abstraktion. In Werken der folgenden Jahre scheint die Weide Eigenleben anzunehmen und aus dem Rahmen herauszutreten. Die Natur ordnet sich. Die Himmelsflächen werfen Schatten auf die Weidenstücke, überkreuzen sich, überschreiten den Horizont und verwischen die Grenzen zw. der Zwei- und Dreidimensionalität. D.s Reise nach Machu Picchu (1981) und der Einfluß altamer. Kulturen in seine Malerei bringen einen Wechsel der Farben mit sich (Rot- und Erdtöne), den Einsatz vibrierender Pinselstriche und Texturen sowie ein anderes Licht. Konturen und Striche spielen auf kosm. Räume an, bestimmt durch vertikale und schräge Linien. 1984 geht die Pinselführung noch weiter in die Tiefe, indem D. flache durch runde Pinsel ersetzt. Er nähert sich der Poesie eines Seurat. Während des New York-Aufenthaltes studiert D. die Arbeit des Bildhauers Isamu Noguchi, was sich in den 90er Jahren in seinem Werk niederschlägt, das sich synthetischer, weniger strukturiert, mit Volumen und Schatten der Skulpt. und sogar der geometr. Abstraktion annähert. 🏛 AUSTIN/Tex., Jack S. Blanton Mus. of Art. BAHIA BLANCA, Mus. Mpal de BA. BUENOS AIRES, Col. S. A. Alba. – Fondo Nac. de las Artes. – Ital. Botschaft. – MAC. – MAM. – MNBA. CAMPO DE CRIPTANA/La Mancha, Sede Molino de Viento, El Pilón. COLCHESTER, Univ. of Essex, Coll. of Latin Amer. Art. CONCEPCION DEL URUGUAY, Mus. CORDOBA, Mus. Mpal de BA „Dr. G. Pérez". LA PLATA, Dir. de la Cult. de la Municipalidad. – Fund. Delmar. – Mus. Prov. de BA. MAILAND, Argentin. Konsulat. NEW DELHI, Nat. Acad. of Art. NEW YORK, MMA. PUERTO MADRYN/Chubut, Centro Cult. SAN LORENZO/Santa Fe, Gal. del Libertador. SAN LUIS, Mus. Prov. SANTA FE, Mus. Prov. de BA „R. Galisteo de Rodríguez". ✉ Visión relativa del paisaje, in: Pintura 1978 (K Arte Nuevo Gal. de Arte), Bs.As.

1978. ⊙ *E:* Buenos Aires: 1967, '68, '72 Gal. Lirolay; 1973 Gal. Carmen Waugh; 1974 Gal. LAASA; 1975 Arte Nuevo Gal. de Arte; 1976 Gal. Artemúltiple; 1976 Gal. Birger; 1977 Gal. Víctor Najmias; 1981, '86, '88 Vermeer Gal. de Arte; 1983 MAM; 1994, '96, '98 Gal. Rubbers; 1998 MNBA (alle K) / La Plata: 1969 Gal. Austral (K); 1987 Mus. Mpal de BA (K). – *G:* 1981 São Paulo: Bien. / Buenos Aires: 1993 Bien. Chandon de Pint. (spezielle Erw.); 1996 Bien. de Arte Sacro-Pint. (2. Preis für Malerei) / 1997 Montevideo: Bien. Interparlamentaria de Pint. del Mercosur. 📖 *A. R. Nessi*, Dicc. temático de las artes en La Plata, La Plata 1982; *Gesualdo/Biglione/Santos* I, 1988. – *R. Hernández*, La Razón v. 22. 7. 1972; *B. Uribe*, La Opinión v. 3. 10. 1974; *M. Nanni*, Correo de arte 1977 (3); *C. Córdova Iturburu*, 80 años de pint. argentina, Bs.As. 1978; *A. Galli*, La Prensa (Bs.As.) v. 5. 10. 1981; Hist. del arte argentino y amer., La Plata 1982; *R. Brughetti*, La Nación (Bs.As.) v. 12. 11. 1983; *R. Squirru*, Arte argentino hoy, Bs.As. 1983; *F. Fevre*, La crisis de las vanguardias, in: La pint. argentina, Bs.As. 1985; *R. Faccaro*, Clarín (Bs.As.) v. 30. 10. 1986; *E. Mac Donnell*, Bol. Inst. de Hist. del Arte Argentino y Amer. (La Plata) 10:1988 (8) 71–76; *R. Squirru*, La Nación v. 8. 9. 1990; *R. Brughetti*, Nueva hist. de la pint. y la escult. en la Argentina, Bs.As. 1991; *M. L. San Martín*, Breve hist. de la pint. argentina contemp., Bs.As. 1993; *A. Dieguez Videla*, La Prensa v. 14. 8. 1994; 100 obras maestras. 100 pintores argentinos 1810–1994, Bs.As. 1994; *E. Oliveras*, Arte y antigüedades 9:1996 (26); *M. S. Sayús*, Artinf (Bs.As.) 1996 (94); *J. López Anaya*, Hist. del arte argentino, Bs.As. 1997; *A. Galli*, La Nación v. 25. 10. 1998. P. Corsani

Demassi, *Giacomo Antonio* → **Maggi,** *Giacomo Antonio de*

Demassi, *Pietro* → **Maggi,** *Pietro de* (1686)

Demasso, *Etienne* cf. **Demasso,** *Simon*

Demasso (de Masso), *François*, frz. Bilderbogenkünstler, Drucker, Buchhändler, Verleger, jedoch kein Kupferstecher (irrtüml. u.a. bei Audin/Vial), * 21. 1. 1628 L'Arbresle/Rhône, † 1676 Lyon. Bruder des Buchbindermeisters *Guillaume D.* (de Masso; 1657–92 in Lyon, † vor 1708), Vater von Michel-François und Simon D. sowie einer Anne D. (get. März 1662), deren Pate der Drucker und Buchhändler André Pillehotte ist. Um 1640 (ca. 12jährig) Ankunft in Lyon; Ausb. beim Stecher und Kpst.-Verleger Claude Savary. Heirat als „marchand-libraire et imagier" mit dessen Tochter Catherine Savary; führt ein Hauszeichen mit der Bezeichnung „Toison d'Or". – D. druckt mehrere Ill. für Andachtsbücher, ist jedoch v.a. als erster Verleger des nach Aufmaß und Zchng von Simon Maupin 1659 gefertigten Stadtplans von Lyon bekannt. Außerdem unterhält er enge Beziehungen zu Pariser Verlegern; um 1650 arbeitet er mit dem dort tätigen Nicolas Piccart zus. und bestellt 1659 bei ihm vier Kupferplatten mit Darst. der vier Erdteile. 1663 sendet der Buchhändler Claude Prost im Auftrag des Malteserordens der Jesuiten Kpst. mit kolorierten und schwarz-weißen Votivbildern zum Druck an D., der in diesem Zusammenhang als „marchand-libraire et dominotier" bez. wird. Nach D.s Tod übernimmt der Bruder die Vormundschaft über die hinterbliebenen Kinder. 🏛 *Von D. verlegte Bll.:* GRENOBLE, Bibl. mun., Fonds Marjolin: Madonna mit dem Kind, von Pierre de Loisy nach Tizian. LYON, Bibl. mun.: Descr. au naturel de la ville de Lyon et paisages alentour d'icelle, dressé par Maupin, 1659; Les grandeurs de Jésus Christ, in: M. de Brives, Le Parnasse séraphique, et le dernier souspirs de la muse ..., Lyon 1660. – Mus. des Hospices civils: Charte de mariage de Jacques Berthaud et Claudine Roquand, le 28 janvier 1675. 📖 *Audin/Vial* I, 1918 (auch s.v. D., Guillaume). – *Hellwig* II, 1954 (s.v. D., Guillaume); IFF, GravXVII III, 1954; *S. de Vesvrotte*, Natifs de l'Arbresle, le graveur Claude Séraucourt (1677–1756) et l'imprimeur F. D. (1628–1676), L'Arbresle, Mus. de l'Arbresle 1997 (Sept.) 1 ss. – L'Arbresle, Reg. paroissiaux 1573–1631: fol. 85 v. Lyon, Arch. mun.: BB 440; Etat-Civil, Saint-Nizier: Film 009; ibid., 24. 9. 1676, Nr 3552, Film 0061; Arch. dép. du Rhône: Ne Freyssinet, 3E 5081, 30. 3. 1663; Ne Rossignol, 3E 7699, Juni 1680. S. de Vesvrotte

Demasso, *Guillaume* cf. **Demasso,** *François*

Demasso (de Masso), *Jean*, frz. Kupferstecher, 1651 in Lyon dok. mit einem nach Art der Bilderbogen von Troyes und Epinal gedruckten *Alphabetum sacerdotum*. Verwandtschaft zu weiteren D. unbekannt. 📖 ThB9, 1913. *Audin/Vial* I, 1918. – IFF, GravXVII III, 1954. R. T.

Demasso, *Michel*, frz. Maler, ab 1729 in Lyon nachw. als ältester Sohn von Simon D., Bruder des Zeichners *Etienne D.* und des Malers *Pierre D.* 1729 erhält D. 72 livres für die Bemalung einer Fahne im Auftrag eines Lyoner Bürgers (Lyon, Arch. hospitalier [AH]: B 44 [66]) und im Sept. 1730 weitere 100 livres für Arbeiten zur Bestattungsfeier zu Ehren von Marschall de Villeroy in der Eglise de la Charité (AH: E 163). 1731, 1738 und 1742 malt D. Schrift in die Chorbücher der Jakobiner von Lyon (Lyon, Arch. dép. du Rhône [ADR], Dép. Jacobins: Inv. Ramette, III, 1. Teil, f° 39 v°). Am 4. 10. 1733 im Test. des Vaters erw. (ADR: Ne Beluze 3E 2718). 📖 *Audin/Vial* I, 1918 (2 Art.). S. de Vesvrotte

Demasso, *Michel-François*, frz. Kupferstecher, * 8. 8. 1654 Lyon (get. 9. 8. Pfarrk. St-Nizier), † nach 8. 1. 1725 ebd. Sohn von François D. und Catherine Savary, Tochter des Lyoner Kupferstechers und Kpst.-Händlers Claude Savary, Bruder von Simon D. Von der angeheirateten Cousine Claudine Bouzonnet Stella erbt D. lt. Test. von 1693 deren Kupferplatten und einen Teil der Kunst-Slgn, bes. 30 von ihrem Onkel Jacques Stella gemalte Szenen aus der Passions-Gesch., nach denen sie größtenteils eigenhändig stach. – D. sticht v.a. Portr., so von *François Piquet, évêque de Babylone, ambassadeur de Persie* († 1685), *François Bonal, provincial de la prov. d'Aquitaine* (Ill. eines 1688 in Lyon gedruckten Werkes) und *Mère Madeleine du Sauveur* (für ein Buch von Père Alexandre über das Lyoner Kloster Ste-Elisabeth, Lyon 1691). Zudem illustriert er zus. mit Mathieu Ogier mehrere Meßbücher; für ein 1693 von Pierre Valfray ed. Brevier fertigt er eine Innenansicht der Kathedrale St-Jean (Sign. auf einem Spruchband). D. macht es sich zu eigen, Stiche ohne Angabe des Urhebers zu kopieren und zumeist mit „M. Demasso fecit“ zu signieren: mehrere Bll. aus dem Missel Alessandro VII Chigi, R. 1622, für das *Missel romain*, ed. Valfray, 1692; *Anbetung der Hirten* von Guillaume Vallet nach Carlo Cesi; *Anbetung der Könige* von Vallet nach Guglielmo Cortese; *Kreuzigung* von Cornelis Bloemaert; *Auferstehung* und *Pfingstszene*, alle nach Ciro Ferri. In der Ausg. 1718 vom *Missel romain*, ed. Valfray, sind die meisten Bll. von D. und François Houat ebenfalls Wiederholungen aus dem Missel Chigi. Weiterhin liefert D. zahlr. Ill. für in Lyon gedruckte Buchwerke: Abb. von röm. Basreliefs für J. Spon, *Miscellanea Eruditae Antiquitatis*, Lyon 1685; *Journal de voyage du chevalier Chardin en Perse*, ed. T. Amaulry, 1687; Vignette nach Pierre Paul Sevin für die Titelseite des von einem Geistlichen verfaßten Abrégé de l'hist. de l'Eglise ..., ed. Molin et Barbier, 1693; Darst. des *Salomon. Tempels* für die Neuausgabe von R.-P. Bernard Lamy, Apparatus Biblicus sive Manuductio ad sacram Scripturam, 1696. Erwähnenswert ist zudem eine mit „Demasso“ sign. Ill. zu R.-P. P. Hoste, Art des armées navales, ed. Anisson et Posuel, 1697. Später gestaltet D. ein Schmuckband für das 1714 von J.-P. Basset verfaßte Werk Oraison funèbre d'Armand de Monmorio archevêque et comte de Vienne, ed. A. Molin. ▭ ThB9, 1913 (Lit.). *Audin/Vial* I, 1918; *Bénézit* IV, 1999. – *P.-J. Mariette*, Abecedario ..., ed. *P. de Chennevières/A. de Montaiglon*, V, P. 1858/59, 263; *M. Audin*, L'imprimerie à Lyon, Rev. du Lyonnais 1923, 93; IFF, GravXVII III, 1954, 401 s.; *A. Blunt*, BurlMag 106:1974 (Dez.) 745–751 (J. Stella und Fälschungen von N. Poussin); *M. Vickers*, ibid. 118:1996 (885) 824–835; *G. Chomer*, Travaux de l'Inst. d'hist. de l'art de Lyon 1989 (12) 67–75 (Stich nach J. Stella); *M.-F. Perez/ G. Chomer*, L'ill. des ouvrages liturgiques édités à Lyon aux XVIIe-XVIIIe ss., in: L'ill., essais d'iconogr., ed. *M.-T. Caracciolo/S. Le Men*, Lyon 1999, 103–113. – Lyon, Arch. mun., Personenstandsurkunden, Reg. Saint-Nizier: vol. 30 f°67, Film 008, Film 0068, 8. 1. 1725.

S. de Vesvrotte

Demasso, *Pierre* cf. **Demasso,** *Simon*

Demasso, *Simon*, frz. Kupferstecher, Maler, * 7. 7. 1658 Lyon (get. 8. 7. Pfarrk. St-Nizier; Taufpate ist Simon Maupin, Ing. des Königs und Architekt der Stadt Lyon), † 6. 1. 1738 ebd. Sohn von François D., Bruder von Michel-François D., Vater von Michel D., des Zeichners *Etienne D.* (1738 dok.) und des Malers *Pierre D.* (* nach 1684, † nach 1771; verkauft 1771 in London eine durch Jacques Stella unter dem Namen von Nicolas Poussin ausgef. Ser. von Gem.). ⚭ 21. 10. 1684 Claudine Garinot, die Tochter eines Lyoner Nadlermeisters. 1693 im Test. der Cousine Claudine Bouzonnet Stella mit deren Zchngn sowie Gem. und Zchngn ihres Onkels Jacques Stella bedacht. Am 4. 10. 1733 läßt D. bei einem Notar das eig. Test. hinterlegen, in dem er die Ehefrau und die vier Kinder berücksichtigt; das Vermögen wird auf 2000 livres geschätzt. – D. liefert zwei allegor. Vignetten zum 1738 von den Brüdern Deville ed. zweibändigen Werk Delectus Actorum Ecclesiae Univ. seu Nova Sunne Conciliorum, sticht ein Schmuckband für das 1768 im Lyoner Verlag Bruyset ersch. Grand dict. de la Bible de Simon und illustriert eine Lyoner Ausg. der Werke von Vergil. Vom maler. Œuvre ist nur die mit „Simon 1704/Demasso F“ bez. Szene *Christus bei Martha und Maria* bek. (Gouache/Velin, 1987 vom MBA in Lyon erworben), eine originalgetreue Kopie eines Stichs von Charles Simonneau nach Antoine Coypel. ▭ ThB9, 1913 (Lit.). *Audin/Vial* I, 1918 (auch s.v. D., Etienne; D., Pierre); *Bénézit* IV, 1999. – *M. Audin*, L'imprimerie à Lyon, Rev. du Lyonnais 1923, 93; IFF, GravXVII III, 1954, 403; *A. Blunt*, BurlMag 106:1974 (Dez.) 745–751 (J. Stella und Fälschungen von Poussin); Bull. des mus. et mon. lyonnais 1989 (1) 32 s.; *G. Chomer*, Travaux de l'Inst. d'hist. de l'art de Lyon 1989 (12) 67–75 (Stich nach Stella); *M.-F. Perez/G. Chomer*, L'ill. des ouvrages liturgiques édités à Lyon aux XVIIe-XVIIIe ss., in: L'ill., essais d'iconogr., ed. *M.-T. Caracciolo/S. Le Men*, Lyon 1999, 103–113. – Lyon, Arch. mun., Personenstandsurkunden, Reg. von Saint-Nizier: vol. 31 fol. 200, vol. 166 fol. 4; Arch. dép. du Rhône: Ne Delasalle 3E 4251; Ne Beluze 3E 2718. S. de Vesvrotte

Demassués, *Severi* → **Desmanes,** *Séverin*

Demasur, *Marie (Marie-Mathilde-Virginie)*, frz. Miniaturmalerin, Porträtistin, * 2. 7. 1833 Strasbourg. In Paris Schülerin von Faure. ⊙ *G:* 1869–79 Paris, SAfr. (Portr.-Min.). ▭ *Bauer/Carpentier* I, 1984; *Lotz*, 1800–1880, 1991. C. R.

Demat, *Ch.*, Radierer, bek. durch ein Ovalporträt des Malers *Géricault*, 1845, erw. in der GBA 21:1866, 78. ▭ ThB9, 1913.

De Matteis, *Francesco*, ital. Bildhauer, * 25. 2. 1852 Lecce, † 1917 Neapel. Stud.: Ist. di BA Neapel. V.a. kleine Figuren, Gruppen, Figuren in neapolitan. Kostümen und Bronzestatuetten. Lebte kurze Zeit in Paris. 1898 Bronzebüste *Giacchino Toma da Galatina* für die Stadt Lecce. Honorar-Prof. der Ist. di BA in Neapel und Urbino. 🏛 LECCE, MCiv.: Piedigrotta, Bronze. NEAPEL, MN di S. Martino: Büste Tommaso Campanella. – Univ., Aula Magna: Sannazzaro. PARABITA, Pin. Enrico Giannelli: Toreros, Terrakotta. ⊙ *G:* 1884 Turin: Promotrice di BA / Florenz: 1896 Festa dell'arte e dei fiori; 1887, '88 Promotrice di BA / 1887 Venedig: Mostra naz. / 1903 Neapel: 32. Promotrice / 1917 Neapel-Vomero, Villa Luci: Espos. d'arte. ▭ ThB24, 1930 (s.v. Matteis, Francesco De). *De Gubernatis*, 1889; *E. Giannelli*, Artisti napoletani viventi, N. 1916; *Vicario*, 1990; *Panzetta*, 1994. – Ill. ital. 1887 (32) 65; (50) 393 s.; Natura e arte 1897/98 (5) 433; 1903/04 (19) 457; 1909/ 10 (6) 394; *Ceci* II, 1937; TCI Napoli e dintorni, 1976.

G. Salvagnini/E. K.

De Matteis, *Maria (Maria Berta Marzia)*, ital. Kostümbildnerin, Bühnenmalerin, Zeichnerin, Malerin, Illustratorin, * 6. 3. 1898 Florenz, † 9. 12. 1988 Rom. Entstammt einer Künstler-Fam.; Tochter von Ulisse Enrico D. und der Veronica Vespini. Ausb. in der Fam. und an der ABA Florenz. Bereits zw. 1915 und 1920 Ill. im Giornalino della Domenica. 1920–30 für die Verleger Bemporad, Salani und Paravia tätig; daneben Szenographin und Kostümbildnerin am Teatro della Fiaba, Florenz. Schülerin und ab 1930 Mitarb. von Gino Carlo Sensani. 1934 wird *Retablo de Maese Pedro* (ebd., Sala

Bianca) für die Soc. Amici della Musica zur ersten wichtigen Inszenierung. 1935 folgt sie Sensani nach Rom, um für das Kino zu arbeiten (zunächst unter Aschieri für *Scipione l'Africano*, 1937, und unter Sensani für *L'Orologio a Cucù*, 1938). Anfängl. sowohl mit dem Bühnenbild wie auch mit der Garderobe beschäftigt, wendet sich D. rasch allein den Kostümen zu. 1941 erste unabhängige Entwürfe für *Ossessione* (1943) von Luchino Visconti sowie *Un Colpo di Pistola* und *Zazà* (1942) von Castellani. Von nun an genießt D. in ihrem Betätigungsfeld Weltruf und ist vielbeschäftigt. Die wechselnde Zusammenarbeit mit Szenographen wie Gino Franzi, Buzzi, Virgilio Marchi, Sándor Trauner, Tommasini und v.a. Gastone Medin weicht ab 1952 einer dauerhaften Kooperation mit Mario Chiari. Zu D.s wichtigsten Filmkostümen gehören die für *Malombra* von M. Soldati (1942), *Il Mulino del Po* von A. Lattuada (1949), *Umberto D* von V. De Sica (1951), *Othello* von O. Welles (1952), *Processo alla Città* von L. Zampa (1952), *Le Carrosse d'Or* von J. Renoir (1952), *Carosello napoletano* von E. Giannini (1954), *War and peace* von K. Vidor (1956), *La Tempesta* von A. Lattuada (1958), *Fantasmi a Roma* von Pietrangeli (1961), *Barabbas* von R. Fleischer (1962), und *The Bible* von J. Huston (1966). Preise für Kostüme: Nastro d'argento 1952 (*Le Carrosse d'Or*) und 1961 (*Gastone* von M. Bonnard); Oscar 1970 (*Waterloo* von Sergej Bondarčuk); Münchner Stern 1976 (*Rigoletto* von R. Polanski). Neben der Haupttätigkeit für den Film fertigt D. weiterhin auch Kostüme für die Bühne, u.a. Entwürfe für den Maggio Musicale von Florenz (1935 *Orseolo* und *Alceste*; 1937 *Il Deserto Tentato*; 1938 *Le Vergini Savie e le Vergini Folli*; 1949 *Troilo e Cressida*; 1952 *Il Conte Ory* [mit eig. Bühnenbild]; 1957 *Abenceragi*), die Oper in Mailand (1936 *Orseolo*, Scala; 1958 *Il Conte Ory* und 1959 *La Pietra di Paragone*, beide Piccola Scala) und in Rom (1938 *Gloria*; 1939 *Salomè*; 1956 *Adriana Lecouvreur*, alle am Teatro dell'Opera) sowie das Schauspiel (1937 *I Giganti della Montagna*; 1947 *Vita col Padre*, mit eig. Bühnenbild; 1950 *Carosello Napoletano*; 1954 *La Trilogia della Villeggiatura*; 1957 *Misura per Misura* und *Il Diavolo Peter*; 1958 *Irma la Dolce*; 1959 *Il Gabbiano*; 1961 *Enrico IV*); auch hier arbeitet sie mit namhaften Bühnenbildnern (Felice Carena, Giovanni Vagnetti, Piero Colacicchi, Franco Zeffirelli, Pieretto Bianco, Ettore Rondelli) und Regisseuren (S. Bolchi, R. Simoni, R. Guerrieri, G. Strehler, L. Squarzina, A. Fersen, V. Gassman, M. Ferrero, O. Costa) zusammen. – Mit Präzision und unerreichter Raffinesse vermag D. die dargestellten Personen in die Atmosphäre vergangener Zeiten einzubinden. 🏛 *Entwürfe:* FLORENZ, Teatro Com., Archiv. ROM, Coll. Chiari. 👁 *G:* 1920, '22 Venedig: Bienn. 📖 ESp IV, 1958; Filmlexikon degli autori e delle opere, II, R. 1960; ibid., Aggiornamenti I, R. 1971; ibid., Aggiornamenti 1971–1991, R. 1992 (Lit., Filmographie); Diz. del cinema ital., R. 1969. – *S. D'Amico*, Palcoscenico del dopoguerra, T. 1950–53; *S. Frette*, Scenografia teatrale, Mi. 1954, 122; *A. Lusini*, Oggi v. 2.–9.2. 1956, 39–41; *A. Paladini*, Guerra e Pace, Bo. 1956; *F. P. De Santis*, La Tempesta, Bo. 1959; *V. Bonicelli*, La Bibbia, Mi. 1966; *L. Pinzauti*, Il Maggio Musicale Fiorentino, Fi. 1967; Visconti. Il teatro (K), Reggio Emilia 1977; Visconti. Il cinema (K), Reggio Emilia 1977; *C. d'Amico de Carvalho* (Ed.), Album di Visconti, Mi. 1978; *C. Nuzzi* (Ed.), Quarant'anni di spettacolo in Italia attraverso l'opera di M. D. (K Pal. Medici Riccardi), Fi. 1979 (WV; Slg von Kritiken); *id.*, in: Scenografie (K Visualità del Maggio), Fi. 1979, 147–159; *L. Visconti*, Il mio teatro, I, Bo. 1979; *F. Mancini*, L'illusione alternativa, T. 1980; Visconti e il suo lavoro (K), Mi. 1981, 19, 25, 29; *U. Tirelli/G. Vergani*, Vestire i sogni, Mi. 1981; *L. Maniscalco Basile*, Storia del Teatro Massimo di Palermo, Fi. 1984, 275; L'atelier dell'illusione (K), Mi. 1985, 181; Il Maggio Musicale Fiorentino. I grandi spettacoli, R. 1986, 16, 185, 193, 220–223, 233; *L. Trezzini* (Ed.), Due sec. di vita musicale. Storia del Teatro Com. di Bologna, Bo. 1987; Gli spazi dell'incanto, Mi. 1987, 92 s., 156, 159 ss.; Internat. directory of cinematographers, set- and costume designers in film, VII, M. 1988 (Filmographie); *M. Angiolillo*, Storia del costume teatrale in Europa, R. 1989, 118–193; *S. Masi*, Costumisti e scenografi del cinema ital., L'Aquila 1989–90, bes. I, 42–45; La città del cinema (K), R. 1995, 122; Visconti e il suo lavoro (K Ferrara), Mi. 1995. M. Angiolillo

De Matteis, *Paolo* → **Matteis,** *Paolo de*

De Matteis, *Ulisse Enrico*, ital. Maler, Glasmaler, * 18. 10. 1830 Florenz, † 3. 2. 1910 ebd. Kopiert zunächst Gem. alter Meister, u.a. 1856 die *Predigt Joh. Bapt.* von Anastagio Fontebuoni in den Uffizien. ⚭ 1858 Giuseppa Paoli; drei Kinder: Ferdinando Vittorio Italiano Palestro (1859), Elena Italia Isolina (1861), Maria Zaira Elisabetta (1863). Als Witwer zweite Ehe mit der als Miniaturistin tätigen Veronica Vespini; vier Kinder: *Eva* (1876), *Sergio* (1882–1907), *Marzia* (1890) und Maria (1898–1988); alle Ausb. an der ABA Florenz und anschl. künstler. tätig. D. gründet auf Anraten von Gaetano Bianchi 1859 in Florenz in der Via Guelfa 66 zus. mit Giuseppe Francini und Natale Bruschi die Ditta per la Costruzione di Artist. Vetrate Medievali. In den folgenden Jahren entstehen zahlr. Glasfenster in Florenz, Siena, Prato, Genua, Lucca, Sesto, S. Miniato al Tedesco und dem Castello di Vincigliata (hier zus. mit Gaetano Bianchi). Erhält zahlr. Preise, u.a. 1862 in London, 1865 in Padua, 1870 in Rom und 1874 in Wien. Beurteilt 1897 als Sachverständiger die Guglielmo di Pietro de Marcillat zugeschr. Glasfenster, die Giuseppe Ridolfini Corazzi dem Mus. Bargello übergab. Mitgl. der Accad. Ligustica in Genua und Ehren-Prof. der ABA Florenz. 1906 und 1908 nahm das Studio De Matteis an den Wettb. für die Glasfenster von S. Paolo fuori le mura in Rom teil. D.s Portr. wurde von Angiolo Visconti (1857, Florenz, GAM di Pal. Pitti) gemalt. Die von D. gegründete Fa. bestand bis 1927 und schuf u.a. 1911 die Glasfenster des Villino Broggi in der Via Scipione Ammirato in Florenz und 1927 die des Villino Masini in Montevarchi. 🏛 *Glasfenster:* FIESOLE, S. Francesco. FLORENZ, S. Croce. – Orsanmichele. – Chiesa degli Angiolini. 👁 *G:* Florenz: 1861 Espos. Naz. fiorentina; Espos. Regionale Toscana. 📖 ThB24, 1930 (s.v. Matteis, Ulisse de). *De Gubernatis*, 1889; *Comanducci* II, 1971; *A. P. Torresi*, Neo-medicei, Ferrara 1996 (Lit.). – *C. Cresti*, Firenze 1896–1915. La stagione del Liberty, Fi. 1978;

GAM di Pal. Pitti. Ottocento e Novecento. Acquisizioni 1974–1989, Fi. 1989 (K), 50 s. A. St.

De Mattia, *Giuseppe*, ital. Historienmaler, * um 1782 Serre/Salerno, † 1846 Neapel, tätig ebd. und in Rom. Entwarf u.a. den Bühnenvorhang für die Sala Olimpica in L'Aquila mit einer Szene aus der Äneis des Vergil (*Turnus greift Äneas mit Unterstützung italischer Stämme an*). ▭ ThB24, 1930 (s.v. Mattia, Giuseppe De). – *Ceci* II, 1937, Nr 3885 (Nekr.); *O. Lehmann-Brockhaus*, Abruzzen und Molise, M. 1983 (Röm. Forsch. der Bibl. Hertziana, 23), 345. E. K.

De Mattia, *Giuseppe*, ital. Maler, * 1803 Noicattaro/Bari, † 1895. Schüler von Vincenzo Camuccini. 1841 Silber-Med. auf der Mostra d'Arti in Bari. ⌂ NOICATTARO/Bari, S. Maria del Carmine: L'Arcangelo Raffaele, 1837 (zus. mit dem Vater); La Vergine con bambino e S. Agata e S. Filippo Neri, 1839; La Deposizione, 1854; S. Filippo Neri, 1862; L'Angelo Custode, 1865; Sacra Famiglia, 1866. – Annunziata: Annunciazione. ▭ *Sorrenti*, 1990. E. K.

Dematties, *Nick*, US-amer. Maler, Graphiker, * 19. 10. 1939 Honolulu/Hawaii, lebt in Phoenix/Ariz. Stud.: bis 1964 California State Univ., Long Beach; bis 1967 Inst. of Design, Chicago, bei Misch Kohn. Lehrtätigkeit: u.a. 1967–69 San Diego State College; ab 1974 State Univ., Tempe/Ariz. 1970 Gründung und bis 1975 Dir. des Pacific Northwest Graphics Workshop. 1979 Western States Arts Found. Fellowship Award. – Malerei mit organ. Formen, die als Metaphern für Isolierung und Entfremdung auf die eig. Biographie und Beziehungen deuten, verschiedenartige Figuren und persönl. Symbole sind Ausdruck für die Erforschung des inneren Ich. D.s visionäre und poet. Malweise weist auf die Dichotomie zw. Emotionen und Intellekt. In der Graphik druckt er radierte u. gestochene Kupferplatten auf farbiges Japanpapier, das auf feines Hadernpapier aufgewalzt wird. ⌂ BROOKLYN/N. Y., Brooklyn Mus. LOS ANGELES, County Mus. of Art. PARIS, BN, Cab. des Estampes. SAN FRANCISCO/Calif., MMA. WASHINGTON/D. C., Libr. of Congress. ✉ *Interview:* Artspace 3:1978/1979 (2) 8–13. ◉ *E:* 1976 Washington (D. C.), Smithsonian Institution / 1979 Pensacola, Univ. of Western Florida / 1981 Scottsdale (Ariz.), Suzanne Brown Gall. ▭ WWAA, 1980–1997/98; *Krantz*, 1985. – *B. Cortright*, Artspace 2:1977 (1) 12 s.; *J. Heller/J. A. Armstrong*, N. D. Recent prints (K Wander-Ausst.), Scottsdale, Ariz. u.a. 1978. Ch. R.

Demattio, *Bruno*, dt. Aktions-, Objektkünstler, Maler, * 15. 5. 1938 Friedrichshafen, lebt in Geislingen und Ebersbach (Atelier). Stud.: 1960–62 Lit. und Phil. bei Max Bense, Univ. Stuttgart; 1968 Akad. Düsseldorf. Zw. 1962 und 1982 längere Aufenthalte in Ägypten, Indien, Sri Lanka, Marokko, Gran Canaria, Paris, Ibiza, Poona sowie sieben Jahre in London. Entwickelt ab 1964 kinet. Objekte; ab 1968 Water- und Behaviour-Art sowie Performances und Aktionen. Neben versch. Formen der Malerei u.a. Installationen, Texte, Neon-Objekte, Fotogr., Super 8- und Videofilme. Gründet 1985 das Inst. für Schwerkraft und Leichtsinn; Mitgl. der Dt. transpersonalen Ges. (DTG) Berlin und der Europ. Commission für Bewußtseinsstudien (ECBS) Hamburg, des Künstlerbundes BW und des VBKW e. V. Stuttgart. ⌂ FRIEDRICHSHAFEN, Bodensee-Mus. – Artothek. GELSENKIRCHEN, StM: Tageslicht, Plexiglasröhren, Gitter, Holzkasten, Aluminiumrahmen, 1966/68. GÖPPINGEN, Landratsamt. PULHEIM, Mus. für Holographie. STUTTGART, SG. – Innenministerium BW. – Städt. Kulturamt. – StG. – Reg.-Präsidium Nord-Württ. TÜBINGEN, Reg.-Präsidium Süd-Württ. ✉ If I had a Mind, ed. *K. Groh*, Köln 1971; Aktuelle Ästhetik, ed. *K. Thomas*, Köln 1972; The software culture is coming, Göttingen 1973; Jenseits der Wüste, B. 1982; So schön wie ein Puma so schön, St. 1985; Inst. für Schwerkraft und Leichtsinn, St. 1988; Dialog mit dem Universum, in: Zs. Kulturpolitik, Bonn 1994; Ein plötzlicher Schmerz im Auge des Prof..., in: Zs. für transpersonale Psychologie, B. 1997. ◉ *E:* ab 1965, u.a. Stuttgart: 1967 Gal. Niedlich; 1979 Künstlerhaus; 1981 Gal. Dr. Schurr; 1982 Gal. Tanja Grunert; 1986 Theaterhaus Wangen / 1968 Berlin, Gal. daedalus / 1969 Klagenfurt, Gal. Hildebrand (mit G. Neusel); Venedig, Gall. Paolo Barozzi (mit G. Neusel) / 1970 Brescia, Gal. Sincron / Köln: 1971 Gal. Ingo Kümmel; 1974 Gal. Oppenheim; 1991 Gal. Rahmel (K) / 1976 London, Nat. Poetry Centre / 1978 Lund (Schweden), Gal. St. Petri / 1980 Bonn, Gal. Klein / 1984 Friedrichshafen, Bodensee-Mus. (mit R. Signer und G. Bechtold) / 1986 Chur (Schweiz), Gal. Planaterra / 1989 Wendlingen, Gal. der Stadt / 1995 Ulm, Gal. im Kornhauskeller: pro Arte / 1996 Sigmaringen, Alte Schule: Über die Kunst des Sehens / 1997 Geislingen, StG: Über die Wirklichkeit / 1998 Bad Boll, Kreissparkasse und KV: Das unsichtbare Leben der Dinge; Filderstadt, Gal. der Stadt: Zu welchen Ufern willst du gelangen mein Herz. – *G:* 1968 Wiesbaden und Dortmund, Mus.: Kinetik (K); Hamburg: Public Eye (K); Stuttgart, SG: Reliefs (K) / 1969 Berlin, Mus.: Bienn. der konstruktiven Kunst (K); Kassel, Fridericianum: Operationen (K) / 1970 Göttingen, KV: Konzepte (K) / 1971 München, Herbstsalon: Kunstzone (K); New Delhi, Lalit Kala Akad.: 2. Trienn. (K) / 1972 Essen, Folkwang-Mus.: Szene Rhein-Ruhr (K) / 1973 London, Gall. House und Düsseldorf, KH: Between 7 (K); Göttingen, KV: Konzepte (K) / 1974 Paris, MAM: Videos (K) / 1975 Brüssel, Pal. des BA: Videos (K); London, ICA: Lifestyles (K) / 1976 Venedig, Bienn.: Videos (K) / 1977 Montreal, ICA: „Projects and Events" (K) / 1981 Bonn, Rhein. LM: „Highlights" (K) / 1982 Berlin, Künstlerhaus Bethanien: Performance II (K) / 1984 Friedrichshafen, Bodensee-Mus.: Treffpunkt Bodensee. 3 Länder, 3 Künstler (K) / 1986 Singen, Friedrichshafen, Bregenz, Mus.: Kunst um den Bodensee (K); Stuttgart, Württ. KV: Kunst der 60er Jahre (K) / 1987 Fellbach, Neckarwerke: Licht-Kunst (K) / 1988 Sarajevo (Jugoslawien) und Friedrichshafen, Bodensee-Mus. (K) / 1990 St-Dié (Vosges): cit'arts 90 (K) / 1992 Leonberg, Neues Rathaus: Rhythm of the Saints (K) / 1993 Stuttgart, Gal. unterm Turm: Garten (K) / 1994 Erfurt, Gal. am Fischmarkt: Dialoge (K); Sindelfingen, Gal. der Stadt: gegenwärtig (K) / 1996 Paris, Maison H. Heine: Notizen zu Heine (K) / 1997 Reutlingen, Spendhaus, Künstlerbund BW: Kleine Formate (K) / 1997 Gaildorf, Skulpt.-Park (K) / 1998 Mannheim, KV, Künstlerbund BW: Plastik

(K) / 1999 Singen, KM, Künstlerbund BW: Malereien (K); Rechberghausen: Skulpturen (K); Korntal-Münchingen, KV/Christuskirche: Installation Vom Kommen und Gehen (K); Bad Überkingen, Burghalde: Spiel mit der Sonne, Skulpt. ▭ *Mitchell*, 1985. – *W. Blobel*, Künstler und Kunstvermittler im elektron. Kunstbereich, Essen 1992; Kunstforum Internat. 1992 (118) 253–256; 41. Jahres-Ausst. Württ. KV Stuttgart (K), St. 1995; Kinet. Kunst, He. 1998. R. B. Heer

Demauges, *Pierre* → **Demoges,** *Pierre*

De Maulo, *Egidio*, ital. Maler, * 4. 9. 1840 Giulianova/Teramo, † 1904 Rom. Stud.: ABA Neapel bei Consalvo Carelli. Im Gefolge der Scuola di Posilippo widmete D. sich in Neapel und Giulianova v.a. der Lsch. und dem Stilleben; auch Portr.-Maler (u.a. *Portr. Giovanni da Bartolomei*). ⌂ GIULIANOVA/Teramo, Gall. Bindi. ⊙ *G:* 1890 Florenz, Soc. Promotrice. ▭ ThB24, 1930 (s.v. Maulo, Egidio de). *Comanducci* II, 1971. A. St.

De Maurizio, *Felice*, ital. Maler, Kupferstecher, Zeichner, Restaurator, * 1810 Mailand, † 10. 7. 1890 ebd. Stud.: 1824–30 Accad. di Brera Mailand, bei Luigi Sabatelli. Anfangs v.a. hist. und relig. Motive. Später auch dekorative Malereien, Bühnenbilder, Stiche und Zchngn (u.a. nach Gem. von Francesco Hayez) sowie Ill. zu den *Vite dei primari gen. nelle guerre napoleoniche* von G. Lombroso (Mi. 1843). 1867–82 Konservator an der Pin. di Brera. ⌂ MAILAND, Chiesa del Crocefisso: Presentazione al Tempio; Incoronata; Mosè ed Aronne; Altar-Taf. PAVIA, MCiv.: Adelaide di Borgogna liberata da Diacomo Martino. ROVERETO, S. Carlo: Altar-Taf., 1847; Il transito di S. Giuseppe (verloren). ▭ *Servolini*, 1955; *Comanducci* II, 1971; *Weber*, 1944 (ed. *Rasmo*, 1977). – '800 e '900 nelle Coll. d'arte dei Civ. Mus. di Pavia, Pavia 1984, 74. S.-W. S.

Demautort, frz. Kupferstecher, um 1750–1770 in Paris tätig. Wahrsch. Schüler von Johann Georg Wille. Bek. sind u.a. die Portr. *Voltaire jeune* nach Nicolas de Largillière; *Lorenzo Lippi* in „Il Malmantile racquistato" von Lippi, 1768; *Alessandro Tassoni* in „Secchia rapita" von Tassoni, 1768. D. stach auch nach Godfried Schalcken und Johann Eleazar Zeisig. ⌂ PARIS, BN, Cab. des Estampes. ▭ ThB9, 1913. – IFF, GravXVIII VI, 1949. C. R.

Demay, *Claude*, frz. Keramiker, * 1850, † 1918. Gründete 1877 zus. mit den Geschäftsleuten Louis Girault und Jean Vignolet in Bruère/Cher eine Man. für techn. Porzellane (Chemie- und Baubranche); später auch Herstellung von künstler. Porzellan (Flambés und Kristallglasuren). ⌂ LEIPZIG, Mus. für Kunsthandwerk: Vase, Porzellan, rot-crème, grün lasiert, um 1910, sign.: Bryère G. D. V.; Flakon, weißes Porzellan, tiefrote Kupferoxidglasur, um 1900. ⊙ *G:* 1889, 1900 (Gold-Med.) Paris: WA. ▭ Erlesenes aus Jugendstil und Art déco; die Sammlung Giorgio Silzer (K Grassi-Mus. Leipzig), L. 1997. C. R.

Demay, *François-Jean* cf. **Demay,** *Jean-Baptiste-Bernard*

Demay, *Germain (Jean-Germain)*, frz. Bildhauer, Zeichner, Konservator (Siegelwart), Archivar und Publizist, * 15. 1. 1819 Aiguillon/Lot-et-Garonne, † 4. 10. 1886 Paris. Ab 1834 Medizin-Stud. in Paris; Freundschaft zu Antoine-Louis Barye, den D. zunächst in anatom. Fragen berät. 1839 Aufgabe des Stud. und Ass. im Atelier von Barye, wo D. an dessen Modellen mitarbeitet, anatom. Stud. zeichnet und selbst einige Portr.-Medaillons und Tierfiguren fertigt, z.B. *Jaguar apercevant une proie*, Gips (Salon 1844), *Une cigogne*, Bronze (Salon 1848), und *Coq de bruyère* (13. 3. 1981 in Paris, Hôtel Drouot, versteigert). 1848 Rückkehr in die Heimatprovinz. Ab 1853 wieder in Paris; Aufnahme einer Tätigkeit in den Arch. nat., wo D. zunächst für die Wartung der Siegel-Slg zuständig ist; er fertigt Zchngn von Lettern zur originalgetreuen Reprod. von hist. Siegellegenden. 1857 erhält er den Auftrag, in den Arch. versch. Dép. Abgüsse der Siegel anzufertigen; 1861–68 entstehen so 15000 Abgüsse in den Prov. Flandern, Picardie, Artois und Normandie. In diesem Kontext publiziert D. Grundlagenwerke für die Siegelkunde: Inv. des sceaux de la Flandre, I-II, 1873; Inv. des sceaux de l'Artois et de la Picardie, 1875–77; Inv. des sceaux de la Normandie, 1881. Daraufhin 1873 Aufnahme in die wiss. Ges. Antiquaires de France. Anschl. Archivar, ab 1882 Leiter der Section hist. in den Arch. nat.; 1883 Mitgl. im Comité des travaux historiques. – Lt. DBF gilt D. als bedeutendster frz. Spezialist für Siegelkunde und ist v.a. dank ausgeprägter Beobachtungsgabe sowie der Fähigkeit zu exakter Zchng in der Lage, seine Aufgaben in den Arch. nat. optimal wahrzunehmen. ⌂ GUERET, Mus. de Guéret: Le député Jean-François Barailou; Le médecin-colonel Barailou, Portr.-Medaillons, Bronze, dat. 1839. PARIS, EcBA: anatom. Zchngn. REIMS, MBA: Victor Noir, Portr.-Medaillon, 1870. ✉ Inv. des sceaux de la coll. Clairambault à la BN; Le costume de guerre et d'apparat d'après les sceaux, 1875; Le blason d'après les sceaux, 1877; Le costume au Moyen Age d'après les sceaux, 1880. ⊙ *G:* 1844, '48 Paris, Salon. ▭ ThB9, 1913. *Lami* II, 1916; DBF X, 1965; *Bénézit* III, 1976; *Mackay*, 1977; *Kjellberg*, 1987. R. T.

Demay, *Jean-Baptiste-Bernard*, frz. Ebenist, * 1759 Paris, † 14. 3. 1848 ebd. Vater des Ebenisten *François-Jean D.*; ⚭ Claudine-Jeanne Sené, die Tochter des angesehenen Ebenisten Claude (I) Sené sowie Halbschwester der Ebenisten Jean-Baptiste Claude und Claude (II) Sené; durch diese günstige Verbindung wird D. der Zugang zur Meisterschaft 1784 erleichtert. Um 1806 Eintritt in die Wkst. der Fam. Sené. 1809 Konkurs und Wiederaufnahme der Tätigkeit nach gerichtl. Vergleich. Lt. Ledoux-Lebard scheinen D.s Geschäfte nach 1814 allmähl. zum Erliegen zu kommen, vermutl. durch die allg. Krise der frz. Industrie. – Mit familiärer Unterstützung gelangt D. rasch zu Ansehen und erhält Aufträge des Königshauses. Er fertigt zunächst wohl v.a. Sitz- und Liegemöbel im Louis-seize-Stil, zumeist in Mahagoni, mit durchbrochenen, z.T. den Formen von Lyra und Montgolfiere nachempfundenen sowie rechteckigen Rückenlehnen (z.B. ein Ensemble aus sechs Mahagonistühlen mit durchbrochenen Rückenlehnen mit Schnitzwerk und Hermesstäben sowie grünen Lederbezügen, Sotheby's, Monaco, 3. 2. 1986; ein Paar Bergeren mit vergoldetem Schnitzwerk aus Akanthusblättern, Laubwerk und Trophäen der Musik, Sotheby's, Monaco, 26. 5. 1980; Christie's, New York, 15. 10. 1988). In den letzten Jahren des 18. Jh. (Directoire und Consulat) entstehen ähnl. Möbel, u.a. ein bed. Mahagoni-Ensemble aus sechs Sesseln und einem Kanapee mit Armlehnen in Form von Karyatiden (Aukt. Hôtel Drouot, Paris 10. 6. 1963). Nach der Frz. Revolution werden die Stücke zunehmend schlichter, und D. erweitert sein Produktangebot um vielfältige Arten von Tischen (z.B. Konsoltisch, Mahagoni, mit vergoldeten, patinierten Bronzen und grau-grüner Marmorplatte, Empire, Christie's, New York, 20. 11. 1982). Er beliefert nun den Garde-meuble impérial mit Sitzmöbeln für Salons und Speisezimmer, z.B. 1811 mit einem umfangreichen Posten an Mahagonisesseln und -stühlen sowie einigen Konsoltischen in Buche. 🏛 PARIS, MAD: Sessel „à la reine", mit Schnitzwerk und kannelierten Beinen, Louis-seize. – Mus. Carnavalet: zwei Stühle mit durchbrochener Lehne (Montgolfiere), Louis-seize; Sessel, Mahagoni (für den Präs. des Revolutionsgerichts). – Mobilier nat.: Kanapee, Mahagoni, Empire. – Bibl. Marmottan: Mahagonikommode mit vier Schubkästen, Schnitzereien und ziselierten, vergoldeten Bronzeappliken. – Minist. des Affaires étrangères: Ensemble von Stühlen, Nußbaum mit Ebenholzintarsien. VERSAILLES, Château: vier Stühle mit durchbrochener Rückenlehne und Schnitzereien, Louis-seize. – Grand Trianon: zwei Konsoltische, weiß bemalt, Empire. – Petit Trianon: Stühle mit Schnitzwerk (mit Monogr. von Marie-Antoinette). 📖 ThB9, 1913. *Vial/ Marcel/Girodie* I, 1912; DBF X, 1965; *Ledoux-Lebard*, 1965; *Salverte*, 1985; *Kjellberg*, 1989 (Aukt.); *Ledoux-Lebard*, 1989 (Werke in Priv.-Slgn, umfangreiches Aukt.-Verz.). – Les ébénistes du XVIIIe s. franç., P. 1963; *S. de Langlade*, Gaz. de l'Hôtel Drouot 81:1972 (41) 20 s. R. T.

Demay, *Jean-François*, frz. Maler, * 1798 Mirecourt/ Vosges, † 1850 Paris. Autodidakt. – D. malt in der Art von Demarne Lsch. (Paris, Ile de France, Picardie), ländl. Genreszenen (z.B. Dorffeste, Rummelplätze, Markt- und Straßenszenen, Weideplätze) und Jagdstücke. Dabei liebevoller Dokumentarist des bäuerl. Lebens zur Zeit der Restauration. Auch Staffagemaler für Lsch. von Philippe Budelot, Jacques Swebach und Lazare Bruandet. 🏛 BORDEAUX, MBA. CHERBOURG, Mus. Thomas Henry. PARIS, Orsay. – MN des Arts et Trad. populaires. ⊙ *G:* 1827–46 Paris, Salon. 📖 ThB9, 1913. *Bellier/ Auvray* I, 1882; DBF X, 1965; *Bénézit* III, 1976; *Harambourg*, 1985; *Schurr/Cabanne* I, 1996. – *Schurr* V, 1981; *Z. Gourarier*, Rev. du Louvre et des Mus. de France 39:1989 (5–6) 357–361. K. S.-D.

Demay, *Jean-Germain* → **Demay,** *Germain*

Demay, *Louis-Philippe*, frz. Goldschmied, † 4. 4. 1772 Paris, lebte dort. 1758 Meister. Arbeitete für den kgl. Hof, u.a. für Marie-Jeanne Dubarry. Bek. sind u.a. Dosen mit in Grisaille-Technik ausgef. Emailmalereien (v.a. Puttenmotive) in der Art von Barnabé Augustin Mailly. Ähnlichkeiten auch zu Sevrès-Stücken der späten 1760er Jahre. MZ: Lilie, bekrönt, zwei Körner, L P D, kleiner Baum. 🏛 GENF, MAH. PARIS, Louvre: Tabatiere, 1761/62. REGENSBURG, Thurn und Taxis Mus.: Tabatiere, Gold, Email, um 1769/70. 📖 *Nocq* II, 1927 (Repr. 1968). – Rossija-Francija. Vek prosveščenij. Russko-francuzskie kul'turnye svjazi v 18. stoletii (K), Le. 1987; *R. Baumstark* (Ed.), Thurn und Taxis Mus. Regensburg (K), M. 1998. C. R.

Demay, *Paul*, frz. Landschaftsmaler, * Briquebec/ Manche, der ab 1890 im Pariser SAfr. (Mitgl.) Ansichten u.a. aus Barfleur, Antibes und Venedig (1912) ausstellte. Schüler von Fernand Cormon. 📖 ThB9, 1913. *Bénézit* III, 1976; *Harambourg*, 1985.

Demazy, *Gaston*, frz. Radierer, * 14. 11. 1872 Paris, dort tätig, u.a. für die Gobelin-Man. Schüler von Henri Lefort und Lucien Dautrey. ⊙ *G:* ab 1901 Paris, SAfr. (1903 Mitgl.). 📖 Vol, 1953. *Bénézit* III, 1976.

Dembergue, *Louis* → **Deurbergue,** *Louis*

Dembi, *Gokal*, ind. Maler, Graphiker, * 21. 8. 1939, lebt in Srinagar/Kashmir. Stud.: College of Art, Delhi; 1966–67 Stip. der ind. Regierung. Um 1981 Doz. für Malerei, Inst. of Music and FA, Srinagar. 1963–69 Mitgl. von Delhi Śilpa Chakra; Mitbegr., später Sekretär der Künstlergruppen Guild 70, Srinagar, und von Visionaries, Gandharbal. 1976 Organisator des All India Painters Camp, Srinagar. – Hschn. mit geometr.-flächig-abstrahierenden Formen. ⊙ *G:* New Delhi: 1964, '76, '83 (K) Lalit Kalā Acad.: Nat. Exhib. of Art; 1966 All India FA and Crafts Soc. Annual Exhib. (Ausz.). 📖 *Krishnan*, 1981; GEA, Printmakers, 1985. K. Görtz

Dembicki (Dębicki), *Antoni*, poln. Maler, Wandmaler, viell. aus Lwów, 18. Jh. Ab 1735 mit dem Hof in Opole Lubelskie verbunden, arbeitete dort für die Wojewoden Jan Tarło († 1750) und Antoni Lubomirski. – D. schuf die illusionist. Wandmalereien mit Szenen aus dem AT sowie aus dem Leben Christi und Mariä in der Hl.-Kreuz-Kap. (um 1746), im Presbyterium und Schiff (1751–52) der Piaristenkirche in Opole Lubelskie. In der Kap. befinden sich ferner vier Öl-Gem. mit Ill. zur Kreuzlegende: *Auffindung des hl. Kreuzes*; *Schlacht an der Milvischen Brücke*; *Kaiser Heraklius trägt das Kreuz nach Jerusalem*; *Kreuzwunder der hl. Katharina von Siena*, sign., dat. 1746. Viell. stammen auch zwei Gem., M. 18. Jh., mit *Szenen aus dem Leben des hl. Joseph von Calasanza* (gegenwärtig im Glockenturm der Kirche) sowie das *Portr. des Wojewoden Jan Tarło*, 1744 (ehem. Szymon Czechowicz zugeschr.; MN Warschau) von D. 1760 dekorierte er mit einem Gehilfen den Pal. von A. Lubomirski in Warschau, 1772 den Pal. in Opole. 📖 ThB9, 1913 (s.v. Dembicki). SłArtPolsk II, 1975. – *J. Waniewska*, Portrety Jana Tarły, Rocznik MN w Warszawie 17:1973, 249–252, 278, 281–291, 296; *M. Witwińska*, Topogr. i kierunki malarstwa ściennego w Polsce około połowy XVIII wieku, BHS 43:1981, 197, 201; *J. Z. Łoziński*, Pomniki sztuki w Polsce, I: Małopolska, War. 1985, 435. A. Bernatowicz

Dembicki (Dembiński), *Kazimierz*, Maler in Poznań, 1679, '82 und '84 dort erw. 📖 SłArtPolsk II, 1975. Ch. R.

Dembiński Rawicz, *Stanisław*, poln. Übersetzer, Zeichner, * 8. 12. 1891 Radłów (Radłowo ?)/Kleinpolen, † 1942 Peking. Verbrachte die Jugend in Lwów; dort Stud.: TH (Archit.); Univ. (Polonistik und Urbanistik) sowie Handels-Akad.; danach Graph. Kunst- und Gewerbeschule Wien. Arbeitete 1918–20 an poln. Banken. Anschl.

zweijährige Ausb. im Zeichnen in Paris und Reise nach Algerien. A. der 30er Jahre in Gdańsk ansässig. Ging 1934 in den Fernen Osten; 1937–39 in der poln. Botschaft in Tokio tätig. – Ill. für *Bazilissa Teofanu* von T. Miciński; *Pieśni Bilitis* von P. Louys. Fertigte 100 Zchngn für die eig. Übers. des Faust von J. W. v. Goethe (unveröff.), 40 davon wurden auf der Ausst. „Goethe und der Osten" 1930 in Gdańsk gezeigt. ▭ SłArtPolsk II, 1975. – Polska bibliogr. sztuki 1801–1944, II: Rysunek. Grafika. Sztuka książki i druku, Wr. 1979. I. Bal

Dembis (Dempis), *Leonidas*, griech. Bildhauer, * 1894 Kalfa/Konstantinopel, † nach 1977 Athen. Anfangs Ausb. bei einem Marmorbildhauer. Stud.: bis 1921 ASKT Athen bei Thomas Thomopoulos. Mitgl. des Verb. griech. Künstler, der Genossenschaft griech. Bildhauer und der Kammer der Bild. Künste Griechenlands. – In seinen Werken bleibt er dem akad. Realismus und konventionellen Lösungen treu (u.a. Portr. griech. Persönlichkeiten wie *Nauarchos Kountourgiotis, Patriarchis Alexandreias Fotios, Ethnomartyras Chrysostomos Smyrnis*). ⊙ *G:* 1916 Athen, Verb. griech. Künstler. ▭ *Lydakis* V, 1981; LEK I, 1997. – *Ph. Giofyllis*, Istoria tis neoellinikis technis 1821–1941, II, At. 1963, 486; *A. Kourtikakis*, Leukoma Ellinon Kallitechon 1800–1975, II, At. 1977, 160; *D. Tsouchlou/A. Mpacharian*, I ASKT. Choniko 1836–1984, At. 1984, 314; *D. Pavlopoulos*, O glyptis Michalis Tompros (1889–1974), Diss. Univ. Athen 1996, 22. D. Pavlopoulos

Dembla, *Sonia*, ind. Malerin, Graphikerin, Bildhauerin, * 17. 10. 1939 Hyderabad (Sind), lebt in New Delhi. Stud.: 1958–61 Archit.; bis 1965 an der Jamsethji Jijibhai SchA, Bombay; 1975 Graphik an der Triveni Kalā Sangam. Ausz.: 1985 Nat. Award, Lalit Kalā Acad., New Delhi. – Die frühen Gem. D.s zeigen grob konturierte Figuren vor abstrakten Hintergründen. Nach einer Unterbrechung ihrer künstler. Tätigkeit während der frühen Kindheit ihrer zwei Töchter widmet sie sich zunächst dem Stilleben. In dieser Phase gewinnt die Gest. der Farbflächen mit kleinteiligen Mustern an Bedeutung. Die folgende Arbeit mit graph. Techniken setzt sie aus gesundheitl. Gründen nicht fort. Etwa 1974 entstehen die ersten Collagen aus textilen Mat.; in ihnen erzielt sie durch mehrschichtige Verarbeitung transparenter Stoffe feinste Farbabstufungen und setzt Stoffstrukturen und -muster zur gemäldeartig wirkenden Darst. von Lsch. ein. 🏛 BOMBAY, Air India. NEW DELHI, NG of Mod. Art. – Taj Mahal Hotel. ⊙ *G:* 1977 New Delhi, All India FA and Crafts Soc.: Internat. Contemp. Art Exhib. / 1978 Bombay, Art Soc.: Annual Exhib. / 1980 Chandigarh: Graphic '80. ▭ *Krishnan*, 1981; GEA, Sculptors, 1985. – *K. Chaitanya*, Lalit Kalā Contemp. 27:1979, 25–26; *id.*, A hist. of Indian painting. The mod. period, New Delhi 1994. M. Frenger

Dembler, *Jacob*, dt. Messerschmied, * Salzburg, † nach 1670. 1637 Meister und Bürger in München. Arbeitete v.a. als Vergolder für den bayer. Kurfürsten Maximilian I. ▭ ThB9, 1913. *Bosl*, 1983. S. P.

Dembo, *Aleksandrs*, Graphiker, Zeichner, Maler jüd. Herkunft in Lettland, * 6. 7. 1931 Paris, † 14. 5. 1999 Riga. ⚭ Graphikerin Aija Ozoliņa. Stud. in Riga: 1947–49 J. Rozentāls-KSch; 1949–55 KGS; 1957–63 AK Lettlands bei Arturs Apinis, Pēteris Upītis, Leo Svemps, Jānis Šneiders. Lehrtätigkeit: ab 1964 AK Lettlands, Abt. Design, 1984 Prof., 1987–99 Leiter des Meisterateliers für Graphikdesign, ab 1992 Leiter des Designlehrstuhls. Beliebter und bed. Pädagoge. E. 60er-80er Jahre führende Positionen im lett. Künstler-Verb. (u.a. Sekretär des Vorstandes) und des Lett. Kunstfonds (1982–87 Vors.), Organisator zahlr. Graphik-Ausst., bes. der Trienn. der balt. Republiken. Anerkannt auch im Ausland (Gastprofessuren u.a. in den USA Campen und Bremen). Mitgl.: u.a. 1993 internat. Künstler-Assoz. B13 (1995–99 deren Vors.). Ausz.: 1968, '80 Dipl. der 1. und 5. Graphik-Trienn. der balt. Republiken in Tallinn; 1981 Verdienter Kunstschaffender Lettlands; 1998 Fulbright Award. – Befaßt mit freier, Min.- und Buchgraphik sowie Graphikdesign, in der 2. H. 60er Jahre auch Presse-Zchngn (Zss. Liesma, Zvaigzne) und ab M. 90er Jahre Malerei (Acryl, irreguläre Formate). Bevorzugt Rad., bes. Farb-Rad., Weichgrundätzung, arbeitet auch in and. Techniken. Char. sind Zyklen, deren Thematik von D.s Zeitgefühl und hoher kult. Bildung bestimmt wurden (*Sāremā*, 1967; *Anno 1918*, 1968; *Veltījums latviešu Dziesmu svētku simtgadei*, 1973; *No Kalifornijas albuma*, 1974; *Cilvēki un kosmoss*, 1976; *Kosmoss un mēs*, 1978; *Rīga dimd*, 1978, alles Rad.; *Daugava-80*, Seriegraphie, 1980; *Atklātas vēstules draugam*, Weichgrundätzung, 1981–82; *Saulgrieži*, Lith., 1984; *Spārnots tuvums*, Rad., 1990; *Veltījums P. K.; Lasītājs*, beide Kolographie, 1992). Ständiges Interesse für Formproblematik, Erweiterung und Vielfalt der Ausdrucksmöglichkeiten, neue Techniken und Mat.; wandte sich als einer der ersten in der lett. Nachkriegskunst der Farbgraphik zu, beeinflußte durch seinen innovator. Farbgebrauch E. 60er/A. 70er Jahre die lett. zeitgen. Graphik maßgebend. D.s Personalstil kennzeichnen anfangs Einflüsse des sog. „strengen Stils", eine entwickelte assoziative, metaphor. Aussage, abstrahierende Verallgemeinerung, Lakonismus mit gesteigerter Bedeutung der Linie und Farbflecke. Schuf parallel mit wechselndem Interesse farbige und achromat., rein lineare, tonale Graphiken. Dominierend ist v.a. der Rhythmus (der Idee und Stimmung seiner Werke bestimmt), die Komp. als organisierte graph. Struktur, reiche Fakturen; schätzte auch Improvisation und das Unvollendete. Sehr wichtig sind Einflüsse, Stilisierung und Zitate aus der Kunst der Naturvölker (Afrika, Indianer) und der Moderne (Picasso, Klee, Miró). 🏛 MADONA, Novadpētniecības un MM. MOSKAU, Tret'jakov-Gal. – Puškin-MBK. – Slg des Kultur-Minist. der ehem. Sowjetunion. RIGA, MM Arsenāls. – Slg des Lett. Künstler-Verb. ROSTOCK, KH. VILNIUS, Lietuvos dailės muz. ✉ Tvorčestvo 1987 (6) 14 s. (zur von Picassos Guernica beeinflußten Ser.). ⊙ *E:* Riga: 1967 (mit Indulis Zariņš), '69, '81 (K) Aizrobežu MM; 1988 AK; 1992 Gal. Aka: Postnostalģija; 1994 Gal. Bastejs: Lauskas un citi; 1998 Valsts MM: Millenium; Gal. von I. Veiherte / 1971 L'viv (mit Boriss Bērziņš, Romis Bēms; K) / 1974 Rostock, KH (mit Igors Vasiljevs, Armin Münch) / 1975–76 Kuldīga, Ventspils, Sigulda, Madona, Valmiera, Ludza, Rēzekne, Lapmežciems, Kazdanga (Wander-Ausst.; K) /

1982 Tallinn (mit Pēteris Upītis); Vilnius; Liepāja; Ventspils; Daugavpils / 1983 Ruse / 1984 Brno; Valmiera (mit Aija Ozoliņa) / 1985 Tbilisi (mit A. Ozoliņa) / 1986 Moskau (K) / 1987 Prag (K); České Budějovice; Bratislava / 1989 Summit (N. J.; mit A. Ozoliņa) / 1991 Birmingham / 1993, '94 Bremen / 1996 Portland. – *G:* zahlr. seit 1962, u.a. Graphik-Bienn: 1969, '79 Ljubljana; 1970 Krakau; Tokio; 1976 Bradford / 1972, '74, '76 Venedig: Bienn. / 1980 Berlin: Intergrafik. ▭ ChudSSSR III, 1976 (Lit.); MAB I, 1995. – *Z. Zuze* (Ed.), Grafika, Rīga 1969; Sowjet. Malerei, angew. Kunst, Kleinplastik (K), Dortmund 1973; Sovetskaja cvetnaja gravjura, Mo. 1978; Latviešu padomju stājgrafika, Riga 1982; Izobrazitel'noe iskusstvo Latvijskoj SSR, Mo. 1983; *A. Kantor*, Sovetskaja grafika-8, Mo. 1984, 111–119; *R. Muižniece*, A. D. Reprodukciju albums, Rīga 1987; *V. Petrov-Strominskij*, Iskusstvo 1988 (1) 21–25; *J. Petraškevics* (Ed.), Grafika: Estamps, Rīga 1989; *I. Burāne* (Ed.), Latvijas PSR Valsts mākslas akadēmija, Rīga 1989; Lett. Grafik (K), Halle 1994; Starptautiskā mākslas asociācija B 13, Rīga 1996; Sava krāsa varavīksnē, Rīga 1997; *R. Muižniece*, A. D.-albums un personālija, Mag.-Arbeit AK Lettlands Rīga 1997. – *Online:* gallery. lv. A. Brasliņa

Dembo, *Rafael,* alban. Maler, * 20. 2. 1924 Korça, lebt dort. Stud.: 1951–58 Repin-KHS Leningrad (St. Petersburg). Kunstlehrer an der Kunstmittelschule in Korça. Ausz.: 1970 Naim Frashëri-Med. 3. Kl.; 1992 Titel Verdienter Maler. – Malt figürl. Komp., Portr. (z.B. Maler *Spiro Xega*, 1980, Korça, Gal.) und Lsch. (u.a. *Rrugë Voskopojë; Rruga e Metropolisë në Korçë; Ndërtimi i uzinës*, alle Tirana) in Öl, selten in Aquarell. In den 50er Jahren behandelt er hist. Themen, bes. die Figur des Skanderbeg (Skenderbeu) in romant. geprägten Gem. (*Pritë*, 1954, Korça, Muz. Mesjetar; *Beteje e Skenderbeut*, 1957; *Pas Beteje*, 1958, beide Korça, Gal.), immer auf der Suche nach farbl. Ausdruckssteigerung. Nach seiner Rückkehr aus der Sowjetunion, beeinflußt vom Sozialist. Realismus, versucht er sich an Komp. zum Thema der Befreiung des Landes und der bürgerl. Revolte gegen Unterdrückung und Armut in den 1930er Jahren unter König Zog (*Demostrata e Bukës*, Öl, 1960, Korça, Gal.), die sich durch ihren dok. Charakter auszeichnen. M. 60er Jahre zeigen sich neue Qualitäten in seiner Malerei im Anschluß an impressionist. Tendenzen bei Vangjush Mio: D.s lyr. Lsch. (u.a. *Fusha e Korçës/Rrugë me kalë*, Öl, 1964, Tirana) sind bis in die Tiefe des Horizonts von einem lebendigen, mediterranen Licht erfüllt. Dieses Licht tritt auch in den gleichzeitigen Komp. mit bäuerl. Arbeitsmotiven auf (*Koperativistët*, Öl, 1970, Korça, Pal.), denen es bei realist. Treue der Komp. und künstlerischer Authentizität der bäuerl. Typen ein Gefühl von Harmonie und Transparenz verleiht. ⌂ KORÇA, Gal. e Artit. – Muz. Mesjetar. – Pallati i Kulturës. TIRANA, Gal. Kombëtare e Arteve Figurative. ⊙ *E:* 1961, '71, '84 Korça, Pallati i Kulturës / 1973 Maliq, Shtëpia e Kulturës / 1985 Tirana, Pallati i Kulturës. – *G:* u.a. 1966, '68 Alexandria: Bienn. ▭ Artet Figurative në Republikën Popullore të Shqipërisë, Tiranë 1969; Artet Figurative Shqiptare-Piktura (K), Tiranë 1978, 90, 124; *K. Duka*, Përpara 1984 (Dez.); *A. Kuqali*, Hist. e Artit Shqiptar, Tiranë 1988, 157; *S. Xhaja*, Korça Demokratike v. 3. 12. 1994, 3. Gj. Frashëri

Dembo, *Susy*, venezolan. Graphikerin, * 19. 6. 1933 Wien, lebt in Caracas. Stud. ebd.: Esc. de Artes Plást. y Aplicadas „C. Rojas"; Taller Libre de Arte; bei Francisco Porras, Luis Alberto Chacón und Luisa Palacios; Esc. El Bosque. Ausz.: u.a. 1976 Preis Cerámicas Carabobo, Valencia; 1977 2. Preis, Expos. Nac. de Grabado, Maracaibo. – V.a. figurative Rad., z.T. mit zeitkrit. Themen. ⊙ *E:* Caracas: 1965 Gal. El Muro; 1973, '75 Gal. Maison Bernard; 1977 Gal. Cruz del Sur / 1966 Madrid, Gal. El Bosco / 1968 New York, Venezolan. Tourismusbüro. – *G:* 1983 Llubljana: Internat. Bienn. of Graphic Art / 1984 Berlin: Intergrafik. ▭ GEA, Printmakers, 1985. – Indice lit. de El Universal (Caracas) v. 10. 3. 1968; Venezuelan graphic art (K), Caracas [1977]. – *Online:* Artistas seleccionados I, 1999. M. N.

Dembour, *Adrien (Adrien-Népomucène)*, frz. Holzschneider, Kupferstecher, Lithograph, Verleger, * 6. 6. 1799 Metz, † 2. 5. 1887 Vittonville/Meurthe-et-Moselle. Schüler des Malers Michaud. 1835 Imprimeur-lithographe; errichtete ein eig. Wkst., in der bis zu 100 Mitarb. tätig waren (z.B. 1836–50 Jules Chaste). 1840–55 Partnerschaft mit Charles Gangel; der Verlag umfaßte 1851 ca. 200 Angstellte und besaß 22 Druckmaschinen. Gangel übernahm das Unternehmen und D. zog nach Paris, wo er bei Hachette arbeitete. 1861 Rückkehr nach Lothringen. – Die Maison D. wurde v.a. bek. durch die Herstellung farbiger volkstüml. Bilderbogen in einer Auflagenhöhe bis zu 100000 Exemplaren; D. entwickelte für die Produktion von Kpst.-Bilderbogen ein bes. druckgraph. Verfahren, gen. „ectypographie métallique". – D.s Vater *Jean D.* (* 1. 8. 1774 Hayange/Moselle, † 13. 2. 1813 Metz; Stecher-Ausb. in Straßbourg) war als Stempelschneider in Metz tätig. D.s Sohn *Nicolas-Charles D.* arbeitete in der gleichen Branche (Zeichner). ⌂ PARIS, BN, Cab. des Estampes: Hschn. ✉ Description d'un nouveau procédé de gravure en relief sur cuivre dite ectypographie métallique, inventé par D., Metz 1835. ⊙ *G:* 1834 Metz: Expos. des produits de l'industrie et des BA (Med.). ▭ ThB9, 1913 (im Art. D., Jean). DBF X, 1965; *Harcos*, 1991. – IFF, Après 1800 VI, 1953; *Adhémar*, Druckgrafik, 1968; *A. Desfeuilles*, Les images „morales" de D. de Metz (verfaßt von J. F. Blanc, 1837/38), in: Bull. de la soc. archéol., hist. et artist. du Vieux Paris 283:1982, 277–80. C. R.

Dembour, *Jean* cf. **Dembour,** *Adrien*

Dembour, *Nicolas-Charles* cf. **Dembour,** *Adrien*

Dembowska, *Cecylia*, poln. Amateurzeichnerin, * 19. 12. 1787 Puławy, † 17. 1. 1821 Warschau. Nach der Heirat 1805 mit Stanisław Grabowski sign. D. einige Arbeiten mit „C. Grabowska". Ausb.: 1801 Zeichenunterricht bei Jan Piotr Norblin in Warschau; 1802 in Puławy. – Vier Ill. in Sepia, dat. 1803, für das Poem *Bard Polski* von A. J. Czartoryski, P. 1840 (Ms. mit eingeklebten Ill. von D. in Krakau, MN, Oddział Czartoryskich); Ill. für *Śpiewy Historyczne* von Julian Ursyn Niemcewicz (ed. 1816), u.a. eine Zchng *Tod von Gliński* für *Duma o kniaziu Michale Glińskim* (Krakau, MN), gestochen von Johann Gottfried Abraham Frenzel aus Dresden.

🏛 KRAKAU, MN, Oddział Czartoryskich. WARSCHAU, MN. 📖 SłArtPolsk II, 1975. – *I. Tessaro-Kosimowa*, Hist. litografii warszawskiej, War. 1973, 94, 255; Ilustracja/Figuracja (K Internat. Graphik-Bienn., MN), Krakau 1978, Tl 1, Position 45, Abb. 11; Tl 2, 20; Artystki polskie (K MN), War. 1991. A. Bernatowicz

Dembowska, *Wanda*, poln. Amateurmalerin, -zeichnerin, * 1820 Harmaki (ehem. Kr. Latyczów)/Podolien, † 1858 ebd. Verh. mit dem Maler und Lithographen Baron Kloch von Kornitz. Kolorierte einige Zeit zus. mit dem jungen Juliusz Kossak Fotografien in der Warschauer Fotoanstalt Józef Giwartowski. Zeichnete und malte Min.-Portr. vorwiegend von Fam.-Mitgliedern (Aqu., Gouache auf Elfenbein bzw. Karton). 🏛 WROCŁAW, Bibl. Ossolińskich. 📖 *Schidlof* I, 1964; SłArtPolsk II, 1975. – Artystki polskie (K MN), War. 1991. Ch. R.

Dembowski, *Józef*, poln. Zeichner, Maler, * 1780 (1781 lt. SłArtPolsk) vermutl. Ujazd/Kr. Brzeziny, † nach 1. 12. 1834 wahrsch. Ruda b. Warschau. Drei Jahre Zeichenunterricht bei Ferdynand Pinck (nach Rastawiecki auch bei Zygmunt Vogel); später bei Müller und Louis Courtin in Warschau. Unterbrach 1798 wegen des Todes des Vaters die Ausb. und ging nach Włocławek, anschl. nach Toruń. In der Zeit des Herzogtums Polen als Beamter im Finanzministerium tätig. Sandte einige seiner Zchngn im Dez. 1834 zur Begutachtung an Jan Feliks Piwarski. – Lsch., Archit.-Ansichten, Genreszenen und Portr. als Feder-Zchngn, Aqu., auch Min. und Öl-Gem., sign. überwiegend „JD". 🏛 KRAKAU, MN. WARSCHAU, MN. – Univ. Warschau, Kpst.-Kab. WROCŁAW, Bibl. Ossolińskich. 📖 ThB9, 1913 (s.v. D., Joseph). *Rastawiecki* III, 1857; *Schidlof* I, 1964; SłArtPolsk II, 1975. Ch. R.

Dembowski, *Leon*, poln. Maler, Zeichner, Lithograph, * 1823 Krakau, † 21. 2. 1904 ebd. Stud.: 1840–50 KSch Krakau; 1854/55 AK Wien. Unternahm landeskundl. Reisen, fertigte zahlr. Zchngn von Archit.-Denkmälern, Skulpt. und Gem.: 1853 in den Wojewodschaften Poznań und Bydgoszcz, 1854 oder '55 Österreich und Deutschland; 1858 zus. mit Józef Łepkowski im Kr. Jasło. Lehrtätigkeit: 1858–72 KSch Krakau; Annengymnasium; ab 1872 Realschule. – Malerei mit Lsch. aus der Gegend um Krakau, der Tatra, Pieniny und des Vorkarpatengebirges, auch Archit.-Ansichten von Krakau. Fertigte nach eig. Zchngn die Lith. *Starożytności różnymi czasy w Krakowie z ziemi dobyte*; lieferte außerdem Vorlagen für die Lith. der Ed. *Wzory sztuki średniowiecznej* von A. Przeździecki und E. Rastawiecki, War. 1855–58. 🏛 BIECZ, Muz. Regionalne. BIELSKO-BIAŁA, MO. KRAKAU, Bibl. Jagiellońska. – Muz. Archeologiczne. – Muz. Historyczne. – MN. – Państwowe Zbiory Sztuki na Wawelu. KROSNO, MO. LESZNO, MO. L'VIV, GG. WARSCHAU, MN. 📖 ThB9, 1913. PSB V, 1939–46; SłArtPolsk II, 1975. – Polska bibliogr. sztuki 1801–1944, I. 1, Wr. 1975; *A. Melbechowska-Luty*, Mali mistrzowie polskiego pejzażu XIX wieku, War. 1977. I. Bal

Dembry, *Adriaen* → **Brie,** *Adriaen de*

Dęmbski, *Valentin*, poln. Maler, 1754 in Warschau erw. 📖 ThB9, 1913. Ch. R.

Dembus, *Dolores*, US-amer. Textilkünstlerin, Seidenweberin, * 1931 New York, lebt dort. Stud.: 1952 Columbia Univ.; 1953 in Paris (Fulbright-Stip.); 1953–55 Univ. of Calcutta, Indien; um 1958 bei Anni Albers; Yale Univ., New Haven/Conn. bei Josef Albers. D. lehrte u.a. 1969–74 am Unin College in Schenectady/N. Y. 1975, '76 Nat. Endowment for the Arts Grants. 🏛 NEW CANAAN/Conn., Silvermine College of Art. NEW HAVEN, Yale Univ. NEW YORK, MMA. – Columbia Univ. ⊙ *G:* u.a. 1971 Lausanne und Warschau: Internat. Bienn. (Webkunst). 📖 *Heller*, 1995. C. R.

Dembyc'kyj, *Mychajlo Fedorovyč*, Ikonenmaler in Kiev, schuf 1795 für das dortige Höhlenkloster die Ikone *Entschlafen der Gottesmutter* (verschollen). Vermutl. sind die Maler und (wie D.) Mitgl. der Kiever Ikonenmaler-Zunft *Oleksandr Mychajlovyč D.* und *Petro Mychajlovyč D.* seine Söhne; alle drei wurden ab 1810 in den Zunftlisten nicht mehr genannt. 📖 MU, 1992; MU, 1997. – *P. M. Žoltovs'kyj*, Mat. z etnohrafyï ta mystectvoznavstva, vyp. 7–8, Kyïv 1962; *id.*, Chudožne žyttja na Ukraïni v XVI-XVIII st., Kyïv 1983 (jeweils s.v. Dembic'kij). V. Fomenko

Dembyc'kyj, *Oleksandr Mychajlovyč* cf. **Dembyc'kyj,** *Mychajlo Fedorovyč*

Dembyc'kyj, *Petro Mychajlovyč* cf. **Dembyc'kyj,** *Mychajlo Fedorovyč*

Dembyc'kyj, *Stanislav-Mečyslav* → **Dębicki,** *Stanisław Mieczysław*

Demčenko, *Aleksandra Il'inična*, russ. Textilkünstlerin, * 1929, lebt in Tarusa; ebd. in der Fabrik für Kunststickerei tätig. – Fertigt in der trad. Kalugaer Technik (Leinen, Mouliné, Farbflechten) dekorative Handtücher (u.a. *Skazka*; *Petuchi*, beide 1979) sowie Stickereien für Blusen und Kleider (z.B. *Narodnyj motiv*; *Pticy*, 1983). 📖 Chudožestvennye promysly RSFSR, Mo. 1973; Chudožnik 1975 (6) 40; Dekorativnoe isk. SSSR 1975 (9) 23; Vystavka „Chudožniki Nečernozem'ja" (K): 5-ja, Rjazan' 1980, 113; 6-ja, Kostroma 1985, 81; Znamja (Kaluga) v. 28. 8. 1983; Sovetskaja ženščina 1984 (4) 4; 7-ja respublikanskaja vystavka „Sovetskaja Rossija" (K), Mo. 1985, 87. I. Fomičeva

Demčenko, *Anatolij Mykolajovyč*, ukrain. Maler, Graphiker, Designer, Medailleur, * 6. 4. 1947 L'viv, lebt in Kiev. Stud.: 1964–65 Kunststudio Žytomyr bei Volodymyr Illič Kobylyns'kyj; 1965–67 KHS Kiev, Archit.-Fak. bei Vitalij Fedorovyč Rjabov; 1980–85 Polygraphie-HS L'viv bei Volodymyr Mychajlovyč Ivanenko. – Vielseitiges Schaffen, u.a. Plakat-Gest. (zum Film *Vlast' soloveckaja*, 1989; *Mazepa*, 1991; *Mychajlo Drahomanov*, 1992, alle Mischtechnik; *Mykola Kostomarov*, Kohle, Gold, 1994), Buchgraphik (u.a. zum Jubiläumsband *Mychajlo Hruševs'kyj*, Tusche/Feder, Mischtechnik, 1996; *Tajvan'. Krok u XXI vik*, Computergraphik, 1998), (Computer-)Design von Firmenlogos (z.B. für das Inst. *Slov''jans'kyj universytet*, 1994) und Emblemen für Sport-Verb. (u.a. für die Sambo-Föderation, 1993), Medaillen (z.B. auf *Les' Kurbas*, Bronze, 1993) sowie freie Graphik, Tafel- und Interieurmalerei. Vertreter der realist. Richtung figurativer Kunst, bereichert durch ein breites Spektrum an Komp.-Verfahren, wobei die Kombination von fragmentar. Darst. des Vordergrundes und panoramahafter Erfassung des Raums den Werken Monumentalität und Erhabenheit verleiht. Bevorzugt Lsch. (u.a. Ser. *Konča-Zaspa; Pušča-Vodycja*, beide Öl, 1980–84; *Ukraïns'ka nič*, Öl, 1992; *Zachid soncja*, Mischtechnik, 1995; *Kyïvs'ka osin'*, Öl, 1998) und Stilleben (Ser. *Rapany*, Aqu., 1967–68; *Vydubyči. Buzok kvitne*, Öl, 1994; *Kvity navesni*, Aqu., 1997), die sich durch lyr. Stimmung und sensible Farb-Gest. auszeichnen. Char. für seine Interieurmalerei ist ein Hang zu symbol. verallgemeinerten Gestalten der nat. Geschichte. Seine (themat. und Reklame-)Plakate weisen ein gesättigtes Farbspektrum und betont verallgemeinerte Silhouettenhaftigkeit auf. D.s Vielseitigkeit und wechselnde gestalterische Mittel (auch angespanntes Kolorit, dynam. Komp., Metaphorik) reflektieren das komplizierte zeitgen. Leben. ⌂ KIEV, Mus. für Hetmanswesen. – Hotel Moskovs'kyj: Interieurmalereien, Tempera, 1996 (mit Il'ja Zinov'evič Tolkačev). – Minist. des Agrarindustriellen Komplexes: Interieurmalereien, Acryl, 1999. ⊙ *G:* seit 1969 v.a. Kiev, u.a. 1991 Ausst. zum Kosakentum; 1994 „Pohljad". ▭ Respublikans'ki chudožni vystavky (K), Kyïv: „Kyïv socialistyčnyj", 1973; „Slava praci", 1976; „My budujemo komunizm", 1982; „Zemlja i ljudy", 1984; *V. Afanas'jev*, Ukraïns'ke radjans'ke mystectvo 1960–80ch rokiv, Kyïv 1984, 113; *R. Kunkyna*, Obrazotvorče mystectvo 1989 (6) 15; Dovidnyk členiv spilky chudožnykiv Ukraïny, Kyïv 1998. V. Ruban

Demčenko, *Grigorij Ivanovič,* russ. Zeichner, * 25. 2. 1925 Rodino/Altajgebiet, † E. 1970er Jahre Perm'. Stud.: 1948–50 Kunststudio Chabarovsk. Ab 1951 Zchngn für Ztgn, u.a. Molodoj dal'nevostočnik (Chabarovsk), Krasnyj majak (Nikolaevsk-na-Amure), Molodaja gvardija (Perm') und Zss. (Sputnik Krokodila). Buch-Gest. und -Ill. für den Buchverlag Perm' (z.B. zu O. K. Seljankin, *Škola pobeditelej*, 1954; V. I. Vorob'ev, *Pochoždenija Deda-Moroza*, 1957; A. M. Vysokovskij, *Kanava poperek*, 1977). ▭ ChudSSSR III, 1976 (Lit.). N. Beloglazova

Demčenko, *Trochym Nazarovyč*, ukrain. Keramiker, * 4.(17.) 8.1912 Mis'ki Mlyny (lt. MU), † 29. oder 30. 4. 1985 Opišnja. Ausb. ebd.: 1928–30 Keramik-Wkst.; 1936–38 Keramik-Schule. Arbeitete ebd. in der Genossenschaft Chudožnij keramik. 1938–41 Ltg der Genossenschaft Červonyj keramik. – Fertigte in der Poltavaer Trad. figurale Gefäße und Tier-Skulpt. (u.a. *Baran*, 1937; *Byčok*, 1961; *Lev*, 1971), Spielzeug, dekorative und intensiv farbige (Engobe) Gefäße (Krüge, Fäßchen usw.) sowie Schalen mit Portr. von Schriftstellern und hist. Persönlichkeiten. ⌂ KIEV, Ukrain. Volkskunst-Mus. L'VIV, Mus. für Ethnographie und Volkskunst. ▭ SChU, 1973; MU, 1992; MU, 1997. – *M. Dolyns'ka*, Majstry narodnoho mystectva Ukraïns'koï RSR, Kyïv 1966, 112; *I. K. Sakovič*, Narodna keramična skul'ptura Radjans'koï Ukraïny, Kyïv 1970, 34, 50, 67; *B. S. Butnik-Sivers'kyj*, Ukraïns'ke radjans'ke narodne mystectvo 1941–67, Kyïv 1970, 81–86; Chudožni promysly Ukraïny, Kyïv 1980, 124. T. Kara-Vasylijeva

Demchik, *Israel*, US-amer. Architekt russ. Herkunft, * 23. 7. 1891 Rußland, † 29. 12. 1980, lebte in Philadelphia/Pa. Stud. ebd.: bis 1915 Univ. of Pennsylvania. Arbeitete in zahlr. Archit.-Büros, bevor er 1945 ein gemeinsames Büro mit dem Architekten David Supowitz betrieb, jedoch erst 1963 offizielle Firmengründung als Supowitz & D. 1923 Mitgl. des AIA. Leitete das erste nat. Komitee zur Unters. geriatr. Anforderungen an die Architektur. Lehrtätigkeit: Hebrew Univ., Jerusalem. – Hauptsächl. Projekte von Wohnbauten (auch zahlr. Entwürfe für Änderungen und Anbauten) und Geschäftshäusern in Philadelphia sowie sakrale Gebäude. ⌂ PHILADELPHIA: First Timothy Baptist Church, 1923; Linton Lunch, Bürogebäude und Restaurant (3720–3722 North Broad Street), 1925; Linton Lunch Restaurant, 1838 Market Street, 1929. ▭ *Tatman/Moss*, 1985. Ch. R.

Demčinskij, *Nikolaj Ivanovič*, russ. Architekt, * 12. 12. 1910 Motovilovka/Gouv. Kiev, † 26. 3. 1992 Moskau. Stud.: bis 1933 Archit., Bau-HS Odesa. 1933–85 Chefarchitekt des für den Metrobau in Moskau und anderen russ. Städten zuständigen Unternehmens Metrogiprotrans. D. prägte das Aussehen der über- und unterird. Metrobauten in Moskau in entscheidender Weise. Intensive Beschäftigung mit ingenieur-techn. und Bauproblemen. Die ersten Produktions-Gebäudekomplexe (Depots; Einrichtungen zur Stromversorgung [Projekt zur Ser.-Bauweise, 1948–57]), die nach D.s Entwürfen errichtet wurden, waren aufgrund der organ. Synthese funktioneller Eigenschaften und künstler. Expressivität beispielhaft. Char. sind proportionale Ausgewogenheit der Bauten und präzise Ausarbeitung der architekton. Details, zu denen er sich vom klass. Erbe inspirieren ließ, z.B. beim Depotkomplex Izmajlovskoe (1945–52): die trad. russ. Synthese von rotem Ziegel und Rustika aus weißem Stein, die Turmkonstruktion und die harmon. Linien der Arkaden lassen dieses sowjet. Bauwerk neben dem alten Izmajlovo-Ensemble durchaus bemerkenswert erscheinen. Nach D.s Entwürfen wurden auch Wohnhäuser (u.a. in Moskau-Sokol'niki, 1936–38; am Haltepunkt Los', 1938–40) und Wirtschaftsgebäude (ul. Nikol'skaja, 1943–50) errichtet. Er schuf das Projekt zur Rekonstr. der Umsteigeverbindung der Metrostationen Ploščad' Revoljucii/Prospekt Marksa (Ochotnyj Rjad) im Zentrum von Moskau (1972–75). Nach seinem Entwurf (1964–66) wurde die Metrobrücke über den Fluß Jauza erbaut. ⌂ MOSKAU, Leningradskoe šosse: Depotkomplex Sokol, 1936–38. – Vestibüle für die Metrostationen Sportivnaja; Leninskie gory; Puškinskaja; Botaničeskij sad; Šabolovskaja (alle überird.) sowie Profsojuznaja; Rečnoj vokzal; Preobraženskaja ploščad'; Kaširskaja; Kachovskaja; Botaničeskij sad; Sevastopol'skaja; Kalužskaja; Aviamotornaja (alle unterird.). ▭ Moskau, Ščusev-Archit.-Mus.: Mat. k biogr. slovarju architektorov; Priv.-Arch. D. Z. Zolotnickaja

D'Emden, *Henri James*, austral. Karikaturist, Illustrator, Lithograph, Maler, Geistlicher, Verleger, Rechtsanwalt, Dramatiker, * 1824 London, † 12. 9. 1875 Hobart. Von niederl. Abstammung, wurde D. in Großbritannien und den Niederlanden ausgebildet. Ca. 1849/50 Missionar in der frz. Gemeinschaft in London. Kam 1852 nach Tasmanien; war Pfarrer der Congregational Church in Richmond. Um 1854 (oder 1870 ?) Parlamentsberichterstatter für die Ztg Mercury in Hobart. Ca. 1854–57 Hrsg. der Colonial Times. Verdiente sich seinen Lebensunterhalt auch durch Schriftstellerei, Vorlesungen und Unterricht in Rhetorik. 1857 bankrott und wegen Betrugs verurteilt. 1858 Ausb. bei dem Rechtsanwalt C. B. Brewer, teilweise zus. mit John Woodcock Graves jun. Um 1861 Portr.-Lith. sowie Ill. für eine Kirchen-Ztg. 1863 Zulassung als Rechtsanwalt. 1867 Hrsg. der Zs. Hobart Town Punch, für die er selbst Karikaturen zeichnete. Um 1870 wurden zwei seiner Theaterstücke im Theatre Royal in Hobart aufgeführt. 1872 aus Krankheitsgründen (u.a. Halluzinationen) pensioniert. – Malerei in Öl und Aqu. 🏛 HOBART, State Libr. of Tasmania. – Tasmanian Mus. and AG. SYDNEY, Mitchell Libr., State Libr. of New South Wales. ✉ The parliamentary guide. A manual for the electors of both houses of the Parliament of Tasmania, Hobart [1856]. 👁 *G:* 1862–63 Hobart, Art Treasures exhib. 📖 *Kerr*, 1992. – *C. Craig*, The engravers of Van Diemen's Land, Launceston 1961; *id.*, Mr Punch in Tasmania, Hobart 1980; *H. J. Gibbney/A. G. Smith*, A biogr. reg. 1788–1939, I, Canberra 1987. R. Smith

Deme, jap. nō-Maskenschnitzer mit den zwei Hauptlinien Echizen-Deme und Ōno-Deme, 16.–19. Jh. Beide Hauptlinien sowie die aus der Echizen-D.-Linie hervorgegangenen Häuser der Deshi-Deme (D.-Schüler) und Kodama dominierten neben den Meistern der Ōmi-Izeki-Linie die Herstellung von nō-Masken für die Shōgune, den Hochadel und die fünf nō-Schulen der Edo-Zeit (1603–1868). Die Linie der Echizen-D. aus Deme/Echizen (Fukui) wurde von Deme Mitsuteru (Jirōsaemon), um 1500? (1. H. 16. Jh.), einem Neffen und Schüler des großen Maskenschnitzers der Bunmei-Periode (1469–87) Sankōbō († 1522?) begründet. Sankōbōs Enkelschüler *Deme Yoshimitsu (Zenkan)*, * 1527?, † 1616, war Gründerahn der Ōno-D.-Linie aus Ōno/Echizen (auf dem Gebiet des heutigen Ōno/Fukui). Beide Linien sicherten die Kontinuität ihrer künstler. Trad., z.T. durch Adoption, bis ins 19. Jh. Die Lit. divergiert bezügl. der auf D. Mitsuteru folgenden Meister der Echizen-D.; Genealogie der Echizen-D. nach T. Nakanishi (vgl. Perzyński basierend auf K. Kita): 1. Generation: *Deme Mitsuteru (Jirōsaemon)*; 2. Generation: *Deme Norimitsu (Jirōsaemon)*, 16. Jh.?; 3. Generation: *Deme Hidemitsu (Genjirō; Gensuke; Kogensuke „der alte Gensuke"; Jōshinbō; Jōkei; Tenka'ichi)*, † 1616; 4. Generation: *Deme Mitsunaga (Gensuke; Kogenkyū „der alte Genkyū")*, † 1672; 5. Generation: *Deme Mitsushige (Genbei; Genkyū)*, † 1719; 6. Generation: *Deme Mitsufusa (Kyūbei; Genkyū)*, † 1758; 7. Generation: *Deme Mitsuzane (Jūhachi; Genkyū)*, * 1732, † 1813; 8. Generation: *Deme Mitsuyuki (Jirōsaemon; Mitsutada)*, * 1779, † 1833; 9. Generation: *Deme Mitsuaki (Gensuke; Genkyū)*, † 1852 oder 1854; 10. Generation: *Deme Mitsumeri (Gensuke)*. – Zu den herausragenden Meistern der Echizen-D.-Linie gehören ihr Begründer D. Mitsuteru (1. Generation), D. Hidemitsu (3. Generation) und D. Mitsunaga (4. Generation). Der Stil der Masken von D. Mitsuteru gilt in der Kunstkritik als „weich" im Gegensatz zur „harten" Linienführung seines Lehrers Sankōbō. Sie wurden verglichen mit den Arbeiten der Altmeister Shakuzuru und Tatsuemon (beide E. 14. Jh.) der Koān-Periode (1278–88) und vielfach imitierten Prototypen (sog. alte Werke, jap. kosaku). Nur wenige der D. Mitsuteru zugeschr., heute noch erh. Masken (z.B. Typ semimaru [Blinder Lautenspieler] und chūjō [Zweiter Befehlshaber]) sind echt. Ähnliches gilt für die Masken von D. Hidemitsu, dessen ō tobide-(Großer Dämon)- und manbi-(Kokette)-Masken berühmt wurden. D. Hidemitsus Sohn D. Mitsunaga beeinflußte die Maskenschnitzkunst des 17. Jh. nachhaltig. D. Mitsunaga unterwies nicht nur seinen Adoptivsohn *Kodama Mitsumasa (Sagenda; Ōmi)*, der die Kodama-Schule in Kyōto begründete, und den Schwiegersohn, den ersten Meister der D.-Schüler-(Deshi-D.)-Linie *Deme Yoshimitsu (Eiman; Kogenri)*, † 1705, sondern auch D. Mitsutaka, der die Ōno-D.-Schule fortsetzte. Unter *D. Mitsunaga* verlegten die Echizen-D. ihren Wohnsitz nach Edo (Tokio) in die Residenz der Tokugawa-Fürsten. Nur wenige Masken von D. Mitsunaga sind erhalten. Sein Verdienst für die nō-Maskenschnitzerei besteht in der Ausb. talentierter Schnitzer, die das Maskenschlagen (jap. men'uchi) in seinem Geist weiterführten. – Die Ōno-D.-Linie wurde von Deme Yoshimitsu begründet, der bei dem Sankōbō-Schüler Taikōbō Kōken (1. H. 16. Jh.) gelernt hatte. Genealogie der Ōno-D. nach T. Nakanishi (vgl. Perzyński basierend auf K. Kita): 1. Generation: *Deme Yoshimitsu (Zenkan; Tenka'ichi)*, † 1616; 2. Generation: *Deme Mitsuyasu (Yūkan)*, † 1652; 3. Generation: *Deme Mitsutaka (Heihei; Kahei; Tōhaku [Dōhaku]; Bingo no Jō; Awaji no Jō; Tenka'ichi)*, * 1633, † 1715; 4. Generation: *Deme Mitsunori (Mokunosuke; Tōsui [Dōsui])*, † 1729; 5. Generation: *Deme Mitsunao (Hanzō; Hokan)*, † 1750; 6. Generation: *Deme Yasuhisa (Mokunosuke; Yūsui; Gō Gion)*, † 1766; 7. Generation: *Deme Yasuyoshi (Mokunosuke; Chōun)*, † 1774; 8. Generation: *Deme Yasutaka (Tōun [Dōun])*, † 1774. – Die einflußreichsten Schnitzer der Ōno-D.-Linie waren ihr Begründer D. Yoshimitsu (1. Generation), sein Sohn D. Mitsuyasu (2. Generation), der bei D. Mitsunaga ausgebildete D. Mitsutaka (3. Generation) sowie D. Mitsunori (4. Generation). D. Yoshimitsu, Günstling des Großkanzlers Hideyoshi († 1598), wurde als erster Maskenschnitzer mit dem Titel Tenka'ichi (Der Erste unter dem Himmel) ausgezeichnet und siedelte von Ōno nach Kyōto um. D. Yoshimitsus plast. Werk wird beherrscht von strengen Männer- und Teufelsmasken, den wenigen Frauenmasken sind ebenfalls herbe Züge eigen. Sein Farbauftrag gilt als fein, glänzend und ungewöhnlich hart (oder fest, jap. katai). Die Arbeiten des Sohnes D. Mitsuyasu zeugen vom Stil des Vaters, erreichen jedoch nicht dessen Vollendung. Der dritte große, als sorgfältig geschätzte Meister der Ōno-D., D. Mitsutaka, benutzte nur qualitativ hochwertige Farbstoffe und arbeitete äußerst genau bereits bei der Grundierung der fein linierten Masken. Wie bei dem nach D. Mitsunori als „geschickt" geltenden Ō-Iseki-Meister Kawachi († 1645) finden sich bei D. Mitsutaka die beiden von Kawachi eingeführten Arten der Farbgebung, das Kawachi zaishiki (weiche, kaum glänzende Tönung der Maske, vermutl. durch Verwendung dünnen Leims, jap. nikawa) und uchi zaishiki (nicht mit dem Pinsel, sondern mit einem in Farbe getränkten Lappen aufgeschlagene Farben). – Maskenschnitzer beider D.-Linien und der Deshi-D. arbeiteten Miniatur-Masken-netsuke aus Holz, Knochen und Papier. Ein frühes Stück mit Sign. des Ōno-D.-Gründers D. Yoshimitsu findet sich in der Gō Coll. des NM Tokio. Eine große Anzahl von Masken-netsuke entstanden in der Schule der Deshi-D., mit exquisiten Schnitzarbeiten von D. Yoshimitsu, dessen Sohn *Deme Kazumitsu (Juman)*, A. 18. Jh., und dem herausragenden, für den Shōgun in Edo während der An'ei-Zeit (1772–81) tätigen Enkelsohn *Deme Sukemitsu (Uman; Jirodayu)*, M. 18. Jh. 🏛 BERLIN, SMPK, Mus. für Ostasiat. Kunst. – Mus. für Völkerkunde. BOSTON/Mass., MFA. HAMBURG, MKG. – Mus. für Völkerkunde. KÖLN, Mus. für Ostasiat. Kunst. LEIDEN, RM voor Volkenkunde. LONDON, BM. – V & A. NAGOYA, Tokugawa AM. OXFORD, Pitt Rivers Mus. PARIS, Mus. Guimet. STUTTGART, Linden-Mus. TOKIO, NM. ZÜRICH, Rietberg. ⊙ *G:* 1939 Berlin, Dt. Mus. / 1983 Newark, Newark Mus. / 1988 Washington (D. C.), NG of Art / 1990 Düsseldorf, KM: Netsuke (K: P. Jirka-Schmitz); London, Barry Davies Oriental Art: Netsuke classics (K) / 1993 Tokio, NM. 📖 ThB9, 1913. *Roberts*, DJA, 1976; *Tazawa*, 1981. – *K. Kita*, Kamenfu, [1797]; *S. Shōda/K. Amenotani* (Ed.), Nōgaku daijiten I-II, To. 1908; *F. Perzyński*, Jap. Masken, Nō und Kyōgu, I-II, B./L. 1925; *I. Kongō*, Nōmen sakka shōshi, Nakajima 1932; *T. Mogami*, Nōmen, To. 1936/37; *S. Noma*, Nihon kamenshi, To. 1943; *T. Nogami*, Nōmen ronkō, To. 1944; *K. Katayama* (Ed.), Kanze-ke denrei nōmenshu, To. 1954, 10, Abb. 77–78; *R. Bushell*, The netsuke handbook of Ueda Reikichi, Rutland u.a. 1961; *Y. Nakamura*, Nō to nōmen no seiki, Kyōto 1962; *H. Gotō*, Nōmenshi kenkyū josetsu, To. 1964; *S. Masako*, Nōmen, To. 1964, 132–133, Abb. 23; *D. Keen*, Nō, the classical theatre of Japan, To./Palo Alto 1966, 182, 201, 205, Abb. 195, 218, 224; *M. und B. Jahss*, Inrō and other min. forms of Jap. laquer art, Lo. 1971; *K. Suzuki*, Nō no omote, To. ^{5}1971 (1960), 44–45, 82–83; *N. K. Davey*, Netsuke. A comprehensive study based on the M. T. Hindson coll., Lo. 1974; *R. Kaneko* (Ed.), NB 108:1975, 77–78; *G. Lazarnick*, The sign. book of netsuke, inrō and ojime artists in photographs, Honolulu 1976; *S. Ōochi*, Tokugawa Coll. of nō robes and masks, N. Y. 1977; *Y. Saitō* (Ed.), Nōmen taikan, I-IV, To. 1978 (1922); Nihon jinmei daijiten, IV, To. ^{2}1979 (^{1}1938), 337; *Y. Nakamura*, Nōmen, To. 1980; Kokushi daijiten, II, To. 1980, 672–673; IX, To. 1988, 913–914; *H. Arakawa* (Ed.), NB 195:1982 (8) zahlr. Abb.; *id.* (Ed.), The Gō coll. of netsuke, To. u.a. 1983; *T. Nakanishi*, Nōmen, To. 1985, 32–33, 249–254, 256–259 et passim, zahlr. Abb.; *M. Yokomichi*, in: Nō no kōzō to jihō, IV, To. 1987, 195–227; *Y. Nakamura*, Komen no bi, Ōsaka 1989; *B. Bernegger/S. Scholz-Ciora*, Nō-Masken im Mus. Rietberg Zürich, Z. 1993, 25–27, zahlr. Abb.; *E. A. Wrangham*, The index of inrō artists, Alnwick 1995; *H. Nishino*, Nōgaku kenkyū 22:1997, 1–37. U. Middendorf

Demeces (Meces), *M.*, provenzal. Bildhauer, E. 12./A. 13. Jh. Arbeitete zus. mit *R. Demilavel* und A. Sartre die Kapitelle (Sign. dieser drei Bildhauer) im Innern der Kirche Sa. María von Agramunt (Lérida; um 1163–1236, W-Portal erst 1293 voll.). Der Name weist auf Südfrankreich hin, der flache Reliefstil auf die Toulousaner Skulpt. um 1200. 📖 *Ráfols* I, 1951; II, 1953 (s.v. Meces, M.); Spanish Artists I, 1993. – Ars hispaniae V, 1948; *N. de Dalmases/A. José i Pitarch*, L'època del cister, s. XIII, Ba. 1985 (Hist. de l'art català, 2); *J. Sureda Pons*, Cataluña/1, Ma. 1987. H. van Hees

Demeczky, *Sándor* → **Tornai,** *Sándor*

Demeczkyné Volf, *Irma* (geb. Volf; verh. Demeczky), ungar. Malerin, Illustratorin, Aquarellistin, * 7. 3. 1874 Budapest, † 9. 2. 1957 ebd. Stud.: 1889–94 Musterzeichenschule Budapest bei Bertalan Székely, Károly Lotz, Lajos Deák Ebner, Róbert Nádler, Alajos Strobl. Zahlr. Stud.-Reisen ins Ausland, v.a. Italien. Mitgl. des Ver. Bild. Künstlerinnen und des Ver. Ungar. Aquarellisten und Pastellmaler (MAPE). Als Zeichenlehrerin 1926–34 Teiln. der Ausst. des Imre Madách Gymnasiums. Schuf 1898–1900 Ill. für die Pracht-Ausg. von M. Tompa, *Virágregék* (Blumenmärchen), Bp. 1901, und zu hist. Lebensbildern von L. Beniczkyné Bajza (*Nagy magyar nők élete*, Bp. 1904). Erlangte bes. als ausgesprochene Blumenmalerin Ruhm. 24 ihrer Blumenbilder in Aqu. wurden als Musterbuch in einem Album veröff. (*Mintalapok a virágfestéshez*, Bp. 1901). – Arbeitete anfangs unter dem Einfluß der Secession, wandte sich später der Lsch.-Malerei nach der Natur zu: komponierte ihre Aqu. aus dekorativen, leichten Farbenflecken. 🏛 BUDAPEST, BTM. – Magyar NM. – Magyar NG. – Petőfi Irodalmi Múz. – MTA, Kunsthist. Inst. ✉ A fák és a madarak szeretete, Bp. 1907 (über die Liebe zur Natur). ⊙ *E:* 1937 Budapest, Műterem Gal. (K). – *G:* Budapest: 1894–1943 Műcsarnok; 1903–43 Nemzeti Szalon; 1940, '41 Pátria Club: Ars Hungarica. 📖 Vo1, 1953; Vo5, 1961 (falsches Todesjahr; beide s.v. Demeczky, Irma). MagyKépLex, 1915; *M. Bozzay*, Magyar asszonyok lex., Bp. 1931; MagyFestAdat, 1988. – Vasárnapi Ujság 1901, 821; Pesti Hírlap 1930, 107; Pesti Napló v. 22. 12. 1937; *A. Elek*, Ujság v. 12. 12. 1940; 11. 3. 1941. – Budapest, MTA, Kunsthist. Inst., Archiv: Nachlaß. A. Kopócsy

DeMedina, *Juan Batista* → **Medina,** *John Baptist*

Demée, *Luís (Luís Luciano)*, portug. Maler, * 1929 Macau. Stud.: Esc. Superior de BA, Porto (später dort Prof.) und mit Stip. der Fund. C. Gulbenkian in Paris. Ebd. Stip. der Federação da Crítica de Arte. Ausz.: 1964 Souza-Cardoso-Preis des Secretariado Nac. de Informação, 1959 und '61 Preis der Fund. C. Gulbenkian. – Lt. França ein typ. Vertreter der 3. Malergeneration Portugals und Schule von Porto der 50er Jahre. Vertritt wie u.a. Eduardo Luis, António Quadros, Adelino José Jordão de Sousa Felgueiras und Manuel Silva De-Francesco eine lyr.-schöne, phantast.-abstrakte Malerei. 🏛 AMARANTE, Bibl. Mus. Mpal de Amadeo Souza Cardoso. LISSABON, Centro de Arte Mod. da Fund. C. Gulbenkian. OVAR, Mus. Mpal. ⊙ *E:* 1952 Macau / 1961 Bragança. – *G:* 1951, '55 São Paulo: Bien. / 1953, '63, '66, '68 Lissabon: Soc. Nac. de BA / 1959 Paris: Bienn. / 1959–74 Porto: Soc. Nac. de BA. 📖 *Tannock*, 1978; *Pamplona* II, 1991. – *J.-A. França*, A arte em Portugal no séc. XX, Li. 1991. R. P.

Demeester (De Meester), *Renée (Renée-Marie-Jeanne-*

Clara), belg. Malerin, * 1927 Bibanga/ehem. Belg.-Kongo, ab 1951 in Brüssel tätig. Autodidaktin. Witwe von Marcel Emile René Arnould. – V.a. lyr.-abstrakte Komp.; Fresken. ⌂ BRÜSSEL, Mus. d'Ixelles. – Banque nat. – Crédit communal. – Communauté franç.: Une fatigue de commencement du monde, 1977. ▭ *Arto*, 1978; DPB I, 1995. C. R.

Demeglio (Demelio), *Salvatore*, ital. Maler, Bildhauer, * 1806 oder 1816 Cagliari, auf Sardinien bis 1858 nachg. Sohn eines Neapolitaners, der 1799 nach Sardinien kam. Stud. Bildhauerei, Malerei in Rom und Neapel. 1840 Stuckdekoration des Domes von Nuoro (zus. mit Antonio Cano). Seitdem wohnt D. in Sassari. Seine Wachsarbeiten sind geschätzt, er führt zahlr. Holzstatuen von Hll. für die Kirchen von Sassari aus, außerdem viele Brustbilder, z.B. jene, die sich einst in der Attika des Pal. Giordano, Sassari, befanden. Malt Stilleben und Portr. in Öl, u.a. des Malers *Pietro Bossi (Bosio)*. ⌂ SORSO/Sassari, Pfarrk.: 12 Apostel, Stuck, 1858. ▭ *G. Spano*, Emendamenti e aggiunte all'Itinerario dell'isola di Sardegna del conte Alberto della Marmora, Cagliari 1874, 207; *E. Costa*, Sassari, I-III, Sassari 1909–37, 1680, 1693; *id.*, Arch. pittorico della città di Sassari, ed. *E. Espa*, Sassari 1976, 339, 342; *S. Naitza*, Archit. dal tardo '600 al classicismo purista, Nuoro 1992, 272; *M. G. Scano*, Pitt. e scult. dell'Ottocento, Nuoro 1997, 99, 108, 110, 163 s. A. Pillittu

De Meillon, *Henry Clifford*, Aquarellmaler, Zeichner, Seemann, Anwalt, 1823–56 in Südafrika belegt. Zunächst Navigator auf der „Leven". Ab 1823 in Kapstadt ansässig, wo er u.a. 1827 George Thompson bei der Ill. von dessen „Travels in South Africa" half und 1831 als „drawing master" in der Orange Str. 9 nachg. ist. Kurz nach 1832 verließ D. Kapstadt und arbeitete im Commissariat Dept. in Fort Beaufort, Grahamstown und Port Elizabeth, wo er 1856 letztmalig erw. ist (starb an den Pocken). – V.a. kleinformatige Aqu. und Zchngn mit Ansichten von Kapstadt; Ill. zu *South Africa Almanac and Directory*, 1832–45. ▭ *Gordon-Brown*, 1975. C. R.

De Mejo, *Oscar*, ital.-amer. Maler, Musiker, Werbefachmann, Rechtsanwalt, * 22. 8. 1911 Triest, † 1992. Autodidakt. Emigrierte 1947 in die USA; begann 1949, naive Bilder zu malen, v.a. amer. Helden, aber auch alltägl. Leben und Sport. Lebte in den 70er Jahren zeitweise in Mailand. ⌂ NEW YORK, Whitney Mus. of Amer. Art. ⊙ *E:* 1949 Beverly Hills, Taylor Gall. / 1988 New York, Nahan Gall. (K). ▭ *De Micheli/Margonari* I, 1972; *Jakovsky*, 1976; CatBolaffiNaïf III, 1977; Diz. degli artisti ital. del XX sec., I, T. 1979; *Wingfield*, 1992. – *S. Rodman/O. D.*, My America, N. Y. 1983; Art news 88:1989 (1) 124; *S. Davenport*, ibid. 91:1992 (4) 23. S. P.

Demel, schles.-mähr. Goldschmiede-Fam., 18. Jh.

1. *Carl Josef*, * um 1706 Bautsch (Budišov nad Budišovkou), † 5. 4. 1767, tätig in Troppau (Opava). Vater von 2 und 3. 1737 Heirat und Bürgerrecht. 1739 zweite Heirat.

2. *Josef*, * 12. 10. 1742 Troppau, † 6. 8. 1809 ebd. Sohn von 1, Bruder von 3. Heiratete 1772. Beschäftigte bis in die 90er Jahre Lehrlinge und Gesellen, u.a. 1777, als er Zunftältester war, den Gesellen Andreas Werner. 1768 stach und restaurierte er Petschafte; 1779 restaurierte er für die Kirche in Hrabin (Hrabyně) die Monstranz. Nach Abriß des Dominikanerklosters mit der Kirche des hl. Wenzel in Troppau wurde er 1786 mit einer genauen Aufstellung des Kirchen- und Klostersilbers betraut.

3. *Peter*, * 20. 10. 1750 Troppau, † nach 1791. Sohn von 1, Bruder von 2. War 1785–91 als Goldschmied in Mistek (Frýdek-Místek) tätig. Er und seine Frau Anna werden als Zeugen bei Taufen von Bürgerkindern der Stadt angeführt.

▭ *B. Indra*, Příspěvky k biografickému slov. výtvarných umělců na Moravě a ve Slezsku v 16. až 19. století, ČSM 43:1994; 44:1995 (zu 2). B. Indra

Demel, *August* → **Demmel,** *Augustin Joseph*

Demel, *Franz* (Waidhofer, *August*), österr. Maler, * 14. 8. 1878 Wien, † 10. 3. 1947 ebd. Stud.: ABK Wien. – Malte Lsch. (Öl, Aqu.) mit Wiener Motiven und Ortsansichten aus der Wachau, die häufig auf Aukt. des Dorotheums auftauchen. Nicht geklärt ist die Verwandtschaft zu einem um 1950 in Wien tätigen Dekorationsmaler *J. D.* ▭ *Fuchs*, Maler (19. Jh.) I, 1972; Erg.-Bd I, 1978. – Art price index internat. '94, I, Boston 1993. D. T.

Demel, *J.* cf. **Demel,** *Franz*

Demel, *Josef* → **Demel** (Goldschmiede-Fam.)

Demel, *Karel*, tschech. Graphiker, Illustrator, Exlibriskünstler, * 28. 2. 1942 Prag, lebt dort. Stud. ebd.: 1957–63 Konservatorium; 1968–74 HS für Kunstgew. bei Zdeněk Sklenář und Jiří Anderle. Seit 1990 Mitgl. des SČUG Hollar. Zahlr. Ausz. seit 1974: u.a. 1986 1. Preis, Internat. Buch-Ausst. Kortrijk; 1987 3. Preis, Graphik-Trienn. Hanoi, und Ehrenpreis, Ausst. für Min.-Kunst Toronto; 1988, '92 Ehrenpreis, Internat. Exlibris-Ausst. Malbork; 1995 Ehrenpreis, Kleingraphik-Bienn. Ostrów Wielkopolski; 1996 Preis, Exlibris-Trienn. Chrudim; 1998 Ehrenpreis, Exlibris-Ausst. Bratislava. – Virtuoser Techniker von Rad., Aquatinta, Kpst., Mezzotinto und Kaltnadel, in deren Kombination er neue Ausdrucksmöglichkeiten findet. Im Zentrum steht die menschl. Gestalt, die ihm als Metapher dient für den zw. Sehnsucht und Desillusionierung schwankenden Menschen, sei es in der Beziehung von Mann und Frau (Zyklus *Salomé*, 1992) oder in seiner Beziehung zur Welt (Zyklus *Úzkost z poznání, z přírody, z vesmíru, z moci, z lásky*/Enge aus Erkenntnis, aus der Natur, dem Weltall..., 1990). Reagiert mit Ill. und freier Graphik auf vielfältige Impulse aus Lit. (u.a. zu Ch. Baudelaire, *Blumen des Bösen*, freier Zyklus 1996–97, bibliophile Ed. *Květy zla*, 1998), Theater und Musik (Ill. zu L. Janáček *Zápisník zmizelého*, 1980; *Pro G. Mahlera*, 1992). Widmet sich seit 1981 systematisch auch der Zchng und dem Aquarell. ⌂ BRATISLAVA, Slovenská NG. CHICAGO, Gall. A. Baruch. PRAG, NG. – GHMP. – Památník národního písemnictví. SINT NIKLAAS, Exlibris-Mus. ⊙ *E:* u.a. 1975 Hannover, Gal. Borkowski; Aachen, Gal. Sebastyén / München: 1976 Gal. Schöninger; 1979 Gal. Frey und Bee (K); 1993 Gal. Weigl / 1976 Gent, Gal. Kontrast / 1977 Hannover, Gal. Kühl; Landsberg (Lech), Gal. Raasch; Gjøvik, Kauffeldtgarden Kunsthandel / Prag:

1978, '85, '90 Výstavní síň Umění knihy (K); 1988 Gal. Semafor; 1992 Gal. Platýz; 1993 Hollar (K); 1994 Gal. U prstenu; 1997 Banka IPB, Gal. Atrium (K) / 1981 Örebro, Kulturzentrum; Amsterdam, Gal. Rosen / 1981, '89 Affligem, Kulturzentrum / 1984, '87 Náchod, Okresní GVU (K) / 1985 Amsterdam, Gal. van der Lee; Olomouc, Městské muz.; Bratislava, Mirbachův palác / 1987 Sint Truiden, Stillbury's AG; Veselí nad Moravou, Kulturní dům; Sokolov, Schloß / 1988 Brüssel, Gal. Montjoie / 1989 Den Haag, Gal. Nebti; Uherský Brod, Panský dům; Valašské Meziříčí, Kulturní dům / 1990 Zlín, Gal. Dílo; Ostrava, Gal. Patro; Leeds, Tschechoslowak. Kultur- und Informationszentrum / 1991 Most, Oblastní gal. (K) / 1993 Sommerhausen, Gal. beim Roten Turm; Prostějov, Vlastivědné muz. / 1994 Antwerpen, Gal. Epreuve Artist / 1995 Zlín, Gal. Viva; Týn nad Vltavou, Art Club (K) / 1996 Olomouc, Gal. Ateliér; Buchlovice, Zámecká gal. (K) / 1997 Berlin, Gal. Rahmen; Znojmo, Jihomoravské muz.; Chrudim, Nová výstavní síň / 1998 Pardubice, Gal. Gong; Ostrava, Gal. Patro / 1999 Prag, Gal. MK; Jihlava, Gal. MK; Příbram, Gal. Zámeček. – *G:* Graphik-Bienn.: 1976 Frechen; 1979 Bradford; 1983, '85, '87 Ljubljana; 1985, '87 Łódź; 1993 Maastricht / 1994 Chamalières: Graphik-Trienn. ▭ GEA, Printmakers, 1985; NEČVU, 1995. – *F. Dvořák*, Současné exlibris, Praha 1979; K. D., WV der Rad. 1970–79, M. [1980]; *S. Petrová*, Mladá grafika, Praha 1980; Současná grafika SČUG Hollar 1917–92, Praha 1992; *J. Šerých/D. van Hecke*, K. D. bez tiráže, Ostrava 1995; Česká grafika XX. století, Praha 1997; K. D. Prints, drawings, book-plates, Prague 1998; *F. Dvořák/D. van Hecke/J. Šerých*, K. D., Praha 1999. B. Stehlíková

Demel, *Karl*, österr. Architekt, * 7. 2. 1858 Kuttenberg/Böhmen (Kutná Hora), † 6. 9. 1915 Graz. Stud.: TH Brünn und TH Wien bei Heinrich von Ferstel. Ab 1882 Architekt, 1895–1913 Lehrer der Staatsgewerbeschule in Salzburg. 1912–14 Dir. der Staatsgewerbeschule Graz. – Entwarf neben Wohnhäusern repräsentative historist. Bauten in Salzburg (u.a. Hotels Bristol und Mirabell; Staatsgewerbeschule; Kirche und Kloster St. Joseph). Außerdem historist. Umbauten und Rest., u.a. 1892/93 des Johannesschlößls auf dem Mönchsberg ebd. und 1896 des Schlosses Wosek b. Pilsen (Osek v Čechách). ▭ ThB9, 1913. *Toman* I, 1947; *Sturm* I, 1979; *A. Haslinger/P. Mittermayr* (Ed.), Salzburger Kultur-Lex., Sg./W. 1987. – *Dehio*-Salzburg, 1986. D. T.

Demel, *Leopold*, schles. Maler, Organist, A. 19. Jh. in Ratibor (Racibórz/Polen) tätig. Malte 1808 14 Kreuzweg-Bilder für die Wallfk. im oberschles. Pschow (Pszów) und 1812 das Hauptaltarbild des *Hl. Georg* für die gleichnamige Pfarrk. in Třebom (Hultschiner Ländchen). ▭ *B. Indra*, ČSM 44:1995. B. Indra

Demel, *Max*, österr. Maler, * 19. 6. 1880 Linz, † 11. 12. 1918 ebd. Ausb. bei Eugen von Tarnóczy und Scherer sowie am Technikum Mittweida; 1909–14 KA München. – Landschaftsmaler, bes. Motive der Linzer Umgebung, von Kirchschlag und vom Plöckensteiner See. ⌂ LINZ, SM Nordico. ▭ Vol, 1953. *Fuchs*, Maler (19. Jh.) I, 1972; ÖKL V, 1979. – Mitteilung H. Thaler, SM Nordico, Linz. D. T.

Demel, *Peter* → **Demel** (Goldschmiede-Fam.)

Demel, *Richard*, poln.-ital. Maler, Zeichner, Glaskünstler, Mosaizist, * 21. 12. 1921 Ustroń, lebt in Tencarola bei Padua. Stud.: 1945–47 ABA Rom; bis 1949 Slade School, London; bis 1951 School of Art ebd.; Ass. von J. Nuttgens bei der Ausf. der Glasfenster für die St. Etheldreda Kirche, London. Lehraufträge an versch. Univ.; Mitgl. mehrerer Akad. u.a. Institutionen (u.a. London, Rom, Chartres). – Spezialisiert auf Glasfenster und Glasmosaik, daneben Gem. und Graphiken. ⌂ PADUA, Dom: 5 Glasfenster. ⊙ *E:* 1960 London, Centaur Gall. / 1967 Albano Terme, Clessidra-Gall. / 1968 Padua, Gall. Alce. ▭ EU SEDA III, 1969; *Andreini*, 1971; WWArt, 1972; 1974; 1984; Cat. Veneto I, 1974; Il centauro, I, La Spezia 1975. S. P.

Demelais, *Séraphin*, Holzschneider, um 1600 in La Rochelle tätig. Stach das Portr. *Philippe de Marnix de Ste Aldegonde* für Traicté du Sacrement de la Sainte Cène du seigneur, La Rochelle 1603. ▭ ThB9, 1913. – IFF, GravXVII III, 1954 (s.v. Demelais).

De Mele, Porträtmaler, E. 17. Jh. belegt. Es existieren mehrere Maler dieses Namens: zwei Herren-Portr. in der Art von Godfrey Kneller, sign. und dat. „A De Mele 1689" wurden 1952 als *A. de Mele* und *A. de Wiele* bei Christie's versteigert. Wohl nicht ident. mit dem für Sir Peter Lely tätigen Matthäus de Mele; unklar, ob ident. mit Paul De Melle. ▭ *Waterhouse*, 1988. K. F.

De Mele, *Matthäus* → **Mele,** *Mathäus*

Demelinne, *Joannes Ferdinandus*, jr., niederl. Zeichner, Lithograph, * 24. 9. 1826 's-Hertogenbosch, † 15. 6. 1861 ebd. Zunächst Schüler seines gleichnamigen Vaters; 1844–47 Kgl. School 's-Hertogenbosch. Dort später Zeichenlehrer an der Lithographenschule. – Wohl von D. stammen die bei ThB erw. Portr., u.a. von *De Moulin* und *Palier*. ▭ ThB9, 1913 (s.v. Demeline, J. F.). *Waller*, 1938; *Scheen*, 1981. T. Gr.

Demelio, *Salvatore* → **Demeglio,** *Salvatore*

De Melle, *Paul*, irischer Porträtmaler, 1670–80 Mitgl. der Corporation of Painter-Stayners and Cutlers bzw. Guild of St. Luke in Dublin; 1675 einer der Ältesten (warden). Malte das Portr. des Klingenschmieds *Samuel Cotton*, des ersten Meisters der Gilde bei ihrer Gründung 1670 (ehem. Hall of the Guild, Chapel Street). ▭ *Strickland* I, 1913; *Waterhouse*, 1988 (im Art. De Mele). Ch. R.

De Mellis, *Alfredo*, ital. Maler, * 27. 3. 1845 Neapel, dok. bis 1880. Stud.: Ist. di BA Neapel und Schüler von Achille Carillo. Malt v.a. Lsch., meist nach der Natur und bevorzugt Aqu. und Feder. Sein 1877 ausgestelltes Aqu. *Dalle rampe di S. Antonio a Posillipo* wird von Vittorio Emanuele II. angekauft; zeigt im gleichen Jahr auf der Espos. Naz. di BA in Neapel *Un pineto a Posillipo*. ⊙ *G:* 1875, '76, '77, '80 Neapel, Promotrice Salvator Rosa. ▭ ThB24, 1930 (s.v. Mellis, Alfredo de). *Comanducci* II, 1971. F. Capobianco

De Melo, *Leslie*, österr. Bildhauer, Maler ind. Abstammung, * 23. 4. 1963 Dar es Salaam/Tansania, lebt seit 1976 in Wien. Stud.: 1970–74 Univ. von Goa und Bombay. 1974–76 Mittelschullehrer in Indien. Erneut Stud.:

1976–83 Betriebs- und Volkswirtschaft sowie Phil. an der Univ. Wien; 1986–92 ABK ebd. bei Franz Xaver Ölzant (Bildhauerei-Dipl.). – Neben raumgreifenden Installationen und subtil-witzigen zoo- oder antropomorphen Kleinplastiken aus verschiedensten Mat. entwickelte D. eine zeichenhafte, farbkräftige Malerei, in der er Bildtraditionen seiner Herkunftsländer mit denen der klass. westl. Moderne (H. Matisse, P. Klee) verbindet. Erfrischend naiv malt er in zahlr. Variationen totemartige Tierfiguren oder silhouettenhaft reduzierte Tänzerinnen sowie iron. verfremdete Exotik-Motive und widerspricht damit den üblichen europ. Vorstellungsbildern. 🏛 LINZ, Oberösterr. LG. ST. PÖLTEN, Niederösterr. LM. WIEN, Slg des Bundes. – Kultur-Abt. der Stadt. – Tabak-Mus. 👁 *E:* Wien: 1990, '92 ABK, Inst. für Gegenwartskunst; 1990 Kleine Gal.; 1991, '93, '95, '97 WUK, Projektraum; 1992, '96 AAI-Gal. Strobl; 1993 Gal. Tiller; 1994 Gal. Alte Schmiede; 1997 Gal. station3 (mit Gabriele Schöne); 1998 Wort und Bild-Gal.; 1998, '99 Gal. Sur; 1999 Gal. Jüttner / 1996 Graz, Minoriten-Gal. / 1997 Peuerbach, Gal. Pimmingstorfer. 📖 L. D. M. 1988–1998 (K), W. 1998. – Wien, Arch. Kultur-Abt. W. Hilger

Demelos, *Markos* → **Ntemelos,** *Markos*

Demelt, *Carl von*, österr. Maler, Zeichner, Illustrator, * 20. 9. 1913 Gmunden/OÖ, 1983 in Klagenfurt ansässig. Stud.: 1934–39 ABK Wien bei Karl Fahringer (1936 Preis; 1939 Dipl. als Maler). Eig. Atelier in Wien. Ab 1942 Soldat (u.a. Kriegsmaler auf der Krim) und Kriegsgefangener in Rußland. Danach in Wolfsberg/Kärnten tätig. Mitbegr. der Lavanttaler Künstlergilde ebd. 1949–52 wiss. Zeichner an der Waldstation für Forstschutz in Bodensdorf. 1966–79 Kunsterzieher am Bundesgymnasium Klagenfurt. Geschätzter Entomologe und Sammler; seine bed. Bockkäfer-Slg übereignete er dem Württ. LM in Stuttgart. – Neben wiss. Zchngn und Ill. zu entomolog. Publ. v.a. Aqu., bes. neoimpressionist. Lsch., außerdem Portr., Blumenstilleben und Tierbilder. 📖 *Fuchs*, Maler (20. Jh.) I, 1985; ÖKL V, 1979. – *S. Steiner*, Carinthia II, 174:1984, XI ss. (Verz. wiss. Publ. D.s). – Wien, Österr. Gal.: Nachlaß Rudolf Schmidt, ÖKL-Materialien. D. T.

Demenčuk, *Valentina Petrovna*, russ. Plakatgestalterin, Graphikerin, Zeichnerin, Malerin in Weißrußland, * 30. 9. 1951 Nežin/Ukraine, lebt in Gomel'. Stud.: bis 1971 Kunst-FS Minsk; bis 1979 HS für angew. Kunst Leningrad (St. Petersburg). Im Kombinat Mastactva Gomel' tätig. – Zunächst Plakate, meist zu Theateraufführungen (u.a. zu Ja. Kupala, *Pavlinka*; A. A. Dudaraŭ, *Večar*; L. M. Leonov, *Našestvie*; V. G. Gubarev, *Sarkofag*; *Ljudi i strasti*, nach Motiven der dt. klass. Lit.; A. P. Čechov, *Višnevyj sad*), aber auch zu Themen wie Olymp. Spiele 1980 (*Serdečno priglašaem na Olimpiadu*), die Atomkatastrophe von Černobyl' (*26 aprelja 1986*; *Poterpevšim rajonam – čistye produkty*), Umweltschutz (*Zagrjaznenie vod – prestuplenie*). Ferner Rad., Aqu. sowie kleinformatige Öl-Gem. 📖 Belaruski Sajuz Mastakoŭ, Minsk 1998 (s.v. Dzemjančuk, Valjancina Pjatroŭna). G. Fatychava

Demenga, *Friedrich*, schweiz. Maler, Zeichner, Lithograph, * 13. 5. 1921 Bern, lebt in Liebefeld. Ab 1937 Lehre als Bauzeichner; gleichzeitig Besuch der KGS Bern. A. 1940 Unterricht bei Arthur Stumpf. In den 50er Jahren in Spiegel ansässig. – 1942 erste Gem., v.a. Portr. und Lsch. in der Art von François-Emile Barraud. Ab 1956 auch formpräzis modellierte Stilleben, zunächst in tonigen Erdfarben, später aufgehellte Palette. Malt in Öl und Pastell. 👁 *E:* 1952 Bern, Kunsthandlung Christen / 1981 Zürich, Wohn-Gal. Walter Zwahlen. 📖 *Plüss/Tavel* I, 1958; KVS, 1991; Biogr. Lex. der Schweizer Kunst, I, Z. 1998. T. Gr.

Demenga, *Trudi*, schweiz. Malerin, Graphikerin, Zeichnerin, * 24. 2. 1931 Basel, lebt dort. Stud. ebd.: KGS: Zeichnen, Priv.-Kurse in Farbe, Form und Radieren. Stud.-Reisen in die Toskana und nach Südspanien. – Malt in Acryl, außerdem Rad. und Collagen. Führt Portr. als Auftragswerke aus. 📖 KVS, 1991; Biogr. Lex. der Schweizer Kunst, I, Z. 1998. G. L.

Demenge, *Joseph-François* → **Demange,** *Joseph-François*

Demenge de Rosières, lothring. Bildschnitzer (imagier), um die Wende 13./14. Jh. am Schloß von Bar-le-Duc als Werkmeister tätig. 📖 ThB9, 1913.

Deménieux, *Pierre-Edouard (Edouard)*, frz. Architekt, * 1842 Cognac/Charente, lebt mindestens bis 1896 in Paris. Stud. ebd.: ab 1862 EcBA bei Jean Charles Laisné; Abschluß mit Diplom. Schlichter am Handelsgericht; Inspecteur des bâtiments civils und Diözesanarchitekt des Dép. Creuse, wo D. versch. Kirchen errichtet (u.a. in Verthac), zudem ein Lyzeum in Guéret; in Paris Bau von Priv.-Häusern. Mehrfach erfolgreiche Teiln. an Archit.-Wettb., z.B. um die Rathäuser in Alençon und Evreux (2. Preis). Im Salon v.a. mit Zchngn von Baudenkmälern vertreten, u.a. der *Eglise de Notre-Dame de Cluny* (1876) und der *Ancienne cathédrale d'Alet* (1881). ✉ La sculpt. et les sculpteurs franç. du XIIe au XIXe s., 1882. 👁 *G:* 1874–81 Paris, Salon. 📖 ThB9, 1913. *Delaire*, 1907; DBF X, 1965; *Dugast/Parizet* II, 1991. – *J.-M. Leniaud*, Les cathédrales au XIXe s., P. 1993. R. T.

Dement'ev, *Aleksandr Petrovič*, russ. Stecher, * 24. 3. (4. 4.) 1771, † 1793. Ab 1776 Zögling der AK St. Petersburg, ab 1782 in der Kpst.-Kl. ebd. bei Antoine Radigues (1790 große, 1791 große und kleine Silber- und kleine Gold-Med.; 1792 große Silber- [für den Stich *Pravosudie* nach Raffael] und kleine Gold-Med). – Kpst. in Grabstichel- und Punktmanier (u.a. *Hl. Hieronymus*, 1791; *Evangelist Markus mit einem Löwen*, 1791–92; Vignette *Gott der Allmächtige in den Wolken über dem Altar* für die Ed. „Mysli nekotoroj gospoži..."). – D. ist höchstwahrsch. mit dem bei Rovinskij gen. (um 1762 geb.) gleichnamigen Stecher ident. 🏛 MOSKAU, HM. – Puškin-MBK. ST. PETERSBURG, Russ. Mus. – Mus. der Russ. AK. 📖 ThB9, 1913 (s.v. Dementjeff [Familie] als D., Alexander I und D., Alexander III Petrowitsch). *Rovinskij* I, 1895; ChudSSSR III, 1976. N. Tjurina

Dement'ev, *Aleksandr Semenovič*, russ. Kupferstecher, * 1779, † 1803. Ausb. an der AK St. Petersburg (ab 1785 Zögling in der Kpst.-Kl.). Schuf Kpst. (u.a. *Hl. Hieronymus in der Höhle*, E. 1790er Jahre). – Ein *Il'ja Semenovič D.* (* 10.[21.]9. 1780), evtl. D.s Bruder und wie dieser ab 1785 Zögling der AK St. Petersburg, ist als Holzschnitzer und Kupferstecher belegt (1800 Zeugnis 2. Stufe für „Erfolge in der Kunst des Holzschnitzens und -vergoldens"). – Ein Kupferstecher *Leontij D.* arbeitete E. 18. Jh. an der Akad. der Wiss. St. Petersburg. ▭ ThB9, 1913. ChudSSSR III, 1976 (Lit). – *Pronina*, 1983 (zu D., Il'ja Semenovič). N. Tjurina

Dement'ev, *Aleksej* cf. **Dement'ev,** *Michail*

Dement'ev, *Anatolij Michajlovič*, russ. Bildhauer, * 19. 4. 1938, lebt in Rostov-na-Donu. Stud.: E. 50er Jahre Kunststudio der Kunst-FS ebd. – In der Trad. der russ. realist. Kunst bevorzugt Portr. von Zeitgenossen (z.B. Arbeiter des Unternehmens Rostsel'maš: *Bronzolitejščik V. Dorošenko*, 1974, und *Steržen̆ščica N. Vasil'eva*, 1978, beide Aluminium; Portr.-Ser. von Mitarb. der Kriminalpolizei Rostov-na-Donu, z.B. *Major V. Saljutin*, Gips, 1973, und *Kapitan G. Myškovec*, Bronze, 1974; *V. I. Lenin*, Aluminium, geschmiedet, 1982). Auch figürl. Komp. (z.B. *Molodye stroiteli*, Gips, getönt, 1979) und Kleinplastik (*Veteran zavoda Aleškin*, Bronze, 1973), Denkmäler. ⌂ ROSTOV-NA-DONU, Ploščad' goroda Pleven: Denkmal der bulg.-russ. Freundschaft, Kupfer, geschmiedet, 1974 (mit Michail Ivanovič Dem'janenko u.a.). ▭ Chudožnik 1975 (8) 4, 30; 1980 (4) 30 s.; Chronika chudožestvennoj žizni-1973, Mo. 1975, 80; -1974, Mo. 1976, 409; Naš sovremennik, Le. 1976, 120; Don 1976 (6) 181; Vserossijskaja chudožestvennaja vystavka „Po rodnoj strane" (K), Mo. 1981, 22; 6-ja zonal'naja chudožestvennaja vystavka „Sovetskij jug" (K), Nal'čik 1984, 44; *Ju. L. Rudnickaja*, Chudožniki Dona, Le. 1987, 148, 151 s., 234; *E. V. Šmigel'skaja*, Portret v sovremennoj skul'pture, Le. 1987. S. Butarygina

Dement'ev, *Andrej*, russ. Silberschmied, 1743–93 in Moskau belegt. Fertigte in Schneid- und Treibtechnik mit floralen Ornamenten verzierte Schatullen, Becher usw. ⌂ MOSKAU, HM: Schnapsbecher, Tabatière, Trinkbecher, ziseliert. ▭ *Postnikova-Loseva/Platonova/Ul'janova*, 1983. N. Lavrent'eva

Dement'ev, *Andron*, russ. Waffenschmied, 2. H. 17. Jh. in der Rüstkammer des Moskauer Kreml tätig. ⌂ MOSKAU, Kreml, Rüstkammer: Waffenschloß, Zierschnitt, vergoldet, 1663. ▭ ChudSSSR III, 1976; Der neue Støckel, I, Schwäbisch Hall 1978 (s.v. Dementijev, Andron). N. Lavrent'eva

Dement'ev, *Grigorij*, russ. Maler im Dreieinigkeits-Sergius-Kloster. 1664 beteiligt an der Ausmalung der Zarengemächer im Terem-Pal. des Moskauer Kreml. Bemalte auch Stühle und Ostereier. Spezialisiert auf Pflanzenornamente („travščik"). ▭ ChudSSSR III, 1976. N. Lavrent'eva

Dement'ev, *Igor' Nikolaevič*, russ. Maler, * 10. 10. 1954 Vyborg, lebt in St. Petersburg. Stud.: 1977–83 Repin-KHS ebd. (Leningrad) bei Viktor Iosifovič Rejchet, Nikolaj Nikitovič Repin, Oleg Pavlovič Maruškin, Boris Sergeevič Ugarov. 1984–85 in Kaliningrad ansässig. Lehrte in Leningrad bzw. St. Petersburg: 1986–87 HS für angew. Kunst (ehem. Stieglitz-FS); 1992–94 Kinder-KSch Nr 12; 1994–96 Künstler. Mittelschule. – In der Trad. der russ. realist. Malerei Gem. zum zeitgen. Leben (u.a. *Sem'ja rybaka Jakovleva*, 1985), zu hist. Themen (z.B. *Rajkom 1918 g.*, 1989), Lsch. (*Panorama Vyborga*, Aqu., 1972; *Volga*, 1991). ⌂ GORKI/Gebiet Moskau, Lenin-Mus. KALININGRAD, Hist. und KM. SARATOV, Heimatkunde-Mus. VYBORG, Heimatkunde-Mus. ⊙ *E:* 1984 Kaliningrad, Filmtheater Rossija / 1998 London, Marble Arch Gall. ▭ Respublikanskaja chudožestvennaja vystavka „Golubye prostory Rossii" (K), Mo. 1984, 6; 6-ja vystavka „Chudožniki Nečernozem'ja" (K), Kostroma 1985, 16; Chudožnik 1986 (1) 14. N. Lavrent'eva

Dement'ev, *Il'ja Semenovič* cf. **Dement'ev,** *Aleksandr Semenovič*

Dement'ev, *Ivan*, russ. Maler, E. 17./A. 18. Jh. Ikonenmaler des sog. posad von Rostov Velikij, der gewerblichen Vorstadt des dortigen Kreml; ebd. beteiligt an der Ausmalung der Kirche der Hll. Väter (1697), des Glockenturmes des neuen Provianthofes (1698) und des Baldachins über dem Gottesgrab (1702) in der Mariä-Verkündigungs-Kirche. ▭ ChudSSSR III, 1976. N. Lavrent'eva

Dement'ev, *Jurij Grigor'evič*, russ. Architekt in Weißrußland, * 30. 4. 1946 Minsk, lebt dort. Stud.: bis 1969 Polytechn. HS Minsk bei Sergej Stepanovič Musinskij, Jurij Vasil'evič Špit, A. P. Volkov, Natalija Nikolaevna Maklecova. Arbeitet 1969–78 im Projektierungs-Inst. Belpromproekt (ab 1973 Oberarchitekt, ab 1976 Leiter einer Architektengruppe, ab 1977 Brigadeleiter in der Abt. für Generalpläne und industrielle Ballungsgebiete). 1978–82 als inspizierender Architekt beim Bau von Handelsobjekten für die Gruppe der sowjet. Streitkräfte in der DDR tätig. 1982–86 Kanzleichef im Ministerrat Weißrußlands, verantwortl. für Projektierung und Kostenvoranschläge bei Objekten von Republikbedeutung; beteiligt an der Ausarbeitung und Vorbereitung von Entscheidungen für Generalpläne der größten weißruss. Städte. 1986–87 Chefarchitekt des Ing.-Dept. der Republik Jemen. 1987–93 Chefarchitekt und stellv. Dir. im Projektierungs-Inst. Belgiprotorg. 1993–94 Abt.-Konsultant im Exekutiv-Sekretariat der Gemeinschaft unabhängiger Staaten (GUS). 1994–96 Leiter der Abt. Bau des Produktionsbetriebes Sojuztechservis. 1996–97 stellv. Vors. beim Bau des kommerziellen Produktionsbetriebes Arian. Seit 1997 Leiter der Kreativ-Wkst. beim Architekten-Verb. Weißrußlands. 1982–85 im gen. Verb. Mitgl. des Vorstandes und Vors. der Kommission für Alltag und Erholung. Teiln. an Wettb.: 1978 Allunions-Wettb. um ein Zweifamilienhaus für das ländl. Gebiet; 1984 Internat. Wettb. um eine Moschee mit Hotel und Bibl. in den Arab. Emiraten. Ausz.: u.a. 1986 Bronze-Med. der Ausst. der Errungenschaften der Volkswirtschaft der UdSSR für Vorschläge zur Entwicklung des monolith. Hausbaus in Weißrußland und die Einführung eines automatisierten Projektierungssystems für Gebäudefundamente. ⌂ MALADZEČNA: Werk für Metallkonstruktionen, im Team, Entwurf 1977–79, Baubeginn 1984. MINSK, Werk für Sanitärtechnik: Verwaltungsgebäude, im Team, erb. 1976. – Wkstn für Mon.-Skulpt., im Team, erb. 1980. – Forschungskomplex des Inst. für Bauwesen und Archit. von Gosstroj, im Team, voll. 1983 (1981 Dipl. der Ausst. der Errungenschaften der Volkswirtschaft Weißrußlands). – Elektrotechn. Werk „im.

Kozlova": Labor- und Produktionskomplex mit 16geschossigem Verwaltungsgebäude, voll. 1985. – Werk für Großplattenhausbau, im Team, Bau seit 1988. – Industriekomplex Šabany, im Team, Entwurf 1972–82, z. Zt. im Bau (1983 Dipl. der Ausst. der Errungenschaften der Volkswirtschaft Weißrußlands). – Werkkomplex der Wiss. Produktions-Vrg Granat, im Team, Entwurf 1972–82, z. Zt. im Bau (1986 Dipl. der Ausst. der Errungenschaften der Volkswirtschaft der UdSSR). ▭ Architektory Sovetskoj Belorussii, Minsk 1991. T. Pešyna

Dement'ev, *Karp*, russ. Kupferstecher, Zeichner. Ausb.: ab 1757 Setzerlehre; danach Kpst.-Kl. der Akad. der Wiss. St. Petersburg bei Grigorij Nikolaevič Kačalov. Zeichengehilfe am Szljachta-Kadetten-Korps ebd.; ab 1761 dort Meister. ▭ XVIII v. Sb. 2, Mo./Le. 1960, 313; Gravirovaľnaja Palata, 1985. N. Tjurina

Dement'ev, *Leontij* cf. **Dement'ev,** *Aleksandr Semenovič*

Dement'ev, *Matvej*, russ. Ikonenmaler aus Novgorod, M. 17. Jh., „etatmäßiger" Maler (kormovoj) 2. Ranges. Beteiligt an der Ausmalung der Nikola-Nadein-Kirche in Jaroslavl' (1640–41) sowie der Mariä-Himmelfahrt-(1642–43, zus. mit einem *Stepan D.* aus Novgorod, evtl. sein Bruder) und der Erzengel-Kathedrale (1652), beide Kreml, Moskau. ▭ ChudSSSR III, 1976 (Lit.). – *Brjusova*, 1984 (s.v. D., M. [Matfej] Borodin). N. Lavrent'eva

Dement'ev, *Michail*, russ. Ikonenmaler aus Vologda, M. 17. Jh. Lt. Brjusova Bruder der Ikonenmaler Ždan und *Aleksej D.* Entstammte einem sog. posad (gewerbl. Siedlung kleinstädt. Char.). 1660 beteiligt an der Ausmalung der Erzengel-Kathedrale des Moskauer Kreml. 1661 auch mit der Bemalung von Bannern belegt. ▭ ChudSSSR III, 1976 (Lit.). – *Brjusova*, 1984. N. Lavrent'eva

Dement'ev, *Nazar*, russ. „etatmäßiger" (kormovoj) Ikonenmaler 3. Ranges in Moskau, 1678 beteiligt an der Ausmalung des Prunksaals (*Videnie carja Konstantina*) des Facetten-Pal. im Kreml ebd. ▭ ChudSSSR III, 1976 (Lit.). N. Lavrent'eva

Dement'ev, *Savva*, russ. Baumeister, 2. H. 17. Jh. in Moskau belegt. 1681 teilw. Umbau des Landschlosses des Zaren in Kolomenskoe. Dieses 1667–68 von Semen Petrov und Ivan Michajlov erb. letzte große Bauwerk der Moskauer Holz-Archit., eine maler. asymmetr., aus vielen unterschiedl. großen Balkengefügen bestehende Komp., wurde von D. durch ein separates Speisegemach (ca. 150 m^2 groß, der wichtigste Paradesaal des Schlosses) und weitläufige Nebengelasse ergänzt, die mit den Gemächern des Zaren verbunden waren. Überlieferte Zchngn belegen, daß die großen ausdrucksvollen Formen der neuen Teile des Schloßensembles die Bedeutung seiner Hauptgemächer betonten. Das verfallene Schloß wurde 1768 abgetragen. ▭ Istorija russkoj architektury, Mo. 1951; *N. I. Brunov*, Mastera drevnerusskogo zodčestva, Mo. 1953; *A. A. Tic*, Russkoe kamennoe žiloe zodčestvo XVII v, Mo. 1966. – St. Petersburg, RGADA, f. 27, op. 484, č. 1, Nr. 43. Z. Zolotnickaja

Dement'ev, *Semen*, russ. Silberschmied, 1820–61 in Moskau tätig. Fertigte ornamental (geometrisch, floral) verzierte Kreuze, Ikonenfassungen, liturg. Gerät Treib-, Schneidarbeit), u.a. für das Kiever Höhlenkloster (z.B. Kreuz, 1836; Patene und zwei sog. „Sterne", 1848 und '49). ⌂ MOSKAU, HM: Kibotos. ST. PETERSBURG, Russ. Mus.: Kreuz. ▭ ChudSSSR III, 1976; Mytci Ukraïny, Kyïv 1992. – *M. M. Postnikova-Loseva*, Russkoe juvelirnoe isk., ego centry i mastera XVI-XIX vv., Mo. 1974, 264; *Postnikova-Loseva/Platonova/Ul'janova*, 1983. N. Lavrent'eva

Dement'ev, *Stepan* cf. **Dement'ev,** *Matvej*

Dement'ev, *Vadim Vladimirovič*, russ. Maler, * 28. 2. 1941 Moskau, lebt dort. Im wesentl. Autodidakt. 1957–59 Ausb. im Kunststudio des Zuev-Kulturhauses Moskau; in den 60er Jahren bei Semen Afanas'evič Čujkov. – Bes. Interesse für die holl. Maler des 16./17. Jh. (u.a. Meindert Hobbema, Jacob van Ruisdael), die Barbizon-Schule, den Postimpressionismus (u.a. Paul Gauguin) und die russ. Realisten, v.a. die Peredvižniki. Klar modellierte Formen und Details, ab M. 70er Jahre verstärktes Sfumato, subtile Licht-Schatten-Effekte und weiches, harmon. Kolorit. Emotionale, oft eleg. Lsch., bevorzugt Ansichten des alten Moskau (u.a. *V starom pereulke*, 1968; *Moskva. Kreml'. Prazdničnyj saljut*, 1977; *Malaja Ordynka*, 1978, Tret'jakov-Gal.; *Vorob'evskij les*, 1981; *Začat'evskij pereulok*, 1997). ⌂ AACHEN, Ludwig Forum für Internat. Kunst. GORNO-ALTAJSK, Heimatkunde-Mus. KOMSOMOL'SK-NA-AMURE, MBK. KURGAN, KM. MOSKAU, Tret'jakov-Gal. ST. PETERSBURG, Russ. Mus. TJUMEN', GG. ▭ Vsesojuznye chudožestvennye vystavki (K), Mo.: 1969, 17; 1976, 17; 1977, 15; *A. I. Morozov*, Sovetskaja živopis' 70-ch gg. Nekotorye grani razvitija, Mo. 1978, 36–39; *M. T. Kuz'mina*, Molodye sovetskie chudožniki, Mo. 1979; Vystavka „Moskva v russkoj i sovetskoj živopisi" (K), Mo. 1980, 17, 24, 123, 125, 129, 139; Iskusstvo 1980 (8) 34, 37; 1982 (5) 33, 37, 39, 42; Vystavka proizvedenij moskovskich chudožnikov (K), Mo. 1981, 14–17; Aspekte sowjet. Kunst der Gegenwart (K), Köln/Aachen 1982 (fälschl. als Dementiew, Wladimir Wladimirowitsch); *O. R. Nikulina*, Priroda glazami chudožnika. Problemy razvitija sovremennoj pejzažnoj živopisi, Mo. 1982, 22 s., 29; *M. Sokolov*, in: Sovetskaja živopis', vyp. 6, Mo. 1984, 108–114; Obraz tvoj, Moskva, Mo. 1985, 115, 147; Delovoj mir v. 22. 6. 1991; Literaturnaja Rossija v. 8. 7. 1994. N. Voronina

Dement'ev, *Vasilij Ivanovič* → **Bacharev,** *Vasilij Ivanovič*

Dement'ev, *Vasilij Vasil'evič*, russ. Maler, * 1886, lebte in St. Petersburg. Stud.: 1920–25 VCHUTEIN ebd. (Petrograd/Leningrad). 1920–30 Mitgl. der dortigen Ges. Obščestvo chudožnikov-individualistov. – Bevorzugt Portr. (u.a. *Baba s platkom*, Öl, 1925; Portr. des Malers *Michail Markelovič Gužavin*, Pastell, 1930). ▭ ChudSSSR III, 1976. – VSII Sprav. I, 1965; *Severjuchin/Lejkind*, 1992. N. Lavrent'eva

Dement'ev, *Vladimir Andreevič*, russ. Szenograph, Zeichner, Maler in Weißrußland, * 27. 12. 1928 (im Ausweis 1926; hat sich als älter ausgegeben, um zur Armee gehen zu können) Novoukrainka, lebt in Minsk. Stud.: bis 1956 Kunst-FS Dnepropetrovsk; 1956–61 Allunions-HS für Kinematographie Moskau bei Jurij Ivanovič Pimenov,

Fedor Semenovič Bogorodskij. Ab 1961 im Filmstudio Belarus'fil'm tätig. Ausz.: 1970 Preis des weißruss. Kommunist. Jugend-Verb. für *Ivan Makarovič*, 1968; 1979 Titel Verdienter Kunstschaffender Weißrußlands; 1986 Staatspreis der UdSSR für den Film *Otcy i deti* nach I. S. Turgenev; 1989 Preis der weißruss. Gewerkschaften für den Film *Znak bedy* (nach Vasil' Bykaŭ); 1998 1. Preis der Ausst. zum 60. Gründungstag des Weißruss. Künstler-Verb., Minsk. – Szenographie und Inszenierung von über 50 Filmen, u.a. *Čerez kladbišče* (1965, zus. mit Evgenij Alekseevič Ignat'ev), *Ja, Francysk Skaryna* (1970; 1971 Dipl. des Allunions-Filmfestivals), *Bac'ka* (1972, über den legendären weißruss. Kommandeur). D.s in Vorbereitung auf Filme entstandene Skizzen wurden als eigenständige Werke ausgestellt. In realist. Manier auch emotionsgeladene, markante Gem., in denen film. Einflüsse spürbar sind (Lsch., Stilleben, Archit.-Darst.). Ferner Buch-Gest. und -Ill. für den Verlag Belarus' (u.a. zu V. Bykaŭ, *Adna noč*, 1965; *Frontavyja staronki*, 1966; U. B. Karpaŭ, *Vesnavyja liŭni*, 1959–60). ⌂ MINSK, Nat. KM. – Mus. der Gesch. des weißruss. Films. ⊙ *E:* 1978 Minsk, Pal. der Künste. ▭ ChudSSSR III, 1976 (Lit.); ĖLM II, 1985; Belaruski Sajuz mastakoŭ, Minsk 1998 (s.v. Dzjamenc'eŭ, Uladzimir Andrėevič).

G. Fatychava

Dement'ev, *Ždan*, russ. Maler, 1. H. 17. Jh. Lt. Brjusova Bruder von Aleksej und Michail D. Stand in Diensten des Erzpriesters von Vologda. Schuf (zus. mit Vasilij Novgorodec) die Ikone *Sofija Premudrost' božija slova* (Ortsikonenrang, 1618) sowie Darst. der Propheten für die Ambosäulen (1625) der Sophienkathedrale Vologda. ▭ ChudSSSR III, 1976 (Lit.). – *A. A. Rybakov*, Chudožestvennye pamjatniki Vologdy XIII-nač. XX v., Mo. 1984, 182; *Brjusova*, 1984; Vologda. Istoriko-kraevedčskij al'manach. Vyp. 1, Vologda 1994, 254 s., 260. N. Lavrent'eva

Dement'eva, *Elizaveta P.*, russ. Malerin, in den 1930er Jahren in Čeboksary belegt, (nach) 1937 wahrsch. repressiert. – Bevorzugt Gem. zu zeitgen. Themen (u.a. *Instrukcija pered poletom*; *Posle zarjadki*; Selbstbildnis, alle A. 30er Jahre). ⌂ ČEBOKSARY, Čuvaš. KM. ⊙ *G:* 1935, '37 Čeboksary. ▭ *N. A. Urgalkina*, Chudožniki Čuvašii, Le. 1978, 20, 27, 31; *ead.*, ibid., Čeboksary 1989, 348 s., 458; Izobrazitel'noe isk. avtonomnych respublik RSFSR, Le. 1973; Chudožnik 1986 (6) 35.

I. Fomičeva

Dement'eva, *Tamara Sergeevna*, russ. Textilkünstlerin, * 29. 12. 1925 Moskau, lebt dort. Stud.: 1945–50 FS für angew. Kunst Moskau bei A. E. Chitrov, O. K. Bel'čikova. 1952–64 am Forschungsinstitut für Kunsthandwerk tätig. – Zchngn für Stickmuster auf Vorhängen, Läufern, Servietten, Kissenhüllen. Ab E. 60er Jahre auch Gobelins (Wolle, handgewebt, z.B. *Vesna v Simbirske*, 1969; *Jarmarka*, 1977). Entwirft ornamentale Komp. sowie neue Muster für die Goldstickerinnen von Toržok/Gebiet Tver'. ▭ ChudSSSR III, 1976. – Chudožestvennye promysly RSFSR, Mo. 1973, 35; VSII Sprav. V, 1981; Vsesojuznaja chudožestvennaja vystavka „Chudožniki – narodu", Mo. 1983, 12. I. Fomičeva

Dement'eva, *Valentina Michajlovna*, russ. Keramikerin, * 1952, lebt in Pskov. Stud.: bis 1974 Kunst-FS Irkutsk. Ab 1977 in Experimentalwerk für Kunstgegenstände Pskov tätig. – Fertigt bevorzugt Krüge, Pokale, Tabletts, versch. Services (z.B. *Moskovskij*, 1974; *Ritm*, 1984), dekorative Schalen (z.B. *Srednevekovyj*, 1977; *Pskov*, 1979; *Leto*, 1982), Vasen (*Šipovnik*, 1984), Teller (*Osennie*, bemalt), alles Ton, Farbglasur, Engobe, Email, Unterglasurmalerei. ⌂ SERGIEV POSAD, Mus.-Komplex. ▭ Molodye chudožniki Pskovskoj oblasti (K), Pskov 1982, 6, 19; Chudožnik 1982 (3) 34; 1983 (3) 33; Sovremennaja keramika RSFSR. 1970–80. Glina. Šamot, Zagorsk 1984, 9; Chudožniki Pskovskoj oblasti. K 6-j zonal'noj vystavke... Novgorod 1984, Pskov 1984, 29; 6-ja vystavka „Sovetskij Sever" (K), Novgorod 1984, 59. I. Fomičeva

Dementiew, *Wladimir Wladimirowitsch* → **Dement'ev,** *Vadim Vladimirovič*

Dementij, Isidorov syn (Sohn des Isidor), russ. Maler in Jaroslavl', Bruder von Afanasij. 1563–64 beteiligt an den Fresken der Christi-Verklärungs-Kathedrale und des „Heiligen Tores" des Erlöserklosters ebd. (erh. sind Sign. D.s am nw. Pfeiler der Kathedrale sowie am gen. Tor). ▭ ChudSSSR III, 1976. N. Lavrent'eva

Dementijev, *Andron* → **Dement'ev,** *Andron*

Dementjeff v.e. **Dement'ev**

Demeny (Demenÿ), *Georges* (Demény, *György*), frz. Amateurfotograf, Filmgestalter, Arzt, Physiologe ungar. Abstammung, * 12. 6. 1850 Douai, † 20. 12. 1917 Paris. Bruder des Schriftstellers Paul D. Stud.: ab 1874 Paris, Sorbonne (Mathematik und Medizin). Ass. von Etienne-Jules Marey. Im Mittelpunkt seiner Experimente stand die Beobachtung und Erforschung der menschl. Bewegung mit Hilfe von Fotogr. und Film. Auf die Bitte eines Lehrers der Pariser Taubstummenanstalt machte er 12 Aufnahmen von sich selbst, die Worte „Je vous aime" und „Vive la France" aussprechend; diese Bilderfolge ersch. am 16. 4. 1892 in der Ztg La Nature und war 1892 auch auf der Internat. Ausst. in Paris zu sehen. Im gleichen Jahr publ. er seine Erfindung über die Verbindung von Bildaufnahmen mit einem Phonograph. Der von Marey und D. entwickelte „Phonoscope" wurde 1892 erprobt, inzwischen patentierte D. seine Filmtransportrolle mit Klammern. Sein erstes Gerät fertigte Bilder von 5x4,5 cm auf einen Film von 5 cm Breite; es wurde drei Jahre später von der Fabrik Gaumont als „Biograph", ein Jahr danach als „Chronophotograph" weiterentwickelt. Der von D. mit dem Phonograph vereinte Phonoscope, der eigtl. die erste Tonkamera war, wurde 1902 als „Chronophon Gaumont" hergestellt und dann von Leon Gaumont vervollkommnet. D. war Leiter des wiss. Laboratoriums des Physiolog. Inst. von Marey, später der HS für Körpererziehung in Joinville-le-Pont; entwickelte die progressivste Konzeption in der Körpererziehungstheorie seiner Zeit. D.s Name steht auf einer Gedenktafel des Hauses am Boulevard des Capucines 15 in Paris. ⌂ NEW YORK, MMA (Zuschr.). ✉ L'Ecole française, P. 1908; Education et harmonie des mouvements, P. 1911. ▭ *Krichbaum*, 1981 (im Art. Marey, Jules Etienne); Enc. Hungarica, Calgary 1992, 399 s.; Magyar Nagy-Lex., V, Bp. 1998. – *E. Bajomi Lázár*, Új Tükör v. 4. 7. 1982; *M. Frizot* (Ed.),

Nouvelle hist. de la photogr., P. 1994; *Bozó*, Esti Hírlap v. 16. 5. 1996; La Bienn. di Venezia. Le Espos. Internaz. d'Arte 1895–1995, Mi. 1996. K. Kincses

Demény, *Miklós*, ungar. Maler, * 17. 3. 1939 Jászkisér, lebt in Budapest. Stud.: 1957–62 HBK ebd. bei Gyula Papp, Géza Fónyi, Aurél Bernáth. 1963–65 Referent und Lektor beim Fond für Bild. Künste [Művészeti Alap]. 1965–67 Kulturreferent des Kulturhauses in Sümeg. In den 90er Jahren Teiln. an Landes-Wettb. – Das erste Jahrzehnt seiner künstler. Tätigkeit wurde stark vom Konstruktivismus bzw. Kubismus beeinflußt: D.s Stilleben, Akte und Straßenbilder erinnern an Cézanne und v.a. an die Formen- und Farbwelt sowie die mon. Komp. von Léger, wobei er Elemente des Alltagslebens und der Volkskultur einbezieht. Obwohl die früheren Themen nicht verschwinden, sind seit E. 70er/A. 80er Jahre für D.s Bilder immer mehr strenger Aufbau, abstrakt-geometr. Formen und grelle Farben charakteristisch. In den späten 70er bzw. den 80er Jahren publ. er regelmäßig Ill. in den Ztgn Kortárs, Élet és Irodalom und Népszava. 🏛 BUDAPEST, Magyar Hitel Bank. – Magyar NG. – Sport-Múz. ◎ *E:* Budapest: 1964 Mednyánszky Terem (K: T. Horváth); 1969 Ferencvárosi Pincetárlat; 1993 Hilton Gal.; 1996 Csepel Gal.; 1999 OTP Bank Gal.; 2000 Lépcső Gal. / 1967 Badacsonytomaj, Művelődési Ház / 1968 Szombathely, Képcsarnok / 1990 Kopenhagen, UNI Bank / 1995 Jászapáti, Múz. – *G:* seit 1964 Budapest: u.a. Studio des Ver. junger Künstler 1964–67, '70–72 Ernst Múz.; 1968 Műcsarnok: Stúdió '58–68. 📖 KMML I, 1999. – *Sz. R.*, Műv 5:1964 (10) 39 s.; *A. Tasnádi*, Kortárs 11:1967 (8) 1343 s.; 13:1969 (11) 1840 s.; *P. Zentai*, Vas Népe v. 29. 9. 1968; Zene szemeinknek (K MATÁV Képzőművészeti Pályázat), Pécs 1998. – *Online:* virtuart-net. hu/demeny (2000). L. Százados

Demer, *Corneille* → **Desmaires,** *Corneille*

Demercov (Demircev; Temercov; Temers), *Fedor Ivanovič*, russ. Architekt, * 1760 Gul'nevo/Gouv. Moskau, † 11.(23.) 4.1823 St. Petersburg. D. galt lange Zeit als legendäre Figur und ist erst seit kurzem Objekt wiss. Betrachtung. Sohn eines leibeigenen Gärtners, dessen künstler. Begabung D. erbte. Wurde im Knabenalter von seinem Gutsherrn, Fürst P. N. Trubeckoj, nach St. Petersburg gebracht und an die KSch beim Artillerie- und Ing.-Kadettenkorps (ab 1800 2. Kadettenkorps) vermittelt. D. lehrte ab 1782 ebd., noch als Leibeigener, Zivil-Archit. Erst 1784 aus der Leibeigenschaft entlassen und in den Rang eines Sergeanten versetzt; ab 1786 Bajonett-Junker. 1790 Titel Architekt und Leutnantsrang. Erarbeitete einen detaillierten Generalplan zum Umbau des Gebäudeensembles des Kadettenkorps (1790–1800 realisiert), wofür ihm auf Empfehlung von Fedor Ivanovič Volkov, Archit.-Prof. der AK St. Petersburg, 1795 der Rang Akademiker für Archit. verliehen wurde. Förderung auch durch familiäre Kontakte; die Stiefschwester von D.s Frau, verehel. mit Baron Stroganov, zog D. zum Bau ihres Anwesens am Nevskij prospekt heran, wo dieser E. der 1780er Jahre qualitätvolle hochklassizist. Interieurs schuf, die später lange Zeit fälschl. Andrej Nikiforovič Voronichin zugeschr. wurden (dieser war jedoch zur Entstehungszeit in Frankreich). Die durch die Interieurs des Stroganov-Pal. erworbene Reputation brachte D. neue Aufträge, z.B. Entwürfe für das Haus von P. V. Nekljudov (1787, Fontanka 20, später umgebaut) und ein Sommerhaus an der Straße nach Peterhof (nicht realisiert). 1793 begann D. den Bau des Sommerhauses von A. S. Stroganov (Bol'šaja Nevka; im 20. Jh. abgerissen), dessen Projekt gleichfalls lange fälschl. Voronichin zugeschr. wurde, der jedoch, wie jüngste Forsch. belegen, zur Bauzeit noch D.s Gehilfe war und das Gebäude erst 1796 umbaute. 1794 schuf D. Entwürfe für die Znamenie-Kirche (Nevskij prospekt, zu Sowjetzeiten abgetragen), 1796 für die Kirche des Wundertäters Sergius (Litejnyj prospekt; 1902 von Leontij Nikolaevič Benois umgebaut, in den 30er Jahren zerst.). Im gleichen Jahr verlieh man D. den Rang eines Stabskapitäns, versetzte ihn ins Ingenieur-Departement und übertrug ihm zahlr. Objekte: u.a. Arsenal der Rigaer Festung; Hospital, Kazan'; Exerzierhaus des Winter-Pal. St. Petersburg (nicht realisiert); Hospital der Semenov-Division und Kasernen der Preobraženskij-Division (beides 1799–1803, später umgebaut). 1798 Rang Kollegienassessor (mit dem Recht auf Erbadel) und Versetzung ins Artillerie-Departement. Bis 1812 zahlr. Bauten (Kasernen, Wohnbauten für Vorgesetzte, Reitbahnen, Werke, Lagerhallen und andere Nutzgebäude), u.a. das Neue Arsenal (Litejnyj prospekt, 1798–1808; entstellt erh.); Umbau des Furštadtskij-Hofes (1803); Dreifaltigkeits-Proviantspeicher (1808, beide nicht erh.). Entwürfe auch für Gebäude in Gruzino/Gouv. Novgorod (u.a. Pal. A. A. Arakčeev, 1800–12, in den 1820er Jahren teilw. umgebaut und nach 1940 vollst. zerst.; Apostel Andreas-Kathedrale, 1800–08, nicht erh.). Ab 1812 aufgrund einer Sehschwäche keine Entwürfe mehr. Erhielt 1814 in Würdigung seines Lebenswerks von der AK den Ehrentitel Professor. 1816 vollst. erblindet. – Für D.s streng klassizist. Werke sind geometr. Volumen mit schlichter, verhaltener Form char.; parallel dazu mißt D. dekorativen Skulpt., die die Bestimmung des Bauwerks betonen, große Bedeutung bei. Seine Repräsentationsinterieurs wirken festl. und sind reich an Malerei und Skulpt.-Dekoration. D. gilt als überaus erfahrener und techn. versierter Baumeister. 🏛 ST. PETERSBURG, Nevskij prospekt, Stroganov-Pal.: Mineralien-Kab., Gem.-Gal., Speisesaal, Ecksaal. – Naberežnaja Mojka 35: Haus A. A. Arakčeev, 1799. – Nevskij prospekt/Aničkov-Brücke: Haus A. G. Belosel'skaja, 1799 (1847–48 von Andrej Ivanovič Štakenšnejder umgebaut). – Zacharevskaja ul. 2: Artillerieamt, 1803 (umgebaut). – Komplex Ochtinskij-Pulverfabrik: u.a. Aleksandr-Nevskij-Kirche (später umgebaut); Elias-Kirche „na Porochovych", Rekonstr.; Aleksandr-Tor, alles 1803–07. – Litejnyj prospekt: Gebäudekomplex der Leibgarde des Artilleriebataillons, 1803–10 (umgebaut). – Kiročnaja ul. 12: eig. Wohnhaus (partiell umgebaut). – *Entwurfs-Zchngn:* Mus. für Stadt-Gesch. – Mus. der AK. – Militärhist. Artillerie-Mus. – Russ. NB, Hss.-Abt. 📖 ThB9, 1913 (s.v. Demerzoff, Fedor Iwanowitsch; falsches Geburtsjahr). – *N. A. Evsina*, in: Russkoe isk. XVIII v., Mo. 1968, 110–138; *N. V. Murašova*, Pamjatniki kul'tury. Novye otkrytija, Mo. 1981, 445–464; *ead.*, proizvedenie F. I. D., Panorama isk. 9, Mo. 1986, 198–230 (zu Gruzino); *ead.*,

Leningradskaja panorama 1986 (6) 34–37 (Stroganov-Sommerhaus); *Ward* I, 1989 (s.v. Demertsov, Fedor Ivanovich). A. Kraševinnikov

Demereto, *Lorenzo* → **Senes,** *Lorenzo*

De Meric, *Rosalie*, brit. Malerin, Zeichnerin, Siebdruckerin, * 1916 Weymouth/Dorset, lebte viele Jahre in Westleton/Suffolk. Schülerin von Claude Flight in Frankreich und in Dorset. Stud.: 1936–39 Westminster SchA, London, bei Mark Gertler und Bernard Meninsky; 1939–45 St. Martin's SchA; 1941–43 Central School; 1945–48 Medway SchA, Rochester; 1984–87 Norwich SchA (honours degree). Lehrtätigkeit: zw. 1963 und 1977 Sir John Cass SchA; London College of Printing; Croydon College of Art. Mitgl.: Free Painters and Sculptors (Fellow). – Anfangs Lsch. in Öl, dann phantasiereiche allegor. Bild-Ser., gefolgt von abstrakt-expressionist. Arbeiten und Hard-Edge-Painting in Acryl, schließl. ab 1983 Rückkehr zur Lsch.-Malerei. ⊙ *E:* u.a. 1989 Halesworth, Gall. 📖 WWArt, 1984; *D. Buckman*, Dict. of artists in Britain since 1945, Bristol 1998. K. F.

DeMeritt, *Carolyn*, US-amer. Fotografin, * 1946 Charlotte/N. C., dort Mitgl. von Light Factory (1972 gegr.). Ausz.: u.a. 1986 Linda Weaver Achievement Award. ⊙ *E:* 1984 Charlotte, Queens College / 1988 Bristol, Virginia Intermont College. – *G:* u.a. 1983–85 Charlotte: Annual Light Factory Nat. Juried Exhibition. 📖 *Heller*, 1995 (Ausst.). – *A. Gripp*, Photonews (Ha.) 3:1991 (7) 10 s. C. R.

Demers, *Denis*, kanad. Maler, Collagist, * 22. 6. 1948 Montreal, † 1. 2. 1987 ebd. Stud.: 1967–72 EcBA (ab 1969–72 Univ. du Québec), Montreal; 1973–75 EcBA Paris; 1976–78 Concordia Univ., Montreal. Lehrtätigkeiten: 1972/73 Mount St-Patrick; 1976 Comm. scolaire de Chambly; 1977/78 Ville de Montréal; 1978–80 Collège Jean-De-Brébeuf und Centre des Arts Visuels, Montreal; 1978–86 Dép. d'arts plastiques, Univ. du Québec, Trois-Rivières; 1980–85 Dép. d'arts plastiques, Univ. du Québec, Montreal; 1980 bis ca. 1985 Univ. de Montréal. Mitbegr. der Gal. Articule in Montreal, 1979/80 deren Ausst.-Leiter. Ausz.: 1972 Jeunes créateurs du Québec; 1973–75, '81 Canada Council; 1976–78 Minist. de l'Education du Québec; 1980,'81 Minist. des Affaires cult.; 1983 Bienn. d'estampe et de dessin du Québec. – D. begann als Maler der minimalist. Abstraktion, die sich als Stil in den 1970er Jahren in der Prov. Quebec entwickelte und auf den Trad. der frühen lokalen Automatistes und Plasticiens basierte. Reisen nach Nordafrika inspirierten D. zu neuen künstler. Wegen; nordafrikan. Sujets (Kulturen, Archit., Lsch.) als zentrale Themen fanden erstmals in der Ser. *Moussem/Fiancé(e)s* (1979) künstler. Verarbeitung. Der Einbau von kleinen bemalten architekton. Holzreliefs (boxed constructions) in die Malerei/Zchngn-Ser. *De courts moments* (1980) bedeutete eine poet. Reminiszenz an die Archit. der Antike und später der Frührenaissance. Diesem Anliegen entsprach auch die Ser. *Corpus Naos* (1984), wenngleich weiten Raum und illusionäre Tiefe suggerierend. D.s letzte Arbeit *Dolmen à Akrotiri/Tourmente/Dos au volcan* (1986) sind Darst. mit zweidimensionalen Collagen (ähnlich der boxed constructions). 🏛 MONTREAL, MAC. – Concordia Univ. – Univ. de Montréal. – Univ. du Québec. OTTAWA, Canada Council Art Bank. QUEBEC, Mus. du Québec. ⊙ *E:* Montreal: 1980,'81 Gal. Articule; 1981,'83 Gal. Treize; 1982–84, '87 Gal. Aubes 3935 / 1982 Trois-Rivières, Gal. du Parc / 1984 Lennoxville (Que.), Bishop's Univ. AG (K; Wander-Ausst.) / 1985 Mainz, Gal. Dorothea van der Koelen (K) / 1986 Paris, FIAC (K) / 1989 Montreal, Concordia AG (K: S. Paikowsky/J.-F. L'Homme). – *G:* Montreal: 1972 McGill Univ.; 1977, '78 Sir George Williams AG; 1977, '79 Saidye Bronfman Centre: Bienn. du Québec; 1978 Gal. Optica; 1978–79 Lavalin: Avec ou sans couleur (K; Wander-Ausst.); 1979 Véhicule Art; 1981 MBA; 1982 Gal. de l'Univ. du Québec / 1975 Paris, MNAM / 1977 Ottawa, NG of Canada: 03 23 03. Premières rencontres internat. d'art contemp. (K) / 1979 New York, Pleiade Gall. / 1981 Sherbrooke (Que.), Univ., Centre cult.: Création Québec. Troisième concours d'estampe et de dessin (Ausz.; K; Wander-Ausst.) / 1986 Basel: Kunstmesse. 📖 *L. Sabbath*, The Gaz. v. 9. 4. 1983, B-8; *R. Payant*, Vedute, Ml. 1987; *A. Duncan*, The Gaz. v. 10. 6. 1989, H-4; *F. Dion*, Voir 1989 (Juni); *C. Gravel*, Le Devoir v. 10. 6. 1989. D. Lessard

Demers, *Jean-Antoine*, kanad. Maler, * 16. 1. 1931 Montreal. Stud.: 1951–54 EcBA, Quebec, bei Jean-Baptiste Soucy und EcBA, Montreal; 1955 FA School, Banff/Alta., bei Jacques de Tonnancour. 1954 Prix Alexandre-Therrien; 1959 Stip. des Minist. des Affaires cult. du Québec, mit dem er nach New York ging. – Von der Abstraktion unbefriedigt, wandte sich D. wieder dem Figurativen zu. Die Landschaften, Akte, Porträts scheinen sich in einem Lichtnebel und im undefinierten Raum aufzulösen, womit er sich einer anderen Art der Abstraktion nähert. 🏛 QUEBEC, Mus. du Québec. ⊙ *E:* 1957 Quebec, Cercle Universitaire de Québec / 1963, '68 ebd., Gal. Zanettin / 1970 Montreal, Gal. des Peintres Canad. 📖 *A. Comeau*, Artistes plasticiens, Ml. 1983; *MacDonald* I, 1997. – *J. de Roussan*, Vie des arts 1968 (51) 50 s.; *id.*, L'art au Québec depuis 1940, Ottawa 1973, 168 s.; *G. Robert*, La peint. au Québec depuis ses origines, Saint-Adèle 1978, 141. – Ottawa, NG of Canada, Dokumentation: Dossier D. B. St.

Demers, *Jérôme*, Abbé, kanad. Theologe, Wissenschaftler, Architekt, Autor, * 1. 8. 1774 Saint-Nicolas/Que., † 17. 5. 1853 Quebec. 1788–94 Schüler des Collège St-Raphaël in Montreal. 1794/95 bautechn. Ausb. bei Jeremish McCarthy. 1798 Priesterweihe. In Quebec 1804 Dir. des Grand Séminaire, 1815–21, '24–30, '36–40 Superior ebd.; ab 1825 General-Vikar der Diözese. Am Séminaire in Quebec lehrte D. Theologie, Phil., Naturwissenschaften (bes. Mathematik, Physik, Astronomie) und Archit., wobei hier als Lehrgrundlage v.a. seine theoret. Abh. *Précis d'archit. pour servir de suite au traité élémentaire de physique à l'usage du Séminaire de Québec* (1828) diente. Als hoher kirchl. Amtsträger mit umfangr. Lehrtätigkeit (Archit.) sowie als Mentor und enger Mitarb. bes. von Thomas Baillairgé war D. stark in die Kirchen-Archit. der Prov. Quebec in der 1. H. des 19. Jh. involviert; er vertrat klassizist. Positionen. Zus. mit T. Baillairgé und François Baillairgé entwarf D. zahlr. Kirchenbauten und -einrichtungen, wobei die Urheberschaft der Pläne sehr versch. zugeordnet wird; viele Baupläne und Entwürfe könnten demnach (nur) als (geistige) Zuschr. gelten, z.B.: die Innenausstattung der Kirche St-Joachim in Montmorency/Que., 1816; die Kirche St-Louis in Lotbinière/Que., 1817; ein Retabel für die Kirche in Baie-St-Paul/Que., 1818; die Kirche St-Germain (erb. von T. Baillairgé) in Rimouski/Que., 1822; Stuckarbeiten an Gebäudeteilen des Petit Séminaire, 1823; die Kirche Ste-Claire (erb. von T. Baillairgé) in Dorchester/Que., 1823; die Erweiterung der Kirche in L'Ange-Gardien/Que., 1827; das Séminaire in Nicolet/Que., 1827; die Kirche in Charlesbourg/Que., um 1828; die Kirche in St. Boniface/Man., 1830. 🕮 *Harper*, 1970; *A. Comeau*, Artistes plasticiens, Ml. 1983; Quebec City. Architects, artisans and builders, ed. NM of Man, Ottawa 1984, 207–210; DCB VIII, 1985. – *A. Gowans*, Looking at archit. in Canada, Tor. 1958; *M. Grignon*, J. of Canad. art hist. 11:1988 (1/2) 1–22; *L. Noppen/L. K. Morisset*, Art et archit. des églises à Québec, Qu. [1996]. – Nicolet, Arch. du Séminaire. C. R.

Demers, *Maurice*, kanad. Bildhauer, Multimedia- und Installationskünstler, Graphiker, Kunstschriftsteller, * 7. 4. 1936 Granby/Que. Stud.: 1960–61 Inst. des arts appliqués (Keramik), 1969–70 Centre des Arts visuels, beide Montreal. Stip.: 1969–70, 1984–85 Minist. des affaires cult.; 1974–75 Canada Council. 1992 Gründungs-Mitgl. Comité des communication Conseil de la sculpt. du Québec. – Ursprünglich Bildhauer, wandte sich D. in den 1960er Jahren unter der Stimmung des Aufbruchs, der sich um die WA Expo 67 in Montreal kristallisierte, von der trad., „ghettoisierten" Kunstauffasung ab. Es war D.s Ziel, eine die Sparten übergreifende und neue Medien einbeziehende Kunst zu schaffen. Einen Weg, die Kunst den Menschen zugänglich zu machen, sie zu egalisieren, sah er im multimedialen „théâtre d'environnement". In drei Phasen inszenierte er „Environnements holistique" (1968/69 u.a. *Futurabilia; Les Mondes Parallèles*), „Evénements de conscientisation" (1969–73 u.a. *Noël et la société de consommation; Femme*) und zuletzt „Avènements de libération" (1973/74 u.a. *Ahuntcirque*). Seine Ideen von einer harmon., holistischen Umgebung für den Menschen setzte D. in der Landschaftsgestaltung (*plan d'eau*, 1991) 1993 im Gebiet von Saint-Bruno b. Montreal um. In allen Bereichen seiner Arbeit – er wandte sich auch wieder der (installierten) Skulptur zu – setzt sich D. mit dem Übergang der Moderne zur Postmoderne auseinander. 🖂 Le théâtre d'environnement intégral, Forces 1972 (20) 26–40; Des machines-sculpt. propulsees dans des environnements humains, Espace 7:1991 (3) 10–13; (17) 35–37. ◉ *E:* Montreal: 1967 Gal. Le Gobelet (Skulpt.); 1968 Futuribilia; 1969 Terre des Hommes (Pavillon de l'insolite): Les Mondes Parallèles; 1986 Gal. l'art franç. – *G:* Montreal: 1990 Gal. Daniel: Sculpt. 1990; Maisons de la Culture Plateau-Mont-Royal: Dans dix ans l'an 2000. 🕮 Enc. universalis, Suppl., P. 1980. – *P. W. Desjardins*, Vie des arts 1970/71 (61) 50–51; Quebec underground 1962–1972, (K), III, Ml. 1973, 70–102; *G. Robert*, Art actuel au Québec depuis 1970, Ml. 1983; *Y. Robillard*, Vie des arts 30:1985 (120) 48–49; Proceedings of the annual conference of the Assoc. for Canad. Stud. held at the Univ. of Windsor on May 31-June 2, 1988, Ml. 1990, 5 s., 103–111, 221; *F. Couture* (Ed.), Les arts visuels au Québec dans les années soixante, I, Ml. 1993. – Ottawa, NG of Canada, Dokumentation: Dossier D. B. St.

Demersay, *Alfredo*, frz. Zeichner, Lithograph (Amateur), Naturforscher, Arzt, 2. H. 19. Jh. Mitgl.: Soc. géogr. de France; Inst. Hist. e Geogr. do Brasil. Im Auftrag von König Ludwig Philipp reist D. in wiss. Mission nach Lateinamerika, u.a. nach Paraguay, Brasilien, Argentinien und Uruguay; dort fertigt er Zchngn und Lith., z.B. 1862 ein *Selbstbildnis* (ehem. irrtüml. dem Naturwissenschaftler Bonpland zugeschr.) und eine Ansicht der ehem. *Iglesia de la Encarnación* in Paraguay. 🖂 Hist. physique, économique et politique du Paraguay et des établissements des jésuites, I-II, P. 1860–64 (u.a. mit einem Portr. von *José Gervasio Artigas*, Bleistift, um 1846/47). 🕮 EAAm I, 1968. R. T.

Demerzoff, *Fedor Iwanowitsch* → **Demercov,** *Fedor Ivanovič*

Demesch, *Pál* → **Denasch,** *Paul*

Demesmay, *Camille*, frz. Bildhauer, Landschaftsmaler, * 23. 8. 1815 Besançon, † 4. 4. 1890 ebd. Bis 1839 Jura-Stud. in Paris, dort tätig. 1872–81 Dir. der Zeichenschule in Besançon. 🏛 Amiens, Mus. Chardin, Marmorbüste. Besançon, Mus.: u.a. Naïs, Gipsstatue, 1859; Général Moncey, Marmorbüste; La mare de Cery, Ölbild, 1881. – Bibl.: J.-B.-V. Proudhon, Marmorbüste, 1846; Auguste Demesmay, Gipsstatuette. Le Mans, Kathedrale: St Gervais, Steinstatue, 1845. Paris, Jardins du Luxembourg: Mlle de Montpensier, Marmorstatuette, 1848 (wohl D.s bekanntestes Werk; Modell im Mus. in Besançon). – Louvre: La Justice; La Chalcographie (zwei Statuen). – Eglise de la Trinité: St Philippe, Statue. – Hôtel de ville: Catinat, Statue. – Kirche St-Leu: drei relig. Basreliefs, Stein, 1859. – Kirche St-Geneviève: Mater Christi, Marmorstatue, 1857. Pontarlier, Friedhof: Gefallenendenkmal (1870/71), aufgestellt 1874. Versailles, Château: Joseph Pelletier; Général Morand; Savary, Duc de Rovigo (alles Marmorbüsten). ◉ *G:* 1838–82 Paris, Salon (1848 Silber-Med.). 🕮 ThB9, 1913. *Brune*, 1912; *Lami* II, 1916 (WV); DBF X, 1965. C. R.

Demesmay, *Claude-François*, frz. Architekt, * 8. 3. 1736 Dole/Jura, † 1780 Madrid. Stud.: Accad. di S. Luca, Rom; 1754 1. Preis beim Clementini-Wettb. (u.a. für den Entwurf eines mon. ionischen Kapitells); 1758 3. Preis (Entwurf zur Modernisierung der röm. Basilika S. Paolo fuori le mura; alle Zchngn in Rom, Accad. di S. Luca). Später in Madrid Mitarb. des Hofbaumeisters Francesco Sabatini. 🕮 ThB9, 1913. – *F. Boyer*, BSHAF 1958, 279; *Marconi/Cipriani/Valeriani*, 1974 (s.v. D., Francesco). R. T.

Demess, *Franz (Johann Franz)*, Baumeister, Jesuitenpater, * 1633, † 3. 10. 1695 Solothurn. Vielbeschäftigter Baumeister des Ordens im Kt. Solothurn und im Hochrheingebiet für den Fürstbischof von Basel. Ab 1671 in Solothurn tätig, plante D. hier 1672 das Jesuitenkolleg (voll. 1679) und leitete evtl. auch dessen Ausführung. Wölbte 1676 die Pfarrk. Oberdorf/Kt. Solothurn. 1678–

82 als Superior in St. Morand b. Altkirch/Elsaß. Leitete 1678–80 die Barockisierung der Jesuitenkirche in Pruntrut. 1680 für die Dombauleitung in Arlesheim bezahlt, wo er evtl. das Projekt für den Dom und die Residenz entwarf. Ab 1682 wieder in Solothurn, 1683 als „procurator fabricae". 1686–94 in Freiburg im Breisgau tätig. ▭ *R. Schiffmann*, ZAK 33:1976 (4) 296–306; *G. Schmid*, ZAK 41:1984, 35–39; *H.-R. Heyer*, ZAK 44:1987 (1) 60 ss. (Lit.; Quellen); *B. Schubiger*, Die Jesuitenkirche in Solothurn. Gesch., Bau und Ausstattung der ehem. Kollegkirche und des Jesuitenkollegiums, Solothurn 1987. D. T.

De Messimy, *Deena* → **Des Rioux,** *Deena*

De Mestre, *Leroy Leveson Laurent Joseph* → **Maistre,** *Roy de*

Demestre (D. Rodríguez), *Luis (Luis Enríquez)*, kuban.-venezolan. Maler, Psychologe, * 15. 7. 1943 Havanna, lebt seit 1973 in Ciudad Guyana. Stud.: in Kuba; ab 1960 Esc. de BA „C. Rojas", Caracas. Als Industriepsychologe in der Firma Siderúrgica del Orinoco (SIDOR) tätig. – V.a. expressive Lsch.-Gem. und Stadtansichten. ◎ *E:* 1981 Ciudad Guayana, Club Náutico: Salón Orinoco (mit Oscar Velázquez). ▭ *A. Darnott*, 42 pintores, Caracas 1987. M. N.

Demesvilliers, *Antoine*, Tapisserist („tapissier ordinaire du Roi"), verkaufte am 3. 2. 1609 der Kirche St-Pierre in Angers acht Gobelins mit der Gesch. des Moses. ▭ ThB9, 1913.

Demeter, *Adolf Ernst Edwin Aloys* → **Demeter,** *Wolf*

Demeter, *István*, ungar. Pfarrer, Maler, Zeichner, Schriftsteller, Dichter, * 13. 12. 1914 Jászapáti, † 6. 1. 1977 Sajószentpéter. Als Künstler Autodidakt. Stud.: 1932–38 Theolog. HS Eger. Erhielt 1936 den 2. Preis im Landes-Wettb. der Actio Catholica für eine Soziographie über Jászapáti. 1938 Priesterweihe, danach verschiedenorts Religionslehrer und Kaplan, 1942–43 Militärgeistlicher. Nach zahlr. Zwischenstationen 10 Jahre in Újszentmargita und ab 1959 bis zum Tod in Sajószentpéter als Pfarrer tätig. Regelmäßige Publ. seit der Studienzeit (Gedichte, Feuilletons, Buch-Rez.) in Presseorganen der Stadt Eger, dann in versch. Zss. (Új Kor, Vigila, Új Ember, Napjaink). Vielfältige Interessen, regelmäßige Beschäftigung u.a. mit Psychologie und Philosophie, Sammlung ethnogr. Objekte. D.s Pfarramt galt ab den 60er Jahren als bed. geistige Werkstatt und Sammelpunkt ähnlichdenkender Künstler. 1961 begann er zu malen: er hielt seine Gefühle, Visionen, Verzweiflung tagebuchartig in einer Art Selbstbekenntnis in fast automatist. Weise fest, benutzte und mischte „hemmungslos" Packpapier und Lw., Tempera, Öl, Tusche, Druck-, Wand- und Emailfarben. Seine aus vereinfachten Figuren, Formen und Farbflecken bestehenden Gem. entstanden durch kalligraph., Tropf-, Reib- und Drucktechnik, ergänzt mit Überschriften und Textausschnitten. Den Mittelpunkt der meist lit. oder relig. inspirierten Arbeiten bilden zwei Ser. von 1971 (zur Hymne á la Matiére von Pierre Teilhard de Chardin bzw. eine in Cleveland gemalte, durch das sog. Niggergebet angeregte Ser.) und die Dekoration der röm.-kath. Kirche in Sajószentpéter, die ihn ab 1970 bis zum Tod beschäftigte (Interieurausmalung und Ausstattung mit Kreuzwegstationen) und an der auch Künstlerfreunde mitwirkten (u.a. Kálmán Csohány, Gyula Feledy, Béla Kondor). D.s Kunstauffassung wurde v.a. durch die Tätigkeit Kondors beeinflußt, der mit einer ähnl. Gedankenwelt arbeitete. Zu A. 70er Jahre nahm er an bed. progressiven Ausst. teil. 🏛 MISKOLC, Herman O. Múz. SAJÓLÁD, Ordenshaus der Pauliner: Dauer-Ausst. SÁROSPATAK, Római Katolikus Egyházi Gyűjtemény. – *Seccomalereien in kath. Kirchen:* BISTRIȚA. SAJÓSZENTPÉTER. ✉ Föl, a hegyekre, Bp. 1944; Hazajárnak-e a lelkek?, Bp. 1948; Elnevezték prófétának (Ausgewählte Werke, Ed. *G. Barna u.a.*), Szeged 1994. – Gedichte, in: Isten ege alatt (Ed. *B. Csanád*), Bp. 1985, 73–81. ◎ *E:* Miskolc: 1971 Képtár (K: M. Gergely); 1984 József A. Könyvtár (K: G. Barna); 1996 Miskolci Gal. / 1972 Tokaj, Múz. / 1982 Sajólád, Paulinerkloster-Pfarre / 1984 Jászapáti, P. Vágó Emlékház / 1989 Baja, Művelődési Központ / 1989, '94 Sátoraljaújhely, Kazinczy F. Múz. / 1995 Eger, Ifjúsági Ház / 1996 Budapest, Budapest Gal. – *G:* u.a. 1970, '71 Balatonboglár: Kap.-Ausst. / 1971 Budapest, Egyetemi Színpad: színek, képek, formák, hangok, fények. ▭ KMML I, 1999. – *Gy. Gulyás/ L. Mátis*, Elnevezték prófétának, Bp. 1968 (Dokumentarfilm); *G. Barna*, Új Ember v. 27. 6. 1982; *A. Szepesi*, A Miskolci Herman Ottó Múz. Közleményei 25:1987–88, 203–211; *ead.*, Műv 29:1988 (3) 51–53; *K. S. Nagy*, Új Művészet 6:1995 (11–12) 92 s.; *P. Tarczy*, A szív virágai, Hajdúböszörmény 1998, 27 s. L. Százados

Demeter (szemerjei és dállyai D.), *Károly*, ungar. Fotograf, Bildhauer, Maler, * Sept. 1892, † 8. 6. 1983 Budapest. Lernt fotografieren bei Géza Csonka in Neumarkt (Marosvásárhely; Tîrgu Mureș/Rumänien). Arbeitet in Kronstadt (Brassó; Brașov/Rumänien) und Szeged, 1919 in Budapest im Atelier von Miklós Labori-Mészöly, wandert bald weiter nach Belgrad, wo er 1923–24 Kompagnon von Milan Savić ist. Siedelt 1924 nach Paris über; Aufnahmeleiter im Studio Mandel; seine mit dem Fotografen Ravdin gefertigten künstler. Aktaufnahmen kommen in den Handel. 1925–28 Aufnahmeleiter des Studios Walerie, macht hier Fotogr. z.B. von *Josephine Baker* und Mitgl. der frz. Regierung. Als Ausz. dafür Ritter des Palmordens der frz. Akad., in deren Zs. er auch mehrere Art. publiziert. Mitgl. der Soc. Franç. de Photographie. 1930 Heimkehr auf den Ruf von Labori, bei dem er wieder arbeitet. Schließt sich danach mit Béla Halmi zus.; Mitarb. des Ungar. Filmbüros. Im Auftrag des NM fotografiert er jahrelang Politiker (*Miklós Horthy*) und hohe Würdenträger, dafür 1943 zum ungar. Regierungsrat ernannt. Erhält nach 1945 keine Gewerbeerlaubnis; arbeitet in seiner Wohnung. Besitzt später ein Atelier, das in den Kämpfen von 1956 zerschossen wird. Aus Passion malt er, gestaltet Statuen, Plaketten (Physiker *József Petzval*). Für seine Plakette des tunes. Präs. *Habib Burgiba* erhält er den Kommandanten-Grad des Verdienstordens der Tunes. Republik. Ab 1980 Mitgl. des Verb. Ungar. Fotokünstler. Im hohen Alter wird er bewegungsunfähig. Nach seinem unruhigen Leben blieb nur ein kleiner Nachlaß. ✉ Ismert és ismeretlen anyagok a fényképész kezében, Magyar Fényképész 1941 (Jan.) 7

s.; Interview von *L. Győri*, Fotó 30:1983 (5) 204–207. ⊙ *G:* 1921 Budapest: Landes-Ausst. für Fotogr. / 1924–29 Paris: Internat. Foto-Salon (1924 Gold-Dipl.) / 1925 Zaragoza: Foto-Salon; London. K. Kincses

Demeter, *Peter A.* (Aoram, *Peter*), dt. Buchbinder, Bucheinbandgestalter, Fachautor, * 10. 1. 1875 Deutsch-Bogsan/Banat (Bocşa-Montană/Rumänien), † 23. 5. 1939 Berlin. Nach einer Lehre als Drucker wendet sich D. bald dem Bucheinband zu. Nach einem wahrsch. Aufenthalt in Wien kommt er 1913 nach Leipzig, wo er zuerst für die Großbuchbinderei Hübel & Denk anspruchsvolle Handeinbände fertigt. Auch für die Internat. BUGRA-Ausst. 1914 führte er Einbände aus, so z.B. für die Faksimile-Ausgabe der Gutenberg-Bibel von 1456. Im 1. WK Soldat in der österr. Armee. Danach arbeitet D. für die Verleger Georg Müller, Kurt Wolff und Willy Wiegand. Auf Anregung von Heinrich Tessenow übersiedelt D. nach Dresden-Hellerau, wo er v.a. mit den Verlegern Jakob Hegner und Julius Brüll (Avalun-Verlag) zusammenarbeitet. Für die Reihe der Avalun-Drucke führt er Einbände der Nrn 6, 12, 14–16, 18, 21, 25, 26, 28 und 33 aus. Die Fa. D. gilt 1932 als erloschen. Zuletzt lebt D. in Berlin. – D. Gestaltungen folgen konsequent den trad. handwerklichen Prinzipien des Handeinbandes, zeichnen sich durch die Verwendung edler Materialien und sparsamer Dekoration aus. ▭ LGB II, 1989. – *K. P. Arnold*, Vom Sofakissen zum Städtebau ..., D./Basel 1993. V. F.

Demeter, *Róbert*, ungar.-rumän. Maler, Galerieleiter, * 31. 1. 1876 Magyaró (Aluniş), † 2. 7. 1930 Gheorgheni. Stud.: 1893–98 Musterzeichenschule Budapest bei Károly Lotz, Bertalan Székely und Ede Balló; Meisterschule von Gyula Benczúr. Ab 1902 Zeichenlehrer in Neumarkt (Marosvásárhely; Tîrgu Mureş/Rumänien), ab 1913 Kustos der Pin., die er mit Dezső Rózsaffy im Kultur-Pal. organisierte und eröffnete. 1919 zog er sich nach Gyergyószentmiklós (Gheorgheni) zurück. – D. war ein gesuchter Porträtmaler der Aristokratie, Intelligenz und des wohlhabenden Bürgertums Siebenbürgens, mit dessen Unterstützung er in den 20er Jahren auch Stud.-Reisen nach München, Paris und Rom unternahm. Seine Neigung zur klass. Trad. vereinte sich mit guter Charakterisierung. 🏛 TÎRGU MUREŞ, Muz. de artă: Selbstbildnis. ⊙ *G:* 1901 Nürnberg: Ausst. des A. Dürer-Ver. (Portr. Baron Franz Kress) / 1907, '13, '16, '17, '18, '26 Budapest, Műcsarnok: Jahres-Ausst. der Ungar. Landes-Ges. Bild. Künstler (OMKT). ▭ Vo1, 1953; Vo5, 1961. MagyKépLex, 1915; MagyFestAdat, 1988. – *K. Gulyás*, Pásztortűz 16:1930 (21) 491. J. Murádin

Demeter, *Wilhelm*, rumän. Bildhauer, * 1. 1. 1936 Zau de Campie/Bez. Mureş, lebt in Constanţa. Stud.: 1955–61 HBK „N. Grigorescu" Bukarest. Ausz.: 1964 3. Preis des Verb. bild. Künstler; 1968 Verdienstorden für Kultur 1. Klasse. 1977 Beteiligung am Bildhauersymposium in Galaţi. – Stilisierte Portr. sowie simplifizierte mon. Skulpt. in Stahl wie *Seeschwalben* in Tulcea und *Schmetterling* in Costineşti. ⊙ *G:* seit 1961 nat. / 1968 Legnano-Castelanza. ▭ *Barbosa*, 1976. – 50 contemp. sculptors, Bu. 1979. I. Vlasiu

Demeter, *Wolf* (eigtl. *Adolf Ernst Edwin Aloys*; Pseud.: Denis, *André*), dt.-brasil. Bildhauer, Architekt, Kunsthandwerker, Maler, Graphiker, * 14. 9. 1906 Würzburg, † 29. 4. 1978 São Paulo. Stud.: um 1925 Akad. Berlin (auch Archit.) sowie bei Arminius Hasemann. Danach Aufenthalt in Griechenland. Stud.: KA Athen bei Tomopolus, in den Steinbrüchen von Pentelikon tätig. 1929 Rückkehr nach Berlin und Heirat einer Bankierstochter, durch die er Persönlichkeiten wie Albert Einstein, Thomas Mann, Renée Sintenis und Oskar Kokoschka kennenlernte. Lehnte 1933 die Tätigkeit für die Nationalsozialisten ab und flüchtete nach Südfrankreich. Dort Weiterbildung und Mitarb. bei Aristide Maillol, den D. bereits in Berlin kennengelernt hatte. Erfolgreich auch auf architekton. und kunsthandwerkl. Gebiet tätig. 1941 Flucht aus Frankreich nach S-Amerika unter frz. Pseud. André Denis, das er und seine Fam. danach beibehielten. Über Argentinien Einreise nach Brasilien; dort zunächst in Paraná tätig, u.a. Entwürfe für landwirtschaftl. Schulen. Außerdem Ausf. von zwei figürl. Denkmälern in Campos de Jordão. 1952–62 tätig für die Papierfabrik in Paraná. Danach in Curitiba, ab 1970 in São Paulo tätig. – D. orientierte sich an der Idee des Gesamtkunstwerkes, die er am letzten Wohnsitz in São Paulo versuchte, in die Praxis umzusetzen. Er verfolgte vielfältige Arbeitsweisen und Ausdrucksformen von trad. Malerei, Bildhauerei und druckgraph. Techniken bis Design, Archit. und Landschaftsgestaltung. Sein Werk ist v.a. in der mediterranen Welt verwurzelt. In S-Amerika treten auch kulturelle Einflüsse der neuen Heimat hinzu. Ausgangs- und Mittelpunkt des Schaffens bildet die Bildhauerei, die deutl. von Maillol beeinflußt ist. Außerdem versierter Emailleur, der diese Technik auch für dekorative Plastiken verwendete. 🏛 PARANÁ, Estrada do Café zw. Londrina und Ponta Grossa: Denkmal für John F. Kennedy. SÃO PAULO, Israelit. Gemeinde. VITORIA, Villa José Coser: Baudekorationen. ⊙ *E:* 1932 Berlin, Gal. Ferdinand Möller (K) / São Paulo: 1959 Gal. Ambiente; 1970 Gal. Chelsea Jardim (K); 1980 Mus. de Arte (Retr.; K). – *G:* 1950 São Paulo: Salão Paulista do BA. ▭ Vo1, 1953 (Lit.). *Cavalcanti* II, 1974; *W. Ayala*, Dic. de pintores brasil., Curitiba ²1997. – *P. M. Bardi/J. Klintowitz* (Ed.), One c. of sculpt. in Brazil (K Mus. de Arte), S. P. 1982; *R. C. Denis*, in: Escult. brasil. (K Pin. do Estado), S. P. 1996. – Mitt. K. Demeter, Frankfurt am Main; A. L. C. Denis, Marietta, GA/USA. D. T.

Demeter, *Zsuzsanna*, ungar.-finn. Malerin, * 1. 4. 1956 Budapest, lebt seit 1987 in Tampere. ⚭ Maler Kari A. Jylhä. Stud.: 1976–83 HBK Budapest bei Pál Gerzson. 1980 Lipót Herman-Stip. Seit 1991 Mitgl. des Ver. Finn. Maler (Suomen Taidemaalariliitto). – D. malt hauptsächl. ganzfigurige Porträts. Die durch manierist. Proportionen und gedehnte Körper gekennzeichneten Figuren befinden sich meist in einem zeichenhaft vereinfachten Raum vor neutralem Hintergrund. Sie sind in ungewöhnl. Einstellungen, aus ungewohnten Gesichtspunkten (oft mit dem Rücken zum Betrachter) zu sehen, gemalt mit monochrom-zurückhaltenden Farben. Die Darst. der wenigen, mit attributartigen Gegenständen versehenen Figuren strebt nicht nach Wahrheitstreue, sondern nach psycholog. Charakterisierung. Entwirft auch Briefmarken. 🏛 BUDAPEST, Fiatal Képzőművészek Stúdiója

Egyesület. ⊙ *E:* Budapest: 1983 HBK; 1985 Lila Iskola; 1986 Stúdió Gal. / 1988 Urjala, Kurszentrale / Tampere: 1989 Gall. Saskia; 1989, '98 Kahveri, Tampere Univ.; 1998 Kulturhaus: Künstler des Monats / 1989 Vaajakoski, Bibl. / 1999 Helsinki, Ungar. Kultur- und Kunstzentrum / 2000 Haapsalu, Linna-Gall. – *G:* seit 1980 u.a. Budapest, Ver. des Studios Junger Künstler / 1986 Eger, Landes-Bienn. für Aqu.; Pori, KM: Ungar. Aqu. / seit 1989 Tampere. 📖 KMML I, 1999. – *J. Vadas*, Mozgó Világ 1986 (9) 123; Stúdió '85, '87 (K Ernst Múz.), Bp. 1985, 1987; Stúdió '86 (K BTM), Bp. 1986. L. Százados

Demètre Verginie, *Jean* → **Dessès,** *Jean*

Demetrescu, *Camilian*, rumän. Maler, Bildhauer, Graphiker, Illustrator, Kunstkritiker, Publizist, * 18. 11. 1924 Buşteni/Bez. Ploieşti. Stud.: 1944–48 Phil. und Medizin; bis 1949 HBK Bukarest. 1969 Übersiedlung nach Italien. Ausz.: 1968 Verdienstorden für Kultur 4. Kl.; 1990 Das silberne Labyrinth; 1991 La Pleyade (Adenauer Stiftung). – Figürl. Komp. in kräftigem Rot und Violett, in denen Reales und Imaginäres miteinander verschmelzen, sowie Lsch. Arbeitet später stärker abstrakt, auch in der Bildhauerei. Seit den 70er Jahren relig. orientierte Kunst mit aktuellen Bezügen; dazu 1982–94 fünf programmat. Ausst. in Italien. Rest. 1977 die roman. Kirche in Gallese/Viterbo; in Mamaia und Suceava auch Wanddekorationen. 🏛 CRAIOVA, Muz. de Artă: Die Donau. ROM, Pin. ✉ Le prove del labirinto, Ed. Il Cerchio, 1995; Exil, Bu. 1997 ⊙ *E:* u.a. 1975 Parma, Sala delle Scuderie in Pilotta (K) / 1981 Rom, Ist. Naz. per la Grafica (K). 📖 Vo5, 1961. – Rumän. Malerei 1964, Bu. 1965; *C. Demetrescu*, Culoarea – suflet şi retină, Bu. 1966; *Drăguţ*, 1976. – *Online:* http://www. muvi. org/bellonzi, 2000. I. Vlasiu

Demetrescu-Dem, *Ion* (Pseud. Dem), rumän. Graphiker, Zeichner, Illustrator, * 26. 11. 1903 Craiova, † 1977 Bukarest. Stud.: bis 1927 Freie Akad. für Malerei Bukarest bei Arthur Verona. – Bes. Ill. für Kinderbücher, z.B. für Ion Creangă *Harap Alb* (1954). Nutzt versch. graph. Techniken, u.a. Hschn. ⊙ *G:* seit 1962 Buchkunst-Ausst. im In- und Ausland. 📖 *Barbosa*, 1976; Repertoriul graficii româneşti din sec. al XX-Lea, II, Bu. 1981. Gh. Vida

Demetrescu-Duval, *Virgiliu (Virgil)*, rumän. Maler, * 2. 11. 1930 Bukarest. Stud.: bis 1956 HBK N. Grigorescu ebd. bei Alexandru Ciucurencu. Dort Lehrtätigkeit. Emigriert 1987(?) aus Rumänien. – Begeisterter Sammler alter rumän. Ikonen, die v.a. in ihrem Kolorit auch D.-D.s Malerei inspiriert haben. In den 70er Jahren bes. (Stadt-) Lsch. und Archit.-Motive in Öl, z.B. *Portal*, *Engpaß* und *Windmühle*. 🏛 *Kunst-Mus.:* BACĂU, BUKAREST, CONSTANŢA, CRAIOVA, GALAŢI, SUCEAVA, TIMIŞOARA. ⊙ *E:* zw. 1966 (K Verb. bild. Künstler) und 1986 zahlr. Bukarest / 1986 Wien. – *G:* seit 1958 häufig im Ausland, u.a. 1976 Berlin, Stadtbibliothek: 8 Maler aus der SRR (K). 📖 *Barbosa*, 1976; *V. Florea*, Artă românească mod. şi contemp., Bu. 1982. I. Vlasiu/St. Sch.

Demetriade-Bălăcescu, *Lucia* → **Bălăcescu,** *Lucia*

Demetriade-Ştefan, *Constanţa (Tantzi)*, rumän. Malerin, Graphikerin, * 21. 8. 1908 Băleni/Bez. Damboviţa. Stud.: 1924–30 ABK Bukarest bei Camil Ressu, Jean Alexandre Steriadi, Cecilia Cuţescu-Storck; 1931–32 Paris: Acad. Julian und Acad. Scandinave bei Henry Varoquier. Seitdem zahlr. Ausst. im In- und Ausland; 1938–46 Mitgl. der Vrg rumän. Künstlerinnen. – Postimpressionist. Portr., Stilleben, Lsch. und figürl. Komp., auch Raumdekorationen. 🏛 BUKAREST: Muz. Teatrului Naţ.: Portr. George Storins. ⊙ *E:* 1943, '58, '67 Bukarest. 📖 *Barbosa*, 1976; Enc. artistilor români contemp., I, Bu. 1996. – Arta Plastică 15:1968 (1) 124. I. Vlasiu

Demetriades, *Georg*, griech. Maler, Graphiker, * 12. 2. 1899 (lt. Lydakis 1889) Kerkyra (lt. Vollmer Wien), bis 1959 in Hamburg nachweisbar. Verbrachte bereits seine Kindheit in Hamburg. Stud.: 1915–18 KSch ebd.; 1918 KA München bei Hermann Groeber, C. Lindenschmit und Ludwig von Löfftz. 1919–22 Unterricht bei Arthur Illies in Hamburg; 1922–25 Reisen nach Portugal und Norwegen, bei denen er in Oslo, Porto und Lissabon ausstellt; danach in Rahlstedt b. Hamburg ansässig. Malt v.a. Portr. und Lsch., ferner Interieurs frei erfundener Kirchen sowie Historienbilder. ⊙ 1920 Hamburg, Kunstsalon Louis Bock. 📖 Vo1, 1953. *Lydakis* IV, 1976. – Hamburger Abendblatt v. 21. 7. 1956; 12. 2. 1959; *Lydakis*, Gesch., 1972 (s.v. Dimitriadis, Georgios). S. Ge.

Demetrias, Sohn des Glaukon, griech. Bildhauer, tätig um 110 v. Chr. in Milet. Nur bek. durch seine Sign. auf Basen für Ehrenstatuen des Epikrates, Sohn des Pylon, und des Apollonios, Sohn des Epikrates, die in Milet gefunden worden sind. Da die Fam. der beiden Geehrten in Milet gut bek. sind, kann die Aufstellung der Plastiken in die Jahre um 110 v. Chr. angesetzt werden. 📖 *A. von Gerkan/F. Krischen*, Thermen und Palaestren, B. 1928 (Milet, I. 9), 159–161, Nr 331–332, Abb. 133; *E. Thomas*, IstMitt 33:1983, 124–133; *I. Schmidt*, Hellenist. Statuenbasen, Ffm. u.a. 1995, 453 s., Nr VII. 25. R. V.

Demetrio (1690) cf. **Demetrio Ateniese**

Demetrio, *Lorenzo* → **Senes,** *Lorenzo*

Demetrio Ateniese, Maler aus Athen (?), tätig im 17. Jh. (?) in Apulien. Nur bek. durch seine Sign. auf dem Bild des *Hl. Joh. Ev.* (Lecce, Mus. Prov.), bei dem er den spätbyz. Stil kompositor. und kolorist. mit der südital. Malerei verband. – Ein Maler *Dimittire (Demetrio)*, Schüler des Mattia Preti, war um 1690 in Malta tätig (cf. ThB9, 1913). 📖 DEB IV, 1973. – Mostra dell'arte in Puglia dal tardo antico al Rococò (K Bari), R. 1964, 102; *R. Jurlaro*, Arte cristiana 59:1971, 182–187. S. P.

Demetrios → **Dimitrios**

Demetrios (I), griech. Bronzebildner aus dem att. Demos Alopeke, tätig um 400–um 360 v. Chr. Schuf überwiegend Portr.-Statuen, deren ausgeprägter Verismus in den antiken Schriftquellen hervorgehoben wird (bei Lukian., Philops., 18 durch den Beinamen anthropopoios = „Menschen schaffend"; Quint., inst., 12, 10, 9 vermerkt, daß er „die Wahrheit übertrieb und Ähnlichkeit mehr als Schönheit liebte"; Overbeck, SQ, 1868, Nr 900, 903). Originalwerke nicht erhalten. Lit. überlieferte Statuen: 1. Athena mit der Aigis, deren naturalist. dargestellte Schlangen beim Klang einer Kithara vibriert haben sollen (Plin., nat., 34, 76; Paus. 1, 27, 4; Overbeck, SQ, Nrn 898, 899). 2. Athena-Priesterin Lysimache (Plin.;

Overbeck, SQ, Nr 898): Dieser Statue wurde eine kreisrunde Inschr.-Basis (pentel. Marmor) von der Athener Akropolis zugewiesen. Die unvollst. überlieferte Weihinschr. berichtet, daß Lysimache 64 Jahre lang Athena-Priesterin war (IG, II-II[1], Nr 3453; E. Loewy, Inschr. griech. Bildhauer, L. 1885, Nr 64). Von röm. Kopien der Statuen stammen nach E. Berger (1968) ein Greisinnentorso (Basel, Antikenmus.) und je ein Kopf in London, BM (EA, Nrn 165, 166) und Rom, Mus. Naz. Romano. 3. Pellichos, 434 v. Chr. Befehlshaber der korinth. Flotte (Lukian., Philops., 18; Overbeck, SQ, Nr 900). 4. Simon, 424/23 v. Chr. Hipparch (Plin.; Overbeck, SQ, Nr 898). Von folgenden Werken des D. blieben auf der Athener Akropolis Inschr.-Basen mit seiner Sign. erh.: 1. Statue des Hippolochides, Sohn des Thrasymedes (CIA, I, Nr 522; Loewy, Nr 63). 2. Statuen des Kephisodotos von Aithalia und seines Sohnes auf einer gemeinsamen Basis (CIA, IV 2, Nr 1393 c). Aus der Inschr. geht hervor, daß die Statue des Sohnes ein Werk des Symenos (Gehilfe des D.?) war. 3. Weihgeschenk des Aristogenes von Aixone an Athena, mit säulenförmiger Basis (IG, II-III[2] 3. 1, Nr 4321. 4. Kekropis-Weihgeschenk an Athena (IG II-II[1] 3. 1, Nr 4322; Loewy, a. O., Nr 62). Bei 3 und 4 bleibt die Zuweisung an D. allerdings zweifelhaft; vgl. Art. D. (II). 🕮 ThB9, 1913 (s.v. D. 2). RE IV. 2, 1901 (s.v. D. 122); EAA III, 1960 (s.v. D. 1; Lit.); EWA II, [2]1972, 108; DA VIII, 1996; DNP III, 1997 (s.v. D. 48). – *Brunn*, GGK I, 1889, 255; *Picard*, Manuel, 1939–63, II. 2, 603, 676; III. 2, 126, 149; IV. 2; *K. Majewski*, Rocznik Zakladu Narodowego Imienia Ossolonskich 3:1948, 361–377; *A. E. Raubitschek*, Dedications from the Athenian Akropolis, C.,Mass. 1949, 159 Nr 143; *G. Hejzlar*, Bibl. classica orientalis 3:1958, 286; *E. Berger*, AntK 11:1968, 67–70; *V. Zinserling*, Zur Dat. des Demetrios von Alopeke, in: Festschr. Gottfried von Lücken, (Wiss. Zs. der Univ. Rostock 17:1968 (7–10), 829–831; *Robertson* Hist., I, 1975, 504–506; *L. Alscher*, Griech. Plastik, II. 2, B. 1982; *A. Stewart*, Greek sculpt. An exploration, I, New Haven/Lo. 1990, 274 s. (Lit.); *L. Todisco*, Scult. greca del IV sec., R. 1993, 61 s. – *Zuschreibungen*: *F. B. Mache*, MonPiot 51:1960, 25 ss.; *E. Homann-Wedeking*, AM 76:1961, 107 ss. W. Müller

Demetrios (II), griech. Bildhauer aus Athen (?), 1. H. 4. Jh. v. Chr. Seine Sign. steht auf 2 Weihgeschenk-Basen (pentel. Marmor) von der Athener Akropolis (IG II-III[2] 3. 1, Nr 4321–4322). Die Inschr. enthalten Fehler, die vermutl. vom Steinmetz verursacht worden sind. Eine Identifizierung mit D. (I) erscheint zweifelhaft. 🕮 EAA III, 1960 (s.v. D. 3). W. Müller

Demetrios (III), griech. Architekt, tätig im Heiligtum der Ephesischen Artemis seit 356 v. Chr. (oder früher?) Einzige Nachr. über ihn gibt Vitruv (7, praef., 16): „Zuerst wurde der Tempel der Diana in Ephesus in ionischem Stil von Chersiphron aus Knossos und dessen Sohn Metagenes begonnen, den später Demetrios, ein Tempelsklave der Diana selbst, und Paionios aus Ephesos vollendet haben sollen" (Übersetzung C. Fensterbusch). Aus der Vitruvstelle läßt sich ein Zeitansatz für D. nicht eindeutig ableiten. Entweder errichtete er nach dem Brand des Älteren Artemis-Tempels (356 v. Chr.) gemeinsam mit Paionios als Nachfolgebau den Jüngeren Artemis-Tempel, der wegen seiner Größe und Pracht als eines der sieben Weltwunder galt. Oder beide Architekten waren nacheinander tätig, wie H. Svenson-Evers (1996) vorschlägt. In diesem Fall könnte D. die Voll. des Älteren Artemistempels zugeschr. werden, dessen späteste Simenreliefs nach G. Gruben (1986) in die Zeit um 460 v. Chr. weisen. Als Architekt des Jüngeren Artemis-Tempels käme dann nur Paionios allein in Betracht. Der soziale Status des D. scheint in der griech. Archit.-Gesch. ein Ausnahmefall gewesen zu sein. 🕮 ThB8, 1913 (im Art. Daphnis); ThB9, 1913 (s.v. D. 1). RE IV. 2, 1901 (s.v. D. 121); EAA III, 1960 (s.v. D. 2); DEAU II, 1968. – *Brunn*, GGK II, St. [2]1889, 236; *W. Müller*, Architekten in der Welt der Antike, Z./M. 1989, 149, 182 s., Abb. 10–12, 92, 131; *H. Svenson-Evers*, Die griech. Architekten archaischer und klass. Zeit, Ffm. u.a. 1996 100 ss. (Lit.). – *Zu den Bauten*: *A. Bammer*, Die Archit. des jüngeren Artemision von Ephesos, Wb. 1972; *id.*, Das Heiligtum der Artemis von Ephesos, Graz 1984; *G. Gruben*, Die Tempel der Griechen, Da. [4]1986, 349 ss., Abb. 289–294, 355 ss., Abb. 295–298; *A. Rügler*, Die Columnae Caelatae des jüngeren Artemisions von Ephesos, Tb. 1987 (IstMitt, Beih. 34). W. Müller

Demetrios (IV), griech. Bildhauer, tätig in Pergamon zw. 3. und 2. Jh. v. Chr. (Dat. nicht gesichert). Seine Sign. (ohne Patronymikum und Ethnikum) steht auf dem Fragm. einer Platte aus bläulichem Marmor, Fundort: Pergamon, südl. des Athena-Heiligtums. Hypothet. ist die vorgeschlagene Identifizierung mit den rhod. Bildhauern D. (VIII) oder D. (X). 🕮 EAA III, 1960 (s.v. D. 5). – *E. Fabricius/C. Schuchhardt*, Die Inschr. von Pergamon, B. 1890 (Altertümer von Pergamon, VIII. 1), Nr 142. W. Müller

Demetrios (V), griech. Bildhauer aus Antiocheia am Pyramos, tätig auf Rhodos E. 3./A. 2. Jh. v. Chr. Seine Sign. (ohne Patronymikum) steht auf einer rechteckigen Basis (lart. Marmor) aus Kamiros (Weihung des Damiurgen Kallikratidas, Sohn des Euagoras, um 204 v. Chr.). 🕮 RE, Suppl. VIII, 1956; EAA III, 1960 (s.v. D. 4). – *G. Jacopi*, ClRhodos 6/7:1932, 418, Nr 41; *C. Blinkenberg/K.-F. Kinch*, Lindos, II. 1, B./Kph. 1941, 54, Nr 42; *M. Segre/G. Pugliese Carratelli*, ASAtene 27–29:1949–51, Nr 43; *Lippold*, Plastik, 1950, 362. W. Müller

Demetrios (VI), Sohn des Seleukos, griech. Maler, 1. H. 2. Jh. v. Chr. Tätig in Alexandria am Hof Ptolemaios' VI. Philometor, später in Rom. Als der 164 v. Chr. aus Ägypten vertriebene König in Rom Schutz suchte, nahm ihn D. in sein Haus auf (Diod., 31, 18, 1–3; Val. Max., 5, 1, 1; Overbeck, SQ, 1868, Nr 2141, 2142). Während Valerius Maximus D. lediglich als Maler erw., erhält er bei Diodor (31, 18, 2) den Beinamen „topographos". Diese Bezeichnung weist D. als Maler von „topia" (Landschaften) aus, nicht als Landkartenmaler (wie Brunn vorschlug). D. stellt die geogr. Wesenszüge Ägyptens in seinen Bildern dar und darf somit als einer der frühesten Vertreter der hellenist.-alexandrin. Landschaftsmalerei gelten, deren Einflüsse sich in den Nilszenen der kampan. Wandmalerei widerspiegeln. 🕮 ThB9, 1913 (s.v. D. 7). RE IV. 2, 1901 (s.v. D. 128); EAA III, 1960 (s.v. D. 6); EWA VII ²1971, 349; DA VIII, 1996; DNP III, 1997 (s.v. D. 46); *Bénézit* IV, 1999. – *Brunn*, GGK II, 1889, 194; *Pfuhl*, MuZ II, 1923, 884; *A. Rumpf*, Malerei und Zchng der klass. Antike, M. 1953 (HdArch, IV. 1), 160 (Anm. 3); *C. Picard*, RA, 6. Ser., 48:1956, 82–84; *I. Scheibler*, Griech. Malerei der Antike, M. 1994, 179 s. – *Zur alexandrin. Landschaftsmalerei des 2. Jh. v. Chr.*: EWA VII, ²1971, 360. W. Müller

Demetrios (VII), Sohn des Diomedon, griech. Bildhauer aus Rhodos, dort tätig 1. H. 2. Jh. v. Chr. (nach Jacopi, 1932: A. 1. Jh. v. Chr.). Seine Sign. überliefern drei Basen (lart. Marmor): 1. Rechteckige Basis (Fundort: Lindos, Akropolis) mit Befestigungsspuren auf der Oberseite (Weihgeschenk einer Gruppe lokaler Priester, 182 v. Chr.). 2. Zylindr. Basis (gleicher Fundort) mit Resten vom unteren Ende einer Statue (Weihgeschenk der Astymedes, Tochter des Theaidathos, Priesterin der Athena Lindia und des Zeus Polieus, nach 154 v. Chr.). 3. Basis für eine Portr.-Statue in Rhodos, nach 154 v. Chr. ▭ RE, Suppl. III, 1918 (s.v. D. 125a); EAA III, 1960 (s.v. D. 7). – *G. Jacopi*, ClRhodos 6/7:1932, 192, Nr 20; *C. Blinkenberg/K.-F. Kinch*, Lindos, II. 1, B./Kph. 1941, 425, Nr 167, 490, Nr 217; *Lippold*, Plastik, 1950, 374. W. Müller

Demetrios (VIII), Sohn eines wahrsch. aus Antiochia am Mäander stammenden D., griech. Bildhauer aus Rhodos, tätig in Lindos und Alexandria, 1. H. 2. Jh. v. Chr. (bisherige Dat. in die 1. H. 1. Jh. v. Chr. durch neuere epigraph. Unters. widerlegt). Zw. ca. 180 und 170 v. Chr. schufen D. und der Bildhauer Theon von Alexandria gemeinsam zwei Werke, von denen nur die sign. Basen erh. blieben: 1. Bronzestatue in Lindos (C. Blinkenberg/K.-F. Kinch, Lindos II. 1, B./Kph. 1941, 205). 2. Pferd aus weißem Marmor in Alexandria (CIG, III, Nr 4684 e; E. Loewy, IGB, 1885, Nr 187). Beide Künstler waren Mitgl. eines Kollegiums von Wohltätern auf Rhodos (IG XII. 1, Nr 127). Eine Inschr.-Basis mit der Sign. eines D. aus dem Theater von Magnesia am Mäander (O. Kern, Inschr. von Magnesia am Mäander, B. 1900, Nrn 211, 334) brachte man mit D. (VIII) in Verbindung. Nach Lippold (RE Suppl. III, 1918) gehört sie zu einem and. aus Magnesia am Mäander stammenden D. ▭ ThB9, 1913 (s.v. D. 4). RE IV. 2, 1901 (s.v. D. 124); EAA III, 1960 (s.v. D. 10); DNP III, 1997 (s.v. D. 47); *Bénézit* IV, 1999. – *Lippold*, Plastik, 1950, 375; *B. S. Ridgway*, Fifth c. styles in Greek sculpt., Pr. 1981; *V. Goodlett*, AJA 95:1991, 669 ss.; *P. Moreno*, Scult. ellenistica, I, R. 1994, 605, 638, 682. W. Müller

Demetrios (IX), Sohn des Glaukos, griech. Bronzebildner aus Milet (?), um 100 v. Chr. dort und in Didyma tätig. Name bek. durch Sign. auf einer viereckigen Basis in Milet, die einst die Portr.-Statue des Milesiers Apollonios, Sohnes des Epikrates, trug (um 100 v. Chr.; Milet I. 9, 1928, 159 ss., Nr 332). Nahebei stand als Gegenstück die nicht sign. Statue des Epikrates, Sohnes des Pylon, wohl ebenfalls ein Werk des D. – Sehr wahrsch. war D. ident. mit einer gleichnamigen Person, die in einer Inschr. aus Didyma erwähnt ist (Milet I. 3, 1914, 409 s. und I. 9, 1928, 160 s.; Didyma II, 1958, 221, Nr 346). Danach versah er die Ämter eines Propheten und Stephanephoren und stiftete einige heute nicht mehr erh. Bronzebildwerke, die vermutl. von ihm bzw. seiner Werkstatt gearbeitet wurden: 1. Große Statue des auf einem Felsen sitzenden Apollon Delphinios mit Omphalos und Schlange, wahrsch. für das Delphinion in Milet, ein im 1. Jh. v. Chr. offenbar weithin bek. Werk (antike Wiederholungen: Torso in Barcelona, Mus. d'Historia de la Ciudad). 2. Statue des Aithiops. 3.–4. lampadephoroi andriantes (statuar. Bilder von Fackelträgern) für das Apollon-Heiligtum in Didyma und für das Theater in Milet. 5. Zwei perirrantheria (Weihwasserkessel) für das Apollonheiligtum in Didyma. ▭ RE, Suppl. V, 1931 (s.v. D. 122a); EAA III, 1960 (s.v. D. 8); DNP 3, 1997 (s.v. D. 44). – *Lippold*, Plastik, 1950, 372; *E. Thomas*, IstMitt 33:1983, 124–133, Taf. 27–30. W. Müller

Demetrios (X), griech. Bildhauer aus Rhodos, 1. H. 1. Jh. v. Chr. Aus einer wahrsch. aus Apameia am Orontes nach Rhodos eingewanderten Künstlerfamilie. Sein Vater Heliodoros und sein Bruder Plutarchos waren ebenfalls Bildhauer. Heliodoros ist wahrsch. ident. mit einem bei Plin., nat., 34, 91 und 36, 35 erw. gleichnamigen Bronzebildner, der wohl aus Apameia stammte und bis E. 2. Jh. v. Chr. tät. war. Plutarchos bezeichnete sich, ehe er die rhod. Bürgerschaft annahm, als Bürger von Apameia. – Den Namen des D. (mit Patronymikum und Ethnikum) enthält die Künstler-Inschr. der Basis eines nicht mehr erh. Weihgeschenks für Athena Lindia und Zeus Polieus am Aufgang zur Akropolis von Lindos (E. Loewy, IGB, 1885, Nr 193; IG XII. 1, Nr 769). Auf einer and. Basis von Lindos, die einst eine Portr.-Statue trug, ist vom Künstlernamen nur noch der letzte Buchstabe erh., so daß unklar bleibt, ob D. oder Plutarchos gemeint sein könnte (Loewy, Nr 195; IG, XII. 1, Nr 844). ▭ ThB9, 1913 (s.v. D. 3). RE IV. 2, 1901 (s.v. D. 123); EAA III, 1960 (s.v. D. 9). – *Lippold*, Plastik, 1950, 383; *P. Moreno*, Scult. ellenistica, I, R. 1994, 682. W. Müller

Demetrios (XI), griech. Bildhauer, hellenist. Zeit (?). Name bek. durch gemeinsame Sign. mit seinem Vater (?) Hermodoros (oder Hermodotos) und seinem Bruder (?) Alexandros auf einer Stele aus weißem Marmor in Messene (IG, V. 1, Nr 1461). Der Name Alexandros ist auch als Ethnikum des Vaternamens interpretiert worden. ▭ RE, Suppl. III, 1918 (s.v. D. 126a). W. Müller

Demetrios (XII), Sohn des Melanthos, griech. Bildhauer, hellenist. Zeit. Name bek. durch Inschr. auf einer Marmorhalbsäule aus den Ruinen des Dorfes Eski Balat b. Milet. Sie trug einst wahrsch. die Statue eines Leontiskos, Sohnes des gleichnamigen Gymnasiarchen in Milet, gewidmet von den Eltern und von Apaturios, dem Sohn des Isokrates. ▭ EAA, Suppl., 1970 (s.v. D. 19). – *T. Pekáry*, IstMitt 15:1965, 118, Nr 1; *id.*, REG 79:1966, 424, Nr 376. W. Müller

Demetrios (XIII), Sohn des Apollonios, griech. Bildhauer aus Alexandria, röm. Kaiserzeit (nach dem epigraph. Charakter der Inschr.). Name bek. durch Sign. auf einer quadrat. Kalksteinbasis des Artemis-Heiligtums in Messene, die einst eine Statue der Priesterin trug (REG 79:1966, 378, Nr 202; SEG XXIII, 1968, Nr 226). Sie gehörte mit weiteren Statuen zu einem kreisförmig angeordneten Ensemble, in dessen Zentrum man eine große rechteckige, wohl für die Kultstatue bestimmte Basis fand. – Die Herkunft des D. aus Alexandria paßt zu der Aussage des Pausanias, daß in Messene Leute aus Ägypten gearbeitet hätten. ⊏⊐ EAA, Suppl., 1970 (s.v. D. 20). – *P. Moreno*, Scult. ellenistica, I, R. 1994, 506.

W. Müller

Demetrios (XIV), Sohn des Philon, griech. Bildhauer aus dem att. Demos Ptelea, wahrsch. Zeit des Augustus. Name bek. durch Künstler-Inschr. zweier in Athen gefundener Basen: 1. viereckige Basis aus hymett. Marmor im Dionysos-Theater, die einst die Statue eines Diomedes (entweder ein unbedeutender Dramatiker oder der Heros) trug (CIA, III, Nr 952; Overbeck, SQ, 1868, Nr 1388; E. Löwy, IGB, 1885, Nr 237). 2. Basis aus pentel. Marmor beim sog. Prytaneion, auf der einst die von einem dankbaren Patienten gestiftete Statue des Arztes Argaios stand (CIA, III, Nr 779; Overbeck, Nr 1389; Loewy, Nr 238). ⊏⊐ ThB9, 1913 (s.v. D. 5). RE IV. 2, 1901 (s.v. D. 126); EAA III, 1960 (s.v. D. 13). – *Lippold*, Plastik, 1950, 367.

W. Müller

Demetrios (XV), griech. Silberschmied, tätig M. 1. Jh. n. Chr. Nach Apg., 19, 24 ss. stellte D. kleine silberne Nachbildungen des Tempels der Artemis von Ephesos her und brachte seine Arbeiter gegen den Apostel Paulus und dessen Anhänger auf. Ein Mitarb. des D. war vermutl. der im NT (1. Tim., 1, 20 und 2. Tim., 4, 14) erw. jüd. Silberschmied Alexandros (III). Eine Vorstellung der von D. angefertigten Souvenirs geben ephes. Münzbilder (z.B. BMC, Greek Coins, Ionia, 19, Taf. 6, 9) sowie die zahlr. kleinen, flachen Bleireliefs (E. Pernice, ÖJh 7:1904, 194). ⊏⊐ ThB9, 1913 (s.v. D. 8). RE IV. 2, 1901 (s.v. D. 130); EAA III, 1960 (s.v. D. 12).

W. Müller

Demetrios (XVI), Sohn eines Demetrios, griech. Bildhauer, tätig in Sparta, 2. Jh. n. Chr. In Sparta und dem benachbarten Mistra blieben drei von D. sign. marmorne Hermenpfeiler aus antonin. Zeit erh., deren Portr.-Köpfe jedoch fehlen (CIG, Nr 1330, 1409; Overbeck, SQ, 1868, Nr 2297; E. Loewy, IGB, 1885, Nrn 347–349). Hypothet. bleibt der Versuch von S. Ferri (1937), den Künstler mit D. (XVII) zu identifizieren. ⊏⊐ ThB9, 1913 (s.v. D. 6). RE IV. 2, 1901 (s.v. D. 127); EAA III, 1960 (s.v. D. 17). – *Brunn*, GGK I, 1889, 421; *S. Ferri*, in: Scritti in onore di Bartolomeo Nogara, Città del Vaticano 1937, 173 ss.

W. Müller

Demetrios (XVII), griech. Bildhauer, tätig in Emerita Augusta (Mérida) M. 2. Jh. n. Chr. Nach S. Ferri (1937) war D. oriental. Herkunft und gelangte über N-Afrika nach Spanien. Er sign. die Statue eines von einem Delphin begleiteten Cautopates (Kopf fehlt) in oriental. Tracht aus dem Mithräum von Emerita Augusta (Mérida, Mus. Arqueol.), gestiftet von C. Curius Avitus um 155 n. Chr. D. bzw. seiner Wkst. werden weitere, dem gleichen Fundkomplex entstammende Statuen (alle nicht sign.) zugeschr.: ein ruhender Hermes, Okeanos, Aphrodite, Mithras und zwei Genien. ⊏⊐ RE, Suppl. III, 1918 (s.v. D. 127); EAA III, 1960 (s.v. D. 16); EWA VII, [2]1971, 456 s.; DNP III, 1997 (s.v. D. 45). – *S. Ferri*, in: Scritti in onore di Bartolomeo Nogara, Città del Vaticano 1937, 173–177; *A. García y Bellido*, Escult. romana da España y Portugal, Ma. 1949, 120, Taf. 24; *G. M. A. Richter*, Three crit. periods in Greek sculpt., Ox. 1951, 53, Abb. 139; *A. García y Bellido*, AEsp 28:1955, 7, Nr 3; *M. J. Vermaseren*, Corpus inscriptionum et monumentorum religionis mithriacae, I, D. H. 1956, Nrn 773, 774; *R. Merkelbach*, Mithras, Königstein/Ts. 1984, 116, 326, Abb. 75; *M. Clauss*, Cultores Mithrae. Die Anhängerschaft des Mithras-Kultes, St. 1992, 74. W. Müller

Demetrios (XVIII), Sohn des Potamon, griech. Bildhauer aus Athen, röm. Zeit (?). Name bek. durch Sign. auf einer Marmorbasis von Kozane/Makedonien, die einst eine von Amynthos, Sohn des Amynthos, gestiftete Statue trug (SEG, I, 1923, Nr 269). In der Inschr. sind Schriftcharakter und Orthographie des 5. Jh. v. Chr. nachgeahmt. ⊏⊐ EAA III, 1960 (s.v. D. 14). W. Müller

Demetrios (XIX), griech. Gemmenschneider oder Besitzer von Gemmen, Zeit der Antike. Mit seinem Namen verbindet man drei Gemmen, von denen die beiden ersten nur aus antiken Beschr. bek. sind: 1. Karneol (Stier); 2. Karneol (Herakles im Kampf mit dem neme. Löwen); 3. London, BM: Glaspaste (Herakles würgt Antaios). Auf 1 und 2 ist der Name D. in griech., auf 3 in lat. Buchstaben eingraviert. ⊏⊐ ThB9, 1913 (s.v. D. 9). RE IV. 2, 1901 (s.v. D. 129); EAA III, 1960 (s.v. D. 18). W. Müller

Demetrios (XX), Steinmetz aus Kilikien, röm. Kaiserzeit. Überliefert durch die Sign. eines in Fels gehauenen Sarkophages in Gargara, in der Dekapolis Rauhen Kilikiens (zu den südkleinasiat. Techniten s. J. Nollé et alii, EpigrAnat 5:1985, 134 s.). ⊏⊐ *G. E. Bean/T. B. Mitford*, Journeys in Rough Cilicia 1964–68, W. u.a. 1970 (TAM, Erg.-Bd 3/Österr. Akad. der Wiss., Phil.-hist. Kl., Denkschr., 102), Nr 238, Abb. 183. T. Lochman

Demetrios, *George*, US-amer. Bildhauer, * 1. 4. 1896 Náousa/Griechenland, † 1974, lebte in Boston/Mass. und Lanesville/Mass. Schüler von Charles Allan Grafly und in Paris bei Antoine Bourdelle. D. leitete eine eig. KSch in Boston. Gastlektor: Milton Acad., Mass.; PAFA, Pa. ⊙ *G:* 1921, '22 Paris, SAfr. (Büsten). ⊏⊐ WWAA, 1953–1962; *Bénézit* III, 1976; *Fielding*, 1984; *Falk*, 1985.

C. R.

Demetrius, Maler aus Sonnhofen (Bácsszentiván; Prigrevica/Jugoslawien), ab 1473 Bürger in Kaschau (Kassa; Košice/Slowakei), 1489 ebd. noch Mitgl. der Maler-Zunft. ⊏⊐ ThB2, 1908 (s.v. Bácsszentiványi, Dömötör). MagyKépLex, 1915 (s.v. Demeter). – Ungar. Jahrbücher 20:1940 (3) 227 (s.v. Demetrius von Szentivány).

Á.No.

Demetrius, Steinmetz in Ungarn, 1505 in Pécs (Fünfkirchen) belegt. Aus der ehem. Inschr. des Domes zu Pécs aus dem Jahr 1505 (früher fälschl. als 1303 gelesen, so auch in ThB) läßt sich folgern, daß D. Leiter der Wkst. war, die in den Jahren zuvor das aus Vermessungs-Zchngn (des 19. Jh.) bek. spätgot. Sterngewölbe des Chores schuf. Aus stilist. Gründen ist auch das aus Grabungsstücken (Rippen) rekonstruierbare Gewölbe der Dominikanerkirche der Wkst. zuzuschreiben. Beide repräsentierten eine weiterentwickelte Variante der süddt. got. Kirchengewölbe (Schwäbisch Gmünd, Augsburg, Feldkirchen). D.s Kreis sind darüber hinaus and. Werke der Zeit in Pécs und Umgebung zuzuordnen. ⊏⊐ ThB9, 1913. MagyKépLex, 1915 (s.v. Demeter); MűvLex I, 1965. – *Gy. Szekér*, Műemlékvédelmi Szemle 1992 (2) 15–24, 83 s. M. Tóth

Demétrius, brasil. Maler, Szenograph, Tapisserist, * 1946 Bagé/Rio Grande do Sul. Zunächst Autodidakt. Stud.: 1965 Centro de Artes da Univ. Federal, Santa Maria; nach Europareise 1967 Forts. bei Yeddo Titze und Berenice Gorine Rodrigues (Bühnenbildnerei; Abschluß 1969); 1970 Ec. Nat. des Arts décoratifs und Acad. de la Grande Chaumière, Paris. 1972 Rückkehr nach Rio de Janeiro. – Gestaltete neben gemeinsamen Szenografien zus. mit Berenice Gorine Rodrigues (Festival de Ouro Preto) und Luísa Barreto Leite auch eig. Stücke, z.B. *Arena Conta Zumbi* (damit Teiln. am Festival Latino-Amer. de Teatro Univ., in Manizales/Kolumbien, um 1968). Seit 1973 Einzel-Ausst. seiner Tapisserien. ⊙ *E:* 1961 (? lt. Cavalcanti wohl fälschl. 1951) Dom Pedrito (Rio Grande do Sul), Lions Club (Debüt). – *G:* 1973 São Paulo: Bien. 🕮 *Cavalcanti* II, 1974. J. St.

Demetrius, *Jean*, holl. Maler, 1659/60 als Fremder Mitgl. der St.-Lucasgilde in Middelburg; arbeitete später viell. in England. Nachw. sind drei sign. Gem., eine *Landschaft mit Ruinen*, 1653 (Aukt. Christie's, Lo., 21. 6. 1957, Nr 132), eine italianisierende *Lsch.*, 1659 (Aukt. ebd., 23. 6. 1939, Nr 135) und ein Portr. des Engländers *Christopher Hildyard*, 1665 (Scrayingham/Yorks., Priv.-Slg; Ausst. 1959 Kingston upon Hull, Ferens AG, Nr 23). Wegen des letzten Bildes hat David Piper D. auch ein *Portr. des Arztes Sir Charles Scarburgh* (London, R. College of Physicians) zugeschrieben. 🕮 ThB9, 1913. – *G. Wolstenholme/D. Piper*, The R. College of Physicians of London, Portraits, Lo. 1964. R. E. O. Ekkart

Demetrius de Bácsszentivány → **Demetrius** (1473)

Demetrius de Lasko, Schreiber, tätig 1433–35 vermutl. im Benediktinerkloster zu Pécsvárad. Kopierte lt. der Kolophone den größten Teil eines für den Schulunterricht bestimmten Kodexes (heute in Šibenik, Franziskanerkloster, Cod. 10), dessen kleinerer Teil von der Hand des *Demetrius de Zemlen* (1435), desweiteren von *Jacobus de Ujbecz* (1428) und Anonymen stammt. 🕮 *D. K. Stočić*, Croatia Sacra 1933 (5) 28 s.; *B. Holl*, Magyar Könyvszemle 100:1984 (1–2) 3–23. T. Wehli

Demetrius von Szentivány → **Demetrius** (1473)

Demetrius de Zemlen cf. **Demetrius de Lasko**

Demetrović, *Jovan*, serb. Ikonen- und Dekorationsmaler, * A. 19. Jh., lebte bis 1837 in Zemun, dann in Belgrad, letztmals erw. 1878. Vermutl. Schüler von Konstantin Lekić. Von D. ist nur eine Ikone, sign. und dat. 1832, heute in der Kap. der Bischofsresidenz in Timişoara/Rumänien, bekannt. Seine Tätigkeit als Dekorationsmaler ist durch Anzeigen in Belgrader Ztgn belegt. 🕮 ELU II, 1962; LEJ I, 1984. V. Konjikusic

Demetrovits, *Pet.*, Zeichner, bek. durch eine Ansicht von Neusatz (Újvidék; Novi Sad) von 1837, gestochen von (Károly oder Leopold?) Kohlmann. 🏛 NOVI SAD, Vojvodjanski Muz. 🕮 Kulturschätze aus der Vojvodina, Novi Sad 1980. B. S.

Demets, *Vicente*, span. Maler, * 1927 Valencia, lebt dort. Stud.: Esc. de Artes y Oficios, ebd.; mit Stip. von Educación y Descanso in Segovia. Ausz.: u.a. 1995 Preis für Malerei von Educación y Descanso. – Fotorealist. Gem., v.a. Stilleben und Figurenbilder. 🏛 VALENCIA, Mus. Arch. Mpal. 🕮 DPEE IV, 1994. M. N.

Demetz, *Erich*, Südtiroler Zeichner, Maler, Bildhauer, * 1938 Wolkenstein/Grödnertal, lebt in Lajen. Stud.: 1952–56 Staatl. KSch Wolkenstein. Befreundet mit Walter Pichler, der u.a. D. beeinflußt. – Die frühen Zchngn zeigen mit präzisem Strich utop. Projekte, Landschaftsverbauungen und Stadtarchitekturen. In den 70er Jahren subjektiv-innere Lsch. und poet. Themen, Gedichtinterpretationen in Strichbündeln, gestischen Kürzeln und Farbspuren. Zu Beginn der 80er Jahre vom Informel der österr. Jungen Wilden beeinflußte Zchngn. Daneben an archäol. und heidn. Kultmale erinnernde mytholog. Objekte in geschlossenen und wuchtigen „Ur"-Formen. Sein Beitr. als Maler auf der Ausst. Form und Sinn (1996) ist eine in der Trad. von Max Bill stehende Serie *Übermalungen* (Öl, Pastell) mit 10 ungerahmten monochromen schwarzen, dunkelgrünen bzw. gelben Farbtafeln, deren Wirkung auf der Klarheit in Rhythmus und Proportion ihrer Anordnung auf einer Wandfläche beruht. ⊙ *E:* Mailand: 1975 Gall. delle Ore; 1976 Studio Marconi; 1979 Gall. dell' Ariete / 1976, '80 Innsbruck, Gal. Bloch (K) / 1983 Neustift, Engelsburg / 1986 Bregenz, Pal. Thurn und Taxis (K) / Bozen: 1988 Gall. Il Sole; 1990 Schloß Maretsch (K); 1994 Mus.-Gal. AR/GE Kunst / 1991 Ljubljana, Pal. Tivoli / 1992 Maribor, KM / 1994 Wien, Gal. Lang. 🕮 *Fuchs*, Maler (20. Jh.) I, 1985. – *Kreuzer-Eccel*, 1982; *M. Klammer* (Ed.), Form und Sinn, ein Kontinuum (K KV Bozen), W./Bozen 1996 (Ausst.-Verz.). D. T.

Demetz, *Ferdinand*, Südtiroler Bildhauer, * 7. 10. 1842 St. Ulrich/Grödnertal, † 4. 3. 1902 ebd. Ausb. in Münchner und Wiener Bildhauerwerkstätten. Stud.: 1871 KGS Wien (mit Stip. des Handels-Minist.). Erster Dir. der 1872 gegr. FS für Bildhauerei in St. Ulrich. Leitete bis 1883 die Lehr-Wkst. für Holzschnitzer, die er mit eig. Mitteln finanzierte und danach als priv. Unternehmen fortsetzte. – Beeinflußte sehr stark die heim. Spielzeug- und Kunstindustrie, die historist. Altäre und kirchl. Einrichtungen ins europ. Ausland und nach Übersee lieferte. Der ebenfalls in St. Ulrich tätige Bildhauer *Ferdinand Vinzenz D.* (irrtüml. Demitz, * um 1876, † 9. 3. 1951 St. Ulrich) ist wahrsch. sein Sohn. 🏛 ANDELSKA HORA b. Karlsbad, Michaeliskirche: Erzengel Michael, Holz-Skulpt. BRAND/Vbg, Kap. Hl. Anna (Lourdes-Kap.): Marienfigur, 1889(?). LODHEŘOV b. Jindřichů Hradec, St. Peter und Paul: Hauptaltarfiguren. PRACHATICE/Böhmen, St. Jakob: Figürl. Kanzelreliefs. SANKT PETER b. Au/NÖ, Hl. Petrus und Paulus: Hll. im Langhaus, 1877/78. SARNTHEIN, Mariä Himmelfahrt: Hochaltar-Skulpt. SCHIEFLING/Kärnten, Hl. Michael: Figuren am Florianaltar, 1878. TRIENT, S. Maria Maggiore: Immaculata-Statue, 1879. – S. Pietro: Kanzel, 1893. 🕮 ThB9, 1913 (Lit., Werke). *Weber*, 1944 (ed. *Rasmo*), 1977 (weitere Werke); ÖKL V, 1979. – Tiroler Bote 1879, 1659; 1902, 438; *J. B. Moroder-Lusenberg*, St. Ulrich im Grödnertale, Inn. 1908; Tiroler Anz. 1912 (62); *E. Warburg*, Westermanns MH 1914 (1); *G. Ruberti*, Gli scultori in legno di Val Gardena, Be. 1932 (L'arte per tutti, 33); Dolomiten 1950 (201); *C. dell'Antonio*, Artisti ladini, Trento

1951; Magyarország műemléki topográfiája, IV. 1 (Budapest), Bp. 1951; UPČ I, 1977; II, 1978; III, 1980; *S. Gattei u.a.*, Südtirol Trentino, Mi. 1979; *Dehio*-Kärnten, 1981; *Dehio*-Vbg, 1983; *W. Zotti*, Kirchl. Kunst in NÖ, I, St. Pölten/W. 1983; *M. Demetz*, Hausierhandel, Hausindustrie und Kunstgew. im Grödnertal, Inn. 1987 (Tiroler Wirtschaftsstudien, 38) (Lit.); *Weingartner*, KD Südtirols II, 1991. – ArchAKL: Ms. J. Ringler. D. T.

Demetz, *Ferdinand Vinzenz* cf. **Demetz,** *Ferdinand*

Demetz, *Franz*, Südtiroler Bildhauer, * 18. 4. 1875 St. Ulrich/Grödnertal. Stud. in Wien: KGS; 1906–08 ABK bei Carl Kundmann. Danach Lehrer in Gröden. Ein gleichnamiger Bildhauer war in München Schüler von Josef Knabl und für die Kirchl. Kunstanstalt von Josef G. Mayer tätig sowie 1910 Musiklehrer (Zither) in Brixen. 🕮 ÖKL V, 1979. – *M. Fürst*, in: Festgabe des Ver. für christl. Kunst in München 1910, 99. D. T.

Demetz, *Hans*, Südtiroler Bildhauer, * 1889 St. Christina/Grödnertal, † 19. 10. 1912 Absam. Sohn des Bildschnitzers *Ludwig D.* (* 1846, † 1922). Stud.: Staatsgewerbeschule Innsbruck. Danach in Hall tätig. – Krippen, ländl. und Sportmotive. 🕮 Vol, 1953 (Lit.). ÖKL V, 1979. D. T.

Demetz, *Josef* cf. **Demetz,** *Max*

Demetz, *Karl*, dt. Maler, * 1909 Trossingen, † 1986 Apfelstetten. 1924–29 Schüler von Richard Herdtle. Stud.: 1930–33 ABK Stuttgart bei Arnold Waldschmidt und Ferdinand Spiegel. 1933–39 in Stuttgart tätig. – Lsch. der Schwäb. Alb und des Schwarzwaldes sowie Tierdarstellungen. 🕮 *Nagel*, 1986. – Art price index internat. '94, I, Boston 1993. M. S.

Demetz, *Ludwig* cf. **Demetz,** *Hans*

Demetz, *Martino*, Südtiroler Bildhauer, * 26. 8. 1930 St. Christina/Grödnertal. Stud.: 1948–53 Ist. d'Arte Venedig. Danach Lehrer für Modellieren an der KSch Trient. Ab 1971 Dir. der KSch Wolkenstein im Grödnertal. Mitgl. der Künstlergruppe Ruscel, die mit versch. mod. Strömungen versuchte, die trad., vom Kunsthandwerk geprägte, klassizierende und nazaren. Südtiroler Kunst zu überwinden. Arbeitet bes. in Bronze und Holz, auch in Terrakotta v.a. Sakrales, wie Tabernakel, Reliquienschreine, Kruzifixe, häufig Darst. der Martinslegende. Bronzereliefs bevorzugen archaisierende, umrißbetonende, reduzierte Formen, oft in Verbindung mit figürl. Verarbeitung von Draht. Die Holzreliefs tendieren zu dekorativer Formauflösung und weisen eine Vorliebe für Durchbrüche bis zur Abstraktion in zellenartigen oder skelettartigen Strukturen auf. 🏛 BOZEN, Parma-Schule: Figurengruppe (Wettb. 1961), Bronze, 1967. – Mazzini-Platz: Alpine Fauna, Figurengruppe, Bronze, 1971. MANTUA, S. Aloisio, Portal: Türgestaltung, 1971. ST. ULRICH, Fuhrpark des Winterdienstes: Figuration, 1970. TRIENT, Pal. della Prov., Parlamentssaal: Reliefs, 1956; 1969. – Kathedrale: Reliquienschrein, Bronze, Email, 1970. – St. Martin: Haupt- und Südportal, Bronze, 1957–58; Tabernakel, 1959. ⊙ *E:* Trient: 1958 Camera di Commercio; 1964 Gall. Castello; 1966 Gall. Fogolino / 1965 Bozen, Goethe-Gal.; St. Ulrich, Gall. Ruscel / 1967 Verona, Gall. Ferrari. – *G:* 1959 St. Ulrich: Gruppe Ruscel. 🕮 *Arnaud/Busignani* II, 1962; AIC VII, s.a.; ÖKL V, 1979. – *C. Pacher*, M. D., scultore (K), Trento 1959; *I. Rogger*, I martiri anauniesi nella cattedrale di Trento, Trento [2]1966; *S. Maugeri*, D'Ars 8:1967 (35) 136 s.; *Egg*, 1973; Tiroler Bildhauer. Plast. Schaffen in Nord-, Süd- und Osttirol, Inn. 1978; M. D., umanità, ambiente (K: S. Fedele), Mi. 1991. D. T.

Demetz, *Max (Max Karl)*, österr. Architekt, * 23. 6. 1906 Innsbruck, † 25. 10. 1989 Linz. Mitgl. der Südtiroler Bildhauer-Fam. D. Schüler der Bundeslehranstalt für Hochbau Wien und der ABK ebd. bei Clemens Holzmeister. Ab 1927 in Linz tätig; ab 1937 eig. Büro, das bis 1944 Wohnbauten in Linz und Urfahr, u.a. für die Bau-Genossenschaft Neue Heimat sowie Industrie- und Lagerbauten in Enns, Grein, Mattighofen sowie in Südböhmen entwarf. Nach dem 2. WK außerdem Entwürfe zu Hotels (Luna in Ortisei), Stadthallen (Enns), Schulen (Höhnhart; Kronstorf; Münzkirchen), auch Umbauten von Geschäftshäusern sowie Innenausstattungen in OÖ und Südtirol. Ungeklärt ist die vermutl. Verwandtschaft zum Architekten *Josef D.*, der 1938 beim Wettb. für das neue Hauptpostgebäude in Wien einem Preis erhielt (Projekt zus. mit Josef Vytiska). 🏛 LINZ, Land-Str.: Hotel Brandl, 1948–50. 🕮 ÖKL V, 1979. – *O. Constantini*, Großstadt Linz, Linz 1952; Maerz (K Neue Gal.), Linz 1956; *G. Wacha/G. Höß*, Hist. Jb. der Stadt Linz 1965, 392, 438; ÖKT 42, 1972; Maerz 1913–1973 (K), Linz 1973; *J. Tabor* (Ed.), Kunst und Diktatur (K Künstlerhaus), Baden 1994; Die bild. Kunst in OÖ 1945–55 (K), Linz 1995; *W. Katzinger*, Gesch. von Enns, Enns 1996. – Mitt. F. Mayrhofer, StA, und H. Thaler, Nordico, Linz. G. Wacha

Demetz, *Peter*, Südtiroler Maler ladin. Abstammung, * 28. 5. 1913 St. Ulrich/Grödnertal, † 1. 11. 1977 ebd. Angeregt vom Maler Giovanni Jacovino. Faßmalerlehre bei Luis Moroder da Vidalonch und Weiterbildung an der KSch St. Ulrich. Ab 1936 intensive Beschäftigung mit Landschaftsmalerei. 1943–45 Soldat. 1948–66 Lehrer der KSch in Wolkenstein, 1967–77 der KSch St. Ulrich. – In raschen, großzügigen Pinselstrichen ausgeführt, erreichen seine kontrastreich und in einem metaphys. wirkenden Licht in Mischtechnik aus Aqu. und Tempera gemalten alpinen Motive aus den Dolomiten trotz flächiger Anlage eine bemerkenswerte Tiefenwirkung. Sein Hw. entstand ab E. der 30er Jahre. Ab den 50er Jahren wird sein Spätwerk in größeren Formaten zunehmend detailreicher, in der Farbigkeit wärmer und weicher. ⊙ *E:* 1987 Gröden, Heimat-Mus.: Gedächtnis-Ausst. 🕮 Vol, 1953. *Fuchs*, Maler (20. Jh.) I, 1985; ÖKL V, 1979. D. T.

Demetz, *Tita*, Südtiroler Bildhauer, Maler, * 23. 6. 1927 Wolkenstein/Grödnertal. Arbeitet in versch. Hölzern von der klass. Südtiroler Schnitzkunst geprägte, fast lebensgroße Skulpt., v.a. Mutter-Kind- bzw. relig. Figuren, auch sard. oder zeitkrit. Motive (*Drogenopfer*), in den 70er Jahren zunehmend stilisiert. E. der 70er Jahre auch offenbar mit Sandstrahlverfahren bearbeitete abstrakt-dekorativ gerundete Skulpt. mit Vorliebe für Durchbrüche. Seltener sind konstruktivist.-abstrakte Komp. in Metall. Außerdem Sgraffiti. 🏛 CAGLIARI,

Christus-Friedhof. WOLKENSTEIN, Berghof-Kap., Vorplatz: Denkmal. ⊙ *E:* 1971 München, Gal. Eichinger. 🕮 *R. Beck*, Weltkunst 41:1971, 1430; Tiroler Bildhauer, Inn. 1978. D. T.

Demetz-Larives (D.-La Rives), *Franz*, Südtiroler Maler, Graphiker, Zeichner, * 1927 St. Christina/Grödnertal, lebt seit 1965 in Innsbruck. Lehre als Schildermaler. Stud. ebd.: Staatsgewerbeschule, Abendkurse bei Hans Pontiller; Malschule Toni Kirchmayr. 1969 Preis der Kunstschaffenden von St. Ulrich. – Vertritt lt. Kreuzer-Eccel in den 70er Jahren neorealist. Positionen in einer oft symbolhaften fragm. Wirklichkeitssicht, bevorzugt Portr., Akte und figürl. Komp. in erdiger, teils monochromer Farbigkeit. In den 80er Jahren verstärkt Zchngn und Graphiken. ⊙ *E:* 1969 Bozen, Haus der Kultur / Innsbruck: 1971 Kunsthist. Inst. der Univ.; 1974 Tiroler Kunstpavillon; 1977 Stadtturm-Gal. / 1972 Wien, Secession. – *G:* 1977 Innsbruck: Tiroler Portr. nach 1945. 🕮 ÖKL V, 1979; *Fuchs*, Maler (20. Jh.) I, 1985. – *Kreuzer-Eccel*, 1982 (Lit.); Arte factum actuell 5:1983 (17) 24–27. D. T.

Demeu, *Georges* (eigtl. Demeulenaere, *Georges*), belg. Maler, Graphiker, Bildhauer, * 22. 8. 1930 Zwevezele, lebt in Roksem-Oudenburg. Stud.: Akad. voor schone Kunsten Brügge. Anschl. Doz. für Werbung und Dekoration. – In den 70er und 80er Jahren abstrakte Gem., deren isoliert volumenhafte Formen von der menschl. Figur abgeleitet sind (z.B. *Naaktfragment*). In den 90er Jahren stark farbige, lyrisch anmutende Arbeiten, die ihren Ursprung in D.s eig. Naturphilosophie haben. Außerdem sockelförmige Gem., deren fünf sichtbare Seiten mit einem durchgehenden Motiv bedeckt sind. In versch. schwarz-weiß Monotypien zeigt D. Natur- und Reiseimpressionen. 🏛 OOSTENDE, MSK. ⊙ *E:* 1972 Oostende; 1985 ebd., Gal. J. L. 🕮 DPB I, 1995; LWBK IV, 1995. – *N. Hostyn*, Beeldend Oostende, Brügge 1993. T. Gr.

Demeufve de Villeparc, *Jacques*, frz. Stecher, * 17. 5. 1734 Grenoble, † 12. 2. 1781. Sohn eines gleichnamigen Stechers (* ca. 1700). Stach das Exlibris des Geologen Faujas Saint-Fond und sieben Taf. zu dem eig. *Essai s. l. manœuvres de l'artillerie*, ersch. 1775. 🕮 ThB9, 1913. *Bénézit* III, 1976.

Demeulenaere, *Georges* → **Demeu,** *Georges*

Demeure, *Youri* (D.-Huet, *Georges*), belg. Maler, * 1927 Antwerpen, lebt in Sterrebeek. Stud.: Ec. nat. supérieure des Arts décoratifs, Brüssel. Mitgl. von La Jeune Peint. Belge. – Abstrakt in Annäherung an Picasso und Jean Dubuffet, wobei er die hapt. Bildqualitäten (durch Wachs, Email und Steine) betont, Acryl, Harze und industrielle Tuschen bevorzugt und Recyclingmaterial einbindet. 🏛 MONS, MBA. ⊙ *G:* 1947 Brüssel und Bordeaux: La Jeune Peint. Belge; Antwerpen, Salle Artès: La Jeune Peint. Anvers. 🕮 *Bénézit* III, 1976; DPB I, 1995. K. S.-D.

Demeurisse, *René*, frz. Maler, Graphiker, * 26. 8. 1895 (oder 1894) Paris, † 12. 11. 1961 ebd. Stud.: 1913 Acad. de la Grande Chaumière in Paris bei Luc Simon. 1914–18 Kriegsdienst, danach Schüler von Edmond Aman-Jean; Bekanntschaft mit Albert Besnard. Autodidakt. Weiterbildung. 1929–39 Prof. an der Ec. nat. de céramique de Sèvres. 1933 Ritter der Ehrenlegion. – V.a. Lsch. im Marne-Tal (ab 1920 oft in Soucy und Umgebung), dabei in Annäherung an die Schule von Barbizon oft Waldszenen. Ferner Portr. (z.B. *François Pompon*), Figuren, Akte, Stilleben, Blumenstücke und Zchngn, Rad., Lith. mit Kriegsszenen. Auch Buch-Ill. (v.a. Lith.), u.a. für Gustave Flaubert, Stéphane Mallarmé (*Un faune*, 1943), Edouard Herriot (*Dans la forêt normande*, 1947), Eugène Fromentin (*Dominique*, 1949) und Philippe Chabaneix (*Suite magique*). Dekorationen für den Pavillon des Arts et Métiers in der Cité Universitaire. 🏛 COLLIOURE, Mus. Jean Peske. GRENOBLE, MBA. HONFLEUR, Mus. Eugène Boudin. LA ROCHELLE, MBA. PARIS, MNAM. – MAMVP. – BN. POITIERS, Mus. Rupert de Chièvres. SOISSONS, Mus. mun. VILLERS-COTTERETS, Mus. Alexandre Dumas. ⊙ *E:* Paris: 1929, '30 Gal. Drouant; 1934, '37 Gal. Marcel Bernheim; Gal. André Maurice; 1947, '51 Gal. Katia Granoff. – *G:* Paris: ab 1919 Salon d'Automne (Vize-Präs.); ab 1921 Salon de la Soc. Nat. des BA; Salon des Indépendants; Salon des Tuileries (1923 Gründungs-Mitgl.); 1937 WA. 🕮 Vol, 1953. DBF X, 1965; *Bénézit* III, 1976; *N. Coret*, Les peintres de la vallée de la Marne, P. 1996; *Schurr/Cabanne* I, 1996. – *G.-J. Gros*, Portique 1946 (3) 35–46; IFF, Après1800 VI, 1953; *R. Nacenta*, Ec. de Paris, Recklinghausen 1960; *S. Lemaire*, R. D. (1895–1961), Soissons 1965; R. D. (Aukt. Drouot), P. 1987. K. S.-D.

Demeuse (de Meuse; de Moese), *Jean*, belg. Maler, E. 15./A. 16. Jh. in Lüttich tätig. Vermutl. Lehrer von Lambert Lombard, 1520–25. Auch Philosoph und Archäologe; malte v.a. relig. Themen. Gestaltete zus. mit Nicolas Quento u.a. *Anbetung der Hl. Drei Könige* (Augustinerkonvent); *Jungfrau Maria* (Kathedrale St-Lambert); ebd. das Diptychon *Christus und die Ehebrecherin*, *Christi Geburt* (Rückseite: *Urteil des Salomon*). 🕮 ThB9, 1913. *Wurzbach*, NKL I, 1906; *Bénézit* III, 1976; DPB I, 1995. K. S.-D.

Demeuse, *Laurent*, Stecher, Zeichner, * Lüttich, † um 1776 Schweiz. Nachg. sind ein Portr.-Stich der *Zarin Katharina II.* in allegor. Umrahmung, der Stich eines Kölner Patrizierwappens auf einem Titel-Bl. (1746) und einer Schweizer Lsch. nach Caspar Wolf sowie zwei rote Kreide-Zchngn mit den Darst. *Alexander, den gord. Knoten durchhauend* und *Hirtin mit Schafen*. 🕮 ThB9, 1913. *Brun*, SKL IV, 1917.

Demeuter, *Léon* → **Brunin,** *Léon*

De Meutter, *Léon* → **Brunin,** *Léon*

De Mey, *Gerda* → **Mey,** *Gerda de*

Demey, *Henry*, frz. Medailleur, * 16. 6. 1887 Paris, dort tätig. Schüler von Brennos. Mitgl.: Soc. de la Méd. artist. et sportive. – V.a. Sport-Med. ⊙ *G:* Paris, SAfr. 🕮 Vol, 1953. *Bénézit* III, 1976 (s.v. Denney, Henri). C. F.

DeMeyer, *Adolf (Adolphe; Gayne)*, Baron, US-amer. Fotograf, * 1868 Paris, † 6. 1. 1949 Hollywood/Calif. Begann um die Jahrhundertwende zu fotografieren. Heiratete 1899 das Modell Olga Alberta Caracciolo, Nichte (angebl. illegitime Tochter) des späteren engl. Königs Edward VII. 1901 vom König von Sachsen zum Baron geadelt. Läßt sich in London nieder. 1906 Mitgl. des Linked Ring; zunächst bed. Vertreter des Piktoralismus; stellt als solcher 1909 in der Gal. 291 von Alfred Stieglitz in New York aus. Förderer von Sergej Diaghilev und des „Ballets Russes"; fotografiert die Tanzdarbietungen von Vaslav Nijinsky. 1914 Emigration in die USA; in New York bis 1922 Modefotograf für Vogue und Vanity Fair, 1922–34 für Harper's Bazaar. Änderte 1916 seinen Vornamen in Gayne. Zog nach dem Tod seiner Frau 1929 nach Los Angeles. War auch in der Werbefotografie tätig, z.B. in den 1920er Jahren für die Kosmetikfirma Elizabeth Arden. Wurde in Amerika bes. durch die stilisierten, posenhaft-eleganten Porträts von Mitgl. der High Society, Schauspielerinnen und Modellen bekannt. Vertrat einen modernisierten Piktoralismus; suchte weiche Bildwiedergaben; setzte dekorative Hintergründe und Accessoires ein, um eine vornehme Atmosphäre zu erzielen. Entscheidend war die ausgefeilte, später von anderen nachgeahmte Technik der Lichtführung mit Schlaglichtern und diversen Gegenlichteffekten. Nach dem Durchbruch der sachlich-strengen Mode-Fotogr. in den 1930er Jahren ging die Nachfrage nach D.s Aufnahmen zurück. 🏛 BATH, R. Photogr. Soc. HOUSTON/Tex., MFA. MINNEAPOLIS, Inst. of Arts. NEW YORK, Metrop. Mus. – Public Libr. PARIS, BN. PRINCETON/N. J., Univ. AM. ROCHESTER/N. Y., Internat. Mus. of Film and Photogr. TUCSON/Ariz., Center for Creative Photogr. 👁 *E:* 1995 New York, Internat. Center of Photogr. 📖 *Krichbaum*, 1981; *Browne/Partnow*, 1982; Internat. Center of Photogr., Enc. of photogr., N. Y. 1984; *Falk*, 1985; *Auer*, 1985; Dict. mondial de la photogr., P. 1994; DA XXI, 1996 (s. v. Meyer, Adolf Gayne de); *A. Eskind/G. Drake* (Ed.), Index to Amer. photogr. coll., N. Y. [3]1996. – *A. Rodin u.a.*, L'Après-midi d'un faune, Lo. 1914 (als Portfolio N. Y. 1978); *P. Jullian/R. Brandau*, D., N. Y. 1976; *id./id.*, Vogue 1976 (4) 186–189, 227–230; *C. Beaton*, ibid., 190–193; *G. Thornton*, Art news 75:1976 (9) 118–122; *S. Schwartz*, AiA 64:1976 (6) 45–47; *N. Hall-Duncan*, The hist. of fashion photogr. (K Wander-Ausst.), N. Y. 1977; Pictorial photogr. in Britain 1900–1920, Lo. 1978; *M. F. Harker*, The Linked Ring, Lo. 1979; *A. Tucker*, Target II. Five Amer. photographers (K Wander-Ausst.), Houston 1979; *H. von Amelunxen*, Fotogeschichte 10:1990 (36) 91–93; *W. Ewing*, Aperture 1991 (122) 6–23; *K. Seward*, Adolph D. (K), N. Y. 1995; *P. Galassi* (Ed.), Amer. Photogr. aus der Slg des MMA, New York (K Wander-Ausst.), M. 1995; *J. Eapels*, Brit. j. of photogr. 136:1996 (29. 6.) 49. F.-X. Sch.

Demeyere, *Jan* (gen. Hanskin de beeldesnydere), fläm. Bildhauer, Vergolder, * Antwerpen, 1510–31 tätig. Leitet ein produktives Atelier in Kortrijk. Von D. sind zahlr. kirchl. Arbeiten archival. belegt: u.a. Vergoldung des Retabels mit der Legende des hl. Johannes in der Kirche in Helkijn, 1510; Abschluß der Haupt- und Seitenchöre, Chorgestühl und Wendeltreppe für die Kirche von Waregem, Arbeiten in der St. Maartenskerk und dem Beginenhof in Kortrijk, alle 1519; Chorabschluß für die Kirche von Lotenhulle, 1520; Arbeiten an den Tabernakeln der Kirche von Gits, 1526; Gedenktafel für den Domherrn Pieter de Witte mit Darst. der Pieta und den Hll. Petrus, Paulus, Niklaas und Blasius, 1519, sowie Altartafel der Hl. Katharina in der Onze-Lieve-Vrouwekerk Kortrijk, 1528; Steinsarkophag für das Grab des Lodewijk van der Gracht in der Pfarrk. in Gullegem, 1531; im selben Jahr Schnitzereien an zwei Pfeilern der Onze-Lieve-Vrouwekerk, Kortrijk. 🏛 DEERLIJK, Kirche: Retabel des Hl. Columba. KORTRIJK, Onze-Lieve-Vrouwekerk, N-Querschiff: Votivretabel (Fragm., beides Zuschr.). 📖 NBW IV, 1970; LWBK I, 1992 (Werke). U. R.

Demhart (Demhardt), *Johann Gottlieb*, dt. Goldschmied, * um 1666 Augsburg, † 1751 ebd. 1701 Meister. MZ: GHD. Vater des *Johann Jakob D.* (* 1708 Augsburg, † 1785 ebd.; 1738 Meister). 🏛 OSLO, KIM: Gewürzdose, um 1741/43. 📖 *Seling* III, 1980 (Lit.). J. T.

Demhart, *Johann Jakob* cf. **Demhart,** *Johann Gottlieb*

Demi, *Paolo Emilio (Paolo Gaspero Scipione)*, ital. Bildhauer, * 23. 8. 1798 Livorno, † 7. 3. 1863 ebd. Sohn des Böttchers Gaspero und der Maria Domenica Nardi (cf. Tauf-Reg. der Kathedrale zu Livorno). Wohnt in der Via di S. Francesco 22 (cf. Gedenk-Taf. der Fratellanza artigiana livornese v. 1. 11. 1876: „... saliva in altissimo nome – fra gli scultori dei nostri tempi – traendo a vita dal marmo la immortale figura di Galileo Galilei..."). Entstammt sehr bescheidenen Verhältnissen; der Livorneser Mäzen Carlo Michon ermöglicht D. das Stud. der Plastik in Pisa und Florenz und an der Accad. di S. Luca in Rom. Die Nachr. über frühe Arbeiten sind spärlich; Pera (1867) erw. ein Flachrelief mit *Amor, der die Gewalt bändigt* (verloren). Während der Florentiner Periode wird D. 1818 von der Akad. für einen *Akt* (Ton) ausgezeichnet; 1820 beteiligt er sich erfolglos am Wettb. um ein Rom-Stipendium. Ab 1824 in Rom dok., als er den 1. Preis im Concorso Clementino der 2. Kl. für Skulpt. der Accad. di S. Luca mit dem Gips-Flachrelief *Hagar und Ismael* erhält, dessen Modell wegen gelungener Komp. und Ausf. sowie der Ausdrucksstärke ein Maximum an Stimmen auf sich vereint (die Akad. wollte es bei einem der zukünftigen Wettb. in Terrakotta übertragen lassen). Der Arbeit war das Motto „Che n'contro al ciel non val difesa umana" angefügt (cf. Arch. di S. Luca). Durch dieses Relief, das in weniger als 20 Tagen im Wettstreit mit einem ausländ. Bildhauer entstanden sein soll, kommt D. zu großen Ehren. Dies belegt eine Vers-Slg, in der u.a. D. und die Überlegenheit der einheim. Bildhauerei von Eugenia Guarducci besungen werden. Zurück in Livorno, arbeitet D. nachfolgend vier Statuen der *Verità*, *Segreto*, *Fedeltà* und *Fermezza* für die Parlaments-Aula der brasil. Regierung. 1829 Ausst. der Gruppe *Amor und Eintracht*. Das Werk, gefertigt für die Marchesa Ginora Venturi in Florenz, deren Protektion er genießt, findet enthusiast. Aufnahme, und D. erhält den Ehrennamen „toskan. Phidias". Weitere Arbeiten für bürgerl. Auftraggeber folgen: zwei Flachreliefs für die Fam. Contessini, *Äskulap* und *Minerva* (ehem. Spezieria Orlandini), und die Statuette einer sehr geschätzten *Allegorie der Unschuld* für Francesco de Larderel (erw. im Inv. von 1858). Die Buchhaltung des Francesco de Larderel von 1839/40 belegt, daß D. durch diesen bed. Livorneser Mäzen gefördert wurde, der ihm Studien außerhalb der Stadt ermöglicht. Die in diesem Zusammenhang entstandenen Arbeiten sind quellenmäßig belegbar, aber heute verschollen. 1829 will die Stadt Livorno anläßl. städtebaul. Rekonstr.-Maßnahmen eine Kolossalstatue des Großherzogs *Leopoldo II* errichten (dazu wird am 22. 12. 1831 mit D. ein Vertrag geschlossen). Luigi De Cambray Digny beabsichtigt die Neu-Gest. der Piazza Grande (heute della Repubblica oder „Voltone") mit der Statue im Zentrum. D. plant urspr. der Darst. des Großherzogs im Habit eines Großmeisters des Stephansordens (cf. vorbereitende Zchngn in der Bibl. Labronica), kommt dann zu einer stark trad. orientierten, repräsentativen und den Vorgaben der Florentiner Akad. entsprechenden stehenden Figur. Das Mon. wird 1842 voll., 1847 auf der Piazza della Repubblica enthüllt; am 7. 2. 1849 zerst. das durch Giuseppe Mazzini gegen die Lothringer aufgebrachte Volk dieses Mon. (Reste im Keller der alten Werft). D. verläßt seine Vaterstadt mit Suizidgedanken und lebt 1849–62 unter schwierigen Bedingungen in Paris, England und Ägypten, um krank und verarmt nach Livorno zurückzukehren (cf. D.s Briefe dieser Zeit). Als er 1861 die Kommune schriftl. ersucht, das Leopold-Mon. als „Mercurio" restaurieren zu dürfen, wird dies abgelehnt. Erst 1957 erfolgt eine Neuaufstellung von D.s Denkmal (nahe der Piazza XX Settembre). Hingegen befindet sich sein Relief *Leopoldo II als Schirmherr der Maremma* noch an der Basis des 1885 (als Ersatz für D.s Mon.) von Emilio Santarelli skulptierten Leopold-Denkmales (Piazza della Repubblica). Im Auftrag der Stadt Livorno dekoriert D. ferner die Kuppel-Pendentifs von S. Benedetto mit Stuck-Engeln. 1840 wird er von der großherzogl. Komm. hinzugezogen wegen einer Büste des Benedetto Castelli und einem Medaillon des Vincenzo Viviani für die Tribuna des Galileo. In der Zeit zw. Auftragserteilung (1831) und Ausf. (1842) seines Leopold-Denkmals beschäftigt sich D. mit einem Galileo-Mon., angeregt durch die Mitt., daß Aristidemo Costoli mit einer Galileo-Statue für den Portikus der Uffizien beauftragt worden war. D. liefert ein erstes Ton-Modell und bietet an, dieses in Marmor zu übertragen. Ausst. der Arbeit am 20. 5. 1838, zus. mit der Gruppe *Madre Educatrice* (durch eine Publ. von Orlandini im gleichen Jahr dok.). D.s *Galileo Galilei* findet höchste Anerkennung durch das Publikum, und er wird in den Rime von 1838 als „unsterblicher Künstler" und „würdiger Schüler von Canova, wenn diesem nicht sogar ebenbürtig" besungen. 1839 erwirbt die Stadt Pisa (anläßl. des 1. Congr. dei scienzati ital.) die Skulptur. Sie wird am 2. 10. im Cortile der Univ. degli Studi enthüllt und dann in der Aula Magna ebd. aufgestellt. Die Gruppe der *Madre Educatrice* (heute Livorno, Mus. Guerrazzi) scheint qualitativ dem Galileo unterlegen (viell. wegen ihrer geringen Ausmaße). Ihre Übertragung in Marmor findet mit Unterstützung der Kommune von Livorno statt; 1861 wird sie in der Sakristei der Chiesa del Soccorso, 1865 im Asilo Grabau aufgestellt. 1836–42 arbeitet D. an der mon. Statue des *Dante Alighieri* für den Portikus der Florentiner Uffizien. 1835 hatte der Florentiner Typograph Battelli (mit späterer Billigung des Großherzogs) vorgeschlagen, die 28 Nischen des Portikus mit Statuen bed. Florentiner Persönlichkeiten zu versehen, womit er einem bis auf Vasari zurückgehenden Projekt folgte. D., zunächst mit der Figur des *Andrea Cisalpino* beauftragt (der Entwurf sollte bis Juni 1837, die Marmorfassung bis Jan. 1838 fertig sein), insistiert aber so lange, bis ihm die Figur des *Dante* übertragen wird (Gips-Modell im Pal. Franceseo de Larderel, zus. mit weiteren 18 Modellen für die Marmor-Figuren der Uffizien). 1863 wird D. auf dem Friedhof von Salviano beigesetzt. Am 4. 9. 1898 veranlaßt die Stadt Livorno seine feierl. Überführung in das Santuario von Montenero (wo sich sein Grab bis heute befindet), nachdem am 1. 9. 1898 der Präs. der Accad. di S. Luca in Rom den Bürgermeister von Livorno um eine offizielle Würdigung D.s gebeten hatte. – D. wurde stets als eindeutig akad. geprägter Bildhauer beurteilt, der eine weitere Aufwertung erfuhr, indem er den Vorgaben des Lorenzo Bartolini folgte und diese elegant mit Impulsen der Kunst Canovas verband. 🏛 FLORENZ, Uffizien, Portikus: Dante Alighieri, Marmor, 1842. LIVORNO, Villa Fabbricotti, Mus. Guerrazzi: La Madre Educatrice, Marmor, 1836. – Pal. de Larderel: Dante Alighieri, Gips, 1840. – Piazza della Repubblica, Mon. Leopoldo II: Leopold als Schirmherr der Maremma, Flachrelief (Basis), 1842. – Piazza XX Settembre: Leopoldo II, Marmor, 1842. – Chiesa del Soccorso (ehem. S. Giorgio degli Armeni): Magdalena; Hl. Joh. Bapt. PISA, Univ. degli Studi La Sapienza, Aula Magna: Galileo Galilei, Marmor, 1838. 📖 ThB9, 1913. DBI XXXVIII, 1990 (Lit.); *Vicario*, 1990; *Panzetta*, 1994; *Bénézit* IV, 1999. – *G. Zanobelli*, Racc. di rime, ital., latino, francese e inglese e d'un epigramma in greco, Livorno 1838; *F. Pera*, Ricordi e biogr. livornesi, Livorno 1867, 402–408; TCI Toscana, 1974, 152, 689; TCI Firenze e dintorni, 1974; StoriaArteItal (Einaudi) VI. 2, 1982; *L. Frattarelli Fischer/M. T. Lazzaroni* (Ed.), Pal. de Larderel a Livorno, Mi. 1992, 160 s., 164 (Anm. 183, 185), 200 s., 205. – Rom, Arch. di S. Luca: Misc. Sc. I, n. 13, n. 38; Misc. Conc. I, n. 16 s.; vol. 161, n. 125.

E. Debenedetti/M. C. Paoluzzi

Demian → **Damian** (1667)

Demian, *Anastase (Anastasie; Athanase)*, rumän. Maler, Graphiker, Illustrator, * 25. 5. 1899 Budapest, † 5. 9. 1977 Baia Mare. Stud.: 1918 in Budapest bei József Rippl-Rónai; 1919 in Bukarest bei Costin Petrescu; 1920–26 in Paris bei Maurice Denis, Acad. Julian, und Emile Bourdelle, Acad. de la Grande Chaumière. 1926–30 Prof. an der ABK Cluj, 1949–55 HBK ebd. Ausz: 1927 Großer Preis des Offiziellen Salon Paris, 1. Preis des Offiziellen Salon Bukarest, 1. und 2. Preis der Pariser Plakat-Ausst.; 1937 Gold-Med. der Internat. Pariser Kunst-Ausst. – Stille postimpressionist. (Kinder-)Portr. und figürl. Komp. in sanftem Kolorit. Neben Öl- und Pastellmalerei auch Fresken für (orthodoxe) Kirchen in Arad, Lugoj, Timişoara und anderen rumän. Großstädten; schuf außerdem das Wandbild in der kath. Kirche von Mézériat/Lyon. Ill. zu Werken nat. Autoren (u.a. Mihail Sadoveanu und Ciprian Porumbescu) sowie zum *Nibelungenlied.* Ferner Dekorationen und Kostümentwürfe für Theater in Rumänien (u.a. zu Lucian Blagas *Der Kinderkreuzzug*). 🏛 *Mus.:* BAIA MARE, Kreis-Mus.: Mädchen

im Sessel; Zchngn zu Vasile Alecsandri: „Volksdichtung der Rumänen". BUKAREST, Kunst-Mus.: Zwei Freundinnen. CLUJ, Kunst-Mus.: Knabe mit Mütze. TÂRGU MUREŞ, Kunst-Mus.: Harlekin. – *Fresken:* CLUJ, Orthodoxe Kathedrale: Wandmalereien im Inneren. SIBIU, Orthodoxe Kathedrale: Wandmalereien in der Altarapsis und in den Seitenapsiden, 1960–62. ⊙ *E:* 1925, '73 Cluj / 1928 Bukarest / 1970 Mamaia. – *G:* ab 1925 zahlr. nat. / seit 1953 auch internat. ▭ Vol, 1953. MűvLex I, 1965; *Barbosa*, 1976. – Stud. Cercetări Ist. Artei 7:1960 (1) 55–74; *M. Djentemirov/R. Iacob*, A. D., Bu. 1975; Arta 1977 (9) 40; 1981 (4) 9; Revista Muz. şi Mon. Ser. Muz. Bucureşti 20:1983 (3) 73–80; 21:1984 (9) 65–7; KD Rumänien, 1986, 419, 453; *N. Lăptoiu*, Incursiuni în plastica românească, II, Cluj-Napoca 1987, 38–51.
N. Sabău

Demian, *Baltazár* → **Demján,** *Boldizsár*

Demiani, *Carl Friedrich*, dt. Maler, * 10. 1. 1768 Breslau, † 8. 8. 1823 Dresden. Vater von Carl Theodor D. Stud.: KA ebd. Spezialisierte sich auf Miniaturen. Unternahm mehrere Reisen, darunter um 1801 nach Hamburg, wo er mit Gerdt Hardorff, Johann Michael Speckter und anderen verkehrte. Nach Dresden zurückgekehrt, am 1. 6. 1811 zum zweiten Inspektor und am 15. 6. 1816, als Nachf. von Johann Anton Riedel, zum ersten Inspektor der Dresdner Gem.-Gal. ernannt. Gab gemeinsam mit dem Unterinspektor Johann Joseph Schweickart 1817, 1819 und 1822 Kat. der Gal. in dt. und frz. Sprache heraus, darunter „Neues Sach-und Orts-Verz. der Kgl. Sächs. Gem.-Gall. zu Dresden", 1822, und erwarb sich Verdienste durch eine mod. Gal.-Gestaltung. Unterstützte jüngere Künstler wie Philipp Otto Runge und Georg Heinrich Crola, indem er ihnen das Stud. der Werke erleichterte. Fertigte Zchngn für die Bände I und II von Beckers *Augusteum*, zahlr. Min.-Kopien nach alten Meistern der Dresdner Gem.-Gal. und Portr. namhafter Zeitgenossen. Zwei Öl-Gem. zu Homers *Ilias* bzw. dem AT weisen ihn als Historienmaler aus. 🏛 BAUTZEN, SM: Briseis wird dem Achill von Agamemnons Gesandten entführt, unvoll., Lw., um 1810. BREMEN, KH: Familienbildnis, Gouache auf Pergament, 1806. DRESDEN, SM: Selbstbildnis aus dem Carus-Album, dunkelbraune und rote Kreide, 1806; Kpst.-Kab: Portr. von Carl Vogel von Vogelstein, Kreide und Rötel, 1812. GDAŃSK, MN: Min.-Kopien nach Correggio, Raffael, Annibale Carracci, Guido Reni. ▭ ThB9, 1913. ADB V, 1877; *Rump*, 1912; *Foster*, 1926; *Schidlof* I, 1964; *Schweers* I, 1994. – *Lemberger*, 1911, 164, 183, 184, 201, 297, 318, 348; *F. Mißfeldt*, in: Kunst in SH, VII, Neumünster 1957, 45–57; *Prause*, 1975; *G. und U. Stelzer* (Ed.), Bild-Hb. der KS in der DDR, L. 1984, 54, 308, 368; *Börsch-Supan*, Malerei, 1988, 554; *R. Richter*, Carl Christian Vogel von Vogelstein 1788–1868, D. 1988, 51; *A. Kreul*, Verz. sämtl. Gem. des 14. bis 20. Jh. in der KH Bremen (K), Wb. 1994. A. Fröhlich

Demiani (Demiany), *Carl Theodor*, dt. Maler, * 21. 8. 1801 Dresden, † um 1840 Hamburg. Sohn von Carl Friedrich D. Stud.: 1816–18 AK Dresden; 1819–25 bei Ferdinand Hartmann ebd. Erste Arbeiten bereits um 1821. Lebte zunächst in Leipzig, später in Hamburg. 🏛 HAMBURG, KH: Arzt und Dienstmädchen, Lw. ▭ ThB9, 1913. *Rump*, 1912; *Schweers* I, 1994. – *Prause*, 1975; *Börsch-Supan*, Malerei, 1988; Die Gem. des 19. Jh. in der Hamburger KH (K), Ha. 1993. M. H.

De Michele, *Ignazio*, ital. Maler, Kunstgelehrter, * 1810 Termini Imerese, † März 1888 ebd. Als Maler 1837 von Antonino Gargotta (dem Gründer des MCiv. in Termini) lobend erwähnt, 1842 wird D.s Meisterschaft in der Darst. von Vögeln hervorgehoben. Durch Auffindung von Dok. gelingt D. 1859 die Zuschr. eines Kreuzes Christi an Pietro Rozzolone (1484). Publ. über archäol. Funde in Termini, wiss. Unters. zu Gem. des MCiv. (z.B. von Vincenzo da Barbera) und in Kirchen ebd. 🏛 PALERMO, Bibl. Com.: Portr. Padre Giuseppe Romano. TERMINI, MCiv.: Fiori; Pesci; Paesaggio termitano; Pernice, alle sign. „IDM", dat. 1876; Fiori, 1879; Ciacciagione; Castello di Termini, vor 1860, Zuschr.; Venere in conchiglia, Zuschr.; S. Sebastiano, Zuschr. ▭ *Sarullo* II, 1993. S.-W. S.

De Micheli, *Gioxe* (eigtl. *Giuseppe*), ital. Maler, * 27. 1. 1947 Mailand, lebt dort. Sohn des Kunstkritikers Mario D. Stud.: 1962–63 Accad. di Brera Mailand, bei Gianfilippo Usellini. In den frühen 60er Jahren expressionist. geprägte Malerei von bedrohl.-makabrer Wirkung (*Carcasse*, 1962–63; *Visita al Museo*; *Fiori secchi*, 1964). Malt 1965–66 Blumen, Stilleben und Figürliches, in denen dramat., eleg., expressive und arabeskenhafte Elemente vereint sind (*Fiori sul tappeto*; *Figura con fiori*; *Nudo con foglio e tappeto*). 1968–70 Dürer-Zyklus; 1971–74 Müntzer-Zyklus (*Vita e morte di T. Müntzer*). 1974 Stilleben in mattem Braun, rötl. und gebrochenen Grün-Tönen sowie Safrangelb (*La zucca e il pennaio*; *Natura morta nel cerchio*). In dieser Periode jährl. Aufenthalte in den Maremmen zw. Grosseto und Siena und Ausf. der Folgen *Storie dell'Arnaio* (1974–79) und *Il naturalista* (1980–84). 1985 Zyklus *Vita domestica*. In den frühen 90er Jahren greift D. das Thema Reise und ewige Wanderschaft als Metapher menschl. Seins auf und bezieht sich in der Darst. der Sieneser Campagna auf Simone Martini (*La partenza*, 1990; *Il ritorno di Guidoriccio*; *La mappa*, 1991; *I musici e la bella addormentata*, 1992). Ebenso steht der Reisende (auf seiner Suche nach unerreichbarem Glück) im Zentrum des Zyklus *I fratelli della Costa* (1993–97). 1996–97 malt D. das große Gem. *Antologica* und eine Folge kleiner Triptychen, deren Farben sich voller Leichtigkeit auf der Fläche entwickeln und die durch eine Atmosphäre metaphys. Schweigens charakterisiert sind (*Trittico della notte*; *Trittico della melagrane*). ⊙ *E:* 1963 Lecco, Centro di Cult. (K: R. De Grada) / Mailand: 1963 Gall. Ciliberti (K: G. Paganin); 1966 Gall. Rinascita; 1967 Gall. Milano; 1969–91 Gall. 32; 1974 Gall. Eidos; 1980 Banca Popolare; Gall. Spazio-Immagine; 1984 Gall. Valentini (K: G. Seveso); 1990 Univ. Bocconi; 1993 Gall. L'Agrifoglio (K: V. Lamarque) / 1964, '66 Turin, Gall. Viotti (K: G. Testori/ M. Carrà) / 1966 Triest, Gall. La Bora / 1969 Cesena, Gall. Il Portico; Brescia, Gall. Fant Cagnì / 1970 Bologna, Gall. Forni (K: F. Solmi) / 1975 Biella, Gall. Mercurio (K: G. Bruno) / 1977 Florenz, Gall. Santacroce / Rom: 1978, '81, '84 Gall. La Gradiva (K: M. Lunetta/ D. Micacchi); 1992 Gall. Incontro d'Arte / Ferrara: 1985

Pal. dei Diamanti (K: R. Bossaglia); 1989 Univ.; 1992 Studio Melotti / 1989 Grosseto, Fortezza delle Mura Medicee (K: A. Waldmann) / 1995 Trezzo sull'Adda, Castello Visconteo; Siena, Pal. Patrizi (K: G. Luzzi) / 1999 Varese, Gall. Armanti. – *G:* Mailand: 1964 Premio San Fedele; 1976 Pal. della Permanente: Mostra del Disegno e della piccola Scult.; 1979 Genesi e processo dell'immagine; 1982 Rotonda della Besana: Giovani pittori e scultori ital.; 1984, '87, '89, '94 Bienn.; 1990 Trienn. dell'Incisione / 1966 Florenz, Premio Il Fiorino / 1970 Francavilla al Mare, Premio Michetti / 1974 Premio Vasto / 1976 Campione d'Italia, Bienn. / 1976, '94 Premio Suzzara / Rom: 1986 Castel S. Angelo: Un panorama di tendenze; 1999 Quadrienn. / 1989 Lavagna, Pal. Com.: L'etica dello sguardo / 1994 Cremona, S. Maria della Pietà: Reale e immaginario / 1995 Cesena, GAM: Lo sgurado narrante / 1996 Lucca, Pal. Ducale: I luoghi dell'immagine / 1999 Busto Arsizio: Premio Città di Busto Arsizio. ꟷ Diz. degli artisti ital. del XX sec., I, T. 1979; Cat. dell'arte mod. ital., XXXIV, Mi. 1998. – *R. Tassi*, G. D. (K), Parma 1973; *R. Lucchese*, D. (K), Fiuggi 1990; *F. De Santi*, D. (K Mus. Bandera), Busto Arsizio 1997 (Lit.). N. Corradini

Demicheli, *Marko*, kroat. Maler, Fotograf, Musiker, * 26. 6. 1942 Split, † 7. 6. 1990 ebd. Stud.: bis 1962 KGS (Malerei) und Musikschule (Oboe) ebd.; bis 1972 (Dipl.) Phil. Fak. der Univ. Belgrad (Kunstgesch.). Bis 1978 Konservator im Regionalamt für Denkmalschutz Split, danach freischaffend. Trat ab 1970 gleichzeitig als Liedermacher, Maler und Fotograf auf (*Gitara u kavezu*, Video-Mono-Musical, Zagreb 1976). Gastierte 1978 auf Einladung von Jean Ballardin in Frankreich mit ca. 20 Konzerten (u.d.T. *Dalmacija u zjenici*) und einem Fernsehauftritt. Ausz.: 1980 1. Preis ex aequo Pescara, Biennale. – D. versteht sich mit seinen versch. Kunstformen vereinenden Auftritten als Vertreter der sog. „Poly-Art", die lt. D. eine gegenüber Emotionen offene soziolog. Dimension impliziert. Die Gem. in Öl, Aqu., Mischtechnik und die Fotogr., vereint in den Zyklen *Dalmacija u zjenici 1, 2; Čovjek; U čast Mediteranu*, sind inspiriert von der dalmatin. Lsch. und ihren Menschen. Im expressiven romant. Symbolismus seiner Arbeiten zeigt sich eine Entwicklung von lockerem Bezug der Figuren untereinander, komplexer Faktur und dunklem Kolorit hin zur Reduktion und festerem Bezug der Figuren zueinander, einer geschlosseneren Komp. sowie hellerem und intensiverem Kolorit. ⊙ *E:* 1981 Mostar, Radnički univ. / 1982 Ferrara, Pal. dei Mun. / 1983 Biograd, Zavičajni muz. / 1984 Zagreb, Gal. Ina projekta / 1985 Buzet, Zavičajni muz.; Poreč, Romanička kuća / Split: 1986, '90 (postum; K: D. Kečkemet) Salon Galić; 1987 Dom Visoke vojne škole; 1988 Etnografski muz. / 1987 Rijeka, Gal. Jadroagent. ꟷ HBL III, 1993 (Lit.). K. Kamenov

De Michelis (Demichelis), *Giovanni*, ital. Maler, Illustrator, * 13. 2. 1849 Turin, † 1888 ebd. Stud.: ABA Turin. Schuf leidenschaftl.-pathet. Historien-Gem., wie *La confessione del Giaurro* (1871) und *Camoens negli ultimi anni*. Widmete sich später bes. der Ill.-Zchng für Zss., u.a. stammt von ihm die *Allegorie auf den Tod Vittorio Emanueles* in der Zs. Pasquino. 🏛 BONZO, Pfarrk.: Kreuzigung, 1872. ꟷ ThB9, 1913 (s.v. Demichelis, Giovanni). *Comanducci* II, 1971. – TCI Piemont, 1976. A. St.

Demidjuk, *Vasilij Danilovič*, russ. Maler, * 22. 6. 1910 oder 22. 7. 1909 Brest-Litovsk, † 26. 5. 1972 Smolensk. Stud.: 1934–40 HS für Malerei, Bildhauerei und Archit. Leningrad (St. Petersburg) bei Vladimir Aleksandrovič Gorb, Aleksandr Dmitrievič Zajcev, Pavel Aleksandrovič Šillingovskij. Bevorzugt Portr. (u.a. *Partizan*, 1952; *Portret dočeri*, 1968; *Betonščik*, 1970). 🏛 ROSLAVL', Hist. und KM. SMOLENSK, MBK. ꟷ ChudSSSR III, 1976. – VSII Sprav. IV, 1975; V, 1981; 50 let smolenskoj organizacii Sojuza chudožnikov RSFSR, Smolensk 1990, 255. I. Fomičeva

Demidov, *Aleksandr Petrovič*, russ. Maler, Graphiker, Zeichner, * 26. 1. 1955 Kujbyšev (Samara), lebt in St. Petersburg. ⚭ *Natalija Vsevolodovna Demidova.* Stud.: 1972–76 Kunst-FS Penza; 1977–82 HS für angew. Kunst (ehem. Stieglitz-FS) Leningrad (St. Petersburg) bei Anatolij Alekseevič Kazancev, Valentin Grigor'evič Lekanov. 1982–92 in Omsk ansässig. Lehrt seit 1995 an der Akad. für angew. Kunst (ehem. HS) St. Petersburg. – Buch-Ill. für Verlage in Omsk und Tomsk (u.a. zu M. Orlov, *Trava čužich polej*, Omsk 1989). Auch Gem. (z.B. *Avtoportret na belom fone*, Öl, 1984), Graphik (Rad.), Zchngn (Aqu.) sowie baugebundene Arbeiten. 🏛 *Mit N. V. Demidova: Wandmalereien (meist vielfigurig):* OMSK, Orgel- und Kammermusiksaal, 1982; Pal. der Jugend, 1985–91; Pionier-Pal., 1989; Sanatorium Černoluč'e, 1990. *Glasmalereien (ornamental, figürl.):* OMSK, Kulturhaus der Eisenbahner, 1983–84; Majakovskij-Filmtheater, 1985. ŽELANNYJ b. Omsk, Kulturhaus, 1986. ST. PETERSBURG, Kirche der Gottesmutter-Ikone: Glasmalerei, Mosaike, 1995–96. ⊙ *E:* 1993, '95 St. Petersburg. ꟷ Vystavki proizvedenij chudožnikov Omska (K), Omsk: Chleb Omskoj zemli, 1984, 54 s.; Omiči v bojach i trude, 1985, 20; Slava trudu, 1986, 42; Chudožnik i gorod, 1987, 11; 6-ja chudožestvennaja vystavka „Sibir' socialističeskaja" (K), Kemerovo 1985, 123; Omskaja pravda v. 6. 2. 1988; *V. Čirkov/I. Devjat'jarova*, Omsk i motivy, Omsk 1991, 15; Monumental'noe isk. v gradostroitel'stve (K), Čeljabinsk 1991, 3, 19 s., 57. N. Beloglazova

Demidov, *Andrej Demidovič*, Maler, Graphiker, Schnitzer, Fachautor in Tschuwaschien, * 18.(31.) 10. 1913 Jal'čiki, lebt in Čeboksary. Stud.: 1929–32 Kunstpädagog. FS Penza bei Ivan Silyc Gorjuškin-Sorokopudov, Nikolaj Filippovič Petrov, Porfirij Michajlovič Michajlov. 1929–32 beim Verlag Čuvašgiz tätig; Buch-Gest. und -Ill. (u.a. zu I. S. Tuktaš, *Byčij log*, 1932; tschuwasch. Fibel, 1939). Mitbegr. der tschuwasch. Filiale des Künstler-Verb. und der KG ebd. (1939–41 Ltg). 1941–44 Teiln. am 2. WK. – In der Trad. der russ. realist. Malerei Genre-Komp. zum Thema Kollektivierung und Kolchos (u.a. *Zasedanie komiteta bednoty*, 1935), Lsch. (*Aj-Petri*, 1932; *Vesna*, 1940; *Mart*, 1964), Stilleben (*S jablokami*, 1960; *Chleb*, 1966). Auch Plakate (*Gde chleb...*, 1967). Zahlr. Schnitzarbeiten (Holz, Branddekor, bemalt): u.a. Statuetten (*Lyžnik*, 1965), Vasen, Puderdosen, Schatullen, Deckelkrüge, Ser. von Matrjoschkapuppen in alter tschuwasch. Nat.-Tracht (1967). 🏛 ČEBOKSARY,

Čuvaš. KG. ✉ Chudožniki Čuvašii za 15 let, Socialističeskoe stroitel'stvo ČASSR 1935 (6) 135–137; Vystavka proizvedenij chudožnikov Čuvašskoj ASSR (K), Čeboksary 1955; Vystavka proizvedenij M. S. Spiridonova (K), Čeboksary 1960 [bei beiden Einl.; Zusammenstellung]; Čuvašskij skul'ptor I. F. Kudrjavcev, Čeboksary 1963; Chudožnik P. G. Grigor'ev, Volgograd 1967. ⊙ *E:* 1983 Čeboksary (K). – *G:* 1967 Montreal: WA. 🕮 ChudSSSR III, 1976 (Lit.). – VSII Sprav. II, 1967; III, 1973; *N. A. Urgalkina*, Chudožniki Čuvašii, Le. 1978, 20, 121, 125, 128; Vystavka proizvedenij „Chudožniki Čuvašii" (K), Čeboksary/Ufa 1982, 7; *N. A. Urgalkina*, Chudožniki Čuvašii, Čeboksary 1989, 330, 378, 418, 434, 458. I. Fomičeva

Demidov, *Michail Afanas'evič*, russ. Maler, Zeichner, * 26. 10.(7. 11.) 1885 Vjatka, † 27. 3. 1929 ebd. Zunächst dort Ausb. bei Nikolaj Nikolaevič Chochrjakov. Stud.: 1901–07 KSch Kazan'; 1907–13 FS für Malerei, Bildhauerei und Baukunst Moskau bei Apollinarij Michajlovič Vasnecov, Konstantin Alekseevič Korovin (Ausst. ebd. ab 1906). Reisen in den Kaukasus und nach Italien (A. 1910er Jahre). 1913–16 in Moskau, ab 1917 ständig in Vjatka ansässig. Lehrtätigkeit ebd.: 1918–20 Inst. für Volksbildung; 1920–29 künstler. Wkstn (ab 1922 FS für angew. Kunst). Ab 1906 Ausst. u.a. mit der Moskauer Ges. der Kunstliebhaber, dem Kunstzirkel Vjatka (Mitgl.), der Künstler-Ges. Moskovskij salon. Ab 1925 Mitgl. der Assoz. der Künstler des revolutionären Rußland (AChRR). Mitbegr. des KM Vjatka. – Bevorzugt expressive, psycholog. Portr. mit kubist. Elementen (z.B. *Selbstporträts*: mit Papirossa, 1908–09, mit Mütze, 1920–21; *V. O. Vorob'ev*, 1910, alle Öl; *N. V. Vorob'eva [Devočka s koškoj]*, Tempera, 1918–19; *Za rojalem*, Portr. des Komponisten und Pianisten *R. I. Mervol'f*, 1920–21; *Ženščina s muftoj [M. A. Permakova]*, 1922; der Maler *Nikolaj Ivanovič Prokašev*, 1923, und *Kleopatra Nikolaevna Dumarevskaja*, 1924; des Architekten *Nikolaj Apollonovič Čarušin*, 1920er Jahre, alle Öl, KM Vjatka). Auch Lsch. (*Opuška sosnovogo lesa*, Öl, Studie, 1902–03; *Vesennie polja. Večer*, Öl, 1907–08; *Berezovyj les. Zimoj*, Tempera, Pastell, 1919–20; *Zdanie Vjatskogo muzeja iskusstv i stariny*, Bleistift, 1920–21), gelegentl. Genre-Darst. (*Za chlebom*, Kohle, Kreide; *Starik i more*, Pastell, Kohle, beide 1906–07), Stilleben (*Chrustal' i serebro*, Aqu., 1917) und mytholog. Stoffe (*Der lachende Satyr*, Bleistift, Pastell, 1907). Umschlagentwürfe (Tusche, 1912) für die Ed. *A. A. Ivanov* von N. G. Maškovcev. D. schuf Kopien von Fresken des Ferapontov-Klosters (Bleistift, Aqu., 1920er Jahre). Auch polit. (*Tovarišči krest'jane*, Aqu., 1920er Jahre) und Reklameplakate sowie Skizzen von hölzernen Handwerksartikeln (für die Allruss. Landwirtschafts- und Manufaktur-Ausst. in Moskau, 1923) sowie Teiln. an der Ausgestaltung von öff. Gebäuden (z.B. Ausmalung des Saales im Gouv.-Exekutivkomitee, 1923–24) und Straßen in Vjatka anläßl. von Revolutionsfeiertagen (1923–24). 🏛 VJATKA, KM. ⊙ *E:* 1939, '48, '67, '71 (K), '73 Kirov (Vjatka) / 1976 Moskau, Zentralhaus des Schriftstellers. 🕮 ChudSSSR III, 1976 (Lit.); *Milner*, 1993 (s.v. D., Mikhail Afanasevich). – VSII Sprav. I, 1965; AChRR. Sb. vospominanij, statej, dokumentov, Mo. 1973, 166; Chronika chudožestvennoj žizni-1973, Mo. 1975, 181; Chudožnik 1976 (5) 34–37; 1996 (3) 8 s.; Avtoportret v russkom i sovetskom isk. (K), Mo. 1977; Panorama isk.-4, Mo. 1981, 333; ibid.-13, Mo. 1990, 87–93; Vystavki I, 1989. I. Fomičeva

Demidov, *Nikolaj Ivanovič*, russ. Maler, * 2. 7. 1921 Trusovo (Murzinka)/Gebirgsregion Altaj, † 29. 6. 1982 Moskau. Stud.: 1944–49 Allunions-HS für Kinematographie ebd. bei Fedor Stepanovič Bogorodskij, Fedor Aleksandrovič Modorov. Teiln. am 2. WK. – In der Trad. der russ. realist. Malerei E. 19./A. 20. Jh. bevorzugt farbl. subtile, emotionale Lsch. mit betonter Plastizität der Formen (u.a. Darst. von altruss. Archit.-Denkmälern und mittelruss. Städten, z.B. *Savvino-Storoževskij monastyr' v Zvenigorode*, 1960; *Malyj Jaroslavec*, 1962, '65; *Karelija*, 1967, *Pozdnjaja osen' i leto v Zvenigorode*, 1977). Auch Gem. zum 2. WK (1962) und Genremotive (*Uborka chleba*, 1970). Entwürfe für Dekorationen, Kostüme und Szenen-Gest. für den Spielfilm „Aleksandr Popov" (1949). 🏛 ALMATY, Kasach. KM. KOSTROMA, MBK. ⊙ *E:* 1949 Leningrad. 🕮 ChudSSSR III, 1976 (Lit.). – Vystavki proizvedenij chudožnikov-veteranov vojny, I-VII (1966–72; K), Mo. 1973; VSII Sprav. IV-V, 1976–81; 12-ja vystavka proizvedenij moskovskich chudožnikov-veteranov Velikoj Otečestvennoj vojny (K), Mo. 1987, 7. N. Voronina

Demidov, *Pavel Ivanovič*, russ. Maler, * 1. 1. 1919 Sysoevo/Gouv. Moskau, † 27. 9. 1992 Moskau. Stud. ebd.: 1937–41 FS für angew. Kunst bei Vasilij Nikolaevič Bakšeev, Aleksandr Viktorovič Moravov; 1947–50 Pädagog. HS-Kurse der FS. Teiln. am 2. WK. 1957–92 am Grekov-Studio für Militärmaler beschäftigt. Lehrtätigkeit: 1950–52 Kunst-FS Krasnosel'sk b. Moskau; 1953–80 FS für angew. Kunst Moskau. – In der Trad. der russ. realist. Kunst von E. 19./A. 20. Jh. und beeinflußt von Bakšeev bes. lyr. Lsch. Mittelrußlands mit pastosem Strich und verhaltenem Kolorit (u.a. *Derevnja*, 1969; *Podmoskovnye pereleski*, 1978; *Mart v lesu*, 1981; *Aprel' na Moskve-reke*, 1990). Auch Darst. zum 2. WK (z.B. *Zdes' vrag byl ostanovlen v 1941 godu*, 1982; *Zdes' sražalis' nasmert'. Memorial v Zelenograde*, 1983) und Stilleben. 🏛 MOSKAU, Zentral-Mus. der Streitkräfte. ⊙ *E:* 1979 Moskau. 🕮 *E. I. Vostokov*, Grekovcy, Mo. 1979, 32; Vystavki proizvedenij moskovskich chudožnikov-veteranov Velikoj Otečestvennoj vojny (K), Mo.: 13-ja, 1979, 12; 14-ja, 1981, 22; 15-ja, 1982, 9; 50 let v stroju (K), Mo. 1985; Vsesojuznye chudožestvennye vystavki (K), Mo.: My stroim kommunizm, 1986, 38; Na straže zavoevanij socializma, Mo. 1988, 12; P. I. D., Mo. 1987; Vserossijskaja chudožestvennaja vystavka „Zaščitnikam Otečestva posvjaščaetsja" (K), Mo. 1991, 49. N. Voronina

Demidov, *Petr*, russ. Holzschnitzer am Bauamt St. Petersburg, 1752–71(?) in der Umgebung der Stadt tätig. Vertreter des russ. Barock. Schuf 1752–55 Giebelfiguren am Großen Pal. in Carskoe Selo (unter Ltg von Bartolomeo Francesco Rastrelli; nicht erh.). 1760 bis A. 1770er Jahre in Oranienbaum (Lomonosov) belegt. Beteiligt (Ltg Antonio Rinaldi, zus. mit Grigorij Zinov'ev, Ja. Krašeninnikov, I. Kuz'min, G. Konovalov, D. Svetilin) an der Herstellung von geschnitzten Holzrahmen (Palmenstämme und -wedel; vergoldet) für Glasperlenbilder und Supraporten im Glasperlen-Kab. des Chin. Pal. ebd.; auch Herstellung von Parkettböden für Schloßsäle. ⌂ ORANIENBAUM, Chin. Pal. ▭ ChudSSSR III, 1976 (Lit.). – *A. Raskin*, Gorod Lomonosov, Le. 1979, 33; *D. A. Kjučarianc*, Chudožestvennye pamjatniki goroda Lomonosova, Le. 1985, 117, 130; Pamjatniki architektury prigorodov Leningrada, Le. 1985, 514, 518.

V. Kulakov

Demidov, *Semen Andreevič*, russ. Lackmaler, * 1928 Semenov/Gebiet Nižnij Novgorod, lebt dort. 1968 Verdienter Künstler der Russ. Föderation. – Im trad. Chochloma-Stil (Holz, Leinöl, Zinn- und Aluminiumpulver, Lack, Tempera) Bemalung von Tellern, Schüsseln, Geschirr-Sets (u.a. für Fischsuppe, 1977; für Kwassuppe, 1979, '84, '87, zus. mit N. I. Krylova, Taisija Akimovna Beljanceva, Nina Vasil'evna Morozova, P. E. Ščerbakova). ⌂ MOSKAU, Volkskunst-Mus. – Mus. für Kunsthandwerk. NIŽNIJ NOVGOROD, Mus. für Gesch. der Volkskunst. – Filiale des Mus.-Komplexes. ▭ Oblastnye vystavki proizvedenij gor'kovskich chudožnikov (K), Gor'kij 1980, 36, 42; 1981, 28; 6-ja vystavka „Bol'šaja Volga" (K), Čeboksary 1985, 15 s.; 7-ja respublikanskaja chudožestvennaja vystavka „Sovetskaja Rossija" (K), Mo. 1985, 83; Sovetskoe dekorativnoe isk., vyp. 19, Mo. 1987. I. Fomičeva

Demidov, *Vasilij Koz'mič (Kuz'mič)*, russ. Maler, 1. H. 19. Jh. Unteroffizier des höf. Marstalls. Stud.: 1833–37 AK St. Petersburg (Gasthörer), u.a. bei Karl Pavlovič Brjullov (1836 Titel Künstler ohne Klassenrang für das Gem. *Osvoboždenie Moskvy knjazem Požarskim i graždaninom Mininym*; 1837 kleine Silber-Med.). 1839 Titel agréé für das Gem. *Poslednij boj Ermaka*. – Gem. zur russ. Gesch. (u.a. *Petr I v soprovoždenii Men'šikova i Dolgorukogo rassuždaet ob osnovanii Peterburga ...*, 1836; *Petr Velikij pri reke Prut v 1711 g.*, Lith. von Ivan Arsen'evič Deševoj). ⌂ KALUGA, KM: Predsmertnyj podvig kn. M. K. Volkonskogo, sražajuščegosja s ljachami v Pafnut'evskom monastyre v Borovske v 1610, um 1842. MOSKAU, Tret'jakov-Gal.: u.a. D. A. Luchmanov, moskovskij antikvar. ST. PETERSBURG, Russ. Mus.: Carica Natal'ja Kirillovna s carevičem Petrom na Krasnom kryl'ce, 1848. ⊙ *G:* 1839, '42 St. Petersburg, AK. ▭ ChudSSSR III, 1976 (Lit.); *Milner*, 1993 (s.v. D., Vasili Kuz'mich). – *M. M. Rakova*, Russkaja istoričeskaja živopis' ser. 18 v., Mo. 1979, 118 et passim; Problemy razvitija russkogo isk. Vyp. 16. Tematičeskij sb. naučnych trudov Instituta Repina, Le. 1983, 38 s. N. Tjurina

Demidov, *Vitalij Antipovič*, russ. Maler, Zeichner, Monumentalkünstler, * 15.(28.) 12. 1905 St. Petersburg, † E. 1950er Jahre Moskau. Stud.: 1935–41 KHS ebd. bei Vasilij Nikolaevič Bakšeev. – In der Trad. der russ. realist. Malerei von E. 19./A. 20. Jh. Portr. (u.a. *Portret staruški*, 1937), Lsch. (z.B. *Vladivostok. Buchta večerom*, 1939). Auch die Ser. *Cirk*, 1941. Während des 2. WK Aufenthalte an der Front (*Sooruženie oboronitel'nogo rubeža*, Gouache, Kohle, 1942; Ser. zur Befreiung der Stadt Voronež, Gouache, Pastelle, Aqu., 1942–43). Auch Arbeiten für die Ed. OKNA TASS. In den 50er Jahren beteiligt an der Ausgestaltung von Pavillons auf der Allunions-Landwirtschafts-Ausst. Moskau. ⌂ VORONEŽ, MBK. ⊙ *E:* 1940, '43 Moskau. ▭ ChudSSSR III, 1976. – VSII Sprav. II-III, 1967–73; Avrora 1970 (10) 2.Umschlagseite; Moskovskoe chudožniki v dni Velikoj Otečestvennoj vojny. Vospominanija. Pis'ma. Stat'i, Mo. 1981, 429; Vystavki I, 1989.

N. Voronina

Demidova, *Lidija Aleksandrovna*, russ. Lackminiaturmalerin, * 23. 4. 1927 Mstera/Gebiet Vladimir, lebt dort. Stud.: 1943–46 künstler. Berufsschule ebd. bei Ivan Aleksandrovič Fomičev. Ab 1948 als Malerin in der Fabrik Proletarskoe iskusstvo Mstera tätig. Lehrte ab 1972 an der KSch ebd. – Bemalung von Gegenständen aus Papp-Maché (Eitempera, Lack, Gold), nach Motiven lit. Werke, russ. Volksmärchen und Legenden, sowie Komp. zu hist. und zeitgen. Themen (u.a. die Schatullen *Danko*, 1968; *Poljuško-Pole*, 1972; *Bab'e leto*, 1977; *Koncert na BAMe*, 1979; *Po muromskoj dorožke*, 1985; *Zolotaja svad'ba*, 1987). ⌂ MOSKAU, Volkskunst-Mus. – Mus. für Kunsthandwerk. MSTERA, Mus. für Kunsthandwerk. ST. PETERSBURG, Russ. Mus. ▭ ChudSSSR III, 1976 (Lit.). – Chudožestvennye promysly RSFSR, Mo. 1973, 273; Chudožnik 1973 (3) 19, 21; 1980 (10) 28; Dekorativnoe iskusstvo SSSR 1975 (3) 46; Vsesojuznaja chudožestvennaja vystavka „Slava trudu" (K), Mo. 1976, 131; Soobščenija Gos. Russkogo muz., vyp. IX, Le. 1976, 23 s., 27 s.; *I. Ja. Boguslavskaja*, Dobrych ruk masterstvo, Le. [2]1981, 252, 254; *L. Rozova/E. Jurin*, Master v narodnom promysle Msterskoj chudožestvennoj miniatjury, Le. 1982, 53, 92, 95, 103; *M. A. Nekrasova*, Narodnoe isk. Rossii, Mo. 1983, 142 s.; *N. G. Dmitriev*, Mstera rukotvornaja, Le. 1986, 323–331, 419, 439; 8-ja vystavka proizvedenij chudožnikov Rossii (K), Mo. 1993, 144.

N. Lavrent'eva

Demidova, *Ljudmila Alekseevna*, russ. Bühnenbildnerin, Illustratorin, * 26. 7. 1908 Tula, † 13. 10. 1967 Moskau. Stud.: 1929–33 AK Leningrad (St. Petersburg) bei Kuz'ma Sergeevič Petrov-Vodkin; 1935–39 Surikov-KHS Moskau bei Aristarch Vasil'evič Lentulov, Viktor Alekseevic Šestakov. – Maler. und plast. gestaltete Dekorationen für Moskauer Theater (u.a. Zentraltheater der Sowjet-Armee, Maly-Theater, Theater des Leninschen Komsomol, Studiotheater des Filmschauspielers; z.B. zu F. Schiller, *Kabale und Liebe*, 1940–41, zus. mit Georgij Ivanovič Farmonov; L. D. Agranovič, *V oknach gorit svet*, 1949; N. R. Ėrdman, *Mandat*, 1956, zus. mit Šestakov). Gest. von Kinderbüchern (1947–49) und Ausst.-Design. 1956–60 auch Dioramen (u.a. *Kamennougol'nyj period*, *Kembrijskij period*, Biolog. Timirjazev-Mus. Moskau, zus. mit Ljudmila Aleksandrovna Kuz'mina). ⌂ MOSKAU, Bachrušin-Theater-Mus. ▭ ChudSSSR III, 1976 (Lit.). – VSII Sprav. I-II, 1967–73; Central'nyj detskij teatr, Mo. 1974, 83.

K. Chačaturjan

Demidova, *Nadežda*, Bühnen- und Kostümbildnerin, Designerin in Lettland, * 7. 1. 1947 Simferopol'/Krim, lebt in Riga. Stud. ebd.: bis 1965 Musikschule; bis 1969 FS für angew. Kunst (dekorative Bildhauerei); bis

1979 AK Lettlands (Malerei, Szenographie) bei Gunārs Zemgals. 1970–73 als Interieur-Gestalterin am Industriellen Polytechnikum Riga tätig, seit 1979 Bühnenbildnerin am Staatl. Opern- und Ballett-Theater (seit 1990 künstler. Leiterin der Bühnenbildnergruppe), auch Kostümbildnerin (u.a. zu M. Musorgskij, *Boris Godunov*, 1981; Ballett von J. Pankrāte, *Kamēliju dāma*, 1989) sowie gesamte Ausstattung zu B. Britten, *Spēlēsim operu* und *Mazais skursteņslauķis* (beide 1981). D.s Werke zu klass. und zeitgen. Repertoire sind charakterisiert durch hist. Präzision, reiche Phantasie sowie ausgezeichnete Ausf. (einschl. Programm und Plakat). Bes. anerkannt sind auch ihre Arbeiten zu Kammertheatervorstellungen (E. Humperdinck, *Hänsel und Gretel*, 1990; N. Rimskij-Korsakov, *Mozart und Salieri*, 1991; Ballett von L. Beiris, *Pepija Garzeķe*/Pippi Langstrumpf, 1992) und konzertante Aufführungen. Tätig auch für and. Theater (u.a. Russ. Schauspieltheater Riga, Schauspieltheater Valmiera); entwarf Kostüme für Auslandsgastspiele des Rigaer Staatszirkus (1987–92). ⌂ RIGA, Raiņa Literatūras un mākslas vēstures muz. ⊙ *G:* seit 1979. ▭ MAB I, 1995. D. Kukulis

Demidova, *Natalija Vsevolodovna* cf. **Demidov,** *Aleksandr Petrovič*

Demidova, *Ol'ga Vladimirovna,* russ. Graphikerin, Zeichnerin, * 17. 4. 1922 Moskau, lebt dort. Stud. ebd.: 1942–44 Studio des Allunions-Zentralrats der Gewerkschaften bei Leonid Nikolaevič Choroškevič; 1944–49 Polygraphie-HS bei Nikolaj Nikolaevič Vyšeslavcev; in den 60er Jahren Nivinskij-Rad.-Studio. Ab 1950 Buch-Ill.; tätig als künstler. Redakteurin des Verlages Detskaja literatura unter Ltg von Boris Aleksandrovič Dechterev (u.a. T. K. Chackevič, *Kak vyros obelisk*, 1972, [2]1975; F. I. Tjutčev, *Stichi*, 1977). Ab A. 60er Jahre auch Zchngn (Bleistift, Filzstift, Aqu., Tusche, Feder) und Rad., v.a. kleinformatige Stadt-Lsch., mit lyr. Grundgestus (z.B. Ser. *Tuva*, 1961; *Drevnerusskie goroda*, 1966; *Pereslavl'*, 1971, '76; *Muzyka i zodčestvo*, 1977–78; *Staraja i novaja Moskva*, 1979; *Tarusa*, 1983; *Južnaja Francija*, 1986). ⌂ MOSKAU, Puškin-MBK. – Mus. für Musikkultur. ⊙ *E:* 1989 Moskau (K: N. N. Izjumskaja). ▭ ChudSSSR III, 1976 (Lit.). – *B. Ja. Šiperovič*, Detskaja literatura. Bibliogr. 1967–1969, Mo. 1973; ibid. 1970–71, Mo. 1981; 1-ja Vsesojuznaja vystavka risunka (K), Mo. 1976, 7 s.; 6-ja Vsesojuznaja vystavka ėstampa (K), Mo. 1981, 15; *V. P. Zav'jalova u.a.*, Detskaja literatura. Bibliogr. ukazatel'. 1972–73, Mo. 1984; ibid. 1974–75, Mo. 1985; 1-ja Vserossijskaja vystavka stankovoj grafiki (K), Mo. 1986, 17; Chudožnik 1992 (7–12) 30 s. A. Nurok

Demidovič, *Vladimir Stepanovič* → **Dzjamidavič,** *Uladzimir Scjapanavič*

Demigennes, *Gérard,* fläm. Keramiker, gründete um 1600 in Le Croisic/Bretagne eine Fayencefabrik (1627 von Orazio Borniola übernommen), deren Produkte in der flandr. Trad. stehen. ▭ ThB9, 1913.

Demignot (De Mignot; Dumignot; Mignolo), ital. Teppichwirker-Fam. frz. Herkunft, 1629–1784 im Dienst des Hauses von Savoyen in Turin.

1. *Charles (Carlo),* * Montgeroult b. Pontoise, † 1676 Turin. Großvater von 3. Bereits 1621/23 in Turin, ab 1629 als Wirkereiverwalter in herzogl. Dienst. Verantwortl. für die Rest. und Instandhaltung der Gobelins und türk. Teppiche; webt selber einen Baldachin mit den Insignien des Hauses Savoyen (1633–51) und eine *Madonna* (vor 1651), ein Geschenk von Carlo Emanuele I. an seine Mutter. 1648 erhält D. den Titel des Kammerherren der Prinzessinnen, 1663 den des Kammerherren des Herzogs. Titel und Aufgabe werden nach seinem Tod auf seinen Sohn *Michele Antonio D.* übertragen, der das Amt ebenfalls bis zu seinem Tod (zw. 13. 6. 1701 und 1711) innehat. 1699–1710 arbeitet außerdem ein *Michelangelo D.* in der Wirkerei, dessen Verwandtschaftsverhältnisse ungeklärt sind.

2. *Francesco,* † vor 15. 8. 1785 Turin. Sohn und wahrsch. Schüler von 3. Spätestens ab 1737 sein Mitarb., ist ein erster Teppich mit der Darst. eines *Zwerges* 1742 belegt. Im selben Dok. (Schede Vesme IV) steht, daß D.s Bruder *Giuseppe D.*, der bereits seit 1741 ohne Bezahlung in der Man. gearbeitet hat, als Lehrling eingestellt wird (als Wirker bis 1768 dok.); ein anderer Bruder, *Antonio D.*, bittet 1748 um eine Lehrstelle nach einem Jahr unbezahlter Arbeit. – Am 15. 2. 1743 übernimmt D. die Ltg der Man. und beginnt 1744 mit der Arbeit an den sechs *Cäsar*-Teppichen, vier weitere werden von Antonio Dini ausgef. (1750 voll., Turin, Pal. R.). Gleichzeitig arbeitet D. an Serien von *Lsch. mit Genreszenen* (1745/46) und *Architekturen* (1745–51) nach Entwürfen von Francesco Antoniani (Turin, MCiv; Rivoli, Kastell; Priv. Slg), doch bevorzugt er die Darst. von Historien wie die Serien *Gesch. des Pyrrhus* (1749–62), des *Cyros* und *Hannibal* (1748–70). An ihnen ist auch Dini noch teilweise beteiligt, doch schließt 1754 das Hautelisse-Atelier, Dini geht nach Venedig, und D. übernimmt die verbliebenen drei Wirker. Ob D. noch an der Ser. des *Äneas* mitgewirkt hat, ist unklar, da er spätestens 1779 krank ist und ihm Niccolao Vaccarino als 2. Dir. zur Seite gestellt wird. 1784 geht D. in den Ruhestand, sein Nachf. wird Antonio Bruno.

3. *Vittorio,* † Febr. 1743 Turin. Sohn von *Michele Antonio*, Vater von 2, *Giuseppe* und *Antonio D.* Wird von Vittorio Amedeo II zur Ausb. nach Brüssel in die Wkst. von De Vos geschickt (die Auslagen für die Reise usw. bekommt sein Vater am 13. 6. 1701 erstattet) und übernimmt 1711 (nach seiner Rückkehr) das Amt seines Vaters. Erste Arbeit ist ein Türvorhang (vom Vater übernommener Auftrag) für das Appartement der Königin mit einer *Allegorie des Flusses Po*. Ein zweiter Türvorhang mit *Caritas* bleibt unvoll., da D. am 15. 1. 1715 zur weiteren Ausb. nach Rom an die Man. S. Michele a Ripa aufbricht. Dort entsteht ein kleiner Teppich mit einer *Madonna mit Kind* nach einem Gem. von Guido Reni (Rom, Pal. Vaticani, sign. und dat. 1715). Im Nov. 1716 ist er bereits in Florenz bei der Teppich-Man. der Medici, wo er 1718–30 die vier Teppiche der *Kontinente* nach Entwurf von Giovanni Camillo Sagrestani unter der Ltg von Leonardo Bernini und zus. mit G. Bruschi webt (Florenz, Pal. Pitti, Depot). Die Mitarb. an den ersten beiden der *Vier Elemente* (*Erde, Wasser*) ist ungesichert. Im Febr. 1731 ruft der neu gekrönte Carlo Emanuele III D. nach

Turin zurück, wo er eine kgl. Teppich-Man. einrichten soll. Obwohl die Gründungsakte erst vom 26. 7. 1737 ist, werden die Entwürfe der sieben *Alexanderteppiche* bereits 1731–34 von Claudio Francesco Beaumont, der die künstler. Ltg der Man. übertragen bekommt, ausgef. und sofort mit der Arbeit an den Teppichen beg. (1742 voll.; Turin, Pal. R.). D. ist für den tieflitzigen Betrieb (Basselisse) verantwortl., in dem 12 Wirker arbeiten, Antonio Dini leitet ab 1736 das kleinere hochlitzige Atelier (Hautelisse; 8 Wirker). Von einer *Bambociade*-Serie (Entwurf Angela Palanca 1737) wird nur der *Ballo campestre* ausgef. (nach 1742 voll.; Turin, Pal. R.), den Auftrag zur *Cäsar*-Serie (Entwurf Beaumont) nimmt D. noch an, kann ihn aber nicht mehr beginnen.

▭ ThB9, 1913. Schede Vesme I-IV, 1963–82; DBI XXXVIII, 1990 (Lit.). – *H. Göbel*, Wandteppiche, II. 1, L. 1928; TCI Firenze e dintorni, 1974; TCI Torino e Valle d'Aosta, 1975. S. P.

Demikovsky, *Jules* → **Olitski,** *Jules*

Demilavel, *R.* cf. **Demeces,** *M.*

De Mille, *Leslie Benjamin*, US-amer. Maler, Bildhauer, Autor, * 24. 4. 1927 Hamilton/Ont., lebt in Sedona/Ariz. Stud.: Art Students League, New York. D. siedelte 1958 in die USA, wohnte bis mindestens 1985 in Kalifornien (Anaheim, Santa Ana, Laguna Beach). Mitgl.: Amer. Inst. of FA (Fellow); Amer. Indian and Cowboy Artists. Ausz.: u.a. 1976, '79, '80 Gold-Med., Amer. Artists Professional League. – Portr. (u.a. *Richard Nixon*, Gem., 1967; *Ronald Reagan* und *Michail Gorbatschow*, Bronze-Skulpt., 1988), Lsch., Westernsujets in Öl, Pastell. ⌂ SIMI/Calif., Ronald Reagan Libr. WASHINGTON/D. C., Navy AM. WHITTIER/Calif., Whittier College Coll.: fünf Portr. von ehem. Präsidenten. ✉ Portr. in Pastel (Programmserie), Public Broadcasting System, 1981 ss. ▭ WWAA, 1980–1997/98. – *J. Lovoos*, Amer. artist 49:1985 (515) 58–61, 94 ss.; Southwest art 19:1990 (Febr.) 51; (Mai) 175; 20:1990 (Okt.) 166. C. R.

Demillière, *Ann* cf. **Demillière,** *Auguste*

Demillière, *Auguste*, Maler, Miniaturist, Silhouettenzeichner, Zeichenlehrer, Restaurator, * Frankreich. 1796 (lt. Groce/Wallace: Jan. 1797) Ankunft in New York aus Paris. Gründete 1797 zus. mit dem Zeichner (?) *Delevanne* (oder *Delavanne*) eine Zeichen- und Malschule in Philadelphia/Pa. (Front Str.), wo lt. Karel auch der Architekt Etienne Sulpice Hallet lehrte. D. lebte 1802–07 in Charleston/S. C., wo seine Ehefrau *Ann(e) D.* (Lehrerin für Zeichnen und Stickerei) schon ab 1800/01 (bis 1807) nachg. ist. D. zog 1808 nach New Orleans/La. (Atelier, Ecke St. Philip Str./Conti Str.) und 1816 nach Baton Rouge/La. D.s Sohn *Auguste D., jr.* (* wahrsch. Paris) arbeitete zus. mit seinem Vater in Charleston (1807 als D. & Son), New Orleans und Baton Rouge. D.s Tochter *Miss Demillière* ist 1808 als Lehrerin (Zeichnen, Stickerei) in New Orleans belegt. – V.a. Portr. (Öl, Kreide) sowie Min. und Silhouetten-Zchngn, auch Lsch. ⌂ CHARLESTON, Gibbes Mus. of Art: Samuel Priouleau, Min. (Zuschr.). SHREVEPORT/La., R. W. Norton AG: General Timothy Bigelow, sign. Min. ▭ *Groce/Wallace*, 1957; Enc. of New Orleans artists 1718–1918, New Orleans 1987; *Karel*, 1992. – *Farr Thompson*, 1970 (s.v. D., jr.). C. R.

Demimuid, *René*, frz. Architekt, Ingenieur, * 1835 Commercy, † 4. 6. 1881. Stud. in Paris: ab 1859 Ec. centrale; EcBA bei Gabriel Davioud. Tätig als „inspecteur des travaux de la ville de Paris". Bauwerke ebd.: Gebäude der Soc. des Ing. civils, um 1873; Neubau der Ec. centrale, 1878 (dort Prof.); Handelsschule, 1880. ▭ ThB9, 1913. *Delaire*, 1907; DBF X, 1965; *Dugast/Parizet* II, 1991 (irrtüml. als Deminuid). – *Hautecœur* VII, 1957. R. T.

Demin, *Anatolij Maksimovič*, russ. Maler, Graphiker, * 24. 11. 1925 Perm', dort ansässig. Stud.: 1945–50 Kunst-FS Kazan'; 1950–56 Repin-KHS Leningrad (St. Petersburg) bei Jurij Michajlovič Neprincev. Buch-Gest. und -Ill. von Ed. des Tatar. und Permer Buchverlags (u.a. M. Twain, *Princ i niščij*, 1955; A. N. Krutikov, *S pomošč'ju solnca i zvezd*, 1960). – Bevorzugt Portr. und (Industrie-)Lsch., Genre-Szenen, Stilleben, alles Öl. ⌂ JAROSLAVL', KM. PERM', KG. ROSTOV, Archit.- und KM Rostov-Jaroslavl'. ▭ ChudSSSR III, 1976 (Lit.). – VSII Sprav. V, 1981. N. Beloglazova

Demin, *Andrej Leonidovič*, russ. Maler, Zeichner, * 1. 10. 1962 Zagorsk, lebt dort (Sergiev Posad). Sohn von Leonid Petrovič D. Stud.: 1978–82 FS für Spielzeugkunst Zagorsk bei Valerij Michajlovič Sekret, Oleg Jaroslavovič Štrombach. – Beeinflußt von seinem Vater und Nikolaj Ivanovič Barčenkov. Bes. Lsch. (u.a. *Osen' v prigorode. Tajninka*, 1992; *Most čerez Protvu*, 1994; *Fevral' v Borovske*, 1995), auch Portr. In den 80er Jahren Aqu.-Ser. *Pejzaži Kryma*. Auch Ill. (u.a. für die Ed. *Informacionnyj spravočnik Sergievo-Posadskogo rajona*, Sergiev Posad 1995). ⌂ SERGIEV POSAD, Mus.-Komplex. – Spielzeug-Mus. ⊙ *E:* Sergiev Posad: 1985 Gal. Carskaja bašnja; 1993, '94, '95 Ausst.-Saal des Künstler-Verb.; 1997 College für Film und Video (zus. mit seinem Vater). ▭ *V. M. Sekret*, Chudožniki Sergieva Posada, Sergiev Posad 1993, 4. 35; 8-ja vystavka proizvedenij chudožnikov Rossii (K), Mo. 1993, 14; Vpered (Sergiev Posad) v. 1. 10. 1994; 11. 4. 1995; 2. 10. 1997; 50 let Moskovskoj oblastnoj organizacii Sojuza chudožnikov Rossii, Mo. 1996, 114 s. N. Lavrent'eva

Demin, *Fedor Nesterovič*, russ. Maler, * 27. 8. 1925, lebt in Jasnaja Poljana/Gebiet Tula. In der Trad. der russ. realist. Malerei Gem. zum Thema Krieg (z.B. *Molodoj soldat*; *Narodnyj mstitel'*, beide 1970; *Soldatskaja vdova*, 1985), auch Lsch. (u.a. *Vo dvore*, 1980) und Stilleben (*Griby*, 1977). ▭ Oblastnaja chudožestvennaja vystavka (K), Tula 1970, 11, 19; Chronika chudožestvennoj žizni – 1973, Mo. 1975, 43; *Z. Dmitrieva*, Kommunar (Tula) v. 4. 12. 1978; Vsesojuznaja chudožestvennaja vystavka (K), Mo. 1978, 15; 5-ja vystavka „Chudožniki Nečernozem'ja" (K), Rjazan' 1980, 12; VSII Sprav. V, 1981; Vserossijskie chudožestvennye vystavki (K), Mo.: „Po rodnoj strane", 1981, 7; „Mir otstojali – mir sochranim", 1985, 15; „Zaščitnikam Otečestva posvjaščaetsja", 1991, 49. I. Fomičeva

De Min (Demin), *Giovanni*, ital. Maler, Freskant, Radierer, * 24. 10. 1786 Belluno, † 25. 11. 1859 Tarzo/Céneda (heute: Vittorio Veneto). Bis 1797 Ausb. durch den Maler-Dilettanten Ludovico Sergnano, anschl. bei dem Kupferstecher Paolo Filippi. Stud.: ab 1803 ABA Venedig zus. mit Francesco Hayez bei Teodoro Matteini und Lattanzio Querena. Unterstützt durch Francesco Leopoldo Cicognara, der D.s künstler. Talent früh erkennt, zus. mit Francesco Hayez und Vincenzo Baldacci ab 1808 mit Stip. der Akad. in Rom bei Antonio Canova, der ihn 1816 mit einer Lünette in der Gall. Chiaramonti beauftragt. Zeichnet versch. Werke Canovas für dessen Stich-Veröffentlichungen. 1817 mit Hayez Rückkehr nach Venedig. Im selben Jahr beteiligt an der Serie der Gem. des von Cicognara initiierten Omaggio delle provincie venete zu Ehren der neuen österr. Kaiserin Karolina Augusta (D.s Beitrag verschollen; Kpst. überliefert). Die Absetzung Gioacchino Murats in Neapel verhindert seinen Antritt als Hofmaler in Neapel. 1818/19 stellvertretend für den erkrankten Angelo Pizzi Lehrstuhlinhaber für Malerei an der ABA Venedig. Ab 1818 in Padua tätig. 1819 wird D.s Vorschlag, den Dom von Belluno zu freskieren, nicht akzeptiert (cf. Conte, 1986). 1831 Umzug nach Mailand, wo er 1833–34 eine *Apotheose Napoleons* (zerst.) im Pal. Samoyloff freskiert, die ihm aufgrund des polit. brisanten Themas großen Ruhm einbringt. 1840 läßt D. sich endgültig in Céneda in der Prov. Belluno nieder. – In den fünf Jahrzehnten seiner künstler. Tätigkeit entfaltete D. eine umfangreiche Produktion von virtuos ausgef. relig. und hist. Fresken neoklassizist. Prägung in zahlr. Kirchen und Palästen, v.a. in der Prov. Belluno und in Padua. Stilist. und ikonograph. an der Freskomalerei der alten Meister (v.a. Michelangelo) geschult, konnte und wollte er sich jedoch nie den mod. Strömungen des Romanticismo storico und den polit. Bestrebungen des Risorgimento öffnen, was seinem Werk etwas betont Traditionelles, Rückwärtsgewandtes verleiht. 🏛 AGORDO/Belluno, Chiesa Arcidiaconale: L'ingresso di Cristo in Gerusalemme; Cristo tra i fanciulli; Il battesimo di Cristo; La Madonna dei battuti; I quattro Evangelisti, Fresken, 1850. AURONZO/Belluno, S. Giustina in Villagrande: La profanazione del tempio, Öl, 1833; La resurrezione di Lazzaro, Öl, 1827; Le anime purganti, Öl, 1833; La trasfigurazione; L'incoronazione della Vergine e santi; Le tre virtù teologali, Fresken, 1855. – S. Lucano: La resurrezione; La discesa dello Spirito Santo; Le sette opere di Misericordia, Fresken, 1856–57. BELLUNO, Rathaus: La pace concessa dal vescovo Giovanni ai Veneziani; L'assedio di Ezzelino da Romano alla città di Belluno, respinto da questa; Ritratti di illustri bellunesi; La giustizia, Fresken, 1839 ss. – S. Gervasio: L'assunta, Fresko, 1856. – MCiv.: Aiace, Öl, 1812 (Bes. der GAM, Venedig); Ezzelino ricacciato dalle mura di Belluno, Öl, 1838. CANDIDE/Belluno, Pfarrk.: L'assunta; L'annunciazione; La deposizione della croce; La morte di Anania. – S. Paolo nell'Areopago: Fresken, 1846. CANEVA, Pfarrk.: La caduta degli angeli, Fresko, 1840. CONEGLIANO, Villa Gera: Gli elvezi soggiogati da Cesare, Fresko, 1837. DOSOLEDO/Belluno, Pfarrk.: L'apoteosi di S. Rocco, Fresko, 1844. FELTRE/Belluno, Pal. Bertón: La morte di Alberico da Romano; Il ritorno dei crociati feltrini dalla terrasanta con Giovanni da Vidor, loro condottiero, Fresken, 1849–50. MEL/Belluno: Chiesa arcipretale: La crocifissione; Il passaggio del mar rosso; L'incoronazione di Maria, Fresken, 1851–53. MIRANO, S. Michele Arcangelo: Giudizio universale, Fresko, 1847–48. PADERNO DEL GRAPPA, S. Maria di Paderno: Giudizio universale, Fresko, 1824. POSSAGNO, Tempio Canoviano: I dodici apostoli, Fresko, 1829. ROM, Vatikan, Gall. Chiaramonti: Omaggio all'arte della pittura, Fresko, 1817. SEDICO/Belluno, Villa Patt: La lotta delle spartane, Fresko, 1836–37. VENEDIG, Pal. Treves De'Bonfigli: La favola di Psiche, Fresko, 1830–31. – GAM: Ercole al bivio, Öl, 1809/17. VITTORIO VENETO, Villa Lucheschi: Zefiro e Flora, Il giudizio di Paride; Le grazie ed amore, Fresken, ca. 1818. – Antico Pal. Municipale di Céneda: Apoteosi di Ferdinando I d'Asburgo; Guecello da Camino respinto dai Cénedesi; Francesco Ramponi vecovo di Céneda mentre concede l'investitura delle sue sette corti ai procuratori di San Marco; Carlo IV imperatore che conferma al vescovo di Céneda gli antichi privilegi, Fresken, 1841–44. 📖 ThB9, 1913 (s.v. Demin, Giovanni). *Servolini*, 1955; *Comanducci* II, 1971; DEB IV, 1973; *Luciani*, 1974; DBI XXXVIII, 1990 (s.v. Demin, Giovanni; Lit.); PittItalOttoc II, 1991 (Lit.). – *G. Paludetti*, G. D. 1786–1859, Udine 1959; *Moschini Marconi* III, 1970; *Barbieri*, 1972; *Monteverdi*, Storia III, 1975; *F. Bellonzi*, Archit., pitt., scult. dal Neoclassicismo al Liberty, R. 1976, 78, 454; *U. Hiesinger*, BurlMag 120:1978 (907) 655–665; Venezia nell'età di Canova, 1780–1830 (K), Ve. 1978, 265 s., 270; *C. B. Tiozzo*, The pictorical technique of G. D., Not. da Pal. Albani 14:1985 (1) 101–105; *P. Conte*, Uno scritto inedito di G. D., Arch. stor. di Belluno, Feltre e Cadore 57:1986 (256) 113–117; Il Veneto e l'Austria. Vita e cult. artist. nelle città venete 1814–1866 (K Verona, Pal. della Gran Guardia), Mi. 1989, 63 s.; Il primo '800 ital. (K Pal. Reale), Mi. 1992, 175–178, 265, 291; *G. Dal Mas*, G. D. 1786–1859, Piave di Belluno 1992 (Ist. Bellunese di Ricerche Sociali e Culturali, Ser. Arte, 7; WV, Dok., Lit.); Art price index internat. '94, Boston 1993; *G. und L. Maggioni*, Not. sulla vita e alcune opere di G. D. (1786–1859) da un suo manoscritto inedito, Arch. stor. di Belluno, Feltre e Cadore 65:1994 (288) 154–166.

A. St.

De Min, *Giuseppe*, ital. Architekt, * 7. 3. 1890 Urbino, † 1962 Vittorio Veneto/Treviso. Stud. in Padua. In den 20er Jahren in Mailand, Mitarb. von Gio Ponti und Pier Giulio Magistretti. Der heterogene Charakter des Mailänder Novecento spiegelt sich in D.s verschiedenartigen Projekten dieser Jahre: historist. (Miethäuser, Via Montenero und Via Cernaia); „metaphys." (Wolkenkratzer, Piazza S. Babila); rationalist. (Autogarage, Via Bagutta). Ab M. der 20er Jahre wird D. Architekt der Soc. Snia Viscosa, mit deren Präs., Franco Marinotti, er verwandt ist. Für den Konzern Snia realisiert D. Betriebe in Cesano Maderno und Varedo/Mailand, in Vittorio Veneto und, nach dem 2. WK, die große Produktionsstätte in Torrevelaga für die span. Niederlassung Sniace; er entwirft Wohnungen und soz. Einrichtungen für die Arbeiter in Casale Monferrato, Venaria Reale, Voghera, Mailand und Vittorio Veneto. Im Auftrag von Franco Marinotti besorgt er die Umstrukturierung von Häusern in Mailand, Stradella/Pavia und Vittorio Veneto und die von Snia fi-

nanzierte Rest. des Pal. Grassi in Venedig (1949), Sitz des Centro Internaz. delle Arti e del Costume. D.s Hw. ist die „Stadt-Fabrik" von Torviscosa/Udine, gegr. auf dem bereits existierenden Firmensitz Torre di Zuino. Bestehend aus einem produzierenden-kult. und einem polit.-administrativen Kern, die sich um das Hauptgebäude konzentrieren, hat das kleine Zentrum auch Schulen und Wohnungen für die Arbeiter und Angestellten. Zw. den Bauten erhebt sich der Komplex der Firmenbüros und der Freizeiteinrichtungen: komponiert wie eine Piazza und inspiriert von Peter Behrens, stellen sie das eigentliche Eingangsportal zur Stadt dar. 🏛 MAILAND: Wolkenkratzer und Gebäude an der Piazza S. Babila, 1935–37 (mit A. Rimini). PONTE RACLI: Staudamm und Wasseranlagen, 1951. TORREVELAGA/Spanien: Niederlassung Sniace, 1940 ss. TORVISCOSA/Udine: Betrieb Snia und Stadtzentrum, 1935–37, 1940–45. 🕮 *F. Reggiori,* Rass. di archit. 1936 (Dez.) 3–15; ibid. 1938 (Nov.); *M. Bortolotti/ F. T. Marinetti,* Torviscosa: nascita di una città, Ud. 1988.
M. Mulazzani

Demin, *Ignatij Ignat'evič,* russ. Architekt, Kunsthandwerker, * 1810 Peterhof(?), † 9. 4. 1887 St. Petersburg. Autodidakt. Ab 1826 am St. Petersburger Hofkontor als Kopist tätig. Bekam für einen 1831 entworfenen Plan eines Cottage sowie des Aleksandrija-Parkes in Peterhof eine Geldprämie. Erhielt 1837 für das Projekt einer Kreisstadtkirche für 500 Personen (lt. Programm des Ateliers von Aleksandr Pavlovič Brjullov) den Titel Freier Künstler ohne Klassenrang der AK St. Petersburg. In den Folgejahren Dienst im Apanagen-Dept. (Architekt der Schleiffabrik St. Petersburg sowie der Papierfabrik Peterhof, 1840), als Architekt bei der Direktion der Gouv.-FS Petersburg, im Lehrbezirk und an der Univ. ebd. (1841–56), in Behörden des Finanz-Ministeriums. 1862 Titel Akademiker für Archit. der AK St. Petersburg für seine Entwürfe sowie Zchngn der von ihm errichteten Bauten. – Erbaute Villen und Mietshäuser, Lehreinrichtungen (z.B. das 5. Petersburger Gymnasium, Anglijskij prospekt 73, 1870er Jahre) und Krankenhäuser, Kirchen und Industriebauten (Gebäude für die Papierfabrik Peterhof), in denen sich die stilist. Suche des Historismus widerspiegelte. Auch Umbau der Kreuzerhöhungskirche. 🏛 ST. PETERSBURG, ul. Plechanova 16/naberežnaja Kanala Griboedova 39: Mietshaus, 1847 (partiell umgebaut). – ul. Bol'šaja Pod''jačeskaja 21: Mietshaus. – ul. Žukovskogo 18: Mietshaus, beide 1850er Jahre. – ebd. Nr 20: Villa Protasov. – ebd. Nr 23: Villa Zubžickij, beide 1859. – 17 linija Vasil'evskogo ostrova 60: Villa Gromskij, 1850er Jahre. – ul. Kolomenskaja 26: Villa Nakašidze. – Zabalkanskij prospekt 36: Villa Stanček. – Ruzovskaja ul. 31: Wohltätigkeitsverein des Obuchov-Krankenhauses, alles 1860er Jahre. – Naberežnaja reki Prjažki 32: Villa Otten, 1870er Jahre. 🕮 ThB9, 1913 (s.v. D., Ignatij Ignatjewitsch). Russkij biografičeskij slovar', t. De-Dja, StP. 1896–1916; *Kondakov* II, 1914, 323; *B. M. Kirikov* (Ed.), Architektory-stroiteli Sankt-Peterburga serediny XIX-nač. XX v., StP. 1996. – *Petrov* I, 1864; Chudožestvennye novosti 1887 (8) 246 s.; Chudožestvennaja chronika StP. 1887 (15) 133 [Nekr.]. – Moskau, RGALI: f. 1925, op. 1, d. 18 (Formuljarnyj spisok 1857). Moskau, RGIA: f. 513, op. 102, d. 372, 2000, 3495, 3765, 4097, 4099, 4102, 4751, 4895, 5228, 9837.
L. Sajgina

Demin, *Leonid Petrovič,* russ. Maler, * 7. 11. 1932 Kosarevo/Gebiet Orel, lebt in Sergiev Posad. Vater von Andrej Leonidovič D. Stud.: 1947–49 künstler. Berufsschule Fedoskino bei Ivan Fedorovič Vetrov; 1951–54 künstler. Mittelschule Moskau bei Valentin Vasil'evič Leonovič. – In der Trad. der russ. realist. Malerei sensible Portr. (z.B. *Portret materi,* 1969–70; des Malers *Anatolij Fedorovič Gurkin,* 1997) und farbsatte, stimmungsvolle Lsch. (u.a. *Zimnij večer,* 1975, *Zagorsk. Mart,* 1983). Auch Genre-Gem. (*Pivo,* 1978). 🏛 DOLGOPRUDNYJ, KG. SERGIEV POSAD, Mus.-Komplex. STUPINO, KG. 👁 *E:* Sergiev Posad: 1994, '98 Ausst.-Saal der Künstler-Verb.; 1997 College für Film und Video (zus. mit seinem Sohn). 🕮 ChudSSSR III, 1976 (Lit.). – Iskusstvo 1975 (7) 78; Zonal'naja chudožestvennaja vystavka „Podmoskov'e" (K), Mo. 1980, 15; VSII Sprav. V, 1981; Vserossijskaja chudožestvennaja vystavka „Mir otstojali – mir sochranim" (K), Mo. 1985, 15; *V. M. Sekret,* Chudožniki Sergieva Posada, Sergiev Posad 1993, 2, 4, 21; Vpered (Sergiev Posad) v. 2. 10. 1997; XVIII vystavka proizvedenij chudožnikov central'nich oblastej Rossii (K), Mo. 1997, 8.
N. Lavrent'eva

Demin, *Nikolaj Mefodievič* → **D'omin,** *Mykola Mefodijovyč*

Demin, *Savva Mefodievič,* russ. Maler, * 5. 12. 1884 Černavka/Gouv. Saratov, † nach 1954. In den 50er Jahren in Astrachan' und der Region Krasnodar ansässig. Stud.: 1899–1903 im Studio von Pavel Aleksandrovič Vlasov, Astrachan'. – Bevorzugt Portr. (u.a. des Sohnes, 1940; Selbstporträt, 1948) und Lsch. (z.B. *Gornaja rečka,* 1948; *Berezki,* 1954). 🕮 ChudSSSR III, 1976. – VSII Sprav. II-V, 1967–81.
S. Butarygina

Demin, *Sergej Jakovlevič,* russ. Monumentalkünstler, Zeichner, * 16. 11. 1936 Manino/Gebiet Voronež, lebt in Orel. ⚭ Monumentalkünstlerin und Malerin *Lilija Semenovna Demina* (* 29. 10. 1939 Čerkassy). Stud.: bis 1966 (D.s Frau bis 1965) Kunst-FS Cchinvali; 1967–72 HS für angew. Kunst (ehem. Stroganov-KGS) Moskau bei Grigorij Alekseevič Zacharov (D.s Frau bei Gelij Michajlovič Koržev). Lehrtätigkeit: 1976–78 Pädagog. HS Orel (zus. mit seiner Frau). – Neben Zchngn (Bleistift) v.a. Mon.-Werke, bevorzugt Bemalung von Keramikfliesen, meist zus. mit seiner Frau, die auch Portr., Lsch. und (Blumen-)Stilleben in Öl malt. 🏛 *Wandbilder:* KARAČEV/Gebiet Brjansk, Kulturhaus, Foyer: Tempera, 1975. OREL, A. S. Puškin-Bibl., Interieur: 1974; Firma Maljutka, Korridor: 1977; Kinderpoliklinik Nr 2, Vestibül: 1989; Trikotagenfabrik, Schwimmbad, Interieur: Tempera, 1990. – OREL, Tbc-Klinik, Vestibül: Glasmalerei, 1973. – Restaurant Orel, Saal: Relief und Bemalung, 1980. 👁 *E:* 1991 Orel. 🕮 *T. A. Rymšina,* Chudožniki Orlovskovskogo kraja, Tula 1989. – Chudožestvennye vystavki „Kraj černozemnyj" (K): 4-ja, Orel 1974, 107; 6-ja, Voronež 1984, 82, 87; Chudožnik 1978 (11) 5 (Beilage); Orlovskaja pravda v. 3. 4. 1982; v. 8. 6. 1991; *I. Kruglyj,* Chudožnik i sovremennost', Orel 1983, 14, 141, 146; 7-ja respublikanskaja chudožestvennaja vystavka „Sovetskaja Rossija" (K), Mo. 1985, 32; Chudožniki zemli Orlovskoj. K 50-letiju Orlovskoj organizacii Sojuza Chudožnikov (K), Mo. 1992, 76; Prostory Rossii v. 20. 5. 1994, 12.

S. Butarygina

Demin, *Vasilij Faddeevič*, russ. Maler, Graphiker, * 28. 12. 1911 (10. 1. 1912) Akišino b. Rjazan', † 1987 Zaseč'e b. Rjazan'. 1930–35 Zeichenlehrer an einer Mittelschule in Kasimov. Stud.: 1935–40 KHS Moskau bei Vasilij Nikolaevič Bakšeev. 1941–76 in Kyzyl ansässig. Lehrte ab 1941 ebd. an Kunststudios. Ab 1942 Ltg der Abt. Bild. Kunst der tuwin. Reg., zuständig für die method. Anleitung der Künstler und die Einrichtung einer Reihe von Kunststudios. 1963 Titel Verdienter Kunst- und Literaturschaffender Tuwiniens (Republik Tuva). – D. ist einer der ersten Berufskünstler in Tuva. Neben polit. Plakaten zum 2. WK (u.a. *Vse dlja fronta*, 1941; *Pobeda Sovetskogo naroda budet takže pobedoj bratskogo tuvinskogo naroda*, Ser., 1942) auch Portr. (z.B. der Maler *Dmitrij Innokent'evič Karatanov*, 1948, und *Vsevolod Lamaevič Tas-ool*, 1974), (Industrie-)Lsch. (v.a. Sibirien), hist. Gem., Darst. aus dem Leben des tuwin. Volkes und Stilleben (alles Öl), für die helles Kolorit, typisierte Figuren und Einbeziehung von folklorist. Elementen char. sind. Auch Buch-Gest. für den Buchverlag Tuva (z.B. zu S. V. Kozlov, *Kamnerez*, 1962; *Rabotjagi*, 1966). ⌂ IRKUTSK, KM. KYZYL, NM Tuva: Werk-Slg. MOSKAU, KM der östl. Völker. ⊙ *E:* 1984 Kyzyl. ▭ ChudSSSR III, 1976 (Lit.). – Vystavki proizvedenij chudožnikov Tuvinskoj respubliki (K), Kyzyl 1969, 8; 1970, 6; 1971, 12; 1974, 11; 1976, 9; 1977, 3; *I. Salčak*, V. D., Kyzyl 1969; Chudožniki Urala, Sibiri, Dal'nego Vostoka (K), Mo. 1972, 20; *Golubova*, 1973; Izobrazitel'noe isk. avtonomnych respublik RSFSR, Le. 1973, 310, 319, 439; VSII Sprav. IV-V, 1975–81; IIN SSSR VIII, 1977; *Červonnaja*, 1978; Šyn (Kyzyl) v. 25. 6. 1983; Tuvinskaja pravda v. 29. 1. 1984; 6. 2. 1986.

N. Beloglazova

Demin, *Vladimir Nikolaevič*, russ. Maler, Textilkünstler, * 3. 5. 1957 Serpuchov b. Moskau, lebt in Moskau. Stud.: 1979–84 dekorative Kunst, Textil-HS Moskau. 1984–87 Ltg des Lehrstuhls Komp., ebd. – Natürl. Design und Komp. in Form und Farbe. Realist. Grundformen sowie symbol. Darst. mit starker Verallgemeinerung und hoher Expressivität werden in versch. Komponenten zerlegt und in eine neue, assoziativ-romant. Bildwelt transformiert. ⊙ *E:* Moskau: 1994 Haus der Medizin; 1995 Ausst.-Zentrum Krasnaja Presnja, Gal. Express-Vanguard. – *G:* seit 1982, u.a. 1991, '92 Moskau: ART-MIF. ▭ V. D. (K Gal. Novye imena), Mo. 1992. – *Online:* artinfo. itar-tass. com, 1999 (s.v. Diomin, Vladimir Nicolaevich).

D. K.

Demina, *Klavdija Petrovna*, russische Bildhauerin, * 5.(18.) 4. 1900 Charkiv, † 12. 12. 1976 Leningrad (St. Petersburg). Stud.: 1917 Kunst-FS Charkiv; 1922–26 HS für angew. Kunst Petrograd bzw. Leningrad bei Aleksandr Terent'evič Matveev. War 1920–22 im Werk „Chudožestvennaja industrija" in Charkiv tätig, danach in Petrograd ansässig. Mitgl.: 1927–32 Ges. 4 iskusstva; 1930–32 Krug chudožnikov. Lehrtätigkeit in Leningrad: 1945–46 Kunstpädagog. FS; 1952–54 HS für angew. Kunst. – In realist. Manier Skulpt. (Gips, Bronze), auch mon.-dekorative Arbeiten sowie Garten- und Park-Skulpt. (Beton, 1936–59). Char. sind intensives Studium des Modells, originelle Komp.-Lösungen und plast. Expressivität (z.B. *Golova*, Gips, 1929; *Portret M. V. Frunze*, Gips, 1930; *Letčik*, Bronze, 1936, Perm'). Bes. lebendig sind die Kleinplastiken (u.a. Majolika, Porzellan, Fayence, Terrakotta, auch farbiger Marmor, z.B. *Ženskaja figura*, 1926, Tret'jakov-Gal.; *Dvuchfigurnaja kompozicija*, Holz, 1926; *Nesuščaja korzinu*, Gips, getönt, 1930, beide Russ. Mus.). ⌂ MOSKAU, Tret'jakov-Gal. PERM', KG. ST. PETERSBURG. Russ. Mus. VJATKA, KM. ⊙ *E:* 1974 Leningrad (K). – *G:* seit 1926. ▭ ChudSSSR III, 1976 (Lit.); *Milner*, 1993 (s.v. D., Klavdiya P.). – VSII Sprav. I, 1965 (fälschl. D., V. K.); III-V, 1973–81; *Severjuchin/Lejkind*, 1992.

M. Zajceva

Demina, *Lilija Semenovna* cf. **Demin,** *Sergej Jakovlevič*

Demina, *Margarita Timofeevna*, russ. Medailleurin, Metallgestalterin, * 29. 10. 1934 Moskau, lebt dort. Stud.: 1955–61 HS für angew. Kunst (ehem. Stroganov-KGS) Moskau bei Fedor Jakovlevič Mišukov, G. V. Krjukov. Lehrte ab 1965 ebd. – Kleinplastiken (u.a. *Muzykanty*, Messing, Kupfer, 1964; *Krasavicy*, Eisen, Kupfer, 1965; Tierfiguren, Messing, Kupfer, 1967–68; *Fantazija*, Messing, 1970), dekorative Plaketten zur Wand-Gest. (z.B. *Cirk*, 1967; *Jeanne d'Arc*, 1969, beide Kupfer, getrieben, Email) und zahlr. Gedenk-Med. (Bronze, u.a. *K 450-letiju so dnja roždenija Leonardo da Vinči*, 1964; *Emel'jan Pugačev*, 1972–73; *Koncert Richtera*, 1973; *Adam Mickiewicz*; *Andrej Platonov*, beide 1981). Auch Schmuckgegenstände (Metall, Email), u.a. Broschen, Ringe, Ohrringe, Armbänder. ▭ ChudSSSR III, 1976 (Lit.). – Vsesojuznye vystavki medal'ernogo isk. (K): 1-ja, Mo. 1973, 97; 2-ja, Mo. 1975, 21; Chronika chudožestvennoj žizni-1974, Mo. 1976, 374; 1977, Mo. 1979, 310; Sovetskaja skul'ptura-74, Mo. 1976, 295; Chudožnik 1976 (6) 36 s.; Iskusstvo 1977 (12) 17; Moskovskij chudožnik v. 10. 9. 1978; Vsesojuznaja chudožestvennaja vystavka (K), Mo. 1981, 27.

I. Fomičeva

Deming, *Adelaide*, US-amer. Landschaftsmalerin, Wandmalerin, * 12. 12. 1864 Litchfield/Conn., † 1956, lebte dort und in New York. Stud.: Art Students League, New York; Philadelphia Mus. School of Industrial Art, Pa.; Pratt Inst. Art School, Brooklyn/N. Y.; bei William Merritt Chase, William Langson Lathrop, Henry Bayley Snell und Arthur Wesley Dow. Mitgl.: Nat. Assoc. of Women Painters and Sculptors. – Aqu., Öl. ⌂ BROOKLYN, Pratt Inst. LITCHFIELD, Public Libr. ▭ ThB9, 1913. *Fielding*, 1984; *Falk*, 1985. C. R.

Deming, *David Lawson*, US-amer. Bildhauer, * 26. 5. 1943 Cleveland/Ohio, lebt in Austin/Tex. Stud.: Cleveland Inst. of Art, Ohio, bei William M. McVey; Cranbrook Acad. of Art, Bloomfield Hills/Mich., bei Julius Schmidt. D. lehrt seit 1972 an der Univ. of Texas in Austin (1992 Dir. des Dept. of Art and Art Hist.). Mitgl. der Internat. Sculpt. Association. – Stahl, Bronze (u.a. Büsten); auch Medaillons. ⌂ AUSTIN, Public

Libr. – First City Centre: Mystic Raven, abstrakte polychrome Stahlkonstruktion (ca. 6,70 m). COLUMBUS/Ohio, Mus. of Art. FORT WORTH/Tex., Nat. Bank. LITTLE ROCK, Arkansas AC. LONGVIEW/Tex., Mus. and AC. SAN ANTONIO/Tex., Mus. of Art. ⊙ *E:* Dallas (Tex.), Adams-Middleton Gall. ▭ WWAA, 1980–1997/98. – *M. Fries*, Texas architect 34:1984 (1) 87, 89; Art news 86:1988 (Sept.) 74. C. R.

Deming, *Edwin Willard*, US-amer. Maler, Bildhauer, Zeichner, Illustrator, * 26. 8. 1860 Ashland/Ohio, † 15. 10. 1942 West Redding/Conn. oder New York, lebte in New York. Aufgewachsen in W-Illinois, wo er ersten Kontakt zu dort lebenden Indianern hatte. Stud.: vor 1884 Art Students League, New York; 1884/85 Acad. Julian, Paris, bei Gustave Boulanger und Jules Joseph Lefebvre. 1887 erste Reise in den amer. Westen (zu den Apachen- und Pueblo-Indianern im SW sowie zu den Umatillas in Oregon), die den Beginn eines lebenslangen Interesses für diese Region und ihre Ureinwohner markierte. Lebte längere Zeit unter den Sioux- und Crow-Indianern; schildert seine Erfahrungen in zahlr. ill. Art. für das Outing mag. in den 1890er Jahren (sign. zus. mit DeCost Smith als „Man-Afraid-of-His Name"). Befreundet mit Frederic Remington, Charles Schreyvogel, Sitting Bull und Theodore Roosevelt. – Leben, Mythen und Gebräuche der nordamer. Indianer, die er wie kaum ein and. amer. Maler kennt und achtet, werden zum dominierenden Sujet für D.s Schaffen. Er verwendete gedämpfte Farben, bes. rosa, gelbe und blaue Töne. Die Historien-Gem. (*Washington at the Site of Fort Pitt, 1753*; *The Landfall of Jean Nicolet*) sind genau recherchiert und präzis ausgeführt. Schuf Wandbilder für öff. Gebäude und Privathäuser, dekorative Gem. in Öl, Aqu. und Gouache (auch mit Lsch. des amer. Westens), Zchngn, Bronze-Skulpt. (zw. 1905 und 1910; auch Tier-Darst.), Ill.: H. C. Wetmore, *Buffalo Bill, der letzte große Kundschafter*, St. 1902 (neue Ausg. 1906 und B. 1911); C. A. Eastman, *Wigwam Evenings*, Boston 1909; Th. Deming-Osterheld (D.s Ehefrau), u.a. *Amer. Animal Live*, N. Y. 1916; H. R. Driggs, *Rise of the Lone Star*, N. Y. 1936. ⌂ BROOKLYN/N. Y., Brooklyn Mus. GEORGETOWN/S. C., Brookgreen Gardens. INDIANAPOLIS/Ind., Herron Art Inst. MADISON, Wisconsin Hist. Soc. MONTCLAIR/N. J., AM. NEW YORK, Metrop. Mus.: The Fight; Mutual Surprise, beides Bronze-Skulpt. – Whitney. – Amer. Mus. of Natural Hist.: Wand-Gem. mit Szenen aus dem Leben der Indianer, 1916 (verloren). – Mus. of the Amer. Indian: Wand-Gem. SPOKANE/Wash., Mus. of Native Amer. Cult. TULSA, Thomas Gilcrease Inst. of Amer. Hist. and Art. WASHINGTON/D. C., NG of Art. – Smithsonian Institution. ⊙ *G:* 1904 St. Louis: WA / 1915 San Francisco: Panama-Pacific Expos. (beide mit Bronze-Med.). ▭ ThB9, 1913; Vo5, 1961. WWAA, 1940/41; *Clapp* II, 1970; AAW I, 1974; *Samuels*, 1976; *Fielding*, 1984; *Falk*, 1985; AAA II, 1986; *Osterwalder*, 1890–1945, 1992; *Ries*, 1992. – *Clark*, Ohio, 1932; *J. Dykes*, 50 great Western illustrators, Flagstaff, Ariz. 1975 (WV); *T. G. Lamb*, Eight bears. A biogr. of E. W. D., 1860–1942, Oklahoma City 1978. Ch. R.

Deminis, *Domenico* → **Nimis,** *Domenico*

Demino, *Giovanni* → **Fratino,** *Giovanni*

Deminskaja, *Luiza Janovna*, russ. Bühnenbildnerin, Malerin, Zeichnerin, * 2. 3. 1923 Turt-Kula/Usbekistan, lebt in Moskau. Stud.: 1951–60 Kunstpädagog. FS ebd. bei Pavel L'vovič Rodnjanskij, Viktor Alekseevič Šestakov. – Bühnenbilder für Aufführungen in Moskauer Klubs und Kulturhäusern, die lakon. wirken und überhöhende Elemente nutzen (u.a. zu L. S. Tyrin, *Otec i syn*, 1956; L. B. Geraskina, *Ee buduščee*, 1960; M. Ja. Magidenko, *Veter s Nevy*, 1976, zus. mit Grigorij L'vovič Kigel'). Auch Lsch. (Ser., Gouache, z.B. *Podmoskov'e*, 1957; *Riga*, 1950er-60er Jahre; *Vladimir*, 1960er Jahre) und Stilleben (u.a. *Prazdničnyj buket*, Tempera, 1977; *Belye rozy*, 1985; *Na terrase*, 1992, beide Aqu.). ⊙ *E:* 1974 Chimki b. Moskau, Haus des Künstlers. ▭ ChudSSSR III, 1976. – Muzykal'naja žizn' 1976 (10) 3. K. Chačaturjan

Demio, *Giovanni* → **Fratino,** *Giovanni*

Demir, *Ali*, türk. Maler, * 24. 3. 1931 Kayseri, lebt in Istanbul. Stud.: Erkek Sanat Enstitüsü (Zentrales Kunstinst.) Istanbul; seitdem als freier Künstler in Istanbul; mehrfach ausgezeichnet (1971 TRT Resim Başarı Ödülü, 1973 Preis des Yanmca Belediyesi Festival, 1974 DYO Jüri Özel Onörü). – D. wendet sich wiederholt auch in versch. Publikationen gegen die Wirklichkeitsferne der mod. türk. Akademie-Malerei, deren Farbgebung er bes. kritisiert. D. selbst bevorzugt Gelb, Ocker und tabakfarbene Töne und einen gemäßigt realist. Stil mit Ansätzen zur naiven, klobigen Formensprache, um v.a. Sujets aus dem Alltagsleben in Istanbul und Anatolien darzustellen (*Die kleinen Hirten*, 1983). ⌂ EPE, Gemeindeverwaltung. ⊙ *E:* 1980 Berlin, Staatstheater / 1981 Delft, Trefcentrum Art Gall. / 1990 Istanbul, Pamukbank Sanat Gal. / 1991 Ankara, Turkuvaz Sanat Gal. / 1992 Izmir, Selçuk Yaşar Müzesi. – *G:* 1969–78 Istanbul, Ankara, regelmäßige Teiln. an den Staatl. türk. Ausst. für Malerei und Plastik / 1993 Istanbul (3. Sanat Fuari) (K). ▭ Günümüz türkiyesinde kim kimdir (Who's who in Turkey), 6. ed., Istanbul 1999. – *Ataöv*, 1979; Die Gesch. der türk. Malerei, Genf 1989. S. B.

Demir, *Nihat*, türk. Maler, Glaskünstler, * 1. 1. 1958 Hogu/Anatolien, lebt in Belgien. Stud.: bis 1976 Istanbul (Humanités techniques en Electronique); 1977–1981 Marmara Univ. Istanbul (Monumentalmalerei); danach Aufbau-Stud. in Brüssel bei P. Majerus (Rest. alter Glasfenster) und (1988) Sars-Poteries, Frankreich, bei Z. Bohus und M. Lugossy; seit 1989 als freier Künstler in Eupen (Belgien) tätig. Ausz.: 1985 Liège (Cercle Leonardo da Vinci), 1986 ebd. (Immigrées et arts plastiques). ✉ Le verre en Belgique, [Gent], 1989. ⊙ *G:* 1987 Tokio, Glass in Japan / 1990 Kanazawa, Chamber of Commerce (Internat. Exhib. of Glass) / 1992 Liège, Générale de Banque (Sculptures contemp. en cristal et en verre des pays du Marché Commun) (K). ▭ Qui est Qui en Belge francophone et au Grand-Duché de Luxembourg 1990/91, Br. 1990; WWCGA, 1993. S. B.

Demirağ, *Serap*, türk. Maler, * 1951 Alpullu/Kırklareli. Stud.: bis 1971 Istanbul, Eylül Univ. (Malerei), danach bis 1986 Marmara Univ. (bildende Kunst und Kunstgesch.), M. A. Ausz.: 1990 DYO Painting Concours; 1992 Tekel Painting Concours. – Gestaltet meist surreale Komp. aus realist. aufgefaßten Einzelmotiven (*Modigliani'ye Gönderme*, 1993); seit den 1990er Jahren bevorzugt in Mischtechniken auf Lw. Durch die subtile Behandlung der klaren Farben und die Kombination einfarbiger Partien mit durchmusterten Flächen entsteht dabei häufig ein dekorativer Gesamteindruck. 🏛 BOLU: Devlet Güzel Sanatlar Müz. (Staatl. Mus. für Schöne Künste). ⊙ *E:* Istanbul: 1984 Erenköy Iş Sanat Gal.; 1986–89 Taksim Sanat Gal.; 1993 Bilim Sanat. Gal. / Ankara: 1986 Turkuvaz Sanat Gal.; 1993 Vakko Ankara Sanat Gal. – *G:* 1971 Ankara: Devlet Resim ve Heykel Sergisi (Staatl. Ausst. für Malerei und Plastik) / 1992, '93 Istanbul: Sanat Fuarı (K) / 1993 Stockholm: Art Fair. S. B.

Demircev, *Fedor Ivanovič* → **Demercov,** *Fedor Ivanovič*

Demirci, *İlhami* (Demirdji, *Ilhami*), türk. Maler, * 1908 Istanbul, † 1976 (1977) ebd. Stud.: KA Istanbul (Diplom); 1936–38 Fortbildung in Berlin bei Max Dungerten; danach Rückkehr nach Istanbul; Doz. am Çapa Lehrerseminar, seit 1948 als Doz. am Lehrerseminar Istanbul, in dieser Zeit Zusammenarbeit mit Zeki Kocamemi; seit 1938 Mitgl. des „Bundes der unabhängigen Maler und Bildhauer" trotz teilweiser abweichender Ansichten. – D. ist einer der einflußreichsten Künstler aus der Gruppe mod. türk. Maler, die sich seit den 30er Jahren gegen die spät-impressionist. Trad. zu Anfang des Jh. wandten. Seine Arbeiten sind repräsentativ für die sog. „konstruktivist." Phase der türk. Malerei, in der bes. der Einfluß Paul Cézannes und des europ. Kubismus dominierte. V.a. die Arbeiten der 30er Jahre zeigen in Motivwahl, Kolorit und geometr. Umsetzung der Sujets starke Nachwirkungen dieser Strömungen (z.B. *Stilleben mit Gitarre*, 1939). Farbe, Linien und Verteilung der Formen sind die Hauptfragestellungen, mit denen sich diese Arbeiten auseinandersetzen. Während zunächst noch räumliche Konzeptionen spürbar sind, herrscht später eine ganz und gar zweidimensionale Bildauffassung vor. Nach 1945 wird die Landschaft zu D.s Hauptthema. Einerseits bildet nun die genaue Naturbeobachtung die Grundlage für die Gestaltung, gleichzeitig wird in diesen Arbeiten auch der Einfluß Zeki Kocamemis spürbar. Durch seine Tätigkeit als Doz., der D. bes. große Bedeutung beimaß, übte er großen Einfluß auf die Ausbildung der in der 2. H. des 20. Jh. tätigen türk. Künstler aus und hat bis heute einen bed. Ruf v.a. als Kunsterzieher. 🏛 ISTANBUL: Resim ve Heykel Müzesi; Sabancı Coll. ⊙ *G:* 1938 Ankara: II. Birleşik Resim Sergisi (K) ; 1993 Istanbul: 3. Sanat Fuarı (K). 📖 Vol, 1953 (s.v. Demirdji, Ilhami). – *N. Berk*, İstanbul Resim ve Heykel Müzesi, [Istanbul] 1972 (Santat Kitpları Serisi, 1), 29 (Abb.); Ataöv, 1979, 58; Die Gesch. der türk. Malerei, Genf 1989. S. B.

Demirci, *Tanju*, türk. Maler, * 16. 11. 1961 Edirne, lebt in Istanbul. Stud.: 1980–84 Marmara Üniv. Istanbul (Malerei), 1986 Master of Art ebd., 1991 Istanbul Mimar Sinan Üniv., Promotion; seitdem dort als Doz. tätig. – D. gestaltet v.a. in den 90er Jahren großformatige Komp. aus abstrakten, an Schriftzeichen erinnernde Formen, bei denen Elemente ostasiatischer Schriften und eines eckigen Kufi-Duktus kombiniert werden (z.B. *Kompozisyon*, 1993). ⊙ *E:* Istanbul: 1988 Destek Reasürans Sanat Gal.; 1989 Mime Sanat Gal.; Lami Sanat Gal.; 1991 Gal. Baldem. – *G:* 1986 Izmir, Turgut Pura Vakfı / 1988 Eskişehir, Güzel Sanatlar Gal. (Eskbank Yunus Emre Concours) / 1991 Ankara, 52. Devlet Resim Yarışması (Staatl. Ausst. für Malerei und Plastik) / 1993 Istanbul, 3. Sanat Fuarı (K). 📖 Günümüz türkiyesinde kim kimdir (Who's who in Turkey), 6. ed., Istanbul 1999. S. B.

Demirdji v.e. **Demirci**

Demirdji, *Ilhami* → **Demirci,** *İlhami*

Demirdjian, *Edmond* → **Demirdžijan,** *Edmond*

Demirdjian, *Yervant*, armen. Maler, Buchgestalter, * 1870 Konstantinopel, † 18. 9. 1938 Paris, lebte in Kairo. Stud.: 1885–ca. 1890 KSch Konstantinopel; Acad. Julian, Paris. Danach wieder in Konstantinopel, 1896 wegen der Pogrome gegen die Armenier Emigration nach Ägypten. Dort Lehramt am armen. Gymnasium Galustyan sowie an arab. Schulen. – Portr. von Volkstypen Ägyptens, Lsch. (bes. vom Nil) und Stadtansichten des alten Kairo, auch relig. Gemälde. Die Malerei in der Trad. der frz.-realist. Kunst schildert stimmungsvoll oriental. Natur und Lebensart. Es dominieren die für Gegenden mit trockenem und warmem Klima char. grauen und braunen Farbtöne in feinen Abstufungen, typ. sind helles Licht und meisterhafte Licht-Schatten-Darstellungen. Außerdem Gest. arab. Lehrbücher. 🏛 EREVAN, NGG: Am Eingang des Ateliers, Kairo, 1897; An der Brücke, Paris, 1908. KAIRO, Armen. Kathedrale Gregor der Erleuchter: Letztes Abendmahl; Mariä Himmelfahrt. 📖 *Dznuni*, 1977; Haykakan Hamaŕot Hanragitaran (Kleine Armen. Enz.), II, E. 1995. – Expos. d'art arménien ..., organisée par Les Amis de la Cult. Arménienne (K), Le Caire 1943; *R. Šišmanyan*, Bnankarn u hay nkaričnere (Lsch. und armen. Künstler), E. 1958, 261 s.; *O. Avédissian*, Peintres et sculpteurs arméniens, Le Caire 1959, 313; *A. Yapučean*, Egiptahay mšakoyťi patmuťiwn (Kultur-Gesch. der Armenier Ägyptens), Kairo 1981, 490 s.; *Š.Xačatryan*, Fransahay kerparvest (Die Kunst der frz. Armenier), E. 1991, 36. L. Chookaszian

Demirdžijan (Demirdjian), *Edmond*, Maler, Graphiker, * 2. 4. 1951 Sofia/Bulgarien, lebt dort und in West Hollywood/Calif. Stud. in Sofia: bis 1971 Kunstgymnasium; bis 1978 KHS. Weiterbildung mit Stip., u.a. 1983 in Bydgoszcz, 1984 in Kuopio, 1996 Cité Internat. des Arts, Paris. 1995 mit Stip. der Pollock-Krasner Found. in New York. – Strebt nach Herstellung einer neuen visuellen Beziehung zw. dem dargestellten Objekt und dem Auge des Betrachters (*Kompozicija I, II, III*, Lith., 1982). D.s Bildwelt ist gegenständl.: immer aufs neue wiederholen sich Mensch- und Tiergestalten, Gegenstände (Stühle, Bälle, fliegende Häuser, Messer, Boote, Räder) und Früchte, die komplizierte innere Beziehungsgeflechte bilden. Phantasievoll, impulsiv und gleichzeitig nach strengen Komp.-Prinzipien aufgebaut, wirken D.s Werke nur äußerl. chaotisch in ihrer bewegten Farbenfülle und spontanen Rhythmik der Pinselstriche. Dahinter verbirgt sich D.s Wirklichkeitserfahrung (*Motor*, 1977; *Kolelo, zakačalka i balton*, 1978; *Jerarchija; Vnezapno; Pejzaž s žălta kăšta*, alle 80er Jahre, alle Öl). In den 90er Jahren Hinwendung zu surreal beeinflußten, zeichenhaft-stilisierten Arbeiten (*My Personages I, II; The Notes of Nature I, II; The Target*, alle Acryl, 1996) sowie zu einer fast formlosen Malerhandschrift (*Kompozicija I, II, III*, alle Acryl, 1998). Auch baugebundene Arbeiten. 🏛 DOBRIČ, KG. GABROVO, Rathaus: Mosaik, 1987. PLOVDIV, KG. RAZGRAD, Grand Hotel Razgrad: Wandbild, 1988. SLIVEN, KG. SOFIA, Nat. KG. – Städt. KG. VARNA, KG. 👁 *E:* u.a. Sofia: 1979 Gal. ul. Rakovski 108; 1983 Gal. bulevard Ruski 6; 1987 Gal. ul. Rakovski 125; 1993 Gal. Kati; 1996 Gal. Makta / Wien: 1988 Gal. Haus Wittgenstein; 1990 Kakerlak-Gal.; 1991 Lotos-Gal. / 1989 Berlin, Gal. Kurfürstendamm-Karree / 1990 Rom, Gall. Il Saggiatore / 1991 Stockholm, Gal. Iduna / 1994 Kansas City, Eva Reynolds FA / 1997 Plovdiv, Gal. Lukas; Kansas City, Folly Theater-Gall. 📖 *M. Kirov*, Izkustvo 1979 (7); 2. Bienn. of graphic art, Varna '83 (K), Sofija 1983; *M. Vasileva*, Izkustvo 1987 (8) 22 s.; *R. Michajlov*, Images, art & life 1990 (2); *G. Grünwald*, Tageblatt (Linz) v. 22. 1. 1991; Südwest Presse v. 27. 10. 1993; *C. Duke*, Länstidningen v. 14. 11. 1994; *L. Milian*, Mirror Spectator v. 11. 11. 1995; LESEDRA/LESSEDRA. Săvremenno bălgarsko izkustvo. Edno lično gledište/Contemp. Bulg. art. A private view, III, Sofija 1998. S. Jähne

Demirgenci, *Ilhan*, türk. Karikaturist, * 1957 Istanbul, lebt in Braunschweig. Als Kfz-Mechaniker in Braunschweig tätig, daneben dort Karikaturist für das türk. Satireblatt „Gir-Gir" und die „Neue Braunschweiger Zeitung". – Behandelt alle aktuellen Themen (Industrie, Umweltproblematik etc.), aber auch Fragen wie Freiheit, Überfluß und Tod „mit zynisch-satirischem Humor" (Flemig). 👁 *E:* 1989 Braunschweig, Jugendzentrum Selam. 📖 *Flemig*, 1993. S. B.

Demiris, *Alexandros* → **Damiris,** *Alexandros*

Demirjian, *Jorge*, argentin. Maler, Zeichner, Graphiker armen. Abstammung, * 5. 6. 1932 Buenos Aires, lebt dort. Stud.: Musik (Klavier und Violine). Ab 1952 Hinwendung zur Malerei; besuchte mehrfach kurzzeitig die Ateliers von Emilio Pettoruti und Horacio Butler; ansonsten Autodidakt. 1954 Reise nach N-Argentinien und Bolivien, läßt sich bis 1957 in Mar del Plata nieder. Mit Stip. des Fondo Nac. de las Artes Reisen nach Frankreich, in die Schweiz, nach Spanien und Italien (bleibt einige Zeit in Mailand); 1964–66 in Paris, 1967 kurzzeitig in New York; 1970–72 (mit Stip. des Brit. Council) in London Stud. am Hornsey College und am Slade College of Arts. 1976–78 erneut in Paris, seit 1979 wieder in Buenos Aires. Zahlr. Ausz., u.a. 1960 Gold-Med. beim Salón in Santa Fé; 1960 Premio de Pint. beim Festival de Arte in Tandil. – Anfangs vom dt. Expressionismus und bes. auch Goya, De Kooning, Bacon und Pollock beeinflußt. In den 60er Jahren folgt D. der argentin. Gruppe „Nueva Figuración". Seine Darst. der menschl. Figur entsprechen in dieser Zeit keinem naturalist. Kodex (z.B. die Gem. *Disociación* und *Una mujer es una mujer*). Die am Slade College of Arts in London erlernte Technik des Siebdrucks reflektiert sich in seinen späteren Arbeiten. 1975 entsteht die Serie *Atletas* (Acryl). Gestalten ohne Gesichter und ohne Identität mit hoher Ausdrucksfähigkeit werden im Moment größter Spannung in der bewegten Aktion des Körpers erfaßt und stehen im Gegensatz zu immaterieller kühler Farbigkeit. D. arbeitete dabei mit Schablonen von Teilen des Körpers zur Komp. der Figuren im Raum. Stärker tritt die Dramatik in der Serie *Animales* (Öl) zutage, in der der Mensch durch die Tiere besiegt ist. Dieser Fall des Menschen wiederholt sich in der Serie *Situaciones urbanas* (1980), wo er Opfer des Autos wird. In seiner 1985 ausgestellten Serie *Espectáculo* zeigen die stereotypen menschl. Figuren zwar Gesichter, aber im Umriß beschnittene Körper. Gefühl von Unruhe und Erregung vermitteln *Dúo con Espalda* (1983) und *Las armenias en el Kremlin* (1985). In der Serie *Profesores* (1987–88) erstrebt D. das Gleichgewicht von umgebendem Raum und Figur. Werke der letzten Jahre, wie *Las amigas* (1992), *Tres personajes y medio* (1994) und *Bar británico* (1995) zeigen mysteriösere Wesen, die im gleichen Raum zusammenleben, ohne jedoch miteinander in Beziehung zu stehen. D. legt stets Gem. mit Kohlestift an, der unter der Ölfarbe sichtbar bleibt. Sein Werk reflektiert die Einsamkeit des Menschen sowie die mögl. Mittel, sie zu überwinden, etwa die Musik, die Gesellschaft von Frauen und Männern, den Sport. D. zeigt eine unentrinnbare Realität, in der das hekt. Leben dazu führt, daß der Mensch sich zurückzieht, sich isoliert und damit selbst zerstört. 🏛 AUSTIN/Tex., Univ. AM. BOSTON, Bank of Boston. BUENOS AIRES, MNBA. – MAM. – Mus. de Artes Plást. „E. Sívori". – Fondo Nac. de las Artes. EREVAN, MMK. LA RIOJA, Mus. Mpal de BA. MAR DEL PLATA, Mus. Mpal de BA. NEW YORK, MMA. PARANA, Mus. Prov. de BA „Dr. P. Martinez". PARIS, BN. – Fonds Nat. d'Art Contemp. SANTA FE, MBA „R. Galisteo de Rodríguez". SANTA FE DE BOGOTA, MAM. TANDIL, Mus. Mpal de BA. TRES ARROYOS/Buenos Aires, MBA. TUCUMAN, MBA. 👁 *E:* Buenos Aires: 1959 Gal. Van Riel; 1963, '64, '66 Gal. Rubbers; 1968, '70, '72, '74 Gal. Bonino; 1985 (K), '88 Jaques Martínez; 1989 (K), '95 MAM / 1961 Mailand, Gall. delle Ore (K) / 1973 Bogotá, MAM. – *G:* 1972 Venedig: Bienn.; Medellín: Bien. de Arte Coltejer (Ausz.) / 1974 Tokio, Internat. Bienn. of Prints / 1976 Cagnes sur Mer/Frankreich, Festival Internat. de la Peint. 📖 EAAm I, 1968; *Gesualdo/Biglione/Santos* I, 1988; Panorama de la pint. argentina contemp., Bs.As. 1991. – *A. Pellegrini*, Panorama de la pint. argentina contemp., Bs.As. 1967; *J. Romero Brest*, El arte en la Argentina, Bs.As. 1969; Rev. Criterio v. 28. 5. 1970; *C. Córdova Iturburu*, 80 años de pint. argentina, Bs.As. 1978; *H. Monzón*, Rev. Horizontes Bermellón (Bs.As.) 1979 (2); *F. Févre*, D., Bs.As. 1981; *J. López Anaya*, La Nación v. 31. 8. 1985; *R. Faccaro*, Clarin v. 11. 11. 1989; 3. 7. 1993; 9. 9. 1995; *D. Saavedra*, Rev. Mecenas 2:1993 (6); *A. M. Battistozzi*, Clarín v. 20. 4. 1996. M. T. Constantin

Demirkalp, *Mümtaz*, türk. Bildhauer, Installationskünstler, * 1961 Ankara, lebt ebd. Stud.: Hacettepe Üniv. Ankara (Güzel Sanatlar Fak.), 1988 MA., 1993 Phil. Diss. – Gestaltet vorwiegend abstrakte Plastiken in der Trad. der europ. Minimal Art aus versch. Mat. (z.B. *Altın Kaplama*, 1993). 👁 *E:* 1989 Ankara, Yıma Terkedilmiş Bir Yapıda Sergi. – *G:* Ankara: 1984, '89–92 Devlet Resim Heykel Sergisi (Staatl. Ausst. für Malerei und Plastik); 1987 Karma Sergi, İngiliz Kültür / Istanbul: 1989, '93 Günümüz Sanatçıları Sergisi (K). S. B.

Demironat, *Muhsin*, türk. Buchkünstler, Vergolder, * 1907 Istanbul, † 27. 6. 1983 ebd. Stud.: bis 1928 Lehrerausb. in Istanbul; danach bis 1937 Istanbul AFA, School of Oriental Illuminations and Decorations (Ausb. zum Illuminator bei Tuğrakeş İsmail Hakkı Altunbezer und Necmeddin Okyay); ab 1937 als Doz. für Vergoldung und Bucheinbandkunst ebd. tätig; 1967–72 Direktor der Yıldı Ceramic Factory, Istanbul. – D. bevorzugte anfangs für seine Entwürfe die Art seines Lehrers Hakki Altunbezer, kehrte in späteren Arbeiten aber zum Stil der Herater Schule des 15. Jh. und zur klass. osman. Buch-Ill. des 16. Jh. zurück. In der vollkommenen Beherrschung der trad. osman. Illumination entwickelte er sich zu einem der Hauptmeister der mod. türk. Buchkunst und entwarf in diesem Stil auch Keramik-Dekorationen. ⊙ *E:* 1986 Istanbul, Research Centre for Islamic History, Art and Culture (IRCICA). ▭ D., Newsletter IRCICA Centre Istanbul, 1983 (4), 47. S. B.

Demirović (D. Devj), *Josip*, kroat. Maler, Graphiker, Plastiker, Objektkünstler, Musiker, * 6. 2. 1939 Stari Bar, lebt in Zagreb. Stud.: bis 1960 KGS ebd.; 1960–62 Mitarb. der Meister-Kl. Krsto Hegedušić. Verläßt schon in seinen ersten Arbeiten das quadrat. Bildformat und fertigt Collagen, Reliefs und Objekte aus Fundstücken. Führt seit 1978 „A-art gal. Devj" gen. Ausst.-Aktionen in untyp. Räumen wie Läden, Banken, Büchereien durch, z.B. 1980 *Monografski zvuci* an sieben versch. Stellen. Stellte 1979 den 1978 veröffentlichten graph.-poet. Zyklus *Ljubavne iskre* (nonfigurative Min. mit Versen, Postkartenformat in einer Kunststoffschachtel) in 101 Zagreber Taxis aus, 1985 ebenso den Zyklus *Svjetovi sunčanog planeta*. Verfaßt gleichzeitig poet. Texte und experimentelle Komp., die bei seinen Vernissagen aufgeführt werden (*Perforacija oluje; Razdirljeni kaos*, 1964/65, Ausf.: D. und Mato Lešćan an Orgel und Klavier). Gestaltet 1986 im Zentrum Zagrebs ein Happening. Stellt anläßl. der Geburt des fünfmilliardsten Erdenbürgers und des Sportfestes Univerzijada am 11. 7. 1987 in Zagreb am Bürohochhaus Zagrepčanka das 777 qm große Gem. *Glorija* aus, begleitet von einer gleichnamigen Violoncellokomposition. – D.s innovativ-experimentelles, zum Bizarren neigende Schaffen trägt Züge des Neodadaismus und strebt einen über das Bildnerische hinausgehenden Universalismus an. Die frühen Collagen aus Knüllpapierschichten auf mattem chromat. Untergrund (Zyklus *Zvuk materije*), die Objekte und Reliefs aus Abfallprodukten u.a. Mat. (Zyklus *Reljefni kapilari*, 1962–64), die Kpst. (*Gorka elipsa; Izjedeni nerv*, beide 1965) haben einen moral. Gehalt (*Hirošima; Ikarov let; Pečat krvavog razaranja*). Im grotesk-romant. Zyklus *Atlantida* (1981) gestaltet er Lsch. ohne eine menschl. Gestalt. D.s Opus sind zahlr. Dok.- und TV-Filme von V. Petek gewidmet, u.a. Gloria (1987), Lepršava erupcija (1989). ⊙ *E:* Zagreb: 1960 Gal. Mladih; 1962 Studentski centar; 1964 Umjetnički paviljon; 1965 Salon LIKUM; 1980 Gal. Upin / Dubrovnik: 1965 Hotel Dubrava; 1981 Gal. na Babinu Kuku / 1981 Sutomor, Hotel Južno more. ▭ LEJ I, 1984 (falsches Geburtsdatum); HBL III, 1993 (Lit.; TV-Filme). – *R. Arsenić*, Politika v. 4. 5. 1979. K. Kamenov

Demirtaç, *İmail Hakkı*, türk. Maler, Kunsterzieher, Graphiker, * 21. 10. 1945, lebt in Izmir. Stud.: Pädagog. HS İzmir, danach Ankara; 1975–78 Nürnberg und Marmara Üniv. Istanbul; bis 1984 Atatürk Ĕgitim Fak. Ankara; Ausz.: 1983 Meteksan Desen Yarişması Ödülü. – Zunächst als Maler tätig, seit den 80er Jahren vor allem als Druckgraphiker. ⌂ ISTANBUL: Taksim Sanat Gal.; DYO-Foundation. ⊙ Izmir, 1980–89. ▭ Günümüz türkiyesinde kim kimdir (Who's who in Turkey) 6. ed., Istanbul 1999;. – *M. Asher*, Druckkunst in der Türkei, in: M. Asher [u.a.], Die Gesch. der türk. Malerei, Genf 1989, 427. S. B.

Demirtaş, *Server*, türk. Maler, Bildhauer, Installationskünstler, * 1957 Istanbul, lebt ebd. Malereistud. Devlet GSAY (Staatl. Hochschule für Malerei etc.) Istanbul, 1984 M. A.; Ausz.: 1987 Yeni Eğilimler Sergisi. – Experimentiert mit versch. Medien und Techniken wie z.B. PVC in z.T. großformatigen Arrangements (*Konuk Santacı*, 1991). ⊙ *E:* Istanbul: 1991 Derimod Kültür Merkezi; '92 Devlet Güzel Sanatlar Gal. – *G:* Istanbul, Ankara: 1985, '87, '88, '89, '93 Günümüz Santaçıları İstanbul Sergisi (K). S. B.

De Mitri, *Giulio*, ital. Maler, * 18. 5. 1952 Tarent, lebt dort. Dipl. als Techniker, als Maler Autodidakt. Beginnt A. der 70er Jahre mit informeller Malerei (*Paesaggio con foglie*) und fügt den Bildern Objets trouvés hinzu, in der Art von Marcel Duchamp und Robert Rauschenberg. In den 80er Jahren Hinwendung zu Konzeptkunst und Arte povera, kurz darauf Abkehr zugunsten eines lyr. Ansatzes. D. trägt jetzt die Farbe in kleinen, miteinander verschmolzenen Strichen auf (*Un volo nell'azzurro*, 1984; *Teneri evaporano i mattini*, 1988; *I giardini della memoria*, 1988–90; *Dittico*, 1991). ⊙ *E:* Tarent: 1978 Pin. Magna Grecia; 1985 Gall. Punto Zero; 1989 Castello Aragonese (K: L. Marzano) / 1985 Novoli (Florenz), Laboratorio di Poesia / 1987 Catania, Centro Voltaire / Maddaloni (Caserta): 1988 Spazio Uno; 1989 Gall. La Reggia / 1990 Gualdo Tadino, Gall. Proposte / 1991 Savona, Gall. Il Brandale (K: D. Bellotti) / 1992 Gubbio, Casa di S. Ubaldo (K: M. Venturoli); S. Severo (Foggia), Castello Aragonese; Fabriano, ehem. Konvent S. Domenico. – *G:* 1982 Avellino, Mus. Irpino: Rass. di pitt. e scult. / 1983 Tarent, Circolo Italsider: Pitt. giovane / 1984 Cosenza, Castello Svevo: Obbiettivo Mediterraneo / 1985 Venedig: Bienn. d'Arte Sacra; Lido di Spina, Mus. Brindisi: Una situazione pugliese / 1986 Francavilla al Mare: Premio Michetti / 1987 Mailand, Pal. Sormani: Scritture (K) / 1990 Gubbio, Pal. dei Consoli: Diverse vibrazioni. ▭ AIC VII, s.a.; DizBiogrMerid I, 1974; *Sorrenti*, 1990. – *E. Crispolti*, Una nuovissima generazione (K), Siena 1985; *A. Marino*, Flash art 66:1991; *M. Torrente*, G. D., Pordenone 1992. N. Corradini

De Mitri, *Luigi*, ital. Maler, Graphiker, * 4. 2. 1943 Squinzano/Lecce, lebt seit 1968 in Lecce. Stud.: Ist. d'Arte Lecce. In den 80er Jahren führt er 100 Gesch. mit Szenen aus der Bibel und 86 zur Göttl. Komödie aus. Überträgt A. der 90er Jahre die Welt der Mythen auf mod. Art mit Anknüpfung an Picassos blaue Periode (*Giove* *contro i Titani; Niobe; Giove e Latona*). Mythen-Darst. behandelt er auch in einer Ser. von Stichen mit zerbrochenen und zuckenden Zeichen (*Ganimede; Deucalione e Pirra; Diana*). 🏛 CAVALLINO/Lecce, Chiesa Madre: Fresko. LECCE, Comune. – Prov. MELEDUGNO/Lecce, Torre campanaria: Fresko. SQUINZANO/Lecce, Grab-Kap. SS. Medici: Fresko. ⊙ *E:* Lecce: 1967 Gall. Maccagnani; 1970 Gall. Il Sedile; 1980 Gall. Esagono; 1985 Centro Scipione Ammirato; 1990 Castello di Carlo V / 1969 Bari, Gall. Piccini / 1975 Mailand, Club di Via Durini / 1981 Florenz, Gall. Il Gabbiano / Rom: 1982 Gall. Il Colosseo; 1983 Collegio Nazareno; 1988 Pal. Barberini. 📖 *Falossi*, PPC, 1975. – *T. Carpentieri*, L. D., Fasano di Brindisi 1993; *T. Santelli u.a.*, L. D., Galatina/Lecce 1994; Bozzetti 1960–1996, Galatina/Lecce 1996. N. Corradini

Demitz, *Ferd. Vinz.* cf. **Demetz,** *Ferdinand*

Demizel, *Augustin-Louis-Joseph*, frz. Maler, Bildhauer, * 24. 2. 1878 Audincton/Pas-de-Calais, † 18. 9. 1967 Boulogne-sur-Mer. Schüler von Léon Bonnat. ⊙ *G:* ab 1900 Paris, SAfr. (1929 ehrenvolle Erw.). 📖 Vol, 1953. *Bénézit* III, 1976 (s.v. D., A.-L.-J. und Denizel, A.-L.); *Mackay*, 1977; *Marchal/Wintrebert*, 1987.

Demja, *Dane*, alban. Textilgestalterin, * vor 1870 Shkodra, † nach 1916 ebd. Bek. Meisterin für festliche trad. Frauentrachten (kath. Konfession aus Shkodra, dem Großen Gebirge, dem NO Albaniens und der alban. Gegenden in Montenegro). In ihrem Atelier im „Sokakun e Tallaganxhijve“ im Basar von Shkodra entstanden hauptsächl. „kemisha“ (wadenlange Frauenhemden mit weiten Ärmeln und Ausschnitt), in den beiden Arten „harkate“ (aus Seide) und „meleze“ (aus feinster Seide für die Mitgift). Char. ist die Goldfadenstickerei der Hemden in vielfältigen Motiven. Hemdkragen und Manschetten wurden getrennt genäht und mit silbernen Drahtfäden bestickt. 🏛 SHKODRA, Muz. Historik i Rrethit. TIRANA, Ekspozita Kombëtare e Kulturës Popullore. 📖 *H. Hecquard*, Hist. et descr. de la Haute Albanie ou Gueguerie, P. 1859, 225–233; *A. Gjergji*, Klasifikimi i veshjeve popullore shqiptare, Etnografia shqiptare 9:1980; *M. Kopliku*, Veshje popullore në qytetin e Shkodrës, Kumtari i Muzeut Shkodër 1993 (6) 85–101. Gj. Frashëri

Demján, *Boldizsár* (Demian, *Baltazár*), Arzt, Maler, Publizist, * 16. 5. 1803 Szentpéter (Liptovský sv. Peter/ Slowakei), † 28. 11. 1851 Alsó-Kubin (Dolný Kubín). Stud.: ab 1824 Medizin in Budapest (1830 Diss.); Malerei in Deutschland. Stud.-Reisen auch nach Österreich, Italien, Norwegen. Tätig als Arzt in Alsó-Kubin, später als Oberarzt in den oberungar. Komitaten Árva (Orava), Trencsen (Trenčín) und Liptó (Liptov). – D.s Gem. variieren zw. rokokotyp. Idealisierung und mehr sachl. Biedermeier. Malte hauptsächl. Lsch. (*Ätna*, 1838; *Wartburg*, 1846; *Norwegisches Schloß*, 1850), Portr. (*Selbstbildnis*, 1831) und hist. Szenen (*Großfürst Ivan in der Gefangenschaft*, 1840, zerst.). 🏛 DOLNÝ KUBÍN, Pfarrk.: Kreuzigung, Hauptaltarbild, 1852. ✉ Art. in den Slovenské národné noviny (vgl. SBS). 📖 ThB9, 1913 (falsche Angaben zu Lebensdaten und Geburtsort). MagyKépLex, 1915; MűvLex I, 1965; SBS I, 1986 (Lit.). – Slovenské noviny 3:1851 (148) 599 (Nekr.). M. Herucová

Dem'janenko, *Michail Ivanovič*, russ. Bildhauer, * 1. 8. 1939 Kamyšovka/Gebiet Rostov, lebt in Rostov-na-Donu. Stud. ebd.: E. 1950er Jahre Studio der Kunst-FS, 1963–68 Kunst-FS bei Boris Kuz'mič und Evgenija Fedorovna Lapko, Ivan Ivanovič Rezničenko. – In der Trad. der russ. realist. Kunst bevorzugt Portr. von Zeitgenossen (u.a. von Arbeitern des Werkes Rostsel'maš, z.B. Stahlarbeiter *V. M. Martynov*, Aluminium, 1971, Schlosser *A. Berdnikov*, Bronze, 1973; des Chirurgen *A. P. Kovalenko*, Bronze, 1982). Figürl. Komp. (u.a. *1941 god*, Metall, 1971; *Dajuščaja žizn'*, Bronze, 1994). Denkmäler. 🏛 PUCHLJAKOVKA/Gebiet Rostov, Mus.: Schriftsteller A. V. Kalinin, Bronze, 1989. ROSTOV-NA-DONU, Ploščad' goroda Pleven: Denkmal der bulg.-russ. Freundschaft, Kupfer, geschmiedet, 1974 (mit Anatolij Michajlovič Dement'ev u.a.). VESELYJ/Gebiet Rostov: Lenindenkmal, Bronze, 1985. 📖 „Po rodnoj strane.“ Vystavka proizvedenij chudožnikov Rossijskoj Federacii. 1972 (K), Mo. 1974, 73; Chudožnik 1975 (8) 4; Don 1976 (6) 179, 181; Chronika chudožestvennoj žizni – 1974, Mo. 1976, 409; Vsesojuznaja chudožestvennaja vystavka „Slava trudu“ (K), Mo. 1976, 55; 6-ja zonal'naja chudožestvennaja vystavka „Sovetskij jug“ (K), Nal'čik 1984, 44; 7-ja chudožestvennaja vystavka „Sovetskaja Rossija“ (K), Mo. 1985, 25; *Ju. L. Rudnickaja*, Chudožniki Dona, Le. 1987, 148, 151 s.; *E. V. Šmigel'skaja*, Portret v sovremennoj skul'pture, Le. 1987. S. Butarygina

Dem'janenko, *Valentin Vasil'evič*, russ. Monumentalkünstler, * 24. 7. 1944 Dvojnoe/Küstenregion, lebt seit 1975 in Bratsk. Stud.: 1963–68 Kunst-FS Odesa; 1968–73 HS für angew. Kunst Leningrad (St. Petersburg) bei Evgenij Aleksandrovič Kazancev. – Wand-Gem., Glasmalereien zu Märchenmotiven und Kindheitserinnerungen. Auch humorvolle Portr. und vielschichtige Lsch., die in Form und Farbe elegant wirken. 🏛 *Wand-Gem.:* BRATSK, Heimatkunde-Mus., 1978. ĖNERGETIK b. Irkutsk, 1978. IRKUTSK, Schleifmittelwerk, Kantine, 1976. UST-ILIMSK, Kindergarten, 1981–82. ⊙ *E:* 1983 Bratsk, Ausst.-Saal. 📖 Sovetskoe dekorativnoe isk.-76, Mo. 1978; Chudožnik 1979 (3) 20, 27; 5-ja chudožestvennaja vystavka „Sibir' socialističskaja“ (K), Barnaul 1980, 24; *T. G. Lareva*, Chudožniki Irkutska, Irkutsk 1994, 284–288. N. Beloglazova

Dem'janov, *Anatolij Demidovič*, russ. Bildhauer in Weißrußland, * 25. 11. 1925 Ustinovka b. Smolensk, † 6. 11. 1972 Minsk. Teiln. am 2. WK. Stud.: 1951–53 Kunst-FS Minsk; 1954–61 HS für bild. und Bühnenkunst ebd. bei Aleksej Konstantinovič Glebov, Andrej Anufrievič Bembel'. Lehrte 1963–72 an der Kunst-FS Minsk. – Bes. Portr.-Skulpt., meist in realist. Trad. (z.B. *Mat'*, 1963; *Kubinec*, 1964; *Severjanka*, 1965; Portr. von *Fidel Castro*, 1965; *Jakub Kolas*, 1967; *V. I. Lenin*, 1970, alles Granit), z.T. mit verallgemeinerten Formen (u.a. *Molodaja kolchoznica*, Marmor, 1962, Nat. KM). 🏛 MINSK, Nat. KM. 📖 ChudSSSR III, 1976 (Lit.); ĖLM II, 1985; Belaruski Sajuz Mastakoŭ, Minsk 1998. – Belaruskaja Saveckaja skul'ptura, Minsk 1971 (alle drei s.v. Dzjam'janaŭ, Anatol' Dzjamidavič). G. Fatychava

Dem'janov, *Michail Aleksandrovič*, russ. Maler,

Zeichner, * 7.(19.) 12. 1873 Artinskij zavod/Gouv. Perm', † 23. 6.(5. 7.) 1913 Nodental/Finnland. Stud.: 1892–1903 FS für Malerei, Bildhauerei und Baukunst Moskau bei Isaak Il'ič Levitan (1896–98 Ausst.; 1899, 1900 kleine Silber-Med.; 1903 Titel Künstler ohne Klassenrang); 1903–10 AK St. Petersburg bei Aleksandr Aleksandrovič Kiselev (1910 Titel Künstler für das Gem. *Starye gody*, Mus. der Russ. AK St. Petersburg; I. I. und S. I. Endogurov-Preis für Lsch.-Malerei). 1910–12 Stipendiat der AK in Paris, Amsterdam, München, Rom, Venedig. 1910 Mitbegr. der Genossenschaft der Unabhängigen (Tovariščestvo nezavisimych), St. Petersburg. – Bes. lyr. Lsch. (Öl, Tempera, z.B. *Poslednij sneg*, 1908, A. I. Kuindži-Preis; *Ugolok Pskova*, 1911; *Rim*, 1912, Förderpreis der AK; *Staryj Mjunchen*, 1912; *Povejalo vesnoj*, 1913, A. I. Kuindži-Preis). Auch Historien-Gem. (*Pridvornyj vyezd XVIII veka*, 1900er Jahre), Portr. in Bleistift und Aqu. (z.B. der Schauspieler in der Aufführung von A. P. Čechov, „Djadja Vanja", Komissarževskaja-Schauspieltheater, St. Petersburg, 1904, ed. als Linien-Zinkdurck von D. Mišel', 1904; A. P. Čechov, „Višnevyj sad", Künstlertheater Moskau, 1904–05; N. V. Gogol', „Revizor", 1906; Portr.-Karikaturen, u.a. des Schauspielers *A. S. Polonskij*). Zchngn für die Petersburger satir. Zss. Zarnica und Otboj (beide 1906). ⌂ KALUGA, KM: Gruppen-Portr. mit dem Maler Viktor Ėl'pidiforovič Borisov-Musatov, Öl, A. 1900er Jahre. KRASNODAR, KM. OMSK, MBK. PERM', KG. RJAZAN', KM. ST. PETERSBURG, Russ. Mus.: u.a. Parusnye lodki. Štil', Öl, 1912; Vesna, Aqu., Tempera, Bleiweiß. – Inst. für Russ. Lit. der Russ. Akad. der Wiss.: Zchngn. – Mus. für Theaterkunst und Musik. TOSHKENT, Usbek. KM. ⊙ *E:* 1914 St. Petersburg (K). – *G:* u.a. 1897, 1902 Moskau, Künstler-Genossenschaft (MTCh) / 1908, '09, '11–13, '17 St. Petersburg, AK / 1911 München: Internat. Kunst-Ausst. ▭ ChudSSSR III, 1976 (Lit.); *Fanelli/Godoli* I, 1990. – Moskva v ee prošlom i nastojaščem, vyp. 5, Mo. 1910; ibid. vyp. 7; vyp. 8 [beide Mo. s.a.]; Istoričeskij vestnik 1913 (Aug.) 744 s. [Nekr.]; Satiričeskie žurnaly pervoj russkoj revoljucii 1905–07 (K), Mo. 1975, 25; Sovetskoe iskusstvoznanie-78, vyp. 2, Mo. 1979, 200; RChK IV, 1980; A. P. Čechov. Materialy literaturnogo muz. Puškinskogo doma, Le. 1982; *Severjuchin/Lejkind*, 1992.

V. Kulakov

Demjanovskij, *Valentin Aleksandrovič*, russ. Architekt, * 8. 8. 1866 Kremenčug, † nach 1916. Stud.: ab 1883 AK St. Petersburg (1890 2., '92 1. Silber-Med.; 1894 Titel Archit.-Künstler 2. Klassenranges; 1896 Titel Architekt für das Projekt eines militär-hist. Mus.). Zunächst als Landvermesser des Stadtamtes ebd. tätig, später Architekt des Aleksandr-Lyzeums sowie mehrerer Wohltätigkeitseinrichtungen für Kinder. – Eklektiker. Erbaute Kirchen und Mietshäuser. D. erweiterte das Hauptgebäude, erb. das Haus der Lehrkräfte sowie das Lazarett des Aleksandr-Lyzeums (Kamennoostrovskij prospekt 21–23, 1902–05) und war ferner am Innenausbau einiger Repräsentationsräume (Paradetreppe, Georgssaal; Großer Bibl.-Saal) im Gebäude des Generalstabs (Dvorcovaja pl., 1892) beteiligt. ⌂ ST. PETERSBURG, ul. Nekrasova 14 b: Villa A. V. Celibeeva, 1900. – ul. Kamskaja 9, Smolensker Friedhof: Christi-Auferstehungs-Kirche, 1901–04. – Mietshäuser (später um- bzw. neu erbaut): Bol'šoj prospekt 4, 1892; Malyj prospekt 7, 1899, und 29, 1896; Vasil'evskij ostrov, 5-ja linija 52, 1897; Dvorjanskaja ul. 33, 1902; Raz''ezžaja ul. 41, 1904. ▭ *Kondakov* II, 1914; *B. M. Kirikov* (Ed.), Architektory-stroiteli Sankt-Peterburga serediny XIX-nač. XX v., StP. 1996.

A. Krašeninnikov

Demjén, *Attila*, ungar. Maler, * 10. 4. 1926 Târnăveni/Rumänien (Dicsőszentmárton), † 1. 9. 1973 Budapest. Stud.: 1946–51 HBK ebd. bei Aurél Bernáth und Róbert Berény. Ab 1959 zahlr. Stud.-Reisen in Europa, 1961–64 Italien-Aufenthalt. Ab M. 50er Jahre bis 1967 Leiter des Mihály Munkácsy-Kreises für Bild. Kunst (Munkácsy Mihály Képzőművészeti Kör). Ausz.: 1952 Munkácsy-Preis II. Stufe für *Reggeliző munkáscsalád/* Arbeiterfamilie beim Frühstück, 1953 ders. I. Stufe für *Áron Gábor*. – Malte vorwiegend Lsch., Veduten und Portr. im Gefolge der Schule von Nagybánya. Die Veduten sind nicht immer topograph. getreue Stadtbilder; die momentane Stimmung, die gewollte Atmosphäre lassen Modifikationen zu. D. vermischte Öl- und Tempera-Technik, fertigte Aquarelle. Ineinanderschmelzende vereinfachte Flächen (*Cefalù*, 1964), stark konturierte, präzis detaillierte Häuserreihen (*Pigalle*) sind gleichfalls charakteristisch. Später (*Tihany*, 1970) malte er auch vereinfachte, z.T. abstrahierte Lsch. In den Bildnissen erweist sich D. als Porträtist mit starkem Charakterisierungsvermögen und Konzentration auf das Wesentliche (Gesicht, Hände, Körperhaltung). ⌂ BUDAPEST, Magyar NG. ROTTENBURG/Neckar: Wandbild, 1973. ⊙ *E:* Nagykanizsa: 1960 Művelődési Ház; 1967 Egry J. Terem / 1962 Rom, Gall. Bars / 1963 Florenz, GA S. Cecilia; GA Pal. Vecchio / 1964 Pisa, Pal. Gambacorti / Budapest: 1964 Munkácsy M. Képzőművészeti Kör; 1966 Csók I. Gal. (K); 1967 Újpesti Mini Gal.; 1972 Mednyánszky Terem; 1977 Magyar NG (K) / Stockholm: 1968 Stadt-Bibl. Tyresö; 1970 Oscars Församlingshem / Csorna: 1969 Gimnázium; 1986 Művelődési Ház / 1970 Lakitelek, Művelődési Ház / 1971 Szombathely, Savaria Múz. ▭ Vo5, 1961. MűvLex I, 1965; MagyÉletLex III, 1981; KMML I, 1999 (Liste der Ausst., Lit.). – *R. Szij*, D. A., Bp. 1966 (Lit.); *M. Losonci*, Műv 11:1970 (9) 24.

É.Hollósi

Demjén, *László*, ungar. Maler in München, * 21. 6. 1864 Klausenburg (Kolozsvár; Cluj-Napoca/Rumänien), † 18. 7. 1929 München. Sohn der Malerin Henriette Barabás. Stud.: 1882–86 Musterzeichenschule Budapest bei Károly Lotz; ab 1887 ABK München bei Ludwig von Herterich, Gabriel von Hackl und Alexander von Wagner. Ließ sich in München nieder und leitete eine priv. Malerschule. – Seine mit großer Sorgfalt gemalten Genrebilder, später Portr. und Gebirgs-Lsch. stehen in der klass.-akad. Tradition und bezeugen tiefe Achtung vor der Schönheit des Lebens und der Kunst. ⌂ BUDAPEST, Magyar NG: Portr. des Malers Miklós Barabás (seines Großvaters). ⊙ *G:* Budapest: 1890, '94, '96, 1905, '07, '11, '16 Műcsarnok: Ges. Bild. Künstler; 1930 Nemzeti Szalon: Internat. Alpin-Ausst. / 1895 Berlin: Internat. Ausst. (Ankauf des Gem. „Schwere Arbeit" für die StKS

Neubrandenburg, seit 1945 verschollen). ▭ Vol, 1953. MagyKépLex, 1915; MűvLex I, 1965. – *J. Peregriny*, Az Országos Magyar Szépművészeti Múzeum állagai, III/1, Bp. 1914 (fälschl. D., Zoltán); *K. Lyka*, Magyar Művészet 1930, 354 (Nekr.); *id.*, Vándorlásaim a művészet körül, Bp. 1970, 45, 49, 326; *L. Balogh*, Die ungar. Facette der Münchner Schule, Mainburg 1988. Á.No.

Demjén, *Zoltán*, ungar. Maler, Illustrator, * 4. 4. 1860 Vásárosnamény, † 9. 4. 1927 Budapest. Stud.: 1876 (nicht '79) bis 1882/83, 1894/95 Musterzeichenschule ebd. (Gasthörer); 1885–87 ABK Wien (mit Staats-Stip.) bei Christian Griepenkerl. Zeichnete ab 1883 zahlr. Ill. für die Ztgn Vasárnapi Ujság, Ország-Világ, Magyar Salon, desweiteren für geschichtl. und archäolog. Abhandlungen (M. Wosinszky, *Leletek a lengyeli őskori telepről*, Bp. 1885–90). Lebte 1891–92 in Tass. Erwarb 1897 das Lehrer-Dipl.; Zeichenlehrer in Klausenburg (Kolozsvár; Cluj-Napoca/Rumänien), 1898–1917 am Gymnasium in Siget (Máramarossziget; Sighetu Marmaţiei/Rumänien). Lebte nach der Pensionierung wieder in Budapest. Vertritt in seiner Publ. eine ästhet. antiautoritäre, auf psycholog. Gesetzen gründende Kunsttheorie. ✉ Az élet a művészetben, Bp. 1907. ⊙ *G:* Budapest: 1891, '92 Műcsarnok; 1894 Nemzeti Szalon. ▭ MagyKépLex, 1915; *P. Gulyás*, Magyar írók élete és munkái, V, Bp. 1943; MagyÉletLex I, 1967. – *K. Lyka*, Közönség és művészet a századfordulón, Bp. [2]1982. Á.No.

Demjén Barabás, *Henrika* → **Barabás** (Maler-Fam.)

Demkina, *Ol'ga* → **Dzemkina,** *Vol'ga Vasil'eŭna*

Demkina, *Svetlana Nikolaevna*, russ. Monumentalkünstlerin, Keramikerin, * 1. 6. 1951 Debal'cevo/Gebiet Doneck, lebt in Krasnodar. Stud.: 1971–76 HS für angew. Kunst (ehem. Stroganov-KGS) Moskau bei Georgij Dmitrievič Žilkin, Nikolaj Semenovič Seleznev, Dmitrij Kapitonovič Tegin. Ausz.: 1970 Silber-Med. der Ausst. der Errungenschaften der Volkswirtschaft; 1996 Grand Prix des Kunstfestivals Soči, Titel Verdienter Künstler der Russ. Föderation. Lehrtätigkeit: ab 1976 Akad. für Kultur und Kunst Krasnodar. – Bevorzugt Interieur-Gest. für öff. Gebäude, auch dekorative Gegenstände (Porzellan, modelliert, bemalt, z.B. *Zoluška*, Weinmaß; *Oktjabr'*, Kaffeeservice, beide 1978; *Kobal'tovyj*, Teeservice, 1970, zus. mit Vladislavl Michajlovič Ovsjannikov; *Zolotoj kobal't*, Vase, 1979, zus. mit Aleksandr Aleksandrovič Sobol'). D. schuf ferner die dekorativen Komp. *Son* (1984, zus. mit Michail Alekseevič Klimarev) und *Chlebušek*, Schamotte, 1988. ⌂ KRASNODAR, Hotel Intourist, Foyer: Wand-Gest., Schamotte, bemalt, Kobalt, 1980. – Reis-Inst., Foyer: dekorative Komp., Fayence, bemalt, Holz, 1981. – Kulturhaus des Baumwoll- und Papier-Kombinates, Interieur: Relief, Schamotte, bemalt, 1983. – AKA-Bank, Foyer: Torso, Keramik, 1997. NOVOMINSKAJA/Region Krasnodar, Haus für Festbekleidung: dekoratives Relief, Schamotte, Kobalt, bemalt; Brunnen-Skulpt., Beton, Smalte, 1984. ⊙ *G:* u.a. 1994 Nikosia, Bank Cypr. ▭ Iskusstvo 1978 (2) 78; Chudožnik 1979 (5) 7; 1980 (4) 34; 1984 (7) 4; 5-ja vystavka „Sovetskij jug". Machačkala (K), Nal'čik 1979, 54; Kraevaja vystavka proizvedenij chudožnikov Kubani (K), Krasnodar 1983, 15; 7-ja chudožestvennaja vystavka „Sovetskaja Rossija" (K), Mo. 1985, 66; Sojuzu chudožnikov Kubani 50 let. Sprav., Krasnodar 1989, 27. S. Butarygina

Demko, *Adol'f Ivanovič*, russ. Graphiker, Maler, * 7. 5. 1940 Moskau, lebt dort. Stud.: 1960–65 HS für Polygraphie ebd. bei Maj Petrovič Miturič, Vladimir Akimovič Rožkov, Evgenij Sergeevič Tejs. Lehrt seit 1970 an der 1. Künstler. Mittelschule Moskau. Ausz.: 1978, '83 Dipl. der Moskauer Filiale des Künstler-Verb. für die besten Arbeiten des Jahres; 1997 Dipl. für die beste Druckgraphik im Wettb. zum 850. Jahrestag der Gründung Moskaus. – Bevorzugt Farb-Lith. und Farb-Rad. in dynam. Komp. und expressivem Kolorit. Schuf u.a. die Ser. *Port* (1971–79, 14 Bll.), *Sport* (1974–78, 30 Bll.), *Moskva* (1979–97, 80 Bll.). Auch Gem. zum Thema Moskau (u.a. *Večernij svet*, 1993; *Tverskaja*, 1994; *Moskva. Kreml'*, 1995; *Moskva. Sobor Vasilija Blažennogo*, 1996). ⌂ CHVALYNSK, Petrov-Vodkin-KM. KÖLN, Mus. Ludwig. MOSKAU, Puškin-MBK. – Tret'jakov-Gal. OREL, MBK. SARATOV, MBK. VLADIVOSTOK, GG der Küstenregion. ✉ Sokol'niki, in: Anatolij Zverev. Sovremenniki o chudožnike, Mo. 1995, 61–68. ⊙ *E:* 1978, '82, '83, '95 Moskau, Ausst.-Saal der Moskauer Filiale des Künstler-Verb. / 1997 Belgrad, Russ. Haus. – *G:* u.a. 1984 Fredrikstad: Graphik-Bienn.; Berlin: Intergrafik / 1987 Varna: Graphik-Bienn. / 1997 Moskau: Graphik-Quadrienn. ▭ V mire knig 1976 (1) 3.Umschlagseite; Tvorčestvo 1976 (5) 12; Smena 1979 (20) 4.Umschlagseite; 2-ja Vserossijskaja vystavka ėstampa (K), Mo. 1979, 14; Chudožnik 1980 (10) 33; 1981 (3) 5; (11) 14; Vserossijskaja chudožestvennaja vystavka „Po rodnoj strane" (K), Mo. 1981, 32; 50 let MOSCh, Mo. 1982, 231; Aspekte sowjet. Kunst der Gegenwart (K), Köln/Aachen 1982 (s.v. Demko, Adolf Iwanowitsch); Vystavka proizvedenij moskovskich chudožnikov A. D., T. Kovrigina, V. Prokof'ev..., Mo. 1982, 2–9; Sovetskaja grafika-7, Mo. 1983, 41; 1-ja Vsesojuznaja vystavka stankovoj grafiki (K), Mo. 1987, 22, 65; Begegnung mit der russ. Kunst in Kloster Arnsburg (K), Erfurt/Mo. 1991, 13; Chudožniki Rossii – Moskve (K), Mo. 1997, 14; IX Vserossijskaja chudožestvennaja vystavka „Rossija" (K), Mo. 1999, 72, 202. N. Tjurina

Demkov, *Nikolaj Fedorovič*, russ. Architekt, * 1895 Kiev, † 1941 Leningrad (St. Petersburg). Stud.: bis 1927 HS für Zivil-Ing. ebd. bei Aleksandr Sergeevič Nikol'skij. Unter dessen Ltg später beim Komitee für Bauwesen (1928–32) und in der Bau-HS tätig (1932–35). Lehrte 1935–38 an der HS für Bau-Ing. ebd. 1938–41 beim Leningrader Amt für Denkmalschutz. – Öff. Bauten in Leningrad, Murmansk (Kulturhaus, zus. mit Vasilij Petrovič Makašov, Nikolaj Aleksandrovič Miturič, 1930–33), Tambov (Schule Ecke Lesnaja/Erofeevskaja ul., 1930). ⌂ ST. PETERSBURG, Stadtteil Lesnoj: Schule, 1929. – Werk Ėlektrosila: Il'ič-Kulturhaus, 1929–31. – Volodarskij-Stadtteil: Dampfbad mit Schwimmbad, 1930. – Lenin-Werk: Schule, 1934. ▭ Avantgarde II, 1924–1937. Sowjet. Archit., St. 1993 (falsche Lebensdaten). – Moskau, Ščusev-Archit.-Mus.: Fond biografičeskogo slovarja architektorov. A. Krašeninnikov

Demkovics, *Sándor* cf. **Ságody,** *József* (1820)

Demkowska, *Zofia*, poln. Medailleurin, Bildhauerin, * 14. 7. 1919 Stanica Ust'-Medvedicka/Rußland, † 23. 7. 1991 Warschau, lebte dort. Stud. ebd.: 1937, '46–52 ASP bei Tadeusz Breyer; 1958–59 Univ. Warschau (Kunstgesch.); 1959–60 Univ. de Paris (Kunstgesch. und Numismatik). Lehrtätigkeit: ab 1953 ASP Warschau (u.a. 1968–83 Leiterin des Ateliers für Medailleurskunst an der Fak. Bildhauerei; Prodekan und Dekan der Fak. Bildhauerei). Ausz.: Preis des Minist. für Kultur und Kunst 1. und 2. Kl.; 1968 Preis der internat. Ausst. Die Frau in der Med.-Kunst, Madrid; Kavalierskreuz des Ordens der Wiedergeburt Polens; Goldenes Verdienstkreuz. Mitgl.: Fédération Internat. de la Méd. (FIDEM). – Anfängl. Medaillons und Basreliefs als Archit.-Dekoration, Gedenk- und Gelegenheits-Med. (u.a. *Fryderyk Chopin*, 1950; *Nikifor*; *Anna Frank*, beide 1953; *Mikołaj Kopernik*; *Adam Mickiewicz*, beide 1956) sowie kleinplast. Figuren. Später ausschl. Med. und Plaketten; D. behielt die traditionelle Zweiseitigkeit der Med. bei, führte dabei innovative Elemente ein sowohl in der Thematik (Lsch., figürl. Szenen, Tiere, Pflanzen), in der Form (Verzicht auf die runde Form, Hintergrund mit mehreren Ebenen, Hochrelief, Durchbrucharbeiten) wie auch in der Bearbeitungstechnik (individueller Abguß, Gest. der Matrize mit Hilfe der Hand ohne Verwendung von Werkzeug). Für D. ist die Med. ein Mittel zur freien künstler. Aussage, angesiedelt an der Grenze von Bildhauerei und Malerei. So strebt D. nach Intimität und Allgemeingültigkeit, in der Funktion kommen D.s Med. dem Talisman nahe (sog. „Med. auf jede Stunde"). Eine ähnl. Auffassung gilt für die (einseitigen) Plaketten. D. arbeitete in Bronze, Silber, Keramik, seltener mit synthet. Materialien. Med.-Zyklen: *Bulg. Frauen*, 1953; *Med. für Kinder*, 1959; *Mutter und Kind*, 1968; *Gegen den Krieg*, 1969–70; *Menschen der Arbeit*, 1970; *Med. für Reisende*, 80er Jahre. ⌂ CHORZÓW, Muz. DEN HAAG, Kgl. Penning-Kab. PARIS, BN, Cab. des Méd. POZNAŃ, MN. SIEDLCE, MO. TORONTO, AG of Ontario. WARSCHAU, MN. – Medaillons und Basreliefs an den Gebäuden des Sejm, 1952, sowie des Teatr Wielki, 1961. WROCŁAW, Muz. Sztuki Medalierskiej. ✉ Kultura 1964 (4) 50; Warmia i Mazury 1967 (3); Biul. Informacyjny ZPAP 1968 (5). – Interviews: Sztandar Młodych 1958 (13); Głos Wielkopolski 1981 (204); Rzeźba Polska. Rocznik 1990–91, Centrum Rzeźby Polskiej w Orońsku 1995. ◎ *E:* Warschau: 1958 Gal. Kordegarda (K: L. Grabowski); 1970 Gal. Zachęta (K: K. Piwocki); 1985 Muz. ASP (mit Schülern) / 1960 Paris, Mus. Monetaire / Poznań: 1963 Gal. BWA (K); 1981 Muz. Rzemiosł Artystycznych (Filiale des MN) / 1989 Bielsko-Biała, MO (mit Schülern) / 1992 London, Polish Cultural Inst. (postum) / 1995 Wrocław, Muz. Sztuki Medalierskiej (mit Schülern). 📖 SłArtPlast, 1972 (Lit.); *J. Strzałkowski*, Słownik medalierów, War. 1982; Kto jest kim w Polsce, War. [1]1984; [2] 1989. – *K. Piwocki*, Hist. ASP w Warszawie 1904–1964, Wr. 1965; *B. Kowalska*, Poezja 1968 (8) 103 s.; *L. Grabowski*, Kształt i tworzywo, Kraków 1969; *K. Biniak*, Gaz. Poznańska 1981 (192); *L. Grabowski*, Barwy 1983 (10); *A. K. Olszewski*, Dzieje sztuki polskiej 1890–1980, War. 1988; *A. Więcek*, Dzieje sztuki medalierskiej w Polsce, Kraków [2]1989; *W. Krauze*, Życie Warszawy 1991 (177); Gaz. Wyborcza 1991 (176) (Nekr.). U. Makowska

Demkutė, *Birutė*, litau. Graphikerin, * 15. 10. 1924 Vilnius, lebt dort. Stud.: 1942–45, '48–51 HS für angew. und dekorative Kunst Kaunas bei Antanas Kučas. Lehrtätigkeit: 1952–54 KHS Vilnius. 1948–52 Gestalterin im staatl. Verlag für Belletristik, 1954–57 im Verlag für wiss. und polit. Lit., danach freischaffend. – Gestaltet Lsch. (Zyklen *Baku*, 1956; *Vilniaus peizažai*, 1960–85; *Juodkrantė*, 1962–64; *Žemaičiuose*, 1964–81), Portr. (*Motinos portretas; Senas žvejas*, beide 1962) und figürl. Komp. (*Nedėlios rytelį*, 1967; *Uoste; Tinklus taiso*, beide 1971; Zyklus *Žvejų moterys*, 1980) sowie Buch-Ill. und Exlibris vorwiegend als Hschn. und Linolschnitt. Ihre Werke sind dekorativ, mit verallgemeinert-stilisierter Zchng und konstruktiver Manier. Illustrierte bisher über 30 Bücher (z.B. P. Cvirka, *Meisteris ir sūnūs*, 1957; K. Kubilinskas, *Buvo buvo kaip nebuvo*, 1958, Dipl. des Kultur-Minist. der Litau. SSR; J. Janonis, *Pavasario aidai*, 1960, Dipl. des Kultur-Minist. der UdSSR; A. Vienuolis, *Išdukterė*, 1975; R. Budrys, *Kiekvienas turi savo taką*, 1979), verwendet dabei leuchtende Farben und stilisierte volkstüml. Ornamente. Die frühen Rad. sind mit ornamentalen Friesen geschmückt. ⌂ KAUNAS, Čiurlionio dailės muz. MOSKAU, Puškin-MBK. ST. PETERSBURG, Russ. Mus. VILNIUS, Lietuvos dailės muz. – Univ., Graphik-Kab.: Haupt-Slg. ◎ *E:* 1999 Kaunas. – *G:* zahlr. seit 1954, u.a. 1961 Ljubljana: Graphik-Bienn. / 1965 München, Neue Gal.: Mod. Kunst aus der Sowjetunion (K). 📖 MLTE I, 1966; Chud-SSSR III, 1976 (Lit.); TLE I, 1985. – Grupinės dailės parodos katalogas (K), Kaunas 1972, 8 s.; *V. Uloza*, Pergalė 1974 (10) 33–36; *V. Gasiūnas*, Lietuvių tarybinė grafika 1940–1970 (K), Vilnius 1978, 33–35; *V. Armalas*, Kultūros barai 1984 (9) 70. R. Urbonienė

Demler, *Anton* → **Demmler,** *Anton*

Demleutner (Demleuttner), *Johann Peter*, dt. Kupferstecher, Zeichner, * 31. 5. 1677 Hof, † 20. 11. 1726 Bayreuth-St. Georgen. ⚭ 1702 in Kulmbach; 1703 dort Bürgerrecht. 1705 erstmals als Hofkupferstecher des Markgrafen Georg Wilhelm von Brandenburg-Bayreuth bez., den D. als Kaiserl. Generalfeldmarschall in einem Reiterbildnis darstellt. 1717 wurde ihm das Privileg erteilt, daß im ganzen Fürstentum nur sein gestochener Wappen-Kalender verkauft werden dürfe. Bek. sind Ansichten von Bayreuth (um 1720) und Kulmbach (1721), ein umfangreiches Sammelwerk mit den Portr. der Äbte aus dem Zisterzienserkloster Langheim in Folio (1725–28; Titel und 39 Bll.), weitere Bildnisse sowie eine Folge mit Ornamentstichen für das Weber-Handwerk. Außerdem war D. lt. Dekret von 1716 in die Ltg der Bayreuther Fayence-Man. involviert, die Georg Wilhelm in diesem Jahr gegr. hatte. Ob D. dabei eine künstler. Aufgabe zufiel, bleibt unklar. Eine weitere Quelle von 1726 nennt ihn nur „Collaborator" der Man.; wahrsch. lieferte er Entwürfe. ⌂ WV bei Sitzmann. BAYREUTH, Kanzlei-Bibl.: Vor-Zchng zur Bayreuth-Vedute, sign., um 1720. 📖 ThB9, 1913. *Honey* I, 1949; *Bosl*, 1983; *Sitzmann*, Ostfr., 1983. – *Hüseler* III, 1958; *Dehio*-Bayern I:

Franken, 1979; *K. Müssel*, Arch. für Gesch. von Oberfranken Bayreuth 60:1980, 45–92; Bayreuther Fayencen (K KS Bayreuth), Landshut/Ergolding 1994. C. D.-H.

Demmé, *Paul (Paul Ascan)*, schweizerischer Maler, * 16. 12. 1866 Bern, † 27. 5. 1953 Paris. Erste Ausb. in Zeichnen bei Frank Buchser in Solothurn. Lernt Cuno Amiet kennen, mit dem er 1886 nach München geht. Stud.: 1886–91 KA ebd. bei Gabriel von Hackl; bis 1894 in Paris bei Luc-Olivier Merson. Danach bei Paul Robert in Ried b. Biel tätig. Ab 1898 in Neapel-Portici, später in Resina ansässig und Weiterbildung in Aqu.-Technik bei Giovanni Battista Filosa. Lebte ab 1905 in Solothurn, ab 1932 in Paris. – Außer Öl und Gouache v.a. techn. versierte, großformatige Aqu. mit volkstüml. neapolitan. Genreszenen und Lsch. Ferner Flußmotive von Aare und Seine, Pariser Stadtansichten, Trachtenbilder und Portr.; daneben Bleistift-Zchngn, Lith., Rad. und gebrauchsgraph. Entwürfe. BIEL, Mus. SOLOTHURN, KM. *E:* 1947 Solothurn, KM. ThB9, 1913. HBLS II, 1924; *Plüss/Tavel* I, 1958; Biogr. Lex. der Schweizer Kunst, I, Z. 1998. D. T.

Demmel (Demel), *Augustin Joseph (August)*, dt. Maler, * 1724 München, † 12. 5. 1789 ebd. Faßte zunächst Skulpt. von Ignaz Günther in Eiselfing (St. Rupertus, Hochrelief Beweinung Christi, 1758) und Rott am Inn (Pfarrk. St. Marinus und Anianus, Altar-Figuren, 1767). 1775–78 vom Kurfürsten in Residenz und Nymphenburg beschäftigt, arbeitete er später als Dekorationsmaler auch in and. bayer. Städten. Die Fassadenbemalung des alten Münchner Rathauses 1778/79 gilt als D.s Hauptwerk. Entwarf 1781 die Dekorationen für Fassade und Treppenhaus der kurfürstl. Gal. am Hofgarten (Ausf. 1783 durch Andreas Seidel; Entwurf München, GrS). Stand dem Kreis um François Cuvilliés d. J. nahe und hat einige Rad. für dessen bayer. Kpst.-Werk geschaffen. Seine Skizzen zu Theater-Dekorationen (München, GrS) zeigen stilist. Abhängigkeiten von Gaspari. LANDSHUT, Residenz: Rest. der Deckenmalereien, 1782; Göttersaal: Embleme der Künste und Wiss., um 1780. MÜNCHEN, BSGS: ca. 20 Werke. SIEGERTSBRUNN, Wallfk. St. Leonhard, Altarraum: Der Hl. als Wundertäter, 1785. ThB9, 1913. *Bosl*, 1983. – *Dehio*-Obb., 1964; Die Wittelsbacher und ihre Künstler in 8. Jh., M. 1980; *Dehio*-Bayern II: Ndb., 1988; IV: München und Obb., 1990. S. P.

Demmel, *Georg*, dt. Maler, * 1. 8. 1899 Königsdorf b. Bad Tölz, lebte zuletzt ebd. Stud.: KGS München bei Josef Hillerbrand und ABK bei Walther Teutsch. 1930 Beteiligung an Ausst. des Münchner Bundes. 1931 Rückkehr nach Königsdorf. 1952 mit 50 Tusch-Zchngn an Verkaufs-Ausst. in der StG. – V.a. Bauernmotive. Vo1, 1953. – Mitt. StA, München. S. P.

Demmel, *Susanne* → **Demmel-Brunner,** *Susanne*

Demmel, *Willibald*, dt. Maler, Zeichner, * 17. 7. 1914 München, † 12. 4. 1989 Gstadt am Chiemsee. Ab 1928 Ausb. zum Gold- und Silberschmied, nach Unfall an der Kampenwand und längerem Krankenhausaufenthalt 1934 Stud.: KGS und Zeichenschule, dann ABK München, Meisterschüler bei Constantin Gerhardinger. Zog 1944 nach Gstadt. 1946 Mitbegr. des neuen KV Rosenheim. 1951 Eröffnung der Weinstube „Palette" beim Atelier, 1964–79 dort auch Malschule. Preise: u.a. 1942 Albrecht-Dürer-Preis, Nürnberg. – Figurenbilder aus der Arbeitswelt, zahlr. Portr., Akte, Lsch.(Sylt, Kamerun), Stilleben, Interieurs in Öl in der Trad. der Münchner realist. Malerschule mit impressionist. Tendenzen. LUDWIGSHAFEN, Wilhelm-Hack-Mus. ROSENHEIM, StG. *E:* 1954 Rosenheim, StG / 1984 Seebruck, Haus des Gastes / 1988 Prien, Gal. am Alten Rathaus / 1992 Eggstätt, Haus des Gastes. Vo5, 1961. *Schweers* I, 1994. – *F. Lindenberg*, W. D. Ein Meister trad. Chiemseemaler, Grabenstätt 1984; Oberbayer. Volksblatt v. 9. 8. 1984; 13. 5. 1988; 17. 4. 1989; 15. 5. 1992. S. P.

Demmel-Brunner, *Susanne* (geb. Demmel), österr. Malerin, Bildhauerin, * 25. 4. 1928 Wien, lebte 1982 in Meran/Südtirol. Verwandt mit den Wiener Hofmalern Johann und Josef Knapp. Ehefrau des Bildhauers Josef Brunner. Stud.: 1951–54 ABK Wien bei Franz Santifaller, Fritz Wotruba und Herbert Boeckl. 1960 Lehramtsprüfung als Kunsterzieherin in Rom. Bis 1977 Kunsterzieherin in Meran. – Knüpft mit Aqu. und Temperabildern an die Trad. des österr. Expressionismus an und gestaltet Baudekorationen im Zusammenspiel leuchtender, symbolträchtiger Farbflächen. ALGUND, Neue Pfarrk.: Fenster im Hauptschiff, um 1967–69. *E:* 1962 München, Krauss-Maffei. *Fuchs*, Maler (20. Jh.) I, 1985; IV, 1986; Erg.-Bd I, 1991. – *O. Kofler*, Die Pfarrk. Algund, Bozen 1982; *Weingartner*, KD Südtirols II, 1991. D. T.

Demmin, *Erich*, dt. Maler, Graphiker, Restaurator, * 1. 10. 1911 Ivenack/Meckl., † 9. 7. 1997. Sohn eines Gärtners. Stud.: 1931–39 Vereinigte Staatsschule für Freie und Angew. Kunst Berlin bei Ludwig Bartning und Paul Thol. Lehnt 1965 eine Berufung an die Meisterschule für Graphik in Berlin ab. Ausz.: 1980 Gold-Med. der Accad. Salsomaggiore Terme. Während der Studienzeit unter Thol v.a. in Kirchen als Restaurator tätig. 1949–55 unter Hinnerk Scheper arbeitend, u.a. Rest. des Knobelsdorf-Flügels am Charlottenburger Schloß und des Treppenhauses des Schlosses Klein-Glienecke. Ausmalungen für die „Filmbühne Wien", das Theater in der Mohrenstraße, sowie das Stadthaus der Fam. von Werder in der Wilhelmsaue in Berlin. Weitere Auftragsarbeiten für das Kaufhaus des Westens, die Lutherkirche in Altena und die ev. Kirche in Herdecke (beide Westf.). Seit den späten 50er Jahren v.a. Lsch.- und Vedutenmaler sowie Aquarellist. Motive aus Meckl. und von ausgedehnten Reisen durch Holland, Italien und Portugal. Das Werk ist durch helle lebhafte Komp. geprägt, die großen dekorativen Reiz vermitteln, u.a. *Badefreuden an der See*. Von kleinteiliger Detailerfassung, später Übergang zu großflächiger Malweise. Einsatz milder Licht- und Schattenspiele, atmosphär. Stimmungen (*Alte Gasse in Neapel*; *Blumenmarkt in Amsterdam*). Topograph. Bestimmbares wie *Die Magere Burg in Amsterdam* tritt zu elementar empfundener Lsch.-Schilderung wie *Wolken an der Ostsee* oder das expressive *Am Lago Maggiore*, 1990. SCHLESWIG, Schleswig-Holstein. LM. *E:* Berlin: 1972 Gal. am Spreebogen: Von Amsterdam bis Neapel; Gal. Binhold; 1992 Gal. Mona Lisa. Who's who in the arts and lit., Z. 1982; *Schweers* I, 1994. – *J. Bracker/ M. North*, Maler der See, Herford 1980; *V. Bergemann*, Havelländ. Impressionismus, Werder 1996. H. Grimm

Demming, *Dagmar*, dt. Fotografin, Installationskünstlerin, Malerin, * 6. 3. 1951 Greifswald, lebt in Berlin. 1970/71 Fotografenlehre. Stud.: 1971–73 an der HGB Leipzig (Fotogr.). Nach Abbruch des Stud. versch. Tätigkeiten. Seit 1979 kontinuierl. künstler. Arbeit; 1982 Übersiedlung nach Berlin (West). Dort Stud. der Malerei an der HdK u.a. bei Kuno Gonschior und Henning Kürschner. Ausz.: 1989 Nachwuchs-Stip. der HdK Berlin; 1991 Arbeits-Stip. des Berliner Senats; 1993/94 Stip. des Dt. Akad. Austauschdienstes (DAAD): Visiting Artist am AC College of Design, Pasadena/Calif., ebd. 1994/95 Lehrauftrag. – D. gestaltet fotogr. Umsetzungen von prozeßhaften Installationen, zu verstehen als Definition von Räumen durch Bilder. Sie organisiert „Felder der Erscheinungen" als Verwandlungen des Raumes, z.B. *Totale Ausgangssperre* (1992) und *Temporäre Architektur* (Dresden-Hellerau, 1995). Entsprechend stellt D. „mit den Mitteln der Malerei Farben aus der Wirklichkeit nach, oder, wichtiger noch, diejenigen Farben, mit denen die Photographie (Ab-)Bilder suggeriert" (H. Loreck, 1995). 🏛 Oslo, Mus. for Samtidskunst. ⊙ *E:* 1986 Lingen, HdK (Ausz. Lingener Kunstpreis) / 1988 Lichterfelde, Petruskirche / 1989 Holstein, Gal. Kirchnüchtel / 1995 New York, Gall. Sudvik-Vilano (K) / 1996 Istanbul, Macka Sanat Gal. (K); Berlin, Gal. von der Tann. – *G:* 1993 Pittsburgh (Pa.), Carnegie Mus. of Art: After the wall / 1996 Schwerin, Staatl. Mus.: Treibsand M-V-Szene in Bewegung (K; u.a. mit Jörg Herold). 📖 Ausgebürgert. Künstler aus der DDR und aus dem sowjet. Sektor Berlins 1949–1989 (K), D. 1990; Leiblicher Logos, 14 Künstlerinnen aus Deutschland (K: G. Inboden/ K. Pfeiffer/ H. Loreck; Wander-Ausst. Inst. für Auslandsbeziehungen), St. 1995; *P. Weibel* (Ed.), Inklusion : Exklusion (K Graz), Köln 1997. V. F.

Demmler (Demler), *Anton*, dt. Bildhauer, * Schirgiswalde b. Bautzen, † 4. 10. 1803 Dresden. Lehre in Prag und Bautzen; nach 1780 überwiegend in Dresden tätig, u.a. als Gehilfe des Hofbildhauers Johann Baptist Dorsch. Derzeit lassen sich ihm keine großplast. Werke eindeutig zuweisen. 1796, 1800 und 1801 war er auf den Dresdner Akad.-Ausst. mit kleineren Arbeiten vertreten. 📖 ThB9, 1913. *Bénézit* III, 1976; *Mackay*, 1977.

H. Lüddemann

Demmler, *Christian Friedrich* cf. **Demmler,** *Johann Christian Friedrich*

Demmler, *Georg Adolph*, dt. Architekt, * 22. 12. 1804 Berlin, † 2. 1. 1886 Schwerin. Sohn eines Schornsteinfegermeisters aus Güstrow. Stud.: 1819–23 Bau- und Kunst-Akad. Berlin (und Matrikel der Phil. Fak. an der Univ. ebd.); Abschluß mit dem Feldmesser-Examen. 1823 Eintritt in den Staatsdienst des Großherzogtums Meckl.-Schwerin als Baukondukteur und Gehilfe des Oberlandbaumeisters Carl Heinrich Wünsch. Ab 1824 berufl. und gesellschaftl. Aufstieg, protegiert durch seinen Hauptauftraggeber, Großherzog Paul Friedrich. 1832 Baumeister, 1835 Landbaumeister, 1837 Hofbaumeister, 1841 Hofbaurat. 1832/33 und 1842 längere Studienreisen in Frankreich, England und Dänemark. 1845–51 Mitgl. des Schweriner Bürgerausschusses, 1848/49 Wahlmann des verfassunggebenden mecklenburg. Landtags. Als konsequenter Verfechter der neuen konstitutionellen Verfassung in Meckl. geriet D. in Konfrontation mit den nach 1849 triumphierenden feudal-konservativen Kräften; 1851 Entlassung aus dem Staatsdienst und Entzug aller von ihm geleiteten öff. Bauprojekte. 1851–57 im Ausland (u.a. in Italien, England und Frankreich), pflegte enge Kontakte mit polit. Klubs und Emigrantenkreisen. Nach seiner Rückkehr in die Heimat 1857 nur noch gelegentl. als Privatarchitekt tätig, widmete sich umso mehr der Politik, die er als wiedergewähltes Mitgl. des Schweriner Bürgerausschusses aber auch mit bauplaner. Arbeiten verband. 1859 Mitbegr. des Dt. Nationalvereins in Frankfurt am Main, 1863 Vors. des mecklenburg. Gewerbevereins. Etwa ab M. der 60er Jahre stand D. Arbeiterorganisationen nahe, vertrat deren Interessen und propagierte sozialist. Ideen. 1873/74 kandidierte er als Mitgl. der Dt. Volkspartei, die er 1868 mitbegründet hatte, für den Reichstag. 1874 wechselte er zur Sozialdemokratie und war 1877/78 Abgeordneter der sozialdemokrat. Fraktion des Reichstages, zog sich aber nach den Sozialistengesetzen aus dem aktiven polit. Leben zurück. – D. ist der bedeutendste aus Meckl. stammende und dort tätige Architekt des 19. Jh. In der Hauptschaffenszeit zw. 1824 und 1851 bestimmte er weitgehend das öff. Baugeschehen des Großherzogtums Meckl.-Schwerin, entwarf zahlr. Gebäude versch. Bestimmung und nahm auch auf den priv. Bausektor Einfluß. Dies gilt bes. für Schwerin, wo viele seiner repräsentativen Bauten im Kontext von Stadterweiterungen und Modernisierung der urbanen Infrastruktur entstanden. Eine seiner wichtigsten Bauaufgaben war hier der Um- und Ausbau des Schlosses, das als ein Hw. historist.-romantisierender Schloß-Archit. in Deutschland gilt (Entwürfe 1842–45; ausgef. 1845–57, bis 1851 unter D.s Ltg, nach seiner Entlassung aus dem Staatsdienst durch Friedrich August Stüler mit Veränderungen voll.). Die neuen Partien des fünfflügeligen, asymmetr. Baukomplexes entstanden z.T. nach dem Vorbild von Schloß Chambord in Frankreich. D. hatte hierfür eine Studienreise zu den Loire-Schlössern unternommen. An der Innenausstattung nicht beteiligt, stammt allerdings die bereits 1844 erb. Schloßbrücke von ihm. D.s Erweiterungs- und Verschönerungsplan für Schwerin, 1862/63, folgt 1866 eine Erläuterungsschrift zur mod. urbanen Konzeption, die auf analyt. Untersuchungen der damals aktuellen städtebaul. Projekte versch. europ. Metropolen beruhte. D. sah u.a. Alleen, eine Ringstraße, Sternplätze und Uferpromenaden vor, die aber nicht realisiert wurden. Als Vertreter des Historismus ging er flexibel mit Stilelementen der Vergangenheit um, orientierte sich aber an konkreten Erfordernissen und neuesten materiell-techn. Möglichkeiten seiner Zeit und strebte optimale Lösungen an. Je nach Bestimmung der Bauten bediente er sich einer spätklassizist. oder neogot. Stilistik und verwendete v.a. den sog. Rundbogenstil, kombiniert mit mit antiken, gotisierenden und Renaiss.-Formen. Seine architekton. Leistungen sind nicht von weltanschaul. Überzeugungen und polit. Engagement zu trennen. D. gehörte zu den wenigen zeitgen. Vertretern seines Faches, die Bauen als ein primär gesellschaftl. Phänomen begriffen. Diese Auffassung fand auch bei einigen Projekten D.s seinen Niederschlag und hatte Einfluß auf sein Handeln als praktisch tätiger Architekt, indem er z. B. für ihm unterstellte Handwerker und Arbeiter soz. Einrichtungen schuf, Lehrlinge unterrichtete und Produktionsstätten für neuartige Baustoffe einrichten ließ. Neben Gottfried Semper ist D. wohl der einzige namhafte dt. Architekt des 19. Jh., der seine radikal-demokrat. und sozialist. Auffassungen öff. verfocht. 🏛 BERLIN: Entwurf für Reichstag, 1872; Planungen für Chaussee- und Kanalbauten, Entwürfe zu Denkmälern und Grab-Mon. DOBBERTIN, ehem. Klosterkirche: umfassende Ern., 1828–51 (Fassadenpartien, z.T. auf Planungen von Schinkel zurückgehend). GÜSTROW: Schauspielhaus, 1827–29 (im Inneren 1951 verändert). HAMBURG: Entwurf für den Neubau des Rathauses, 1857. HEILIGENDAMM: ehem. Pensionshaus Burg, 1840 (1950 umgebaut); Sommervilla der Großherzogin Alexandrine, 1840; zwei Familienquartiere für Badegäste im Landhausstil, 1841. LUDWIGSLUST, Schloß: Küchengebäude; Schulhaus; Kasernen und Pferdeställe, 1841; Wachgebäude am Schloßplatz, um 1844. ROSTOCK, Univ.-Platz: ehem. Oberappellationsgericht, 1840/41; Neues Mus. (Univ.-Inst.), 1844. SCHWERIN: Schloß, 1845–57. – Schloßstraße: Reg.-Gebäude, 1825–34 (heute Staatskanzlei; Entwurf 1824; nach Brand 1865–67 kaum verändert wiederhergestellt). – Heilanstalt Sachsenberg am Ziegelaußensee, 1827–30 (Entwurf 1825). – Schauspielhaus am Alten Garten, 1832–36 (1882 durch Brand zerst.). – Altstädter Rathaus: Fassade, 1834/35. – Marstall: Reithalle, 1837–42. – Städt. Krankenhaus Werderstr., 1839/40. – Arsenal am Pfaffenteich, 1840–44. – Mehrere Toranlagen mit Torhäusern, 1840–44 (u.a. Güstrower und Berliner Tor). – Ecke Arsenal-Mecklenburgstr.: Wohnhaus D. 1842/43 (nach 1860 erweitert). – Alter Garten: Großherzogl. Pal., 1841–43 beg. (nicht weitergeführt, Rohbau 1877–82 genutzt beim Bau des Mus., nach Entwurf von Hermann Willebrand). – Neuer Friedhof: Grabkapelle D., 1863/64 (Dekor mit Freimaurer-Symbolik, da D. seit 1826 Mitgl. einer Loge war). WITTENBURG: Rathaus, 1851–52. ✉ Neues und Altes. Eine Vertheidigungsschrift, Schwerin 1874. – Schwerin, Landeshaupt-Arch.: Einige Not. aus meinem Leben (bis 1861). Handschriftl. Abschrift eines autobiogr. Ms. 📖 ThB9, 1913. DEAU II, 1968; LdK II, 1989; DA VIII, 1996. – *B. Mertelmeyer*, G. A. D. 1804–86. Die Autobiogr. eines großen Baumeisters, Schwerin 1914; *M. Krempien*, G. A. D. 1804–1886. Hofbaurat und Sozialdemokrat, Schwerin 1982 (Schweriner R.); *A. Weiland*, in: *G. Fehl/ J. Rodriguez-Lores* (Ed.), Stadterweiterungen 1800–1875, Ha. 1983, 285–302; *H. Ende*, Mitt. des Inst. für Denkmpfl. Schwerin 29:1984, 583–586; G. A. D. 1804–1886. Beitr. zu seinem Leben und Wirken anläßl. seines 100. Todestages, Schwerin 1986; *M. Krempien*, Schweriner Schloßbaumeister G. A. D. 1804–1886, Schwerin 1991; G. A. D. und Schwerin (K), Schwerin 1995. M. Lissok

Demmler, *Johann Christian Friedrich*, dt. Porzellanmaler, A. 19. Jh. in Meißen. Figurenmaler an der Porzellan-Man. ebd. Arbeitete 1826 an der Bemalung von Tabaksköpfen, da die Nachfrage nach sonstigem farbigen Porzellan gering war. D. bevorzugte lit. Themen, u.a. die Figur des Don Juan. Daneben führte er auch Staffierarbeiten an Gefäßen und Figuren aus. Von 1828 bis 1830 erhielt er mehrfach Vergütungen für „Zeichnungen auf den Stein". Zeitweise kolorierte D. gedruckte Prospekte auf Porzellan; 1831 zur Goldmalerei versetzt. – Wahrsch. ident. mit *Christian Friedrich D.* (* 1793 Dresden, Stud.: 1812–19 KA Dresden bei Johann Carl Rösler). ◎ *G:* 1818 Dresden, Akad.-Ausst.: Portr. des Königs von Sachsen. 📖 *Prause*, 1975. – Meißen, Porzellan-Man., Arch. Dresden, StsA; KA, Arch., Nr 112a. B. Kovalevski

Demmler, *Paula* (geb. Barthold), dt. Malerin, * 1. 2. 1891 Mönchengladbach, † 15. 9. 1959 Düsseldorf, lebte dort. 1914 ⚭ Willy Hugo D. Malte u.a. niederrhein. Lsch. in stilist. Nähe zu Werken von Theo Champion. Arbeiten von D. erscheinen zuweilen im rhein. Kunsthandel, darunter *Morgenstille am Niederrhein*. 1942 war D. als Gast auf der Ausst. des Ver. der Berliner Künstlerinnen in Berlin vertreten. 📖 Käthe, Paula und der ganze Rest, B. 1992. – Kunsthaus Carola van Ham (Aukt.), Köln 23. 6. 1999, 103, Nr 2287; Kunstauktionshaus Rosthal (Aukt.), Meerbusch 25. 9. 1999, 48, Nr 2690. – Mitt. E. Scheeben, StA Düsseldorf. C. Roth

Demmler, *Willy Hugo (Wilhelm Hugo)*, dt. Maler, * 14. 3. 1887 Hamburg, † 17. 11. 1954 Düsseldorf. 1907 Übersiedelung von Güstrow nach Düsseldorf; dort bis zum Tode ansässig. Stud.: KA Düsseldorf. Mitgl. u.a. der progressiven Künstler-Vrg „Niederrhein" und 1914–48 des Künstler-Ver. „Malkasten". 1914 ⚭ Paula D. – D.s Œuvre umfaßt Portr., Figurenbilder, Tierstücke und Lsch.; letztere zeigen spätimpressionist. breit, locker und weich gemalte Fluß- und Küsten-Darst., häufig mit Booten und skizzenhaft behandelten Figuren belebt. Neben bürgerl. Portr. schuf D. in den 1910er Jahren nach fotogr. Vorlagen mindestens zwei undat. repräsentative Bildnisse *Kaiser Wilhelm II.* (um 1913, ehem. Kgl. Reg. Düsseldorf, heute im SM Düsseldorf; Burg Hohenzollern, Hechingen). 🏛 BERGISCH GLADBACH, StG Villa Zanders: Schloß Bensberg vom Milchborntal aus, Öl/Lw., um 1930. 📖 Vol, 1953. *Dressler* II, 1930; *Schweers* I, 1994; Lex. der Düsseldorfer Malerschule I, M. 1997. – Große Kunst-Ausst. Düsseldorf (K), Dd. 1926, 13, Nr 89, 65 (Abb.); Dt. Kunst (K), Dd. 1928, 32, Nr 132; Düsseldorfer Auktionshaus – H. Steinbüchel Nachf. GmbH (Aukt.), Dd. 27. 5. 1995, 7, Nr 27, Taf. 24; Meerbuscher Kunstauktionshaus (Aukt.), Dd. 18. 3. 1995, 7, Nr 2073, Taf. 65; *C. Roth*, Des Kaisers neue Bilder, Diss. Bochum (in Vorbereitung). – Mitt. E. Scheeben, StA Düsseldorf. C. Roth

Demnati, *Amine*, marokkan. Maler, * 15. 1. 1942 Marrakesch, † 10. 7. 1971 ebd. (Unfall). Stud.: Ec. des Arts Appliqués Casablanca, später Paris, Ec. des Métiers d'Art, Ec. des Arts Décoratifs, Ec. du Louvre; bis in die 70er Jahre in Paris lebend, danach Rückkehr nach Marokko, dort als freier Maler tätig. – A. gestaltet v.a. mit Menschen belebte Ansichten der versch. Stadtviertel in Marrakkesch. Dabei herrschen anfangs folklorist. Personen-Darst. vor, später löst sich D. ganz vom Figürlichen und entwickelt einen lockeren, an den europ. Impressionismus erinnernden Stil. Die letzten Arbeiten sind rein abstrakte Komp. mit fast filigranen Formen, reicher lebendiger Farbgebung und expressionist. Übersteigerung der Motive. ⌂ CASABLANCA: Coll. Soc. Gén. Marocaine de Banques. ▭ *Bénézit* IV, 1999. – *M. Sijelmassi*, L'Art contemp. au Maroc, P. 1989. A. Ha.

Demnati, *al-Amine* (Al Amine) *Abdenbi*, marokkan. Maler, Architekt, * 1946 Meknès. Stud.: ENSBA Paris (Architektur), Diplom ebd. Seit etwa 1976 in Rabat als Architekt und freier Maler. – D. wählt für seine Malerei v.a. Motive des marrokan. Alltags, unter denen er die bes. typ. Situationen des mod. Lebens bevorzugt, wie Passanten im Park, Liebespaare auf einer Bank etc. Er verwendet leuchtende Farben und geometr. Formen, die rein zweidimensional nebeneinander gesetzt werden und dadurch fast ausgeschnitten wirken; in der Binnengestaltung der Flächen finden sich Ansätze zu kubist. Auflösung der Einzelformen, v.a. der menschlichen Körper. ◎ *E:* Paris: 1970 Maison des BA; 1972 MAM / Rabat: 1976, '78, '82 Gal. Bab Rouah / 1981 Madrid, Gal. Ispahan. ▭ *M. Sijelmassi*, L'art contemporaire au Maroc, P. 1989, 124. A. Ha.

Demnievska, *Evgenija*, makedon. Malerin, Objektkünstlerin, * 4. 12. 1946 Skopje, lebt in Frankreich. Stud.: bis 1970 ABK Belgrad; bis 1972 postgradual bei Zoran Petrović ebd.; bis 1976 HS für bild. Künste und Musik Tokio. – Beeinflußt vom Aufenthalt in Japan entstanden E. 70er Jahre lyr. Komp. in selbst hergestellten Farben mit kalligraph. Zeichen. 1981 in Paris Publikumspreis für junge ausländ. Talente. Malt in Öl/Lw. (u.a. *Autour du Feu*), Acryl und Mischtechnik (*Menine*). Beschäftigt sich lt. eig. Aussage bereits seit über 20 Jahren hauptsächl. mit interaktiven Projekten, für die sie in jüngster Zeit das Internet nutzt (z.B. Beitr. zum Projekt Eurynome's gambit/ Chaos in action events; Installation *Before McColas becomes all we know*; Objekt *„From Kaocity to 4S3 town" arriving*, beide 1998). ▭ LEJ I, 1984. – *Online:* koeln.heimat.de, 1999. B. S.

Demnig, *Alfred*, deutscher Gartenarchitekt, -techniker, *25. 11. 1892 Breslau (Wrocław), † 12. 9. 1950. Ausb. zum Gärtner in der Handelsgärtnerei R. Lensky in Breslau. Dann fünfeinhalb Jahre am Kgl. Botan. Garten in Breslau und anschl. auf einer Formobstplantage in Bühl im Breisgau tätig. 1911–12 besuchte er die Höhere Gärtnerlehranstalt in Köstritz und hielt sich im folgenden Jahr in Kew Gardens bei London auf. Nach Teiln. am 1. WK und kriegsbedingter Verletzung 1916–18 Ausb. zum Gartentechniker in der Höheren Gärtnerlehranstalt in Proskau. Anschl. Hospitant an der TH Berlin-Charlottenburg; Techniker bei M. Protsch und im Büro des Berlin-Steglitzer Gartenarchitekten Ludwig Lesser; 1922–24 im Gartenamt Berlin-Zehlendorf tätig und 2. Staatsprüfung zum Diplom-Gartenbauinspektor. 1924–33 Leiter der Abt. „Ausb. und Technik" im Reichs-Verb. des dt. Gartenbaues; 1934–45 Lehrbeauftragter für gärtner. Maschinenkunde an der Friedrich-Wilhelm-Univ. Berlin. Ab. A. 1934 Vorstands-Mitgl. und Leiter der von ihm gegr. Studien-Ges. für Technik im Gartenbau. Maßgebl. Mitbegr. des Versuchs- und Forsch.-Inst. für Technik im Gartenbau in Quedlinburg. Ab 1949 Vorlesungen über gärtner. Maschinen- und Gerätekunde an der Hess. Lehr- und Forsch.-Anstalt Geisenheim. – D. widmete sich in seinen Schriften techn. Fragen des Gartenbaues und betrieb systemat. Untersuchungen zu Fragen der techn. Betriebsmittel, der Handgeräteprüfung sowie der Normung und Typisierung im gartenbaul. Bereich. ⌂ KIEL-Eichhof: Städt. Friedhof. ✉ Prakt. Gartengeräte, Frankfurt an der Oder 1933; Hilfsgeräte zur Pflanzenzucht. Bericht über die Prüfung versch. Hilfsgeräte ..., B. 1935; Gewächshäuser und Heizungen, B. [1]1937; St. [2]1947 (Grundlagen und Fortschritte im Garten- und Weinbau, 32); Das Kleine Obstbaubuch. Eine Anleitung zum prakt. Obstanbau, Wb. 1946; Techn. Ausrüstung der Gartenbaubetriebe, St. 1947 (Technik im Gartenbau, 1/2); Frühbeete, St. 1949 (Technik im Gartenbau 3). ▭ Grüne Biographien, B. 1997. – Verb. ehem. Proskauer, Proskau 1919, Anh., 80; *C. S. (=Camillo Schneider)*, Die Gartenschönheit 19:1938 (7) 286 s.; *R. Z.*, Neue Berliner Gärtnerbörse 43/44:1950, 103; *E. Wendt*, ibid. 49/50:1950, Beil. Regelia. Zs. für Wiss. im Gartenbau, 136. U. Schneider

Demnig, *Gunter*, dt. Installations-, Aktions- und Multimediakünstler, * 27. 10. 1947 Berlin, lebt und arbeitet in Köln. Stud.: ab 1967 Kunstpädagogik an der HBK Berlin bei Herbert Kaufmann; 1974–77 Univ. Kassel bei Harry Kramer; 1977–79 Denkmalsanierung. 1980–85 künstler.-wiss. Mitarb. im Fachbereich Kunst, ebd. Seit 1985 Atelier in Köln. 1994–99 Mitarb. als Kurator im Ignis-Kulturzentrum Köln im Rahmen der Ausst.-Reihe Coincidence: Zusammentreffen in Köln I-XX. – D. beginnt 1979 mit der Konstruktion von Klang-Skulpt., die trotz ihrer unhörbaren Schallwellen (Infraschall) phys. und psych. erlebbar sind; die Klang-Skulpturen *Schwarze Türme* dienen auch als Musikinstrumente. Allen ist ihr überdimensionales, mon. Ausmaß gemeinsam. Als Mat. verwendet er Pappe, Papier und Holz, die sog. Stimmen bestehen aus beledertem Aluminium, der Luftstrom wird von einem Gebläse erzeugt. Seit 1980 auch rein bildner. Aktionen, in denen er Spuren und Marken in Natur, Städten und zw. versch. Orten hinterläßt, z.B. *Duftmarken* (Kassel-Paris, 1980; K); *Blutspur* (Kassel-London, 1981); *Ariadne – Faden* (Kassel-Venedig, 1982); *Landschaftskonserven* (1984); *Einreise* (Berlin, 1988; K); *Stolpersteine* (seit 1995, u.a. in Antwerpen, Bydgoszcz). Mit letzterem gedenkt er der Verfolgten des Nationalsozialismus und der Herkunftsorte der Opfer, indem er selbstgegossene Betonpflastersteine mit Messingtafeln, auf denen Namen und Daten der Ermordeten erscheinen, in den öff. Straßenraum einsetzt. Mit seinem sog. *Kunstautomaten* ironisiert er mittels jahrmarktähnl. Maschinen den Kunstbetrieb. ⌂ KASSEL, Neue Gal. KÖLN, SM. LONDON, Tate Gall. PARIS, Centre Beaubourg. WUPPERTAL, Von der Heydt-Mus. ◎ *E:* Kassel: 1981 KA; 1992 KV / 1983 Wuppertal, Gal. Brusten / Köln: 1984 Moltkerei-Wkst.; 1986 (K), '96 SM; 1994 Antoniter-Kirche; 1997 Domforum / Eindhoven: 1985 Het Apollohuis; 1990 Het Hemelrijken / 1986 Baden-Baden, KH (K) / 1988 Berlin, Neuer KV / 1989 Gent, Stichting Logos; Hamburg, Studio Gal. / 1991 Lingen, KV / 1996 Salzburg, ACP

Galerie Peter Schuengel. – *G:* 1985 Hamburg: Friedens-Bienn. / 1987 Hamburg, KH, '88 Moskau, Staatl. GG und Leningrad, Ermitage: Künstler sehen Krieg und Frieden / 1988 Merl, Glaskasten: Zwischenräume / Berlin: 1989 KH: 200 Jahre Frz. Revolution; 1994 AK: Der Schlag; 1996 Neue Ges. für Bild. Kunst Berlin und AK: sonambiente festival für hören und sehen (K); 1996 Neue Ges. für Bild. Kunst: Künstler forschen nach Auschwitz / 1991 Karlsruhe, Zentrum für Kunst und Medientechnologie (ZKM): Multi Mediale 2 / 1993 Aachen, Ludwig Forum: Recall Byblos / 1998 Lyon: Musiques en Scène / 1999 Gent, Städt. MAK: Mauer von Jericho. ▭ IDEA. Guide internat. des arts electroniques, P. 1992. – *H. Kramer*, Weltmeister – „Guinness is Good for You!" (K), Kassel 1980; *L. Romain*, Ariadne-Faden. Der 3. Kunstlauf von G. D. (K), Kassel 1983; *W. Hahn*, Spuren eines Grenzgängers. G. D. geht seinen Weg ..., Kassel 1984; *G. J. Lischka* (Ed.), Alles und noch viel mehr. Die Kat.-Anthologie der 80er Jahre (K), Bern 1985, 557 ss.; The Tate Gall. 1984–86. Ill. cat. of acquisitions, Lo. 1988, 507 ss.; Künstler in Köln, Köln 1989; *R. Sachsse*, in: Gedankenstrich. Gedichte, Bilder, Essays (K Düsseldorf), ed. *J. Rönneper*, Gießen 1992; *W. Brodersen/C. Mewes*, G. D.s Gesetzestafeln. Vom babylon. Sprachchaos zur Weltsprache (K), Ha./Aachen 1993; *M. Schneckenburger/ D.*, Vergangenheit trittfest gemacht, in: Kölner Skizzen 1993; *id.*, Treten Sie näher. Denkanschläge durch Kunstautomaten (K SM), Köln 1996. R. B. Heer

Demo, *Gianni*, ital. Graphiker, Illustrator, * 1937 Turin, lebt in Chieri/Turin. Siedelte während des 2. WK mit seiner Fam. nach Chieri über. Dipl. als Werbegraphiker. 1957 als Schauspieler im Piccolo Teatro in Turin unter der Ltg von Nico Pepe tätig. A. der 60er Jahre ill. er in Mailand Bücher für Fratelli Fabbri Editori. 1969 Rückkehr nach Chieri, wo er Francesco Casorati, Nino Aimone und Vincenzo Gatti kennenlernt, der ihn zur Rad. führt. E. der 60er Jahre entstehen Rad. mit Tier-Darst. (*Il passero*; *Api*). 1980 stellt er als Hommage an Chieri eine Mappe mit Rad. her, in denen er die eindrucksvollen Winkel der Stadt mit char. Bewohnern darstellt (*Per manifesté col sentiment*). In den 80er Jahren eröffnet D. eine Schule für Rad., das Laboratorio, und zeigt weiterhin das städt. Leben in hyperrealist. Art (*Murazzi del Po*, 1982; *Andezeno*, 1985; *Cortile*, 1988). 1985 greift er das Thema der geschlossenen Tür auf, als Symbol für Unruhe und Beklemmung (*Porta*, 1985/86; *Pericolo*, 1986; *Al n. 20*, 1988). In einer Ser. von Portr. (1986–94) variiert D. das Licht durch zunehmende Vergrößerung des Schattenbereichs, als ob er die Evolution des Seins metaphorisch darstellen wollte. 1994 entsteht die Mappe mit Rad. *Per Montale: da Ossi di sepia*. Die Rad. *Presenze-assenze* (1995) zeigt das Portr. der Mutter in einem ovalen Rahmen, in dessen Glas sich der Künstler selber widerspiegelt. Mitgl. der Assoc. Incisori Veneti. ⌂ ARIEGE, Mus. Pierre Bayle. BAGNACAVALLO/Ravenna, Comune, Gab. stampe antichi e mod. CHIERI, Bibl. Com. MAILAND, Civ. Racc. delle Stampe Bertarelli. MATERA, Bibl. Prov. MONCALIERI/Turin, Bibl. Com. ⊙ *E:* Chieri: 1980, '83 Salone di Piazza Umberto I; 1981 Gall. Fulvia (K: N. Aimone); 1987, '92 Gall. Il Quadrato (K: A. Rosso/V. Gatti) / 1984 Andezeno (Turin), Comune; Torre Pellice, Stamperia del Borgo Po / 1993 Ascoli Piceno, Gall. Rosa Spina / 1995 Piacenza, Gall. del Borgo. – *G:* Turin: 1985 Circolo degli artisti: L'incisione del Novecento in Piemonte; 1988 Gall. Micro: Da e per Piazza Vittorio; 1990 Gall. Tuttagrafica: Portoni e portali / ab 1987 Biella: Premio Internaz. dell'Incisione / 1991 Antibes, Mus. du Bastion St. André / 1994 Chieri, Bibl. Com.: Omaggio a Montale / 1995 Acqui Terme, Ovada: Bienn. dell'Incisione / 1996 Oderzo: Bienn. di Incisione; Mailand, Castello Sforzesco: Materia e i suoi dintorni psicologici (K: P. Bellini) / 1997 Krakau: Trienn.; Tuzla: Bienn. ▭ Repert. degli incisori ital. nel Gab. Stampe antiche e mod. del Comune di Bagnocavallo, Faenza 1993; *S. Bianchi*, Grafica d'arte 1995 (23) 30 s.; *S. Nota* (Ed.), G. D., Chieri 1997.

N. Corradini

Demócrito II → **Cao,** *José María*

Demodé, *Giovanni* → **Damodè,** *Giovanni*

Demoges (Demauges), *Pierre*, frz. Kupferstecher, Goldschmied, † 1635 (oder davor), in Poitiers tätig. Nahm 1612 Thomas Olivier als Lehrling. D. stach 1628 mehrere Bll. zur Ill. der Werke von Jacques und Paul Contant (Paris, BN). In Poitiers arbeiteten D.s Nachfahren im gleichen Metier bis zur Frz. Revolution. ▭ *Pailloux*, 1962. – IFF, GravXVII III, 1954. C. R.

Demoget, *Antoine*, frz. Architekt, Ingenieur, * 1. 2. 1836 Bar-le-Duc/Meuse, † 10. 7. 1886 Nantes. In Bar-le-Duc Schüler seines Bruders Charles D., in Paris von Emile-Nicolas Gaudré und Alphonse-Henri Blot. 1851–53 Stud. an der Ec. d'Arts et Métiers in Chalons-sur-Marne. Ab 1862 Ing.-Architekt der Stadt Metz; 1871 Rücktritt, um nach der Abtretung von Teilen Lothringens an Deutschland die frz. Staatsbürgerschaft zu behalten. 1872–76 Chefarchitekt von Angers, 1876–86 von Nantes, wo D. auf statist. und kartograph. Gebiet bed. Arbeit leistet und sich mit Problemen der Stadtsanierung befaßt. Mitgl.: Acad. nat. de Metz; 1872 Soc. centrale des Architectes; 1879 Soc. des Architectes de Nantes; Conseil central d'Hygiène publique et de Salubrité de la Loire-Inférieure (heute Loire-Atlantique); 1881–86 Comm. dép. des Bâtiments civils. – D.s Sohn *Georges D.* (* 1864 Metz) studiert 1887–93 (Dipl.) Archit. bei Jean Louis Pascal an der EcBA in Paris und ist anschl. dort tätig. ⌂ ANGERS: städt. Schulen. FLEVILLE-LIXIERES/Meurthe-et-Moselle: Kirche. LONGEVILLE-LES-METZ/Moselle: Haus Sturel. METZ: öff. Badeanstalt und Wäscherei; Gal. im MBA; mon. Brunnen; Polygone Chambière: Feldlazarett für die Zeit der Besetzung von Metz; Grabmäler (von Dr. Maréchal, Bürgermeister von Metz; für die in Metz und Forbach gefallenen frz. Soldaten); Hôtel Charles Valette. NANTES: Post- und Telegraphenamt (anstelle der Weizenhalle von Mathurin Crucy und der Bibl. von Médéric Léchalas); städt. Schulen; Lyzeum Georges Clemenceau (voll. von Léon-Félix Lenoir). SERVIGNY-LES-SAINTE-BARBE/Moselle: Kirche. ✉ Et. sur la construction des ambulances temporaires, suivie d'un essai sur l'application des baraquements à la construction des hôpitaux civils permanents, P. 1871, 324 pp., Abb.; Plan de la commune d'Angers à l'échelle de 1 mm pour 7 m 50, Ville d'Angers 1874; Plan de la ville de Nantes à l'échelle de 1/2 millimètre par mètre, Ville de Nantes 1877; De l'alimentation de la ville de Nantes au moyen des eaux de la Loire, du nettoiement de la voie publique, de l'assainissement des habitations et de l'entretien des chaussées, Nantes 1883, 54 pp., Abb. 📖 *Delaire*, 1907; *Dugast/Parizet* II, 1991 (beide s.v. D., Georges). – *E. Maillard*, L'art à Nantes au XIXe s., P. 1888, 265. – Nantes, Arch. mun. G. Bienvenu

Demoget, *Charles*, frz. Architekt, * um 1827 Bar-le-Duc/Meuse, † 19. 4. 1903. Bruder von Antoine D. Stud.: ab 1848 Ec. centrale in Paris. Bis 1852 ebd. Mitarb. des Architekten Constant Dufaux. Ab 1853 „inspecteur des travaux communaux" in Bar-le-Duc und Architekt des Dép. Meuse. 1855–57 Bau des Lyzeums von Bar-le-Duc. Anschl. Italienreise. Nach der Rückkehr Ausf. zahlr. kommunaler Aufträge (Kirchen, Rathäuser, Schulen), Rest. des Schlosses in Thillombois und Umbau von Schloß Jean d'Heurs (bis 1880, zus. mit dem Architekten A. Micault, erh.). 1876–99 Stadtarchitekt von Angers; u.a. Rest. des 1576 erb. ehem. Collège Gilles-de-Trèves und Gest. des Parks am Rathaus. ✉ Travail sur les origines de la Renaiss. à Bar-le-Duc et dans la région; Mosaïque trouvée à Angers, 1879; Ville d'Angers. Travaux mun. ..., Angers 1880. 📖 DBF X, 1965. – Reclams Kunstf. Frankreich III, 1983. R. T.

Demoget, *Georges* cf. **Demoget,** *Antoine*

Demoja, südind. Bildhauer (rūvāri), schuf 1141 zur Zeit des Hoyśala-Fürsten Narasiṁha I. das Portal des Hoyśaleśvara-Tempels in Halebīd/Hassan Distr., Karataka. 📖 *A. V. Narasimha Murthy*, in: *F. M. Asher/ G. S. Gai* (Ed.), Indian epigraphy, its bearing on the hist. of art, New Delhi u.a. 1985. H. Plaeschke

Demokopos → **Damokopos**

Demokrates, Sohn des Leontis, griech. Bildhauer, wahrsch. in Erythrai im 1./2. Jh. n. Chr. tätig. Nur bek. durch seine Sign. auf einer Rundbasis. Die Weihung erfolgte von den Bürgern von Erythrai zu Ehren des ansonsten unbek. Praxippos, dem Sohn des Kallikrates. 📖 RE, Suppl. III, 1918 (s.v. D. 14); EAA III, 1960. R. V.

Demokritos → **Damokritos**

De Mole, *Fanny Elizabeth*, austral. Botanikerin, Malerin, * 1. 3. 1835 London, † 26. 12. 1866 Willunga/ S-Australien. Schwester von Harriet Jane D. Wie diese Priv.-Unterricht in Zchng, Malerei und Musik. Kam 1856 mit ihr u.a. Fam.-Mitgl. nach S-Australien. – Blumen- und Fruchtstücke in Aqu. und Pastell. Ihr Hw. ist ein Band mit regionalen Wildblumen, lithographiert in London, von ihr handkoloriert in S-Australien, wahrsch. unter Mitarb. von Harriet Jane D. und einigen Brüdern entstanden. 🏛 ADELAIDE, AG of South Australia. ✉ *F. E. Mole*, Wildflowers of South Australia, Lo. 1862 (Repr. Mb. 1981). ◎ *G:* Adelaide, South Austral. Soc. of Arts (1865–66 mehrfach Preise). 📖 *Kerr*, 1992. – *S. C. Wilson*, From shadow into light. South Austral. women artists since colonisation, Adelaide 1988. R. Smith

De Mole, *Harriet Jane*, austral. Malerin, * 1837 London, † 1891 England. Schwester von Fanny Elizabeth D. Priv.-Unterricht in Zchng, Malerei und Musik. Kam 1856 mit ihrer verwitweten Mutter und Geschwistern nach S-Australien, wo die beiden ältesten Brüder bereits in Adelaide ansässig waren. 1870 oder später Rückkehr nach Großbritannien, soll in ein anglikan. Kloster eingetreten sein. – Aqu. und Pastelle mit Blumen, Früchten, auch Figuren-Stud., Genre- und lit. Szenen. ◎ *G:* 1865–71 Adelaide, South Austral. Soc. of Arts (1865–66, '68–71 Preise, oft mehrfach). 📖 *Kerr*, 1992. – *F. E. Mole*, Wildflowers of South Australia, Lo. 1862 (Repr. Mb. 1981). R. Smith

Demole, *Henri (Jean-Henri; Jean Marc Henri)*, schweiz. Maler, Emailmaler, Entwurfszeichner, * 3. 1. 1879 Genf, † 25./26. 1. 1930 ebd. Stud.: bis 1900 Ec. des Arts Industriels Genf bei Henri Le Grand-Roy (hier 1914–22 Lehrer für Email); danach EcBA ebd. bei Pierre Pignolat. Erneuerer der Genfer Emailmalerei, über die er auch publizierte. Dekorierte in versch. Emailtechniken kunsthandwerkl. Gegenstände mit Lsch. und Allegorien sowie figürl. und ornamentalen Schmuck. Außerdem Glasfensterentwürfe. Daneben Zchngn, Öl-Gem. und Pastelle mit Lsch. und Porträts. 🏛 FRIBOURG, MAH. – Rathaus: Hl. Nikolaus; Hl. Petrus, Glasfenster, 1919. GENF, MAH. – Mus. Ariana. – St-Gervais: Escalade, Glasfenster, 1904. PFORZHEIM, Städt. Slgn. WINTERTHUR, KM. ◎ *E:* 1983 Genf, Mus. de l'Horlogérie. 📖 Vol, 1953. HBLS II, 1924; *Plüss/Tavel* I, 1958; *Schidlof* I, 1964 (s.v. Demole, J. M.); Schweizer Lex., II, Luzern 1992; Biogr. Lex. der Schweizer Kunst, I, 1998. – *P.-F. Michel*, Jugendstilglasmalerei in der Schweiz, Bern u.a. 1986. D. T.

Demomeles, griech. Architekt, um 420 v. Chr. tätig. Nur bek. aus einem att. Urkundenrelief von 422/21 v. Chr. aus Eleusis (Eleusis, Mus. 5093; IG, I^{2}, 81; IG, I^{3}, 79; SEG X, 1949, 94), das den Volksbeschluß zum Bau einer Fußgängerbrücke im Zuge der hl. Straße von Athen nach Eleusis über den Rheitos nahe dessen Mündung an der Grenze zw. den Gebieten der beiden Städte gemäß dem Entwurf des D. festhält: Hierfür sollen Steine des alten, von den Persern zerst. eleusin. Tempels wiederverwendet werden. 📖 ThB9, 1913. RE V. 1, 1903 (s.v. D. 2); EAA III, 1960; LIMC VIII, 1997, 975 (s.v. Persephone, Nr 330). – *T. L. Shear jr.*, Hesperia, Suppl. 20:1982, 130–131; *M. Meyer*, Die griech. Urkundenreliefs, B. 1989 (AM, Beih., 13), 33, 83–84, 266. Th. Ganschow

Demon → **Daimon**

De Monchaux, *Cathy*, brit. Bildhauerin, * 1960 London, lebt dort. Tochter von Paul D. und Schwester von *Elizabeth D.* (* 1965), die v.a. Metallobjekte und Bodeninstallationen gestaltet. Stud. in London: 1980–83 Camberwell SchA; 1985–87 Goldsmiths' College. Ausz.: 1998 für den Turner Prize nominiert. – D. gestaltet in akurater, aufwendiger Handarbeit aus Metall und Textilien ornamentale, an Wänden montierte Skulpt. mit deutl. sexueller Symbolik. Char. ist die repetitive Verknüpfung gleichgestalteter Metallteile, die oft um eine Spiegelachse symmetrisch angeordnet sind und z.B. mit dunkelrotem Samt drapiert werden. Beeinflußt von Marcel Duchamp verwendete D. bis 1991 auch Ready-mades. Mit barocker Formensprache, semant. Provokationen, effektvollen erot. Anspielungen und surrealist. Fantasie zeigt D.

die Zwiespältigkeit von Verführung und Abscheu, Aggression und Verletzlichkeit, Vergnügen und Gewalt. Seit ca. 1994 interpretiert sie die Widersprüche des menschl. Daseins und die geschlechtsspezif. Unterschiede in subtilerer und sinnlicherer Weise. Die Skulpt. werden u.a. durch die vereinfachte Anfertigung mit Laser zum Ausschneiden der Metallteile großformatiger, womit auch die Anzahl der Einzelteile steigt. D. betont den Kontrast zwischen der geometr., skelettartigen Metallkonstruktion und der organ. Drapierung aus fleischähnl. Mat. wie rosa Leder (*Wandering about in the future, looking forward to the past*, 1994, Tate Gall. London). In der Rauminstallation *Never forget the power of tears* (1997) befaßt sich D. mit unbewußten menschl. Ängsten, Geburt, Liebe und Tod. Daneben entstehen weiterhin kleinformatige Wandstücke aus Metall, Bändern, Glas, Papier und Leder, die u.a. durch eine künstl. Patina aus Kreidestaub relig. Artefakten oder großformatigen Schmuckstücken gleichkommen. D. gehört zu den bed. zeitgen. brit. Künstlerinnen. ⌂ CULLERCOATS, Metro Station: The day before you looked through me, 1998. LONDON, Arts Council of Great Britain: Hold, 1988. – Contemp. Art Soc. – Saatchi Coll. ⊙ *E:* 1985 Winchester, AG / London: 1988 Mario Flecha Gall.; 1989 Goldsmiths' Gall. (mit Sophie Horton; K); 1990 Laure Genillard Gall.; 1993 Chisenhale Gall. (Wander-Ausst. u.a. 1994 Bristol, Arnolfini; K); 1997 Whitechapel AG; 1999 Cable Street Gall. (Elizabeth D.) / 1990, '93 Mailand, Studio Guenzani / 1990 Zürich, Gal. Marc Jancou / 1991 Wien, Gal. Grita Insam / 1991, '94 Paris, Gal. Jennifer Flay / 1996, '99 New York, Sean Kelly Gall. ▭ *Spalding*, 1991; *Buckman*, 1998. – *K. Bush*, Flash art 1988 (142) 139; *A. Sebestyn*, Women artists slide libr. j. 1990 (31–32) 30–33 (Elizabeth D.); *T. Godfrey*, AiA 78:1990 (9) 207; *A. Renton*, Flash art 1990 (154) 144–146; *id.*, Terskel/Treshold 4:1993 (9) 38–48; *J. Kastner*, Flash art 1993 (173) 118; *L. Mooring*, Women's art mag. 1993 (55) 13–15; Something the matter (K Brit. Council zur 22. Bien. São Paulo), Lo. 1994; *A. Rochette*, AiA 82:1994 (11) 142; *S. Todd*, Art and text 1994 (49) 87 s.; *C. Hall*, ArtsRev 46:1994 (April) 42 s.; *S. Hyman*, Sculpt. 13:1994 (5) 55 s.; Replecs de la pulsió (K La Fund. „la Caixa"), Ba. 1996; *J. Koplos*, AiA 84:1996 (6) 102; *B. Schwabsky*, Artforum 34:1996 (April) 100 s.; *S. Hubbard*, Contemp. visual arts 1997 (15) 45–49; *J. Slyce*, Flash art 1997 (196) 118; *H. Reitmaier*, Make. The mag. of women's art 1997 (75) 18–21; *ead.*, Sculpt. 16:1997 (8) 66–67; *A. Fehrenkamp*, ibid. 17:1998 (10) 14 s.; *K. Clifford*, Art news 98:1999 (10) 192. – Mitt. Leeds, Metropolitan Univ., AXIS – Visual arts inf. service. H. St.

De Monchaux, *Paul*, Bildhauer, Zeichner, * 1934 Montreal, tätig in London. Vater von Cathy und Elizabeth D. Stud.: 1952–54 Art Students League of New York; 1955–58 Slade School of FA, London, bei Reg Butler, Frederick Edward McWilliam und A. H. Gerrard. Lehrtätigkeit: 1958–60 Nigerian College of Technology; 1960–65 Goldsmiths' College, London; Camberwell School of Arts and Crafts, ebd. (1965–83 Leiter der Skulpt.-Abt.; 1984–86 Leiter des Dep. of FA). Danach bes. Auftrags-Skulpt., u.a. für Brit. Rail, 1990. Preise: 1980 Arts Council Major Award; 1990 Northern Electric Environment Award. ⌂ COLCHESTER, District Health Authority. COVENTRY, Crown Court: Basilica, 1991. LONDON, Contemp. Art Soc. SHREWSBURY, Abbey Church: Wilfred Owen Memorial, 1993. ⊙ *E:* 1991 Portland, Chesil Gall. – *G:* u.a. 1961 Liverpool, John Moores Exhib. / 1994 London, Whitechapel AG. ▭ GEA, Sculptors, 1985; *D. Buckman*, Dict. of artists in Britain since 1945, Bristol 1998. – *H. Drysdale*, Artscribe 1983 (42) 18–24; *C. Ratcliff*, AiA 72:1984 (1) 37–41. K. F.

Demonchy, *André*, frz. Maler, * 14. 9. 1914 Paris, lebt in den 60er Jahren in Achères/Seine-et-Marne. Kriegswaise. Tätig als Eisenbahnarbeiter, daneben ab ca. 1946 heiter poet.-naive Malerei, z.B. Eisenbahnmotive, Lsch., Straßenszenen, Hafenansichten (*Enterrement à Semur-en-Auxois*). Auch Buch-Ill. für Marcel Aymé, *Le Bœuf clandestin*, P. 1959. ⊙ *E:* 1949, '52 Paris, Gal. de Berri (K 1949, Text: André Breton) / 1948, '49 New York, Gal. Knoedler / 1969 Paris, Gal. Lardy. – *G:* Paris: 1964 Gal. Charpentier; Salon Comparaisons. ▭ CatBolaffiArtMod, 1966; EU SEDA III, 1969; *Bénézit* III, 1976; *Jakovsky*, 1976. – Die Welt (B.) v. 19. 7. 1960; Frankfurter Rundschau v. 20. 7. 1961; *O. Bihalji-Merin*, Die Naiven der Welt, Altville 1986. K. S.-D.

De Mondion, *Charles François*, frz. Architekt, Militär-Ingenieur, * 1683, † 25. 12. 1743 Malta. Ab 1701 Ausb. unter Marschall Sébastien le Prestre de Vauban. Bis 1720 im Dienst der frz. Krone, ab 1715 in Malta. D. wurde leitender Militär-Ing. des Johanniter-Ordens; als solcher 28 Jahre im Amt. Er entwarf Festungen (zahlr. Projekte für die Insel Gozo), Festungs- und Stadttore, Paläste, Verwaltungsbauten und Kirchen; daneben Pläne für sieben Hospitäler und Sozialbauten. Die Entwürfe wurden als „polished, eclectic and impressively elegant" bez. (Mahoney 1996). D. wurde in der Krypta der von ihm entworfenen Kirche St. Anthony of Padua auf Manoel Island beigesetzt. Die Schreibweise „Montdion" findet sich als Sign. im Dok. A. O. M. 6547, fol. 40 in der maltes. Nat.-Bibl., Valletta, dat. 1716. ⌂ COSPICUA: Polverista Gate, 1722. FLORIANA: St. Anne's Gate; Porte des Bombes. MANOEL ISLAND: Fort Manoel; Festungskirche St. Anthony of Padua, ab 1723. MARFA/Gozo: Battery Fortezza Sant'Anton, 1732. MARSALFORN/Gozo: 2nd Marsalforn Tower, 1720. MDINA: Magisterial Pal., um 1730; Main Gate, 1724; Greek Gate. SANTA VENERA: Dar ta'L-Iljuni (Pal. Leoni), 1730. VICTORIA/Gozo: Banca Giuratale, 1733. VITTORIOSA: Stadttore, 1722; Couvre Port, 1722. XAGHRA/Gozo: Ramla Bay Redoubt. ▭ *A. Gauci*, Gozo. A hist. and tourist guide to the island, Hamrun 1969; *S. C. Spiteri*, The knights' fortifications, Valletta 1990; *A. Samut-Tagliaferro*, The coastal fortifications of Gozo and Comino, Valletta 1993; *S. C. Spiteri*, Fortresses of the cross, Qormi/Malta 1994; *L. Mahoney*, 5000 Years of archit. in Malta, Valletta 1996. M. Losse

Demonet, *Inez Michon*, US-amer. Malerin, Radiererin, Illustratorin, * 25. 4. 1897 Washington/D. C., A. der 1960er Jahre dort und in Bethesda/Md. ansässig. Stud.:

Corcoran SchA, Washington; Philadelphia Mus. School of Industrial Art; Nat. School of Fine and Applied Arts, New York; bei Charles Webster Hawthorne und Benson Bond Moore. – V.a. Ill. für medizin. Publl. ▭ WWAA, 1953–1962; *Falk*, 1985. C. R.

Demongeot, *Jacques*, frz. Bildhauer mit kgl. Privileg, * Paris, in Brest/Finistère tätig. Seine Tochter Françoise heiratete 1692 den Bildhauer Jean Nicol und 1707 den Bildhauer Charles Fournier. D. selbst heiratete 1712 in zweiter Ehe Marie du Boc, Witwe des Malers Michel Adenet. ▭ *Castel/Thomas/Daniel*, 1987. C. R.

Demont (1833) cf. **Demont** (1852)

Demont, frz. Zeichner in Paris, M. 19. Jh. Der Universal Cat. of Books on Art (South Kensington Mus., London, Suppl. 1877) nennt vier Bücher, die von D. ill. wurden bzw. für die er Vorlagen lieferte: *Nouv. traité de menuiserie* ... (P. 1848); *Nouv. traité de serrurerie* ... (P. 1852; Stiche von Charles Bonaparte Marlier; beide London, V & A); *Nouv. traité de charpente* ... (P. 1849); *Recueil de divers tombeaux dans les cimetières de Paris* (P. 1852; Stiche von Marlier). Von einem gleichnamigen Autor, viell. ident. mit D., ersch. 1833 in Paris ein Traité des premiers éléments d'archit., ill. mit 46 Kpst. ▭ ThB9, 1913. *Bénézit* III, 1976. – Mitt. V & A, London. C. F.

Demont, *Adrien (Adrien Louis)*, frz. Landschaftsmaler, * 25. 10. 1851 Douai/Nord, † 25. 10. 1928 Wissant/Pas-de-Calais. Verh. mit Virginie D.-Breton, gemeinsame Tochter Adrienne Elodie Clémence Ball-D. Vom Vater, Notar in Douai, für eine jurist. Laufbahn bestimmt, ist D. bereits als Schüler sehr kunstinteressiert und nimmt Zeichenunterricht bei dem Maler Célestin Cépollart. Neben dem Jura-Stud. belegt er Kurse an den Ec. acad. (angew. Kunst) und wird durch den Maler Pierre Célestin Billet, der ihn mit Freilicht-Stud. vertraut macht, sowie von E. A. Breton beraten. Begegnet 1871 Camille Corot, mit dem er in der Umgebung von Douai, bes. in Palluel, malt. 1873 besucht D. die Brüder Jules und Emile Adélard Breton in ihren Ateliers in Courrières, wird deren Freund und zeitweise auch Schüler. Ab 1874 in Paris im Atelier des Malers Joseph Blanc. Die Einsendungen zur ersten Salonbeteiligung 1875 zeigen seine Naturverbundenheit: *L'église St-Pierre de Montmartre un soir d'hiver* und *La glèze, près de Spa (Belgique)* (beide verschollen). Ab 1876 auch Teiln. an den Salons der Soc. des Amis des Arts von Douai und Arras. Lebt nach der Heirat 1880 in Montgeron/Essonne und malt eher genrehafte Gem. mit Darst. seiner Heimat (*Le moulin*, Salon 1882, Amiens) und ländl. Szenen aus der Umgebung von Montgeron (*Le potager au printemps*, beide Öl/Lw., Studie mit dem gleichen Titel im Salon 1885, Frankreich, Priv.-Slg), bei denen noch der Einfluß der Brüder Breton spürbar ist. Während sich D. für die Bretagne (Sommeraufenthalt 1881: *Bras de mer à marée-basse*, Salon 1881, Orléans, MBA) nur mäßig begeistert, ist das Ehepaar vom kleinen Fischereihafen Wissant im Pas-de-Calais beeindruckt und läßt sich nach jährl. Aufenthalten 1891 endgültig dort nieder. Angesichts dieser Lsch. wird sich D. erst wirklich seiner eigtl. Neigung bewußt und läßt sich zu weitläufigen Lsch. inspirieren, deren visionärer Char. in lit. Sujets (*Don Quichotte*, SAfr. 1893, Melbourne), Themen zur griech. Mythologie (*Les Danaïdes*, SAfr. 1895, Amiens) und bibl. Darst. Ausdruck findet (*La tentation sur la montagne*, SAfr. 1904, Arras, alle Öl/Lw.). Der bes. für atmosphär. Veränderungen empfängl. D. hält die Nuancen von der Morgen- bis zur Abenddämmerung in rasch und frei skizzierten Studien fest, behält dennoch eine akad. Malweise bei. Er folgt dem Impressionismus nicht, sondern konzentriert sich auf einen einmal ausgewählten Effekt, den er im Atelier durcharbeitet, um ihn nach eig. Aussage in seiner ganzen Kraft und Geschlossenheit wiederzugeben (*La nuée*, Öl/Lw., SAfr. 1899, Antwerpen, z.Z. im Depot in Hoboken, Kasteel). Werke des inzwischen internat. bek. Malers gelangen in US-amer. Slgn; er beteiligt sich an den WA in Brüssel, München und London. Zum Bekanntenkreis D.s und der Gattin gehört eine Gruppe junger Maler mit Georges Philibert Ch. Maroniez, Félix Planquette, Valentine Pèpe, Fernand Stiévenart, Paul Willame und Edouard Houzé, die ebenfalls im Pas-de-Calais leben oder zu gemeinsamer Arbeit nach Wissant kommen. Ausz. und Ämter: 1879 Med. 3. Kl., 1882 Med. 2. Kl. und „hors concours" im Salon; Gold-Med. bei der WA 1889 in Paris und 1894 in Antwerpen. Ab 1890 Jury-Mitgl. der Soc. des Artistes français. 1891 Ritter, 1904 Offizier der Ehrenlegion; Chevalier de l'Ordre de Léopold; Ritter des Ordens zum hl. Michael von Bayern. Mitgl. der Acad. royale d'Anvers. ⌂ *Wenn nicht anders vermerkt, Öl/Lw.:* AMIENS, Mus. de Picardie. ANTWERPEN, Koninkl. MSK. ARRAS, MBA: Paysage à Wissant; Ferme à Wissant; Coucher de soleil. BOULOGNE-SUR-MER, Château Mus.: Pauvres maisons; La terre promise (SAfr. 1896). DOUAI, Mus. de la Chartreuse: Nature morte au pot de grès, 1875; La briquetterie (stark beschädigt, Salon 1880); Jeunesse (SAfr. 1892). DUNKERQUE, MBA: Les landes du Finistère (Salon 1881). EVREUX, MBA: Paysage; 1 Zchng. GENT, MSK: L'arrivée des corbeaux (SAfr. 1909, im Depot des Rathauses). LA ROCHE-SUR-YON, Mus. d'Art et d'Archéol.: Abel (SAfr. 1892). LILLE, MBA: L'approche du gros temps (Salon 1885); Fiançailles, Entwurf; Le soleil qui s'endort (SAfr. 1912). – Rathaus, Hochzeitszimmer: Fiançailles (Salon 1887). MELBOURNE, NG of Victoria. ORLEANS, MBA. PARIS, Petit Pal.: Le square de Cluny, Entwurf, Öl/Holz. SAINT-OMER, Mus. Sandelin: Marais, coucher de soleil. ✉ Souvenances, Arras 1927. ▭ ThB9, 1913 (Lit.); Vo5, 1961. LivreD'Or, 1905; *Marchal/Wintrebert*, 1987; *Bénézit* IV, 1999. – *J.-A. Boyer-d'Agen*, Rev. ill. 1901 (14); *A. Segard*, A. D. (K Gal. Georges Petit), P. 1912; *R. Le Cholleux*, Rev. septentrionale 1912 (Aug.) 227–231; *E. Poiteau*, Ceux de chez nous/A. D. et Virginie D.-Breton, Arras 1925, 1–165; *E. Langlade*, Artistes de mon temps, P. 1929, 21–31; *P.-G. Chabert*, A. D. (K Mus. Sandelin), Saint-Omer 1974; *J. C. Lesage*, Peintres des côtes du Pas-de-Calais de Turner à Dubuffet, Etaples-sur-Mer 1987; *A. Bourrut Lacouture*, BSHAF 1989 (1990), 277–297.

A. Bourrut Lacouture

Demont-Breton, *Virginie (Virginie-Elodie)*, frz. Malerin, * 26. 7. 1859 Courrières/Pas-de-Calais, † 10. 1. 1935 Paris. Tochter und Schülerin von Jules Breton, verh. mit

Adrien Demont, Mutter von Adrienne Elodie Clémence Ball-Demont. Beginnt sehr jung zu zeichnen; erhält bereits beim Salondebüt 1880 eine ehrenvolle Erw. für *Petite source* und *Fleurs d'avril* (Standorte unbek.). 1883 erringt D. im Salon mit dem vom Staat erworbenen Gem. *La plage* (Arras) eine Med. 2. Kl. und den Titel „hors concours" sowie bei der WA in Amsterdam eine Gold-Med. für *La famille* (1882, zerst., ehem. Douai, Mus. de la Chartreuse). Mit *Les loups de mer*, 1884 (Salon 1885, Ankauf des MSK, Gent), offenbart D., die sich durch den SAfr. künstler. verwirklicht, endgültig ihre Neigung zu einer naturnahen, doch recht akad. orientierten Malweise. Lebt nach der Heirat 1880 mit dem Ehemann in Montgeron/Essonne, jedoch verbringen sie bald darauf zunächst die Sommer in der Bucht von Wissant/Pas-de-Calais. Dort malt D. Lsch. und Marinen, interessiert sich aber v.a. für das Leben der Fischer (*L'homme est en mer*, 1889 von van Gogh kopiert) sowie im Meer und am Strand herumtollende Kinder (*A l'eau*, SAfr. 1897, Antwerpen). Auch von Dramen beeindruckt, malt sie *Stella Maris* (1895, Standort unbek.) und *Les Tourmentés* (SAfr. 1905, Lille, MBA, Standort: Arras, MBA). 1891 siedelt das Ehepaar endgültig nach Wissant über in ihr in ägyptisierender Manier erb. Haus „Typhonium". 1895 Reise nach Tunesien. Als ebenso begeisterte wie auch gemäßigte Frauenrechtlerin wird D. 1883 Mitgl. der Soc. de l'Union des Femmes Peintres et Sculpteurs; 1896–1902 deren Präsidentin. Sie beteiligt sich an den Salons in Brüssel und Antwerpen und wird 1894 „membre agrégé" und 1913 Mitgl. der Acad. royale, ebd. Ferner stellt sie in den Salons der Soc. des Amis des Arts von Arras und Douai aus und unterstützt die Ec. acad. ebd. US-amer. Priv.-Sammler werden auf D. aufmerksam, und über den Kunsthändler Samuel P. Avery gelangen Gem. in die USA. – Aufgrund ihrer belg. Abstammung mütterlicherseits macht sich D. sehr früh mit der fläm. und niederl. Malerei vertraut; sporad. Kontakte zur Schule von Den Haag hinterlassen einen gewissen Einfluß in ihrer Faktur. In ihrem überwiegend dem Alltag der Fischer und deren Fam. gewidmeten Schaffen ist ab A. der 90er Jahre ein gewisser, zu der Zeit verbreiteter Heldenkult spürbar (u.a. *Jeanne d'Arc*, 1893, Priv.-Slg; *Jean-Bart*, 1894, zerst., ehem. Dunkerque, MBA); parallel dazu neigt sie etwas zum Mystischen mit Tendenz zum Symbolismus. Wie der Vater schriftsteller. begabt, veröff. sie ihre Erinnerungen. 🏛 *Wenn nicht anders vermerkt, Öl/Lw.:* AMIENS, Mus. de Picardie: Hommes de mer (SAfr. 1898). ANTWERPEN, Koninkl. MSK. ARRAS, MBA: La sœur aînée; Le Divin Apprenti (vorbereitende Studie für den SAfr. 1897), beide Öl/Holz. BOULOGNE-SUR-MER, Château Mus.: Ismael (SAfr. 1896); La pipe à bord; Les oiseaux de mer (vorbereitende Studie für den SAfr. 1907). DOUAI, Mus. de la Chartreuse: Portr. de Louis Breton; Portr. de Marie Duhem. GENT, MSK: Portr. de ma Grand-Mère, 1887 (Salon 1889). HONOLULU/H. I., Acad. of Arts: France (SAfr. 1913). LILLE, MBA. MOULINS, Mus. d'Art et d'Archéol.: Le calme (Salon 1884). PARIS, Petit Pal.: Dans l'air pur (SAfr. 1907). ✉ Les maisons que j'ai connues, I-IV, P. 1926–34. 📖 ThB9, 1913 (Lit.); Vol I, 1953 (Lit.). DBF X, 1965; *Marchal/Wintrebert*, 1987; *D. Gaze* (Ed.), Dict. of women artists, Lo./Chicago 1997 (Lit.); *Bénézit* IV, 1999. – *E. Poiteau*, Ceux de chez nous/Adrien Demont et V. D., Arras 1925, 166–325; *J. C. Lesage*, Peintres des côtes du Pas-de-Calais de Turner à Dubuffet, Etaples-sur-Mer 1987, 71 ss.; *A. Bourrut Lacouture*, BSHAF 1989 (1990), 277–296; *id.*, in: Bononia (Bull. des Amis du Mus. de Boulogne-sur-Mer) 1991 (19) 36–45; 1992 (20) 38–46.

A. Bourrut Lacouture

De Monte, *Claudia*, US-amer. Bildhauerin, Malerin, Mixed-Media- und Konzeptkünstlerin, * 25. 8. 1947 Astoria/N. Y., lebt in New York. Seit 1974 lehrt D. an der Univ. of Maryland in College Park. – Neben Gem. und Skulpt. entstehen v.a. Installationen und Objekte. Sämtl. Arbeiten haben einen stark auto-biogr. Bezug und stehen im engen Zusammenhang mit Erlebnissen und Eindrücken ihrer zahlr. Reisen. Das zentrale Thema bildet die Auseinandersetzung mit bedrohten Kulturen und der Veränderung der sozialen Gefüge in Afrika, Asien und im Nahen Osten. In der Ausst. „Claudia at home and abroad" (New York, Gracie Mansion Gall., 1985) symbolisiert eine mehrfach wiederkehrende, „Claudia" genannte Puppe die persönl. Erfahrung innerhalb der versch. Reisestationen. Damit wird D. selbst zum Objekt und Teil des Kunstwerkes. Dieser verbreitete feminist. Ansatz zeigt sich auch in der Installation *Commemorative Columns* (1985), bei der einzelne Puppen, bzw. D.s alter ego, auf hohen Säulen aus versch. Epochen sitzen und die Künstlerin zur Säulenheiligen erheben. 🏛 BROOKLYN/N. Y., Brooklyn Mus. of Art. DELAWARE/N. J., AM. FORT LAUDERDALE/Fla., AM. INDIANAPOLIS/Ind., Mus. of Art. LARGO/Md., Prince George's Community College: Fresken, 1972. NEW ORLEANS, Mus. of Art. NEW YORK, MMA. QUEENS/N. Y., Astoria Park: Fresken, 1970. 👁 *E:* 1976 Washington (D. C.), Corcoran Gall. of Art / 1980 Fort Worth (Tex.), AM; Philadelphia, Marion Locks Gall.; New York, Droll/Kolbert Gall. / 1980, '84, '85, '88, '89 New York, Gracie Mansion Gall. / 1990, '94 Miami (Fla.), Barbara Gilman Gall. / 1996 Kansas City (Mo.), Leedy Vaulkos Gall. – *G:* u.a. 1977 Barcelona, Centre d'Estudio d'Art Contemp.: 7th Encounter on Video. 📖 WWAA, 1980; 1984; 1991/92; 1993/94; 1997/98. – D., Puryear, Richer, Samuels, Willis (K College Park AG), College Park, Md. 1974; *D. Glaser*, ArtsMag 58:1983 (Nov.) 126 s.; *E. Zimmermann*, ibid. 60:1985 (Dez.) 103.

S. H.

De Monte, *Giuseppe* → **Amonte,** *Josef*

De Monte, *José (Beppi)*, ital.-argentin. Maler, Zeichner, * 10. 9. 1929 San Daniele del Friuli/Udine, † 25. 11. 1984 Córdoba/Argentinien. Lebte ab 1935 in Argentinien. Vater von Pablo D. Am Seminario Salesiano de Colonia Vignaud Ausb. im Malen bei Priester Pellada und Bühnenbildentwürfe. Stud.: 1944 Acad. von Anselmo José Blanzari; Colegio Nac. Dean Funes; bis 1953 Esc. Superior de BA, beide Univ. de Córdoba, Malerei bei Ernesto Farina und Juan Carlos Pinto. Ab 1948 Zeichner am Inst. de Anatomía. Lehrtätigkeit: ab 1954 Atelierleiter an der Esc. de Artes der Univ.; Doz. an der Univ. Nac. de Cuyo. Bis in die 60er Jahre Ausf. zahlr. Zchngn für wiss. Publ. und Medizinkongresse. 1960 Stip. des Fondo Nac. de las Artes. 1966 auf Einladung von

Fiat-Concord Dekoration für Eisenbahnschlafwagen der Linie Buenos Aires-Córdoba. 1975 Europareise; Aufenthalt in Paris und Mitarb. bei Antonio Segui. Zahlr. Ausz.: u.a. 1948 1. Preis im Plakat-Wettb., Salón de Alumnos de BA, Córdoba; 1954 1. Preis für Zchng, Salón Univ. de Artes Plást. Latinoamer., Santiago de Chile; 1961 Ankaufspreis, Salón Prov., Córdoba; 1968 1. Malerei-Preis, Salón de Córdoba, Buenos Aires; 1969 Preis der Citybank; 1975 1. Malerei-Preis, Salón Nac. „Genaro Pérez", beide Córdoba. – D. hat im Laufe seiner Entwicklung mit versch. Bildsprachen experimentiert und verwendete einige parallel. In *Mujer recostada* (1958) erscheint der weibl. Akt als graufarbig geometr. strukturierter Körper mit farbigen Konturen vor einfarbiger Fläche, die entfernt an ein Interieur erinnert. Das Gem. *Se cumplen las profecías* (1961) betont das Figürliche vor visionären Farbflächen. In *Después de Dordoña* von 1962 arbeitet er zur gleichen Zeit abstrakt-informell, während er 1964 mit der gewonnenen Freiheit des Gestischen die weibl. Gestalten in *Las adoradoras del fuego fatuo* expressiv-karikaturhaft gestaltet. In *Mutación progresiva* (1969) kehrt er zu genauer Konturierung von abstrakten Farbzonen zurück. Die 70er und 80er Jahre bestimmt eine genaue und gereinigte Figuration mit Darst. von Bauwerken; dem „mag. Realismus" verwandt, wirken sie befremdlich wie die Architektur von De Chirico. Die gekrümmte Linie ist verschwunden und vertikale, horizontale oder diagonale Linien begrenzen die Mauern seiner verlassenen Stadtlandschaften. In *La casa de Don Fructuoso* (1984) kündigen klare, zarte Farben seinen reifen, von träumer. (schon 1961 ahnbarer) Atmosphäre erfüllten Personalstil an. Buenos Aires, Casa de Córdoba. Cordoba, Centro de Arte Contemp. – Mus. Mpal de BA „Dr. G. Pérez". Paris, MAMVP. Santa Fe, Mus. Prov. de BA „R. Galisteo de Rodríguez". *E:* Córdoba: 1955 Gal. Espacio; 1959 Sala Radio Nac.; 1965, '68, '73, '80 Gal. Feldman; 1973, '74, '85 (Retr.) Mus. Mpal de BA „Dr. G. Pérez"; 1988 Inst. Ital. de Cult. (Retr.) / Buenos Aires: 1959, '80, '81 Gal. Rubbers; 1961, '62 Gal. El Pórtico; 1963 Sala Radio Mpal / 1977 Gal. Galatea; 1979, '84 Gal. Ruth Benzacar / 1974, '76 Amsterdam, Gal. T / Paris: 1976 Gal. A Propos; 1979 Gal. Messine; Gal. Nina Dausset / 1977 Lille, Gal. Jacqueline Storne. – *G:* 1958 Córdoba: Bien. de Pint. Actual Pipino y Marqués (1. Preis) / 1979 Maldonado: Bien. (1. Preis für Zchng). EAAm I, 1968; *Gesualdo/Biglione/Santos* I, 1988. – *C. Córdova Iturburu*, 80 años de pint. argentina, Bs.As. 1978. M. T. Constantin

Demonte, *Josef* → **Amonte,** *Josef*

De Monte, *Pablo*, argentin. Maler, * 21. 12. 1960 Buenos Aires, lebt dort. Sohn von José D. Stud. ebd.: 1979–80 bei José M. Cáceres; 1981–82 bei seinem Vater; 1981–84 ENBA „M. Belgrano"; 1984–86 bei Carlos Althaus; 1985–87 ENBA „P. Pueyrredón"; 1988–89 Multimedia an der Esc. Superior de BA de la Nación „E. de la Cárcova" bei Alfredo José Portillos. 1991 Stip. des Fondo Nac. de las Artes. Zus.-Arbeit mit Remo Bianchedi. Ausz.: u.a. 1992 Preis „Antonio Segui", Fund. Mundo Nuevo; Großer Ankaufspreis der Fund. Federico Lanús, Fondo Nac. de las Artes; 1995 Ankaufspreis für junge Malerei, Telefónica de Argentina; 1998 Ausz. als Artista Joven, Asoc. Argentina de Críticos de Arte. – D.s figurative Gem. drehen sich um zwei Aspekte in jeweils versch. Intensität: spieler. Anspannung und „Entladung". Werke der ersten Einzel-Ausst. 1989 weisen die Aneignung versch. Quellen aus, so von Künstlern der Renaiss., Léger, Cruz-Diez, Comics oder Trickfilmen. Zeit und Bewegung erscheinen im Bild als „sich entwickelnde Aktion" zumeist gewalttätigen Charakters, die torsohaften Figuren erhalten metaphys. Distanz. Die Werke lassen komplizierte menschl. Beziehungen vermuten. Ab 1992 werden bei bewahrtem Erzähltypus D.s Gem. unruhiger, die Fluchtpunkte sowie die beim Fliehen und Angreifen fixierten roboterhaften Gestalten suggerieren eine Atmosphäre wachsender Beziehungslosigkeit. In den Werken dieser Jahre betont er mit bes. Genauigkeit die Plastizität der Muskeln. Bei der Lsch. benutzt D. eine eher „trad." Herangehensweise. Parallel gestaltet er bewegl. Figuren als Objekte, die in Kästen oder in spieler. Mini-Installationen agieren, wobei der Betrachter die „Puppen" als Ziele bewegen kann. 1993 verändert sich die Wahl der Farbe, sie verteilt sich in Streifen abnehmender Tonigkeit und erhält mehr Gewicht. 1995 betont er noch mehr die Fremdartigkeit seiner Lsch. In den reliefartigen Gem. geht er auf Cruz-Diez zurück und fügt 1997 kleine senkrechte, sorgfältig bemalte Hölzer auf der Oberfläche ein, die wie ein opt.-kinet. Bildgrund wirken. Danach bringt er darauf eine Figur an. 1997 malt D. eine Ser., die sich auf die Herzöge von Urbino des Piero de la Francesca bezieht und durch die verfremdete Darst. der Körpermuskulatur ein virtuelles Relief ergeben, eine Auffassung, die D. in den folgenden Jahren fortsetzt. Seine Reliefs können die Form eines menschl. Profils ergeben. Buenos Aires, Col. Telefónica de Argentina. *E:* Buenos Aires: 1989 (K), '92 (K), '93 Gal. Jacques Martínez; 1991, '98 Centro Cult. Recoleta (K); 1994 Fund. Banco Patricios; 1995 Gal. Julia Lublin (K); 1997 Gal. Tema (K); 1998 Gal. Art House (K) / 1995 Córdoba, Mus. Prov. de BA „E. A. Caraffa" / 1998 New York, Argentin. Konsulat. – *G:* 1989 Buenos Aires: Bien. de Arte Joven. La Cosa 1989 (April); *A. Dieguez Videla*, La Prensa (Bs.As.) v. 22. 10. 1989; *R. Squirru*, La Nación (Bs.As.) v. 28. 3. 1992 und 15. 5. 1993; *E. Oliveras*, Clarín (Bs.As.) v. 22. 5. 1993; *C. Dibar*, El Cronista Comercial (Bs.As.) v. 24. 5. 1993; *G. Whitelow*, La Razón (Bs.As.) v. 28. 5. 1993; *A. Dieguez Videla*, La Prensa v. 23. 7. 1995; *A. Galli*, La Nación v. 5. 8. 1995; *F. Lebenglik*, Página 12 (Bs.As.) v. 13. 8. 1996; *S. F.*, Argentin. Tageblatt (Bs.As.) v. 10. 5. 1997; Perfíl v. 28. 6. 1998; *A. Galli*, La Nación v. 5. 7. 1998; *E. G.*, El Cronista (Bs.As.) v. 14. 10. 1998. M. T. Constantin

De Montfort, *Lisa* (verh. Stoll), brit. Malerin, * 13. 7. 1906 Pietermaritzburg/Südafrika, † 1990, lebte in London. Stud.: Slade School of the FA, London, bei Henry Tonks und Philip Wilson Steer; bei Raimond Van Marle in Italien. Mitgl.: R. Min. Soc., London. – Bes. Portr. in Öl und als Min., auch Blumenstücke und Gegenständliches. *G:* London: 1945–70, '81 RA; 1980 R. Soc. of Min. Painters, Sculptors and Gravers (K). *Waters* I, 1975; RoyalAcadExhib II, 1977; *D. Buckman*, Dict. of artists in Britain since 1945, Bristol 1998. K. F.

Demontjuer, *Alexander*, Maler, ab 1656/57 Meister in Middelburg. ▭ ThB9, 1913. *Bénézit* III, 1976 (s.v. Demont Juer, Alexander).

De Montmorency, *Miles Fletcher*, brit. Maler, Autor, * 3. 3. 1893 Wallington/Surrey, † Dez. 1963, lebte in London. Verh. mit der Lsch.- und Glasmalerin *Rachel Marion D.* (geb. Tancock; zw. 1920 und 1938 mit Ausst. belegt, u.a. 1932–38 mit Kartons für Farbglasfenster an der RA, London). Stud.: 1910–11 Dover SchA; 1912–13 Byam Shaw und Vicat Cole SchA; 1914–15 RA Schools, London. Diente 1915–19 im 1. WK. Mitgl.: 1935 R. Soc. of Brit. Artists. – Lsch., Portr., Figürliches und Blumenstücke in Öl, Aqu. und Pastell. ✉ A short hist. of paint. in England. ⊙ *G:* London: u.a. 1921–34 RA; 1935–61 R. Soc. of Brit. Artists / 1926 Venedig: Bienn. ▭ Vo3, 1956 (s.v. Montmorency, Miles Fletcher de). *Bradshaw*, RBA 1931/1946, 1976; RBA 1947/1962, 1977; *Johnson/Greutzner*, 1976 (Repr. 1990); RoyalAcadExhib II, 1977; *D. Buckman*, Dict. of artists in Britain since 1945, Bristol 1998. K. F.

De Montmorency, *Rachel Marion* cf. **De Montmorency,** *Miles Fletcher*

Demontreuil, *Jean* (gen. Montreuil), frz. Bildhauer aus Bordeaux. Dort Schüler von Barthélémy Cabriol und Lehrer an der Académie. D. zog später nach Paris, wo er 1791–98 im Salon ausstellte. – V.a. kleine Skulpt. und Reliefs (Tiere, bes. Vögel, Vogelnester; Blumen) in Holz, Terrakotta, Marmor. ⌂ PARIS, Louvre: La fauvette et le loir, Holzrelief, 1791, sign. ▭ ThB9, 1913. *Vial/Marcel/Girodie* I, 1912. C. R.

Demonts, *Maurice*, frz. Maler, * 8. 4. 1862 Paris, † um 1927 vermutl. Paris. Jura-Stud. am Lycée Condorcet. Danach Schüler des Malers Hector Leroux. – Genrebilder, relig. Sujets, z.B. *Abend*, 1895; *Circe*, 1896; *Judith im Zelt von Holofernes*, 1897; *Flucht nach Ägypten*, 1901; *Hl. Hubertus auf der Jagd*, 1905 (dekoratives Panneau), und das Decken-Gem. *Musik, Tanz, Konversation* (Hôtel Schelcher, Paris). Auch zahlr. Porträts. ⊙ *G:* ab 1890 Paris, SAfr. (Mitgl.; 1899 Med. 2. Kl.). ▭ ThB9, 1913. LivreD'Or, 1921; DBF X, 1965. C. R.

Demophilos (I) (lat. Demophilus), griech. Architekt, Maler oder Bildhauer unbestimmter Zeit. Nur bek. durch Vitruv (7, praef. 14, p. 159, 21). Möglicherweise ist D. ident. mit Damophilos oder Demophilos (II). ▭ ThB9, 1913. RE V. 1, 1903 (s.v. D. 13); EAA III, 1960 (s.v. D. 2). R. V.

Demophilos (II) aus Himera, griech. Maler, 2. H. 5. Jh. v. Chr. Nur bek. durch Plinius (nat., 35, 61; Overbeck, SQ, 1868, Nr 1647), der ihn als Lehrer des berühmten Malers Zeuxis bezeichnet. ▭ ThB9, 1913. RE V. 1, 1903 (s.v. D. 14); EAA III, 1960 (s.v. D. 1). R. V.

Demophon, griech. Silberschmied unbek. Zeit. Bek. durch ein Epigramm aus der von Philippos von Thessalonike um 40 n. Chr. aufgestellten Slg von Gedichten (Anthologia Graeca, 6, 92), in dem der altgewordene Silberschmied D. sein Handwerkszeug dem Hermes Kyllenios weiht, der im nö. Arkadien ein Heiligtum besaß. R. V.

Demorej, *Tat'jana Michajlovna* → **Bogoljubova,** *Tat'jana Michajlovna*

De Morgan, *Evelyn* (geb. Pickering, *Mary Evelyn*), britische Malerin, Zeichnerin, * 30. 8. 1855 London, † 2. 5. 1919 ebd. Ab 1871 Zeichenunterricht. Studium: 1873–75 Slade School of FA, London, bei Edward J. Poynter. 1876–77 Italienreise. ⚭ 1887 William D. Lebte in den Wintern 1890–1914 in Florenz. – D. befaßte sich in Zeichnungen und Gemälde zunächst vor allem mit religiösen Themen (*Tobias and the Angel*, 1875; *By the waters of Babylon*, 1883, beide De Morgan Found.). Ihre Lsch.-Darst. sind ital. geprägt, Anregungen erhielt sie auch von ihrem Onkel John Roddam Spencer Stanhope. In den 1880er Jahren malte D. mehrere Frauenakte, wie z.B. das auf ein Märchen von Hans Christian Andersen bezogene Gem. *The little sea maid* (um 1888, De Morgan Found.). Die meisten Öl-Gem. entstanden in den 1890er Jahren, bes. einzelne Frauenfiguren im Hochformat, die sie v.a. für den Liverpooler Reeder Imrie ausführte. Sie fand dafür Motive in Texten von Alfred Tennyson (*Life and thought have gone away*, 1893, Liverpool, Walker AG) und von Homer, wie z.B. bei der letzten ihrer mehr dekorativen Arbeiten, dem Gem.-Paar *Helen of Troy* und *Cassandra* (beide 1898, De Morgan Found.). *Flora* (1894, De Morgan Found.) zeigt D.s Anlehnung an Botticelli. Durch den Kontakt zu ihrer Schwiegermutter Sophia Frend D., Schriften von Emanuel Schwedenborg sowie durch Experimente mit William D. im automatischen Schreiben wurden D.s Arbeiten ab den späten 1880er Jahren von spiritualist. Gedanken beeinflußt. Ihre Vorstellung von einer prozeßartigen moral. und spirituellen Entwicklung auf der Erde und ihr Glaube an ein Leben nach dem Tod äußerten sich z.B. in Gem. wie *Lux in Tenebris* (1895) und *The Valley of Shadows* (1899, beide De Morgan Found.). Sie benutzte die Ikonogr. der christl. Lichtsymbolik, um den moral. Kampf zw. Gut und Böse, Wahrheit und Unwahrheit auszudrücken. In ihren Gem. mit vielen Engeln, Teufeln und Dämonen in versch. Verkleidungen steht Licht als Metapher für göttl. Präsenz, Dunkelheit für bösartige Kräfte. Eines ihrer Hw. ist *Dawn (Aurora Triumphans)* (1886, Russel-Cotes AG and Mus.), das lange Edward Burne-Jones zugeschrieben wurde, u.a. aufgrund von dessen Einfluß auf D.s späte Gem. Sie benutzte ferner Vorlagen wie Ovids Metamorphosen, um auf Wiedergeburt und Unsterblichkeit anzuspielen (*Eos*, 1895, Columbia, Mus. of Art). Erschüttert von den Kriegsgreueln im Burenkrieg (1899–1902) und später im 1. WK beschäftigte sich D. ab der Jh.-Wende mit ernsten und düsteren Themen und bezog über 15 Gem. auf das Thema Krieg, die u.a. ihre pazifist. Einstellung zeigen. Sie verwendete hauptsächl. eig. Allegorien, seltener christl. Quellen (*The poor man who saved the city*, 1901, De Morgan Found.) und zeitgen. Dichtung (*The red cross*, um 1916, De Morgan Found.). Gem. wie z.B. *S. O. S.* (um 1915, De Morgan Found.), in dem eine auf einer Meeresklippe stehende und von Schlangenköpfen bedrohte Frauenfigur ihre Hände zum Himmel streckt, lassen D.s Glauben an spirituelle Erlösung erkennen. – Stilist. und themat. gehören D.s Arbeiten in den Umkreis des Symbolismus des späten 19. Jahrhunderts. Sie wurzeln trotz D.s spiritualist. Gedanken in der christl. Ikonogr. und sind stilist. konservativ. Die Figuren-

Komp. beschränken sich auf die Einzelfigur in Nischen bzw. mit floralem Hintergrund oder auf eine horizontale, friesartige Anordnung. D. war eine gute, bes. von der ital. Renaiss. geprägte Zeichnerin und bereitete die Gem. mit detaillierten Figurenstudien vor, wie ihre lineare und klare Formsprache verdeutlicht. Forschungen der letzten Jahre belegen, daß D. eigtl. keine späte präraffaelit. Künstlerin war, sondern in Allegorien verschlüsselt v.a. auf zahlr. moralische und intellektuelle Themen ihrer Zeit reagierte. 🏛 BIRKENHEAD, Williamson AG and Mus.: Medea, 1889. BOURNEMOUTH, Russel-Cotes AG and Mus. CARDIFF, Castle. COLUMBIA, Mus. of Art: The Undiscovered Country, 1894. CRAGSIDE/Northld.: 16 Gem. KNIGHTSHAYES COURT/Devon. LANHYDROCK/Cornwall: Medea, Pastell-Zchng, ca. 1889. LONDON, Nat. Portr. Gall.: William D., 1909. – Old Battersea House, De Morgan Found.: Umfangreiche Slg (16 Gem. 1991 durch Feuer zerstört). NEW YORK, Forbes Mag. Coll.: Kreidestudie. PIETERMARITZBURG, Tatham AG: The Thorny path, 1898. 👁 *E:* London: 1906 Bruton Gall.; 1916 Red Cross Benefit; 1970 Hartnoll & Eyre Ltd. (K); 1972 Maas Gall. (mit Frederick Leighton und Alfred Stevens); 1999 Wandsworth Mus. / 1907 Wolverhampton, AG / 1996–97 Bournemouth, Russel-Cotes AG and Mus. (K). – *G:* 1877–88 London, Grosvenor Gall. / 1994 Nottingham, Univ. AC, Djanogly AG: Heaven on Earth. The religion of beauty in late Victorian art (K). 📖 ThB25, 1931 (s.v. Morgan, Evelyne de). *Waters* I, 1975; *Wood*, 1978 (Repr. 1991); *C. Petteys*, Dict. of women artists, Boston 1985; DA VIII, 1996; *D. Gaze* (Ed.), Dict. of women artists, I-II, Lo./Chicago 1997. – *W. S. Sparrow*, Studio 29:1900, 221–232; *I. McAllister*, ibid. 79:1920 (324) 28–33; *A. M. W. Stirling*, William D. and his wife, Lo./N. Y. 1922; *T. Crombie*, Nat. Trust studies 1981, 17–25; *T. B. Laughton*, E. D. A neglected Victorian artist, Mag.-Arbeit, Univ. of Essex. ca. 1985; *J. Oberhausen*, J. of Pre-Raphaelite studies 3:1994 (1) 1–24; *C. Gordon* (Ed.), E. D. Oil paintings, Lo. 1996; *J. Marsh/P. G. Nunn*, Pre-Raphaelite women artists (K City AG), Manchester 1997. H. St.

De Morgan, *William* (*William Frend*), brit. Keramiker, Glaskünstler, Maler, Romanschriftsteller, * 16. 11. 1839 London, † 15. 1. 1917 ebd. Stud. in London: Univ. College School, 1859–62 RA (Malerei, kein Abschluß). Stud. ferner bei Francis Stephen Cary. ⚭ 1887 Mary Evelyn Pickering. Betrieb 1869–1907 eine Keramik-Wkst., anschl. Romanschriftsteller. 1888 Mitbegr. der Arts and Crafts Soc. Lebte 1890–1914 in den Wintermonaten in Florenz. – 1863 gab D. unter Einfluß von William Morris und dessen Umkreis die Malerei auf. Er entwarf bis 1872 in freier Mitarbeit für Morris, Marshall, Faulkner & Co. einige Glasfenster (nur Entwürfe erh.) und Fliesen. Zudem bemalte D. Möbel, wie z.B. die Füllungen eines Schranks *St. Martha and the Tarrascon Dragon* (ca. 1865, De Morgan Found.) und antike Figuren auf Füllungen von Möbeln, die Phillip Webb entworfen hatte (Schrank, ca. 1865, De Morgan Found.). Ab 1869 besaß D. einen Brennofen in Fitzroy Square, London, und begann nach ersten Erfahrungen mit eig. Glasherstellung auch mit Versuchen zur Erzeugung von Lüsterglasuren. Nach einem Feuer richtete D. 1872 in der Cheyne Row, Chelsea, eine Keramik-Wkst. ein und spezialisierte sich auf Fliesenherstellung. Die frühen einfachen Blumenmuster sind deutl. von Motiven von Morris beeinflußt, der auch selbst wahrsch. drei von D. ausgeführte Fliesenmuster entworfen hat (z.B. *Tulip and Trellis*). Angeregt von span.-maur. Lüsterware und bes. ital. Majolika des 16. Jh. aus Gubbio und Deruta fertigte D.s Wkst. nach seinen Entwürfen Fliesen mit rubinrotem Lüster (bes. Tiermotive) und dekorierte große, von den Firmen Davies of Hanley und Wedgwood hergestellte Teller (z.B. die sog. „Rice Dishes") beidseitig mit Tieren, Grotesken und Blattwerk. D.s weitere Dekorationsweise im sog. „Persian Style" lehnte sich stilist. an die osman.-türk. Gefäß- und Fliesenkeramik an und war bes. von der Keramik des 16. und 17. Jh. aus Iznik beeinflußt. Florale Entwürfe in mehrfarbiger Unterglasurmalerei (v.a. Blau-, Türkis-, Grün-Töne) aus Gartenblumen (Gänseblümchen, Sonnenblumen, Rosen) oder aus islam. inspiriertem abstrakten Blüten- und Blattwerk bildeten die häufigsten Motive. Eine weitere Gruppe stellen Fliesen mit Tieren (Fische, Gazellen, Pfaue) und bes. mit Fabelwesen (seltener herald. Tiere) dar, die von vegetabilen Formen umgeben sind. Phantasievoll sind daneben Fliesen mit stilisierten ma. Segelschiffen. Die Keramikmaler Charles und Fred Passenger arbeiteten ab 1879/80 für D. (signierten ab M. 1880er Jahre), später auch Joe Juster und Jim Hersey. Zunächst wurden maschinengepreßte weiße Fliesen verwendet (z.B. von der Architectural Pottery in Poole, von Wedgwood sowie aus Staffordshire, Shropshire und Holland), ab 1878 fast ausschl. Fliesen aus eig. Herstellung. 1872–81 entstanden über 300 Fliesen-Muster, von denen viele bis 1907 z.B. für Kaminverkleidungen, Badezimmer, Eingangshallen und Schiffsausstattungen verwendet wurden, vielfach auch in Form von Fliesentableaus, wie z.B. 1879 in der Jacht „Livadia" des Zaren Alexander II. Ergänzend zu einer Slg von Fliesen des 16. und 17. Jh. aus Iznik von Frederick Leighton fertigte D. 1879–81 für die sog. „Arab Hall" (Eingangsbereich von Leighton House, heute Mus.) Fliesen, die kaum von den Originalen zu unterscheiden waren. In Merton Abbey entwickelte D. 1882–88 seine Techniken und Dekorationen weiter. Er befaßte sich bes. mit der Harmonie von Formgebung und Dekor, wozu erstmals auch die Gefäße (Teller, Flaschen, Vasen) nach eig. Entwürfen in der Wkst. gedreht wurden. Das Dekor wurde prägnanter, verwobener und linearer, die Farbgebung harmonischer, und es entstanden erstmals auch Gefäße mit zwei Lüsterfarben (gelb und rot, später auch dreifarbig). Zur Übertragung der Muster (1248 Entwürfe im V & A erh.) auf die Keramikform entwickelte D. versch. Paus- und Schablonentechniken, die er ab 1890 z.T. auch von Keramikmalern in Florenz ausführen ließ, um während der Wintermonate Vorlagen nach London senden zu können. Einige Entwürfe wurden von der ital. Fa. Cantagalli gebrannt. V.a. wegen seines angegriffenen Gesundheitszustandes richtete D. 1888 die Wkst. in der Nähe seines Wohnhauses in Sands End/Fulham ein und ging 1888–98 mit dem Architekten Halsey Ralph Ricardo eine Partnerschaft ein. 1888–92 entstanden Fliesen und Gefäße mit D.s virtuosesten und erfindungsreichsten Mustern, wie z.B. die „Moonlight & Sunlight Suite" (ca. 1890, V & A) mit irisierender dunkelblauer und grauer Untergrundfarbe und Gold-, Silber- und Kupfereffekten. 1882–1900 lieferte D. Fliesen für zwölf Ozeanschiffe der Linie P & O (nur Entwürfe erh.). Um 1904 entwarf er Fliesen für die Innenausstattung des von Ricardo gebauten Debenham House (sog. Peacock House, London), doch die abklingende Mode für Fliesen in Inneneinrichtungen und D.s lange Italienaufenthalte führten zu finanziellen Schwierigkeiten der Wkst. D. war dort ab 1905 nicht mehr aktiv tätig. Große Bekanntheit erlangte D. v.a. durch seine 1905–17 geschriebenen Romane (veröff. 1906–21). Er illustrierte ferner ein Kinderbuch seiner Schwester Mary Augusta (*On a Pincushion and other fairy tales*, Lo. 1876) mit kleinen Vignetten und vegetabilen Initialen. – D. entwarf sehr kreativ originelle, lebendige Muster in neuer Farbgebung, ohne die hist. Vorlagen nur zu imitieren oder Stilrichtungen zu vermischen. Andeutungsweise sind ab ca. 1885 in der linearen Dekoration Einflüsse des Art Nouveau erkennbar. Wie u.a. die techn. Zchngn für Brennöfen und Werkzeuge belegen (V & A), interessierte sich D. v.a. für die Herstellungstechniken; er führte aber die Dekorationen fast nie selbst aus. 1894 untersuchte er die Voraussetzungen für eine industrielle Herstellung von glasierter Keramik in Ägypten (Report on the feasibility of a manufacture of glazed pottery in Egypt, Kairo 1894). Maßgeblich ist D.s Beitrag zur Neubelebung und Mode der Lüstertechnik in den 1880ern und 90er Jahren. D. war im späten 19. Jh. der bedeutendste Entwerfer und Hersteller von Keramik der Arts and Crafts-Bewegung. 🏛 BEDFORD, Cecil Higgins AG: Keramik. BERLIN, KGM: Amphorenvase, 1879; zwei Fliesen. BIRMINGHAM, City Mus. and AG: Skizzenbuch, Entwürfe, Keramik. CAMBRIDGE, Fitzwilliam Mus.: Keramik. CARDIFF, Castle Mus. CHICAGO, Art Inst. CHURCHILL/Donegal, St. Columb's: Kaminverkleidungen im Pfarrhaus. CRAGSIDE/Northld.: Keramik. DARMSTADT, Hess. LM: Schale, um 1898; Kachelfries, 1882–88; Vase, ca. 1888–98. DÜSSELDORF, Hetjens Mus. FAENZA, Mus. Internat. delle Ceramiche. FAIRMILE/Surrey, Benfleet Hall School: Kaminverkleidung. FIVEMILETOWN/Tyrone, Co. Fermanagh, Blessingbourne: Kaminverkleidung, ca. 1870–74. HANLEY/Staffs., City Mus. and AG. HARESFIELD/Glos., Haresfield Court: Kaminverkleidung. KELMSCOTT MANOR/Oxon.: Keramik. KNIGHTSHAYS HOUSE/Devon: Keramik. LONDON, BM: Teller, 1880; Vase, 1890. – Fulham Public Libr.: Keramik. – Old Battersea House, De Morgan Found.: Große Keramik-Slg; The Alchemist's daughter, Öl-Gem. – V & A: umfangr. Keramik-Slg. – William Morris Gall. MANCHESTER, Metrop. Univ.: Keramik. NEW YORK, Metrop. Mus.: Platte, 1898–1917. NORWICH, Castle Mus.: Keramik. PARIS, Mus. d'Orsay: Zwei Teller, um 1885. ROCHESTER/Staffs., St. Michael: Fenster, um 1872; Fliesen, um 1872. RUSTINGTON/West Sussex, Knightscroft House: Kaminverkleidung, ca. 1889. STANDEN HOUSE/Sussex: Keramik. STOCKHOLM, NM. WIGHTWICK MANOR/Staffs.: fünf Kaminverkleidungen, ca. 1887–89; Keramik. ZÜRICH, KGM: Keramik. ✉ Lustre ware, J. of the Soc. of Arts 40:1892, 756–767. ⊙ *E:* London: 1917 V & A; 1972 Leighton House (K) / 1979 Lincoln, Usher Gall. (K). – *G:* London: 1871 Internat. Exhib.; 1888, '89, '93, '96, '99 Arts and Crafts Exhib. Soc.; 1972 RA: Victorian and Edwardian decorative art (K) / 1902 Turin: WA / 1914 Paris, Arts and Crafts Exhib. 📖 ThB25, 1931 (s.v. Morgan, William Frend de). DNB, 1912–21, 1927; *Waters* I, 1975; *Wood*, 1978 (Repr. 1991); *Houfe*, 1981; *S. Jervis*, The Penguin dict. of design and designers, Lo. 1984; *Gray*, 1985; *E. Cameron*, Enc. of pottery & porcelain 1800–1960, Lo. 1986; *Atterbury/Batkin*, 1990; *M. Byars*, The design enc., Lo. 1994; DA VIII, 1996; *J. Banham* (Ed.), Enc. of interior design, I, Lo./Chicago 1997. – *A. M. W. Stirling*, W. D. and his wife, Lo./N. Y. 1922; BE, ..., 1951 ss.; *W. Gaunt/M. D. E. Clayton-Stamm*, W. D., Lo. 1971; *K. Barnard*, Victorian ceramic tiles, Lo. 1972; *R. Pinkham*, Cat. of pottery by W. D. (K V & A), Lo. 1973; *Service*, 1977; *J./B. Austick*, The decorated tile. An ill. hist. of English tile-making and design, Lo. 1980; *J. Catleugh*, W. D. Tiles, Shepton Beauchamp 1983; *id.*, Amer. ceramics 3:1984 (2) 40–47; *S. Ponder*, The j. of the William Morris Soc. 7:1987 (2) 1–8; *H. Young*, Antiques 135:1989 (6) 1432–1443; *id.*, V & A album 1989 (Spring) 92–97; *G. Naylor*, Crafts 1989 (Juli/Aug.) 46–49; *M. Greenwood*, The designs of W. D., Shepton Beauchamp 1989; *S. de Bodt*, Nogle kunstnere og deres haver i anden halvdel af det 19.århundrede (K KIM), Kph. 1990; *E. Stavenow-Hidemark*, Sub Rosa. När skönheten kom från England (K Nordiska Mus.), Sth. 1991; *M. Newstead*, Antique collector 62:1991 (10) 86–89; The William Wiltshire Coll. of W. D., Christopher Dresser and Martin Brothers' pottery, Sotheby's (Aukt.), Lo. 18. 11. 1991; *C. Blanchett*, W. D. tiles at Knightscroft House, Tring, Herts. 1992; *V. Porter*, J. of the Decorative Arts Soc. 1992 (16) 76–79; *J. Williams*, A companion guide to archit. in Ireland, 1837–1921, Dublin 1994; *T. Herbert/K. Huggins*, The decorative tile in archit. and interiors, Lo. 1995; *M. Hamilton*, Rare spirit. A life of W. D., Lo. 1997; *R. Hill*, Crafts 1998 (Jan./Febr.) 22 s.; *C. Kansy*, Weltkunst 68:1998 (3) 573–575. H. St.

Demory, *Auguste (Louis-Théophile-Auguste)*, frz. Maler, * 18. 3. 1802 Arras, † 22. 2. 1872 ebd. Vater und Lehrer von Charles-Théophile D. Ab ca. 1816 Schüler von Thomas Flack am Inst. Tabary und von François-Joseph Peuvrel an der Ec. comm. du dessin in Arras; 1824 Aufenthalt in Paris im Atelier von Louis Hersent. Dort entstehen Zchngn u.a. nach Anne-Louis Girodet-Trioson, die den Ruf von D. in dieser Kunstform begründen (1826, '28 Med. in Arras und Cambrai); im übrigen neben einigen Portr. v.a. Lsch. der Region Arras (zahlr. Kopien von Schülern) sowie ab 1857 aus Fontainebleau und den Vogesen. In Komposition wie maler. Faktur stehen sie in der Trad. der neoklassizist. Lsch.; mit bescheideneren Motiven (Studien nach der Natur) und einem silbrigen Licht anstatt des Sonnenuntergangs öffnet sich D. später zwar dem Einfluß v.a. von Camille Corot; er gelangt jedoch nicht zur adäquaten Wiedergabe atmosphär. Phänomene und bleibt in der detailgenauen und glatten Malweise einem künstler. rückwärtsgewandten Kompromiß verhaftet. Als Lehrer an der Ec. de dessin (ab 1825) sowie an versch. öff. und priv. Institutionen in Arras spielt D. eine bed. Rolle im künstler. Leben der Stadt. Außerdem Rest. zahlr. Gem. aus priv. Slgn, dem MBA sowie den Kirchen von Arras (u.a. 1869 der Peter Paul Rubens zugeschr. *Descente de croix* in St-Jean-Baptiste); Kauf und Rest. zahlr. Werke von Dominique Doncre. Lt. Le Gentil Angebot einer Stelle als Restaurator am Louvre durch den Comte de Nieuwekerke, das D. ablehnt. Entwürfe für Dekorationen und Kostüme f. öff. Feierlichkeiten (1841 Fête de l'entrée de Charles le Téméraire; 1867 Besuch von Napoléon III). 1836 Mitgl., 1867 Präs. der Comm. administrative du musée in Arras. ⌂ ARRAS, MBA: Paysage aux rochers, Öl; Kriegsverluste (1. WK): u.a. Sous-bois; Effet de lune. ⊙ *G:* u.a. 1820 Arras, Pal. St-Vaast (Silber-Med.). ▭ ThB9, 1913. DBF X, 1965; *Bénézit* III, 1976; *Harambourg*, 1985; *Marchal/Wintrebert*, 1987 (Bibliogr.). – *C. Le Gentil*, L'atelier de A. D., son enseignement, ses principaux élèves, Arras 1888. E. S.

Demory, *Charles-Théophile*, frz. Maler, * 7. 10. 1833 Arras, † 11. 12. 1895 ebd. Stud.: Ec. mun. de dessin, Arras, bei seinem Vater Auguste D. und Louis Gautier (1855 Med.); ab 1855 EcBA Paris bei Léon Cogniet (Stip. der Stadt Arras); Kopien im Louvre (u.a. nach Théodore Géricault und Pierre-Paul Prud'hon für die Stadt Arras). Ab 1860 umfangreiche Lehrtätigkeit an versch. Schulen und relig. Inst. in Arras. Zunächst hist. Sujets, Portr. (1861 bzw. '63 staatl. Aufträge für *Impératrice Eugénie* und *L'empéreur Napoléon III*; verschollen) und Genre (Salondebüt mit *Garde suisse du pape à la fin du XVI*^e^ *s.*); außerdem relig. Sujets für Kirchen (u.a. in Bapaume, 1859–65) sowie Kartons für die Fenster der Kirche in Fresnes-lès-Montauban (zerst.); bek. ist D. jedoch v.a. durch zahlr. Lsch. der Normandie (Granville, Dieppe, Tréport) sowie breton. Sujets (Lsch., Bauern, Fischer, Interieurs). Er malt anfangs naturalist.-detailgenau in dunklen Farbtönen, ab 1878/80 in hellerer Palette und freierem Pinselstrich (Pleinair). Erfolgreich ist D. bei Sammlern und auf Ausst. (Ausz.) der Provinz; er bekleidet versch. Funktionen im künstler. Leben in Arras (u.a. Mitgl. des Verwaltungsrates der Union artistique du Pas-de-Calais und der Comm. administrative du mus.). 1896 wird ein Teil des Œuvres sowie seine Kunst-Slg auf zwei Aukt. (K) versteigert. ⌂ AIRE-SUR-LA-LYS, Kollegiatskirche. AMETTES, Kirche. ARRAS, MBA: Intérieur breton dans le Finistère, 1876; Le père Ferdinand, Dieppe; L'enfant au berceau; Portr. de femme; Portr. d'A. Demory. – Arch. du Pas-de-Calais: Zchngn. DOUAI, Mus. de la Chartreuse. LE MANS, Mus. de Tessé: Jeune fille bretonne (Bretonne de Pont-Aven), Salon 1876. ✉ Dominique Doncre, 1853 (unveröff., verschollen); Augustin Toursel, in: Courrier v. 5. 4. 1853; Causes de la décadence de la peint. relig.; moyens de la régénérer; quelle direction convient-il de lui donner dans l'intérêt même de l'art?, in: Congr. sc. de France. Vingtième session ouverte à Arras le 23 août 1853, Arras 1854, I, 174; II, 318–333. ⊙ *E:* 1896 Arras, Union artistique du Pas-de-Calais (K). – *G:* 1868–84 Paris, Salon. ▭ ThB9, 1913. DBF X, 1965; *Bénézit* III, 1976; *Marchal/Wintrebert*, 1987 (Bibliogr.); *Schurr/Cabanne* I, 1996. – *Delouche*, 1977; *Schurr* V, 1981. E. S.

Demory, *Louis-Théophile-Auguste* → **Demory,** *Auguste*

Demosch, *Paulus* → **Denasch,** *Paul*

Demostratos (I), aus Athen, Sohn des Demostratos und Enkel des Bildhauers Zoilos, griech. Bildhauer, E. 2. Jh. v. Chr. auf Delos tätig. Nur bek. durch zwei Sign. auf in Delos gefundenen Statuenbasen zu Ehren des Apollonpriesters Ammonios, Ammonios' Sohn, von 102/101 v. Chr. (Delos, Antigonosportikus, Inv. Nr E 130; Schmidt, 1995, 340–341, Nr IV. 1. 76, Abb. 57, 212, 260) und des L. Cornelius Lentulus, Sevius' Sohn, von um 102 v. Chr. (Delos, vor dem Mus., Inv. Nr E 570; Schmidt, 1995, 226–227, Nr I. 1. 7). ▭ ThB9, 1913. RE V. 1, 1903 (s.v. D. 14); EAA III, 1960. – *Lippold*, Plastik, 1950, 367; *I. Schmidt*, Hellenist. Statuenbasen, Ffm. u.a. 1995, 226 s., Nr I. 1. 7, 340 s., Nr IV. 1. 76. R. V.

Demostratos (II), griech. Maler, im 2. Jh. n. Chr. in Griechenland tätig. Nur bek. durch eine Siegerliste, die später in einer Latrine aus dem 6. Jh. n. Chr. in Korinth verbaut worden ist. Danach gewann D. in Isthmia b. Korinth bei den Festspielen zu Ehren des Kaisers im Jahre 127 n. Chr. den ersten Preis b. den Malern. ▭ *W. R. Biers/D. J. Geagan*, Hesperia 39:1970, 79–93, Taf. 17; *J./L. Robert*, REG 84:1971, 435, Nr 307; *M. Donderer*, in: Fremde Zeiten. Festschr. für Jürgen Borchhardt, I, W. 1996, 332–333, Abb. 2–3. R. V.

Demou (Demu), *Dimitrios (Dimitri; Dumitru)*, rumän. Bildhauer mazedon. Herkunft, * 7. 10. 1920 Kumaria/Griechenland, lebt seit 1965 in Barcelona/Venezuela. 1928 Übersiedlung der Fam. nach Rumänien (erst Braşov, dann Constanţa). Stud.: bis 1944 ABK Bukarest bei Corneliu Medrea. Ausz.: 1948 Paciurea-Stip.; 1949 1. Preise für eine *Puschkin*-Büste und ein *Stalin*-Denkmal in Bukarest; 1951 Großer Staatspreis. 1964 Emigration mit Kurzaufenthalten in Griechenland und Frankreich nach Venezuela. – Lateinamerika bedeutet für D.s Schaffen einen Neubeginn. Statt früherer realist. Mon.-Portr. entstehen hier unter Ausnutzung des trop. Lichts v.a. effektvolle geometr. abstrakte Stahl-Skulpt. für den öff. Raum. Produziert außerdem in den 80er Jahren zus. mit Evaristo Marin das Programm *Geographia Internat. Musical* für Bahia Radio, Puerto-la-Cruz. ⌂ ACARIGUA: Narcissusfontäne, Stahl, 3 m, 1976. ASUNCION: Trop. Sonne, Stahl, 3 m, 1968. BARCELONA/Venezuela: Quelle des Ursprungs, weißer Zement mit polychromen Mosaiken, 12 m, 1965; Trop. Sonne, Stahl, 8 m, 1968; Vogelfontäne, Stahl, 8 m, 1967. PUERTO-LA-CRUZ: Heptahedron des Himmels, Stahl, 17 m, 1966; Mariposa, Stahl, 8 m, 1976. ⊙ *E:* u.a. 1946 Bukarest, Caminul Artei / 1970 Paris, Bernheim-Jeune-Gal. / 1971 New York, Oliva Gall. / 1983 Puerto-la-Cruz, Gal. Mun. de Arte Mod. ▭ Vo5, 1961 (falscher Geb.-Ort). NouvDictSculpt, 1970; *Bénézit* III, 1976; Enc. „Bălgarija", V, Sofija 1986, 378; *Jianou*, 1986. – Art Rép. popul. roumaine 1949 (1) 99–101; 1956 (12) 29–58. I. Vlasiu/St. Sch.

Demoulier, *Jules-Joseph-Honoré*, frz. Bildhauer, * 30. 4. 1812 Douai, † 15. 6. 1835 Paris. Stud.: Ec. acad., Douai; in Paris bei Pierre-Jean David d'Angers. ⌂ DOUAI, Mus. de la Chartreuse: La Lecture, Gipsstatue; zwei Porträtbüsten. ▭ *Lami* II, 1916; *Mackay*, 1977 (s.v. D., Jules Joseph Henri). C. R.

Demoulin, frz. Ebenisten-Fam. aus Burgund, 1715–1853 nachw., 1735 bis um 1798 in Paris, Dole/Jura und Dijon tätig. – Öff. Verkäufe: ovales Salontischchen, Rosenholzfurnier, Zierleisten (Mes Perrin Royere Lajeunesse, Mai 1990); furnierte Kommode mit Marketerie (Madame Sadde, Dijon, April 1998). CHALON-SUR-SAONE, Mus. Denon: Kommode, Rosen- und Veilchenholzfurnier, im Mittelfeld ein marketiertes Medaillon, Übergangsstil; Kommode, Furnier aus einheim. Holz, mit Zierleisten, Louis-seize. DIJON, MBA: Kommode, Satinholzfurnier; Reiseschreibkästchen mit dem Wappen von Jean Perard.

1. *Bertrand*, * 2. 11. 1755 Paris, † 7. 4. 1853 Dijon. Sohn von 2, Bruder von 3. Ab 1780 in Dijon tätig; erhält 1781 vom Prince de Condé die Konzession als Ebenist und läßt sich zus. mit 2 und 3 in der Rue Vannerie nieder; 1783 Wechsel in die Rue Condé und Ausweitung der Tätigkeit aufgrund einer weiteren Zulassung als Trödler. 1788–98 nur noch mit dem Bruder (3) tätig. Allein gefertigte Werke sind nicht bek., sondern nur zus. mit dem Vater und/oder Bruder ausgef. Stücke (lt. Etiketten an den Möbeln).

2. *Jean*, get. 13. 8. 1715 Selongey/Côte d'Or, † 2. 7. 1798 Dijon. Vater von 1 und 3. Datum der Meisterzulassung unbek.; Stempel: J. DEMOULIN. Um 1735–60 in Paris für den Ebenisten Pierre Migeon tätig. Mehrere qualitätvolle, im Louis-quinze-Stil nach chin. Vorbild gefertigte Lackkommoden tragen D.s Signatur. 1760–80 arbeitet er in Dole/Jura; aus dieser Zeit ist nur ein Möbelstück mit Blumenmarketerie bek.; ein aufgeklebtes Etikett besagt „Demoulin ébéniste à Dole en 1760". 1780 läßt sich D. mit den Söhnen in Dijon nieder, viell. auf Geheiß des Prince de Condé, derzeit Gouverneur von Burgund, und wird dort als Meister zugelassen. Etiketten auf den Möbeln informieren genau über die örtl. Gegebenheiten, die Fabrikation und die Zusammenarbeit der drei Fam.-Mitglieder. 1788 Rückzug aus dem Geschäftsleben. – Die vielen und sehr vielfältigen in Dijon entstandenen Möbel tragen im allg. Stempel, Etiketten und das MZ JME der „jurande". Öff. Verkäufe: Kommode und zwei Eckschränke, Chinalack (Ader Picard, 11. 12. 1969); ein Paar Kommoden, Chinalack (Zürich, Gal. Koller, Mai 1981); Kommode mit Blumenmarketerie (Paris, Hôtel Drouot, Madame Begari, 18. 12. 1998). TOURS, MBA: Kommode, Chinalack, für Schloß Chanteloup (Auftrag des Duc de Choiseul).

3. *Jean-Baptiste*, * 1750 Paris, † 17. 10. 1837 Dijon. Sohn von 2, Bruder von 1. Ab 1780 in Dijon tätig; 1781 vom Prince de Condé als Ebenist zugelassen; fortan Zusammenarbeit mit 1 und 2. Kein eig. Werk bekannt.

ThB9, 1913 (zu 2; s.v. Demoulin). *Laveissière* I, 1980; *Salverte*, 1985; *Kjellberg*, 1989. – *E. Fuyot*, Rev. de Bourgogne 1914, 198–211; *F. Michel u.a.*, Estampille 122:1980 (Juni) 22–35; *B. Mura*, Jean D. et ses fils ébénistes et marqueteurs à travers l'ét. de quelques meubles de leur production dijonnaise et parisienne, Mag.-Arbeit Chambre nat. des Experts spécialisés, 1989; *B. Mura-Todesco*, Estampille. L'objet d'art 1993 (März), Bl. Nr 267B (Kommode, Übergangsstil), Bl. Nr 228B (Tricktrack-Tisch); *I. Malmenaide*, France antiquités 1997 (95); *E. Julian*, Estampille. L'objet d'art 1999 (338; zu 2). B. Mura-Todesco

Démoulin, *Jacques*, frz. Maler, * 1905 Bohain/Aisne. Stud.: Ec. des Arts appliqués und Ec. des Arts décoratifs; Schüler bei Bernard Naudin und Jules Adler. – Zunächst (ab ca. 1925) postimpressionist. Periode, dabei Motive aus dem Music-Hall- und Zirkus-Milieu sowie Straßenszenen. 1933–39 inspiriert durch Paul Cézanne kubist. Werkphase. 1942–51 expressionist. Lsch., Portr., Stilleben und relig. Komp. Ab 1953 zunehmend abstrakt durch symbol. Zeichensschrift in Annäherung an Megalith-Inschriften. DIEPPE, Château-Mus. ROUEN, MBA. *G:* Paris: 1925 Salon des Indépendants. *Bénézit* III, 1976. – Mitt. Mus. A. Malraux, Le Havre. K. S.-D.

Demoulin, *Jean* → **Demoulin** (Ebenisten-Fam.)

Demoulin, *Jean-Antoine* cf. **Demoulin,** *Jérôme-René*

Demoulin, *Jean-Baptiste* → **Demoulin** (Ebenisten-Fam.)

Demoulin, *Jérôme-René*, frz. Maler, Zeichner, Architekt, Architekturlehrer, * 9. 9. 1758 (nicht 1778) Montpellier, † 26. 1. 1799 Augusta/Sizilien. Sohn eines Schlossermeisters. Stud.: ab 1779 Soc. des BA Montpellier bei Dominique Joseph Vanderburch; dort Freundschaft mit dem Mitschüler Jacques Moulinier, auch Bekanntschaft mit François Xavier Fabre, dem D. später in Italien wiederbegegnet. Wahrsch. mit Unterstützung von Philippe-Laurent Joubert Fortsetzung der Ausb. an der Pariser Acad. royale d'Archit. bei Pierre-Nöl Rousset; erhält 1784 einen Prix d'Emulation. Bei der letzten Ausst. der Soc. des BA de Montpellier im Sept. 1784 mit einigen Archit.-Zchngn vertreten. 1784 bis E. 1790 in Italien; arbeitet zumeist in Rom und Umgebung, wo er die meisten seiner noch erh. Lsch. mit Archit. gestaltet (alle Montpellier, Mus. Fabre). Wieder in Montpellier, schließt sich D. den Ideen der Frz. Revolution an und wird Mitgl. des örtl. Jakobinerklubs; bei einer Versammlung am 2. 12. 1790 schlägt er die Aufstellung einer Freiheitssäule vor, deren Ausf. er 1791–95 leitet. Gleichzeitig 1793–95 Prof. für Archit. an der Ec. centrale (Nachf.-Einrichtung der ehem. Soc. des BA). Ab Mai 1798 als Zeichner und Architekt der wiss. Komm. an der Ägypt. Expedition beteiligt; eingeschifft in Toulon. Bald des Abenteuers überdrüssig, kommt D. auf der Rückreise bei anti-frz. Tumulten im Hafen von Augusta ums Leben. Sein Bruder, der Architekt *Jean-Antoine D.* (* 27. 1. 1763 Montpellier, † 4. 3. 1842 ebd.), erhält die gleiche Ausb. und wird D.s Nachfolger. Im Aug. 1799 verkauft er der Ec. centrale in Montpellier mehrere Dutzend Zchngn und übereignet ihr um 1829 das einzige erh. Gem. D.s (alles in Montpellier, Mus. Fabre). MONTPELLIER, Mus. Fabre: 135 Zchngn; ein Gem. – Soc. archéol.: Entwurf. – Esplanade: Freiheitssäule (1814 zerst.). *E:* 1987 Montpellier, Mus. Fabre: J. D. 1758–1799 (K: D. Larédo). – *G:* 1784 Montpellier, Soc. des BA: Explication des peint., sculpt., dessins et autres ouvrages ... (K: A. Fontanel) / 1990 Paris, ENSBA: Les architectes de la Liberté (K: F. Folliot) / 1996 Montpellier, Mus. Fabre: De la nature. Paysages de Poussin à Courbet dans les coll. du Mus. Fabre (K: M. Hilaire). ThB9, 1913. *Bellier/*

Auvray I, 1882; *Bénézit* IV, 1999. – *La Roque*, 1877; *L. Grasset-Morel*, Mém. de la Soc. archéol. de Montpellier 1901; *T. Schmidt*, La Colonne de la liberté de Montpellier élevée en 1791 et détruite en 1814, Montpellier 1925; *L. H. Escuret*, La Colonne de la liberté de Montpellier, Montpellier 1955; *D. Larédo*, Deux exemples de mon. révolutionnaires en prov. Une colonne de la liberté (1791) et un temple de la raison (1793) à Montpellier, in: Les images de la Révolution franç. (Kolloquium 1985), ed. *M. Vovelle*, P. 1988, 151–155. – Montpellier, Arch. dép. de l'Hérault: L 5498 (Ausst. der Freiheitssäule im Club des Amis de la Constitution de Montpellier); II E 55 Autéract notaire; 347, f° s. (Nachlaß-Inv.).
A. Chevalier

Demoullin, *Adrian*, Goldschmied, fertigte 1697 für die Kirche Ste-Gertrude in Nivelles eine Monstranz (dat., sign., Marke: A D). 🕮 ThB9, 1913.

De Moulpied, *Deborah*, US-amer. Plastikerin, * 22. 11. 1933 Manchester/N. H., lebt in Hancock/Me. Stud.: bis 1956 MFA School, Boston/Mass., bei Ernest Morenon; bis 1960, '62 School of Art and Archit., Yale Univ., New Haven/Conn., bei Robert Engman und Erwin Hauer (1974 Forschungs-Stip.). Ausz.: 1962 Clarissa Bartlett-Reise-Stip. für Europa, MFA School, Boston; 1969 Artist in Residence, MacDowell Colony, Peterborough/N. H. – Gestaltet durch therm. Verformung von Plastiktafeln Objekte mit fortlaufenden schmalen, geschwungenen Formen. Während die erste Ser. aus feststehenden Muschelformen bestand, untersuchte sie später die Beziehung von Form und Raum in bewegl., frei schwebenden Arbeiten. Danach Wandreliefs, z.B. Ser. *Endo-Exo* (1981) mit skelettförmigen Strukturen. In den 80er Jahren Ser. mit abstrakt-organ. Formen. Arbeitet auch mit Metall u.a. Materialien. 🏛 BANGOR/Me., Bangor Area State Office Center. NEW YORK, MMA. – Chase Manhattan Bank. WASHINGTON/D. C., Hirshhorn Mus. and Sculpt. Garden, Smithsonian Institution. WATERVILLE/Me., Colby College Mus. of Art. 🕮 *Watson-Jones*, 1986. Ch. R.

Demourgues, frz. Bildhauer in Moulins, lieferte für die dortige Kathedrale die polychrome Holzstatue *Christus vom hl. Herzen*, die 1908 durch eine Gold-Krone mit Email- und Steinbesatz von Armand Calliat, Lyon, geschmückt wurde. 🕮 ThB9, 1913. – Mitt. G. Picaud, Moulins. K. S.-D.

Demoussy, *Augustin Luc*, frz. Maler, Lithograph, * 5. 10. 1809 Paris, begr. 21. 1. 1880 ebd. Stud.: ab 1829 EcBA Paris bei Louis Hersent und Alexandre Denis Abel de Pujol. – V.a. Portr. (Aqu., Öl; Min.; Lith.). Später auch einige Genrebilder. 🏛 PARIS, BN, Cab. des Estampes. 👁 *G:* 1833–75 Paris, Salon (1837 Ausz.). 🕮 ThB9, 1913. – IFF, Après1800 VI, 1953. C. R.

Dempich (Tempich), *Anton*, schles. Maler in Breslau, 1743, '45 und '47 erwähnt. Tätig für den dortigen Dom. 🕮 ThB9, 1913. B. Lejman

D'Emprin, *Henriette* → **Emprin,** *Henriette d'*

Dempsey, *John*, brit. Silhouettenschneider, Miniaturmaler aus London, zw. 1830 und 1850 tätig. Besaß zwar ein Atelier in London, hielt sich aber in zahlr. großen Städten von N-England, Schottland und Irland auf. – Schnitt bes. Silhouetten aus schwarzem Papier (Brustbilder und häufig ganzfigurig im Profil, u.a. *Duke of Argyl*, um 1837, sign. J. D.), die er oft mit blaßgrauer Farbe übermalte, auch mit Gold bedeckte, bronzierte oder farbig gestaltete. Daneben zahlr. sign. Portr.-Min., die er direkt auf Karton malte, auch jene für Schmuckstücke (Broschen, Medaillons u.ä.) und kleine Dosen. Da sich keine orig. Arbeit mit Sicherheit nachweisen läßt, ist es zweifelhaft, ob D. auch auf Elfenbein malte. 🕮 *Long*, 1966; *Foskett* I, 1972; *McKechnie*, 1978. – *Mayne*, 1970.
K. F.

Dempsey, *Mike* (*Michael*), brit. Graphikdesigner, Maler, * 25. 7. 1944 Dagenham/Essex, lebt in London. Autodidakt. Abendklassen in Kalligraphie und Typogr. am South East Essex Technical College. 1968–74 künstler. Dir. des Verlagshauses Heinemann und 1974–79 von Collins. Seit 1979 eig. Designbüro: mit Ken Carroll unter „Carroll & D.", ab 1985 mit Nick Thirkell „Carroll, D., Thirkell", seit 1994 „CDT Design". Ausz.: acht Silber- und 1985 eine Gold-Med. der Designers and Art Directors Assoc. Mitgl.: 1968 Designers and Art Directors Assoc., 1997 deren Präsident. – D. orientierte sich bes. an Arbeiten von Joseph Müller-Brockmann und der Schweizer Typogr. und konzentrierte sich zunächst auf Buchdesign, wofür er anfangs auch eig. realist. Gem. für Umschläge verwendete. Er arbeitete u.a. für den Verlag Macmillan, die BBC, Central Television, BP Chemie und entwarf 1987 Briefmarken für die R. Mail zum 150. Regierungsjubiläum von Queen Victoria. Zu seinen Auftraggebern in den 90er Jahren zählen bes. Kultureinrichtungen, wie z.B. die English Nat. Opera, für die er versch. Plakate und Programmhefte mit z.T. eig. Fotogr. gestaltete. Für CD-Hüllen des London Chamber Orchestra benutzte D. 1992 für klass. Musik außergewöhnliche und wirkungsvolle Fotogr., z.B. eine großformatige Erdbeere oder einen schillernden Fisch. 1995 entwickelte er für das Londoner Kulturzentrum South Bank Centre ein einheitl. graph. Erscheinungsbild mit einem neuen Logo „SBC". D. arbeitet eng mit den jeweiligen Auftraggebern zus.; seine Arbeiten zeichnen sich durch Prägnanz, klare Typogr. und vielseitige Verwendbarkeit aus. 🕮 *Lister*, 1977; Who's who in graphic design, Z. 1994. – *R. Poynor*, Blueprint 1991 (77) 30–34; *H. Aldersey-Williams*, Creative rev. 12:1992 (9) 35 s.; *L. Blackwell*, ibid. 12:1992 (6) 51–53; *L. Farrelly*, Blueprint 1993 (94) 16–18; *B. McAlhone*, Graphis 49:1993 (283) 58–71; *ead.*, Design 1993 (539) 18–22; *P. Burgoyne*, Creative rev. 15:1995 (2) 33; *L. Blackwell*, ibid. 17:1997 (2) 28–31.
H. St.

Dempsey, *Richard William*, US-amer. Maler, * 14. 9. 1909 Ogden/Utah, in den 80er Jahren in Takoma Park/Md. ansässig. Stud.: u.a. 1929–31 Sacramento Junior College; 1932–34 California College of Arts and Crafts, Oakland; 1944 Art Students League, New York. Lehrtätigkeit: Corcoran Gall. of Art, Washington/D. C. Ausz.: 1946 Julius Rosenwald Fellowship (Outstanding Amer. Negroes); 1949–51 First Award, Corcoran Gall. of Art. – Lsch., Stadtansichten, Portr., Genreszenen u.a. in Öl und Aqu. 🏛 ATLANTA/Ga., Atlanta Univ. Gall. BOGOTA, Bank Bogotá. – US-amer. Botschaft. NEW YORK, Internat. Business Machines. WASHINGTON/D. C.,

Corcoran Gall. of Art. – Franz Bader Gall. – District of Columbia Juvenile Court. – District of Columbia Mun. Courts. – US Army Hist. Center. ⊙ *E:* ab 1935 zahlr. (bes. in Kalifornien), u.a. 1940 San Francisco, Acad. of Art / 1950, '55, '58, '68 Washington (D. C.), Howard Univ. 📖 *Dickason Cederholm*, 1973 (Ausst., Lit.); WWAA, 1984. – *G. C. McElroy u.a.*, African-Amer. artists 1880–1987. Selections from the Evans-Tibbs Coll. (K Wander-Ausst.), Seattle/Lo. 1989. Ch. R.

Dempsey, *(Young) Timothy Tjungurrayi*, zentralaustral. Maler, Aborigine (Luritja), * um 1941 Haasts Bluff/N Terr. Älterer Bruder von Barney Tjungurrayi Daniels. Arbeit als Viehhirte, später als Mechaniker. A. der 60er Jahre ließ er sich in Papunya nieder. Dort 1985 durch seinen Bruder und verwandtschaftl. Beziehungen zu Mary Dixon Nungurrayi und Clifford Possum Tjapaltjarri erste Erfahrungen mit der Western Desert-Malerei mit Themen aus der Mythologie, wie die Totems „Tausendfüßler", „Speerritual", „Bellende Spinne" und „Jagd nach Kängurhus". D. ist verheiratet mit der Malerin Epingka Nangala. 📖 *V. Johnson*, Aboriginal artists of the Western Desert. A biogr. dict., Sydney u.a. 1994. – *R. Premont/M. Lennard*, Tjukurrpa. Desert paintings of Central Australia, Alice Springs 1988; *J. Isaacs*, Austral. Aboriginal paint., Sydney 1989; 1992. G. Weichart/R. Smith

Dempsey Bob (eigtl. Bob, *Dempsey*), kanad. Holzschnitzer, Zeichner, Schmuckgestalter, Tahltan-Tlingit-Indianer vom Wolf Clan, * 14. 2. 1948 Telegraph Creek/B. C. Stud.: 1969 bei Freda Diesing; 1972, '74 Kitanmax School of Northwest Coast Indian Art, Hazelton/B. C. – Mit auf trad. Formen und spirituellen Inhalten basierenden Arbeiten, deren Formen er subtil abwandelt, versucht D. die Menschen von heute anzusprechen. Sein Werk umfaßt kleinformatige Skulpt. und Gefäße, Masken, Totempfähle. Perfekte Oberflächenbehandlung, die Farbgestaltung und variierende Proportionen verleihen den Arbeiten eine magische, expressive Qualität. Um die Trad. der zeremoniellen Kleidung wiederzubeleben, entwarf D. ca. 70 „button blankets". 🏛 HAMBURG, Mus. für Völkerkunde. HULL/Que., Canad. Mus. of Civilization. LONDON/England, Canada House. – Brit. Columbia House. OSAKA, NM of Ethnology. PRINCE RUPERT/B. C., Mus. of Northern Brit. Columbia. VANCOUVER, Mus. of Anthropology. – Univ. of Brit. Columbia. VICTORIA, R. Brit. Columbia Mus. WASHINGTON/D. C., Smithsonian Institution. ⊙ *E:* Vancouver: 1989 The Grace Gall. (K); 1993 Vancouver Mus. – *G:* 1972 Ottawa, NM of Man.: 'Ksan, breath of our grandfathers (K) / 1978 Edmonton, Univ. of Alberta: The Commonwealth Sculpt. Symposium (K) / 1979 Hamburg, Mus. für Völkerkunde: Donnervogel und Raubwahl. Die indian. Kunst der Nordwestküste Nordamerikas (K) / 1981 Prince Rupert, Mus. of Northern Brit. Columbia: Arts of the Salmon people (K) / 1982 Norman (Okla.), Philbrook AC: Magic images, contemp. native Amer. art (K) / 1989 Vancouver, Charles H. Scott Gall., Emily Carr College of Art and Design: Beyond the revival. Contemp. north west native art (K) / 1992 Ottawa, NG of Canada: Land Spirit Power. First Nations at the NG of Canada (K). 📖 *P. L. Macnair u.a.*, The legacy. Continuing trad. of Canad. northwest coast Indian art (K), Vancouver 1984; *D. Jensen/P. Sargent*, Robes of power. Totem poles on cloth, Vancouver 1986; *R. T. Coe*, Lost and found trad. Native Amer. art 1965–1985 (K), Wa. 1986. – Ottawa, NG of Canada, Dokumentation: Dossier D. B. St.

Dempster, *Dan (Daniel C.)*, irisch-kanad. Maler, Zeichner, Objektkünstler, Fotograf von den Bermudas, * 4. 3. 1963 Montreal, lebt in Hamilton. Stud.: 1980 Warwick Acad.; 1982 Bermuda College, beide Bermuda; 1989 Univ. of Waterloo, Waterloo/Ontario; 1990 Sheridan College Oakville/Ontario. – D.s Hauptthema ist das Wasser, zum einen in maler., lyr.-abstrahierenden Darst. vom Spiel mit dem Licht am Meeresstrand (*Barleycove*, 1994; *Waterline*, 1996, beide Buntstifte/Papier; Ser. *Ithuriel*, Graphit über Kreidegrund/Lw., 1996), zum and. in Objekten aus Mahagoni, Stahl, Zink, Aluminium, Kupfer oder Beton, die nach längerer Aussetzung in salzigem Meerwasser Spuren von Korrosion und Oxidation tragen (Ser. *Urbanos*, 1995; *Marlbourand; Palindrome*, beide 1996). 🏛 DUBLIN, G. J. Maloney & Co. Company. – Yeoman Internat. Leasing. HAMILTON, Bank of Bermuda. – Masterworks Found. – Swiss Re New Markets. ⊙ *E:* 1988, '89 Waterloo, Café Bon Choix / Hamilton: 1991 Bacardi Building; 1993 Bermuda Soc. of AG (mit J. Tucker-Webster); 1996, '99 Masterworks Found. Gall.; Bermuda Soc. of Arts Gall., City Hall & AC; 1997 Nicholas Lusher FA / 1994 Clocktower Building, Ireland Islands / 1996, '97 (Falt-Bl.: J. Bowyer Bell) New York, Fulcrum Gall. SoHo / 1997 Newport News (Va.), Peninsula FA Center (K: P. Barton/D. D.) / 1998 Atlanta, Emory Univ., Dobbs Center AG (K); Washington (D. C.), District of Columbia AC; Sumner Mus. and Archives. – *G:* 1996 Santo Domingo: Bien. de Pint. del Caribe y de Centroamérica / Hamilton: 1994, '96 Bermuda NG Bienn.; 1998, 2000 Bacardi Limited Bienn. 📖 *A. Trimingham*, The mid-ocean v. 1. 3. 1996; *R. Hainey*, The r. gaz. v. 18. 11. 1996; *J. Bowyer Bell*, Gall. guide (N. Y.) 1997 (Nov.); *G. Finighan*, The royal gaz. v. 8. 1. 1998. – Mitt. D. M. N.

Dempster, *Elizabeth Strachan*, schott. Bildhauerin, * 1909 Greenock, † 1987, lebte ab 1930 in Edinburgh. Stud.: Edinburgh College of Art (zus. mit Hew Lorimer, Scott Sutherland und Tom Whalen) bei Alexander Carrick und Norman Forrest; London Polytechnic; KA, München. Mitgl.: 1960 RSA (Associate). – Figuren und Gruppen, bes. in Holz und Stein, auch in Gips, Terrakotta und Bronze. Führte 1938 im Auftrag des Clyde Navigation Trust ein großes Seepferdchen in Silber für die Empire Exhib. in Glasgow aus, fertigte später drei große Figuren aus Eichenholz für den Orgelprospekt in der St. Giles Cathedral in Edinburgh und assistierte Lorimer bei sieben Plastiken für die Außenwand der Nat. Libr. of Scotland und bei den Erzengeln Gabriel und Michael, aufgestellt in der Apsis hinter dem Altar der St. Giles Cathedral. 🏛 EDINBURGH, St. Giles Cathedral, War Memorial Chapel: aus vier Steintafeln gebildetes Altarkreuz mit Darst. der vier Elemente, nach 1945. – Princes Street Gardens: R. Scots Memorial (mit Pilkington Jackson). – George IV Bridge: Tondi über den Skulpt. von Lorimer. ⊙ *G:* 1935–76 Edinburgh, RSA. 📖 *Mackay*, 1977; RSA Exhibitors I, 1991; *McEwan*, 1994. – *T. S. Halliday*, Scottish sculpt., Dundee 1946; BS, Edinburgh, 1991. K. F.

Dempster, *James*, schott. Architekt, zw. 1823 und 1833 in Greenock tätig (lt. BS, Glasgow: bis 1877). – Bes. Kirchen in neogot. Formen, darunter in Greenock die Blackhall Street Chapel, 1823, und die Episcopal Chapel, Gourock Street, 1824; von D. wohl auch die Pfarrk. von Cathcart/Renfrewshire, 1830/31. Führte 1828/29 die Aufsicht über den Bau der Mauchline Church/Ayrshire nach Entwurf von William Alexander und nahm einige Änderungen vor. ⌂ KILMACOLM: Pfarrk., 1830/31. ROTHESAY CASTLE: Bute County Buildings, kastellartig, 1832/33 nach D.s Entwurf erb. (1865–67 erweitert). 🕮 *Colvin*, 1978; 1995. – BS, Glasgow, 1990. K. F.

Dempster, *John*, schott. Maler, 1689 belegt, u.a. mit Bemalung von zehn Türen im Holyroodhouse, Edinburgh. 🕮 *Apted/Hannabuss*, 1978. K. F.

Dempster, *Parnell*, austral. Maler, Aborigine der Bibbulman, * ca. 1936 bei Narrogin/W Australia. In den 1940er Jahren ist D. eine Schlüsselfigur der Kinderkunstbewegung im Carrolup Native Settlement bei Katanning im sw. Western Australia, einer Siedlung für Mischlingskinder, die zwangsweise von ihren Eltern getrennt wurden. Dort beobachtet ihn der Lehrer Noel White beim Zeichnen nach der Natur; zus. mit seiner Ehefrau Lily regt dieser D. und andere Kinder (bes. Revel Cooper und Reynold Hart) zur Kunstausübung zu Lehrzwecken als auch zur Ablenkung von den schreckl. Lebensbedingungen in Carrolup an. D. zeichnet Szenen aus der Busch-Lsch. und der trad. Lebensweise der Aborigines in einer einzigartigen Darst.-Art, die auf den eig. ethn. Eindrücken beruht. Die Lsch. geben einen lebhaften Eindruck der Gegend und bes. ihrer Flora und Fauna wieder. Die Komp. und Technik ist für einen Autodidakten dieser Altersgruppe erstaunl. entwickelt und anspruchsvoll. Die Engländerin Florence Rutter arrangiert internat. Ausst., Verkäufe und Publ. der Kunst von Carrolup. Wie auch die Schriftstellerin Mary Durack (später Dame Mary Durack Miller) fördert sie die Kinder auch nach der Schließung des Lagers und regt sie zur Weiterentwicklung der Fähigkeiten zu Aqu. und Pastell an. D. zieht nach Perth, wo er als Arbeiter lebt. Er übt die Malerei nur noch sporad. aus, ohne seinen Lebensunterhalt damit verdienen zu können. – Die Kunst D.s und der Kinder von Carrolup hat noch heute Einfluß auf zahlr. Aborigineskünstler der Region. ⌂ PERTH, Battye Libr. of West Austral. Hist. – Berndt Mus. of Anthropology, Univ. of Western Australia. ⊙ *G:* 1946 Katanning, Town Hall / Perth: 1947 Boans Gall.; 1952 Women's Common Room, Univ. of Western Australia; 1988 Undercroft Gall.; 1989 Berndt Mus. of Anthropology; 1992 Lawrence Wishart AG (nat. Wander-Ausst.); 1999 Aboriginal Advancement Council of Western Australia / 1949 Auckland / London: 1950 Overseas League; 1951 Foyles Bookshop / 1951 Apeldoorn / 1952 Edinburgh, Grants AG / 1965 Melbourne, Myer Mural Hall Annexe (Moomba Festival). 🕮 *Robb/Smith*, 1993. – *F. Rutter*, Little black fingers, Lo. 1950; *M. D. Miller/F. Rutter*, Child artists of the Austral. bush, Lo./Sydney 1952; *E. S. Phillips/R. M. Berndt* (Ed.), The Austral. Aboriginal heritage, Sydney 1973; *C. H. Berndt/R. M. Berndt/J. E. Stanton*, Aboriginal Austral. art, Sydney 1982; 1992; *J. E. Stanton*, Innovative Aboriginal art of W Australia, Perth 1988; *id.*, Nyungar landscapes. Aboriginal artists of the SW. The heritage of Carrolup, W Australia, Perth 1992; *N. Sokil*, Show us a light (Video), Perth 1989; *W. Caruana*, Aboriginal art, Lo. 1993. J. Dolan

Dempwolf, *John A.*, US-amer. Architekt, * 1848 Deutschland, † 24. 12. 1928. Kam als Jugendlicher in die USA. Stud.: Cooper Union School, New York; Massachusetts Inst. of Technology, Cambridge. Danach eig. Büro in York/Pa.; entwarf u.a. ev. Kirchen in Steelton/Pa. und Johnstown/Pa. Fellow des AIA. ⌂ FREDERICK/Md.: Citizens Nat. Bank. GETTYSBURG/Pa.: Lutheran Theological Seminary. HARRISBURG/Pa.: State Insane Hospital. YORK: Colonial Hotel; Nat. Bank Building; York Trust Company; County Court House; St. Mary's Church. 🕮 *Withey*, 1956. C. R.

Demrath (Damrath), *Jacob*, dt. Büchsenmacher, Waffenhändler, 1651–1711 erwähnt. Lehr- und Gesellenzeit wahrsch. bei Meistern in Frankreich, Italien und Spanien. In Essen 1651 Mitgl. der Kaufgilde, 1663–67 Ratsherr und Kirchenmeister. In Berlin 1681 als Nachfolger von Elias Schulze Hofbüchsenmacher von Friedrich Wilhelm und 1689 von Friedrich III. – Neben dem Handel mit Waffen (1666 für die Stadt Essen Lieferung von 1938 Musketen, 12 Karabinern und 12 Paar Pistolen, ab 1691 Ausrüstung der brandenburg. und 1695 der ungar. Truppen, u.a. mit 1200 Flinten von Büchsenmachern aus Essen) auch Fertigung von Prunkstücken für den Berliner Hof, an dem D., wie auch bei anderen Fürstenhäusern, in hohem Ansehen stand. ⌂ BERLIN, DHM, Zeughaus: Jagdgarnitur mit Steinschloßbüchse und Pistolenpaar für König Friedrich I.; Jagdgewehr für den Markgrafen Georg Friedrich Carl von Brandenburg-Bayreuth. DARMSTADT, Hess. LM: Steinschloßflinte, um 1692. KOPENHAGEN, Zeughaus-Mus.: Garnitur mit Steinschloßflinte und Pistolenpaar für König Frederik IV. (Geschenk König Friedrichs I.). 🕮 Der neue Støckel, I, Schwäbisch Hall 1978 (Lit.). – *H. R. Uhlemann*, Waffen- und Kostümkunde, N. F., 13:1973 (2) 133 s.; 16:1974 (2) 123–127; 18:1976 (1) 53–54 (Lit.); 19:1977 (2) 149 (Lit.). J. T.

Demšar, *Danijel*, slowen. Illustrator, Graphiker, Maler, Puppengestalter, * 8. 5. 1954 Bresternica b. Maribor, lebt in Ljubljana. Stud.: Pädagog. Akad. in Maribor; 1974–79 (Dipl.) ABK Ljubljana bei Štefan Planinc. Ausz.: 1985 Levstik-Preis für Ill.; 1993, '97 Hinko-Smrekar-Preis auf der Bienn. slowen. Illustrationen. – Illustrierte in Farbe ca. 40 Kinderbücher mit volkstüml. Märchen und Sagen, in denen er die Komik der Personen betont, mitunter auf karikaturist. oder sogar groteske Weise. Gleiches gilt für seine seit 1990 realisierten Entwürfe von Puppen und Bühnen-Gest. für das Puppentheater Ljubljana (u.a. zu J. Trdina, *Kresna noč*, 1991; B. Štampe-Žmaerc, *Cirkus Cigunius*, 1994; B. Magajna, *Brkanja Čeljustnik*, 1998), die Puppentheater „Jože Pengov" und Zoom ebd. (zu S. Makatović, *Devet in dera*, 1996). D.s Gem. und Graphiken (Monotypien, Mischtechnik) sind poetisch, monochrom, abstrakt, die Frühwerke jedoch lassen die Verwurzelung in der Ljubljana umgebenden Moor-Lsch. ahnen. 🏛 RADOVLJICA, Muz. radovljiške občine. – Gal. Šivčeva hiša. ◎ *E:* 1980 Maribor, Gal. Avla (Graphik) / Ljubljana: 1985 Bežigrajska gal. (Ill.; K: A. Bassin); 1992 Mestna gal. (Puppen); 1995 Gal. ZDLSU (Graphik, Gem.; K: J. Krivec-Dragan) / 1989 Radovljica, Šivčeva hiša (Ill.; K: M. Avguštin). – *G:* 1989–95 Bratislava: Bienn. der Ill. / 1990, '94 Bitola: Internat. Graphik-Trienn. / 1992, '94 Novo mesto: Bienn. Slowen. Graphik Otočec (K) / 1993–99 Ljubljana: Slowen. Bienn. der Ill. (K). 📖 *M. Avguštin*, Otrok in knjiga (Ljubljana) 1990 (29–30). J. Intihar Ferjan

Demšar, *Tone (Anton)*, slowen. Plastiker, Objektkünstler, * 23. 3. 1946 Ljubljana, † 18. 2. 1997 (Unfall b. Ljubljana). Stud.: 1967–72 (Dipl.) ABK Ljubljana, 1972–75 ebd. Zusatz-Stud. bei Slavko Tihec, Drago Tršar. Danach freischaffend; 1995–97 Doz. an der Pädagog. Fak. der Univ. Ljubljana. Ab 1977 Mitgl. der internat. Grupa Junij. Teiln. an Bildhauersymposien (u.a. 1975 Presseggersee). Ausz.: 1980 Prešeren-Preis. – Arbeitete meist in Ton, z.T. in Kombination mit Holzobjekten (Kisten, Rahmen, Fenster) oder Seilen. 1975–80 dominieren die verwandten Zyklen *Zloženke, Stisnjenke, Prirezanke*, in denen er Töpfererzeugnisse oder Naturprodukte (Kartoffeln, Äpfel) und Baumkronen zusammenpreßt, einrahmt, durchtrennt, deformiert. Befaßte sich 1980–82 mit schlichten Kugelformen (*Plod in sad*). Näherte sich nach 1983 wieder seinen Anfängen, nur figurativ: in Rahmen, Schlußsteinen, Kapitellen ist ein deformierter Kopf oder ein anderes Körperteil enthalten, mitunter in eine Frucht verwandelt. Schuf ab 1990 an Hausfassaden in Ljubljana mehrere Portr.-Bildnisse bed. Bewohner. Der letzte Zyklus von D.s ökolog. und sozial engagiertem Werk ist *Vdove* (1994), eine Reaktion auf den Balkankrieg 1. H. 90er Jahre. 🏛 DOB b. Domžale: Sv. Trojica (Denkmal für die Opfer des Flugzeugabschusses), 1994. KOSTANJEVICA/Krk, ehem. Klostergarten: Forma viva v lesu, 1976. LJUBLJANA, Kathedrale St. Nikolai, W-Seite: Bronzetür, 1996. – Mod. gal. – Arhitekturni muz. (Werkschenkung der Gruppe Junij). MURSKA SOBOTA, Gal. Murska Sobota. SENOVO: Bergarbeiterdenkmal, 1986. ◎ *E:* 1973 Kranj, Gal. Prešernove hiše / Ljubljana: 1976 Mestna gal.; 1977, '83 Gal. Ars; 1979, '94 Gal. Labirint; 1996 Jakopičeva gal. (Retr.) / 1980 Ajdovščina, Pilonova gal. / 1985 Celje, Likovni salon / 1987 Novo mesto, Dolenjski muz.-gal. (K: J. Matijevič) / 1991 Villach, Gal. an der Stadtmauer (zus. mit Mario Cassetti) / 1992 Judenburg, Gal. G (zus. mit Gerhard Unterweger). – *G:* 1973–89 Murska Sobota: Jugosl. Kleinplastik-Bienn. (1975, '77, '81 Preise) / 1975, '77, '79 Rijeka: Jugend-Bienn. (1979 Bildhauerpreis) / 1981, '83 Pančevo: Jugosl. Skulpt. / 1997 Mexiko-Stadt: Segmentos de Arte Esloveno (Wander-Ausst. von Doz. der Pädagog. Akad. Ljubljana). 📖 LEJ I, 1984. – *P. Krečič/M. Gaberšek Prosenc*, T. D. (K Arhitekturni muz.), Ljubljana 1996 (Lit.); *A. Vovko*, Šolska kronika (Ljubljana) 1997 (6). J. Intihar Ferjan

Demski, *Georg*, österr. Architekt, * 22. 10. 1844 Biala/Polen, † 26. 6. 1918 Wien. Stadtbaumeister ebd. Beteiligt an der gründerzeitl. Wiener Stadterweiterung mit Entwürfen v.a. zu Miets- und Geschäftshäusern, u.a. mehrere in der Mariahilfer Straße. Der früheste erh. Bau ist das Wohn- und Geschäftshaus Dittler (erb. 1871–73). Sein umfangreichstes Projekt entstand 1892 mit der Ottakringer Eisengießerei und Maschinenfabrik (erh.). Die meisten Bauten sind entstanden im ersten Jahrzehnt des 20. Jh. Die frühen Werke sind streng klassizist., die späteren Wohnbauten mitunter mit reichen späthistorist. und secessionist. Fassaden versehen. Unklar bleibt die Verwandtschaft zu dem 1899–1913 in Wien mit späthistorist. und secessionist. Wohn- und Geschäftsbauten nachw. Architekten *Rudolf D. (Demsky)*. 📖 *Czeike* II, 1993. – Die Wiener Ringstraße, IV, Wb. 1972; Die Wiener Ringstraße, Wb. 1975; Wiener Fassaden des 19. Jh., Wohnhäuser in Mariahilf, W. u.a. 1976; *Achleitner* III. 1, 1990; III. 2, 1995; *Dehio*-Wien, 1993; *Dehio*-Wien: X.-XIX. und XXI.-XXIII. Bez., 1996. D. T.

Demski, *Rudolf* cf. **Demski,** *Georg*

Demskij, *Dmitrij*, russ. Objekt- und Installationskünstler, Designer, Fotograf, * 2. 4. 1965 Charkiv/Ukraine, lebt seit 1970 in Moskau. Stud.: 1982–89 Bühnenbild an der Studio-Schule beim Moskauer Künstlertheater MChAT bei Aleksej Ponsov. Ab 1989 Mitgl. des Stadtkomitees der Graphiker, einer Künstler-Org., die sich zunächst als Alternative zum offiziellen Künstler-Verb. verstand und Vertreter versch. abstrakter, expressionist. und quasisurrealist. Tendenzen vereinigt. – Im Kontext der Moskauer Gruppen-Kunstszene, die A. 90er Jahre in der Trad. des Konstruktivismus und Suprematismus arbeitete, ist D. der konsequentesten, konzeptuell-einheitl. (Proto-Malevič-)Richtung zuzuordnen. D. tendiert zur von der russ. Avantgarde proklamierten Idee des künstler. Objekts, dessen ästhet. Wert dem trad. Gem. äquivalent ist. Im Rahmen dieser Konzeption entstand eine Reihe von Objekten, die kompositionell auf den Raumordnungsprinzipen von Tatlin basieren. Dabei ist bisweilen ein iron., der dadaist. Polemik mit der Trad. vergleichbarer Akzent spürbar. D.s Installation *Sušenye kraski* (1991) reflektiert den langen Streit zw. der maler. Trad. und dem Objektansatz des künstler. Denkens; aufgefädelte ausgetrocknete Farbtuben assoziieren, vertikal aufgehängt, die von alten Frauen auf dem Markt feilgebotenen Trockenpilze. 1989–90 beteiligt an Projekten einer Künstlergruppe in den Ateliers Furmannij pereulok (Ausst. Furmanny Zaulek, Warschau 1989; Furmanny in Factory. Sowjet. Avantgardekunst, Kulturfabrik Salzmann Kassel, 1990). Auch Arbeit mit neuen Technologien (Netzkunst), Graphik-Design (TV-Vorschaubilder; Firmenlogos) und Fotografie. 🏛 MOSKAU, Mus. Caricyno. ◎ *E:* 1993 Kassel: Ohne Titel / Amsterdam: 1994 Wilhelmina, Circ Atelier: Zeitungen; 1997 Acad. Soc.: Proportionale Ungleichheit. – *G:* seit 1989, u.a. 1991 Moskau, L-Gallery: Novecento; Madrid, Gal. F. Durand: Peso y Locura / 1992 Leipzig, Grassi Mus.: Triade / 1995 Erfurt: Configura-2. 📖 Kto est' kto v sovremennom isk. Moskvy, Mo. 1993 (Ausst.). – Moskovskij romantizm (K Central'nyj dom chudožnika), Mo. 1992; Kunst im Verborgenen. Nonkonformisten Rußland 1957–1995 (K), M./N. Y. 1995; *E. Dyogot*, Contemp. painting in Russia, Roseville East 1995 (s.v. Demski, Dmitri). – *Online:* artinfo. itar-

tass. com, 1999 (s.v. Demsky, Dmitry Valerievich).
M. Katkova

Demsky, *Carl Gustaf* cf. **Ramstedt,** *Pehr*

Demtchenko, *Natalia (Natasha),* russ.-ekuadorian. Malerin, Graphikerin, Zeichnerin, * um 1950 Saransk, lebt ab 1975 in Guayaquil. Stud.: KSch, Saransk; Inst. für Archit., Moskau. – Abstrakte Gem. mit flächigem Farbauftrag. ⊙ *E:* Guayaquil: 1986 Inst. Cult. Ecuatoriano-soviético; 1987 Gal. Madeleine Hollaender / 1986 Quito, Mus. de Arte Colonial. – *G:* 1986 Cuenca: Pre-Bien. ▭ *H. Rodríguez Castelo,* Dicc. crítico de artistas plást. del Ecuador del s. XX, Quito 1992. M. N.

Demter (D.-Köhler), *Elke,* dt. Keramikerin, * 28. 12. 1950 Soest, lebt ebd. Stud.: 1969–74 HBK Kassel (Kunstpädagogik, Keramik bei Walter Popp). Seit 1974 Referendarin und 1976 Kunsterzieherin in Hamm; ab 1977 Wkst. zus. mit Michael Köhler in Soest-Hattrop. Nach der Gest. rein farbl. oder struktureller Reliefs entstehen Gefäß- und Relief-Objekte, bei denen die Gefäße gleichzeitig als Träger und Rahmen eines Reliefs oder Bildes in stark zurückgenommener Gegenständlichkeit fungieren. Trotz Abkehr von der Töpferscheibe und ihrem Formenkanon sind die aus Platten aufgebauten Objekte einem Kreis oder Oval eingeschriebene, gerundete Mehreckformen. Zw. 1972 und 1974 brennt D. ihre Steinzeugstücke reduzierend, gleichzeitig beginnt sie in dieser Zeit Glasurexperimente mit Holz- und Brikettaschen sowie mit versch. Metalloxiden. 🏛 FRECHEN, Keramion. HAMBURG, Slg Thiemann. HÖHR-GRENZHAUSEN, Keramik-Mus. Westerwald. OLDENBURG, LM. SÖGEL, Emsland-Mus. Schloß Clemenswerth. ⊙ *E:* 1979 Sögel, Schloß Clemenswerth: Forum Form (zus. mit M. Köhler). – *G:* 1975, ’77, ’79 Höhr-Grenzhausen, Rastal-Haus / 1976, ’78 Frechen, Keramion / 1979 Saarbrücken, Saarland-Mus., Mod. Gal. / 1979 Hamburg, MKG / 1983 Hannover, Glas- und Keramik-Gal. Ludwig. ▭ WWCCA, 1996. – Keramikpreis 1978 der Frechener Kulturstiftung, Frechen 1978, 16; *U. Gertz,* Keramos 1979 (83) 13 s.; *H. Spielmann/H. Thiemann,* Europ. Keramik seit 1950. Slg Dr. Hans Thiemann (Hamburg/Düsseldorf), Ha. 1979, 122–123, 552, 591; Dt. Keramik 79 – Westerwaldpreis (K Höhr-Grenzhausen), Montabaur 1979, 68; *N. Ludwig,* 12 dt. Keramiker (K), Limburg 1983, 4 s. B. Ostermann

Demu, *Dumitru* → **Demou,** *Dimitrios*

Demuc’kyj, *Danylo Porfyrovyč,* ukrain. Fotograf, Kameramann, * 4.(16.) 7.1893 Ochmativ, † 7. 5. 1954 Kiev. Sohn des Komponisten und Dirigenten Porfyrij Danylovyč D. Stud.: bis 1917 Jura Univ. Kiev. A. 1910er Jahre Mitgl. der fotogr. Vrg Dager [Daguerre]. Leitete ab 1925 das Fotolabor der Gesamtukrain. Film- und Fotostelle (beides Kiev). Ausz.: 1944 Verdienter Kunstschaffender Usbekistans, 1954 der Ukraine; 1952 Staatspreis der UdSSR. – Bek. v.a. als Kameramann für Spielfilme von Oleksandr Petrovyč Dovženko in Studios von Odesa und Kiev (u.a. zum vielprämierten Film *Zemlja* [Erde], 1930; *Ivan,* Co-Autor, 1932; *Taras Ševčenko,* 1951). Nutzte als einer der ersten rein fotogr. Effekte (Weichzeichner, tiefer Horizont, Bildtiefe, Dunstschleier, Wechsel des Tons von schwarz bis warm-sonnig, plast. gezeichnete Portr.) im Film; Mitbegr. des poet. Films. ⊙ *G:* u.a. 1925 Paris: Expos. des arts décoratifs (Gold-Med.). ▭ MU, 1992 (s.v. Demuc’ki, Fam.). – *L. Kochno,* D. P. D., Kiev 1965; Desjat’ operatorskich biografij, Mo. 1978; *S. A. Morozov,* Tvorčeskaja fotografija, Mo. 1986 (beide s.v. Demuckij, Daniil Porfir’evič). M. Leont’ev

Demundi, *Matthäus,* Perlensticker in Grätz, fertigte für das Kloster in Admont eine Inful (1597), ein Antependium (1603) und eine Chorkappe für den Abt (1604). ▭ ThB9, 1913.

Demur, *Boris,* kroat. Maler, Video-, Performancekünstler, * 9. 6. 1951 Zagreb, lebt dort. Stud. ABK Zagreb (Dipl.): 1975 Malerei bei Raul Goldoni, 1977 Graphik bei Albert Kinert; 1975–77 Mitarb. in der Meister-Kl. von Ljubo Ivančić in Zagreb. 1975–78 Mitgl. der Grupa šestorice autora mit postkonzeptualist. Orientierung. Befaßte sich mit multimedialer Kunst (Arbeiten mit Texten, Fotogr., Video, experimentellem Film) und Aktionskunst (Performance, Happening). 1998 (Zagreb, Gal. Hrvatskog društva likovnih umjetnika) erneute Aufführung von *Ponavljam* (1977) anläßlich der Retr. der Grupa šestorice autora. E. 70er/A. 80er Jahre mit der Monochromiephase der schwarzen und weißen Bilder, häufig in Bild-Ser., Hinwendung zur Analyt. Malerei (*45 poteza,* 1976). Seit 1983 malt D. das Motiv Spirale in versch. Interpretationen. Er faßt sie als sich zur Spiralkunst ausweitendes Universalprinzip auf (Publ., z.B. Spiralni proglasi, ab 1983). In der Gal. jednog slikara (Zagreb, Preradovićeva 37), wo er wohnt und arbeitet, ist er von einem als Performance wirkenden Spiralambiente umgeben. Ausz.: 1996 ex aequo Vinkovci, Slawon. Biennale. ✉ u.a. Art. in Kat.: Analitičko, primarno i elementarno slikarstvo, Zagreb 1977; Elementarno i analitičko kiparstvo, Zagreb 1979. Spiralne čitanja, in: Život umjetnosti 1992/93 (52/53) 86 s. Autobiograph. Roman Slikar (unveröff.). ⊙ *E:* u.a. Zagreb: 1977 Gal. Nova; 1979 Radna zajednica umjetnika Podroom; 1982 Prostor Proširenih medija; 1984 (zus. mit Goran Petercol, Dubravka Rakoci), ’91 Gal. Studentskog centra; 1985 (K: M. Lučić/B. Hlevnjak/B. D.; Ausst.-Verz., WV) Studio Gal. suvremene umjetnosti, Salon Gal. Karas, Gal. Događanja; 1990 Gal. Proširenih medija; 1993 Gal. Zvonimir (K: A. Maračić; u.a. Verz. der Schr.); 1994 MSU; 1995 Gal. Miroslav Kraljević (K: I. Župan); 1996 Gal. Beck / 1978 Belgrad, Gal. Studentskog kulturnog centra / 1997 Velika Gorica, Gal. Galženica (K: I. Župan). – *G:* u.a. 1980 Paris, MAM: Bienn. / 1996 São Paulo: Bien.; Stuttgard, Bonn, Ifa-Gal.: Real life! Aktuelle Videokunst aus Zagreb (K: B. Eckstein/I. Lenz/M. Winkler). ▭ LEJ I, 1984. – *Z. Maković,* Nove pojave u hrvatskom slikarstvu (K Gal. Nova), Zagreb 1980; *M. Susovski,* Inovacije u hrvatskoj umjetnosti sedamdesetih godina (K Gal. suvremene umjetnosti), Zagreb 1982; *M. Šuvaković,* Moment (Bgd.) 1990 (18); *A. Maračić,* MZIN (Ljubljana) 1992 (Dez.); *E. Quien,* Kontura (Zagreb) 1993 (14/15) 25; *Z. Maković,* Slobodna Dalmacija (Split) v. 1. 2. 1993. – *Online:* miroslav-kraljevic. hr, 1999. J. Vinterhalter

Demur, *Emile-Pierre,* frz. Architekt, * 16. 7. 1867 Montclar/Haute-Garonne. Stud.: EcBA Toulouse und Paris bei Honoré Daumet und Pierre Léon Esquié. Okt.

1900–07 Dep.-Architekt von Tarn, in gleicher Funktion verantwortl. für das Dep. Albi. Baute 1903 das Rathaus in Tarbes und 1905 die Sparkasse in Toulouse, außerdem die neue Gendarmerie in Albi und zahlr. Wohnhäuser. ▭ ThB9, 1913. *Delaire*, 1907; *Portal*, 1925.

De Muralt, *Sofia*, ital. Malerin, Zeichnerin, * 10. 12. 1880 Neapel, dok. bis 1911. Schülerin von Oreste Recchione. Widmet sich wie dieser v.a. der Lsch.; auch Genreszenen. Zeigt 1906 in Mailand u.a. die Feder-Zchng *Paesaggio abruzzese*. Zwei 1911 in Neapel ausgestellte Lsch. kaufen Alfredo Hauser und der Magistrat von Neapel, während *Le glicine* mit der Bronze-Med. des R. Ist. di BA Neapel prämiert wird. ◉ *G:* Neapel: 1904, '11 Promotrice Salvator Rosa; 1909 Espos. Giovanile d'Arte; 1910 Mostra Naz. di Arte pura ed applicata / 1906 Mailand, Mostra Naz. di BA / 1910–11 Turin, Espos. Internaz. Femminile di BA. ▭ ThB25, 1931; Vo3, 1956 (beide s.v. Muralt, Sofia de). *E. Giannelli*, Artisti napoletani viventi, N. 1916; *Comanducci* II, 1971.

F. Capobianco

De Murgez, *François* → **Desmurget,** *François*

De Muro, *Antonio Luigi*, ital. Maler, Werbegraphiker, Illustrator, * 3. 3. 1924 Tarent (sard. Mutter, alger. Vater), lebt seit 1970 (?) in Asso/Como. Als Kind Übersiedlung nach Alghero/Sassari, 1941–45 Kriegsfreiwilliger (Marine) und dt. Gefangenschaft. 1945 Übersiedlung nach Venedig; Stud.: ABA ebd. Kontakte zu Filippo De Pisis und der Gruppe um Emilio Vedova. 1949 Ausst.-Debüt. In Verona Teilhaber der Gall. Ghelfi; Mitarb. der Zs. La scena illustrata. In den 50er Jahren orientiert an Mario Sironi mit sard. Lsch., Blumen und Stilleben als bevorzugten Motiven. Stud.-Reisen nach Deutschland, Frankreich, Österreich, Spanien und in die Schweiz. 1957 Übersiedlung nach Mailand, in den 60er Jahren nach Asso/Como. Ab 1965 Arbeiten in Sprühtechnik und Nitrofarben (*Materia e luce*, 1968). 1969–70 Blumen, Lsch., Flugzeuge und Silhouetten von Pferden in verschwimmender Atmosphäre (*Fiori a Lydia*; *Oltre il confine*; *Aereo X 15*; *Icaro*). Später zunehmende Abstraktion, kräftig-dramat. Farbwirkungen. 🏛 MAILAND, Pin. Ambrosiana: Crocefissione. ▭ EU SEDA III, 1969; *Andreini*, 1971; ASA Italia IV, 1971; *Comanducci* II, 1971; DizBiogrMerid I, 1974; CatBolaffiMod IX. 2, 1974; *Falossi*, PPC, 1975; *Sorrenti*, 1990. – *P. Giorgio*, D. (K. Alghero), Pavia 1970; A. D., Mi. 1974.

N. Corradini/S.-W. S.

Demurtas (De Murtas), *Armando*, ital. Maler, Zeichner, * 1921 Tertenia/Nuoro, lebt dort. Autodidakt. V.a. Portr. und weibl. Akte. ◉ *E:* 1982 Rom, Gall. Colosseo. ▭ *Andreini*, 1971; Cat. alfabetico per autori del patrimonio artist. della Regione sarda, 1949–1981, Cagliari 1981.

A. Pillittu

Demus, dt. Baumeister in Hirschberg, erb. 1774–77 zus. mit dem Zimmerer Meister Bredow die ev. Kirche in Bad Warmbrunn, ein bereits die Züge des Rokoko annehmender Barockbau. 1780–82 errichtete D. die von Isemer entworfene Bethauskirche in Boberröhrsdorf. D.s Altgeselle war Balzer Eßmert aus Liebenthal. ▭ *G. Grundmann*, Kunstwanderungen im Riesengebirge, M. 1969.

C. R.

Demus, *Gerhard*, dt. Maler, Graphiker, Illustrator, Schmuckgestalter, * 12. 10. 1952, lebt in Birkenfeld. Stud.: 1974–79 Pforzheim, FHS für Gest. (Design); dort Assistent. 🏛 KARLSRUHE, Regierungspräsidium. ▭ Künstler-Verzeichnis BW IV, 1982.

M. S.

Demus, *Jakob*, österr. Graphiker, Zeichner, Maler, Bildhauer, * 9. 6. 1959 Wien, lebt dort. Sohn des Kunsthistorikers und Lyrikers Klaus D. 1984–93 ⚭ Dorothea D.-Schneider. Stud.: 1977–84 ABK Wien bei Joannis Avramidis (Bildhauerei-Dipl.). Neben Bildhauerarbeiten (Statuetten, Portr.; Bronzeguß, Stein) dominiert in D.s Werk die sensible, romant. Auseinandersetzung mit der sichtbaren Natur. Altmeisterl. Trad. folgend, schuf er Aqu., Feder-, Silberstift- und Bister-Zchngn, meist akrib. Pflanzen-, Mineralien-, Natur- oder Lsch.-Studien, aber auch frei erfundene Wirklichkeiten. Weitgehend autodidakt. eignete er sich die alten Drucktechniken an; seit 1981 entstanden mehr als 260 Kaltnadel-Radiwerungen. Ab 1984 befaßte sich D. in zahlr. Ölbildern mit dem Thema Wolken und Himmel, was seinen Vater zu stimmungsverwandten Gedichten anregte (*Landwind*, W. 1996). Seit 1997 stehen umfangreiche Serien von Graphit- und Bleistift-Zchngn von Naturphänomenen, aber auch kosm. Phantasievorstellungen im Vordergrund. 🏛 AMSTERDAM, RM. BERLIN, SMPK, Kpst.-Kab. LONDON, BM. – V & A. NEW YORK, Metrop. Mus. – MMA. ROCHESTER/N. Y., Univ., Memorial AG. WIEN, Albertina. – ABK, Kpst.-Kab. – Mus. Leopold. – Slg des Bundes. – Wien-Simmering, Reihenhausanlage Csokorgasse: Marmorplastik mit den Figuren „Flatterhaftigkeit" und „Schmafu" aus der Nestroy-Posse Der konfuse Zauberer, 1990–92. ◉ *E:* 1985, '90, '92 Düsseldorf, C. G. Boerner / Tokio: 1987 Gal. Ryokuinshosha; Gal. Kohrin; 1987 (K), '89 Gal. Garuda; 1990, '93 Gal. Yoseido und Salone Christofori / 1987 Stift Admont; Wien, Tabak-Mus. (beide mit Dorothea D.-Schneider); Mödling, Gal. Arkade; Regensburg, Kunst-Kab. / 1988 München, Gal. List / Wien: 1988, '99 Chr. M. Nebehay; 1990, '93 Atelier Sorg; 1992 Goldschmiede-Mus.; 1994 Pal. Colloredo; 1995 Atelier Bateau Libre; 1999 Ruprechtskirche / 1989 Bad Cannstadt, Neues Rathaus (mit Dorothea D.); Stuttgart, Gal. Kunsthöfle / 1990, '93 New York, C. G. Boerner / 1997 Frankfurt am Main, Gal. Fach (mit Daniel Vogler, Faltblatt); Paris, Gal. La Hune-Brenner. ▭ J. D. (K), Dd. 1985; Ufer und Küsten, W. 1988; Die Welt, W. 1996 (beides Mappenwerke). – Wien, Arch. Kultur-Abt.

W. Hilger

Demus, *Prosper Franz* → **Mus,** *Prosper Franz de*

Demus-Schneider, *Dorothea*, österr. Graphikerin, Bildhauerin, * 17. 1. 1956 Purgstall/NÖ, lebt in Wien. 1984–93 ⚭ Jakob D. Stud.: 1975–78 Rest.-Lehre in München; 1978–83 ABK Wien bei Joannis Avramidis (Bildhauerei-Dipl.). 1993–95 in Köln ansässig. Seit 1999 auch als Kunsterzieherin tätig. – Nach streng komponierten, ihrem Lehrer Avramidis folgenden Anfängen im Bereich der Plastik, wandte sich D. fast ausschl. einer extrem am Naturvorbild orientierten Graphik zu. Ihre sensiblen Aqu. und die von zarten Strichlagen dominierten Rötel-, Feder- und Kreide-Zchngn umfassen Pflanzen- sowie Tierstudien, Kinder-Portr., Lsch. oder Stilleben und haben v.a. in den Zchngn des 17. Jh. ihre Vorbilder. D. ist Vertreterin eines zeitlosen, der sinnl. und räuml. Wahrnehmung verpflichteten Naturalismus. Seit 1983 entstanden Rad., in der Folge auch Hschn., meist bewegte Lsch.-Studien, in denen eine expressive Komponente wirksam wird. 1989 und 1991 bereiste D. die Lofoten, und aus der Begegnung mit der einsamen Lsch. entstanden nach zahlr. Skizzen düstere, von der Dominanz einer übermächtigen Natur geprägte Monotypien (*Yggdrasil; Das Schwarz des Nordens*). 🏛 PURGSTALL, Kirchenplatz: Moses-Brunnen, 1993. ST. PÖLTEN, Niederösterr. LM. WIEN, Albertina. – Slg des Bundes. – Kultur-Abt. der Stadt. – Wien-Donaustadt, Godlewskigasse: bemalte Keramikwand, 1993. ⊙ *E:* Wien: 1986 Gal. Stubenbastei; 1987 Tabak-Mus. (mit Jakob D.); 1988 Kleeblattgasse; 1992–93 Niederösterr. LM; 1994 Bawag-Mariahilferstr.; 1998 Bawag-Thaliastr. / 1987 Stift Admont (mit Jakob D.; K); Mödling, Gal. Arkade / 1988, '90, '92, '94 Köln, Gal. am Buttermarkt / 1988, '93 München, Kunsthandlung E. Ehmer / 1989 Bad Cannstadt, Neues Rathaus (mit Jakob D.); Kartause Gaming (K) / Purgstall: 1989 Schloß; 1991 Rathaus / 1990 Eichstätt, Gal. im 2. Stock / 1991 Berlin, Atelier Dennhardt. 📖 *Fuchs*, Maler (20. Jh.), Erg.-Bd I, 1991. – Wien, Arch. Kultur-Abt. W. Hilger

Demuškin, *Anatolij Andreevič*, russ. Maler, Zeichner, Monumentalkünstler, * 12. 10. 1921 Bogorodickie Gai/ Gouv. Rjazan', † 20. 11. (oder 26. 9.) 1967 Balašicha/ Gebiet Moskau. Stud.: 1947–53 HS für angew. und dekorative Kunst Moskau bei Fedor Vasil'evič Antonov, Aleksandr Aleksandrovič Dejneka, Vladimir Grigor'evič Odincov. Teiln. am 2. WK. – In der Trad. der russ. realist. Kunst von E. 19./A. 20. Jh. (und beeinflußt von seinen Lehrern, v.a. Odincov) bevorzugt psycholog. eindringliche Portr. (u.a. *Sovetskie kompozitory*, Gruppen-Portr., 1953; Komponisten *A. G. Novikov, A. I. Chačaturjan, Ju. A. Šaporin*, 2. H. 50er Jahre), Gem. zu Revolutions-Gesch. und 2. WK (z.B. *V. I. Lenin v kuznečnom ceche zavoda Michel'sona*, Tempera, 1960, zus. mit Iosif Michajlovič Il'in; *Partizany v zasade*, E. 50er – A. 60er Jahre), auch Genre-Darst. (*Požarniki*, E. 50er Jahre). In den 50er – 60er Jahren beteiligt an der Ausgestaltung öff. Gebäude in Moskau. Auch Zchngn für die Zss. Sovetskaja muzyka, Muzykal'naja žizn' sowie die Ztgn Pravda, Literaturnaja gazeta. Ill. zum Roman von M. Kriničnyj, *Otkočevniki* (Mo. 1963). 🏛 MOSKAU, Polytechn. Mus., Interieur: zwei Mosaike, Smalte, 1963–64, '65. 📖 ChudSSSR III, 1976 (Lit.). – VSII Sprav. IV-V, 1975–81. N. Voronina

Demut, *Anni von* → **Demuth,** *Anni von*

Demut, *Ivan* cf. **Demut-Malinovskij,** *Vasilij Ivanovič*

Demut, *Trudi*, schweiz. Bildhauerin, Radiererin, Malerin, * 3. 3. 1927 Zürich, lebt dort. 1943–45 kaufmänn. Lehre. Stud.: 1947–48 KGS Kingston on Thames (Bildhauerei). 1948 in Zürich tätig bei Leo Oesterle. Hier Begegnung mit Hans Aeschbacher und Otto Müller, 1948–52 dessen Schülerin und zeitw. auch Lebensgefährtin. 1953 eig. Atelier in Zürich. – Bevorzugt Arbeiten in Messing und Bronze, ab 1974 v.a. tischartige Objekte („Tischmetamorphosen") mit überdehnt-fragil wirkenden Beinen. Außerdem gegenständl., häufig fast miniaturhafte Kleinplastiken, bes. der griech. Archaik entlehnte Motive (*Heiteres Figürchen; Kleiner Kentaur; Maske; Gebirgige Insel*), die trophäenartig auf Stangenschafte montiert werden. 1956 auch Reliefs. In den 80er Jahren außerdem Platzgestaltungen mit Brunnen (u.a. Zürich, Werdplatz, 1982/83, Seelisberg, 1989). Außerdem Kaltnadel-Rad. in einfachen, archaisierenden Formen (*Einhorn-Hirschchen*, 1985) und Gem. mit flächigen, chiffrehaft reduzierten Bildelementen (Wolke, Insel, Berg, Tor, Mensch) und Titeln mit Zitaten des Lyrikers John Ashbery. 🏛 DÜBENDORF, Reformierte Kirche: Relief am Eingang, um 1966/71. WIEDIKON, Zwingli-Haus: Messingrelief, 1964. ZÜRICH, Kinderspielplatz der Sportanlage Letzi: Figur mit Vogel, Bronze, 1957. ⊙ *E:* 1960 Rapperswil, Gal. 58 (mit Sonya Sekula) / Zürich: 1966 (mit Bert Schmidmeister), '80/81 (mit O. Müller; K) Gal. zum Strauhof; 1974, '78 (K) Gal. Bettina; 1976 Kunsthaus (mit Jenny Losinger-Ferri); 1988 Gal. Scheidegger / 1967 Luzern, KM (mit Willy Müller-Brittnau, Heinz-Peter Kohler) / 1985 Walchwil, Gal. de Fluiter (K: F. Billeter) / 1987 Brugg, Zimmermannshaus (mit Roman Candio) / 1992 Frankfurt am Main, Gal. Huber-Nising (K); Winterthur, Kunsthaus Römertor. – *G:* 1989 Zürich, Gal. A 16: Akzent Frau / 1990 Luzern, Kornschütte. 📖 *Plüss/Tavel* I, 1958; LZSK, 1981; KVS, 1991; Biogr. Lex. der Schweizer Kunst, I, Z. 1998. – *Jenny* I, 1971; Neue kirchl. Kunst in der Schweiz, III, Zug 1976; *F. Billeter*, T. D. Die Heiterkeit des Unvollendeten, Plastik und Malerei, Z. 1988; *M. Joray*, Schweizer Plastik der Gegenwart, IV, Neuchâtel 1989; *F. Billeter*, Du 1991 (8) 34–39. D. T.

Demut-Malinovskij, *Ivan Vasil'evič*, russ. Architekt, * 19. 10. 1826 St. Petersburg, † 1885. Sohn von Vasilij Ivanovič D. Stud.: 1837–44 AK St. Petersburg (1837–38 Gasthörer; 1844 Titel Archit.-Künstler ohne Klassenrang). 1859 Titel Akademiker für Archit. für den Entwurf eines Handelshauses für Damenkleidung. 📖 *Kondakov* II, 1914, 323. A. Krašeninnikov

Demut-Malinovskij (bis 1815/16 Demut), *Vasilij Ivanovič*, russ. Monumentalbildhauer ukrain. (nicht dt.) Herkunft, * 2.(13.) 3.1779 St. Petersburg, † 16.(28.) 7.1846 ebd. Sohn von *Ivan Demut* († vor 1785 St. Petersburg), Schnitzer an der Admiralität ebd., Schwiegersohn des Bildhauers Feodosij Fedorovič Ščedrin, Vater von Ivan Vasil'evič D. Erstmals auf einer am 2. 1. 1816 aufgestellten großen Marmorbüste (*Aleksandr I*, Öff. Bibl. [Russ. NB] St. Petersburg) als „Vasilij Malinovskoj Demut" erw., wobei die Herkunft des Namensbestandteils „Malinovskij" bzw. „Malinovskoj" ungeklärt ist. Stud.: 1785–1800 AK ebd. bei Michail Ivanovič Kozlovskij (Zögling; 1798 kleine Silber-Med. für Modellieren nach der Natur; 1799 kleine Gold-Med. für das Programm *Ein Engel führt Apostel Petrus aus dem Kerker*; 1800 große Silber-Med. für Modellieren nach der Natur, große Gold-Med. und Titel Künstler 1. Klassenranges für die Reliefs *Vzjatie fregatov pri Gangute* und *Poltavskaja batalija*, zus. mit Ivan Ivanovič Terebenev und Ivan Moiseev [unter Ltg von Kozlovskij], bestimmt für den Sockel des Denkmals Petr I von Carlo Bartolomeo Rastrelli, St. Petersburg). 1803–06 Stipendiat der AK in Rom, wo er u.a. Antonio Canova konsultierte. 1807 „agréé“ der AK St. Petersburg und Akademiker für den Entwurf der Statue *Prophet Elias* (Gips, getönt, nach 1809; für die Kazaner Kathedrale St. Petersburg, nicht erh.). Beaufsichtigte 1818–46 die Skulpt.-Rest. in den kaiserl. Pal. und Parks ebd. (u.a. Rest. der antiken Statue „Venus von Taurien“, 1824–27). 1839–44 (nach dem Brand von 1837) Rest. der Skulpt. des Winter-Palais. Lehrte 1808–46 an der AK St. Petersburg (1811 Adjunkt-Prof. für die Statue *Apostel Andreas*, Bronze, 1809, Kazaner Kathedrale ebd.; 1813 Prof. für die Statue *Der russ. Scaevola*, Gips, 1813, Russ. Mus.; 1831 Prof. 1. Ranges; 1833 Verdienter Prof.; 1836–46 Rektor der Skulpt.-Abt. der AK); D.s Schüler waren u.a. Aleksandr Vasil'evič Loganovskij, Aleksandr Ivanovič Terebenev. – D. gehört zu den wichtigsten Vertretern des russ. Spätklassizismus (Empire). Seine Arbeiten mit den Architekten Andrej Nikiforovič Voronichin, Andrejan Dmitrievič Zacharov und Carlo (Karl Ivanovič) Rossi prägen entscheidend das Stadtbild des heutigen St. Petersburg. Char. sind die organ. Synthese von Archit. und Skulpt., ein den Maßen und Proportionen der Gebäude gemäßes Skulpt.-Dekor, der dezidiert patriot. Gehalt der (oft allegor.) Figuren und die Suche nach einem nat. Heldenbild. Zu den bedeutendsten Werken D.s zählt die Dekoration am Bogen des Generalstabs (*Quadriga der Gloria*, Figuren schwebender Glorien, Trophäen, Kupfer, getrieben, 1827–29; zus. mit Stepan Stepanovič Pimenov), die das künstler.-kompositionelle Zentrum des Gebäudes bildet und zugleich ein konstitutiver Teil des Schloßplatz-Ensembles ist. Einige von D.s mon.-dekorativen Arbeiten sind nicht erh., in St. Petersburg z.B.: für die Kazaner Kathedrale die Statuen *Erzengel Michail* (Gips, getönt, 1810–11; 1836–37 demontiert), *Glaube* (für den Ikonostas); für das Gebäude der Admiralität die Giebelstatuen *Zwölf Monate* (*Juni*, *Juli*, *August*), Allegorien der Flüsse *Enisej* und *Lena*, Statue *Europa* (alle 1811–14; aufgrund des schlechten Zustandes 1860 demontiert); Karyatidenfiguren an der Kaiserloge des Bol'šoj(Kamennyj)-Theaters (1820; Gebäude 1886–87 abgerissen); Dekor des Ovalen Saales im Elagin-Pal. (Gips, 1821–22; Pal. im 2. WK stark zerst., Dekor 1952–60 rekonstr.); für das Winter-Pal. Karyatiden und Stuckverzierungen an Öfen im Thronsaal und der Passagen-Gal., Basrelief *Vladimir izbiraet veru greko-christianskuju* für den Empfangssaal, Statuen und Basrelief *Triumph des Traianus* (zus. mit Petr Vasil'evič Svincov) für die Haupttreppe (alles Gips, 1827–30), Gruppe von Recken für den Weißen (Wappen-)Saal (1829–31, zus. mit Nikolaj Andreevič Tokarev; 1837 verbrannt, 1840 von August Julius Streichenberg rekonstr.); für das Aleksandrin. Theater die Figuren *Terpsichore*, *Erato* (Gips, 1830–31); in Pavlovsk: Karyatiden, Basreliefs im Kab. „Fonarik“ des Großen Pal. (Gips, 1808; im 2. WK zerst., 1959 von den Bildhauern Nadežda Ivanovna Mal'ceva, T. P. Šabalkina rekonstr.); in Carskoe Selo (Puškin): Stuckverzierungen im Blauen Salon und im Karmesinroten Kab. des Großen (Katharinen-)Pal. (1820er Jahre); Engelsfiguren für das Chapel-Gebäude (Ruine einer got. Kirche, 1825–28; im 2. WK zerst.) im Aleksandr-Park ebd. D.s mon.-dekorative Arbeiten entstanden meist in Zusammenarbeit mit anderen Bildhauern (v.a. Stepan Stepanovič Pimenov, 1809–33, und Feodosij Fedorovič Ščedrin, Artemij Anisimovič Anisimov, Paolo Triscorni); bisweilen ist die Händescheidung nicht gänzl. geklärt. Auch Komp. zu mytholog. Themen (*Herkules und Omphale*, Basrelief; *Antinoos als ägypt. Idol*; *Narziß, ins Wasser blickend*, alle Marmor, 1804–06, beim Transport aus Rom nach Rußland 1806–07 verschollen), Portr. (Generalfeldmarschall *M. I. Kutuzov*; Generalissimus *A. V. Suvorov*, Gips, Bronze, beide 1814), Tierstatuetten, Denkmäler, Grabmale, Gest. des Katafalks von Aleksandr I (1825, Kazaner Kathedrale) sowie des Trauer-(Kavalleriegarde-)Saales und des Katafalks von Marija Fedorovna (1828, Winter-Pal., zus. mit S. S. Pimenov nach einem Entwurf von C. Rossi). Wettb.-Projekte (u.a. Denkmal *Minin i Požarskij* für Moskau, 1808; Giebel-Komp. für die Isaak-Kathedrale, 1839); Med.-Entwürfe (1809, anläßl. des Friedensvertrages mit Schweden). D.s Arbeiten der 1830er-40er Jahre reflektieren die Krise des klassizist. Stils: kühl-rationalist. Grundgestus, nüchterne Ausf., eklektizist. und oberflächl.-dekorative Elemente.

🏛 *Baugebundene Arbeiten/Denkmäler:* CARSKOE SELO (Puškin), Ägypt. Tor: Basreliefs, Hermen, 1827 (nach Modellen von D.). – Küchenruine: Basreliefs. GOMEL', Peter-Pauls-Dom, Grabmal des Sohnes von Feldmarschall P. A. Rumjancev-Zadunajskij: Göttin des Friedens, 1834. JYGEVESTE/Estland, Mausoleum von Generalfeldmarschall M. B. Barclay de Tolly: Epitaph, Bronze, Granit, Marmor, 1818–23 (1849 aufgestellt). KIEV: Denkmal Fürst Vladimir (nach Entwurf von D. durch Petr Karlovič Klodt 1853 voll.). KOSTROMA: Denkmal Ivan Susanin, Bronze, Granit, 1841–43 (1851 aufgestellt). MOSKAU, Donskoj-Kloster/Filiale des Archit.-Mus.: Denkmal Ekaterina II, Bronze, 1833–34 (urspr. für das Gut Troickoe-Kajnardži von Graf S. P. Rumjancev-Zadunajskij, b. Moskau); Grabmale für E. I. Baryšnikova und I. I. Baryšnikov, V. E. Novosil'ceva, alle Bronze. PETERHOF, Park Aleksandrija, Aleksandr-Nevskij-Kirche (got. Kap.): 43 Statuen, u.a. Engel, Apostel, Gottesmutter mit Kind, Bronze, 1832 (nach Modellen von D.). – Kolonistskij-Park, Zarinnen-Pavillon: Kapitelle für 8 Säulen, Marmor, 1844. ST. PETERSBURG, Aleksandr-Nevskij-Kloster (Mus. für Stadt-Skulpt.): Grabmale für den Bildhauer M. I. Kozlovskij, Marmor, 1802–03 (1802 große Gold-Med. der AK für den Entwurf); den Architekten A. N. Voronichin, Bronze, Granit, 1814–17; den Vizepräsidenten der AK Petr Petrovič Čekalevskij, Bronze, Granit, 1817. – Börse, Fassade: Neptuns Triumph (Ostsee), Komp., Stein, 1807–14 (nach D.s Modell ausgeführt von Thiébaud[?], früher Ivan Prokop'evič Prokof'ev zugeschr.). – Bergbaukadettenkorps (heute Bergbau-Inst.): Apollo kommt zu Vulcanus der Quadriga wegen; Venus, von Vulcanus die Rüstung des Mars fordernd, Relieffries, 1808–11; Raub der Proserpina durch Pluto, Gruppe, 1809–11, beides Stein (Replik von Natal'ja Jakovlevna Da'nko vor dem Eingang des Russ. Pavillons zur Espoz. Naz. Rom 1911). – AK, über der Gußeisernen Treppe: Allegorien der Architektur, Relief, Gips, 1819. – Michail-Pal. (heute Russ. Mus.), Giebel der Parkfassade: Attika-Gruppe, Stein; Hauptfassade: Fries mit 44 Reliefs; Vestibül (Haupttreppe) und Großer Salon: Dekor, alles Gips, 1819–25. – Konjušennaja-Kirche: Flucht nach Ägypten, Gang nach Golgatha, Gips, 1822–23. – Katharinenkirche an der Tučkov-Brücke, Giebel: Basrelief, 1823. – Smolensker Friedhof: Grabmal R. Simpson, Gußeisen, 1824. – Fleischkombinat: Stiere, Statuen, Stein, 1824–27 (befanden sich bis 1936 vor dem Gebäude des Viehmarkts). – Sommergarten, „Caféhaus": Skulpt.-Dekor der Fassade, Gips, 1826; Vasensockel, Porphyr, 1839. – Russ. NB (ehem. Öff. Bibl.): Relieffries, Gips, 1829; Minerva, Demosthenes, Hippokrates, Euklid, Giebelstatuen, Gips, 1830–31. – Puškin-Schauspiel-Theater (ehem. Aleksandrin. Theater): Friese, Figuren der Musen, Gips, 1830–31. – Narva-Triumphbogen: Figuren altruss. Krieger, Kupfer, 1830–33. – Senat und Synode: Attika-Gruppe, 8 Genien, Bronze, 1832–33. – Kirche der AK: Statuen der Evangelisten, Basreliefs, 1835–37. – Winter-Pal., Aleksandr-Saal: Aleksandr I v obraze Rodomysla (Relief), Glorienfiguren, Trophäen, Gips, 1839–40; Feldmarschall-Saal: Säulenbasen; Große Kirche, Ikonostas: Karyatiden, Kreuzigung, Gottesmutter, Joh. Bapt., Statuen, 1841–46. – Geistl. Seminar: Basrelief, Gips, 1841. – Neue Ermitage: Fassaden-Skulpt. (nach D.s Modellen), 1841–46. TALLINN, Dom St. Marien: Obelisk F. von Tiesenhausen, 1805 (Zuschr.). – Oleviste-Kirche: Abendmahl; Mariä Verkündigung; Kreuzigung Christi, Basreliefs, Bronze, 1836 (D.s Wkst.). TARTU: Denkmal Fürst Barclay de Tolly, Bronze, Granit, 1846 (1849 aufgestellt). – *Museen*: EKATERINBURG, MBK. KIEV, Mus. für russ. Kunst. MOSKAU, Tret'jakov-Gal. – Panorama-Mus. Schlacht von Borodino. – Zentral-Mus. der Streitkräfte. NAL'ČIK, MBK Kabardino-Balkariens. PERM', KG. SARANSK, Mordwin. MBK. ST. PETERSBURG, Russ. Mus.: u.a. Portr. M. I. Kozlovskij, Basrelief, Gips, 1803; Portr. des Kurators der Moskauer Univ. M. N. Murav'ev, Marmor, um 1820. – Mus. der AK: u.a. Portr. A. V. Suvorov, Gips, 1814; Portr. Aleksandr I, Marmor bzw. Gips, beide 1816. – Russ. NB: Portr. des Dichters V. A. Ozerov, Gips, 1817. – Inst. für Russ. Lit. der Russ. Akad. der Wiss.: Portr. M. V. Lomonosov, Marmor, 1821 (nach einem Portr. von Fedor Ivanovič Šubin, vor 1793, Russ. Mus.). – Suvorov-Mus. für Militär-Gesch. TALLINN, Eesti KM: Junger antiker Stier, Jaspis, 1824. ⊙ *G:* u.a. 1814, '20, '25, '59 St. Petersburg, AK. ▭ ThB9, 1913 (s.v. Demuth-Malinowsky, Wassilij Iwanowitsch). KChĖ III, 1971, 667 s.; ChudSSSR III, 1976 (Lit.); Sovetskaja Ėstonija. Ėnc., Tallinn 1979; LdK II, 1989 (s.v. Demut-Malinovski, Vassili Ivanovič); *Ward* I, 1989 (s.v. Demuth-Malinovsky, Vasily Ivanovich); S.-Peterburg-Petrograd-Leningrad. Ėnc. sprav., Mo. 1992; Mytci Ukraïny, Kyïv 1992 (s.v. Demut-Malynovs'kyj, Vasyl' Ivanovyč); *Milner*, 1993 (s.v. Demut-Malinovsky, Vasili Ivanovich); DA VIII, 1996 (s.v. Demut-Malinovsky, Vasily). – *V. K. i G. K. Lukomskie*, Kostroma, StP. 1913, 32, 85, 308; Russkij bibliofil 1914 (3) 20 s.; *S. S. Bronštejn*, Architektura goroda Puškina, Mo. 1940, 33, 42; *B. I. Piljavskij*, Zodčij Rossi, Mo./Le. 1951, 9, 23, 41, 45, 61, 66, 88, 98, 112, 123; Gos. Publičnaja bibl. Trudy otdela rukopisej. Opisanie architekturnych materialov..., Le. 1953, 87; *I. M. Šmidt*, V. I. D.-M., Mo. 1960; Iskusstvo 1962 (8) 68 s.; 1985 (4) 62; 1987 (4) 69; *Ja. I. Šurygin*, Kazanskij sobor, Le. 1964, 54, 56, 59; *L. S. Alešina/M. M. Rakova/T. N. Gorina*, Russkoe isk. XIX-nač. XX v., Mo. 1972; Soobščenija Gos. Ėrmitaža, vyp. IX, Le. 1975, 27; Pamjatniki istorii i kul'tury Leningrada, Le. 1975, 8, 12, 34, 40–42, 46 s., 50, 57, 60, 63, 65, 70 s., 95, 114, 117; Pamjatniki architektury Moskovskoj oblasti, I, Mo. 1975, 20; Akademija chudožestv nač. XIX v. (K), Le. 1976, 4, 40; Russkij skul'pturnyj portret XVIII-nač. XX v. (K), Le. 1979, 3, 7, 12, 55–57, 118; Russkoe isk. 2-j pol. XVIII-1-j pol. XIX v., Mat. i issledovanija, Mo. 1979; KD SU, Leningrad, 1980 (s.v. Demut-Malinowski, Wassili Iwanowitsch); *L. B. Aleksandrova*, V. I. D.-M., Le. 1980; Dekorativnaja skul'ptura sadov i parkov Leningrada i prigorodov XVIII-XIX vv., Le. 1982; *Pronina*, 1983; *A. A. Kedrinskij u.a.*, Vosstanovlenie pamjatnikov architektury Leningrada, Le. 1983, 182 s., 195, 210, 218, 224; 225 let Akad. Chudožestv SSSR (K), I, Mo. 1983, 170 s.; *L. A. Tarasova*, Kul'tura i isk. Rossii XIX v., Le. 1985; Pamjatniki architektury prigorodov Leningrada, Le. 1985, 122, 152 s., 190, 450 s., 456; *V. A. Čanturija u.a.*, Belorussija. Litva. Latvija. Ėstonija, Mo. 1986; Muzej-8, Mo. 1987; *M. Z. Taranovskaja*, Architektura teatrov Leningrada, Le. 1988, 76, 97, 107; Hist. belaruskaha mastactva, III, Minsk 1989; *I. M. Šmidt*, Russkaja skul'ptura vtoroj pol. XIX-nač. XX v., Mo. 1989; *A. L. Punin*, Architektura Peterburga serediny XIX v., Le. 1990; St. Petersburg um 1800 (K Essen), Recklinghausen 1990; Chudožnik 1990 (2) 32 s.; *Štelin*, 1990; Ėrmitaž, 1991; Imperatorskaja Akad. chudožestv. Vtoraja pol. XVIII-pervaja pol. XIX v., Mo. 1997, 150, 163, 200–204, 381 s.

V. Kulakov

Demuth (Demut), *Anni von*, österr. Malerin, * 22. 3. 1866 Taus/Böhmen (Domažlice). Schülerin von Hugo Darnaut in Wien. Stellte 1892 im Wiener Künstlerhaus das Bild *Die hundertjährige Eiche* aus, 1894 auf der III. Internat. Kunst-Ausst. ebd. eine *Ansicht des Rio de la Frescada* (Venedig). Längere Aufenthalte in Italien, u.a. 1893 in Venedig. ▭ ThB9, 1913. Lex. der Frau, I, Z. 1953; *Fuchs*, Maler (19. Jh.) I, 1972; ÖKL V, 1979, *C. Petteys*, Dict. of women artists, Boston 1985.

P. Kathke

Demuth, *Charles (Charles Henry Buckius)*, US-amer. Aquarellmaler, Zeichner, Illustrator, Bühnenbildner, Schriftsteller, * 8. 11. 1883 Lancaster/Pa., † 23. 10. 1935 ebd., überwiegend dort tätig. D. stammt aus einer wohlhabenden Kaufmannsfamilie dt. Herkunft. Durch einen Unfall in der Kindheit war D. gehbehindert. Stud.: 1901–07 Drexel Inst. of Art, Sc. and Industry, Philadelphia; 1903–05 Pennsylvania School of Industrial Design; 1905–11 PAFA, ebd., bei Thomas P. Anshutz, Hugh H. Breckenridge, Henry McCarter und William Merritt Chase. Beeinflußt durch den Ästhetizismus von Aubrey V. Beardsley und J. A. M. Whistler. Freundschaft mit den Dichtern William Carlos Williams, Ezra Pound und dem Fotografen Man Ray. 1907–08 Reise nach Paris, London und Berlin, auf der er den Fauvismus entdeckt. Ab 1908 Kontakt zum Zirkel um die Gal. „291" und Freundschaft mit Alfred Stieglitz. 1910 Beginn der homosexuellen Beziehung mit dem Bühnenbildner und Graphikdesigner Robert E. Locher. 1911 Tod des Vaters, D. bleibt bis 1912 in Lancaster und konzentriert sich, beeinflußt durch Arbeiten von Matisse, auf Stilleben. Weiterbildung in Paris: 1912–13 Ec. Supérieure des Arts Modernes, 1913–14 Acad. Colarossi und 1914 Acad. Julian sowie Aufenthalt in Etretat. In Paris durch Gertrude und Leo Stein weiter in die europ. Moderne eingeführt. Kontakte zu Picasso, Delaunay und Picabia, Sherwood Anderson und A. Toklas, durch die Bekanntschaft mit Stieglitz Freundschaft mit Marsden Hartley und E. Fisk. Intensive Beschäftigung mit Cézanne und dem frz. Kubismus. Mit Hartley Reise nach Berlin, Bekanntschaft mit Arnold Rönnebeck. Nach der Rückkehr nach Amerika hält sich D. häufig in New York auf, wo er ein Studio bezieht und intensiv am Nacht- und Salonleben teilnimmt, das er in Aquarellserien festhält, was ihm den Ruf eines „amer. Lautrec" einbringt. Während seiner Sommeraufenthalte in der Künstlerkolonie Provincetown schließt er enge Freundschaft mit dem Dichter Eugene O'Neill, der ihn in seinem Stück „Strange Interlude" in der Figur des Charlie Marsden verewigt. D. revanchiert sich durch das Bild *Longhi on Broadway* (1928) aus der „Poster-Serie". Beide Künstler arbeiten bei Bühnenprojekten zusammen. Ab M. der 20er Jahre erkrankt D. schwer an Diabetis. 1925 wechselt er zur Gal. „291", Stieglitz wird sein Mentor und nimmt großen Einfluß auf die Entwicklung von D.s Werk. – D., zeitlebens schriftstellerisch tätig und mit zeitgen. Schriftstellern bek., wurde durch die ständige Auseinandersetzung mit deren Werken geprägt. Ab 1914 findet D. Zugang zum Kreis um das New Yorker Sammlerehepaar Louise und Walter Arensberg. 1915 lernt er hier Marcel Duchamp kennen, mit dem er bis zu seinem Lebensende eng befreundet ist. D. kann als einer der wenigen Beteiligten an der Inszenierung von Duchamps „Richard Mutt-Case" gelten. Von Duchamp übernimmt er die Vorliebe für mechan. Formen und dadaistisch-surrealist. Bildtitel, die dem eig. satir. Schriftstellertum entsprechen. D.s Frühwerk besteht hauptsächl. aus Blumenaquarellen. Ab 1915–19 zeigt D. Vaudevilles, Szenen aus dem Zirkus, Caféhaus- und Nachtclubleben, Genre, auf die er auch später wieder zurückgreift. Daneben semiimpressionist. Illustrationen zu Zola (*Nana*), Wedekind, Poe und Henry James (*The Turn of the Screw*). 1916 Aufenthalt mit M. Hartley auf den Bermudas, wo sie mit Albert Gleizes zusammentreffen. Es kommt zu einem entscheidenden Einschnitt in D.s bisher eher fauvist. und impressionist. geprägten Werk. In intensiver Auseinandersetzung mit dem analyt. Kubismus von Gleizes und Metzinger entwickelt D. den eig. prägnanten Stil. Ausgehend von deren prismat. Durchdringungen von Landschaft und Archit. entsteht 1916/17 die *Bermudas*-Ser. von Aqu. mit Landschafts-, Marine- und Architekturmotiven der Kolonialzeit. Gleichzeitig malt D. eine Reihe von Blumen- und Früchtebildern (Öl-Tempera), die sich mit der pastosen Malweise von Hartley auseinandersetzen, aber später nicht fortgesetzt werden. In den Aquarellen wechselt D. von ganzflächiger zu einer motivisch partiellen Darst., die das Papier als Bildbestandteil einbezieht. Ab 1918 gestaltet D. Sujets aus der amer. Industrie und Archit., anfangs in Tempera, ab 1921 bevorzugt in Öl. 1920–21 erneuter Aufenthalt in Paris und London. Über die beiden wichtigen Avantgardezirkel, in die er integriert ist, lernt er Georgia O'Keefe und Arthur G. Dove kennen. Mit ihnen und Sheeler, Preston Dickinson sowie Stuart Davis bildet er die Gruppe der „Immaculates oder Precisionists" und malt Bilder in kubist. und prismat. Formen. Er geht in der Zerlegung der Bildfläche von Lichtbrechungen aus, errichtet die Bildarchitektur aber nicht, wie z.B. Feininger, mit dem er gelegentlich verglichen wird, als kristalline Struktur, sondern betont die zweidimensionale Durchgliederung der Fläche. Das Motiv wird nicht zur reinen Abstraktion weiterentwickelt, sondern bleibt erkennbar, durch das „abstrakte Raster" nur verfremdet und zu einer Art planimetrischen Komp. ausgearbeitet. Das industrielle Ambiente erscheint reduziert auf klare Flächen und Körper, komponiert nach der linearen Struktur der scheinwerferähnlichen Lichtbündel. Der Farbauftrag bleibt auch in Öl- und Temperatechnik lasierend und erinnert an D.s meisterhafte Aquarelltechnik. Von ihr übernimmt er ebenfalls den Strich der Vorzeichnung und entwickelt ihn zu einer linearen schwarzen Außenkontur, die die Einzelflächen scharf voneinander trennt. Das bekannteste Beispiel hierfür ist *My Egypt* (Öl/Lw., 1927), das zwei heimische Getreidesilos in Lancaster wie mon. Bauwerke darstellt. Durch den Titel wird ein Bezug zur ägypt. Archit. und zugleich zum Mythos der Kornkammern herstellt, der sich am banalen Motiv nicht erfüllen kann. Das heimische Getreidesilo wird zum iron. Symbol für die industrialisierte amer. Kultur. Damit ist der Weg eingeschlagen, den D. in den „Poster Portraits" weiterverfolgt. Für diese nicht beendete Ser. von Ölbildern, die befreundeten Künstlern gewidmet sind, verwendet D. vorgefundene Plakate, Zahlen, Fahnen und Schriften als Materialien, die statt des Porträts den Darzustellenden symbolisieren. Dieser Bildtypus, den D. aus der Arbeit mit dem Stilleben ableitete, ist eine Neuentwicklung in seinem Werk und seiner Zeit. D. geht den entscheidenden Schritt von der, wenn auch abstrahierten, Wiedergabe der Natur zur Darst. von Zeichen und Schriften, die ähnlich einem zweidimensionalen Ready Made gesetzt werden. Berühmtestes Bild dieser Serie ist das Öl-Gem. *I saw the Figure 5 in Gold* (1928; New York, Metrop. Mus.), betitelt nach der Zeile eines Gedichts von W. C. Williams, der in dem Bild durch die Zeichen und Attribute, die D. für ihn als char. wählt, „dargestellt" ist. Das Gem. arbeitet mit der Suggestion und Direktheit eines Werbeplakats. Die Zahl 5 wird zentral gesetzt und wie der Star einer Bühne inszeniert. Erst durch die Einbindung in den filigranen kubist. Bildaufbau des Hintergrundes gibt sich das Bild als Werk der Avantgarde zu erkennen. Diese Entdeckung des Alltagsgegenstandes und des alltäglichen Zeichens als Bildsujet macht D. zu einem der wichtigsten Vorbereiter der amer. Pop Art. 🏛 ANDOVER/Mass., Addison Gall. of Amer. Art. BALTIMORE/Md., Mus. of Art. BOSTON/Mass., MFA. BROOKLYN/N. Y., Brooklyn Mus. BUFFALO/N. Y., Albright-Knox AG. CAMBRIDGE/Mass., Fogg AM. CHICAGO, Art Inst. CLEVELAND/Ohio, Mus. of Art. COLUMBUS/Ohio, Mus. of Art. DETROIT/Mich., Inst. of Arts. FORT WORTH/Tex., Amon Carter Mus. MERION/

Pa., Barnes Found. NEW YORK, MMA. – Metrop. Mus. – Whitney. PHILADELPHIA/Pa., PAFA. PROVIDENCE, Rhode Island School of Design, Mus. of Art. WASHINGTON/D. C., NG of Art. – Corcoran AG. WILLIAMSTOWN/Mass., Williams College Mus. of Art. ✉ The azure adder, The Glebbe 1:1913 (3) 1–31; For Richard Mutt, in: The blind man 1917 (1–2) 6; Confessions, The little rev. (N. Y.) 1929 (2) 30 s. ⊙ *E:* New York: 1914–15 The Daniel Gall.; 1926, '29 Intimate Place Gall.; 1937–38 Whitney / 1941, '47 Lancaster, Franklin and Marshall College / 1942 Washington (D. C.), Phillips Memorial Gall. / 1950 New York, MMA (K) / 1968 Akron (Ohio), Art Inst. / 1971 Santa Barbara, Univ. of California AG (K; Wander-Ausst.) / 1983 Philadelphia, Mus. of Art (K: B. Fahlman; Wander-Ausst.) / 1987 New York, Whitney (K mit Bibliogr.; Wander-Ausst.). – *G:* 1925 New York, Intimate Place Gall.: Seven Americans / 1929 ebd., MMA: Paintings by 19 Living Americans / 1934, '48 Venedig: Bienn. / 1949 Wien, Graph. Slg Albertina: Amer. Meister des Aquarells / 1960 Minneapolis, Walker AC: The Precisionist View in Amer. Art / 1961 Milwaukee, AC: Ten Americans / 1966 New York, Metrop. Mus.: 200 Years of Watercolor Painting in America / 1968 Cincinnati, AM: Three Amer. Masters of Water-color Marin, D., Pascin / 1971–72 Pittsburgh (Pa.), Carnegie Inst., Mus. of Art: Forerunners of Amer. Abstraction / 1986 Venedig, Pal. Grassi: Futurismo et futurismi. 📖 Vol, 1953. *Cummings*, 1968; *Kindler*, ML II, 1980; *Osborne*, 1984; AAA III, 1986; *Vinson*, 1990; DA VIII, 1996; *I. F. Walther*, Künstlerlexikon, in: Kunst des 20. Jh., II, Köln u.a. 1998. – *W. Forbes*, Arts 3:1923 (1) 74–80; *A. E. Gallatin*, C. D., N. Y. 1927; *W. Murrell*, C. D., N. Y. 1931; *E. Farnham*, C. D. His life, psychology and works, Diss. Ohio State Univ. 1959; *A. Davidsohn*, Bull. Rhode Island School of Design 54:1968 (3) 9–16; *E. Farnham*, C. D., Norman, Okla. 1971 (Lit.); *A. L. Eiseman*, A study of the development of an artist. C. D., N. Y. 1975; *id.*, C. D., N. Y. 1982; *J. Weinberg*, ArtsMag 61:1986 (4) 14–21; *Haftmann*, 1987; *J. Weinberg*, AiA 76:1988 (4) 188–195, 221–223; *W. M. Corn*, In the Amer. grain. The billboard poetics of C. D., N. Y. 1991; *R. S. Harnsberger/D. L. Henderson* (Ed.), Ten precisionist artists. Annotated bibliogr., Westport, Conn./Lo. 1992; *J. Weinberg*, Speaking for vice, New Haven/Lo. 1993; *R. J. Frank* (Ed.), C. D. Poster portraits 1923–1929 (K Yale Univ. AG), New Haven, Conn. 1994. C. Oßwald-Hoffmann

Demuth, *Heinrich*, dt. Maler, * 23. 4. 1863 Friedland/Böhmen (Frýdlant), † 7. 6. 1950 Gerlebog b. Köthen. Ausb. bei einem Porzellanmaler in Friedland. Anschl. Stud. an der KA Dresden, Orientierung an den Nazarenern. D. kopierte von Franz Führich das Gem. Der hl. Wendelin; entschied sich zum weiteren Stud. in Wien und nahm Verbindung zu Hans Makart auf. Als er 1884 in Wien eintraf, war dieser verstorben. Wohl ab 1885 Stud. an der KA München. Ab ca. 1900 in Berlin tätig; Kontakte zu Adolf von Menzel. – D. vertrat eine akad. Mon.-Malerei, die z. T von den späten Deutsch-Römern (Anselm Feuerbach) ausging. Zahlr. Wand- und Decken-Gem., so der *Jagdzug der Diana* im Schloß Primkenau/SH, weiterhin auf Schloß Tschocha/Schlesien und in einem Gymnasium in Guben/Brandenburg. In den Sommermonaten häufig in N-Böhmen tätig. Im 2. WK in Berlin ausgebombt und Verlust des Gesamtwerkes. Zuflucht in Kratzau, später in Pomeisl b. Aussig. In einigen böhm. Kirchen relig. Darst. sowie Werke in dortigem Privatbesitz. 1946 in die sowjet. Besatzungszone Deutschlands ausgesiedelt, bis zum Tode künstler. tätig, verstarb er in großer Armut. 🏛 KRATZAU, SM. 📖 *Sturm* I, 1979. – Künstler aus dem Jeschken-Isergebirge, Böblingen 1988. V. F.

Demuth, *John*, nordamer. Porträtmaler, Miniaturist, Schnitzer, * um 1770 Lancaster/Pa., † 1820 ebd. D.s Holzfigur *The Snuff Taker of Revolutionary Days* war noch 1912 in Fam.-Besitz. 📖 *Groce/Wallace*, 1957; *Young*, 1968. C. R.

Demuth-Malinowsky, *Wassilij Iwanowitsch* → **Demut-Malinovskij,** *Vasilij Ivanovič*

Demydenko, *Oleksandr Ivanovyč*, ukrain. Monumentalkünstler, Maler, Zeichner, * 16. 1. 1952 Zaporižžja, lebt dort. Stud.: 1967–71 Kunst-FS Dnipropetrovs'k bei Heorhij Heorhijovyč Černjavs'kyj; 1973–78 HS für angew. Kunst Charkiv bei Borys Vasil'ovyč Kosarjev, Adol'f Markovyč Konstantynopol's'kyj, Serhij Fotijovyč Besjedin. Seit 1978 im Künstler. Produktionskombinat Zaporižžja tätig, 1985–88 dessen Chefkünstler. 1989–93 Vors. des Vorstandes der Regionalorganisation des Ukrain. Künstler-Verb. – 1979–84 Mon.-Malerei in öff. Gebäuden; die vielfigurigen Komp. mit allegor. Gestalten, verallgemeinerten Formen und dekorativer Farb-Gest. bereichern die Interieurs der Typenbauten. Zu den besten gehören *Dary zemli*, 1979, Vestibül des Kulturhauses Holovuriv/Gebiet Kiev; *Studenty*, 1980, beide Tempera/Levkas, Treppenhaus des Hauptgebäudes der Univ. Zaporižžja (mit Volodymyr Andrijovyč Katryčenko); *Budivel'nyky*, Enkaustik, 1981, Foyer der Berufsschule Nr 2 ebd. Parallel dazu Tafelmalerei (Portr., Lsch., Stillleben), die zum Hauptschaffenszweig wird. Malt 1984–87 zahlr. (fast lebensgroße) Portr. von Kolchosbäuerinnen mit charakterisiendem Lsch.-Hintergrund (*Hospodarka pol'ovoho stanu N. Ljubčenko*, 1984; *Lankova*, 1987), ebenso ihm nahestehende Personen (*Jablun'ka*, 1984). Sie zeichnen sich durch mon. Form, ausdrucksvollen Strich und warmes Kolorit aus. Schildert auch in großen graph. Portr. der Ser. *Budivel'nyky Zaporiz'koï AES* (Bleistift, 1984) Werktätige, subtil und gleichzeitig verallgemeinert modelliert. Hauptthema der Tafelmalerei ist jedoch die Krim, die er versch. darstellt: A. 80er Jahre als reine Lsch. (*Bereh morja*, 1982; *Jachty na berezi*, 1983) in lakon. plast. Formen und starken Farbkontrasten; nach seiner Teiln. an Pleinairs (1988, '90) romant.-geheimnisvoll in effektvoller, kontrastreicher Beleuchtung mit unbestimmt-weichen Formen des Grüns der Parks (*Hurzufs'kyj motyv; Koktebel'*, beide 1988; *Park u Alupci. Večir*), das Meer in eleg. Stimmung und zarten Silbertönen (*Krym. Naberežna; Vedmid'-hora. Krym*), das wechselvolle Wetter (*Aju-Dag*, Diptychon; *Kyparysy bilja morja. Došč*, alle 1990) und die artenreiche Flora (*Ekzotyčni roslyny*, 1990; *Narcysy*, 1991). Es folgen Darst. von Park-Skulpt. (*Parky Krymu: Lev, Vaza, Fontan*), Frauen im Park (*Lypen'*, beides Triptycha, 1993) und beim Sonnenbad (Ser. *Kupal'nyci*, 1994), breitblättrigen trop. Gewächsen (*Pivdennyj bereh Krymu*, Triptychon, 1995) und versch. Blumen (*Kvity Ukraïny*, 1994), für die Großformatigkeit, fragmentar. Komp., warmes Kolorit und Herausarbeiten des plast. Wesens typ. sind. Seit 1995 gewinnt das Krimthema einen weiteren neuen Aspekt in räuml. Lsch. (*Skeli v mori*) und erlesenen Blumenstücken vor dem Hintergrund des offenen Meeres (*Trojandy; Hurzufs'kyj motyv; Trojandy bilja morja*). Diese Ser. leitet die sog. weißen Arbeiten D.s ein, die auf feinen Nuancen von Weiß basieren wie auch die Ser. *Adriatyka* und *Bili kvity* (beide 1997). 1998 kehrt D. zu farbl. gesättigten Darst. der Krim (Berge, Meer) in breit verallgemeinernder Manier und expressiven Pinselstrichen zurück (*Hora Koval' [Dimerdži]; Osin' u Krymu*). Malt daneben auch Lsch. seiner engeren Heimat (Zaporižžja, Dnipro, Azovsches Meer) und auf Reisen (zwei Ser. realist. Skizzen *Paryž*, 1993, *Rym*, 1996), letztere Stadt-Lsch. in warmem und kaltem Kolorit. In den 90er Jahren auch Hinwendung zu Akt-Darst. unter versch. maler. Aspekten: weiche tonige Ausarbeitung (*Bile prostyradlo*, 1991) oder dekorative, gesättigte Farbigkeit (Ser. *Nju*, 1994, '95, '96). 🏛 *Mon.-Malerei:* MELITOPOL', Pädagog. HS, Hauptgebäude: 6 Komp., Enkaustik, 1983. POLOHY/Gebiet Zaporižžja, Heimatkunde-Mus.: 2 Komp., Öl, 1984. ZAPORIŽŽJA, Transformatorenwerk, Speisesaal: Öl, 1979. – Kunstlederwerk, Treppenhaus: Enkaustik, 1982. – CHEML'NYC'KYJ, KM. KIEV, Direktion für Kunst-Ausst. des Kultur-Minist. – dgl. des Ukrain. Künstler-Verb. MOSKAU, Fa. Inžener. PARIS, Slg Natalia Varnakova. SAN BENEDETTO DEL TRONTO, Gall. Nicola D'Isidori. ZAPORIŽŽJA, Gal. Promis. ⊙ *E:* 1991 Belfort (Haute-Saône) / 1991 (K), '98 Zaporižžja / 1993 Paris, Comité Art & Trad. de l'Ukraine / 1994, '95 Moskau / 1995, '97 San Benedetto del Tronto. – *G:* zahlr. seit 1980, u.a. 1991 Tokio u.a.: Ukrain. Kunst / 1995 Padua: Galerien Europas / 1998 Odesa: Bienn. Marina-98; Kiev: Malerei-Trienn. 📖 *A. Kyrhjejev*, Komsomolec' Zaporižžja v. 3. 7. 1983; Obrazotvorče mystectvo 1984 (5); *A. Lozov'juk*, Industrial'noe Zaporož'e v. 28. 3. 1987; Vystavka osennej tvorčeskoj grupy chudožnikov-živopiscev (K), Gurzuf 1988; ibid., Gurzuf 1990; Il Messaggero v. 9. 7. 1995; Mostra di pittori russi „Tradizione e modernità" (K), San Benedetto del Tronto [1996]; Dovidnyk členiv Spilky chudožnykiv Ukraïny, Kyïv 1996; Sučasnyj žyvopys Ukraïny (K), Kyïv 1999. A. Pivnenko

Demyttenaere, *Roger* (Pseud. Myt), belg. Bildhauer, Techniker, * 6. 5. 1926 Knokke. Stud.: Technik. Als Bildhauer Autodidakt. – Konstruktive Skulpt. in versch. Materialien. 🏛 HEIST, Rijksvisserijschool. KNOKKE, Scharpoord, Öff. Bibl. ⊙ *E:* 1982 Oostkerke / 1984, '87 Knokke / 1989 Lissewege / 1991 Brüssel. – *G:* 1989 Brügge, Sculpt. Park Sebrechts (K). 📖 LWBK II, 1993 (Lit.). – R. D., Knokke 1984. T. Gr.

Đen, *Du'o'ng Văn* → **Đen,** *Văn*

Đên, *Ninh Thị* (Ninh Thị Đên), vietnames. Bildhauerin, Keramikerin, * 3. 8. 1950 Tân Calêdôni, lebt in Hanoi. Stud.: HS für Industrielle Formgestaltung, ebd. – Arbeitet in Holz, Gips, Bronze, Aluminium und Keramik zu den Themen Widerstandskampf, Mutter und Kind, dörfl. Traditionen. Während Đ. in den 70er Jahren v.a. heroische Kämpfer in sozialist. realist. Art zeigt, orientiert sie sich seit 1980 stärker auch formal an der trad. Volkskunst, wodurch die Arbeiten an Lebendigkeit und Humor gewinnen (*Königin Trung*, Bronze, 1980). 🏛 HANOI, KM Vietnams: Yên tĩnh (Stille). ⊙ *G:* 1977 Berlin, Neue Berliner Gal.: Zeitgen. Kunst aus der SR Vietnam (K) / 1975–85 Hanoi: Nat. Kunst-Ausst. (Preise); Ausst. zum Thema Streitkräfte (Preis) / 1988 Ho-Chi-Minh-Stadt: Nat. Ausst. Junger Kunst. 📖 Sáng tác mỹ thuật 1978 (Künstler. Schaffen), Hanoi 1978; Kỷ yêu Hội Nghệ sĩ Tạo hình Việt Nam 1957–92 (Darst. des Verb. der Bild. Künstler Vietnams), Hanoi 1994; 50 years of paint. and sculpt. on armed forces and revolutionnary wears, Hanoi 1994; Mỹ thuật hiện đại Việt Nam (Mod. Kunst Vietnams), Hanoi 1996, Abb. 256; Mỹ thuật thò'i nay (Kunst heute) 4:1996 (11) 39. A. F.-N.

Den, *Peter van*, Maler, * 1518 Flandern. Als relig. Verfolgter ab 1563 in England. Am 26. 5. 1568 mit Naturalisierungsurkunde in London belegt. 📖 ThB9, 1913.

Đen, *Văn* (Văn Đen; eigtl. Đ., *Du'o'ng Văn*), vietnames. Maler, * 21. 10. 1919 Ân Hòa/Cân Tho', † 1988 Ho-Chi-Minh-Stadt. Urspr. Autodidakt, später Ausb. an KS in Paris. 60er Jahre bis 1986 Lehrtätigkeit an der KHS Gia Dinh. Prägt bis 1975 die Kunstszene in Südvietnam mit. – Seine ländl. Szenen (*Kleine Teeschänke*), Stilleben und die Darst. frei im leeren Raum schwebender konkreter Objekte (*Rote Fische*) in Öl zeigen mit dunklen, warmen Farben und leichtem, verschwimmendem Strich teilweise enge Bezüge zum frz. Impressionismus. ⊙ *G:* Saigon: 1960 Nat. Kunst-Ausst. (Gold-Med.); 1962 Internat. Kunst-Ausst. (K) / 1968 New Delhi: Trienn. India (K). 📖 Vietnamese contemp. art, Saigon 1962; Uncorked soul – Contemp. art from Vietnam, Hongkong [1991], 23; Kỷ yêu Hội Nghệ sĩ Tạo hình Việt Nam 1957–92 (Darst. des Verb. der Bild. Künstler Vietnams), Hanoi 1994; Les peint. à l'huile du Vietnam (1925–95), Hanoi 1996; Mỹ thuật hiện đại Việt Nam (Mod. Kunst Vietnams), Hanoi 1996, Abb. 156; V. D. and his paint., Fremont 1997. A. F.-N.

Den Breejen, *Ria* → **Breejen,** *Ria den*

Den Bry, *Adriaen* → **Brie,** *Adriaen de*

Den Eikenboom → **Coninck,** *Gregorius de*

Den Hartog, *Henricus Marie* → **De Hartog,** *Harry*

Den Tyn, *Lambrecht* → **Tyn,** *Lambrecht den*

De Nagy, *Eva*, US-amer. Malerin, * 14. 9. 1911 Ungarn, in Provincetown/Mass. ansässig (eigene Gal.). Stud.: Acad. royale des BA, Brüssel. ⊙ *E:* 1948 Glen Rock (N. J.), Park Lane Gall. – *G:* 1960–86 Provincetown, Art Assoc. and Mus. 📖 WWAA, 1962–1997/98 (Werke, Ausst.). C. R.

Denanto (da Nanto; de Nanto), *Francesco*, ital. Holzschneider, 1. H. 16. Jh. v.a. in Venedig und Bologna tätig. Aus Savoyen gebürtig, wie seine Sign. „FRANCISCUS/DE NANTO/DE SABAVDIA" belegt. Biogr. kaum dok., wird aufgrund der tonalen Abstufungen seiner Hschn. eine Prägung durch Tizian und Girolamo Campagnola vermutet, der im 2. Jahrzehnt des 16. Jh. nach einhelliger Meinung der Forsch. eine Beeinflussung durch Bologneser Meister folgte. Zudem haben sich mehrere hölzerne

Druckstöcke D.s in der Slg der großherzogl. Druckerei der Soliani in Modena erh. (heute Modena, Gall. Estense). Hw. sind mindestens 13 sign. Szenen aus dem Leben Christi (London, BM; 11 davon bereits von Passavant 1864 publ.: *Verkündigung, Anbetung der Könige, Heilung des Gichtbrüchigen, Christus und die Samariterin, Einzug in Jerusalem, Fußwaschung, Kreuzigung, Kreuzabnahme, Auferstehung, Christus und Maria Magdalena, Himmelfahrt*; zwei weitere 1963 von Nanni identifiziert: *Anbetung der Hirten, Abendmahl*) nach Zchngn von Girolamo da Treviso, die aufgrund ihrer venez. Einflüsse in der Gest. der Lsch.-Hintergründe und Archit.-Elemente wohl 1520–25, also in die Frühzeit der Bologneser Tätigkeit von Girolamo zu dat. sind. Nicht zu dieser Ser. gehören die irrtüml. von Passavant bzw. Kristeller (ThB) zugeordneten, von D. sign. *Hl. Fam. mit Hll. Sebastian und Rochus* (wohl wie ein halbfiguriger *Joh. Bapt.* in der Pariser BN von Francesco Francia abhängig), *Predigt von Joh. Bapt.* (wohl zus. mit D.s unsign. Stich der *Beschneidung* nach Zchngn von Amico Aspertini) und *Enthauptung des Johannes*. Von Oberhuber ebenfalls mit einer Vorlage von Aspertini in Verbindung gebracht wird eine erstmals von Karpinksi (1976) publ. und von diesem als Umsetzung einer Vorlage von Girolamo Genga eingeordnete *Bekehrung des Saulus*. Das einzige sicher dat. Werk ist die mit Grotesken und Allegorien geschmückte, sign. Rahmung des Titel-Bl. und des Portr. des Ludovico Ariosto in dem 1532 bei Francesco Rossi in Ferrara ersch. Orlando Furioso (das Portr. selbst nach einer Zchng von Tizian von and. Hand geschnitten). 🕮 ThB9, 1913. DEB IV, 1973; Schede Vesme IV, 1982 (s.v. Nanto, Francesco de); DBI XXXVIII, 1990 (Lit.); DA XXII, 1996 (s.v. Nanto, Francesco de [da]). – *Passavant* I, 1860, 150; IV, 1864, 213 s., 225 s.; *L. Servolini*, Un incisore piemontese del Cinquecento, F. D., T. 1936; *H. Tietze/E. Tietze-Conrat*, Print collector's quart. 25:1938, 347, 353; *A. De Witt*, L'incisione ital., Mi. 1950, 115 s.; *F. Zava Boccazzi*, Arte veneta 12:1958, 70–78; *N. Nanni*, Rass. graf. 118:1963, 24 s.; *K. Oberhuber*, Renaiss. in Italien. 16. Jh. (K Albertina), W., 1966, 121 s.; *P. Dreyer*, Tizian und sein Kreis (K Kpst.-Kab.), B. 1971, 20, 47 s.; *J. A. Levenson/K. Oberhuber/J. L. Sheehan* (Ed.), Early Ital. engravings from the NG of Art (K), Wa. 1973, 44; *C. Karpinski*, ZKg 34:1976 (4) 268 s.; *M. Muraro/D. Rosand*, Tiziano e la silografia venez. del Cinquecento (K Venedig), Vi. 1976, 84, 109, 117; I legni incisi della Gall. Estense. Quattro sec. di stampa nell'Italia settentrionale (K), Md. 1986, 135 s.; *C. Stella*, Grafica d'arte 12:1992, 6–9. S. C. M.

De Napoli, *Michele*, ital. Maler, Freskant, Zeichner, * 25. 4. 1808 Terlizzi/Bari, † 24. 3. 1892 ebd. 1828–33 Jura-Stud. an der Univ. Neapel; nach Abschluß 1833–37 Besuch der dortigen ABA, wo er zu den besten Schülern von Costanzo Angelini zählte. Auf der bourbon. Ausst. von 1838 präsentierte er erfolgreich das Gem. *Der Tod des Alkibiades* (Neapel, MN di Capodimonte), wofür er ein dreijähriges Rom-Stip. erhielt (1839–41). Das Stud. der großen ital. Malerei und der Kontakt mit den Vertretern der neoklass. Richtung (Vincenzo Camuccini, J. A. D. Ingres), veranlaßten ihn zur Ausf. des *Prometheus belebt die Statue mit einem Funken des Sonnenwagens* (Neapel, MN di Capodimonte), ausgezeichnet mit der Gold-Med. auf der bourbon. Ausst. von 1841. Ab M. der 40er Jahre wandte sich D., dessen frühe Bilder zu den besten seiner Produktion gehören, immer entschiedener hist.-relig. Themen zu, die seine urspr. neoklass. Kultur nach und nach verblassen ließen. Unverändert bis in seine späten Jahre blieb jedoch sein Interesse für die Porträtmalerei. Ab den 1840er Jahren war er auch öff. aktiv, z.B. als Mitgl. der Reform-Komm. der kgl. KA; 1848 Publ. des Artikels *Considerazioni intorno alle istituzioni artist. napoletane*. Auch erste qualitätvolle Fresken gehen auf diese Zeit zurück, als er für die neapolitan. Kirche S. Lucia zwei Szenen des Martyriums der Hl. ausführte (1845; zerst.; vier großformatige Vor-Zchngn erh., Terlizzi, Pin. De Napoli). Sein Versuch, Nachf. von Angelini an der Akad. zu werden, scheiterte, da ihm G. Mancinelli vorgezogen wurde (1851). Im selben Jahr wurde sein Bild *Der hl. Franziskus zeigt die Stigmata* (Neapel, MN di Capodimonte) auf der bourbon. Ausst. mit einer Gold-Med. ausgezeichnet und vom König angekauft. Ein wichtiger Aspekt seines Schaffens ist die Arbeit für das Theater; so schuf er den Vorhang (ca. 1850, zerst.; Studien und Vor-Zchngn in der Pin. De Napoli, Terlizzi) für das Theater Mercadante (ehem. „del Fondo") in Neapel und den für das Theater Piccinni in Bari mit dem Thema *Das Turnier König Manfreds* (1854). Nach der Einigung Italiens wurden D., der an der Revolte gegen die Bourbonen teilgenommen hatte, versch. öff. Ämter übertragen, darunter kurzzeitig (1861) das des Dir. der neapolitan. KA. Das Jahr 1863 bedeutet für D. eine tiefe Zäsur, als er nach dem Tode des Vaters in seinen kleinen apul. Heimatort Terlizzi zurückkehrte. Zuerst als Abgeordneter des Stadtrats, dann als Bürgermeister (1867–70) setzte er sich für die Realisierung wichtiger sozio-kultureller Projekte ein und nicht zuletzt für die Voll. der schon lange im Bau befindl. neuen Kathedrale, der er zw. 1878 und 1885 vier Altarbilder hinterließ, die überwiegend auf Themen und Studien der 50er Jahre beruhen. Zur Malerei kehrte er erst in den 70er Jahren zurück, als er Aufträge für Altarbilder im Dom zu Andria und in der Kathedrale von Altamura übernahm. Diese späten akad. Werke sind charakterisiert durch stilist. Verhärtung und Wiederholung der Formen und Figuren. Der Verlust der künstler. Kreativität ist schon in den letzten neapolitan. Jahren sichtbar und war wahrsch. der eigtl. Grund des Zurückzugs D.s in die Provinz, wo er jedoch weiterhin großen Einfluß auf die lokale Kunstsituation ausübte. V.a. in der parthenopeischen Zeit war D.s Atelier Treffpunkt der jungen apul. Künstler (Francesco Saverio Raffaele Altamura, Biagio Molinaro, Francesco Netti), die bei ihm in die Zeichenkunst, in der er Meister war, eingewiesen wurden. In seinem Test. von 1891 hinterließ er der Geburtsstadt Terlizzi sein Familienhaus, die spätere „Pinacoteca De Napoli", eine Reihe von Briefen und seine Slg von eig. Werken (ca. 130 Öl-Gem., v.a. Studien und Entwürfe, und über 700 Zchngn, die sein gesamtes Schaffen dokumentieren). 🏛 ALTAMURA, Kathedrale: Taufe des hl. Augustinus; Tod des hl. Hieronymus, Öl/Lw., 1877. ANDRIA, Dom: Blindenheilung des hl. Richard, Öl/Lw.; Wallfahrt der

Hll. Richard, Roger und Sabinus nach Montesantangelo, Öl/Lw. BARI, Pin. Prov.: Bildnis des Primicerius Gaetano Manerba, Öl/Lw., ca. 1845. CAPUA, Dom: Himmelfahrt Mariä; Pius IX unterzeichnet das Dekret über die Unbefleckte Empfängnis; Die Madonna erscheint dem Elias, Deckenfresken, 1855. CATANIA, S. Placido: Hl. Benedikt erweckt ein Kind vom Tode auf, Öl/Lw. NEAPEL, S. Domenico Maggiore: Disputation des hl. Thomas; Hl. Dominikus widerlegt die Ketzer, Wandfresken, 1853/54. – S. Maria di Monte Vergine: Hl. Francesco Caracciolo; Sel. Giovanni Agostino Adorno; 4 Evangelisten, Fresken. TERLIZZI, Dom: Disputation des hl. Thomas, Öl/Lw., 1878; Auffindung der Madonna von Sovereto, Öl/Lw., 1882; Hl. Magdalena, Öl/Lw., 1884; Die drei Marien bei der Rückkehr von Golgatha, Öl/Lw., 1885. – Pin. De Napoli: Mario auf den Ruinen von Karthago sitzend, Öl/Lw.; Studie für den Vorhang des Theaters Piccinni in Bari, Öl/Lw., 1854; Selbstbildnis, Öl/Lw., ca. 1863; Bildnis der Frau des Künstlers, Luisa Patella, Öl/Lw., ca. 1863; Bildnisse der Familie; Studien, Skizzen und Zchngn, auch von verschollenen Werken. 📖 ThB25, 1931 (s.v. Napoli, Michele de). *Comanducci* II, 1971; *Luciani*, 1974; DEB VIII, 1975 (s.v. Napoli, Michele de); DBI XXXVIII, 1990 (Lit.); *Sorrenti*, 1990; PittItalOttoc II, 1991; *Bénézit* X, 1999 (s.v. Napoli, Michele de). – *G. Gozzoli*, Cenni sul pittore M. D., R. 1883; [*N. Paloscia*,] Cat. illustrativo della Pin. De Napoli di Terlizzi, Bitonto 1898; *G. Petroni*, Della storia di Bari, III: 1860–1895, Bari 1912, 412–414; *Ceci* II, 1937; *M. D'Orsi*, Cat. della Pin. De Napoli di Terlizzi, Bari 1939; *id.*, Japigia 10:1939, 201–217; *C. Farese Sperken*, Arch. stor. pugliese 28:1975, 353–364; *ead.*, Basilicata 1978 (4–6) 30–33; Pin. Prov. Bari. Le coll. dell'800 e primo 900 (K), Fasano 1977; *V. A. Melchiorre/L. Zingarelli*, Il Teatro Piccinni di Bari, Bari 1983, 167–186, 196–199; *F. C. Greco* (Ed.), La pitt. napoletana dell'Ottocento, N. 1993, 120 s.; *C. Farese Sperken*, La pitt. dell'Ottocento in Puglia, Bari 1996, 10–14, 190 s.; *R. Cioffi*, Otto Novecento 1996 (3) 9 s.; *F. De Chirico*, M. D. Dalla „Quadreria" del Mus. naz. alla Pin. di Terlizzi, Terlizzi 1997; *L. Dello Russo/V. Bernardi*, M. D. Studi, [Terlizzi] 1998 (Quad. di cult. locale) . C. Farese Sperken

Denaquin, *Désiré* cf. **Denaquin,** *Lambert*

Denaquin, *Jean* cf. **Denaquin,** *Lambert*

Denaquin, *Lambert*, fläm. Maurer, * Namur, † vor 15. 2. 1407. Ab 1385 nachw., lebt in Valenciennes. 1387/88 tätig in La Salle-le-Comte b. Valenciennes, wohl zus. mit seinem Sohn, dem Maurer *Jean D.* († Okt. 1398), und einem Cousin, dem Maurer *Désiré D.* Mindestens ab 1391 Meister. 1391/92 übernimmt D. zus. mit dem Sohn die Sandsteinarbeiten an der Avant-porte de Tournai in Valenciennes, 1392/93 ebd. zus. mit Guillaume Petit die Rest. der Porte de Cambrai. 📖 *A. Salamagne*, Les maçons, in: Valenciennes aux XIVe et XVe s. Art et hist., Valenciennes 1996. R. T.

De Nardis, *Luciano* (eigtl. Carloni, *Livio*), ital. Maler, Dichter, * Forlì, 1917–22 belegt. Von D. sind weder biogr. Daten noch Bilder bek.; man weiß nur, daß er ein Freund von Francesco Balilla Pratella war und in engem Kontakt mit Giacomo Balla stand, der ihm einige Bilder aus der Zeit von 1914–18 widmete. 1917 mit Balla in Rom. 1919 an der nat. Futuristen-Ausst. in Rom beteiligt, wo 7 seiner heute verschollenen Bilder zu sehen waren. 1921 Mitorganisator der Ausst. Arte Futurista e d'Avanguardia in Ravenna, wo er das Bild *Dalla fessura dell'uscio* und vier *Poesie murali* zeigt. 1922 ist er noch an Futuristen-Ausst. in Bologna, Turin und Salsomaggiore beteiligt. Aus den immer wiederkehrenden Bildtiteln kann man schließen, daß er kein großes Werk geschaffen hat. 📖 PittItalNovec/1 II, 1992 (Lit.). S. P.

Denari, *Antonio di Ambrogio de*, ital. Maler in Arezzo. 1540 bezahlt für *Harfespielenden David und Engel* in einem Tympanon und Vergoldung der Orgel des Doms von Arezzo. 📖 ThB9, 1913.

Denarie v.e. **Dénéria**

Denarie → **Dénéria** (Goldschmiede- und Münzstempelschneider-Fam.)

Dénarié, *Humbert-Eugène (Eugène)*, frz. Architekt, * 22. 6. 1831 Chambéry. Bruder von Pierre Michel D.; nicht verwandt mit Mathieu Victor D. Nach Teiln. am Aufnahme-Wettb. der EcBA Paris ab 1856 im Atelier von Charles-Auguste Questel. 1857 Rückkehr nach Savoyen; 1861 zum Architekten des Kr. Albertville, 1870 der Maison centrale ebd. ernannt. 1871–1907 Architekt der Diözese Annecy. 1907 als Architekt in die Mon. hist. berufen; ab 1911 gesundheitl. beeinträchtigt, tritt D. 1912 zurück und arbeitet ehrenamtl. weiter. Mitgl. der Soc. régionale des architectes du Dauphiné et de la Savoie. Sein Verhältnis zu Behörden scheint angespannt gewesen zu sein. Außer den unten gen. Werken umfaßt D.s Œuvre 22 Schulgebäude, acht Presbyterien und drei Kirchen in den Dép. Savoie und Haute-Savoie sowie die Pflege und Rest. der Denkmäler in Annecy. 🏛 *Alle Werke in den Dép. Savoie und Haute-Savoie:* ALBERTVILLE: Rathaus; Arbeiten an der Maison centrale; Kirche St-Jean-Bapt., 1863–73. ANNECY: Rest. von Diözesangebäuden (Kathedrale, Bischofs-Pal., Grand séminaire), 1871–1912. BASSENS: Psychiatr. Klinik. ESSERTS-BLAY: Kirchenanbau, 1867/68. EVIAN-LES-BAINS: kath. Kolleg. FRONTENEX: Kirche, 1864–70. GRESY-SUR-ISERE: Bürgermeisteramt; Friedensgericht. LA BATHIE: Presbyterium, 1863–66. THENESOL: Rekonstr. der Kirche, 1863–68. UGINE: Kirche, 1868/69. VILLARD DE BEAUFORT: Rest. und Vergrößerung des Presbyteriums, 1865–70. 📖 *Delaire*, 1907. – *J.-M. Leniaud*, Les cathédrales au XIXe s., P. 1993. – Paris, Arch. nat.: AJ^{52} 362 (Geburtsurkunde), F^{19} 4968, 4729, 7611, 8044. O. Liardet

Dénarié, *Mathieu Victor*, frz. Architekt, * 11. 2. 1858 Chambéry, † nach 1907. Nicht verwandt mit Humbert-Eugène und Pierre Michel D. Stud.: ab 1881 EcBA Paris bei Paul-René-Léon Ginain. Läßt sich anschl. in Chambéry nieder. Mitgl. der Soc. régionale des architectes du Dauphiné et de la Savoie. Erster Preis beim Wettb. um die kommunalen Schulen von Moûtiers. Architekt des Thermalbades Challes-les-Eaux. 🏛 *Wenn nicht anders angegeben, Dép. Savoie:* AIX-LES-BAINS: Filiale der Soc. gén.; versch. Gebäude. BISSY: Chalets. BRIDES-LES-BAINS: Rest. und Ausgestaltung der Kirche; Stadthäuser; Villen für Dr. Laissus Vater und

Sohn. Challes-les-Eaux: Stadtvillen. Chambery: mehrere Gebäude. Le Pont-de-Beauvoisin: Kolleg. Les Deserts: Croix du Nivolet, 1911 (zus. mit Arthur Bertin). Miolain: Rest. des Schlosses. Moutiers: Kolleg; mehrere Gebäude. Plaisance/Schweiz: Schloß. Rumilly/Haute-Savoie: Kolleg; Werksgebäude für die Soc. électrochimique du Giffre. ▭ Savoie. Dict. biogr. et hist. ill., P. [ca. 1906]; *Delaire*, 1907. – *G. Gardes*, Hist. mon. des deux Savoies, Lyon 1996 (Mém. de la montagne, 1), 224 s. O. Liardet

Denarie, *Paul* (gen. Sorlain, *J.*), frz. Maler, * 1859 Paris, † 25. 2. 1942 ebd., stellte dort im Salon des Indépendants aus. Bek. sind v.a. Lsch. bzw. Ansichten der Normandie. ▭ *Bénézit* III, 1976. C. R.

Dénarié, *Pierre Michel*, frz. Architekt, * 30. 10. 1820 Chambéry, † 21. 12. 1876 (1880 lt. Bauchal und Delaire). Bruder von Humbert-Eugène D., jedoch nicht verwandt mit Mathieu Victor D. Stud.: ab 1845 EcBA Paris bei Hippolyte-Louis Lebas. Ab 1860 (Jahr der Angliederung von Savoyen an Frankreich) bis zum Tod Chefarchitekt des Dép. Savoie. 1869 Ritter der Ehrenlegion. Stadtrat von Chambéry. – D. befaßt sich v.a. mit der Fertigstellung (1868) des unter sard. Herrschaft vom Architekten Ernest Melano beg. Gebäudes der Präfektur und mit Baumaßnahmen an hist. Bauwerken (bes. die 1861 erb. bemerkenswerte Treppe im Rundturm). Wahrsch. führt D. auch Arbeiten am Glockenturm der Kirche von Myans/Savoie aus, der 1855 eine mon. Madonna erhält. ▭ *Bauchal*, 1887; *Delaire*, 1907. – *J. Desvigne*, Mon. hist. 178:1991 (Dez.) 104–107, 132; Rhône-Alpes, P. 1995 (Guides bleus Hachette), 329 s.; *G. Gardes*, Hist. mon. des deux Savoies, Lyon 1996 (Mém. de la montagne, 1), 178 s. – Paris, Arch. nat.: AJ[52] 362. O. Liardet

Denaro, *Antonio*, ital. Bildhauer, Maler, * 14. 2. 1920 Messina, lebt dort und in Papardo Ganzirri/Messina. Autodidakt. Malt anfangs, debütiert als Bildhauer 1950. Erhält 1958 den Premio Vincenzo Gemito der ABA Neapel. Mitgl. der Accad. Tiberina in Rom und der Legion d'Oro. – V.a. Figürl., häufig mit überlängten Gliedmaßen (Reminiszenzen an Liberty), in Bronze, Terrakotta, Gold, Silber, glasierter Keramik, Gips und Zement. Kontrastreiche Balance zw. Weichheit und (Ausdrucks-)Kraft bes. des weibl. Körpers. ◎ *E:* 1969 Taormina, Pal. Corvaja; Vulcano, Hôtel Sables Noirs / 1970 Caltanissetta, Gall. Grifone / 1971 Messina, Gall. Settanta. – *G:* 1963, '65 Florenz: Bienn. Arte e Sport / San Vito di Cadore: Mostra Mercato Naz. / 1966 San Remo: Mostra Internaz. ▭ Artisti di Sicilia, Palermo 1969; EU SEDA III, 1969; DizBolaffiScult, 1972; DizBiogrMerid I, 1974. – Mitt. Comune di Messina. S.-W. S.

De Naro, *Armando*, ital. Maler, Graphiker, * 15. 4. 1919 Racalmuto/Agrigent, lebte in Mailand. Autodidakt. V.a. linear betonte, poet.-schlichte, farbsensible Darst. seiner sizilian. Heimat (Meer, Boote, Fischerhäuser am Strand) in Öl, mit feinem Gespür für Licht- und Himmelsveränderungen gemäß versch. Tages- und Jahreszeiten. Ferner harmon. Stilleben in dichten, kräftigen Farben. ◎ *E:* 1969 Mailand, Gall. Cairola / 1970 Siena, Gall. La Masa / 1971 Florenz, Gall. Spinetti; Brüssel, Gal. Pfeiffer. ▭ ASA Italia IV, 1971; *Comanducci* II, 1971; Il centauro, I, La Spezia 1975. S.-W. S.

Denarowski, *Bartłomiej* → **Dynarowski,** *Bartłomiej*

Denasch, *Paul* (Demesch, *Pál*; Demosch, *Paulus*), Maler, Vergolder in Hermannstadt (Nagyszeben; Sibiu/Rumänien), 1679–82 in den Matrikeln erwähnt. Bemalt die von Sigismund Möss geschnitzten Kanzeldeckel, 1679 für die Hermannstädter, 1682 für die Mühlbacher (Szászsebes; Sebeş/Rumänien) Pfarrk. (erh.); vergoldet 1680 die von Möss zur Bestattung der Frau Kapi geschnitzten Wappen. ▭ ThB9, 1913. MagyKépLex, 1915. – Studien zur siebenbürg. Kunstgesch., Bu. 1976, 257. Á.No.

De Natale, *Cosimo*, ital. Maler, * 13. 9. 1909 Brindisi, † 24. 2. 1979 Neapel, seit 1932 dort ansässig. Autodidakt; debütiert 1957. Mitgl. der Accad. Tiberina in Rom, der Legion d'Oro und von Gentium Pro Pace. Malt v.a. lichtreiche Lsch.; klare Formen, lyr. Grundstimmung. ◎ *G:* 1966 Boscoreale: Bienn. A. Modigliani / 1967 Neapel: Autunno / 1968 Sorrent: Mostra Internaz.; Rom: Italia Arte. ▭ *Comanducci* II, 1971; DizBiogrMerid I, 1974. – Mitt. Comune Brindisi. S.-W. S.

Dénaut, *Jérôme* → **Denneau,** *Jérôme*

Denaut, *Olivier* → **Denneau,** *Olivier*

Denaux (Devaux), *Regnault*, Baumeister in Corbie, 1537 und '43 mit Arbeiten in Péronne an der Kollegiatskirche und beim Bau eines Befestigungswerkes genannt. ▭ ThB9, 1913.

Denave, *Pierre*, frz. Architekt, * 1759 Lyon, † 13.(lt. Audin/Vial 31.) 3.1842 ebd. Baute in Lyon 1817–19 das Hôtel du Nord und errichtete 1829 den Hochaltar der Kirche Saint-Bonaventure. Außerdem Dekorationen für das ehem. Café Casati. ▭ ThB9, 1913. *Audin/Vial* I, 1918. K. S.-D.

Denayer, *Christian*, belg. Comiczeichner, Werbegraphiker, * 28. 9. 1945 Brüssel. Begann 1962 als Ass. von Jean Graton an dessen realistisch gezeichneter Rennfahrer-Comic-Ser. *Michel Vaillant* mitzuarbeiten. Ab 1966 lieferte er auch Hintergrundzeichnungen für die Detektiv-Serie *Ric Hochet* von Tibet, die wie *Michel Vaillant* in dem belg. Mag. Tintin veröffentlicht wurde. Die erste eig. Comic-Serie *Yalek* (Text von André-Paul Duchateau) erschien 1969 in der Jugendbeilage der Tages-Ztg Le Soir. 1970 entstand die Rennsport-Ser. *Alain Chevalier* (Text von Duchateau) hinzu, die ab 1977 von dem Mag. Tintin übernommen wurde, für das D. bereits seit 1975 auch die in den USA angesiedelte Kriminalserie *Les Casseurs* (später: *Al & Brook*; Text von Duchateau) zeichnete. 1987 kam die Science-fiction-Ser. *Gord*, 1989 die Action-Serie *T. N. T.* und 1994 die erfolgreiche Jugend-Ser. *Génération Collège* hinzu. Nebenbei gestaltete D. auch Werbegraphik für zahlr. Unternehmen. – Typ. Vertreter der realistisch gezeichneten franko-belg. Comictradition. ▭ *Arto*, 1978; *A. C. Knigge*, Comic Lex., Ffm./B. 1988. – *P. Skodzik*, Dt. Comic Bibliogr., Ffm. u.a. 1985; *B. Dolle-Weinkauff*, Comics. Gesch. einer populären Literaturform in Deutschland seit 1945, Weinheim/Basel 1990; *H. Havas* (Ed.), 100 Jahre Comics. Comic Forum Sonderband, Furth/Triesting 1997. H. Kronthaler

Denayer, *Félix*, belg. Maler, * 13. 1. 1875 Brüssel-

Ixelles, † 27. 11. 1934 Paris, lebte dort ab 1911. Stud.: ABA Brüssel bei Jan Frans Portaels. – Symbolist. Allegorien, Genrebilder (ländl. Motive), Portr., impressionist. Lsch. (z.T. in Anlehnung an Cézanne). ⌂ ANTWERPEN, Koninkl. MSK. BRÜSSEL, Mus. d'Ixelles. LE HAVRE, MBA André Malraux. ⊙ *G:* Brüssel: Salon d'Art Idéaliste; Expos. du Sillon / Paris: ab 1912 Salon des Indépendants; Expos. du Groupe Libre; ab 1914 Salon des Nat. des BA; Salon d'Automne. ▭ ThB9, 1913; Vo1, 1953. LivreD'Or, 1914; *Flippo*, 1981; DPB I, 1995. C. R.

Denbrovs'kyj, *Jehor*, ukrain. Xylograph in Kiev, 1792 belegt. Mitgl. der Ikonenmalerzunft. Wurde von den Kirchenoberen verfolgt, weil er ohne Erlaubnis und ohne sich der Zensur zu unterwerfen Stiche relig. Inhalts anfertigte und in der eig. Buchhandlung verkaufte. Die Stiche zeigten nichtkanonische Gebetstexte und Min.-Darst. (z.B. Gottesmutter mit Kind, Christus mit zwei Hll., Zöllner und Pharisäer), die den Trad. der Volkskunst folgten. ⌂ KIEV, Mus.-Komplex Höhlenkloster: 2 Druckstöcke zu den Stichen Bogorodice divo radujsja und Ispovedanie povsednevnoe. ▭ SChU, 1973; ChudSSSR III, 1976 (Lit.); MU, 1992. – *V. Sičyns'kyj*, Istorija ukraïns'koho hraverstva XVI-XVIII st., L'viv 1937; Istorija ukraïns'koho mystectva, III, Kyïv 1968; IV, Kyïv 1969 (unbegründet als Dembrovs'kyj); *V. Svencickaja*, in: Narodnaja gravjura i fol'klor v Rossii XVII-XIX vv., Mo. 1976; *O. Špak*, in: Rehres i reheneracija v narodnomu mystectvu, Kyïv 1998. V. Fomenko

Denby, Porzellanmaler, Modelleur, um 1769 in der Wedgwood Porzellan-Man. in Etruria/Staffs. tätig, auch in Derby. ▭ ThB9, 1913. *Honey* I, 1949.

Denby, *Edwin Hooper*, US-amer. Architekt, Bildhauer, Maler, * 9. 2. 1873 Philadelphia/Pa., † 1957, lebte in New York und Bar Harbor/Me. Stud.: 1892–97 EcBA Paris bei Julien Guadet und Edmond-Jean-Baptiste Paulin. Mitgl.: AIA; Soc. of BA Architects; New York Archit. League. – D. entwarf u.a. ein Kriegsdenkmal (Bedford Park, New York), skulptierte Portr.-Büsten, Figürl. sowie Reliefs und malte Aqu. (u.a. Archit.-Motive). ⊙ *G:* 1897–99 Paris, SAfr. (Ausz.). ▭ Vo1, 1953; Vo5, 1961. *Mackay*, 1977; *Falk*, 1985. C. R.

Denby, *J. W.*, Maler, 1812–18 in der RA, London, mit Lsch. aus Derbyshire, Gloucestershire und Wales vertreten. ▭ ThB9, 1913. *Grant*, Dict., 1952; *Bénézit* III, 1976.

Denby, *Philippa*, brit. Malerin, Bildhauerin, * 1938, in London tätig. Stud.: Central SchA and Design, London. – Impressionist., mit breitem Pinselstrich gemalte sowie präzis-detaillierte Lsch. und Blumen-Darst. in Öl und Gouache; daneben meist weibl. Figuren und Liebespaare in Wachs für den Bronzeguß. ⊙ *E:* 1986 London, FA Trade Guild Gall.: Paint. and Sculpt. (K). ▭ *Spalding*, 1991; *A. Windsor* (Ed.), Hb. of mod. Brit. paint. 1900–1980, Aldershot 1992. K. F.

Denby, *William*, brit. Maler, * Frühjahr 1819 Great Bookham/Surrey, † 15. 7. 1875 London. Stud.: Govt. School of Design, London, bei William Dyce (1847 ebd. als Ass.-Lehrer tätig); RA Schools. Ass. von John Callcott Horsley bei dessen Arbeiten für den New Pal. of Westminster. Im Sommer 1863 zieht er sich auf einer Italienreise ein Fieber zu, von dessen Folgen er sich nie mehr ganz erholt. Leitet bis zu seinem Tod die Antikenklasse der South Kensington Art School. – V.a. relig. Sujets, gelegentl. Portr. ⊙ *G:* London: 1850, '52, '53, '55, '68 RA; 1852, '55 BI; 1864, '68, '69 Soc. of Brit. Artists / 1870 Glasgow, GI. ▭ ThB9, 1913. *Redgrave*, 1878; *Johnson* I, 1975; *Billcliffe* I, 1990. G. B.

Dencausse, *Dominique*, frz. Glockengießermeister, * 1830 Tarbes, † 1867 Barcelona. Entstammt einer bed., ab M. 16. Jh. in der Gascogne tätigen frz. Glockengießer-Fam., von der ein Zweig bis ca. E. 19. Jh. in Souès b. Tarbes, der andere bis 1910 in Tarbes ansässig ist (*Ursulin D.* [* um 1825, † 18. 7. 1910] ist wohl der produktivste Vertreter, der eine techn. Neuerung patentieren läßt und 1870–76 ca. 200 Glocken gießt). D. wandert nach Spanien aus und gründet 1855 in Barcelona eine eig. Glockengießerei, in der er gemäß der Fam.-Trad. nach dem Cire perdue-Verfahren arbeitet und als einziger im 19. Jh. in Spanien tätiger Gießer exakt den anvisierten Klang trifft. Er gießt Kirchenglocken für Barcelona, Madrid, das Kloster von Montserrat, zahlr. weitere span. und lateinamer. Ortschaften; als Hw. gilt eine 2000 kg schwere Glocke für die Stadt Tàrrega. Der Bruder *Jean D.* (* 1846 Tarbes, † 1908 Barcelona) und der Neffe *Pere D. Cominal* (* 1872 Barcelona, † 1930 ebd.) sind ebenfalls Glockengießer in Barcelona. ▭ *Ráfols* I, 1951; DBF X, 1965 (s.v. Les D.). R. T.

Dencausse, *Jean* cf. **Dencausse,** *Dominique*

Dencausse, *Ursulin* cf. **Dencausse,** *Dominique*

Dencausse Cominal, *Pere* cf. **Dencausse,** *Dominique*

Denčev, *Genčo* (eigtl. Dräckov, *Genčo Denčev*), bulg. Maler, Graphiker, Illustrator, * 9. 4. 1932 Sofia, lebt dort. Stud.: bis 1956 KHS ebd. bei Panajot Panajotov. Preise des bulg. Künstler-Verb.: 1972 für Akt, '82 für Portr. – In D.s Malerei dominiert eine verfeinerte Ästhetik, die sich in zarter Farbigkeit, perfekter Form und im Wechsel eleganter Flächigkeit mit sensibler Linienführung (meist zum Umreißen der Kontur) ausdrückt (*Ustovo – Smoljan*, 1961; *Devojka*, 1966; *Portret na R. M.*, 1972; *Pejzaž ot Balčik*; *Akt v bjalo*, beide 1992; *Žălti laleta*, 1993). Als Illustrator gestaltete D. phantasie- und humorvoll v.a. Kinderbücher, z.B. A. Stojanov, *Păstrata torbička*, 1961; R. Aleksandrova, *Naj chubavata prikazka*, 1966; A. Karalijčev/N. Todorov, *Prikazki na slavjanskite narodi*, Bde 1–5, 1968; A. Karalijčev, *Žitenata pitka*, 1974. ⌂ SOFIA, Nat. KG. – Städt. KG. ⊙ *E:* zahlr. Sofia: u.a. 1975; '82; '86; '93; '94, '95, '96, '97 (Sjankata na chudožnika) Gal. Lesedra; '94, '97 Zala DESPRED; '95, '96 Gal. Stil; '96 Nat. Kultur-Pal. / 1982 Plovdiv / 1988 Bratislava / 1989 Balčik / 1995 Albena / 1996 Kurort „Riviera". – *G:* u.a. 1973 Hamburg / 1975 Bratislava: Bienn. der Ill. / 1982 Moskau / 1983 Basel / 1990 Palermo / 1991 Istanbul / 1996 Miami: Art Americas. ▭ EIIB I, 1980. – Obšta chudožestvena izložba posvetena na 30-godišninata ot 9. 9. 1944, 1974/75 (K), Sofija 1976; Obšta chudožestvena izložba „Čovek i trudăt" (K), Sofija 1976; LESEDRA/LESSEDRA. Săvremenno bălgarsko izkustvo. Edno lično gledište/Contemp. Bulg. Art. A private view, II, III, Sofia 1998. S. Jähne

Denčev, *Koju* (eigtl. Stančev, *Koju Denčev*), bulg. Maler, Graphiker, Illustrator, * 5. 4. 1920 Gorna Rosica, ansässig in Sofia. Stud.: 1940–46 KA ebd. bei Ilija Petrov. Ab 1948 dort Lehrtätigkeit (später HBK; 1948 Ass., ab 1961 Doz., ab 1972 Prof.). – Malt vorwiegend realist., leicht verständl. Figuren-Komp., Lsch. und Portr. mit trad. malerischen Werten wie perfekter Aufbau der Komp., plast. Ausformung der Details, Betonung der räuml. Tiefe und Ausgewogenheit der Farbakzente (*Avgust na selo*, 1952; *Paisij*, 1954, Nat. KG; *Jatačka*, 1960; *Săvetski gosti*, 1962; *Demonstracija*, 1967, Pazardžik). Illustriert auch Bücher, meist für Kinder (z.B. E. Stanev, *Gorski čudesa*, 1955; K. Kalčev, *Večnija drugar*, 1958; I. Vasilev, *Dăždoven oblak*, 1961; K. Grigorov, *Zajčar*, 1967), gestaltet Plakate und befaßt sich mit Wandmalerei. 🏛 Kazanlăk, KG. Pazardžik, KG. Sofia, Nat. KG. – Städt. KG. ⊙ *G:* seit 1946 nat. und internat., u.a. Ausst. Zeitgen. bulg. Kunst: 1957 Berlin, Dresden, Prag, Budapest; 1958/59 Moskau, Peking, Warschau. 📖 Vo5, 1961 (s.v. Dentschev, Koju; Geburtsort fehlerhaft geschrieben). EIIB I, 1980. – *Marinski*, 1971; Retrospektivna izložba „30 godini bălgarsko socialističesko izkustvo" 1974 (K), Sofija 1976; Săvremenno bălgarsko izobrazitelno izkustvo, Sofija 1982. S. Jähne

Denčev, *Zlati (Zlati Nikolov)*, bulg. Bildhauer, * 22. 10. 1928 Burgas, lebt in Sofia. Stud.: 1948–53 KA ebd. bei Ivan Funev; 1968 in Italien. Ausz.: 1971 u.a. Orden Banner der Arbeit in Gold. – Bevorzugt Portr. und Figuren-Komp., Mon.- und Kleinplastik. Sucht wie seine Lehrer (neben Funev auch Ivan Lazarov und Marko Markov, bed. Bildhauer der 20er/30er Jahre) nach plast. und ästhet. Werten der Form und adäquaten Mat. (Bronze, Stein, Gips) für seine ideellen Konzeptionen. In den Portr. gelingt es D., die Individualität des Gesichts mit seiner Gefühls- und Ausdruckswelt differenziert darzustellen. In den Auftragswerken (bis ca. M. 1980er Jahre), einschl. bestimmter Portr., folgte er der trad. vorgegebenen themat. Programmatik und Ikonogr. des Sozialist. Realismus (ideolog. Typisierung und Idealisierung, auch flache Heroisierung). Strebt in jüngsten Werken eine symbol.-verallgemeinernde Darst. an. Schuf u.a. Portr. von *Ivan Kamenov*, 1963; *Georgi Stefanov*, 1967; *Ljubomir Tenev*, 1969; *General Slavčo Radomirski*, 1970 sowie Statuen wie *Fechtovačka*, 1962; *Rodopska devojka*, 1973. Gestaltete im Kollektiv Denkmäler (z.B. für *Christo Michajlov*, 1956, Michajlovgrad; für *Georgi Dimitrov*, 1971/72, Dimitrovgrad, zus. mit Dimităr Dimov und Ivan Kesjakov) und Denkmalbüsten (u.a. *Georgi Dimitrov*, 1956, am gleichnamigen Stausee, zus. mit Dimov und D. Denkov; *Atanas Nenov*, 1967, Bracigovo). 🏛 Bal'čik, KG. Burgas, KG. Kărdžali, KG. – Orfej, Relief, 1964. Kipra/Bez. Varna: Denkmal für gefallene Partisanen, 1956 (mit and.). Pleven, KG. Plovdiv, KG. Razgrad, KG. Sliven, KG. Sofia, Nat. KG. – Städt. KG. Stražica, KG. Varna, KG. Vidin, KG. Vraca, KG. ⊙ *E:* 1981, '90 Sofia. – *G:* seit 1953, u.a. 1969 Moskau, Budapest: Bulg. Kunst. 📖 EIIB I, 1980; Bulgarian sculpt., Sofia 1994 (s.v. Zlati Denchev). – *Marinski*, 1975; Retrospektivna izložba „30 godini bălgarsko socialističesko izkustvo" 1974 (K), Sofija 1976; *Trufešev*, 1981; Săvremenno bălgarsko izobrazitelno izkustvo, Sofija 1982. S. Jähne

Denchine, *Alexeï Ivanovitch* → **Den'šin,** *Aleksej Ivanovič*

Denck, *Konrad* cf. **Denck,** *Lenhard*

Denck, *Lenhard*, Goldschmied in Toruń (Thorn), 1538–56 erw. Wohnte am Markt in der Altstadt. Sicherlich Vater des Goldschmieds *Konrad D.* (1546 in Toruń erw.). 1545 wurde ein nicht mit Vornamen erw. Sohn von D. freigesprochen. Nahm zw. 1545 und 1550 den Sohn von Lorencz Leckels in die dreijährige Lehre auf. 📖 *T. Chrzanowski/M. Kornecki*, Złotnictwo toruńskie. Stud. o wyrobach cechu toruńskiego od wieku XIV do 1832 roku, War. 1988, 127. – Toruń, Arch. Państwowe, Cech złotników: sygn. 4, s. 6 (zu Lenhard D.); 5, s. 3 (zu Konrad D.); Kat. II IX 5. J. Tandecki

Denck (Dengg; Denk), *Mathias*, Maler in Gdańsk, * 1596 Hall/Tirol, bis 1641 in Gdańsk erw. Kam 1619 auf Vermittlung der Gdańsker Malerzunft für ein Jahr in die Wkst. von Herman Han, erlangte am Ende des Jahres den Meistertitel. 1629 Ältester der Zunft. – Die erh. zwei *Kreuzigungsbilder* (Kartuzy b. Gdańsk, Pfarrk., dat. 1639) zeigen zwar den Einfluß von Han, unterscheiden sich jedoch durch eine dramat. Auffassung, bes. deutlich bei der Figur des Christus. 📖 SłArtPolsk II, 1975; ÖKL V, 1979 (s.v. Dengg, Matthias). Ch. R.

Denckel, *Georg*, dt. Maler, 1442 Bürgerrecht in Nürnberg. 📖 ThB9, 1913. S. H.

Dencker, *Jochim*, dt. Maler, 1677–88 in Lübeck für die St. Marien-Kirche aktiv; u.a. verzierte er Werkmeister-Rechnungsbücher mit Wappenmalereien in Wasserfarben. 📖 ThB9, 1913. – BKD der Hansestadt Lübeck, II, Lübeck 1906, 447. S. Ge.

Dencker, *Klaus Peter*, dt. Multimediakünstler, Filmemacher, Autor, * 22. 3. 1941 Lübeck, lebt in Ahrensburg. Stud.: Germanistik, Japanologie, Phil. an der Univ. Hamburg, 1970 Promotion, 1965–74 Ass. und Lehrbeauftragter an der Univ. Erlangen-Nürnberg, anschl. freier Autor und Filmemacher. Ab 1975 beim Saarländ. Rundfunk im Bereich der Kultur tätig, produziert zahlr. Dok.- und Experimentalfilme sowie Hörfunk-Sendungen für die dt. öff. Sendeanstalten. Ab 1976 auch Lehrbeauftragter an den Univ. von Saarbrücken und Trier, wo er 1985 als Honorar-Prof. den neuen Lehrstuhl für Medientheorie und -praxis übernimmt. Seit 1985 Mitarb. der Kulturbehörde in Hamburg, z. Zt. als Regierungs-Dir. für den Bereich Medien, Lit. und bild. Kunst zuständig. Ausz.: 1972 Kulturpreis der Stadt Erlangen, 1982 Förderpreis Film/Fernsehen des Kunstpreises von Berlin. Gründet Ende der 80er Jahre in Hamburg zus. mit Wissenschaftlern versch. Disziplinen die Arbeitsgruppe Kunst und Technologie, die sich mit den Auswirkungen der neuen Medien auf die Kunst und den Betrachter auseinandersetzt; dazu findet 1990 das erste internat. Symposion „Interface" statt. – D. arbeitet künstler. im Bereich zw. Lit. und bild. Kunst, mit seiner visuellen Poesie hat er internat. anerkannte Theorien und Praktiken entwickelt. Wie für die Dadaisten ist für D. die Technik der Collage bzw. Montage Ausgang seiner Textbilder und -sequenzen. Material liefern Wort- und Satzfragmente aus versch. Kommunikationssystemen wie der Technik, Werbung, Medien, Wiss., die er mit Bildausschnitten spieler. zusammenbringt, um neue Wahrnehmungsprozesse anzuregen. Für D. ist Sprache ein Zeichensystem der Verständigung, das sich einer immer größer werdenden Konkurrenz neuer Zeichensysteme als Produkt neuer Technologien stellen muß. Seit 1998 wird in der Kunst-Bibl. der SMPK in Berlin die umfassenste Slg von Originalarbeiten und Publ. D.s aufgebaut. ⌂ DEN HAAG, Letterkundig Mus. ERLANGEN, StG. LÜDENSCHEID, Mus. der Stadt. MIAMI BEACH, Marvin Sackner Arch.: Notizbuch, Letraset-Collagen, Orig.-Buch Ormesheim 1978; Jazz, Collagen, Orig.-Buch Großhansdorf 1986. NÜRNBERG, KH. – Inst. für Mod. Kunst. OXFORD, Visual Poetry Center. TANKA, Mus. of Contemp. Jap. Poetry. ✉ Texte, Collagen: Eurydike, Ein Stück, W. 1967; Der junge Friedell, M. 1977; Die Reise nach Rom, Ormesheim 1981; Visuelle Poesie, Dillingen 1984; WortKöpfe: Visuelle Poesie 1969–91 (Einl. C. Weiss; Bibliogr., WV), Siegen 1991; Textbilder. Visuelle Poesie internat., Köln 1972; Dt. Unsinnspoesie, St. 1978; Visuelle Poesie, Saarbrücken 1984; „Interface" – Elektron. Medien und künstler. Kreativität, Ha. 1992; Weltbilder – Bildwelten: computergestützte Visionen, Ha. 1995 (Interface 2); Labile Ordnungen: Netze denken, Kunst verkehren, Verbindlichkeiten, Ha. 1997 (Interface 3); Visuelle Poesie aus Japan, Ha. 1997 (K Lit.-Haus Hamburg); Sequenzen: Experimentelle Texte (Einl. H.-P. Althaus, WV), Siegen 1998; Video ergo sum, Ha. 1999 (Interface 4). ◉ *E:* 1985, '86, '87 Kirchheim, Gal. Kröger / 1997 Trier, Univ.-Bibl.: D. 1967–97. – *G:* Nürnberg: 1971, KH; 1974 Norishalle; 1986 Meistersingerhalle / 1972 Lille, Goethe-Inst. / 1974 London, Concourse Gal.; Montevideo, Gal. U / 1975 Amsterdam, Van Gogh Mus. / 1976 Minden, Mus.; Erlangen, KV; Lodź, Mus. / 1977 Bologna, Gal. d'arte mod.; Zwolle, Librije beeldende kunst / 1978 Malmö, KH (K); Oslo, Kunstsentret Hovikodden / 1979 Münster, Westfäl. KV: Sprache jenseits von Dichtung (K); Fiuggi, Bibl. comm. / 1981 Antwerpen, Internat. Mail Art Festival / Rio de Janeiro, Gal. de Arte / Berlin: 1982, AK; 1994, '95 Gal. auf Zeit; 1995, '96 Studio im Hochhaus / 1983 Helsinki, MMA; Genua, Civico Ist. / 1984 Arnheim, Mail Art; Lüdenscheid: StG; 1988 Mus. der Stadt; Osaka, New Art Center; Saarbrücken, Univ.-Bibl. / 1985 Bern, KM; Kyoto, Mail Art / 1986 Freiburg, Oldenburg: Univ.-Bibl. / 1987 Lübeck, Mus. am Dom; Mainz, Gutenberg-Mus.; Wolfenbüttel, Herzog August Bibl. / 1989 Bochum, Mus.; Köln, Gal. Schüppenhauer / 1990 Gotha, Schloß-Mus. / 1993 Kühlungsborn, KH / 1995 Spoleto, Musei di Spoleto; Ludwigshafen, Stadt-Bibl.; Kaliningrad, State History & Art Mus. / 1996 Mailand, Casa degli Artisti; Buenos Aires, 1. Jornadas de Poesia Experimental / 1997 Wiesbaden, Wilhelm-Kämpf-Haus; La Spezia, Circulo cult. „Il Gabbiano / 1997/98 Bari, Mus. Nuova Era / 1998 Sao Paulo, Paco das Artes ▭ *Hesse*, 1987. – Mitt. D. S. Ge.

Dencker, *S.*, dt. Goldschmied in Wismar, um 1833–36 erwähnt. ⌂ LÜBECK, St. Annen-Mus.: Becher, 1. H. 19. Jh. WISMAR, Pfarrkirche St. Marien: Abendmahlskanne, 1836. ▭ *Scheffler*, Goldschmiede Mittel/NO-Deutschland, 1980, Nr 126. J. T.

Denckh, *Joseph Lambert* → **Denk,** *Joseph Lambert*

Denckhendorfer, *Jerg*, dt. Steinmetz, 1592 in Stuttgart am Turm im Tiergarten und zeitweilig am Jagdschloß in Hirsau tätig. ▭ ThB9, 1913. D. T.

Denda, *Elke*, dt. Malerin, Objektkünstlerin, * 1956 Oberhausen, lebt in Düsseldorf. Stud.: 1980–87 KA Düsseldorf, 1983 Stip. der Cité des Arts Internat. in Paris, 1985 Meisterschülerin bei Fritz Schwegler. 1987 Kunstfonds Bonn; 1991 Schmidt-Rottluff-Stip. Bonn. – D. arbeitet mit dem abstrakten Ornament, dessen Reihung, Vervielfältigung, Kombination wie auch dem Hinzufügen gemalter oder plast. Dinge und Lebewesen. Die regelmäßigen Formen mit meist klaren, reinen Farben und Farbkombinationen ergeben unüberschaubare Beziehungsgeflechte. Die Arbeiten sprechen emotionale Ebenen im Betrachter an und befragen zugleich Vorstellungen vom Bild. Einige ausgef. Projekte Kunst am Bau, z.B. Axis-Passage, Leipzig, 1995; Zentrale der Dt. Telecom, Bonn, 1995; Spree-Forum, Berlin, 1997/98. ◉ *E:* 1984 München, Gal. R. Schöttle / 1987 Köln, Gal. Johnen & Schöttle / 1988 Velbert, Mus. Schloß Hardenberg (K) / 1989 Frankfurt am Main, Gal. Schneider / 1990 Brügge, Gal. de Lege Ruimte / 1995 Köln, Gal. Johnen & Schöttle / 1999 Karlsruhe, Gal. Karlheinz Meyer. – *G:* 1988 Krefeld, Mus. Haus Esters: Bilder-Denda, van Ofen, Ruff (K) / 1990 München, KV: Der klare Blick / 1991 Bologna, GAM (K); Düsseldorf, KH: Schmidt-Rottluff-Stip. (K) / 1992 Sydney, Mus. of Contemp. Art: Humpty-Dumpty's Kaleidoskop. ▭ *R. Puhvogel*, Kunstforum 89:1987; *J. Hoffmann*, *ibid.* 110:1990; *Th. A. Wolff*, Kunst-Bulletin 5:1992; Leiblicher Logos (K), St. 1995; *F. von Uslar*, Mag. 2:1997. A. R.

Denda, *Marko*, serbischer naiver Maler, * 2. 12. 1946 Vrbas/Bosnien, † 6. 1. 1994 Igalo b. Herceg-Novi, lebte dort. Von Beruf Metzger, fängt 1966 als Autodidakt an zu malen. Die Themen seiner Gem. entnimmt er seiner Umgebung (*Schweineschlachten; Sanitärinspektor; Metzger auf der Auktion seiner Bilder; Badestrand in Igalo*). Durch stat. Figuren und betonte Perspektive wirken sie sinnbildhaft-phantastisch. ▭ *O. Bihalji-Merin/ N. Tomašević*, Enc. naivne umetnosti sveta, Bgd. 1984; LEJ I, 1984. – Salon samoukih likovnih umetnika (K), Svetozarevo 1974; Crnogorska izvorna umjetnost (K), Cetinje 1976. V. Konjikusic

Dendel, *Niclas* → **Dentel,** *Niclas*

Dendel, *Samuel* → **Dendely** (Goldschmiede-Fam.)

Dendely, Goldschmiede-Fam. in Kaschau (Kassa; Košice/Slowakei), 1708–1819 belegt.

1. *József* (Dendlj, *Joseph*), † 1819. Sohn von 3. 1770–75 Lehrling; 1787 Meister, 1789 Bürger; 1806 zweiter Zunftmeister; 1808–14, 1816–19 erster Zunftmeister. Seine Lehrlinge waren Joseph Kretschmer und László Kászonyi. MZ: ID ligiert, kursiv. ⌂ KOŠICE, Dom: Votivgaben (Füße, Augen).

2. *Mihály*, schuf 1800 eine Monstranz für die Kirche in Kisfalud.

3. *Samuel* (Dendel), * 1708 Rosenau (Rozsnyó; Rožňava/Slowakei), nachw. bis 1779. Vater von 1. Ab 1736 Bürger in Kaschau; 1746, '54–58, '63–65, '70 zwei-

ter Zunftmeister; 1753, '67, '68 erster Zunftmeister. Seine Lehrlinge waren Martin Friedrich Findli und Sámuel Gyarmati. 1756 goß er ein Silber-Kruzifix für die Kongregation des Gymnasiums in Ungwar (Ungvar; Užhorod/Ukraine).

▭ MagyKépLex, 1915 (Lit.). – *J. Mihalik*, Kassaváros ötvösségének története, Bp. 1900, 303, 309, 311, 328 (zu 1, 3); *Kőszeghy*, 1936 (zu 1); *S. Mihalik*, Acta Hist. Artium 1961, 264 (zu 1, 3); *E. Toranová*, Goldschmiedekunst in der Slowakei, Hanau 1982, 241 (zu 3). A. Grotte

Dendeville, *Raymond-Auguste*, frz. Maler, Illustrator, * 1901 Rouen, † 29. 6. 1968 Elbeuf/Seine-Maritime. Ill.: z.B. *Les légendes ... de Normandie* von Ch. Brisson, Elbeuf 1931; *Les premiers contes* von André Maurois, Rouen 1935 (Paris, BN). – Malte Figürl., Stillleben, Blumenmotive. ⊙ *G:* Paris: ab 1929 Salon des Indépendants; 1930 Salon des Tuileries. ▭ *Bénézit* III, 1976. – IFF, Après1800 VI, 1953. C. R.

Dendiani, *Antonio*, ital. Schnitzer, 1778 in Senorbì/Cagliari für fünf vergoldete und polychromierte Supraporten aus Holz (Gem. von Francesco Massa) in der Pfarrk. S. Barbara bezahlt. ▭ *M. G. Scano*, Pitt. e scult. del '600 e del '700, Nuoro 1991, 232. A. Pillittu

Dendl, *Heinrich*, dt. Maler, * 1854 Regensburg. Rest. das von Johann Melchior Bocksberger um 1573 gemalte Bild David und Goliath. 1884 bemalte er nach eig. Komp. die Fassade des sog. Goliathhauses. In der Herrengasse von Wasserburg rest. er den Bildschmuck am Weinhaus. D. war auch im bayer. Hochland tätig. ▭ ZBK, N. F. II, 234 (Abb.), 240; *H. Heym*, Süddt. Malerei aus dem bayer. Hochland, Rosenheim 1981, 213. W. Amann

Dendler, *Daniel*, siebenbürg. Goldschmied in Hermannstadt (Sibiu), * 1758, † 1827. 1787 Meister. MZ: DD in Blockbuchstaben im Oval; DD in Kursivschrift (letzeres auf einem Salzgefäß bzw. einer Dose mit Durchbrucharbeit in Budapester Priv.-Slgn). ⌂ ALȚINA, Ev. Kirche: Ziborium mit einem Lamm als Deckelfigur, 1795. LONDON, V & A: Geperlter Becher (Inv.-Nr: M. 4-1950). SURA MICA, Ev. Kirche: Kelch, 1806. TOARCLA, Ev. Kirche: Kelch, 1808. UNGRA, Ev. Kirche: Kelch, 1792. ▭ MűvLex I, 1965. – *V. Roth*, KD aus den sächs. Kirchen Siebenbürgens I (Goldschmiedearbeiten), Hermannstadt, 1922, 153, 158, 161, 198; *Kőszeghy*, 1936; *R. Schuller*, Forsch. zur Volks- und Landeskunde 16:1973 (1) 125; *H. Klusch*, Siebenbürg. Goldschmiedekunst, Bu. 1988, Nr 193; *A. Grotte*, MűvÉrt 46:1997 (3–4) 215 s. A. Grotte/N. Sabău

Dendlj, *Joseph* → **Dendely** (Goldschmiede-Fam.)

Dendrinou-Nikolaïdou (Dendrinou; Nikolaïdou), *Tonia*, griech. Graphikerin, Materialkünstlerin, * 3. 3. 1927 Athen, lebt dort. Stud: 1946–52 Malerei und Graphik an der KHS Athen bei Oumbertos Argyros und Yannis Kefallinos. Seit 1957 Teiln. an zahlr. Graphik-Ausst. und and. Gruppen-Ausst. im In- und Ausland. Ausz.: 1980 1. Preis und Gold-Med., Bienn. Alexandria; 1982 Gold-Med., Bienn. Fredrikstad; 1983, '85 Ehrenpreis, Bienn. R. O. C. 38, Taipei; 1988, '93 Med., F.I.C.F. (Internat. Frauen-Bildungsverein), Athen; 1993 Certificate of Merit, Kairo. – D. bearbeitet hauptsächl. Kupferplatten und Linoleum unter häufiger Einbeziehung von Collagen ihrer (Sieb-)Drucke sowie von Glasscherben und -perlen, Spiegeln, Hölzern, Steinen sowie von Buchstaben aus Neonröhren. Die Qualität und die Farbe des Papiers verbinden sich in der Regel eng mit den Erfordernissen des Bildes: phosphoreszierendes Rot für Feuer, glänzendes Silber für Wasser, durchscheinendes Papier für den Eindruck von Nebel. D.s Œuvre kann ihrer eig. Aussage zufolge in sieben themat. Ser. untergliedert werden: Licht, Wasser und Sand; heißer Sand; grauer Morgen; lichtdurchflutetes Meer oder Glückstraum; Requiem auf einen Baum; Wasserbilder; Es kommen die anderen, uns gleich, aber wir sind nicht wir. D.s Graphik bewegt sich an der Grenze von Gegenständlichkeit und Abstraktion mit einer expressionist. Stimmung, v.a. in den gewagten und unerwarteten Farbkombinationen sichtbar, die sich auf glatten Flächen entwickeln, häufig unterstrichen durch reliefartige Mat.-Einfügungen. Einsame Lsch., unendl. Strände und das Meer mit Papierschiffchen, verbrannte Bäume und menschl. Gestalten sprechen über die Vernichtung der Natur und des Lebens, während sie symbol. auf die Verödung der Seele hinweisen, ohne jedoch die Hoffnung auszuschließen. ⊙ *E:* Athen: 1979 (Debüt), '81 Aithousa technis Sygchroni Charaktiki; 1980 Deree College; 1983 Gal. Medousa; 1986 Aithousa technis Psychiko; 1988 Aithousa technis A-D; 1990 Gal. Apopsi; 1995 Aithousa technis Kreonidis; Aithousa Technis Titanium / 1983, '92 Thessaloniki, Frz. Inst. / 1988 Gent, Congress Centrum: Lineart 88 / 1988 Paris, Grand Pal.: Saga 88 / 1997 Kairo: Graphik-Bienn. – *G:* 1957 Athen: Panhellen. Kunst-Ausst. ▭ *W. Spiliadis*, Kathimerini v. 31. 3. 1979; *id.*, Elevtherotypia v. 25. 4. 1983; *N. Iliopoulou-Rogkan*, Kathimerini v. 4. 2. 1981; 25. 12. 1988; 10. 6. 1990; *M. Maragkou*, Elevtherotypia v. 6. 12. 1988; 29. 5. 1990; *E. Mavromatis*, Eikastika 18:1985 (Juni) 19; *Ch. Kampouridis*, Ta Nea v. 19. 12. 1988; *T. Mavrotas*, Periplous, 29:1989 (Winter) 271 s.; *A. Schina*, Athena 42:1991 (Febr.) 23; T. Nicolaidou (K), At. 1987; *D. Markatou*, Arti 25:1995, 212 s. A. Charalampidis

Dendy, *G.* cf. **Dendy,** *Guilherme*

Dendy, *Guilherme*, Maler, * England, ab 1853 ansässig in Pelotas/Rio Grande do Sul, wo er u.a. bis 1865 Privatkurse in Zeichnen und Malerei erteilte. Evtl. anschl. wieder nach England zurückgekehrt, wo lt. Wood (1978) 1870 in London ein *G. Dendy* mit der Präsentation dreier häusl. Darst. belegt ist und lt. Johnson/Greutzner (1976) noch 1895–99 ein G. Dendy mit Ausst. bei Arthur Tooth & Sons, London. ▭ *Cavalcanti* II, 1974; *Johnson/Greutzner* 1976 (Repr. 1990); *Wood*, 1978 (Repr. 1991). – *A. Damasceno*, Artes plást. no Rio Grande do Sul (1755–1900), Pôrto Alegre 1971. J. St.

Dendy, *Walter C.*, brit. Landschafts- und Miniaturmaler in London, M. 19. Jh. D. stellte 1842–43 Lsch. und 1849–50 Porträtminiaturen in der RA aus. 1842–46 war er bei der Soc. of Brit. Artists mit Lsch. aus der Rhein-Mosel-Gegend vertreten. Möglicherweise ist D. ident. mit dem Arzt *Walter Cooper D.* (* 1794 Sussex, † 1871 London), der sich als Verfasser von Gedichten und als brillanter Zeichner hervortat und die eig. Bücher, darunter

Landschaftsbeschreibungen, illustrierte. 🕮 ThB9, 1913 (s.v. D., W. und D., Walter Cooper). DNB V, 1917; *Grant*, Dict., 1952; *Foskett* I, 1972; *Johnson* I, 1975; *Bénézit* III, 1976; *Wood*, 1978 (Repr. 1991). P. Kathke

Dendy, *Walter Cooper* cf. **Dendy,** *Walter C.*

Dene, *Clas* → **Dann,** *Clas*

Dené, *Michel*, Kunststicker, fertigte 1508 eine silbergestickte Damastdecke für St-Pierre-de-la-Cour in Le Mans. 🕮 ThB9, 1913.

Deneç, *Erol*, türk. Maler, Graphiker, * 19. 2. 1941 Istanbul. Graphiker- und Druckerlehre ebd. Stud.: 1961 Staatl. KS ebd. bei Mustafa Asher und bei Anton Lehmden; vermittelt durch Ernst Fuchs 1965–68 ABK Wien bei Sergius Pauser, Gustav Hessing (1968 Meisterschulpreis), Rudolf Hausner und Albert Paris Gütersloh. – Seine Gem., Aqu. und Rad. (Lsch., Figürliches, Akte) verbinden die oriental. Mystik mit dem Phantast. Realismus zu einer abstrahierenden kosm. Bildsprache. ⊙ *E:* 1964 Istanbul, Deutsches Kulturzentrum / 1965 Wien, Gal. Fuchs / 1967 Linz, Gal. Forum / 1982 Ankara, Turkuvaz Sanat Gal. / 1986 Bietigheim, Hornwaldhaus / 1989 Nürtingen, Hexen-Haus. – *G:* 1973 Perchtoldsdorf, Gal. Romanum / 1993 Istanbul, 3. Sanat Fuari (K). 🕮 ÖKL V, 1979; *Fuchs*, Maler (20. Jh.) I, 1985. – Entwicklung der Wiener Schule (K), W. 1968; AMK 1973 (129) 40; Die Gesch. der türk. Malerei, Genf 1989. D. T.

Dénéchaud, *Simone*, kanad. Malerin, Zeichenlehrerin, * 1906 Montreal, † 1974 ebd. Dort Stud.: bis 1928/29 EcBA bei Charles Maillard. Stud.-Reise nach Europa. D. lehrte u.a. 1930–40 an der EcBA in Montreal. – Portr., Lsch. (Prov. Quebec), Genremotive. 🏛 QUEBEC, Mus. et Arch. du Seminaire de Québec. – Mus. du Québec: sechs Öl-Gem. ⊙ *E:* 1941 Montreal, EcBA. – *G:* 1937, '39 Montreal, Gal. Scott; Art Assoc. 🕮 *A. Comeau*, Artistes plasticiens, Ml. 1983; *Karel*, 1992. C. R.

Denécheau, *Elisabeth-Félicité* cf. **Denécheau,** *Séraphin*

Denécheau, *Séraphin*, frz. Bildhauer, * 21. 10. 1831 Vihiers/Maine-et-Loire (Angers lt. Lami), † 1912. Schüler von François Rude und Pierre-Jean David d'Angers. D. erhält zahlr. offizielle Aufträge, bes. für Paris, z.B. den Hof im Louvre (u.a. *Bacchus*, Kopie nach der Antike, 1858/59), die Kirchen St-Etienne-du-Mont (*Der hl. Benedikt*, Statue, Stein, 1865/66) und Notre-Dame-de-la-Croix (*Anbetung der Könige*, Basrelief, Stein, Auftrag 1867), zudem für die Kathedrale in Moulins (*St Léger, évêque d'Autun*, Statue, Stein, Salon 1870) und das Theater in Angers (*Le Vaudeville*, Statue). Das Œuvre umfaßt Bildnisbüsten (*Casimir Delavigne*, Marmor, sign., dat. 1874, für das Institut franç.), Portr.-Medaillons (*Jean-Michel Mercier*, Medaillon, Bronze, sign., dat. 1875, für den Pariser Friedhof Père Lachaise), Statuen (*Julius Cäsar*, Bronze, Salon 1869), allegor. Figuren (*Résignation*, Gruppe, Gips, Salon 1861) und mytholog. Darst. (*Diane sur un croissant de lune*). – D.s Schülerin und spätere Ehefrau, die aus Nîmes gebürtige Bildhauerin *Elisabeth-Félicité D.*, zeigt 1866–73 im Pariser Salon Marmor-, Bronze- und Terrakottabüsten, z.B. *Marion Delorme* (1870). 🏛 ANGERS, MBA: Femme caressant une chimère, Gruppe, Bronze, sign., dat. 1866 (1867 in der Pariser WA). BOURBONNE-LES-BAINS/Haute-Marne, Friedhof: Grabmal mit von D. sign. Medaillon der Anne-Françoise Delaveuve. LANGRES, Mus. du Breuil de St Germain(?): Denis Diderot, Büste, Gips, um 1881 (Kopie nach Jean-Antoine Houdon). PARIS, Oper, Westfassade: mehrere Musikerbüsten, Stein (zus. mit Adolphe Itasse). – Pal. de Justice: M. Try, Büste, Stein, 1859. – Gare du Nord: James Watt; Denis Papin, Medaillons, Stein, beide 1862. – Eglise de la Trinité: Der hl. Matthäus, Statue, Stein, 1863. – Coll. de la Fac. de Médecine: Jacques Dubois, Büste, Marmor (Auftrag 1889). ⊙ *G:* 1859–98 Paris, Salon (1877 ehrenvolle Erw.) 🕮 ThB9, 1913. *Lami* II, 1916 (WV, Lit.; auch s.v. D., Félicité-Elisabeth); DBF X, 1965; *Camard/Belfort*, 1974 (s.v. D., Elisabeth-Félicité); *Bénézit* III, 1976; *Mackay*, 1977 (beide auch s.v. D., Elisabeth-Félicité); *Kjellberg*, 1987. – *Renard*, 1985; *H. Ronot*, Cah. du Haut-Marnais 165:1986, 1–5 (Grabmal A.-F. Delaveuve); *P. Kjellberg*, Le nouv. guide des statues de Paris, P. 1988; Christie's, N. Y., 27. 5. 1993. R. T.

Denecke, *Friedel (Johann Friedrich)*, dt. Bildhauer, * 1930 Neuss, † 28. 2. 1992 Düren (begr. in Kerpen-Buir). 1957 ⚭ Malerin *Mechthild van Almsick*; 9 Kinder, darunter die Bildhauerin *Elisabeth Perger-Denecke* und der Architekt *Werner D.* 1947–50 Schreinerlehre in Neuss; 1950–55 Geselle in Stuttgart und Neuss, danach eig. Atelier in Neuss. Stud.: 1955–58 Innen-Archit. an der Werkkunstschule Krefeld, Kl. Fritz Winter. Als Bildhauer Autodidakt. 1970–74 Werklehrer an der Pädagog. HS und an der FS für Sozialpädagogik Neuss. 1958–79 Atelier in Köln, 1979–92 in Kerpen-Buir. V.a. Ausstattung von Kirchen, sowohl gesamte Einrichtungen als auch einzelne Objekte. Neben zahlr. Grabstelen entstanden Einzelplastiken sowohl für den öff. als auch für den priv. Raum, bes. aus Metall (handelsübl. Profile, Muttern, T-Träger, Walzeisen, Rund- und Vierkantstäbe sowie Blei- und Kupferblech). Getriebene Edelmetalle finden sich bei Tabernakeln, mitunter durch Edelsteinbesatz und Email bereichert. In kleine Elemente zerteilt, werden vorgefertigte Profile unter Wahrung der Objektform zusammengefügt, meist mit reicher Ornamentik in hervorragender graph. Qualität. Überschneidungen und Überlagerungen erzeugen große Plastizität; Farbe wird als ordnender Faktor eingesetzt, in dem sie vereinheitlicht oder Formgruppen differenziert. 🏛 BIELEFELD-Sennestadt, St. Kunigunde: Chorausstattung, 1984 (zus. mit Tochter Elisabeth). FALKENHAGEN, St. Michael: Chorausstattung, 1966. FRECHEN, St. Sebastianus: Innenportal, Eisen, gefaßt, 1986. FULDA, Priesterseminar, Kap.: Dreifaltigkeitsleuchter, Osterleuchter, Stahl, gefaßt, 1990. GELDERN, Finanzamt: Ohne Titel, Stahl, 1971. HERFORD, St. Paulus: Chorausstattung, 1962. KNECHTSTEDEN, Klosterkirche: Sakramentshaus, Eisen, feuerverzinkt, 1966. KÖLN, Dom: Geländer vor Süd-Portal, Walzstahl, 1971/72; drei Türen, Kupferblech, 1974, 1978, 1985. – Dombauhütte: zwei Wetterfahnen, fünf Pentagondodekaeder als Turmbekrönungen, Stahl, verzinkt, 1986. – K.-Longerich, St. Dionysius: Leuchter, Eisen, 1964. – Mahnmal, Eisen, verzinkt, gestempelte Bleiplättchen, 1969. LÖHNE, St. Laurentius: Chorausstattung, 1967. NEUSS, St. Quirinus: Kryptatüren und Nordportal. – Hauptfriedhof: Grabmal D., Sonnenrad, Eisen, geschweißt, 1965. – N.-Theresienheim: Relief, Eisen, gefaßt, 1963. – N.-Reuschenberg, St. Hubertus: Gesamtausstattung, Stahl, Eisen, gefaßt, 1975. SPENGE, St. Josef: Chorausstattung, 1989. ▭ Eucharist. Weltkongreß, München 1960; Das Münster 23:1970 (1) 16–19; Jb. des Zentral-Dombau-Ver. 36/37:1973, 48; 38/39:1974, 78, Abb. 11; 43:1978, 74; 50:1985, 97, Abb. 28 s., 51:1986, 171, Abb. 26 s.; 57:1992, 330; Ars sacra '75 (K), Köln 1975; *H. Fußbroich*, Die Kirchen der Pfarre St. Sebastianus in Frechen-Königsdorf, Neuss 1987; *J. G. Hanke* (Ed.), WV J. G. Hanke. Bauten und Projekte 1956–1996, Bielefeld 1996, 149. H. Fußbroich

Denecke, *Walter* (Pseud.: Denesco), dt. Maler, Graphiker, * 25. 2. 1906 Klein-Alsleben b. Ballenstedt/Harz, † 10. 9. 1975 Ahrenshoop. 1926–29 in Leipzig Ausb. bei Otto Fischer-Trachau (Wandbild-Gest.). 1930–32 Lehrer an der KGS Wiesbaden. Nach Stud.-Reisen 1930/31 durch Frankreich und Italien lebt D. 1932–39 in W-Europa: 1932/33 in Paris, S-Frankreich und auf Mallorca, 1933–35 in Madrid und Barcelona. 1934 Reise nach Marokko. Bei Ausbruch des span. Bürgerkrieges 1936 auf Ibiza tätig, wird Mitgl. der links-anarchist. Gewerkschaft Confederación Nac. del Trabajo (CNT). Mit Zchngn und Graphiken (Hschn.-Zyklus, 12 Bll.) nimmt er unter dem Namen *Denesco* zu den Vorgängen in Spanien Stellung, die z.T. über republikan. Künstlerkreise Barcelonas in das Ausland gelangen. Das mehrfach in diesem Zusammenhang gen. Bild *Erschießung der Arbeiter in der Arena von Badajoz* (Technik unbek.) ist nicht mehr nachweisbar; vermutl. blieben die Arbeiten mit polit. Tendenz in Spanien bzw. Frankreich (nach 1949 wurde davon in Ausst. der DDR nichts gezeigt). 1937–39 lebt D. in Paris. Noch 1939 wird er von den dt. Behörden zur Rückkehr aufgefordert; im selben Jahr Soldat. 1944 an der dt. Ostfront, bis 1948 in sowjet. Kriegsgefangenschaft (einige russ. Lsch., Aqu., Öl-Gem., 1948 dat., erh.). D. läßt sich 1948 in Quedlinburg nieder. Kontakte zum Feininger-Sammler Hermann Klumpp, der den Text für D.s erste Nachkriegs-Ausst. verfaßt (Gal. Henning, Halle 1949). 1949 längerer Studienaufenthalt im Braunkohlekombinat Nachterstedt/Sachsen-Anhalt (Hschn.). Ab 1950 in Berlin tätig. – Zur künstler. Arbeit in Spanien und Frankreich (ca. 60 Arbeiten in Kat. gen.), den dortigen Ausst. (1933 Palma de Mallorca, 1934 Madrid, 1935 Barcelona, 1938 Paris) und über Kontakte zu Künstlern ist kaum etwas bekannt. Umfangreicher zeigte die Rostocker Ausst. 1959 Werke dieser Jahre (Kat.). In der Lit. zu Beziehungen zw. dt. und frz. Kunst der 30er Jahre sowie den Forsch. zur Gesch. des Exils wurde D. wenig beachtet. Bereits vor der Zeit in W-Europa setzt er sich mit der Abstraktion auseinander, die noch stark dekorative Züge aufweist. Der erste Parisaufenthalt ermöglicht die Beschäftigung mit Van Gogh und Cézanne; in Spanien nimmt er Elemente der Farbigkeit von El Greco und Goya auf, ab M. der 30er Jahre Annäherung an Picasso, Braque und Matisse. D. verarbeitet bes. Elemente des Kubismus. Grundlage der Komp. ist eine präzise, auf Wesentliches gerichtete Zchng, in die er z.T. Farbe einfügt (*Straßenbild in Marokko*; *Araber im Café in Tetouan*, beides farbige Zchngn, 1934; *Der blinde Spanier*, Pinsel-Zchng auf Japanpapier, Madrid 1935). Im Ergebnis der Marokko-Reise entstehen zahlr. Holz-(Linol-?)Schnitte. Durch die Beschäftigung mit dem Kubismus werden die Gem. und bes. die Aqu. strenger: über einem klaren Liniengerüst liegt transparente Farbigkeit (*Blick aus dem Atelier in Paris gegenüber dem Retiro*, farbige Zchng, 1933; *Stuhl mit Kürbissen*, Tempera, 1938; *Atelierecke in Paris*, Öl/Lw., 1938; *Montmartre*, Aqu., 1938). 1948 versucht D. an die Pariser Phase anzuknüpfen (*Tisch im Atelier*, Öl/Lw.), geht jedoch bald zu einer pastosen, eher maler.-impressiven Darst. über (*Vorfrühling im Harz*, Öl/Lw., 1949; *Halbakt*, Öl/Papier, 1950). Auch Orientierung an Kurt Bunge, Halle, z.B. *Bootsanlegestelle bei Zingst*, Öl/Papier, 1949. Ab 1956 beginnt D., angeregt durch Reisen nach Bulgarien und in versch. Regionen der Sowjetunion (Armenien, Georgien; Moskau und Goldener Ring, z.B. Zagorsk), Lsch. zu gestalten (v.a. Aqu., Tempera, auch Lith.), in denen er exot. Besonderheiten dekorativ betont, jedoch die formale Überhöhung der Zeit vor 1939 nicht mehr anstrebt. Auch Motive von der Ostseeküste, u.a. Bilder von der Warnow-Werft Rostock. Zw. 1952 und '57 vier dekorative Wandbilder in öff. Gebäuden Berlins. ⌂ ALTENBURG, Lindenau-Mus. BERLIN, SMPK, NG. CHEMNITZ, StKS. FRANKFURT/Oder, Mus. Junge Kunst. FREIBERG, Stadt- und Bergbau-Mus. HALLE, Staatl. Gal. Moritzburg. MOSKAU, Puškin-MBK. ROSTOCK, KH. SCHWERIN, Mus. ⊙ *E:* 1949 Halle, Gal. Henning; Quedlinburg / 1959 Rostock, Mus. (K: J. J. Bernitt, Bibliogr.); Freiberg, Stadt- und Bergbau-Mus. / 1960 Weimar, KH; Schwerin, Mus. (Faltblatt) / 1960, '62 Karl-Marx-Stadt (Chemnitz), StKS / 1962 Eisenach, Thür. Mus. (alle K). – *G:* 1949 Halle, Landes-Gal. Moritzburg: Kunst-Ausst. Sachsen-Anhalt (K). ▭ Vol, 1953. *Schweers* I, 1994. – *U. Kuhirt*, Kunst in der DDR, D. 1959; *L. Lang*, BK 7:1961, 461–464; *C. Halbrehder*, Die Malerei der Allg. Dt. Kunst-Ausst., Kunst-Ausst. der DDR I-VIII, Diss. Kiel, Ffm. u.a. 1994; *M. Papenbrock*, „Entartete Kunst", Exilkunst, Widerstandskunst in westdeutschen Ausst. nach 1945, Weimar 1996. – ArchAKL. V. F.

Denecke, *Werner* cf. **Denecke,** *Friedel*

De Necker, *François*, Maler, Graphiker, Bildhauer, * 1944 Vrede/Südafrika, lebt in Windhoek/Namibia. Stud. in Johannesburg: 1966 SchA; Visual Art Research Centre. Kam 1970 nach Windhoek. 1974 Rückkehr nach Südafrika, lehrte dort am Dept. of FA der Univ. in Pretoria. 1981 wieder in Windhoek, dort 1984 Dir. des Dept. of Visual Arts der Univ. of Namibia; 1993 Gründer des Centre for Visual and Performing Arts ebd. 1994 Mitbegr. und Organisator des ersten Tulipamwe Internat. Artists' Workshop in Namibia. 1995 Commonwealth Acad. Fellowship, Leicester/Großbritannien. Werke in Priv.-Slgn in Namibia, Südafrika, Botswana, Sambia, Europa, USA, Kanada. – Abstrakte und semi-abstrakte Darst. (Lsch., Figürl., afrikan. Sujets) in Öl, Acryl, Aqu.; Skulpturen (Metall, Holz, andere Materialien). ⌂ WINDHOEK, Nat. AG of Namibia. ⊙ *E:* u.a. 1994 Windhoek, Kleine Gal.

🕮 *A. Lilienthal*, Art in Namibia. Nat. AG of Namibia (K), [Windhoek] 1997. C. R.

Denecker, *Jost* → **Negker,** *Jost de*

Deneckere, *Willem*, belg. Maler, Graphiker, Zeichner, * 9. 3. 1939 Moeskroen, lebt in Lichtervelde. Stud.: 1957 plast. Künste an der Rijksnormaalschool in Gent; 1959–63 Serigraphie an Ter Kameren in Brüssel. 1971–90 nicht künstlerisch tätig. Ausz.: u.a. 1969 Bronze-Med., Europapreis Oostende. – Zunächst bevorzugt D. im graph. Werk, später dann auch in Gem. und Zchngn. die menschl. Figur als Motiv; in Einzelfiguren und Paar-Darst. thematisiert er existentielle Fragen nach dem Sinn des Lebens. Ferner malt er abstrahierte Lsch. in Pastell, wobei die zart fließenden Farben stark mit der Lineatur (Kohle) kontrastieren. Ab M. der 90er Jahre hellere Farben und optimist. Themen. 🏛 GENT, Slg der Freunde des Mus. voor Hedendaagse Kunst. 👁 *E:* 1960 Brügge / 1970 Kortrijk; Roselare / 1990 Brüssel / 1995 Gent. 🕮 LWBK V, 1996. – *J. Fontier*, De periscoop 20:1970 (6) 7; *J. van der Hoeven*, Kreatief 1991 (April) 104–111. T. Gr.

Deneff, *Boris* → **Denev,** *Boris*

Denegri, *Victorino*, peruan. Architekt, 2. H. 19. Jh. in Lima aktiv. Stud.: Esc. de Artes y Oficios, ebd. Leitete den Bau des Teatro Olimpio, 1886, und des Teatro Principal, 1889 (beide zerst.). 🕮 *M. Moncloa y Covarrubias*, Dicc. teatral del Perú, Lima 1905. – *id.*, El teatro de Lima. Apuntes hist., Lima 1909. L. E. W.

Deneiris → **Dénéria** (Goldschmiede- und Münzstempelschneider-Fam.)

Deneke, *Gerhard* cf. **Deneke-Gerth,** *Eva*

Deneke, *Wilhelm Ferdinand*, dt. Goldschmied, * um 1806 Zellerfeld/Harz. Lehre in Wernigerode. Wanderschaft über Wien, Triest, Venedig, Hamburg, Hannover und Braunschweig (ebd. Meisterstück beim Kupferschmied Dörge). Konzessionsgesuche 1835 und 1838 für Clausthal (ab 1924 Clausthal-Zellerfeld) werden jedoch abgelehnt. – Fertigte u.a. silberne Gegenstände für die Schützen-Ges. Clausthal. 🕮 *Scheffler*, Goldschm. Niedersachsen II, 1965, Nr 3. J. T.

Deneke-Gerth, *Eva*, dt. Bildhauerin, * 15. 4. 1898 Glabitsch b. Danzig, † 20. 10. 1980 Mülheim/Ruhr. Stud.: 1926/27 KA Königsberg, 1927–30 Staatl. KSch Berlin. Aufenthalte im Ausland. 1933 ⚭ dem Kunsterzieher, Maler und Graphiker *Gerhard Deneke* (* 1904 Goslar, † 1970 Essen), Übersiedlung nach Osnabrück. 1940–55 Kunsterzieherin in Rheinhausen. – Figürl. Kleinplastiken (v.a. Mensch und Tier) zunächst in Ton, dann aus Bronze, meist aufgerauhte Oberflächen. 🏛 DUISBURG, Wilhelm-Lehmbruck-Mus. 🕮 Dr. Gerhard Deneke und Eva D. (K Wilhelm-Lehmbruck-Mus.), Duisburg 1990 (mit Ausst.-Verz.); Ruhm. Werke von Künstlerinnen in nordrhein-westf. Mus. (K Frauen-Mus.), Bonn 1997. A. R.

Denel, *Carlo*, ital. Kupferstecher, 1. H. 19. Jh. War wohl in Rom tätig, da sich einige seiner Druckplatten, u.a. mit Reprod. nach Werken von Raffael, Giulio Romano, Domenichino und Carlo Dolci, im dortigen Ist. Naz. per la Grafica erh. haben. 🕮 ThB9, 1913 (s.v. Denel, Carlo). *Servolini*, 1955; *Comanducci* II, 1971. – Raphael invenit. Stampe da Raffaello nelle coll. dell'Ist. Naz. per la Grafica (K), R. 1985, 868. A. St.

Denen, *Giovanni van* cf. **Denens,** *Jan* (1671)

Denens, *Jan*, niederl. Maler, am 16. 11. 1671 in die Gilde von Middelburg aufgenommen. Da er ein reduziertes Eintrittsgeld bezahlte, war er wahrsch. ebd. gebürtig. Viell. ident. mit einem 1683 in Amsterdam erw. Jan D. Ob er auch ident. ist mit *Giovanni van Denen*, der 1650 in Rom lebte, ist fragwürdig. Zwei sign. Vanitasstilleben (u.a. Brüssel, Priv.-Slg) zeigen den Einfluß von David Bailly. Ein ebenfalls sign. *Portr. von Anna Velters* wurde am 2. 5. 1991 versteigert (Christie's, Am., Nr 24, Abb.), zus. mit dem Portr. ihres Ehemannes Pieter Duvelaer (viell. von and. Hand). Das Frauenporträt steht den Werken von Pieter Nason nahe. Ein Bildnis *Cornelis Huybrechtsen* wurde im 19. Jh. erwähnt. Das Bild *Schlafendes Kind in einem Bett* (Aukt. C. van Citters, Rotterdam, 1811) ist wahrsch. ein Totenbettporträt. Erw. wird ferner *Zwei Akte in einer Grotte* (Aukt. P. A. de Genestet, Am., 1831). 🕮 ThB9, 1913. *E. Gemar-Koeltzsch*, Holl. Stilllebenmaler im 17. Jh., II, Lingen 1995. R. E. O. Ekkart

Den'er, *Andrej Ivanovič* (Denier, *Heinrich[-Johann]*), Fotograf, Maler in Rußland, * 1820, † 1892 (März 1893 lt. Mystectvo Ukraïny) St. Petersburg. Stud.: 1840–49 AK ebd. (Gasthörer) bei Karl Pavlovič Brjullov; 1851 Titel Künstler ohne Klassenrang. Im gleichen Jahr Eröffnung einer Daguerreotypie-Anstalt in St. Petersburg, in der 1857 der später bek. Maler Ivan Nikolaevič Kramskoj als Retuscheur arbeitete und im Labor bis 1859/60 auch der Fotograf Michail Borisovič Tulinov. 1860 Hoffotograf. Ausz. bei zahlr. internat. Wettb.-Ausst., u.a. 1865 Berlin; 1870 St. Petersburg; 1871, '72 London; 1872 Moskau. – D. setzte zunächst die Daguerreotypie-Technik ein, wechselte aber schon bald zum nassen Kollodium-Verfahren. D.s Abzüge, bei denen er gleichzeitig zwei Negativ-Platten unterschiedl. Stärke verwendete, ließ er sich 1873 patentieren (D.-Methode). Aus den 1860er Jahren stammt seine ethnolog. bed. Foto-Slg vom Nenzen-Volk im Norden Rußlands. D. schuf jedoch v.a. Portr. und wählte oft Künstler als Modell, so den Dichter und Maler *Taras Ševčenko*, den er kurz nach dessen Rückkehr aus der Verbannung nach St. Petersburg 1858 fotografierte. Dieses Foto diente (wie auch viele and. von D.) als Vorlage für ein Portr. in Öl bzw. Rad. 1865 begann D. mit der Ed. des Portr.-Albums *Al'bom fotografičeskich portretov avgustejšich osob i lic izvestnych v Rossii*, das in monatl. Ausg. mit je 12 Portr. erschien und im folgenden Jahr aufgrund der großen Nachfrage weitergeführt wurde. Es enthielt Carte-de-visite-Aufnahmen von Mitgl. der kaiserl. Familie und der Reg., prominenten Vertretern von Kirche, Militär, Wiss. und Kunst, so z.B. ein Gruppen-Portr. von bed. russ. Malern, darunter Pavel Aleksandrovič Brjullov, Nikolaj Aleksandrovič Jarošenko, Vladimir Egorovič Makovskij, Il'ja Efimovič Repin, Archip Ivanovič Kuindži, Viktor Michajlovič Vasnecov und Michail Petrovič Klodt. D. machte sich auch einen Namen mit fotogr. Kunst-Reproduktionen. Nicht zuletzt durch seinen engen Kontakt zur AK versuchte er, die Fotogr. als künstler. Medium zu etablieren und einer breiten Öffentlichkeit zugängl. zu machen. 🏛 MOSKAU, HM. – Haus der Fotografie. MURANOVO, Tjutčev-Mus. ST. PETERSBURG,

Russ. NB. ◎ *G:* u.a. St. Petersburg, AK: 1846 (Öl-Portr.), '60, '61, '65 (jeweils Portr.-Fotogr.; als einer der ersten Fotografen Rußlands). 📖 ChudSSSR III, 1976 (Lit.); Dict. mondial de la photogr., P. 1994; DA VIII, 1996 (s.v. Den'yer, Andrey; Lit.); *Auer*, 1997; Mystectvo Ukraïny, Kyïv 1997. – *S. A. Morozov*, Pervye russkie fotografy-chudožniki, Mo. 1952; *id.*, Russkaja chudožestvennaja fotografija, Mo. 1961; Russ. Photogr. 1840–1940 (K, Wander-Ausst. 100 Jahre Photogr. in Rußland), B. 1993 (s.v. Denier, Andrej [Iwanowitsch]). – Mitt. V. Kulakov, Moskau. F.-X. Sch.

Dener, *John*, engl. Bildhauer aus Marston/Oxon., * 1646, bis 1681 in Oxford belegt. Lehre beim Vater; tätig an der Brazenose College Chapel, an Sakristei und Gewölbe des St. John's College und am Theater in Oxford. Als master workman u.a. am New College, ebd., beschäftigt. 📖 *Gunnis*, 1968. K. F.

Dénéria (Denarie; Deneiris; Deneyria; De Neyria), schweiz. Goldschmiede- und Münzstempelschneider-Fam., 1529–1796 in Genf nachgewiesen. Evtl. auch in Turin tätig. Außer Goldmünzen sind keine Werke bekannt.

1. *Ami* (I), get. 30. 11. 1561 Genf, † 14. 11. 1633. Bruder von 3(?) und 4, Vater von 5. 1583–87 leitender Graveur der Genfer Münze.

2. *Ami* (II), * 25. 1. 1601 Genf, † 15. 11. 1686. Vater von 7. Meister der Genfer Münze 1641–43.

3. *André*, * um 1529 Genf, † 24. 7. 1583. Bruder(?) von 1 und 4. Ab 1571 Münzprüfer, ab 1579 Graveur der Genfer Münze.

4. *David*, Goldschmied, * 7. 7. 1577 Genf, † 2. 2. 1624. Bruder von 1(?) und 3.

5. *Etienne*, Goldschmied, * 2. 2. 1594 Genf, * 29. 4. 1631. Sohn von 1.

6. *Isaac*, auch Goldschmied, * um 1729 Berlin, † 12. 12. 1796 Genf. Meister 1758, Geschworener 1768–70, Münzprüfer 1793.

7. *René*, Goldschmied, * 12. 9. 1645 Genf, † 28. 9. 1713. Sohn von 2. Meister 1679.

📖 ThB9, 1913. *Brun*, SKL I, 1905; IV, 1917 (Suppl.); *Vevey*, 1985. C. D.-H.

Dénervaud, *Leonhard (Léonard)*, schweiz. Architekt, * 22. 11. 1889 (22. 12. lt. Schweizer Lex.) Bouloz/Fribourg, † 12. 3. 1955 Fribourg. Ausb. als Schreiner. Stud.: Fribourg Technikum (ohne Diplom). Mitarb. bei León Jungo, 1919 Adjunkt des Kantonsarchitekten von Fribourg. Ab 1928 Büro mit Joseph Schaller. Um 1930 Bauten im Stil einer gemäßigten Moderne in der Nachfolge von Maurice Braillard; zahlr. typolog. vorbildliche Wohn- und Geschäftshäuser wie Haus Moderna in Fribourg (Ave. Perolles 20–24, 1930–32, mit schlichter Fassade, mod. Haustechnik, als erstes Haus Fribourgs mit Flachdach); daneben Hotel Freiburg (1932–34, 1978 abgerissen) und 1939–43 Renovierung der 1746 geweihten Pfarrk. Porsel/Fribourg. 🏛 *(alle mit Schaller):* FRIBOURG, Wohnhäuser: La Fraternelle, 1924. – Wohnhaus Simplonstraße, 1931/32. – Wohn- und Geschäftshaus Ave. Perolles 9–13, 1932–34. – Wohnhauskomplex rue Chaillet, St. Paul und Guilleman, 1932–34. – Villen: Ave. Louis-Weck-Reynold 19, 21 und 23, 1932–34. – Industriegebäude L'Industrielle, 1946/47. MUNTELIER, Villa Strandweg 7, 1930–31. 📖 *Jenny* III, 1982; Schweizer Lex. II, Luzern 1992; *I. Rucki/D. Huber* (Ed.), Architektenlex. der Schweiz 19./20. Jh., Basel u.a. 1998. – Schweizer Archit.-Führer II, Z. 1994. N. B.

Dénervaux (Dénervaud; De Nervaux), *François-Pierre*, schweiz. Bildhauer aus Romont, wurde 1679 Bürger in Fribourg. Dort Mitgl. der Lukasbruderschaft. 📖 ThB9, 1913. – *P. Felder*, Barockplastik der Schweiz, Basel/St. 1988. D. T.

Dénes (1192) → **Dionysius** (1192)

Dénes (1401) → **Dionysius lapicida**

Dénes (1488) → **Dionisio di Giarmate**

Denes, *Agnes (Agnes Cecilia)*, ungar.-US-amer. Konzept- und Environmentkünstlerin, * 31. 5. 1938 Budapest, lebt in New York. Stud. in Schweden, dann in New York: 1959–63 New School for Social Research; 1961–62 City College; 1964–66 als S. M. Robinson Scholar an der Columbia Univ., ebd. Lehrtätigkeit: 1974–79 School of Visual Arts, New York; 1976 San Francisco Art Inst.; 1979 School of Paint. and Sculpt., Skowhegan/Me.; 1986 Univ. Genua; 1988 Environmental Arts Workshop, Art School, Hartford/Conn.; 1991 School of Archit., Univ. of Pennsylvania; 1997 Sommer-Akad., Salzburg. Zahlr. Vorträge weltweit. 1978 Berlin-Stip. des Dt. Akad. Austauschdienstes; 1980 Fellow des Center of Advanced Visual Stud., Massachusetts Inst. of Technology, Cambridge/Mass.; Resident Fellow/Visiting Artist, Courrant Inst., New York Univ.; 1994 Resident Fellow am Studio for Creative Inquiry, Carnegie Mellon Univ., Pittsburgh; 1997–98 an der Amer. Acad., Rom (Rom-Preis). Preise: u.a. 1975–76 Internat. Women's Arts Festival; 1982 Ann and Donald McPhail Award des Print Club, Philadelphia; 1990 Eugene McDermott Achievement Award; 1999 Watson Award for Transdisciplinary Achievement in the Arts, Carnegie Mellon Univ. – D. ist eine Pionierin für ökolog. Kunst. Um kult., soz. und Umweltfragen anzusprechen, kombiniert sie (oft in mon. Format) Kunst mit Wiss., Mathematik, Phil. und Sprache. Ihre Zchngn werden aufgrund dieser Kombinationen und der Visualisierung von Ideen als Visionen des Universums auch mit Leonardo da Vinci verglichen. Bereits in frühen Werken wie *Haiku Poetry Burial, Rice Planing and Tree Chaining* (1968; Sullivan County/N. Y.) arbeitet sie mit Metaphern von Wachstum und Veränderung. In Projekten der Reklamation zerstörter Lsch. wie *Tree Mountain – A Living Time Capsule* (1996; Pinziö-Kiesgrube, Ylöjärvi, Finnland) findet dies, auf eine Langzeitwirkung von 400 Jahren abgestimmt, einen greifbaren Ausdruck. Mit *Stelae – Messages from Another Time – Discoveries of Mind and Peoples* (1986; Genua) dreht sie das Zeitkonzept um: vorgebl. im Jahre 6000 ausgegrabene, 4000 Jahre alte (also aus dem Jahr 2000 stammende) Marmortafeln mit der Darst. von wiss. Errungenschaften werden der heutigen Menschheit dargeboten, um ihr eine zweite Chance zur Einschätzung ihres Wissens- und Wertesystems zu geben. In *Wheatfield – A Confrontation* (1982; New York, Battery Park Landfill) findet die Gegenüberstellung von Agrarland und Stadtraum durch die Pflanzung und Ernte eines Weizenfeldes auf dem

Fundamentenaushub des World Trade Centers in Manhattan ihren deutlichsten Ausdruck. In ähnl. Aufträgen zur Gestaltung von Landaufschüttungen wie am *North Waterfront Park Master Plan* (1991; Berkeley/Calif.) integriert sie auch Naturschutzgebiete, die sie z.T. direkt mit Kunst- und High-Tech-Objekten konfrontiert (z.B. *Circle of Megaliths with Sundial*, 1990; Columbus/Ohio, Internat. Center for the Preservation of Wild Animals). D. verwendet in ihren Arbeiten eine Vielzahl von Techniken und Mat., u.a. Malerei, Zchng, Skulptur, Fotogr., Poesie und Musik, aber auch Umweltgeräusche (z.B. *Hot/Cold Earthship with Heartbeat*, 1992; Helsinki, Mus. of Contemp. Art, und Tampere, KM). ⌂ CHICAGO, Container Corporation of America: Probability Pyramid – The Crystal Pyramid and the Seed, 1979. – Harold Washington Libr. Center: Introspection I. Evolution, Wandgestaltung, 1992. COLUMBUS, Wexner Center for the Arts, Ohio State Univ. DENVER, AM. HONOLULU, Acad. of Arts. ITHACA, Herbert F. Johnson Mus. of Art, Cornell Univ. JERUSALEM, Israel Mus. LEWISTON/N. Y., Art Park: Rice/Tree/Burial Project, 1979. MADISON, Elvehjem AM, Univ. of Wisconsin. MELBOURNE, Altona Treatment Plant: A Forest for Australia, 1998. MIZPE RAMON/Israel, Artists Mus.: On the Edge, 1995. NEW YORK, AT & T Coll. – Chase Manhattan Art Coll. – First Nat. Bank of Chicago: Hypersphere – The Earth in the Shape of the Universe, 1987. – MMA. – Metrop. Mus. – Roosevelt Island: Roosevelt Island Seawall Project, 1992–95. – Whitney. NÜRNBERG, KH. OBERLIN/Ohio, Allen Memorial AM. PHILADELPHIA, Mus. of Art. ROM, Amer. Acad.: Sheep, 1998. STOCKHOLM, Beijer Coll. – Mod. Mus. WASHINGTON/D. C., Corcoran Gall. of Art. – NM of Amer. Art. ✉ A. D. Sculpt. of the mind, Akron, Ohio 1976; Paradox and essence, R. 1976; Isometric systems in isotropic space. Map projections, Rochester, N. Y. 1979; Book of dust. The beginning and the end of time and thereafter, Rochester, N. Y. 1989. ⊙ *E:* New York: 1967 New Masters Gall.; 1981 Elise Meyer Gall.; 1994 Wynn Kramarsky; 1995 (K), '97 Joyce Goldstein Gall.; 1997 View Gall. / 1974 Washington, Corcoran Gall. of Art / 1976 Newport Beach (Calif.), Newport Harbor AM / 1978 Paris, Centre Cult. Amér. (K); Berlin, Amerikahaus; Birmingham (Midlands), Ikon Gall. (Wander-Ausst.; K) / 1979 Mailand, Studio d'Arte Cannaviello / 1980 Lund, Galleriet; Stockholm, Gal. Aronowitsch; Cambridge (Mass.), Hayden Gall., Massachusetts Inst. of Technology (K) / 1985 Honolulu, Univ. of Hawaii AG / 1986 Guadalajara, Ricardo Barreto Arte Contemp. / 1990 Madrid, Anselmo Alvarez Gal. de Arte (Wander-Ausst.; K) / 1992 Ithaca (N. Y.), Herbert F. Johnson Mus. of Art, Cornell Univ. (Retr.) / 1996 Potsdam (N. Y.), Roland Gibson Gall., State Univ. of New York (K) / 1998 Rom, Gall. Il Bulino. – *G:* 1976 Sydney: Bienn. (K) / 1977 Kassel: documenta (K) / 1978, '80 Venedig: Bienn. (K) / 1985 Chonbuk (S-Korea): Kunsan Internat. Show (K) / 1987 St. Paul, Minnesota Mus. of Art: Internat. Art Show for the End of World Hunger (Wander-Ausst.; K) / 1992 Philadelphia, Univ. of the Arts: Artists Who Interpret the Earth and Its Systems. ▭ WWAA, 1980–1997/98; ContempArtists, 1983; *Krantz*, 1985; *Matzner*, 1987; EB, yb. of sc. and the future, Chicago 1989; *J. Wilkes* (Ed.), Enc. of archit., design, engineering and construction, N. Y. 1989; *Heller*, 1995; DA VIII, 1996. – Software (K Smithsonian Institution/Jewish Mus.), Wa. 1970; Amer. drawing 1963–73 (K Whitney), N. Y. 1973; *L. Lippard*, Six years. The dematerialization of the art object, N. Y. 1974; *B. Reise*, StudInternat 1974 (188) 235–238; *P. Selz*, AiA 1975 (63) 72–74; *E. Johnson*, Mod. art and the object, Lo. 1976; *L. Lippard*, From the center, N. Y. 1976; *J. Lipman/R. Marshall*, Art about art, N. Y. 1978; *M. Belford/J. Herman*, Time and space concept in art, N. Y. 1980; *E. Lucie-Smith*, Art in the seventies, Ithaca 1980; *D. Kuspit*, ArtsMag 1981 (56) 152 s.; *P. Selz*, Art in our times, N. Y. 1981; *R. Cohen*, Print collectors newsletter 1982 (13) 159–161; *R. Hobbs*, ArtJ 1992 (42) 191–194; *E. Johnson*, Amer. artists on art, N. Y. 1982; *L. Lippard*, Overlay. Contemp. art and the art of pre-hist., N. Y. 1983; *R. Castleman*, Amer. impressions. Prints since Pollock, N. Y. 1985; *P. Selz*, Art in a turbulent era, Ann Arbor 1985; *I. Hargittai*, Symmetry. Unifying human understanding, Lo. 1986; *P. Selz*, ArtsMag 1987 (62) 47–49; Making their mark. Women artists move into the mainstream, N. Y. 1989; *J. Neff*, Critical inquiry 1990 (16) 858; *R. Cembalest*, Artnews 1991 (90) 99–101; *J. Brookner*, ArtJ (Sonderheft: Art and ecology) 1992; *J. Hartz*, A. D., Ithaca 1992; *S. Chayat*, Artnews 1993 (März); *E. Heartney*, AiA 1993 (81) 135 s.; *B. Oakes*, Sculpting with the environment, N. Y. 1995; *D. Kuspit*, Idiosyncratic identities, C., Mass. 1996; *B. Smith*, Lives and works. Talks with women, II, Lanham, Md./Lo. 1996; *K. Stiles/P. Selz*, Theories and doc. of contemp. art, Berkeley/L. A. 1996; *P. Selz*, Beyond the mainstream, C., Mass. 1997; *A. Zevi*, L'archit. 1998 (516); *J. Kastner/B. Wallis*, Land and enviromental art, Lo. 1998; *L. Lippard*, Lure of the local, N. Y. 1998; Afterimage. Drawing through process (K Mus. of Contemp. Art), C., Mass. 1999; *R. Barreto*, Sculpt. 18:1999 (4) 16–23. – *Online:* A. D. 1995, www. asci. org/news/featured/denes/denes. html; The nature of light, 1996, www. photoarts. com/light; Ecological art perspective and issues. Ecological rest., 1997, www. artsednet. getty. edu/ArtsEdNet/Resources/Ecology/Issues/ ecorestore. htm; Public space Gesprächsreihe 2, 1997, www. publicspace. at/gespr/gespr2. htm; El universal. La materia ancestral se convierte en arte, 1998, www. eud. com/1998/05/21/21319AA.shtml. J. Hartz

Dénes (eigtl. Sternberg), *Dezső*, ungar. Architekt, Entwerfer, * 15. 1. 1877 Budapest, † 22. 5. 1938 ebd. Ausb. an der Technolog. Industrieschule Budapest; 1901–05 Stud. in Berlin, dort Freundschaft mit Oszkár Kaufmann. Ab 1905 in Budapest tätig, ab 1910 gemeinsames Büro mit Artúr Mellinger. Publ. seine zahlr. Entwürfe zu Villen, Grabmälern und Schmiedeeisenwerken in der Zs. Magyar Építőművészet und 1922 in einem separaten Band. 1900 erhielten die von D. entworfenen Produkte der Eisenmöbelfabrik von Sándor Buchwald eine Gold-Med. auf der Pariser WA. D.s Eßzimmereinrichtung (ausgef. von Lipót Szőllősi und Andor Kraszner) wurde 1907 auf der Ausst. der Ges. für Kunstgew. präsentiert. Seine Bauten mit plast. gestalteten Massen und geometr. Ornamentik zeigen den Einfluß des dt. Jugendstils. 🏛 BUDAPEST, Stadtwäldchen: Bioscope für Frau Fisch, 1908 (zerst.). – Dózsa György út 29, 1906 (Fassadenschmuck nicht erh.). – Ráday utca 14, 1911 (mit Artúr Mellinger). ✉ Lakatos és ékítőművészet, Bp. 1922. 👁 *G:* 1901, '02, '09 Budapest, Műcsarnok: Frühlings-Ausst. 📖 MagyKépLex, 1915. – Magyar Iparművészet 10:1907, 122, 134; *J. Gerle/A. Kovács/I. Makovecz*, A századforduló magyar építészete, Bp. 1990. – Mitt. J. Gerle, Budapest. Á.No.

Dénes (D. György), *Irén*, ungar. Malerin, Zeichnerin, * 18. 8. 1912 Budapest, lebt(e?) dort. Ausb. in Dresden und in Schweden. 1939 Rückkehr nach Ungarn, besucht eine freie Zeichenschule. 1948 mit Stip. nach Italien. In der 2. H. 40er Jahre stellte D. auf ihren Aqu. und Tusche-Zchngn Lsch.-Ausschnitte bzw. Portr. dar. Für die 60er Jahre sind Arbeiten in Mischtechnik (Öl, Tusche) typ., intim in der Stimmung und oft auch in der Größe. Diese aus tachist. verschmelzenden Formen und geäderten Oberflächen aufgebauten Werke erinnern an „das versteckte Gesicht der Natur" und an verwandte Figuren bzw. Strukturen der Mikro- und Makrowelt. 🏛 BOCHUM, Mus. Bochum. BUDAPEST, Magyar NG. 👁 *E:* Budapest: 1946 Bibliotheca Officina; 1978 József A. Művelődési Központ / 1967 Kassel, KV. – *G:* Budapest: 1945, '46 Demokrat. Verband Ungar. Frauen (Magyar Nők Demokratikus Szövetsége); 1947 Alkotás Művészház: Frühlings-Ausst.; Ernst Múz.: Magyar Művészhetek (Ungar. Kunstwochen); Fővárosi Képtár: Ausst. der Freien Gewerkschaft Ungar. Bild. Künstler (Magyar Képzőművészek Szabad Szakszervezete); Nemzeti Szalon: Szinyei Társaság. 📖 *L. Kassák*, Uj Idők 1945 (11) 355; Magyar Nemzet v. 28. 10. 1945; 26. 11. 1946; Ruhm – Werke von Künstlerinnen in nordrhein-westfäl. Mus. (K Frauen-Mus.), Bonn 1997. L. Százados

Dénes, *Rudolf* → **Diener-Dénes,** *Rudolf*

Dénes, *Valéria (Valy)*, ungar. Malerin, * 2. 11. 1877 Budapest, † 18. 7. 1915 Pécs. 1911 ⚭ Sándor Galimberti. Lernt malen in der Schule von Zsigmond Vajda; ab 1903 bei Ferenc Szablya-Frischauf, beide Budapest. 1906–11 Mitgl. der von ihm gegr. Gruppe KÉVE, 1908, '09 Teiln. ihrer Ausst. im Nat.-Salon. Arbeitet in den Sommern 1908, '09, '11 in der Künstlerkolonie von Nagybánya. 1910 in Paris, stud. dort zwei Jahre bei Matisse und nimmt seitdem an Pariser Ausst. teil. Lernt dort S. Galimberti kennen, mit dem sie eine einheitl. Kunst entwickelt. Besuchen jährl. Budapest bzw. Nagybánya, flüchten vor der Internierung aus Paris nach Holland. 1915 folgt D. dem einberufenen Ehemann nach Pécs, wo sie stirbt. Ihre meisten Werke sind nur aus Ausst.-Kat. bekannt. – D.s frühe Menschen- und Stadt-Darst. sind vom Impressionmus der Schule von Nagybánya geprägt. In einem ihrer Blumenstilleben ist der Einfluß der frischen, lebhaften Farbenwelt der Fauves spürbar. Nach 1911 wurde sie einer der bedeutendsten Vertreter der ungar. Kubisten. Mit zurückhaltenden Braun-Grün-Tönen und einen ovaler Bildform folgt sie Picasso und Braque (*Utcarészlet*/Straßendetail, 1913). Die analyt. Logik und dynam. Raumkonstruktion, der sie mit strenger Konsequenz folgt, erhält aber eine individuelle Note durch die vom Impressionismus überlieferte organ. Naturanschauung und Farbenfreude der Lsch. bzw. in den alltägl. Gegenständen der Stilleben. Ihre Zigeunerinnen-Akte (1914) vereinen in die Faszination der urtüml. Naturkräfte mit einfühlsamem Lyrismus. 🏛 PÉCS, JPM. 👁 *E:* (mit S. Galimberti) Budapest: 1914, Nemzeti Szalon (K); 1918 Red. der Zs. MA. 📖 ThB13, 1920 (im Art. Galimberti, Sándor); Vo2, 1955 (s.v. Galimberti, Valeria; beide mit falschem Geburtsjahr). DA XII, 1996 (s.v. Galimberti). – A Ház 1909 (8) 229; *J. Szablya* (Ed.), A Kéve Könyve, 8, Bp. 1916 (Nekr.); *E. Kállai*, Neue Malerei in Ungarn, L. 1925; Magyar aktivizmus (K JPM), Pécs 1973, Nrn 35–38; *Zs. Dénes*, Galimberti Sándor és D. V., Bp. 1979 (Lit.); *J. Szabó*, A magyar aktivizmus művészete, Bp. 1981; *L. Németh* (Ed.), Magyar Művészet 1890–1919, Bp. 1981 (Lit.); 20. századi magyar festészet és szobrászat (K Magyar NG), Bp. 1986; *L. Jurecskó/Zs. Kishonthy* (Ed.), Nagybánya, Miskolc 1992; Budapest 1869–1904 (K MBA), Dijon 1995; Nagybánya művészete (K Magyar NG), Bp. 1996. K. Gellér

Denes, *William*, Maler, 1778 in der Free Soc., London, mit *Jupiter und Europa* und einer *Landschaft* vertreten. 📖 ThB9, 1913. *Waterhouse*, Dict., 1981.

Denesco → **Denecke,** *Walter*

Dénesi, *Ödön*, ungar. Architekt, * 22. 12. 1921 Fenyvesvölgy, lebt in Pécs. Stud.: 1941–51 TU Budapest. Ab 1948 tätig in staatl. Konstruktionsbüros (MEZŐTERV, LAKÓTERV, VÁTI), 1958–81 Stadtplaner im Entwurfsbüro der Stadt Pécs (Pécsi Tervező Vállalat). Seine frühen Wohnsiedlungen, anfangs in herkömml. Bauweise, später in Plattenbauweise in kleineren Ser. errichtet, sind Versuche eines schlichten, regional profilierten Massenwohnungsbaus. Ausz.: 1960 Ybl-Preis für die Planung des Stadtteils Uránváros in Pécs; 1972 Niveau-Preis für Architektur. 🏛 PÉCS: Újmecsekalja-Uránváros, 1955–72; Szigether Vorstadt, 1961–75; Lvov-Gartenstadt, 1969–72; Siklóser Vorstadt, 1976–80 (mit Zoltán Tóth, József Papp). 📖 MűvLex I, 1965; ModÉpLex, Bp. 1978. – *P. Granasztói*, A régi Pécs és az új (1962–63), Bp. 1966; *G. Schéry* (Ed.), Évek, művek, alkotók, Bp. 1995. F. Vámossy

Deneß (Tenest; Tenneß), *Bonaventura*, österr. Bildhauer, begr. 13. 6. 1726 Pöllau/Stmk. Zunächst im Stift Vorau/Stmk. (1700 ebd. noch seine Ehefrau erw.), dann in Pöllau, vermutl. für die Stiftskirche tätig, wo ihm der Grabstein für Propst Michael Joseph Maister († 1696) zugeschr. wird. Fertigte 1703 das Wurmbrand-Epitaph für die Burg Neuhaus (jetzt Ruine). 1711 bezahlt für einen Weihwasserstein für Fürstenfeld. 📖 *List*, 1967; ÖKL V, 1979. D. T.

Denet (Denet-Clément), *Charles*, frz. Maler, Wandmaler, * 10. 2. 1853 Evreux, † April 1939 Paris. Stud.: EcBA Paris bei Fernand Cormon und Léon Bonnat. Rückkehr nach Evreux, dort Atelier (Rue Saint-Léger); wohnte später einige Zeit in Paris. Dekorationen in Evreux: 1893 Decken-Gem., Hochzeitssaal, Rathaus; 1903 zwei große Wandbilder (*Hamlet*; *Le médicin malgré lui*), Theaterfoyer; Salle de la Correctionnelle, Pal. de Justice. Für das neue Rathaus in Vernon 1909 lieferte D. ein

Decken-Gem. (Hochzeitssaal) und die drei dekorativen Panneaux *La laitière*, *Fête à Vernon*, *Le retour des vendages* (Festsaal). Werke in zahlr. Mus. der Normandie (u.a. Bernay, Caen, Fécamp). – Lsch., Genrebilder; Ill.: *Voyage de Normadie* von Regnard, Evreux 1883 (Paris, BN, Cab. des Estampes). ⌂ EVREUX, Mus.: Ruth et Booz. ROUEN, MBA: Retour des champs. VERNON, Mus. mun.: Le fils du pêcheur, Öl, 1882. ⊙ *G:* ab 1877 (ab 1872 lt. Schurr) Paris, SAfr. (1887 Mitgl.; 1912 Med. 2. Kl.) / 1900 Glasgow, GI. ▭ ThB9, 1913 (s.v. Denet-Clément, Charles). LivreD'Or, 1921; DBF X, 1965; *Bénézit* III, 1976; *Johnson/Greutzner*, 1976; *Schurr/Cabanne* I, 1996. – *Schurr* VI, 1985. C. R.

Deneter, *Laurentius* → **Neter,** *Laurentius de*

Denetsosie, *Hoke* (Kiya Ahnii; Kiyaa Nii), US-amer. Maler, Werbegraphiker, Navajo-Indianer, * um 1919 bei Cameron/Ariz. Stud.: Phoenix Indian School, Ariz. D. arbeitete 14 Jahre für das Bureau of Indian Affairs (Visual Aid Division) in Window Rock/Ariz. und stellte seine Arbeiten u.a. im Heard Mus. in Phoenix aus. ⌂ SANTA FE/N. Mex., MFA. SCOTTSDALE, Arizona Craftsmen Building: Wanddekoration. ▭ *Snodgrass*, 1968. C. R.

Deneumoulin, *Jean*, Baumeister, Aquarellist, Maler, * 29. 10. 1783 Tongeren, † vermutl. in Missouri. 17jährig bis ca. 1807 zum Stud. alter Meister in Rom, anschl. Palästina-Reise und 1809 Rückkehr nach Lüttich. Bewarb sich erfolglos im Wettb. um den Erneuerungsbau des Théâtre Royal. 1818 Auswanderung in die USA; dort zunächst in St. Louis/Mo., nach Lüttich-Reise 1843 in Missouri ansässig. ⌂ LÜTTICH, Mus. d'Ansembourg: St.-Lambertus in Lüttich, Ser. mit 19 Aqu. ▭ ThB9, 1913. *Flippo*, 1981; DPB I, 1995.

Deneuville, *Alphonse* → **Neuville,** *Alphonse de*

Deneuvre, *Pierre de*, lothring. Bildhauer, 1449 bezahlt für Wappenreliefs an den Portalen vom Schloß Châtel. ▭ ThB9, 1913. *Lami*, 1898.

Deneux, *Carlota*, span. Malerin, E. 19./A. 20. Jh. in Barcelona aktiv. – Bes. Blumenstücke und Lsch. ⊙ *G:* 1936 Barcelona: Salò d'Independents. ▭ *Ráfols* I, 1951; DPEE IV, 1994.

Deneux, *Charles-Auguste*, frz. Maler, 1. H. 19. Jh. tätig. V.a. Portr. (Aqu. und Pastell). ⌂ SETE, Mus. Paul Valéry: Café maure à Tlemcen. ⊙ *G:* 1836–49 Paris, Salon. ▭ ThB9, 1913. *Bellier/Auvray* I, 1882; *Bénézit* III, 1976. K. S.-D.

Deneux, *Dieudonné* → **Deneux,** *Jean Dieudonné*

Déneux, *Gabriel-Charles (Gabriel)*, frz. Maler, * 8. 9. 1856 Paris, † nach 1913. Stud.: EcBA bei Jean Léon Gérôme und Alexandre Cabanel. – Portr. (zeitgen. Schauspieler), Genreszenen und Lsch., auch afrikan. Motive (inspiriert durch Reisen nach Marokko und in die Sahara). Neben Ölmalerei und Aqu. aktive Auseinandersetzung mit alten Maltechniken, dazu Reisen nach Griechenland und Sizilien und Publ. der Schrift Un procédé de peint. inaltérable, 1890. In Enkaustiktechnik u.a. Wandbilder für Kirchen und Dekorationen für das Pal. d'Hiver in Algier, ferner *Le Pardon de Notre-Dame de la Clarté*, 1891, und das *Portr. de Boucher* (Versailles, Château). Hw. sind u.a. *Enterrement de jeune fille*, 1887, *La Remise de décorations par le général Forgemol*, 1894, und *Le Puits sacré de Sidi-Bou-Médine*, 1913. Auch bemalte und feuergebrannte Keramik (1897 Teiln. an der Keramik-Ausst.). ⌂ NANTES, MBA. ⊙ *E:* 1907 Paris, Fédération Philatélique. – *G:* ab 1879 Paris, SAfr. (1897 lobende Erw.). ▭ ThB9, 1913. *Bellier/Auvray*, Suppl., 1887; DBF X, 1965; *Bénézit* III, 1976; *Schurr/Cabanne* I, 1996. – *Schurr* IV, 1979; *L. Thornton*, La femme dans la peint. orientaliste, P. 1993 (Les orientalistes, 3). K. S.-D.

Deneux, *Henri*, frz. Architekt, * 1874 Reims, † 1969. Stud.: Ec. régionale des Arts industriels in Reims. Als Architekt der Mon. hist. (ab 1905) restauriert D. unter Ltg von Sainte-Anne-Auguste Louzier und Anatole de Baudot die Kathedrale in Reims, womit er als Chefarchitekt der Mon. hist. weiterhin bis 1939 beschäftigt ist. Sein bemerkenswertester Eingriff an dem im 1. WK stark beschädigten Bauwerk ist die Wiederherstellung des Tragwerks aus Stahlbeton, ein Meilenstein in der Gesch. der Rest. hist. Baudenkmäler in Frankreich. Des weiteren restauriert D. in Reims das Schiff der Basilika St-Remi, zudem mehrere Gebäude im Dép. Somme. Sein erstes und einziges Bauwerk in Paris ist das 1913 in Stahlbetonbauweise errichtete eig. Wohnhaus (185, rue Belliard, 18. Arr.), das völlig mit Steinzeugplatten der Fa. Gentil et Bourdet verkleidet ist und D. sofortige Anerkennung einbringt. Im MBA von Reims befindet sich das von Victor Charlier sign. Gem. „H. D. dans son atelier d'architecte de la cathédrale de Reims en 1937". ✉ De l'emploi du ciment armé dans les mon. hist., Rationaliste 1914 (Juli) 872–876; L'affichage, ibid. 1914 (Aug.) 891 ss.; La destruction de la cathédrale de Reims par les Allemands en septembre 1914, ibid. 1914 (Sept./Okt.) 899–905; La cathédrale de Reims, ibid. 1919 (Juli-Sept.) 68 s.; Signes lapidaires et épures du XIIIe s. à la cathédrale de Reims, Bull. mon. 1925, 99–130; L'évolution des charpentes du XIe au XVIIIe s., Architecte 1927; Les Halles de Reims, Archit. 41:1927 (7) 223 s.; Dix ans de fouilles dans la cathédrale de Reims, 1919–1930, 1944, 36 pp. (Vortrag in der Soc. des Amis du Vieux Reims). ▭ Enc. de l'archit. Constructions mod., P. [ca. 1929–40], Taf. 5 s. – *C.-H. Besnard*, Rationaliste 1912 (Aug.) 500 ss.; *A. de Baudot*, L'archit., le passé, le présent, P. 1916, 159 ss.; *A. und G. Braive*, Construction mod. v. 5.–12. 3. 1939, 222–227; 19. 3. 1939, 254–259; *C. A. Hewett*, The dating of French timberoof, Ancient mon. Soc. transactions 16:1969, 89–108; *A. Prache*, Doc. inédits sur les fouilles de H. D. dans la nef de St-Remi à Reims (1931), Bull. de la Soc. des antiquaires de France 1974, 41 ss.; *I. Balsamo* (Ed.), Rebâtir Reims. La coll. photogr. H. D., 1870–1938, Châlons-sur-Marne 1988. S. Texier

Deneux, *Jean Dieudonné*, wallon. Maler, * viell. Lüttich, † 4. 11. 1786 ebd. 1749 Schüler vermutl. von Jean Georges Christian Coclers. – Dekorative Malerei mit Blumen, Ornamenten, Trophäen und Figuren, z.B. *Zigeunerlager* (Priv.-Slg). D. arbeitet nach dem Werk „Six Trophées de chasse" von Christophe Huet, gestochen von Jean-Bapiste Guélard, sowie nach Graphiken von Jean Charles Delafosse. ⌂ DEULIN, Schloß. LÜTTICH, ehem. Hôtel de Spirlet. – Soc. libre d'Emulation. – Städt. Slg.

WOTTON, Wotton House: Chin. Motive, Öl, eines dat. 1775. ▭ ThB9, 1913. DPB I, 1995 (s.v. D., Dieudonné). – BE, Surrey, 1971. U. R.

Deneux, *Jules*, frz. Landschaftsmaler, Arzt, * 17. 9. 1868 (nicht 1869) Arras (Hautmont/Nord lt. Schurr), † 2. 2. 1895 Paris. Stud.: bei Xavier Jules Joseph Alphonse Dourlens; mindestens ab 1838 an der Ec. communale de Dessin in Arras; ab 1887 Medizin in Paris. Zahlr. Reisen durch Frankreich. – Trotz kurzer Lebensdauer hinterließ D. ein recht umfangreiches, qualitätvolles Œuvre, v.a. Darst. der normann. Küste bei Dieppe und Le Tréport (*La plage du Tréport par temps de pluie*, Öl/Lw., 1888; *Le port de Dieppe*, 1889), Ansichten aus dem Artois, bes. aus Arras (*Les champs en Artois*, 1886; *Les remparts d'Arras derrière la rue du Saumon*, 1888, beide Öl/Lw.), aus Paris und Umgebung (*Le petit bras de la Seine, Poissy*, 1894; *Le chevet de Notre-Dame de Paris, vue prise du quai de la Tournelle*, 1899, beide Öl/Lw.) sowie, durch das süd-frz. Licht angezogen, von der Mittelmeerküste, aus der Auvergne und dem Bordelais (*Paysage à Talence, environs de Bordeaux*, Öl/Lw., 1894). In großzügigem, der impressionist. Malweise nahestehendem Duktus gestaltet er Stud. nach der Natur, deren subtile, ausgewogene Farbgebung lt. Marchal/Wintrebert gar mit C. Corot verglichen wird. D. konzentriert sich auf die Wiedergabe des Lichts und von atmosphär. Nuancen zu Lasten der landschaftl. Elemente, so daß die bes. geschickt gemalten, ständig changierenden Himmel in seinen Komp. dominieren. ⌂ ARRAS, MBA: 7 Gem. ◉ *E:* 1895 Arras, Union artist. du Pas-de-Calais: Retr. (100 Werke, K). – *G:* ab 1883 Arras, Union artist. du Pas-de-Calais. ▭ ThB9, 1913. *Bénézit* III, 1976; *Harambourg*, 1985; *Marchal/Wintrebert*, 1987 (WV, Lit.); *Schurr/Cabanne*, 1996. – *Schurr* VII, 1989. – Arras, Arch. dép. du Pas-de-Calais: 4 J 213/22–23, 182, 218, 262, 266 (Korr.); 4 J 247/68–70 (Pressekritiken). R. T.

Denev, *Atanas*, bulg. Baumeister aus Trjavna, * 1851. Neffe von Usta Genčo, mit dem er beim Bau der Muttergottes-Kirche von Gabrovo und des Gymnasiums von Aprilovo zusammenarbeitete. Ab 1889 selbständiger Meister in Loveč; erbaute ebd u.a. Privathäuser, Lehreinrichtungen (das Gymnasium zus. mit dem Baumeister *Kos'o Dimov*, der bei Marin Klapata gelernt und mit diesem in Svištov gewirkt hatte), die Kuppeln des Alten Dampfbades sowie in Loveč und Trojan (ab 1891) Krankenhäuser. – Ebenfalls Baumeister in der Region Loveč sind D.s Brüder *Denju D.* und *Kănju D.* (erb. z.B. die Kirche in Beglež b. Pleven, für die Kos'o Dimov Säulen im nahegelegenen Steinbruch bearbeitete). ⌂ LOVEČ: Gericht (ehem. Bezirksverwaltung). – Dreifaltigkeits-Kirche: Glockenturm und Frauenbereich. ▭ *Vasiliev*, 1965. D. K.

Denev, *Boris* (eigtl. Čokanov, *Boris Denev*), bulg. Maler, Zeichner, * 7. 2. 1883 Tărnovo (Veliko Tărnovo), † 31. 12. 1969 Sofia. Vater von Slavka Deneva. Zunächst Autodidakt, arbeitet 1902–10 als Zeichenlehrer in Tărnovo und Umgebung. Schickt auf Rat des Malers Michail Krăstev (dessen Bruder Gymnasiallehrer in Tărnovo war) einige Lsch. zur Winter-Ausst. 1908/09 der Ges. Săvremenno izkustvo ein. Deren begeisterte Aufnahme ermutigt D. 1910 zu seiner ersten Einzel-Ausst. in Sofia. Danach 1910–13 Stud. an der ABK München bei Ludwig von Löfftz, Carl von Marr und Angelo Jank. Meldet sich im Balkankrieg 1912/13 freiwillig an die Front, 1914–25 als Künstler im Militär-Minist. angestellt. Mitgl. (und Ausst.-Teiln.): Ges. Săvremenno izkustvo; 1919 (Mitbegr.) Ges. Rodno izkustvo. Ausz.: 1922 Preis für „Heimatkunst" des Volksbildungs-Minist.; 1931 Kyrill und Method-Preis für Malerei der Bulg. Akad. der Wiss.; 1967 Verdienter Künstler Bulgariens. – D.s Hauptleistung liegt auf dem Gebiet der Lsch.-Malerei, wobei die Vielfalt der heimatl. Natur sein Hauptthema war: stille, abgelegene Naturwinkel, romant., dramat. bewegte Lsch. oder die vom Menschen gestaltete urbane Welt. In den frühen Lsch. dominiert eine lyr. und sinnenfrohe Stimmung (u.a. *Reka Jantra pod Carevec*, 1908; *Ulica v turskata machala; Džamija*, beide 1911; *Jantra pod Balduinovata kula*, um 1912, Veliko Tărnovo). Später setzen sich dramat. Momente und heroisch gestimmte Gemütslagen durch, zugleich versucht er die Natur in ihrer Totalität zu erfassen (*Rilskoto ezero pod Musala*, 1920; *Melnik; Belogradčik*, Sofia, Nat. KG, beide 1930). Die zerstörerische Gewalt der Kriege und die Niederschlagung des Septemberaufstandes 1923 wie daraus resultierende Trauer und Leid finden symbol. Ausdruck in zahlr. Figuren-Komp. mit bibl. Szenen vor der Kulisse seiner Heimatstadt (*Pogrebalna processija*, 1922; *Zrelišteto na Golgota*, 1924, Plovdiv; *Pravednijat Jov*, 1926, Nat. KG). Schuf auch zahlr. Zeichenstudien und Ölskizzen zu Kriegsalltag und Frontereignissen (*V zemljankata*, 1913; *Mobilizacija*, 1915; *Atakata na Tutrakan*, 1916; *Zatišie pred burja*, 1919; *Minavane na Šar planina; Molitva predi boja*, beide 1920, alle Sofia, Militärhist. Mus.). Beschäftigt sich in den 30er Jahren mit Problemen der Freilichtmalerei, bes. der Luftperspektive, Großräumigkeit des mon. Lsch.-Bildes (*Kamenec*, 1932; *Pri Derviškata češma*, 1933, Belgien; panoramahafte Ansichten von Tărnovo; *V polite na Vitoša*, 1937; *Zima v Plovdiv*, 1940, beide Nat. KG). Schuf 1954 im Auftrag der Hl. Synode die hist. Komp. *Tărnovci se proštavat s Patriarch Evtimij; Prenasjane moštite na Sv. Ivan Rilski* (beide Sofia, ebd.). Weniger bek. sind seine Portr., in denen er v.a. nach physiognom. Ähnlichkeit mit dem Modell strebt (u.a. *General Christov; Ali Bej*; Geiger *Saša Popov*, 1927; Musiker *Ivan Cibulka*; Maler *Nikola Tanev*). Zeichnete auch für Zss. (u.a. Karikaturen), siegte 1924 im Wettb. des Nat.-Theaters Sofia um die Szenographie zu P. Todorov, *Zmejova svatba*, und machte sich verdient um die Entwicklung des bulg. Puppentheaters. In den 30er Jahren auch Plakatentwürfe (*Ladislav Varnensis*, 1935). ⌂ ELENA, KG. KAZANLĂK, KG. PLEVEN, KG. PLOVDIV, KG. RUSE, KG. SLIVEN, KG. SOFIA, Nat. KG. – Städt. KG. – Militärhist. Mus. – Hl. Synode. STARA ZAGORA, KG. ŠUMEN, KG. VARNA, KG. VELIKO TĂRNOVO, KG. VIDIN, KG. ✉ Svobodna konstruktivna perspektiva, Sofija, I, 1948, II, 1957; B. D. 1883–1969. Avtobiografija. Fotografija. Pejzaži ot vojnata, Sofija 1993. ◉ *E:* seit 1910 25 Ausst. in Bulgarien, v.a. Sofia (in den 30er Jahren fast jährl.) und

Tărnovo / 1940 Berlin / 1983 Sofia: Retr. – *G:* seit 1908, u.a. 1912 Belgrad: Südslaw. Kunst-Ausst. / 1916 Berlin / 1935 Prag: Bulg. Graphik / 1938 New York / 1942 Venedig: Bienn. / ab ca. 1944 Sofia: Allg. Kunst-Ausst. ▭ Vol, 1953. EIIB I, 1980 (z.T. mit fehlerhaften Angaben); Enc. „Bălgaria", II, Sofija 1981. – *I. Michalčeva,* B. D., Sofija 1964; *Marinski,* 1971; *Bosilkov,* 1973; *I. Michalčeva,* Problemi na izkustvoto 1983 (3) 52–58; *M. Kirov/V. Bratanova* (Red.), Iz istorijata na bălgarskoto izobrazitelno izkustvo 1878–1918, II, Sofija 1984; *G. Kostov,* Izkustvo 1989 (1) 27–30; *L. J. Reitmeier,* Dachau, der berühmte Malerort, M. 1990 (s.v. Deneff, Boris); *M. Georgieva,* Problemi na izkustvoto 1993 (1); *ead.,* Sajuzat na južnoslavjanskite chudožnici LADA. 1904–1212 (K), Sofija 1994; *R. Marinska,* 20-te godini v bălgarskoto izobrazitelno izkustvo, Sofija 1996. S. Jähne

Denev, *Denju* cf. **Denev,** *Atanas*

Denev, *Georgi* → **Denjuv,** *Georgi*

Denev, *Kănju* cf. **Denev,** *Atanas*

Denev, *Konstantin,* bulg. Bildhauer, * 24. 5. 1954 Stara Zagora, lebt in Veliko Tărnovo. Stud.: bis 1979 Univ. ebd. bei Nenko Marov. Ausz. in Wettb. und Ausst., z.B. 1985 2. Preis für Skulpt., Allg. Kunst-Ausst. Sofia; 1988 A. Nikolov-Preis. – Mon.-Skulpt. (*Method,* 1985 3. Wettb.-Preis) und Kleinplastik, inspiriert von der bulg. Volkskunst und nat. Geschichte. ⌂ SOFIA, Nat. KG. – Städt. KG. VELIKO TĂRNOVO, KG. – Levski-Militärschule: Vasil Levski (Wettb.-Sieg). ◎ *E:* 1991 Veliko Tărnovo / 1992 Sofia. – *G:* u.a. 1987 Poznań: Kleinplastik-Bienn. (Preis). ▭ Bulgarian sculpt., Sofia 1994. B. S.

Deneva, *Margarita (Margarita Vekova),* bulg. Malerin, Graphikerin, * 4. 7.(6.?) 1931 Varna, lebt dort. Stud.: bis 1955 KA (ab 1954 KHS) Sofia bei Ilija Petrov. Ausz.: 1972 Orden Kyrill und Method 3. Stufe. – Fast ausschl. Figuren-Komp., bevorzugt zu Themen aus der Gesch. des bulg. Volkes, u.a. zum antifaschist. Widerstandskampf (*Politzatvornički smărtni,* 1958; *Sledstvena,* 1964), zum Alltag einfacher Menschen (*Obedna počivka,* 1962, Plovdiv; *Dobrudžanki,* 1966), aber auch zur (idealisierten) Jugend (*Momče i more,* 1970; *Briz,* 1972; *Bădešta gimnastička,* 1976) gemäß der Ikonogr. des Sozialist. Realismus (Meer, Strand, Urlaub, Sport usw.). Char. für ihren Malstil sind eine verknappte Form- und Farbstilisierung, Flächigkeit und oft eine betonte Vertikalität (*Šach i korabče,* 1967). ⌂ BURGAS,KG. DOBRIČ, KG. SOFIA, Nat. KG. VARNA, KG. ◎ *E:* 1971 Tolbuchin (Dobrič) / 1972 Berlin, Bulg. Kultur- und Informationszentrum: Monotypien / 1973 Sofia; Varna: Graphik. ▭ EIIB I, 1980. – Izkustvo 1972 (1) 39; BK 1972 (5); Obšta chudožestvena izložba posvetena na 30-godišninata ot 9. 9. 1944, 1974/75 (K), Sofija 1976; Retrospektivna izložba „30 godini bălgarsko socialističesko izkustvo" 1974 (K), Sofija 1976: Săvremenno bălgarsko izobrazitelno izkustvo, Sofija 1982. S. Jähne

Deneva, *Slavka (Slavka Borisova),* bulg. Malerin, Zeichnerin, * 1. 7. 1929 Sofia, † 2. 1. 1984 ebd. Tochter von Boris Denev. Stud.: bis 1953 KA ebd. bei Dečko Uzunov, Panajot Panajotov. – Malte vornehml. Lsch., Portr. und Stilleben. Ihre Lsch., die meist Gegenden um Sofia, Plovdiv und Goce Delčev (Nevrokop) wiedergeben, aber auch das urbane Milieu einfangen, zeichnen sich durch eine konstruktiv-tekton. Komp. aus (*Pejzaž ot Sofia,* 1959; *Kăšta,* 1970, Nat. KG). In den ähnl. komponierten Stilleben ist die Tiefenillusion eingeschränkt (*Natjurmort s cvetja,* 1961; *Sucha carevica,* 1964, beide Öl; *Čovekăt i veštite,* Tusche, 1973). Zu D.s besten Bildnissen gehören ihr *Avtoportret* (1957, Pleven) und *Portret na Ivanka Sókerova,* 1959. ⌂ PERNIK, KG. PLEVEN, KG. PLOVDIV, KG. SLIVEN, KG. SOFIA, Nat. KG. – Städt. KG. ◎ *G:* seit 1965 nat. / 1998 Sofia, Städt. KG: Die Landschaft. ▭ EIIB I, 1980. – *Marinski,* 1971; Obšta chudožestvena izložba posvetena na 30-godišninata ot 9. 9. 1944, 1974/75 (K), Sofija 1976; Retrospektivna izložba „30 godini bălgarsko socialističesko izkustvo" 1974 (K), Sofija 1976. S. Jähne

De Nevi, *Paolo,* ital. Bildhauer, Maler, Installationskünstler, Kulturmanager, Schriftsteller, * 24. 6. 1952 Rio di Sesta Godano/La Spezia, lebt in La Spezia. Stud.: ABA Carrara (1970–74 Kurs für Bildhauerei). Fertigt E. der 60er Jahre vom soz. Realismus angeregte Basreliefs, Portr. und Figuren (*Bimbi negri*; *Rinnegati*; *Liberazione del negro dalla materia*). Anschl. Collagen mit Papier, Holz, Stoff und Glas (*Omaggio a Burri*; *Brandelli di vita*). In der 2. H. der 70er Jahre totemhafte Objekte, montiert Teile von ausrangierten Maschinen und Schrott, die an Skulpt. von Ettore Colla, Jean Tinguely oder Antony Caro erinnern (*Organismo,* 1975; *Il discorso dell'onorevole alla popolazione,* 1976; *Totem,* 1977). In der gleichen Phase malt er Bilder in der Art des Informel in mediterraner Helligkeit. Später orientiert er sich im Farbverlauf, der maler. aufgebrochenen Textur und den gestempelten Schriften an der Malerei von Mario Schifano (*Libero di scrivere libero,* 1986; *Il Vulcano,* 1988; *Cina: il sole svanito,* 1989; *Guarda,* 1989). In den Skulpt. der 80er Jahre verwendet er Fundstücke und schafft Werke zw. dadaist. Provokation und iron. Pop Art (*Albero meccanico,* 1980; *Impiccagione del sole,* 1982; *Il carro del sole,* 1988). A. der 90er Jahre montiert er Holz, Polyurethan, Lw., Schnur, Spiegel, Gips und Karton zu Organismen, die er mit breitem, gest. Duktus in blau, rot, gelb und grün bemalt (*E col legno ricomponiamo l'albero,* 1990; *Barriera,* 1990; *Torre di Babele,* 1991; *Nel tuo mar m'è dolce naufragar,* 1992). In and. Arbeiten dieser Zeit orientiert er sich an Mimmo Rotella und fügt Ikonen der Massenkommunikation zus. (*Lascia scegliere,* 1990; *La resa,* 1991; *Rocky Roky,* 1991). Seit 1982 führt er Land Art-Installationen aus, die auf den Umweltschutz des Varatales ausgerichtet sind (*Gli equilibri impossibli,* 1984/85; *Fiume violato,* 1987; *Alla terra, al cielo, a tutti,* 1987). 1982–86 Zusammenarbeit mit der Kommunalverwaltung von Lerici und Koordination von Ausst. über Ugo Mulas, Henry Cartier-Bresson und Arturo Carmassi. Zugleich in Sesta Godano Betreuer von Ausst.: Prodigi della cult. „spontanea", 1987; Cento frammenti di storia in Val di Vara, 1988; Val di Vara: uomini, arte, lavoro. 1991 Gründung und Ltg des Verlages Luna. ⌂ AMEGLIA/La Spezia: Il discorso del tubo, Eisen, 1975. CASTELLANZA, Fond. Pagani: Ipotesi d'incatenazione futura, 1977. CUTIGLIANO/Pistoia, Comune: Composizione, 1974. LA SPEZIA, Comune: Omaggio ad Aldo Moro, Eisen, 1980. – Bibl. Beghi: Gefallenendenkmal, Eisen/Stahl, 1981. – Circolo Castello S. Giorgio: Omaggio a Liberty, 1977. – Mittelschule A. Cervi: Oro e ruggine, Eisen 1987. – Cassa di Risparmio: Paesaggio violato, Öl/Acryl, 1988. LEGNANO, Comune: Paesaggio. MAILAND, Circolo della Stampa: Disgregazione umana, 1975. MONTEROSSO AL MARE/La Spezia, Comune: Albero, Eisen, 1976. PARIS, Mus. de Maubeuge: Composizione, Stahl, 1988. ROM, Mus. dell'Aeronautica Caproni di Taliedo: Il grande volo, Eisen, 1986. SAN FRANCISCO, Mus. Italo-Americano. SAN MARINO, Comune: Trofeo barbarico, 1977. SANTO STEFANO MAGRA/La Spezia, Comune: Spazio violato, Acryl, 1985. VEZZANO LIGURE/La Spezia, Comune: L'aquila e il cane, Eisen, 1988. ✉ Val di Vara, un grido, un canto, La Spezia 1987; Sulle sponde del Vara, La Spezia 1988; Saldi d'artista, La Spezia 1990; Guida arti e mestieri, La Spezia 1994; *P. D./J. Parducci*, Da Bione alla Sprugolean, La Spezia 1995; Gente di Vezzano, La Spezia 1995; *P. D./M. Borzone*, David Beghè, La Spezia 1996; Mezzo sec. di vita artigiana, La Spezia 1996; Saluti da Pontremoli, La Spezia 1998; Magiche Cinque Terre, La Spezia 1999; Storia del Premio Naz. di Pitt. del Golfo della Spezia, La Spezia 1999. ⊙ *E:* La Spezia: 1970, '74 Gall. Il Quadrifoglio; 1976 Circolo delle Poste; 1977 Castello di S. Giorgio; 1981 Piazzale Kennedy; 1989 Passeggiata Morin / 1975 Catania, Circolo Acquarius / 1975, '76 Monterosso, Comune / 1977 Savona, Golf Club La Garlenda / 1980 Paris, Pal. Olivetti (K: S. Franza) / 1981 Sulmona, Gall. La Stadera; Bologna, Gall. Portici / 1982 Lerici, Castello / 1985 Sarzano und S. Stefano Magra, Comune (K: F. Menna). – *G:* Mailand: 1975 Pal. del Turismo: I maestri della pitt. contemp. / La Spezia: 1976 Gall. Il Gabbiano: Mostra del piccolo formato; ab 1978 Bienn.; 1980 Centro Allende: Giovani linguaggi dell'immagine; 1989 Sala Dante: Tracce mediterranee / 1978 Rom, Pal. delle Espos.: La nuova generazione / 1981 Forte dei Marmi, GAM: Giovani presenze artist. in Toscana / 1987 Paris, Mus. de Maubeuge: Sculpt. '87 / 1990 Genua, Gall. Ravecca: Spazio provocato. 📖 Il centauro, I, La Spezia 1975. – La scult. a Genova e in Liguria: Il Novecento, Ge. 1989; *M. Borzone u.a.*, P. D. Impedita estasi (K Castello Doria, Portovenere), La Spezia 1991 (Bibliogr.); *C. Chilosi/L. Ughetto*, La ceramica del Novecento in Liguria, Ge. 1997. N. Corradini

Denew, *Richard*, brit. Maler, 1827–58 in London dok. D. stellt fast nur ital. Motive (Veduten, Lsch. und Genre) in Öl und Aqu. aus. Auch zwei Portr. von Rennpferden mit Jockey sind belegt. ⊙ *G:* London: 1827, '30, '47, '54 RA; 1830, '32, '42–58 mehrfach Soc. of Brit. Artists; 1852 BI. 📖 ThB9, 1913. *Wood*, Animal, 1973; *Johnson* I, 1975; *Wingfield*, 1992. G. B.

Denewet, *Clément*, Maler in Brügge, † 1708. Ab 2. 10. 1678 Ausb. bei Alexander Ruwel; ab 1684 Meister. Nahm 1685 Christiaen Van Oostenberghe, 1697 Anthone Wolffaert und 1699 Joseph Aeneca in die Lehre. 📖 ThB9, 1913. LWBK IV, 1995.

Deney, *Corneille* → **Desmaires,** *Corneille*

Deneyria → **Dénéria** (Goldschmiede- und Münzstempelschneider-Fam.)

De Neyria → **Dénéria** (Goldschmiede- und Münzstempelschneider-Fam.)

Deneys, *Johann Andreas*, dt. Bildhauer, * 15. 6. 1812 Bremen, † Nov. 1864 ebd. 📖 *Friedrichs* I, 1971. C. R.

Denffer (gen. Jansen), *Dietrich Peter*, deutschbalt. Maler, 1739–63 in Mitau (Jelgava/Lettland) nachg. als herzogl.-kurländ. Hofmaler. Malte v.a. Portr. (*Graf Hermann Keyserling*, 1908 im Mus. Mitau). Davor als Malergeselle in den Porzellan-Man. von Dresden (1735) und Meißen (1736–37). 📖 ThB9, 1913. *Neumann*, LbK, 1908; *Lenz*, 1970; *Rückert*, 1990 (als Deuffer, Dietrich Peter). B. S.

Deng, *Anton* cf. **Denk,** *Anton*

Deng *Bai*, chin. Maler, Porzellangestalter, * 1908 Dongwan/Prov. Guangdong, lebt in der Prov. Zhejiang. Zunächst Schüler von Ju Lian und Ju Chao. Stud.: KSch Guangdong; Kunst-FHS Shanghai; 1929–33 Zentral-Univ. Beijing, v.a. Blumen- und Vogelmalerei im Gongbi-Stil sowie westl. Malerei bei Xu Beihong, Lü Fengzi und Chen Zhifo. Anschl. Lehrtätigkeit am Heimatort, später an der Anshun-Berufsschule, Guizhou; Zentral-Univ. Beijing, Fachbereich Archit.; ab 1941 Doz. an der staatl. Kunst-FHS, Fachbereich künstler. Design; ab 1949 Prof. der ABK Zhejiang, Hangzhou. 1953 Reise nach Osteuropa und in die Sowjetunion anläßl. einer Wander-Ausstellung. Anschl. Leiter der Abt. für chin. Malerei an der ABK Zhejiang, Hangzhou. Zahlr. Publ. zu Porzellan, Keramikkunde und chin. Kunstgeschichte. Vize-Vors. der Ges. für chin. Porzellan; Berater des chin. Künstler-Verbandes. – Guohua-Maler, spezialisiert auf dekorative Darst. von Blumen und Vögeln im Gongbi-Stil. Auch kunsthandwerkl. Arbeit, v.a. in Porzellan. 🏛 BEIJING, Große Halle des Volkes. ✉ Zhongguo meishu quanji. Ciqi (Gesamtausgabe der chin. Kunst. Porzellan). 📖 Zhongguo xiandai, 1988; Zhongguo dabai kequanshu. Meishu, Bj. 1991, 169. – *E. J. Laing*, An index to reprod. of paint. by twentieth-c. Chin. artists, Eugene, Ore. 1984, 375. K. K.

Deng *Changfu*, chin. Maler, * Okt. 1914 Heshan/Prov. Guangdong. Stud.: bis 1934 an der Guangzhou Huagu KSch, Guangzhou; ab 1936 Unterricht bei Zhao Shaoang. Bereits ab 1937 lebt D. von dem Verkauf seiner Bilder. 1990 Vorsitzender des Künstler-Verb. in Like/Stadt Guangzhou; u.a. Mitgl. des chin. Künstler-Verb. der Prov. Guangdong. – Malt Blumen und Vögel sowohl in westl. Art als auch im trad. chin. Guohua-Stil, den er ungezwungen und frei interpretiert, z.B. *Lingnanchun* (Frühling hinter den fünf Hügelketten, Tusche, Farbe). Bek. v.a. durch seine poet.-romant. Lsch. in Tusche und kräftigen Farben; z.B. *Yuanyuan liuchang* (Langer Fluß mit ferner Quelle), *Chunjian huayueye* (Mondnacht über dem Frühlingsfluß). ✉ Changfu muke (Changfu Hschn.), 1942. ⊙ *E:* 1934 Guangzhou, Guangdongsheng minjiaoguan (Schule des Volkes). – *G:* 1943 Guangzhou, Guangdong Mus.: Die Kunst in der Prov. Guangdong während des Krieges / 1949 Beijing, Nat. Guohua-Ausst. 📖 Zhongguo dangdai guohuajia cidian, Zhejiang 1990, 519. K. Bo.

Deng *Chuanmi* (Shaobai; Shouzhi; Shangxi), chin. Kalligraph, Dichter aus Huaining/Prov. Anhui, * 1795, † 1870. Ältster Sohn von Deng Shiru. Schüler des väterl. Freundes Li Zhaoluo (1769–1841). Schrieb Siegel- (zhuanshu) und Kanzleischrift (lishu). ▭ *Yu Jianhua*, 1981. E. Y.

Deng *Chun (Gongshou)*, chin. Kunsthistoriker, -kritiker, Kalligraph, Maler aus Shuangliu/Chengdufu (Chengliuxian/Sichuan), tätig um 1167. Stammte aus angesehener Fam. hoher Beamter und Kunstliebhaber. Die Verwandtschaft zu Deng Mingshi, der als D.s Vater gilt und das von D. in der Shaoxing-Periode (1131–62) vervollständigte Gujin xingshi shu bianzheng (Untersuchung und Authentizität der Werke über Klansnamen aus alter und neuer Zeit, 1134) kompilierte, ist nicht haltbar. – D.s Bedeutung besteht weniger im künstler. Wirken als vielmehr in seiner Funktion als Kunsthistoriker und -kritiker. Unter dem Eindruck intensiver Beschäftigung mit Gem. und Kalligraphien aus Privat-Slgn von Flüchtlingsfamilien, die sich nach dem Fall Kaifangs 1126 und dem Sturz der Nördl. Song-Dynastie wie D.s Fam. in die Heimat Sichuan zurückgezogen hatten, entstand das zehn Kapitel umfassende Huaji (Forts. [der Abhandlungen] zur Malerei, 1167). Es steht bewußt in der Trad. der kunsttheoret. Schriften Lidai minghua ji (847) von Zhang Yanyuan sowie Tuhua jianwen zhi (1074) von Guo Ruoxu, das Biogr. von 284 Malern aus der Zeit zw. 842 und 1074 versammelt. D.s Huaji verzeichnet weitere 219 zw. 1074 und 1167 tätige MalerInnen. Die ersten fünf biogr. Kapitel behandeln Leben und Werk von Künstlern der Übergangsperiode zw. Nördl. und Südl. Song-Dynastie und rubrizieren nach soz. Stellung, z.B. ist das gesamte erste Kapitel dem von höchster Vergeistigung (ji yu shen) zeugenden Œuvre des Kaisers Huizong gewidmet; Kapitel 6 und 7 behandeln Themen und Motive der Malerei am Beispiel von Mitgl. der einflußreichen Imperialen Mal-Akad., wobei über Stile und Malkonventionen reflektiert wird; Kapitel 8 listet die Titel bed. Werke aus Privat-Slgn auf. In den beiden letzten Kap. Zashuo (Vermischte Gespräche) erörtert D. Maltheorie, Kunstpolitik und die soziolog. Komponente maler. Schaffens, das D. Su Shi (1036–1101) folgend als intrinsisch mit der Literatenkultur verquickt sieht; ferner sind die Zashuo v.a. im Hinblick auf die Ausführungen zu den Liufa (Sechs Prinzipien der Malerei) von Xie He (Südl. Qi) bedeutsam; so glaubt D. z.B. das erste Prinzip der Atem-Resonanz Lebens-Bewegung (qiyun shengdong) erfüllt, wenn der Künstler den Geist (shen), d.h. die innere Natur der Dinge, in stummem Mitschwingen erfaßt und diese Erfahrung bildbelebend umsetzt. ▭ *Bénézit* III, 1976; IV, 1999; *Yu Jianhua*, 1981. – *F. Hirth*, Scraps from a collector's notebook, Leiden 1905; *O. Sirén*, The Chin. on the art of paint. Translations and comments, Peiping 1936; *M. Aoki/I. Okumura*, Rekidai garon, To. 1942; *S. Nakamura*, Chūgoku garon no tenkai, Kyōto 1965; *S. E. Lee/ Wai-kam Ho*, Chin. art under the Mongols. The Yüan dynasty (1279–1368) (K), Cleveland 1968; *S. Bush*, The Chin. literati on paint., C., Mass. 1971; *R. J. Maeda*, Two Sung texts on Chin. paint. and the landscape styles of the 11th and 12th c., N. Y./Lo. 1978; *Guo Yin*, Zhongguo huihua meixueshi gao, Bj. 1981; *Wang Bomin*, Zhongguo huihuashi, Shanghai 1982; *N. Vandier-Nicolas*, Chin. Malerei und Trad. der Gelehrten, Würzburg 1983; *A. Zhang*, A hist. of Chin. paint., Bj. 1992; *Huang Guangnan*, Songdai huihuaxue xilun, Taipei 1993; *S. Shimada*, Chūgoku kaigashi kenkyū, To. 1993. U. Middendorf

Deng *Dalin* (Changmei daoren; Yi daoren; Yinquan; Zhuomao), chin. Maler, Dichter, Arzt, Pharmakologe, Beamter aus Xiangshan (Zhongshan/Prov. Guangdong), 19. Jh., † 90jährig. Schüler der kaiserl. Adels-Akad.; Sekretär der Ritter-Akademie. Zog Heilkräuter im Garten Xinglinzhuang und verf. Werk über Heilkunde. Befreundet mit Su Liupeng, Liang Chen, Yuan Gao und Zheng Ji. Gründete um 1844 zus. mit Chen Pu, Huang Xiangshi u.a. die Ges. für Poesie und Malerei. – Malte ungewöhnl. große, bis zu 3 m hohe Lsch. auf Hängerollen in altertüml. Stil. ✉ Zhongyu shanfang shichao (Gedicht-Slg aus dem Berghaus Zhongyu). ▭ *Yu Jianhua*, 1981. E. Y.

Deng *Erpi* (Chongen; Jiyu; Pu; Wansui), chin. Kalligraph, Siegelschneider, Literat, Dichter, Kunstsammler aus Dongwan/Prov. Guangdong, * 1883, † 1954. Vierter Sohn des Konfuzianers Deng Lianshang. Stud.: Lit. in Japan; klass. Philologie, Siegelschneiderei und Paläographie in Dongwan. In Guangzhou eig. intensive Forsch. über Kalligraphie und Inschr. auf Bronzen oder Stein. Bek. für seine Slg des siebensaitigen Zupfinstruments Lüyiqin. Arbeitete als Gutachter zus. mit seinem Neffen Rong Gen und seinem Schwiegersohn Huang Banruo. – Schrieb schon als 8jähriger die Siegelschrift (zhuanshu). Siegelschneiderei im Stil von Huang Mufu. ✉ Wenzi yuanliu (Ursprung und Entwicklung der Schrift); Dengzhai biji (Notizen aus dem Studierzimmer Deng); Yigu caogao (Über die Grundlagen der Kunst); Ji Tang Song shi lian (Slg Tang- und Songzeitl. Gedichte); Liaozhai suoyin (Index des Romans Liaozhi, verf. von Pu Songling, 17. Jh.). ▭ *Yu Jianhua*, 1981; Zhongguo meishu cidian, Shanghai 1987, 218. E. Y.

Deng *Erya*, chin. Kalligraph, Maler aus Donghuan/ Prov. Guangdong, † 1954. Schrieb Kalligraphie in Siegelschrift (zhuanshu); malte Lsch., Kiefern, Steine. ▭ *Seymour*, 1988. K. Bo.

Deng *Fen* (Congxin; Manzhu; Tanshu), chin. Maler, * 1892 Nanhai/Prov. Guangdong, † 1963 Hongkong. Zeigte früh Interesse für Malerei, Lit. und die chin. Oper. Während des chin.-japan. Krieges 1937–45 wohnhaft in Hongkong und Macao, anschl. in Hongkong. – Vertreter der trad. chin. Tuschemalerei, gelegentl. unter Verwendung westl., realist. Maltechniken. Malte Lsch., Blumen, Vögel und vor allem Figuren-Darstellungen. Bevorzugte die trad. Gattung der schönen Frauen, u.a. im Stil von Tang Yin. Auch Figuren des Buddhismus und der Mythologie, wie Zhong Kui, z.B. in dem surrealist. Werk *Qungui zhengshi* (Die Geisterschar streitet sich ums Essen; Tusche, 1926). 🏛 Hongkong, Mus. of Art. ▭ *Yu Jianhua*, 1981; *Seymour*, 1988. – Tanshu jushi shuhuaji (Bilder und Kalligraphie des Meisters Tanshu), Canberra 1976; *E. J. Laing*, An index to reprod. of paint. by twentieth-c. Chin. artists, Eugene, Ore. 1984; *Mayching Kao* (Ed.), Twentieth-c. Chin. paint., N. Y. 1988; Chin.

Tuschmalerei im 20. Jh. (K Mus. für Ostasiat. Kunst Köln), M./N. Y. 1996. K. K.

Deng *Fujia* (Yongji), chin. Maler, Kunsthandwerker aus Min/Prov. Fujian, Qing-Zeit (1644–1911), † 49jährig. Arbeitete als 20jähriger in einer Seidenmanufaktur. Lebte in Jiading/Stadt Shanghai. – Malte Lsch. in poet. Stimmung mit einfachen und kraftvollen Pinselstrichen. Mit großer Kunstfertigkeit schnitzte er Blumenzweige aus Bambus mit Blüten und Blättern aus hauchdünnen Schichten. 🕮 *Yu Jianhua*, 1981. E. Y.

Deng *Hua*, chin. Maler, * 1951 Kreis Xiu/Prov. Anhui, lebt in der Prov. Jiangsu. Stud.: ABK Tianjin. Nach Abschluß Beamter im Bereich Kunst und Kultur. Seit 1974 Teiln. an mehreren nat. Ausstellungen. 1993 Präsentation seiner Ill. zum Roman *Kleine weiße Ratte* von Lao She anläßl. der internat. Kinderbuch-Messe in Bologna, anschl. in Deutschland, Frankreich, Singapur, Malaysia und Hongkong. Mitgl. des chin. Künstler-Verb. – Arbeiten in Öl und Tusche. Auch Graphiker und Buch-Illustrator. 🕮 *Yi Muo* (Ed.), The dict. of the achievements of world Chin. artists, Hongkong 1994, 746. K. K.

Deng *Jiaju*, chin. Maler, * 1935 Lichuan/Prov. Jiangxi, lebt in Tianjin. Stud.: Ölmalerei bei Wu Zuoren, Zentrale ABK Beijing (Abschluß 1969); 1989 Atelier von Lü Xiaguang, Cité des Arts Paris. 1990 Reise nach Luxemburg. Ausz.: 1960 Preis für hervorragende Werke, Zentrale ABK Beijing. Öff. Aufträge: 1986–89 Zentrale Fernsehstation, Beijing; Frz. Botschaft, ebd. Zahlr. Werke in öff. Slgn in Japan, Singapur, Frankreich. 1993 erschien der sino-amerik. Dokumentarfilm Youhuajia Deng Jiaju. Mitgl. des chin. Künstler-Verb.; Vize-Vors. des Tianjin Künstler-Verb.; Prof. für Ölmalerei. – Realist. Arbeiten in Öl; auch Aquarell. ⊙ *E:* 1990 Paris, Cité des Arts, Atelier von Lü Xiaguang / 1991 Tianjin. 🕮 *Yi Muo* (Ed.), The dict. of the achievements of world Chin. artists, Hongkong 1994, 616. K. K.

Deng *Jian*, chin. Malerin, Kalligraphin, * 1944 Yueyang/Prov. Hunan, lebt in der Prov. Shaanxi. Stud.: 1960er Jahre KA Xi'an, Fachbereich Kunstgew.; Fern-Univ. für chin. Schriftkunst und Malerei Beijing, Fachbereich Schriftkunst, mit Abschluß. 1994 Japanreise. Mehrere Ausz. für öff. Aufträge, v.a. großformatige Wanddekorationen. Werke im Bes. versch. KS in China, Japan, Hongkong, Macao und Taiwan. Dir. des Beilin-Verb. für Schriftkunst und Malerei, im ständigen Ausschuß des Internat. Austausch-Ver. der Schriftkunst und Malerei, sowie der Forsch.-Ges. für Schriftkunst und Malerei der Univ. für Fernunterricht der Ortsgruppe Shaanxi; Mitgl. im ständigen Ausschuß der sino-japan. Freundschaftsallianz von Schriftkünstlern und Malern. – Guohua-Malerin. Bevorzugt Darst. von Blumen und Pflanzen. 🕮 *Yi Muo* (Ed.), The dict. of the achievements of world Chin. artists, Hongkong 1994, 1025. K. K.

Deng *Jianjin*, chin. Maler, * 1961 Foshan/Prov. Guangdong, lebt in Guangzhou. Stud.: Jingdezhen Akad. für Keramikkunde, Jiangxi, Fachbereich Bildhauerei (Abschluß 1986); seither Doz. an der KA, Guangzhou. – Arbeiten in Öl. Vertreter der chin. Avantgarde der sog. 5. Generation (di wu dai huajia qun). 🏛 GUANGZHOU, KA. ⊙ *E:* 1988 Guangzhou. – *G:* Beijing: 1989 Nat. Kunst-Ausst.; 1994 Ausst. chin. Ölmalerei / 1992 Guangzhou: Dokumentar-Ausst. zeitgen. chin. Kunst. 🕮 *Yi Muo* (Ed.), The dict. of achievements of world Chin. artists, Hongkong 1994, 902. – The first acad. exhib. of Chin. contemp. art 96–97 (K Wander-Ausst.), Hongkong 1996. K. K.

Deng *Juchuan (Bochuan)*, chin. Kalligraph, Maler, aus Zhending/Zhendinglu (bei Shijiazhuang/Hebei). In der Zhizhi-Periode (1321–22) stellv. Magistrat des Kreises Shanghai (Shanghaishi), ein Amt, das er A. der Zhizheng-Ära (1341–60) auch im Kreis Huating (Songjiangshi) ausübte; auf dem Höhepunkt seiner Karriere Minister des Riten-Minist. (libu shangshu). Über D.s Werk ist wenig bekannt; lt. dem Du Mu (1458–1525) zugeschr. kunstkrit. Werk Tiewang shanhu (Korallen im Eisendrahtnetz) kalligraphierte D. ein Kolophon (nicht erh.) zu dem anonymen Portr.-Album *Suiyang wulao tu* (Die Fünf Ehrwürdigen Alten von Suiyang; 1056, Tusche, Farbe/Seide; erh.). 🕮 *Li Xian*, Taming yitong zhi (1589), 9. 13a, in: Siku quanshu zhenben, 7. Slg, Taipei 1977; *Tang Jin* (um 1504), Hongzhi Shanghai zhi (1589), 7; *T. Lawton*, Chin. figure paint., Wa. 1973; *Seymour*, 1988. U. Middendorf

Deng *Junqun* (Liuran jingren; Meiguzi; im Alter: Liuran laoren; Meigu laoren), chin. Maler aus Rongshui/Prov. Guangxi, * Okt. 1906. Stud.: 1931 Shanghai KSch. Ab 1940 Doz. an der Guilin KSch. 1956 Preis für das beste Guohua-Gem., 1. Ausst. für Trad. Chin. Malerei, Nanning/Prov. Guangxi. U. a. Mitgl. in dem chin. Künstler-Verb. der Prov. Guangxi, der Beraterkommission für Mus. der Stadt Yangzhou sowie der Kommission zur Erforschung von Kultur und Kunst der Zhuangzu-Minderheit in der Prov. Guangxi. – Malt in westl. wie auch in trad. chin. Art. Seine Gem. nach Gründung der Volksrepublik (1949) zeigen zunächst sozialist. Motive, z.B. *Yufeng yu longtan zhi xin qixiang* (Neues Leben in den Orten Yufeng und Longtan), später dagegen Vögel und Blumen im leicht abstrahierenden Xieyi-Stil; Pflaumenblüten nach dem Vorbild der Maler Zhu Jie und Yuan Ji (17. Jh.). Bek. durch klare, schlichte Pinselführung. 🏛 NANNING, Guangxi Mus. ⊙ *E:* 1985 Yangzhou, Mus. 🕮 Zhongguo dangdai guohuajia cidian, Zhejiang 1990, 547. K. Bo.

Deng *Kui* (Fusheng), chin. Kalligraph aus Wuxing/Prov. Jiangsu, Qing-Zeit (1644–1911). Schrieb Siegel-(zhuanshu) und Kanzleischrift (lishu); beherrschte auch die Technik des „eisernen Pinsels" (tiebi) und fertigte demzufolge Siegel und Matrizen. 🏛 LONDON, BM: Kalligraphie auf Fächer. 🕮 *Yu Jianhua*, 1981. – *Suzuki* II, 1982. E. Y.

Deng *Lin*, chin. Malerin, * 1941 Shexian/Prov. Hebei. Tochter von Deng Xiaoping. Ab 1959 Unterricht in trad. chin. Malerei im Xieyi-Stil bei Wang Shensheng. Stud.: 1962–67 Zentrale ABK Beijing, Fachbereich Blumen- und Vogelmalerei. Ab 1973 tätig an der KA Beijing; dort seit 1979 Vize-Dir. des Ateliers für Blumen- und Vogelmalerei. 1985 gründet D. die Oriental Art Exchange Assoc.; 1986 als Berufsmalerin an der Akad. für chin. Kunst tätig, leitet eine Künstlerdelegation nach Hongkong. 1985 Japanreise und USA-Reise, auf Einladung von Armand Hammar, um mod. amer. Kunst zu studieren; 1987 in Frankreich; 1988 erneut in den USA, auf Einladung der Hefner Gallery. Ausz.: 1986 für hervorragende Werke, Kyoto AG; 1988 Preis der '88 Internat. Wash paint. Exhib., Beijing. – Guohua-Malerin, spezialisiert auf Blumen- und Vogelmalerei im Xieyi-Stil der Shanghai-Schule. Bevorzugt die expressive Darst. von Pflaumenblüten mit Tusche und Farben. Nach 1986 v.a. abstrakte Arbeiten sowie Entwürfe für Wandteppiche aus Seide. ⌂ BEIJING, Chin. NG. BOSTON, Boston MFA. HONGKONG, Bao Yugang Coll. MACAU, Macau AM. ⊙ *G:* 1977 Beijing, KA / 1982 New York, Wally Findlay Gall. / 1984 Shizuoka Prefecture (Japan), Tokoha AG / 1988 Paris, UNESCO; Taipei, Taiwan Cihui AG. ⎕ *E. J. Laing*, An index of paint. by twentieth-c. Chin. artists, Eugene, Ore. 1984, 375; Deng Lin shuimo huaji, To. 1985; *J. L. Cohen*, The new Chin. paint., 1949–1986, N. Y. 1987; D. paints plumblossoms, Hongkong 1988; The life and works of D., Chengdu 1989; Art 1994 (12) 165; *J. F. Andrews*, Painters and politics in the People's Republic of China, 1949–1979, L. A./Lo. 1994; *M. Sullivan*, Art and artists of twentieth-c. China, Berkeley u.a. 1996. K. K.

Deng *Mingge*, chin. Kalligraph, * April 1934 Pingyao/Prov. Shanxi. Stud.: bis 1953 an der Taigu Shifan Univ. Später tätig an der Ausst.-Halle der Prov. Shanxi, Taiyuan. U. a. Mitgl. der Chin. Kalligraphie-Vrg; Vorstands-Mitgl. im Kalligraphie-Verb. der Prov. Shanxi. – Standard- (kaishu) und Kursivschrift (xingshu) im Stil der Nördl. Dynastien (386–581). Verschmilzt Siegelschrift (zhuanshu) in der Art der Jin-Zeit (1115–1234), vereinfachte Kanzleischrift (lishu) und die Schrift der Wei-Zeit (386–534) zu einem harmon. Ganzen, wobei alte Schriftzeichen durch seine Interpretation einen neuen Char. erhalten. ⊙ *E:* 1986 Taiyuan/Prov. Shanxi, Gal. des Kalligraphie-Verb. ⎕ Zhongguo dangdai shufajia cidian, Zhejiang 1990, 105. K. Bo.

Deng *Rong*, chin. Maler, Kalligraph, Kunsthandwerker, * 1963 Enshi/Prov. Hubei, lebt in ders. Provinz. Seit 1993 Teiln. an zahlr. regionalen und nat. Ausst. der Lackmalerei und des Kunstgewerbes. Mitgl. der Forsch.-Ges. für chin. Lackmalerei und des chin. Künstler-Verb. der Prov. Hubei. – Guohua-Maler, v.a. Lackarbeiten. ⎕ *Yi Muo* (Ed.), The dict. of the achievements of world Chin. artists, Hongkong 1994, 872. K. K.

Deng *Ruqiong* (Shizhi), chin. Maler aus Nanhai/Prov. Guangdong, * 1821, † 1851. Vater von Deng Tao. Malte Lsch. in der Art von Wang Yuanqi (1642–1715) mit kraftvollen Pinselstrichen; betonte die Weite scheinbar endloser Berge und Meere. ⎕ *Yu Jianhua*, 1981; *Seymour*, 1988 (s.v. Teng, Ju-ch'iung). E. Y.

Deng *Sanmu*, chin. Kalligraph, Siegelschneider, Theoretiker, Schriftsteller, * 1898 Shanghai, † 1963. Lernt zunächst Schriftkunst beim Großvater Li Zhi, später bei Xiao Tuian; A. der 1930er Jahre Siegelschneiden bei Zhao Guni. Fertigte während den 1930er Jahren Inschr.-Tafeln im Jingci-Tempel, Hangzhou, an und widmete sich fortan Inschr. auf Stein und Metall. 1955 Übersiedlung nach Beijing, dort Mitbegr. der Forsch.-Ges. für chin. Kalligraphie. Bed. Theoretiker und Verf. zahlr. bed. Werke zur Schriftkunst. – Beherrschte sämtl. Schrifttypen und -stile in individueller Gestaltung. In späteren Jahren Hinwendung zu den archaischen Schrifttypen auf Orakelknochen und Bambustäfelchen. ✉ Zhuanke xue (Stud. der Siegelschnitzerei); Shufa baiwen (Hundert Fragen zur Schriftkunst). ⊙ *E:* 1980 Beijing, Nat. KG (Retr.); Tianjin; Hangzhou; Qingdao. ⎕ Zhongguo dabai kequanshu. Meishu, Bj. 1991, 169; Zhongguo dangdai shuhuajia mingren dacidian, Henan 1993, 199. K. K.

Deng *Shiru* (Wanbai [shanren]; Jiyou daoren), chin. Kalligraph, Siegelschneider, * 1743 Jixian guan, Distrikt Huaining/Prov. Anhui, † 1805. Vater von Deng Chuanmi. D.s urspr. Name lautete Yan; aufgrund von Parallelen zum persönl. Namen des Kaisers Renzong (Reg.-Zeit 1796–1821) verwendete er später seinen Beinamen Shiru. Auch D.s Vater, *Deng Yizhi* (Muzhai), war Gelehrter und Kalligraph; die Fam. lebte jedoch infolge seines schwierigen Char. in ärml. Verhältnissen, so daß D. nicht studierte, sondern vom Verkauf von Siegeln und Abreibungen alter Stein- und Bronze-Inschr. lebte. Er wurde nie Beamter, erreichte aber immer wieder die Förderung hochrangiger Kunstkenner. 1763 ging D. für mehrere Jahre nach Suzhou/Prov. Anhui, errang die Aufmerksamkeit des bek. Kalligraphen Liang Xian, auf dessen Empfehlung D. in das Haus des Mei Liu in Nanjing, Nachkomme einer alten Aristokraten- und Gelehrten-Fam. und Sohn des Mathematikers Mei Gucheng, kam. Dort studierte er dessen umfangreiche Slg alter Abreibungen sowie weiteres epigraph. Mat., begann aber nach acht Jahren ein unstetes Wanderleben, knüpfte zahlr. Kontakte mit bed. Gelehrten seiner Zeit und errang deren Gunst. In der Prov. Anhui traf er auf Zhang Huiyan (1761–1802) und Cao Wenchi (1735–98), in Beijing auf Lu Xixiong (1734–92) und Liu Yong (1720–1805), in Wuchang auf Bi Yuan (1730–97). Im Herbst 1790 begleitete D. Cao Wenchi nach Beijing, konnte in der Hauptstadt jedoch trotz seiner Gönner nicht Fuß fassen. Weng Fanggang (1733–1818), die damals führende Autorität in Archäologie, Kalligraphie und Malerei, soll ihn ignoriert haben. Nach dreijähriger Station in Wuchang ging er ab 1795 wieder auf Reisen, hauptsächl. in die östl. Provinzen. 1802 lernte er den Kunstkritiker Bao Shichen (1775–1855) kennen, der sein Schüler und Freund wurde. Ein biograph. Kap. in dessen Schrift Yizhou shuangji (Die zwei Ruder des Bootes der Kunst) trug wesentl. zum Ruhm D.s bei. Erst mit 46 Jahren gründete er eine Familie. – D. zählt zu den herausragenden Schriftkünstlern der Qing-Zeit (1644–1911). Seine Siegel- (zhuanshu) und Kanzleischrift (lishu) übten nachhaltigen Einfluß auf die Entwicklung der beiden Schrifttypen aus. V.a. die Schriftwerke in Siegelschrift sind „nicht nur Höhepunkte in der Ch'ing [Qing]-Zeit, sondern in der Gesch. der chin. Schriftkunst überhaupt" (Ledderose, 1970). D. gilt als Begründer der Stelenschule (beixue), einer bed., über die Qing-Zeit hinausweisenden Bewegung, die in der Wahl ihrer Vorbilder authent. Schriftzeugnissen den Vorzug gab. Stellvertretend für den Rückgriff auf Originalwerke anonymer Meister standen die Stelen, bes. aus der Nördl. Wei-Zeit (386–534), denen die Schule ihren Namen verdankt. Die Stelenschule stand im Gegensatz zur langen

Trad. der Musterschriftenschule (tiexue), welche auf Kopien und Abreibungen von Schriftwerken berühmter Meister (v.a. Wang Xizhi [307–367]) zurückgriff; diese waren aber durch den Prozeß der Vervielfältigung oft verunklärt. Die Hinwendung der Stelenschule zu Originalwerken anonymer Meister hingegen untermauerte ihren Anspruch auf Authentizität. Gleichzeitig stand sie in engem Zusammenhang mit der seit der Nördl. Song-Zeit (960–1126) durch Ou Yangxiu (1007–72) und sein Ji gu lu (Aufzeichnungen über gesammelte Altertümer) etablierten Archäologie (jinshi xue, die Lehre von Metall und Stein). Sie erlebte in der Qing-Zeit ebenfalls einen neuen Aufschwung. Epigraph. Material entwickelte sich fortan zum Gegenstand ästhet. Interesses. Das galt für den Umgang mit Pinsel und Tusche ebenso wie für die Kunst des „eisernen Pinsels", das Siegelschneiden (zhuanke). In beiden Medien setzte D. einen neuen Maßstab. Ungeachtet der vorzügl., kraftvollen Siegel- (zhuanshu) und Kanzleischrift (lishu), die allein ihm den Ruhm und Respekt seiner Gönner eintrugen, beherrschte D. alle Schriftstile. Das 1797 entstandene *Si ti tie* (Album mit vier Schrifttypen; NM Tokio) ist ein Beispiel dafür. In der Siegelschrift ist zunächst noch der Einfluß und die Trad. von Li Yangbing (8. Jh.) ablesbar, der bis in die Qing-Zeit als Erneuerer und wichtigster Vertreter der Siegelschrift galt; jener lehnte sich stark an den von Li Si († 208 v.u.Z.) geschaffenen „klass." Typ der Kleinen Siegelschrift an (xiaozhuan; Stein-Inschr. auf den sieben Qin keshi, Qin-Zeit [zw. 219 und 210 v.u.Z.]). Zus. werden sie „die beiden Li" (er li) genannt. Auf der 1781 dat. Hängerolle *Zhouyi qian gua* (das Hexagramm qian im „Buch der Wandlungen"; Shanghai Mus.) referiert D. ganz explizit auf Li Yangbing; dessen geometr. Steifheit und der unmodulierte, rhythmusarme Duktus schlagen sich dort noch nieder. Durch hundertfaches Kopieren alter Abreibungen geschult, trat D. bald aus dem Schatten von Li heraus und entwickelte seinen persönl. Stil. Dieser ist gekennzeichnet durch eine zunehmend geschmeidigere und doch unvermindert spannungsreiche Linienführung; ein Beispiel ist die späte Schrift *Bai shi caotang ji* (Aufzeichnungen des Bai Caotang; 1804). Zu den Stelen, die D.s Siegelschrift nachhaltig prägten, gehört u.a. die Si sangong shan bei (117 u.Z.), deren bes. typolog. Details er vielfach übernahm. D. orientierte sich darüber hinaus als erster an den bevorzugt in Siegelschrift gehauenen Stelentiteln (bei e) und griff auch die ältere „dazhuan" (Große Siegelschrift) auf, den Schrifttyp der von ihm hochgeschätzten Steintrommeln (Shigu wen; 500 v.u.Z.), vgl. *Yin fu jing* (Klassiker des verborgenen Zaubers; Hängerolle, undatiert). D.s Kanzleischrift zeugt gleichfalls von der Beschäftigung mit Stelen der Han-Zeit (206 v.u.Z.–219 u.Z.), z.B. mit der Huashan miao bei (165 u.Z.) und der Baishi shenjun bei (183 u.Z.); auch hier exzelliert er durch einen kraftvollen, wandlungsfähigen Stil, bes. *Ao Taosun shiping* (Gedichtkommentar des Ao Taosun, Hängerolle, dat. 1805). Zu D.s Eigenheiten zählt, daß er den Duktus eines bestimmten Schrifttyps mitunter auf and. Typen übertrug, bes. in Wechselwirkung zw. Siegel- und Kanzleischrift. Bao Shichen erhob diese beiden Schrifttypen D.s als einzige Kalligraphien der Qing-Zeit in die Kategorie des höchsten Qualitätsgrads (shen pin). D.s Normalschrift (kaishu) lehnte sich an Vorbilder der Liuchao-Zeit (420–588) an. – Nicht minder einflußreich war D. als Siegelschneider. Er begründete die nach ihm benannte „deng pai" (Schule des Deng Shiru), die ein Gegengewicht zur älteren, von Ding Jing (1695–1765) gegr. „zhe pai" (Zhejiang-Schule) darstellte. Während sich letztere einer großen Anhängerschaft erfreute und ihren Fokus auf neue Techniken der Messerführung richtete, v.a. den „qiedao"-Schnitt (Schnitt für Schnitt ansetzendes Messer), konzentrierte sich D. auf die kalligraph.-ästhet. Implikationen des künstler. Siegelschneidens. Es ist sein Verdienst, sich anders als die Zhejiang-Schule nicht auf die Hinwendung zu den großartigen Bronzesiegeln der Han-Zeit beschränkt zu haben; als erster Künstler zog D. auch archäol. Mat. außerhalb des Siegels heran (yin wai qiu yin). Hierin liegt seine Strahlkraft, die so bed. Künstler wie Wu Xizai (1799–1870), Zhao Zhiqian (1829–84) und Wu Changshuo (1844–1927) in Kalligraphie und Siegelschneiden gleichermaßen stark beeinflußt hat. Die enge und anspruchsvolle Korrelation beider Kunstformen ist von diesen wenigen, aber wichtigen Nachf. ganz unterschiedl. fortgeführt und weiterentwickelt worden. Durch Bao Shichen ist D.s Diktum überliefert, daß „die Kalligraphie dem Siegel beim Schneiden untergeordnet, in der Betrachtung jedoch übergeordnet" sei. D. entwickelte auch in der Komp. individuelle Formen: Es sollte „ein Pferd die weiten Flächen durchschreiten, aber kein Lüftchen zw. den dichten Partien hindurchwehen" können. ⌂ BEIJING, Imperial Pal. Mus. HEFEI, Mus. of Anhui Prov. SHANGHAI, Shanghai Mus. TOKIO, NM. ▭ *K. Kiichiro/N. Yasushi*, Shoseki meihin sôkan, CXVII, To. 1965; CLXV, CXCVI, CXCVII, To. 1975; *K. Shimonaka*, Shodô zenshû, XXIV, To. 1967, 145 s., 169, Taf. 2–13; *Nakata Yûjiro*, Shodô geijutsu, X, To. 1976, 177–182, Taf. 1–94; *Yu Jianhua*, 1981; *Seymour*, 1988; *Liu Zhengcheng*, Zhongguo shufa jianshang da zidian, II, Hongkong 1989, 552 s.; DA VIII, 1996. – *Bao Shichen*, in: Yizhou shuangji, 1851 (Kap. Wanbai shanren zhuan); *Deng Yan*, Deng Shiru zhuanshu shiwu zhong (15 Zhuanshu-Schriftwerke des Deng Shiru), 1869; *Hiromu Momose*, in: *A. W. Hummel*, Eminent Chinese of the Ch'ing period (1644–1912), Wa. 1944 (s.v. Têng Shih-ju); *Deng Yizhi*, Deng Shiru fashu xuanji, Bj. 1964; *Ch'en Chih-Mai*, 1966; *L. Ledderose*, Die Siegelschrift (Chuan-shu) in der Ch'ing-Zeit, Wb. 1970; *Shen Fu*, Traces of the brush (K Yale Univ. AG), New Haven 1977; *Xu Jiaqiong/Mu Xiaotian*, Deng Shiru, Hefei 1982; *T. Kobayashi*, Chûgoku tenkoku sôkan, XXII, To. 1981–84; *T. Takahata*, Tô Sekijo no yûin (Lit. Siegel Deng Shirus), To. 1986; Art price index internat. '94, I, Boston 1993; *Meng Ying*, Deng Shiru shufa zhuanke quanji, 3 Bde, Hefei 1994. A. Lumban Tobing

Deng *Shu*, chin. Malerin, * 1929 Gaoyang/Prov. Hebei. Bereits vor 1949 an der Nordchin. Univ. mit Propaganda-Malerei tätig. Um 1950 Lehrtätigkeit an der Zentrale ABK Beijing. 1952 Ausz. für das Werk *Den Frieden bewahren*. 1955–61 Stud. an der Repin KHS, Leningrad. 1964–65 in der Kampagne für hist. Malerei aktiv. 1967 Opfer von Kritik und Gewalt der Roten Garde. –

Zus. mit ihrem Mann Hou Yimin bed. Vertreterin der sozialist.-realist. Malerei nach der Gründung der Volksrepublik 1949. Schuf 1951 zus. mit Hou *Feier zum 30. Jubiläum der Gründung der kommunist. Partei Chinas* (Neujahrsbild, Tusche, Farbe) und 1972 zus. mit Li Gongliu, Hou u.a. *Wir müssen die Proletar. Kulturrevolution bis zum Ende vorantreiben* (Öl/Lw.). 🕮 Zhongguo xiandai, 1988. – *J. F. Andrews*, Painters and politics in the People's Republic of China, 1949–1979, L. A./Lo. 1994. K. K.

Deng *Sui (Taihou)*, chin. Malerin, Dichterin, Kaiserin aus Xinye (Nanyang/Prov. Henan), † 121. Regierte nach dem Tod ihres Mannes He Di 106 bis zu ihrem Tode. Anhängerin des Konfuzianismus. Stellte den Gelehrten Yang Zhen als kaiserl. Oberstallmeister und Kulturminister ein. Sie sammelte die für das Kaiserhaus bestimmten Kunstgegenstände. Schuf 39 eig. Werke in versch. Stilen. E. Y.

Deng *Tao* (Xiaoshi), chin. Maler aus Nanhai/Prov. Guangdong. Sohn von Deng Ruqiong. Schuf 1864 das Gem. *Huicheng tang song* (Ode an weiße Pappeln in der Stadt Hui), das er Wu Changshou zu dessen Berufung zum Gouverneur der Prov. Hubei widmete. Ferner Lsch. im trad. Stil seiner Familie. 🏛 BERLIN, Mus. für Ostasiat. Kunst. 🕮 *Yu Jianhua*, 1981. – *Guo Weiqi*, 1956. E. Y.

Deng *Wen*, chin. Maler, * 1932 Prov. Guangdong. Nach 1949 aktiv in der revolutionären Kunstbewegung, v.a. an der KA Guangdong, Guangzhou. Auch Theoretiker. Publiziert 1960 zur neuen chin. Lsch.-Malerei. – Guohua-Maler, v.a. Landschaften. 🕮 *E. J. Laing*, The winking owl. Art in the People's Republic of China, Berkeley u.a. 1988. K. K.

Deng *Wenyuan* (Feishi; Shanzhi; Wensu), chin. Gelehrtenbeamter, Kalligraph, Maler, * 1258, † 1328, stammte aus angesehener, konfuzian. geprägter Beamten-Fam. in Mianzhou/Tongchuanfu (Mianyangxian/Sichuan). 1290 Berufung zum Lehrer konfuzian. Gelehrsamkeit 2. Kl. (ju xuezheng) im Direktorat für Erziehung von Hangzhou; ab 1297 leitender Lehrer (jiaoshou) einer Konfuzianer-Schule in der Prov. Chongde (nordöstl. des heutigen Hangzhou/Jiangsu). Ab 1322 Mitgl. der Akad. der gelehrten Weisen (Jixian yuan) und gleichzeitig Kanzler des Direktorats für Erziehung (guozijian jijiu). Vor seinem Rückzug aus dem Beamtenleben Teiln. am Klassiker-Kolloqium (jingyan jiangguan). D. pflegte den Umgang mit namhaften Gelehrtenbeamten und Literaten wie Fang Hui, Wu Cheng, der die Inschr. seiner Grabstele verfaßte, und Gong Kui. – Unter den Malern und Kalligraphen der Yuan-Zeit (1279–1368) gehörte D. zu den Befürwortern der Wiederbelebung des alten Stils (fugu fengqi); seine Kalligraphie folgte zunächst dem Stil der Zwei Wangs, Wang Xizhi (309–ca. 365) und Wang Xianzhi (344–388), später der Schriftkunst des Li Yong (678–747). In der Yuan-Zeit wurde D.s kalligraph. Werk ebenso hoch bewertet wie das seines Zeitgen. Zhao Mengfu. Zahlr. Kolophone D.s sind erh.; zu den wichtigsten Arbeiten gehören u.a. *Jiqiu zhang* (Absatz aus dem Jiqiu-Glossar, 1299), *Qingjuyuan ji* (Aufzeichnungen über die Qingju-Akad., 1318), das Kolophon zu *Yushi zhen* (Ermahnungen an die kaiserl. Zensoren) von Xianyu Shu (1257?-1302) und *Chanjin, Hanshi er tie ba* (Nachschrift zu den Dichtungen Erblicke in der Nähe und Zur Han-Zeit). 🏛 BEIJING, Imperial Pal. Mus. TAIPEI, Nat. Pal. Mus. TOKIO, NM. ✉ Baxi wenji (Gesammelte Schr. aus dem Westl. Ba); Sulüzhai gao (Schr. aus dem Studio der Einfachen Strohschuhe). 👁 *G:* 1968 Cleveland, The Cleveland Mus. of Art (K: S. E. Lee/Wai-kam Ho). 🕮 *Yu Jianhua*, 1981; *Seymour*, 1988. – *Guo Weiqu* (Ed.), Song Yuan Ming Qing shuhuajia nianbiao, Bj. 1958; *Wu Cheng* (1249–1333), Wu Wenzheng ji (spätes 14. Jh.), 64. 21a-24a, in: Siku quanshu zhenben, 2. Slg, Taipei 1971; *Song Lian* (Ed.), Yuanshi (1370), XIII, Bj. 1976, 4023 s.; Shodō meihin zuroku, Kyōto 1955; *K. Kanda u.a.* (Ed.), Shodō zenshū, XVII, To. 1956, 165, Abb. 40; Kaiankyorakuji, To. 1964; Sign. and seals on paint. and calligraphy. The sign. and seals of artists, connoisseurs and collectors on paint. and calligraphy since the Tsin dynasty, I, Hongkong 1964, 338; *J. Cahill*, Hills beyond a river, N. Y./To. 1976; *S. E. Lee/Wai-kam Ho*, Chin. art under the Mongols. The Yüan dynasty (1279–1368) (K), Cleveland 1968; *S. C. Y. Fu*, Traces of the brush. Studies in Chin. calligraphy (K Yale Univ. AG), New Haven/Lo. 1977; *K. S. Wong*, Masterpieces of Sung and Yuan dynasty calligraphy from the John M. Crawford Jr. Coll., N. Y. 1981; *Y. Nakata* (Ed.), Chin. calligraphy, N. Y. u.a. 1983; Zhongguo meishu congshu, IV: Shufa zhuanke bian, Bj. 1986, 74 s., 156, Abb. 93; *L. L.-Y Chang/P. Miller*, Four thousand years of Chin. calligraphy, Chicago 1990; The embodied image. Chin. calligraphy from the B. Elliot Coll. (K Univ. AM u.a.), Pr. 1999. U. Middendorf

Deng *Xilu*, chin. Kalligraph, Siegelschneider, * 1938 Yangshuo/Prov. Guangxi, lebt in Guilin. Autodidakt. Geschult an der Standardschrift (kaishu) von Yan Zhenqing, Konzeptschrift (caoshu) von Huaisu und Sun Guoting. Ausz.: 2. Preis im 1. Internat. Kalligraphie-Wettb. in Australien. Mitgl. des chin. Kalligraphen-Verb. und der Forsch.-Ges. für Dichtung, Kalligraphie, Malerei und für das Stud. von Inschr. auf Bronzen und Steintafeln der Prov. Guangxi; Dir. im ständigen Ausschuß des Kalligraphie-Verb. von Guilin und der Ges. für Dichtung, Kalligraphie, Malerei und Siegelkunst ebd. – Bevorzugt eine Mischung von Kursiv- und Konzeptschrift (xingcao). Siegelschnitzereien in der Trad. von Qi Baishi und Wu Changshuo. 🕮 Zhongguo dangdai shufajia cidian, Zhejiang 1990, 532; Zhongguo dangdai shuhuajia mingren dacidian, Henan 1993, 420. K. K.

Deng *Yaoping*, chin. Maler, * 1932 Zhaoqing/Prov. Guangdong, lebt in Guangzhou. Zunächst Unterricht in chin. Malerei bei Li Shaoshan, Xie Bisun. Stud.: Südchin. Volks-HS für Lit. und Kunst. Ab 1956 künstler. tätig an Kunst-Gal. des Volkes der Prov. Guangdong; ab 1962 an der KA Guangdong, Guangzhou. Mitgl. des chin. Künstler-Verb. der Ortsgruppe Guangdong. – Guohua-Malerei mit realist. Lsch., Blumen und Pflanzen. 🕮 Zhongguo dangdai guohuajia cidian, Zhejiang 1990, 519. – *E. J. Laing*, An index to reprod. of paint. by twentieth-c. Chin. artists, Eugene, Ore. 1984, 376. K. K.

Deng *Yin*, chin. Maler der Nördl. Song-Zeit (960–

1126) aus Zizhou/Zizhoulu (Santaixian/Sichuan). Versiert in versch. Genres; seine daoist. und buddh. Portr., Geister- und Genien-Darst., die Lsch., Historien- sowie Blumen- und Vogel-Bilder fanden bei den Zeitgen. Anerkennung. Der Kunsthistoriker und -kritiker Guo Ruoxu (tätig um 1070–80) z.B. charakterisierte D.s Wand-Gem. *Tianwang* (buddh. Himmelskönige) im Amtsgebäude der Verwaltungsbehörde von Zizhou und eine *Lohan-Darst.* im Büffelkopf-Kloster, Santaixian/Sichuan, als „wunderbar" (miao). Zhou Mi sah gegen E. 13. Jh. die in feiner Umrißtechnik (baimiao) gearbeitete Historien-Darst. *Shi'erguo tu* (die zwölf [Zhanguo-]Staaten bzw. Die zwölf Sternfelder) in der Slg des Staatsmannes Zhang Qian. ▭ *Yu Jianhua*, 1981; *Seymour*, 1988. – *Guo Ruoxu*, Tuhua jianwen zhi (1074), 4. 186, in: Songren huaxue lunzhu. Zhongguo xueshu mingzhu, 5. Slg, Taipei 1962; *Zhou Mi*, Yunyan guoyan lu (spätes 13. Jh.), A. 19. Jh., in: Congshu jicheng chubian, Shanghai 1935–39; *Xia Wenyan*, Tuhui baojian (Vorwort 1365), 3. 49, in: ibid.; *Zhu Mouyin*, Huashi huiyao (1631), 2. 60b, in: Siku quanshu zhenben, 2. Slg, Taipei 1971; *Wang Yuxian*, Huishi beikao (Vorwort 1691), 5C. 6a, in: Siku quanshu zhenben, 2. Slg, Taipei 1971; *H. T. McClelland*, Various Chin. artists, Little Tusculum, Seattle 1936; *A. C. Soper* (Ed.), Kuo Jo-hsü's „Experiences in paint." (T'u-hua chien-wen chih), Wa. 1951. U. Middendorf

Deng *Yizhi* cf. **Deng** *Shiru*

Deng *Yu* (Ciyu; Lengfeng tai yuren; Linchuan yimin; Qinghe qiaosou; Shengu; Xuehe shanren; Yunlin; Zhian; Zhongxiu; Zifang), chin. Daoist, Kalligraph, Maler, Dichter, Zitherspieler, * zw. 1297 und 1306, † nach 1378, aus Linchuan/Fuzhoulu (bei Fuzhou/Jiangsu). In früher Jugend trat D. in das daoist. Kloster Ziweiyuan ein und erhielt seine Ausb. unter dem Meister Liu Jingwu. Zus. mit Fang Congyi, Li Xilai u.a. wurde er im daoist. Shangqing-Kloster (Shangqing gong) auf dem Longhu-Berg (Jiangxi) von Jin Zhiyang (1276–1336) in daoist. Praktiken unterwiesen. In den Wirren der Zhizheng-Periode zw. 1348 und 1354 führte D. ein unstetes Wanderleben in der yuan-zeitl. Verwaltungseinheit Zhejiang xingsheng (heute Jiangsu, Zhejiang, Jiangxi und Fujian). Evtl. gehörte D. zw. 1356 und 1366, trotz ständig wechselnder Wohnsitze, zu der Gruppe von Scholaren, die unter dem Patronat von Liu Renben († 1367) Rhapsodien und Gedichte zusammentrugen. Ab 1371 lebte D. im Chaotiangong in Beijing, wo er Kontakt zu Dichtern und Malern wie Fang Xiaoru (1357–1402), Zheng Shou u.a. hatte und von Kaiser Taizu der Ming (Reg. 1368–98) geschätzt und gefördert wurde. Nach einer Reise zum Longhu-Berg im Jahre 1378 verlieren sich D.s Spuren. – Das schmale überlieferte kalligraph. und maler. Werk stellt sich unkonventionell, keiner Schul-Trad. folgend dar. Natürlichkeit, Spontaneität und Verzicht auf jede gekünstelte Zierde lassen D.s *Zhushi tu* (Bambus und Felsen, Tusche/Papier, Hängerolle, um 1360, Princeton Univ. AM) ganz in daoist. Gepräge erscheinen. Erh. sind ferner drei Kolophone D.s auf *Langyuan xiannü tu* (Die unsterbl. Mädchen von Langyuan) von Ruan Gao, *Qiu jiang dai du tu* (Am herbstl. Fluß auf die Überquerung warten) von Qian Shunju und *Xiao Xiang qiguan tu* (Außergewöhnl. Ansicht des Xiao und Xiang) von Mi Fu (1051–1107) sowie die Abschrift eines Gedichtes im Gedenken an die tugendhafte Wang Shunrong (um 1341–1413) im Album Yang zhenfu shi zhuan ce (Biogr. und Dichtung [zu Ehren] der tugendhaften Ehefrau Wang [Shunrong]). ⌂ BEIJING, Beijing shehui wenhua shiye guanliju. HONGKONG, Cheng Qi-Coll. PRINCETON/N. J., Univ. AM. SHENYANG, Liaoning Prov. Mus. ▭ *Seymour*, 1988. – Sign. and seals on paint. and calligraphy. The sign. and seals of artists, connoisseurs and collectors on paint. and calligraphy since the Tsin dynasty, Taizhong 1964, V, 144; VI, 181; *Fang Wen*, Gugong jikan (NPM Quarterly) 2:1968 (2) 7, Abb. 3; *Jiang Yihan*, ibid. 7:1973 (4) 49–86; *S. E. Lee/Wai-kam Ho*, Chin. art under the Mongols. The Yüan dynasty (1279–1368) (K Mus. of Art), Cleveland, Ohio 1968; *Cheng Qi*, Xuanhui tang shuhua lu, Hongkong 1972; *J. Cahill*, An index of early Chin. painters and paint., Berkeley 1980. U. Middendorf

Deng *Zhangfu*, chin. Maler, * 1914 Heshan/Prov. Guangdong, lebt in Guangzhou. Zunächst Ausb. in klass. Lit. bei Feng Litao. Stud.: Nat. Lehranstalt der bild. Künste, Guangzhou (Abschluß 1934). 1936 Unterricht bei Zhao Shao'ang. Ab 1934 Lehrtätigkeit an versch. Mittelschulen und FHS. 1937–45 aktiv als Propaganda-Künstler im Krieg gegen Japan mit mehreren Ausst. und Publikationen. Mitgl. des chin. Künstler-Verb. der Ortsgruppe Guangdong; Dir. der Ges. für chin. Malerei Guangzhou. – Vertreter der Lingnan-Schule. Lsch., Vögel und Blumen-Darst. in Tusche und Farbe unter Einbezug westl. Maltechniken. ▭ Zhongguo dangdai guohuajia cidian, Zhejiang 1990, 519. K. K.

Deng *Zhongzhou*, chin. Maler aus Fuzhou/Prov. Fujian, 20. Jh. Malte europ. beeinflußt unter perfekter Beherrschung der Perspektive sowie der Licht- und Schattengestaltung. Daneben trad. chin. Malerei (guohua). ▭ *Yu Jianhua*, 1981. E. Y.

Deng *Zijing*, chin. Graphiker, Maler, * 1943 Haikou/Prov. Hainan, lebt dort. Stud.: KHS in Guangzhou, Fachbereich Druckgraphik (Abschluß 1981). Seither Lehrtätigkeit an der Mal-Akad. Guangdong, ebd.; 1990 Vorlesungen in Aomen; 1992 Zypernreise. Mitgl. des chin. Künstler-Verb. und des chin. Graphiker-Verbandes. ⌂ BEIJING, Nat. KG. HAIKOU, Hainan Prov.-Mus. ⊙ *E:* 1986 Haikou / 1989 Taipei. ▭ Zhongguo dangdai shuhuajia mingren dacidian, Henan 1993, 405; *Yi Muo* (Ed.), The dict. of the achievements of world Chin. artists, Hongkong 1994, 900. K. K.

Deng Shiru → **Deng,** *Shiru*

Dengala, *Johann Maria Anton*, österr. Stukkateur, * 1684 Wien, † 26. 2. 1754 ebd. Ab 1716 Bürgerrecht in Wien. Bis 1742 als Steuerzahler nachweisbar. Zw. 1720 und 1739 liegt die Blütezeit seiner Wkst., die danach rasch ihre Bedeutung verliert. Tätig für den Zwettlerhof in Wien und für die Pfarrk. in Feldsberg (heute Tschechien). ▭ *Sailer*, 1943; ÖKL V, 1979. D. T.

Dengel (Daunkhel; Denge; Dengell; Dunckell), *Valentinus (Felten; Velten)*, Goldschmied in Nagyszeben (Hermannstadt; Sibiu/Rumänien), bis 1570 erwähnt. 1550 Meister. MZ: Hausmarke im Schild. ⌂ NEW YORK,

Priv.-Slg: Becher mit Inschr. von 1574. ▭ MagyKépLex, 1915 (Lit.; s.v. Dengell, Bálint). – *Kőszeghy*, 1936; *R. Schuller*, Forsch. zur Volks- und Landeskunde 16:1973 (1) 125; *H. Klusch*, Siebenbürg. Goldschmiedekunst, Bu. 1988; *J. H. Kolba*, Hungarian Silver. The Nicolas M. Salgo Coll., Lo. 1996, 26. A. Grotte

Dengg, *Gertrude (Gertraud*; verh. Hann), österr. Bildhauerin, Keramikerin, * 28. 7. 1885 Wien, † 8. 4. 1953 St. Pölten. Großnichte der Aquarellmalerin Auguste Jaeger. Stud.: 1904–10 KGS Wien, u.a. bei Franz Metzner. Widmete sich, geprägt durch ihre Lehrer Stefan Schwartz, Michael Powolny und Franz Barwig d.Ä., bes. der Tier- und Portr.-Plastik, u.a. Reliefdenkmäler, teilw. auch in Bronze. Zw. 1908 und 1915 wiederholt Entwürfe für die Wiener Kunstkeram. Werkstätte. Nach ihrer Heirat (1915) schränkte sie ihre Tätigkeit ein; Übersiedlung nach St. Pölten. – Nach secessionist. beeinflußten Anfängen zeigen ihre Werke geometrisierende und Art déco-Tendenzen, ohne das realist. Element zu verleugnen. ⌂ ST. PÖLTEN, Landesgericht: Portr. Dr. M. von Müllner, Relief, um 1918/20. WIEN, Univ.: Denkmal für Eduard Jaeger von Jaxtthal (D.s Großvater), 1910. – Zentralanstalt für Metereologie und Geodynamik: Portr. J. Hann, Relief, 1931. ▭ ÖKL V, 1979. – Die Wiener Ringstraße, IX. 1, Wb. 1973; *W. Neuwirth*, Wiener Keramik, W. 1974; *S. Aggermann-Bellenberg*, G. D., Dipl.-Arbeit Univ. Wien, Typoskript, 1988 (WV). W. Krause

Dengg, *Josef*, österr. Maler, A. 19. Jh. tätig. ⌂ SCHLUDERNS/Südtirol, Kap. Hl. Dreifaltigkeit in Gschneier: Marienkrönung, Altarbild, bez., dat. 1805. ▭ *Weingartner*, KD Südtirols II, 1991. D. T.

Dengg, *Matthias* → **Denck,** *Mathias*

Denghausen, *Franz H.*, US-amer. Bildhauer, * 8. 4. 1911 Boston/Mass., in Rockport/Mass. (zuvor in Roslindale/Mass.) ansässig. Stud. in Boston: Mus. School of FA bei Charles Allan Grafly; Child-Walker School bei Arnold Geissbuhler. D. lehrte am Center for Adult Education in Cambridge/Mass. und Boston. 1952–54 Präs. der Rockport Art Association. ◉ *G:* u.a. 1939 New York: WA. ▭ Vol, 1953. WWAA, 1953–1962 (Ausst.); *Falk*, 1985. C. R.

Dengle, *Diwakar Krishnaji*, ind. Maler, Bildhauer, Graphiker, * 19. 3. 1928 Pune/Maharashtra, lebt dort. Stud.: 1950–52 Bombay; bei V. K. Patil am Inst. of Mod. Art, Pune. 1944–50 (lt. Krishnan) dort Doz.; 1946–52 Kunstlehrer am Seva Sardan Training College, 1949–50 an der Sirdar Dastur Nosherwan Girls High School, 1951–52 an der SchA; ab 1981 Dir. des Abhinava Kalā Mahāvidyālaya, alle Pune. Mitgl.: Zentralausschuß staatl. Kunst-Ausst.; Ausschuß für Kunstprüfungen sowie im Maharashtra Staatl. Ausschuß für Kunstfragen; 1981 Präs. des Bundes der Kunstinstitutionen Indiens. Ausz. der Bombay Art Society. Autor versch. Bücher über Design, Farbmuster, Skizzentechniken. – Postimpressionist. Dorfansichten. ▭ *Sanyal*, 1961; *Krishnan*, 1981; *Naik*, 1986. M. Frenger

Dengler, *Adam*, dt. Zinngießer in Passau, † vor 1713. 1661–65 Lehre beim Zinngießer Georg Khirmayr in Straubing. 1676 ⚭ der Witwe des Zinngießers Hans Heinrich Lessel, 1690 zweite Ehe mit der Tochter des Zinngießers Matthias Werml. Ab 1676 in Passau. Als Stadtmeister u.a. 1687 Zinngeschirr für die Gemeinde Hals. 1697 Mitgl. einer Bruderschaft, 1709 Beschwerdeführer. Der Sohn *Jakob Ferdinand D.* wird ebenfalls Zinngießer. ⌂ PASSAU, StM: Handwerksschild, 1699. ▭ *Hintze* VI, 1928, Nr 920 (weitere Werke); *E. Freudenberg*, Altes Zinn aus Niederbayern, I, Rb. 1982; II, 1983. J. T.

Dengler, *Frank (Franz Xaver)*, US-amer. Bildhauer dt. Abstammung, * 1853 Cincinnati/Ohio, † 17. 1. 1879 Covington/Ky. Stud.: ab 1872 AK München bei Josef Knabl (1874 Große Silber-Med. für die Gruppe *Schlafende Schönheit*). 1875–77 Lehrtätigkeit an der MFA School in Boston (war trotz des kurzen Zeitraums prägend für die Entwicklung der amer. Kunst). Kurzzeitig in Cincinnati. Starb auf der Reise nach Florida. – Büsten (u.a. wirklichkeitsnahe Portr.-Büsten von Künstlern der amer. Kolonie in München, z.B. *William Merritt Chase*; *Joseph Frank Currier*), Köpfe, Portr.-Reliefs, allegor. Skulpt.; außerdem Dekoration von Keramiken mit Reliefornamenten (u.a. für Hugh Robertson). ⌂ BOSTON, MFA. ▭ ThB9, 1913. *Fielding*, 1984; *K. Bott*, Dt. Künstler in Amerika – Amer. Künstler in Deutschland, Weimar 1996. – *L. W. Watkins*, Early New England potters ..., C., Mass. 1950, 225; *J. Seidler/K. Greenthal*, The sublime and the beautiful. Images of women in Amer. sculpt., 1840–1930 (K MFA), Boston 1979; *W. McNaught*, Horizon 23:1980 (2) 64–71. Ch. R.

Dengler, *Georg*, Modellmeister, Bildhauer aus Nürnberg. Zunächst in Würzburg, ab 1780 in Passau in der Porzellanfabrik von Karl Hagen tätig. Am 16. 8. 1780 als Bildhauergeselle und Pate von Johann Georg Ludwig, Sohn des Porzellanmalers Ludwig Hoff dok. (Taufbuch, St. Paul, Passau). Um 1785 beschäftigt in der Man. Ansbach-Bruckberg. ▭ ThB9, 1913. *Honey* I, 1949. – *S. Wallner*, Gesch. der Porzellanherstellung in Passau, Mag.-Arbeit Univ. Passau 1998 (Mschr.), 118, 127. P. Kathke

Dengler, *Georg*, dt. Architekt, Kunsthistoriker, Geistlicher, * 31. 12. 1839 München, † 9. 6. 1896 Regensburg. 1862 Priesterweihe in Rom; ab 1868 Domvikar in Regensburg. Als Verwalter des Referats für christl. Kunst und Denkmpfl. entwarf D. Ausstattungen zahlr. Kirchen in Regensburg und Umgebung im neoroman. und neogot. Stil, u.a.: Flügelaltar mit Schnitzfiguren (1870) im Chorumgang der Kirche St. Martin in Amberg; Ausstattung der Erhardi-Kap. (1892; auch Rest.) in Regensburg. Ebd. war D. auch für die Renovierung (1885–95) der ehem. Johanniterkirche St. Leonhard und für die Rest. und den Wiederaufbau (1889) des Dollingersaals im Alten Rathaus sowie für den Umbau (1890–93) der Pfarrk. Mariä Himmelfahrt in Furth im Wald verantwortlich. ▭ Die Nachlässe in den dt. Arch. I. 2, Boppard 1983; *Dehio*-Bayern II: Ndb., 1988; *id.* V: Regensburg und Oberpfalz, 1991. – Regensburg, Bischöfl. Zentral-Arch.: Nachlaß. – Mitt. Bischöfl. Zentral-Arch., Regensburg. S. P.

Dengler, *Gerd*, dt. Maler, Graphiker, Illustrator, Objektkünstler, * 23. 11. 1939 Karlsbad/Böhmen (Karlovy Vary), lebt in Fahlenbach und Wiesbach/Bayern. Seit 1945 in Bayern. Stud.: ab 1960 Malerei ABK München bei Erich Glette. 1965–75 Kunsterzieher in Schwandorf. 1969 ⚭ Katharina D. Gründung des Kunst-Kab. Schwandorf und der Zs. SAD-News mit Herbert Burger. Seit 1975 Prof. für Malerei, Graphik und Kunsterziehung an der ABK München. Seit 1982 Aufbau und künstler. Ltg der Sommer-Akad. Neuburg an der Donau für Bild, Kunst, Musik, Theater. – Entwickelt in der iron.-analyt. Auseinandersetzung mit der „gutbürgerl." Konsum-Ges. in Interieurs, Lsch., Stilleben, Figurenbildern eine formpräzis-technizist. kühl anmutende Bildsprache. Verbindet Elemente der Neuen Sachlichkeit (bes. Georg Schrimpf), des Surrealismus (z.B. René Magritte), der Pop Art und Naiven oft mit (parodist.) Zitaten and. Künstler. In Ser. wie *Idyllen aus Euroland* von 1998 verdichten sich die „gemalten Graphiken" zus. mit den Nonsens-Gedichten von Karel G. Nedlizča zu einem iron. Beziehungsgeflecht. D. sucht für Ausst. den Ort nach dem Inhalt der Bilder aus (*Kruzifix-decefix* in der Ges. für christl. Kunst, München), wobei er Banken, Restaurants, Kantinen, Kirchen übl. Ausst.-Orten vorzieht. Neben Ölbildern auch Objektkästen, Graphik-Zyklen und Buch-Ill., v.a. für Gerhard Polt. ◉ *E:* München: 1968 BBK; 1975 KV; 1980 StG im Lenbachhaus (K); 1996 Kreissparkasse Sendlinger-Tor (K); 1998 HS für Fernsehen & Film (K) / 1977 Ludwigshafen, StKS (K) / 1986 Mannheim, KH (K) / 1998 Osaka, Shinobashi-Gal. 📖 *Hesse*, 1987; *L. J. Reitmeier*, Dachau, der berühmte Malerort, M. 1990. – Mitt. D. S. P.

Dengler, *Hans* → **Degler,** *Hans* (1564)

Dengler, *Jakob Ferdinand* cf. **Dengler,** *Adam*

Dengler, *Katharina*, dt. Keramikerin, * 16. 3. 1942 München, lebt in Rohrbach/Ilm. Verh. mit Gerd Dengler. Stud.: 1960–65 ABK München, Malerei bei Erich Glette; ab 1962 keram. Ausb. bei Franz Eska, danach in versch. Wkstn, u.a. bei Gerhard Liebenthron in Bremen. Eig. Wkst. 1968–72 in München, 1972–79 in Lauterbach b. Dachau, seit 1979 in der ehem. Dorfschule von Fahlenbach. – Fertigt frei gedrehte, auch aufgebaute Gefäßkeramik (Unikate und kleinere Ser.), bestimmt von zarter Wandung und erdfarbenen Oberflächen. Steinzeug und Irdenware, diese z.T. schamottiert, mit Lehm-, Fritte-, bzw. Transparentglasur beschüttet oder getaucht (bei 1200 °C, mitunter auch reduzierend gebrannt). Ritzmarke mit Jahreszahl. 🏛 MÜNCHEN, Neue Slg. ◉ *E:* 1997 Neuburg an der Donau, Städt. Gal. im Fürstl. Marstall. – *G:* 1980, '84 Coburg: Keramik heute in Bayern. 📖 WWCCA, 1996. K. Schütter

Dengler, *Theodor*, dt. Maler, Zeichner, * 20. 7. 1867 Karlsruhe, † 20. 7. 1902 Erfurt. Stud.: 1883–85 KGS Karlsruhe; 1885 KA ebd., Naturklasse bei Ernst Schurth, dann Meisterschüler bei Ferdinand Keller. Stud.-Aufenthalte in München und Berlin. Nach einer Anstellung an der Berliner Handwerkerschule 1898 lehrte D. von 1899 bis zum Tod an der Staatl.-städt. Handwerker- und KGS Erfurt. 1891 Italienreise, um für den Großherzog von Baden ein Ahnenbildnis zu kopieren. Für den Rathaussaal in Karlsruhe malte er das überlebensgroße *Portr. Kaiser Wilhelms II.* nach dem Original von F. Keller. 1902 entwarf D. den Karton für das Kolossal-Gem. *Empfang der Königin Luise durch Schülerinnen der Anstalt im Jahre 1803* für die Aula der Städt. Höheren Mädchenschule in Erfurt (1903 von Hans W. Schmidt aus Weimar ausgef., heute verschollen). 🏛 ERFURT, Anger-Mus.: Weibl. Studienkopf, Öl/Lw., auf Pappe aufgezogen. KARLSRUHE, StG im Prinz-Max-Pal.: Kaiser Wilhelm II. in der Uniform der Garde du Corps, Öl/Lw., 1895 (Kopie nach Ferdinand Keller). – SKH, Kpst.-Kab.: Nähende junge Bäuerin in einer Gutacher Schwarzwaldstube, Bleistift, Kreide, weiß gehöht, 1892. MÜNCHEN, Kunsthandel, Neumeister K. G.: Familienspaziergang (1969 angeboten als Werk eines „nicht näher identifizierten neuzeitl. Malers D."). ◉ *G:* 1894 Wien, Internat. Kunst-Ausst. (Neckerei, Öl/Lw.) / 1896 Karlsruhe, Bad. KV / 1902 Erfurt: Ausst. des Nachlasses. 📖 ThB9, 1913 (z.T. falsche Lit.-Angaben). *Mülfarth*, 1987. – *R. Salzer*, Beibl. des Allg. Anz. (Erfurt) v. 3. 9. 1902, 16; Jb. der bild. Kunst (B.) 1902, Verz., col. 77; Neumeister K. G. (Aukt.), M. 18./19. 6. 1969; *C. Roth*, Des Kaisers neue Bilder, Diss. Bochum (in Vorbereitung). – Mitt. Anger-Mus. Erfurt; R. Menzel, Erfurt. P. Kathke/C. Roth

Dengrove, *Ida Leibovitz*, US-amer. Malerin, Graphikerin, Illustratorin, * 21. 9. 1919 (oder 1918) Philadelphia/Pa., A. der 1960er Jahre in Allenhurst/N. J. ansässig. Stud.: u.a. Moore Inst. of Art, Philadelphia; Barnes Found., Merion Station/Pa. 📖 WWAA, 1953–1962 (Ausst.); *Falk*, 1985. C. R.

Dengyel, *Tibor*, Maler, Zeichner, Graphiker, Restaurator ungar. Herkunft, * 8. 11. 1913 Klausenburg (Kolozsvár; Cluj-Napoca/Rumänien), lebt in Brüssel. Stud.: 1931–34 ABK Cluj bei Aurel Ciupe, in den Sommern in der Schule der Künstlerkolonie in Nagybánya; 1935–40 HBK Budapest bei László Kandó, wird dessen Ass.; Dipl. als Zeichenlehrer; inzwischen auch Rest.-Ausb. und Besuch der philosoph. Fak. der Univ. ebd. Erfolge mit Plakat-Entwürfen auf Wettbewerben. Stellt 1937–43 in der Budapester KH (Műcsarnok) Lsch. in der postimpressionist. Manier der Schule von Nagybánya aus; erhält 1940 den Jenő Kandó-Preis des Frühlings-Salons der Szinyei-Ges. (Ernst Múz.). Porträtiert wichtige Persönlichkeiten (*Miklós Horthy, István Horthy*, Verbleib unbek.; Schauspieler *Pál Jávor*, Budapest, Bajor G. Színés-Múz.). Weiterbildung 1948 mit ungar. Staats-Stip. an der Acad. Julian in Paris und in Brüssel; läßt sich dort nieder. Beschäftigt sich mit Rest. (u.a. München, Slg Thyssen-Bornemisza; Den Haag, Slg Van Tiel). Seine Portr. tragen ihm Ruhm ein (Präsident *Achille van Acker*, 1955, Brügge, Rathaus). Unter dem Namen Tibo Teiln. der Salons der belg. Karikaturisten. Sieger des Wettb. für den Stand der Ztg Hat Laatste Nieuws für die Internat. Typogr.- und Graphik-Ausst. Leitet 1965–85 eine Priv.-Schule. Publ. Aufsätze über Kultur, auch unter dem Namen Tibor Kövendi, hält Vorträge über ungar. Kunst. Seine visionären Bilder vereinen Phantastik mit Humor, Gruseln mit Groteske. 🏛 BUDAPEST, Magyar NG. ✉ Interview in: Új Nyugat 1984 (Sept.). ◉ *E:* 1951 Luxemburg, Gal. Bradtke / Brüssel: 1953 Gal. Van Loo; 1960, '67 Gal. Atelier; 1961 Gal. d'art le Bastion; 1962 Gal. Baron René Steels; 1967 Gal. de l'Abbaye; 1976 Centre cult. de Boendael; 1977, '80, '83,

'86, '88, '99 Club Internat.; 1978 Gal. Mercator; 1980 Centre cult. d'Uccle; 1997 Gal. 't Kotje / 1954 Tongeren, Rathaus / 1956 Gent, MAD / 1957 St. Trond, Hôtel de Ville / 1960 Leeuwen, Sted. Tentoonstellingszaal; 1960 Kortrijk, Zaal Groning, Gal. Hotel Damier / 1961 Saarbrücken, Gal. van Hees; Oostende, Gal. Générale / 1967 Vresse sur Semois, Gal. Glycine / 1976 Riva del Garda, Gall. Città di Riva / 1980 Château d'Aigremont; Château de Laarne; Neuwied, Gal. Wirtz / 1984 Luxemburg, Foyer Européen; München, Gal. Arabellahaus / 1987 Boppard, Sparkasse / 1997 Budapest, Budapest Gal. (K). ▭ KMML I, 1999. – *P. Menapace*, Il Narciso 1976 (Juli) 10; Tisztelet a Szülőföldnek (K Műcsarnok), Bp. 1982; *I. Balázs*, Magyar Hírek 37:1984 (5–6) 30 s.; *J.-P. Schneider*, Luxemburger Wort v. 24. 11. 1984; *L. Ensgraber*, Rhein-Ztg v. 28. 9. 1988. Á.No.

Denham, Mrs, Miniaturmalerin in London und Greenwich, † um 1782. Stellte zw. 1767 und 1775 bei der Soc. of Artists und in der Free Soc. Min., Aqu. und Portr. in Öl aus. Als eine Kuriosität galten D.s Min., die mit diversen Kostümen aus Stoff variabel bekleidet und ergänzt werden konnten. ⊙ *G:* 1771 London, RA. ▭ ThB9, 1913. *Schidlof* I, 1964; *Foskett* I, 1972; *Bénézit* III, 1976. P. Kathke

Denham, *John*, Sir, irischer Dichter, Politiker, Architekt, * 1615 Dublin, † 19. 3. 1668 London. Bereits als erfolgreicher Dichter etabliert, wird D. aufgrund seiner polit. Unterstützung von König Charles II. 1660 zum „surveyor of the King's works" ernannt, obwohl die Fähigkeiten als entwerfender Architekt und Bauleiter wahrsch. eher gering waren. Entsprechend tritt er als Oberaufseher aller kgl. Bauprojekte v.a. in administrativen Dingen in Erscheinung. Als planende Architekten sind meist John Webb und später auch Christopher Wren für ihn tätig (z.B. Whitehall und Greenwich Pal.). 1664 beginnt er, vermutl. nach fremden Plänen, mit dem Ziel der eig. Nutzung mit dem Bau von Burlington House in London (Piccadilly), das aber unvoll. an den 1st Earl of Burlington verkauft wird. ▭ ThB9, 1913. *Redgrave*, 1878; *Colvin*, ^{3}1995. – *T. H. Banks* (Ed.), The poetical works of Sir J. D., New Haven 1928; *D. Knoop/G. P. Jones*, The medieval mason, Manchester/N. Y. 1967, 174, 178; *Summerson*, 1969; BE, London I, ^{3}1973. S. H.

Denham, *John Charles*, brit. Amateurmaler, 1796–1858 in London dokumentiert. 1799 Mitbegr. und Schatzmeister des Sketching Club. Befreundet mit Thomas Girtin, John Sell Cotman und John Constable. V.a. Lsch. aus S-England, Wales und Irland, gelegentl. kontinentaleurop. Motive. Arbeitet z.T. nach Skizzen anderer Künstler. ⌂ LONDON, Sir John Soane's Mus. ⊙ *G:* 1796–1858 häufig London, RA. ▭ ThB9, 1913. *Grant*, Dict., 1952; *Fisher*, 1972; *Mallalieu* I, 1976; *Wood*, 1978 (Repr. 1991). G. B.

Denham, *Joseph* → **Dinham,** *Joseph*

Denholm, *James*, schott. Zeichner, Maler, Autor, Chronist, * 1772 Schottland, † 20. 4. 1818 Glasgow, lebte dort. Lehrtätigkeit: Glasgow Drawing and Painting Acad. (Zeichnen, Geographie). Mitgl.: ab 1803 Glasgow Philosophical Soc. (1811–14 Präs.). – Min. und Lsch. in Öl. Für das Edinburgh Mag. fertigte er zw. 1785 und 1800 eine Ser. von Zchngn. ✉ An hist. and topographical descr. of the city of Glasgow, Glasgow 1797 (1798 erweiterte Ausg.); A descriptive tour to the principal Scotch and English lakes. ▭ DNB XIV, 1888; *Schidlof* I, 1964; *Long*, 1966; *Foskett* I, 1972; *McEwan*, 1994. K. F.

Deni, Emailmaler, 1843–65 in Moskau mit eigener Wkst. belegt. Ausz.: 1865 Anerkennungs-Urkunde der Ausst. für Manufakturerzeugnisse ebd. – Verzierte Griffe von Federhaltern, Knaufe von Spazierstöcken, Ikonenfassungen, liturg. Gerät (Silber, Kupfer). ▭ ChudSSSR III, 1976 (Lit.). N. Lavrent'eva

Deni (eigtl. Denisov), *Viktor Nikolaevič*, russ. Karikaturist, Plakatgestalter, * 24. 2.(8. 3.) 1893 Moskau, † 3. 8. 1946 ebd. Vater von Nikolaj Viktorovič Denisov. Autodidakt. Während der Ausb. im Adelspensionat Moskau Zeichenstunden bei Nikolaj Pavlovič Ul'janov. Mitgl.: 1910–17 Tovariščestvo nezavisimych (Genossenschaft der Unabhängigen). Ab 1910 polit. Karikaturen und karikaturist. Portr. von russ. Kulturschaffenden (u.a. Schriftsteller *Ivan Bunin, Leonid Andreev, Valerij Brjusov, Igor' Severjanin*; Maler *Il'ja Efimovič Repin*; Sänger *Fedor Šaljapin*). Zchngn u.a. für die Moskauer und Petersburger Zss. Budil'nik (1910–15), Rampa i žizn' (1911, '16–18), Solnce Rossii (1912–17), Satirikon (1913–14), Stolica i usad'ba (1914–16), Teatr i iskusstvo (1913–17). Übersiedelte 1913 nach St. Petersburg/Petrograd (bis 1917). 1918–19 in Kazan' Ltg der Sektion Kunst der Abt. für Agitation und Bildung des Kriegskommissariates der Wolga-Region sowie Zchngn für Ztgn und Zss. (u.a. Bednjak; Znamja revoljucii). Ab 1920 wieder in Moskau tätig, u.a. als ständiger Mitarb. der Ztg Pravda sowie einer der ersten sowjet. satir. Zss. BOV; auch Arbeiten für Krasnyj perec (1922–23), Prožektor (1923–29), Krokodil (1924), Žurnalist (1924–25), Krasnaja niva (1926–31). 1932 Titel Verdienter Kunstschaffender der Russ. Föderation. – D. zählt neben Dmitrij Stachievič Moor, Michail Michajlovič Čeremnych, Nikolaj Nikolaevič Kogout und Vladimir Vladimirovič Majakovskij zu den Mitbegr. des sowjet. polit. Plakats. Während des Bürgerkrieges für die OKNA ROSTA tätig, die 1918–20 kleine Aufl. handgezeichneter und lithograph. Plakate edierte; häufig Zusammenarbeit mit dem Agitationsdichter Dem'jan Bednyj. D. schuf populäre Plakate wie z.B. *Denikinskaja banda* (Moskau, Tret'jakov-Gal.); *Antanta* (ebd.); *Ili smert' kapitalu, ili smert' pod pjatoj kapitala* (St. Petersburg, Russ. NB); *Vse ljudi brat'ja, ljublju s nich brat' ja* (St. Petersburg, Russ. Mus., alle 1919); *Lico fašizma* (1927, ebd.); *Vyše tempy industrializacii* (1931, Moskau, HM); *Est' metro!* (1935, Moskau, Russ. Staats-Bibl.). Während des 2. WK entstanden die Plakate *Každyj udar molota – udar po vragu*; *Lico gitlerizma* (1941, Moskau, Zentral-Mus. der Streitkräfte); *Na Moskvu, choch! Ot Moskvy – och!* (1942, Tret'jakov-Gal.); *Dlja nemcev strašnye vešči: „meški" i „klešči"* (1943, Russ. Mus.). D., dessen Plakate themat. und in bezug auf die künstler. Mittel überaus vielseitig sind, ist ein humorvoller Erzähler, der wichtige polit. Ereignisse auf interessante Weise nahezubringen versteht. Dabei setzt er bisweilen auf sich wiederholende Figuren. Als versierter Karikaturist nutzt er die

Portr.-Ähnlichkeit satir. Figuren und findet stets jene Details, die die Grundidee des Werkes bedienen. In den 20er-30er Jahren Ser. von polit. Zchngn und Karikaturen (z.B. *A. Lunačarskij*; *E. Jaroslavskij*; *D. Bednyj*; *O. Šmidt*; *Ch. Chaplin*; *P. Vrangel'*; *A. Kolčak*; *B. Mussolini*; *A. Hitler*), auch als Buch-Ed.: Političeskie risunki 1922 g., vyp. 1, Mo./Le. 1923; My, naši druz'ja i naš vragi, Mo./Le. 1930; Lico meždunarodnogo men'ševizma, Mo./Le. 1931. 🏛 KIEV, Bibl. der Akad. der Wiss. der Ukraine. MOSKAU, Tret'jakov-Gal. – Russ. Staats-Bibl. – Puškin-MBK. – HM. – Bachrušin-Theater-Mus. – Zentral-Archiv der Russ. Armee. – Zentral-Mus. der Streitkräfte. PERM', GG. ST. PETERSBURG, Russ. Mus. – Russ. NB. – Russ. Akad. der Wiss. (Puškin-Haus): Lit.-Mus.; Bibl. ✉ Art. über Fragen des polit. Plakats in den Ztgn Pravda und Sovetskaja kul'tura. ⊙ *E:* 1971 Žukovskij / 1973 Moskau / 1992 Hamburg, MKG: Victor Deni. Ein russ. Karikaturist im Dienst der Propaganda (K). – *G:* zahlr. seit 1906, u.a. Internat. Plakat-Ausst.: 1930 London; Kopenhagen; 1932 Lüttich; 1933, '37 New York; 1935 Mexiko-Stadt / 1939 New York: WA. 🕮 Vol, 1953 (s.v. Denisoff, Viktor Nikolajewitsch; falsches Geburtsjahr). *Bauer*, GEM II, 1976; ChudSSSR III, 1976 (Bibliogr.); LdK II, 1989; *Milner*, 1993. – BK 1957, 681 s.; 1964, 644; 1967 (11) 570; *I. A. Sviridova*, V. N. D. 1893–1946, Mo. 1958; VSII Sprav. I-V, 1965–81; *G. Ul'janov*, Nauka i religija 1967 (2) 30–32; *S. Bojko*, New graphic design in revolutionary Russia, Lo. 1972; Urania 53:1977 (10) 3./4. Umschlagseite; *I. A. Sviridova*, V. N. D., Mo. 1978; Paris-Moscou 1900–1930 (K), P. 1979 (russ. u.d.T. Moskva-Pariž 1900–1930, Mo. 1981); *M. German* (Ed.), Serdcem slušaja revoljuciju, Le. 1980; *A. V. Šumakova/P. G. Aleeva* (Ed.), Plakaty Velikoj Otečestevnnoj 1941–45, Mo. 1984; *A. P. Krylov* (Ed.), N. Re-mi, B. Malachovskij, V. D. : polit. risunok, karikatura, plakat..., Mo. 1985; *Ju. Malinin*, Leniniana V. D., Iskusstvo 1985 (6) 26–29; *M. C. Bown*, Zeitgen. russ. Kunst, Ox. 1989; *Severjuchin/Lejkind*, 1992. – Moskau, RGALI: f. 2007. I. Lejtes

Denic, *Dujam* → **Penić,** *Dujam* (1889)

Denić, *Miomir*, serb. Maler, Bühnenbildner, * 22. 1. 1913 Belgrad, † 8. 5. 1996 ebd. Stud. in Belgrad: 1934–35 Schauspielschule; 1937 Techn. Fak. der Univ.; priv. Malunterricht bei Jovan Bijelić. 1936 Mitgl. der Gruppe Nezavisni. Ab 1935 am Nat.-Theater Belgrad, wo er mehr als 400 Inszenierungen (Drama, Oper, Ballett) ausstattete, u.a.: *Stanoje Glavaš* von Đ. Jakšić; *Knjaz' Igor'* von A. Borodin; *Don Quichotte* von J. Massenet; *Pikovaja dama* von P. I. Čajkovskij. D. arbeitete auch für Film und TV, u.a.: *Rimske device* von P. O'Cord, 1960; *Gates to Paradise* von A. Wajda, 1966; *Miris poljskog cveća* von S. Karanović, 1977. Hervorzuheben an D.s Bühnenbildern ist die Beleuchtung, der Einsatz unkonventioneller Mat. und die Raumaufteilung. ⊙ *G:* seit 1930, u.a. 1938, '65 Belgrad / 1969, '72, '75 Novi Sad / 1967, '71 Prag. 🕮 ELU II, 1962; LEJ I, 1984; Internat. directory of cinematographers, set- and costum designers in film, III, M. u.a., 1983. S. Živković

Đenić, *Momčilo (Moša)*, serb. Maler, Graphiker, * 28. 2. 1948 Niš, lebt in Belgrad. Stud.: bis 1973 (Dipl.) Akad. für angew. Kunst ebd. bei Božidar Džmerković. Mitgl. der Gruppe SIGNATURA 5/10. – Nach Phase graph. Techniken (*Stočni trg; Melanholija*) seit 1980 befaßt mit Malerei (frz. Pastell, Öl). Bes. Augenmerk widmet er der Zchng, der Anordnung der Figuren im Raum, Licht und Farbe (seit 1990 themat. und kolorist. Bezug zu Rembrandt). 🏛 BELGRAD, Zbirka Grafičkog kolektiva. NIŠ, MSU (Graphik). ⊙ *E:* Belgrad: 1975, '96 (Pastelle; K: D. Đokić) / 1976 Strumica / 1982 Niš; Toplice, Gal. NM (K: D. Đokić) / 1983 Prokuplje / 1987 Sv. Stefan. – *G:* u.a. 1973 Berlin: Intergrafik / 1991 Majdanek: Graphik-Trienn. 🕮 *D. S. Sip*, Izložba grafika grupe SIGNATURA 5/10 (K Akad. primenjenih umetnosti), Bgd. s.a. M. Heraković

Denice, frz. Malerin, * 1942, lebt in Paris und Nizza. 1996 Grand Prix de Peint. de la Ville de Cannes. – Figurativ in Annäherung an Symbolismus und Surrealismus (Öl, Tusche, Pastell und Aqu.). ⊙ *E:* 1994 Mougins, Mus. de Mougins / 1995 Paris, Gal. Le Cheval de Sable. – *G:* 1991–93 Monte-Carlo, Salon internat. d'Art contemp. / Paris: Salon d'Automne (Mitgl.); Salon des Indépendants (Mitgl.); Soc. Nat. des BA (Mitgl.); 1995 Mus. de la Marine. 🕮 Le Sermadiras. Artistes et ateliers, II, P. 1997. K. S.-D.

Denich → **Denus** (Porzellanmaler-Fam.)

Denich, *Johann Josef*, Bildhauer, † 5. 5. 1737 Glogau (Głogów)/Schlesien. Um 1717 in Prag nachweisbar. 🕮 ThB9, 1913. *Toman* I, 1947. Ch. R.

De Nicola, *Francesco*, ital. Maler, Freskant, Zeichner, * 24. 10. 1883 Musellaro-Majella/Chieti, † Neapel. Stud.: 1902–09 ABA Neapel, bei Michele Cammarano, Vincenzo Volpe und Paolo Vetri (Malerei und Dekoration). Malte bevorzugt Akte im Freien; auch Portr. und Landschaften. Sichere Zchng, ausgewogene Palette. Lehrte Ornament an der ABA Neapel. 🏛 *Fresken*: CASALNUOVO, Pfarrk. CASTELLAMARE DI STABIA, S. Maria a Pozzano. NEAPEL, S. Pietro ad Aram (1914). SARNO, Pal. Lanzara. ⊙ *G:* 1908 Turin: Quadrienn.; Rom, Soc. Amatori e Cultori di BA / 1909 Rimini: Espos. Naz. di BA / 1922 Primaverile Fiorentina. 🕮 ThB25, 1931 (s.v. Nicola, Francesco de); Vo3, 1956 (s.v. Nicola, Francesco de). *Comanducci* II, 1971; *Don Riccardo* I, 1972. – Sotheby Parke Bernet Italia (Aukt.), Fi. 9. 5. 1984, Nrn 525, 530. S.-W. S.

Deniel, *René*, frz. Glaskünstler, * 19. 1. 1947 Guignen/Ille-et-Vilaine, lebt in Verneuil-en-Halatte/Oise. Stud.: 1969 Inst. van der Kelen, Brüssel. – Skulpturale Arbeiten und dekorative Gefäße; auch Glas-Metall-Kompositionen. 🏛 FRAUENAU/Bayern, Glasmuseum. ⊙ *E:* Paris: 1986 Gal. Bleu et Vert; 1991 Gal. L'Eclat du Verre / 1991 Rennes, Gal. Cristill. – *G:* u.a. 1985 Rouen, MBA: Art du Verre. Actualité internat. / 1992 Lüttich, Banque générale: Sculpt. contemp. en cristall et en verre des pays du Marché Commun (K: J. Philippe). 🕮 WWCGA, 1993. C. R.

Denier, *Andrej* → **Den'er,** *Andrej Ivanovič*

Denier, *Jacques*, frz. Maler, * 10. 6. 1894 Paris. Stud.: Acad. de la Grande Chaumière ebd., bei Lucien Simon und René Minard. 1925–27 in Algier (Villa Abd-el-Tif). 1929 Prix Dru. – Portr., Lsch. und ländl. Interieurs (oft Bretagne), Stilleben. ⌂ ALGIER, MNBA. MENTON, Mus. du Pal. Carnolès. ORAN, Mus. mun. PARIS, MNAM. ⊙ *G:* Paris: ab 1923 Salon des Tuileries (Gründungs-Mitgl.); ab 1921 Salon d'Automne; Salon des Indépendants, ab 1921 Salon de la Soc. nat. des BA. ▭ Vol, 1953. *Bénézit* III, 1976. K. S.-D.

Denier, *Wallerand*, Maler, ab 1629 Meister in Tournai. ▭ ThB9, 1913.

Denière (eigtl. Deninger), *Guillaume*, frz. Bronzekünstler, * 22. 5. 1815 Paris, † A. 1903 ebd. Sohn von Jean-François D. 1852 Ritter und 1862 Offizier der Ehrenlegion. – Leitete 1843–48 zus. mit dem Vater, danach allein die Bronzemanufaktur D. père et fils in Paris. Ab 1847 Mitgl. der Réunion des Fabricants (zw. 1848 und '55 mehrfach deren Präs.). – Fertigte Ziergerät, u.a. Leuchter, Standuhren für das Pal. des Vizekönigs von Ägypten; 1874 Prunkgitter für den König von Kambodscha. Auch Treppengeländer, Bronzestatuetten (ma. oder oriental. Krieger; Bacchantinnen als Leuchterfiguren) und eine Gruppe *L'amour se confie à l'amitié*. Für D. arbeiteten Pierre Bernard Prouha, Barre, Chamouillet. ⌂ WIEN, MAK. ⊙ *G:* 1862 London / 1873 Wien, WA / 1878 Paris, WA (Gold-Med.). ▭ ThB9, 1913. *Ledoux-Lebard*, 1965. – *K. Eggert*, Der Wohnbau der Wiener Ringstraße im Historismus 1855–1896, Wb. 1976, 273 (Die Wiener Ringstraße, 7); *D. Ledoux-Lebard*, Estampille. L'objet d'art 1989 (223) 60–71; *M. Metman*, in: Doc. sur la sculpt. franç. et Répert. des fondeurs du XIXe s., Nogent-le-Roi 1989 (AAF, Nouv. pér., 30). K. S.-D.

Denière (eigtl. Deninger), *Jean-François*, frz. Bronzegießer in Paris, * 1774, † 19. 8. 1866 Paris. Vater von Guillaume D. 1827 Ritter und 1845 Offizier der Ehrenlegion. – 1797–1820 Zusammenarbeit mit dem Bronzekünstler François-Thimothée Matelin (Fa. Denière et Matelin; spezialisiert auf Pendeluhren und Möbel), danach eig. große Bronze-Man. mit angeschlossener Gießerei sowie Ateliers für Vergoldung, Ziselur und Kunsttischlerei, in denen zahlr. Künstler arbeiteten. Tätig für den König, die Herzogin de Berry und den Garde-Meuble. Fertigte 1819 eine Wiege mit Goldbronzeverzierungen für den Herzog von Bordeaux (Möbeltischlerei ausgef. von Félix Remond; Paris, MAM) und Bronzearbeiten für den durch Jean-Jacques Werner gefertigten Sekretär in Kommodenform (Versailles, Château, Grand Trianon). Aus seiner Man. stammt der große Tafelaufsatz für die russ. Zarentochter Alexandra Nikolajewna (1840, 1843; Eichenzell b. Fulda, Schloß Fasanerie). Lieferte Bronzemöbel 1825 für das Pal. des Landgrafen in Kassel und 1828–29 für das Pal. des Prinzen von Oranien in Brüssel. 1843–48 Zusammenarbeit mit seinem Sohn Guillaume (als D. père et fils), der die Man. bis 1903 allein weiterführte. ⌂ PARIS, MAM. – Pal. de l'Elysée: Kerzenhalter, um 1840. – MAD: Wiege für den frz. Thronerben (zus. mit Matelin). VERSAILLES, Château, Grand Trianon: Kandelaber, 1837. ⊙ *G:* ab regelmäßig 1819 Paris, Expos. des produits de l'industrie franç. (1819 Silber-Med.; 1823, '39 Gold-Med.). ▭ *Ledoux-Lebard*, 1989. – *J. Pearce*, Connoisseur 177:1971 (714) 284 ss.; *H. Ottomeyer/P. Pröschel*, Vergoldete Bronzen, I-II, M. 1986; *D. Ledoux-Lebard*, Estampille. L'objet d'art 1989 (223) 60–71; *M. Metman*, in: Doc. sur la sculpt. franç. et Repert. des fondeurs du XIXe s., Nogent-le-Roi 1989 (AAF, Nouv. pér., 30); Die Mitgift einer Zarentochter. Meisterwerke russ. Kunst des Historismus aus dem Bes. der Hess. Hausstiftung Mus. Schloß Fasanerie (K KGM Berlin/Mus. Schloß Fasanerie, Eichenzell b. Fulda), Eurasburg 1997. K. S.-D.

Denies, *François*, belg. Maler, * Brüssel, † (um?) 1885 ebd., lebte in Sint-Jans-Molenbeek/Brüssel. Malte Historienbilder, Portr., Genre und mytholog. Szenen, z.B. *Judith und Holofernes*. ⌂ MONS, MBA. ▭ ThB9, 1913. *Flippo*, 1981; DPB I, 1995.

Denies (Denise; Denys), *Isaac*, niederl. Stillebenmaler, * 1647 Delft, † 25. 1. 1690 ebd., begr. in Amsterdam. Viell. in den späten 1660er Jahren Schüler von Willem van Aelst in Amsterdam. 1669 unterschrieb D. eine Van Aelst betreffende Notariatsakte; am 30. 9. 1676 erneut urkdl. erw.; kaufte am 3. 1. 1686 zwei Häuser in Delft. – D. ist nicht ident. mit einem gleichnamigen und zeitgleich tätigen Kaufmann in Amsterdam; auch nicht mit dem Maler *Isaak Denise*, der zus. mit Jan van de Capelle am 3. 6. 1648 als Zeuge auftrat. – D. war weder als Mitgl. der Amsterdamer noch der Delfter Gilde registriert. Stilist. ist er offensichtl. an Willem van Aelst orientiert. Von D. sind Stilleben bek.: Früchte und Gläser (z.B. Brügge), Waldboden mit Jagdbeute (Schwerin; sign. Variante im Führer Oude Kunst en Antiekbeurs, Delft, 1960), Jagdbeute (Brüssel) und Blumenbilder (z.B. Aukt. Lempertz, Köln 23. 11. 1977, Nr 48). Char. sind starke Clair-obscur-Effekte und die wachsartige Wiedergabe von Blättern und Blumen. Datierte Werke sind nicht bek., obwohl Kramm ein Früchtestück mit dem Datum 1680 aufführt. D. bevorzugte dunkles Grün, warmes Gelb, Rosa, Rot und Violett. ⌂ BRÜGGE, Groeninge-Mus. BRÜSSEL, StM. SCHWERIN, Staatl. Mus.: Waldboden mit Jagdbeute, als W. van Aelst. ▭ ThB9, 1913. *Bénézit* III, 1976; *Bernt* I, 1979; *E. Gemar-Koeltzsch*, Holl. Stillebenmaler im 17. Jh., II, Lingen 1995 (auch als Denys, Jakob). – *Kramm* I, 1857; *Obreen* IV, 1884/87; *A. Bredius*, Künstler-Inv., D. H. 1915–1922; *R. Warner*, Dutch and Flemish flower and fruit painters ..., Lo. 1928 (als Jan Denysz.), 62 s.; *A. P. A. Vorenkamp*, Bijdr. tot de gesch. van het Hollandse stilleven in de 17de eeuw, Leiden 1932, 91; *L. J. Bol*, Holl. Maler des 17. Jh. nahe den großen Meistern, Bg. 1969. – Den Haag, RKD: Archivnotizen von A. Bredius. F. G. Meijer

Deniffel, *Christoph* cf. **Denifl,** *Paul*

Denifl, *Christoph Johann* cf. **Denifl,** *Paul*

Denifl, *Christoph* cf. **Denifl,** *Paul*

Denifl (Deniffel; Deniffl; Denifle), *Paul*, dt. Schreiner aus Tegernsee, † 1683 Passau. Ab 1648 ebd. nachw., u.a. als Hausbesitzer. Tätig als Hofschreiner. Errichtete 1669 den Hochaltar (erh.) der ehem. Stiftsk. Waldhausen/OÖ mit Statuen von Johann Seitz, mit dem er vermutl. mehrmals kooperierte. Zus. mit seinem Bruder *Christoph D.* und dem Bildhauer Matthias Högenwald entstanden 1680–1700 Altäre für versch. Passauer Kirchen (St. Michael; St. Paul). Fertigte außerdem das Chorgestühl (um 1680; nicht erh.) im Dom ebd. Mehrere seiner ab 1648 geb. 15 Kinder und seiner Enkel waren ebenfalls Tischler und im Hofdienst tätig. Da unter diesen mehrere *Christoph* und *Christoph Johann* heißen, ist eine Unterscheidung meist nur schwer möglich. Ein *Christoph D.* war 1726 bei Aufstellung der in Wien entstandenen Kanzel im Dom beteiligt. ▭ ÖKL V, 1979; *F. Mader*, Tausend Passauer, Passau 1995. – *R. Guby*, Passauer Bildhauer des 18. Jh., I, Passau 1917; *Dehio*-OÖ, 1977; *H. Schindler*, Bayr. Bildhauer, M. 1985. – Passau, StA: Zettelkartei Schmid. – Mitt. StA Passau. D. T.

Denifle, Tiroler Maler-Familie aus Fulpmes, 1712–1826 in Innsbruck tätig. Ungeklärt ist die Zugehörigkeit des Bildhauers *Sebastian D.*, der 1711 die Kanzel der Pfarrk. Mieders im Stubaital schuf.

1. *Franz Andreas*, * 17. 11. 1713 Innsbruck, † 8. 6. 1768 ebd. Sohn von 3. Zwillingsbruder von 2, Bruder von 6. 1746⚭ Innsbruck.

2. *Franz Anton*, * 17. 11. 1713 Innsbruck, † um 1784 ebd. Sohn von 3, Zwillingsbruder von 1, Bruder von 6. Tätig in Innsbruck und Rattenberg, hier 1746 Einwohner. 🏛 INNSBRUCK, Kiebachgasse 10, Haus-Kap.: Fresken, 1754.

3. *Franz Xaver*, aus Fulpmes(?), † 18. 5. 1723 Innsbruck. 1712 Heirat und Einwohnerrecht. Vater von 1, 2 und 6.

4. *Johann Peter*, * 22. 2. 1739 Fulpmes, † 26. 6. 1808 Innsbruck. Vater von 5 und 7. Vierjährige Lehre bei Matthäus Günther in Augsburg. Stud.: vier Jahre ABK Wien (mit Unterbrechungen). Ab 1772 Zeichenmeister an der von Kaiserin Maria Theresia in Innsbruck errichteten Normalschule. Sein Wappen mit aufsteigender Gemse auf Dreiberg und Ochsen (1795) im Buch der Stuben-Ges. in Hall/Tirol. – D.s Stil am Übergang vom Spätbarock zum Klassizismus wird von Martin Knoller gelobt. 🏛 INNSBRUCK, Tiroler LM Ferdinandeum: Zchngn, u.a. Selbstbildnis. – *Altarbilder:* ENNEBERG/Südtirol, St. Vigil: Hl. Aloisius, 1780/90. ÖSTEN b. Umhausen/Ötztal, Kirche: Maria mit Kind, 1797. – *Fresken:* MEDRAZ b. Fulpmes, Kirche: Leben der hl. Margaretha, 1775. MIEDERS/Stubai, Haus 36: Skapulierübergabe durch Maria; Jesus als guter Hirte. MILLAND b. Brixen, Wallfk.: Himmelfahrt Mariens, sign. 1766 (mit Franz Anton Zeiller). TOBLACH, Kirche: Decken-Gem., 1769 (mit F. A. Zeiller). ✉ Nachr. von den berühmteren tyrol. Künstlern, Hs., 1801 (Innsbruck, Tiroler LM Ferdinandeum)

5. *Josef*, † 1809 (getötet durch bayer.-frz. Truppen). Sohn von 4, Bruder von 7. 1788 erw. in Innsbruck. 1796 Praktikant im Hofbauamt ebd. 23. 8. 1810 Konkurs über sein Vermögen.

6. *Josef Adam*, auch Vergolder, † 1826 Innsbruck. Sohn von 3, Bruder von 1 und 2. In Innsbruck tätig. 1780 und 1804 Heirat ebd. Malte 1782 die dekorativen Fresken in der Kap. der Stiftsalpe Lüsens im Sellraintal im Auftrag des Klosters Wilten.

7. *Leopold*, auch Radierer, Illustrator, † 1823. Sohn von 4, Bruder von 5. Stud.: 1791–94 ABK Wien. Danach Porträtist und Zeichenmeister der Normalschule Innsbruck. Entwarf Glückwunschkarten, ill. das medizin. Werk *Noli me tangere* von J. Wattmann (Inn. 1823) und rad. Tiroler Trachtenbilder. 🏛 SCHLANDERS/Südtirol, Schlandersburg, Festsaal: Kopien von Kpst. von Watteau, um 1820.

▭ ThB9, 1913 (zu 3, 4; Lit.). *A. von Lemmen*, Tirol. Künstler-Lex., Inn. 1830; *Fuchs*, Maler (19. Jh.) I, 1972; ÖKL V, 1979. – *Fischnaler*, 1934 (zur Fam.); *H. Hochenegg*, Tiroler Kupferstecher, Inn. 1963 (Schlern-Schr., 227); *Egg*, 1970 (zu 4); *J. Ringler*, Die barocke Tafelmalerei in Tirol, I, Inn. 1973 (Tiroler Wirtschaftsstudien, 29); *V. Gruber*, Die baul. Entwicklung Innsbrucks im 19. Jh., Inn. 1976 (zu 5); *G. Ammann*, Die Kirchen von Fulpmes, M./Z. 1980 (zu 4); *Dehio*-Tirol, 1980; *Weingartner*, KD Südtirols I, 1985. – Innsbruck, Tiroler LM Ferdinandeum: *B. von Sardagna*, Hist.-statist. Nachr., Ms. Dip. 984. E. Egg

Denifle, *Paul* → **Denifl,** *Paul*

Denifle, *Sebastian* cf. **Denifle** (Maler-Fam.)

De Nigris, *Giuseppe*, ital. Maler, * 7. 7. 1832 Foggia, † 2. 2. 1903 Marano/Neapel. Stud.: ab 1849 ABA Neapel bei Giuseppe Mancinelli. Ausst.-Debüt mit dem Gem. *Ossian und Malvina*. Anschl. malt D. vor der Natur unter der Anleitung von Domenico Morelli und Achille Vertunni. Wendet sich der zeitgen. Historie, spez. der Malerei des Risorgimento zu (u.a. *Garibaldi a Caprera*). Seine Genreszenen und Stilleben, die er ab 1862 regelmäßig in der Soc. Promotrice in Neapel präsentiert, finden bei den Kritikern jedoch mehr Zuspruch. Bedient sich später der Fotografie als Hilfsmittel, u.a. bei dem Gem. *Alla Fontana* (1889; Neapel, MN di Capodimonte, Coll. Banco di Napoli). 🏛 BARI, Pin. Provinciale: Stilleben. NEAPEL, MN di Capodimonte: L'ultima messa, 1877 ausgestellt, erw. durch Vittorio Emanuele II. – MN di S. Martino: Natura morta con il gatto. – Gall. dell'ABA: Processione di penitenza nelle catacombe di Napoli, 1880; Concerto di ciechi, 1886. – Mus. Stor. del Conservatorio di Musica: Palestrina. ▭ ThB25, 1931 (s.v. Nigris, Giuseppe de). *De Gubernatis*, 1889; *Comanducci* II, 1971; *Don Riccardo* I, 1972; *Sorrenti*, 1990; PittItalOttoc II, 1991 (Lit.). – Pin. Provinciale Bari. Le coll. dell'800 e primo '900 (K), Fasano 1977, Nr 139; *C. Farese Sperken*, La pitt. dell'Ottocento in Puglia, Bari 1996. A. St.

Denijs, *Frans* → **Denys,** *Frans* (1610)

De Nike, *Michael Nicholas*, US-amer. Bildhauer, Autor, * 14. 9. 1923 Regina/Sask., lebt in Brevard/N. C. Stud.: Nat. Acad. School of FA, New York; bei Jean De Marco und Carl Ludwig Schmitz. 1974 Gründer der Amer. Carving School in Wayne/N. Y. (bis 1990 deren Dir.). – V.a. Holz, Stein. 🏛 KINNELON/N. J., St. David's Church: Hl. Franziskus, Bronze. POMPTON LAKES/N. J., Christ Church: Kreuzwegstationen, 1975. ▭ WWAA, 1980–1997/98; *Fielding*, 1984. C. R.

Deniker, *Georges-Jean*, frz. Bildhauer, * 17. 1. 1889 Paris. Bruder des Schriftstellers Nicolas D. Zunächst im diplomat. Dienst u.a. im Fernen Osten tätig, dabei zahlr. Zchngn. Daneben Schüler von Casanova und Manuel Ugne (gen. Manolo). Anfangs beeinflußt vom Kubismus. Erfand (selbst Luftfahrtpionier) Draht- und Schnurplastiken. Später Annäherung an alte chines. Bildhauerei. ⊙ *G:* Paris: Salon de la Société Nationale des BA; Salon d'Automne; Salon des Tuileries. ▭ *Bénézit* III, 1976; *Mackay*, 1977. – *P. Cabanne*, L'épopée du cubisme, P.

1963, 140. K. S.-D.

Dening → **Denus** (Porzellanmaler-Fam.)

Dening, *Charles Frederick William*, brit. Architekt, Illustrator, Autor, * 21. 12. 1876 Chard/Som., † vor Juli 1952, lebte in Bristol. 1896 Ausb. bei Henry Dare Bryan ebd. 1902 Eröffnung eines Archit.-Büros mit seinem Studienkollegen Ernest George Rodway. Beide gewannen den Preis um den Entwurf für die Kirche St. Alban im Westbury Park, Bristol. D. führte ab 1918 das Büro allein weiter. Mitgl.: R. West of England Acad., Bristol (über 20 Jahre lang Vors.). – Neben Schulen meist Landsitze in der Nähe von Bristol, die auf anspruchsvollen Entwürfen basieren; auch ein Kriegerdenkmal in Guildford. Nach dem 1. WK spielte D. eine wichtige Rolle beim Wohnungsbau in Bristol. ✉ The 18th c. archit. of Bristol, 1923; The old innes of Bristol (mit eig. Ill.), 1943. ◎ *G:* 1929–40 London, R. Inst. of Painter in Water Colours; R. Inst. of Oil Painters. 📖 Vo1, 1953. *Waters* I, 1975; *Johnson/ Greutzner*, 1976 (Repr. 1990); *Gray*, 1985. K. F.

Deninger, *Guillaume* → **Denière,** *Guillaume* (1815)

Deninger, *Jean-François* → **Denière,** *Jean-François*

De Niro, *Robert*, US-amer. Maler, Graphiker, Dichter, * 3. 5. 1922 Syracuse/N. Y., † 3. 5. 1993 New York. Vater des gleichnamigen Schauspielers. Stud.: 1935–39 Syracuse Mus. School; 1938 Hans-Hofmann-Schule, Provincetown; 1939–41 Black Mountain College, Ashville/ N. C.; 1941 Hans-Hofmann-Schule, New York. Ausz.: 5th Hallmark Internat. Competition; 1968 Guggenheim Fellowship; 1974 Tamarind Inst. Grant. – Prägend für D.s Stil war das Stud. bei Josef Albers am Black Mountain College und bei Hans Hofmann in New York, der seinen Schülern die damals aktuellen Theorien und künstler. Ausdrucksformen aus Frankreich übermittelte. D. entwickelte nach einer kurzen Phase gegenstandsloser Bilder (1946) seine spezif. Form einer abstrakt-figurativen Malerei, in der die Neuerungen des damals zeitgen. Action painting mit den Erkenntnissen der klass. Moderne über Form, Farbe, Licht und Raum verbunden sind. Sie beruht auf spontan aufgetragenen großen Farbflächen, in denen dunkle Konturen Gegenständliches definieren. Die Formfindung erfolgt über die wiederholte Bearbeitung dünn aufgetragener flächiger Farbformen und einer aus der Bewegung entstehenden Pinselführung, die die Umrißlinien festlegt. Der gestische Duktus und die lasierten Farbflächen lassen den Entstehungsprozeß der Bilder anschaulich werden. Obwohl diese Vorgehensweise D.s Arbeiten mit denen des Abstrakten Expressionismus verbindet, bleiben sie im Aufbau klar einer der frühen klass. Moderne entlehnten Formauffassung verpflichtet. Der Schwerpunkt der Gestaltung liegt auf einer ausgewogenen Komposition. Augenfälliges und von D. auch benanntes Vorbild ist Henri Matisse. Dem trad. Gattungskanon folgen auch die Inhalte: Stilleben, Akt, Porträt. Die in warmen und sonnigen Farben gehaltenen Komp. zeigen Arrangements mit Blumen, Gefäßen, antiken Skulpt. oder Aktmodellen (*Mantle with plaster cast and black fan*, 1954; *Purple Vase with yellow, orange and black chair*, 1986) und haben D., der über die Jahrzehnte hinweg seinen Malstil beibehalten hat, vermehrt den Vorwurf des romant. Eskapismus oder unzeitgemäßen Klassizismus eingebracht. 🏛 HOUSTON/Tex., MFA. NEW YORK, Metrop. Mus. ◎ *E:* New York: 1946 Art of this Century Gall.; 1950–55 Charles Egan Gall.; 1955, '56 Poindexter Gall.; 1958, '60, '62 Zabriskie Gall.; 1984, '86 Graham Modern Gall.; 1991 Staempfli Gall.; 1995 Salander-O'Reilly Gall. / 1981 Ashville, AM / 1986 London, Crane Kalman Gall. – *G:* 1957 New York, Jewish Mus.: The New York School, Second Generation / 1959 Salzburg, Gal. Kunst der Gegenwart: Graphik der Gegenwart / 1961 Colorado Springs: FA Annual / 1962/63 New York, MMA: Recent Paint. USA. 📖 Vo6, 1962 (s.v. Niro, Robert De). *Cummings*, 1968; WWAA, 1980; *Soria*, 1982. – *E. C. Munro*, Art news 57:1958–59 (3) 38–41, 48; *Sandler*, 1978; *M. Sawin*, ArtsMag 56:1982 (7) 142–144; *S. L. Langer*, ArtsMag 60:1986 (9) 30–33; *G. Graham*, ArtsRev 38:1986 (März) 135 s. A. Weber

Denis → **Denus** (Porzellanmaler-Fam.)

Denis, Bildhauer in Tournai, fertigte lt. Inschr. 1213 ein Grabmal für einen Edelmann namens Renaud in der Abteikirche St-Vaast von Arras (verschollen nach 1789). 📖 ThB9, 1913. *Beaulieu/Beyer*, 1992 (Inschr.).

Denis, frz. Maler, A. 15. Jh., mit Wappenmalereien im Schloß Lusignan b. Poitiers genannt. 📖 ThB9, 1913. – *Troescher*, Malerei, 1966.

Denis, Gießer, fertigte 1485/86 für die St.-Salvatorskerk von Hakendover/Tienen einen Kandelaber. 📖 ThB9, 1913.

Denis (1500) → **Dionisij** (1440)

Denis, Maistre, Geschützgießer, von dem das Arsenal in Woolwich/London ein 1535 dat. Geschütz besitzt, ein ähnl. befindet sich im DHM (Zeughaus) in Berlin. 📖 ThB9, 1913. MagyKépLex, 1915.

Denis (1779) cf. **Denis,** *François Joseph*

Denis (1870) → **Denis-Valvérane,** *Louis*

Denis, *A.* (1885) cf. **Denis,** *Albert*

Denis, *Alain*, belg. Maler, Zeichner, * 1947 Verviers. Stud.: 1964–70 ABA Lüttich, dort Prof. Ausz.: 1967–70 Prix Watteau; 1970 Prix Marie. – Figurativ in Annäherung an die Pop Art, dabei v.a. Alltagsgegenstände, mechan. Fahrzeuge, Flugzeuge und Komp. aus Gegenstandsfragmenten in großen, schwarzumrandeten Flächen. Auch Fresken, z.B. in Spa (Behindertenheim) und Lüttich (Univ.). 1971 in Lüttich Zusammenarbeit (Gem. und Environments) mit Fernand Flausch. 1975 Mitarb. an den Wand-Gem. Le voyage légendaire von Paul Delvaux im Casino von Chaudfontaine. 🏛 BRÜSSEL, Comm. franç. LÜTTICH, Cab. des Estampes et Dessins. VERVIERS, MBA. 📖 *Arto*, 1978; DPB I, 1995. K. S.-D.

Denis, *Albert*, Maler, * Méhoudin/Orne, der 1881–87 im Pariser Salon Portr. und Genrebilder ausstellte. Wohl ident. mit dem Bildhauer *A. Denis*, bek. für 1885 und '87 ebd. gezeigte Portr.-Medaillons. 📖 ThB9, 1913.

Denis, *André* → **Demeter,** *Wolf*

Denís, *Andrés* → **Anís,** *Andrés de*

Denis, *Claude*, frz. Schlosser, Gitterschmied, * um 1722 Sancoins/Cher, † 12. 9. 1782 Nevers. Sohn des Schlossers und Kunstschmieds *François D.* Bis 1746 Ausb. in Nevers; 1747 ebd. als Meister zugelassen. Ausübung versch. bed. Zunftämter, z.B. „gardejuré", „bâtonnier-syndic" und „inspecteur-contrôleur". 🏛 NEVERS, Bischofs-Pal., Ehrentreppe: Geländer, 1762. – *Gitter:* NEVERS, Kathedrale, Kap. St-Agnan: 1756; Kap. St-Lazare: 1757. – Abtei Notre-Dame, Empfangshof: 1759. – Mus. mun. Frédéric Blandin, Eingangsportal: 1770 (Hw., urspr. im Chor der Kathedrale). 🕮 DBF X, 1965. R. T.

Denis, *Claude* (gen. Claudius), frz. Maler, Graphiker, Radierer, * 18. 4. 1878 Lyon, lebte in Paris. Stud.: 1895 (Blumenklasse) EcBA Lyon bei Castex-Dégrange; in Paris bei Luc Olivier Merson und Henri Gervex. – Lsch., Blumenbilder, dekorative Komp., Figürl., Genreszenen in Öl, Aqu.; Farb-Radierungen. Bek. ist u.a. eine Folge (20 Rad.) mit Szenen von Kriegsgefangenenlagern in Deutschland im 1. WK. ⊙ *G:* 1896, '98 Lyon, Salon / Paris: Salon d'Automne; Salon des Artistes Décorateurs; ab 1904 Salon Nat. des BA (1919 Mitgl.); Salon des Indépendants. 🕮 ThB9, 1913; Vol, 1953. *Bénézit* III, 1976; *Hardouin-Fugier/Grafe*, 1989. – IFF, Après1800 VI, 1953. C. R.

Denis, *Clément*, frz. Bildhauer, * Paris, † Dez. 1870 (Kriegsverwundung) Montrouge. Schüler von François Jouffroy. D. fertigte 1869/70 zus. mit Louis Desprez und Justin Marie Lequien die Marmorgruppe *Geburt Christi* (für den Hochaltar der Kirche Val-de-Grâce, Paris) nach dem Werk von Michel Anguier (Kirche St-Roch, Paris). Teiln. am Dt.-Frz. Krieg. ⊙ *G:* 1868–70 Paris, Salon (Portr.-Büsten, Statuetten mit hist. Figuren, z.B. 1868 Giotto, Gips). 🕮 ThB9, 1913. *Lami* II, 1916; *Mackay*, 1977. C. R.

Denis, *Edouard-Auguste*, Maler, * Châteauroux, 1877–82 im Pariser Salon mit Lsch. (Aqu.) vertreten. 🕮 ThB9, 1913.

Denis, *Epiphane* cf. **Denis,** *Louis* (1821)

Denis, *F.*, Zeichner, Ingenieurleutnant, tätig in Mannheim. Zeichnete zw. 1763–67 Karten und Ansichten von Mannheim und Umgebung, gestochen von Georg Joseph Cöntgen und Sebastian Dorn. Ein *Theodor Ferdinand D.*, wohl D.s Bruder, zeichnete 1810 eine Ansicht von Mannheim, als farbiger Kpst. von Andreas Ludwig Bissel. 🏛 MANNHEIM, Reiß-Mus. MÜNCHEN, Bayer. Staats-Bibl. 🕮 ThB9, 1913. – *H. Tenner*, Mannheimer Kunstsammler und Kunsthändler bis zur M. 19. Jh., He. 1966; *F. Hellwig*, Jb. für west-dt. Landesgesch. 7: 1981, 234; KD des Stadtkreises Mannheim, M./B. 1982. V. F.

Denis, *François* (1722) cf. **Denis,** *Claude* (1722)

Denis, *François-Eugène (Eugène)*, frz. Glasmaler, * 5. 9. 1828 Nantes, † 3. 9. 1878 ebd. Schüler von Picou und Marchand. D. leitete in Nancy eine bek. Wkst. für Glasmalerei und führte zahlr. Aufträge für Kirchen in Nantes, Paris u.a. aus. – Char. für die nach eig. Vorlagen oder nach Entwürfen seiner Mitarb. Hussenet und Livache ausgef. Glasmalereien ist u.a. eine intensive, nuancenreiche Farbgestaltung. 🏛 DUBLIN, Rathfarnham, Catholic Church: Kreuzweg-Stationen, Glasmalereien. 🕮 ThB9, 1913. *Bénézit* III, 1976. – *J. Williams*, A companion guide to archit. in Ireland, 1837–1921, Dublin 1994. C. R.

Denis, *François Joseph*, Architekt, Bildhauer in Namur. 1776 Ausz. mit dem großen Archit.-Preis der Akad. von Antwerpen. 1792 für Arbeiten in der Stiftskirche Ste-Begge in Andenne bezahlt (Medaillons an der Kanzel von Géricot). Ein Holzbildhauer *Denis* ist in Namur 1779 mit der Kanzel der Kirche St-Jacques und 1791 mit Skulpt. belegt. 🕮 ThB9, 1913. – *G. Lemeunier*, Connaître la Wallonie. L'art baroque et classique en Wallonie, Liège 1971.

Denis, *G.*, holl. Maler, vermutl. Leidener Schule, fertigte 1675 das Min.-Ölbild *Knabe, einen Hund flöhend* (MBK Leipzig). 🕮 MBK Leipzig (K der Gem.), L. 1979.

Denis (Denise), *Géry*, frz. Bildhauer in Cambrai, der 1729 im Auftrag jener Stadt die allegor. Holzstatue *Dauphin* anläßl. der Geburt von Ludwig, Dauphin (Sohn von Ludwig XV) fertigte. 🕮 ThB9, 1913. *Vial/Marcel/Girodie* I, 1912. C. R.

Denis, *J.*, Kupferstecher in Paris, fertigte sechs Bll. für Le Maître à danser von Jean-Philippe Rameau, P. 1725 (Paris, BN). 🕮 ThB9, 1913. – IFF, GravXVIII VI, 1949.

Denis, *J.*, belg. (nicht holl.) Lithograph, fertigte 1823 ein Halbfiguren-Portr. (dat.) des Malers Joseph Denis Odevaere. 🕮 ThB9, 1913. – Mitt. RKD, Den Haag.

Denis (Denise), *Jean-Baptiste*, frz. Maler in Saint-Amand/Valenciennes. Vor 1684 Meister der Confrérie St-Luc von Valenciennes. Nahm 1686 Guillaume Converts zum Lehrling. 1708 Auftrag von Nicolas Dubois (Abbé de St-Amand) über jeweils zwei Gem. zur Gesch. des *St Benoît* und des *St Cyr* für die Kap. der Abtei. D. wohnte 1726 nicht mehr in Valenciennes. 🕮 *Machelart*, 1987. C. R.

Denis, *Jean-Claude*, frz. Comiczeichner, Illustrator, * 1951 Paris, lebt ebd. Stud.: Ec. supérieure des Arts décoratifs, Paris. Seit M. der 70er Jahre Gest. von Buch- und Zs.-Titeln sowie Ill. für versch. Magazine. Mit Caroline Dillard und Martin Veyron 1974 Gründung der Gruppe Imaginon. 1977 entstand für das Mag. Pilote die Tier-Comicserie *André le Corbeau*. 1978 gestaltete D. für den Verlag Casterman zus. mit Veyron das Kinderbuch *Oncle Ernest et les Ravis*. 1979 erschien im Verlag Futoropolis das an ein erwachsenes Publikum gerichtete erste Comic-Album *Cours tout nu*. Ab 1980 Veröff. der im Jugendmilieu angesiedelten humorist. Ser. *Luc Leroi* in dem Mag. (à suivre), die später von Casterman und Futuropolis in Albenform nachgedruckt wurde. Ebenfalls für Casterman zeichnete D. 1981–83 die Kinder-Comicserie *Rup Bonchemin*. Weitere Veröff. u.a.: *Les Sept Péchés Capiteaux* für das Mag. Métal Hurlant (1983); *Bonbon Piment* für den Verlag Editions du Bout du Monde (1987). 1988/89 zeichnete D. diverse Kurzgeschichten für das Mag. Corto, die später vom Verlag Albin Michel zu einem Album zusammengefaßt wurden. 1990 entstand für das Mag. L'Echo des Savannes der Comic *L'Ombre aux Tableaux*, dem 1992 das Album *Le Guide des Jeux d'Argent* für Editions La Sirène und 1993 das Kinderbuch *L'Ile aux Mainates* für Albin Michel folgten. D.s zunächst meist karikaturhaft-humorist. Zchngn wandelten sich im Laufe seiner Entwicklung zu immer realistischeren Darstellungen. ⊙ *G:* 1993 Hamburg, 1. Internat. Comic-Salon: Couleur directe. Meisterwerke des neuen frz. Comics (K).

🕮 *A. C. Knigge*, Comic Lex., Ffm./B. 1988.
H. Kronthaler

Denis, *José* → **Denis Belgrano,** *José*

Denis, *Louis*, wallon. Maler, * 10. 6. 1821 Lüttich, † 30. 3. 1843 ebd. Bruder des Lsch.-Malers *Epiphane D.* (* 17. 12. 1823 Lüttich, † 18. 2. 1891 ebd.; mehrere hundert Ansichten des Rheinlandes, der Ardennen und von Luxemburg; Werke in Priv.-Slgn). Stud.: ABA, Lüttich, bei Barthélemy Vieillevoye. – Portr., Genres, Figuren (Akte). Z. T. verwechselt mit dem Werk von Pierre-Louis D. 🏛 LÜTTICH, Mus. de l'Art Wallon: Portr. Vincent Lamarche (Zuschr.). 🕮 ThB9, 1913. *Berko*, 1981; *Flippo*, 1981; *Arto*, 1995; DPB I, 1995. U. R.

Denis, *Louis*, belg. Genre-, Historienmaler, 1855 in Rom nachw.; evtl. ident. mit dem gleichnamigen, in Paris tätigen belg. Maler, von dem die BN, Paris, einige lithographierte Portr. sowie zahlr. Titel-Bll. (1856–87) zu Liebesgedichten (oder -liedern) besitzt. 🕮 ThB9, 1913. – IFF, Après1800 VI, 1953.

Denis, *Manuel*, span. Maler portug. Herkunft, * Portugal, von der Kindheit an in Spanien; übersetzt 1563 das „Libro de la pint. antigua“ von Francisco de Holanda aus dem Portug. ins Span. (Ms. in Madrid, RABA de S. Fernando). Wohl kaum ident. mit einem gleichnamigen Maler im Dienst von König Felipe III, von dem ThB ein 1630 sign. Portr. der *Infantin Maria* nennt. 🕮 ThB9, 1913. EUI XVIII, 1915. – *J.-A. França u.a.*, Arte portugués, Ma. 1989 (Summa artis, 30). R. T.

Denis, *Marcelo*, argentin. Maler, * 1929 Buenos Aires. Stud. ebd.: Esc. Superior de BA bei Jorge Larco. – V.a. einfühlsam gemalte Alltagsszenen, bes. aus dem häusl. und familiären Bereich; zudem sehr sinnl. wirkende Akte. 🕮 *Gesualdo/Biglione/Santos* I, 1988. R. T.

Denis, *Maurice*, frz. Maler, Graphiker, Dekorationsmaler, * 25. 11. 1870 Granville/Manche, † 13. 11. 1943 (an den Folgen eines Verkehrsunfalls) Paris. D. entstammt einer einfachen Fam. in der Normandie und verbringt das ganze Leben in Saint-Germain-en-Laye b. Paris, einer für ihn und sein Schaffen sehr wichtigen Stadt. Parallel zur gediegenen klass. Ausb. am Lycée Condorcet in Paris (1882–87), wo er Edouard Vuillard, Ker Xavier Roussel und Aurélien Marie Lugné-Poé kennenlernt, nimmt D. Zeichenunterricht bei eher unbek. Lehrern (dem Fotografen Jean-Dominique Zani in Saint-Germain-en-Laye, 1885 bei Júlio Ballá in Paris). V.a. bildet er sich jedoch autodidakt. im Louvre und entdeckt durch die Werke von Fra Angelico seine wahre Berufung: 15jährig setzt er sich das Ziel, „die Kunst auf ihren großen Meister, nämlich Gott, zurückzuführen“ (1886); in diesem Sinn nimmt er nun Eintragungen im bereits 1884 beg., bis ans Lebensende fortgesetzten „Journal“ (Tagebuch) vor. Drei Ereignisse sind schließl. richtungweisend für D.s künstler. Entwicklung: die Begegnung mit der Malerei von Pierre Puvis de Chavannes (1887 Retr. in der Gal. Durand-Ruel), die Bekanntschaft mit Paul Sérusier 1888 an der Acad. Julian (einer kleinen Gruppe von Freunden, darunter Pierre Bonnard, Henri Gabriel Ibels und Paul Elie Ranson, erläutert er eine in Pont-Aven unter Ltg von Paul Gauguin gemalte Lsch., gen. Le Talisman, Paris, Orsay) und schließl. der durch die Gem. von Gauguin verursachte Schock (1889 Ausst. im Café Volpini). Damit setzt die Bewegung der Nabis (hebr. für „Propheten“) ein, die 1891 erstmals gemeinsam ausstellen; im Aug. 1890 veröffentlicht D. in der Zs. Art et critique deren Manifest „Définition du néo-traditionnisme“ mit dem berühmten Anfangssatz „Es sollte bedacht werden, daß ein Bild, bevor es ein Schlachtpferd, eine nackte Frau oder irgendeine Anekdote ist, im wesentlichen eine gewöhnl. Fläche ist, überzogen mit in bestimmter Weise angeordneten Farben“. D. steht im Mittelpunkt der Gruppe mit René Piot, Roussel, Vuillard, zu der später auch Aristide Maillol und Félix Vallotton gehören. Die Heirat 1893 mit Marthe Meurier (sechs gemeinsame Kinder) ist ein weiteres entscheidendes Ereignis; sie wird das Hauptmodell seiner Bilder (*Le Dessert au jardin*, 1897, Saint-Germain-en-Laye, Mus. dép. Maurice Denis „Le Prieuré“ [im folgenden: Mus. D.]) und ermöglicht ihm, Liebe und Religion in einer ganz persönl. Weise miteinander in Einklang zu bringen. Mit der Hochzeitsreise nach Perros-Guirec, wo D. künftig regelmäßig hinfährt und 1908 schließl. die Villa Silencio kauft, beginnt eine bes. innige Beziehung zur Bretagne (*Régates à Perros-Guirec*, 1892, Mus. D.), der zweiten von ihm bevorzugten Gegend neben Italien; dorthin reist er ab Mai 1895 insgesamt zehnmal, um die Bezugspunkte zur Malerei aus der Zeit vor und um die ital. Frührenaiss. bis zum Barock allmähl. zu erweitern und zu variieren. V.a. vom Kreis um den Maler Henri Lerolle ausgehend (*Portr. d'Yvonne Lerolle en trois aspects*, 1897, Coll. Josefowitz), knüpft D. alsbald ein Netz von Verbindungen und Freundschaften in der Welt des Theaters (Lugné-Poe) und der Musik (Ernest Chausson, bis zu seinem Tod 1899 ein sehr enger Freund, in dessen Priv.-Haus er drei Plafonds malt, Claude Debussy, und bes. Vincent d'Indy, für den D. 1920 die Dekorationen zur Oper *La Légende de St Christophe* fertigt). Unter den Schriftstellern verbindet ihn v.a. ab 1892 eine langjährige Freundschaft mit André Gide, die mit dem gemeinsamen, 1893 ed. Buch *Le Voyage d'Urien* beginnt. Enge Beziehungen hat er auch zu Politikern, z.B. zu Denys Cochin, für den D. zw. 1895 und 1898 mehrere Glasfenster und die Dekoration zu *La Légende de St Hubert* gestaltet, und Adrien Mithouard. Nach dem Debüt im SAfr. 1890 entwickelt sich D.s Karriere sehr schnell; er ist regelmäßig im Salon des Indépendants und im Salon der Soc. nat. des BA, in der Gal. Le Barc de Boutteville und in Brüssel (1892 Salon des XX; ab 1894 Salon de la Libre esthétique) vertreten. Die 9. „Expos. des peintres impressionnistes et symbolistes“ 1895 bei Le Barc bringt das Ende der reinen Nabis-Periode und kündet vom Beginn einer Entwicklung, die 1898 in Rom angesichts der Werke von Raffael in tiefgründigen theoret. Betrachtungen mit Gide konkrete Formen annimmt. So setzt die zweite Periode von D.s Laufbahn ein, in der anspruchsvollere Werke in den Vordergrund treten, zunächst die 1899 eingeweihten Wandmalereien in der Kap. des Collège Ste-Croix in Le Vésinet b. Paris und die 1901–03 ausgestaltete Kirche Ste-Marie. Die Ausmalung der Kuppel im Pariser Théâtre des Champs-Elysées 1913 ist der Höhepunkt auf diesem Gebiet. Nach der Dreyfusaffäre, den von Emile Combes 1903 erlassenen Gesetzen und der Trennung von Staat und Kirche 1905 unterstützt D. die monarchist. Orientierung durch den Beitritt zur Bewegung der Action franç., die er erst nach Bekanntgabe der Exkommunizierung von Charles Maurras durch den Papst 1927 wieder verläßt. D. veröffentlicht weiterhin zahlr. Art. (bes. ab 1901 in der Zs. L'Occident), u.a. umfangreiche theoret. Abh. zu seinem Freund Maillol (1905) und zu Cézanne (1907), in denen er die Grundsätze eines mögl. „nouv. classicisme" darlegt. Dessen Bedeutung verstärkt er noch durch die Bekanntschaft mit Edgar Degas 1901, der Wiederbegegnung mit dem Jugendfreund Jan Verkade 1903 im dt. Kloster Beuron und Besuchen bei Cézanne 1906 kurz vor dessen Tod (*La Visite à Cézanne*, 1906, Priv.-Slg), bei Henri-Edmond Cross, Paul Signac und Auguste Renoir. In diese Richtung weist auch die Komplettierung der Slg seiner wichtigsten ab 1890 ersch. Art., die 1912 im Buch „Théories" mit dem charakterist. Untertitel „Du Symbolisme et de Gaughin vers un nouv. ordre classique" hrsg. werden. Das in drei weiteren Auflagen ersch. Werk findet internat. ein breites Echo; die darin enthaltenen Lehren vermittelt er bis 1919 an der 1909 gegr. Acad. Ranson. Zahlr. Ankäufe und bed. priv. Aufträge in Frankreich (Etienne Moreau-Nélaton, Jacques Rouché, Gabriel Thomas, Charles Stern, der Prinz von Wagram), Deutschland (Dr. Wolff in Berlin, Curt von Mutzenbecher in Wiesbaden und v.a. Harry Graf Keßler in Weimar, der ihn 1902–13 bes. wirkungsvoll unterstützt) und Rußland (in Moskau Sergeij Ščukin und Ivan Morosov, für dessen Stadtpalais D. 1908 die *Gesch. der Psyche* malt) sichern seine Entwicklung. Das zeigen auch die zahlr., der ersten Personal-Ausst. 1904 folgenden Ausst. beim Pariser Kunsthändler Eugène Druet. Im Zusammenhang mit dem Großauftrag im Théâtre des Champs-Elysées 1910–13, wo D. eine führende Rolle spielt und die große Kuppel ausmalt (*Hist. de la musique*), nimmt er freundschaftl. Beziehungen zu Auguste Perret auf. Dieser errichtet 1912 in Saint-Germain-en-Laye D.s Atelier im Gelände des aus dem 17. Jh. stammenden ehem. Hospital Le Prieuré (1914 käufl. erworben, heute Mus. D.). Der 1. WK und bes. der Tod von Marthe 1919 bedeuten eine Zäsur in D.s Leben (1922 zweite Ehe mit Elisabeth Graterolle, mit der er zwei weitere Kinder hat), die sich in einer noch konsequenteren Hinwendung zur sakralen Kunst ausdrückt. 1919 gründet D. zus. mit George Desvallières die Ateliers d'art sacré, wo zahlr. anschl. im sakralen Bereich tätige Künstler ausgebildet werden. 1922 veröffentlicht er die größtenteils den Problemen der sakralen Kunst gewidmeten „Nouv. théories". Neben mehreren umfangreichen Profandekorationen (*Hist. des arts en France* in der Kuppel des Mus. im Pariser Petit Pal., 1925; *Le Christ aux ouvriers* für das Bureau internat. du travail in Genf, 1931; Tafelmalereien für die Hospices civils in Saint-Etienne, 1936; im Gebäude des Völkerbundes in Genf und im Pariser Pal. de Chaillot, beide 1938) hat die Ausgestaltung von Kirchen einen großen Anteil im Schaffen: u.a. Ausstattung und Glasfenster für die Chap. du Prieuré in Saint-Germain-en-Laye, 1915–28; St-Nicaise in Reims, 1926–34; die Apsiden der Kirche St-Paul in Genf, 1916, St-Louis in Vincennes, 1927, und St-Esprit in Paris, 1934; Basilika von Thonon-les-Bains, 1943. Durch die Einzel-Ausst. zur Bienn. 1922 in Venedig, eine große Retr. 1924 in Paris, die Ausz. als Kommandeur der Ehrenlegion 1926, die Wahl ins Institut de France 1932 sowie die Publ. zahlr. weiterer Art. und mehrerer Bücher (u.a. 1939 eine umfassende „Hist. de l'art relig.") findet D. internat. Anerkennung. Während des Vichy-Regimes hält er sich von allen offiziellen Vorgängen fern. – Der 16jährige D. vermerkt im „Journal", die Malerei werde für ihn stets eine essentiell relig. und christl. Kunst sein; dennoch nimmt seine Darstellungsweise im Verlauf der in drei Perioden gegliederten künstler. Tätigkeit eine deutlich spürbare Entwicklung; das bes. umfangreiche maler. Œuvre umfaßt mehr als 2000 Gem. mit zahlr. Wiederholungen und Varianten, ca. 30 profane und relig. Wandmalereien. In der ersten Phase (1890–98) praktiziert er zunächst gemäß dem anfängl. Anspruch seines Art. von 1890 und im Gefolge von Gauguin eine flächige Malerei in lebhaften Farben (*La montée au calvaire*, 1889; *Taches de soleil sur la terrasse*, 1890, beide Paris, Orsay) mit einem auffallend dekorativen Aspekt als Auftakt zum Art nouv. (*Avril*, Otterlo, RM Kröller-Müller; *Procession sur les arbres*, New York, Altschul Coll.). Dennoch geht es D. nie um die Überbetonung des Formalen, und der Bildgegenstand bewahrt, wenn auch an zweiter Stelle, seine Bedeutung für das gleichzeitige Zelebrieren von Liebe und Religion (*Mystère catholique*, 1889, Saint-Germain-en-Laye, Mus. D., und fünf weitere Versionen davon; *Matin de Pâques*, Chicago, Art Inst.; *Soir trinitaire*, Coll. Josefowitz, beide 1891). Intime Szenen, Mutterschaften sowie Kinder- und Selbstbildnisse (1889–1938) durchziehen D.s gesamtes Œuvre. Ab 1898, mit der Neubewertung von Raffael und als Reaktion auf das in der Nabis-Periode als Übermaß an Subjektivität und Emotion Empfundene werden Zchng, Perspektive und das Bemühen um den Bildaufbau wieder bedeutsamer in anspruchsvolleren, recht großformatigen Werken; damit bekundet D. den Willen, einen eigenständigen Stil auszubilden und die Gestaltungsprinzipien der klass. Malerei anzuwenden (*Le jeu de volant*, Orsay; *Sinite parvulos*, Neuss, Clemens-Sels-Mus., beide 1900) und intepretiert in diesem Sinn das Schaffen von Cézanne (*Hommage à Cézanne*, 1900, von Gide erworben, heute im Orsay). Nach 1904/05 führt die krit. Analyse des Neoimpressionismus und der Malerei der Fauves zu einer intensiveren Farbgebung, was D. mit dem Bestreben um den Bildaufbau und der Auswahl von signifikanten Themen in Einklang bringt, die nun Bezüge zu Mythologie und Christentum aufweisen (*Gesch. der Psyche*, 1908, St. Petersburg, Ermitage; *Spiele der Nausikaa*, 1914, beide Öl/Lw., verschollen); das wird bes. deutl. in einer Ser. mit Strandansichten (*Soir de septembre*, 1911, Nantes, MBA; *Bacchus und Ariane*, 1907, St. Petersburg, Ermitage) und in seinen besten Dekorationsmalereien (*L'éternel printemps*, 1908, Saint-Germain-en-Laye, Mus. D.; *Soir florentin*, 1910, Paris, Petit Pal.; *Hist. de la musique*, 1913). Begünstigt durch ausgedehnte Reisen (1920 Schweiz, 1921 Nordafrika und Italien, 1926 Holland, 1927 USA und Kanada, 1929 Ägypten, Jerusalem und Griechenland), führen nach dem 1. WK vielfältige, weitreichende Bezugspunkte, v.a. bei größeren Dekorationsmalereien, dazu, daß D. vorrangig um die Rückbesinnung auf die Darstellungsweise eines Giotto und eine aufklärende Malerei bemüht ist. In der Staffeleimalerei behält er jedoch bis an das Lebensende die Hauptmerkmale des Frühschaffens bei. Daneben ist D. sehr aktiv in der Buch-Ill.; um 1890 löst er sich auf diesem Gebiet vom Figürlichen und bildet stattdessen eine „Stickerei von Arabesken auf den Seiten, eine Begleitung expressiver Linien". Diese Auffassung zeigt sich erstmals bei den 1889 beg. Zchngn zum Buch *Sagesse* von Paul Verlaine (erst 1911 mit Hschn. von Jacques Beltrand bei Ambroise Vollard publ.) und am deutlichsten im zus. mit Gide konzipierten Werk *Le Voyage d'Urien* (1893 von Bailly ed.). Das 1903 von Vollard publ. Buch *L'Imitation du Jésus-Christ* mit Zchngn von 1893–99 ist das letzte Beispiel der symbolist. Periode. Nach dem tiefgreifenden Stilumbruch um 1898/1900 erscheinen die ebenfalls wichtigen Bücher *Vita Nova*, 1907 (Hschn. von Beltrand), und *Fioretti*, 1913 (Hschn. von den Brüdern J. und Marcel Beltrand), in einer eher trad. Auffassung, aber beide in prachtvoller, subtiler Farbgebung und Typographie. Nach ca. 15 weiteren bemerkenswerten Büchern (die meisten mit Farb-Hschn. von den Brüdern Beltrand) bedeuten die 1942 von Vollard postum veröff. *Poèmes* von Francis Thompson D.s Rückkehr zur seit den 1890er Jahren nicht mehr eigenhändig praktizierten Technik der Lith. (die Folge *Amour* mit D.s Lith. erschien 1889 bei Vollard). Wie die anderen Nabis gestaltet D. bereits sehr früh kunsthandwerkl. Arbeiten, zunächst Fächer, Lampenschirme, Tapetenentwürfe, dann mehrere Werke für das Geschäft Art nouv. von Siegfried Bing: die Wanddekoration *L'amour et la vie d'une femme* (1895, verschollen, eine spätere Fassung im Mus. D.), Mobiliar und mehrere Glasfenster, später auch Vasen (zus. mit André Metthey, um 1907). Diese Tätigkeit verfolgt er weiter, bes. die Gest. von Glasfenstern (*Jeanne d'Arc* für das Haus von Gabriel Thomas, 1916, heute im Mus. D.; in den Genfer Kirchen Notre-Dame, 1917, und St-Paul, 1918–22; für die Kirche Notre-Dame in Le Raincy, Auftrag von Perret, 1923). D. fertigt auch Imitationen (*Au bois d'amour*, 1898, Mus. D.) und Tapisseriekartons (*Plage à l'homme nu et au canot*, 1920; *Dans les jardins d'Armide*, 1930, für die Man. des Gobelins). Im engen Zusammenhang mit dem Œuvre stehen die theoret. Betrachtungen; in der symbolist. Phase ist D. im Gefolge von Gauguin der Haupttheoretiker vom „équivalent plast." und bevorzugt die „Äußerung durch das Kunstwerk" (l'expression par l'œuvre d'art) gegenüber der „Äußerung durch den Bildgegenstand" (l'expression par le sujet); damit vertritt er eine zur gesamten symbolist. Tendenz der sog. „allégoristes" bzw. „imagiers" völlig konträre Ansicht. Den Terminus Symbolismus akzeptiert D. im übrigen nur zögerlich und würde ihn gern durch den Begriff „néo-traditionnisme" ersetzen, der die Absicht, an eine ältere Mal-Trad. anzuknüpfen, besser artikulieren könnte, um so auf alle von D. abgelehnten Formen von Realismus reagieren zu können. Ab 1898 gewinnt der Bildgegenstand nach und nach seine anfängl. Bedeutung zurück, was einer entsprechenden Äußerung von 1924 zu entnehmen ist. Am E. des 19. Jh. hat D.s Malerei und Kunsttheorie einen Großteil der symbolist. Bewegung Europas beeinflußt; bes. durch Ausst., die Aktivitäten seines Händlers Druet, zahlr. Reisen (1905 Spanien, 1903 und 1907 Deutschland, 1907–10 Belgien und Italien, 1909 England und Rußland) und Übersetzungen von Art. (Dt. in Kunst und Künstler, 1906–14; Engl. im BurlMag 1910; Tschech. in Volne Smery, 1906–11; Russ. in Zolotoje Rouno 1909). Trotzdem wird D. im Kontext der Herausbildung eines internat. „nouv. classicisme" noch geringgeschätzt. Seine Auffassungen wirken über den 2. WK hinaus, v.a. jene zur sakralen Kunst und zur Verteidigung des Primats des Gegenstands gegenüber formalen Unters., womit er konträr zur mehrheitl. Tendenz der Avantgardisten ist. Nachdem lange v.a. die Werke und Anschauungen aus den ersten Jahren der Nabis bek. waren, ist es an der Zeit, die nach D.s Tod wenig beachtete Stellung und die Bedeutung des Œuvres in diesem Sinn neu zu bewerten.

⌂ ANGERS, MBA: St Georges aux rochers rouges, 1910. AUTUN, Mus. Rolin: Werke aus der Slg Eugène Chevalier. BAYONNE, Mus. Bonnat: La Dormeuse, 1892. BEAUVAIS, Mus. dép. de l'Oise: Vasque de la Villa Médicis, um 1898 und 1928; L'Age d'or, 1912. CHICAGO, Art Inst. ESSEN, Mus. Folkwang: Vierge au baiser, um 1902. FRANKFURT am Main, StG: Le goûter à Loctudy, um 1901. GENF, Petit Pal.: Plage au canot et à l'homme nu, 1924. GRENOBLE, Mus. de Peint. et de Sculpt.: Galatea, 1917. LAUSANNE, MBA: Septima hora, um 1903; La Plage au petit temple, 1906. LILLE, MBA: Anbetung der Könige, 1904. MANNHEIM, StKH: Plage aux lutteurs, 1912. MOSKAU, Puškin-MBK: Portr. de Marthe, 1893; Les Bergers, 1909; Vasen, 1907 und 1909. MÜNCHEN, BSGS, NP: Epona protège les troupeaux, 1901. NANTES, MBA. NEUSS, Clemens-Sels-Mus.: Le Verger, um 1892; Nus au crépuscule, 1898; Plage au petit garçon, um 1910/11. NEW YORK, MMA: Jeunes filles au bord de la mer, 1898. OTTERLO, RM Kröller-Müller: Le Monotone verger, 1898. PARIS, Orsay: Les Muses, 1893; Portr. de la fam. Mellerio, 1897; Portr. de Verkade, 1906. – MAD: Septembre, 1891; La glorification de la Croix, 1899 (im Orsay deponiert). – Petit Pal.: Baigneuses, 1899. RENNES, MBA: Les Premiers pas, 1911. SAINT-GERMAIN-EN-LAYE, Mus. dép. Maurice Denis „Le Prieuré": zahlr. Werke aus der Schenkung Denis, 1980, u.a.: Triple portr. de Marthe fiancée; L'échelle dans le feuillage, beide 1892; Die hll. Frauen am Grab, 1894; Le chemin de la vie, Glasfenster; Die Pilger von Emmaus, beide 1895; Die Legende des hl. Hubertus, 1897; Princesse à la tour, 1914; Jeanne d'Arc, Glasfenster, 1916; Soir sur la terrasse, 1921. ST. PETERSBURG, Ermitage: Heimsuchung, 1894; Martha und Maria, 1896; Figures dans un paysage de printemps, 1897. STRASBOURG, MBA: La lumière intérieure, 1915. TOKIO, NM of Western Art: Jeunes filles dansant, um 1905; La Baignade, 1920. ✉ Auswahl, vollst. Verz. cf. Le Ciel et l'Arcadie, 1993. – Théories, 1890–1910. Du Symbolisme et de Gauguin vers un nouv. ordre classique, P. 1912; [3]1913; [4]1920; Nouv. théories. Sur l'art mod., sur l'art sacré, 1914–1921, P. 1922; Carnets de voyage en Italie, 1921–1922, P. 1925; Aristide Maillol, P. 1925; Henri Lerolle et ses amis, suivi de quelques lettres d'amis, P. 1932; Charmes et leçons de l'Italie, P. 1933, [2]1935, [3]1947; Hist. de l'art relig., P. 1939; Paul Sérusier, sa vie, son œuvre, in: Paul Sérusier, A. B. C. de la peint., P. ²1942; Journal, 1884–1943, I-III, P. 1957–59; Du Symbolisme au classicisme. Théories, ed. *O. Revault d'Allones*, P. 1964; Correspondance Jacques-Emile Blanche – M. D. (1901–1939), ed. *G.-P. Collet*, Genève 1989; Le Ciel et l'Arcadie, ed. *J. P. Bouillon*, P. 1993. ⊙ Auswahl, vollst. Verz. cf. Kat. Einzel-Ausst., Lyon 1994. – *E:* Paris: 1904 Gal. Druet: M. D., ét. d'Italie, 1898–1904 (K Vorw.: A. Gide); 1924 Pavillon de Marsan, Union centrale des Arts décoratifs: M. D., 1888–1924; 1929 Gal. Druet: M. D., Rome 1928-Bretagne 1927–1928; 1945 MNAM (K Vorw.: A. Gide; Text: P. Bonnard); 1970 Orangerie des Tuileries (K: A. Dayez); 1992 Gal. Huguette Berès (K: A. Berès) / 1922 Venedig, Bienn., Pavillon franç. / 1945–46 Cambrai u.a.: M. D., ses maîtres, ses amis, ses élèves (Wander-Ausst.; Text: B. Dorival) / 1954 Neuss, Clemens-Sels-Mus. / Saint-Germain-en-Laye: 1954 Bibl.: M. D., œuvre gravé, lith.; Mus. D.: 1980: Symbolistes et Nabis, M. D. et son temps (Schenkung D., 2. Teil 1985); 1997: Lumières de sable. Plages de M. D. (Texte: A. Delannoy/J. P. Bouillon/F. Denis); 1999: M. D., La Légende de St Hubert 1896–1897 (Texte: M. Barbey/ J. P. Bouillon u.a.) / 1963 Albi, Mus. Toulouse-Lautrec (Texte: E. Julien/A. Humbert) / 1966 Tours, MBA: M. D. illustrateur (Text: J. Guignard; K: D. Boulet) / 1971/ 72 Bremen, KH; Zürich, Kunsthaus; Kopenhagen, Statens Museum for Kunst / 1981 Tokio, NM of Western Art (Texte: U. Perucchi-Petri/D. Maurice-Denis) / 1982/83 Beauvais, Mus. dép. de l'Oise: L'Age d'Or de M. D. (K: M.-J. Salmon) / 1985 Alençon, MBA (K: S. Janin-Juvigny); Perros-Guirec, Maison des Traouïeros und Morlaix, Mus. des Jacobins: M. D. et la Bretagne, M. D. à Perros-Guirec (Texte: G. Lacambre/D. Delouche; K: C. Denis/A. Gruson) / 1988 Rom, Centre culturel franç.: M. D. et l'Italie, aspects de l'œuvre gravé (K: T. Barruel); Marcq-en-Bareul, Fond. Septentrion / 1994 Lyon, MBA: M. D. 1870–1943 (Wander-Ausst.; Texte: J. P. Bouillon, D. Gamboni, G. Genty, G. Cogeval, J. Lee, E. Mai; K: M. Barbey, T. Barruel, C. Denis, A. Gruson u.a.) / 1996 Autun, Mus. Rolin: Un nouv. regard sur M. D., la coll. Eugène Chevalier (Texte: B. Maurice-Chabard/T. Barruel u.a.). – *G:* Paris: 1936 BN: Cinquantenaire du Symbolisme; 1949 Mus. de l'Orangerie: Eugène Carrière et le Symbolisme; 1955 MNAM: Bonnard, Vuillard et les Nabis (K: B. Dorival/A. Humbert) / 1979 Mus. Bourdelle: Trois générations d'artistes, M. D., Marcel Poncet, Antoine Poncet; 1987 Orsay: 1913, Le Théâtre des Champs-Elysées (Texte: J. M. Nectoux/ C. Frèches/T. Barruel u.a.); 1988 Grand Pal.: Le Japonisme (Wander-Ausst.; K: G. Lacambre u.a.); 1990 Gal. Huguette Berès: Au temps des Nabis / 1967 Angers, MBA: M. D. et les Nabis / 1972 London, Hayward Gall.: French symbolist painters, Moreau, Puvis de Chavannes and their followers (Texte: P. Jullian/A. Bowness; K: G. Lacambre u.a.) / 1975 Rotterdam, BvB: Le Symbolisme en Europe (Wander-Ausst.) / 1979 London, RA: Post-Impressionism. Cross-Currents in europ. paint. (K: J. House/M. Stevens ed.) / Saint-Germain-en-Laye, Mus. D.: 1982: L'éclatement de l'Impressionisme (K: M.-A. Anquetil u.a.); 1985: Cinq années d'acquisitions 1980–1985 (K: id.); Le Chemin de Gauguin, genèse et rayonnement (K: id.); 1996: Symbolistes et Nabis, M. D. et son temps (K: A. Delannoy) / 1986 Los Angeles, County Mus. of Art: The spiritual in art. Abstract paint. 1880–1985 (Wander-Ausst.; K: M. Tuchman u.a.) / 1993 Zürich, Kunsthaus: Nabis 1888–1900 (Wander-Ausst.; Texte: C. Frèches-Thory/U. Perucchi-Petri/J. P. Bouillon/ T. Barruel u.a.); Gifu (Japan), MFA: Tournant de la peint. entre la seconde moitié des années 1880 et les années 1890; Essen, Mus. Folkwang: Morosov und Ščukin, die russ. Sammler. Monet bis Picasso / 1994 Edinburgh, NG of Scotland: Monet to Matisse. Landscape paint. in France 1874–1914 (Texte: R. Thomson/M. Clarke) / 1995 Montreal, MBA: Paradis perdus. L'europe symboliste (Texte: J. Clair/G. Cogeval/J. P. Bouillon u.a.); 1998 ebd.: Le temps des Nabis (K: G. Cogeval/G. Genty u.a.). 📖 ThB9, 1913; Vol, 1953. *Bénézit* III, 1976; DA VIII, 1996. – Ausführl. Bibliogr. cf. M. D. (K Orangerie des Tuileries), P. 1970; *Bouillon*, 1993; *Clément*, 1996. – *Weitere Lit.: G. Mourey*, Rev. univ. 3:1903 (97) 561–564; *A. Mithouard*, Art et décoration 22:1907 (2) 1–12; *L. Rouart*, Grande rev. 9:1907 (Mai) 526–531; *S. von Staudhamer*, Christl. Kunst 4:1908 (Febr.) 97–113; *A. Alexandre*, Art et les artistes 8:1909 (Jan.) 161–166; 1910 (März) 256–263; *L. de Lutèce*, Notes d'art et d'archéologie 1909 (Jan.) 1–4; *A. Soffici*, Vita d'arte 4:1909 (24) 504–514; *P. Jamot*, GBA 1911 (Juli) 5–18; 1913 (Mai) 291–322; *H. Cochin*, Rev. hebdomadaire 1913 (März) 34–57; *L. Couturier*, Art décoratif 1913 (191) 205–220; *A. Favre*, Pages d'art chrétien, IV, P. 1913, 111–126; *J. de Foville*, Rev. de l'art ancien et mod. 33:1913 (April) 267–286; *A. Segard*, Peintres d'aujourd'hui. Les décorateurs, II, P. 1914, 139–243; *H. Cochin*, Rev. des jeunes 16:1918 (9) 513–532; *J. L. Vaudoyer*, Dedalo 1922 (April) 722–751; *A. Pératé*, Art et les artistes 8:1923 (40) 41–80; *F. Fosca*, M. D. et son œuvre, P. 1924; *L. Gillet*, GBA 1924 (Sept.-Okt.) 197–212; *P. Hepp*, Rev. hebdomadaire 1924 (26) 445–460; *P. Jamot*, Rev. de Paris 1924 (Aug.) 901–920; *M. Brillant*, M. D., peintre lithographe, P. 1926; *id.*, M. D., P. 1929; *A. Lugné-Poe*, La Parade, I: Le sot du tremplin, P. 1931; *P. Jamot*, M. D., P. 1936; Art sacré 1937 (25) 155–166; *L. Hautecœur*, Rev. des BA de France 8:1943, 67–72; *S. Barazetti-Demoulin*, M. D., P. 1945; *M. Brillant*, Portr. de M. D., P. 1945; *P. Jamot*, M. D., P. 1945; *J. Guignard*, Portique 4:1946, 48–71 (Buch-Ill.); *A. Humbert*, Les Nabis et leur époque, 1888–1900, Genève 1954; *C. Chassé*, Les Nabis et leur temps, P. 1960; *P. Cailler* (Ed.), Cat. raisonné de l'œuvre gravé et lith. de M. D., Genève 1968; *A. Terrasse*, D., intimités, Lausanne 1970; *C. Vincent (Guy)*, M. D., l'enfance et la formation. Le mouvement nabi, Mag.-Arbeit Paris I, 1972; *U. Perucchi-Petri*, Die Nabis und Japan. Das Frühwerk von Bonnard, Vuillard und Denis, M. 1976; *G. Mauner*, The Nabis. Their hist. and their art, 1888–1896, N. Y. 1978; *P. Denis*, Vers une approche psychanalytique de l'œuvre de M. D., in: Psychanalyse des arts de l'image (Kolloqium Cerisy-la-Salle 1980), P. 1981, 99–106; *H. Dorra*, Rev. du Louvre 1982 (4) 254–259; *U. Perucchi-Petri*, ibid., 260–265 (D. und Japan); *A. M. Christin*, Romantisme

1984 (43) 73–90 (Le Voyage d'Urien); *G. Vaughan*, Oxford art j. 7:1984 (1) 38–48 (D. und die Musik); *id.*, Print quart. 1:1984 (3) 173–187 (Le Voyage d'Urien); *S. Inaga*, L'hist. saisie par l'artiste. M. D., historiographe du symbolisme, in: Des mots et des couleurs, II, Lille 1986, 195–236; *T. Barruel*, BSHAF 1986 (1988), 271–282 (Dekoration in Saint-Etienne); *G. Genty*, Hist. de l'art 1989 (5/6) 99–107; *C. Frèches-Thory/A. Terrasse*, Les Nabis, P. 1990; *T. Barruel*, Rev. de l'art 1992 (98) 66–76 (D. und Ernest Chausson); *M. Marlais*, Conservative echoes in Fin-de-Siècle Parisian art criticism, University Park, Pa. 1992, 185–219; *F. Fossier*, La nébuleuse nabie, P. 1993; *J. P. Bouillon*, M. D., Genève 1993; *id.*, Maillol und D., in: Aristide Maillol (K Georg-Kolbe-Mus., Berlin), M. u.a. 1996; *id.*, Cah. du MBA de Lausanne 1996 (5) 21–28; *id.*, Wallraf-Richartz-Jb. 57:1996, 263–276; *R. T. Clement*, Four French symbolists. A sourcebook on Pierre Puvis de Chavannes, Gustave Moreau, Odilon Redon and M. D., Lo. 1996; *A. Gruson*, Bull. des mus. et mon. lyonnais 1996 (3) 46–69 (Jeanne d'Arc); *A. Kostenevič*, Bonnard et les Nabis, Bournemouth 1996, 144–205; *J. P. Bouillon*, Le modèle cézannien de M. D., in: Cézanne aujourd'hui (Kolloquium Orsay 1995), P. 1997, 145–164; *C. Schäfer*, M. D. et le comte Kessler (1902–1913), Ffm. 1997; *T. Barruel*, BSHAF 1997 (1998), 313–326 (D. und Belgien); *J. P. Bouillon*, M. D. Four stages in the hist. of French landscape, 1889–1914, in: Framing France. Essays on the representation of landscape in France, 1870–1914, ed. *R. Thomson*, Manchester 1998, 119–146; *C. Denis* (Ed.), M. D. Cat. gén. raisonné (in Vorbereitung). – Saint-Germain-en-Laye, Dokumentationszentrum des Mus. dép. M. D. „Le Prieuré".
J. P. Bouillon

Denis, *Michel-Pierre-Marie*, frz. Maler, * 28. 9. 1828 (lt. Hardouin-Fugier/Grafe: 1826), lebte in Lyon. Dort 1846/47 Stud. an der EcBA. – Blumenbilder und Genremotive in Öl, Aqu., Gouache. 🏛 DIJON, MBA: L'Ecolier. ⊙ *G:* 1855–61 Lyon, Salon. 🕮 *Audin/Vial* I, 1918; *Hardouin-Fugier/Grafe*, 1989. C. R.

Denis, *Philippe*, belg. Bildhauer, Goldschmied, * 1912 Philippeville, † 22. 1. 1978. Schüler der Ec. d'art der Benediktinerabtei Maredsous. Anschl. dort Lehrer, später freischaffend. Ausz.: 1973 Prix de l'Office Prov. des Artisanats et Industriels d'Art du Brabant. – Neben Gefäßen aus getriebenem Kupfer und Messing anfängl. auch einige Statuen, z.B. *Petite Vierge domestique*. D. zählt in den 60er Jahren zu den wenigen belg. Künstlern, die sich auf Kirchenausstattungen (Altäre, Kreuze) und liturg. Geräte spezialisiert haben. D.s Werke sind geprägt von Religiosität und Ernsthaftigkeit. Ohne überflüssige Details sind sie in rhythmisiert-bewegter Oberflächengestaltung handwerkl. exakt ausgeführt. Daneben auch mon. Wand-Skulpt., z.B. *Vague* (Priv.-Slg), und einige Gem. 🏛 BRÜSSEL, Kathedrale St-Michel: Altar. – Inst. St-Louis: Tabernakel. – Haus Trelo: Wand-Skulpt., 1977. – Forest, Ste-Alène, Portal: Skulpt., 1973. – Uccle, St-Marc: Altar, 1974. HUY, Collégiale: Altar, 1971. LIBRAMONT-CHEVIGNY, Kirche: Tabernakel; Kreuz, beide 1976; Kerzenleuchter. NAMUR, Chap. des Sœurs de Notre-Dame: Tabernakel; Kreuz. NEW ORLEANS, Kap. der Benediktinerinnen: Tabernakel, Bronze. RHODES-ST-GENESE, Chap. des Pères Oblates: Tabernakel. WATERLOO, Inst. du Berlaymont: Tabernakel. 🕮 *F. Debuyst*, Art église 1978 (185) 297–319. U. R.

Denis (Denys), *Pierre (Perrin)*, Maurer, Werkmeister in Paris, am 4. 7. 1388 bezahlt für einen *Dieu de pitié* und zwei Engel (Holz) für den Altar im Oratorium Philipps des Kühnen im Hôtel d'Artois in Paris. Arbeitete ebd. 1401 am Hôtel Saint-Pol. 🕮 ThB9, 1913.

Denis (Denys), *Pierre*, Kunstschlosser, * 4. 12. 1658 Mons/Hainaut, † 20. 3. 1733 (1721 lt. BNB) Saint-Denis b. Paris. Ausb. in Rom, dann in Paris. Tritt 1690 dem Benediktinerorden bei und wird „commis" (für seinen Orden künstler. tätiger Laienbruder) in der Abtei von Saint-Denis; legt 1692 das Mönchsgelübde ab. Arbeiten für die Abtei (alle während der Frz. Revolution zerst.): u.a. Chorgitter für die Basilika; Aufhängungen für die Lampen im Chor; Balustrade und Treppengeländer; Lesepult für das Refektorium. Weitere Werke: Gitter für den Chor im Kloster von Chelles und die Kathedrale in Meaux; Zchngn für die Chortür der Pariser Kathedrale Notre-Dame. 🕮 ThB9, 1913. BNB V, 1876; DBF X, 1965 (beide s.v. Denys). R. T.

Denis, *Pierre (Pierre-Joseph)*, fläm. Maler, 18. Jh., tätig in Lier (Lierre). Stud.: 1773 Akad. Antwerpen. 🏛 DIJON, MBA, Coll. Trimolet: Blumenstück, Öl/Lw., sign.: Denis. 🕮 ThB9, 1913. *Bénézit* III, 1976. – *E. Gleize*, Cat. descriptif des objets d'art formant le mus. Anthelme et Edma Trimolet, Dijon 1883, 15; *J. Magnin*, La peint. au Mus. de Dijon, Besançon ^{3}1933, 55. – Mitt. MBA, Dijon.

Denis, *Pierre-Eugène*, frz. Porträtmaler, * 5. 4. 1832 Gray/Haute-Saône. Ausb. ab 1853 an der EcBA Paris bei Charles Gleyre. ⊙ *G:* 1852–88 Paris, Salon. 🕮 ThB9, 1913. *Bénézit* III, 1976.

Denis, *Pierre Louis François Alexandre*, belg. Maler, * 28. 12. 1811 Lüttich, † 10. 6. 1847 Ixelles. Stud.: in Paris 1831 EcBA; Schüler von Antoine Jean Gros. 1839–44 in Rom (Stip. der Fond. Darchis), später in Ixelles ansässig. – Portr., Lsch. und Genreszenen (nur wenige Werke erh.). 🏛 AUBEL, Abbaye du Val-Dieu. LÜTTICH, Mus. de l'Art wallon (zwei Aqu.). 🕮 ThB9, 1913. *Flippo*, 1981; DPB I, 1995. K. S.-D.

Denis, *Raphaël*, haitian.-US-amer. Maler, * um 1940 Port-au-Prince, lebt in New York. Malt ab M. der 50er Jahre für Foyer des arts plastiques. Ab 1958 Mitgl. der Assoc. Diacoute. – Abstrahierte, farbintensive Gem. des Alltagslebens in oft bedrückender Atmosphäre. 🕮 *G. Bloncourt*, La peint. haïtienne, P. 1986; *E. Pataki*, Haitian paint. Art and kitsch, Chicago 1986. M. N.

Denis, *Rémy-Jean*, frz. Bildhauer, * um 1737, tätig in Paris, 1771 urkdl. erwähnt. 🕮 ThB9, 1913. *Lami* I, 1910.

Denis, *Sara-Mary*, schweiz. Malerin, * 20. 3. 1874 Lausanne, † 29. 1. 1960 Prilly. Stud.: Paris, Acad. Delécluse bei Henri-Eugène Callot, Léon-Augustin Lhermitte und Pierre Vignal. – Malt Lsch. in Öl und Aqu. ⊙ *E:* 1937, '45 Lausanne, Gal. Lion d'Or. 🕮 *Plüss/Tavel* I, 1958; Nachtr., 1967; LZSK, 1981; Biogr. Lex. der Schweizer Kunst, I, Z. 1998. G. L.

Denis, *Simon (Simon Joseph Alexander Clemens;* gen. Denis le louche-den Schelen; Simon le louche-den Schelen; Ritter Denys), fläm. Maler, * 13. oder 14. 4. 1755 Antwerpen, † 1. 1. 1813 Neapel. Bis 1772 Schüler von Hendricus-Josephus Antonissen in Antwerpen. Ab ca. 1775 in Paris Mitarb. von Jean-Baptise Pierre Lebrun. Mit dessen Unterstützung 1786 Stud.-Reise nach Italien. Bis 1801 in Rom anässig. Kontakt mit den Malern im Umfeld der Acad. de France, u.a. François Guillaume Ménageot, Elisabeth Vigée-Lebrun, Nicolas-Didier Boguet; gefördert von Lord Bristol. 1787 ⚭ Giovanna Altomira Garavini. 1789–92 Leiter der Fond. St-Julien-des-Flamands, 1803 Ehren-Mitgl. der Accad. di S. Luca, Rom. 1803–05 in Neapel tätig, 1805 wieder in Rom. Ab 1806 offizieller Maler am Hof von König Joseph Bonaparte in Neapel als Nachf. von Philipp Hackert. Eröffnung einer eig. Malschule. Ausz.: Ritter des Ordre des Deux-Siciles. – Lsch. und Veduten, mit denen er ab 1787 in Rom und Neapel allg. Anerkennung findet. Anfängl. zeigt sich neben dem Werk von Antonissen auch der Einfluß seines Freundes und Mitschülers Balthasar Paul Ommeganck. D. entwickelt einen pastoralen Lsch.-Typ, der die Trad. von Nicolaes Berchem und Herman van Swanevelt fortsetzt. Später in Paris greift D. auch Anregungen von Nicolas Poussin auf. V.a. in Rom findet er zu einer eigenständigen Auffassung. Auf wiederholten Exkursionen in der Gegend von Tivoli sammelt D. zahlr. Stud.-Skizzen nach der Natur (Öl), in denen er die spätere Entwicklung der Lsch.-Malerei vorausnimmt. Im Atelier setzt er die Vorlagen zu klassizist.-idealisierten Kulissen-Lsch. zus., die im Detail jedoch minuziös und materialgenau gemalt sind. Dabei greift er wiederholt gleiche Motive auf und staffiert sie zumeist mit holl. Vieh. Die zahlr. sonnenbeschienenen arkad. Ansichten, die auch an Claude Lorrain, Hubert Robert bzw. Hackert erinnern, zeugen von ital. Licht und Atmosphäre, ohne die Naturnähe der fläm. Malerei zu leugnen. Vermutl. arbeitet D. mit Nicolas-Didier Boguet zusammen. D.s Werke beeinflußten Hendrik Voogd und Martin Verstappen und waren v.a. bei engl. Käufern gefragt. Johann Wolfgang von Goethe und Johann Joachim Winckelmann zählten zu seinen Bewunderern. 🏛 ABBEVILLE, Mus. Boucher de Perthes: Vue d'Arpino (zerstört). AHRENSBURG, Schloß-Mus. ANTWERPEN, Koninkl. MSK. BRÜSSEL, MRBAB. CHANTILLY, Mus. Condé. GRENOBLE, Mus. de peint. et de la sculpt. LEIPZIG, MBK. MONTPELLIER, Mus. Fabre. NEAPEL, Villa Heigelin. – Mus. S. Martino. PARIS, Louvre. ROM, Mus. Napoleonico. WESTENSEE, Gut Emkendorf, Herrenhaus: zwei ital. Lsch., 1796 in Rom bestellt. 👁 *G:* 1802, '04, '08 Paris, Salon. 📖 ThB9, 1913. *Wurzbach*, NKL I, 1906; *Wilenski* II, 1960; *Berko*, 1981; *Flippo*, 1981; PittItalOttoc II, 1991; DPB I, 1995. – *C. Lorenzetti*, L'ABA di Napoli 1752–1952, Fi. 1952; *Dehio*-Hamburg, SH, 1971; *Coekelberghs*, 1976; TCI Napoli e dintorni, 1976; *M. U. van de Sandt*, BSHAF 1977 (1979) 173; StoriaArteItal (Einaudi) VI. 2, 1982; *M. Destot*, Peint. des éc. du Nord. La coll. du Mus. de Grenoble (K), P. 1994; De la nature. Paysages de Poussin à Courbert dans les coll. du Mus. Fabre (K), Montpellier 1996; *Q. Buvelot u.a.*, Tableaux flamands et holl. du Mus. Fabre de Montpellier (K), P./Montpellier 1998.
U. R.

Denis, *Theodor Ferdinand* cf. **Denis,** *F.*

Denis, *Ulysse-Michel*, frz. Graphiker in Paris, ab 1822 belegt, † 1868. Stiche in Schwarzmanier nach Etienne Bouhot, Henri Pradelle und Sabatelli. Hrsg. und Stecher der *Gal. de sculpt. de l'éc. franç. Hist. complète de l'art statuaire en France.* 🏛 PARIS, BN. 👁 *G:* Salons: 1822 Paris; 1823, '33 Douai; 1833 Arras und Valenciennes. 📖 ThB9, 1913. – IFF, Après1800 VI, 1953; Les salons retrouvés (K Calais u.a.), II, [Lille] 1993.

Denis, *Villard* → **Darvertige,** *Charles*

Denis Belgrano (Denis; irrtüml. D. Corrales), *José*, span. Maler, Zeichner, Illustrator, * 8. 4. 1844 Málaga, † 12. 2. 1917 ebd. Kindheit in Léon; ab 1855 wieder in Málaga. Um 1862 mit einem Stip. des eng mit D.s Fam. befreundeten Marqués de Guadiaro, Don José Larios, in Rom (Aufenthalt nachw. durch die ebd. sign., 1862 dat. Kopie *La duda de So. Tomás* nach il Guercino). Aus familiären Gründen kurzfristig nach Málaga zurückgekehrt, wo D. 1864 wieder nachw. ist. Ab 1868 Stud. an der ABA ebd. bei Bernardo Ferrándiz y Badenes. Gemeinsames Atelier mit den Malern Emilio Ocón Rivas und Joaquín Martínez de la Vega. Um 1870 zus. mit letzterem Auftrag zur Ausgestaltung des Hauptsalons im Liceo Artíst. (die mytholog. Darst. *La Aurora* und *Tocado de Venus* von D.). Ab 1872 Mitgl. im Liceo Artíst. von Málaga. Ab 1873 (lt. González/Martí) oder 1875 erneut in Rom; Weiterbildung im Círculo de pintores esp., wo sich D. auf Genreszenen in der Art von Mariano Fortuny konzentriert. 1876 wieder in Málaga und mit der Ausgestaltung des Hauses (niedergebrannt) der Fam. Heredia betraut, womit D. breite öff. Anerkennung findet. Anschl. folgen zahlr. offizielle Aufträge, bes. zu Portr. bed. Persönlichkeiten, z.B. *La Infanta Mercedes de Orleans* (spätere Ehefrau von König Alfonso XII) und *Ramón Franquelo* für das Rathaus von Málaga, beide um 1878. Um 1880 malt D. wahrsch. für den Salon des Senats vom Liceo Artíst. die später in mehreren Fassungen von ihm wiederholte *Escena del palco de la plaza de toros* (1936 verbrannt). 1887 schlägt er eine akad. Laufbahn ein und ist zunächst „prof. auxiliar" an der zur ABA Málaga gehörenden Casa de la Misericordia. Ab 1910 ordentl. Mitgl. der ABA de S. Telmo. – Unter dem Einfluß von Ferrándiz y Badenes und Fortuny auf Genremalerei spezialisiert (z.B. *Declaración amorosa* und *Una manola*, beide um 1877), wobei Stierkampfszenen zunehmend dominieren (z.B. *Después de la corrida*, Málaga, MBA; Hw., lt. Gómez-Moreno). D. benutzt kräftige Farben, die Zchng ist korrekt und geschickt. Daneben gestaltet er Portr., in akad. Trad. ausgef. kleine Bildchen, sog. „tablitas" (u.a. *Salida de la cuadrilla*, 1867), später auch flüchtig wiedergegebene Akte (zumeist Bleistift-Zchngn und einige Aqu.) sowie zahlr. einfühlsam gestaltete Studien nach der Natur mit einer gewissen Nähe zum Impressionismus (lt. Cien años). Als langjähriger Illustrator der Ztg Las Noticias, Málaga, liefert D. zudem expressive, in flüchtigem Duktus ausgef. Zchngn, die von Zeitgen. sehr geschätzt waren. 🏛 BARCELONA, MAM. MALAGA, MBA. 📖 ThB9, 1913 (irrtüml. als D. Corrales, José). EUI XVIII, 1915; Cien años II, 1988; Spanish Artists I, 1993; DPEE IV, 1994. – *M. T. Sauret Guerrero*, J. D., pintor malagueño de la segunda mitad del s. XIX, Málaga 1979; Christie's (Aukt.), Lo. 8. 10. 1982; *F. J. Palomo Díaz*, Hist. social de los pintores del s. XIX en Málaga, Málaga 1985; *C. González/M. Martí*, Pintores esp. en Roma (1850–1900), Ba. 1987; *M. E. Gómez-Moreno*, Pint. y escult. esp. del s. XIX, Ma. 1993 (Summa artis, 35). R. T.

Denis de Bruxelles, Teppichweber aus Brüssel, ab 1553 bis ca. 1563 in Genua ansässig und für zahlr. Adelspaläste tätig. Vermutl. ident. mit dem ebd. 1553–54 für den Adel aktiven Teppichwirker *Dionisio di Martino da Bruxellas*. ▭ ThB9, 1913 (2 Art.).

Denis Corrales, *José* → **Denis Belgrano,** *José*

Denis le louche-den Schelen → **Denis,** *Simon*

Denís Reverter, *Lluïsa*, katalan. Malerin, Schriftstellerin, * Barcelona, † 1946 ebd. Schülerin ihres Ehemanns, des Malers und Schriftstellers Santiago Rusiñol i Prats. – Bes. Lsch.-Malerei. ⌂ SITGES, Mus. Cau Ferrat. ⊙ *E:* Barcelona, Sala Parés. ▭ *Ráfols* I, 1951; *Chavarri*, 1976; DPEE IV, 1994. – *Garrut*, 1974. W. H.

Denis-Valvérane, *Louis (Louis-Joseph-M.*; gen. Denis), frz. Maler, Illustrator, Radierer, Zeichner, * 20. 9. 1870 Manosque/Alpes-de-Haute-Provence, † 12. 4. 1943 Tarascon/Bouches-du-Rhône, lebte in Nizza. Schüler von Benjamin Constant und Jean-Paul Laurens. Offizier der Acad. – V.a. Portr., Lsch., Genreszenen (oft volkstüml. Motive der Provence). Mitarb. und Zeichner von Zss., z.B. Lectures pour tous. Schuf Ill. für Frédéric Mistral *Nerto* und *Calendau*; publiziert die Erinnerungsschrift über Mistral, *Lou Maianen*. ⌂ ARLES, Museon Arlaten. DIGNE, Mus. mun. GAP, Mus. dép.: Portr. de Mlle R. S. ou Sous les lauriers roses du Pont Vieux à Volx; Bergers provençaux. MANOSQUE, Rathaus. TOULON, Mus. TULLE, Mus. du Cloître: La bataille du Mans en 1870: blessure du Colonel Feugeas; Un épisode de la bataille de Champigny (ou Thorigny), guerre 1870/71: mort du commandant Forest de Faye. ⊙ *G:* Paris: 1901–40 SAfr. (1904 Mitgl.; 1910 lobende Erw.; 1925 Silber-Med.); Salon des Indépendants; Salon d'Hiver; Salon Hippique. ▭ ThB9, 1913; Vol, 1953. *Camard/Belfort*, 1974; *Bénézit* III, 1976; *Alauzen*, 1986. – *Schurr* VI, 1985 (s.v. Valvérane, Louis-Denis). – Mitt. Mus. dép. de Gap; Mus. de Digne; Mus. de Tulle. K. S.-D.

Denisch, Malerin, die um 1750 die Gem. *Unbefleckte Empfängnis* und *Hl. Norbert* für das Kloster Ste-Odile auf dem Odilienberg b. Ottrott/Bas-Rhin malte. ▭ ThB9, 1913. – Kunst und Altertum in Elsass-Lothringen, I: Unter-Elsass, Strassburg 1876, 234.

De Nisco, *Fausto*, ital. Maler, Bildhauer, * 1951 Sassuolo/Modena, lebt dort. Stud.: 1967 Dipl. Ist. d'Arte Modena, dann bis 1971 ABA Bologna (Skulpt. bei Umberto Mastroianni). Seine ersten Gem. sind expressionist. orientiert. 1986 Anschluß an die Bewegung des Transmanierismo. In den letzten Arbeiten zunehmende Reduzierung der Farben und Formen zu traumhaft-mag. Bildern. ⊙ *E:* 1985 Reggio Emilia, Gall. La Minima / 1992 Bologna, Gall. Nanni (K) ▭ PittItalNovec/2 II, 1993.

Denise, *Georges-Henri*, frz. Lithograph, E. 19./A. 20. Jh. Schüler von Léon Bonnat und Blanc. D. arbeitete 1902–07 für Acclimatation, J. des éleveurs. ⌂ PARIS, BN, Cab. des Estampes. ⊙ *G:* 1893–1905 Paris, Salon. ▭ IFF, Après1800 VI, 1953. C. R.

Denise, *Géry* → **Denis,** *Géry*

Denise, *Isaak* cf. **Denies,** *Isaac*

Denise, *Jacques*, frz. Bildhauer, ab 14. 10. 1673 Mitgl. der Acad. de St-Luc in Paris, bis 1697 dort erwähnt. ▭ ThB9, 1913. *Lami*, 1906. – *Guiffrey*, 1915 (Repr. 1970).

Denise, *Jean-Baptiste* → **Denis,** *Jean-Baptiste*

Denise, *Joan* cf. **Denyse,** *Jan Abrahamsz.*

Denisej → **Dionisij** (1344)

Denisenko v.e. **Denysenko**

Denisenko, *Aleksej Moiseevič*, russ. Bildhauer, * 18. 3. 1927 Bystrovka/Gebiet Tomsk, lebt in Nal'čik. Stud.: 1953–59 Repin-KHS Leningrad (St. Petersburg) bei Michail Arkad'evič Kerzin, Igor' Vsevolodovič Krestovskij, Vadim Nikolaevič Sokolov. 1989 Verdienter Künstler Kabardino-Balkariens. – Bevorzugt Portr. von Zeitgenossen (u.a. des Verdienten Züchters *I. P. Kovtunenko*, Gips, Holz, 1981; des Chirurgen *T. K. Kancaliev*, Gips, 1984; *Lesničij Mangazeec*, Holz, 1987); bes. die Frauen-Portr. wirken zart lyr. (z.B. *N. Oleničeva*, Gips, 1964; *Gorjanka*, Holz, 1979). Genre-Komp. (u.a. *Ždut poezda*, Gips, 1969; *Deti [Brat i sestra]*, Holz, 1985). In der Trad. der russ. realist. Schule auch Mon.-Werke (z.B. *Satanej – mat' narodov*, Brunnen-Skulpt., Beton, 1964, Touristenstation Ėl'brus; *Gimnastka [Obnažennaja s obručem]*, Basrelief, Gips, 1969; *Mal'čik s del'finom*, Brunnen-Skulpt., Beton, 1975, Winzer-Sowchos Prochladnyj). ⌂ ALEKSANDRIA/Gebiet Stavropol': Kljatva kavaleristov, Mon., Beton, 1966. NAL'ČIK, MBK Kabardino-Balkariens. – Vereinigtes Mus. Kabardino-Balkariens. – Station Junger Naturforscher: dekorative Skulpt., Beton, 1967. – Kindergarten Alenuška: dekorative Tierfiguren für einen Springbrunnen, Beton, Marmorsplitter, 1980. – Sanatorium Nal'čik, Foyer: dekoratives Wandbild, Kupfer, getrieben, 1990. – Medizin. FS, Fassade: Hochrelief für die im 2. WK gefallenen Mediziner, Marmor, 1984. NIŽNIJ KURP: Na straže, Mon., Beton, 1967. ST. PETERSBURG, Theater-Mus.: Portr. M. N. Ermolova, Marmor, 1959. URVAN'/Kabardino-Balkarien: Siegesdenkmal, Beton, 1969. ▭ ChudSSSR III, 1976 (Lit.). – *V. A. Judičev*, Izobrazitel'noe isk. avtonomnych respublik RSFSR, Le. 1973, 112; Chudožnik 1976 (9) 63; 1979 (11) 3; 1982 (3) 33; Kabardino-balkarskaja pravda v. 15. 1. 1980; 29. 5. 1980; 6. 7. 1989; Vystavka proizvedenij chudožnikov Kabardino-Balkarii (K), Nal'čik 1986, 3 s., 18; 2-ja respublikanskaja vystavka „Chudožniki avtonomnych respublik, oblastej i nacional'nych okrugov RSFSR" (K), Mo. 1989, 48. S. Butarygina

Denisenko, *Marina Vladimirovna*, russ. Bildhauerin, * 7. 4. 1923 Kiev, lebt in Moskau. ⚭ Maler Konstantin Grigor'evič Gneušev. Stud.: 1945–50 HS für angew. Kunst (ehem. Stroganov-KGS) Moskau bei Georgij Ivanovič Motovilov. – Bevorzugt Werke zum Thema Kindheit: Kleinplastiken (*Rebenok*, Majolika, 1956; *Devočka*, Gips, 1964, Bronze, 1982; *Deti*, Bronze,

1978), auch als Park-Skulpt. (z.B. *Igrajuščie deti*, Bronze, 1958; *Devočka s kuklami*, Kupfer, getrieben, 1961, beide Rostov-na-Donu). Seit 1990 Tier-Darst. (*Tigr*), Zirkus- ud Theatermotive (*Klouny; Dressirovščica; Karmen; Tanec flamenko*, alle Fayence, Unterglasurmalerei). ⌂ ŠACHRINAU/Tadshikistan: Tadžička, Aluminium, 1967. ◎ *E:* 1998 Moskau, Saal des Moskauer Künstler-Verb. (mit K. G. Gneušev). ▭ ChudSSSR III, 1976 (Lit.). – VSII Sprav. V, 1981; Moskovskie chudožniki-veterany Velikoj Otečestvennoj vojny. M. V. D., Mo. 1986; 50 let Pobedy. Vystavka proizvedenij moskovskich chudožnikov-veteranov Velikoj Otečestvennoj vojny (K), Mo. 1995, 35; *N. Golovanov*, Izograf 1998 (5). L. Makoed

Denisenko, *Stepan Nikolaevič*, Maler, Zeichner, Graphiker ukrain. Herkunft, * 27. 12. 1867 Charkiv, † 31. 1. 1945 (nicht 1947) Sverdlovsk (Ekaterinburg). Stud.: bis 1887 bei I. I. Svjatenko, 1887–89 Zeichenschule von Marija Dmytrivna Rajevs'ka-Ivanova, beide Charkiv; 1890–93 Schule der Ges. der Schönen Künste Odesa bei Kiriak Konstantinovič Kostandi, Gennadij Aleksandrovič Ladyženskij. Ab 1899 in St. Petersburg, ab 1920 in Ekaterinburg ansässig. Ab 1925 Mitgl. der Ural-Filiale der Assoz. der Künstler des revolutionären Rußland (AChRR). – Portr. (z.B. des Malers *Nikolaj Stepanovič Sazonov*, 1928; *S. M. Kirov*, 1937), Lsch. (Ural) und Stillleben (Öl) sowie Min. (Bleistift, Tusche, Aqu., Rötel, Lith.), für die elegante Linienführung, sorgfältige Ausarbeitung der Formen und lyr. Empfinden char. sind. ⌂ EKATERINBURG, MBK: Werk-Slg. MOSKAU, Mus. für russ. Zeitgeschichte. ▭ ChudSSSR III, 1976. – VSII Sprav. I-IV, 1965–75; *N. S. Sazonov*, Zapiski ural'skogo chudožnika, Le. 1966. N. Beloglazova

Denisenko, *Vitalij Fedorovič* → **Dzenisenka,** *Vital' Fedaravič*

Denisenkov, *Avksentij Ivanovič* → **Denysenkov,** *Ovksentij Ivanovyč*

Denisenkov, *Nikolaj* cf. **Denysenkov,** *Ovksentij Ivanovyč*

Denis'evskaja, *Natalija Borisovna* → **Denysijevs'ka,** *Natalija Borysivna*

Deniskin, *Valerij Michajlovič*, russ. Graphiker, Zeichner, * 24. 8. 1948 Studenok/Gebiet Kaluga, lebt in Kaluga. Stud.: bis 1968 FS für angew. Kunst Abramcevo. – Bevorzugt Stadt-Lsch. (v.a. Kaluga, z.B. *Unylaja pora*, Lith., 1977; *Dom-muzej K. Ė. Ciolkovskogo*, Rad., 1979; Ser. *Staraja Kaluga*, 1981; *Kaluga*, 1985, beide Bleistift; *Kalužskij motiv*, Kaltnadel, Monotypie, 1990; *Kaluga – jugo-zapadnyj forpost stolicy*, Bleistift, 1997). ⌂ KALUGA, KM. TIKSI, Nat. KM. ◎ *E:* 1979 Kaluga. ▭ 4-ja vystavka „Kraj černozemnyj" (K), Orel 1974, 57; 2-ja vystavka „Pamjatniki architektury, istorii i kul'tury v proizvedenijach kalužskich chudožnikov" (K), Kaluga 1978, 6, 11; Chudožnik 1979 (12) 6; 1980 (6) 34; 1981 (12) 36; 1986 (1) 22; Vystavki „Chudožniki Nečernozem'ja" (K): 5-ja, Rjazan' 1980, 50; 6-ja, Kostroma 1985, 39; Vserossijskaja chudožestvennaja vystavka (K), Mo. 1981, 33; Znamja (Kaluga) v. 22. 5. 1983; 7-ja vystavka „Chudožniki central'nych oblastej Rossii" (K), Vladimir 1990, 40; VIII vystavka proizvedenij chudožnikov central'nych oblastej Rossii (K), Mo. 1997, 29. I. Fomičeva

Denisoff, *Viktor Nikolajewitsch* → **Deni,** *Viktor Nikolaevič*

Denison, *David*, brit. Maler, Illustrator, * 21. 5. 1939 Wakefield/Yorks., lebt in Burley in Wharfedale/Yorks. Abgesehen vom Stud. 1972 am Doncaster College of Art ist D. Autodidakt. Diente drei Jahre in der R. Air Force; ab 1963 im Strafvollzug tätig, daneben Beschäftigung mit surrealist. Malerei in Öl und Acryl. Schuf die Ill. für R. Adams, *The Battle of Wilderness Wood*. Lehrtätigkeit: ab 1975 Prison Officer's Training School, Wakefield. ⌂ BRIGHTON, Mus. and AG. ◎ *E:* 1970, '77 Ilkley, Manor House Public AG / 1971 Goole, Mus. and AG / 1972, '74 Wakefield, Mus. and AG / 1973 Doncaster, AG; Leeds, City AG / 1977 London, Arthur Koestler Exhib. / 1980 Bradford, Cartwright Hall / 1983 Blackpool, Grundy AG. ▭ WWArt, 1984; GEA, EP, 1985; *Spalding*, 1991. K. F.

Denison, *Harold (Harold Thomas)*, US-amer. Aquarellmaler, Radierer, Illustrator, * 17. 9. 1887 Richmond/Mich., † 17. 7. 1940, lebte in Boston Corners/N. Y. Stud.: Art Students League, New York; Chicago AFA, Ill. ⌂ LONDON, V & A. ▭ Vol, 1953. *Falk*, 1985 (Werke); *Fielding*, 1984. C. R.

Denison, *Mary Charlotte*, austral. Zeichnerin, 19. Jh. Tochter von Sir William D., 1847–55 Vizegouverneur von Tasmanien, 1855–61 Gouverneur von New South Wales bzw. Generalgouverneur der austral. Kolonien. In dieser Zeit zeichnete D. (Bleistift, Tusche, laviert) Ansichten von Tasmanien und New South Wales. ⌂ SYDNEY, State Libr. of New South Wales, Dixson Gall. ▭ *Kerr*, 1992. R. Smith

Denisot, Maler in Troyes, führte 1376–89 dekorative Arbeiten in der Kathedrale (lt. Bénézit 1379–82) und in St-Urbain (lt. Bénézit 1386–89) aus. Lt. ThB viell. ident. mit Denisot de Mantes. ▭ ThB9, 1913. *Bénézit* III, 1976.

Denisot (Denizot), frz. Bildhauer in Saint-Cloud, um 1785 tätig für Louis-Philippe, Duc d'Orléans, dessen Büste er postum fertigt (Marmor, sign. DeNisot. F[t]. 1789; Versailles, Château). Am 23./24. 5. 1999 wurde eine Replik (sign. F. DE NISOT, dat. 1785) auf der Aukt. im Schloß Randan angeboten. Eine weitere Replik wurde in London am 14. 12. 1996 (Nr 168) verkauft. Einem *Louis-Joseph Denizot* (* 1737, † nach 1789), viell. ident. mit D., wird die Marmorbüste „Portr. d'un homme en costume héroïque présumé Louis-Philippe, duc d'Orléans (1725–1785)" (Paris, Louvre) zugeschrieben. ▭ ThB9, 1913 (s.v. Denisot, N.). *Lami* I, 1910; *Bénézit* III, 1976. – NAAF, 2. Ser. 3:1882, 31; BSHAF 1958 (1959), 37–43; *M. Beaulieu*, Rev. du Louvre et des mus. de France 25:1975 (4) 269–274; MN du Château de Versailles. Les sculpt., I: Le mus. (K), P. 1993; Mus. du Louvre. Sculpt. franç. (K), II: Renaiss. et temps mod., I, P. 1998 (s.v. Denizot, Louis-Joseph); Château de Randan (Aukt.), Randan 23./24. 5. 1999. – Mitt. MN du Château de Versailles. C. F.

Denisot (Denizot), *Nicolas (Denis?)*, frz. Maler, Zeichner, Illuminator, Dichter, wahrsch. kein Stecher (lt. IFF,

1954), * um 1515 Le Mans oder Nogent-le-Rotrou/Eure-et-Loir, † wohl Sept. 1559 Paris. D. befaßt sich zunächst mit der Malerei und dichtet volkstüml. Weihnachtslieder. Um 1539 unter Ltg von Macé Ogier an der Gest. einer topogr. Karte der Region Maine beteiligt. Um 1545 Übersiedlung nach Paris. Dort zeichnet D. eine Karte von Peru für das 1545 ersch. Werk L'Hist. de la terre neuve du Pérou. Um 1546/47 Aufenthalt in Großbritannien; Lateinlehrer der Schwestern Seymour und lt. DBF wahrsch. Spionagedienste für Frankreich. 1549 übereilte Rückreise nach Paris. Zum Kammerdiener von Heinrich II. ernannt; künftig wohl v.a. in höf. Angelegenheiten tätig. – Der u.a. von ThB und im IFF (1932) zit. Kpst. mit einem Portr. von Kardinal Jacques Davy Duperron wurde D. wohl irrtüml. zugeschr. (lt. IFF, 1954). Lt. Gautier-Desvaux/Koechlin-Schwartz illuminierte er das Ms. seines 1553 verfaßten Werkes *Cantiques du Premier Advènement de Jésus-Christ.* 🕮 ThB9, 1913. DBF X, 1965; *Bénézit* III, 1976. – IFF, GravXVI I, 1932; IFF, GravXVII III, 1954 (s.v. Denizot); *E. Gautier-Desvaux/V. Koechlin-Schwartz,* Noël au Perche. „Noëls" et „Cantiques spirituels" du XVIe s., Saint-Mard-de-Réno 1977. R. T.

Denisot de Mantes, Bildhauer, um 1350 an der Kathedrale in Mantes beschäftigt. Geht danach nach Troyes, wo er 1385–88 zus. mit Drouin de Mantes am Lettner der Kathedrale (errichtet von Henri de Bruxelles, zerst. 1793) arbeitet. Um 1362 viell. an der Kathedrale von Sens tätig. Lt. ThB evtl. ident. mit dem Maler Denisot (1376–89 in Troyes). 🕮 ThB9, 1913. *Lami,* 1898 (s.v. Denizot; Lit.).

Denisov, *A. Pr. (Aleksandr Prokof'evič?),* russ. Maler, Zeichner aus St. Petersburg, in den 1820er Jahren Stud. in Dresden bei Johann Christian Clausen Dahl und Gustav Heinrich Naeke (evtl. als Stipendiat der Ges. zur Förderung der Künste [OPCh], St. Petersburg; allerdings nicht in den Otčety OPCh verzeichnet). – Portr. (u.a. *Aleksandr I,* Öl; Studienköpfe, Kreide) und Genre-Gem. (z.B. *Ein russischer Brothändler,* Öl). ⊙ *G:* 1823–25 Dresden, AK. 🕮 *Prause,* 1975 (s.v. Denissow, A. und Denissow, A. Pr.; im Reg. als Denissow, Alexander; evtl. Verwechslung mit Denisov, Aleksandr Gavrilovič). – Mitt. V. Kulakov, Moskau. D. K.

Denisov, *Aleksandr Fedorovič,* russ. Maler, * 10.(22.) 2. 1863 Kurakino b. Palech, † um 1910. Stud.: 1879–84, '86 (ohne Abschluß) FS für Malerei, Bildhauerei und Baukunst Moskau wahrsch. bei Vasilij Dmitrievič Polenov, Aleksej Kondrat'evič Savrasov, Vladimir Egorovič Makovskij (Ausst. ebd. 1883, '85; K). Befreundet mit Vasilij Nikolaevič Bakšeev. – Portr., Lsch. (u.a. *Golova bogatyrja,* 1883; *V stepi,* 1885). 🕮 *V. N. Bakšeev,* Vospominanija, Mo. 1963, 23, 111. V. Kulakov

Denisov, *Aleksandr Gavrilovič,* russ. Maler, * 1811 St. Petersburg, † 19. 9.(1. 10.) 1834 Berlin. Stud.: 1827–33 bei Aleksej Gavrilovič Venecianov, St. Petersburg (1830 große Silber-Med. der AK ebd. für *Vnutrennij vid besedki sada grafa Kušeleva-Bezborodko, iz kotoroj udjat rybu*; 1833 Titel Künstler ohne Klassenrang der AK). 1833–34 als Stipendiat der Petersburger Ges. zur Föderung der Künste in Berlin, wo er (auf Empfehlung von Venecianov) bei Franz Krüger studierte. – In der Trad. der Venecianov-Schule v.a. Interieurs (z.B. *Vnutrennij vid staroj galerei v Ėrmitaže pered Georgievskom zalom,* 1828–29, Geldprämie von Nikolaj I, 1829; *Georgievskij zal s ceremoniej priema persidskogo posla Chozrev-Mirzy,* 1829, Venecianov beteiligt), Portr., z.T. mit Genreelementen (*Krest'janskij mal'čik s čaškoj grečnevoj kaši; Russkij pastušok,* beide 1830; *Krest'janskaja devuška*). Schuf eines der ersten „Stadt-Genres" der russ. Kunst (*Matrosy v sapožnoj masterskoj,* 1832, Russ. Mus. St. Petersburg), Stadt-Lsch. (*Pod'em Aleksandrovskoj kolonny,* 1832, ebd.; *Vid Novgoroda*), alles Öl. Auch Kopien nach Kirchen-Gem. von Vladimir Lukič Borovikovskij (*Muttergottes; Erzengel Gabriel,* 1828, für die Kirche des Obuchov-Krankenhauses St. Petersburg). 🏛 St. Petersburg, Russ. Mus. ⊙ *G:* 1830 St. Petersburg, AK. 🕮 ThB9, 1913. *Bénézit* III, 1976 (in beiden fälschl. als Denissoff, A. A.); ChudSSSR III, 1976 (Lit.); *Milner,* 1993. – Otčety OPCh za 1829–31 gg., StP. 1832, 9; za 1832–33 gg., StP. 1834, 22; Russkaja starina 45:1885 (Febr.) 470; *N. M. Moleva,* Vydajuščiesja russkie chudožniki-pedagogi, Mo. 1962, 385; *Ė.Golubeva,* Škola Venecianova, Le. 1970, 33; Chronika chudožestvennych vystavok-1978, Mo. 1980, 278; *D. V. Sarab'janov,* Russkaja živopis' XIX v. sredi evropejskich škol, Mo. 1980, 74; *T. V. Alekseeva,* Chudožniki školy Venecianova, Mo. [2]1982; PKG IX, 1984 (fälschl. als Denissow, A. A.). V. Kulakov

Denisov, *Aleksej Kuz'mič* → **Denisov-Ural'skij,** *Aleksej Kuz'mič*

Denisov, *Elisej,* russ. Ikonenmaler aus Kaluga, 1660 zus. mit seinem Sohn *Parfen D.* beteiligt an der Ausmalung der Erzengel-Kathedrale des Moskauer Kreml. 🕮 *Uspenskij,* 1910; ChudSSSR III, 1976. N. Lavrent'eva

Denisov, *Fedor,* russ. Ikonenmaler 2. Ranges des Dreieinigkeits-Sergius-Klosters. 1659 und '60 nach Moskau berufen und dort beteiligt an der Ausmalung der Kirche Theodor Stratylatus im Dreieinigkeits-Epiphanias-Kloster (1662), der Erlöserkirche „hinter dem goldenen Gitter" des Terem-Pal., der Rüstkammer sowie der Zarengemächer (alles 1666, Kreml; unter Ltg von Simon Ušakov). 🕮 *Uspenskij,* 1910, 68 s.; ChudSSSR III, 1976. N. Lavrent'eva

Denisov, *Gennadij Ivanovič,* russ. Maler, Graphiker, Zeichner in Weißrußland, * 29. 3. 1934 Kazan', lebt in Minsk. Stud.: 1949–54 Kunst-FS Kazan' bei Aleksandr Trofimovič Timofeev; 1955–60 HS für bild. und Bühnenkunst Minsk bei Pavel Konstantinovič Ljubomudrov, Vladimir Pavlovič Suchoverchov. – Bevorzugt Lsch., die die Naturschönheiten Weißrußlands zeigen, als Druckgraphik in lakon. Gest. (Bll. *Neman večerom,* 1989; *Zaslavl'skoe vodochranilišče,* 1990, beide Farb-Linolschnitt); als Gem. lyr. und in ruhigem Kolorit, aber mit kräftigem Strich (z.B. *Rannjaja zelen'; Poslednij sneg; Ottepel'; Razliv*). Auch Figürl. (u.a. die Ser. *Budni celiny,* 1960; *Po dorogam Graždanskoj vojny,* Linolschnitt, 1965; *Jakub Kolas sredi krest'jan v Nikolaevščine v 1928 g.,* Aqu., 1967, Ja.-Kolas-Mus. Nikolaevščina) und Buch-Gest. (z.B. zu V. Gurskij, *Lja vytokaŭ Nemana,* Minsk 1982; V. I. Mamonov, I. Ja. Naumenko,

Step' uchodit v razvedku, Minsk 1982; V. M. Usov, *V sem'e partizanskoj*, Minsk 1983). 🏛 MINSK, Nat. KM. 👁 *G:* seit 1962, u.a. 1986 Berlin: Graphik und Glas. 📖 ChudSSSR III, 1976; ĖLM II, 1985; Belaruski Sajuz mastakoŭ, Minsk 1998 (beide s.v. Dzjanisaŭ, Genadz' Ivanavič). G. Fatychava

Denisov, *Iakinf*, russ. Steinmetz, * Kurganskoe Dalmatovo/Sibirien, 1755 beteiligt am Bau der Mariä-Himmelfahrt-Kirche in Enisejsk. 📖 *S. V. Kopylova*, Kamennoe stroitel'stvo v Sibiri. Konec XVII-XVIII v., Novosibirsk 1979, 139. V. Kulakov

Denisov, *Ignatij*, russ. Schmied aus Tula, 2. H. 18. Jh. Lieferte zus. mit seinem Bruder *Karp D.* gußeiserne Gegenstände (Gitter, Ofenklappen) nach St. Petersburg. 1773–75 beteiligt an der Herst. von Metallgliedern und Toren für die Umzäunung des Sommergartens St. Petersburg (evtl. nach Entwürfen von Jurij Matveevič Fel'ten). 📖 Belye noči, StP. 1974, 424, 431. V. Kulakov

Denisov, *Il'ja*, russ. Maler, Vergolder, 1723 in Peterhof belegt (Malarbeiten im Großen Pal.; Vergoldung von Eisengittern). 1726 in St. Petersburg in der neuen Ziegelei der Kanzlei für Bauwesen tätig. 📖 ChudSSSR III, 1976. N. Tjurina

Denisov, *Ivan Andreevič*, russ. Maler, Zeichner, Aquarellist, * 12.(24.) 11. 1867 Kazan', † 6. 3. 1928 ebd. Stud.: 1886–94 AK St. Petersburg (Gasthörer; 1886, '93 kleine Silber-Med.; 1888 große Silber-Med.; 1894 Titel Künstler 3. Klassenranges für *Perspektivnyj vid cerkvi imp. Akademii chudožestv*). 1924–28 Mitgl. der Filiale Kazan' der Assoz. der Künstler des revolutionären Rußland (AChRR). 1896 Mitbegr. und bis 1927 Lehrer der KSch (später Kunst-FS) ebd. – Bevorzugt Lsch., meist in Öl (u.a. *Vid Uslonskoj gory na Volge*, 1890; *V gorach Černogorii*, 1913; *Siren' v snegu*, 1916; *Razliv reki Kazanki*, Skizze, 1926), auch in Aqu. (*Pustynnoe mesto*, 1894); des weiteren Portr. (z.B. *Valečka Kozlovskaja*, Pastell, 1920). 🏛 KAZAN', Tatar. MBK. 👁 *G:* u.a. Kazan': 1890 Wiss.-industrielle Ausst.; 1909 Ausst. der zeitgen. russ. Kunst; 1920 1. Ausst. der Kunst und Wiss. (alle K). 📖 ChudSSSR III, 1976 (Lit.); *Milner*, 1993. – Otčet OPCh za 1894 g., StP. 1895, 22; Otčet IACh za 1899 g., StP. 1900, 17; VSII Sprav. I, 1965; Kazanskij kreml' v izobrazitel'nom isk. (K), Kazan' 1971; *Červonnaja*, 1978; *Fajnberg*, 1983; *S. M. Červonnaja*, Isk. Tatarii, Mo. 1987; *N. A. Ezerskaja*, Peredvižniki i nacional'nye chudožestvennye školy Rossii, Mo. 1987. V. Kulakov

Denisov, *Jurij Aleksandrovič*, russ. Zeichner, Graphiker, * 19. 7. 1943 Kazan', lebt dort. Stud.: 1967–71 Kunst-FS ebd. Seit 1966 Publ. von Zchngn (Aqu., Tusche) in der Satire-Zs. Čajan, in den 70er Jahren einer der führenden Künstler der Zeitschrift. Auch für die Ztg Jas' leninčy tätig sowie Ill. für den Tatar. Buchverlag. Ausz.: u.a. 1977 Spezialpreis des Journalisten-Verb. der DDR. – Hauptsächl. Karikaturen zu außenpolit. (u.a. *V Streljajuščich Štatach Ameriki*, 1969; *Mir ucelel, potomu čto smejalsja*, 1975; *Pinočet i bogatstva Čili*, 1978) und innenpolit. Themen (*Ėto, deti, vrediteli sel'skogo chozjajstva*, Feder, Gouache, 1969). Ill. für Kinderbücher (z.B. zu Z. Nuri, *Veselaja kniga. Jumorističeskie stichi*, 1973; A. P. Čechov, *Kaštanka*, 1976; H. Chr. Andersen, *Skazki*; *Veselaja rossyp'. Tatarskij narodnyj jumor*, beide 1978; J. London, *Belyj klyk*, 1985); auch Plakate. 🏛 AL'METEVSK, GG. GABROVO, Mus. für Humor und Satire. KAZAN', Tatar. MBK. 👁 *E:* 1981 Moskau, Kinotheater Fitil'. – *G:* seit 1967, u.a. 1973, '75 Gabrovo: Bienn. für Humor und Satire. 📖 Chronika chudožestvennoj žizni – 1973, Mo. 1975, 75, 126; 4-ja respublikanskaja chudožestvennaja vystavka „Sovetskaja Rossija". 1970 (K), Le. 1974, 85; 3-ja meždunarodnaja vystavka „Satira v bor'be za mir", Mo. 1979, 51; *Fajnberg*, 1983; *Červonnaja*, 1984. I. Fomičeva

Denisov, *Karp* cf. **Denisov,** *Ignatij*

Denisov, *Konstantin Chrisanfovič*, russ. Architekt, * 17. 5. 1873 Novočerkassk, † nach 1948 Frankreich(?). Stud.: 1896–1902 AK St. Petersburg (Titel Architekt für den Entwurf einer Synodalherberge mit Kirche in der Hauptstadt). Ab 1907, durch Protektion seitens seines Bruders, eines Eisenbahnmagnaten, in der Techn. Abt. der Ostchin. Eisenbahn Harbin tätig. Errichtete dort das imposante Gebäude der sog. Eisenbahnversammlung, des Klubs der Mitarbeiter der Ostchin. Eisenbahn (1911 voll.), der einen Zuschauersaal mit großer Bühne (lange Zeit der einzige Raum für Theateraufführungen in Harbin), mehrere Foyers und Speisesäle, einen Bibliothekslesesaal und ein Restaurant umfaßte. Später entfloh D. der Tristesse des Lebens im Fernen Osten und kehrte nach Petrograd (St. Petersburg) zurück. Ebd. Entwürfe für Häuser in Kaluga. Nach der Revolution 1917 via Krim und Türkei Emigration nach Paris, wo D., unterstützt von seinem gleichfalls emigrierten Bruder, weiterhin als Architekt tätig war. Typ. für D.s Bauten sind modernisierte klass. Formen. 🏛 ST. PETERSBURG, Kolomenskaja ul. 40: Mietshaus, 1904. 📖 *F. F. de Postel's*, Zodčie – vychodcy iz Rossii, Kraevedčeskie zapiski. Issledovanija i materialy, vyp. 3, StP. 1995, 59 s., 84. – Amsterdam, Internat. Inst. of Social Hist.: ACCR 84–85, F. F. de Postels. Kaluga, Gos. archiv Kalužskoj oblasti: f. 764, op. 1, 997. Moskau, Ščusev-Archit.-Mus.: fond biografičeskogo slovarja architektorov. A. Krašeninnikov

Denisov, *Koz'ma Osipovič* cf. **Denisov-Ural'skij,** *Aleksej Kuz'mič*

Denisov, *Michail*, russ. Ikonenmaler, 18. Jh. Schuf u.a. eine *Kreuzigung* (namentl. sign.). 🏛 ST. PETERSBURG, Russ. Mus. 📖 ChudSSSR III, 1976. N. Tjurina

Denisov, *N. V.* cf. **Denisov,** *Nikolaj Sergeevič*

Denisov, *Nikolaj Nikolaevič*, russ. Lackminiaturmaler, Zeichner, * 14. 12. 1929 Šachovskoe/Gebiet Samara, lebt in Choluj/Gebiet Ivanovo. 1944–48 Ausb. an der künstler. Berufsschule ebd. bei Konstantin Vasil'evič Kosterin, Vasilij Dmitrievič Puzanov. Ab 1949 in der Fabrik für künstler. Lackminiatur Choluj tätig, ab 1957 künstler. Ltg., ab 1959 Fabrik-Direktor. Ausz.: 1966 Lenin-Orden; 1978 Verdienter Künstler der Russ. Föderation. – D. gehört zu den profilierten Vertretern der Lackmalerei von Choluj. Bemalt Gegenstände aus Papp-Maché mit Eitempera, Gold und Lack, bes. nach Motiven aus russ. Märchen, Bylinen und lit. Werken, aber auch zu hist. und zeitgen. Themen (u.a. *Russkaja zima*, Schatulle, 1963; *Ognennye gody*, dekoratives Panneau, 1965; *Polet v kosmos*, Schatulle, 1966; *Moskva*, Zigarettenetui, 1970; *Tri syna*, Brosche, 1971; *Na orbite družby*, dekorativer Teller, 1975; *Goroda-geroi*, Ordensschachteln, Ser., 1978–80; Schatullen *Tichij Don*, 1977, *Podnjataja celina*, 1985, beide nach M. A. Šolochov). Auch Zchngn (z.B. *Selbstbildnis*, Bleistift, 1954; *Noč pered Roždestvom*, Tusche, 1955; *Sbor urožaja*, 1960; *Sneguročka*, 1966; *Zima v Cholue*, 1970, alle Bleistift). D.s Werke sind folklorist., im Ausdruck lyr. bis dekorativ; char. sind ausgewogene Komp., feine Strichführung, expressive Silhouette, großes Farbspektrum, elegante monochrome Nuancierung. 🏛 CHOLUJ, Mus. für Choluj-Kunst. – Fabrik für künstler. Lackminiatur. – KGS. IVANOVO, KM. – Hist.-heimatkundl. Mus. MOSKAU, Volkskunst-Mus.: Werk-Slg. – Mus. für Kunsthandwerk. – HM. ST. PETERSBURG, Russ. Mus. SERGIEV POSAD, Mus.-Komplex. ⊙ *E:* 1971 Choluj (zus. mit Nikolaj Ivanovič Baburin, Anatolij Aleksandrovič Kamorin) / 1980 Choluj; Palech (beide K). – *G:* WA: 1958 Brüssel; 1967 Montreal; 1970 Osaka. 📖 ChudSSSR III, 1976 (Lit.). – *U. A. Kukulev*, Chudožnik D., in: Vystavka chudožestvennoj lakovoj miniatjury (K), Choluj 1971, 8–10; Chudožnik 1973 (3) 19, 23; 1975 (1) 32; 1986 (9) 13–15; Chudožestvennye promysly RSRSF, Mo. 1973, 275, 287; Vsesojuznaja chudožestvennaja vystavka „Slava trudu" (K), Mo. 1976, 132; Junyj chudožnik 1980 (9) 9–11; Russkie laki, Mo. 1978, 6; *I. Ja. Boguslavskaja*, Dobrych ruk masterstvo, Le. 1981, 263, 265; VSII Sprav. V, 1981; Dekorativnoe iskusstvo SSSR 1981 (3) 13; Literaturnaja Rossija v. 11. 9. 1981; 6-ja vystavka „Chudožestvennoe Nečernozem'e" (K), Kostroma 1985, 68; Isk. Choluja (K), Mo. 1986, 9 s., 25–27; Sovetskoe dekorativnoe isk., vyp. 9, Mo. 1986, 293; Vserossijskaja chudožestvennaja vystavka „Zaščitnikam Otečestva posvjaščaetsja" (K), Mo. 1991, 103; 2-ja chudožestvennaja vystavka „Zaščitnikam Otečestva posvjaščaetsja" (K), Mo. 1995, 40.

N. Lavrent'eva/N. Beloglazova

Denisov, *Nikolaj Sergeevič*, russ. Bühnenbildner, 1894–1908 in Moskau und St. Petersburg tätig, wo er mit dem Regisseur A. Ė. Bljumental'-Tamarin zusammenarbeitete. Schuf Bühnenbilder u.a. für die Operetten von F. von Suppé, *Putešestvie v Afriku* (1894) und *Fatinica* (1897, evtl. Šelatupin-Theater Moskau), Joh. Strauß, *Ženskoe serdce* (1906, Theater „Buff" [Panaev-Theater], St. Petersburg). Evtl. ident. mit dem bei Bernandt erw. *N. V. D.*, von dem die Ausstattung zur Oper *Katerina* von N. N. Arkas (1899, Theater Akvarium, Moskau) stammt. 📖 *G. Bernandt*, Slovar' oper, vpervye postavlennych ili izdannych v dorevoljucionnoj Rossii i v SSSR, Mo. 1962, 133. – Opis' vystavlennych ... pamjatnikov russkogo teatra iz sobranija L. I. Ževerževa, Petrograd 1915, 30, 41, 51, 90.

V. Kulakov

Denisov, *Nikolaj Viktorovič*, russ. Graphiker, Maler, * 21. 4. 1917 Petrograd, † 6. 1. 1982 Moskau. Sohn von Viktor Nikolaevič Deni (Denisov). Vater von Elena Nikolaevna Denisova. Stud. in Moskau: 1933–36 Kunst-FS der Ges. der Buch- und Zs.-Verlage OGIZ; 1937–42 KHS bei Igor' Ėmmanuilovič Grabar', Aleksandr Aleksandrovič Dejneka. Ab 1943 im Grekov-Studio für Militärmaler tätig. 1976 Verdienter Künstler der Russ. Föderation. – Bevorzugt polit. Plakate (bes. intensiv in den 40er-50er Jahren, z.B. *Partija i Lenin – bliznecy-brat'ja*, 1940; *1941 god*, 1941, beide zus. mit Nina Nikolaevna Vatolina; *Svjazist, ot tebja zavisit uspech boja*, 1943, *Mirumir*, 1959, beide zus. mit Vladimir Grigor'evič Pravdin). Als Gem. v.a. Marinen (Nordmeer), Szenen aus dem Leben der Matrosen und Grenzposten, der Flotte, der Hafenstädte (*Na straže vostočnych rubežej*, 1977; *Pod flagom našej Rodiny. Na krejsere „Sinjavin"*, 1978, zus. mit N. N. Solomin). Auch Gem. zum Kriegsthema (*Mirnoe utro na Špree*, 1945; *Novorossijsk. Sentjabr' 1944 g.*, 1981). 🏛 CHARKIV, KM. ST. PETERSBURG, Zentrales Mus. der Kriegsmarine. WARSCHAU, Muz. Plakatu ⊙ *E:* 1961, '69, '77 Moskau / 1962, '69 Petropavlovsk-na-Kamčatke / 1965 Očamčira (Abchasien) / 1969 Vladivostok; Severomorsk / 1971 Žukovskij. 📖 ChudSSSR III, 1976 (Lit.). – VSII Sprav. II-V, 1967–81; Moskovskij chudožnik 1977 (23); 1982 (5 Nekr.); Moskovskie agitplakaty. 1956–70 (K), Mo. 1978, 181; Fizkul'tura i sport v izobrazitel'nom isk. (K), Mo. 1979, 15; Vsesojuznye chudožestvennye vystavki (K), Mo.: 1981, 11; 1983, 11 s.; 1988, 12; Habt Ihr vergessen (K Kath. Akad. Hamburg), Ha. 1983.

A. Nurok

Denisov, *Parfen* cf. **Denisov,** *Elisej*

Denisov (eigtl. Šmarinov), *Sergej Vladimirovič*, russ. Zeichner, Illustrator, * 17. 7. 1940 Moskau, lebt dort. Stud.: 1957–62 Polygraphie-HS ebd. bei Andrej Dmitrievič Gončarov, Ivan Ivanovič Čekmazov. Ab A. 60er Jahren Zchngn und Ill. für die Zss. Veselye kartinki, Kolobok, Murzilka und eine Ser. (Aqu., Gouache) u.a. zu Themen der Werke von S. Ja. Maršak (1966), A. L. Barto (1967). In der 2. H. der 60er Jahre Ill. und Buch-Gest. für den Verlag Detskaja literatura, Moskau, den Priokskoe-Verlag Tula sowie Verlage in Chabarovsk und Saratov (Privolžskoe), u.a. zu V. M. Katanov, *Lesnoj telefon*, 1969; E. A. Blaginina, *Chorochor*, 1979; Ju. P. Gasanbek, *Skvorečniki dlja pesen*, 1981; V. V. Šul'žik, *Veselye i grustnye skazki*; G. Z. Glušnev, *Černičnyj čelovek*, beide 1984. ✉ Odin den' v Moskve (Ms., 1962); Matreškina skazka, Detskaja literatura 1966 (12) 27, beide mit eig. Ill. ⊙ *E:* 1985 Moskau, Zentralhaus der Literaturschaffenden. 📖 ChudSSSR III, 1976 (Lit.). – *B. Ja. Šiperovic*, Detskaja literatura. Bibliogr. 1967–69, Mo. 1973; ibid. 1970–71, Mo. 1981; Vystavki moskovskich chudožnikov knigi (K), Mo.: 14-ja, 1980, 13; 16-ja, 1985, 10; 17-ja, 1989, 8; 2-ja Vserossijskaja vystavka „Isk. knižnoj grafiki" (K), Perm' 1982, 11; Sovetskaja grafika. Vyp. 7, Mo. 1983, 331; *V. P. Zav'jalova/ T. B. Kaminskaja/ V. I. Latyševa*, Detskaja literatura. Bibliografičeskij ukazatel', Mo. 1984, '87, '88, '89; 2-ja Vsesojuznaja vystavka knižnoj illjustracii (K), Mo. 1986, 20; *G. Makaveeva*, Detskaja literatura 1987 (1) 56–58.

A. Nurok

Denisov, *Vasilij Filippovič*, russ. Graphiker, Aquarellist, * 23. 8. 1931 Nikanorovo/Gebiet Moskau, lebt in Moskau. Stud. ebd.: 1950–54 künstler.-graph. Fak. der Pädagog. FS bei Valentin Viktorovič Kljukin; 1955–61 Surikov-KHS bei Evgenij Adol'fovič Kibrik. Lehrte in den 60er Jahren an der künstler. Mittelschule Moskau. 1975 Verdienter Kunstschaffender der Russ. Föderation. – Im Frühwerk Farb-Linolschnitte und Rad., in den 60er-90er Jahren jedoch bevorzugt Aqu. (Ser., u.a. *Kurily*, 1971–85; *Tjumenskij Sever*, 1975; *Za Poljarnym krugom*, 1980–81; *Moskva večernjaja*, 1983; *Na rodnoj zemle*, 1986). EKATERINBURG, MBK. IRKUTSK, KM. KURSK, GG. ST. PETERSBURG, Mus. der Russ. AK. ChudSSSR III, 1976 (Lit.). – Intergrafik 65 (K), B. 1965 (irrtüml. als Denissow, Wassili Fedorowitsch); 3-ja-8-ja Vsesojuznye vystavki akvareli (K), Mo. 1972–87; Iskusstvo 1976 (1) 11 s.; 1985 (5) 74; 1987 (6) 76, 78; V strane druzej, Mo. 1977, 69–71; Sovetskaja grafika-1978, Mo. 1980, 11; VSII Sprav. V, 1981; Vystavka proizvedenij moskovskich chudožnikov „50 let MOSCh. 1932–82", I (K), Mo. 1982, 232; 3-ja Vserossijskaja vystavka „Risunok i akvarel'" (K), Mo. 1983, 41; Sovremennaja sovetskaja akvarel', Mo. 1983, 76 s.; R. Bojm, V. Denisov..., Vystavka proizvedenij (K), Mo. 1987, 18–31; Iskusstvo 1990 (4) 4–7. A. Nurok

Denisov, *Vasilij Ivanovič*, russ. Maler, Zeichner, Illustrator, Bühnenbildner, Musiker, * 1.(13.) 1.1862 Zamość b. Lublin/Polen, † 1. 5. 1922 Dreieinigkeits-Sergius-Kloster/Sergiev Posad (nicht 1921 Moskau). Vater von Vladimir Vasil'evič D. Stud.: bis 1880 Musik-HS Warschau (Waldhorn). Später als Musiker im Litauischen Regiment und in Moskau tätig (im Zirkus von A. Salamonskij, Cvetnoj bul'var, sowie in priv. Theatern). Ab 1895 autodidakt. Beschäftigung mit Malerei. Stud. in Moskau: 1897–98 im Atelier von Konstantin Alekseevič Korovin; 1899–1900 in der Schule von Elizaveta Nikolaevna Zvanceva bei Valentin Aleksandrovič Serov. 1912 zus. mit den Bildhauern Sergej Timofeevič Konenkov und Ivan Fedorovič Rachmanov Reise durch Griechenland und die Türkei. 1901–08(?) Mitgl. der Künstler-Genossenschaft Moskau (MTCh). Lehrte 1907–12(?) im eigenen Atelier ebd. (u.a. Vsevolod Vladimirovič Voinov). – D. gehört zu den führenden Vertretern des russ. Symbolismus. Bevorzugt visionäre Komp., meist großformatig, u.a. *Grech* (aus dem Zyklus *Iz pesen Raja*), Öl, 1901–02; *Vestnik pobedy*, Tempera, 1915 (beide Moskau, Tret'jakov-Gal.). Auch Lsch. (u.a. *Plotina*, 1898; *Akropol'*, 1912; *Berezy*, 1920) und Portr. (z.B. der Tochter, 1909; des Dichters *N. N. Maškov*, 1910; Selbstbildnis, 1914) in Öl, Aqu. Für D.s Werke ist ein Hang zum Mystizismus und zur Verklärung der Realität char., wobei er seine eigene künstler. Methode entwickelt (Verbindung von Licht und Farbton, Prinzip der sog. „panperspektiv." Komp.). Spürbar sind D.s Interesse für Fragen der Farbmusik (Strukturierung der Gem. nach musikal. Prinzipien) und Einflüsse des europ. Primitivismus, aber auch der buddh. Symbolik (u.a. *Garmonija*, Öl, 1915, St. Petersburg, Russ. Mus.). D.s Werk steht partiell Mikalojus Čiurlionis nahe und beeinflußte die symbolist. Versuche der Maler der Gruppe Golubaja Roza [Blaue Rose]. Ab 1905, nach der Begegnung mit dem Regisseur V. Ė. Mejerchol'd in Moskau, zahlr. Arbeiten im Theaterbereich, so Bühnenbilder zu den Inszenierungen Mejerchol'ds im Studiotheater in der ul. Povarskaja, Moskau (z.B. zu S. Przybyszewski, *Sneg*; K. Tetmajer-Przerwa, *Sphinx*; H. Ibsen, *Komedija ljubvi* [Variante 1907 Komissarževkaja-Theater], alle 1905), im Komissarževskaja-Theater St. Petersburg (u.a. zu S. Przybyszewski, *Večnaja skazka*, 1906; F. Wedekind, *Frühlings Erwachen*; F. K. Sologub, *Pobeda smerti*; M. Maeterlinck, *Pelléas et Mélisande*, alle 1907); des weiteren für das Vvedenskij-Volkshaus, Moskau (z.B. zu A. N. Ostrovskij, *Sneguročka*, *Vasilisa Melent'eva*, beide 1906), das Musikdrama-Theater St. Petersburg (M. P. Musorgskij, *Boris Godunov*; N. A. Rimskij-Korsakov, *Sadko*, beide 1913), das Operntheater Odesa, den Salamonskij-Zirkus Moskau (u.a. die „zirzens. Skulpt.-Suite" *Samson-Pobeditel'*, Szenarium und Inszenierung von Konenkov, 1920). D. setzt in seinen Bühnenbildern Prinzipien seiner Malerei ein (flächige Dekorativität des Wandbildes, raffinierte ornamentale Gest., sog. „vertikale" Perspektive, erlesenes Kolorit). Zeitgenossen (z.B. der Dichter Aleksandr Blok) warfen D. nicht selten Dilettantismus und unprofessionelle Arbeit, mangelnden Bezug zu Dramaturgie und Regie, Manieriertheit und oberflächl. Dekorativität vor. Um 1901 schuf D. Wandbilder (nach Skizzen des Architekten Fedor Osipovič Šechtel') in der Kirche von Ivanovo-Voznesenk. Auch Ill. und Buchumschläge (u.a. für den Sb. *1914 god*, Mo. 1914) und Gest. von Noten-Ed. (z.B. zu B. Krasin, *Romansy*, 1900er Jahre, Verlag P. Jurgenson, Moskau) im Geiste des russ. Jugendstils. Nach 1917 Ausgestaltung (Panneaus) von Kongressen und Beratungen im Bol'šoj-Theater und Entwürfe von Plakaten (u.a. *Velikij razum iskusstva osveščaet puti naroda*). EKATERINBURG, Slg E. Rojzman. IRKUTSK, KM. KALUGA, KM. KRASNODAR, KM. MOSKAU, Tret'jakov-Gal.: u.a. Noč', Öl, 1901; Pamjati Vrubelja, Aqu., Bleistift, Gouache, 1910–11; Skizzen für Plakate, nach 1917. – Bachrušin-Theater-Mus.: Bühnenbildentwürfe und -modelle. NUKUS, KM von Karakalpakstan. OMSK, MBK: Salomé, Öl, 1908. PERM', KG. POLENOVO/Gebiet Tula, Landgut von V. D. Polenov. RJAZAN', KM. ROSTOV, Archit.- und KM Rostov/Jaroslavl'. ST. PETERSBURG, Russ. Mus.: u.a. Skorb' (Džotto), Öl, 1904; Demon poveržennyj (Na smert' M. A. Vrubelja), Aqu., Tusche, Bleistift, 1910; Ruhe auf der Flucht nach Ägypten, Entwurfsskizze für ein Wandbild, Aqu., Gouache, 1910er Jahre; Ser. Fantastičeskie pejzaži, Aqu., Bleistift, 1917. – Mus. für Theater- und Musikkunst: Bühnenbildentwürfe. K teatru Mejerchol'da, 1907 (Archiv des Bachrušin-Theater-Mus. Moskau). *E:* Moskau: 1912–13 (zus. mit Roza Rjuss; K); 1917 Salon Edinorog (Aqu.) / 1915 Petrograd, Büro N. E. Dobyčina (K). – *G:* u.a. Moskau: 1898 Ges. der Freunde der Kunst (MOLCh); 1906 Gem. junger Künstler; 1911 Mir iskusstva; 1912–13 Moskauer Salon; 1914 Künstler für die Kameraden im Kampf / St. Petersburg: 1903 Mir iskusstva; 1908–09 Salon / 1906 Paris, Salon d'Automne: 200 Jahre russ. Malerei und Skulpt. / 1910 München, Neue Künstler-Vrg / 1920 Kazan': 1. staatl. Ausst. der Kunst und Wiss. (alle K). ThB9, 1913 (s.v. Denissoff, Wassilij Iwanowitsch). ChudSSSR III, 1976 (Bibliogr.); *Milner*, 1993 (s.v. D., Vasili Ivanovich). – *K. i O. Koval'skie*, Vozroždenie 1909 (3–4) 27; Apollon (StP.) 1910 (4) 50–52; 1915 (3) 58; Studija (Mo.) 1911 (11) 15 s.; Russkie vedomosti v. 25. 10. 1912; 16. 4. 1917 (beide *Rosscij* [d. i. *A. M. Ėfros*]); *Ja. Tugendchol'd*, ibid. v. 18. 2. 1916; Vystavka, posvjaščennaja tvorčestvu

... A. N. Ostrovskogo (K), Mo. 1936, 31, 35, 37; *A. A. Blok*, Sobranie sočinenij v 9-i tomach, V, Mo./Le. 1962, 199 s.; *N. Ja. Simonovič-Efimova*, Vospominanija o A. V. Serove, Le. 1964, 96 s., 169, 177; VSII Sprav. I, 1965 (s.v. D., V.); B. M. Kustodiev, Le. 1967; Vstreči s Mejerchol'dom. Sb. vospominanij, Mo. 1967 (im Register fälschl. D., Vladimir Alekseevič); *K. Rudnickij*, Režisser Mejerchol'd, Mo. 1969; *Sidorov*, 1969; Istorija russkogo isk., X. 2, Mo. 1969; *M. N. Požarskaja*, Russkoe teatral'no-dekoracionnoe isk. konca XIX-nač. XX v., Mo. 1970, 284 s., 289, 389; V. Serov v vospominanijach, dnevnikach i perepiske sovremennikov, II, Le. 1971; *Davydova*, 1974; V. È. Mejerchol'd. Perepiska 1896–1939, Mo. 1976; Russkaja progressivnaja chudožestvennaja kritika 2-j pol. XIX-nač. XX v., Mo. 1977, 570, 633; Pamjatniki kul'tury. Novye otkrytija. Ežegodnik 1980, Le. 1981, 188, 191, 197, 207; Der Blaue Reiter im Lenbachhaus München (K), M. 1982, 397 (s.v. Denissoff, Wassily); S. Djagilev i russkoe isk., I-II, Mo. 1982; *Lapšin*, 1983; *S. T. Konenkov*, Vospominanija. Stat'i. Pis'ma, II, Mo. 1985; *G. Ju. Sternin*, Chudožestvennaja žizn' Rossii 1900–1910-ch gg., Mo. 1988; *E. F. Kovtun u.a.*, Avangard, ostanovlennyj na begu, Le. 1989, Nrn 170–175; Muzej-10, Mo. 1989; *Petrov/Kamenski*, 1991, 292; *M. Zinger*, Tvorčestvo 1991 (5) 8–11; *Severjuchin/Lejkind*, 1992; *A. A. Rusakova*, Simvolizm v russkoj živopisi, Mo. 1995, 242, 275, 281, 301, 332 s., 446; *A. A. Michajlova u.a.*, Mejerchol'd i chudožniki, Mo. 1995; V. D., Mo. 1995; Simvolizm v Rossii (ed. Russ. Mus.), StP. 1996 (falsche Angaben zu Todesjahr und -ort); *S. V. Golynec*, V. D. Živopis' i grafika iz sobranija E. Rojzmana. Sovremenniki o chudožnike, Ekaterinburg 1999 (Bibliogr.). – St. Petersburg, Russ. Mus., Arch.: f. 149, ed. chr. 11 (*N. V. Denisov*, Pisma ob isk. Biografija tvorčestva moego otca); f. 149, ed. chr. 12 (*V. V. Voinov*, V.I.D.). Moskau, Tret'jakov-Gal., Arch.: f. 4, ed. chr. 932 (*N. E. Kuznecov*, Vospominanija o chudožnike V. I. D.). V. Kulakov

Denisov, *Vasilij Ivanovič*, russ. Beinschnitzer, * 1880, † 1942 Tobol'sk. Ausb. bei P. G. Terent'ev ebd. (1890er Jahre). 1900er-10er Jahre in priv. Schnitz-Wkstn tätig. In den 20er Jahren bemüht um die Wiederbelebung der lokalen Trad. der Beinschnitzerei. 1929 Mitbegr. der Schnitz-Wkst. des Artels Kustar' (ab 1933 Koopėsportsbyt, heute Fabrik für künstler. Beinschnitzerei). – Fertigte dekorative Kleinplastiken zum Leben der Völker des Hohen Nordens (z.B. *Ostjak-ochotnik na lyžach*, 1936; *Olen'ja uprjažka*, 1938) sowie Gebrauchsgegenstände mit dekorativen Elementen (u.a. Schatullen, Zigarettenspitzen, Zigarettenetuis, Wandbilder, Broschen), alles aus Bein als Vollplastik, Relief oder in Ajourschnitzerei. ⌂ MOSKAU, Volkskunst-Mus. TJUMEN', Heimatkunde-Mus. TOBOL'SK, Mus.-Komplex. ⊙ *G:* u.a. WA: 1937 Paris (Gold-Med.); 1939 New York. ▭ ChudSSSR III, 1976. – Russkaja reznaja kost', Mo. 1961, 8, 11, 84, 90; *L. D. Slavoljubova*, Razmyšlenie o Tobol'ske, Sverdlovsk 1972, 42, 53, 62; Chudožestvennye promysly RSFSR, Mo. 1973, 239; Dekorativnoe iskusstvo SSSR, Mo. 1975, 40; Tobol'skie kostorezy, Tjumen' 1978, 9, 12 s.; Sovetskoe dekorativnoe iskusstvo 1917–32. Materialy i dokumenty, Mo. 1986, 229; *F. Vikulov*, Naš sovremennik 1987 (7) 105, 112 s. N. Beloglazova

Denisov, *Viktor Nikolaevič* → **Deni,** *Viktor Nikolaevič*

Denisov, *Vladimir Alekseevič* → **Denysov,** *Volodymyr Oleksijovyč*

Denisov, *Vladimir Jakovlevič*, russ. Beinschnitzer, * 9. 6. 1930 Pojarkovo/Gebiet Moskau, lebt in Chot'kovo. Stud.: 1946–47 Künstler. Berufsschule ebd. Ab 1947 Meister in der Fabrik für Kunstgewerbe Chot'kovo. – Min.-Plastiken, u.a. Tiermotive (*Slonenok*, 1963; *Medvežonok*, 1970), menschl. Figuren (z.B. *Vitjaz'*, 1970), dekorative Tischparavents mit Motiven russ. Märchen und Legenden (u.a. *Alenuška*, 1981), dekorative Gefäße und kleine Gebrauchsgegenstände (z.B. Damenschmuck, Bein, Relief, Ajour-Schnitzerei, ornamentale Gravur). D.s Arbeiten setzen die nordruss. und lokale Handwerks-Trad. (sog. Abramcevo-Kudrino-Stil) fort. ⌂ MOSKAU, Volkskunst-Mus. ST. PETERSBURG, Russ. Ethnogr. Mus. ▭ ChudSSSR III, 1976 (Lit.). – *T. M. Razina*, Chudožestvennye promysly Podmoskov'ja, Mo. 1982, 156, 158. N. Beloglazova

Denisov, *Vladimir Vasil'evič*, russ. Zeichner, Kunsthandwerker, Ingenieur, * 25. 5. 1891 Moskau, † 11. 12. 1971 ebd. Sohn von Vasilij Ivanovič D. Stud.: bis 1916 Stroganov-KGS Moskau (Titel Künstler für angew. Kunst; Dipl. 2. Stufe). 1906–07 Mitarb. seines Vaters an Bühnenbildern für das Komissarževskaja-Theater. 1917–18 Emissär der Komm. für Denkmalschutz beim Moskauer Sowjet; nach 1917 Mitgl. der Denkmalschutz-Komm. des Dreieinigkeits-Sergius-Klosters Sergiev Posad. 1918 Zchng für den Orden *Krasnoe znamja*, die dem im Münzhof Petrograd (St. Petersburg) gefertigten Orden zugrundelag. War lt. einigen Quellen als Mitarb. von Sergej Timofeevič Konenkov an der Herstellung der Gedenktafel *Pavšim v bor'be za mir i bratstvo narodov* für den Senatsturm des Moskauer Kreml beteiligt (1918). Später als Techniker, Ingenieur für Nachrichtenwesen und Projektant tätig. ▭ Otčet Stroganovskogo Central'nogo Chudožestvenno-promyšlennogo učilišča za 1913–14, 1914–15, 1915–16 učebnye gody, Mo. 1917, 86; Nedelja 1969 (9) 5; S. T. Konenkov, Vstreči. Vospominanija sovremennikov o skul'ptore, Mo. 1980, 184; Muzej-5, Mo. 1984; Agitation zum Glück. Sowjet. Kunst der Stalinzeit (K Kassel), Bremen 1994 (s.v. Denisow, Wladimir Wassilewitsch); *S. V. Golynec*, Vasilij Denisov. Živopis' i grafika iz sobranija E. Rojzmana. Sovremenniki o chudožnike, Ekaterinburg 1999. – Mitt. Jurij Danilovič Mešedčenko, Moskau. A. Nurok/V. Kulakov

Denisov-Ural'skij (bis 1900 Denisov), *Aleksej Kuz'mič*, russ. Maler, Aquarellist, Steinschneider, * Febr. 1863 (nicht 1860 oder '64) Ekaterinburg, † 1926 Usekirko/Finnland (Poljana/Leningrader Gebiet). Ausb. zum Steinschneider zunächst bei seinem Vater (s.u.). 1884 Titel Meister für Reliefkunst der Handwerkskammer Ekaterinburg. Stud.: 1887–91 (ohne Abschluß) Zeichenschule der Ges. zur Förderung der Künste St. Petersburg vermutl. bei Jan Ciągliński, Iosif Evstaf'evič Kračkovskij. War in Soljanoj gorodok/St. Petersburg, 1896–1901 in Ekaterinburg, später in St. Petersburg und Usekirko tätig. Mitbegr.: 1896 Ges. der Freunde der schönen Künste, Ekaterinburg; 1912 Ges. zur Entwicklung und Verbesserung der Handwerks- und Schleifproduktion Russkie samocvety, St. Petersburg. Besitzer (bis 1917) von Uralgesteinsminen bei Ekaterinburg sowie eines Geschäfts für Arbeiten aus geschliffenen Steinen und Mineral-Slgn, St. Petersburg (1902[?]-17). 1911 Organisator des Kongresses der Bergwerksbetreiber in Ekaterinburg. 1889, 1910 Reisen nach Paris, Berlin, München. 1883–1912 befreundet mit dem Schriftsteller und Maler Dmitrij Narkisovič Mamin-Sibirjak, der D. zu seinen Gem. konsultierte. – Im Frühwerk (die 1890er Jahre eingeschlossen) Steinschneidearbeiten: sog. „nabornye kartiny" (Setzbilder), „gorki" (künstler. Steinarrangements), Reliefkarten des Urals, Gegenstände der angew. Kunst: u.a. Briefbeschwerer, Tintenfaß-„Grotten", Broschen, Vasen, Schalen, Schatullen, Ostereier, Tierstatuetten (z.B. *Popugaj, Indjuk, Sova*), ethnogr. Statuetten (*Vogul*; *Vogulka*, 1910–11), allegor. Figuren, alle aus Uralhalbedelsteinen (u.a. Jaspis, Malachit, Bergkristall, Quarz, Lasurit, Rauchtopas, Obsidian), unter Verwendung von Edelsteinen (Smaragd, Saphir). Einige Werke tragen naturalist. Züge. Lieferte 1911–17 Halbedelsteinobjekte mit ziselierten und emaillierten Montierungen an die Fa. Cartier in Paris. Unter den späten Arbeiten ist *Ural'skij chrebet s ptič'ego poleta*, Uralgestein, 1920er Jahre (unvoll.) bes. bemerkenswert. D.s Gem. stehen in der Trad. der Peredvižniki; bes. augenfällig ist der Einfluß von Ivan Ivanovič Šiškin und Archip Ivanovič Kuindži (ungewöhnl. Lichteffekte). Bevorzugt Ural-Lsch. (z.B. *Ozero Končenevskoe*, 1886; *Oktjabr' na Urale*, 1894; *Reka Tiskos*, 1909, alle Öl; *Groza prošla*, Aqu., 1908), auch Industriemotive (u.a. *Kuvšinskij zavod*; *Geologičeskij razrez. Dobyča ametistov*), insgesamt mehr als 400 Gem. und 1000 Skizzen (Öl, Aqu.). Am bekanntesten ist das Gem. *Lesnoj požar* (Öl, 1898–99, 1904 Silber-Med. der WA St. Louis/USA, danach in den USA geblieben, 1979 zurückgegeben). D. schuf mehrere Varianten, die wiederum and. Maler beeinflußten (z.B. Nikolaj Michajlovič Guščin, „Lesnoj požar", I. I. Klimov, „Požar", beide 1907). Auch Portr. (u.a. von *V. G. Belinskij*, 1899). Der derzeitige Standort der meisten Gem. von D. ist unbek.; sie verblieben nach Ausst. in den USA, in St. Petersburg und Finnland. – D.s Vater *Koz'ma (Kuz'ma) Osipovič D.* († 1882 Ekaterinburg) war 1840–A. 1860er Jahre in der Fabrik Berezovsk/Gouv. Ekaterinburg als Steinschneider tätig; schuf gleichfalls „nabornye kartiny", Ikonen, „gorki", „Grotten" u.ä. aus Uralstein, gezeigt u.a. 1872 auf der Polytechn. Ausst. St. Petersburg; 1873 WA Wien; 1882 Allruss. Ausst. für angew. Kunst Moskau (*Vchod v Bosfor s Černogo morja*, Setzbild, und *Gorka-grot*, zus. mit seinem Sohn). – D.s Schwester *Marina Kuz'minična Denisova* (verh. *Starceva*), ebenfalls Steinschneiderin (* um 1866 Ekaterinburg, Ausb. bei Vater und Bruder), ist mit Exponaten auf Ausst. in Paris belegt (*Gorki*, Uralstein). 🏛 EKATERINBURG, MBK. – Heimatkunde-Mus.: u.a. Lesnoj požar, Aqu.; Okrestnosti Šartaša bliz Ekaterinburga, Skizze, Öl, 1892. – Mamin-Sibirjak-Lit.-Mus. IRKUTSK, KM. PERM', KG: u.a. Lesnoj požar, 1897; Vetrjanoj kamen' po reke Višere, 1909, beide Öl; Ural-Lsch., Aqu. – Univ., Mineralog. Mus.: Slg der Steinschneidarbeiten; Großteil von D.s Mineralien-Slg. ST. PETERSBURG, Russ. Mus. – Mus. der Bergbau-HS. ✉ O nekotorych prepjatstvijach v razvitii dobyči dragocennych kamnej na Urale, in: Trudy I Vserossijskogo s''jezda dejatelej po praktičeskoj geologii i razvedyvatel'nomu delu, StP. 1905; Krov' na kamne, Argus (Petrograd) 1916 (5). ◉ *E:* Ekaterinburg: 1889 Mus. der Ural-Ges. der Freunde der Naturwiss.; 1897; 1900 Der Ural in der Malerei (K) / Perm': 1900–01 Der Ural in der Malerei; 1902 / St. Petersburg: 1900; 1902, '11 1./2. Ausst. „Der Ural und seine Schätze"; 1916 (alle K). – *G:* u.a. 1887 Ekaterinburg: Ural-sibir. wiss.-industrielle Ausst. (große Silber-Med.) / Paris: 1889, 1900 WA / 1890 Kazan': Wiss.-industrielle Ausst. (große Silber-Med.) / St. Petersburg: 1895, '96, '98, 1908, '10 Ges. russ. Aquarellisten; 1898, '99 AK; 1907, '08 Künstler-Ges. (Obščestvo chudožnikov) / 1896 Nižnij Novgorod: Allruss. Ausst. / 1943 Perm': Der Ural in der bild. Kunst / 1949 Irkutsk: Sibirien in der Werken der bild. Kunst (alle K). 🕮 ChudSSSR III, 1976 (Lit.); *Severjuchin/Lejkind*, 1994. – Žurnaly IACh v 1902 g., StP. 1903, VIII, 75 s.; Juvelir 1912 (1) 3–9; (2) 9; (11) 9; *D. N. Mamin-Sibirjak*, Sobranie sočinenij, X, Mo. 1958; D. N. Mamin-Sibirjak v vospominanijach sovremennikov, Sverdlovsk 1962; Večernij Sverdlovsk v. 19. 10. 1973; VSII Sprav. III, 1973; *S. Semenova*, Ural'skij sledopyt 1976 (4) 12–18; *ead.*, Očarovan Uralom. Žizn' i tvorčestvo A. K. D.-U., Sverdlovsk 1978; *ead.*, Sovetskaja kul'tura v. 27. 4. 1979; *ead.*, Večernij Sverdlovsk v. 12. 9. 1983; *I. E. Efremov*, Sočinenija, III, Mo. 1978, 7–9; *V. Šleev*, Revoljucija 1905–07 gg. i izobrazitel'noe isk., vyp. 2: Moskva i rossijskaja provincija, Mo. 1978, 109; *J. Bowlt*, Art News 78:1979 (Dez.) 118–124; *Ju. Jarovoj*, Ural (Sverdlovsk) 1979 (7) 156–159; *id.*, Sibir' (Irkutsk) 1982 (1) 117, 121, 126; *A. v. Solodkoff*, Russ. Goldschmiedekunst. 17.–19. Jh., M. 1981 (s.v. Denisov-Uralsky); D. N. Mamin-Sibirjak – chudožnik, Sverdlovsk 1989; *Severjuchin/Lejkind*, 1992. – Perm', Archiv Chudožestvennoj gal.: *V. A. Vesnovskij*, Vospominanija o D.-U. V. Kulakov

Denisova, *Elena Nikolaevna*, russ. Malerin, Zeichnerin, Monumentalkünstlerin, * 25. 2. 1948 Moskau, lebt dort. Tochter von Nikolaj Viktorovič Denisov und Enkelin von Viktor Nikolaevič Deni. Stud.: 1967–71 Kunstpädagog. FS Moskau bei Dmitrij Andreevič Voroncov, Tat'jana Il'inična Sel'vinskaja. – In der Trad. der russ. realist. Kunst von E. 19./A. 20. Jh. sowie (ab A. 1990er Jahre) der altruss. Kunst bes. Stilleben (Öl, Aqu., u.a. *S letnimi travami*, 1975; *Ochotničij*, 1991; *Nasturcii*, 1997) und Portr. (u.a. *Avtoportret s sinicej v rukach*, 1976; *Krasavica v russkom kostjume*, 1998, beide Öl), für die ein feines, reiche Schattierungen aufweisendes Kolorit und dekorative Elemente char. sind. Auch Bühnenbildentwürfe zu dem Stück *Idiot* nach F. M. Dostoevskij (Aqu., 1971; nicht realisiert), Kostümentwürfe zu *Grušen'ka* (1974, für das Zigeunertheater Romèn, Moskau). Ab A. 90er Jahre Ikonen (Tempera; u.a. *Der ehrwürdige Paisij Veličkovskij*; *Metropolit Nikolaj*; *Der hl. Iov Počaevskij*, 1990; *Hl. Dreifaltigkeit*, 1995, alle Njamecki-Kloster/Moldova). 🕮 5-ja Vsesojuznaja vystavka akvarelej (K), Mo. 1978, 15. N. Voronina

Denisova, *Marina Kuz'minična* cf. **Denisov-**

Ural'skij, *Aleksej Kuz'mič*

Denisova (D.-Čikalova; Čikalova), *Natal'ja Aleksandrovna*, russ. Lackmalerin, Holzgestalterin, * 8. 9. 1917 Čistoe pole/Gouv. Nižnij Novgorod, † 1. 3. 1970 Semenov b. Gor'kij (Nižnij Novgorod). Stud.: 1932–34 Werksberufschule Semenov bei V. G. Krasil'nikov, G. P. Matveev. Ab 1935 in der Fabrik Chochlomskaja rospis' in Semenov tätig. 1962 Verdiente Kunstschaffende der Russ. Föderation. – Fertigte dekorative Schatullen (*Orden Pobedy*, 1945), Teller, Teedosen, ein Tafelservice (1964), Untersetzer, Tassen, kleine Stühle (Holz, Leinöl, Zinn- oder Aluminiumpulver, Lack, Bemalung). ⌂ MOSKAU, Volkskunst-Mus. SEMENOV, Mus. für Kunsthandwerk. SERGIEV POSAD, Mus.-Komplex. – Mus. für Kunsthandwerk. ⊙ *G:* u.a. 1958 Brüssel: WA. ▭ ChudSSSR III, 1976 (Lit.). I. Fomičeva

Denisova-Ščadenko (Denisova), *Marija Aleksandrovna*, russ. Bildhauerin, * 21. 10.(2. 11.) 1894 (nicht 1898) Char'kov (Charkiv), † 10. 12. 1944 (nicht 1945) Moskau. Stud.: Kunststudio von Julij Rafaïlovyč Beršads'kyj, Odesa; 1913–14 Kunst-FS der Ges. der Schönen Künste ebd. bei Boris Vasil'evič Ėduards; 1914–18 Ec. cantonale de dessin Lausanne (1916 Begegnung mit V. I. Lenin) und EcBA Genf bei James Vibert; 1922–25 VCHUTEMAS Moskau bei Boris Danilovič Korolev, Iosif Moiseevič Čajkov. Mitgl.: Organisation der jungen Künstler der Revolution (OMAChR); Assoz. der Künstler des revolutionären Rußland (AChRR); Ges. russ. Bildhauer (ORS). 1919–21 Ltg der Abt. für Agitation und Kunst der 1., später der 2. Reiterarmee (Plakate, Karikaturen, Gest. von Agitationszügen). – Bevorzugt Portr., u.a. *Klim. 1919 (Organizator 1-j Konnoj armii i člen Revvoensoveta K. E. Vorošilov)*, Gips, 1919, Bronze, 1929; *Voenkom*, Marmor, 1923; *Poėt (V. V. Majakovskij)*, Zement, 1927; *Il'ič v kepke*, Bronze, 1928; *Načdiv 1-j i komandarm 2-j Konarmij O. I. Gorodovikov*, Gips, 1932; *Oborona*, Gips, 1936; *Ščors*; *Jakutka*, beide Gips, 1937. ⌂ MOSKAU, Mus. für russ. Zeitgeschichte. – Tret'jakov-Gal.: u.a. V. I. Lenin, Marmor, 1934. – Novodevič'e-Friedhof, Grabstelle D.: Materinstvo, Marmor, 1936. – Majakovskij-Mus. VJATKA, KM. ⊙ *G:* 1916 Lausanne; Genf / 1930, '32 Venedig: Bienn. / 1931 Zürich / 1933 Kopenhagen. ▭ ChudSSSR III, 1976 (Lit.); *Milner*, 1993 (s.v. D.[-Shchadenko], Maria A.). – VSII Sprav. I, 1965; *Severjuchin/Lejkind*, 1992; Kunst und Diktatur: Archit., Bildhauerei und Malerei in Österreich, Deutschland, Italien und der Sowjetunion 1922–1956 (K), Baden 1994, 772 (fälschl. als Denisowaja-Schtschadenko); La Bienn. di Venezia. Le Espos. Internaz. d'Arte 1895–1995, Mi. 1996 (s.v. Denisova Chadenko, Marie). N. Denisova

Denisovskaja, *Natal'ja Borisovna* → **Denysijevs'ka,** *Natalija Borysivna*

Denisovskij, *Boris Aleksandrovič*, russ. Graphiker, * 21. 8. 1923 Gomel', lebt in St. Petersburg. Stud.: 1938–41 FS für künstler. Gest. ebd. (Leningrad); 1953–58 HS für Polygraphie Moskau bei Gennadij Dmitrievič Epifanov, Leonid Semenovič Chižinskij. 1941–45 Teiln. am 2. WK. 1945–57 beim Filmstudio Lenfil'm tätig (beteiligt u.a. an den Filmen *Zoluška*, 1947; *Musorgskij*, 1950; *Velikaja sila*, 1951). 1974–89 Chefgraphiker des Verlages Gidrometeoizdat. Ausz.: 1961 Silber-, 1962, '63 Bronze-, 1970 Gold-Med. der Allunions-Ausst. der Errungenschaften der Volkswirtschaft; 1969, '72, '78 Dipl. des Allunions-Buchkunst-Wettb. Ab 1958 Buch-Gest. für belletrist. und Kunst-Ed. u.a. der Verlage Chudožnik RSFSR, Iskusstvo, Sovetskaja Rossija, Sovetskij chudožnik, Vsemirnoe slovo (z.B. *Skul'ptura Bol'šogo kaskada*, Le. 1958; *Zveri. Skul'ptor B. Vorob'ev*, Le. 1962; J. Molok, *V. M. Konaševic*, Le. 1969; D. Goberman, *Rospisi gucul'skich gončarov*, Le. 1972; S. N. Rybakov, *Živaja Antarktida*, Le. 1976; *N. Kuz'min. Davno i nedavno*, Mo. 1982; Ju. Klepikov, *Pacany*, Mo. 1988; Ser. *Francuzskaja biblioteka*, Le. 1999). ▭ ChudSSSR III, 1976. – Vystavki knižnoj grafiki leningradskich chudožnikov (K): 7-ja. 1970, Le. 1974, 11; 8-ja. 1979, Le. 1983, 33; Tvorčestvo 1977 (2) 7; Lučšie izdanija 1976. Vsesojuznyj konkurs isk. knigi, Mo. 1978, 68 s.; Chudožnik 1985 (12) 33; Kniga, kak chudožestvennyj predmet, I, Mo. 1988, 206, 233 s.; Vystavka proizvedenij chudožnikov-veteranov Velikoj Otečestvennoj vojny, Le. 1989, 3; Čas pik v. 18. 11. 1998, 9. N. Tjurina

Denisovskij, *Fedor*, russ. Zinngießer, 1. H. 18. Jh. in Moskau belegt. Fertigte bes. Becher, teils mit eingestochenen symbol. Darst. und stilisiertem Rankenwerk. ⌂ MOSKAU, HM. ▭ ChudSSSR III, 1976. – *Gahlnbäck*, 1928 (s.v. Denisowskoy, Fedor). D. K.

Denisovskij, *Fedor Platonovič*, russischer Graphiker, * 8.(20.) 2.1863 Podosinki b. Moskau, † 7. 9. 1944 Moskau. Vater von Nikolaj Fedorovič D. und des Architekten *Sergej Fedorovič D.* (* 1. 9. 1893 Moskau, † 16. 3. 1958 ebd. Bis 1924 Stud. an der HS für Bau-Ing. Moskau). Ausb. in Moskau: 1880er Jahre Sonntagskurse der Stroganov-KGS; bis 1892 Stecher-Kl. von O. Renar. – Hschn., in den 1890er Jahren für die Ztg Gazeta Gatcuka. In den 1920er-30er Jahren als Stecher in der Druckerei Krasnyj proletarij sowie u.a. in den Verlagen Sovetskaja ėnciklopedija, Gosizdat, Učpedgiz tätig. Schuf für diese Portr. von Schriftstellern und Persönlichkeiten des öff. Lebens (*V. I. Lenin; N. K. Krupskaja; A. P. Čechov; I. S. Nikitin*) sowie Lsch. (*Nižnij Novgorod*), Ill. (u.a. zum Gedicht *Mužičok-s-nogotok* von N. A. Nekrasov; nach Zchngn von Petr Aleksandrovič Aljakrinskij, Konstantin Pavlovič Rotov, Aleksandr Grigor'evič Jakimčenko; z.B. L. Zilov, *Mizgir'*, 1923) und Buchumschläge. Auch Exlibris (u.a. nach Zchng von Kazimir Ippolitovič Dunin-Borkovskij, 1926). ▭ ChudSSSR III, 1976 (Lit.). – Vsesojuznaja poligrafičeskaja vystavka, Mo. 1927, 16, 21 s.; Trudy LOĖ [Leningradskogo obščestva ėkslibrisistov], vyp. IX-X, Le. 1927, 96; Ukazatel' k trudam LOĖ, Le. 1934. 70; VSII Sprav. I, 1965; *Schmidt*, 1967 (s.v. Denissowski, Fjodor Platonowitsch). – Mitt. A. F. Kraševinnikov, Moskau. A. Nurok

Denisovskij, *Nikolaj Fedorovič*, russ. Maler, Graphiker, Zeichner, * 12.(25.) 2.1901 Moskau, † 25. 5. 1981 ebd. Sohn von Fedor Platonovič D. Ausb. 1911–17 an der Stroganov-KGS Moskau bei Stanisław Noakowski, Dmitrij Anfimovič Ščerbinovskij. Stud.: 1918–19 Erste Staatl. Freie künstler. Wkstn (SVOMAS) ebd. bei Georgij Bogdanovič Jakulov. 1919–20 Zchngn und Plakate für die Ed. OKNA ROSTA. A. 20er Jahre als Sekretär der Abt. Kunsterziehung (Ltg David Petrovič Šterenberg) des Volkskommissariates (= Minist.) für Volksbildung tätig. Mitgl.: ab 1921 Ges. junger Künstler OBMOChU (neben Vladimir und Georgij Avgustovič Stenberg, Konstantin Konstantinovič Meduneckij Mitbegr., später Vors.); 1925–32 Ges. der Tafelmaler OST (Mitbegr., zus. mit Šterenberg, Aleksandr Aleksandrovič Dejneka, Jurij Ivanovič Pimenov, Aleksandr Arkad'evič Labas u.a.); 1931–32 Vrg revolutionärer Plakatgestalter. Lehrtätigkeit: 1929 VCHUTEIN Leningrad; 1935–38 Fortbildungs-Inst. der KHS Moskau; 1949–52 HS für angew. und dekorative Kunst ebd.; 1952–56 HS für angew. Kunst ebd. 1962 Titel Verdienter Künstler der Russ. Föderation. – D.s Sensibilität für die Rhythmen des in Rußland anbrechenden Industriezeitalters und die entstehenden neuen Formen der Arbeit und des Alltags äußert sich u.a. im sog. graph. Stil seines Schaffens, für den harte Formen, Konstruktivität der Komp., präzise Zchng und prononcierte Gegenständlichkeit der Darst. kennzeichnend sind (führte bei D. bisweilen zu Schematismus). So wirken z.B. einige Werke seiner Bergbau- und Fabrik-Ser. wie techn. Zchngn (u.a. *V Donbasse*; *Na Kerčenskom metallurgičeskom zavode*, beide 1929, Tret'jakov-Gal. Moskau, Russ. Mus. St. Petersburg, Nukus; *Zoloto*, 1930, Tret'jakov-Gal., Russ. Mus., Istra). In den 20er Jahren Zchngn für Moskauer und Leningrader humorist. Zss. (Krasnyj perec, 1923–26; Krokodil, 1924–27; Buzoter, 1925–28; Smechač, 1927–28; Begemot, 1927), die durch D.s ausgezeichnete Beobachtungsgabe und die lebhaft gestalteten Genre-Szenen auffallen. Auch Gem. zu revolutionshist. und Alltags-Themen (z.B. *Lenin v grobu*, 1924; *Den' otdycha*, 1926; *Prervannoe zasedanie social-demokratov*, 1931, alle Tret'jakov-Gal.; *Kulak*, 1925, Russ. Mus.) sowie Portr. (u.a. Volkskommissar für Auswärtige Angelegenheiten *G. V. Čičerin*, 1927, Mus. für Zeitgeschichte Moskau; Maler *Georgij Bogdanovič Jakulov*, 1927–28, Tret'jakov-Gal.). Ill. für Ed. des Verlages Goslitizdat (z.B. zu V. V. Majakovskij, *Čto takoe chorošo i čto takoe plocho*, 1925, und *150 000 000*, 1936; M. Gor'kij, *9-e janvarja*, 1930). Während des 2. WK leitend an der Hrsg. der OKNA TASS beteiligt; schuf Skizzen, Plakate (größtenteils in der Russ. Staats-Bibl. Moskau sowie in der Russ. NB St. Petersburg). Gab das Buch „OKNA TASS 1941–1945" heraus (Mo. 1970). Nach dem Krieg verstärkt sich der lyr. und epische Char. seiner Werke; bes. Lsch. (Zchngn, Aqu., 1940er-70er Jahre). 🏛 ČELJABINSK, GG. ISTRA, Mus.-Komplex Novyj Ierusalim. MOSKAU, Tret'jakov-Gal. – Puškin-MBK. – Mus. für Zeitgeschichte. – Majakovskij-Mus.: Portr. V. V. Majakovskij, 1950. – Russ. Staats-Bibl. NUKUS, KM von Karakalpakstan. PERM', KG. PUŠKIN (Carskoe Selo), A. S. Puškin-Mus.: Puškin na beregu Nevy, 1949. SERGIEV POSAD, Mus.-Komplex. ST. PETERSBURG, Russ. Mus. – Russ. NB. ✉ Luščij pamjatnik, Sovetskoe iskusstvo v. 23. 2. 1937; Vstreči s Majakovskim, Iskusstvo 1940 (3). ⊙ *E:* 1956, '61 Moskau. – *G:* zahlr. seit 1919, u.a. 1922 Berlin: Erste russ. Kunst-Ausst. / 1925 Paris, Gal. Devambe: Gruppe L'Araignée / 1928 Köln: Pressa / 1929 New York: Kunst aus Sowjetrußland / 1930 Stockholm: Sowjet. bild. Kunst. 📖 ChudSSSR III, 1976 (Bibliogr.); *Milner*, 1993 (s.v. Denisovsky, Nikolai Fedorovich); *F. Lévèque/S. Plantureux*, Livres d'enfants russes et soviétiques (1917–1945), P. 1997 (s.v. Denissovski, Nikolaï Fiodorovitch). – VSII Sprav. I-V, 1965–81; *R. Žerdeva*, Iskusstvo 1973 (8) 28 s.; *V. I. Kostin*, Obščestvo stankovistov (OST), Mo. 1976; *R. Žerdeva*, Tvorčestvo 1987 (9) 10–12; *Severjuchin/Lejkind*, 1992.

I. Lejtes

Denisovskij, *Sergej Fedorovič* cf. **Denisovskij,** *Fedor Platonovič*

Denisow, *Wladimir Wassilewitsch* → **Denisov,** *Vladimir Vasil'evič*

Denisowaja-Schtschadenko → **Denisova-Ščadenko,** *Marija Aleksandrovna*

Denisowskoy, *Fedor* → **Denisovskij,** *Fedor*

Denisse, *Jean Julien*, frz. Maler, * 1866 Bordeaux, lebte in Paris und Antibes/Alpes-Maritimes. – Lsch. (v.a. in herbstl. und winterl. Dämmerung; z.B. Motive aus dem Park des Pal. du Luxembourg in Paris, 1892–1912), Portr., Stilleben (bes. Blumenbilder). ⊙ *G:* Paris: Salon des Indépendants (Mitgl.); ab 1894 Paris, Salon Nat. des BA. 📖 ThB9, 1913. – ArchAKL. C. R.

Denisse, *Joan* cf. **Denyse,** *Jan Abrahamsz.*

Denissoff, *A. A.* → **Denisov,** *Aleksandr Gavrilovič*

Denissoff, *Wassilij Iwanowitsch* → **Denisov,** *Vasilij Ivanovič* (1862)

Denissov, *Vladimir Nikolaïëvitch* → **Denysov,** *Volodymyr Oleksijovyč*

Denissovski, *Nikolaï Fiodorovitch* → **Denisovskij,** *Nikolaj Fedorovič*

Denissow, *A. A.* → **Denisov,** *Aleksandr Gavrilovič*

Denissow, *Alexander* → **Denisov,** *A. Pr.*

Denissow, *Wassili Fedorowitsch* → **Denisov,** *Vasilij Filippovič*

Denissowski, *Fjodor Platonowitsch* → **Denisovskij,** *Fedor Platonovič*

De Nittis, *Giuseppe*, ital. Maler, Zeichner, Graphiker, * 25. 2. 1846 Barletta, † 21. 8. 1884 Saint-Germain-en-Laye. Erste Ausb. bei Giovanni Battista Calò. Stud.: ab Dez. 1861 Ist. di BA Neapel, bei Gabriele Smargiassi und Giuseppe Mancinelli. 1863 Bekanntschaft mit Marco De Gregorio und Federico Rossano, mit denen er eine Schilderung von Wirklichkeit erarbeitet, die nachfolgend als „Scuola di Resina" bez. wird und der sich auch Adriano Cecioni anschließt, damals Stipendiat der ABA Florenz in Neapel. Die präzis beschreibende Darst. der Scuola kündigt schon D.s spätere Pariser Entwicklung hin zu Ernest Meissonier an. 1867 kurzer Florenz-Aufenthalt, der sowohl D. als auch den Macchiaioli nachhaltige Impulse gibt; anschl. erste Parisreise. 1868 in Florenz erfolglose Teiln. am Concorso Naz. di Pitt., danach Übersiedlung nach Paris, wo er für die Kunsthändler Goupil und Reitlinger zu arbeiten beginnt. 1869 ⚭ Léontine Gruvelle und Festigung seiner soz. und künstler. Stellung. 1870 wegen des Dt.-Frz. Krieges Rückkehr nach Barletta, aber schon E. 1871 wieder in Paris. Lebt 1872–73 in Neapel und geht im April 1874 nach London, wohin er wegen seines Erfolges bis 1882 jährl. zurückkehrt. Steht hier bei Sammlern und Kaufleuten in hohem Ansehen, z.B. liefert er dem Bankier Kaye Knowles mehr als zehn Werke. Durchreist im Sommer 1875 auf seinem Weg nach Italien die Schweiz, was ihm Motive für zahlr. zukünftige Gem. liefert. Arbeitet ab 1875 außer in Öl auch in Pastell und erzielt dadurch betont impressionist. Effekte voll transparenter Helligkeit und mit verschwimmenden Konturen. Anläßl. der Pariser WA von 1878 außergewöhnl. Anerkennung durch Aufnahme in die Ehrenlegion. D. wird zu einer herausragenden Persönlichkeit im Pariser Kunstleben, sein Haus zur wichtigen Begegnungsstätte frz. und ital. Künstler und Intellektueller (u.a. Mathilde Bonaparte, A. Daudet, E. Degas, E. Manet und E. Zola). D.s Aufenthalte wechseln nun zw. Paris, London und Neapel; er nimmt zunehmend Aufträge an (auch wegen des aufwendigen Lebens seiner Fam.). Tod durch Gehirnblutung. 1913 vermacht seine Frau der Stadt Barletta alle nachgelassenen Arbeiten, Studien, Zchngn, Rad. und Pastelle. D. kann als der bekannteste apul. Maler des Ottocento gelten. ⌂ BARI, Pin. Prov.: Controluce, Öl; Il paravento giapponese, Aqu.; Selbst-Portr., Tusche. BARLETTA, MCiv.: Schenkung Léontine De Nittis Gruvelle: 138 Gem., 32 Graphiken. BERGAMO, Accad. Carrara: Napoli, dall'Hotel Bertolini, Öl. FLORENZ, GAM di Pal. Pitti: Spiaggia verso Ofanto, 1867; La pioggia di cenere, 1872; Anitrine; Leggendo l'uffizio, alle Öl. GENUA, Comune, Servizio Beni Cult.: L'amazzone, Öl; L'amaca, Öl, 1884. MAILAND, Fond. Balzan: Un gruppo di curiosi sul Vesuvio, Öl. – GAM: Sulle falde del Vesuvio, 12 Studien, Öl, um 1872; Paesaggio, 1875; Place des Pyramides, 1876; Schizzi di figure; Equipaggio; Testa di donna, alle Öl; Lunga la Senna, Aqu. – ebd., Racc. Grassi: Pranzo a Posillipo, 1879; Sarah Bernhard, beide Öl; La femme aux pompons; Place des Invalides; La signora con l'Ulster, alle Pastell/Lw. – Mus. di Sc. e della Tecnica: Studio di bosco, Öl/Taf.; Palude, Öl/Karton. NEAPEL, Banco di Napoli: Al Bois de Boulogne, Öl. – MN di Capodimonte: Casale nei dintorni di Napoli, 1866; La traversata dell'Appennino, 1867; Caffè, alle Öl. – MN di S. Martino: Cortile al sole. PARIS, Acad. Goncourt: Portr. Edmond de Goncourt, Pastell. – Mus. Carnavalet: Place de la Concorde; La profumeria Violet verso il 1880, beide Öl. – Mus. du Petit Pal.: La NG a Londra, Öl; Guardiana delle oche, 1884. – MNAM: Place des Pyramides, Öl, 1876; Lungo la Senna, Pastell/Lw.; Les ruines des Tuileries en 1882. PHILADELPHIA, Mus. of Art: Il ritorno dalle corse, Öl, 1875. PIACENZA, GAM Ricci-Oddi: Intorno al paralume, Öl. ROM, Gall. Naz. d'Arte Mod.: Donna sulla rena, Öl; L'inglesina, Öl; Le corse a Auteuil, Triptychon, Pastell/Lw., 1881. – Minist. della Pubbl. Istruzione: In canotto, Öl. ROUEN, Mus.: Portr. Jose-Marie de Heredia, Pastell. TRIEST, GAM del Civ. Mus. Revoltella: La signora col cane, Öl, 1878. TURIN, GAM: La lettura, Öl, 1884. VENEDIG, MAM Ca'Pesaro: Il bow-window, Pastell/Lw. ✉ Notes e souvenirs, P. 1894; Taccuino 1870–84 (Vorw.: E. Cecchi), Bari 1964. ⊙ *E:* Paris: 1881 Cercle de l'Union artistique; 1886 Gal. Bernheim Jeune / Barletta: 1934 MCom.; 1996 MCiv.: I D. di Barletta (K) / Bari: 1954 Mostra Maggio di Bari; 1990 Pin. Prov. / 1990 Mailand, Pal. della Permanente (K). – *G:* Neapel: 1866, '67 Soc. Promotrice; 1936 Il paesaggio nella pitt. napoletana dell'Ottocento; 1954 Mostra del Bicentenario dell'ABA di Napoli; 1963 D. e i pittori della scuola di Resina (K: L. Autiello) / Florenz: 1867 Soc. Promotrice; 1868 ABA; 1976 I Macchiaioli / Paris: 1869, 1872–79, 1884 Salon; 1874 Soc. anonyme des artistes; 1876, '81 Cercle des Mirlitons; 1878 WA; 1882, '83 Gal. Georges Petit; 1935 L'Art ital. des XIX et XX s. / Mailand: 1872 Espos. Naz.; 1934 50^0 anniversario Soc. di BA; 1946 Glorie della pitt. ital. dell'Ottocento; 1954 Il paesaggio ital.; 1954 Arte ital.; 1988 Il secondo '800 ital. (K) / 1880 Turin, Espos. Naz. / 1901, '14, '28, '38 Venedig: Bienn. / Rom: 1925 Bienn.; 1946 Mostra di dipinti francesi in Italia e ital. in Francia; 1951 Quadrienn.; 1952 Pittori ital. del secondo Ottocento; 1953 Mostra dell'arte nella vita del Mezzogiorno d'Italia / 1930 London: Exhib. of Italian Art Held in the Gall. of the RA / 1948 Lugano: Mostra di dipinti dell'Ottocento ital. / New York: 1949 Pittori ital. dell'Ottocento; 1984 Three ital. friends of the impressionists (K: E. Piceni) / 1975 München: Toskan. Impressionen. Der Beitr. der Macchiaioli zum europ. Realismus (K) / 1986 Montecatini Terme: Dal Caffè Michelangelo al Caffè Nouvelle Athènes / 1988 Paris/Tokio: Le Japonisme / 1992 Traversetolo di Parma: Ottocento ital. dalla racc. Gaetano Marzotto / Livorno: 1996 Dai Macchiaioli agli Impressionisti; 1998 Aria di Parigi nella pitt. ital. del secondo Ottocento. ▭ ThB25, 1931 (s.v. Nittis, Giuseppe de). *Servolini*, 1955; *Comanducci* II, 1971; *Luciani*, 1974; DEB VIII, 1975 (s.v. Nittis, Giuseppe de); Cat. dell'arte ital. dell'Ottocento, XII, Mi. 1983 Ottocento. Cat. dell'arte ital. dell'Ottocento, XVIII, Mi. 1988; DBI XXXVIII, 1990 (Lit.); *Sorrenti*, 1990; PittItalOttoc II, 1991; DA VIII, 1996; *Bénézit* X, 1999 (s.v. Nittis, Giuseppe de). – *Fantasio*, Le Charivari v. 22. 3. 1876; *J. Claretie*, La Presse 1876 (Juni); *E. Duranty*, La vie mod. 1879 (Juni); *P. Mantz*, Le Temps v. 24. 5. 1881; *P. Burty*, La République Franç. v. 28. 5. 1881; *L. Chirtani*, Ill. ital. v. 31. 8. 1884; *E. Geoffroy*, J. des débats 1884; *A. Renan*, GBA v. 1. 11. 1884; *R. Marx*, GBA v. 15. 11. 1884; *E. Monrosier*, D., P. 1884; *A. France*, Le Temps v. 15. 5. 1887; *A. Cecioni*, Scritti e ricordi, Fi. 1905; *V. Spinazzola*, G. D., Barletta 1905; *E.-J. de Goncourt*, Journal, P. 1906; *V. Pica*, Vita d'arte 7:1914 (8); *id.*, D., l'uomo e l'artista, Mi. 1914; *M. Filograsso*, D. e la mod. pitt. pugliese, Barletta 1923; *U. Ojetti*, Ritratti d'artisti, Mi. 1923; *L. Bénédite*, Joseph D., P. 1926; *E. Cecchi*, Pitt. ital. dell'Ottocento, Mi./R. 1926; *M. Cassandro*, D., Barletta 1927; *E. Somaré*, Storia dei pittori ital. dell'Ottocento, Mi. 1928; *E. Piceni*, La Gazz. di Puglia v. 15. 3. 1930; *F. Girosi*, La repubblica di Portici, Be. 1931; Cat. della Pin. Com. di Barletta, Barletta 1932; *E. Piceni*, G. D. (K), Mi. 1934; *M. Limoncelli*, D., Lanciano 1934; *L. Vitali*, L'incisione ital. mod., Mi. 1934; *E. Somaré*, I maestri ital. dell'Ottocento nella racc. Marzotto, Mi. 1937; *Ceci* II, 1937; *L. Venturi*, Les arch. de l'impressionnisme, P. 1939; *J. Rewald*, Storia dell'Impressionismo, Fi. 1949; *D. Martelli*, Scritti d'arte, Fi. 1952; *E. Piceni* (Ed.), D., Mi. 1955; *M. Pittaluga*, in: Scritti di storia dell'arte in onore di Lionello Venturi, R. 1956; *A. Schettini*, I grandi pittori dell'Ottocento ital. La scuola napoletana, Mi. 1961; *E. Piceni/M. Pittaluga*, D. Cat. completo dell'opera, Mi. 1963; *R. Causa*, Napoletani dell'800, N. 1966; *E. Piceni* (Ed.), D., Mi.

1966; *id./M. Monteverdi* (Ed.), I D. di Barletta, Barletta 1971; *R. Causa*, Due pittori pugliesi dell'Ottocento. D. – Gioacchino Toma, Bari 1975; *Monteverdi*, Storia I, 1975; Pin. Prov. Bari. Le coll. dell'800 e primo '900 (K), Fasano 1977; *F. Bellonzi*, Archit., pitt., scult. dal Neoclassicismo al Liberty, R. 1978, 90, 100 s., 116, 597–604; *H. D. Pilgrim*, Amer. art j. 10:1978 (2) 43–62; *E. Piceni*, D. L'uomo e l'opera, Busto Arsizio 1979; *M. M. Lamberti*, in: StoriaArteItal (Einaudi) VII, 1982, 8–17; Ricerche di storia dell'arte 1982 (18); *E. Piceni*, D. Cat. gen. dell'opera, II, Busto Arsizio 1982; *id.*, Arte 14:1984 (144) 78–85; *L. Landini*, ibid. (139) 32–39; *A. Paolillo*, La Gall. D. di Barletta, Fasano di Brindisi 1984; Il valore dei dipinti dell'Ottocento 4:1986/87; *M. Bodino*, Arte 19:1989 (201) 92–97; *G. Lamacchia*, D., capolista degli impressionisti, Fi. 1990; *P. Dini/G. L. Marini*, D., la vita, i doc., le opere dipinte, T. 1990 (Bibliogr.); *C. Farese Sperken*, La pitt. dell'Ottocento in Italia. Le Puglie, II, Mi. 1991; *R. Mascolo* (Ed.), La coll. D. nel MCiv. di Barletta (K), T. 1992; *M. Naves*, New criterion 13:1995 (10) 47 ss.; *C. V. Walter Goldberg*, D. An Italian perspective on the Parisian cityscape (1867–84), Diss. New York Univ. 1995, N. Y. 1995; *C. Farese Sperken*, La pitt. dell'Ottocento in Puglia, Bari 1996; *R. Russo*, D., la vita e le opere, ricordi e testimonianze, Barletta 1996; *M. Cristallo*, D. dall'Ofanto alla Senna, vita di un gran pittore, Bari 1996; *M. Censi* (Ed.), Viaggi senza ritorno, dipinti di Boldini, D., Zandomeneghi (K Mus. S. Parmeggiani), Cento 1997; *D. Galeone*, Vittorio Pica e D., Taranto 1997; *G. Caroppo*, Le incisioni di G. D., Barletta 1998; *M. Basile Bonsante/C. Farese Sperken*, G. D. I dipinti del MCiv. di Barletta (K Fond. Magnani Rocca), Ve. 1998; *F. Fiorani/R. Dinoia* (Ed.), D. incisore (K), R. 1999. S. Bietoletti

Denitz, *Peter Thomas Christian*, dt. Goldschmied in Bützow, bis 1852 erwähnt. 🏛 BLANKENBERG/Meckl., Kirche: Kelch, Patene, 1851. VORBECK/Meckl., Kirche: Patene, 1845. WARNOW/Meckl., Kirche: Kelch, Patene; Oblatendose, 1842 erworben. 📖 *Scheffler*, Goldschm. Mittel/NO-Dtld, 1980, Nr 7. J. T.

Denivelle, *Paul E.*, US-amer. Bildhauer, * 1872 Frankreich, † E. Sept. 1936 Lake Tahoe/Calif. D. kam 1915 nach San Francisco/Calif. (Supervisor of Modelling der Panama-Pacific Expos.) und blieb dort. Erfand den künstl. Travertin. 📖 *Falk*, 1985; *Hughes*, 1986; *Karel*, 1992. C. R.

De Niverville, *Georges*, kanad. Maler, Graphiker, Zeichner, * 24. 8. 1928 Ottawa, † 24. 12. 1984. Bruder von Louis, Onkel von Jules D. Stud.: 1945–49 MFA SchA, Montreal, bei Arthur Lismer, Goodridge Roberts und Jacques de Tonnancour; 1953–55 Acad. Ranson, Paris, bei Gustave Singier, Alfred Manessier und Goetz. D. arbeitet als Graphiker für die Canad. Broadcasting Corporation, für die er u.a. Logogramme für Sendestation CBOT-TV in Ottawa malt. – D.s Portr. und humorist. Charakterstudien basieren oft auf Fam.-Fotogr. oder Zs.-Illustrationen. Daneben malt er Oldtimer, Stilleben und Lsch. 🏛 CHARLOTTETOWN/P. E. I., Confederation AG and Mus. MONTREAL, Univ. Concordia. OTTAWA, Carleton Univ. – NG of Canada. TORONTO, Art Inst. ⊙ *E:* Ottawa: 1958, '60 Robertson Gall.; 1964 Blue Barn Gall.; 1967/68 NG of Canada (mit Duncan de Kergommeaux; K); 1969 Lofthouse Gall.; 1977 Wells Gall. (1973, '79, '82 mit James Boyd; 1975 mit Louis D.) / 1969 Montreal, Gal. Denyse Delrue. 📖 *C. Weiselberger*, Ottawa Citizen v. 26. 3. 1958; *B. Heward*, ibid. v. 12. 2. 1969; La Presse (Ml.) v. 8. 3. 1969; *K. Walker*, Ottawa Citizen v. 17. 4. 1975; *B. Kay*, Ottawa Rev. v. 17.–23. 5. 1979; *K. Walker*, [Ottawa] Citizen v. 18. 5. 1979. D. Lessard

De Niverville, *Jules*, kanad. Fotograf, Filmemacher, * 30. 7. 1966 Montreal. Neffe von Louis und Georges D. Stud.: bis 1991 Concordia Univ., Montreal. – D. stellt den menschl. Körper ins Zentrum seiner Fotografien. Im Zusammenhang mit Themen von Tod und der AIDS-Problematik behandelt er sowohl den Akt wie Motive sexueller Identität. ⊙ *E:* 1992 Montreal, Gal. Stornaway / 1995 Halifax, Anna Leonowens Gall. (mit Paul McLure) / 1997 Winnipeg, Floating Gall. / 1998 Toronto, Vizio Photo Gall. 📖 *M. Yoshinary*, ArtsAtlantic 54:1996; *D. Jones*, Photophile 1997 (Jan.); *J. Bentley Mays*, Globe and Mail v. 9. 5. 1998. D. Lessard

De Niverville, *Louis*, kanad. Maler, Graphiker, Zeichner, Filmemacher, Illustrator, * 7. 6. 1933 Andover/Hants., lebt in Vancouver. Bruder von Georges, Onkel von Jules D. In Montreal und Ottawa aufgewachsen. Als Autodidakt findet er zunächst Inspirationen von den Malern der Ec. de Paris, den Surrealisten und den Zchngn von Saul Steinberg. 1957–88 lebt er in Toronto und Umgebung (1964 für neun Monate in Frankreich). 1957–63 Tätigkeit für die Canad. Broadcasting Corporation, für die er u.a. den experimentellen Film *The Pounding Heart* (1958; Toronto Art Dir. Club Med. 1960) dreht. Ca. 1970 lehrt er am Ontario College of Art. 1988 Umzug nach Vancouver (1991–92 Aufenthalt in Victoria). Canada Council Awards 1964–65, '74–75, '83–84. – D.s Bildwelt wird von einem langjährigen Krankenhausaufenthalt (1939–44) u.a. Erinnerungen aus Kindertagen geprägt, daneben finden Träume und das Unterbewußte Eingang in die Malerei. Seit 1981 wird die gemalte Collage zu D.s wichtigster Technik, findet sich aber bereits seit 1965 gelegentl. im Œuvre. Daneben Ausf. von Wand-Gem. und Entwürfe für Poster und Illustrationen. 🏛 GUELPH/Ont., Macdonald Stewart AC. HAMILTON/Ont., McMaster MMA. KINGSTON/Ont., Agnes Etherington AG. LONDON/Ont., London Libr. Coll. – Univ. of Western Ontario. LOS ANGELES, Lannan Found. MONTREAL, MAC. – MFA. – Univ. Concordia. OSHAWA, Robert McLaughlin Gall. OTTAWA, Canada Council Art Bank. – Dept. of External Affairs. – NG of Canada. REGINA, Mackenzie AG. TORONTO, AG of Ontario. – Ciba-Geigy. – Cineplex Odeon. – Coca-Cola Co. – Gen. Foods. – Imperial Oil. – A. E. Lepage. – London Life Insurance. – McCarthy and McCarthy. – Price Waterhouse. – Sunnybrooke Medical Centre. – Sun Life of Canada. – SunLife Trust. – Toronto-Dominion Bank. – Xerox Canada. VANCOUVER, Brit. Columbia Automobile Assoc. – Simon Fraser Univ. WASHINGTON/D. C., Hirshhorn Mus. and Sculpt. Garden, Smithsonian Institution. – *Wand-Gem.:* EDMONTON, The Works, 1996. HAMILTON/Ont., McMaster Univ., Medical, 1968. MONTREAL, Expo '67, Expo Theatre, 1967.

PALM BEACH/Fa., Lannan Found., 1979. TORONTO, Crippled Children Centre, 1963. – Manufacturers' Life Insurance Company, 1987. – Pearson Internat. Airport, Terminal 1, 1963. – Toller Cranston, 1976. – Toronto Hospital for Sick Children, 1993. – Toronto Transit Commission, Spadina Station, 1977. – Etobicoke: Cineplex Odeon, 1987. VANCOUVER, Bentall Centre, 1995. ⊙ *E:* Toronto: 1957, '59 Gall. of Contemp. Art; 1961 Here & Now Gall.; 1963, '64 Dorothy Cameron Gall.; 1967, '68 Jerrold Morris Gall.; 1970, '73 (K), '74 Morris Gall.; 1974 Sigmund Samuel Canadiana Building; 1978, '81, '83 Home Again Gall.; 1979 York Univ. AG; 1985, '87, '89 (K), '92, '95 Mira Godard Gall.; 1997, '98 Nancy Poole's Studio / 1973 Waterloo (Ont.), Univ. of Waterloo AG (K) / Montreal: 1973 Gal. de Montréal; 1984 Gal. Shayne; 1995 Gal. de Bellefeuille / 1975 New York, James Yu Gall.; Ottawa, Wells Gall. (mit George D.) / 1978 Oshawa, Robert McLaughlin Gall. (Wander-Ausst.; K mit Lit.) / Vancouver: 1985 Bau-Xi Gall.; 1990 Woltjen/Udell Gall.; 1993, '94, '96, '97 John Ramsay Gall. of Contemp. Art / 1987 Regina, Susan Whitney Gall. / 1997 Edmonton, Stanley A. Milner Public Libr. (Wander-Ausst.; Kat.-Heft); The Works (Summer Visual Arts Festival); Calgary, Masters Gall. ▭ Vo6, 1962 (s.v. Niverville, Louis de). – *G. M. Dault*, Toronto Star v. 4. 5. 1978; *M. Weiler*, ibid. v. 28. 7. 1979; *M. Hertig*, Canad. art 1983–84; *M. Weiler*, City and country home 1985 (Juni); *L. Schrivener*, Toronto Star v. 10. 3. 1985; *C. Hume*, ibid. v. 23. 4. 1987; *K. Kritzwiser*, Globe and Mail v. 20. 6. 1987; *L. A. La Salle*, Regina Leader Post v. 18. 3. 1988; Century home 1993 (Okt.); *I. Holubizky u.a.*, AG of Hamilton, 1993; *E. Tardif*, Magazin'art 7:1995 (3) 50–52, 98; Canad. art 1995. D. Lessard

Déniz Febles, *Paco Juan*, span. Maler, * 1956 San Mateo/Gran Canaria, lebt dort. Autodidakt. Ausz.: u.a. 1985 1. Preis der Gal. Garoé, Teneriffa. – Surreal-verspielte Gem. mit mag. Gestalten, Pflanzen und Mineralien in Lsch. aus Meer und Himmel. ⌂ LAS PALMAS, Casa Mus. Colón. ⊙ *E:* 1979, '80 Las Palmas: La Factoría; Sala Tigotán / La Laguna: 1979 Sala La Buhardilla; 1991 Caja Canarias / 1982, '84, '85 San Mateo, Casa de la Cult. – *G:* 1980 Las Palmas: Bien. Internac. (Ankaufspreis) / 1982 Teror (Gran Canaria): Bien. Regional (2. Preis). ▭ DPEE IV, 1994. M. N.

Déniz Mesa, *Juan Antonio*, span. Maler, * 1950 Santa Brigida/Gran Canaria, lebt in Las Palmas. Stud. ebd.: Esc. Mpal; Esc. „Luján Pérez". 1967 2. Preis für Zchng, Cádiz. – Malt Blumen, v.a. Orchideen, sowie symbol. Frauenfiguren mit Anspielungen auf prähispan. Kulturen; auch geometr. Bilder in lebhaften Farben. ⊙ *E:* Las Palmas: 1991 Gabinete Lit.; 1992 Club Naútico / 1994 San Agustín, Casino de Gran Canaria. ▭ DPEE IV, 1994. M. N.

Denizard, *Charles Jacques*, frz. Maler, Autor, * 30. 9. 1816 Paris, lebte ebd. Dort 1840 Eintritt in die EcBA, Schüler von Paul Delaroche und Henri Lehmann. – U. a. relig. und hist. Sujets. ⌂ CHATEAUROUX, Mus. Bertrand: Portr. von Bertrand nach Delaroche. TROYES, MAH. ✉ La leçon de dessin hist. des ec. primaires ..., P. 1869. ⊙ *G:* 1848–66 Paris, Salon. ▭ ThB9, 1913. *Bénézit* III, 1976. C. R.

Denizard (Denizart), *Jacques*, Maler in Paris, wird am 2. 12. 1660 Mitgl. der Acad. de St-Luc. ▭ ThB9, 1913. – *Guiffrey*, 1915 (Repr. 1970).

Denizard, *Orens*, frz. Maler, Bildhauer, Radierer, * 8. 5. 1879 Pontru/Aisne. Schüler von Léon Bonnat und Félix Cormon. – Nach D.s Entwurf entstand der Gobelin *Musik am Abend*, 1900/01 (Schleswig), dabei Annäherung an das Art nouveau. Gestaltete ab 1903 satir. und polit. Postkarten-Serien (Lith. und Rad.) in limitierter Aufl. zu aktuellen Ereignissen, u.a. zum russ.-jap. Krieg (1904–05), zur russ. Revolution, der Dreyfusaffaire und Marokko-Krise. Die erste Serie war 1903–07 *Le Burin satirique*, 1904–14 folgte *L'Actualiste*. Als Bildhauer Plaketten und Medaillons. ⌂ PARIS, BN. SCHLESWIG, Schleswig-Holstein. LM. ⊙ *G:* ab 1927 Paris, SAfr. ▭ *Bénézit* III, 1976; *Mackay*, 1977. – *B. de Perthuis*, GBA 104:1984 (1388) 86–98; 110:1987 (1422–1423) 37–48; *id.*, Nouvelles de l'estampe 1990 (110) 14–25. K. S.-D.

Denizart, *Hugo*, brasil. Fotograf, Filmemacher, Psychoanalytiker, * 1946 Rio de Janeiro, lebt dort. 1971–73 Fotoreporter und Journalist für Jornal do Brasil, Rio de Janeiro. D.s frühe fotograf. Arbeiten sind auf soziolog. Themen gerichtet, u.a. 1973 Fotoreportage über die Obdachlosen von Cariri/Ceara sowie *Marivim*, eine audiovisuelle Arbeit über Fischer, die ihre Häuser bei einer Überschwemmung verloren haben; 1975 folgt der Film *Vivendo*, der die Zustände unter den Zuckerrohrarbeitern in Pernambuco, in den Pfahlbautensiedlungen in Alagados/Bahia und unter den Flüchtlingen der Dürrekatastrophe in Zona-da-Mata zeigt. 1976 im Auftrag des brasil. Gesundheits-Minist. Fotoreportage über die Seuchenkatastrophe, der ein Großteil der Bewohner Zentralbrasiliens zum Opfer fiel. 1976–80 Prof. an der Fac. de Letras e Comunicação, Rio de Janeiro (u.a. Vorlesungen über die psycholog. und soz. Aspekte der Fotogr.). 1977–80 eig. Praxis als Psychoanalytiker. 1978 Beginn der Arbeit *Cidade de Deus* über die gleichnamige Favela von Rio de Janeiro, in der D. zwei Jahre verbringt; die 7000 Fotogr. umfassende Dokumentation porträtiert die Sitten und soz. und gesellschaftl. Strukturen dieses Armenviertels. 1980 Arbeit an dem Film *Chefes de Banda* und Vorbereitung eines Fotobandes mit Schwarzweiß-Fotografien aus den Jahren 1973–80. 1981 Realisierung der Filme *Primeiro Encontro Comunitário da Colónia Juliano Moreira* und *Prisioneiro de Passagem*. D. setzt in seinen meist dokumentar. Arbeiten über die brasil. Realität, z.B. *Poder Perverso* (Rio de Janeiro, undatiert), lt. eig. Aussage Fotogr. und Film bewußt als Interpretationsmedium ein, um zu einer von Realismus und Formalismus befreiten neuen Bildsprache zu gelangen. ⊙ *E:* Rio de Janeiro: 1977 Gal. Graffiti; 1978 Gal. Andréa Sigaud; 1980, '81 Gal. Candido Mendes / 1980 New York, Center for Inter-Amer. Relations (zus. mit Figueiredo und Ortiz). – *G:* 1980 Arles: Rencontres d'Arles; Belo Horizonte: Salão Nac. de Arte Mod. (Ausz.); Paris: Salon d'Automne; São Paulo, MAM: 50 Anos de Kodak no Brasil / 1981 Nantes: Expos. Internat. / 1983 Paris, Centre G. Pompidou: Brésil des Brésiliens. ▭ *C. Naggar*, Dict. des photographes,

P. 1982; Dict. mondial de la photogr., P. 1994; *Auer* 1997. M. F. M.

Denizart, *Jacques* → **Denizard,** *Jacques*

Denizel, *Augustin-Louis* → **Demizel,** *Augustin-Louis-Joseph*

Denizhan, *Namik Rüstem*, türk. Bildhauer, * 1937 Istanbul. Stud.: ab 1959 KA Istanbul. – Stark von Germaine Richier beeinflußt; entwickelte sich immer mehr in Richtung eines figürl. Expressionismus. ⊙ *G:* Istanbul: ab 1959 regelmäßig Teiln. an den Staatlichen türk. Ausst. für Malerei und Plastik / 1966 Paris, Mus. Rodin (Expos. Internat. de Sculpt). ▭ *Bénézit* III, 1976. S. B.

Denizli, *Yildirim*, türk. Maler, Bildhauer, * 1. 2. 1946 Erzrum, lebt in Düsseldorf. Stud.: 1958–72 KHS Istanbul, 1973–78 KA Düsseldorf; seitdem ebd. als freier Künstler. – Gestaltet, beeinflußt von den polit. Verhältnissen in der Türkei, Komp. aus realist. und surrealen Elementen. ▭ *Lehmann*, 1983. S. B.

Denizot, frz. Keramiker in Aubigny, 1447 mit einem Auftrag für wappenverzierte Fußbodenziegel für das Hospital in Beaune genannt. ▭ ThB9, 1913.

Denizot (1350) → **Denisot de Mantes**

Denizot (1785) → **Denisot** (1785)

Denizot, *André*, Gobelinwirker in Tours, 1492 (im Dienst von Königin Anna von Bretagne) und 1493 (bezahlt für Arbeiten für das Schloß in Amboise) belegt. ▭ ThB9, 1913.

Denizot, *Augustyn*, frz. Gartengestalter in Polen, * 16. 12. 1836 Villers-au-Bois/Pas de Calais, † 6. 11. 1910 Poznań. Gest. von Garten- und Parkanlagen: u.a. 1859 für Graf Węsierski in Zakrzewo/Kr. Gniezno; um 1884 zus. mit Świstalski in Czarny Sad; ferner den engl. Park in Janikowo b. Poznań; in Turew für General Chłapowski; in Kopaszewo für K. Chłapowski; in Morownica für W. Niegolewski; in Wójcza und Kurozwęki für die Fam. Popiel; Lsch.-Park in Bejsce/Kr. Pinczów für die Fam. Byszewski. ▭ *Łoza*, 1954. – *J. Szczepański*, Architekci i budowniczowie, War. u.a. 1990. Ch. R.

Denizot, *Jacques*, frz. Ebenist, Möbelhändler, * um 1684, † 1760, ansässig in Paris. Vater von Pierre D. Wohl um 1730 Meisterzulassung; 1738–40 „juré" seiner Zunft. Bek. sind einige Möbel im Louis-quinze-Stil, z.B. eine mit Veilchenholz furnierte Kommode mit Bronzen (18. 6. 1985 in Neuilly-sur-Seine versteigert). 🏛 CHAALIS, Mus. Jacquemart-André: Kommode, Amarantfurnier. ▭ *Salverte*, 1985; *Kjellberg*, 1989. R. T.

Denizot, *Louis-Joseph* cf. **Denisot** (1785)

Denizot, *Nicolas* → **Denisot,** *Nicolas*

Denizot, *Pierre*, frz. Ebenist, Möbelhändler, * um 1715, † 28. 5. 1782 Paris. Sohn von Jacques D., Schwiegervater des „marchand-mercier" Philippe-Ambroise Sauvage. 1740 Meister, jedoch erst 1760 Registrierung des MZ; bis dahin wahrsch. ausschl. in der Wkst. des Vaters tätig. D. entwickelt sich nun zu einem der wichtigsten Pariser Ebenisten seiner Zeit und spielt eine bed. Rolle in der Zunft (1764–66 „juré-comptable" [Rechnungsführer]). 1776 bis zum Tod ständiger Lieferant des Comte d'Artois, in dessen Auftrag D. Luxus- und Alltagsmöbel fertigt: für das Pal. du Temple (z.B. 1777 sechs Kommoden, Rosen- und Satinholz) und das Schlößchen Bagatelle (Speisezimmermöbel, 1778 Kommoden für Salon und Vorhalle), beide in Paris, sowie die Schlösser von Saint-Germain-en-Laye (einen „table à cavagnole" gen. Tisch) und Maisons-Laffitte (Serviertische für den Speisesaal). Zu seinen Kunden gehören zudem der Duc d'Angoulême (große Kommode aus massivem Mahagoni, um 1778) und der Comte de Provence (vier Kommoden, bis zum Tod nicht voll.; fertiggestellt von Stöckel, von Wilhelm Benemann umgestaltet). D. beliefert auch den Ebenisten und Händler Léonard Boudin. Sein Nachlaß enthielt wertvollen Schmuck und Kunstgegenstände, in der Wkst. befanden sich größere Mengen an Edelhölzern (Rosen-, Amarant- und Ebenholz, Mahagoni), Modelle und Gußteile aus Kupfer sowie zahlr. Möbel (Kommoden, Schränke, Sekretäre, Spiel-, Toiletten- u.a. Tische, Wandschirme). – D.s Arbeiten, zumeist im Louis-quinze und im Übergangsstil, wirken elegant und sind handwerkl. solide gefertigt, sie lassen einen erlesenen Geschmack erkennen. Einige Stücke sind mit über größere Flächen verteilter, recht schlichter Marketerie dekoriert, v.a. mit geometr. Motiven (Kreise, Vierecke, Rhomben, Vierpässe), teilw. auch Blumen, Musikinstrumenten und Trophäen (kleine Kommode mit Blumenmarketerie auf Rosenholzgrund, Sotheby's, Monte-Carlo, 15. 6. 1981; Sekretär mit marketiertem Blumenkorb, ebd., 21. 2. 1988, beide Louis-quinze; Kommode mit Rhomben und Vierpässen, Veilchen- und Sykomoreholz, Übergangsstil, Christie's, New York, 14. 11. 1985). Salverte nennt als wertvollstes Stück einen phantasievoll gestalteten Damenschreibtisch mit geschwungenen Beinen und Blumenmarketerie, der einer Tochter von Ludwig XV. gehört haben soll (heute in Priv.-Bes.). 🏛 LONDON, V & A: kleine Kommode, Mahagoni, geometr. Marketerie, Louis-seize. PARIS, Mus. Cognacq-Jay: Entre-deux (Möbel für den Platz zw. zwei Fenstern), Rosen- und Amarantholz, Louis-quinze. – Mus. Jacquemart-André: Münzschrank mit 26 kleinen Schubfächern hinter den Türen und Blumenmarketerie. ST. PETERSBURG, Ermitage: Kommode (Zuschr.). ▭ ThB9, 1913. *Vial/Marcel/Girodie* I, 1912; *Ledoux-Lebard*, 1965; DBF X, 1965; *Salverte*, 1985; *Kjellberg*, 1989 (Aukt.). – *Béné-Petitclerc*, 1968; *V. Ovčinnikova*, Soobščenija gos. ordena Lenina Ermitaža 37:1973, 18 ss. (Kommode in St. Petersburg); *J. B. Chapuis*, Estampille 1988 (211) 20–28 (Rest. Münzschrank im Mus. Jacquemart-André); *A. Pradère*, Die Kunst des frz. Möbels, M. 1990. R. T.

Denjiro, *Kobayashi*, jap. Uhrmacher in Tokio, fertigte 1844–47 Konsoluhren mit Musikwerk. ▭ *Tardy*, La pendule franç., III, 1964, 755.

Denjuv (Denev; Den'ov), *Georgi*, bulg. Baumeister, * Kumanite b. Trjavna, erb. 1866 die Nikolaikirche in Balčik (erh.). ▭ *Vasiliev*, 1965; *A. Boshkow*, Die Kunstschule Trjawna, Sofia 1983. B. S.

Denk, *Andre*, österr. Maurer in Murau/Stmk, 1564 Bürger und Meister ebd. Offenbar um 1559 auf Schloß Mauterndorf b. Tamsweg/Stmk für Wilhelm Paumgartner tätig, nach dessen Tod D. 1569 Zahlungsforderungen stellt. ▭ *Kohlbach*, 1961. D. T.

Denk, *Anton*, österr. Maler, M. 18. Jh. tätig in der Stmk. Zugeschr. werden D. die Gem. des Allerheiligenaltars der Stiftskirche Rein/Stmk. Wahrsch. ident. mit dem Maler *Anton Deng* aus Graz, ab 1730 Schüler der ABK Wien. Ein weiterer Maler *Anton Denk* wurde 1760 Bürger in Deggendorf/Bayern, der bis 1768 mit Faßmaler- und Vergolderarbeiten für Kirchen der Umgebung, u.a. in Ulrichsberg, nachw. ist. 🕮 *List*, 1967; ÖKL V, 1979. – *W. Fink*, in: Festschr. zum 1200jähr. Jubiläum der unmittelbaren Stadt Deggendorf, Deggendorf 1950, 142; *Dehio*-Stmk, 1982. D. T.

Denk, *Conrad*, dt. Kupferstecher, Xylograph, * 26. 11. 1833 München, † 7. 6. 1882 ebd. Stud.: ABK München bei Julius Cäsar Thaeter. Fertigte u.a. 1866 den Stich *Barbarossas Kaiserwahl* nach Julius Schnorr von Carolsfeld. 🕮 ThB9, 1913. – Mitt. StA, München.

Denk, *Franz*, österr. Uhrmacher, * um 1795, † 1824 Wien. – Offenbar spezialisiert auf skelettierte Stutzuhren. 🏛 WIEN, MAK. 🕮 *Abeler*, 1977. – *F. Kaltenböck* (Ed.), Die Wiener Uhr, M. 1988. D. T.

Denk, *Franz*, dt. Keramiker, Porzellankünstler, * 9. 4. 1942 Wischkowitz/Böhmen, lebt in Coburg-Neershof. Stud.: 1959–62 Johann-Friedrich-Böttger-Inst., FS für Keramik Selb; 1962–64 FS für Keramik Landshut; 1964 Meisterprüfung. Betriebslehre in der Firma W. Goebel, Porzellanfabrik Rödental. 1964–70 eig. Wkst. in Coburg; seit 1970 in Coburg-Neershof. D.s Produktpalette besticht durch Vielseitigkeit: Kachelöfen, Plastiken, Geschirrteile aus Porzellan und Steinzeug, Klein-Serien und Einzelobjekte. D. verwendet eine Mischung aus Porzellan und weißen Tonsorten, die er meist in Blau, Blaugrau oder Braun glasiert; oft werden versch. Farben in- oder übereinander geschüttet. Preise: 1968 Premio della Camera die Commercio die Ravenna, Faenza; 1969 Gold-Med., Wels. 🏛 COBURG, KS der Veste. DÜSSELDORF, Hetjens-Mus. FRECHEN, Slg A. Egner. ✉ Eine Wkst. stellt sich vor, in: K+H 1974 (12) 7 ss. 👁 *E:* 1976 Rödental, Annawerk-Ceramicum. – *G:* 1964–69 Coburg, KV / 1967–69 Faenza, Pal. delle Espos. / 1969 Köln, KGM / 1971 Düsseldorf, Hetjens-Mus. / 1975, '77 Höhr-Grenzhausen, Rastal-Haus / 1976, '80, '84, '94 Coburg KS der Veste / 1995 Köln, MAK. 🕮 WWCCA, 1996. – Gestaltendes Handwerk 1968/69, Bonn 1968, 168; *G. Reineking von Bock*, Keramos 1970 (48) 15; *E. Klinge*, Dt. Keramik 1971 (K), Dd. 1971, 30 s.; *I. Heider*, K+H 1975 (2) 45–56; *M. Maedebach*, Keramik heute in Bayern 1980 (K), Coburg 1980, 22 s.; *id.*, Keramik heute in Bayern 1984 (K), Coburg 1984, 32 s.; *G. Reineking von Bock*, Abgedreht und aufgebaut. Europ. Keramik seit 1950. Slg Adolf Egner (K), Köln 1995, 14, 59. B. Ostermann

Denk (Denckh), *Joseph Lambert*, österr. Maler, Miniaturmaler, * 22. 7. 1783 Wien, † 11. 2. 1860 ebd. Stud.: 1801–04 ABK Wien bei Hubert Maurer. 1804 erhielt er ein Zeugnis für eine bis 1810 dauernde Reise nach Polen. Erneut Stud.: ab 1810 ABK Wien bei Johann Baptist Lampi; bis 1823 Kurse der Kupferstecherschule ebd., unterbrochen durch eine Ungarnreise. Danach in Wien, aber auch in Rußland tätig. – D. war als Porträtist bei Hof und Adel sehr geschätzt. Seine Portr. vermitteln eine treffsichere Char. der Persönlichkeit des Dargestellten. 🏛 WIEN, Albertina. – HM. – Österr. Gal.: Selbst-Portr., um 1815 bzw. 1836. 👁 *G:* 1816, '24, '26 Wien, Akad.-Ausst. 🕮 ThB9, 1913. *F. H. Böckh* (Ed.), Wiens lebende Schriftsteller, Künstler und Dilettanten im Kunstfache, W. 1822; *Schidlof*, 1911; MagyKépLex, 1915; *Fuchs*, Maler (19. Jh.) I, 1972; ÖKL V, 1979; *H. Fuchs*, Die österr. Bildnis-Min., I, W. 1981; *Blättel*, 1992; *Czeike* II, 1993. – *N. Keil*, Die Min. der Albertina in Wien, W. 1977; Narziss. Selbst-Bildnisse (K Schloß Halbthurn), W. 1990; *E. Hülmbauer*, Kunst des 19. Jh. (K Österr. Gal.), I, W. 1992. S. Grabner

Denk, *Ludwig*, dt. Maler, Material- und Objektkünstler, * 1. 1. 1938 Deggendorf-Deggenau, lebt in München. Stud.: Paris, Rom und Florenz Malerei. Seitdem freier Künstler in München. Reisen nach Italien, Spanien, Israel und in die Sahara, ferner Fußwanderungen durch die Schweiz nach Italien sowie auf dem Santiago-Weg durch Spanien dienen der künstler. Anregung. – Nach anfängl. Lsch. in Aqu. hat D. die Enkaustik für sich wiederentdeckt, die er mit Pflanzenteilen, Laub, Gräsern und Blättern kombiniert. Als Reflexion der Natur entstehen monochrome, abstrakte Gem. mit Pflanzenstrukturen. In seinen Sandbildern fixiert er Farbpigmente mit Sand auf Papier, um natürl. Strukturen zu erhalten, die als „Bilder der Erde" versch. Erdformationen darstellen. Daneben Beschäftigung mit expressiv-zeichenhaft umgesetzten sakralen Themen wie dem *Sonnengesang des hl. Franziskus* (19teiliger Zyklus), dem *Kreuzweg* (14teilig) oder der *Schöpfungsgeschichte* (7teilig), ebenfalls in Mischtechniken. In der Darst. der Sujets beschränkt sich D. auf das Wesentliche. Außerdem Objekte, wie geschnitzte und bemalte *Pilgerstäbe*, am Knauf mit Attributen für einen Bischof, Abt, Gaukler, Inquisitor etc. versehen. Werke im Besitz der Städte Deggendorf und Griesbach sowie der Erzdiözese München und Freising. 🏛 ANDECHS, Kloster. ASSISI, Sacro Convento. MÜNCHEN, StG im Lenbachhaus. 👁 *E:* 1981 Koblenz, Mittelrhein. LM (K) / 1987 Rom, Botschaft der Bundesrepublik Deutschland b. Vatikan; Assisi, Sacro Convento / 1989 München, Kath. Akad. / 1993 München, St. Bonifaz / 1995 Florenz, S. Croce / 1998 Andechs, Kloster. 🕮 DG Künstler-Lex., M. 1995. – *H. Schaluck*, Das Münster 43:1990 (4) 333–335; *O. Lechner*, 46:1993 (4) 320–322. – Mitt. D. S. P.

Denk, *Martin*, dt. Goldschmied in Würzburg, 1642–97 erwähnt. Wahrsch. als Meister 1647 Zunftaufnahme. MZ: MD (in Ligatur). 🏛 KNETZGAU, Pfarrk. St. Bartholomäus: Kelch, 1697. RANDERSACKER, Pfarrk. St. Stephan: Meßgarnitur, getrieben. SOMMERHAUSEN, Kirche St. Bartholomäus: Abendmahlskelch, 1648. 🕮 ThB9, 1913. – *Scheffler*, Goldschm. Main/Neckar, 1977, Nr 42. J. T.

Denk, *Mathias* → **Denck,** *Mathias*

Denk, *Wolfgang* (1459) → **Tenck,** *Wolfgang*

Denk, *Wolfgang*, österr. Maler, Objektkünstler, * 17. 9. 1947 Seitenstetten/NÖ, lebt in Zöbing/NÖ. 1963–66 Modelltischlerlehre in Steyr. Als Autodidakt seit 1964 künstler. tätig, seit 1967 freischaffend; 1967–70 führte D. in Steyr eine eig. Gal., 1972–95 in Stetten ansässig. Sein Frühwerk, meist Aqu., weist eine gewisse Nähe zur „Wiener Schule des phantast. Realismus" auf. Im Kontrast dazu erfolgte ab 1970 eine intensive wiss., aber auch subjektiv-spirituelle Auseinandersetzung mit der europ. Urgeschichte, v.a. mit den Denkmälern der Megalithkulturen, die D. durch ausgedehnte Reisen nach England, Schottland, Irland, Frankreich, die Hebriden und die Orkney-Inseln kennenlernte. Fortan bildeten Grundrisse, Ansichten und archäolog. Aufnahmen von Dolmen, Hügelgräbern, Steinsetzungen, Steinkreisen und sonstigen Kultbauten die Grundmotive von D.s Gem. und Graphiken, wobei die vorgefundenen Strukturen meist durch subtile, flirrende Liniengeflechte überlagert und verfremdet werden. D. war – ebenso in seinen Textilobjekten und Rauminstallationen – um einen kontrastreichen, von sehr persönl. spirituellen Vorstellungen bestimmten Dialog mit der Vorgeschichte bemüht und leistete damit einen bemerkenswerten österr. Beitrag zu der in den 70er Jahren vieldiskutierten Tendenz der „individuellen Mythologien". Reisen führten ihn 1973 in nordamer. Indianerreservate und seit 1984 mehrmals nach Nigeria, wo die Begegnung mit Kunst und Kult der Yorubas für D. von größter Bedeutung wurde. Symbole und mytholog. Zitate aus afrikan. oder indian. Kulturen traten nun in den Vordergrund. D. intensivierte die Farbigkeit und fand zu dynam.-expressiven Komp., in denen sich freie Gestik mit rasterartigen oder konstruktiv-ornamentalen Ordnungsstrukturen verband. In Nigeria wurde die aus Graz stammende und seit 1951 in Afrika lebende Malerin und Bildhauerin Susanne Wenger zur wichtigen Kontaktperson für das Verständnis der Yoruba-Kultur. 1985 und 1995 organisierte D. große Wenger-Retr. in Wien und Krems. 1988 erfolgte eine neuerliche radikale Zäsur in D.s Werk. Die Malerei trat fast völlig in den Hintergrund. Es entstanden nun strenge, aus geometr. Grundformen konstruierte Plastiken und Reliefs, schwarz gefärbte Stelen und Wandobjekte, die trotz ihres extremen Minimalismus immer wieder kultisch-mytholog. Bezüge erkennen lassen. Im Auftrag des Landes NÖ organisierte D. u.a. die Ausst. „Aus dem Zusammenhang" (K), die 1989/90 als bemerkenswerter kulturpolit. Beitrag Österreichs zur ideolog. Zeitenwende in neun zentralen Gal. des ehem. „mitteleurop. Ostblocks" gezeigt wurde. 1991 wurde D., der sich durch seine Auslandskontakte als Ausst.-Macher qualifiziert hatte, zum künstler. Leiter der nicht zuletzt durch seine Initiative neugegründeten KH in Krems ernannt. Bis 1996 organisierte er zahlr. hochrangige, auch internat. beachtete Ausstellungen. Seit 1997 wirkt D. für die KH Krems als freier Kurator; die zuletzt eingeschränkte eig. künstler. Tätigkeit rückte wieder in den Vordergrund. 1999 Prof.-Titel. ⌂ St. Pölten, Niederösterr. LM. Wien, Slg des Bundes. – Kultur-Abt. der Stadt. ✉ Susanne Wenger, eine biogr. Collage, Krems 1995. ◎ *E:* Wien: 1970 (K), '71, '73, '74 Gal. Blutgasse; 1974 Gal. Kaiser; 1976 Modern Art Gall.; 1976–87 mehrfach Gal. Lang ('77, '78, '87 K); 1980 Künstlerhaus, NöArt Gal. (K); 1986 Blau-Gelbe Gal. (K); 1988 Flughafen / Graz: 1971 Gal. Schillerhof; 1990 Gal. E. Lendl / 1972 Paris, Gal. Camion / Linz: 1973, '76, '86 Gal. Maerz; 1979 Gal. Hofstöckl / Salzburg: 1973 Gal. Goldgasse; 1982 Gal. Armsdorfer / 1975 Eisenstadt, Haus der Begegnung /1978–82 Basel: Art Basel (Gal. Lang, Wien; '78 K) / 1981 Frankfurt am Main, Gal. Gessmann / 1983 Rom, Gall. Arte Visive / 1986 Schloß Ottenstein (NÖ) / 1992 Prag, Gal. der Hauptstadt (K) / 1994 Steyr, Gal. Pohlhammer / 1996 Brno, Haus der Kunst (mit Ona B.). ▭ ÖKL V, 1979; *Fuchs*, Maler (20. Jh.) I, 1985. – Wien, Arch. Kultur-Abt. W. Hilger

Denk, *Zdeněk*, tschech. Architekt, * 4. 2. 1921 Hroznová Lhota/Kr. Hodonín, lebt in Brno. Stud.: 1947–50 TH ebd. bei Jaromír Krejcar, Jiří Kroha; 1951–56 bei František Cubr in Prag. 1952–56 Mitgl. des SVU Mánes. 1956–70 Chefarchitekt des Ausstellungsateliers und der Brünner Messe (BVV), Chefarchitekt der I. (1958) und VII. (1965) Messe sowie zus. mit Zdeněk Pospíšil und Igor Valenta der II. (1960) und III. (1961) Messe. Gestaltete mehr als 50 Messe- und Handels-Ausst. (z.B. in Havanna und Kiev 1960, London 1962, Tokio 1964) sowie and. Expos. in ca. 40 Ländern; lebte dort ca. 8 Jahre, wurde von der Kultur und Natur der Länder stark beeinflußt. 1971–78 Chefarchitekt der Stadt Brno. 1981–93 Prof. der Fak. für Archit. an der TH Brno (v.a. Designtheorie). Zahlr. Wettb.-Entwürfe (nicht realisiert): u.a. Ausst.-Gebiet Bogota, 1967 (mit Radúz Russ); Pavillon Omnitrade Toronto, 1969 (mit R. Russ); Pavillon der Tschechoslowakei zur WA Montreal, 1970 (mit Jiří Mikšík, R. Russ); Wiener Internat. Gartenschau WIG, 1974 (mit Zdeněk Lang, Jan Sitař); für Brno: Generalplan der Univ., 1975 (mit J. Mikšík, Ivan Borek), Regionalzentrum mit Messestraße, 1971–78 (mit Kollektiv UHA [Büro des Chefarchitekten der Stadt]), Generalplan der TH, 1981 (mit Antonín Havlíček, František Sláma); Pavillon der Tschechoslowakei für die WA Sevilla, 1989 (mit Z. Lang, R. Russ); Vision des 21. Jh. für Kyoto, 1997 (mit Prof. Josef Šmajs, Ladislav Lakomý); Expo 2000 Hannover, 1999 (mit Josef Svoboda). – D. widmete sich zunächst der Ausst.- und Messe-Gest., wobei er in engem Kontakt zum internat. Schaffen ein hohes Niveau der Handels-Expos. und Pavillons der ČSSR erreichte. In der Archit. basierte sein Schaffen auf funktionalist. Grundlagen, bes. durch die neue Bautechnologie beeinflußt. Im Städtebau befaßte sich D. v.a. mit der Konzeption von großstädt. Anlagen, wobei die Entwürfe mit der Zeit von der Philosophie (J. Šmajs) der Strategie zur Lebenserhaltung und des Menschen als Teil der Natur beeinflußt sind. ⌂ Brno, Messe (BVV): Ausst.-Pavillon Z, 1959 (mit Z. Pospíšil, Milan Steinhauser; Autor der Kuppelkonstruktion: Ferdinand Lederer); Generalplan, 1965 (Wettb.-Entwurf mit Stanislav Jasník, 1965); Ausst.-Pavillon D, 1973 (mit R. Russ). – Ehrengrabstätte, 1983 (mit J. Mikšík). – Generalplan der Stadt, 1973 (mit Kollektiv UHA). – Generalbebauungspläne Bohunice und Kohoutovice, 1993–96. Horácko: Mikroregionalplan, 1999 (mit J. Šmajs, J. Mikšík). ✉ Lehrbücher (alle ed. Brno): Design v architektuře, 1983; Výstavnictví a veletržní tvorba, 1984; (Red.), Výstacní a veletržní tvorba, I, 1987, II, 1989; Průmyslový design, 1991. ◎ *E:* Brno, Kab. architektury: 1971 Denk-Lang-Russ; 1986 Architekt Z. D. (K, Red.: J. Rajlich/L. Sládek). ▭ *Toman*, Dodatky, 1955; Kdo je kdo v architektuře, Praha 1993; NEČVU, 1995. – *I. Crhonek*, Profily brněnských architektů, I, (K), Brno 1965; *D. Riedl/B. Samek*, Moderní archit. v Brně 1900–65, Brno 1967; *Z. Lang/V. Roštlapil* (Red.), Defilé I-V (K), Brno 1965, '70, '75, '80, '85; *K. Dušek*, Česká architektura 1945–95, Praha 1995. D. Riedl

Denkanpen, *Gustav* → **Dekentin,** *Gustav*

Denkeler, *Friedhelm*, dt. Fotograf, * 1946 Varl, lebt in Berlin. Seit 1977 als Ing. tätig. Ab 1980 freie Fotogr.; Lsch., Portr., Akt. – Ausb.: 1977–82 Fotogr. v.a. bei Michael Schmidt an der Wkst. für Photogr. der Volks-HS Kreuzberg. D. gehört dort zu einer Generation, die sich um 1980 von der topograph. Fotogr. abwendet und mit persönl. Serien beginnt, auch über die eig. Biogr. und den Körper. D. zeigt u.a. das Be-Greifen von Natur in seiner Kindheitswelt mit der eig. Hand im Bild (*Espelkamp*, 1985) oder bearbeitet frühe Paßfotos mit bürokrat. Stempeln (*Eingepasst*, 1987–91). BERLIN, Berlin. Gal. *E:* Berlin: 1981 Volks-HS Kreuzberg (K); 1986 Foto-Gal. im Wedding / 1982 Köln, Gal. R. Kicken / 1985 Osnabrück, Foto Gal. Szene. – *G:* Berlin: 1979, '80 Volks-HS Kreuzberg: Wkst. für Photogr. (K), M. Schmidt und Schüler (K); 1991, '96 Neue Ges. für Bild. Kunst: Photogr. hat Sonntag (K), Begrenzte Grenzenlosigkeit (K) / 1983 Oslo, Foto-Gal.: Young German photographers / 1985 Salzburg, Gal. Fotohof: Neue Fotogr. aus Berlin. *Auer*, 1992. – Aspects de la photogr. allemande (K), Besançon 1982; Fotonetz (Mikrofiche), Essen 1983; Berlin photographiert (K Castelli Graphics u.a.), N. Y. 1984; *U. E. Baukus* (Ed.), Fotogr. im Orwell-Jahr, Göttingen/Z. 1984; foto-scene 1985 (4); *J. Blohm*, afterimage 12:1985 (10) 18 s.; *M. Köhler*, Ansichten vom Körper, Schaffhausen 1987; Photographs within the wall (K), Mb. 1988; *E. Kaufhold*, photonews 3:1991 (10) 12 s. – Mitt. D.; E. Kaufhold, Berlin. T. K.

Denkens, *Herman (J. Herman)*, belg. Maler, Graphiker, Illustrator, Karikaturist, * 1926 Deurne, lebt in Antwerpen. Stud.: 1943–45 Ec. nat. supérieure d'Archit. et des Arts décoratifs, La Cambre, Brüssel, bei Joris Minne und Jozef Cantré. Mitgl. und Mitbegr. zahlr. Gruppen, u.a. 1946–49 von Artès, 333, Exi-Club und La Jeune Peint. Belge; 1953 von De Stal; 1954 von Gard-Sivik; 1956 von AZ56 und 1958 von G58-Hessenhuis (1958–62). 1949–53 Ausst.-Organisationen mit Tone Brulin. Aufenthalt in Stockholm und Bekanntschaft mit Ingmar Bergman. 1959–61 in den Ardennen. 1961–72 Prof. der Ec. Normale in Lierre. Ausz.: 1947 Prix du Journal. – Neben Graphik, Buch-Ill. und Werbung auch abstrakte Malerei. Ab 1960 v.a. Cartoons (unter den Pseud. *Wannes* und *Gard-Sivik*) und Industriedesign (ab 1961 eig. Büro für Werbegraphik in Antwerpen). Ab 1980 phantast.-surreale Zchngn. *E:* 1971 Lierre, Lierse KG / 1972 Antwerpen, Salle Vecu. – *G:* 1959 Antwerpen, G58-Hessenhuis. *Bénézit* III, 1976; *Arto*, 1978; DPB I, 1995. – *P. Mertens*, La jeune peint. Belge, 1945–48, Br. 1975. K. S.-D.

Denkentin, *Gustav* → **Dekentin,** *Gustav*

Denker, *Andreas*, dt. Maler, um 1720 erstmals in Hamburg erw., als Bürger ebd. 1742 eingetragen. Tritt v.a. als Min.- und Emaillemaler in Erscheinung. Er liefert eine Portr.-Min. auf Emaille, die Christian VI. als jungen dän. König darstellt (Frederiksborg, NM). Unklar ist, ob D. noch andere Werke für den Hof in Kopenhagen gefertigt hat, da sein Name in dessen Rechnungslisten nicht auftaucht. Die Motive soll er v.a. von Kpst. übernommen haben. – Der bei ThB ersch. Verweis auf Jochim Dencker beruht auf der damaligen Unkenntnis des Vornamens. ThB9, 1913 (s.v. Denker). *Rump*, 1912, handschriftl. erg. Aufl. 1980; *Schidlof* I, 1964; *Weilbach* II, 1994. – *Lemberger*, 1911; Dt. Zchngn, Schwerin 1980, 73; *T. H. Colding*, Min.- og Emaillemaleri i Danmark, Kph. 1991. S. Ge.

Denki (Yasuda D.; Nishisen; Tōgaku; Tōgaku Shoshi; Daihō'an), jap. Yōga-Maler, Kupferstecher, * 1784 Sukagawa/Iwashiro (Sukagawa/Fukushima), † 1827. Als Sohn eines stellungslosen Samurai aus Sendai/Präfektur Miyagi war D. zunächst Schüler des Kanō-Malers Azuma Tōyō (1755–1839), der am Hofe des Fürsten von Sendai diente. 1800 nahm D. das Stud. der Malerei im westl. Stil (Yōga) und des Kupferstichs bei dem ebenfalls aus Sukagawa stammenden Aōdō Denzen (1748–1822) auf. In Matsudaira Sadanobu, Staatsmann, Reformer und Mäzen der mittleren Edo-Zeit, fand er einen kunstverständigen Förderer. D. setzte seine Ausb. bei dem Malermönch Hakuun (1764–1825) fort, den er kurz vor dessen Tod porträtierte (*Hakuun shōnon gazō*, Farbe/Seide, 1824, Rokugō/Akita, Hongakuji). Unter dem in der Kanō-Trad. aufgewachsenen Bunchō (1763–1840), der sich später jedoch dem westl. Realismus und bes. der chin. beeinflußten Südl. Malerei (jap. nanga, auch Literatenmalerei, jap. bunjinga) zuwandte, studierte D. letztere. Das Vorbild des von Kōkan (1738–1818) geprägten Werkes des Lehrers Denzen manifestiert sich eindrucksvoll in den wenigen überlieferten Werken D.s. Die drei (evtl. vier) erh. Gem. im westl. Stil variieren Motive des Meisters. D.s lyr., kühl distanzierte, in satten, teils irisierenden Farben gestalteten jap. und exot.-imaginären Lsch. verarbeiten gängige Motive der frühen Yōga oder das Sujet der Winter-Lsch., z.B. *Kōkans Kanazawa sekkei* (Kanazawa im Schnee). Mit *Shōjo aiken* findet sich ein durch Denzen angeregtes Genrebild in Adaption des Kpst. Miss Lassels des engl. Mezzotintokünstlers James Watson. Die beiden erh. Kpst. D.s, *Kangyo-tei shūchū kō* (Blick auf [das Restaurant] Kangyo-tei aus dem Boot, 1815) und das Genrebild *Ikkokujin kitsuen* (Pfeife rauchender Ausländer) zeichnen sich durch geschickte Umsetzung der Zentralperspektive als räuml. Gestaltungsmittel der westl. Kunst und solide Beherrschung der in Japan bereits im 16. Jh. eingeführten, dann vergessenene und erst gegen E. des 18. Jh. wiederentdeckten Technik des Kpst. aus. D. gilt neben Arai Reikyō, Endō Kōson und Endō Taichi als einer der bedeutendsten Schüler Denzens. KOBE, City Mus.: Mimeguri sekkei (Mimeguri im Schnee), Farbe/Seide. MORIOKA/Iwate, Enkōji: Shōjo aiken (Mädchen mit Schoßhund), Farbe/Seide, um 1818. *G:* 1985 Tokio, NMMA / 1985–86 Osaka, NMA / 1990 Fukushima, Fukushima Prefectural Mus. / 1991 Ōita, Ōita Prefectual Art Hall. *Bénézit* III, 1976; *Roberts*, DJA, 1976. – *H. Hirafuku*, Nihon yōga shokō, To. 1930; *T. Nishimura*, Nihon shoki yōga no kenkyū, Osaka 1945; *T. Ono*, Edo no ȳgaka, To. 1968; *id.*, Tōkyō geijustsu daigaku bijutsu gakubu kiyō 4:1968, 9–10; Kōe shiritsu namban bijutsukan zuroku II, Kōbe 1969; *N. H. N. Mody*, A coll. of Nagasaki colour prints and paint., Rutland u.a. 1969; *M. Hosono* (Ed.), Nihon no bijutsu 1969 (36) 84, Abb. 125; *M. Sakamoto u.a.* (Ed.), Genshoku Nihon no bijutsu, XXV, To. 1970; *T. Nishimura*, Nihon dōbanga shi (Gravure sur cuivre au Japon; études hist.), Ōsaka 1971 (1941); *Y. Sugano*, Nihon dōbanga no kenkyū, To. 1974; Shajitsu no keifu I. Yōfū hyō no dōyū. Edo chūki kara Meiji shoki made (K), To. 1985; Aōdō Denzen to sono keifu (K), Fukushima 1989; Yōgaku no hirogari to bijutsu (K), Ōita 1991. U. Middendorf

Denko, *Jože*, slowen. Maler, Graphiker, * 27. 3. 1958 Bakovci b. Murska Sobota, lebt in Murska Sobota. Stud.: bis 1981 (Dipl.) ABK Ljubljana bei Kiar Meško. 1985–94 Kunsterzieher an der Mittelschule für Wirtschaft und Handel in Murska Sobota, danach freischaffend. Preise bei den Ausst. Ex tempore: 1991 Ljutomer, 1992 Rogaška Slatina. – D. begann mit expressiven Portr. (darunter Selbstbildnisse), Stilleben und figurativen Bildern (Gem.-Serie *Torzi*, 1986/87). Später stand im Vordergrund zahlr. nichtfigurativer Komp. die Untersuchung des Mal-Mat. bei pastosem Farbauftrag und Reliefstrukturen von Collagen. ⌂ LENDAVA, Gal.-Muz. LJUBLJANA, Dom Ivana Cankarja. MURSKA SOBOTA, Gal. Murska Sobota ◎ *E:* 1988 Kruševac, UG / 1989 Kindberg, Gal. K; Maribor, Tehnična fak. (K: M. Visočnik) / 1992 Ljutomer, Gal. Ante Trstenjak / 1993 Radenci, Gal. Medicos / 1996–97 Murska Sobota, Gal. Murska Sobota (K: F. Obal) / 1997 Lendava, Gal. Lendava; Wien, Slowen. Kulturzentrum Korotan / 1998 Ljubljana, Gal. Ars; Ormož, Gal. Grad / 1999 Ptuj, Gal. Drava. – *G:* seit 1981 zahlr. nat. und internat., u.a. Internat. Kunst-Ausst. Pannonia: 1981 Szombathely, Eisenstadt, Murska Sobota; 1986 Eisenstadt, Szombathely, Murska Sobota, Klagenfurt; 1996 Szombathely, Čakovec, Murska Sobota. ▭ *J. Balažic*, Sodobno likovno prizadevanje v Pomurju. Ustvarjalci rojeni po letu 1950 (K), 1988; *R. Inhof*, Avtoportret v likovnih delih umetnikov Pomurja (K), Murska Sobota 1999.

B. Ilich Klančnik

Denkov, *Aleksandăr (Aleksandăr Gavrilov)*, bulg. Illustrator, Graphiker, Szenograph, * 15. 9. 1925 Prag, † 31. 3. 1972 Sofia. Stud.: 1943–46 KA ebd. (Malerei). Ausz.: 1963 Preis des Bulg. Künstler-Verb. für Graphik; 1965 Preis auf der Internat. Buchkunst-Ausst. Leipzig; 1967 Orden Kyrill und Method 2. Stufe; 1972 (postum) Verdienter Künstler Bulgariens. – Hauptsächl. als Illustrator tätig (ca. 70 Bücher, u.a. V. Chančev, *Zname na družbata*, 1952; K. Kalčev, *Srebăren kljuc*, 1953; E. Stanev, *Povest za edna gora*, 1955; N. Rajnov, *Poslednija ris*, 1963; M. Isaev, *Krila*, 1964; Homer, *Iliada*, 1969; A. Karalijčev, *Bălgarski narodni prikazki*, 1972). Arbeitete in versch. Techniken (Hschn., Linolschnitt, Rad., Kaltnadel), erreichte gleichermaßen elegante Präzision und volkstüml. Stilisierung, die er v.a. in der Ausstattung zahlr. Kinderbücher einsetzte, um eine naive Ausdrucksweise und sparsame, verständliche Liniensprache zu erreichen. Daneben Entwürfe für Briefmarken (Zyklus *Bulgarische Zaren*, mit Vesa Vasileva), Plakate, dekorative keram. Wandbilder und Szenographie zu Spielfilmen (u.a. *Zakonăt na moreto*, 1958; *Petimata ot Moby Dick*, 1970). ◎ *G:* seit A. 50er Jahre Sofia / 1971 Leipzig: Internat. Buchkunst-Ausst. ▭ Vo5, 1961 (falsches Geburtsjahr). EIIB I, 1980; Enc. „Bălgarija", II, Sofija 1981; Internat. directory of cinematographers, set- and costume designers in film, III, M. u.a. 1983 (falscher Geburtsmonat). – *S. Nikolov*, A. D., Sofija 1969; Săvremenna bălgarska iljustracija, Sofija 1972; *Bosilkov*, 1973; 1. Obšta izložba na priložnata grafika (K), Sofija 1973; Retrospektivna izložba „30 godini bălgarsko socialističesko izkustvo" 1974 (K), Sofija 1976. S. Jähne

Denković, *Ljubomir*, serb. Bildhauer, * 15. 4. 1936 Ljanik b. Vranje, lebt in Novi Sad. Stud.: bis 1957 KGS Skopje; bis 1962 (Dipl.) ABK Ljubljana bei Boris und Zdenko Kalin. Seit 1978 Doz. an der ABK Novi Sad. Ausz.: 1974 Preis 4. Juli; 1979 Okt.-Ausz. der Stadt Novi Sad; 1985 1. Preis der Ausst. Jugoslovenska skulptura in Pančevo. – In der ersten Schaffensperiode Kleinplastik aus Terrakotta von intimem Char. und assoziativen Formen (*Torzo*, 1968; *Devojčin san*, 1971). Gestaltet seit 1971 mit dem Architekten Sava Subotin plast. funktionale, semant. komplexe Denkmale in meist abstrakten Formen. ⌂ NOVI SAD, Muz. grada. ROM: Memorial-Beinhaus für die in Italien umgekommenen Jugoslawen, 1978. VELES: Memorial-Beinhaus, 1976. ◎ *E:* 1969, '72, '79 (Retr., K: Lj. Ivanović) Novi Sad / 1970 Kula / 1971 Petrovaradin / 1979 Belgrad, Gal. Kolarčevog univ. (K: Đ. Jović). ▭ LEJ I, 1984. – Savremeni umetnici Vojvodine (K), Novi Sad 1967; *P. Petrović*, Večernje novosti (Bgd.) v. 5. 12. 1974; *Lj. Ivanović*, Razvoj skulpture u Vojvodini 1895–80, Novi Sad 1985, 10 s., 73–76; *M. Živković*, Politika v. 24. 5. 1985; *A. Tišma*, Dnevnik (Novi Sad) v. 21. 8. 1986. M. Arsić

Denman, *Herbert (Herbert A.)*, US-amer. Maler, * 20. 6. 1855 Brooklyn/N. Y., † 3. 10. 1903 Idylwild/Calif. Stud.: Art Students League, New York; bei Emile Auguste Carolus-Duran in Paris. 1886 ehrenvolle Erw. im Salon ebd. für das Gem. *Trio*. 1887 Rückkehr nach New York. – Wurde bek. durch dekorative Wand-Gem., u.a. für das Manhattan Hotel und den Ballsaal des Waldorf Astoria Hotel. Lt. ThB auch Gem. mit poet. Zügen (*Offering to Aphrodite*). ⌂ BROOKLYN/N. Y., Brooklyn Mus. ▭ ThB9, 1913. *Fielding*, 1984; *Falk*, 1985. – *A. Blaugrund*, Paris 1889. Amer. artists at the Universal Expos. (K Norfolk u.a.), N. Y. 1989. Ch. R.

Denman, *J. (John?) Flaxman*, Maler, * um 1808, tätig in London. Trat am 31. 3. 1825 (17jährig) in die RA Schools ein. 1822 Preis der Soc. of Artists. Viell. ident. mit dem Maler *John D.*, der 1824 in der BI „A group of sheep" ausstellte. ◎ *G:* 1839 London, RA (Portr.). ▭ ThB9, 1913. *Foskett* I, 1972; *Johnson* I, 1975. – *Graves*, RA II, 1905; BI, 1908.

Denman, *John* (1824) cf. **Denman,** *J. Flaxman*

Denman, *Julien* → **Dekandelaere,** *Karel*

Denman, *Maria*, brit. Bildhauerin, * 2. 2. 1776 (get. in Whitechapel), † 1861, lebte in London. Schwägerin von John Flaxman, der D.s Portr. zeichnete und ihr seine Abgüsse und Modelle hinterließ (heute Libr. of Univ. College, London, einiges zerst.). Erhielt 1807 die Silber-Med. der Soc. of Arts für das Modell eines Cupidokopfes, der wohl der Gipsabguß nach einer antiken Gemme ist.

LONDON, Sir John Soane's Mus. G: 1812 London, BI. Graves, BI, 1908; Gunnis, 1968. – A new descr. of Sir John Soane's Mus., Lo. ^{3}1972. K. F.

Denman, *Pat (Patricia Price)*, US-amer. Malerin, * 1932 Paterson/N. J., lebt in Basking Ridge/N. J. Stud.: 1950/51 Van Emburgh SchA; 1960–64 bei Maxwell Stewart Simpson; 1973–76 bei Nicholas Reale. Mitgl.: Amer. Watercolor Soc. (1987 Mary S. Litt Med.); Nat. Watercolor Soc. (1991 Merwin Altfeld Award); New Jersey Watercolor Soc. (1990–92 Präs.). BRIDGEWATER/N. J., Chubb Corporation. NEW YORK, U. S. Trust Company. SOMMERVILLE, New Jersey Bell. Paint. from the inside out, in: Amer. artist 56:1992 (602) 32–35, 81 s. G: u.a. 1988, '90, '92 New York, NAD (1990 Adolph and Clara Obrig Prize). WWAA, 1991/92–1997/98. C. R.

Denman, *Rolf*, schwed. Bildhauer, * 18. 3. 1923 Munkedal, lebt in Askim b. Göteborg. Stud. in Göteborg: 1948–50 Schule des Kunstgew.-Ver.; 1951–56 Valand-KHS. – Gestaltet in Kupfer, Stahl, Beton, Aluminium, Bronze und auch Holz, ausgehend von Natureindrücken, abstrahierte bzw. konstruktivist. Skulpt. und Reliefs. Mit deren organ. Formen harmonieren bzw. kontrastieren schachtelähnl. Formen, Scheiben oder geschwungene Bänder und bilden komplizierte Raumschichtungen, wobei die Hohlräume genauso wichtig sind wie das Material. Der phantasievolle Formenreichtum, die beliebten Themen und z.T. verschmitzten Titel (*Wikingerschiff*, Ytterby; *Lebensspirale; Windgehirn*, Kungsbacka, Tingbergsschule; *Jona im Walfisch*) haben ihm eine große Anzahl öff. Aufträge verschafft. ÅSEDA, Altersheim: Kater. FJÄRÅS, Schwimmbad: Ich. GÖTEBORG, Eriksboschule: Der Fuß. – Kreditbank: Vollschiff; Auf den Kopf gestellt, beides Reliefs. KUNGSBACKA, Aranässchule: Elchstrauß. LYSEKIL, Lotsenstation: Ein Schiff kommt geladen. MOTALA, Stadtkanzlei: Kräfte in Bewegung, Wand-Skulpt. MUNKEDAL, Altersheim: Pfau; Kinder über die Leine hopsend. OXELÖSUND, Eisenbahnpark: Zirkus-Fam. SKÖVDE, Hotel Billingen: Vier Scheiben; Stehende Form, beides Reliefs. TANUMSHEDE, Schule: Sonnenverehrer. TIBRO, Marktplatz: Schöpfe aus! YTTERBY, Schule: u.a. Die Jahreszeiten, Relief. E: 1961 Borås, KM / 1996 Göteborg, Gal. Lorensberg. – G: u.a. 1959 Stockholm, Konstnärshuset / 1965 Göteborg, Röhsska Konstslöjd-Mus. / 1969 Borås, KM / 1970 Ystad, KM / 1973 Karlshamn, KH / 1997 Varberg, KH. Konstlex., 1972; NKKL, 1991. – *S. Delang*, Västgöta-Demokraten v. 2. 12. 1969. H.-O. Boström

Denman, *Thomas*, brit. Bildhauer, * 1787 London, nachg. bis 1847. Stud.: ab 1807 RA Schools, London; gewinnt bereits im gleichen Jahr die Lesser Silver Palette der Soc. of Arts; 1813 Silver Med. der RA. Neben einigen Statuen fertigt D. v.a. Grabdenkmäler und Epitaphe. Als Schwager und Mitarb. von John Flaxman voll. er nach dessen Tod 1826 versch. Aufträge, wie z.B. die Statue des Marquess of Hastings in Calcutta/Indien sowie das Denkmal von James Watson in Heston/Middx. Ferner verwendet er mehrere Entwürfe von Flaxman, so z.B. beim Grabmal von William Raymond († 1836) in St. Mary in Speldhurst/Kent, eine Kopie des Grabmals von Agnes Cromwell in der Kathedrale von Chichester. *Grabdenkmäler:* BERKSWELL/Warwicks., Pfarrk.: Sir John Eardley-Wilmot, 1847. FAREHAM/Hants., Holy Trinity: Elizabeth Kelsall († 1837). FIGHELDEAN/Wilts., St. Michael: William Dyke († 1818). HELSTON/Cornwall, St. Michael: John Trevenor, 1825; Peter Hill, 1837. HERTINGFORDBURY/Herts., Pfarrk.: Sir Gore Ouseley, 1844. KETTERINGHAM/Norfolk: Harriot Peach († 1825), Zuschr. LEICESTER, St. Mary: Paul Benfield, 1828. LONDON, Marylebone, Holy Trinity: Lieutenant James Fuller, 1843. MADRAS/Indien, Kathedrale: Colonel Thomas MacLean, 1840. SHRIVENHAM/Berks., St. Andrew: Russel Barrington († 1840). TERRINGTON/Norfolk, St. Clement: Mary Morphew, 1843. YELVERTON/Norfolk, St. Mary: Peter Nichols, 1840. G: 1815–36 London, RA. ThB9, 1913. *Grant*, Sculptors, 1953; *Gunnis*, 1968 (Werke); *Johnson* I, 1975. – BE, ..., 1951 ss.; *Whinney*, ^{2}1988, 469; *B. Groseclose*, Brit. sculpt. and the Company Raj. Church mon. and public statuary in Madras, Calcutta and Bombay to 1858, Newark/Lo. 1995, 11. S. H.

Denmark, belg. Installationskünstler, * 1950 Wilrijk. Stud.: 1968–72 Univ. Gent (Kunstgesch.; Archäologie). Ab 1972 freier Künstler in Deurne. – D. reflektiert, nach dem Vorbild von Robert Rauschenberg, die Nutzung von Konsumgütern, v.a. von Inf.-Trägern (Druckerschwärze, Papier, Bücher, Zss.), z.B. Objekt *Buchbrett*, 1979. Auf reliefartigen Taf. rücken Buchstaben, als solche unkenntl., zu Kolumnen zusammen. D. veranschaulicht in der Verfremdung von Zeitungen und Büchern (stellvertretend für Archive) den Akt des dekonstruktiven Denkens mit dem Ziel, eine meditative Ebene zu schaffen und dem archivierten Mat. einen neuen Sinn zu geben (Recycling). Durch Übereinanderstapeln oder Aneinanderreihen eines Grundelementes (z.B. anfängl. Bücher; später auch unverkäufl. Zss. oder Computerpapiere) werden die Installationen zu mon. Skulpt. und zwingen den Betrachter auf Abstand. Die die Bll. umfassenden, pressenden Eisenbänder und Holzrahmen stehen für die kontrollierenden Kräfte der Gesellschaft. Somit ist der Inf.-Träger zwar archiviert, aber verschlossen und unlesbar gemacht, z.B. *Dood Arch. IV.*, 1980 (Hasselt, Prov. Bibl.). In letzter Konsequenz muß, nach D., das Mat. pulverisiert werden. Die Werke richten sich gegen das Buch als Statussymbol, die Autorität des gedruckten Wortes sowie den Inf.-Konsum und dessen Oberflächlichkeit. E: 1978 Antwerpen, Internat. Cultureel Centrum: Dead End; Brüssel, Gal. MTL: Dead Matter / 1979 Eindhoven, Van Abbe-Mus., Bibl. / 1980 Hasselt, Prov. Mus. (K) / 1983 Köln, WRM, Lesehalle / 1984 Gent, Mus. Hedendaagse Kunst / 1985 Lüttich, MAM. – G: 1980 Freiburg im Breisgau, Univ.-Bibl.: Buchobjekte (Sonder-Ausst.: Inhalte werden zu Staub) / 1982 Tielt: Kunstbeeld in Vlaanderen vandaag (K) / 1987 Maastricht, Dominikanerkerk: Art-Paper 87 (K); Utrecht, Mus. Hedendaagse Kunst: Wort und Bild (K). *W. van Mulders*, Artefactum 4:1987 (20) 12–17, 63–65; *M. Daloze*, D.: Arch. recyclées, Gand 1989; *id.*, Artefactum 7:1990 (32) 2–4; *V. Mertens*, Nicht nur die Wiss. ... Ein Kunstf. durch die Univ. Freiburg, FiB. 1995. U. R.

Denmark, *James*, US-amer. Maler, Graphiker, Bildhauer, * 23. 3. 1936 Winter Haven/Fla., lebt in Brooklyn/N. Y. Stud.: Florida Agricultural and Mechanical Univ., Tallahassee, bei Samella S. Lewis. Danach zog D. nach Brooklyn/N. Y., dort als Kunsterzieher an öff. Schulen tätig. 1973–76 Weiterbildung (Magister) am Pratt Inst. of FA in New York. Über 60 Einzel-Ausst.; Werke in USA, Mexiko, Afrika, Europa, Japan. – Inspiriert und künstler. geprägt durch Jackson Pollock, Clifford Still, William De Kooning sowie durch die afro-amer. Künstler Norman Lewis, Romare Howard Bearden, Jacob Lawrence und Ernest Crichlow gestaltet D. v.a. expressionist. Figurenbilder; bek. sind Collagen (u.a. handkolorierte Arbeiten auf Papier, Objekte) sowie Aqu., Hschn. und Reproduktionen. 🏛 NEW YORK, Metrop. Mus. 📖 *Dickason Cederholm*, 1973. – *Online:* Art-in-the-Dark Screen Saver, 1999. C. R.

Denn, *Lorenz* → **Then,** *Lorenz*

Denne, *Clas* → **Dann,** *Clas*

Denné, *Rosa*, Miniaturmalerin, * Paris, A. 19. Jh. Schülerin von Aubry. ⊙ *G:* 1831–45 Paris, Salon. 📖 ThB9, 1913. *Bellier/Auvray* I, 1882.

Denneau, *Jacques*, Bildhauer, 1629 in Tournai mit der Lieferung eines Grabsteins belegt. War nicht, wie ThB behauptet, Bruder von Jérôme D. 📖 ThB9, 1913.

Denneau (Dénaut), *Jérôme*, Bildhauer, † vor 12. 2. 1776. 1748 in Tournai nachg. mit einem marmornen Kamin für die Chambre des Echevins. Bei ThB fälschl. als Bruder von Jacques D. bezeichnet. 📖 ThB9, 1913.

Denneau (Denaut), *Olivier*, Bildhauer, zw. 1614 und 1653 in Tournai (für Stadtverwaltung; Kirche Ste-Marie-Madeleine) tätig. Lieferte u.a. Grabsteine. 📖 ThB9, 1913.

Denneau, *Philippe*, Bildhauer, 1600–10 in Tournai nachw. mit mehreren Grabsteinen. 📖 ThB9, 1913.

Dennefeld, *Gisèle* (geb. Lekimpe), frz. Graphikerin, Dekorationsmalerin, Illustratorin, * 27. 2. 1916 Tournai, lebt seit 1938 in Schiltigheim/Elsaß. Stud.: ABA Namur (Graphik, Buch-Ill., Dekorations- und Ölmalerei); Schülerin von Yvonne Gérard. Ausz.: u.a. 1936 ABA Namur (1. Preis für Graphik) und 1978 Inst. des Arts et Trad. Populaires d'Alsace (Bretzel d'Or). – Entwürfe u.a. für Textilien, Gebrauchsgraphik (Post- und Glückwunschkarten, Briefmarken etc.), Exlibris und Ill. für Almanache (oft Gouache) sowie Dekorationsmalerei (Fresko für die Schule von Romanswiller). Dabei um eine Wiederbelebung der elsäss. Volkskunst bemüht. 🏛 PARIS, MN des Arts et Trad. Populaires. ⊙ *G:* 1972, '78 Strasbourg, Maison d'art alsacien. 📖 *Bauer/Carpentier* I, 1984; *Lotz*, Jan. 1982, 1985 (Lit.). K. S.-D.

Dennehy, *Richard (Richard Joseph)*, austral. Architekt, * 1859 Irland. Ausb. bei Tappin und Gilbert, Melbourne (arbeitete an der St. Pauls-Kathedrale, der kath. Kathedrale in Bendigo sowie der anglikan. Kathedrale in Ballarat). Mitgl.: R. Victorian Inst. of Architects; Inst. of Architects of New South Wales (A. der 1890er Jahre Sekretär); West Austral. Inst. of Architects. Ging M. 1893 zu den west-austral. Goldminen. – War offensichtl. auf sakrale Archit. spezialisiert in einer einfachen, manchmal massiven neogot. bzw. einer ausgeprägten Neo-Renaiss.-Bauweise. 🏛 BUNBURY: St. Patricks Catholic Cathedral, 1920. PERTH: Church of the Sacred Heart, Mary Str., Highgate, 1905. – Convent of the Good Shepherd, Ruislip Str., West Leederville, 1903. SYDNEY: St. Ignatius College, Lane Cove, 1880 (1887, 1906, 1920er Jahre erweitert). 📖 *J. M. Freeland*, The making of a profession, Sydney 1971; Austral. Heritage Comm., The heritage of Australia. The ill. reg. of the nat. estate, Mb. 1981; *I. Molyneux*, Looking around Perth. A guide to the archit. of Perth and surrounding towns, East Fremantle 1981.
R. Smith

Dennel, *Antoine-François*, frz. Kupferstecher, Radierer, * Abbeville, † vermutl. 1815 Paris, wahrsch. ab 1760 dort tätig. In der Lit. wird D.s Œuvre häufig mit dem des Bruders, des Kupferstechers *Louis D.* (* 1741 Abbeville, † 1806? [lt. ThB] Paris), verwechselt, da zahlr. Bll. nur mit dem Nachnamen sign. sind. Ausgehend von Adressenangaben und Ankündigungen im J. de Paris werden D. im IFF v.a. galante Szenen, dem Bruder zumeist Ill. für Druckwerke zugeschr., was u.a. konträr zur auf älterer Lit. basierenden Auffassung von ThB ist. Das IFF nennt u.a. folgende Werke D.s: *Pigmalion amoureux de sa statue*, nach Louis Jean François Lagrenée, bez. F. Dennel (1778 angekündigt); *Le doux regard de Colin* und als Pendant *Le doux regard de Colette* nach Jean-Baptiste Greuze, beide bez. A. F. Dennel Sculp. (1778 angekündigt); *L'Attention dangereuse* nach François Boucher, bez. A. F. Dennel Sculp. (1783 angekündigt). – *Louis D.* arbeitet lt. IFF z.B. für die von Jacques Couché hrsg. *Gal. du Pal.-Royal* (I, 1786; II, 1808) und die von Jean-Baptiste-Joseph Wicar ed. *Gal. de Florence et du Pal. Pitti* (III, 1802); zudem werden zwei 1807 nach Eustache Le Sueur gestochene Bll. genannt. Neben der Zuschr. von Werken erstrecken sich die Unsicherheiten auch auf die Ausb. der Brüder; im IFF werden keine Lehrer gen., andere Quellen geben Jacques-Firmin Beauvarlet und Johann Georg Wille an, ohne daß verbindl. Aussagen vorliegen, wer welchen Bruder ausgebildet haben soll; lt. Du Peloux sind die galanten Szenen eng an Vorbilder von Beauvarlet angelehnt. 📖 ThB9, 1913. *Bellier/Auvray* I, 1882; *Du Peloux* I, 1930; DBF X, 1965; *Bénézit* IV, 1999. – IFF, GravXVIII VI, 1949; IFF, Après 1800 VI, 1953 (s.v. D., Louis). R. T.

Dennel, *Louis* cf. **Dennel,** *Antoine-François*

Denner, *Balthasar*, dt. Maler, Radierer, * 15. 11. 1685 Hamburg-Altona, † 14. 4. 1749 Rostock. Sohn des Blaufärbers und Mennonitenpredigers Hyppolyth D., Vater von Jacob, Catharina, Esther und Maria D. Erhielt schon als Elfjähriger Zeichenunterricht bei dem Niederländer Franz von Amama in Altona, weiteren Unterricht drei Jahre später in Danzig. 1701 Kaufmannslehre in Hamburg. Ab 1707 Maler, tätig an der Berliner Akademie. Zahlr. Auftragsarbeiten. 1709 beauftragte der Holsteiner Hof D., das Bildnis des *Herzogs Christian August von Holstein-Gottorp und seiner Schwester* zu malen. Ein großes Gruppenbildnis der gesamten Fam. und des Hofes mit 21 Personen folgte 1712. Damals war D. in Altona und dann in Hamburg ansässig. Früh als Porträtist an den Fürstenhöfen hoch geschätzt, malte er 1717 in Husum den dän. König und reiste auf dessen Einladung über Holstein nach Kopenhagen, wo er zehn Monate lang tätig war. In Wolfenbüttel entstand 1720 das *Portr. der Herzogin von Braunschweig-Wolfenbüttel.* In Hannover malte er engl. Hofdamen und Herren des Hofes, die ihn überredeten, 1721 mit seiner Fam. nach England überzusiedeln. Beim Zwischenaufenthalt in Rotterdam traf er Adriaen van der Werff, der D.s *Kopf einer alten Frau* sehr rühmte. Bis 1728 lebte D. in London, dann kurze Zeit in Hamburg. 1729 malte er in Blankenburg den Braunschweiger Hofstaat, in Dresden kaufte August II. Gem. bei ihm. 1730 war er in Berlin, danach in Hamburg und für ein Jahr in Amsterdam. 1734 porträtierte er *Christian VI. von Dänemark*, danach die Braunschweiger Fürsten für die Gal. Salzdahlum und 1736 die *Prinzessin Sophie Charlotte von Dänemark.* Danach lebte er dreieinhalb Jahre in Amsterdam. 1740 wieder in Hamburg, schuf er zwei lebensgroße Bildnisse des *Herzogs von Holstein-Gottorp*, des späteren Zaren Peter III. 1741 malte er in Plön die Herzogsfamilie. Das Angebot der Zarin Elisabeth, nach St. Petersburg zu kommen, lehnte er ab. Zu den Portr. der letzten Lebensjahre gehören die des schwed. Thronfolgers *Herzog Adolf Friedrich von Holstein* (1743), des Kölner Kurfürsten *Clemens August von Bayern* (1746) und des *Herzogs von Holstein-Plön* (1747). 1735 und 1748/49 beschäftigte ihn v.a. der Hof von Meckl.-Schwerin. Durch die Aufträge des Herzogs Christian Ludwig II. lebte und arbeitete D. zuletzt in Schwerin und Rostock. 1735 waren es v.a. die Herzogskinder Ludwig, Amalie und Ulrike Sophie, die er mehrfach zu malen hatte, 1748 bis zu seinem Tode jedoch sämtl. Mitgl. der Herzogs-Fam. und des gesamten Hofstaates von Meckl.-Schwerin. 39 der 46 unvoll. Portr.-Stud. (auf blauem Grund, Öl/Lw.) zeigen D.s Vorgehensweise und dokumentieren alle Chargen am Hof mit Namen und Rangbezeichnung. Die Bildnisse entsprechen dem Typus des Rokoko-Portr., wobei D. nur die Köpfe eigenhändig ausführte und das übrige seinen Kindern überließ, die offenbar wenig Eigenständigkeit entwickeln konnten. Von Jacob gibt es ein recht dilettant. gemaltes Bildnis der D.-Fam., von Catharina und Esther wurden keine Gem. überliefert, von Maria heißt es, daß sie Blumen und Früchte gemalt habe (z.B. auf dem Bildnis der drei Kinder des Dichters Brockes in Hamburg). Die Feinmalerei schließt an holl. Trad. an, z.B. an Gerrit Dou. Daraufhin prägte der damalige Kunsthandel den Begriff „Poren-Denner", um die exakt ausgef. Gem. gegen die Studienköpfe abzuheben. Wie Dou ließ auch D. teure Rahmenkästen für die Bilder anfertigen. Mit dem Ruhm stieg die Bezahlung. Während der Reisende Zacharias Conrad Uffenbach 1710 noch notiert: „Sein Preis ist 15 Reichsthaler" für Köpfe, 20 für Min., 40 für Halbfigurenbildnisse, so zahlte ihm später Kaiser Karl VI. die Riesensumme von 4700 Gulden für das Gem. *Kopf einer alten Frau.* Gefragt waren seine Werke auch beim Bürgertum, wie u.a. drei Hamburger Ratsherrenbildnisse zeigen. Dem Vorwurf der seelenlosen Glätte widersprach Lichtwark (1898): „Manche Bildnisse D.s haben geradezu etwas Träumerisches." D. hinterließ zwar v.a. Portr., aber auch Blumen- und Früchte-Stillleben sowie Historien- und Genredarstellungen. Werke v.a. im Staatl. Mus. Schwerin und in der KH Hamburg, aber auch in holstein. Schlössern sowie in Amsterdam, Berlin, Bremen, Braunschweig, Breslau, Kiel, Kopenhagen, Lübeck, München, Paris, Riga, Stuttgart, Wien, Wolfenbüttel. 🏛 BERLIN, SMPK, Kpst.-Kab.: Zchngn, Rötel. HAMBURG, Mus. für Hamburg. Gesch.: Bildnis des Dichters Hagedorn, Öl, 1742. – KH: Die Kuchenfrau, Öl, 1715; Bürgermeister Weyse, Öl; Zchngn, Rötel. SCHWERIN, Mus.: Selbstbildnis, Öl, 1748; Das volle Glas, Öl, 1731; Bildnis des Kammerdieners von Haften, Öl. ✉ 36 Briefe, die D. zw. 1729 und 1748 an Herzog Christian Ludwig II. von Meckl.-Schwerin bzw. an den Sekr. Ranfft über Aufträge, Ankäufe und „Lotterien" schrieb. 📖 ThB9, 1913. *Rump*, 1912; *Foster*, 1926; *Feddersen*, 1984; Lex. der Kunst, IV, Biogr. Lex. für SH und Lübeck, VI, Neumünster 1982, FiB. u.a. 1988; LdK II, 1989; *Weilbach* II, 1994; *G. Grewolls*, Wer war wer in Meckl.-Vorpommern?, Bremen 1995; DA VIII, 1996. – *F. Schlie*, Beschr. Verz. der Werke älterer Meister in der Großherzogl. GG zu Schwerin, Schwerin 1882; *A. Lichtwark*, Das Bildnis in Hamburg, I, Ha. 1898, 132–147; *Schidlof*, 1911; *G. Biermann*, Dt. Barock und Rokoko, I, L. 1914, 105; Kunstchronik und Kunstmarkt 1921, 403–408 (zur Korr. D.s mit dem Herzog Christian Ludwig von Meckl.); *H. Röthel*, Bürgerl. Kultur und Bildnismalerei in Hamburg während der 1. H. des 18. Jh., Diss. 1936, Ha. 1938; *H. Mansfeld*, Malerei des 18. Jh. (K Staatl. Mus.), Schwerin 1954, 38–40, 78–87; *D. Rudloff*, Nordelbingen 25:1957, 164–193; *G. Feigenbaum*, Bull. of the Allen Memorial AM, Oberlin Coll. 34:1976–77, 66 ss.; Das Kind im Bild (K Staatl. Mus.), Schwerin 1979, 30 s., 69; PKG X, 1984, 406, 407a, 412; 1000 Jahre Meckl. (K Schloß Güstrow), Rostock 1995, 334 s. I. Möller

Denner, *Balthasar*, dt. Maler aus Hamburg, † 29. 10. 1723 Frankfurt am Main. Verwandter und Schüler des gleichnamigen Malers. Kam vermutl. mit Franz Lippold nach Frankfurt und wurde 1718 Beisasse. 📖 *Zülch*, 1935. D. T.

Denner, *Catharina (Katharina*; Dennerin), dt. Malerin, * 1715 Hamburg, † 26. 8. 1744 ebd. Tochter des Malers Balthasar D., der sie auch unterrichtet. Als Sängerin und Klavierspielerin ebenso begabt, zus. mit den Geschwistern unterhält sie die Kunden ihres Vaters während deren Portr.-Sitzungen mit musikal. Darbietungen. Den Aufträgen des Vaters folgend, wechselt die Fam. oft den Aufenthaltsort: 1721–28 England, dazwischen 1725 Hamburg, 1730 Dresden, um 1732 Berlin, 1735 Neustadt/Meckl., 1736–39 Amsterdam, anschl. in Hamburg. Ihr früher Tod wird in der Schrift „Gedanken, welche bey dem schmerzlichen Ableben der ... Jungfer Catharina D. kommen" beklagt und noch 1744 publiziert. Eine Tante gleichen Namens soll sich ebenfalls malerisch betätigt haben. – Als Min.-Malerin kann D. sich einen beachtl. Ruf erwerben, auch histor. Feder-Zchngn und Bildnisse fertigt sie an. Im Verz. der Gem.-Slg des schleswig-holstein. Hofes in Kiel erscheint 1809 ihr Werk *Gärtnerin mit Blumentopf.* Wie auch ihre Schwestern *Maria* und *Esther d. J.*, deren Lebensdaten unbek. sind, sowie dem Bruder Jacob voll. D. die Werke des Vaters, der sich mit zunehmendem Alter auf die Ausf. von Köpfen beschränkt.

Den Töchtern werden Details wie Lsch., Hintergrund-Gest., Blumen, Früchte und Kleidung überlassen. Stilist. Unterschiede lassen eine Händescheidung zw. Vater und Kindern zu, kaum aber der Kinder untereinander, wie z.B. die drei Gruppen-Portr. der neun Kinder des Hamburger Ratsherrn Barthold H. Brockes zeigen. Während es sich bei dem ersten um ein qualitätvolles, um 1721 in Gemeinschaftsarbeit von vier Künstlern (Balthasar D., Franz de Paula Ferg, Franz W. von Tamm, Jacob van Schuppen) entstandenes Bild handelt, erscheinen die Blumen, Hände und Gewänder in den beiden anderen um 1728 und '29 dat. Gem. wesentlich dilettantischer, die Früchte jedoch den Stilleben des Vaters nahe kommen. Gerkens, 1971, konstatiert, daß der Vater einer oder mehreren seiner Töchter die Ausf. der Details übertragen, die Früchte aber selbst gemalt hat. Am Anfang ihrer Laufbahn wäre D. als 13- oder 14jährige dazu bereits in der Lage gewesen, lt. ThB soll es die, möglicherweise ältere (?), Marie gewesen sein. Ein von ihr stammendes Fruchtstück wird 1815 auf einer Versteigerung gehandelt. Von Esther d. J., nicht zu verwechseln mit ihrer Mutter gleichen Namens, befindet sich ein Portr. des Herzogs Adolph Friedrich IV. von Meckl.-Strelitz (Öl, 1763) im Bes. der Univ. Greifswald. ▭ ThB9, 1913. *Lemberger*, 1911; *Rump*, 1912, handschriftl. erg. Aufl. 1980; Biogr. Lex. für SH und Lübeck, VI, Neumünster 1986, 73 ss.; *Weilbach* II, 1994. – *Schidlof*, 1911; *G. Gerkens*, Jb. der Hamburger KS, 16:1971, 105–110; *G. Bauer u.a.*, Die Denkmale des Kr. Greifswald, L. 1973, 57 (Esther); *B. H. Feddersen*, Schleswig-Holstein. Portr.-Min., Bredstedt 1986, 135.
S. Ge.

Denner, *Esther d. J.* cf. **Denner,** *Catharina*

Denner, *Jacob*, dt. Maler, * 1722 England(?), † 1765 Hamburg. Sohn des Malers Balthasar D. Die Fam. hält sich von 1721–28, mit einer Unterbrechung 1725, in England auf, so daß D. vermutl. dort geboren wird. Aufenthalt in versch. Orten, in denen der Vater Aufträge erhält: 1730 Dresden, um 1732 Berlin, 1735 Neustadt/Meckl., Kiel, 1736–39 Amsterdam, anschl. in Hamburg. Ebenso wie die Schwestern Catharina, Esther und Marie wird D. vom Vater in der Malerei ausgebildet; voll. häufig dessen Bilder, der sich v.a. auf die Darst. von Köpfen konzentriert. D. führt meist den Hintergrund und die Kostüme auf den Werken des Vaters aus, wie z.B. bei dem Portr. *Friedrich von Hagedorn* (1744, Mus. für Hamburg. Gesch.), dessen Konterfei er mit einer Bücherwand hinterfängt und ihn mit weißem Rüschenjabot und brauner Jacke ausstattet. Das bei ThB erw. Bildnis Joh. Christian Wolfs in der Hamburger Katharinenkirche (1742) stammt lt. BKD, 1968, vom Vater, doch ist nicht ausgeschlossen, daß D. daran Anteil hat. Um 1739 malt er ein größeres Gruppenbild seiner Fam.: die Eltern am Kaffeetisch sitzend, drei der Kinder, u.a. ein Selbstportr. des Malers, dahinter stehend. Mit der in ihrer Ausf. etwas steif geratenen Szene orientiert sich D. an der Anordnung im Gruppenbildnis der Gottorper Herzog-Fam. (1712, Güldenstein/Ostholstein), mit dem der Vater der Blüte des Gesellschaftsbildes im England des 18. Jh. vorgreift. 1746 entsteht das Bildnis seines Onkels *Dominicus van der Smissen* (Hamburg, KH). Seine Werke signiert er mit „D. jun.". ⌂ BREMEN, KH: Portr. eines alten Mannes, Öl/Lw., 1751. POZNAN, NM: Brustbild eines Geistlichen, Lw. ▭ ThB9, 1913. *Lemberger*, 1911; *Rump*, 1912; *Schweers* I, 1994; *A. Kreul*, Verz. sämtl. Gem. des 14. bis 20. Jh. in der KH Bremen, Wb. 1994. – *H. Röthel*, Bürgerl. Kultur und Bildnismalerei in Hamburg während der 1. H. des 18. Jh., Ha. 1938, 73; Alte Meister der Hamburger KH (K), Ha. 1956, 51; Erwerbungen der Jahre 1961–65 der KH Bremen, Bremen 1965, 79; BKD der Freien und Hansestadt Hamburg, III, Ha. 1968, 143; *J. Niemeijer*, Kunsthist. Jaarboek, Bussum 1970 (21), 199–216; *V. Plagemann*, Kunstgesch. der Stadt Hamburg, Ha. 1998, 193.
S. Ge.

Denner, *Maria* cf. **Denner,** *Catharina*

Denner, *O.* cf. **Dogarth,** *Oskar Robert*

Denner (Dänner), *Sebastian*, dt. Gießer, * 1640, † 13. 8. 1691 Nürnberg, tätig ebd. 1665 Meister, 1684–87 Geschworener Meister der Rotgießer; Sign.: voller Name oder mit Tannenbaum zw. den Initialen SD. Spezialisiert auf Epitaphe in Messing und Bronze für Nürnberger Handwerkerfamilien, die v.a. auf dem Johannis- und Rochusfriedhof erh. sind. 1675 fertigt er einen großen Kronleuchter (Bozen, Pfarrk.). ⌂ NÜRNBERG, GNM: Johann Georg und Ursula Kuch, Epitaph, 1686. ▭ ThB9, 1913. – *H. Bösch*, Kat. der im GNM befindlichen Bronzeepitaphien des 15.–18. Jh., Nü. 1891, 46; *R. Vollbrecht*, Schlern 20:1946, 220 s.; *E. Egg*, Kunst in Tirol. Malerei und Kunsthandwerk, Inn. 1970, 326; Bayer. KD, X (Nürnberg), M. [2]1977; *O. Baumgärtel*, Natiek 15:1981 (Febr.) 373–378; *H. P. Lockner*, Die Merkzeichen der Nürnberger Rotschmiede, M. 1981, 112, Nr 859.
S. H.

Denner, *Vera* (Pseud.: Veradez), schweiz. Textilkünstlerin, Graphikerin, * 3. 3. 1920 Zürich, lebt dort. 1938–41 Ausb. in Textilzeichnen und Handweberei an der KGS ebd. 1942–43 als Ausst.-Graphikerin tätig, anschl. selbständige Textilkünstlerin und Weberin; bis 1982 Werklehrerin an einer Schule. Ausz.: 1970, '75 Stip. der Steo-Stiftung. – Fertigt v.a. Wandteppiche und Tapisserien, u.a. für kirchl. Einrichtungen, z.B. 1978 für das kath. Pfarramt in Fislibach. Außerdem Möbel- und Vorhangstoffe sowie Farb- und Gewebeentwürfe, Inneneinrichtungen und Architekturmodelle. ⌂ EBIKON, Kap. Känzeli. ILLNAU, Kirchengemeinde. SPIEZ, Kath. Bruderklausenkirche: Wandbehang, 1974/75. ▭ LZSK, 1981; KVS, 1991; Biogr. Lex. der Schweizer Kunst, I, Z. 1998. – *Jenny* III, 1982.
T. Gr.

Dennerin → **Denner,** *Catharina*

Dennerlein, *Thomas*, dt. Bildhauer, * 27. 1. 1847 Mitterteich/Oberpfalz, † 24. 1. 1903 München. Stud.: 1859–64 KGS München bei Hermann Dyck. 1866, '72–73 Studienreisen nach Italien. Ausz.: 1888 Silber-Med., Kunst- und Gewerbe-Ausst. Nürnberg; 1895 Verdienstorden vom Hl. Michael; Silber-Med. Jahres-Ausst. von Kunstwerken aller Nationen München; 1897 kgl. Prof. – Unter dem Einfluß des Münchner Architekten Gottfried von Neureuther, der den jungen Bildhauer wiederholt mit der figürl. Ausstattung seiner mon. Bauten (TU, ABK München) betraute, entwickelte sich D. zu einem Exponenten eines streng an der griech. Antike orientierten Stiles. Hw.: *Pallas Athene* (Terrakotta-Statue, München, ABK, 1886); allegor. Figuren *Feuer und Wasser*; *Handel und Gewerbe*; *Wahrheit und Gerechtigkeit* (1879) am Hauptbahnhof München. Seine Kleinplastik (z.B. Büste von Neureuther in der TU München, 1893) läßt eine Verschmelzung von Motiven der ital. Früh-Renaiss. mit Elementen des zeitgen. Naturalismus erkennen. ⌂ COBURG, St. Augustin: Kruzifix, 1865. MÜNCHEN, Justizpalast: Wahrheit und Forsch., 1895. TEGERNSEE: Denkmal Karl Stieler, 1886 (zusammen mit Friedrich von Thiersch). ▭ ThB9, 1913. *Bettelheim* VIII, 1905; *Bosl*, 1983; *Sitzmann*, Ostfr., 1983. – *F. Pecht*, Gesch. der Münchener Kunst im 19. Jh., M. 1888, 310 s.; *A. Schulz* (Ed.), Dt. Skulpt. der Neuzeit, III, B./N. Y. 1900; *A. Heilmeyer*, Die Plastik des 19. Jh. in München, M. 1931, 66. M. K.

Dennert, *Max*, dt. Bildhauer, * 13. 3. 1861 Friedeberg/ Neumark, in Berlin tätig. Lehre als Schnitzer. Stud.: KGS Hannover bei Lauger, Feyerabend und Fritz von Kaulbach; ab 1888 AK Berlin bei Emil Herter und Albert Wolff; ABK Wien bei Edmund von Hellmer. Danach in Berlin tätig. Fertigt dort u.a. 1901 den figürl. Schmuck der Schloßbrücke (zerst.). Der mit ihm befreundete Maler Ludwig Noster empfiehlt D. bei der Fam. Krupp für die Ausstattung der Villa Hügel in Essen mit Freiplastiken. Den ersten Auftrag (1897), vier Hermen und Vasen (Stein, nicht erh.), führt er bis 1898 in symbolist. und Jugendstil-Formen aus und wird danach mit der plast. Gestaltung der Terrasse betraut. ⌂ BREMEN, Domplatz: Turmbläserbrunnen, Bronze, 1899 (Neuguß nach erh. Modell, 1956). ESSEN, Villa Hügel: 2 Sphinx-Figuren vor der Terrasse, 1898. ▭ ThB9, 1913. *Mackay*, 1977. – Die Bauwerke und KD von Berlin, Stadt und Bez. Charlottenburg, B. 1961; *T. Buddensieg* (Ed.), Villa Hügel. Das Wohnhaus Krupp in Essen, B. 1984; *B. Mielsch*, Denkmäler, Freiplastiken, Brunnen in Bremen, Bremen 1984; *Dehio*-Niedersachsen, 1992. D. T.

Dennery, *Gustave (Gustave Lucien)*, frz. Maler, Illustrator, * 6. 3. 1863 Paris, † 10. 10. 1953, lebte in Neuilly-sur-Seine. Schüler von Fernand Cormon. – Portr., Genremotive, Stadtansichten in Öl, Pastell. ⌂ LORIENT, Mus.: Glaneur de grève (ehrenvolle Erw. auf der WA 1900 in Paris). NARBONNE, MBA: Part de foire (SAfr. 1899). PARIS, Petit Pal.: Vieille cour à Château-Gontier ◉ *G:* Paris: ab 1887 SAfr. (Mitgl.); Salon d'Hiver (Mitgl.); Salon Nat. des BA. ▭ ThB9, 1913. Livre D'Or, 1914; DBF X, 1965; *Bénézit* III, 1976; *Schurr/ Cabanne* I, 1996. C. R.

Dennett, *Lissy W.*, US-amer. Bildhauerin, * 3. 5. 1926 Wien, lebt in Great Neck/N. Y. Stud.: 1948 Brooklyn College. – Stein, Ton. ▭ WWAA, 1993/94–1997/98 (Ausst.). C. R.

Dennett, *William H.*, US-amer. Architekt, * 21. 9. 1870 Saco/Me., † 27. 2. 1936. Absolvent der Harvard Univ. in Cambridge/Mass. Archit.-Stud. am Massachusetts Inst. of Technology in Boston. Danach eig. Büro ebd. Nach 1912 in East Alstead/N. H. ansässig. – Anfängl. v.a. Wohnbauten (bes. Villen) in Boston und Umgebung sowie in Cambridge (z.B. für Charles W. Eloit), später auch öff. Bauten. Beteiligte sich an zahlr. Restaurationen. ⌂ DANBURY/Conn.: Public Libr., vor 1908. ▭ *Withey*, 1956. C. R.

Denneulin, *Jules François*, frz. Genre-, Landschaftsmaler, * 16. 8. 1835 Lille, † 7. 11. 1904 ebd. Stud.: Ec. acad. in Lille bei François Souchon und Alphonse-Victor Colas. Arbeitet anschl. jedoch als Handelsvertreter für das väterl. Stoffgeschäft. Unter dem Einfluß der eng mit ihm befreundeten Maler Jules und Emile Adélard Breton entscheidet sich D. nach dem Tod des Vaters letztlich doch für eine Laufbahn als Maler. Von 1865 bis ans Lebensende zeigt er alljährl. im Pariser Salon Alltagsszenen aus Lille, von der berufl. Tätigkeit, u.a. der Jäger, Feuerwehrleute, Fischer, und aus dem relig. Leben. Selbst von heiterer Wesensart, erzielt D. mit humorvollen Darst. einen beachtl. Erfolg, bes. in Lille und bei amer. Kunstsammlern (z.B. *La lecture du testament; Une méprise; Pêcheur de grenouilles*). 1875 erhält er im Salon eine Med. 3. Kl. und wird in die Verwaltungsräte der Museen und der Ec. acad. von Lille berufen. Als Naturfreund auch an der Lsch.-Malerei interessiert, gestaltet D. Marinen, u.a. die Nordsee bei Wimereux, mit denen er ein aufrichtiges, inniges Gefühl der Verbundenheit ausdrückt. ⌂ ARRAS, MBA: Après vêpres, 1875. LILLE, MBA: La gorge d'Orchimont, 1861; Pont sur la Cure, 1870; Séance mun. orageuse; Départ du mousse, beide 1889; La procession interrompue, 1890; Jeune femme faisant la barbe à un pompier (Lsch.); Femme cueillant des fleurs sur une falaise; Dunes (Marine); Plage du nord avec cabines; Jeune garçon tenant une fillette; Farce de chasseur, 1902; Le chevalier du Mérite Agricole, 1904 (beide Atelierbilder). ▭ ThB9, 1913. *Marchal/Wintrebert*, 1987. – *H. Verly*, Essai de biogr. lilloise contemp. 1800–1869, Lille 1869, 63; *A. Denneulin/H. Verly*, J. D. 1835–1904, Lille 1905; *A. Scottez-De Wambrechies*, La vie artist. à Lille (1851–1914), in: Hist. de Lille, IV, P. 1999, 161 s. A. Scottez-De Wambrechies

Dennewitz, *Gabriele* → **Meyer-Dennewitz,** *Gabriele*

Denney, *Gladys A.*, US-amer. Malerin, Kunsthandwerkerin, * 21. 9. 1898 Portland/Ind., A. der 1960er Jahre in Indianapolis/Ind. tätig. Stud.: Cooper Union Art School, New York; Philadelphia Mus. School of Industrial Art, Pa.; John Herron Art Inst., Indianapolis; Univ. of Colorado, Boulder; bei Edward Warwick und James Boule. ▭ WWAA, 1953–1962 (Ausst.); *Falk*, 1985. C. R.

Denney, *Henri* → **Demey,** *Henry*

Denney, *Jim (James David)*, US-amer. Maler, * 13. 5. 1953 Greenville/S. C., lebt in Eugene/Ore. Stud.: 1978 Univ. of Oregon, ebd.; 1980 Univ. of Kansas, Lawrence (Lockwood-Stip.). Lehrt seit 1981 an der Carnegie Mellon Univ. in Pittsburgh/Pa. – Öl. ◉ *E:* 1982 Pittsburgh, Carnegie Mellon Univ. / 1987 Cleveland (Ohio), State Univ. (K: D. Desmett). ▭ WWAA, 1984–1993/94. C. R.

Dennhardt, *Klaus*, dt. Maler, Graphiker, Collagist, Plastiker, Fotograf, * 19. 5. 1941 Dresden, lebt in Berlin. Stud.: 1958–60 Arbeiter-und-Bauern-Fak. der HBK Dresden, anschl. Tätigkeit als Transportarbeiter, Dekorationsmaler und Bühnenhandwerker; 1963–68 HBK Dresden bei Heinz Lohmar und Alfred Hesse (Wandmalerei). Seit 1968 freischaffend. Ausz.: 1980 2. Kritikerpreis des Wettb. „Hundert beste Graphiken". 1986 Übersiedlung nach Westberlin. – Bereits im Stud. mit Wand-Gest. beschäftigt, führte nach dem 3. Stud.-Jahr mehrere Wand-Gem. aus, u.a. als Dipl.-Arbeit in der Kreuzschule Dresden. Um 1970 Übergang zur Graphik, zunächst Experimente in der Lith. (Collagen mit Fotos aus Illustrierten), setzt seit 1974 eig. Fotogr. (Portr.) in Siebdrucke um und begann ab 1977 mit Komp. aus geometr. Formen in Schablonentechnik und mit Monotypie, z.B. *Nach Olivier Messiaen* (1981). 1979 erste räuml. Objekte und Plastiken, z.B. *Kugelobjekte*, I-III, verchromter Stahl. Aus diesen Ansätzen resultierte für ihn folgerichtig der Übergang zu gegenstandslosen Darst. im Sinne der Konkreten Kunst. Anregend war in diesem Zusammenhang die Bekanntschaft mit Hermann Glöckner und Willy Wolff. 1975–86 eig. Wkst. im Künstlerhaus Dresden-Loschwitz. In Dresden-Prohlis setzte er 1978 in einem über mehrere Etagen reichenden Außenwandmosaik geometr.-abstrakte Formen im öff. Raum um, in dem noch eine dekorative Grundhaltung wirkt. Diese eliminiert er später konsequent und arbeitet mit Grundelementen von Form und Struktur. Dabei können gegenständliche Bezüge als ironisch verfremdetes Abbild erh. bleiben. ⌂ ALTENBURG, Lindenau-Mus. DRESDEN, Kpst.-Kab. SCHWERIN, Mus. ⊙ *E:* 1976 Rossendorf b. Dresden, Zentral-Inst. für Kern-Forsch. / 1982 Dresden, Gal. Kühl (Falt-Bl.) / 1983 Suhl, Gal. im Steinweg (K) / 1984 Karl-Marx-Stadt (Chemnitz), Gal. Schmidt-Rottluff; Cottbus, Gal. Carl Blechen (K: F. Löffler) / 1988 Aalen, KV; Oldenburg, Gal. Lappan / 1999 Berlin, Gal. Eva Poll (mit Hans Scheib). – *G:* 1982/83 Dresden: 9. Kunst-Ausst. der DDR (K). ▭ *S. Göpfert*, Sächs. Tageblatt (D.) v. 22. 11. 1978; *L. Lang*, Malerei und Graphik in der DDR, L. 1978; Weggefährten-Zeitgenossen (K Altes Mus.), B. 1979; *I. Adler*, Elementarisieren als Prinzip, Form + Zweck 3:1981 (3) 18–20; *G. Claußnitzer*, Künstler in Dresden, B. 1984, 12, 20; Graphik aus Dresdner Wkstn, D. 1985; Ausgebürgert. Künstler aus der DDR und aus dem sowjet. Sektor Berlins 1949–1989 (K), D. 1990; *G. Brandler*, NBK 1:1991 (3) 37; Künstler aus Sachsen (K SM), D. 1991; 100 Jahre Künstlerhaus, Dresden-Loschwitz, 1898–1998. Das Haus. Die Künstler (K), D. 1998. V. F.

Dennicken, *Octavy Johann* (*Octavilus Johannes*), dt. Uhrmacher in Königsberg, um 1750 erwähnt. ⌂ BRAUNSCHWEIG, StM: Kugeluhr. ▭ ThB9, 1913. *Abeler*, 1977 (weitere Werke). J. T.

Dennig → **Denus** (Porzellanmaler-Fam.)

Denning → **Denus** (Porzellanmaler-Fam.)

Denning, *Ken*, dän. Graphiker, Maler, * 27. 3. 1957 Sønderborg, lebt in Kolding. Stud.: 1981 Pädagogik am Tønder Seminarium; 1986 Det fynske KA Odense. Seit 1989 Lehrer an der KGS in Kolding. – Widmet sich romant. träumer. Darst. der Natur, die beim ersten Blick monochrom wirken, jedoch mit vielen Farbstrichen rhythm. so aufgebaut, daß e. stofflich-lebendige Bildfläche entsteht. ⌂ KOLDING, KM Trapholt. KOPENHAGEN, Kpst.-Slg. – Kastrupgaard Slg. VEJLE, KM. ⊙ *E:* 1989, '91, '97 Kopenhagen, Gal. Gerly / Kolding: 1991 Gal. Jakob Feldballe; 1993, '94 Gal. Elise Toft / 1998 Middelfart, Gal. 5; Kolding, KV / 1999 Tønder, Sønderjyllands KM. ▭ *Weilbach* II, 1994. N. Damsgaard

Denning, *Stephen Poyntz*, brit. Maler, Zeichner, * 1795 vermutl. Irland, † 18. 6. 1864 Dulwich/London. Als Kind angebl. ein Bettler. Stud.: beim Miniaturmaler John Wright, London, bei dem er 1814–17 nachweisl. auch lebt. 1821 Kurator der Dulwich College Gall. – V.a. Portr. in Aqu., Bleistift oder als Min. (häufig auf Elfenbein; die Sign. oft entlang des Randes eingekratzt) in der Art von Alfred Edward Chalon. Daneben Genre-Aqu. und Min.-Kopien nach alten Meistern. Evtl. ident. mit dem bei Schidlof erwähnten *S. P. Dimming*. ⌂ CAMBRIDGE, Fitzwilliam Mus. EDINBURGH, Scottish Nat. Portr. Gall. GOTHA, Schloß-Mus. LONDON, BM. – Dulwich Picture Gall. – Nat. Portr. Gall. – V & A. ⊙ *G:* London: 1814–52 häufig RA; 1829 Soc. of Brit. Artists; 1844 BI. ▭ ThB9, 1913. *Foster*, 1926; *Schidlof* I, 1964 (auch s.v. Dimming, S. P.); *Long*, 1966; *Fisher*, 1972; *Foskett* I, 1972 (auch s.v. Dimming, S. P.); *Johnson* I, 1975; *Mallalieu* I, 1976; *Wood*, 1978 (Repr. 1991); *Wingfield*, 1992. G. B.

Denninger, *Dirk* cf. **Denninger,** *Wilhelm*

Denninger, *Wilhelm*, dt. Architekt, * 14. 5. 1899 Remscheid-Lüttringhausen. Ab 1929 selbständig. Führte das Büro nach 1945 zus. mit dem Sohn *Dirk D.* Beide entwarfen (meist im Raum Köln-Bonn) zahlr. Wohnhäuser, Verwaltungsgebäude, Banken und Siedlungsbauten. Die Wohnhäuser gelten z.T. als Weiterentwicklung des „Neuen Bauens"; Einflüsse von Dominikus Böhm, Rudolf Schwarz sowie der Stuttgarter Schule. ⌂ BONN: Heussallee 5 (Schultze-Delitzsch-Haus), 1958. – Reuterbrücke. – B.-Bad Godesberg: Stadthalle, 1955–58. – Hochkreuzallee 1: Dt. Beamten-Versicherung, 1968. KÖLN-Marienburg/Bayenthal: Verwaltungsbauten, 1954/64. – FS für Augenoptiker, ab 1963. – Am Südpark 8: Villa, 1954. – Leyboldstr. 14: Wohnhaus, 1957. ▭ *H. Hoffmann*, Haus und Garten, St. 1939; Mod. Bauformen 39:1940, 229–240; Glasform 1953 (4) 4 s.; 1957 (3) 2–7; Bonner Rundschau v. 15. 12. 1955; Dt. Bau-Zs. 5:1957, 532–535; 6:1958, 1076 s.; Köln. Rundschau v. 16. 12. 1961; *U. Zänker/ J. Zänker*, Bauen im Bonner Raum 49–69, Dd. 1969; *W. Hagspiel*, Köln: Marienburg, I, Köln 1996, 42, 141 s., 144 s., 339; II, 1996, 814 (WV). M. Losse

Dennis, *Burt Morgan* → **Dennis,** *Morgan*

Dennis, *C. J. (Clarence Michael James)*, austral. Schriftsteller, Journalist, Illustrator, * 7. 9. 1876 Auburn/South Australia, † 22. 6. 1938 Melbourne. Arbeitet als Anwaltsgehilfe und Journalist in Adelaide und Grubenarbeiter in Broken Hill. 1898 wieder in Adelaide, schreibt er ab 1901 für The Critic. Gründer und kurzzeitig Red. von The Gadfly (1906–09), einer Zs. für Kunst, Lit. und Satire; zu den beteiligten Künstlern zählen Hal Gye, Ambrose Dyson, Will Dyson und Ruby Lindsay. 1907 freischaffender Journalist in Melbourne. 1908 campt er in den Bergen vor Melbourne, wo er das erfolgreiche, umgangssprachl. erzählende Gedichtwerk *A Book for Kids* (publ. Mb. 1921) verfaßt und (als einziges Buch) selbst illustriert. ✉ u.a. Backblock ballads and other verses, Mb. 1913; The songs of a sentimental bloke, Mb. 1915;

The moods of Ginger Mick, Mb. 1916. 🕮 AustralDB VIII, 1981; Oxford companion to Austral. lit., Mb. 1985; 1994; *J. Arnold/D. Morris*, Monash biogr. dict. of 20th c. Australia, Mb. 1994. – *Moore*, 1934 (Repr. 1980); *M. Muir* (Ed.), Austral. children's book illustrators, Mb. 1977; *V. Lindesay*, The inked-in image. A social and and hist. survey of Austral. comic art, Mb. 1970; 1979; *P. Rolfe*, The journalistic javelin. An ill. hist. of The Bulletin, Sydney 1979; *W. McVitty*, Authors and illustrators of Austral. children's books, Sydney 1989; *S. Scobie*, The Dromkeen book of Austral. children's illustrators, Gosford 1997. R. Smith

Dennis, *Charles Houston*, US-amer. Cartoonist, * 11. 11. 1921 Springfield/Mo., in Walnut Creek/Calif. ansässig. Stud. in San Francisco: Art League of California; Acad. of Art. Ab 1950 freischaffend; Cartoons u.a. für die Mag. Look; True; Esquire. 🕮 WWAA, 1959–1962; 1980–1997/98. C. R.

Dennis, *Charles Warren*, US-amer. Maler, Illustrator, * 25. 2. 1898 New Bedford/Mass., lebte in Needham/Mass. Stud.: Swain School of Design, New Bedford; in Boston/Mass.: Fenway School of Ill.; Boston Mus. School of FA bei Frederick Andrew Bosley; bei Harold Matthews Brett und Howard Everett Smith. D. lieferte Ill. (Deck-Bll.) für Saturday Evening Post und war als Portr.-Maler und Miniaturist für Bachrach, Inc. tätig. 🏛 BOSTON, Masonic Temple. MEDFORD/Mass., Tufts College. 🕮 Vol, 1953. WWAA, 1953–1962; *Fielding*, 1984; *Falk*, 1985. C. R.

Dennis, *Clarence Michael James* → **Dennis,** *C. J.*

Dennis, *Clayton Elwyn* → **Dennis,** *Elwyn*

Dennis, *Don W.*, US-amer. Maler, Werbegraphiker, Illustrator, * 21. 1. 1923 Reading/Pa., in Wyoming/Ohio, später in Cincinnati/Ohio ansässig. Stud.: bis 1951 Kutztown State College, Kutztown/Pa.; 1951–52 Pratt Inst., Brooklyn/N. Y.; 1965–69 bei Edgar A. Whitney; 1969–70, '72 bei Barse Miller. Ausz.: 1980 Emily Lowe Memorial Award; 1982 Walser Greathouse Med., beide Amer. Watercolor Soc. – Für D.s Aqu. sind Farbe, Muster und Design-Elemente maßgebend. Im Gegensatz zu früheren, realist. Darst. ist D. in den 80er Jahren um die Wiedergabe des „inneren Wesens und Geistes" der Sujets mit übersteigerten Formen und Farben bemüht. 🏛 MADEIRA/Ohio, First Nat. Bank of Cincinnati. OXFORD/Ohio, Miami Univ. READING/Pa., Public Mus. and AG. STAVANGER/Norwegen, Phillips Petroleum. UTSTEIN/Norwegen, Kloster. 👁 *E:* 1968 Reading, Public Mus. and AG / 1985, '86 Hopetown (Bahamas), Wyannie Malone Mus. 🕮 WWAA, 1980–1997/98; *V. B. Smith* (Ed.), Internat. directory of exhibiting artists, I, Ox./Santa Barbara 1982; *Krantz*, 1985. Ch. R.

Dennis, *Donna (Donna Frances)*, US-amer. Malerin, Bildhauerin, Zeichnerin, * 16. 10. 1942 Springfield/Ohio, lebt in New York. Stud.: bis 1964 Carleton College, Northfield/Minn.; 1964–65 Malerei, College Art Studies Abroad Program, Paris; 1965–66 Art Students League, New York, bei Stephen Greene. Ausz.: u.a. 1975, '82 New York State Creative Artist Public Service Grant; 1977, '80, '86 Nat. Endowment for the Arts Grant; 1979 John Simon Guggenheim Found. Fellowship; 1985, '92 Stip. der New York State Found. for the Arts; 1987 Award for Excellence in Design, Art Commission New York; 1989 Bard Award of Merit in Archit. and Urban Design, City Club New York. Lehrt seit 1984 an der State Univ. of New York in Purchase. – D. begann als abstrakte Malerin, wandte sich jedoch E. der 1960er Jahre dreidimensionalen, architekton. Skulpt. (*Wall*, Mixed media, 1968) zu, die ihrem Interesse an der Vermittlung von inneren Seinszuständen eher entsprachen. In den frühen 1970er Jahren schuf D. freistehende, körpergroße Installationen aus Holz, Metall, Kacheln, Zement u.a. Baumaterialien, die den architekton. Konstruktionen von Alice Aycock und Gordon Matta-Clark sowie den Anliegen der feminist. Kunst nahe stehen. D.s Hotelfronten, U-Bahnstationen, Touristenhütten und Kontrolltürme sind von einer mystisch-diffusen Stimmung befallen, die an Dennis Hoppers und Walker Evans' Portr. des amer. Alltags erinnert. In ihren *Hotels* von 1972–73 (variierende Maße) hat D. reich dekorierte und mit Acrylfarbe bemalte Holzfassaden zwischen Palmen aus Papier aufgestellt. Diese Installation erinnert sowohl an Studiokulissen als auch an die vielversprechenden Hotel- und Casinofassaden von Las Vegas, die unscheinbaren Kubusbauten vorgestellt sind, um Besucher anzulocken. Sie sind u.a. von ihren Reiseeindrücken als Kind inspiriert worden, in denen sich Faszination mit Unbehagen in Anbetracht der gebauten Manifestationen des amer. Traums mischten. So schrieb sie über ihre Ser. der *Tourist Cabins* (1976), sie seien ein Zuhause auf der Reise, eine Bleibe für die Nacht, ohne aber die Wärme und den Komfort eines richtigen Zuhauses. Um diese Stimmungen zu erzeugen, ist jedes Detail ihrer Installationen wohl kalkuliert. Oft brennt nur ein heiml. Licht im Obergeschoß oder auf der Veranda, oder ein Neonschild mit der Aufschrift „Vacancy" verspricht nächtliche Rast. D. hat ihre Installationen als „Selbstporträts" bezeichnet: deren Maßstab basiert konsequent auf der Körpergröße der Künstlerin, sie drücken auch auf vielschichtige Weise D.s Beziehungen zu ihrer Umwelt aus und spielen mit ihren dunklen Nischen, Tunnelröhren, vergitterten Eingängen und erleuchteten Fenstern auf die Idiosynkrasien des Körpers und der Psyche an. Im Hw. *Deep Station* (Mixed media, 1981–85) hat D. die Merkmale einer nächtlichen U-Bahnstation, einen trüb beleuchteten Bahnsteig, Schienen, die sich im Halbdunkel verlieren, sowie ein Überwachungsgebäude mit Uhr und Gittertüren miteinander kombiniert. Die kafkaesk anmutenden Architekturgebilde enthalten Anspielungen auf die Verzweigungen und Subebenen der Psyche, sind aber auch als Kommentar auf die Beziehung des weiblichen Selbst zu einer männlich bestimmten Umwelt zu deuten (der Bahnsteig als öff., männlich bestimmter Ort, die Gleise als das Privat-Weibliche, das sich mit ungeahntem Potential weiter ausbreitet). D. hat wiederholt den Einfluß der Frauenbewegung der frühen 1970er Jahre auf ihre Installationen hervorgehoben. Bes. deren Insistenz auf dem Autobiographischen und auf weibl. Erfahrungen hat D. bestärkt, sich einem als weibl. geltenden Thema, dem Haus, in vielfältiger Form zuzuwenden. Während das von Judy Chicago und Miriam Schapiro geleitete Ausst.-Projekt „Womanhouse" (Kalifornien, 1971–

72) das häusliche Umfeld auf sein repressives und kreatives Potential abzutasten suchte, hat sich D. in ihren räumlichen Skulpt. bes. gegen E. der 1970er Jahre jener Orte angenommen, die von Frauen als wenig einladend empfunden werden. D. hat sich diese Orte mit selbsterlernten handwerklichen Fähigkeiten angeeignet, um das transitorische Verhältnis zwischen den Geschlechtern, zwischen Selbst und Umwelt, zwischen privater und öffentlicher Sphäre auszuleuchten. 🏛 AACHEN, Neue Gal. Slg Ludwig. BROOKLYN/N. Y., Brooklyn Mus. GENF, MAH. INDIANAPOLIS/Ind., Mus. of Art. LOS ANGELES, Slg Abe Adler. MINNEAPOLIS/Minn., Walker AC. NEW YORK, Slg Horace und Holly Solomon. SAN FRANCISCO, Levi Strauss Company. WASHINGTON/D. C., Slg Olga Hirshhorn. ⊙ *E:* 1974 Swarthmore (Pa.), Wilcox Gall., Swarthmore College / 1979 Cincinnati (Ohio), Contemp. AC / 1985 Purchase (N. Y.), Neuberger Mus. / 1985 Amherst, Univ. of Massachusetts / 1987 Brooklyn (N. Y.), Brooklyn Mus. / 1989 Madison (Wis.), Madison AC / 1993 New York, Sculpt. Center. – *G:* 1979 New York, Whitney Mus.: Bienn. / 1982, '84 Venedig: Bienn. 📖 WWAA, 1984–1997/98; *Krantz*, 1985; *Watson-Jones*, 1986; *Heller*, 1995. – *L. Lippard*, Dwellings, Philadelphia 1978; *E. Munro*, Originals. Amer. women artists, N. Y. 1979; Developments in recent sculpt. (K Whitney Mus.), N. Y. 1981; Heresies 11:1981 (3) 64 s. (Interiew); *R. Jensen/P. Conway*, Ornamentalism. The new decorativeness in archit. and design, N. Y. 1982; *M. Bijvoet*, Museumjournaal 27:1982 (1) 22–27; *C. Lovelace*, ArtsMag 62:1988 (10) 71–73; *M. Brenson*, The New York Times v. 23. 7. 1989; *C. Carlson*, ArtJ 52:1993 (2) 6–15.
A. Kubitza

Dennis, *Elwyn (Clayton Elwyn)*, US-amer.-austral. Bildhauer, Performancekünstler, Maler, Kurator, Schriftsteller, Komponist, Musiker, * 10. 8. 1941 Upland/Calif. Stud.: 1962–65 Univ. of California at Long Beach (1963–65 dort auch Lehrer). Seit 1965 in Australien (1970 naturalisiert). Zog 1971–73 auf die Black Range im Wimmera-Distrikt/Vic. und gründete „Clouds" als Zufluchtsstätte für Wildtiere und Studio für Bildhauerei. Lehrtätigkeit in Melbourne: 1965 Caulfield Inst. of Technology, 1967 Prahran Inst. of Technology, 1970–71 Victoria College of the Arts, 1979 Univ. of Melbourne, Dept. of Archit. (1977 ebd. als Sculptor-in-Residence); 1990 Univ. Ballarat. 1966 geschäftsführender Kurator für dekorative und asiat. Kunst, 1968–70 Kurator für Skulpt. und ethn. Kunst, NG of Victoria, Melbourne. Preise: 1967 Ankaufspreis der Mildura Sculpt. Trienn.; 1970 Ampol Special Award for Sculpt.; 1979 Skulpt.-Ankaufspreis des Caulfield Arts Complex. Performances und Auftritte in Melbourne: 1982 NG of Victoria (mit Skulpt., Synthesizer und Cello); 1983, '84 Victorian College of the Arts (mit Musik); 1986 *Energy Dance*, Danceworks; 1986 Austral. Centre for Contemp. Art (Solokonzert; Six Austral. Composers Ser.). 1983 Artist-in-Community, Central Springs Project, Daylesford. 1990 Berater des Dept. of Conservation and Environment, des Dept. of Planning und des Victorian Archaeol. Survey; 1994 Mitgl. des Victoria Rural Advisory Committee, Greening Australia. 1993 entsteht im Auftrag der Austral. Broadcasting Corporation die Suite von drei Werken *Dry Country*, 1997 das Coorong-Projekt; 1994 Teiln. am Ars Acoustica-Projekt der Europ. Broadcasting Union. D. entwickelt 1994 Schallschutzmauern u.ä. Strukturen für die Umgehungsstraße bei Ringwood, 1995 für den Abschnitt Bundoora der Melbourne Metropolitan Ringroad. – D.s hochentwickeltes Bewußtsein findet Ausdruck in elegant konzipierten und ausgeführten dreidimensionalen Arbeiten sowie Performances, in denen er Raum als kommunikatives Hauptmittel einsetzt. 🏛 BALLARAT, FA Gall. MELBOURNE, Caulfield Arts Complex. – NG of Victoria. – Univ. of Melbourne Art Coll. MILDURA, AC. ✉ Sculpt. Past and present, Art and Australia 5:1968 (4) 600–606; Sculpt. at the NG of Victoria, ibid. 6:1968 (3) 218–221; Lenton Parr. An Austral. asset, ibid. 6:1969 (4) 303–309; Our flat world, ibid. 7:1970 (4) 329–331; A tight little essay on art (K Univ. of Melbourne Gall.), Mb. 1977; The state of the art, Transitions (Mb.) 1:1980 (4) 29–32; Essay, in: 8th Mildura sculpt. trienn. (K AC), Mildura 1982; Three years (K Gryphon Gall.), Mb. 1983; Sculptors as craftsmen (K Meatmarket Craft Centre), Mb. 1985; Clouds, Sounds Australia 1990 (26) 25 s.; Five problems (K Ballarat Univ.), Ballarat 1991. ⊙ *E:* Melbourne: 1966 Gall. A; 1969 Tolarno Gall.; 1977 Univ. of Melbourne Art Coll.; 1983 Gryphon Gall.; 1991 Linden AC / 1993 Ballarat, FA Gall.; Ararat, AG / 1997 Horsham (Vic.), AG (mit Anne David). 📖 *McCulloch* I, 1984; 1994; *Germaine*, 1979; 1984; I, 1990; 1997; *Scarlett*, 1980; WWAVA, 1995. – *G. Sturgeon*, The development of Austral. sculpt., Lo. 1978; Austral. sculpt. trienn. (K Preston Inst. of Technology/La Trobe Univ.), Mb. 1981; *Catalano*, 1981; *Campbell*, 1983; 1989; *D. Jenkins* (Ed.), Twenty-two Austral. composers, Mb. 1989; E. D. in perspective (Video des Music Dept., Deakin Univ.), Geelong/Mb.(?) 1995.
D. E. L. Thomas

Dennis, *Eva (Eva Aileen)*, kanad. Malerin, Lehrerin, * 16. 12. 1904 Gravenhurst/Ont., lebt in Brownlee/Sask. Ehefrau von Wesley D. Autodidaktin. – Angeregt durch ihren Mann begann sie um 1955 zu malen. Sie versteht ihre Bilder, die oft Ereignisse, Situationen, topogr. Gegebenheiten aus ihrer früheren Tätigkeit als Lehrerin im ländl. Saskatchewan festhalten, als gemalte Memoiren. 🏛 MOOSE JAW/Sask., Saskatchewan Technical Inst. REGINA, Saskatchewan Arts Board. – Government Services, Prov. of Saskatchewan. ⊙ *E:* 1969 Regina (Sask.), Saskatchewan Power Building AG: Prairie Nostalgia (mit Wesley D.; Wander-Ausst.) / 1977 ebd., Dunlop AG, Regina Public Libr. (mit Wesley D.; Retr.; Falt-Bl.) / 1984 ebd.: Trick riders of delightsome valley school and other stories (K; Wander-Ausst.) / 1994 Saskatoon (Sask.), Mendel AG: Wesley and E. D.: a shared hist. (K). – *G:* 1957–72 Moose Jaw (Sask.), Moose Jaw FA Guild Annual Exhib. / 1976 Regina, Norman Mackenzie AG: Grassroots Saskatchewan. 📖 *T. Kobayashi/M. Bird*, A compendium of Canad. folk artists, Erin 1985; *M. Newman*, Biogr. dict. of Saskatchewan artists. Women artists, Saskatoon 1990; *B. McKendry*, An ill. companion to Canad. folk art, Kingston 1999. – The Saskatchewan Arts Board Coll. (K), Regina 1978; Arts Canada 36:1979 (3) 3.
B. St.

Dennis, *J.* (1835) cf. **Dennis,** *John* (1800)

Dennis, *James*, irischer Landschaftsmaler, -zeichner, gab 1744 in einem Inserat die Eröffnung seiner Mal- und Zeichenschule in Dublin bekannt. 🕮 *Strickland* I, 1913. Ch. R.

Dennis, *James M.*, US-amer. Maler, * 26. 8. 1840 (lt. Gibson 1841) Dublin/Ind., † 6. 5. 1918 Detroit/Mich., lebte v.a. in Indianapolis/Ind., ab 1883 in Detroit. Stud.: NAD New York bei Alexander Helwig Wyant und Joseph Oriel Eaton. – Portr., Lsch.; v.a. Pastell. 🏛 *Portr.:* u.a. INDIANAPOLIS, State Capitol: Governor James A. Mount. NASHVILLE-DAVIDSON/Tenn., State Capitol: Jefferson Davis. SAVANNAH/Ga., City Hall: General Robert E. Lee. WASHINGTON/D. C., Treasure Dept.: John C. New. 🕮 *Groce/Wallace*, 1957; *Gibson*, 1975; *Falk*, 1985. C. R.

Dennis, *James Morgan* → **Dennis,** *Morgan*

Dennis, *Jeffrey*, brit. Maler, * 1958 Colchester, lebt in London. Stud.: 1976–80 Slade School of FA, ebd., bei Mick Moon und John Hoyland. 1980–84 arbeitet er als Techniker an der Whitechapel AG, danach in deren Education Departement. Gegenwärtig Visiting Tutor am Chelsea College of Art and Design und am Ruskin College, Univ. of Oxford. – Zunächst nur kleinformatige Gem., in denen D. Darst. von Speisen, Lsch., berühmten Gem. und Figuren kombiniert. Die häufig in unterschiedl. Weise gemalten einzelnen Komponenten sind ohne Rücksicht auf Perspektive oder narrative Abfolge verknüpft. *The Confinement of Richard Dadd* (1985) zeigt z.B. klumpig gemalte William Morris-Tapeten überlagert von Touristenbildern von Italien und einem Seestück, während winzige Figuren mit dem Blattwerk der Tapeten verflochten sind. Oft wird diese Art von Gem. als eine menschlichere Version der bewußt postmodernen „Pick-n-mix paint." von David Salle angesehen; im Gegensatz zu diesem ergeht sich D. jedoch nicht nur in einem fast ausschl. sexuell orientierten Voyeurismus, sondern thematisiert auch den Aspekt des Tourismus. Die Figürchen sind von Filmen wie „The Incredible Shrinking Man" inspiriert, in denen die abnormal größere Umgebung gleichzeitig als Welt von Wundern, aber auch des Schreckens empfunden wird. Vielfach findet sich in D.s Arbeiten ein besonderes Augenmerk für sein Wohnviertel Leytonstone und ein Interesse an der Repräsentation von Erinnerung durch Objekte und Muster. Um die Vielfalt von Darst.-Modi zu erweitern, fügt D. den Gem. in den 80er Jahren zunehmend Objekte an, die ihrerseits oft bemalt und gelegentl. als eigenständige Kunstobjekte ausgestellt werden. In anderen Werken dieser Zeit verwendet er einen Malgrund in Form und Größe eines Fernsehbildschirms, um die Affinität seiner Bildwelt mit den Trugbildern der Medien zu veranschaulichen. Diese Gedanken weiterentwickelnd, überlagert D. die Gem. in den 90er Jahren häufig mit der Darst. von Seifenlauge, durch die sich andere Bilder abzeichnen. D. verwendet die Lauge als iron. Anspielung auf die „allover-ness" von Jackson Pollock und gleichzeitig als Metapher für die Erfahrung von Betrachtung und Leben in einer von Bildern geprägten Welt, gelegentl. auch für ein zeitgen. Verständnis der Welt in Form von Landkarten und Tagebüchern. In jüngerer Zeit sind D.s Gem. großformatiger oder zu Polyptychen von bis zu acht Lw. in exzentr. Konfigurationen zusammengestellt. 🏛 AMSTERDAM, Sted. Mus. LONDON, Arts Council. – Brit. Council. – Saatchi Coll. – Tate Gall. ◎ *E:* 1984, '86 Mailand, Salvatore Ala / 1985–93 häufig New York, Salvatore Ala (1988 K) / London: 1986 Whitechapel AG (K); 1994 Anderson O'Day Gall. 🕮 *Spalding*, 1991. – *S. Morgan*, J. D. (K Orchard Gall.), Londonderry 1993; *M. Holman*, London mag. 34:1995 (11–12) 74–81. T. Godfrey

Dennis, *John* (1672) cf. **Dennis,** *Thomas* (1638)

Dennis, *John*, brit. Maler, A. 19. Jh. in London. – Lsch., v.a. aus Wales, einige aus der Schweiz. Wahrsch. ident. mit dem *J. Dennis*, der „The landscape gardener ..." (Lo. 1835; mit farbigen Ansichten und Grundrissen) veröffentlichte. ◎ *G:* London: 1800–32 RA; 1809–28 BI. 🕮 ThB9, 1913. *Grant*, Dict., 1952; *Fisher*, 1972.

Dennis, *John Cobb* cf. **Dennis,** *Peter E.*

Dennis, *Joseph Tracton*, austral. Schauspieler, Impresario, Maler, Bühnenbildner, * Irland, lebte ab 1838 in Sydney. Um 1840 Portr. als Auftragswerke und tätig als leitender Theatermaler beim R. Victoria Theatre, ab 1843 kurzzeitig beim City Theatre. Danach Gründung einer Theatergruppe, die in einem Restaurant in Parramatta auftrat; 1844 Eröffnung eines eig. Theaters ebd. – Ölmalerei mit Portr., Lsch., auch mytholog., bibl. und Genreszenen. 🏛 SYDNEY, Mitchell Libr., State Libr. of New South Wales. WOLLONGONG, City Gall. ◎ *E:* 1843 Sydney, Elyard's shop. – *G:* Sydney: 1847 Soc. for the Promotion of the FA; 1870 Intercolonial Exhib. (Ausz.) / 1861 Melbourne, Victorian Exhib. of FA. 🕮 *Kerr*, 1992; *McCulloch*, 1994. – *E. Buscombe*, Artists in early Australia and their portr., Sydney 1978/79. R. Smith

Dennis, *Kathleen* (verh. Marescaux), irische Malerin, * 1868 Raheenduff House b. Horetown/County Wexford, † 1944. Stud.: 1888 in Brügge/Belgien; 1889 in Heidelberg und Düsseldorf; 1890 in Florenz. 1893 in Rathmore/Naas ansässig. 1894 Heirat. Um 1938 in Inchiholohan/Kilkenny. – Portr. (u.a. von Ehemann und Vater), ab 1915 hauptsächl. Blumenstücke. 🏛 KILKENNY, AG Soc. Coll. ◎ *G:* u.a. Dublin: 1893 R. Hibernian Acad.; ab 1911 Sketching Club; ab 1915 Water Colour Soc. of Ireland. 🕮 RoyalHibAcad I, 1986; *Snoddy*, 1996 (s.v. Marescaux, Kathleen). Ch. R.

Dennis, *Margery* (geb. Wheeler, *Gladys Margery*), austral. Malerin, * 12. 4. 1922 Parramatta, † 20. 7. 1996 Lane Cove/Sydney. Stud.: ab 1974 bei Marion Farley. Mitgl.: Lane Cove Art Soc. – Naive Malerei mit Lsch., Tier- und Pflanzenstudien. 🏛 LONDON, Kensington Pal. SWAN HILL/Vic., Regional Gall. of Contemp. Art. ◎ *E:* Sydney: 1976 Hobson Harding Gall.; 1978–79, '81, '83–84, '86, '88 Bloomfield Gall. / 1984–85, '87 Brisbane, Cintra House Gall. / 1979 Melbourne, Gall. Art Naïve. 🕮 *Germaine*, 1979; 1984; I, 1990; 1991; 1997; WWAVA, 1995. – *A. M. Banfield*, Wonderland. Some naïfs (K Albury Regional AC), Albury 1983. R. Smith

Dennis, *Morgan (Burt Morgan)*, US-amer. Radierer, Illustrator, Maler, Wandmaler, Schriftsteller, * 27. 2. 1892 Boston/Mass., † 1960 Key West/Fla., lebte in New York,

Shoreham/Long Island und Fort Myers Beach/Fla. Stud.: Amer. School of Design, Boston; bei William H. W. Bicknell und Stanhope A. Forbes. – Ill. für eig. Bücher, u.a. *The Pup Himself*, 1944; *Burlap*, 1945; *The Morgan Dennis Dog Book*, 1946; *The Sea Dog*, 1958; ferner Ill. für Zss. wie Ladies Home J., McCall's und Cosmopolitan. Ölmalerei mit Lsch. (*Western Mountains with River*) und Genreszenen (*Boy Ascending Country Path, Summer*). Entwarf die „Black and White Scotties" für die Whiskeymarke Black and White. ⌂ NEW YORK, Sheraton-Russell Hotel: Wand-Gem. ▭ Vol, 1953 (s.v. D., James Morgan). WWAA, 1940–1959; 1984 (Nekr.); *Moure*, 1984; *Falk*, 1985. Ch. R.

Dennis, *Oliver Perry*, US-amer. Architekt, * 28. 8. 1858 Colchester/N. Y., lebte in Tacoma/Wash. und Los Angeles/Calif. Ausb. und Büro in Minneapolis/Minn. Ab 1888 in Tacoma tätig. In Los Angeles 1895–1913 Partnerschaft mit Lyman Farwell, danach für einige Zeit mit Harwood Hewitt. D. ist bis 1920 belegt (Büro: 6372 Hollywood Boulevard). ⌂ LOS ANGELES: u.a. Fay Office Building; Columbia Trust Company; Fifth Str. Store (heute Millirons); Salvation Army Home (4th/Main Str.), 1907. TACOMA: Puget Sound Univ.; Merchants Nat. Bank; Pierce County Court House, 1890–93 (Fa. Proctor & D.). ▭ *Withey*, 1956. C. R.

Dennis, *Peter E.*, US-amer. Architekt, * 21. 12. 1854 Talbot County/Ga., † 10. 1. 1929. Stud.: um 1874 Collingsworth Inst., Talbotton/Ga.; Univ. of Georgia, Athens. Ließ sich in Macon/Ga. nieder, dort zunächst bei Alexander Blair tätig, später eig. Büro. – D.s Sohn *John Cobb D.* arbeitete auch als Architekt in Macon (1940/50er Jahre). ⌂ ALBANY/Ga.: Carolyn Hall. CUTHBERT/Ga.: Carnegie Libr. – Cuthbert High School. MACON: Centennary Methodist Church; Bibb Building; Amer. Nat. Bank; Macon Savings Bank; City Auditorium, 1925 (zus. mit Egerton Swartwout). ▭ *Withey*, 1956. C. R.

Dennis (Denys), *Robert*, schott. Maler, 1542 in Vorbereitung der Bestattung von James V u.a. mit der Ausmalung der Dolorus Chapel in Edinburgh beschäftigt. ▭ *Apted/Hannabuss*, 1978; *McEwan*, 1994. K. F.

Dennis, *Roger Wilson*, US-amer. Maler, Lithograph, Konservator, * 11. 3. 1902 Norwich/Conn., um 1993 in Niantic/Conn. ansässig. Stud.: Connecticut Art Students League, Hartford, bei James Goodwin McManus; Frank Alfred Bicknell, Guy Carleton Wiggins, George Matthew Bruestle in Old Lyme/Conn.; bei John Fabian Carlson und Allen Dean Cochran in Woodstock/N. Y. Seit 1919 Aufenthalte in der Künstlerkolonie von Old Lyme/Conn. 1945–78 Konservator am Lyman Allyn Art Mus., New London/Conn. – Vor der Natur gemalte Lsch. in Öl und Aqu. ⌂ NEW BRITAIN/Conn., Mus. of Amer. Art. NEW LONDON/Conn., Lyman Allyn AM. OLD LYME/Conn., Lyme Hist. Soc., Florence Griswold Mus. ⊙ *E:* 1976, '79 New London, Lyman Allyn AM / 1984 New York, Shippee Gall. ▭ WWAA, 1959–1993/94; *Archibald*, 1989. – *E. Feit*, Amer. artist 52:1988 (547) 30–35. Ch. R.

Dennis, *Telfer* (geb. Cashmore, *Telfer Anne*), austral. Malerin, Gebrauchsgraphikerin, * 7. 8. 1938 Victor Harbor/South Australia. Wächst in Campbell Town/Tas. auf. Stud.: 1952–53 Hobart Technical College bei Jack Carington Smith, Stephen Walker, Dorothy Stoner und Rosamond McCulloch. 1954–56 besucht D. Abendklassen für Figurenzeichnen, während sie als Gebrauchsgraphikerin bei der Ztg Mercury (Hobart) arbeitet. 1956 zieht sie auf die Schaffarm Cressy. Ab 1968 übt sie die Malerei berufsmäßig aus. 1979 Reisen in Italien und Griechenland. – Öl-Gem., in denen sie Natursujets in semiabstrakter Weise wiedergibt. ⌂ HOBART, Tasmanian Mus. and AG. LAUNCESTON, Queen Victoria Mus. and AG. ⊙ *E:* 1968 Carrick, The Gall. / Melbourne: 1968 Tourist Bureau (mit Alan McIntyre und Geoff Tyson); 1975 Southern Cross Hotel / Hobart: 1969, '77 Salamanca Place Gall.; 1973–74 Foscan AG; 1980 Coughton Gall. / 1970 Devonport, Little Gall. / Launceston: 1971 The Art Studio; 1977–85 mehrfach Design Centre / 1982 Adelaide, Gillian's Gall. / 1987 Richmond (Tas.), Saddlers Court Gall. ▭ *Germaine*, 1979; 1984; I, 1990; 1991; 1997. – The Launceston Art Soc. in retrospect 1891–1983, Launceston 1983; *S. Backhouse*, Tasmanian artists of the twentieth c., Hobart 1988. R. Smith

Dennis, *Thomas*, engl. Tischler, * um 1638, † 23. 5. 1706 Ipswich/Mass. In Portsmouth/N. H. erstmals 1663 nachweisbar. 1668 ⚭ Grace Searle, Witwe von William Searle, und gleichzeitig Umzug nach Ipswich/Mass. – D. fertigte aus Eichenholz Truhen in Kastenbauweise und Armlehnstühle mit geschnitztem Dekor. Char. sind Flachreliefs mit dichtem geometr. und floralen Mustern aus Rosetten, Palmetten, Arabesken und v.a. Bandwerk in z.B. gegensätzlich angeordnete S-Kurven, die ein drei- oder fünflappiges Blatt mit langgezogener Spitze einschließen. Diese Bandverzierung ist typ. für geschnitzte engl. Möbel A. 17. Jh. aus der Gegend um Exeter/Devon. Wahrsch. sind einige Möbel von Searle in D.s Besitz gekommen, was u.a. zu falschen Zuschreibungen führte. D. hat sich viell. dem stilist. Wandel in Essex E. 17. Jh. hin zu gedrechseltem und bemaltem Möbeldekor angepaßt; die ihm von Irving P. Lyon zugeschriebenen Möbel spiegeln aber eher die allgemeine Stilentwicklung wider als daß sie Arbeiten von der Hand eines einzelnen Tischlers sind. D.s Söhne *Thomas D.* (* 30. 11. 1669, † 23. 1. 1702 oder 1703) und *John D.* (* 22. 9. 1672, † 1757) arbeiteten mit D. zus., John D.s Sohn *Thomas D.* (* 25. 11. 1733, † 25. 1. 1760) war ebenfalls Tischler in Ipswich. ⌂ BOSTON, Soc. for the Preservation of New England Antiquities: Kasten, 1663–80 (Zuschr.). BRUNSWICK/Me., Bowdoin College, Mus. of Art: Kasten, 1660–70; Armlehnstuhl, 1660–70 (Zuschr., evtl. von William Searle). CHICAGO, Art Inst.: Truhe (Zuschr.). SALEM/Mass., Essex Inst.: Armlehnstuhl (Zuschr.). NEW YORK: Metrop. Mus.: zwei Truhen, um 1675 (Zuschr.). WINTERTHUR/Del., Henry Francis du Pont Winterthur Mus.: Truhe, 1676 (Zuschr.). ⊙ *E:* 1958 Ipswich, Preston-Foster House. – *G:* Washington, NG of Art: In praise of America (K). ▭ *Bjerkoe*, 1957; *Clapp* II, 1970. – *I. P. Lyon*, Antiques 32:1937 (5) 230–233; (6) 298–301; 33:1938 (2) 73–75, 198–203; (6) 322–325; 34:1938 (2) 79–81; *H. E. Keyes*, ibid. 34:1938 (6) 296–300; *E. H. Bjerkoe*, Hobbies 62:1957 (Aug.) 56 s.; *H. Park*, Antiques 78:1960 (1) 40–44; (4) 350–355; *B. M.*

Forman, Amer. seating furniture 1630–1730, N. Y./Lo. 1988. – Hartford, Connecticut State Libr.: T. W. Little, T. D. Land Genealogy of Colonel T. D. His forebears and descendats ..., Hartford, Conn. 1908–11. H. St.

Dennis, *Thomas* (1669) cf. **Dennis,** *Thomas* (1638)

Dennis, *Thomas* (1733) cf. **Dennis,** *Thomas* (1638)

Dennis, *W. S.* (1850) cf. **Dennis,** *W. T.*

Dennis, *W. T.*, brit. Maler in London, 1841 und 1847 mit einem Portr. bzw. einer Genreszene in der dortigen RA vertreten. Viell. ident. mit *W. S. D.*, der 1850 in der Soc. of Brit. Artists eine Genreszene ausstellte. 🕮 ThB9, 1913. *Johnson* I, 1975 (s.v. D., W. S.); *Wood*, 1978 (Repr. 1991).

Dennis, *Wesley (Wesley Clare)*, kanad. Maler, Farmer, * 30. 9. 1899 Wyoming/Ont., † 1981 Brownlee/Sask., lebte dort. Ehemann von Eva D. Autodidakt, begann in den 1940er Jahren zu malen. Mitgl.: Moose Jaw FA Guild. – D.s Bilder weisen eine bei naiven Malern ungewöhnl. Verfeinerung sowohl in Komp. als auch in der Technik auf. Thematisch war es D.s Anliegen, Gesch., Kultur und Geographie der Prärie in einer sich schnell wandelnden Zeit festzuhalten. Die Darst. können als Allegorien vom Vergehen der Zeit und der Kulturen gesehen werden. 🏛 HULL/Que., Canad. Mus. of Civilization. MOOSE JAW/Sask., AM and Nat. Exhib. Centre. REGINA/Sask., Dunlop AG, Regina Public Libr. – Government of Saskatchewan. – Saskatchewan Arts Board. ⊙ *E:* 1969 Regina (Sask.), Saskatchewan Power Building AG: Prairie Nostalgia (mit Eva D.; Wander-Ausst.) / 1977 ebd., Dunlop AG, Regina Public Libr. (Retr. mit Eva D.; Falt-Bl.) / 1994 Saskatoon (Sask.), Mendel AG: Wesley and Eva D.: a shared hist. (K). – *G:* 1954–78 Moose Jaw (Sask.), Moose Jaw FA Guild Annual Exhib. / 1976 Regina, Norman Mackenzie AG: Grassroots Saskatchewan / 1983 Hull, Canad. Mus. of Civilization: From the Heart: Folk Art in Canada (K). 🕮 *T. Kobayashi/M. Bird*, A compendium of Canad. folk artists, Erin 1985; *M. Newman*, Biogr. dict. of Saskatchewan artists. Men artists, Saskatoon 1994; *B. McKendry*, A to Z of Canad. art, Kingston, Ont. 1997; *id.*, An ill. companion to Canad. folk art, Kingston, Ont. 1999. – The Saskatchewan Arts Board Coll. (K), Regina 1978; Arts Canada 36:1979 (3) 2. B. St.

Dennis, *William*, Maler in London, 1834–49 dort an Ausst. der RA und der Soc. of Brit. Artists beteiligt (v.a. Stilleben). 🕮 ThB9, 1913. Pavière, Flower III. 1, 1964; *Lewis*, 1974; *Johnson* I, 1975; *Wood*, 1978 (Repr. 1991).

Dennison, *Christabel*, britische Malerin, Zeichnerin, Modelleurin, * 1884 Watford/Herts., † 1925, lebte in Bushey/Herts. Stud.: 1903 ebd. bei Sir Hubert von Herkomer. 1905 Paris-Reise. 1910 Mitarb. von Jacob Epstein und Charles Ginner in der Hängekommission der Allied Artists' Assoc. Im 1. WK Dienst als Krankenschwester. Lebte danach in unsicheren Verhältnissen, war aber weiter künstler. tätig. ⊙ *E:* 1928 London, Whitechapel AG (K mit Einl. von C. Ginner). – *G:* 1909–19 u.a. London, Salon. 🕮 *Johnson/Greutzner*, 1976 (Repr. 1990); *Spalding*, 1991. K. F.

Dennison (Dennison Butler), *Dorothy*, US-amer. Malerin, Lithographin, * 13. 2. 1908 Beaver/Pa., 1980 in Poland/Ohio ansässig. Stud.: PAFA; 1929 Cresson-Reise-Stip. – Öl. 🏛 PHILADELPHIA, PAFA. YOUNGSTOWN/Ohio, Butler Inst. of Amer. Art. 🕮 WWAA, 1978–1980; *Fielding*, 1984. C. R.

Dennison, *Ethan Allen*, US-amer. Architekt, Maler, Kunsthandwerker, Designer, * 4. 4. 1881 Summit oder Madison/N. J., † 8. 10. 1954 Middle Haddam/Conn. Stud.: 1897–99 Pratt Inst., Brooklyn/N. Y.; zw. 1899 und 1905 Godfrey Architectural Preparatory School und EcBA, Paris, bei Victor Laloux (1903 Promotion; drei Med.). Anschl. in New York in der Archit.-Fa. Trowbridge und Livingston tätig; 1907–10 selbständig; 1911 Fa. D. & Hirons mit Frederic Charles Hirons. Ab 1929 Gründer und Leiter der Fa. E. A. D. & Associates mit Filialen in New York und Hartford/Conn., wo D. 1948–54 tätig war. Ausz.: Ehren-Med. der Soc. des Architectes Diplômés, Paris; Chevalier de la Légion d'honneur. – D. entwarf über 60 Bankgebäude sowie and. öff. Bauten und Geschäftshäuser. Gewann die Wettb. um die Dime Savings Bank of Williamsburgh, Brooklyn (1924) sowie um das Rockland County Court House, New City, New York (1928). Mitgl. der Planungsgruppen für das Fort Greene Housing Project in Brooklyn (1944) und die Harlem River Houses in Manhattan. Malte in der Freizeit Aqu. mit Lsch., z.B. *Ansicht von Ravenwood*, D.s Plantage b. Walterboro/S. C. (ausgezeichnet mit einer Med. der Century Assoc.). 🏛 NEW YORK, Hist. Soc. 🕮 *Delaire*, 1907; WWAA, 1940/41; *Falk*, 1985. – Amer. landscape and genre paint. in the New-York Hist. Soc., I, N. Y./Boston 1982. Ch. R.

Denniston, *Douglas*, US-amer. Maler, * 19. 11. 1921 Cornwall-on-Hudson/N. Y., in Tucson/Ariz. ansässig. Stud.: 1942 College of William and Mary, Williamsburg/Va.; bis 1948 Univ. of New Mexico, Albuquerque. Lehrte 1959–83 an der Univ. of Arizona in Tucson. – Aqu., Öl. 🕮 WWAA, 1980–1997/98 (Werke, Ausst.). C. R.

Denniston, *Stan*, kanad. Fotograf, * 28. 6. 1953 Victoria/B. C., lebt in Toronto. Stud.: 1971–73 Univ., Victoria; 1973–76 Ontario College of Art, Toronto (Associate). Ausz.: 1975 Brit. Columbia Cult. Fund; 1977–96 Ontario Arts Council; 1981–96 Canada Council; 1993 Duke and Duchess of York Prize in Photography. – D. verbindet die Erinnerung mit der Fotografie. Neben dem dokumentar. Aspekt vermittelt D. sein darüber hinausgehendes Anliegen durch bewußte Anordnung der Bilder oder durch Hinzufügen von Texten. Gegenüberstellungen von Bildern richten sich auf die subjektive Seite der Photogr., so z.B. die Diskrepanz zw. Erinnerung und Realität, wenn er die in seiner Erinnerung assoziierten Bilder von ähnl. Orten real zusammenfügt (*Reminders*, 1978–83). Er beschäftigt sich auch mit den Möglichkeiten der Photogr. bei der Rekonstruktion von polit.-hist. Ereignissen; verbindet persönl. Erinnerungen mit der allg., kollektiven Geschichtsdarstellung (*Dealey Plaza. Recognition and Mnemonic*, 1983 YYZ Gall., Toronto). In *How to Read* (1985/86) geht es um das Lesen photogr. Bilder. Das 1988 begonnene und fortlaufende Projekt *fictions* umfaßt Lsch.-Aufnahmen mit aufgesetzten fiktiven Texten sowie agierenden Personen, die ihre persönl. Geschichte in die Text-Gest. einbringen. 🏛 CAEN/Frankreich, FRAC

Basse-Normandie. London/Ont., London Life Insurance. Montreal, Claridge Coll. Oakville/Ont., Oakville Gall. Ottawa, Canada Council Art Bank. – Canad. Mus. of Contemp. Photography. – Dept. of External Affairs and Internat. Trade. Owen Sound/Ont., Tom Thompson Gall. Port Elgin/Ont., Canad. Auto Workers Union. Toronto, AG of Ontario. – Standard Broadcasting Corporation. – Sun Life Insurance. Washington/D. C., Kanad. Botschaft. ✉ Art. in: Artists/critics (ed. *A. Jodoin*), Tor. 1985; Border/lines 1988 (12) 115–118; Artviews 1988 (Winter) 20; C mag. 1989 (24) 56 s.; fictions (K Gal. VU), Qu. 1998. ⊙ *E:* Halifax (N. S.): 1980 Anna Leonowens Gall.; 1984 Eye Level Gall. / Toronto: 1980,'83,'88 YYZ Gall.; 1982 Mercer Union: Kent State University. Pilgrimage and Mnemonic; 1987 AG of Ontario (K; Wander-Ausst.); 1992,'95,'98 Olga Korper Gall. / 1983 Victoria, AG of Greater Victoria (K) / 1986 Ottawa, Canad. Mus. of Contemp. Photogr.: Reminders (Wander-Ausst.) / 1988 North Vancouver (B. C.), Prestentation House Gall.: How to Read (K: D./N. Shaw; Wander-Ausst. bis 1991) / 1992 New York, 49th Parallel Gall. / 1994 London, McIntosh AG / 1995 Vancouver, Or Gall. (K) / 1996 Rotterdam, Gal. Fotomania; Hérouville-Saint-Clair, Centre d'art contemp. de Basse-Normandie: Fictions (K) / 1997 Paris, Centre cult. Canad. / 1998 Quebec, Gal. VU (K). – *G:* Toronto: 1980 Mercer Union: Locations (K); 1982 YYZ Gall.: Monumenta; 1985 A Space Gall.: Issues of Censorship (K; Wander-Ausst.); 1986 YYZ Gall.: The Interpretation of Archit. (K); 1991 Olga Korper Gall.: Modus Operandi / London: 1981 McIntosh AG: The Mask of Objectivity. Subjectivity (K); 1990 London Regional AG: Memory Works. Postmodern Impulses in Canad. Art (Wander-Ausst.) / Windsor (Ont.): 1983 AG: Alternate Photogr.; 1988 Artcite: Industrial Impact. Various Points of View / Ottawa: 1986 NG of Canada: Songs of Experience (K: J. Bradley/D. Nemiroff); 1995 Canad. Mus. of Contemp. Photogr.: Displaced Histories (K) / 1991 Cleveland (Ohio), Center for Contemp. Art: Site Memory / 1992 Amman, Jordan NG of FA: Travelling Theory / 1993 Regina (Sask.), Dunlop AG: Visual Evidence (K: I. Jenkner) / 1996 Göttingen, Altes Rathaus: Photo Szenen (K) / 1997 Montreal, Maison de la Cult. Frontenac: Sur l'espace, la mémoire et la métaphore (K) / 1999 Rimouski (Que.), Mus. régional: L'autre en soi (K). 📖 *J. B. Mays*, Globe and Mail v. 22. 4. 1980; *R. Rhodes*, Vanguard 1980 (Sommer) 48; *E. Forrest*, Art post 1:1983 (7) 3; *J. Randolph*, Art forum 1983 (April) 82; *R. Sherrin*, Vanguard 13:1984 (2) 17–21; *W. Wood*, C mag. (Tor.) 1986 (11) 78–87; *C. Laing*, Parachute 1986 (44) 67; *R. Fones*, Vanguard 1988 (Sommer) 28; *L. Buj*, ibid. 1989 (Febr./März) 40; *J. Derkson*, C mag. 1989 (21) 72–74; *M. A. Cheetham/L. Hutcheon*, Remembering postmodernism. Recent trends in Canad. art, Tor. 1991; *J. Randolph*, Psychoanalysis and synchronized swimming, Tor. 1991; *K. Taylor*, Globe and Mail v. 3. 7. 1992, C-9; *F. Hirsh*, AiA 1992 (Juli) 107; *C. Van der Spek*, C mag. 1992 (Herbst) 58 s.; *L. Hutcheon* (Ed.), Double talking. Essays on verbal and visual ironies in Canad. art and lit., Tor. 1992; *M. A. Cheetham/L. Hutcheon*, La mémoire postmoderne, Ml. 1992; *B. Fischer*, Decalog, Tor. 1993; *C. Townsend-Gault*, in: Frame of mind. Viewpoints on photogr. in contemp. Canad. art, ed. *D. Augaitis*, Banff, Alta. 1993, 10–25; *R. Swain*, Hidden values, Vancouver 1994; Du poétique au politique (Gal. VU), Qu. 1996; Photogr. in der Gegenwartskunst (K), Ffm. 1996; *A. Nagel*, Artnews 1998 (Juni) 136.
D. Lessard

Dennistoun, *William*, brit. Maler, * 1838, † 1884 Venedig. Ausb. als Architekt. 1867–68 erster Präs. des Glasgow Art Club. Wohnte in Old Kilpatrick/Dunbartonshire, 1878–84 auf Capri. – Zunächst schott., später v.a. ital. Lsch. und architekton. Motive (häufig Kircheninterieurs) in Öl und Aqu. 🏛 Glasgow, AG and Mus. ⊙ *G:* 1869–84 mehrfach Glasgow, GI / 1872–83 gelegentl. Edinburgh, RSA. 📖 ThB9, 1913. *Billcliffe* I, 1990; RSA Exhibitors I, 1991; *McEwan*, 1994. G. B.

Dennius, *Carl August*, dt. Zinngießer in Glatz (Kłodzko/Polen), * um 1754. 1782 Bürgerrecht. MZ: CD. – Fertigte u.a. 1798 eine Schüssel mit Gravur (Priv.-Bes.) und versch. Teller (1926 im Schles. Mus. für Kunstgewerbe und Altertümer Breslau). 📖 *Hintze* IV, 1926, Nr 464. J. T.

Dennler, *Klara*, schweiz. Malerin, * 17. 1. 1894 Langenthal, † 2. 2. 1987 Sumiswald. 1913/14 Ausb. bei Ida Gruner in Bern. Stud.: 1915–17 KGS ebd. bei Theodor Volmar. 1917–28 Atelier in Langenthal, ab 1929 in Wasen. 1921–25 jährl. Studienreisen nach Österreich, Italien, ins Tessin und den Elsaß. 1926 in Murten, 1927/28 in Zürich. Ab 1937 Rückzug aus der Öffentlichkeit. – Lsch., Archit.- und Städtebilder in Öl, Aqu. und Tempera. Daneben Portr.- und Blumenstudien. 📖 *Plüss/Tavel* I, 1958; Biogr. Lex. der Schweizer Kunst, I, Z. 1998.
D. T.

Denny (Bildhauer-Fam.) → **Theny** (Bildhauer-Fam.)

Denny, *Gideon Jacques*, US-amer. Maler, * 15. 7. 1830 Wilmington/Del. (lt. Hughes; in der Lit. differierende Angaben), † 7. 10. 1886 Cambria/Calif. Angezogen vom Goldrausch, kam D. 1849 nach Kalifornien; übte in San Francisco versch. Gelegenheitsarbeiten aus, u.a. Fuhrmann und Börsenmakler. Erst etwa M. der 1850er Jahre Ausb. in Malerei bei Samuel Marsden Brookes in Milwaukee. Ca. 1855 wieder in San Francisco; ab 1862 dort gemeinsames Atelier mit Brookes. 1865 unterstützte D. die Gründung der San Francisco Art Assoc. – D.s künstler. wichtigste Schaffenszeit während der 1860/70er Jahre steht im Zusammenhang mit der bis E. der 1870er Jahre dauernden „silbernen Ära“ in San Francisco. Malte Marinen (Schiffs-Portr.), Lsch. (bes. Ansichten der San Francisco Bay, des Golden Gate bzw. der nordkaliforn. Küste) sowie Portr. in Öl. Einer von D.s größten Erfolgen war die naturgetreue Bemalung des Vorhangs im California Theatre mit einer Schiffsszene aus den Tagen des Goldrausches. Gestaltete auch Gem. für Fährschiffe. 🏛 San Francisco, Nat. Maritime Mus. – Soc. of California Pioneers. ⊙ *G:* 1864, '69 (Silber-Med.) San Francisco, Mechanic's Inst. Fair. 📖 *Brewington*, 1982; *Hughes*, 1986. – *Nostrand*, 1980; *R. L. Wilson*, Amer. art j. 16:1984 (Herbst) 73, 77 ss.; *A. C. Harrison*, Art of California 2:1989 (Juni/Juli) 20–28. Ch. R.

Denny, *Jampijinpa*, zentralaustral. Maler, Aborigine

(Anmatyerre), * 1950, lebt in Nyirrpi. Ehemann der Malerin Daisy Napangardi. D. ist ein Medizinmann in der trad. Aboriginal Gesellschaft. Um 1987 begann er, Ereignisse aus der Mythologie (Dreamings: Schlange, Buschpflanzen, Weißflußwallaby, Buschtruthahn, Honigameisen) im Western Desert-Stil zu malen. ▭ *V. Johnson*, Aboriginal artists of the Western Desert. A biogr. dict., Sydney u.a. 1994. G. Weichart

Denny, *Robyn*, brit. Maler, Zeichner, Graphiker, Kunstkritiker, * 3. 10. 1930 Abinger/Surrey, lebt in London. Stud. ebd.: 1951–54 St. Martin's SchA; 1954–57 R. College of Art; 1957 Stip. der ital. Regierung. Lehrtätigkeit: 1957–59 Hammersmith College of Art, London; 1959–65 Bath Acad. of Art, Corsham; 1965–72 Slade School of the FA, London; 1967 Minneapolis SchA (Gast-Prof.). 1961–63 Kunstkritiker für „Das Kunstwerk" (Baden-Baden), 1963–64 für „Art Internat." (Lugano), daneben in den 60er und 70er Jahren zahlr. Beitr. für „Studio Internat.". Preise: 1960 Gulbenkian Found. Purchase Award; 1965 John Moores Exhib., Liverpool; 1968 Internat. Print Bienn., Ljubljana. – D. zählt zur ersten Generation von Studenten des R. College of Art, die in den 50er Jahren vom amer. abstrakten Expressionismus beeinflußt wurde. Von einer gestischen Malerei wendet er sich rasch strenger strukturierten Komp. zu. 1959 installiert er zus. mit Ralph Romney, Richard Smith und dem Kritiker Roger Coleman das Environment *Place* im Inst. of Contemp. Arts, London. 1960 ist er Mitorganisator der einflußreichen ersten „Situation"-Ausst., in der er neben 17 weiteren jungen brit. Künstlern (u.a. R. Smith, Gillian Ayres und John Hoyland) versucht, der amer. Abstraktion der Zeit etwas in Format und Ambition Gleichwertiges entgegenzustellen. In den 60er Jahren entwickelt D. (z.T. unter dem Einfluß der Schriften von Charles Biederman) seinen char. Hard-Edge-Stil. Die Gem. dieser Periode zeigen eine intensive Beschäftigung mit räuml. Problemen und mit dem Verhältnis von Lw. zu menschl. Körpermaß und dem Umfeld. Zumeist etabliert D. in diesen Bildern ein Gleichgewicht benachbarter Farbfelder, die er einem geradlinigen, vertikalen Gitter überlagert. Ein ähnl. unpersönl. Resultat zeichnet auch das graph. Werk, für das er gleichermaßen bek. ist, aus (z.B. *Colour Box Ser.*, Siebdruck, 1968). In jüngerer Zeit behält D. die geometr. Form und ungebrochene Farben zwar bei, arbeitet aber stärker intuitiv und malerisch. ⌂ LISSABON, Fond. Gulbenkian. LONDON, Arts Council. – Brit. Council. – Regent Str., Filiale von Austin Reed: Wand-Gem., Auftragsarbeit. – Tate Gall. – U-Bahnstation Embankment: glasierte Emailplatten, Auftragsarbeit. NEW YORK, MMA. ✉ Einl., Charles Biederman (K Hayward Gall.), Lo. 1969. ⊙ *E:* London: 1957 Gall. One; 1961 Molton Gall. (K: L. Alloway); 1964, '67, '69 Kasmin Ltd.; 1969 Waddington Gall.; 1973 Tate Gall. (K: R. Kudielka; Wander-Ausst.); 1977 Waddington and Tooth Gall. / New York: 1965, '67 Robert Elkon Gall.; 1979 Bernard Jacobsen Gall. / 1978 Bath, Festival Gall. / 1987 Irvine, Univ. of California, FA Gall. – *G:* 1959 Paris: Bienn. des Jeunes / 1960 New York, MMA: The Art of Assemblage / 1965 Venedig: Bienn. / 1967 Pittsburgh: Carnegie Internat. / 1968 New-Delhi: Trienn. ▭ *A. Windsor* (Ed.), Hb. of mod. Brit. paint. 1900–1980, Aldershot 1992. – *R. Coleman*, Einl., in: Situation (K RIBA-Gall.), Lo. 1960; *D. Thompson*, R. D., Lo. 1971 (New art, 3). H. Meyric Hughes

Denny, *William*, engl. Silberschmied, E. 17. Jh. in London tätig, begr. 30. 1. 1707 ebd. Ab 1670 Lehre bei William Harrison, 1679 freigesprochen; Eintragung versch. Marken ohne genaues Datum; Partnerschaft mit John Bache. – Bek. sind von D. zwei Weinkannen in der Slg des Herzogs von Portland (um 1700) sowie eine Punschbowle (Queen Anne), um 1702. ▭ ThB9, 1913. *Grimwade*, 1976. – The mag. antiques 142:1992 (Sept.) 287.

Denny, *Willis Franklin*, US-amer. Architekt, * 1873 Atlanta/Ga., † 18. 8. 1905 ebd. Entwarf dort u.a. die Methodist Church, die St. Mark's Church sowie Hotels und Wohngebäude. Erb. das New Hotel in Montgomery/Ala. ▭ ThB9, 1913.

Dennys, *Joyce (Isobel Dorothy Joyce*; verh. Evans), austral. Karikaturistin, Illustratorin, Zeichnerin, Malerin, * 14. 8. 1893 Großbritannien. Stud.: SchA Exeter sowie in London. Um 1918 Ill. für die patriot. Publ. zum Krieg *Our Hospital ABC* und *Rhymes of the Red Triangle*, beide Lo. s.a. Ging 1919 mit ihrem austral. Ehemann nach Sydney. 1919 Veröff. von Cartoons im Sydney Bull., 1920–21 Ill. in Home. 1921 Ill. für *Bushland Stories* von Amy Mack, neue Ausg., Sydney 1921. Stellte regelmäßig in der Soc. of Artists aus. – Hauptsächl. Zchngn und Aqu. (auch skizzenhaft), häufig mit humorist. Genreszenen. ⌂ SYDNEY, AG of New South Wales. – Mitchell Libr., State Libr. of New South Wales. ⊙ *E:* 1920 Sydney, Salon of FA. ▭ *Johnson/Greutzner*, 1976. – *C. Ambrus*, The ladies' picture show. Sources on a c. of Austral. women artists, Sydney 1984; *J. Kerr* (Ed.), Heritage. The nat. woman's art book, Sydney 1995.

R. Smith

Usta **Den'o** cf. Usta **Kol'o**

De Nobili, *Lila*, ital. Bühnen- und Kostümbildnerin, Malerin, Zeichnerin, Dekorateurin, * 3. 9. 1916 Cassarate/Lugano. Stud.: Acad. Ranson, Paris, bei Christian Bérard und ihrem Onkel Marcel Vertès; ab 1932 ABA, Rom, bei Ferruccio Ferrazzi (Dekoration). Bis 1943 in Rom, danach wieder in Paris. Als Szenografin arbeitet sie v.a. für das Theater, die Oper und das Ballett, in Frankreich fast ausschl. zus. mit R. Rouleau, u.a. 1953 *Cyrano de Bergerac*, 1955 *Pour le meilleur et le pire* von C. Odets (Grand Prix de la Mise en Scène, Paris), 1958 *L'Arlesienne* beim Festival di Spoleto. In Italien arbeitet sie v.a. mit L. Visconti (1954 *Come le foglie* von Giacosa, Compagnia Ital. di Prosa; 1955–56 *La Traviata* und 1967 *Manon Lescaut*, beide Mailand, Scala) sowie mit F. Zeffirelli (1957–58 *Mignon*, 1963 *Aida*, beide Mailand, Scala); daneben mit G. C. Menotti (1960 *La Bohème*, Festival di Spoleto), L. Squarzina (1961 *Falstaff*, Mailand, Scala) und G. Giannini (1966 *Il Mercante di Venezia*, Stabile di Roma). Bühnenbild und Kostüme u.a. für die Ballette *Mario e il Mago* (1955, Mailand, Scala) sowie *Le Roi des Gourmets* (1964) und die Filme *Les amours célèbres* von M. Boisrond (1961) sowie *The charge of the light brigade* von Tony Richardson (1968). In Frankreich ist D. auch als Modezeichnerin tätig (ab 1940 erscheinen

Zchngn in den Zss. Bellezza, Vogue und Le nouveau Fœmina; daneben Ill. zu Formes et Couleurs), in Italien als Dekorateurin, u.a. für den Architekten Renzo Mongiardino. ⊙ *E:* 1951 Paris, Gal. Heyrène. ▭ ESp IV, 1957. – *D. Cecchi*, Gazzettino di Venezia v. 28. 6. 1949; *R. Lucchese*, La Fiera Letteraria v. 5. 8. 1951; *S. Frette*, Scenografia teatrale, Mi. 1954, 127 ss.; Sipario 15:1960 (170) 14, 69; 17:1962 (200) 6 s., 40, 61; 19:1964 (224) 1, 3, 7, 25 s.; *R. Hainaux*, Le décor du théâtre dans le monde depuis 1950, Br. 1964, 254; *C. E. Rava* (Ed.), Scenografie del Mus. Teatrale alla Scala (K), Ve. 1965, 40, 51; *id.* (Ed.), Nuovi orientamenti della scenografia, Mi. 1965, VI, 78; VII, 6 s.; *id.*, Mostra di scenografia (K), Mi. 1965, Nrn 381–383; Visconti. Il teatro (K), Reggio Emilia 1977; Visconti. Il cinema (K), Reggio Emilia 1977; *G. Ricci*, Duecento anni di Teatro alla Scala. La scenografia, Mi. 1977, 24, 104; *C. d'Amico de Carvalho* (Ed.), Album di Visconti, Mi. 1978; *C. Nuzzi* (Ed.), Quarant'anni di spettacolo in Italia attraverso l'opera di Maria De' Matteis (K Pal. Medici Riccardi), Fi. 1979, 167, 169; *L. Visconti*, Il mio teatro, I, Bo. 1979 (Verz. der Rez.); *F. Mancini*, L'illusione alternativa, T. 1980 (Lit.; Verz. der ital. Bühnenbilder, p. 275); *G. Servadio*, Luchino Visconti, Mi. 1980; Visconti e il suo lavoro (K), Mi. 1981, 34, 37, 39, 67; *G. Rondolino*, Luchino Visconti, T. 1981; *U. Tirelli/G. Vergani*, Vestire i sogni, Mi. 1981; Internat. directory of cinematographers, set- and costume designers in film, II, M. 1983, Nr 630, p. 379; *L. Maniscalco Basile*, Storia del Teatro Massimo di Palermo, Fi. 1984, 275; L'atelier dell'illusione (K), Mi. 1985, 28, 35, 80–87, 182; *M. Angiolillo*, Storia del costume teatrale in Europa, R. 1989, 191–193; *S. Masi*, Costumisti e scenografi del cinema ital., 2 Bde, L'Aquila 1989–90; Visconti e il suo lavoro (K Ferrara), Mi. 1995; Opera. Percorsi nel mondo del melodramma (K), R. 1997, 32, 37 s., 75, 172–175. M. Angiolillo

De Nobili, *Lionello*, ital. Maler, * 1841 Lucca, † 1895 ebd. Schüler des Antonio Ciseri. ⌂ LUCCA, Pin.: Eudoro e Cimodocea; Portr. F. Nerini. ▭ ThB25, 1931 (s.v. Nobili, Lionello de). *Comanducci* II, 1971. A. St.

Denoeu, *L. G.*, frz. Maler, † um 1889, im Pariser Salon 1882–89 mit Portr. und Stud. vertreten. ▭ ThB9, 1913.

Denolyel, *Messody* → **Mady**

De Nomé, *François* → **Nomé,** *François de*

Denon (de Non; De Non), *Dominique Vivant* (Vivant-Denon, *Dominique*), frz. Stecher, Lithograph, Zeichner, Medailleur, Schriftsteller, Diplomat, Kunstsammler, Museumsdirektor, * 4. 1. 1747 Chalon-sur-Saône, † 28. 4. 1825 Paris. Ab ca. 1764 eigtl. zum Jura-Stud. in Paris, wird D. Schüler von Noël Hallé und verkehrt mit Augustin de Saint-Aubin. Ab 1768 „gentilhomme ordinaire de la chambre du roi"; 1769 Konservator der durch die Marquise de Pompadour dem König vermachten Med. und Halbedelsteine; Aufführung von D.s Theaterstück „Julie ou le bon père". 1771 zum „gentilhomme d'ambassade" ernannt. 1773–75 Botschaftsattaché in Rußland. Rückreise über die Schweiz; in Fernay Begegnung mit Voltaire, der über den von François Denis Née und Louis Joseph Masquelier nach D.s Zchng ausgef. Stich *Le Déjeuner de Ferney* sehr ungehalten ist. 1777 fertigt D. das anonym veröff. Bl. *Point de Lendemain* und reist im Auftrag von Jean-Baptiste Claude Richard, Abbé de Saint-Non, nach Italien, um die mit der Ill. des Werkes „Voyage pittoresque de Naples et de Sicile" (1781–86) beschäftigten Künstler anzuleiten und den dazugehörigen Text zu verfassen. 1778 Aufenthalte auf Sizilien und Malta. Ab 1779 Gesandtschaftsrat in Neapel, ab 1782 ebd. Geschäftsträger. Zahlr. Rad. und Zchngn entstehen. 1783 Mitgl. der Accad. del Disegno, Florenz. 1785 wieder in Paris. 1786 verkauft D. dem König seine „etrusk." Vasen-Slg (heute in Sèvres eingelagert). 31. 3. 1787 „agréé", 28. 7. 1787 Mitgl. der Acad. royale de peint. et de sculpt. als „artiste de divers talents" mit der Rad. *Anbetung der Hirten* nach Luca Giordano. 1788 erneute Abreise nach Italien, wo D. zunächst in Venedig lebt; Besuche in Ferrara, Bologna (1789 Mitgl. der Accad. Clementina), Modena (Stiche nach der Zchngs-Slg des Duc d'Este) und Florenz (Kopien in den Uffizien). Ab E. 1789 in Venedig ansässig; erwirbt zahlr. Zchngn (Parmigianino, Guercino) und Stiche (Rembrandt, Jacques Callot, Lucas Hugensz. van Leyden, Marcantonio Raimondi) aus der ehem. Slg des Conte Antonio Maria Zanetti. Intensiv als Zeichner und Stecher tätig; bek. ist, daß D. auch malt (aber keine mit Sicherheit von ihm ausgef. Gem. sind bek.). In seinem Atelier bildet er Francesco Novelli, Costantino Cumano und Giuseppe Sardi aus. 1791 Ehren-Mitgl. der ABA Venedig. 1792 porträtiert er *Elisabeth Vigée-Lebrun* und *Isabella Teotochi Marin*, spätere Albrizzi. Am 12. 7. 1793 unter Spionageverdacht aus Venedig ausgewiesen; einige Monate versucht D. in Florenz, durch den Verkauf von Stichen, zu denen er einen Kat. veröffentlicht, seinen Lebensunterhalt zu sichern. Schließl. muß er diese Stadt auch verlassen; Dez. 1793 Rückkehr nach Paris. Veröff. der Slg *Ritratti dei più celebri Pittori dipinti da loro stesso esistenti nella Gall. di Firenze* und der frivolen Stichfolgen *L'Œuvre priapique*. 1794 gelingt es D., von der Liste der Emigranten gestrichen zu werden; er sticht *Le Serment du Jeu de Paume; Le Peletier de Saint-Fargeau sur son lit de mort* und im Auftrag des Nat.-Konvents die Ser. *Costumes républicains* nach Jacques-Louis David. Mai 1798 einer der Gelehrten, die Napoleon I bei der Ägypt. Expedition begleiten; Okt. 1799 wieder in Paris. Am 19. 11. 1802 Berufung zum General-Dir. der Mus. Frankreichs; damit ist ihm das Mus. Napoléon direkt unterstellt (und er ist erster Dir. des Louvre), ist verantwortlich für die Vergabe von Staatsaufträgen zu Kunstwerken und überwacht die Porzellan-Man. in Sèvres sowie die Man. des Gobelins. 1803 Wahl ins Institut de France (Kl. der Schönen Künste) und Ernennung zum Dir. der Monnaie des Méd.; Ritter der Ehrenlegion. Ab 1805 bereist D. die wichtigsten europ. Städte, v.a. in Italien, Österreich, Deutschland und Spanien, u.a., um sich im Auftrag von Napoleon I um die beschlagnahmten Kunstwerke zu kümmern; die eig. künstler. Tätigkeit gerät in dieser Zeit stark ins Hintertreffen. 1809 erscheint unter D.s Ltg die erste Lieferung des mon. Werkes *Descr. de l'Egypte* (211 Lieferungen, 1809–22, zahlr. Bll. nach D.s Zchngn). Nov. 1809 Ausf. seiner ersten Lith. im Münchener Atelier der

Gebrüder Alois und Carl Friedrich Matthias Senefelder. 1810 auch zum Leiter der Ausgrabungen in Rom ernannt. 1812 Baron des Kaiserreichs. 1815, während der zweiten Restauration, verhandelt und überwacht D. die Auswahl der in den unterworfenen Ländern für frz. Mus. requirierten Kunstwerke. Am 3. 10. 1815 reicht D. beim König sein Rücktrittsgesuch vom Amt als General-Dir. der Mus. ein. Bis zum Tod lebt er nun am Pariser Quai Voltaire, widmet sich fortan der Lith. (die Rad. gab er völlig auf), arbeitet an der Schr. Mon. des Arts du dessin (1829 postum veröff.) und ordnet die eig. umfangreichen Slgn, die nach seinem Tod durch öff. Verkäufe verstreut werden. – Als Künstler weitgehend autodidakt. gebildet, ist D. trotz seines umfangreichen druckgraph. Œuvres im Prinzip ein Amateur, der zum Vergnügen zeichnet und sticht. Nur über einige kurze, finanziell schwierige Zeiträume versucht er, von der künstler. Tätigkeit zu leben. – D.s Rolle als Dir. der Monnaie des Méd.: Mit deren Übernahme durch D. beginnt für diese Einrichtung 1803 eine neue, „abenteurl." Phase, denn er versteht es, der Mäzen einer sich verjüngenden und neu zu bewertenden Ec. franç. zu werden. Ohne die Vorrangstellung bekannterer Künstler in Abrede zu stellen, gelingt es ihm zugleich, bislang unterschätzte Künstler zu ermutigen und so Talente gezielter zu fördern. D.s gewachsene Autorität nach der Wahl ins Institut de France, sein Einfluß bei der Vergabe offizieller Aufträge und die Organisation der Salons durch ihn begünstigen sein Handeln. Ihm obliegt auch die Auswahl des „Konservators" der Monnaie des Méd., die auf den Schweizer Medailleur Jean-Pierre Droz fällt; dieser aktualisiert regelmäßig sein „journal", in das er die gesamte Produktion an Med. und Jetons einträgt, und das er alljährl. von D. gegenzeichnen läßt. Durch die langjährige Betätigung als Kunstsammler, der sehr wertvolle Münz- und Med.-Ser. der Antike, der Renaiss. und seiner Zeit zusammentrug, ist er befähigt, renommierte Medailleure an sich zu binden: Benjamin Duvivier, Bertrand Jean Andrieu, Nicolas Pierre Tiolier, Nicolas-Guy-Antoine Brenet, Auguste François Michaut, Raymond Gayard, Vincenzo Cocchi, Henri-François Brandt, Alexis Joseph Depaulis, Louis Jaley, Romain Vincent Jeuffroy, Joseph François Domard, Augustin Dupré, Jean-Pierre Droz, Rambert Dumarest, André Galle und Nicolas Marie Gatteaux. Zeitweise kommen weitere Medailleure dazu, und D. verfügt über eine große Belegschaft mit engem Zusammengehörigkeitsgefühl. Wahrsch. gibt er auch die jeweilige themat. Orientierung vor. Seine perfekten Lateinkenntnisse wie auch die langjährige numismat. Praxis erleichtern ihm vor der Fertigung evtl. notwendige Korrekturen. Da sich die Monnaie des Méd. wie die meisten Einrichtungen der ehem. Surintendance royale im Louvre befindet, erfordert die Erweiterung der Slgn des Mus. Napoléon eine Umstrukturierung. So wird die Monnaie des Méd. 1807 im 1768–74 von Jacques-Denis Antoine erb. Hôtel des Monnaies untergebracht. Obwohl die Gedenk-Med. und -Jetons der napoleon. Ära nicht an die hohe künstler. Qualität der Ser. aus der Zeit der kgl. Herrschaft heranreichen, sind sie doch die Fortführung einer ununterbrochenen Trad. und damit ein interessantes Zeugnis zur Gesch. der Med.-Kunst vom A. des 19. Jh. 1814 wird D.s Œuvre von den antinapoleon. Alliierten unberührt gelassen; nach der Niederlage von Waterloo betonen sie jedoch die Notwendigkeit von Restitutionsleistungen, um Frankreich eine empfindl. moralische Lektion zu erteilen. ⌂ LONDON, BN: Zchngn von der Ägypt. Expedition. PARIS, BN, Cab. des Estampes: Druckgraphik. ✉ Lettre de M. Denon en réponse à une lettre d'un étranger sur le Salon de 1787, P. 1787; Voyage en Sicile, P. 1788; Voyage dans la Basse et la Haute Egypte, P. 1802; Discours sur les mon. d'antiquité arrivés d'Italie, P. 1803; Diss. sur un traité de Charles Lebrun, concernant le rapport de la physionomie humaine avec celle des animaux, P. 1806; *Amaury-Duval* (Ed.), Mon. des arts de dessin chez les peuples tant anciens que mod., recueillis par le baron D., P. 1829 (postum veröff.); *F. Garavini u.a.* (Ed.), Lettres à Bettine (Isabella Teotochi Albrizzi), P. 1999. ◉ *E:* 1999 Paris, Louvre: Vivant Denon. L'œil de Napoléon (K mit detaillierter chronolog. Biogr. und Bibliogr.). – *G:* 1787, '91, '95, '96 Paris, Salon. ▭ ThB9, 1913. Biogr. univ., ancienne et mod., LXII, P. 1837, 337–346; *Forrer* I, 1904; DBF X, 1965. – Cat. di incisioni di Mr Denon [Fi. ca. 1793]; Cat. des estampes gravées par le citoyen D., P. 1803; *P.-A. Coupin*, Mag. encyclopédique 27:1825, 30–41; Descr. des objets d'art qui composent le cab. de feu Monsieur le baron D., P. 1826 (Nachlaßverkauf); *A. de la Fizelière*, L'œuvre originale de D. ... Coll. de 317 eaux-fortes dessinées et gravées ..., P. 1872–73; *L. Clément de Ris*, Les amateurs d'autrefois, P. 1877, 407–451; *G. Moschini*, Dell'incisione in Venezia, Ve. 1924, 163–167, 171–176; IFF, GravXVIII VI, 1949, 513–612; IFF, Après1800 VI, 1953, 253–257; *J. Chatelain*, D. V. D. et le Louvre de Napoléon, P. 1973; The ill. Bartsch, CXXI: Suppl. French masters of the 19th c./1–2: D. V. D., N. Y. 1985–88; *I. A. Ghali*, V. D. ou la conquête du bonheur, Le Caire 1986 (Rech. d'archéologie, de philologie et d'hist., 31); *P. Lelièvre*, V. D., homme des lumières, „ministre des arts" de Napoléon, P. 1993; D., dir. des mus. sous le Consulat et l'Empire. Correspondance 1802–1815, P. 1999. – *Lit. zur Tätigkeit in der Monnaie des Med.: J. Chatelle*, Bull. du Club franç. de la méd. 1968 (19) 47; *J.-M. Darnis/B. Letavernier*, Pour le 20e anniversaire du Club franç. de la méd., P. 1983, 43; *P. Lelièvre*, D. V. D. Egyptologue et dir. de la Monnaie des Méd., in: L'Inst. et la Monnaie. Deux pal. sur un quai (K Hôtel de la Monnaie), P. 1990, 153–157; *J.-M. Darnis*, Cat. des fonds d'arch. de la Monnaie de Paris, I, P. 1996, 283. – Paris, Monnaie des Méd., Arch.: Ser. S. 30–13, 1 – 1803–1815 (Unterlagen zu D.). U. van de Sandt/J.-M. Darnis

Denonne, *Alexandre (Alex)*, belg. Maler, Zeichner, * 1879 St. Josse-ten-Noode/Brüssel, † 1953 St. Gilles/Brüssel. Neffe und Schüler von Victor Lagye. Stud.: 1891–1900 Acad. R. des BA, Brüssel, bei Constant Montald; Koninkl. ABK, Antwerpen, bei Henri Luyten. Zeichen- und Kunstgesch.-Lehrer am Athénée du Centre in Brüssel. – Ländl. Interieurs, Stadtansichten, Stilleben (Blumen) und Marinen. D.s erste Arbeiten mit sozialkrit. Motiven sind von Jakob Smits beeinflußt. Wendet sich später der Freilichtmalerei zu und spezialisiert sich auf expressive, lichtreiche-pittoreske Darst. von Brüssel. Erachtet v.a. Luyten als seinen Lehrer. 🏛 ANTWERPEN, Koninkl. MSK. BRÜSSEL, belg. Staat. – B.-Etterbeek, Hôtel de ville. TOURNAI, MBA. 📖 Vol, 1953. *Arto*, 1995; *P./V. Berko*, Dict. van Belg. en Holl. bloemenschilders geb. tussen 1750 en 1880, Br. 1995; DPB I, 1995. – *S. Goyens de Heusch*, Het impressionisme en het fauvisme in België, Ant. 1988. U. R.

Denora, *Michele*, ital. Architekt, * 1863 Altamura, † 1935. Tätig in der Prov. Bari. 🏛 ALTAMURA: Bahnhof, 1893. – Piazza Zanardelli: Pal. De Nora (nach D.s Entwurf). – Porta Bari: Pal. Sabini (Voll.). – Friedhof: versch. Arbeiten. 📖 *Sorrenti*, 1990.

Denorge (de Norge), *Johannes*, Glockengießer, wohl aus Bourmont/Haute-Marne, als Wandergießer in Süddeutschland belegt. Mit seinen Cousins, den Brüdern Honorez und Claudius (I) Rosier (Rozier) goß D. in Baden 1639 die Glocke in Jestetten b. Waldshut; er arbeitete auch mit ihnen zus. 1641 in Rankweil/Vbg und 1642 in Cham/Kt. Zug. 1653 ist D. in Bayer.-Schwaben nachweisbar, dort Mitarb. der oben gen. Brüder beim Guß der Glocke in Ursberg b. Krumbach. Am 5. 10. 1653 in Rottenburg/Kr. Tübingen Taufpate einer Tochter von Johannes (I) Rosier. 🏛 CRAILSHEIM, Ev. Stadtkirche St. Johannes: Glocke, 1643 (mit H. Rosier und Johannes Reichart). OPPELSBOHM b. Waiblingen, Ev. Pfarrk. St. Mauritius: Glocke, 1652. ROTTENBURG, Kath. Dom St. Martin: Glocke, 1649 (mit Rosier-Fam.). 📖 Dt. Glockenatlas, I, M./B. 1959; II, M./B. 1967. C. R.

Denos → **Desnos** (Goldschmiede-Fam.)

Denos, *Jean* cf. **Denos,** *Pierre* (1672)

Denos (Desnos), *Pierre*, frz. Goldschmied, * Rouen, † 1. 5. 1672 Toulouse. Sohn von Jean Desnos aus Rouen. Schwiegersohn von Jean Saint-Raymond. 1661 Meister in Toulouse. Lehrlinge: 1662 François (I) Bécane, 1665 Simon Boyer, 1671 Germain Cazabon. 1663, '70 „garde". Sign.: Desnos. Sein Sohn *Jean D.* (* 20. 5. 1666 Toulouse, † 29. 3. 1745 ebd.) war 1679–84 Lehrling von Jacques Mazure in Carcassonne und wurde 1699 Goldschmiedemeister. Lehrlinge: 1700 Antoine Laborie, 1701 Charles Villeret, 1707 Raymond Barquissant. 1700, '01, '08, '23 „garde". Arbeiten von ihm im Louvre. Im gleichen Beruf arbeitete dessen Sohn (D.s Enkel) *Pierre D.* (* 29. 1. 1714 Toulouse; um 1740 Meister; 1741, '45/46 „garde"), der bis 1791 belegt ist. 🏛 CANENS/Haute-Garonne, Kirche: Kelch, 1663. JURVILLE/Haute-Garonne, Kirche: Kelch, Silber, 1661. RIEUX/Haute-Garonne, Kirche: St-Cizy, Reliquienbüste, 1671. 📖 *Thuile* II, 1966. C. R.

De Notaris, *Carlo*, ital. Maler, * 5. 5. 1812 Mailand, † 7. 5. 1888 ebd. Schüler des Carlo Bellosio in Mailand. Widmete sich v.a. der Historienmalerei, schuf auch zahlr. Altar-Gem. 🏛 MAILAND, Pin. di Brera: Benedizione dei fanciulli. 📖 ThB25, 1931 (s.v. Notaris, Carlo de). *Comanducci* II, 1971. A. St.

Denoth, *Aloys*, österr. Bildhauer, Zeichner, Illustrator, * 1851 Nauders/Tirol, † 24. 12. 1893 Hamburg. 1863–67 Holzbildhauerlehre bei Michael Stolz (1820–1890) in Innsbruck, wohl ausschl. anhand ma., v.a. dt. Kunst geschult; nachhaltig geprägt auch durch Julius Blaas, der D. zum Zeichnen, Akt- und Faltenwurf-Studien anregte. 1867–71 in der Wkst. Beudl, Meran. Anschl. Wanderjahre durch Deutschland. Überwiegend als Zeichner und Illustrator tätig. 1874 in Karlsruhe. 1876–83 Werkführer der Abt. für Bildhauerei in der Fa. Franz Schneider, Leipzig, wo er seiner späteren Frau Marie begegnete. 1882/83 Übersiedlung nach Hamburg, versuchte hier unter Entbehrungen Fuß zu fassen. Beschäftigung im Bereich der Kunsttischlerei. Ab M. der 80er Jahre selbständig. Durchbruch auf der Weihnachts-Ausst. 1886 im MKG Hamburg. Das sich nun sprunghaft steigernde Auftragsvolumen führte zur Einstellung von Mitarb. wie Heinrich Breit und Karl Kühl; wiederholt expansionsbedingter Wkst.- bzw. Wohnungswechsel innerhalb Hamburgs. Durch erfolgreiche kleinere öff. Projekte empfahl sich D. für seine beiden umfangreichsten Staatsaufträge (Hamburg, ehem. Naturhist. Mus.: 34 Bau-Skulpt., 1889–90, im 2. WK zerst. – Rathaus: 32 Bau-Skulpt., 1891–94). Ausz.: 1888 Med. der Dt.-Nat. Kunstgewerbe-Ausst., München (*Bildnis Max Theodor Hayn; Aneroidbarometer*); 1889 Gold-Med. der Gewerbe- und Industrie-Ausst., Hamburg. – Mit spieler. Leichtigkeit und techn. Meisterschaft bewältigte D. das gesamte Spektrum skulpturaler Kunst. Justus Brinckmann hat diese Begabung früh erkannt und gefördert. Innerhalb kürzester Zeit entstand in Hamburg ein umfangreiches Œuvre. D.s Atelier gestaltete Modelle in Ton, Gips oder Wachs. Er arbeitete mit Marmor und Sandstein, schnitzte in Buchsbaum-, Nussbaum-, Kirschbaum-, Birnbaum-, Linden- und Eichenholz (auch Edelhölzer und Elfenbein). Daneben entwarf, zeichnete und modellierte er für Metallguß, Töpferei, Lederschnitt bzw. Punzarbeiten. Virtuos gelang ihm auf den wenigen Quadratzentimetern eines Mikroreliefs der Einmarsch von sechzehn, z.T. freistehenden Figuren samt Triumphwagen (*Frühlingseinzug*, 1883), aber auch die Komp. einer neun Meter hohen, ephemeren Kolossalstatue für die Festhalle der Hamburger Gewerbe- und Industrie-Ausst. (*Huldigung Hammonias*, 1889). Motivisch wie formtypolog. blieb D. zwar an den konventionellen Auftraggebergeschmack des ausgehenden 19. Jh. gebunden (Allegorie, Medaille, Ehrengabe, Rahmenwerk etc.), Unabhängigkeit erreichte er jedoch durch die Flucht ins Detail (auch im Bildnis). Hier kam u.a. seine Naturverbundenheit zum Ausdruck, finden sich gelegentl. versteckte zweite Bedeutungsebenen (als verkleidete Selbst- bzw. Familienbildnisse). Obwohl bereits an der Schwelle zur Moderne stehend, vermochte es D. nicht, einen radikalen Schnitt gegenüber der trad. Ausb. zu vollziehen. Gleichwohl kann man das *Aneroidbarometer* (1888) als ein innovatives Hw. des späten dt. Historismus ansehen. 🏛 *Skulpturen*: HAMBURG, Ernst Barlach Haus. – Stiftung Hermann F. Reemtsma: Musik und Poesie, Nischenstatuen, Eiche, 1887. – Friedhof Ohlsdorf: Grabanlage Canel/Laeisz/Hanssen/Meerwein, vier Sepulkralstatuen für die Fam. Canel/Hanssen, Bronze, 1892/93. – KH: Denkmal Carl Friedrich Petersen, Guß nach Wettb.-Bozzetto, Bronze, 1893 (weiteres Exemplar im Mus. für Hamburg. Gesch.). – Mus. für Hamburg. Gesch.: Frühlingseinzug, Mikrorelief, Buchsbaum, 1883; Erinnerungstafel der Baudeputation, Rahmenschnitzwerk, Eiche, 1887 (Zuschr.);

Bildnis Max Theodor Hayn, Medaillon, Buchsbaum, um 1888; Bildnis Joachim Friedrich Martens, Kleinrelief, Buchsbaum; Büste Friederike Jebens, Marmor. – MKG: Nachtwächter, Kronleuchterstatuette, Eiche, 1883; Ehrentafel für Justus Brinckmann, Gesamtentwurf und Schnitzwerk, Linde, 1889; Rahmenschnitzwerk für ein Fam.-Bild, Buchsbaum, 1892; Bildnis Carl Friedrich Petersen, Kleinrelief, Buchsbaum, 1893 (unvoll.). – Rathaus: Bildnis Max Theodor Hayn, Statue, Eiche, 1888; Aneroidbarometer, Rahmenschnitzwerk, Birnbaum, 1888; 32 Bau-Skulpt. für das äußere Bildprogramm, 1891–94: Phönix mit Modell des Alten Rathauses, Fassadenstatue bzw. Medaillon, Bronze, 1891–92; 28 Charakterbüsten, Giebelfiguren, Sandstein, 1891–93; Hl. Katharina, Giebelstatue, Kupfer, 1891–93; Kaiser Franz II., Nischenstatue, Bronze, 1892–94 (voll. durch Richard Thiele). – St. Johanniskirche Harvestehude, Vierung: Selig sind die Barmherzigen; Tobias und der Engel, Sandstein, 1890–92 (zwei von sieben großformatigen Medaillons); seitl. Erweiterung des neugot. Hochaltars von Fritz Neuber, Eiche, 1891; dazu zwei Flankierungsengel, Statuen, Sandstein, 1892. MEISSEN, Albrechtsburg: sieben Bildnisse sächs. Fürsten, Großstatuen. – *Medaillen*: HAMBURG, Mus. für Hamburg. Gesch. – *Zchngn*: HAMBURG, MKG. – Mus. für Hamburg. Gesch.: Skizzen- und Musterbuch. ⊙ *E:* 1894 (Nachlaß), 1997 Hamburg, MKG. – *G:* 1888 München, Dt.-Nat. Kunstgewerbe-Ausst. / Hamburg: 1889 Gewerbe- und Industrie-Ausst.; 1977 MKG. ▭ ThB9, 1913. *Rump*, 1912; ÖKL V, 1979. – *C. Griese* (Ed.), A. D. Holzschnitzwerke, Ha. 1894; *C. Kloss* (Ed.), 28 Berufs- und Gewerbs-Typen. Spitz-Verdachungs-Figuren am Neuen Rathause zu Hamburg, Ha. 1895; *H.-J. Brandt*, Das Hamburger Rathaus, Ha. 1957; *H. Jedding*, Hohe Kunst zw. Biedermeier und Jugendstil (K MKG), Ha. 1977; *V. Plagemann*, „Vaterstadt, Vaterland, ..." Denkmäler in Hamburg, Ha. 1986 (Arbeitshefte zur Denkmpfl. in Hamburg, 9); *G. Syamken* (Bearb.), Die dritte Dimension. Plastiken, Konstruktionen, Objekte (K KH), Ha. 1988, 150; *H. Hipp*, Freie und Hansestadt Hamburg. Gesch., Kultur und Stadtbaukunst an Elbe und Alster, Köln 1989; *R. Knickmeier*, Der Hamburger Bildhauer A. D., 2 Bde, Mag.-Arbeit Hamburg 1989 (Mschr.; mit WV); *J. Lessmann*, Jb. des MKG Hamburg, N. F., 9/10:1993, 315 s.; *V. Plagemann*, Kunstgesch. der Stadt Hamburg, Ha. 1995; *R. Knickmeier*, A. D. Hamburger Bildhauerkunst zw. Historismus und Jugendstil (K MKG), Ha. 1997. – Hamburg, StsA: Rathausbaukommission, 98, 101, 105, 123, 157. R. Knickmeier

Denotkin, *Vasilij*, russ. Kupferstecher, Lithograph, 1840er-50er Jahre in St. Petersburg belegt. – Schuf u.a. eine lithograph. Ansicht eines Klosters auf dem Berg Athos (dat. StP. 1847). ▭ ThB9, 1913 (s.v. D., Wassily). – *Rovinskij*, I, 1895, 266. N. Tjurina

Denouy, *Alexandre Hyacinthe* → **Dunouy,** *Alexandre Hyacinthe*

Den'ov, *Georgi* → **Denjuv,** *Georgi*

De Novellis, *Ida*, ital. Malerin, * 30. 3. 1912 Corigliano Calabro, lebt dort. Malt mit delikater Farbgebung figürl. Bilder (Bildnisse, Stilleben und Lsch. Kalabriens). Rest. auch Altar-Gemälde. ▭ CatBolaffiMod XIX, 1983. – *R. Longo*, Calabria letteraria 43:1995 (10–12) 112. G. W.

Denoyelle, *Alexandre-Joseph*, Maler in Lille, wo er 1788 von der Acad. ein Stip. zum Stud. in Paris erhält. Lt. Bénézit auch Medailleur, Schüler der Ec. de dessin et médailliste in Lille. ⊙ (Lt. Bénézit:) *G:* 1784–88 Lille, Salon. ▭ ThB9, 1913. *Bénézit* III, 1976; IV, 1999.

Denoyelle, *Paul-Léonard*, frz. Maler, * Mouy/Oise, 19. Jh. Schüler von Léon Bonnat. ⊙ *G:* 1873–87 Paris, Salon. ▭ ThB9, 1913. *Hardouin-Fugier/Grafe*, 1989.

D'Enrico v.e. **damit verbundene Vornamen**

D'Enrico, *Antonio* → **Tanzio da Varallo**

Dens, *Christian*, Bildnismaler, 1. H. 18. Jh. Vermutl. niederl. Herkunft, eingeschrieben in Kölner Malerzunft am 17. 5. 1713, machte am 11. 10. 1739 Test. in Delft („Christianus Dens, Constschilder"). Ein 1718 dat. und sign. Halbfigur-Portr. von Abt Heinrich Obladen für Groß-St. Martin, Köln. 🏛 KÖLN, WRM: Selbst-Portr., Feder-Pinsel-Zchng, seitl. Blumenfestons und Insignien der Malerei. ▭ ThB9, 1913. *Merlo*, 1895. – *Troescher* I, 1953; *H. Robels*, Niederl. Zchngn. vom 15. bis 19. Jh. im WRM Köln (K), Köln 1983. A. R.

Dens, *Christianus* cf. **Dens,** *Christian*

Dens, *Joseph*, Maler, * 8. 6. 1808 Antwerpen, † 1. 3. 1883 Deurne/Antwerpen. Schüler von Ferdinand de Braekeleer d.Ä. Ab 1829 in Antwerpen tätig. Teiln. zahlr. belg. Triennalen. – Lsch. und Genre. ⊙ *G:* 1836 Brüssel: Salon. ▭ ThB9, 1913. *Wurzbach*, NKL I, 1906; *Flippo*, 1981; DPB I, 1995 (Lit.).

Dens, *Pieter*, belg. Architekt, * 1819, † 1901. Prof. der Koninkl. ASK, wo er u.a. Frans van Dijk unterrichtete. 1863–80 Stadtarchitekt von Antwerpen. Nach D.s Entwürfen entstanden u.a. die Vlaamse Schouwburg (Kipdorpbrug), das Schlachthaus, Sommer- und Wintersaal der Koninkl. Harmoniemaatschappij, die St.-Katarinakerk op het Kiel, zwölf Schulen, darunter das Koninkl. Atheneum (Franklin Rooseveltplaats) und neun Polizeireviere. ▭ *J. Huibrechs*, Frans van Dijk, Architekt in Antwerpen 1853–1939, Ant. 1994. C. F.

Den'šin, *Aleksej Ivanovič*, russ. Maler, Kunstkritiker, * 26. 9.(8. 10.) 1893 Vjatka, † 30. 12. 1948 ebd. (Kirov). Wahrsch. Bruder des Malers *Vladimir Ivanovič D.* (s.u.). Stud.: 1913–15 FS für Malerei, Bildhauerei und Baukunst Moskau bei Apollinarij Michajlovič Vasnecov, Nikolaj Alekseevič Kasatkin. War in Vjatka bzw. Kirov (1916–19, ab 1937), Zagorsk (Sergiev Posad) und Moskau (1919–37) ansässig. – Bevorzugt Lsch. (u.a. *Čeremucha*, 1920; *Na reke Vjatke*, 1928; *Siren' v sadu*, 1932; *Osen'. Selo Krasnoe*, 1947). Auch Stilleben und Genreszenen (z.B. *Bazar v provincii*, 1915, 1. Preis der Moskauer Ges. der Kunstliebhaber [MOLCh]). 1939 Ltg der Interieur-Gest. für den Pavillon „Leningrad-Severo-Vostok" (Allunions-Landwirtschafts-Ausst. Moskau). 1916–37 intensive Beschäftigung mit und Slg von russ. Folklore-Spielzeug (bes. aus Vjatka, z.B. Dymkovo-, Filimonov-, Kargopol'-Spielzeug) und Zchngn nach Orig. sowie Skizzen für Ed. (z.B. *Vjatskaja glinjanaja igruška v risunkach*, Mo. 1917; *Vjatskie starinnye glinjanye igruški*, Vjatka [3]1926). D. förderte als Leiter eine Artels die Pflege und Entwicklung der

Dymkovo-Trad. – D.s Bruder (* 8.[20.]6. 1891 vermutl. Vjatka) stud. 1909–12 (ohne Abschluß) an der FS für Malerei, Bildhauerei und Baukunst Moskau, lebte in Kirov und ist bis 1931 mit Teiln. an Ausst. ebd. und in Sovetsk belegt. MOSKAU, HM. – Mus. für Kunsthandwerk. ST. PETERSBURG, Russ. Mus. SERGIEV POSAD, Spielzeug-Mus. VJATKA, KM. Besedy dlja vsech po iskusstvu, Vjatka 1917; Dymkovskaja igruška, Izvestija v. 24. 8. 1946; Mastera dymkovskoj narodnoj igruški, Ogonek 1948 (31); O mastericach Dymkova, in: Trudy NII ChP. Vyp. 3, Mo. 1966. *E:* 1927, '28, '38, '63 (beide K), '77, '83 Vjatka bzw. Kirov. ChudSSSR III, 1976 (Lit.); *Milner*, 1993 (s.v. Den'shin, Aleksei Ivanovich); *F. Lévêque/S. Plantureux*, Livres d'enfants russes et soviétiques (1917–1945), P. 1997 (s.v. Denchine, Alexeï Ivanovitch). – Rabis 1927 (22/64) 12 s.; VSII Sprav. I-IV, 1965–75; Chudožestvennye promysly RSFSR. Sprav., Mo. 1973, 252; AChRR. Sb. vospominanij, statej, dokumentov, Mo. 1973, 166; Dekorativnoe isk. SSSR 1977 (4) 4; (6) 14 s.; 1980 (7) 5; 1984 (5) 37; Sovetskaja kul'tura v. 15. 4. 1977; *G. Kiseleva*, Chudožnik 1977 (6) 34 s.; Chudožniki Kirova (K), Mo. 1980, 5; *I. Ja. Boguslavskaja*, Dymkovskaja igruška, Le. 1988, 5–7 et passim; Vystavki I, 1989. I. Fomičeva

Den'šin, *Vladimir Ivanovič* cf. **Den'šin,** *Aleksej Ivanovič*

Denslow, *Dorothea Henrietta*, US-amer. Bildhauerin, * 14. 12. 1900 New York, † 1971, lebte v.a. dort. Ebd. Stud.: Art Students League; bei dem Maler *Henry Carey D.* (* 1867 Chicago/Ill., † 25. 6. 1944). D. gründete 1928 das Sculpt. Center in New York, dessen Dir. sie war. BROOKLYN/N. Y., Beth Moses Hospital: Gedenktafel. MURELLS INLET/S. C., Brookgreen Gardens. *G:* 1914–44 Hartford (Conn.), Wadsworth Athenaeum: Ausst. der Connecticut Art Acad. (Mitgl.). Vol, 1953. WWAA, 1953–1962; *Fielding*, 1984; *Falk*, 1985. C. R.

Denslow, *Henry Carey* cf. **Denslow,** *Dorothea Henrietta*

Denslow, *William Wallace*, US-amer. Illustrator, Gebrauchsgraphiker, Kostümbildner, * 5. 5. 1856 Philadelphia/Pa., † 29. 3. 1915 New York. Stud. ebd.: 1870–71 Cooper Inst. (Zeichnen), 1872–75 NAD. Lebte 1903–06 in den Wintermonaten auf seiner eig. Insel Denslow's Island/Bermuda. Mitgl.: Chicago Soc. of Artists. – D. arbeitete als Pressezeichner in New York, 1876–85 in Philadelphia, 1888–89 und 1893–95 beim Chicago Herald sowie 1891 in San Francisco für die Ztgn Chronicle und Examiner. Daneben entstanden 13 Lith. mit Stadtansichten aus den Bundesstaaten New York, Maryland und Pennsylvania (1876–79, 1882) und Ill. für zwei Bücher zur amer. Landes- und Militärgeschichte (I. H. M'Cauley, Historical sketch of Franklin County, Pennsylvania, Chambersburg, Pa. 1878; John F. Cowan, A new invasion of the South ..., N. Y. 1881). D. zeichnete außerdem Poster, entwarf Theaterkostüme und bes. Comics, die u.a. von seinem Freund Philip May beeinflußt wurden. In den 1890er Jahren konzentrierte er sich auf Plakatentwürfe und gestaltete für den Verlag Rand McNally zahlr. Werbeplakate für Bücher sowie Buchumschläge, die er erstmals mit seinem Signet, einem Seepferdchen, versah. 1896–1900 entwarf er für die Roycroft Press von Elbert Hubbard (East Aurora/N. Y.) Plakate, Cartoons, Initialen und Buchumschläge und lehrte dort bis 1907 Buch-Illustration. Die klare, dekorativflächige Auffassung mit Kurvenlinien zeigt die Einflüsse des Art nouveau und v.a. der jap. Holzschnittkunst. Ab 1898 wandte sich D. Kinderbuch-Ill. zu und veröffentlichte mit L. Frank Baum drei Bücher, die zu den ersten amer. Kinderbüchern mit farbigen Ill. gehören. Beeinflußt von Walter Crane, waren Umschlag, Titel- und Endblätter sorgfältig aufeinander abgestimmt. D. setzte seine klare Illustrationsweise fort, zeichnete mit breiten schwarzen Linien und ließ z.B. die Schriftzüge für *Father Goose. His Book* (1899) von Ralph Fletcher Seymour ausführen. Auf der Grundlage des großen Erfolgs dieser Veröff. entstanden seine berühmtesten Ill., kleine zweifarbige Bilder im Text und 24 ganzseitige farbige Ill. für *Wizard of Oz* (1900). Mit von D. entworfenen Kostümen wurde diese Phantasie-Gesch. 1903 am Broadway als Musical aufgeführt. Bes. dekorativ, aber weniger erfolgreich waren D.s Ill. für *Dot and Tot of Merryland* (1901); anschl. gaben D. und Baum ihre fruchtbare Zusammenarbeit jedoch wegen eines Lizenzstreites auf. D. illustrierte 1901 für den Verlag McClure eine neue Ausg. von *Mother Goose* (neu: *Denslow's Mother Goose*) mit trad. Kinderreimen und sehr einfachen Bildern für Kleinkinder und veröffentlichte 1901–02 wöchentl. die Ser. *Billy Bounce* im McClure's Mag., einer der frühesten fortlaufenden Comicstrips. Es folgten Bilderhefte für die Dillingham Company (1903–04) und einige Theaterstücke für Kinder, wie z.B. das erstmals 1905 in Boston aufgeführte „The Pearl and the Pumkin" mit dem Liedkomponisten Paul West, für das D. auch das Bühnenbild entwarf. D. schrieb und illustrierte seine späteren Kinderbücher speziell für das Theater, wodurch sie an Originalität und Niveau verloren, überdies kam sein Stil zunehmend außer Mode. Sein letztes Buch war *When I grew up* (1909), eine Gedicht-Slg, die z.T. im St. Nicholas Mag. 1908–09 erschienen war. Er entwarf einige Werbebroschüren und Postkarten und war ab 1913 bei der kommerziellen New Yorker Agentur „Rosenbaum Studios" angestellt. D. gehörte zu den herausragenden und einflußreichsten Plakatentwerfern der 1890er Jahre in den USA. Ferner leistete er mit der Rezeption des engl. Bilderbuchstils von Walter Crane, Kate Greenaway und Randolph Caldecott einen wichtigen Beitrag zur Entwicklung der amer. Ill.-Kunst. BATH/N. Y., Bath Village Mus. MINNEAPOLIS, Public Libr. NEW YORK, Columbia Univ. Libr. – Public Libr. NORWICH/N. Y., Chenango County Mus. WASHINGTON/D. C., Libr. of Congress. Hattiesburg, Univ. of Southern Mississippi, McCain Libr. and Arch.: Ungedruckte Quellen. ThB9, 1913. EAAm I, 1968; AAW III, 1985; *Falk*, 1985; *Fanelli/Godoli* I, 1990; *Osterwalder*, 1890–1945, 1992. – *M. P. Hearn*, Amer. artist 37:1973 (Mai) 40–45, 71–73; *id./D. G. Greene*, W. W. D., Mount Pleasant, Mich. 1976; *R. B. Luehrs*, Nineteenth c. 6:1980 (3) 55–57; *M. P. Hearn*, Amer. book collector 3:1982 (3) 11–18; (4) 18–24; *S. E. Meyer*, A treasury of the great children's book illustrators, N. Y. 1983; *J. W. Reps*, Views and viewmakers of Urban America, Columbia, Mo. 1984. H. St.

Denston (Denstone), engl. Stukkatoren-Fam., nachw. in Derby über vier Generationen bis 1780.

1. *Abraham*, d.Ä., tätig in Derby vermutl. 1725–65. Sohn von 4, Vater von 2, 3 und 5. 1725/26 ist er, sofern keine Verwechslung mit 2 vorliegt, unter dem Architekten James Gibbs als Mitarb. von Giuseppe Artari und Giovanni Bagutti im Senate House in Cambridge tätig.

2. *Abraham*, d. J., † 24. 3. 1779 Derby. Sohn von 1, Bruder von 3 und 5, Vater des Stukkateurs(?) *James D. d. J.* Arbeitet viell. 1725/26 im Senate House in Cambridge (ansonsten 1). Unter Robert Adam ist er 1759–65 in Kedleston Hall/Derbys. dokumentiert.

3. *James*, d.Ä., auch Architekt, * 1724 Derby, begr. 17. 9. 1780 ebd. Sohn von 1, Bruder von 2 und 5. Nach einer Ausb. beim Steinmetz Salomon Brown wird D. 1748 „Freeman" in Derby. Für Wrightson Mundy entwirft er in der Nähe von Derby das georgian. Landhaus Markeaton Hall (1965 zerst.) und ist ab 1761 unter Robert Adam für die Maurerarbeiten in Kedleston Hall verantwortlich.

4. *Joseph*, † 1728 Derby, Vater von 1.

5. *Thomas*, tätig 1. H. 18. Jh., Sohn von 1, Bruder von 2 und 3. D. ist an den Stuckarbeiten von Yoxall Lodge/ Derbys. beteiligt.

📖 *Colvin*, 1995 (zu 3). – *W. Millar*, Plastering, plain and decorative, Lo. 1897, 20 (zu 1); *Beard*, Georg., 1966, 165 (zu 1); BE, Derbyshire, [2]1978 (Repr. mit Korrekturen 1979); *G. Beard*, Craftsmen and interior decoration in England 1660–1820, Lo. 1981, 256. S. H.

Denston, *James d. J.* cf. **Denston** (Stukkatoren-Fam.)

Denstone → **Denston** (Stukkatoren-Fam.)

Denszler, *Hans Konrad* (1576) → **Denzler** (Goldschmiede-Fam.)

Dent, Kupferstecher in London, fertigte 1765–80 Exlibris. Von einem *D.* stammt der Stich nach dem Selbst-Portr. von William Hogarth (Original in London, Nat. Portr. Gall.). 📖 ThB9, 1913. *I. Mackenzie*, Brit. prints. Dict. and price guide, Woodbridge 1987. – Mitt. Arch. & Libr., Nat. Portr. Gall., London.

Dent, *Aline (Aileen; Aline Rose)*, austral. Malerin, * 1890/91 Deniliquin/N. S. W., † 1979. Großtante von John D. Stud.: 1909–16 NG School, Melbourne, bei Lindsay Bernard Hall, Frederick McCubbin und William Beckwith McInnes (1912 Preis für Zchng; 1913 Preis für Malerei). Mitgl.: 1914–18 Victorian Artists Soc.; 1923–72 Soc. of Women Painters and Sculptors. – Hauptsächl. Lsch., Portr. und Blumenstücke in naturalist. Manier mit nuancierter Farbgebung, geprägt von Hall und Mc Innes. 🏛 MELBOURNE, NG of Victoria. ⊙ *E:* Melbourne: 1921, '28, '30, '35–37, '42, '44, '48 Athenaeum Gall.; 1935–36 Board Room (?); 1937 Victorian Artists Soc. Gall. / 1974 Sydney, Bloomfield Gall. (Retr.). 📖 *McCulloch*, 1968; 1977; I, 1984; 1994; WWArt, 1974; *Burke*, 1980; *Germaine*, 1991. – Cat. of the NG of Victoria, Mb. 1948, 1950; *Campbell*, 1983; 1989; *C. Ambrus*, The ladies' picture show. Sources on a c. of Austral. women artists, Sydney 1984; *H. J. Gibbney/A. G. Smith*, A biogr. reg. 1788–1939, I, Canberra 1987. R. Smith

Dent, *Edward John*, brit. Uhrmacher, * 19. 8. 1790 London, † 8. 3. 1853 ebd. Ausb. in den Wkstn der Brüder Callam und bei Richard Rippon, der ihn in den Mechanismus von Repetieruhren einführte. Als Fachmann auf diesem Gebiet war D. von 1815–29 bei Vulliamy & Son und bei Barraud & Son angestellt; auf eig. Rechnung für die Admiralität, die East India Company und das Observatorium in Greenwich tätig. 1829 führte er eine zweite Kompensation zur Korrektur der Temperaturschwankungen ein. Ab 1830–40 Partnerschaft mit John Roger Arnold (als Arnold & D.), die bes. mit der Entwicklung von Präzisionstaschenuhren erfolgreich war. D. experimentierte mit Stahl-, Gold- und Palladiumfedern, auch mit solchen aus Glas. Ab 1833 Associate des Inst. of Civil Engineers und Vorlesungen in der R. Institution. Während eines Rußlandaufenthaltes 1843 mit einer kaiserl. Gold-Med. geehrt. Im gleichen Jahr gründete D. für die Konstruktion der Turmuhr der R. Exchange (1844 eingebaut) eine Man., deren Produkte mit frz. konkurrieren konnten. 1852 Auftrag für eine Uhr im Glockenturm der Houses of Parliament, die 1854 von D.s Stiefsohn *Frederick D.* (geb. Rippon, † 1860) realisiert wurde. Dieser und ein weiterer Stiefsohn *Richard D.* führten die Fa. unter dem Namen D. weiter. Von dieser ist die mod. Konstruktion einer Schwerkraftuhr bek., bei der anstelle der Kette ein flaches Stahlband Verwendung fand (in 500 Exemplaren hergestellt). 📖 DNB XIV, 1888 (Schriften). – Britten's old clocks, 1973; *J. Abeler*, Ullstein Uhrenbuch, Ffm./B. 1994. K. F.

Dent, *Ferdinand (Franz Ferdinand)*, dt. Freskomaler, * 11. 8. 1723 Kirchen-Hausen, † 1791 Hechingen. Schuf spätbarocke Wand- und Deckenfresken, auch Altarbilder für zahlr. Kirchen im dt. SW. Daneben auch Portr. ⊙ BUCHHEIM, St. Stephan: Altar-Bll., um 1764. BURLADINGEN, St. Georg: Passionsszenen, 1772. EGESHEIM, Pfarrk. Unserer Lieben Frau: Wand- und Decken-Gem. (zus. mit Josef Ignaz Wegscheider). HECHINGEN, Kath. Hospitalkirche zum Hl. Geist, Hochaltar: Ausgießung des Hl. Geistes, Gem., 1779. KILLER, Kath. Filialkirche: Schmerzhafte Muttergottes, Deckenfresken im Chor (Anbetung des Altarsakraments durch die vier Erdteile) und im Langhaus (Mariä Himmelfahrt), 1778. MELCHINGEN, Kirche, Chor: Geburt Christi; im Kirchenschiff Abendmahl, Auferstehung und Ausgießung des Hl. Geistes. NEUFRA, Hl.-Kreuz-Kap.: Hll. Eulogius, Vitus bzw. Wendelin, Seitenaltar-Bilder, um 1760. REICHENBACH am Heuberg, Kath. Pfarrk. St. Nikolaus: Hl. Franz von Sales, Hl. Johannes Nepomuk, Altar-Gem., 1761. RINGINGEN, Kath. Pfarrk. St. Martin: Himmelfahrt Mariä. SALMENDINGEN, Kath. Pfarrk. St. Michael: Geburt Christi, 1770. SPAICHINGEN, Wallfk. auf dem Dreifaltigkeitsberg: Altarbilder, 1765. WEILHEIM, Kath. Pfarrk. Mariä Heimsuchung: Decken-Gem. (Abendmahl, Auferstehung, Pfingsten, Hl. Wendelin), 1769. 📖 ThB9, 1913. – Der Zoller v. 7. 5. und 4. 8. 1931; Zollerheimat 1:1932,20, 27s.; Mitt. des Ver. für Gesch. und Altertumskunde in Hohenzollern 1932 (63) 30–52; Heimatbll. vom Oberen Neckar 9:1932, 1465; Oberndorfer Erzähler 1932 (43); Hohenzoller. Heimat 34:1984 (2) 20- 23; (3) 39–41; *Dehio*-BW II, 1997. M. S.

Dent, *Frederick* cf. **Dent,** *Edward John*

Dent, *Isaac*, brit. Baumeister, Steinmetz aus Rochester. 1771 Wiederaufbau von Watts's Charity (Travellers' House) ebd. nach Plänen des 16. Jh. mit drei gleichhohen Giebeln. Die große Urne in der Spitze des mittleren Giebels ebenfalls von D. 🕮 *Gunnis*, 1968. – BE, West Kent, ^{2}1976. K. F.

Dent, *Joan*, austral. Malerin, Illustratorin, Schriftstellerin, * 1924 Queensland. Mutter der Künstlerin Anna Neville. Stud.: East Sydney Technical College, Sydney. Mitgl.: R. Art Soc. of New South Wales; Austral. Watercolour Institute. War als freiberufl. Illustratorin für Sydney Morning Herald, Austral. Women's Mirror und New Zealand Mirror tätig. Malte Auftrags-Portr., schrieb und illustrierte Kinderbücher. ⊙ *E:* Sydney: Strawberry Hill Gall.; Wardrop Gall.; 1981 Gall. 8; 1982 Q Gall. (mit Anna Neville); 1983 Gall. 460; Wilena Gall.; 1984 Pavan Gall. (mit Anna Neville). 🕮 *McCulloch* 1977; I, 1984; *Germaine*, 1979; 1984; I, 1990; 1991; 1997. – *Campbell*, 1989. R. Smith

Dent, *John (John Harold)*, austral. Maler, Graphiker, * 3. 3. 1951 Penrith/N. S. W. Großneffe von Aline D. Stud.: 1969–73 R. Melbourne Inst. of Technology bei Grahame King, Tate Adams, George Baldessin und James Meldrum. 1973 zus. mit Adams, Baldessin, Jan Senbergs und später Jock Clutterbuck Gründung des Crossley Print Workshop, Melbourne, in dem Rad. und Lith. für führende Künstler Australiens gedruckt werden. Stud. in Europa: 1973–74 St. Martins SchA, London; 1974 Brit. School, Rom. 1974 erforscht er in Spanien und Frankreich graph. Materialien und Techniken. Lehrtätigkeit: 1975 R. Melbourne Inst. of Technology; 1979–82 Prahran College of Advanced Education. 1982 Aufenthalt in New York und Europa; 1983 in Paris am Lacourière-Frélaut Print Workshop und am Atelier Morsang, wo er mit dem Meisterdrucker Jacques Herrera arbeitet. 1986 widmet er sich in Melbourne der Malerei. 1990–91 in Paris und Korsika. 1992 reist D. ausgiebig in Australien (neben Zentral- und S-Australien bes. im n. Arnhem Land). Preise: 1977, '79 Georges Art Prize; 1980 St. Catherine's Art Prize, beide Melbourne. – Die stark europ. Komponente in D.s Malerei und Graphik stammt bes. aus der frz. und ital. Kunst des frühen 20. Jh. (u.a. der Ec. de Paris und bes. von Pierre Bonnard). In D.s Genrebildern und Stilleben findet sich eine lässige, dekorative Eleganz, während sich in neueren Lsch., belebt von verlockender Farbigkeit und Textur, westeurop. und austral. Sichtweisen verbinden. 🏛 ADELAIDE, Univ. of South Australia AG. BALLARAT, FA Gall. BENALLA, AG. BRISBANE, Univ. of Queensland AM. CANBERRA, NG of Australia. – Parliament House. CASTLEMAINE, AG and Hist. Mus. MELBOURNE, Heidelberg Hospital Art Coll. – La Trobe Univ. – Mornington Peninsula AC. – NG of Victoria. – Univ. of Melbourne Art Coll. NEWCASTLE/N. S. W., Region AG. PARIS, BN. SWAN HILL, Regional Gall. of Contemp. Art. WARRNAMBOOL, AG. WELLINGTON/N. Z., Mus. of New Zealand – Te Papa Tongarewa. WOLLONGONG/N. S. W., City Gall. ⊙ *E:* Melbourne: 1976, '79 (mit Rafael Gurvich) Highlander Lane; 1979 (mit R. Gurvich), '82, '84 Stuart Gerstman Gall.; 1989 Realities Gall.; 1992, '98 Lauraine Diggins FA / 1978 Canberra, Susan Gillespie Gall. / 1980 Hobart, Harrington Street Gall. / Sydney: 1981, '84 Rudy Komon Gall.; 1985, '87, '90, '94 Robin Gibson Gall. / 1982 Perth, Greenhill Gall. / 1986 Köln, Gerstman-Abdallah Gall. / 1994 Castlemaine (Vic.), AG and Hist. Mus. (K). 🕮 *McCulloch*, 1977; I, 1984; 1994; *Germaine*, 1979; 1984; I, 1990; 1997. – Twelve Austral. lithographers (K Print Council of Australia), Mb. 1975; Directory of Austral. printmakers, ed. *L. Wood*, Mb. 1976; *L. Wood* (Ed.), Directory of Austral. printmakers 1982, Mb. 1982; *J. McKenzie*, Drawing in Australia, Mb. 1986; *L. Diggins/H. Rayment*, Austral. modernism (K Laurain Diggins FA), Mb. 1992; *A. Long*, The changing face of Melbourne 1841–1993 (K Malakoff FA Press/Charles Nodrum Gall.), Mb. 1993; *S. Grishin*, Contemp. Austral. printmaking, Sydney 1994.
D. E. L. Thomas

Dent, *Richard* cf. **Dent,** *Edward John*

Dent, *Robert Stanley Gorrell*, brit. Radierer, Aquarellmaler, * 1. 7. 1909, † 1984, lebte in Newport/Gwent, 1935 in London, später auf der Isle of Man, zuletzt in Cheltenham. Stud.: Newport School of Arts and Crafts; 1931–33 R. College of Art, London, bei Malcolm Osborn und Robert Austin. 1950–74 Dir. der Cheltenham SchA; 1957–60 im Bildungs-Minist. sowie weitere administrative Tätigkeiten. Mitgl.: 1933 R. College of Art (Associate); 1946 R. Soc. of Painter-Etchers and Engravers; 1953 R. West of England Acad.; 1967 Soc. of Industrial Artists (Associate). Preise: 1933 BI-Stip. für Kpst.; 1935 Rom-Preis. – Von Heimatliebe geprägte Lsch.-Darst., Küstenszenen und Stadtansichten in Aqu. Ca. 30 Lsch. und ländl. Szenen stach D. direkt vor der Natur auf die Platte. Die frühesten Arbeiten entstanden in Monmouthshire und Gloucestershire, u.a. *Elms*, 1933; *Goldcliffe* und *Usk River Mouth*. 17 Stiche wurden zw. 1934 und 1938 in der Publ. Fine Prints of the Year, 1923–38, veröff., darunter *The Hospital Ward* und *The Powder House*. 🏛 LONDON, BM. – V & A. ⊙ *G:* u.a. 1932–65, '81 London, RA / 1935–79 Edinburgh, RSA / 1981 Bristol, R. West of England Acad. 🕮 WWArt, 1972; 1974; 1984; *Johnson/Greutzner*, 1976 (Repr. 1990); *Waters* I, 1975; RoyalAcadExhib II, 1977; GEA, EP, 1985; RSA Exhibitors I, 1991; Brit. printmakers 1855–1955, Devizes 1992; *A. Windsor* (Ed.), Hb. of mod. Brit. paint. 1900–1980, Aldershot 1992. K. F.

Dent, *Rupert Arthur*, brit. Maler, E. 19./A. 20. Jh. in Codsall b. Wolverhampton/Staffs., London, Edinburgh und Cheltenham/Glos. tätig. – Lsch., Genreszenen, Tiere in Öl und Aqu. ⊙ *G:* u.a. 1884–1909 London, RA / 1886–97 Dublin, R. Hibernian Acad. / 1890, '93 Glasgow, GI / 1891, '92 Edinburgh, RSA. 🕮 ThB9, 1913. *Foskett* I, 1972; *Johnson/Greutzner*, 1976; RoyalAcadExhib II, 1977 (s.v. D., Robert Arthur); *Wood*, 1978 (Repr. 1991); RoyalHibAcad I, 1986; *Billcliffe* I, 1990; RSA Exhibitors I, 1991; *Wingfield*, 1992; *McEwan*, 1994.

Dent, *William*, Maler in Irland, * 1816 Cumberland, ab ca. 1840 in Dublin, 1853 dort letztmalig mit Ausst.-Beteiligung erwähnt. – Portr., Lsch. und Stadtansichten von Dublin. ⊙ *G:* 1840–53 Dublin, R. Hibernian Acad. 🕮 *Strickland* I, 1913; *Grant*, Dict., 1952 (s.v. Dent, W.); RoyalHibAcad I, 1986. Ch. R.

Dentamaro, *Antonio*, ital. Bildhauer, * 1929 Bari, † 1961 ebd. Autodidakt. Besuchte Kurse von Vitantonio De Bellis; zeitweilig in dessen Atelier tätig. Figuren und Büsten, häufig in Ton. Zugleich Beschäftigung mit Malerei. ⊙ *E:* 1961 Bari, Gall. Picinni. ▭ *Sorrenti*, 1990.

Dentan, *Georges (Samuel-Georges)*, frz. Maler, * 11. 9. 1869 Marseille. Schüler von Fernand Cormon. – Portr., Genrebilder, Interieurs. ⊙ *G:* 1901–07 (lt. Bénézit: bis 1919) Paris, SAfr. (1904 Mitgl.). ▭ *Camard/Belfort*, 1974; *Bénézit* III, 1976. C. R.

Dentan, *Nepumuk*, österr. Uhrmacher in Wien(?), A. 19. Jh. tätig. ⌂ WIEN, Uhren-Mus.: goldene Taschenuhr mit Figuren. ▭ *Abeler*, 1977. D. T.

Dente → Dento

Dente (Denti), *Girolamo*, ital. Maler, * um 1510 Ceneda/Vittorio Veneto, † vor 1572, im Veneto tätig. Der von Giorgio Vasari später *Girolamo di Tiziano* gen. D. trat um 1520 in die Wkst. Tizians ein und verblieb dort als dessen wichtigster Schüler vermutl. zeitlebens. 1533 erstmals dok. als Mitarb. an den gemalten Imitationen von Marmor an der Orgel des Doms von Ceneda. 1539 wieder in Ceneda erwähnt. Damals entstand vermutl. seine *Muttergottes mit Kind, Hll. Rochus, Sebastian und Stifter Bonetto Sarcinelli* für den dortigen Dom (eine Variante ca. zehn Jahre später für den Bischofssitz in Monópoli), deren Komp. Tizians Pala Pesaro folgte und in der erstmals der für D. char. Verismus zu erkennen ist, der sich später v.a. in dessen zahlr. Portr. zeigt (sogen. *Portr. des Andrea Vesalio* und *Portr. eines Edelmannes mit dreifacher Goldkette*, beide Florenz, Gall. Palatina; *Portr. Philipps II.*, Edinburgh, NG). Wohl 1540–50 sind D.s Hw., die *Vier Jahreszeiten* in Paris (Priv. Slg; vgl. D. von Hadeln, BurlMag 65:1934, 84–89), das eine genaue Kenntnis Michelangelos verrät, und eine *Hl. Fam. mit Stifter* (Dresden, GG AM) zu dat., in denen er zu einem eigenständigen Profil findet. 1543 als Bühnenmaler in Treviso tätig. Seine dort gewonnenen Erfahrungen spiegeln sich in der theaterhaften Komp. seiner großformatigen *Verkündigung* für den Albergo der Scuola Grande von S. Maria della Carità, die er als Pendant zu Tizians Tempelgang Mariae im selben Raum konzipierte (1557 der Bruderschaft von D. angeboten, bis 1561 mit 100 Dukaten bezahlt, 1631 nach dem Brand der Scuola von Domenico Tintoretto rest., heute Pfarrk. von Mason Vicentino) und in der neben mannigfaltigen Einflüssen zeitgen. venez. Kunst von Andrea Palladio bis Lorenzo Lotto wieder D.s Detailtreue in den Portr. der Bruderschafts-Mitgl. auffällt. 1560 lieferte er das *Portr. des Dogen Lorenzo Priuli* für den Dogen-Palast. 1566 beschreibt Vasari sein Treffen mit D. in Tizians Atelier, wo dieser u.a. auch Kopien nach Tizian ausführt (der Auftrag von 1564 für eine Kopie nach dessen Laurentius-Marter im Escorial zerschlägt sich) und vermutl. zus. mit Marco Vecellio und Emanuele d'Augusta nach Tizians Kartons die Fresken (nicht erh.) in der Kirche von Pieve di Cadore malte. Nur urkdl. überliefert sind seine *Hll. Cosmas und Damian* für S. Giovanni Novo in Venedig und sein *Portr. eines Prälaten aus dem Hause Barbaro.* ⌂ ANCONA, PCiv.: Hl. Markus mit Hll. Leonhard und Franziskus, 1540er Jahre. DETROIT/Mich., Inst. of Arts: Nymphe und Satyr. FELTRE, MCiv.: Anbetung der Könige. KASSEL, Staatl. Mus., GG AM: Bildnis einer Frau mit Kreuz und Buch. MEL, Pfarrk.: Hl. Andreas zw. Hll. Sebastian und Rochus, 1540er Jahre. PADUA, Mus. Antoniano: Sacra Conversazione. VENEDIG, Gall. dell'Accad.: Muttergottes mit Kind und Hll., 1559. WIEN, Kunsthist. Mus.: Diana und Kallisto. ▭ ThB9, 1913. *Galetti/Camesasca* I, 1951; DEB IV, 1973; PittItalCinquec II, 1987 (Lit.); DBI XXXVIII, 1990 (Lit.); DA VIII, 1996. – *J. Zarnowski*, Dawna sztuka 1:1938, 107–129; *S. Moschini Marconi*, Opere d'arte del s. XVI (K Gall. dell'Accad., Venedig), R. 1962, 212 s.; *R. Pallucchini*, Tiziano, Fi. 1969, I, 213 s.; *H. E. Wethey*, The paint. of Titian, III, Lo. 1975; *M. R. Fisher*, Titian's assistants during the later years, Diss. New Haven 1958, N. Y./Lo. 1977, 31–42; StoriaArteItal (Einaudi) II, 1979; *F. Heinemann*, in: Tiziano e Venezia. Convegno internaz. di studi (Venedig 1976), Vi. 1980, 434 s., 438; *C. Hope*, ibid., 304; *id.*, Titian, Lo. 1980, 147, 153; *M. Lucco*, in: Sant'Antonio 1231–1281. Il suo tempo, il suo culto, la sua città, Pd. 1981, 47 s.; *G. Fossaluzza*, Arte veneta 36:1982, 131–144; *D. Rosand*, Paint. in Cinquecento Venice. Titian, Veronese, Tintoretto, New Haven/Lo. 1982, 143 s., 236 s.; *J. Schulz*, in: *D. Rosand* (Ed.), Titian. His world and his legacy, N. Y. 1982, 108; *M. Lucco*, in: Le pitt. del Santo di Padova, Vi. 1985; *S. Claut*, Antichità viva 25:1986 (5–6) 16–29; *H. Ost*, Tizian-Stud., Köln u.a. 1992, 126. S. C. M.

Dente, *Marco*, ital. Kupferstecher, * spätes 15. Jh. Ravenna, † 1527 Rom. Von Vasari als *Marco da Ravenna* (Marcus Ravennas) erwähnt. Ab etwa 1515–16 in Rom, dort wahrsch. Schüler des Marcantonio Raimondi. Die früheste Nachricht von der Ermordung D.s beim Sacco di Roma 1527 stammt von Vincenzo Carrari (Leichenrede auf den Ravennaten Luca Longhi, 1580; vgl. Chastel, 1983). D. sign. seine Stiche mit einem Monogr. aus den Buchstaben R und S (= Ravennas sculpsit) bzw. aus D und R (= Dente Ravennas). Nur ein einziges Bl., die *Laokoonstatue* (Bartsch 353), ist mit dem ausgeschriebenen Namen MARCUS RAVENAS bezeichnet. Die vermutl. Lehre bei Raimondi und Tätigkeit in dessen Wkst. ergibt sich aus der engen Verwandtschaft von D.s Stil mit demjenigen Raimondis. Von Bartsch wurden die Stiche mit den Monogr. D.s und des Agostino Veneziano noch als Produkte unbek. Wkst.-Genossen des Raimondi rubriziert. Erst Passavant hat die Werke beider Künstler zu trennen versucht. Anders als im Fall von Agostino kennen wir keine Arbeiten D.s aus der Zeit vor seinem Kontakt mit Raimondi. Die Aufgabenverteilung und genaue Rolle D.s innerhalb der von Raimondi dominierten röm. Druckproduktion ist nicht geklärt. Für einige Kupfer D.s, die trad. als Kopien nach Stichen von Raimondi galten, wird inzwischen erwogen, ob nicht umgekehrt Raimondi ein Werk D.s kopiert habe (z.B. die *Zwölf Apostel* und die *Madonna mit dem langen Schenkel*, Bartsch 57 und 58). Das Themenspektrum D.s besteht größtenteils aus Inventionen Raffaels und aus – manchmal Fehlendes ergänzenden – Wiedergaben antiker Skulpt. und Reliefs. Die von D. gestochenen Sujets nach Raffael basieren auf Zchngn des Meisters, die dieser – oft Jahre nach ihrem

Gebrauch als Vorarbeiten für Fresken oder Gem. – D. zur Verfügung stellte; darunter sind Studien für die Stufetta des Kardinals Bibiena und für die Vatikan. Loggien. D. dürfte bei der Übersetzung der Zchngn in den Stich Elemente wie die (oft an Dürer erinnernden) Landschaftshintergründe aus eigenem Antrieb hinzugefügt haben. D.s *Allegorie der Stärke* (Bartsch 395, monogr.) folgt im Gegensinn einer von Oberhuber Raffael zugeschr. Zchng in Haarlem. Die Antikenstiche D.s, darunter der *Marc Aurel* (Bartsch 515), basieren zum Teil wohl auf eig. Zchngn, wie der sog. *Thron des Neptun*, ein röm. Basrelief mit drei Putten in S. Vitale in Ravenna (Bartsch 242, monogr. und 1519 dat.), dessen Abb. man als stolzen Hinweis D.s auf seine Heimatstadt verstehen muß. D.s Meisterwerk, die Darst. des in Aeneis 5, 368ff. beschriebenen *Zweikampfs zw. Entellus und Dares* (Bartsch 195, monogr.), folgt in den Oberkörpern der beiden Figuren einem antiken Relief, das sich heute in den Vatikan. Mus. befindet. Wahrsch. hat D. eigenständig die auf der Vorlage fragmentierten Körper ergänzt und im Hintergrund die Szenerie des ruinösen Kolosseums hinzugefügt. Wegen seines *Laokoon* (Bartsch 353) wird D. von Anton Francesco Doni in einem Brief an Enea Vico (Bottari, Lettere pitt., III, Mi. 1822, 350, Nr 167) als einer der bedeutendsten Kupferstecher überhaupt gerühmt. Während D.s Stich *I Scheletri* (Bartsch 425) als variierende Kopie des 1518 dat., größerformatigen Stichs von Agostino Veneziano nach Vorlage von Rosso Fiorentino anzusehen ist, folgt D.s *Kindermord von Bethlehem* (Bartsch 21, monogr., undat.) gleichseitig einer Zchng von Baccio Bandinelli, die sich in Chatsworth erh. hat. 🕮 ThB9, 1913. *Nagler*, KL VII, 1839; *Nagler*, Monogr. II, 1860, 2373; IV, 1871, 3468, 3470; DEB IV, 1973; DBI XXXVIII, 1990 (Lit.); DA VIII, 1996. – *Vasari*, ed. *Milanesi*, V, 1880, 414; *G. de Rossi*, Historiae Ravennatum libri IX, Ve. ^{2}1592, 692 (Hinweis auf den Tod D.s im Sacco; in der 1. Aufl. 1572 noch nicht erw.); *Bartsch* XV, 1813; *Passavant* I, 1860, 249; VI, 1864, 67; *P. Kristeller*, JbPrKS 11:1890, 242–248; *K. Oberhuber*, Renaiss. in Italien. 16. Jh. (K Albertina), W. 1966, 107–109; *A. Krug*, Städel-Jb. 5:1975, 31–36; *K. Oberhuber* (Ed.), The works of Marcantonio Raimondi and of his school, N. Y. 1978 (The ill. Bartsch, 26–27); StoriaArteItal (Einaudi) II, 1979; *A. Chastel*, The sack of Rome, 1527, Pr. 1983, 170, 274, Anm. 56; Fürstenhöfe der Renaiss., Giulio Romano und die klass. Trad. (K), W. 1989; *D. Landau/P. Parshall*, The renaiss. print, New Haven/Lo. 1994, 120–146, 284–309; *D. Franklin*, Rosso in Italy, New Haven/Lo. 1994, 113; *K. Oberhuber* (Ed.) /*A. Gnann* (Kat.), Roma e lo stile classico di Raffaello (K Mantua/Wien), Mi. 1999, 97, 105–107 et passim; *M. Hall*, After Raphael. Paint. in Central Italy in the sixteenth-c., C. u. a. 1999, 2.

E. Leuschner

Dente, *Nicola (Niccolò*; gen. Cervo), Bildhauer in Dalmatien, viell. aus Venedig stammend. Schuf um 1372 das Hauptportal der Dominikanerkirche in Traù (Trogir). Die Lünette zeigt die Madonna mit Kind zw. der hl. Maria Magdalena und dem sel. Bischof Agostino Casotti, an dessen Seite die winzige Gestalt seiner Schwester Bitkula, der Stifterin. Das mit MA(G)ISTER NICOLA – DE(N)TE DITO CERVO – D(E) VENEZIA FECIT – HOC OPUS sign. Hochrelief verrät in der plast. Bearbeitung eine stilist. retardierende geringe künstler. Qualität. Aufgrund des ähnl. Stils schreibt Fisković (1962) D. die Skulpt. *Thronende Gottesmutter mit Kind* in der Kirche Hl. Jungfrau von Poišan in Spalato (Split) zu. Die gleiche robuste Modellierung zeigt auch die Statue des *Hl. Stephanus*, dat. 1355, ehem. an der Fassade der Friedhofskirche (zerst.) in der Nähe des Hafens von Spalato. Die Annahme, D. sei mit Niccolò da Venezia ident., der ab ca. 1391 am Bau des Mailänder Doms wirkte, muß lt. Kečkemet (DBI) verworfen werden; dagegen ist eine Identität mit dem 1377 in Spalato erw. *Nicola taiapiera* möglich. 🕮 LEJ I, 1984 (Lit.); DBI XXXVIII, 1990 (Lit.); HBL III, 1993 (Lit.). – *C. Fisković*, Prilozi povijesti umjetnosti u Dalmaciji 14:1962, 63–78. Ch. N.

Dentel (Dendel; Dentell; Tentelen; Thendel), *Niclas (Nicolaus)*, Maurer, Steinmetz, Baumeister aus Süddeutschland, 1667 Bürger in Volkmarsen/Westf. 1652–58 Parlier von Hans Degen am Umbau von Schloß Iburg. Errichtete 1663–69 zus. mit Bonitius von Trier das Herrenhaus Melschede in Hövel (ebd. Pläne erh.). Als Steinmetz- und Maurermeister 1667 am Schloßbau in Hirschberg und 1667/68 in Melschede tätig. 1667–71 Bauleiter am Langhaus der Klosterkirche in Corvey. Führte 1671 das Portal der Galenschen Kap. in Münster aus. 🕮 *M. Pieper-Lippe/O. Aschauer*, Westfäl. Forsch. 20:1967, 133 s., 137 s. (Quellen); *Dehio*-Westfalen, 1969; *H. Claussen*, Kloster Corvey, M./B. 1985 (Große Baudenkmäler, 364). D. T.

Denth, *Leonhard (Linhart)*, Maler aus Rotterdam, 1659–73 in Prag tätig. 1671 zum Ältesten der Malerzunft in Prag I gewählt. 🕮 *Toman* I, 1947. B. K.

Denti, *Giacomo*, ital. Goldschmied aus Messina, dok. 1573–83. Tätig in Patti/Messina, wo er für die Chiesa Madre eine silberne Coutodia mit einem Kruzifix (1573), zwei silberne Altarleuchter ähnl. denen im Konvent S. Domenico (1583) und v.a. ein prächtiges Prozessionskreuz (dat. 1575) arbeitete, das stilist. in der Nachf. des Giovanni Angelo Montorsoli steht. 🕮 *Accascina*, Oreficeria, 1976, 230, Abb. 142. E. K.

Denti, *Girolamo* → **Dente,** *Girolamo*

Dentice, *Domenico*, ital. Maler, tätig 2. H. 17. Jh. in Neapel. Lt. De Dominici angebl. Schüler des Salvator Rosa; wohl eher neapolitan. Nachahmer der Lsch.-Malerei S. Rosas. 🕮 ThB9, 1913. – *B. De Dominici*, Vite d' pittori, scultori, ed architetti napoletani (...), III, N. 1745, 253. A. St.

Dentice, *Orazio* cf. **De Fazio,** *Giuliano*

Dentigny, *Henriette* (geb. Nolet), frz. Malerin, * 1824 Paris, lebte dort. Schülerin von Léon Cogniet. – Portr., Interieurs, Genreszenen. ⊙ *G:* 1849–68 Paris, Salon (bis 1857 unter Nolet). 🕮 ThB9, 1913. *Bellier/Auvray* I, 1882.

Dentinger, *Jean*, frz. Illustrator, Schriftsteller, Komponist, * 6. 11. 1937 Strasbourg. Stud. (Kunst-Gesch.) in Basel und München. Schrieb und illustrierte u.a. *Bunte Blätter*, 1972; *Elsäss. Liederbuch*, 1981; *Légendes et Hist. d'Alsace* (zweisprachig), 1983. D. beteiligte sich an der Anthologie „Poètes et Prosateurs d'Alsace“ von

Georges Holderith. Mitgl.: Soc. des Ecrivains d'Alsace et de Lorraine. 🕮 *Bauer/Carpentier* I, 1984. C. R.

Dentler, *Max*, dt. Maler, Graphiker, Aktionskünstler, * 25. 2. 1919 Pforzheim, † 6. 8. 1997 Reutlingen. Stud.: Bad. KGS; Goldschmiedeschule Pforzheim; ABK Stuttgart. Expressive, stark abstrahierte Arbeiten in Öl, Mischtechnik, Collage, Lith., Hschn.; auch Metalldruck und Gebrauchsgraphik. 🏛 KARLSRUHE, Reg.-Präsidium. REUTLINGEN, Stadt. TÜBINGEN, Reg.-Präsidium. 🕮 Künstler-Verz. BW III, 1982; *Nagel*, 1986. – Kunstförderung des Landes BW, Erwerbungen 1989-93. – Mitt. der Witwe. M. S.

Dentler, *Rudolf*, dt. Goldschmied, Schmuckgestalter, * 18. 12. 1924, lebt in Ulm. Stud.: Pforzheim, Zürich. Mehrfach ausgezeichnet. Zahlr. öff. Aufträge (Bürgermeisterketten; Sakralarbeiten). Gestaltet Schmuck-Bilder, auch Collagen und Graphik in Silber, Bronze, Gold. 🏛 FRANKFURT am Main, Stadt. STUTTGART, Landesgewerbeamt. 👁 G: 1962 London, Internat. exhib. of mod. jewellery 1890–1961 (K) / 1975 Belgrad: Die BDR zeigt Goldschmiedekunst. 🕮 Künstler-Verz. BW III, 1982. – *G. Hughes*, Mod. silver troughout the world 1880–1967, Lo. 1967. M. S.

Dento (Gavdento [Gaudencius?]), Baumeister in Istrien. 1425 baute er auf Bestellung von Petar Beračić in Gračišće (Istrien) auf dem zentralen Pl. die Marienkirche, wie eine lat. Inschr. an der Fassade bezeugt. An der Kirche mischen sich mediterrane (von Spitzbogen überwölbter einfacher quadrat. Raum) und got. Elemente des Nordens (Profilierung der Öffnungen). 🕮 LEJ I, 1984 (s.v. Dente); HBL III, 1993. P. Marković

Denton, *Chris (Christopher)*, austral. Graphiker, * 1950 Birmingham/Großbritannien. Ging 1979 nach Australien. Stud.: 1982 Canberra SchA bei Jörg Schmeisser. 1988–94 Graphiker im Studio One Printmaking Workshop ebd. 1994 Arbeitsaufenthalt in den Rigalto Studios und der graph. Wkst., Perugia. – Hauptsächl. Rad. und damit verwandte Techniken, z.B. Metallstich als Mehrfarbendruck, mit beziehungsreicher Bildwelt zu metaphys. und der Wiss. nahestehenden Themen. 🏛 BRISTOL, Off-centre Gall. CADAQUES/Spanien, Taller Gal. Fort. CANBERRA, NG of Australia. – Nat. Libr. of Australia. CHAMALIERES/Frankreich, Assoc. MAC. MILDURA, AC. NARACOORTE, Regional Gall. PERUGIA, Rigalto Studios. SURFERS PARADISE, Gold Coast City AG. WARRNAMBOOL, AG. 👁 *E:* 1989 Canberra, Dorette's Bistro / Bowral (N. S. W.), Jan Jones Contemp. Art / 1994 Cadaqués, Taller Gal. Fort / 1995 Melbourne, Editions Southbank Gall. 🕮 *Germaine* I, 1990; 1997. – Directory 1988. Austral. artists producing prints, ed. Print Council of Australia, Mb. 1989; *S. Grishin*, Austral. printmaking in the 1990s. Artist printmakers 1990–1995, Sydney 1997. R. Smith

Denton, *John*, austral. Architekt, * 1. 11. 1945 Fiji. Stud.: bis 1968 Univ. of Melbourne (gemeinsam mit Bill Corker und Barrie Marshall). Planungsarchitekt bei Earle Shaw and Partners, Melbourne. 1972 ebd. Mitbegr. des Büros Grahame Shaw, D. and Corker, dem sich noch 1972 Marshall und der Lsch.-Architekt Andras Kelly anschließen. Ab 1975 D. Corker Marshall, Melbourne, später auch mit Büros in Canberra, Ho Chi Minh-Stadt, Hongkong, Djakarta, London, Singapur, Sydney und Warschau. – Weniger auf Individualität der Partner bedacht, entstehen die Entwürfe als kollektive Arbeiten des Büros. V.a. große institutionelle Gebäude und Hochhäuser für Korporationen im urbanen Kontext, daneben aber auch Innen-Archit. und Lsch.-Gestaltung. Bes. Wert liegt auf formalen und räuml. Elementen unter Verwendung trad. wie auch innovativer Motive. 🏛 *(z.T. preisgekrönt vom R. Austral. Inst. of Architects)* BEIJING: Austral. Botschaft, ab 1982. CANBERRA, Austral. War Memorial: Verwaltungsgebäude, 1989. MELBOURNE: Civic Square, 1976–80 (inzwischen völlig neu gestaltet). – Armadale: Wohnungsbauten Tillotson Terrace, 1985. – Geschäftsgebäude 101 Collins Str., 1987. – Southbank Promenade, 1987. – Monash Univ.: Caulfield Campus, erste Bauphase, 1990. – South Melbourne: Melbourne Exhib. Centre, 1996 (1994 als Mus. of Victoria beg.). – Carlton: Mus. of Victoria, ca. 1996. TOKIO: Austral. Botschaft, ab 1987. 🖂 The reconstruction of the Austral. city, Mb.(?) 1986; Austral. embassy, Tokyo, Mb. 1991. 🕮 Austral. architects 3, ed. R. Austral. Inst. of Architects, Canberra 1987; *J. Taylor*, Austral. archit. since 1960, Canberra 1990; *G. Jahn*, Contemp. Austral. archit., Sydney 1994; Contemp. Australians 1995–96, Mb. 1995; Aardvark. A guide to contemp. Melbourne archit., Mb. [3]1997; *N. Quarry*, Award winning Austral. archit., Sydney 1997. R. Smith

Denton, *Kenneth (Kenneth Raymond)*, brit. Maler, * 20. 8. 1932 Chatham/Kent, tätig in King's Lynn/Norfolk. Stud.: Rochester SchA (mit Stip.); Medway College of Art bei David Mead. Als Innengestalter und Schildermaler tätig, ab 1967 freischaffend. 1976 Mitgl. R. Soc. of Marine Painters. – Marinen und Lsch. in Öl. 👁 *E:* 1982, '85 Polegate (Sussex), Folkington Manor. 🕮 WWArt, 1984; *Archibald*, 1989; *Spalding*, 1991.

Denton, *Patry (Pat)*, US-amer. Malerin, Collage-Künstlerin, * 20. 7. 1943 Scottsbluff/Nebr., lebt in Lakewood/Colo. 1960 Teiln. an der Art Students Tour durch Europa. Stud.: 1961 Univ. of Kansas, Lawrence; 1962 Univ. of Denver, Denver/Colo.; bei Alex Powers, Don Andrews, Mary Todd Beam u.a. Ab 1972 Lehrtätigkeit an zahlr. Einrichtungen in Colorado, Wyoming und Nebraska. – Bis 1972 Arbeiten in Öl und Pastell mit Motiven aus der Natur. Danach bevorzugt Aquarelle (Florales, Stilleben, Lsch., Portr. und metaphor. Darst.) mit ausgeprägtem Sinn für Farbe, Proportionen und Textur sowie meisterhafter Komp. und Behandlung des Lichts. In den 90er Jahren entstanden infolge von Experimenten mit Texturen die sog. Murmelcollagen in Acryl, die bes. Kontraste zw. dem glatten Glas der Murmeln und der rauhen Struktur des Untergrunds sowie zw. Opakem und Transparentem betonen. 🏛 BOULDER, Synergen, Inc. DENVER, United Banks of Colorado. DUBOIS/Wyo., Wind River Coll. LUBBOCK, Texas Technical Univ. AM. ST. LOUIS/Mo., Hospital Building and Equipment. 👁 *E:* u.a. 1975, '81, '90 Scottsbluff, West Nebraska AC / 1974, '78 Golden (Colo.), Foothills AC. 🕮 WWAA, 1980–1997/98; *Krantz*, 1985. – *M. Mitchell*, Amer. artist 57:1993 (608) 30–33. Ch. R.

Denton, *Terry (Terence James)*, austral. Illustrator, Zeichner, Schriftsteller, Designer, Animationszeichner, Maler, Graphiker, * 26. 7. 1950 Melbourne, lebt in Mornington/Vic. Stud.: Univ. of Melbourne (Archit.). Arbeitet zunächst für Architekten und als Zeichner. D. gehört zum Konzeptionsteam für das Kinderfernsehprogramm „Liftoff" der Austral. Broadcasting Corporation, für das er auch Kulissen und Puppen entwirft. Ab ca. 1975 ist er in den Bereichen von Animation, Rad. und Malerei (diese betreibt er auch als Hobby) tätig, später konzentriert er sich auf die Zchng und wird als Illustrator bek. (bes. Kinderbücher). Zunächst von einem Verlag für Lehrbücher beschäftigt, illustriert D. u.a. Schul-Zss. für das Education Dept. of Victoria, aber auch Bücher, u.a.: *Going Bananas* von Max Dann (Mb. 1983); *The Story of Imelda, who was small* von Morris Lurie (Mb. 1984); *A Teddy Bear's Picnic* (Mb. 1986); *Ten Monster Islands* von Doug MacLeod (Adelaide 1987); *Mr Plunkett's Pool* von Gillian Rubinstein (1992); *Spooner or Later* (Mb. 1992), *Duck for Cover* (Mb.? 1994) und *Freeze a Crowd* (Mb. 1996) von Paul Jennings und Ted Greenwood; *The Paw* von Natalie Jane Prior (Sydney 1993); *Dreaming of Antarctica* von Jane Godwin (Mb. 1997). Preise: 1987 Amer. Fam. Choice Award; 1989 Red Book Award (USA); 1992 zwei Austral. Book Publishers' Assoc. Awards; 1993 Austral. Multi-Cult. Book of the Year; 1994 Children's Book Council Honour Book; 1994 Young Australians Best Book Award. Ill. v.a. mit Tinte und Aqu. ✉ *(alle mit eig. Ill.)* Flying mum, Mb. 1984; Felix and Alexander, Mb. 1985 (1986 Book of the Year, Children's Book Council); At the Café Splendid, Mb. 1987; Home is the sailor, Mb. 1988; The school for laughter, Mb. 1989; Gasp!, Mb. 1995. 📖 *W. McVitty*, Authors and illustrators of Austral. children's books, Sydney 1989; Contemp. Australians 1995–96, Mb. 1995; *S. Scobie*, The Dromkeen book of Austral. children's illustrators, Gosford 1997. R. Smith

Denton, *W.*, Miniaturmaler in London, 1792–95 mit Portr.-Min. bei den Ausst. der RA vertreten. 1905 wurde bei Hodgkins die Portr.-Min. *Miss Mary Vincent*, sign. W. Denton, 1789, gezeigt. 📖 ThB9, 1913. *Foster*, 1926; *Schidlof* I, 1964.

il **Dentone** (1498) → **Rubino,** *Giovanni*

il **Dentone** (1575) → **Curti,** *Girolamo*

Dentone, *Antonio* cf. **Bregno,** *Antonio*

Dentone, *Costantino*, ital. Bühnenbildner, Maler, Zeichner, * 27. 4. 1811 Genua, † 20. 5. 1894 ebd. Stud. an der Accad. Ligustica, ebd.: 1828 Malerei bei Michele Canzio; 1831–32, '40–41 Scuola di Ornato. 1828 am Teatro Carlo Felice, ebd., Szenografie-Gehilfe von Canzio; 1841–42 verantwortl. für die Ausf. von dessen Entwürfen; 1845–56 Bühnenbildmaler zus. mit Candido Leonardi; 1850 wird D. zus. mit den Leonardi, Vincenzo Baldini und Carlo Mocafico Nachf. von Canzio als Bühnenbildner. 1859 Mitgl. der Accad. Ligustica, Classe di Ornato. D. arbeitet auch als Dekorations- und Freskenmaler, teils unter Canzio, teils allein. Malt auch Aqu.-Veduten. 🏛 GENUA, Pal. Bianco: Zchngn. – S. Caterina da Genova: monochrome Malereien. – Teatro Carlo Felice, Arch.: Zchngn zu Aida, 1876. 📖 *Comanducci* II, 1971; *Beringheli*, 1991. – *Alizeri*, 1866, 472; *id.*, Guida ill. del cittadino e del forastiero ..., Ge. 1875, 261; *G. Ferrari*, La scenografia, Mi. 1902, 234; *M. Labò*, Mostra di pitt. ligure dell'Ottocento (K), Ge. 1926, 30; *V. Rocchiero*, Scuole, gruppi, pittori dell'Ottocento ligure, R. u.a. 1981, 555; *C. Di Fabio*, in: Il Teatro Carlo Felice di Genova (K), Ge. 1985, 116, 139–141, 145. M. Angiolillo

Dentone, *Domenico*, ital. Maler in Genua. 1791 mit Giacomo Picco Ausf. der Quadraturmalereien als Rahmungen für die Decken-Gem. (u.a. *Krönung Mariens*) von Carlo Giuseppe Ratti im Santuario di Nostra Signora delle Grazie in Sori, 1792 montiert. Ab 1800 Lehrer an der Accad. Ligustica. 📖 ThB9, 1913. – *M. Staglieno*, Mem. e doc. sulla Accad. Ligustica, Ge. 1862; *R. Collu*, Carlo Giuseppe Ratti, Ge. 1983. S. P.

Dentresque, *Henry*, Historienmaler in Bourges, um 1420 Hofmaler des Duc de Berry, 1423 am kgl. Hof. 📖 ThB9, 1913. – *Troescher*, Malerei, 1966.

Dents, *Bartomeu*, katalan. Messinggießer (mestre courer) in Barcelona, fertigte um 1659 die bronzenen Türen der Grabkammern derer von Cardona im Zisterzienser-Kloster Poblet; 1664 schuf er die Gitter für die beiden Bögen nächst dem Hauptaltar der Klosterkirche. 📖 *Ràfols* I, 1951. W. H.

Dentschev, *Koju* → **Denčev,** *Koju*

Dentz, *Else* cf. **Winkler-Dentz,** *Hans*

Dentze → **Denzel** (Maler- und Goldschmiede-Fam.)

Dentzel → **Denzel** (Maler- und Goldschmiede-Fam.)

Dentzel, *Franz* cf. **Denzel,** *Franz*

Dentzel, *Johann Michael* → **Daenzel,** *Johann Michael*

Dentzl → **Denzel** (Maler- und Goldschmiede-Fam.)

Denuc, frz. Maler, Zeichner, Marineoffizier, um 1850–62 Aufenthalt in Uruguay; ansonsten wahrsch. in Paris tätig. 🏛 MONTEVIDEO, Mus. y Arch. Hist. Mpal: Soldado de Regimiento, Aqu., dat. 1850; Montonero de Maldonado, Feder-Zchng, koloriert. 📖 EAAm I, 1968. R. T.

Denuelle, *Alexandre Dominique*, frz. Dekorationsmaler, Innenarchitekt, * 13. 3. (nicht 18. 3.) 1818 Paris, † 4. 12. 1879 Florenz. Sohn von Auguste-Dominique D. (* um 1789), Betreiber eines Malerbetriebs, Enkel des Bauunternehmers Jean-Gabriel Michau (* um 1766), Neffe des Architekten *Alexandre-François-Louis D.* (* ca. 1780). Ab 1837 Mitarb. des Dekorationsmalers Bin bei Deckenmalereien in den Salles des Croisades im Schloß von Versailles. Anschl. bis 1842 Ausb. als Maler bei Paul Delaroche, als Architekt bei Jacques Félix Duban. In dessen Umkreis findet D. Freunde, die späteren Mitarb. Charles Auguste Questel, Jacques-Jean Esquié, Charles Chauvin, Hippolyte und Paul Flandrin. 1841 unter Ltg von Duban an der Ausgestaltung des großen Salons und des Treppenhauses im Schloß von Dampierre beteiligt. 1842/43 Italienreise (Assisi, Caprarola, Cornetto, Florenz, Metaponto, Monreale, Neapel, Palermo, Perugia, Pisa, Pompeji, Portici, Prato, Ravenna, Rom, Venedig, Verona). Auf Vorschlag von Augustin Nicolas Caristie erhält D. am 15. 5. 1844 von der Comm. des Mon. hist. den Auftrag zur systemat. Erfassung der Gem. in den Kirchen von Tournus, Saint-Chef/Isère und Villeneuve-lès-

Avignon. 1846 von der Direction des travaux de Paris mit seiner ersten Orig.-Dekoration für eine Apsis-Kap. der dortigen Kirche St-Merry betraut. Am 15. 8. 1846 zus. mit H. Flandrin Auftrag der Stadt Nîmes zu dekorativen Malereien in der Chor-Kap. der von Questel erb. Kirche St-Paul (1848/49). Ab 1847 mehrmals in Avignon, um die Gem. im Pal. des Papes zu registrieren (bis ans Lebensende forscht D. zu deren Herkunft). 1848 Auftrag von Victor Baltard zur Ergänzung der Arbeiten von H. Flandrin im Chor der Pariser Kirche St-Germain-des-Prés. In Anerkennung der erfolgreichen Tätigkeit in Nîmes erhält D. am 26. 11. 1855 zus. mit H. Flandrin den Auftrag zur Dekoration des Chors im Münster von Strasbourg (Architekt Gustave François Klotz; Mai 1877 bis Juli 1879 teilw. ausgef., der Teil von Flandrin bleibt im Entwurfsstadium). Ab 1849 folgen Aufträge von Duban für den Louvre. Zus. mit Eugène Emanuel Viollet-le-Duc trifft D. Vorbereitungen für die Feierlichkeiten zur Vermählung von Napoleon III. (1853). 1854 in der Kathedrale von Amiens tätig. 1859 Ritter der Ehrenlegion. 1865 Emailmalereien in der Pariser Kirche St-Merry. 1871 in die Comm. des Mon. hist. berufen. Am 17. 7. 1874 Offizier der Ehrenlegion. Eine langwierige Krankheit zwingt D. zur Aufgabe seiner Arbeiten mit Ausnahme der in Strasbourg und der Untersuchungen zu den Fresken im Pal. des Papes. Am Lebensende Beschäftigung mit angew. Kunst (1877 Mitgl. der Comm. de la Man. des Gobelins, 1878 Jury-Mitgl. und Präs. der Abt. Angew. Kunst bei der Pariser WA). D. stirbt in Florenz bei Nachforschungen zur toskan. Malerei aus der Zeit vor der Renaiss. im Rahmen der Aufgaben für den Pal. des Papes. – D. gestaltet dekorative Malereien, stellt WV zus. und restauriert ma. Fresken mit Unterstützung der Mitarb. seiner Wkst., unter ihnen viele Schüler, wie Charles Joseph Lameire, Lucien Régoin und Gélot (letzter Wkst.-Leiter). Die Mannigfaltigkeit der Vorhaben verweist auf Vielseitigkeit und eine selten anzutreffende Virtuosität bei der Anwendung zahlr. Stilrichtungen: in der Kap. des Asile d'Aliénés von Charenton malt er nach etrusk. Vorbild, in Amiens gotisch, im Pariser Hôtel de Lassay im Stil der Régence und in der Marien-Kap. der Kathedrale von Toulouse in einer Fra Angelico nahestehenden Manier. Durch die Möglichkeit, ab 1844 für die Comm. des Mon. hist. zu arbeiten, entwickelt sich D. zum Spezialisten für ma. frz. Malerei; er hinterläßt ein bed. Verz. und Ber. zu gefährdeten und wiederentdeckten Fresken wie auch zahlr. eigenhändige Werke, die sein Einfühlungsvermögen zeigen. Die eig. dekorativen Malereien wirken dagegen recht konventionell, denn sie sind v.a. von Architekten geprägt, die um ein kohärentes Werk bemüht sind. So spiegeln D.s dekorative Arbeiten im Wohnbereich v.a. die Empfehlungen der ab dem 2. Kaiserreich zur Innenausgestaltung ersch. Publ. wider (bes. von César Denis Daly). Mit den Gem. für sakrale Einrichtungen artikuliert D. den Wunsch, an ma. Vorbilder anzuknüpfen, und will zugleich die größten Diskrepanzen zur mit eingeschlossenen Historienmalerei mildern. Sein Vorzug besteht in der Fähigkeit, sich mit gleichbleibendem Erfolg und sorgfältiger Faktur an alle gestellten Aufgaben anzupassen. 🏛 *Eig. dekorative Malereien:* AMIENS, Kathedrale, Kap. Ste-Theudosie, 1853/54. BIARRITZ, Villa impériale, Kap., 1864. BIRMINGHAM, Oratorium. BORD/Creuse, Schloß-Kap. BORDEAUX, Pal. de Justice, Plafond im 1. Raum, Second Empire. – Eglise Notre-Dame; Kathedrale St-André: zwei Kap., u.a. die Kap. St-Joseph, 1868/69. CHANTEMERLE, Schloß-Kap. CHARENTON/Val-de-Marne, Anstalts-Kap., 1846. CHEVRY-EN-SEREINE/Seine-et-Marne, Schloß-Kap., um 1860. CLARENS/Hautes-Pyrénées, Château des Crêtes, Speisesaal, Salon, Billardzimmer, Raucherzimmer. COURSON/Essonne, Schloß. CROISSY-SUR-SEINE/Yvelines, Villa, zwei Salons, Speisezimmer, Treppenhaus, um 1875. DAMPIERRE, Schloß. FONTAINEBLEAU, Schloß, Gal. des Fastes: Plafond, 1866/67. GISORS, Hospiz-Kap., 1861. GRENOBLE, Mus.-Bibl.: gesamte Ausgestaltung, 1868/69. – Präfektur, Salons und Appartements, 1865–67. LIMOGES, Kathedrale, Marien-Kap., 1859; Kap. St-Martial, 1863/64. LYON, Rathaus, Südsalons, 1857/58; Nordappartement, 1857–60; Wappensaal, 1863; Schöffensaal, 1865. – Pal. du commerce et de la bourse: Großer Saal; Börsenmaklersaal, 1861/62. – Kirche St-François. – Kirche St-Irénée, Krypta. – Kirche St-Martin-d'Ainay, Chor, 1855. – Kirche St-Polycarpe, 1859. – Ec. vétérinaire, Kap. MAINTENON, Schloß, Gal. des Maréchaux. MARSEILLE, Villa Roche-Blanche, Kap. NARBONNE, Mus., Großer Saal. NIMES, Kirche St-Paul. NOISIEL, Schlößchen Menier, Kap. PARIS, *Kirchen:* St-Merry, Apsis-Kap., 1846/47, Tabernakel, Retabel, 1865; St-Vincent-de-Paul: Halbkuppel, 1848–53; St-Germain-des-Prés, Schiff, Querschiff, Chor, 1849–62; Notre-Dame (zur Vermählung von Napoleon III. 1853 und zur Taufe des kaiserl. Prinzen 1856); St-Eustache, Marien-Kap., 1855–57; St-Séverin, die Kapellen St-Séverin und St-Jean, 2. Nord-Kap., 1856; Ste-Clotilde, Marien-Kap., die Kapellen St-Joseph, St-Rémy, St-Louis und Ste-Croix, Sakristeien, zwei Kap. in den Seitenschiffen, Bilderrahmen, Dekoration der Altäre und steinfarbene Ausgestaltung des gesamten Innenraums, 1856–58; St-Germain-l'Auxerrois, Wölbungen, Bilderrahmen in der Chap. des Apôtres und Dekoration des Zifferblatts der Uhr im Querschiff, 1857; St-Gervais, Kap.; St-Leu, Bilderrahmen, 1857; St-Sulpice, die Kapellen St-Denis, St-Vincent-de-Paul, Sts-Anges, St-François-de-Sales, St-François-Xavier, 1859/60; Ste-Trinité: allg. Ausgestaltung, 1864–67; St-Augustin: Kuppel, 1867; St-François-Xavier, Wölbungen, Kuppel, Marien-Kap., Glasfenster der Emporen, 1867–74; Notre-Dame de la Gare: gesamte Ausgestaltung, 1872. – Pal.-Royal, Kap. und Oratorium von Clotilde Napoléon, 1862. – *Hôtels:* d'Aligre; van Blarenbergh, Kab.; Duchâtel; Fleury; Adolphe Fould, Boudoir; Froment-Meurice, Salon; Garfunkel, Bilder-Gal.; Georges, Speisezimmer; Landolfo-Carcano, 1867; Gunzbourg, drei Salons, Gal., 1868–70; de Lassay, Speisezimmer; Lehman, Speisezimmer; Millaud; du duc de Padoue, Zimmer, Kab.; Pereire; Rattier; La Rochefoucauld-Bisaccia; Schneider, Salon; Sommier, Tolstoï; la Trémouille; Vogüé; Rue de Berry, Speisezimmer. – Mus. de Cluny: Dekoration der Säle sowie der Fenster- und Türrahmungen; Schutz der Außen-Skulpt. durch eine kieselartige Hülle, 1863–69. – Pal. de Justice, zwei Tagungsräume, Auftrag Aug. 1866, 1868 ausgef. (1871 abgebrannt); Appellationsgericht, Treppenhaus; Kassationshof, Chambre des requêtes, 1868. – Pal. du Louvre, Salon carré; Salle des sept-cheminées, beide 1850/51; Mus. des Souverains, 1852; Salle des sept-mètres, 1858–59; Grande gal.; Tribüne und Treppenhaus in der Reithalle, alles 1861; Gal. Daru und Mollien, 1863/64; Salles des petits-maîtres, 1865; Salle Denon, 1866; Bibl. – Handelsgericht, Großer Saal, Audienzsaal, Treppenhaus, 1865/66. RIS-ORANGIS/Essonne, Schloß-Kap. RIVE-DE-GIER/Loire, Treibhauszimmer. SAINT-GAUDENS/Haute-Garonne, Abteikirche, Chor, 1859. STRASBOURG, Münster, Apsis, 1877–79. THOIRY/Yvelines, Schloß, Grand Salon: Plafond. TOULOUSE, Kap. im Asile de Braqueville, 1862. – Kathedrale, Marien-Kap., 1857. TOURS, Kathedrale, Marien-Kap. (Auftrag von 1870; zwei Entwürfe von 1870–73, von Lameire 1875 ausgef.). TOUVENT/Indre, Grundbesitz Thayer, Kap. TROYES, Hôtel Gérard-Millot. VERSAILLES, Château, Vierung, 1837–41. – Präfektur: Ltg der Ausgestaltung der Salons, 1865–69; Dekoration des Eisenbahnwaggons von Napoleon III. (Architekt: Viollet-le-Duc, 1856). VEVEY/Schweiz, Schloß von M. Dubochet: Dekoration, ca. 1868. – *Rest.-Vorhaben:* ALBI, Kathedrale, Apsis-Kap., 1844/45. – Erzbischöfl. Pal., Kap. – Eglise de Ste-Madeleine. BEAUVAIS, Kathedrale, Marien-Kap. BOURGES, Kathedrale, Kap. – Hôtel Jacques Cœur, Kap., 1869. CHATILLON D'AZERGUES/Rhône, Schloß-Kap., 1851. CHEVERNY/Loir-et-Cher, Schloß. DIGNES, Kathedrale, Chor und Kapellen. FONTAINEBLEAU, Schloß, Gal. des cerfs, 1865–68. LIMOGES, Kathedrale, Kap. Sacré-Cœur, 1861. LYON, Rathaus, die Säle Henri IV, Louis XIII, du Consulat, des Arch., 1863/64. – Hôpital de la Charité, Kap. NOHANT-VICQ/Indre, Kirche St-Martin, 1877. PARIS, Kirchen: Notre-Dame-de-Lorette, Chap. des Fonts, 1856/57; St-Séverin, Chap. des Ames du Purgatoire; Ste-Madeleine; St-Jérôme; St-Louis; St-Pierre-et-St-Paul; St-Charles, 1854. POITIERS, Baptistère St-Jean, 1858–60; Kirche Notre-Dame-la-Grande, 1860. – *Zchngn:* AVIGNON, Mus. Calvet. BOURGES, Mus. du Berry. LYON, Mus. Gadagne. NIMES, MBA. PARIS, EcBA: 193 Zchngn: 3405–77 (u.a. 25 von der Italienreise); PC 28156; 29355 (Pal. des Papes und Kathedrale von Avignon). – Petit Pal., Arch. du Patrimoine (Verz. ma. Fresken). ✉ Crystal Pal. de Sydenham, Rev. gén. de l'archit. et des travaux publics 11:1853, 361 s.; Cab. de travail du duc de Padoue, Enc. d'archit. 1:1872, 96, Taf. 37 s.; Salon de Monsieur Froment-Meurice, ibid. 2:1873, 32, Taf. 97; Rapport adressé à Monsieur le Ministre, au nom de la Comm. de la Man. nat. des Gobelins, P. 1877; Rapport adressé à Monsieur le ministre de l'Instruction publique et des BA sur les tapisseries et les tapis mod. qui ont figuré à l'Expos. univ. de 1878, P. 1878. ⊙ *G:* 1844–65 Paris, Salon (1844 Med. 3. Kl.; 1849 Med. 2. Kl.; 1852, '55 Med. 2. Kl.; 1859 Erw. zur Med.; 1865) / 1873 Wien: WA. 📖 ThB9, 1913 (Lit.). *E.-L.-G. Charvet*, Lyon artist. ..., Lyon 1899; DBF X, 1965; *Bénézit* III, 1976; Dict. des mon. de Paris, P. 1992; *G. Brunel u.a.* (Ed.), Dict. des églises de Paris, P. 1995. – Rev. gén. de l'archit. et des travaux publics 1851, Bl. 28; ibid. 1853, 433 s., Bll. 33 und 36; Arch. de la Comm. des mon. hist., P. 1855–72, 2; *Bance*, Wagons composant le Train impérial offert à LL. MM. l'Empereur et l'Impératrice par la Compagnie du chemin de fer d'Orléans, P. 1857; Enc. d'archit. 9:1859, 129 ss., Taf. 93–108; *C. D. Daly*, Rev. gén. de l'archit. et des travaux publics 18:1860, 26; 19:1861, 208–215; 24:1866, 18 s.; *id.*, L'archit. priv. au XIXe s., P. 1861–70, 2./3. Ser., I. 2; 1./2. Ser., II; *T. Desjardins*, Monogr. de l'hôtel de ville de Lyon, P. 1867; *R. Dardel*, Monogr. du pal. du commerce élevé à Lyon, P. 1868; *C. Questel*, Rev. gén. de l'archit. et des travaux publics 32:1875, 4–11; *id.*, Enc. d'archit., 2. Ser., 4:1875, 9–18; *L. Dussieux*, Les artistes franç. à l'étranger, P. 1876, 612; *P. Boeswillwald*, Rev. gén. de l'archit. et des travaux publics 34:1877, 13 ss.; *A. Perrault-Dabot*, Arch. de la Comm. des Mon. hist. Cat. des relevés, dessins et aqu., P. 1899; *C. Aulanier*, Le nouv. Louvre de Napoléon III, P. 1953; *J. Klotz*, Gustave Klotz d'après ses notes, ses lettres, ses rapports. 1810–1880, Strasbourg 1965; *J.-M. Leniaud*, Actes du 100e congr. nat. des Soc. savantes (Paris 1975), P. 1978, 309–321; *F. Bercé* (Ed.), Les premiers travaux de la Comm. des Mon. hist., 1837–1848, P. 1979, 309; Viollet-le-Duc (K Grand Pal.), P. 1981, 311, 323 s.; Pompéï. Travaux et envois des architectes franç. au XIXe s. (K ENSBA; Wander-Ausst.), P./R. 1981; *J. Foucart*, Bull. de la Soc. des antiquaires de Picardie 54:1981/82, 172–238; Toulouse et l'art médiéval de 1830 à 1870 (K Mus. des Augustins), Toulouse 1982, 107; Hippolyte, Auguste et Paul Flandrin. Une fraternité picturale au XIXe s. (K Mus. du Luxembourg/Lyon, MBA), P. 1984; *C. Piel*, in: Achèvement de la cathédrale de Limoges au XIXe s. (K), Limoges 1988, 63–75; Connaître les Yvelines (Sonder-Nr) 1990 (4. Quart.) 60; *M. Saboya*, Presse et archit. au XIXe s., P. 1991; *O. Foucaud*, Jacques-Jean Esquié architecte de fonction toulousain 1817–1884 (K Mus. Dupuy), Toulouse 1992; La justice en ses temples, Poitiers/ P. 1992; 'De fresque en aqu.'. Relevés d'artistes sur la peint. murale romane (K Saint-Savin-sur-Gartempe), P. 1994; *J.-M. Pérouse de Montclos*, Le guide du patrimoine. Ile-de-France, P. 1994; Félix Duban, 1798–1870. Les couleurs de l'architecte (K Château de Blois), P. 1996. – Grenoble, Arch. dép.: 4N2/4–5; Arch. mun.: 4M333. Nîmes, Arch. mun.: 2M12. Paris, Arch. nat.: F^{21} 295, 372, 1369, 1464, 1643, 1742, 6308, 7757; O^5 48, 1634, 2301, AJ^{52} 450, 64AJ204, L. H. 734/38; Arch. des MN: P30; Arch. de Paris: D4N4/2, 10624/72/1/62, V6M32/4, V13M32/1, V17M32/1, V19M32/1, V33M32/1, V56M32/1, V58M32/1, V69M32/1, V73M32/1; Arch. du Patrimoine: 80/10/52 et 53, 80/15/5–11 (Protokolle der Comm. des Mon. hist. 1844–79), 81/18/46/1/31/1, 81/18/86/48, 81/22/489/43, 81/30/107/18/1, 81/31/223/14/1, 81/31/268/27/1, 81/50/157/80, 81/71/517/1/45, 81/76/90/28/1, 81/76/267/134/1, 81/84/111/1/21/1; 1047, 1119/1, 1246/1 et 2, 1260/1, 2154/1, 2160, 2805/6, 3144/1, 3148/1, 3160/1. Tours, Arch. dép.: Fonds Guérin Rohard N° 25. Versailles, Arch. dép.: 4N28.

O. Liardet

Denuelle, *Alexandre-François-Louis* cf. **Denuelle,** *Alexandre Dominique*

Denune, *Peter* → **Denune,** *William L.*

Denune (De Nune), *William L.* (lt. Waterhouse evtl. *Peter*), schott. Porträtmaler, * um 1712 Edinburgh, † Juni 1750 Dumfries. Sohn eines Arztes. Unterzeichnet 1729 die Charter der Acad. of St. Luke, Edinburgh. D. arbeitet v.a. in Edinburgh und Dumfriesshire. Zu seinen Gönnern zählt der Duke of Hamilton. Trotz begrenzter künstler. Begabung übt D. einen beachtl. Einfluß auf die Malerei im provinziellen Schottland aus. 🏛 EDINBURGH, City Coll. (Zuschr.). – NG of Scotland. – Scottish Nat. Portr. Gall. 📖 *Waterhouse*, Dict., 1981; *McEwan*, 1994. G. B.

Denus (Denich; Dening; Denis; Dennig; Denning; Dönning), niederl. Porzellanmaler-Fam., 1658–1712 erw. in Frankfurt am Main und Hanau. Vermutl. dort an der Man. tätig.

1. *Isaac*, aus Leiden, zunächst in Hanau tätig. Wurde 1670 Beisasse in Frankfurt am Main, danach ebd. häufig urkdl., 1693 als Schuldner erwähnt.

2. *Johan Jakob*, † nach 11. 10. 1709 Friedberg/Hessen. Vater von 3. 1658–1709 Beisasse in Frankfurt am Main, zwischenzeitig 1680–86 in Hanau tätig.

3. *Johan Jakob*, d. J., * 1680 Hanau, † 1711 oder 1712. Sohn von 2. 1704 Heirat in Frankfurt am Main. Zahlt bis 1711 Beisassensteuer ebd. Seine Witwe wird am 21. 10. 1712 begraben.

📖 *Zülch*, 1935; *Hüseler* III, 1958. D. T.

Denvil, *Angèle Blanche (Angèle)*, frz. Genre- und Porträtmalerin, Miniaturistin, * 16. 9. 1874 (lt. ThB: 1887, lt. Vo: 16. 9. 1879) Levallois-Perret/Seine, † 1. 1. 1934, lebte dort und in Paris. Stud.: EcBA Paris u.a. bei Edouard Cuyer und Ferdinand Humbert. Der frz. Staat erwarb 1907 *La Famille* und 1911 *Le thé dans le parc* für das Rathaus in Levallois-Perret. – D.s Schwester *Alice Denvil-Lupin* (* 12. 9. 1881 Levallois-Perret, † 23. 8. 1960; Schülerin von Ernest Quost) stellte ab 1910 Genrebilder (Aqu., Öl) im Pariser SAfr. (Mitgl.) aus. 👁 *G:* ab 1907 (lt. Bénézit: ab 1895) Paris, SAfr. (Mitgl.) / 1905 Liverpool, Walker AG. 📖 ThB9, 1913; Vol, 1953. *Bénézit* III, 1976; *Johnson/Greutzner* 1976 (Repr. 1990). C. R.

Denvil-Lupin, *Alice* cf. **Denvil,** *Angèle Blanche*

Denvir, *Catherine*, brit. Graphikdesignerin, * 1953 Bethersden/Kent. Stud.: Chelsea SchA, London, bei Ed Wright. 1980–87 künstler. Redakteurin der Zs. Honey. Lehrtätigkeit: Danish Design School, Kopenhagen; 1995–96 R. College of Art, London. – D. gestaltet Buchumschläge u.a. für Verlage (Faber & Faber, Harper Collins, Penguin, Oxford Univ. Press) sowie Ill. für Zss. und Ztgn (Vogue, Mademoiselle, Sunday Times, Independent). Sie entwarf u.a. ein Plakat für London Transport und war für das R. Ballet, London, tätig. Seit 1993 arbeitet D. mit 3D Computer Software. Char. sind farbintensive Collagen aus stilisierten Gesichtern und Menschen in verschachtelten Räumen. 📖 *Horne*, 1994. – *W. Smith*, Graphics world 1987 (65) 12–15; Communication arts mag. 33:1991 (Juli) 97; XYZ. Design and technology 1993 (Juni) 12–25. – Mitt. Other World Workshops, La Dogana, Toskana. H. St.

Deny, *Jeanne*, frz. Kupferstecherin, * 1749 Paris, † um 1815, tätig in Paris. Schwester von Martial D. Ausgebildet von Jean Jacques Le Veau. D.s Œuvre ist z.T. nicht von dem des Bruders zu trennen; lt. ThB arbeitet sie auch mit ihm zus., z.B. bei der Ill. einer Ausg. der *Romans et Contes* von Voltaire, I-III, P. 1778, und der *Contes et nouvelles en vers* (bes. Vignetten) von Jean de La Fontaine, I-II, Lo./P. 1780. Allein sticht sie v.a. Lsch. (sechs Bll. nach Jean Pillement zum *Recueil de Fontaines chinoises*, 1770; für *Voyage pittoresque de Naples et de Sicile*, I-V, P. 1781; *Six Vues de l'intérieur de Messine*, um 1783; *Voyage pittoresque de la France*, I-VII, P. ab 1787), zudem einige galante Szenen (*Ah! du moins épargnez mes ailes*, um 1783). 📖 ThB9, 1913. *Du Peloux* I, 1930; *Bénézit* IV, 1999. – IFF, GravXVIII VII, 1951; IFF, Après1800 VI, 1953. R. T.

Deny, *Joseph-Pierre* → **Deny,** *Pierre*

Deny, *Martial*, frz. Kupferstecher, * 1745 Paris, dort tätig. Bruder und zeitweise Mitarb. von Jeanne D., Schwager des Kpst.-Händlers und Verlegers André Basset. Schüler von Jean Jacques Le Veau. V.a. an einer von Basset veröff. umfangreichen Slg mit Kostümbildern beteiligt, z.B. mit je sechs Bll. am *Ier Cah. de la Coll. d'Habillements mod. et galants* (u.a. *Ludwig XVI.* und *Marie Antoinette* nach Zchngn von Claude Louis Desrais) und am *Cah. de Coiffures* (z.B. *Chapeau à la Grenade*). Versch. Stiche mit Modebildern wurden in der in Frankfurt am Main ersch. Zs. J. des Modes abgedruckt. Überdies sticht D. einige galante Szenen (z.B. *Restaurant* nach Niclas Lafrensen), Lsch. (Folge von sechs kleinen Ansichten nach Simon Mathurin Lantarat, u.a. *Vue du Jardin Royal des Plantes*) und aus Begeisterung für die Erfindung des Heißluftballons Darst. von zwei aufsehenerregenden Aufstiegen (z.B. *Experience du Vaisseau volant de Monsieur Blanchard*, 1784, nach einer Zchng von Desrais). 📖 ThB9, 1913 (s.v. D., Jeanne). *Herluison*, 1873; *Bénézit* IV, 1999. – IFF, GravXVIII VII, 1951; *R. Gaudriault*, Répert. de la gravure de mode franç. des origines à 1815, P. 1988. R. T.

Deny, *Pierre (Joseph-Pierre)*, frz. Bildhauer, Architekt, * 9. 6. 1789 (1790 lt. Bénézit) Metz, † 22. 1. 1844 ebd. Ab 1801 (12jährig) Schüler (Zchng und Modellierung) des Historienmalers Chevreux. Zu den ersten plast. Arbeiten zählen eine Madonna aus Stein (ehem. Quai Ste-Marie, Metz), eine Christusfigur aus weißem Marmor und sechs Statuen (Gärten von M. Suby, Magny). 1804 Aufenthalt in Saint-Michel, wo D. das Grabdenkmal von Ligier Richier studiert. Intensive Auseinandersetzung mit roman. und got. Architektur. In Metz v.a. für relig. Bauten tätig, u.a. Rest. des Kirchenportals von Ste-Ségolène, der Fontaine St-Jacques und der Kap. Notre-Dame du Mont-Carmel in der Kathedrale St-Etienne; Kap. von Marivaux, zahlr. Grabdenkmäler und Brunnenfiguren (u.a. für die Fontaine du moyen Pont, zerst.) sowie das Obergeschoß der Tour de Chapitre der Kathedrale St-Etienne, 1840–44 (zus. mit seinem Bruder; nach 1844 voll. durch D.s Ass., den Bildhauer Antoine Thiébaut [1814–1869]). Schuf ferner das Portr. *Profil de Louis-Philippe*, 1830 (Metz, La Cour d'Or). 📖 ThB9, 1913. *N. Quépat*, Dict. biogr. de la Moselle, P./Metz 1887; DBF X, 1965; *Bénézit* IV, 1999 (s.v. Deny). – *V. Simon*, Mém. de l'Acad. R. de Metz 1843–1844, 545–548; Reclams Kunstf. Frankreich

III, 1983; *E. Voltz*, Mém. de l'Acad. nat. de Metz, V^e sér., 13:1971 (1967–69) 8–26. K. S.-D.

Denyar, *Thomas*, engl. Baumeister (mason), zw. 1406 und 1416 in Hereford belegt. Viell. ident. mit *Thomas Denyas*, der im Winter 1398/99 als Mason am Portchester Castle, Hampshire, tätig war. Für die Hereford Cathedral errichtete D. ab ca. 1412 den s. Kreuzgang des Klosters, die Kap. St. John the Baptist an der S-Seite (1416 Kompensationszahlungen des Dekans von York, John Prophet, an D.), stellte deren Wände fertig und baute die Gewölbe des Klosters. ▭ *Harvey*, 1984. – *D. Knoop/G. P. Jones*, The mediaeval mason, Manchester/N. Y. 1967. K. F.

Denyas, *Thomas* cf. **Denyar,** *Thomas*

Denyau, *Jean*, Architekt, baute 1509/10 die Grab-Kap. der Herren von Bueil in der Kirche von Bueil/Indre-et-Loire. ▭ ThB9, 1913.

Denyau, *Julien*, Holzbildhauer in Tours, urkdl. erw. in einem am 21. 12. 1539 geschlossenen Vertrag über die Lieferung von zwei Altartafeln mit geschnitztem Bilderwerk. ▭ ThB9, 1913. *Lami*, 1898.

Den'yer, *Andrey* → **Den'er,** *Andrej Ivanovič*

Denys, *Adrien*, Bildhauer, lieferte 1530/31 vier Statuen fläm. Grafen und Gräfinnen für die Gal. des Rathausturmes in Tournai. ▭ ThB9, 1913. *Bénézit* III, 1976.

Denys, *Adrien*, frz. Goldschmied, * um 1655 Enghien/Diözese Cambrai, † 4. 9. 1719, lebte in Limoux und Narbonne. Als Meister in Limoux heiratete D. 1688 Mathive, Tochter des dortigen Goldschmieds *Arnaud Dedieu* (* um 1623, † 4. 10. 1668; 1652 Meister). D. fertigte 1693 ein Prozessionskreuz für die Kirche St-Pierre in Vals. In die Lehre nahm D. 1703 seinen Neffen *Louis Dedieu* (*De Dieu*; 1717 Meister in Narbonne, MZ: L. D. D. und Lilie, alles bekrönt; bis 1720 nachg.). MZ: A Denys, bekrönt (in Limoux geschlossene Krone, in Narbonne offene Krone). ⌂ CAUNES-MINERVOIS/Aude, Kirche: Salbgefäß, 1693. LA TOURETTE-CABARDES/Aude, Kirche: Prozessionskreuz, 1693. MALRAS/Aude, Kirche: Weihrauchbehälter mit Löffelchen, 1712. ▭ *Thuile* II, 1966. C. R.

Denys, *Anthony*, holl. Bildhauer, 1631 in Alkmaar bei der Gründung der Lukasgilde als Meister nachweisbar. ▭ ThB9, 1913.

Denys, *Frans (Frans de Saint-Omer)*, Maler, 1588–1611 belegt durch relig. Sujets und Portr. 1588–98 Aufenthalt in Saint-Omer. Ferner tätig in Dunkerque (1588/89 Voll. des *Abendmahls* von Pieter Pourbus in der Kirche Ste-Eloïse); in Nieuport, 1598; in Ieper, 1600, 1607–11; in Furnes, 1603; in Passendale, 1607–11; vermutl. in Diksmuide, 1608. ▭ LWBK I, 1992; DPB I, 1995. K. S.-D.

Denys (Denijs; de Nijs; de Nys), *Frans*, niederl. Maler, * um 1610 Antwerpen, † 12. 9. 1670 Mantua. 1632 zur Malergilde in Antwerpen zugelassen, ⚭ Martina Vleckhamer (7 Kinder aus dieser Ehe). 1639 Hauskauf in Antwerpen. D. läßt 1641 bei der Lukasgilde zwei Lehrjungen registrieren (u.a. Jan de Duyts) und ist 1647 Witwer. Seine frühesten, 1635 dat. und sign. Arbeiten sind die Pendant-Portr. von *André van Langenberghe* und dessen Frau *Anne Zegers* (Brüssel, Priv.-Bes.). Weitere Nachr. zu D.s zeitlebens ausgeübter Tätigkeit als Porträtist enthält das am 15. 1. 1647 errichtete Test. des Malers Carel de Cauwer und dessen Frau Elisabeth Vleckhamers (wohl verwandt mit D.s Frau), wo „de conterfeytels van hen testateuren geschildert by Francisco Denijs" (die Portr. der von D. gemalten Erblasser) erw. sind (cf. Duverger, 1991, 376). Sign. und 164? dat. ist das qualitätvolle Portr. eines *Kanonikers* in Wien, bei welchem D. trotz Beibehaltung verfeinerter Elemente (der seit Anton van Dyck entwickelten) höf. Portr.-Kunst in Antwerpen seine stilist. Mittel zu vereinfachen scheint. 1648 2. Heirat und Kontrakt über ein *Theatrum Anatomicum*, für welches er 19 Chirurgen-Portr. malen soll (im Mai 1648 voll., heute verschollen; cf. Duverger, 1991, Nr 1495). Aus weiteren, häufig durch Stiche verbreiteten Portr. (cf. Hollstein) ist ersichtl., daß D. in den südl. Niederlanden v.a. aristokrat. Auftraggeber hatte. Das verschollene Fam.-Portr. (1651) gehört vermutl. in diese Kategorie, ebenso das Portr. *Frans Paulin van den Broeckhoven* (1652; Versailles, Château). D. bindet sich vertragl. nach Münster und verläßt 1654 Antwerpen (noch bis 1661 in den Malergilde-Reg. als abwesendes Mitgl. dok.), um bis zu seinem Tode für versch. Fürsten im Ausland zu arbeiten. Am 11. 10. 1655 und im Juli 1656 für 10 fürstl. Portr. bezahlt, die er Friedrich III. von Holstein-Gottorf liefert. 1662 in Parma: als Hofmaler von Ranuccio II tätig für die Farnese, wie die Inschr. „fait pur francois Denis flamand 1662" auf der Rückseite des Portr. *Ranuccio II Farnese* belegt (Neapel, MN di Capodimonte – verwahrt in Parma, Pal. Com.), später als Ganzfigur repliziert (Parma, Gall. Naz.). Zw. 1664 und '66 zu datieren ist das Portr. der *Isabella d'Este* (Parma, Gall. Naz.; gestochen von Bernard de Baliu) und in einer and. Fassung repliziert (Neapel, MN di Capodimonte, verwahrt in Parma, Pal. Com.). Unklar bisher, ob sich D. zus. mit seinem Sohn Jacob (aus 1. Ehe), mit seinem Bruder Jacob oder mit beiden in Italien ansiedelt. Zu den im Auftrag der Farnese ausgef. Arbeiten gehört auch der erst kürzl. aufgetauchte, schlecht erh. *Knabe mit kleinem Käfig* (Neapel, MN di Capodimonte, ehem. Pal. del Giardino), während die Städte-Allegorie (Parma) D.s Orientierung an Rubens belegt. Orazio Bevilacqua (Diario sulla corte Farnese, 1665–89) erw. das letztere Gem. als Geschenk von D.s Bruder Jacob an Ranuccio II, zum Dank für die Überlassung von D.s Erbgütern (die ansonsten vom Hof eingezogen worden wären). Die Inv. der Farnese nennen ferner zwei großformatige Portr.: *Ranuccio II zu Pferde, mit Gefolge* und *Isabella d'Este zu Pferde, mit drei Damen* (beide verschollen). Mit Erlaubnis von Ranuccio II arbeitet D. von Nov. 1669 bis März 1670 in Mantua, um im Auftrag der Regentin Isabella Clara Portr. zu malen, die Fürstin Eleonora Gonzaga von jener erbeten hatte (Sorrentino, 1931, 384). Im Sommer 1670 ruft Isabella Clara ihn erneut nach Mantua, um von and. Malern nach seinen Orig. ausgef. Kopien zu überarbeiten; kurze Zeit später stirbt D. dort an Malaria tertiana. Lt. Inv. der Casa Boscoli in Parma malte er auch die Portr. zweier Knaben, eines Mohren und einer Mohrin sowie den schreibenden Evangelisten Johannes. ⌂ *Weitere Werke:* PARMA, Gall. Naz.: Allegor. Figuren der Städte Parma, Piacenza und Castro(?) bringen dem durch die Zeit beschirmten Bildnis des Ranuccio II Farnese die Stadtschlüssel dar. ROM, Gall. Doria Pamphilj: Portr. eines Mannes mit Siegel des hl. Michael (Kat. 1982, Nr 345; Zuschr. Safarik). WIEN, Kunsthist. Mus.: Portr. eines unbek. Kanonikers (mit dem Wahlspruch „Non in solo pane"). – *Verbleib unbek.:* Fam.-Portr., sign., dat. 1651 (erworben von Asher Wertheimer, London – 1978 bei Blakesiee, New York, verkauft); Doppel-Portr., sign., dat. 1655 (Antwerpen, Kunsthandel); Portr. Peter van Horne und seiner Frau Barbara van Heylaer, beide sign., dat. 1637 (ehem. Antwerpen, Slg Herzogin Calesbergh; ab 1883 Eckeren, Schloß des Grafen Alfred de Baillet; ersteres seit 1962, Antwerpen, Priv.-Slg). ▭ ThB9, 1913. *Hollstein* V, 1951; *Bodart* II, 1970, 23; *De Maere/Wabbes*, 1994; DPB I, 1995. – *A. Sorrentino*, Rd'A 13:1931, 365–393; *S. Speth-Holterhoff*, Cah. des arts 7:1962, 2770–2775; *C. Perina*, in: Mantova. Le arti, III, Mantova 1965, 517; *G. Guandalini/G. Martinelli Braglia*, in: Atti e mem. della Deputazione di Storia Patria per le Antiche Prov. Modenesi 1987, 217 s.; *E. Duverger*, Antwerpse kunstinventarissen uit de zeventiende eeuw, V: 1642–1649, Br. 1991, 415 s.; *A. Migliaccio*, in: Ritratti in posa, N. 1991 (Quad. di Pal. R.), 27 s.; *M. Giusto*, in: La pitt. in Emilia e in Romagna. Il Seicento, II, Mi. 1993, 182 s.; *K. van der Stighelen*, in: Von Bruegel bis Rubens. Das goldene Jh. der fläm. Malerei, ed. *E. Mai/H. Vlieghe* (K Wander-Ausst.), Köln 1993, 180, 182, Nr 70; *M. Santucci*, in: Mus. e Gall. Naz. di Capodimonte. La Coll. Farnese. I dipinti lombardi, liguri, veneti ... (K), N. 1995, 170 s.

G. Capitelli

Denys, *I.* → **Denysenko,** *Ivan Ivanovyč*

Denys, *Isaac* → **Denies,** *Isaac*

Denys, *Jacob (Giacomo)*, niederl. Maler, get. 29. 7. 1644 Antwerpen, † nach 21. 8. 1700 (Test.) Mantua. In der Lit., dok. Belegen und auch einigen mit „Jacob Denys" sign. Werken gibt es Widersprüche, die bis heute nicht geklärt sind. Unklar ist v.a., ob es einen oder zwei Maler mit Namen Jacob Denys gab (d.h. einen Bruder und einen Sohn von Frans D.). D., der 1644 in Antwerpen get. Sohn des Frans D. und der Martina Vleckhamer, wird 1664 ebd. Meister in der Malergilde, wahrsch. nach abgeschlossener Ausb. bei Erasmus Quellinus. Lt. Sandrart, dessen Zuverlässigkeit durch die Auffindung des Test. von Jacob (Sohn des Frans D.) untermauert wurde (cf. Tellini Perina, 1983), geht D. um 1666 nach Italien, wo er Venedig (zwei Zchngn nach Veronese, heute Wien, Albertina, Inv. 10219 s.), Rom, Neapel und Bologna besucht, um sich schließl. am Hof der Regentin Isabella Clara in Mantua niederzulassen. Aber aus Briefen von Isabella Clara an die Herzöge von Parma (1670) geht hervor, daß sich zus. mit Frans D. sein Bruder, der Maler Giacomo, in Mantua befand, der den Weg nach Genua über Parma nahm, um dem Herzog zu huldigen und um die Hinterlassenschaft des wenige Monate zuvor in Mantua gest. Bruders zu bitten (Sorrentino, 1931). Im Herbst 1670 weilt „der angebl." Bruder Jacob in Parma, führt zwei Portr.-Kopien mit sich und bleibt bis 1671 in der Stadt, um eine von Frans beg. Städte-Allegorie zu vollenden (Parma, Gall. Naz.). Orazio Bevilacqua bez. in seinem Diario dieses Werk als Dankesgabe („Gracia") des Flamen Giacomo D. für die Überlassung der Güter des verstorbenen Bruders. Lt. Houbraken realisiert in Mantua ein Jacob Denys zahlr. (verschollene) Historienbilder für den Pal. Ducale, *Singende und musizierende Engel* (viell. ehem. Convento S. Orsola; heute Mantua, Pal. Ducale) und einen *Sterbenden Christus am Kreuz* (ehem. S. Maria del Melone, verschollen). Mit Billigung von Isabella Clara Gonzaga geht D. (Sohn von Frans) nach Florenz, um für Cosimo III de'Medici einige Portr. zu malen, wofür er eine Gold-Med. erhält (Sandrart; Test.). 1672 arbeitet ein J. D. als Porträtist für den Herzog von Sabbioneta (Brief von G. B. Ferrari an den Herzog von Sabbioneta). 1674 ist J. D. (Sohn von Frans) in Venedig nachw. (cf. Sandrart; bestätigt durch das Test., welches ein Guthaben bei der örtl. Münze vermerkt). 1675 sign. und dat. einer der beiden Jacob in Mantua das Portr. *Alessandro Zoni* (das jedoch die Jahreszahl 1640 trägt; heute Pal. d'Arco). Nach 14jährigem Aufenthalt in Italien kehrt D. (Sohn von Frans) nach Antwerpen zurück und ist dort nach dem 18. 10. 1679 in den Akten der Malergilde nachweisbar. Um 1680–82 ist er in Brüssel tätig für den Gen.-Gouverneur der Niederlande, Alessandro Farnese, dessen Portr. er ausführt (Neapel, Pal. R.; Kopien in Parma) und für den er vermutl. einige Gem. im Pal. des Herzogs von Brabant (Aula) malt, heute verschollen (cf. Sandrart). 1691 ⚭ Isabella Librechts (Witwe von Ant. Stevens). 1693 Dekan der Lukasgilde; Ausf. von zwei Plafondmalereien (Verbleib unbek.) für den Theatersaal der „Violieren"-Ges. und Stiftung des allegor. Gem. *Stud. nach einem lebenden Modell*; 1694 malt D. für die Lukasgilde das *Portr. des Vorstehers Gregorius Martens* (die beiden letzteren in Antwerpen, Koninkl. MSK). In D.s späte Schaffensphase – etwa 1692–94 – gehören das Portr. des Bildhauers *Guillelmus Kerricx und dessen Sohn Willem Ignatius*, sign. (letztmalig am 15. 11. 1997 in Dublin nachw., Verkauf bei Hamilton Osborne King). 1695 verläßt D. unvermittelt die Heimat, 1697 verkauft seine Frau dessen Habe. D. geht nach Mantua, um im Presbyterium von S. Maurizio sieben große Lw. mit *Szenen aus dem Leben des hl. Kajetan von Thiene* zu bemalen (oder zu vollenden). Hier wird noch einmal klar D.s Prägung durch Rubens sichtbar, z.B. zitiert er in der Marienerscheinung (in der Mitte dieses Zyklus) dessen bek. Komp. der Gonzaga-Fam., die der Hl. Dreifaltigkeit huldigt. ⌂ *Weitere Werke:* ERIKSBERG, Coll. Graf Bonde: Portr. Graf Nils Gyllenstierna. MANTUA, S. Maurizio: 7 große Lw. mit Szenen aus dem Leben des hl. Kajetan von Thiene (im Zentrum die Erscheinung der Maria mit Hl. Mauritius und Seligen des Theatiner-Ordens), dat. 1696. NEAPEL, Pal. R.: Portr. Ranuccio II Farnese. NEW HAVEN/Conn., Yale Univ. AG: Odysseus entdeckt Achilles am Hofe des Lycomedes, Zchng, sign. PARMA, Gall. Naz.: Allegor. Figuren der Städte Parma, Piacenza und Castro (?) bringen dem durch die Zeit beschirmten Bildnis des Ranuccio II die Stadtschlüssel dar (beg. von Frans Denys; unter dessen Namen gestochen von Bernard de Baliu). – *Verbleib unbek.:* Portr. eines Diplomaten am engl. Hof, sign. (Sotheby's, Lo. 23. 5. 1979, Nr 109); Bozzetto zu einem Decken-Gem. mit Diana und Endymion, sign. (Sotheby's, 11. 7. 1956); Frauen-Portr., (ehem. Slg Gräfin Reigersberg; 1890 in Köln bei J. M. Heberle versteigert [Nr 42]). ▭ ThB9, 1913. *Bodart* II, 1970, 23; PittItalSeic II, 1988; *De Maere/ Wabbes*, 1994; DPB I, 1995; *E. Gemar-Koeltzsch*, Holl. Stillebenmaler im 17. Jh., II, Lingen 1995. – *J. von Sandrart*, Teutsche Acad. (1675), ed. *A. Houbraken*, De groote Schouburgh der Nederlantsche konstschilders en schilderessen ('s Gravenhage 1753), III, Am. 1976, 229; *A. R. Peltzer*, M. 1925, 369; *A. Sorrentino*, Rd'A 13:1931, 365–393; 15:1933, 104–107; Il pal. d'Arco in Mantova, Mi. 1980, 157; San Maurizio in Mantova (K), Bs. 1982, 118 ss.; *C. Tellini Perina*, Atti e mem. dell'Accad. Naz. Virgiliana di Sc., Lett. ed Arti, N. S., 51:1983, 29–36; *A. Paolucci/F. Melli/F. Tronelli*, Kermes 2:1989 (4) 15–19. G. Capitelli

Denys, *Jakob* → **Denies,** *Isaac*

Denys, *Jan* → **Denyse,** *Jan Abrahamsz.*

Denys, *Joan* cf. **Denyse,** *Jan Abrahamsz.*

Denys, *Juan* → **Denysenko,** *Ivan Ivanovyč*

Denys, *Nicolas*, frz. Baumeister, Fischer, Autor, * 1598 Tours, † 1688 Nipisguit (Bathurst/N. B.). Kaufmann in Akadien; erb. 1645 ein Haus in Miscou (heute Prov. New Brunswick/Kanada), Handelsniederlassungen in St. Pierre (heute St. Peter's/N. S.) und Chedabouctou (heute N. S.) sowie 1652 ein Gebäude (roter Sandstein) mit Palisaden in Nipisguit. D.s Abh. von 1672 enthalten Beschr. der Kunst und Kultur der einheim. Mi'kmaq-Indianer. Seine damals abgebrannte Wohnstatt in St. Pierre (St. Peter's/ N. S.) wurde von Brigitta Wallace Ferguson freigelegt. ⌂ ST. PETER'S, Nicolas Denys Mus. ✉ Descr. geograph. et hist. des costes de l'Amerique septentrionale avec l'hist. du pais de Nipisguit, P. 1672; Hist. naturelle des peuples, des animaux, des arbres et plantes de l'Amerique septentrionale et de ses divers climats, P. 1672; Concerning the ways of the Indians ..., Halifax, N. S. 1970; The native people of Acadia (übersetzt von I. Maxwell), um 1993. ▭ DCB I, 1967; *M. Rosinski*, Architects of Nova Scotia, Halifax 1994. – *C. D'Entremont*, N. D. Sa vie et son œuvre, Yarmouth, N. S. 1982. – Mitt. C. Robertson, N. D. Mus., St. Peter's. M. D. O'Neill

Denys, *Peter*, Maler in London, stellte 1779 an der RA ebd. *A dog* in Pastell aus. ▭ *Graves*, RA II, 1905; *Waterhouse*, Dict., 1981. K. F.

Denys, *Philipssen (Philippo; Philips)*, Bildhauer (beeldesnyder, cleynsteker), 1544–78 in Brüssel nachweisbar. Nach Arch.-Dok. zu urteilen, ist der bislang völlig unbek. Meister bei den Brüsseler Kirchenräten sehr gefragt, bes. bei den Küstern der Kirche St-Jean-Bapt. im Stadtteil Molenbeek-Saint-Jean. Sein Œuvre umfaßt dekorative Skulpt. in Holz, jedoch auch in Stein, bes. Grabplatten, worauf er augenscheinl. spezialisiert ist. Für die gen. Kirche, in deren Rechnungsbüchern zumeist nur D.s Vorname (Philipssen de cleynsteker; Philipssen de beeldesnyder van Brussel) erscheint, führt er folgende Arbeiten aus: 1544/45 Holzkruzifix; 1546/47 Statue des *Hl. Eligius* für den diesem Hl. gewidmeten Hochaltar; 1567 Instandsetzung aller Altarretabel, die von den Küstern der Kirche 1566 vor der Zerstörungswut der Ikonoklasten in Brüssel versteckt worden waren. 1571/72 Rückführung eines steinernen Altarretabels an den angestammten Platz im Baptisterium. 1573 schnitzt D. zwei *Szenen aus dem Leben des hl. Johannes* in die Holztüren der Choreinfriedung. Zahlr. weitere Aufträge erfolgen von anderen relig. Einrichtungen in Brüssel und Umgebung. 1546/47 repariert er einen geschnitzten Sockel unter einer Statue des Hl. Jakob in der Eglise du grand Béguinage (heute Kirche St-Jean-Bapt.-au-Béguinage). Von der Äbtissin Katerina van Stralen, die Maler und Bildhauer mit zahlr. dekorativen Arbeiten für Kirche und Abteigebäude von Grand-Bigard b. Brüssel beauftragt, erhält D. am 14. 4. 1550 eine größere Summe für ein geschnitztes Portal. 1554/ 55 fertigt er Kartuschen, Pilaster und weitere dekorative Ornamente für ein Portal im Versammlungsraum des Kapitels der gen. Abtei. Im Auftrag der Test.-Vollstrecker von Reverend Peter van Donghen, ehem. Pfarrer der Kirche St-Géry in Brüssel († 1554), fertigt er eine Grabplatte und ein Epitaph für den Verstorbenen. D.s Ansehen auf dem Gebiet der Grabsteinkunst ist durch versch. weitere Arch.-Dok. belegt. 1560/61 gestaltet er zur Erinnerung an die Äbtissin von Forest b. Brüssel ein Denkmal (Stein von Arquennes) mit einer Kupfergrabplatte von Jan Bruylandt, dem bekanntesten Brüsseler Kupfergießer jener Zeit. 1561 graviert D. das Sterbedatum einer Priorin der Abtei von Forest in deren Grabplatte. Eine ähnl. Arbeit folgt 1566 für die Test.-Vollstrecker von Reverend Jan van der Meulen, Kapellan der Kirche St-Géry. 1574 arbeitet er sechs Tage an der Grabplatte für Reverend Willem Waeffelaert, Kanoniker der Stiftskirche Ste-Gudule; 1578 entsteht der Grabstein für Reverend J. Ghyssen, Kapellan dieser Kirche. Zu erw. sind weiterhin: Statue der *Hl. Anna*, 1553/54, ein Auftrag von zwei Mitgl. der Brüsseler Fährmannszunft, die für die Wartung und Ausgestaltung der Kap. dieser Hl. zuständig sind; Statue des *Hl. Nikolaus* über dem Eingangsportal der Brüsseler Kirche St-Nicolas. ▭ Brüssel, Allg. Reichs-Arch., Kirchl. Arch. von Brabant. E. Roobaert

Denys, *Pierre* (1388) → **Denis,** *Pierre* (1388)

Denys, *Pierre* (1658) → **Denis,** *Pierre* (1658)

Denys, *Robert* → **Dennis,** *Robert*

Denys, *Roger*, engl. Baumeister (mason) aus Lincolnshire, † 1432 London. Unterzeichnete 1418 den Kontrakt zum Wiederaufbau des Chores der Surfleet Church, Lincolnshire, mit Bleidach sowie Verglasung von Fenstern mit figürl. Darst. und 1419 einen weiteren zum Wiederaufbau von Kirche nebst Turm in Wyberton/Lincs. ▭ *Harvey*, 1984. K. F.

Denyse l'ymagier, frz. Bildhauer, 1300 Einwohner des Pariser Pfarr-Bez. Saint-Leu-Saint-Gilles. ▭ *Beaulieu/ Beyer*, 1992. – *F. Baron*, Bull. archéol. du Comité des travaux hist. et sc. (P.), N. S., 4:1968 (1969) 58. R. T.

Denyse, *Jan Abrahamsz.*, holl. Maler, * um 1625 Haarlem, † 1649 Delft (lt. Pavière), dort ab ca. 1643 tätig. Viell. ident. mit dem Maler *Jan Denysz. (Danijse)*, der am 12. 6. 1649 in der St.-Lucasgilde in Delft gen. wird und in Delfshaven tätig ist (cf. Montias), weiter aber nicht erw. wird. Lt. Kramm ist das Gem. „Antonius und Kleopatra", das am 20. 4. 1695 in Amsterdam versteigert wurde, das Werk eines *Joan Denys*. Das Blumenbild mit der angebl. Sign. „Joa Dinies“ (Warner) zeigte sich nach der Rest. 1992 als voll sign. „Isaac Denies“ und ist D. daher nicht zuzuschreiben, ebenso wenig die in alten Kat. erw. Blumen- und Früchtebilder eines *Joan Denise (Denisse)*, tätig um 1680, dessen Werke wohl ebenfalls von Isaac Denies stammen. Pavière erw. ein Bild in der Broughton Coll. (Fitzwilliam Mus., Cambridge), das Jan Mortel zugeschr. wird und keinen Bezug zu einem Künstler „Denys“ oder „Denies“ hat. ▭ ThB9, 1913 (s.v. Denysz., Jan). *Kramm* II, 1858, 332; *Wurzbach*, NKL I, 1906 (s.v. Denysz., Jan); *R. Warner*, Dutch and Flemish flower and fruit painters of the XVIIth and XVIIIth c., Lo. 1928; *Pavière*, Flower I, 1962 (s.v. Denys, Jan). – *F. G. Waller*, in: Maandblad de Nederlandsche Leeuw 1932, 237; *P. Mitchell*, Europ. flower painters, Lo. 1973 (als Jan Denys, Abb. ist Werk von J. Mortel); *J. M. Montias*, Artists and artisans in Delft, Pr. 1982, 171.

F. G. Meijer

Denysenko, *Hanna Davydivna*, ukrain. Textilkünstlerin, * 25. 12. 1918 Lypnjažka. Stud.: bis 1946 HS für angew. Kunst Kiev. Ab 1946 in der Kunstgew.-Fabrik „8 bereznja“ in Dichtjari/Gebiet Černihiv, einem bek. Zentrum der Teppichweberei, tätig. 1962 Verdiente Volkskünstlerin. – Fertigte genrehafte Gobelins nach Entwürfen and. Künstler (u.a. *Červony partizany*; *M. Ščors*; *Vozz'jednannja*; *Vyzvolennnja Kyïva*). ⊙ *G:* seit 1935 nat.; seit 1938 internat. ▭ MU, 1992; MU, 1997. – *M. Dolyns'ka*, Majstry narodnoho mystectva Ukraïns'koj RSR, Kyïv 1966, 44; VSII Sprav. IV-V, 1975–81 (s.v. Denisenko, Anna Davidovna).

T. Kara-Vasylijeva

Denysenko, *Hryhorij Pavlovyč*, ukrain. Keramiker, * 9. 3. 1925 Olešnja, lebt in Vasyl'kiv/Gebiet Kiev. Stud.: 1940–41 Kunst-FS Charkiv bei Leonora Abramivna Bloch. 1949–85 im Majolikawerk Vasyl'kiv tätig. Ausz.: 1995 Verdienter Volkskunstschaffender; 1996 Danil-Ščerbakovskij-Preis. – Bes. Schwarzkeramik (Glasur, Engobe; z.B. *Kozak Mamaj*, Dekorteller, 1980; *Juvilejna*, Schale, 1982; *Duma*, Krug, 1983; *Majolikovyj*, Teeservice, 1994). ⌂ Černihiv, HM. Kiev, Ukrain. Volkskunst-Mus. – Mus. für Folklore-Archit. und ukrain. Lebensweise. ⊙ *E:* 1985 Černihiv (mit Mychajlo Ivanovyč D.; K). – *G:* WA: 1958 Brüssel; 1967 Montreal. ▭ ChudSSSR III, 1976 (s.v. Denisenko, Grigorij Pavlovič; Lit.); MU, 1997. – *M. Dolyns'ka*, Majstry narodnoho mystectva Ukraïns'koj RSR, Kyïv 1966, 112; Vseukraïns'ka vystavka do 5-ričnyci nezaležnosti Ukraïny (K), Kyïv 1996.

T. Kara-Vasylijeva

Denysenko, *Ivan Ivanovyč* (Pseud. ab 1945: I. Denys; ab 1954 Denys, *Juan*), ukrain.-US-amer. Maler, Ikonenmaler, Graphiker, Zeichner, Schnitzer, * 23. 9.(6. 10.) 1910 Barvinkove/Gouv. Charkiv, lebt seit 1944 im Ausland, u.a. 1948–61 in Argentinien, danach in den USA, seit 1974 in Kerhonkson/N. Y. Sohn und Schüler von Ivan Mychajlovyč D. Stud.: 1927–29 KGS Charkiv bei Oleksij Opanasovyč Kokel', Kostjantyn Mykolajovyč Žukov; 1929–34 KHS ebd. (Graphik) bei Ivan Ivanovyč Padalka, Oleksandr Mychajlovyč Dovhal', Jurij Charlampijovyč Sadylenko; 1935–36 KHS Kiev (Malerei) bei Fedir Hryhorovyč Kryčevs'kyj, Volodymyr Mykolajovyč Kostec'kyj, Serhij Oleksijovyč Hryhor'jev. Aufgrund der Repressalien gegen die ukrain. Intelligenz (bes. Mychajlo Bojčuk, dessen Schüler wie Padalka und dessen Anhänger) gezwungen, die HS zu verlassen. Lebt 1936 in Charkiv, illustriert medizin. Lit. für den Verlag Medvydav, Nebenverdienst im Atelier der Rodinschülerin Leonora Abramivna Bloch, erlernt die Bildhauerei. 1937 Leiter der Wkstn für ukrain. Stickerei in Kiev. Nach dem Armeedienst 1939–40 Methodiker für bild. Kunst am Haus für Volkskunstschaffen in Luc'k, 1940–41 Leiter der graph. Dekorations-Wkst. beim Verb. der Ukrain. Künstler Galiziens (Mitgl.) in L'viv. Mit Kriegsbeginn eingezogen, 1942 bis Mai 1943 in Gefangenschaft, aufgrund seines Berufes freigelassen, lebt danach in Stryj b. L'viv, geht im Aug. 1944 in den Westen. E. 1944 bis Mai 1946 in Rankweil/Vbg, arbeitet in der Grabmalplastik-Wkst. des Bildhauers Fritz Matt (Inschr. und Portr. auf Granit, z.B. *Stephan Amann*, 1946, Flachschnitzerei; Relief *Kreuztragung*, Marmor; Entwurf für ein Denkmal für die Helden des Krieges, 1945). Mai 1946–1948 in Paris, zahlr. Portr. im eig. Studio (u.a. im Auftrag der Ukrain. griech.-kath. Mission *Metropolit A. Šeptyc'kyj*, Granitschnitzerei; *Monsieur Legé* [Dir. der Ostkirchen], Öl/Lw.), besucht die Acad. de la Grande Chaumière und Mus., stattet Inszenierungen der ukrain. Theatertruppe Dniprovych aus (*Natalka-Poltavka; Zaporožec' za Dunajem*, Tempera). Lebt ab 1948 in Buenos Aires (Portr., Stilleben), ab 1949 in Córdoba, wo er seine Berufung zur Kirchenmalerei entdeckt (u.a. ebd. Wandmalereien in der Kirche Sa. Inmaculada des Frauenklosters, 1949). 1954 argentin. Staatsbürgerschaft, Reisen nach Chile und Uruguay (Portr.). 1958–60 in Brasilien (in dem stark von Ukrainern besiedelten Curitiba/Paraná) als Porträtist und Kirchenmaler. Bes. wichtig ist die von D. gestaltete Ausst. zur Entwicklung der relig. Malerei der Ukrainer in Brasilien zum Eucharist. Weltkongreß der kath. Kirche 1960 in Curitiba, wo ein Ikonostas nach byz. Ritus von D. als Beispiel vorgestellt wird. Seit 1961 in den USA (Detroit/Mich., Cleveland/Ohio, Spokane/Wash., Syracuse/N. Y.), 1966 Staatsbürgerschaft. Arbeitet zeitweise auch in Kanada. Mitgl. zahlr. Künstler-Vrgn, u.a. ab 1944 Inst. für Kultur und Wiss., Innsbruck; ab 1950 Unabhängige Künstler Argentiniens; 1954–61 Cuatro Centenario, São Paulo. – Gestaltet zunächst Portr. und Bilder zur nat. und Zeit-Gesch. (*Perekop*, Öl/Lw., 1938–39; *Bohdan Chmelnyc'kyj pid L'vovom*, Tempera/Karton, 1941; vielfigurige Komp. *Taras Bul'ba*, Gouache/Karton, 1946). Von den frühen Portr. (u.a. Schriftsteller *M. Kocjubyns'kyj*, Hschn., 1933, sein Vater *Prof. I. Denysenko*, Kohle, 1943) sind v.a. die in D.s Lieblingstechnik (Kreide auf getöntem Papier) entstandenen dynam. und psycholog. tieflotenden Bildnisse bed. Vertreter der ukrain. Kirche und Kultur zu nennen (Metropolit *Andrej Šeptyc'kyj*; Maler *Edvard Kozak*; Poet *Oleksa Veretenčenko*; Dramatiker *Jurij Kosač*; Schriftsteller *Mychajlo Ostrovercha*, alle 1944). Auch im weiteren Schaffen nehmen Portr. einen wichtigen Platz ein (*Bürgermeister von Rankweil; Der dt. Künstler Herr Mainde*, beide Kreide; Portr. des Kommandanten des frz. Sektors *Cont de Peisiquer* und seiner Frau, Blei- bzw. Buntstift, alle 1945; *S. Sozon-*

tiv, Pariser Mäzen der ukrain. Flüchtlinge, Ed. der Ztg Vil'na Ukraïna, Öl/Lw.; *Symon Petljura*, Bleistift, 1947), wobei die Portr. argentin. Politiker wie *President Juan Perón; Evita Duarte de Perón* (Öl/Lw., 1948) feierl. wirken, während and. sich durch intimen Char. auszeichnen (Prof. *Je. Onac'kyj*, Kreide, 1949). D. setzt versch. Ausdrucksmittel entsprechend dem sozialen Status seiner Modelle ein: retrospektive Stilisierung (*Mr. Rubi de Ugarte*, Pastell; *Gloria Drago*, Öl, beide 1956), weiche Behandlung (*Miss Piriápolis*, Kreide, 1957), zugespitzte Charakterisierung (Komponist *A. Lichnjakevyč*, Kreide, 1953). Stellt auch in der Emigration ukrain. Persönlichkeiten dar (*Lesja Ukraïnka; Jevhen Konovalec'*, beide Kohle, 50er Jahre; *Knjahynja Ol'ha*, Öl, 1957; Kardinal *Iosyp Slipyj*, Sepia, 1962; *Lidija Buračyns'ka-Rudyk*, Öl, 1992, Toronto, Mus. SFUŽO). Malt des weiteren Akte, hist. und zeitgen. Lsch. (*Zamčyšče*, Öl/Lw., 1943; *Krajevydy Kremenčuka*, Aqu., 1943), seit Paris beeinflußt von Impressionismus und Expressionismus (*Dumky pro Kraj* und *Sny*, Öl, 1947–57; *Port Punta del Este*, Öl), im Frühwerk auch ethnogr. Motive (Ser. *Typy Bojkiv*, Bleistift, 1944) und Folkloresujets (*Večornyci*, Aqu., 1944). In den 30er-50er Jahren ebenfalls Buchgraphiker, wobei er Ill. (ausdrucksvolle Silhouetten und Farbflecken) und Schrift harmon. verbindet. Gestaltet v.a. Umschläge (schwarz-weiß oder in zwei and. Farben), z.B. zu Je. Onac'kyj, *Spraha*, L'viv 1944; Poesie-Bd *Vološky*, P. 1948; *Guía para la mucher*, Bs.As. 1948; Kalender und Almanache. Von bes. Interesse sind hierbei die 15 Ill. (Portr. ukrain. Kirchenvertreter, Darst. der Kiever Sophien- und der Georgskathedrale sowie von *Pius XII*) für die Ed. *Perši zakovani*, 1956 (Neu-Aufl. u.d.T. Primeras Victimas del Comunismo, Bs.As. 1957). Arbeitet auch für Zss. (z.B. Naš klyč [Bs.As.], Ukraïnec'-čas). Die größte Bedeutung in D.s Schaffen kommt jedoch seiner Kirchenmalerei zu. Nach ersten Erfahrungen in der Ukraine (Mitarb. seines Vaters bei Ikonen in Stryj; Ikonen in den Kirchen von Plav'je und Holovec'ko, alle Gebiet L'viv, 1943–44) und in Paris (z.B. in der Ukrain. orthodoxen Kirche des hl. Simon) entstehen in Argentinien und Brasilien (Ikonen für Kirchen im Staat Paraná, z.B. in Prudentópolis) zahlr. bed. Werke, so für die Kathedrale in La Rioja die stark beachteten 10 Mon.-Gem. zu hist. und bibl. Sujets (*La fundación de La Rioja; La Santísima Trinidad; Angeles adoradores; Aureelización pontificia de S. Nicolas de Bari; La coronación de S. Nicolas; El encuentro* und die vier Evangelisten, Öl/Lw., 1949–53). Als ausgezeichneter Stilist bereichert D. hier die Trad. span. Malerei (Murillo) durch eine zeitgen. Behandlung. In seiner ersten kirchl. Arbeit in den USA (für die Ukrain. kath. Kirche Verklärung Christi in Denver, 1962) malt er nicht nur die Ikonen, sondern führt auch die Holzschnitzerei und Vergoldung des selbstentworfenen Ikonostas aus. Dem trad. ukrain. Bauschema folgend, variiert er Rhythmus und Linienführung des Abschlusses des obersten Ranges und der Zarentüren, die Anzahl der Ränge (bis zu 5) und Ikonen (bis zu 70) sowie den Char. der Schnitzerei und die Motive des Reliefs (Weinreben, Sonnenblumen usw.). Eine Synthese gelingt D. bei der komplexen Interieur-Gest. der Kirchen mit Ikonostas und Wand-Gem., z.B. in der Rumän. griech.-kath. Kirche St. John in Detroit/Mich. (1967). D. folgt den byz. und altukrain. Trad., bereichert sie aber durch eine mod. Sichtweise. 🏛 *Ikonostase (Ikonen, Schnitzerei) in Ukrain. Kirchen:* CALGARY/Alta., Assumption of the Virgin (kath.), 1968. CANORA/Sask., Holy Trinity (orthodox), 1978. – St. Peter and Paul (kath.), 1979. DETROIT/Mich., St. Andrew (orthodox), 1962. EDMONTON/Alta., St. Josaphat (kath.), 1969. REGINA/Sask., Holy Ghost (orthodox), 1967. WINNIPEG/Man., Holy Trinity (orthodox), 1974–75. – *Ikonostase (Ikonen [Acryl/Lw.], Schnitzerei) und Wand-Gem. (Öl/Lw., an die Wand geklebt) in Ukrain. Kirchen:* JOHNSON CITY/N. Y., Sacred Heart (kath.), 1981. MANDERA/Alta., St. Peter and Paul (kath.), 1970. NORTH PORT/Fla., St. Mary's (griech.-kath.), 1996–98. SYRACUSE/N. Y., St. John (kath.), 1976–78. TROY/N. Y., St. Nicholas (orthodox), 1965. YONKERS/N. Y., St. Michael's (kath.), 1993, '95. – CHARKIV, KM: Portr. des Malers Mychajlo Jakymovyč Kozyk, Kreide, 1944. NEW YORK, The Ukrainian Mus. TORONTO, Ukrainian Found.: Metropolyt (A. Šeptyc'kyj), Öl, 1946. – Mus. of the World Federation of Ukrainian Women's Organisations (SFUŽO). VILLA ALLENDE/Córdoba, Colegio S. Alfonso: 26 Gem., Öl/Lw., 1954–55. ⊙ *E:* 1943 Kremenčuk / 1945 Rankweil / 1946 Paris, Mission Ukrainienne Catholique en France / 1955–56 Viña del Mar, Gal. Mori / 1957 Punta del Este; Piriápolis / 1959–60 São Paulo, Cuatro Centenario / 1961 Los Angeles / 1966–68 Banff (Alta.) / 1990 Toronto, Ukrainian Canad. Found.: Retr. (K); Philadelphia, Ukrain. Bildungs- und Kulturzentrum: Retr. (K). – *G:* seit 1928 (Izjum/Charkiv), u.a. 1946 Bregenz: Ausst. ausländ., derzeit in Vorarlberg weilender Maler (K). 📖 EAAm I, 1968; Enc. of Ukraine, I, Tor. u.a. 1984; *Gesualdo/Biglione/Santos* I, 1988; Mystectvo Ukraïny, Kyïv 1997. – Kat. der Kunst-Ausst. 1943, Lemberg 1943, 19 (auch in ukrain.); *L. Fedorovyč-Malyc'ka*, Naš šljach v. 2. 1. 1944; Vorarlberger Volkswille v. 6. 4. 1946; *N. Rivera*, La Rioja su origen y tradiciones, Bs.As. 1959, 45–49 (mit Ill. von D.); *M. Harasovs'ka-Dačyšyn*, Ovyd (Chicago) 1962 (2) 43–46; *C. Bruno*, Hist. de la iglesia en la Argentina, I, Bs.As. 1966, 488; Svitlo (Tor.) 1971 (6) 205; 1995 (6); The Canora Courier v. 20. 12. 1978; Artists/U. S. A. (Philadelphia) 1980, 43; *M. Zobniw*, The Ukrainian Weekly v. 25. 1. 1981; *R. Baranovs'kyj*, Svoboda (N. Y.) v. 18. 10. 1990; *L. Sokoljuk/N. Tytarenko*, Hrafična škola Ivana Padalky. Charkiv. 20-ti roky (K), Charkiv 1994, 9, 18; *A. Pivnenko*, in: Mižnarodna juvilejna vystavka tvoriv mystectva vychovanciv ChDChI-ChChPI do 75-riččja vyščoï chudožn'oï školy Charkova. 1921–1996 (K), Charkiv 1996, 34. A. Pivnenko

Denysenko, *Ivan Mychajlovyč*, ukrain. Maler, Zeichner, Fotograf, * 19. 6.(1. 7.) 1887 Hončarivka/Gouv. Charkiv, † 4. 1. 1970 Domotkan'/Gebiet Dnipropetrovs'k. Vater von Ivan Ivanovyč D. 1900–06 Lehre in einer Druckerei, danach dort Gehilfe; 1906–09 Arbeit in einem Fotoatelier, Zeichenunterricht in einer Ikonenmal-Wkst. und beim akad. ausgebildeten Maler Iljuchin, alles in Izjum b. Charkiv. 1907 Stud. an der Kunst-FS Charkiv, Abbruch wegen Armut. 1909–11 Arbeit in der dt. Firma

Singer in Barvinkove, ab 1911 in Izjum ansässig. Betreibt dort ein Fotoatelier, das unter Sowjetherrschaft verstaatlicht wird. 1923–24 Stud. an der KHS Charkiv bei Oleksij Opanasovyč Kokel', Mychajlo Andrijovyč Šaronov. 1924–56 Zeichenlehrer an Schulen und Pädagog. FS an seinen jeweiligen Wohnorten (1934–43 Nikol's'ka Slobidka b. Kiev, 1943–48 Stryj, L'viv, 1949–57 Verchnij/Gebiet Luhans'k, lehrt an der Pädagog. FS in Lisičans'k), danach bis 1968 in Izjum ansässig. Mitgl.: u.a. ab 1928 Assoz. der Künstler der Roten Ukraine (AChČU). – Arbeitete in allen Genres der Malerei. Malte Ikonen (für die Kirche in Stryj, 1943–44, mit seinem Sohn; *Schutzmantelmadonna*, Öl, 1946) in nat. Trad.; genrehafte Bilder über die Kriegsfolgen (*Front perejšov*, 1946) und die Partisanenbewegung unter Kovpak (*Partyzany u Karpatach*, 1963), nat. hist. Gestalten (*Oleksa Dovbuš*, 1963). Sie zeichnen sich durch Vielfigurigkeit, psycholog. Durchdringung der Gestalten und Verbindung von Realismus und Pleinair aus. Wandte sich auch Alltagsthemen zu (*Hončar*, 1963) und malte zahlr. psycholog. Porträts (*Taras Ševčenko*, 1963; *Portret likarja*, 1965), des weiteren Stilleben und Lsch. (*Baštan*, Öl, 1942; im Kat. von 1943 u.d.T. *Kürbisfeld*). Lsch.- und Archit.-Motive stellte er auch in Aqu. und Bleistift dar, wobei die Aqu. den unmittelbaren Natureindruck wiedergeben (*Cerkva v c. Kun'je; Cerkovna ohoroža v s. Červonyj Oskil*, 1928), während er in den Zchngn eine größere Konkretisierung des Motivs anstrebt (*Ukraïns'ka chata. Dim na Hončaricvi; Mistok čerez ričku Izjumec'*, 1925), auch bei Pflanzen-Darst. (*Sosna; Sonjašnyk*). Zeichnete auch Motive von trad. Feiertagen (*Rizdvo*, 1921) und Portr. (*Selbstbildnis*, 1922; *Robitnyk zavodu im. Dzeržyns'koho Čornobajev A. L.*, 1929), letztere zeichnen sich durch genaue Charakterisierung und sichere Modellierung aus. ⌂ IZJUM, Heimatkunde-Mus. ◎ *G:* seit 1928 Izjum / 1943, '68 L'viv. ▭ I-a peresuvna chudožnja vystavka Asociacii chudožnykiv Červonoï Ukraïny i Charkivs'koho viddilenja... (K), Char'kiv 1928; Červona zorja (Izjum) v. 11. 5. 1929; Kat. der Kunst-Ausst. 1943, Lemberg 1943 (auch in ukrain.); VSII Sprav. I, 1965.

A. Pivnenko

Denysenko, *Mychajlo Ivanovyč*, ukrain. Keramiker, * 3.(16.) 12. 1917 Sljudjanka/Gouv. Irkutsk, ansässig in Vasyl'kiv/Gebiet Kiev. D.s Familie entstammt dem Zentrum für Töpferkunst Olešnja b. Černihiv. Stud.: 1931–34 Kunst-FS Kiev (Malerei) bei Ivan Sydorovyč Ižakevič; 1935–41 KHS Charkiv (Skulpt.) bei Vasyl Illič Kasijan, Mykola Hordijovyč Derehus, Leonora Abramivna Bloch. 1946–48 in der Töpfergenossenschaft Olešnja tätig, ab 1949 im Majolikawerk Vasyl'kiv. Ausz.: 1961 Gold-, 1962 und '68 Silber-Med. der Allunions-Ausst. der Errungenschaften der Volkswirtschaft, Moskau; 1995 Verdienter Kunstschaffender der Ukraine. – Dekorative Skulpt. und Gebrauchskeramik D. greift dabei trad. Gefäßformen (z.B. Krüge) auf, setzt sie kreativ um und nutzt starkfarbige Glasuren. Verwendet versch. Techniken („rižkovanie", „fljandrovka"). Gestaltet u.a. große Teller (zu Jubiläen von *Ivan Franko*, 1956, und *Taras Ševčenko*, 1961; *Kozak Mamaj*, 1978; *Ptachy*, 1992), Schalen zu Gedenktagen (*Slava Kyjevu*, 1982; *Mir*, 1985), Geschirrservice (*Želtyj*, 1962; *Mrija*, 1966; *Procholoda*, 1971; *Šumljat' verbi*, 1972; *Chorošii druzi u mene*, 1993). Auch figürl. Skulpt. (u.a. *A. M. Gor'kij*, Terrakotta, 1952; *Ševčenko v ssylke*, Büste, Terrakotta, 1964), darunter Tier-Darst. (Rundplastik) mit originellem Dekor. ⌂ ČERNIHIV, HM. KIEV, Ukrain. Volkskunst-Mus. – Mus. für Folklore-Archit. und ukrain. Lebensweise. ŠEPETOVKA, Ostrovskij-Lit.-Mus. ◎ *E:* 1985 Černihiv (mit Hryhorij Pavlovyč D.; K). – *G:* u.a. 1958 Brüssel: WA. ▭ SChU, 1973; ChudSSSR III, 1976 (s.v. Denisenko, Michail Ivanovič; Lit.); KChE IV, 1978, 572 (im Art. Ukrainskaja SSR); MU, 1997. – *M. Dolyns'ka*, Majstry narodnoho mystectva Ukraïns'koï RSR, Kyïv 1966, 112; *B. S. Butnik-Sivers'kyj*, Ukraïns'ke radjans'ke narodne mystectvo 1941–67, Kyïv 1970, 201–203; *I. V. Sakovyč*, Narodni tradycii v ukraïns'koï chudožnii promyslovosti, Kyiv 1975, 115; Dekorativnoe iskusstvo SSSR 1979 (4) 41; Narodnye chudožestvennye promysly, Mo. 1983 (falsches Geburtsjahr); *N. I. Veligockaja/L. E. Žogol'* (Ed.), Dekorativno-prikladnoe isk. Ukrainskoj SSR, Mo. 1986; M. D., Kyïv 1989; Vseukraïns'ka vystavka do 5-ričnyci nezaležnosti Ukraïny (K), Kyïv 1996.

T. Kara-Vasylijeva

Denysenkov, *Ovksentij Ivanovyč* (Denisenkov, *Avksentij Ivanovič*), ukrain. Architekt, * 30. 9. 1806 Dolgennaja/Uezd Izjum, † nach 1889 Odesa. Ausb. im 1. Kadettenkorps St. Petersburg. Ab 1828 in Charkiv als Landvermesser tätig. 1832–35, '56–60 Gouv.-Architekt von Katerynoslav (Ekaterinoslav; Dnipropetrovs'k), ab 1835 dasselbe in Voronež. Leitete dort 1837–45 den Bau der Gebäude des Kadettenkorps (nach 1917 Univ.; 1943 zerst.), nach Entwürfen des Petersburger Militäringenieurs und Obersten im Dept. für Militärsiedlungen *Karl Detlov* (* um 1790, † nach 1840). Ab 1861 Stadt-Architekt von Odesa, dort noch 1889 als Mitgl. des Baukomitees belegt. In der Lit. oft verwechselt mit *Nikolaj Denisenkov* (* um 1815, 1841 Titel Künstler ohne Klassenrang der AK St. Petersburg) und *Jakov Ivanovič Denisenkov*, einem Beamten in Charkiv (1830er Jahre), der sich ausschl. mit administrativen Aufgaben befaßte. – Vertreter des Historismus. Bevorzugte für öff. Gebäude, Wohnhäuser und Datschen (in Kurorten um Odesa, 1862–68) den Neoklassizismus, den pseudobyz. Stil dagegen für seine Sakralbauten (u.a. Glockenturm für die Christi-Verklärungskirche in Izjum b. Charkiv, mit Konstantin Andreevič Ton, 1831; Kirche der Geburt der Gottesmutter in Oleksiïvci/Alekseevka, heute zu Charkiv, 1833–39; beides nicht erh.). ⌂ CHARKIV: Psychoneurolog. Krankenhaus, 1830. SUMY, vul. Sinna 32: Wohnhaus, 1831. – Eliaskirche, 1836–51. ▭ MU, 1992; MU, 1997 (beide fälschl. als D., Jakiv Ivanovyč). – *N. Polikarpov*, Jubilejnyj sb. Michajlovskogo Voronežskogo kadetskogo korpusa (1845–1895), Voronež 1898, 120–160; Narysy istoriï archit. Ukraïns'koï RSR, I (Dožovtnevyj period), Kyïv 1957, 539. – Moskau, Russ. Staatl. Militär-hist. Arch. (RGVIA): f. 314, op. 1, d. 4534, l. 79-ob (Lebensdaten).

S. Kilesso/A. Krašeninnikov

Denysijevs'ka (Busyhina), *Natalija Borysivna*, ukrain. Bildhauerin, * 27. 7. 1923 Lubin/Gebiet Poltava, lebt in Kiev. Stud.: 1950–56 KHS ebd. bei Oleksij Prokopovyč Olijnyk, Ivan Vasyl'ovyč Makohon, Mychajlo Hryhorovyč Lysenko. – Bevorzugt in Plexiglas figürl. Komp. zur Revolutions- und Zeit-Gesch. (z.B. *Budivel'nyky*, 1958; *Za pravdu narodnu*, 1963; *Červone dyjavolenja*, 1965); auch Tierfiguren in Plexiglas und Terrakotta. ⌂ ČERKASY, Heimatkunde-Mus. CHERSON, Heimatkunde-Mus. DONEC'K, KM. GORLOVO, KM. SEVASTOPOL', KM. SUMY, KM. ZAPORIŽŽJA, Heimatkunde-Mus. ⊙ *G:* seit 1957 nat. ▭ SChU, 1973; ChudSSSR III, 1976 (s.v. Denis'evskaja, Natalija Borisovna; Lit.). – VSII Sprav V, 1981 (fälschl. als Denisovskaja, Natal'ja Borisovna). B. S.

Denysov, *Volodymyr Oleksijovyč* (Denisov, *Vladimir Alekseevič*), russ.-ukrain. Maler, Bühnenbildner, Kunstwissenschaftler, * 9.(21.) 7.1887 Novaja sloboda/Uezd Ščigry, Gouv. Kursk, † 14. 9. 1970 Kiev. Vater von Lada Volodymyrivna Denysova. Jura-Stud.: 1905–06 Univ. Kiev; 1908–10 Univ. St. Petersburg; 1910–11 Univ. Dorpat (Tartu); 1911–13 Archäol. Inst. St. Petersburg. Daneben Kunst-Stud.: 1905–06 Studio von Serhij Ivanovyč Svitoslavs'kyj, Kiev; 1906–07 bei Apollinarij Michajlovič Vasnecov, Moskau; 1911–13 bei Jan Ciągliński, St. Petersburg. 1913/14 Reisen in Deutschland, Frankreich, Spanien. Lebte bis 1929 in Petrograd/Leningrad (St. Petersburg), danach in Kiev. Als Kunstkritiker und Kunstwissenschaftler Mitarb. der Ztg Den' (1912–18) und der Zss. Žizn' iskusstva, Teatry i zrelišča (1919–29). 1925–28 Bühnenbildner des Theaters Proletarskij akter und des Opernstudios des Konservatoriums, beide Leningrad. Mitgl.: 1917 Ges. „Svoboda iskusstvu" (Koautor der Deklaration der Ges.), „Iskusstvo, revoljucija", „Sojuz molodeži", alle Petrograd; 1917/18 Verb. der Kunstschaffenden (SDI; Zus.-Arbeit u.a. mit A. Blok, V. Majakovskij, V. Mejerchol'd, S. Prokof'ev); 1926–29 Ges. Krug chudožnikov (Ausst. 1927, '28, '29 Leningrad, 1930 Kiev). Lehrtätigkeit: 1919–21 VCHUTEMAS, 1922–23 VCHUTEIN, 1923–25 KA, 1926–29 HS-Kurse für Kunstwiss., alle Petrograd/Leningrad (wichtige Schüler u.a. Viktor Michajlovič Orešnikov, Aleksej Fedorovič Pachomov); 1929–41, '44–63 KHS Kiev (u.a. Serhij Oleksijovyč Hryhorjev). – D.s Schaffen ist ein char. Beispiel für die Entwicklung der realist. Richtung der russ./ukrain. Malerei, herausgebildet in der 2. H. 19. Jh. und bereichert durch die Errungenschaften westeurop. Strömungen. Er verband fein nuancierte Hell-Dunkel-Malerei mit hoher Farbkultur (meist warmes Kolorit), Streben nach Fakturhaftigkeit und Ausarbeitung der Formen, makelloser Zchng, klass. ausgewogener Komp. und stark individueller Weltsicht. Arbeitete bevorzugt in Öl, auch in Aqu. und Pastell. E. 1910er Jahre kubist. Tendenz (*Mansardy. Zimnij gorodskoj pejzaž*, 1917; *Natjurmort s čaškoj*, 1918, beide Öl, St. Petersburg, Russ. Mus.), in den 20er Jahren impressionist. Einflüsse (*Vetrjaki*, 1928). Malte v.a. Lsch., oft mit genrehaften Elementen, wobei er einen ruhigen Naturzustand bevorzugte (*Zima v Talgare*, Öl/Karton, 1942; *Nad Dniprom bilja Kaneva*, 1947; *Kvitnut' oleandry*, 1958; *Ruïny genuez'koï forteci u Feodosiï*, 1963; *Vyhljad z vikna*, 1970, alle Öl/Lw.), und Stilleben (*Natjurmort s knigami*, 1915; *Trojandy u synij vazi*, 1946; *Vikno. U majsterni chudožnyka*, 1964, alle Öl/Lw.). Daneben Bilder zu revolutions- und zeitgeschichtl. Themen (*V pervyj rejs s novym urožaem*, 1937; *Krest'janskoe vosstanie v Soročyincjach v 1905 g.*, 1939–40; *I tut slidy vijny*, 1945, alle Öl/Lw.). D.s Hauptthema war die Harmonie zw. Mensch und Umwelt. ⌂ KIEV, Nat. KM. – Mus. für russ. Kunst. ST. PETERSBURG, Russ. Mus. ✉ Vojna i lubok. Narodnaja kartinka, Petrograd 1916; Novyj tip chudožestvennoj školy, Žizn' iskusstva 1922 (4) 5 s.; Muzej i sovremennost', ibid.(8) 6 s.; Živopis' Ėrmitaža, ibid. 1925 (48) 18; Diskussija ob AChRRe, ibid. 1926 (38) 6 s.; Ėvoljucija chudožestvennogo soznanija za istekšee desjatiletie, ibid. 1927 (4) 2 s.; Iskusstvo massam, Teatry i zrelišča 1926 (35) 3–5; Etjudna vystavka studentiv, Obrazotvorče mystectvo 1939 (5) 19–24; Litni roboty kyïvs'kych studentiv, ibid. 1941 (5) 17–19. ⊙ *E:* Kiev: 1969 Mus. für russ. Kunst; 1971 KHS; 1989 Nat. KM. – *G:* seit 1915, u.a. Petrograd: 1915, '16 Ausst. zeitgen. Kunst; 1922 Ausst. der Ges. neuer Richtungen in der Kunst; 1923 Ausst. Petrograder Künstler aller Richtungen. ▭ SChU, 1973; ChudSSSR III, 1976 (Lit.; falscher Geburtstag); MU, 1992 (alle mit falschem Geburtsort); *Milner*, 1993 (s.v. Denisov, Vladimir); MU, 1997 (falscher Geburtsort); *F. Lévèque/S. Plantureux*, Livres d'enfants russes et soviétiques (1917–1945), P. 1997 (irrtüml. als Denissov, Vladimir Nikolaïèvitch). – VSII Sprav. I-V, 1965–81; *B. Pianida*, Večirnij Kyïv v. 9. 6. 1969; *O. Podčekaev*, Kul'tura i žyttja v. 15. 6. 1969; *V. S. Matafonov*, Aleksej Fedorovič Pachomov, Mo. 1981; *O. Šichireva*, K istorii obščestva „Krug chudožnikov", Sovetskoe iskusstvoznanie, vyp. 1, Mo. 1982, 297–326; *ead.*, Iskusstvo 1982 (7) 34–40; *M. Ju. German*, Sovetskoe isk. 1920–30, Le. 1988; *Severjuchin/Lejkind*, 1992; *V. D. Solov'ev*, Russkie chudožniki XVIII-XX vv., Dnepropetrovsk 1996, 8, 110, 627; Muzej v muzee. Russkij avangard ... v sobranii Gos. Russkogo Muz. (K), StP. 1998. V. Ruban

Denysova, *Lada Volodymyrivna* (Vigh-Deniszova, *Lada*), ukrain. Malerin, Zeichnerin, Graphikerin, Kostümbildnerin, * 1. 4. 1943 Talgar/Gebiet Alma-Ata (Kasachstan), lebte in Kiev, seit 1996 in Budapest. Tochter von Volodymyr Oleksijovyč Denysov. Erste Ausb. bei diesem sowie im Studio von Alla Oleksandrivna Hors'ka und Viktor Ivanovyč Zarec'kyj in Kiev; 1954–61 künstler. Mittelschule ebd. Stud.: 1961–67 KHS Kiev bei Ivan Mykolajovyč Krasnyj (Buchgraphik). Betrachtet in der Zchng Jurij Mychajlovyč Petrov als ihren Lehrer. – Begann mit Buch-Gest. für Kinder (*Franzus'ki kazky*, 1968; *Ukraïns'ki kolyskovi pisni*, 1970, beide Aqu.), wandte sich danach der freien Graphik zu (Ser. von genrehaften Komp. und Lsch.: *Figura v inter'ere*, 1979–81, *Detstvo*, 1982, beide Farb-Lith.; *Kutočky ridnoho mista*, Rad., 1982; *Litnij Sedniv*, Aqu., 1987). Seit 1990 v.a. Malerei: Lsch. (*Voloha kyïvs'ka zyma*, 1992; *Vyšehrad nad Dunaem*, 1998, beide Öl), Stilleben (*Starinnaja utvar'*, Tempera, 1997–98), Portr. (*Bilja vikna. Portret don'ky*, 1985; Portr. des Architekten *János Vigh*, 1994, beide Öl), Interieurs (*Kutočok inter'jeru iz dzerkalom*, 1987). Char. für ihre der klass. Trad. nahestehenden Aqu. und mehrschichtige tonale Ölmalerei sind lyr.-zarte Ausf. und poesievolle Darst. der Natur und des Menschen (*Avtopor-*

tret, Aqu., 1973; *Siren'*, 1990, *Budapest. Most Sečenja*, 1999, beide Öl). Dagegen weisen die Zchngn betonte Expressivität, dramat. Komp., Licht-Schattenkontraste und dynam. Lineament auf (*Alleja v parke*, 1993; *Rotonda*, 1995; Ser. *V starom parke*, 1997, alle Kohle). Entwarf auch Kostüme für das Volkstanzensemble der Ukraine „N. Virs'kyj" (zum russ. Tanz *Lebeduški*, Aqu., Gouache, 1981), für das Kammertanzensemble „Madrigal" (Aqu., 1991–92) und eine Ser. hist. Kostüme für den Ukrain. Volkschor „H. Ver'ovka" (Aqu. Tusche, Feder, 1980–82). Desweiteren Plafondmalereien (*Tri gracii; Roždenie Venery*, Tempera) und Supraporten (*Ženščina i vinograd*, Fresko, alle 1998–99) in einem Priv.-Haus in Budapest. ⌂ KIEV, Nat. KM. – Mus. der Akad. für bild. Kunst und Archit. ⊙ *E:* 1998 Kiev, Ungar. Botschaft / 1999 Nyiregyháza. – *G:* seit 1967. 📖 Vsesojuznaja chudožestvennaja vystavka „SSSR – naša Rodina" (K), Mo. 1972; *M. Skljars'ka*, Molodi chudožnyky, Kyïv 1974, 14; Respublikans'ka chudožnja vystavka „60 rokiv VLKSM" (K), Kyïv 1978; Dovidnyk členiv Spilky chudožnykiv Ukraïny, Kyïv 1998; *L. Ščukina*, Obrazotvorče mystectvo 1987 (2) 32; L. V.-D. Festőművesz bemutatja, Bp. 1999. V. Ruban

Denysova, *Nina Mychajlivna*, ukrain. Graphikerin, Malerin, Zeichnerin, Monumentalkünstlerin, * 21. 2. 1942 Zlatoust, lebt in Kiev. ⚭ Maler Mykola Oleksijovyč Malyško, Mutter der Malerin Oksana Mykolaïvna Malyško. Stud.: 1956–61 Kunst-FS Dnipropetrovs'k bei Mykola Stepanovyč Pohribnjak. – Bek. als eigenwillige Illustratorin v.a. von Kinderbüchern, bevorzugt als Hschn. (*Žartivlyvi pisni*, 1971; *Dobryj den', Ukraïno moja*, 1982; Volksmärchen *Telesyk*, 1992), auch in and. Techniken (Ser. Linolschnitte zu I. Chomenko, *Marusja Čuraj*, 1967; P. Tyčyna, *Arfamy, arfamy...*, Monotypie, Feder, 1968; I. Čerednyčenko, *Ščedrivec'*, Tempera, Aqu., 1968; *Antolohija dramaturhiï ukraïns'koï diaspory. Blyznjata, šo zustrinut'sja*, Tusche, Feder, 1997). Char. für ihr Schaffen ist die Suche nach der Verbindung des Menschen unserer Zeit mit den ewigen Werten des Daseins und des Einzelschicksals mit dem eines ganzen Volkes. Leitmotiv vieler Arbeiten ist die Einheit von ird. und kosm. Leben, von Mensch und Natur sowie der göttl. Char. der Mutterschaft. Ihre phil.-poet. Tafelmalerei verknüpft plast. Modellierung, lineare Rhythmik und symbol., dramat. Farbeinsatz. Sie nutzt Motive aus der Folklore und den Evangelien, Symbolik und christl. Attributik (*Angel*, Öl auf Glas, 1990; *Na rizdvo; Večir bilja chaty*, beide Öl, Tempera, 1991; *Bilja jabluni* Öl, 1992–93; *Dni ljudyny – jak cvit stepovyj*, Tempera, 1992; *Niby hrajučys'*, 1994, *Žajvir*, 1996, beide Öl). ⌂ CHMEL'NYC'KYJ, Mus. ukrain. zeitgen. Kunst. – Kinder- und Jugend-Bibl.: Wandmalerei, Tempera, 1985–86. KIEV, Nat. KM. – Ševčenko-Mus. – Buch-Mus. – Gal. der Kiever-Mohyljansker Akad. – Hotel Myr, Bankettsaal: Gobelin, Stoff, appliziert, bemalt, 1979. VINNYCJA, KM. ✉ Čy možna namaljuvaty dušu (mit O. Mel'nyk), Artanija 1995 (1) 26–29. ⊙ *E:* 1995 Chmel'nyc'kyj, Mus. ukrain. zeitgen. Kunst; Kiev, Gal. der Kiever-Mohyljansker Akad. / 1998 Vinnycja, KM. – *G:* seit 1968, u.a. 1997 Erfurt, Europ. Kulturzentrum: Zeitgen. ukrain. Kunst; Graz, Minoriten-Gal.: Meditation '97. Epiphanie. Offenbarung und Verhüllung / 1999 München, Dt. Mus.: Ukrain. zeitgen. Kunst; Kiev: Mystectvo Ukraïny XX storiččja. Nefiguratyvnyj žyvopys. 📖 SChU, 1973. – *E. Gankina*, Detskaja literatura 1971 (6) 56 s.; Respublikans'ka chudožnja vystavka „My budujemo komunizm" (K), Kyïv 1982; *O. Lyšeha*, Obrazotvorče mystectvo 1995 (1) 26; *R. Lyša*, Sučasnist' 1995 (10) 133–138; *A. Botanova*, Ukraïna 1995 (15–16) 24–26; *R. Korohods'kyj*, Čas v. 19.–25. 2. 1998; Dovidnyk členiv spilky chudožnykiv Ukraïny, Kyïv 1998; *O. Lyšeha*, N. D. Maljarstvo, Kyïv 1998. V. Ruban

Denysz., *Jan* (1625) → **Denyse,** *Jan Abrahamsz.*

Denysz., *Jan* (1647) → **Denies,** *Isaac*

Denz, *Margit*, österr. Keramikerin, * 1964 Dornbirn/Vbg, tätig in Wien. 1980–84 Ausb. als Stein- und Holzbildhauerin in Innsbruck. Stud.: 1984–90 HS für angew. Kunst Wien, Meisterklasse für Keramik und Produktgestaltung bei Matteo Thun. Unter diesem an Entwürfen zu Teeservices „The spirit of USA" für die Fa. Villeroy & Boch beteiligt. Ab 1989 Ateliergemeinschaft „Gal.-Wkst." in Wien. 1993 arrangierte D. zus. mit Irena Rosc eine Rauminstallation „Himmel und Gefäß" in der Schloß-Kap. Primmersdorf b. Raabs/NÖ. ⊙ *G:* 1988 Frankfurt am Main: Design Plus (1. Preis). 📖 WWCCA, 1996 (Lit.). – Zeitgen. dt. Kunsthandwerk, 5. Trienn., M. 1990; Ceramics monthly 39:1991 (2) 34 ss.; *G. Petriecek*, Baubo: Rosc, D. (K Niederösterr. LM), W. 1993. D. T.

Denza, *Ciro*, ital. Maler, * 8.(oder 18.) 2.1844 Castellamare di Stabia/Neapel (oder Torre Annunziata/Neapel), † 10. 2. 1915 ebd. Widmete sich als Autodidakt der neapolitan. Lsch. und präsentierte mit einigem Erfolg seine originellen Gem. in der Art der neapolitan. Malerschule, meist Veduten des Golfes von Neapel, im In- und Ausland. War Konsul von Paraguay in Castellamare di Stabia. ⊙ *G:* 1879–86 Neapel, Soc. Promotrice Salvator Rosa. 📖 ThB9, 1913; Vo5, 1961. *E. Giannelli*, Artisti napoletani viventi, N. 1916, 214–216 (Ausst.); *Comanducci* II, 1971; DEB IV, 1973;. A. St.

Denzel (Dentze; Dentzel; Dentzl; Denzl; Denzlen), dt. Maler- und Goldschmiede-Fam. in Ulm, 16./17. Jh.

1. *Anton*, Maler, get. 29. 12. 1573 Ulm, begr. 15. 7. 1593, Sohn von 3, Bruder von 4, 7, 9.

2. *Bartholomäus (Johann Bartholomäus)*, Maler in Muri/Schweiz, Sohn von 7.

3. *Daniel* (I), Maler, Kartenmaler aus Weiler b. Ulm, begr. 17. 5. 1596 Ulm, Vater von 1, 4, 7, 9, Sohn von 6, Bruder von 10. 1569 als Kartenmaler gen. 1604 wird seine Witwe urkdl. erwähnt, wobei der Name Weber auftaucht: „Daniel Weber, gen. Dentzel, des Malers Witwe." ⌂ ULM, Mus.: Tuchmacher-Zunfttafel, Mittelstück; fünf Portr., 1596; Fragm. eines Epitaphs der Fam. Mattheis (Metzger, 1958).

4. *Daniel* (II), Maler, get. 5. 11. 1581 Ulm, begr. 2. 9. 1631 Ulm, Sohn von 3, Bruder von 1, 7, 9. 1626 Arbeiten am Choraltar und an einer Tafel in der Sakristei des Ulmer Münsters. Vermutl. 1628–31 Stadtmaler. Bildnisse von Anna Maria Neubronner (1620) und Anna Katharina Hartbronner (1625; Zuschr. Metzger, 1958).

5. *Daniel* (III), Kartenmaler, get. 10. 3. 1587, † zw. 1610 und 1614. Sohn von 10, Bruder von 11 und 12.

6. *Hans* (I), Kartenmaler, † vor 1568, Vater von 3 und 10.

7. *Hans* (II; *Johann*), Maler, get. 20. 4. 1572, begr. 5. 1. 1625. Vater von 2, Sohn von 3. Verfaßte zus. mit 9 die 1616 in Ulm gedruckte „Kurze und Gründtliche Beschr. Eines Newen Geometr. Instruments ...“. 1620 Streit mit dem Stadtmaler Ludwig Schaler. 1630 (Sterbeeintrag seiner Frau) als verstorbener Stadtmaler bez. Erhielt mehrfach städt. Aufträge (Dreifaltigkeitskirche, Ratsstube), obwohl zu jener Zeit Ludwig Schaler d. J. Stadtmaler war; es findet sich auch kein Anstellungsvermerk im Ratsprotokoll. Ungewöhnlich ist, daß D. mehrfach für kath. Auftraggeber arbeitete. BIBERACH, Mus.: Bildnisse Matthäus Klocker und seiner Frau, 1602. HEIDELBERG, Univ.-Bibl.: Graduale aus Kloster Salem, 1599. SCHALKSTETTEN, Kirche: Kreuzgruppe, ehem. Altarbild, 1610/14. STETTEN/BW, Kap.: Altarbild, 1609/10. TIEFENHÜLEN, Kap.: Altarbild, 1609/10. ULM, Mus.: Tuchmacher-Zunfttafel, Fortführung bis 1698 (vom Vater beg.); Gruppenbild aus Ulmer Wundarztbuch, 1603; Schröpfbild, 1604 (alles Zuschr. Metzger, 1958). – Dreifaltigkeitskirche: Bilder an Altar, Kanzel, Empore (nicht erh.). – Ratsstube: Renovation, 1622 (nicht erh.). – U.-Wiblingen, Klosterturm: Wandbild (nicht erh.).

8. *Hans Jakob*, Goldschmied, * 1614 Ulm, Sohn von 9. 1627 Lehre bei Marx Kienlen.

9. *Melchior*, Goldschmied, get. 12. 12. 1585, begr. 24. 7. 1635, Vater von 8, Sohn von 3, Bruder von 1, 4, 7. Geht 1599 bei Michael Paulus Schmid in die Lehre. 1611 Meister. Verfaßte zus. mit 7 die „Kurze und Gründtliche Beschr. Eines Newen Geometr. Instruments ...“, gedruckt Ulm 1616.

10. *Michael* (I), Kartenmaler, heiratet 1563 in Ulm, Vater von 5, 11, 12, Sohn von 6, Bruder von 3. ULM, Mus.: Gruppenbild von 1574 aus dem Ulmer Wundarztbuch (Zuschr. Metzger, 1958).

11. *Michael* (II), Goldschmied, 1581–1600 in Ulm nachw., Sohn von 10, Bruder von 5, 12. Geht 1581 zu Hans Steidlin in die Lehre.

12. *Ulrich*, * 1566 Ulm, 1592–94 als Kartenmaler genannt. Sohn von 10, Bruder von 5 und 11.

ThB9, 1913 (zu 1, 3, 4, 7, 9). – Kunst- und Altertumsdenkmale im Königreich Württ., IV (Donaukreis)/ 65/69 (Oberamt Laupheim), Esslingen 1922, 179 (zu 7); *Rosenberg* III, 1925, 349, (zu 7, 9); *A. Häberle*, 1934 (zu 8, 9, 11); *Rott* II, 1934 (zu 10, 12); *O. Metzger*, Die Ulmer Bildnismaler von 1550 bis 1630, Diss. Würzburg 1951, 244–256, 263 ss. (zu 3, 4, 7); *id.*, Ulm und Oberschwaben 35:1958, 195–198; *L. Ohngemach*, in: Beitr. zur Gesch. der Stadt Ehingen, I, Ulm 1999, 25 ss., 31 s. (zu 7). – Ulm, StA: Pfandbücher (zu 3); Pfarrk.-Bauamtsprotokolle (zu 4); Ratsprotokolle (zu 2, 3, 7); Ev. Münstergemeinde: Kirchenbücher. R. Wortmann

Denzel, *Anton*, dt. Tiermaler, * 13. 6. 1888 Ehingen, † 14. 6. 1962 Riedlingen. Stud.: KGS Stuttgart; 1909 ABK München; 1910 ABK Stuttgart bei Carlos Grethe. 1916–18 Kriegsmaler. Lehrtätigkeit: Gewerbeschule Riedlingen. 1920–50 zahlr. Studienreisen nach Italien. – Naturalist. Schilderung des Landlebens, der ländl. Idylle (Öl, Aqu. und Zchng), in Tier-Darst. bevorzugt Schafe, Kühe und Arbeitspferde. *E:* 1947 Saulgau, Gal. Fähre. – *G:* 1948 Biberach, Pestalozzihaus: Bilder, Zchngn und Aqu. von Tiermaler A. D. (K) Vol, 1953. *Nagel*, 1986. – Mitt. der Tochter, M. Berger, Markdorf; Mitt. Mus. Biberach. M. S.

Denzel, *Eugen*, dt. Maler, * 10. 2. 1901 Wuppertal, † 9. 11. 1980 Hamburg. Nach einer Malerlehre drei Jahre KGS in Wuppertal-Elberfeld bei Ludwig Fahrenkrog, Bäumler und Schlottke, anschl. ein Jahr (1919?) Akad. Düsseldorf. 1920 Aufenthalt in Dänemark, Meisterschüler von Aagaar(?) in Kopenhagen. Bis 1924 als Maler für die Stahlindustrie im Ruhrgebiet tätig, seit 1924 in Hamburg ansässig. Spezialisierung zum Portr.-Maler und Pressezeichner. Viele der vor und während des Nationalsozialismus gemalten Werke wie *Hamburger Werft* und *Hafenarbeit* (beide ehem. Gewerkschaftshaus Hamburg) oder *Stapellauf der Gustlow* sind nicht erh.; im StsA ebd. Portr.-Zchngn Hamburger Bürgerschaftsabgeordneter u.a.; nach 1933 für Bildnisse Adolf Hitlers zuständig; nach seiner Verwundung im 2. WK porträtiert D. während des Krieges zahlr. militär. Persönlichkeiten. Für das Hamburger Abendblatt und die Lübecker Nachr. entstehen Portr.-Zchngn. Durch die äußerst lebensnahe Ausführung der Bildnisse, für die D. v.a. warme Farbtöne verwendet, finden seine Portr. allgem. Anerkennung. *E:* 1958 Hamburg, Sportschule Bölck / 1964 Travemünde, Possehl-Haus Hamburger Abendblatt v. 8. 8. 1958; Lübecker Nachr. v. 25. 7. 1964; *V. D. Heydorn*, Maler in Hamburg, Ha. 1974, I, 182; III, 121. – Mitt. D. (1965); L. Denzel, Hamburg. S. Ge.

Denzel, *Franz*, dt. Maler, Zeichner, * um 1780 Babenhausen (lt. ÖKL). Stud.: 1800 ABK Wien. Danach tätig in Graz. Kopierte Gem. von Peter Krafft und lieferte die Zchng *Ansicht von Graz von der Ostseite* als Vorlage zu einer Lith. von Franz Wolf. Ungeklärt ist die Verwandtschaft oder mögl. Identität mit dem um 1820 in Temeschburg (heute: Timişoara/Rumänien) tätigen Maler *Franz Dentzel* (* 1804 Wien, † 3. 7. 1827 Temeschburg). ThB9, 1913. *List*, 1967; *Fuchs*, Maler (19. Jh.) I, 1972; ÖKL V, 1979; *A. P. Petri*, Biogr. Lex. des Banater Deutschtums, Marquartstein 1992 (s.v. Dentzel, Franz). D. T.

Denzel, *Johann Michael* → **Daenzel,** *Johann Michael*

Denzel, *Viktorian*, dt. Maler, sign. 1760 Deckenfresken mit *Mariä Himmelfahrt* und *Krönung Mariä* in der Kirche zu Oberdettingen. Vermutl. verwandt mit dem Maler Johann Michael Daenzel. BOOS/Unterallgäu, Kap. Maria Hilf: Fresken zum Marienleben, versch. Hll., 1767. ThB9, 1913 (s.v. D., V.). – *Dehio*-Bayern III: Schwaben, 1989. D. T.

Denzel-Krekeler, *Susanne*, dt. Keramikerin, * 28. 4. 1961 Neuilly-sur-Seine, lebt in Kassel. Stud.: 1981–84 Freie Ksch in Nürtingen, Fach-Kl. Keramik und Textil, 1984 Praktikum in der Gießkeramik-Wkst. Albrecht Kiedaisch, Tübingen, 1986/87 Studienaufenthalte in Westafrika, 1984–89 Gesamt-HS Kassel, Keramik bei Ralf Busz. 1989 Dipl. Seit 1992 Lehrtätigkeit, u.a. im Strafvollzug. – Gefäßkeramik in harmon., dem trad. Repert.

entlehnten Formen, z.T. unglasiert und poliert, aber auch engobiert und mit einem sparsamen Dekor in Ritztechnik oder Pinselmalerei versehen. Versch. Brenntechniken wie Schwarzbrand bei 800 °C oder Salzbrand bei 1280 °C im holzgefeuerten Ofen. ✉ Die schwarzen Töpfe, in: Neue Keramik 2:1988 (März/April) 45 s. ◉ *G:* 1986 Frechen, Keramion / 1988, '90 Höhr-Grenzhausen, Keramik-Mus. Westerwald: Salzglasur 1988 / 1989 Koblenz: Salzbrand '89. 📖 WWCCA, 1996.

K. Schütter

Denzen (Nagata Zenkichi; Nagata Chūta; Aōdō Denzen; Aō; Aō Chinjin; Seizando), jap. Kupferstecher, Radierer, Yōga-Maler aus Sukagawa/Iwashiro (Sukagawa/Fukushima), * 1748, † 1822. Stammte aus einer Fam. reisender Händler für Shintō-Devotionalien, die 1615 nach Sukagawa flüchtete und dort eine Färberei begründete. D.s Tätigkeit im elterl. Betrieb dürfte sein handwerkl. Geschick gefördert haben und die Tendenz zur Dekorativität in Teilen seines Œuvres erklären. Stilist. prägend war die Begegnung mit dem Malermönch Gessen (1721–1809), dessen Figuren-Darst. im graph., auf westl. Vorlagen beruhenden Werk D.s und in seiner späten Nanga-Malerei anklingt. Ab 1784 erhielt D. am Hofe seines Entdeckers, des Staatsmanns, Reformers und Kulturförderers Matsudaira Sadanobu (1758–1829), Unterricht bei Bunchō (1763–1840), dessen Signifikanz für D.s künstler. Entwicklung allerdings undeutlich ist. 1786 von Sadanobu zum offiziellen Hofmaler ernannt, begab sich D. 1798 auf Veranlassung seines Herrn von Shirakawa nach Edo (Tokio) in den Dienst des Shōguns, wo er sich intensiv mit dem Kupferstich westl. Provenienz auseinandersetzte. Ein längerer Aufenthalt in Nagasaki zw. 1799 und 1803 ist nach neuerer Forschung unwahrscheinlich. Mit der Abdankung Sadanobus 1812 aus dem Dienst entlassen, kehrte D. über Shirakawa spätestens 1814 nach Sukagawa zurück, wo er sich v.a. der Malerei widmete und im Kreis von Haiku-Dichtern verkehrte. Mit dem Haiku-Dichter Ishii Ukō (1749–1827) lebenslang befreundet, enge Kontakte zu der Dichterin Ichihara Taiyome (1776–1865). Abgesehen von einem Haiku hinterließ D. keine Schriften, die seinen künstler. Werdegang aus autobiograph. Sicht beleuchtet hätten. Im Geiste des Begründers der Akita-Schule der Ranga (Holl. Malerei), Gennai (1728–79) und der Rangaku (Holl. Wiss.) wurden D. und der ältere, für ihn vorbildhafte Zeitgenosse Kōkan (1738–1818) von Naotake (1749–90) mittel- bzw. unmittelbar mit den Prinzipien der westl. Malerei vertraut gemacht. Während seines Aufenthalts in Edo bemühte sich D. um das Meishoe (Ansichten berühmter Orte), z.B. *Edo gaitō fūkei no zu* (Straßenbild von Edo), *Mimiguri no zu* (Lsch. von Mimeguri), verarbeitete Motive des Ukiyo-e (Bilder der fließenden Welt), dessen oft schrille Farbgebung er dezent dämpfte, z.B. *Yoshikawa Omon no zu* (Tor zum [Bordellviertel von Edo] Yoshiwara), und intensivierte das Stud. europ. Druckgraphik. Die Technik des Kupferstichs eignete sich D. vermutlich autodidakt. an, gestützt auf Morishima Chūryōs (1754–1808) theoret. Abhandlung über Kpst. und Rad. Kōmō zatsuwa (Vermischte Gespräche über die „rothaarigen" [Holländer], 1787). Evtl. profitierte D. auch von seinem Patron Sadanobu, der selbst radierte. Ein frühes Werk in D.s Druckgraphik ist das Ema (Pferdebild) *Doban shitae noriuma zuchō* (Skizze eines Reitpferdes, Kpst., 1798) nach dem Preuß. Pferd von Johann Elias Ridinger, den D. nicht nur kopierte, sondern selbst in Stichen mit jap. Themen zitierte. D.s Stiche mit europ. Themen bedienen sich relativ wahllos unterschiedl. westl. Vorlagen (Titelblätter europ. Bücher, Portr., Lsch. usw.), z.B. *Zerumania kakuchō no zu* (German. Platz, 1809). Sein graph. Werk erreicht zw. 1804 und 1813 in den Meishoe von Edo techn. Reife. Mit der Erstarrung der Lsch. zur Kulisse rücken die handelnden Personen motivisch in den Vordergrund. Zu seinen wichtigsten druckgraph. Werken, oft Auftragsarbeiten, darunter Landkarten und Buch-Ill., gehören *Mimeguri no zu*; *Dai-Nihon Kinryū-zan no zu* (Goldener Drachen-Berg des kaiserl. Japan), *Shinsen sōkai zenzu, Nihon henkai ryaku zu* (Weltkarte und Nordasienkarte, Querrolle, 1809); *Shintei bankoku zenzu* (Neu revidierte Weltkarte, unter Mitarb. des Schülers Matsubara Uchū, 1810); anatom. Ill. (1808) im *Ihan teiko* (1805) von Udagawa Shinsai. D.s maler. Œuvre im westl. Stil in kräftigen Farben oder Öl ist beherrscht von jap. Genre-Darst. mit unverkennbar themat. Nähe zum Ukiyo-e, z.B. *Bokutei kan'ō* (Kirschblütenschau am Sumida-Ufer); *Edojō hen fūkei no zu* (Ansicht der Umgebung am Schloß von Edo); *Imado kawaragaki zu* (Ziegelei von Imado); *Tameike no zu* (Wasserreservoir). Das Thema der Küstenlandschaft zeigt deutl. Einflüsse Kōkans, z.B. *Shichirigahama enbō zu* (Strand von Shichiriga aus der Ferne); außergewöhnlich der Stellschirm *Asamayama zu byōbu* (Ansicht des Asamayama). In D.s Spätwerk tritt die Graphik zugunsten der Nanga in den Hintergrund. Beeinflußt durch das gesellschaftl. Milieu von Sukagawa und den Freundeskreis thematisiert D.s Alterswerk vermehrt trad. Motive (wie Gestalten der chin. Mythologie und Gesch., volkstüml. Gottheiten usw.), z.B. *Gama Sennin* (Der Unsterbliche mit Kröte [Liu Huai]); *Ebisu* ([Fischergott] Eibisu, 1821); *Daikokuten* ([Gott des Reichtums] Daikokuten, 1822). In einigen Werken fließen der flüchtige, an Gessen und die Haiga erinnernde Stil mit der eher naturalist. Manier von Sansetsu (1589–1651) und seiner Schule sowie westl. Elementen der Yōga zus., z.B. *Jinbutsu sansui zu* (Figuren und Lsch., um 1818). – D.s Gesamtwerk besticht durch die perfektionierte Beherrschung einer Vielzahl von östl. Stilen sowie westl. Genre und Techniken, die nicht selten undogmat. miteinander verschmolzen werden. Die im Auftrag von Staat und Privatleuten entstandenen Graphiken des facettenreichen, oft iron. distanzierten Künstlers richteten sich an ein breites Publikum. D.s späte Nanga traf den Geschmack bürgerl. Auftraggeber aus Handwerkerschaft und Kaufmannsgilden. Seine wichtigsten Schüler, die den künstler. Kern der Sukagawa Yōga und Druckgraphik bildeten, waren Arai Reikyō (1. H. 19. Jh.), Denki (1784–1827); Endō Kōson (1786–1865) und Endō Taichi (1765–1835). 🏛 KŌBE, Kōbe City Mus. SUKAGAWA, Sukagawa City Mus. TOKIO, NM. – Mus. of Tokyo Univ. of Arts. ◉ *E:* 1980 Sukagawa, Mus. for Hist. and Folklore / Fukushima, Cultural Center. – *G:* 1965, '67 Kanagawa, Kanagawa Prefectual MMA / Tokio: 1966 NM; 1982 City Mus. / 1984

Akita, Akita City Mus.; Tokio, Fuji AM / 1985 Tokio, NMMA / 1985–86 Osaka, NM of Art / 1990 Fukushima, Fukushima Prefectural AM / 1991 Ōita, The Ōita Prefectual Art Hall. 🕮 *Bénézit* III, 1976; 1999; *Roberts*, DJA, 1976 (s.v. Aōdō D.); *Tazawa*, 1981, 48–49. – *H. Hirafuku*, Nihon yōga shokō, To. 1930; *T. Nishimura*, Bijutsu kenkyū 9:1936 (49) 18–29; (51) 96–107; *id.*, Nihon shoki yōga no kenkyū, Kyōto [2]1946, 408–473; Museum (To.) 65:1956, 2–8; *T. Kagesato*, ibid. 187:1966, 14–18; *T. Ono*, Edo no yōgaka, To. 1968, 82–90; *N. H. N. Mody*, A coll. of Nagasaki colour prints and paint., Rutland u.a. 1969; NB 4:1969 (36) 56–83; *M. Sakamoto u.a.* (Ed.), Genshoku Nihon no bijutsu, XXV, To. 1970, 222–226; *T. Nishimura*, Nihon dōbanga shi (Gravure sur cuivre au Japon. Études hist.), Ōsaka 1971 (1941), 148–212; *Y. Sugano*, Nihon dōbanga no kenkyū, To. 1974, 281–327, 396–398; *M. Hosono*, Aōdō D. Sukagawa ga sunda dōhangka, Fukushima 1975; *Y. Isozaki*, Aōdō D. to Sukagawa machi no seikaku, Fukushima 1975; Aōdō D. ten (K), Sukagawa 1980; *Y. Isozaki*, Aōdō D. no kenkyū, To. 1980; *id.*, The influence of German etcher Johann Elias Ridinger on Jap. painters, Fukushima 1980; Nihon dōhanga shi ten. Kirishitan torai kara gendai made (K), To. 1982; Akita-shi bijutsukan (Ed.), Shoki yōfūga ten. Akita ranga to sono shūhen, Akita 1984, 99–115; Kaikan isshunen kinen tokubetsu ten. Kindai Nihon yōga no 200 nen (K), To. 1984; NB 9:1985 (232); Shajitsu no keifu I. Yōfū hyō no dōyū. Edo chūki kara Meiji shoki made (K), To. 1985, 115–128; *S. Graf von der Schulenburg*, Aōdō D. Ein Künstler zw. konfuzian. Staatsethik, „fließender Welt" und Yōfūga, Mag.-Arbeit, Heidelberg 1986/87; Aōdō D. to sono keifu (K), Fukushima 1989, 94–137; Yōgaku no hirogari to bijutsu (K), Ōita 1991.
U. Middendorf

Denzen, *Aōdō* → **Denzen**

Denzen, *Louis* → **Deuzan,** *Louis*

Denzer, *Ricarda*, österr.-dt. Fotografin, Videokünstlerin, * 21. 11. 1967 Kirn, lebt in Wien. Stud.: 1986–88 Archit. an der TU Innsbruck; 1988–93 HS für angew. Kunst bei Ernst Caramelle, Ferdinand Schmatz und Reneé Green (Visuelle Kommunikation und Freie Graphik, Dipl.). – D. verwendet Tonaufnahmen und meist getrennt davon entstandene Videos sowie Fotos und montiert daraus neue dok. oder narrative Filmsequenzen und Fotoserien. Thema ist v.a. die psychosoziale und kulturelle Befindlichkeit von Personen und Orten. 1993–97 Zus.-Arbeit mit Isa Rosenberger, mit der D. die fiktive Künstlerpersönlichkeit der „Ronda Zheng" zur Reflexion eig. Verhaltens erfand. 1997/98 Mitbegründerin der TIV-Fernseh GmbH im Wiener Kabelnetz, einer Plattform für Kunstproduktionen. 🏛 INNSBRUCK, Kultur-Abt. der Stadt. WIEN, Kultur-Abt. der Stadt. 👁 *E:* Innsbruck: 1992 Gal. im Andechshof; 1994 Medien-Gal. (mit Fatih Aydogdu) / 1995 Wien, Gal. Trabant (R. Zheng); Boston, Bernard Toale Gall. (R. Zheng) / 1997 New York, Österr. Kultur-Inst. 🕮 Wien, Arch. Kultur-Abt. W. Hilger

Denziloe (Denzilow), *John*, brit. Gold- und Silberschmied, † Dez. 1820 London, dort tätig. 1765 Lehre bei Charles Wright, 1772 freigesprochen, 1774 Eintragung seiner Marke als plateworker in das Reg. der Goldsmiths Hall, London; 1781 Livery. – Sakrale und profane Gebrauchsgegenstände, u.a. zwei Abendmahlkelche für die Kathedrale in Bangor/Gwynedd, gemarkt und dat. 1777/78. Für George Mason IV fertigte D. zwei Teeservice von schlichter Eleganz mit breit geschnittener Zierleiste sowie dessen Fam.-Wappen und einem Schriftzug in Kartuschen auf den Gefäßwänden (Bes. Gunston Hall, Lorton/Va.), sämtl. zw. 1783 und 1785 dat. und mit JD gemarkt. 🏛 DRIBY/Lincs., St. Michael: Kelch, 1783. HARLAXTON/Lincs., St. Mary and St. Peter: Kanne, 1781. MISERDEN/Glos., St. Andrew: Kanne, 1780. SOUTHORMSBY/Lincs., St. Leonhard: Kelch, 1783. 🕮 ThB9, 1913 (s.v. Denzilow, J.). *Grimwade*, 1976. – BE, Gloucestershire, I: Cotswolds, 1970 (Repr. 1974); BE, Lincolnshire, 1973; *J. S. Brown*, Antiques 118:1980 (2) 285–289. K. F.

Denzinger, *Franz Joseph* Ritter *von*, dt. Architekt, Dombaumeister, * 26. 2. 1821 Lüttich, † 14. 2. 1894 Nürnberg. D.s Familie ging 1830 nach Würzburg. Stud.: bis 1841 Phil. an der dortigen Univ.; ab 1842 in München an der Polytechn. HS und der ABK unter Friedrich von Gärtner und August von Voit, 1846 Prüfung als Ing. und 1847 als Architekt. 1854 feste Staatsanstellung Zivilbauingenieur in Regensburg. Ein Staats-Stip. ermöglichte ihm 1855 eine dreimonatige Studienreise durch Österreich, die Schweiz, Frankreich, Belgien und Deutschland; ⚭ Hedwig von Steffenelli aus Regensburg (3 Kinder). Seit 1858 kgl. bayer. Baubeamter, ein Jahr später Ernennung zum Dombaumeister in Regensburg. Seitdem wurde D. häufig als Gutachter herangezogen. Infolge eines Gutachtens (zus. mit Richard Voigtel, Köln, und Friedrich von Schmidt, Wien) über den 1867 abgebrannten Frankfurter Dom Berufung D.s nach Frankfurt als Dombaumeister. Für diese Zeit (1869–79) wurde er vom bayer. Staatsdienst beurlaubt, leitete aber weiterhin die Arbeiten am Regensburger Dom (Fertigstellung 1872). 1880–85 Kreisbaurat in Bayreuth zur Wiedereingliederung als bayer. Beamter. Danach, bis zur Pensionierung 1891, Oberbaurat in der Obersten Baubehörde in München. Arbeitete auch zus. mit Architekten wie Heinrich Ferstel, Hugo Groothoff, Max Meckel, Theodor Quentin, Wilhelm Salzenberg, Heinrich von Schmidt, Oskar Sommer, Edward von Steinle. Bereits 1868 wurde D. zum Mitgl. der Sachverständigen-Kommission zur Erhaltung von Alterthümern (Bayern) ernannt. Bes. Bedeutung hatten D.s zahlr. Gutachten, u.a. für Frankfurt am Main: Weißfrauenkirche, 1879; Mainz: Dom, 1866–67; Metz: Dom, 1873; Nürnberg: St. Sebaldus, 1879; Strasbourg: Münster, 1873; Ulm: Münster; Würzburg: Dom, 1869. Seit M. der 1880er Jahre Preisrichter bei Archit.-Wettbewerben. Mit Versetzung in den Ruhestand Ausz. mit dem bayer. Verdienstorden und der damit verbundenen Erhebung in den Adelsstand; weitere Orden durch den bayer. und preuß. König sowie den österr. Kaiser. 🏛 AMBERG: St. Martin, Rest., 1870–78. ASCHAFFENBURG: Stiftskirche St. Peter und Alexander: Rest. nach D.s Plänen, 1880–82. BAD KISSINGEN, Saline: Solbad, 1850/51. BURGHAUSEN: St. Jakob, Wiederherstellung der eingestürzten Pfarrk., 1853. ERLANGEN: Chem. Laboratorium, 1854–58. FRANKFURT am Main, St. Bartholomäus-Dom: Rest., Erhöhung des Langhauses, Um-

bau Vorhalle und Kreuzgang, Fertigstellung Turmkuppel, 1869–79. – Altes StA, Neubau, 1874–77. – Dreikönigskirche, Neubau, 1875–81. HETZLES, Kr. Forchheim: St. Laurentius, Neubau an ma. Turm, 1884–91. HOF: St. Marien, Neubau, 1863–75. KEMNATH b. Fuhrn: St. Ulrich, Neubau nach Brand 1862–64. KIEDRICH/Rhein: St. Dionysius und Valentinus, Rest. der Kirche, Veränderung des Turmhelms, 1867–74. LEUTENBACH, Kr. Forchheim: St. Jakobus, Neubau an ma. Turm, 1884–86. NÖRDLINGEN: St. Georg, Rest., 1877–87. REGENSBURG, Domkirche St. Peter: Errichtung der Turmhelme (Oktogongeschosse nach Plänen von August von Voit); Ausbau der Querhausgiebel; Dachreiter über der Vierung, 1859–72. SANDERAU b. Würzburg: St. Adalbero, Planung 1892/93 (1895–99 erb. von Josef Schmitz). ⊙ *G:* 1867 Paris, Internat. Kunst-Ausst. / 1869 München. 📖 ThB9, 1913. DEAU II, 1968; *W. Kloetzer* (Ed.), Frankfurter Biogr., I, Ffm. 1994. – *C. Wolff*, Der Kaiserdom in Frankfurt am Main, Ffm. 1892; Dt. Ges. für christl. Kunst, Jahresgabe 1895; *J. Groeschel*, Centralblatt der Bauverwaltung 1895 (15) 349 ss.; *A. von Knorre*, Turmvollendungen dt. got. Kirchen im 19. Jh., Diss., Köln 1974; *H.-J. Kotzur*, Forsch. zum Leben und Werk des Architekten August von Voit, Diss. Heidelberg 1977, Bamberg 1978; *S. Raasch*, Rest. und Ausbau des Regensburger Domes im 19. Jh., Diss. München 1977, Regensburg 1980, 137–303; (Beitr. zur Gesch. des Bistums Regensburg, Bd 14); *E. de Weerth*, Der Streit um die Rest. des Frankfurter Domkreuzgangs, in: Arch. für Frankfurter Gesch. und Kunst 61:1987, 281–298; *F. Buch*, Studien zur Preuß. Denkmalpfl. am Beispiel konservator. Arbeiten Ferdinand von Quasts, Diss. Darmstadt 1989, Worms 1990. – München, Bayer. Haupt-StsA: Personalakte, MInn 40216.
U. Schubert

Denzl → **Denzel** (Maler- und Goldschmiede-Fam.)

Denzlen → **Denzel** (Maler- und Goldschmiede-Fam.)

Denzler, schweiz. Goldschmiede-Familie in Zürich, 1576–1880 erwähnt.

1. *Hans Heinrich*, * 7. 1. 1633 Zürich, † 1704 ebd. Sohn von 3. Ab 1642/43 Lehre beim Vater. 1656 Meister und Zunft-Mitgl., ab 1657 mehrfach Lehrherr. 1661 Heirat. 1669 Zunftmeister im Kleinen Rat, 1672 Waagherr. 1674 Obervogt von Küsnacht, 1686 Statthalter, 1691 Panner- und Kammerherr. Stifter des Denzler'schen Fidei-Kommiß. Starb kinderlos. 🏛 NÜRNBERG, GNM: Becher. ZÜRICH, LM: Apostellöffel; Doppelhenkelschale.

2. *Hans Konrad* (Denszler), * 1576 Zürich, † März 1658 ebd. Sohn eines gleichnamigen Goldschmiedes, Vater von 3. Ab 1584 Lehre in Basel. 1595 Meister, 1596 Zunft-Mitgl. und 1. Ehe, 1630 erneut Heirat. Ab 1599 mehrfach Lehrherr. 🏛 UNTERÄGERI, Gemeindeamt: Pokal.

3. *Hans Konrad*, * 1597 Zürich, † 1666 ebd. Sohn von 2, Vater von 1. Ab 1610 Lehre beim Vater. 1627 Zunftmeister, danach mehrfach Lehrherr. Im selben Jahr und zweimal 1630 Eheschließung. 🏛 NEUCHÂTEL, MAH: Deckelpokal, 1640/41.

4. *Hans Martin*, * 1754 Zürich, † 1801 ebd. Bruder der Goldschmiede *Leonhard* und *Johann Ludwig D.*, Großvater von 5. 1770–73 Lehre beim Goldschmied David Zimmermann. 1781 Meister, 1782 Silberaufnehmer, 1784–86 stellv., 1786–88 sowie 1790–96 Zeichenmeister, 1786–87 Stubenmeister. 🏛 ZÜRICH, LM: Löffel.

5. *Ludwig*, * 1806 Zürich, † 1880 Genf. Enkel von 4. 1827 Meister. Ab 1845 Oberstleutnant der Artillerie. 1851 Heirat. – Fertigte bes. Tafelsilber (u.a. sechs Löffel; Löffel und Tortenschaufel, um 1830, alles Priv.-Bes.).

📖 *Brun*, SKL I, 1905; IV, 1917 (Suppl.); HBLS II, 1924; *Lösel*, 1983 (weitere Werke).
J. T.

Denzler, *Anton*, dt. Schreiner, Bausachverständiger(?), * 18. 7. 1690 Baden im Aargau, † 12. 7. 1764 Michelfeld/Franken. 1725 Mönch in Michelfeld. Wahrsch. nur als Klosterschreiner tätig. Sicher ist von ihm der Orgelprospekt in St. Johannes, das Orgelwerk jedoch eher vom Amberger Meister Funtsch. Sitzmann (1983) schreibt ihm weitere Arbeiten in Weißenbrunn und Bautätigkeit am Kloster zu. 📖 ThB9, 1913 (s.v. D., Fr. Anton). *Sitzmann*, Ostfr., 1983. – *F. Schnelbögl/T. Wohnhaas*, Ostbairische Grenzmarken 19:1977, 86–90.
S. P.

Denzler, *Ernst*, schweiz. Maler, Graphiker, Zeichner, Illustrator, * 13. 7. 1898 Zürich, † 1. 9. 1996 Wädenswil. Autodidakt. Studienreisen: 1919/20, 1922 und 1928 nach Paris, 1921 nach Florenz und Rom. Zwischenzeitl. und danach in Wädenswil ansässig, wo er seine Themen (Berg-, See- und Dorfmotive; bes. zahlr. Badeszenen) fand und in den 20er Jahren zunächst auch Portr.-Aufträge ausführte. Die Gem. der Frühzeit zeigen feste Formen und schwere dunkle Töne, die später zunehmend lichteren weichen. Nach diesem Frühwerk erweitert der außerordentl. produktive D. sein Œuvre um zahlr. Lsch.-Motive bes. von Reisen nach Süditalien, ins Wallis (1949, '52, '54), nach Deutschland (1954) und Frankreich (1957), um Tier-Darst., häufig See-, exot. Raub- und Steppen-, aber auch heim. Tiere, die oft auch auf Genreszenen figurieren, außerdem um Interieurs und Stilleben, v.a. mit mediterranen oder exot. Motiven. Bei kleinformatigen Genreszenen, bes. Akt- und Nixen-Darst., aber auch bei Tierbildern verbindet er die Realität mit einer märchenhaften, mitunter grotesken Phantastik. Die Formensprache erinnert hier oft deutl. an die Frauenbilder von James Abbott MacNeil Whistler. Die Gem. in mitunter akrib. Details, oft aber sehr lapidar, zeichnen sich durch ein reiches Spiel warmer und kalter, nuancenreicher Farbtöne aus. Daneben Buch-Ill.: Ackermann, *Flug mit Elisabeth*, Z. 1935 (Zchngn); *Schläferin*, Z. 1943 (25 Zchngn mit Gedicht von Max Rychner); R. Kipling, *Dschungelgedichte*, Olten 1945 (Zchngn, Aqu.); *Zwiesprache mit Tieren*, Zchngn mit Vorwort von M. Rychner, Olten 1945. 🏛 *Fresken:* HORGEN, Sekundarschule, Turnhalle: Leichtathleten, 1952. RICHTERSWIL, Turnhalle Samstagern: Spielende Kinder, 1955. WÄDENSWIL, Turnhalle Eidmatt: Fahnenschwingerszene, 1953. – Sekundarschulhaus Fuhr: Kraniche, 1954. – Stadtverwaltung: Gem. ⊙ *E:* Zürich: 1930 Salon Störi; 1959, '62, '68 Rotapfel-Gal. 📖 *Plüss/Tavel* I, 1958 (Ausst.); LZSK, 1981; KVS, 1991; Biogr. Lex. der Schweizer Kunst, I, Z. 1998. – *P. Ziegler*, Der Maler E. D. und sein Werk, Wädenswil 1988; *H.-P. Boesch* (Ed.), E. D., Maler, Zeichner, Radierer, Feldmeilen [1992].
D. T.

Denzler, *Eugen* → **Denzler,** *Guy*

Denzler, *Ferdy (Ferdinand),* österr.-schweiz. Bildhauer, Zeichner, * 16. 11. 1909 Leoben/Stmk, † 3. 7. 1991 La Croix-Valmer. Stud.: 1924–29 Ec. des Arts industriels, Genf; 1929 ABK, Wien; 1930 Ec. des Arts industriels, Paris. Bis 1939 dort ansässig, unterbrochen von Studienaufenthalten in Italien (1930, '33, '35, '37) in Deutschland (1932, '38) und Ägypten (1937). Nach 1939 in Genf tätig, später wechselnd in Collonge-Bellerive/Kt. Genf und Cagnes-sur-Mer/Frankreich. – Ab 1930 figürl. Plastiken, v.a. Tier-Darst. und Porträts. Deformation des Figürlichen nach 1940 führt ihn schließl. um 1950 zur Abstraktion. ⊙ *E:* Genf: 1945, '81 (K) Mus. Rath; 1951 Mus. de l'Athénée / 1975 Mailand, Fond. Pagani. – *G:* Paris: 1933–39 Salon des Indépendants; 1936–39 Salon des Tuileries; Gal. Le Neveau; 1937–39 Salon d'Automne. 🕮 *Plüss/Tavel* I, 1958 (Lit.); ÖKL V, 1979; LZSK, 1981; KVS, 1991; Biogr. Lex. der Schweizer Kunst, I, Z. 1998. D. T.

Denzler, *Fr. Anton* → **Denzler,** *Anton*

Denzler, *Guy (Eugen),* schweiz. Maler, * 1. 7. 1889 Zürich, † 21. 9. 1974 ebd. 1900–10 Ausb. bei der Mutter, einer Schülerin von François Bocion. 1940–42 Kursbesuche an der Volks-HS in Zürich. – Lsch., Städtebilder, Stilleben und Figürliches sowie Akte. ⊙ *E:* 1960 München, Gal. Schumacher. 🕮 *Plüss/Tavel* I, 1958; Biogr. Lex. der Schweizer Kunst, I, Z. 1998. D. T.

Denzler, *Hans Heinrich* → **Denzler** (Goldschmiede-Fam.)

Denzler, *Hans Konrad* → **Denzler** (Goldschmiede-Fam.)

Denzler, *Hans Martin* → **Denzler** (Goldschmiede-Fam.)

Denzler (Deuzler), *Hans Rudolf,* schweiz. Kupferstecher, Zeichner, * 1801 Zürich, † 24. 5. 1857 ebd. Stud.: 1823–25 in Paris. Ab 1829 an Ausst. in Zürich beteiligt. Meist Ansichten aus dem Kt. Zürich; mehrere Aqu./Zchngn in den Malerbüchern der Zürcher Kunstgesellschaft. 🏛 ZÜRICH, ETH, Graph. Slg. 🕮 ThB9, 1913. *Bénézit* III, 1976 (s.v. Deuzler, Hans Rudolf); Biogr. Lex. der Schweizer Kunst, I, Z. 1998. C. D.-H.

Denzler, *Johann Ludwig* cf. **Denzler** (Goldschmiede-Fam.)

Denzler, *Juraj,* kroat. Architekt, * 12. 4. 1896 Agram (Zagreb), † 27. 9. 1981 ebd. Stud.: 1918–19 TH Wien; 1919–24 (Dipl.) TH Zagreb. Danach tätig im Archit.-Büro von Hugo Ehrlich und Edo Schön sowie in der Baufirma Kreković. 1925–31 selbständig, häufige Zusammenarbeit mit Mladen Kauzlarić und Stanko Kliska. Danach Ass. bei Edo Schön an der Techn. Fak. der Univ. Zagreb (später zur Fak. für Archit. gehörig), ab 1935 am Lehrstuhl für Archit.-Gesch. Doz., ab 1940 außerordentl., 1949–66 (Pensionierung) ordentl. Prof.; 1959–60 Dekan, 1960–61 Prodekan ebd. Ab 1977 korr. Mitgl. der JAZU. Ausz. für sein Lebenswerk: 1969 Vladimir-Nazor-Preis; 1971 Viktor-Kovačić-Preis; 1977 Božidar-Adžija-Preis. 1. Preise bei Wettb.: Sušak: 1927 Rathaus (1929 ausgef.); 1931 Kirche der Hll. Kyrill und Method; Zagreb: 1930 Ausst.-Pavillon; Stadtpavillons (zus. mit Mladen Kauzlarić); 1937 Haus der Offiziere; 1934 Maribor, Kreisamt (alle nicht ausgef.). – Anfangs von Viktor Kovačić und der Wiener Trad. beeinflußt, wird D. in Kroatien zum Bahnbrecher der Moderne mit einem Archit.-Stil, in dem Funktion und Konstruktion mit einer formklar-mon. Gest. verschmelzen (Serb.-orthodoxe Gemeinde, Preobraženska 2/Ilica, 1928–29, mit M. Kauzlarić, S. Kliska; Verwaltung der Stadtwerke, Gundulićeva 32/Hebrangova, 1932–34, beide Zagreb). In Mat. und Form paßt er sich dem Umfeld an (Zagreb, Marien-Kap. auf dem Sljeme, 1931). Bei Zweckbauten führt er eine neue Konstruktionsästhetik ein (Zagreb, Eisenbahnviadukte in den ul. Savska, Jukićeva, Kranjčevićeva, 1929, mit M. Kauzlarić). Bei der Rest. hist. Denkmäler wendet er Prinzipien eines ganzheitl. Herangehens an (Zagreb, Kamenita 3, Steintorturm, 1938; Sisak, Turm der Altstadt, 1961, mit Sena Gvozdanović-Sekulić; Senj, Festung Nehaj, 1966, mit Melita Viličić). Von den ca. 50 nicht ausgef. Projekten sind u.a. zu nennen: Split, Banus-Pal., 1930, '37, mit M. Kauzlarić; Zagreb, Wohn- und Geschäftshaus, Bogovićeva, 1935; Belgrad, Bank-Gebäude; Sarajevo, Kreisamt, beide 1937; Dubrovnik, Schiffahrtsamt; Fojnica, Franziskanerkloster, beide 1940. 🏛 BELGRAD: Jesuitenkirche, 1933. BLED: Villa, 1935. MLINI b. Dubrovnik: Wasserkraftwerk Zavrelje, 1948–50. ZADAR: Wohnblock im hist. Stadtkern, 1956 (mit S. Gvozdanović-Sekulić). ZAGREB, Ribnjak 1/Zvonarnička: Pal. Mikuličić, 1924. – Rockefellerova 4: Hygiene-Inst., 1925 (mit M. Kauzlarić). – Rooseveltov trg: Trafostation, 1927. – Pavleka Miškine: Kirche St. Anton. – Jordanovac: Wasserleitung, beide 1932. – Nazorova 47: Taubstummenschule, 1940 (mit Vladimir Potočnjak). – Getaldićeva 5: Geodät. Abt. der Techn. Fak. (heute Ghetaldus), 1947–50. – Kačićeva 26: Aufstockung der 4. Etage der Fak. für Archit., 1960. – Trg maršala Tita 15: Eingang zum Rektorat der Univ., 1965–76. ZEMUN: Kreiskasse, 1933 (mit M. Kauzlarić). ✉ Arhitektura 1931 (3–2) 65–68; Nedjelja 1932 (1) 5. ⊙ *E:* 1967 Zagreb, Arhitektonski fak., Kab. graf. JAZU (Retr.; K). – *G:* 1938 Zagreb: Pola vijeka hrvatske umjetnosti (K); 1976 Retr. 11. Zagrebačkog salona. 🕮 LEJ I, 1984; HBL III, 1993 (Lit.); EHU I, 1995; DA VIII, 1996. – *Ž. Koščević,* Umetnost 1967 (12) 103 et passim; *I. Maroević,* Sinteza 1982 (58,59,60) 205–208; Arhitektura – članovi JAZU, Zagreb 1991, 56–61 (WV). I. Maroević

Denzler, *Leonhard* cf. **Denzler** (Goldschmiede-Fam.)

Denzler, *Ludwig* → **Denzler** (Goldschmiede-Fam.)

Denzler, *Nancy J. F.,* US-amer. Bildhauerin, Malerin, * 17. 4. 1936 Newport/Ark., lebt in Lynn/Mass. Stud.: 1968 Dayton Art Inst., Ohio, bei Anthony Paterson, Dwayne Hatchet und Seymore Drumelvitch; 1976 State Univ. of New York, Buffalo. ⊙ *E:* 1984 Westfield (N. Y.), Patterson AG / 1994 Danvers (Mass.), Barn Gall. 🕮 WWAA, 1997/98 (Werke, Ausst.). C. R.

Deo, *Avinash Sitaram,* ind. Maler, * 1. 9. 1935 Wardha. Stud.: Wandmalerei an der Jamsethji Jijibhai SchA, Bombay (1968–73 Doz.); 1966–67 Stip. ebd. 1976–77 Doz. für Kunsterziehung und Bild. Kunst, Univ. Bombay; um 1981 Doz. und Leiter des Bereichs Malerei am Goa College of Art, Panaji. – Abstrakt-geometrisierende Gemälde. ⊙ *G:* 1966 New Delhi, Lalit Kalā Akad.: Nat. Exhib. of Art. 🕮 *Krishnan,* 1981. M. Frenger

Deo, *Marjoree Nee*, US-amer. Malerin, * 27. 8. 1907 Escanaba/Mich., in Sarasota/Fla. ansässig. Stud.: 1928 Univ. of Wisconsin, Madison; 1932/33 Paris, Acad. de la Grande Chaumière; 1944/45 Phillips Memorial Gall. Art School, Washington/D. C., bei Karl Knaths; 1946 Amer. Univ., ebd., bei Boris Margo und Jack Tworkov. 1968–91 zahlr. Ausz. – Acryl. 🏛 WASHINGTON, Corcoran Gall. of Art. 📖 WWAA, 1984–1997/98 (Werke, Ausst.). C. R.

Deo Gujarāti (Devji[ū] Gujarātī), mogul-ind. Miniaturmaler, wahrsch. Hindu, versch. Beischriften zufolge zw. 1584 und 1600 nachw., dem Namen nach vermutl. aus Gujarat stammend. Voll. u.a. Entwürfe von Mahesh und Kesu Kalān. In den frühen 1580er Jahren im Hofatelier Akbars (Reg.-Zeit 1556–1605) etabliert, so daß er bereits bei zwei Ill. des *Tīmūr-Nāma*-Ms. (1584–88, bez., fol. 143v, 328v, Oriental Public Libr., Patna) sowohl für den Entwurf als auch für die Ausf. verantwortl. ist. Arbeitete überwiegend an hist. Mss., illustrierte aber auch mytholog. Szenen. Hintergrund und Umgebung seiner Darst. sind oft nur skizzenhaft angedeutet, während Personen und ihre Aktionen detailliert gezeigt werden. Es dominieren Darst. von Gewalt und Chaos, aber im Gegensatz etwa zu Daswanth erzeugt D. damit kein Gefühl der Ohnmacht und Hilflosigkeit des Menschen gegenüber einer höheren Macht, sondern stellt mittels klarer Gliederung und Strukturierung Handlungen dar, in denen Gewalt unvermeidl. ist zur Erreichung eines Ziels. Zudem treten D.s Figuren in Beziehung zueinander und interagieren z.T. über große räuml. Distanzen hinweg (vgl. *Humāyūn im siegreichen Kampf*, Bāburnāma-Ms., um 1589, bez., Or. 3714, fol. 368r, Brit. Libr., London). 🏛 JAIPUR, Maharaja Sawai Man Singh Mus.: Rāmāyana, 1587, fol. AG 1977, AG 1986. LONDON, V & A: Bāburnāma-Ms., um 1600, fol. IM 261–1913. ⊙ *G:* 1976 London, BM Prints and Drawings Gall.: Exhib. of the World of Islam Festival (K). 📖 *L. Ashton* (Ed.), The art of India and Pakistan (K), Lo. 1948, 145; *R. H. Pinder-Wilson*, Paint. from the Muslim courts of India (K), Lo. 1976; *Titley*, 1977; *H. Suleiman*, Min. of Babur-Namah, Taškent 1978, Taf. 53; *Beach*, 1981; *S. P. Verma*, Mughal painters and their work, Delhi u.a. 1994. – Mitt. H. Plaeschke, Halle. K. Görtz

De Obaldía, *Isabel*, panames. Malerin, Graphikerin, Glaskünstlerin, * 1957 Washington/D. C., lebt in Panama-Stadt. Stud.: bis 1975 Fac. de Arquit., Univ. de Panamá, ebd.; 1976 ENSBA, Paris; 1979 Bachelor of FA in Graphikdesign und Film an der Rhode Island School of Design, Providence; 1982 Art Students League, New York; 1987 Pilchuck Glass School, Stanwood/Wash.; Sandgußverfahren bei Bertil Vallien; Glasschnitt bei Jiří Harcuba. 1989–95 Doz. für Modellieren, Graphik und Glasbläserei. Zahlr. Ausz.: u.a. 1990 John Hauberg Fellowship, Pilchuk Glass School; 1. Graphik-Preis, Wettb. des Inst. Nac. de Cult. – Durch kräftige Konturen und Farben geprägte symbol.-phantast. Gem. meist männl. Gestalten oder Tiere in trop.-vegetabiler Umgebung. Expressive Deformierung der Figuren und Fehlen von Gliedmaßen verweisen in sarkast.-kathartischer Gest. auf die repressiven gesellschaftl. Verhältnisse ihres Landes (z.B. *Radio bemba*, 1989; *Aguas turbias*); später treten Anspielungen auf Mythologie und kollektives Unbewußtes in den Vordergrund, und die Farben gewinnen an Leuchtkraft (*Salvavidas; El hijo del cíclope*, beide 1996; *Hormiguero*, 1997). Seit 1987 gießt D. auch Skulpt. aus Glas mit Beimischung von Farben und Ritzungen, die trotz kleiner Formate mon. wirken. Beeinflußt von ägypt., röm. oder präkolumbian. Kunst, aber auch vom Art noveau (z. B Emile Gallé), ähneln die mag.-fragilen Mischwesen aus Mensch, Tier und Pflanze archaischen Gottheiten und Idolen (z.B. *Centinela; Cazador dorado; Hombre lobo*, alle 1998) oder Engeln und Wächterfiguren (*Alsino; Tronco; Puro espíritu*, alle 1999). 🏛 PANAMA, MAC. ⊙ *E:* Panama-Stadt: 1977 Gal. Etcétera; 1978 Gal. El Sótano de Panarte; 1980, '85, '90, '97 (K: C. Alemán/P. L. Prados) Gal. Arteconsult; 1981, '86, '89 (K: R. Koster), '93 MAC; 1990 Gal. Habitante; 1994 Gal. Museum / 1995 Havanna, Centro Wifredo Lam / 1996 Coral Gables (Fla.), Elite FA Gall. (K) / 1997 (K: E. J. Sullivan), '99 (K: R. De Obaldía/C. Damian) New York, Mary-Anne Martin-FA. – *G:* 1978 Rom: Bienn. Italo-Latinoamer. / 1983 San Juan: Bien. del Grabado Latinoamer. / 1986 Havanna: Bien. / 1987 Cuenca: Bien. Internac. de Pint. Contemp. / 1991 Valparaíso: Bien. Internac. de Arte / 1992 Panama: Bien. de Arte Pictórico (1. Preis) / 1992, '96 Santo Domingo: Bien. del Caribe y Centroamérica / 1997 Lima: Bien. Iberoamer. 📖 *M. Kangas*, Glass mag. 1988 (Frühjahr); *J. C. Flores Zúñiga* (Ed.), Magic and realism. Central American contemp. art, Tegucigalpa 1992; Arte contemp. panameño (K Casa de América), Ma. 1996; Arte contemp. de Panamá (K Embajada de Panamá), Santa Fé de Bogotá 1997; *D. Ebony*, Art in America (N. Y.) 1998 (Mai); *M. Schneider Enriquez*, Art news 1998 (Jan.); Crosscurrents. Contemp. paint. from Panama, 1968–1998 (K Americas Soc. AG), N. Y. 1998; *T. und M. Goodearl*, Engraved glass. Internat. contemp. artists, Lo. 1999. – Mitt. D. M. N.

Deodati, *François* → **Diodati,** *François*

Fra **Deodato** → Fra **Adeodato da Monza**

Deodato di Cosma cf. **Cosmatus** (1264)

Fra **Deodato da Monza** → Fra **Adeodato da Monza**

Deodato Naplotenao → **Guinaccia,** *Deodato*

Deodato Orlandi (di Orlando), ital. Maler, ab 1284 in Lucca dok., † vor 16. 10. 1331 ebd. (Garrison, 1949, '51). Wahrsch. ident. mit „Datuccius Orlandi", der am 30. 5. 1284 als Mitgl. des Maggior Consiglio in Lucca das Bündnis zw. Lucca und Fucecchio mitunterzeichnet (Garrison, 1951). Da in diesem Rat nur Luccheser Bürger über 18 Jahren zugelassen waren, muß D. spätestens um 1265 geb. sein (Garrison, 1951). Am 21. 2. 1315 mietet er ein Stück Land unmittelbar vor den Stadtmauern von Lucca (Garrison, 1951). – 1288 dat. und sign. D. das bemalte *Kruzifix* für die Kirche S. Cerbone b. Lucca (Lucca, MN di Villa Guinigi); 1301 entstehen das ebenfalls sign. und dat. *Kruzifix* aus der Kirche S. Chiara in San Miniato al Tedesco b. Pisa (San Miniato, Mus. Diocesano di Arte Sacra) und das Dossale der *Madonna mit Kind und den Hll. Dominikus, Jacobus, Petrus und Paulus* (Pisa, MN di San Matteo). Eine 1308 sign. und dat. Taf. mit *Madonna und Kind* befand sich ehem. in der Hurd Coll. in

New York (verschollen). – Als frühestes zuzuschreibendes Werk ist das Lünetten-Fresko über dem Grab von Bonagiunta Tignosini im Kreuzgang von S. Francesco in Lucca anzusehen, das die *Madonna mit Kind, hl. Franziskus und Stifter* zeigt und das nach 1274 (Inschr. auf dem Epitaph) zu datieren ist. Zu den frühesten Werken D.s gehört auch das *Kruzifix* aus der Sakristei des Franziskanerklosters in Pisa (Pisa, MN di San Matteo; Garrison, 1949). Beide Werke zeigen die Prägung des jungen Künstlers durch die Luccheser Schule der Berlinghieri. Mit dem *Kruzifix* aus S. Cerbone von 1288 hingegen hat sich D. die Formensprache der zeitgen. Florentiner Malerei angeeignet, insbesondere diejenige Cimabues, dessen Kruzifix in S. Croce in Florenz er sich zum Vorbild nahm. Einen weiteren Schritt in D.s Stilentwicklung läßt sein *Kruzifix* in S. Miniato (1301) erkennen, das ein früher und genauer Reflex auf Giottos bemaltes Kreuz in S. Maria Novella in Florenz ist. Im Pisaner Dossale von 1301 öffnet sich D., wie seine Zeitgen. Memmo di Filippuccio und der Pisaner Meister von San Torpé, den neuesten Tendenzen der florentin.-sienes. Malerei. Wahrsch. hat D. mit Hilfe seiner Wkst. auch den umfangreichen, kurz nach 1300 dat. Fresken-Zyklus mit *Petrus-und-Paulus-Szenen* und *Papstbildnissen* in S. Piero a Grado b. Pisa ausgef. (D'Achiardi, 1903; Wollesen, 1977). Da sich D. in diesem Zyklus ikonograph. auf die verlorenen Fresken Cimabues im Atrium von Alt-St.-Peter und auf die in der Oberkirche von S. Francesco in Assisi stützt, nahm Roberto Longhi (1948) eine Romreise D.s in dieser Zeit an. Aus der Pisaner Zeit dürften auch die *Thronende Madonna mit Engeln* in Pisa (MN die San Matteo) und die *Thronende Madonna mit Kind und Engeln* in Altenburg (Lindenau Mus.) stammen. Die 1308 dat. *Madonna mit Kind* aus der Hurd Coll. war urspr. wohl die Mittel-Taf. eines Dossales mit ähnl. Aufbau wie bei dem Pisaner Retabel von 1301. Mit seiner für 1315 dok. Rückkehr nach Lucca hat Garrison (1951) das Mosaik über dem n. Seitenportal des Luccheser Domes in Verbindung gebracht: die verlorene Darst. einer *Madonna mit Kind und Engeln* ist durch eine Zchng in Lucca (Opera del Duomo) überliefert, auf der Garrison (1951) die fragm. Sign. D.s und die Jahreszahl 1314 gelesen hat. – Ferner können D. zugeschr. werden: *Joh. Ev.*, Fragm. des Kreuzquerbalken-Endes eines verlorenen *Kruzifixes* (Frankfurt am Main, Städel); zwei Flügel eines Triptychons oder eines Tragaltars mit *Szenen Johannes des Täufers* (Berlin, SMPK, GG); *Thronende Madonna mit Kind* aus der Coll. Ergas in Florenz (Paris, Louvre); *Thronende Madonna mit Kind* (Lucca, Mus. di Villa Guinigi). Schließlich schrieb Garrison (1951) D. als Spätwerk eine Taf. mit *Madonna mit Kind, hl. Bischof und einem Mönch als Stifter* ehem. in einer ital. Priv.-Slg (verschollen) zu. – Unwahrsch. ist D.s Identität mit dem Maler Dato, der als Mitarb. von Meister Francesco um 1300 die Mosaiken der Pisaner Domapsis ausgef. hat. 🕮 ThB8, 1913 (s.v. Datuccio, Orlandi); ThB9, 1913 (s.v. Deodatus Orlandi). *Berenson*, Pictures, C/N Ital. I, 1968, 107; DEB IV, 1973; PittItalDuec II, 1985 (s.v. Orlandi, Deodato); DBI XXXIX, 1991 (s.v. Deodato di Orlando; Lit.); Enc. dell'arte medievale, V, R. 1994 (s.v. Deodato di Orlando; Lit.); DA VIII, 1996 (s.v. Deodato di Orlandi). – *M. Ridolfi*, Atti e mem. della R. Accad. Lucchese 13:1845, 367 s., 370–382; *P. d'Achiardi*, in: Atti del Congr. internaz. di scienze stor. (1903), R. 1905, VII, 193–285; *O. Sirén*, Toskan. Maler im XIII. Jahrhundert, B. 1922, 121–128; *Toesca* I, 1927, 991, 1037 Nr. 42; *E. Sandberg-Vavalà*, La croce dipinta ital. e l'iconogr. della Passione, Vr. 1929, II, 797–803, 894, 898 s.; *P. Campetti*, Atti della R. Accad. Lucchese, N. F., 5:1942, 145–158; *G. Sinibaldi/G. Brunetti* (Ed.), Pitt. ital. del Duecento e Trecento. Cat. della mostra giottesca di Firenze del 1937, Fi. 1943 (Repr. 1981), 28–35; *R. Longhi*, Proporzioni 2:1948, 26 s.; *Garrison*, 1949, 16 s.; *G. Vigni*, Pitt. pisana del Due e Trecento, Palermo 1950, 45; *E. B. Garrison*, ArtB 33:1951, 18–31; *E. Carli*, Pitt. medievale pisana, Mi. 1958, 54, 63; *id.*, Pitt. pisana del Trecento. Dal „Maestro di San Torpé" al „Trionfo della Morte", Mi. 1958, 13–15; *F. Bologna*, La pitt. ital. delle origini, R. 1962, 130; *E. Borelli*, La Prov. di Lucca 5:1965, 63–66; *G. Previtali*, Giotto e la sua bottega, Mi. ²1974, 32–35, 44; *E. Carli*, Il mus. di Pisa (K), Pisa 1974, 45 s.; *J. T. Wollesen*, Die Fresken von S. Piero a Grado b. Pisa, Bad Oeynhausen 1977, 127–148; *L. C. Marques*, La peint. du Duecento en Italie centrale, P. 1987, 215 s., 282 s.; *M. Boskovits* (Ed.), Frühe ital. Malerei (K GG SMPK), B. 1988, 29 ss.; *G. Concioni/C. Ferri/G. Ghilarducci*, Arte e pitt. nel Medioevo lucchese, Lucca 1994; *A. Tartuferi*, in: Sumptuosa tabula picta (K Lucca), Livorno 1998, 42 s. C. Martelli

Deodatus cf. **Cosmatus** (1264)

Deodatus, *Jan Arien*, niederl. Maler, Zeichner, Graphiker, * 17. 6. 1914 Roden, † 30. 11. 1986. Stud.: 1935–38 Akad. Minerva, Groningen; 1938–41 Inst. voor Kunstnijverheidsonderwijs Quellinus, Amsterdam (Ausb. als Zeichenlehrer). Dort tätig, 1946–84 in Hoorn/ Terschelling. 1960–63 Lehrer an der Middelbare Avondkunstnijverheidsschool der Stiftung Vredeman de Vries in Leeuwarden. – Lsch., Stilleben, Portr. als Gem. (Acryl), Aqu. und Zchngn (Feder). V.a. jedoch Rad., Lith. und Hschn. für Gebrauchsgraphiken und Exlibris. D. betreut städtebaul. und landschaftsarchitekton. Aufträge sowie Buchprojekte. Außerdem Ill. und Kleinplastiken. Schüler: 1960–63 Marijke Beintema, Anna Margaretha Koen, Murk Kuipers. 🕮 *Scheen* I, 1969; *Witte* I-II, 1991; *Jacobs* I, 1993. – *J. Schwencke*, Tweehonderd Nederlandse graf. kunstenaars, Am. 1955; *R. van Koolwijk/C. Schriks*, Kleine prentkunst in Nederland in de 20e eeuw, Zutphen 1986. U. R.

Deoghare, *Pandurang N.*, ind. Maler, * 15. 4. 1957, lebt in Bombay. Stud.: M. S. Univ. Baroda. Ausz.: 1981 Gold-Med., Jamsethji Jijibhai SchA, Bombay; 1985 Bombay Art Society. ⊙ *G:* 1981, '85 Bombay: Jehangir AG. 🕮 *Naik*, 1986. K. Görtz

Deola, *Giovanni Battista*, ital. Schnitzer, * 22. 6. 1834 Canale D'Agordo/Belluno. Schuf die mit eleganten Figuren versehenen Chorschranken der Certosa di Vedana, ebenso die Umrahmungen der Via Crucis in der alten Pfarrk. von Falcade, 1861 drei Altäre für die Kirche von Canale d'Agordo. 1863 errichtete er zus. mit Benedetto Da Pos einen Altar für Gosaldo und einen weiteren für Valle Agordina. 🕮 *F. Tamis/B. Pellegrinon*, Primo elenco degli artisti agordini, [Belluno] 1973.

Deolalikar, *D. D.* cf. **Deolalikar,** *Yashwantrao D.*

Deolalikar, *Yashwantrao D.*, ind. Maler, Designer, Textilkünstler, * 5. 8. 1931 Indore/Madhya Pradesh. Sohn von *D. D. Deolalikar*, Dir. der dortigen KSch., bei dem er seinen ersten Kunstunterricht erhielt. Stud.: 1954–56 mit Stip. der Reg. von Madhya Pradesh; 1956 an der Jamsethji Jijibhi SchA, Bombay (1956–57 Stip.). Ab 1957 Designer im Weaver's Service Centre; um 1961 tätig im Design Zentrum des All India Handloom Board, Bombay; um 1981 Ass. Dir. der Design-Abt. des Weber-Zentrums in Bhubaneshwar/Orissa. Mitgl. und mehrfache Ausz. der Bombay Arts Soc. sowie des All India Kalidas Samaroh, Madhya Pradesh. – Flächig-stilisierte Figuren mit mod. und trad. Elementen. ⌂ NEW DELHI, NG of Mod. Art. ROM, GAM. ⊙ *G:* 1981–82 Bayreuth, Iwalewa-Haus: Neue Kunst aus Indien (K). ▭ *Sanyal*, 1961; *Krishnan*, 1981. M. Frenger

De Oliveyra, *Abraham Lopez*, Gold- und Silberschmied, Kupferstecher, * 1657 Amsterdam, † 1750 London, lebte dort ab 1697. Lehre wahrsch. in Holland. Stach u.a. die sign. Titelseite einer span. Version zu D. L. Laguna, *Die Psalmen Davids*, Lo. 1720. Um 1725 Eintragung der ersten undat. Marke als smallworker (lt. Heal als plateworker) in das Reg. der Goldsmiths Hall, London, 1739 der zweiten Marke als largeworker (lt. Heal als plateworker und Stecher). Für die ihm eng verbundene Bevis Marks Synagoge fertigte D. 1737 einen silbernen Präsentierteller als Geschenk an den Lord Mayor (vermutl. verlorengegangen). – Bes. fein gearbeitete Rimonim (Knäufe auf den Thorarollen), dat. 1724–37 (erste nachgewiesene Stempel 1724 auf zwei Paar Rimonim für die Hambro Synagoge und für die Neue Synagoge), bek. auch eine Sabbatlampe, Silber, 1730. ▭ ThB25, 1931 (s.v. Oliveyra, Abraham de). *Heal*, 1935; *Clapp* I, 1970; *Grimwade*, 1976. K. F.

Déon, *Louis*, frz. Architekt, * 27. 6. 1879 Besançon, † 1923 Nancy, dort tätig. Autodidakt. D. gehört zur zweiten Generation von Architekten der Schule von Nancy. Die zw. 1905 und 1913 erb. ca. 75 Gebäude entwarf D. im Stil des Art nouveau; die klass. Komp. wird von einem geschmackvollen naturalist. Dekor überlagert. V.a. in den neuen Vierteln von Nancy entstanden Wohngebäude und kleine Häuser. Die funktionalist. Archit.-Gest. und die Vorliebe für das naturalist. Ornament führten D. unweigerl. zum Art déco. ⌂ NANCY: 24, Rue Saint-Dizier: Vorderfront des Geschäfts Arnoux-Masson, 1909. – Ecke Rue des Carmes/Rue Saint-Jean: Hutgeschäft Reynaud, 1909. – *Wohngebäude:* 55 Rue de Boudonville. – 152 Rue Jeanne d'Arc, 1904. – 14 Rue Maréchal Juin, 1904. – 7 Rue de Vic, 1908. – 6, 10 Rue de Saverne, 1908–10. – 12, 20, 25, 26, 38, 42 Av. Anatole France, 1909–13; 23 ebd., 1923. – 17 Pl. des Vosges, 1922. ▭ *F. Roussel*, Nancy Archit. 1900, Metz 1992. – Nancy, Arch. mod. de l'Archit. lorraine; Centre de documentation du Patrimoine; Office d'Hygiene de la Ville (Pläne). C. Coley

Deonna, *Gaspard* cf. **Deonna,** *Henri*

Deonna, *Henri*, schweiz. Glockengießer, lebte in Genf und Villars-sous-Mont/Fribourg. Er wurde 1737 in Genf Schwiegersohn von Pierre Antoine Collavin und vermutl. dessen Nachfolger. D. goß 1752 Glocken für Grandvillard/Fribourg und Villars-sous-Mont sowie 1754 eine Glocke für die Schule von Cologny bei Genf. Sein Sohn *Gaspard D.* (* 1746, † 1797 Santo Domingo) arbeitete im gleichen Metier. ▭ ThB9, 1913.

Deonna, *Jacques Louis*, schweiz. Maler in Genf, * 3. 8. 1741, † 11.(16.?) 8.1764. ▭ ThB9, 1913. *Brun*, SKL I, 1905.

Deop, *Agustí*, katalan. Schlossermeister (mestre serraller), 1720–50 belegt. Sein Stempel befindet sich auf einem Stutzenschloß (Col. de la Junta de Museos, Barcelona). ▭ *Ráfols* I, 1951.

Deop, *Arnau* cf. **Deop,** *Pere*

Deop, *Eudald*, katalan. Waffenschmiedemeister aus Ripoll, 18./19. Jh. Sein Stempel befindet sich auf Läufen und Schlössern von Pistolen und Büchsen in Museen von Barcelona, Vic und Ripoll. ▭ *Ráfols* I, 1951.

Deop, *Francesc*, katalan. Schmied, Schlosser, 19. Jh. Fertigte das Gitter der Kap. So. Cristo in der Kathedrale Sa. Eulalia von Barcelona sowie die acht vergoldeten Kandelaber des Altars in der Krypta, ebd. ▭ *Ráfols* I, 1951.

Deop, *Giralt* cf. **Deop,** *Pere*

Deop, *Josep*, katalan. Schlossermeister (mestre penyetaire) in Ripoll, 1681 erstmals, 1684 als Meister erneut erw. Evtl. ident. mit Josep Perris, 1652–73 in Ripoll aktiv. ⌂ PARIS, Mus. de l'Armée: Pistolenschloß. ▭ *Ráfols* I, 1951.

Deop, *Pere*, katalan. Büchsenmacher (mestre pedranyaler) in Ripoll, 1568 erstmals urkdl. mit einer Kindstaufe belegt. Gründete zus. mit den Büchsenmachermeistern *Giralt D.* und *Arnau D.* eine Manufaktur für Feuerwaffen, ebd., die im 17. und 18. Jh. ihre Blütezeit erlebte und sich u.a. auf Schlösser (panys) und Gewehrkolben (enceps) spezialisierte. Zahlr. Mitgl. der Fam. D. waren bis ins 19. Jh. hier beschäftigt. ▭ *Ráfols* I, 1951.

Deopik, *Valentina Pavlovna*, russ. Malerin, Zeichnerin, Graphikerin, * 4.(17.) 1.1907 Sevastopol', † 2. 3. 1990 Moskau. Stud. ebd.: 1926–30 VCHUTEIN bei Dmitrij Stachievič Moor, Pavel Jakovlevič Pavlinov, Aleksandr Aleksandrovič Dejneka. 1930–31 Mitgl. der Sektion Molodoj Oktjabr' der Vrg Oktjabr', Moskau. – Bevorzugt Stilleben (meist Früchte und Blumen), v.a. in Aqu., auch in Gouache, Öl oder Lith. (z.B. *Ananas*, 1955; *Buket*, 1961; *Romaški*, 1973; *Cvety*, 1976). Auch Lsch. (Ser. *Beta*, Aqu., 1935) und Portr. (*Ženščina*, Tusche, 1936; *Chudožnik*, Gouache, 1944). ⌂ CHABAROVSK, Fernöstl. KM. ▭ ChudSSSR III, 1976. – *Schmidt*, 1967; VSII Sprav. III, 1967; V, 1981; Chronika chudožestvennoj žizni – 1973, Mo. 1975, 93, 107; Vesennjaja vystavka proizvedenij moskovskich chudožnikov 1974 g. (K), Mo. 1975, 36; Osennjaja vystavka proizvedenij moskovskich chudožnikov 1976 (K), Mo. 1977, 31. A. Nurok

Deoro (De Orro; D'Oro), *Agostino*, ital. Maler, 1607–37 in Turin belegt. 1607 für Malereien in der Gall. Grande des Turiner Castello bezahlt, 1608 dgl. für Malereien im Castello selbst. Bemalt 1620 16 Boote mit je 2 Meerungeheuern. 1628 mit Wappenmalereien in Monferrato beauftragt, 1633 Malereien in der Capp. SS. Sudario. 1635 zus. mit Lodovico Bordino im herzogl. Auftrag an der Fest-Ausstattung zu Ehren eines Kardinales beteiligt, 1637 tätig im Pal. R. Turin. 🕮 Schede Vesme II, 1966. S.-W. S.

Deorseli (irrtüml. auch: Deangeli), *Giovanni Marco*, ital. Maler, * um 1655 Turin, Aug. 1705 ebd. letztmalig nachw. 🕮 Schede Vesme II, 1966. S.-W. S.

Deotisalvi → **Diotisalvi** (1153)

Depāka, ind. Architekt (sūtradhāra, aus der Kaste der Sompurā-Brahmanen), schuf 1439 zur Zeit des Surya-Fürsten Rāṇā Śrī Kumbhakarṇa die jainist. Gedenkstätte Trailokyadīpaka-Caturmukha-Vihāra und 1440 den Comukhaji-Tempel in Rāṇapura/Desūrī Distr., Jodhpur, Rājputānā. 🕮 *D. R. Bhandarkar*, Chaumukh temple at Rāṇapur, Annual report of archeol. survey of India 1907–08, 205 ss.; *P. C. Nahar*, Jaina inscr., Calcutta 1918; *R. C. Agrawala*, Vishveshvaranand indological j. 1:1963, 333; *A. Gosh* (Ed.), Jaina art and archit., III, New Delhi 1975; *N. Gutschow/J. Pieper*, Indien. Von den Klöstern im Himalaya zu den Tempelstädten Südindiens, Köln 1978. H. Plaeschke

Depal'do, *Afanasij*, russ. Marineoffizier, Aquarellist, 1787–91 Teiln. am russ.-türk. Krimkrieg. Schuf Zchngn von Kämpfen in der Bucht von Kerč und am Kap Kaliakra/Bulgarien. 🏛 ST. PETERSBURG, Zentrales Marine-Mus. 🕮 Central'nyj voenno-morskoj muz. Putevoditel', Le. 1979, 31. V. Kulakov

Depal'do (De-Pal'do), *Aleksandr Nikolaevič*, russ. Zeichner, Maler, Exlibriskünstler, * 10.(22.) 6.1876 Rostov-na-Donu, † nach 1940. Stud.: E. 1890er Jahre Zeichen-Schule Odesa; 1899–1904 AK St. Petersburg bei Il'ja Efimovič Repin, Vasilij Vasil'evič Matė; 1908–10 FS für Malerei, Bildhauerei und Baukunst Moskau (beide ohne Abschluß). Lehrte 1918 an der Freien Akad. Odesa. Später in Petrograd bzw. Leningrad (St. Petersburg) ansässig. – Zchngn ebd. für die satir. Zss. Plamja (1905, Mitbegr. der Zs.), Signaly, Vodovorot, Bureval (alle 1906), Ež (1907) u.a. (sign. als A. D., A. De-P., De-P.) sowie Exlibris (1905 1. Preis beim vom Verlag M. O. Vol'f veranstalteten Exlibris-Wettb. für Volks-Bibl.). – Gem. zu revolutionshist. Themen (*Junyj Kirov v kružke rabočich v Tomske*, 1939), (Industrie-)Lsch. (u.a. *Pasmurnyj den'*, 1935; *Gidrotorf*, 1937), Genre-Darst. (*Zabota o detjach v Zapol'jar'e*, 1939–40), Portr. (u.a. *Avtoportret*, 1933), alles Öl. Auch Aqu. (u.a. *Slušajut radio*, um 1933). ⊙ *G:* u.a. Moskau: 1933 15 Jahre RKKA [Rote Arbeiter-und-Bauern-Armee]; 1939 Industrie des Sozialismus / 1940 Murmansk: Das sowjet. Polargebiet in der Malerei (alle K). 🕮 ChudSSSR III, 1976 (Lit.). – *V. Ja. Adarjukov*, Russkij knižnij znak, Mo. [2]1922, 16; VSII Sprav. II, 1967; Novoe o Repine, Le. 1969 (s.v. De-Pal'do, A. N.); *S. S. Ševelev*, Po stranicam istorii Odesskoj chudožestvennoj školy 2-j pol. XIX-nač. XX. v., Diss. Le. 1975, 167. V. Kulakov

De Palma, *Antonio*, ital. Maler, Karikaturist, * 1879 Giovinazzo, † 1963 Rom. Sohn des Lustspieldichters Angelo Michele Kean. Stud.: Jura in Neapel; zugleich Besuch der ABA, Schüler von Augusto Licata. 1931–39 Präs. der Prov. Bari. 1952 Übersiedlung nach Rom und Wiederaufnahme der Malerei. Als Karikaturist Mitarb. an versch. Zss. in Bari (Fanfulla, ab 1906; Patapon, 1921/22; Corriere delle Puglie, 1922). Ebenfalls als Karikaturist tätig war sein im 1. WK gefallener jüngerer Bruder *Giuseppe D.* (* 6. 4. 1893, † 26. 11. 1915 am Monte Nero). 🏛 BARI, Pin. Prov.: Nannina, Öl/Lw., sign., dat. 1899. 🕮 *Sorrenti*, 1990. – Pin. Prov. Bari. Le coll. dell'800 e primo 900 (K), Fasano 1977. E. K.

De Palma, *Brett*, US-amer. Maler, Objekt- und Assemblage-Künstler, * 19. 6. 1949 Lexington/Ky., lebt in Nyack/N. Y. Stud.: 1970 Peabody College, Nashville/Tenn.; 1972 Boston MFA School, Mass.; 1973 Tufts Univ., Medford/Mass. 1987 Grant, Nat. Endowment for the Arts, Washington. – Öl, Acryl; Mischtechnik. 🏛 MALMÖ/Schweden, KH. NASHVILLE, Tennessee State Mus. NEW YORK, Smithsonian Health and Hospital Organization. ⊙ *E:* 1982, '83 Modena (Italien), Gall. Emilio Bazzoli / New York: 1985 Tony Shafrazi Gall.; 1988, '89 Fawbush Gall. / 1988 Lund (Schweden), Anders Tornberg Gall. – *G:* u.a. 1982 Kassel: documenta / 1987 Amherst, Univ. of Massachusetts: Contemp. Amer. Collage 1960–1985. 🕮 WWAA, 1991/92–1997/98. – Art 1984 (5) 20–35; Artforum (N. Y.) 23:1985 (März) 50; *R. Warren*, Arts mag. 59:1985 (10) 25; *T. Cohrs*, ibid. 62:1988 (Sommer) 110; *D. B. Kuspit*, Artforum (N. Y.) 26:1988 (Sommer) 132 s. C. R.

De Palma, *Michele*, ital. Maler, * 21. 4. 1928 Rutigliano/Bari, lebt in Monopoli/Bari. Stud.: ab 1948 ABA Neapel bei Emilio Notte. Beginnt in den 50er Jahren mit dem sorgfältigen Stud. der neapolitan. Malerei-Trad., um dann zu postkubist. Darst. zu gelangen (*Figura*, 1957). Später läßt sich D. durch Bilder von Afro und Giulio Turcato zu einer lyr. Haltung und ausgewogenen Farbe-Licht-Modulation anregen (*Invenzione*, 1966; *Giuoco di linee forza*, 1968; *Ricordo d'infanzia*, 1969). 1967 wegen Lehrtätigkeit an der ABA Bari Umzug nach Monopoli. Die Ölbilder von 1972 *Nostalgia degli angeli* und *Ritmi su fondo bianco* knüpfen an Bauhaus-Experimente von Paul Klee und Kandinsky an. Betont auch in den folgenden Jahrzehnten die Geometrie der Formen und trägt auf die Lw. klare Grundierungen in reinen Farben auf (*Geometrie*, 1980; *Composizione in giallo, rosso, nero e blu*, 1984; *Superficie*, 1988). 🏛 BARI, Prov. – Ente del Turismo. – Conservatorio Musicale Piccinni. BENEVENTO, Mus. del Sannio. MONOPOLI/Bari, Chiesa di S. Cosimo. – Ospedale Civile. NEAPEL, ABA. – Curia Vescovile. PISA, Univ., Gab. DS. ROM, Gall. Naz. d'Arte Mod. – Calcografia Naz. – Minist. Pubbl. Istruzione. RUTIGLIANO/Bari, Cattedrale. – Scuola Media. ⊙ *E:* Rom: 1953 Gall. S. Luca; 1970 Gall. del Vantaggio / 1956 Neapel, Gall. Medea / Bari: 1965, '71 Gall. La Vernice; 1968 Gall. Michelangelo; 1971 Centro 6; 1988 Gall. La Cooperativa / 1968 Verona, Gall. Ghelfi / 1974 Venedig, Gall. Il Riccio; Paris, Gal. Mouffe / 1977 Mailand, Studio A (K: F. Sossi). – *G:* 1956 Venedig: Bienn. / seit 1958 Premio Villa San Giovanni; Premio Michetti; Premio Golfo della Spezia / 1959 Rom: Quadrienn.; Neapel: Premio Mancini / 1970 Turin, Ist. Bancario S. Paolo: Arte in Puglia. 🕮 ASA Italia IV, 1971; *Comanducci* II, 1971; DizBiogrMerid I, 1974; DizESA V, 1974. – *C. Lorenzetti*, L'ABA di Napoli, Fi. 1952; *A. R. Masetti*, Grafica Italiana Contemporanea, Mi. 1965; *N. D'Antonio*, M. D.

(K Accad. Pontano), N. 1990. N. Corradini

De Palma, *Teo*, ital. Maler, * 6. 1. 1947 San Severo/ Foggia, lebt dort. Stud.: Klass. Philologie (Dipl.). Gegenständl. Anfänge in den 70er Jahren mit Rückbezügen von Caravaggio bis zum 19. Jh. (*L'ignoto*, 1977). Greift A. der 80er Jahre die Pop Art auf und bezieht Motive der Massenmedien ein (*Pensando a Piero*; *Il volo di Antonello*; *La vittoria di Vittore*). Geht dann von figurativen Darst. zu einer materialbezogenen Malerei über, die an Alberto Burri sowie an Jean Dubuffet und Art brut erinnert (*Lontani canti sperduti nel muschio*; *Un'ombra di un'ombra*; *Nel blu di un antico sogno*). In den 90er Jahren verwendet D. Aqu.-, Pflanzen-, Pastell-, Temperafarben und Rostpulver zur Gestaltung zart-lyr. Bilder (*Costellazioni fuggenti*; *Brulicante di stelle e di fiamme*; *Non canti, grida*, 1992). ✉ Autopresentazione, in: Gall. Com. (K), San Severo 1978. ⊙ *E:* San Severo: 1968 Teatro Com.; 1980 Gall. Liquor Vitae; 1982, '85 Studio D'Amico / 1969 Popoli (Pescara), Bottega d'Arte Kenia / 1976 Pescara, Gall. Verrocchio (K: M. Venturoli) / Macerata: 1981 Gall. G20; 1990 PCom. / 1983 Bertinoro (Ferrara), Villa Prati / 1985 Bari, Gall. La Cooperativa / 1986 Maddaloni (Caserta), Studio Il Castello / 1988 Foggia, Laboratorio Arti Visive / 1989 Ascoli Piceno, Gall. L'Idioma. – *G:* seit 1970 Alba Adriatico (Teramo): Premio Mazzacurati / seit 1976 Francavilla al Mare: Premio Michetti / 1980 Arezzo, Bibl. Com.: Sogno Allucinazione Realtà / 1985 Siena, Fortezza Medicea: Una nuovissima generazione / 1988 Vicenza, Basilica Palladiana: Textilia / 1989 Premio Termoli / 1990 Mailand, Pal Sormani: Nuovo Lirismo / 1991 Lainate, Villa Visconti Borromeo Litta: L'universo apparente delle cose. 📖 PittItalNovec/2 II, 1993. – *M. Bignardi/E. Crispolti*, D. (K San Severo), Salerno 1992 (Lit.). N. Corradini

De Palma, *Ugo*, ital. Maler, * 6. 3. 1899 Neapel (lt. Comanducci), lebte dort. Stud.: bis 1923 ABA Neapel (Dipl.). Debütiert 1921. Beginnt mit lyr. gestimmten Lsch. in der Trad. der Schule von Posillipo, aber auch beeinflußt vom frz. Impressionismus. Lernt während eines Parisaufenthaltes Léopold Survage kennen, dessen rhythmisierte Farb-Komp. ihn beeindrucken. Mitgl. der Accad. Teatina Pescara, der Accad. Tiberina und der Accad. „i 500". Zahlr. Ausst.-Teiln., u.a. mehrfach am Premio Michetti in Francavilla al Mare. Versch. Preise, u.a. 1959 Gold-Med. der Mostra della Comunità Europea dell'arte e della cultura, Rom. ⊙ *E:* 1957 Mailand, Gall. Bolzani / 1962 Neapel, Gall. U.C.A.I. / 1967 Rom, Gall. Il Capitello. 📖 Vo3, 1956 (s.v. Palma, Ugo); Vo6, 1962 (irrtüml. nochmals). EU SEDA III, 1969; *Comanducci* II, 1971; DizBiogrMerid I, 1974; Il centauro, I, La Spezia 1975. E. K.

De Palos, *Gianfranco*, ital. Maler, Bildhauer, Zeichner, * 1942 Rom, lebt in Sesto San Giovanni/Mailand. Stud.: Scuola degli artefici di Brera Mailand beim Bildhauer Ettore Calvelli; Civ. Scuola di Musica Donizetti in Sesto San Giovanni. Seit M. der 70er Jahre maler. Experimente in enger Verbindung zur Musik. Läßt sich in seinen Temperabildern und Zchngn der 80er Jahre von Kandinsky inspirieren. D. bevorzugt in den zeitgleichen Kleinplastiken aus versilberter und vergoldeter Bronze die runde Form, die von kleineren dreieckigen und quadrat. Formen überlagert wird (*Dissezione di evento*, 1983; *Cieli simultanei*; *Microcosmo-struttura A*, 1988). Führt eine Ser. von Zchngn für den Bd *Illusi Dei* von V. Bendinelli (Mi. 1985) aus. 🏛 BOLOGNA, GAM. CASTELLANZA/ Varese, Mus. Pagani. RAVENNA, Mus. d'Arte Dantesca. ✉ Il cerchio attore del tempo, Mi. 1992. ⊙ *E:* 1974 Sesto San Giovanni, Gall. I Contemp. / Mailand: 1975 Gall. Avanguardia 2; 1980 Gall. Le variazioni e Pal. Sormani; 1982 Gall. Il Mercante; 1984 Centro Lusca; 1991 Studio Panigatti / 1982 Fano, ehem. Collegio S. Arcangelo; Bologna, Gall. Nove Colonne. – *G:* 1977–'81 Ravenna: Bienn. del Bronzetto / 1988 Bologna u.a.: Alfabeto d'Autore (Wander-Ausst.) / 1989 Rom, Mus. centrale del Risorgimento: Arte e ambiente / 1991 New York, Ist. Ital. di Cult.: Un punto per Piero. N. Corradini

De Pandis, *Nicola*, ital. Landschaftsmaler, * 8. 3. 1925 (Sorrenti: 18. 3. 1926) Bari, lebt dort. Stud.: bis 1942 ABA Florenz. Trad.-akad. geprägt; u.a. Lsch. und Stillleben. ⊙ *G:* 1951 Rom: Quadrienn. 📖 Vo6, 1962 (s.v. Pandis, Nicola de). *Comanducci* II, 1971; *Sorrenti*, 1990. – *G. Spinelli de'Santelena*, D., Bari 1967. S.-W. S.

De Panis, *Francesco*, ital. Maler, * 9. 11. 1949 Genua, lebt dort. Stud.: Liceo Artist.; ABA Ligustica Genua. A. der 70er Jahre malt er impressionist. und von den Macchiaioli angeregte Lsch., denen Leuchtkraft und Farbabstimmung lyr. Akzente verleihen. Später Annäherung an den Hyperrealismus, v.a. in den Lw. der im Nebel liegenden Piemonteser Hügel. In den Stilleben betont D. den Glanz von Metall sowie die Transparenz von Glas und beruft sich dabei auf die ligur. Trad. eines Aurelio Caminati, wie auch auf die Malerei von Grigor Chiltian. ⊙ *E:* seit 1976 La Spezia, Gall. Il Vertice; Genua, Gall. Interkomm; Mailand, Gall. De Cristoforis; Chiavari, Castello di Vignolo. 📖 *G. Caldini*, Eco d'arte 56:1979. N. Corradini

De Paola, *Tomie*, US-amer. Maler, Wandmaler, Zeichner, Illustrator, Buchgestalter, * 15. 9. 1934 Meriden/ Conn., lebt in New London/N. H. Stud.: u.a. bis 1956 Pratt Inst., New York; bis 1969 California College of Arts and Crafts, Oakland; 1970 Lone Mountain College, San Francisco; bei Ben Shahn und Richard Lindner. Lehrtätigkeit: u.a. 1962–66 Newton College of Sacred Heart, Newton/Mass.; 1967–70 Lone Mountain College, San Francisco; 1973–76 Colby-Sawyer College, New London; 1976–79 New England College, Henniker/N. H. – Aqu., Tempera-Gem., Bleistift- und Tusch-Zchngn. Ill. und Buch-Gest., bes. von Kunst- und Kinderbüchern, in einer individuellen Form, u.a. *The Legend of the Poinsettia*, N. Y. 1994. 🏛 MINNEAPOLIS, Univ. of Minnesota, Kerlan Coll. TORONTO, Osborne Coll. WORCESTER/Mass., AM. – *Wand-Gem.:* GRANITEVILLE/ Vt., St. Sylvester's Church, 1961. HINGHAM/Mass., Glastonbury Monastery. SCHENECTADY/N. Y., Dominican Sisters Retreat House Chapel, 1958. ✉ Charlie needs a cloak, 1973; The quicksand book, N. Y. 1977; Helga's dowry, 1977; The Clown of God, San Diego 1978; The legend of the bluebonnet, N. Y. 1980; Sing, Pierrot, sing, San Diego 1983 (alle mit eig. Ill.); The artist at work,

Horn book mag. 69:1993 (5) 573–576. ▭ WWAA, 1980–1997/98. Ch. R.

De Paoli, *Attilio*, ital. Maler, * 7. 5. 1910 Ticino, † 1978 Pavia. Stud.: Civ. Scuola di Pitt. in Pavia, bei Aschieri, Romeo Borgognoni und Giorgio Kienerk. Setzt sich intensiv mit alten Meistern sowie Fresko- und Rest.-Techniken auseinander. Malt v.a. naturalist. (teilw. metaphys. verfremdete) Lsch. und einfühlsame Porträts. ◉ *E:* Pavia: 1950 Circolo di Cult.; 1966, '68 Gall. Bottigella / 1969 Mailand, Gall. Barbaroux. ▭ *Comanducci* II, 1971; *G. Falossi*, Pittori e scultori ital. del 900, Mi. 1988. S.-W. S.

De Paoli, *Luigi (Gigi)*, ital. Bildhauer, Medailleur, Maler, Architekt, * 26. 5. 1857 Cordenons/Pordenone, † 17. 7. 1947 Pordenone. Stud.: ab 1871 Zeichenschule und Bildhauer-Wkst. in Vittorio Veneto; Scuola di Arti e Mestieri in Triest; ABA Venedig, bei Antonio Del Zotto, Valentino Besarel (mit dem er später befreundet ist) und dem Maler Pietro Molmenti (1877 Dipl.). Zeichenlehrer an der Scuola Tecnica in Pordenone und Udine. 1890 wird D.s Gipsmodell der Skulpt.-Gruppe *Sturz des Ikarus* in Palermo mit einer Gold-Med. prämiert und vorgeschlagen für die WA in Chicago (Orig. heute in London, eine Kopie in Pordenone). Ab 1893 im Pariser Salon, in London und München vertreten. 1900 Mitgl. der Comm. Prov. d'Arte ed Antichità. Königin Elena von Savoyen erwirbt D.s 1903 in Udine (Mostra di BA) gezeigte *Gioventù che scherza con la morte*. Mitgl. der Accad. di Udine und ehrenhalber Inspektor der Denkmäler des westl. Friaul. In seinem späten Schaffen widmet sich D. aus gesundheitl. Gründen zunehmend der Med.-Gest. und Aqu.-Malerei. Als Maler 1938 in Udine und 1943 in Pordenone Einzel-Ausst. (v.a. Stilleben und Lsch.); als Architekt liefert D. einen Entwurf für die Kirche S. Maria delle Grazie in Pordenone (von Domenico Rupolo maßgebl. überarbeitet). – Bildhauer neoklassizist. Prägung, der nach dem Vorbild von Lorenzo Bartolini Skulpt. von unterkühlter, formaler Eleganz schafft, sich gleichzeitig aber auch an einem an Giovanni Dupré erinnernden Naturalismus orientiert. Bemerkenswert sind die subtilen Hell-Dunkel-Effekte und die psycholog. Durchdringung unterschiedl. Charaktere. D.s schöpfer. Impulse wurden durch zahlr. offizielle Aufträge gelähmt, bes. in der Zeit zw. 1910 und '25 (als er viele Grab-Mon. und Gefallenen-Denkmäler realisiert), wobei er auf Positionen des 19. Jh. verharrt. ⌂ AVIANO, Dom: Pater Marco D'Aviano, Marmorstatue (1900 von Carlo Marini in Pietrasanta nach Modell von D. in Marmor übertragen); Madonna del Carmine, Statue, 1908. BOLZANO DI SAN GIOVANNI AL NATISONE, Friedhof: Gedenk-Taf. mit Flachrelief des Dichters Pietro Zorutti. BUTTRIO, Pfarrk.: zwei Engel am Fuße des Kreuzes. CASARSA, Pfarrk.: Taufe Christi (Portallünette). – Friedhof: Conte Roberto De Concina mit Gruppe von Alpenjägern beim Angriff, Marmor, 1922. CASTEL D'AVIANO, Friedhof: Kruzifix (Grabmal Policreti). CORDENONS, S. Maria Maggiore: 12 Apostel (in den Nischen des Hauptschiffes). – Friedhof: Denkmal für die Gefallenen des Krieges 1915–18. FIUME VENETO, Pfarrk.: Hl. Nikolaus; Mariä Himmelfahrt, Statuen. GENUA, Cimitero di Staglieno: Grabmal Fam. White, 1908. LUGANO, Friedhof: Grabmal. MANDELLO LARIO/Como, Friedhof: 4 Grabmäler. MONTENARS, S. Elena: Bischof Francesco Isola, Flachrelief. MONTEREALE VALCELLINA, Pfarrk.: Skulpt.-Gruppe mit hl. Anna, 1927. ORCENIGO SUPERIORE, Pfarrk.: Hll. Urban und Laurentius, Statuen. PASIAN DI PRATO, Campanile (Spitze): Christus, 1908 (Gipsmodell, Höhe 5 m; Bronzeguß durch die Fa. Tremonti in Udine). PORCIA, Pfarrk.: Madonna. – Friedhof: Madonna. PORDENONE, Municipio: Umberto I, Marmorbüste, 1902. – MCiv.: Der Sturz des Ikarus, Bronze; Verdienst der Arbeit, Skulpt.-Gruppe. – S. Maria delle Grazie: zwei anbetende Engel. – Chiesa del Cristo: zwei anbetende Engel. – S. Giorgio: Engel; Christus (über dem Tabernakel); Herz Jesu. – Collegio Don Bosco: Hl. Johannes Bosco. – Oratorio Don Bosco: Skulpt.-Gruppe mit hl. Johannes Bosco. – Friedhof: 5 Grabmäler. PORTOGRUARO, Friedhof: 8 Grabmäler, u.a. Grabmal Bonÿ mit Auferweckung der Tochter des Jaïrus. REGGIO EMILIA, Villa Gherardini, Fam.-Kap.: Grab-Mon. Marchesa Alda Gherardini. RIETI: Mon. Umberto I. SAN CASSIANO DI LIVENZA, Villa Varda, Kap.: Statue. SAN GIOVANNI DI CASARSA, Pfarrk.: Taufe Christi. SAN MARCO DEL FRIULI, Pfarrk.: plast. Dekoration von 5 Altären, um 1902. TORRE DI PORDENONE, Pfarrk.: Engel am Hauptaltar, um 1900/10. UDINE, GAM: Andrea Flaibani, Büste; Venus und Amor, 1914; Ikarus auf den Wellen, 1886; 3 Med. – S. Pietro Martire: Jesus von Nazareth. – S. Giorgio: Hl. Georg. – Via Paolo Sarpi: Büste Paolo Sarpi (in dessen Geburtshaus). – Cimitero di S. Vito: 8 Grabmäler, u.a. Micoli-Toscano, De Puppi und Masotti-Veneiro. VERONA, Friedhof: Grabmal Boidi, 1913. ZOPPOLA, Pfarrk.: Hll. Martin und Petrus, Statuen. – Friedhof: Schmerzensmutter. ◉ *G:* 1884 Turin, Espos. di Scult. / Venedig: 1886 Espos. Naz.; 1895 Bienn. / 1886 Mailand, Espos. di Scult. / 1901 St. Louis (Mo.), Exhib. Internat. / 1924 Udine, Mostra d'Arte del Friuli Occidentale. ▭ DBI XXXIX, 1991 (Lit.); *Panzetta*, 1994; *Vicario*, 1994. – Cat. ufficiale dell'Espos. Prov. di Udine 1883, Ud. 1883, 67, 119; *G. Bragato*, Guida artist. di Udine e suo distretto, Ud. 1913, 26, 42, 94 127; *A. Benedetti*, Il Noncello 2:1952, 54; *L. Damiani*, Arte del Novecento in Friuli. Il Liberty e gli Anni Venti, Ud. 1979, 54 ss.; *G. Pavanello*, in: La scult. nel Friuli-Venezia Giulia, II, Pordenone 1988, 331, 339, 357, 369; *S. Aloisi*, La vita e le opere di architetti, scultori e pittori nel Friuli Occidentali dal Rinascimento al Novecento, Pordenone 1993, 113–144; Scult. dall'ombra. Rest. e revisitazioni fra Ottocento e primo Novecento dalle Coll. dei Civ. Mus. (K), Ud. 1994, 14. G. Bergamini

De Paoli, *Mario*, ital. Maler, Graphiker, * 24. 1. 1928 Pavia, lebt dort. Stud.: Scuola d'Arte in Pavia (debütiert 1953); 1954 Acad. de la Grande Chaumière Paris. Häufiges Motiv sind soz. benachteiligte Menschen (z.B. in Vorstadtkneipen von Pavia, Fischer in Ticino, lebensmüde Alte in Pertusati). 1959 erstmals Darst. junger Tänzer und abstrakte Kompositionen. 1962 Einband zu *Storia di spettri* von Mario Soldati. Allmähl. Hinwendung zu floralen Abstraktionen, häufig in Tempera. Bevorzugt eine sehr variable, warme Palette. Mitgl. der Accad. Tiberina und dei 500 in Rom. ◉ *E:* 1959 San Remo, Sala

Mostra d'Arte del Casino / Pavia: 1959, '70 Gall. Pal. Bottigella / Mailand: 1961 Gall. Montenapoleone; 1962 Gall. Il Giorno; 1963 Fam. Meneghina / 1962 Bologna, Internat. AG / 1966 Salice Terme, Gall. Il Caminetto / 1967 Riva del Garda, MCiv. / 1968 Civico Terme, Salone Pal. delle Terme. ▭ AIC II, 1966; Gente nostra I, 1968; *Comanducci* II, 1971; Arte ital. per il mondo, II, T. 1975. – Mitt. Comune di Pavia. S.-W. S.

Depaoli (De Paoli), *Romeo*, ital. Architekt, * 2. 1. 1876 Triest, † 17. 1. 1916 ebd. Stud.: 1891–96 Scuola di Arti e Mestieri Triest. 1901 als techn. Zeichner gen., 1903 als Konstrukteur, in Sterbe-Urk. als Architekt. Nachdem seine ersten Häuser 1903 ohne jeden Dekor entstanden, baute er im Winter des Jahres ein erstes Haus mit Ornamentik im Stil des Liberty (Viale XX Settembre 87). 1904–06 entwarf er mehrere Gebäude für Augusto Terni mit einer reichen Jugendstildekoration, 1908 folgte die *Casa Polacco* (Via Imbriani 1). – Von Art Nouveau und der Wiener Sezession beeinflußt, ist D. mit G. M. Mosco der bedeutendste Vertreter des Liberty in Triest. Seine kurze Schaffensphase ist durch eine 1908 ausbrechende Krankheit erklärbar, an der er acht Jahre später starb. 🏛 TRIEST: Via Carducci 30, 1904. – Via Udine 2, 1905. – Via Madonnina 9, 1906. – Via S. Niccolò 36, 1906 (Entwürfe aller Häuser zw. 1903 und 1913 im Arch. dell'Ufficio Tecnico del Comune, Triest). ⊙ *G:* 1972 Mailand, Pal. della Permanente: Mostra del liberty ital. (K). ▭ *N. Carboni Tonini*, Arte in Friuli. Arte a Trieste 1:1975, 83–91 (Zusammenfassung der Diss. Univ. Triest 1971–72; WV, Lit.); *E. Campailla*, Trieste liberty, Trieste 1980; *Bossaglia*, 1987. S. P.

De Paoli Pavesi, *Luigia*, ital. Malerin, * 10. 8. 1857 Pavia, † 1937 Solzago b. Tavernerio/Como. Schülerin von Pacifico Buzio in Pavia und von Guido Tallone, Accad. Carrara in Bergamo. – V.a. Portr., wobei sie eine bes. Technik entwickelte, die ihren Bildnissen einen spirituellen Ausdruck verlieh. ▭ *Comanducci* II, 1971.

De Paolis, *Pietro*, ital. Kameenschneider, * 1783 Rom, dok. bis 1819. Sohn eines Baldassarre D. und der Francesca Bredi. Tätig in Rom, hier nachw. von 1805 (Via di Ripetta) bis 1819 (Via del Babuino). ▭ *Bulgari* I. 1, 1958. L. Pirzio Biroli Stefanelli

De Paolis, *Pietro*, ital. Maler, Graphiker, * 10. 9. 1932 Galatina/Lecce, lebt in Brescia. Stud.: Accad. Raffaello in Urbino (Graphik); als Maler Priv.-Unterricht und 1962 Debüt. Um 1967 Darst. von mitleiderregenden Gesichtern mit sich schälender Haut (korrodierende Farben). Später Hinwendung zu Schmetterlings- und Insektenmotiven, u.a. aus Interesse an organ. Metamorphosen. Malt häufig Alltagsszenen mit schmerzl.-melanchol. Grundtenor und tritt engagiert für eine friedvollere Welt ein. Seine Arbeiten sind teils expressionist. oder postimpressionist. orientiert, mit vagen surrealist. Anklängen – teils abstrakt, vor zwei- oder dreigeteiltem Hintergrund. ⊙ *E:* Brescia: 1965, '66, '67 Gall. A. A. B.; 1968 Gall. CIDA; 1969–70 Gall. S. Michele / 1967 Bologna, Gall. Europa / 1968 Como, Gall. Giovio / 1970 Savona, Gall. La Fontana / 1971 Triest, Gall. La Lanterna / 1972 Bergamo, Gall. Michelangeo; Mailand, Gall. Statuto 13 (K: E. Fezzi); Turin, Gall. Quaglino; Florenz, Gall. Zamzini. ▭ Pitt. e scult. dell'Italia contemp., II, R./Mi. 1968; ASA Italia IV, 1971; DizBiogrMerid I, 1974. S.-W. S.

De Paolis Bellusi, *Marius* (eigtl. Bellusi, *Mario*; anderes Pseud. Biemme), ital. Maler, Graphiker, Fotograf, * 20. 2. 1891 Ferrara, † 21. 11. 1955 Rom. Publ. Hschn. in Zss. und den Umschlag für C. Govoni, La Santa Verde (Ferrara 1919). ✉ Recite alfieriane all'aperto, Asti 1930. ▭ *G. Fanelli/E. Godoli*, Il Futurismo e la grafica, Mi. 1988. S. P.

Depape, *Simon* → **Pape,** *Simon* (1701)

Depaquit, *Jules*, frz. Zeichner, Karikaturist, Illustrator, Autor, * Nov. 1869 (lt. Vo: 1872) Sedan, † Juli 1924 Balan (lt. Vo: Paris), lebte in Paris; 1920 zum Maire de la Commune Libre de Montmartre gewählt. Arbeitete für zahlr. Zss., z.B. Vie drôle (1893); Le Rire (1894–1924); Cocorico (1899–1902); Caricature (1899–1904); Bon vivant (1900–06); Petits albums comiques pour la fam. (1901); La Grande Guerre par les artistes (1914–15); Hommes du jour (1914–21); Canard enchaîné (1916–19). Ill.: u.a. *Chansons immobiles* von J. Ferny, 1896; *Chansons d'humour* von V. Hypsa, 1903; *Eponge de porcelaine* und *Matorel en prov.*, beide von Max Jacob, 1921. Auch als Maler (u.a. Aqu.) tätig. 🏛 PARIS, BN, Cab. des Estampes. ✉ Secret du Cacatoès, P. 1898; Hist. de France, P. 1928 (mit eig. 150 Ill.). ▭ Vol, 1953. *Bénézit* III, 1976; *Fanelli/Godoli* I, 1990; *Osterwalder*, 1890–1945, 1992. – IFF, Après1800 VI, 1953. C. R.

Deparade, *Henri*, dt. Maler, Graphiker, * 14. 4. 1951 Halle/Saale, lebt in Dresden. Stud.: 1972–77 an der HS für industrielle Formgestaltung Burg Giebichenstein Halle (freie Malerei und Graphik) bei Inge Götze, Hannes H. Wagner, Frank Ruddigkeit und Willi Sitte; 1978–80 Aspirant, 1983–85 Meisterschüler bei Sitte. Im März 1990 Übersiedlung nach Oberhausen/NRW, im Okt. Rückkehr nach Halle. 1992 Ober-Ass. an der HS Burg Giebichenstein (künstler. Grundlagen-Stud.), im gleichen Jahr Prof. für künstler. Grundlagen und Zeichnen am Fachbereich Archit. der HS für Wirtschaft und Technik Dresden, 1995 Übersiedlung nach Dresden. – Anfängl. orientiert am Verismus, kam D. zu einer starken Betonung der Gegenständlichkeit, z.B. *Portr. Gerhard Hake* (Öl, um 1983), der eine Phase geometr.-konkreter Bilder folgte. Um 1991 wandte er sich wieder einer gegenständl. Malerei zu, in der sich Formen der expressiv-realist. Hallenser Schule mit Elementen des Informel verbinden. Ein zeichner. Gestus dominiert auch in der Malerei, in der die Farbe in nervösen Pinselstrichen aufgetragen wird, z.B. *Die Vergänglichkeit des ...* (Dispersions- und Ölfarbe, Sand, auf Papier, 1997). 🏛 FRANKFURT/Oder, Mus. Junge Kunst. GERA, Orangerie, Slg der Zchngn der DDR. ⊙ *E:* 1979 Halle, Gal. Marktschlößchen / 1992 Nürnberg-Feucht, Gal. im Pfinzigschloß / 1993 Würzburg, Otto-Richter-KH / 1994 Roth b. Nürnberg, Gal. im Schloß Roth / 1995 Dresden, Gal. der Dt. Werkstätten Hellerau / 1996 Weimar, Gal. Hebecker (K) / 1997 Essen, Gal. Geymüller; Frankfurt am Main, Gal. Ehrler / 1998 Pulsnitz, Ernst-Rietschel-Kulturring: Arbeiten 1992–98 (K). – *G:* 1979, '84 Halle, Bez.-Kunst-Ausst. (K) / 1982/83, '87 Dresden, 9., 10. Kunst-Ausst. der DDR (K) / 1987 Halle, Gal. Roter Turm: Graphik und Hand-Zchng / 1988

Gera, Orangerie: Hand-Zchngn der DDR (K) / 1992 Trier, Ausst.-Halle: 15 + 15 Künstler aus RP und Sachsen-Anhalt / 1993–95 Düsseldorf: Große Kunst-Ausst. NRW (jährl., K). 🕮 *A. Schatz*, BK 28:1980 (9) 439 s.; *J. Kluge-Fabényi*, Sonntag (B.) 1986 (3) 7; *I. Beyer*, BK 36:1988 (1) 16–19. – Mitt. D. (1997). V. F.

Depardieu, *Joes*, Bildhauer, 1467/68 in Brügge tätig anläßl. der Hochzeit von Karl dem Kühnen. 🕮 ThB9, 1913. LWBK VII, 1998.

Depardon, *Raymond*, frz. Fotograf, Filmkünstler, * 6. 7. 1942 Villefranche-sur-Saône, lebt in Paris. 1956 Lehre bei einem Optiker und Amateur-Fotografen in seinem Geburtsort. 1957–60 Ass. des Pariser Fotografen Louis Foucherand. Aufnahmen in Paris und bei frz. Filmen. 1960–62, 1963–66 Fotograf der Bild-Agentur Dalmas, z.B. für die Zss. Life, Paris-Match. 1962–63 Militärdienst, in Algerien als Kriegsreporter für die Armee-Ztgn Bled 5 und Tam tätig. 1966 Mitbegr. der Fotoagentur Gamma in Paris, 1973 deren alleiniger Leiter. Seither freischaffender Fotograf. Wichtige Foto-Reportagen und Buch-Publ.: 1956–94 frz. Landleben; 1959–60, 1968–70 Filmstars; 1960 Algerien-Krieg; 1961 Mauerbau in Berlin; 1963 Saigon; 1964 Thailand und Vietnam; 1968 Hungerkatastrophe in Biafra; 1970 Libyen; 1971 Chile mit Publ. *Chili*, P. 1973; 1975–77 Revolution im Tschad mit Publ. *Tchad. Images de guerre*, P. 1978, dafür ausgezeichnet mit der Robert-Capa-Gold-Med.; *Notes Arfuen X.*, P. 1979; *Correspondance new-yorkaise*, P. 1981; *Le désert Américain*, P. 1983; *San Clemente*, P. 1984; *Les fiancés de Saigon*, P. 1986; *Stille Zeugen*, B. 1997. Seit 1978 Mitgl. der Agentur Magnum. Nach D.s Auffassung sollen Foto-Serien ähnlich wie Filme konstruiert sein, um Geschichten zu erzählen, die keines Begleittextes bedürfen. Als Fotograf steht er für eine demaskierende und zugleich humanist. Haltung, wie sie etwa Brassaï, Robert Frank und Lee Friedlaender vertreten. Filme: 1962 erste kleine Film-Essays; 1963 erste Reportage *Venezuela*, weiterhin 1969 *Jan Palach*; 1972 *Yemen*; 1974 *50,81%*; 1976 *Tibesti-Tou*; 1977 *Numéro zéro*, ausgezeichnet mit dem Georges-Sadoul-Preis; 1979 *Auschwitz*; 1980 *San Clemente*; 1981 *Reporter*, für den er den César erhielt; 1983 *Faits divers* als Beitr. der Filmfestspiele von Cannes. 🏛 HOUSTON, MFA. PARIS, Agentur Magnum. – BN. PHILADELPHIA, Mus. of Art. ROCHESTER/N. Y., Internat. Mus. of Photogr. 👁 *E:* 1974 Paris, FNAC. 🕮 *Browne/Partnow*, 1982; *C. Naggar*, Dict. des photographes, P. 1982; *C. Naylor* (Ed.), Contemp. photographers, Chicago/Lo. 1988; Dict. mondial de la photogr., P. 1994. – Zoom 1970 (März); (Nov./Dez.); 1981 (Juli/Aug.); Photo 1973 (Juli); 1979 (Mai); Cah. du cinéma 1979 (Dez.); 1987 (Okt.) 15; ibid. 1988 (Jan.) iii; ibid. (Febr.) 7–9; (Juni) 76–78; 1990 (März) 82–87; (Mai) 96–97; 1993 (Feb.) 70–75; 1994 (Okt.) 32 s., 73–77; Amer. photographer 1980 (Sept.); Philadelphia Mus. of Art bull. 80:1984 (342) 1–24; *F. Hers u.a.*, Paysages photographiés, 1984/85. La mission photogr. de la DATAR, P. 1985; Creative camera 1985 (246) 10–33; Art press 1984 (Nov.) 4–7; 1990 (Sonderausgabe) 95–102; Camera internat. 1989/90 (Winter) 12–17; 1990 (Sommer) 76–85; 1992 (Sommer) 62–71; Perspektief 1987 (Juni) 88–102; 1992 (Febr.) 33–37; 1992 (Dez.) 19–34; Rech. photogr. 1993 (Herbst) 80–84; Photographies mag. 1993 (März/April) 29–31; Europe without walls (K Manchester City AG), Manchester 1993; Aperture 1996 (142) 32–35. F.-X. Sch.

De Pari, *Juan*, ital. Bildhauer, * 1857 Mailand, † 9. 6. 1931 Buenos Aires. Stud.: Accad. di Brera in Mailand bei Francesco Brazaghi. Ab 1886 in Argentinien. – V.a. Portr.-Büsten argentin. Politiker, Wissenschaftler und Künstler (*Bernardo Rivadavia; Manuel Belgrano*) sowie Denkmäler für öff. Gebäude, zumeist in Buenos Aires, so von *Ricardo Gutiérrez* und *Manuel Blancas*. 🏛 BUENOS AIRES, Jardín Botánico: El despertar de la naturaleza. PORTO ALEGRE, Mon. a Preixoto. 🕮 EAAm I, 1968; *Gesualdo/Biglione/Santos* I, 1988. R. T.

De Paris, *Carlo*, ital. Maler, Zeichner, * 21. 8. 1800 Barcelona, † 18. 12. 1861 Rom. Bereits 1801 mit der Fam. nach Rom übersiedelt. Nach dem frühen Tod der Mutter 1809 und des Vaters 1812 in der Obhut des Jesuitenpaters Giovanni Francesco Masdeu. Erste Ausb. bei dem span. Maler José Aparicio in Rom. Danach zwei Jahre Schüler von Luigi Agricola. Zeichnet auf dessen Anraten die Fresken Raffaels im Vatikan und die Statuen der Slg der Accad. di S. Luca. Stud.: ab 1817 Accad. di S. Luca Rom bei Gaspare Landi. 1820 beim Premio Canova prämiert, erhält er den Auftrag, die Komp. *La continenza di Scipione* in Öl auszuführen. Das damit verbundene Stip. erhält jedoch Luigi Cochetti. 1821 entstehen Historien-Gem. wie *Priamo che dimanda il corpo di Ettore ad Achille*, *Il Samaritano che cura il ferito* (beide nach Mexiko verkauft), *Francesca da Rimini nell'atto di lettura* und *La morte di Priamo*. Viele seiner Bilder werden fortan im Diario Romano besprochen (cf. PittItalOttoc II, 1991). 1825 in der Provence und in Barcelona tätig. Ab März 1827 für ca. zehn Monate in Mailand. A. Jan. 1828 schifft er sich nach Mexiko ein, wo seine Gem. von der ABA San Carlo positiv aufgenommen werden (u.a. *La capp. pontificia nel Pal. del Quirinale con funzione papale*). Nach versch. Portr.-Aufträgen, u.a. versch. Präs. Mexikos und einige Geistliche, führt D. eine große Tempera-Malerei für die Kirche der Padri Filippini aus (*Kalvarienberg*). Das große Gem. *La resa della divisione spagnola comandata dal generale Barradas, dopo che questi aveva tentato di riconquistare il paese fortificandosi nella provincia di Tampico* wird von der mexikan. Regierung erworben. D. zeichnet viele mexikan. Lsch. und Kostüme (Skizzenbuch), die z.T. auch in Öl ausgef. werden. 1836 Rückkehr nach Rom. Das Gem. *La Valle dove sorge la capitale del Messico* findet bei Pius IX und dem Maler Vincenzo Camuccini Anerkennung. 1838 Mitgl. der Congregazione dei Virtuosi al Pantheon. Stellt 1840 in der Espos. degli Amatori e Cultori delle BA das Gem. *Cecilia da Romano, rapita da Gherardo Trisolino* aus. In den 50er Jahren entstehen zahlr. Historien-Komp. zum Risorgimento (u.a. *L'andata de' volontari civici alle infelici e trasordinate guerre d'oltrealpe nel 26 marzo 1848*; *La festa pomeridiana del 16 marzo 1848 sulla piazza Montecavallo*). 1858 präsentiert D. in seinem Atelier im Viccolo del Vantaggio 16 das Gem. *La proclamazione del Dogma dell'Immacolata Concezione*

(Rom, Mus. Vaticani). ⌂ ROM, Slg der Congregazione dei Virtuosi al Pantheon: Il ratto di Cecilia Manfredi, um 1839. – Accad. di S. Luca: Portr. Cavalier San Bartolo; Portr. Antonio Cipolla, 1851. ✉ Vita del pittore C. D. scritto da lui stesso, Le Arti e le Lettere 1863 (16) 253 ss.; 1863 (17) 259–264; 1863 (20) 318–321; 1863 (21) 335 ss.; 1863 (22) 350 ss.; 1863 (23) 354 s.; 1863 (25) 397–401. ◎ *G:* 1870 Rom, Mostra Romana per il Culto Cattolico. 📖 ThB26, 1932 (s.v. Paris, Carlo de). PittItalOttoc II, 1991 (Lit.). – *F. S. Bonfigli*, The artist. directory or guide to the studios in Rome, R. 1858, 50; *Incisa della Rocchetta*, 1979. A. St.

De Paris, *Enrico* → **De Paris,** *Tommaso Enrico*

Deparis, *Jacques-François*, frz. Porzellankünstler, 1746–97 in den Porzellan-Man. von Vincennes und Sèvres tätig. Dort entstand nach D.s Entwurf das 1781 an Ludwig XVI. verkaufte, aus fünf Deckelvasen mit mytholog. Szenen bestehende Ensemble *Vases des âges*. Es wurde wahrsch. durch Antoine Caton bemalt nach Stichvorlagen von Jean-Baptiste Tilliard, Motive nach Gem. von Charles Monnet; das größte Teil, die *Vase des âges de vieillards*, und das Paar *Vases des âges à têtes de jeunes femmes* befinden sich in Los Angeles/Calif., J. Paul Getty Mus.; das Paar *Vases des âges à têtes d'enfants* in Baltimore/Md., Walters AG. 📖 *A. Sassoon*, J. Paul Getty Mus. J. 13:1985, 89–104. R. T.

De Paris, *Tommaso Enrico*, ital. Maler, Bildhauer, * 8. 1. 1960 Mel/Belluno, lebt in Turin. Autodidakt. In den 80er und 90er Jahren geprägt durch die Ikonogr. der Comics; malt vorwiegend Großstadtansichten mit Häusern aus der Vogelperspektive in leuchtenden Farben und fluoreszierenden Lasuren, die sich in flachen, gleichmäßigen und durch schwarze Linien umgrenzten Feldern entwickeln (*Due anime*; *Nolte veloce*; *Infinito*, 1995). 1995 realisiert D. aus Aluminium, Glasfiber, Plexiglas, Leinen und Acryl eine Skulpt., die an futurist. Objekte von Giacomo Balla und Fortunato Depero, aber auch an Mobiles von Alexander Calder erinnert (*Megagalattica*). ◎ *E:* Turin: 1990–92 Gall. Carbone; 1996 Gall. In Arco (K: G. Romano) / 1993 Florenz, Gall. Santo Ficara / 1994 Piacenza, Gall. Placentia / 1995, '98 Brüssel, Artiscope / 1997 Mailand, Gall. Ruggerini e Zonca / 1999 Triest, Gall. Juliet. – *G:* Mailand: 1990 Ex Fabbrica del Vapore: Italia 90; 1996 Gall. Ruggerini e Zonca: Fratelli d'Italia / Bologna: 1992 Studio Cristofori: Media Ikos; 1995 GAM: Icastica / 1993 Tivoli, Villa d'Este: Medialismi / Turin: 1995 Spazio Herno: Dodici pitt. ital.; 1997 Promotrice BA: Va'pensiero / 1997 Rom, Mus. Centrale del Risorgimento: Il tricolore pensato. 📖 Diz. degli artisti ital. contemp., Mi. 1996 (s.v. De Paris, Enrico); Cat. dell'arte ital. mod., XXXIV, Mi. 1998. – *B. Brollo*, Juliet 1992/93 (61); *L. Beatrice*, Tema celeste 1993 (42/43); PittItalNovec/3, 1994. – *Online:* ARSMEDIA, 2000. N. Corradini

Deparoy, *Jacques* → **Parroys,** *Jacques de*

De Pas, *Gionatan (Jonathan)*, ital. Architekt, Designer, * 1932 Mailand, lebt dort. Stud.: Archit. in Mailand mit Donato D'Urbino (* 1935 Mailand) und Paolo Lomazzi (* 1936 Mailand). 1966 bis in die 90er Jahre gemeinsames Studio für Möbeldesign, Industrie- und Wohnbauten, Stadtplanung, Ausst.-Archit. und -Gestaltung. Erster großer Erfolg mit dem Sessel *Blow*, 1967 (Produktion Zanotta) aus aufblasbarer PVC-Folie. 1979 Compasso d'Oro für den zusammenklappbaren Kleiderständer *Sciangai* aus acht Holzstäben. Das Sofa *Grand'Italia*, 1980 für Zanotta, war das erste mit sichtbarem Metallgestell. D./D'Urbino/Lomazzi arbeiteten u.a. für Lignet Roset, Artemide (Deckenleuchte *Faretra 25/48*) und Cassina und entwarfen pneumat. Baukonstruktionen für die XIV. Trienn. in Mailand 1968 (Messepavillon und Gal.) und die Expo '70 in Osaka (nicht realisiert). – Von der Pop Art beeinflußt, hat die Gruppe in den 60er Jahren zeitgemäßes Möbeldesign im Sinne der „Wegwerfkultur" geschaffen. Später entstanden Möbel aus gestanzten Schichtstoffplatten mit Druckdekor. ⌂ LONDON, V & A. MÜNCHEN, Neue Slg. NEW YORK, MMA. PARIS, Centre Georges Pompidou. ✉ TV-Serie: Dal cucchiaio alla città; il design ital. dal 1950 al 1980. ◎ *G:* 1972 New York, MMA: Italy. New Domestic Landscape (K) / 1998 Berlin: Architekten als Designer (K). 📖 *K. B. Hiesinger/G. H. Marcus*, Landmarks of 20th. c. design, N. Y. u.a. 1993 (s.v. De Pas, D'Urbino, Lomazzi); *Kjellberg*, 1994; *M. Byars*, The design enc., Lo. 1994 (WV, Lit.); *T. Heider u.a.*, Lex. internat. Design, Reinbek 1994. – *A. Grassi/A. Pansera*, Atlante del design ital. 1940–1980, Mi. 1980; *H. Wichmann*, Italien. Design 1945 bis heute (K Staatl. MAK/Die Neue Slg), M. 1988; Architekten als Desinger (K Berlin), M. 1988. S. P.

De Pascale, *Antonio*, ital. Maler, * 1953 Crispano/Neapel, tätig in Padua, Mailand. Stud.: ABA Neapel. Entwickelt in den 80er Jahren eine zeichenhafte Malerei in Annäherung an Gastone Novelli und arbeitet mit Acrylfarben und Kohle auf Packpapier (*I sogni della mano*, 1985; *Con la coda dell'occhio*, 1986; *Chi tene o'mare*, 1987). Teilw. fügt D. in die Komp. Stücke von Werbeplakaten in Anlehnung an Mimmo Rotella ein (*Leg-genda 1*; *Leg-genda 2*; *Senza titolo*, 1987). ◎ *E:* 1981, '83 Padua, Gall. Stevens / 1984, '86 Verona, Gall. La Città / 1985 Genua, Gall. La Polena; Paris, Gal. Stern / 1986 Brüssel, Gal. B. Cats / Mailand: 1987 Gall. Cavellini; 1999 Gall. Zanutti. – *G:* 1985 Paris, Salon de Jeune Peint. 📖 Diz. degli artisti ital. contemp., Mi. 1996. N. Corradini

De Pascalis, *Andrea*, ital. Maler, Plastiker, * 1862 Manduria, † 1896. Schüler von Achille De Lucrezi. Führte in Lecce zus. mit Giuseppe Manzo eine Fabrik zur Herstellung von Keramik und Papiermaché. Hatte in Paris eine ständige Ausst. seiner Figuren in der Rue du Bac. ⌂ LECCE, Dom: Moses, Statue, 1885; Ezechiel, 1885. RUVO DI PUGLIA, S. Giacomo: Hl. Franziskus, Gruppe. 📖 *Sorrenti*, 1990. E. K.

De Patta, *Margaret*, US-amer. Schmuckgestalterin, Juwelierin, Malerin, * 18. 3. 1903 Tacoma/Wash., † 19. 3. 1964 Oakland/Cal. Stud.: 1921–23 AFA, San Diego; 1923–25 School of FA, San Francisco; 1926 Art Students League, New York, jeweils Malerei; 1940 Sommerkurs am Mills College, Oakland; 1940–41 School of Design, Chicago, bei Lázló Moholy-Nagy. Ab 1934 eig. Schmuck-Wkst. in San Francisco. ⚭ Designer *Eugene Bielawski*. 1948 Mitbegr. der San Francisco Metal

Arts Guild und später der Designer Craftsmen of California. Lehrtätigkeit: California College of Arts and Crafts, Oakland; Univ. of Oregon, Eugene. Mitgl.: Amer. Craftsman's Council. – D. befaßte sich neben Malerei seit 1929 in San Francisco mit Schmuckgestaltung und lernte Bearbeitungstechniken bei dem armen. Metallarbeiter Armin Hairenian. Ihre frühen Schmuckstücke mit naturalist. Motiven (Blumen, Fische, Blätter) und schweren Steinen sind oft aus Metallblechen oder Draht und weisen u.a. Einflüsse von frühkolumbian., etrusk. und türk. Schmuck auf. Ab 1939 experimentierte D. mit durchsichtigen Steinen und beschäftigte sich, beeindruckt von Moholy-Nagy, mit abstrakten und räuml. Konzepten im Schmuckdesign. Sie gestaltete nach konstruktivist. Prinzipien und arbeitete mit Volumenbeziehungen, Asymmetrien sowie bewegl. und schwebenden Elementen. Neuartige Fassungen, Verbindungen, Verschlüsse und Gelenke (v.a. Gelb- und Weißgold) und sparsam angebrachte Metallhalterungen sollten die Steine möglichst freischwebend wirken lassen (Brosche, 1959, MAD, Montreal). Ab 1941 arbeitete D. zus. mit dem Steinschneider Francis J. Sperisen in San Francisco. Häufig montierte sie hinter einen großen facettierten, durchsichtigen Stein (Bergkristall, Rauchquarz, Topas) Edelsteine, so daß diese bei Bewegung reflektiert, verzerrt oder multipliziert werden (Ring, 1940, Oakland Mus.). Weitere Gestaltungselemente sind Naturformen, wie z.B. die Struktur von Kieselsteinen und die fadenartigen Einschlüsse bei Bergkristall, die je nach Winkel und Lage der Facette unterschiedl. erscheinen. Als Akzent im Zusammenspiel mit anderen Steinen benutzte D. auch Diamanten, z.B. eingebettet in Bergkristall (Anhänger, 1960, Mus. of Contemp. Crafts, New York). Sie entwickelte und perfektionierte neue Techniken und nutzte als eine der ersten auch neue Mat. wie Stahl, Plastik und synthet. Kleber. 1946–58 arbeitete sie mit Bielawski an einer limitierten Schmuck-Ser. (ca. 50 versch. Modelle), um auch andere Kundenkreise erreichen zu können, doch beendete sie die Ser. wegen der mangelnden Zeit für eig. Entwurfstätigkeit. Das 1951 in Napa begonnene Projekt einer vom Bauhaus geprägten Schule gab das Ehepaar nach einigen Jahren auf und zog nach Oakland. Ferner entwarf D. Gefäße und Flachwaren sowie Keramikgefäße für Edith Heath, Sauslito/Cal. – D. war eine bed. und einflußreiche amer. Schmuckkünstlerin des 20. Jh., die prägend auf viele Studenten (u.a. Peter Macchiarini) wirkte. Indem sie zeitgleiche Kunstströmungen rezipierte, entstanden ästhet. Schmuckstücke, die z.T. tragbaren Miniatur-Skulpt. und Mobiles gleichen. Innovativ ist D.s architekton. Strukturierung, kinet. Betonung und die neuartige Nutzung der visuellen Eigenschaften von (Edel-)Steinen. 🏛 LONDON, BM. MONTREAL, MAD. NEW YORK, Mus. of Contemp. Crafts. OAKLAND, Oakland Mus. SAN FRANCISCO, Metal Arts Guild. ✉ Arts and archit. 64:1947 (7) 30–31, 54. ⊙ *E:* San Francisco: 1936 Amberg-Hirth Gall.; 1964 Mus. of Art / 1965 New York, Mus. of Contemp. Craft. – *G:* 1998 Montreal, MAD: Messenger of modernism. Amer. studio jewellery 1940–1960 (K). 📖 Vo6, 1962 (s.v. Patta, Margaret de). *M. Byars*, The design enc., Lo. 1994. – *Y. Uchida*, Crafts horizon 24:1964 (4) 10; 25:1965 (2) 22–25; The jewelry of M. D. A retr. exhib. (K Oakland Mus.), Oakland, Cal. 1976; *R. Cardinale/H. Bray*, Metalsmith 3:1983 (Frühjahr) 11–15; ibid. 9:1989 (Winter) 8; Art news 88:1989 (9) 122–127; *M. Eidelberg* (Ed.), Design 1935–1965. What mod. was (K MAD, Montreal), N. Y. 1991; *T. Greenbaum*, Stud. in the decorative arts 6:1998/99 (1) 68–94. H. St.

Depau, *Mikiel*, Bildhauer, 1467/68 in Brügge tätig anläßl. der Hochzeit von Karl dem Kühnen. 📖 ThB9, 1913.

Depaul, *Giovanni*, ital. Bildhauer, * 9. 7. 1825 Triest, † 5. 12. 1919 (Panzetta: 1918 oder 1921) ebd. Stud.: 1850–54 ABA Venedig, bei Luigi Ferrari. Rückkehr nach Triest und Arbeit in der Wkst. des Steinmetzen Pietro Palese; bald Eröffnung eines eig. Ateliers, wo akad. geprägte und techn. virtuose Grabplastik und relig. Motive entstehen. 1874 Consultore artist. am Mus. Revoltella; bereits in den 80er Jahren wegen gesundheitl. Probleme Lehrtätigkeit (an der sonntägl. Zeichenschule). Anfangs (bisweilen großformatige) Flachreliefs, teilw. in Zus.-Arbeit mit den Architekten der betreffenden Gebäude C. Maciacchini und Giovanni Righetti. Nutzung von Details klass. Vorbilder, u.a. Canova. Dann zunehmend realist. und naturalist. Züge bei streng akad. Komp. (bes. der Grabplastik). V.a. in den ganzfigurigen Statuen unkonventionell und lebensnah, bes. bei den Physiognomien. D. ist ein wichtiger Exponent der Bildhauerei im Triest der 2. H. 19. Jh. 🏛 TRIEST, MCiv. Revoltella: Commercio, Industria e Navigazione, Marmor, 1868. – Piazza della Borsa: Domenico Rossetti, Statue. – SS. Ermacora: S. Ermacora, Statue. – Ist. dei Poveri, Atrium: Pasquale Revoltella, 1873; Giuseppe Prey, 1875; Demetrio Economo, 1879, alles Statuen. – Camposanto di S. Anna. – Hôtel de la Ville: I mestieri, Flachreliefs (Fassade und Seitenfronten). – Cantiere navale Tonello: Marco Polo; Cristoforo Colombo, Statuen. 📖 DBI XX-XIX, 1991 (Lit.); *Panzetta*, 1994. S.-W. S.

Depaulis, *Alexis Joseph*, frz. Medailleur, Bildhauer, * 1790 (30. 8. 1792 lt. Kjellberg) Paris, † 15. (oder 29. lt. DBF) 9. 1867 ebd. Stud.: ab 1813 EcBA Paris, Med.-Stich bei Bertrand Jean Andrieu, Bildhauerei bei Pierre Cartellier; erhält 1827 eine Silber-, 1833 eine Goldmedaille. Im Zeitraum der Herrschaft von Ludwig XVIII. bis zu der von Napoleon III. gestaltet D. v.a. ein umfangreiches Œuvre von Med. und Gedenkmünzen (Gesamt-Verz. cf. Forrer und Cat. gén. ill. ...). 🏛 PARIS, BN, Cab. des méd.: vollst. Med.-Slg (1910 Schenkung von D.s Tochter). ⊙ *G:* ab 1819 Paris, Salon. 📖 ThB9, 1913. *Forrer* I, 1904 (Verz. der Med.); DBF X, 1965; *Kjellberg*, 1987; DA VIII, 1996. – *N. Rondot*, Les médailleurs et les graveurs de monnaies, jetons et méd. en France, P. 1904, 379; Cat. gén. ill. des éd. de la Monnaie de Paris, I, P. 1977; II, P. 1978 (Verz. der Med.). – Paris, Arch. de la Monnaie: P/2. J.-M. Darnis

De Paulis, *Pietro Felice*, ital. Bildhauer, * 1867 Alagna/Vercelli, † 1928 ebd. Stud.: Laboratorio Barolo in Varallo, Accad. Albertina in Turin. Baugebundene dekorative Kunst, tätig in der Schweiz, in Deutschland und Böhmen. 📖 *Panzetta*, 1994.

Depauly, *Anton*, österr. Maler, * um 1799 Mies/

Böhmen (Stříbro). Vermutl. ident. mit *Anton de Paulj*. Stud.: 1815–26 ABK Wien, Historienmalerei bei Hubert Maurer, Johann Baptist Lampi und Anton Petter. 1842 nachw. mit Wohnanschrift in Wien. – Malte v.a. relig. und mytholog. Szenen. 1834 an der Akad.-Ausst. mit dem Aqu. *Neptun und Amphitrite* sowie mit den Öl-Gem. *Hl. Magdalena*, *Johannes Bapt. als Kind* und *Türk. Mädchen* vertreten, 1835 mit einer *Madonna*, 1837 mit dem Öl-Gem. *Moses*, 1842 mit einem Portr. und *Pyramus und Thisbe* (alle verschollen). ⌂ WIEN, Österr. Gal.: Christus am Kreuz, 1841. ▭ *Toman* I, 1947; ÖKL V, 1979. – Gott erhalte Österreich. Religion und Staat in der Kunst des 19. Jh. (K Schloß Halbthurn), W. 1990; *E. Hülmbauer*, Kunst des 19. Jh. (Bestands-Kat. Österr. Gal. des 19. Jh., I), W. 1992. S. Grabner

De Pauw, *Alfons* → **Pauw,** *Alphonse de*

Depay (De Bay; Debay), *Hans (Johannes)*, dt. Maler aus Riedlingen/Württ., 1586–1602 nachweisbar. Vermutl. Vater des Malers Johann de Pay. Dekoriert 1595 die Franziskaner-Klosterkirche in Hechingen/Hohenzollern und sign. 1602 in München eine Feder-Zchng *Argus mit seiner Herde unter einem Baum sitzend* (Frankfurt am Main, Städel). ▭ ThB9, 1913; ThB26, 1932 (s.v. Pay). – *Dehio*-BW, 1964; Städelsches Kunst-Inst. Frankfurt am Main, Kat. der dt. Zchngn, M. 1973. D. T.

Depay, *Johann* → **Pay,** *Johann de*

Depcius, *Walenty*, poln. Tischler, Maurer, Jesuit, * 1592 Großpolen, † 6. 2. 1635 Lwów. 1617 Eintritt in den Orden in Krakau. 1618–22 Tischlerarbeiten in der Johanneskirche in Jarosław. Ab 1622 in Lwów; ab 1626 dort Ltg des Baus der Jesuitenkirche. ▭ SłJArt, 1972. Ch. R.

Depé, *Johann Heinrich* → **Depée,** *Johann Heinrich*

De Pédery-Hunt, *Dora*, ungar.-kanad. Bildhauerin, Medailleurin, * 16. 11. 1913 Budapest, lebt in Toronto. Stud.: bis 1943 Kgl. Schule für angew. Künste, Budapest. 1946 Evakuierung nach Deutschland, dort 1948 Heirat mit dem ungar. Journalisten Béla Hunt. 1948 Emigration nach Kanada. In Toronto stellt D. bald regelmäßig bei den Bildhauerinnen Frances Loring und Florence Wyle („The Girls"), dem wichtigsten kanad. Kunstsalon der Zeit, aus und erteilt bis A. der 60er Jahre Kunstunterricht. Sie erhält v.a. Aufträge für dekorative Skulpt. für Kirchen, die sie zurückhaltend figurativ und im Einklang mit der mod. Archit. ausführt. 1958 halbjähriger Aufenthalt in Europa (Canada Council Grant); vom ungar. Pavillon der WA in Brüssel inspiriert, studiert sie an der Acad. für Med.-Kunst in Rom. Wieder in Toronto, entwirft D. die Canada Council-Med., Kanadas erste Kunst-Med. Wenig später führt sie Kanada zur Mitgl. in der FIDEM, an deren Ausst. sie sich beteiligt. Zu den Auftragsarbeiten zählen die Med. für den Humanities Research Council Award (1964), den Reach of the Top Award der Canad. Broadcasting Corp. (1967), den Anerkennungspreis des Prov. of Ontario Council for the Arts (1968), die Med. zur 300-Jahr-Feier der Hudson's Bay Company (1969), die Canad. Govt.'s Official Med. der Expo '70 in Osaka und die R. Canad. Acad. Centennial Med. (1980). D. fertigt daneben ein Portr. von *Queen Elizabeth II* für kanad. Geldmünzen an sowie die 100-Dollar-Goldmünze anläßl. der Olymp. Spiele 1976 in Montreal. Mitgl.: 1953 Sculptors' Soc. of Canada (1967–70 Präs.); R. Canad. Academy. Preise: 1963 Ontario Soc. of Artists Award; 1967 Canad. Centennial Med.; 1975 Ankaufspreis der FIDEM-Ausst., Krakau; 1976 Nat. Council of Jewish Women Sculpt. Award; 1977 Queen's Jubilee Med.; 1992 Confederation Med.; 1992 Gold-Med. for Excellence in Numismatic Sculpt. der Amer. Numismatic Association. 1974 Officer of the Order of Canada; 1991 Order of Ontario. Zu ihren Ehren wurde der „D. D. Med. Award" ins Leben gerufen. – D. ist eine Hauptexponentin der kanad. Med.-Kunst, die sich u.a. mit ihrer Hilfe entwickelte, und entwirft zahlr. Med. aller Art in Gold, Silber und Bronze. Sie ist bes. bek. für Portr.-Medaillons, u.a. von *Northrop Frye, Zoltán Kodály, Béla Bartók, Rudolf Nureyev, Norman Bethune* und *Pierre Trudeau*. ⌂ BERLIN, SMPK, Münzkabinett. BRÜSSEL, Kgl. Med.-Kab. BUDAPEST, NG. DEN HAAG, Kgl. Med.-Kab. HAMILTON/Ont., AG of Hamilton. LONDON, BM. NEW YORK, Amer. Numismatic Soc. OTTAWA, Dept. of External Affairs. – NG of Canada: u.a. Portr. Frances Loring, 1956. – Nat. Med. Coll. of Canada: komplette Slg der ca. 500 Med. D.s. STOCKHOLM, Kgl. Med.-Kab. TORONTO, AG of Ontario. – R. Ontario Mus. WASHINGTON/D. C., Smithsonian Institution. – *Bau-Skulpt.:* BRANTFORD, Ontario School for the Blind, 1953. OSHAWA/Ont., Gen. Motors of Canada: Colonel R. S. McLaughlin Centennial, 1971. PETERBOROUGH/Ont., St. Peter's High School. SAULT SAINTE-MARIE/Ont., Gen. Hospital, Kap. TORONTO, Bata Shoe Mus., 1995. – Central Hospital: Paul and John Rekai, 1982. – Loretto College, Kap. – Ryerson Inst. of Technology: 1961. ✉ *D./E. Frey*, Medals, Tor. [ca. 1974]; Sculpt., Tor. 1978. ⊙ *E:* Toronto: 1959, '67 Laing Gall.; 1965 Dorothy Cameron Gall.; 1970 R. Ontario Mus.; 1978 Prince Arthur Gall.; 1992 John B. Aird Gall. / Ottawa: 1962 Robertson Gall.; 1967 Wells Gall. / 1966 St. John's (Nfld.), Memorial Univ. Gall. / 1968 Kitchener; Montreal, Artlenders / 1969, '73 Mississauga, Erindale College of the Univ. of Toronto. – *G:* 1964 Salzburg: Bienn. Christl. Kunst / 1967 Montreal, Canad. Govt. AG: Expo '67. ▭ Vo6, 1962 (s.v. Pedery-Hunt, Dora de). *MacDonald* I, 1975 (Repr. 1977); *Heller*, 1995; WWAA, 1997/98. – The Ryersonian (Tor.) v. 3. 10. 1962; Toronto Globe and Mail v. 21. 12. 1963, Mag.; This Week (Oshawa) v. 8. 9. 1971; *M. Jones*, The art of the med., Lo. 1979; *C. C. Hill/P. B. Landry* (Ed.), Canad. art (K NG of Canada), I, Ottawa 1988; *T. Mullaly*, The med. (Lo.) 1989 (Herbst); *P. M. Tattersall*, Hungarian stud. rev. 26:1999 (1–2). – Ottawa, Nat. Arch. of Canada: D.s Papiere. O. Botar

De Pedibus, *Francesco*, ital. Kameenschneider, * 1748 oder 1773 Rom, Sohn eines Vincenzo D. Tätig in Rom 1803 (Strada dei Macelli) bis 1809 (Via del Babuino). ▭ *Bulgari* I. 1, 1958. L. Pirzio Biroli Stefanelli

Depedri, *Karl L'vovič*, Architekt ital. Herkunft in Rußland, * 1795, † nach 1850. Ausb. in Italien. 1822–50 Gouv.-Architekt in Astrachan'. Erb. den neuen Russ. Handelshof (Russkij gostinyj dvor, 1825–28), einige Gebäude auf dem Hauptplatz, ein Gymnasium und mehrere Wohltätigkeitseinrichtungen. ▭ Adres-kalendari

Rossijskoj imperii na 1823–1850 gg.; *M. B. Michajlova*, Architekturnoe nasledstvo, vyp. 33, Mo. 1985, 69–77.
A. Kraševinnikov

Depée (Depé; Deppé; L'Epée), *Johann Heinrich (Ignác; Ignaz)*, schles. Maler in Breslau, * ebd., † nach 1767. Schüler von Daniel Gran. Ab 1715 vierjährige Lehre bei dem Maler Franz Gregor Ignaz Eckstein. Gestaltete unter dessen Ltg (lt. Cerroni) gemäß Vertrag mit dem Konvent des Dominikanerklosters 1733 in Troppau (Opava) in der dortigen Klosterkirche des hl. Wenzel das Kirchengewölbe mit Freskomalereien (Szenen aus dem Leben des hl. Wenzel). Sein Geselle war dabei Caspar Franz Sambach. D. bemalte 1734–36 zus. mit dem Freskomaler Michal Schwegel noch die beiden Seitenschiffe mit architekton. Ornamenten, die Gewölbe der vier Kap. mit Fresken; die Wände wurden durch perspektiv. Archit.-Malerei als Domportale gestaltet (nach Auflösung des Klosters und Nutzung der Klosterkirche als Lagerraum E. des 18. Jh. wurden die Fresken stark beschädigt). Außerdem malte D. für das Zisterzienserkloster in Rauden (Rudy)/Oberschlesien um 1730 zwei Blumenstücke mit steinfarbenen Reliefs, antike Motive darstellend, das Portr. eines Prälaten sowie zwei Lsch. mit dem hl. Augustinus und dem hl. Urban, wofür er am 30. 1. 1767 bezahlt wurde. ▭ ThB9, 1913. *Krause*, LexOberschles I, 1933. – *H. Tintelnot*, Wiener Jb. für Kunstgesch. (W./M.) 16:1954, 192; *E. Baum*, Kat. des Österr. Barock-Mus. im Unteren Belvedere in Wien, M. 1980, 594; *B. Indra*, ČSM 43:1994 (Lit.). – Brno, Mähr. LA, Sign. G 12 I, 34 (Ms.), Slg Cerroni: *J. P. Cerroni*, Gesch. der bild. Künste in Mähren und dem österr. Schlesien, 2. Abt., 1807, 236 ss. – Mitt. B. Indra. B. Lejman

Depeige, *Sylvain*, frz. Maler, * 1850, † 1937. Schüler von Isidore Pils und Henri Lehmann an der Pariser EcBA; weitere Ausb. an der Ec. des Arts décoratifs ebd. Machte als junger Mann die Bekanntschaft von Camille Corot, dem er zunächst nachstrebte. M. der 1870er Jahre malte D. in der Umgebung von Orsay, an der Seine und im Wald von Fontainebleau. Um 1880 entdeckte er die Lsch. der Creuse, hielt sich in Gargilesse auf. Die Bekanntschaft mit Paul Gauguin in Pont-Aven in der Bretagne lenkte D.s Stil zum Postimpressionismus. Zum Broterwerb arbeitete er als Dekorationsmaler in der Man. Sèvres, nahm später den Posten des Dir. an der EcBA in Calais an. D.s Nachlaß wurde 1978 in Rouen versteigert. ⊙ *G:* 1927–35 Paris, Salon des Indépendants. ▭ *Harambourg*, 1985; *Schurr/Cabanne* I, 1996. – Autour de Paul Gauguin (K), Pont-Aven 1961; *Schurr* V, 1981; *C. Rameix*, L'éc. de Crozant, Limoges 1991, 42.
H.-P. Bühler

Depelchin, *J. François*, fläm. Maler, Aquarellist, Zeichner, * um 1770 Velaines, † um 1835 Equerme. Stud.-Reisen nach Italien und in die Schweiz. Vermutl. 1792 in Paris als Tapetenmaler in einer Fabrik tätig. Um 1800 Übersiedlung nach Kortrijk, Lehrer an der Akad. (Figurenmalerei). 1833–35 tätig in Equerme. – Portr., Lsch., Interieurs, Archit.-Ansichten, u.a. für die Coll. des Vues des Pays-Bas zeichnet D. die *Ansicht von Schloss Royère* (Lith.). D. führt relig. Gem. für Kirchen in Kortrijk aus, u.a. *Predigt Johannes des Täufers*, 1806 (Onze-Lieve-Vrouwe-Kerk). Einfluß auf Jan Baptiste de Jonghe. 🏛 KORTRIJK, MSK. – St. Martinuskerk: Kreuzweg (mit and.). LILLE, Mus. Wicar. PARIS, Mus. Carnavalet. TOURNAI, Mus. La Rixe. ⊙ *G:* Salon: 1788 Lille; 1791, '93, '95 Paris. ▭ ThB9, 1913. *Bellier/Auvray* I, 1882; *Flippo*, 1981; LWBK II, 1993; *Arto*, 1995; DPB I, 1995.
U. R.

Depelchin, *M. F.*, frz. Maler, * 1804 Lille, † 1835. Viell. ident. mit dem Landschafts- und Marinemaler *Delpelchin*, der 1822 im Salon in Lille vier Bilder ausstellte und eine ehrenvolle Erw. erhielt. 🏛 LILLE, MBA: Rochers avec Cascade. ▭ *Bénézit* III, 1976. – Les salons retrouvés (K Calais u.a.), II, [Lille] 1993 (s.v. Delpelchin). C. F.

Depellegrinis, *Pellegrino* → **Tibaldi,** *Pellegrino*

Depencier, *Jean* → **Despencier,** *Jean*

Depencier, *Roger le* → **Despencier,** *Jean*

Depenthal, *Florian*, dt. Maler, * 2. 8. 1955 Karlsruhe, lebt seit E. der 80er Jahre in Chicago. Stud.: 1977–83 KA Karlsruhe bei Max G. Kaminski und Gerd van Dülmen, 1979–82 Kunstgeschichte, Univ. ebd.; 1983/84 Aufenthalt in Paris; 1987/88 Stip. des Landes BW für die Cité internat. des Arts, Paris. – D. interpretiert mit Mitteln der abstrakten Malerei Lsch. und Räume, wobei nach den Studien in Deutschland und Europa das Erlebnis der USA und deren Großstädte bestimmend für Form und Farbgebung wurde. Mit kräftigen, auch grellen Farbflächen als horizontale und vertikale Zonen, Streifen und Balken assoziiert er urbane Strukturen. ⊙ *E:* Karlsruhe: 1982 Heinrich Hertz-Haus; 1985 KA (K: D. Zacharopoulos) / 1989, '90, '91 (K: A. Gold), '93 Chicago, Oskar Friedl Gall. / 1990 St. Louis, Cult. Center: German Amer. Heritage Soc. (K) / 1993 Frankfurt am Main, Gal. Wolfhard Viertel (K) / 1995 Koblenz, Gal. Ursel Steinacker / 1995/96 Baden-Baden, Frank Pages Art Gal. (K: P. Schwerfel) / 1996 Coral Gables (Fla.), Virginia Miller Gall. ▭ Forum junger Kunst 1981 (K Wander-Ausst. Städt. Gal.), Wolfsburg 1981; Germinations, Entwicklungen. Travaux d'élèves des EcBA franç. et allemands (K Paris/Berlin), s.l. 1982; Chicago Tribune v. 10. 5. 1989; Frankfurter Allg. Ztg v. 6. 11. 1991; Rhein-Ztg (Koblenz) v. 1. 9. 1995. – *Online:* Artist-Info Contemp. art database, 2000. V. F.

Depérais cf. **Despérais,** *Claude Antoine*

Depero, *Fortunato*, ital. Maler, Illustrator, Innenarchitekt, Designer, Bühnenbildner, Bildhauer, Keramiker, (Werbe-)Graphiker und Schriftsteller, * 30. 3. 1892 Fondo in Val di Non, † 29. 11. 1960 Rovereto. Ausb.: an mehreren Schulen (jedoch ohne Dipl.), aber hauptsächl. Autodidakt. Anfangs Besuch der Scuola R. di Tecnico e Artist. in Rovereto, zus. mit Luciano Baldessari, Lionello Fiumi, Tullio Garbari und Fausto Melotti. Bemüht sich 1908 vergebl. um Einschreibung an der AK in Wien. Übersiedlung nach Turin, wo er 1910 eine Lehrzeit bei der Espos. Univ. absolviert und L. Canonica kennenlernt. Rückkehr nach Rovereto und Marmorarbeiter bei G. Scannagatta. In den Jahren 1908–13 geprägt durch Jugendstil und nord-europ. Symbolismus, Alfred Kubin und Albin Egger-Lienz (*Due ritratti*, Tusche und Kohle, 1911: *Arabesco*, schwarze und farbige Tuschen, 1913).

Auch D.s Ill. seiner eig. kleinen Publ. *Spezzature* (1913) sind beeinflußt vom Expressionismus und einem (durch Félicien Rops und Arturo Martini geprägten) Symbolismus. 1913/14 Ausst. erster graph. und plast. Arbeiten, die auch am Akademismus von Leonardo Bistolfi orientiert sind. 1913 Reise nach Florenz und Rom. Angeregt durch den Kontakt mit futurist. Künstlern (und u.a. Werken von Umberto Boccioni), wendet sich D. in einer Folge von Zchngn in Tusche und Bleistift (*Figure*, 1913; *Strada + vetrina*, 1913–14; *Ritmi di strada*, 1914) dem futurist. Dynamismus zu. 1914 Teiln. an der Espos. libera futurista der Gall. Sprovieri in Rom, beteiligt am Vortrag des Gedichtes Befreiter Worte (*Piedigrotta*) von Francesco Cangiullo und an den Funeralien des „filosofo passatista". Bei Ausbruch des 1. WK geht D. nach Rom, wo er seine Kontakte zu den Futuristen festigt, bes. zu Umberto Boccioni und Giacomo Balla, mit dem er im März 1915 das „Manifesto sulla Ricostruzione futurista dell'universo" unterzeichnet, dem u.d.T. *Complessità plastica. Gioco libero futurista. L'essere vivente artificiale* D.s persönl. Manifest vorangegangen war (D. postuliert dort eine Neuerschaffung des Universums aus künstl. Lsch. und Metalltieren). Im April 1915 regt er dafür eine neue lautmaler. Sprache an, die durch Folgen onomatopoet. Töne die den Dingen innewohnende Bedeutung manifestieren soll. Ab Mai 1915 Kriegsfreiwilliger, wird aber bald ausgemustert und kehrt nach Rom zurück. Kreiert 1915 Assemblagen aus heterogenen Materialien (*Complessi plastici*). Sie vereinen Poesie, Malerei, Skulpt. und Musik und enthalten bereits Elemente von D.s späteren Bühnenausstattungen. Gleichzeitig Folge von Tuschen mit abstrakten Formen und Zahlen, die noch an G. Balla erinnern sowie Zchngn, Bozzetti und kleine Öl-Gem. mit (Glieder-)Puppen und Maschinenmenschen (mit sezessionist. Motiven). 1916 Bekanntschaft mit dem Choreographen Léonide Massine, Pablo Picasso, Michail Larionov und Natalija Sergeevna Gončarova; in Rom Einzel-Ausst. von Bozzetti für das (nicht aufgeführte) Ballett *Mimismagia*, mit zu Marionetten transformierten Personen. Verfaßt 1916 den Bühnentext *Colori*, deren vier Darsteller Bianco, Grigio, Rosso und Nero die vier Temperamente verkörpern, die durch Töne synchronisiert werden; damit führt D. zukunftsbetonte futurist. Leitsätze in das Theater ein und verbannt den Menschen von der Bühne. Zw. E. 1916 und 1917 bittet Serge Diaghilev, Leiter der Ballets Russes, D. um die Ausstattung von *Le Chant du Rossignol* (Musik von Igor Strawinski). D. liefert dafür revolutionäre Entwürfe eckiger Elemente und geometr. Metallblumen, bevölkert durch monströse Holz- und Blechfiguren. Wahrsch. empfand Diaghilev diese Kostüme für die Virtuosität seiner Ballerinen als zu einschränkend, weshalb er 1920 Matisse um eine traditionellere Bühnenausstattung ersuchte. D.s Entwürfe wurden 1981 in Venedig von Lorca Massine verwendet, anläßl. der Wiederaufführung des Ballettes mit der Orig.-Choreographie von Léonide Massine (die der Öffentlichkeit nie vorgestellt worden war). 1917 gestaltet er für ein and. Ballett von S. Diaghilev Ser. von Bozzetti, Skizzen und Collagen (nicht realisiert) und begegnet Amedeo Modigliani. Zw. 1916 und 1920 wird für D. der Kontakt zu dem Schweizer Dichter und Ägyptologen Gilbert Clavel bes. wichtig, mit dem er 1917 nach Capri geht und für den er eine Folge von Öl-Gem. und Kohle-Zchngn realisiert, u.a. für dessen Erzählung *Un istituto per Suicidi*. 1917 zeigt D. auf Capri eine Reihe Collagen zu *Il giardino zoologico*, einer (nicht realisierten) choreograph. Idee von F. Cangiullo, nach Musik von Maurice Ravel; der engl. Botschafter organisiert für ihn in Rom eine Ausstellung. Aus dieser Zeit sind bes. erwähnenswert *Movimento d'uccello* (Öl/Tempera/ Lasurfarben, 1916) und *Architettura sintetica d'uomo* (Öl, 1917; beide Rovereto, MAM). Parallel dazu zahlr. kubofuturist. Gem. mit Figuren aus den geometr. Grundformen (*Costruzione geometrica di donna*; *Meccanica di ballerini*; *Donna in vetrina*; *Uomo coi baffi*; *Rotazione di ballerina e pappagalli*). 1917–18 mehrere Darst. von G. Clavel in surrealen Räumen. Mit einigem Erfolg zeigt D. 1918 im röm. Teatro Odescalchi eine Folge von *Balli plastici*, d.h. choreographierten Handlungen (Musik von Alfredo Casella und Gian Francesco Malipiero) für Marionetten in einer gleichzeitig heiteren wie beängstigenden automatisierten Welt, bevölkert mit roten, schwarzen und silbernen ungestümen Figuren, gelb-orangenen Harlekinen, weißen Hampelmännern, Figuren mit goldenen und blauen Schnurrbärten und besetzt mit Platten, wodurch sie prächtigen Insekten in Menschengestalt ähneln (die Marionetten und Bozzetti der Balli plastici 1925 in Paris auf der Grande Expos. d'art décoratif ausgezeichnet). E. 1919 Übersiedlung nach Rovereto und Eröffnung der „Casa d'arte Depero", eines Ateliers für Innenausstattung und -dekoration, Entwürfe zu Einrichtungsgegenständen, z.B. für Gobelins, Polster, Stoffe, Möbel, Lampenschirme, Geschirr, Tafelaufsätze und Spielzeug (*Cavalcata fantastica*; *Corteo di Gran Bambola*, 1920; *Ballo di Diavoli*, intarsiertes Paneel, 1923; *Gilet futurista di Marinetti*, Leinentuch, 1923; *Giostra-Lampadario*, Holz, lackiert, 1923; *Orso e rinoceronti*, Holz, bemalt, 1923). In dieser Zeit auch Pläne zu Plakaten und Werbekampagnen (wozu D. 1932 im *Manifesto dell'arte pubblicitaria futurista* die theoret. Grundsätze darlegt). Als Werbegraphiker tätig für die Firmen Liquore Strega, Pirelli, Soc. Gas, Richard-Ginori, Venus Pencil Unica, San Pellegrino und v.a. Campari (für letzteres 1925–28 zahlr. berühmte Plakate und Werbemaßnahmen). D.s Plakate sind sehr öffentlichkeitswirksam und geprägt durch Kubofuturismus (*Bitter Campari*, 1926), Wahrnehmungstheorie (*Veramon*, 1928), Surrealismus und Dada (*News Auto Atlas*, 1930). Gleichzeitig als Illustrator tätig für die Zss. Emporium und La Rivista. Oft arbeitet D. mit seiner Frau *Rosetta Amadori* zus., die seine Zchngn mehrfach in großformatige Öl-Gem. umsetzt (*Io e mia moglie*, 1919; *La casa del mago*, 1920). In den Gem. der frühen 20er Jahre kubist. orientiert (*Città meccanizzata dalle ombre*; *Uomo con pipa*) oder Rückgriffe auf mag. und märchenhafte Motive der oriental. Folklore (*Flora e fauna magica*, 1920, mit idealisierten Tieren und Vegetabilien auf leuchtend rot-orangenem Hintergrund [Rovereto, MAM]). Malt 1924 *Treno partorito dal sole* (Priv.-Slg), nimmt am 1. Kongr. der Futuristen in Mailand teil, wo er Vorschläge zu einer weltweiten Ästhetik macht und gestaltet in Mailand (Teatro Trianon) für das Ensemble des neuen Teatro futurista die Ausstattung des Ballettes *Aniccham del 3000* (Musik von Casavola), wobei die Darsteller als heitere mechan. Figuren agieren (ähnl. denen der Balli plastici). Unter dem Titel *Depero – Dinamo Azzari* veröff. D. 1927 seine Auto-Biogr. im ersten futurist. (mittels bolzenähnl. Elementen fixierten) Buch, dessen typogr. Gest. wegweisend ist. 1929 Kostümbilder für Ballette von Léonide Massine (für die er anstelle harter Kostümpanzer Strumpfhosen verwendet). Als Innenarchitekt gestaltet D. das (heute zerst.) Nachtlokal Cabaret del diavolo im Hôtel Elite et des Etrangéres in Rom (1922), den Festsaal und die Bar im Hôtel Bristol in Meran (1923–24) und den Rauchsalon der Villa Notari in Monza (1924), für die er auch die beiden Bildteppiche *Cavalcata fantastica* und *Il Corteo della gran Bambola* (heute Rovereto, MAM) entwirft. Mit G. Balla und Virgilio Marchi Ausstattung des von Anton Giulio Bragaglia geleiteten Teatro degli Indipendenti. Dekoriert den Pavillon Venezia Tridentina auf der Fiera campionaria in Mailand (1923–24), leitet die Rekonstr. der kleinen Villa Mamertino in Castroreale Bagni (1926) und gestaltet den Buch-Pavillon der Verleger Treves-Bestetti-Tumminelli auf der Mostra di arti decorative in Monza (1927). 1928–30 in den USA, wo er in New York ein futurist. Atelier (das Futurist House) eröffnet, als Illustrator für die Zss. Vogue, Vanity Fair, Macy's, Movie Makers, Sparks und The New Auto Atlas arbeitet, die Restaurants Zucca und Enrico and Paglieri gestaltet sowie Kostüme für *American sketches* und Bühnenbilder für das Ballett *The New Babel* (1930, Choreographie L. Massine) entwirft. 1929 Mitunterzeichner des Manifesto dell'Aeropittura. Wieder in Italien, verarbeitet D. in den letzten Monaten des Jahres 1930 seine Eindrücke des lauten, hochmechanisierten und grellen Amerika mittels einer von Braun- und Grüntönen dominierten Palette und durch Einsatz futurist. Lichtbrechungen, vielfältiger Perspektiven und kinet. Effekte (*Grattacieli e tunnel*; *Subway*; *Cantiere sonoro*). Während dieser Zeit realisiert er in einer Synthese aus Futurismus und Art déco Möbel und Tafelaufsätze aus lackiertem Holz (*Testa di portatrice caprese*; *Testa di cinese*); Ausstattung der Bottega del vino in Trient. 1932 leitet D. die Zs. Dinamo und schreibt zahlr. Aufsätze für die Zss. Sera, Sec. Ill. und L'Ill. italiana. Seinen 1934 publ. Bd *Liriche radiofoniche* deklamiert er selbst im Radio. Den Versprechungen des faschist. Regimes glaubt D. teilw. und liefert stereotype Werke polit. Propaganda (*Progetto poster Opera Balilla*; *Copertina del diploma PNF*, 1935). 1941–42 beteiligt an der Vorbereitung der geplanten WA (E 42), für die er das Mosaik *Le professioni e le arti* auf der Außenwand des Pal. delle Sc. schuf. Lebt während des 2. WK in Serrada/Rovereto, zeichnet viel, oft Erinnerungen an das hekt. Leben in den amer. Metropolen (*Studio di simultaneità metropolitane*, Kohle und Tempera, 1944; *Studio di teste e tubi*, Kohle und Tusche, 1945). 1945 läßt D. sich endgültig in Rovereto nieder, 1946 malt er die beiden Öl-Gem. *Abiti da uomo* und *Danzatrici lunari*. 1947–49 zum zweiten Mal in den USA, wo er Buchsbaumholz („buxus") als Material für Möbel und Itnarsien propagiert, jedoch ohne Erfolg. D. schreibt Essays und Texte für Theater. 1950 verfaßt er das *Manifesto della pitt. plastica e nucleare*. In den 50er Jahren Forts. seiner Maltätigkeit (*Teste più travi*, 1952). 1956 Dekoration der Sala consiliare im Pal. della Prov. in Trient; hauptsächl. aber beschäftigt mit der Einrichtung des 1959 in Rovereto eröffneten Mus. Gall. D. 🏛 BRESCIA, MCiv. FLORENZ, GAM di Pal. Pitti. GENUA, MCiv. MAILAND, GAM. MIAMI/Fla., Wolfsonian Found. PIEVE DI CENTO, Mus. Bargellini. ROM, Gall. Naz. d'Arte Mod. ROVERETO, Mus. D.: große Teile des Gesamtwerkes. TREVISO, MCiv. TRIENT, MAM: große Teile des Gesamtwerkes. – Prov. – Cassa di Risparmio. – Banca di Trento, Bolzano e Rovereto. – Ist. di Credito Fondiario. – Assicurazioni Itas. – Zahlr. Werke in Priv.-Slgn von Rom, Mailand, Turin und Trient. ✉ Spezzature. Impressioni – segni – ritmi, Rovereto 1913; Numero unico futurista Campari, Mi. 1931; Manifesto dell'arte pubblicitaria futurista, in: Futurismo 2:1932; F. D. nelle opere e nella vita, Trento 1940; So I think so I paint. Ideologies of Ital. self-made painter, Trento 1947; Prose futuriste, Trento 1973; Un futurista a New York, racc. di scritti di F. D., Montepulciano/Siena 1990; Pestavo anch'io sul palcoscenico dei ribelli. Antologia degli scritti lett., ed. *M. Ruele*, Rimini 1992. 👁 *E:* Rovereto: 1911 Libr. Giovannini; 1913 Cassa Malati; 1914 Circolo Soc.; 1986, '88 (Wander-Ausst. Düsseldorf, KH; Mailand, Pal. R., K: M. Fagiolo dell'Arco, Ed.), '92 MAMC; 1995 Spazio Arte (K: M. Scudiero) / Rom: 1916 Gall. di Corso Umberto; 1919, '21 Gall. Bragaglia; 1974 Gall. Pin.; 1987 Complesso di S. Michele; 1993 Gall. Giulia; 1994 Pal. delle Espos. (K: G. Belli); 1995 BN Centrale / 1917 Anacapri, Sala Morgano / Mailand: 1921 Gall. Cova (Arbeiten der Casa d'Arte D.); 1986 Gall. Schreiber; Gall. Revival; 1989 Pal. R. (K: E. Crispolti); 1995 Gall. Subalpina del Winter Club; 2000 Gall. Arte Centro / Paris: 1925 Théâtre des Champs Elysées; 1996 MAMVP (K: G. Belli) / New York: 1929 Guarino Gall.; 1930 Sala del Fascio femminile; Transatlantico Conte Biancamano; Advertising Club / 1975 Neapel, Gall. Il Diagramma 32 / 1982 Salzburg, Residenz-Gal. / 1986 Bozen, Gal. Goethe; Udine, Gall. Il Quadrifoglio / 1987 Pordenone, Gall. Grigoletti; Viareggio, Pal. Paolina / 1988 Capri, Certosa di S. Giacomo; Modena, Gall. Fonte d'Abisso / 1989 London, The Ital. Inst.; Düsseldorf, KH; Bellinzona, Villa Antonini / Trient: 1992 La Bottega dell'Antiquario; Gall. Il Cenacolo; 1994 Anyo Agenzia d'Arte; 1995 Spazio Arte (K: M. Scudiero); 1998 Gall. Il Castello / 1993 Fiesole, Pal. Magnani; Pistoia, Ist. d'Arte / 1994 Dortmund, Mus. am Ostwall / 1998 Florenz, Gall. Poggiali e Forconi / 1999 Miami Beach, Wolfsonian Univ. – *G:* Rom: 1914 Gall. Sprovieri: Espos. Libera Futurista Internaz.; 1931, '54 Quadrienn.; 1959 Pal. Barberini: Mostra per il Cinquatenario del primo Manifesto futurista; 1986 Gall. Editalia; La macchina mito futurista; 1989 Villa Medici: Casa Balla e il Futurismo a Roma (K: E. Crispolti); 1990 Minist. Industria e Commercio: Arte del Novecento al Pal. dell'Industria (K: D. Fonti); 1995 BN: Edizioni elettriche / Mailand: 1919 Pal. Cova: Espos. Naz. Futurista; 1932, '51 Trienn.; 1987 Bienn.; 1988 Padiglione d'Arte Contemp.: Il Futurismo e la moda (K: E. Crispolti); 1993 Pal. R.: Cesare

Andreoni e il Futurismo; 1999 Mus. della Permanente: Muri di pittori / 1923, '27 Monza: Bienn. di Arte Decorativa / Paris: 1925 Expos. Internat. des arts décoratifs et industriels mod.; 1929 Peintres futuristes ital.; Centre Pompidou: 1990 Art & Pubblicité 1890–1990; 1994 La Ville. Art et archit. en Europe 1870–1993 / 1927 Bologna, Casa del Fascio: Pitt. futurista / 1932, '36, '52 Venedig: Bienn.; 1986 Pal. Grassi: Futurismo e Futurismi (K) / Turin: 1980, Mole Antonelliana: La Ricostruzione futurista dell'universo (K) / 1988 München, Haus der Kunst: Mythos Italien-Wintermärchen Deutschland / 1990 Kassel, Mus. Fridericianum: Italiens Moderne / 1994 Modena, Gall. Fonte d'Abisso: Balla, D.; Wien: Künstlerhaus: Kunst und Diktatur / 1995 Maranello und Modena, Gall. Ferrari: Auto d'Autore / 1999 Parma, Pal. Pigorini: D. e Rubino. 📖 Vol, 1953. ESp IV, 1957 (Lit.); DEAU II, 1968; *Comanducci* II, 1971; DizBolaffiScult, 1972; DEB IV, 1973; Diz. degli artisti ital. del XX sec., I, T. 1979; DBI XXXIX, 1991 (Lit. bis 1988); PittItalNovec/1 II, 1992; PittItalNovec/2 II, 1993; Cat. Bolaffi del manifesto ital., T. 1995; DA VIII, 1996; *I. F. Walther*, Künstlerlexikon, in: Kunst des 20. Jh., II, Köln u.a. 1998. – *R. Carrieri*, La danza in Italia, Mi. 1945; *O. H. Zervos*, Cah. d'art 1950 (1); *G. Giani*, F. D. Futurista, Mi. 1951; *R. Maroni*, F. D. pittore, Trento 1953; *M. Drudi Gambillo/T. Fiori*, Arch. del Futurismo, R. 1958–62; L'arte mod., V, Mi. 1968; *M. Angiolillo*, Storia del costume teatrale, Catanzaro 1974; D. futurista, Fi. 1978; *M. A. McQuillan*, Painters and the ballet (1917–26), Diss. New York 1979; *G. Lista* (Ed.), Rev. de D., P. 1979; *F. Mancini*, L'illusione alternativa, T. 1980; Artisti scenografi ital. 1915–1930, R. 1981; *B. Passamani*, F. D., Rovereto 1981 (Lit., vollst. WV); *V. Gregotti*, Il disegno del prodotto industriale, Mi. 1982; *E. Crispolti*, La ceramica futurista da Balla a Tullio d'Albisola, Fi. 1982; *E. Godoli*, Il Futurismo, Bari 1983 (Lit.); *I. Guttry/M. P. Maino/M. Quesada*, Le arti minori d'autore in Italia dal 1900 al 1930, Bari 1985; *A. M. Ruta*, Arredi futuristi, Palermo 1985: Disegno e rilievo tra Futurismo e Novecento (K), R. 1985, 26–31; *D. Leiber/M. Scudiero* (Ed.), D. futurista & New York, Rovereto 1986; *L. Relin*, GBA, 6. Ser., 107:1986, 81–85; *C. Salaris*, Il Futurismo e la pubblicità, Mi. 1986; *L. Caruso*, in: D. Futurista, Fi. 1987 (Repr. Faks. 1927); *S. Heller*, Print 41:1987 (März/April) 96–102; *G. Fanelli/E. Godoli*, Il Futurismo e la grafica, Mi. 1988; *M. Angiolillo*, Storia del costume teatrale in Europa, R. 1989, 130, 132 s., 139, 157; *M. Bignardi*, Rass. del Centro di cult. e storia amalfitana 9:1989 (18) 149–160; *D. P. Doordan*, J. of decorative and propaganda arts 1989 (12) 85–100; *G. Lista*, La scéne futuriste, P. 1989; *M. Scudiero* (Ed.), D. futurista. Grafica e pubblicità (K), Mi. 1989; *E. Crispolti* (Vorw.), F. D. (K), T. 1989; *B. Passamani*, La sala del consiglio prov. di Trento di F. D., Trento 1990; *M. Universo*, F. D. e il mobile futurista, Ve. 1990; *C. Rebeschini* (Ed.), Futurismo veneto (K), Pd. 1990, 97–104, 309 et passim; *G. Lista*, Lo spettacolo futurista, Fi. [1991], 9, 13–18, 20, 22, 25 s., 45, 51–53, 58, 62, 78, 82, 118; La casa del mago (K), Rovereto 1992; *E. Crispolti/M. Scudiero*, F. D., Mi. 1992; *B. Passamani*, F. D. (K), Bolzano 1992; *G. Belli*, My own futurism (K Mary and Leigh Block Gall.), Chicago 1992; *M. Scudiero*, Casa d'arte futurista D., Trento 1992; *id.*, D. Istruzioni per l'uso, Trento 1992; *id.*, Il segno di D., Trento 1992; *id.*, F. D. scritti e doc., editi e inediti, Trento 1992; *M. Verdone u.a.*, La Casa d'arte Bragaglia, R. 1992; L'arte in gioco (K), R. 1993; Cat. dell'arte ital. dal Futurismo a Corrente, III, Mi. 1993; *G. Belli* (Ed.), D. après D. (K), Fi. 1993; *M. Bentivoglio*, Print collector's newsletter 24:1993 (3) 93–96; *F. Di Napoli Rampolla u.a.*, Kermes 7:1994 (20) 44–69; D. Dal Futurismo alla casa d'arte (K Rom), Mi. 1994 (Lit., Ausst.-Verz.); *I. D. Costache*, J. of decorative and propaganda arts 1994 (20) 182–195; *G. Bonasegale* (Ed.), Cat. gen. della Gall. Com. d'Arte Mod. e Contemp., I, R. 1995; *M. Scudiero*, F. D. Stoffe futuriste, Trento 1995. – *Online:* Guida agli arch. ital. di archit. contemp., 1998. M. Angiolillo/N. Corradini

Depero, *Pietro Antonio*, ital. Gold- und Silberschmied in Turin, dok. 1782–96. Erhielt zunächst als „garzone", dann als „lavorante", ab 1787 als „orefice" z.T. sehr umfangreiche Zahlungen für seine im Auftrag des kgl. Hofes ausgef. Arbeiten. 📖 *G. Fina*, Maestri argentieri ed argenterie alla corte di Carlo Emanuele III e Vittorio Amedeo III, 1730–1796, T. 1997, 155–161 (dok.).

Deperrieux → **Depierreux**

Deperthes, *Edouard* → **Deperthes,** *Pierre-Joseph-Edouard*

Deperthes, *Jean-Baptiste*, frz. Maler, (Kunst-)Schriftsteller, Musiker, * 25. 10. 1761 Reims, † 25. 10. 1833 Paris. In Paris Schüler von Pierre-Henri de Valenciennes. Im Salon Lsch.; außerdem zahlr. kleinformatige Kopien u.a. nach Gem. des Lehrers. Änderungen seiner Vermögensverhältnisse nötigen D., die Malerei aufzugeben und eine Verwaltungstätigkeit anzunehmen. Als Kunsttheoretiker propagiert er in Anlehnung an Valenciennes eine stärker naturalist. Lsch.-Malerei, das Stud. der Natur und bes. des Himmels; er hält zwar an der trad. Hierarchie der Gattungen fest, betont aber den höheren sozialen Wert der Lsch., die breiteren Schichten zugängl. sei und deshalb von jungen Künstlern ohne Sorge um ihren sozialen Status praktiziert werden sollte; insgesamt tragen D.s Schriften zur Aufwertung der Lsch.-Malerei bei, was mit der (lt. Boime von D. beeinflußten) Einrichtung eines Rompreises für hist. Lsch. (1817) untermauert wird, und sie bereiten einer romant. Wahrnehmung von Naturphänomenen den Weg. Weiterhin ist D. Mitgl. des Orchesters (Bratsche) des Théâtre de la rue de Thionville, in dem 1806 auch sein Melodram La cassette de bijoux ou la fuite de Jules de toit paternel aufgeführt wird. 🏛 PARIS, Hôtel de Ville. REIMS, MBA: u.a. Brouillard tombant; La tombe de Werther (lt. DBF). ✉ Opinion sur la destination qu'il conviendrait de donner au Mus. pour favoriser l'encouragement des artistes et le perfectionnement des BA en France, P. 1815; Théorie du paysage, ou considérations gén. sur les beautés de la nature que l'art peut imiter, et sur les moyens qu'il doit employer pour réussir dans cet imitation, P. 1818; Hist. de l'art du paysage, depuis la renaiss. des BA jusqu'au XVIIIe s., P. 1821 (Rez.: *A. C. Quatremère de Quincy*, J. des savants). 👁 *G:* 1793, '95, '96, 1800 Paris, Salon. 📖 ThB9, 1913. DBF X, 1965; *Bénézit* III, 1976; *Harambourg*, 1985; DA VIII,

1996. – *A. Boime*, The acad. and French paint. in the nineteenth c., Lo. 1971; *C. R. Wenzel*, The transformation of French landscape paint. from Valenciennes to Corot, 1787 to 1827, Diss. Philadelphia 1979, Ann Arbor 1981 (Typoskript, Mikrofilm). E. S.

Deperthes, *Jules (Jules Louis Edouard)*, frz. Architekt, * 31. 5. 1864 Paris, † vor 19. 10. 1919. Sohn von Pierre-Joseph-Edouard D., Bruder von Théodore Victor Edouard D. Stud.: 1883–98 (Dipl.) EcBA Paris bei Léon Paul René Ginain und beim Vater; ab 1887 in der 1. Kl.; zahlr. Ausz., u.a. 1892 2. Grand Prix de Rome (Entwurf eines Artillerie-Mus.), 1. Prix Rougevin und Prix Abel Blouet. Bei zahlr. öff. Wettb. erfolgreich, u.a.: 1895 Mus. des Antiquités égyptiennes in Kairo, ehrenvolle Erw.; 1903 Zirkus in Limoges und Subé-Brunnen in Reims (zus. mit dem Bildhauer Paul Roussel); Theater in Saint-Nazaire/Loire-Atlantique; Rekonstr. des Hôtel du Figaro in Paris, jeweils 2. Preis; Wettb. der Union centrale des Arts décoratifs zur Pariser WA 1900 (zus. mit dem Bruder; Ausgestaltung des Zimmers eines Sammlers von mod. Kunst, ehrenvolle Erw.). Denkmalentwürfe für Joseph-Marie Jacquard in Calais (zus. mit Roussel) und Pierre Puget (zus. mit dem Bildhauer Désiré Ringel d'Illzach). 1894 Mitarbeiter des Vaters beim Wettb. zur Pariser WA 1900; D. errichtet den Grand pavillon de la Colonisation. – Ämter: Gutachter beim Conseil de Préfecture de la Seine; Inspecteur bei der WA 1900 sowie bei der Stadtverwaltung von Paris (für Schulen zuständig). Mitgl.: 1898 Soc. des Architectes diplômés par le gouv. (SADG; 1902–09 mehrfach im Komitee); Assoc. des artistes peintres, sculpteurs, architectes (Fond. Taylor). Ausz.: Ritter der Ehrenlegion; Officier d'Académie. – D.s Sohn *Roger Edouard D.* (* 4. 2. 1896 Paris, † 3. 5. 1939 ebd.) studiert 1913–22 (Dipl.) Archit. an der EcBA Paris bei Henri Eustache und Louis Jules André. Tätig als Architekt der Stadt Paris und der Bâtiments civils et pal. nationaux. Ab 1922 Mitgl. der SADG. 1926 Erw., 1928 3. Med. im SAfr., Paris. ⌂ CHALONS-EN-CHAMPAGNE: Grand Séminaire. LA BAULE-ESCOUBLAC/Loire-Atlantique: Priv.-Haus. PARIS, 236–238, boulevard Raspail (14. Arr.): Mietshaus, 1904 (zus. mit André-Louis Arfvidson). – Friedhof Montmartre: Grabmäler der Fam. A. Moisant und H. Garnier. SAINTE-MARGUERITE-SUR-MER/Seine-Maritime: Künstlerhaus. VITRY-LE-FRANÇOIS/Marne: Denkmal für Oberst Moll, 1911 (1. Platz im öff. Wettb.). – *Entwürfe:* Paris, EcBA: Studenten-Zchngn. ⊙ *G:* 1894 Paris, Pal. de l'Industrie; 1895–1913 ebd., SAfr. (1896 ehrenvolle Erw.). ▭ ThB9, 1913 (s.v. D., Pierre Joseph Edouard). *Delaire*, 1907; *Dugast/Parizet* II, 1991; *Bénézit* IV, 1999 (s.v. D., Roger-Edouard). – Construction mod. 10:1894/95, 460 ss., 479 (s.v. D., Théodore Victor Edouard); v. 19. 10. 1919, 24 (Nekr.); 31. 7. 1937, 668 ss. (s.v. D., Roger Edouard); Annuaire de la SADG 1914, 130; 1935 (s.v. D., Roger Edouard); *C. Mignot*, L'archit. au XIXe s., Fribourg/P. 1983, 539; La carrière de l'architecte au XIXe s. (K Orsay), P. 1986, 53; *F. Hamon*, 303. La rev. des Pays de la Loire 22:1989, 21. – Paris, Arch. nat.: AJ/52/362 (Studentenakten der EcBA von D. und Roger Edouard D.). F. Doulat

Deperthes, *Pierre-Joseph-Edouard (Edouard)*, frz. Architekt, * 31. 7. 1833 Houdilcourt/Ardennes, † 23. 7. 1898 Reims. Sohn der Landwirte Rémi D. und Jeanne-Nicole Romagny, Vater der Architekten Jules D. und *Théodore Victor Edouard D.* (* Brest; Ausb. beim Vater). In Reims Schüler des Architekten Narcisse Brunette. „Inspecteur" von Théodore Ballu beim Bau der Pariser Kirchen La Trinité (9. Arr., 1861–67), St-Ambroise (11. Arr., 1863–69) und St-Joseph (11. Arr., 1867–74) sowie der Kirche St-Denis in Argenteuil/Val-d'Oise (1866). 1865 Wettb.-Sieger um den Bau der Basilika Ste-Anne d'Auray/Morbihan; 1866–72 von D. errichtet, von ihm auch die Zchngn mit den Ausstattungsplänen. Als „inspecteur des travaux d'archit." der Stadt Reims Bau des Rathauses ebd. (1888 voll.). Als Stadtarchitekt von Brest errichtet D. ab 1870 die Kirche St-Martin, gibt die Baustelle und sein Amt jedoch im Juli 1874 auf zugunsten des Rathausbaus in Paris. Für Brest entwirft er außerdem das Rathaus (1880) und ein Hospital. 1872 gewinnt er mit Ballu den öff. Wettb. zum Wiederaufbau des abgebrannten Pariser Rathauses; Febr. 1874 Baubeginn; 14. 7. 1882 Einweihung des Neo-Renaiss.-Gebäudes. Teiln. an zahlr. öff. Wettb.: u.a. Kirche in Rambouillet, 1865 2. Preis; Theater in Reims, 1866 1. Erw.; Kirche St-Bruno in Grenoble, 1870 Erw.; neue Fassade des Mailänder Doms, 1889 2. Preis. 1896 Pal. des Champs-Elysées anläßl. der Pariser WA 1900 (5. Preis für das Petit Pal., zus. mit dem Sohn). – Ämter: Prof. an der EcBA Paris; 1878 Jury im Salon d'architecture. Mitgl. der Acad. de Reims (Med.) und Ehren-Mitgl. der Soc. des Architectes de la Marne. 1892–95 Referent im Comité des travaux diocésains et paroissiaux; Architekt der Diözesen Luçon/Vendée (1895–98 als Nachf. von Félix Werlé) und Nantes; 1882 Ritter der Ehrenlegion. ⌂ BERN: Christ-kath. Kirche (nach internat. Wettb. von 1857). CHARLEROI: Justiz-Pal. CHATILLON-SUR-MARNE/Marne: Denkmal für Papst Urban II., 1876 (vom Bildhauer Louis Auguste Roubaud). JOUY-LE-MOUTIER/Val-d'Oise: Kirche. LA FERTE-ALAIS/Essonne: Kirche. LANGUIDIC/Morbihan: Kirche. ORAN: Präfektur. PARIS, Kindergärten: 26, rue Cour des Noues (20. Arr.): 1891–94; 40, rue des Meuniers: 1892; 52, rue de Wattignies: 1892/93; 20, rue de la Brèche-aux-Loups (alle 12. Arr.): 1895 (heute Collège Jules Verne); 33 und 35 rue de l'Amiral Roussin (15. Arr.): 1895 und 1895–97; 18, rue de la Brèche-aux-Loups: 1895–97. – 24, rue des Petites Ecuries (10. Arr.): Wohnhaus, 1896 (zus. mit Jules D.). – Av. de la Villa de la Réunion (16. Arr.): Priv.-Haus. PONTIVY/Morbihan: Denkmal für die Fédération bretonne-angevine von 1790, 1891 (zus. mit Jules D.). REIMS: Justiz-Pal. ROUEN, Pl. St-Clément: Brunnen St-Jean-Bapt.-de-La-Salle, 1875 (zus. mit dem Bildhauer Alexandre Falguière; urspr. an der Pl. Saint-Sever, 1887 umgesetzt). – Rue Louis-Ricard/rue Sainte-Marie: Brunnen Ste-Marie, 1875–79 (mit Falguière). SENE/Morbihan: Kirche. – *Entwürfe:* PARIS, Orsay: Aufriß Denkmal in Pontivy. ⊙ *G:* Paris: 1865–95 SAfr. (1865 3. Med.; 1867 Med.); WA: 1867, '78 (jeweils Med. 2. Kl.); 1889 (Silber-Med.) / 1872 Lyon: Internat. Ausst. (Gold-Med.); Nantes: Expos. des artistes vivants / 1883 Amsterdam: WA (Bronze-Med.) / 1893 Chicago: WA. ▭ ThB9, 1913. *Bellier/Auvray* I, 1882; Suppl., 1887; DBF X, 1965;

Dugast/Parizet II, 1991. – Construction mod. 1897/98 v. 30. 7. 1898, 528 (Nekr.); *Hautecœur* VII, 1957, 87, 95, 117 s., 149, 211, 225; *F. Loyer*, BSHAF 1977 (1979), 69, 237–264 (Basilika Ste-Anne d'Auray); *G. Pessiot*, Hist. de Rouen. 1850–1900, Rouen 1981, 129; *C. Garnier*, A travers les arts, P. 1985, 248 s.; L'éc. primaire à Paris, 1870–1914 (K Rathäuser im 2. und 15. Arr.), P. 1985, 98 s., 102; *M.-L. Crosnier-Leconte*, Mus. d'Orsay. Cat. sommaire ill. des dessins d'archit. et d'art décoratifs, P. 1986, 60; *A.-M. Chatelet*, Paris à l'éc., „qui a eu cette idée folle ..." (K Pavillon de l'Arsenal), P. 1993, 281 s., 284, 288 s., 296; *J.-M. Leniaud*, Les cathédrales au XIXe s., P. 1993, 219, 662, 804, 807; *J. Charon-Bordas*, Les sources de l'hist. de l'archit. relig. aux Arch. nat. De la Révolution à la Séparation 1789–1905, P. 1994, 159; *J.-M. Pérouse de Montclos*, Paris. Le guide du patrimoine, P. 1994, 233–237; *M. Bourret u.a.*, Le patrimoine des communes du Morbihan, Charenton-le-Pont 1996, 97; *S.-D. Delesalle u.a.*, Le patrimoine des communes de Seine-Maritime, Charenton-le-Pont 1997, 1143; *M.-P. Halgand*, 303. Arts, rech. et créations 54:1997 (3. Quart.) 40. – Paris, Arch. nat.: F/19/7230 (Personalakten der Diözesanarchitekten und -inspektoren). F. Doulat

Deperthes, *Roger Edouard* cf. **Deperthes,** *Jules*

Deperthes, *Théodore Victor Edouard* cf. **Deperthes,** *Pierre-Joseph-Edouard*

Depetasse, *Hippolyte-Armand-Albert*, frz. Landschaftsmaler, * 26. 11. 1877 Asnières-sur-Seine, † 19. 3. 1966 Mortain/Manche, wohnte in Paris. ⊙ *G:* ab 1925 Paris, Salon des Indépendants (Studien von Alt-Paris). ▭ Vol, 1953. *Bénézit* III, 1976; IV, 1999.

Depetris, *Giovanni*, ital. Maler, * 1890 Turin, † 13. 11. 1940 ebd. Stud.: Accad. Albertina in Turin, bei Giacomo Grosso und Enrico Thovez. Debütiert 1912 in Turin bei der Soc. Promotrice BA, wo er seitdem regelmäßig ausstellt. Malt ausschl. Lsch., anfangs orientiert an der piemontes. Lsch.-Malerei des frühen Novecento und teilw. divisionist. beeinflußt. Harmon. und vielfältige Palette, zunehmend schlichter werdende Komp. und klarer Strich. Später auch Hinwendung zu folklorist. Motiven sowie Ansichten von Kirchplätzen. ⌂ TURIN, GAM: Primavera in Piemonte, Öl, sign., dat. 1920. ⊙ *E:* 1983 Turin, Gall. Aversa. – *G:* 1922, '24, '26 Venedig: Bienn. ▭ *Comanducci* II, 1971; DEB IV, 1973; Cat. dell'arte ital. dell'Ottocento, XII, Mi. 1983. – *A. Dragone/J. Dragone Conti*, Paesisti piemontesi dell'800, Mi. 1947. S.-W. S.

De Petris, *Martín* → **Petris,** *Martín de*

Depetris, *Sergio*, italienischer Metallbildhauer, * 2. 6. 1912 Cormòns, † 1996 ebenda Zunächst in Udine Schlosser, gestaltete für die Stadt eiserne Gitter und Tore. In die Heimat zurückgekehrt, widmete er sich v.a. der Schmiedeeisenkunst, wofür Architekten und Maler Entwürfe lieferten. D. schuf seine Werke aus Eisenabfällen der Schiffswerften, in die er in einer eigens dafür entwickelten Technik Porträts, exotische Figuren und ländl. Szenen, die formal Münzbildern ähneln, hineinarbeitete. ▭ *E. Sgubin*, Sot la nape 49:1997 (1/2) 107–109. G. W.

Depey, *Johann* → **Pay,** *Johann de*

Depeyrer, frz. Architekt aus Corbie, lt. Vertrag vom 19. 10. 1365 zus. mit and. Meistern mit umfangreichen Arbeiten am Schloß in Pau beauftragt. ▭ ThB9, 1913.

De Peyster, *Gerard Beekman*, US-amer. Porträtmaler, * 21. 9. 1834 New York, † 4. 6. 1870 ebd., in den 60er Jahren dort tätig. Mitgl. der New York Hist. Soc., in deren Slg sich das Bild „Beekman Fam. Coat-of Arms" (Aqu., Tusche), gefertigt von seiner Mutter *Mary Beekman D.* (* 7. 9. 1800, † 18. 10. 1885 New York), befindet. ⌂ NEW YORK, New York Hist. Soc.: Abraham De Peyster (1753–98), Öl/Lw., um 1860 (nach einem Orig. von ca. 1785–90). ⊙ *G:* 1863, '65 New York, NAD (jeweils eine Lsch.). ▭ *Groce/Wallace*, 1957; *Fielding*, 1984. – Amer. landscape and genre paint. in the New York Hist. Soc. (K), I-III, N. Y./Boston 1982 (zu Mary Beekman D.). – Mitt. New-York Hist. Soc. C. R.

De Peyster, *Mary Beekman* cf. **De Peyster,** *Gerard Beekman*

Dephan, *Ivan* → **Deplan,** *Joann*

Dephin, *Hanns* → **Delphin,** *Hans*

De Pian → **Pian,** *de* (Künstler-Fam.)

Depiéreux → **Depierreux**

Depierre, frz. Goldschmiede-Familie, 1663–1822 v.a. in Béziers und Agde nachweisbar.

1. *Antoine*, * 6. 6. 1738 Béziers. Sohn von 7, Bruder von 2, 5. Ab 1751 Lehre bei 5. In Narbonne 1753 als Meister für Agde zugelassen. Ab 1765 in Castelnaudary ansässig, wo er für den Goldschmiedemeister Jean Jouffard arbeitete. Rückkehr nach Béziers, dort 1772 belegt.

2. *Barthélémy*, * 1726. Sohn von 7, Bruder von 1, 5. Ab 1742 Lehre bei 5.

3. *Barthélémy-Paul*, * 20. 4. 1757, † 22. 7. 1822. Sohn von 5, Bruder von 6. Ab 1769 Lehre bei 5. 1787 Meister in Béziers; 1790 „garde".

4. *Etienne*, * um 1663, † 3. 12. 1753. Vater von 7. Um 1690 Meister in Béziers; 1726, '34 „garde".

5. *Etienne*, * 15. 8. 1719, † 22. 5. 1797 Béziers. Sohn von 7, Bruder von 1, 2, Vater von 3, 6. 1731–38 Lehre bei 4. In Narbonne 1741 als Meister für Béziers zugelassen (Nachf. von 4.); 1746–48, '69–74, '83–86, '87–89 „garde". ⌂ BEZIERS, Kirche St-Nazaire: Reliquienkreuz, 1782/83.

6. *Etienne-Jean*, * 9. 2. 1744 Béziers, † 6. 5. 1805 ebd. Sohn von 5, Bruder von 3, Vater von 8. 1775 Meister in Béziers; 1779–81, '86–89 „garde". Nahm 1785 Jacques Bouillon als Lehrling. 1792–95 Officier municipal. ⌂ SAINT-GERVAIS-SUR-MARE, Kirche: Kelch, 1786.

7. *Etienne-Paul*, * um 1696, † 10. 12. 1764. Sohn von 4, Vater von 1, 2, 5. Ab 1709 Lehre bei 4. In Narbonne 1723 als Meister für Béziers zugelassen. 1738 Consul de ville. 1739–43, '45/46 „garde". ⌂ FLEURY-D'AUDE, Kirche: Weihrauchfäßchen, 1748/49.

8. *Jean-Etienne*, * 31. 7. 1776. Sohn von 6, 1805 dessen Nachf. in Béziers. Bis 1821 belegt.

▭ *Thuile* II, 1966. C. R.

Depierre, *Claude-Joseph*, frz. Maler, Lithograph, * 16. 12. 1800 Lyon. Stud.: EcBA Paris. Lehrte ab 1826 am Lycée de Lyon, dort 1853/54 „professeur de dessin linéaire". ▭ *Audin/Vial* I, 1918. – IFF, Après1800 VI, 1953. C. R.

Depierre, *Guillaume*, schweiz. Goldschmied, begr. 29. 12. 1767. Ab 1708 in Neuchâtel nachweisbar. Nahm 1725 seinen Neffen Samuel Cortaillod zum Lehrling. 1734 „expert-juré"; 1750 „maître des clefs" in Neuchâtel. MZ: G D F, auffliegender Adler. ⌂ ZÜRICH, Schweiz. LM: Schokoladenkanne, Silber, Holz, um 1760. ▭ *Vevey*, 1985. – Orfèvrerie neuchâteloise du XVIIe au XXe s. (K MAH), Neuchâtel 1993. C. R.

Depierreux (Deperrieux; Depiéreux), Bildhauer, Modelleur in der Porzellan-Man. in Sèvres, 1746–48 nachgewiesen. Lt. Bénézit ident. mit Jean Joseph de Pierreux (* 1722, † 1777). ▭ ThB9, 1913. *Lami* I, 1910; *Honey* I, 1949; *Bénézit* III, 1976; IV, 1999.

De Pietri, *Lodovico*, ital. Maler, * 7. 4. 1932 (Bénézit: 14. 4. 1932) Quattro Castella/Reggio Emilia, lebt in San Polo D'Enza/Reggio Emilia. Stud.: Ist. d'Arte Gaetano Chierici in Reggio Emilia; nachfolgend ebd. tätig. Gewann 1949 den wettb. junger Künstler der Emilia. Figuren, Lsch., Stilleben in Öl, Pastell und Tempera. Seine klass. Komp. greifen auf Chardin und Cézanne zurück. Seit 1965 zahlr. Ausst.-Aktivitäten in Frankreich (Teiln. an versch. Salons; cf. Bénézit). ◉ *E:* seit 1951, u.a. 1958 Bologna, Gall. del Voltone / 1969 Varese, Casa d'arte. ▭ *Comanducci* II, 1971; *Falossi*, PPC, 1975; Cat. dell'arte mod. ital., XXVII, Mi. 1991: *Bénézit* X, 1999 (s.v. Pietri, Lodovico de). E. K.

De Pietri, *Silvano*, ital. Maler, Collage- und Assemblagekünstler, * 15. 7. 1944 Parma, lebt dort. Stud.: 1958–65 Ist. Statale d'Arte B. Toschi Parma. Lehrt 1980–82 ebd. Plastik, Figur und Szenographie. Preise: 1972 Premio Suzzara; Premio Naz. del disegno, Mailand; 1973 Premio Vasto; 1987 Premio Città di Gallarate. Reisen: 1966–67 Rom, 1980 Oxford, 1985 London. In Gem., Collagen und Assemblagen versetzt D. realist. wiedergegebene Objekte in metaphys.-surreale Räume, wodurch sich Bedeutungen und Bezüge vielfältig verändern. Häufig sind auch Schrift und Etiketten in die von Neodada und Pop Art beeinflußten Arbeiten einbezogen. ⌂ GALLARATE, Civ. GAM. MODENA, MCiv. d'Arte. ◉ *E:* Mailand: 1972, '75 Gall. Eidos; 1980 Gall. Vinciana / 1972 Carpi, Teatro Com. / Parma: 1973, '75 Gall. Correggio; 1982, '85 Gall. Consigliarte; 1990, '97 Gall. Mazzocchi (K) / 1974 Cremona, Gall. 23. – *G:* 1986 Mailand, Pal. della Permanente: 10 artisti da copertina / 1989 Cremona: Bienn. / 1993, '94 Bologna: Artefiera / 1997 Trevi, Premio Trevi. ▭ Cat. dell'arte mod. ital., XXI, Mi. 1986; PittItal-Novec/2 II, 1993 (Lit.). – Mitt. D. E. K.

DePietris, *Martín* → **Petris,** *Martín de*

De Pinto, *Nicola*, ital. Bildhauer, * 2. 10. 1844 Salcito/Capobasso, lebte um 1916 in Neapel. Stud.: Ist. di BA Neapel. Schuf v.a. Genre-Darst. und Büsten. ◉ *G:* 1880 Melbourne: WA / 1892, '94, 1904 Neapel: Promotrice. ▭ *E. Giannelli*, Artisti napoletani viventi, N. 1916; *Panzetta*, 1994.

Depireux, *Jean*, Maler, * 26. 3. 1708 Lüttich, † 27. 2. 1749 ebd. ⌂ LÜTTICH, Musée d'Ansembourg: Serie von Zeichnungen, u.a. Südansicht der Kathedrale St-Lambert (um 1801 abgerissen), Sepia. ▭ ThB9, 1913. *Bénézit* III, 1976.

De Piro, *Mary*, maltes. Malerin, Zeichnerin, * 28. 8. 1946 Valletta, lebt meist in London. Schwester des Marquis Nicholas De Piro, Baroncino von Budaq. Stud.: ABA Florenz. – Lsch., Seestücke, Stadtansichten, Veduten, Porträts. ⌂ VALLETTA, Casa Rocca Piccola: Portr. Frances De Piro. ◉ *E:* 1968 Milwaukee (Wis.), Malta, Mazaron AG / 1971, '77 Valletta, NM of FA / 1975 Topsham (Devon), Nails Cellars Gall. – *G:* Pistoia: Bienn. Internaz. di Pittura Contemp. / 1970 Edinburgh, Richard Demarco Gall.: Art from Malta / 1982 Valletta, Gall. Fenici: Maltese Woman Artists. ▭ *N. de Piro*, The internat. dict. of artists who painted Malta, Valletta 1988. – *A. Stivala*, Contemp. Maltese artists, Valletta 1985. M. Losse

De Pisis, *Filippo* (eigtl. Tibertelli, *Luigi Filippo*), ital. Maler, Bildhauer, Lithograph, Illustrator, Zeichner, Dichter, Schriftsteller, Kunstkritiker, * 11. 5. 1896 Ferrara, † 2. 4. 1956 Mailand. Stud.: 1914–20 Univ. Bologna, Fac. di lett. (Phil.). Als Kind Zeichenunterricht bei Edoardo Domenichini (1904), dann bei Angelo und Giovanni Longanesi Cattani (1908). Malt 1908 zwei Tierbilder in Öl auf Holz (*Uccelli morti*; *Pesci*). Später Hinwendung zum Aqu., zu Zchngn, die durch die Dichtung von Giovanni Pascoli inspiriert sind (*Paesaggio alla Longara*; *Donna con cappello*, 1913) und zur Malerei von Lsch. und Stilleben (*Le due pere*; *Oggetti con numeri*, 1914). Beschäftigt sich gleichzeitig mit Entomologie, schreibt Aufsätze über ferrares. Malerei des 16./17. Jh. und setzt sich mit Tizian, Tintoretto und Tiepolo auseinander. Publ. ab 1915 in der Zs. La Riviera Ligure und verfaßt den futurist. Poesie-Bd *Il Bandone*. 1916 in Bologna Kontakte zu den Schriftstellern und Lyrikern Giuseppe Ravegnani, Giuseppe Raimondi und Umberto Saba. Im Sept. 1916 im Ospedale Neurologico Militare der Villa Tamproni von Ferrara Bekanntschaft mit Alberto Savinio und Giorgio De Chirico, dem er in der Gazz. Ferrarese einen Art. widmet. In dieser Zeit (und bis 1920) Briefwechsel mit Tristan Tzara und Realisierung einer Folge dadaist. geprägter Collagen (*Composizione con scritta K*; *Composizione III con scritta Sabaudo*; *Non c'è la fine*). A. 1917 in Ferrara bek. mit Carlo Carrà und Ardengo Soffici. Liefert 1918 für die Zs. Valori Plastici einen durch die Phil. von Friedrich Nietzsche inspirierten Art., ist weiterhin lit. tätig und publ. über ferrares. Keramik des 15./16. Jh. Reist 1919 zus. mit De Chirico nach Mailand zu Filippo Tommaso Marinetti. Malt in diesem Jahr das metaphys. geprägte Gem. *Il poeta folle*, lernt in Rom den Schriftsteller Giovanni Comisso (mit dem er später eng befreundet ist) kennen, und in Bologna den Dichter Vincenzo Cardarelli und Giorgio Morandi. Im Herbst 1920 Übersiedlung nach Rom; unterrichtet an einer Mittelschule. Gast des Caffè Greco und des Caffè Aragno, Bekanntschaft mit Armando Spadini, Mario Broglio und den Dichtern der „Ronda"; Auseinandersetzung mit Werken von Caravaggio und Mattia Preti sowie Realisierung von Collagen, Lsch. und Stilleben. Kontakte zu den Futuristen Ivo Pannaggi, Enrico Prampolini, Gerardo Dottori; steht im Briefwechsel mit Fortunato Depero, über den er in der Gall. Bragaglia konferiert. Im Mai 1922 in Florenz Begegnung mit Primo Conti; dann Aufenthalt in Arezzo und Rückkehr nach Rom. 1923 Lateinlehrer an einem Priv.-Gymnasium in Assisi; im Sommer Aufenthalte in Cave, Olevano und Palestrina, wo er Lsch. und Stilleben malt (*La cena del cappuccino*; *Natura morta in grigio con caffettiera*). Übersiedelt 1924 von Assisi nach Poggio Mirteto, unterrichtet dort an der Scuola tecnica und malt zahlr. Gem. mit alltägl. und einfachen Küchengegenständen, deren differenziert-warme Licht- und Farbbrechungen an A. Spadini erinnern. Geht im März 1925 nach Paris, kopiert Manet und Daumier, wird durch Delacroix zu dem Gem. *Grande natura morta con lepre* inspiriert und malt mit bewegt-vibrierendem Pinsel Straßen und Plätze von Paris (*Rue de Volontaires*; *Ponte sulla Senna*). 1926 Folge von Stilleben mit Fischen, die metaphys. und durch die Malerei des 17. Jh. beeinflußt sind. Im gleichen Jahr mehrere impressionist. Blumenstücke in warmen, rosafarbigen Tönen (*Fiori*, Mailand, Banca Popolare; *Giaggioli con cavallino nero*). 1927 Bekanntschaft mit Italo Svevo, James Joyce, Pablo Picasso, Henri Matisse; besucht das Atelier von Georges Braque, hält an der Sorbonne Vorlesungen über ital. Malerei und malt Fluß-Lsch., Akte, Frauen-Portr. und Stilleben (*Battello sulla Senna*; *Ragazzo sul letto*; *La meticcia*; *Natura morta con scultura*, Rom, Gall. Naz. d'Arte Mod.). 1928–29 erneut metaphys. Komp. mit maritimen Stilleben und häufiger Rückgriff auf das Motiv des liegenden Aktes, als Zchng und in Öl (*Pesci nel paesaggio di Pomposa*; *L'archeologo*, Genua; *Natura morta con gamberi e conchiglia*, Turin; *Nudo d'uomo*). Im Sept. 1930 in Venedig als Gast von Juti Ravenna. Die Besonderheit der Stadt widerspiegelt sich in D.s Lagunen-Lsch., Blumenstücken und Stilleben dieser Zeit (*Il traghetto*; *Le Poste di Venezia*, Mailand, GAM; *Natura morta-Settembre a Venezia*, Rom, Gall. Naz. d'Arte Mod.). 1931 in Mailand, Rom und Venedig (*Pal. Ducale*, Mailand, GAM; *San Moiše*, Mailand, Pin. di Brera). Geht nach Paris, dort enge Freundschaft mit der Malerin Leonora Fini und dem Schriftsteller André Pieyre de Mandiargues; hält Vorträge im Louvre und wendet sich wiederum der Pleinairmalerei von Straßen und Boulevards zu, deren rascher Strich und knappe Formen an die sprühende Virtuosität seines Landsmannes Giovanni Boldini denken läßt (*Parigi dai giardini del Lussemburgo*; *Una via a Parigi*, 1932, Rom, Gall. Naz. d'Arte Mod.). Im Sommer 1932 kurze Zeit in Rom, wo er Stadtansichten, Stilleben und Feldblumen von subtiler und zufällig wirkender Schönheit malt (*Roma-Campo dei Fiori*; *Piazza Navona*; *Natura morta con i fiori e quadro raffigurante il Colosseo*; *Fiori*, Florenz, Fond. Longhi). Weilt im Frühling 1933 in London und im Sommer als Gast von Marino Moretti in Cesenatico. 1934 Sommerferien in S-Frankreich (bei seinem Bruder Piero), wo er ländl. Gegenden im Dép. Gers malt. Im Sept. in Venedig; dort Bühnenbilder für eine Inszenierung von Vittorio Rieti am Teatro La Fenice. Im Frühling 1935 erneut in London; lebt im Atelier der Malerin Vanessa Bell, Schwester von Virginia Woolf (*Londra: Ring Square*; *Londra: Whitehall*). Begegnet 1936 in Paris Orfeo Tamburi; im März in Mailand, um sich einer Operation zu unterziehen. Während seiner Rekonvaleszenz malt er Stadtansichten für den Galeristen Barbaroux. Reist im Sommer zunächst nach Gers, dann nach Cortina, wo er den Sammler und Händler Carlo Cardazzo kennenlernt und wohin er auch 1938 kommt, um zahlr. Veduten zu malen (Cortina d'Ampezzo, Coll. Rimoldi). Im Frühling 1938 wiederum in London; dort entstehen mehrere Ansichten der Kirche *St. Martin in the Fields*. Muß 1939 wegen des Krieges Paris verlassen und geht über Venedig, Bologna und Vicenza nach Mailand. In den frühen 40er Jahren intensive maler. und zeichner. Schaffensphase (Stilleben, Blumen, Lsch., Akte und Portr. alter Bettler, Landstreicher und Trinker). Nach kurzem Romaufenthalt 1943 Übersiedlung nach Venedig, das zum bevorzugten Motiv seiner Gem. wird (*Chiesa della Salute*, 1943; *Casa rossa a Lido di Venezia*, 1945; *Piazza S. Marco*, 1946; *Venezia*, 1947, Turin). Okt. 1947 bis Mai 1948 in Paris, dann wegen seines Nervenleidens Rückkehr nach Italien (Nervenheilanstalt Villa Fiorita di Brugherio). A. 1949 bis zum Sommer Behandlung in der neurolog. Klinik der Univ. Bologna. Geht nach St-Vincent, beginnt wieder zu malen, muß aber wegen Verschlechterung seiner Gesundheit erneut in die Klinik von Brugherio. In den frühen 50er Jahren entstehen in seinem Krankenzimmer der Villa Fiorita D.s letzte Gem. (*Natura morta con uva e mele e paesaggio dalla finestra*, 1950; *Fiori e foglia di zucca*; *Natura morta sul tavolo nella serra*, 1951, Ferrara; *Natura morta con la penna*, 1953[?], Mailand, Pin. di Brera). 1954 Gewinner des Premio Marzotto. Liefert Aqu. für Ill. zu *Questa è Parigi* (1931) und *La terra e i contadini* (1946) von Giovanni Comisso, *Soggiorno a Venezia* von Marcel Proust und *Poèsies* von Paul Verlaine (1945). Umschlag-Gest. zu *Gioventù che muore* (1947) und *Capricci Italiani* (1951) von G. Comisso; 1945 Realisierung von 17 Lith. zu Gedichten des Gaius Valerius Catullus. – D. steht in den 20er Jahren mit seinen hintergründig wirkenden Bildern der metaphys. Richtung von De Chirico nahe und entwickelte dann einen persönl., vom frz. Impressionismus und v.a. von Manet her beeinflußten Stil eines erlesenen Lyrismus. Seine hochpoet. Malerei ist charakterisiert durch flüchtige Grazie, innerl. verwandt mit der Vedute des venez. Rokoko, aber trotz ihrer nervösen Erregtheit und ihres springenden Duktus fähig, die gesehene Wirklichkeit dauerhaft festzuhalten, wobei durch flockigen Farbauftrag das Spiel des Lichtes einbezogen wird. Sein zeichner. Stil ist gekennzeichnet durch knappe Charakterisierung der Umrisse und weiche, reich gestufte Schattierungen. Mit seinen graziösen Stilleben und Lsch. eroberte sich D. einen anerkannten Platz in der europ. Malerei. 🏛 WV bei Briganti, 1991. – BIELLA, MCiv. BOLOGNA, Com. d'Arte Mod. BRESCIA, GAM. CORTINA D'AMPEZZO, GAM. – Scuola d'Arte, Coll. Rimoldi. FAENZA, Pal. Zauli Naldi, Sezione Mod. della PCom. FERRARA, GAM. FLORENZ, GAM. – Univ. – Fond. Longhi. FORLI, Ist. Cult. e Artist. del Comune. GENUA-Nervi, GAM. LJUBLJANA, Mod. gal. MAILAND, GAM. – Pin. di Brera. – Civ. MAC. – Banca Popolare. MAMIANO DI TRAVERSETOLO, Fond. Magnani Rocca. PADUA, Univ. PARIS, MAM. PIACENZA, GAM Ricci Oddi. ROM, Città del Vaticano: Coll. d'Arte Relig. Mod. – Gall. Naz. d'Arte Mod. – Pal. Kock. – RAI (Radiotelevisione Ital.). RIMINI, Madonna della Grazie: Madonna della Misericordia (mit Selbstbildnis von D.). TRIEST, MCiv. Revoltella. TURIN, GAM. VENEDIG, GAM. – Ristorante La Colomba. VERONA, GAM. ✉ I canti della Croara, Ferrara 1916; Un ignoto epigone del Carducci (Mario Ferraresi), Fi. 1919; Saggi curiosi di lingua e stile, R. 1919; Pitt. mod., Ferrara 1919; Il signor Luigi B., Mi. 1920; Prose, Ferrara 1920; Poesie, Fi. 1942; Prose e articoli, Mi. 1947; La città dalle cento meraviglie e altri scritti, Fi. 1965; Lett. 1924–1952, ed. *D. Bonuglia*, Mi. 1966; Cattività veneziana, Mi. 1966; Lett. a un'amica, Milano 1967; Vaghe stelle dell'orsa. Lett. al fratello Leone, Mi. 1970; Ore veneziane, Mi. 1974; Undici più uno, R. 1980; Futurismo, dadaismo, metafisica, ed. *B. De Pisis/S. Zanotto*, Mi. 1981; Adamo o Dell'eleganza. Per un'estetica del vestire, ed. *ead./id.*, Bo. 1981; Vert-vert, ed. *ead./id.*, T. 1984; Le mem. del marchesino pittore, ed. *ead./id.*, Mi. 1989; Roma al sole, ed. *ead./id.*, Vi. 1994; Confessioni, ed. *ead./id.*, Fi. 1996. 👁 *E:* Rom: 1920 Casa d'Arte Bragaglia; 1924 Ridotto del Teatro Naz. (K: A. Spadini); 1931, '40 Gall. di Roma; 1932 Gall. Arduini; 1945 Gall. La Margherita; 1947 Gall. Palma; Gall. Athena; 1956 Gall. Selecta; 1958 Pal. Barberini; 1981, '88 Gall. dell'Oca; 1993 Gall. Naz. d'Arte Mod. (K) / Paris: 1925 Gal. Carmine; 1926 Gal. au Sacre du Printemps (K: G. De Chirico); 1931 Gal. des Quatres Saisons (K: M. Bontempelli); Gal. J. Bonjean (K: F. Mauriac); 1932 Gal. Jeune Europe / Mailand: 1926 Sala Lidel (K: C. Carrà); 1931–33 Gall. Milano; 1968 Gall. del Naviglio; 1978 Gall. Sacerdoti; 1981, '87, '94 Gall. Gian Ferrari; 1983 Brerarte (K: L. Cavallo); 1985 Padiglione d'Arte Contemp. (K: E. Pontiggia/P. Thea); 1987 Gall. Tega; 1991 Pal. R. (K: C. Gian Ferrari) / Florenz: 1933 Pal. Ferroni; 1941 Gall. Firenze; 1971 Pal. Strozzi; 1972 Gall. Menghelli; 1996 Gall. Pananti (K) / 1935 London, Zwemmer Gall. / Genua: 1935, '50 Gall. Rotta; 1941 Gall. Genova; 1985 Banco di Chiavari e della Riviera / 1938 Palermo, Gall. Mediterranea / Turin: 1938 Gall. La Zecca; 1954 Gall. della Gazz. del Popolo; 1998 Gall. Biasutti / Venedig: 1945 La Piccola Gall.; 1968 Ca Vendramin Calergi; 1983 Pal. Grassi (K: G. Briganti) / Ferrara: 1951 Castello Estense (K: G. Raimondi); 1973, '96, '98 Civ. GAM (K); 1981 Pal. Massari, MAMC (K: E. Coen) / 1954 Ivrea, Bibl. Olivetti / 1964 Padua, Gall. La Chiocciola / 1968 Cortina d'Ampezzo, Gall. Dolomiti / Verona: 1969 Pal. della Gran Guardia (Retr., 250 Gem., alle Lith. von 1943–45); 1978, '87 Gall. dello Scudo (K: G. Briganti) / 1971 Pisa, Gall. Macchi / 1973 Prato, Gall. Farsetti / 1978 Acqui Terme, Liceo Saracco; Riccione, GAM / Bologna: 1979 Gall. Marescalchi (K: G. Ruggeri); 1986 Gall. Trimarchi; 1993 Gall. Maggiore (K) / Brugherio: 1980 Villa Fiorita; 1996 Gall. Espos. (K) / 1980 Genf, M. L. Jeannaret Art Mod. / 1984 Busto Arsizio, GAM; Caltanisetta, Pal. Moncada / 1986 Comacchio, Pal. Bellini (K: C. Gian Ferrari/N. Pallini) / 1987 Bari, Castello Svevo / 1988 Saronno, Gall. Il Chiostro / 1995 Treviso, MCiv. L. Bailo (K: D. De Anglis/ E. Manzato) / 1996 Campione d'Italia, Gall. Civ. (K: S. Crespi); Mantua, Casa del Mantegna (K: L. M. Barbero) / 1997 Cherasco, Pal. Salmatoris / 2000 Palermo, Pal. Scaflani. – *G:* Rom: 1925 Bienn.; 1930 Pal. delle Espos.: Mostra di pitt. coloniale; 1931–43, '55 Quadrienn.; 1944 Gall. Naz. d'Arte Mod.: Espos. d'Arte Contemp.; 1968 ibid.: Cento opere d'arte dal Futurismo a oggi; 1945 Gall. S. Bernardo: D., Borra u.a. / Mailand: 1926, '29 Pal. della Permanente: Mostra del Novecento ital.; 1930 Gall. Milano: Mostra dei pittori ital. residenti a Parigi; 1941 Gall. del Milione: Maestri ital. del Novecento; 1979 Padiglione d'Arte Contemp.: Lett. Arte. Miti; Pal. R.: 1982 Annitrenta (K): 1989 Arte ital. Presenze 1900–1945 (K); 1990 Il monde delle torri / Venedig: 1926–36, 1942–56 Bienn.; 1979 Pal. Grassi: La pitt. metafisica; 1999 Gall. Bevilacqua La Masa: Emblemi d'Arte / 1927 Zürich, Kunsthaus: Ausst. ital. Maler; Amsterdam, Sted. Mus.: Tentoonstelling van ital. Kunst in Nederland / Paris: 1928 Salon de L'Escolier: Les artistes ital. de Paris; 1929 Gal. Bonaparte: Expos. d'art ital. mod.; 1932 Gal. Bernheim: 22 artistes ital. mod.; 1935 Mus. des Ec. Etrangèrs Contemp.: L'Art ital. des XIX et XX s.; 1937 Gal. De Rive Gauche: D., Bèrard u.a.; 1980 Centre Pompidou: Les réalismes 1919–39 / 1933 Wien, Künstlerhaus: Ital. Kunst / 1934 Baltimore, AM: Exhib. of contemp. ital. paint. / 1939 San Francisco, Golden Gate Exhib. / Bergamo: 1939 Premio Bergamo; 1993 Gli annni del Premio Bergamo / 1941 Cortina d'Ampezzo, Pal. Duca d'Aosta: Mostra delle coll. d'arte contemp. / London: 1948 Redfern Gall.: Exhib. of contemp. art; 1989 R. Acad. of Arts: Ital. art in the 20th c. / 1951 São Paulo: Bienn. / 1953 Stockholm, Liljevalchs KH: Nutida ital. konst. / 1955 Boston, Boston Art Festival; Marseille, Mus. Cantini: L'art ital. contemp. / Madrid: 1955 Pal. del Retiro: Expos. de arte ital. contemp.; 1990 Centro Regina Sofia: Arte ital. desde la primeras vanguardia (K: G. Celant/I. Giannelli) / 1957 Berlin, AK: Ital. Kunst im XX. Jh.; München, Haus der Kunst: Ausst. ital. Kunst von 1910 bis zur Gegenwart / 1958 Brüssel: WA / 1959 Turin, GAM: Capolavori d'arte mod. nelle coll. private / Florenz: 1967 Pal. Strozzi: Arte mod. in Italia 1915–1935 (K); 1971 Premio Il Fiorino / Bologna: 1980 GAM: La Metafisica. Gli anni Venti (K); 1985 Morandi e il suo tempo / 1985 Treviso, Mus. Bailo: Comisso e il suo tempo / 1987 Corno, Fond. Ratti: Arte svelata / 1988 Oslo, Helsinki, Malmö, Frankfurt am Main: Dal ritorno all'ordine al richiamo alla pitt. / 1991 Lerici, Castello: Primo '900: participazione e solitudine dell'arte (K) / 1992 Cesenatico, Casa Moretti, Mus. della Marineria: Moretti, D., mare scritto, mare dipinto (K) / 1993 Ferrara, Pal. dei Diamanti und Cento, Pal. del Governatore: Pitt. e realtà (K) / 1993–94 Verona, Gall. dello Scudo: Mario Cavaglieri (K) / 1998 Brescia, Pal. Martinengo: Les Italiens de Paris (K); Trient, Pal. delle Albere: La Coll. Giovanardi; Cava dei Tirreni, Mus. della Badia Benedettina: Ultime atmosfere del Novec. ital.; L'Aquila, Castello Cinquecentesco: Da Valori plast. a corrente (K: M. Margozzi) / 1999 Bergamo, GAM: Attraverso gli anni '30. 📖 ThB27, 1933; Vo3, 1956 (beide s.v. Pisis, Filippo De). *Comanducci* II, 1971; CatBolaffiMod XIII. 1, 1978; Diz. della pitt. e dei pittori, T. 1989; PittItalNovec/ 1 II, 1992; PittItalNovec/2 II, 1993; Novecento ital., Novara 1996; DA VIII, 1996; *Bénézit* XI, 1999 (s.v. Pisis, Filippo de). – *W. George*, F. D., P. 1928; *O. Raimondi*,

D., Mi. 1944; *F. Solmi*, F. D., Mi. [3]1946; *F. Arcangeli*, Paragone 2:1951 (19) 27–46; *G. Comisso*, Mio sodalizio con D., Mi. 1954; *Maltese*, 1960; *G. Marchiori*, D., Mi. 1963; *M. Valsecchi*, F. D., Mi. 1971; *E. Raimondi*, Paragone 36:1985 (419–423) 297–307; *P. Fossati*, La pitt. metafisica, T. 1988; *D. De Angelis*, Leggere 1989 (10); *G. Briganti*, D., Cat. gen., I-II, Mi. 1991 (Lit.); *N. Naldini*, D. Vita solitaria di un poeta pittore, T. 1991; *J.-F. Rodriguez*, Atti. Ist. veneto di sc., lett. ed arti. Cl. di sc. morali, lett. ed arti 150:1991/92, 219–268; *G. Di Genova*, Storia dell'arte ital. del'900, I. 2, Bo. 1994; *G. Bonasegale* (Ed.), Cat. gen. della Gall. Com. d'Arte Mod. e Contemp., I, R. 1995; *L. Marsiglia/L. Valli*, D. a Villa Fiorita, Mi. 1996; *L. Matino*, CIMAC, Mi. 1996; *L. Laureati/D. De Angelis*, D. (K), Fi. 1996; *S. Zanotto*, F. D. ogni giorno, Vi. 1996; *A. Buzzoni* (Ed.), D. (K Ferrara, Pal. Massari, MAMC), Ferrara 1996; *D. De Angelis*, D. a Brugherio (K), Brugherio 1996; Finarte (Aukt.) 1027, Mi. 1997, Nrn 34–36; *M. Toffanello* (Ed.), I D. di Manlio e Franca Malabotta (K), Ferrara 1998; *A. Boatto*, Eros mediterraneo, Bari 1999; *R. Varesi*, Crd'A 62:1999 (1) 27–38.

N. Corradini

De Pistoris (eigtl. Pfister, *Federico*), schweiz.-ital. Maler, Bühnenbildner, Archäologe, Philosoph, Schriftsteller, * 14. 8. 1898 Neapel, † 11. 10. 1975 Rom. Bürger Schaffhausens, obwohl Schweizer Vorfahren D.s seit dem 18. Jh. in Neapel lebten. Stud.: Archäologie in München, Rom und Florenz (Diss. über röm. Villen in Sorrent). Arbeitete bei der Soprintendenza di BA Neapel und übersetzte u.a. J. Burckhardts „Cicerone" (Fi. 1951) und J. J. Winckelmanns „...Empfindung des Schönen in der Kunst..." (T. 1954). 1917/18 entstanden seine ersten abstrakten Bilder wie *Forze centrifughe* oder *Forze centripete*. In den 1920er Jahren enge Zusammenarbeit mit Enrico Prampolini u.a. Futuristen; 1924 Bühnenbild für André Gides *Sau*. Nach zehnjähriger Pause begann D. 1932 figürl. zu malen. Nannte sich als Maler D., publ. aber unter seinem richtigen Namen. ✉ Il metodo della Scienza, Fi. 1948; Enrico Prampolini, Mi. 1940 (erste ausführl. Monogr.); I fondamenti del devenire, Fi. 1973. ◎ *G:* 1925 Rom: 3. Bienn. 📖 PittItalNovec/1 II, 1992 (Lit.). – Ricostruzione futurista dell'universo (K), T. 1980 (Lit.).

S. P.

Depken, *Johan*, schwed. Maler, 1694–96 tätig in Falun. Lt. Odelberg (Nordiska museets arkiv) war er der Sohn von Buchhalter Christoffer D. und Christina Trotzig. Falls das stimmt, wurde er am 28. 1. 1662 geboren. D. soll außer Portr. auch and. Motive gemalt haben. 📖 SvKL II, 1953.

I. L.Ångström

Deplan, *Joann* (Teblag, *Johann Jacob*), Büchsenmacher vermutl. frz. Herkunft in Prag, 1721 (Heirat), 1729, '41 und '42 (jeweils Tod von Kindern) urkdl. belegt. Unterschrieb 1727 zus. mit anderen einen Entwurf zur Gründung einer Waffen-Man. in Prag. Fertigte Gewehre für Zivilpersonen und Steinschloßpistolen; einige seiner Arbeiten wurden im 19. Jh. zu Perkussionswaffen umgearbeitet. Bei der Dekoration überwogen Jagd- und Schlachtenszenen, in Eisen graviert oder geschnitten; benutzte oft auch vergoldetes Messing. Einige der Läufe seiner Waffen stammten aus dem Ausland, v.a. aus Spanien (Diego Esquibel), auch Italien (Lazarino Cominazzo) und aus dem Orient (darunter von den Türken erbeutete Waffen). 🏛 BUDAPEST, Magyar NM. CHUDENICE, Schloß. DRESDEN, HM. HORŠOVSKÝ TÝN, Schloß. LONDON, V & A. MOSKAU, Kreml, Rüstkammer. NEHALOZEVES, Schloß. PRAG, Muz. hlavního města Prahy. – NM. WROCŁAW, MN. 📖 ThB9, 1913. Der neue Støckel, I, Schwäbisch Hall 1978 (beide s.v. D., Johann). – DČVU 2. 2, 1989 (s.v. Dephan, Ivan).

V. Dolínek

Deplanche, *Gabrielle (Gabrielle-Marguerite)*, frz. Blumen- und Landschaftsmalerin, * 21. 7. 1875 Rânes/Orne, † 8. 10. 1945 Rennes, tätig ebd. Schülerin von Blanche-Odin, Diogène Maillart und Le Vasseur. Ab 1914 Mitgl. der Soc. des Artistes franç. (Ausst.). – V.a. Aquarelle. 📖 Vol, 1953. *Bénézit* III, 1976; IV, 1999.

Deplano, *Anna*, ital. Designerin, * 1953 Cagliari, lebt in Mailand. Stud.: Politecnica di Design und Accad. di Brera, Mailand. Gestaltet farbige Objekte, Beleuchtungskörper, Polstermöbel und Textilien; knüpft dabei z.T. an sard. Trad. an. Tätig u.a. für die Firmen Lagostina und Rede Guzzini. 🏛 SOLINGEN, Dt. Klingen-Mus. ✉ Il pane fior fiore dell'alimentazione dalle origini ad oggi, Mi. 1992. 📖 New design in glass (K KM Düsseldorf im Ehrenhof), Dd. 1996; *P. McCracken*, Women artists and designers in Europe since 1800, I-II, N. Y. u.a. 1998. – *Online:* Homepage, 2000 (Ausst.-Verz.). – Mitt. D.

E. K.

Deplano, *Domingo*, Silberschmied, 1752 bezahlt für die Ausf. des Reliquiars des Sant'Antioco und die Rest. eines Aspersoriums für die Pfarrk. von Nurri/Nuoro 📖 Cagliari, Arch. Arcivescovile: Causa Pia, Nurri, 2, 1752. – Mitt. Simone Mereu.

A. Pillittu

Deplante (Deplante-Voyot), *Berthe*, frz. Pastellmalerin, Bildhauerin, * 19. 1. 1869 Paris, lebte in Fontenay-aux-Roses (Paris). Schülerin von Eugène Carrière, Blanche Laurent, Moreau-Vauthier und Max Blondat. ◎ *G:* Paris: ab 1908 SAfr.; Salon des Indépendants. 📖 *Mackay*, 1977; *Bénézit* III, 1976. – ArchAKL.

C. R.

Deplaye, *Pierre-Edme (Edme-Pierre)*, frz. Ebenist, ab 1786 Meister in Paris, mindestens bis 1803 dort tätig. Vermutl. spezialisiert auf Sitzmöbel in Mahagoni. 📖 *Vial/Marcel/Girodie* I, 1912; *Ledoux-Lebard*, 1965; *Salverte*, 1985; *Kjellberg*, 1989.

R. T.

Depléchin, *Valentin Eugène*, frz. Bildhauer, * 27. 5. 1852 Roubaix, † 4. 3. 1926 Thiais/Seine. Stud.: Ec. acad. in Lille; EcBA Paris bei Eugène Delaplanche. Anschl. Reise nach Italien und Afrika (Tunesien, Sudan, Marokko), von der D.s Vorliebe für exot. wirkende Arbeiten herrührt, die bes. bei *Ahmet Ali, Jeune nubien* (Gips und Bronze, 1882) und *Fellah au bord du Nil* (1890) zum Ausdruck kommt. 1875 Salondebüt mit dem großen Bronzemedaillon *Un vieux de la vieille* (Lille, MBA; Marmorfassung 1877 im Salon), das D. am Lebensende resümierend als sein Hw. ansieht. Außerdem erfolgreich mit Portr.-Büsten (Gips, Bronze) und weiteren Bronzemedaillons, die er 1881–1901 im Salon ausstellt; 1893 erhält er dort eine Med. 3. Kl. für eine *Amphitrite*, 1900 bei der Pariser WA eine Bronze-Med. für *La fontaine de Bacchus* (Marmor, Lille, MBA). D. lebt zunächst in

Lille, später in La Madeleine-lez-Lille/Nord und wird in Lille so hochgeschätzt, daß ihm dort bed. Ämter angetragen werden: Sitz in der Verwaltungs-Komm. des Mus. de Sculpt.; Vors. der Verwaltungs-Komm. der neuen EcBA; Mitgl. der Soc. des Sc., des Arts et de l'Agriculture. D. ist der Urheber der Denkmäler für *Alexandre Desrousseaux*, dem 1896–1902 entstandenen Wahrzeichen von Lille, und *Auguste Angellier* von 1924. 🏛 BARCELONA, MAM: Charmeur, 1886. LILLE, MBA: Modell zu Un vieux de la vieille, Büste, bronzierter Gips, 1875; Desrousseaux, Kolossalbüste, Gips, Salon 1885, und zwei Büsten von ihm, beide Bronze, 1892; Amphitrite, Statue, Marmor, Salon 1893, und Statuette, gefärbter Gips; Denkmal für Desrousseaux, auch Le petit Quinquin gen., Modell, Gips, 1900; Le général Louis Faidherbe, Medaillon, 1903; Hippolyte Verly, beide Bronze; Jules Gosselet, gefärbter Gips, beide Büsten von 1905; Eros, zwei Statuetten; Benedetta, Büste, alles Gips. – Mus. d'Hist. naturelle: Gosselet; Lestiboudois; Pierre Macquart, alles Büsten, gefärbter Gips. 🕮 ThB9, 1913. *Kjellberg*, 1987. – De Carpeaux à Matisse. La sculpt. franç. de 1850 à 1914 dans les mus. et les coll. publiques du nord de la France (K), Lille 1982, 197 s.; *A. Scottez-De Wambrechies*, La vie artist. à Lille (1851–1914), in: Hist. de Lille, IV, P. 1999, 171 s. – Lille, Bibl. mun., Fonds Quarré-Reybourbon, 1892–1902: Mss. Cordonnier.
A. Scottez-De Wambrechies

Deplyn, *Charles* cf. **Deplyn,** *Eugène*

Deplyn (de Pleyn; de Plyn), *Eugène (Eugène-Joseph)*, fläm. Bildhauer, † um 1898 Antwerpen, dort tätig, ab 1864 belegt. V.a. dekorative Plastik, Basreliefs und allegor. Figuren, z.B. die Statuen *Justita* für das Rathaus und *La Peinture* (1890) für die Fassade des Mus. Antwerpen sowie das Grabmal für Jan van Rijswijk (1895; Friedhof). Ident. mit E.-J. de Plyn, der 1880 in Brüssel die Portr.-Büste *W. Wood* ausstellte. – D.s Bruder *Charles D. (de Plyn)* war Bildhauer und schuf die Portaltympana für das Antwerpener Rathaus. Beide zus. fertigten Modelle nach A. Bogaerts Kupfer-Medaillons ebd. 🕮 ThB9, 1913; ThB27, 1933. *Bénézit* III, 1976; *Arto*, 1978. K. S.-D.

Depner, *Margarete*, siebenbürg. Bildhauerin, Malerin, Zeichnerin, * 22. 3. 1885 Kronstadt (Braşov), † 2. 9. 1970 ebd. Priv.-Unterricht bei den Malern Ernst Kühlbrandt, Friedrich Mieß, Arthur Coulin und Fritz Kimm in Kronstadt, wendet sich aber schon frühzeitig der Bildhauerei zu, die ihr künstler. Schaffen bestimmen wird. 1918 Italien-Reise, besucht die von Robert Wellman begründete siebenbürg. Künstlerkolonie in Cervara di Roma. Stud.-Aufenthalt bei Joseph Thorak in Berlin und bei Marcel-Antoine Gimond in Paris. – Sensible Kinder-Portr., Frauen- und Mädchenfiguren (z.B. *Flötespielendes Mädchen*, *Sich Abwendende*, *Trauernde*) mit klassizist. Formgefühl modelliert. In Malerei und Zchng expressiv, z.T. auch von Käthe Kollwitz beeinflußt. 🏛 BRAŞOV, Muz. de Artă. – Priv.-Slg Depner-Philipi. 👁 *G:* häufig Kronstadt. 🕮 *A. Meschendörfer*, Aus Kronstädter Gärten, Kronstadt 1930, 184–187 (Abb.); *M. Nadin*, Pictori din Braşov, Bu. 1975; *R. Wittstock-Reich*, Erhabene Schönheit in gegenständlicher Form. Vor hundert Jahren wurde M. D. geboren, in: *B. Stephani* (Ed.), Sie prägten unsere Kunst. Studien und Aufsätze, Cluj-Napoca 1985, 227–229; *W. Myss*, Kunst in Siebenbürgen, Thaur 1991. Gh. Vida

Depner, *Margarete*, ungar. Tapisseristin, * 1910 Ungarn, lebt in Curitiba. Stud.-Abschluß in Ungarn. Nach dem 2. WK Emigration nach Brasilien; dort Spezialisierung auf Tapisserien. 👁 *E:* Curitiba, Gal. Condor. – *G:* 1967 Curitiba: Expos. de Artesanato Feminino. 🕮 *Cavalcanti* II, 1974. J. St.

Depner, *Thomas*, Goldschmied in Kronstadt (Brassó; Braşov/Rumänien), nachw. 1640–44. MZ: TD ligiert, in Oval. 🏛 PREJMER, Lutheran. Kirche: geperlte Deckelkanne, 1646. 🕮 MagyKépLex, 1915 (s.v. D., Tamás). – *Kőszeghy*, 1936; *H. Klusch*, Siebenbürg. Goldschmiedekunst, Bu. 1988, 68. A. Grotte

Depois, *François Joseph*, Maler, ab 17. 8. 1768 Meister in Tournai. 🕮 ThB9, 1913.

De Pol, *John*, US-amer. Graphiker, Illustrator, Buchdesigner, * 16. 9. 1913 New York, in Park Ridge/N. J. ansässig. Stud.: Art Students League, New York (Life member); School of Technology, Belfast/Nordirland. Mitgl.: NAD, New York (1968 John Taylor Arms Memorial Prize); New York Printers Hall Fame (Laureat). Ill.: u.a. zu The sermon on the mount (Einf.: N. V. Peale), um 1956; Patterns (Zchngn und Hst.), 1986; From dark to light (60 Rad.); Amer. iron hand presses, 1992. 🏛 ALBANY/N. Y., Print Club. LEWISBURG/Pa., Bucknell Univ. Libr. NEW YORK, Metrop. Mus. – Public Libr. SYRACUSE/N. Y., Univ. Libr. WASHINGTON/D. C., Libr. of Congress. 👁 *E:* u.a. 1957 Albany, Print Club / 1958 Lewisburg, Bucknell Univ.; Williamsport (Pa.), Lycoming College. 🕮 WWAA, 1959–1997/98. – *N. Kent*, Amer. artist 20:1956 (3) 44–49; *R. I. Weber*, Matrix 1986 (6) 130–133 (mit Statement von J. D.); *J. H. Fraser* (Ed.), D. A celebration of his work by many hands, Council Bluffs 1994. C. R.

De Pol, *Víctor*, argentin. Bildhauer ital. Herkunft, * 1865 Venedig, † 15. 11. 1925 Buenos Aires. Stud.: ABA Florenz bei Augusto Passaglia; Accad. di S. Luca in Rom bei Giulio Monteverde. 1888 auf Einladung des argentin. Politikers Dardo Rocha in La Plata zur Gest. von Fassaden-Skulpt. für das im Bau befindl. Gebäude des Mus. de Ciencias Naturales und des Pal. de la Legislatura. 1890 Rückkehr nach Italien; Reisen durch das Land sowie nach Paris und London. 1895 Auswanderung nach Buenos Aires. Mitgl.: Union internat. des BA et des Lettres; Com. Superior de BA in Buenos Aires. Ebd. Doz. in der Soc. Estímulo de BA, wo sich auch D.s Atelier befindet (Bon Marché). Mehrfach Mitgl. in Jurys, z.B. 1903 zur Expos. Nac. de BA. Sieger beim Wettb. um eine Statue des *S. Martín* für Lima. – Wie auch andere E. 19. Jh. nach Argentinien eingewanderte Künstler schließt sich D. der für die Generation der 1880er Jahre typ. Geisteshaltung an und sucht in Skulpt. von Negern, Gauchos und Indianern nach den Wurzeln der argentin. Tradition. In einer akad. Darstellungsweise arbeitet er gewöhnl. im Atelier nach dem lebenden Modell; Ausdruck und Bewegungen von Mensch und Tier im Detail studierte er in der Natur. Sein themat. vom Indianer beherrschtes Œuvre (*Tasa [India Fueguina]; Cacique in-*

dio pampa) umfaßt v.a. Skulpt. und Denkmäler für den öff. Raum, u.a. in Tucumán, San Juan, Buenos Aires und La Plata; so fertigt D. 1888 für die Gartenanlagen des Rathauses in La Plata die Statue *El Leñador* als Prototyp des geopferten Indianers. Darüber hinaus gestaltet er Figuren und Allegorien nach Vorbildern der griech.-röm. Antike (*Portador de la llama política*). 1914 entsteht eine *Cuadriga* als Allegorie auf die Republik (Bronze, in Düsseldorf gegossen, 20 t schwer, 8 m hoch), die das Gebäude des Congr. Nac. in Buenos Aires bekrönt. Neben Denkmälern, Basreliefs und Büsten fertigt D. das Mausoleum des Erzbischofs von Buenos Aires, *Monseñor León Federico Aneiros* (heute ebd., Kathedrale), eins der wenigen erh. Beispiele der ital. Grabmalkunst in dieser Stadt. Denkmäler mit der Statue von Präs. *Domingo Faustino Sarmiento* befinden sich in den Prov. Tucumán und San Juan. ⌂ BUENOS AIRES, MNBA. – Kathedrale. – Congr. Nac. CORDOBA, Univ. Nac. LA PLATA, Mus. de Ciencias Naturales. – Pal. de la Legislatura. SAN JUAN, Mus. Prov. de BA. ◎ *G:* 1936, '61 Buenos Aires, MNBA (K). ▭ *Merlino*, 1954; *D. A. de Santillán*, Gran enc. argentina, II, Bs.As. 1956; EAAm I, 1968; *A. O. Nessi*, Dicc. temático de las artes en La Plata, Bs.As. 1982; *Gesualdo/Biglione/Santos* I, 1988. – *J. L. Pagano*, El arte de los argentinos, Bs.As. 1937; *M. Alvarez*, La cuadriga. La república triunfante, in: *A. Varela* (Ed.), El Congr. de la Nación Argentina, Bs.As. 1985; *A. S. J. de Paula*, La Ciudad de La Plata, sus tierras y arquit., Bs.As. 1987; *J. D. Payró*, in: Hist. gen. del arte en la Argentina, VI, Bs.As. 1988. P. Corsani

Depoletti (De Poletti), *Francesco*, ital. Maler, Restaurator, Mosaizist, * 25. 4. 1779 Rom, † 25. 9. 1854 ebd. Der angebl. Schüler von Pompeo Batoni († 1787) wird wohl eher indirekt von ihm beeinflußt worden sein und soll mit großem Erfolg Lsch. gemalt haben (maler. Werk nicht erh.). D. erlernte die von Cesare Aguatti oder Giacomo Raffaelli neu entwickelte Technik des Miniaturmosaiks aus gezogenen Glasuren (smalti filati oder mosaico minuto) und betrieb eine der erfolgreichsten Wkstn in Rom in der Via Condotti. Zwei seiner Werke für den Fürsten Demidoff in Florenz wurden inzwischen in einer Priv.-Slg gefunden (Gonzáles Palacios 1982), Kopien nach Lsch. von Claude Lorrain in der Gall. Doria, Rom. Andere Mosaiken wie diejenigen, die 1810 auf der 1. Kunst- und Industrie-Ausst. in Rom gezeigt wurden (Kopien nach Salvator Rosa, Guercino u.a.) sind verschollen, ebenso wie *Der Schild des Achill*, den Lord Bristol kaufte und der von dem berühmten Tisch mit gleichem Thema inspiriert sein mag, der 1812–18 in den vatikan. Wkstn hergestellt wurde (heute Versailles, Mus.). 1824 rief Ferdinando I D. nach Neapel, um dort eine dem Vatikan vergleichbare Mosaik-Wkst. aufzubauen. Der Tod des Königs vereitelte das Projekt, D. lernte jedoch in Neapel die Rest. von etrusk. Vasen und arbeitete anschließend im Mus. Gregoriano in Rom, reiste als Experte aber auch nach Paris, London, Berlin, München und St. Petersburg. ▭ DBI XXXIX, 1991 (Lit.). – *Börsch-Supan*, 1971; *A. Gonzáles Palacios*, Mosaici e pietre dure, Mi. 1982. S. P.

De Poli, *Fabio*, ital. Maler, Designer, Graphiker, Illustrator, Buchkünstler, * 18. 2. 1947 Genua, lebt in Florenz. Stud.: Ist. d'Arte in Florenz (Werbegraphik bei Lucio Venna). Beginnt E. der 60er Jahre mit einer an New Dada angelehnten Arbeit (*I gelidi teatrini di F. D.*). Später entstehen stereotype Bilder aus der Welt der Massenmedien, die er Prozessen von enormer Vergrößerung oder weiterer Exemplifikation mittels eintönigem Auftrag in Tempera oder Acryl in der Art von Andy Warhol unterzieht (*Studio per un Presidente*, 1971; *Un maggiolino nero*; *Il maggiolino color caramella odia le margherite*, 1972). In and. Werken gestaltet er die gleichen Motive mit Pastell, Aqu. und leichten Bleistiftstrichen (*Little big home: George Armstrong Custer*; *Un intimo amico di Marcel Proust*; *Il caro amcio Edgar Allan Poe*, 1971). Ab M. der 70er Jahre als Art Director für Industriedesign der Fa. Giovanetti tätig, realisiert zwei Bett-Objekte (*Camel bed*; *Dog*). 1977 kurze konzeptionelle Phase, als er in verschlossenen Gläsern Gegenstände von heute konserviert, als ob er die Erinnerung daran überliefern wolle (*Soldato in bottiglia*; *Camel-Preserve*; *Metafisiconservare*). Daneben zus. mit Eugenio Miccini und Antonio Bueno Arbeit an der Zs. Visual. 1980 mit Piero Maffessoli Gründung der Zs. Meta. Anschl. greift er in Anlehnung an die Pop Art Beklemmungen und Ängste der Malerei von Francis Bacon in einer Ser. von Portr. überwiegend auf schwarzem Grund auf (*Ritratto romano*, 1983; *L'amico milanese*, 1985; *Faccia di luna*, 1989). 1990–92 malt er die Reihe *Archeologia*, in der durch versch., auf profilierten Taf. schichtweise aufgetragene Farbflecke, Köpfe oder Fragm. von Körpern entstehen. 1991 realisiert er für Renault das Multiple *Clio parla alla luna* und für die Ed. Bezuga in Florenz die Metall-Skulpt. *Girovento*. 1989 entwirft er den Einband für *La sindrome di Stendahl* von Graziella Magherini; 1991 ill. er Nr 13 der Zs. Meta und 1994 den in Florenz hrsg. Bd *Scrittori al volo*. 1993 plant er die Szenographie für die musikal. Beethoven-Veranstaltungen in Vasto. 1994 entwirft er das Bild für die Anti-Rauch-Kampagne der Lega Ital. gegen Tumore. Ferner Künstlerbücher über Cocteau (1989) und Toulouse-Lautrec (1991). ⌂ ALESSANDRIA, GAM. ASCOLI PICENO, PCiv. BARCELONA, Fond. Miró. BOLOGNA, GAM. FLORENZ, GAM di Pal. Pitti. GALLARATE, GAM. GIBELLINA, MCiv. JESI, GAM. MADRID, Mus. Espos. de Arte Contemp. MALO, Mus. Casabianca. MONTECATINI, PCiv. MOSKAU, Puškin-MBK. NEW YORK, MMA. – Franklin Funerance. PARIS, MNAM. PRATO, Mus. Pecci. ROM, Gall. Naz. d'Arte Mod. – Pal. Enasco. SASSOFERRATO, GAM. SPILIMBERGO, MCiv. STOCKHOLM, Mod. Mus. ✉ Interventi su Picasso, Fi. [1974?]; Autopresentazione, Bo. 1981; Libro fermato dedicato alle mie esperienze con le bambole di gomma, Fi. 1993; Cappuccetto Rosso e Re Artù, Fi. 1993. ◎ *E:* Florenz: ab 1968 Gall. Inquadrature; 1972 Gall. Pananti; 1973 Gall. Michaud (K: G. Accame); 1974, '87 Gall. Menghelli (K: R. Monti); 1979 Studio Santicci oli; 1980 Gall. Piramide; 1990, '94 Gall. Bezuga (K: P. Minetti); 1993 Studio Stefanini; 1998 Pal. Vecchio / Bologna: 1971 Studio d'arte Oggetti (K: G. Cortenova); 1974 Gall. Stivani (K: R. Barilli); 1981 Gall. De' Foscherari / Rom: 1974 Gall. Due Mondi (K:

M. Venturoli); 1975, '78 Studio d'arte Condotti; 1977–79 Gall. CM (K: E. Miccini) / 1976 Genua, Gall. Fiasella / Pistoia: 1977 Gall. La Torre; 1994 Pal. del Tau / 1979 Salerno, Gall. La seggiola; Rovigo, Accad. dei Concordi / 1981 Prato, Gall. Metastasio / 1982 Mantua, Gall. Corraini / 1988 Ragusa, Gall. Nuova Figurazione / 1992, '94 Vasto, Cineocchio Arte / 1993 Francavilla al Mare, Torre Ciarrapico; Benevento, Studio Erregi / 1994 Sarasota/USA, Anita Pickren Gall.; Giove/Terni, Castello dei Conti Acquaroni. – *G:* 1978 Francavilla al Mare: Premio Michetti / 1979 Bologna, Mantua, GAM: Ars Combinatoria (K) / 1981 Paris, Centre Pompidou: Livre d'Artiste / 1982 Arezzo, GAC; Lucca, Centro Ragghianti: Pitt. oggi in Toscana / 1984 Mailand: Bienn. / 1990 Livorno, Rotonda dell'Ardenza: Realismo critico / 1992 New York, MMA: Libro d'artista ital. / 1993 Mailand, Gall. Lorenzelli: Una bandiera per Twingo / 1994 Vasto, Pal. D'Avalos: Vitalità del colore; Prato, Mus. Pecci: Libro d'artista. ▭ CatBolaffiMod VIII, 1973 ss.; CatBolaffiGraf XIII, 1983; PittItalNovec/2 II, 1993. – De Poli... o del guardarsi (K), Fi. 1986; *C. Cerritelli*, F. D. (K Gall. Farsetti), Prato 1994 (Lit.); *A. Bruni/C. Cerritelli*, F. D. Opere dal 1969 al 1996, Fi. 1996. – Mitt. D., 1986 (Arch AKL). N. Corradini

De Poli, *Paolo*, ital. Maler, Bildhauer, Designer, Goldschmied, Emailkünstler, * 1. 8. 1905 Padua. Stud.: Scuola d'Arte P. Selvatico in Padua (1919–23 Kurse in Schmiede-, Treib- und Ziselierarbeiten bei Cornelio Ghiretti). In den frühen 20er Jahren fertigt D. naturalist. Arbeiten in Kupfer oder getriebenem Silber (*Piatto*, 1921). Seine *Flagellazione* (getriebenes Kupfer, patiniert, 1925) ist am Novecento orientiert. 1925 stud. er Malerei bei Guido Trentini und unterbricht für ca. zehn Jahre die Treibtechnik. Er zeichnet mit Kohle Akte, Portr., Stillleben und malt Lsch., die in der geometr. Komp. und dem starken Helldunkel denen von Trentini nahestehen (*Nel mio studio*, 1926; *Mura ad Ognisanti*, 1927). In dem 1927 entstandenen *Natura morta* hellt er die Palette stark auf und mit *Padova antica* (1927) beginnt eine Ser. von Stadtansichten, die sich bis 1935 hinzieht (*Nevicata a Padova*). In *Nudo disteso* mit kleinen Pinselstrichen Anlehnung an die Technik des Divisionismus. 1933 erste Versuche in Email auf Metall; er verwendet dabei die „champlevé"-Technik (Kupferschmelztechnik) oder höhlt die Kupferplatte mit der Radiernadel aus und füllt diese Vertiefungen mit dunklem Email (*Pinguini*). In den folgenden Jahren malt er direkt in Email auf Kupfer Akte (*Nudo rosso*, 1938) und Gebrauchsgegenstände (Dosen, Puderdosen, Flakons, kleine Gefäße). Ab 1940 Zusammenarbeit mit Gio Ponti; er realisiert Vorlagen, Zchngn und Entwürfe in Email auf Kupfer (*Tavolino smalti azzurri*, 1941; *Il Podestà Rusca*; *Il Vescovo Giordano*, 1942, Padua, Pal. Del Bò, Sala dei Prof.; *Vaso gigante*, 1950). 1944 in dem Emailbild *Incontro alla Porta Aurea* angeregt durch die Fresken von Giotto; später führt er in getriebenem Kupfer eine Reihe von Tier-Darst., Schalen und Schüsseln aus, die durch einen ausgeprägten Naturalismus charakterisiert sind (*Famiglie*, 1948). 1946 entsteht eine Ser. von Handgriffen aus Metall für die Firmen Vis und Yale & Towne in New York. 1949 gestaltet er für die Motorschiffe Conte Grande die Taf. *Quattro Stagioni*, für Conte di Biancamano die Taf. *Arlecchino*, Email auf Kupfer, eingefügt in granulierten Marmor. 1952 führt er für das Motorschiff Giulio Cesare *Fregio araldico* und ein dekoratives Paneel aus. 1952 entsteht in Emailmalerei ein ovales Tablett mit abstrakten Motiven (*Accordi su fondo rosso*). 1956 Zusammenarbeit mit dem Maler Bruno Saetti (nach dessen Vorlage Emailmalerei auf Kupfer *Chiaro di luna*); gestaltet nach Zchngn von Gio Ponti Tiere und dekorative Objekte in emaillierten Kupfer auf Silberfolie (*Cigno*; *Pesce*; *Uccellini*; *Diavolo*). 1957 malt er nach Gino Severini *Primavera-Estate* und *S. Pietro e S. Paolo* (Email). Im gleichen Jahr realisiert er durch Krümmung einer Kupferplatte *Il grande gallo* nach dem Modell von Marcello Mascherini und 1959 *Piccolo pavone*. In den frühen 60er Jahren entstehen abstrakte, dekorative Taf. (*Ritmi azzurri*) und zwei Altarbilder in emailliertem Kupfer nach Vorlagen von Pino Casarini für die Chiesa del Sacro Cuore in Abano Terme (*Hl. Antonius*; *Jungfrau*, 1964). 1966 fertigt er auf der Grundlage einer Idee von Gio Ponti *Toro* (Kupfer, Silber) sowie eine Reihe von Schmuckstücken (*Spilla rettangolare*, Email auf Silber in Gold; *Spilla rotonda*; *Collana*, Email auf Gold); 1967 er eine Ser. von Flaschen und Schalen, die durch einen betonten Vertikalismus charakterisiert sind (*Omaggio a Manhattan*). 1969 ist D. in *Steli di luce* am Naturalismus orientiert, wobei er die Leuchtkraft des über dem getriebenen Kupfer liegenden Email nutzt. 1971 läßt er Email auf Kupfer in Stuck ein. ⌂ BERGAMO, Conventino: Kreuzweg, 1948. GENF, Hotel La Resèrve: Grande Pavone. PADUA, Mus. Antoniano. – MCiv. – Univ.: Omaggio al Galileo, 1964. VENEDIG, GAM: Acquario; Grande Pavone, 1962. ⊙ *E:* Mailand: 1942 Gall. Asta; 1948 Negozi IMA; 1972 Mus. della Scienza e della Tecnica / 1945 Mantua, Gall. Il Pioppo / Venedig: 1945, '48 Gall. Il Cavallino; 1972 Gall. Bevilacqua La Masa / 1948 Florenz, Gall. Fede Cheti / Padua: 1952 Gall. La Chiocciola; 1964 Gall. Il Sigillo / 1955 Stockholm, Gal. Nordiska / New York: 1956 Whitney Gall.; 1967 Mus. of Contemp. Craft / 1957 Paris, Gal. Christofle / 1967 Philadelphia, Art Alliance / 1972 Valenza/Alessandria, Pal. Com. / ab 1974 Piazzola sul Brenta, Villa Contarini Simes. – *G:* Venedig: 1926, '34, '42, '48–68 Bienn.; ab 1937 Fond. Bevilacqua La Masa / Padua: ab 1927 Espos. Triveneta; 1931 Espos. d'Arte Sacra / 1929 Vicenza: Mostra Sindacale / 1935 Brüssel: WA / Mailand: 1936–47, '51, '54, '60–68, '73 Trienn.; ab 1949 Angelicum: Mostra d'Arte Sacra; 1982 Pal. Reale: Anni Trenta (K) / 1938 Berlin: Urkunde Erste Internat. Handwerks-Ausst. / 1939 New York: WA / 1956 Liverpool, Walker Gall. / 1957 Como: Colori e forme della casa mod. / ab 1968 München: Exempla / 1975 Stockholm: Ital. Handverk. ▭ *Arnaud/Busignani* I, 1961; AIC I, 1965; Cat. Veneto I, 1974. – *G. Ponti*, Domus 1957 (327) 40–43; *id.*, P. D.: Smalti, Mi. 1958; *A. Slivka u.a.*, Crafts of the mod. world, N. Y. 1968; *D. Dell'Oro*, Arte decorativa 4:1970; *R. Baldini/L. Massoni*, Gifts from Italy, Mi. 1971; *G. Ponti* (Ed.), D. Smalti, Pd. 1972; *A. Pansera*, Storia e cronaca della Trienn., Mi. 1978; *F. Roiter/R. Mennella*, Artigianato veneto, Trento 1982; P. D. (K Pal. della Ragione), Pd. 1984 (Bibliogr.). N. Corradini

Depolo, *Ingeborg*, österr. Malerin, Illustratorin, Restauratorin, * 20. 5. 1920 Innsbruck, lebt in Bad Ischl. Stud.: 1935–38 Vereinigte Staatsschulen für freie und angew. Kunst Berlin bei Ludwig Bartning (Preis); 1938/39 ABK Wien bei Wilhelm Dachauer. Seit 1948 Mitgl. und seit 1975 Gildemeister der Innviertler Künstlergilde. – Lsch., Stilleben, Portr. und relig. Motive in der trad. Kunstauffassung ihrer Lehrer. ⌂ BRAUNAU, SM. LINZ, Oberösterr. LM. RIED im Innkreis, Volkskundehaus. ⊙ *E:* 1991 Bad Ischl, Trinkhalle. ▭ *Fuchs*, Maler (20. Jh.) I, 1985; ÖKL V, 1979. – Jb. der Innviertler Künstlergilde 1985/86 (Abb.). – Mitt. D. D. T.

Depolt, *Johann Baptista* → **Debold,** *Johann Baptista*

Depond, *Moïse* → **Mose**

Depondt, *Paul*, frz. Architekt, * 31. 12. 1926 Clamart/Hauts-de-Seine, tätig in Paris, gegenwärtig in Chicago und Cergy-Pontoise/Val-d'Oise. Stud.: 1942 Ziselieratelier der Ec. Boulle, Paris; 1946 EcBA ebd., im Atelier von Georges Labro; 1951–54 Illinois Inst. of Technology, Chicago (Dir. Ludwig Mies van der Rohe); 1953 im Büro Holabird Root Burge ebd.; 1955/56 Harvard Univ. Graduate School of Design, Cambridge/Mass. (Dir. Walter Gropius und Jean-Louis Sert); 1956 Abschluß als Master in Architecture. 1956/57 im New Yorker Planungsbüro von Pei Ieoh-ming. 1957–63 Ass. im Büro von Marcel M. Lods, Paris. 1964–74 Partnerschaft mit letzterem und Henri Beauclair im Groupement d'Et. pour une Archit. Industrialisée (GEAI). Seit 1974 freier Architekt; Forsch. zum Stahlbau; periphäre Tragwerke, Montagedecken, Einsatz von Erzeugnissen auf der Basis von Flachstahl, Pionierarbeit in Frankreich bei der Gest. von Innenhöfen in Industrie-, Ges.- und Wohnbauten. 1971–79 Mitgl. im Comité Directeur Plan Construction, Frankreich. 1971 Ausz. mit dem internat. Reynolds Memorial Award für das Wohngebiet La Grand-Mare, Rouen. Jury-Mitgl. beim Bau der frz. Botschaft in Washington/D. C. Beratender Architekt des Minist. für Auswärtige Angelegenheiten bei der Umgestaltung der frz. Botschaft in Hanoi. 1981–84 Mitgl. der Planungs-Komm. zur Gest. der Abt. Archit. und Städtebau im Mus. des Sc. et de l'Industrie in Paris-La Villette. Research Prof. am Illinois Inst. of Technology School of Archit. and City Planning in Chicago. Vize-Präs. der frz. Vrg Acier Construction und der Housing Technology Corporation, Chicago. 1994 Partnerschaft mit Usinor-Sacilor bei einem Vertrag mit dem Minist. de l'Industrie franç. zur Entwicklung von Technologien für den Einsatz von Flachstahl in tragenden Wänden und Montagedecken (Siedlung Cibbap, Reims). ⌂ CERGY-PONTOISE: Le Jardin Tropical, 1974; 3M; Ddass (Direction dép. des Affaires sanitaires et sociales), beide 1978; Cap Cergy, 1993–96. CHICAGO: 450 Wohnungen, 1970. – Experimentalhäuser der H. T. C. (Housing Technology Corporation), 1994. JEFFERSON CITY/Mo.: Büro, 1976. LOME/Togo: Aufnahmestudio von 3M France, 1980. NANCY: Laboratoires Cinqualbre-Paulus, 1998. NANTES: Sollac, 1998/99. NEW YORK, Brockport Univ.: 250 Wohnungen, 1971. PARIS: Maison des Sc. de l'Homme, 1968. POISSY/Yvelines: Umac, 1991. REIMS: Opac, 1996. – Champfleury: Einfamilienhaussiedlung Cibbap, 1997. – Wohngebiet Jules César III: 24 Wohnungen, 1999. ROUEN, La Grand Mare: 500 Wohnungen, 1969. SAINT-QUENTIN-EN-YVELINES: France Telecom, 1991–94. TEHERAN: 18geschossiger Wohnturm, 1977. VILLEBON-SUR-YVETTE/Essonne: Firmensitz von Microsoft France, 1991–93. ✉ Steel in residential construction in France, in: Report of proceedings (Akten der 28. Jahreskonferenz im Internat. Iron and Steel Inst.), Colorado Springs 1994, 44 s., 58; Interview mit D., in: Archit. et métal en France 19ᵉ-20ᵉ s., P. 1994, 209–226; Bureaux et locaux d'activités, in: Les techniques de l'ing., P. 1995, C4067/1-C4067/12. ▭ *A. C. Depondt de Ruidiaz*, Archit. et construction métallique. L'architecte P. D., Mag.-Arbeit Univ. Paris I (in Vorbereitung). A. C. Depondt de Ruidiaz

Depooter, *Frans*, belg. Maler, Landvermesser, * 1898 Mons, † 1987 Maffle. Sohn eines Dekorationsmalers. Stud.: 1913/14, 1915/16, 1919/21 Acad. R. des BA, Brüssel, bei Adolphe Crespin, Constant Montald und Jean Delville; 1914 ABA, Mons, bei Emile Motte. ⚭ Malerin Andrée Bosquet. 1920–24 Prof. an der ABA in Mons, 1930 am Athénée in Etterbeek/Brüssel, 1937 an der Akad. in Molenbeek-St-Jean/Brüssel, 1944 Direktor. Kontakt mit Anto-Carte und Léon Devos. 1929 Gründungs-Mitgl. Nervia. Mitgl.: Conseil nat. des arts plastiques. Ausz.: 1939 Preis von Hainaut; 1969 Preis, Acad. R. de Belgique. – Figuren, Genres, Lsch., Blumen und Stilleben. Anfängl. empfindsame Malweise unter dem Einfluß des Werkes von Karel van de Woestyne. Nach einem fünfjährigen Aufenthalt auf dem Land entdeckt D. die Poesie der brabant. Landschaft. Die Ansichten sind dekorativ, später exakt gezeichnete, melanchol. Darst. in Braun, Grau und Grün. Auch Motive aus der Bretagne. Außerdem minuziöse Portr., die die Psyche des Modells zu ergründen suchen. ⌂ BRÜSSEL, Belg. Staat. – Mus. d'Ixelles. CHARLEROI, MBA. LA LOUVIERE, Mus. Ianchelevici. LÜTTICH, Mus. d'Art Wallon. MONS, MBA. ST. PETERSBURG, Ermitage. TOURNAI, MBA. ⊙ *E:* 1994 Schaerbeek/Brüssel, Hôtel comm.: Retr. (mit Bosquet). – *G:* 1925 Paris, MAD: Expos. d'art décoratif (Gold-Med.) / 1973 Mons, MBA. ▭ *Arto*, 1995; DPB I, 1995. – *K. Asaevič*, Soobščenija Gos. Ermitaža 28:1967, 23–25; Gos. Ermitaž. Zapadnoevropejskaja živopis' (K), II, Le. 1976; *J. Mambour-Deboulle u.a.*, Mons. Deux s. d'art, Br. 1989. U. R.

Deportes (Desportes), *Francisque*, frz. Maler, Zeichner, * 12. 2. 1849 Lyon, lebte dort, später in Paris. Lt. ThB bis 1891 belegt. Schüler von Tony Robert-Fleury, Isidore Pils, Antoine Vollon und Henri Lehmann. In Paris als Gem.-Restaurator tätig. Signierte zunächst mit Deportes, ab 1874 mit Desportes. – Hist. und relig. Sujets, Portr., Genremotive, Figürl., Lsch. in Öl, Aqu., Pastell, Kohle. ⊙ *G:* ab 1865 Paris, Salon / ab 1867 Lyon, Salon. ▭ ThB9, 1913 (s.v. Desportes, Francisque). DBF X, 1965; *Bénézit* III, 1976. – *Schurr* II, 1972. C. R.

Depouilly, *André*, frz. Maler, Graphiker, Illustrator, * 4. 6. 1929 Paris. Stud.: Ec. Supérieure des Arts décoratifs Paris (Dipl.); 1948–52 Ec. Paul Colin. U. a. für die Werbeagentur HAVAS, Paris, gestaltet D. Anzeigen und Plakate für Renault, Volvo, Air France und ELF. Seit

1967 als freier Künstler tätig; v.a. Ill. (u.a. Steinbeck) und Malerei. Bis heute ständig vertreten durch die Gal. Matignon, Paris, und Gal. Chetkin-RedBank, New Jersey. – Hauptmotive der Malerei finden sich beim Ballett (junge Mädchen) und in der Musik, die er in lyr. Auffassung und durch in Reihe auftretende, sich ähnelnde Personen gestaltet. Zahlr. Gal.-Ausstellungen. 1970–90 im Syndicat Nat. des Peintres et Illustrateurs tätig. 1988–91 Präs. der Soc. de la Sécurité sociale des Artistes. Ausz.: Officier des Arts et Lettres, Sociétaire de la Nat. des BA. 🕮 Le Courrier des Gal., (P.) 1997 (116); Le Dauphiné Libéré (Grenoble) v. 19. 1. 2000. – Mitt. D. W. Weber

De Pouilly, *Jacques-Nicolas Bussière*, frz.-US-amer. Architekt, * 1805 Châtel-Censoir/Yonne, † 21. 2. 1875 New Orleans/La. Stud.: EcBA Paris. Kam 1833 zus. mit seinem Bruder und Mitarb. *Joseph-Isidore Bussière D.* nach New Orleans; erster nachg. Auftrag war der Bau des St. Louis Hotel (1838 voll., bis 1911 erh.). Zugeschr. werden D. die alte Citizens Bank in der Toulouse Str. (nicht erh.), die St. Augustine's Church sowie die Fassade und das Sanktuarium der St. Louis Cathedral (1847/48–51). Er entwarf zahlr. Grabdenkmale, u.a. für den Middle Cemetery (in Anlehnung an den Pariser Friedhof Père-Lachaise); Zus.-Arbeit mit den Bildhauern Auguste de Chatillon, P.-H. Monsseaux und Florville Foy. D. war bis 1860 Zeichenlehrer am Audubon College in New Orleans. 🏛 *Archit.-Zchngn; Aufzeichnungen:* New Orleans, Mun. Libr. – Mun. Archives. – Hist. New Orleans Coll. 🕮 *Withey*, 1956; *Karel*, 1992 (s.v. Pouilly, J.-N. B. de). – *E. E. Long*, in: New Orleans archit., Gretna, La. 1974. C. R.

Deppe, *Bernardus Wilhelmus Josephus (Robert)*, niederl. Zeichner, Maler, Architekt, * 9. 3. 1902 Amsterdam, † 14. 11. 1943 Chungkai/Thailand. Stud.: Tekenschool voor Kunstambachten, Hendrick de Keyserschool, Industrieschool, alle Amsterdam (Archit.). Zuerst ebd., ab ca. 1929/30 ansässig in Soerabaja/Java. Zahlr. Reisen u.a. durch Indonesien. Im 2. WK in jap. Kriegsgefangenschaft. – Zahlr. Reiseskizzen, u.a. *De Java-Bode*, 1936, und Gem. mit asiat. Motiven (Ölbild veröff. in D'Oriënt 8 v. 19. 9. 1936). D. entwirft auch Buntglasfenster, die in Indonesien ausgef. werden. 👁 *E:* Jakarta: 1936 Hôtel Des Indes; 1938 Pasar Gambir. – *G:* 1939 San Francisco. 🕮 *Scheen* I, 1969; *Jacobs* I, 1993; *L. Haks/G. Maris*, Lex. of foreign artists who visualized Indonesia, Utrecht 1995. U. R.

Deppe, *Ferdinand*, dt. Maler, Geschäftsmann, * vermutl. Berlin, A. 19. Jh. dort tätig („Geheimer Secretär"). Als Handelsvertreter einer dt. Fa. in Mexico City. Zw. 1828 und 1836 Reisen nach Kalifornien; malte 1832 die ersten bek. gewordenen Ansichten der Missionen von San Gabriel und Santa Barbara (Santa Barbara Mission Libr.). Ging danach nach Hawaii und in den Orient. Anschl. in Berlin-Charlottenburg im Gartenbau tätig. 1873 letztmalig durch einen Brief an David Spence in Kalifornien bezeugt. – Lsch. mit Archit.-Staffage. 🏛 Berlin, Schloß Charlottenburg. 👁 *G:* 1820 Berlin, AK (Berliner Ansichten). 🕮 ThB9, 1913 (s.v. Deppe). *Hughes*, 1986; *Schweers* I, 1994. – *Nostrand*, 1980. Ch. R.

Deppe, *Gustav*, dt. Maler, * 12. 9. 1913 Essen, † 1. 9. 1999 Bochum. Stud.: 1930–33 KGS Dortmund (Walter Herricht, Max Guggenberger). Lernt 1934 P. E. Noelle, den späteren Dir. am Märk. Mus. Witten, kennen, ist mit ihm befreundet und später dessen Mitarbeiter. 1939–45 Soldat und Gefangenschaft; ab 1945 in Witten. 1953–77 Lehrtätigkeit Werkkunstschule Dortmund, 1973–77 Prof. FHS Dortmund, Fachbereich Design. 1948 Mitbegr. der Gruppe „junger westen" mit Th. Grochowiak, E. Hermanns, E. Schumacher, H. Siepmann, H. Werdehausen. Mitgl.: 1952 Dt. Künstlerbund; 1960–64 1. Vors. des West-dt. Künstlerbundes. Ausz.: 1955 Wilhelm-Morgner-Preis der Stadt Soest; 1988 Ehrenpreis des Wittener Kunst- und Kulturfonds. – Industrie-Lsch. ist das zentrale Thema seit 1945. Dabei wird die unmittelbare Umgebung an Rhein und Ruhr zum Auslöser. Das Gegenständliche wird nicht gänzlich aufgegeben und v.a. in den Lith. in lockerer Schilderung erhalten. Ab 1950 erste abstrahierende Tendenzen, in diesen Jahren materialbetonter Bildgrund (gipsgeschlemmte Lw.) und in die Maloberfläche eingeritzte Linienstrukturen. Char. für D.s Bildsprache werden kantige einfarbige Felder in kontrastreichem Zueinander sowie räuml. gestaffelte Flächen mit eig. Struktur (auch infolge collagierter Partien). D. vermittelt Distanz zum Gegenstand, z.T. als Ausschnitt aus einem größeren Ganzen. 🏛 Bielefeld, KH. Bochum, Mus. Bochum. Dortmund, Mus. am Ostwall. Düren, Leopold-Hoesch-Mus. Düsseldorf, KM. Hagen, Karl-Ernst-Osthaus-Mus. Hamm, Gustav-Lübcke-Mus. Lüdenscheid, SM. Münster, Westfäl. LM. Oberhausen, StG. Recklinghausen, KH (Konvolut). Soest, Städt. KS. Witten, Märk. Mus. (Konvolut). 👁 *E:* 1980 Oberhausen, StG / 1989 Witten, Märk. Mus. (K) / 1993 Recklinghausen, KH (K). – *G:* 1951 Hannover, Kestner Ges.: 30 junge dt. Maler / 1955 Bochum, Städt. KM: D., Siepmann / 1969 Hamm, Gustav-Lübke-Mus.: D. zus. mit Gonschior, Siepmann. 🕮 Vol, 1953. *List*, 1967; Lex. der Kunst, FiB. 1988. – KüNRW I, 1966; 50 Jahre Künstlerbund (K), Bochum 1996. – Mitt. Bochum, Mus. Th. Hirsch

Deppe, *Horst Otto Erich*, dt.-kanad. Maler, Graphiker, * 18. 9. 1929 Hannover. Ehemann von Renate D. Stud.: bei Walter Kubbernuss, Bodenwerder; 1949–53 Werkkunstschule, Hannover. Als graph. Designer tätig. 1955 Emigration nach Kanada (1965 kanad. Staatsbürger). Weitere Stud.: 1957–59, '63/64 Nova Scotia College of Art and Design, Halifax (Keramik, Kunsterziehung). 1967–95 ebd. Prof. of Graphic Design. Mitgl.: Nova Scotia Soc. of Artists; Soc. of Canad. Painter-Etchers and Engravers; Fellow der Soc. of Graphic Designers of Canada. 1963 G. A. Reid Silver Memorial Award. – Stimmungsbetonte Lsch. (Aqu.) in gemäßigt expressionist. Ausdrucksweise; auch Hsch. mit Figuren und Lsch. 🏛 Halifax, AG of Nova Scotia. – Mount Saint Vincent Univ. AG. – Nova Scotia Mus. Hamilton/Ont., AG of Hamilton. Montreal, McGill Univ. Sudbury/Ont., AG of Sudbury. 🖂 Children's preferences regarding formal factors in ill., in: Design papers 3, Nova Scotia College of Art and Design, Halifax 1981; IBA. Report on symposium on didactic typography, in: Type high, Halifax 1982; Rod Malay serigraphs (K AG of Nova

Scotia), Halifax 1984; Visual communication design 1. Project report, in: ICOGRADA project no. 6. Projects in graphic design Education, Edmonton 1986; Siegfried Haase. A biogr., in: Keeping faith. Siegfried Haase (K AG of Nova Scotia), Halifax 1994. ◎ *E:* Halifax: 1962 Zwicker's Gall. (mit Bruno Pelz); 1964 Dalhousie AG (mit Robert Chambers); 1967 (mit Siegfried Haase), '72 (Wander-Ausst.) Saint Mary's Univ. AG; 1968 Mount Saint Vincent Univ. AG (mit S. Haase); Neptune Theatre; 1972 Rye Cove Gall.; 1984, '86 Dresden Gall. / 2000 Leipzig, Klinikum St. Georg. ▭ *MacDonald* I, 1975 (Repr. 1977); 1997; *M. D. O'Neill*, Nova Scotia Soc. of Artists. Exhib. and members, Halifax 1997. – *A. Brasch*, BK 2:1948 (8) 20–21; *B. J. Lord*, Canad. art 1965 (Okt.); *E. Barnard*, Halifax Mail Star v. 1. 11. 1984; *C. M. Lack*, Expressionism and surrealism in Canad. printmaking 1945–60, Honours thesis Univ. of Alberta, Edmonton 1985; *P. B. Meggs*, AIGA j. of graphic design 6:1988 (Herbst); *R. Stacey/L. Wylie*, 80/20. 100 years of the Nova Scotia College of Art and Design, Halifax 1988; Studio mag. 8:1990 (Juli-Aug.); *A. Brunner*, Visual arts news 12:1990 (Frühjahr); *H. Pearse/D. Soucey*, The first hundred years. A hist. of the Nova Scotia College of Art and Design, Halifax 1993; *S. Paikowsky*, Nova Scotian pictures (K Dalhousie AG), Halifax 1994; *H. E. J. Ehses*, Graphic design j. 3:1995 (Repr. in: Ascender 6:1995[Herbst]). – Ottawa, NG of Canada: Dossier D. M. D. O'Neill

Deppé, *Johann Heinrich* → **Depée,** *Johann Heinrich*

Deppe, *Paula (Paula Johanna Caroline)*, dt. Malerin, Graphikerin, Zeichnerin, * 12. 10. 1886 Rokycany/Böhmen, † 4. 10. 1922 Passau. 1902–07 Malschule in Pilsen, 1908–11 Stud.: Akad. des Münchner Künstlerinnen-Ver. bei Heinrich Knirr, der sie aufgrund ihrer hohen Begabung an die priv. Malschule von Julius Seyler vermittelt. 1912 Rückkehr nach Rokycany. Zchngn mit Rohrfeder und Pinsel, Gem. und Rad.-Werk. 1918 zieht die Fam. nach München-Harlaching, 1919 auf das vom Vater erworbene Gut in Seestetten b. Passau. Als Mitgl. der Münchner Neuen Sezession Teiln. an den Jahres-Ausst. 1919 und '21. – Lsch., Stilleben, Portr. und Figurenbilder v.a. in Öl, erst am Impressionismus (Edouard Manet, Max Liebermann, Max Slevogt) orientiert. Nach 1918 Hinwendung zum Expressionismus, beeinflußt von Albert Weisgerber und Karl Caspar, um dann zu eigenen Formen und Farben zu finden, wobei sie, wie v.a. ihr letztes Selbstbildnis von 1922 zeigt, Anregungen sowohl von Paul Cézanne als auch von den Künstlern des Blauen Reiter und Käthe Kollwitz aufnimmt. ⌂ MÜNCHEN, BSGS. PASSAU, Oberhaus-Mus. WIEN, Albertina. ◎ *E:* 1922 München, Künstlerinnen-Ver. / Passau: 1958 Oberhaus-Mus.; 1982 Sparkasse (K Inst. für Kunstgesch.) / 1987 Kloster Asbach (K). ▭ Vol, 1953 (falsche Lebensdaten). Münchner Maler V, 1993; *Schweers* I, 1994. – *H. Schindler*, Wege und Umwege zu einer Künstlerin, Passau 1982; *id.*, Ostbair. Grenzmarken 25:1983, 84–87; *id.* u.a., P. D., 1886–1922. Graphiken und Arbeiten auf Papier, Passau 1987; *G. Sonnberger* (Ed.), P. D. Graphik und Arbeiten auf Papier, Schärding 1991; *Zimmermann*, 1994; Künstler im Landkreis Passau, III, Passau 1995. S. P.

Deppe, *Renate*, dt.-kanad. Fotografin, * 3. 2. 1935 Oppeln/Schlesien, seit 1952 in Kanada, lebt in Halifax/N. S. Ausb. zur Krankenschwester in Halifax. 1957 ⚭ Horst D. Stud.: bis 1984 Nova Scotia College of Art and Design. Mitgl. der Visual Artists of Nova Scotia. Vors. des Photo Centre im Halifax Convention Centre. – Foto-Ill. für *Women and the Law* (Halifax 1976, 1981). D. fertigt für Dora Greenaway die Fotogr. für die Ausst. „Interior Decorative Paint. of Nova Scotia" (Halifax, AG of Nova Scotia, 1986) an. Daneben in den 1990er Jahren Farbfoto-Ser., z.B. *Essay Bäume; Flora Nova Scotia.* ⌂ HALIFAX, Mount Saint Vincent Univ. AG. – Nova Scotia Art Bank. – Saint Mary's Univ. AG. OTTAWA, Canad. Mus. of Contemp. Photogr. – Mus. of Civilisation. ◎ *E:* Halifax: 1978 AG of Nova Scotia; 1984 Mount Saint Vincent Univ.; 1988 Saint Mary's Univ. AG; 1991 Anna Leonowens AG / 1993 Wolfville (N. S.), Acadia Univ. AG / 1994 Dresden-Neustadt, Gal. Neue Bibl. / 1995, 2000 Leipzig, Städt. Klinikum St. Georg / 1997 Hamburg-Wandsbek, Bürgerhaus. ▭ *C. Greenaway*, Canad. collector 1984 (Juli); ArtsAtlantic 6:1985 (Winter); 11:1992 (Winter). – Ottawa, NG of Canada: Dossier D. M. D. O'Neill

Deppe, *Robert* → **Deppe,** *Bernardus Wilhelmus Josephus*

Deppermann, dt. Lithograph, um 1840 in Hamburg nachweisbar. Gründet 1841 die Steindruckerei Deppermann & Ruschke. Zus. mit seinem Partner fertigt er div. Ansichten von Bauwerken vor und nach dem Hamburger Brand von 1842 sowie Grundrisse der Stadt (z.T. im StsA Hamburg). ▭ ThB9, 1913. *Rump*, 1912; Hamburg Lex., Ha. 1998. – *E. Zimmermann*, Gesch. der Lith. in Hamburg, Ha. 1896 (Repr. 1962), 58. S. Ge.

Deppermann, *Henriette (Henny)*, dt. Malerin, Illustratorin, * 26. 5. 1858 (1860 lt. ThB) Hamburg-Bergedorf, † 20. 6. 1942 Berlin. Ausb. in Hamburg, ab 1890 in Berlin, wo sie eine priv. Malschule leitet. Malt v.a. Lsch. und Interieurs, auch als Buch-Illustratorin und Entwurfszeichnerin für Kunstgew. tätig. 1892 erstmals Teiln. an der Akad.-Ausst. in Berlin, 1899 und 1900 an den Ausst. im Münchner Glaspalast (1899 Med.). Mitgl. des Ver. der Berliner Künstlerinnen (Ausst.: 1893 Chicago, 1898, 1901, '06 Berlin). Im Mus. für Hamburg. Gesch. befindet sich ein realist. Portr. des Pastors Ernst H. C. Blunck vor dem Altar der Bergedorfer Kirche (Öl/Lw., um 1905) und *Friedrich Chrysander in seinem Arbeitszimmer* von 1887, ebd., ist noch in ihrer Hamburger Zeit entstanden. ▭ ThB9, 1913. *Ries*, 1992; Käthe, Paula und der ganze Rest, B. 1992; *Wolff-Thomsen*, 1994. – Die Frau im Buchgewerbe und in der Graphik (K), L. 1914, 22, 298; *G. Jaacks*, Gesichter und Persönlichkeiten (K), Ha. 1992, 69. S. Ge.

Deppert, *Karl*, dt. Maler, Holz- und Linolschneider, Radierer, Dichter, * 8. 12. 1897 Bensheim, † 16. 2. 1988 Darmstadt. 1911–14 Ausb. an der Maler-FS Darmstadt bei Hamann. 1914–16 Theatermaler am Hoftheater ebd. 1917/18 Soldat im 1. WK; mehrmals, zuletzt schwer verwundet. 1920–22 Meisterschüler der KA Karlsruhe. Ab 1922 Lehrer in Darmstadt. 1928 mit Staats-Stip. in Paris.

1933 als „Entarteter" Ausst.-Verbot. 1944 Vernichtung fast seines gesamten Œuvres bei einem Luftangriff auf Darmstadt. Danach Aufenthalt in einem Odenwald-Dorf, ab 1951 wieder in Darmstadt ansässig. 1967 Ehrenurkunde, 1972 Verdienst-Med. der Stadt Darmstadt. – D.s Werk ist geprägt vom Expressionismus und dem Erlebnis der Schrecken des 1. WK. Es umfaßt z.T. an Frans Masereel erinnernde, oft eigenwillige expressionist. Tempera- und Aquatinta-Zyklen, v.a. jedoch in Radier-, Holz- und Linolschnittfolgen (*Der schreitende Sang*, Hschn., 1922), Traum- und paradies. Visionen (*Erlöserleben*, Radierzyklus, 1924). 1944 Temperafolge *Sterbende Stadt* (Aqu.). Die zunächst v.a. aus flächigem Schwarzweiß erzeugte Spannung weicht nach 1945, bes. im Alterswerk der 1960er Jahre, zunehmend einem zeitlos-eleganteren, sparsamen Linienstil (*Jesus-Zyklus*, Linolschnitte, 1957; *Orpheus-Zyklus*, um 1960) und allgemeineren Bildthemen (*Akt*; *Jüngling*). ⌂ DARMSTADT, Hess. LM. – Inst. Mathildenhöhe. ⊙ *E:* 1928 Nürnberg, GNM / 1968 Darmstadt, Justus-Liebig-Haus. ▭ Vol, 1953. Kunstszene Darmstadt A-Z, Da. 1997. – *C. Spatz*, Frankfurter Rundschau v. 26. 1. 1968; K. D, ein Darmstädter Künstler (K), Da. 1978; *C. Schneider*, Die Friedhöfe in Darmstadt, Da. 1991; *F. Deppert/C. K. Netuschil* (Ed.), Sterbende Stadt, Darmstadt 1999. D. T.

De Prà, *Edgardo*, ital. Maler, * 27. 6. 1910 Zara/Dalmatien (Zadar), lebte zuletzt in Savona. Kapitän der Handelsmarine. Tätig in Fiume (Rijeka), an versch. Orten des Veneto und in Ligurien, dann in Albissola Marina. Widmete sich nach Stud. der Malerei in Rom, Mailand und nach 1945 in Venedig (bei Filippo De Pisis, Diego Costa und v.a. Bruno Martini) ausschl. der Malerei. D. war so nachhaltig durch die Trad. der venez. Lsch.-Malerei geprägt, daß er auch „poeta del colore" gen. wurde. Um 1960 deutl. dem Ottocento verpflichtet, dann prophet. Visionen von zerstörter Umwelt, schließl. Hinwendung zur Schilderung einer intakten teils realist., teils phantast. Natur. Daneben sensible Blumenstücke und Stilleben von heiterer Grundstimmung. Mitgl. der Accad. Tiberina in Rom, der Legion d'Oro und Cavaliere al Merito della Repubblica Italiana. ⊙ *E:* 1962 Casale Monferrato, Gall. Il Sagittario; Savona, Gall. La Tana / 1966 Albisola, Circolo degli artisti / 1968 Savona, Gall. S. Andrea. – *G:* 1958 Venedig, Gall. S. Vidal: 40 Pittori Veneti; Ravenna, Concorso Marina / 1968 Rom, Premio Sigillo d'Oro. ▭ *Comanducci* II, 1971; Arte ital. per il mondo, IV, T. 1977. S.-W. S.

De Prades, *A. Frank*, brit. Maler viell. frz. Abstammung, zw. 1844 und 1883 in London, wohl auch in Derby tätig. – Frz., span. und russ. Motive lassen auf Auslandsaufenthalte schließen (*The borders of the Loire*, 1862; *Road scene in Spain*, 1863; *Travelling in Russia*, 1865). Neben qualitätvollen Pferdebildern (*Horses going to a fair*, 1867), Militärszenen, Kutschen-Darst. und Stillleben bes. Portr. (*Lord and Lady Cardigan*, Deene Park/Northants.; Gruppen-Portr. *H. M. the Emperor Louis Napoleon and H. R. H. Prince Albert*, 1854), Sportszenen und Pferde-Portr. (*Mr A. Martinson's racehorse Nancy*, sign., dat. 1851). Arbeitete gelegentl. mit Edmund John Niemann zusammen; war offenbar bes. für priv. Auftraggeber tätig. ⊙ *G:* London: 1857, '61, '79 RA; 1858–67 BI; 1862, '63, '72, '73 Soc. of Brit. Artists. ▭ ThB27, 1933 (s.v. Prades, A. F. de). *Johnson* I, 1975; *Wood*, 1978 (Repr. 1991); *Mitchell*, 1985 (s.v. Prades, A. F. de); *Wingfield*, 1992. K. F.

Dépraz, *Sara Jeanne*, schweiz. Malerin, * 30. 7. 1857 Genf, † 21. 8. 1940 ebd. Stud.: 1873–75 Genf, EcBA: Zeichenkurse. Ab 1909 priv. Mal- und Zeichenlehrerin. – Malt als Autodidaktin in Öl, Aqu. und Pastell Lsch., Blumen, Stilleben und Porträts. ⊙ *G:* 1883 Zürich, Schweiz. Nat. Kunst-Ausst. ▭ *Plüss/Tavel* I, 1958; Biogr. Lex. der Schweizer Kunst, I, Z. 1998. G. L.

Depré, *Albert*, frz. Maler, * 11. 3. 1861 Paris, † 1937 Neuilly-sur-Seine. Stud.: Acad. de Julian in Paris bei Tony Robert-Fleury, Jules Lefebvre, François Flameng und Gabriel Ferrier. Außerdem Schüler des Landschaftsmalers Antoine Guillemet. Im Pariser SAfr., deren Sociétaire er seit 1887 war, zeigte er fast ausschl. Lsch.-Bilder aus der Umgebung von Paris, aus der Bretagne und Normandie sowie von der Insel Jersey. D. war in Paris, später Neuilly-sur-Seine (Angabe Salonkatalog 1927) ansässig. ⊙ *G:* 1887–1927 häufig Paris, SAfr. ▭ ThB9, 1913; Vol, 1953. LivreD'Or, 1914; 1921; *Bénézit* III, 1976; *Harambourg*, 1985. – La Gaz. v. 7. 7. 1995, 59 (Abb.). H.-P. Bühler

Depré, *Félix (Pierre Lambert Félix)*, Ziseleur, Graveur, * 13. 2. 1803 Lüttich, † 23. 12. 1862 ebd. V.a. für Goldschmiedegeschäfte tätig (vermutl. ohne Sign.), ab 1830 ausschl. als Kaufmann. – Bek. ist eine Gedenkmünze (30er Aufl.; bez.: F. D.) anläßl. des Brüsseler Aufstandes am 27. 8. 1830 mit der Darst. des Lütticher Rathausplatzes. ▭ ThB9, 1913. *Forrer* I, 1904 (2 Art., einer irrig als Deprez). – *L. Guioth*, Hist. numismatique de la révolution belge, Hasselt 1844–45, 25 s.; *id.*, Rev. de la numismatique belge, 2. Ser., 3:1853, 413. G. van der Meer

Depré, *Marcel*, frz. Maler, * 11. 7. 1919 Rochefort-sur-Mer. 1973 Peintre de la Marine. ⌂ PARIS, MAMVP. – Mus. de la Marine. ROCHFORT-SUR-MER, MAH. ⊙ *G:* u.a. 1967 Paris, SAfr. (Silber-Med.). ▭ *Bénézit* III, 1976; *Archibald*, 1989. C. R.

Depré, *Pierre Lambert Félix* → **Depré,** *Félix*

Depréaux, frz. Maler, 1645–48 als „Peintre ordinaire du roi" am kgl. Hof in Paris tätig. ▭ ThB9, 1913. *Bénézit* III, 1976. – *Janneau*, 1965.

Deprecht, *Daniel*, frz. Holzbildhauer, der 1750 die Kanzel und die Beichtstühle für die Kirche in Armbouts-Cappel/Nord fertigte. ▭ *Vial/Marcel/Girodie* I, 1912.

Depree, *Andrew (Andro)*, Maler, 1572 in England mit herald. Malereien für Festlichkeiten belegt. ▭ *Auerbach*, 1954. K. F.

De Prey, *Juan*, puertorikan. Maler, Wandmaler, * 26. 4. 1906 Puerto Rico, † 1962. Autodidakt. Ab 1929 in New York, später in Brooklyn Heights/New York ansässig. Teiln. an Freiluft-Ausst. am Washington Square, New York. ⊙ *E:* New York: 1944 St. Ettienne Gall.; 1964 Gal. Sudamer. (Retr.) / 1961 San Juan. ▭ WWAA, 1959; 1962; 1984; EAAm I, 1968. – *O. Delgado*, Hist. de la pint. en Puerto Rico, Ma. 1976 (s.v. Prey, Juan de). M. N.

Déprez, frz. Holzbildhauer, A. 19. Jh., * Marseille, dort Schüler der EcBA. – Fertigte Tierplastiken in Paris, die er 1838 ausstellte. ꟷ ThB9, 1913. *Camard/Belfort*, 1974.

Deprez, *Félix* → **Depré,** *Félix*

Deprez, *Henri*, belg. Historien-, Porträt-, Dekorationsmaler, get. 6. 2. 1720 Lüttich, † 28. 10. 1797 ebd. Nach Angabe seines von Helbig zit. Zeitgen., des Kanonikers und Historiographen Henri Hamal, ist D. Schüler des Malers und Bildhauers Renier Panhay de Rendeux. Zus. mit dessen Sohn, dem Maler Englebert Rendeux, reist D. 1746 nach Rom, wo er 1747, 1748 und 1751, wie auch sein späterer Konkurrent Jean Latour, im Arch. des Collège liégeois dok. ist. Wie dieser soll D. im Atelier von Corrado Giaquinto gearbeitet haben, was um so wahrscheinlicher zutrifft, da dessen Einfluß an versch. Figurentypen D.s zum Ausdruck kommt. Ein mon. Decken-Gem. für den großen Saal des Dritten Standes im Lütticher Pal. des Princes-Evêques sandte D. offenbar aus Rom, denn die Zahlungsforderung v. 7. 8. 1750 übermittelt sein Mäzen Guillaume van Buel, Seigneur de Marchin. Nach der Rückkehr aus Rom malt D. wohl zuerst für die um 1750 in den Seitenschiffen der Lütticher Kirche St-Denis errichteten Altäre sechs Gem. (in situ). 1755 nimmt er Jean-Joseph Sainte für fünf Jahre in die Lehre. 2. 12. 1762 Heirat mit Marie-Elisabeth Petitjean, die Schwester von Gérard-François, Kanoniker der Kirche St-Denis und Vertrauter des Fürstbischofs Charles-Nicolas d'Oultremont (1764–71 Regent). Nach Meinung des Malers Léonard Defrance wird der von ihm als „barbouilleur insigne" bez. D. durch diese Verbindung übermäßig begünstigt. Anläßl. der Inthronisierung des Fürstbischofs schließt D. nämlich bereits am 13. 3. 1764 zus. mit dem Maler Jean-François Racle den Vertrag zur Fassadendekoration des Pal. des Princes-Evêques nach Entwürfen des Architekten Etienne Fayn (Pläne in Lüttich, Arch. de l'Etat, Fonds des cartes et plans: Nr 244). In diesem Pal. gestaltet D. zahlr. Gem.; am 4. 3. 1763 erhält er 160 florins für zwei „Attiken" im neuen Cab. des Dépêches, am 18. 11. 1766 weitere 480 florins für Arbeiten in der Pal.-Kap. und etwas später 640 florins als Restbetrag für die Gem.; in der ehem. Kap. des Fürsten sind noch mehrere von D. ausgef. „Attiken", u.a. zwei Engel mit Symbolen von Religion und Papsttum. Weitere im Pal. des Princes-Evêques de Liège et des Etats erh. Malereien: acht Supraporten (mit Allegorien auf die Kardinaltugenden, die Künste und die Wiss.) in der Bibl. des Fürsten; zwei Supraporten mit schaukelnden Amoren und fischfangenden Putti als Verbindung zu einer Supraporte von Paul-Joseph Delcloche im Priv.-Kab. des Fürsten; drei Gem. mit spielenden Putti in dem im 19. Jh. umgebauten Flügel (heute Sitz der Prov.-Reg.). D. arbeitet auch im Rathaus von Lüttich; am 18. 6. 1764 erhält er 400 florins für zus. mit Jean-Baptiste Coclers ausgef. Embleme. Um 1765 fertigt D. im Schloß Belle-Maison in Marchin zehn zu seinen Hw. zählende dekorative Gem.: drei Supraporten mit spielenden Putti, drei weitere mit Allegorien (*Malerei; Geographie; Dichtung*), zwei Kamindekorationen (*Ruhende Diana; Äneas und Anchises*) und zwei Plafonds (*Silen und Endymion; Die Zeit entdeckt Fortitudo und Fama*). Nach dem gleichen Schema realisiert er auch etwa um diese Zeit den größten Teil der Dekoration im kurz zuvor erb. Priv.-Haus von Nicolas-Joseph de Spirlet in Lüttich, Hors-Château; mehrere der fünf Allegorien auf die Künste und der 12 mytholog. Szenen sind an Stiche nach frz. Meistern des 17./18. Jh. angelehnt (u.a. Antoine Coypel und François Boucher). Bei Hof gut angesehen, findet D. leicht Zugang zu aristokrat. Kreisen, um so in den zahlr. derzeit errichteten Herrenhäusern seine Fähigkeiten als Dekorationsmaler entfalten zu können. Dabei treibt er jedoch keinen übermäßigen Aufwand, sondern gibt sich häufig mit Kopien von eig., den gerade gefragten frz. Vorbildern nachempfundenen Komp. zufrieden. Bei den 1765 ausgef. acht großformatigen Gem. mit *Szenen aus dem Leben des hl. Feuillen* in der gleichnamigen Kirche von Fosses-la-Ville ist er aufgrund des selten behandelten Themas zu größerem Einfallsreichtum gezwungen, so daß dieser Zyklus mit sehr leicht wirkenden Szenen zu seinen Hw. gehört. Fortan scheint er sich im wesentl. der relig. Malerei zu verschreiben; darin ist er neben seinem Kontrahenten Latour der erfolgreichste Künstler in Lüttich und führt wie dieser die stereotype Malweise von Jean-Baptiste Coclers fort. D. scheint sich auf Kreuzwegszenen spezialisiert zu haben und gestaltet die 14 Stationen in der Kirche St-Pierre in Chênée (um 1776), die in der Kirche Notre-Dame in Herstal (1792), in der Lütticher Augustinerkirche Ste-Marguerite (heute in Stavelot, Kirche St-Sébastien) und in der Kirche St-Lambert in Lixhe (Malereien 1914 zerst.), wofür er 1774–77 insgesamt 602 florins erhält. Sein bedeutendster relig. Zyklus umfaßt 14 *Szenen aus dem Leben von Christus und Maria* für die Dominikanerkirche in Namur (um 1775, heute ebd., Kirche St-Loup). 1776 erhält er 14 carolins für Medaillons mit den Hll. *Petrus* und *Paulus; Christus am Ölberg* und einer *Auferstehung* (die beiden letzten Darst. sind entweder eine Vorwegnahme oder eine Weiterführung der Kreuzwegszenen) im Chor der Kirche von Chênée. Die qualitätvollsten relig. Werke sind wohl die drei großformatigen Gem. für die Stiftskirche St-Pierre in Lüttich (heute im niederl. Sittard, St. Petruskerk): *Erste Weissagung des hl. Petrus in Jerusalem; Die Hll. Petrus und Johannes heilen den Lahmen vor der Tempeltür; Abschied der Hll. Petrus und Paulus.* Erwähnenswert ist auch das kaum bek., jedoch recht originelle Hochaltarbild *Christus läßt die Kindlein zu sich kommen* (Herstal, Kirche St-Lambert). In seiner Beschr. der Lütticher Kirchen und Klöster aus der Zeit vor der Revolution zählt Hamal außerdem zahlr. heute nicht mehr vorhandene Gem. auf: Kirche St-Séverin (die für D. zuständige Pfarrk.), Benediktinerkloster Val-Benoît (1763 Bezahlung von 273 florins für zwei Gem.), Zisterzienserkloster Robermont, Couvent des Sépulchrines de Ste-Agathe, die Klöster der Karmeliter-Barfüßer und der armen Klarissen (*Kreuzigung*, Hochaltarbild, lt. Hamal D.s Hw.). Das Gebiet, auf dem sich D. im Land Lüttich von anderen Künstlern bes. hervorhebt, ist die Wandmalerei; von den zumeist in Tempera ausgef. Plafonds sind folgende verschollen: aus den Lütticher Kirchen der Augustiner, der Jesuiten und St-André sowie aus dem Rathaus von Verviers (1779/80 nach Zchngn des Architekten Jacques-Bathélemy Renoz ausgef.; am 9. 8. 1781 mit 780 florins vergütet). Nur wenige Plafonds sind erh.: neben den beiden bereits erw. Arbeiten im Schloß von Marchin sind das *Mars und Venus* im Treppenhaus von Schloß Fanson in Xhoris und bes. die drei bereits zu D.s Lebzeiten heftig kritisierten Darst. in der Waux-Hall von Spa (um 1774): der riesige *Olymp* im Ballsaal, die *Allegorie auf die Künste und die Lit.* und *Les Vertus entourant le perron*. D. erweist sich auch als umsichtiger Geschäftsmann; ab 12. 2. 1769 werden er und Renoz Aktionäre der Waux-Hall, einem kurz zuvor im „Café de l'Europe" eröffneten Spielsaal; viell. ist es für beide das probate Mittel, um sich die in diesem Gebäude ausgef. Arbeiten vergüten zu lassen. D.s mangelnder Einfallsreichtum ist sowohl bei dekorativen als auch relig. Komp. erkennbar, die er mehrfach kopiert (die drei erh. *Kreuzwege* entsprechen sich). Seine stark von den Erfahrungen in Italien geprägten stilist. Eigenheiten scheinen sich im Lauf der Zeit nur wenig entwickelt zu haben; lediglich die Geschwindigkeit der Ausf. erhöhte sich, was allerdings nicht zur Qualitätssteigerung führte. Dagegen stehen einige anspruchsvollere, mit Leichtigkeit komponierte Werke in geschickter Farbgebung, die als der beste Teil seines Œuvres gelten, v.a. die Salondekoration (1773, erh.) im Schloß Fanson mit mytholog. Szenen (*Venus und Vulkanus; Bacchus und Ceres; Diana und Akteon; Jupiter und Juno; Neptun und Amphitrite*) und die größtenteils zerst. (jedoch durch Fotos bek.) Salondekoration im ehem. Hôtel de Clercx d'Aigremont in Lüttich; dort gestaltet D. außerdem neben Supraporten mit recht konventionellen Allegorien auf die Künste (verschollen) und mytholog. Darst. (*Mars und Venus; Silen und Endymion*, heute in Lüttich, Mus. d'Ansembourg) auch pittoreske Szenen aus dem AT (z.B. *Jephtha und seine Tochter; Eliezer und Rebekka*, um 1767, beide verschollen). In Arch.-Dok. werden überdies einige Portr. erw. (z.B. vom Fürstbischof *Ch.-N. d'Oultremont*, 1768, für das Rathaus in Huy, mit 160 florins bezahlt), von denen bislang jedoch keins nachw. ist. Nach Hamal soll D. den bereits erw. Sainte sowie die Maler François-Bernard Racle, Barthélemy-Joseph Collinet und Sébastien Wiart ausgebildet haben. ⌂ AMAY, Kirche St-Georges et Ste-Ode: Hl. Oda, 1774. ANS, Kirche St-Martin: Kreuzigung. ANTHEIT, Kirche St-Martin: Enthauptung des Joh. Bapt.; Bekehrung des hl. Paulus; Der hl. Bernhard tritt für Papst Innozenz II. ein; Der hl. Bernhard überreicht dem Herzog von Aquitanien eine Hostie (alle urspr. in der ehem. Abtei Val-Notre-Dame, Antheit). AUBEL, Abtei Val-Dieu: Der hl. Nikolaus. BETTINCOURT, Kirche St-Lambert: Martyrium des hl. Lambertus (z.T. nach Englebert Fisen). CADIER-EN-KEER/Niederlande, Pfarrk.: zwei Gem. mit Schutzengeln, spätestens 1778 (urspr. in der Abtei Val-Dieu, Aubel). FOSSES-LA-VILLE, Kirche St-Feuillen: Kreuzigung; Vision des hl. Ultain; Die hl. Juliana von Cornillon überreicht dem Papst ihr Rücktrittsgesuch. GLONS, Kirche St-Victor: Himmelfahrt, 1786 (Hw.). HERSTAL, Kirche Notre-Dame: Verkündigung; Erziehung Mariä. HOUSSE, Kirche St-Jean-Bapt.: Die Hl. Trinitatis, 1790 (wahrsch. aus der Kirche Ste-Ursule in Lüttich). HUY, Mus. comm.: Unbefleckte Empfängnis (urspr. in der Kirche St-Mengold). KURINGEN, Kirche Ste-Gertrude: Maria mit dem Kind erscheint der hl. Gertrud, um 1774. LÜTTICH, Hôtel de Sélys(?): Mucius Scaevola vor Porsenna. – Kirche des Séminaire: Christus bei den Kirchenvätern; Christus verjagt die Wechsler aus dem Tempel, um 1770. – Ancien Carmel du Potay: Elias; Marienkrönung. – Kap. St-Roch: Kreuzigung, 1789 (z.T. nach Fisen; ehem. im Couvent des Sépulchrines des Bons-Enfants). – Mus. d'Art relig. et d'Art mosan: Unbefleckte Empfängnis (ehem. in der Communauté des Sœurs de St Charles Borromée). MOXHE, Kirche St-Mathieu: Die Evangelisten; Hl. Donat. SOHIER, Kirche St-Barthélemy: Martyrium des hl. Bartholomäus. SORINNES, Kirche St-Martin: Verklärung Christi (Kopie nach Raffael); Christus verjagt die Wechsler aus dem Tempel (ehem. in der Abtei Leffe). ▭ ThB9, 1913. DPB I, 1995. – *L. Defrance*, Mém., [ca. 1800], ed. *F. Dehousse/M. Pauchen*, Liège 1980, 61; *J. Helbig*, La peint. au pays de Liège et sur les bords de la Meuse, Liège 1903, 433 ss.; *M. Pirenne*, Les constructions verviétoises, Verviers 1927, 199 ss., 239 s., 244 s., 249; *A. Lemeunier*, Le château de Belle-Maison à Marchin, in: La Maison d'hier et d'aujourd'hui 13:1972, 46–49; *A. Lemeunier*, H. D. Essai de biogr., in: La peint. liégeoise des XVIIe et XVIIIe ss. (Kolloquium), Cah. du C.A.C.E.F. 127:1987, 40–44; *J. Yernaux*, Bull. de la Soc. libre d'émulation (Liège) 1990/91 (Suppl.), 88 s.

P.-Y. Kairis

Deprez, *Jean-Luc*, belg. Maler, Zeichner, * 21. 1. 1956 Roeselare. Stud.: Hoger Inst. St. Lucas, Gent (plast. Kunst); Sted. Acad. voor Schone Kunsten, Roeselare (Malerei); Vrije Teken- en Schilder-Akad., Menen. Ansässig in Slypskapelle-Moorslede. Lehrer für künstler. Darst. und Glastechnik. Ausz.: 1983 Jeune Peint. Belge; 1984 Europapreis, Oostende, und Prov.-Preis für Bild. Kunst, West-Flandern. – Darst. sozialer und gesellschaftl. Erscheinungsformen mit dialogisierenden, häufig sich streitenden anthropo- und zoomorphen Wesen. Mit Hilfe kindl. Bildersprache (auch geschriebener Worte) und poet. Bildtitel relativiert D. auftretende Aggressionen und verleiht den Entwürfen einen narrativ-humorist. Unterton. Er trägt die figurative Malerei in dünnen, kontrastreichen Farbschichten auf. Auch schneidet er häufig die einzelnen Motive aus früheren Bildern aus und stellt sie lose in neuen, oft großformatigen Komp. mit Tiefenwirkung zusammen. ⌂ BRÜSSEL, Minist. de la Communauté flamande. GENT, Vlaamse Gemeentschap. OOSTENDE, Prov. MMK. ▭ LWBK I, 1992; *Arto*, 1995. U. R.

Deprez, *Mia (Mia Julie Coleta)*, belg. Malerin, Zeichnerin, * 28. 1. 1942 Izegem. Stud.: ABA, Izegem; Sted. Acad. voor Schone Kunsten, Roeselare (dekoratives Zeichnen, Malerei; lt. LWBK). Ausz.: 1971 Großer Preis, New York, und Silber-Med., Grand Prix d'été, Nizza; 1973 Bronze-Med., Kunst in Europa, Brüssel; 1977 Bronze-Med., 9. Internat. Wettb., Paris; 1989 Preis der Stadt Veurne. – Motive des Alltags und aus der Musik. Symbol., postkubist. Formen in dunkler Farbigkeit und festen Konturen, auch für Teppiche. Ein Briefmarkenentwurf im Auftrag des belg. Postwesens. ⌂ ANTWERPEN, Prenten-Kab. BLANKENBERGE, Städt.

Besitz. BRÜSSEL, Belg. Staat. – Cab. d'estampes. IZEGEM, Gemeinde. KACHTEM, Gemeinde. OOSTENDE, MSK. – Mus. voor Relig. Kunst. TORHOUT, Gemeinde. ⊙ *E:* 1966 Brügge, Gerard David Studio / 1967 Deurle, Gal. Deurlica / 1968 Brüssel, Gal. Caryatide / 1970 Oostende, Casino, Kursaal; Siegburg, SM / 1971 Kortrijk, Städt. Theater. ▭ *Wiemeersch*, 1973 (Ausst.); *Arto*, 1995; DPB I, 1995; LWBK V, 1996 (Ausst.). – *W. De Taye*, Tien jaar M. D., Izegem 1976. U. R.

Deprez, *Paul Gaston (Paul)*, frz. Bildhauer, * Avignon. Dort Schüler von G. B. Thomas. Danach in Paris ansässig. Mitgl. der „Groupe des Treize" (1912 in Avignon gegr.). ⊙ *G:* Paris: 1892, '95 SAfr. (1895 Andromeda, Gips); 1898 Salon Nat. des BA. ▭ ThB9, 1913. *Camard/Belfort*, 1974; *Alauzen*, 1986. C. R.

Deprez, *Pierre François* cf. **Delloye,** *Jean*

Deproit, *Jean-Baptiste*, Maler, Bildhauer, um 1720 in Lyon tätig, begr. 29. 9. 1739 ebd. Malte lt. Nachlaß-Inv. Portr., Marinen, Lsch., relig. Bilder. ▭ ThB9, 1913. *Audin/Vial* I, 1918.

Depser, *Alfred* (gen. Alf), dt. Maler, Graphiker, * 23. 3. 1899 Nürnberg, † 2. 3. 1990 Juist. Jugend in Ansbach. Nach Stud. (1920 Chemie am Technikum Nürnberg) und Tätigkeit als Chemiker erfolgte 1926–29 die künstler. Ausb. an der Staats-HS für angew. Kunst Nürnberg, Graphik bei Rudolf Schiestl. Danach freischaffend, im Sommer in Ostfriesland tätig; ab 1937 ansässig in Juist. D. führte Korr. mit Georg und Ernst Jünger sowie A. Paul Weber. 1978 in Aurich Verleihung des Indigenats der Ostfries. Landschaft. – Spätexpressionist. Lsch.-, Tier- und Pflanzenmalerei mit Farbstiften (Polychromos), *Memmert-Mappe* mit Tagebuchnotizen (1932–35). Etwa 900 Handzeichnungen, 174 Skizzenbücher, ab 1950 Aquarelle. Bedeutung erlangt D. als neuromant. Holzstecher hist. Kirchen in Ostfriesland, Emsland und Oldenburger Land: 94 Stiche von Kirchen (1930–50). Außerdem Küsten-Lsch., fränk. Lsch.-Motive; mytholog. Ill. zu Ovids *Metamorphosen*, Gebrauchsgraphik; insgesamt etwa 300 Holzstiche. Rad. zw. 1932 und 1950 mit Lsch. aus Ostfriesland, Tecklenburg und Franken. ⌂ JUIST, Fam.-Bes.: Nachlaß. ✉ Aurich, Arch. der Ostfries. Lsch.: handschriftl. WV; Über meine künstler. Arbeit, in: Ostfreesland 61:1978, 95 s.; Zchngn aus Ostfriesland, Norden 1981; Fränk. Skizzen, Kipfenberg/Ansbach 1984; Eine Heimkehr, Kipfenberg/Ansbach 1986. ⊙ *E:* 1984 Emden, Ostfries. LM; Moormerland, Rathaus. ▭ Biogr. Lex. für Ostfriesland, I, Aurich 1993 (Lit.). H. Jörn

Deptmer, *Clawes* → **Ditmer,** *Clawes*

Deputatova, *Lidija Aleksandrovna*, russ. Schnitzerin, * 25. 12. 1927 Chot'kovo, lebt dort. Stud.: 1942–44 künstler. Berufsschule Abramcevo bei Iov Kornilovič Altuchov. Ab 1944 in der Fabrik für Schnitzgegenstände Chot'kovo tätig. – In der lokalen Trad. von E. 19./A. 20. Jh. Schnitzereien mit Tier- und Pflanzenornamentik im sog. Abramcevo-Kudrin-Stil: Schatullen (u.a. *Dub*, 1959), Schalen (*Los'*, 1960), Wandbilder (*Kozlik*, 1964), Pennale, kleine Wandschränke, Regale (Reliefschnitzerei mit Ovalkontur und eingelassenem Hintergrund, gebeizt, poliert). ⌂ MOSKAU, Volkskunst-Mus. ⊙ *G:* 1958 Brüssel: WA. ▭ ChudSSSR III, 1976. – *T. M. Razina*, Chudožestvennye promysly, Mo. 1982, 147. N. Beloglazova

Deputatova, *Paraskovija Pylypivna*, ukrain. Malerin, Zeichnerin, Illustratorin, * 25. 10.(7. 11.) 1917 Stuble/Gouv. Rjazan', † 13. 5. 1958 Kiev. Stud.: 1934–38 Kunstpädagog. FS Moskau: 1939–41 KHS ebd. bei Sergej Vasil'evič Gerasimov; 1944–46 KHS Kiev bei Oleksij Oleksijovyč Šovkunenko, Kostjantyn Mykolajovyč Jeleva. – D. wurde bek. als Autorin eigenwilliger, charaktervoller Portr. und handlungsreicher genrehafter Gem., in denen sie typ. Erscheinungen der Zeit feinfühlig behandelt: so in den Portr. des Malers *Konstantin Gavrilovič Dorochov*, des Helden der sozialist. Arbeit *D. V. Bojko*, beide 1949, des Verdienten Lehrers der Ukrain. SSR *R. N. Chandej*, 1952, und den Sujet-Komp. *Polonenych vedut'*, 1946; *Molodi kadry Donbasy, Bila rička*, 1947. Schuf auch oft Portr. hist. Persönlichkeiten (des Dramatikers und Schauspielers *I. K. Tobilevyč [Karpenko-Karyj]*, 1945; des Schriftstellers *N. A. Nekrasov*, 1948; alle Öl/Lw.). Des weiteren Buch-Ill., z.B. zu A. Čechov, *Van'ka*, Aqu., 1953; H. Bojko, *Vesela knyžecka*, 1956; M. Myršakar, *Deti solnečnoj doliny*, 1957, beide Aqu./Tusche. Während des 2. WK als Mitgl. einer Künstlerbrigade an der 1. Ukrain. und 1. Weißruss. Front Zyklen von Frontskizzen und Portr. (*Heroï nastupu*; *Komisar žyvyj*; Portr. des Helden der Sowjetunion *P. D. Stemasov*; alle 1943, Bleistift, Aqu.). ⌂ KIEV, Nat. KM. – Ševčenko-Mus. KIROVOHRAD, Heimatkunde-Mus., GG. ⊙ *G:* seit 1938, u.a. 1945 Wien: Arbeiten von Künstlern der 1. Ukrain. Front. ▭ SChU, 1973; ChudSSR III, 1976 (s.v. D., Praskov'ja Filippovna; Lit.); MU, 1992. – Istorija ukraïns'koho mystectva, VI, Kyïv 1968, 415; VSII Sprav III-V, 1973–81; *V. Ruban*, Ukraïns'kyj radjans'kyj portretnyj žyvopys, Kyïv 1977, 97. V. Ruban

Depuy, frz.-brasil. Maler, ab 1830er Jahre in Brasilien ansässig. Arbeitete v.a. als Ornamentenmaler im Auftrag der Reg. von Rio Grande do Sul. ⌂ MANAUS/Amazonas, Praça da Matriz. ▭ *A. Damasceno*, Artes plást. no Rio Grande do Sul (1755–1900), Pôrto Alegre 1971. M. N.

Depuydt, *Stefaan*, belg. Bildhauer, Maler, * 28. 5. 1937 Gistel. Stud.: 1949–56 Hoger Inst. St. Lucas, Gent, u.a. bei Charles Leplae; 1956–59 Nat. Hoger Inst. voor Archit. en Sierkunsten Ter Kameren, Brüssel. ⚭ Bildhauerin Livia Canestraro, gemeinsames Atelier um 1967 in Trastevere, dann in Lido di Fondi und Snellegem. Ausz.: 1962 Preis für Bildhauerei, Prov. W-Flandern; 1968 Berte Kunstpreis (lt. Kunstbeeld in Vlaanderen vandaag 1969); 1969 Stip. des belg. Staates. – Anfängl. Arbeiten in Ton, unter Einfluß von Marino Marini und Henry Moore arbeitet er ab 1962 direkt in Holz, Stein, auch Marmor, zumeist abstrakt-stilisierte, rhythmisierte Objekte, die D. als mon. Veredelungen des Mat. betrachtet. Er sieht im Akt der Bildhauerei eine Befreiung der dem Mat. innewohnenden Form, mit dem Ziel, ein mon. Ebenbild bzw. eine Metamorphose des menschl. Geistes zu schaffen. Später auch Skulpt. in Polyester und Bronze. Zahlr. Gemeinschaftswerke mit seiner Frau, u.a. in Brügge das Brunnen-Mon. *Op 't*

Zand sowie die Giebeldekoration *Die Verliebten auf der Burg* (Ezelstraat, Ryelandtsaal). Daneben abstrakte Gem. in dunkler Farbigkeit, durchbrochen von hellen Blitzen. 🏛 OOSTENDE, Sted. MSK. 👁 *E:* 1995 Blankenberghe, Casino (zus. mit Canestraro) / 1999 Oostende, Thermae Pal. – *G:* 1970 Bochum, Städt. KG: Akzente belg. Kunst (K). 📖 *Arto*, 1995; LWBK V, 1996. – Kunst aus W-Flandern. Von Permeke bis heute (K), Münster 1961; *E. de Keyser*, La sculpt. contemp. en Belgique, Br. 1972; Kunstbeeld in Vlaanderen vandaag (K), Tielt 1982. – Mitt. N. Hostyn, Oostende. U. R.

Depypere, *Michel*, belg. Maler, * 24. 6. 1923 Kuurne, † 19. 3. 1978 ebd. Stud.: Akad. voor Schone Kunsten, Kortrijk. Schüler von Albert Caullet, der D. zunächst richtungweisend beeinflußte; später Schüler von Roger Vercruysse (Rover), dabei angeregt durch die Abstraktion. Ab 1969 eig. Gal. in Kuurne. – Fläm. Lsch., Portr. und Stilleben. 🏛 KORTRIJK, Sted. Mus. TOURNAI, MBA. 📖 DPB I, 1995. – *B. Dewilde*, M. D., Tielt-Am. 1979. – Mitt. Gal. Depypere, Kuurne. K. S.-D.

Dequège, Maler-Fam. in Annecy, 1583–1609 nachweisbar. Bek. sind *Etienne D.* (1597–1609 nachg.; malte 1609 das Hochaltarbild in St-Maurice) und *Michel D.* (1583/84 an der Dekoration der Fête-Dieu beteiligt). 📖 ThB9, 1913. *Bénézit* III, 1976 (2 Art.).

Dequège, *Etienne* cf. **Dequège** (Maler-Fam.)

Dequège, *Michel* cf. **Dequège** (Maler-Fam.)

Dequel, *Oreste*, slowen.-ital. Bildhauer, * 17. 8. 1923 Capodistria (Koper), lebt in Rom. Schüler von Ivan Meštrović und Stud.: ABK Ljubljana. 1951 Wettb. um Mon. P. P. Vergerio: 1. Preis und Auftrag. 1956 Umzug nach Triest. Anschl. zahlr. Ausst.-Beteiligungen und Ausf. von Basreliefs für den Ozeandampfer „Guglielmo Marconi". – Figürl. Plastiken in Stein und Metall, stark beeinflußt von Meštrović, Aristide Maillol und Henry Moore. 👁 *E:* 1991 Köln, Olaf Clasen Gal. 📖 AIC II, 1966; Gente nostra I, 1968; EU SEDA III, 1969. – *F. Firmiani/S. Molesi* (Ed.), Cat. della GAM del Civ. Mus. Revoltella (K), Trieste 1970. S. P.

De Quelin, *Rene T.*, US-amer. Maler, Porträtist, Glasmaler, Designer, Bildhauer, Autor, * 1854 Bretagne/ Frankreich, † 22. 3. 1932 New York. Zunächst 10 Jahre Art Dir. der Tiffany Studios in New York. Lehrte am Carnegie Inst. in Pittsburgh/Pa. D. zog 1907 nach Los Angeles/Calif., gestaltete Glasmalereien für Kirchen (z.B. in San Diego/Calif.) und Privathäuser; als Kunstkritiker für das Mag. Los Angeles Graphic tätig. 1910/11 Aufenthalt in Tokio (Ausz.: Kaiserl. Gold-Med. für Aqu.). Danach in San Francisco/Calif. ansässig. Publizierte 1915/ 16 Art. über Tapisserie-Gestaltung. 1918 erschien in der Zs. Country Life D.s Essay über die Auswirkungen des 1. WK auf die dekorativen Künste. 📖 *Moure*, 1984; *Falk*, 1985; *Karel*, 1992 (s.v. Quélin, René-T. de). C. R.

Dequène, *Albert (Albert Charles)*, frz. Maler, * 27. 12. 1897 Lille, † 15. 5. 1973 ebd. Schüler von Pharaon de Winter, Fernand Cormon und Jules Adler. – Lsch., Portr., Genrebilder. 👁 *G:* ab 1920 Paris, SAfr. (1931, '37 Gold-Med.). 📖 Vol, 1953. *Bénézit* III, 1976. C. R.

Dequène, *Pierre (Jean-Pierre)*, belg. Maler, * 20. 5. 1905 Mons, † 26. 11. 1954 St. Gilles (Brüssel). Stud.: 1921 ABA Mons, bei Alfred Duriau, Charles Caty und Emile Motte (1er Prix d'excellence). Schüler im Atelier von Marcel Gillis. Mitgl.: Les Loups. Ausz.: 1926 Prix du Hainaut. – Figuren (Akte), Portr., Lsch., Stilleben. D. stellt v.a. Motive des einfachen Arbeiterlebens in großen, glorifizierenden Komp. und mit steifen, manierierten Figuren dar, z.B. Fresken für das Arbeitsamt in Lüttich und Univ. de Travail in Charleroi. Außerdem beschaul. Stilleben mit Alltagsobjekten. 🏛 AMSTERDAM, Christie's (Aukt. v. 19. 4. 84). BRÜSSEL, belg. Staat. MONS, MBA. TOURNAI, MBA. 👁 *G:* 1926 Paris, Salon d'Automne; Salon des Indépendants / 1928 Venedig: Bienn. 📖 Vol, 1953. *Bénézit* III, 1976; *Arto*, 1995; DPB I, 1995. – *J. Mambour-Deboulle u.a.*, Mons. Deux s. d'art, Br. 1989. U. R.

Dequenovaq, *Francesco* → **Duquesnoy,** *Frans*

Dequevauviller (De[c]quevauvillers; De[c]quevauvillier[s]; Desquevauvilliers; de Quevauviller; de Quevauvillier[s]), *François (Nicolas-Barthélemy-François)*, frz. Kupferstecher, Radierer, Illustrator, * 1745 Abbeville/ Somme, † zw. 1807 und 1809 (oder danach) vermutl. in Paris, da er dort lebte. ⚭ Marguerite-Angélique-Scolastique de Poilly (Mitgl. der Stecher-Fam. in Abbeville). Vater von François-Jacques D. Schüler von Jean Daullé. Zus.-Arbeit mit Niclas Lafrensen (Lavreince), nach dem D. zahlr. Bll. (v.a. Gesellschaftsszenen bzw. galante Sujets) stach, z.B. *L'assemblée au salon* (wahrsch. Salon des Duc de Luynes), 1783; *L'assemblée au concert*, 1784; *Le lever des ouvrières en modes*, 1784; *L'éc. de danse*, 1785; *Le coucher de ouvrières en modes*, 1786. D. stach außerdem 1786 *Le contretemps* und *L'indiscret* nach Antoine Borel. Ill. zu Pariser Publ.: *Gal. des peintres flamands, holl. et allemands* von J. B. P. Lebrun, 1777–90; *Tableaux de la Suisse* von J. B. de Laborde, 1780–86; *Voyage de Naples et de Sicile* von Saint-Non, 1781–86; *Voyage pittoresque de la Grèce* von Choiseul-Gouffier, 1782–1822 (Bd 1, 1782, Bd 2, 1809); *Gal. du Pal.-Royal* von J. Couché, 1786–1808; *Voyage pittoresque de la France* von J. B. de Laborde, 1787 ss.; *Gal. de Florence* von J. B. Wicar, 1789–1807; *Recueil de combats et d'expéditions maritimes* von N. M. Ozanne, 1797; *Voyage pittoresque de la Syrie* von L.-F. Cassas, 1799; *Le Mus. franç.* von S. C. Croze-Magnan, 1803–07. Ein weiteres Blatt, sign. D. père, befindet sich in *Description de l'Egypte*, 1809. – Char. für D.s Arbeiten sind v.a. die detaillierte Ausf., reizvolle Lichteffekte und feine Tonabstufungen. 🏛 PARIS, BN, Cab. des Estampes. 📖 ThB9, 1913. *Bellier/Auvray* I, 1882; DBF X, 1965; *Bénézit* III, 1976; DA VIII, 1996 (s.v. Fam. D.). – IFF, GravXVIII VII, 1951; IFF, Après1800 VI, 1953. M.-E. Hellyer

Dequevauviller (de Quevauviller), *François-Jacques*, frz. Kupferstecher, Illustrator, * 1783 Paris, † um 1848 ebd. Schüler seines Vaters François D. und von Auguste-Gaspard-Louis Desnoyers. Ill. u.a. zu *Gal. de Florence* von J. B. Wicar, 1789–1807; *Mus. franç.* von S. C. Croze-Magnan, 1803–09 (darin die mit D. fils sign. Bll. *Victoire choragique* nach Molinchon und *Minerve et Typhée* nach Desenne); *Gal. du Mus.*, 1804–28 (Bll. mit skulpturalen Motiven); *Voyage pittoresque et hist. de l'Espagne* von A. L. J. de Laborde, 1806–20 (D.s größter Auftrag). Stach zahlr. Portr., u.a. *Charles Ferdinand d'Artois, duc de Berry* nach Bourdon, um 1820; *Louis François, cardinal de Bausset* nach Labby, um 1820; *Fulcrand-Jean-Joseph-Hyacinthe D'Aigrefeuille* nach Hyacinthe Rigaud; *Erasmus* und *Nikolaus Kratzer* nach Hans Holbein d. J. ⌂ PARIS, BN, Cab. des Estampes. – Louvre, Chalcographie. ▭ ThB9, 1913. *Bellier/Auvray* I, 1882; DBF X, 1965 (s.v. D., François); DA VIII, 1996 (s.v. Fam. D.). – IFF, Après1800 VI, 1953. M.-E. Hellyer

Dequin, *Auguste*, frz. Maler, * 27. 12. 1819, † 5. 12. 1894. Schmied, daneben 1840 Schüler von Joseph Varin. – V.a. Lsch. (vermutl. Malerei aus der Vorstellung). ⌂ CHALONS-EN-CHAMPAGNE, Mus. mun.: Allée d'arbres dans un parc; Torrent sous bois et chemin couvert. ▭ *Bénézit* III, 1976; *Harambourg*, 1985. – Mém. de la soc. d'agriculture, commerce, sc. et arts de la Marne, 1855, 137 s.; Progrès de la Marne v. 26. 9. 1886. – Mitt. J.-P. Ravaux, Mus. mun., Châlons-en-Champagne. K. S.-D.

Dequinne (Dequinze), *Lambert Joseph*, Bildhauer, * Lüttich, † 6. 11. 1757 ebd. 1734 (lt. Vertrag v. 23. 1. 1734 unter Ltg von Antoine Bellet) bis 1757 für die Skulpt.-Ausstattung für das kgl. Schloß in Stockholm tätig; fertigte u.a. die ornamentierten Fensterpaneele. Arbeitete in Stein, Holz, Stuck, Pappe. ▭ ThB9, 1913. SvKL II, 1953; V, 1967 (Suppl.). – *Rambaud* I, 1964.

Dequis, *Alexander*, dt. Keramiker, * 1961 Offenbach, lebt in Mühlheim. Stud.: 1980–87 Kunst- und Werkerziehung, Johannes-Gutenberg-Univ. Mainz, Keramik bei Volker Ellwanger und Maria Geisert; 1988 zweites Staatsexamen in Frankfurt am Main. 1981 Wkst. zus. mit Ursula D. in Offenbach. Ab 1984 selbständige Tätigkeit ebd.; 1983–87 Ltg der Keramik-Wkst. und Arbeit mit Behinderten an der Käthe-Kollwitz-Schule, Offenbach; 1987/88 Ltg der Keramik-Wkst. der Anna-Schmidt-Schule, Frankfurt am Main, seit 1990 dort Lehrer. – D. fertigt große Gefäße mit exakten Konturen und Proportionen aus Raku-Keramik, jedoch mit versch. Oberflächenstrukturen, die für die zeitgen. Raku-Kunst ungewöhnl. sind. So werden die rauh-porösen und gerissenen Oberflächen mit wässrigem Ton-Schlicker überdreht und geglättet oder erhalten unterschiedl. Drehrillen-Dekore. Glasurexperimente mit Sägemehl, Heu, Gras oder Laub schaffen unruhiggeflammte Farbenspiele oder Lüsterglasuren, die die typ. Raku-Craquelés beleben. ⌂ FRECHEN, Keramion. HÖHR-GRENZHAUSEN, Keramik-Mus. Westerwald. SÖGEL, Emsland-Mus. Schloß Clemenswerth. ✉ Keramik-Mag. 1991 (5) 14 s. ⊙ *E:* 1989 Bonn, Gal. Renate Aengenendt; Friedberg, Keramik-Gal. Ulla Hensellek / 1990 Sommerhausen, Gal. am Roten Turm / 1991 Frankfurt am Main, La Gal. – *G:* 1985, '89, '90, '92, '95 Höhr-Grenzhausen, Keramik-Mus. Westerwald / 1985 Mainz, Mittelrhein. LM / 1987 Offenburg, StG im Spitalspeicher / 1988, '91 Frechen, Keramion / 1989 Berlin, Gal. Theis / 1992 Bonn/Bad Godesberg, Muffendorfer Keramik-Gal. ▭ WWCCA, 1996. – *K.-R. Henkes/A. Schmidt-Walguny*, Dt. Keramik '85 – Westerwaldpreis (K), Montabaur 1985, 78; Keramikpreis 1988 (K), Frechen 1988, 12–15; Keramik-Mag. 12:1990 (5) 270; *B. Görg/K.-R. Henkes* (Bearb.), Richard Bampi Preis 1990 zur Förderung junger Keramiker (K), Montbaur 1990, 40 s.; *U. Philippi*, Keramos 1991 (131) 9–55; Förderpreis Keramik der Nassauischen Sparkasse '91, Wb. 1991, 44 s.; *H. Heidermann*, Keramik-Mag. 15:1993 (1) 4–7; Dt. Keramik '95 – Westerwaldpreis (K), Montabaur 1995, 54, 138. B. Ostermann

Dequoy, *Nicolas* cf. **Dequoy,** *Pierre-Simon*

Dequoy (De Quoy), *Pierre-Simon*, frz. Maler, Kunsthändler, * um 1698 Paris, † 31. 12. 1764 ebd. Ausb. bei den Gobelins, in deren Hôtel royal die Fam. D. wohnte. Obwohl nicht Mitgl. der Acad. royale arbeitete D. für die Bâtiments du roi. Er malte 1723/24 einen *Hl. Ludwig, vor einem Kruzifix niederkniend* (für die Chap. de l'Hôtel des mousquetaires) sowie zw. 1726–30 neun Gem. (vier davon als Supraporten mit allegor. Sujets) für die Bâtiments du Roi. 1737 wurde D. als Meister in die Acad. de St-Luc aufgenommen, für deren Salons er vier Reprisen erstellte. D.s Verbindung zu den Gobelins ermöglichte die Bekanntschaft mit Charles Chastelain und dem bek. Kunstsammler Jean de Jullienne, der zwei Genrebilder (*Ein Greis mit Weinkrug*; *Ein Pilger*) von ihm kaufte und ihn mit der Ausf. eines Gem. zur *Gesch. des Hl. Hippolyt* für die gleichnamige Kirche beauftragte (1752/53 war D. rechnungsführender Küster dieser Kirche). D. betätigte sich auch als Kunsthändler, was sein Atelier-Lagerbestand beweist, der mehr als 200 Gem. umfaßte, darunter zahlr. Kopien nach bolognes. Malern des 17. Jh. und frz. Malern (u.a. Charles Le Brun, Jean-Baptiste Jouvenet, Charles de La Fosse) sowie viele Portr. von Würdenträgern. – D. kopierte Portr. und malte hist., relig. Bilder sowie Genreszenen, bes. Elends- und Armuts-Motive. – Von seinem Vater, dem Peintre ordinaire du roi *Simon D.* (* 1655, † 11. 9. 1727 Paris) befindet sich im Mus. du Château in Versailles ein 1695 dat. und sign. Portr. von Anne de Souvré, Marquise de Louvois. D.s Bruder *Nicolas D.* (* um 1684, † 29. 12. 1750) arbeitete auch als Maler. Seine Schwester *Marie Corneille D.* war mit dem Maler Pierre Jacques Forestier verheiratet. ⌂ CAEN, MBA: Portr. des jungen Ludwig XV., 1723, sign. ⊙ *G:* Paris, Salon: 1751 (u.a. Bettler; Trinker); 1752 (u.a. Hl. Petrus; Hl. Paulus; Bettler, seine Suppe essend); 1753 (u.a. Das Urteil des Paris; Johannes der Evangelist; Hl. Jakobus d.Ä.); 1756 (Hl. Philipp; Trinker; Kleines Kind). ▭ ThB9, 1913. DBF X, 1965; *Bénézit* IV, 1999. – *Abbé J. Gaston*, Une paroisse parisienne avant la Révolution, St-Hyppolite, P. 1808, 110; *J. Guiffrey*, Scellés et inv. d'artistes (NAAF), P. 1884/85; NAAF, P. 1897, 32–34; *F. Engerand*, Inv. des tableaux commandés et achetés par la dir. des Bâtiments du roi, I, P. 1901; Mus. de Versailles (K: C. Constans), I, P. 1994. – Paris, Arch. nat.: Minutier central: XLIX/589, 29. 2. 1736 (zu Simon D.). F. Marandet

Dequoy, *Simon* cf. **Dequoy,** *Pierre-Simon*

Dér, *István*, ungar. Maler, Zeichner, * 28. 5. 1937 Csanádpalota, † 30. 5. 1993 Szeged. Stud.: bis 1959 Pädagog. HS ebd., Dipl. als Zeichenlehrer bei László Vinkler. Seit 1960 regelmäßige Teiln. an Ausst. in

Hódmezővásárhely, Szeged und Umgebung. Als Grund-, später Hochschullehrer tätig. Seit 1966 Aufenthalte in der Künstlerkolonie von Tokaj. Gründungs-Mitgl. der Künstler-Vrg SZÖG-ART. Ausz.: 1966 Malerpreis der Sommerschau in Szeged; 1975 Niveaupreis ebd.; 1971 Plakette der Künstlerkolonie von Makó; zweimal Stip. und Niveaupreis für Bild. Kunst des Stadtrates Szeged; 1976 Preis für Kunstschaffen der Stadt Szeged. – D. ist ein leidenschaftl. Maler der Ungar. Tiefebene, des Bauernlebens, liebt bes. die Darst. des Theiß-Ufers. Anfangs malt er realist., stark von der Schule von Hódmezővásárhely beeinflußt. Monumentalität, konstruktive Formenbildung mit starken Konturen charakterisieren die Bilder seit M. 60er Jahre (*Kopasz kovács*/ Kahler Schmied, 1965); nach ca. zehn Jahren lockert sich sein Stil, stilisierte symbol. Themen (*Szitakötőnász*/ Libellenhochzeit, 1975) und ausdrucksstarke Lyrik vereinen sich in den weiteren Arbeiten. Die meisten Gem. werden von warmen Brauntönen dominiert, die Herbst und Vergänglichkeit assoziieren. In den Zchngn geht D. wesentl. sparsamer mit der Motivik um. Seine Ill. erschienen u.a. in den Ztgn Tiszatáj, Dél-Magyarország. 🏛 KECSKEMÉT, Komitats-Rathaus: Holzintarsie, 1973. SZEGED, Móra F. Múz. ⊙ *E:* 1966 Hódmezővásárhely, Tornyai J. Múz.; Gyula, Erkel Ferenc Múz. / Szeged: 1966, '79, '94 Móra F. Múz.; 1970 Művészklub; 1976 Gulácsy Lajos Terem / 1974 Tokaj, Helytörténeti Múz. / 1975 Makó, Kiállítóterem (mit Mihály Patay und László Vinkler) / 1978 Győr, Képcsarnok / 1982 Békéscsaba, Munkácsy M. Terem / 1985 Budapest, Mednyánszky Terem. – *G:* u.a. 1970 Berlin, Altes Mus.: Künstler der Ungar. Tiefebene. 🕮 MűvÉlet, 1985; MagyFestAdat, 1988; KMML I, 1999 (Liste der Ausst.). – *J. Dömötör*, Tiszatáj 1966, 217; *Z. Szelesi*, Dél-Magyarország v. 6. 9. 1966; *L.Ökrös*, ibid. 4. 8. 1968; *L. Akácz*, Műv 14:1973 (8) 23. É.Hollósi

Dér, *Marianne*, ungar. Malerin, Zeichnerin, Graphikerin, * 6. 4. 1905 Budapest, † 16. 1. 1971 ebd. Schwester von Vera D. Autodidaktin, erst spät Beschäftigung mit bild. Kunst. Ab 1954 Ausb. im Dési-Huber-Kreis unter Ltg von A. Endre Fenyö. Regelmäßige Arbeit in den Künstlerkolonien von Nagymaros, Kecskemét und Balatonszántód, gleichzeitig Mitwirkung auch in Hódmezővásárhely und Szentendre. – Stellte in Ölbildern, Pastellen, Aqu., Kohle-Zchngn und Linolschnitten ihre unmittelbare Umgebung, v.a. Lsch. und Stadtansichten der Künstlerkolonien (Donauknie, Szentendre), und eig. Reisen (Krakau, Dubrovnik, Paris) dar. Ihre zumeist melanchol.-lyr. Bilder sind durch eine intensive Subjektivität gekennzeichnet, dank der sie die Realität verinnerlicht und in einer immer abstrakter werdenden Form- und Farbenwelt darzustellen vermochte. Auf ihre frühen Arbeiten wirkte spürbar die (Pastell-)Kunst des József Rippl-Rónai. 🏛 BUDAPEST, Magyar NG. ⊙ *E:* Budapest: 1968 Radnóti Klub; 1973 Magyar NG (Gedenk-Ausst.; K: É. Gerevich) / 1977 Wien, Collegium Hungaricum. 🕮 *S. Láncz*, Műv 9:1968 (7) 47; *F. Szamosi*, Budapester Rundschau v. 17. 9. 1973; *Gy. Horváth*, The New Hungarian Quart. 1974 (53) 196. – Budapest, Magyar NG, Archiv. L. Százados

Dér, *Vera* → **Deér,** *Vera*

Deraedt, *Maurice*, belg. Bildhauer, Maler, Zeichner, * 30. 5. 1881 Ieper, † 28. 10. 1955 ebd. Stud.: Akad. Ieper und Rijsel; Koninkl. ABK, Antwerpen. Während des 1. WK Aufenthalt in Paris, 1916 Heirat. 1924 Rückkehr nach Ieper. 1925 Eröffnung eines Geschäftes für Künstlerbedarf, 1928 eines Ateliers, dort als Priv.-Lehrer tätig. – Bildhauer beim Wiederaufbau von Ieper. Später zahlr. Büsten und Bildnisgruppen, u.a. drei für die St. Jacobskerk (1937, '40–45, '48). Malt und zeichnet (Pastell) v.a. Stilleben. 🏛 *Skulpt.:* BOEZINGE, St. Michielskerk, 1927. IEPER, Grote Markt, 1927. – Froidure-Kap., 1928. – Nazareth, 1928. – Surmont de Volsberghestraat, 1931, jeweils Giebel der Häuser E. Froidure. – Gedenktafel Jan Yperman, 1934. – Mus. van het Belle Godshuis: Doxale und Altar, 1934–36. – Neptunus- bzw. Fischtor: 1938/ 39. – *Gem., Zchngn:* IEPER, Sted. Mus. – Acad. – Mus. van het Belle Godshuis. – St. Jacobskerk. 🕮 LWBK V, 1996. U. R.

Derain, *André*, frz. Maler, Zeichner, Bildhauer, * 17. 6. 1880 Chatou/Yvelines, † 8. 9. 1954 (nach Verkehrsunfall) Garches/Yvelines. D. beginnt als 15jähriger zu malen und ist 1895–98 Schüler von Alfred Jacomin. 1898/99 Stud. an der Acad. Carrière; durch die Ausb. bei Eugène Carrière und persönl. Kontakte zu Henri Matisse, Albert Marquet und Georges Rouault reift 1898 seine Entscheidung, sich fortan ausschl. der Malerei zu widmen. 1900 läßt sich D. zus. mit Maurice de Vlaminck auf der Seine-Insel b. Chatou nieder, malt erste Lsch., fertigt humorist. Zchngn und illustriert Bücher, wie z.B. Vlaminck/F. Sernanda, *D'un lit dans l'autre*. Während des Militärdienstes 1901–04 interessiert er sich zunehmend für westeurop. primitive Kunst, ethnograph. Sehenswürdigkeiten, Volkskunst sowie Negerplastik und beginnt auf diesen Gebieten zu sammeln; zudem besucht er regelmäßig den Louvre (frühe ital. und frz. Meister, ägypt. Kunst). 1905 malt er zus. mit Matisse in Collioure Portr. und Lsch.; zus. mit Vlaminck, Marquet, Othon Friesz, Kees van Dongen und Matisse stellt er im Salon d'Automne aus, wo der Kritiker Louis Vauxcelles zur Bezeichnung ihrer Arbeiten erstmals den Terminus „Fauve" gebraucht. 1905 Vertragsabschluß mit dem Kunsthändler Ambroise Vollard, der einen Großteil von D.s Werken ankauft. E. 1905/ A. 1906 Reise nach London und Gest. einer Ser. mit Ansichten der Themse. Bekanntschaft mit Pablo Picasso; Umzug nach Montmartre (rue Tourlaque), wo D. mit dem ihm seit E. 1906 bek. Georges Braque verkehrt, der seine Vorliebe für die „fauvist." Farben teilt. A. 1907 gelingt es D., Picasso zum Besuch im Mus. d'Ethnographie du Trocadéro zu überreden. Etwa zeitgleich versucht er sich erstmals auf dem Gebiet der direkten Steinbildhauerei (*Femme debout*, Paris, MNAM). Im Winter 1907/08 zerstört er einen großen Teil seiner Arbeiten, wodurch der Werkankauf durch Vollard ab 1905 für die Bewertung von D.s Frühschaffen von großer Bedeutung ist. Um diese Zeit läßt sich D. von P. Cézanne inspirieren und wendet sich dem Kubismus nahestehenden Komp. zu (*Paysage près de Cassis*, 1907; *Vue de Cagnes*, 1910). Die Ser. *Baigneuses* zeigt den Einfluß afrikan. Stammeskunst, bes. der Bildhauerei, durch die der frz. Primitivismus jener Jahre größtenteils geprägt ist. 1911 Beginn der sog. „got." (oder „byz.") Periode (bis 1914) mit in nüchternen Farben gemalten Stilleben und figürl. Szenen (*La Cène*, 1911; *Nature morte au crâne*, 1912), die entgegen avantgardist. Haltungen von einer archaisierenden Kunstbetrachtung auszugehen scheinen. Im 1. WK Frontkämpfer. Nach 1914 verwirft D. seine kubist. Auffassungen und beginnt sich an der Kunst des 15. Jh. zu orientieren. 1916 erste Einzel-Ausst. in der Gal. Paul Guillaume mit einem Kat. von Guillaume Apollinaire, Pierre Reverdy, Blaise Cendrars und Max Jacob. 1919 entwirft D. im Auftrag von Serge Diaghilev Dekoration und Kostüme zu *La Boutique fantastique* für die Ballets russes. Die Atmosphäre der „Rückkehr zur Ordnung" in der Nachkriegszeit kommt D.s Auffassungen ganz bes. entgegen. 1920 von André Lhôte als bedeutendster lebender frz. Maler bez., gestaltet er nun mimet.-gegenständl. Bilder auf der Grundlage einer virtuosen Technik, eines sehr klaren Verständnisses für die Zchng und der perfekten Beherrschung der Materie. Sowohl mit *L'Italienne* (1921/22) als auch mit *Arlequin et Pierrot* und *La Table de cuisine* (beide 1924) scheint D. die für seine Zeit typ. Rückbesinnung auf den Klassizismus schlechthin zu verkörpern. In diesem Kontext steht er 1921 im Mittelpunkt der polem. Pressekampagne „Pour ou contre D.?". Der ständig wachsende Erfolg findet seinen Ausdruck u.a. 1930 in der ersten Personal-Ausst. in einem Mus. (Cincinnati/Ohio, AM). 1931–45 scheint D.s Entwicklung mehr und mehr konträr zu der seines Umfelds zu verlaufen. 1935 verläßt er Paris und wählt Chambourcy als ständigen Wohnsitz; dort malt er von vergangenen Epochen, bes. von der griech. Antike und der Renaiss., inspirierte großformatige Komp. (*Le retour d'Ulysse*, 1938), Lichteffekte gestaltet er dabei außergewöhnl. virtuos. 1941 Teiln. an der von Arno Breker organisierten Reise frz. Künstler nach Deutschland; unter dem Vorwurf der Kollaboration wird daher 1945 vom Comité d'Epuration pour collaboration avec l'Allemagne durant l'Occupation ein Untersuchungsverfahren gegen D. eingeleitet, was zu seiner radikalen Entfernung von der Kunstszene führen sollte. Dennoch malt er bis zum Tod nicht nur weiterhin, sondern entwirft auch zahlr. Bühnendekorationen und Kostüme für Ballett- und Opernaufführungen (*Mam'zelle Angot*, 1947; *L'enlèvement au sérail*, 1951) sowie Masken und Figurinen aus Eisen- und Kupferfolie. – Durch D.s Facettenreichtum ist es möglich, die Komplexität der Kunst des 20. Jh. zu ermessen. Als Vertreter der Avantgarde prägt er 1906–10 den Fauvismus und auch den Kubismus auf ganz bes. Weise; bereits vor 1914 orientiert er sich dann auf eine sehr persönl., zur Entwicklung seiner Epoche konträren Richtung. D.s vielseitiges Schaffen zeigt sowohl große stilist. Vielfalt als auch die Anwendung von sehr unterschiedl. Techniken: Ölmalerei, Aqu., Hschn., Kpst., Keramik, Stein-, Ton- und Metallbildhauerei, Entwurf von Theaterdekorationen und -kostümen. Obwohl er mitunter als zurückgezogener, in eine Welt der simplen Imitation von hist. Vorbildern geflüchteter Künstler begriffen wird, ist er ein kühner Interpret, der sich sowohl der eig. schöpfer. Grenzen als auch der polit. Unsicherheiten und Unwägbarkeiten, bes. in den 30er Jahren, bewußt ist. Nacheinander und aus ganz unterschiedl. Motiven wurde D. von Apollinaire, Jean Cocteau, André Breton, Kahnweiler, Carlo Carrà, Francis Picabia, Marcel Duchamp und Alberto Giacometti bewundert.

🏛 BASEL, KM. BERN, KM. BREMEN, KH. BUKAREST, MN de Artă. CARDIFF, NM of Wales. CHICAGO, Art Inst. CINCINNATI/Ohio, AM. CLEVELAND/Ohio, Mus. of Art. DETROIT/Mich., Inst. of Arts. GENF, Petit Pal. HAMBURG, KH. KELVINGROVE, AG and Mus. KÖLN, Mus. Ludwig. KOPENHAGEN, Statens Mus. for Kunst. LEEDS, City AG. LIVERPOOL, Walker AG. LONDON, BM. – Tate Gall. MINNEAPOLIS/Minn., Inst. of Arts. MOSKAU, Puškin-MBK. NEW YORK, Metrop. Mus. – MMA. PARIS, Bibl. Doucet. – MAMVP. – MNAM. – Mus. de l'Orangerie. – Mus. Picasso. PITTSBURGH/Pa., Carnegie Mus. of Art. ROM, Pal. Barbarini. SALTAMA, MMA. ST. PETERSBURG, Ermitage. SANTA BARBARA/Calif., Mus. of Art. SAPPORO, Hokkaido MMA. STANFORD/Calif., Stanford Univ. Mus. of Art. STUTTGART, SG. TEHERAN, MMA. TROYES, MAM, Donation Pierre Lévy. WASHINGTON/D. C., NG of Art. WIEN, Mus. des 20. Jh. ZÜRICH, Kunsthaus.

✉ Lettres à Vlaminck, P. 1955. 👁 *E:* Paris: 1916, '29 Gal. Paul Guillaume; 1933 Quatre Chemins; 1935 Gal. Renou et Colle; 1995 MAMVP (K: S. Page u.a., sehr wichtige Bibliogr.) / New York: 1917 Mod. Gall.; 1922, '36 Brummer Gall.; 1931 Gal. Knoedler; Harriman Gall.; 1933 Gal. Durand-Ruel; 1936 Gal. Etienne Bignou; 1939 Lilienfeld Gall.; 1940 Pierre Matisse Gall. / 1922, '29 Berlin, Gal. Flechtheim / 1927, '29 Düsseldorf, Gal. Flechtheim / London: 1928, '31 Lefevre Gall.; 1933 Tooth and Sons; 1937 Reid and Lefevre Gall. / 1931 Cincinnati (Ohio), AM / 1935 Basel, KH / 1941 Los Angeles (Calif.), Dalzell Hatfield Gall. / 1993 Chambourcy, Maison D.: L'œuvre sculpté. – *G:* Paris: ab 1905 Salon d'Automne; Salon des Indépendants; 1918 Gal. Paul Guillaume: Peintres d'aujourd'hui; 1937 Petit Pal.: Les maîtres de l'art indépendant; MNAM: 1951: Les Fauves; 1966: Le fauvisme franç. et les débuts de l'expressionnisme allemand; 1978 Orangerie des Tuileries: Donation Pierre Lévy; Les réalismes; 1984–85: Donation Louise et Michel Leiris. Coll. Kahnweiler-Leiris; 1991: André Breton. La beauté convulsive; 1987 MAMVP: Paris 1937. L'art indépendant; 1993 Louvre: Copier Créer; Mus. de l'Orangerie: Les arts à Paris chez Paul Guillaume, 1918–1935 / 1908 Moskau, Salon de la Toison d'or / 1911 Berlin, Ausst.-Haus der Sezession / 1912 München, Der blaue Reiter / London: 1912 Grafton Gall.: Second Post-Impressionist Exhib.; 1987 Barbican AG: The image of London. Views by travellers and émigrés 1905–1920; 1990 Tate Gall.: On classic ground. Picasso, Léger, de Chirico and the New Classicism 1910–1930 / New York: 1913: Armory Show; 1926 AC: Memorial Exhib. of representative works selected from the Quinn Coll.; MMA: 1942–43: XXth c. portr.; 1952: Les Fauves; 1976: The wild beasts. Fauvism and its affinities; 1950 Sidney Janis Gall.: Les Fauves / 1915 Rom, Secessione, 3. Internationale / 1929 Cambridge (Mass.), Harvard Soc. for Contemp. Art: A. D., Matisse, Picasso, Charles Despiau / 1939 Boston (Mass.), Inst. of Contemp. Art: The sources of mod. paint. /

1950 Bern, KH: Die Fauves und die Zeitgen.; Venedig: Bienn. / 1981–82 Toronto, AG of Ontario: Gauguin to Moore. Primitivism in mod. sculpt. / 1991 Essen, Mus. Folkwang; Amsterdam, Van Gogh Mus.: Van Gogh et le Moderne / 1992–93 Aichi u.a.: Fauvism and mod. Japanese paint. (Wander-Ausst. durch Japan) / 1993–94 Essen, Mus. Folkwang; Moskau, Puškin-MBK; St. Petersburg, Ermitage: Morozov and Ščukin. The Russian collectors. ▭ Vo1, 1953; Vo5, 1961. DA VIII, 1996; *Bénézit* IV, 1999. – *D. H. Kahnweiler*, D., L. 1920; *C. Charrà*, D., R. 1921; *E. Faure*, D., P. 1923; *A. Salmon*, A. D., P. 1924; *A. Basler*, A. D., P. 1928; *J. Leymarie*, D., P. 1949; *M. Sandoz*, Eloge de D., P. 1958; *D. Sutton*, D., Lo. 1959; *P. Cailler*, Cat. raisonné de l'œuvre sculpté d'A. D., I: L'œuvre édité, Genève 1965; *J. Lee*, The work of D. between 1907 and 1914, Mag.-Arbeit Courtauld Inst., London 1979; *M. Parke-Taylor*, A. D.'s „Fauve" era sketchbook 1903–1906, Mag.-Arbeit Courtauld Inst., London 1979; *E. Gilbert*, Cat. raisonné du peintre-graveur A. D. 1880–1954, Diss. Univ. de Paris IV, 1985; *J. Lee*, D. (K), Ox. 1990; *S. Miquel*, Le serment des Horaces 1990 (4) 130–136; *P. L. Rinuy*, Le renouveau de la taille directe dans la sculpt. en France, 1880–1940, Diss. Paris 10, Nanterre 1991; *M. Kellermann*, A. D. Cat. raisonné de l'œuvre peint, I: 1895–1914, P. 1992; II, 1915–1934, P. 1996; *E. Pernoud*, L'estampe des Fauves, P. 1994; *P.-L. Rinuy*, Rev. de l'art 1996 (113) 93. – Chambourcy, Arch. G. Taillade. Paris, Bibl. Doucet; Gal. Louise Leiris. P.-L. Rinuy

Derain, *Gilles*, frz. Designer, * 1944. Aktiv an der Wiederbelebung hist. Dekorationskunst beteiligt; Mitgl. der Union des Artistes Modernes. Entwürfe für Lampen, z.B. 1979 MPC (Merci Pierre Chareau), Möbel, Teppiche (für Géométrie Variable) und Schmuck (für Gay Frères, 1980). 1985 Möbel für die Firma Pentalux aus poliertem Chromargan und schwarz lackiertem Aluminium. ⊙ *E:* Paris, Gal. Modernismes (ständige Verkaufs-Ausst.). ▭ Dict. internat. des arts appliqués et du design, P. 1996. K. S.-D.

Derais (De Rais; Des Rais; Lesrays; irrtüml. De Vais), *Guillaume*, französischer Bildhauer, 1692–1707 in Brest belegt; Ausf. von Schiffsdekorationen für die „Soleil Royal" (1692/93; mit Jean Bretin) und die „Foudroyant" (1694). Zus. mit Guillaume Lerrel fertigte D. ab 1710 (Vertrag mit der Gemeinde von Landivisiau) ein Rosenkranz-Retabel, das 1712 (als unzureichend ausgef.) begutachtet wurde. ▭ *Castel/Thomas/Daniel*, 1987. C. R.

Deraisme, *Georges-Pierre*, frz. Bildhauer, Ziseleur, * 24. 5. 1865 Paris, † nach 1930. Schüler von E. Michaut, dabei Figuren, Reliefs und Gruppen. Beeinflußt durch René Lalique, mit dem D. zusammenarbeitet. Partner von Uldry, dabei ab 1908/09 eig. Atelier (geleitet von Thiénot). V.a. mit Barett-Broschen und Ringen, in denen Formen der 1920er Jahre anklingen, im Salon vertreten. ⌂ PARIS, MAD: Halskette (mit Uldry und vermutl. R. Lalique). ⊙ *G:* Paris: 1909–13 SAfr. (Med. 2. Kl.); 1910–14 Salon des Artistes décorateurs. ▭ *Bénézit* III, 1976; *Mackay*, 1977; Dict. internat. du bijou, P. 1996. – Mitt. E. Possémé, MAD Paris. K. S.-D.

Deram, *Christopher*, norweg. Miniaturmaler, get. 27. 9. 1755 Drammen, † (kurz vor?) 5. 9. 1789 Neapel (vgl. Colding, 1991, 122 s.). Sohn und Schüler des Malers Johan Diderich von Dram (D. änderte seinen Namen in Deram). Frühes Interesse für Min.-Malerei, annoncierte 1782 in Christiania (Oslo) die Anfertigung von Porträts. Stud.: 1778–80 KA Kopenhagen; ab 1786 KA Paris (mit kgl. Stip.) als Protegé des Kupferstechers Johan Georg Wille. 1788 in Rom, wo er vermutl. Goethe traf (vgl. eine Episode in der von Goethe verfaßten Biogr. über Philipp Hackert), ab '89 in Neapel, wo er in der Gal. in Capodimonte kopieren wollte, verstarb aber kurz nach der Ankunft. – Nur wenige Arbeiten D.s sind bekannt, v.a. Kopien nach and. Künstlern. Malte Portr. und Min. in Öl und Pastell auf Elfenbein, dessen Transparenz er effektvoll einsetzte. Arbeitete u.a. für die Erzherzogin Anna Amalie von Sachsen-Weimar. Eigenständige Werke, die er mit Deram 1786 sign., sind *Gutt med dukke* (NM, Stockholm) und *Gutt med bøsse* (Priv.-Bes., ebd.) sowie ein Min.-Portr. von *Grev Jørgen Scheel* (Priv.-Bes., Dänemark). D.s Pastelle lassen sich nicht eindeutig identifizieren, aber die Kopie eines Portr. (Priv.-Bes., Bergen) und ein Selbstbildnis (Priv.-Bes., Kopenhagen) können ihm zugeschrieben werden. ⌂ KOPENHAGEN, Statens Mus. for Kunst. – Schloß Rosenborg. OSLO, Univ.-Bibl. STOCKHOLM, NM. ▭ ThB9, 1913. *Schidlof* I, 1964 (beide s.v. Deramm, Christopher); NKL I, 1982 (Lit.); *Weilbach* II, 1994 (s.v. Deramm, Christopher). – *T. H. Colding*, Miniature- og emaillemaleri i Danmark 1606–1850, Kph. 1991. G. Alfsen

Derambakhsh, *Kamis* → **Kambis**

Deramm, *Christopher* → **Deram,** *Christopher*

De Ramsey, engl. Baumeister-Fam., 1. H. 14. Jh. am südl., viell. auch am östl. Kreuzgang sowie am Glockenturm der Norwich Cathedral tätig. ▭ BE, North-East Norfolk, 1962 (Repr. 1973). K. F.

Deran, *Erol*, türk. Maler, * 5. 7. 1937 Ankara, lebt in Istanbul. Stud.: bis 1960 Staatliche KA Istanbul (Yüksek Dekoratif Sanatlar Bölümü) bei Sabri Berkel und Gevher Bozkurt; 1975–90 Doz. an der Türk Üniv. Istanbul. Ausz.: 10. Uluslararası İstanbul Festival. ⊙ *E:* Istanbul: 1982-'86 Gal. Baraz; 1991 Destek Reasürans Sanat Gal. – *G:* 1993 Istanbul: 3. Sanat Fuarı (K). ▭ Günümüz türkiyesinde kim kimdir (Who's who in Turkey), 6. ed., Istanbul 1999. S. B.

Derancourt, *C.*, frz. Lithograph, Illustrator, fertigte u.a. 182 Bll. mit galanten und anmutigen Sujets, ersch. 1842–71. ⌂ PARIS, BN, Cab. des Estampes. ▭ ThB9, 1913. – IFF, Après1800 VI, 1953. C. R.

Derand, *François*, frz. Architekt, Mathematiker, Jesuit, * um 1588/91 Diözese Metz (vermutl. Vic-sur-Seille/Moselle), † 26. 10. 1644 Agde/Hérault. 1611–13 Ausb. im Novizenhaus in Rouen, 1613–15 im Collège von La Flèche. 1615–18 Mathematiklehrer im Collège zu Rennes, 1618–21 in dem von La Flèche. Der um 1614 von Salomon de Brosse ausgef. Schloßbau in Blérancourt/Aisne wurde D. mehrfach irrtüml. zugeschrieben. Nach der Priesterweihe 1621 übernimmt er für den Orden der Jesuiten in ganz Frankreich die Überwachung von Bauvorhaben, bes. des 1632–35 unter Ltg von

Charles Turmel entstandenen Collège in Orléans. 1623–29 Aufenthalt in Rouen, wo er wahrsch. am Collège und viell. am Novizenhaus mitarbeitet. 1625/26 am Bau der Kollegiatskirche in Rennes beteiligt. Zudem könnte D. am 1623 beg. Collège de Clermont in Paris mitgewirkt haben. 1629 Nachf. von Pater Etienne Martellange beim Bau der Kirche des Ordenshauses der Jesuiten in Paris (heute Kirche St-Paul-St-Louis, rue Saint-Antoine); er zeichnet einige dekorative und Ausstattungsstücke, v.a. den Hochaltaraufsatz (zerst.), der dem unter seiner Ltg 1633 vom Architekten Pierre Corbineau aus Lavalle gestalteten Hochaltar der Jesuiten-Kap. von La Flèche sehr ähnl. war. Dem ebenfalls von Corbineau stammenden Entwurf für die Empore im Querschiff dieser Kirche wurde schließl. ein älteres Projekt von Martellange vorgezogen. Zwar hält sich D. bei der Kirche St-Paul-St-Louis an den Plan seines Vorgängers, verändert jedoch den Fassadenentwurf grundlegend, indem er zugunsten einer belebteren Gest. mit üppigem Bauschmuck auf einen solide Gesamtentwurf verzichtet. Damit zieht er jedoch die Kritik von Martellange auf sich und gerät in den Zwiespalt der im 17. Jh. in Frankreich ausgetragenen Streitigkeiten zw. konservativen und fortschrittl. Kräften (zw. den sog. Anciens und Modernes). Der von starker Bewegung geprägte Entwurf zeigt D.s Einfühlungsvermögen in barocke Gestaltungsprinzipien; das Retabel von La Flèche (wie auch das von St-Paul-St-Louis) basiert auf einer analogen Konzeption. D. ordnet das stark bewegte, üppige Dekor einem klar gegliederten Entwurf unter und trägt so dazu bei, daß das Bauwerk ganzheitl. wahrgenommen wird, ein weiteres Element seiner Bestrebungen im Sinne barocker Auffassungen. Auf der Baustelle von La Flèche hat D. wahrsch. die Gelegenheit, seine 1643 in Paris ersch. theoret. Abh. „L'Archit. des Voûtes ou l'Art des traits ..." heranreifen zu lassen; die Publ. hat Bezugspunkte einerseits zu einer bereits 1642 zum selben Thema ersch. Abh. des Bau- und Schlossermeisters Mathurin Jousse aus La Flèche, zum anderen zur außergewöhnl. Qualität der 1637 in der dortigen Jesuitenkirche errichteten Orgelempore. D. unterzieht die Veröff. von Jousse, der zudem an einigen Publ. von Martellange mitwirkte und in privilegierter Stellung beim Bau des Collèges von La Flèche zugegen war, einer strengen Beurteilung, woraus Rückschlüsse auf die Intensität der durch den experimentellen Char. der Baustelle ausgelösten Debatte gezogen werden können. Die Errichtung der durch ein bes. kompliziertes System von Trompen aus Kalktuff getragenen Empore erforderte eine meisterhafte Beherrschung der Stereotomie. Da Jacques Nadreau aus La Flèche mehrfach eindeutig als Erbauer dieses Werkes dok. ist, kann davon ausgegangen werden, daß die theoret. Kenntnisse D.s (oder von Jousse?) die Umsetzung eines zu jener Zeit derart kühnen Projektes erleichterten. 📖 ThB9, 1913. DA VIII, 1996. – *P. Moisy*, Rev. de l'hist. de l'Eglise de France 36:1950, 149–167; *id.*, BSHAF 1950, 70–84 (Pläne der Jesuiten in Quimper); *F. Salet*, Bull. mon. 109:1951, 327–339; *P. Moisy*, ibid. 110:1952, 237–261; *id.*, Les églises des jésuites de l'ancienne assistance de France, R. 1958, 131–141; *J.-M. Pérouse de Montclos*, L'archit. à la franç., P. 1982, 98; St-Paul-St-Louis. Les Jésuites à Paris (K Mus. Carnavalet), P. 1985; *F. Le Bœuf*, Hist. de l'art 1997 (39) 97–103 (Jesuiten-Kap. in La Flèche). – Le Mans, Arch. dép. de la Sarthe : 4 E VI 328/247. Quimper, Bibl. mun.: Album du frère Charles Turmel. Rom, Arch. della Compagnia di Gesù. F. Le Bœuf

Deranton (Derunton), *Joseph*, frz. Miniaturmaler, * 3. 3. 1756 Nancy, † 1832 Paris. Hervorragende Portr.-Min. in Annäherung an François Dumont, z.B. *Mann mit blauem Mantel*, 1785; *Dame in landschaftl. Umgebung*, 1786; *Dame in mauvefarbigem Kleid mit weißem Schulterkragen*, um 1786 (Slg R. Bittmann, Wien); *Jeune femme en habit du matin*, 1789 (Slg Doisteau, Paris); *Marie-Joseph Chénier*, 1789 (Slg Dr. Ullmann, Wien); *Junge Dame in blaßgrünem Kleid, im Park sitzend*, 1789 (Paris, Louvre). Ferner werden erw.: *Herr in grüner Kleidung* (Paris, Louvre); *Junge Dame in rotem Kleid* (eine Min. auf einer Bonbonniere; fälschl. sign.: Deroutin); *Knabe mit offenem Hemd und grüner Weste* (Slg V. E. Pollak, Wien). D. ist sicher auch ident. mit dem bei Bénézit gen. Emil Deroutin. 🏛 PARIS, Louvre. WIEN, Albertina. 📖 ThB9, 1913 (s.v. Deroutin und Derunton). *Schidlof* I, 1964; *Bénézit*, III, 1976 (s.v. Deroutin, Emile, und Derunton). – *Foster*, 1926; *Darmon*, 1927; *J. Choux*, Ann. de l'est 19:1967 (1) 51–56. K. S.-D.

Derasse, *Simon*, Kunsttischler, fertigte 1705 für die Kirche St-Jacques in Tournai u.a. einen Beichtstuhl und ein Holzportal. 📖 ThB9, 1913.

Derb, *Jorgen*, dt. Goldschmied aus Weilheim. Lieferte 1522 dem Kloster Wessobrunn einen vergoldeten Becher. 📖 ThB9, 1913.

Derbage, *André* cf. **Derbage,** *Claude*

Derbage, *Claude*, frz. Kupferstecher, 1665–75 in Lyon belegt. Sohn des Kupferdruckers *Jean D.* Ill.: *J. des voyages de Monsieur de Monconys*, 1665/66; *Hist. et voyage de la Terre Sainte* von P. J. Goujon, 1671. Bek. sind auch die Stiche *St Gabriel*; *St Michel*; Frontispiz für „Le véritable art du Blason ..." von P. C.-F. Ménestrier, 1671. – Der 1681 und 1692 in Lyon nachg. Kupferstecher *André D.* ist viell. mit D. verwandt. 🏛 PARIS, BN, Cab. des Estampes. 📖 ThB9, 1913. *Audin/Vial* I, 1918. – IFF, GravXVII III, 1954. C. R.

Derbage, *Jean* cf. **Derbage,** *Claude*

Derbais, *Charles* → **Derbois,** *Charle*

Derbais (D'Erbais), *Jérôme (Hierosme)*, frz. Bildhauer, Marmorsteinmetz, * um 1645 Paris, † 5. 10. 1712 ebd. Schwiegersohn des Bildhauers Gilles Guérin. 1668–1715 häufig in den kgl. Baurechnungen dok. mit Marmorarbeiten für versch. Schlösser (bes. Versailles, Trianon, Fontainebleau, Marly, Saint-Germain-en-Laye); zudem für Pariser Kirchen tätig (u.a. St-Louis des Invalides, Kathedrale Notre-Dame, St-Germain-des-Prés). Zahlr. Marmorpaneele, -fußböden und -brunnenbecken fertigt D. zus. mit Hubert Misson, Jean Le Grue, Nicolas Dezaigre, Laurent Magnier oder Claude Félix Tarlé. 1676 Aufnahme in die Acad. de St-Luc. – Dok. Werke (keins erh.): 1673/74 achteckiges Marmorbecken für das Cab. des bains im Schloß von Versailles (zus. mit Le Grue und Misson); 1679 zus. mit Magnier bezahlt für Arbeiten am Altar der Kap. Ste-Marguerite in der Pa-

riser Abteikirche St-Germain-des-Prés; 1688 Gest. von zwei Weihwasserbecken für die dortige Eglise des Capucines (Pl. Vendôme); 1697 entlohnt für drei Marmorfiguren, einen *Gladiator* (Bronzeguß nach der Antike) und 40 Postamente für Büsten, 1702 für die Marmorgruppe *Le Temps qui élève la Vertu et les Arts* (im 18. Jh. im Bosquet von Marly aufgestellt). Zudem fertigt D. den Bronzeabguß einer Marmorbüste von *Ludwig XIV.* (nach G. L. Bernini; lt. DA 1686 in Québec enthüllt) und beliefert bed. Bildhauer mit Marmor, z.B. Antoine Coyzevox. Ein *Michel D.* (viell. D.s Sohn?) ist 1722 in Paris dok. als Marmorsteinmetz. ⌂ CHANTILLY, Mus. Condé: Maréchal de Turenne; Louis II de Condé (Le Grand Condé), Portr.-Büsten, Marmor. ▭ ThB9, 1913. DBF X, 1965; *Bénézit* III, 1976; DA VIII, 1996. – *Guiffrey*, 1915 (Repr. 1970); *Rambaud* I, 1964; II, 1971.
R. T.

Derbais, *Michel* cf. **Derbais,** *Jérôme*

Derbalkay, *Pál* → **Balkay,** *Pál*

Derbay (Erbay; Herbay), *Miguel*, fläm. Marmorschleifer, † 24. 3. 1681 Santiago de Compostela. Ab 1665 weisen Zahlungsbelege des kirchl. Bauamtes aus, daß D., zus. mit José de Samería, für die Kathedrale der Stadt arbeitete. 1672 schuf er für den neuen Portikus ein Weihwasserbecken aus Jaspis sowie im Auftrag des Priors des Augustiner-Klosters Nuestra Señora de la Cerca in Santiago de Compostela die Verkleidung des Retabel-Sockels mit Marmor und Jaspis. Weitere Arbeiten: 1673 das Wappenschild des Erzbischofs Andrés Girón für die Kap. Las Cambias; 1677 Weihwasserbecken für die Kap. Sa. Catalina am Portal Las Cambias; 1678 (1680?, mit Francisco de Brouces) die Schnitzereien am neuen Uhr-Turm der Kathedrale; 1679 steinerne Schilde zur Befestigung der Zeiger der Uhren. ▭ *Pérez Costanti*, Dicc., 1930.
W. H.

Derbecq, *Germaine*, frz. Malerin, Kunstkritikerin, * 1899 Paris, † 1973 Buenos Aires. 1922 ⚭ argentin. Bildhauer Pablo Curatella Manes. Schülerin von Juan Gris. ⊙ *E:* 1953, '64, '67, '78 Buenos Aires. ▭ *Bénézit* III, 1976; *Gesualdo/Biglione/Santos* I, 1988.

Derbedrosowicz, *Petro*, armen. Maler, 1658–71 in Lwów erwähnt. ▭ *V. Aleksandrovyč*, Mappa mundi. Zbirnyk naukovych prac' na pošanu Jarosl'ava Daškevyča z nahody joho 70-riččia, Lviv/Kyïv/N. Y. 1996, 55.
V. Aleksandrovyč

Derbencev, *Robert*, Bildhauer, Keramiker in Rußland, * 13. 8. 1927 Nižne-Čirskaja/Gouv. Caricyn, lebte bis 1984 in Kišinev (Chişinău), dann in Kaliningrad. Stud.: 1951–55 Kunst-FS Vorošylovhrad (Luhans'k); 1955–62 KHS Kiev bei Mychajlo Hryhorovyč Lysenko, Andrij Andrijovyč Šapran. Lehrtätigkeit in Kišinev: 1962–66 Kunst-FS; 1966–68 Polytechn. HS. – Freie und Mon.-Skulpt. (Gips, Holz, Stein, Bronze), auch dekorative Arbeiten (Keramik). Schuf u.a. die Portr. *Master sporta V. Pjata* (1963), Schriftsteller *Aurel Busujok*, Komponist *Ė. Lazarev* (beide 1981), Sängerin *Marija Biešu* (1983) sowie figürl. Komp. (u.a. *Dva pokolenija*, 1966; *Čekisty*, 1971; *Narodnye mystiteli*, 1983). ⌂ CHIŞINAŬ, Nat. KM. – *Denkmäler*: ALONKA/Bajkal-Amur-Magistrale: Sergej Lazo, Metall, Stein. CAHUL: Den Komsomolzen, Metall, 1970. GLODEN': V. I. Lenin, Granit, 1976. ⊙ *E:* 1977 Kišinev. – *G:* seit 1954. ▭ ChudSSSR III, 1976 (s.v. D. [Barbe-Njagre], R. El'pidiforovič; Lit.); Literatura şi arta, II, Kişinėu 1986. – Chudožestvennaja žizn' Moldavii, Kišinev 1971; VSII Sprav. V, 1981; *Gol'cov*, 1987; Sovremennaja sovetskaja skul'ptura, Mo. 1989.
R. Akulova

Derbeneva, *Ljudmila Jakovlevna*, russ. Malerin, * 22. 9. 1917 Promzino/Čuvašien, lebt in Moskau. Stud.: bis 1948 Surikov-KHS ebd. bei Aleksandr Aleksandrovič Dejneka, Nikolaj Charitonovič Maksimov, Georgij Georgievič Rjažskij. – In der Trad. der russ. realist. Kunst (und beeinflußt von ihren Lehrern, v.a. von Rjažskij) Gem. mit klaren plast.-räuml. Lösungen und expressiven Details. Bevorzugt Genrebilder zum Leben im Kolchosdorf, v.a. mit Darst. von Kindern (u.a. *Ožidanie*, 1946; *V podšefnom kolchoze*, 1950; *Deti na zelenoj lužajke*, 1978). Auch Gem. zu revolutionshist. Themen (z.B. *V. I. Lenin igraet v šachmaty s det'mi*, 1977), Lsch. (u.a. *Zimnyj bul'var*, 1954), Portr. (*Znatnaja dojarka*, 1950; *V sadu. Portret lučšego sadovoda Krasnodarskogo kraja*, 1970), alles Öl. ⌂ ARCHANGEL'SK, MBK. BARNAUL, MBK des Altaj. MURMANSK, Heimatkunde-Mus. NACHODKA/Küstenregion, Mus. für Stadt-Geschichte. ▭ ChudSSSR III, 1976 (Lit.). – VSII Sprav. IV-V, 1975–81. N. Voronina

Derbier, *Emile-Louis*, frz. Holzschneider, Illustrator, * um 1870 Saint-Satur/Cher, † um 1914 Paris. Schüler von Charles Barbant. Beteiligte sich an der Ill. von „Petite fée du village ..." von Jules Sandeau, 1892. ⌂ PARIS, BN, Cab. des Estampes. ⊙ *G:* Paris: ab 1890 SAfr. (1894 Mitgl.); 1900 WA (Bronze-Med.). ▭ *Bénézit* III, 1976. – IFF, Après1800 VI, 1953. C. R.

Derbilov, *Anatolij Ivanovič*, tatar.-ukrain. Bildhauer, Zeichner, Designer, * 25. 2. 1953 Nižnij Tagil/Gebiet Sverdlovsk, lebt seit 1972 in der Ukraine, seit 1983 in Naberežnye Čelny/Tatarstan. ⚭ Olena Anatoliïvna Derbilova. Stud.: Kunst-Studio Nižnij Tagil bei Aleksandr Ivanovič Nesterov; 1967–72 FS für angew. Kunst ebd. bei Vitalij Ivanovič Stepanov, Anatolij Glebovič Neverov; 1975–80 KHS Charkiv bei Dmytro Heorhijovyč Sova, Ljubov Hnativna Žukovs'ka, Viktor Petrovyč Volovyk. 1980–83 in Zaporižžja Chefkünstler des Werkes „Suvenir". 1981 Dipl. der Ausst. für dekorativ-angew. Kunst in Kiev. In Naberežnye Čelny 1983–86 Bildhauer in der Fabrik für rituelle Dienstleistungen, seitdem im Künstler. Produktionskombinat, 1984–85 Lehrer an der Kunst-FS. Vorstands-Mitgl. der lokalen Organisation des Russ. Künstler-Verb. – Zunächst Modelle von Souvenirs für die Serienproduktion und Entwürfe, die er im Team ausführte (zum 75. Geburtstag von L. I. Breżnev, Leder, Holz, Metall, 1983) sowie fein ausgearbeitete Plaketten (*600 let Kulikovskoj bitvy*, 1980) und psycholog. erfaßte Med. (*V. I. Babuškin*, 1982; *Gabdulla Tukaj. 100-letie so dnja roždenija*, Bronze, 1986, beide Avers und Revers). D.s Skulpt., von der Skizze bis zur Ausf. selbst gestaltet, zeigen die meisterhafte Beherrschung versch. Mat., bes. Holz (*Kozak Mamaj*, Relief im Stil der ukrain. Bilderbogen, 1980–81; *Zustrič pokolin'*, 1982, zweifiguriges Hochrelief in akad. Stil) und

Marmor, v.a. in zahlr. Grabmalen (in versch. Ländern der ehem. Sowjetunion, u.a. in Kumayri [Leninakan]/Armenien, 1989; meist als Stele mit Portr., z.B. als Halbfigur bei Prof. M. Lerman, 1991, Kisinev/Moldova) und Gedenktafeln. Auch Denkmäler, z.B. für gefallene Milizionäre (1998–99, Naberežnye Čelny), das durch den Kontrast zw. der dynam., hartkonturigen Skulpt. des Gefallenen (Granit) und der verallgemeinerten, weiche Züge tragenden Mutter (Marmor) beeindruckt; baugebundene Arbeiten und Rest. (Fassade des HM in Kazan', 10 allegor. Figuren, Beton, 1994–95). In der freien Plastik v.a. Portr.: realist. (Dichter *Gabdulla Tukaj*, Halbfigur, Gips, 1985), klass. Modellierung (*Elena*, Büste, Marmor, 1991) oder dynam. Gest. (*Mejerchol'd V. Ė./Maska tragedii*, gegossener Kunststoff, bronzefarben, 1990), gesteigerte Expressivität durch Farbeinsatz (*Seda*, 1994, Gips, getönt). Vielfältige Themenkreise, u.a. mytholog. Gestalten, meist in klass. klaren, verallgemeinerten Formen (*Najade*, Gips, getönt, 1994, Restaurant in Naberežnye Čelny) oder dekorativ (*Drevo žizni*, getöntes Holz, 1992) und Figuren der tatar. Folklore in mon.-dekorativen Formen (*Altynčeč*, 1996; *Krylatyj bars*, 1998, beide Holz); hervorhebenswert auch die die Maserung des Holzes geschickt nutzenden und durch rhythm. Linienführung bestechenden fernöstl. Motive (*Japonka*, 1996; *Poryv vetra*, 1997, beide getönt) sowie expressiv-dynam. Komp. als Verkörperung zerstörender Gewalten (*Son razuma...*, 1992, aluminiumfarben; *Samuraj*, 1999, bronzefarben, beide gegossener Kunststoff). Daneben Zchngn (Bleistift, Rötel, Kohle): Lsch. (Ser. *Chatky*, 1978–79, skulpturhaft lineare Modellierung), Akte (Zykl., 1979, mon. Formen), Portr. (seiner Frau, 1982–87). ⌂ ČISTOPOL', Berufsschule: Akademie-Mitgl. A. M. Butlerov, Gedenktafel, Marmor, 1989. – Pasternak-Mus.: Boris Pasternak, dgl., schwarzer Granit, 1989. – Standesamt, Portal: 2 liegende Löwen, grauer Granit, 1989; Foyer: Muse, Gips, getönt, 1989. KAZAN', Alttatar. Friedhof: Grabmale der Schauspielerinnen F. Il'skaja, Halbfigur aus Rückensicht, 1992; Ė. Amirova, 3/4-Schulter-Portr., 1996. MOSKAU, Vvedenskoe-Friedhof: Grabmale A. Šuchat, Vollfigur, 1995; B. Šuchat, Portr.-Relief, 1996. NABEREŽNYE ČELNY, GG. – Musikschule: Salich Sajdašev, Gedenktafel, Marmor, 1994. – Mon. für R. K. Beljaev, grauer Granit, 1998. POLTAVA, Naturschutzpark: Tierfigur, Beton, 1979. ŠEVČENKOVE/Gebiet Charkiv: Kriegsgefallenen-Mon., Beton, 1980 (mit Vasyl' Dmytrovyč Semenjuk, Oleksandr Ivanovyč Mel'nyk). ⊙ *E:* 2000 Naberežnye Čelny (K). – *G:* seit 1975, u.a. 1994 Paris: 2 Automobil-Städte (Naberezhnye Chelny, Togliatti; K). ▭ Respublikans'ka vystavka molodych chudožnykiv (K), Kyïv 1980; Architektura SSSR 1986 (1); Znamja kommunizma v. 7. 10. 1988; Sovetskaja Tatarija v. 14. 9. 1991; *G. Muchanov*, Kazanskie vedomosti v. 9. 9. 1995.

A. Pivnenko

Derbilova, *Olena Anatoliïvna (Elena Anatol'evna)*, ukrain. Schriftgestalterin, Gebrauchsgraphikerin, Zeichnerin, * 2. 1. 1957 Jarošky/Gebiet Cherson, lebte in Zaporižžja, ab 1983 in Naberežnye Čelny/Tatarstan, seit 1993 in Charkiv. ⚭ Anatolij Ivanovič Derbilov. Ausb./Stud.: 1968–74 KSch Zaporižžja bei Viktor Antonovyč Zaruba, Mykola Serhijovyč Sobol'; 1976–82 KHS Charkiv bei Ivan Fedorovyč Kryvoručko, Viktor Mykolajovyč Ihumencev. 1981–83 in der Fa. Telepressreklama in Zaporižžja tätig, 1983–88 Lehrerin an der Kunst-FS Naberežnye Čelny, in Charkiv Red. des Verlages Paritet (bis 1994). – In D.s vielseitigem Schaffen spielt die virtuos gestaltete und unwiederholbare Schrift (handgeschrieben, gezeichnet, gesetzt) eine bed. Rolle. Gestaltet corporate identity (u.a. für die Zaporižžer Restaurants Dnipro, Sič, Aeroflot, Gouache, Aqu., 1981–82) und komplexes Graphikdesign für Veranstaltungen (Sportveranstaltung „SSSR-Kanada. Ottawa-Naberežnye Čelny“, 1989; Messe wiss.-pädagog. Ideen „Osvita Charkivščyny“, Gouache, Buntstift, 1998, Dipl.). Ihr Hauptgebiet ist die Buch-Gest., so für den Kazaner Buchverlag 12 Bücher tatar. und russ. Autoren, u.a. Umschläge mit figürl. Darst. und handschriftl. bzw. gezeichnetem Titel (zum Liederbuch von R. Jachin, *Mėchchėbėt Utlary*, 1986; zu V. Šukšin, *Urak Ostė*, 1987; alle Gouache), dazu Kopfleisten und Schlußvignetten (A. Vampilov, *Provincija Mėzėklėrė*, Aqu., Gouache, 1987) bzw. Schmutztitel oder ganzheitl. Gest. einschließl. der Ill. (V. Hauf, *Zwerg Nase*, Aqu., Gouache, Pinsel, Feder, 1985, nicht ed., silhouettenartige Ill. und strenge Formsprache). Bes. hervorzuheben sind D.s Minibücher: zwei (Aqu., Kalligraphie) im Permer Verlag (Gedichtband *Zelenoe čudo*, 1991; A. Vertinskij, *Arietki P'ero*, 1995, Gest. auf Basis einer freien Aqu.-Ser. von 1990 mit Anlehnung an den russ. Jugendstil) mit assoziationsreichen Motiven und erlesener Formsprache sowie das handschriftl. *Slovo nekogo starca o pol'ze knižnogo čtenija* (Gouache, Kalligraphie, 1992) für den Moskauer Verlag Kniga (nicht ersch. wegen Schließung des Verlages), in dem altruss. Majuskeln und zeitgen. Schrift mit Initialen im byz. Stil kombiniert werden. Stilist. vielseitig ist die Gest. von Ed. für Charkiver Verlage: schwarz-weiße lineare Zchngn mit karikaturist. Figuren (Kapitel *Byli* in A. Gejdenštejn, Alisa v strane matematiki), farbgesättigte Aqu. und Gouachen (P. Bažov, *Kamennaja čaša* in Skazočnyj kalejdoskop v 3 tomach, alle 1994, Verlag Paritet); Titel und Umschläge (O. Somov, *Slobožans'ki kazky*, Gouache, Tusche, 1996), u.a. unter Einbeziehung von Fotogr. (F. Karra, *Dočeri Al'biona*, 1995–97, Verlag Folio). Bes. Beachtung der handschriftl. Gest. auch in Ehrenbürgerbüchern (Naberežnye Čelny, 1983–93) und Grußadressen (z.B. zum 60. Geburtstag des ukrain. Präs. Leonid Kučma, Gouache, Silber, Feder, 1998). Die Kalligraphie spielt ebenso in freien Arbeiten eine überragende Rolle (Schrift-Komp. zu Gedichten von O. Mandel'štam, Tusche, Aqu., Feder, 1994; zu L. Petruševskaja). Des weiteren Lsch. (*Lyman*, 1986; *Bėrsut*, 1988, beide Aqu.). Stilleben (*Ranok*, Bleistift, 1984; *Kvity i porceljana*, Aqu., 1985), assoziative Komp. (Triptychon *Vytoky*, Zchngn, 1987; *Spohady*, 1989, Aqu., Tusche). ⌂ NABEREŽNYE ČELNY, Slg O. Guseva. – Slg L. Fajnburg. – Slg V. Chajman. ZAPORIŽŽJA, Slg O. Pavljuk. ✉ Dar Šrifta, Charkiv 2000 (Red., Autor eines Kapitels, künstlerische Gesamt-Gest.); Gedichte. ⊙ *G:* seit 1984, u.a. 1991 Perm': 50 Jahre Permer Buchverlag (K) / 2000 Charkiv: Design und Buch-Ill. (K). ▭ Mižnarodna juvilejna vystavka tvoriv mystectva vychovanciv ChDChI-ChChPI do 75-riččja vyščoï chudožn'oï školy Charkova. 1921–96 (K), Charkiv 1996, 34. A. Pivnenko

Derbina, *Alla Dmitrievna*, russ. Malerin, Zeichnerin, Graphikerin, * 1. 8. 1937, lebt in Pskov. Stud.: bis 1962 Kunst-FS Leningrad (St. Petersburg). Lehrt seit M. 60er Jahre an der Kinder-KSch Pskov. – In realist. Trad. meist Portr., bevorzugt als Rad. (u.a. *Chudožnik Alichanov*; *Maša*; *Staruška*, alle 1972), aber auch in Öl (z.B. *Mužskoj portret*, 1969; *Portret A. Piščikova*, 1972). Als Tusche- oder Bleistift-Zchngn Interieurs, Stilleben (u.a. *V komnatach*, 1973–74; *Vetka v kuvšine*, 1973) und Lsch. (z.B. *Mart*, 1972; *Vesna*, 1973). 🏛 PSKOV, Mus.-Komplex. 📖 „Po rodnoj strane". Vystavka proizvedenij chudožnikov Rossijskoj Federacii. 1972 (K), Mo. 1974, 54; Chronika chudožestvennoj žizni – 1973, Mo. 1975, 43; Pervaja Vserossijskaja vystavka ėstampa (K), Le. 1977, 14; Vystavka proizvedenij pskovskich chudožnikov, Pskov 1980, 3 s., 12; Chudožniki Pskovskoj oblasti k 6-j zonal'noj vystavke „Sovetskij Sever". Sprav., Pskov 1984, 30. I. Fomičeva

Derbizova, *Praskov'ja Trofimovna*, russ. Malerin, * 23. 4. 1920 Kirjaevo/Gouv. Rjazan', lebt in St. Petersburg. Stud.: 1935–39 Kunstpädagog. FS Rjazan'; 1940–48 Repin-KHS Leningrad (St. Petersburg) bei Aleksandr Aleksandrovič Osmerkin, Semen L'vovič Abugov, Michail Ivanovič Avilov. – In der Trad. der russ. realist. Malerei E. 19./A. 20. Jh. zunächst bes. Genre-Gem. (z.B. *Sbor kolos'ev pionerami*, 1949; *V Arteke*, 1953), Lsch. (u.a. *Leningradskij pejzaž*, 1952), später v.a. Stilleben (z.B. *Raki*, 1970; *Krasnye lilii*, 1990). ⊙ *G:* u.a. 1991 Palm Beach (Fla.): Golden bridge. 📖 ChudSSSR III, 1976 (Lit.). – Osennie vystavki proizvedenij leningradskich chudožnikov (K): 1968, Le. 1971, 7; 1973, Le. 1976, 6; 1978, Le. 1983, 7; Natjuremort. Vystavka proizvedenij leningradskich chudožnikov (K), Le. 1973, 8; VSII Sprav. IV-V, 1975–81; Zonal'naja vystavka proizvedenij leningradskich chudožnikov 1980 g. (K), Le. 1983, 13. N. Lavrent'eva

Derbois (Derbais; Derbuis), *Charle(s) (Carlo)*, frz. Architekt in Rom, dok. 1681–97. Sohn des „marbrier" *Derbois*. Gewint 1681 den 2. Preis der 1. Kl. der Accad. di S. Luca in Rom für den Entwurf eines großen Palastes. Im Febr. 1697 bestätigt der Dir. der Acad. de France in Rom, daß D. sich nach Florenz begeben habe, der sich jedoch wahrsch. in Venedig aufhielt. 📖 *F. Boyer*, BSHAF 1950 (s.v. Derbais, Charles); *Marconi/Cipriani/Valeriani*, 1974, Nrn 48–50; In urbe architectus (K MN di Castel Sant'Angelo), R. 1991. E. K.

Derborg, *Johannes* → **Borch,** *Johannes de*

Derbré, *Louis*, frz. Bildhauer, * 26. 11. 1925 Montenay/Mayenne, lebt in Arcueil/Val-de-Marne und Ernée/Mayenne. Arbeitete 1945 in einem Kunstverlag in Paris; ermutigt durch den Bildhauer Louis Werschürr widmete er sich ab 1947 autodidaktisch der Bildhauerei und war 1956–59 Mitarb. von Emile Gilioli. Begegnungen mit Raymond Charmet und dem Kunstkritiker Claude-Roger Marx (1953), mit Jean Jansem (1959), Alain Bousquet, André Parinaud, Juliette Darle, Georges Besson, Raymond Cogniat (jeweils 1962), Ozouff, Jean Maurice Carton (beide 1964) und Louise Weiss (1965). 1964 Mitbegr. der Bienn. Formes Humaines und der Groupe de Neuf (unter Ltg von J. Darle; Zus.-Arbeit mit Ilio Signori, André Hogommat, Muhlethalher), die sich später auflöste. Ab 1970 eig. Atelier in Arcueil. 1986 Jury-Mitgl. der Assoc. Florence Blumenthal (für La Pensée et l'Art Franç.). Gründung des Espace Louis Derbré (eine Art Workshop) und 1991 Eröffnung des Lycée Louis Derbré in Ernée. Ausz.: 1951 Prix Fénéon; 1953 Prix Nat., EcBA Paris. 1986 Officier des Arts et Lettres; 1992 Chevalier de l'Ordre Nat. du Mérite; 1998 Chevalier de la Légion d'honneur. – Arbeitet in Ton, Granit, Marmor, Holz, Bronze, Eisen. 1947 erste Porträtbüste (Ton); die Porträtbüsten (*St Ignace de Loyola* und *Claire*, Granit, 1960) verweisen auf Figuren des Alten Orients. Ab 1969 entfernt sich D. mehr und mehr von der klass. Figuration. Seine Skulpt. reduzieren sich auf die Darst. des (v.a. weibl.) Körpers in Momenten der Bewegung, in bestimmten, z.T. akrobat. Positionen; durch vereinfachte Formen und klare Linien wird die spezif. „Körper-Architektur" sichtbar. Auch Tierskulpturen. Bes. deutl. wird eine empfindsame Sicht auf die Körpersprache als Ausdruck von Harmonie, aber auch von seel. Verwundungen. Die Spuren einer schweren Herzoperation verarbeitet D. 1990 in einer Skulpt.-Ser. (*Le Messager*; *La Tourmente*; *Tourbillon*; *Orion*). 🏛 ABIDJAN/Elfenbeinküste: Cimetière d'Adjamé: Pieta, Carrara-Marmor, 1977. ERNEE, Hôpital: Flachrelief, Zement, 1958. – Kirche: L'Homme Nouveau, Kunstharz, 1965. LA DEFENSE, Pl. des Reflets: La Terre (Replik), Kunstharz, 1972. MONT SINAI/Vt.: La Terre, 1973. NEW YORK, Nathan Cumming's Hospital: Le Rêve, Bronze, 1976. PARIS, MAMVP: L'Humilié, Bronze, 1954. – Chap. du Curé d'Ars. – Eglise St-Sulpice: Christ, Bronze, 1965. – Eglise du Rosaire: Rénovation, 1967. – Jardins Gabriel b. Pal. de l'Elysée: La minute de silence (Statue von Georges Pompidou), Bronze (3,80 m), 1984. POITIERS, Mus. Rupert de Chièvres: Germaine, Stein, 1952. TOKIO, Ikebukuro-Platz: La Terre, Bronze (9 m Durchmesser), 1972. VILLENEUVE-LA-GARENNE, Pl. publique: Les Vacances, 1970. ⊙ *E:* 1952 Poitiers, Mus. / Paris: 1962 Gal. Hervé: Rodin-Maillol-D.; 1971 Gal. Katia Granoff; 1974 Gal. Genot; 1976 (D. ou les Corps Vivant; K), '79, '85 Gal. Artcurial; 1992, '97 La Coupole; 1994 Mairie du XVIe arr.; Salle Pleyel; 1999 Av. des Champs-Elysées: Les Champs de la Sculpt.; 1999: Sculpt. au Jardin des Plantes / 1973 Vitré, Mus. du Château: Vingt ans de sculpt. (Retr.); São Paulo, MAM / 1974 Lons-le-Saulnier, MAM / 1976 Bordeaux, Cellier des Chartrons / 1977 Abidjan, Caisse de Stabilisation / Laval: 1977 Mus. du Vieux Château; 1993 Gal. Meduane / 1979 Djakarta (Indonesien), Salle du Touriste / 1988 Aix-en-Provence, Fond. Vasarely / 1989 Basel, Gal. Bodenschatz / 1993 Le Mans, Gal. Jaune. – *G:* u.a. Paris: 1951, '54, '73 Salon d'Automne; 1954 EcBA; Salon des Indépendants; 1954, '60, '74 Salon de la Jeune Sculpt.; 1954, '74 Salon des Formes Humaines; 1960, '66, '74 Mus. Rodin; 1983 Grand Pal.; Salon des Comparaisons; 1989 Hôtel Ritz; 1996 Espace Pierre Cardin: Salon Coup de Cœur; 1999 Les Champs et la Sculpt.; Sculpt. au Jardin des Plants / 1965 Antwerpen: Bienn. / 1968 Oslo (Norwegen), Kunsternes Hus: Fransk Skulptur / 1978 Montmorency, Salon / 1982 Rennes, Salon de Sculpt. / 1987 Vannes, Gal. La Méridienne / 1990 Viroflay, Salon / 1998 Ernée: 39e Expos. Régionale. ▭ Dict. des mon. de Paris, P. 1992; *Bénézit* IV, 1999. – *S. Landowski*, Gal. des arts 1985 (227) 23–32; L'Œil 1985 (354–355) 10, 69; *P. Kjellberg*, Le nouv. guide des statues de Paris, P. 1988; *A. Parinaud*, L. D., Ernée 1998 (Monogr.). N. Guilbaud

Derbuis, *Carlo* → **Derbois,** *Charle*

Derby, *Alfred Thomas*, brit. Maler, Zeichner, * 21. 1. 1821 London, † 19. 4. 1873 ebd. (nach langer Krankheit). Sohn von William D. Stud. in London: Wyand's KSch; RA Schools. 1836 Preis der Soc. of Arts. – Szenen aus lit. Vorlagen (anfangs bes. von Walter Scott), Genre und Porträts. Daneben (zunächst zus. mit dem Vater) zahlr. Kopien in Aqu., Zchng oder als Min. nach Edwin Landseer, Thomas Gainsborough u.a. 🏛 EDINBURGH, NG of Scotland. LONDON, V & A. ⊙ *G:* London: 1839–43 Soc. of Brit. Artists; 1848–72 gelegentl. RA; 1841–50 mehrfach BI; 1848–72 gelegentl. RA / 1849 Dublin, R. Hibernian Acad. ▭ ThB9, 1913. *Foskett* I, 1972; *Johnson* I, 1975; *Mallalieu* I, 1976; RoyalHibAcad I, 1986. G. B.

Derby, *Caroline* → **Backhoffner,** *Caroline*

Derby, *Emma Maria* cf. **Derby,** *William* (1786)

Derby, *Jane* cf. **Dela Renta,** *Oscar*

Derby, *Mark*, US-amer. Keramiker, * 1. 1. 1960 East Lansing/Mich., lebt in New Orleans/La. Stud.: bis 1989 California State Univ., Long Beach. Lehrt seit 1995 am Newcomb College of Art der Tulane Univ. in New Orleans. ▭ WWAA, 1993/94–1997/98 (Werke, Ausst.). C. R.

Derby, *Mary*, US-amer. Porträtmalerin, * 17. 6. 1814 Salem/Mass., † 19. 1. 1900 ebd. In Louisville/Ky. malte Peter Marsh 1840 ein Portr. von D. (Essex Inst.). In Salem ist sie in den 1850er Jahren und später nachweisbar. ▭ *Groce/Wallace*, 1957. C. R.

Derby, *Mary Jane*, US-amer. Amateurzeichnerin, * 30. 1. 1807 Salem/Mass., † 1892 Boston/Mass. Tante des Bildhauers John Rogers (* 1829). D. heiratete 1831 Rev. Ephraim Peabody, den späteren Pfarrer der King's Chapel in Boston. – Zchngn (Ansichten); eine Lith. (ihr Geburtshaus). ▭ *Groce/Wallace*, 1957; EAAm I, 1968. C. R.

Derby, *Michael*, engl. Dekorationsmaler, bemalte und vergoldete 1670 ein Seidenhändlerschiff. ▭ *E. Croft-Murry*, Decorative paint. in England, 1537–1837, I, Lo. 1962. K. F.

Derby, *Perley*, US-amer. Porträtmaler, * Juni 1823 Murfreesboro/Tenn., † 28. 3. 1896 Salem/Mass., lebte dort ab 1837 und war Schüler von Charles Osgood. D. malte zahlr. Portr. von Bürgern in Salem. Nach dem Sezessionskrieg als Genealoge tätig. ▭ *Groce/Wallace*, 1957. C. R.

Derby (Daerby[n]; Daervyn; Dervy; Dherby), *Willem*, Maler, * um 1505 Irland, † ca. 1544 Brügge. Wahrsch. dort vor 1533 Besitzer eines Hauses, 1535 erstmals belegt, vermutl. bereits zu diesem Zeitpunkt Freimeister der Malergilde, 1539/40 und 1541/42 Vorstands-Mitglied. 1537 ⚭ Catharina (Katelijne) de Gezelle, Witwe von Albert Cornelis. 1539 und '42 im Zusammenhang mit Geldgeschäften nochmals belegt. – V.a. relig. Motive. 1550/51 verkauft D.s Witwe dem Brügger Kloster Onze-Lieve-Vrouw-ter-Potterie das Gem. *Die drei Könige*. Dort befindet sich z.Z. ein entsprechendes Triptychon, im Mittel-Tl. mit der *Anbetung der drei Könige*. Auf den beiden Seiten-Taf. sind die *Geburt Christi* und die *Flucht nach Ägypten* dargestellt (Brügge, Potteriegesticht). Lt. Schouteet dat. das Werk von ca. 1535 oder '40 und reflektiert die char. Malweise der zeitgen. Brügger Schule, z.B. von Cornelis. ▭ NBW IV, 1970; DPB I, 1995; LWBK V, 1996. – *A. Schouteet*, Rev. belge d'archéologie et d'hist. de l'art 36:1967 (1969) 17–31. U. R.

Derby, *William*, brit. Maler, * 10. 1. 1786 Birmingham, † 1. 1. 1847 London. Vater von Alfred Thomas D. und den Miniaturmalerinnen Caroline Backhoffner und *Emma Maria D.* In Birmingham Schüler von Joseph Barber. Ab 1808 in London. D. liefert Aqu.-Vorlagen für die Stich-Slgn „The Marquis of Stafford's Coll." von W. Y. Ottley und P. W. Tomkins (1818), ab 1825 (als Nachf. von William Hilton) „Portr. of Illustrious Personages" von E. Lodge (1834 abgeschlossen) und „Nat. Portr. Gall." von W. Jerdan (1830–34). Für den Earl of Derby fertigt er eine Ser. von Min.-Kopien der in versch. Slgn verstreuten *Portr. der Stanley-Fam. seit der Zeit von Henry VII* an (Knowsley Hall/Merseyside). In zahlr. Aqu.-Kopien vermag er den Charakter der Orig.-Gem. gut wiederzugeben. Daneben tritt er auch mit Arbeiten eig. Erfindung (Öl und Aqu.), bes. Portr. (z.B. *John Flaxman*, 1823), aber auch Genre, Lsch. und Stilleben, hervor. Nach einem Schlaganfall 1838 wird D. beim Kopieren durch seinen Sohn unterstützt. 🏛 BIRMINGHAM, Mus. and AG. EDINBURGH, Scottish Nat. Portr. Gall. LONDON, BM. – Nat. Maritime Mus. – V & A. – Wallace Coll. ⊙ *G:* London: 1811–37 RA; 1822–42 mehrfach BI; 1830–35 Soc. of Brit. Artists. ▭ ThB9, 1913. *Schidlof* I, 1964; *Long*, 1966; *Foskett* I, 1972; *Johnson* I, 1975; *Mallalieu* I, 1976. G. B.

Derbyšev, *Petr*, russ. Steinschneider, * 1888, † 1914 (gefallen) bei Lemberg (L'viv/Ukraine). Ausb. an der künstler. Berufsschule Ekaterinburg beim Bildhauer Teodors Zaļkalns. Ging (zu Fuß) nach St. Petersburg, wo er in der Fabrik für Bronze- und Steinwaren von K.-F. Werfel arbeitete, die damals faktisch Carl Fabergé gehörte. Fabergé bemerkte D.s künstler. Fähigkeiten und schickte ihn auf Kosten der Fa. zur Ausb. in die Fabrik Stern in Oberstein und danach nach Paris, wo D. zu René Lalique kam. Lalique schätzte D.s Fähigkeiten und Fleiß ebenfalls, wollte ihn bei sich behalten und mit seiner Tochter verheiraten, D. kehrte jedoch 1914 nach Petersburg zurück und wurde einer der führenden Steinschneider der Fa. Fabergé, in deren Steinschneide-Wkst. er arbeitete (Ltg P. M. Kremlev). Im gleichen Jahr trotz Freistellungsbemühungen Fabergés einberufen und an die Front geschickt, wo er sehr bald fiel. – D. war ein ausgezeichneter Steinschneider (der Chefkünstler Fabergés, Franz Bierbaum, in seinen Erinnerungen), der zus. mit Kremlev die wichtigsten Aufträge ausführte. Er schnitt Figuren von Menschen, Tieren und Blumen aus farbigem Stein für Stockknäufe, Tabatieren, Rahmen usw. ChudSSSR III, 1976 (Lit.). – *G. von Habsburg/M. Lopato,* Fabergé: Imperial jeweller (K), StP. 1993. M. Lopato

Dercanya, *P.*, Maler in Barcelona, M. 14. Jh. Evtl. ident. mit dem katalan. Maler Pere Arcayna. ThB9, 1913.

Derceni, *Ibolja Stepanivna*, ungar. Textilkünstlerin in der Ukraine, * 1934 Didove/Transkarpatien. 1973 Verdiente Volkskünstlerin der Ukraine. In der transkarpat. Folklore-Trad. dekorative Handtücher, Wandbilder, Läufer, Teppiche und Hemden. MU, 1992; MU, 1997. T. Kara-Vasylijeva

Derchain, *Philippe*, belg. Maler, Zeichner, * 26. 10. 1873 Theux, † 1947 ebd. Stud.: Jura (Promotion). Bis 1907 als Jurist in Verviers, ab 1912 ausschl. künstler. tätig. Dir. der Ec. d'art décoratif, ebd. Ausz.: um 1900 Soc. R. des BA, Verviers; 1944/45 Prix de peint. der Prov. Lüttich; Ritter des Leopoldordens. Autodidakt. – Bis 1914 naturnahe Aqu.-Ansichten der Ardennen und der Meeresküste, in gedämpfter melanchol. Farbgebung, sowie lichtdurchflutete Interieurs. Anschl. v.a. minuziöse Pastell- und Bleistift-Zchngn, u.a. Portr. und Stilleben. GENT, MSK. LÜTTICH, Mus. de l'Art Wallon: Brücke, Triptychon. TOURNAI, MBA. VERVIERS, MBA. *G:* 1907 Salon trienn.: Gent; Brüssel; Antwerpen / ab 1926 Salons: Bern; Stockholm; Luxemburg; Nizza. Vo1, 1953. *Berko*, 1981; *Flippo*, 1981; *Arto*, 1995; DPB I, 1995. – *J. Monville u.a.*, William Degouve de Nuncques et les intimistes verviétois (K Crédit comm. de Belgique), Br. 1990. U. R.

Dercheu, *Jules (Jules-Alfred-Alexandre)*, frz. Bildhauer, * 1864 Paris, † 1912 ebd. Schüler von Aimé Millet, Ernest Barrias und Pierre Jules Cavelier. CASTELNAUDRY/Aude, Pl. de la Liberté: Daphne changée en laurier, Marmorstatue (Gipsmodell, Salon 1896, Marmor, Salon 1898 und WA 1900 [Silber-Med.]; urspr. für den Jardin des Tuileries in Paris bestimmt, kam nach 1906 nach Castelnaudry). LIMOGES, Mus.: Diane au repos; Daphné poursuivie par Apollon. *G:* 1882–1907 Paris, SAfr. (Porträtbüsten, Statuen, Medaillons). ThB9, 1913. *Lami* II, 1916; *Bénézit* III, 1976. – *G. Bresc-Bautier/A. Pingeot*, Sculpt. des jardins du Louvre, du Carrousel et des Tuileries (II), P. 1986. C. R.

Derchi, *Giovanni Battista*, ital. Maler, Zeichner, Restaurator, * 4. 6. 1879 San Pier d'Arena (heute Genua-Sampierdarena), † 22. 2. 1912 ebd. Zunächst Besuch von techn. Kursen im Pal. Centurione in Genua. Stud.: ab 1892 Accad. Ligustica di BA ebd.; 1892/93 zus. mit Mario Agrifoglio, Giovanni Battista Salvatore Bassano, Federico Bringiotti und Giovanni Prini. 1893/94 ehrenvolle Erw. der 3. Kl.; 1894/95 stud. er bei Giuseppe Ratto und Clemente Perosio; ehrenvolle Erw. der 1. Kl. für geometr. Zeichnen und ehrenvolle Erw. der 3. Kl. für Ornament- und Figurenzeichnen. Bekanntschaft mit Eugenio Olivari, der ihm ein Seestück widmet und es mit „Olivari all'amico Derchi" bez. (cf. Rocchiero 1987, 12). Zus. mit dem Karikaturisten und Kunstkritiker Lucifero Bagnara und and. Künstlern aus Sampierdarena, darunter Angelo Vernazza, Carlo Orgero, Federico Piccone, nimmt D. zuweilen an Treffen der „Gruppe" teil, die sich im Albergo Centro, dem Caffè Roma oder der Trattoria des Onkels Giacinto D. trifft. Kurz vor 1900 nur zwei Monate als Maschinenzeichner bei der genues. Fa. Ansaldo tätig; Verschlechterung seines Gesundheitszustandes (Tuberkulose). 1901–04 in und um Bergamo tätig, wo er mit Fermo Teragni einige Villen und Kirchen freskiert, darunter Villa Sozzi di S. Lucia Vecchia und die Pfarrk. von Villasola Cisano. 1903 zus. mit Achille Filippini Fantoni Ausmalung der Gewölbe der Säulengänge der Via XX Sett. in Genua. 1904 zur Erholung in Intra und Novi Ligure. 1907 malt er *Ritratto del Giacinto*, ein Portr. seines Onkels, dem Großvater des Malers Giacinto D., einer char. Persönlichkeit aus der Gastronomie von Sampierdarena. 1911 von der Gemeinde seines Geb.-Ortes beauftragt, das Fresko „Raub der Helena" von Luca Cambiaso der Casa di Domenico Boccardo (ehem. Lomellini) abzunehmen und es nach Villa Scassi zu überführen. D. weilt nun häufig dort und findet fast ausschl. in der Villa und dem Garten Motive für seine Bilder. Im gleichen Jahr dekoriert er in florealer Art die Wände des Caffè Roma in Sampierdarena. Ferner Zchngn, Aqu. und Restaurierungen. GENUA, Azienda Ospedaliera Villa Scassi: Belvedere collinare con figurette, Öl/Lw.; Statua di Villa la Bellezza, Öl/Lw.; Giardino Scassi, Öl/Lw.; La statua Imperiale e l'arcone, Öl/Lw.; Figuretta in rosso nel viale, Öl/Lw.; Il lago di Villa Scassi e la copia di arconi decorativi di ponente e a monte, Öl/Lw.; Arcone di Villa Scassi, Aqu. und Tempera/Papier; Rampa mattonata d'accesso alla passeggiata, Aqu./Papier; Grande vaso decorativo e arcone lungo lago, Aqu./Papier; Grande vaso decorativo nel giardino, Aqu./Papier; Nicchia murale con statua muliebre, Aqu./Papier; Incrocio di passeggiate a Villa Scassi, Aqu./Papier; Figura femminile seduta nel giardino di Villa Scassi, Aqu./Papier; Panorama di Villa Scassi, Aqu./Papier; Giardino di Villa Scassi, Aqu./Papier; Belvedere di Villa Scassi, Bleistift und Aqu./Papier; Le statue del belvedere collinare, Bleistift und Aqu./Papier; L'arcone decorativo lungo lago a ponente, Bleistift und Aqu./Papier; Particolari statuari del piazzale del terrazzato, Bleistift und Aqu./Papier. *G:* 1902 Genua, Espos. Soc. Promotrice di BA. Vo5, 1961. *Comanducci* II, 1971; CatBolaffiOtt IV, 1972; DEB IV, 1973; Il valore dei dipinti dell'Ottocento e del primo Novecento, T. 1976; 1986/87; Ottocento. Cat. dell'arte ital. dell'Ottocento, XVII, Mi. 1988; DBI XXXIX, 1991 (Lit.); *Beringheli*, 1991. – *G. Costa*, Guida al collezionismo. Liguria, pittori dal 1800 al 1910, Ge. 1985, 33; *G. Marcenaro* (Ed.), Genova, il Novecento (K), Ge. 1986, 82; La pitt. a Genova e in Liguria dal Seicento al primo Novecento, II, Ge. ^{2}1987, 472, 486; *V. Rocchiero* (Ed.), G. B. D. e Villa la Bellezza, Ge. 1987 (Bibliogr.). R. Beccaro

Derchinger (Darchinger; Derglinger; Derschinger; Dörchinger), *Joseph*, österr. Uhrmacher, † 10. 2. 1736 Wien. Ab 1716 Meister ebd. – Nachw. sind Stutz-, Tisch- und Kutschenuhren. ISTANBUL, Topkapi Pal. Mus. STUTTGART, Württ. LM. *Abeler*, 1977. – *F. Kaltenböck* (Ed.), Die Wiener Uhr, M. 1988. D. T.

Derchmann, *Gotthard* → **Därchmann,** *Gotthard*

Derck (Derk), *Johann Melchior*, dt. Glocken- und Stückgießer aus Schleusingen/Thür. Lebte 1707–15 in Mannheim; goß 1709 Glocken für Mannheim (Melanchthonkirche), Östringen, Bad Mingolsheim (kath. Pfarrk.) und Tiefenbach/Kr. Karlsruhe sowie 1715 für Oberöwisheim/Kr. Karlsruhe. 1716 zog D. nach Coburg, wo er 1716 das Glockenhaus pachtete (Nachf. von Magnus Schenk). Zw. 1717–53 sind Glocken mit der Angabe von Meiningen als Gießort bekannt. 1719 nach eig. Angabe von Herzog Ernst Ludwig zu Meiningen zum Bauinspektor ernannt. D. goß Kirchenglocken, u.a. Wichthausen, 1724; Schmalkalden, 1733; Oberschönau, 1753. – Im gleichen Beruf arbeitete schon sein Vater *Johann Nikolaus D.* (* Raasen b. Schleusingen/Thür.), in Thüringen (v.a. Schleusingen) und Mannheim tätig; er goß 1705 eine Glocke (abgegangen) für die Liebfrauenkirche in Bruchsal, ist 1708 anläßl. des Auftrags über zwei Glocken für die ehem. Georgskirche in Speyer urkdl. genannt und 1712 als in Mannheim wohnhaft belegt. ▭ ThB9, 1913. – Beschr. Darst. der älteren BKD der Prov. Sachsen und angrenzender Gebiete, XXII (Ziegenrück und Schleusingen), Halle 1901; BKD im Reg.-Bez. Kassel, VI (Schmalkalden), Marburg 1913; Dt. Glockenatlas, IV, M./B. 1985. C. R.

Derck, *Johann Nikolaus* cf. **Derck,** *Johann Melchior*

Dercksen, *Johann* → **Diricks van Campen,** *Jan* (1602)

Derckum (Derkum), *Kurt*, dt. Maler, Graphiker, Keramiker, * 1. 1. 1904 Köln, † 16. 2. 1969 Frechen. Stud.: 1922–26 KGS Köln (Malerei, Graphik); arbeitet in den Keram. Wkstn von Wim Mühlendyck in Höhr-Grenzhausen. In den 20er Jahren bildete sich um ihn der sog. D.-Kreis, zu dem auch Otto Brües und Rudolf Weber zählten. Nach 1946 Mitgl. des Rhein.-Berg. Künstlerkreises; gab dessen Organ „Das Gespräch" heraus. Seit 1954 eig. Wkst. in Frechen. – Von der salzglasierten Steinzeugware in Westerwälder Trad. wandte sich D. Mitte der 50er Jahre verstärkt der Baukeramik und bes. der Plastik zu. Die Figuren und Wandplatten aus Steinzeug mit zart glänzenden bis zu dick fließenden Glasuren verdeutlichen in ihrer narrativen Lebendigkeit seine Ambitionen als bild. Künstler. D. arbeitete in enger Verbindung mit der Keramikindustrie; so verwendete er Industrierohlinge zur Montage von Objekten und Plastiken. 🏛 FRECHEN, Keramion. ⊙ *G:* 1931, '38, '39 Köln, KV / 1940 Amsterdam: Der dt. Westen / 1946 Siegburg: 1. Ausst. des Rhein.-Berg. Künstlerkreises / 1953 Wiesbaden, Neues Mus. / Düsseldorf: 1955 KM im Ehrenhof; 1967 Hetjens-Mus. / 1972 Frechen, Keramion / 1985 Höhr-Grenzhausen, Keramik-Mus. Westerwald. ▭ WWCCA, 1996 († 1967). – *G. Reineking von Bock*, in: Dt. keram. Kunst der Gegenwart, Frechen 1968, 103–108; *ead.*, Zeitgen. Keramik in Frechen, Frechen 1972, 122–125; *Reineking von Bock*, 1979; Keramion – Mus. für zeitgen. keram. Kunst, Frechen, Bg. 1983, 42; *K.-R. Henkes/A. Schmidt-Walguny*, Dt. Keramik 85 – Westerwaldpreis (K Höhr-Grenzhausen), Montabaur 1985, 79; Aus den Trümmern. Kunst und Kultur im Rheinland und Westfalen 1945–1952 (K Bonn unter anderem), Köln 1985, 427 s. U. Haug/B. Ostermann

Derdacki, *Władysław*, poln. Architekt, * 30. 3. 1882 Sokal, † 10. 11. 1951 Gliwice. Stud.: bis 1907 TH Lwów, Fak. Archit. (Abschluß mit Ausz.); Schüler und Mitarb. von Teodor Marian Talowski. Lehrtätigkeit: 1907–39 ebd. (u.a. 1920–39 Prof. und Leiter des Lehrstuhls für Zweckbauten der Fak. Archit.; Dekan der Fak.); 1940–45 Polytechn. Inst., Lwów; 1946–51 Schles. TH, Gliwice, Fak. Archit. 1911 Mitbegr. der Ges. für angew. Kunst „Zespół". Ab 1920 Architekt und Bauunternehmer in Lwów (Archit.-Büro D./Minkiewicz). 1937 Leiter des Wettb.-Büros des Komitees für den Ausbau der TH Lwów. Zahlr. erste Preise in Archit.-Wettb.: u.a. für den Entwurf des Gebäudes der Landwirtschafts-Ges. in Przemyśl; zus. mit Minkiewicz für die Annenkirche in Lwów. 🏛 BUSKO: Gebäude der Ges. Sokół, um 1910. DUNAJÓW: Gerbstoffabrik, nach 1918. HUSIATYN: Gebäude der Ges. Sokół, um 1908. KAŁUSZYN: Ausbau der Fabrik für Kalisalze. KOLOMYJA: Gebäude der Handwerker-Vrg „Gwiazda". LEŻAJSK: Kreisgericht. L'VIV: Ausst.-Pavillon, 1910; Bürgerhäuser und Villen, u.a. eig. Villa, ehem. ul. Warneńczyka 13, nach 1918; Ausbau der Gebäude der Krankenkasse sowie der Versicherungsanstalt; Petroleumraffinerie; Graph. Anstalt „Książnicy Atlas"; Ausbau des Teatr Rewiowy; Akkumulatorenfabrik „Dors", ca. 1925. NOWOSZYCE b. Sambór: Gebäude der Ges. Sokół; Kirche, um 1925. WIEN: Ausst.-Pavillon auf dem Prater. ✉ Wydział architektoniczny. Stan obecny, in: Politechnika Lwowska ..., Lwów 1932. ▭ *Łoza*, 1954. – Czasopismo Techniczne (Lwów) 1910 (10); *R. Cielątkowska*, Kwartalnik archit. i urbanistyki 22:1987; *A. Frydecki*, Stud. i mat. do teorii i hist. archit. i urbanistyki 17:1989; *J. Boberski*, Wydział archit., in: Politechnika Lwowska 1844–1945, Wr. 1993; *T. Łypka*, Lithuania 1996 (1/2); *R. Cielątkowska*, Archit. i urbanistyka Lwowa II Rzeczypospolitej, Gdańsk 1998. – Gliwice: Arch. der Schles. TH. Warschau, Inst. Sztuki Polskiej Akad. Nauk: *A. Nitsch*, Leksykon architektów i budowniczych, Mschr.; Arch. des Poln. Architekten-Verbandes. H. Faryna-Paszkiewicz

Derden (Goldschmiede-Familie) → **Ardenne** (1616 Goldschmiede-Fam.)

Derdyk, *Edith*, brasil. Zeichnerin, Kunsthandwerkerin, Illustratorin, * 16. 6. 1955 São Paulo, lebt dort. Stud. ebd.: 1971–73 Inst. de Artes e Decoração; 1976–80 Fund. Armando Alvares Penteado. 1990 Stip. für visuelle Künste von Fiat; 1992 im Austauschprogramm zw. US Internat. Agency und dem MAC de São Paulo Gastkünstlerin am Vermont Studio Center, Johnson/Vt.; 1999 mit Stip. der Rockefeller Found. am Bellagio Center, Italien. Entwürfe für Buchumschläge (v.a. 1978–97 Reihe *Novas buscas em educação* des Verlags Summus Ed.), Plattencover (seit 1981 v.a. für die Popgruppe Rumo mit Fotos von Gal Oppido sowie seit 1998 alle graph. Arbeiten für das Kindermusikprogramm des Selo Palavra Cantada) und Ill. für Zss. und Kinderbücher. 1999 mit Claudio Cretti Bühnenbildentwurf für die Oper *O guarani* unter Ltg von Ivaldo Bertazzo an SESC, Ipiranga/São Paulo und Teatro Mpal. Umfangreiche pädagog. Tätigkeit: u.a. 1995 Ass. an der Pré-Esc. da Esc. Viva; 1996–97 Kurse für

Kunsterzieher am Centro Pedagógico. Ausz.: u.a. 1991 Preis APCA Arte Comunicação, Paulista 100 anos, Gal. SESC-Paulista; 1993 Ankaufspreis Câmara Mpal, Salão de Piracicaba; 1997 Ankaufspreis, Prêmio Brasília de Artes Visuais. – Ausgehend von der Zchng ersetzt D. seit A. der 90er Jahre allmähl. die Linie durch schwarze Fäden oder Kordeln und bedient sich kunsthandwerkl. Techniken wie Nähen und Flechten. In der Kombination versch. Mat., meist gepreßtem und mit durchsichtigem Leim verklebtem Japanpapier bzw. weißer oder transparenter Plastikfolie, die vernäht werden, entstehen dreidimensionale, z.T. raumfüllende Objekte für Wand, Boden oder Decke. Sie erinnern an Naturerscheinungen (z.B. *Cascata; Paisagem; Alvéolo*) oder organ. Formen (*Bidimensional/Sér. subcutâneos*; Ser. *Objeto/Larva*, beide 1995; *Escult./Casulo*, 1996) und lösen im Detail Assoziationen an Wunde, Narbe oder Vulva aus. ⌂ BRASILIA, Mus. de Arte. INDIANAPOLIS, Emison AC, DePaw Inst. NÜRNBERG, Kulturverwaltung der Stadt. PIRACICABA/São Paulo, Câmara Mpal. SÃO PAULO, Fund. Padre Anchieta, TV Cult. – MAM. – SESC-Pompéia: Wand-Gem. – Wandbild in der Rua Teodoro Sampaio, 1982. TOKIO, Fuji AM. ✉ Estória sem fimmm, S. P. 1980; O colecionador de palavras, S. P. 1986; A sombra da Sandra Assanhada, S. P. 1987 (alle: Text u. Ill.); Formas de pensar o desenho, S. P. 1988; O desenho da figura humana, S. P. 1989. ⊙ *E:* Saõ Paulo: 1981 Inst. dos Arquitectos do Brasil; 1984 Pin. do Estado; Gal. SESC-Paulista; 1990 Mus. de Arte (Falt-Bl.: F. Magalhães); 1993 Gabinete de Arte Raquel Arnaud/Espaço Arte Morumbi Shopping (K: M. A. Milliet); 1996, '97 (K: R. Rodrigues Torres Filho) Gal. Adriana Penteado; 1999 Gal. Valú Ória / Porto Alegre: 1991 Casa de Cult. Mario Quintana; 1998 Torreão / Rio de Janeiro: 1992 Gal. Macunaíma, IBAC; 1997 Inst. Brasil-Estados Unidos (K: C. A. Elias); 1999 Gal. Sergio Porto / 1993 Johnson (Vt.), Vermont Studio Center / 1995 Nürnberg, Ehrenhalle des Rathauses, Wolff'scher Bau (mit Brenda Leigh Baker und Marianne Stüve) / 1997 München, Dt. Jagd- und Fischerei-Mus. (mit Marianne Stüve; Falt-Bl.: M. Nungesser). 🕮 *A. Chaim* (Regie), Viés 1990; *S. Rosenblit* (Regie), Suturas 1993 (beide: Dok.-Videos); *A. Farias/A. Antunes*, E. D. Casulo cocoon, S. P. 1996 (Lit.; Ausst.). – Mitt. D. M. N.

Derdzakian, *Eugénie* (Tertzakian, *Evgine*), armen. Malerin, * E. 19. Jh. Konstantinopel, † 1939 Paris. Besuch einer dt. Schule in Konstantinopel. Ab 1900 Stud. der Malerei in Deutschland: Heidelberg; KGS München bei Maurycy Heyman sowie KA bei Zimmermann. Lebte bis 1924 in München, anschl. in Paris. – Hauptsächl. realist., psycholog. eindringlich erfaßte Portr. (z.B. *Unschuld; Ältere Frau*). ⊙ *G:* 1933 Paris, SAfr. 🕮 *Bénézit* III, 1976; *Dznuni*, 1977. – *O. Avédissian*, Peintres et sculpteurs arméniens, Le Caire 1959, 403 s.; *D. Varuyan/Y. ČBJ. Siruni* (Red.), Nàvasard (Jb. für Lit. und Kunst), I, Konstantinopel 1914, 80 s., 160 s.; Anahit (P.) 1933 (3–4) 90; *E. Martikyan*, Haykakan Kerparvesti patmutyun, III, E. 1987, 181 s. L. Chookaszian

Dere, *Sujata*, ind. Malerin, Graphikerin, Keramikerin, 20. Jh., lebt in New Delhi. Stud.: 1979 Bombay, Jamsethji Jijibhai SchA. Ausb. als Keramikerin. Ausz.: Preis der Maharashtra State Art Exhib. – Zchngn und Graphiken mit trad. ländl. Szenen. ⊙ *E:* New Delhi: 1992 India Internat. Centre; 1996 Lalit Kalā Akad. / Bombay: 1994 Nehru AG; 1998 Jehangir AG. – *G:* New Delhi: 1995 Art from Heart; 1997 Delhi for Delhi; 1998 Art Today. 🕮 *Online:* Indiaart, 1999. M. Frenger

Derebenjeff, *Iwan* → **Terebenev,** *Ivan Ivanovič*

Dereberja, *Ivan Grigor'evič*, russ. Zeichner, Maler, * 4. 6. 1923 Varenovka/Donkosaken-Gebiet, lebt in Taganrog. Stud.: 1942–44 AK Tbilisi bei Uča Džaparidze, Sergo Kobuladze. – Meist Zchngn (Helldunkel-Manier) zu Kindermotiven (u.a. *Devočka-cyganka*, 1971; Ser. *Deti vojny*, Kohle, 1982). Auch Aqu. (z.B. *Gorelyj stvol*, 1977; *Trudnoe vremja*, 1979). Ill. zu M. M. Antonov, *Rosinki* (Rostov-na-Donu 1958). ⌂ TAGANROG, GG. 🕮 ChudSSSR III, 1976. – Grafika Juga (K), Ordžonikidze 1978, 14; VSII Sprav. V, 1981; Chudožniki Dona – XXVI s''ezdu KPSS (K), Rostov-na-Donu 1981, 12; Oblastnaja chudožestvennaja vystavka „Chudožniki Dona – 60-letiju obrazovanija SSSR" (K), Rostov-na-Donu 1983, 11; *Ju. L. Rudnickaja*, Chudožniki Dona, Le. 1987, 12. S. Butarygina

De Reggi, *Emanuele*, ital. Bildhauer, Maler, * 1957 Florenz, lebt in Mailand und Pietrasanta. Klass. Stud. 1976–80 Amerika- und Indienreise. 1981–83 Aufenthalt in Australien, wo er große Holz-Skulpt. ausführt. Arbeitet 1984–87 im Studio von Giulio Ciniglia in Pietrasanta. In den 90er Jahren experimentiert D. mit versch. Mat. und wird v.a. in seinen Terrakotten durch die Plastik von Arturo Martini inspiriert (*Dio?*, 1992; *A picco*, 1993; *Direttore d'onda*, 1994). Beginnt sich in den zeitgleichen Sandstein-Skulpt. und Bronzen von den archaischen Formen zu entfernen zugunsten einer eleganteren Modellierung hellenist. Prägung (*Naufrago*, Sandstein; *Il matto*, Bronze, 1993; *Carambola*, Bronze, 1994). Versucht Bronze und Stein (*Osservatorio*, 1994) sowie Terrakotta und Marmor (*Le tre carte*, 1994) einander anzunähern. Realisiert 1994 drei Statuen für den Sitz der Andersen Consulting in Mailand im ehem. Pal. Montecatini. ⊙ *E:* 1991, '94 Rom, Gall. Arco Farnese / 1993 Bari, Gall. Ninni Esposito. – *G:* 1986 Serravezza: Simposio Artisti in Piazza / 1989 Faenza: Mostra Internaz. della Ceramica d'arte / 1992 Rom, Pal. delle Espos.: Giovani artisti a Roma / 1997 Pietrasanta, Piazza Duomo e Chiesa di S. Agostino: Omaggio a Sem. 🕮 *F. Irace/L. Berni/R. Bossaglia*, E. D., Mi. 1994. N. Corradini

De Reggi, *Marian (Mario)*, slowen. Maler, Graphiker, * 12. 3. 1921 Ljubljana, lebt dort. Stud. ABK Ljubljana: 1945–49 bei Gabrijel Stupica; bis 1951 Spezial-Kl. von Božidar Jakac. – Graphiken, Aqu., Gem. in einem gefälligen Realismus: Stadtansichten (u.a. Prag, Venedig, Ljubljana), (Selbst-)Portr., Motive aus Konzentrationslagern, symbolist. Darst. mit Figuren (*Spomin na očeta*). ⌂ SUBOTICA, Zbirka Likovnog susreta. TUZLA, Gal. jugoslovenskog portreta. ⊙ *E:* Ljubljana: 1953 Umetniška zadruga; 1957 Mala gal. – *G:* 1975, '78, '81, '84, '90, '94 Bitola: Internat. Graphik-Trienn. / 1989 Novo mesto: Bienn. slowen. Graphik Otočec. 🕮 2. izložba jugoslovenskog portreta (K), Tuzla 1971. J. Intihar Ferjan

Deregibus, *Monique*, frz. Fotografin, * 9. 6. 1955 Marseille, lebt ebd. Stud.: Acad. Aix-en-Provence (mod. Sprachwissenschaft); 1984–87 Ec. nat. de la Photographie, Arles (Dipl.). Mitbegr. der Gruppe Des Photographes en Méditerrannée (1987) und der Künstlerkooperative Les Ateliers Nadar in Marseille (1991). Seit 1988 Lehrtätigkeit an der Ec. régionale des BA, Valence. – Bevorzugt Schwarz-Weiß-Aufnahmen, dabei Lsch. (*Désastres*, 1993), makroskop. Blumenbilder (*Les Ateliers Nadar*, 1995). 1996 entsteht in öff. Auftrag das Fotobuch *Tour de l'Europe, Valence le Haut* mit Aufnahmen aus der Sozialsiedlung Valence le Haut. D. verknüpft dabei menschl. Einzelschicksal und städt. Lebensbedingungen. Auch Videoarbeiten, z.B. *Récidive Fakir*, 1998. Werke im Bes. des FRAC Provence-Alpes-Côtes d'Azur, der Stadt Marseille und des Dép. Drôme. 🏛 PARIS, BN. ◎ *E:* Albi: 1986 Gal. Aréna; 1987 Mus. Toulouse-Lautrec / Marseille: 1989 Château de Servières; 1993 Les Ateliers Nadar; 1998 Le Radeau. 📖 *J.-C. Lemagny*, Vis à vis internat. 1992 (11) 65–72; Aux armes ... etcaetera (K Künstlerwerkstatt Lothringer Str. 13), M. 1998. K. S.-D.

Deregus, *M.* → **Derehus,** *Mychajlo Hordijovyč*

Deregus, *Natalija Michajlovna* → **Derehus-Lorens,** *Natalja Mychajlivna*

Derehus, *Fajzrachman Masnavijovyč*, ukrain. Maler, Monumentalkünstler, * 24. 2. 1952 Charkiv, lebt dort. Sohn von Viktorija-Maryna Mychajlivna D. Stud.: 1967–71 Kunst-FS Charkiv bei Mykola Ivanovyč Hnojovyj; 1971–73 KHS Kiev; 1973–77 KHS Charkiv bei Leonid Ivanovyč Černov, Adol'f Markovyč Konstantynopol's'kyj, Jevhen Ivanovyč Bykov. 1977–93 Künstler im künstler. Produktionskombinat Charkiv. Lehrt seit 1993 Malerei an der KHS ebd. – Im Frühwerk baugebundene Arbeiten (Wandmalerei, Mosaik, Bleiverglasung), hauptsächl. jedoch Tafelmalerei, v.a. Lsch., in den 80er Jahren teilw. mit Genreelementen (*Parašutnyj sport*, 1985; *Okolyci aerodromu*, 1989) in mon.-verallgemeinerten Formen und intensiv-satten Farben. Malt oft Felder zu versch. Jahreszeiten (gern im Winter in feinem silbrig-grauen Farbspektrum, z.B. *Pid Charkovom*, 1989, panoramaartig; lyr.-verhaltene Ser. *Zyma* und *Vzymku*, 1996) in eleg. Stimmung mit entweder breitem, kräftigem, dynam. Strich (*Nadvečir*, 1982; *Osin'*, 1986) oder mit zeichner. Darst. des Vordergrundes und verallgemeinertem Hintergrund (*Povin'*, 1988). Es überwiegen meditativ-kontemplative Darst. prosaischer Alltagsmotive der stadtnahen Natur, in denen er Bäumen und Gras bes. Aufmerksamkeit widmet (*Novoselivka*, 1997; *Večirnij pejzaž z rybalkamy*, 1999) bzw. in Darst. von Waldrändern oder Parks die Räumlichkeit des Mittelgrundes akzentuiert (*Osinnij večir*, 1991; *Saržyn jar*, 1999). Kehrt in einigen Arbeiten zum früher gefundenen Komp.-Schema mit niedrigem Horizont, hohem Himmel und kontrastierendem schmalen Vordergrund zurück (*U poli*, 1998; Ser. *Vitrjaky*, seit 1996, mit nostalg. Stimmung), mit sich verstärkender Tendenz zur juwelierhaften Ausarbeitung der Details im Vordergrund (*Ranok*, 1990; *Pejzaž s ričečkoju*, 1997). Malt auch Stilleben, meist mit Feldblumen, in prägnanten Formen und dekorativ-expressiven Farben. 🏛 KIEV, Direktion für Kunst-Ausst. ◎ *E:* 1989 Charkiv. – *G:* seit 1982 u.a. Kiev / 1987 Poznań: Künstler aus Charkiv (K) / 1994 Charkiv: Zeitgen. Malerei aus Weißrußland, Rußland und der Ukraine (zum 150. Geburtstag von I. E. Repin) / 1999 Kiev: Herbstsalon. 📖 Respublikans'ki chudožni vystavky (K), Kyïv: „Fizkul'tura i sport", 1983; „Zemlja i ljudi", 1984; „Molodist' kraïny", 1987; „70 rokiv VLKSM", 1988; „Mal'ovnyča Ukraïna", 1993; Al'bom rabot molodych chudožnikov Ukrainy, s.l. 1996 (in chin. und russ.); Mižnarodna juvilejna vystavka tvoriv mystectva vychovanciv ChDChI-ChChPI do 75-riččja vyščoï chudožn'oï školy Charkova, 1921–96 (K), Charkiv 1996, 12; Masla Akad. chudožestv Ukrainy, s.l. 1998 (in chin. und russ.); Dovidnyk členiv spilky chudožnykiv Ukraïny, Kyïv 1998; Mystec'ki šljachy Charkivščyny/ The Paths of art in the Kharkiv region 1938–98, Charkiv 1998, 136, 317, 358. A. Pivnenko

Derehus, *Mychajlo Hordijovyč*, ukrain. Maler, Graphiker, Zeichner, Illustrator, * 22. 11.(5. 12.) 1904 Vesele/Gouv. Charkiv, † 31. 7. 1997 Kiev. Vater von Natalja Mychajlivna D.-Lorens und Viktorija-Maryna Mychajlivna D., Großvater von Fajzrachman Masnavijovyč D. Stud. in Charkiv: 1922–25 HS für Volksbildung (Biologie); 1925–30 KHS bei Semen Markovyč Prochorov, Mykola Hryhorovyč Buraček, Mychajlo Andrijovyč Šaronov, Oleksij Opanasovyč Kokel'. Lehrte 1932–41, '44–50 ebd. 1956–62 Vors. des Ukrain. Künstler-Verb. Zahlr. Ausz., u.a. 1943 Verdienter Kunstschaffender, '57 Nat.-Künstler der Ukrain. SSR; 1958 korr. Mitgl. der AK der UdSSR; 1963 Nat.-Künstler der UdSSR; 1969 ukrain. Ševčenko-Staatspreis; 1995 Prof., 1996 ordentl. Mitgl. der AK der Ukraine. – D. ist einer der bedeutendsten ukrain. Künstler des 20. Jh. Mit seinem eigenwilligen und vielseitigen Schaffen leistete er einen wichtigen Beitrag für die Entwicklung der ukrain. Kunst. Char. für D.s Werk ist die enge Verbindung zur klass. Kunst wie zur ukrain. Volkskultur und Volksphilosophie, die seine Weltsicht und sein Weltverständnis zutiefst beeinflußten. Seine besten Arbeiten gleichen einem heroisch-romant. Epos, durchdrungen vom Pathos der Volksromantik und lyr. Musikalität, die dem Nat.-Charakter entspricht, dessen passionierter Interpret D. war. Er entwickelte bei der Darst. von Menschen und Lsch. einen einprägsamen „Derehus-Typ": psycholog. durchdrungene hist. und legendäre Persönlichkeiten der Ukraine, die Schönheit der ukrain. Frau, die Poetik der ukrain. Landschaft, aber auch Gestalten der Weltliteratur. D. war vielseitig produktiv, neben Malerei, freier und angew. Graphik (z.B. Plakatentwürfe wie *Het' fašysts'kych interventiv z Ispaniï*, 1937; *V každoj sovetskoj ženščine...*, 1941; *Tovarišč, pomni o zamučennych brat'jach...*, 1942, alle Gouache) entwarf er auch Teppiche und Gobelins (1936) und schuf dekorative Wandbilder (*Svjato*, Öl, 1937, für das Opern- und Ballett-Theater Dnipropetrovs'k; *Mechanizacija sel'skogo chozajstva*, Öl, 1938, für den ukrain. Pavillon auf der Allunions-Landwirtschafts-Ausst. Moskau). Er arbeitete in zahlr. Techniken, bevorzugte aber Öl, Monotypie, Rad., Vernis mou, Aquatinta und Bleistift. D. war ein Meister der dramat. angespannten vielfigurigen

Komp., meist zu Themen der nat. Gesch. (*Politkatoržany na etapi*, 1932; Ser. *Chmel'nyččyna*, 1945; *Zustrič Bohdana Chmel'nyc'koho z rejestrovymy kozakamy*, 1945; *Taras Bul'ba na čoli vijs'ka*, 1955; *Seljans'ke povstannja na poltavščyni*, 1956; *Kozaka nesut'*, 1974; *Ostannij bij Danyla Nečaja*, 1978; *Holod. 33-j rik*, 1988, alle Öl/Lw.). Bei seinen zahlr. Portr. finden sich Beispiele bes. Harmonie und Geistigkeit (*Žinočyj portret*, 1939; *Divočyj portret*, 1978, beide Öl). Das Spektrum seiner Lsch. in Malerei und Graphik ist sehr breit: von majestät.-episch (*Burja*, Rad., 1973; *Verby. Viter*, Öl, 1967) bis intim-poet. (*Večir*, Öl, 1955; *Zolota osin'*, Rad., Aquatinta, 1957). In seinen ausdrucksvollen Stilleben werden Farbe und Licht zum maler. Äquivalent für Schönheit und Reichtum der Natur (*Pivonii*, 1948; *Natjurmort z vynohradom*, 1975). D. begann als Maler (*Vidpočynok*, 1932; *Kolhospne svjato*, 1935, beide Öl/Lw.), wandte sich ab M. 30er Jahre gleichberechtigt der Graphik zu und schuf Buch-Ill. (I. Kotljarevs'kyj, *Eneïda*, Lith., 1937; zu Werken von N. Gogol', z.B. *Nič pered Rizdvom*, Rad., Vernis mou, 1946–47; T. Ševčenko, z.B. *Kobzar*, Rad. 1947, '59, '61, '69; L. Tolstoj, *Vijna i myr*, Bleistift, Aqu., 1953–82), Zyklen von Tafel-Gem. (Triptychon *Duma pro kozaka Holotu*, 1960) und von Graphik zu Themen aus Folklore und Lit. (*Šljachamy Ukraïny*, Rad., 1936–40; *Kateryna*, Rad., Kaltnadel, 1936–56; *Ukraïns'ki narodni dumy ta istoryčni pisni*, Rad., Farbdruck, 1945–77), zu denen er über Jahrzehnte immer wieder zurückkehrte (*Za motyvamy dramy-fejeriï Lesi Ukraïnky 'Lisova pisnja'*, Rad., Vernis mou, Aquatinta, 1954–80) wie auch zu Zyklen, die der heroischen Vergangenheit gewidmet sind (*Step*, 1970er-80er Jahre; *Sarmatjanka*, 1977; *Pochid Svjatoslava*, 1981). D. war ein ausgezeichneter Zeichner und schuf sowohl Reportage-Ser. (*Z italijs'kych pejzaživ*, Bleistift, 1956; *Dorohoju na Janivščynu*, Bleistift, 1957–67; *Z francuz'kych pejzaživ*, Filzstift, 1964) als auch Komp. mit ausgearbeitetem Sujet (A. S. Puškin gewidmeter Zyklus *Puškin u Kam'janci*, 1949; *Puškin z njaneju*, 1950, beide Bleistift). Der hist. und philosoph. Denkweise zugeneigt, fand D. auch für Motive der Gegenwart adäquate Ausdrucksmöglichkeiten: Stillleben (*Kelych i lymony*, Öl, 1947; *Natjurmort z kavunom*, Öl, 1978), Lsch. (Zyklus *Po Ukraïni*, Rad., Aquatinta, 1960–89; *Tryvožnyj večir*, Öl, 1979; *Nad Zbručem*, Öl, 1990), Sujet-Komp. (*Kupannja konej*, Öl, 1982), Portr. (*Divčyna v blakytnij sukni*, Öl, 1980; *Portret družyny v červonomu*, Öl, 1989). 🏛 ALMATY, Kasach. KM. ALUPKA, Schloß-Mus. ASTRACHAN', GG. BAKU, Aserb. MBK. BERDJANS'K, KM. ČERNIHIV, KM. CHABAROVSK, Fernöstl. KM. DNIPROPETROVS'K, KM. KIEV, Nat. KM. – HM. – Ševčenko-Mus. KRASNODAR, KM. KURSK, GG. LEBEDYN, KM. L'VIV, NM. MOSKAU, Tret'jakov-Gal. ODESA, KM. POLTAVA, KM. SEVASTOPOL', KM. ŠEVČENKO/Kasachstan, Ševčenko-Mus. SUMY, KM. UŽHOROD, KM. ŽYTOMYR, KM. ✉ Iskusstvo Sovetskoj Ukrainy snova budet žit', Literatura i iskusstvo v. 1. 5. 1944; Tvorčestvo pol'skich druzej, Slavjane 1955 (4); 40 rokiv ukraïns'koho obrazotvorčoho mystectva, Komunist Ukraïny 1957 (11); Žizn' naroda – naše vdochnovenie, in: Chudožnik i sovremennost'. Ežegodnik AChSSSR, Mo. 1961; Za velikoe iskusstvo kommunizma, Sovetskaja kul'tura v. 24. 4. 1962. ⊙ *E:* 1932 Charkiv / 1940 Moskau / 1954, '59, '64, '74, '84 (K: M. Kostjučenko) Kiev / 1958 Bratislava / 1959 Prag. – *G:* seit 1932, z.B. Ausst. sowjet. Kunst: u.a. 1932, '72 Tokio; 1933 Kopenhagen, Ankara, Warschau; 1952 Delhi, Calcutta, Bombay; 1971 Hamburg / 1956, '58 Venedig: Bienn. / Ausst. ukrain. Kunst: u.a. 1963 San Francisco; 1965 Paris; 1967 Montreal; 1972 Nikosia; 1977 Lissabon. 📖 Vol, 1953 (s.v. Deregus, M.). SChU, 1973; ChudSSSR III, 1976 (s.v. Deregus, Michail Gordeevič; Bibliogr.); MU, 1992 (s.v. Derehusy); Enc. ukraïnoznavstva, II, L'viv 1993; MU, 1997 (s.v. Derehusy). – *M. Cholodovskaja*, Michail Gordeevič Deregus, Mo. 1954; BK 1955, 117 s.; 1959, 69; Výtvarný život 1958, 302, 304 s.; *I. Vrona*, M. H. D., Kyïv 1958; VSII Sprav. I-V, 1965–81; Istorija ukraïns'koho mystectva, V, Kyïv 1967; VI, Kyïv 1968; Istorija sovetskogo isk., II, Mo. 1968, 312; M. D. Oforty, Kyïv 1971; *V. Ruban*, Ukraïns'kyj radjans'kyj portretnyj žyvopys, Kyïv 1977, 57, 61; 225 let Akad. Chudožestv SSSR (K), II, Mo. 1983; *V. Pavlov*, Tvorčestvo 1985 (6) 26 s.; *P. Bilec'kyj*, M. D. Žyvopys, hrafika, Kyïv 1987; *V. Pereval's'kyj*, Ukraïns'ka Akademija mystectva, vyp. 4, Kyïv 1997, 164–168. V. Ruban

Derehus, *Viktorija-Maryna Mychajlivna*, ukrain. Malerin, Graphikerin, * 2. 4. 1929 Charkiv, † 4. 4. 1995 ebd. Tochter von Mychajlo Hordijovyč D., Schwester von Natalja Mychajlivna D.-Lorens, Mutter von Fajzrachman Masnavijovyč D. Stud.: 1945–50 Kunst-FS Charkiv bei Olena Mykolaïvna Jakovenko, Borys Josypovyč Vaks. 1951–62 tätig im künstler. Produktionskombinat ebd., danach freischaffend. – Hauptsächl. Lsch.-Malerei, im Frühwerk Natur und Stadtansichten versch. Regionen der Sowjetunion (u.a. *Na Volzi*, 1951; *Vulyčka Ryhy*, Öl/Karton, 1961) in freier Pleinairmanier, ansonsten der Gegenden v.a. um die ukrain. Städte Charkiv, Sumy, Poltava, Černihiv. Die lyr.-romant. Natursicht ist deutl. vom Vater beeinflußt, es überwiegen nat., mit der Lyrik T. Ševčenkos zu assoziierende Motive, oft in Variationen (*Misjačna nič*, 1957; *Večorije*, 1963; *Sutinky*, 1979, '89). Viele Gem. zeigen Lebensorte Ševčenkos (*U Moryncjach*, 1963). D. versteht es auch, Anspannung und Aufbrausen (*Svižyj viter*, 1967; *Šumljat' verby*, 1977, '82) sowie eleg. Stimmungen wiederzugeben (*Chmarynka*, 1980; *Večir nad r. Pslom*, 1982). Ihre Lieblingsjahreszeit ist der Sommer (*Litnij večir*, 1961; *Litnij den'*, 1967), die bevorzugten Motive Bäume vor hohem Himmel und sich in die Ferne erstreckenden Feldern (*Osyky*, 1977). Auch panoramaartige Lsch. (*Na Zvenihorodščyni*, 1988) und Darst. des Charkiver Waldparkes mit Figurenstaffage (*U lisoparku*, 1979). Die meisten Gem. der 60er/70er Jahre zeigen verallgemeinerte, fast etwas schematisierte Formen, Dekorativität, pastosen Strich mit feinen Nuancen von Grün. In den 80er/A. 90er Jahren ist eine Tendenz zu weicher Tonalität, größerer Konkretheit und Detailliertheit sowie Vielschichtigkeit zu bemerken. Schuf auch einige Portr. (*Selbstbildnis*, 60er Jahre), öfter Stilleben, z.T. mit konkret ausgearbeiteten Motiven und reichen Farbnuancen (*Buzok*, 1977; *Piony*, 1991; *Trojandy*, 1992), andere in mon. Formen und gewisser

Üppigkeit (*Kvity, frukty, ovoči*, 1984, Charkiv, Pädagog. Univ.), die Pastelle von farbl. Erlesenheit (*Pol'ovi kvity*, 1978; *Sonjašnyky*, 1982). Stellte die Motive ihrer Malerei, bereichert um neue Nuancen, auch in Druckgraphik dar: Farb-Lith. (*Žovtnevyj lis*, 1962), Farb-Rad. und Aquatinta (*Večir u Kyrylivci*, 1964; *Misjačna nič*, 1972, beide mit tiefem Horizont und silbrigen Tönen; *Verby*, 1971; *Chatky*, 1980, beide dynam.-expressiv), Monotypien (*Stavok*, 1971; *Večir*, 1979, lyr.-poet. mit feinen Farbnuancen). 🏛 CHARKIV, KM. – Pädagog. Univ. KIEV, Ukrain. Kultur-Minist. – Direktion für Kunst-Ausst. L'VIV, NM. ⊙ *G:* seit 1957 v.a. Kiev / 1976 Vancouver; Tokio, Gal. Gekkoso; Washington (D. C.): Zeitgen. sowjet. Kunst (alle K) / 1994 Charkiv: Zeitgen. Kunst aus Weißrußland, Rußland und der Ukraine (zum 150. Geburtstag von I. E. Repin; K). 📖 SChU, 1973; ChudSSSR III, 1976 (Lit.); MU, 1997 (s.v. Derehusy). – Respublikans'ki chudožni vystavky (K), Kyïv: „Moloda hvardija kraïny Rad", 1978; „110 rokovyny z dnja narodžennja V. I. Lenina", 1980; „Mystectvo osjajane Žovtnem", 1981; „Mal'ovnyča Ukraïna", 1983, '85; „70 rokiv Žovtnja", 1987; Ukraïna 1980 (4); Masla Akad. chudožestv Ukrainy, s.l. 1998 (in chin. und russ.); Mystec'ki šljachy Charkivščyny/The Paths of art in the Kharkiv region 1938–98, Charkiv 1998, 68, 317.

A. Pivnenko

Derehus-Lorens, *Natalja Mychajlivna*, ukrain. Bildhauerin, * 24. 10. 1931 Charkiv, lebt in Kiev. Tochter von Mychajlo Hordijovyč D., Schwester von Viktorija-Maryna Mychajlivna D. Stud.: 1951–57 KHS Kiev bei Mychajlo Hryhorovyč Lysenko, Oleksij Prokopovyč Olijnyk, Makar Kindratovyč Vrons'kyj. – In realist. Manier freie und Denkmalplastik: genrehafte Komp. (u.a. *Sem'ja*, Gips, getönt, 1956; *Sonce, povitrja i vody*, 1960; *Madonna 20 stolyttja*, 1969, beide Plexiglas; *Kateryna*, 1989), aber bevorzugt Portr. (z.B. der Malerin *Tetjana Mykolaïvna Holembijevs'ka*, Sandstein, 1962; *Portret Baleriny*, 1985), auch als Gedenktafeln (u.a. für den Schriftsteller *A. L. Kundzič*, 1971; die Akad.-Mitgl. *H. I. Suchomel*, 1973, *A. A. Sapehin*, 1974; die Schauspieler *M. V. Mikeša*, 1976, *D. E. Miljutenko*, 1985; den Komponisten *M. V. Lysenko*, 1980, alle Kiev). 🏛 ACHTYRKA b. Sumy: Kriegsgedenkstätte, 1966. IVANO-FRANKIVS'K: T. Ševčenko, Denkmal, 1990. KIEV, Nat. KM. – Univ.: Gedenktafel für M. I. Pirogov, 1973. – Lesja-Ukrainka-Theater: Gedenktafel für K. P. Chochlov, 1981. – Vanda Vasylevs'kaja, Büste, 1987. SIMFEROPOL', KM. VINNYCJA: M. I. Pirogov, Denkmal, 1971. ⊙ *E:* 1984 Moskau (zus. mit ihrem Vater). – *G:* seit 1956. 📖 SChU, 1973; ChudSSSR III, 1976 (s.v. Deregus, Natalija Michajlovna Lit.); MU, 1992; MU, 1997 (beide s.v. Derehusy). – VSII Sprav. V, 1981; *V. A. Afanas'ev*, Ukraïns'ke radjans'ke mystectvo. 1960–80, Kyïv 1984, 108; Tvorčestvo 1985 (6) 26 s.; Pamjatniki istorii i kul'tury Ukrainskoj SSR, Kiev 1987, 44, 457; Obrazotvorče mystectvo 1994 (1) 42.

N. Janko

Dereker → **Deriker,** *G. V.*

Deréky, *Anna* → **Fadrusz,** *Anna*

Dereli, *Cevat (Ğewat)*, türk. Landschaftsmaler, * 1902 (1899?; 1900?) Rize, † 1989 (1990?) Istanbul. Stud.: 1917–24 KA Istanbul und parallel dazu bei Ibrahim Çallı; 1924–28 Acad. Julien, Paris (mit Staats-Stip.). Ab 1928 wieder in Istanbul zunächst als medizin. Zeichner an der Univ., ab 1937 als Doz. an der KA. Ausz.: 1977 Simavi Vakfı Görsel Sanatlar Ödülü (Kunstpreis der Simavi Stiftung), 1981 Atatürk Devlet Armağanı (Atatürk Staatspreis). – D. kann als einer der bedeutendsten Vertreter der klass. Mod. in der türk. Malerei gelten. Als Gründungsmitglied des „Müstakil Ressam ve Heykeltıraşlar Birliği" (Bund der unabhängigen Maler und Bildhauer) propagierte er eine neue, ursprünglichere türk. Kunst, die postimpressionist. Tendenzen ablehnt. Anfangs vom europ. Primitivismus, aber auch von der türk.-osman. Miniaturmalerei beeinflußt, setzte D. diese Anregungen in Öl-Komp. um, die meist folklorist. Themen in dekorativ-kubist. Weise gestalten. In der Türkei wurde D. v.a. für seine großformatigen, dekorativen, wandbildhaften Monumentalbilder der späten 50er Jahre berühmt, in denen er sowohl lokale Themen des ländl. Lebens als auch die Konfrontation der Türkei mit westl. Technologie darstellt. In zweidimensional aufgefaßte Landschaften, deren kubist. Stil an applizierte Bildteppiche erinnert, werden geometr.-abstrahierte Figuren gestellt. Dabei löst sich D. niemals vollst. von der vorgegebenen Naturform. Die Konturen sind meist klar herausgearbeitet, die Farbgebung kräftig, aber nicht schrill, wobei kalte und ockerfarben gebrochene Töne vorherrschen (*Fischer*, 1957). Später entwickelte D. einen düsteren Expressionismus, der sich mit post-kubist. Tendenzen mischt. In den 70er Jahren löst er sich völlig von der kubist. Form in Komp. mit einem leichten, skizzenhaften Pinselstrich und dünnerem Farbauftrag. D. findet nun eine lockere Verbindung der einzelnen Komp.-Elemente vor größeren freien Farbflächen; die Zweidimensionalität und kühle Farbgebung wird beibehalten (*Auf dem Fischmarkt*, um 1970). Char. ist eine permanente stilist. Weiterentwicklung und die ständige Suche nach neuen künstler. Lösungen, die D. bis in die 80er Jahre zu einer der prägenden Persönlichkeiten der mod. türk. Malerei machten. 🏛 ISTANBUL, Resim ve Heykel Müzesi. ⊙ *E:* Istanbul: 1970 Staatl. Akad. der Schönen Künste; 1975, '80 Cumalı Sanat Gal.; 1986 Kile Sanat Gal. – *G:* 1940 Ankara, Devlet Resim Heykel Sergisi (Staatl. Ausst. für Malerei und Plastik) / 1956 Venedig: Bienn. (K) / 1958 Brüssel: Expos. Universelle (K) / 1967 Linz, Mus.: Zeitgenöss. türk. Malerei, Graphik, Plastik, Architektur (K) / 1993 Istanbul: 3. Sanat Fuarı (K). 📖 Vol, 1953. *Bénézit* IV, 1999. – *Yetkin*, Prisme des arts 1957 (3); *N. Berk*, İstanbul Resim ve Heykel Müzesi, Istanbul 1972, 24–27 (Abb.); *U. Kuhirt* (Ed.), Allg. Gesch. der Kunst, VII, L. 1972, 601; *Ataöv*, 1979 (Abb.); Gesch. der türk. Malerei, Genf 1989.

S. B.

Derémy, *Charles*, Maler in Aix-en-Provence, nimmt am 8. 3. 1593 für zwei Jahre Claude Albinot in die Lehre. 📖 *J. Boyer*, GBA 113:1971 (Juli-Sept.) 112.

Deren, *Gilles-Joseph* → **Derennes,** *Gilles-Joseph*

Derendinger, *Charles (Marie Charles Emile)*, frz. Maler, * 7. 1. 1881 Haguenau/Elsaß, † 30. 1. 1954 Grendelbruch. Stud.: in Haguenau Schüler von Xavier Bronner; Ec. des Arts décoratifs Strasbourg bei Henri Ganier; 1906–07 Acad. Julian bei Jean-Paul Laurens, Marcel Baschet, Lionel Royer und François Schommer; ABA Florenz. 1906–07 Aufenthalte in Spanien, Nordafrika, Ägypten (sechs Monate in Kairo); 1913–26 in Sestola/Italien, danach in Grendelbruch ansässig. Mitgl. der Gruppe Palette in Strasbourg. – Lsch. und Portr., dabei in Italien v.a. Ölmalerei und in Grendelbruch v.a. Aqu.; ebd. hauptsächl. für das Theater tätig. ⌂ HAGUENAU, Mus. ⊙ *E:* 1959 Sestola (Retr.). – *G:* ab 1959 Strasbourg, La Palette. ▭ *Bauer/Carpentier* I, 1984; *Lotz*, 1880–1982, 1987. K. S.-D.

Derendinger, *Johannes Stephan*, schweiz. Kartograph in Solothurn, * M. 18. Jh. Fertigte 1762 Grundriß und Plan der Ursuskirche mit Krypta in Solothurn. 1770–87 mehrere Landkarten des Kt. Solothurn, v.a. der Gebiete an den Kantonsgrenzen zum Elsaß und zum Kt. Bern, außerdem drei Amtspläne. ⌂ BERN, StsA. SOLOTHURN, Plan-Arch. – StA. ▭ *Brun*, SKL I, 1905. G. L.

Derendinger (D.-Roux), *Olga*, schweiz. Malerin, Graphikerin, * 30. 7. 1887 Interlaken, † 1. 1. 1976 Unterseen/Kt. Bern. Stud.: 1905–08, 1927 Paris. – Alpine Blumen in Verbindung mit Lsch., auch Karten- und Kunstblattentwürfe, u.a. Kartenserie der Stiftung Pro Juventute für 1934. ▭ *Plüss/Tavel* I, 1958; Biogr. Lex. der Schweizer Kunst, I, Z. 1998. D. T.

Derenhovs'kyj, *Antonij*, Lithograph in Uman' und Kiev, 1838–42 in der damals gegr. ersten Lith.-Wkst. der Kiever Univ. tätig. ▭ *Ju. Ja. Turčenko*, Ukraïns'kyj estamp, Kyïv 1964; *M. H. Reznik*, Počatok litohrafiï na Ukraïni, Kyïv/Charkiv 1965. V. Fomenko

Derennes (Deren), *Gilles-Joseph*, frz. Goldschmied, * 19. 9. 1713, tätig in Port-Louis/Morbihan. Dort Lehre bei Joseph Arminot. 1743 Meister. Fertigte 1759 ein Prozessionskreuz für Billio/Morbihan. MZ: I D, bekrönt, dazwischen Punkt und Hermelin. ▭ *Y.-P. Castel u.a.*, Les orfèvres de basse Bretagne, Rennes 1994 (Cah. du patrimoine, 37). C. R.

Derenok, *Tat'jana Fedorovna* → **Dzeranok,** *Taccjana Fedaraŭna*

Derenoncourt, *Lionel*, haitian. Architekt, Maler, * 1945 Port-au-Prince, lebt dort. Stud. der Archit. Als Maler Autodidakt. ⊙ *G:* 1965 Washington (D. C.): Esso Exhib. ▭ *Sanjurjo*, 1993. M. N.

Derenty, *Pierre Aimé*, frz. Elfenbeinschnitzer, * 1818. Schüler von Jacques-Nicolas Blard in Dieppe. Ab 1847 eig. Atelier ebd. – Portr.-Medaillons, Basreliefs (*Napoléon lance la foudre*, Château-Mus. de Dieppe), Christus-Kopf und Darst. der Jungfrau Maria. ⌂ DIEPPE, Château-Mus. de Dieppe: zwei Portr.-Medaillons. ▭ *Tardy*, Les Ivoires, P. 1966; *Bénézit* III, 1976 (fälschl. als Derentz, Pierre Aimé). – Mitt. P. Ickowicz, Château-Mus. de Dieppe. K. S.-D.

Derentz, *Pierre Aimé* → **Derenty,** *Pierre Aimé*

De Renzi, *Mario*, ital. Architekt, * 17. 11. 1897 Rom, † 22. 11. 1967 ebd. Stud.: Bis 1920 ABA Rom bei Arnoldo Foschini. Nach dem 1. WK im Büro von Alberto Calza Bini tätig, wo er Pietro Aschieri und den Ungarn József Vágó kennenlernt. Gewinnt A. der 20er Jahre den 1. Preis beim Wettb. für kleine Villen in Anzio/Rom und den Wettb. für die Planung von Sozialwohnungen in den Abruzzen. Ferner Wettb.-Teiln. für das Ossarium-Mon. für die röm. Gefallenen auf dem Campo Verano. 1922/23 Pläne für zwei Geschäfte im hist. Zentrum Roms mit sezessionist. Zügen (Laden für das Modehaus Gauturon; Laden Braendli & C.). In der Gruppe der drei kleinen Häuser in Villa Certosa auf der Via Casilina in Rom (1924) experimentiert D. mit dem Thema der Villa des 16. Jh., während er sich in den Wirtschaftsbauten im Viertel Flaminio (1925–27) an der Archit. des späten 16. und frühen 17. Jh. orientiert. 1925–28 errichtet er zus. mit Luigi Ciarrocchi Häuser für die Kommunalangestellten an der Piazza Mazzini, die in den Kranzgesimsen und den Dachfenstern barocke Elemente zeigen. 1926 Teiln. an den Wettb. für das Quartiere dell'Artigianato und den Pal. delle Corporazioni in Rom. 1927 errichtet er ein Wohnhaus in der Via Pimentel, das Motive der Sezession mit neomittelalterl. oder neo-quattrocentesken Elementen vereint. E. der 20er Jahre entsteht das Wohnhaus in der Via Andrea Doria (1927–31), das an der Piazza Dalmazia (1928–30), die kleine *Villa Cappellini* in der Via Mecenate, das Wohnhaus in der Via Panama (1930) und zwei *Casette modello alla Garbatella*, die trotz der klass. Trad. erste mod. Züge zeigen. A. der 30er Jahre Prof. für Innen-Archit. und Einrichtung an der Univ. Neapel, wo er bis 1945/46 lehrt; anschl. Doz. für Archit.-Elemente und Relief an der Univ. Rom. 1930/31 zus. mit Marcello Canino Teiln. am Wettb. für Sozialwohnungen in Neapel und für das Bürogebäude des Minist. dei Lavori Pubblici in Bari; zus. mit Calza Bini Realisierung des Umbaus des Ist. di Studi Germanici in Villa Sciarra in Rom. 1931–37 Errichtung des Komplexes in der Viale XXI Aprile ebd., der die futurist. Züge von Antonio Sant'Elia in den spitzen Glastürmen (mit Treppen und Aufzügen) aufgreift. Ab 1932 Zusammenarbeit mit dem rationalist. Architekten Adalberto Libera; trug zum Erfolg der mod. Archit. in Italien bei (Facciata della Mostra della Rivoluzione Fascista, Rom, 1932; Ital. Pavillon auf der WA Chicago, 1933; Postgebäude im Aventin-Viertel, Rom, 1933–35; Projekt für ein Auditorium nahe Viale Aventino, 1935; Ital. Pavillon auf der WA Brüssel, 1935; Mostra delle colonie estive e dell'assistenza all'infanzia al Circo Massimo, Rom, 1937; Plan für den Pal. del Littorio im Aventin-Viertel; Mostra del Tessile al Circo Massimo, Rom, 1937/38; Parzellierungsplan für Wohnhaustypen auf der Via Imperiale, 1940). In diesen Jahren bewegt sich D. zw. Modernität und Trad., so auch bei den Wettb. für den Pal. Littorio in der Via dell'Impero (1933/34) und für die Einrichtung eines ländl. Zentrums in der Magliana sowie für die Plätze und Gebäude der Streitkräfte auf der geplanten WA E. 1942 in Rom (1938). 1935–38 baut er zus. mit Calza Bini *Palazzina al lungotevere Flaminio* in Rom, einen im goldenen Schnitt angelegten Bau von klarer Geometrie mit durchgehenden Loggien an der Hauptfassade. 1939/40 konstruiert er *Villaggio balneare al Circo Massimo* in Rom und plant einen Block von Arbeiterhäusern im Viertel S. Giovanni, in dem er funktionalist. Lösungen, die er nach dem Krieg wiederaufgreift, vorwegnimmt. 1945 Pläne für den Wiederaufbau von Fondi, Latina, Atina und Cassino, 1946–51 für den Küstenbereich von Sperlonga.

1946 Mitgl. der Accad. di San Luca. 1947–49 Einrichtung und Erweiterung der US-Botschaft in der Via Veneto, 1949–54 realisiert er in Rom eine Reihe von öff. Wohngebäuden mit dreigeschossigen Häusern „a pettine" (Quartiere Tuscolano II) oder mit Turmhäusern „a trifoglio" (Quartiere San Paolo al Valco). 1950–52 Bürogebäude in Largo Toniolo in Rom und Bürogebäude an der Piazza Indipendenza. 1952 errichtet er das eig. Ferienhaus an der Straße Sperlonga-Itri in Form eines steinernen Turmes, der sich oben vorkragend öffnet. 1953 Prof. am Lehrstuhl für Einrichtung an der Univ. von Cagliari; kehrt zwei Jahre später nach Rom zurück, dort Lehrtätigkeit bis zu seinem Tod. In den 50er Jahren zahlr. Wettb.-Teiln. (Pfarrk. von S. Giovanni Bosco in Rom, 1952; Bahnhof von Neapel, 1955; Sitz der Democrazia Cristiana, 1955; BN Centrale, 1959, beides Rom). 1957–61 Koordinator der Gruppe von Architekten, die Rione Paradiso in Brindisi und Arbeiterhäuser in Lido di Catanzaro, Cutro/Crotone, Platania, Sambiase und S. Pietro a Maida/Catanzaro realisieren. ⊙ *G:* Rom: 1971 Cento anni di archit. a Roma; 1983 Roma Novecento; 1985 Archit. mod. e archit. a Roma dal 1928 ad oggi; 1987 E. 42 Utopia e scenario del regime (K); 1991 La capitale di Roma, città e arredo urbano 1870–1930 / 1980 Bologna, GAM: La Metafisica. Gli anni Venti (K) / 1980 Paris, Les réalismes 1919–39 (K) / 1982 Mailand, Pal. Reale: Gli Anni Trenta (K) / 1994 New York, Guggenheim Mus.: The Ital. Metamorphosis 1943–68. 📖 DEAU II, 1968; *Macmillan* I, 1982; DBI XXXIX, 1991 (Lit.). – *A. Pica*, Nuova archit. ital., Mi. 1936; *B. Zevi*, Storia dell'archit. mod., T. 1950; Werk 42:1955, 237–256; *P. Portoghesi*, Comunità 75:1959; *Maltese*, 1960; *C. Canella/V. Gregotti*, Edilizia mod. 81:1963; *G. Accasto u.a.*, L'archit. di Roma capitale, R. 1971; *I. De Guttry*, Guida di Roma mod., R. 1978; *T. Carunchio*, Ricerche di storia dell'arte 1980 (12); *id.*, D., R. 1981 (Accademici di S. Luca, 16); StoriaArteItal (Einaudi) VII, 1982; *V. Fraticelli*, Roma 1914–29, R. 1982; *E. Mantero* (Ed.), Il razionalismo ital., Bo. 1984; *G. Muratore*, in: *H. Klotz/V. Pavan* (Ed.), La nuova scuola romana, Ve. 1987; *G. Ciucci*, Gli architetti e il fascismo, T. 1989; *id./F. Dal Co*, Archit. ital. del Novecento, Mi. 1990; *S. Polano*, Guida all'archit. ital. del Novecento, Mi. 1991; *M. L. Neri*, M. D., L'archit. come mestiere, R. 1992; *F. Brunetti*, Architetti e fascismo, Fi. 1993; *C. P. Consoli*, Riv. stor. del Lazio 3:1995 (3) 363–366. – *Online:* Guida agli arch. ital. di archit. contemp., 1998. N. Corradini

Derer, *Johannes* → **Dürer,** *Hans* (1490)

Deresarz, *Stanisław* → **Derysarz,** *Stanisław*

Dereškevičius, *Kostas*, litau. Maler, * 10. 12. 1937 Antakalnis b. Prienai, lebt in Vilnius. Stud.: 1960–67 KHS ebd. Lehrtätigkeit in Vilnius: 1971–76 Univ.; seit 1976 KHS. 1989 Mitbegr. der Grupė 24 (u.a. mit Valentinas Antanavičius, Eugenijus Cukermanas, Linas Katinas, Algimantas Kuras). – Malt dekorative ausdrucksvolle Milieuschilderungen und Alltagsmotive: figürl. Komp. (*Pavakariai*, 1971; *Vitrina*, 1974), Zyklen (*Kelyje*, 1974–76; *Ketvirtadienis*, 1976), Lsch. (*Ruduo*, 1971), Stillleben, Portr. (*Kompozitorius*, 1970; *Sutikta moteris*, 1978; Selbstbildnisse). Wichtige Ausdrucksmittel sind Ironie und Groteske. 🏛 Vilnius, Lietuvos dailės muz. ⊙ *E:* Vilnius: 1976 Kunst-Pal.; 1987 Lietuvos dailės muz.; 1995 Gal. Akademija / 1978 Tallinn, Kadriorg / 1986 Moskau, Litau. Botschaft / 1995 Mažeikiai, Muz. / 1996 Warschau, Litau. Botschaft; Kulturhaus der Woj. Warschau. – *G:* zahlr., u.a. 1989 Göteborg, Konstepidemin: Litau. Kunst / 1994 Paris, SPADEM; Tours, Bibl.: Grupė 24 / 1997 Riga, MM Arsenāls: Grupė 24. 📖 MLTE I, 1966; TLE I, 1985. – *A. Andrjuškavičjus*, Tvorčestvo 1986 (11) 10; From outside to the side (K Kloster Bentlage), Rheine 1998 (Verz. der Gruppen-Ausst.). S. Mi.

Deretich, *María Esther*, argentin. Bildhauerin, * Buenos Aires, wohnhaft in La Plata. Stud. ebd.: vor 1930 Esc. Superior de BA der Univ. Nacional. 1936–38 Lehrtätigkeit dort und im Colegio Secundario de Señoritas. Ausz.: u.a. 1935 Preis im Salón Nac., Buenos Aires. – Büsten und Basreliefs, v.a. für pädagog. Einrichtungen in La Plata und Buenos Aires, sowie Arbeiten für den öff. Raum (z.B. *Estatua de la Libertad*, Prov. Entre Ríos). 🏛 Buenos Aires, MNBA. – Univ., Fac. de Ciencias Económicas: Dr. A. Ferreira, Büste. La Plata, Univ. Nac. „E. Perón", Colegio Secundario de Señoritas: María C. Enchausti; Prof. V. Mercante, Büsten. – Colegio Nac.: Basrelief. Tucuman, Univ. Nac.: M. Lillo, Büste. – Casa Hist.: Basrelief. 📖 *Merlino*, 1954 (Werke); EAAm I, 1968; *Gesualdo/Biglione/Santos* I, 1988. R. T.

Dereulx, *Thibault* → **Dreux,** *Thibault*

Dereux, *Philippe*, frz. Maler, * 14. 7. 1918 Lyon. Autodidakt. Beeinflußt durch Jean Dubuffet, mit dem D. 1955–63 befreundet war. Vertreter der Art brut. Reliquienartige Bilder in Mischtechnik, z.T. mit getrockneten Abfällen. Publ. dazu die Schrift Traité des Epluchures. Ab 1968 Zchng. 🏛 Paris, MAD. ⊙ *E:* 1963 Paris / 1964 Lyon / Vienne, Cloître romain de Saint-André-le-Bas: P. D. art brut / 1999 Villefranche, Espace Arts plastiques. – *G:* 1968 Saint-Paul-de-Vence, Fond. Maeght: L'Art Vivant. 📖 *Bénézit* IV, 1999. K. S.-D.

Derevcov, *Vladimir Stepanovič*, russ. Maler, * 11. 12. 1929 Boguslavka/Küstenregion, † vor 1971 Chabarovsk. Stud.: 1954–56 Kunst-FS Leningrad (St. Petersburg) bei I. S. Korolev, Vladimir Aleksandrovič Serov. – Bevorzugt Lsch. (Sibirien, Ferner Osten), teils mit Genrestaffage (z.B. *Železnaja doroga čerez reku Amur po l'du*, 1953; *Prazdnik na vode u ul'čej*, 1965; *Amurskij pejzaž*, 1967). 📖 ChudSSSR III, 1976. – BK 1953 (2) 66 (als Derewzow, W.); VSII Sprav. IV, 1975; V, 1981 (fälschl. als D., V. Semenovič). N. Beloglazova

Derevjanko (D.-Šerstjuk), *Elena Genievna*, russ. Bildhauerin, Keramikerin, Puppengestalterin, Trickfilmzeichnerin, * 29. 5. 1955 Moskau, lebt dort. Tochter von Evgenija Andreevna D.-Štejman. 1966–72 Ausb. an der künstler. Mittelschule Moskau. Stud.: 1972–77 HS für angew. Kunst (ehem. Stroganov-KGS) ebd. bei Evgenija Semenovna Lukina. 1997 Mitbegr. der Assoz. der Puppengestalter. – Anfangs beeinflußt von Ljudmila Anatol'evna Sošinskaja; hyperrealist. Elemente. D. spielt mit der Vielfalt plast. Formen: Reliefs, dekorative Schichten, Caissons (u.a. *Portret brata*, Fayence, Unterglasurbemalung, 1977; *Krymskij natjurmort*, Majolika, 1979; *Muza*, Keramik, Mischtechnik, 1983), räuml.-plast. Komp. (z.B. *Vojna i mir*, 1982; *Posylka iz Kryma*, Glasurbemalung, 1984, beide Majolika, Mischtechnik), Portr. (u.a. Ser. von Selbstbildnissen, 80er-90er Jahre; *Portr. materi*, 1998, alles Keramik, bemalt). In den 80er-90er Jahren Ser. von stilisierten Portr. von Dorfbewohnern (Holz, Levkas, Öl). Auch Arbeiten für Zeichentrickfilme (z.B. *Pro Matveja Kuz'miča*, Vrg Ėkran, 1990). Seit 1990 sozial typisierte Puppen (u.a. russ. Dorfbewohner, Städter), phantast. Wesen (z.B. *Siriny*, Engel), Mehrfiguren-Komp. (*Sem'ja kupca*; *Dačniki*; *Baryšni-kon'kobežcy*), alles Keramik, Stoff, genäht, bemalt. ⌂ MOSKAU, Bol'šaja Jakimanka, President Hotel, Café: Wandbild, Porzellan im Gžel'-Stil, Unterglasurmalerei, 1983. SIMFEROPOL', Kultur-Pal., Restaurant: dekorative Reliefs, Majolika, bemalt, 1985. SOFIA, ehem. Haus der Wiss. und Kultur, Restaurant: Stilleben und Lsch., Keramikreliefs, bemalt, 1980. ⊙ *E:* 1985 Moskau, Haus der Architekten (zus. mit Irina Petrovna Lazutina, Nikolaj Nikolaevič Luzgin; K). – *G:* seit 1977, u.a. 1994–99 Moskau, Zentralhaus des Künstlers: Puppen-Ausstellung. ▭ 60-letiju Oktjabrja posvjaščaetsja. Vystavka proizvedenij moskovskich chudožnikov (K), Mo. 1977, 60; 15-ja vystavka proizvedenij molodych moskovskich chudožnikov (K), Mo. 1985, 194; Ženščiny-chudožniki Moskvy – Vsemirnomu kongressu ženščin 1987 goda (K), Mo. 1987, 26; 3-ja vystavka „Moskovskaja keramika", Mo. 1989, 19; „Rossija". IX Vserossijskaja chudožestvennaja vystavka (K), Mo. 1999, 219. L. Makoed

Derev'janko, *Ivan*, ukrain. Maler, E. 19. Jh. in der Ikonenmal-Wkst. des Kiever Höhlenklosters tätig. Schuf wahrsch. das (verschollene) Portr. des Metropoliten von Kiev und Galizien *Petro Mohyla* (1596/97–1647), das 1893 im Auftrag des Leiters der Wkst., Feognost, entstand. ▭ MU, 1992. L. Ganzenko

Derev'janko, *Mykyta Ivanovyč*, ukrain. Maler, E. 19. Jh. in der Ikonenmal-Wkst. des Kiever Höhlenklosters tätig. Evtl. verwandt mit Ivan D. Malte 1893 Portr. der russ. Kaiser *Aleksandr I* (1777–1825) und *Nikolaj I* (1796–1855) sowie des Kiever Metropoliten *Evgenij* (Evrimij Bolchovitinov, 1767–1837) für die Residenz des Metropoliten im Höhlenkloster. Bek. auch als guter Ikonenmaler: schuf 1899 die Ikone der *Weisheit Gottes* für die Sophienkathedrale, 1902 Ikonen für die Kirche der Kazaner Gottesmutter des Flor-Klosters sowie 1904 die Ikonen *Einzug in Jerusalem* und *Himmelfahrt* für die Mariä-Entschlafens-Kathedrale des Höhlenklosters, alles in Kiev (Verbleib aller gen. Werke unbek.). Dagegen stammen die Wandmalereien in der Kreuzerhöhungskirche über den Nahen Höhlen nicht von D., wie die Lit. von 1992 und '97 fälschl. angibt, sondern von *Danylo H. Davydov (Daniil G. Davydov)*, mit dem die Geistl. Versammlung des Höhlenklosters 1894 einen Vertrag über die neue Ausmalung der gen. Kirche schloß, an der er bis 1902 arbeitete. Gleichzeitig malte er 17 Ikonen für die Dreieinigkeits-Torkirche des Höhlenklosters. ▭ MU, 1992; MU, 1997. – Kiev, Zentrales Staatl. Hist. Arch. der Ukraine: f. 127, op. 866, ed. chr. 588, l. 2; f. 128, op. 3 (Monastyr'), d. 547, l. 76 (zu Davydov). L. Ganzenko

Derevjanko-Štejman, *Evgenija Andreevna*, russ. Bildhauerin, * 15. 9. 1932 Moskau, † 29. 7. 1997 ebd. ⚭ Aleksej Georgievič Štejman, Mutter von Elena Genievna D. Stud.: 1951–58 HS für angew. Kunst (ehem. Stroganov-KGS) Moskau bei Vladimir Evgen'evič Egorov, Vladimir Ivanovič Kozlinskij, Georgij Ivanovič Motovilov. 1991–96 künstler. Ltg des Djagilev-Zentrums Moskau. 1996 Silber-Med. der Russ. AK. – In Zusammenarbeit mit ihrem Mann bevorzugt Mon.-Werke, für die eine expressive Silhouette, klarer Rhythmus und vielseitige plast. Lösungen char. sind. Auch Portr., meist von Persönlichkeiten aus Kultur und Wiss. mit Akzent auf deren innerer Welt (z.B. *M. Ju. Lermontov*, Aluminium, 1962; *A. A. Achmatova*, Varianten: Bronze, Schamotte [1979], Keramik, bemalt, und Schamotte [1979], Schamotte, gefärbt [1976]; der abchas. Dichterin *Ženja Černaja*, Schamotte, gefärbt, 1979; *Selbstporträt*, Bronze; des Akademikers *A. B. Migdal*, Bronze und Keramik, gefärbt, beide 1982; *S. P. Djagilev* [Serge Diaghilev], Schamotte, 1991). Schuf ferner Skulpt. mit eher intimem Char. (z.B. *Sem'ja*, Holz, 1970; *Portret dočeri Eleny v šljape*, Schamotte, gefärbt, 1978; *T. P. Karsavina*, nach dem bek. Plakat von Jean Cocteau für die Saisons Russes, Bronze 1992 [Statuette, im Auftrag des Djagilev-Zentrums entworfener Preis]). Von D. stammt auch eine Gedenk-Med. anläßl. des 125. Geburtstages von S. Djagilev (Bronze, 1996). ⌂ BRJANSK, MBK. EKATERINBURG, Kultur-Pal. Ural, Saal: Basrelief, Gips, 1965–66 (zus. mit Štejman). FOROS/Krim: zwei figürl. Komp., Kupfer, getrieben, 1978 bzw. Bronze, 1979. KATMANDU, Russ. Botschaft: Gest., Reliefs, Gips, getönt, 1970er Jahre. KOSTROMA, MBK. MOSKAU, Tret'jakov-Gal. – Denkmal für die Verteidiger Moskaus, Bronze, Betonsplitter, 1973 (zus. mit Štejman). – Bibl. für ausländ. Lit.: Portr. M. I. Rudomino, Bronze, 1991. – Hochzeits-Pal.: Relief, Gips, gefärbt, 1988. NOGINSK, Inst. für chemikal. Physik der Russ. Akad. der Wiss., Konferenzsaal: D. I. Mendeleev; M. V. Lomonosov, Med., Holz, 1964. PERVOURAL'SK, Kulturhaus des Werkes Novotrubnoj zavod: Relief, Aluminium, 1965 (zus. mit Štejman). SAMARA, KM. – Haus des Schauspielers, Fassade: figürl. Komp., Kupfer, getrieben, 1973. – Städt. Zentral-Pal.: dekorative Komp., weißer Stein, 1987. SARANSK, Mordwin. MBK. SOFIA, Russ. Botschaft: dekorative Gest., 1980er Jahre. – ehem. Haus der Wiss. und Kultur: figürl. Komp., 1980, alles Gips, gefärbt. STAVROPOL', Kultur-Pal., Vorplatz: Apollon i Muzy, Bronze, 1990. ULAN-BATOR, Pal. der Wiss.: Ziergitter mit Glasmalerei, Beton, Goldglas, 1980er Jahre. ZVENIGOROD, Hist.-architekton. Mus. ⊙ *E:* 1993 Moskau, Djagilev-Zentrum (K) / 1999 Zvenigorod, Hist.-architekton. Mus. (zus. mit Štejman). ▭ ChudSSSR III, 1976 (Lit.). – 3-ja vystavka „Skul'ptura malych form RSFSR" (K), Mo./Le. 1977, 11; Vystavka proizvedenij moskovskich chudožnikov „50 let MOSCh" 1932–82 (K), Mo. 1982, 250; *E. S. Zernova*, Vospominanija monumentalista, Mo. 1985; Ženščiny-chudožnicy Moskvy Vsemirnomu Kongressu ženščin 1987 goda (K), Mo. 1987, 26, 47; Sovremennaja sovetskaja skul'ptura, Mo. 1989, 250; Vystavka „Skul'ptura-91" (K), Mo. 1992, 17; *E. Rževskaja*, Kul'tura v. 1. 5. 1997. L. Makoed

Derevjannych, *Nikolaj Vladimirovič*, russ. Maler,

Zeichner, * 13. 1. 1924 Pokrovskoe/Gebiet Vjatka, † 3. 10. 1993 Moskau. Nach Teiln. am 2. WK Stud.: 1945–46 Polygraphie-HS Moskau; 1947–53 Kunststudio für Invaliden des 2. WK ebd. bei Iosif Michajlovič Gurvič, Michail Vladimirovič Dobroserdov, Dmitrij Nikolaevič Domogackij, Grigorij Izrailevič Cejtlin. – In der Trad. der russ. realist. Kunst von E. 19./A. 20. Jh. großzügige kompositionell-räuml. Lösungen, pastoser, dynam. Strich, subtile und harmon. Farbkombinationen, emotionaler Reichtum der Komposition. Bevorzugt Portr. (u.a. *Balerina Bol'šogo teatra Elena Rjabinkina*, 1958; D.s Sohn *Saša, čitajuščij o gerojach Velikoj Otečestvennoj vojny*, 1969–70; *A. P. Orlov*, 1983, Mus. des Zacharovskij-Kreises/Gebiet Rjazan'), auch Lsch. (Ansichten der Krim, 1969–70; *Nad Protvoj-rekoj*, 1973–74; *Posle doždja v lesu*, 1984), Gem. zu Alltagsthemen und Erinnerungen an den 2. WK (z.B. *Restavracija architekturnogo pamjatnika v podmoskovnoj derevne Batjuškovo*, 1970; *Dopros razvedčicy Baltijskogo flota Geroja Sovetskogo Sojuza Leem Kul'man*, 1973, Variante 1983; *Vozvraščenie s vojny [U poroga rodnogo doma]*, 1990) sowie Stilleben (*Floksy*, 1970, '71, '72). Als Zchng bes. Portr. von Zeitgenossen (Bleistift, Kohle). Beteiligt an der Ausgestaltung Moskaus anläßl. von Feiertagen. 🏛 MOSKAU, Mus. der 13. Gardedivision unter dem Kommando von A. I. Rodimcev. 👁 *E:* 1978 Chimki b. Moskau, Kulturhaus Rodina (K) / Moskau: 1994 Gal. na Kuzneckom mostu; 1995 Gal. Nagornaja. 📖 Vystavki proizvedenij chudožnikov-veteranov vojny, I-VII, 1966–72 (K), Mo. 1973; Vystavki chudožnikov-veteranov Velikoj Otečestvennoj vojny (K), Mo.: 11-ja, 1977, 7; 12-ja, 1978, 7; 13-ja, 1979, 12; 14-ja, 1981, 22; 15-ja, 1982, 7; Vpered (Chimki) v. 21. 9. 1978; Moskovskij chudožnik v. 26. 10. 1979; Russkij Sever (K), Mo. 1984, 26; 18-ja vystavka proizvedenij moskovskich chudožnikov-učastnikov Velikoj Otečestvennoj vojny (K), Mo. 1986, 12; N. V. D., Mo. 1989; 45 let Pobedy. Vystavka proizvedenij moskovskich chudožnikov (K), Mo. 1990, 20; Izograf, Mo. 1994 (Juli).
N. Voronina

Derevščik, *Fedor Gur'ev*, russ. Silberschmied, tätig M. 17. Jh. in Moskau am Hof des Patriarchen (Händler in der Silberhandelszeile). Fertigte 1642 geprägte Ikonenbeschläge und -kränze (u.a. für die Ikonen Bogorodica Vladimirskaja; Bogorodica Odigitrija Smolenskaja; Bogorodica s Moskovskimi čudotvorcami; Pochvala Presvjatoj Bogorodicy) sowie in Filigrantechnik Kränze für die Ikonen Bogorodica Umilenie Vladimirskaja und Bogorodica vzygranie mladenca. 📖 ChudSSSR III, 1976 (Lit.).
N. Lavrent'eva

Derevskij, *Semen*, Holzschnitzer aus Weißrußland, in den 1670er-80er Jahren in der Rüstkammer des Moskauer Kreml's belegt. Schnitzte an Säulen und Tafeln Tier- und Vogelmotive „auf Gräsern". 📖 ChudSSSR III, 1976.
N. Lavrent'eva

Derewiński, *Jan*, poln. Maler, † 1694 Lwów. 1690–94 ebd. nachweisbar. 📖 SłArtPolsk, Uzup. t. II, 1979. – Lviv, Zentrales Hist. StsA der Ukraine: Magistrat der Stadt Lviv, II. 352, 1696; 476, 698. V. Aleksandrovyč

Derewzow, *W.* → **Derevcov,** *Vladimir Stepanovič*

Derey, *Błażej*, Schreiber, Illuminator, Dominikaner, * um 1587 wahrsch. Siewierz, † 12. 5. 1666. War u.a. in Krakau (1616 Gelübde), drei Jahre in Poznań sowie in Przemyśl. 1630 Kaplan des Starosten von Sieradz, Jan Bykowski. – D.s eklektizist. Ill. (ein- oder mehrfarbige Feder-Tusch-Zchngn, auch mit Gouachefarben bes. in Schwarz, Silber oder Gold für den Hintergrund) stützen sich in der Ornamentik auf roman., got. und Renaiss.-Vorbilder, aber nie auf barocke Vorlagen, und stehen vermutl. in Verbindung zu den restaurator. Arbeiten. Sie sind jedoch kein bloßes Imitat, sondern zeigen individuelle Züge, geprägt durch manierist. Fantasie. D. beschäftigte sich auch mit der Rest. ill. Codices. 🏛 KRAKAU, Dominikanerkloster. – MN, Oddział Czartoryskich. 📖 SłArtPolsk II, 1975. Ch. R.

De Reya, *Giordani Frida*, ital. Malerin, * 20. 4. 1898 Triest, † 18. 10. 1982 Arese. Schülerin von Pietro Lucano. V.a. Portr., Stilleben, Blumenstücke, Bewohner der Karnischen Alpen in Tracht; ausgewogen-harmon. Komp., exzellente Farbgebung. 👁 *G:* 1922 Venedig: Bienn. / 1923 Rom: Bienn. / 1926 Padua: Bienn. / 1948, '50, '52 Triest: Mostra d'Arte Sacra / 1949–52 Mailand: Mostra d'Angelicum. 📖 Vo4, 1958 (s.v. Reya, Giordani Frida de). EU SEDA III, 1969; *Comanducci* II, 1971. – Mitt. Comune di Trieste. S.-W. S.

Dereza, *Anatolij Fedorovyč*, ukrain. Maler, Monumentalkünstler, * 20. 4. 1952 Horlivka/Gebiet Donec'k, lebt in Donec'k. ⚭ Keramikerin *Viktorija Volodymyrivna D.* (* 1963, absolvierte die HS für angew. Kunst Leningrad, gestaltet u.a. Fliesen und Vasen). Ausb./Stud.: 1962–70 Kinder-Kunststudio Horlivka bei Ivan Pavlovyč Mychal'ov; 1974–79 KHS Charkiv bei Borys Vasyl'ovyč Kosarjev, Adol'f Markovyč Konstantynopol's'kyj, Jevhen Pavlovyč Jehorov, Vasyl' Jakovyč Lozovyj. Arbeitet seit 1979 im künstler. Produktionskombinat Donec'k. Lehrtätigkeit ebd.: 1980–99 Kunst-FS; seit 1999 Akad. für Architektur. Vors. der Jugend-Vrg und Mitgl. des Vorstandes der Donec'ker Organisation des Ukrain. Künstler-Verb. – Zu den gelungensten seiner zahlr., in Stil und Motiven unterschiedl. baugebundenen Arbeiten zählen die Bleiverglasungen *Metalurhy* (1980, Treppenhaus der Metallurg. FS Donec'k, mon. Figuren in dekorativ-rhythm. Komp. und intensiven Farben), *Natjurmort v inter'jeri* (1984, Speisesaal der Maschinenbaufabrik ebd., Raumillusion in warmen Farbabstufungen) und die Ser. *Žyttjeve kolo* (1989–93, Treppenhaus des Kinderkrankenhauses ebd., allegor.-symbol. figürliche Komp. zu Volksliedern in hellen Nat.-Farben), die Wandmalerei *Istorija rozvytku teplotechniky* (Öl, 1986, Interieur des Wärmekraftwerkes ZuDRES-2 in Zujev, Kontrast zw. stat. Figuren des Vordergrundes und dynam. Hintergrund) sowie die Mosaiken *Trojandy i terykony* und *Sonce i more* (Smalte, 1984, Fassaden zweier Häuser im Pionierlager in Šyrokine/Gebiet Donec'k). Gleich wichtig für sein Schaffen ist die Tafelmalerei. In den 80er Jahren v.a. repräsentative bzw. intimpsycholog. Portr. mit charakterisierendem Hintergrund (u.a. Volkskünstlerin *Paraska Vyplaven'*, 1980; Teiln. an der Parade auf dem Roten Platz 1941 *F. Dereza*, 1982; Weltmeister *Sergej Bubka*, 1987, alle Öl; Bürgermeister *Rolf Schieck*, Zchng, 1993), in den 90er Jahren im Kontext der ukrain. Wiedergeburt (Selbstbildnis *Soročku maty vyšyla meni*, 1994). D.s zahlr. Lsch. sind oft von Reisen angeregt, z.B. in Öl die Ser. *Černihivščyna*, 1989, '90 (lyr. Darst. der ukrain. Natur) und die das Besondere der nat. Archit. herausarbeitenden Gem. *Svjato Haid u Samarkandi*, 1991, *Doroha do Masandry*, 1992 (Krim), *Stara bašta. Slovakija*, 1993. Bevorzugt jedoch für die unmittelbare Wiedergabe von Reiseeindrücken das meisterhaft beherrschte (Naß-in-Naß-)Aqu., z.B. *Kost'ol u Katovice*, 1991 (kräftige Farben, dichter Strich), Ser. von Krim-Lsch., 1995, und der Südukraine, 1995, '96 (zarte Farbtöne, wechselnde, effektvoll wiedergegebene Naturzustände), *Slot u Orebro. Švecija*, 1997 (feine Farbabstufungen, Transparenz). Malt auch Lsch. mit hist.-phil. bzw. symbol. Gehalt (*Vytajut' u nebesach kozac'ki duši*, Öl/Lw., 1989–90; *Čornobyl'-trava hirka*, Öl/Levkas, 1991) in strenger Manier und verallgemeinerten Formen. Daneben Stilleben mit einem bes. Gefühl für Stofflichkeit in kräftigen oder erlesen-eleganten Farben, in denen das Dargestellte fast die ganze Lw. ausfüllt (*Žovtec'*, Aqu., 1994; *Topinambur*, Öl/Lw., 1997). ⌂ *Baugebundene Arbeiten:* BILOZIRS'K, Kindergarten: 2 Bleiverglasungen, 1989. DONEC'K, Kaufhaus Rajduha: dgl., 1987. – Bau-FS: Wandmalerei, 1990. – Kap. des hl. Sergius von Radonež: dgl., Enkaustik, 1995. HORLIVKA, Bibl.: Sgraffito, 1983. KRAMATORS'K, Berufsschule: dgl., 1985. KRASNOHORIVS'K, Mus. des Werkes für feuerfeste Erzeugnisse: Bleiverglasung, 1986. MARIUPOL', Kirche St. Nikolaus: 2 Mosaiken, 1997. – BARDEJOV, Šarišské múz. BOCHUM, Kulturrat. – Slg G. Kivelitz. DNIPROPETROVS'K, KM. DONEC'K, KM. HORLIVKA, KM. KATOWICE, Slg Henryk Wagner. ⊙ *E:* 1990 Kiev / 1990, '94 (K), '97, 2000 Donec'k / 1991 Jalta; Katowice / 1991, '96 Horlivka / 1993 Bardejov; Bochum / 1997 Artemivs'k / 1997, '98, '99 Örebro / 1999 Héviz. – *G:* seit 1979 nat. und internat., u.a. 1989 Magdeburg: Donezk-Magdeburg / 1999 Keszthely. ▭ *H. Mychal's'kyj*, Radjans'ka Donеččyna v. 17. 1. 1981; *L. Ovčarenko*, ibid. v. 10. 9. 1990; *L. Smirnova*, Večernij Doneck v. 5. 3. 1982; *A. Kovaleva*, ibid. v. 21. 12. 1983; *B. Polonik*, ibid. v. 6. 11. 1984; *L. Danil'jan*, ibid. v. 18. 12. 1986; *N. Dunaevskaja*, ibid. v. 13. 9. 1990; *V. Bondarenko/ T. Bernackaja*, Kurortnyj Krym v. 25. 1. 1991; Allgemeine Ztg v. 18. 8. 1993; *M. Calko*, Art Revju 1997 (7); *M. Muhr*, Nerikes Allehanda v. 10. 6. 1997; Dovidnyk členiv spilky chudožnykiv Ukraïny, Kyïv 1998; *S. Golovina*, Kočegarka v. 5. 5. 1999. A. Pivnenko

Dereza, *Viktorija Volodymyrivna* cf. **Dereza,** *Anatolij Fedorovyč*

Derffler (Gürtler-Fam.) → **Dörfler** (Gürtler-Fam.)

Derfflinger, *Balthasar Leonhard* → **Dörflinger,** *Balthasar Leonhard*

Derfflinger, *Joseph Hyazinth* cf. **Dörflinger,** *Balthasar Leonhard*

Derfler, *Johann Georg*, österr. Maler, † 18. 6. 1736 Linz. Dort tätig. 1732 Vertrag mit der Herrschaft Steyregg zu Hochaltar und Tabernakel der Pfarrk. in Naarn (Nadelburg/OÖ). ⌂ SANKT LEONHARD b. Pucking/OÖ, Kirche: Hochaltar; Kanzel, beides 1720; Altar im Seitenschiff, 1721. ▭ ÖKL V, 1979 (Lit.). D. T.

Derfler, *Morel*, israel. Fotograf, * 1956 Rumänien, lebt in Haifa. 1961 Emigration nach Israel. Stud.: bis 1981 Hadassah Canad. WIZO Neri Bloomfeld College of Design, Haifa, anschl. dort Doz. sowie 1985–87 Koordinator des Fachbereichs Fotogr.; daneben Doz. an der Camera Obscura Art School, Tel Aviv. Tätig als Fotograf des städt. Theaters Haifa und des Habimah Nationaltheaters Tel Aviv. Ausz.: 1980–81, '88–90 Preis der amer.-israel. Kulturstiftung; 1982 Preis der Bienn. für Fotogr., Haifa Mus. of Art; 1990 Preis des israel. Erziehungs- und Kultur-Minist.; 1991 Gérard Lévy Preis, Israel Mus., Jerusalem; Kodak Preis der israel. Bienn. für Fotogr., Haim Attar Art Mus., Ein Harod. – D. gehört zu den führenden israel. Fotografen der jüngeren Generation. Er macht von versch. Möglichkeiten der Fotogr. Gebrauch, manipuliert etwa seine Vorlagen mittels fotogr. und graph. Techniken, wodurch die Fotos den Char. einer Momentaufnahme verlieren. Die so bearbeiteten Portr. von Freunden und Bekannten werden zu unpersönl. Ikonen und bringen in ihrer düsteren Expressivität Angst und Entfremdung zum Ausdruck. Objekte wie Spielzeugfiguren werden, ihrem Kontext enthoben, zu mag. Symbolen, die mit der lokalen israel. Kultur verknüpft bleiben. ⌂ HAIFA, Mus. of Art. JERUSALEM, Israel Mus. PARIS, BN. TEL AVIV, Mus. of Art. ⊙ *E:* 1984 Tel Aviv, Photogr. AG / 1985 New York, Internat. House Gall. / 1988 Hamburg, Gal. Moment / 1989 Paris, Gal. Vivian Esders / 1991 London, Portfolio Gall.; Tel Aviv, Mus. of Art (K). – *G:* 1982 Haifa, Mus. of Art: Bienn. of young artists / 1986 Ein Harod, Haim Attar Art Mus.: Israeli Bienn. of photogr. / 1987 Tokio, Internat. photogr. salon of Japan / 1990 Brüssel, Centre de l'art moderne: Variations sur le théme de l'abime; 1990 Warschau, Kunstzentrum: Israel. Fotogr. / 1991 Aix-en-Provence: Identités méditerranéennes / 1992 Mevasseret Zion, White Crow Gall.: New directions in Israeli photogr. / 1994 Jerusalem, Israel Mus.: Photogr. in Israel (K). ▭ Mitt. Gabriel Sherover Information Center for Israeli Art, Israel Mus., Jerusalem. A. Han.

Derflinger, *Balthasar Leonhard* → **Dörflinger,** *Balthasar Leonhard*

Derflinger, *Joseph Hyazinth* cf. **Dörflinger,** *Balthasar Leonhard*

Derfordt, *Johann von* → **Defurt,** *Johann*

Dergačev, *Oleg Viktorovič*, russ. Buchkünstler, Karikaturist, Graphiker, Zeichner in der Ukraine, * 18. 7. 1961 Rostov-na-Donu, lebt in L'viv. Stud.: 1979–84 Polygraphie-HS ebd. bei Jurij Ivanovič Čaryšnikov, Volodymyr Ovčynnykov. Zahlr. Ausz. auf Ausst.: u.a. 1993 Grand Prix, Internat. Wettb. für Humor-Zchng, Anglet; 1993 (Bronze-Med.), '94 (Gold-Med.), '96 (Grand Prix und Goldener Schlüssel) Satyrykon, Legnica; 1995 Excellent Prize und Med., Cartoon-Wettb., Tokio; 1996 Goldene Feder, Ill.-Bienn. Belgrad; 1996 (2. Preis), '97 (Erfolgspreis), Cartoon-Wettb., Ankara; 1997 Spezialpreis, Humor-Ausst. Art Fano; 1. Preis, Exlibris-Wettb., Damme. 1996 Kaiserring-Stip. der Stadt Goslar; 1997 Stip. der Pollock-Krasner-Found. New York. – Fertigt Künstlerbücher (auch Buchobjekte) aus selbst hergestellten Papier, mit Tusche-Zchngn und Rad., einschl. der

Text-Gest., die je nach Gegenstand variiert (z.B. handgeschrieben im Stil alter Mss.; futurist. Typographie bei *Daniil Charms. Poezija*, 1993). Daneben freie Graphik (u.a. *F. Kafka. Prièty*, Lith.-Album; *Čas*, Linolschnitt-Zykl., 1991) und Zchng (*D. Charms. Pesnja*, Tusche, Siebdruck, 1996), Malerei (*Lsch. mit Stein*, Öl, 1995, Goslar), Exlibris und zahlr. Karikaturen. v.a. zum Thema Mensch und Freiheit. Char. sind zeichenhaft-symbol. Manier, Kombination von figürl. und skripturalen Formen, groteske Elemente sowie Nähe zur Konzeptkunst. ▥ ANKARA, Aydin Dogan Found. Hurriyet. GOSLAR, Mönchehaus-MMK. KIEV, Buch-Mus. ŁÓDŹ, MSZ. LONDON, V & A. – Brit. Libr. L'VIV, GG. MOSKAU, Puškin-MBK. – Russ. Staats-Bibl. PARIS, BN. – CNAC, Mediathek. PORTLAND/Ore., Reed College, Coll. of rare books. – Gordon & Vivian Gilkey Graphic Center. ST. PETERSBURG, Russ. Mus. – Russ. NB. – Fontannyj dom, Achmatova-Mus. TEHERAN, Mus. of Contemp. Art. TOLENTINO, Mus. Internaz. della Caricatura. WARSCHAU, MN. – Muz. Karykatury. WOLFENBÜTTEL, Herzog August Bibl. ◎ *E:* 1990 Przemyśl, Gal. BWA / 1991 Moskau, Gal. Peresvetov pereulok / 1994 Kiev, Mus. für Buchkunst; St. Petersburg, Fontannyj dom; L'viv, Gal. Galart / 1995 Oerlinghausen, Synagoge / 1996 Prag, Salon Humorů; Goslar, Mönchehaus-MMK / 1997 Legnica, Gal. BWA; Antwerpen, Bibl. Univ. UFSIA / 1998 L'viv, Gal. Dzyha; Rostov-na-Donu, KM; Kiev, Atel'e Karas. – *G:* zahlr. seit 1984, u.a. 1990, '93, '96 Winterthur: XYLON / 1991 Sint-Niklaas: Exlibris-Bienn. (Erotika); Wrocław: Trienn. der Zchng; Varna: Graphik-Bienn. / 1991, '97 Krakau: Graphik-Trienn. / 1992 Bristol: The time of transition / 1992, '93 (jeweils 3. Preis), '94 (2. Preis), Olen: Olense Kartoenale / 1993 Maastricht: Graphik-Bienn.; Cleveland: Trienn. der Zchng / 1994 Toronto, Del Bello Gall.: Miniature Art Exhib. / 1995 London, Backside Gall.: The times of transmit (Künstlerbücher); Cadaqués: Graphik-Ausst.; Tokio: Mini Print Trienn. / 1996 Łódź: Kleingraphik; Ibiza: Graphik-Ausst. / 1997 Bitola: Graphik-Trienn.; Portland (Ore.), Douglas F. Cooley Memorial AG: Samizdat. ▭ *R. M. Jaciv*, L'vivs'ka hrafika, Kyïv 1992, 104, 112; Arts et metiers du livre 1994 (184); Prešovski večernik v. 11. 4. 1995; Gazeta dolnośląska v. 25. 8. 1995; *G. Burkamp*, Neue Westfälische 1995 (157); Russ. und ukrain. Künstlerbücher (K IfA-Gal.), B. 1996 (s.v. Dergatschov, Oleg); Goslarische Ztg v. 21. 10. 1996; Trend (Goslar) 1996 (10); *J. van Waterschoot*, Exlibriswereld 1996(?); Gazette du personnel (Br.) 1997 (304); *T. Vergeles*, Business (Kyïv) 1998 (602); Defrakcija tekstu (K gal. Lavra), Kyïv 1998. – Mitt. D. R. Jaciv

Dergach, *M.* → **Derkač,** *M. A.*

Dergalis, *George*, US-amer. Maler, Bildhauer, Graphiker griech. Herkunft, * 31. 8. 1928 Athen, lebt in Wayland/Mass. Stud.: 1948–50 bei Giorgio De Chirico und Giorgio Morandi; 1951 ABA Rom; 1958 School of the MFA, Boston. Lehrtätigkeit: ab 1961 DeCordova Mus., Lincoln; 1961–70 School of the MFA, Boston; ab 1969 in Wayland. Ausz.: 1989 MFA Boston. – Malerei in Öl, Acryl, Eitempera, Aqu. und Mischtechnik. Realist. und futurist. Skulpturen. D.s Arbeiten vereinen realist., surrealist. und abstrakte Elemente. Wurde beeinflußt durch seine Aufenthalte in Südostasien als Kriegskünstler während des Vietnamkrieges sowie 1979 in Kolumbien im Rahmen des Projektes Partners of the Americas. ▥ BOSTON, Public Libr. LINCOLN/Mass., DeCordova Mus. and Sculpt. Park. MEDELLÍN/Kolumbien, Camara de Comercio. – Mus. de Arte. ▭ WWAA, 1980–1997/98; *Krantz*, 1985. Ch. R.

Der Garabedian, *Giragos* (Karapetian, *Kirakos Harutyuni [Yarutiwni]*), US-amer. Maler, Wandmaler armen. Herkunft, * 14. 12. 1892 (nicht 1893) Xarberd (heute Harpoot/Türkei), † 23. 6. 1980 Boston. D. wurde wegen der zunehmenden Bedrohungen der Armenier in Konstantinopel vom Vater 1909 in die USA geschickt (die Fam. kam 1915 beim armen. Genozid um). Zunächst in Boston, später in New York ansässig. Dort Stud. (Malerei und Zeichnen) an der Cooper Union bei Aldro Thompson Hibbard, Anthony Thieme, Stanley Wingate Woodward, Charles Curtis Allen. Ausb. auf einem Luftwaffenstützpunkt in New York. Malte Lsch. von Flugzeugen aus, die während des 1. WK in Frankreich zur Ausb. in amer. Luftwaffenstützpunkten verwendet wurden. Danach in Boston Schüler von John H. Garo (Garoyan). 1949 Gründung des Fenway AC in Boston (Gal., Atelier und Zentrum für Rahmung von Gem.), wo D.s Bilder heute noch ausgestellt sind. Lehrtätigkeit: Boston Artist Guild. – Malerei mit Portr. (*General Patton*, Fresko), Lsch., Marinen, u.a. stimmungsvolle Küstenansichten von Neu-England in kräftiger Farbgebung; Fischerszenen (*Gloucester Fishermen*); Schiffe vor den Küsten von Gloucester und Rockport (*Gloucester Harbor*). ▥ BOSTON, Archdiocesan House: Portr. Kardinal Richard Cushing. – St. Joseph's Church: Josephskirche. – Armen. Dreifaltigkeitskirche: Fresko am Eingang und Altarbild mit Szenen zur armen. Geschichte. ◎ *E:* mehrfach in Boston, u.a. 1973 First Baptist Church (zus. mit dem Sohn *Richard D.*). ▭ WWAA, 1940/41; *Falk*, 1985. – Evening Newspaper (Boston) v. 14. 11. 1935; Boston Evening American v. 14. 11. 1935; Boston Globe v. 19. 9. 1950; Christian Sc. Monitor v. 12. 5. 1952; Gloucester Daily Times v. 12. 3. 1958; The Armenian Mirror-Spectator (Boston) v. 12. 8. 1961, 1 s.; 21. 10. 1972; 3. 11. 1973; *R. Kent*, The Patriot Ledger (Boston) v. 14. 11. 1973; *M. G. Mensoian* (Einl.), Armenian celebration, Boston 1976. L. Chookaszian

Der Garabedian, *Richard* cf. **Der Garabedian,** *Giragos*

Dergatschov, *Oleg* → **Dergačev,** *Oleg Viktorovič*

Derges, *Susan*, brit. Fotografin, * 1955, lebt seit 1992 in Dartmoor/Devon. Stud.: 1973–76 Chelsea SchA and Design, London (Malerei); 1976–77 mit Unterstützung des Brit. Council und DAAD-Reise-Stip. in Berlin; 1977–79 Slade School (Malerei, Computergraphik). 1981–84 in Japan, u.a. 1982–83 Studien an der Tsukuba University. Seit 1993 Doz. für Media Arts, Univ. of Plymouth, Exeter. – D. beginnt schon während ihrer Studienzeit die natürl. Manifestation geometr. Muster durch fotogr. Versuchsreihen zu analysieren, z.B. mit *Chladni Figures* (1985) oder *Hermetica* (1989/93). Seit ihrem Japanaufenthalt arbeitet sie mit Fotogrammen, die die Konturen ihrer Experimente wie Erinnerungsspuren ohne überflüssige Informationen festhalten. Nach Atelierarbeiten mit Froschlaich (vgl. *Full Circle*, 1992; *Vessel*, 1994–95) und Bienenstöcken (*Embodied*, 1994) entstehen seit 1997 direkt in der Lsch. Fotogramme mit bewegtem Wasser im Mond- oder Blitzlicht (*River Taw, Waterfall*, 1997–98; *Shoreline*). V.a. thematisiert D. das Spannungsverhältnis zw. der Suche des naturwiss. Beobachters (nach Gesetzmäßigkeiten innerhalb eines nicht vorhersagbarem Chaos) und der künstler. Visualisierung einer unsichtbaren Ordnung. In *The Observer and the Observed* (1991) und *Wondering* (1994) behandelt sie explizit das Verhältnis von Beobachtung und Forschung. 🏛 BRADFORD, NM of Photogr., Film & TV. LONDON: Arts Council of Great Britain. – V & A. NEW YORK, Metrop. Mus. TOKIO, The Hara Mus. ⊙ *E:* seit 1978, u.a. 1989 Tokio, Sc. Mus. / 1993 London, Photographers' Gall. / 1998 Lausanne, Mus. d'Elysée. – *G:* 1978 London, Hayward Gall.: Hayward Annual / 1994 Yokohama, Mus. of Art: Cameraless Photogr. / San Francisco: Ansel Adams Centre for Photogr.: 1995 Content and Discontent in today's Photogr.; 1999 Phenomena / 1996 Chicago, Mus. of Contemp. Photogr.: Light, Time, Focus / 1997 Berlin, Neue Ges. für Bild. Kunst: On the bright Side of Life / 1998 London, V & A: Silver and Syrup. 📖 Creative camera 1991 (311) 28–31; British j. of photogr. 140:1993 (6910) 14 s.; *A. Grundberg*, Content and discontent in today's photogr., N. Y. 1994; *C. Bucklow/ T. Jackson*, Embodied (K Arnolfini Gall.), Bristol 1994; Art news 94:1995 (Mai) 150; *M. Haworth-Booth* (Einf.), Elective affinities, Lo. 1996; *D. A. Mellor*, Under the sun (K Fraenkel Gall.), San Francisco 1996; *S. D./C. Cotton*, Woman thinking river (K), San Francisco/N. Y. 1999; *M. Kemp*, S. D. Liquid form 1985–99, Lo. 1999.

A. Lange

Dergileva, *Alena (Elena) Ivanovna*, russ. Graphikerin, Zeichnerin, Malerin, * 1. 1. 1952 Moskau, lebt dort. Stud. ebd.: 1970–75 Fak. für angew. Kunst der Textil-HS bei Aleksandr Mendelevič Dubinčik; 1984–87 Atelier der AK ebd. bei Orest Georgievič Verejskij, Gugo Matveevič Manizer. Lehrte 1975–76 an der Textil-HS Moskau. Ausz.: 1984 Dipl. im Wettb. „Naš sovremennik" (junger Künstler UdSSR/ČSSR); 1999 Preis der 4th Koshi Internat. trienn. exhib. of prints (im Kat. als Dergilyova, Alyona). – Bevorzugt Rad., meist Portr. (z.T. ironisch) und Stadtansichten, die narrativ angelegt und detailfreudig sind. Schuf u.a. die Ser. *Portrety sovremennikov* (Rad., Lith., Bleistift, Öl, 1977–99); *Portrety dejatelej russkoj kul'tury* (Rad., 1981–87); *Moskva segodnja* (Rad., 1983–99); *Moskva v 1917 godu* (Rad., Lith., 1984–87); *Russkaja provincija* (Rad., 1984–89); *Natjurmort. Cvety* (Rad., 1984–99). Auch Ill. für die Verlage Pravda (u.a. zu I. A. Bunin, *Žizn' Arsen'eva*, 1989; I. A. Aksakov, *Pis'ma iz provincii*, 1991). 🏛 BUDAPEST, Magyar NM. KÖLN, Mus. Ludwig. MOSKAU, Tret'jakov-Gal. – Kreml-Mus. – L. N. Tolstoj-Mus. – HM. ⊙ *E:* Moskau: 1984 Ausst.-Saal des Künstler-Verb.; 1985 Red. der Zs. Junost'; 1987 Haus des Künstlers / 1989 Pjatigorsk / 1993 Mülheim (Ruhr); Düsseldorf (im K als Dergiljova, A.) / 1998 Chemnitz / 1999 Ansbach. 📖 Vystavka proizvedenij moskovskich chudožnikov „Moskva literaturnaja" (K), Mo. 1974, 6; Moskovskij chudožnik v. 1. 9. 1977; 1. 8. 1980; 25. 2. 1983; Sovetskaja grafika-78, Mo. 1980, 254; Chudožnik 1980 (6) 31; 1986 (5) 27; 1987 (5) 60; Naš sovremennik. Vsesojuznaja vystavka portreta (K), Mo. 1983, 9; Tvorčestvo 1983 (2) 18 s.; 1984 (3) 5; 1986 (7) 19; Intergrafik 84 (K), B. 1984 (s.v. Dergiljewa, Jelena); Iskusstvo 1984 (9) 12; 1987 (9) 77; 1988 (4) 22; 7-ja respublikanskaja chudožestvennaja vystavka „Sovetskaja Rossija" (K), Mo. 1985, 37 s.; „Avtoportret". Vystavka proizvedenij moskovskich chudožnikov (K), Mo. 1989, 20; Guten Tag 1993 (7) 38 s.; A. Dergiliova, Mo. 1997; Chudožniki Rossii – Moskve (K), Mo. 1997, 14.

N. Tjurina

Derglinger, *Joseph* → **Derchinger,** *Joseph*

Dergny, *Jean-François-Martial*, Abbé, frz. Genremaler, Zeichner, * 11. 4. 1809 Cayeux-sur-Mer/Somme, † 18. 7. 1880 Abbeville/Somme. Ausb. u.a. am Grand Séminaire in Amiens; 1833 ordiniert. Vikar in Ailly-le-Haut-Clocher/Somme, danach in Abbeville (Saint-Gilles). 1858 Chanoine honoraire de la Martinique. Mitgl.: Comm. du mus. d'Abbeville; Soc. des Antiquaires de Picardie; Soc. d'émulation d'Abbeville. 🏛 ABBEVILLE, Mus.: Pénélope, ou le retour d'Ulysse (D.s bekanntestes Werk); L'Ange de la poésie (Salon 1865). – Kirche St-Gilles: Le triomphe de St Gilles; dekorative Panneaux; Medaillons. CAYEUX, Kirche: La venue du Messie; Gem.-Kopien. SAINT-RIQUIER, Petit Séminaire: La Vierge; Jésus enfant annonçant l'Eucharistie; Les quatre évangélistes, Fresken. ⊙ *G:* ab 1861 Paris, Salon. 📖 ThB9, 1913 (s.v. Dergny, Abbé). DBF X, 1965.

C. R.

Dergun, *Sergej Kirillovič*, Maler in Baškortostan, * 1951 Voznesenka, lebt in Ufa. Stud.: Univ. Krasnodar (Graphik). – In Öl/Lw. bevorzugt Stilleben in impressionist. Manier (u.a. *Južnyj natjurmort*, 1987; *Frukty i rozy*, 1988; *Posylka s juga*, 1989), auch Komp. (u.a. *Kompozicja Nr 1*; *Nr 15*, beide 1993). 🏛 MOSKAU, Gal. M'Ars. TOL'JATTI, GG. UFA, Baschkir. KM. ⊙ *E:* 1987, '92 Ufa / 1991, '96 Tol'jatti / 1993 Moskau, Gal. M'Ars. 📖 2-ja respublikanskaja vystavka „Chudožniki avtonomnych respublik, oblastej i nacional'nych okrugov RSFSR" (K), Mo. 1989, 9; Chudožniki respubliki Baškortostan (K), [Mo. 1994], 3; Galereja „Vostok" (K), Ufa 1997, 5. – *Online:* artinfo. itar-tass. com, 1999.

I. Fomičeva

Dërguti, *Adem*, albanischer Textilkünstler, * vor 1885 Shkodra, † nach 1940 ebd. Bek. Meister für festliche trad. Männertrachten aus Shkodra, dem nö. Albanien, dem Gebiet Malësia e Madhe und Kosovo. Fertigte in seinem Atelier im „Sokakun e Terzinjve" im Basar von Shkodra u.a. den Faltenrock „fustanella" (seit dem 12. Jh. bek. als nationalweite alban. Trachtenkleidung), die Kleidungsstücke „me tirq" (char. für das nördl. Albanien) und „me shallvare" (orientaler Abstammung, für höhere Gesellschaftsschichten und das Bürgertum). Seine Kleider zeichnen sich durch Stickereien mit Kordeln, Bändern, Gürtel und Tressen aus Seide, Gold- und Silberfäden aus. 🏛 SHKODRA, Muz. Historik i Rrethit. TIRANA, Ekspozita Kombëtare e Kulturës Popullore. 📖 Acta et diplomata res Albania e Medies Aetatis illustrantia, I, W. 1913, Dok.

790; *A. Gjergji*, Klasifikimi i veshjeve popullore shqiptare, Etnografia shqiptare 9:1980; *M. Kopliku*, Veshje popullore në qytetin e Shkodrës, Kumtari i Muzeut Shkodër 1992 (5) 110–126. Gj. Frashëri

Derham, *Frances (Frances Alexandra Mabel Letitia*; geb. Anderson), austral. Malerin, Graphikerin, Erzieherin, * 15. 11. 1894 Melbourne, † 5. 11. 1987 ebd. Als Kind erhält sie an der KSch in Belfast Aqu.-Unterricht. 1906 Rückkehr nach Australien. Stud. in Melbourne: 1911–13 NG School (Skulpt.); Eastern Suburbs Technical College (Skulpt. und Design). 1913 gibt sie die Bildhauerei zugunsten von Lehrtätigkeit (Stud. bis 1916 am Swinburne Technical College) auf. 1916 etabliert sie das Fach Kunsterziehung an der Junior Technical School for Girls; nach ihrer Heirat 1917 wird sie entlassen (staatl. Verbot der Beschäftigung von verheirateten Frauen). 1916 weckt der Anthropologe Walter Baldwin Spencer (Präs. der Arts and Crafts Soc. of Victoria) D.s Interesse für die Kunst der Aborigines; ab 1925 verwendet sie deren Motive in ihren Entwürfen. 1926 kurzzeitig Stud. bei der Malerin Mary Cecil Allen. 1929–63 Kunstlehrerin am Melbourne Kindergarten Training College mit bes. Interesse für Kunsterziehung für Kinder. 1929 durch Ethel Spowers in den Linolschnitt eingeführt, studiert sie in den 30er Jahren bei ihr und bei Eveline Syme Graphik. 1930–53 Lehrerin an der George Bell School, Melbourne. 1938 besucht sie die Aborigines-Mission Hermannsburg in Zentral-Australien, 1948 die Mission Arakun im n. Queensland und unterrichtet dort Kinder. 1949–61 Dozentin für Kunst und Kinderkunst am Associated Teachers Training Inst., Mercer House, Melbourne. 1952 Member of the Order of the British Empire. 1960 und '67 in Papua-Neuguinea. In den 60er Jahren Vertreter Australiens auf den Kongressen der Internat. Soc. for Education through Art in Manila und Montreal. 1976 schenkt D. der NG of Australia, Canberra, ihre umfangreiche, internat. bed. Slg von Kinderkunst, 1987 fast 10000 weitere Arbeiten. – Figurative, modernist. Malerei und Graphik. Als aufgeklärte führende Erzieherin widmet sich D. der Reform der Kunsterziehung und engagiert sich für die Unterweisung von Kindern (bes. im Vorschulalter und Behinderte) in Kunst und Kunsthandwerk. 🏛 BALLARAT, FA Gall. CANBERRA, NG of Australia. GEELONG, Deakin Univ. MELBOURNE, Univ. of Melbourne Art Coll. SHEPPARTON, AG. SYDNEY, AG of New South Wales. WARRNAMBOOL, AG. ✉ *u.a.* A place for handicrafts in education, Recorder (Mb.) 1:1929 (März); The art of children, Austral. artist 1:1947 (2) 46–48; Art for the child under seven, Mb. 1961. ⊙ *E:* 1986 Melbourne, Jim Alexander's Important Women Artists' Gall. 📖 *McCulloch*, 1968; 1977; I, 1984; 1994; *Robb/Smith*, 1993. – Manuscripts (Geelong) 1932 (3) 70; *B. Smith*, Education through art in Australia, Mb. 1958; Austral. Soc. for Education through Art bull. (Mb.) 2:1967 (Mai-Juni); *C. Deutscher/R. Butler*, A survey of Austral. relief prints 1900–1950 (K), Armadale 1978; *R. Butler*, Melbourne woodcuts and linocuts of the 1920s and 1930s (K FA Gall.), Ballarat 1981; *M. Eagle/J. Minchin*, The George Bell School, Mb./Sydney 1981; *J. Hoff*, Drawings and paint. by children from Hermannsburg, Arakun and Malabunga (K NG of Australia), Canberra 1984; *J. Helmer*, George Bell. The art of influence, Mb. 1985; *J. Isaacs*, The gentle arts, Sydney 1987; Art and Australia 25:1988 (4) 486–488; *B. Piscitelli*, The life of F. D., Diss. James Cook Univ., Townsville 1994 (unveröff.); *J. Kerr* (Ed.), Heritage. The nat. women's art book, Sydney 1995; *H. Topliss*, Modernism and feminism. Austral. women artists 1900–1940, Roseville, N. S. W. 1996. B. Martin

Der Harootian, *Koren* (Der Harout'yan, *Xoren Harout'yuni [Yarut'iwni]*), US-amer. Maler, Bildhauer, Graphiker armen. Herkunft, * 2. 4. 1909 Ašotavan (heute Ašvan/Türkei), † 2. 7. 1991 (Autounfall) New Jersey. D.s Fam. kam im armen. Genozid 1915 um; mit der Mutter 1921 Emigration über Rußland in die USA. Besuch der Sonntags-KSch des Worcester AM, ansonsten Autodidakt. 1929 in New York. 1930–44 auf den Antillen (Jamaica) ansässig; dort Hinwendung zur Bildhauerei. Aufenthalt in London. Lebte in den 50/60er Jahren in Orangeburg/N. Y. Zahlr. Ausz.: u.a. Gold-Med.: 1954 PAFA, Philadelphia; 1981, '89 der Reg. Armeniens; 1985 der Sowjet-Regierung. Mitgl.: Amer. Acad. and Nat. Inst. of Arts and Letters; Memorial Federation of Mod. Painters. – Zunächst Malerei in Öl und Aqu. mit Motiven der Antillen (Lsch., Genreszenen und Portr.). Ab M. der 30er Jahre entstanden im wesentl. figürl. Skulpt. (exot. Hölzer, Bronze, Stein) in großer Formenvielfalt mit Einflüssen von Ossip Zadkine, Marino Marini, Henry Moore und Miguel Hernández. Diese teilweise gegensätzl. Einflüsse versteht D. mit hoher techn. Meisterschaft zu origineller Synthese zu vereinen: Tierplastiken (*Hirsche*, Marmor, 1940; *Milan*, Sandstein, 1955; *Hahnenkampf*, Bronze, 1962), Allegorien (*Echo*, Onyx, 1948; *Stimme des Orpheus*, Granit, 1955; *Ani*, Bronze, 1963; *Die Gipfel des Ararat*, Marmor, 1967), Skulpt. zu mytholog. und bibl. Themen mit weltl. Interpretation (*Schöpfung*, Holz, 1937; *Kain*, Holz, 1942; *Leda*, Bronze, 1943, '63, '81; *Prophet*, Marmor, 1944), Werke zu durch Krieg und soziale Ungerechtigkeit verursachte Tragödien (*Tragödie*, Holz, 1941; *Leidendes Volk*, gewidmet dem Verteidigungskampf der Leningrader Bevölkerung, Holz, 1942; *Hungertod*, Holz, 1947; *Du sollst nicht töten*, Bronze, 1963) sowie zu armen. Themen (*Geburt des David von Sasun*, Marmor, 1950; *40 Tage auf dem Musa Dagh*, Bronze, 1963; *Mesrop Maštoc'*, Bronze, 1964; *Mutter des Ararat*, Marmor, 1973). Ferner Hochreliefs und graph. Bll. zum armen. Genozid, auch zu Lidice, Hiroshima und zum Krieg in Vietnam. 🏛 EREVAN, NGG. JERUSALEM, Bezalel Nat. Mus. – Israel Mus. MOSKAU, Puškin-MBK. – Gor'kij-Platz: Denkmal „Frieden", Bronze, 1985 (im Auftrag von M. Gorbačev). NEWARK/N. J., AM. NEW YORK, Metrop. Mus. – Whitney. – Art Students League. – Armenian Cathedral and Cultural Center: Christus und 4 armen. christl. Märtyrer für die Fassade des Diözesanhauses, 1959. PHILADELPHIA, PAFA. – Fairmount Park vor dem AM: Mher-Denkmal mit 4 Hochreliefs, Bronze, 1974. TEMPE, Arizona State College, Mus. WORCESTER/Mass., Mus. of Art. WYNNEWOOD/Pa., Armen. Kirche: Fassaden-Skulpt. ⊙ *E:* New York: 1929 Caz-Delbos Gall.; 1945 Kraushaar Gall.; 1945, '48, '49 Whitney; 1965, '80 Armenian General Benevolent Union Gall.; 1967 Contemp. Gall.; 1975 Sculpt. Center; 1981 Open-air-Ausst. an der armen. Kirche / 1930, '35, '37, '40, '42 Kingston (Jamaica), Mus. of Jamaica / 1932 Worcester (Mass.), AM / London: 1939 Leicester Gall.; 1939, '64 Zwemmer Gall. / 1971 Paris, Gal. Bernheim-Jeune / 1971 Erevan, Haus des Armen. Künstler-Verb. / 1983 Ečmiadzin, Mus. des Katholikos der armen. Kirche: Retr. – *G:* 1958 Brüssel: WA (Silber-Med.). 🕮 Vo2, 1955 (s.v. Harootian, Koren Der). WWAA, 1953–1962; *Clapp* II, 1970; *Bénézit* III, 1976; *Dznuni*, 1977; RoyalAcadExhib II, 1977; Haykakan Sovetakan Hanragitaran (Armen. Sowjet-Enz.), IX, E. 1985; *Falk*, 1985; *Billcliffe* I, 1990. – *O. Avédissian*, Peintres et sculpteurs arméniens, Le Caire 1959, 478 s.; *S. Varsian*, The Armenian Reporter (N. Y.) v. 21. 10. 1971, 2, 12; *A. Dikijian*, The Armenian Observer (L. A.) v. 27. 2. 1991, 6. L. Chookaszian

Derhodé cf. **Derodé,** *Nicolas* (1602)

Der Hohannesian, *Garabed (Garabed Grigori)*, US-amer. Maler, Designer, Zeichner armen. Abstammung, * 9. 3. 1908 Brookline/Mass., † 18. 3. 1992 Boston. Stud.: 1928–32 Massachusetts SchA, Boston. Lehrtätigkeit: 1947–66 Rhode Island School of Design; 1954–57 Bryant College, beide Providence/R. I. 1956–58 Cambridge Art Assoc., Cambridge/Mass. 1947–50 Innenausstatter und Dir. der AG der Charles E. Smith Company, Boston; 1951–52 Dir. der AG at New Interiors in Providence. 1956–58 Artists-in-Residence, Cummington SchA, Cummington/Mass. In den 50er Jahren auch als freischaffender Designer für versch. amer. Unternehmen tätig. – Abstrakte Öl-Gem. und Zchngn (Bleistift, Tinte), die auf dem Kontrast von Farbflächen und linearen Strukturen beruhen. 🏛 ANDOVER/Mass., Addison Gall. of Art. EREVAN, MMK. HANOVER/N. H., Dartmouth College, Carpenter Gall. of Art. NEW YORK, Guggenheim Found. ⊙ *E:* 1934 Newton (Mass.), Free Libr. / Boston: 1938, '39 Twentieth Century Club; 1945 Today's AG; 1948, '50 Charles E. Smith Company; 1954 Childrens AC; 1958, '60, '62 Carl Siembab Gall. / 1946 St. Petersburg (Fla.), Art Club / Providence: 1947, '97 (Retr.) Rhode Island School of Design; 1952 New Interiors; 1953 Design Forum; 1969 Tonoff Gall.; 1970 Providence Art Club / 1952 Chesnut Hill (Mass.), Beaver Country Day School / 1954 Winchester (Mass.), Art Club / 1955 Columbus, Ohio State Univ. / 1957 Cambridge, Cambridge Art Assoc. / 1958 Bar Harbor (Me.), Summer Theater / Gloucester (Mass.): 1977 Stage Coach Gall.; 1981 Sawyer Free Libr. 🕮 WWAA, 1966. – Outstanding educators of America, Chicago 1970; *M. G. Mensoian* (Einl.), Armenian celebration, Boston 1976; Armenian Artists Assoc. of America (K MMK), E. 1979; Armenian contemp. artists 81 (K Armenian Artists Assoc. of America), Boston 1981; Amer. Armenian artists for their cause. On the occasion of the 70th anniversary of the Armenian genocide (K), N. Y. 1985. L. Chookaszian

Déri (eigtl. Deutsch), *Kálmán*, ungar. Maler, * 28. 4. 1859 Batsch (Bács; Bač/Jugoslawien), † um 1940 München. Bruder der bed. Kunstsammler Frigyes, Miksa und György D. Lebte in Wien bei Frigyes (dem späteren Stifter der namengebenden Slg des Mus. in Debrecen) und lernte in einer Druckerei. Stud.: 1876–82 ABK Wien bei Karl Wurzinger und August Eisenmenger (1878 Gundel-, '80 Hof-, '81 Rosenbaum-Preis); 1880 1. Preis des Wettb. für sakrale Bilder in Budapest (*Hl. Augustinus*, Skizze); 1884 bei Ludwig von Löfftz in München. Besitzt danach dort ein Atelier. – D.s frühe Bilder zeigen bibl. bzw. orientalist. Themen (*Őrangyal*/Schutzengel, 1880; *Rabszolgavásár az ókori Alexandriában*/Sklavenmarkt im alten Alexandrien, 1880–85). Malte ab E. 1890er Jahre vorwiegend Genrebilder, zu denen er anfangs oft in den Dörfern der ungar. Tiefebene Motive, bes. Trachtenskizzen, sammelte. Seine narrativen Bilder (*Jön a zsandár!*/ Der Gendarm kommt!, 1888), die immer mehr volkstüml. Anekdoten ähnelten (*A falu rossza*/Der Dorflump, 1895), waren v.a. bei amer. Sammlern beliebt und wurden auch in den Budapester Ztgn Vasárnapi Ujság und Uj Idők reproduziert. Malte in den 1920er/30er Jahren zurückgezogen Akte und Stilleben. 🏛 BUDAPEST, Magyar NG. DEBRECEN, Déri Múz. ⊙ *E:* 1908 Budapest, Könyves K. Szalon (K) / 1935 Debrecen, Déri Múz. – *G:* 1880–82, '94 Budapest, Műcsarnok: Jahres-Ausst. / 1900 Paris: WA (Bronze-Med.). 🕮 ThB9, 1913 (falscher Geburtstag). MagyKépLex, 1915; MűvLex I, 1965 (falscher Geburtstag und -ort); *Bénézit* III, 1976 (2. Art. fälschl. unter Dery, Koloman). – *Gy. Fleischer*, Magyarok a bécsi Képzőművészeti Akadémián, Bp. 1935; *J. Sőregi*, A Déri Múz. Évkönyve 1934, Debrecen 1935, 36–39; *K. Lyka*, Magyar művészélet Münchenben, Bp. ^{2}1982; *L. Balogh*, Die ungar. Facette der Münchner Schule, Mainburg 1988. K. Sz. Kürti

Dériaz, schweiz. Fotografen-Fam., seit 1827 belegt. 🏛 BAULMES, Fond. D. ⊙ *E:* 1979 Lausanne, MAD / 1980 Zürich, Helmhaus (K) / 1988 New York, ICP.

1. *Alphonse* (I), * 16. 5. 1827 Baulmes/Vaud, † 3. 10. 1889 Morges(?). Vater von 4. Um 1845 Emigration nach England; 1851 Reisen nach Australien und in die USA, dabei Interesse für Fotogr.; erlernt in London Foto-Technik (Kalotypie und Kollodiumverfahren); nach 1860 (1866 lt. Perret und Bregnet) Aufenthalte in Frankreich und Archit.-Fotogr. für die Comm. de Mon. Hist. (Aisne, Indre-et-Loire, Seine-et-Marne); auch Ass. von Claude Felix Abel Niépce de Saint-Victor. 1868, endgültig 1870 Rückkehr in die Schweiz und Fotograf in Baulmes, auch in Bière und Morges, wo D. 1870 ein Studio eröffnet; Zus.-Arbeit mit dem schweiz. Bildverlag Staub & Kuhn. Nach D.s Tod versucht D.s Witwe Nanette-Sophie kurzzeitig, das Studio mit dem Genfer Fotografen Henri Cornu weiterzuführen; E. 1889 Übernahme des Studios durch D.s Sohn. – Bed. Fotopionier der frz. Schweiz; bes. Portr., Archit., Feste, Zeremonien und Arbeiter; v.a. seine Bilder vom Alltag in Morges und Umgebung sind ein wesentl. zeitgen. Dokument. 🏛 LAUSANNE, Mus. de l'Elysée.

2. *Alphonse* (II), * 16. 2. 1915 Baulmes (?). Sohn von 4, Vater von 5. Ausb. an Fotoschulen in Wien und Berlin. D. wurde früh Ass. seines Vaters, übernahm 1932 dessen Studio und führte u.a. die Postkarten-Ed. weiter, ab 1933 auch in Farbe. – D. fotografierte neben Portr. u.a. Lsch., Industrie und Landwirtschaft. Er war auch Flugpionier und wurde bes. für seine Luftaufnahmen von waadtländ. Orten und den Alpen geschätzt.

3. *André Alphonse*, * 25. 4. 1948. Autodidakt. Arbeitet als Werbe- und Modefotograf; auch Fotoexperimente.

4. *Armand* (I), * 18. 8. 1873 Bière, † 19. 5. 1932. Sohn von 1, Vater von 2. E. 1889 übernimmt D. das Studio seines Vaters, das er nach Baulmes verlegt; Foto-Ass. in Pontarlier. Seit der Jh.-Wende Ed. von Foto-Postkarten und Alpen-Panoramen; auch Tele- und Autochrome-Farb-Aufnahmen. 1912 für die Soc. Vaudoise des Forestiers botan. Fotogr. (Publ.: *Les beaux arbres du Canton de Vaud*, Vevey). – Neben Portr. (im Studio und im Freien) systemat. Aufnahmen seiner Heimatregion am Jura und ihrer Veränderungen (z.B. Bau der Eisenbahn, Tunnel-Baustelle am Mont d'Or, 1910 s.). Bed. sind seine Bilder von Alltag und Arbeit ihrer Bewohner (Land- und Forstwirtschaft, Alpauftrieb, Feste, Märkte, Freizeit). 🏛 LAUSANNE, Mus. de l'Elysée.

5. *Armand* (II), * 1. 8. 1942 Baulmes, lebt in Le Mont/Lausanne. Sohn von 2, Vater von 6. Stud.: 1961–63 Ec. d'Arts Appliqués, Vevey. Ass. bei Oswald Ruppen in Sion; Mitarb. im Studio des Vaters. Fotogr. für das Periodikum Atlas des voyages von Charles-Henri Favrod, die Editions Rencontre und 1968/69 für den frz. Reader's digest; 1983 u.a. mit Jean-Philippe Daulte, Mario Del Curto und Philippe Maeder Gründung der Fotoagentur Stratus. Ausz.: 1969 Eidgenöss. Stip. für angew. Künste. Ltg der News Productions, Ed. von Kunst-Reprod. für das Mus. de l'Elysée, Lausanne. – Neben Fotogr. von schweiz. Festen und der polit. Opposition (Schweiz in Bewegung, Lausanne 1981, mit versch. Fotografen) als Bildjournalist v.a. internat. Reportagen über soz. Benachteiligte und polit. Konflikte, u.a. im Nahen Osten. Foto-Publ.: A. Lunel, *Sénégal*, Lausanne 1966; H. Schwamm, *Alsace*, ibid. 1986 (mit Bruno Barbey); A. Gaspard, *Caucase*, ibid. 1969; *El Feddayin*, Vangondry 1970.

6. *Lionel*, * 27. 5. 1969. Sohn von 5. Stud.: Ec. de Photogr., Yverdon-les-Bains. Foto-Ausb. beim Vater und Studio-Mitarbeit. – D. fotografiert entgegen der Trad. der Fotografendynastie eher mit künstler. Intentionen; er arbeitet auch mit Verfremdungseffekten (z.B. Bewegungsverwischungen). 👁 *G:* 1974 Zürich, Kunsthaus: Photogr. in der Schweiz von 1840 bis heute (K; Wander-Ausst.).

7. *Sarah Laure*, * 31. 10. 1975 Orbes. Fotokurse: 1992 Cessnov, Yverdon-les-Bains, 1994 COTRAO, Turin. Tätigkeit im Studio der Fond. D. in Baulmes. 👁 *E:* 1995 Cessnov, Yverdon-les-Bains.

📖 Schweizer Lex. II, Luzern 1992; *Auer*, 1997. – *E. Breguet*, 100 années de photogr. chez les Vadois 1839–1939, Lausanne 1981 (zu 1); *C.-H. Favrod*, Camera internat. (Frankreich) 1988 (15) 12–29 (zu 1, 4); Die D.-Dynastie, Schaffhausen u.a. 1988 (zu 1, 2, 4–6); *R. Perret*, Frappante Ähnlichkeit, Pioniere der Schweizer Fotogr., Brugg 1991 (zu 1, 4); Photogr. in der Schweiz von 1840 bis heute, Bern 1992 (zu 1–6); *M. Frizot* (Ed.), Neue Gesch. der Fotogr., Köln 1998 (zu 1, 4). – Zürich, Schweiz. Stiftung für die Photographie. T. K.

Dériaz, *Jean-Gédéon*, schweiz. Architekt, * 16. 11. 1855 Genf, † 1927. Sohn von Jean-Jacques D. Stud.: EcBA Genf (1886 hier Prof.); ETH Zürich; 1876–79 EcBA Paris bei Jules André. Zus. mit seinem Bruder *Marc-Louis D.* (* 10. 5. 1850 Genf; 1879 1. Preis beim Wettb. zu den Pontaise-Kasernen in Lausanne) plante und erb. D. in Genf versch. Gebäude, neben Villen u.a. das Gebäude der Genfer Soc. des Exercices de l'Arquebuse et de la Navigation. Entwarf außerdem die St. Georg-Denkmäler bei Genf und zu Albisgütl b. Zürich. 📖 ThB9, 1913 (im Art. Dériaz, Jean-Jacques). *Brun*, SKL I, 1905; *Delaire*, 1907. D. T.

Dériaz, *Jean-Jacques*, schweiz. Maler, Entwurfszeichner, * 4. 5. 1814 Genf, † 25. 11. 1890 ebd. Vater der Architekten Jean-Gédéon und Marc-Louis D. Schüler von Abraham Constantin und Gaetano Durelli. Danach Stud.: Accad. di Brera Mailand, u.a. bei José Luis Cinnati und Spampani. Mehrere Jahre Dekorationsmaler in Italien, v.a. in Florenz. Danach in Genf tätig, vorab nur als Emailmaler. 1848–74 Lehrer (Ornament und Archit.) der Soc. des Arts ebd. Mehrere für seine dortigen Kurse ausgef. Zchngn mit Ornamenten oder architekton. Details lithographierte D. selbst. Daneben auch Ölbilder, v.a. Lsch., Aqu. und Zeichnungen. 🏛 LAUSANNE, Rathaus: Fassadendekorationen. – *Dekorationsmalereien:* GENF, Altes Theater. – Atheneum, Großer Saal: 1890 (mit F. Poggi). – Ave. de Sécheron, Villa Bartholony. – Konservatorium. – Maison de Saussure, Grand Salon. GENTHOD, Reformierte Kirche. VERSOIX, Château Crenées. VEVEY, Hôtel des Trois-Couronnes, Speisesaal. 👁 *E:* 1890 Genf, Atheneum. 📖 ThB9, 1913. – *J. M. Marquis*, Genava 31:1983, 121–140; *St. Wettstein*, Ornament und Farbe, Diss. Univ. Zürich, Niggli 1996.
St. Wettstein

Dériaz, *Marc-Louis* cf. **Dériaz,** *Jean-Gédéon*

Derib (eigtl. Ribaupierre, *Claude de*), schweiz. Comiczeichner, Werbegraphiker, * 8. 8. 1944 La Tour-de-Peilz, lebt in Grandson. Zunächst als Werbegraphiker tätig, bevor er 1964–66 als zeichner. Ass. in das Studio Peyo in Brüssel eintrat. In dieser Zeit zeichnete er für das Comic-Mag. Spirou auch einige Episoden der Ser. *Oncle Paul* (Text von Octave Joly). 1966 Rückkehr in die Schweiz; begann mit der im Mittelalter angesiedelten Comic-Serie *Arnaud de Casteloup* (Text von Charles Jadoul). 1967 folgten die Tiergeschichte *Attila* (Text von Rosy) und die in der Kinder-Zs. Crapaud à lunettes erschienene Reihe *Pythagore* (Text von André Jobin). 1970 gestaltete D. ebenfalls mit Jobin die erfolgreiche Kinder-Comic-Serie *Yakari*. Die Abenteuer des kleinen Indianerjungen erschienen zunächst ebenfalls in Crapaud à lunettes, erhielten aber bald ein eig. Mag. und wurden in dem belg. Mag. Tintin und in zahlr. Alben nachgedruckt, u.a.: *Yakari et Grand Aigle* (1977); *Yakari et Nanabozo* (1978); *Yakari et le secret de Petit Tonnerre* (1980). 1971 entstand für Tintin der humorist. Western-Comic *Go West* (Text von Greg), dem 1972 die für ein erwachseneres Publikum konzipierte, realist. gezeichnete Western-Serie *Buddy Longway* folgte (bis 1988). Weitere Veröff. u.a.: *Celui qui est né deux fois* (1981); *Poulain mon ami* (1985); *L'Homme qui croyait à la Californie* (1987, Text von Christian Godard). Seit 1988 widmet D. sich bes. der in der Gegenwart eines US-amer. Indianer-Reservates angesiedelten Serie *Red Road*. Ausz.: 1974 Grand Prix Saint Michel; 1975 Prix Phénix; 1978, '82 Prix Alfred du Salon

internat. de la bande dessinée d'Angoulême; 1979 Prix spécial du jury, Mons. ✉ *D./G. Pernin*, L'Aventure d'une B. D., 1981. ⊙ *G:* 1982–83 Zürich, ETH, Graph. Slg: Comics. Fünf Westschweizer Zeichner (K) / 1986 Mechernich-Kommern, Rhein. Freilicht-Mus. und LM für Volkskunde Kommern: Comics (K). 📖 Schweizer Buchillustratoren 1900–80, Disentis 1983; *A. C. Knigge*, Comic Lex., Ffm./B. 1988 (s.v. Ribaupierre, Claude de); *F. Fossati*, Das große ill. Ehapa Comic Lex., St. 1993. – *W. J. Fuchs/R. Reitberger*, Comics-Hb., Reinbek 1978; *R. Gubern*, Comics. Kunst und Konsum der Bildergeschichten, Reinbek 1978; Dossier D. Les cahiers de la bande dessinée 13 (1981) 53; *A. C. Knigge*, Sex im Comic, Ffm./B. 1985; *P. Skodzik*, Dt. Comic Bibliogr., Ffm. u.a. 1985; *B. Dolle-Weinkauff*, Comics. Gesch. einer populären Literaturform in Deutschland seit 1945, Weinheim/Basel 1990; *U. Schmid-Burgk*, Gezeichnet: D., in: *A. C. Knigge* (Ed.), Comic Jb. 1990, Ha. 1990; *U. Hangartner*, Passagen 1996 (21) 9–11; *A. C. Knigge*, Comics. Vom Massenblatt ins multimediale Abenteuer, Reinbek 1996; *A. Kranz*, Verz. der im Carlsen Verlag ersch. Comics, Köln 1996; *H. Havas* (Ed.), 100 Jahre Comics. Comic Forum Sonderband, Furth/Triesting 1997.
H. Kronthaler

De Ribcowsky, *Dey*, US-amer. Maler bulg. Herkunft, * 13. 10. 1880 Rustčuk (Ruse/Bulgarien), † 15. 8. 1936 Los Angeles. Stud.: ca. 1893 (sic) Paris, Florenz und St. Petersburg. 1904 Gründung der ABA in Buenos Aires. 1910 Emigration in die USA, zunächst in New York, seit A. der 1920er Jahre in Inglewood/Calif., ab ca. 1922 in Los Angeles ansässig. In den 30er Jahren Lehrtätigkeit in Texas. – Hauptsächl. Marinen und kaliforn. Lsch. 🏛 Barbados, Governor's Pal. Manchester/N. H., Memorial. Odesa, Mus. ⊙ *G:* zahlr. mit Preisen in Rußland, Uruguay, Brasilien und den USA. 📖 Vo4, 1958 (s.v. Ribcowsky, Dey de). WWAA, 1940/41; *Moure*, 1984; AAW III, 1985; *Falk*, 1985 (2 Art. unter De Ribcowsky und Ribcowsky); *Hughes*, 1986. Ch. R.

De Ricco, *Hank*, US-amer. Bildhauer, Environmentkünstler, * 28. 5. 1946 Jersey City/N. J., lebt in Brooklyn/N. Y. Stud.: 1965–67 William Paterson College, Wayne/N. J.; 1967–69 Pratt Inst., Brooklyn; 1980 State Univ. of New York, Empire State College; 1991 School of Visual Art, New York. Ausz.: u.a. 1987 Pollock-Krasner Found. Grant; 1992 Adolph and Esther Gottlieb Found. Inc. 🏛 Reading/Pa., Public Mus. and AG. Roslyn/N. Y., Nassau County Mus. ⊙ *E:* u.a. 1988–95 New York, 55 Mercer Str. Gall. 📖 WWAA, 1991/92–1997/98. – *A. Wallach*, ArtsMag 58:1983 (4) 21.
C. R.

Derich (Dedrich; Dierich) **von Köln** (Cölln), dt. Glockengießer, fertigte Glocken u.a. für Köln (Cäcilienkirche), 1550; Rösberg, 1556; Unkel, 1566; Rheinberg (kath. Pfarrk. St. Peter), 1568; Köln (kath. Pfarrk. Klein St. Martin), 1571. Viell. ident. mit dem städt. Büchsengießer *Dietherich*, der 1570, '86 in Köln belegt ist. 📖 ThB9, 1913. *Merlo*, 1895. C. R.

Derichs (Dericks; Dierix), *Bartholomäus (Bartholomäus Joseph)*, dt. Bildhauer, nachgew. ab 1737, † 16. 2. 1775 Bonn. Hofbildhauer und Kammerdiener der Kurfürsten Clemens August und Max Friedrich von Köln. Mitarb. bei Innenausstattung von Schloß Falkenlust und Schloß Augustusburg in Brühl. In Bonn an Innenausstattung im Schloß beteiligt; Gest. der Kanzel des Kapuziner-Klosters. Ferner bek. eine Büste von Clemens August. 🏛 Bonn, Namen-Jesu-Kirche: Hochaltar. Brühl, Schloß Augustusburg. – Schloß Falkenlust. 📖 ThB9, 1913. *Merlo*, 1895. – *H. Vogts*, Das Kölner Wohnhaus bis zur M. des 19. Jh., Neuß 1966, 695; *Dehio-*Rheinland, 1967. A. R.

Derichs, *Irene*, dt. Keramikerin, * 28. 11. 1950 Wegberg-Arsbeck, lebt in Wegberg. 1965–68 Lehre als Schauwerbegestalterin, 1971–75 in Berlin. Stud.: 1976–80 FHS Niederrhein in Krefeld bei K.-H. Modigell und Dieter Crumbiegel. 1980 Examen als Dipl.-Designer. Seit 1981 eig. Wkst. in Wegberg. Vorzugsweise frei aufgebaute Keramik, Gefäße z.T. aus Platten montiert. Steinzeug wird gelegentl. selbst eingefärbt bzw. die Oberfläche mit Strukturen versehen. Mitunter auch spieler. anmutende Kombination mit anderen Elementen wie Holz, Metall und Federn. ⊙ *G:* 1985 Mönchengladbach, StM Schloß Rheydt. 📖 WWCCA, 1996. K. Schütter

Derichs, *Jakob* → **Dericks,** *Jakob*

Derichs, *Johann*, dt. Maler in Köln, der dort 1628 eine Malschule leitete. Viell. ident. mit dem 1608–12 in den Zunftregistern gen. *Johann Diederichs*. 📖 ThB9, 1913.

Derichs, *Sophonias de* → **De Derichs,** *Sophonias*

Derichs-Hilgers, *Tedd*, dt.-brasil. Maler, Zeichner, Mosaizist, * 1905 Düsseldorf, lebt seit 1951 in Brasilien. Mitgl. der Rhein. Sezession und des Westdt. Künstlerbundes. Ausz.: u.a. 1952 Silber-Med.; 1960 Bronze-Med., beide São Paulo. – Nach expressiv abstrahierten Stilleben, Hafenansichten und Figurenbildern abstrakt-dekorative, bizarre, von Helldunkel geprägte Gem., Zchngn und Mosaike, z.T. an Naturformen angelehnt. ⊙ *E:* 1964 Stuttgart, Inst. für Auslandsbeziehungen / 1968 São Paulo, Mus. de Arte. – *G:* São Paulo: 1951, '66 Salão Paulista de Arte Mod.; 1965, '67 Bien. 📖 Rhein. Sezession (K KH), Dd. 1950; *Cavalcanti* II, 1975 (2. Art. s.v. Hilgers, Tedd Derichs). M. N.

Derichsweiler, *Eugénie Francine* cf. **Derichsweiler,** *Jean-Charles-Gérard*

Derichsweiler, *Hein (Heinrich)*, dt. Bildhauer, * 14. 4. 1897 Köln, † 3. 2. 1972 ebd. Nach Bäckerlehre ab 1922 autodidakt. Ausb. (Anleitung in Bildhauerateliers, z.B. bei Brandts-Sobieski und beim Xantener Dombildhauer Peter Bürger). Auf ein Stip. an der ABK muß er verzichten. In den 30er und 40er Jahren längere Italienaufenthalte. E. der 20er Jahre sozialkrit. Plastiken. 1935/36 und 1947 zus. mit dem Paläontologen H. Wehrli Rekonstruktionen von Urzeit-Tieren. Seitdem fast ausschl. Tier- und Portr.-Plastik in Ton und Bronze. 🏛 Borkum: Seehundpaar, 1959. Köln, Univ., Geolog. Inst.: Urzeittiernachbildungen. – K.-Ehrenfeld, Lenauplatz: Max und Moritz-Brunnen, 1960. – Friedhof Wahn: zwei Reliefs. ⊙ *E:* Köln: 1957 Köln, Gal. Abels: zum 60. Geburtstag; 1972 Stadtsparkasse. – *G:* Köln: 1933 Theater-Mus.: Weihnachtsmarkt Kölner Künstler; 1934 Zoolog. Garten; 1934 KV; 1940 Verkehrsverein / 1940 Bergamo, Kunstsalon Santa Orsola / 1947 Bonn: Mod. Kunst. 🕮 Vo5, 1961. – BK (D.) 5:1957, 832; Weltkunst 27:1957 (8) 41, 43. U. Haug

Derichsweiler (Derichweiler), *Jean-Charles-Gérard*, frz. Porzellanmaler, * 1822, † 1890. Arbeitete 1855–88 (bis 1884 lt. Tardy) als Vergolder und Dekormaler an der Man. von Sèvres. Bemalte 1874 ein für die Herzogin von Edinburgh bestimmtes Frühstücksservice. Seine Tochter, die Email- und Porzellanmalerin *Eugénie Francine D.* (verh. Bonnuit; * Paris; Schülerin von D. und Mme Apoil), arbeitete um 1860 an der Man. Sèvres und stellte 1864–76 (ab 1866 unter Bonnuit) Portr. im Pariser Salon aus. ⊙ *G:* 1845 Paris, Salon. 🕮 ThB9, 1913. *Bellier/Auvray* I, 1882; *Neuwirth* I, 1977; *Hardouin-Fugier/Grafe*, 1989. – IFF, Après1800 VI, 1953; *Tardy*, Porcelaines, 1967. C. R.

Derick, *Anthony*, Medailleur, Goldschmied(?), Graveur, Juwelier, viell. aus Haarlem, war um 1569 Hofjuwelier der Königin Elisabeth in London. Fertigte viell. zwei Vasen für den Grafen von Sussex. 🕮 ThB9, 1913 (Lit.).

Derick, *John Macduff*, brit. Architekt, * 1810, † 1861, tätig in Irland, Oxford und Amerika. Der aus Irland stammende D. tritt v.a. als Entwerfer von neogot. und neonormann. Kirchen in Erscheinung. Zumindest ab 1840 arbeitet er in Oxford und nimmt am Wettb. zum Martyr's Memorial teil (Zchng in Oxford, Bodleian Libr.). Sein preisgekrönter Entwurf zur Chorister's Hall in Oxford (1844) wird aufgrund rechtl. Schwierigkeiten nicht realisiert. In Leeds errichtet D. für Dr. Edward Bouverie Pusey 1842–45 die Kirche St. Saviour (Ellerby Road). Wegen gesundheitl. und finanzieller Probleme muß er M. der 1850er Jahre das Büro aufgeben; anschl. übersiedelt er nach Amerika und arbeitet dort bis zu seinem Tod weiter. 🏛 BANBUNRY/Oxon.: St. John, 1835–38. BENEFIELD/Northants.: St. Mary, 1847. CHIPPING NORTON/Oxon.: Holy Trinity, 1836. DUCKETT'S GROVE/County Carlow: Torhäuser, um 1840; Bruen Testimonial Church, 1852–54. EISEY/Wilts.: St. Mary, 1844. FLORENCE COURT/Fermanagh: Druminiskill Chapel of Ease, 1855–60. GRAIGCULLEN/County Carlow: Pfarrk., 1840–41. MANCHESTER, Fallowfield, Dane's Road: St. James, 1845–46. MARCHWOOD/Hants.: St. John Evangelist, 1843. MARTON/Ches.: St. James and St. Paul, 1850. OVER WORTON/Oxon.: Holy Trinity, 1844–49. PENSNETT/Staffs.: St. Mark, 1846–49. SANDFORD ON THAMES/Oxon., St. Andrew: W-Turm, 1840. ⊙ *G:* 1843–52 London, RA. 🕮 *Graves*, RA II, 1905; RoyalHibAcad I, 1986; DBA, 1993; *Colvin*, ³1995 (Appendix A, 1139). – Builder 19:1861, 743, 753 (Nekr.); BE, ..., 1951 ss. (manchmal als Derrick, J. M.); *Clarke*, 1969; Cat. of the drawings coll. of the RIBA, III, Farnborough 1972; *Dixon/Muthesius*, 1978; *Rowan*, 1979; *H. Colvin*, Unbuilt Oxford, New Haven/Lo. 1982, 121; *J. Williams*, A companion guide to archit. in Ireland 1837–1921, Dublin 1994; *C. Brooks/A. Saint*, The Victorian church. Archit. and soc., Manchester/N. Y. 1995. S. H.

Dericks, *Bartholomäus* → **Derichs,** *Bartholomäus*

Dericks (Derichs), *Jakob*, dt. Bildschnitzer, Schreiner in Kleve. 1513–15 Mitarb. bei Heinrich Douvermann am Marienaltar der Stiftskirche ebd. 🕮 ThB9, 1913. – *J. H. Schmidt*, Kalkar. Die St. Nikolaikirche und ihre Kunstschätze, Ratingen 1950; *Dehio*-Rheinland, 1967. D. T.

Derickx, *Louis (Lodewijk)*, belg. Maler, * 10. 6. 1835 Antwerpen, † 21. 3. 1895 ebd. Stud.: Koninkl. ABK, ebd. – Pittoreske Genres und Lsch., v.a. aus der Umgebung von Antwerpen. 🏛 AMSTERDAM, Muller: Aukt. v. 12. 11. 1912. ANTWERPEN, Koninkl. MSK. ⊙ *G:* Salon: 1855–86 Gent; 1855–91 Antwerpen; 1857–90 Brüssel; 1874 Spa / 1880 Brüssel: Art belge de 1830 à 1880. 🕮 ThB9, 1913. *Flippo*, 1981; *Arto*, 1995; DPB I, 1995. – *P. de Mont*, De schilderkunst in België van 1830 tot 1921, D. H. 1921. U. R.

Deriethain, *Dorothea* (Dorothea von Riethain), Schreiberin, Miniaturmalerin (?), um 1500, Dominikanerin in Med(l)ingen b. Lauingen, Diözese Augsburg. Schrieb und (illuminierte evtl. auch) vom 7. 12. 1499 bis 15. 8. 1500 das Graduale *cum notis musicis et literis figurisque bene pictis* (333 Bll., München, Bayer. Staats-Bibl.: Clm. 23014. Fol. 333 r: „A. 1499 die S. Ambrosii ego soror Dorothea Deriethain professa monasterii Mariae in Medlingen ord. praedic. mandato Margarethae Schlicherin priorissae incepi Graduale istud de tempore quod compleui a. 1500 altera assumptionis Mariae ..."). 🕮 ThB9, 1913 (s.v. D. und Dorothea von Riethain). *D'Ancona/Aeschlimann*, 1949 (Repr. 1969); Colophons I, 1965, Nr 3519. – Catalogus codicum manu scriptorum Bibliothecae Regiae Monacensis. T. IV, P. IV Codices Num. 21406–27268 complectens, M. 1881, 51. W. Milde

Derieux, *Claude*, frz. Bildhauer, wird am 13. 6. 1736 in Paris Mitgl. der Acad. de St-Luc; bis 1763 nachweisbar. 🕮 ThB9, 1913. *Lami* I, 1910. – *Guiffrey*, 1915 (Repr. 1970).

Derieux, *Ernest*, frz. Stillebenmaler, * 7. 11. 1898 Orchies/Nord, lebte in Cambrai. Schüler von Fernand Sabatté und Lucien Hector Jonas. ⊙ *G:* ab 1927 Paris, SAfr. (Mitgl.) 🕮 Vo1, 1953.

Dérieux, *Roger*, frz. Maler, * 28. 1. 1922 Paris, lebt ebd. und in Saint-Martin de Valamas/Ardèche. Sohn des Dichters Henri D. Stud.: 1940 Acad. in Cannes bei Francis Picabia; in Paris 1945 Ec. des Arts décoratifs, später Acad. de la Grande Chaumière und Acad. André Lhote. Zunächst Theaterzeichner, ab 1948 ausschl. Malerei. 1990 Mitgl. der Acad. des sc. et des arts de l'Ardèche. – Lsch., Akte, Interieurs (Ateliers), Stilleben, Stadtansichten (Paris, Kopenhagen, Rotterdam, Salzburg). Vertreter der Ec. de Paris. Bleibt in der abstrakt-poet. Bildsprache stets dem Naturvorbild verbunden, bevorzugt in den Arbeiten (oft Öl auf Papier) transparente Farbakkorde (Blau, Grau, Grün, Orange, Gelb, Violett). Auch dekorative Wandgemälde (Observatorium in Saint-Genis Laval), Collagen und Buch-Ill. (z.T. Lith.), u.a. für *Hommage à Mozart*, 1956; *Reconnaissance de Salzbourg*, 1975; *Carnets du Vivarais*, 1986. 🏛 GRENOBLE, MBA. NARBONNE, MAH. PERPIGNAN, Mus. Hyacinthe Rigaud. SALZBURG, Rupertinum. SETE, Centre d'Art contemp. des Rehovot. ⊙ *E:* 1951, '56 Kopenhagen, Gal. Athenaeum (K) / Paris: 1952 Gal. Morihien; 1961 Gal. Jacques Péron / 1958: Lausanne, Libr. du Grand Chêne; Houston,

Cushman Gall. / 1961 Kopenhagen, Hanneing Larsen / 1963, '65 Paris, Gal. Cinq-Mars (K) / 1963 Marseille, Gal. Garbaldi (K) / 1964 Oslo, Gal. 27; New York, Gall. of Graphic Art / Paris: 1967 Gal. Jacob (K); 1986, '89, '92 Gal. Darial / 1987 Lyon, Gal. des Granges (Retr.) / 1990 Tournon, Mus. du Rhône au château de Tournon (Retr.; K) / 1994 Cheylard, Maison de Pays. – *G:* Paris: 1945–48 Salon des Moins de Trente; ab 1952 Salon de la Jeune Peint.; 1953 Salon d'Octobre; Salon des Tuileries; 1953–56 Salon de Mai; 1959 Gal. Charpentier: Ec. de Paris; 1963 Grands et Jeunes d'aujourd'hui; 1966 Salon d'Automne. ▭ CatBolaffiArtMod, 1966; *Bénézit* III, 1976; *L. Harambourg*, L'Ec. de Paris 1945–1965, Neuchâtel 1993. – *R. Nacenta*, Ec. de Paris, Recklinghausen 1960; *H. Rostrup*, R. D., P. 1978; Le Vivarais v. 1. 6. 1994. – Mitt. J. Thiébaud, Mus. du Rhône, Tournon-sur-Rhône. K. S.-D.

Derignee, *Robert*, engl. Schnitzer, zw. 1691 und 1707 in London tätig. Liefert in der Regierungszeit von William und Mary geschnitzte und vergoldete Möbel für die kgl. Paläste. 1691 fertigte D. für den Kensington Pal. einen großen Spiegelrahmen für das Kabinett der Königin mit geschnitzten und vergoldeten Figuren. 1707 bezahlt für Schnitzarbeit für den Duke of Montague. ▭ *Macquoid/Edwards* I, 1954. K. F.

Dérigny cf. **Dérigny,** *Auguste-Alexandre*

Dérigny, *Auguste-Alexandre*, frz. Maler, * 22. 12. 1816 Paris. Dort ab 1837 Stud. an der EcBA bei Merry-Joseph Blondel. Unklar, ob ident. mit dem Maler (?) *Dérigny*, der 1858–61 als Zeichenlehrer am Lycée in Dijon arbeitete. ◉ *G:* 1841–46 Paris, Salon (Portr., Genrebilder). ▭ ThB9, 1913. *Laveissière* I, 1980. C. R.

De Rijke, *Daniel* → **Rycke,** *Daniel de* (1440)

Deriker, *G. V.*, russ. Stecher, Zeichner, † 1847. Stud.: E. 1830er Jahre in der xylograph. Wkst. von Konstantin Karlovič Klodt, St. Petersburg. Stecher des Amtes zur Ausfertigung von Wertpapieren ebd. – Stahl-, später auch Holzstiche. Besaß eine eig. Werkstatt. Hst. für die Ed. *Naši, spisannye s natury russkimi*, StP. 1841 (nach Zchngn von Wilhelm Georg Timm, Taras Ševčenko, zus. mit Klodt); *Byli i nebylicy*, StP. 1843 (nach Zchngn von Alexander von Kotzebue, beteiligt); V. A. Sologub, *Tarantas*, StP. 1845 (nach Zchngn von Grigorij Grigor'evič Gagarin, zus. mit Evstafij Efimovič Bernardskij); A. F. Smirdin, *Novosel'e*, I/II, StP. 1845 (nach eigenen Zchngn). Auch Arbeiten für die Zs. Illjustracija (1845). ◉ *G:* 1842 St. Petersburg, AK (24 Typen-Darst., Hst.). ▭ ThB9, 1913 (s.v. Dereker). ChudSSSR III, 1976 (Lit.). – *L. R. Varšavskij*, Očerki po istorii sovremennoj gravjury v Rossii, Mo. 1923, 28; *Schmidt*, 1967; Russkaja progressivnaja chudožestvennaja kritika 2-oj pol. XIX – nač. XX v., Mo. 1977, 67 s. N. Tjurina

Deriksen, *Felipe* → **Diricksen,** *Felipe*

Derina, *Marina Semenovna*, russ. Bühnenbildnerin, * 28. 1. 1915 Station Pačelma/Gouv. Penza, † Juli 1995 St. Petersburg. Stud.: 1932–35 HS für Malerei, Bildhauerei und Archit. (Abschluß 1949) ebd. (Leningrad) bei Michail Pavlovič Bobyšov. Lehrte ab 1949 an der HS für angew. Kunst (ehem. Stieglitz-FS) ebd. – Bühnenbild-Entwürfe (nicht realisiert, u.a. zu I. L. Kremlev, *Krepost' na Volge*, 1952; D. G. Frenkel', *Ugrjum-reka*, Oper, 1960; Ju. A. Šaporin, *Dekabristy*, Oper, 1964). ⌂ MOSKAU, Bachrušin-Theater-Mus. ▭ ChudSSSR III, 1976. – VSII Sprav. IV, 1975. K. Chačaturjan

Dering, *Arthur R.*, brit. Maler, tätig in London und Ashford/Kent, stellte in London 1866 *Black or White* in der BI, 1889 in der RA eine Ansicht von Hannover aus. ▭ ThB9, 1913 (fälschl. als D., Arthur B.). *Graves*, RA II, 1905; BI, 1908; *Johnson/Greutzner*, 1976; *Wood*, 1978 (Repr. 1991).

Dering, *Heneage*, engl. Architekt, * 1665, † 1750, tätig in Yorkshire. D. bekleidet als Geistlicher versch. höhere kirchl. Ämter und ist in diesen Funktionen auch für Bauprojekte zuständig, die möglicherweise nach eig. Entwürfen realisiert werden. So bez. er sich in einem Begleitschreiben zu seiner Zchng zu Aldby Park/Yorks. (Northallerton/Yorks., North Yorkshire Record Office: Brewster papers) als Sympathisanten der Architektur. ▭ *Colvin*, ^{3}1995. S. H.

Dering, *Henrietta* (geb. de Branlieu), irische Amateurmalerin, † 7. 3. 1728 oder 1729. Entstammt vermutl. einer Hugenotten-Familie. Erstmals 1694 bei der Heirat mit Robert D. erwähnt, 1705 zweite Heirat mit dem Geistlichen Gideon Johnston. 1707 wohl Schülerin des Miniaturmalers Simon Digby. Da sich ihre Malweise von 1703 (erste bek. Arbeiten aus Dublin) nicht wesentlich von der um 1715 unterscheidet, wird eine Ausb. E. 17. Jh. vermutet. Bis 1705 in Dublin, ab 1706 in London, ab 1708 in Charleston/S. C., wo ihr Ehemann im Missionsdienst tätig war. 1711 Reise nach England, 1713 wieder in Charleston. 1725 Übersiedlung nach New York. – Portr. in Pastell, bes. von Fam.-Mitgl. (*1st Earl of Egmont, President of the Trustees of the Colony of Georgia*). ⌂ WINSTON-SALEM/N. C., Mus. of Early Southern Decorative Arts. ▭ *Crookshank/The Knight of Glin*, 1978; Irish women artists. From the eighteenth c. to the present day (K), Dublin 1987. Ch. R.

Dering, *Josef*, dt. Maler, Bildhauer, Mosaizist, Kunsterzieher, * 17. 3. 1910 München, † vor 9. 7. 1999 Senegal. Stud.: TH München Bauplastik bei Karl Knappe; 1934–39 ABK München Malerei und Graphik bei Adolf Schinnerer und Karl Caspar. Briefwechsel mit Ernst Ludwig Kirchner. Kunsterzieher und Seminarleiter an Münchner Gymnasien. 1940 ⚭ Angelika Spethmann, Urenkelin von Theodor Storm. Lebte seit 1943 in Eichenau/Landkreis Fürstenfeldbruck. 1946 Mitbegr. der Neuen Münchner Künstlergenossenschaft und Teiln. an deren Jahres-Ausst. im Haus der Kunst. In Zusammenarbeit mit dem Architekten Walter Ehm v.a. Auftragsarbeiten für öffentl. Gebäude und Sakralbauten wie Entwürfe für Glasfenster (Ausf. Kunstanstalt Franz Xaver Zettler, später Mayer'sche Hofkunstanstalt), Mosaiken, Sgraffiti, Keramiken, aber auch Brunnen in stilisiert-abstrahierter Figuration. ⌂ FÜRSTENFELDBRUCK, Sparkasse am Marktplatz: Fassadengestaltung mit Dickglassmalten (mit Walter Ehm). GERMERING bei München, St. Cäcilia: Glaswand, 1960. – Germar-Brunnen. KRAKAU, Kloster der Armen Schulschwestern: Kreuzweg, Keramik. MÜNCHEN, Rathaus: Glasfenster, 1959. ◉ *E:* 1990 Eichenau, Ev. Gemeindehaus (K).

▭ Vol, 1953. – *L. Altmann* Amperland 26:1990, 414–418; Süddt. Ztg (Region Fürstenfeldbruck) v. 9. 7. 1999. S. P.

Dering, *William*, US-amer. Porträtmaler, 1737–47 in Williamsburg/Va. tätig. Autodidakt. Lehrte 1735–36 in Philadelphia Tanz, Stickkunst, Französisch, anschl. in Williamsburg; lebte bis 1751 in Charleston/S. C. – Beeinflußt von Charles Bridges, dessen Rahmen, Stiche und Farben D. z.T. weiterverwendete, malte er Portr. von Bürgern aus Williamsburg und Umgebung. Char. sind eine etwas naive Darst., längliche Gesichter, schmale Hakennasen, mandelförmige Augen und eine farbl. kaum nuancierte Kleidung mit scharfkantigen Falten. ⌂ WILLIAMSBURG/Va., Colonial Williamsburg. WINTERTHUR/Del., Henry Francis du Pont Winterthur Mus. ▭ *R. L. Wright*, Artists in Virginia before 1900, Charlottesville 1983. – *L. Watson*, Antiques 74:1958 (5) 426–438; *C. J. Weekley*, J. of early southern decorative arts 1:1975 (1) 21–28; *G. Hood*, Antiques 112:1977 (5) 934–938; *id.*, Charles Bridges and W. D. Two Virginia painters 1735–1750, Williamsburg, Va. 1978; *M. Thistlewaite*, Winterthur portfolio 14:1979 (4) 401 s. H. St.

Deringer, *Fritz*, schweiz. Maler, Graphiker, Zeichner, Illustrator, * 9. 4. 1903 Uetikon/Zürich, † 3. 7. 1950 ebd. Seit der Schulzeit gelähmt. Autodidakt; kurzzeitig Schüler von Paul Bodmer. Ab 1934 befreundet mit Otto Lüssi, der D. förderte. Bis 1949 entstehen auf und nach Reisen nach Frankreich, Spanien und Italien zahlr. Lsch. in Aquarell. Ansonsten gestaltet D. fast ausschl. Motive der Umgebung des Zürichsees im Wechsel der Jahreszeiten mit Liebe zum Detail, häufig bereichert um Tiere oder Menschen, mit spitzem Pinsel und lichten, warmen Farben oder in Haarstrich-Zchngn (Feder, Bleistift) und Lith. (u.a. *Zürcher Landschaft*, Mappe mit 24 Bll., Z. 1943). Umfangr. als Ill. von Büchern tätig (cf. Plüss/Tavel), v.a. zu Jugendbüchern und Schweizer Autoren, u.a. von G. Keller *Romeo und Julia auf dem Dorfe* (Z. 1943, mehrere Neu-Ed., u.a. Stäfa 1989). Außerdem einige Entwürfe zu Briefmarken. ⌂ OLTEN, KM. WINTERTHUR, KM. – Stiftung O. Reinhart. ZÜRICH, ETH, Graph. Slg. – Kunsthaus. ⊙ *E:* 1950, '85 Zürich, Kunstsalon Wolfsberg (K). ▭ Vol, 1953. *Plüss/Tavel* I, 1958 (Lit.); Biogr. Lex. der Schweizer Kunst, I, Z. 1998. D. T.

Deringer, *Inge*, schweiz. Keramikerin, Modedesignerin, * 12. 2. 1932 Zürich, lebt in Binningen. Stud.: Schule für Modedesign Zürich; Kurse an der KGS ebd.; anschl. Schule für Modedesign in Paris sowie Ausb. zur Keramikerin. – Amorphe Plastiken, Reliefs und kunstgewerbl. Gegenstände mit phantast.-surrealist. Motiven aus Lehm und versch. keram. Mat., z.B. Steinzeug. ▭ KVS, 1991; Biogr. Lex. der Schweizer Kunst, I, Z. 1998. – Basler Künstlerinnen gestern und heute, 1923–1990, Basel 1991. T. Gr.

Deringer, *Johann Georg* → **Däringer,** *Johann Georg* (1737)

Derio, *Proto* → **Delrio,** *Proto*

Deriola, *Clément*, Fayencier, 1738–62 Inhaber einer Man. in Rambervilliers. ▭ ThB9, 1913.

Deris (De Eris), *Giuseppe*, span.(?) Maler, 2. H. 17. Jh. in Cagliari bes. für die Jesuiten tätig. In den 15 Öl-Gem. der *Mysterien des Rosenkranzes* (die *Grablegung* sign., dat. 1681) für S. Michele in Cagliari offenbart er seine Kenntnis der Werke von Raffael, Michelangelo und Sebastiano del Piombo. Zeigt jedoch in den überlängten Gestalten und der Lichtbehandlung Einflüsse von Alessandro Magnasco und El Greco (v.a. im Öl-Gem. *Tod des hl. Ignatius* [mit Inschr.] in S. Croce, Cagliari). Die beiden *Portr. der Dominikaner-Hll.* (Cagliari, S. Sepolcro, Sakristei) könnten D. aufgrund des Duktus und des Inkarnats zugeschr. werden. ⌂ CAGLIARI, S. Sepolcro: 4 Portr. des Viceré Antonio Lopez Ayala de Fuensalida und Fam., Öl/Lw., nach 1686. NURAMINIS/Cagliari, Pfarrk. S. Pietro: Rosenkranzmadonna zw. den Hll. Dominikus, Katharina von Siena und zwei Dominikaner-Hll., im Giebelfeld Taube des Hl. Geistes, Öl/Lw., Inschr. IVSEP DERIS P[ICTOR] F[ECIT], wahrsch. aus S. Domenico in Cagliari. ▭ *M. G. Scano*, in: Arte e cult. del '600 e '700 in Sardegna (Kongr. Cagliari-Sassari 1983), N. 1984, 29, 299; *ead.*, Pitt. e scult. del '600 e del '700, Nuoro 1991. A. Pillittu

Deriset, *Antoine* → **Derizet,** *Antoine*

Deriset, *Carlo Antonio* → **Derizet,** *Antoine*

De Risi, *Antonio*, ital. Architekt, * 1946 Roccanova/Potenza, lebt in Gallarate. Stud.: Vermessungswesen (Dipl.). In der Jugend Umzug nach Lagonegro und Crotone. Wohnt A. der 70er Jahre in Gallarate und steht hier in Verbindung zum Architekten Claudio Colombo, mit dem er zwei Wohngebäude des Viertels Moriggia entwirft. 1978 realisiert D. einen Komplex von Einfamilienhäusern in Cardano al Campo/Varese, der von Arbeiten Frank Lloyd Wrights beeinflußt ist. Konstruiert 1982 in Gallarate den Sitz der Assoc. Commercianti (zus. mit Vittorio Introini) mit einer Fassade aus unverputztem Backstein und postmod. Tympanonfeld im Eingangsbereich. 1985–89 realisiert er zwei Rekonstr. im hist. Zentrum von Gallarate: ein Handelsgebäude in der Piazza della Libertà (postmod. Ern.) und das ehem. Albergo Leon d'Oro in Largo Camussi. 1987 Teiln. am Wettb. für den Palazzetto dello Sport von Gallarate. ⌂ BUSTO ARSIZIO: Wohnkomplex im Viertel San Michele (zus. mit C. Colombo), 1975. GALLARATE: Büro- und Geschäftshaus (zus. mit Franco Macchi), 1988. – Villa für zwei Fam. in der via Confalonieri, 1989. – Villa für zwei Fam. in der via Sacconaghi (mit palladian. Portikus), 1992. SOMMA LOMBARDO/Varese: Wohnkomplex im Parco Zocco Ramazzo, 1973. ▭ *G. Costantini*, A. D., Mi. 1995. N. Corradini

De Rivera, *José Ruiz*, US-amer. Bildhauer, * 18. 9. 1904 West Baton Rouge/La., † 19. 3. 1985 New York, tätig ebd. D. wächst als Sohn eines Ing. auf einer Zuckerrohrplantage auf. Nach Tätigkeit als Schmied und High School-Abschluß geht er 1924 nach Chicago und besucht Abendkurse der Studio SchA bei John Warner Norton. Mitgl.: Sculptors guild. Aus der Zeit um 1930 sind erste, auf Hochglanz polierte Plastiken erhalten, die sich an den Torsi von Alexander Archipenko und den Figuren von Constantin Brancusi orientieren (z.B. *Form synthesis*, 1930, ehem. Slg des Künstlers). Zuvor experimentierte

D. mit kubist. Formen. Nach einer Reise durch Europa 1931/32 (Spanien, Italien und Paris) geht D. nach New York. 1937/38 ist er für das staatl. Federal Art Project der Works Progress Administration tätig und entwirft für den Flughafen von Newark/N. J. die einen fliegenden Vogel darstellende Aluminiumplastik *Flight* (heute Newark, AM). Zahlr. öff. und priv. Aufträge zu großformatigen Plastiken schließen sich an. Später werden seine bis auf wenige Ausnahmen in Metall ausgef. Skulpt. immer ungegenständlicher, bis eine völlige Abstraktion erreicht wird. Dabei geht es D. v.a. um das Spannungsverhältnis von Zeit und Raum, das in den Theorien das Mathematikers Hermann Minkowski diskutiert wird. Sein vielleicht wichtigstes Werk ist die bezeichnenderweise *Homage to the world of Minkowski* benannte *Construction I* (New York, Metrop. Mus., Chrom, Nickel, Edelstahl, 1955). Die aus einem kurvigen und in sich gedrehten, endlosen Edelstahlrohr bestehende und an zwei Punkten die Bodenplatte tangierende Plastik wird zum Vorbild einer bis in die 80er Jahre immer wieder variierten, raumgreifenden Werkreihe. Die ähnlich gestaltete, aber nur in einem Punkt die Deckplatte berührende *Construction 190* (New York, Grace Borgenicht Gall., 1980) ist mit einem kleinen Motor verbunden, der das Objekt lautlos in Bewegung setzt. Auch die Gruppe der farbig gestalteten, Alexander Calder reflektierenden Aluminiumplastiken wie *Red and Black, double element* (New York, Guggenheim, 1938) oder *Black, Yellow, Red* (Washington, NG, 1942) setzt sich mit der Ambivalenz von stat. und dynam. Kräften auseinander. ⌂ ALBUQUERQUE/N. Mex., Univ. AM: Construction Nr 72, Edelstahl, 1960. BROOKLYN/N. Y., The Brooklyn Mus: Construction Nr 132, Edelstahl, 1971. CHICAGO, Inst. of Art: Construction, Edelstahl, 1958. DALLAS/Tex., Statler Hilton Hotel, Edelstahl, 1956. EL PASO/Tex., Cavalry Mon., 1938–40. LONDON, Tate Gall.: Construction Nr 67, Bronze, 1959. NEW YORK, MMA: Steel Century Two (Construction Nr 73), Edelstahl, 1960–65. – Whitney: Construction in Blue and Black, Aluminium, 1951. ROCHESTER/N. Y., Memorial AG: Construction in Black and Red, Aluminium, 1951. SAN FRANCISCO, MMA. WASHINGTON/D. C., Mus. of Hist. and Technology, Smithsonian Institution: Infinity, Edelstahl, 1976. – NG: Black, Yellow and Red Construction, Aluminium, 1942. ⊙ *E:* New York: 1946 Mortimer Levitt Gall.; 1952–80 Grace Borgenicht Gall.; 1972 Whitney / 1972 La Jolla (Calif.), Mus. of Contemp. Art (Retr.; K: T. S. Tibbs). – *G:* 1930, '31 Chicago, Art Inst. / New York: 1934–68 Whitney; 1951 Metrop. Mus. / 1946 New Haven (Conn.), Yale Univ. / 1966 Washington, White House / 1967 Los Angeles, Los Angeles County Mus.: Amer. Sculpt. of the '60s. 📖 Vo4, 1958. WWAA, 1940; 1984; *Cummings*, 1968; *Clapp* II, 1970; ContempArtists, 1983; *Falk*, 1985; DA VIII, 1996. – *O. Stonorov*, J. D. Sculpt. 1940–56, N. Y. 1946; *S. Tillim*, Arts 34:1960 (4) 50; *J. Gordon*, J. D. (K), N. Y. 1961; *V. Raynor*, Arts 35:1961 (10) 35 s.; *D. Ashton*, StudInternat 169:1965 (866) 263; *J. B. Donald*, Univ. AM bull. 7:1973, 9 s.; *H. Kramer*, The age of the avant-garde. An art chronicle of 1956–72, N. Y./Lo. 1974; *J. L. Block*, ArtsMag 53:1978 (4) 12; *J. M. Marter*, J. D. Constructions, Ma. 1980; *ead.*, ArtsMag 55:1980 (3) 142–146; 56:1981/82 (10) 73–80; *J. Ballerini*, ibid. 58:1983/84 (4) 9. – Washington, Smithsonian Institution, Archives of Amer. Art: D. papers. S. H.

Derix, *Hein (Heinrich)*, dt. Glasmaler, Mosaizist, * 26. 5. 1904 Kevelaer, † 18. 2. 1987 ebd. Sohn von Heinrich D., Enkel von Wilhelm D. Stud.: Ab 1920 KGS Krefeld, ab 1923 KGS München bei Julius Dietz und Kunstgesch. an der TH München, 1924 Studienreise nach Italien (u.a. Venedig, Verona), ab 1927 an Kölner Werkschule unter Leitung von Richard Riemerschmid bei Johan Thorn-Prikker. Seit 1928 tätig in Wkst. in Kevelaer, ab 1938 deren Inhaber zus. mit dem Bruder *Wilhelm D.* (* 1904, † 1946), der 1941 ausscheidet und eine Wkst. in Düsseldorf-Kaiserswerth gründet. 1952 und 1956 zus. mit Anton Wending Reisen in die USA, woraus Aufträge resultieren. – Unter der Leitung von D. Neuorientierung der Kevelaer Wkst. durch Kontakte zu zeitgen. Künstlern und abstrahierenden Stil. Ausf. externer künstler. Entwürfe, etwa von Domenikus Böhm (z.B. Pfarrk. Cochem/Mosel), Gottfried Böhm, Heinrich Campendonk (z.B. Krypta der Münsterkirche, Bonn, 1931; St. Ludgeri, Münster, 1943/46), Heinrich Dieckmann (z.B. Pfarrk. Mönchengladbach-Neuwerk), Margarete Franke (Herz Jesu-Kirche, Rheine, 1938), Georg Meistermann (z.B. Franziskanerkirche Werl), Anton Wendling (z.B. Krankenhaus-Kap., Homburg, 1928; St. Marien, Hagen, 1943). Eig. Entwürfe (z.B. Kath. Kirche, Essen; Krankenhaus-Kap. Ziegenhals/Oberschlesien). Nach dem 1. WK nahm er Mosaiken ins Wkst.-Programm auf, u.a. für die Kath. Kirche in Leuwen-Boven und für die Agneskirche in Amsterdam. 📖 Vo1, 1953 (s.v. D., Heinrich). – Die Glasmaler-Wkstn H. D. (K Niederrhein. Mus.), Kevelaer 1984. A. R.

Derix, *Heinrich*, dt. Glasmaler, * 18. 11. 1870 Goch, † 22. 11. 1959 Kevelaer, tätig ebd. Sohn von Wilhelm D., Vater von Hein D. Ausb. in der Wkst. des Vaters in Goch, ab 1884 bei Friedrich Stummel in Kevelaer, Studienreisen in versch. dt. Städte (u.a. Erfurt, Straßburg, Nürnberg, Regensburg, Augsburg) und nach England (u.a. London, Canterbury). Parallel zur Ausb. im Wechsel mit Bruder *Wilhelm D.* (* 1871, † 1922) tätig in den väterl. Wkstn in Goch und Kevelaer, ab 1896 Ltg der Filiale in Kevelaer. A. des Jh. in beiden Wkstn zus. ca. 50 Angestellte. Eig. Entwürfe z.B. für Pfarrk. in Lüdinghausen. Aufträge für Kirchen aus ganz Europa sowie Asien, Amerika und Afrika, u.a. 1904 vier Fenster für Kath. Kirche der Univ. St. Petersburg, 1905–21 zahlr. Fenster für den Dom in Plock/Polen. 1906 erster Auftrag des Vatikans, 1908 Auftrag für Sixtin. Kap. in Rom, 1910 Ernennung zur päpstl. Hofglasmalerei. Dazu reiste D. nach Rom. Nach dem 1. WK v.a. Aufträge aus den Niederlanden, z.B. für Jan Toorop und Jan Colette in Nijmegen und Naarden; insgesamt ca. 100 Aufträge für Fenster in den Niederlanden. In den 20er und 30er Jahren verschlechterte sich die Auftragslage. Übernahme der Wkstn 1938 durch die Söhne Hein und Wilhelm D. 📖 Vo1, 1953. – Die Glasmaler-Wkstn H. D. (K Niederrhein. Mus.) Kevelaer 1984. A. R.

Derix, *Joseph*, dt. Goldschmied, * 22. 5. 1907 Goch,

† 13. 6. 1945 Bernburg. Bruder von Hein und Wilhelm D. (* 1904). 1924–26 Lehre in der Fa. Vorfeld in Kevelaer. Stud.: Zeichen-Akad. Hanau; 1926–28 Werkkunstschule Köln (danach in Aachen tätig); KA München. 1932 in Düsseldorf Meister, danach in Goch eigene Wkst. für kirchl. und profane Goldschmiedekunst. Ab 1938 Obermeister für die Kr. Kleve und Moers. – Neben Schmuck, u.a. in starker ornamentaler Wirkung (Armband, Gold mit Korallen, montiert und ziseliert, 1933), auch baugebundene figürl. Treibarbeiten in Kupfer (*Maler Gert Jannsen*, Relief für dessen Geburtshaus in Kalkar). ⌂ GELSENKIRCHEN, Buer-Mitte, Kirche: Kreuzigung, Kupfer getrieben. GOCH, Kath. Kirche St. Martin: Hl. Martin, Kupfer getrieben. – Ev. Diakonie, Verwaltungsgebäude (ehem. Margarinewerke): Gedenktafel für Opfer des 1. WK, 1936. KAMP-LINTFORT, Kath. Kirche: Tabernakel, 1935/36. XANTEN, Dom: Reliquien-Schrein, um 1933. ▭ Dt. Goldschmiede-Ztg 36:1933 (51) 92 s.; *C. Weber*, Schmuck der 20er und 30er Jahre in Deutschland, St. 1990. – Mitt. Hilla D., Goch. J. T.

Derix, *Ludwig* cf. **Derix,** *Wilhelm* (1837)

Derix, *Wilhelm*, dt. Glasmaler, * 1837 Goch, † 23. 3. 1919 ebd. Ausb.: Zeichenunterricht in Kleve und Geldern bei Umbach, ab 1860 in der Glasmaler-Wkst. van Treek in Hüls b. Krefeld, anschl. in der Glasmalerei Dr. H. Oidtmann in Linnich. Ab 1866 eig. Geschäft für Glasmalerei und Kirchendekoration in Goch; in der Wkst. werden bald mehrere Figuren- und Kartonzeichner angestellt. Nach 1880 Zus.-Arbeit mit dem Historienmaler Friedrich Stummel, der Fenster-Entwürfe, gelegentl. auch Kartons fertigte. 1896 gründet D. eine zweite Wkst. in Kevelaer. 1903 übernehmen die Söhne Heinrich und Wilhelm D. beide Werkstätten. 1922 Auflösung der Wkst. im Stammhaus in Goch; die Wkstn vom Enkel Wilhelm D. in Düsseldorf-Kaiserswerth und Urenkel *Ludwig D.* in Rottweil und Wiesbaden firmieren ebenfalls unter dem Namen Wilhelm D., dadurch Verwechslungen möglich. – Die ersten großen Fenster waren für Kirchen in Mill und Dinthen/Niederlanden bestimmt, die Kartons stammten von Gös aus Wien. Spätere bed. Aufträge: Marienbasilika in Kevelaer unter Mitarb. von Friedrich Stummel, Hermann Krahforst, *Heinrich Holtmann*, Buschmeyer, Absolventen der Leipziger KA (Probst, Kant, Störr) sowie den Glasmalern Kümmel, Heselmann u.a.; Pfarrk. in Lüdinghausen (Westfenster, Entwurf: Heinrich D., Karton: Josef Winkel); Herz-Jesu-Kirche in Münster (Chorfenster, Entwurf: Heinrich D., Karton: Te Poel), Thomaskirche in Leipzig (4.–7. Chorfenster, 7. zerst. 1943). Wichtiger Auftraggeber war ferner das Missionshaus in Steyl. Die Ausf. ma. Techniken brachte zahlr. Aufträge der Denkmpfl. (u.a. Dom in Xanten, Kranenburg, Nieukerk, Salm-Salm, Abtei Hamborn). ▭ Vol, 1953 (s.v. D., Heinrich). – *E. Vaassen*, Bilder auf Glas, M./B. 1997 (Kunstwiss. Stud., 70); Die Glasmaler-Wkstn H. D. (K Niederrhein. Mus.), Kevelaer 1984. A. R.

Derix, *Wilhelm* (1871) cf. **Derix,** *Heinrich*

Derix, *Wilhelm* (1904) cf. **Derix,** *Hein*

Derizet, *Antoine* (Deriset, *Carlo Antonio*), frz. Architekturtheoretiker und Architekt, tätig in Rom, * 18. 11. 1685 Lyon/Rhône, † 6. 10. 1768 Rom. Über die Ausb. von D. ist nichts bek., evtl. entwarf er Bühnenausstattungen. Nach einem späten Stud. der Archit. an der Acad. royale d'archit. in Paris bei Antoine Desgodetz Gewinn des Abschluß-Wettb. 1720, der ihm ein Rom-Stip. einbrachte, wo er erst 1723 an der Frz. Akad. eintraf. 1725 nahm er am Concorso Clementino der röm. Accad. di S. Luca mit dem Projekt eines kgl. Mausoleums teil, reichte aber zu spät ein. Nach dem Auslaufen seines Stip. ließ er sich endgültig in Rom nieder. 1728 als Prof. in die Accad. di S. Luca aufgenommen, wo er Geometrie und Perspektive unterrichtete. Als sehr aktives und einflußreiches Mitgl. hatte D. großen Einfluß auf die Theoriediskussion der Akademie. An François Blondel und Desgodetz geschult, war sein Ansatz rational geprägt; ausschlaggebende Kriterien waren für ihn Proportion, Funktionalität und Angemessenheit. Die Entsprechung musikal. und architekton. Harmonien war eines seiner hauptsächl. Anliegen. D. plante offenbar eine krit. Ed. des entsprechenden Traktats von René Ouvrard, Archit. harmonique ou application de la doctrine des proportions de la musique á l'architecture (P. 1679), wahrsch. zus. mit dem röm. Maler und Theoretiker Niccolò Ricciolini. Wichtig sind seine bed. Themenstellungen für die Archit.-Wettb. der röm. Akad. von 1728 und v.a. 1732 mit ungewöhnl. anspruchsvollen urbanist. Themen und der Rekonstr. eines antiken Theaters nach Schriftquellen. D. gehörte zum Reformkreis um Kardinal Neri Corsini. In dessen Auftrag spielte er eine ausschlaggebende Rolle beim Wettb. für die Fassade von S. Giovanni in Laterano von 1732. Als entschiedener Verfechter des rigorosen klassizist. Entwurfs von Alessandro Galilei, der in Rom auf offenen Widerstand stieß, trug er zus. mit Pier Leone Ghezzi entscheidend zur Wahl Galileis bei. D.s theoret. Ansatz ist in seinen wenigen realisierten Projekten nicht so leicht wiederzufinden. Als Theoretiker war er bedeutender denn als Architekt. 1728 führte er im Auftrag von Kardinal De Polignac den Neubau der burgund. Nationalkirche in Rom, SS. Claudio e Andrea dei Borgognoni, als Zentralbau aus. Für den Neubau der Bruderschaftskirche SS. Nome di Maria am Trajansforum (1736–42), sein Hw., entwarf er ab 1732 eine Ser. von Projekten. Während der erste Entwurf einen kleinteiligen Saalbau mit konvexer Fassade vorsah (Kunst-Bibl. Berlin), zeigt das Ausführungsprojekt einen durchaus mon. Zentralbau mit markanter Tambourkuppel, der sich an der benachbarten Kirche S. Maria di Loreto (16. Jh.) orientierte. Auf Druck des Papstnepoten Kardinal Neri Corsini erhielt D. gegen den Willen der Bruderschaft 1735 den Zuschlag. Er erwog auch eine Platzanlage um die Trajanssäule unter Einschluß eines Doppelbaus seiner Kirche. 1749–61 leitete D. die Ausstattung der frz. Nationalkirche S. Luigi dei Francesi in Rom, v.a. der Vierung und des Chors. In diesem späten Werk ist ein klassizist. Zug unverkennbar. Insgesamt zeigen D.s Bauten sich einem beruhigten Akademiestil ohne Innovationen verpflichtet. Seit 1729 war er als Mitgl. der Kongregation von S. Luigi für die Nationalkirche und alle relig. Bauten in frz. Bes. in Rom und im Kirchenstaat zuständig. Mit Ausnahme von SS. Nome di Maria erhielt er nur Bauaufträge der frz. Kolonie. Zu seinem Freundeskreis zählten die Bildhauer Filippo della Valle (dessen Trauzeuge 1733) und Giovanni Battista Maini, ebenso Alessandro Galilei, Pier Leone Ghezzi und Raphael Anton Mengs. Natürlich stand er in regem Kontakt mit frz. Künstlern in Rom, so mit Adrien Manglard, Michel-Ange Slodtz; 1746 begleitete er den Architekten Michel-Barthélemy Hazon und den Maler Guillaume Voiriot nach Florenz. Sein Einfluß auf die Archit.-Lehre in Rom ist noch nicht eingehend untersucht; u.a. studierten bei ihm Bernardo Antonio Vittone, Giacomo Quarenghi, offenbar auch William Chambers. D. galt als Experte auf dem Gebiet der musikal. Harmonielehre und war v.a. während des Corsini-Pontifikats (1730–40) einflußreicher Verfechter einer rational geprägten Archit. und Vermittler frz. Kunsttheorie in Rom. ▭ ThB9, 1913 (s.v. Deriset, Antoine; Lit.). *Macmillan* I, 1982; DBI XXXIX, 1991 (s.v. Deriset, Antoine); DA VIII, 1996. – *B. Galiani* (Ed.), L'archit. di M. Vitruvio Pollione, N. 1758 (bezeugt D.s Interesse für musikal. Proportionslehre); *A. Comolli*, Bibliogr. stor.-crit. dell'archit., R. 1788–92 (Faks. Mi. 1964), 332; *A. Prandi*, Roma 22:1944, 23–31 (Wettb. für Fassade S. Giovanni in Laterano); *A. Martini/M. L. Casanova*, SS. Nome di Maria, R. 1962; *W. Oechslin*, Quad. dell'Ist. di storia dell'archit. 16:1969 (91–96) 47–66; *id.*, Bildungsgut und Antikenrezeption im frühen Settecento in Rom. Stud. zum röm. Aufenthalt Bernardo Antonio Vittones, Z. u.a. 1972, 118–135; *J. Garms*, WJbKg 22:1969, 194–197; *Jacob*, 1975; *D. Lavalle*, in: Les Fond. nat. dans la Rome pontificale, R. 1981, 261–276, 305 ss.; *S. Colletti/F. De Santis/G. Paganelli*, in: La Colonna Traiana e gli artisti francesi (K Villa Medici), R. 1988, 148 ss.; *C. Cozzolini*, Palladio N. S., 2:1989 (4) 77–90 (die dort angebl. Orig.-Zchngn aus Besançon stammen aus dem 19. Jh.!); *G. Curcio*, in: In urbe architectus (K MN di Castel Sant'Angelo), R. 1991, 353–355; *E. Kieven*, ibid., 78–123; *M. Di Tanna*, Alma Roma N. S. 3:1997 (1) 11–28 (Album mit ca. 30 Zchngn zur Kirche SS. Nome di Maria, aber auch zu S. Claudio; offenbar aus Bes. D.s E. 18. Jh. in Bes. von G. Palazzi [über Posi?] gekommen). E. Kieven

Derjabin, *Aleksandr Stepanovič*, russ. Maler, Zeichner, * 28. 8. 1921 Kurbatovo/Gouv. Vladimir, lebt in Pavlovskij Posad/Gebiet Moskau. Teiln. am 2. WK. Stud.: 1946–49 AK Tbilisi bei Apollon Kutateladze, Irakli Toidze; 1957–60 künstler.-graph. Fak. der Pädagog. HS Moskau bei Gleb Borisovič Smirnov. Lehrtätigkeit: 1946–60 Mittelschule Pavlovskij Posad; 1960–88 Pädagog. HS Moskau. – Lsch. (auch Marinen, z.B. *Vid na Grafskuju pristan'*, 1968), ab den 70er Jahren v.a. Darst. der Moskauer Umgebung, auch Portr. (z.B. des Piloten *A. E. Spivak*, 1967). Zchngn für Ztgn (u.a. Krasnyj černomorec [Sevastopol'], 40er Jahre; Znamja Lenina [Pavlovskij Posad], 60er bis E. 80er Jahre). ⌂ MOSKAU, Lit.-Mus. PAVLOVSKIJ POSAD, Heimatkunde-Mus. ST. PETERSBURG, Zentral-Mus. der Militärmarine. ✉ Chudožestvennye šrifty, Mo. 1967. ◎ *E:* 1969 Pavlovskij Posad / 1971 Sevastopol' (beide K). ▭ ChudSSSR III, 1976 (Lit.). – Chudožnik 1965 (5) 3.Umschlag-S.; Učitel'skaja gazeta v. 9. 5. 1981. N. Lavrent'eva

Derjabin, *Gavriil Grigor'evič*, russ. Maler, * Toropec, in den 1750er Jahren in Carskoe Selo belegt: beteiligt an der Ausmalung der Schloßkirche (1751) und des Großen Katharinen-Pal. (1753). ▭ ThB9, 1913 (s.v. D., Gawryl Grigorjewitsch). ChudSSSR III, 1976 (Lit.). N. Tjurina

Derjabin, *Georgij Iovovič*, russ. Filigrankünstler, * 12. 1. 1914 Krasnoe-na-Volge/jetzt Gebiet Kostroma, dort tätig. Ausb. 1927–30 an der Berufsschule ebd. Ab 1937 in der Juwelierfabrik Krasnoe-na-Volge beschäftigt. Fertigte Vasen, Schatullen, Zigarettenetuis. Beteiligt an der Gest. des sowjet. Wappens (Filigrantechnik, 2. H. 30er Jahre). ⌂ KRASNOE-NA-VOLGE, Mus. für Juwelier- und Volkskunst. MOSKAU, Volkskunst-Mus. ◎ *G:* 1947 Brüssel. ▭ ChudSSSR III, 1976. – *M. Postnikova-Loseva*, Russkaja zolotaja i serebrjanaja skan', Mo. 1981, 80. I. Fomičeva

Derjabin, *Stefan Aleksandrovič*, russ. Maler, Zeichner, Monumentalkünstler, * 10.(22.) 12. 1899 Verchne-Isetskij-Werk/Gouv. Ekaterinburg, † E. 1960er Jahre wahrsch. Sverdlovsk. Stud. dort (Ekaterinburg): 1914–17 KGS; 1924–26 Proletkul't-Kunststudio bei Aleksandr Nikitič Paramonov, V. F. Ul'janov. Lehrte 1947–50 an der FS für Kunsthandwerk Sverdlovsk. In den 40er-50er Jahren Reisen durch die Mandschurei und China. – Portr., Industrie-Lsch, hist. und Genre-Gem. (u.a. *Mostovščiki*, 1929; *Gor'kaja dolja edinoličnika*, 1934; *Skaz o Malachite*, 1947, alles Öl), auch als Zchng (z.B. *Staraja ulica*, Bleistift, 1948; *Kitajskij byt*, Pastell, 1959; *Na remonte tramvajnogo puti*, Tusche, 1963). E. 20er bis A. 30er Jahre Interieur-Bemalung (nicht erh.) im Pionierklub und Jägerklub (zus. mit Leonid Andreevič Eltyšev); beteiligt am Wandbild *Industrija* (Holz, geschnitzt, Intarsien, 1948). Schuf Arbeiten aus Jaspis (Schatulle zu russ. Märchenmotiven, 1958; Skulpt. *Čudo-Judo ryba kit*, nach P. P. Eršov, „Konek-Gorbunok", 1962). ⌂ EKATERINBURG, MBK. – Heimatkunde-Mus. ◎ *G:* 1958 Brüssel: WA. ▭ ChudSSSR III, 1976 (Lit.). – VSII Sprav. II, 1967; III, 1973. N. Beloglazova

Derjabin, *Vasilij Petrovič*, russ. Maler, * 1.(13.) 5.1887 Koz'modem'jansk/Gouv. Kazan', † 13. 4. 1956 Sverdlovsk (Ekaterinburg). Stud.: 1907–10 Kunst-FS Kazan' bei Pavel Petrovič Ben'kov, Nikolaj Ivanovič Fešin. War in Samara, Perm', Ekaterinburg ansässig (lehrte ebd. 1913–20 an Mittelschulen, 1935–40 an der Kunst-FS). Mitgl.: 1911–13 Freundeskreis Samaraer Künstler (Freundeskreis der Künstler und Kunstliebhaber); ab 1925 Assoz. der Künstler des revolutionären Rußland (AChRR). – Portr. (u.a. *Golova tatarina*, 1908; Selbstporträts, 1937, '45; des Schriftstellers *P. P. Bažov*, 1938), (Industrie-)Lsch. (Ural, Sibirien, z.B. *Bereg reki Obi*, 1921; *Ėlektrifikacija na Urale*, 1950; *Utro na Kame*, 1954), Genre-Gem., Stilleben (alles Öl). ⌂ EKATERINBURG, MBK. ◎ *E:* 1946 Sverdlovsk, GG (K). ▭ ChudSSSR III, 1976. – VSII Sprav. I, 1965; Vystavki I, 1989; *Severjuchin/Lejkind*, 1992. N. Beloglazova

Derjagin, *Petr Vasilevič*, russ. Glockengießer, 1884–1907 in Kimža/Gouv. Archangel'sk nachweisbar. Ausb. bei seinem Vater *Vasilij Alekseevič D.*, der ab 1847 in der Gießerei Perm' belegt ist und später mit D. in Kimža eine Gießer-Wkst. gründete. D.s Söhne *Aleksej, Artemij, Fedor, Ivan, Nikolaj* und *Sergej Petrovič D.* durchliefen dort eine Lehre und waren dann in der Gießer-Wkst. der Familie tätig. – D. goß Kupferschmuck für das Volk der Nenzen sowie Verzierungen für Pferdegeschirre, Viehglocken, Blechmarken für Viehärzte, Kruzifixe (Kupfer). Auch Kirchenglocken, u.a. für die Peter-und-Paulskirche Sojana (1907; D.s Wkst., zus. mit Andrej Michajlovič Melechov). – D.s Bruder *Michail Vasil'evič D.* ist als Juwelier belegt; er schuf u.a. Schmuck aus Edelmetallen, Kreuze. ⌂ ARCHANGEL'SK, Mus. für Holz-Archit.: Signalglocke aus Kimža, Kupfer, gegossen, 1884. MEZEN', Heimatkunde-Mus.: Kupferglocke. ▭ *M. I. Mil'čik*, Po beregam Pinegi i Mezeni, Mo. 1971, 110; Dekorativnoe iskusstvo SSSR 1971 (4) 20; Nauka i žizn' 1982 (4) 100; Kolokola. Istorija i sovremennost', Mo. 1985, 155, 158; *A. N. Davydov*, Pamjatniki kul'tury. Novye otkrytija 1988, Mo. 1989, 368–370. V. Kulakov

Derjavine, *Catherine* → **Deržavina,** *Ekaterina Jakovlevna*

Derjavskij, *Aleksandr Kuz'mič*, russ. Zeichner, Graphiker, * 22. 10. 1935 Lebjaž'e/Altaj-Region, lebt in Barnaul. Stud.: 1952–56 Kunst-FS Kazan'. – In der Trad. der russ. realist. Malerei Buch-Gest. und -Ill. für Ed. der Verlage Molodaja gvardija und Buchverlag Altaj (u.a. zu A. S. Grin, *Alye parusa*, 1958; Ju. S. Rytchëu, *Vremja tajanija snegov*, 1961; V. V. Sukačev, *U poroga*, 1985), auch Zchngn zum Thema Krieg und Frieden (u.a. *Graždanskaja vojna na Altae*, Bleistift, 1963; *Pamjat' o vojne*, Ser., Gouache, 1985). ⌂ BARNAUL, MBK des Altaj. ▭ ChudSSSR III, 1976 (Lit.). – Chudožniki Altaja. Al'bom-sprav., Barnaul 1973, 12 s., 42–45; *L. I. Snitko*, Pervye chudožniki Altaja, Le. 1983; 6-ja vystavka „Sibir' socialističeskaja" (K), Kemerovo 1985, 70. N. Beloglazova

Derjažnyj, *Fedir Ivanovyč*, ukrain. Maler, * 22. 4. (5. 5.) 1914 Novi Sanžary (jetzt Gebiet Poltava), † 14. 3. 1976 Kiev. Stud.: 1937–47 (mit Unterbrechung durch Kriegs-Teiln.) KHS Kiev bei Fedir Hryhorovyč Kryčevs'kyj, Serhij Oleksijovyč Hryhor'jev. Lehrte 1948–50 an der Kunst-FS Kiev. 1950–58 Dir. des Mus. für ukrain. Kunst (jetzt Nat. KM) ebd. – Führte die Trad. des genrehaften Gem. erzählenden Char. fort. Seine Arbeiten (meist Öl/Lw.) zeichnen sich aus durch ausgewogene Komp. und kräftige maler.-tonale Modellierung. Revolutionsgeschichtl. Darst. (*Pered hrozoju*, 1949; *Zemlja seljanam*, 1957; *Červona vesna*, 1963), Genrebilder (*Na ridnij zemli*, 1946; *Karpats'ka legenda*, 1964; *Bilja ridnoho porohu*, 1970–71), oft auch lyr. Lsch. (*Na Vorskli*, 1953; *V Karpatach*, 1967; *Na kyïvs'kych schylach*, 1970–74). ⌂ CHARKIV, KM. KIEV, Nat. KM. LUHANS'K, KM. L'VIV, NM. ⊙ *G:* seit 1947, u.a. 1972 Moskau: Ukrain. Kunst-Ausst. zum 50. Jahrestag der Gründung der UdSSR. ▭ SChU, 1973; ChudSSSR III, 1976 (Lit.); MU, 1992; MU, 1997. – VSII Sprav. III-V, 1973–81; Respublikans'ki chudožni vystavki „Na varti Bat'kivščyny" (K), Kyïv 1973; „XXX rokiv Velikoï Peremohy" (K), Kyïv 1975; VSII Sprav. V, 1981. V. Ruban

Derjugin, *Nikolaj Ivanovič*, russ. Architekt, * 1789, † 18. 1. 1826 St. Petersburg. Adliger Abstammung. Stud.: bis 1810 AK ebd. Danach im Militäramt mit hydraul. Arbeiten betraut. Von Sept. 1812 bis März 1815 im Petersburger Heer als Kompanieführer; Teiln. an der Völkerschlacht bei Leipzig (Ausz.). Nach seiner Rückkehr nach St. Petersburg ab 1815 in Komitee für städt. Bauwesen tätig. 1816 als Architekt ins Amt der Moskauer Gestüte entsandt, wo D. bis März 1818 belegt ist. Bis 1821 Rekonstr. des Golicyn-Landguts Grebnevo b. Moskau. Zugleich war D. ab März 1819 als Archit.-Obergehilfe an der Bauvorbereitung der Christus-Erlöser-Kathedrale beteiligt, die nach dem Projekt von Aleksandr Lavrovič Vitberg zunächst auf den Sperlingsbergen erb. werden sollte, dann aber an die Prečistenka verlegt wurde. Im Sept. 1825 für 5 Monate nach St. Petersburg abgestellt. Zeitpunkt und Ort des frühen Ablebens D.s haben zu der Vermutung geführt, daß er am Dekabristenaufstand teilgenommen haben könnte. ⌂ GREBNEVO: Marstall; Einfahrts- und Seitentore des Haupteingangs, um 1821. ▭ *M. V. D'jakonov*, Russkij gorod, vyp. 2, Mo. 1979, 274 s. A. Krašeninnikov

Derkač, *M. A.*, russ. Maler, Graphiker(?), um 1905 als Mitgl. des Artels für Töpferkunst Murava belegt (in dem auch Graphiker wirkten). 1908 Ausst. mit der Ges. Venok, St. Petersburg. – Komp., die dem russ. Symbolismus nahestehen (u.a. *U boga*; *Preklonenie*, beide 1908). ▭ *Milner*, 1993 (s.v. Dergach, M.). – *Severjuchin/Lejkind*, 1992. V. Kulakov

Derkennis (Darkennis), *Jan*, holl. Baumeister, neben Alard Duhamel und Jan Heyns 1516–43 in 's-Hertogenbosch an den Erneuerungs- und Vergrößerungsarbeiten der St.-Janskathedraal beteiligt, ferner 1539 bei Umbauten des Rathauses, ebd. Strittig ist die Zuschr. des Vierungsturmes der St.-Janskathedraal (1584 abgebrannt), der auch als Werk von Jan van Poppel gilt. ▭ ThB9, 1913. – Knaurs Kulturführer in Farbe Holland, M. 1983, 132.

Derkert, *Liv*, schwed. Zeichnerin, Malerin, * 2. 4. 1918 Kopenhagen, † 25. 11. 1938 Stockholm. Tochter von Siri D. und dem Maler und Graphiker Bertil Lybeck. Stud.: 1936–37 bei Marcel Gromaire und André Lhote in Paris sowie bei Maj Bring in Stockholm. Lebte anschl. mit ihrer Mutter in Stockholm und auf dem Archipelago, im Dez. 1938 mit dem Bruder Carlo D. in Norwegen. – Trotz ihres frühen Todes fand D. zu einem eig. Stil. Sie schuf v.a. Zchngn (meist Pastell) phantast. Char. von expressiver Farbigkeit und mit stilisierter Formensprache. Wie ihre Mutter fertigte sie zudem Portr.-Zchngn ihrer Fam. in Kohle oder Bleistift. D.s Ill. (1934–36) zu den *Märchen* von Hans Christian Andersen stellen häufig symbol. Schilderungen ihres eig. Lebens dar. And. Zchngn sind von Jan Fridegårds Buch Tack för himlastenen inspiriert. ⌂ STOCKHOLM, Mod. Mus. ⊙ *E:* Stockholm: 1940, '48 (Gedächtnis-Ausst.) Gal. Blanche; 1975 Waldemarsudde (Ill. zu H. C. Andersen); 1994 NM (Retr.). – *G:* 1954 Stockholm, Riksförbundet för bild. konst: Åtta unga målare. ▭ Vo5, 1961. SvKL II, 1953; SvK 1974; NKKL, 1991. – *C. Derkert*, L. D. 1918–1938, Konstrevy 1948, 69–73; *R. Söderberg*, Siri Derkert, Sth. 1974; *M. Lindgren-Fridell*, L. D. och H. C. Andersen,

Sth. 1975; *K. Montgomery/N. Weibull*, L. D., Sth. 1994. T. Björk

Derkert, *Siri*, schwed. Malerin, Zeichnerin, Bildhauerin, Modedesignerin, * 30. 8. 1888 Stockholm, † 28. 4. 1973 Lidingö b. Stockholm. Mutter von Liv D. 1921–25 ⚭ Maler und Graphiker Bertil Lybeck. Stud.: ab 1904 Malschule von Caleb Althin; 1912–13 KA, beide Stockholm. Anschl. in Paris, wo sie u.a. die Ec. Russe und die Acad. Colarossi (Zchng) und De la Grande Chaumière besucht und den finn. Maler Valle Rosenberg kennenlernt; im Winter 1914 in Algerien (mit Ninnan Santesson und Lisa Begstrand) und England; 1915–16 mit Rosenberg in Italien; in Neapel 1915 Geburt ihres gemeinsamen Sohnes, des Kunstschriftstellers und -pädagogens Carlo D. Wieder in Stockholm hat D. 1916–24 kaum gemalt, sondern sich kurzzeitig im Bereich des Experimentellen Tanzes betätigt (inspiriert durch Emile Jacques Dalcroze und Isadora Duncan); außerdem 1917, noch gemeinsam mit Rosenberg, im Kostümentwurf und 1918–21 als Modedesignerin mit regelmäßigen Reisen nach Paris. 1918 und 1920 Geburt ihrer beiden Töchter. 1920 Spanienreise. Ab 1925 ausschl. freiberufl. als Künstlerin tätig. 1936–37 mit ihrer Tochter Liv D. erneut in Paris. Ab 1943 Kontakt mit der feminist. Gruppe Fogelstadgruppen, deren Kurse D. bis 1954 besucht. 1948 in Amsterdam (stud. Werke von Van Gogh), 1949–50 auf Island. Ab 1931 in Lidingö ansässig. – In Paris knüpft D. 1913 v.a. an den Kubismus an. Die 1914 in Algier geschaffenen Werke *Mauresque* zeigen eine graziöse Linienführung mit Anleihen bei der Matisse-Schule. 1913–16 entstehen zahlr. kubist. Werke (viele zerst.), die zu den frühesten in der schwed. Kunst zählen, u.a. 1915 auf Sizilien das prismat. strukturierte *Selbstporträt als Schwangere* (Mod. Mus., Stockholm). In Florenz malt D. auch einige durch große Farbflächen gegliederte Landschaften. Die Werke um 1925–30 sind geprägt durch kubist. Elemente, kombiniert mit Zügen der Neuen Sachlichkeit. Um 1930 zeigen viele ihrer Bilder, z.B. einige Lsch. aus Djurgården, einen freieren Vortrag und eine kräftigere Farbwirkung, die Darst. ihrer Kindergruppen auch kraftvolle Formen. Ab M. der 30er Jahre lassen D.s Werke eine deutl. psycholog. Komponente erkennen, Figuren und Lsch. erhalten expressionist. aufgelöste Formen. 1940–41 entstehen die ersten plast. Arbeiten in Ton, und auch ihre Malerei tendiert nun zu betonteren Volumina. Auf Island schildert D. die Fischmärkte von Reykjavik und ill. *Den goda fröken och Huset* von H. Laxness (publ. in der schwed. Ztg Vi). Als Sympathisantin der kommunist. Idee besucht D. 1950 Warschau, Moskau, Stalingrad (Volgograd) und Kiev, wo Darst. von Kolchosbauern und eine Kohle-Zchng von *Karl Marx* entstehen. Im Anschluß werden ihre Werke experimenteller und zeigen Einflüsse des Informel. 1956–58 gestaltet sie einen Betonpfeiler für die U-Bahnstation Centralen in Stockholm mit feminist. geprägten Motiven. Auch in den 60er Jahren fertigt D. v.a. Kunst im öff. Raum; 1960 gewinnt sie den Wettb. für die Ausgestaltung der Stockholmer U-Bahnstation Östermalstorg (Kohle-Zchngn dienen dabei als Vorlage für ihre Betonritzungen); D.s Hauptmotive, integriert in Kinder-, Natur- und Tier-Darst., kommentieren die Emanzipation der Frau, den Frieden und die Umweltzerstörung. 1962 Gobelin-Entwurf *Vi-We-Nous* in Montagetechnik für eine Schule in Lidingö. Der Entwurf für den Gobelin *Vad sjunger fåglarna* für das Stadthaus in Höganäs sowie die noch mit 79 Jahren ausgeführte Wand-Gest. für das Sverigehuset im Kungsträdgården in Stockholm mit Ritzungen und Reliefs lassen deutl. ihr soz.-polit. Engagement erkennen. Mit ihrem in jungen Jahren entstandenen Œuvre gilt D. als wichtige Vertreterin des schwed. Modernismus, ihr Alterswerk dagegen wird zur bedeutendsten polit. Kunst in Schweden gerechnet. 🏛 GÖTEBORG, KM. NORRKÖPING, KM: u.a. Portr. von Liv, 1944. OSLO, NG. STOCKHOLM, Mod. Mus. – NM. ⊙ *E:* Stockholm: 1932, '39 Svensk franska KG; 1944 Stenmans (K: C. Derkert); 1960 Mod. Mus. (K: U. Linde); 1971 Konstnärshuset; 1974 Waldemarsudde; 1976 KA; 1990 NM; 1992 Millesgården / 1962 Amsterdam, Sted. Mus. (K: U. Linde) / 1970 Lund, Arkiv för dekorativ konst / 1975 Göteborg, KM (mit Vera Nilsson; K) / 1986 Paris, Centre cult. Suédois; Helsinki, Amos Anderson KM. – *G:* 1962 Venedig: Bienn. / 1967 München u.a.: Schwed. Kunst des 20. Jh. (Wander-Ausst.). 📖 Vol, 1953. SvKl II, 1953 (Lit.); EU SEDA III, 1969; SvK, 1974; *Ingelman*, 1983; LdK II, 1989; NKKL, 1991; *D. Gaze* (Ed.), Dict. of women artists, I, Lo./Chicago 1997. – *R. Söderberg*, Den svenska konsten under 1900-talet, Sth. 1955; *U. Linde*, S. D., Sth. 1964; *G. Lilja*, Svenskt måleri under 1900-talet, Sth. 1968; *E. Lidén*, Expressionismen och Sverige, Sth. 1974; *R. Söderberg*, S. D., Sth. 1974; *O. Granath*, Svensk konst efter 1945, I, Sth. 1975; *I. Ingelman*, Womens art j. 1984, 1–7; *R. von Holten*, Årsbok för statens Konstsamligar 31:1985, 1–211; *T. Sandquist*, Han finns, förstår du. S. D. och Valle Rosenberg, Åhus 1986; Scandinavian modernism. Paint. in Denmark, Finland, Iceland, Norway and Sweden 1910–1920 (K KM), Göteborg 1989; *L. Furborg* (Ed.), I barnets värld. Konst genom tre sekler (K), Vingåker 1993; *K. Montgomery/N. Weibull*, L. Derkert, Sth. 1994; *L. Robbert*, Den otroliga verkligheten 13 kvinnliga pionjärer, Sth. 1994; *C. Robach*, Ett slags upprymd glädje, Konstperspektiv 1995 (2) 14 s.; Sveriges konst 1900-talet, 1: 1900–1947, Sth. 1999. T. Björk

Der Kevorkian, *Gabriel*, frz. Maler, * 23. 5. 1932 Paris, dort tätig. – D.s Arbeiten erscheinen in der Zs. La Brèche, hrsg. durch den Groupe surréaliste, mit dessen Mitgl. er die Vorliebe für erstaunl. Dinge und rätselhafte Zeremonien teilt. Diese Auffassung zeigt sich an seinen in sanften Farben gehaltenen Wesen und an Gebilden, die an Insektenpanzer erinnern. Nach der Auflösung des Pariser Groupe surréaliste 1969 gehört D. der Gruppierung Bull. de liaison surréaliste an. ⊙ *E:* 1965 Brüssel, Gal. Maya / Paris: 1967 Gal. 3 + 2 (K: V. Bounoure); 1973 Gal. AAA (K: J. Benoit u.a.); 1984 Gal. R. Dupperier; 1989 Gal. Pleine Marge (K: J.-L. Bédouin); 1998 Libr.-Gal. L'Or du Temps (K: A. Joubert/F.-R. Simon). – *G:* Paris: 1964 Gal. Creuze: Donner à voir 3 (K: J. Pierre); 1965 Gal. de l'Œil: L'écart absolu (K); 1966: Grands et jeunes d'aujoud'hui (K); 1974: Aspects du surréalisme; 1977/78 Gal. Le Triskèle: Le collage surréaliste en 1978 (K) / 1967 São Paulo: A Phala (K) /

1968 Prag, NG: Surrealismus. Princip slasti / 1971 Köln, Gal. Baukunst: Der Geist des Surrealismus / 1975 Lyon Gal. Verrière: Armes et bagages / 1988 Le Havre, MBA André Malraux: L'expérience continue (K: J.-M. Goutier). 🕮 *J. Pierre*, Dict. de poche du surréalisme, P. 1973; *R. Passeron* (Ed.), Enc. du surréalisme, P. 1975; Dict. gén. du surréalisme et de ses environs, Fribourg 1982. – *J. Pierre*, Le surréalisme, Lausanne 1967; *id.*, L'abécédaire, P. 1971; *J. Baron*, Anthologie plast. du surréalisme, P. 1980; *J. Pierre*, L'univers surréaliste, P. 1983; *G. Durozoi*, Hist. du mouvement surréaliste, P. 1997. G. Durozoi

Derkinderen, *Antonius Johannes (Antoon)*, niederl. Maler, Graphiker, Wandmaler, Bleiglasmaler, * 20. 12. 1859 's-Hertogenbosch, † 2. 11. 1925 Amsterdam, lebte in 's-Hertogenbosch. Stud.: 1878–80 Koninkl. School voor Nuttige en Beeldende Kunsten, ebd.; 1880–85 Koninkl. ABK, Amsterdam, u.a. bei August Allebé; auf dessen Rat 1882/83 Acad. R. des BA, Brüssel, zus. mit Jan Toorop. Ab 1880 in Amsterdam tätig, mit einer Unterbrechung 1903–07 in Laren. 1907 Prof. und Dir. an der Koninkl. ABK in Amsterdam. 1921/22 Aufenthalt in Italien. Mitgl.: 1881 Mitbegr. St. Lucas, Amsterdam; 1885 Mitbegr. und 1. Vors. Nederlandsche Etsclub; 1904–10 Arti et Amicitiae, Amsterdam. – 1884 erhält D. seinen ersten Auftrag für ein großes Gem., *Processie van het Hl. Sacrament van Mirakel* (Lw.), für die Beginenhofkirche in Amsterdam. Nach der Voll. 1889 vom Auftraggeber jedoch wegen des neuartigen Konzeptes abgelehnt (erst 1929 nachträgl. aufgehängt): als einer der ersten niederl. Künstler verleiht D. den Wand-Gem. keinen naturalist.-raumsuggerierenden Char., dabei beeinflußt vom Arts and Crafts-Theoretiker Walter Crane sowie Arbeiten von Giotto di Bondone und Pierre Puvis de Chavannes, die er 1887 auf einer Reise durch Italien und Frankreich kennengelernt hatte. Seine künstler. Prinzipien (zurückhaltendes Kolorit; starre, stilisierte Formgebung) entwickelt D. weiter im Wand-Gem. für das Rathaus von 's-Hertogenbosch (allegor. Motive, u.a. zur Früh-Gesch. der Stadt, 1889–91 und 1893–96). Diese Bilder werden von einem befreundeten Kritiker mit dem Terminus „Gemeenschapskunst" klassifiziert, der schon bald zu einem festen Begriff in der niederl. Kunst wird und für eine speziell niederl. Richtung des Symbolismus, mit D. als unangefochtenem Vorbild, steht. 1898 erhält D. den Auftrag für ein Fenster mit Bleiverglasung und ein Wand-Gem. (Allegorien, u.a. *Der Handel in Amsterdam, heute und früher*) für die neue Börse am Damrak in Amsterdam. Das Fenster wird 1903 fertiggestellt, die Entwürfe für das Wand-Gem. werden von Berlage abgelehnt, da sie zu wenig auf zeitgen. Themen eingehen. D. gilt um 1900 als einer der maßgebendsten Künstler der Niederlande, was ihm 1907 die Nachf. seines Lehrers Allebé als Prof. und Dir. der Koninkl. ABK einbringt. Danach malt D. nur noch wenig, hat aber als Doz. auf jüngere Künstler großen Einfluß. Gleichzeitig gibt er zahlr. Veröff. heraus, v.a. über Position und Aufgabe bildender Künstler in der Ges., wobei er das ma. Gildesystem als richtungweisendes Vorbild nennt. Neben einigen and. Wandbildern, u.a. 1896 im Gebäude der Lebensversicherungs-Ges. De Algemeene in Amsterdam und 1904 in der St. Nicolaaskerk in Jutphaas, sowie Bleiverglasungen, u.a. 1893 für die Univ. in Utrecht und 1923–25 für das Gebäude der Niederl. Handels-Ges. in Amsterdam, hat D. auch Tafelbilder (v.a. Portr.) gemalt sowie radiert, lithographiert, Briefmarken und Geldscheine entworfen (nicht ausgef.) und Buchausgaben betreut. D.s Mappe über *Gijsbrecht van Aemstel*, in loser Folge 1893–1902 ersch., für die er nicht nur die Ill., sondern auch die Typographie (alles Lith.) ausführt, gilt als eines der ersten und wichtigsten Vorbilder zur Erneuerung der niederl. Buchkunst E. des 19. Jh. 🏛 AMSTERDAM, Gemeente-Arch.: u.a. Vorstudien zum Wand-Gem. der Beginenhofkirche. – RM, Rijksprenten-Kab.: u.a. Vorstudien zu versch. Wand-Gem.; Graphik; Entwürfe für Geldscheine und Briefmarken. – Sted. Mus.: u.a. Vorstudien zu versch. Wand-Gem. ASSEN, Drents Mus: u.a. Dood kindje, Lw., 1886; Gijsbrecht van Aemstel-Mappe. DEN HAAG, Gemeente-Mus.: De dode trompetter, 1883; De kinderen Schulze, 1886, beides Lw. DORDRECHT, Mus.: De kinderen Tutein Nolthenius, Lw., 1894. 'S-HERTOGENBOSCH, Noordbrabants Mus.: u.a. versch. Studien, Zchngn. 🖂 De jeugd van A. D. door hemzelf beschreven anno 1892, Bussum 1927; Over kunst en ambachtsonderwijs, D. H. 1903 (Sonderdruck aus De Gids); Over de gesch. der ABK te Amsterdam en hare beteekenis voor onzen tijd, Am. 1918; Langs den ouden weg in nieuwe landen. Beschouwing over de maatschappelijke positie der beeldend kunstenaars en over de taak hunner verenigingen, s.l. 1914 (Sonderdruck aus De Gids); Hist. en algemeene inleiding. Beeldhouwkunst, in: Kunst en kunstenaars in de veranderende maatschappij. Handelingen van het derde algemeen kunst-congr. te 's-Gravenhage 7.–9. October 1920, D. H. 1921, 7–27. ⊙ *E:* 1941 Rotterdam, Kunstkring (mit A. Diepenbrock; K) / 1980/81 's-Hertogenbosch, Noordbrabants Mus.; Amsterdam, HM; Assen, Drents Mus.: Übersichts-Ausst. (Monogr.). – *G:* 1990/91 Glasgow, Burrell Coll.; Amsterdam, Van Gogh Mus.: The age of Van Gogh – Dutch paint. 1880–95. 🕮 ThB20, 1927 (s.v. Kinderen, Antoon Johannes der). *Scheen* I, 1969; DA VIII, 1996. – *A. M. Hammacher*, De levenstijd van A. D., Am. 1932 (Lit., Werke); *B. Polak*, Het fin-de-s. in de Nederlandse schilderkunst. De symbolist. beweging 1890–1900 (K), D. H. 1955, 187–229, 401–407; Alphons D. Brieven en doc. bijeengebracht en toegelicht door E. Reeser, D. H. 1962 (zahlr. Briefe von D.); *E. Braches*, Het boek als nieuwe kunst. Een stud. in Art nouveau, Utrecht 1973, 24–41, 83–92, 178–196, 306–319; *C. Blotkamp u.a.*, Kunstenaren der idee (K), D. H. 1978, 36–39, 177; *T. Volkers u.a.*, A. D. 1859–1925 (K), 's-Hertogenbosch 1980; *R. Bionda/C. Blotkamp* (Ed.), De schilders van Tachtig. Nederlandse schilderkunst 1880–1895 (K Amsterdam), Zwolle 1991, 145–149 (engl. Ausg.: The age of Van Gogh. Dutch paint. 1880–1895 [K Glasgow], Zwolle 1990). J. J. Heij

Derković, *Rudolf*, Bildhauer, Holzschnitzer in Kroatien, * 24. 2. 1890 Esseg (Eszég; Osijek), † 9. 1. 1946 Lipik. 1906 Abschluß der Holzschnitzerschule in Esseg. 1907–09 in der Möbelfabrik in Neu-Gradiška (Nova Gradiška) Einzelanfertigung von Stilmöbeln und

Schmuckbüsten, danach in Wien, ab 1920 in Zagreb selbständig. Schuf das Schnitzwerk in der ehemaligen Moschee am Pl. Trg žrtava fašizma in Zagreb. 🕮 LEJ I, 1984. Ch. N.

Derkovits, *Gyula*, ungar. Maler, Graphiker, Bildhauer, * 13. 4. 1894 Szombathely, † 18. 6. 1934 Budapest. Auf Verlangen des Vaters lernte er Tischlerei in der Fam.-Wkst., seine Sehnsucht nach Schulbildung und Kunststudien fand keine Erfüllung. Freiwilliger im 1. WK; wurde schwer verletzt und lungenkrank, bekam als Behinderter keine Arbeit. Stud.: 1917 Gewerbezeichenschule Budapest; Freischule von Artúr Podolini Volkmann ebd.; 1919 Freischule von Károly Kernstok in Budapest und in Nyergesújfalu. 1923–26 Aufenthalt in Wien mit Unterstützung von E. Hoselitz. Lebte ab 1926 in Budapest. 1948 postum mit dem Kossuth-Preis geehrt. – Den ersten Anregungen von Kernstok und der von ihm vermittelten Kunst eines Hans von Marées folgend, schuf D. anfangs pietist.-arkad. Bilder mit strenger Komp. (*Nagy fa alatt*/Unter großem Baum, Bleistift, Tusche, beide 1920; Rad., 1921; Öl, 1922). Der Einfluß des dt. Expressionismus veranlaßte ihn in den Wiener Jahren zur offen-dynam. Behandlung der Bildstrukturen, Formen und Farben (*Halottsiratás*/Totenklage, Hschn., 1923; Rad., Öl, 1924; *Menekülők*/Flüchtende, Rad., 1924; Öl, 1925, '26; *Utca*/Straße, Hschn., Rad., Öl, 1927). Von der Wiener Sektion der ungar. Kommunisten bekam er den Auftrag für die dem Bauernaufstand von 1514 unter György Dózsa gewidmete Hschn.-Folge (12 Bll., 1929; 1930 6 Bll. auch in Rad.), deren dramat. Spannung der von Käthe Kollwitz, George Grosz und Frans Masereel nahekommt und deren agitator. Pointierung auch D.s weitere Graphiken von 1930 dominiert. E. der 20er Jahre kristallisierte D. seinen eigenen maler. Stil heraus, der die Extreme und Widersprüchlichkeiten seines Lebens in einer kohärenten Einheit ausdrücken konnte. Entbehrung, Ausgeliefertsein und geistige Einsamkeit blieben lebenslang seine Gefährten, seine asket. Prinzipien ließen ihn aber die Gemeinschaft mit dem unterdrückten Proletariat fühlen. Gemäß seinem künstler. Bekenntnis sollte die Kunst immer auf die Vertretung der Interessen der Elenden zielen, ihr Selbstbewußtsein stärken. Das Gefühl der Berufung und die Neigung zur Erforschung der Zusammenhänge reflektiert die Suche nach der techn.-stilist. Ausdrucksweise in den Stilleben, Natur-Darst., Akten, Selbst-Portr. und Doppel-Portr. mit seiner Frau. In einigen Bildern schildert er satir. die Ausbeuter, das Thema der in den 30er Jahren entstandenen Hauptwerke ist jedoch die Erhebung der Arbeiter und Erniedrigten. D. greift die essentiellen Momente bzw. Details heraus, die den Bildraum monumentalisiert, in einer den Kubismus tangierenden tekton. Strenge und Dynamik ausfüllen. Sein Kolorit wurzelt im Postimpressionismus; das Vorherrschen des Inkarnats und der Gebrauch des ihm nahestehenden Rots, Ockers, Brauns und deren Tonübergängen auch außerhalb des Körpers, ihr symbol. Warm-Kalt-Kontrast mit Blau oder Grau und v.a. das Schimmern der in sie gemischten oder gelegentl. direkt aufgetragenen Silber- bzw. Goldfarben erweckt das Gefühl organ. Lebendigkeit (*Nemzedékek*/Generationen, 1932; *Dunai homokszállítók*/Sandtransporter an der Donau, 1934; *Hajókovács*/Schiffsschmied, 1934). In der Nähe des Todes entfalten sich Darst. der Mutterschaft in bes. Wärme (*Híd télen*/Brücke im Winter, 1933; *Anya*/Mutter, 1934). 🏛 BUDAPEST, BTM. – Magyar NG. DEBRECEN, Déri Múz. KECSKEMÉT, Képtár. PÉCS, JPM. SALGÓTARJÁN, Nógrádi Történeti Múz. SZÉKESFEHÉRVÁR, Városi Képtár. SZOMBATHELY, Képtár: Haupt-Slg (Gedenk-Saal). ⊙ *E:* Budapest: 1922 Belvedere; 1925 Mentor Könyvkereskedés; 1927, '34 Ernst Múz.; 1928 Magyar Rézkarcoló Műhely; 1929, '32, '36, '37 Tamás Gal.; 1948 Fővárosi Képtár; 1954 SzM (K: Z. Székely); 1965 Magyar NG (K: A. Oelmacher/J. Szabó/Ö.G. Pogány) / Wien: 1925 Gal. Weihburg; 1967 Mus. des 20. Jh. (K: W. Hofmann/Ö.G. Pogány/L. Gogolák) / 1961 Amsterdam, Sted. Mus. (K: Ö.G. Pogány) / 1971 Berlin, Altes Mus. (K: W. Geismeier/L. Haulisch) / Szombathely: 1974 Savaria Múz. (K: L. Borbély); 1994 Képtár (K: Z. Gálig). – *G:* seit 1918, u.a. 1924 Wien, Hagenbund / 1934, '58, '60 Venedig: Bienn. 🕮 Vol, 1953; Vo5, 1961. MűvLex I, 1965; EU SEDA III, 1969; *Bauer*, GEM II, 1976; *Kindler*, ML II, 1980; MagyFestAdat, 1988; LdK II, 1989; DA VIII, 1996 (Lit.). – *Gy. Derkovits*, Mi ketten, Bp. 1954; *É.Körner*, D. Gy., Bp. 1968 (WV); *ead.*, D. Gy., Bp. 1978 (Album); *L. Lóska* (Ed.), Városi Képtár: Deák Gyűjtemény, Székesfehérvár [1988]; Achtzig Jahre ungar. Malerei von der Romantik bis zum Surrealismus (K), Bp./Elztal 1989; *I. Oltványi*, Művészeti krónika, Bp. 1991; *Z. Gálig*, D. Gy. (Slg-K mit Lit.), Szombathely 1994; *Z. Lőrincz* (Ed.), D. Gy. centenárium 1994, Szombathely 1994 (Lit.); *I. Oltványi-Ártinger*, D. Gy., Szombathely ²1994; *Gy. Várkonyi*, JPM Évkönyve 40:1995, 185–210; *E. Földes*, A Fővárosi Képtár, Bp. 1998; *L. Mravik* (Ed.), The „Sacco di Budapest", Bp. 1998. Á.No.

Derksen, *Gijsbertus (Gijsbert)*, niederl. Maler, Aquarellist, Zeichner, * 25. 11. 1870 Doesburg, † 23. (lt. Vo 24.) 4. 1920 Arnhem. Schüler von Sieger Jan Baukema, in Amsterdam Schüler von Hendrik Willebrord Jansen. Stud.: ABK, Den Haag; Koninkl. ABK, Amsterdam, bei August Allebé und Nicolaas van der Waay. Tätig in Blaricum und Abcoude. Aufenthalt in Paris, Florenz und Rom. Anschl. in Doesburg, bis 1903 in Arnhem, dann in Zelhem ansässig. Vermutl. Reise nach Indonesien. – V.a. Portr. und Lsch., u.a. indones. Ansichten. 🏛 AMSTERDAM, RM: Johannes Gijsbert Vogel, Öl, 1910. ⊙ *G:* 1927 Jakarta, Nederlandsch-Ind. Kunstkring. 🕮 Vol, 1953. *Mak van Waay*, 1944; *Scheen*, 1981; *L. Haks/G. Maris*, Lex. of foreign artists who visualized Indonesia, Utrecht 1995. U. R.

Derkum, *Kurt* → **Derckum,** *Kurt*

Derkylides (Dercylides), griech. Bildhauer unbestimmter Zeit. Nach Plinius (nat., 36, 36; Overbeck, SQ, 1868, Nr 2101) standen die Faustkämpferstatuen des D. im Garten der Servilier. 🕮 ThB9, 1913. RE V. 1, 1903 (s.v. D. 3); EAA III, 1960; *Bénézit* IV, 1999. R. V.

Derkzen van Angeren, *Antoon Philippus* → **Angeren,** *Anton Philippus Derkzen van*

Derlange, *Jean-Nicolas*, d. J., frz. Goldschmied, Medailleur, Graveur in Nancy, 1761–83 belegt. Fertigte 1762, '66 zwei Med. mit dem Bildnis von Stanislaus I.

▭ ThB9, 1913. DBF X, 1965. C. R.

Derlet (Derleth), *Wilhelm*, dt. Maler in Dettelbach/Unterfranken. Malte 1712 das Altarbild *Die Hll. Ottilie und Lucie* (verschollen) für die Pfarrk. in Rittershausen. – Viell. ident. mit dem Kitzinger Maler *Derlett* (1745 allegor. Gem. auf Holz für das Marktbreiter Rathaus). ▭ ThB9, 1913.

Derlett cf. **Derlet,** *Wilhelm*

Derly, frz. Kupfer- und Stahlstecher, 1824–29 in Paris nachweisbar. V.a. Vignetten, u.a. *La Poésie* ... nach Louis Ducis und ein *Portr. des Zaren Peter der Große* (Stahlstich), ed. P. 1829 in L'Hist. de l'Empire de Russie sous Pierre le Grand von Voltaire. ⌂ PARIS, BN. ▭ ThB9, 1913. – IFF, Après1800 VI, 1953.

Derma (Dermajarcev; Dermojarcev), *Ivan*, russ. Ikonenmaler, 16. Jh. Sohn des Ikonenmalers Jarec, Vater von Fedor Dermin und Petr Ivanov Dermin Postnik. Maler des Großfürsten Vasilij III; erw. in der Chronik von 1509. Schuf zus. mit Andrej Lavrent'ev Ikonen für die Sophien-Kathedrale von Novgorod; D. werden die Ikonen *Nikolaus von Myra, Basilius der Große, Johannes Chrysostomus, Gregor von Nazianz, Georg der Drachentöter* und *Demetrius von Saloniki* (aus dem Deesis-Rang) sowie *Gang nach Golgatha, Kreuzbesteigung, Der Leichnam Christi wird bei Pilatus erbeten* (alle auf einer Tafel) und *Eucharistie* (aus dem Festtagsrang) zugeschrieben. D.s Feiertags-Darst. „dvanadesjat prazdnik na polotenci v kiote Ivanova pis'ma Dermina promež igumenov Gurija i Kornil'ja" (M. 16. Jh.) wurde von Vassian Blagoveščenskij, dem Starcen des Kirillo-Belozerskij-Klosters, ins Ferapontov-Kloster eingebracht. ▭ ThB18, 1925 (im Art. Jaretz als Djerma Jarzeff). ChudSSSR III, 1976 (Lit.). – *Ju. I. Nikitina*, Sofijskij sobor, Le. 1980, 41. N. Lavrent'eva

Derman, *Cornelis*, niederl. Maler, tätig in Wien als Hofmaler des Erzherzogs Karl, dessen Fam. er 1578 porträtierte (sign. Gem., bek. nur durch die Erw. bei Nagler). 1581 ⚭ ebd. ▭ ThB9, 1913. *Nagler*, KL I, 1835; ÖKL V, 1979.

Derman, *Gül*, türk. Malerin, Lithographin, * 1942 Istanbul, lebt ebd. Stud.: bis 1971 KA Istanbul (Malerei); 1970–80 wiederholt Teiln. der Sommer-Akad. Salzburg, 1977 Stud.-Aufenthalt New York, 1981–89 mehrmals in Salzburg (Lithographie); 1982 Diss. Univ. Istanbul (Kunstgesch.) – V.a. als Druckkünstlerin tätig, dabei der Gruppe der mod. naiven türk. Künstler zuzurechnen, deren Arbeiten durch „ihre kindliche, entspannte und ernsthafte Ausdrucksform" (Asher) gekennzeichnet sind. ◉ *E:* 1972 Valembreuse, Gal. Biarritz / 1976 Bayreuth, Schloß Eremitage / 1985 Solingen, Gal. Zwei Brücken / 1989 Bonn, Gal. Bad Godesberg. – *G:* Monaco: 1971, '72, '74 (Golden Palm Paint. Concours) / 1987 Kopenhagen: Contemp. Paint. from Istanbul / 1991 Moskau, Gal. Mi-Ge: Sparkles from Turkish Paint. / 1993 Istanbul: Sanat Fuari (K). ▭ *M. Asher*, Druckkunst in der Türkei, in: *M. Asher (u.a.)*, Die Gesch. der türk. Malerei, Genf 1989, 427, 429. S. B.

Dermendžiev, *Juli* cf. **Dermendžiev,** *Krum*

Dermendžiev, *Krum (Krum Dimitrov)*, Bildhauer in Bulgarien, * 4. 7. 1916 Gorna Džumaja (Blagoevgrad). Vater von Spartak D. und des Bildhauers *Juli D.* (* 25. 2. 1947 Blagoevgrad, bis 1975 Stud. KHS Sofia, bevorzugt Sportler-Darst.). Stud.: 1945–51 AK Sofia bei Ivan Lazarov, Marko Markov. 1952–55 Ass. ebd. (ab 1954 KHS). Ausz.: u.a. 1956 Orden Kyrill und Method 2. Stufe; 1970 Titel Verdienter Künstler. – D.s Skulpt. zeichnen sich aus durch lapidare Behandlung des Mat., weitgehenden Verzicht auf Details und klar ausgebildete voluminöse Formen, die blockbetonend ruhig oder in Bewegung erstarrt sind. Bei den freistehenden Rundplastik-Mon. bezieht D. die landschaftl. Gegebenheiten des Standortes in die Wirkung ein. Er bleibt dabei aus Überzeugung der realist. Formanschauung treu und wendet sich (vor 1945 selbst am Widerstand beteiligt) ausschl. Themen der jüngsten Gesch. Bulgariens zu, v.a. dem antitürk. und antifaschist. Kampf sowie der Trauer um die Gefallenen. Zwar ist sein Werk oftmals nicht ganz frei von agitator. Tendenz, basiert aber immer auf D.s humanist. Pathos und persönl. empfundenem Verantwortungsbewußtsein. ⌂ *Mon., freistehende Skulpt.:* BATAK: T. Kerelov, 1973. BLAGOEVGRAD: G. Delčev, Bronze, Stein, 1955; Bratska mogila, 1957; A. Dermendžiev, 1960; Trite sokola, 1965. ETROPOLE: D. Grăbčev, 1970. KOPRIVŠTICA: A. Ivanov, 1955/56. MELNIK: J. Sandanski, 1972. SAMOKOV: B. Chadžisotirov, 1962. SOFIA: V. Demirevski-Želju, schwarzer Granit, 1966. Nat. KG. – Städt. KG. SVOGE: u.a. Chr. Nikov, 1965. ◉ *E:* 1939 Gorna Džumaja / 1959 ebd. (Blagoevgrad) / 1964 Svoge / 1968 Sofia: Jubiläums-Ausst. / 1969 Vărbovka b. Veliko Tărnovo. – *G:* seit 1939. ▭ EIIB I, 1980; Enc. „Bălgarija", II, Sofija 1981. – *Marinski*, 1975; Retrospektivna izložba „30 godini bălgarsko socialističesko izkustvo" 1974 (K), Sofija 1976; *Ivanova*, 1978; *Ch. Stefanov/M. Kirov* (Red.), Săvremenno bălgarsko monumentalno izkustvo 1956–86, Sofija 1986; *R. Konstantinova*, K. D., Sofija 1986. S. Jähne

Dermendžiev, *Spartak*, bulg. Bildhauer, * 26. 2. 1954 Sofia, lebt dort. Sohn von Krum D., Bruder von Juli D. Stud.: bis 1982 KHS Sofia. – D. experimentiert und gestaltet sensibel, auch provokativ figurative Plastik (*Gladiator*, 1984), wobei ihn oft alte Götzenidole mit ihrer derben, schematisierten Gestalt und naturalist. Direktheit des Ausdrucks inspirieren; gern verwendet er grobe und fast skurrile Formen. Seine Venusgestalten sind possenhaft und lebensfroh (*Razbivaneto na idolite*/Zerstörung der Idole, Marmor, 1986; *Venera I, II*, beide Bronze, 1987). ◉ *G:* seit 1982 nat. und internat. ▭ *G. Brandler/S. Jähne* (Red.), Erkundungen/Tărsenija. Grafik und Plastik junger Künstler aus der VR Bulgarien und der DDR / Grafika i skulpt. na mladi tvorci ot Germanskata Demokratična Republika i ot Narodna Republika Bălgarija (K), B. 1988. S. Jähne

Dermendžieva, *Sabina* cf. **Damjanova,** *Ljudmila*

Dermendžieva, *Slava Petrova* → **Petrova,** *Slava*

Dermer (Thermer), österr. Goldschmiede-Familie in Wien, 17./18. Jh. tätig.

1. *Franz Anton*, 1734–71 als Meister in Wien erwähnt. Vermutl. Sohn von 3.

2. *Franz Anton*, wird 1770 Meister in Wien. Bis 1803 nachweisbar; verschiedenes silbernes Tafelgeschirr

erhalten. ⌂ WIEN, MAK.

3. *Franz Josef*, * um 1679, † 16. 7. 1735 Wien. Dort ab 1717 als Meister nachweisbar. Vater von 1(?).

4. *Ignaz C.*, † vor 1799. 1781–92 als Meister (MZ: ICD im Dreipaß) nachweisbar.

5. *Ignaz Wilhelm*, 1728–48 in Wien als Meister nachweisbar. Arbeitete in Formen des Barocks und des frühen Wiener Rokokos. ⌂ BUDAPEST, IMM: Helmkanne, 1733. GYŐR, St. Ignác: Strahlenmonstranz mit figürl. Reliefs, getrieben bzw. emailliert, 1731. SZOMBATHELY, Bischofs-Pal.: Kreuzreliquiar, 1748. TAPLANSZENTKERESZT/Vas, St. Lorenz: Monstranz, 1736. ▭ *G. Gugitz*, Jb. des Ver. für Gesch. der Stadt Wien 9:1951, 119–150; *Reitzner*, 1952/53; *E. Steingräber*, The Connoisseur 145:1960 (584) 76–81 (zu 5); Prinz Eugen und das barocke Österreich (K Niederösterr. LM, 170), W. 1986 (zu 5); *A. Szilágyi*, Ars decorativa 9:1989, 7–45 (Lit.). D. T.

Dermer, *Irwin D. (Erwin)*, US-amer. Fotograf, * 29. 12. 1925 Baltimore/Md., lebt in Zürich. Stud.: bis 1951 Univ. of Maryland, College Park; 1971 New York Univ., New York (Fotogr.). – Von Constantin Brancusi beeinflußt. 1968–70 Foto-Ser. über den Billingsgate Market in London; 1973 Dokumentarfilm *Threads of Life* über den Iran und Afghanistan. ⌂ BRÜSSEL, Erziehungs-Minist. NEW YORK, Metrop. Mus. PARIS, BN. WASHINGTON/D. C., Smithsonian Institution. ✉ Light and film, 1970; The witch's hat, 1975; A time to play, 1976 (Eigenverlag); Portfolio. E. D., Brit. j. of photogr. 129:1982 (21) 546 s. ◉ *E:* 1982 London, Whitechapel Gall. / 1996–97 Braunschweig, KV: I. D. My cinema days (K). ▭ *Browne/Partnow*, 1982. Ch. R.

Dermer, *John (John Anthony)*, austral. Töpfer, Fotograf, Schriftsteller, * 1. 12. 1949 Melbourne. Stud.: 1967–68 Preston Inst. of Technology; 1969–70 R. Melbourne Inst. of Technology; 1973 Melbourne State College (Education). 1971–72 in Europa, wo D. u.a. für Michael Leach tätig ist und als Artist-in-Residence bei Wedgwood Studiokeramik anfertigt. 1972 etabliert er ein Atelier am Stadtrand von Melbourne, 1974 Umzug nach Yackandandah in NO-Victoria. 1978–83 betreut er in seinem Atelier Lehrlinge. Preise: 1970 Beaumaris Award; 1973–78 Shell Award, Melbourne; 1978–80 Mayfair Award, Sydney; 1979, '90 Fletcher Brownbuilt Award, Neuseeland; 1980 Port Hacking Pottery Group Functional Award; 1990 „Ausceram" Commendation, Perth. – D. fertigt mit der Töpferscheibe zunächst Terrakotta, später porzellanhaltiges Steinzeug, schließl. Porzellan, nachdem er sicherstellen konnte, daß es sich bei hohen Temperaturen nicht aufblähen würde. Anfangs arbeitet er mit Salzglasur, um zu einer in trad. Weise vollendeten Oberfläche zu gelangen, in jüngster Zeit hingegen akzentuiert er damit verschiedene Effekte von Körper, Schlicker und Form bei unterschiedl. Brennbedingungen. Ferner benutzt er ab ca. 1967 Feldspat- und Eisenglasuren wie Celadon, ab 1978 auch matte Kalziumglasuren mit zusätzl. aufgesprühten Oxyden, um die Oberfläche zu betonen, und andere alkal. seltene Mineralerdenelemente wie Barium und Lithium. Gelegentl. bemalt D. die Keramiken mit Überglasuren (Naturmotive u.ä.). Seit 1988 produziert er auch Terra Sigillata-Gefäße, die er vereinzelt mit eingedrückten Seilen ornamentiert. Daneben bearbeitet er sie mit einer eigens entwickelten Technik, bei der er einzelne Brennkapseln in unterschiedl. Weise umwickelt, um leichter mit umhüllten Wedeln von Kasuarinenbäumen auf dem Gefäß „zeichnen" zu können. Die hieraus entstehenden Effekte verbrannter Erde verweisen auf die starken Eindrücke, die er in entlegenen Wüstenregionen Australiens empfing. Im allgemeinen reflektiert der Char. seines Schaffens Veränderungen in der Region, in der D. arbeitet. So entstehen höchst individuelle Stücke, die häufig im Themenbereich von Jahreszeiten und Umwelt angesiedelt sind. Auch in seiner poet. Prosa und den Fotogr. (v.a. Lsch.) behandelt er den Wandel in seiner Umgebung. ⌂ ALBURY/N. S. W., Regional AC. BRISBANE, City Hall AG and Mus. – Queensland AG. BUNBURY, AG. CANBERRA, High Court of Australia. – NG of Australia. – Parliament House. CASTLEMAINE, AG and Hist. Mus. DIAMOND VALLEY/Qnsld., Shire Coll. FREMANTLE, AC. HOBART, Tasmanian Mus. and AG. LAUNCESTON, Queen Victoria Mus. and AG. MELBOURNE, Caulfield Arts Complex. – NG of Victoria. – Victorian State Craft Council. NEWCASTLE/N. S. W., Region AG. PERTH, AG of Western Australia. PHILADELPHIA, Buten Mus. SURFERS PARADISE, Gold Coast City AG. SYDNEY, Australia Council. – Manly AG and Mus. – Mus. of Applied Arts and Sc. TOOWOOMBA, Univ. of Southern Queensland. ✉ Burnt earth. The journey (K Tokio und Osaka), Yackandandah 1992. ◉ *E:* Melbourne: 1971 Beaumaris Gall.; 1973 Hawthorn City AG; 1976, '94 Distelfink Gall.; Potters Cottage, Warrandyte; 1976–79 Craft Centre; 1994 Blackwood Street Gall. / Beechworth: 1976 Beechworth Gall.; 1979 Buckland Gall. / Sydney: 1979, '87 Macquarie Gall.; 1995 Ceramic AG / Adelaide: 1980 Bonython Gall.; 1989 Studio 20; 1991 Jam Factory „Coupe Colossus" / 1981 Fremantle, AC / 1982 Brisbane, Victor Mace Gall. / Tokio: 1990, '92 (Art/Craft Gall.) Seibu-Kaufhaus; 1998 Tachikichi / 1992, '97 Osaka, Tachikichi / 1992 Hobart, Handmark Gall. ▭ *Germaine*, 1984; I, 1990; 1997; WWAVA, 1991; 1995. – Mayfair Ceramic Award (K Crafts Council of Australia), Sydney 1976; 1982; 1984; Mb. (?) 1980; *J. Mansfield* (Ed.), Potters in Australia, Adelaide 1977; *id.* (Ed.), The potters art, Sydney 1981; *K. Hood*, Contemp. Austral. ceramics (K Crafts Board, Australia Council), Sydney 1982; *M. Buckle* (Ed.), Selected Austral. crafts, Sydney 1984; *B. Anderson/J. Hoare* (Ed.), Clay statements, Toowoomba 1985; *J. Mansfield* (Ed.), Potters 85, Sydney 1985; *G. Cochrane*, The crafts movement in Australia, Sydney 1992. R. Smith

Dermin, *Fedor Ivanov*, russ. Ikonenmaler, * um 1529. Sohn von Ivan Derma, Bruder von Petr Ivanov D. Postnik. Schuf Ikonen für die Kathedrale des Fedorov-Klosters in Pereslavl'-Zalesskij. ⌂ PERESLAVL'-ZALESSKIJ, Hist. und KM: O tebe raduetsja, Ortsikone, sign., nach 1557. ▭ ChudSSSR III, 1976 (Lit.). – *V. Sergeev*, Dorogami starych masterov, Mo. 1982, 108.

N. Lavrent'eva

Dermin Postnik (D. Posnik; Dmitriev), *Petr Ivanov*, russ. Ikonenmaler, * um 1539 wahrsch. Rostov Velikij, † nach 1591 Georgien. Sohn von Ivan Derma, Bruder

von Fedor Ivanov Dermin. In den 1580er Jahren „etatmäßiger" (žalovannyj) Meister des Zaren; Vertreter der Stroganov-Schule. Verzierte die Bedeckung (pokrov) des Sarges von Ivan Groznyj (1584). Schuf die Ikone *Gottesmutter von Smolensk mit Feiertagen* (1586, für die Dreieinigkeits-Kirche des Boldino-Dreieinigkeitsklosters bei Dorogobuž). Als einer der besten Ikonenmaler zus. mit and. Meistern 1589 nach Georgien entsandt, dort beteiligt an Fresken und Ikonen in Kirchen kachet. Klöster, u.a. in Alaverdi. ⌂ MOSKAU, Filiale der Tret'jakov-Gal., Atelier-Mus. P. D. Korin: Gottesmutter von Vladimir, seitl. mit Hll., sign. auf der Rückseite, vor 1589. ▭ ChudSSSR III, 1976 (Lit.). – Muzej-4, Mo. 1983; *Brjusova*, 1984, 28, 179 (s.v. Dermin, Posnik).
N. Lavrent'eva

Dermisache, *Mirtha*, argentin. Graphikerin, * 21. 2. 1940 Buenos Aires, lebt dort. Stud. ebd.: Bildhauerei im Atelier von Cecilia Marcovich; ENBA „M. Belgrano" und ENBA „P. Pueyrredón". 1968 Aufenthalt in Paris; 1996 Europareise. Engagiert in der Erwachsenenbildung. D. stand der Grupo de los 13 nahe, ohne ihr formal anzugehören. Seit E. der 60er Jahre Gest. von Künstler-Büchern, z.B. *Libros manuscritos* (seit 1967); *Libros espejo* und *Libros Vidrio* (1976), *Carpeta de Cartas* (seit 1968), *Diario* (1972), *Postales* (1975, '78, '98) und *Libros de Apuntes* (1997) sowie *Libros por Sumatoria* (1998, '99). Anfangs benutzte sie Faser-Markierer, bald darauf schwarze Tusche. Trotz dem allmähl. Einbezug einiger Farben spielte das Graphische (grafismo) die Hauptrolle in ihren Arbeiten. Bei der Nr 1 ihres *Diario* (1972) paßt sich das „graph. Element" den Kolumnen einer Ztg an. Auf den weiteren Blättern verliert sich diese anfängl. Schematisierung, wechselt Format und Rhythmus, wodurch sich vielfältige Varianten herausbilden. Obwohl sich D. mit dem Essentiellen der Schrift befaßt, so ist nicht Inhaltsvermittlung der Zweck, sondern eher eine Betrachtung ohne Deutung, bei der die „escritura ilegible" (unlesbare Schrift) nach eig. Empfindungsvermögen verstanden werden. Bei den Postkarten (*postales*), 1998, arbeitet D. mit Fingerabdrücken über der „graph. Struktur" der versch. Schriftzüge/Zchngn mit mehr oder weniger Bewegung. Aus dem selben Jahr stammt *Libro por Sumatoria N°1*, das durch Zchngn gebildet wird, die jeder Schüler dem Bild des vorhergehenden hinzugefügt hat, so daß es ständig zu Umgestaltungen, Verwandlungen und Neuanfängen kommt. Ihre Idee freier Massen-Wkstn wurde in den „Jornadas" verarbeitet, die u.a. 1974 in der Gal. Carmen Waugh, 1975–77 im MAM, 1979, '81 im Mus. Sívori durchgeführt wurden. An diesen „Arbeitstagen" von 1981 nahmen 18000 Personen teil, die ihre Werke aus 10 Tonnen Ton modellierten und Mauern aus Ziegelsteinen gestalteten. Diese Mega-Wkstn zeigen D. als Protagonistin aktionist. Massenkunst in Buenos Aires, wobei es ihr gelingt, ihre Idee von der Kunst für alle durch alle umzusetzen. ⌂ AMSTERDAM, Sted. Mus. ANTWERPEN, Arch. Small Press and Communication. BREMEN, Neues Mus. Weserburg. BUENOS AIRES, Martha Oks. NEW YORK, Franklin Furnace. – MMA, Libr. PARIS, BN. – Centre Beauburg. ◉ *E:* 1970 Amsterdam. – *G:* 1971 La Plata, MBA / 1975 Paris, Centre Georges Pompidou / 1976 Humlebæk, Louisiana / 1995 Bremen, Neues Mus. Weserburg / 1998 Chicago, Mus. of Contemp. Art / 1999 Santiago de Chile, Gal. CTC. ▭ *C. Donnelly*, Artinf 1972 (15) 2; La Opinión v. 20. 5. 1973; Rev. Juverama 1977 (Sept.); *E. Goyechea*, Convicción v. 17. 7. 1982; *F. Févre*, La crisis de la vanguardistas, Bs.As. 1985; *J. Glusberg*, Del Pop-art a la Nueva Imagen, Bs.As. 1985; *R. Campa*, La escritura y la etimología del mundo, Bs.As. 1989; *H. Ribertella*, Las sagradas escrituras, Bs.As. 1993; *J. Drucker*, The c. of artist' books, N. Y. 1995; *S. de Ambrosini*, Artinf 1995 (91) 22–23; 1999 (Winter) 18–20. – *Online:* ARTEUNA-plástica-catálogo, 1999. M. T. Constantin

Dermojarcev, *Ivan* → **Derma,** *Ivan*

Dermonde, *Deodaat van* → **Delmonte,** *Deodaat*

Dermonde, *Henrick van*, Maler, ab 1573 in Sint-Truiden Mitgl. der Gilde. ▭ ThB9, 1913.

Dermot, brit. Maler, stellte 1762–67 in der Londoner Soc. of Artists chin. Motive aus. ▭ ThB9, 1913.

Dermota, *Nicoletta*, österr.-ital. Malerin, * 1. 12. 1949 Florenz, aufgewachsen in Mailand, lebt seit 1963 in Wien. Schwiegertochter des österr. Opernsängers Anton D. Besuch der Textil-FS ebd. Als Malerin Autodidaktin. – In D.s Aqu., Graphiken, Acryl- und Ölbildern dominieren neben Pflanzen- und Naturstudien v.a. isoliert gesehene techn. Strukturen und Details von Maschinen, Motoren, Elektronikbauteilen, aber auch von Musikinstrumenten. ⌂ WIEN, Slg des Bundes. – Kultur-Abt. der Stadt. ◉ *E:* Wien: 1985 Künstlerhaus; 1989 Techn. Mus.; 1996 Wiener Linien; 1999 Ges. für Musikfreunde / 1999 St. Veit an der Glan, Rathaus. ▭ N. D. (K), W. 1988. – Wien, Arch. Kultur-Abt. W. Hilger

Dern, *Carl (F. Carl)*, US-amer. Bildhauer, * 24. 4. 1936 Salt Lake City/Utah, lebt in Fairfax/Calif. Stud.: 1969 San Francisco Art Inst. bei Richard Shaw und Fletcher Benton; 1971/72 Univ. of California, Berkeley, bei Robert Hudson und James Melchert. Ausz.: 1969, '72 Anne Bremer Prize; 1982, '83 Hand Hallow Found. Fellowship. ◉ *E:* 1984 San Francisco, Janet Steinberg Gall. ▭ WWAA, 1980–1997/98. – *B. Paltridge*, Artweek 15:1984 (32) 4; *S. Singh*, ibid. 17:1986 (19. April) 4. C. R.

Dern, *Claude*, frz.-US-amer. Landschaftsmaler, * 4. 3. 1906 Désertines/Allier, in Dorset/Vt. ansässig. Stud. in Frankreich und in New York: Art Students League bei George Brandt Bridgman; Grand Central SchA bei Iwan Gregorjewitsch Olinskij und Francis Luis Mora. D. lehrte 1946–54 an der School of Fine and Industrial Arts in Newark/N. J.; leitete einige Zeit eine priv. KSch in Maplewood/N. J. Mitgl.: u.a. Painters and Sculptors Soc. of New Jersey (1951 Vize-Präs.); Vermont Artists Guild; Allied Artists of America; Amer. Veterans Soc. of Artists. ⌂ BENNINGTON/Vt., Bennington Mus. MONTPELIER/Vt., Capitol. ◉ *E:* 1940 Bennington, Bennington Mus. / 1971 Dorset, Southern Vermont Festival of the Arts. ▭ WWAA, 1959–1962; *Karel*, 1992. C. R.

Dern, *Helfrich*, dt. Maler, Zeichner, * 25. 5. 1891 Marburg, † 1918. Sohn einer Gerber-Fam. Stud.: AK Kassel mit akad. Zeichenlehrerprüfung, danach Meisterschüler bei Karl Holzapfel. Freiwilliger im 1. WK; ab Okt. 1914

Kriegsgefangenschaft auf Belle-Ile/Frankreich. Dort entstanden zahlr. Zchngn zum Leben im Gefangenenlager. – Malte hess. Lsch., bes. um Marburg, v.a. in Öl und Aqu. Viele seiner Zchngn sind „Momentaufnahmen", die Bewegung einfangen. Bek. mit Otto Ubbelohde (Portr. von D.), der die Zchngn des jungen D. beeinflußt. ⊙ *E:* 1994 Marburg, Brüder-Grimm-Stube. 🕮 Studier mal Marburg 1994 (April) 8. – Mitt. Anneliese Druckses-Dern (D.s Nichte). M. Losse

Dernałowicz, *Doria Józefa Konstancja*, poln. Bildhauerdilettantin, * 16. 11. 1871 Warschau, † 18. 8. 1938 Mińsk Mazowiecki. Weilte über längere Zeit im Ausland (u.a. um 1900 in Paris), dort priv. Bildhauerunterricht. – Portr. von Menschen ihrer Umgebung (z.B. *Fürst von Lichtenstein*). 🏛 POZNAŃ, Priv.-Bes.: Jude. ⊙ *G:* 1926, '27 Warschau, Ges. zur Förderung der Schönen Künste. 🕮 SłArtPolsk II, 1975. Ch. R.

Dernbach, *Bartolomäus* (der Ältere) → **Heidelberger,** *Bartolomäus* (1430)

Dernbach (Derrenbach), *Bernhard*, dt. Goldschmied, Münzwardein, * Frankfurt am Main, † 1463 ebd.(?). Zunächst an der kaiserl. Münze in Nördlingen tätig. 1417 in Frankfurt am Main als Auswärtiger erwähnt. 1421 dort ansässig und zum Münzwardein ernannt. 1422 Bürger. Ab 1452 folgte ihm sein gleichnamiger Sohn (erw. 1440–70, † 1470 oder 1471), ebenfalls Goldschmied und Berater des Mainzer Kurfürsten in Münzangelegenheiten, im Amt als Münzwardein. Der bei ThB als D.s Bruder genannte Bartholomäus d.Ä. wurde später von Zülch (vgl. ThB16, 1923) als Bartholomäus Heidelberger identifiziert. 🕮 ThB9, 1913. *Zülch*, 1935 (jeweils Lit.). D. T.

Dernbach-Mayen, *Jupp*, Bildhauer, Maler, Kunsthandwerker, * 18. 10. 1908 Mayen/Eifel, 1939 Emigration über Dänemark nach England, in London tätig. 1926–28 dekorative Auftragsarbeiten in Köln; daneben Abendkurse an der KGS ebd. Stud.: 1928 bei Hanns Otto Orlowski und Max Kaus in Berlin (Malerei und angew. Kunst). Danach Bühnenmaler am Deutschen Theater ebd. In den 50er und 60er Jahren zahlr. priv. und öff. Aufträge für Mosaiken, baugebundene Arbeiten (Wandgestaltung, Skulpt.) und Brunnen. Seit 1966 bes. geschweißte Metallkonstruktionen. ⊙ *G:* London: 1939 Wertheim Gall.; 1959 South London AG; Gal. de Seine; 1972 Marjorie Parr Gall. 🕮 Kunst im Exil in Großbritannien 1933–1945 (K), B. 1986; *M. Papenbrock*, „Entartete Kunst", Exilkunst, Widerstandskunst in westdeutschen Ausst. nach 1945, Weimar 1996. K. F.

Dernburg, *Hermann*, dt. Architekt, * 16. 10. 1868 Darmstadt, † 15. 9. 1935 Zürich. Stud.: TH Karlsruhe und TU Berlin. Mitarb. im Büro von Alfred Messel. Von historisierenden Formen der Frühzeit distanzierte sich D. später zugunsten sachlich funktionaler Bauten, häufig in Backstein und mit streng konstruktiver Fassadengestaltung (Sarotti-Werk Berlin, 1912). Errichtete Geschäfts- und Industriebauten und betätigte sich im priv. und öff. Wohnungsbau, u.a. für die von Taut/Hillinger konzipierte Wohnstadt Carl Legien, 1929/30. 🏛 BERLIN: Brauerei Patzenhofer AG, Taubenstr. 10, 1906/07. – Kunstgewerbehaus Hohenzollern, Königgrätzer Straße 8, 1911 (zerst.). – Sport-Pal. Potsdamer Str. 72 und 72 a, 1911 (zerst.). – Sarotti-Werk, Teilestr. 13–16, 1912 (1922 erweitert). – Vereinshaus der Dt. Ges. für Chirurgie und der Berliner Medizin. Gesellschaften, Luisenstr. 58/59, 1914–15. – Verwaltung der Schultheiß-Brauerei, Neuendorfer Str. 26–29, 1927–28. – Wohnbauten: Grellstraße 62–73; Gubitzstr. 47 a und 49; Küselstraße 1–27; Sültstr. in der Wohnstadt Carl Legien, 1929/30. 🕮 Wasmuths MH für Baukunst und Städtebau 1919/20, 367 s.; 1930, 321 s.; Reichs-Hb. der dt. Ges., B. 1930; Berlin und seine Bauten, IV A: Wohnungsbau ..., B. u.a. 1970, 176, 273; IX: Industriebauten, Bürohäuser, B. u.a. 1971, 56 ss., 99; *E. Grünert*, Die preuß. Bau- und Finanzdirektion in Berlin, Köln u.a. 1983; *Ribbe/Schäche*, 1987; *K. Klemmer*, Jüd. Baumeister in Deutschland, St. 1998; *A. Hoffmann*, Verschwundene Orte. Prominente Abrisse in Berlin, B. 1997. E. K. Wittich

Derndorfer, *Ignaz*, österr. Baumeister, * 1869, † 1932. In Linz tätig. Seine nach eig. Plänen ebd. ausgef., unter dem Einfluß von Mauriz Balzarek entstandenen qualitätvollen Bauten sind bes. von Jugend- und Heimatstil, später von der Sachlichkeit geprägt. 🕮 *A. Wied*, Kunst-Jb. der Stadt Linz 1971, 55; *Achleitner* I, 1980. D. T.

Derneford, *Nicholas de*, engl. Baumeister, nachg. zw. 1309 und 1331. D. ist vermutl. in Wales ab 1309 für die kgl. Burgen zuständig und erhält 1316 regelmäßig Zahlungen für seine Tätigkeit in Beaumaris Castle/Gwynedd. Zuvor scheint er an der Abteikirche St. Augustine in Bristol (heute Kathedrale) gearbeitet zu haben. 🕮 *Harvey*, 1984. – *D. Knoop/G. P. Jones*, The mediaeval mason, Manchester/N. Y. 1967; *A. J. Taylor*, Bristol and Gloucestershire Archaeological Soc. transactions 98:1980, 171–173. S. H.

Dernen, *Johann Cornel*, dt. Goldschmied in Bonn, * um 1803 ebd., bis 1857 erwähnt. ⚭ 1840. MZ: ICD. 🏛 BONN, Kirche St. Remigius: 2 Kelche, 1831, 1848. 🕮 *Scheffler*, Goldschm. Rhld-Westf. I, 1973, Nr 71 (Lit.). J. T.

Derner, *Hans* → **Dürner,** *Hans*

Dernfeld, *Carl (Heinrich Carl)*, dt. Architekt, * um 1831 Gerlachsheim/Tauberbischofsheim, † 16. 10. 1879 Baden-Baden. Bezirksbauinspektor ebd. D.s Hw., das nach seinen Plänen 1869–77 von ihm selbst ausgef. palastartige historist. Friedrichsbad in Baden-Baden nach Vorbild des Eberhardbades in Wildbad/Württ. und des Raitzenbades in Budapest, ist für die dt. Badehaus-Architektur bedeutsam. 🏛 BADEN-BADEN-Lichtental: St. Bonifatius, Entwürfe, 1865–69. – Kurhauspromenaden, 1866/67. BÜHL: St. Peter und Paul, Pläne, 1872 (bis 1877 ausgef.). – Rathaus: historist. Umbau, 1879–82. WAIBSTADT: Kirche unserer lieben Frau, 1865–68. 🕮 Bühl, Kath. Pfarrk. St. Peter und Paul, M./Z. 1977 (Die großen Kunstf., 75); *R. Bothe* (Ed.), Kurstädte in Deutschland, B. 1984; *P. Simon/M. Behrens*, Badekur und Kurbad, Bauten in dt. Bädern 1780–1920, M. 1988; *Dehio*-BW I, 1993; *K. Ohr*, Denkmalpflege in BW 25:1996 (1) 79–88 (Lit.). – Baden-Baden, StA; Karlsruhe, General-LA. – Mitt. StA Baden-Baden. D. T.

Dernhofer (Ternhofer), *Lienhard*, dt. Bildhauer, als Sohn(?) des Bildhauers *Christoph Ternhofer* erhält

D. 1520 das Bürgerrecht in Regensburg, tätig ebd. 🕮 *V. Liedke*, Ars Bavarica 1978 (8) 9 s., 28. S. H.

Dernovich, *Donald Frederick*, US-amer. Maler, * 9. 4. 1942 Rock Springs/Wyo., lebt in Taylor Culbertson/ Nebr. Stud.: bis 1967 Univ. of Wyoming, Laramie; bis 1983 Fort Hays State Univ., Hays/Kan. Lehrtätigkeit: ab 1975 McCook Community College, McCook/Nebr. – Das Wasser ist vorherrschendes Motiv in D.s Aquarellen (häufig Ausschnitte eines Uferbereichs mit Wurzeln, Steinen u.a.), die lasiert werden, um darunter liegende Farbschichten zu „verhüllen" (gleichsam wie das Wasser das Flußbett bedeckt). Auf die Lasur malt D. Wellen, um Bewegung und Fluß des Wassers anzudeuten. Auch Ölbilder. 🏛 BOLIVAR/Mo., Ella Carothers Dunnegan Gall. KEARNEY, Mus. of Nebraska Art. LINDSBORG/Kan., Birger Sandzen Memorial Gall. ROCK SPRINGS, Halseth County Community AC. WAYNE/Nebr., Wayne State College. 🕮 WWAA, 1984–1997/98. – *M. Mitchell*, Amer. artist 56:1992 (603) 28–31, 74 s. Ch. R.

Dero, *André*, belg. Maler, * 1934 Olen b. Herentals, lebte ab 1941 in Buenos Aires. Stud. ebd.: Archit. an der Fac. de Arquit. der Univ.; als Maler Autodidakt. A. der 60er Jahre Rückkehr nach Belgien. – Surrealist. Darst. unter dem Einfluß von René Magritte, z.B. *Celui qui prend la garde d'équinoxe* (2. 4. 1974 in Antwerpen versteigert). ⊙ *E:* 1961 Buenos Aires, Gal. Witcomb (Debüt) / 1965 San Francisco, Maxwell Gall. / Brüssel: 1968 Gal. Isy Brachot; 1987 Gal. Janssens. 🕮 EAAm I, 1968; *Gesualdo/Biglione/Santos* I, 1988; DPB I, 1995. R. T.

De Robertis, *Roberto*, ital. Maler, * 5. 4. 1910 Gravina di Puglia, † 28. 9. 1978 Bari. Seit 1923 in Bari, zunächst tätig im Dekorationsmalereigeschäft von Mario Prayer, dann Stud.: 1925–30 Scuola per Artefici der ABA Mailand, 1930–32 ABA Rom. Nach Rückkehr in Bari in den 30er Jahren dem Kreis der Tonalisti zugehörig und bes. kulturpolit. aktiv zur Förderung der Kunst seiner Region; u.a. 1935–42 Sekr. des Sindacato delle BA Puglia, 1950–55 Organisator und Vize-Präs. der ersten 50 Ed. des Maggio de Bari. 1967–70 Dir. des Liceo Artist., danach Lehrer für Malerei und Dir. der ABA Bari. – Anfangs dem Novecento nahestehende Ölmalerei von Lsch., Stilleben, Akten und bes. Portr. (mit Neigung zur Eleganz), nach 1945 expressiver und farbintensiver (Einfluß der Fauves), v.a. lapidar-kraftvoll in Lsch. und Stilleben. In den letzten Lebensjahren gesundheitl. bedingt flüchtiger Duktus und Rückkehr zu früheren Themen. 🏛 BARI, Pin. Prov.: mehrere Gem. – Coll. G. Mastrorilli. – Coll. A. Trizio. – Coll. M. Montinari. – Coll. N. Borsi. ROM, Gall. Naz. d'Arte Mod.: zwei Portr., 1939, '41. ⊙ *E:* ab 1933 bes. Bari, u.a. ab 1962 mehrmals Gall. La Vernice (1969 K) / 1967 Rom, Gall. La Barcaccia (K). – *G:* ab 1930 bes. Bari / 1940, '42 Venedig: Bienn. / 1955, '59 Rom: Quadrienn. 🕮 *Comanducci* II, 1971; DizBiogrMerid I, 1974; AIC VIII, 1977; *Sorrenti*, 1990; PittItalNovec/1 II, 1992; PittItalNovec/2 II, 1993. – *F. Sossi*, Artisti pugliesi contemp., Fi. 1959, 32–36; Pin. Prov. Bari. Le coll. dell'800 e primo 900 (K), Fasano 1977; *P. Marino*, R. D., Bari 1984; *L. De Venere*, Pittori e scultori a Bari negli anni '30 e '40, Bari 1991. G. M.

De Roberto, *Carlo*, ital. Graphiker, Maler, Zeichner, * 11. 12. 1915 Vittorio Veneto, lebt in Treviso, wo er 1955 heiratet. 1931 wegen Unfall Abbruch eines techn. Stud. und Hinwendung zur Malerei. Debütiert 1933 in Venedig (Mostra d'Arte Univ.). Anfangs orientiert am Futurismus; später neben Gem. mit lebhafter Palette v.a. phantasievolle, skizzenhaft wirkende Aqu., Zchngn und Sepien (v.a. von Menschengruppen). Zunehmende Abstraktion, Reduzierung auf ideograph. Zeichen, deren illusionist. Wirkung und raffinierte kompositor. Rhythmen v.a. farbl. bedingt sind. 🏛 IVREA, Bibl. Olivetti. ROM, Minist. Pubbl. Istruzione. – Gall. Naz. d'Arte Mod. TRIENT, Mus. Prov. d'Arte. ⊙ *E:* ab 1940 v.a. Zchngn (cf. Comanducci), u.a. 1952 Venedig: Bevilacqua La Masa. – *G:* Rom: 1931–39 Quadrienn.; 1933 Mostra Naz. futurista / 1940 Neapel: Trienn. d'Oltremare / 1942, '48, '56 Venedig: Bienn. 🕮 *Servolini*, 1955; AIC I, 1965; EU SEDA III, 1969; *Comanducci* II, 1971; Cat. Veneto I, 1974. – Mitt. Città di Vittorio Veneto. S.-W. S.

De Roberto, *Federico*, ital. Fotograf, Schriftsteller, Kritiker, * 16. 1. 1861 Neapel, † 26. 7. 1927 Catania. Stud.: Ing.-Wesen und Natur-Wiss., Ist. Technico, Catania. D. schrieb v.a. in Catania Kritiken für Ztgn, Romane, Erzählungen und Theaterstücke; ab ca. 1881 Freundschaft mit den Schriftstellern Giovanni Verga und Luigi Capuana, bei dem D. und Verga Fotogr. lernen (gemeinsame Selbst-Portr.). Ab 1908 für wenige Jahre in Rom; Tätigkeit in Mailand beim Corriere della sera; Rückkehr nach Sizilien, Bibliothekar an der Bibl. Civ. di Catania und Honorar-Superintendent für die Mon. der Prov. – D. gehört mit Verga und Capuana zu den bed. Autoren des ital. Verismo, die seit den 1880er Jahren als Amateure fotografierten. Emile Zola vergleichbar, hielten sie mit ihrem naturalist. literar. Interesse Alltagsszenen, die unmittelbare Lebensumgebung und Orte der eig. Region fest. D. fotografierte jedoch parallel zu seiner journalist. Tätigkeit auch durchaus professionell und systemat.; in der ill. Monatsbeilage des Corriere della sera publ. er einen frühen Bild-Text-Bericht über ein von ihm umfassend dok. relig. Fest (*San Silvestro da Troina*, La lettura 9:1909, Aug.). Ein kulturhist. Buch über Sizilien ill. D. mit ca. 60 eig. und weiteren Aufnahmen and. Fotografen: Lsch. und topograph. Ansichten, Fotogr. von Archit.-Details, Kunstobjekten und relig. Riten (*Randazzo e la valle dell'Alcantara*, Be. 1909; auch *Catania*, Be. 1907). Alle Orig.-Negative und Abzüge von D. gelten als verloren. 🕮 *G. Steiner u.a.* (Ed.), Lex. fremdsprachiger Schriftsteller, L. 1977; Diz. Bompiani degli autori, II, Mi. 1987. – *F. C. Crispolti*, Lett. e fotogr., R. 1977; Fotogr. ital. dell'Ottocento (K Florenz, Pal. Pitti), Mi. 1979; StoriaArteItal (Einaudi) IX. 2, 1981; *S. Zapulla Muscarà*, F. D. (K Pal. Mun., Zafferana Etnea), Catania 1981 (Bibliogr.); *A. Nemiz*, Capuana, Verga, D., Fotografi, Palermo 1982; *I. Zannier*, Storia della fotogr. ital., R./Bari 1986; *id.* (Ed.), Segni di luci, II: La fotogr. ital. dell'età del collodio al pittorialismo, Ravenna 1993. T. K.

De Rocchi, *Francesco*, ital. Maler, * 13. 3. 1902 Saronno/Varese, † 9. 4. 1978 Mailand. Entstammt einer Fam. von Dekorationsmalern. Stud.: Accad. di Brera Mailand, bei Ambrogio Alciati und Cesare Tallone (Unterricht bis 1924/25, Dipl. 1926), deren Einfluß sich in einer Folge von Portr. und Akten zeigt (*Nudo di schiena*). In der 2. H. der 20er Jahre teilw. Hinwendung zum Novecento, jedoch mit deutl. Tendenz zu einer bes. lichtvollen Malerei (*Fumatore di pipa*; *Natura morta con pesci e frutta*; *Finestre*, 1927). Erhält 1927 für das Gem. *La siesta* (Mailand, GAM) den Premio Sallustio Fornara. Ab 1929 Anlehnung an den typ. lombard., atmosphär. sensiblen Stil (von Giovanni Carnovali, Daniele Ranzoni, Vittore Grubicy de Dragon und Emilio Gola), wobei D.s Palette zunehmend klarer und transparenter wird (*Maternità*; *Seminatore*; *Testa di ragazza*). Übersiedelt 1928 mit seiner Fam. nach Cislago/Varese. Bevorzugt auch A. der 30er Jahre klare und lichte Töne, wie seine Freunde Umberto Lilloni, Adriano Di Spilimbergo, Cristoforo De Amicis und Angelo Del Bon, mit denen er die Gruppe der Pittori chiaristi bildet. Verarbeitet in dieser Periode Impulse von Giotto und Masolino (*Piccolo santo*, 1933; *Bambina col cane*, 1934; *Paesaggio di montagna*; *Il Bozzente*, 1935, Mailand/GAM). In den Interieurs gestaltet er rational wirkende Komp. und strenge, an Giorgio Morandi erinnernde Rhythmisierung des Raumes (*Natura morta con bottiglie e bicchiere*, 1932). 1936 Premio Principe Umberto. Malt 1938 ländl. Lsch. (*La trebbiatura*; *L'aratura*) und beginnt an der Accad. di Brera künstler. Anatomie zu unterrichten (lt. DBI erst ab 1948). 1943 (Bombardement von Mailand) in das Valvassina evakuiert. Malt nach Kriegsende Ansichten von Venedig (*Chiesa della Salute*; *Albergo Luna*; *La Giudecca*, 1946). Verbringt den Sommer 1947 in Vittoria Apuana, malt die Strände von Versilia (*La spiaggia del poveri*; *Cabina in riva al mare*) und knüpft Kontakte zu den Dichtern Salvatore Quasimodo und Vittorio Sereni sowie zu den Malern Raffaele De Grada und Ernesto Treccani. 1948 vorrangig lyr.-intime Motive (*Mia figlia*; *Donna che si sprecchia*; *Figura*). 1949 wiederum orientiert an G. Carnovali, später mittels sich ablösender Farben teilw. Hinwendung zum Informel (*Annunciazione tra le rovine*, 1951). 1951 erste Parisreise. 1952 Urlaub in Bocca di Magra, dort Bekanntschaft mit Elio Vittorini. Danach bezieht sich D. in einer Folge von häusl. Interieurs, deren Figuren und Umgebung in morgendl. Licht getaucht sind, auf Emile Bonnard (*Nudo*, 1961; *Il nudo e la rosa*, 1964; *Nudo nell'interno*, 1968). Manche Arbeiten der 70er Jahre scheinen in der Anordnung der reinen Farbfelder durch Henri Matisse inspiriert zu sein (*Giardino col cielo di Venezia*; *Piazza S. Marco*, 1972; *Giardini di primavera in Valvassina*, 1974). ⌂ MAILAND, GAM. – Civ. MAC. ⊙ *E:* Mailand: 1932 GA; 1946, '48, '69 Gall. Annunciata; 1954 Gall. Schettini; 1956, '59, 65 Gall. Gussoni; 1980 Mus. di S. Andrea (K: S. Solmi); 1981 Gall. Le Arcate; 1984, '90, 91, '94 Gall. Carini (K: E. Pontiggia); 1988 Gall. S. Fedele (K: G. Mascherpa) / 1943 Florenz, Gall. Cavalessi e Botti / 1944 Como, Gall. Borromini; Varese, Gall. Varese / 1981, '86 Vigevano. Pal. Ducale / 1984 Lodi, MCiv. / 1989 Saronno, Gall. Il Chiostro / 1991 Campione d'Italia, MCiv. (K: N. Colombo/R. De Grada) / 1999 Cislago, Villa Isacchi. – *G:* 1928, '30, '34–50, '54, '56 Venedig: Bienn. / Mailand, Pal. della Permanente: 1929, '83 Mostra del Novecento; 1992 Pitt. a Milano 1945–90; 1943 Angelicum: Mostra d'Arte Sacra; 1954 Trienn.; 1982 Pal. R.: Annitrenta (K); 1992 Pal. della Permanente: Pitt. a Milano 1945–90 (K) / 1931–39, '51, '55, '65 Rom: Quadrienn. / 1994 Saronno, Gall. Il Chiostro: D., A. Del Bon (K: M. Di Stasio). 📖 Vo4, 1958 (s.v. Rocchi, Francesco de). *Galetti/Camesasca* I, 1951; *Comanducci* II, 1971; Arte ital. per il mondo, V, T. 1978; CatBolaffiMod XIII. 1, 1978 ss.; Diz. degli artisti ital. del XX sec., I, T. 1979; DBI XXXIX, 1991 (Lit.); PittItalNovec/1 II, 1992 (Lit.); PittItalNovec/2 II, 1993. – ArteModItalia, 1967; *L. Caramel u.a.*, GAM. Coll. Boschi (K), Mi. 1980; *id./G. Anzani*, Pitt. mod. in Lombardia, Mi. 1983; *G. T. Gipponi*, Protagonisti di un'amicizia, Lodi 1985; *M. Pancera*, Arte 17:1987 (178) 92–99; *G. Mascherpa/R. Modesti*, F. D. Cat. gen., Mi. 1987 (WV; Bibliogr.); *G. Di Genova* (Ed.), Trienn. internaz. d'arte sacra (K Celano), Bo. 1989; *L. Matino*, CIMAC. Civ. mus. d'arte contemp. (K), Mi. 1996; *S. Crespi*, F. D. Figure femminili (K), Gorla Maggiore/Varese 1996; *E. Pontiggia* (Ed.), F. D. (1902–1978). L'apparizione della luce (K), Mi. 1998; *R. Bossaglia*, I chiaristi (K Fiera), Mi. 1999; *G. Ginex/S. Rebora* (Ed.), Scoperta del mare. Pittori lombardi in Liguria tra '800 e '900 (K Genua), Mi. 1999. – Arch. Gen. delle opere di F. D. (Fam. D.). N. Corradini

De Rocco, *Denise*, ital. Bildhauerin, * 1. 2. 1963 Lagos, lebt in Brusnengo/Biella. Stud.: Accad. Albertina Turin. Lehrt seit 1988 Plastik an Licei Artist. in Biella, Vercelli und Novara. In den frühen 90er Jahren v.a. weibl. und männl. Akte in Stein, voller Energie und Vitalität (*Figura di schiena*, 1991; *Implosione*, 1994), dann in Bronze und Stein Rückgriffe auf Formen der Frühzeit und Anlehnungen an den Symbolismus von Camille Claudel (*Il peso dei pensieri inutili*; *Pensare alla materia*; *Sognare nella materia*, 1997). 1997–98 realisert D. patinierte Terrakotten (*Di cielo, di mare di terra*; *Dislocazione-trasformazione*) und Werke aus einer Reihung von 6 antropomorphen Elementen in Stein und Eisen (*Il corpo e l'anima*). ⌂ ARMENO/Novara: Mon. agli Alpini, 1998. ARONA/Novara, Lungolago: Büste Luigi Boniforti, Bronze, 1993. BIELLA, Parco Masarone: Mon. Don Irmo Buratti, Stein/Bronze, 1997. BRUSNENGO, Sede ANA: Marmorintarsien, 1989. CASALEGGIO/Novara: Gefallenen-Denkmal, granitartiger Stein, 1997. – Chiesa del Cimitero: Bronze-Taf., 1997. MACCAGNO/Varese, Assessorato alla Cult.: Skulpt., Stein, 1991. MONTE MOTTARONE/Novara: Portr. der Radfahrer Fornara und Piemontesi, Bronze, 1991. ROM, Città del Vaticano: Büste des hl. Eusebius, Gips, 1996. RUFFANO/Lecce, Pin. Com.: Skulpt., Stein, 1997. TERRASINI/Palermo, Lungomare: Skulpt., Sandstein, 1997. VERCELLI, Assessorato alla Cult. – Ist. Cavour: Büste Cavour, Gips, 1994. – Dom: Büste des hl. Eusebius, Bronze, 1995. – Sem. Arcivescovile: Portr. Rosmini, Bronze, 1998. VIESTE/Foggia, Porto: Skulpt., Glas/Kunststoff, 1986. ⊙ *E:* 1981 Brusnengo, Scuola Elementare / Biella: 1987 Piazza S. S. Trinità; 1989, '91 Via Italia 72; 1998 Pal. Ferrero / Vercelli: 1989 Auditorium di S. Chiara; 1993 Teatro Barbieri / 1990 Turin, Promotrice BA / 1993 Arona, Piazza del Popolo; Lido di Spina, Mus. Brindisi / 1997 Casaleggio, Villa Moretti; Brescia,

Gall. De Clemente / 1998 Novara, Conservatorio Cantelli. – *G:* 1984 ss. Turin, Espos. Promotrice BA / 1993 Novara, Gall. La Riseria: Panorama Arte Donna / Biella: 1996 Villa Canepa: Arte e Sc.; Pal. della Regione: 10 Identità al femminile; 1997 Pal. Ternengo: Andiamo al Piazzo. ▭ CatBolaffiScult X, 1994. – *P. Levi*, D. D. L'immagine sottratta (K Tour Fromage), Aosta 1998.
N. Corradini

De Rocco, *Federico*, ital. Maler, Stecher, Zeichner, Restaurator, * 2. 10. 1918 Turrida di Sedegliano/Udine, † 1962 San Vito al Tagliamento. Stud.: Liceo Artist. Venedig, bei Bruno Saetti; ab 1939 ABA Venedig (1946 Dipl.). Zeichnet bereits in jungen Jahren mit Kohle und Rötel (*Ritratto del nonno*, um 1932). 1938–39 Folge von Tusche-Zchngn zur Vorbereitung auf die Öl-Gem. *I Cavalîrs* und *Trebbiatura*. Malt 1940 *Maternità*. 1941–43 im Piemont, dann in Frankreich Teiln. am 2. WK. Aus dieser Zeit zahlr. realist. Zchngn mit militär. Szenen (*Soldati al bar*; *La camerata*; *Soldati che dormono*). Geht nach dem Waffenstillstand nach San Vito al Tagliamento, nimmt an der Resistenza teil und zeichnet oder malt mit strengem, auf Wesentliches beschränktem Duktus dramat. Situationen des Partisanenkampfes (*Studio per fucilazione*, Bleistift; *Liberazione di tre partigiani*, Kohle; *Rastrellamento*, Öl). In den frühen 40er Jahren Kontakte zu Pier Paolo Pasolini, gründet mit ihm die Academiuta di lenga furlana. Unterrichtet 1946 an der ABA Venedig, dann an versch. Schulen im Friaul. 1947 entstehen das Portr. *Pasolini* (Fresko) und eine Ser. von Bleistift- und Tusche-Zchngn für das Öl-Gem. *S. Caterina che conforta Nicolò di Tuldo*. Malt 1948 *L'uccisione del maiale* und widmet sich auch danach bäuerl. Szenen aus dem Friaul (*Rastrellatori*, Tusche, 1948; *Falciatore*, Öl, 1950; *Potatura*, 1954, Öl). In den 50er Jahren rest. D. wertvolle Fresken (14./15. Jh.) im Castello von S. Vito al Tagliamento. ⌂ CASARSA, Tomba dei Partigiani: Fresken. PORDENONE, Amministrazione Prov.: Portr. Pier Paolo Pasolini; Trebbiatura; Vendemmia; Mietitura. – MCiv.: Il ciabattino; Dicembre. SAN VITO AL TAGLIAMENTO, Municipio: In cantina; Neve sul patriarcato. – Scuola Media N. Tommaseo: Paesaggio montano. – USL Sanvitese: Casa. VENEDIG, GAM: Composizione; Paesaggio. ◎ *E:* 1949 Pordenone, Gall. Sagittaria (K: P. Rizzi) / 1954 Portogruaro, Gall. Pilsen (K: P. P. Pasolini) / 1963 Venedig, Gall. Bevilacqua (K: G. De Logu). – *G:* 1948, '50 Venedig: Bienn. / 1949 Triest, Gall. Mod.: Cinqua artisti friulani / 1956 Premio Burano. ▭ Vo4, 1958 (s.v. Rocco, Federico de). *S. Aloisi*, La vita e le opere di architetti, scultori e pittori nel Friuli Occidentale ..., Pordenone 1993. – *E. Bartolini*, Il Friuli Occidentale 3:1983; *G. Pauletto* (Ed.), D. Opera graf. (K S. Vito al Tagliamento, Pal. Altan), Pordenone 1984. N. Corradini

De Rocco, *Giuliano*, ital. Maler, Graphiker, * 14. 1. 1934 Canale d'Agordo/Belluno, lebt dort. Autodidakt. Angeregt durch die venez. Malerin Fausta Luciani beginnt er 18jährig zu malen. A. der 60er Jahre lernt er Renato Guttuso und durch dessen Vermittlung Armando Pizzinato und Tono Zancanaro kennen. Malt Lsch., Stillleben und Genreszenen in einer surreal-rätselhaften Atmosphäre (*Elevazione*, 1965; *Dopo la messa*, 1967; *Natura morta marina*, 1971). Betont 1973 die symbol. Züge in einer Reihe von Darst. des Berglebens (*Fuga in Val Strut*; *L'ultimo cliente*; *Lettera all'emigrante*). Führt im gleichen Jahr den Stich *Maternità* aus und malt relig. Motive von stark emotionaler Wirkung (*Crocifissione*; *Il silenzio di Cristo*). In den 80er Jahren thematisiert D. Feldarbeit, Dorffeste und bibl. Gesch. (*Raccolta delle patate*; *Concerto tra le rocce*; *Mascherata*; *La Traversata del Mar Rosso*). ⌂ BELLUNO, MCiv. ROM, Mus. Vaticani, Gall. d'Arte Sacra. TREVISO, Mus. VICENZA, Mus. ◎ *E:* Belluno: 1960 Gall. Capello; 1967 MCiv. (K: E. Demattè); 1980, '84 Bottega dei pittori / 1963 Cortina d'Ampezzo, Gall. Montana (K: M. Rizzoli) / 1964 Vicenza, Gall. Il Cenacolo / 1967 Treviso, Gall. Giraldo / 1969 Livorno, Club 99 / 1970 Turin, Gall. Cassiopea / Florenz: 1971 Gall. Internaz. (K: M. Monteverdi); 1973 Gall. Lo Sprone; 1980 Cripta di S. Lorenzo (K: U. Fasolo) / 1974 Feltre, Bottega del quadro (K: A. Murer) / Mailand: 1974 Gall. Zecchillo Dessey (K: M. Rigoni Stern); 1976 Villa Litta / 1976 Castelfranco Veneto, Teatro Accad. / 1978 Falcade, Municipio / 1984 München, Ist. Ital. di Cult. (K: T. Hiebeler). – *G:* 1960 Turin: Espos. Naz. / 1963 Verona: Bienn. / 1969 Mantua: Premio Villa Poma. ▭ Cat. Veneto I, 1974. – *E. Demattè u.a.*, G. D., Belluno 1975; *F. Zangrando/N. Rocchi* (Ed.), G. D., Belluno 1985. N. Corradini

De Rocco, *Salvatore*, ital. Maler aus Pianella/Pescara, † 1836 L'Aquila. Stud. in Rom. Malte in S. Antonio Abate in Pianella das Fresko der Kuppel. Seine Werke auch in Kirchen von L'Aquila. ⌂ PIANELLA, S. Domenico: Madonna del Divino Amore; Hl. Petrus Martyr. ▭ ThB28, 1934 (s.v. Rocco, Salvatore). *Comanducci*, II, 1971. – *Ceci* I, 1937. G. W.

Deroche, *Hippolyte* (lt. Zannier: Ippolito; lt. Mormorio/Toccaceli: Henri), frz. Fotograf, tätig u.a. in Bologna 1863–73. Eröffnete 1863 in Bologna ein Studio „Fotogr. Parisienne" (auch: „Fotogr. Belle Arti – Ditta D."), ab 1869 in Zus.-Arbeit mit dem Maler Giulio Gamberini, der das Studio 1872/73 übernahm (später Enrico Brini). D. fotografierte v.a. Portr., auch Archit., Wagen und Tiere. Er unterhielt Filialen in Livorno (als Hoffotograf), Lucca, Terni, Perugia und Neapel. Die Filiale in Mailand (1865-A. 70er Jahre), zus. mit Francesco Heyland, war v.a. für Portr. auf Email spezialisiert; D. & Heyland fotografierten aber auch den Bau der Eisenbahnbrücke über den Po bei Piacenza (1865) und den der Gall. Vittorio Emanuele in Mailand (ca. 1868). ⌂ BOLOGNA, Bibl. Com. dell'Archiginnasio. – Fototeca della Cineteca Com. – Mus. del Risorgimento. – Casa Carducci. – Cassa di Risparmio, Coll. di Arte e di Storia. ◎ *G:* 1867 Paris: WA. ▭ *Auer*, 1992. – *P. Becchetti*, Fotografi e fotogr. in Italia, R. 1978; Fotogr. ital. dell'Ottocento (K Florenz, Pal. Pitti), Mi. 1979; *F. Cristofori/G. Roversi* (Ed.), Le coll. d'arte della Cassa di Risparmio in Bologna (K), VI: Le fotogr., I, Bo. 1980; *D. Mormorio/E. E. Toccaceli*, Immagini e fotogr. dell'Umbria, 1855–1945, R. 1984; *I. Zannier*, Storia della fotogr. ital., R./Bari 1986; *S. Paoli*, AFT 6:1990 (11) 65–75; *G. Benassati/A. Tromellini* (Ed.), Fotografia e fotografi a Bologna 1839–1900 (K), Bo. 1992; *M. Maffioli*, Il bel vedere, T. 1996. T. K.

Deroche, *Jean*, frz. Architekt, * 5. 12. 1931 Dakar/Senegal. Verh. mit der Architektin *Maria D.* Stud.: bis 1961 (Dipl.) EcBA Paris im Atelier Lods-Hermant-Trezzini. Zunächst in versch. Planungsbüros tätig; 1962–70 Partner von Paul Chemetov im 1960 gegr. interdisziplinären Atelier d'urbanisme et d'archit. (AUA) in Paris. Maßgebl. beeinflußt durch die unmittelbar davor entstandenen Werke von Le Corbusier und Alvar Aalto errichten D. und Chemetov 1964 das Haus Schalit in Clamart/Hauts-de-Seine und ein Seniorenwohnheim in La Courneuve/Seine-Saint-Denis, 1968 das neue Gebäude des AUA in Bagnolet b. Paris. Zus. mit Valentin Fabre und Jean Perrotet, beide Mitbegr. des AUA, baut D. 1967 in Grasse/Alpes-Maritime eine bed. Ferienanlage, durch die Gest. mit Sichtbeton eins der bemerkenswertesten Beispiele des Brutalismus in Frankreich. In der Residenz Victor-Hugo in Bagnolet realisieren D. und Chemetov 1968 das experimentelle Wohnmodell *Multiplus*. Ab 1969 befassen sie sich intensiv mit der Industrialisierung des Bauwesens und beteiligen sich an Wettb. um die Errichtung von Typenbauten (Schulen, Schwimmhallen). Andererseits unterstützen sie Oscar Niemeyer beim Bau des Hauptsitzes der Kommunist. Partei Frankreichs in Paris (Pl. du Colonel-Fabien, 19. Arr., 1971–80). Der Eintritt von *Maria D.* in das AUA führt zur Trennung von Chemetov; ab 1976 arbeitet D. mit ihr zus. und konzentriert seine Tätigkeit im wesentlichen auf die Umgestaltung der Stadt Orly, wo sie mehrere Gebäude errichten (Wohnungen, soziokult. Zentrum, Kindereinrichtung, Seniorenwohnheime). In den 90er Jahren Umgestaltung eines Gebäudes im Wohngebiet Cité des 4000 von La Courneuve (1993) und Bau von Mietshäusern in Paris (13. Arr., Rue Aumont und Impasse Baudricourt, 1998). Zudem bekleidet D. ein Lehramt an der Unité pédagogique d'archit. Nr 1 in Paris-Villemin. ARCUEIL/Val-de-Marne: Wohnungen; Handelszentrum; öff. Einrichtungen, 1976–79. DIEPPE/Seine-Maritime: Umgestaltung des Stadtviertels Saint-Jacques, 1975–79. LE BLANC-MESNIL/Seine-Saint-Denis: Klinik, 1977. ORLY/Val-de-Marne: Maison des jeunes, 1972. SEVRAN/Seine-Saint-Denis: Schulkomplex, 1981. SUCY-EN-BRIE/Val-de-Marne: Residenz „Val-de-Marne“, 1969. VIGNEUX/Essonne: soziales Begegnungszentrum, 1969. VILLEJUIF/Val-de-Marne: Schwimmstadion, 1969. Techniques et archit. 1965 (2); 1966 (3); 1967 (5); 1975 (307); 1976 (308); 1977 (318); 1979 (323); 1981 (335); 1984 (353); Archit. d'aujourd'hui 1973 (167); 1977 (194); 1981 (214); H, rev. d'habitat social 1978 (35); Urbanisme 1985 (209); AMC 1986 (April); 1993 (Dez.); *P. Blin*, AUA, mythe et réalités. L'atelier d'archit. et d'urbanisme, 1960–1985, P./Mi. 1988. S. Texier

Deroche, *Maria* cf. **Deroche,** *Jean*

Deroche, *Nicolas*, frz. Bildhauer, * um 1644 Angoulême/Charente, † 2. 7. 1710 Limoges. Lebte in Oradour/Charente, ab 1673 in Angoulême, dort Auftrag über vier Holzstatuen für das Tabernakel der Klosterkirche St-François. Ausführung eines Steinretabels für die Kirche St-André ebd. (Zuschreibung). ThB9, 1913. *Lami*, 1906 (s.v. Roche, Nicolas de); *Vial/Marcel/Girodie* I, 1912; DBF X, 1965. C. R.

Deroche, *Victor*, frz. Maler, * um 1824 Lyon, begr. 30. 11. 1886 Paris (Friedhof Montmartre), lebte in Paris und Montigny b. Vernon. – V.a. Lsch. an der Seine, bes. um Montigny. *G:* ab 1876 Paris, Salon / ab 1877 Lyon, Salon. ThB9, 1913. *Audin/Vial* I, 1918. C. R.

Dérodé (Desrode), *Jean-Baptiste*, Bildhauer in Paris, begr. 12. 7. 1646 ebd. Am 2. 8. 1643 anläßl. einer Kindstaufe nachw., Paten sind der Maler Philippe de Champaigne und die Ehefrau des Bildhauers Jacques Sarazin. Am 3. 5. 1644 Vertrag über die Lieferung von zwei steinernen dorischen Pilastern. ThB9, 1913. *Lami*, 1898. – *Fleury*, 1969.

Derodé, *Nicolas* (1583) cf. **Derodé,** *Nicolas* (1602)

Derodé (Derodez; Desrodé), *Nicolas*, le jeune, frz. Porträtmaler, † nach 1626, lebte in Reims. 1602 Heirat. Sein Vater *Nicolas D.*, le vieux († um 1607 Reims) war Glasmaler in Reims, dort 1583 Ausf. von Arbeiten für die Kirche St-Nicaise; gestaltete die bek. Fensterrose des südl. Querschiffs der Kathedrale Notre-Dame. – Bénézit nennt einen *Derhodé*, (wohl irrtüml. * 1581), dessen Sign. auf einem der Fenster der Kathedrale in Reims zu finden ist; viell. ident. mit Nicolas D. le vieux. Folgende Bilder im MBA Reims (D. zugeschr. im Mus.-Kat. von 1881 von Charles Loriquet, damals Konservator des Mus.) wurden D. abgeschrieben: „Nicolas Bergier“ (1619, zugewiesen Pierre Murgalle); „Guillaume Parent“ (frz. Anonymus); „Jean Rogier“ (1614, anonymer Künstler aus Reims). ThB9, 1913. *Bénézit* III, 1976 (s.v. Derodé, [Nicolas] le vieux und Derhodé). – *Janneau*, 1965. – Mitt. MBA Reims. C. R.

Deroko, *Aleksandar*, serb. Architekt, Maler, Illustrator, Kunsthistoriker, Autor, * 4.(17.) 9.1894 Belgrad, † 30. 11. 1988 ebd. Nach Teiln. am 1. WK Technik-Stud. in Rom, Prag; bis 1926 (Archit.-Dipl.) Techn. Fak. der Univ. Belgrad bei Petar Popović, Dragutin Đorđević, Nikola Nestorović, Branko Tanazević; daneben Mal- und Zeichenunterricht bei Milan Milovanović, Branko Popović, Petar Dobrović; zw. 1926 und '28 Paris, Ec. des Hautes Etudes, Stud. der serb. und byz. Kunst bei Gabriel Millet. Ab 1928 Doz., ab 1933 außerordentl., 1948–64 (Pensionierung) ordentl. Prof. an der Fak. für Archit. der Univ. Belgrad, 1950 Dekan ebd.; ab 1952 auch an der Phil. Fak. tätig. Ab 1955 korr., ab 1969 ordentl. Mitgl. der SANU. Ausz.: 1965 Preis 7. Juli; 1975 Preis des Verb. der Konservatoren Jugoslawiens. 1991 wurde der Preis des Architekten-Verb. Serbiens nach A. D. benannt. – Als Verfechter eines nat. Stils in der Archit. und inspiriert von frühchristl., byz. und serb. Baudenkmälern des MA baute er zw. den WK mehrere Kirchen, Memorialbauten, Wohnbauten. Bei letzteren gelang ihm eine Neuinterpretation der trad. volkstüml. Baukunst. Mit Bezugnahme auf das mediterrane und balkan. Archit.-Erbe nutzte er auch Stilelemente der Secession und der lateinamer. Kolonialarchitektur. Unter dem Einfluß zeitgen. rationalist. Bestrebungen wurden seine Bauwerke unmittelbar vor dem 2. WK allmähl. moderner. Nach 1945 kaum noch mit Bauausführungen befaßt, war D. v.a. wiss. und pädagogisch tätig. Sein Entwurf (1926) für den z.Z. noch im Bau befindl. Dom des hl. Sava in Belgrad ging ein in das Bauprojekt (1932) von Bogdan Nestorović. Seit den 30er Jahren forschte und publizierte D. zur byz. und serb. Kunst des MA in Jugoslawien, über Archit. serb. Bauern- und Bürgerhäuser, Möbel und Schnitzwerk. Außerdem ist er bek. als Kunstkritiker, Verf. von essayist. und Mem.-Literatur. Neben Ill. für seine Publ. schuf er auch zahlr. Gem. in Aqu., Tempera, Öl. ⛫ BELGRAD, Njegoševa 26: Haus Elezović, 1926. – Neuer Friedhof: Grab-Kap. Barlovac, 1929. – Internat der Theolog. Fak., 1939–40 (zus. mit Petar Anagnosti). – ul. Jovana Dučića 3: eig. Wohnhaus, 1939. BITOLA, Demetriuskirche: Glockenturm, 1930. KOSOVO POLJE b. Priština: Gazimestan-Grabdenkmal, 1952–53. LETNJIKOVAC b. Požarevac: Kirche, 1926 (zus. mit Petar Popović). MOSTAR: Grabmal für Osman Đikić, 1934. NIŠ: Bischofsresidenz, 1935–40 (zus. mit P. Anagnosti). SARAJEVO: Memorialbeinhaus für die Attentäter von Sarajevo, 1939. – Christi Verklärungskirche, 1939–40. SMEDEREVO: Memorialbeinhaus mit Glockenturm, 1942. ŽIČA, Kloster b. Kraljevo: Bischofsresidenz; Refektorium; Kirche des hl. Sava, alles 1935. ✉ Srpski književni glasnik 37:1932, 630 s.; GSND (Skopje) 11:1932, 121–136; XX vek (Bgd.) 1:1938, 13–17; Umetnički pregled (Bgd.) 3:1940, 72–79; Monumentalna i dekorativna arhitektura u srednjevekovnoj Srbiji, Bgd. 1952; Srednjevekovni gradovi na Dunavu; Folklorna arhitektura u Jugoslaviji, beide Bgd. 1964; Sveta Gora, Bgd. 1966; Srednjevekovni grad Skoplje, Bgd. 1971; Sećanja konzervatora, Bgd. 1982, 7–14; A ondak je letijo jeroplan nad Beogradom, Bgd. 1983; Mangopluci oko Kalemegdana, Bgd. 1987. ◉ *E:* 1979 Belgrad, Gal. Kult. centra (Gem., Zchngn). ▭ ELU II, 1962; LEJ I, 1984 (Publ.); Enc. srpske istoriografije, Bgd. 1997; Leksikon srpskih arhitekata 19. i 20. v., Bgd. 1999. – Srpska arhitektura 1900–1970, Bgd. 1972, 131; *R. Popović*, Politika v. 18. 2. 1980 (Ausst.-Rez.); *D. Tošić*, Godišnjak grada Beograd 30:1983, 151–160; *M. Jovanović*, Srpsko crkveno graditeljstvo i slikarstvo novijeg doba, Bgd./Kragujevac 1987, 205–217; *D. Medaković*, Sveske društva istorije umetnosti Srbije 19:1988, 3–5; *V. Korać*, Godišnjak SANU 95:1989, 707s.; *Z. Manević*, A. D. Velika nagrada arhitekture Saveza arhitekata Srbije, Bgd. 1991; *Z. Jovanović*, A. D., Bgd. 1991 (Publ., WV); *id.*, Leskovački zbornik 37:1997, 93–98; *A. Kadijević*, Jedan vek traženja nac. stila u srpskoj arhitekturi (sredina XIX v. – sredina XX v.), Bgd. 1997, 131–145, 181–223. A. Kadijević

Derolez, *Maurits Alexander*, belg. Maler, Zeichner, * 9. 9. 1881 Blankenberge, † 4. 4. 1970 Brügge. 1914–18 freiwilliger Soldat, ausgezeichnet mit dem Feuerkreuz. Lehrer und Dir. an der Rijksmiddelbare School in Blankenberge, später in Gent. – Bes. naturalist. Darst. von Booten, Schaluppen und Kähnen mit dokumentar. Wert. Außerdem Plakatentwürfe, u.a. *Guido Gezelle*, 1930, anläßl. des 100. Geburtstages des Dichters. ⛫ BLANKENBERGE, Städt. Slg: zahlr. Zchngn mit Schiffen. ▭ LWBK V, 1996. U. R.

De Romans, *Marialuisa* (*Maria Luisa*), ital. Malerin, Graphikerin, Dichterin, * 2. 5. 1928 (lt. KVS, 1991) Mailand, lebt in Cadorago/Como. Stud.: 1948–50 EcBA Lausanne. Beginnt A. der 50er Jahre figürl. mit Stadtansichten von einer beklemmenden und dramat. Atmosphäre. Später Reisen nach Nordeuropa und Kontakte zur Gruppe Cobra. Malt 1950–60 mit einer freien heftigen Gestik am Informel orientiert (*Passaggio al nord*, 1960; *L'estate è scesa*, 1961; *Introspezione*, 1962). 1962 siedelt sie nach Paris über und mietet das Atelier von Max Ernst. A. 1963 Reise in den Fernen Osten; bis 1969 hält sie sich in Hongkong, Tokio, Bombay, Kambodscha, Indonesien und auf den Philippinen auf und hält die eig. Eindrücke in schnellen, essentiellen und abstrakten Zeichen fest, ähnl. den oriental. Ideogrammen (*Strada ad Hong Kong*, 1963; *Tokyo-Ginza di notte*; *In Cambogia*, 1965). 1965/66 Ser. von Acryl-Gem. auf Lw. zu den Läden von Hongkong; begrenzt die ausgestellten Ware mit klaren Umrißlinien (*Bottega a Wan-chai*; *La stanza di Chen*; *La bottega di Mr Lee*). 1969–72 in Mexiko-Stadt ansässig, wo sie Octavio Paz, David Alfaro Siqueiros und Rufino Tamayo kennenlernt. Sie entdeckt die Kultur der Azteken und reist nach Yucatán und Guatemala; 1973 Rückkehr nach Italien. Nach einigen Jahren entstehen aus der Erinnerung surrealist. Bilder (*Le visiteur du soir*; *La belle brisée par le souvenir*) sowie geometr., harmon. Komp. (*Meditazione*, 1976; *Viaggio rosso nel quadrato*, 1978; *Meridiana della memoria*, 1980; *Orfeo e Euridice*, 1983). Ab 1984 verläßt D. die geometr.-abstrakten Rhythmen und greift die expressionist.-informelle Phase der frühen 60er Jahre auf in einem Zyklus von großen Acryl-Lw., inspiriert durch Ovids Metamorphosen. Ab 1985 Zusammenarbeit mit dem Dichter Allen Mandelbaum, für den sie Zchngn des Gedichtes *The Savantasse of Montparnasse* (1987) sowie eine Mappe mit 12 Kupferstichen (*Odyssey*, 1989) realisiert. A. der 90er Jahre entdeckt sie die Figur, die sie mit kurzen, schwingenden Pinselstrichen und unter Verwendung von Rot, mattem Violett, glänzendem Blau und Grün darstellt (*Flammantia moenia mundi*; *Romanza*; *The gods, the Demon*; *Dalla città-crisalide*). Später vermeidet sie reale Bezüge zugunsten abstrakter Komp., in denen die Farbe überraschende Schimmer, wie zuckende Blitze, erzeugt. – *Mappen mit Rad. und Lith.*: Work in Progress, Mi. 1962; Hongkong, Mi. 1964; Madame Bovary, Tokio 1966; Relazioni, Campione d'Italia 1971; Per conoscenza, Pesaro 1978; Tavole di mutazione, Z. 1981; Ungaretti e Palinuro, Bellinzona 1990. ✉ Ramsinga, Fi. 1955; Yo, lei e l'ambasciatore, Mi. 1983. ◉ *E:* Mailand: 1952 Gall. Barbaroux; 1960 Gall. del Milione; 1961 Gall. del Disegno; 1965 Gall. Toninelli; 1968, '71 Gall. Alexander Jolas (K: G. Dorfles); 1975 Gall. Vinciana (K: T. Trini); 1976 Gall. Barozzi; 1982 Studio d'Ars; 1983 Gall. Vismara; 1991 Gall. Trimarchi (K: F. Gualdoni) / Rom: 1956 Gall. L'Obelisco; 1974 Gall. Marlborough; 1989 Gall. L'Isola / Venedig: 1961 Gall. del Cavallino (K: R. Sanesi); 1963 Gall. del Canale; 1969 Gall. Alfieri; 1983 Gall. del Navaglio (K: F. Menna) / 1965 Bombay, Chemould Gall. / 1966 Tokio, Nihonbashi Gall. (K: G. Marchiori) / 1972 Mexiko-Stadt, MAM / New York: 1972 Alexander Jolas Gall.; 1987 Ist. Ital. di Cult.; 1990 Panicali FA / 1976 Köln, Baukunst / La Chaux-de-Fonds: 1976 MAM; 1986 Club 44 / 1978 Padua, Gall. La Chiocciola / 1979 Zürich, Gal. Lopes; Ferrara, Pal. dei Diamanti / 1980, '84 Klösters, Kunst Gal. 63 / 1989 Bologna, Gall. Trimarchi / 1991 Chicago, Ist. Ital. di Cult. / 1992 Cesena, Gall. Com. (K: C. Spadoni/L. Somaini) / 1993 Busto Arsizio, Pal. Bandera. – *G:* 1952 Francavilla al Mare: Premio Michetti / ab 1955 Padua: Bienn. Triveneta / 1961 Venedig, Pal. Grassi: Arte e contemplazione; Lausanne, Gall. Kasper: Prix Suisse de peinture abstraite / 1964 Biella: Premio Biella / 1971 Mexiko-Stadt, MAM: Veinte artistas ital. / 1974 Bologna, MCiv.: Arte 73 / 1981 Rom, Pal. delle Espos.: Linee della ricerca artist. in Italia 1960–80 / 1984 Forlì, GAM: Lirico, geometrico, gestuale / Mailand: 1986 Rotonda della Besana: Atelier Upiglio; 1992 Pal. della Permanente: Pitt. a Milano 1945–90 (K) / 1987 Piacenza: Bienn. ▭ EU SEDA III, 1969; AIC III, s.a.; ASA Italia IV, 1971; *Comanducci* II, 1971; CatBolaffiMod XIII. 2, 1978; Diz. degli artisti ital. del XX sec., I, T. 1979; Annuario della grafica in Italia, XIX, Mi. 1989; KVS, 1991; Cat. dell'arte mod. ital. XXX, Mi. 1994. – *T. Sauvage*, Pitt. ital. del dopoguerra, Mi. 1957; *B. Morucchio*, M. D., Ve. 1962; *G. Ballo*, La linea dell'arte ital., R. 1964; *L. Caramel* (Ed.), M. D. (K La Chaux-de-Fonds), Mi. 1986; *E. Torelli Landini*, Flash art 152:1982; *G. Dorfles*, Terzo occhio 15:1989 (3) 36 s.; *G. Di Genova*, Storia dell'arte ital. del '900, III, Bo. 1990; *G. Cortenova*, M. D. (K GAM Verona), Mi. 1993; *M. G. Trimarchi*, M. D. (K Pal. del Vescovado), Narni/Terni 1998. N. Corradini

Derome (De Rome; Deromme; Desrome; [de] Rome; de Romme), frz. Buchbinder-Fam., E. 17.–A. 19. Jh. in Paris nachw. mit Ausnahme der in Le Havre ansässigen 1. Alle in der Periode des Ancien Régime lebenden Mitgl. werden als Meister zugelassen, einige als „gardes" der Communauté des maîtres relieurs et doreurs de livres der Univ. Paris gewählt. Nur wenige Einbände tragen Sign., und die Produktion der versch. Wkst. ist lediglich durch das Schaffen von 8 und 17 als den angesehensten Mitgl. der Fam. bekannt. Der gegenwärtige Erkenntnisstand ermöglicht zumeist keine genaue Einschätzung der Bedeutung der jeweiligen Wkst. und des Char. ihrer Produktion. Inf. mit Beschr. der Wkst., zu Anzahl und Identität der Kunden und sichere Zuschr. von Werken mit char. Dekor fehlen. Dennoch sind versch. Einbände sign.; der Name DEROME steht z.B. in Goldbuchstaben am unteren Ende der Einbandrücken einiger Exemplare der 1731 ersch. Prachtausgabe des Werkes *Le Sacre de Louis XV, Roy de France et de Navarre, dans l'Eglise de Reims, le Dimanche XXV Octobre MDCCXXII*, die mit eingepreßtem Louis-quinze-Dekor verziert sind (Morlanwelz, Mus. royal de Mariemont); bislang ist die Zugehörigkeit der Sign. nicht geklärt (cf. Culot, 1970, 36–51). Bei anderen Einbänden steht die Sign. auf einem Etikett, zumeist auf der vorderen Deckelinnenseite oder in der linken oberen Ecke auf der Rückseite des Vorsatzblattes. Die Etiketten mit den Aufschriften „Derome l'aîné relieur et doreur, rue Saint Jacques au dessus des charniers de Saint Benoît" (4?), „Derome fils aîné, rue Saint Jacques, n° 193" und „Derome rue des Chiens, près Sainte Geneviève" (16?) stehen für schlichte, sparsam dekorierte Einbände. Die Etiketten ermöglichen außerdem die Identifizierung eines Teils der Produktion von 8 und 17. Außer den im folgenden gen. Mitgl. gehören zur Fam. D. ein *Paul D.* (Jahr VIII, 1799–1800, und Jahr XI, 1802–03, Rue des Amandiers, 15, als *Deromme jeune*; 1806–15 Rue des Amandiers, 9 [1817 und 1819–24 als *Paul jeune D.*]), ein *D. fils aîné* (Rue Saint-Jacques, 193; später viell. Rue Saint-Jacques, 558, Division des Thermes, Jahr VIII, 1799–1800, und Jahr IX, 1800–1801), *Jacques D.* (1811–22 nachw.; Rue des Sept-Voies, 18) sowie drei nur mit Nachnamen bek. Vertreter, die 1815–23 (Rue Pavé-Saint-André des Arts, 14), 1824–30 (bis 1826 Rue du Mont-Saint-Hilaire, 12; dann als *Mademoiselle D.*) bzw. 1826/27 (Rue de la Huchette, 8) nachw. sind.

1. Veuve D., A. 19. Jh. in Le Havre tätig (Rue Madame-de-La-Fayette; cf. Fléty, 1988). Die mit „Veuve DEROME, Rue Saint Jacques Hôtel de la Couture N° 65, et Bradel son gendre" bez. Marke befindet sich an fast schmucklosen Einbänden aus Kalbs- und Maroquinleder und solchen aus Velin, das mit Girlanden und Attributen des Landlebens bemalt ist, so z.B. bei einer Ausg. von Longus, *Les amours pastorales de Daphnis et Chloé*, P. 1718 (mit Stichen von Benoît (I) Audran nach Zchngn von Philippe von Orléans; Slg ô Sullivan de Terdeck, II, Verkauf in Brüssel, 7.–9.6. 1910, Lot 483, Abb. 43).

2. *André*, † vor 1689. Sohn von 19, Bruder von 5, Vater von 6. Wohnt im Quartier Saint-Hilaire. Ab 19. 11. 1650 Lehre bei Jacques Lemonnier; 18. 8. 1660 Meister. ⚭ vor 1665 Marie Elie (Hélie), die Tochter des Buchbinders Nicolas Elie (Hélie).

3. *André*, † nach 1783. Sohn von 10, Bruder von 14, 18, 20, 21. Lebt im Quartier Saint-Hilaire, Rue du Mont-Saint-Hilaire, dann Rue des Carmes, Rue Judas, Pfarr-Bez. Saint-Etienne-du-Mont (1782 belegt). 13. 12. 1776 Meister; Verwalter der Confrérie de la Vierge in Saint-Hilaire; 1783 deren Küster. 28. 7. 1777 (minderjährig) Heirat mit Geneviève Bacot (Bacault; Bucot), Tochter des Buchbinders Siméon Bacot. 21. 8. 1779 Taufe seines Sohnes Alexandre. Trauzeuge von 18 und 20.

4. *Charles* (gen. l'aîné), * 9. 9. 1721 Paris, † nach 9. 8. 1761. Sohn von 8, Bruder von 16, 17, Vater von 9; viell. ident. mit einem *D. l'aîné* gen. Buchbinder (Rue Saint-Jacques). Wohnhaft Rue Saint-Jacques, Pfarr-Bez. Saint-Benoît. ⚭ Antoinette-Jeanne Oblin; beim Abschluß der Eheverträge der Schwester Marie-Thérèse D. und des Buchbinders Jean-Henry Fournier (4. 4. 1752) sowie von 17 zugegen.

5. *Claude*, † vor 1679. Sohn von 19, Bruder von 2, Vater von 11. Lebt im Quartier Saint-Hilaire, Rue Chartière (1653 dok.), Pfarr-Bez. Saint-Sulpice. 21. 11. 1644 Lehrling bei J. Lemonnier. Heirat mit Jeanne Audot (23. 6. 1651), dann mit Barbe Gobeau (Gaubot; Gobiau; * 1638, † 13. 4. 1691). Am 15. 3. 1663 Meister.

6. *Jacques*, * um 1666 Paris, † 28. 1. 1745 ebd. (begr. Friedhof Saint-Benoît). Sohn von 2, Vater von 8; ⚭ Marie Blajard (Blageart), dann Marie Nyon (Nion), Tochter eines Buchhändlers und -binders.

7. *Jacques*, † nach 23. 10. 1781 (evtl. erst nach 1803). Sohn von 12, Bruder von 10, 13 und 15. Wohnhaft Rue des Amandiers (vermutl. Nr 16 oder 17, Division du Panthéon, 1797–1803 [Jahr VI bis XI]). 30. 7. 1764 Meister. 1781 Trauzeuge von 13. Vermutl. verh. mit Anne-

Victoire Boutault; mit ihr am 29. 1. 1786 beim Abschluß des Ehevertrags zw. seinem Cousin, Buchbinder Louis Sauvage, und Marie-Madeleine-Elisabeth Le Febvre, Tochter des Buchbinders Pierre-Léger Le Febvre.

8. *Jacques-Antoine*, * 20. 7. 1698 Paris, † 22. 11. 1760 ebd. Sohn von 6, Vater von 4, 16 und 17. Wohnhaft Rue Saint-Jacques, Pfarr-Bez. Saint-Benoît. ⚭ 23. 7. 1718 Anne Vauvilliers († vor 4. 4. 1752). Ab 25. 6. 1718 Meister; 11. 9. 1737 „garde"; Verwalter der Confrérie du Saint-Sacrement in Saint-Hilaire. Bei der Aufstellung von D.s Nachlaß-Inv. am 28. 11. 1760 registriert der Buchbindermeister François-Laurent Lemonnier die Waren und Werkzeuge in dessen Wkst. (cf. Guiffrey, 1884, 109–112). – Die bisher aufgelisteten, mit „J.(acques) A.(ntoine) de Rome rue S. Jaque" sign. Werke bestätigen hinlänglich D.s bed. Rolle bei der Verbreitung spezif. Dekors der frz. Buchbindekunst seiner Zeit. Versch. Prachteinbände zeigen ein bes. Dekor aus z.T. sehr dünnem Maroquinleder in Farben, die sich vom Untergrund abheben, und mit einzeln gestempelten vergoldeten Motiven. Die Ausf. dieser damals „à compartimens" gen. Mosaikeinbände für Andachtsbücher, Almanache und sehr seltene Bücher erfordert große Geschicklichkeit. Die Dekors bestehen aus kleinteiligen Repetitionsmustern, stilisierten floralen Motiven (Giordano Bruno, *Spaccio de la bestia trionfante*, P. 1584; Paris, Petit Pal., Coll. Dutuit 85; cf. Michon, 1956, 53, Abb. XXXII) oder der Natur nachempfundenen Motiven, z.B. einem Papagei auf einem Einband für den 1768 verstorbenen Louis-Jean Gaignat (*Teatro jesuitico*, Coïmbre 1654; Aix-en-Provence, Bibl. Méjanes: Rés. O. 151, cf. Michon, 1956, 47, Abb. I). D. gestaltet auch Einbände mit dem abwertend „à la dentelle" bez. Dekor, das mit Einzelstempeln, Fleurons und paarweise angeordneten stilisierten kleinen Blumen und Blattwerk ausgef. wird, die zu schlangenlinienartigen Mustern zusammengefügt werden; diese führen fortlaufend in den Ecken und an den Seitenrändern entlang, während das Mittelfeld für das Wappen des Eigentümers frei bleibt (Pelisson, *Prières de la messe*, Ms. auf Papier, 1747 dat., aufgeschrieben von Doré für de Boullongne, ordentl. Staatsrat, Intendant für Finanzen, dessen Wappen in der Mitte der Deckelseite eingeprägt ist; cf. Les livres de Madame J. P.[orgès], P. 1905, 18, Abb. I).

9. *Jean-Baptiste*, get. 24. 12. 1758 Paris (Kirche St-Benoît; als Taufpatin Marie-Henriette Bradel, Ehefrau von 16), † nach Jan. 1786. Sohn von 4. Am 29. 1. 1786 bei der Hochzeit seines Cousins L. Sauvage.

10. *Jean-Baptiste-Joseph*, † nach 18. 3. 1790. Sohn von 12, Bruder von 7, 13 und 15, Vater von 3, 14, 18, 20 und 21. Wohnhaft Rue des Amandiers, Pfarr-Bez. Saint-Etienne-du-Mont (1772–82 nachw.). 5. 6. 1743 Meister. ⚭ 1749 Anne-Denise Boutault, die Tochter des Buchbinders Philippe-Martial Boutault. 1757 „garde", 1779 „adjoint", 1780 „syndic", 1789 „député en exercice". 21. 8. 1779 Taufpate seines Enkels Alexandre (Sohn von 3); Trauzeuge der Söhne 18 und 20 und bei der zweiten Heirat von 13. Schätzt am 18. 3. 1790 Waren und Werkzeuge aus dem Nachlaß von 17.

11. *Louis*, * um 1662 Paris, † vor 15. 7. 1720. Sohn von 5, Vater von 12. Wohnhaft Rue Chartière, Pfarr-Bez. Saint-Hilaire. ⚭ 25. 1. 1687 Anne Sénécart, die Tochter des Buchbinders Eloy Sénécart. 16. 7. 1704 „garde". Küster von Saint-Hilaire.

12. *Louis*, * 18. 9. 1696 Paris, † vor 6. 9. 1745. Sohn von 11, Vater von 7, 10, 13 und 15; ⚭ 15. 7. 1720 Claude-Elisabeth Doré, die Tochter des Buchbinders Nicolas Doré. Im selben Jahr Meister.

13. *Louis-Eloy (Eloi)*, † nach 1781. Sohn von 12, Bruder von 7, 10 und 15. Wohnhaft Rue des Amandiers, dann Pl. Cambray, Pfarr-Bez. Saint-Etienne-du-Mont (1772–81 dok.). 25. 11. 1748 Meister; 1764 „garde". Erste Ehe mit Marie-Anne de Liège; 23. 10. 1781 zweite Heirat mit Marie-Anne-Françoise Cornu-Limage, Tochter des Buchbinders Limage.

14. *Louis-Joseph*, † nach 1782. Sohn von 10, Bruder von 3, 18, 20 und 21. Wohnhaft Rue des Amandiers, dann Rue des Carmes, Pfarr-Bez. Saint-Hilaire (1782 dok.). 30. 5. 1770 Meister; 1779 „député en exercice" der Zunft; Verwalter der Confrérie de la Vierge in Saint-Hilaire. Bei den Trauungen der Brüder 3, 18 und 20 anwesend.

15. *Louis-Nicolas*, 5. 6. 1743 Meister; 1755 „garde". Sohn von 12, Bruder von 7, 10 und 13; ⚭ 6. 9. 1745 Marie-Anne Boileau (beide minderjährig). Ansässig Rue Saint-Jean-de-Beauvais, dann Rue des Amandiers.

16. *Nicolas*, * 30. 11. 1724 Paris, † zw. 1765 und 1770. Sohn von 8, Bruder von 4 und 17. Ansässig Rue Saint-Jacques, dann Rue des Chiens, Pfarr-Bez. Saint-Etienne-du-Mont. 4. 4. 1752 Zeuge im Ehevertrag zw. J.-H. Fournier und D.s Schwester Marie-Thérèse D. Am 16. 11. 1755 Ehevertrag mit Marie-Henriette Bradel, Tochter des Buchbinders Pierre-Henry Bradel († vor 1755) und von Jeanne Considérant (24. 12. 1758 Patin von Jean-Baptiste D., Sohn von 4). 1761 beim Ehevertrag von 17 zugegen.

17. *Nicolas-Denis* (gen. D. le jeune), * 1. 10. 1731 Paris, † 28. 2. 1790. Sohn von 8, Bruder von 4 und 16. Adressen: Rue Saint-Jacques, Pfarr-Bez. Saint-Benoît, 1785 in 65, Rue Saint-Jacques, Hôtel de la Couture, Pfarr-Bez. Saint-Etienne-du-Mont. 28. 11. 1760 als Geselle dok.; 31. 3. 1761 Meister; 10. 5. 1773 „garde". 9. 8. 1761 Unterzeichnung des Ehevertrags mit Louise-Geneviève Lemonnier (minderjährig), der Tochter des Buchbinders François-Laurent Lemonnier. Nach Angaben auf Einbänden übernimmt D. 1760 die Wkst. des Vaters (8). Am 18. 3. 1790 Schätzung seines Nachlaß-Inv. durch die Buchbinder 10, Marc-Antoine-Charles-Guillaume Lainé und Nicolas-Noël Loison (cf. Schreiber, 1934, 404). Weiterführung der Wkst. durch D.s Witwe und François-Paul Bradel (Sohn des Buchbinders Paul Bradel und von Marie-Louise Le Cornu; verh. mit D.s Nichte Catherine-Jeanne D.; Tochter von 4) im Hôtel de la Couture (65, rue Saint-Jacques). Am 22. 1. 1791 verkauft sie das Wkst.-Inv. an Bradel, der ihr eine ständige Rente zusichert (Rechnung des Verkaufs v. 5 floréal an II [24. 4. 1794] durch L.-G. Lemonnier an das Ehepaar F.-P. Bradel und Marie-Elisabeth-Henriette Robert). – D. ist Leiter einer angesehenen Wkst. und als „le Phénix des relieurs" bez. (cf. Précis sur la vie et la bibl. de feu M. Gouttard, in: de Bure, fils aîné, 1780, IX). Nach Aussage eines Kunden ist D. „le plus cher;

mais aussi le plus adroit de tous les ouvriers de sa profession" (cf. Mérard de Saint Just, 1785, 18). Von offizieller Stelle erhält er Aufträge zu prachtvollen Arbeiten, z.B. für Einbände aus Maroquin- und Kalbsleder von Exemplaren des Werkes *Etrennes françoises*, wofür er von den Vorstehern der Kaufleute und Schöffen der Stadt Paris mit 2200 livres vergütet wird (Paris, Arch. nat.: K1056; Jean-Raymond, Abbé de Petity, *Etrennes françoises dédiées à la Ville de Paris pour l'année jubilaire du règne de Louis le Bien-Aimé, par l'abbé De Petity, prédicateur de la Reine*, P. 1766; bei den erh., teilw. luxuriös „à la dentelle" verzierten Exemplaren sind die Wappen von Frankreich und der Stadt Paris eingeprägt). D. versieht zahlr. Einbände mit einem Etikett, dessen Aufschrift sich im Verlauf der ca. 30 Jahre dauernden Tätigkeit mehrfach ändert (cf. Ract-Madoux, 1989, 382–392). Wie der Vater (8) fertigt er Mosaikeinbände; ihre Muster bestehen aus Feldern mit stilisierten floralen Motiven (Bartolommeo Albizzi, *Liber conformitatum* ..., 2 Bde, Mi. 1510–13, aus der Bibl. von L.-J. Gaignat, Paris, BN, Coll. Rothschild: VII. 2. 1.; VII. 1. 8., cf. Michon, 1956, 63, Abb. XXXVI, 64) oder aus Ornamenten mit Pflasterimitat (*Le jeu du prince des sotz et de mère sotte* [ca. 1511], Aix-en-Provence, Bibl. Méjanes: Rés. D. 493). Weitere der vielen Prachteinbände in meisterhafter Qualität mit Dekor „à la dentelle" entstammen aus D.s ersten zwei Jahrzehnten der Tätigkeit; häufig ist ein bes. Einzelmotiv eines Vogels mit ausgebreiteten Flügeln dargestellt, von dem mehrere Exemplare bek. sind, das jedoch nicht nur D. verwendet; eine der letzten so dekorierten Einbandserien ist die von Jean-Théodore de Bry zw. 1590 und 1644 in Frankfurt am Main publ. *Coll. peregrinationum in Indiam orientalem et Indiam occidentalem* in mehreren Ausg. und Zuständen. Dazu kommen zw. 1598 und 1610 von Willem Lodewijcksz. und Jan Van Linschoten verfaßte Beschr., 21 Bde (fol.) für Le Camus de Limare, in dessen 1779 gedrucktem Kat. enthalten (p. 23, auf 3600 Pfund geschätzte Slg; Lot 1380 im Verkauf von 1786, erworben für die Bibl. royale; Paris, BN, Bd I der ersten Ausg. der großen Reisen [Magazin-Code G 370] enthält D.s Etikett mit der in Tinte geschriebenen Jahreszahl 1779). Wenige Jahre vor D.s Tod fertigt seine Wkst. Einbände mit einem bes., wenn nicht gar neuartigen Dekor; auf langnarbigem Maroquinleder in kräftigem Rot, verhaltenem Blau und Apfelgrün befindet sich eine mit Rollenstempeln ausgef. Bordüre oder Einfassung; die Eckpunkte sind jeweils mit einem Fleuron verziert. Das schlichte Dekor zeigt Elemente des neoklassizist. Ornament-Repert.; Beispiele waren auf Einbänden aus engl. Wkst. in Anlehnung an den von den brit. Architekten Robert Adam und James Stuart kreierten Stil zu sehen. Arbeiten aus D.s Wkst. mit dem als „anglais riche" bez. Dekor befinden sich v.a. unter den für die Bibl. royale gebundenen Büchern mit dem Wappenaufdruck von König Ludwig XVI. und sind sehr seltene Exemplare von durch François-Ambroise Didot auf Velin gedruckten Bänden, bes. die in der Slg „Ouvrages imprimés pour l'éducation du Dauphin", 1784–89 (octav), im Orig.-Schuber (Paris, BN: Vélins 2599–2602; 2618–2646). Zu dieser Slg gehören außerdem das 1784 von Didot für den Dauphin auf Velin gedruckte Werk *Les aventures de Télémaque* von Fénelon, ein Geschenk an König Gustav III. von Schweden im Einband und Schuber mit dessen Wappenaufdruck (Stockholm, Kgl. Bibl.: Litt. Fr. Rar. G III), und eins der zwölf anonym ersch. *Œuvres* von Madame de Montesson, geb. Charlotte-Jeanne Beraud de La Haie de Riou, der morganat. Ehefrau des Herzogs Ludwig-Philipp von Orléans, 1782–85 von Didot l'aîné in Paris gedruckt; der Einband zeigt das Monogr. von Prinz Heinrich von Preußen (Bruder von König Friedrich II.; Berlin, SMPK, Staats-Bibl.: Xv 1912; cf. Husung, 1926, 25 ss.).

18. *Paul-Michel*, 20. 12. 1777(?) Meister. Sohn von 10, Bruder von 3, 14, 20 und 21. Wohnhaft Rue des Amandiers. ⚭ 3. 6. 1782 (minderjährig) Augustine-Amélie Gosselin, Nichte des Buchbinders Jean-Baptiste Gosselin.

19. *Pierre*, auch Buchhändler, E. 17. Jh., wohnhaft Saint-Hilaire. ⚭ Marie Pétillon, Vater von 2 und 5.

20. *Pierre-Jean-Baptiste*, 13. 12. 1776 Meister. Sohn von 10, Bruder von 3, 14, 18 und 21; ⚭ 6. 11. 1780 Marie-Louise-Nicole Landot in Saint-Hilaire.

21. *Pierre-Nicolas*, 20. 12. 1777 Meister. Sohn von 10, Bruder von 3, 14, 18, 20. Wohnhaft Rue des Amandiers.

📖 ThB9, 1913 (zu 8, 17; s.v. D., Nicolas Denis). *Jal*, 1867 (s.v. Les De Rome); ^{2}1872; *H. Schreiber*, in: Lex. des gesamten Buchwesens, I, L. 1934 (zu 17); Lex. des Buchwesens, ed. *J. Kirchner*, I, St. 1952; III, St. 1955; *J. Fléty*, Dict. des relieurs franç. ayant exercé de 1800 à nos jours, P. 1988 (zu 1); LGB II, 1989. – Liste des maîtres relieurs et doreurs qui doivent payer la confrairie de St Jean l'Ev. érigée en l'Eglise des Révérends Pères Mathurins. Fait suite à la Liste des imprimeurs et libraires ..., 1718 (Nachdruck in: *E. Fournier*, L'art de la reliure en France aux derniers ss., P. 1888, 255–269); Liste des maîtres relieurs et doreurs de livres en l'Univ. de Paris, année M. DCC. LXXII., P. s.a. (Faks. in: *L. Gruel*, Manuel hist. et bibliogr. de l'amateur de reliures, Suppl., P. 1905, 112, Abb. außerhalb des Textes); *G. de Bure, fils aîné*, Cat. des livres rares et précieux, P. 1780, IX (zu 17); *S.-P. Mérard de Saint Just*, Lettre au comte Auguste Nadaillan sur le goût des livres, Nancy 1785, 18 (zu 17); Almanach du commerce et de toutes les adresses de Paris pour l'an VII, P. 1798/99 (erstmals nach Berufen geordnet; nachfolgende Jahre bis 1830); *J. J. Guiffrey*, Bull. de la Soc. d'hist. de Paris 1884, 109–112 (zu 8); *L. Gruel*, Manuel hist. et bibliogr. de l'amateur de reliures, P. 1887; Suppl., P. 1905; *E. Thoinan* (eigtl. *E. Roquet*), Les relieurs franç. 1500–1800. Biogr. crit. et anecdotique précédée de l'hist. de la Communauté des relieurs et doreurs de la Ville de Paris et d'une ét. sur les styles de la reliure, P. 1893; *M. J. Husung*, D. d. J., Madame de Montesson und Prinz Heinrich von Preußen. Nach einem Funde in der Preuss. Staats-Bibl., Zs. für Bücherfreunde, N. F., 18:1926, 25 ss. (zu 17); *L.-M. Michon*, Les reliures mosaïquées du XVIIIe s., P. 1956; *P. Culot*, Sur quelques reliures d'époque à décor doré du Sacre de Louis XV, Cah. de Mariemont 1:1970, 36–51; *P. Ract-Madoux*, Essai de classement chronologique des étiquettes de D. le jeune, Bull. du bibliophile 1989, 382–392 (zu 17); *id.*, Les D., Jacques-Antoine, Charles, Nicolas et Nicolas-Denis. 100 reliures dont 9 en mosaïque (K BN, Dép. des livres imprimés, Réserve des livres rares et précieux), P. 1990; *M. von Arnim*, Europ. Einbandkunst aus sechs Jh. (K Bibl. Otto Schäfer), Schweinfurt 1992, 127, 139–142, 145 (sechs Einbände D.'s, vier davon zugeschr., zu 17). P. Culot

De Rome → **Derome** (Buchbinder-Fam.)

Derome (l'aîné) cf. **Derome** (Buchbinder-Fam.)

De Rome, *Albert Thomas*, US-amer. Maler, Geschäftsmann, * 26. 6. 1885 Cayucos/Calif., † 31. 7. 1959 Pacific Grove/Calif. Stud.: Mark Hopkins Inst., San Francisco. Befreundet mit den Malern William Keith und Charles Joseph Hittell. 1910–18 in der Werbebranche in San Francisco tätig. Bereiste 1918–31 umfassend die Westküste; zeichnete in den 1920/30er Jahren gemeinsam mit den Malern Henry Percy Gray und Gunnar Mauritz Widforss. D. war Trustee des California College of Arts and Crafts, Oakland. Ließ sich später in Pacific Grove/Monterey Peninsula nieder (lt. AAW auch in Carmel/Calif. wohnhaft). – Kleinformatige Öl-Gem., Aqu. mit kaliforn. Lsch. und Küstenszenen (v.a. Regionen um Santa Cruz, Santa Clara, Monterey) in impressionist. Art. ⊙ *E:* 1985 Santa Cruz, Univ. of California (Retr.). ▭ AAW III, 1985; *Hughes*, 1986. C. R.

Derome, *François-César*, frz. Maler, Vergolder, Restaurator, * um 1736 Toulouse, dort A. der 1760er Jahre Schüler der Acad. royale. Übernahm nach 1766 das Atelier seines Vaters, des Vergolders *François D.* in der Rue des Couteliers in Toulouse. Beteiligte sich 1777–81 an der Dekoration des Hôtel du Comte Jean Dubarry (heute Lycée St-Sernin), indem er v.a. die Basreliefs des Bildhauers Jean-Baptiste Julia bemalte und vergoldete. 1787 Aufnahme als Peintre de genre in die Acad. r. in Toulouse. – Bek. (ab 1778) wurde D. v.a. durch Reliefimitationen en grisaille in der Art von Piat Sauvage. Diese Arbeiten mit mytholog. und allegor. Sujets sind nicht auffindbar, so z.B. die vier Supraporten des Hôtel de Verduzan in Toulouse, die entfernt und nach dem Tod des Marquis de Panat verkauft wurden. Auch D.s Pastelle, Gem., darunter zahlr. Kopien u.a. nach Jean-Baptiste Oudry und François Desportes, sind verschollen. ⊙ *G:* 1762–90 Toulouse, Acad. r. (1762, '64 Blumenbilder, dekorative Malereien in Chinoiserie-Manier). ▭ *J. Chalande*, Hist. des rues de Toulouse, Toulouse 1915, 141; *Desazars de Montgailhard*, Les artistes toulousains et l'art à Toulouse au XIXe s., II, Toulouse/P. 1925; *R. Mesuret*, L'auta 1944 (Aug.); *id.*, Evocation du Vieux-Toulouse, P. 1960; Toulouse 1987, 160, 264, 312, 496, 544; *id.*, Les expos. de l'Acad. r. de Toulouse de 1751 à 1791, Toulouse 1972; *Y. Bruand*, in: Le progrès des arts réunis 1763–1815 (Kolloquium 1989), Bordeaux 1992, 281–289. Y. Bruand

Derôme, *Jean Baptiste*, kanad. Architekt, Ingenieur, Zeichner, * 1837, † 1910, lebt ab ca. 1864/65 in Quebec City. Ohne formale Archit.-Ausb. für die Reg. der Prov. Quebec als Architekt und Ing. tätig. Zeichnet für Eugène-Etienne Tâché Baupläne für das Parlamentsgebäude in Quebec; 1877–87 überwacht D. zus. mit Pierre Gauvreau die Bau-Ausf. Ca. 1891/92 Ruhestand. ▭ Cherrier's Québec City directory, Qu. 1864/65–1891/92; Dict. of Canad. biogr. 1911 to 1920, XIV, Tor. u.a. 1998. – *C. Cameron/J. Wright*, Second Empire style in Canad. archit., Ottawa 1980; *L. Noppen/G. Deschênes*, L'Hôtel du Parlement, Qu. 1986 (auch engl.); *M. Desgagnés*, Les édifices parlementaires depuis 1792, Qu. ²1992; *H. Kalman*, A hist. of Canad. archit., II, Tor. 1994. R. Goodspeed

Derome, *Nicolas-Denis* → **Derome** (Buchbinder-Fam.)

Deromme → **Derome** (Buchbinder-Fam.)

Deroo, *André*, belg. Maler, Zeichner, Graphiker, * 13. 4. 1933 Menen, † 12. 4. 1997 Kuurne. Stud.: Koninkl. Acad. voor Schone Kunsten, Gent; Rijksmiddelbare Normaalschool, ebd., bei Octave Landuyt (plast. Kunst). 1956 Lehrer an der Rijksmiddelbare School in Harelbeke. ⚭ Kinderbuchautorin Gilberte D. – U. a. Buch-Ill. zu Werken seiner Ehefrau, anfängl. stark von Landuyts Surrealismus beeinflußt. Nach einer abstrakten Phase werden die Komp. wieder figurativ. Häufig sind sie von rosafarbenen Frauengestalten dominiert, deren Statik sich vom dynam. bewegten Hintergrund abhebt. 🏛 BRÜSSEL, Communauté flamande. KORTRIJK, Sted. MSK. KUURNE, Gemeinde. MAASTRICHT, Bonnefanten-Mus. OOSTENDE, Sted. MSK. WIELSBEKE, Gemeinde. ⊙ *E:* u.a. 1960, '63 Harelbeke, Rathaus / 1966 Antwerpen, AG / 1973 Kortrijk, Gal. Anhyp / 1986 Brüssel, Gal. DB & C / 1991 Paris, Gal. Ken. – *G:* 1994 Antwerpen, Koninkl. MSK: Klassieke schonheid. ▭ *Arto*, 1995; LWBK IV, 1995 (Ausst.); VII, 1998. – Mitt. N. Hostyn, Oostende (Ausst., Lit.). U. R.

De Ros (De Roos), *John Frederick Fitzgerald*, brit. Marineoffizier, Topographiezeichner, * 6. 3. 1804 Boyle Farm/Surrey, † 1861. 1818 Eintritt in die R. Navy; diente im Mittelmeerraum und in Südamerika. 1825 Lieutenant auf dem Admiralflaggschiff in Halifax/N. S.; 1828 Commander; 1831 Captain. – D. fertigte topograph. Zchngn von Kanada (Nova Scotia; Montreal) und den östl. USA. 🏛 FREDERICTON/N. B., Beaverbrook AG. HALIFAX, AG of Nova Scotia. – Dalhousie Univ. Libr. Special Coll. OTTAWA, Nat. Arch. of Canada: Original-Zchngn. TORONTO, R. Ontario Mus., Sigmund Samuel Coll. ✉ Personal narrative of travels in the U. S. A. and Canada, Lo. 1827 (D.s Zchngn als Lith. von Charles Joseph Hullmandel und Thomas Mann Baynes; Kopie der Publ. in der Libr. of Congress in Washington/D. C.); The Belgian, Netherlands, Hanoverian, Danish, Prussian, Swedish and Norwegian light houses, Lo. 1843. ▭ *W. R. O'Byrne*, A naval biogr. dict., Lo. 1849; *Groce/Wallace*, 1957 (s.v. Roos, J. F. F.); *Harper*, 1970 (zwei Art.). – *H. Piers*, Nova Scotia Hist. Soc. (Halifax) 18:1914; *P. Godenrath*, Manoir Richelieu Coll. of Canad. Art (K), Ml. 1930; *M. Tremaine*, A bibliogr. of Canadiana, Tor. 1934; *C. P. De Volpi*, Nova Scotia. A pictorial record, Tor. 1974. – *D. C. Mackay*, Portr. of a prov. (Ms.). – Toronto, Metropolitan Research Libr.: Dossier D. M. D. O'Neill

De Rosa, *Francesco*, ital. Maler aus Foggia, 18./19. Jh. 🏛 NOICATTARO/Bari, S. Maria della Pace: Madonna del Rosario, Lw., 1819. ▭ *Sorrenti*, 1990.

De Rosa, *Giuseppe*, ital. Maler, * 20. 2. 1916 Capua, † 12. 8. 1991 Frosinone. Debütiert 1957 in Frosinone. 1968 Portr. *Dante* (Auftrag der Bibl. Dantesca in Ravenna). – V.a. postimpressionist., z.T. abstrahiert-expressive Lsch. und nächtl. Stadtansichten mit vielfältigen Lichteffekten in Öl. ⌂ FIUGGI, Ente Soggiorno e Cura. FONTANA LIRI, Comune. FROSINONE, Amministrazione Prov. – Camera di Commercio. TREVI, Cassa di Risparmio. ⊙ *G:* 1972 ss. Tokio, Gal. 2000. ▭ Gente nostra III, 1970; CatBolaffiMod IX. 2, 1974; AIC VI, 1975 (Ausst.-Verz.). – Mitt. Comune di Frosinone. S.-W. S.

De Rosa, *Loris,* ital. Maler, Werbegraphiker, * 12. 5. 1909 Cagliari, lebte in Neapel. Stud.: Ist. d'Arte Neapel, Schüler von Lionello Balestrieri. 1924 Ausst.-Debüt; regelmäßige Teiln. an Ausst. des Sindaco delle BA in Neapel. V.a. Lsch.-Malerei in der Trad. der Schule von Posillipo, später auch Werbegraphik. 1934 1. Preis des Concorso naz. per il paesaggio in Castellamare di Stabia; versch. Preise für Briefmarkenentwürfe. Kavalier der ital. Krone. ⊙ *G:* 1936 Venedig: Bienn. ▭ *Padovano,* 1951; AIC IV, 1971; *Comanducci* II, 1971; DizBiogrMerid I, 1974; *G. Falossi,* Pittori e scultori ital. del 900, Mi. 1988. – La Bienn. di Venezia. Le Espos. Internaz. d'Arte 1895–1995, Mi. 1996. A. Pillittu

Derosa, *Michael Louis,* US-amer. Maler, Zeichner, * 6. 7. 1965 Bartlesville/Okla., lebt in Collinsville/Okla. Stud.: 1987 Oklahoma State Univ., Stillwater; bis 1992 Illinois State Univ., Normal. – Öl; Kohle-Zchngn. ⊙ *E:* 1989, '92 Normal, Illinois State Univ. ▭ WWAA, 1993/94 (Werke, Ausst.). C. R.

De Rosa, *Raffaele,* ital. Maler, Radierer, Lithograph, * 19. 8. 1940 Podenzana di Aulla/Massa Carrara, lebt in Livorno. Beginnt in den frühen 70er Jahren, Atmosphäre und Figuren der heroisch-ritterl. Welt in märchenhafter und surrealer Weise zu übertragen (*Portadoni; Festaioli; Trionfo dell'anima*). Später schöpft D. aus dem Arsenal der Harnische, Wappen, Schabracken und Kleidung des Quattro- und Cinquecento, um phantast. Geschichten von Damen und Rittern, Kriegern und Pferden zu erfinden (*Tristano e l'avventura,* 1978; *La battaglia di Campaldino,* 1987). 1978 acht Farb-Lith. zu *Novellino* (Ed. M. Feo). Realisiert 1983 in Acryl auf Lw. einen Zyklus von Bildern u.d.T. *Favola della Lunigiana,* in dem er den schwärmer. Charakter seiner Bildsprache unterstreicht und prächtige Gärten und Pal., Helden und myth. Drachen darstellt (*La città delle meraviglie; Il giardino lustrale; La terra delle fate*). ⊙ *E:* Livorno: 1969 Bottega d'Arte; 1972 Gall. Don Chisciotte; 1974 Gall. Il Cavallo (K: R. Margonari); 1977 Gall. Il Fante di Picche / Florenz: 1970, '74 Gall. Pananti (K: A. Gatto); 1981 Gall. Santacroce / 1971 Verona, Gall. Volta / 1973 Vicenza, Gall. del Ponte / Mailand: 1973 Gall. Angolare; 1978 Gall. Toninelli (K: M. Feo) / 1975 Parma, Gall. S. Chiara / 1978 Pisa, Gall. Pisanello / 1981 Reggio Emilia, Gall. Perli / 1982 Savona, Gall. Nuovo Aminta; Kopenhagen, Ist. Ital. di Cult. / 1983 Sarzana, Gall. Il Pomarancio. – *G:* 1976, '80 Poggibonsi, Pal. Pretorio: Arte, Pitt. e Scult. / 1982 Siena: Siena 82. ▭ ASA Italia IV, 1971; Catalogo Veneto I, 1974; Il centauro, I, La Spezia 1975; CatBolaffiMod XIII. 1, 1978. – *N. Micieli,* Incontri, Pisa 1980; *id.,* Favole della Lunigiana di R. D., Pisa 1983; *P. Levi,* Arte 22:1992 (Sept.) 84–87; *id.,* Terzo occhio 19:1993 (4) 50 ss. N. Corradini

De Rose, *Anthony Lewis,* US-amer. Maler, Miniaturist, * 17. 8. 1803 New York, † 1836 ebd. Dort Stud.: NAD School; bei John Rubens Smith. – Portr., z.B. *Davy Crockett* (Original in der New York Hist. Soc.), gestochen von Asher Brown Durand; hist. Motive. ⊙ *G:* New York: 1823–24, '33 Amer. Acad.; 1829–35 NAD (1833 Mitgl.). ▭ ThB29, 1935 (s.v. Rose, A. L. De). *Groce/Wallace,* 1957; *Fielding,* 1984. C. R.

De Rose, *Gerard,* brit. Maler, * 21. 8. 1921 (nach anderen 1918) Accrington, † 1987, lebte in London. Stud.: 1935–38 Accrington SchA; 1938/39, 1946–49 R. College of Art, London. Mitgl.: ebd. und R. Soc. of Brit. Artists (1961 Associate, 1964 Fellow). – Neben Industrie-Lsch., Ringkämpfen und Stilleben bes. Portr. in Öl, u.a. *Duke of Bedford, John Wayne, Rod Steiger, Sammy Davis Jun., Moshe Dayan, David Hockney.* ⌂ ROCHDALE/ Greater Manchester, AG. ⊙ *G:* London: 1947–68 RA; 1962 R. Soc. of Brit. Artists / 1964–67 Glasgow, GI. ▭ WWArt, 1972; *Waters* II, [ca. 1976]; *Bradshaw,* RBA 1947/1962, 1977; RoyalAcadExhib II, 1977; *Billcliffe* I, 1990; *Spalding,* 1991; *Wingfield,* 1992. K. F.

De Rose, *Luigi,* ital. Maler, Keramiker, Musiker, Kunstkritiker, * 31. 8. 1871 Cosenza, † 21. 1. 1937 Neapel. Lehrte Ornamentik an der ABA in Neapel. War auch als Keramiker tätig und leitete mehrfach wichtige Werkstätten. Als Maler verfolgte er einen strengen Realismus in versch. Maltechniken. Schuf Fresken in Kirchen von Arienzo, Teano, Torre del Greco, Santa Maria a Mare. Gen. werden auch Ölbilder wie *L'apparizione di Gesù a S. Teresa, Il dolore,* Veduten von Capri und Ischia, der *Vesuv, Campagna romana, Mattino.* Beteiligte sich an einer Ausst. der Promotrice Salvator Rosa in Neapel mit einer *Madonna mit Kind,* das das Königshaus erwarb. ⌂ MAIORI, Collegiata: Fresken. NEAPEL, S. Pietro ad Aram: Hl. Candida mit den ersten Hll. in Neapel, Keramik. ROCCAMONFINA, S. Maria dei Lattani: Madonna, Fresko. ROGGIANO GRAVINA, Pal. De Santis: Deckenfresko. ▭ *Comanducci* II, 1971. – *U. Campisani,* Calabria letteraria 40:1992 (7–9) 102. G. W.

Derossi (Derossy; de Rossi), dt. Zinngießer-Familien, aus Italien stammend, in Bruchsal und Philippsburg/ Baden 1801–1912 erwähnt. Ein *Seraphim Joseph D.* (* um 1801 Italien) wird 1833 Bürger von Bruchsal und heiratet 1834. Mit seinem Sohn *Johann Baptista D.* (* um 1838 Bruchsal, † 19. 12. 1912) stirbt diese Linie der Fam. aus. *Johann Maria D.* (* Italien), wahrsch. ein Bruder von Seraphim J. und *Peter D.* (tätig um 1834/ 37), heiratet 1822 in Philippsburg die Tochter des Maurermeisters Georg Biehler. Der Sohn *Peter Joseph D.* (* 21. 2. 1837 Philippsburg, † 6. 4. 1873) wird Graveur. ⌂ BRUCHSAL, StM: Schüssel (Seraphim J. D.); Suppenteller, Schüssel (Johann M. D.); ein Paar Suppenteller, Schöpflöffel, Schüssel, Waschschüssel (Johann B. D.). LÜBECK, Mus. für Kunst und Kulturgeschichte: Schüssel (Johann M. D.). ▭ *Hintze* V, 1927, Nrn 525, 526, 527; *Hintze* VI, 1928, Nrn 964, 965. J. T.

De Rossi, *Anna,* ital. Malerin, Graphikerin, Bildhauerin, 20. Jh., * Turin, dort tätig. Schülerin von Riccardo Chicco. In den 60er Jahren Verbindung zu einer surrealist.

Künstlergruppe in Turin. Nutzt auffällige Formen und lebhafte Farben, um die Wahrnehmung zu provozieren. Komp. aus zerschnittenen Profilen ungewöhnl. Personen, mit Anklängen an Pop Art. Rückgriffe auf die Spontaneität von Kinder-Zchngn (elementare Formen, reine Farben). Realisiert totemähnl., geometr. stilisierte Figuren und Zeichen, teilw. inspiriert durch Art nouveau mit iron. und phantast. Untertönen und reliefartige Holzobjekte, deren Räume und Formen rhythm. Bewegungen zu erzeugen scheinen; ihre Bemalung mit Acrylfarben wirkt edel. In den 80er Jahren Komp. ihrer Objekte aus der Vogelperspektive, teilw. an Lsch. der Aeropittura erinnernd. Gibt weitgehend das Tafelbild zugunsten plast. Objekte auf und kommt zunehmend zur Harmonisierung von ritualisiertem Alltag und phantasievoller Dekoration bzw. von ästhet. Qualität und funktionellen Erfordernissen. ⊙ *E:* 1971 Bologna, Gall. Caldarese / Turin: 1972 Gall. Centro; 1979 Gall. La Cittadella (K); Gall. Viotti; 1983 Il venerdi d'Arte del Teatro Nuovo; 1986 Fornasetti / Mailand: 1973 Gall. Angolare; 1977 Gall. Eros; 1981 Gall. Valentini / 1974 Florenz, Gall. Arno / 1976 Vercelli, Gall. Tacchini / 1978 Stuttgart, Gal. Galetzky / 1980 Brüssel, Banco di Roma / Rom: 1983 Gall. La Margherita; 1987 Studio Erre (K) / Washington: 1984 The Art Soc. of the Internat. Monetary Fund; 1985 Victoria Gall. ▭ ASA Italia IV, 1971; Arte ital. per il mondo, I, T. 1974. S.-W. S.

De Rossi, *Antonio*, ital. Maler, Radierer, * 3. 9. 1930 Limena/Padua, lebt dort. Stud.: 1951–54 ABA Venedig bei Bruno Saetti und Giovanni Giuliani. Seit 1954 Beschäftigung mit graph. Techniken, v.a. Rad.; als Maler bevorzugt er Lsch.-Darst. aus dem Veneto und Ansichten der Lagune. Lehrte 1958–93 Zeichnen und Kunstgesch. am Liceo Scientifico I. Nievo in Padua. Seit 1954 Mitgl. der Assoc. Incisori Veneti. ⌂ *G:* ab 1954 Ausst. der Assoc. Incisori Veneti. ▭ *Arnaud/Busignani* II, 1962 *Comanducci* II, 1971; Cat. Veneto II, 1974; CatBolaffiMod XIII. 1, 1978; Annuario della grafica in Italia, XIX, Mi. 1989; Repert. degli incisori ital. nel Gab. stampe antiche e mod. del Comune di Bagnacavallo, I, Fa. 1993; II, 1997. – Mitt. D. E. K.

De Rossi (Derossi), *Giuseppe*, ital. Kameenschneider, * 1785, tätig in Rom, hier tätig ab 1805 (Via di Ripetta) bis 1824 (Via de' Condotti an der Piazza di Spagna). ▭ *Bulgari* I. 1, 1958. – *G. A. Guattani*, Mem. enc. romane 4:1809, 157. L. Pirzio Biroli Stefanelli

Derossi, *Johann Baptista* cf. **Derossi** (1801/1912 Zinngießer-Fam.)

Derossi, *Johann Maria* cf. **Derossi** (1801/1912 Zinngießer-Fam.)

Derossi, *Peter* cf. **Derossi** (1801/1912 Zinngießer-Fam.)

Derossi, *Peter Joseph* cf. **Derossi** (1801/1912 Zinngießer-Fam.)

Derossi, *Pietro*, ital. Architekt, Designer, Architekturschriftsteller, * 3. 8. 1933 Turin, lebt in Mailand. Stud.: Politecnico Turin (Abschluß 1959), hier Ass. von Carlo Mollino. Die Aufgeschlossenheit seines Lehrers wirkt bis hin zu D.s Auseinandersetzung mit dem Neo-Liberty (Gebäude am Corso Unione Sovietica, Turin, 1962). Im Mittelpunkt der Überlegungen von D. steht das Haus – verstanden als notwendiger Dialog scheinbar unauflösbarer Gegensatzpaare, die die zeitgen. Gesellschaft prägen: modern/traditionell, kollektiv/individuell, industriell/handwerklich. Die wachsende Betonung der offenen und „provisor.", d.h. ständig veränderungsbereiten Archit. von D. findet ihren Höhepunkt in dem Haus auf den Hügeln von Lucca (1968, zus. mit Giorgio Ceretti und Riccardo Rosso), das mit seiner Leichtigkeit die Idee des nomad. Wohnens zum Ausdruck bringt. In D.s Umgestaltungsarbeiten der 80er Jahre sind die vorhandenen Gebäude gleichsam Verbindungsglied in einem krit. Dialog mit der Vergangenheit. Sowohl D.s Objektedesign (z.B. Sessel *Pratone*, 1966) als auch der Entwurf für Kollektivbauten (vom Kindergarten bis zu Wohnkomplexen) zeigen eine Ausweitung des projekthaften Vorgehens von D., das die Diskontinuität und vorhandene Differenzen in der Stadt betont und unempfängl. ist für jeden Versuch, eine harmon., unwahrsch. „Ordnung" wiederherzustellen. – Lehrtätigkeit: Doz. am Politecnico Mailand, Gast-Prof. in Berlin, Lausanne, London und New York. 1996 Koordinator der XIX. Trienn. in Mailand, 1993–96 deren wiss. Berater. ⌂ BERLIN, Wilhelmstr.: Wohnturm, 1984–88 (mit Dietrich von Beulwitz u.a.). MAILAND: Theater des ital. Pavillon der 14. Trienn., 1968 (zus. mit G. Ceretti, R. Rosso). – La casa per lavorare, Ausstattung für die 17. Trienn., 1983 (mit G. Ceretti u.a.). – Renovierung des Restaurants Biffi Scala, 1988 (Mitarb.). – Nuova Piazza für die Trienn. 1996. NEW YORK, MMA: Social Leisure Environment, Ausstattung für die Ausst. Italy: The New Domestic Landscape, 1972 (mit G. Ceretti, R. Rosso u.a.). RIMINI: Diskothek L'altro mondo club, 1967 (mit G. Ceretti und R. Rosso). TURIN: Villa sulla collina, 1962–63. – Diskothek Piper, 1967. – Casa a schiera sulla collina, 1970 (alle mit G. Ceretti und R. Rosso). – Scuola materna, 1980. – Renovierung einer Villa des 19. Jh., 1980 (beide mit G. Ceretti). – Corso Francia: Wohnkomplex, 1998 (Mitarb.). ✉ Progettare nella città ..., T. 1988; Modernità senza avanguardia, Mi. 1990 (Quad. di Lotus, 13); Pensieri nelle cose e cose nei pensieri, Mi. 1993. ⊙ *E:* 1981 New York, Clocktower Gall. / 1986 Berlin, Gal. Aedes. – *G:* 1973, '84, '87 Mailand: Trienn. / 1972 New York, MMA: Italy: The New Domestic Landscape. ▭ CatBolaffiArch, 1966 (Lit.); Dict. de l'archit. du XXe s., P. 1996; Dict. internat. des arts appliqués et du design, P. 1996. – Architettura 11:1965/66, 226–233; 16:1970/71, 640–649; *M. Wörner/ D. Mollenschott/K.-H. Hüter*, Architekturführer Berlin, B. ^{3}1991; *M. De Michelis*, Domus 1999 (811) 40–45.
M. Mulazzani

De Rossi, *Pucci*, ital. Bildhauer, Möbeldesigner, * 1947 Verona, lebt in Paris. Stud.: Bildhauerei bei H. Brooks Walker New York(?). Seit 1977 in Paris. 1971 erste Plastiken in Metall, 1973 in Verb. mit Holz. Surrealist. Möbel- und Leuchten-Skulpt., z.T. beeinflußt von afrikan. Skulpt., Art brut, Pop Art in versch. Materialien. Seit 1982 werden seine nur begrenzt benutzbaren Möbel wie die Tische *Tristan und Isolde* oder *Romeo und Julia* von der Gal. Néotù in Paris produziert. ⊙ *E:* Paris: 1973, Gal. Art 3; 1980, Gal. Caroline Corre; 1987,

'89 Gal. Néotoù / 1986 Los Angeles, Gall. of Functional Art / 1990 Köln, Inst. Français. ▭ *Kjellberg*, 1994; *M. Byars*, The design enc., Lo. 1994 (s.v. Rossi, Pucci De; Lit.). S. P.

Derossi, *Seraphim Joseph* cf. **Derossi** (1801/1912 Zinngießer-Fam.)

Derossy → **Derossi** (1801/1912 Zinngießer-Fam.)

Derossy, *Luis Bezerra de Sá*, brasil. Maler, 20. Jh. Figürl. Arbeiten, z.B. *Dilema Tecnológico.* ⊙ *G:* Fortaleza: 1970 Salão Mpal; 1971 Salão Nac. de Artes Plást. (Ankaufspreis für Madona da Lua). ▭ *Cavalcanti* II, 1974. B. Th.

Derouard, *François*, Bildhauer in Paris, † 2. 1. 1769 ebd.; Mitgl. der Acad. de St-Luc; „officier emballeur à la Douane". ▭ ThB9, 1913. *Bénézit* III, 1976. – *Guiffrey*, 1915 (Repr. 1970).

Deroubaix, *Henri*, frz. Porträtmaler, * 1768 Lille, † 1822 ebd. Stud.: Ec. de dessin Lille bei François Watteau. ⌂ Lille, MBA: Portr. de Wicar, Kreide. ⊙ *G:* 1784–88 Lille, Salon (1788 Med.). ▭ *Bénézit* III, 1976. – Mitt. MBA Lille. K. S.-D.

Derouet, *Edgard*, frz. Plakatkünstler, Zeichner, Art Director, * 26. 10. 1910 Saint-Denis-en-Val/Loiret. Ab 1920 in Paris. Ab 1925 Lehre in der Abt. Photogravur der Zs. Le Matin. Ab 1929 Tätigkeit bei den Editions de l'Ile-de-France als Dessinateur-Créateur. Die freien Wochenenden nutzt er, um bei Paul Colin ebenfalls ab 1929 Unterricht zu nehmen. Es entsteht eine Freundschaft, die bis zum Tod von Colin 1985 währt. Zahlr. Preise bei Plakat-Wettb., wie für den Salon des Arts Ménagers oder die WA 1937. Der erste Preis für einen Wettb. der Loterie Nat. macht ihn berühmt. Das auf den Plakaten erscheinende, vor Freude in die Höhe springende Männchen, die „personnage emblématique", erscheint für viele Jahre auf den Plakaten der Lotterie. Ab 1935 arbeitet D. fast ausschließl. mit Partnern: Georges Grillères (1935–37), Charles Lesacq (1938–40), Simone Baudoin (1940–45), Robert Clavel (1941) und Paul Fromentier (1941–53). 1945 wird D. künstler. Dir. der Zs. Art et Industrie. 1954 tritt D. in die Direktion der bedeutenden Kunstdruckerei Bedos & Cie ein und beendet die eig. Tätigkeit im künstler. Bereich. 1980 Ruhestand. – D.s Œuvre von 120 z.T. künstler. hochwertigen Plakaten zeigt einen Querschnitt durch die frz. Zeitgeschichte von 1930 bis 1954, bedingt durch den hohen Anteil an polit. Plakaten, auch während der Zeit der Vichy-Regierung. Bes. Filmplakate zu namhaften Produktionen. ⌂ Paris, MAD. – BN. – Bibl. Forney. Cinémathèque franç. ▭ *G. Degaast*, D., affichiste, in: L'Ouest graphique 1937; *R. L. Dupuy*, Gebrauchsgraphik 15:1938 (1); *E. Courchinoux*, Nos affichistes par eux-mêmes, in: Vendre 1938 (Juni); *A.-C. Lelieur/R. Bachollet*, D. et son atelier. Affiches et publicités (K Bibl. Fourney), P. 1994. W. Weber

Derouin, *René*, kanad. Graphiker, Installationskünstler, Maler, Filmemacher, * 28. 4. 1936 Montreal, lebt seit 1976 in Val-David/Que. Stud.: frühe 1950er Jahre Malerei und Graphik; 1954–55 EcBA, Montreal (Graphik bei Alberta Dumouchel); 1955–56 UNAM (Spanisch und Zchng) sowie 1957 Esc. de Pint. y Escult. Esmeralda (Malerei), beide Mexiko-Stadt. Neben der mexikan. Kultur und Politik sowie präkolumbian. Kunst sind v.a. persönl. Forschungen und Reisen für D.s künstler. Entwicklung von Wichtigkeit; er zeigt ein bes. Interesse für mexikan. Graphik, die er in Atelier- und Ausst.-Besuchen studiert. 1957–62 freischaffende Tätigkeit als Filmanimator für Radio-Canada Television, 1963 für das Nat. Film Board. 1959–65 entstehen expressiv-lyr. abstrakte Gem., die er selbst zum großen Teil später zerstört. Ab M. der 60er Jahre konzentriert er sich auf Graphik, v.a. kühne schwarzweiße Linol- und Holzschnitte. Bes. im Hschn. gelingt es ihm, das Potential des Mediums voll auszuschöpfen und die eig. Gedanken direkt umzusetzen, wobei er z.T. ungewöhnl. Werkzeuge verwendet: trad. Hohleisen für rohe, expressive, herausgehackt wirkende Lsch.; Fräse und elektr. Bohrer für Erosionseffekte von Wind, Wasser und Gletschern; Handbohrer für Punkte, die atmosphär. Effekte hervorrufen. Nach Besuch eines Symposiums von Toshi Yoshida an der Univ. of Calgary 1967 studiert D. 1968 in Japan bei Yoshida Farb-Hschn.; daneben Einfluß der Arbeitsmethoden von Shikō Munakata. Mit delikaten jap. Aqu.-Tinten fertigt D. die Lsch.-Ser. *Varennes: Sér. Hiver*, übernimmt aber nicht den trad. jap. Darst.-Stil. Später verwendet er Tinten auf Ölbasis, die eine kräftigere Farbe aufweisen. 1969 Reise durch die USA, u.a. besucht er die graph. Wkst. Tamarind und Gemini. In den Siebdruck-Ser. *Techno I* und *Techno II* (1970–71) gibt er seine in den USA gesammelten Eindrücke von Univ., elektr., hydroelektr. und nuklearen Anlagen wieder. 1970–75 Leiter des Verlags Formart, der sich der Förderung von Kommunikation in den bild. Künsten mittels Multimedia-Produktionen verschrieben hat. Ausflüge zur James Bay führen zu D.s ehrgeizigstem Projekt, der *Suite Nordique* (1979–81), einer Ser. von 49 Graphiken mit Lsch.-Darst. aus der Flugzeugperspektive. Mit dem mon. Hschn. *Nouveau-Québec* (200 x 700 cm), in dem er die Weite des Landes und dessen tatsächl. Geologie nachempfindet, bekundet D. seinen Glauben an die fundamentalen Kräfte und Rhythmen, die der Struktur und Aktivität aller Phänomene zugrundeliegen. 1981–84 entsteht die Ser. *Between* mit großformatigen Drucken und Gem. auf Lw. sowie Papier. Seit A. der 80er Jahre verbringt D. jedes Jahr bis zu sechs Monaten in Mexiko. 1985 Augenzeuge des katastrophalen Erdbebens in Mexiko-Stadt; aus dieser Erfahrung heraus beginnt er die Ser. *Mémoire et cri génétique*, die zu einer Anzahl von Installationen führt, u.a. *Echographie de la mémoire génétique*, in der D. die ephemere Natur menschl. Daseins thematisiert. In den späten 80er Jahren konzentriert er sich stärker auf die reliefierten Holzplatten selbst und stellt 30 davon zur polychromen Arbeit *Equinoxe* zus., in der die gegensätzl. Pole der sinnl. Turbulenz Mexikos und der weiten Stille Kanadas verschmelzen. Jahrtausende währende Völkerwanderungen bilden die Grundlage für *Migrations* (1989–92; Ausst. in Quebec, Mus. du Québec und Mexiko-Stadt, Mus. Rufino Tamayo) mit 20000 Keramikfiguren auf einer 50 Meter langen Holzreliefplattform; die meisten der Figuren wirft D. 1994 zu Ehren seines Vaters und Bruders in den St.-Lorenz-Strom, in dem beide ertrunken sind. Dieser priv. Akt findet in *Fleuve-Mémoires* in Form einer Multimedia-Installation (u.a. mit Fotos) in Baie-Saint-Paul/Que. ein öff. Forum. 1995 entsteht die Keramik- und Holzrelief-Installation *Tiempo y Continuidad: Los Arboles de la Vida.* 1999 installiert D. im Jardin des Plantes, Paris, *La Traversée du Territoire.* 1996 gründet D. in Val-David die „Fond. R. D.", die jeden Sommer panamerikan. Kulturveranstaltungen abhält. – Die Dualität von Quebec und Mexiko spielt eine zentrale Rolle in D.s Schaffen. Er verknüpft abstrakte mit figuralen Darst.-Prinzipien und inkorporiert häufig Erinnerungen und Spuren seiner persönl. Lebensreise. Die beständige, tiefe Verbindung mit der Natur findet in der Wahl der Mat. (Papier, Holz, Ton) ihren Ausdruck. Seit ca. 1970 steht D. bes. unter dem Eindruck der großformatigen Werke von Robert Rauschenberg. ⌂ BURNABY/B. C., AG. CALGARY, Glenbow Mus. CHARLOTTETOWN/P. E. I., Confederation AG and Mus. JOLIETTE/Que., Mus. d'Art. LINCOLN, Sheldon Memorial AG, Univ. of Nebraska. MEXIKO-STADT, MAC Internac. Rufino Tamayo. – MN de la Estampa. MONTREAL, MAC. OAXACA/Mexiko, Mus. de la Estampa. OTTAWA, Canada Council Art Bank. – NG of Canada. – Nat. Libr. of Canada. PARIS, BN, Cab. d'Estampes. QUEBEC, Mus. de la Civilisation. – Mus. du Québec. WINNIPEG, AG. ✉ Du lieu extérieure au lieu intérieur, In urgences 17–18:1987 (Okt.) 43–45; L'espace et la densité. Entretiens avec Michel-Pierre Sarrazin, Ml. 1993; Ressac. De migrations au largage, Ml. 1996; Paraíso. La dualité du baroque, Ml. 1998. ◉ *E:* insg. ca. 100, beginnend 1959 Montreal, Gal. Agnès Lefort. – *G:* u.a. 1995, '98 Caracas, Bien. Barro de America (auf spezielle Einladung). 📖 *C. Bouret*, in: Le bois gravé. Aujourd'hui (K Cab. des Estampes, BN), P. 1979, 20; R. D. Recent works, Val-David 1981 (Ed. du Versant Nord); Empreintes et reliefs. R. D. (K Minist. des Affaires Cult.), Qu. 1982; *V. Baster*, in: *W. Jule* (Ed.), Print voice, Edmonton 1983, 5–8; R. D. Suite Nordique 1967–1987 (K Mus. du Québec), Qu. 1984; *L. Déry*, L'esprit des lieux (K Mus. Régional), Rimouski 1987; *M.-P. Sarrazin*, Plural 17–18:1988 (202) 33–42; D. Sér. 8-9-9-0. Équinoxe, Val-David 1990 (Ed. du Versant Nord); Helen Escobedo. Instalaciones. R. D. (K Mus. Rufino Tamayo), Méx. 1992; *L. Déry*, Escobedo, D. La dérive des contrastes (K Mus. du Québec), Qu. 1992; *L. F. Quirós*, Módulo 33:1994, 46–54; L'aventure de R. D., in: Esse. Arts + opinions 26:1995 (Frühjahr/ Sommer)unpaginiert (Sonderheft Mexiko); *V. Lefebvre*, Vie des arts 163:1996 (Sommer) 25–30; *P. Ainslie*, R. D. Frontiers frontières fronteras (K Glenbow Mus. und Montreal MFA, Retr.), Calgary 1998. – *M. Gali Boadella*, Artistas via jeros del s. xx. P. Ainslie

Deroutin → **Deranton,** *Joseph*

Derouvra, *Charles-Antoine* cf. **Delaistre,** *Charles François*

Deroux, *Carl*, belg. Maler, Zeichner, * 14. 11. 1932 Brüssel. Schüler von Emile Salkin; Stud.: Inst. Ferdinand Craps; Ec. nat. supérieure d'Archit. et des Arts visuels, La Cambre, Brüssel, bei Paul Delvaux und Gustave Marchoul. 1970 Prof. der Rijkshoger Kunstonderwijs Etterbeek. Ausz.: 1964 Prix Jeune Peint. belge; 1969 Prix Europe de Peint. – Kombiniert Malerei und Zchng unter Einbezug von Fotografie und Schrift (Worte). Vertreter der belg. Mec'Art, die, der Neuen Figuration folgend, durch Bildcollagen (auch in Annäherung an die Pop Art) in unerwarteten, z.T. poet. anmutenden Zusammenstellungen Wesenhaftes hinter den realen Erscheinungen aufzudecken sucht. ⌂ BRÜSSEL, Bibl. R. – Vlaamse Gemeenschap. – Crédit comm. UTRECHT, Mus. van Hedendaagse Kunst. 📖 *Bénézit* III, 1976; *Arto*, 1978; DPB I, 1995. K. S.-D.

Deroux (De Roux), *Daniel Edward (Dan)*, US-amer. Maler, Graphiker (Lith.), Bildhauer, * 25. 10. 1951 Juneau/Ala., lebt dort. Stud.: 1974/75 Nova Scotia College of Art and Deisgn, Halifax. 1988 Teiln. an den Internat. Art Competitions in Los Angeles und New York. ⌂ JUNEAU, Alaska State Mus. 📖 WWAA, 1980–1997/98. C. R.

Derow, *Lukas*, dt. Glasgestalter, Objektkünstler, * 31. 10. 1957 Homburg/Saar. Stud.: 1977–80 Staatl. Glas-FS Rheinbach bei Hans Hartwig (Kunstglaserei); 1982–85 Gesamt-HS Kassel; 1985–88 Frankfurt am Main, Städelsche KA bei Johannes Schreiter und Per Kirkeby (Malerei). 1989 freier Künstler in Freiburg im Breisgau. Mitgl. der Ateliergemeinschaft E-Werk. Ab 1992 in Stuttgart tätig. – Debütierte 1986 mit zwei Entwürfen zu Glasfenstern *Opus obscurum* (Langen, Mus. für zeitgen. Glasmalerei: modifizierte Ausf.), die noch unter dem Einfluß von Schreiter auf die Leuchtkraft von farbigem Glas verzichten. Gelangt danach zu Rauminstallationen und intensiv gegliederten Objekten, die außer farbigen Gläsern auch Draht, Stäbe, Winkeleisen, Holz, Peddigrohr u.a. Materialien als „farbraumbildende Elemente" verarbeiten. Dabei wird die Wirkung des farbigen Lichts mitunter durch integrierte Halogenscheinwerfer gesteigert. ⌂ LANGEN, Mus. für zeitgen. Glasmalerei. LAUSANNE, Mus. d'Arts Décoratifs. ◉ *E:* 1991 Kassel, Dokumenta-Arch. / 1992 Köln, Kunsthaus am Mus. Carola van Ham. – *G:* 1987 Ebeltoft, Glass Mus.: Young glass (Kuglerpreis) / 1990 Rottweil, Dominikaner-Mus.: Wettb. zur Gestaltung des Freibereichs ebd. (Preis). 📖 WWCGA, 1993. – *K. G. Nicola*, Neues Glas 1987 (3) 208, 211; Kunst und Kirche 1990 (3) 149 s.; Zeitgen. dt. Kunsthandwerk. 5. Trienn. (K Frankfurt am Main/Leipzig/Hannover), M. 1990; *E. Schmitt*, Neues Glas 1992 (1) 18–25; CL III storage area GE 62E Oberolmerwald, Mainz 1996. D. T.

Deroy, Teppichwirker. Fertigte 1859 vier Gobelins, die sich im Wohnzimmer der Kronprinzessin im Neuen Palais in Sanssouci befanden (Geschenke Napoleons III.). 📖 ThB9, 1913. – BKD in der Prov. Brandenburg, B. 1885, 674. Ch. K.

Deroy, *Auguste-Victor*, frz. Lithograph, Zeichner, * um 1825 Paris, † 1906. Sohn und Schüler von Isidore-Laurent D., Bruder von Emile D. Setzt bis um 1900 die vom Vater übernommene Trad. der Lsch.-Lith. fort; das IFF nennt Ill. für das *Almanach fantaisiste pour 1881*, P. 1881, und das *Almanach du Vieux Paris*, P. 1883. ⌂ DIEPPE, Château-Mus.: Vue du portr. de St-Remy (lt. Bénézit). ◉ *G:* 1889, '89 Paris, Salon (1888 ehrenvolle Erw.). 📖 ThB9, 1913 (s.v. D., Laurent). *Bénézit* III, 1976; *Harambourg*, 1985. – IFF, Après1800 VI, 1953; L'art d'ill.

Frz. Buch-Ill. des 19. Jh. (K), Wolfenbüttel 1985. R. T.

Deroy, *Emile*, frz. Maler, Lithograph, * 19. 1. 1820 Paris, † 10. 5. 1846 ebd. Sohn von Isidore-Laurent D., Bruder von Auguste-Victor D. Zunächst Schüler im Atelier des Vaters (Zchng, Lith.), ab 1837 EcBA Paris bei Paul Delaroche. – Ab 1842 befreundet mit Charles Baudelaire, den er 1844 porträtierte. Ferner Portr. von *Claude-Théodore Fullain de Banville*, *Privat d'Anglemont* und *Pierre Dupont* sowie *La Mendiante rousse*, das Baudelaire zu dem Gedicht A une mendiante rousse inspirierte (in Les Fleurs du Mal). Intensive Auseinandersetzung mit Korrespondenztheorien (Farbe, Musik), dabei vermutl. Einfluß auf Baudelaire. Spontane, skizzenhaft breite Malweise in Annäherung an Frans Hals und die engl. Malerei (z.B. Thomas Gainsborough). Auch Stadtansichten (z.B. Nancy, 1857 publ.) und Ill. (Lith.) für Moyen Age (1838; 1846). ⌂ LONDON, Courtauld Inst. PARIS, Orsay. – BN. VERSAILLES, Mus. ▭ ThB9, 1913. *Bénézit* III, 1976; *Schurr/Cabanne* I, 1996. – IFF, Après1800 VI, 1953; *Schurr* I, 1975; *J. Ziegler*, GBA 87:1976 (1288/89) 153–160. K. S.-D.

Deroy, *François*, Radierer, um 1758 tätig in Brüssel. V.a. Rad. nach Rubens (*Hagar in der Wüste, Hl. Therese, Hl. Fam., Kreuzabnahme*) sowie nach Teniers (*Lsch. mit drei Bauern, Interieur mit Bauern*). Sign.: F. de Roy oder F. Deroy. ▭ ThB9, 1913.

Deroy, *Isidore-Laurent*, frz. Maler, Lithograph, Zeichner, * 14. 4. 1797 Paris, † 25. 11. 1886 ebd. Vater und Lehrer von Emile D. und Auguste-Victor D. Schüler von Louis-François Cassas und Dominique(?) Félix. 1822 Salondebüt; später dort mit Ansichten aus ganz Frankreich vertreten, bes. für versch. Ausg. der *Voyages pittoresques et romantiques* von Baron Isidore Taylor und die Slg *Rives de la Loire*. Seine wichtigsten Lith. erscheinen in von einem breiten Publikum geschätzten Mappen und sog. Recueils pittoresques et romantiques. Neben Alphonse Bichebois und Léon Jean-Baptiste Sabatier gilt D. als einer der fruchtbaren und begabten Lsch.-Maler des 19. Jh., der die Trad. von Richard Parkes Bonington und Eugène Isabey weiterführt; die kraftvollen, mit weichem Bleistift ausgef. Zchngn und die düsteren Farbtöne in der Art von Jean-Baptiste Marie Huet oder Isabey erwecken um 1830 den Eindruck, D. könnte ein Hauptvertreter der zweiten Generation der Lsch.-Maler werden. Mit den 1830 gestalteten Flußansichten von Seine und Loire gelingt ihm ein wahrer Triumph auf diesem Gebiet; leider ist D. etwas hastig und wird von der Sicherung des Lebensunterhalts so sehr in Anspruch genommen, daß er gegen Ende der Laufbahn zu einer etwas einfallslosen, stereotypen Darst.-Weise neigt, zumal das Interesse an der romant. Lsch.-Lith. ohnehin allmähl. abklingt. Sein Talent entfaltet sich v.a. durch das Vorbild der Natur und die Schule großer Meister wie auch die eig. Vorstellungskraft. Neben Nicolas-Marie-Joseph Chapuy, Jean Louis Tirpenne und Bichebois leistet er einen wesentl. Beitr. dazu, aus der v.a. in England entstandenen Kunst der Lith. ein spezif. frz. Genre zu entwickeln. Unermüdl. tätig, liefert er zahlr. Ansichten für folgende Slgn: Beitr. zu mehreren Bänden von Taylor/Charles Nodier, *Voyage pittoresque et romantique dans l'ancienne France*: Franche-Comté, 1825–29; Auvergne, 1828; Languedoc, 1833/34; H. Blancheton, *Vues pittoresques des châteaux de France*, 1826–28; Chapuy/Théodore de Jolimont, *Les cathédrales franç.*, 1828–32; P. A. Golbery/G. Schweig-Rausen, *Antiquité d'Alsace*, 1828; *Les Rives de la Seine*, 1829; *Planches dans l'Artiste*, 1831–35; *La France*, 1834; *Album sur l'Italie*, nach Chapuy, 1838–46; *La Loire et ses Bords*, 1848/49; *Vues de Suisse et de Savoie*, 1854–61; 1855–61; *La France en miniature*, nach Léon-Auguste Asselineau, 1861–72; *Album sur l'Espagne*, 1865; weitere Werke cf. IFF, 1953. ⌂ *Gem.:* MONTPELLIER, Mus. Fabre: Aqu. ORLEANS, MBA: 2 Lsch. – SCEAUX, Mus. de l'Ile-de-France: Aqu. und Gouachen. – *Lith.:* DIEPPE, Château-Mus.: 2 Lith. DIJON, MBA: 2 Lith. – Bibl. mun.: Vue de la Cathédrale de Dijon, Façade principale, von Godefroy Engelmann nach D.s Zchng, 1828–30; Cathédrale St-Bénigne, Zchng nach der Natur, Lith. von Bequet fréres. LOUVIERS, Mus. mun.: 1 Lith. ROCHEFORT, MAH: Zchng. ◉ *G:* 1822–66 Paris, Salon (1836, '61 Med. 3. Kl. für Lith.). ▭ ThB9, 1913 (s.v. D., Laurent; Lit.). DBF XI, 1967; *Bénézit* III, 1976; *Harambourg*, 1985. – *J. Thénot*, Esquisse de l'hist. du paysage, J. des artistes 1839–41; Le Baron Taylor, in: *H. Béraldi*, Les graveurs du XIXe s., XII, P. 1892; *J. Piazola*, Le Baron Taylor. Portr. d'un homme d'avenir, s.l.e.a.; *Adhémar*, Lith., 1937; *J. Adhémar*, La lith. franç. au XIXe s., in: L'Estampe franç., I: Le Bois gravé en France jusqu'à la fin du XIXe s. ... (Vorw. *J. Vallery-Radot*), P. 1944; IFF, Après1800 VI, 1953; Le gothique retrouvé avant Viollet-le-Duc (K Hôtel de Sully), P. 1979; De la nature. Paysages de Poussin à Courbet dans les coll. du mus. Fabre (K Montpellier), P. 1996. A. Segaut

Deroziers cf. **Desauziers,** *Guillaume*

Deroziers, *Nicolas* → **Desroziers,** *Nicolas*

Derpapas, *Georgios (Giorgos; Yorgos)*, griech. Maler, Zeichner, * 11. 11. 1937 Katerini. Lebte 1957 – ca. 1967 in Hamburg, wo er Volkswirtschaft studierte. Künstler. Autodidakt; begann 1960 zu malen. Nach seiner Rückkehr läßt D. sich auf Mykonos nieder, wo er die meisten Monate des Jahres mit der Malerei verbringt. D. ist einer der charakteristischsten Vertreter des griech. Surrealismus, der auf Lw. oder Holz (Maße zw. 0,70x0,90 bis 1,10–1,80 m) ganze Traumwelten des Unterbewußten festhält, wobei Elemente seiner Thematik in der Regel aus dem griech. hist. Gedächtnis geschöpft werden. Das Unbekannte, das Zufällige, das Sonderbare bezeichnen starke Gegensätze wie dämon./engelhaft, Verurteilung/Befreiung, Licht/Dunkelheit oder Grenzerfahrungen wie Liebe und Tod, die letztendl. jedoch aufhören, Gegensätze zu sein. In seinen Werken koexistieren phantast. Ungetüme, apokalypt. Visionen und das Böse mit Engeln, Schmetterlingen und Symbolen des Guten. Stufenweise, ohne daß vollkommen die Formen seiner Erfahrungen in Deutschland (Expressionismus, Barock) zurückgedrängt werden, verdichten sich die Merkmale griech. Prägung. Das wird offensichtl. einerseits bei seinen direkten Bezügen auf die byz. Ikonenmalerei und die archaische und klass. Kunst und andererseits durch die Darstellung char. Formen der kirchl. Archit. auf den Inseln der Ägäis, deren Flora und Fauna.

Gemeinsamer Nenner seiner Tusch-Zchngn und seiner Ölbilder ist die hervorragende detailgenaue Zchng, die an die Malerei der Renaiss. und Japans erinnert. D. versucht, „die Ängste, die Niederlagen und die Siege, die Bemühungen um die Wahrheitssuche“ symbol. zu zeigen, trennt die Phänomene von der Logik und schlägt so ambivalente, assoziative Deutungen vor. „Eine Art geheiligter Einöde, die verwandt ist und gelegentl. identifiziert wird mit der Einöde des Weltalls und dem Schaudern vor dem Unbekannten, ist das leuchtende Mysterium, das aus den Bildern von D. aufsteigt“, schrieb der Dichter Odysseas Elytis, während Nikos Karouzos „ein Überschäumen der Logik, das in einen visionären Exzess mündet“ konstatiert. In den 90er Jahren malt D. fast ausschl. relig. Themen in byz. Manier und Technik. 🕮 *Lydakis* IV, 1976; LdK II, 1989; LEK I, 1997. – *N. Karouzos*, G. D. (K Goethe-Inst.), 1969; *V. D. Heydorn*, Maler in Hamburg, III, Ha. 1974; *K. Meranaios/ N. Karouzos*, G. D. (K Nea Gal.), At. 1976; *T. Spiteris*, Treis aiones neoellinikis technis, At. 1979, II, 238 s.; III, 75 s.; *O. Bati*, Ikon 3:1980 (Frühjahr); *E. Vakalo*, I fysiognomia tis metapolemikis technis stin Ellada, II, At. 1982, 100 s.; *O. Elytis u.a.*, Titanium (K), At. 1987; *V. Kavvathas*, Tachydromos 51:1987 (Dez.) 172–176; *N. Stathoulis*, Ena v. 19. 11. 1987, 213–216 (Interview); Eikones v. 25. 11. 1987; *Ch. Kampouridis*, Eikastika 32:1987 (Dez.) 67–69; *H. Livas*, Contemp. Greek artists, N. Y. 1993; *P. Tournikiotis* (Ed.), The Parthenon and its impact in mod. times, At. 1994.
A. Charalampidis

Derpic, *Olga*, bolivian. Malerin, * 1935 Sucre, lebt in Cochabamba. Stud. ebd.: 1951–54 Esc. de BA bei Víctor Arze Gongora. Ausz.: u.a. 1952 ehrenvolle Erw. beim Festival de la Juventud, La Paz; 1957 Preis als beste Künstlerin der Soc. de Artistas Plást.; 1957, ’58 ehrenvolle Erw. für Malerei, Salón Mpal, beide Cochabamba. 🕮 BrDiccPintBol, 1986. – Pint. boliviana del s. XX, La Paz 1989. M. N.

Derpin, *Jacques*, frz. Bildhauer, * Douai, 1516–39 in Lille tätig. Dort 1516 unter Ltg von Jehan (Jean) Richard Ausf. von skulpturalen Arbeiten (z.B. Basreliefs, Statuetten) für den Steinlettner (nicht erh.) der Kirche St-Pierre. 🕮 ThB9, 1913.

Derpowicz, *Albert J. (Wojciech?)*, poln. Kupferstecher, Goldschmied vermutl. aus Lwówek Wielkopolski, † 1737 Poznań. Ab 1677 Ausb. bei dem Goldschmied J. Rupalski in Poznań. In Warschau zum Gesellen freigesprochen; ab 1686 tätig für den Goldschmied M. Abramczyk in Poznań; 1696 Meisterstück beim Goldschmied A. Weidlich. 1704–13 außerhalb von Poznań, nach der Rückkehr zw. 1715 und ’36 mehrfach Ältester der Goldschmiedezunft. D. war vermutl. spezialisiert auf die Ausf. von Silberschmuck, Gefäßen und Beschlägen für Waffen und Pferdegeschirr, seltener Kirchengerät. Die Kpst. (Portr., Wappen, Hll.-Bildnisse, Akzidenzdrucke, Kpst. für Panegyriken) entstanden hauptsächl. 1691–1736 (sign. „Derpowicz fecit“ oder „Albertus Derpowicz fec. Posn.“): u.a. für die Ed. *Duchownej Theologii* ... von J. Morawski, 1695; Vignette für die Predigt *Strzała wybrana za śmierci usługą* ... von J. Gawałowicz, 1697; Titelkupfer für *Jus publici Regni Poloniae* ... von M. Zalaszowski, hrsg. 1699 und 1702 in Poznań; Vignette für *Triumphus Charitatis et Patientiae* ..., 1717; Vignette für den Panegyrikus *Illustres umbrae Id est Principes Religionum Patriarchae* ..., 1719, beide von K. Wieruszewski (aus diesem Werk stammt vermutl. auch das Portr. von Piotr Tarło, des damaligen Abtes von Paradyż); Kpst. für den Panegyrikus *Domus Immenso Gloriae* ... von J. Radomicki, 1720. Stach ferner die Portr. von *August II.* und *Jakub Henryk Flemming, Großstallmeister von Litauen*. D. arbeitete mit der Druckerei des Jesuitenkollegiums in Poznań zusammen. – Zu D.s Schülern gehörten u.a. Johann Letyński (später herausragender Goldschmied von Toruń) sowie ab 1731 sein Sohn *Józef D.* 🏛 Kórnik b. Poznań, Bibl. Polskiej Akad. Nauk. Krakau, Jagiellonen-Univ., Graph. Slgn. – MN. Poznań, Bibl. Raczyńskich. Warschau, Bibl. Narodowa. – MN. – Univ. Wrocław, Bibl. Ossolińskich. 🕮 ThB9, 1913 (s.v. D., Wojciech). SłArtPolsk II, 1975; SłArtPolsk, Uzup. t. II, 1993; Wielkopolski słownik biogr., War./Poznań 1981. A. Bernatowicz

Derpowicz, *Józef* cf. **Derpowicz,** *Albert J.*

Derqui Derqui, *Luis*, katalan. Maler, Zeichner, * 1884 Ceuta, † 1956 Palma de Mallorca. Schüler von Fernando Alvarez de Sotomayor und Hermen Anglada Camarasa. Lebte zunächst in Granada, ab 1917 in Sóller/Mallorca, zeitweilig auf Ibiza. Mitgl.: Grupo de los Siete. – Einfühlsame, lt. Ràfols fast naive Malerei (Öl, Aqu., Gouache), v.a. Stilleben, relig. Darst., Stierkämpfe und zahlr. Lsch., zumeist Ansichten von Deià, Valldemossa und Ibiza sowie Innenhöfe aus Sóller. In den letzten Lebensjahren Gest. einer *Via Crucis* (Emailmalerei auf Azulejos) für Port d'Andratx. 👁 *E:* 1915 Granada, Centro Artíst. / 1921 Palma de Mallorca, La Veda. – *G:* 1928 Buenos Aires, Pabellón de BA. 🕮 *Ràfols* I, 1985; DPEE IV, 1994. – *Sabater* I, 1972. R. T.

Derra, *Mario*, dt. Graphiker, Maler, * 15. 2. 1954 Gernsheim, lebt dort. Stud.: 1972–76 FHS für Gest. Mannheim bei Hubert Gems, 1976–81 Univ. Mainz bei Hermann Freiherr von Saalfeld. 1972–97 Atelier in Bürstadt-Bobstadt. 1995–2000 Sanierung des Industriedenkmals Altes Elektrizitätswerk Gernsheim; dort Einrichtung von Slgn zur hist. Drucktechnik und zur Elektrotechnik; ab 1997 hat D. dort sein Atelier. Seit 1988 regelmäßige Aufenthalte im Altmühltal/Bayern (Forsch. zu lith. Technik in Solnhofen). – Druckgraphik (v.a. Farb-Rad.) und Malerei. Stilleben, Lsch. und Archit.-Motive in montagehaften und versatzstückartig verfremdeten Komp.; zahlr. öff. Aufträge. Arbeiten im Bes. vieler Stadtverwaltungen und Kirchengemeinden (u.a. Bensheim, Biblis, Biebesheim, Bürstadt, Frankfurt am Main, Heppenheim, Pirmasens, Worms). 🏛 Mainz, Minist. für Post und Telekommunikation. – Kultus-Minist. RP. – Gutenberg-Mus. ✉ Vom Elektrizitätswerk zum Künstleratelier, Riedstadt 1998. 👁 *E:* 1992 Worms, Haus zur Münze; Bensheim, Parktheater / 1994 Mannheim, Gutenberg Treffpunkt / 1996 Lorsch, Mus.-Zentrum / 1998 Groß-Gerau, SM / 2000 Worms, Mus. Kunsthaus Heylshof. – *G:* 1986 Oppenheim, Weinbau-Mus. / 1994 Frankfurt am Main, Paulskirche / 1996 Beijing, Arbeiterkulturpalast / 1997 Kaiserslautern, Pfalz-Gal. ▭ *G. R. Traud* (Ed.), M. D., Da. [1991], 80 p.; *I. Bindseil*, Graph. Kunst 40:1993 (1) 26–29. – Mitt. D. M. H.

Derrah, *Robert V.*, US-amer. Architekt, * 1895 Salt Lake City/Utah, † 9. 10. 1946, lebte ab 1924 in Los Angeles/Calif. Ausb. in Salt Lake City. In Los Angeles entwarf D. u.a. das Southern California Gas Company Building (820 South Flower Str.), das Coca-Cola Building sowie „the Cross Roads of the World" (Einkaufszentrum) in Hollywood (Sunset Boulevard). Später in Beverly Hills ansässig. Mitgl.: AIA (Leiter des Southern California Chapter). ▭ *Withey*, 1956. C. R.

Derré, *Emile*, frz. Bildhauer, * 22. 10. 1867 Paris, † 9. 4. 1938 (Suizid) Nizza. Zahlr. dekorative plast. Arbeiten, u.a. 1899 Kapitell der Säule *Chapiteau des Baisers* (Paris, Jardin du Luxembourg), 1901 Blumen- und Früchtedekors für Kapitelle des Hôtel Dehaynin in Paris (mit Georges Chedanne) sowie zahlr. Basreliefs (*L'Âme des vieilles pierres*, 1895; *Floréal*, 1896; *Amants*) und Skulpt.-Schmuck für Häuser in Paris: z.B. vier Motive des Küssens (*L'Amour*, *La Maternité*, *La Consolation*, *La Mort*) für das Maison du Peuple, Boulevard Raspail, mit dem er vermutl. Constantin Brancusi inspirierte; ferner Dekorationen für die Gartenrotunde des Ministère des Affaires étrangères (130, rue de l'Univ.); *Le bonheur et l'amour du rever*, 1900 (40, rue Poussin). Das Relief *La grotte d'amour* (urspr. Square Willette; wegen Erregung öff. Ärgernisses entfernt) beeinflußte Aristide Maillol (Le désir, 1905–08). Zu D.s Hw. gehören v.a. der Steinbrunnen *Innocents* mit Bronze-Hochreliefs, 1906 (Paris, Square Willette) und die Statue *Charles Fourier* (Paris, Boulevard de Clichy?). Auch Büsten (zahlr. Zeitgenossen) und Genrefiguren. 1925 Jury-Mitgl. der Ausst. Arts décoratifs. ▭ ThB9, 1913. DBF X, 1965; *Bénézit* III, 1976; *Mackay*, 1977; *Kjellberg*, 1987; Dict. des mon. de Paris, P. 1992. – *S. Geist*, ArtJ 36:1976, 14 s.; La sculpt. franç. au XIXe s. (K Grand Pal.), P. 1986; *P. Kjellberg*, Le nouv. guide des statues de Paris, P. 1988. K. S.-D.

Derre (Derré), *François*, frz. Bildhauer, Architekt belg. Herkunft, * Brügge, † 7. 8. 1888 Paris. Mindestens ab 1828 dort ansässig. – V.a. Gest. von dekorativen Arbeiten für öff. Plätze und Bauwerke sowie von Bildnisbüsten (z.B. *Jean-Baptiste Guiffrey, ancien notaire*, Marmor, sign., dat. 1848). ⌂ PARIS, Kirche St-Vincent-de-Paul, Chor: Flachreliefs mit Heiligenfiguren, Holz, 1843. – Pl. Saint-Sulpice, Fontaine des Orateurs sacrés: vier Löwen mit dem Pariser Stadtwappen; Vase; Randverzierungen, 1847. ⊙ *G:* 1836–55 Paris, Salon. ▭ ThB9, 1913. *Lami* II, 1916; *Bénézit* III, 1976; *Mackay*, 1977; *Arto*, 1978; Dict. des mon. de Paris, P. 1992. – *P. Kjellberg*, Le nouv. guide des statues de Paris, P. 1988. R. T.

Derrenbach, *Bernhard* (1417) → **Dernbach,** *Bernhard* (1417)

Derrer, *Henri*, schweiz. Maler, Bildhauer, * 8. 7. 1886 Zürich, † 4. 1. 1953 Kloten/Zürich. In Zürich in versch. Berufen, um 1917 als Maler tätig. Nach 1939 zeitw. im Kt. Appenzell ansässig. – Malte in Öl und Aqu. Lsch., Städtebilder und Portr., auch Stilleben. Formte daneben Gipsbüsten. ▭ *Plüss/Tavel* I, 1958; Biogr. Lex. der Schweizer Kunst, I, Z. 1998. D. T.

Derreth, *Otto*, dt. Gartenarchitekt, * 4. 9. 1896 Miltenberg, † 8. 5. 1988. Nach Gärtnerlehre Ausb. an der Lehr- und Forsch.-Anstalt Berlin-Dahlem (1922 Abschluß als Techniker); 1926 Inspektor. 1926/27 unter dem Dir. Max Bromme im Gartenamt Frankfurt am Main tätig, 1928 in der Berliner Fa. Ludwig Späth. Hier entstanden eigenständige Entwürfe für priv. Gartenanlagen in und um Berlin. Mitgl.: Ver. Dt. Gartenarchitekten; Reichskammer der Bild. Künste; Dt. Ges. für Gartenkunst (ab 1948 Dt. Ges. für Gartenkunst und Lsch.-Pflege; 1946–52 Vors. der Landesgruppe Hessen). Nach dem 2. WK unter Gartenbau-Dir. Friedrich Heyer bei der Wiederherstellung kriegsbeschädigter Parkanlagen in Frankfurt am Main tätig (dort auch Neuplanungen). Bis E. der 60er Jahre am Wiederaufbau des Palmengartens beteiligt (Konzertgarten; sog. „ital. Garten"; Pflanzenschauhäuser; Blüten-Gal. u.a.); arrangierte bis 1974 die dortigen Ausst. (1974 Gold-Med.). – In gestalter. Hinsicht vertrat D. eine Position zw. dem Ideal der sich frei entfaltenden Natur im Garten und der Architekturform als Mittel zu dessen Gliederung und räuml. Fassung. Wohl unter dem Einfluß von Bromme vertrat D. in den 20er Jahren eine an der Moderne orientierte Gartengestaltung mit Betonung der Nutzungsfunktionen. ✉ Die Gartenkunst 42:1929 (2) 27–30; 43:1930 (12) 185–188; Die Gartenschönheit 14:1933 (5) 82–85; Gärten im alten Frankfurt, Ffm. 1976. ▭ *G. Gröning/J. Wolschke-Bulmahn*, Grüne Biogr., B. 1997. – *O. Völckers*, Die Gartenkunst 39:1926 (7) 97–100; Dt. Ges. für Gartenkunst, Mitgl.-Verz. 1930; 1937; *J. Sallmann*, O. D. 90 Jahre (Ms.), 1986; Der Palmengarten 52:1988 (2) 144. – Frankfurt am Main, StA: Personalakte D. U. Schneider

Derrey, *Jacques Edouard Charles*, frz. Maler, Graphiker, Kunsthistoriker, Philosoph, * 22. 9. 1907 Toulouse, † 17. 5. 1975 Paris. In einem kunstsinnigen Milieu aufgewachsen (der Großvater mütterlicherseits ist Konservator am Mus. in Nantes); Ausb. am Lyzeum in Nantes. Stud.: zunächst EcBA ebd.; 1928–35 EcBA Paris bei Lucien Simon und Antoine Dézarrois; erhält 1936 den 1. Grand Prix de Rome im Kpst. (*Job und seine Freunde*). Ab 1937 Stipendiat der Acad. de France in Rom. 1941 Ausb. als Freskomaler bei Pierre-Henri Ducos de la Haille in Paris. 1946 Abschluß des 1939 unterbrochenen Stud. in Rom und Reise nach Griechenland. Um zur Fortsetzung der Laufbahn als Maler finanziell abgesichert zu sein, ohne sich den ungeschriebenen Gesetzen des Kunstmarktes und Moden zu unterwerfen, schlägt D. eine akad. Laufbahn ein: ab 1950 Prof., ab 1951 Dir. an den Acad. de Valenciennes; 1955–73 Prof. an der Ec. polytechnique in Paris. 1958–60 im Auftrag der Soc. nat. des pétroles d'Aquitaine mehrfach zu Arbeitsaufenthalten in Lacq/Pyrénées-Atlantiques (1996 Ausst. in Pau, Gal. de Mourenx, mit Gem. nach dort entstandenen Studien). Ausz.: Officier d'Acad.; Ritter der Ehrenlegion; Officier des Palmes acad.; 1935 Preis der US-amer. Blumenthal-Stiftung für den Stich *Les Baigneurs*; Gold-Med. im SAfr., 1936 im Kpst., 1970 für Malerei. – D.s graph. Œuvre umfaßt v.a. die Ill. zu Maurice Maeterlinck, *Le Trésor des Humbles*, 1949, und zum Text von Ludwig XIV., *Versailles, la promenade du Roi*, 1953. Ab 1962 Gest. zahlr.

Briefmarken für Frankreich und die frz. Überseedepartements. D. hinterläßt auch ein umfangreiches, zw. Trad. und Moderne angesiedeltes maler. Werk und äußerte diesbezügl., die höchste und unspektakulärste Wahrheit sei die gesamte Avantgarde. Ein Auftrag für dekorative Malerei in der Kirche von Ardon/Loiret, wo er A. der 40er Jahre arbeitete, wurde nicht ausgeführt. Als Kunsthistoriker und Philosoph verfaßt er zudem zahlr. Texte, v.a. 1962 „Ce qu'il faut savoir sur la peinture. La peint. franç. depuis son origine jusqu'à la crise contemp." (ersch. in der Zs. Le cardiologue, 1971) und weitere Art. für die Zs. Connaissance des hommes. Sein letzter Beitr. (in: Le Peintre v. 1. 5. 1975) ist eine empörte Antwort auf einen Art. von Georges Mathieu zur Gest. frz. Briefmarken (in: Le Figaro v. 14. 1. 1975). 🏛 FONTAINEBLEAU, Mus. d'Art figuratif contemp. LE PERREUX-SUR-MARNE/Val-de-Marne, Kirche Ste-Marguerite: dekorative Malerei, 1943. L'ISLE-ADAM, Mus. Louis Senlecq. NANTES, MBA. PARIS, BN: Druckgraphik. – Mus. de la Poste. PAU, MBA. – Mus. Béarnais. VALENCIENNES, MBA. VERSAILLES, Mus. Lambinet. ⊙ *E:* 1988 Valenciennes, Centre mun. d'arts et loisirs: Retr. / 1993 Paris, Taylor Found.: Hommage à J. D. (K) / 1997–98 Pau, MN du Château: J. C. D., 1907–1975. Vers le Sud (K: C. Menges u.a.). 📖 Vol, 1953 (s.v. Derrey, Jacques Charles). *Edouard-Joseph* I, 1930; Dict. nat. des contemp., P. 1958; *Bénézit* IV, 1999. – *L. Ducla*, Rev. régionaliste des Pyrénées 1960 (Jan.-Juni); *D. Ojalvo*, ibid. 1967 (Jan.-Juni); *B. Duplessis*, L'inf. dentaire v. 8. 1. 1970; *A. Perdriel*, Comédie franç. 1973 (Sept.); *J. Sauvage*, Connaissance des hommes 1976 (Sommer); *B. Duplessis*, ibid. 1986 (Sommer); *J. C. Poinsignon u.a.*, J.-C. D., entre deux rives (K Centre mun. d'arts et loisirs), Valenciennes 1988; *J. Sauvage*, Rev. des Pays de Loire 33:1992, 303; J. D., Lacq, 1960 (K Gal. de Mourenx), Pau 1996. J. C. Poinsignon

Derrey, *Jean-Baptiste*, frz. Kupferstecher, Maler, * Rouen, † um 1775 (um 1778 lt. Bénézit) Paris. Schüler von Descamps. D. stach u.a. *Les Pêcheurs à la ligne* nach Jan Asselijn, 1755; *Le Passage d'Honfleur au Havre de Grace* nach Bonaventure Peters, 1756. 🏛 PARIS, BN, Cab. des Estampes. 📖 ThB9, 1913 (irrtüml. * um 1753). *Bénézit* III, 1976. – IFF, GravXVIII VII, 1951. C. R.

Derrick, *John Macduff* → **Derick,** *John Macduff*

Derrick, *Thomas C.*, brit. Karikaturist, Maler, Illustrator, Graphiker, Glasmaler, * 1885 Bristol, † 18. 11. 1954, lebte an versch. Orten in Berkshire (Hungerford, Bucklebury, Cold Ash). Stud.: R. College of Art, London (später dort fünf Jahre lang als Lehrer für Dekorationsmalerei unter William Rothenstein tätig). Als Kunstberater des Foreign Propaganda Dept. während des 1. WK gibt D. u.a. Lith. in Auftrag und organisiert eine Ausst. von Lith. mit Front-Darst. in Paris, New York und Los Angeles; 1918 entsteht das Gem. *Amer. Troops at Southampton Embarking for France.* ⚭ Tochter von George Clausen. Regelmäßige Beitr. zu Punch, Time and Tide u.a. Zss., daneben Buch-Ill. zu Klassikern (z.B. *Fables* von Jean de la Fontaine, 1910; *Decameron* von Giovanni Boccaccio, 1920, fünffarbige Hsch.), zu relig. Themen (z.B. *Life of Christ*, Hsch.; *God's Book and Other Poems* von Vincent McNabb, 1935), Beschr. der Lsch. seiner Wohngegend (*Kennet Country* von Frederick S. Thacker, 1932), v.a. aber humorist. Werke (bes. versch. Bücher von Richard Dark, u.a. *Shakespeare – and That Crush*, 1931). Mehrmals für den Verlag Blackwell tätig, u.a. für deren „Joy Street" (1933–36 auch Einbände). – Energiegeladene, witzige Linienführung von stilvollem Charakter. Umsetzung ma. Bildwelt in eine mod., dekorative Ausdrucksform. 🏛 BROOKLYN/N. Y., Brooklyn Mus. LONDON, Council of Social Service for Lectures: Wand-Gem. ✉ (mit eig. Ill.): The prodigal son and other parables, 1931; The muses, 1933. ⊙ *G:* u.a. 1909, '22, '30, '34, '46 London, RA. 📖 Vol, 1953. WWArt, 1934; 1954; 1956 (Nekr.); RoyalAcadExhib II, 1977; *Houfe*, 1981; *Peppin/Micklethwait*, 1983; *Horne*, 1994. G. B.

Derrick, *William Rowell*, US-amer. Maler, * San Francisco, lebte um 1940 in New York. Schüler von Léon Bonnat, Gustave Clarence Rodolphe Boulanger und Jules Joseph Lefebvre in Paris. 1885 Ausst. im Salon ebd. (eine Marine). Danach in New York; Associate der NAD. – Lsch. und pastorale Motive in Aqu. und Pastell (*The Lost Sheep; Shepherdess with Flock of Sheep in Woods*, beide Aqu.). 🏛 WASHINGTON/D. C., NG of Art: The Plaza (Stadtansicht von New York). ⊙ *G:* u.a. 1916 Hartford, Connecticut AFA (Preis). 📖 ThB9, 1913. WWAA, 1940/41; *Fielding*, 1984; *Falk*, 1985. Ch. R.

Derrickson, *Steve Bruce*, US-amer. Maler, Zeichner, Bildhauer, Installationskünstler, * 21. 3. 1952 Baltimore/Md., lebt in Highland/N. Y. Stud.: bis 1974 Ohio Univ., Athens; bis 1977 Tyler SchA, Temple Univ., Philadelphia/Pa. Lehrtätigkeit: u.a. 1977–84 Univ. of Texas, Austin. Ausz.: u.a. 1987–88 Nat. Endowment for the Arts Fellowship; 1991 Arbeitsaufenthalt in der MacDowell Colony, Petersborough/N. H. – Arbeiten zum Thema Kino, u.a. *The Crawling Eye*, Kohle-Zchng, 1986. ⊙ *E:* 1989 San Francisco, Stephen Wirtz Gall. 📖 WWAA, 1991/92–1997/98. – *D. Cameron*, ArtsMag 61:1986 (1) 40–45. Ch. R.

D'Errico, *Ezio*, ital. Maler, Graphiker, Bühnenbildner, Keramiker, Journalist, Schriftsteller, * 5. 7. 1892 Agrigent, † 20. 4. 1972 Rom. Autodidakt. Ab 1924 Keramikdekorationen und Email auf Kupfer. Als Maler 1927 (Debüt) bis 1934 Stilleben und triste Stadt-Lsch. in Öl; dann abstrakte Werke in Öl, Aqu., Tempera sowie Papier-Collagen. 1931 Paris-Aufenthalt und Auseinandersetzung mit surrealist. und fauvist. Malerei. In Turin Kontakt zur Künstlergruppierung um die Gall. del Milione und zu Edoardo Persico. Später Impulse durch die frz. Moderne und Giorgio Morandi. Ausdrucksvolle, kräftige Farben; dramat. Lichteffekte. 1935 Mitbegr. der Gruppe „Kn", Kontakte zu Carlo Belli und ab diesem Jahr Chefredakteur der Zs. Graphicus (später Mitarb. u.a. der Zss. Gebrauchsgraphik, Art et Métiers, Quadrivio, Quadrante und Minotaure). Ill., u.a. zu M. Quaglia, *La guerra del fante* (Mi. 1933). 1939 Gest. der Ausst. zum I. Congr. della Stampa Aeronautica (mit Makro-Fotogr. und abstrakten Wanddekorationen). 1960 Ausz. des Minist. dello Spettacolo. In D.s Spätwerk vom Informel inspirierte abstrakte Arbeiten in Polystyrol und versch. and. Materialien. Lehrte Typographie an der Scuola d'arte graf. Vigliardi e Paravia in Turin. ✉ Liriche + Disegni, La Spezia, 1933; Guida di Torino per gli oziosi e i vagabondi, 1933; Chiaffredo Bergia o del vivere pericolosamente, T. 1935; Parabole, Mi. 1937; La famiglia Morel, Mi. 1938 ◉ *E:* 1936 Turin, Gall. del Milione: Autopresentazione; Buenos Aires, Gall. Moody / 1947 Mailand, Gall. S. Redegonda. – *G:* 1935 Turin, Studio Casorati e Paulucci: Arte astratta ital. 📖 Vo2, 1955 (s.v. Errico, Ezio d'). *Galetti/Camesasca* I, 1951; *Comanducci* II, 1971; PittItalNovec/1 II, 1992. – Annitrenta. Arte e cult. in Italia (K), Mi. 1982. S.-W. S.

Derrien, *Jean*, frz. Goldschmied in Saint-Pol-Léon/Finistère, fertigte ein Prozessionskreuz (A. 17. Jh.) für Trégourez/Finistère (Zuschr.). 1610 für die Kathedrale in Saint-Pol-Léon tätig. MZ (Zuschr.): I D in einer rankenförmigen Kartusche. 📖 *Castel/Thomas/Daniel*, 1987; *Y.-P. Castel u.a.*, Les orfèvres de basse Bretagne, Rennes 1994 (Cah. du patrimoine, 37). C. R.

Derron, *Paul (Paul Arthur)*, schweiz. Maler, Graphiker, * 12. 1. 1924 Adelboden/Bern, lebt in Messen/Solothurn. Bürger von Solothurn. 1940–44 Graphikerlehre in Bern. Stud.: 1945–47 KGS Biel (Graphik). Danach in Solothurn tätig und zeitweise Schüler von Cuno Amiet. Ab 1949 in Zürich, ab 1955 in Adliswil/Zürich und Bettlach/Solothurn. 1979–89 Atelier in der Toskana. – Neben Gem. (Öl, Acryl, Mischtechnik), Aqu., Collagen und Graphiken in versch. Techniken (u.a. Rad. für die Zs. Essence, 1951) v.a. Baudekorationen, bes. Glas-Gem., auch Mosaike. Zu erwähnen ist der Aquatinta-Zyklus *Die Weihnachtsbotschaft* (eig. Publ., 1959). 🏛 GÜNSBERG, St. Pantaleon: Glas-Gem., um 1961. RAMISWIL, Kap. am Scheltenpaß: Bauern-Hll., Altarwandbild, 1953. UTZENSDORF, St. Peter und Paul: Glas-Gem., um 1958/61. 📖 *Plüss/Tavel* I, 1958; LZSK, 1981; KVS, 1991; Biogr. Lex. der Schweizer Kunst, I, Z. 1998. – Neue kirchl. Kunst in der Schweiz, III, Zug 1976; *Jenny* III, 1982; *P. Andermatt*, Idée...à jour 1986 (3); Bild. Kunst im Kt. Solothurn, Solothurn 1995. D. T.

Dersau (Darsau; Derschau), *Zacharias*, Goldschmied, * Gdańsk (Danzig), 1600–38 dort erwähnt. 1600 Meister; 1602 Bürgerrecht; 1618 Ältermann. MZ: ZD. Ausb. u.a. von Hieronymus Edel. – Bes. Schaugeräte. 🏛 LÜBECK, LM, Haus Hansestadt Danzig: Traubenpokal. WARSCHAU, MN: Buckelpokal. 📖 *E. v. Czihak*, Die Edelschmiedekunst früherer Zeiten in Preußen, II: Westpreußen, L. 1908, K Nr 255; *W. Hewelt*, Von Kunstschätzen im LM Haus Hansestadt Danzig in Lübeck, Lübeck 1997, 11; *E. Martyna*, in: Aurea Porta Rzeczypospolitej. Sztuka Gdańska od połowy XV do końca XVIII wieku (K), Gdańsk 1997, Nr IX. 45. – Gdańsk, StsA: 300, C/1961 s. 49; 300, C/1966 s. 16; 300, 60/20 s. 1. B. Tuchołka-Włodarska

Dersch, *Benedikt*, dt. Maler, * 1686 Wolfratshausen, † 6. 4. 1757 Freising. 1736 Bürger von Freising. 1737 Nachfolger des Malers Franz Deschler und ⚭ mit dessen Witwe Maria Katharina. Altarfassungen und Gem. in Kranzdorf (1739), Indersdorf (um 1741), Glonn (1741, '43, '46) und Freising (1756). Wird dem Umkreis von Johann Anton Gumpp zugerechnet und hat ebenso wie Deschler auf Vorlagen des Münchner Hofmalers Degler zurückgegriffen. 📖 *M. Gruber*, Amperland 18:1982 (4) 366; *G. Brenninger*, in: Freising. 1250 Jahre geistl. Stadt (K), Freising 1989 (WV); *Dehio*-Bayern IV: München und Obb., 1990; *Bauer/Rupprecht* V, 1996; VI, 1998. S. P.

Dersch, *Heinrich*, dt. Maler, Zeichner, * 28. 12. 1889 Mohnhausen b. Frankenberg, † 8. 7. 1967 Ottersweier/Baden. Stud.: KGS Kassel; ab 1912 KA München bei Peter Halm. 1914 Soldat. 1917 wieder Stud. KA Kassel bei Hans Olde, Carl Wünnenberg, Paul Baum und Carl Bantzer, der ihn in die Künstlerkolonie Willingshausen einführt. Von 1921–41 freischaffend in Kassel. Seit 1927 Mitgl. der Hess. Sezession. Bis 1933 mehrfache Studienreisen nach Südfrankreich, Paris, München, in den Allgäu, zum Bodensee und in den Südschwarzwald (Todtmoos). 1933 ⚭ Gerda Krieg aus Tiegenhof b. Danzig; Wohnsitz in Kassel. 1934 mehrmonatiger Aufenthalt auf Ischia/Italien, Kontakt mit dem dort ansässigen ehem. Studienkollegen Werner Gilles. Zw. 1934–41 Sommeraufenthalte in Ost- und Westpreußen, an der Kurischen und Frischen Nehrung, in Danzig, Königsberg und Marienburg. 1935 Leiter der Landesstelle der Reichskammer der bild. Künste, Kassel. 1941 Verlust der Wohnung durch Bombenangriff; Übersiedlung nach Riemannsfelde/Posen, kurz danach nach Tiegenhof b. Danzig. 1945 Flucht nach Göppingen in Württ., muß alle Bilder und Arbeitsmittel zurücklassen. Aus Mangel an Malutensilien beginnt D. in der Nachkriegszeit mit Farbstiftzeichnungen. 1946–56 erneute Übersiedlung nach Hessen; von 1956–58 in Hofgeismar, von 1958 bis zum Tode Aufenthalt im Lungensanatorium Ottersweier in Baden. 🏛 KASSEL, Neue Gal. – K.-Wilhelmshöhe, Mus. Löwenburg. MAINZ, LM. MÜNCHEN, BSGS. ◉ *E:* 1943 Danzig, Kunst-Gal. Stumpf & Sohn / 1947 Marburg, Kunsthandlung Roppel / 1991 Schwalmstadt-Ziegenhain, Mus. der Schwalm: Gedenkausstellung. – *G:* 1927, '28 1., 2. und 3. Ausst. der Hess. Sezession / 1930 Essen, Dt. Künstlerbund / 1942 Posen / 1980 Kassel, Orangerie: Die Künstlerkolonie Willingshausen. 📖 Vo1, 1953. *Dressler* II, 1930; *Wollmann*, 1992; *Schweers* I, 1994. – Dt. Kunst und Dekoration 64:1929, 335; *K. Kaiser*; Die Künstlerkolonie Willingshausen (K Orangerie), Kassel 1980; H. D. – Gem. (K Mus. der Schwalm), Schwalmstadt-Ziegenhain, 1991 (Ausst.-Verz.). – Mitt. K. Sturzenhecker, Freiburg im Breisgau. U. Middendorf

Dersch, *Wolfgang*, dt. Goldschmied, * um 1581, † 1645 Augsburg, tätig ebd. Um 1616 Meister und ⚭ Jakobina Koch. Weitere Ehen 1627 und 1629. MZ „WD" im Querschild. D. fertigte liturg. Silber. 🏛 SCHWÄBISCH GMÜND, StM: Rauchfaß und Weihrauchschiffchen, um 1610–25 (Leihgabe aus dem Münsterschatz Hl. Kreuz). 📖 *Seling* III, 1980; Suppl., 1994; *H. Kissling*, Künstler und Handwerker in Schwäbisch Gmünd 1300–1650, Schwäbisch Gmünd 1995. C. D.-H.

Derschau, *Zacharias* → **Dersau,** *Zacharias*

Derschinger, *Joseph* → **Derchinger,** *Joseph*

Derschl (Terschl), *Gregor*, österr. Kunsttischler, Altarbauer, * um 1710, † 21. 2. 1776 Aistersheim/OÖ. 1740 Heirat und Eröffnung der eig. Wkst.; danach als Hoftischler der Fam. Hohenfeld im Schloß ebd. sowie 1753 (Tischler- und Schnitzarbeiten) für deren Freihaus in Linz tätig. 1744 Vertrag zum Aistersheimer Hochaltar (1746 voll.; erh.), seinem ersten Großauftrag. Bis 1751 weitere apsisfüllende, mit freigestellten Säulen gegliederte Hochaltäre für Kirchen im Innbachtal. Während einer längeren, offenbar krankheitsbedingten Schaffenspause lief ihm Joachim Ertl mit eleganteren Rokoko-Altären den Rang ab, so daß D. ab 1770 meist nur noch nachgeordnete Tischlerarbeiten, u.a. für Ertl, ausführte. 1773 erhielt D. nochmals Aufträge zu eig. Hochaltären für St. Georgen b. Grieskirchen (verloren) und für Steinerkirchen (nur Riß erh.). Sein Sohn *Johann Georg D.* war Tischlermeister in Hofkirchen. 🏛 *Hochaltäre:* MEGGENHOFEN, Pfarrk.: 1750. PICHL, Pfarrk.: 1751. 🕮 *H. Wurm*, Oberösterr. Heimat-Bll. 19:1965 (1/2) 36–40 (Quellen; Lit.). D. T.

Derschl, *Johann Georg* cf. **Derschl,** *Gregor*

Dershanowsky, *A.* → **Deržanovskij,** *A.*

Dershawina, *Jekaterina Jakowlewna* → **Deržavina,** *Ekaterina Jakovlevna*

Dersieb, *Jacob (Johann Jacob)*, dt. Bildhauer in Sachsen, bis 1746 (Bürgerrecht in Oschatz) belegt. Fertigte 1729 den Säulenaltar (Altarbild nicht von D.) und den Turmknopf mit Fahne für den Neubau der Stadtkirche in Bärenstein. 1738 und 1740 in Dresden gen.; später in Oschatz tätig, wo er 1744 die Bildhauerarbeiten an der Ratsempore und das Orgelgehäuse in der St. Ägidienkirche ausführte. 🕮 ThB9, 1913 (Lit.). V. F.

Derso → **Dezső,** *Alajos*

Derso → **Kelen,** *Imre*

Derson, *N.*, frz. Stecher, vermutl. aus Reims und in der Champagne ansässig. Belegt durch den Stich der *Kathedrale von Reims*, 1625, dabei Annäherung an Jacques Callot. 🕮 *Bénézit* III, 1976. K. S.-D.

Dersson (Derson; Derssen), schwed. Maler, 1666 in Moskau am Hofe des Zaren belegt. 🕮 ThB9, 1913.

Derszib, *Etelka* → **Magyarné Derszib,** *Etelka*

Derth, *Benedict*, dt. Maler, A. 18. Jh. in Obb. tätig. 🏛 RINNENTHAL b. Friedberg, St. Laurentius, Hochaltar: Martyrium des hl. Laurentius; Pietà, 1724. – Seitenaltäre: 14 Nothelfer; Maria mit Eltern, 1732. 🕮 ThB9, 1913. – *Dehio*-Bayern III: Schwaben, 1989. S. P.

Derthar, *György* → **Georgius Derthar**

Dertinger, *Ernst*, dt. Kupfer- und Stahlstecher, Lithograph, Zeichner, * 1816 Stuttgart, † E. Dez. 1865 ebd. Hier als Portr.- und Reprostecher sowie als Illustrator (v.a. in Stahlstiche), u.a. für den Schreiber-Verlag in Esslingen (cf. Ries). Die vom Stuttgarter Verlag Schmidt & Spring mit Stichen von D. publ. *Lederstrumpf*-Bde von James F. Cooper waren in der 2. H. des 19. Jh. mit 5 Aufl. bis 1864 die am meisten verbreitete Ed. dieser Erzählungen. Weitere Ill.: *Großes ABC-Buch für muntere Knaben und Mädchen*, um 1871; *Was das Kind freut*, 1876. 🏛 STUTTGART, SG. 🕮 ThB9, 1913. IFF, Après 1800, VI, 1953; *Nagel*, 1986; *Ries*, 1992. – *U. Gauss*, Die Zchngn und Aqu. des 19. Jh. (K SG), St. 1976; *J. Kruse/ M. Maedebach*, Luthers Leben in Ill. des 18. und 19. Jh. (K KS der Veste), Coburg 1980; Die Bilderwelt im Kinderbuch (K), Köln 1988. D. T.

Dertnig, *Carola*, österr. Foto-, Video- und Performancekünstlerin, * 20. 7. 1962 Innsbruck, lebt in Wien und New York. Stud.: 1985–92 HS für angew. Kunst in Wien bei Peter Weibel (Visuelle Medien-Gest.), Oswald Oberhuber und Ernst Caramelle (Freie Graphik; Dipl.); 1992 EcBA, Paris; 1997 Whitney Mus., New York (Independent Study Program). Seit 1999 Ass. an der ABK Wien bei Reneé Green. – Zus. mit Gertraud Presenhuber („Art Party Gang") erarbeitete sie 1991–94 Performances zu gesellschaftl. Situationen und zum femininen Rollenverhalten, die in Fotocollagen dok. wurden. In ihren Videos und inszenierten Fotosequenzen verwendet D. Mat. aus der Alltagskultur. Sie untersucht Verhaltensabläufe sowie die Mikro-Gesch. von Beziehungen zw. Personen und Objekten. Ihre performanceartigen Videos wurden seit 1993 zahlr. in New York gezeigt. 🏛 INNSBRUCK, Tiroler Landes-Reg. WIEN, Slg des Bundes. – Kultur-Abt. der Stadt. – Generali Found. ⊙ *E:* Wien: 1991 Gal. Transformer; 1995 Brasilica; 1999 Gal. T 19 (K) / 1993 Innsbruck, Gal. im Andechshof / New York: 1997 Artists Space; 2000 P. S. 1-Mus. 🕮 60 Tage österr. Mus. des 21. Jh. (K HS für angew. Kunst), W. 1989. – Wien, Arch. Kultur-Abt. W. Hilger

De Rubelli, *Giuseppe*, ital. Maler, * 1844 Ragusa, † 5. 1. 1916 Mailand. V.a. Lsch. und Stilleben in Öl. 🏛 MAILAND, GAM: Paesaggio, 1908; Naufragio, sign. 🕮 *Comanducci* II, 1971; *Sarullo* II, 1993. – *Caramel/ Pirovano* I, 1975.

Deruber, *Désiré* (eigtl. Roth, *Désiré A. H.*), frz. Maler, * 12. 12. 1928 Strasbourg, dort ansässig. Medizinstudium. Als Künstler Autodidakt. – V.a. Lsch. (Öl, Aqu.), oft in einer zw. Figuration und Abstraktion liegenden Malweise. ⊙ *E:* u.a. Strasbourg, Gal. Artal und Gal. Minerve / Vichy, Centre Cult. Valéry Larbaud / Clermont-Ferrand, Gal. Rome / Rom, Gal. San Marco / Dijon, Gal. Vauban / 1973 Colmar, Mus. Bartholdi / Genf, Gal. Vanier / Chaumont, MAC / Marseille, Gal. François le Grec / Cannes, Casino mun. (Grand Prix) / Bourges, Maison de la Cult. / Mulhouse, Gal. Marbach / 1981 Epinal, Maison du Bailli. 🕮 *Bauer/Carpentier* I, 1984; *Lotz*, Jan. 1982, 1985 (Ausz.). C. R.

Deruel, *Claude* → **Drevet,** *Claude*

Deruelle (Des Ruelles; Duruelle; de Ruelle), *Pierre*, frz. Porzellanhersteller, * um 1724, errichtete 1771 eine Porzellan-Man. in Clignancourt b. Paris und stellte sich 1775 unter das Protektorat von Louis Stanislas Xavier, Comte de Provence (der spätere Ludwig XVIII.). Diese „Fabrique de Monsieur" führte einen jahrelangen Kampf um die Aufhebung des Monopols von Sèvres (d.h. Buntmalerei und Vergoldung), die 1787 endgültig erfolgte. In der Man. arbeiteten bis zu 94 Personen (z.B. der Wiener Porzellan en camaieu-Maler Georg Lamprecht); es wurde umfangreich produziert (1790: 2000 versch. Stücke). MZ: 1771–75 Windmühle; 1775–91 D, bekrönt mit offener Krone, L S X (Comte de Provence). Die Man. übernahm 1792 D.s Schwiegersohn Alexandre Moitte. 🕮 ThB9, 1913. DBF X, 1965. – *Tardy*, Porcelaines, 1967. C. R.

Deruet, *Charles* cf. **Déruet,** *Claude* (1588)

Deruet, *Charles-François* cf. **Déruet,** *Claude* (1588)

Déruet (Deruet; Desrué; Desruet[s]; des Ruelz; de[s] Ruet[z]), *Claude*, lothring. Maler, Radierer, Zeichner, * 1588 Nancy, † 20. 10. 1660 ebd. Sohn von *Charles D.*, Uhrmacher des Herzogs von Lothringen, gebürtig aus Troyes/Champagne, und von Françoise de Naiz. 1605–09 Schüler von Jacques Bellange (3E 1901; zu den Archivalien cf. Arch. in Nancy). Um 1613 Abreise nach Italien; unter Ltg von Agostino Tassi und der Oberaufsicht von Giuseppe Cesari mit der Ausgestaltung des unter Kardinal Alessandro Montalto in Bagnaia b. Viterbo errichteten Casinos beschäftigt. In Rom fertigt D. Zchngn, die für das 1615 ebd. publ. *Missale Monasticum Pauli Quinti* gestochen werden (darunter *Auferstehung Christi* und *Pfingstszene* mit seiner Sign.; ein Exemplar in Nancy, Mus. hist. lorrain); ebd. verkehrt er im Atelier von Philippe Thomassin (sticht nach D.s Erfindung einen *Hl. Franz von Paula*, Wien, Albertina, und ein *Konzil der Juden*, Paris, BN), dann zus. mit Israël Henriet im Atelier von Antonio Tempesta. Um 1618 dekoriert D. das *Oratorio di Villa Borghese*. Am 3. 1. 1619 erhält er von Papst Paul V. das Ornat eines Ritters des Ordens von Portugal. Rückkehr nach Lothringen. Im Okt. 1619 (3E 2686) Berufung zum „peintre ordinaire de son Altesse“; übernimmt Aufträge zu dekorativen Arbeiten (Baluster, Aushängeschilder, Portr.), ist jedoch v.a. zuständig für die Ausgestaltung von Festen und triumphalen Einzügen während der Herrschaftszeit der Herzöge Heinrich II. und Karl IV. sowie der Besetzung durch die Franzosen (1650 Einzug von Henri de La Ferté-Senectère: BB6; 1655: CC168; 1657 von Ludwig XIV.: CC173). Das Wohlwollen der Herzöge findet Ausdruck in Schenkungen, in D.s Erhebung in den Adelsstand am 12. 5. 1621 (B 105) und seiner Ernennung zum Edelmann am 5. 3. 1632. Von Louis de Guise, Fürst von Pfalzburg und Favorit von Heinrich II., protegiert, arbeitet D. von Okt. 1620 bis E. 1626 an der Ausschmückung des Gewölbes der Karmeliterkirche von Nancy (1790 abgerissen). Seine Wkst. etabliert sich rasch, und er nimmt Lehrlinge auf: 8. 3. 1621 Antoine Roy (3E 1489); 6. 7. 1621 Louis (oder Lois) Gillet (3E 1490), beide für drei Jahre; 23. 5. 1622 Jean-Baptiste Chicouillet für sechs Monate (3E 1490). ⚭ 11. 9. 1623 Marie de Saucourt, Milchschwester der künftigen Herzogin von Lothringen; D. wird Seigneur de Saxon et Housseville (Pfarr-Bez. Saint-Epvre, GG 7). Am 17. 9. 1625 nimmt er Claude Lorrain für ein Jahr auf (3E 1322), am 14. 5. 1626 für sechs Jahre den Lehrling Henri Bellange, Sohn des im Dienst des Herzog stehenden Malers Jacques Bellange (3E 1322). 1628 radiert D. ein *Reiterbildnis von Karl IV.*; 1630 sticht Jean Waldor nach ihm einen *Tod des hl. Benedikt* (Nancy, Mus. hist. lorrain). Verpflichtung weiterer Lehrlinge: 18. 1. 1631 François Saucourt (3E 2643); 25. 9. 1632 Henri Bonnart, beide für sieben Jahre; 12. 10. 1632 Jean Paris für sieben Jahre (3E 1325); 15. 2. 1633 Florentin Misson, der auch sein Diener ist (3E 2064). 25. 9.–1.10. 1633 in Nancy Gast von Ludwig XIII. und Anne d'Autriche; ehrt die neuen Herrscher mit dem Gem. *L'Entrée royale* (Priv.-Slg). Alsbald kann D. der Gunst und Protektion von Ludwig XIII. sicher sein, dem er am 6. 11. 1634 Treue schwört; am 11. 7. 1634 zeichnet letzterer ein Pastell-Portr. D.s (Nancy, Mus. hist. lorrain) und ernennt ihn zum Chevalier de St Michel. 25. 11. 1633 bis Juni 1634 als Nachf. von Jean Leclerc mit der weiteren Ausgestaltung der Eglise des Carmélites in Chaumont/Haute-Marne beschäftigt (3E 2422; Zyklus zur *Apokalypse* verschollen). 17. 1. 1635 Aufnahme des Lehrlings Henri Saucourt (3E 2422). 1635 malt D. für die Confrérie de St-Joseph in Nancy einen *Tod des hl. Joseph* (verschollen; 3E 1366). Am 15. 8. 1636 wird sein *Gelübde Ludwigs XIII.* im Oratorium von Nancy angebracht (H. 2348). Zw. Okt. 1640 und Dez. 1642 malt D. für Kardinal Richelieu eine Folge der *Vier Elemente*. 1641 liefert er anläßl. des Einzugs von Herzog Karl IV. in Nancy Zchngn, nach denen Sébastien Leclerc sticht (1664 in Nancy veröff. in: *Triomphe de S. A. Charles IV de Lorraine à son retour dans ses Etats*, 1vol.-in fol°). 1646 dekoriert D. in der Pariser Kirche St-Joseph-des-Carmes eine Kap. (in situ), für die er einen *Triumph der Maria* stiftet und für 600 livres einen *Triumph des hl. Joseph* verkauft. Am 1. 1. 1651 schenkt der Stadtrat von Nancy dem Marschall de La Ferté-Senectère, Gouverneur dieser Stadt, ein Gem. D.s mit dem *Raub der Sabinerinnen*, wofür dieser 4200 francs bekam (CC 63, CC 154). 11. 6. 1653 Aufnahme des Lehrlings Jean Aubertin, gen. Villeneuve (verläßt die Wkst. bereits im Juni 1657). 1654 leitet und übernimmt D. zum großen Teil selbst die Ausgestaltung der Appartements von de La Ferté-Senectère im Herzogs-Pal. von Nancy (zerst.), woran Antoine Lhernette, der jüngere Jean Callot, David Prot und Jean Bonnart mitwirken (B 7489). Zw. 4. 6. 1659 und dem Lebensende im Auftrag von Ludwig XIV. und Anne d'Autriche mit einer *Allegorie auf den Frieden* beschäftigt. In den letzten Jahren liefert er dem Komponisten Jean-Baptiste Lully Zchngn für Ballettaufführungen. Aus einem neu entdeckten Dok. geht hervor, daß er in Konkurrenz mit Giacomo Torelli im Zusammenhang mit der Vorbereitung des *Ballet royal d'Alcidiane* von Isaac de Benserade und Lully am 15. 1. 1658 nach Paris berufen wurde (cf. La Gorce, 1997; 2000). – D. ist ein weitschweifiger, eklekt. Künstler und leitet eine der aktivsten Wkst. in Nancy; im Nachlaß-Inv. von 1662 sind 2000 Werke aufgeführt. Als Maler der Herzöge von Lothringen gelang es ihm von Anbeginn der Besetzung von Nancy durch die frz. Herrscher 1633, sich in deren Dienst zu stellen, für ihren Hof zu arbeiten und zugleich auch die Kriegserfolge von Karl IV. zu preisen. D.s Kunst und sein Leben wurden von den Schrecken des Dreißigjährigen Krieges nicht berührt; zwar wendet er sich an ein höf. Publikum und spiegelt ein glückl., sorgenfreies Leben wider, das er mit naiven, theatral. und preziösen Zügen in Szene setzt. Seine Kunst ist jedoch ebenfalls imstande, sich militant in den Dienst der Verbreitung der großen Themen der Gegenreformation zu stellen. Als ehem. Schüler von Bellange trifft er in Rom auf den Kreis um Cesari und Tempesta, während ihm Caravaggio gleichgültig bleibt. Sowohl in Lothringen als auch in Paris sorgte er für den Fortbestand eines von nordeurop. Einflüssen durchsetzten „Manierismus“. Diese zutiefst intellektuelle, in den 1630er Jahren bereits völlig veraltete Darstellungsweise schafft es paradoxerweise nicht, D.s Beliebtheit zu beeinträchtigen. D.s Söhne *Henri-Nicolas D.* (get. 10. 12. 1628

Nancy, † 13. 2. 1646 Paris) und *Charles-François D.* (get. 24. 12. 1635 Nancy, † 12. 12. 1666 ebd.) sowie der Schwiegersohn Charles Herbel werden ebenfalls Maler. *Gem.:* BLOIS, Schloß: Gaston d'Orléans (Zuschr.). CHARTRES, MBA: Chasse duchesse Nicole. ISSELBURG, Mus. Wasserburg Anholt: Heilige Familie; Philipp-Otto zu Salm; Christine zu Salm (beide Zuschr.). LA FERE, Mus. Jeanne d'Aboville: Zweikampf und Hilfe der Amazonen. MAINZ, LM: Kalvarienberg. MIRECOURT, Kirche Notre-Dame: Himmelfahrt Mariä. MÜNCHEN, BSGS, AP: Raub der Sabinerinnen (Zuschr.). NANCY, Mus. hist. lorrain: Konzil der Juden, um 1615; Hl. Rochus, 1625; Hl. Elisabeth von Thüringen; Hl. Elisabeth von Ungarn; Nicole D., um 1632; Gelübde Ludwigs XIII., um 1638; Diana in Blau; Madonna mit dem Kind; Hl. Michael; Zuschr.: Die heilige Familie mit Joh. Bapt.; Drei Göttinnen mit Herzdame; Triomphe Madame de Saint-Balmont; Bankett der Amazonen; Pallas. – „Cours Notre-Dame": Alix Le Clerc, 1622. – Kathedrale: Hl. Familie; Christus am Kreuz. NEW YORK, Metrop. Mus.: Aufbruch und Triumph der Amazonen. ORLEANS, MBA: Die vier Elemente; Allegorie; Triumph Heinrichs IV.; Ludwig XIV. als Kind (alle drei Zuschr.). PARIS, Mus. Carnavalet: Triomphe Madame de Saint-Balmont (Zuschr.). REMIREMONT, Mus. Charles-Friry: Sibyllen (Zuschr.). ROM, Gall. Borghese: Himmelfahrt; Hl. Karl Borromäus; Hl. Franziska Romana; Gottvater. STRASBOURG, MBA: Kampf der Amazonen gegen die Griechen (vier Öl-Gem.); La Bergère. VERSAILLES, Château: Allegorie auf den Frieden; Diana mit dem Hirsch; Ludwig XIII. (beide Zuschr.). – *Gem. in Priv.-Slgn:* Henri-Nicolas D., 1629; Jean D., 1632; Kriegsszene; Merkur und Argus; Elisabeth D.; Ludwig XIII. und der hl. Simon; Gaspard de Rieux; Reiterbildnis eines frz. Generals; Portr. einer Nonne. – *Zchngn:* BRÜSSEL, MRBAB: Niederlage der türk. Krieger. NEW YORK, Pierpont Morgan Libr.: Reitende Amazone mit Lanze. PARIS, Louvre, Cab. des Dessins: Triomphe d'Anne d'Autriche; Der hl. Karl Borromäus hilft den Unglücklichen. STOCKHOLM, Drottningholms Teater-Mus.: Triomphe d'Anne d'Autriche. – NM: Paare reitender Amazonen; Standartenträger. – *Druckgraphik:* cf. Robert-Dumesnil, 1871, 58–64. – Zudem: BRÜSSEL, Bibliothèque royale Albert Ier, Cabinet des Estampes: Christus mit der Dornenkrone. NANCY, Musée histoire lorrain: Ancien Pal. ducal de Nancy. ThB9, 1913 (ältere Lit.). *J. R. Füssli*, Allg. Künstler-Lex., I, Z. 1763; Suppl., I, Z. 1806; *P. F. Basan*, Dict. des graveurs, I, P. 1767; *J. J. Expilly*, Dict. géogr., hist. et politique des Gaules et de la France, V, P. 1768; *Strutt* I, 1785; *Heinecken* IV, 1790; *Zani* I. 7, 1821; *Nagler*, KL III, 1836; BNB I, 1866; II, 1868; *Bellier/Auvray* I, 1882; *P. Rosenberg*, in: Petit Larousse de la peint., II, P. 1979; DA VIII, 1996; *Bénézit* IV, 1999. – *J. Manilli*, Villa Borghese, R. 1650, 72; *J. Desmarets*, Promenades de Richelieu, P. 1653, 55 ss.; *A. Félibien*, Entretiens sur les vies et les ouvrages des plus excellens peintres anciens et mod., II: 7e entretien, P. 1685, 169, 174; *P. J. Mariette*, Notes mss. sur les peintres et les graveurs (1740–70), ed. *J. Adhémar*, II, P. 1953/54, 90–94; *E. F. Gersaint*, Cat. raisonné des diverses curiosités du cab. de feu M. Quentin de Lorangère, P. 1744; *A. Calmet*, Bibl. lorraine, Nancy 1751; *F. A. Chevrier*, Mém. pour servir à l'hist. des hommes illustres de Lorraine, I, Br. 1754, 182 ss.; *A. Pelletier*, Nobiliaire, Nancy 1758; *M. Hubert/ C. C. H. Rost*, Manuel des curieux, VIII, Z. 1804; *J. J. Lionnois*, Hist. des villes de Nancy, Nancy 1805, II, 389 s.; III, 38–44; *Baldinucci*, ed. *Ranalli*, V, 1847; *H. Lepage*, Bull. de la Soc. archéol. de Lorraine 3:1852; Cat. du Mus. hist. lorrain, Nancy 1852; 1855; 1863; 1866; 1869; 1887; *M. de Marolles*, Le livre des peintres et graveurs, ed. *G. Duplessis*, P. 1855, 53; *F. J. B. Noël*, Journal de la Societé archéologique de Lorraine 6:1857, 27–32; *H. Lepage*, Les archives de Nancy, I-III, Nancy 1865; *A. P. F. Robert-Dumesnil*, Le peintre-graveur franç. XI, P. 1871, 58–64; *A. Bertolotti*, Artisti francesi in Roma, Mantova 1886; *J. Guiffrey/P. Marcel* (Ed.), Inv. gén. des dessins du Louvre, V, P. 1910; *F. E. Schneegans*, Archives alsaciennes de l'hist. d'art 1927, 57 s.; *F.-G. Pariset*, in: Jacques Callot et les peintres et graveurs lorrains du XVIIe s. (K Mus. hist. lorrain), Nancy 1935; *id.*, Pays lorrain 1935 (7); 1953 (3); 1956 (3); 1962 (2); *id.*, BSHAF 1947/48, 117–122; 1965; *D. H. Fessenden*, The life and works of C. D., N. Y. 1952; *F.-G. Pariset*, GBA 39:1952 (März) 153–172; *B. Dahlbäck*, BSHAF 1953; IFF, GravXVII III, 1954; *F.-G. Pariset*, Rev. des arts 9:1959 (6) 275–282; 10:1960 (6) 261–266; *G. Viatte*, Rev. du Louvre 14:1964, 221–226; *M. Roethlisberger*, in: Walter Friedlaender zum 90. Geburtstag, B. 1965, 143; *F.-G. Pariset*, Œil 1967 (155) 10–17; *Bousquet*, 1980; *A. W. Vliegenthart*, Bilder-Slg der Fürsten zu Salm, Zutphen 1981; *J. Thuillier*, in: Claude Lorrain e i pittori lorenesi in Italia nel XVII sec. (K Rom/Nancy), R. 1982; *P. Choné*, Pays lorrain 1984 (3) 195–204; *H. Tanaka*, ibid. 1989 (3); *J.-C. Boyer*, in: L'art en Lorraine au temps de Jacques Callot (K Nancy, MBA), P. 1992 (Bibliogr. *M. Sylvestre*); *id.*, in: Le mystère Georges de La Tour, Le nouv. Observateur, Suppl. v. 2.–8.10. 1997; *J. de La Gorce*, Féeries d'opéra, P. 1997, 14; *J.-C. Boyer*, in: Deux ss. de dessin franç. (Kolloquium Ec. du Louvre), P. 2000; *id.*, in: *P. Choné* (Ed.), L'âge d'or des nocturnes, P. 2000; *J. de La Gorce*, in: Giacomo Torelli. L'invenzione scenica nell'Europa barocca (K Fano 2000, in Vorbereitung). – Nancy, Arch. dép. de Meurthe-et-Moselle: 3E, B, H.; Arch. mun.: BB, CC, GG. – Mitt. J.-C. Boyer, Joinville-le-Pont; J. de La Gorce, Paris.

M. Porte

Deruet, *Claude* (1697) → **Drevet,** *Claude*

Deruet, *Henri-Nicolas* cf. **Déruet,** *Claude* (1588)

Deruineau, *Jacques-Maurice*, frz. Maler, * 28. 11. 1797 Tours, † 11. 2. 1873 Angers. Lehre als Dekormaler; tätig in Saint-Jean-de-Linières/Maine-et-Loire. Verfaßte zahlr. Art. zur Dekormalerei für das Bull. de la Soc. industrielle d'Angers. ✉ Souvenirs d'un ouvrier, 1850 (als P. Deruineau). DBF X, 1965. C. F.

Derujinsky, *Gleb* cf. **Derujinsky,** *Gleb W.*

Derujinsky, *Gleb W.* (eigtl. Derjužinskij, *Gleb Vladimirovič*), russ.-US-amer. Bildhauer, Zeichner, * 1.(13.) 8. 1888 Otradnoe/Gouv. Smolensk, † 9. 3. 1975 New York. Sohn des Juristen, Senators und Prof. der Univ. St. Petersburg Vladimir Fedorovič Derjužinskij, Vater des Fotografen *Gleb Derujinsky* (s.u.). Bis 1920 verh. mit der Dichterin P. O. Bogdanova-Bel'skaja. Stud.: ab 1904 Zeichenschule der Ges. zur Förderung der Künste, St. Petersburg, zunächst Zeichen-Kl., danach beim Bildhauer Ivan Ivanovič Andreoletti; 1906–12 Jura Univ. ebd.; 1911–12 Acad. Julian und Colarossi, Paris sowie in den Ateliers von Raoul Charles Verlet und Antoine Injalbert; Begegnung mit Auguste Rodin; 1913–18 AK St. Petersburg bei Hugo Salemann, Vladimir Aleksandrovič Beklemišev (Silber-Med. für die Komp. *Ioann Groznyj i Maljuta Skuratov*; 1918 Titel Künstler). 1917 Delegierter der AK-Studenten im Verb. der Kunstschaffenden Petrograd (St. Petersburg). 1918 auf Einladung von Fürst F. F. Jusupov auf dessen Gut Koreiz auf der Krim, danach in Novorossijsk, von dort aus als Matrose Überfahrt nach New York. Unterrichtete in den 1930er Jahren ebd. an einem College und zus. mit Simkha Simkhovitch in seinem Atelier. Mitgl.: NAD; Nat. Union of Sculptors; Festkomitee zum 100. Todestag von A. S. Puškin (zus. mit Sergej Timofeevič Konenkov, 1936–37), alle New York. Ausz.: u.a. 1938 NAD; 1957, '58 Amer. Art League; 1961, '64 Nat. Art Club. – Im Frühwerk Kleinplastiken (Gips, Marmor, Bronze, Terrakotta), die stilist. dem russ. Impressionismus nahestehen (u.a. *Na balu*; *Poceluj*; Portr. der Maler *Vasilij Vasil'evič Beljašin, Nikolaj Ėrnestovič Radlov*, seiner Frau *P. O. Derjužinskaja*, des Fürsten *B. B. Golicyn*, alle 1916–17; Büste von *A. F. Kerenskij*, 1917; Portr. des Komponisten *Sergej Prokof'ev*, 1918). Nach 1919 bevorzugt Arbeiten zu mytholog. und relig. Themen (z.B. *Ikarus*, 1922; *Leda und der Schwan*, 1923, dafür posierte die Ballerina Ruth Page; *Eva*, 1926; *Pietà*, Basrelief, 1927; *Mariä Verkündigung*, 1930; *Europa*, 1939; *Joh. Bapt.*, 1947; *Trauernder Engel*, 1970) sowie Portr. (u.a. Pianist *A. I. Ziloti*; *Sergej Rachmaninov*; Maler *Nikolaj Ivanovič Fešin; Mstislav Valerianovič Dobužinskij*; Schauspielerin *Lillian Gish*; Ballerina *Ruth Page*; Präs. *Franklin D. Roosevelt; Benjamin Franklin*) in einer Synthese von Neoklassizismus, got. Skulpt. und russ. Sakralkunst (Terrakotta, Bronze, Marmor, Granit, Aluminium, bisweilen Holz). Auch Zchngn (z.B. *V mečtach*, Tusche, Feder, 1917). – D.s Sohn arbeitete in den 50er und 60er Jahren für Harper's Bazaar; seine Mode-Fotografien zählen mit ihrer romant. bzw. verfeinert-raffinierten Anlage zu den besten ihrer Zeit (präsentiert u.a. in der Ausst. The Fords: Fifty Years in Fashion, 1997 New York, Staley-Wise Gall.). Von bes. Interesse sind auch seine Aufnahmen von Jazzmusikern. 🏛 BEDFORD/N. Y., St. Matthews' Parish. BLOOMFIELD HILLS/Mich., Cranbrook Acad. of Art Mus. DAYTON/Ohio, Art Inst. INDIANAPOLIS/Ind., Mus. of Art. LOS ANGELES, County Mus. of Art. MURRELLS INLET/S. C., Brookgreen Gardens. NEW YORK, Metrop. Mus. – NAD. – New York Hist. Soc. – New School for Social Research. – Publ. Libr. – Theodore Roosevelt House. – Nat. Fencing Soc. PHILADELPHIA/Pa., Mus. of Art. SAN DIEGO/Calif., Mus. of Art. SYRACUSE/N. Y., Syracruse Univ. TOLEDO/Ohio, Mus. of Art. WASHINGTON/D. C., U. S. General Services Administration. – Smithsonian Institution ✉ V akad. chudožestv, Novyj žurnal 1946 (13) 281–293; Vospominanija o Peterburge, ibid. 1989 (176) 191–214; V Krymu, ibid. 1990 (179) 239–254. ⊙ *E:* 1928 London, Knoedler Gall. / New York: 1928 Gal. Macbeth; 1929, '69 Grand Central Pal.; 1933 Gal. Wildenstein; 1942 Guild. – *G:* u.a. St. Petersburg: 1915–16 AK; 1916–17 Genossenschaft der Peredvižniki; 1917 Obščina chudožnikov / 1926 Philadelphia: Sesquicentennial Expos. (Gold-Med.) / 1929 London, RA / 1937 Paris: WA (Gold-Med.). 📖 Vol, 1953 (s.v. Derujinskij, Gljeb W.). WWAA, 1940–62; ChudSSSR III, 1976 (Lit.); *Lejkind/Machrov/Severjuchin*, 1999 (Lit.). – VSII Sprav. I, 1965; GBA 117:1975 (Sept.) 36 (Nekr.); *Johnson/Greutzner*, 1976; *N. Reznikova-Derjužinskaja*, Novyj žurnal 1980 (138) 87–100; Sovetskoe iskusstvoznanie-82, vyp. 1, Mo. 1983, 360; *Fielding*, 1984; Vospominanija o S. V. Rachmaninove, vyp. 2, Mo. 1988. V. Kulakov

Derulle, *Marcel*, frz. Maler, * 14. 8. 1902 Nancy, lebte in Levallois und Paris, bis 1968 nachweisbar. V.a. Lsch. (Ansichten vom Montmartre; Dép. Sarthe), Stillleben, Zirkus-Motive und neoklassizist. Komp. ⊙ *G:* Paris: ab 1924 Salon des Indépendants; 1930–50 Salon d'Hiver; SAfr. 📖 Vol, 1953. *Bénézit* III, 1976; *Harcos*, 1991. K. S.-D.

Derums, *Adam (Adam Artis)*, austral. Maler, Bildhauer, Designer, Filmemacher, Schauspieler, * 18. 4. 1968 Northam, lebt in Perth. Sohn des Malers *Andris (Andris Artis) D.* (* 1945 Deutschland, lett. Herkunft; Ausst. in Perth und South Australia; lebt in Perth). Stud. in Perth: 1986–88 Curtin Univ. of Technology (1988 Paint. Achievement Award); 1996–99 Edith Cowan Univ. Lehrtätigkeit: 1992 Applecross Senior High School; seit 1992 Western Austral. SchA and Design. Seit 1988 an versch. Projekten von Kunst in der Gemeinschaft beteiligt (u.a. Wand-Gem.). 1989–93 v.a. großformatige abstrakte Gemälde. 1995 Aufgabe der Malerei und Hinwendung zur Skulpt., da er verstärkt krit. Inhalte ausdrücken will. Aus dem gleichen Grund macht D. seit 1996 daneben Filme, zunächst im Format Super 8, neuerdings digitale Videos. Hier, wie in der Malerei, treten expressionist. Qualitäten zutage. Beteiligung an Filmen: u.a. 1995 *Fly Breeder* und *Huge Shark* (jeweils als Schauspieler); 1996 *Heat* und *Chicken* (Koregisseur; für beide Kulissenentwurf); 1998 *Fast Tracks* (Produktions-Ass.); 1998 *Canary*, 1999 *Fruito* (für beide: Drehbuch, Koregisseur, Kulissen). 🏛 PERTH, AG of Western Australia. – Curtin Univ. of Technology. – Univ. of Western Australia. – Western Austral. SchA and Design. ⊙ *E:* Perth: 1989 Beach Gall.; 1991, '93, '95 Delaney Gall.; 1999 The Verge. 📖 WWAVA, 1995. – Art reading mat. (Perth) 1991 (Aug./Sept.); *J. Stringer/R. Waldendorp*, W-Austral. artists in residence (K Inst. of Contemp. Art), Perth 1996. R. Smith

Derums, *Andris* cf. **Derums,** *Adam*

Derungs, *Vitus*, schweiz. Maler, Objektkünstler, Zeichner, * 7. 2. 1948 Ilanz, † 21. 7. 1993 Winterthur. Stud.: 1969–70 KGS Basel bei Franz Fedier; 1970/71 Lehrer-Ausb. in Aarau. 1972/73 am Schweizer Inst. in Rom. Ab 1973 in Winterthur. Ausz.: 1980 Stip. der Steo-Stiftung. – D.s Gem. und Zchngn zeigen ambivalente Räume, die häufig von diffusem Licht durchdrungen sind, meist vor einen verwaschenen, in gebrochenen Farben gehaltenen Hintergrund eine linienhafte Raumkonstruktion von bühnenhafter Wirkung gesetzt. Die versch., sich durchdringenden Raumebenen erzeugen durch ihren metaphys. Char. beim Betrachter Unbehagen und sollen auf Schichten des menschl. Unterbewußtseins verweisen. Die Oberflächen der Werke sind immer aufgebrochen, so daß ihnen die Ausstrahlung von Zerfall und Auflösung anhaftet. Gelegentl. sind in die Gem. aus Acryl und Dispersion gesichtslose Figurenfragmente (Köpfe, Torsi) eingezeichnet, die den psycholog. Ausdruck der Arbeiten steigern und die Gesamt-Komp. zu „Seelenräumen" werden lassen. ⊙ *E:* 1980 Schaffhausen, Mus. zu Allerheiligen (K). ▭ LZSK, 1981; KVS, 1991; Biogr. Lex. der Schweizer Kunst, I, Z. 1998. T. Gr.

Derunov, *Vladimir Ivanovič*, russ. Bildhauer, * 3. 7. 1908 Kočerovo/Gouv. Jaroslavl', † 9. 1. 1979 Moskau. Stud.: 1930–36 HS für Malerei, Bildhauerei und Archit. der AK Leningrad (St. Petersburg) bei Aleksandr Terent'evič Matveev; Konsultationen bei Vladimir Evgrafovič Tatlin (Fak. für Keramik ebd.). Lehrtätigkeit: 1946–52 HS für angew. und dekorative Kunst Moskau; 1952–60 HS für angew. Kunst (ehem. Stieglitz-FS) Leningrad; 1960–75 HS für angew. Kunst (ehem. Stroganov-KGS) Moskau. – Hauptsächl. mon. und mon.-dekorative Arbeiten, z.B. Relief *Pionerskie dela*, Zement, 1948 für den Pionier-Pal. Doneck; 2 Fassadenreliefs für den Pavillon Povol'že auf der Allunions-Landwirtschafts-Ausst. Moskau, Zement, 1949–50, mit Jurij Petrovič Pommer, Appolinarij Adol'fovič Stempkovskij; Komp. *Kolchoznica*, Zement, für den sowjet. Pavillon auf der Ausst. in Peking 1953, mit Pommer, Stempkovskij und Vasilij Nikolaevič Monachov. Auch hist. Portr. (z.B. *Karl Marx*, Marmor, 1939 für Komsomol'sk-na-Amure, Bronze, 1954–55, mehrere Repliken, Variante Gips, getönt, 1969; *V. I. Lenin*, Bronze, 1956, Repliken; *Fr. Engels*, Gips, 1977) und figürl. Komp. (z.B. *Plovčicha*, Kupfer, getrieben, 1964; *Tualet*, Bronze, 1976–77). ⌂ BELGOROD: Denkmal für den Flieger A. Gorovec, Bronze, 1960. BRJANSK, Schauspieltheater, Fassade: drei figürl. Komp., Zement, 1951. MIČURINSK: Denkmal I. V. Mičurin, Marmor, 1967. MOSKAU, Russ. Staats-Bibl.: Industrija, Relief, Zement, 1937. – Lomonosov-Univ., Landwirtschafts-Mus.: A. Humboldt, Marmor, 1954. ▭ ChudSSSR III, 1976; *Milner*, 1993. – VSII Sprav. II, 1967; Sovetskoe izobrazitel'noe isk. i architektura 60–70-ch gg., Mo. 1979, 149; Sovetskoe dekorativnoe isk.-77/78, Mo. 1980, 204, 227; Moskovskie skul'ptory, Mo. 1986 (z.T. abweichende Angaben). L. Makoed

Derunton → **Deranton,** *Joseph*

Derus, *Lucas* → **Heere,** *Lukas de*

De Ruschi, *Giacinto*, ital. Maler, * 8. 4. 1897 Albino/Bergamo, † 31. 5. 1974 Ospedaletti/Imperia. Trotz Unterricht bei Romeo Bonomelli und mehrmonatigem Kurs an der Accad. Carrara in Bergamo bei Ponziano Loverini im wesentl. Autodidakt. Zeigt 1927 und '30 in Bergamo naturalist., durch Guido Tallone geprägte Portr. und spätimpressionist. kleine Lsch. des heimatl. Valle Seriana. Kommt in den 30er Jahren mit räuml. Vereinfachungen in die Nähe des Novecento. Wendet sich vom Portr. zu Darst. des tägl. Lebens, Zirkusszenen und zu Lsch. in Ligurien, wohin D. kurz nach 1930 aus gesundheitl. Gründen übergesiedelt war. In den Folgejahren bevorzugt strukturell schlichte, farbl. ausdrucksstarke und betont naive Landschaften. Fast alle erh. Arbeiten im Priv.-Bes. der Fam. Rocchi und De Ruschi. ⊙ *E:* 1936, '38 San Remo, Villa Mun. – *G:* 1930 ss. Bologna: Mostra del Sindacato Artisti / 1930 Venedig: Bienn. / 1931, '35 Rom: Quadrienn. (K). ▭ Vo4, 1958 (s.v. Ruschi, Giacinto de). *Comanducci* II, 1971. – *A. Locatelli Milesi*, La Riv. di Bergamo 1928, 250–253; *L. Pelandi*, ibid. 1929, 437–440; *G. Visentini*, ibid. 1931, 474–477; *G. Marangoni*, Emporium 1929, 125–128; *U. Nebbia*, ibid. 1930, 267–290; IV. Espos. d'arte (K), Sanremo 1931, Nrn 10–18; *B. Belotti*, Storia di Bergamo e dei bergamaschi, V, Be. 1959, 515; *P. Mosca*, La nostra Domenica 1981, 22; *id.*, Arte e costume a Bergamo, I, Be. 1989, 519 s.; I pittori bergamaschi dell'Ottocento, II, Be. 1992, 139–144; *F. Rossi*, in: Storia delle terre di Albino, II, Bs. 1996, 239. F. Rossi

Deruschy, *Franz*, österr. Maurer, 1690 bezahlt für den Bau der Kirche in Neustift/Stmk. ▭ *Kohlbach*, 1961. D. T.

Derusticis (De Rusticis), *Paolo*, ital. Maler, Bühnenbildner, * 19. 6. 1922 Turin, lebt dort. Stud.: Accad. Albertina Turin (1949 Dipl. in Malerei). In den frühen 50er Jahren Auseinandersetzung mit Verfahren der abstrakten Fotografie. Malt später in Pastell oder Tempera Bilder von hohem spirituellen Anspruch (*Incendio a New York* [1965], Turin, Mus. Sperimentale) und zunehmender Verknappung der Form. Lehrt 1968–73 an der Turiner Accad. Albertina Technik der Fotogr., ab 1974 Lehrstuhl für Szenographie. ⌂ TURIN, GAM. – Mus. Sperimentale. ✉ Autopresentazione, Certosa di Valmanera/Asti 1979. ⊙ *E:* 1965 Turin, Gall. Il Punto (K: R. Guasco); Venedig, Gall. Il Canale / 1966 Klagenfurt, Gal. H. Hildebrand / 1969 Lavagna, Portico Brignardello. – *G:* 1967, '86 Turin, GAM: Mus. sperimentale d'arte contemp.; 1981 Studio Laboratorio: Parole e colori del Po (K: P. Mantovani). ▭ ASA Italia IV, 1971; Arte ital. per il mondo, II, T. 1975. – *E. Badellino*, P. D. (K), Cremona 1982. N. Corradini

Deruta, *Cesare da* cf. **Viscardo da Deruta**

Deruta, *Tolomeo da* cf. **Viscardo da Deruta**

Deruta, *Viscardo da* → **Viscardo da Deruta**

De Ruth, *Jan*, US-amer. Maler, Graphiker, Autor, * 31. 7. 1922 Karlovy Vary/Tschechoslowakei, in New York ansässig. Stud.: 1939/40 Rotter KSch, Prag; 1947/48 Ruskin SchA, Oxford Univ., Großbritannien; 1950/51 Art Students League, New York; 1955–62 Taubes-Pierce Art School, ebd. Über 100 Einzel-Ausst. (USA, Europa). A. der 1970er Jahre Vize-Präs. der Allied Artists of America. D. lehrte 1978–82 in Ruidoso/N. Mex. – Öl; Lith., Serigraphien. ⌂ WASHINGTON/D. C., Smithsonian Institution. YOUNGSTOWN/Ohio, Butler Inst. of Amer. Art. ✉ Paint. portr., nudes and clothed figures, N. Y. 1980. ⊙ *E:* New York: 1959 Internat. Gall.; 1960 Little Studio Gall. ▭ Vo6, 1962 (s.v. Ruth, Jan de). WWAA, 1962–1991/92. – *F. Taubes*, Amer. artist 22:1958 (5) 40–45. C. R.

Deruysscher, *Joseph*, belg. Maler, * M. 19. Jh. Antwerpen, † 1906 Fontainebleau. Naturalisierter Franzose, der in Fontainebleau ansässig war. Malte im Wald von Fontainebleau anmutige sonnendurchflutete Ansichten mit zart eingesprengter Figurenstaffage in vorimpressionist. Stil. ⊙ *G:* Paris, Salon: 1881 (Matin – forêt de Fontainebleau); '82 (Eglise de St-Sulpice de Favières), '90 (Butte à Gay – forêt de Fontainebleau); 1906 (postum; Mare des liqueurs – forêt de Fontainebleau).

H.-P. Bühler

Dervà, *Joan*, katalan. Maler, schuf 1486 ein Altar-Gem. für die Pfarrk. Sa. María zu Belianes/Lleida. 🕮 *Ràfols* I, 1951. W. H.

Dervaux, *Adolphe*, frz. Maler, * 4. 2. 1825 Charleville, in Paris tätig. Vater des gleichnamigen Architekten. Schüler von Auguste Barthélemy Glaize. ⊙ *G:* 1848–76 Paris, Salon (v.a. Portr.). 🕮 ThB9, 1913. *Bénézit* III, 1976.

Dervaux, *Adolphe*, frz. Architekt, Stadtplaner, * 2. 5. 1871 Paris, † 1948 (1945 lt. Chemetov u.a.), wohnhaft in Paris. Sohn des gleichnamigen Malers. Stud.: Ec. des Arts décoratifs Paris bei Charles Louis Genuys; ab 1894 EcBA ebd. bei Constant Moyaux. „Architecte adjoint" beim Bau der neuen Druckerei (lt. Delaire). „Inspecteur" der Anlagen zur WA 1900 in Paris. 1902 Gold-Med. bei der internat. Ausst. in Turin. Architekt der Chemins de fer du Midi, 1914 der staatl. frz. Eisenbahn-Ges., dann vom Minist. des Colonies (Hôpital social in Marseille). Architekt der frz. Reg. bei den Welt- bzw. internat. Ausst. 1915 in San Francisco, 1917 in Barcelona, 1922 bei der Expos. coloniale in Marseille. Mitgl.: Comité central des Arts appliqués; Soc. centrale des architectes; 1922 Mitbegr., 1939 Vize-Präs. der Soc. des Architectes mod.; Comité supérieur de l'Aménagement et l'Organisation gén. de la Région parisienne; 1930–39 Präs. der Soc. franç. des Urbanistes. Präs. der Ec. supérieure d'art public. 1923 Ritter, 1926 Offizier der Ehrenlegion. – D. steht der Nachahmung, den ästhetizist. Prinzipien des Art nouv., aber auch der Durchsetzung radikaler mod. Auffassungen ablehnend gegenüber; in Schr. und durch seine Bauwerke tritt er für eine gemäßigt mod., trad. frz. Bauweise unter Beachtung der jeweiligen örtl. Gegebenheiten ein; stilist. steht er zw. einer maßvoll-regionalist. Variante des Art nouv. (Bahnhöfe in Biarritz und Rouen) und dem Art déco (Gest. von Geschäften). 🏛 *Bauten:* BIARRITZ: Gare terminus, 1908–11 (heute Congr.-Pal.). PARIS: Boulevard Haussmann: Geschäfte, 1923 (zerst.). – Metrostation Vanneau, 1925. – Planung für das Village franç. (frz. Dorf) zur Expos. des Arts décoratifs, 1925. ROUEN: Bahnhof „Rive droite", 1913–28. SETE: Pal. consulaire, 1928/29. – *Stadtplanungen:* Erweiterungspläne für die Städte Ax-les-Thermes, Bandol, Perpignan, Toulon. ✉ Essai sur l'archit. telle qu'elle est. Rapport présenté à la Soc. d'art populaire et d'hygiène, P. 1907; Le beau, le vrai, l'utile..., in: La réorganisation de la France. Bibl. gén. des sc. sociales, P. 1917, 180–237; L'édifice et le milieu..., P. 1919; Rapport gén. de l'expos. internat. d'archit. ..., Gand 1921, P. 1922; „Rapport gén." et „urbanisme d'Ax-les-Thermes", in: Où en est l'urbanisme en France et à l'étranger. Congr. internat. d'urbanisme ... Strasbourg, P. 1923; L'archit. étrangère à l'Expos. internat. des arts décoratifs..., P. 1925; Kat.-Vorw. zum 4. Salon der Soc. franç. des Urbanistes, 30. 4.–20. 6. 1925; Archit. d'aujourd'hui 1935 (9) 31, 36; 1936 (8) 16. 🕮 *Delaire*, 1907; DBF X, 1965. – Construction mod. 1909, 544; 1923, 339, 509; *P. F. Sageret*, Almanach et annuaire des bâtiments des travaux publics et de la voirie ..., P. 1935–39; *P. Chemetov u.a.*, Paris banlieue 1919–1939. Archit. domestiques, P. 1989. C. Loupiac

Dervaux, *Georges (Georges-Victor)*, französischer. Maler, * 25. 7. 1888 Tourcoing, † 16. 8. 1958 ebd. Schüler von Fernand Cormon. ⊙ *G:* Paris: ab 1912 SAfr. (Mitgl., 1923 Gold-Med.); ab 1935 Salon des Indépendants. 🕮 Vol, 1953. *Bénézit* III, 1976.

van **Derven** (1694) cf. **Dirven,** *Jan*

Derville, *Aimé (Félix Joseph Aimé)*, frz. Zeichner, Maler, * 25. 12. 1784 Arras, † 29. 5. 1849 ebd. Dort Schüler der Ec. communale de dessin und 1817–30 als priv. Zeichen- und Schreiblehrer tätig. ⊙ *G:* 1817, '22 Arras, Salon. 🕮 *Marchal/Wintrebert*, 1987. C. R.

Dervillez, *Robert*, frz. Maler, Zeichner, * 17. 1. 1924 Pré-Saint-Gervais/Paris, in Duttlenheim ansässig. Stud.: 1976 Ec. des Arts décoratifs, Strasbourg; 1977–84 Univ. Populaire du Rhin, Molsheim, bei Jean Paul Schaeffer. – V.a. Aqu., auch Zchngn und Pastelle; bes. elsäss. Lsch., Hausansichten; einige Blumenbilder. Trotz Ähnlichkeiten zu Schaeffer und Robert Kuven entwickelte D. einen eig., sehr persönl. Stil in Richtung „néo-turnérisme". ⊙ *E:* 1984 Gambsheim / 1984–88 Bains-les-Bains / 1985, '87 Bischenberg / 1985–88 Rosheim / Strasbourg: 1986 l'Aubette; 1986, '89, '91, '92 Gal. Aktuaryus. – *G:* u.a. 1981 Sélestat, Salon de l'Art contemp. / 1982, '83, '85 Strasbourg, Salon Ricard. 🕮 Quelques artistes-peintres alsaciens vivant et œuvrant au 1er janvier 1982, ne figurant pas au tome I, in: *Lotz*, Avant 1800, 1994.

C. R.

Dervišević, *Mensur*, bosn.-herzegowin. Maler, Publizist, * 1. 1. 1928 Brčko, † 17. 4. 1982 Tuzla. Stud.: ABK Belgrad (Dipl.) Spezial-Kl. bei Milo Milunović. E. 60er/A. 70er Jahre malte er v.a. in Öl dunkle Komp. mit kaum wahrnehmbaren Formrudimenten (*Zapis*, Priv.-Bes.). 1971 Ankaufpreis auf der II. Portr.-Ausst. in Tuzla. D. beschäftigte sich auch mit angew. Kunst. 🏛 SARAJEVO, Bibl. Hasan Kikić. ⊙ *E:* 1953 Brčko / 1954 Kotor / 1955, '62, '68 Sarajevo / 1956, '62 Tuzla / 1958 Kairo; Bagdad / 1959 Addis Abeba. – *G:* ab 1954 zahlr. nat. / 1974 Košice: Malerei-Bienn. 🕮 LEJ I, 1984. Ch. N.

Dervishi, *Bashkim*, alban. Maler, Zeichner, Lehrer, * 15. 9. 1949 Korça, lebt in Tirana. Stud.: 1969–74 KHS ebd. Arbeitet im Inst. für Gesundheitserziehung Tirana. Ausz.: 1998 Titel Verdienter Lehrer für sein über 20jähriges Engagement bei der Kunsterziehung von Kindern. Teiln. an zahlr. nat. und internat. Ausst. (u.a. 1991 Belgien, 1993 Griechenland). – In einer klaren zeichnerischen Sprache, farbig transparent und kontrastbetont gestaltet D. Figürl. mit vielen Andeutungen, stets verständl. und mit kommunikativer Funktion für viele Gesellschaftsschichten. Seine Werke haben v.a. pädagog. Ziele. 🏛 TIRANA, Gal. Kombëtare e Arteve Figurative. ✉ Interview: Drita v. 10. 12. 1989, 3 s. ⊙ *E:* 1992

Tirana, Gal. Kombëtare e Arteve Figurative. ▭ Rinia i jep atdheut jetë e gjallëri (K), Tiranë 1982; Nat. Exhib. of Contemp. Albanian Paint. Autumn '92 (K), Tiranë 1992.
Gj. Frashëri

Dervishi, *Kastriot*, alban. Maler, * 22. 5. 1963 Berat, lebt dort. In der Kindheit Unterricht beim Maler Sotir Capo. Stud.: 1978–82 Kunstlyzeum „Jordan Misja" Tirana; (1982–86 Kunstlehrer an einer Mittelschule in Berat); 1986–90 KHS (KA) Tirana bei dem Maler Agim Zajmi und dem Bildhauer Perikli Çuli. 1990–96 Bühnenmaler im Berufstheater Berat, entwarf einige Bühnenbildner auch für and. Theater. Seit 1996 Leiter der Gal. e Artit (Kunstgalerie) Berat. Ausz.: 1994 2. Preis im 2. Nat. Wettb. „Onufri 94". – D. sucht nach expressiver Ausdrucksweise in der Gest. seiner Vorstellungen und bevorzugt oftmals die Symbolik des Abstrakten. Arbeitet meist in Öl, selten in Pastell. Thematisiert eig. Leiden sowie menschl. Charaktere, Dramen des Lebens, zeigt aber auch Akte und Ansichten seiner Stadt (*Adami dhe Eva*, 1994; *Stres*, 1994, beide Tirana; *Nën diktaturë*, 1994; *Mort*, 1996, beide Berat, alle Öl/Lw.). Die Gem. wirken durch die Ambivalenz zw. Konkretem und Abstraktem bei Wahrung des Expressiven. Oft verwandeln sich die Figuren in Symbole, indem sie auf frühere Bindungen untereinander anspielen. Viele Gem. entstehen spontan, in einem Zug und pastos gemalt. Sie weisen ein warmes, kontrastarmes Farbrepertoire auf und streben eine emotional tiefe, lyr. Wirkung an. Oft erreichen die figürl. Komp. eine dramat. Spannung durch eine vehemente Pinselführung und den Ausdruck aktueller Gefühle zur Situation in Albanien. Gleichzeitig tendiert D. auch zu düsteren Darst. mit fatalist. Zügen. 🏛 BERAT, Gal. e Arteve të Qytetit. TIRANA, Gal. Kombëtare e Arteve Figurative. 👁 *E:* 1996 Berat, Gal. e Arteve të Qytetit / 1998 Tirana, Gal. T & G. ▭ *G. Muka*, Rilindja demokratike v. 6. 12. 1994; *K. Malo*, Koha jonë v. 23. 9. 1997; *A. Bega*, Albania v. 28. 9. 1997; *N. Selmani*, Republika v. 29. 9. 1997.
Gj. Frashëri

Dervivier, *Jean* → **Duvivier,** *Jean* (1687)

Derviz, *Grigorij Georgievič*, russ. Monumentalkünstler, Maler, Graphiker, * 6. 3. 1930 Moskau, lebt dort. Großneffe von Vladimir Dmitrievič fon D., war verh. mit der Malerin Irina Igor'evna Lavrova. Stud.: 1950–52 HS für angew. und dekorative Kunst Moskau; 1952–53 HS für angew. Kunst (ehem. Stieglitz-FS) Leningrad (St. Petersburg); 1953–57 HS für angew. Kunst (ehem. Stroganov-KGS) Moskau bei Sergej Vasil'evič Gerasimov, Boris Vjačeslavovič Iordanskij, Georgij Iosifovič Rublev, Vladimir Andreevič Favorskij. Ausz.: 1957 Silber-Med. der Weltfestspiele der Jugend und Studenten Moskau; 1959, '62, '67, '68, '72 Dipl. der Moskauer Filiale des russ. Kunstfonds für das beste Werk des Jahres; 1970, '81 Dipl. der Moskauer Filiale des russ. Künstler-Verb.; 1994 Dipl. der internat. Email-Ausst. Peterhof, St. Petersburg; 1998 Verdienter Künstler der Russ. Föderation. Zahlr. Reisen im In- und Ausland. Beschäftigung mit Propagierung und Slg von Folklore. Initiator eines Folklore-Fonds beim Vorstand des sowjet. Künstler-Verb., Organisator mehrerer Volkskunst-Ausst. und Verf. von Einl. in den zugehörigen Kat. (u.a. 1973 Faenza; 1974, '81 Warschau). – Beeinflußt von seinen Lehrern, v.a. von G. I. Rublev. Steht in der Trad. der russ. realist. Kunst von E. 19./A. 20. Jh. sowie der nat. Folklore. Für D.s Werke (Metall, Glas, Smalte, Email, Keramik, Holz, bisweilen kombiniert), die sich organ. in den architekton. Raum integrieren und ihn emotional strukturieren, sind ganzheitl. Empfinden der Natur, ein präzises Gespür für dekorative Elemente (deren Bedeutung tendenziell wächst), Freiheit und Unmittelbarkeit in der Interpretation des Dargestellten, expressiv-reichhaltiges Kolorit, Klarheit der plast. Formen und dynam. Linienführung typisch. Beteiligt an der Interieur-Gest. vieler öff. Gebäude in Moskau und and. Städten des In- und Auslandes (z.B. *Lesnye prostory*, *Severnye prostory*, Wandbilder, Seide, Batik; Ziergitter, Eisen, 1958, alles Pavillon „Promyšlennost' RSFSR", Ausst. der Errungenschaften der Volkswirtschaft Moskau; Stand „Sowjet. Oper" auf der sowjet. Ausst. New York, 1959). D. schuf ferner Emailarbeiten (*Vospominanija o Soči*, 1986; *Lugovaja simfonija*, 3 Varianten; *Travy*, 4 Varianten, 1993; *Černaja smorodina*, 1995; *Igry del'finov*, 1996), Gem. (*V Severnoj gavani*, 1965; *Vostočnyj Pamir*, 1975; *Mastera narodnogo iskusstva Srednej Azii*, 1977; *Natjurmort s gribami*, 1987; *Solnce selo*, 1994), Graphiken (Monotypien, z.B. *Tango*, 1960–61; Linolschnitte, u.a. *Gorodskie okna*, 1967; *Perelet. Utki*, 1970; Rad., z.B. *Morskoj pljaž*; *Rakovina*, 1988) und Zchngn (Blei-, Bunt-, Filzstift, u.a. *Ivy. Vesna*, 1984; *Turkmenija*, 1985), die Ser. *Nepal* (Öl-Studien, Buntstift-Skizzen, 1982) sowie Plakate (z.B. *Molodye talanty*; *Postup' mira*, 1957). 🏛 ARCHANGEL'SK, MBK. KATMANDU, Russ. Botschaft, Bankettsaal: Hochrelief, Kupfer; Vestibül: dekorative Glasmalerei, 1982. KECSKEMÉT, Email-Mus. KOSTROMA, Philharmonie, Konzertsaal: Portr. Bach, Beethoven, Mozart, Glinka, Čajkovskij, Šostakovič, herald. eingefaßt, Mosaik, 1987. MARY, Kurheim des Unternehmens Karakumgidrostroj, Schwimmbad: Triptychon, Mosaik, 1985. MOSKAU, Sperlingsberge, ehem. Pionier-Pal., Portikus des Haupteingangs: Mosaik; Stirnwand: Wandbild, Farbzement, Ziegel, Keramik; Kindertheater, Foyer: Sgraffito; Großer Konzertsaal, Foyer: Wandbild, Tempera, alles 1959–61. – 1. Autokombinat, Foyer: Wandbild, Kupfer, Schwarzmetall, getrieben; Kantine: Panneau, Gips, Schnitzerei, Tempera; Konzertsaal, Bühnenrückwand: Wandbild, Tempera; Verwaltungsgebäude: Marketerie; Prophylaxe-Komplex: dekorative Glasmalerei, 1969–70. – Metrostation Kuz'minki: Ziergitter, Aluminium, getrieben, 1967. – Hotel Moskau, Fassade: Reliefs, Gips, getönt, 1975; Vestibül des Neubaus: Glasmalerei, 1976. – Musikschule „Lira", Fassade: Emblem; Vestibül: Basrelief, Ziergitter; Konzertsaal: Leuchter, Wandleuchter, Edelstahl, Kupfer, 1977. – Poliklinik Medsančast' Nr 11, Schwimmbad: Glasmalerei; Basrelief, Holz, 1978; Foyer: Marketerie, Wandbild, 1979. – Kinderkrankenhaus des Polymetall-Werkes, Schwimmbad: Glasmalerei, 1990; Mosaik, Marmor, 1992. – Überdachtes Stadion Kaširskoe šosse, Foyer: Mosaiken, 1994. – Arbat, Café-Restaurant, Bankett-Saal: Marketerie, 1998. SERGIEV POSAD, Mus.-Komplex. SOFIA, ehem. Haus der sowjet. Wiss. und Kultur, Vestibüls von Parterre, 1. und 2.

Etage: Mosaiken, 1980. STAVROPOL', MBK. TOSHKENT, Textil-HS, Haupteingang: Mosaik, 1972. ✉ *G. D./ I. Ždanko/D. Mitljanskij/L. Žadova*, Sovremennaja keramika narodnych masterov Srednej Azii, Le. 1974; Projekt (Warschau) 1976 (3) 60–63; Iskusstvo 1979 (9) 58 s.; Dekorativnoe isk. SSSR 1984 (12) 11 s.; Chakim Satimov ..., in: Narodnye mastera. Tradicii. Školy. Vyp. 1, Mo. 1985, 234–245. ⊙ *E:* Moskau: 1975 Ausst.-Saal der Moskauer Filiale des russ. Künstler-Verb. (zus. mit Irina Igor'evna Lavrova); 1983 Ausst.-Saal des Archit.-Verb. (zus. mit Aleksej Georgievič Štejman); 1996 Ausst.-Saal des Künstler-Verb. Starosadskij pereulok (K) und Zentralhaus des Künstlers. 📖 ChudSSSR III, 1976 (Lit.). – Sintez isk. i architektura obščestvennych zdanij, Mo. 1974, 75, 109; *I. N. Voejkova*, Monumental'naja živopis' Sovetskoj Rossii, Le. 1975, 6; Sovetskoe monumental'noe isk.-73, Mo. 1975, 14–25; ibid.- 1975–77, Mo. 1979; Vystavki proizvedenij moskovskich chudožnikov (K), Mo.: 1975, 64; 1977, 27; 1980, 23 s.; 1985, 51; Stroitel'stvo i architektura Moskvy 1976 (9) 14–17; 1978 (1) 14–16; (3) 20–22; *E. V. Šunkova*, Masterskaja monumental'noj živopisi, Mo. 1978, 208; Architektura SSSR 1978 (4) 19–22; *S. S. Valerius*, Monumental'naja živopis'. Sovremennye problemy, Mo. 1979, 11, 39; 6-ja respublikanskaja vystavka „Sovetskaja Rossija" (K), Mo. 1980, 60; VSII Sprav. V, 1981; Moskovskij chudožnik v. 1. 1. 1982; 10. 6. 1983; Sovetskoe monumental'noe isk., Mo. 1982, 229; ibid.-5, Mo. 1984, 18, 275; Moskovskie monumentalisty, Mo. 1985, 62–64; *E. S. Zernova*, Vospominanija monumentalista, Mo. 1985 [Vorw. von D.]; Ėmal'. Tekstil'. Keramika. Meždunarodnaja vystavka (K), Mo./Jaroslavl' 1997, 22; IX Vserossijskaja chudožestvennaja vystavka „Rossija" (K), Mo. 1999, 215.
N. Voronina

Derviz, *Marija Vladimirovna* → **Favorskaja,** *Marija Vladimirovna*

Derviz, *Vladimir Dmitrievič fon*, russ. Aquarellist, * 9.(21.) 5. 1859 St. Petersburg, † 13. 4. 1937 Moskau. ⚭ Nadežda Jakovlevna Simonovič (Cousine von Valentin Aleksandrovič Serov). Sehr wahrsch. mit der balt. Barons-Fam. von Derwies verwandt. Stud.: bis 1881 Jura-FS St. Petersburg; 1880–84 AK ebd. bei Pavel Petrovič Čistjakov (ohne Abschluß); gleichzeitig bis 1881 Aqu./Zeichnen bei Aleksandr Ivanovič Morozov, Luigi Premazzi (beide St. Petersburg) sowie bei Prosper Joseph Florence, Paris. 1883 gemeinsam mit Serov, mit dem er ab 1880 befreundet war, Kaukasusreise; 1883–84 mit Serov und Michail Aleksandrovič Vrubel' in dem von ihnen eingerichteten Atelier in St. Petersburg tätig. Bis 1921 auf dem Gut Domotkanovo/Gouv. Tver' ansässig, wo auch Serov häufig lebte und arbeitete. 1921–25(?) Mitgl. der Komm. (1923–25 Vors.) für Denkmalschutz im Dreieinigkeits-Sergius-Kloster Sergiev (Sergiev Posad). 1921–26 ebd. Ltg des Hist. KM. Lehrte 1921–23 Zeichnen an der Pädagog. FS ebd. – Bevorzugt lyr. Lsch. in der Trad. der russ. Kunst von A. 20. Jh. (u.a. *Finljandija. Ozero Justila...*, 1889; *Šamoni [Chamonix] v Savoje*, 1900, beide Tret'jakov-Gal.; *Tver'. Cerkov' Kos'my i Damiana*, 1909; *Bajdarskaja dolina*, 1924; *Zagorsk. Ogorod osen'ju*, 1937). Auch Portr. (*Devuška pod derevom* [N. Ja. Simonovič], 1884, Russ. Mus.). 🏛 MOSKAU, Tret'jakov-Gal. ST. PETERSBURG, Russ. Mus. – Russ. NB. TBILISI, Georg. KM. TOSHKENT, Usbek. KM. ✉ Erinnerungen an Serov, in: Iskusstvo 1934 (6) 119–130; V. Serov v vospominanijach, dnevnikach i perepiske sovremennikov, I, Le. 1971, 204–220. ⊙ *G:* u.a. 1924 Sergiev: Gem.-Ausst. Klič / 1937 Moskau: 1. Aqu.-Ausst. Moskauer Künstler (beide K). 📖 ChudSSSR III, 1976 (Lit.); *Milner*, 1993 (s.v. D., V. Dmitrievich). – V. A. Serov. Perepiska. 1884–1911, Le./Mo. 1937; P. P. Čistjakov i V. E. Savinskij. Perepiska. 1883–1888. Vospominanija, Le./Mo. 1939; P. P. Čistjakov. Pis'ma. Zapis'nye knižki. Vospominanija. 1832–1919, Mo. 1953; M. A. Vrubel'. Perepiska. Vospominanija o chudožnike, Le./Mo. 1963; *N. Ja. Simonovič-Efimova*, Vospominanija o V. A. Serove, Le. 1964; VSII Sprav. I, 1965; II, 1967; *V. S. Serova*, Kak ros moj syn, Le. 1968; Iskusstvo 1978 (5) 67–69; 1984 (11) 78; 1987 (1) 66; Sovetskaja živopis'-78, Mo. 1980; *A. V. Bakušinskij*, Issledovanija i stat'i, Mo. 1981; Muzej-5, Mo. 1984; V. Serov v perepiske, dokumentach i interv'ju, I-II, Le. 1985–89; Illjustracija, Mo. 1988. V. Kulakov

Derviz-Lavrova, *Irina Igor'evna* → **Lavrova,** *Irina Igor'evna*

Dervy, *Willem* → **Derby,** *Willem*

Derwant (Dervont; Terbont), *Thomas (T[h]oma)*, Holzschnitzer, Schreiner aus Warasdin (Varasd; Varaždin), nachg. 1675–80 in Agram (Zagreb). Tätig ebd. als Mitarb. des Bildhauers Jacob Altenbach (AKL 2, 1992 als Hans Jacob A.) beim Altarbau in der Katharinenkirche. Lt. Verträgen von 1675 schuf er den Altaraufbau und die Zierornamente für vier Altäre: Hl. Apollonia (1675), Hl. Dionysius, Hll. Apostel (beide 1677), Hl. Barbara (zerst.). Zugeschr. werden ihm auch die Kanzel ebd. (1680 lt. LEJ), der Altar Mater dolorosa in der ehem. Paulinerkirche St. Maria in Lepoglava (1676) sowie die Altäre des hl. Laurentius und der Unschuldigen Kinder in der Kirche des hl. Franz Xaver in Dropkovec b. Križevci. – Vorherrschend an D.s Holzaltären in mitteleurop. Trad. ist eine spätmanierist. Ornamentik, Knorpelwerk und Ohrmuschelmotive mit bewegtem Rhythmus oben an den Altarflügeln. 📖 LEJ I, 1984; HBL III, 1993 (Lit.).
S. Cvetnić

Derwisch (Derviş), türk.- osman. Holzschnitzer, Tischler, nachg. 2. H. 16. Jh. Istanbul. D. ist nur durch die Erw. in einem osman. Hof-Inv. aus dem Jahr 1585 bekannt, das ihn gemeinsam mit einem Meister İbrahim als Tischler eines hölzernen, mit Goldmontierungen verzierten Prunkthrones für Sultan Murad III. nennt (İstanbul, Topkapı Sarayı Müzesi). 📖 *E. Atil*, The Age of Süleyman the Magnificent, Wa. 1987, 155–116. S. B.

Déry (csalai D.), *Béla*, ungar. Maler, Graphiker, Fachautor, Kunstpolitiker, * 16. 5. 1868 (nicht 1870) Pest, † 15. 12. 1932 ebd. (Budapest). Nach Vorstudien in der Realschule bei Mihály Szemlér kurzzeitig Schüler von Bertalan Székely und Gusztáv Keleti in der Musterzeichenschule Budapest; Weiterbildung in München und Berlin, tätig in der lithogr. Anstalt von Franz Seraph Hanfstaengl. Ab 1896 ansässig in Budapest, macht aber fast jährlich Studienreisen nach W-Europa. Mitbegr., ab

1904 Sekretär, ab 1910 Dir. des Nat.-Salons (Nemzeti Szalon), organisierte zahlr. Ausst. des Salons auch in der Provinz und redigierte dessen mit einem Lex. versehenen Almanach (Bp. 1912). 1914 Gründer des KV Céhbeliek (Zunftmitglieder) als Vertretung von Künstlern versch. Richtungen; Teiln. ihrer Ausst. (meist im Nat.-Salon). 1916–18 Kriegsmaler an der nö. Front, 1918 Soldat in Italien. Mitgl. und Ausst.-Teiln. mehrerer Künstlergruppen: ab 1920 des Ungar. Studios (Magyar Studio; Gründer, künstler. Dir.); ab 1922 der Balaton-Ges. (Leiter der künstler. Abteilung); ab 1927 der Benczúr-Ges.; ab 1928 des Ver. Neuer Künstler (UME). 1923–29 als Regierungskommissar Organisator ungar. Ausst. im Ausland. Bemühte sich engagiert und erfolgreich, die Gegensätze überbrückend, um die Förderung und Verbreitung der Kunst, wenngleich der von ihm organisierte Landes-Verb. Ungar. Künstler und dessen Pensionsfonds nicht die versch. Ziele der unterschiedl. Gruppen in Einklang bringen konnte. Mitarb. mehrerer Blätter. Träger zahlr. Verdienstorden und Ausst.-Preise, u.a. 1906 Silber-Med. in Salzburg, 1908 Gold-Dipl. und Silber-Med. in London (vgl. Rátky). – Von den ital. Eindrücken bzw. in Holland vom Kontakt mit Hendrik Willem Mesdag fasziniert, wurde D. ein begeisterter Maler des Meeresufers. Mit seinen Lsch. und Stadtansichten von düsterer Atmosphäre blieb er Verfechter des Impressionismus. 🏛 BUDAPEST, BTM. – Magyar NG. GÖTEBORG, KM. PÉCS, JPM. STOCKHOLM, NM. ✉ Hulló levelek [Gedichte], Bp. s.a.; Művészcsoportok alakulása, Bp. 1913; Művészeti kiállítások külföldön az 1927. évben, [Bp. 1928]; Reformtervezet a Magyar Képzőművészek Egyesületének működésében, Bp. s.a. ⊙ *E:* 1915, '21 Budapest, Nemzeti Szalon (K) / 1916 Dresden, Gal. Richter. – *G:* zahlr., u.a. Budapest: 1899–35 Nemzeti Szalon; 1904–32 Műcsarnok / 1907, '09, '10, '22 Venedig: Bienn. / 1929 Barcelona: WA / Repräsentative Ungar. Kunst-Ausst. im Ausland: 1921 Amsterdam, Sted. Mus.; 1923 Kristiania, KV; 1924 Wien, Künstlerhaus; 1927 Poznań, Muz. Wielkopolskie; 1928 Göteborg, KH; 1929 Genua (Silber-Med.); 1930 Washington, NG. 📖 ThB9, 1913; Vol, 1953; Vo5, 1961. MagyKépLex, 1915; *Z. Rátky/O. Stražimir*, A magyar legújabb kor lex., Bp. 1932; *P. Gulyás*, Magyar írók élete és munkái, V, Bp. 1943; MűvLex I, 1965; MagyFestAdat, 1988. – *I. Csókássy*, A mű és alkotója, Bp. 1933; Képzőművészet 7:1933, 23 s. (Nekr.); *K. Lyka*, Magyar Művészet 9:1933, 31 (Nekr.). G. Szatmári

Déry, *François*, kanad. Maler, Zeichner, Bildhauer, * 26. 5. 1941 Montreal/Que., lebt dort. Stud. ebd.: 1961–63, '66–67 Sir George Williams Univ. (heute Concordia Univ.) bei Alfred Pinsky und Richard Billmeier. Lehrtätigkeit: seit 1968 Mus. School of Art and Design, Montreal. Ausz.: 1968, '71 Stip. des Canada Council. – Gest. von kinet. Objekten (*Nimbe*, eine durch einen Motor angetriebene, farblose Scheibe aus Plexiglas auf einem Metallständer, 1968 Preis des Ontario Arts Council); um 1970 abstrakte Malerei auf ungespannten und ungerahmten Leinwänden. 1971 gehörte D. zu den drei Künstlern, deren Gem. auf Wände ausgewählter Standorte in Montreal reproduziert wurden. 🏛 OTTAWA/Ont., Canada Council Art Bank. 📖 *A. Comeau*, Artistes plasticiens, Ml. 1983. – The Canada Council Art Bank Cat., 1972–1987, Ottawa 1987. – Ottawa, NG of Canada: Dossier F. D. – ArchAKL. Ch. R.

Dery, *Koloman* → **Déri,** *Kálmán*

Deryck de St-Omer → **Dirck de St-Omer**

Deryng, *Grażyna*, poln. Keramikerin, * 7. 6. 1946 Kłodzko, lebt in Wrocław. 1964–66 Mitarb. im MN Warschau. Stud.: 1966–72 HBK Wrocław (jetzt Akad.), Malerei bei Eugeniusz Geppert, Keramik bei Krystyna Cybińska. 1971–82 graph.-techn. Gest. der Zs. Informator Kulturalny in Wrocław. Dort ab 1985 Mitgl. der Künstlergruppe Nie Tylko My. Ab 1993 Leiterin der Gal. Design des BWA ebd. Initiierte mehrere Ausst. poln. Keramik im In- und Ausland, u.a. 1983 Vallauris, Keramik-Mus.: Keramiker aus Polen; 1986 Dresden, Gal. für zeitgen. Kunst: Keramiker aus Wrocław; 1987 Zaporož'e/Ukraine, Gal. für zeitgen. Kunst: Keramiker aus Wrocław; 1989 Poznań, Kunstmesse: Inter Art Oferta. – Gestaltet aus weiß-glasiertem und Biskuitporzellan große und kleinere Installationen, bei denen Kugeln das wichtigste Gest.-Element dieser Komp. aus Quadraten, Rechtecken oder and. horizontal oder vertikal angeordneten Formen sind, häufig zusammengesetzt aus Lüstertafeln. Einige Kugelarrangements, überzogen mit einer weich drapierten Porzellanmasse vor dem Brennen, bilden ein Segment dieser modulartigen Installationen. 🏛 HAVANNA, Gal. für zeitgen. Kunst. MAILAND, Gal. für Konzeptkunst. TAIPEI, Mus. für zeitgen. Kunst. WAŁBRZYCH, MO. – Muz. Sztuki i Kultury. – Zamek Książ. WROCŁAW, MN. ✉ *Interview:* Centre-France Dimanche v. 12. 7. 1992. ⊙ *E:* Wrocław: 1980 Gal. des Poln. Künstler-Verb. Na Solnym: Instalacja '80; 1987 BWA, Gal. der Gruppe Nie Tylko My: Instalacja '87 (K: R. Łubowicz [Einl.]); 1994 Gal. Miejska: Instalacja '94 (K: R. Ratajczak [Einf.]) / 1994 Wałbrzych, MO: Instalacja '94 (K: R. Ratajczak [Einf.]) / 1995 Lublin, Gal. Stara: G. D. 95. 📖 Indeks artystów plastyków ..., Wr. 1996. I. Huml

Derysarz, *Feliks*, poln. Maler, führte 1779 Wandmalereien im Innenraum und in der Kap. der hl. Kinga in der Klarissinnenkirche sowie im Oratorium des Klosters in Nowy Sącz aus. Im Oratorium malte er ferner Genreszenen und Lsch. auf die Rückwände des Chorgestühls. 📖 SłArtPolsk, Uzup. t. II, 1979. – KD SO-Polen, 1984. Ch. R.

Derysarz (Deresarz), *Stanisław*, poln. Maler in Krakau, * um 1763 Iwkowa/Galizien, † 20. 9. 1830 Warschau. Bis 1784 Schüler von Johann Peter Molitor in Krakau. Danach längere Zeit in Babice b. Dubieck, wo er u.a. Fresken für die Pfarrk. sowie fünf Altar-Gem. ausführte. Malte auch Portr. 📖 ThB9, 1913 (s.v. D., Stanislaus). SłArtPolsk II, 1975. Ch. R.

Derzachariaszowicz, *Andrzej*, armen. Maler, 1645 in Lwów erwähnt. 📖 *V. Aleksandrovyč*, Mappa mundi. Zbirnyk naukovych prac' na pošanu Jarosl'ava Daškevyča z nahody joho 70-riččia, Lviv/Kyïv/N. Y. 1996, 552. V. Aleksandrovyč

Deržaj, *Edo*, slowen. Maler, Graphiker, * 7. 3. 1904 Laibach (Ljubljana), † 2. 10. 1980 (verunglückt in den

Julischen Alpen oberhalb des Bohinj-Sees b. Uskovnica). Stud. wahrsch. in Zagreb, London und Deutschland. Seit 1930 selbst aktiver Alpinist, publizierte er über die Berge und schuf von ihnen realist. Bilder mit sensibler Farbgebung. 🏛 LJUBLJANA, Mod. gal. – Muz. novejše zgodovine. ⊙ *E:* 1935, '38 Ljubljana, Jakopičev paviljon / 1975 Cerknica, Salon pohištva Brest (K: F. Zupan). – *G:* 1965 Klagenfurt, Künstlerhaus: Berge im Bild (K: F. Zupan). 📖 ELU II, 1962; LEJ I, 1984. – *F. Zupan*, Planinski vestnik (Ljubljana) 1981 (1). J. Intihar Ferjan

Deržanovskij, *A.*, russ. Maler, Zeichner, † nach 1863 wahrsch. Rom, wo er ab 1858 ansässig war. Oberleutnant der Reserve des Feldjägerregiments Kremenčug. Wahrsch. Autodidakt. – Portr. (Aqu.); auch Kopien nach Gem. alter Meister (Öl). 🏛 ST. PETERSBURG, Russ. Mus.: Portr. des Generaladjutanten Graf F. V. Ridiger, 1856. – Mus. der Russ. AK. 📖 ThB9, 1913 (s.v. Dershanowsky, A.). ChudSSSR III, 1976. V. Kulakov

Deržavickij, *Evgenij Nikolaevič*, russ. Graphiker, Aquarellist, * 16. 8. 1938, † 29. 8. 1996 Rostov-na-Donu. Bevorzugt Rad. zu hist. Themen und Genre-Darst. (u.a. *Na rejde*, 1983; *Konec putiny*, 1985; *Pereselenie grekov v Pričernomor'e*, 1986); auch Kunststoffschnitte (Ill. zur Ed. Istorija Donskogo kraja, 1984, z.B. *Temernickaja sudoverf'*; *Temernickaja tamožnja*) und Aqu. (z.B. *Gavan' Šmidta*, 1983). 📖 6-ja zonal'naja chudožestvennaja vystavka „Sovetskij Jug" (K), Nal'čik 1984, 41; 7-ja respublikanskaja chudožestvennaja vystavka „Sovetskaja Rossija" (K), Mo. 1985, 38; 1-ja vystavka donskogo ėstampa. 1988 (K), Rostov-na-Donu 1989, 6. S. Butarygina

Deržavin, *Gavrila Romanovič*, russ. Dichter, Staatsmann, Zeichner, * 3.(14.) 7.1743 Karmači (oder Sokura)/ Gouv. Kazan', † 8.(20.) 7.1816 Zvanka/Gouv. Novgorod. ⚭ Ekaterina Jakovlevna Deržavina. Ab 1762 im Militärdienst; 1772–77 Offizier des Preobražensker Garderegiments. Beteiligt am Umsturz, der Ekaterina II den Thron brachte. Bis 1783 im Senat tätig; 1779 stand der Umbau des Senatsgebäudes unter D.s Aufsicht. 1783 Mitgl. der Russ. Akad. St. Petersburg. 1784–85 Gouverneur von Olonec, 1785–88 von Tambov. 1791–93 Kabinetts-Sekretär von Ekaterina II. Später Präs. des Handelskollegs und Reichsschatzmeister. 1802–03 Justizminister. 1811–16 Mitgl. der Lit.-Ges. Beseda ljubitelej russkogo slova ebd. – Vertreter des Klassizismus in der russ. Dichtung, Verf. poet. Oden, lyr. und anakreont. Verse sowie einiger dramat. Werke; Vorläufer von A. S. Puškin, K. N. Batjuškov und der Dekabristen. – Skizzenhaft flüchtige Profil-Zchngn (Tusche, u.a. *Selbstbildnis*, 1770er Jahre, veröff. u.a. in G. R. D., Stichotvorenija, Le. 1933). ✉ Zapiski, StP. 1859; Sočinenija, I-IX, StP. 1864–83. 📖 Kratkaja literaturnaja ėnc., II, Mo. 1964; S.-Peterburg-Petrograd-Leningrad. Ėnc. sprav., Mo. 1992. – *A. V. Zapadov*, D., Mo. 1958; *O. N. Michajlov*, D., Mo. 1977; *N. I. Glinka*, D. v Peterburge, Le. 1985 (beide mit Bibliogr.); *R. Duganov*, Risunki russkich pisatelej XVII-nač. XX v., Mo. 1988, 54, 248. V. Kulakov

Deržavina, *Ekaterina Jakovlevna* (geb. Bastidon), russ. Silhouettenkünstlerin, * 1760 St. Petersburg, † 1794 ebd. ⚭ Gavrila Romanovič Deržavin, der ihr mehrere Gedichte widmete. – Porträt-Scherenschnitte (Buntpapier; u.a. ihres Mannes). 🏛 ST. PETERSBURG, Inst. für Russ. Lit. der Russ. Akad. der Wiss. 📖 ThB9, 1913 (s.v. Dershawina, Jekaterina Jakowlewna). ChudSSSR III, 1976; *Krichbaum/Zondergeld*, 1979 (fälschl. als Dershawina-Bastidon, Jakaterina Jakovlevna; weitere falsche Angaben). – *Lemberger*, 1911 (als Derjavine, Catherine). N. Tjurina

Deržavina, *Tat'jana Aleksandrovna*, russ. Bildhauerin, Keramikerin, Zeichnerin, * 19. 12. 1914 (1. 1. 1915) Kazan', † 1. 4. 1997 Krasnodar. Stud.: 1951–53 Kunst-FS Simferopol' bei Klavdija Petrovna Fedčuk. Lehrte 1954–57 ebd. 1957–60 in Baku, 1960–67 in Dušanbe, danach in Krasnodar ansässig. – In der Trad. der russ. realist. Malerei Portr. (u.a. der ukrain. Schriftstellerin *Lesja Ukrainka*, 1956; *Ženskij portret*, 1961, beide Gips), Reliefs (z.B. *Materinstvo*, Gips, getönt, 1955; *Sborščicy chlopka*, Schamotte, 1966). Auch dekorative Kleinplastik (u.a. *Mal'čik s čerepachoj*, Terrakotta, 1961; *Maska*, 1967; *Golovki*, 1969, beide Schamotte). Auch dekorative Gegenstände (z.B. *Pamir*, Vase, Terrakotta, 1964; *Chlopok*, Keramik, 1963; Leuchter, Schamotte, 1969). D. schuf Zchngn für die Zs. Pioner Azerbajdžana, Baku, 1957–60. 🏛 DUŠANBE, MBK. SEVASTOPOL', KM. – Städt. Bibl., Fassade: Portr. des Dichters V. V. Majakovskij, Zement, 1954. 📖 ChudSSSR III, 1976; KChE, IV, Mo. 1978, 335. – Jubilejnaja respublikanskaja chudožestvennaja vystavka, posvjaščaetsja 50-letiju Velikogo Oktjabrja (K), Dušanbe 1972, 50; Isk. Tadžidskoj SSR, Le. 1972, 23; Očerki o chudožnikach Tadžikistana, Dušanbe 1975, 39; Chronika chudožestvennoj žizni – 1973, Mo. 1975, 103; VSII Sprav. V, 1981. S. Butarygina

Deša, ukrain. Gold- und Silberschmiede-Familie, 18./19. Jh. v.a. in Kiev tätig.

1. *Andrij Hryhorovyč*, * 1821, † um 1872. Sohn von 2. Ab 1839 Lehre bei Danylo Ivanovyč Vyšnevs'kyj, danach bei M. Tumyc'kyj. Führte Vergoldungen und kleinere Juwelierarbeiten aus.

2. *Hryhorij Vasyl'ovyč*, * um 1780 (1780 lt. Petrenko), † 1839. Sohn von 3, Vater von 1. 1811–35 Meister der Kiever Silberschmiedezunft. 🏛 KIEV, Mus.-Komplex Höhlenkloster: Beschläge für Ikonen von Nikolaus dem Wundertäter für die Dreifaltigkeitskirche der Kitaev-Einsiedelei ebd., 1820, und des 16. Jägerregiments, 1830, beide Silber, geschmiedet, graviert.

3. *Vasyl' Oleksijovyč*, auch Holzschnitzer, * 1737, † um 1805. Vater von 2. Vergoldete Kirchenkuppeln in Černihiv, Kozelec b. Černihiv und Hluchiv b. Sumy. Schnitzte und vergoldete den Ikonostas in der Kirche des hl. Kyrill in Kiev, schnitzte auch Altar und Statuen (verloren) für die Kap. der hl. Katharina in der Kathedrale des Mychajlivs'kyj-Zolotoverchyj-Klosters in Kiev. Letztere zeigen Züge der naiven Volkskunst.

📖 MU, 1992; MU, 1997. – *E. Golovanskij*, Kievo-Zlatovercho-Michajlovskij pervoklassnyj monastyr' i ego skit Feofanija, Kiev 1874; Istorija ukraïns'koho mystectva, IV. 1, Kyïv 1969 (beide zu 3); *M. Z. Petrenko*, Ukraïns'ke zolotarstvo, Kyïv 1970 (zu 1 und 2, fälschl. als Dema). V. Fomenko

Deša Klementov (Mag. Dessa Clementis), dalmatin. Maurer, dok. 1264 mit Arbeiten an der Stadtmauer von Traù (Trogir). 1271, '72 ebd. als Land- und Weinbergbesitzer erwähnt. 🕮 HBL III, 1993. P. Marković

Desacres, *François-Urbain-Exupère*, frz. Maler, * 1. 8. 1779 Caen, † 4. 5. 1804 ebd. Ein Selbst-Portr. und eine Natur-Studien waren ehem. im Mus. von Caen (verschollen). 🕮 ThB9, 1913. *Bénézit* III, 1976.

Desai, *Ajay*, ind. Maler, Zeichner, * 1955 Lucknow/ Uttar Pradesh, lebt in New Delhi. Erste Förderung durch seinen Kunstlehrer Henry Daniel. Stud.: 1972–75 Madras Christian College (Wirtschaft); 1976–81 M. S. Univ., Baroda; 1982–84 R. College of Arts, London (Stip. British Council); 1985–87 Kanoria Centre for Arts, Ahmedabad (Stip.). Um 1987 Doz. am Nat. Inst. of Design, Ahmedabad. 1986 Navdeep Award, Reg. von Gujarat. – D.s frühe Arbeiten stehen unter dem Einfluß der humanist. Ideale seines Lehrers Gulam Mohammed Sheikh. Der Aufenthalt in London, der Kontakt mit Werken und Schriften von W. Kandinsky und P. Klee und den Ideen C. G. Jungs inspirierten ihn zu einer intuitiveren Arbeitsweise. D. strebt die größtmögliche Unmittelbarkeit an; schildert in kontrastreichen Öl-Gem. oder Tusch-Zchngn mit breiten Pinselstrichen Lsch. und Menschen. ✉ Taking the plunge. The artist's notes on his work, Art heritage 7:1987. ⊙ *E:* 1987 New Delhi, Art Heritage (K) / 1989 Calcutta, Chitrakoot Gall. – *G:* 1986 Bombay, Gall. 7 (mit K. Prabhakaran) / 1989 New Delhi: Artists Alert (K). M. Frenger

Desai, *Ajit Ratilal*, ind. Maler, Bildhauer, Graphiker, * 7. 4. 1943 Pipaldhara. Stud.: Angew. Kunst an der M. S. Univ., Baroda. Doz. am C. N. College of FA, Ahmedabad/Gujarat. Ausz.: 1970; '76, '77 Bombay Art Soc., Bombay. – Metaphor. Abstraktionen mit Kontrasten einfacher und dicht strukturierter Formen. ⊙ *G:* 1977 Houston (USA): Graphics Show. 🕮 *Krishnan*, 1981. M. Frenger

Desai, *Arvind M.*, ind. Maler, Bildhauer, Graphiker, * 29. 5. 1935 Bulsar, lebt in Ahmedabad/Gujarat. Um 1981 Leiter des C. N. College of FA, ebd. Beteiligung am Ill.-Workshop des Nat. Book Trust in Ahmedabad. Ausz.: 1955 Mysore Dussehra Exhibition. – Geometr.-abstrahierende Sinnbildlichkeit. 🕮 *Krishnan*, 1981. M. Frenger

Desai, *Kanu*, ind. Maler, 20. Jh. Stud.: am Gujarat Vidyāpīth, Ahmedabad und in Santiniketan/West Bengal; Schüler von Ravi Shankar Raval. – Szenen aus dem ländl. Gujarat und Kathiawar, bes. Tänzer und Musikantengruppen in farbiger Tusche, was an Chughtai erinnert, z.B. *Garba dance of Gujarat* (1930, sieben Tusche-Skizzen). In *Rhythm of Life* kommen D.s techn. Fertigkeiten bes. zum Ausdruck. Sein Werk steht in der Trad. der bengal. Schule um Abanindranath Tagore; bei Farbwahl und Frauen-Darst. greift D. auf versch. Rajputenstile Westindiens zurück. 🏛 BARODA, Mus. MYSORE, Jaganmohan Pal. Picture Gall. TRIVANDRUM, Sri Chitrālayam. 🕮 *R. P. R. Rao*, Mod. Indian paint., Madras 1953; *R. Böning*, Ind. Gegenwartsmalerei, Trad. und Moderne, Diss. Halle 1966. M. Frenger

Desai, *Suryakant Ravji*, ind. Maler, * 27. 8. 1942 Karmali, lebt in Bombay. Dir. des Model Art Inst., ebd. Ausz.: 1974 Preis für Portr., Indian Acad. of FA, Amritsar. – Portr. und informell-abstrahierende Kompositionen. ⊙ *G:* 1973, '74 Amritsar/Punjab, Indian Acad. of FA / 1974, '75, '76 Bombay, Bombay Arts Soc. 🕮 *Krishnan*, 1981; *Naik*, 1986. M. Frenger

Desaigre (Bildhauer-Familie) → **Dezègre** (Bildhauer-Fam.)

Desaille, *Antoinette*, frz. Radiererin, * 1878 Troyes, lebte in Paris. Schülerin von Paul Helleu und Pierre Georges Jeanniot. – U. a. Kaltnadel-Rad.; lt. Bénézit auch Malerei. ⊙ *G:* Paris: 1897–99 Salon Nat. des BA; 1900 WA (Femme à sa toilette). 🕮 ThB9, 1913. *Bénézit* III, 1976. C. R.

Desaines (De Saintes?), Büchsenmacher („arquebusier ordinaire du Roi"), um 1763 am Hof von Ludwig XV. in Paris tätig. 🕮 ThB9, 1913.

Desains, *Charles (Charles-Porphyre-Alexandre)*, frz. Maler, * 1789 Lille, bis 1843 in Paris belegt. Dort Schüler von Jacques-Louis David und Louis Etienne Watelet. V.a. Lehrtätigkeit. – Historien- und Genrebilder, Lsch., Portr.; *La statue de La Fontaine* (Lith., um 1835, Paris, BN, Cab. des Estampes). ⊙ *G:* 1819, '22, '27 Paris, Salon. 🕮 ThB9, 1913. *Bellier/Auvray* I, 1882. – IFF, Après1800 VI, 1953. C. R.

Desaint, *Alfred*, frz. Maler, * Paris, 19. Jh. Schüler von Edmond Charles Yon. 🏛 CHERBOURG, Mus. Thomas Henry. ⊙ *G:* ab 1887–1904 Paris, SAfr. (1889 Mitgl.; Lsch., Marinen). 🕮 ThB9, 1913. *Bénézit* III, 1976; IV, 1999 *Harambourg*, 1985.

De Saintes (?) → **Desaines**

De Saisset, *Ernest Pierre*, US-amer. Maler, * 1864 San Jose/Calif., † 4. 12. 1899 ebd. Sohn des Anwalts Pedro De Saisset (der 1882 die Elektrizität ins Santa Clara Valley/Calif. brachte). Stud.: Santa Clara Univ. bei dem Jesuitenmönch Bartholomew Tartore; Acad. Julian, Paris, bei Adolphe William Bouguereau, Jean-Joseph Benjamin-Constant und Jules Joseph Lefebvre. Mitgl. der San Francisco Art Association. 1955 wurde an der Santa Clara Univ. das De Saisset Mus. eröffnet. – D. malte v.a. Portr. (*Leopold Hart*, 1950 auf der Ausst. „The French in California" in San Francisco gezeigt); Akte, ländl. Szenen und Lsch. (Los Altos/Calif.; De Saisett Alameda Ranch). ⊙ *G:* 1899 San Francisco, Mark Hopkins Inst. of Art. 🕮 AAW II, 1981; *Falk*, 1985 (s.v. Saisett, E. P. De); *Hughes*, 1986; *Karel*, 1992 (s.v. Saisett, E. P. de). C. R.

Desaix, *Jean* → **Deshayes,** *Jean* (1483)

Desalingues, Historienmaler in Auch, um 1550. Die für die Kathedrale gemalten Bilder sind nicht mehr vorhanden. 🕮 ThB9, 1913.

De Salvatori, *Luigi*, ital. Topographiezeichner, Kalligraph, * 7. 7. 1807 Neapel, dort tätig bis 1867. Einer der wichtigsten neapolitan. kartograph. Zeichner des 19. Jh. Sein umfangreiches graph. Werk entsteht sowohl für das Ist. Topogr. napoletano, dessen Angestellter er 44 Jahre lang ist, als auch unabhängig davon. Beginnt am 21. 12. 1823 als Schüler am Officio Topogr. di Napoli. Arbeitet während der österr. Militärbesetzung beim Stab an der Abschrift der *Militärkarten des Königreichs von*

Neapel, zur Lieferung nach Österreich. Zeichnet 1830 einen *Postatlas des Königreichs von Neapel und Sizilien* (Lith. von Antonio Zezon). Häufige Zus.-Arbeit mit and. neapolitan. Lithographen, z.B. realisiert D. mit Gatti und Dura einige Pläne von Schlachten wie *Piano del combattimento navale di Trafalgar*, Plan von *Algesiras*, *Pianta di Bilbao durante gli assedi del 1835 e 1836* und *Pianta della fortezza di S. Giovanni d'Acri* (während der Belagerung von 1840). Sein Hw. für das Officio Topogr. ist die Beschriftung der Pläne (1837–50 in den Personalakten dok.; cf. Valerio, 1993, 508). Beförderung zum Zeichner der 3. Kl. am 1. 7. 1838 und der 2. Kl. am 13. 10. 1851. Arbeitet 1848 an den hydrograph. Taf. von Eugenio Rodriguez (1854–57, 2 Bde). Wendet sich in den 50er Jahren der Kalligraphie zu und wird für das Officio Topogr., aber auch unabhängig davon, tätig (Bruno, 1855). Am 16. 6. 1858 zum Zeichner der 1. Kl. befördert. Nach der nat. Einigung Italiens setzt D. seine kalligraph. Tätigkeit am Ist. Topogr. fort. Hier führt er die kalligraph. Lettern des 1. (Leonessa) und 4. Bd (Cittàducale) der großen *Karte des Königreiches von Neapel* im Maßstab 1:80000 aus. Wird am 31. 10. 1865 Oberster Topograph der 1. Kl. und am 20. 6. 1867 in den Ruhestand versetzt. 🕮 *F. S. Bruno*, L'Osservatore di Napoli, N. 1855, 518; *V. Valerio*, Atlanti napoletani del XIX sec. (1806–1860), N. 1980, 44, 68 ss., 111; *id.*, Soc., uomini e istituzioni cartografiche nel Mezzogiorno d'Italia, Fi. 1993, 506 ss., 520.

V. Valerio

De Salvo, *Giovanni Battista*, ital. Keramiker, Maler, * 18.(28.) 3.1903 Savona, † Jan. 1964 ebd. Seit 1924 in der Keramik-Man. Casa dell'Arte in Albisola, besuchte 1927 die Scuola d'arte von Savona (Ltg Eso Peruzzi). Übernahm A. der 30er Jahre die Ltg der Casa dell'Arte von Pietro Rabia, gab sie aber in den 40er Jahren wieder ab und arbeitete für versch. Keramik-Man. in Savona und Albisola. – In seinen Gem. (Lsch., Stilleben, Figurenbilder) vom Naturalismus geprägt, führte er in der Keramik die opake Glasur in Albisola ein. Neben Vasen v.a. figürl. Kacheln (z.B. Kamin für ein Privathaus in Albisola, 1933) und Skulpt. in Terrakotta wie *Niobe*, 1934 oder *Judaskuß*, 1938, die vom Expressionismus beeinflußt sind. 🏛 BOGOTA, Kathedrale. GENUA-Nervi, GAM. MAILAND, GAM. SAVONA, Cassa di Risparmio. ⊙ *E:* 1964 Savona (K). – *G:* 1935–56 Rom: Quadrienn. / 1936–48 Venedig: Bienn. 🕮 *Minghetti*, 1939; *Galetti/Camesasca* I, 1951; *Comanducci* II, 1971; *G. Falossi*, Pittori e scultori ital. del 900, Mi. 1988; *Beringheli*, 1991 (Lit.). – La scult. a Genova e in Liguria, III, Ge. 1989 (Lit.); Presenze liguri alle Bienn. di Venezia, 1895–1935 (K Pal. Ducale), Ge. 1995 (Lit.); *C. Chilosi/L. Ughetto*, La ceramica del Novecento in Liguria, Ge. 1997 (Lit.).

S. P.

Dešalyt, *Efim Isaakovič*, Monumentalkünstler, Maler, Zeichner, Szenograph in Rußland, * 24. 10. 1921 Moskau, † 6. 4. 1996 ebd. Stud.: 1939–43 Allunions-HS für Kinematographie Moskau bei Fedor Semenovič Bogorodskij, Fedor Aleksandrovič Modorov. 1968 Verdienter Künstler, 1978 Nat.-Künstler der Russ. Föderation. 1943–52 beim Moskauer Dokumentarfilm-Studio Mosnaučfil'm tätig (u.a. Szenographien für *Mastera sceny MChAT*, 1943–46; *Akademik Mičurin*, 1948; *Putešestvie v stranu čudes*, 1950; *Golos krovi*, 1952). – D. zählt zu den führenden russ. Diorama- und Panoramamalern (Ltg von Künstler-Gruppen bei der Gest. von Pavillons der Allunions-Landwirtschafts-Ausst.; zahlr. Projekte, u.a. Gest. von UdSSR-Pavillons auf internat. Ausst.). Schuf mehr als 80 hist., Schlachten- und Lsch.-Dioramen (u.a. *Luna*, *Venera*, 1966–77; *Osvoenie Antarktidy*; *Gorod Noril'sk*; *Bol'šoj Soči*, 1973–74; *Moskva – stolica SSSR*, 1976–77). Auch Tafel-Gem., meist Lsch. und Stilleben (z.B. *Zolotaja osen'*, 1952; *Gurzuf*, 1960; *Jalta*, 1967; *Bereg Eniseja*, 1972) sowie Zchngn. u.a. während zahlr. Reisen (*Po stranam mira*, Tempera, Bleistift, Filzstift, 1959–70). 🏛 *Dioramen:* BORODINO, Militärhist. Mus.-Komplex. IVANOVO, Heimatkunde-Mus. KRASNOJARSK, Heimatkunde-Mus. MALOJAROSLAVEC, Mus. 1812 goda. MOSKAU, Mus. für Zeit-Gesch. – Bachrušin-Theater-Mus. – Biolog. Mus. RJAZAN', Hist. und KM. UL'JANOVSK, Hist.-kult. Lenin-Zentrum. ✉ u.a.: Rabota nad dioramoj „Boj za Bagrationovy fleši", in: Sovetskaja panoramnaja živopis', Le. 1965; I oživaet istorija, Junyj chudožnik 1983 (12) 32–36; Glavnaja tema, Iskusstvo 1985 (10) 22 s.; Geroičeskaja Presnja, Chudožnik 1985 (12) 36–38; [Einl. zu:] E. D., Mo. 1992. ⊙ *E:* Moskau: 1972–73 Ausst.-Saal der Moskauer Organisation des Künstler-Verb.; 1992 Zentralhaus des Künstlers (K); 1996 Gal. Russkaja kollekcija. – *G:* u.a. WA: 1967 Montreal; 1974 Spokane; 1975 Okinawa. 🕮 ChudSSSR III, 1976 (Lit.). – VSII Sprav. III-V, 1973–81; Iskusstvo 1973 (10) 24–33; *V. Zimenko/V. Točko/P. Sirotkin*, E. D. Panoramy Rodiny. Stranicy letopisi, bor'by i sozidanija, Mo. 1979; IIN SSSR IX, 1982; *G. Kučerenko*, Iskusstvo 1983 (8) 23–27; *V. Spiridonov*, Moskovskij chudožnik 1996 (15–16).

N. Vul'fert

Desameaux (Deameaux; de Hannes; des Hantes; de Heaulme), *Charles*, frz. Fächermaler, 1674–88 für den kgl. Hof in Paris tätig. 🕮 ThB9, 1913.

Desan, *Karel (Charles)*, belg. Landschaftsmaler, tätig in Mechelen, um 1829 auf belg. Ausst. nachw., u.a. mit einer *Ansicht von Löwen*. 🕮 ThB9, 1913. *Wurzbach*, NKL I, 1906; *Bénézit* III, 1976; *Flippo*, 1981; DPB I, 1995 (Lit.).

B. Th.

De Sana, *Jimmy*, US-amer. Fotograf, Maler, * 1950, † 1990 New York, lebte dort. Setzte sich fotografisch mit dem Thema Androgynität auseinander. Symbolhaft gesteigerte Aufnahmen zeigen surrealist. Anklänge. Nach eig. Angaben beeinflußten ihn Marcel Duchamp, Man Ray und Jackson Pollock. Im Bewußtsein seiner AIDS-Krankheit wandte er sich in der Malerei der Abstraktion zu. ⊙ *E:* 1995 New York, Pat Hearn Gall. 🕮 *A. Eskind/G. Drake* (Ed.), Index to Amer. photogr. coll., N. Y. [3]1996. – *V. Tatransky*, ArtsMag 56:1981 (Okt.) 11; *W. Olander*, 6 photographers (K), Oberlin, Ohio 1981; Androgyny in art (K), N. Y. 1982; New figuration in America (K), Milwaukee 1983; *D. Cortez*, Wolkenkratzer art j. 3:1986 (4) 48–53 (Interview); Poetic injury. The surrealist legacy in postmodern photogr. (K Alternative Mus.), N. Y. 1987; *P. C. Smith*, AiA 76:1988 (Sept.) 183–184; *R. G. Denson*, ArtsMag 63:1989 (9) 78–81; *L. Sim-*

mons/J. Desana, J. of contemp. art 3:1990 (1) 59–65 (Interview); AiA 78:1990 (Sept.) 214 (Nachruf); Photography's lost generation, Amer. photo 4:1993, 21 s., 52–91; *B. Hainley*, Artforum 34:1995 (Nov.) 90 s.; *D. Bourdon*, AiA 83:1995 (Nov.) 111 s.; *L. Barnes u.a.* (Ed.), Between artists, L. A. 1996. F.-X. Sch.

De Sanctis, *Fabio*, ital. Bildhauer, Architekt, Designer, * 7. 2. 1931 Rom, lebt dort. Stud.: Archit. Univ. Rom (1957 Dipl.). Realisiert E. der 50er Jahre einige kleine Skulpt. in Bronze und mehrfarbig lackiertem Holz (*Animale totemico pacifico*, 1958) oder aus gedrechseltem und geschnitztem Holz (*Bottiglia palmata*, 1959). Gründet A. der 60er Jahre zus. mit Ugo Sterpini die Wkst. Officina 11 und plant paradoxe Möbel-Skulpt. dadaist. und surrealist. Herkunft (*Comò a cassetti*, 1961; *Libr. Op. cit.*, 1962; *Cielo, Mare, Terra*, 1964). 1965 auf Einladung von André Breton in Paris, wo er Mitgl. der surrealist. Gruppe L'Ecart absolu wird. 1966 Aufenthalt in New York. Nach der Rückkehr nach Italien arbeitet er bis 1970 allein im Officina 11 an einigen Möbeln, in denen Spiel und Ironie im Verhältnis zur Funktion überwiegen (*Tavolo a funzione disturbata*; *Porta a funzionamento edipico*). A. der 70er Jahre beendet er seine Arbeit als Architekt und widmet sich vollst. der Skulpt. und experimentiert mit versch. Mat., wie Kunststoffplatten, Marmor, verchromtem Metall, Alabaster, Eisenbeton (*Valigie*; *Rubinetto*; *Honeymoon*). 1974 Bekanntschaft mit Simone und Edouard Jagues, den Anregern der Bewegung Phases und Teiln. an Ausst. der Gruppe. Später in einer Installation im Eingangshof der GAM in Venedig Verwendung von Bronze und Stein (*Bagagli minerali*, 1974–79) oder Bronze und Alabaster (*Il ritorno della Ragione*, 1980). 1985–88 entstehen Formen, die an etrusk. Plastik und durch die grüne Patina an die Bronze archäol. Fundstücke erinnern. Später realisiert er in Bronze die Ser. *Barche* und thematisiert Durchdringung von Maschine und Lsch. oder die Veränderung pflanzl. in mechan. Elemente (*Condizione di natura*, ab 1988; *Nadie vera el rosto del Rallie que pasa en el bosco*, 1989). In den 90er Jahren greift er die Produktion von Objekten wieder auf (*La Montagna del Designer*; *Nell'occhio della Preistoria*) und führt die plast. Aktivitäten weiter (*La danza degli Infedeli*, 1991; *Sorelledelleros*, 1996). ⛫ BRÜSSEL, Mus. d'Ixelles: La Traversée des Alpes, 1972. JERUSALEM, Israel Mus.: Antropomorfo 1, Eiche, Nußbaum, Fiberglas, Bronze, 1963; Le charme de Kadali, Bronze, 1990. ROM, Gall. Naz. d'Arte Mod.: Apparecchio tridimensionale con lunghi fregi, Holz, Bronze, 1986. ✉ K, Volterra 1973; *D. u.a.*, Objects d'identité, P. 1976; Trasloco, R. 1980; Le surréalisme et l'amour, P. 1997. ◉ *E:* 1964 Neapel, Gall. Il Centro; Venedig, Gall. Alfa / Rom: 1964 Gall. Pogliani; 1970 Gall. Piattelli; 1980 Fori Traianei; 1988–93 Colosseo / 1970 Mailand, Gall. Vinciana; Bologna, Gall. Carbonesi / 1972 Ferrara, Pal. dei Diamanti (K: G. Cortenova) / Amsterdam: 1973 Gal. Kunsthandel K 276; 1977, '79 Gal. Siau / Brüssel: 1973 Gal. Arcanes; 1989, '94, '97 Gal. Jan De Maere / 1974 Brescia, Gall. S. Michele; Mantua, Gall. Il Chiodo / 1975 Penne, MCiv. / 1978 Florenz, Cantiere Sperimentale dell'Immagine / 1979 Monte Carlo, Gal. Le Point / Paris: 1979 Gal. Triskèle; 1982, '91 Gal. Du Dragon; 1985 Gal. Ozenne; 1993 Gal. J. C. Riedel / 1982, '86, '88 Lione, Gal. Vernère / 1984 Capannoli, Pal. Com. / 1987 Terni, Pal. Com. / 1987–88 Turin, Pal. Del Valentino / Genf: 1987 Gal. Hotel de Ville; 1990 Gal. Voutat; 1991 Forum des Grottes / 1988–99 Faenza, Mus. delle Ceramiche / 1990 Frosinone, Gal. L'Orsa Maggiore. – *G:* Paris: 1965 Gal. L'Œil: Expos. Internat. du Surréalisme; 1991 Centre Pompidou: André Breton, la Beauté Convulsive / 1966 New York, Mus. of Contemp. Crafts: Fantasy Furniture; MMA: The Object Trasformed / 1971 Köln, Gal. Baukunst: Der Geist des Surrealismus / Volterra: 1973 Volterra 73 (K: E. Crispolti); 1980 Pal. Minucci: Alabastri / Mailand: 1974 Pal. della Permanente: Presenze e tendenze della giovane arte ital.; Bienn.; 1989 Pal. Reale e Arengario: I Surrealisti / 1975 Gubbio: Bienn. del metallo / 1976 Venedig: Bienn. / 1978 Bochum, Mus. Bochum: Imagination (K: P. Spielmann/M. Napravnik) / 1985 Antwerpen, Middelheim: Alabastri / 1988 Le Havre, MBA: L'expérience continue-Phases / 1989 Rom, Mus. del Risorgimento: Arte e ambiente / Verona, GAM: 1991 Da Magritte a Magritte; 1997 Dadaismo-Dadaismi / 1993 Florenz, Mailand, New York, Scarperentola. 📖 DictGénSurr, 1982; CatBolaffiScult IX, 1985; X, 1994; Cat. dell'arte mod. ital., XXVII, Mi. 1991; XXVIII, Mi. 1992; *Bénézit* XII, 1999 (s.v. Sanctis, Fabio de). – *E. Crispolti* (Ed.), Mobili 1963–64 di F. D. e U. Sterpini, R. 1964; *G. Dorfles*, Il Kitsch, Mi. 1968; *G. Di Genova*, La realtà del fantastico, R. 1975; *P. Costa Viappiani*, Il mobile surrealista, Reggio Emilia 1993; PittItalNovec/3, 1994; *A. Schwarz*, F. D., Bo. 1997; *N. Corradini*, in: Volterra Novecento, Pisa 1998. N. Corradini

De Sanctis, *Filippo*, ital. Kupferstecher, * 1843 Rom. Schuf Reprod.-Stiche nach Raffael (u.a. zus. mit Luigi Travalloni *Mosé salvato dalle acque*, mit Domenico Marchetti *Incoronazione della Vergine*) und Michelangelo (u.a. der *Jeremias* der Sixtin. Decke). Die Druckplatten befinden sich in der Calcografia des Ist. Naz. per la Grafica in Rom. 📖 ThB29, 1935 (s.v. Sanctis, Filippo de). *Servolini*, 1955; *Comanducci* II, 1971. – Raphael invenit. Stampe da Raffaello nelle coll. dell'Ist. Naz. per la Grafica (K), R. 1985, 868. A. St.

De Sanctis, *Giuseppe*, ital. Maler, Radierer, * 21. 6. 1858 Neapel, † 18. 6. 1924 ebd. Sein Taufpate war der mit dem Vater befreundete Komponist Giuseppe Verdi. Stud.: ab 1872 ABA Neapel bei Domenico Morelli, Gennaro Ruo und Filippo Palizzi; 1879 und 1880 prämiert. Wendet sich der in Neapel populären naturalist. Malerei mit hist. und exot. Themen zu. Ausgedehnte Reise nach London; Bekanntschaft mit Lawrence Alma-Tadema. M. der 80er Jahre dreijähriger Aufenthalt in Paris, wo er v.a. für den Kunsthändler Goupil arbeitet, den er bereits durch Morelli in Neapel kannte. Regelmäßige Teiln. an nat. und internat. Ausst. (cf. PittItalOttoc, 1991). In Neapel zus. mit Pietro Scopetta, Vincenzo Volpe, Alceste Campriani und Vincenzo Caprile an der Ausgestaltung des Caffè Gambrinus beteiligt (*Donna tra le ortensie*, ca. 1895; Neapel, MN di Capodimonte). Sticht Gem. von Michele Cammarano (u.a. *Bersaglieri a Porta Pia*), Camillo Miola (u.a. *La Pizia*) und Domenico Morelli (u.a. 1882 *La ten-*

tazione di Sant'Antonio für die Soc. Promotrice Salvator Rosa), was ihm 1920 den Lehrstuhl für Kpst. und Rad. am R. Ist. di BA in Neapel einbringt. Bereits seit 1901 nach dem Tod Morellis zus. mit Vincenzo Caprile Lehrer für Malerei an der ABA Neapel. Im selben Jahr veröff. er den Slg-Kat. des aus der Schweiz stammenden neapolitan. Industriellen Vonwiller (Cat. de la Gal. Vonwiller, N. 1901). 1911 zus. mit Vincenzo Volpe und Paolo Vetri an der Dekoration des Padiglione della Campania, Basilicata e Calabria auf der Espos. Internaz. per il cinquantenario in Rom beteiligt. D.s *Trionfo della civiltà del Mezzogiorno* (zerst.) folgte den Modellen des Neosettecentesco und des Liberty. Ehren-Prof. der Akad. in Neapel und Urbino, Ehren-Mitgl. des Art Club in London. 1903 und '05 im Organisationskomitee der Sala del Mezzogiorno der Bienn. in Venedig. Mitgl. des Circolo Artist. in Neapel. 🏛 BOLOGNA, Conservatorio di Musica: Portr. Giuseppe Martucci. NEAPEL, MN di Capodimonte: Profilo di donna. – MN di S. Martino: L'arsenale e il nuovo porto di Napoli; Marina dal Lacco nell'isola d'Ischia, beides Rad. PALERMO, Pal. dei Normanni: La preghiera della sera a Bisanzio, 1889 ausgestellt. RAVENNA, Gab. del Sindaco: La Marna (Bes. der GAM, Rom). 🕮 ThB29, 1935 (s.v. Sanctis, Giuseppe de). *E. Giannelli*, Artisti napoletani viventi, N. 1916; *Galetti/Camesasca* I, 1951; *Servolini*, 1955; *Comanducci* II, 1971; *Don Riccardo* I, 1972; *Luciani*, 1974; DEB X, 1975 (s.v. Sanctis, Giuseppe de); DBI XXXIX, 1991 (Lit.); PittItalOttoc II, 1991 (Lit.). – Mostra retrospettiva del pittore G. D. (K), Taranto 1934; *Ceci* II, 1937; *Monteverdi*, Storia III, 1975; La Bienn. di Venezia. Le Espos. Internaz. d'Arte 1895–1995, Mi. 1996, 58. A. St.

De Sanctis, *Gregorio*, ital. Kameenschneider, * 1783, tätig in Rom; dok. bis 1824. Sohn eines Pacifico D. und der Anna Margini. Ab 1795 wohnhaft im Pal. Borghese am Campo Marzio, 1814–24 zus. mit seinem Bruder, dem Juwelier *Pietro D.* (* 1770). 🕮 *Bulgari* I. 1, 1958. – *G. A. Guattani*, Mem. enc. romane 4:1809, 157; *S. Rudolph*, Giuseppe Tambroni e lo stato delle BA in Roma nel 1814, R. 1982, 72. L. Pirzio Biroli Stefanelli

De Sanctis, *Guglielmo*, ital. Maler, Zeichner, Kunstschriftsteller, * 8. 3. 1829 Rom, † 6. 3. 1911 ebd. Stud.: 1842–50 Accad. di S. Luca, dort Schüler des purist. Malers Tommaso Minardi, dessen priv. Atelier er zusätzlich besucht. Um 1847 Aufenthalt in Perugia, 1851 bei Cesare Marianecci in Florenz. D. wird mit seinen zahlr. relig. Gem. und Fresken Minardis treuester Nachf. und dessen Biograph. Nach dem Tod Minardis 1871 freskiert D. die *Religion* und die *Philosophie* an dessen Grabmonument auf dem Campo Verano in Rom (voll. 1876). Schuf auch Historien-Gem. (u.a. *Galileo mostra alla Signoria di Venezia l'effetto del telescopio*, ca. 1867; verschollen, bis 1927 in Venedig, Slg Giovanelli) und v.a. zahlr. Bildnisse prominenter ital. Persönlichkeiten in Kreide und Öl (cf. Bonfigli, 1858). Im Auftrag der ital. Regierung Kommissar für die Ausst. in Parma (1871), Mailand (1872), Philadelphia (1876) und Antwerpen (1885). 1893 Ehren-Mitgl. der Accad. di S. Luca, Präs. der Soc. Amatori e Cultori delle BA. 1905 schenkte er seine 300 Werke umfassende Kunst-Slg (eig. Werke und von Zeitgen.) der Stadt Rom (Pal. Braschi). Weitere 66 Werke übergab seine Schwester *Erminia D.* (* 1840, selbst Stillebenmalerin), nach seinem Tod der Slg des Ospedale degli Innocenti in Florenz. 🏛 FLORENZ, Uffizien: Selbst-Portr., 1883; Portr. Marco Tabarrini, 1879. – Russ. Kirche: Gem. (ehem. in der Fam.-Kap. Demidoff in S. Donato in Polverosa). MAILAND, GAM: Flora con amorino, 1859. – Soc. stor. lombarda: Portr. Cesare Cantù, 1872. PORTO MAURIZIO, Dom: S. Francesco di Sales. ROM, Gall. dell'Accad. di S. Luca: Selbst-Portr., 1895; Portr. Cesare Mariani; Portr. des Bildhauers Joseph von Kopf, 1892; Portr. Randolfo Rogers, 1878; Portr. Francesco Cerroti, 1861; Portr. Aurelio Tiratelli; Portr. Ferdinand Gregorovius; Portr. Giulio Monteverde; Portr. Königin Margherita von Savoien, 1887; Portr. König Umberto I von Savoien, 1887; Portr. einer Dame, 1870. – Gall. Naz. d'Arte Mod.: Donna Olimpia Pamphili; Portr. Filippo Palizzi; Portr. L. Celentano, Capitano della guardia svizzera. – Mus. Napoleonico: Portr. Principe Don Napoleone Carlo Bonaparte. – Mus. di Roma: Galileo mostra alla Signoria di Venezia l'effetto del telescopio, ca. 1867, 2 Entwürfe (Öl/Holz, Öl/Lw.); Portr. der Schwester Erminia De Sanctis. – Pal. Quirinale: Emanuele Filiberto che mostra l'erede ai contadini nella sala del castello di Rivoli, 1874 prämiert (durch Vittorio Emanuele erworben). – Com. Gall. d'Arte Mod.: Album mit Portr. von Vincenzo Gioberti, Antonio Rosmini, Nicolò Tommaseo, Pietro Selvatico, Gioacchino Rossini, G. P. Vieusseux u. v. a. – S. Spirito in Sassia: Maria Santissima assisa su un trono marmoreo e circondata da piante medicinali, Öl, 1854/66. – Ospedale di S. Spirito in Sassia: Pio IX visita ammalati durante il morbo asiatico del 1854, Fresko, 1854/55. – S. Paolo fuori le mura: S. Paolo in atto di predicare in sinagoga; S. Paolo calato dai discepoli dalle mura di Damasco, Fresken, 1860. – SS. Trinità della Missione (Montecitorio): Der hl. Vincenz von Paul am Totenbett Ludwigs XIII., Öl, 1854–55 (Auftrag Pius' IX.; nach Karton von Eugenio Agneni). TURIN, Civ. GAM: Michelangelo e Ferruccio, 1865. VENEDIG, MAM Ca' Pesaro: Portr. Giacinto Gallina. ✉ Gli affreschi di Cesare Maccari nel Senato, R. 1889; Tommaso Minardi e il suo tempo, R. 1900; Mem. Studi dal vero, R. 1901. 👁 *E:* 1949 Rom, Mus. Capitolini (K). 🕮 ThB29, 1935 (s.v. Sanctis, Guglielmo de). *Graves*, RA II, 1905; *Comanducci* II, 1971; *Luciani*, 1974; DEB X, 1975; *Johnson/Greutzner*, 1976 (Repr. 1990); DBI XXXIX, 1991; DA VIII, 1996; *Bénézit* XII, 1999 (s.v. Sanctis, Guglielmo de). – *F. S. Bonfigli*, The artist. directory or guide to the studios in Rome, R. 1858, 14; *A. Bartolini*, Giorn. arcadico 1911 (März), 87–89 (Nekr.); *Incisa della Rocchetta*, 1979; Mem. stor. e attualità tra rivoluzione e restaurazione (K), Foligno 1989, 126 s. (Lit.); *S. Rebora*, ASL 8:1991, 481–483; *S. Meloni Trkulja*, in: *L. Tonini* (Ed.), Demidoff a Firenze e in Toscana, Fi. 1996, 251–260; *Buchowiecki* IV, 1997, 74. A. St.

De Sanctis, *Italo*, ital. Maler, Illustrator, * 1880 Spoltore/Pescara, † 1944 Mailand. Stud.: ABA Rom. Schüler des Francesco Paolo Michetti. Debütierte mit Ill. zu G. Pierantoni Mancini, *Dal Capobianco al Marocco*, Fi. 1904; V. Fago, *Discordanze*, R. 1905. Mitarb. an den Zss.

Ars et labor (1911) und La Grande Illustrazione (1915). Später v.a. geschätzt als Maler von Lsch. und Portr. aus den Abruzzen. 1936 Komturtitel der ital. Krone. Lebte zuletzt in Mailand, da seine Villa in den Abruzzen Sitz eines Militärkommandos war (zerst., Werke z.T. verloren). ⊙ *G:* 1935, '39 Rom: Quadrienn. ☐ *Comanducci* II, 1971 (Abb.). – *R. Papini*, Le arti a Monza nel 1923, Be. [1923], 26; *Ceci* II, 1937; *A. Pansera*, Storia e cronaca della Trienn., Mi. 1978, 167. P. Pallottino/E. K.

De Sanctis, *Nico*, ital. Maler, Graphiker, Bildhauer, * 6. 3. 1950 Padua, lebt in Vailate/Cremona. Künstler. Stud. in Padua und Venedig. Geht 1976 in die Lombardei und beginnt mit surrealist. inspirierter Malerei. Auch in den 80er und 90er Jahren bleibt D. den Traumbildern treu, die Bezüge zu Werken von Max Ernst und Alberto Savinio aufweisen (*Unicorno*, Öl/Lw.; *Doppio autoritratto*, Rad.-Aquatinta, 1993; *Triangolo impazzito*, Mischtechnik auf mit Stoff bespanntem Papier, 1994). In seinen bildhauer. Arbeiten experimentiert er mit versch. Mat. (Schmiedeeisen, Kupfer, Plexiglas, Holz) und verwendet eine archaische Symbolik (*La Porta del Sole*, Mailand, Libr. Bocca, 1994). ☐ *A. Sala*, N. D. A passeggio con Esopo (K), Pandino/Lugano 1988; *G. Polvani/E. Giovenzana*, La Porta del Sole di N. D. alla libr. Bocca in Gall., Mi. 1995. N. Corradini

De Sanctis, *Victor Aldo*, ital. Graphiker, Karikaturist, Illustrator, Gebrauchsgraphiker, Journalist, * 23. 2. 1909 Pistoia, lebte dort. Besucht nach klass. Stud. in Pistoia den 2jährigen Vorbereitungskurs an der Ing.-Fak. in Florenz. Stud.: ab 1928 Politecnico Turin. Begegnet in Viareggio Marinetti, der ihn in den Kreis der Turiner Futuristen einführt. Lernt 1933 in Florenz Fillia kennen; stellt mit den Futuristen in der Gall. Pesaro in Mailand aus. Beteiligt sich mit Karikaturen an der 1. Mostra Naz. Futurista in Rom, nachfolgend publ. in Gazzetta del Popolo (1934). 1933 Mitarb. an der Zs. Futurismo und der Mode-Ausst. in Turin (Plakatentwurf). Schuf futurist. Plastiken aus versch. Materialien, Entwürfe für Autokarosserien, Szenographien und Ausstattungen. Auch als Filmjournalist tätig. – Einbandgestaltungen (z.B. P. Ubaldi, *La grande sintesi*, Mi. 1927; Borromeo, *Risate del destino*, T. 1934), Ill. (A. De Sanctis, *Mattuino*, um 1935) und Werbegraphik. ☐ *G. Fanelli/E. Godoli*, Il Futurismo e la grafica, Mi. 1988. E. K.

De Sanctis, *Victor Aldo (Aldes; Aldo; Argo)*, ital. Illustrator, Karikaturist und Comiczeichner, nachw. 1914–48 (starb lt. Gec unter mysteriösen Umständen). Mitarb. an satir. und Jugend-Zss.: Numero (1914–16, 1918–20); Pasquino (1919, 1921–22, 1924–25); L'Asino (1919, 1921–25); Il Giornalino della Domenica (1919–20); Tutto (1920–21, 1923); La Domenica dei fanciulli (1920); La Donna (1920); L'Illustrazione del Popolo (1922–23); Il Becco giallo (1924–25); Il Secolo XX (1925); Il Settebello [di Roma] (1933, '35); Argento Vivo (1937); L'Avventuroso (1938–41); Giungla! (1939, '41); Pisellino (1940–41); Piccoli albi Nerbini (1948). Seine stilisierten, karikaturartigen Zeichnungen sind von unmittelbarer Leichtigkeit. ☐ *Gec (E. Gianeri)*, Storia della caricatura, Mi. 1959; *id.*, Storia della caricatura europea, Fi. 1967, 143,146; I fumetti Nerbini della Marucelliana (K), Fi. 1994, 96. P. Pallottino

Desandré, *Jules Marie (Jules)*, frz. Maler, Aquarellist, Illustrator, * um 1845 Paris. Schüler von Girardet. Ill.: u.a. *Fables* von La Fontaine (mit Freeman), 1874; *Cécile* von J. Gourand, 1880; *Contes* von C. Perrault, 1899. – Breton. Ansichten, Lsch., Genreszenen, Portr., figürl. Darst., u.a. mit Phantasie-Figuren (*La Chevauchée fantastique*, Öl, 1869). Zahlr. Fam.-Szenen und Frauen-Sujets wurden von Claude Régnier, Morlon und Joseph Bettannier lithographiert. ⊙ *G:* 1869–81 Paris, Salon. ☐ ThB9, 1913. *Bénézit* III, 1976; *Osterwalder*, 1800–1914, 1989. – IFF, Après1800 VI, 1953; *Schurr* IV, 1979. C. R.

Desanges, *Louis William*, brit. Maler, * 1822 Bexley/Kent, † um 1887. Ausb. um 1838 bei Jean Michel Grobon, Lyon, reiste anschl. in Italien. Lebte ab 1845 in London. – D. war mit Historien-Gem. wenig erfolgreich und konzentrierte sich bald auf Damen-Porträts. 1859–62 malte er 50 Öl-Gem. mit Episoden des Krimkriegs und des ind. Aufstands von 1857, die mutige Kriegstaten zeigen, für die ein Soldat das Victoria Cross erhalten hatte. D.s sog. „Victoria Cross Gall." wurde in London erstmals 1859 in der Egyptian Hall, Piccadilly, ausgestellt, 1862 bis ca. 1880 im Kristallpalast, Sydenham, und war vor ihrer Auflösung im Bes. des Wantage Town Council. Große Bekanntheit erhielt die Ser. ab 1860 auch durch den Verkauf von Fotogr. und als Buch-Ill. von „Heroes of the Victoria Cross" (Lo. 1867) von Samuel Beeton. D. adaptierte erstmals die frz. Militärmalerei (bes. von Horace Vernet und Nicholas-Toussaint Charlet) für brit. Themen, hob soldatische Einzelaktionen hervor und beeinflußte damit bes. brit. Schlachtenmaler der 1870er Jahre (Edward Matthew Hale, Ernest Crofts, Elizabeth Butler, Stanley Berkley). ⌂ ERDDIG b. Wrexham. LONDON, Nat. Army Mus.: Private John Sims; Major Charles Gough, rescuing his brother Hugh; Lt. William Kerr; Colonel Cubitt, alle 1859–62. NIZZA, Mus. Masséna: Victor Emmanuel, 1854. ⊙ *G:* 1846–87 London, RA. ☐ ThB9, 1913. *Johnson* I, 1975; *Bénézit* III, 1976; IV, 1999; *Johnson/Greutzner*, 1976; *Wood*, 1978 (Repr. 1991); DA VIII, 1996. – *J. Hichberger*, Oxford art j. 7:1984 (2) 42–51; *id.*, Images of the army. The military in Brit. art 1815–1914, Manchester 1988. H. St.

Desangives, *Nicolas*, frz. Glasmaler, der im 16. Jh. für die Pariser Kirchen St-Paul und Ste-Geneviève arbeitete. ☐ ThB9, 1913. DBF X, 1965. – *Janneau*, 1965. C. R.

De Sanglau (De Sanglans), *Achille Mackenzie*, US-amer.(?) Fotograf, tätig in Rom 1863–70. Eröffnete hier 1863 ein Studio „Photogr. Américaine" v.a. für Portr., z.T. im Visitformat. Fotografierte Geistliche und Prominente (*Franz Liszt*, ca. 1865), Militär oder den Verkauf von Kunstobjekten. 1869 Publ.-Projekt mit Portr. aller Teiln. am 1. Ökumen. Vatikan. Konzil (viell. wegen der hist. Ereignisse 1870 nicht realisiert). ⌂ ROM, Coll. Piero Becchetti. ☐ *P. Becchetti*, Fotografi e fotogr. in Italia, R. 1978; *id.*, La fotogr. a Roma, R. 1983. T. K.

Desangles, *Jesús*, dominikan. Maler, Zeichner, Graphiker, Bildhauer, * 27. 8. 1961 Santo Domingo, lebt dort. Ab 1967 Malunterricht. Stud.: 1973–76 ENBA, ebd.; 1988 mit Stip. der Banco de Desarrollo Dominicano und Soc. Industrial Dominicana in der Wkst. Kyron des Druckers Andrew Vlady, Mexiko-Stadt. Zahlr. Ausz.: u.a. 1978 2. Preis für Zchng im Wettb. der Royal Bank of Canada; 1982 1. Preis für Skulpt., ENBA; 1992 Großer Malerei-Preis im Wettb. der Hoteles Barceló, alle Santo Domingo. – Expressiv-surreale, flächige Gem. im Gefolge von Wifredo Lam und Rufino Tamayo in kräftigen, mit rhythm. Pinselstrichen aufgetragenen Farben auf häufig dunklem Hintergrund. Unter Rückgriff auf afrokarib. relig.-kult. Trad. stellt D. in stilisierter Form groteske Wesen zw. Mensch und Tier dar, umgeben von mag. Gegenständen, und erschafft sich einen eig. spirituell-mytholog. Kosmos (z.B. Ser. *Valle de los misterios*, 1987; *Cien años de pint. dominicana*, 1988; *Homenaje a la música afro-antillana en tiempo de rap*, Triptychon 1993). 🏛 CAGNES-SUR-MER, Château-Mus. MONTERREY, MAC. SAN JUAN, MAC de Puerto Rico. SANTO DOMINGO, Banco de Desarrollo Dominicano. – Grupo Financiero Nac. – Voluntariado de las Casas Reales, Casa Rodrigo de Bastidas. ⊙ *E:* Santo Domingo: seit 1985 (K: J. Miller) mehrfach Boinayel, Gal. de Arte; 1987, '89 Inst. Dominicano de Cult. Hispánica; 1991, '92, '94 (K: P. José/L. Vega u.a.; Lit.) Voluntariado de las Casas Reales, Casa Rodrigo de Bastidas / 1991, '93 San Juan, Gal. Leonora Vega. – *G:* 1986 Miami: Bien. de Pint. Iberoamer. (ehrenvolle Erw.) / 1988 Mexiko-Stadt: Bien. de Domecq / 1989 (3. Gold-Palette), '93 Cagnes-sur-Mer: Festival Internat. du Peint. / 1990 Santo Domingo: Bien. de Arquit. / 1991 Cuenca (Ekuador): Bien. de Pint. 🕮 EAPD, 1989. – *E. Rodríguez Demorizi*, Pint. y escult. en Santo Domingo, Santo Domingo, 1972; Cien años de pint. dominicana (K Casa Rodrigo de Bastidas), Santo Domingo 1988; Mito y magia en América. Los ochenta (K MAC), Monterrey 1991; *S. Stratton* (Ed.), Mod. and contemp. art of the Dominican Republic (K Americas Soc. AG/The Span. Inst.), N. Y. 1996; *E. J. Sullivan* (Ed.), Latin Amer. art in the twentieth c., Lo. 1996; Mystery and mysticism in Dominican art (K Inter-Amer. Development Bank), Wa. 1997. M. N.

Desangles (D. Sibilly), *Luis*, dominikan.-kuban. Maler, Bildhauer frz. Abstammung, * 8. 2. 1861 Santo Domingo, † 3. 4. 1940 Santiago de Cuba. Stud.: ca. 1867–72 bei León Cordero, Santo Domingo. 1893–1901 Deportation aus polit. Gründen nach Puerto Rico. Ab 1904 Konsul der Dominikan. Republik in Santiago de Cuba. 1912–15 Aufenthalt in New York, 1915–18 in Santo Domingo, danach erneut in Santiago de Cuba. 1939 Teiln. am ersten Kongreß über kuban. Kunst im Haus von José María Heredia. Lehrtätigkeit: ab 1883 eig. Lehranstalt für bild. Kunst und Leibesübungen; 1890 Dir. der Esc. Pública Mpal de Dibujo; 1892–93, 1901–04 Prof. für Zeichnen an der Esc. Normal, alle Santo Domingo; 1906–36 Prof. für Zeichnen an der EBA (ab 1933 Dir.); 1935 Ehren-Dir. der Esc. Prov. de Artes Plást. de Oriente, beide Santiago de Cuba. 1. Preise: u.a. 1890 Soc. Amigos del País, Santo Domingo; 1893 Expos. Regional, San Juan/Puerto Rico; 1901 Ateneo Dominicano, Santo Domingo; 1904 Damas de Soc., Santiago de Cuba. – Beeinflußt vom europ. Impressionismus und Naturalismus ist D. der Begründer der Malerei des „costumbrismo“ in der Dominikan. Republik mit Darst. der soz. Realität, v.a. der Bauern, Armen, Mulatten und Schwarzen (u.a. *Tratando el carbón*, 1896; *La maldad de la niña; El retorno de la canoa*); außerdem zahlr. Portr. (*Ramón Matías Mella; Francisco del Rosario Sánchez; Juan Nepomuceno Ravelo* etc.), darunter ein Kollektivbildnis der Präsidenten des Landes (1915), relig. Gem. (*El éxtasis de S. Francisco*), Historienbilder (*La prisión de Caonabo; La invasión de Maceo*), Darst. von Städten und Archit.-Mon. der Kolonialzeit sowie allegor. Wand-Gem. in Kirchen. Auch als Lehrer bed.; zu seinen Schülern zählen u.a. Abelardo Rodríguez Urdaneta, A. Fiallo und Leopoldo Miguel Navarro. 🏛 BAYAMO, Parroquia Mayor: La bendición de la bandera, Wand-Gem., 1918. SANTIAGO DE CUBA, Kathedrale: Wand-Gem. mit bibl. Themen, 1922. SANTO DOMINGO, GAM. – Mus. Bellapart. ⊙ *E:* 2000 Santo Domingo, Mus. Bellapart (Retr.; Faltblatt). 🕮 EAPD, 1989. – *M. M. Morillo*, América. Rev. de la Asoc. de Escritores y Artistas Amer. (Havanna) 17:1943 (1–2) 71–74; *E. Rodríguez Demorizi*, Pint. y escult. en Santo Domingo, Santo Domingo 1972; *S. Stratton* (Ed.), Mod. and contemp. art of the Dominican Republic (K Americas Soc. AG/The Span. Inst.), N. Y. 1996. – Mitt. Mus. Bellapart, Santo Domingo. M. N.

Desangles Conde, *Hamilton Dionis*, dominikan. Maler, Bildhauer, Entwerfer, * 7. 1. 1939 Santo Domingo, lebt dort. Stud.: Esc. Normal Presidente Trujillo bei Eligio Pichardo, Joseph Fulop, José Gausachs u.a. – Malt impressionist., surrealist. und figurativ, v.a. Portr., aber auch abstrakte Gem., z.T. pastos und mit der Spachtel, daneben Collagen und Skulpt. (z.B. *Niño mueve el mundo* für das Centro de Pediatría Emil Kasse Acta). Auch als Kunsthandwerker und Innenraumgestalter tätig. 🕮 EAPD, 1989. – *C. A. Gerón*, Enc. de las artes dominicanas, Santo Domingo 1991. M. N.

Desangles Sibilly, *Luis* → **Desangles,** *Luis*

Desani, *Pietro*, ital. Maler, * 17. 11. 1595 Bologna, † 14. 9. 1657 Reggio Emilia. Schüler von Lionello Spada, mit dem er 1612–14 in Parma arbeitet, aber wahrsch. nicht mit nach Reggio geht, sondern zurück nach Bologna. Dort entstehen seine ersten bek. Arbeiten, das Fresko *Der Hl. Rochus heilt den Kardinal Brettone* (Oratorio di S. Rocco, 1615–20) und die drei Lünetten des Portikus von S. Domenico mit *Gesch. aus dem Leben des hl. Antonius von Padua*. Sie zeigen, wieviel stärker als von Spada er stilist. von Ludovico Carracci, Giacomo Cavedoni und v.a. vom jungen Guercino beeinflußt ist. Wohl 1623 läßt sich D. in Reggio Emilia nieder, da er 1628 (nach den vorgeschriebenen 5 Jahren Wartezeit) die Bürgerrechte erhält. Im Auftrag von Annibale Manfredi malt er in dessen Haus die Fresken mit der *Äneis* (nicht erh.) und für die Pfarrk. von Prato Fontana eine *Rosenkranzmadonna*, bei der der Einfluß von Guercino so weit geht, daß D. einzelne Figuren aus dessen Bildern kopiert. 1627 entstehen die ersten dat. und sign. Werke für die Kirche S. Pietro (*Erzengel Michael; Martyrium der hl. Luzia*), denen zahlr. weitere folgen. Für die Kommune von Reggio malt D. A. der 30er Jahre Wappen auf Banner u.ä., allerdings ist er bald als Maler von Altarbildern und Fresken sehr gefragt, da in Reggio durch den Tod (oder Weggang) von Camillo Gavasseti kaum and. Maler zur Verfügung stehen. Stilist. bleibt D. Guercino verbunden. – Von seinen Schülern wurden Girolamo Massarini und Orazio Talami bek., sein Sohn *Pietro Giovanni D.* (* 31. 3. 1639) versuchte sich ohne Erfolg als Maler. 🏛 CAMPEGINE, Pfarrk.: Maria mit Kind und Hll., um 1650. REGGIO EMILIA, S. Agostino: Martyrium des hl. Laurentius, um 1627. – Kapuzinerkirche: Steinigung des hl. Stephanus, um 1627. – Madonna della Giara: Auferstehung der Laura da Correggio, 1633. – S. Domenico: Hl. Vincenzo Ferreri, 1637; Madonna mit den Hll. Barbara und Katharina; Kreuzigung (beide im Auftrag des Conte Carlo Bianchetti für die Chiesa del Corpus Domini, 1645 dat.) – S. Prospero: Enthauptung Joh. Bapt., um 1645 (gemalt für das Oratorium der Confraternita dell'Invenzione della Croce; als Vorbild diente ihm das um 1625 gemalte, nicht erh. Martyrium des hl. Joachim von Guercino). SESSO, Pfarrk. S. Maria Assunta: Rosenkranzmadonna mit Hll., um 1645. ⊙ *E:* 1977 Reggio Emilia (K: E. Monducci/M. Pirondini, mit WV und Lit.). – *G:* 1986 Modena, Gall. Estense/Gall. Civ: L'arte degli Estensi (K). 📖 ThB9, 1913. DEB IV, 1973; PittItalSeic II, 1988 (Lit.); DBI XXXIX, 1991 (WV, Lit.). – TCI Emilia-Romagna, 1971; In forma di festa (K), Reggio Emilia 1985; Reclams Kunstf. Italien IV, 1987. S. P.

Desani, *Pietro Giovanni* cf. **Desani,** *Pietro*

De Santiago, *Carlos María,* urug. Maler, Diplomat, * 14. 3. 1875 Montevideo, † 13. 7. 1951 ebd. Erhält 1904 ein Reise-Stip. für Madrid; geht 1908 von dort nach Paris. Ab 1910 als Diplomat Uruguays in versch. europ. und amer. Staaten tätig. Ausz.: 1906 ehrenvolle Erw. im Salón de BA in Madrid; 1928 Med. 1. Kl. bei einer internat. Kunst-Ausst. in London; 1940 Gold-Med. der Expos. Anual de BA in Santiago de Chile. – Als einer der ersten Vertreter der sog. modernist. Lsch.-Malerei in Uruguay gestaltet D. ländl. und urbane Ansichten sowie Marinen von zahlr. Regionen in Amerika und Europa. Bei Darst. der Küste von Montevideo an der „escuela planista" orientiert, unterscheidet sich jedoch von dieser Strömung der 1920er Jahre durch schlichtere Formen und zurückhaltende Farben. Mit betont kraftvoll strukturierten Flächen geht D. über die Realität hinaus; Lichtverhältnisse und Schattierungen des Himmels interpretiert er virtuos. 🏛 MONTEVIDEO, MN de Artes Visuales. – Mus. „J. M. Blanes". ⊙ *G:* 1910 Buenos Aires: Expos. Internac. del Centenario Argentino (Silber-Med.) / 1943 Montevideo, Ateneo: Expos. de la Asoc. de Artistas Plást. del Uruguay. 📖 Vo4, 1958. EAAm II, 1968; PlástUrug II, 1975; Cien años X, 1993 (alle s.v. Santiago, Carlos María de). – De Blanes a nuestros días (K), Montevideo 1961; *F. García Esteban,* Panorama de la pint. urug. contemp., Montevideo 1965; *J. P. Argul,* Proceso de las artes plást. del Uruguay, Montevideo 1975; *G. Peluffo,* Hist. de la pint. urug., I: De Blanes a Figari, Montevideo 1986; *id.,* El paisaje a través del arte en el Uruguay, Montevideo 1990. R. Pontet

De Santiago, *Domingo,* urug. Maler, Graphiker, * 1903 Montevideo, † 1975 ebd. Sohn und Schüler des span. Malers Manuel de Santiago. Weitere Ausb. beim Bildhauer Luis Pedro Cantú und im Círculo de BA bei Domingo Luis Bazzurro. Stud.-Reisen nach Frankreich, Spanien und Italien. V.a. in der Lehre tätig: Dir. der Esc. de Artes Aplicadas an der Univ. del Trabajo del Uruguay in Montevideo; Prof. für Zeichnen und Graphik an der Esc. Nac. de BA ebd. Ausz.: 1937–46 Preise und Erw. im Salón Nac. de Artes Plást.; 1941–49 Preise im Salón Mpal; Primer Premio Med. de Oro: 1944 im Salón Nac.; 1947 im Salón Nac. de Dibujo y Grabado und im Salón Nac. de Pint. y Escult.; 1948 und 1952 im Salón de Dibujo y Grabado, alle in Montevideo; 1950 Primer Premio Med. de Plata im Salón de Artes Plást. del Litoral in Salto. – D. malt v.a. häusl. Alltagsszenen, Lsch. und Portr.; bei der Gest. von Flächen bevorzugt er Farbflecken gegenüber dem Helldunkeleffekt, so daß Volumen dynam. wirken und kontrastreich hervorgehoben werden. Als Graphiker bes. erfolgreich mit Metallstichen. 🏛 MONTEVIDEO, MN de Artes Visuales. – Mus. „J. M. Blanes". ⊙ *E:* 1934, '37, '38, '41, '43, '80 (Retr.) Montevideo. – *G:* Montevideo: ab 1937 Salón Nac. de Artes Plást.; ab 1940 Salón Mpal; 1940 Expos. Anual de la Asoc. de Artistas Plást. del Uruguay. 📖 EAAm I, 1968; III, 1968; PlástUrug II, 1975 (beide s.v. Santiago, Domingo de). – De Blanes a nuestros días (K), Montevideo 1961; *F. Esteban,* Artes Plást. del Uruguay en el s. veinte, Montevideo 1970; *E. Vernazzo,* El Día v. 26. 10. 1980, 30. R. Pontet

De Santis, *Alfredo,* ital. Graphikdesigner, * 10. 8. 1941 Rom, lebt dort. Stud.: ABA Rom. Danach wiss. Studien über Beziehung zw. Graphik und Malerei. Ab 1967 Gestaltung von Kinderbüchern, seit 1971 Mitarb. bei der ital. Radio- und Fernsehanstalt RAI und seit E. der 70er Jahre Gestaltung von Ausst. mit cinematograph. Themen. Leiter der Graphik-Abt. des Ist. Europ. di Design, Rom. 📖 Who's who in graphic design, Z. 1994. – *R. Hrabak,* Novum 44:1973 (5) 40–49; *P. B. Meggs,* Print 47:1993 (6) 126–139; 158 s. S. P.

De Santis (De Sanctis), *Amleto,* ital. Maler, * 1908 Rom, † 1980 New York (oder Rom?). Autodidakt, seit 1930 in Ausst. präsent. Ausz.: 1934 Preise von Minist. delle Corporazione und Partito Naz. Fascista. 1950 Übersiedlung nach New York. – Lsch., Archit., Portr., Akte, bes. Stilleben (meist Küchengerät, Obst) in Öl; orientiert an P. Cézanne, anfangs formstreng, später maler.-spontan. 🏛 ROM, Gall. Naz. d'Arte Mod. ⊙ *E:* Rom: 1943 Gall. Il Barbuino (K); 1983 Gall. La Medina (K). – *G:* Rom: 1935, '43 Quadrienn.; 1944 Gall. de Roma: L'arte contro la barbararie; 1948 Gall. Naz. d'Arte Mod.: Rass. Naz. di Arti Figurative. 📖 PittItalNovec/1 II, 1992 (s.v. De Sanctis, Amleto). – Scuola romana (K), Mi. 1988. G. M.

De Santis, *Antonio,* ital. Maler, Graphiker, Kunstkritiker, * 27. 2. 1950 Mestre, lebt seit 1961 in Bergamo. Erste Ausb. im Atelier von Ermenegildo Rondina. Kam nach figürl. Anfängen E. 70er Jahre zur Abstraktion und eigenen Versuchen der Synthesen aus beiden. Seit 1964 auch Graphik. Präsentierte 1979/80 ein Manifest des Realismo Astratto. Dir. der Zs. Terzapagina und als Kunstkritiker Mitarb. an versch. Periodika in Bergamo. Preise: u.a. 1966 Premio Termoli, Campobasso; 1977 Premio Seregno, Brianza. 🏛 FAENZA, Pin. d'Arte Mod. LOVERE, Gall. dell'ABA Tadini. ✉ La barcaccia, poesie 1972–80, Be. 1981 👁 *E:* Bergamo: 1972 Gall. Michelangelo; 1999 Sala Camozzi / 1989 Ferrara, Grotte del Boldini (K) / 1991 Mendrisio, Gall. Atelier (K) 📖 DizESA I, 1968; *Falossi*, PPC, 1975. – *A. Sala* (Ed.), A. D., il colore e la forma, Be. 1992. – Venedig, Arch. Stor. della Biennale. – Mitt. D. E. K.

De Santo, *Stephen C.*, US-amer. Maler, * 27. 5. 1951 Louisville/Ky., lebt in Fort Wayne/Ind. Stud.: bis 1974 Huntington College, Huntington/Ind.; bis 1978 Ball State Univ., Muncie/Ind. Mehrere Ausz. der Amer. Watercolor Soc. – Großformatige Acryl-Gem. auf Holzfaserplatten mit detaillierter Darst. von Alltagsgegenständen, Archit.-Ansichten und romant. Lsch.; seltener Aquarelle. Um die geeignete Bild-Komp. in einem einzigen „Schnappschuß" einzufangen, zeichnet D. die Umrißlinie eines Motivs nach auf die Holzfaserplatte projizierten Dias nach, der Entwurf wird dann bis zur endgültigen Form weiter vereinfacht, Details werden jedoch mit nahezu fotorealist. Genauigkeit wiedergegeben. In den 80er Jahren entstanden fast ausschl. Gem. mit Archit.-Details des Seebades Ocean City/N. J. 🏛 ANDERSON/Ind., FA Center. WICHITA/Kans., AM. 📖 *Krantz*, 1985; WWAA, 1991/92–1997/98. Ch. R.

Desar, *Joseph* → **Dessar,** *Joseph*

Desargue, *Pierre* → **Sargues,** *Pierre de*

Desargues, *Girard*, frz. Architekt, Perspektivtheoretiker, Mathematiker, Ingenieur, * 21. 2. 1591 (nicht 1593) Lyon, † zw. April und Aug. 1661 ebd. Sign.: SGDL (Sieur Girard Desargues Lyonnois). Entstammt einer wohlhabenden bürgerl. Fam. aus Lyon, der Vater ist kgl. Notar. Über D.s anfängl. Berufstätigkeit ist nur bek., daß er vor dem Umzug nach Paris 1626 ca. 20 Jahre lang in Lyon einen Seidenhandel betreibt. In Paris verfaßt er die meisten seiner theoret. Schriften. D. ist ein geschätztes Mitgl. der Academia parisiensis von Père Marin Mersenne und v.a. durch die Arbeiten zur Mathematik bekannt. Im wichtigsten, 1639 veröff. Text (Brouillon ...; cf. D.s Schr.) präsentiert er eine völlig neue Methode zur Untersuchung von Kegelschnitten. Die Schr. wird nur an ganz wenige zeitgen. Wissenschaftler verteilt, und allein Blaise Pascal als der einzige von D. ausgebildete Mathematiker versteht sie richtig. Die Bedeutung von D.s Wirken für die Geometrie, u.a. das Theorem zu den homologen Dreiecken (cf. Bosse, 1647), wird erst im 19. Jh. von Jean-Victor Poncelet und Michel Chasles richtig eingeschätzt. Durch das 1640 von Pascal publ. Essay pour les coniques wurde ihr Interesse an D. geweckt: sie rekonstruierten nach und nach ein relativ in Vergessenheit geratenes Werk und erkannten D. als Begründer der projektiven Geometrie an. Erwähnenswert ist überdies eine von ihm erarbeitete Methode zum Erlernen von Musik (cf. Mersenne, 1636/37). Auch von Kardinal Richelieu als Ing.-Architekt geschätzt und evtl. an der Belagerung von La Rochelle beteiligt. Auf jeden Fall geht die erstmalige Anwendung einer Epizykloide in einem Pumpsystem im Schloß von Beaulieu auf D. zurück. Vom architekton. Schaffen, ohnehin von untergeordneter Bedeutung, ist fast nichts erh.; die Hw. sind die auf ovaler Grundfläche errichtete Treppe im Lyoner Rathaus und die Trompe im Haus Saint Oyen (im 19. Jh. zerst.). Der originelle Char. von D.s theoret. Œuvre und seine Art der Betrachtung von geometr. Problemen im Vergleich mit der eines René Descartes resultieren zum großen Teil aus dem Interesse an versch. Fragen der angew. Geometrie, bes. der perspektiv. Zchng, der Schnitt-Zchng von Steinen und Sonnenuhren, wodurch D. an die Grenze zw. Wiss. und Kunst rückt. 1636 und damit drei Jahre vor der Publ. der Abh. zu Kegelschnitten veröffentlicht er ein kleines Fasz. zur perspektiv. Darst., worin er eine elegante Methode zum perspektiv. Zeichnen ohne Verwendung eines Konstruktionspunktes außerhalb des Bildes entwickelt. Während er in der gelehrten Welt wohlwollend aufgenommen wird, ist er von Seiten der Praktiker und Verfasser von Abh. zur perspektiv. Darst. heftiger Kritik ausgesetzt. Abgesehen von Philippe de Champaigne, mit dem D. bei den perspektiv. Darst. der Gewölbe in der Pariser Eglise des Carmélites zusammenarbeitet, sowie den Freunden Bosse und Laurent de La Hyre wenden nur wenige Künstler D.s Erkenntnisse an. Der Ausschluß von Bosse aus der Acad. royale de Peint. et de Sculpt. 1661, wo er einen Lehrauftrag für perspektiv. Darst. hatte, resultiert z.T. aus der von ihm verteidigten Auffassung, die Realität naturgetreu abzubilden und nicht so, wie sie wahrgenommen wird, d.h., sich auf eine konstruierte geometr. Perspektive zu stützen. La Hyre, der sich D.s Kenntnisse der Archit. und perspektiv. Darst. aneignete, erweist sich lt. Dézallier d'Argenville als sehr fähig auf diesen Gebieten und zeigt im eig. maler. Œuvre eine konstante Vorliebe für die Perspektive. Sein Sohn Philippe de La Hyre, durch den Vater in den Bes. von D.s Schr. gelangt, ist einer der wenigen Mathematiker, die E. des 17. Jh. D.s Auffassungen zur Geometrie aufgreifen und verbreiten. Das 1640 publ. Fasz. zum Behauen von Steinen, ebenso prägnant wie das zur perspektiv. Darst., wird durch die Baumeister, die das Zurichten der Steine anleiten, ebenso wenig angenommen wie durch die Maler die zuvor veröff. kleine Schrift. Sein entschiedenster Widersacher ist der Architekt Jacques Curabel, und die Polemik nimmt derartige Ausmaße an, daß 1642 eine umfangreiche Slg mit gegen D.s Schaffen und Person gerichteten Pamphleten veröff. wird. Stark berührt von diesen heftigen Angriffen, äußert sich D. dazu. Danach publiziert er keine wiss. Arbeiten mehr, sondern nimmt die Realisierung des größten Teils seines architekton. Œuvres in Angriff, wohl um damit die Gültigkeit der von ihm aufgestellten Lehre zur Stereotomie in der Praxis zu beweisen. Damit steht sein Schaffen zw. der theoret. und der angew. Geometrie. Die polem. Diskussionen, in die der „architecte-géomètre" verwickelt wird, zeigen, daß die Begegnung dieser beiden Sphären, die sich noch im 17. Jh. weitgehend ignorieren, um fruchtbar und potentiell wertvoll zu sein, nichts Idyllisches verkörpert. ✉ Exemple de l'une des manières univ. du S.G.D.L. touchant la pratique de la perspective sans employer aucun tiers poinct, de distance ou d'autre nature, qui soit hors du champ de l'ouvrage, P. 1636; Une méthode aisé pour apprendre et enseigner a lire et escrire la musique, in: *M. Mersenne*, Harmonie univ., I/4, P. 1636/37, 332–342; P. ²1975; Brouillon project d'une atteinte aux événements des rencontres du cône avec un plan, P. 1639; Taton [2]1951; Brouillon project d'exemple d'vne manière univ. touchant la practique du trait à preuves pour la coupe des pierres ..., P. 1640 (dt. Ausg.: Erster Entwurf eines Versuchs über die Ergebnisse des Zusammentreffens eines Kegels mit einer Ebene, ed. *M. Zacharias*, L. 1922 [Ostwalds Klassiker der exakten Wiss., 197]); Brovillon project du SGDL touchant une manière univ. de poser le style et tracer les lignes d'un quadran aux rayons du soleil ..., P. 1640; Six erreurs ... du livre intitulé la Perspective practique, P. 1642; Livret de perspective adressé aux théoriciens, 1643 (nur überliefert durch Abraham Bosse, cf. Bosse, 1647, 311–320); Recy av vray de ce qui a esté la caufe de faire cet efcrit, P. 1644; Propositions géométriques (cf. Bosse, 1647, 340–343, Abb. 153–156); Œuvres complètes, 1864 (cf. Poudra, 1864); Œuvres complètes (cf. Le Goff, in Vorbereitung). ▭ ThB9, 1913. DA VIII, 1996 (beide s.v. D., Gérard). – Advis charitables sur les diverses œuvres et feuilles volantes du Sieur G. D., Lyonois, ..., P. 1642; *A. Bosse*, La pratique du trait à preuves de Monsieur D., pour la coupe des pierres en l'archit., P. 1643; *J. Curabelle*, Examen des œuvres du Sieur D., P. 1644; *A. Bosse*, Manière univ. de Monsieur D., pour pratiquer la perspective par petit-pied, comme le géométral ..., P. 1647; *A.-J. Dézallier d'Argenville*, Abrégé de la vie des plus fameux peintres, I-III, P. 1745; *J.-V. Poncelet*, Traité des propriétés projectives des figures, P. 1822; *M. Chasles*, Aperçu hist. sur le développement des méthodes en géométrie, Br. 1837; P. [2]1989; *id.*, Note sur les ouvrages de D., Comptes Rendùes de l'Acad. des sc. 20:1845, 1550–1554; G. D. de Lyon, Mag. pittoresque 17:1849, 166 ss.; *G. Poudra* (Ed.), Œuvres de D., I-II, P. 1864; *P. Tannery*, Bull. des sc. mathématiques, 2. Ser., 14:1890 (1. Tl) 248 ss.; *G. Valentin*, Zwei Briefe von D. und Bosse, Bibl. mathematica, 3. Ser., 3:1902, 23–28; Correspondance du Père Marin Mersenne, 17 Bde, ed. *C. de Waard/A. Beaulieu*, P. 1932–88; *W. M. Ivins jr.*, Bull. of the Metrop. Mus., N. S., 1:1942, 33–45; *id.*, Scripta mathematica 9:1943, 33–48; *R. Taton*, L'œuvre mathématique de G. D., P. 1951; Lyon [2]1988; *id.*, Rev. d'hist. des sc. 4:1951, 176–181; *id.*, Arch. internat. de l'hist. des sc. 4:1951 (16) 620–630; *A. Birembaut*, Rev. d'hist. des sc. 14:1961 (3) 193–204; *R. Taton*, L'œuvre de Pascal en géométrie projective, in: L'œuvre sc. de Pascal, P. 1964; *N. Heinich*, Actes de la rech. en sc. sociales 49:1983, 47–70; *A. J. Turner*, Arch. internat. de l'hist. des sc. 34:1984, 61–67; *J. V. Field*, Linear perspective and the projective geometry of G. D., Nuncius 2:1987 (2) 3–40; *id./J. J. Gray*, The geometrical work of G. D., N. Y. 1987; *J. Parès*, La gnomonique de D. à Pardiès. Essai sur l'évolution d'un art sc., 1640–1673, P. 1988 (Cah. d'hist. et de philosophie des sc., N. S., 17); *K. Andesen*, D.s method of perspective, Centaurus 34:1991, 44–91; *J. P. Hogendijk*, D. Brouillon project and the conics of Apollonius, ibid., 1–43; *D. Lanier/J.-P. Le Goff*, Cah. de la perspective 1991 (5) 61–78; *J. Dhombres/J. Sakarovitch* (Ed.), D. en son temps, P. 1994; *M. Chaboud*, G. D., bourgeois de Lyon, mathématicien, architecte, Lyon 1996; *J.-P. Le Goff* (Ed.), Œuvres complètes de G. D. (in Vorbereitung). J. Sakarovitch

Désarnaud, *Jean-François* → **Désarnod,** *Joseph-François*

Desarnaud-Charpentier, *Marie Jeanne Rosalie* (geb. Charpentier), frz. Innendekorateurin, * 1775 Châlons-sur-Marne. Gründerin und 1802–28 Leiterin des Dekorationsateliers Escalier de Cristal in den Arkaden des Pariser Pal. Royal. Spezialisierte sich auf Waren aus Kristallglas in den vielfältigsten Formen, z.T. durch Bronze und Porzellan ergänzt, auch als Möbel. Um 1818 Lieferant des kgl. Hofes. 1819 Kaminsims aus Glas (Gold-Med.). Das Unternehmen wurde 1828 durch den Glasschneider Boin, 1829 durch Lahoche und 1854 Lahoche-Pannier weitergeführt. ▭ *A. I. Prather-Moses*, The internat. dict. of women workers in the decorative arts, Metuchen, N. J./Lo. 1981. – Connaissance des arts 1990 (465) 84 (Abb.). K. S.-D.

Desarnault cf. **Désarnod,** *Joseph-François*

Desarnod, *Auguste Joseph*, d.Ä., frz. Maler, Radierer, Lithograph, Zeichner, * 1788 Frankreich, † 15.(27.) 4. 1840 St. Petersburg. Vater von A. J. D. d. J. Stud.: bis 1812 EcBA Paris bei Antoine Jean Gros. Als Offizier in Napoleons Armee 1812 Kriegs-Teiln.; beim Rückzug aus Moskau verwundet und in Gefangenschaft geraten. Fortan in Rußland ansässig. Titel der AK St. Petersburg: 1815 agréé für das Gem. *Russkij kavalergardskij oficer ... presleduet s pistoletom v ruke francuzskogo karabinera...*; 1827 Akademiker für das Gem. *Presledovanie kazakami otstupajuščich francuzov (Styčka legkoj russkoj konnicy s francuzskimi gusarami).* V.a. Schlachten-Gem. (u.a. *Ataka kavalerii Uvarova pod Borodinom*, nach 1812; *Pozicija generala Bistroma*, 1829; *Bitva russkich s turkami*, 1829–30) sowie Gem. mit Darst. der 2. Gardekorps-Division, der Kavallerieartillerie (M. 1830er Jahre) und von Kostümen des Gardekorps (1830er Jahre). Des weiteren Portr. (u.a. *N. V. Vsevoložskij*, 1817; *D. A. i V. A. Vsevoložskie v detstve*, 1824; Selbstporträt, Aqu., 1834). Auch Zchngn für die Ed. *Litografičeskie bezdelki* (StP. 1822), 17 Rad. für das Album *Opisanie prazdnika, dannogo rodnymi i druz'jami... Vsesolodu Andreeviču Vsevoložskomu v Rjabove 25 oktjabrja 1822 g.* (StP. 1823). 1829–30 mit der Armee des Fürsten I. I. Dibič-Zabajkal'skij in der Türkei; nach dort entstandenen Zchngn später Ed. des *Album d'un voyage en Turquie fait par ordre de sa Majesté l'Empereur en 1829 et 1830* (P. 1831–32; zus. mit Sayger). ⌂ CHIŞINAU, KM Moldova. HELSINKI, Ateneum. KRASNODAR, KM. MOSKAU, Tret'jakov-Gal. – Mus. „Panorama der Schlacht von Borodino". NOVGOROD, Mus.-Komplex. PSKOV, Mus.-Komplex. SAMARA, KM. ST. PETERSBURG, Ermitage. – Russ. Mus. – Russ. NB. – A. S. Puškin-Mus. TOSHKENT, Usbek. KM. ▭ ThB9, 1913. DBF X, 1965; ChudSSSR III, 1976 (Lit.; s.v. Dezarno, Avgust Osipovič). – *I. I. Leman*, Gravjura i litografija, StP. 1913, 161, 226; Vremennik Puškinskoj komissii. 1980, Le. 1983, 100; St. Petersburg um 1800 (K Essen), Recklinghausen 1990. N. Tjurina

Desarnod, *Auguste Joseph*, d. J., Lithograph, Maler frz. Herkunft in Rußland, * um 1812 Polen, † 1849 (1850 lt. finn. Lexika) St. Petersburg. Sohn und Schüler von

A. J. D. d.Ä. Offizier der russ. Armee (Artilleriehauptmann). 1842–48 in Borgå (Porvoo/Finnland) als Porträtist (Lith., Daguerrotypien) und Lsch.-Maler (Öl) tätig; bemalte ebd. den Altar der Kirche (1844–46). In den 30er Jahren kolorierte Lith. (z.B. *Mužik i korova*; *Medved'-pljasun*; *Domovoj* u.a. zu I. I. Chemnicer, *Basni i skazki*, 13. Ed., StP. 1838; in ThB fälschl. D.s Vater zugeschr.). TAMPERE, KM. *G:* 1849 Helsingfors (2 Lsch.). ThB9, 1913. *Paischeff*, 1943; *Koroma*, 1962; Kuvataiteilijat, 1972; ChudSSSR III, 1976 (s.v. Dezarno, Avgust-Žozef). N. Tjurina

Désarnod, *Joseph-François* (Désarnaud, *Jean-François*), frz. Architekt, Einwohner von Lyon, mindestens ab 1772 dort und in der Umgebung tätig. Bed. Arbeiten: *Plan de la façade de l'immeuble de M. Rigod de Terrebasse, sur le quai du Rhône* (1772 von Jean-Pierre-Xavier Bidauld gestochen); Bau von Stiftshäusern in Largentière, 1777–88 (Zchng dazu 1783 von Charles-Ange Boily gestochen), und Salles-en-Beaujolais, 1784–88 (Zchng 1784 von Boily gestochen); Entwurf *Plan de l'abbaye d'Alix* (nicht erb.). Zudem wird D. vom Bureau de l'Aumône gén. häufig zu Schätzungen herangezogen. 1783–87 arbeitet er an der Vervollkommnung eines von Benjamin Franklin entwickelten Heizofens (1788 von der Acad. des Sc. und der Soc. royale de médecine zugelassen). Mindestens ab 1788 in Paris wohnhaft, gründet D. ebd. die Man. royale d'Appareils de chauffage (durch den Ausbruch der Frz. Revolution gescheitert). Wohl ident. mit einem von Hautecœur erw. Architekten *Desarnault* (1793 Mitgl. der Comm. temporaire des Arts). Mém. sur les foyers économiques et salubres ..., P. [ca. 1788]. ThB9, 1913. *Audin/Vial* I, 1918 (zahlr. Werke); DBF X, 1965; *Gallet*, 1995 (s.v. Désarnaud, Jean-François). – *Hautecœur* III, 1950; IV, 1952; V, 1953 (s.v. Desarnault); VII, 1957 (s.v. D., Joseph); *C. Petouraud*, Arch. de l'Acad. de Mâcon 1970/71 (50) 44–59 (Salles-en-Beaujolais; s.v. D., Jean François). R. T.

Desart, *Joseph* → **Dessar,** *Joseph*

Desarzens, *Armand C.*, schweiz. Bildhauer, Zeichner, Graphiker, * 27. 2. 1942 Lavey, lebt in Belmont-sur-Lausanne. Autodidakt. 1973 Bourse de la Fond. Alice Bailly. *E:* seit 1973, u.a. 1982 Neuchâtel, Gal. Ditesheim / 1990 Ballens, Gal. de Ballens. – *G:* 1981–82 Genf, MAH. LZSK, 1981; KVS, 1991; Biogr. Lex. der Schweizer Kunst, I, Z. 1998. G. L.

Desasse, *Joseph* → **Dessar,** *Joseph*

Desassis (Decassis), frz. Schriftstecher (Kpst.), 17. Jh., stach eine Widmung an Charles de Valois, duc d'Angoulême, zu einer Ser. „Chasses" von Antonio Tempesta, sign. Vivot, dat. Paris, 30. 7. 1621 (Paris, BN). IFF, GravXVII III, 1954 (s.v. Decassis). M. Préaud

Desat, *Joseph* → **Dessar,** *Joseph*

Desaubault, *Raymond* → **Desaubeaux,** *Raymond*

Des Aubeaux, *Guillaume* → **Aubeaux,** *Guillaume des*

Desaubeaux, *Pierre* → **Aubeaux,** *Pierre des*

Desaubeaux (eigtl. Des Aubeaux; auch Desobeaux), *Pierre*, frz. Bildhauer, * evtl. Les Aubeaulx b. Lille, 1500–25 nachw., v.a. in Rouen tätig. Lt. Lami Sohn oder Neffe von Raymond D. Die Angaben im AKL5 (cf. Aubeaux, Pierre des) sind durch folgende zu ergänzen und teilw. zu korrigieren: 1509 Ausf. von nicht näher bek. Arbeiten in der Pfarrk. St-Etienne-la-Grande-Eglise zu Rouen; lt. Lami fertigt D. nicht erst 1521–23, sondern bereits 1511–13 eine Gruppe zum *Marientod* (1794 zerst.) für die Chap. de l'Assomption in der Kirche St-Gervais et St-Protais zu Gisors; wieder in Rouen, arbeitet er 1513–20 am Hauptportal der Kathedrale und leitet 1520–25 die Ausf. des Grabmals für den Kardinal von Amboise in der Marien-Kap. ebd. (Entwurf von Rouland Le Roux). ThB9, 1913; AKL5, 1992 (s.v. Aubeaux, Pierre des). *Lami*, 1898; DBF X, 1965; *Bénézit* IV, 1999 (s.v. Des Aubeaux, Pierre). R. T.

Desaubeaux (eigtl. Des Aubeaux; auch des Aubeaux; Desaubault; Desaubaulx; des Obeaux), *Raymond*, frz. Bildhauer, * evtl. Les Aubeaulx b. Lille, ab 1484 in Rouen nachw.; lt. Lami Vater oder Onkel von Pierre D. Unter Ltg des Architekten Guillaume Pontifs in der Kathedrale von Rouen tätig; für das Portail des Libraires ausgef. Statuen der Hll. *Katharina* (1484/85 bezahlt) und *Jakob* (1486 Vertrag; beide Werke zerst.) wurden im AKL5 irrtüml. einem Guillaume des Aubeaux zugeschr., den Bénézit mit D. identifiziert. ThB9, 1913; AKL5, 1992 (irrtüml. als Aubeaux, Guillaume des). *Lami*, 1898; *Beaulieu/Beyer*, 1992 (s.v. Des Aubeaux, Raymond); *Bénézit* IV, 1999 (falsche Zeitangabe). R. T.

Desaubliaux, *Simon-Antoine-Prosper*, Bildhauer in Paris, wurde am 12. 6. 1750 Mitgl. der Acad. de St-Luc. Bis 1786 nachweisbar. ThB9, 1913. *Lami* I, 1910. – *Guiffrey*, 1915 (Repr. 1970).

Desaugiers, *Eugènie* (geb. Duboys), frz. Malerin, zeigt 1840–51 im Pariser Salon Portr. (1849 Selbstbildnis). ThB9, 1913. *Bellier/Auvray* I, 1882.

Desaules, *Pierre*, schweiz. Maler, Graphiker, * 20. 8. 1906 St-Blaise/Neuchâtel, † 13. 9. 1973 Neuchâtel. Stud.: 1923–24 Gewerbeschule Basel; 1929–30 KGS Bern; 1930–32 EcBA Genf. 1924–27 Lehre als Dekorationsmaler in Neuchâtel. 1929/30 in einem Werbeatelier in Bern tätig. 1932 in Paris. – V.a. Aqu. und Aquatinten mit detailreichen alpinen Lsch. und Ortsansichten aus dem Jura sowie Reisemotive aus Frankreich. Außerdem Stilleben, Portr.- und figürl. Studien. *Plüss/Tavel* I, 1958 (Ausst.); LZSK, 1981; Biogr. Lex. der Schweizer Kunst, I, Z. 1998. D. T.

De Saulles, *George William*, brit. Medailleur, Münzer, Maler, * 4. 2. 1862 Birmingham, † 21. 7. 1903 London. Stud.: Birmingham SchA; anschl. Ausb. bei dem Stempelschneider John Wilcox, Birmingham. – D. malte nebenberuflich und arbeitete ab 1884 in London für John H. Pinches, ab 1888 bei Joseph Moore in Birmingham und war 1893–1903 Medailleur der Kgl. Münze. Dort schnitt er Prägestempel für neues Münzgeld (1893), Münzen unter Edward VII., Silbermünzen für Zypern und für den Brit. Trade Dollar. Zunehmend war D. auch als Entwerfer tätig. Ab 1896 hat er v.a. Stempel für zahlr. koloniale Gedenk-Med. ausgeführt; er gestaltete das letzte Großsiegel von Queen Victoria und das einzige Großsiegel von Edward VII. sowie einige Plaketten mit Portr. seiner Kollegen an der Kgl. Münze. D.s Med. sind bes. innovativ und vielseitig, char. ist trotz des Flachreliefs eine besondere Tiefenillusion. Die häufige Darst.

von drapierten stehenden Frauenfiguren zeigt ferner deutl. die Einflüsse des Art nouveau. 🏛 EDINBURGH, Scottish Nat. Portr. Gall. LONDON, R. Mint: umfangreiche Slg; Entwurfs-Zchngn. 📖 ThB29, 1935 (s.v. Saulles, George William de). DNB, 2. Suppl. I, 1912; *Graves*, RA II, 1905; *Grant*, Sculptors, 1953; *Johnson/Greutzner*, 1976; DA XXVII, 1996 (s.v. Saulles, George William de). – *C. P. Barclay*, Medal 1992 (20) 56–68; *C. E. Challis* (Ed.), A new hist. of the R. Mint, C. 1992. H. St.

Désaulniers, *Gilles*, kanad. Glaskünstler, Kunstdozent, * 7. 4. 1935 Shawinigan/Que. Stud.: 1962–66 Catholic Univ. of America, Washington/D. C.; 1969–71 Vysoká Škola Uměleckoprumyslová, Prag, bei Stanislav Libenský. Unterrichtete u.a. 1971–95 an der Univ. du Québec, Trois-Rivières, und 1979 als Gast-Prof. an der Ec. de l'image d'Epinal/Frankreich, 1986–95 an der Ec. des arts décoratifs de Strasbourg sowie 1996 an der Schule „La Sorgente" in Bologna. – Auf dem Umweg über die Malerei und die Auseinandersetzung mit der additiven oder subtraktiven Farbmischung kam D. Mitte der 60er Jahre zum Glas. Fasziniert von der Vielseitigkeit des Materials und den versch. Techniken, die er erforschte, lehrte und anwendete, gilt seine Vorliebe jedoch der pâte de verre und seit 1996 auch dem Sandguß. D. interessiert sich weniger für kunsthandwerkl. oder funktionale Aspekte, sondern für Glas als Medium des Lichtes: als Rezipient und Mittel zur Emission. Er setzt Glas vorwiegend als Ausdrucksmittel ein. Der Übergang von einem Stadium in ein anderes beschäftigt ihn. Die Glasskulpturen halten oft den Moment fest, in dem unter einer glatten, ruhigen Oberfläche sich im Inneren unbemerkt abspielende Vorgänge (z.B. Spannungen) in einer Öffnung manifestieren und die angesammelte Energie die Form aufbricht. Darüber hinaus bedient er sich der spezif. Eigenschaften des Materials wie Transparenz und Opazität, Härte und gleichzeitige Zerbrechlichkeit, dazu kommt die Farbe. D. hatte einen wesentl. Anteil an der Einf. eines Lehrstuhles für Glaskunst an der Univ. du Québec in Trois-Rivières und bei der Einrichtung eines Glasateliers an der Ec. des arts décoratifs in Strasbourg. Preise: 1996 First Achievement Award, Bienn. canad. du verre, Montréal. Mitgl.: Canad. Glass Artists Assoc. (Gründungs-Mitgl.); Assoc. des artistes verriers du Québec; Glass Art Soc. bis 1996; Internat. Assoc. for the hist. of glass (1983–88). 🏛 MAURICIE/Que., Ec. Notre-Dame-de-Mont-Carmel. MONTREAL, BN du Québec. SHAWINIGAN/Que., Pal. de Justice. TROIS-RIVIERES/Que., Univ. du Québec. – Mus. Pierre Boucher. VICTORIAVILLE/Que., Centre local de services comm. Suzor-Côté. 👁 *E:* 1992 Trois-Rivières, Gal. Art 8: Pâtes de verre / 1993 Shawinigan, Centre des Arts: Pâtes de verre / 1998 Trois-Rivières, Espace 0...3/4: Héritier. – *G:* u.a. 1993 Alizay, Centre d'expos.: Pâtes de verre contemp. / 1994 Waterloo (Ont.), Canad. Clay and Glass Gall.: Containment. The space within (K) / 1995 ebd.: Glass in Quebec / 1995, '99 Montreal, Espace Verre / 1995 Frauenau, Glas-Mus.: 5. internat. Glassymposium / 1996 Montreal, Marché Bonsecours: Bienn. canad. du verre; Trois-Rivières, Mus. Pierre Boucher: Endroit en verre / 1998 Lachine (Que.), Entrepôt: Assoc. des artistes verriers du Québec / 1999 Jonquière (Que.), Centre nat. d'expos.: Dévoilement/Dispersion. 📖 *A. Comeau*, Artistes plasticiens, Ml. 1983. – *E. de la Heronniere*, Rev. de la céramique et du verre 1986 (30) 41 s.; *G. Simard*, Verriers du Québec, La Prairie, Que. 1989, 41–48; Glass gaz. 1996 (Herbst) 2–11; *S. Fisette*, De quelques incursions dans la lumière et ... le temps, Trois-Rivières 1999; *F. Pagé*, Bull. de l'Assoc. des artistes verriers du Québec 1999 (Juni) 6–8. – Ottawa, NG of Canada, Dokumentation: Dossier D. B. St.

Desaulx (de Saulx), *Jean*, frz. Kupferstecher, Radierer, Lithograph, um 1786–1834 in Paris tätig. V.a. Reprod.-Stiche für die *Gal. du Pal. Royal*, zahlr. Bll. für das von Antoine Michel Filhol hrsg. Werk *Le Mus. franç.*, 1803–09; zudem Ill. zu den Werken *Voyage pittoresque du Constantinople* (nach Zchngn von Anton Ignaz Melling), *Confessions de Rousseau*, beide P. 1819, und die von Franz Christian Gau ed. Slg *Antiquités de la Nubie*, P. 1822. Bek. sind auch mehrere Rad. und Lith. mit Lsch., z.B. die Folge *Recueil de paysage lith.*, 1819. 🏛 MADRID, BN. PARIS, Louvre, Chalcographie. 👁 *G:* 1809–34 Paris, Salon. 📖 ThB9, 1913. DBF X, 1965; *Páez Rios* I, 1981; III, 1983 (s.v. de Saulx); *Bénézit* IV, 1999. – IFF, Après1800 VI, 1953. R. T.

De Sausmarez, *Lionel Maurice*, brit. Maler, * 20. 10. 1915, † 26. o. 27. 10. 1969, lebte in Leeds, Rawdon/Yorks. u. London. Stud. ebd.: 1936–39 R. College of Art; Byam Shaw SchA. Lehrtätigkeit: 1949–59 Univ. of Leeds (Dir. des Dept. of FA). Mitgl.: ab 1915 R. College of Art (Associate); 1950 New English Art Club; 1952 R. Soc. of Brit. Artists; 1964 RA (Associate). War ein bed. Lehrer von kreativen Herangehensweisen an Komp. und Design. Befreundet mit Ben Nicholson. – Portr., Stilleben, engl., frz. und ital. Lsch. und Interieurs. 🏛 KINGSTON UPON HULL, Ferens AG. LEEDS, City AG. LONDON, V & A. – NG. WAKEFIELD, City AG. 👁 *G:* u.a. London: 1947–70 RA; 1952 R. Soc. of Brit. Artists. 📖 WWArt, 1972; *Waters* I, 1975; *Bradshaw*, RBA 1947/1962, 1977; RoyalAcadExhib II, 1977; *Spalding*, 1991; *A. Windsor* (Ed.), Hb. of mod. Brit. paint. 1900–1980, Aldershot 1992. – *B. Nicholson*, Art monthly 72:1983–1984, 6 s. K. F.

Desauty, *Henriette*, frz. Malerin, * Paris, E. 19./A. 20. Jh. Schülerin von Jules Lefebvre und Tony Robert-Fleury. – Genreszenen und Porträts. Die ehem. im Mus. von Calais befindl. Bilder sind verschollen (vermutl. 1940 zerst.). 🏛 DRAGUIGNAN, Mus. mun. 👁 *G:* 1889–1904 Paris, SAfr. 📖 ThB9, 1913. *Bénézit* III, 1976. – Mitt. MBA, Calais. K. S.-D.

Desauzières, *Gabriel* cf. **Desauziers,** *Antoine*

Desauziers (eigtl. Des Auzières; auch Desauzières; Desoziers), *Antoine*, frz. Maler, Vergolder in Paris, 1712 erstmals urkdl. belegt. Sohn und zunächst wahrsch. Gehilfe von Guillaume D.; vermutl. auch verwandt mit dem 1740–46 in Paris dok. Maler und Vergolder *Gabriel Desauzières* (Maler des Königs). Für die Bâtiments du roi tätig. 1713–15 in Versailles beschäftigt, z.B. 1713/14 im Irrgarten mit der Rest. von Tieren und Hinweisschildern. An der Ausgestaltung des ab 1723 nach Entwürfen von Jules Hardouin Mansart in Paris erb. Hôtel Peirenc de Moras beteiligt (heute Hôtel de Boullogne, 23, pl. de

Vendôme). 1727 nachw. mit einem Kostenvoranschlag zu Vergoldungen und umfangreichen Öl- und Temperamalereien in einem im Auftrag der Duchesse de Bourbon nahe des Komplexes der Invalides erb. Palast. 1741 dok. als „valet de chambre de la Reine" und Bewilligung einer Pension durch Louis Adélaïde de Bourbon de La Roche-sur-Yon. 🕮 *Vial/Marcel/Girodie* I, 1912. – *Rambaud* I, 1964; II, 1971 (s.v. Desauzières, Gabriel); *Janneau*, 1965; *Wildenstein*, 1966; *A. Thiry*, Bull. de la Soc. de l'hist. de Paris et de l'Ile-de-France 106:1979, 51–84 (Hôtel Peirenc de Moras). R. T.

Desauziers (eigtl. Des Auzières), *Guillaume*, frz. Maler, Vergolder, 1677 bis um 1721 tätig. Könnte lt. Janneau der Sohn von Nicolas Desroziers sein; Vater von Antoine D. Von 1680–1715 im Dienst der Bâtiments du Roi; 1687 dok. als „peintre du Roi et valet de chambre de la feue Reine". – Nachw. Arbeiten: 1677 Rest. eines Appartements im Hôtel Condé in Paris; zumeist in Schlössern des Königs beschäftigt, v.a. in Versailles (u.a. Ausgestaltung der Kap. sowie der Appartements des Königs und des Dauphins), Marly, Saint-Cyr, Paris (Pal.-Royal) und Chantilly (um 1721). Vermutl. ident. mit Guillaume Desozier, wohl auch mit dem 1681/82 in Versailles und Marly tätigen Maler und Vergolder *Deroziers*. 🕮 *Vial/Marcel/Girodie* I, 1912; *Du Peloux* I, 1930. – *Janneau*, 1965, 256 (s.v. Deroziers); *Wildenstein*, 1966. R. T.

Desavary, *Charles (Charles Paul Etienne)*, frz. Maler, Lithograph, Fotograf, * 6. 2. 1837 Arras, † 10. 6. (nicht 8. 6.) 1885 ebd. Zunächst in Arras Schüler von Constant Dutilleux; mit ihm und Mitschülern malt D. 1855 in Barbizon und der Umgebung seiner Heimatstadt nach der Natur. 1857/58 Weiterbildung bei Thomas Couture in Paris. Rückkehr nach Arras; 1858 Heirat mit Marie Dutilleux, der Tochter von Dutilleux, in dessen lithogr. Anstalt D. nun auch die Technik der Lith. erlernt. Zusammenarbeit mit Camille Corot beim Glasklischeedruck und bei den entsprechenden Duplikatnegativen. 1860 Übernahme der lithogr. Anstalt von Dutilleux; Zulassung als Drucker und Buchhändler. 1861 Mitbegr. der Soc. artésienne des Amis des Arts. 1865–74 ist Corot häufig D.s Gast in Arras. 1866 Illustrator der Zs. Le Monde illustré. 1868 Reise nach Kairo (*La troupe de la comédie du théâtre du Caire sur le pont du Mœris*, dat. 1869). Bei Paul Bellon in Saint-Nicolas-lez-Arras malt und fotografiert er 1871–73 Corot (*Corot peignant*, 1871, Paris, Orsay); von dessen Gem. macht D. zahlr. Aufnahmen für seinen Schwager Alfred Robaut, der alle verfügbaren Gem. von Corot fotografieren läßt, um sie von ihm selbst identifizieren zu lassen. 1905 Veröff. des von Etienne Moreau-Nélaton daraufhin zusammengestellten Œuvre-Katalogs. 1873 publiziert D. ein Album mit Reprod. von 61 Zchngn von Corot. 1874 Mitbegr. der Union artist. du Pas-de-Calais. Regelmäßige Ausst. von D.s Gem. in der Pariser Gal. von Robaut; 1877 Gem.-Ausst. in Arras und Paris (Gal. Carpentier und Pal. des Champs Elysées). 1879 erhält D. die Palmes académiques. 24. 3. 1902 Versteigerung von D.s Atelierbestand (ca. 1300 Gem. und mehrere Tausend Zchngn). – D.s gesamter Werdegang, speziell seine Entwicklung als Lsch.-Maler, wird durch den engen Kontakt zu Dutilleux und die damit verbundene Bekanntschaft mit dem außerordentlich von ihm bewunderten Corot geprägt. Lt. Marchal/Wintrebert tendiert er einerseits zu einer eigenständigen, stark verdichteten Darstellungsweise in sehr lebhaften Farben (*Bords de marécage*, 1866, Arras, MBA), orientiert sich zum anderen jedoch zunehmend an Dutilleux (realist. Wiedergabe der Lsch.) und v.a. an der heiteren Naturauffassung von Corot, den er auch imitiert (*Saint-Nicolas-lez-Arras à travers les arbres*, 1871). 1875 beginnt nach einer Reise durch Zentralfrankreich eine wichtige Schaffensphase mit größerer Aufgeschlossenheit für die Gest. von Licht- und atmosphär. Effekten unter Verwendung kühlerer, fein nuancierter Farbtöne (*Le château du roi René à Angers*, Arras, MBA). Mit den beiden 1883 ausgef., Heiterkeit und Lebensfreude ausstrahlenden Gem.-Serien *Les Douze portes de la ville d'Arras* und *Les Douze mois de l'année* (beide Öl/Lw., Arras, MBA) steht D. gar den Frühimpressionisten nahe. Neben Lsch. malt er Blumensträuße (*Bouquet de marguerites*, 1884, Arras, Priv.-Slg), Portr. (*C. Dutilleux dans son atelier*, Arras, MBA), Tiere (*Jeunes chats*, 1877) und einige Genreszenen (*Réunion du conseil de la Soc. artésienne des amis des arts*, um 1874, ein Hw.). Dank ausgeprägter Beobachtungsgabe und Einfühlungsvermögen sind lt. Marchal/Wintrebert auch D.s z.T. skizzenhafte Zchngn (Arras, MBA), Glasklischeedrucke, Lith. und Fotos (bes. die von Corot) von bemerkenswerter künstler. Qualität. – Sein Sohn *Paul (Paul Louis Joseph) D.* (* 16. 3. 1861), ebenfalls Maler und Fotograf, wird von ihm und Corot ausgebildet, geht nach Paris (⚭ 1909 ebd.) und wird dort als Portr.-Fotograf bekannt. 🏛 *Gem.:* ARRAS, MBA. DOUAI, Mus. de la Chartreuse. LILLE, MBA. PARIS, Orsay. – *Glasklischeedrucke im Kollodiumverfahren:* SAINT-QUENTIN-EN-YVELINES, Médiathèque du Patrimoine et de l'Archit., Service des Arch. photogr. 👁 *E:* 1885 Arras, Union artist. du Pas-de-Calais: Retr. (139 Werke; K); 1991–92 ebd., MBA, und Reims, MBA (K: C. Richebe). – *G:* 1868–85 Paris, Salon. 🕮 ThB9, 1913. *Marchal/Wintrebert*, 1987 (Verz. der Werke im MBA Arras; Ausst.-Verz.; ausführl. Bibliogr.); *Harambourg*, 1985; *Schurr/Cabanne* I, 1996. – *V. Advielle*, Les artistes d'Arras au Salon de 1878, L'avenir d'Arras et du Pas-de-Calais 1878; ibid. 1880; *J. Boutry*, Discours prononcé sur la tombe de C. D., Arras 1885; *C. Le Gentil*, Eloge de C. D. et expos. de ses œuvres, Courrier du Pas-de-Calais v. 4. 8. und 29. 8. 1885; *L. Viltart*, Bull. de l'Union artist. 1886/87; *G. Prévot*, C. D., peintre, in: *P. Sénez*, Le Panthéon arrageois. Gal. politique, sc., artist. litt., etc., Douai 1896; *A. Robaut/E. Moreau-Nélaton*, L'œuvre de Corot, I-V, P. 1905; *E. Moreau-Nélaton*, Corot raconté par lui-même, P. 1924; *P. Dutilleux*, Nos artistes peintres. Gustave Colin, sa vie, suivie d'une courte not. sur C. D., Dutilleux, Lille 1911; IFF, Après1800 VI, 1953; *H. Oursel*, Le vivier de Saint-Nicolas-lez-Arras par C. D., Rev. du Louvre 16:1966 (4/5) 263 ss.; *B. Foucart*, Le XIXe s. Les modèles élusifs et le mus. des copies, Rev. de l'art 1973; *P. Néagu*, Portr. photogr. de Corot, Mon. hist. de la France 1974; *A. Davy*, L'art à Arras au XIXe s., Nouv. du mus. 1987; *V. Pomarède/G. de Wallens*, Corot. La mém. du paysage, P. 1996. I.-C. Le Mée/R. T.

Desavary, *Paul* cf. **Desavary,** *Charles*

Desayes, *Célestin*, frz. Maler, * 1817 St-Malo, noch 1879 tätig. Schüler von Galetti. – V.a. Lsch. um Fontainebleau und des Dép. Seine-et-Oise, außerdem Marinen. ⊙ *G:* ab 1857 Paris, Salon. 🕮 *Harambourg*, 1985.

Desbaillet, *John François*, schweiz. Maler, Zeichner, * 23. 4. 1870 Russin/Genf, † 29. 2. 1968 Loex/Genf. Zunächst Landwirt im elterl. Betrieb. 1911 durch seinen Freund, den Maler Paul Perrelet, zur Malerei angeregt. Stud.: 1911/12 Acad. Simonet in Genf. Knüpft danach mit realist.-naiven Gem. und Zchngn (Bleistift, Rötel, Kohle und Pastell) an die Trad. der Bauernmalerei an. Seine Motive stammen aus dem Rhônetal, von Aufenthalten im Gebirge (1917–35), in der Bretagne (1926) und an der Côte d'Azur (1927–32). Außerdem einige Interieurs, Stilleben (v.a. gedeckte Tische) sowie Szenen aus dem Fam.- und bäuerl. Alltag. 🕮 *Plüss/Tavel* I, 1958; Nachtr., 1967 (Ausst., Lit.); LZSK, 1981; Biogr. Lex. der Schweizer Kunst, I, Z. 1998. D. T.

Desbarats, *George-Edward (Georges-Edouard)*, kanad. Lithograph, Zeichner, Stecher, Drucker, Verleger, * 5. 4. 1838 Quebec, † 18. 2. 1893 Ottawa. Besuchte 1846–55 das Jesuit College in Worcester/Mass.; Stud. in Montreal. Ab 1859 in Quebec jurist. tätig. 1864 (1865 lt. Harper) bis 1869 Govt. Printer in Ottawa (Nachf. seines Vaters Georges-Pascal D., ab 1844 Imprimeur de la reine in Quebec und Hrsg. des Mercury ebd.). Danach in Montreal ansässig, wo D. 1869 die Canad. Ill. News und 1870/71 die Zs. L'Opinion publique herausgab. In New York druckte er 1872 zus. mit William Augustus Leggo die Daily Graphic (erste ill. Tages-Ztg in der Welt) mittels eines spezif. photomechan. Druckverfahrens (gen. Leggotypie). Tätigkeiten in Montreal: 1874 D. Lithographing and Publishing Co.; um 1875 Canad. Bank Note Co.; 1876–81 Burland-D. Lithographic Co.; danach allein; 1888 Zus.-Arbeit mit seinem Sohn (beide Hrsg. von Dominion Ill.). Um 1891 Rücktritt; die Fa. trug noch lange D.s Namen. 1987 gab die kanad. Post eine Briefmarke zu Ehren von D. und Leggo heraus. 🏛 QUEBEC, Mus. du Séminaire. 🕮 *Harper*, 1970; *Karel*, 1992. – *T. McIntosh*, Hist. of photogr. 20:1996 (2) 146–149. C. R.

Desbarats, *Guy*, kanad. Architekt, * 30. 7. 1925 Montreal, tätig ebd., lebt seit 1994 (Ruhestand) in Georgeville/Que. Absolvent der Ste. Marie-Jesuitenkollegien in Montreal. Stud.: bis 1948 McGill Univ., Montreal (Archit., Ing.-Wesen; Anglin-Norcross Prize, Hobbs Glass Prize, R. Architectural Inst. of Canada Med.). 1948–53 im Archit.-Büro Abra, Balharrie and Shore in Ottawa. 1954 Rückkehr nach Montreal. 1955–70 Partner (Mitbegr.) bei Affleck, D., Dimakopoulos, Lebensold, Michaud, Sise (Michaud scheidet 1958 aus). 1955–66 ist die Fa. am Bau der Place Ville Marie in Montreal beteiligt, dem seinerzeit weltweit größten Büro-, Einkaufs- und Verkehrs-Komplex mit vier Bahnsteigebenen (Entwurf: Ieoh Ming Pei & Partners Architects), der gleichzeitig den Kern des Montrealer Untergrundfußgängernetzes bildet. Der 45-geschossige, den Ville Radieuse-Planungen von Le Corbusier nahestehende Hochhausturm erlaubt einen größtmöglichen Einfall natürl. Lichts in jedes Geschoß und wird zum Symbol für den Internat. Stil in Montreal. Der kooperative Char. der Fa. (gemeinschaftl. erarbeitete Projekte unter Leitung eines federführenden Partners) und die rasche Entwicklung zu einem der wichtigsten Archit.-Büros Kanadas (v.a. in den 60er Jahren) führt zu D.s Beteiligung an zahlr. bed. Projekten (z.B. Queen Elisabeth Theatre, Vancouver, ab 1954; Confederation Centre of the Arts, Charlottetown/P. E. I., 1964; Place Bonaventure, Montreal, 1964–68; Nat. Arts Centre, Ottawa, 1964–69). Nach D.s Entwurf (1959) entsteht 1961–62 die Kirche Saint-Gérard-Majella in Saint-Jean/Que. (1964 Massey Med.), die, mit der skulptural aufgefaßte Komp. von asymmetr., in Wellen schwingenden Wand- und Dachflächen, eine expressionist. Interpretation des Internat. Stils darstellt. 1963 zus. mit Fred Lebensold und André Blouin Vorplanung für die Anlage der Expo '67, Montreal. D.s Beiträge zur Ausst. selbst, die Pavillons Ile Verte und Ile Ronde, sind mit der modularen Konstruktion aus Tetraedern dem Internat. Stil verpflichtet, während die überwältigende Größe und Masse D.s Übergang zum Brutalismus deutlich macht, der auch in der Kirche Saint-Thomas-D'Aquin in Saint-Lambert/Que. (1965–67) zutage tritt. Neben der Praxis wird D. auch für die akad. Archit.-Lehre und Administration wichtig, denen er sich 1970–85 vorrangig widmet. 1954–59 Special Lecturer, Architectural Laboratories, McGill Univ.; 1955–56 Gast-Doz. North Western Univ., Lake Forest/Ill., und Experimental Architectural Laboratories, Virginia Polytechnic Inst.; 1964–68 Begründer und Dekan der ersten frz.-sprachigen Archit.-Fak. Kanadas und 1968–75 der Planning Fac. (mit eigens eingerichteten Abt. für Industriedesign sowie Lsch.-Archit.), beide Univ. of Montreal; 1974 Gutachter für das Ontario Inst. for Studies in Education in Fragen der Archit.-Lehre in Ontario. 1975–85 Ass. Deputy Minister for Design (ab 1976: for Design and Construction) am föderalen Dept. of Public Works. In dieser gewöhnl. rein administrativ aufgefaßten Funktion entwirft D. das Nat. Aviation Mus. in Ottawa (1982–88) und den Public Wing der Residenz des Governor General in Quebec City (Neubau nach einem Feuer, 1984). Während er im letzteren klass. Motive des Orig.-Gebäudes zitiert (nur die Nord- und Rückseite zeigen reine Glasflächen), betont D. im Luftfahrt-Mus. die klaren, aerodynam. Linien in einer spätmodernen Formensprache, verwendet erneut die Tetraeder-Rahmenstruktur und verkleidet das Äußere mit Aluminium und weißen Emailkacheln. 1985–94 priv. Beratertätigkeit. 1986–89 Präs. der Canad. Construction Information Services Ltd., 1991–94 der Jacques-Viger Comm. der Stadt Montreal. Mitgl.: Ordre des Architectes du Québec; Associate der Ontario Assoc. of Architects; Fellow des R. Architectural Inst. of Canada; R. Canad. Acad. of the Arts. Ehren-Mitgl. der Assoc. of Québec Landscape Architects und der Assoc. of Québec Industrial Designers. Berufung in zahlr. wichtige nat. und regionale Kommittees. 1977 Ehrendoktorat der Concordia University. Preise: u.a. mehrfach Massey Med. for Archit.; Canada Centennial Med. 🏛 DRUMMONDVILLE/Que., Home for Senior Citizens. MONTREAL, Chomedey: City Hall. – McCord Mus. – McGill Univ.: Students' Union Hall. – Mount Royal Park: Beaver Lake Pavilion, 1957–58 (Mitarb.). SAINT JOHN/Nfdl.: Kulturzentrum. SEPT ILES/Que., City Hall. VANCOUVER, Civic Centre (Massey Med.). 🕮 *C. Beaulieu*, L'archit. contemp. au Canada franç., Qu. 1969; *C. Bergeron*, L'archit. des églises du Québec 1940–1985, Qu. 1987, 273–278, 308–311; *R. Goodspeed*, Citadel, Québec, Que., Federal Heritage Buildings Review Office, building reports 88–61, 90–312, 90–313, 90–314, 90–315, p. 91–104; *H. Kalman*, A hist. of Canadian archit., II, Tor. 1994. – Mitt. G. D. Curriculum vitae, 1999. E. Tumak

Desbaris → **Desbarris,** *Dominique de Bramcine* (Sieur)

Desbarolles (Desbarrolles), *Adolphe*, frz. Maler, Lithograph, Chiromant, Schriftsteller, * 22. 8. 1801 Paris, † 11. 2. 1886 ebd. In Paris Schüler von François-Edouard Picot, Louis Hersent und Théodore Gudin; 1820–23 Aufenthalt in Deutschland, danach in Italien. Freundschaft mit Camille Corot, der ihm sein Gem. Narthex de l'église de la Madeleine à Vézelay schenkt. – Ansichten aus Italien (Venedig, Rom) sowie gelegentl. Genre; lithogr. Veröff., u.a. *Un mois de voyage en Suisse*, 1840; *Les deux artistes en Espagne*, 1855; *Voyage d'un artiste en Suisse*, 1861 (jeweils versch. Ausgaben). 1856 Beitr. für den Figaro *(La salle d'armes de Paris)*; 1869–70 Veröff. in der Zs. La chiromancie illustrée. 🏛 BAGNERES-DE-BIGORRE/Hautes-Pyrénées, Mus. Salies: Rue de Rome, Skizze. BOSTON/Mass., MFA: Harbor at Dunkirk, Öl. ✉ Les mystères de la main révélés et expliqués, 1859 (13 Aufl.); Le caractère allemand expliqué par la physiologie, 1866; L'almanach de la main, 1867–69; *A. D./J.-H. Michon*, Les mystères de l'écriture, 1872; Les mystères de la main. Révélations complétées, 1879. 👁 *G:* 1836–53 Paris, Salon. 🕮 ThB9, 1913. *Brun*, SKL IV, 1917 (Nachtr.); DBF X, 1965; *Bénézit* III, 1976; Europ. paint. in the MFA, Boston 1985; *Harambourg*, 1985. E. S.

Des Barres, *Joseph Frederick Wallet*, kanad. Hydrograph, Topograph, Offizier, Gouverneur, Kartenmacher, Maler, * 1728 oder '29 Montbéliard/Schweiz, † 27. 10. 1824 Halifax. Stud.: bis 1750 Univ. Basel bei Jean und Daniel Bernouilli; in Straßburg und Paris; ab ca. 1753 R. Military College, Woolwich b. London (als Protégé des Duke of Cumberland). Ab 1756 als Leutnant des brit. R. Amer. Regiment in N-Amerika. Teiln. an Gefechten in Louisbourg 1758, Quebec 1759 und Neufundland 1762. 1759 erarbeitet er für die Admiralität eine Karte des St.-Lorenz-Stroms, ab 1763 der Küste von Nova Scotia. Zw. 1773 und '84 überwacht er die Kompilierung und Publ. des *Atlantic Neptune*, das die atlant. Küste N-Amerikas in Karten und Veduten (Kpst. und Aquatinta) darlegt (vier Bücher: I. Nova Scotia [1777], II. New England [1780], III. The Gulf of St. Lawrence [1781], IV. New York Southward [1784]; von den urspr. 292 Platten sind heute noch 64 in versch. Arch. Kanadas und der östl. Küstenstaaten der USA erhalten). Die frühe Verwendung der Aquatinta legt die Vermutung nahe, daß D. in London Kontakte zu Paul Sandby unterhielt. Daneben malt er topogr. Ansichten der wichtigsten Siedlungen jedes Gebiets. 1784–87 Gouverneur von Cape Breton Island, 1804–12 von Prince Edward Island. – Mathemat. wie künstler. befähigt, fertigte D. Landkarten und Ansichten an, die sich sowohl durch Exaktheit als auch durch eine ästhet. ansprechende Gestaltung der Einzelseite auszeichnen. Die Betonung des künstler. Elements führt bei späteren Darst. gelegentl. zum Vernachlässigen der Genauigkeit. 🏛 ANNAPOLIS/Md., US Naval Acad. BALTIMORE, Maryland State Arch., Huntingfield Map Coll. BOSTON, Public Libr. CAMBRIDGE/Mass., Harvard Univ. CHICAGO, Newberry Public Libr. FREDERICTON/N. B., Beaverbrook AG. HALIFAX, AG of Nova Scotia. – Dalhousie Univ. Special Coll. Libr. – Maritime Mus. of the Atlantic. – Nova Scotia College of Art and Design. – Public Arch. of Nova Scotia. LONDON, BM. – Nat. Maritime Mus. NEWPORT NEWS/Va., Mariners Mus. NEW YORK, Public Libr. OTTAWA, Nat. Arch. of Canada. PARIS, BN, Cab. des Estampes. PHILADELPHIA, Amer. Phil. Soc. PORTLAND/Me., Osher Map Libr., Univ. of Southern Maine. SAINT JOHN, New Brunswick Mus. – Public Arch. of New Brunswick. SYDNEY/N. S., Beaton Inst. TAMPA, Univ. of South Florida Map Coll. WASHINGTON/D. C., Smithsonian Institution. WOLFVILLE/N. S., Acadia Univ. ✉ Letters to Lord — on a caveat against emigration to America, Lo. 1804; Utility of Nova Scotia, Repr. in: *W. I. Morse* (Ed.), Acadiensis nova, Kap. 10. 👁 *E:* Halifax: 1977 Mount Saint Vincent Univ. AG; 1982 Dalhousie AG (K: R. L. Raymond); 1987 Public Arch. of Nova Scotia; 1998 AG of Nova Scotia / 1978 London, Nat. Maritime Mus. 🕮 DNB XIV, 1888; *Harper*, 1970; DCB VI, 1987; *Karel*, 1992. – Acadian Recorder v. 6. 11. 1824 (Nekr.); *H. J. Morgan*, Sketches of celebrated Canadians, Quebec 1862; *Webster*, Transactions of the R. Soc. of Canada/2, 3. Ser., 21:1927; New York Public Libr. bull. 5:1936 (40/7); *H. N. Stevens*, Notes biogr. and bibliogr. on the Atlantic Neptune, Lo. 1937; *F. S. Spendlove*, The face of early Canada, Tor. 1958; *G. N. D. Evans*, Uncommon obdurate. The several public careers of J.F.W.D., Tor./Salem, Mass. 1969; *C. P. De Volpi*, Nova Scotia. A pictorial record, Tor. 1974; *L. S. Loomer*, Print techniques in Canadiana, II, Windsor, N. S. 1975; *R. Bishop*, J. of the R. Astronomical Soc. of Canada 71:1977 (Dez.); *J. E. Belliveau*, Atlantic advocate 69:1978 (Sept.); *A. P. Loring*, in: Seafaring in colonial Massachusetts (Konferenz 1975), 1980 (Publ. of the Colonial Soc. of Massachusetts, 52); *L. Kernaghan*, Acadiensis 11:1981 (Herbst); *C. Terrell*, Geogr. mag. 53:1981 (Dez.); *L. Kernaghan*, Nova Scotia hist. rev. 5:1985; *C. Terrell*, in: 11th internat. conference on the hist. of cartography, Ottawa 8.–11. 7. 1985; *E. J. Nygren*, Views and visions. Amer. landscape before 1830 (K Corcoran AG), Wa. 1986; *J.-M. Debard*, Nova Scotia hist. rev. 14:1994; *C. Terrell*, The map collector 1995 (72) 2–79. – *D. C. Mackay*, Portr. of a province (Ms.).
M. D. O'Neill

Desbarres, *Marie-Paule* → **Courbe,** *Marie-Paule*

Desbarris, *Dominique de Bramcine*, Sieur, frz. Kupferstecher, Kpst.-Verleger, tätig in Paris im letzten Drittel des 17. Jh. Veröffentlichte unter dem Namen Desbaris (Des Baris) mit dem Firmenzeichen La Perle (letzte Adresse von Pierre Daret) ein *Almanach für 1686*, sign. „Debarry sculpsit" (cf. *J. Guiffrey*, Comptes des bâtiments du roi, P. 1881–1901). 🕮 *M. Préaud u.a.*, Dict. des éditeurs d'estampes à Paris sous l'Ancien Régime, P. 1987. – IFF, Grav XVII III, 1954 (s.v. Debarry). M. Préaud

Desbarrolles, *Adolphe* → **Desbarolles,** *Adolphe*

Desbatisse (Debatisse; Desbatisses), *Claude*, frz. Bildhauer, † 23. 9. 1761 Les Ormes de Saint-Martin/Touraine. 1748 Aufenthalt in Rom (dok. durch eine Zchng von Joseph-Marie Vien und einen Brief von Jean-Baptiste Pigalle an den Dir. gén. des Bâtiments du Roi, Lenormand de Tournehem, in dem er um die Aufnahme von D. als Schüler der Acad. de France bittet). 1751–53 adjoint prof., danach Prof. an der Acad. de St-Luc, Paris. Zahlr. Allegorien, Grabmäler und Portr. (Statuen, Gruppen, Büsten, Flachreliefs); dekorative Skulpt. u.a. für die Schlösser des Comte d'Argenson in Neuilly und Les Ormes de St-Martin, für Pariser Hôtels particuliers sowie für den Bischofs-Pal. in Condom. ◉ *G:* 1751–53 Paris, Salon de l'Acad. de St-Luc. 🕮 ThB9, 1913. *Lami* I, 1910; *Du Peloux* I, 1930; DBF X, 1965; *Bénézit* III, 1976. – *Guiffrey*, 1915 (Repr. 1970); *F. Boucher*, BSHAF 1962, 69–76. E. S.

Desbeaux, *Suzanne-Emilie* (verh. Coutan), frz. Zeichnerin, Malerin, * Paris, M. 19. Jh. Schülerin von Mlle M. Bricka. – V.a. Portr. und Stilleben als Kohle-Zchng. ◉ *G:* 1877–80 Paris, Salon. 🕮 ThB9, 1913. *Bellier/Auvray*, Suppl., 1887; *Bénézit* III, 1976; IV, 1999.

Desbias, *François* → **Debias-Aubry,** *François*

Desbiens (Des Biens), *Gérard*, kanad. Bildhauer, * 11. 2. 1925 Lévis/Que., dort ansässig. Stud.: 1941–46 EcBA, Quebec, bei Marius Plamondon und Bristide Moillol. Lehrte u.a. 1946–51 an der Univ. Laval in Quebec. – V.a. Statuen und Flachreliefs (Ton, Holz, Stein) in realist. und impressionist. Manier. 🏛 MONTREAL, MBA. QUEBEC, Mus. du Québec. 🕮 WWAA, 1962; *MacDonald* I, 1975 (Repr. 1977); *A. Comeau*, Artistes plasticiens, Ml. 1983. C. R.

Des Blans Mons, *Jacques*, Bildhauer aus Wires (wahrsch. Wiers im heutigen Belgien), am 30. 1. 1384 in die Bürgerschaft von Valenciennes aufgenommen. Lt. Rechnungsbuch der Stadt von 1399/1400 für die Gest. eines Wappens am Rathaus bezahlt. 🕮 ThB9, 1913. *Lami*, 1898; *Beaulieu/Beyer*, 1992. R. T.

Desbœufs, *Antoine*, frz. Bildhauer, Medailleur, Münzstecher, Edelsteinschneider, * 13. 10. 1793 Paris, † 12. 7. 1862 ebd. Stud.: ab 1813 EcBA Paris bei Pierre Cartellier (Modellieren) und Romain Vincent Jeuffroy (Med. und Intaglio); erhält beim Wettb. um den Rompreis 1813 eine Erw. für die Med. *Theseus entdeckt das Waffenversteck seines Vaters*, 1814 den 1. Rompreis im Steinschneiden mit einem *Guerrier saisissant ses armes sur l'autel de la Patrie*. 1814 Salondebüt und Abreise nach Rom. Von den dort gefertigten Arbeiten zeigt D. nach der Rückkehr im Pariser Salon nur einen Halbedelstein mit einem *Jungen Faun*; er ist bis 1866 regelmäßig im Salon vertreten. Ab 1818 Übernahme erster offizieller Aufträge: *Shakespeare; Le Sacre de George IV d'Angleterre; La Reine Caroline*; dazu kommen bemerkenswerte Kameen mit Portr. von *Ludwig XVIII.* und dem *Duc de Berry*, schließl. auch Medaillen. Zudem wird D. Steinschneider im Cab. du Duc d'Angoulême und gestaltet u.a. die *Gal. numismatique des Grands hommes français*. 1832–37 Rest. der Prägewerkzeuge aus der Slg im Mus. monétaire. Die Expressivität seiner Med. ist v.a. zurückzuführen auf die in Rom erworbenen Kenntnisse der Formenlehre sowie die intensive Beschäftigung mit der Renaiss. und antiken Marmorskulpturen. Trotz erfolgreicher Tätigkeit ist D.s Œuvre im Med.-Fach nicht umfangreich, da er sich mehr zur bildhauer. Arbeit hingezogen fühlt, der er sich ab 1830 vorrangig widmet; u.a. fertigt er die Statue der *Hl. Anna* (3,15 m hoch) für die Säulenreihe an der linken Seitenfassade der Pariser Eglise de la Madeleine. Er macht sich einen Namen mit Portr., Büsten, Statuen und Basreliefs, zumeist für Pariser Kirchen, öff. Einrichtungen und Plätze; zu den Hw. gehört ein anmutiges Standbild der Schauspielerin *Pauline-Virginie Dejazet* (Paris, Mus. de l'Opéra nat.). 🏛 FONTAINEBLEAU, Schloßpark, Bassin des Cascades. GISORS/Eure, Kirche St-Gervais et St-Protais. PARIS, Louvre. – BN, Cab. des méd. – Kirche Notre-Dame-de-Lorette. – Kirche St-Gervais-St-Protais. – Kirche St-Laurent. – Kirche St-Sulpice. – Eglise de la Madeleine. – Pl. de la Concorde, Brunnen. – Pl. de la Nation. – Institut de France. – Pal. de Justice. – Pal. du Luxembourg. VERSAILLES, Château. 🕮 ThB9, 1913. *Lami* II, 1916 (WV); DBF X, 1965; *Kjellberg*, 1987. – *E. Dewamin*, Cent ans de numismatique franç. de 1789 à 1889, I, P. 1893; *J. Guiffrey*, Liste des Grands Prix de Rome, P. 1908, 77 s.; *J.-M. Darnis*, Bull. du Club franç. de la méd. 1976 (53) 186–190; La sculpt. franç. au XIXe s. (K Grand Pal.), P. 1986; *G. Bresc-Bautier/A. Pingeot*, Sculpt. des jardins du Louvre, du Carrousel et des Tuileries, II, P. 1986. – Paris, Arch. de la Monnaie: P-2. J.-M. Darnis

Desbœufs, *Henri Quentin*, frz. Architekt, mindestens bis 1775 in Paris tätig. Ausb. an der Acad. royale d'Archit. ebd.; 1728 Teiln. am Wettb. um den Akad.-Preis. Erhält 1732 eine Stelle als „expert-bourgeois". Mitgl. der Soc. des Artistes. Lt. Gallet errichtet D. einige der sehenswertesten Pariser Häuser im Louis-quinze-Stil. – Wohl ident. mit dem von Bellier-Auvray gen. Architekten *Henri-Cantien D.* (begr. 18. 6. 1785 Paris, 80jährig), jedoch nicht ident. mit dem von ThB als Desboeufs erw. Architekten Laurent Desbœufs de Saint-Laurent. 🏛 AUXONNE/Yonne: Schule, 1734. PARIS, Wohnhäuser: rue Saint-Martin: D.s Haus; 19, rue Sainte-Croix-de-la-Bretonnerie/Ecke rue de Moussy: 1734; 70, rue des Gravilliers: Haus Dalençon-Dorville; rue de la Chanvrerie: Haus Morin, beide 1737; rue de la Monnaie: Haus Moreau de Saint-Just, 1746; rue de la Harpe: Haus Tartarin 1750; rue de la Grande-Truanderie/rue Mondétour: Haus Pouget, 1775. 🕮 ThB9, 1913 (s.v. Desboeufs). *Bellier-Auvray*, Suppl., 1887; Dict. des mon. de Paris, P. 1992; *Gallet*, 1995. – *W. Szambien*, Rev. de l'art 1989 (83) 45; *W. Schöller*, Die „Acad. royale d'Archit." 1671–1793, Köln u.a. 1993. R. T.

Desbœufs de Saint-Laurent, *Laurent*, frz. Architekt in Paris, ab 1763 nachw.; nicht zu verwechseln mit Henri Quentin Desbœufs, den ThB irrtüml. mit D. identifiziert. Ausb. an der Acad. royale d'Archit. Paris; 1763 und 1764 Teiln. am Wettb. um den Prix d'émulation. 1765 Veröff.

eines in der Presse lebhaft diskutierten Gegenprojekts einschl. eines Memorandums zum Entwurf der Pariser Kirche Ste-Geneviève von Jacques Germain Soufflot (Stiche nach D.s Zchngn von Jean Michel Moreau, lt. ThB in Paris, BN). 1775 im Auftrag des Chevalier des Bordes tätig. 1776 im Almanach des artistes als fähiger Architekt für Vergnügungsstätten und Gartenanlagen erwähnt. ThB nennt zudem drei Hefte mit Entwurfs-Zchngn (u.a. Gitterbekrönungen; Verbleib unbek.). ✉ Mém. contenant des observations sur la nouv. Eglise de Ste-Geneviève, par un des Elèves de l'Acad. royale d'Archit., P. 1765. 🕮 ThB9, 1913 (s.v. Desboeufs). *Gallet*, 1995. – *M. Petzet*, Soufflots Ste-Geneviève und der frz. Kirchenbau des 18. Jh., B. 1961, 64 ss. (D.s Gegenprojekt); *W. Schöller*, Die „Acad. royale d'Archit." 1671–1793, Köln u.a. 1993.
R. T.

Desbois, *Guillaume* → **Desboys,** *Guillaume*

Desbois, *Jules*, frz. Bildhauer, Kunsthandwerker, * 20. 12. 1851 Parçay-les-Pins/Maine-et-Loire, † 4. 10. 1935 Paris. Stud.: EcBA Angers; EcBA Paris, Schüler von Pierre Jules Cavelier, 1874–78. 1875 mit einer Gipsstatue von *Orpheus* erstmals im Salon (Med. 3. Kl.); 1877 mit einer Gipsstatue von *Othryades* (Med. 2. Kl.) dort vertreten. Aus finanziellen Gründen verläßt D. die EcBA und arbeitet als Bildhauergehilfe. Bekanntschaft mit dem ebenfalls anläßl. der Pariser WA 1878 auf der Baustelle des Pal. du Trocadéro für die Dekorations-Fa. des Bildhauers Eugène Legrain beschäftigten Auguste Rodin, den er ein Leben lang bewundert. Aus finanziellen Gründen geht D. anschl. in die USA; bis 1881 als Dekorateur beim Bildhauer John Quincy Adams Ward in New York tätig. Wieder in Paris, wird er Mitarb. von Rodin und stellt weiterhin im Salon aus (Büste von *Madame L. S.*, 1884; *Acis verwandelt sich in einen Fluß; Satyr und Nymphe*, 1886, alles Gips). April 1886-Aug. 1887 Gest. von Vasen mit z.T. von Rodin entworfenem Reliefdekor für die Porzellan-Man. in Sèvres. 1887 Med. 1. Kl. im Salon für die Marmorgruppe *Satyr*. Zur Pariser WA 1889 erhält D. mehrere Aufträge zu dekorativen Skulpt., eine Gold-Med. und die Ausz. als Ritter der Ehrenlegion für seine dort gezeigten Werke. Ab 1890 1890 der Soc. nat. des BA; da er sich zunehmend mit angew. Kunst beschäftigt, zeigt er in deren Jahressalon in der 1891 eigens für die sog. „untergeordneten" Künste geschaffenen Abt. neben Skulpt. fortan auch kunsthandwerkl. Arbeiten. Außerdem gestaltet er weiterhin große Skulpt., z.T. in einem recht expressiven Realismus (*La Mort et le bûcheron*, Gips, 1891; *La Misère*, Gips 1894, Holz 1896; *La Mort casquée*, gefärbter Gips, 1887–1920), zum anderen in einer sinnl.-voluminösen Formensprache (*Leda*, Marmor, 1891; *Femme à l'arc*, Bronzestatuette, 1903, Marmorstatue 1905). Neben Jean Baffier und Alexandre-Louis-Marie Charpentier macht sich D. jedoch v.a. einen Namen als einer der Hauptinitiatoren bei der Wiederbelebung der Zinnkunst. 1892–1901 stellt er zahlr. Werke aus diesem Material, zudem Schmuckstücke und dekorative Kleinbronzen aus. Auf dem Gebiet der angew. Kunst kommen D.s Fähigkeiten als Bildhauer nun zur vollen Entfaltung, wobei sich der Einfluß von Rodin offen zeigt. Von ihm übernimmt D. nach der Zusammenarbeit in Sèvres zumindest zwei künstler. Neuerungen: ein subtil gestaltetes, durchscheinend wirkendes Relief, bei dem Träger und Textur des Materials ausgenutzt werden, und das von Rodin übernommene sog. „marcottage"-Verfahren, das bei Gruppen und Figuren große gestalter. Freiheit zuläßt. D.s Zinnarbeiten haben polierte wie auch matte Oberflächen, von denen sich entweder sinnl. Gestalten, zumeist aus der klass. Mythologie (bes. Dryaden, Sirenen, Kentauren), oder lebendig und naturnah gestaltete Pflanzen und Tiere abheben. Diese Elemente kehren, z.T. leicht variiert, mehrfach wieder: eine verzerrte, umgedrehte Büste, mit feinem Tuch bedeckte Beine oder eine zum Inneren eines Deckelkruges geneigte Büste. D. versteht es meisterhaft, die für Zinn typ. Eigenschaften zur Geltung zu bringen; bis dahin spielte es in der künstler. Praxis keine Rolle und blieb wohl der Gest. von Alltagsgeschirr vorbehalten. Geschmeidigkeit, problemlose Bearbeitung und der niedrige Preis von Zinn erfüllten die Ansprüche der Vertreter des Art nouveau, die „Schönheit in allem und für alle" wollten. Daher ist es nicht verwunderlich, daß D. 1899 und 1901, dem letzten Jahr ihres Bestehens, der vom Freund Charpentier 1896 gegr. Gruppe L'Art dans Tout angehört. Eigtl. sollte D. das Tafelgeschirr für das „Foyer mod." fertigen, das die gen. Gruppe für die Pariser WA 1900 errichten sollte, dessen Finanzierung die Stadt Paris allerdings ablehnte. 1900–10 aktive Zusammenarbeit mit den Bronze- und Zinngießern Adrien-Aurélien Hébrard und Siot-Decauville. Dann läßt D.s Interesse an der angew. Kunst offenbar nach, denn er greift wieder auf eher trad. Formen der Bildhauerei zurück. Er realisiert einige offizielle Aufträge, und der frz. Staat erwirbt Statuen (*L'Hiver*, 1908, Paris, Jardin des Tuileries; *Sisyphus*, 1910; *Salome; La Pêche* und *La Dentelle* für das Rathaus in Calais; *L'Orgueil*, 1912; *La Source*, 1913; *Mon. aux morts d'Angers*, 1919, Angers, Pl. du Mail). 🏛 ANGERS, MBA: Gipsmodelle von zahlr. kunsthandwerkl. Arbeiten; Othryades, 1877; Leda, Statuette und Modell; La Misère, um 1887/94, alles Gips; La mort et le bûcheron, Gruppe, Marmor, 1890; La femme à l'arc, Statuette, 1903; Madame Luce, 1904; Sisyphus, auch als Torso, beide um 1910, alles Gips; La Source, gefärbter Gips, vor 1913; L'Hiver, zwei Studien und Gipsmodell, 1905; Eva; L'Angevine, Studie, vor 1919; Mon. à Puvis de Chavannes, um 1924, alle Gips. MÜNCHEN, BSGS, NP: Leda, Bronze, 1891. NANCY, MBA: La Misère, Holz, 1896. PARÇAY-LES-PINS, Mus. J. D.: zahlr. Modelle und kunsthandwerkl. Arbeiten (einige durch das MBA Angers eingelagert). PARIS, Orsay: Salome, Statuette, Marmor und Bronze; Sisyphus, Torso, Holz, 1910; L'Orgueil, Büste, Bronze, 1912; Männertorso, vergoldete Bronze, 1934; La Guerre; Beigneuse au rocher; Danse; Coup de vent; La Vague; Phryne; Sapho, Statuetten, Terrakotta; Eva, um 1890/92; Frauen mit Kentaur, 1892, Platten, Zinnguß; La Treille, Terrakotta, vor 1893; Cidre-Krug, 1893; Sirenen, Platte, um 1907/11, beide Zinnguß. – MNAM: La Source, Stein, 1913. – Petit Pal.: zahlr. kunsthandwerkl. Arbeiten aus Zinn, einige Schmuckstücke, das meiste aus der Schenkung des Sammlers Zubalov. – Square Paul Painlevé: Puvis de Chavanne, Statue, Stein, 1924. STOCKHOLM, NM: Leda,

Bronze, 1891. TOURS, MBA: La Mort casquée, gefärbter Gips, 1887–1920. ◉ *G:* Paris: 1896 Soc. nat. des BA: Sonder-Ausst. (33 Werke); 1905 Mus. d'Art industriel de la Ville de Paris, Pal. Galliera: Fer forgé, cuivre, étain. ▭ ThB9, 1913; Vol, 1953. *Forrer* I, 1904; *Kjellberg*, 1987; Dict. de la sculpt., P. 1992; DA VIII, 1996. – *G. Geffroy*, L'art d'aujourd'hui. J. D., Le Journal v. 6. 6. 1896; *G. Coquiot*, Art et les artistes 13:1911, 163–168; *P. Gsell*, Un poète de la chair. Le sculpteur J. D., Renaiss. de l'art franç. et des industries de luxe 1922, 382–389; *C. Moreau-Vautier*, Art et les artistes 1931 (121) 42–48; *T. Leclere*, Larousse mensuel 1939 (Sept.) 493 s.; *J. Mercier*, J. D., illustre statuaire angevin, s. d. [ca. 1978]; *V. Wiesinger*, D. et Rodin, Mag.-Arbeit Sorbonne-Paris IV, 1983; *id.*, BSHAF 1985 (1987), 315–330; La sculpt. franç. au XIXe s. (K Grand Pal.), P. 1986 (Werkstandorte); *J. A. Schmoll, gen. Eisenwerth*, Tritt der Bildhauer J. D. (1851–1935) durch Beitr. zum Realismus und zum Jugendstil aus dem Schatten Rodins?, in: Festschr. für Peter Bloch zum 11. Juli 1990, Mainz 1990, 337–346; *R. Froissart-Pezone*, Le groupe de „l'Art dans Tout" (1896–1901). Un art nouv. au seuil du XXe s., Diss. Univ. Clermont-Ferrand, 1999. R. Froissart

Desbois, *Louis*, frz. Landschafts- und Marinemaler, * 5. 12. 1878 Orléans, lebte in Paris. Schüler von Collin. ◉ *G:* ab 1907 Paris, SAfr. (Mitgl.; 1908 ehrenvolle Erw.). ▭ Vol, 1953. *Bénézit* III, 1976; IV, 1999.

Desbois, *Louis-Victor*, frz. Architekt, * 1827 Châteauneuf-sur-Loire/Loiret, mindestens bis 1896 tätig, lebte in Paris und Argenteuil. Vater des Architekten *Victor D. (fils)*. Stud.: ab 1845 EcBA Paris bei Joseph-Michel-Anne Lesoufaché. 1856–84 Architekt der Compagnie de chemins de fer de l'Ouest. Zudem Bau von Mietshäusern, sakralen Gebäuden (Argenteuil, Gien, Versailles) und Schlössern in der frz. Prov.; Rest. zahlr. Kirchen und v.a. des Schlosses Chambord (1882–94). ⌂ *Mietshäuser:* 15, rue de Tocqueville/Ecke 22, rue Legendre: 1887; PARIS, 36, rue de Laborde: 1891 (zus. mit dem Sohn). ▭ ThB9, 1913. *Delaire*, 1907; *Dugast/Parizet* II, 1991. R. T.

Desbois (Dubois), *Martial*, frz. Kupferstecher, * 1630 Paris, † um 1700 Paris(?). Arbeitet wohl eine Zeitlang in Italien, vermutl. ab ca. 1682, lebt in Venedig und Padua und kehrt 1696 oder '97 nach Frankreich zurück. – Die sorgsam gearbeiteten Kpst. mit feinen Punkten und Strichen führt er v.a. mit der Radiernadel aus, einige Bll. gestaltet er als Imitation der Schabkunst, gearbeitet mit Radiernadel und dem Stichel, nicht mit dem Wiegestahl, u.a. das *Selbst-Portr. als junger Mann*; *Jesus mort vu en raccourci* (ausgef. in Venedig) und das *Portr. eines Mediziners aus Verona*. Bek. sind 28 Portr. von Univ.-Prof. aus Padua für Lyceum Patavinum von Charles Patin (1682). Neben zahlr. anderen Portr., darunter *Thomas Corneille* (Hw.), *Marie Thérèse d'Autriche* sowie Prinzen und Prinzessinnen aus Parma, stach D. auch nach Gem., z.B. nach Ciro Ferri, Correggio, Guido Reni, Poussin (cf. ThB), eine Allegorie der Religion mit einem „frontispice de thèse" mit dem *Portr. des Abbé de Gesvres* und eine *Büste des hl. Paul* nach Lepautre. Auch 30 Vignetten. 94 Kpst. werden bei Robert-Dumesnil beschrieben. ▭ ThB9, 1913. *Bellier/Auvray* I, 1882; DBF X, 1965. – *L. de Laborde*, Hist. de la gravure en manière noire, P. 1839, 312 s.; *A. P. F. Robert-Dumesnil*, Le peintre graveur franç., IV, P. 1839, 199–212; XI 1871, 64–78; IFF, GravXVII III, 1954; *M. Newcome*, BurlMag 124:1982 (955) 608–618. – Mitt. M. Préaud, Boulogne-Billancourt. C. F.

Desbois, *Pierre (Pierre-François-Alix)*, frz. Radierer, * 29. 4. 1873 Paris, † 15. 12. 1939 ebd. Schüler von Victor Louis Focillon und Julien-Jules-Alphonse Deturck. Publ.: *Le vieux Bourges*, 1911; *Aspects du vieux Paris* (Text von R. A. Hénard), 1923; *Aspects de nos vieilles prov.*, 1929/30. – Lsch., Archit.-Motive. ⌂ PARIS, BN, Cab. des Estampes. ◉ *G:* Paris: ab 1901 SAfr. (1926, '28 Med.); 1937 Expos. internat. des arts et techniques dans la vie mod. (Gold-Med.). ▭ Vol, 1953. DBF X, 1965. – IFF, Après1800 VI, 1953; *C. Rameix*, L'éc. de Crozant, Limoges 1991 (Lit.). C. R.

Desbois, *Victor* cf. **Desbois,** *Louis-Victor*

Desbonnets (Desbometz; Desbonne; Desbonnés), *Jehan*, frz. Maler, Bildhauer, 1448–60 in Lille belegt. Malte 1454 eine *Kreuzigung* und ein *Jüngstes Gericht* für den Schöffensaal und beteiligte sich 1457 an den Dekorationen (Wappen) anläßl. des Einzugs von Karl dem Kühnen in Lille. – Sein gleichnamiger Sohn (le jeune) arbeitete um 1480 als Dekorationsmaler in Valenciennes. ▭ ThB9, 1913. *Wurzbach*, NKL I, 1906. C. R.

Desbordes, Maler in Gray, wo er für die Confrérie de la Croix 1756 ein Kruzifix malt. ▭ ThB9, 1913. *Brune*, 1912.

Desbordes, *Antoine Félix* cf. **Desbordes,** *Constant*

Desbordes, *Charles* → **Borde,** *Charles*

Desbordes, *Constant (Constant-Joseph)*, frz. Maler, * 1. 2. 1761 Douai, † 1827 Paris. Stud.: Ec. de dessin, Douai, bei Charles Alexandre Joseph Caullet (1776 Med.); 1779–84 EcBA Paris bei Nicolas-Guy Brenet. 1788 Rückkehr nach Douai; Aufnahme (mit dem Portr. *Monsieur de Pujol*) in die Acad. de Valenciennes. Vor 1806 wieder in Paris ansässig. Oft Zus.-Arbeit mit den Malern François Gérard und Anne Louis Girodet-Trioson. – V.a. Portr. (z.B. *Duc d'Angoulème*, 1824) und Genreszenen, einige Landschaften. Der Maler und Vergolder *Antoine Félix D.* war D.s Bruder und Vater der Schriftstellerin Marceline D.-Valmore, die einige Zeit bei D., ihrem Onkel, lebte. ⌂ BEAUVAIS, Mus. dép. de l'Oise: Le chariot brisé. DIEPPE, Mus. du vieux château: Avocat Lemoyne, Portr. DOUAI, Mus. de la Chartreuse: Selbstporträt, 1819; La vaccine, 1822 (Auftrag des Innen-Minist.); Portr. von Marceline D.-Valmore und Antoine Félix D. GRENOBLE, Mus. Stendhal: Général Debelle, 1805. PARIS, Mus. de l'Assistance Publique: La vaccine au château de Liancourt. – Comédie-Franç.: A. Dailly. ◉ *G:* 1806–1827 Paris, Salon (1809 Gold-Med.). ▭ ThB9, 1913. DBF X, 1965. F. Baligand

Desbordes-Jouas (irrig oft: Desbordes-Jonas), *Louise-Alexandra*, frz. Malerin, * 4. 2. 1848 Angers, † 18. 8. 1926 Créteil/Seine. Tochter von Lucien Desbordes, der in Angers Organist und in Bordeaux Orchesterleiter ist; ⚭ Charles Jouas. Zunächst Konservatorium und Engagement an der Oper in Bordeaux (1869); dann Schülerin von Alfred Stevens. – Œuvre: Symbolist. Genre (Rez. von Joris-Karl Huysmans in L'Art mod.) und allegor. Blumenstilleben, deren Farbigkeit mit Odilon Redon verglichen wurde; zu nennen auch *La nuit* (1881; Decken-Gem. für das Hôtel des Kunsthändlers Georges Petit) sowie *Songe de l'eau qui sommeille* (1881), das von Sarah Bernhardt erworben wird. Mitgl. der Soc. des Artistes franç. (ab 1883), des Salon des femmes peintres et sculpteurs und des Salon de l'Eclectique. Ausz.: 1880, '89 (WA) Mention honorable. ▭ GRAY, Mus.: Méduse ou la légende des Algues. ⊙ *G:* Paris: 1876–89 Salon; 1890–95, 1905–26 Soc. nat. des BA. ▭ ThB9, 1913 (s.v. Desbordes, Louise-Alexandra); Vo5, 1961. *Bellier/Auvray*, Suppl., 1887; *Pavière*, Flower III. 2, 1964; DBF X, 1965; *Bénézit* III, 1976; *Hardouin-Fugier/Grafe*, 1989; *Schurr/Cabanne* I, 1996. – *Schurr* III, 1976; *Hardouin-Fugier/Grafe*, 1992. E. S.

Desboues (Desboutz?), *Charles*, frz. Maler in Fontainebleau, am 7. 6. 1572 als Taufpate genannt. ▭ ThB9, 1913 (im Art. Desboutz, Charles). C. R.

Desbouiges, *Joël*, frz. Maler, Linolschneider, * 13. 11. 1950 Mailhac-sur-Benaize/Haute-Vienne, lebt in Purgerot/Haute-Saône. Stud.: 1967–72 Ec. d'Art décoratif Limoges bei Claude Viallat. – In Annäherung an die Gruppen COBRA (v.a. Pierre Alechinsky und Karel Appel) und Supports-Surfaces kombiniert D. ungerahmte, unpräparierte Lw. mit einer expressiven, spontanen Bildsprache (z.B. Serie *Des personnages violence couleur*, 1976; Stillebenreihe *Vie coye*), wobei er aus einem dialektischen Ansatz heraus elementar Figur-Grund-Beziehungen („davor-dahinter"), Geste und monochrome Fläche, Form und Formlosigkeit, Gegenstand und Ungegenständliches, Sichtbares und Verborgenes u.a. thematisiert. So bleibt z.B. in der Serie der *Losange Peinture*, 1981–84, das rautenförmig gehängte, figurative Bild durch einen echten, unbemalten Vorhang zur Hälfte unsichtbar. Auch Wanddekoration, u.a. für die Faculté des Sciences in Limoges. ▭ CERET, MAM. ⊙ *E:* 1975 Châteauroux, Gal. Dominique Marchès / 1978 Marseille, Gal. La Forge / 1982, '84 Clermont-Ferrand, Espace Isabelle Vacher / 1984, '88, '92, '94 Paris, Gal. Bernard Jordan / 1986, '88 Clermont-Ferrand, Gal. Gastaud / 1990 Besançon, Gal. Jean Greset / 1991 Châteauroux, Les Cordeliers / 1992 Strasbourg, Gal. Le Faisan / 1994 Genf, Gal. Fichlin; Belfort, MAH; Gerlingen, Stadtmuseum; Neuchâtel, MAH / 1995 Céret, MAM (K: F. de Villandry/B. Duborgel). – *G:* Paris: 1970 Salon de la Jeune Peint.; 1973, '75 Salon des Réalités Nouv. / 1973 La Rochelle, Festival d'Art Contemp. / 1974 Marseille, Groupe Marginal. ▭ *Bénézit* III, 1976. – D., 1969–1989, Saint-Benoît-du-Sault 1989; D. Passeport 91–92, P. 1992; *P. Beurard*, J. D. Ce qui, distinct, ne se sépare pourtant pas, P. 1994. K. S.-D.

Desbout, *Rosa*, Malerin in Rußland, A. 19. Jh. Schuf ein (von Franz von Seelmann gestochenes) Portr. ihres 1814 verstorbenen Vaters *Louis Desbout*, der ab 1782 in Rußland und ab 1812 in der Festung Sveaborg (Suomenlinna) als Arzt belegt ist. ▭ ThB9, 1913. ChudSSSR III, 1976 (s.v. Debu, Roza). D. K.

Desboutin, *Marcellin Gilbert*, frz. Maler, Radierer, Schriftsteller, * 26. 8. 1823 Cérilly/Allier, † 18. 2. 1902 Nizza (nicht Paris). Ausb. an den Collèges Stanislas und Louis-le-Grand in Paris. 1847 Abbruch des Jura-Stud., um im Atelier von Thomas Couture an der Pariser EcBA Malunterricht zu nehmen. Anschl. lebt D. mit Unterbrechungen 18 Jahre in Italien, 1857–71 in Bellosguardo b. Florenz (Villa dell'Ombrellino). Rückkehr nach Paris; A. der 1880er Jahre Umzug nach Nizza. 1887–96 erneut in Paris ansässig, dann wieder in Nizza. – 1870 Aufführung des zus. mit dem Schriftsteller Jules Amigues verfaßten Stücks „Maurice de Saxe" in der Pariser Comédie-Franç., für die D. des weiteren die Stücke „Le Cardinal dubois" und „Madame Rolland" schreibt. Als Maler debütiert er im Salon 1872 mit dem *Portr. de M. R... en costume florentin*; in den nachfolgenden Jahren zeigt er dort zahlr. Portr. (alles verschollen). 1874 malt er das stark an Gustave Courbet orientierte Bild *Le Joueur de violon* (Moulins, Mus. dép. et mun.). Ab 1875 erregt D. im Salon Aufsehen mit zahlr. originellen, bis heute geschätzten Kaltnadel-Rad. mit Portr. von zeitgen. Künstlern (u.a. *Emile Zola; Edmond de Goncourt; Pierre Puvis de Chavannes*, alle in Paris, BN). 1876 zeigt er dort zwei Portr. und im gleichen Jahr in der zweiten Ausst. der Impressionisten 13 Gem. (*Portr. de Jean-Baptiste Faure*; Nov. 1994 in New York, Gal. Brady, verkauft). 1879 erhält er eine Med. 3. Kl. (*Mon portrait*, Kaltnadel-Rad.), 1883 eine ehrenvolle Erw. (*Portr. de femme; étude*, Gem., vom frz. Staat erworben) und zur Pariser WA 1889 eine Silber-Med.; 1895 Ritter der Ehrenlegion. 1886 entsteht eins seiner Hw. in der Graphik, die Folge von fünf Kaltnadel-Rad. nach Honoré Fragonard (75 cm x 55 cm). Ab 1890 stellt D. im Salon der Soc. nat. des BA aus. Zur Pariser WA 1900 zeigt er je drei Gem. (Portr. und Rad.); mehrfach ist er in der Soc. des Amis des Arts de Nantes vertreten, die 1891 eine Rad. erwirbt. D. unterhält enge Kontakte zu anderen Schriftstellern und bild. Künstlern, bes. Jules Claretie, Jean Jacques Henner, Edouard Manet (cf. Chillaz, 1997), Puvis de Chavannes und Rodolphe Salis (Korr. in Paris, Louvre, Bibl. centrale). Er ist für Edgar Degas das Modell der männl. Person im Bild L'Absinthe (Paris, Orsay) und wird 1875 von Manet porträtiert (L'Artiste, Saõ Paulo, Mus.). Andere Künstler lassen sich von D. inspirieren, so z.B. Gustave Ricard (um 1870, Dijon, MBA), Charles Léandre (Une Réunion d'artistes, Salon 1893, verschollen), Giovanni Boldini und Giuseppe De Nittis. ▭ ANGERS, MBA: Portr. de Joséphin Péladan, Öl/Lw., 1891. DIJON, Mus. Magnin: La Mère de l'artiste, Öl/Lw. EDINGBURGH, NG of Scotland: Mère et enfant, Öl/Lw. EVREUX, Mus. mun.: Selbstbildnis, Öl/Karton. FLORENZ, Pal. Pitti: Maternité, Öl/Lw., um 1855. MOULINS, Mus. dép. et mun.: Georges Lafenestre, Öl/Lw., 1865; Selbstbildnis, Öl/Karton, um 1900. NIZZA, MBA Jules Chéret: 19 Werke, u.a.: Madame D. jeune, Öl/Holz; Portr. de Madame Aldonce Tribes, Öl/Lw., 1885. – MAH, Pal. Masséna: La Mère Jacquone, Öl/Lw., 1882. PARIS, Orsay: Madame Cornereau, 1876; Selbstbildnis, auch gen. L'Homme à pipe, beide Öl/Lw. PROVIDENCE, Rhode Island School of Design, Mus. of Art: Selbstbildnis, Öl/Papier/Lw. SENS, Mus. mun.: Aristide Bruant, Öl/Lw.

VERSAILLES, Château: Portr. de Degas lisant, Öl/Lw., 1875; Selbstbildnis, Öl/Papier, auf Holz. ⊙ *E:* Paris: 1889: L'œuvre gravé de M. D. (K Vorw.: E. Zola); 1902 EcBA (K Einf.: G. Lafenestre); 1923 Soc. nat. des BA: Retr.; 1981 Gal. Beauvau-Miromesnil / 1967 Nizza, Gal. des Ponchettes (K). ▭ ThB9, 1913. *M. Sérullaz*, Enc. de l'impressionnisme, P. 1974; *Bailly-Herzberg*, 1985; *Alauzen*, 1986; DA VIII, 1996; *Schurr/Cabanne* I, 1996; *Bénézit* IV, 1999. – *F. Champsaur*, Masques mod., P. 1889, 18–24; Art mod. v. 14. 7. 1889, 219; *E. Rod*, GBA 1895 (Jan.) 33–39; *J. Martin*, Nos peintres et sculpteurs, P. 1897, 138; Bull. de l'art ancien et mod. 1902 (128) 58 s. (Nekr.); *C. Saunier*, La Renaiss. de l'art franç. et des industries de luxe 1919, 338 s.; *C. Janin*, ibid., 340–346; *id.*, La curieuse vie de M. D., peintre, graveur, poète, P. 1922; *E. Dacier*, Rev. de l'art 1923 (Febr.) 159 s.; IFF, Après1800 VI, 1953; *J. Fontseré*, Rev. du Louvre et des mus. de France 22:1972 (6) 521–524 (Werke im Mus. von Moulins); D. nous montre ses amis impressionnistes et leurs amateurs vers 1874, GBA 1974 (1269, Suppl.) 2–5; *J. Bailly-Herzberg*, Apollo 95:1975 (Juni) 496–500; *B. Duplaix*, M. D. Prince des bohèmes, Moulins-Yzeure 1985; *V. de Chillaz*, Inv. gén. des autographes. Mus. du Louvre-Mus. d'Orsay, P. 1997, 211. D. Lobstein

Desboys (De[s]bois; Dubois), *Guillaume*, frz. Goldschmied, * Saint-Brieuc/Côte-du-Nord, vor 1600 als Meister in Morlaix zugelassen. 1609–33 erhält D. von der dortigen Kirche St-Mathieu zahlr. Aufträge; fertigt u.a. zwei Kelche (1610 und 1624), restauriert ein Silberkreuz, einen Reliquienschrein und ein Weihrauchgefäß. 1616 für das Kapuzinerkloster in Morlaix tätig. 1627 für Arbeiten für die Kirche Notre-Dame in Guingamp/Côtes-du-Nord bezahlt. – Die erh., zumeist vergoldeten Treibarbeiten in Silber sind mit fein ziseliertem, üppigem Dekor versehen, das z.T. Vorbildern der Frührenaiss. nachempfunden ist. ⌂ *Werke in Kirchen:* LOCARN/Côtes-d'Armor: Prozessionskreuz, 1. V. 16. Jh. – *Alles Dép. Finistère:* LA ROCHE-MAURICE: Kelch, 1610. LAZ: Prozessionskreuz, um 1620. PLEYBER-CHRIST: Prozessionskreuz, um 1620. TREGUNC: Prozessionskreuz, um 1610. ▭ *Castel/Thomas/Daniel*, 1987; *Y.-P. Castel u.a.*, Les orfèvres de basse Bretagne, Rennes 1994 (Cah. du patrimoine, 37). R. T.

Desbrochers, *Adolphe*, frz. Maler, * 1841 Paris, † 1901 (lt. Harambourg) oder 1902 (lt. Bénézit). Schüler von Jean-Alfred Desbrosses und Antoine Chintreuil. Gehörte wie diese zum Freundeskreis von Corot. D.s Name findet sich auf der Subskriptionsliste für eine große Ehren-Med. für Corot v. 29. 12. 1874. – V.a. Lsch., u.a. 1880 *Falaises d'Houlgate* (Salondebüt). ⊙ *G:* 1880–99 häufig Paris, SAfr. ▭ ThB9, 1913. *Bellier/Auvray*, Suppl., 1887; *Harambourg*, 1985; *Bénézit* IV, 1999. H.-P. Bühler

Desbrosses, *Jean-Alfred*, frz. Maler, * 28. 5. 1835 Paris, † 7. 3. 1906 ebd. Bruder von Joseph-Gabriel und Léopold D. Schüler von Ary Scheffer, ab 1849 von Antoine Chintreuil; mit letzterem enge Freundschaft und ab 1850 gemeinsame Arbeit in Igny, ab 1857 in Tournelle-Septeuil; außerdem nutzen sie zus. ein Atelier in Paris. Nach dem Tod von Chintreuil 1873 organisiert D. eine Retr. an der EcBA, Paris; 1879 initiiert er die Errichtung eines Denkmals in Pont-de-Vaux/Ain; in städt. Auftrag malte er das *Portr. de Chintreuil*. Œuvre: zunächst ländl. Genre; ab 1868 naturalist. Pleinair-Lsch. (bes. Gebirgs-Motive der Ardennen, der Auvergne, des Jura und Savoyens), die sich stilist. an Chintreuil anschließen, jedoch in hellerem Licht und kräftigeren Farben gehalten sind. Inspiriert von seinem Bruder Léopold gelegentl. Rad. für die Soc. des Aquafortistes franç. (1863) und Cadart; ferner Ill. (u.a. zu V. Hugo, *Les misérables*, 1879–82; bei Hugues) und Lith. (1881, '90; gedruckt bei Lemercier). 1863 Mitgl. des Comité du cat. du Salon des Réfusés. Ausz.: 1863 Mention honorable; 1882 Med. 3. Kl.; 1887 Med. 2. Kl.; 1905 Chevalier de la Légion d'honneur. ⌂ ABBEVILLE/Somme, Mus. Boucher-de-Perthes: La convalescence, Öl, Salon 1870. CHATEAU-THIERRY, Mus.: Moulin de la Seigneurie. CLAMECY/Nièvre, MAH Romain Rolland: Une bohémienne, Öl, 1882. LILLE, MBA: Le lac de Chambon. PARIS, BN, Cab. des Estampes. ⊙ *E:* 1903 Paris, Gal. des Artistes mod. – *G:* Paris: ab 1861 Salon; 1863 Salon des Réfusés; 1889 WA (Bronze-Med.). ▭ ThB9, 1913. DBF X, 1965; *Bénézit* III, 1976; *Harambourg*, 1985; *Schurr/Cabanne* I, 1996. – IFF, Après1800 VI, 1953; *Schurr* V, 1981. E. S.

Desbrosses, *Joseph-Gabriel*, frz. Bildhauer, * 22. 12. 1819 Bouchain/Nord, † 1846 ebd. Bruder von Jean-Alfred und Léopold D. Schüler von Pierre-Jean David d'Angers. Genre und allegor. Sujets. ⌂ COMPIEGNE, Mus. Antoine Vivenel: L'hiver, Büste. GRENOBLE, Mus. de peint. et de sculpt.: Alexandre Debelle, Gips-Statuette, 1831. ▭ ThB9, 1913. *Bénézit* III, 1976; *Mackay*, 1977. – Peint. et sculpt. du XIXe s. La coll. du Mus. de Grenoble (K), P. 1995. E. S.

Desbrosses, *Léopold*, frz. Maler, Radierer, * 22. 7. 1821 Bouchain/Nord, † 1908 Arcueil/Val-de-Marne. Bruder von Jean-Alfred und Joseph-Gabriel D. Schüler von Paul Delaroche und Camille Corot, von dem D. nachhaltig beeinflußt wird. Mitgl. der Künstlergruppe „Buveurs d'eau"; Jugendfreundschaft mit Félix Tournachon (Nadar), später mit Frédéric Henriet. Anfangs Lsch.-Gem. der Region Paris, oft im Licht des Sonnenuntergangs. Bek. ist D. v.a. durch Rad., die meist bei Cadart (z.T. in der Ill. nouvelle) erscheinen; sie zeigen pittoreske, in der Wiedergabe des Atmosphärischen dem Impressionismus nahestehende Lsch. und Szenen des ländl. Lebens aus den Regionen Paris, Fontainebleau und der Normandie; ferner Ansichten von Paris (u.a. die Folgen *Les Parcs et les Squares*, 1867; *Paris nouveau*, 1873–74) sowie gelegentl. hist.-lit. Sujets (u.a. *Waterloo, épisode du chemin creux d'Ohain*, nach V. Hugo; Salon des Réfusés 1863); zu nennen auch die Folge von zwölf patriot. engagierten Kriegs-Darst. *Paris et ses avant-postes pendant le siège* (1871). Außerdem Rad. nach älteren und zeitgen. Meistern (u.a. Frans Hals, John Constable, Théodore Géricault, Gustave Courbet, Corot) sowie zwei Versuche mit Kaltnadel (um 1863 und 1889). Ab 1863 Mitgl. des Komitees des Salon des Réfusés; ab 1885 Mitgl., später Vize-Präs. der Soc. des Aquafortistes franç. (bis 1906). Ausz. (Graphik): 1885 Med. 3. Kl.; 1895 Med. 2. Klasse. ⌂ PARIS, BN, Cab. des Estampes. ⊙ *G:* Paris: 1848 (Gem.) bzw. '63 (Rad.) bis 1906 Salon;

ab 1863 Salon des Réfusés (Rad.); 1900 WA (Silber-Med.). ▭ ThB9, 1913. DBF X, 1965; *Bénézit* III, 1976; *Bailly-Herzberg*, 1985; *Harambourg*, 1985; *Marchal/Wintrebert*, 1987; *Schurr/Cabanne* I, 1996. – IFF, Après1800 VI, 1953; *J. Bailly-Herzberg*, La Soc. des aquafortistes (1862–67), 2 Bde, P. 1972; *Schurr* VII, 1989. E. S.

Desbrousses, *Charles*, frz. Bildhauer, * 1664, † 30. 3. 1687 Paris. ▭ ThB9, 1913. *Lami*, 1906. C. R.

Desbrun (Desbruns; des Bruns), *Jean*, frz. Bildhauer, Maler, Vergolder, get. 3. 8. 1750 Chazelles-sur-Lyon(?), in Montbrison tätig. D. fertigte das Portal (1783 errichtet) und die Kanzel (Zuschr.; nicht erh.) für die Kirche Notre-Dame in Montbrison sowie die Terrakotta-Statuette *Nymphe, mit Rosen geschmückt, einen Wasserkrug tragend.* Malte das Hauptaltar-Retabel *Taufe Christi* für die Kirche von Souternon (Zuschr.). 1790 bezahlt für Wappenmalereien und Dekorationen im Auftrag der Komturei von Chazelles-sur-Lyon. – Im gleichen Metier war schon D.s Vater *André D.* d.Ä. (* 1689, † 8. 12. 1756 Montbrison) tätig, der zeitweilig (1747) in Semène/Aurec lebte und oft mit ihm zusammenarbeitete. Auch D.s Bruder *André D.* d. J. († 1786 Montbrison) arbeitete im gleichen Beruf und ist 1768 (Ausf. von Arbeiten für die Chap. de St-Roch in Courreau) und 1775 belegt. ▭ ThB9, 1913 (s.v. Desbrun, André d.Ä.). *Vial/Marcel/Girodie* I, 1912; *Audin/Vial* I, 1918. C. R.

Desbruns, *Jacques*, frz. Holzbildhauer, † 1. 7. 1787 Paris, lebte dort; sein Geselle war *Jean Dubuat*. – Figürl. Darst. (u.a. Kindergruppe). ▭ ThB9, 1913. *Lami* I, 1910. C. R.

Desbry, frz. Bildhauer in Lille, dort Schüler der Zeichenschule. Er stellte 1779 im Salon der Akad. von Lille u.a. die Büsten *Minerva* und *Mars* aus. Viell. ident. mit einem gleichnamigen Bildhauer aus Saint-Omer/Pas-de-Calais, der 1782 eine kleine Frauenfigur aus Marmor (nach einem Modell von Ricourt) im gen. Salon ausstellte. ▭ ThB9, 1913. *Lami* I, 1910. C. R.

Desbuisson, *Prosper*, frz. Architekt, * 7. 7. (nicht 19. 7.) 1816 La Capelle/Aisne, † 1890 Paris(?). Stud.: ab 1836 EcBA bei Achille François René Leclère, ab 1839 in der 1. Kl.; erhält 1842 den Second Grand prix, 1844 den Grand prix d'archit. (*Un pal. pour les arch. du royaume*). 1845–50 Stipendiat an der Acad. de France in Rom. 1847 Reise in die Toskana, 1848 nach Griechenland; auf dem Rückweg von dort nach Rom zeichnet D. einen Entwurf für die Ec. franç. in Athen. Im 4. Jahr fertigt er einen Rest.-Entwurf für die Propyläen der Akropolis in Athen. 1852 „sous-inspecteur" des Schlosses von Saint-Cloud, 1855 Architekt des Schlosses in Fontainebleau, 1868/69 der Landgüter ebd. und in Sénart. Ein 1850 von Félix-Joseph Barrias gemaltes Portr. D.s befindet sich in Rom, Villa Medici. – Zeichner. Œuvre: Werke im Salon 1855 (*Propylées d'Athènes*); viell. ausgef. Entwürfe: Bauernhof La Sausserie in der Sologne, 1868; Rest. der Schäfereien im Wald von Sénart, 1868/69; weitere Zchngn cf. Dezobry, 1870. ⌂ FONTAINEBLEAU: Arbeiten am Schloß, 1868/69. SEVRES: Fertigstellung der Porzellan-Man., 1880. ▭ ThB9, 1913 (Lit.). *Delaire*, 1907; DBF X, 1965. – Rev. gén. de l'archit. 9:1851, 35–39; *C. Dezobry*, Rome au s. d'Auguste, P. 1870 (Abb. von Zchngn); Paris. Rome. Athènes (K Wander-Ausst.), P. 1982, 34 s., 41, 56, 65, 69, 98, 101, 115, 118, 120, 188–193; *J. Lucan*, Die Propyläen der Akropolis von Athen ..., Daidalos 1985 (15) 42–56; *P. Pinon/F.-X. Amprimoz*, Les envois de Rome, R. 1988, 116, 141 s., 163, 331, 373, 397 s., 400, 413, 415, 433. – Paris, Arch. nat., Versement de l'Archit.; EcBA, Bibl. Rom, Acad. de France, Arch. P. Pinon

Desbuissons, *Auguste Hipolite* → **Desbuissons,** *Joseph-Auguste*

Desbuissons, *François-Hippolyte (Hipolite)*, frz. Miniaturmaler, * um 1740, † nach 1822, tätig in Paris. Vater von Joseph-Auguste D. Wahrsch. 1758–65 an der Acad. royale de Peint. et de Sculpt. Schüler von Joseph Marie Vien. Lt. Bedouret zw. 1770 und 1786 evtl. einige Jahre in Rouen, wo sich D. möglicherweise mit Jean-Baptiste Descamps d.Ä. anfreundet. 1786 nachw. als Mitgl. der Acad. de St-Luc. – Bedouret (1978) klärt auf der Basis von Arch.-Dok. die in der älteren Lit. dargelegten Unsicherheiten und Widersprüche zu D.s Identität, den er eindeutig vom Sohn unterscheidet, und stellt ein WV mit 23 zweifelsfrei ihm zugeschr. Min.-Portr. zus.; es enthält zw. 1778 und 1822 mit „h D" und „hipolite" in Kursivschrift sign. Arbeiten. In zartem Duktus malt D. wohl bevorzugt im runden Format (11 der bek. Werke) und nutzt virtuos die Vorzüge von Aqu. und Gouache, wobei trotz des stets dunklen Untergrunds die Wirkung der Elfenbeinfläche hinreichend zur Geltung kommt; seine Malweise ist lt. Bedouret mit der von Jacques-Joseph De Gault vergleichbar. Die meisten der häufig auf Schildpattdosen befindl. Werke sind in Priv.-Slgn oder verschollen; das früheste ist ein ovales *Portr. de dame âgée*, bez. h. D. / 1778 (Paris, Priv.-Slg), das letzte bek. Werk zeigt ein rundes *Portr. d'homme*, bez. h. D. (verschollen). ⌂ *Alles auf Elfenbein:* NANTES, Mus. Dobrée: Mlle Paschen, rund, bez. hipolite D. / 1789. PARIS, Louvre, Cab. des Dessins: Portr. de femme, rund, bez. hipolite D. / 1789; Portr. d'un personnage de la 1re République, Elfenbein, rund, bez. h D. / l'an 3me (1795). – Mus. Marmottan (Slgn des Institut de France): Portr. de femme, rund, bez. h. D. / 1791. ROUEN, MBA: Portr. de jeune femme, oval, sign. hipolite, um 1789. ▭ *Schidlof* I, 1964; *Bénézit* IV, 1999. – *Guiffrey*, 1915 (Repr. 1970); *L. Bedouret*, BSHAF 1978 (1980), 191–205 (grundlegend; WV mit 23 Nrn). R. T.

Desbuissons, *Joseph-Auguste* (gen. *Auguste Hipolite*), frz. Maler, Miniaturmaler, Schauspieler, * 9. 1. 1770 Paris, † 31. 3. 1845 ebd. Sohn und zunächst Schüler von François-Hippolyte D.; 1786 weitere Ausb. bei Jean-Baptiste Descamps d.Ä. und wahrsch. bei Jean-Baptiste Regnault. 1787–90 Dienst bei den Dragonern der Königin. Ab 1790 als Maler in Le Havre niedergelassen, arbeitet D. an der Ausgestaltung des dortigen Theaters; ebd. Debüt als Schauspieler. 1793 Rückkehr nach Paris und Engagement als Tänzer am Théâtre de la Cité. 1798 bis zur Pensionierung 1824 Schauspieler am Théâtre de la Vaudeville. Mitgl. der Acad. de Rouen. – Bedouret (1978) schreibt die von ThB gen. Min.-Portr. auf Elfenbein zweifelsfrei D.s Vater zu und weist lediglich sechs von D.

im Salon gezeigte, jedoch verschollene Werke nach, u.a. ein *Portr. de Souwsouw, acteur russe* (Salon 1806) und ein mit „Hipolite 1812, 42 ans" bez. *Portr. d'homme* (Öl/Holz). ⊙ *G:* 1799–1814 Paris, Salon. ▭ ThB17, 1924 (irrtüml. als Hipolite, Auguste). – *L. Bedouret*, BSHAF 1978 (1980), 191–205. R. T.

Desbuissons, *Léon (Léon-Auguste-Jules)*, frz. Maler, Radierer, * um 1870 Paris. Schüler von Saint-Pierre, Luc-Olivier Merson, Ferdinand Humbert und Auguste Delâtre. Mitgl. der Soc. des Aquafortistes franç. Offizier der Ehrenlegion. – V.a. Lsch. (pittoreske ländl. Szenerien). Auch Ill., u.a. für *Trois petites villes du vignoble alsacien*, 1925, und topogr. Karten für *Le Nouveau Paris: hist. de ses vingt arrondissements en 1860*, P. 1860 (Neuaufl. 1986). ⌂ PARIS, BN. ⊙ *G:* Paris: 1894–1937 SAfr.; Salon des Indépendants. ▭ Vo1, 1953. *Bénézit* III, 1976. – IFF, Après1800 VI, 1953. K. S.-D.

Desbutes → Baudry, *Guillaume*

Des Buttes → Baudry, *Guillaume*

Desca, *Alice*, frz. Lithographin, * Paris, † 1933 ebd. Schülerin von Etienne-Maurice-Firmin Bouisset. ∞ Edmond D. Meist Lsch. und Genre. Ausz.: 1924 Mention honorable. Mitgl. der Soc. des Artistes français. ▭ Vo1, 1953. *Bénézit* III, 1976. E. S.

Desca, *Edmond*, frz. Bildhauer, * 16.(26.?) 11. 1855 Vic-en-Bigorre/Hautes-Pyrénées, † 22. 6. 1918 Paris. ∞ Alice D. Zunächst Lehre als Marmorschneider; Stud.: EcBA Paris bei François Jouffroy. Im Salon allegor. und hist. Sujets, Genre sowie Portr. z.T. hist. Persönlichkeiten (Statuen, Statuetten, Gruppen und Flachreliefs in Gips und Marmor sowie später v.a. in Bronze). 1896 Mitarb. bei einem mon. Brunnen in Tarbes. Ausz. u.a.: 1881 Med. 3. Kl.; Chevalier de la Légion d'honneur. Ein Portr. von D. schuf Simón González. ⌂ NANCY, MBA: On veille, Marmor, 1885 (Med. 1. Kl.; lt. Bénézit). PARIS, Parc des Buttes-Chaumont: Chasseur d'aigles, Bronze, 1883 (Med. 2. Kl.). – Parc Montsouris: La mort du lion, Marmor, 1913 (oder anderer Stein, 1929; widersprüchl. Angaben bei Kjellberg 1987 bzw. '88). SAINT-MAUR-DES-FOSSES, Mus. VIC-EN-BIGORRE: Revanche, Bronze, 1888 (lt. Bénézit). ⊙ *G:* Paris: 1876–1914 Salon; 1889 WA (Gold-Med.). ▭ ThB9, 1913; Vo5, 1961. DBF X, 1965; *Bénézit* III, 1976; *Mackay*, 1977; *Kjellberg*, 1987. – *V. Carvacho Herrera*, Hist. de la escult. en Chile, S. Ch. 1983, 213; *P. Kjellberg*, Le nouv. guide des statues de Paris, P. 1988. E. S.

Descallar (D. y Sureda), *Joaquín*, span. Maler, * um 1810 Palma de Mallorca. Sohn der Marqueses de Palmer. Ging als Mitgl. der Guardia Real nach Madrid; hier Schüler des Hofmalers Vicente López. Mitgl. der ABA der Real Acad. in Palma de Mallorca. – Neben relig. Themen bes. auch Lsch. und Porträt. ▭ ThB9, 1913. *Ossorio y Bernard*, 1883/84; Cien años II, 1988.

Descals Aracil, *Jaime*, span. Bildhauer, Keramiker, Wandmaler, * 1913 Jijona/Alicante, lebt in Valencia. Stud. ebd.: Esc. de BA de S. Carlos. – V.a. als Keramiker tätig; außerdem einige von der Kunst des MA in Valencia beeinflußte Wand-Gem. Auch Autor einer Monogr. über die Slg González Martí. ⌂ *Wand-Gem.:* EL PUIG, Kloster. VALENCIA, Colegio de Arquit. Kirche S. Esteban: Fassade. ▭ DPEE IV, 1994. M. N.

Descals Codina, *Andreu*, katalan. Maler, Bildhauer, * 1938 Sant Fruitós de Bages/Barcelona, lebt seit 1967 in Manresa. Stud. ebd.: Esc. de Artes y Oficios. Dort ab 1972 Dir. des Cercle Artístic. Mitgl. des Consell del Patrimoni Artístic. – Figurativ-stilisierte Skulpt. und Reliefs in Holz sowie Aqu., v.a. von Lsch. und Szenen aus der Altstadt. ⊙ *E:* 1980 El Vendrell (Debüt). ▭ *Ràfols* I, 1985; DPEE IV, 1994. M. N.

Descals Esquius, *Joan*, katalan. Maler, Zeichner, * 1933 Sant Fruitós de Bages/Barcelona, lebt seit 1974 in El Vendrell. Stud. bei Alfred Figueras Sanmartí. Ausz.: 1973, '75 Preis im Certamen de Artistas Manresanos. – Harmon., vom Kubismus inspirierte Gem. in Öl und Aqu. auf versch. Bildträgern (u.a. Stein, gebrannter Ton); als Zeichner v.a. Ill. zu lit. Texten, u.a. von Espriu (*Antígona*), Pàmies und Gabriel Ferrater. ⊙ *E:* seit 1967. ▭ *Ràfols* I, 1985; DPEE IV, 1994. M. N.

Descals Juncosa, *Evarist*, katalan. Maler, * 1919 Barcelona, lebt dort. Stud. ebd.: bei Ramón Sanvisens Marfull; Acad. Portal de l'Angel bei Teresa Llácer. – V.a. Lsch.-Gemälde. ⊙ *E:* 1978 Figueres, Gal. Els Nabis (mit Rosa Rocamora). ▭ *Ràfols* I, 1985; DPEE IV, 1994. M. N.

Descals Munt, *Ernest*, katalan. Maler, Zeichner, * 17. 4. 1930 Castellbell i el Vilar/Barcelona, lebt in Manresa. Zahlr. Preise: u.a. 1980 Cardona; 1983 Cers; 1990 Solsona; 1993 Ripollet. – Postimpressionist. bis realist. katalan. Lsch. und urbane Szenen. ▭ *Ràfols* I, 1985; DPEE IV, 1994. – *M. J. Rodríguez*, Correo del arte (Ma.) 1988 (51) 40. M. N.

Descals Planas, *Josep*, katalan. Maler, * 1914 Olot/Girona, † 1992 ebd. Stud. in Olot. – V.a. trad. Lsch.-Gemälde. ⌂ OLOT, MBA. ⊙ *E:* 1985 Olot, Gal. Les Voltes. ▭ DPEE IV, 1994. M. N.

Descals Pujol, *Ernest*, katalan. Maler, Illustrator, * 1956 Manresa/Barcelona, lebt dort. Autodidakt. Seit 1982 Vize-Präs. des Cercle Artístic. Autor von Kunstsendungen bei Radio Manresa. – V.a. atmosphär.-dichte Stadt-Lsch. mit schattenhafter Figurenstaffage, Marinen und Stilleben. ⊙ *E:* 1990 Granollers, Gal. El 4-Quatre / 1992 Sabadell, Gal. Intellecte. ▭ *Ràfols* I, 1985; DPEE IV, 1994. M. N.

Descalzi, *Cayetano (Gaetano)*, ital. Maler, * 1809 Chiavari b. Genua, † 1886. Sohn von Giuseppe Gaetano D. Längere Zeit in Argentinien, lt. Brughetti 1830–45, wohl v.a. in Buenos Aires; 1834/35 Reisen nach Montevideo. Wahrsch. Schüler des engl. Malers Hellis. Ab 1838 inseriert D. mehrfach als Zeichenlehrer (u.a. Lehrer von Claudio Lastra) und Porträtist (großformatige und Min.-Portr. in Öl). 1840/41 und 1845 Reisen nach Frankreich, um Lith. nach seinen Gem. in Auftrag zu geben. – Neoklassizist. Portr.-Maler, der v.a. den Diktator *Juan Manuel Ortiz de Rosas* mehrfach darstellt; nach einer Fassung wird in Frankreich eine Lith. gefertigt, die D. herausgibt und in hoher Stückzahl vertreibt (offizielles Portr. von Rosas, auch im Ausland). Weitere wichtige Portr.: *Tomás Giraldes y Giraldes; Selbstbildnis*, 1843; *La Magdalena*, Öl/Glas; *El capitán Apolinario Linera*; bek. sind zudem einige Min.-Bildnisse, u.a. *Ma-*

nuelita Rosas. 🏛 Buenos Aires, MNBA. – Mus. Hist. Nac. – Mus. Mpal de Artes Plást. „E. Sivorí". – Mus. Mpal „C. de Saavedra". Lujan, Mus. Colonial e Hist. Rosario, Mus. Hist. Prov. „Dr. J. Marc". 📖 *Merlino*, 1954; EAAm I, 1968 (Lit.); *Gesualdo/Biglione/Santos* I, 1988. – *R. Brughetti*, Nueva hist. de la pint. y la escult. en la Argentina, Bs.As. 1991. R. T.

Descalzi, *Colombo* cf. **Descalzi,** *Giuseppe Gaetano*

Descalzi, *Emanuele* cf. **Descalzi,** *Giuseppe Gaetano*

Descalzi, *Enrico* cf. **Descalzi,** *Giuseppe Gaetano*

Descalzi, *Giacomo* cf. **Descalzi,** *Giuseppe Gaetano*

Descalzi, *Giuseppe Gaetano* (gen. il Campanino), ital. Schreiner, Möbeltischler, * 1767 Chiavari, † 22. 12. 1855 ebd. Sohn eines Böttchers. Ausb. als Schreiner. Erhielt 1796 eine Silber-Med. für zwei Truhen auf der Espos. della Soc. Economica in Chiavari. Sein großer Erfolg begann, nachdem der Marchese Stefano Rivarola 1807 aus Paris einen leichten Stuhl aus Korbgeflecht und mit Ajour gearbeiteter Rückenlehne als Vorbild für die Schreiner in Chiavari mitbrachte. Daraus entwickelte D. den nach seinem Beinamen Campanina gen. Stuhl aus heimischen Hölzern mit einem Sitz aus Weidengeflecht, der nur 700 Gramm wog, aber 150 Kilogramm tragen konnte. Dieser Stuhl, aber auch Möbel mit Furnier, das farbigen Marmor und die Zeichnung von Schildkrötenpanzern imitierte, machten D. und seine Söhne *Giacomo D.* und *Emanuele D.* so bek., daß neben Antonio Canova auch die Könige beider Sizilien und Sardiniens Kunden wurden. Neben großen Erfolgen auf nat. und internat. Ausst. wurde D. 1838 erlaubt, das kgl. Wappen zu tragen; nach der erfolgreichen Ausst.-Teiln. im Londoner Glas-Pal. (1851) verlieh ihm Vittorio Emanuele II 1852 das Kreuz des mauretan. Ordens (wie später seinem Sohn *Giacomo*, der 1866 von Napoleon III. zum kaiserl. Schreiner ernannt wurde). Der Erfolg von D. zog zahlr. Schreiner-Wkstn in Chiavari nach sich, unter ihnen die seines Schwiegersohns *Giovanni Battista Canepa*, der versch. Variationen des Campanina-Stuhls entwickelte und dessen Sohn *Giacomo Canepa* die Wkst. fortführte. Seine eigene Wkst. leitete später erst *Giacomo* und dann dessen Sohn *Colombo D.* D.s zweiter Sohn *Emanuele* besaß eine eigene Wkst., die nach seinem Tod 1874 erst seine Frau *Anna Podestà*, später sein Sohn *Enrico D.* übernahm. Erst die maschinelle Produktion der Wiener Thonet-Stühle wurde zur ernsthaften, da billigeren Konkurrenz. 📖 DBI XXXIX, 1991 (Lit.). – Cult. figurativa e architettonica negli Stati del Re di Sardegna 1773–1861 (K), III, T. 1980; L'arte della sedia a Chiavari (K Chiavari), Ge. 1986 (mit allen Wkstn in Chiavari). S. P.

Descalzo, span. Maler in Peru, * Cádiz, † 1806. Übersiedelte E. 18. Jh. nach Chile, starb auf der Rückreise nach Lima bei einem Pferderennen. – Malte v.a. Porträts. 📖 EAAm I, 1968. – *Pereira Salas*, 1965.

Descalzo, *Carlos*, argentin. Maler, Zeichner, Fotograf, Daguerreotypist, Geschäftsmann, * 1813, tätig in Buenos Aires. Führte dort ein Modegeschäft. 1860 Schatzmeister im Club Libertad (Präs.: Bartolomé Mitre). – V.a. mit Öl-Gem. bek., u.a. der hist. Darst. *La batalla del Arroyo Grande* und dem großformatigen Portr. *Don Ignacio D. acompañado por dos niños.* 🏛 Buenos Aires, Mus. Hist. Nac. – MNBA. 📖 EAAm I, 1968; *Gesualdo/Biglione/Santos* I, 1988. R. T.

Descamino, *Marcos*, span. Maler, 1570 in Sevilla aktiv. 📖 ThB9, 1913.

Descampiaux, *Jehan*, Gießer, Goldschmied(?), ab 1457 Bürger von Tournai. Mehrere Giebelbekrönungen u.ä. aus vergoldetem Blei für die Stadtverwaltung belegt. 📖 ThB9, 1913.

Descamps, Bildhauer in Lille, 2. H. 18. Jh. Schüler der Ec. de dessin ebd. Im Salon der dortigen Akad. 1773 und '74 mit Basreliefs der *Vier Jahreszeiten*, einer Kinderstatue (Terrakotta) und einer Portr.-Büste vertreten. 📖 ThB9, 1913. *Lami* I, 1910.

Descamps, *Bernard*, frz. Fotograf, * 16. 1. 1947 Paris, lebt in Saint-Mandé. Stud.: 1966–75 Biologie, Tätigkeit als Biologe, Fac. des Sciences, Paris. Ab 1966 Beschäftigung mit Schwarzweiß-Fotogr., 1974 erste Veröff. in der schweizer. Zs. Camera, auch in den Zss. Creative Camera, Photographies mag. und Photographers internat. 1975 Umzug nach Chinon und seither freiberufl. Fotograf; ab 1976 Organisation von Foto-Workshops. 1982/83 Reise in die Sahara. 1994 Mitbegr. und künstler. Dir. von Rencontres de la photogr. africaine, Bamako; Mitarb. an Rencontres de la photogr. d'Arles. Ausz.: 1980 Stip. der Fond. Nat. de la Photogr., 1992 Prix Médicis. 🏛 Amsterdam, Sted. Mus. Arles, Mus. Réattu. Chalon-sur-Saone, Mus. N. Niépce. Lyon, Fond. Nat. de la Photogr. Marseille, Mus. Cantini. Paris, BN. – FNAC. – MNAM. – Mus. europ. de la Photogr. Toulouse, Gal. du Château d'eau. ✉ Rencontres, P. 1976; *B. D./T. Ben Jelloun*, Sahara, Mulhouse 1987; *S. Masson/B. D.*, Revivre. Le mouvement pour les villages d'enfants, Toulouse 1987; L'album de Cités-Cinés. La Grande Halle – La Villette et Région d'Ile-de-France, P. 1988; *D. Carayon/B. D.*, Akili et la grande chasse, P. 1994; B. D. présente Pierrot Men, photographe malgache, in: Photographies mag. 1996 (81) 37–39; *B. D./S. Bahuchet*, Pygmées. L'Esprit de la forêt, P. 1997; Le don du fleuve. Sendégué, Mali 1968. Poèmes peuls, Trézelan 1998. ◉ E: 1975 Paris, BN / 1977 Leverkusen, StM, Schloß Morsbroich (K) / 1978 Paris, Centre Pompidou / 1987 Toulouse, Château d'eau / 1992 Tokio, Gal. Bunkamura / 1999 Charleroi, Mus. 📖 *Krichbaum*, 1981; *Browne/Partnow*, 1982; *C. Naggar*, Dict. des photographes, P. 1982; *Auer*, 1985; *C. Naylor* (Ed.), Contemp. photographers, Chicago u. a. [3]1995 (Lit.). – 10 photographes pour le patrimoine (K), P. 1980; *Hesse*, 1987; *B. Ollier*, Photographies mag. 1991 (30) 52–59; *M. Orsoni*, Vis à vis internat. 11:1992 (Frühjahr) 44–47. – Mitt. D. N. B.

Descamps, *Gaston Alfred*, belg. Maler, 1. H. 20. Jh., * Mouscron, tätig ebd. Ausb. bei H. Léty und Ern. Cracco. ◉ *G:* 1930 Paris, SAfr. 📖 Vol, 1953.

Descamps, *Guillaume-Désiré-Joseph*, frz. Maler, Radierer, Lithograph, * 15. 7. 1779 Lille, † 25. 12. 1858 Paris. Schüler von François-André Vincent; 1802 2. Rompreis mit *Sabinus et Eponine devant Vespasien.* Durch Vermittlung von Jean-Baptiste Wicar erhält D. 1808 die Stelle des Peintre officiel du Roi de Naples, Joachim Murat (malt dessen Portr. sowie Darst. zeitgen. Historie, u.a. *Le roi Joachim Murat distribuant des récompenses aux blessés à bord de la frégate „La Céres", après le combat du 27 juin 1809*, ehem. Neapel, Pal. de Portici; von D. auch gestochen). Im Salon neben Portr. mytholog. und relig. Sujets; letztere u.a. für die Kirchen St-Eustache (1819) in Paris sowie St-André (1822) und die Kap. des Hospitals in Lille. Gen. wird ferner eine Folge von sechs Rad. (*Psyché*, 1812). ⌂ LILLE, MBA: L'héroïsme des femmes de Sparte, encourageant leurs fils et leurs maris à défendre leur ville contre Pyrrhus, Öl, 1808. MALMAISON, Château: Portr. présumé de Madame de Rémusat, 1813. VERSAILLES, Château: Henri Clarke, comte de Hunebourg, duc de Feltre, Öl, 1817. ◎ *G:* 1808–24 Paris, Salon. ▭ ThB9, 1913. DBF X, 1965; *Bénézit* III, 1976; *Brewington*, 1982 (s.v. Deschamps, G.D.J.). – IFF, Après1800 VI, 1953; *Vergnet-Ruiz/Laclotte*, 1962; *G. Hubert*, Rev. du Louvre et des mus. de France 19:1969, 55–60. E. S.

Descamps, *Jean-Baptiste*, frz. Maler, Zeichner, Pädagoge, Kunstschriftsteller, * 14. 6. 1715 (nicht 1706, cf. Rostand, 1930) Dunkerque, † 31. 7. 1791 Rouen. Vater von Jean-Baptiste-Marc-Antoine D., nach dessen Inf. (1807) D. zunächst Schüler seines Onkels, des Lsch.-Malers Louis de Cuyper, gewesen sein soll; wahrsch. um 1725/30 Fortsetzung der Ausb. in Antwerpen. Anschl. Aufenthalt in Dunkerque bei einem Genremaler namens Bernard. Ab ca. 1738 in Paris; von Pierre Dulin protegiert und unter dessen Ltg an den Darst. der Krönungszeremonie von Ludwig XV. beteiligt. An der Acad. royale de Peint. et de Sculpt. erteilt D. von Okt. bis Dez. 1739 Zeichenunterricht und wird dabei von Nicolas Lancret und Nicolas de Largillière beraten. 1740 durch Carle Van Loo nach England eingeladen, um dessen Bruder Jean-Baptiste Van Loo zu unterstützen. Anschl. Gründung eines Ateliers in Rouen, das bald den Char. einer Zeichenschule annimmt (1741); nach der Umgestaltung zu einer Acad. de dessin et de peint. (1749) wird sie zum Vorbild für die in der 2. H. des 18. Jh. in Frankreich eröffneten kostenlosen Schulen. D. leitet die Einrichtung bis zum Tod, wodurch das eig. künstler. Schaffen in den Hintergrund tritt (die meisten Werke sind in Rouen). Sein Œuvre umfaßt v.a. eine von Jacques Philippe Lebas gestochene Ser. von Zchngn (u.a. in Berlin) zum Aufenthalt des Königs 1749 in Rouen, zehn zw. 1756 und 1760 für die Handelskammer von Dunkerque gemalte Bilder mit einer *Hist. allégorique de Dunkerque* (Dunkerque, MBA) sowie Genreszenen. Bes. erwähnenswert sind die im Salon 1765 gezeigten Werke und v.a. die Darst. *Une Cauchoise dans sa cuisine avec ses deux enfants* (Paris, ENSBA), mit der D. am 7. 4. 1764 als Maler von „sujets populaires" in die Acad. royale de Peint. et de Sculpt. aufgenommen wird (bereits seit 1756 Mitgl. der Acad. in Augsburg). Das bedeutet die Anerkennung seines pädagog. und kunstschriftsteller. Engagements wie auch des Aufnahmestückes, einer mittelmäßigen Nachahmung von Jean Siméon Chardin und Jean-Baptiste Greuze, das heftig kritisiert wird, so z.B. durch Denis Diderot (cf. Volle, 1984). 1753 beginnt D. mit der Ed. des Werkes La vie des peintres flamands, allemands et holl. (I-IV, P. 1753–64; [2]1842; [3]1972) mit Biogr. der wichtigsten nordeurop. Maler. 1767 wird er von der Acad. royale für den Vortrag Sur l'utilité des établissements des éc. gratuites de dessin en faveur de métiers ausgezeichnet (P./Rouen 1767; [2]1789). Anschl. erscheint D.s Voyage pittoresque de la Flandre et du Brabant (P./Rouen 1769; [2]1772; [3]1792; [4]1838; dt. Übersetzung von Johann Jacob Volkmann, 1771). Um 1770 und 1772 Ed. einer partiellen Neuausg. der Werke Le Voyage ... und La vie ... unter dem Titel Méthode curieuse et facile pour la connaissance des tableaux et sculptures. D.s Ansehen beruht einerseits auf der großen Zahl von in seiner Schule ausgebildeten Studenten (u.a. Etienne de Lavallée), andererseits auf seinen Schr., die trotz zahlr. Fehler eine bed. Rolle bei der Herausbildung des frz. Interesses an den nordeurop. Malschulen spielten. Diese beiden Aspekte waren kürzl. und sind erneut Gegenstand von Unters. (zur Pädagogik cf. Morvan-Becker und Henry-Gobet; zu den Schr. cf. Maës). ⌂ BERLIN, SMPK, Kunst-Bibl. BLERANCOURT, MN de la Coopération franco-amér.: ein zugeschr. Gem. DUNKERQUE, MBA. PARIS, ENSBA. ROUEN, MBA. ▭ ThB9, 1913 (s.v. Descamps, Jean Baptiste d.Ä.). *P. J. Mariette*, Abecedario, II, P. 1853/54; *Bellier/Auvray* I, 1882; DBF X, 1965; DA VIII, 1996; *Bénézit* IV, 1999. – *J.-B.-M.-A. Descamps*, Not. hist. sur J.-B. D., peintre du roi, Rouen 1807; *M. de Sesmaisons*, Précis analytique des travaux de l'Acad. (...) de Rouen 1808, 286–305; *P. de Chennevières-Pointel*, Rech. sur la vie et les ouvrages de quelques peintres prov. de l'ancienne France, II, Aix-en-Provence 1850, 56–62; Lettre de D. à Bernardin de Saint-Pierre, AAF, doc. inédits, 1:1851/52, 307–313; *G. Duplessis* (Ed.), Mém. et j. de Johann Georg Wille, graveur du roi. Publiés d'après les mss. autographes de la Bibl. impériale, P. 1857; Lettre de Cochin à D., AAF, doc. inédits, 5:1857/58, 219–222; *Montaiglon*, Procès-verbaux, VI-X, 1885–92; Corresp. des Directeurs, XII-XV, 1902–06; *E. Deville*, Index du Mercure de France, P. 1910; *A. Tougard*, Doc. concernant l'hist. litt. du XVIIIe s. conservés aux arch. de l'Acad. de Rouen, Rouen/P. 1912; *A. Rostand*, Les dates de naissance et de décès de J. B. D., BSHAF 1930, 280–283; *id.*, Bull. de la Soc. des antiquaires de Normandie 43:1936, 271–290; *L. de Vries*, Oud Holland 87:1973 (4) 227–239; *N. Volle*, in: Diderot et l'art de Boucher à David. Les Salons 1759–1781 (K Grand Pal.), P. 1984, 170; *C. Michel*, AAF, Neue Per., 28:1986, 9–98 (Briefe von Charles-Nicolas Cochin fils an D.); *M. T. Courage*, Et. normandes 1988 (4) 50–69; *G. Pessiot*, in: La Révolution en Haute-Normandie 1789–1802, Rouen 1988, 241 s.; *F. Morvan-Becker*, De l'utilité des éc. gratuites de dessin. L'éc. gratuite de dessin de J.-B. D. à Rouen 1740–1795, in: *D. Rabreau/B. Tollon* (Ed.), Le progrès des arts réunis. 1763–1815 (Kolloquium Bordeaux-Toulouse 1989), Bordeaux u.a. 1992, 101–106; *C. Pfister-Langanay*, Rev. de la Soc. dunkerquoise d'hist. et d'archéologie 1995 (Nov.) 35–52; *G. Maës*, Le vocabulaire utilisé dans la biogr. de Rembrandt par J.-B. D. en 1754, in: *T. Gaethgens u.a.* (Ed.), L'art et les normes sociales au XVIIIe s., Jb. des Dt. Forums für Kunstgesch., Bd II (P. 2000); *A. Henry-Gobet*, Entre normes pédagogiques et utilité sociale. Sur l'utilité des établissements des éc. gratuites de dessin de J.-B. D. (1767), ibid.; *id.*, Artistes et académiciens à Rouen au XVIIIe s. La formation d'une identité prov., Diss. Univ. Paris I (in Vorbereitung). – *Lit. mit Fehlern: E. Chesneau*, La peint. franç. au XIXe s., P. 1862; *J. Declève*, L'œuvre de J.-B. D. avec une not. biogr., Mons 1886. – Mitt. A. Dopffer, Blérancourt; A. Henry-Gobet, Paris; M. Pessiot, Rouen. G. Maës

Descamps, *Jean-Baptiste-Marc-Antoine*, frz. Maler, Zeichner, Konservator, * 24. 6. 1742 Rouen, † 31. 1. 1836 ebd. Sohn von Jean-Baptiste D.; zunächst Ausb. an dessen Acad. de dessin et de peint. in Rouen; erhält dort die Preise im Figurenzeichnen (1759) und für das Arbeiten nach der Natur (1763; cf. Précis ..., 1816, 48; 1817, 40). Auf Antrag des Vaters wird D. am 4. 2. 1764 die Genehmigung zum Wechsel an die Pariser Acad. royale de Peint. et de Sculpt. erteilt (cf. Montaiglon). Erst wieder im Febr. 1773 in Rom nachw., wo er nach erneuter Intervention des Vaters eine Wohnung in der Acad. de France bekommt; im Okt. 1773 bemüht sich letzterer, diesmal allerdings vergeblich, um den frei gewordenen Platz eines Stipendiaten für D. (cf. Corresp. des Directeurs). Bis E. 1776 behält er dennoch die Wohnung und bleibt mindestens bis 1779 in Rom: 1778 Mitgl. der Acad. des Arcades; 1779 heiratet er in eine angesehene röm. Fam. ein. Von diesem Aufenthalt stammen die meisten erh. Zchngn D.s und das einzige bek. Gem. (*Portr. de Pie VI* nach Pompeo Girolamo Batoni, Rouen). Die in allen einschlägigen Lex. erw. Tätigkeit als Miniaturist (cf. Blättel, 1992, mit älterer Lit.) stellt Schidlof indes in Frage, da sie nur auf einem Medaillon-Portr. (1906 in der Slg Tony Dreyfus) mit einer Sign. beruht, deren Echtheit er anzweifelt. Über D.s Wirken 1780–89 ist nichts bek.; 1789 sichert ihm der Vater den Anspruch auf seinen Dir.-Posten an der Acad. de dessin et de peint. in Rouen (cf. Petkowska), den er während der Frz. Revolution jedoch einbüßt; im Kontext der Gründung einer Ec. dép. wird ihm im Dez. 1790 Charles Louis François Lecarpentier vorgezogen. Mit der Ernennung zum Konservator des Mus. in Rouen am 12. 6. 1806 wird D. rehabilitiert und bleibt bis zum Tod im Amt. 1809 veröffentlicht er den ersten Cat. raisonné des tableaux exposés au mus. de Rouen; v.a. diesem Kat. wie auch e. Biogr. des Vaters (Not. hist. sur J.-B. D., peintre du roi ..., Rouen 1807) verdankt er sein Ansehen. Des weiteren verfaßt er einige Texte zu seiner Mitarb. an Aufgaben der Acad. de Rouen. ALENÇON, MBA et de la Dentelle. BESANÇON, MBA. CLAMECY, MAH Romain Rolland. PARIS, ENSBA. ROUEN, MBA. ✉ Compte-rendu de l'Acad. (...) de Rouen sur la manière dont on peut envisager les verres d'optique (...), Rouen [ca. 1805]; Not. sur M. Haillet de Couronne, Précis des travaux de l'Acad. (...) de Rouen 1811, 191–196; Compte-rendu des Exposés sur le costume et l'allégorie en peint. et sur le goût dans les arts du dessin faits par Monsieur D., ibid. 1820, 122 s.; Not. sur Monsieur J. J. Lebarbier, ibid. 1826, 125–128. ThB9, 1913 (s.v. Descamps, Jean Baptiste d. J.). *Bellier/Auvray* I, 1882; *N.-N. Oursel*, Nouv. biogr. normande, I, P. 1886, 259; *Schidlof* I, 1964; DBF X, 1965; *Blättel*, 1992; *Bénézit* IV, 1999. – Précis des travaux de l'Acad. (...) de Rouen 1816, 48; 1817, 40; *J. Gaillard*, Discours prononcé sur la tombe de Monsieur D., ibid. 1836, 115; *Montaiglon*, Procès-verbaux, VII, 1886; Corresp. des Directeurs XII-XIII, 1902–04; *E. Deville*, Index du Mercure de France, P. 1910; *M. P. Petkowska*, in: La Révolution en Haute-Normandie 1789–1802, Rouen 1988, 242 ss. – Mitt. E. Brugerolles, Paris; A. Pessey, Alençon; A. Petit-Huguenin, Besançon; F. Roussel, Clamecy. G. Maës

Descamps (Decamps), *Jehan*, Maler in Tournai, 1430 zum Meister ernannt, nachw. 1449–1453; evtl. ident. mit dem gleichnamigen, 1465 in Valenciennes tätigen Maler aus der Picardie. ThB8, 1913 (s.v. Decamps, Jehan); ThB9, 1913.

Descamps, *Joseph*, Bildhauer in Valenciennes, wo er 1754 als Gehilfe des Bildhauers Philippe Fior gen. wird. ThB9, 1913. *Vial/Marcel/Girodie* I, 1912.

Descamps, *Palmer Augustin*, belg. Goldschmied, Fotograf, * 7. 6. 1840 Kortrijk, † 7. 8. 1884 ebd. – Silberrelief mit Elementen des Louis-quinze-Stil. In den 1880er Jahren stellt D. Gelatine-Bromid-Platten her, auch im Auftrag von Van Monckhoven. KORTRIJK, Sted. Mus. voor Oudheidkunde: Jesus und Hl. Johannes mit Lamm in den Wolken, Silber, getrieben. LWBK II, 1993; *S. F. Joseph/T. Schwilden/M.-C. Claes*, Directory of photographers in Belgium, 1839–1905, Ant. 1997. – *P. Debrabandere*, De Kortrijkse edelsmeetkunst, Kortrijk 1979. U. R.

Descamps-Sabouret, *Louise-Cécile*, frz. Malerin, * 3. 10. 1855 Paris, lebte dort. Schülerin von Eugénie Hautier, T. Robert-Fleury und Raphaël Collin. Ab 1880 freie Mitarb. für Théodore Deck. Ill. (Aqu.) für La rev. horticole und J. des roses. – Blumen- und Früchtestillleben in Aqu., Öl, Pastell. KASSEL, Staatl. Mus., Hess. LM: Fayence-Wandteller, T. Deck, Paris um 1880 (Maler-Sign.: D.). PARIS, Soc. d'Horticulture, Salle: Chrysanthemen, Panneau. VANNES, Mus.: Nature morte aux fruits. *G:* Paris: 1879–90 SAfr. (1883 Mitgl.); Soc. d'Horticulture / 1883–92 Dijon, Salon. ThB9, 1913 (s.v. Descamps, Mlle Louise Cécile). *Hardouin-Fugier/Grafe*, 1989; *Schurr/Cabanne* I, 1996. – SKS Kassel. Historismus (K), I, Kassel 1987. C. R.

Descance, *Adrien*, Schreiner in Sens, wo er 1634–35 das Orgelgehäuse in der Kathedrale ausführte. ThB9, 1913. *Vial/Marcel/Girodie* I, 1912.

Descanija, *Pere*, katalan. Maler in Barcelona, 14. Jh. Dicc. biogr. II, 1968.

Descarga (D. Aniento), *Joan*, span. Maler, Zeichner, Designer, Keramiker, * 1947 Zaragoza, lebt seit den 60er Jahren in Barcelona. Stud.: Design an der Esc. Massana; Esc. Superior de BA „Sant Jordi"; Esc. de Cerámica de La Bisbal, Girona; Fac. de BA, Barcelona (1992 Promotion; dort später Prof. für Malerei). Doz. an der Winchester Art School, London. Ill. zu *Cerdos, vacas, guerras y brujas* von Marwin Harris. 1983 mit J. Homar i Tito Autor des Videos *A day in a life*. – Nach informell-pastosen Öl-Gem. und Mischtechniken sowie Collagen Annäherung an Gegenständliches in transparenten Farben und umrißhaft-geheimnisvollen Darst. von Keramiken, Behältern, Sieben und Jalousien; auch Mail Art-Werke. *E:* 1969 Vilanova i La Geltrú, Gal. Catafau (Debüt) /

1978 Llívia, Can Ventura / Barcelona: 1981 Gal. Belvedere; 1989 (K: L. F. Pérez), '91, '92, '94, 2000 Gal. René Metrás (K); 1991, '93, '95, '98, '99 Gal. Pèrgamon (alle K); 1992 Antoni Valero Grafics / 1985 Palma de Mallorca, Gal. 4 Gats / 1986 Córdoba, Pal. de la Merced / 1986, '90, '95 Venedig, Gall. Totem-Il Canale / 1987 Triest, Gall. Muggia / 1990 Paris, Gal. Bernard Davignon (K: L. Casado) / Girona: 1990 Gal. Caramany (K: R. Gil); 1992 Sales Mpal d'Expos. (K). – *G:* 1980, '82 Barcelona: Bien. Caixa d'Estalvis Prov. ▭ Art català contemp. (1970–1985), Ba. 1985; *Ràfols* I, 1985; Enc. del arte esp. del s. XX, I: Artistas, Ma. 1991; DPEE IV, 1994. – *B. Brollo*, Juliet Art Mag. (Triest) 1987 (32) 40. – Mitt. D. M. N.

Descarsin (Descarssins), *Remi-Furcy*, frz. Maler in Paris, stellte 1783 das Portr. *Maréchal d'Harcourt* (bestimmt für das Rathaus in Caen) und 1787 das Portr. *Charles François Nivard* aus. D. bewarb sich 1789 mit einem Selbstporträt vergebl. um die Aufnahme in die Akademie. ▭ ThB9, 1913.

Descartes (eigtl.: Gadelha, *Descartes Marques*), brasil. Maler, Zeichner, * 1943 Fortaleza. 1962 Schüler von Zenon Barreto, ebd. D.s frühe figurative Malereien und Zchngn zeigen das Alltagsleben der armen Bevölkerungsschichten Brasiliens. In den späteren Arbeiten Hinwendung zu einer abstrakteren Malweise. ⊙ *E:* Fortaleza: 1963 Mus. de Arte Mod. da Univ.; 1970 Gal. de Arte/ Ideal Clube / 1970 Rio de Janeiro, Gal. Goeldi. – *G:* 1965, '66, '67 (Ausz.), '68 Fortaleza: Salão de Abril / Rio de Janeiro: 1964 Salão dos Jornalistas; 1968 MBA: Coletiva de Pintores Cearenses. ▭ *Pontual*, 1969; *Cavalcanti* II, 1974. M. F. M.

Descartes, *Léon*, frz. Maler, * Paris, 19. Jh. Schüler von Camille Corot und Théodore Rousseau. Debütierte im Pariser Salon 1864 mit *Vue prise dans la forêt de Fontainebleau, effet d'automne.* ⊙ *G:* 1864–80 Paris, Salon. ▭ ThB9, 1913. *Bellier/Auvray*, Suppl., 1887; *Bénézit* III, 1976; *Harambourg*, 1985. H.-P. Bühler

Descat, *Henriette*, Bildhauerin in Paris, * Carnières/ Nord, 2. H. 19. Jh. Schülerin von (Jean-Jules?) Frère. – V.a. Portr.-Büsten, Statuen, Gruppen, Tier-Studien in Marmor, Bronze und Terrakotta. ⊙ *G:* Paris: ab 1881 Salon; 1889 WA. ▭ ThB9, 1913. *Bellier/Auvray*, Suppl., 1887; *Bénézit* III, 1976; *Mackay*, 1977.

Descatoire, *Alexandre*, frz. Bildhauer, * 22. 8. 1874 Douai, † 17. 3. 1949 Marquette-lez-Lille/Nord. Stud.: zunächst EcBA Lille; ab 1893 EcBA Paris bei Gabriel Jules Thomas und Antoine Injalbert; 1902 2. Rompreis (*Schiffbrüchiger Odysseus*). Im 1. WK mobilisiert. Lt. Vollmer Prof. an der EcBA Paris. Offizier der Ehrenlegion; 1939 Mitgl. im Institut de France. – Mytholog. Darst. (*Pan und Psyche*, SAfr. 1905) und zahlr., zumeist im Cire perdue-Verfahren hergestellte Portr.-Büsten (*Kardinal Amette; Albert Flament*). Später v.a. Gest. von Denkmälern, zunächst für die Gefallenen des 1. WK (Cherbourg, Nancy, Verdun, Roubaix, Douai), dann u.a. eine Statue des *Hl. Franz von Sales* (SAfr. 1922) für die Stadt Annecy, eine Grabstele für *Berthe Bady* auf dem Pariser Friedhof Montparnasse und ein in Douai errichtetes Denkmal für die Dichterin *Marceline Desbordes-Valmore* (im 2. WK zerst.). Nebenbei malt D. pittoreske ländl. Ansichten, v.a. aus der Bretagne. 🏛 ARRAS, Kathedrale: Kreuzweg. DOUAI: Denkmal für Giovanni da Bologna (1914 eingeweiht, im 1. WK zerst., später von D. wieder hergestellt). PARIS, Pal. de Chaillot, Esplanade centrale: Skulpt. der Jugend, Bronze, vergoldet (8 m hoch). – 29, boulevard Kellermann: Mon. aux mères franç., Stein, 1938 (zus. mit Paul Bigot und Henri Bouchard). ROUBAIX: Denkmal für Jean Joseph Weerts. ⊙ *G:* Paris: ab 1899 SAfr. (1899 ehrenvolle Erw.; 1904 Med. 3. Kl.; 1905 Reise-Stip.; 1911 Med. 2. Kl.; 1927 Ehren-Med.); 1937: WA (Grand Prix) / 1996 Venedig: Bienn. ▭ Vol, 1953. DBF X, 1965; *Mackay*, 1977; Dict. des mon. de Paris, P. 1992; *Bénézit* IV, 1999. – *P. Kjellberg*, Le nouv. guide des statues de Paris, P. 1988; Sotheby's (Aukt.), Lo. 9. 10. 1992; La Bienn. di Venezia. Le Espos. Internaz. d'Arte 1895–1995, Mi. 1996. R. T.

Descau (Descaus), *Cambien*, Gießer in Tournai, 15. Jh., fertigte für die Kathedrale Notre-Dame ein Adlerpult aus Messing. ▭ ThB9, 1913.

Descau, *Jean*, Bildhauer in Tournai, lieferte 1644 einen Grabstein für Mathis Marchand. Wahrsch. Vater von Noël François D. ▭ ThB9, 1913.

Descau (Descaut), *Noël François*, Bildhauer in Tournai, * 1630, † 2. 1. 1701. Vermutl. Sohn von Jean D. Mitgl. der Confrérie de Notre-Dame d'Alsembergh. Mit Gutachten und Rest.-Arbeiten für die Stadt dok., 1697 mit einem Grabstein für Elisabeth Vranx. ▭ ThB9, 1913.

Descaus, *Cambien* → **Descau,** *Cambien*

Descaves, *Alphonse*, frz. Stahlstecher, Lithograph, * 15. 6. 1830 Château-Thierry/Aisne, † 1890 Paris. Stach u.a. die Bildnisse *Pius IX.* und *Leo XIII.* sowie zahlr. Porträtvignetten (der Autoren), u.a. *Coquelin Cadet*; *G. Ohnet*; *Eugène Mouton*; *E. Rod.* Ill.: *Une vieille rate* von Lucien D. (sein Sohn), Br. 1883. 🏛 PARIS, BN, Cab. des Estampes: u.a. Johannes Gutenberg, Lith. (nach eig. Vorlage), 1856. ▭ ThB9, 1913. *Bénézit* III, 1976. – IFF, Après1800 VI, 1953. C. R.

Descaves, *Arsène*, frz. Architekt, * 1815, † Okt. 1892 Chaumont-sur-Marne. Vater von Henri D. und *Paul D.* Verwaist und mittellos tritt D. in Wassy/Haute-Marne in das Büro eines Architekten namens Renard ein, der D. behilflich ist, sich niederzulassen. 1847–70 Architekt des Dép. Haute-Marne. 1864 Gründer der Soc. des Architectes de la Haute-Marne; 1868 aufgrund zweifelhafter Anschuldigungen ausgeschlossen. 🏛 CHAUMONT-SUR-MARNE: Präfektur, 1859–62; Lehrerbildungsinstitut; Gefängnisse. HUMBECOURT/Haute-Marne: Kirchenanbau, um 1846. SAINT-DIZIER/Haute-Marne: Schlafsaal einer Anstalt, 1851/52. ✉ Mém. adressé à Monsieur le Préfet de la Haute-Marne par l'architecte du dép. en réponse à la mesure qui a été prise à son égard par la Soc. des architectes, Chaumont 23. 3. 1868. ▭ DBF X, 1965. – Archit. 1892, 503; Construction mod. 1892/93, 22; *A. Perrault-Dabot*, Arch. de la Comm. des Mon. hist. Cat. des relèves, dessins et aqu., P. 1899, 229; Mon. hist. 178:1991 (Dez.) 122 s. O. Liardet

Descaves, *Henri*, französischer Architekt, * 1840 Wassy/Haute-Marne, † 31. 1. 1896 (Suizid) Paris. Sohn von Arsène D., Bruder von Paul D. Ausb. im Atelier

von Charles-Auguste Questel, wahrsch. jedoch nicht an der EcBA. 1864 mit dem Bau des Gestüts von Montierender/Haute-Marne beauftragt. E. der 1860er Jahre Umzug nach Levallois/Hauts-de-Seine, um in der Nähe der Fam. seiner Frau zu sein (D.s Schwager ist „architecte du Gouv.“ und Rompreisträger). Ab 1879 ohne Tätigkeit in einer Behörde, beantragt D. dreimal (1885, 1887, 1892) Anstellungen und wird schließl. Architekt des Justiz-Minist. (ab 11. 7. 1892; Bau- und umfangreiche Reparaturmaßnahmen) und Architecte ordinaire von dessen Domizil (Instandhaltung). Im Rahmen seiner Tätigkeit als Gutachter beim Gericht Erster Instanz des Dép. Seine fertigt D. die meisten Expertisen für von anarchist. Anschlägen betroffene Häuser. Vor 1882 Bürgermeister von Colombey/Haute-Marne. 1893 Teiln. am Wettb. um die Rekonstr. der Opéra-Comique. 1895 wird D. aufgrund einer perfiden Intrige von der Liste der Gutachter gestrichen und verliert damit auch seine Tätigkeit auf dem Gebiet Instandhaltung (der Posten im Bereich Bau und größere Reparaturen bleibt ihm). D.s Suizid steht im Zusammenhang mit der durch seine Absetzung ausgelösten Polemik. Mitgl. der Soc. centrale des Architectes. – D.s Bruder *Paul D.* ist Schüler des Vaters Arsène, wird dessen Nachf. als Architekt des Dép. Haute-Marne und ist v.a. in der Gegend um Chaumont-sur-Marne tätig († Aug. 1896 Chaumont-sur-Marne). 🏛 CHAUMONT-SUR-MARNE: Lehrerbildungs-Inst., vor 1885. MONTIER-EN-DER: Hengstgestüt, 1864–79. PARIS, Mietshäuser: boulevard Raspail/rue Boissonade: 1876; rue Vernet: 1877; rue Hippolyte Lebas/rue Milton; 122, boulevard Saint-Germain: beide 1878; rue Choron; 44, rue des Haies; 17–25, av. des Gobelins: alle 1879; av. Foch; 10, rue de l'Abbaye: beide 1881; av. Franklin D. Roosevelt/3, rue Jean Goujon: 1882; 69–69bis, av. de Ségur: 1883; 7, rue Toulier/9, rue Cujas: 1885; av. Roosevelt: 1886; 30–32, rue de Miromesnil: 1887(?); 14, rue de la Pépinière: 1889; 107, rue de Turenne: 1891; 14–14bis, rue de Milan: 1892; 19, boulevard Soult: 1894; 28, rue Copernic: 1894/95; 3, rue Léo Delibes: 1895/96. – 13, rue Lantiez: Atelier, 1878. – Bibl. und Arch. des Justiz-Minist., 1892/93. VAL-DES-ECOLIERS: Rekonstruktion des Schlosses für Charles de Rouvre, vor 1878. WASSY, Kirche Notre-Dame: Restaurierung der Apsis; Villa, vor 1881. GENT Mus. voor Schone Kunsten. ⊙ *G:* 1888, '89 Paris, Salon. 🕮 *Dugast/Parizet* II, 1991. – *N. Gateuil*, Le recueil de menuiserie pratique, Dourdan 1878–91, Abb. 12A1; *J.-J. Boussard* (Ed.), Petites habitations franç. Maisons, villas, pavillons, P. 1881, col. 94, Abb. 96; Recueil d'archit. Archit. civile 1881, Abb. 26 s.; 1882, Abb. 28; Construction mod. 1885/86, 461 s.; 1895/96, 228, 540 (s.v. D., Paul); Cat. du Salon de 1888; 1889; Archit. 1893 (Juni/Juli); *C. de Vaulchier*, Acad. d'Archit. Cat. des coll. 1750–1900, I, P. 1988, 293; *B. Pons*, L'hôtel de la Chancellerie, Mon. hist. 172:1991 (Jan./Febr.) 97–112; Levallois. Mém. (K Rathaus), Levallois 1991. – Paris, Arch. nat.: F^{21} 1407, 2020, 3010, 5806, 5943, 7758; VA13. 3-10; Acad. d'Archit.: S. C. 138.
O. Liardet

Descaves, *Paul* cf. **Descaves,** *Henri*

Descelles, *Paul*, frz. Maler, Zeichner, Illustrator, Porzellanmaler, * 22. 3. 1851 Raon-l'Etape/Vosges, † 1915 Saint-Dié/Vosges. Schüler von Charles Louis Gratia und Mirbeck. Arbeitete für mehrere Zss. sowie für die Keramik-Wkst. Muller Adelph in Raon-l'Etape. – Portr., Genremotive (z.T. in der Art von Joseph-Claude Bail), einige Blumenbilder. 🏛 EPINAL, Mus. dép. des Vosges: Cri maternel. LANGRES, ehem. Mus. Saint-Didier: La lessive à hospice de Saint-Dié, Öl, 1888. SAINT-DIE, Mus. mun. – Séminaire: Mgr de Briey. TOUL, Mus. mun.: Le dévideur; La vielle de fête; une jeune fille. – Gal. des Evêques: Une exécution. ⊙ *G:* ab 1880 Paris, SAfr. (1883 Mitgl.; 1907 lobende Erw.) / Salon: 1880–1913 Nancy; 1891 Strasbourg; 1892 Dijon; Remiremont. 🕮 ThB9, 1913; Vo5, 1961. DBF X, 1965; *Bénézit* III, 1976; *Hardouin-Fugier/Grafe*, 1989; *Harcos*, 1991; *Schurr/Cabanne* I, 1996. C. R.

Desch, *Frank H.*, US-amer. Maler, Illustrator, * 19. 2. 1873 Philadelphia/Pa., † 10. 1. 1934 Provincetown/Mass., lebte dort. Schüler von William Merritt Chase, Charles Webster Hawthorne und in Paris von Louis-François Biloul. 🏛 BLOOMINGTON/Ill., Art Assoc.: Alice in Wonderland. NEW YORK, Salmagundi Club: La Robe de Boudoir. YOUNGSTOWN/Ohio, Butler Inst. of Amer. Art: The Blue Chinese Coat. 🕮 Vo1, 1953. *Fielding*, 1984; *Falk*, 1985. – Mag. antiques 134:1988 (Okt.) 622. C. R.

Desch, *Martin*, dt. Architekt, * 1751 Pfarrkirchen(?), † um 1825. Schüler von François de Cuvillier d. J. 1780 als Polier an der Klosterkirche in Asbach, die er sich bei den Plänen für St. Peter und Paul in Tann, erbaut 1798–1801, zum Vorbild nahm. 1803/04 Ltg des Wiederaufbaus der 1794 abgebrannten Pfarrk. St. Joh. Bapt. in Vilshofen. 🕮 *H. Schindler*, Reisen in Niederbayern, M. 1976; *Dehio*-Bayern II: Ndb., 1988. S. P.

D'Esch, *Philippe* → **Dex,** *Philippe*

Desch, *Théodore-Auguste (Auguste-Théodore)*, frz. Maler, Radierer, * 18. 2. 1877 Nancy, † 28. 8. 1924 Laxou. Stud.: EcBA Nancy bei Jules Larcher; ab 1896 EcBA Paris (Stip. der Stadt Nancy) bei Léon Bonnat und Léon Lhermitte. Reise nach Tirol und Italien. Tätig zunächst in der Region Paris, später in Laxou. Erfolgreich (staatl. Ankäufe) mit Szenen des intim-familiären Lebens, Lsch., Portr., Genre und Stilleben, die anfangs vom Impressionismus beeinflußt sind und sich dann zu einem persönl. Stil von kräftiger Farbigkeit und spontaner Malweise entwickeln (Öl, Pastell, Farb-Rad.). Später Rückzug aus der Öff. (Eindruck des 1. WK; persönl. Probleme). Ab 1901 Mitgl. der Soc. des Artistes français. Ausz.: 1905 (oder '06) Med. 3. Kl.; 1909 Reise-Stipendium. 🏛 NANCY, EcBA: Préparatifs du bal, Pastell. – MBA: u.a. Mère et enfant, 1906. ROUEN, MBA: Après-midi d'octobre. ⊙ *G:* ab 1896 Paris, SAfr., und Nancy, Salon. 🕮 ThB9, 1913. LivreD'Or, 1914; 1921; *Bénézit* III, 1976; *Johnson/Greutzner*, 1976; *Harcos*, 1991; *Ries*, 1992; *Schurr/Cabanne* I, 1996. – *Schurr* II, 1972; Apollo 127:1988 (Mai) 55 (Abb.). E. S.

Deschamp, *Philippe*, Bildhauer in Gent, ab 1664 Meister. 🕮 ThB9, 1913.

Deschamps (De Campis; des Champs), frz. Baumeisterfamilie(?), 2. H. 13. und 1. H. 14. Jh. in Südfrankreich nachgewiesen. Die generelle Häufigkeit des Nachnamens hat die ältere Forschung dazu verleitet, den Dokumenten eine Reihe weiterer Namensnennungen zuzufügen, in denen indessen keine Werkmeister o.ä. bezeichnet sind. Doch hat dies dazu geführt, fast alle im gen. Zeitraum entstandenen hochgotischen Bauten dieser Region (u.a. die Kathedralen von Clermont, Limoges, Narbonne, Toulouse, Rodez, Agen, Bordeaux) den D. zuzuweisen, auch wenn diese untereinander teilweise bedeutende formale Unterschiede aufweisen. Bemerkenswert ist aber, daß die D. zu den frühesten namentl. bek. Architekten der got. Archit. Frankreichs zählen.

1. *Jean*, 1248 als erster Baumeister des got. Neubaus der Kathedrale von Clermont erw. (spätmittelalterl. Paraphrase der Epitaphinschrift bei Jean Dufraisse, L'origine des églises de France ... , P. 1688, 504 s.: ... Magister Johannes de Campis incepit hanc Ecclesiam anno Domini millesimo ducentesimo quadragesimo octavo ...). Ausb. wahrsch. im Pariser Umraum und in der Picardie, denn der erste Plan der Clermonteser Kathedrale baut eindeutig auf der Formensprache der entwickelten Rayonnantgotik der Ile de France auf. D.s Aktivität in Clermont erstreckte sich bis in die sechziger Jahre des 13. Jh. (Chor einschl. Langchor und Teil des Obergadens). Seit ca. 1270 dürfte er den Neubau des Kathedralchores von Limoges geleitet haben; die E. 13. Jh. beg. Kirchenerneuerungen in Ennezat und Ravel-Salmerange (Puy-de-Dôme) sowie von Saint-Pourçain-sur-Sioule (Allier) übernehmen Elemente des Clermonteser Kathedralentwurfs von D. Aus chronolog. und morpholog. Gründen muß die früher geäußerte Annahme, D. hätte auch die Kathedrale von Narbonne begonnen, abgelehnt werden.

2. *Jean*, wohl Sohn oder Neffe von 1. D. wird am 28. 11. 1286 zum leitenden Baumeister des 1272 beg. Neubaus der Kathedrale von Narbonne ernannt (... Raymond de Ceret procureur de la fabrique, du consentement de MM. les prevosts crée et institue ad nutum M°Jean des Champs pour le 1er maistre dans le travail de leglise; cf. Narbonne, Bibl. mun., ms. 319, Bd I, f°14v). Der Anteil des Baumeisters dürfte in einer dritten Baukampagne liegen, die insbesondere den Weiterbau an den Nordwestteilen des Langchors sowie den Entwurf des Querhauses umfaßte. Vorentwürfe dazu sowie zu einem Hochchorpfeiler haben sich in Ritzzeichnungen im Fußbodenbelag der Narbonneser Achskapelle erhalten. Die hier entworfenen angeschärften, dünnen Dienstformen übernimmt D. aus dem Formenschatz des Ursprungsplans der Kathedrale. Da das Querhaus zahlr. motivische Ähnlichkeiten zu dem entsprechenden, in den 70er Jahren des 13. Jh. errichteten Bauteil der Kathedrale von Clermont aufweist (gerahmtes Triforium), dürfte D. auch hierfür der verantwortl. Meister gewesen sein. Mithin ist ebenfalls wahrsch., daß er mit 1 in enger verwandtschaftl. Beziehung stand. Eine Identität beider Meister anzunehmen, erscheint angesichts der zeitl. Entfernung der Nennungen in Clermont und Narbonne problemat., ist aber nicht auszuschließen. D. dürfte bis kurz vor 1300 in Narbonne tätig gewesen sein, als er von Dominique de Fauran abgelöst wurde. Weitere Werke: wohl beteiligt am hochgotischen Ausbau des sog. Alten erzbischöfl. Palastes in Narbonne. Ein entscheidender Einfluß von D. auf andere, zumeist bereits in den siebziger Jahren des 13. Jh. beg. Großbauten der Region (Kathedralen von Carcassonne, Toulouse, Rodez etc.) ist entgegen der Annahme der älteren Literatur nicht eindeutig auszumachen. Möglicherweise ist D. ident. mit einem Johannis de Campis, magister fabricae der Kathedrale von Bordeaux, dessen Sohn 1309 als Benediktinermönch in Limoges gen. ist (Regestum Clementis Papae V, n° 5780). Immerhin zeigt der Triforienbereich der Kathedrale von Bordeaux große Ähnlichkeiten mit den entsprechenden Bauteilen in Limoges und Clermont.

3. *Pierre*, † (vor) 1357 (in Clermont als Magist[er] Petrus de Campis, quondam magistr[er] edificii Claromontensis als bereits verstorben genannt [Rouchon/Faucon, 323 s.; Du Ranquet, 82–85]). Es kann angenommen werden, daß es sich um einen weiteren Kathedralbaumeister aus der Fam. D. handelt. 1339 ist in Rodez die Frau eines Pierre D., dem Sohn eines gleichnamigen „magister" von Clermont, erwähnt (Rodez, Arch. dép. Aveyron, E 1192, fo 83). Wenn mit diesem tatsächl. der Kathedralbaumeister gemeint ist, hätte er 1339 einen gleichnamigen verheirateten Sohn gehabt, könnte selbst also während des letzten V. des 13. Jh. geboren, mithin der Sohn oder Neffe von 2 sein. D.s Amtstätigkeit dürfte im ersten Drittel des 14. Jh. liegen (Ausbau des Langhauses im Osten). Davis hingegen nimmt an, D. habe bereits um 1265 die Weiterführung des von 1 begonnenen Kathedralbaus in Clermont übernommen (Querhausbereich). Unklar ist, ob ein weiterer Pierre D., obrier de peira, der 1311 für die Errichtung von St-Pierre in Gourdon (Lot) als techn. Gutachter auftritt, ident. mit dem Clermontenser Pierre ist (E. Albe, Gourdon, ses institutions relig., charitables et scolaires jusqu'à la Révolution, s.l.e.a., 21 s.).

ThB9, 1913. DA VIII, 1996. – *G. Rouchon/ M. Faucon*, in: Mélanges litt. publ. par la Faculté de lettres de Clermont-Ferrand à l'occasion du centenaire de sa création, P. 1910, 319–328; *H. Du Ranquet*, Bull. mon. 76:1912, 70–124; *L. Sigal*, Bull. de la Comm. archéol. de Narbonne 15:1921, 11–153; *E. Mâle*, Rev. des deux mondes, 7e pér., 31:1926 (Jan./Febr.) 826–857; *E. Lambert*, Abbayes et cathédrales du Sud-Ouest, Toulouse 1958, 125–147 (auch in: *id.*, Et. médiévales, Toulouse 1956, II, 232–253); *M. T. Davis*, The Cathedral of Clermont-Ferrand. Hist. of its construction. 1248–1512, Diss. Univ. of Michigan 1979, 304–422; *id.*, J. of the Soc. of architectural historians 40:1981 (3) 181–202; *F. Claval*, Bull. archéol., N. S. 20–21:1984–85, fasc. A, 185–224; *M. T. Davis*, Bull. archéol., N. S. 22:1986, fasc. A, 51–114; *C. Freigang*, Jean D. et le Midi, Bull. mon. 149:1991 (3) 265–298; *id.*, Imitare ecclesias nobiles. Die Kathedralen von Narbonne, Toulouse und Rodez und die nord-frz. Rayonnantgotik im Languedoc, Worms 1992, 191–202; *A. Courtillé*, La cathédrale de Clermont, Nonette 1994; *M. Demore u.a.* (Ed.), Autour des maîtres d'œuvres de la cathédrale de Narbonne... Actes du 3e colloque d'hist. de l'art méridional au Moyen-Age (1992), Narbonne 1994; *C. Andrault-Schmitt*, Limousin gothique, P. 1997.

C. Freigang

Deschamps, Architekt, kam 1663 nach Rennes und fertigte Pläne für den Uhrenturm. ▭ ThB9, 1913.

Deschamps, frz. Kunsttischler in Paris. A. des 18. Jh. Ausf. des Holzmodells (nach Plänen von Robert de Cotte) des Sockels (1714–20 von Marc Chabry und den Brüdern Guillaume [I] und Nicolas Coustou ausgef.) für das von Martin van den Bogaert (gen. Desjardins) gefertigte Reiterstandbild von Ludwig XIV. auf der Pl. Bellecour in Lyon (1792 zerst.). 1710–15 für die Bâtiments du roi (u.a. Versailles, Marly) tätig. Fertigte 1726/27 nach Vorlagen von Robert de Cotte Holzmodelle des Bischofs-Pal. von Verdun. ▭ ThB9, 1913. *Vial/Marcel/Girodie* I, 1912.

Deschamps, frz. Bildhauer, * Paris, † zw. 1808 und 1836, ansässig in Bordeaux. 1770 Aufnahme in die dortige Acad. de peint. et de sculpt. mit einem *Sturz des Ikarus* (Terrakotta). Prof. und 1784–89 mehrfach „adjoint à recteur" der Ec. académique. – 1777 für den zus. mit dem Bildhauer *Dubroca* ausgef. plast. Schmuck an den Portalen der Kirche St-Jean in Libourne/Gironde bezahlt. Bek. sind zudem Arbeiten nach Fabelmotiven von Jean de La Fontaine (z.B. *Belphégor*, Basrelief, Gips, 1774, nach einer Zchng von Jean-Baptiste Oudry) und mehrere Portr.-Büsten (u.a. *Molière*, Ton, 1774). Für das ehem. Hôtel Aquart (später Maison Sarget) in Bordeaux gestaltet D. zwei *Tritonen* als Balkonträger. ▭ ThB9, 1913 (Lit.). DBF X, 1965; *Bénézit* IV, 1999. R. T.

Deschamps, *Adolphe* cf. **Deschamps,** *Claude* (1765)

Deschamps, *Aimé (Ami-Louis)*, schweiz. Maler, * 14. 5. 1816 Genf, † 23. 1. 1899 Anièrs. Schüler von Charles Gleyre. 1876–86 im Pariser Salon mit Portr., Stillleben und Genreszenen vertreten. Die farbige Zchng „Two Women in an interior" eines *A. Deschamps* wurde bei Christie's am 20. 12. 1995 in London versteigert. ▭ ThB9, 1913. *Brun*, SKL IV, 1917; Biogr. Lex. der Schweizer Kunst, I, Z. 1998.

Deschamps, *Antonio*, span. Uhrmacher in Sevilla, baute 1777 die Uhr der Univ. Literaria. 1795 zus. mit dem Uhrmacher Joseph Martínez von den R. Casas de Moneda mit der Abnahme der Uhren an den Kirchtürmen von S. Marcos und S. Lorenzo beauftragt. ▭ *Gestoso y Pérez* II, 1900. R. T.

Deschamps, *Auguste-Maximilien (Maxime)*, frz. Architekt, Aquarellist, * 14. 4. 1855 Savigny-lès-Beaune/Côte-d'Or, tätig in Beaune. Stud.: 1873 (ab 1876 lt. Delaire) bis mindestens 1878 EcBA Paris bei Jean Charles Laisné. Bek. sind u.a. zwei Entwürfe für die Einfriedung des sog. Moses-Brunnens in Dijon (1875 Paris, Salon) und zwei Aqu. (*Vue de Normandie*, um 1876, und *Tombeau de Philippe le Hardi*, 1878 Paris: WA); um 1893 mit einem Vasenentwurf an einem Wettb. der Porzellan-Man. in Sèvres beteiligt. ▭ *Bellier/Auvray*, Suppl., 1887; *Delaire*, 1907; *Laveissière* I, 1980. R. T.

Deschamps, *Augustin François* cf. **Deschamps-Avisseau,** *Léon Edouard*

Deschamps, *Bertrand* (Bertrandus de Campis), frz. Baumeister, 1. V. 14. Jh. in Bordeaux tätig, u.a. für die dortige Karmeliterkirche. 1320 ist Bertrandus de Campis, artifex et magister operum ecclesiarum Burdigale et fratrum Carmelitanorum et plurimum aliorum operum magnarum constructionum in Bordeaux gen. (London, Publ. Record Office, Exchequer, Diplomatic Documents 30/1579). Für eine Tätigkeit an der Kathedrale oder an anderen Großbauten der Region ebenso wie für eine verwandtschaftl. Beziehung zur Clermonteser Baumeisterfamilie D. gibt es keine dok. Belege. Da von der zerstörten Karmeliterkirche in Bordeaux als dem einzigen D. eindeutig zuzuweisenden Werk nur der Grundriß bekannt, zudem der Anteil des Architekten an der Kirche ungewiß ist, können ihm auch von hier aus keine weiteren Werke zugewiesen werden. ▭ DA VIII, 1996 (s.v. Fam. D.). – *M. Gouron*, Maîtres d'œuvre bordelais et gascons du XIVe s., Rev. hist. de Bordeaux et du dép. de la Gironde 16:1926, 245 s.; *J. Gardelles*, La cathédrale St-André de Bordeaux. Sa place dans l'évolution de l'archit. et de la sculpt., Bordeaux 1963, 205–216; *id.*, La reconstruction de la cathédrale, in: *Y. Renouard* (Ed.), Bordeaux sous les rois d'Angleterre, Bordeaux 1965 (Hist. de Bordeaux, 3), 325–342; *C. Freigang*, Jean D. et le Midi, Bull. mon. 149:1991, 265–298; *id.*, Imitare ecclesias nobiles. Die Kathedralen von Narbonne, Toulouse und Rodez und die nord-frz. Rayonnantgotik im Languedoc, Worms 1992, 191–202. C. Freigang

Deschamps, *Camille*, Malerin frz. Herkunft, * New York, 2. H. 19. Jh. Schülerin von Tony Robert-Fleury und C. Müller. – Portr., Genre. ⊙ *G:* 1877–88 Paris, Salon. ▭ ThB9, 1913. *Bénézit* III, 1976.

Deschamps, *Catherine-Françoise* → **Beauvarlet,** *Catherine-Françoise*

Deschamps (des Champs), *Claude*, Steinmetz, 1497–1502 in Avignon belegt. Führte Reparaturarbeiten am Wohnsitz eines wahrsch. aus Florenz stammenden Kardinals aus. ▭ *P. Pansier*, Annuaire de la Soc. des Amis du Pal. des papes 1925, 49–56. A. Girard

Deschamps, *Claude*, Maler in Bourg(-en-Bresse), 1533 belegt mit Wappenmalerei auf einem Banner für Herzog Karl III. von Savoyen. ▭ ThB9, 1913.

Deschamps, *Claude*, frz. Ingenieurarchitekt, * 9. 1. 1765 Vertus/Marne. Eintritt in den Service des Ponts-et-Chaussées. Stud.: 1782–87 Ec. des Ponts in Châlons-sur-Marne. 1788–91 in Perpignan tätig (Trassierung von Gebirgsstraßen; Brückenbau). Ab ca. 1792 Ing., ab 1802 Chef-Ing. von Réthel (Straßenbau). Später Chef-Ing. der Dép. Ourthe, Lys und Ardennes. 1810 nach Bordeaux versetzt; von Napoléon I zum „inspecteur divisionnaire des Ponts-et-Chaussées" ernannt und mit bed. Aufgaben betraut: u.a. Ausf. eines detaillierten Aufmaßes der Region Aquitanien (Bordeaux, Arch. dép. de la Gironde); Bau zweier Straßen von Paris nach Spanien; Errichtung von Brücken in Mont-de-Marsan und Libourne sowie von Deichen, z.B. in Bayonne; Verbesserung der Schiffbarkeit der Garonne; Schaffung eines Abwasserkanalsystems zw. Garonne und Adour. D.s Hw. ist der 1810–22 errichtete sog. Pont de Pierre, eine 487 m lange, 11 m breite neoklassizist. Steinbrücke über die Garonne (1953/54 verbreitert; Projekt in Bordeaux, Arch. dép. de la Gironde). Die im hohlen Inneren der Brücke verlaufenden Gal. bieten Zugänge zu den über jedem Pfeiler befindl. Räumen mit Kreuzgewölben. D. vereint in diesem Bauwerk mit 17 elegant wirkenden Bögen all seine ingenieurtechn. wie auch architekton. Kenntnisse und Fähigkeiten und integriert die Brücke geschickt in den städtebaul. Raum; zum einen ist sie ein Tor zur Stadt, zum anderen dient sie zu deren Strukturierung im Zuge der Ausdehnung am rechten Garonne-Ufer. 1816 Mitgl., 1819 Präs. der Acad. de Bordeaux. Kommandeur der Ehrenlegion. 1842 pensioniert. – Der Sohn *Adolphe D.*, Absolvent der Pariser Ec. polytechnique, wird D.s Nachf. als Chef-Ing. von Bordeaux; der Schwiegersohn Jean-Baptiste Billaudel ist 20 Jahre lang Chef-Ing. im Service des Ponts-et-Chaussées und viele Jahre D.s wichtigster Mitarbeiter. 🏛 BORDEAUX: Entrepôt Lainé (wuchtiger Speicher mit klassizist. Gewölben, heute kult. Zentrum), 1824 voll. 📖 *J. P. Beriac*, Le fonds Billaudel. Portr. de deux ing. du 19e s. (Kolloquium 1981), P. 1985, 146–153; *C. Rochant*, Mon. hist. 1987 (150/151) 73–80; *P. Veilletet/ G. Fessy*, L'Entrepôt Lainé à Bordeaux, P. 1992; *J. Lacouture u.a.*, Le pont de pierre, Bordeaux 1995. R. T.

Deschamps, *Edouard* cf. **Deschamps-Avisseau,** *Léon Edouard*

Deschamps, *Emile*, frz. Holzschneider, Illustrator, 1833–80 belegt. Schüler von Louis Henri Brévière. Arbeitete für die Zss. Illustration und Mag. pittoresque. Stach u.a. nach Honoré Daumier, Auguste Raffet (z.B. Vignette im „Almanach du fumeur et du friseur") und Gustave Doré. Lieferte Ill. zu Pariser Publ.: u.a. „Voyage aux Pyrénées par Hippolyte Taine" (Zeichner: v.a. G. Doré), 1860; „Les Contes de Charles Perrault" (Zeichner: G. Doré), P. 1862; „Hist. populaire contemp. de la France" von Victor Duruy, P. 1864; „Voyage autour du Monde" von Comte Ludovic de Beauvoir, 1873. Lt. IFF ist D. nicht ident. mit dem Maler Emile Marie Benjamin D. 🏛 PARIS, BN, Cab. des Estampes. 📖 IFF, Après1800 VI, 1953 (Ill.-Verz.); L'art d'illustration. Frz. Buch-Ill. des 19. Jh. (K), Wolfenbüttel 1985. C. R.

Deschamps, *Emile Marie Benjamin*, frz. Maler, * Paris, dort 2. H. 19. Jh. tätig. Schüler von François Edouard Picot und Louis Eugène Coedès. – Öl-Gem., Aqu., Pastelle; v.a. Porträts. Lt. IFF ist D. nicht ident. mit dem Holzschneider Emile D. ⦿ *G:* 1868–70, '78 Paris, Salon. 📖 ThB9, 1913. – IFF, Après1800 VI, 1953. C. R.

Deschamps, *François*, US-amer. Fotograf, * 18. 11. 1946, lebt in New Paltz/N. Y. Stud.: 1964/65 Sorbonne, Paris; 1965–70 Univ. of Illinois, Champaign; 1972 Illinois Inst. of Technology, Chicago. Lehrtätigkeit: 1972–80 Bradley Univ., Peoria/Ill.; seit 1980 State Univ. of New York, New Paltz. Ausz.: u.a. 1983, '87, '94 Nat. Endowment for the Arts (Stip.). 🏛 BROOKLYN/ N. Y., Brooklyn Mus. CHICAGO, Mus. of Contemp. Art. HOUSTON/Tex., MFA. NEW YORK, Metrop. Mus. – MMA. 📖 WWAA, 1991/92–1997/98 (Publ.). – *W. Thompson*, AiA 79:1991 (Okt.) 152 s. C. R.

Deschamps, *François-Antoine*, frz. Sticker, † 1729 München. Ab 1715 als Mitgl. der von Kurfürst Max Emanuel etablierten frz. Künstlerkolonie in München. Arbeitete an der Ausstattung der Schlösser. 📖 ThB9, 1913.

Deschamps, *François-Auguste-Anatole*, frz. Maler, * Tours, 2. H. 19. Jh. Schüler von Daverne, Lobin und Yvon. – Portr. und Genre. ⦿ *G:* 1872–85 Paris, Salon. 📖 ThB9, 1913. *Bénézit* III, 1976.

Deschamps, *Frédéric*, frz. Tierbildhauer, Aquarellmaler, * Saint-Erblon/Ille-et-Vilaine, 1892–1901 in Paris belegt. 🏛 BOURGES, Mus.: La Garde, Aqu. ⦿ *G:* Paris: 1892 Salon Nat. des BA (La défense du nid, Kamin-Basrelief, Marmor); ab 1894 (u.a. 1894 Cocorico ..., Gipsgruppe, 1895 als Bronzeguß von Siot-Decauville). 📖 ThB9, 1913. *Bénézit* III, 1976; *Kjellberg*, 1987. C. R.

Deschamps, *Gérard*, frz. Maler, Objektkünstler, * 1937 Lyon, tätig in La Châtre. Autodidakt, bereits 18jährig erste Ausst.-Teiln. mit experimenteller abstrakter Malerei. 1957 Begegnung mit Raymond Hains. Über zwei Jahre im Algerienkrieg. Ab 1961 jüngstes Mitgl. der Nouv. Réalistes, mit denen D. fortan ausstellt. – Schon in ersten, abstrakt tachist. Gem., z.T. ergänzt durch Fotos, intentive Beschäftigung mit der Materialität der Bilder. Ab 1956 erweitert er seine Vorstellung von Malerei durch Einbeziehen farbiger Stoffe: Collagen, Lappen- und Falten-Bilder. Die Freundschaft mit Hains verstärkt das Interesse an der Verwendung vorgefundener Mat. und Gegenstände. Nach dem Algerienkrieg benutzt D. solche Objekte aus dem militär. Bereich, z.B. Panzerplatten (mit Gebrauchsspuren wie Durchschuß-Perforationen), Flugzeugteile, fluoreszierende Markierungsplanen von Flughäfen, deren Farbigkeit (orange, gelb, rosa) und Effekte von Gebrauchsspuren (Knicke, Falten, Flecken usw.) D. interessieren; er präsentiert Planen auf Keilrahmen und bereitet damit die künstler. Richtung Supports/Surface vor. Später stellt er Waffen und militär. Orden zus., die vergrößert und auf farbig bemalte Drahtgitter aufgezogen werden (Bienn. Paris, 1965). Textile Arbeiten sind v.a. Assemblagen aus Damen-Dessous. Neben der Provokation, unterstrichen durch humorvolle Titel, reizen D. die überraschenden Farbkombinationen aus zarten Pastelltönen. Sie stehen im Gegensatz zur lebhaften Farbigkeit jap. Tücher wie auch zu den festen, lichtreflektierenden Wachstüchern, die er wenig später verwendet. Aneinandergenäht oder verknotet, ist der Einzelgegenstand entwertet zugunsten der Gesamtwirkung. Nach dem Rückzug aus der Pariser Kunstszene E. der 70er Jahre gestaltet er mehrere Projekte mit Mat. des Wassersports, z.B. um 1983 Strandballone in vergitterten Käfigen (1990 Ausst. Les Ballons, Gal. Le Gall Peyroulet, Paris), ab 1986 eine Ser. von „panoplies", der Modewelt des Surfens entnommen. Unter den Nouv. Réalistes steht D. den Affichisten nahe. Der Char. der „Archivierung" und Konservierung vergängl. Dinge wird u.a. durch Plexiglas-Schutz der Arbeiten betont. 🏛 DARMSTADT, Hess. LM. HAMBURG, KH, Slg Cremer. MANNHEIM, StKH. PARIS, MNAM. – FNAC. TOULON, Mus. de Toulon. WIEN, MMK. ⦿ *E:* Paris: 1956 Gal. du Haut Pavé; 1957 Gal. Colette Allendy; 1962 Gal. Ursula Girardon (K: P. Restany); Gal. J.: D. et la rose de la vie (K: P. Restany) und Plastique et chiffons (K); 1988 Gal. Le Gall Peyroulet (K); 1991 Gal. Gilles Peyroulet; 1998 Fond. Cartier (K) / Venedig: 1964 Gall. del Leone: Irisation (K); 1966 Gall. dell' Elephante (K) / 1979 Châteauroux, Gal. Dominique Marchès / 1993 Köln, Gal. Der Spiegel. – *G:* Paris: 1955 Gal. Facchetti; 1958 Gal. du Haut Pavé; 1961–65 MAMVP, Salon Comparaisons (K); 1961 Gal. J.: Nouv. aventures de l'objet; 1963 MAMVP: 3. Bienn. de Paris (K); 1965 MAMVP: 4. Bienn. de Paris (K); 1967 Gal. Stadler: Art objectif (K: O. Hahn); 1972 Grand Pal.: Douze ans d'art contemp. en France (K); 1978 Gal. Lara Vincy: Bigeard – Bise-art (K); 1986 MAMVP: Nouv. Réalistes (K); 1990–91 MNAM: Art et pub (K); 1992 MNAM: Manifeste. 30 ans de création en perspective 1960–1990 (K); 1997 MNAM: Made in France 1947–97 (K) / 1961 Köln, Gal. Haro Lauhus; Mailand, Gall. Breca (K); Stockholm, Gall. Samlaren (K) / 1962 Rom, Gall. la Salita / 1963 Gent, Centrum voor Kunstambachten (K); München, Neue Gal. im Künstlerhaus (K) / 1964 Den Haag, Gemeente Mus.: Nouv. Réalistes; München, KV (K); Venedig, Bienn. flottant d'Iris Clert / 1970 Mailand, Rotonda della Besana (K) / 1980 New York, MMA: Europ. Trends in Modern Art (K) / Wien, MMK, Stiftung Ludwig: Paris 1960–80 / 1988 New York, Zabriskie Gall.: Nouv. Réalistes (K) / 1990–91 Tokio, Sezon Mus. of Art (K) / 1991 Bern, Gal. Pigassi: Nouv. Réalistes (K) / 1992/93 Münster, Westfäl. LM: Das offene Bild (K) / 1994 Annemasse, Villa du Parc: L'Objet (K) / 1997 Köln, Mus. Ludwig: Die neuen Abenteuer der Objekte (K); Nizza, MAMC: De Klein à Warhol (K). ▭ *Bénézit* III, 1976; *G. Durozoi*, Dict. de l'art mod. et contemp., P. 1992. – *M. Ragon*, Jardin des arts 100:1963; *P. Restany*: Les Nouv. Réalistes, P. 1968; *A. Tronche/H. Gloaguen*, L'art actuel en France, P. 1973; *I. Clert*, Iris-Time, P. 1978; *D. Abadie*, Art press 61:1982; *P. Restany*, 60/90. Trente ans de Nouv. Réalisme, P. 1990; *J. P. Ameline*, Les Nouv. Réalistes, P. 1992; *C. Francblin*, Les Nouv. Réalistes, P. 1997; G. D., Homo Accessoirus, Fond. Cartier, P. 1998 (K, Ausst.-Verz.). G. Durozoi/A. Rittmann

Deschamps, *Gilles*, Miniaturist, Schreiber, für die Ausf. von 74 Zierbuchstaben im Aug. 1427 vom Herzog von Burgund bezahlt. ▭ ThB9, 1913.

Deschamps, *Guillaume* (1387) cf. **Deschamps,** *Guillemin*

Deschamps (Des Champs), *Guillaume*, frz. Maler, † 1524 (lt. Bénézit), 1515/16 in Lyon erw.; beteiligte sich u.a. an den Dekorationen anläßl. des Einzugs von Franz I. und seiner Ehefrau. ▭ ThB9, 1913. *Audin/Vial* I, 1918; *Bénézit* III, 1976. C. R.

Deschamps, *Guillaume Désiré Joseph* → **Descamps,** *Guillaume-Désiré-Joseph*

Deschamps, *Guillemin (Guillaume)*, frz. Maler, um 1374/75 zus. mit bzw. unter Ltg von Etienne Lannelier für Herzog Jean de Berry beschäftigt; 1374 malt D. einen Hirschkopf im Schloß von Mehun-sur-Yèvre/Cher; 1375 für Arbeiten im Auftrag des gen. Herzogs bezahlt. Evtl. ident. mit einem 1387–1406 in Paris nachw. Miniaturisten, Buchhändler und -binder, der v.a. für die Rechnungskammer von König Karl VI. tätig ist; 1395 verkauft er dem Duc d'Orléans die *Chron. de France historiées et toutes complètes*; zudem arbeitet er für die Eglise des Célestins. 1401 erhält er von Karl VI. die Genehmigung zur Gründung der Bruderschaft der Pariser Drucker, Buchhändler und -binder in der Kirche St-André-des-Arts. Viell. ist er auch derjenige, der 1424 einen Bildteppich mit der *Gesch. der Judith* an den Duc d'Orléans liefert. ⌂ GERMOLLES/Saône-et-Loire, Schloßportal: Wappen des Herzogspaares, 1380. ▭ ThB9, 1913. DBF X, 1965 (s.v. D., Guillaume); *Bénézit* IV, 1999. – *Helwig* II, 1953 (s.v. D., Guillaume); *Troescher*, Malerei, 1966. R. T.

Deschamps, *Henri*, frz. Lithograph, Maler, * 1914 Paris. Mitarb. (Plakate und Lith.) im Atelier von M. F. Mourot. ⌂ PARIS, BN: Lith., 1944–52. ▭ IFF, Après1800 VI, 1953; Georges Braque: printmaker (K Tate Gall.), Lo. 1993. K. S.-D.

Deschamps, *Hugues*, Kalligraph in Besançon, Sign. auf der reich verzierten Titelseite eines Ms.-Bandes von Claude de Montfort, dat. 1584 (Bibl., Besançon). ▭ ThB9, 1913. *Brune*, 1912.

Deschamps, *Jacques*, Goldschmied, nachw. 1696–1729 in Tournai, lieferte 1696 an die Kirche Notre-Dame de Bon Secours einen Goldring mit ovalem Karneol. ▭ ThB9, 1913.

Deschamps, *Jacques*, frz. Maler, * 1933 Caen, lebt ebd. Malt abstrakt-geometrisierend mit transparent-heller bis monochromer Farbigkeit in Annäherung an Nicolas de Staël. ⌂ DIEPPE, Château-Mus. NANTES, Coll. des Amies du Mus. de Nantes. – FRAC Basse-Normandie. – FRAC Haute-Normandie. ⊙ *E:* Caen: 1948, '51 Gal. Alleaune; 1954, '55 Gal. Granier; 1987 MBA / 1974, '75, '79, '83 Paris, Gal. Charley Chevalier / 1984 Cherbourg, Centre Cult. (K). – *G:* 1953–57 Rouen, Salon d'Automne / Paris: 1954–69 Salon d'Automne; 1957–58 Salon de l'Art Libre; 1957 Salon de la jeune Peinture; 1958 Salon des Indépendants / 1961–80 Honfleur, Salon des Artistes. ▭ J. D. Au fil des transparences. 1951–1987 (K MBA), Caen 1987 (Ausst., Lit.). K. S.-D.

Deschamps, *Jacques-Prosper-Marie (Prosper)*, frz. Architekt, * 1799 Paris, † 1881, lebte dort. Stud.: ab ca. 1817 EcBA Paris bei Léon Vaudoyer, Jean Nicolas Huyot und Auguste Jean Marie Guénépin. Gutachter bei Gericht. V.a. Bau von Priv.-Häusern in Paris sowie des Schlosses in Neuilly-sur-Seine (zus. mit Pierre-Edouard Dumont). ⌂ PARIS, 6, rue de la Grange-Batelière und 31bis, rue du Faubourg-Montmarte: Passage Verdeau, 1847 (neoklassizist.; lt. Delaire 1830 erb.). – 58, rue du Château d'Eau: Anbau an das Kaufhaus Le Tapis rouge, 1876. – 181, boulevard Saint Germain/Ecke rue Saint Guillaume: Mietshaus, 1880 (zus. mit Alfred Brémard). ▭ ThB9, 1913. *Delaire*, 1907; *Dugast/Parizet* II, 1991; Dict. des mon. de Paris, P. 1992. R. T.

Deschamps, *Jean* (1248) → **Deschamps** (Baumeister-Fam.)

Deschamps, *Jean* (1286) → **Deschamps** (Baumeister-Fam.)

Deschamps, *Jean-Baptiste*, frz. Bildhauer, * 1. 11. oder 1. 12. 1841 Tournus/Saône-et-Loire, † 20. 7. 1867 Neapel (21. 7. 1867 nach Angabe auf D.s Epitaph in der röm. Kirche S. Luigi de'Francesi, lt. Laveissière). Entstammt einer alteingesessenen Steinmetz-Fam. aus Tournus. Zunächst ebd. Schüler von Abbé Claude Garnier. Stud.: ab 1859 EcBA Lyon bei Joseph Hugues Fabisch (1859 Silber-, 1860 Gold-Med.); ab 1863 mit Stip. des Dép. Saône-et-Loire an der EcBA Paris bei François Truphème und François Jouffroy; erhält 1864 den Rompreis für das Hochrelief *Odysseus den Bogen spannend* (Paris, ENSBA, lt. Laveissière). Ab 1865 Stipendiat an der Acad. de France in Rom; stirbt bei der Rückkehr von einer Studienreise nach Pompeji an Typhus. Wichtigste Einsendungen aus Rom nach Paris: *Hermesopfer*, Basrelief; *Jeune fille romaine*, Büste, beide Gips; *Tanaquil, femme de Tarquin*, Marmorbüste, alle 1866; *Diskuswerfer*, Gips, 1867 (Bronze im Salon 1868, vom frz. Staat für den Garten im Lyoner Pal. des Arts erworben). – D.s Portr. vom Maler Diogène Maillart befindet sich in Rom, Villa Medici, ein Marmormedaillon von Eugène Delaplanche auf seinem Grabmal in Rom. ⌂ CHALON-SUR-SAONE, Mus. Denon. LYON, MBA. TOURNUS, Mus. Greuze. 📖 ThB9, 1913. *Lami* II, 1916; *Audin/Vial* I, 1918; *Mackay*, 1977; *Laveissière* I, 1980 (Werke, Lit.); *Bénézit* IV, 1999. – La sculpt. franç. au XIXe s. (K Grand Pal.), P. 1986. R. T.

Deschamps, *Jean Julien (Julien)*, frz. Maler, * 14. 7. 1817 Paris, † 12. 9. 1889 Soissons. Schüler von Camille Flers und Antoine Vollon. – V.a. Archit.-Motive und Interieurs. – D.s gleichnamiger Vater war Bildhauer. ⌂ SOISSONS, Mus.: Petit manoir normand du 17e s. (Salon 1877). ⊙ *G:* 1877–80 Paris, Salon. 📖 ThB9, 1913. *Bénézit* III, 1976. C. R.

Deschamps, *Jehan*, Ornamentbildhauer in Rouen, 1502 und 1507 (Arbeit am Schloß Gaillon) genannt. 📖 ThB9, 1913.

Deschamps, *Joseph*, frz. Bildhauer, * um 1743 wahrsch. Paris, † Febr. 1788 Saint-Cloud/Hauts-de-Seine (begr. in der Kirche ebd.). Sohn des Pariser Bürgers François D. Erhält 1768 den 2. Preis für Bildhauerei der ehem. Ec. acad. in Paris mit dem Basrelief *David mit dem Haupt Goliaths*, 1771 den 1. Preis für Bildhauerei der Acad. royale de Peint. et de Sculpt. ebd. mit dem Basrelief *Moses, Wasser aus dem Felsen schlagend*. Mitgl. der Pariser Acad. de St-Luc. Aus unbek. Gründen nicht in die Acad. des élèves protégés aufgenommen und somit auch nicht Stipendiat der Acad. de France in Rom. 1768–70 unter Ltg des Bildhauers Augustin Pajou an der Ausgestaltung des Operntheaters im Schloß von Versailles beteiligt. Im Dienst von Königin Marie-Antoinette fertigt D. im Verlauf von ca. 15 Jahren zahlr. Werke für das Petit Trianon in Versailles und arbeitet in den Schlössern von Saint-Cloud und Bellevue/Hauts-de-Seine. Nach seinem Tod ersucht die Witwe den Comte d'Angivillier um einen Studienplatz für ihre Tochter in der Pension des élèves protégés. ⌂ LAEKEN, Kgl. Schloß, Salle des Clodions: Wettlauf zw. Hippomenes und Atalante; Triumph der Flora, Basreliefs (Zuschr. von Ypersele de Strihou, einst als Werke von Clodion erachtet; urspr. im Treppenhaus des Schlosses Saint-Cloud, 1870 von dort vor der Zerst. gerettet, 1904 durch König Leopold II. für Laeken erworben, seit 1905 dort). PHILADELPHIA/Pa., Mus. of Art: Gipsmodelle der beiden Basreliefs in Laeken (1927 erworben). 📖 ThB9, 1913 (Lit.). *Bénézit* IV, 1999. – J. de Paris v. 14. 2. 1788; Les Affiches de Paris 1788, 439; *L. Dussieux*, Le château de Versailles, II, P. 1881, 343, 347; *Montaiglon*, Procès-verbaux VII, 1886, 397; VIII, 1888, 83; *A. Trudon des Ormes*, Etat civil d'artistes fixés à Paris à la fin du XVIIIe s., P. 1889, 6; *E. Diskant*, BSHAF 1992, 113–121 (Modelle in Philadelphia); *A. van Ypersele de Strihou*, ibid., 123–130 (Werke in Laeken). – Paris, Arch. nat.: O^1^ 1532^7^, O^1^ 1536, O^1^ 1708^4^, O^1^ 1764 A, O^1^ 1880^1^, O^1^ 1920^2^, ^1^ 2278^2^, Y 11601. C. Navarra

Deschamps, *Léon Julien*, frz. Bildhauer, Medailleur, * 26. 5. 1860 Paris, † Sept. 1928, dort tätig. Stud.: Ec. nat. des BA Paris bei Gabriel-Jules Thomas, Augustin-Alexandre Dumont (Bildhauerei), Hippolyte Moreau und Léon-Alexandre Delhomme (Med.-Stich). 1877 Prof. an der Pariser Ec. supérieure professionnelle Estienne. – Zunächst Gest. bemerkenswerter Großplastiken (z.B. *En moisson*, Marmorstatue, 1888), später v.a. erfolgreich mit zahlr. Med. und Plaketten in öff. Auftrag (Portr. und Allegorien, z.B. Parlaments-Med., 1906; *Portr. d'Emile Combes*, vergoldete Bronze, Salon 1906). ⌂ BREMEN, KH: 3 Med. PARIS, Mus. Galliera: zahlr. Plaketten. – Friedhof Montparnasse: Delhomme, Portr.-Medaillon. – Pl. Rhin-et-Danube: La Moisson, Gruppe, Stein, 1933. ⊙ *G:* Paris: ab 1884 SAfr. (ab 1886 Mitgl.; 1891 Med. 3. Kl.; 1897 Med. 2. Kl.; 1903 Med. 1. Kl.); 1900 WA (Silber-Med.). 📖 ThB9, 1913. *Bénézit* III, 1976; *Kjellberg*, 1987; DA VIII, 1996. – *U. Köcke*, Verz. der Med. und Plaketten des 19. und 20. Jh. in der KH Bremen, Bremen 1975; Cat. gén. des éd. de la Monnaie de Paris, III, P. 1978, 142 s.; *P. Kjellberg*, Le nouv. guide des statues de Paris, P. 1988. – Paris, Arch. de la Monnaie: P/6. J.-M. Darnis/R. T.

Deschamps, *Louis Auguste*, frz. Arzt, Naturforscher, Aquarellmaler, Zeichner, Autor, * 1765 Saint-Omer, † 1842 ebd. Er begleitete 1792/93 A. R. J. d'Entrecasteaux auf dessen Suchexpedition nach dem Seefahrer J. F. de La Pérouse. ⌂ LONDON, Natural Hist. Mus.: Skizzen von Java und der javan. Flora. 📖 *L. Haks/G. Maris*, Lex. of foreign artists who visualized Indonesia, Utrecht 1995. C. R.

Deschamps, *Louis-Charles*, frz. Stecher, Illustrator, * 19. 8. 1789 Paris, fertigte v.a. ornamentale Zierstücke für den Buchdruck nach einem eig. Verfahren („Polytypie") und lieferte solche Vignetten der Imprimerie royale. Ill.: *Dict. des artistes* von Gabet, 1831. 📖 ThB9, 1913.

Deschamps, *Louis-Henri*, frz. Maler, * 25. 5. 1846 Montélimar/Drôme, † 8. 8. 1902 ebd. Stud.: zunächst EcBA Lyon; 1870–76 EcBA Paris bei Alexandre Cabanel. Anfangs hist. Sujets, Genre und ländl. Szenen; ab 1883 Sittenschilderungen aus dem Milieu armer Leute; außerdem einige relig. Sujets sowie zahlr. Portr. (Öl, Aqu., Pastell). Ausz.: 1877 Med. 3. Klasse. ⌂ *(Öl, wenn nicht anders erw.:)* AVIGNON, Mus. Calvet: Vincent blessé, 1881. BOURG-EN-BRESSE, Office nat. des Anciens Combattants: Rech. de la paternité (L'enfant abandonné), Salon 1884. CARCASSONNE, MBA: Vu par un jour de printemps. LA ROCHELLE, MBA: Les jumeaux; Folie. MARSEILLE, MBA: Pauvreté; La mort de Mireille. MONTELIMAR, MAH: Cribleuse. MULHOUSE, MBA: Ballerine, 1892; Jeune fille. ROCHEFORT, MAH: Froid et faim; Le sommeil de Jésus; Portr. de Madame Deschamps; Consolatrice. TOUL, Mus. mun.: Et. d'un enfant, Pastell. ⊙ *G:* Paris: ab 1873 (lt. DBF '71) Salon; Salon der Soc. nat. des BA; 1900 WA (Gold-Med.). 📖 ThB9, 1913. DBF X, 1965; *Camard/Belfort*, 1974;

Johnson/Greutzner, 1976; *Bénézit* III, 1976; *Billcliffe* I, 1990; *Schurr/Cabanne* I, 1996. – *Schurr* III, 1976. E. S.

Deschamps, *Maxime* → **Deschamps,** *Auguste-Maximilien*

Deschamps, *Nicolas*, frz. Bildhauer, Architekt, * Dijon. Fertigte 1666 vier Statuen für das Retabel (Hauptaltar) der Eglise de la Visitation in Annecy. Ließ sich 1670 in Chambéry nieder und trat in den Dienst des Duc de Savoie; dekorierte 1677–84 die Chap. d'Amédée de Savoie der Franziskanerkirche (heute Kathedrale) in Chambéry; entwarf Pläne für das Portal der Augustinerkirche ebd. 1681–1685 Ausf. von Schilderhäuschen an der Brücke von Montmélian/Savoie. 🕮 ThB9, 1913. *Brune*, 1912. C. R.

Deschamps, *Nicolas*, Maler, von ihm ein Bild in der Kap. von Miolans, 1688, den Herzog Amadeus von Savoyen und den hl. Victor darstellend. 🕮 ThB9, 1913.

Deschamps, *Pierre* (1287) → **Deschamps** (Baumeister-Fam.)

Deschamps, *Pierre*, frz. Glocken- und Stückgießer, † 1571 oder A. 1572 Reims, dort ab 1535 belegt. Umguß von Glocken für die Kirchen in Rethel, Blanzy, Foigny-en-Thiérache (Abtei) und Reims (Ste-de-la-Madeleine). Fertigte 1557 zus. mit Oudin Hardi elf Kanonen für Reims. D. goß 1570 für die Kathedrale Notre-Dame die große Glocke (Bourdon, der bei allen Königskrönungen und großen nat. und lokalen Anlässen läutete) und den kleinen Bourdon (ab 1624 Umguß). Er war „capitaine-enseigne" der Arkebusiere in Reims; auch jurist. tätig. 🕮 DBF X, 1965. C. R.

Deschamps, *Pierre*, frz. Bildhauer, * Paris, † um 1836 Bordeaux. Wahrsch. zunächst bei einem Meister in Paris tätig. Ab ca. 1765 in der Gironde ansässig. 1768 bei einer Ansprache von Jean-Baptiste Descamps in der Acad. de Peint. et de Sculpt. von Bordeaux zugegen. Am 14. 11. 1770 „agréé" dieser Akad. mit einem Terrakotta-Entwurf zum *Sturz des Ikarus* (verschollen); ab Dez. 1770 Mitgl., im Sept. 1771 endgültige Aufnahme in die Akademie. Fortan in den meisten von deren Salons vertreten. 1775 fertigt D. für die Schüler der Akad. einen Abguß des Muskelmannes von Jean-Antoine Houdon. Saloneinsendungen: 1771 *Fall des Ikarus* (Aufnahmestück) und *Akt*; 1774 *Molière*, Büste, Ton, und *Belphégor*; 1776 *Le Roi, le milan et le chasseur*, beide Basreliefs in Gips nach Zchngn von Jean-Baptiste Oudry mit Fabelmotiven von Jean de La Fontaine; 1782 und 1787 mehrere Tonbüsten. 1783 gestaltet D. eine Büste des Marineoffiziers *Monsieur de Navarre*. 1784 erstmals zum Adjoint à Recteur der Akad. von Bordeaux ernannt (1788 erneut). Nach Zchngn des 1785 mit dem Bau des Hôtel Aquart (Cours de l'Intendance) beauftragten Architekten Louis-Guy Combes fertigt D. für die Fassade zur Straße zwei *Tritonen* als Balkonstützen. 1788 übernimmt er die Ausf. des plast. Schmucks für die Nischen rechts und links vom Portal des Erzbischöfl. Pal. in Bordeaux, d.h. von Terrakotta-Modellen zu allegor. Gestalten der *Religion* und der *Stadt Bordeaux mit einer Bibel in der Hand* (beide Modelle von 1788 in Bordeaux, MAD). 1789 zum Prof. der Akad. von Bordeaux berufen. Keine spätere Tätigkeit dort Stadt nachw. (viell. Rückkehr nach Paris oder in der frz. Prov. beschäftigt). 🏛 BORDEAUX, MAD. – MBA: Männerbüste, Gipsabguß, terrakotta-artig patiniert, 1774; Opfer des Jupiter; Opfer der Minerva, Basreliefs, Terrakotta, jeweils im Holzrahmen. ⊙ *G:* 1973 Bordeaux, Mus. d'Aquitaine: 2000 ans d'hist. (K). 🕮 *Lami* I, 1910. – *Abbé Le Brun*, Almanach hist. et raisonné des architectes, peintres, sculpteurs, graveurs et ciseleurs, P. 1777; *P. Bernadau*, Hist. de Bordeaux, Bordeaux 1839, 382; Cat. du MBA de Bordeaux, Bordeaux 1855, Nrn 6 s.; *C. Marionneau*, Descr. des œuvres d'art qui décorent les édifices publics de la ville de Bordeaux, P. 1861; *id.*, Les salons bordelais, ou expos. des BA à Bordeaux au XVIIIe s., Bordeaux 1884, 11, 26, 34, 53, 77, 142 s.; *E. Ferret*, Statistique gén. topogr., sc., administrative, industrielle, commerciale, agricole, hist., archéol. et biogr. du dép. de la Gironde, III/1: Biogr., Bordeaux 1889, 186; *C. Braquehaye*, Réunion des soc. des BA et des dép. 1901, 598, 602, 609, 611, 616, 624, 626; 1902, 576; *X. Védère*, Ville de Bordeaux. MAD, Du Moyen âge au XVIIIe s., Bordeaux 1965 (Guide du visiteur), Nr 66; *id.*, Le Pal. Rohan de Bordeaux, Bordeaux 1967, 10, Abb.; *F.-G. Pariset*, Bordeaux au XVIIIe s., Bordeaux 1968 (Hist. de Bordeaux, 5), 667; *P. Lacour*, Notes et souvenirs d'un artiste octogénaire, 1778–1798, Bordeaux 1989, 55, 60, 125, Anm. 211; *C. Taillard*, Bordeaux à l'âge classique, Bordeaux 1997, 136, 228. C. Navarra

Deschamps, *Pierre-Hilaire-André (André)*, frz. Maler, * 28. 11. 1784 Poitiers, † 15. 1. 1867 ebd. Dort Schüler von Hivonnais an der Ec. mun. des BA. – V.a. Portr. von lokalen kirchl. Würdenträgern und bek. Personen (Adlige, Gelehrte) in konventioneller Malweise; auch Kopien von Kirchenbildern für die Kathedrale in Poitiers. 🏛 POITIERS, Mus. de la ville. – Soc. des Antiquaires de l'Ouest. – Kathedrale, Sakristei, salle de Prélats: Portr. von Bischöfen. VERSAILLES, Château: Duc Jacques de Felhe, ganzfiguriges Portr. 🕮 ThB9, 1913. *Bénézit* III, 1976. – *B. Gaudichon*, D., in: Peint. XIXe et XXe s. (K Mus. de la ville), Poitiers 1988. – Mitt. B. Gaudichon, Roubaix. C. R.

Deschamps, *Prosper* → **Deschamps,** *Jacques-Prosper-Marie*

Deschamps, *Raoul*, frz. Landschaftsmaler, * 1903 Paris, † 1958. Stud.: EcBA Paris. ⊙ *E:* Paris: 1939 Gal. Au Sans-Pareil; 1958 Gal. Duncan (Gedächtnis-Ausst.). 🕮 Vo5, 1961.

Deschamps-Avisseau, *Léon Edouard (Edouard-Léon)*, frz. Bildhauer, * 1844 Tours, † 1910 ebd. Enkel von Charles Jean Avisseau. 1859–76 dessen Schüler; auch Ausb. beim Onkel Edouard Avisseau. 1882–92 in Paris, dort v.a. relig. Arbeiten. Später in der Touraine ansässig, wo sich D. den Kopien (Terrakotta) von Werken des 18. Jh. widmete. Wohl ident. mit Augustin-François Deschamps. – Ein frz. Bildhauer *Edouard Deschamps* (* 1862 oder '63) aus Paris kam per Schiff am 17. 6. 1900 in New York an. Unbek., ob ident. mit D. 🏛 TOURS, MBA: 2 Büsten: Charles Jean Avisseau; Dr. Miquel. ⊙ *G:* 1875–88 Paris, Salon (Büsten in Gips und Terrakotta). 🕮 ThB9, 1913. *Mackay*, 1977 (beide s.v. D. und Deschamps, Augustin François); *Karel*, 1992 (s.v. Deschamps, Edouard). – Mitt. MBA, Tours. K. S.-D.

Des Champs de Pas, *Maximilien-Louis-Auguste*, frz. Maler, Stecher, * 17. 8. 1813 Saint-Omer, † 25. 12. 1870 wahrsch. ebd. Entstammt einer Fam. aus dem Landadel. Auf Geheiß des Vaters Jura-Stud. in Paris, anschl. als Anwalt tätig. Parallel dazu Ausb. als Maler bei Achille Devéria. Einer der Hauptinitiatoren bei der Gründung des Mus. Sandelin in Saint-Omer. Verwaltungsleiter der dortigen Ec. mun. des BA. Gründungs-Mitgl. der Soc. des antiquaires de la Morinie; 1847 zum Mitgl. der Comm. des antiquités dép. gewählt. Nach D.s Tod wird seine bed. Gem.-Slg verkauft. – V.a. relig. Malerei für Kirchen in Nordfrankreich; zudem hinterließ D. mehrere Portr. von Angehörigen und fertigte Stiche zur Ill. der *Ann. archéol.* von Didron und das von seinem Bruder Louis D. verfaßte Werk *Hist. sigillaire de la ville de Saint-Omer.* 🏛 GRAVELINES/Nord, Kirche: Kreuzweg. HAPPONVILLIERS/Eure-et-Loire, Kirche: Auferweckung des hl. Petrus im Kerker; Befreiung des hl. Petrus aus dem Kerker. LAPUGNOY/Pas-de-Calais, Kirche, Kuppel: Gottvater mit ausgestreckten Händen. SAINT-OMER, Basilika Notre-Dame, Kap. St-Léonard: Der hl. Leonhard steht den Gefangenen bei, um 1842. – Kirche St-Denis: Verkündigung; Vermählung Mariä. 👁 *G:* 1839, '42 Paris, Salon. 📖 DBF X, 1965. R. T.

Deschau, *A.*, Maler oder Zeichner, E. 17. Jh., nach dessen Bild Johann Jakob Thurneysen das Portr. der Anna Louise von Orléans stach. Lt. ThB wohl ident. mit jenem *Dechau*, nach dessen Ansicht des großen Brunnens in Brünn/Mähren Thurneysen 1697 gestochen haben soll. 📖 ThB9, 1913. *Bénézit* III, 1976.

Deschauer, *Cajetan*, dt. Maler, * 23. 12. 1877 Straubing, † nach 1908. Stud.: Städt. Graph. Schule München und KGS Halle. Seit 1908 in Prien. – Lsch., v.a. in Aquarell. 📖 *H. Heyn*, Süd-dt. Malerei aus dem bayr. Hochland, Rosenheim 1979. S. P.

Deschauffour, *Firmin*, frz. Holzbildhauer, der 1540–50 zus. mit Pierre Loisonnier versch. Arbeiten (z.B. Figuren des Apoll, Mars, Jupiter, Saturn) für die reich verzierte Uhr der Schloßkapelle in Fontainebleau ausführte. 📖 ThB9, 1913. *Lami*, 1898. C. R.

Deschazeaux, frz. Tapisseristen-Fam., 1613–1786 v.a. in Aubusson und Erlangen tätig.

1. *Antoine*, erhält 1613 zus. mit dem ebenfalls aus Aubusson stammenden Hélie Teillet den Auftrag zu einer Tapisserie mit *Szenen aus dem Leben der Hll. Petrus und Paulus* für die Kirche St-Pierre in Caen.

2. *Jean* (I), Protestant, * Aubusson, † 1728 Erlangen. Vater von 3. Ab 1686 ansässig im Fürstentum des Markgrafen von Bayreuth, dann in Erlangen. In enger Anlehnung an Stichvorlagen von Jean Bérain d.Ä. webt D. v.a. Tapisserien mit Grotesken; ein Verz. von 1721 aus dem Alten Schloß in Bayreuth nennt 34 in Erlangen ausgef. Exemplare. 🏛 PASSAU, Oberhaus-Mus.: sechs Tapisserien zu den vier Elementen, nach Charles Le Brun.

3. *Jean* (II), * um 1700, † 1779. Nachf. des Vaters (2) als Leiter der Teppich-Man. in Erlangen. 🏛 REGENSBURG, Schloß Thurn und Taxis: sechs Tapisserien mit Grotesken, 1734–40.

4. *Laurent*, ab 1750 in Aubusson tätig, † 1786. Am 8. 12. 1969 Verkauf von drei Tapisserien mit exotischen Motiven in Paris, Hôtel Galliera.

📖 *E. Müntz*, Chron. des arts 1888, 126; *C. Pérathon*, Bull. de la Soc. archéol. et hist. du Limousin 52:1894, 411 s.; *H. Göbel*, Wandteppiche, II. 1, L. 1928, 247 (zu 3), 247–251 (zu 2), 524 ss., 533 (zu 2), 533 s., 538, 548 (zu 4); III. 2, L. 1934, 248–251 (zu 2, 3); *L. Döry*, Jb. für fränk. Landes-Forsch. 19:1959, 547–554 (zu 2, 3); *P.-F. Bertrand/D. und P. Chevalier*, Les tapisseries d'Aubusson et de Felletin, P. 1988, 37, 87 ss. (zu 2, 3), 167 (zu 4), 190 s.; *D. Heinz*, Europ. Tapisseriekunst des 17. und 18. Jh., W. u.a. 1995, 159 (zu 2), 159 s., 320 (zu 2, 3), 326 s. (zu 2, 3); *F. Joubert u.a.*, Hist. de la tapisserie en Europe du Moyen Age à nos jours, P. 1995, 172, 240 (zu 2, 3). P.-F. Bertrand

Descheliers, frz. Miniator, illuminierte 1543 in Ferrara eine auf Pergament ausgef. Erdbeschreibung. 📖 ThB9, 1913. *D'Ancona/Aeschlimann*, 1949 (Repr. 1969).

Deschelles, Bildhauer, 1791–92 in der Porzellan-Man. von Sèvres tätig. 📖 ThB9, 1913. *Honey* I, 1949.

Déschenaux, *Adolphe* → **Déchenaud,** *Adolphe*

Deschenaux, *Béatrice*, schweiz. Keramikerin, * 1956 Fribourg, lebt in Genf. Stud.: ab 1983 Ec. des Arts Décoratifs ebd.; 1985 West Surrey College of Art an Design in Farnham/England; 1988 Ec. Supérieure d'Art Visuel, Genf, u.a. bei Setsuko Nagasawa (Dipl.). 1988–92 eig. Wkst. in Carouge, seit 1993 in Pinchat. – Gefäße aus Porzellan, gedreht und z.T. verformt, weiß glasiert, sparsam mit Gold und Platin dekoriert. 👁 *G:* 1989, '95 Nyon: Trienn. de la porcelaine / 1995, '97 Carouge: Parcours céramique. 📖 WWCCA, 1996. – Neue Keramik 1989 (10) 466. K. Schütter

Deschenaux, *François*, schweiz. Bildhauer, Maler, Vergolder in Romont, wo er für die Stadtkirche 1645 den Petrusaltar und 1661 den Muttergottesaltar fertigte. 📖 *Brun*, SKL IV, 1917; *P. Felder*, Barockplastik der Schweiz, Basel/St. 1988. C. R.

Deschenaux, *Marcel*, schweiz. Maler, Graphiker, Zeichner, * 4. 6. 1910 Fribourg, lebte 1991 in Lausanne. Stud.: bis 1929 Technikum Fribourg bei Oscar Cattani (dekorative Kunst). – Gem. in Öl und Pastell, außerdem Plakatentwürfe. 👁 *E:* 1940–46 Lausanne, Gal. Bollag. 📖 *Plüss/Tavel* I, 1958; KVS, 1991; Biogr. Lex. der Schweizer Kunst, I, Z. 1998. D. T.

Deschepper, *Karel*, belg. Maler, Aquarellist, * 1. 8. 1870 Dudzele, † 15. 8. 1914 Brügge. Stud.: Sted. Acad. voor Schone Kunsten, Brügge, bei Edmond van Hove und Pieter Raoux. Ab 1911, als Nachf. seines Vaters Leopold D. Hausmeister des Gruuthuse-Mus. in Brügge. Mitgl.: 1894 Vrg Kunstgenegen. Kandidat für den Rompreis. – Altertüml. Figuren, Portr. und Stadtansichten von Brügge. 👁 *G:* 1903, '06 Brüssel, Salon. 📖 LWBK VI, 1997 (Ausst.). U. R.

Descher (oder Gem?), ägypt. Bildhauer, während des Mittleren Reiches (2119–1794 v. Chr.) in Ägypten tätig. D. ist einmal auf einer Opferschale erwähnt; die Lesung des Namens ist unsicher. 📖 *A. Kamal*, Tables d'offrandes, Le Caire 1906 (CG), 41; *V. W. A. Ward*, Index of Egyptian administrative and relig. titles of the Middle Kingdom, Beirut 1982, Nr 1561. M. A. Stadler

Descher, *Stephan* → **Deschler,** *Stephan*

Descherini, *Baccio di Filippo*, ital. Holzschnitzer, * 1528 Florenz, † 1595. Liefert 1564 zus. mit seinem Bruder *Antonio di Filippo D.* Dekorationen zur Hochzeit von Francesco De'Medici. 1568–69 am Chorgestühl des Sieneser Domes beteiligt, 1569 für 14 an an das Sieneser Zollamt gelieferte hölzerne Kassetten bezahlt, die Lorenzo Rustici, gen. il Rustico, bemalen sollte. D. arbeitet 1570 als Capomastro für den Florentiner Dom. ▭ ThB9, 1913.

Deschevery, *Jean-Baptiste* (gen. Maisonbasse; Sign.: Meson Basse), frz. Gold- und Silberschmied, * 1695 Bayonne/Frankreich, † 1744 Quebec (lt. Langdon: † 1771). 1718 Heirat in Montreal; Trauzeuge u.a. der Goldschmied Jacques Gadois (gen. Mauger). D. ließ sich um 1725 in Quebec nieder (1727 war Jean François Landron Taufpate von D.s Tochter); vor 1734 Partnerschaft mit François Chambellan. MZ: Lilie, MB, Stern. Lt. Langdon soll D. 1764–67 mit Leinen gehandelt haben. ⌂ OTTAWA, NG of Canada, Henry Birks Coll. of Canad. Silver. QUEBEC, Mus. du Séminaire: Kelch, um 1735. – Mus. du Québec: Becher. TORONTO, R. Ontario Mus. ▭ *Langdon*, 1966; *A. Comeau*, Artistes plasticiens, Ml. 1983; *Karel*, 1992. – *J. Trudel*, Silver in New France (K NG of Canada), Ottawa 1974. C. R.

Deschewoj, *Iwan Arssenjewitsch* → **Deševoj,** *Ivan Arsen'evič*

Deschewos, *Ivan Arssenjevitch* → **Deševoj,** *Ivan Arsen'evič*

Deschiens-Astruc, *Pauline-Hélène*, frz. Malerin, * 25. 8. 1861 Angers, tätig in Paris. Schülerin von Pierre Bourgogne, Gabriel Edouard Thurner und Pierre Vignal. ◉ *G:* Paris: ab 1887 (bis mindestens 1905) SAfr. (Mitgl.); 1896, '98 Union des femmes peintres et sculpteurs. ▭ ThB9, 1913. *Edouard-Joseph* I, 1930; *Bénézit* III, 1976; IV, 1999; *Harambourg*, 1985; *Hardouin-Fugier/Grafe*, 1989.

Deschillie, *Mamie* (geb. Bedon), US-amer. Volkskünstlerin, Navajo-Indianerin, * 27. 7. 1920 Burnham/N. Mex. Arbeitet als Schäferin. Fertigt ab ca. 1980 skurrile Tier- und Menschenfiguren aus ungebranntem Ton, ab 1987 auch aus Wellpappe, die D. mit vielfältigen Mat. (z.B. Textilien, Bindfäden, Büschel von Pferdehaar oder Schafwolle) dekoriert (eine Neuheit in der Navajo-Volkskunst) und bemalt. Typ. für D.s Figurinen sind eigentümlich modellierte oder gemalte Gesichtszüge und eklekt. Accessoirs. D. gestaltet Figurinen einzeln, in Gruppen, manchmal in ungewöhnl. Kombinationen von Mensch und Tier (z.B. Kind, das auf einem riesigen Hasen reitet). D. wurde eine internat. bek. Volkskünstlerin, die zahlr. Navajos ohne formale Kunst-Ausb. zum bildner. Gestalten in vielfältigen Techniken anregte. ⌂ BERKELEY/Calif., Hearst Mus. of Anthropology, Univ. of California. INDIANAPOLIS/Ind., Children's Mus. LOS ANGELES, Natural Hist. Mus. of Los Angeles County. SANTA FE, Wheelwright Mus. of the Amer. Indian. WINDOW ROCK/Ariz., Navajo Nation Mus. ▭ *R. Matuz* (Ed.), Native North American artists, Detroit u.a. 1998. Ch. R.

Deschkowitz, *Branko* → **Dešković,** *Branislav*

Deschler, *Anton*, dt. Maler aus Augsburg, tätig M. 19. Jh. ⌂ OBERSCHÖNEBERG, Kr. Augsburg, Pfarrk. St. Ulrich: Apostelbilder, 1867. WEILHEIM/Obb., Pfarrk. St. Pölten, linker Seitenaltar: Hl. Anna und Maria, 1868. ▭ *Dehio*-Bayern III: Schwaben, 1989; IV: München und Obb., 1990; *R. Helm*, Pläne und Modelle Weilheimer Kirchen, Weilheim 1991. S. P.

Deschler, *Emile*, frz. Maler, * 1910 Epinal, lebt in Paris. Figurativ-realist. Malerei. ◉ *E:* 1987 Paris, Gal. Everarts / 1989 Stonehaven/Schottland, Riverside Gall. / 1992 Epinal, Maison du Bailli. – *G:* ab 1933 Paris, Salon d'Automne; Salon Nat. des BA; SAfr.; Soc. internat. des BA. ▭ *Bénézit* III, 1976. – *B. Champigneulle*, Art et décoration 1950 (16) 32–40; Le Sermadiras. Artistes et ateliers, I, P. 1997. K. S.-D.

Deschler, *Franz*, dt. Maler, * 1688 Schleißheim, † 5. 10. 1736 Freising. 1717 Bürger von Freising, 1718 ⚭ Maria Katharina. 1717 Fresken im Langhaus der Kirche von Straßbach. Altar- und Skulpt.-Fassungen in Harreszell (1719), Straßbach (um 1720), Freising, Dom (um 1723), Wartenberg (1734) und Marzling (1730). Rückgriff auf Vorlagen des Münchner Hofmalers Johann Degler. ▭ *M. Gruber*, Amperland 18:1982 (4) 366; 23:1987 (3) 483; *G. Brenninger*, in: Freising. 1250 Jahre geistl. Stadt (K), Freising 1989; *Dehio*-Bayern IV: München und Obb., 1990; *Bauer/Rupprecht* V, 1996; VI, 1998. S. P.

Deschler, *Jakob*, dt. Goldschmied, * um 1661, begr. 28. 5. 1713 Augsburg. Meister um 1700 in Augsburg. MZ JD ligiert im Hochoval. ▭ ThB9, 1913. – *A. Werner*, Augsburger Goldschmiede, Au. 1913, Nr 1369; *A. Haemmerle*, Ev. Toten-Reg. zur Kunst- und Handwerks-Gesch. Augsburgs, Au. 1928, 33; *A. Gommel*, Tauf- und Abendmahlsgeräte aus ev. Kirchen in Württ., St. 1969, Taf. 63; *Seling* I-III, 1980. C. D.-H.

Deschler (Täschler; Teschler), *Joachim* (irrtüml. *Johann*), dt. Medailleur, Bildhauer, † nach 1. 10. 1571 Wien(?). Über die Anfänge von D. ist nichts bekannt. 1532 erstmals anläßl. seiner Heirat in Nürnberger Akten erwähnt. 1537 Bürgerrecht. Johann Neudörfer berichtet 1547 von einem zweijährigen Italienaufenthalt sowie über Reisen D.s zu den Reichstagen, um dort Aufträge zu erhalten. 1543 erstmals für Erzherzog Maximilian (später Kaiser Maximilian II.) tätig und ab 1548 für König Ferdinand. Ab E. 1550er Jahre in Wien ansässig, wo er 1563 zum Hofbildhauer Maximilians ernannt wird. Am 1. 10. 1571 wird ihm sein letztes Gehalt angewiesen. – D. fertigt in techn. Perfektion kleinplast. Arbeiten, v.a. repräsentative Bildnis-Med. in Stein, Holz und Metall sowie weitere Kunstkammerstücke, die eine hohe Wertschätzung erfahren, von den Quellen aber nicht näher spezifiziert werden. Anhand seines Monogr. „I. D." bzw. „J. T." und einiger Zuschr. lassen sich 115 Werke ausmachen, die zw. 1533 und 1570 entstanden sind. Zu den gegossenen Schaumünzen haben sich zahlr. Modelle erhalten. Auf den Med. sind wichtige Personen v.a. Nürnbergs, Augsburgs und Wiens aus Patriziat, Adel und Klerus sowie Mitgl. des Herrscherhauses dargestellt. D.s realitätsnaher Porträtstil steht ganz in der Trad. der Nürnberger Med.-Kunst. Die alte Zuschr. der kleinen Portr.-Büste Ottheinrichs von der Pfalz aus Alabaster (Paris, Louvre, um 1556) wird neuerdings nicht mehr aufrechterhalten und die Büste mit größerer Wahrscheinlichkeit Dietrich Schro aus Mainz zugewiesen. ⌂ *Portr.-Med., wenn nicht anders vermerkt, Silber:* BERLIN, SMPK, Bode-Mus.: Lukas Sitzinger d.Ä., dat. 1554. – SMPK, KGM: Caspar von Lindegg, dat. 1551; Lorenz Kirchhammer, um 1558. LONDON, V & A: Georg Tetzel d.Ä., Zinn-Blei-Legierung, um 1552. MÜNCHEN, Staatl. Münz-Slg: Franz von Sickingen, Gold, um 1550; Georg Tetzel d.Ä., Steinmodell, dat. 1552. NÜRNBERG, GNM: Georg Ebner, dat. 1550 (Leihgabe der Stadt Nürnberg); Thomas Löffelholz, Steinmodell, 1551 (Leihgabe Löffelholz); Hieronymus Paumgartner, dat. 1553 (Leihgabe der Stadt Nürnberg, Slg Kress); Marx Stengle, Steinmodell der Rückseite, dat. 1553; Johann Neudörfer, dat. 1554. WIEN, Kunsthist. Mus., Münz-Kab.: Kaiser Ferdinand I., Silber, vergoldet, 1548. ▭ ThB9, 1913. NDB III, 1957; MűvLex I, 1965; ÖKL V, 1979; *Czeike* II, 1993; DA VIII, 1996. – *G. A. Will* (Ed.), Der Nürnberg. Münz-Belustigungen, II, Altdorf 1765; *C. A. Imhof*, Slg eines Nürnberg. Münz-Cab., II, Nü. 1782; *G. W. K. Lochner*, Des Johann Neudörfer ... Nachr. von Künstlern und Werkleuten daselbst aus dem Jahre 1547, W. 1875; *G. Habich*, MüJb 9:1914/15, 67–86, 212–223; *G. Probszt*, Arch. für Med.- und Plakettenkunde 4:1923/24, 142; *V. Katz*, Berliner Münz-Bll. 317:1929, 454–456; *G. Habich*, Die dt. Schaumünzen des 16. Jh., I. 2, M. 1931, 221–235 (WV); *M. Bernhart*, Mitt. der Bayer. Numismat. Ges. 54:1936, 1–61; 55:1937, 83 s.; *E. Graf zu Solms-Laubach*, Solmser Med. des 16. Jh. (K), Laubach 1956, 20 s.; *P. Grotemeyer*, „Da ich het die gestalt". Dt. Bildnis-Med. des 16. Jh., M. 1957; *P. Arnold*, Med.-Bildnisse der Reformationszeit, B. 1967; *G. F. Hill/ G. Pollard*, Renaiss. medals from the Samuel H. Kress Coll. at the NG of Art (K Washington), Lo./N. Y. 1967; *K. Pechstein*, Bronzen und Plaketten vom ausgehenden 15. Jh. bis zur M. 17. Jh. (K KGM), Berlin, B. 1968, Nrn 154–156; The Salton Coll., Renaiss. and Baroque medals and plaquettes (K Bowdoin College Mus. of Art), Brunswick, Me. 1969; Renaiss. in Österreich (K Schloß Schallaburg), W. 1974; *H. Appel*, Plastik und Malerei im Rheinland, Düren 1983, 19; *J. C. Smith* (Ed.), Nuremberg. A Renaiss. city (K), Austin, Tex. 1983; Wenzel Jamnitzer und die Nürnberger Goldschmiedekunst 1500–1700 (K GNM), M. 1985; Die Renaiss. im dt. Südwesten zw. Reformation und Dreißigjährigem Krieg (K Heidelberg), Ka. 1986, Nrn I 15, K 102; *M. Trusted*, German Renaiss. medals. A cat. of the coll. in the V & A, Lo. 1990; The currency of fame. Portrait medals of the Renaiss. (K), N. Y. 1994; *T. Eser*, Hans Daucher. Augsburger Kleinplastik der Renaiss., M. 1996. C. D.-H.

Deschler, *Niclas*, dt. Goldschmied, 1636 und 1644 in Mindelheim/Unterallgäu erwähnt. Bek. ist ein teilvergoldeter Renaiss.-Kelch mit Diamantquaderung an Fuß und Kuppa, um 1500 (Mindelheim, Pfarrk., aus der Schloß-Kap. St. Georg). ▭ *Scheffler*, Goldschm. Ostallgäu, 1981. C. D.-H.

Deschler (Descher; Täscher; Tescher), *Stephan*, Stukkateur, 1712–13 für die Benediktiner in Prag-Břevnov tätig. Schuf die Stuckausschmückung des Refektoriums und die Säulenkapitelle in der Margarethenkirche ebd. ▭ *B. F. Menzel*, Stifter-Jb. 8:1964, 107; *M. Vilímková/ P. Preiss*, Ve znamení břevna a růží. Historický, kulturní a umělecký odkaz benediktinského opatství v Břevnově, Praha 1989, 79, 197 s. V. Naňková

Deschly, *Irène* (eigtl. Deşliu, *Irina*), rumän. Malerin, E. 19./A. 20. Jh., * Bukarest. Aus einer Bojaren-Fam. stammend. Schwester der Malerin Alexandrina Fălcoianu. Stud.: ca. 1890–1900 in Paris bei Jean Paul Laurens, Eugène Carrière und Adolphe William Bouguereau. Lebte hauptsächl. dort. 1900 Bronze-Med. der Pariser Welt-Ausst. für das Bild *Chanson*. – Psycholog. und allegor. Figuren-Studien, Portr. sowie Lsch. Frankreichs und Rumäniens. ⊙ *E:* Bukarest: 1905; 1930 (zus. mit A. Fălcoianu). – *G:* u.a. Bukarest: 1885 Intim Club; 1888–89 Ateneul Român; 1898, '99 Expoz. artiştilor în viaţă; 1905 Expoz. de pict. şi sculpt.; 1906 Tinerimea artistică; 1906 Expoz. Jubiliară; 1907 Cercul artistic (alle K). ▭ *Bénézit* III, 1976. – Almanach du High Life (Bu.) 22:1906, 213; *A. A. Fălcoianu*, Arborele genealogic al familii Bujoreanu, Bu. 1928 (Beil. I); *M. G. Constantinescu*, Expoz. I. D. şi A. Fălcoianu, Universul literar 47:1930 (23) 363. R. Niculescu

Deschmacker, *Paul-Alex*, frz. Maler, Holzschneider, Illustrator, * 1889 Roubaix, † 1973 ebd. Stud.: EcBA Lille; EcBA Paris bei Felix Cormon. – Klass. Frauenakte und -bildnisse (auch Pastell, Aqu., Zchng), dabei u.a. Anregungen durch Nicolas Poussin. Auch Stilleben und Lsch. sowie Ill., u.a. für Raymond Groc *Le désir mis à nu*, 1935, und Edmond Jaloux *Sous les oliviers de Bohème*, 1936. ⌂ PARIS, BN. – Louvre. ⊙ *E:* 1924 Paris, Gal. Allard / 1986 Roubaix, Mus. de Roubaix (K). – *G:* Paris: Salon de la Soc. Nat. des BA; ab 1927 Salon des Tuileries; Salon d'Automne (Mitgl.). ▭ *Bénézit* III, 1976. – IFF, Après1800 VI, 1953; GBA 1973 (Sept.; Chron.) 35 (Nekr.). K. S.-D.

Deschrijver, *Paul*, belg. Zeichner, Maler, Innenarchitekt, * 8. 10. 1944 Roeselare. Sohn des Architekten *Firmin D.* (* 9. 7. 1917 Roeselare, v.a. Wohnungsbau). Stud.: 1958–63 Vrij Techn. Inst., ebd.; 1966–69 Acad. voor Schone Kunsten, Kortrijk; 1970–73 Hoger Inst. St. Lucas, Gent. 1973–83 im Möbelhaus De Coene in Kortrijk tätig. Anschl. selbständiger Innenarchitekt in Brüssel, ab 1989 in Roeselare. – Stark perspektiv. konzipierte Zchngn und Gem. ⌂ *Innenausstattungen:* HAARLEM, St. Elisabeth Gasthuis: 1970–72. LEUVEN, CERA-ABB-Raiffeisenkas: 1978–80. ▭ LWBK VI, 1997 (Ausst.). U. R.

Deschwanden, *Joseph Alois Wolfgang* cf. **Deschwanden,** *Theodor von*

Deschwanden, *Melchior Paul von*, schweiz. Maler, Zeichner, * 10. 1. 1811 Stans/Nidwalden, † 25. 2. 1881 ebd. Cousin der Mutter von Theodor von D., einem seiner späteren Schüler. 1825/26 Ausb. bei Johann Kaspar Moos in Zug. Gesundheitl. Gründe verhinderten eine kontinuierl. und system. Ausb.: 1827 in Zürich kurz bei Daniel Albert Freudweiler; danach (von Ludwig Vogel vermittelt) bei Johann Kaspar Schinz; 1830 ABK München bei Heinrich Maria von Hess, Clemens Zimmermann und Julius Schnorr von Carolsfeld; 1838 halbjähriges Stud. an der ABA Florenz (1. Preis für Akt-Darst.). Erster öff. Erfolg mit dem Öl-Gem. *Elysium* (1. Fassung: Priv.-Bes. Kehrsiten/Luzern; 2. prämierte Fassung an unbek. Standort; Fassung von 1845: Stans, Nidwaldner Mus.). 1838–40 in Rom, wo er sich den dt. Nazarenern anschließt, 1839 mit dem befreundeten Maler Carl von Blaas Umbrien bereist und seit der Begegnung 1840 mit Friedrich Overbeck von diesem nachhaltig beeinflußt wird. Kehrt 1840 krankheitsbedingt nach Stans zurück. In den Folgejahren Kunstreisen nach Düsseldorf, Paris, München und Brüssel, spätere Fahrten nur noch zu kirchl. Veranstaltungen. – Das von Albert Kuhn aufgestellte Œuvre D.s umfaßt neben Zchngn und Skizzenbüchern rund 2000 Öl-Gem., verbreitet in der gesamten Schweiz, v.a. der kath. Zentralschweiz, und den angrenzenden dt.-sprachigen Ländern. Unter den Auftraggebern finden sich kath. Theologen und Laien, bis zum Ersten Vatikan. Konzil (1869/70) auch zahlr. Reformierte, die Portr., Darst. aus dem AT und NT sowie Bilder von Engelsköpfen, sog. Englische Grüße, bestellten. Hatte D. zuerst im protestant. Zürich nazaren. Gedankengut kennengelernt, so wurde in Rom seine relig. Ausrichtung gefestigt. Hier erhielt er den ersten großen Auftrag aus Luzern: für die St. Peters-Kap. fünf Altarbilder (1839–43), die in der figürl. Anordnung von Overbeck geprägt wurden. Das Auferstehungsbild (1841; heute Posieux/Fribourg, Abbaye d'Hauterive) unterscheidet sich durch eine diagonal in die Tiefe führende Komp. deutl. von den anderen vier Altar-Gem., bei denen D. auf eine klare räuml. Gest. des Hintergrunds und auf einen komplizierten Bildaufbau verzichtete. Damit hatte er seinen eig. Stil gefunden: idealisierende, ruhige Darst. mit wenigen, betont zeichenhaften Figuren, glatten Oberflächen in unterschiedl. subtiler Farbgebung, neben oft bunten Bildern solche mit gedämpftem Kolorit und stimmungsvoller Lichtführung. Ab 1844 häuften sich die Bildbestellungen so bei D., daß er nun fortgeschrittene Schüler, wie Th. von D., Heinrich Keyser, Josef Dominik Annen, Karl Georg Keiser, Jost Troxler, Jakob Konrad Huwiler, Joseph A. Balmer und Franz Vettiger als Mitarb. einsetzte. In den 1850er Jahren begann D., Porträtaufträge vermehrt abzulehnen, um sich ganz der relig. Malerei zu widmen, und trug sich mit dem Gedanken an einen Klostereintritt; Frömmigkeit und missionar. Sendungsbewußtsein wurden durch eine sublimierte Homophilie weiter verstärkt. Zur Kirchenmalerei zählten bald auch Überarbeitungen von meist barocken Gem. an Altären und Gewölben, da „die Rücksichten größerer Erbauung weit über denjenigen der Kunst und des Alterthums stehen". Im Unteren Chor der Stiftskirche Einsiedeln übermalte D. 1857–60 die Decken-Gem. und das Hochaltarbild von Franz Anton Kraus, dessen Thematik er einzig beibehielt. Anläßl. der Kirchen-Rest. von 1966–85 wurde der Bilderzyklus von Kraus wieder freigelegt. Anstelle einer Renovation malte D. 1865/66 am Chorbogen der St. Oswalds-Kirche in Zug ein neues *Jüngstes Gericht*, dessen typolog. außerordentl. Gesamtlösung nach wie vor überzeugt. Als Schnell- und Vielmaler bereits in frühesten Jahren von Jakob Burckhardt und Gottfried Keller kritisiert, stellte D. unter zunehmendem Arbeitsdruck viele Wiederholungen eig. Gem. her, ließ in seiner Groß-Wkst. bewährte Figuren kopieren und in neuen Bildern wiederverwenden. Nach Einsiedeln schrieb D. 1875: „Mein Hauptkreuz besteht übrigens nicht darin, viel zu arbeiten, sondern darin, flüchtig arbeiten zu müssen". Seine Popularität wurde durch die Einsiedler Fa. Benziger gefördert, die nach D.s Vorlagen Stahlstiche (ab 1856 auch in der „Gal. relig. Bilder" mit Gedichten von P. Gall Morel) und Chrom-Lith. bis weit ins 20. Jh. massenhaft produzierte. 🏛 WV bei A. Kuhn (1882), Kat. KM Luzern (1985). 👁 *G:* 1844, '46, '57 Schweiz. Kunst-Ausst. / 1851 Brüssel: Europ. Kunst-Ausst. / 1855, '67 Paris: WA. 📖 ThB9, 1913 (Lit.). *Brun*, SKL I, 1905; IV, 1917; HBLS II, 1924; ÖKL V, 1979; Schweizer Lex., II, Luzern 1992; Biogr. Lex. der Schweizer Kunst, I, Z. 1998 (Lit.). – *G. Keller*, Kunst-Bl. 27:1846 (48) 194 ss.; *F. Fleury*, Ann. cath. de Genève 9:1861 (6) 347–356; *J. I. von Ah*, Nidwaldner Volks-Bl., Stans 1881, Separatum; *A. Kuhn*, M. P. von D., Einsiedeln 1882 (WV); *B. M. Lierheimer*, Kantonale Lehranstalt zu Sarnen, JBer. 1894/95, Beil.; *M. Künzle*, P. von D., Festrede zu seinem 100. Geburtstag, Stans 1912; *id.*, Nidwaldner Kalender 75:1934, 40 ss.; *A. Reinle*, Kunstgesch. der Schweiz, IV, Frauenfeld 1962; *H. von Matt*, Kunst in Stans bis 1900, Stans 1981; *M. Tobler*, in: Ich male für fromme Gemüter (K KM), Luzern 1985 (Lit.); *P. Griss*, Civitas 40:1985 (11) 284–288; *O. Bätschmann*, Ars Helvetica VI, Disentis 1989; *P. Felder*, Die Kunst-Lsch. der Innerschweiz, Luzern 1995 (Lit.). – Einsiedeln, Stiftsarchiv. Engelberg, Klosterarchiv. Sarnen, Obwaldner Kt.-Bibl.

C. Kamm-Kyburz

Deschwanden, *Theodor von*, schweiz. Maler, * 26. 2. 1826 Stans, † 19. 12. 1861 ebd. Sohn der Cousine von Melchior Paul von D., seinem ersten Zeichenlehrer bis 1844. Bruder des Architekten *Joseph Alois Wolfgang D.* (* 21. 7. 1819 Stans, † 11. 4. 1866 Zürich), der Prof. am Eidgenöss. Polytechnikum in Zürich war. Nach krankheitshalber abgebrochenem Besuch der KA München zunächst wieder bei Melchior Paul von D. in Stans tätig. 1850 eig. Atelier ebd. Längere Reisen in die Niederlande, nach Belgien, Paris, Oberitalien und Süddeutschland zum Stud. der alten Meister. – Neben relig. Darst. malte D. mit biedermeierl. Charme Portr., Allegorien, Genre- und Historienbilder. Auch seine Skizzen aus dem Großstadtleben und viele Modellstudien zeigen eine unter den Schülern von Melchior Paul von D. ungewohnte Frische und Lebensnähe. Kurz vor seinem Tod schuf er sein nachmalig bekanntestes Gem. *Winkelrieds Abschied* (Stans, Nidwaldner Mus., Leihgabe des KM Bern). 🏛 STANS, Nidwaldner Mus.: Skizzenbücher. 👁 *E:* 1951 Stans, Nidwaldner Mus. – *G:* 1846, '48 Schweiz. Kunst-Ausst. / 1851 Brüssel, Europ. Kunst-Ausst. 📖 ThB9, 1913. ADB V, 1877; *Brun*, SKL I, 1905; IV, 1917; Biogr. Lex. der Schweizer Kunst, I, Z. 1998. – *A. Kuhn*, Melchior Paul von D., Einsiedeln 1882; *F. O. Pestalozzi*, Neujahrs-Bl. der Künstler-Ges. in Zürich, N. F., 43:1883; *G. Hess*, Beitr. zur Gesch. Nidwaldens, H. 23/24, Stans 1951 (WV, Lit.); *A. Reinle*, Kunstgesch. der Schweiz, IV, Frauenfeld 1962; *H. von Matt*, Kunst in Stans bis 1900, Stans 1981; *P. Felder*, Die Kunst-Lsch. der Innerschweiz, Luzern 1995. – Stans, Nidwaldner Kt.-Bibl.: D.-Arch., Leihgabe des Hist. Vereins.

C. Kamm-Kyburz

De'Scipioni, *Jacopino* → **Scipioni,** *degli* (Maler-Fam.)

Desclabissac, *Alexander*, dt. Maler, * 23. 6. 1868 Aachen, † 1938(?) München. Bruder von Wilhelm D. Seit 1901 in München. Lehrer seiner späteren Frau Félice D. Ausst.-Beteiligung 1906 in Berlin (Große Kunst-Ausst.), 1907, '13 in München (Glas-Pal.); v.a. Ill. und Zchngn, auch Gem. (*Akt*, 1913). 📖 ThB9, 1913. *Ries*, 1992. S. P.

Desclabissac, *Félice* (geb. Kurzbauer), dt. Malerin, * 19. 11. 1876 Wien, † 21. 4. 1938 München. Stud.: KSch für Damen Krakau; Damen-Akad. des Künstlerinnen-Ver. München; Schülerin ihres späteren Mannes Alexander D. Ab 1908 auf zahlr. Ausst. im Münchner Glas-Pal., in Dresden, Leipzig, Wien und Paris (1913 Soc. des Artistes Indépendant) vertreten. – Bäuerl. Genre- und Blumenbilder, meist als Aqu., farbige Zchngn und in Tempera. 📖 ThB9, 1913; Vol, 1953. *Fuchs*, Maler (19. Jh.), Erg.-Bd I, 1978; ÖKL V, 1979; *Ries*, 1992; Münchner Maler V, 1993. S. P.

Desclabissac, *Wilhelm*, dt. Maler, * 27. 7. 1870 Aachen, † 19. 6. 1938 München. Bruder von Alexander D. Stud.: ABK Antwerpen; Schüler von Friedrich Stummel Kevelaer. ⚭ Elsbeth D., vermutl. in München. Schuf Portr., Lsch., Wandmalereien und polit. Karikaturen. 📖 Vol, 1953. Münchner Maler I, 1981; *Ries*, 1992. S. P.

Desclabissac-Bartels, *Elsbeth* (geb. Bartels), dt. Malerin, * 5. 6. 1876 Domersleben b. Magdeburg, † 9. 1. 1934 München. Stud.: Kgl. KSch Berlin; Schülerin der Bühnenbildnerin Else Oppler-Legband. ⚭ Wilhelm Desclabissac, wahrsch. in München, wo sie als Zeichenlehrerin arbeitete. Zog 1931 nach Helmtruden. – Lsch., Interieurs, Stilleben. 📖 Vol, 1953. Münchner Maler V, 1993. – Mitt. R. Kaim, München. S. P.

Desclaux, *Théophile Victor*, frz. Stecher, Lithograph, * Bordeaux, arbeitete in La Clotte/Charente-Maritime, dann in Paris, wo er 1838–65 im Salon ausstellte. Stach u.a. nach Murillo (*Ecce Agnus Dei*, 1838), Paul Delaroche (z.B. *Le duc de Guise ...*, 1853), Ernest Meissonier (z.B. *Le hallebardier*, Salon 1855) und Léopold Robert (z.B. *Les pêcheurs de l'Adriatique*). 🏛 PARIS, BN, Cab. des Estampes. 📖 ThB9, 1913. – IFF, Après1800 VI, 1953. C. R.

Des Clayes, *Alice*, schott. Malerin, * 22. 12. 1891 Aberdeen, † nach 1971, lebte in London, ab 1912 in Montreal/Que., später in Newton Abbott/Devon. Schwester von Berthe und Gertrude D. Stud.: Herkomer SchA, Bushey, bei Lucy Kemp Welch, in Ambleteuse bei Dudley Hardy. – Bekannt hauptsächlich für ihre Tierbilder (bes. Pferde), Landschaften und Sportszenen. 1920 assoziiertes Mitgl. der R. Canad. Academy. 🏛 OTTAWA, NG of Canada. ⊙ *G:* 1914–39 Toronto, R. Canad. Acad. / 1915–40 Montreal, Art Assoc. / 1915, '21, '22 London, RA. 📖 Vol, 1953; Vo5, 1961 (s.v. Clayes, Alice Des). *Waters* I, 1975; *Johnson/Greutzner*, 1976; RoyalAcadExhib II, 1977; *Wingfield*, 1992. – *R. H. Hubbard*, The NG of Canada. Cat. of paint. and sculpt. (K), III, Ottawa 1960. B. Foss

Des Clayes, *Berthe*, schott. Malerin, * 1877 Aberdeen, † 1968 Devon. Schwester von Alice und Gertrude D. Stud.: Herkomer SchA, Bushey, Acad. Julian, Paris, bei Tony Robert-Fleury und J. Lefebvre. Lebte in London, bevor sie 1912 nach Montreal übersiedelte. Mitgl.: Soc. of Portr. Painters, 1914 Associate of R. Canad. Acad. – Stilleben, Portr. und bes. Landschaften. 🏛 OTTAWA, NG of Canada. QUEBEC, Mus. du Québec. ⊙ *E:* 1937, '41 Montreal, Watson Gall. – *G:* 1905, '08 London, RA / 1912–41 Montreal, Art Assoc. / 1912–47 Toronto, R. Canad. Acad. / London: R. Inst. of Painters in Water Colours; R. Inst. of Oil Painters. 📖 Vo5, 1961 (s.v. Clayes, Berthe Des). *Johnson/Greutzner*, 1976; RoyalAcadExhib II, 1977. – *C. C. Hill/P. B. Landry* (Ed.), Canad. art (K NG of Canada), I, Ottawa 1988. B. Foss

Des Clayes, *Gertrude*, schott. Malerin, * 1879 Aberdeen, † 23. 8. 1949 London. Schwester von Alice und Berthe D. Stud.: Herkomer SchA, Bushey; Acad. Julian, Paris, bei Tony Robert-Fleury und J. Lefebvre. Lebte in London, bevor sie 1912 nach Montreal ging. Mitgl.: Soc. of Portr. Painters, 1914 Associate of R. Canad. Acad. – Bes. Portr. (*Duke and Duchess of Connaught*) und Landschaften. 🏛 OTTAWA, NG of Canada. QUEBEC, Mus. du Québec. ⊙ *G:* 1906, '08, '10, '15, '26 London, RA / 1912–36 Montreal, Art Assoc. / 1912–39 Toronto, R. Canad. Acad. 📖 Vo5, 1961 (s.v. Clayes, Berthe Des). *Waters* I, 1975; *Johnson/Greutzner*, 1976; RoyalAcadExhib II, 1977. – *R. H. Hubbard*, The NG of Canada. Cat. of paint. and sculpt. (K), III, Ottawa 1960. B. Foss

Descloches, *Joseph* cf. **Delcloche,** *Paul-Joseph*

Desclos, *François-Auguste*, frz. Bildhauer, * Bruyères, tätig 2. H. 19. Jh. Schüler von Boyer und Poyatier. ⊙ *G:* 1869, '70 Paris, Salon (Portr.-Medaillon in Marmor; Statue in Gips). 📖 ThB9, 1913. *Mackay*, 1977.

Desclos, *Jacques-Joseph*, frz. Maler, * 10. 8. 1823 (lt. Bénézit 11. 4. 1829) Mortagne-au-Perche, lebte zeitweise in Turin. Schüler von Ferri. – Ansichten aus der Normandie. 🏛 TURIN, Civ. GAM. ⊙ *G:* 1853–73 mehrfach Turin: Promotrice delle BA. 📖 ThB9, 1913. *Bénézit* IV, 1999. – *L. Mallé*, I dipinti della GAM (K), T. 1968 (Repr. 1981; s.v. D., Giuseppe).

Desclozeaux, *Jean-Pierre*, frz. Karikaturist, Illustrator, Werbegraphiker, Maler, * 5. 6. 1938 Sernhac/Gard, lebt in Paris. Schüler des Jesuitenkollegiums in Avignon, 1957–60 an der Ec. Paul Colin, Paris. Arbeitet einige Jahre als Werbegraphiker, vornehml. für Cabarets und Chansonsänger, aber auch für IBM, Vittel und Mobil Oil. 1962 erste Veröff. in Constellation. Ab 1965 Hinwendung zu humorist. Zchngn, die u.a. in Figaro litt., Elle, Planète (1965), Pilote (1975–76) und L'Evénement du Jeudi (1990) erschienen. D. veröffentlicht regelmäßig 1967–90 im Nouvel Observateur und 1969–91 in Le Monde. 1967 (Gründung) bis 1976 Ltg der Soc. Protectrice de l'Humeur (S.P.H.). Seit Jan. 1973 Präs. der Assoc. des Amis de Ronald Searle. Gegenwärtig gestaltet D. fast ausschl. satir. Zchngn in der Trad. des schwarzen Humors, Ill. zu Texten und Büchern (Boris Vian), Ausst.- und Veranstaltungs-Plakate, dabei bes. erfolgreich in Deutschland. Buch-Veröff. u.a.: *Feder-Spitzen* (1977); *D'Un Desclozeaux à l'Autre* (1983); *Katz und Co.* (1984); *Mine de Rien* (1984). Ausz.: u.a. 1966

Med. d'argent du Grand Prix Martini, 1967 Grand Prix de l'Humeur Noir „Grandville", 1982 Prix Honoré Daumier. ⊙ *E:* Paris: 1969 Club Synergie; 1976 Gal. Marquet; 1983 Mécanorma Graphic Center / München: 1974 Gal. Wolfgang Gurlitt (K); 1981 Gal. Bartsch und Chariau / 1975 Avignon, Gal. Gérard Guerre / 1978 Hannover, Wilhelm-Busch-Mus. (K) / 1982 London, Inst. Franç. / 1986 Berlin, Centre Cult. – *G:* vertreten in den meisten Ausst. humorist. Zeichner im In- und Ausland. 🕮 *M. Horn* (Ed.), The world enc. of cartoons, N. Y./Lo. 1980; WWGA II, 1982; *Flemig*, 1993 (Publ., Lit.). – *D. Boulanger* (Vorw.), D. Au vent du large, P. 1989 (Ausst.). – Mitt. D. H. Kronthaler/W. Weber

Descobal, *Joan Bautista*, span. Maler in Sevilla, 1632 als Schätzer des von Pablo Legote gemalten Retabels des Hauptaltars der S. Salvador-Kirche berufen. 🕮 *C. López Martínez*, Desde Martinez Montañés hasta Pedro Roldán, Sevilla 1932 (Notas para la hist. del arte). W. H.

Descoins, Dame, Blumenmalerin, 1780–98(?) tätig in der Porzellan-Man. Sèvres. Evtl. Mutter von *D. fils*, der 1774–1813 ebd. als Porzellanmaler arbeitete. 🕮 ThB9, 1913. *A. I. Prather-Moses*, Internat. dict. of women workers in the decorative arts, Metuchen, N. J./Lo. 1981.

Descombe, *Claude* → **Decombe,** *Claude* (1813)

Descombert, *Michel*, frz. Bildhauer in Rouen, der 1507 (mit Pierre Le Masurier) im Auftrag des Cardinal d'Amboise Dekorationen (u.a. Holzfiguren) im Schloß von Gaillon fertigte. 🕮 ThB9, 1913 (s.v. D., Michellet). C. R.

Descombes, *Jacques*, frz. Uhrmacher, um 1700 in Paris tätig. 🏛 La Chaux-de-Fonds, Mus. internat. d'horlogerie: Taschenuhr mit zwei Gehäusen, sign. 🕮 *Tardy*, Horlogers I, 1971. C. R.

Descombes, *Jean*, Porträtmaler in Paris, 18. Jh. Schüler von Nicolas de Largillière († 1746). Malte dessen Portr. wenige Jahre vor dem Tod (gestochen von Gilles-Edme Petit). 🕮 ThB9, 1913.

Descombin, *Maxime*, frz. Bildhauer, Szenograph, Zeichner, Tapisseriekartonentwerfer, * 5. 12. 1909 Le Puley, lebt in Charnay-lès-Mâcon, beide Dép. Saône-et-Loire. Autodidakt. Um 1917 Knecht auf einem Bauernhof. Um 1924 Hilfsarbeiter in den Steinbrüchen des Heimatdorfes; befaßt sich nach Feierabend mit der Steinbildhauerei. 1927 Ausübung versch. Erwerbstätigkeiten in Lyon; lernt von einem fahrenden Gesellen zeichnen. 1929/30 Militärdienst bei der Marine. 1931 Steinmetz in Mâcon und Matour; Ausf. von Ornamentschmuck für Bauwerke und Grabmäler. Um 1934 Ausb. an der Ec. de Dessin in Mâcon. Um 1936/37 Saisontätigkeit als Gehilfe des Bildhauers Désiré Mathivet in Le Villars b. Tournus; dort mehrere Begegnungen mit Antoine de Saint-Exupéry. Um die gleiche Zeit Reise nach Spanien (Barcelona, Madrid), Italien (Florenz, Venedig) und Holland. Ab den 30er Jahren bis gegen Kriegsende Gest. von gegenständl. Komp. in Stein und von ca. 20 Portr.-Büsten (Bronze, Stein), wozu D. von Marcel Antoine Gimond ermuntert wird. Vorbildwirkung von Charles Malfray. 1939–41 Lehramt für Bildhauerei an der Ec. de Dessin in Mâcon. Nach dem 2. WK organisiert D. ebd. zahlr. Aktivitäten, v.a. Ausst. zu mod. Kunst, Vorträge, Konzerte (Welturaufführung des Werkes Harawi von Olivier Messiaen). 1945–48 künstler. Unters. zu abstrakter Kunst, zunächst mit biomorphem Char. (Ser. *Oiseaux*), dann mit geometr. Formen (*Pietà*). Teiln. an Pariser Salons: seit der Gründung 1945 Salon de Mai, seit 1949 auch Salon de la Jeune Sculpture. 1947–49 wegen Tuberkulose in einem Sanatorium. Grundlegender Prozeß des Infragestellens: D. hinterfragt Grundlagen, Formen und Techniken der Bildhauerei und überdenkt deren Position und Rolle in der Gesellschaft. Er begeistert sich für das Werk von Piet Mondrian. 1948–50 erste serielle Skulpt. *Génération – Hommage à Saint-Exupéry*. Ab 1951 drittes und letztes Atelier in einer wiederaufgebauten Holzbaracke auf einem in Champlevert (s. Stadtteil von Mâcon) erworbenen Grundstück; er empfängt dort Henry Moore und Graham Sutherland. 1951–63 als Mitgl. der Gruppe Espace im Salon des Réalités Nouvelles in Paris vertreten. Diskussionen mit André Bloc; im Bemühen um die Frage der Monumentalität plädiert D. für einen richtigen „Platz des Kunstwerks in der Gemeinschaft", wohingegen, lt. Bloc, dieser durch Integration in der Archit. und der „Synthese der Künste" erreicht wird. Begegnung mit Henri Laurens und Constantin Brancusi; Kontakte zu Berto Lardera, Etienne-Martin, Robert Jacobsen, François Stahly, Alexander Calder. 1954 Gold-Med. bei der 10. Trienn. in Mailand. Ab ca. 1954 sog. „reliefs dynamistiques", anfangs ein-, dann beidseitig gestaltet. 1955 Entwurf von Möbeln und eines experimentellen Klassenzimmers. 1956 lebhaftes Interesse von Le Corbusier für die in der Pariser Gal. Denise René ausgestellte mobile Klang-Skulpt. *Spatiaphone*. 1957 Teiln. an der Ausst. Interbau in Berlin (West). D. lehnt das Umfeld von Kunsthändlern und die Durchführung von Personal-Ausst. ab; er arbeitet im Rahmen der 1%-Regelung und im öff. Auftrag, z.B. für die Architekten Ionel Schein, Raymond Lopez, Jean Dubuisson und Marcel Lods. Seit ca. 1959 Fertigung von Tapisserien nach D.s Kartons, deren Entwurfs-Gest. für ihn ein dauerhaftes Betätigungsfeld wird. 1961 Ausst. in und außerhalb von Frankreich mit der von Georges Folmer gegr. Gruppe Mesure. Ab 1963 in Charnay-lès-Mâcon wohnhaft; behält auch das Atelier in Champlevert, wo der Schriftsteller Charles Juliet häufig zu Gast ist. 1966–69 Bühnendekorationen für die Opernhäuser in Lyon, Paris, Bourges und Grenoble. 1967 Gest. von *Mutants* für das Skulpt.-Symposium J. O. d'Hiver in Grenoble. 1970 Ausf. eines Bühnenbildes in der Maison de la Cult. von Orléans und ebd. Ausst. (Skulpt., Tapisserien). 1972 bei einem Verkehrsunfall schwer verletzt; er verläßt seinen ruhigen Arbeitsort in Champlevert nur noch zur Realisierung von Aufträgen, die sich fortan im wesentl. auf die Regionen Bourgogne und Rhône-Alpes beschränken. 1979 Bühnendekoration zur Oper *Der Jahreslauf* von Karlheinz Stockhausen für die Pariser Oper. Jury-Mitgl. beim Grand Prix nat. de Sculpture. In einer der bereits seit längerem auftretenden Phasen von Schlaflosigkeit schwärzt D. Hefte mit Not. und Aphorismen. In den 80er und 90er Jahren entwirft er zahlr. Tapisserien. 1991 Gründung der Assoc. pour l'Atelier D. unter dem Ehrenvorsitz des Historikers Georges Duby. 1992 erkennt die

Stadt Mâcon die Donation D. (372 Nrn) an und verpflichtet sich zum Bau eines Mus.-Atelier in Champlevert. Freundschaft mit dem Ing. Peter Rice. 1998 gewinnt der Architekt Benoît Crépet den Wettb. um den Bau des „Atelier D." (Eröffnung für 2001 geplant). – Die ganz bewußte Verwendung der „Serie" in der bild. Kunst ist D.s wichtigster Beitr. zur Kunstgeschichte. Das serielle Werk entsteht durch die Wiederholung eines Basiselements, das D. als „un simple" bezeichnet: geometr. Form oder komponierte Figur, die durch Beziehungen von Gegensatz, Umkehr, Einschluß, Verbindung Spannung erzeugen. Die versch. Mat. (u.a. Stein, Holz, Beton, Inox- und Corten-Stahl) werden industriell hergestellt. Ca. 30 *Modulations sur le carré* aus der großen Vielfalt der seriellen Werke veranschaulichen die Ergiebigkeit dieses Prinzips im Gegensatz zu den „multiples". Das „simple" erfährt mit der Zeit formale Veränderungen entsprechend dem jeweils verwendeten Material sowie der lokalen Position und psycholog. Wirkung der Skulptur. Von der Konzipierung bis zur Aufstellung eines Werkes können durchaus 20 Jahre vergehen; das serielle Werk zeigt ein ganz bes. Verhältnis zur Zeit und ist zur Monumentalität geeignet. Bei D.s „reliefs dynamistiques" sind versch. Fragm. von farbigen Glasplatten im rechten Winkel auf der Stahlbetonfläche angeordnet, so daß das Prinzip des Glasfensters durch die zusätzl. farbige Belebung der Außenwand grundlegend erneuert wird. ⌂ ABIDJAN/Elfenbeinküste, Justiz-Pal.: 1953. AMBERIEU-EN-BUGEY/Ain: Génération – Hommage à Saint-Exupéry, Inox-Stahl, 1969. BERLIN, Hansaviertel, Vago-Haus: Ehrenportal zur Interbau, 1957. BOURG-EN-BRESSE/Ain: 1970; 1974; 1978. CHALON-SUR-SAONE: Semence, 1975; 1982. CHARBONNIERES/Saône-et-Loire: 1944. DIGOIN/Saône-et-Loire: 1971. FRONTON/Haute-Garonne: Nomades I, Tapisserie, 1984. GENELARD/Saône-et-Loire: 1972. GRENOBLE: Mutants, Beton, zum Symposium J. O., 1967. LYON, MBA: Deber, 1978. – FRAC Rhônes-Alpes: 1984. MACON, Mus. des Ursulines, Atelier D., Magazin der Donation D.: Mon. à la Résistance et la Déportation, 1975; Nomades II, Tapisserie, 1987. MELISEY/Haute-Saône: 1970. MONTCEAU-LES-MINES/Saône-et-Loire: 1972. MULHOUSE, Univ.: Modulation sur le carré, n° 6, Inox-Stahl, 1970. NEVERS, Lyzeum Jules Renard: serielle Skulpt., Granit und Diorit, 1959. RIORGES/Loire: 1973. ROANNE: 1965; 1976. VENISSIEUX/Rhône: Flora; Fauna; Mineral, Corten-Stahl. ✉ A la source vive, Approches (Lyon) 1966 (1); M. D., textes aphoristiques, poèmes, Chaillé-sous-les-Ormeaux 1977. ⊙ *E:* Lyon: 1960 Gal. La Jeune Parque; 1963 Gal. Sopho / 1970 Orléans, Maison de la Cult.: M. D., sculpt., tapisseries / 1984 Vénissieux, Rathaus: Autour de Flore, Faune, Minéral (K: P. Bonniel/M. Lapalus) / 1996 Mâcon, MJC: M. D. (K: P. Bonniel). – *G:* Paris: 1949: De Rodin à nos jours; 1952 Gal. MAI: De l'Urbanisme; Gal. Denise René; Gal. Colette Allendy; Gal. Drouin; Gal. Claude Bernard; Gal. La Demeure; 1954–55, '56 (K), Gal. Denise René: Salon de la Sculpt. abstraite; 1958 Gal. Claude Bernard: Sculpt. internat.; 1962 Festival constructiviste / 1950 New York u.a.: Art franç. contemp. (Wander-Ausst.) / 1951–52 New Haven (Conn.), Yale Univ. AG u.a.: Art sacré mod. (K: Lamont Moore; Wander-Ausst.) / 1952 Montreal: Art sacré; São Paulo: Art franç. contemp.; Cannes u.a.: Expos. internat. d'art abstrait (K; Wander-Ausst.) / 1954 Biot (Alpes-Maritimes): Synthèse des arts (mit Espace; K) / 1956 Mailand: Sculpt. abstraite France-Italie; Mâcon, Mus. mun.: Peint., tapisseries, sculpt. (K) / 1958 Charleroi: Art du XXe s. / 1960 Saint-Etienne, Mus. d'Art et d'Industrie: 100 sculpt. de Daumier à nos jours / 1961 Rouen, MBA et de la Céramique: Mesure / 1961–63 Lyon: Ambiance d'aujourd'hui / 1962 Dijon: Confrontation; Kaiserslautern u.a.: Mesure Constructivisme (Wander-Ausst.) / Nizza: 1963 Gal. „A": Festival méditerranéen. Le Relief; 1964: Festival de la Côte d'Azur / 1970 Mâcon: Sculpt. à ciel ouvert (K) / 1973 Saint-Etienne, Maison de la Cult.; Vénissieux: Sculpt. dans la ville / 1978 Lyon: Sculpt. à la Part-Dieu (K). 🕮 Vo5, 1961. NouvDictSculpt, 1970; Dict. de peint. et de sculpt. L'art du XXe s., P. 1991. – Art sacré. An exhib. of French mod. relig. art and archit., New Haven/Conn. 1951, 13; Art d'aujourd'hui, 2. Ser., 1951 (7) 37; 4. Ser. 1953 (5) 11; Archit. d'aujourd'hui 1954 (55) VI; Archit. Formes Couleur, Biot/P. 1954, 18, 26; *H. Schaeffer-Simmern*, Sculpt. in Europe today, L. A. 1955, 21, 116; Témoignages pour la sculpt. abstraite, ed. *D. René/A. A.*, P. 1956, 14–17; Aujourd'hui 1956 (1); 1956 (6); 1956 (8), 18 s., 90; 1957 (15) 32; 1960 (29) 32 s.; *M. Seuphor*, La sculpt. de ce s., Neuchâtel 1959, 142, 218, 257; *C. Juliet* (Text), Le bâtiment et Saint-Gobain, P. 1963, 45–53; *J. Devillard*, in: Compagnonnage, P. 1964; *C. Juliet*, in: Lettres nouv. 1965 (Okt./Nov.) 64–77; *M. Ragon/M. Seuphor*, L'art abstrait, P. 1974, III, 11, 41, 70; IV, 231; *P. Bonniel*, Vénissieux, 1984. 1000 sculpt. des mus. de France, P. 1998, 412, 414, 419; Un mus. sans mur, Grenoble 1998. – *Filmographie:* Fernsehsendung v. *G. Folgoas*, RTF, Paris, 18. 8. 1959; *C. Bessy/S. Lapierre*, Plein Chant. La sculpt. sérielle de M. D., Mâcon 1994. – Mâcon, Assoc. Pour l'Atelier D. P. Bonniel

Descomps, *Jean-Bernard*, frz. Bildhauer, Maler, * 14. 5. 1872 ('74?) Agen/Lot-et-Garonne, † 11. 8. 1948 Paris. Stud.: zunächst 5 Jahre EcBA Toulouse, dann EcBA Paris bei Alexandre Falguière. – Allegor. und mytholog. Sujets, Genre, Tier-Darst., Portr.-Büsten und -Medaillons sowie Denkmäler. Mitgl. der Soc. des Artistes français. Ausz.: 1901 Mention honorable; 1903 Med. 3. Kl.; Chevalier de la Légion d'honneur. ⌂ ehem. PARIS, Square Jules-Ferry: La grisette de 1830. – Boulevard R. Lenoir/Av. de la République: Mon. Charles Floquet (beide im 2. WK zerst.). ⊙ *G:* ab 1891 Paris, SAfr. 🕮 ThB9, 1913; Vol, 1953. *Bénézit* III, 1976; *Mackay*, 1977; Dict. des mon. de Paris, P. 1992. E. S.

Descomps, *Joseph* → **Cormier,** *Joseph*

Desconet, *Juan Pedro*, argentin. Maler, Bildhauer, Komponist, * 8. 4. 1880 Chascomús, † 24. 6. 1914 Buenos Aires. Stud. ebd. und in Paris. Werke in Priv.-Slgn. 🕮 EAAm I, 1968; *Gesualdo/Biglione/Santos* I, 1988.

Descós, *Francisco*, span. Holzschneider, * um 1450 Mallorca, dort tätig. Sohn des Dichters Bernardo D. Ausb. bei Bartolomé Far. 1493 sign. D. das Bl. *El Beato Raimundo Lulio con los escudos del apellido Lull, el de la ciudad de Palma y el del autor* (lt. Dicc. biogr. einer der frühesten in Spanien bek. Hschn.). ⌂ MADRID,

BN. ThB9, 1913. Dicc. biogr. II, 1968; *Páez Rios* I, 1981. – *J. Carrete Parrondo u.a.*, El grabado en España (s. XV al XVIII), Ma. 1987 (Summa artis, 31). R. T.

Descossy, *Camille*, frz. Maler, Graphiker, Illustrator, * 24. 5. 1904 Céret/Pyrénées-Orientales, † 1980, war in Malakoff tätig. Schüler von Félix Cormon in Paris. – Lsch., Figurenszenen. Auch Ill., u.a. für J. Thuile *Entrée au Peyrou*, 1945, und Molière *L'Avare*. ALES, Mus. mun. PARIS, BN. *G:* Paris: ab 1924 SAfr. und Salon des Indépendants; Salon d'Automne; Salon de la Soc. Nat. des BA. Vo1, 1953. *Bénézit* III, 1976. – IFF, Après1800 VI, 1953; Mus. mun. d'Alès. Cat. des œuvresd'art, Alès 1987. K. S.-D.

Descostils, *Gustave-Charles*, frz. Maler, * Paris. Schüler von Hersent. – Genre- und relig. Szenen (z.B. elf Gem. für die Kirche St-Etienne in Caen) sowie Motive aus Don Quichotte und Gil Blas. *G:* 1839–52 Paris, Salon. ThB9, 1913. *Bellier/Auvray* I, 1882. – *F./M. Engerand*, Les Trésors d'Art relig. du Calvados, I, Caen 1940, 10; *B. Foucart*, Le Renouveau de la peint. relig. en France (1800–1860), P. 1987, 386. – Mitt. MBA, Caen. K. S.-D.

Des Coudres, *Adolf*, dt. Maler, * 2. 6. 1862 Karlsruhe, † 21. 9. 1924 Fürstenfeldbruck. Sohn von Ludwig D. Seit 1921 ⚭ Malerin Selma D. Stud.: 1881–90 Malerei KA Karlsruhe bei Gustav Schönleber. Zunächst in Karlsruhe tätig, dann in München. Siedelt 1910 nach Emmering b. Fürstenfeldbruck über. D. malt meist kleinformatige impressionist. Lsch. und Interieurs, die sich durch ausgewogene Farbharmonien auszeichnen. KARLSRUHE, SKH, Kpst.-Kab. – StG: Rheinhafen Karlsruhe. *G:* 1909 Baden-Baden, Kunst-Ausst. / Karlsruhe: 1906 Jubiläums-Ausst.; 1908, Künstlerbund-Ausst.; 1911: Gustav Schönleber und seine Schüler; 1990: Kunst in der Residenz (K) / München: 1911, '16, '25 Glas-Pal. / Fürstenfeldbruck: 1914 Kunst-Ausst.; 1977: Maler in Bruck. ThB9, 1913; Vo5, 1961. *Mülfarth*, 1987; *Well*, 1988; *Schweers* I, 1994. – *J. A. Beringer*, Bad. Malerei im 19. Jh., Ka. 1922, 138; Die dt. Zchngn des 19. Jh. (K SKH Kpst.-Kab.), Ka. 1978. J. Dresch

Des Coudres (Coudres), *Ludwig (Louis)*, dt. Maler, * 10. 5. 1820 Kassel, † 23. 12. 1878 Karlsruhe. Vater von Adolf D. Stud.: zunächst ein Jahr Archit. am Polytechnikum Kassel; ab 1837 KA ebd. bei Ludwig Emil Grimm und Friedrich Burghard Müller. Gegen den von Müller vertretenen nazaren. Malstil opponieren mehrere Studenten und verlassen die Akad., darunter auch D. Zus. mit den Studienfreunden Gustav Kaupert und Friedrich Gunkel gründet er ein Privatatelier; die drei bilden sich selbständig an den alten Meistern der Kasseler GG fort. Ab Herbst 1839 Schüler an der Münchener KA bei Julius Schnorr von Carolsfeld. Anschließend wieder zweieinhalb Jahre in Kassel. In dieser Zeit malt er romant. und hist. Stoffe. 1843 reist er über München, Venedig und Florenz nach Rom, wo er im Dez. ankommt. Er bleibt zwei Jahre, hat dort aber keinen künstler. Mentor. Von Rom aus unternimmt er eine Reise nach Neapel. Im Sept. 1845 kehrt er nach Deutschland zurück. In dieser Zeit hegt er Zweifel an seinem künstler. Talent. Doch lernt er in Kassel Johann Wilhelm Schirmer kennen, der ihm rät, die Ausb. an der Düsseldorfer KA fortzusetzen. Im Herbst 1846 tritt er in Düsseldorf in das Atelier von Carl Ferdinand Sohn ein. Nach 16 Monaten wechselt er zu Wilhelm von Schadow. In Düsseldorf reift D.s Malstil. Zu seinen dortigen Künstlerfreunden gehören neben Schirmer auch Andreas und Oswald Achenbach sowie Hans Fredrik Gude; D. porträtiert mehrere Künstlerkollegen. 1848 ist er Gründungs-Mitgl. des Düsseldorfer Künstler-Ver. „Malkasten". 1850 stellt er das Gem. *Paolo und Francesca* (nicht erh.) aus, das vom KV für die Rheinlande und Westfalen angekauft wird. D.s Hw. gehören zur relig. Historien- und Bildnismalerei, charakterisiert durch eine strenge Komp. und sorgfältige maler. Durchdringung. 1851 reist D. über Aachen und Lüttich nach Brüssel und Antwerpen. 1855 holt ihn Schirmer als Prof. der Antiken- und Malklasse an die Akad. Karlsruhe. Neben Schirmer hat D. an deren Aufbau und Aufblühen wesentl. Anteil. Zu D.s Karlsruher Schülern gehören Eduard von Gebhardt, Max Klinger, Anton von Werner, Hans Thoma, Wilhelm Steinhausen, Ferdinand Keller und Eugen Bracht. Nach Schirmers Tod im Jahr 1863 übernimmt D. die geschäftl. Leitung der Karlsruher Akademie. 1860 kauft die „Verbindung für hist. Kunst" sein Gem. *Die Trauer vor der Grablegung Christi*. 1863–65 malt er für die Nicolaikirche in Hamburg das Altarbild *Die Heiligen Frauen mit Johannes unter dem Kreuz* (1867 auf Pariser WA gezeigt; nicht erh.). In Karlsruhe engagiert sich D. im Badischen KV. A. der 1860er Jahre wird er dessen Vizepräsident, 1867–69 Präsident, es folgen noch einmal mehrere Jahre als Vizepräsident. D. setzt sich für eine Neuordnung des Ausst.-Wesens der KV ein und befürwortet „permanente Ausstellungen". Zudem ist er Mitgl. im Karlsruher Künstler-Verein. Als die dt. Bundesversammlung ein Gesetz zum Schutz des Urheberrechts an Werken der Lit. und Kunst vorbereitet, verfaßt D. eine diesbezügl. Denkschrift (1864 veröff.). An den Folgen einer im Winter 1864 zugezogenen Verletzung leidet er bis ans Lebensende. – Sign. abwechselnd L. Des Coudres oder L. des Coudres, vereinzelt auch L DC oder DC. DÜSSELDORF, KM: Bildnis des Landschaftsmalers Peter Heinrich Happel, 1847. KARLSRUHE, SKH: Beweinung Christi, 1861; Bildnis der Frau des Künstlers und seiner Tochter Luise, 1867. KASSEL, Neue Gal.: Christus am Kreuz von Maria Magdalena beklagt, 1875. *G:* 1867 Paris, WA / 1990 Karlsruhe, Kunst in der Residenz (K). ThB9, 1913. *Boetticher* I. 1, 1891; ADB XLVII, 1903; *Mülfarth*, 1987; *Schweers* I, 1994; Lex. der Düsseldorfer Malerschule, I, M. 1997. – *J. A. Beringer*, Bad. Malerei im 19. Jh., Ka. 1922, 57 s.; *I. Schnack* (Ed.), Lebensbilder aus Kurhessen und Waldeck, III, Marburg 1942, 50–58; Neuere Meister 19. und 20. Jh. (K SKH), Ka. 1971, Bildband 1972; *E. Herzog*, Kurhess. Maler 1850–1900, Kassel 1972; Die dt. Zchngn des 19. Jh. (K SKH, Kpst.-Kab.), Ka. 1978, Nrn 468–532; *E. Lehmann*, Kunst in Hessen und am Mittelrhein 18/19:1978/79, 7–116; *M. Heinz*, Bestands-Kat. der SKS Kassel, Kassel 1991. J. Dresch

Des Coudres, *Selma* (geb. Plawneck), lett.-dt. Malerin, Zeichnerin, * 2. 1. 1883 Riga, † 4. 3. 1956 Fürstenfeldbruck. 1921 ⚭ Adolf D. 1903 Abschluß der KSch in

Riga als Diplomzeichenlehrerin für mittlere Lehranstalten. Gehört bald zu den bek. Künstlerinnen des Baltikums. Stud. (mit Stip. der Stadt Riga): im Sommer 1909 in München u.a. bei Adolf Hölzel, 1910 und '11 bei Julius Exter in Feldwies am Chiemsee. In München lernt sie Joachim Ringelnatz kennen, dessen Gedichte sie ill. und der ihr sein Buch „Mein Leben bis zum Kriege" widmet. 1914 wieder zu Malstudien in München. 1917 siedelt sie nach Fürstenfeldbruck über. Ihre expressionist. Portr. und Landschaftsbilder charakterisiert ein breiter Pinselduktus und intensive Farbigkeit. Zum Broterwerb malt sie nach dem 1. WK auch Blumenstücke, Kinderbildnisse und Min.-Portr. auf Elfenbein. 1924 Gründungs-Mitgl., dann einige Jahre im Vorstand Künstler-Vrg Fürstenfeldbruck. ⌂ FÜRSTENFELDBRUCK, Sparkasse. ⊙ *G:* 1918 Berlin, Livland/Estland-Ausst. / 1977 Fürstenfeldbruck: Maler in Bruck. ▭ Münchner Maler V, 1993. – *W. G. Well*, Maler im Fürstenfeldbrucker Land, M. 1988, 76–82. J. Dresch

Descourgeats de la Chèze, *Ogier*, frz. Landschaftsmaler, † E. 18. Jh. Châteauneuf-sur-Charente, wo er wahrsch. ab 1792 wohnte. 1769 in die Akad. von Bordeaux aufgenommen, 1771 deren Direktor. – Neben eig. Bildern auch Lsch. (Marinen) nach Vernet. ▭ ThB9, 1913.

Descours, *Auguste (Augustin Philippe Eugène)*, frz. Maler, Leutnant, * 1835 Le Puy-en-Velay, † 1860 China. ⌂ LE PUY-EN-VELAY, Mus. Crozatier: Selbst-Portr., um 1855, Öl/Lw. ▭ *Bénézit* III, 1976; IV, 1999. – Mitt. Mus. Crozatier, Le Puy.

Descours, *Michel-Hubert* (Hubert-Descours, *Michel*), frz. Maler, * 12. 9. 1707 Bernay/Eure, † 17. 11. 1775 ebd. 1727 erstes Selbstporträt. Ab 1731 in Paris, dort tätig im Atelier von Hyacinthe Rigaud (dabei u.a. *Notre-Dame de Pitié*, 1732), der D. richtungweisend beeinflußte. 1737 Heirat mit Marie Fabre (fertigte in diesem Zusammenhang das Ms. Les amours de M. Hubert Descours avec Mlle Marie F..., écritte par lui-même en l'an 1737; Evreux, Priv.-Bes.). 1735 achtmonatiger Aufenthalt in Bernay, wohin D. um 1745 endgültig zurückkehrt. – Portr. (u.a. *Marie-Jacqueline Fabre*, 1746; das Hw. *Mme Ticheville*, 1747 [Bernay, Hospice]; *Mme de Viel*; *L'enfant au carton*; *M. Viel*; *La Camargo*, 1755; *M. de Giverville, curé de Bray*, 1760; *Mlle Paysant de la Fosse*, 1770; *J.-B. Boivin*, 1774; *La petite fille en robe bleue*). Zahlr. relig. Sujets für Kirchen im Dép. Eure: *Geburt Christi*, 1754 (Saint-Ymer); *Predigt des Johannes d. T., Hl. Franziskus von Assisi, Hl. Elisabeth von Ungarn*, 1757 (Bernay, Ste-Croix); *Auferstehung*, 1758 (Breteuil; 1763 in Plasnes); *Notre-Dame de Pitié*, 1769 (Bernay, Kap. des Hospiz); *Hl. Sebastian* (Noyer-en-Ouche); *Mariä Himmelfahrt* (Harcourt, Augustinerkloster); *Emmaus* (Romau); *Hl. Nikolaus* und *Verkündigung* (Saint-Léger de Rostes); *Hl. Scholastika*, 1774 (Ferrière-Haut-Clocher, Kirche); *Anna unterweist das Marienkind* (Evreux, Kap. der Kathedrale); *Verkündigung* (Thevray und Bray). Auch Dekorationen in Bernay, u.a. in Camaieu-Malerei (Blau). 1755 acht Schäferszenen für D.s Haus in der Rue Grand Bourg (heute Rue d'Alençon), Medaillons in Annäherung an Watteau und Lancret für Wohnhäuser und Supraporten (*La Peinture, La Sculpture, L'Architecture, La Musique*). – D.s Sohn, *Michel-Pierre-Hubert D.*, * 27. 2. 1741, † 19. 5. 1814 Bernay, war ebenfalls Maler (Sign. u.a. „D. fils pinxit"). Zunächst Schüler des Vaters, später von Deshayes an der Ec. de dessin, Rouen (1772 Preis für Zchng). Führte 1759 in Camaieu-Malerei (Blau) die Supraporte *Le petit déjeuner* aus. V.a. Portr. (*M. Quesnel*, 1768; *Pierre-Philippe de la Mare*; *Mlle Saussage*; *Maréchal de broglie*; *Condorcet*; *Duc de Charost*; *Duc de Buillon*; *Mme Bréant*, 1787) sowie relig. Sujets, u.a. *Hl. Joachim* und *Hl. Anna*, 1779, sowie für Kirchen in Conches (*Verkündigung*, 1772), Drucourt (*Rosenkranzbild*, 1773), Neuville-sur-Arton (*Hl. Sebastian*, 1787), Cormeilles, Launay (*Unbefleckte Empfängnis*), Bazoques (*Auferstehung*, 1803), Sainte-Croix (*Hl. Magdalena*, 1806). ⌂ BERNAY, Mus. mun. ▭ ThB18, 1925 (s.v. Hubert-Descours, Michel). DBF X, 1965; *Bénézit* III, 1976. – *A.-A. Porée*, M.H.D. ... 1707–1775. Un peintre bernayen, Bernay 1889; *J. Cailleux*, BurlMag 103:1961 (6) 3; (7) 5; (8) 5. K. S.-D.

Descours, *Michel-Pierre-Hubert* cf. **Descours,** *Michel-Hubert*

Descourtils, *Colin*, frz. Maler, 15. Jh., im Dienst des Königs René von Anjou (1408–80) in Angers tätig. – Ein Maler *Panthaléon D.* ist 1522 in Angers genannt. ▭ ThB9, 1913.

Descourtilz, *Jean Theodor*, Maler, M. 19. Jh. tätig in Rio de Janeiro, u.a. für das MN mit Zchngn und Aqu. brasil. Vögel. ▭ *Cavalcanti* II, 1974. B. Th.

Descourtis, *Charles-Melchior*, frz. Stecher, * 1753 Paris, † 1820 ebd. Sohn des Malers *Noël D.* (ab 1746 Mitgl. der Acad. de St-Luc in Paris). Schüler von Jean François Janinet. D. fertigt im wesentl. Farbstiche und wird einer der frz. Hauptmeister auf diesem Gebiet. 1784 sticht er nach Pierre-Antoine Demachy mehrere farbige Ansichten von Paris und Rom, seine Hw. sind jedoch Genreszenen: *La noce au village*, 1785, und *Foire au village*, 1788, beide nach Nicolas Antoine Taunay. Die ebenfalls nach diesem ausgef. Bll. *La rixe* und *Le Tambourin* sind jedoch weniger erfolgreich. 1788 illustriert er nach Vorlagen von Frédéric Schall den Roman *Paul et Virginie* von Jacques-Henri Bernardin de Saint-Pierre. Zudem sticht er Portr., z.B. 1791 von der *Prinzessin Wilhelmine von Preußen*. Am 22 vendémiaire an 3 (13. 10. 1794) Scheidung von Simonne Thérèze Victoire Leurion; Heirat mit Jeanne Thérèse Chauvassaignes, nach deren Tod mit Amélie Josèphe Leroy (19. 12. 1807); Trauzeuge ist der Bilderhändler Louis Lemercier, D. lebt im Pfarr-Bez. Notre-Dame (18, rue des Grand-Degrés). Während des Direktoriums (1795–99) erregt er weiterhin Aufmerksamkeit mit galanten Szenen und ist um 1798 sehr erfolgreich mit *L'Amant surpris* und dem Gegenstück *Les espiègles*, beide nach Schall. D. interpretiert auch aktuell-polit. Themen, bes. die *Séance du Corps législatif à l'Orangerie de Saint-Cloud et journée libératrice du 18 brumaire an VIII (1799)*, Tuschmanier. ▭ ThB9, 1913. DBF X, 1965; DA VIII, 1996. – *Guiffrey*, 1915 (Repr. 1970; s.v. D., Noël); IFF, GravXVIII VII, 1951, 61–66; *J. F. Norbaeck*, Konsthist. tidskr. 44:1975 (1/2) 27–37; *V. Berezina*, Soobščenija Gos. ordena Lenina Ėrmitaža 46:1981,

17 s.; *B. Schumann*, Weltkunst 61:1991 (2) 130–134; *G. Maës*, Les Watteau de Lille. Louis Watteau, 1731–1798, François Watteau, 1758–1823, P. 1998; *C. Jouve-Lebrun*, Cat. raisonné de l'œuvre du peintre Nicolas Antoine Taunay 1755–1830, Mag.-Arbeit Paris IV, I-III, 1999 (unveröff.). – Paris, Arch. de la Ville: V2E 8163 (Scheidung); Pfarr.-Bez. St-Merry, Heirats-Reg. (Hochzeit mit Amélie Leroy). J. Raineau

Descourtis, *Noël* cf. **Descourtis,** *Charles-Melchior*

Descoust, *Charles (Charles-Eugène-Emile)*, frz. Maler, * 24. 4. 1882 La Rochelle, † 9. 7. 1974 Jaunay-Clan/Vienne. D. entstammt einer alteingesessenen Fam. aus dem Poitou und verbrachte einen Teil seiner Kindheit und Jugend in Algerien und in der Franche-Comté. Stud.: ENSBA Paris, bei Ferdinand Humbert und Léon Bonnat. In Paris lehrte D. am Lycée Buffon und an der EcBA. Bed. Funktion am Institut de France. Er besaß einen Landsitz in Jaunay-Clan/Vienne. – Zunächst der dekorativen Art von Pierre Puvis de Chavannes verbunden, widmete sich D. ab den 1920/30er Jahren der lichtdurchfluteten impressionist. bzw. postimpressionist. Malerei; bes. bek. sind die großen Komp. mit Badenden (Mus. in Poitiers). Diesem Stil erwies er seine Reverenz auch durch einen Art. über Renoir in der Kunst-Zs. La Grand Goule (1933, Nr 28) sowie durch ein dem Mus. in Poitiers vermachtes kleines, fast in der fauvist. Art von Louis Valtat gemaltes Ölbild. ⌂ PARIS, Inst. Pédagogique (Rue d'Ulm): Le port romain, großformatige Dekoration. POITIERS, Mus. de la Ville et de la Soc. des antiquaires de l'Ouest: sieben Gem. ◉ *E:* 1926 Paris, Gal. Charpentier: D. et Claude Grange (K). – *G:* ab 1921 Paris, SAfr. (Mitgl.; '56 Gold-Med. und Corot-Preis; '59 Bonnat-Preis) / 1927–53 Poitiers, Salons de l'Orientine. ▭ Vol, 1953. *Schurr/Cabanne* I, 1996. – *P. Poux*, La Grand Goule 1932 (24/25); ibid. 1933 (29; 30/31); 1934 (34); *B. Chavanne*, in: Evocation de la scène artist. à Poitiers au XXe s. (K Mus. de la Ville), Poitiers 1986; *ead.*, in: Cat. raisonné des peint. des XIXe et XXe s. (K Mus. de la Ville/Soc. des antiquaires de l'Ouest), Poitiers 1988. B. Gaudichon

Descouteaux (Des Couteaux), frz. Buchdrucker, Holzschneider, 1766 in Chaumont/Haute-Marne belegt, auch in Reims und Troyes tätig. Schüler von Jean Michel Papillon. Stach Vignetten(?) z.B. für „Hist. de France" von Velly, P. 1770–89. ▭ ThB9, 1913. – IFF, GravXVIII VII, 1951. C. R.

Descoutures, *Etienne*, Baumeister, 1496 bezahlt für den Entwurf der Kap. für die Kirche von Bueil-en-Touraine. ▭ ThB9, 1913.

Descoyl, *Pons*, katalan. Architekt, 1277 erstmals erw., 1303–11 in Palma de Mallorca tätig. Vermutl. entscheidend beteiligt am Bau der Kathedrale Ste-Cécile in Albi (beg. 1282), die wesentl. Charakteristika der got. Hauptkirchen Kataloniens aufweist. ▭ *J. L. Biget*, Congr. archéolog. de France 140:1982, 56–62. A. M.

Descudé, *Cyprien*, frz. Maler, * 30. 1. 1881 Bordeaux, † 1920 Paris, lebte dort. Stud.: EcBA Bordeaux; EcBA Paris bei Gabriel Ferrier. – Portr., Genrebilder, Figürl. (bes. Akte), Lsch., Tiermotive. ◉ *G:* Paris: ab 1909 SAfr. (Mitgl.; 1910, '11 Ausz.); 1913 Salon des Indépendants. ▭ ThB9, 1913; Vol, 1953. LivreD'Or, 1914; 1921. C. R.

Desdêmona (eigtl. Torres, *Desdêmona Marchesini*), brasil. Malerin, Zeichnerin, * 1907 Juiz de Fora/Minas Gerais. Widmet sich seit 1951 der Kunst. Zeichenkurs an der Esc. Fluminense de BA, Niterói. Stud. der Malerei am Inst. de BA, Rio de Janeiro (Abschluß 1962). – Bes. Lsch. und Stilleben. ◉ *G:* 1951, '68 Niterói: Salão da Sociedade Fluminense de BA / Rio de Janeiro: 1967, '68 (Silber-Med.) Salão Feminino de BA; 1971 Salão de Artes Plásticas / 1968 Guanabara: Salão de Maio; Juiz de Fora: Salão Mpal de BA / 1968, '69, '70 São Lourenço: Salão de Artes Plásticas. ▭ *Pontual*, 1969; *Cavalcanti* II, 1974. M. F. M.

Desdouits, *Jean*, Maler in Caen, gen. 1579–88 mit Wappen- und Dekorationsmalereien für die Kirche St-Gilles und die Einzüge der Herzöge von Joyeuse (1584) und Montpensier (1588). ▭ ThB9, 1913.

Desdouits, *Léon*, frz. Landschaftsmaler, * Paris, tätig 2. H. 19. Jh. Schüler von Levasseur. ◉ *G:* 1879–87 Paris, Salon. ▭ ThB9, 1913. *Harambourg*, 1985.

Desdous, *Bernardo*, span. Maler, 1327–39 für die Kathedrale von Palma de Mallorca tätig. ▭ ThB9, 1913.

Desebbe, *François*, frz. Maler, Bildhauer, * 28. 9. 1876, † 29. 6. 1968 Chambéry/Savoyen. Stud.: um 1895 EcBA Paris. Gold-Med. der Stadt Paris und Ausb. in einem Bildhaueratelier. Rückkehr nach Chambéry, wo er u.a. hist. Möbel restaurierte und in der Rue Métropole ein Antiquitätengeschäft betrieb. D. malte Stilleben (*Hortensias*), Portr., Genrebilder, Lsch. (*Lac du Bourget*; *Canal de Savières*; *Lac d'Aiguebelette*), Ansichten von Chambéry (*Place Monge*) in z.T. impressionist. Manier. – Sein Bruder *Léon D.* (* 8. 7. 1883 Chambéry, † 14. 4. 1935 ebd.; um 1900 Schüler der EcBA Paris) arbeitete in Chambéry bis 1914 als Holzbildhauer (neogot. Kanzeln in den Kirchen von Bassens und Lémenc); widmete sich erst nach 1920 der Malerei und stellte in den Salons kleinformatige Öl-Lsch. aus; war auch Antiquitätenhändler. ⌂ CHAMBERY, Mus. Savoisien: Costa de Beauregard, Flachrelief; zwei Gem. ▭ *Buttin/Jacqueline*, 1991. C. R.

Desebbe, *Léon* cf. **Desebbe,** *François*

Deseine, *André* cf. **Deseine,** *Claude-André*

Deseine, *Claude-André*, frz. Bildhauer, * 6. 4. 1740 Paris, † 30. 12. 1823 Petit-Gentilly/Val-de-Marne. Sohn bzw. Enkel der Tischler *Louis André D.* († 1777) und *André D.*; Bruder von Louis-Pierre, Louis-Etienne und Madeleine-Anne D.; Schwager des Tischlers Pierre Durand; von Geburt an gehörlos. In Paris ab ca. 1760 Schüler des Abbé Charles Michel de l'Epée (Portr.-Büste, Salon 1793, WA 1878; Paris, Inst. nat. des Sourds-Muets); ab 1775 Stud. an der Acad. r. de peint. et de sculpt. bei Augustin Pajou (1778 Med.). Während des Ancien régime gute Kontakte zur Aristokratie (zahlr. Aufträge; um 1790 wahrsch. Verbindungen zum Haus des Duc d'Orléans). – Œuvre: neoklassizist., meist nüchternnaturalist. Portr. (Büsten, Statuen, Statuetten) bek. zeitgen. und hist. Persönlichkeiten (z.T. Einfluß der von Charles-Claude Comte d'Angiviller initiierten Ser. der „Grands hommes"); gelegentl. Allegorien sowie Statuetten von Kindern. D. wird zu einem enthusiastischen Anhänger der Revolution, obwohl die polit. Entwicklung für seine künstler. Projekte nicht immer günstig ist. Für die ungewöhnl. ausdrucksstarke Gips-Büste *Honoré Gabriel Riquetti, Comte de Mirabeau* (Rennes, MBA) erhält er im Wettb. der Jakobiner 1791 (u.a. vor Jean Antoine Houdon) den 1. Preis; die kurze Dauer des postumen Ruhms des Politikers verhindert jedoch die Ausf. der Marmor-Fassung. Mehrere Werke überreicht D. dem Nat.-Konvent und dem Jakobinerklub als Schenkung (u.a. *Marat*, Büste, 1793, nach einer von D. abgenommenen Totenmaske; *Mucius Scaevola*, Büste, 1794); 1795 Zuwendung von 2000 Livres durch das Comité d'instruction publique. Um 1797 begeistert sich D. für Bonaparte; von seiner Hand stammt die erste Portr.-Büste des Generals. Ca. 1801 zieht er sich, wahrsch. auf Grund seiner Behinderung, aus dem künstler. Leben zurück. D. sign. häufig „Deseine sourd-muet". Nach ihm gestochen hat Louis Alexandre Boutelou (1788). 🏛 BOURGES, Mus. du Berry: Lepeletier de St Fargeau, Marmor-Büste, 1793. CHAALIS, Mus. Jacquemart-André: Jean-Jacques Rousseau, Gips-Modell, 1791. HAMBURG, KH: Portr. Antoinette-Gabrielle Danton, geb. Charpentier, Terrakotta-Büste, 1793. PARIS, Louvre: Un ambassadeur de Tippoo-Sahib, Terrakotta-Büste, 1788. TROYES, MBA: Antoinette-Gabrielle Danton, geb. Charpentier, Gips-Büste, 1793, WA 1900. VERSAILLES, Château: Louis du Plessis, duc de Richelieu, Büste, Gips und Terrakotta, 1785; Charles de Sartine, Gips-Büste, 1797. VIZILLE, Mus. de la Révolution franç.: Maximilien Robespierre, Terrakotta-Büste, 1793. ✉ Adresse à l'Assemblée Nat., P. s.a. ⊙ *G:* Paris: 1782 Salon de la Corr.; 1791–93 Salon. 📖 ThB9, 1913. *Lami* I, 1910; *Vial/Marcel/Girodie* I, 1912 (D., Louis-André); *Du Peloux* I, 1930; DBF X, 1965; *Bénézit* III, 1976; *Mackay*, 1977; *Kjellberg*, 1989; Dict. de la sculpt., P. 1992; DA VIII, 1996. – *F. Le Châtelier*, Louis Le Châtelier, 1815–1873, et Elisabeth Durand, 1827–1902, leurs ascendants, leurs descendants, Nancy 1972; *P. Bordes*, Rev. du Louvre et des mus. de France 26:1976 (2) 61–66 (Mirabeau); La Révolution franç. et l'Europe 1789–1799 (K Gal. nat. du Grand Pal.), P. 1989; *G. Syamken*, in: Idea. Jb. der Hamburger KH 9:1990, 121–130. E. S.

Deseine, *Louis André* cf. **Deseine,** *Claude-André*

Deseine, *Louis-Etienne*, frz. Architekt, * ca. 1747 Paris, † 7. 10. 1783 Segrie-Fontaine/Calvados. Sohn des Tischlermeisters Louis André D., Bruder von Claude-André, Louis-Pierre und Madeleine-Anne D., Schwager des Tischlers Pierre Durand. Stud.: 1772–77 Acad. R. d'Archit., zunächst bei Louis-François de Moranzel, dann bei Jean-René Billaudel. 1775 Zweiter Platz beim Grand Prix, 1777 gewinnt er den Grand Prix de Rome. D. reist im Oktober über Bordeaux nach Italien, kommt am 8. 12. 1777 in Rom an und bleibt bis zum 1. 1. 1782 Pensionnaire der dortigen Acad. de France, wo er Jacques-Denis Antoine trifft. Im April 1778 eingeführten neuen Regeln zufolge wird D. der erste Akad.-Stipendiat, dem es obliegt, während des Romaufenthalts ein antikes Bauwerk zu studieren. Am 20. 10. 1778 schlägt er deshalb eine genaue Bauaufnahme des Pantheons vor und trifft damit auf großes Interesse, da man sich eine Analyse der antik-röm. Konstruktionstechniken erhofft. – D.s Grand-Prix-Zchngn demonstrieren innerhalb der Grenzen der Wettb.-Richtlinien einen hohen Grad von Erfindungsreichtum. Die Betonung klar definierter Oberflächen und einfacher Volumina unterstreichen neben der Verwendung von Kolonnaden, Tonnengewölben und Kuppeln für dramat. Raumeffekte und bestechender Licht-Schatten-Kontraste D.s Affinität zur akad. Doktrin von Julien-David Le Roy und den Ideen von Etienne-Louis Boullée. D.s unvoll. gebliebenes Pantheon-Projekt ist typ. für das wachsende Bedürfnis nach genaueren, method. Stud. antiker Mon. und eine daraus erwachsende enge Verbindung zur Baupraxis, wie sie später die Archit.-Lehre des 19. Jh. kennzeichnet. 🏛 PARIS, Arch. de l'ENSBA: ms. 291; ms. 292 (Zchngn.). 📖 ThB9, 1913. – *G. Le Chatelier*, Louis-Pierre D. statuaire, P. 1906; *J.-M. Pérouse de Montclos*, Les Prix de Rome, P. 1984; *P. Pinon/F.-X. Amprimoz*, Les envois de Rome, R. 1988; *W. Schöller*, Die „Acad. R. d'Archit.", 1671–1793, Köln u.a. 1993; *M. Häberle*, Pariser Archit. zw. 1750 und 1800, Diss. Freiburg im Breisgau 1994, Tb./B. 1995. – Paris, Arch. Nat.: O^1 1085; O^1 1931^8; O^1 1935; O^1 1942 (Ms.); Arch. de l'Inst. de France: Carton B 19; Bibl. de l'Inst. de France: ms. 1913, „Voyage de M. Antoine en Italie".

C. D. Armstrong

Deseine (de Seine; De Seine), *Louis-Pierre*, frz. Bildhauer, * 20. (oder 30.) 7. 1749 Paris, † 11. 10. 1822 ebd. Bruder von Claude-André, Louis-Etienne und Madeleine-Anne D.; Schwager von Pierre Durand. Stud.: Acad. r. de peint. et de sculpt., anfangs bei Jacques-Edme Dumont, dann bei Louis-Philippe Mouchy, Guillaume II Coustou und Augustin Pajou. 1778 2. Rompreis mit *Scaevola devant Porsenna*, 1780 1. Rompreis mit *Le déluge* (Flachrelief). 1781–84 Aufenthalt an der Acad. de France in Rom (Zchngn antiker Skulpt., v.a. der Villa Medici, des Pal. Borghese und des Pal. Lanti). 1785 Agrée der Acad. r.; 1789 und erneut während der Restauration Premier Sculpteur von Louis-Joseph de Bourbon, Prince de Condé; Mitgl. der Akad. in Kopenhagen (1789), später derjenigen von Berlin, Rouen und Bordeaux; 1791 Mitgl. der Acad. r. mit *Caïus Mucius Scaevola mettant sa main sur le brasier* (Marmor; Paris, Louvre); 1791–93 (Kündigung) Wohnung im Louvre. – V.a. zahlr. Portr.-Büsten zeitgen. und hist. Persönlichkeiten (Aufträge u.a. von Alexandre Lenoir [*Portr.*, 1800] für das Mus. des Mon. franç.); mon. Skulpt. für bed. Projekte des Direktoriums und des Empire, u.a. für den Conseil d'Etat, die Colonne de la Grande Armée auf der Pl. Vendôme (Flachreliefs, 1806–10) sowie für Grabmäler; außerdem relig., hist. und mytholog. Sujets. Stilist. bewegt sich D.s Schaffen zw. den Polen eines idealisierenden, akad.-eklekt. Neoklassizismus und einem Naturalismus, der an die Trad. des frz. Portr. im 18. Jh. anschließt. – Die künstler. Tätigkeit D.s wird durch die Revolution unterbrochen; der überzeugte Katholik agiert als streitbarer Royalist, opponiert gegen die Auflösung der Acad. und unterstützt 1816 deren Neukonstituierung; ferner polemisiert er gegen Antoine-Chrysostome Quatremère de Quincy, von dessen Panthéon-Projekt er ausgeschlossen wird; zeitweilig gilt er als Verdächtiger und ist genötigt, sich zu verstecken. Später engagiert er sich für die Restituierung der während der Revolution entfernten und im Mus. des Mon. franç. verwahrten kirchl. Skulpt. (bes. Notre-Dame; ca. ab 1802 Kontakte zu Bischof und Kapitel; 1813 Verleihung des Ehrentitels eines „Statuaire du chapitre métropolitain de Paris"). 1815 fordert er die Rückgabe der Kunstobjekte des Prince de Condé (Bruch der Beziehungen zu Lenoir, für dessen Sturz D. fälschl. als mitverantwortl. angesehen wurde). Ca. 1803 Auftrag zur Rekonstr. und Erg. der von Etienne Maurice Falconet konzipierten und während der Revolution zerst. Chap. du Calvaire in der Pariser Kirche St-Roch (unvoll.); Rest. der Pietà von Nicolas Coustou (ab 1802) und des Mausoleums des Duc d'Harcourt von Jean-Baptiste Pigalle (1820 restituiert) in Notre-Dame sowie der Statue des Grand Condé von Antoine Coysevox in Chantilly. Ein Min.-Portr. von D. schuf Madame Lefevre-Beauvarlet, eine Büste (Terrakotta, 1807; Paris, Mus. Carnavalet) seine Schwester Madeleine-Anne, mit der er, da unverheiratet, ab 1785 zusammenlebt. 🏛 ANGERS, MBA: Jean-Sylvain Bailly, Gips-Büste, 1789 (Marmor-Fassung 1792 zerst.). BORDEAUX, MAD: François-Armand Saige, 1789; Michel Eyquem de Montaigne, 1819, beide Marmor-Büsten. CHANTILLY, Mus. Condé: Bacchus; Hébé, beide Marmor, 1787–89; Grabmal Louis-Antoine-Henri de Bourbon, Modell. CHATEAU-THIERRY/Aisne, Mus. Jean-de-La-Fontaine: Jean de La Fontaine, Terrakotta-Büste, Auftrag 1799. PARIS, Arc de triomphe du Carrousel: Entrée de Napoléon à Vienne, Flachrelief, Marmor, 1806–08. – Kirche Notre Dame: Grabmal Cardinal Jean-Baptiste de Belloy, Marmor, 1808–19. – Kirche St-Germain-des-Prés: Jean-Baptiste de Belloy, Büste, Gips und Bronze, 1821. – Kirche St-Roch: Jésus trahi par Judas; Jésus devant Caïphe; Jésus accablé d'outrages; Jésus flagellé; Jésus couronné d'épines, jeweils Flachreliefs, Gips, 1803–05; Mise au tombeau, 1807. – Louvre: Jean-Baptiste de Belloy, Gips-Büste, Salon 1804; Studien und Modelle für das Grabmal des Cardinal de Belloy; Cab. des Dessins: Röm. Skizzenbuch. – Mus. Carnavalet: Jean-Sylvain Bailly, 1789; Louis XVI, 1790; J.-A. Thouret, 1791, jeweils Gips-Büsten. – Pal. Bourbon: Michel de l'Hospital, Stein, 1807–11. – Pal. du Luxembourg, Sénat: Jean-Baptiste de Belloy, Marmor-Büste, 1810 (gestochen von Louis Charles Ruotte nach einer Zchng von Madeleine-Anne D.). PLESSIS-TREVISE/Val-de-Marne: Edouard Mortier, duc de Trévise, Marmor (als Général Colbert 1810 von Napoleon in Auftrag gegeben; 1835 von Charles-René Laitié umgestaltet). TOULOUSE, Mus. des Augustins: Johann Joachim Winckelmann, Marmor-Büste, 1818. VERSAILLES, Château: Le Dauphin (Louis XVII), Marmor-Büste, 1790; Johann Joachim Winckelmann, Gips-Büste, Salon 1800; Pierre-Nicolas de Fontenay, Marmor-Büste, 1807; Jean Portalis, Marmor, 1808–12; Jean-Siffrein Maury, Marmor-Büste, 1816(?); Claude-Ambroise Régnier, duc de Massa, Marmor-Büste, 1816; Alexandre de Talleyrand-Périgord, Gips-Büste; Louis XVII, Terrakotta-Büste (Zuschr.). VINCENNES, Château, Chap. de la Reine: Grabmal Louis-Antoine-Henri de Bourbon, Prince de Condé et Duc d'Enghien, Marmor, 1816–22. VIZILLE, Mus. de la Révolution franç.: Le Dauphin (Louis XVII), Gips-Büste, 1790. WARSCHAU, MN: Jean Sylvain Bailly, Gips-Büste, 1789. ✉ Réfutation d'un projet de règlement pour l'Acad. centrale de peint., sculpt., gravure et archit., présenté à l'Assemblée Nat. par la majorité des membres de l'Acad. de peint. et de sculpt., P. 1791; Considérations sur les acad., présentées à l'Assemblée Nat., P. 1791; Lettre sur la sculpt. destinée à orner les temples catholiques, adressée au premier consul, 1802; Opinion sur les mus. où se trouvent retenus tous les objets d'arts qui sont les propriétés des temples consacrés à la religion catholique ..., P. an XI; Not. hist. sur les anciennes acad. de peint., sculpt. et archit., 1814; Mém. sur la nécessité du rétablissement des maîtrises et corporations, 1815. 👁 *G:* 1785–89, 1798–1822 Paris, Salon. 📖 ThB9, 1913. *Lami* I, 1910; *Du Peloux* I, 1930; DBF X, 1965; *Bénézit* III, 1976; *Mackay*, 1977; Dict. des mon. de Paris, P. 1992; DA VIII, 1996. – *G. Le Chatelier*, L.-P. D., statuaire, P. 1906; *Hautecœur* VI, 1955, 146, 332; *J. Thirion*, Bull. archéol. du Comité des travaux hist. et sc., N. S., 3:1967, 227–252 (Grabmal Cardinal de Belloy); *A.-M. de Lapparent*, L.-P. D., statuaire, 1749–1822. Cat. raisonné de son œuvre, Diss. Paris 1985; *G. Bresc-Bautier/A. Pingeot*, Sculpt. des jardins du Louvre, du Carrousel et des Tuileries, II, P. 1986; *P. Kjellberg*, Le nouv. guide des statues de Paris, P. 1988; La Révolution franç. et l'Europe 1789–1799 (K Gal. nat. du Grand Pal.), P. 1989; *S. Hoog*, Rev. du Louvre et des mus. de France 40:1990 (2) 106 s.; *W. Schöller*, Die „Académie Royale d'Architecture" 1671–1793, Köln u.a. 1993, 438 s., 442; *A. West*, From Pigalle to Préault. Neoclassicism and the Sublime in french sculpt., 1760–1840, N. Y. 1998.

E. S.

Deseine, *Madeleine-Anne*, frz. Malerin, Zeichnerin, Bildhauerin, * 1758 Paris, † 1839. Schwester von Claude-André, Louis-Etienne und Louis-Pierre D., Schwägerin des Tischlers Pierre Durand. Gem. und Zchngn nach letzterem; gelegentl. Zus.-Arbeit (Portr.-Büsten und Genrefiguren). 🏛 CHANTILLY, Mus. Condé: Grabmal Cardinal Jean Baptiste de Belloy (von Louis-Pierre D.), Zchng, Salon 1819. PARIS, Mus. Carnavalet: Louis-Pierre Deseine, Terrakotta-Büste, 1807. 👁 *G:* Paris, Salon. 📖 ThB9, 1913. *Bénézit* III, 1976; *Mackay*, 1977. – *J. Thirion*, Bull. archéol. du Comité des travaux hist. et sc., N. S., 3:1967, 227–252.

E. S.

Deseler, *Franz* → **Desler,** *Franz*

Deseler, *Wouter*, holl. Bildhauer, 1478–94 tätig an der St. Janskathedraal in 's-Hertogenbosch. 📖 ThB9, 1913. *Wurzbach*, NKL I, 1906.

Deselin, *Georg* → **Thesell,** *Georg*

Desem, *Cornelis* → **Deesm,** *Cornelis*

Désemery, *Jean*, Holzbildhauer, * 1721 Lussac/Périgord, † II vendémiaire an VIII (23. 9. 1799) Aix-en-Provence. Ab 1743 ebd. tätig; heiratet 1751. Führt 1746 und 1750 Schnitzereien an zwei Orgelgehäusen der Kathedrale St-Sauveur aus. Vater der Bildhauer *Joseph D.* (* 5. 7. 1762 Aix-en-Provence, † nach 1830) und *Jean-Pierre D.* (* 26. 11. 1752 Aix-en-Provence, † 29. 9. 1827), der 1779–90 Mitgl. der Confrérie des Peintres et sculpteurs d'Aix war und ebd. Holz- und Gipsarbeiten am Hôtel Bonnet de La Baume (erb. 1789–92) ausführte. 🕮 ThB9, 1913. – *H. Dobler*, Le cadre de la vie mondaine a Aix-en-Provence aux XVIIe et XVIIIe s., Marseille 1928, 127, 181–183 (s.v. D., Jean-Pierre); *N. Dufourcq*, Mém. de l'Acad. de Vaucluse, XXXIV, 1934, 145 s.; *Hautecœur* III, 1950, 436–438, 440, 621; *J. Boyer*, L'archit. relig. de l'époque classique à Aix-en-Provence, P. 1972, 73. – Aix-en-Provence, Bibl. Arch. mun.: GG 16; GG 19; GG 23; HH 102; LL 102; LL 125. J. Boyer

Désemery, *Jean-Pierre* cf. **Désemery,** *Jean*

Désemery, *Joseph* cf. **Désemery,** *Jean*

Desenfans, *Albert Constant*, belg. Bildhauer, * 1845 Genappe, † 1900 Brüssel. Stud.: ABA Brüssel bei Louis Jehotte und Hélène Simonis. – Portr., Akte, relig. Figuren in eklekt. Manier, z.B. die Marmorstatue *La Résurrection*, 1891 (Antwerpen, Mus.); Denkmal *Léopold I* (Laeken, Park); Statuen *Limburg* und *Hennegau* für den Triumphbogen des Parc du Cinquantenaire, Brüssel. Auch Elfenbeinfiguren. 🏛 ANTWERPEN, Koninkl. MSK. BRÜSSEL, MRBAB. 🕮 ThB9, 1913. *Bénézit* III, 1976; *Arto*, 1978. – *J. van Lennep*, Cat. de la sculpt. Artistes nés entre 1750 et 1882 (K MRBAB), Br. 1992. K. S.-D.

Desenne, *Alexandre-Joseph*, frz. Maler, Zeichner, Lithograph, * 1. 1. 1785 Paris, † 30. 1. 1827 ebd. V.a. Autodidakt und lt. IFF Ausb. in der Acad. royale de Peint. et de Sculpt. in Paris. Fertigt anfangs im Auftrag von Antoine Michel Filhol und Robillard Kopien für das Mus. franç. und erst ab 1812 eigenständige Arbeiten; entwickelt sich nach dem Tod von Jean Michel Moreau (1814) zum angesehensten frz. Vignettenzeichner seiner Zeit. D. liefert Ill. für Klassiker der Welt-Lit., so von Molière, Walter Scott, Jean-Jacques Rousseau, Voltaire, Jacques-Henri Bernardin de Saint-Pierre, Jean de La Fontaine (*Contes*, 1814), François Rabelais (*Œuvres*, zus. mit Victor-Jean Vincent Adam, 1820) und Miguel de Cervantes (*Don Quichotte*, 80 Ill., 1829). Nach seinen Vorlagen stachen u.a. Louis Léopold Boilly, Charles und Tony Johannot, Pierre François Bertonnier, Louis-Jean-Désiré Delaistre, Toussaint Caron und Louis Pierre Henriquel-Dupont. D.s Schüler Achille Déveria wird sein Nachf. als Buchillustrator. Zudem hinterließ D. ein *Album lithographique*, 1826, und 36 Portr.-Zchngn für die Coll. Janet. Als Maler gestaltet er in großzügigem, lt. Schurr etwas naiv wirkenden Duktus Genreszenen (*Au bœuf à la mode*, am 30. 5. 1976 in Versailles versteigert) und hist. Darst. (z.B. eine *Episode aus dem Leben Franz' I.*). Lt. ThB ist er evtl. der Vater des Malers *Emile D.*, der M. 19. Jh. in Rußland Portr. (Öl, Aqu., Pastell), u.a. von der Fam. des Zaren Nikolaus I., malt. ⊙ *G:* 1812–17 Paris, Salon. 🕮 ThB9, 1913 (auch s.v. D., Emile). DBF X, 1965; LGB II, 1989; *Osterwalder*, 1800–1914, 1989; *Bénézit* IV, 1999. – IFF, Après1800 VI, 1953; *Schurr* IV, 1979; L'art d'ill. Frz. Buch-Ill. des 19. Jh. (K), Wolfenbüttel 1985. R. T.

Desenne, *Emile* cf. **Desenne,** *Alexandre-Joseph*

Desenne, *Pierre*, frz.-venezolan. Maler, * 25. 4. 1927 Nogent-sur-Marne, lebt seit 1947 in Caracas. Stud.: 1946 Acad. Julian, Paris; ab 1947 Esc. de Artes Plást. y Aplicadas „C. Rojas", Caracas. Lehrtätigkeit: ab 1974 Esc. „R. Monasterios", Maracay; ab 1980 Esc. de Artes Plást., Villa de Cura. Ausz.: Preis Paleta de Plata, Salón Armando Reverón, ebd. – Expressive Lsch., Stilleben und Figurenbilder. ⊙ *E:* Caracas: 1948 Centro Venezolano Amer.; 1953 Centro Catalán; 1970 Sala Armando Reverón; 1971 Bibl. Paul Harris; 1972 Alianza Francesa; 1980 Gal. El Muro. 🕮 Dicc. biogr. de las artes plást. en Venezuela, Caracas 1973; DAVV I, 1982. M. N.

Deseppi, *Anton (Antonio)*, kroat. Architekt, * 31. 5. 1811 Fiume (Rijeka), † 1874 ebd. Ab 1863 tätig als städt. Bauaufseher und Mitgl. des Stadtausschusses für Bauwesen und Denkmalpflege. Als herausragendes Werk gilt Casinò patriottico (1845; heute Gebäude von Funk und Fernsehen Rijeka) am Corso, ein mon. klassizist. Bau mit zwei Fassaden und einem die Horizontale des Corso betonenden vorspringenden Altan im ersten Stockwerk. Entwarf u.a. das Gebäude der Chirurgie für das ehem. Heilig-Geist-Hospital (1856) sowie einige Wohngebäude (Haus Barich-Bonetich, 1859; Haus auf Zeniković, 1870). Am Haus Garofolo führte er Umbauten durch (1861). Zugeschr. werden ihm auch der Entwurf der Mihovil-Kap. in der Altstadt (1836) und der Bau der alten Fischhalle (1865). D.s Archit. zeichnet sich durch reine geometr. Formen, strenge klassizist. Linien, harmon. Proportionen und unaufdringl. Verzierungen aus. 🕮 LEJ I, 1984; HBL III, 1993 (Lit.). Ch. N.

Desert, *Jean* → **Deshayes,** *Jean* (1483)

Le **Déserteur** → **Brun,** *Charles Frédéric*

De Servi, *Carlo*, ital.-brasil. Maler, * Lucca, † 1920er Jahre. Bruder von Luigi und Lorenzo D. Stud. in Rom. Ab 1896 in São Paulo und Rio de Janeiro tätig. Reisen und Aufenthalte in den Bundesstaaten Pará, Pernambuco, Bahia und Amazonas. Als Doz. tätig; zu seinen Schülern zählt u.a. Vicente Murilo Lagreca. Ausz.: 1899 Gold-Med. 3. Klasse; 1912 Große Silber-Med., beide Salão Nac. de BA, Rio de Janeiro. – V.a. Lsch., Historienbilder (z.B. *Arte e pátria; Socorrendo os docentes de Sorocaba; Fronteiras*), Portr. von Politikern oder Klerikern (*Hermes da Fonseca; Antonio Prão; O bispo Alvarenga*) sowie Wand-Gem. in Kirchen (u.a. Matriz, Manaus) und öff. Gebäuden. 🏛 RIO DE JANEIRO, MNBA. – Mus. da República: A morte do Barão de Rio Branco. SÃO PAULO, Pal. do Governo. – Pin. do Estado: O descanso do tropeiro. ✉ Lições de desenho, 1908. 🕮 *Braga*, 1942; *Pontual*, 1969; *Cavalcanti* II, 1974; *Teixeira Leite*, 1988. M. N.

De Servi, *Lorenzo*, ital. Maler, * um 1870 Lucca, lebte um 1900 einige Jahre in Argentinien. Bruder von Luigi und Carlo D. – Portr., Lsch. und Stilleben. 🕮 EAAm I, 1968; *Gesualdo/Biglione/Santos* I, 1988.

De Servi, *Luigi*, ital. Maler, Graphiker, * 4. 6. 1863 Lucca, † 25. 6. 1945 ebd. Sohn eines Malers von Andachtsbildern, Bruder von Carlo und Lorenzo D. Stud.: ABA Lucca, bei Luigi Norfini. Ging 1883 aus wirtschaftl. Gründen nach Argentinien. Um 1888 Rückkehr nach Italien, danach in London, Paris, ab 1895 in Genua. 1898 neben Plinio Nomellini u.a. an der Dekoration der Taverna von Falcone, Pal. Gambaro, beteiligt; 1898–1902 an der Rest. der Villa Raggio in Albaro. 1905 Gewinner des Wettb. für den Freskenzyklus des Bahnhofs Genua-Brignole. 1909 erneut in Buenos Aires, um die Fresken im dortigen Reg.-Pal. auszuführen. 1912 Rückkehr nach Lucca. 1897–1900 Mitgl. der Famiglia Artist. Genovese, 1909 der Gruppe Giovane Italia. – Schuf v.a. Portr. in der Trad. des 19. Jh., u.a. von Adligen (*Duca di Genova; Duca degli Abruzzi; Principe di Napoli*), Militärs (*General San Martín; Marsical Hermes de Fonseca*), Politikern (argentin. Präs. *D. Roque Sáenz Peña; Bartolomé Mitre*, 1912; *König von Italien; Benito Mussolini*, 1923 [zwei Versionen]), Musikern (*Niccolò Paganini*, 1906) und Dichtern (*Mario Maria Martini*). Außerdem Historien-Gem. (*Obispo de San Pablo visitando y socorriendo a los enfermos de Sorocaba*), relig. Themen, Lsch. und Genreszenen, die auf Reisen durch Amazonas, Pernambuco und Bahía entstanden (z.B. *O descanso del tropeiro*), sowie zahlr. Fresken in öff. Gebäuden (u.a. die allegor. Komp. *Il genio dei trasporti* für den Bahnhof Genua-Brignole, 1905; Außenfresken für den Pal. der Via Montesuello 5, Genua, 1906 [beide zerst.]; ferner für Kirchen in Cantalupo, Celle, Cogoleto, Albisola, Alassio, Loano, Sori, Lavagna, Recco, Arenzano). Fertigte auch Exlibris. ⌂ BUENOS AIRES, Pal. de Gobierno (Casa Rosada), Salón de Recepciones: Apoteosis del primer s. de la independencia argentina, Fresken, 1909. – Mus. de la Casa. FLORENZ, GAM, Pal. Pitti: Selbst-Portr., 1898. GENUA, Commune: Portr. Anton Giulio Barrili, 1907. G.-Nervi, Civ. GAM. JUJUY, Kathedrale: La jura de la bandera por Belgrano. LA PLATA, Mus. de la Plata, Eingangshalle: La vida primitiva del hombre argentino. LUCCA, Cassa di Risparmio, Salone: u.a. Processione del Volto Santo nel 1300, Fresken. MAILAND, Casa Ricordi: Portr. Giacomo Puccini. MAR DEL PLATA, Grand Hotel: Fresken, 1912. SÃO PAULO, Pal. Arcebispal. – Pal. do Governo. – Pin. VARAZZE, Kirche Sa. Caterina da Siena: Fresken, 1892. ⊙ *E:* 1918 Genua, Comitato Pro Esercito e Marina / 1926 Rom, Teatro Naz. (Retr.) / 1939 Lucca, Gall. Geri (K). – *G:* 1895–1908 Genua, Soc. Promotrice di BA / 1899, 1917 Rio de Janeiro: Salão Nac. (beide Ausz.) / 1906 Mailand: Expos. Internaz. / 1909 Paris: Salon d'Automne. 📖 EAAm I, 1968 (s.v. De Servis, Luis); *Comanducci* II, 1971; DEB X, 1975; *Gesualdo/Biglione/Santos I*, 1988 (s.v. De Servis, Luis); DBI XXXIX, 1991; *Beringheli*, 1991; *A. P. Torresi* (Ed.), Il „Diz. Faini", Ferrara 1997. – *V. Rocchiero*, Scuole, gruppi, pittori dell'Ottocento ligure, R. u. a. 1981; *C. Chilosi/L. Ughetto*, La ceramica del Novecento in Liguria, Ge. 1997. M. N.

De Servis, *Luis* → **De Servi,** *Luigi*

De Sesaris, *Achille*, ital. Maler, * 1818 Penne/Pescara, † 1857 ebd. 1839 Ausst.-Teiln. in Neapel. Schuf eine *Madonna mit Kind* in S. Panfilo, Penne. 📖 *O. Lehmann-Brockhaus*, Abruzzen und Molise, M. 1983 (Röm. Forsch. der Bibl. Hertziana, 23). G. W.

Desessarts (Des Essars; des Essar[t]s), *Daniel* (II), frz. Maler, Bildhauer, get. 1640 Charenton, wird 1672 in Paris Mitgl. der Acad. de St-Luc. 1686 als Hugenotte noch in Paris dok.; 1705 in London als Flüchtling gen. und fast blind. D.s Vater *Daniel (I) D.* ist ebenfalls Maler und Bildhauer in Paris, 1673 erw., † 24. 2. 1680 ebd. 📖 ThB9, 1913 (zum Vater, s.v. Dessesas, Daniel); ThB11, 1915 (s.v. Essarts, Daniel des). *Lami*, 1906 (zum Vater, s.v. Desessarts, Daniel). – *Guiffrey*, 1915 (Repr. 1970); *P. Romane-Musculus*, Bull. de la Soc. de l'hist. du protestantisme franç. 100:1954. C. F.

De Seta, *Enrico*, ital. Comiczeichner, Illustrator, Karikaturist, Journalist * 17. 2. 1908 Catania, lebt in Rom. Bereits während der Schulzeit veröff. D. seine ersten Zchngn in dem satir. Mag. Serenissimo. 1930 kam er zu dem Mag. Il Travaso, für das zahlr. humorist. Karikaturen entstanden. 1937 Gründung der Gruppe Argento vivo, die mit dem gleichnamigen Mag. dezidiert gegen den Einfluß ausländ. Comics in Italien eintrat. Für dieses Mag. zeichnete er u. a. die Comic-Serien *Capitan Rosmarino* und *Ludovico*. Seine populärsten Cartoons erschienen ab 1938 in dem Mag. Marc'Aurelio. In den 40er Jahren arbeitete D. auch für das Mädchen-Mag. La Piccola Italiana und v.a. für die faschist. Jugend-Zs. Il Balilla, für die er zahlr. Comics, Karikaturen und Ill. schuf, u. a. den propagandist. Comic *Re Giorgetto d'Inghilterra*. 1944 gründete er mit Federico Fellini in Rom den Funny Face Shop, in dem die beiden Zeichner Porträtkarikaturen an alliierte Soldaten verkauften. In der Nachkriegszeit veröff. D. seine humorist. Karikaturen v.a. in dem Mag. Clown, für das u. a. die populäre Serie *La ballata del povero cittadino* entstand. Seit den 70er Jahren gestaltete er vornehmlich Kinoplakate. 📖 *M. Horn* (Ed.), The world enc. of cartoons, N. Y./Lo. 1980. – *L. Becciu*, Il fumetto in Italia, Fi. 1971; Annitrenta. Arte e cult. in Italia (K), Mi. 1982 (Lit.); *P. Pallottino/L. Magri* (Ed.), 99 % : un sec. di illustratori ital. dal 1840 al 1940 (K Mus. dell'Ill.), Ferrara 1995. H. Kronthaler

Deševoj (Deševyj), *Ivan Arsen'evič*, russ. Kupferstecher, Lithograph, Zeichner, * um 1820 Tver', † 28. 2.(12. 3.) 1873 Novgorod. Stud.: ab 1832 AK St. Petersburg bei Stepan Filippovič Galaktionov (1836 kleine Silber-Med. für *Ėtjud derev'ev s olenjami*; 1839 große Silber-Med. und Titel Künstler für *Uborka sena s derevom na pervom plane*). – Kpst. (u.a. Portr. des Großfürsten *Konstantin Nikolaevič*, nach einer Zchng von Eduard Hau, um 1838; *Lesnoj pejzaž; Stado olenej pod derevom*, nach Zchngn von Aleksandr Matveevič Dorogov), Lith. (z.B. *Petr Velikij pri reke Prut v 1711 g.*, M. 19. Jh., nach einem Gem. von Vasilij Koz'mič Demidov, für die Ed. P. A. Viskovatov, *Istoričeskoe opisanie odeždy i vooruženija Rossijskich vojsk*, I-XXX, StP. 1841–61). ⌂ ST. PETERSBURG, Russ. NB: u.a. Sorrento, Bleistift, 1836. TVER', GG. 📖 ThB8, 1913 (fälschl. als Dechevoi, Iwan); ThB9, 1913 (s.v. Deschewoj, Iwan Arssenjewitsch). *Bénézit* III, 1976 (s.v. Dechevoi, Ivan und fälschl. auch Deschewos, Ivan Arssenjevitch); ChudSSSR III, 1976 (Lit.). N. Tjurina

Desèvre, *Maurice*, frz. Porträt-, Landschafts- und Figurenmaler, * 26. 4. 1887 Bouconville/Aisne, † 25. 1. 1937 Paris. Schüler von J.-P. und A. Laurens. – Bek. sind das Portr. des Komponisten *G. Migot*; ferner Ill. zu *Dieux d'Egypte* von André Lebey, P. 1925. ⊙ *G:* Paris: ab 1927 Salon des Indépendants; ab 1929 SAfr. (Mitgl.); Salon d'Automne; Salon des Tuileries. 📖 Vol, 1953. *Bénézit* III, 1976.

Deseyn, *Norbert* (Pseud.: Desy), belg. Maler, Zeichner, * 29. 4. 1945 Tielt. Stud.: 1964–69 Sted. Akad. voor

Schone Kunsten, Gent. Seit 1980 in Bremen tätig. Mitgl.: 1966–69 Nieuwe rococo, Gent (zus. mit F. van den Berghe; D. Bontinck; Leo Copers; A. Goes; Boudewijn van Hoecke; M. van Landuyt; Frank Willem Liefhooghe; André Germain Naessens; J. Verstraeten; A. M. Wierinck). – Anfängl. Pop Art. Seit 1969 neo-figurative Malerei von vertrauten bzw. verfremdeten Alltagsobjekten: z.B. Maschinen aus Elementen, die der Wirklichkeit entnommen und in neuen Figurationen zus.-gestellt wurden. Spontane Arbeitsweise im Detail, die in sorgfältigen Vor-Studien (Blei- oder Farbstift) vorbereitet sind. Mittels Sfumato bindet D. die Einzelheiten im flachen Raum und steigert die Leere zw. den Objekten zu einem kompositor. Mittel. GENT, Mus. voor Hedendaagse Kunst. *E:* 1979, '84 Bremen, Gal. im Winter. *Arto*, 1995; DPB I, 1995; LWBK V, 1996. U. R.

Desfeu, *Raimundo* → **Feu,** *Ramón des*

Desfeuilles, *François*, frz. Bilderbogenkünstler, Holzschneider, Drucker, Verleger, * 21. 10. 1779 Nancy, † 8. 11. 1855 ebd. Sohn eines Kerzenherstellers. Lehre als Drucker; in diesem Beruf anläßl. der Geburten seiner Kinder *François D. le Jeune* (* 1800, † 1840) und Marie-Catherine D. nachw., die später als Holzschneider mit D. zusammenarbeiten. Daneben fertigt er selbst Hschn., z.B. vor 1805 einen *Kreuzweg* in 15 Stationen, den er unter der Adresse „Se vend à Nancy chez Desfeuilles, graveur rue Descartes" verlegt. Außerdem arbeitet er für Verleger der Umgebung: 1808 signiert er einen Hschn. mit einer Todesanzeige für Pricot aus Verdun und die Darst. *Le combat des Dardanelles du 3 mars 1807* für die Ausg. 1808 von Le messager boiteux de Berne. 1811 signiert D. zwei Hschn. mit seinem Monogr. (D mit drei Bll.), ein Phantasietier und *L'arrivée de l'impératrice Marie-Louise à Braunau* für den Véritable Messager boiteux de Montbéliard im Auftrag des Druckers Théophil François(?) Deckherr, der sich derzeit mit Pellerin aus Epinal im wesentlichen den Bilderbogenmarkt und den Hausierhandel in Ostfrankreich teilt. 1811 Faktor und Holzschneider in der Druckerei von Vigneulle in Nancy zus. mit dem Holzschneider Cavinet. Nebenbei führt D. 1810 einen Bierhandel (Rue de l'Esplanade). 1815 geht er für kurze Zeit nach Bar-le-Duc; anschl. läßt er sich auf eig. Rechnung in Nancy (Rue de la Monnaie Nr 6) nieder und arbeitet mit seinen Kindern zusammen. Nach J. M. Garnier (1869), der die Fa. zum E. des Ersten Kaiserreichs erwähnt, fertigt D. auch Ausschneidebögen für Kinder, Dominospiele und Papiertapeten. Damit ist er so erfolgreich, daß er 1820 in Metz eine Druckerei erwerben kann und ein Patent als Drucker anmeldet; der Sohn ist einige Monate mit dort. Bereits 1824 Weiterverkauf der Druckerei, die Ausrüstungen werden nach Nancy gebracht. D. entwickelt dort seine Fa. weiter und stellt die Brüder Antoine und Jean-Baptiste Thiébault als Holzschneider ein. 1824 Abgabe von 132 Hschn. als Pflichtexemplare an die Pariser BN, 1825 von 158, 1826 nur 18, 1827 dann 32 und 1828 noch drei. 1828 nimmt das Unternehmen einen erhebl. Aufschwung, und D. verlegt die Bilderbogenherstellung in den Faubourg Saint-Pierre. 1829 stellt er 34 Lehrlinge ein und erhält Konkurrenz durch den Papiertapetenhersteller Noël, der ebenfalls Bilderbogen fertigt (E. 1830 Geschäftsaufgabe); ab 1830 ist Lacour aus Epinal, der die Hschn. von Dupont-Diot aus Beauvais neu auflegt, ein weiterer Konkurrent. 1829 liefert D. elf von J.-B. Thiébault geschnittene großformatige Reiterbildnisse mit ausländ. Herrschern als Pflichtexemplare ab, 1830 weitere 15 Reiterbildnisse und im Jan. 1831 die Darst. *La bataille de Paris*. A. 1831 wechselt sein bester Holzschneider J.-B. Thiébault zu Lacour. D. produziert nun keine neuen Druckstöcke mehr, vertreibt nur noch die gedruckten Bilder. 1837 verkauft er den Bestand an Druckstöcken dem Buchhändler Hinzelin in Nancy (Rue Saint-Dizier), der sie unter seinem Namen mit den selben Titeln neu auflegt. 1836 Konkurs von Lacour; damit ist die Bilderbogenkunst in Nancy im Aussterben begriffen, und J.-B. Thiébault geht nach Epinal. Nach dem Tod des Sohnes 1840 lebt D. weiterhin vom Verkauf von Papiertapeten und Drucken, ist 1840 noch im Adreßbuch von Nancy verzeichnet, verkauft 1845 sein Haus und stirbt im Hospiz. *Von D. ausgef. Hschn.:* EPINAL, Mus. dép. d'Art ancien, ehem. Slg Géry: Kreuzweg, vor 1805; Le combat des Dardanelles du 3 mars 1807; L'arrivée de l'impératrice Marie-Louise à Braunau. PARIS, BN, Cab. des Estampes: Die hl. Barbara; Die Madonna und das Martyrium, Sign. Desfeuilles in runder Form. – *Arbeiten aus D.s Verlag:* PARIS, MN des Arts et Trad. populaires: Slg mit 74 in Nancy ausgef. Hschn., von denen 57 eindeutig aus D.s Fa. stammen. – *Abzüge davon:* PARIS, MN des Arts et Trad. populaires: Le Miroir du Pêcheur; Madonnenbild, beide von A. Thiébault. – BN, Cab. des Estampes: Hl. Margarete; Hl. Nikolaus, beide von A. Thiébault; Tableau fidèle du Grand Calvaire; Hl. Katharina, Madonna und Martyrium, von J.-B. Thiébault; Notre-Dame-des-Hermites (vollst. Verz. cf. N. Garnier, 1987). *J. M. Garnier*, Hist. de l'imagerie populaire et des cartes à jouer à Chartres, Chartres 1869, 129; IFF, Après1800 VI, 1953; *A. Desfeuilles*, Bull. de la Soc. archéol., hist. et artist. du vieux papier 1956, Fasz. 174, 210; 1958; 1983, 23; *id.*, Rev. des arts et trad. populaires 4:1956, 24 s.; *id.*, La France graph. 1957; *id.*, Pays lorrain 1958 (184) 26; 1968; *A. Aynaud*, Bull. de la Soc. archéol., hist. et artist. du vieux papier 1963, 484; *N. Garnier*, Rev. du Louvre 37:1987 (5/6) 389–396 (auch s.v. D., François le Jeune).

N. Garnier

Desfeuilles, *Marie-Catherine* (gen. *Justine*), frz. Holzschneiderin, * 1803 Nancy, † 1870 Bougival/Yvelines. Tochter von François D., Schwester von François D. le jeune. In der väterl. Fa. in Nancy tätig, wo D. ihre Hschn. zumeist mit dem Pseud. *Justine* signiert. 1822 ebd. Bekanntschaft mit dem Holzschneider Antoine Thiébault, dem späteren Ehemann. D.s Vater scheint gegen die Verbindung zu sein, und 1826 geht Antoine nach Chartres; nach seiner Rückkehr 1828 heiratet er die inzwischen mündige D. gegen den Willen ihrer Eltern, die der Hochzeit fern bleiben. 1828–32 arbeitet das Paar in der Fa. Castiaux und Blocquel in Lille. 1829 ebd. Geburt des Sohnes Désiré. Duchartre/Saulnier bestätigen, daß D. für Castiaux zahlr. Hschn., v.a. Buch-Ill., fertigte. Um 1832 lassen sich die Gebrüder Thiébault in Paris nieder (lt. Aynaud, 1966, im Adressbuch 1832–42 dort als Holzschneider nachw.); später Umzug nach Bougival. 🏛 Paris, BN, Cab. des Estampes: Hl. Theresa von Avila, Hschn., sign. Justine, vor Aug. 1828 (für die väterl. Fa. in Nancy). – MN des Arts et Trad. populaires: Hl. Theresa von Avila, Druckstock (Sign. radiert); Bildkomposition: Le Pont des Soupirs à Venise ...; Blücher, général prussien, né en 1742, mort à Berlin, en 1819, sign. Mme Thiébault sc., zw. 1829 und 1837 (für Castiaux und Blocquel in Lille). 📖 *P. L. Duchartre/R. Saulnier*, L'imagerie populaire, P. 1925, 237; *A. Aynaud*, Bull. de la Soc. archéol., hist. et artist. du vieux papier 1955, 107 s.; 1966, 385; *N. Garnier*, Rev. du Louvre 37:1987 (5/6) 389–396; *id.*, L'imagerie populaire franç., I: Gravures en taille-douce et en taille d'épargne, P. 1990, 124, 361. N. Garnier

Desfloques, *Jacques*, Bildhauer, bek. durch eine Urkunde, nach der sich D. und Jean Gauthier 1572 verpflichteten, ein großes Kruzifix für eine Kirche der Gegend um Pontoise zu fertigen. 📖 ThB9, 1913.

Desfontaine (lt. Bénézit: Desfontaines), *Armand-Louis*, Maler in Paris, † Juni 1783. Am 18. 10. 1718 in die dortige Acad. de St-Luc aufgenommen, ab 22. 10. 1736 deren Direktor. 📖 *Bénézit* IV, 1999. – *Guiffrey*, 1915 (Repr. 1970).

Desfontaines, *Gilles*, frz. Maler in Lille, 18. Jh., Schüler („élève secret") von Arnould de Vuez. D. restaurierte 1739 das Bild „Steinigung des hl. Stephanus" von Rubens (ehem. in der Abtei von Saint-Amand, heute im Mus. in Valenciennes). Schon Meister in Lille, wurde D. 1744 auch als Meister für Valenciennes zugelassen. Ab 1745 wieder in Lille, wo er Gem. von Vuez sowie Bilder des Rathauses restaurierte. 📖 *Machelart*, 1987.

Desfontaines, *Michel-Claude-Philippe*, frz. Maler, Vergolder, † 26. 4. 1785 Paris, dort 1776 als Meister belegt. Sein Sohn *Pierre-Charles D.* war zum Zeitpunkt von D.s Tod Vergoldergeselle. 📖 ThB9, 1913. *Vial/Marcel/Girodie* I, 1912. – *Wildenstein*, 1966. C. R.

Desfonts-Gensoul, *Antoinette*, frz. Bildhauerin, Malerin, E. 18./A. 19. Jh. in Paris tätig. In London Schülerin von Agostino Carlini. – D.s Ehemann, der Maler *J. Gensoul* (Schüler von Jean-Baptiste Regnault) stellte 1796, '99 im Pariser Salon u.a. hist. Szenen sowie das Portr. des *Citoyen Bouvier* aus. Beide sind bis 1803 in Paris nachweisbar. 👁 *G:* 1791–99 Paris, Salon (Statuetten, Büsten in Terrakotta, Gips; 1793 Colonne triomphale für die Bastille, Gips-Entwurf; 1799 Genrebilder). 📖 ThB9, 1913. *Bénézit* III, 1976 (s.v. Gensoul-D.; zwei Art.). C. R.

Desforest (Desforêts), *Charles*, frz. Maler, † kurz vor 14. 10. 1692 Rom(?). Stud.: Acad. Paris (1672 wegen undisziplinierten Verhaltens kurzzeitig aus der Acad. ausgeschlossen; 1680 Rompreis mit Pierre Canonville), ab 1683 in Rom, danach drei Jahre in Modena und der Lombardei. 1691 Rückkehr nach Rom, wo er im Auftrag der kgl. Verwaltung die Kopie von *Die Krönung Karls des Großen* in der Stanza dell'Incendio di Borgo, Vatikanstadt, malte. 📖 ThB9, 1913. *Bénézit* III, 1976. – *Janneau*, 1965; *P. Rosenberg*, Atti del Congresso internaz. du Studi su Sebastiano Ricci e il suo tempo, Mi. 1976. K. S.-D.

Desforges (Ebenisten-Familie) → **Deforge** (Ebenisten-Fam.)

Desforges, frz. Medailleur, A. 19. Jh. Sign. 1815 eine Med. auf den Herzog von Wellington. 📖 ThB9, 1913.

Desforges, *Louis* → **Deforges,** *Louis*

Desfossé, *Jules (Jules Jacques Eugène)*, frz. Tapetenfabrikant, * 16. 6. 1816 Paris, † 23. 4. 1890 ebd. Zunächst in der Wiener Kaschmir-Man. Reinhold tätig. Ab 1842 in der Bildtapeten-Man. Mader in Paris beschäftigt, ab 1847 als kommerzieller Leiter; 1851 Geschäftsübernahme durch D. Dennoch tritt er zur WA 1851 in London unter dem Firmennamen Mader auf, erhält dort allerdings nur einen Nebenpreis, wohl aufgrund des recht konventionellen Char. der von ihm präsentierten Tapeten. Als Konsequenz dieses Mißerfolgs beschließt D. die Eröffnung von Filialen in London und New York, was wohl um 1851/52 geschieht. In rascher Folge gestaltet er 1852 die an Renaiss.-Vorbildern orientierte mon. Dekoration *Un Rêve de Bonheur* und 1853 *Le Jardin d'Hiver*, eine der seit der WA 1851 sehr beliebten Darst. eines Warmhauses. D.s Man. entwickelt sich zu einer der bedeutendsten ihrer Art in Frankreich mit fast 300 Arbeitern, die an 96 Tischen drucken, dunkel färben und satinieren. Nach eig. Angabe beträgt der Umsatz in Frankreich 340000 francs, im Ausland 310000 francs (cf. Desfossé, 1855). Der Stand zur Pariser WA 1855 ist eine Meisterleistung; zu derselben Überzeugung wie der unmittelbare Konkurrent Etienne Délicourt gekommen, verzichtet D. auf die Präsentation großer Bildtapeten zugunsten der neuen, auf einzelne, großformatige Papierbögen gedruckten „Bilder". Er beauftragt renommierte Künstler mit Entwürfen zu den Themen Untugenden und Tugenden, z.B. Thomas Couture mit *Les Prodigues* (nach Souper à la Maison d'Or), Eduard Müller mit *Jardin d'Armide* (die Statue von Armide ist der Pandora von James Pradier entlehnt) und Jean-Baptiste Clésinger mit *La Bacchante endormie* (nach Femme piquée par un serpent, 1847 im Pariser Salon). In einem speziell für die Jury verfaßten Text erklärt D., daß er aufgrund von Parallelen zw. seinen Verfahren einerseits und der Fresko- und Camaieu-Malerei andererseits die Möglichkeit sieht, Kunstwerke in zufriedenstellender Qualität auf Bildtapeten zu übertragen. Überdies erlaube die für seine Erzeugnisse gute Marktlage, auf diese Weise Meisterwerke der Malerei weltweit zu verbreiten. D. führt diesen Gedankengang so weit, daß er bei *Les Prodigues* neben der Sign. der eig. Man. die des Künstlers aufdruckt. Da die Jury seinen Themenkreis als „anstößig" einschätzt, wird ihm 1855 nur eine Med. 1. Kl. zuteil (die Grande Méd. d'Honneur erhält Délicourt). Zur Londoner WA 1862 zeigt D. die Tugend *La Prière* nach Couture. Daneben gestaltet er weiterhin Bildtapeten; sie nehmen mittlerweile die für die Kunst des Zweiten Kaiserreichs typ. riesigen Ausmaße an und zeigen weitläufige unbelebte Lsch., die unberührte, wilde Natur assoziieren. Joseph Fuchs zeichnet mit *L'Eden*, 1861 (23 Papierbahnen; mehr als 3600 Druckplatten notwendig), und *Le Brésil*, 1862 (20 Papierbahnen), die letzten frz. Panoramen. D.s Bildtapeten mit häufig wiederholten Motiven sind weiterhin von außergewöhnl. hoher Qualität. Durch die 1864 eingegangene Partnerschaft mit dem bis dahin in der Bildtapeten-Man. Engelhardt in Mannheim tätigen Hyppolite Karth erhält das Geschäft mit dem Firmennamen Desfossé et Karth nun neue Impulse. ⌂ PARIS, MAD: Rêve de Bonheur; Jardin d'Hiver; La Prière; Les Prodigues; La Bacchante endormie; Jardin d'Armide; Le Brésil; L'Eden; der umfangreichste Musterbestand für Bildtapeten der Man. D.; zahlr. Mustermappen für Bildtapeten. RIXHEIM, Mus. du Papier peint: Rêve de Bonheur; La Prière; Les Prodigues; Le Brésil. ✉ Expos. univ. de 1855. Note pour MM. Les membres du Jury internat. concernant l'établissement de J. D., fabricant de papiers peints à Paris, P. 1855. ▭ *J. Tulard* (Ed.), Dict. du Second Empire, P. 1995. – *Dussauce*, Bull. de la Soc. d'encouragement pour l'Industrie nat., 2. Ser., 1:1854 (Jan.); *C.-E. Clerget*, Rapport de l'Expos. univ., 7e groupe, P. 1855; *E. Gorges*, Les merveilles de la civilisation, Rev. de l'Expos. univ., P. 1855; *C.-P. Magne*, Expos. univ. de 1855, Ill., J. univ. v. 20. 10. 1855, 261 s.; *H.-E. Tresca* (Ed.), Visite à l'expos. univ. de Paris, en 1855, P. 1855; *Prince Napoléon*, Expos. univ. Rapport du Jury mixte internat., II, P. 1857; *A. Darcel*, A travers l'expos. de Londres, Ill., J. univ. v. 6. 12. 1862, 379; *C.-P. Magne*, Omissions, protestations, réparations, ibid., 379 s.; Rapport des ouvriers parisiens à l'Expos. de Londres, Lo. 1862, 417; *H. Clouzot/C. Follot*, Hist. du papier peint en France, P. 1935; *E. A. Entwisle*, French scenic wallpapers, Leigh-on-Sea 1972; *B. Greysmith*, Wallpaper, Lo. 1976; *F. Teynac u.a.*, Le monde du papier peint, P. 1981; *C. C. Oman/J. Hamilton*, Wallpapers. A hist. and ill. cat. of the coll. of the V & A, Lo. 1982; *O. Nouvel-Kammerer* (Ed.), Papiers peints panoramiques, P. 1990; *L. Hoskins*, The papered wall, Lo. 1994; *I. Drieu La Rochelle*, Le papier peint. Et. de la modification des couleurs liées aux méthodes de refixage. Rest. d'une frise de papier peint du MAD. Le „Jardin d'Armide", Mag.-Arbeit Inst. franç. de Rest. des Œuvres d'Art, Mag.-Arbeit Paris 1995 (Mschr.); *V. de Bruignac de La Hougue*, Le stand de J. D. à l'Expos. univ. de 1855, in: Thomas Couture. Souper à la Maison d'or de J. D. (K Mus. de l'Hôtel de Vermandois), Senlis 1998, 21–30. – Paris, MAD, Dép. des Papiers peints: *E. A. Fauconnier*, Notes sur les Desfossé, 1935–36 (Ms.).

O. Nouvel-Kammerer

Desfossés (Desfossez), *Charles Henri*, Vicomte, frz. Porträt- und Miniaturmaler, Kavallerieoffizier, * 7. 3. 1764 Schloß Cappy/Oise, † 1808 oder 1809. Schüler von Jean-Baptiste-Jacques Augustin, Jean-Baptiste Greuze, Jean-Baptiste Regnault und Peter Adolf Hall. D. malte 1779 das ehem. bek. Pastell-Gem. *Marie Antoinette, der Mme de Bellegarde die Freilassung ihres Gatten verkündigend* (gestochen von Antoine-Jean D.) sowie das Pastellporträt *Graf von Artois* und im Auftrag der Duchesse d'Angoulême die Portr.-Min. der kgl. Fam. (*Ludwig XVI., Marie Antoinette, Dauphin*). Mitgl.: ABA Val D'Arno (1808); ABA Florenz. ▭ ThB9, 1913. *Darmon*, 1927; *Schidlof* I, 1964; *Bénézit* III, 1976. C. R.

Desfossés, *François*, Maler in Paris, begr. 21. 4. 1650 ebd. Lebte 1630 in der rue Sainte-Marguerite. ▭ ThB9, 1913. – *Janneau*, 1965 (s.v. Desfossez, F.).

Desfosses, *Guillaume*, frz. Bildhauer, 1456 bis mindestens 1460 unter Ltg des Bildhauers Pierre (I) Viguier an der Gest. des Südportals der Kathedrale von Rodez beteiligt (gesamter Portalschmuck 1793 zerst.). Lt. Beaulieu/Beyer vermutl. bei weiteren Werken Mitarb. von Viguier. ▭ ThB9, 1913. *Beaulieu/Beyer*, 1992. R. T.

Des Fossés, *Pernet*, schweiz. Baumeister, * Genf, † 1564. Ab 1533 Mitgl. des Genfer Rates, ab 1538 mehrmals dessen Schatzmeister. 1555 bis zu seinem Tod Planung und Bauleitung von Zubauten zum Genfer Rathaus (u.a. Treppenturm mit Rampe). Leitete 1558/59 die Errichtung des Collège Calvoín ebd. nach eig. Plänen. ▭ *Brun*, SKL IV, 1917, Nachtr. (Lit.); HBLS II, 1924. – *Jenny* II, 1976. D. T.

Desfossés, *Trucaut (Trucart)*, frz. Werkmeister in Fécamp b. Le Havre, voll. 1617/18 zus. mit Robert Becquet den Turm und das Schiff der Kirche ebd. ▭ ThB9, 1913.

Desfourneaux (Defourneau; Duferno; de[s] Fourneau[x]), *Jean*, frz. Maler in Lyon, dort zw. 1709–37 sechsmal „maître de métier". Er malte 1738 das Portr. *Marc Panissod* für die Recteurs de la Charité. ▭ ThB9, 1913 (s.v. Desforneau, Jean). *Audin/Vial* I, 1918 (s.v. Desforneau, Jean); *Bénézit* III, 1976. C. R.

Desfrère, *Bernard*, belg. Maler, Siebdrucker, Zeichner, Dekorateur, * 1928 Chimay. Stud.: ABA Lüttich bei Robert Crommelynck; Ec. nat. supérieure d'Archit. et des Arts visuels, La Cambre, Brüssel, bei Pierre Delvaux. Prof. an der Acad. R. des BA, Lüttich (1963–76 Graphik; ab 1977 Malerei); Lehrer (Malerei, Siebdruck) am Maison de la Cult., Lüttich-Sclessin. Ausz.: 1948 Prix Jonisen Buntinx; 1949, '50 Prix Watteau. – Im Frühwerk beeinflußt durch Expressionismus und Surrealismus, später Bildreliefs in Annäherung an die Gruppe COBRA. Phantast. Malerei mit Bezügen zu ma. Bestiarien-Darst. ⌂ BRÜSSEL, Slg des Staates. LÜTTICH, Mus. de l'Art wallon. OUGREE, Maison comm. ▭ DPB I, 1995.

K. S.-D.

Desfriches, *Aignan-Thomas*, frz. Amateurzeichner, Kaufmann, Kunstsammler, * 7. 3. 1715 Orléans, † 25. 12. 1800 ebd. Entstammt als ältestes von zehn Kindern einer wohlhabenden, E. 16. Jh. geadelten Fam. von Kaufleuten. Obwohl für eine Laufbahn im Handel bestimmt, will D. bereits 14jährig Maler werden. Mit dem ersten Lehrer Jacques Dominé in Orléans unzufrieden, geht der sehr begabte D. 1732 nach Paris, studiert zunächst bei Nicolas Bertin, 1733–39 im Atelier von Charles Joseph Natoire. Von dort wird er unerwartet nach Orléans zurückgerufen, um das Geschäft des zahlungsunfähigen Vaters zu übernehmen. Nach der Sanierung entwickelt er es weiter (Kolonialwarenhandel) und leitet es bis ans Lebensende. Als geachtete Persönlichkeit ist er 1768–72 Stadtrat und gründet 1786 zus. mit dem Comte de Bizemont die noch bestehende Ec. gratuite de Dessin. Nebenbei beginnt D. wieder zu zeichnen und dokumentiert zunächst den Baufortschritt der neuen Brücke von Orléans (drei Zchngn von 1750, 1752 und 1755); der erfolgreiche Durchbruch gelingt ihm mit der großformatigen Ansicht *La Vue d'Orléans* (1761; von Charles-Nicolas Cochin le jeune und Pierre-Philippe Choffard gestochen). Zumeist fertigt er kleinformatige, ihm vertraute ländl. Ansichten von den Ufern der Loire und des Loiret. Einesteils zwar von der holl. Schule beeinflußt, unterscheidet er sich von ihr jedoch durch eine lebhaftere Linienführung, ausdrucksvollere Figuren, eine liebl.-fröhliche Atmosphäre und die Art der Wiedergabe von Laubwerk. 1760 erfindet er die sog. „tablette" (keine imitierte Methode), die auf weiß oder grau-blau gegipstem Papier mit schwarzer Kreide und diversen weiteren Utensilien ausgef. wird. Die geheimnisvolle Technik dieser subtilen Arbeiten, die D. verschenkt, jedoch nicht verkauft, zieht zahlr. Persönlichkeiten in ihren Bann: Madame Geoffrin, Monseigneur de Grimaldi, die Duchesse d'Enville, Comte und Comtesse de Rohan-Chabot sowie die Minister Choiseul und Hue de Miromesnil. Ab 1751 reist D. alljährl. zum Salon nach Paris und erweitert seine bereits weitreichenden Beziehungen zu Künstlern im Dienst des Königs (Jean-Baptiste Marie Pierre, Jean-Baptiste Le Prince, Joseph Vernet, Christophe-Gabriel Allegrain und Jean-Baptiste Pigalle). Er ist der wohltätige Freund von Jean-Baptiste Perronneau und pflegt enge Beziehungen zu Jean Siméon Chardin, Jean-Baptiste Greuze, Hubert Robert, Charles-Michel-Ange Challes, Duché und Claude Henri Watelet, zudem protegiert er Louis-François Cassas. Außer mit Cochin verkehrt er mit den Kupferstechern Johann Georg Wille und Nicolas Charles de Silvestre. Nach D.s Vorlagen stechen der Holländer Jan Palthe, Lempereur und weitere Pariser Künstler sowie Charles Michel Campion und André-Gaspard-Parfait Comte de Bizemont-Prunelé aus Orléans. D.s nach der Rückkehr aus Paris ab 1739 zusammengetragene umfangreiche Gem.-Slg umfaßt an seinem Lebensende ca. 150 Werke, wird der Öffentlichkeit zugängl. gemacht und enthält v.a. holl. und fläm. Meister sehr untersch. Genres (einige bes. schöne Bilder in Orléans, MBA), frz. Historienmalerei des 17./18. Jh. und andere Gem., u.a. von Chardin, dazu zahlr. Orig.-Stiche, so von Dürer und Mitgl. der Fam. Audran. 1825 übereignet D.s Tochter dem im Aufbau befindl. Mus. in Orléans mehrere Werke, nach ihrem Tod wird die Slg jedoch verstreut (1834 Verkauf in Paris). D. wurde mehrfach porträtiert, so von Donat Nonotte (Gem., 1739), Pigalle (Büste, Terrakotta, 1760), Cochin (Zchng, 1765, Orléans, MBA), Perronneau (Pastell, 1751) und Jean-Antoine Houdon (Wachsprofil, 1777, Priv.-Slg). Verkäufe: siebenmal je zwei Zchngn in Orléans (in ill. Kat. v. 24. 11. 1990; 21. 3. 1991; 30. 9. 1993; 25. 11. 1993; 28. 3. 1994; 8. 10. 1994; 4. 4. 1996); in Paris, Gal. Cailleux, 1996. Die meisten Werke befinden sich in Priv.-Slgn in der Gegend von Orléans. 🏛 *Zchngn* (zumeist nur mit „Paysage" betitelt, da von D. nicht bez.): BEAUVAIS, Mus. dép. de l'Oise. BESANÇON, MBA. CHATEAUROUX, Mus. Bertrand. MONTARGIS, Mus. Girodet. ORLEANS, MBA. PARIS, Louvre. – BN. 👁 *E:* 1965 Orléans, MBA (K: O. Fradisse). 📖 ThB9, 1913. DA VIII, 1996; *Bénézit* IV, 1999. – *L. Jarry*, L'Ec. gratuite de dessin de la ville d'Orléans, Orléans 1894; *P. Ratouis de Limay*, A.-T. D. Un amateur orléannais au 18e s., P. 1907 (Korr.; Verz. der Stiche nach D. von *A. Jarry*); partieller Nachdruck Orléans 1979; Un inv. de la coll. de l'amateur orléanais A.-T. D., AAF 8:1916, 261–270; IFF, GravXVIII VII, 1951; *B. Scott*, Apollo 97:1973 (131) 36–41; *V. Kaposy*, Influences néerlandaises sur les dessins franç. du XVIIIe s. (Jean Jacques de Boissieu et A. T. D.), in: Acta hist. artium Acad. sc. Hungaricae 23:1977 (3/4) 315–328 (14 Ill.); *M. Cuénin*, Monsieur D. d'Orléans, Orléans 1997 (Studie nach Orig.-Dok., 33 Ill., 19 Zchngn, zehn davon unveröff., sechs Vierfarbendrucke). – Orléans, Arch. mun. M. Cuénin

Desgages, *Gilles* → **Degage** (Goldschmiede-Fam.)

Desgages, *Jean-Louis* → **Degage** (Goldschmiede-Fam.)

Desgagné, *Hélène*, kanad. Textilkünstlerin, Weberin, * 2. 2. 1854 Saint-Louis-de-Ile-aux-Courdes/Que., † 1. 4. 1939 Saint-Bernard-de-Ile-aux-Courdes/Que. 🏛 OTTAWA, NG of Canada: zwei Bettdecken, Leinen, Baumwolle, Wolle (Moiré-Muster), zw. 1865–75. 📖 *C. C. Hill/P. B. Landry* (Ed.), Canad. art (K NG of Canada), I, Ottawa 1988. C. R.

Desgagné, *Joseph-Louis Charles-Léonce*, kanad. Architekt, * 1908 Rivière-du-Moulin/Que., † 1979, lebte in Chicoutimi/Que. Stud.: 1929–32 EcBA, Quebec (Dir. General's Prize; Atanassa David Prize). 1932 Maxwell Prize. 1936–74 Archit.-Büro in Chicoutimi, zunächst allein, 1944–58 Partnerschaft mit Paul Boileau, 1955–69 zusätzl. mit Paul-Marie Côté, 1970–74 mit Germain Laberge. Ab den späten 30er Jahren arbeitet D. in trad. Formensprache (häufig aus der lokalen Archit. der 1. H. des 19. Jh.), gleichzeitig aber auch im Internat. Stil. 1939 entwirft er Wohnhäuser nach einem Standard Design in Arvida (Jonquière). D. baut v.a. in der Region Saguenay/Lac-Saint-Jean, führt hier den Dom Bellot-Stil ein (z.B. Kirche Sainte-Thérèse-d'Avila, Dolbeau, 1946–47; D. & Boileau) und begründet den Rang der Region innerhalb Quebecs mit seiner innovativen Archit. in den 50er und 60er Jahren maßgebl. mit. D.s Hw. Notre-Dame-de-Fatima in Jonquière (1962–63; D. & Côté) verweist mit ihren zwei zueinander versetzten Kegelhälften aus Beton auf die Zeltform eines Tipi und zeigt den Einfluß von Oscar Niemeyer. D. entwirft auch Krankenhäuser, Theater und Bürogebäude. 🏛 CHICOUTIMI: Hôtel-Dieu St. Vallier, ca. 1951. – Archit.-Büro „D. & Boileau, Côté", ca. 1956. – Caisse populaire, ca. 1956. – Hôtel-Dieu Notre-Dame-de-l'Assomption, 1950er Jahre. JONQUIERE, Notre-Dame-de-l'Assomption: Schule, 1950. – Kirche Saint-Jacques, 1947. – Kirche Saint-Philippe, 1963–64. LA BAIE (ehem. Bagotville): Schule Georges-Vanier, ca. 1963. MONT ORFORD: Auditorium des Jeunesses, ca. 1962. PERIBLONKA: Kirche Saint-Edouard, 1949. RIVIERE-DU-MOULIN: Kirche Saint-Nom-de-Jésus, 1950–51. ✉ Arts et pensée 15:1954 (Jan.-Febr.) 84–86. 📖 *C. Beaulieu*, L'archit. contemp. au Canada franç., Qu. 1969; *C. Bergeron*, Archit. La cult. dans l'espace, Ottawa 1983, 125–155 (Questions de culture, 4); *id.*, Index des pér. d'archit. canad./Canad. architectural per. index, 1940–1980, Qu. 1986; *id.*, L'archit. des églises du Québec, 1940–1985, Qu. 1987; *id.*, Bull. Soc. for the Study of Archit. in Canada/Soc. pour l'étude de l'archit. au Canada, 13:1988 (3) 9–21; *H. Kalman*, A hist. of Canad. archit., II, Tor. 1994; *L. K. Morisset*, Arvida. Cité industrielle, Qu. 1998. – Chicoutimi, Arch. nat. du

Québec au Saguenay/Lac-Saint-Jean. Montreal, Arch. de l'Ordre des architectes du Québec. R. Goodspeed

Desgardes, *Antoine*, frz. Maler, 17. Jh., * Châtillon-sur-Loire/Loiret(?). Fertigte für die Kirche St-Pierre-et-St-Paul ebd. das Tafelbild *Taufe Chlodwigs*, sign., dat. 1679. ▭ ThB9, 1913.

Desgardin, *Victorine (Victorine Augustine Josèphe Marie*; geb. Desvignes), frz. Malerin(?), * 15. 5. 1827 Arras, † 24. 5. 1905 Paris. In Arras eine der letzten Schülerinnen von Constant Dutilleux vor dessen Abreise nach Paris, 1860. Dieser malte die Portr. von D. (1861) und deren Ehemann (1860, beide Arras, MBA). ▭ *Marchal/ Wintrebert*, 1987. – Mitt. MBA, Arras.

Desgodetz (Des Godets; Desgodets), *Antoine*, frz. Architekt, Theoretiker, * Nov. 1653 Paris, † 20. 5. 1728 ebd. Sohn eines gleichnamigen Ebenisten. Häufig mit seinem Enkel, dem Architekten und Bauunternehmer François-Antoine Babuty-D., verwechselt (1763 zus. mit Nicolas Le Camus de Mézières Veröff. einer Abh. zu Tragwerksproblemen). 1671–74 als Zeichner der Bâtiments du Roi Ausf. zahlr. Zchngn für die Verwaltung der Residenzen des Königs. 1672–74 Ausb. an der Acad. royale d'archit.; erhält das Privileg, deren Vorträge zu besuchen. Lt. Goupy um diese Zeit Teiln. an einem von Jean-Baptiste Colbert ausgeschriebenen Wettb. zur Schaffung einer frz. Säulenordnung. Obwohl kein Stipendiat des Königs, wird er E. 1674 durch Colbert zum Stud. der antiken Baudenkmäler nach Rom geschickt. Abreise von Marseille zus. mit dem Architekten Charles Augustin d'Aviler (Stipendiat der Acad. de France in Rom) und dem Numismatiker Jean Foy-Vaillant; nach dem Kapern des Schiffes durch Seeräuber 16 Monate Gefangenschaft in Algier. Nach der Freilassung am 22. 2. 1676 Weiterreise nach Rom; D. hält sich 16 Monate zur Erforschung der dortigen Ruinen auf. E. 1677 wieder in Paris. 1679 Heirat mit Magdelaine Gougeon de la Baronnière, der Tochter von Paul Gougeon de la Baronnière, „peintre ordinaire des Bâtiments du Roi". A. 1680 als „Commis à la conduite des réparations" nach Chambord entsandt, um den Bau der Stallungen, die Rekonstr. der Flügel für die Dienerschaft, die Fertigstellung der Kap. und die Gest. der Außenanlagen des Schlosses nach Entwürfen von François Dorbay und Jules Hardouin-Mansart zu überwachen. Ab 1685 Bauaufseher in Chambord; 1694 von Jacques (V) Gabriel abgelöst und zum Contrôleur des Bâtiments du Roi in Paris berufen. Ab 1694 Ehren-Mitgl. der Acad. royale de Peint. et de Sculpture. Am 2. 12. 1694 erhält er auf seinen Antrag hin die Erlaubnis des Königs zur Teiln. an den Vorträgen der Acad. royale d'archit.; ab 17. 7. 1698 deren Mitgl. als Nachf. von Dorbay. In der Folge wird seine Karriere durch eine in der Verwaltung der Bâtiments du Roi ausgebrochene Krise beeinträchtigt, die A. Jan. 1699 Rücktritt und Ablösung des Surintendant général Edouard Colbert, Marquis de Villacerf, nach sich zieht (Herrmann, 1958, 32). Am 5. 2. 1699 tritt D. seinerseits von seinem Amt zurück (Nachf.: Robert de Cotte) und beendet damit definitiv seine administrative Tätigkeit für die Bâtiments du Roi. Bei der Umstrukturierung der Akad. am 5. 5. 1699 bekommt D. als einziges der alten Mitgl. keinen unmittelbaren Zugang zur 1. Kl., sondern muß noch bis zum 31. 3. 1718 ausharren. Nach dem Tod des Mathematikers Gabriel-Philippe de La Hyre (Enkel von Laurent de La Hyre) ab 22. 6. 1719 Prof. für Archit. und damit erster Amtsinhaber, der weder Mathematiker noch Mitgl. der Acad. des Sc. ist. 1717–26 Architekt für das Pariser Collège de Beauvais. – V.a. durch das Buch Les Edifices antiques de Rome dessinés et mesurés très exactement bek. geworden, das 1682 auf Rechnung des Königs publ. und Colbert gewidmet wird, der nach D.s Angabe das Vorhaben konzipiert hatte (1695 Neudruck durch Jean Anisson, Dir. der Imprimerie royale). Es beinhaltet ausschl. Zchngn mit Maßangaben der wichtigsten antiken Baudenkmäler in Rom und des Amphitheaters in Verona mit summar. Beschr. von jedem Gebäude. Im Vorw. unterstreicht D., daß sein einziges Ziel in der Mitt. exakter Aufmaße aller Bauwerke bestand, und bemerkt, daß Bücher von Autoren, die die gleiche Absicht verfolgt hatten (v.a. von Andrea Palladio, Sebastiano Serlio und Antonio da Labacco), fehlerhaft oder ungenau waren. Er bekräftigt, daß die Proportionen der wesentl. Teil der Archit. sind, erläutert die Bauprinzipien der Römer im Buch jedoch nicht. Die fundamentale Bedeutung des Werkes wird mit der Verleihung einer Prämie von 2000 livres durch den Minister Colbert an D. am 21. 8. 1682 augenfällig. Die Acad. d'archit. zollt ihm zwar Anerkennung für die Forsch. in Rom. Erstaunlicherweise finden sich jedoch in den Procès-verbaux ihrer Sitzungen während der folgenden Jahre bis Nov. 1693 keinerlei Anzeichen einer offiziellen Kenntnisnahme und Überprüfung des Resultats. Im Detail stimmen D.s Erläuterungen zu den Gebäuden weder mit der Lehre von Vitruvius Pollio noch mit den Abb. im ersten Band der Abh. Cours d'archit. (1676) des Prof. und Dir. der Akad. François Blondel überein. D.s Aufmaße werden zum Gegenstand im Streit zw. letzterem und Claude Perrault über die Proportionen: Der erste negiert den Nutzen der genauen Unters. der Ruinen, da das Auge kleine Abweichungen von Gebäudemaßen nicht erfassen könne. Perrault sieht darin Beweise dafür, daß die Proportion ein willkürl. Aspekt der Schönheit ist. Obwohl D.s Werk, Les Edifices ..., keinen archit.-theoret. Anspruch zu erheben scheint, hat es ab 1694 in allen Diskussionen der Acad. d'archit. um Proportionslehre, um die Bedeutung der antiken Bauwerke als Vorbilder und um die Autorität der Verfasser, die sich zu den Säulenordnungen geäußert hatten, eine unumgehbare Rolle gespielt. Die Bezugnahmen auf D.s Buch im ital. Reisetagebuch von de Cotte (1689) zeigen eine tiefe Ehrerbietung gegenüber dessen Beobachtungen, während Pierre-Alexis Delamair (1737) meint, daß die Zielstellung von D.s Arbeit begrenzt ist und ihr ein Mangel an Geschmack anhaftet (Paris, Bibl. de l'Arsenal: Ms. 3054). D. erfüllt seine Aufgaben als Mitgl. und Prof. der Akad. eifrig und gewissenhaft; in den Vorträgen präsentiert er zahlr. Abh. zu theoret. und bautechn. Fragen sowie zur Gesetzgebung im Bauwesen. Ab 1701 befaßt er sich mit der Definition der Standardsäulenordnungen auf der Grundlage von Vignola (unvoll.), einem bed. Projekt der Acad. d'archit. und damals häufig Gegenstand von Vorträgen. Bei einem Besuch in der Akad. am 2. 8. 1719 erhält der König ein handschriftl. Exemplar dieser Arbeit. Während D.s Professur wird der Wettb. um den Rompreis 1720 definitiv wieder eingeführt; Teiln. sind u.a. der spätere Académicien Jean-Michel Chevotet, der Geograph Philippe Buache und Jean Pinard (später „maître gén. des Bâtiments, Ponts et Chaussées de France"). Die von D. angebotenen, in mehreren Mss. überlieferten Kurse bilden viell. den innovativsten Teil seines Schaffens, weil darin alle Gebiete der Archit. abgehandelt werden: La coutume de Paris, von Goupy aktualisiert und 1748 veröff.; Le toisé des bâtiments; Les ordres et leur application aux édifices; La commodité des bâtiments relig., publics et particuliers. Im letztgenannten Teil (Paris, BN, Cab. des Estampes: Ha 23a) hält D. fest, daß die zeitgen. Architekten ihre Vorgänger auf dem Gebiet der Anordnung (distribution) der Gebäude übertrumpft hatten; diese Auffassung sollte sich später Jacques-François Blondel in seinen Publ. zu eigen machen. D.s Überlegungen zur Anordnung führen zu hist. Betrachtungen über frühe Formen von christl. Kirchen, die er auf der Grundlage der Hist. Ecclésiastique von Cardinal de Fleury sehr detailliert und gelehrt darlegt. Die Anwendung der Prinzipien der Anordnung entwickelt D. in einer Studie zu den versch. Gebäudearten und beginnt mit Kirchen (Kathedrale, Pfarrk., Mönchs- und Klosterkirche); dabei stützt er sich auf kurz zuvor in Paris errichtete Sakralbauten, bes. die Kirche St-Roch von Hardouin-Mansart, die Chap. des Jacobins von Pierre Bullet und die Chap. de la Visitation von de Cotte. D. erarbeitet auch Projekte für ein Hôtel-Dieu und ein Rathaus. Am 10. 5. 1728 reicht er in diesem Sinn bei der Akad. das Projekt eines Parlaments-Pal. ein. Dieser Teil von D.s Lehre war bis dahin beispiellos. Seine allg. Betrachtungen zur Ästhetik und zum guten Geschmack (Paris, Bibl. de l'Institut: Ms. 1032) stehen völlig in der klass. Trad., die nach absolut gültigen Prinzipien für die Proportionen und einer genauen Übereinstimmung zw. allen Teilen eines Gebäudes trachtet. Bei der Darlegung seiner Gedanken in der Akad. am 29. 2. 1723 spricht D. von der Archit. der Régence als einem „Opfer der Mode" und der Unbeständigkeit des frz. Geistes. J.-F. Blondel verwendet größere Passagen dieses Textes im Werk Archit. franç. (1752) und bezeichnet D. neben F. Blondel, C. Perrault und Germain Boffrand als einen der bedeutendsten Archit.-Theoretiker. D. hinterläßt der Nachwelt zahlr. Mss., von denen folgende verschollen sind: Traité de perspective; Traité de l'ordre d'archit. franç.; Traité des dômes des églises. Sein Schriftwerk ist grundlegend für die Lehre an der Acad. d'archit. und liefert die theoret. Basis für die Kurse von J.-F. Blondel. Die Schr. Les Edifices Antiques dient Robert Wood als Vorlage für die Publ. über die Ruinen von Palmyra (1753) und Baalbek (1757) und inspiriert Julien-David Le Roy (1758), James Stuart und Nicolas Revett (1762) zu ihren Unters. der Ruinen in Griechenland. Trotz versch. Bemühungen um Korrektur, Erweiterung und Überarbeitung von Les Edifices bleibt dieses Buch bis zum 19. Jh. das Standardwerk über die antiken röm. Baudenkmäler. 1755 plant Robert Adam dessen Überarbeitung, und mit Unterstützung von Charles-Louis Clérisseau und mehreren Zeichnern beginnt er die notwendigen Arbeiten. Das 1756 aufgegebene Vorhaben nimmt James Adam 1760 nach Anweisung seines Bruders Robert wieder auf. Für diese Neuausgabe werden zahlr. Stiche gefertigt, aber das Projekt der Brüder Adam bleibt unvoll. und wird vor 1771 endgültig eingestellt. Ausgehend von 1771–74 in Rom vorgenommenen Rech. legt Pierre-Adrien Pâris am 14. 5. 1781 seine Gedanken zu Les Edifices in der Akad. dar und schlägt die Fortsetzung der Publ. vor (Bibl. de l'Institut: Ms. 1906). Bei einer Romreise 1782/83 macht Claude Billard de Bélisart Ausgrabungen, um D. zu korrigieren. 1800 veröffentlicht Jean-Charles-Alexandre Moreau einen auf eig. Unters. als Stipendiat der Acad. de France in Rom basierenden Suppl.-Band. Jacques-Guillaume Legrand, Jacques Molinos und Giuseppe Valadier planen ebenfalls die Hrsg. von Suppl.-Bänden; Luigi Canina verwirklicht ein solches Vorhaben letztendlich mit dem Werk Additions et corrections à l'ouvrage sur les édifices antiques de Rome de l'architecte Desgodetz commencées par le Chevalier Joseph Valadier achevées et expliquées, R. 1843. ⌂ *Bauwerke:* PARIS: Enclos de Saint-Germain-l'Auxerrois: Haus für den Kaplan Claude Mancès, 1712. – Rue et Porte Montmartre: Haus Belhomme et Duval, 1717. – Rue du Bourg-l'Abbé: Haus für Madame Lombard d'Ermenonville, 1722. – Rue Saint-Germain-L'Auxerrois: Haus; Enclos du Val-de-Grâce, beide 1724. VAUDREUIL/Eure, Schloß. – *Zchngn:* PARIS, Bibl. de l'Institut de France: Recueil des estudes d'archit. que jay fait à Rome pendant l'espace de seize mois que iy ay demeuré dans les années 1676 et 1677 (ms. 2718). – BN, Mss.: Les Edifices de Rome dessinés et mesurés très exactement (fr. 381). – Arch. nat., Cartes et plans: Jardin des Tuileries, 1694 (N III Seine 692/1–2); Eaux de Rungis, distribution aux Tuileries, 1695 (N III Seine 623); Château d'Eau, Fb. St. Jacques, 1695 (N III Seine 624); Eaux de Rungis ... à l'angle de la rue St. Honoré & rue de l'Arbre Sec, 1695 (N III Seine 625). ✉ *Mss.:* 23 Mss. von Vorlesungen in der Acad. d'Archit., 1699–1725 (Paris, Arch. de l'Institut de France: Karton B 9); Traité de la commodité de l'archit. (Amsterdam, Rijksprenten-Kab.: Inv. 51:440; Paris, BN, Cab. des Estampes: Ha 23a); Traité des ordres (London, RIBA, Libr.: Ms. 72; Paris, Bibl. de l'Arsenal: Ms. 2545; BN, Cab. des Estampes: Ha 23; Bibl. de l'Institut de France, Ms. 1031); Traité du toisé des bâtiments (Nantes, Bibl. mun.: Ms. 258; New York, Columbia Univ., Avery Libr.: AA 3101 D45 und AA 3101 D451; Paris, Bibl. de l'Arsenal: Ms. 2530; BN, Mss.: fr. 14843; Philadelphia/Pa., Univ. of Pennsylvania, Fisher FA Libr.: TH 144 D4); Nouv. essais sur l'archit., et principalement sur ce qui regarde le bon goust et l'harmonie qui doivent régner dans toutes ses parties (Paris, Bibl. de l'Institut de France: Ms. 1032). – *Publ.:* Les Edifices antiques de Rome dessinés et mesurés très exactement, P. 1682; ^{2}1695; Neuausgabe, P. 1779; engl. Übersetzung (v. *G. Marshall*) und Neuausgabe der Ed. von 1682 u.d.T.: The ancient buildings of Rome, Lo., I, 1771; I-II, 1795; ital. Übersetzung und Neuausgabe der Ed. von 1779: Gli edifizi antichi di Roma, I-VI, R. 1821–43; Faks. der Ausg. von 1682: Farnborough 1969; Portland/Ore. 1972; Les Loix des bâtiments, suivant la coutume de Paris, ... avec les notes de *M. Goupy*,

P. 1748; 1766; 1768; 1770; 1776; 1777; 1787; 1802. ▭ ThB9, 1913. *A. Lance*, Dict. des architectes franç., I-II, P. 1872; *Herluison*, 1873; *Bellier/Auvray* I, 1882; *Bauchal*, 1887; DBF X, 1965; *Macmillan* I, 1982; *Gallet*, 1995; DA VIII, 1996. – *J.-J. Guiffrey*, Comptes des Bâtiments du roi, I-V, P. 1881–1901; *L. Lazard*, Bull. de la Soc. de l'hist. de Paris et de l'Ile-de-France 33:1906, 85; *Lemonnier*, Procès-verbaux, I-IX, 1911–26; *J. Duportal*, Rev. de l'art ancien et mod. 36:1914–19, 153–157; *H. Lemonnier*, Rev. archéol., 5. Ser., 1917 (6) 213–230; 5. Ser., 1924 (19) 351–361; *Hautecœur* II, 1948; III, 1950; *W. Herrmann*, ArtB 40:1958, 23–53 (grundlegend); *T. H. Lunsingh Scheurleer*, in: Opus musivum (Festschr. M. D. Ozinga), Assen 1964, 285–297; *Rambaud* I, 1964; II, 1971; *B. Jestaz*, Le Voyage d'Italie de Robert de Cotte, P. 1966; *F. Hamon*, Rev. de l'art 32:1976, 7–14; *id.*, Arts de l'Ouest 1978 (1) 5–20; *J.-M. Pérouse de Montclos*, Les Prix de Rome, P. 1984; *J. Martin-Demézil*, Congr. archéol. de France (139. Sitzung 1981), P. 1986, 1–115; *M. Royo*, Caesarodunum 22bis:1987, 435–452; *P. Pinon*, Préfaces 3:1987, 72–76; *id./F.-X. Amprimoz*, Les envois de Rome, R. 1988; *C. Nocentini*, Quasar 1989 (2) 13–18; *P. Pinon*, BSHAF 1989 (1990) 143–157; *E. Harris*, Brit. architectural books and writers, C. 1990; *P. Pinon*, Cah. de la rech. architecturale 26:1990, 18–28; *S. Pasquali*, in: *E. Debenedetti* (Ed.), Archit., città, territorio. Realizzazioni e teorie tra illuminismo e romanticismo, R. 1992, 215–226; *W. Schöller*, Die „Acad. royale d'Archit.", 1671–1793, Köln u.a. 1993; *E. Debenedetti*, in: *C. Barsanti* (Ed.), Bisanzio e l'Occidente. Arte, archeologia, stor. Studi in onore di Fernanda de'Maffei, R. 1996, 621–632; *P. Pinon*, in: *M. Jannet/C. Sapin* (Ed.), Guillaume de Volpiano et l'archit. des rotondes (Kolloquium 1993), Dijon 1996, 325–334; *P. Pinon*, Pierre-Adrien Pâris architecte (1745–1819), Diss. Paris IV Sorbonne, P. 1998; *J. Raspi Serra*, in: *A. Cadei* (Ed.), Arte d'Occidente. Temi e metodi. Studi in onore di Angiola Maria Romanini, III, R. 1999, 1215–1220. – Mitt. G. Fries, Paris.

C. D. Armstrong

Desgoffe, *Alexandre*, frz. Maler, Zeichner, * 2. 3. 1805 Paris, † 25. 7. 1882 ebd. (begr. Friedhof Père-Lachaise). Entstammt einer wohlhabenden Pariser Fam., verliert bereits fünfjährig den Vater. Onkel von Blaise-Alexandre D. In der Ec. Janin (Priv.-Schule) in Paris-Passy, anschl. im Lycée Henri IV ausgebildet. Heirat 1826; die Tochter *Aline-Jeanne D.* (* Vierzon/Cher) wird ebenfalls Malerin, heiratet 1852 den Maler Paul Flandrin und zeigt 1879 und 1880 im Pariser Salon Fächer mit Blumenmalerei (Aqu., z.B. *Nénuphars et libellules*, 1880). D.s früheste bek. Zchng von 1824 zeigt noch die Merkmale einer Amateurarbeit. 1826 erste Malstudien beim Lsch.-Maler Louis-Etienne Watelet. 1827 Entscheidung für eine Laufbahn als Maler; D. schreibt sich zunächst bei Charles Rémond ein; 1828 (cf. Aubrun, 1983) Wechsel in das Atelier von J.-A.-D. Ingres. Als einer von dessen ältesten Schülern wird er einer der bevorzugten Mitarb.; ab 1844 mit ihm an der dekorativen Malerei *L'Age d'or* für das Schloß in Dampierre/Yvelines beteiligt. Zw. 1827 und 1834 (Salondebüt mit *Un Site près d'Arbonne, ét. d'après nature*) ergänzt D. die Ausb. durch fruchtbringende Reisen; in Paris, der Ile-de-France, der Dauphiné, der Schweiz, v.a. jedoch an der Mittelmeerküste, in der Auvergne und im Wald von Fontainebleau malt er nach der Natur. In diese Gegenden kehrt er alljährl. zurück und findet dort bes. eindrucksvolle Anregungen. Nach der Ernennung von Ingres zum Dir. der Acad. de France in Rom beschließt D. im Okt. 1834, ihm zu folgen, und bleibt bis Mai 1843 dort (Mai 1837 bis Okt. 1839 zwischenzeitl. wieder in Frankreich). Als Vertrauter der Fam. Ingres und der Stipendiaten in der Villa Medici kopiert er Werke von Raffael und Freskomalereien in Pompeji. Auf ausgedehnten Reisen durch Italien zeichnet und malt er Landschaften. Dabei gewinnt er an Selbstvertrauen und tritt Ingres entsprechend gegenüber. Als dieser Rom 1842 verläßt, bleibt D. noch einige Monate länger. Durch die Erfahrungen in Italien (1858 weiterer mehrmonatiger Aufenthalt) steigt D.s Ansehen im Salon, wo er sich mit hist. Lsch. und röm. Ansichten präsentiert und mehrfach Med. erhält: 1842 Med. 3. Kl. (*Paysage, vue de la vallée avec la nymphe Egérie; Paysage*); 1843 Med. 2. Kl. (*Le Cyclope; Campagne de Rome*); 1845 Med. 1. Klasse. 1845 erfolgt auch der erste Auftrag: Dekoration der Tauf-Kap. in der Kirche St-Pierre-du-Gros-Caillou (erst 1855 voll.). 1857 mit mehreren Gem. erneut sehr erfolgreich im Salon (*Le Christ au jardin des oliviers; Les Fureurs d'Oreste*, auch zur Pariser WA 1867; *L'Ecueil; Le Sommeil d'Oreste*; zwei Phantasie-Lsch.); Ausz. mit einer weiteren Med. 1. Kl. und als Ritter der Ehrenlegion. Freundschaftl. Beziehungen, u.a. zu Victor Baltard (Mitschüler am Lycée Henri IV), verhelfen D. nun zu weiteren Aufträgen für dekorative Malereien in bed. Pariser Bauwerken: 1849 Vestibül der Bibl. Ste-Geneviève; 1851 *Die Blinden von Jericho* (Salon 1852) für die Tauf-Kap. der Kirche St-Nicolas-du-Chardonnet; 1854 die Lsch. *Sceaux* und *Clamart* für die Gal. im Generalsekretariat des Rathauses (beide 1871 zerst.); 1864 Ausschmückung des Lesesaales der Bibl. impériale (heute BN); 1869 ebd. Rest. der Dekoration in der Gal. Mazarine; 1872 Tauf-Kap. der Kirche St-Leu; 1874 Tafelbild mit einer *Vue de la maison d'éducation de la Légion d'Honneur* für das Pal. de la Légion d'Honneur; 1878 Karton zu einer Tapisserie für das große Treppenhaus im Pal. du Luxembourg. Wahrsch. wird D. von diesen zahlr. Aufgaben derart in Anspruch genommen, daß er nur noch bis 1868 im Salon ausstellt (*Un Site près d'Antibes*). Außerdem entwickelt er sich mit zunehmenden Alter mehr und mehr zum Einzelgänger, und als Agnostiker konvertiert er 1867 zum Katholizismus. Als von pantheist. Gedankengut beeinflußter Naturfreund malt er gern allein und dehnt die Aufenthalte in der Auvergne, am Mittelmeer und im Wald von Fontainebleau in den letzten Lebensjahren immer mehr aus; erholt sich dort von den Anstrengungen der offiziellen Aufträge und malt lichterfüllte, realist. Stud. nach der Natur. – Bis zu den Arbeiten von Aubrun wurden D.s mon. Komp., mytholog. und relig. Szenen sehr streng beurteilt, aber der poet. Char. und die realist. Darstellungsweise der Studien nach der Natur zeigen einen von echtem Naturempfinden beseelten Künstler, der die klassizist. Lsch.-Malerei durch den „naturalisme" erneuern wollte. WV cf. Aubrun, 1983. – BEAUVAIS, Mus. dép. de l'Oise. DIJON, MBA. DRAGUIGNAN, Mus. mun. LYON, MBA. MONTAUBAN, Mus. Ingres. PARIS, Louvre. ROUEN, MBA et de la Céramique. SEMUR-EN-AUXOIS, Mus. mun. *E:* 1996 Paris, Gal. Antoine Laurentin (K: J. M. Pubellier). – *G:* Paris: 1834, 1838–68 Salon; 1867: WA (u.a. Le Golfe de Naples) / 1996 Nantes, MBA u.a.: Les années romantiques. La peint. franç. de 1815 à 1850 (Wander-Ausst.; K: J. Lacambre, mit WV der frz. Mus.). ThB9, 1913. *Bellier/Auvray* I, 1882 (auch s.v. D., Aline-Jeanne). – *M. M. Aubrun*, Un grand méconnu, pionnier du naturalisme. A. D. (1805–1882), BSHAF 1983 (1985), 117–160 (grundlegend; WV, detaillierte Bibliogr., 158 ss.). – *Weitere Lit.: L. Flandrin*, A. D., P. 1888; *O. Jouvenet*, Trois lettres inédites d'Hippolyte et Paul Flandrin à leur condisciple A. D. (1805–1882), in: Correspondances d'artistes des XVIIIe et XIXe ss., AAF, Neue Per., 28:1986, 291–297; *M. M. Aubrun*, Une correspondance d'A. D., Bull. du Mus. Ingres 1988 (59/60) 53–77. V. Pomarède

Desgoffe, *Aline-Jeanne* cf. **Desgoffe,** *Alexandre*

Desgoffe (Dumont-D.), *Blaise-Alexandre*, frz. Maler, * 17. 1. 1830 Paris, † 2. 5. 1901 ebd. Neffe von Alexandre D., Vater von Jules D. Stud.: ab 1852 EcBA Paris bei Hippolyte Flandrin und Adolphe William Bouguereau. 1857 Salondebüt (u.a. mit *Partie de bilboquet dans un atelier*). Ausz.: 1878 Ritter der Ehrenlegion; 1889 Bronze-Med. bei der Pariser WA. – Neben Blumen malt D. v.a. Stilleben und entwickelt sich auf diesem Gebiet zu einem bed. frz. Maler seiner Zeit. Er läßt sich häufig von hist. und kunstgewerbl. Gegenständen inspirieren und gelangt v.a. durch eine realist. Darstellungsweise und bes. Geschick beim Arrangement zu Ansehen. Regelmäßig im Salon vertreten, u.a. mit *Coupe d'agate orientale*, 1857; *Vase d'améthyste du XVIe s.*, Salon 1859; *Le Casque du roi Henri II*, Salon 1872; *Le Casque et le bouclier de Charles IX*, 1877. ANGOULEME, Mus. mun. ANTWERPEN, Koninkl. MSK. ARRAS, MBA. BALTIMORE/Md., Mus. of Art. BROOKLYN/N. Y., Brooklyn Mus. CHANTILLY, Mus. Condé. LA ROCHELLE, MBA. NEW YORK, Metrop. Mus. TOURS, MBA. ThB9, 1913. DBF X, 1965; *Hardouin-Fugier/Grafe*, 1989; DA VIII, 1996; *Schurr/Cabanne* I, 1996 (s.v. Dumont-Desgoffe); *Bénézit* IV, 1999. – *Schurr* I, 1975. V. Pomarède

Desgoffe, *Jules*, frz. Maler, * 3. 3. 1864 Paris, dort tätig. Sohn und Schüler von Blaise-Alexandre D. Weitere Ausb. bei Adolphe William Bouguereau und Tony Robert-Fleury. – Zunächst v.a. Gest. von Stillleben nach dem Vorbild des Vaters; später figürl. Darst., bes. Kostümbilder aus der Zeit von Ludwig XIII., und Hochgebirgs-Lsch. in Öl (z.B. *Sonnenaufgang im Arollatal*, 1905). *G:* ab 1886 Paris, Salon. ThB9, 1913. *Bénézit* IV, 1999. R. T.

Desgots, *Claude*, frz. Architekt, Gartengestalter, * um 1658 Paris, † vor 30. 6. 1732 ebd. Sohn von Pierre (II) D. und Martine Servelle, Großneffe von André Le Nôtre, durch Heirat auch vom Gartengestalter Armand-Claude Mollet. 1675–80 Stipendiat der Acad. de France in Rom; 1677 dritter Platz nach Simon Chupin und Charles Augustin d'Aviler bei einem Wettb. der Accad. di S. Luca um eine Kirche mit oktogonalem Grundriß und Kuppel. 1679 vom Vater zur Heimkehr aufgefordert, wahrsch. zu dessen Unterstützung in Chantilly. Jean-Baptiste Colbert beauftragt Le Nôtre, während seines Aufenthalts in Italien über den Antrag zu befinden, und am 5. 4. 1680 wird D. beurlaubt. 1698 reist er im Auftrag von Le Nôtre nach Windsor Castle, um dessen an Hans Willem Bentinck, Lord of Portland und Oberaufseher der Bauten von König William III, gelieferten Plan auszuführen. Le Nôtre empfiehlt dem Lord, D. durch die wichtigsten Gemächer zu führen, um daraufhin den Plan und die örtl. Gegebenheiten beurteilen zu lassen. Außerdem erhält D. den Auftrag zum Aufmaß des Schlosses im holl. Het Loo und zur Übermittlung des Ergebnisses an den Duc de Villeroy. Per Erlaß von Le Nôtre am 28. 4. 1692 muß sich D. das Amt als „dessinateur des plants et parterres" mit dessen anderem Großneffen Jean-Michel Le Bouteux teilen; nach dem Tod von letzterem 1694 ist D. alleiniger Amtsinhaber für jährl. 1200 livres. Am 18. 10. 1698 von Le Nôtre zum „conseiller du roi, contrôleur gén. ancien des bâtiments du roi, arts et man. de France" ernannt. Nach dem Tod von Le Nôtre (1700) führen Mollet und D. je zur Hälfte dessen Zchngn aus (1725 nimmt Carl Hårleman aus Paris Zchngn von Le Nôtre und vom gastgebenden D. mit nach Schweden, nachdem er sie in dessen Atelier kopieren ließ). Das bereits trad. Amt der Fam. zur Betreuung der Gärten der Tuilerien übt D. wahrsch. nicht selbst aus, erhält jedoch wie der Vater jährl. 3600 livres. 1701 übernimmt er neben der Pflege der Alleen, Anpflanzungen und des Hufeisens im Jardin des Plantes die Funktionen als „contrôleur gén. ancien des bâtiments" (für 4080 livres wie der Onkel) und „dessinateur des jardins du roi". ⚭ 28. 3. 1701 Brigide Marion; Trauzeuge ist u.a. Jules Hardouin Mansart, „surintendant des bâtiments". Ab 1707 in der 2. Kl. der Acad. royale d'archit.; 1720 in der 1. Kl. vorgestellt, am 11. 3. aufgenommen. 1709 legt D. Entwürfe für den Schloßgarten von Oberschleißheim vor, um 1728 für Schloß Sablé in Sablé-sur-Sarthe. Auf zahlr. Stichen vom E. des 17./A. des 18. Jh. wird ihm ein Teil der eigtl. Le Nôtre in Auftrag gegebenen Gärten zugeschr., z.B. die Zchng einer Insel auf dem von Jean Mariette veröff. Plan des Schlosses in Saint-Cloud; weitere Zuweisungen von Mariette betreffen die Gärten des von Jean-Baptiste Bullet für Paul Poisson de Bourvalais erb. Schlosses Champs, die Schlösser Sablé (für Colbert de Torcy) und in Périgny. Außerdem soll er am Schloß von Thoiry/Yvelines tätig gewesen sein (lt. Angabe im dortigen Priv.-Arch. des Vicomte de La Panouse). Bei der Zuschr. der Schlösser von Bagnolet und Saint-Maur an D. läßt sich Antoine-Nicolas Dezallier d'Argenville (1755) gewiß von Stichen aus dem 1727–38 von Mariette publ. Werk L'Archit. franç. leiten (Gilles Marie Oppenort, „premier architecte du Régent, directeur de ses maisons et jardins", und Charles Ju, Architekt der Duchesse d'Orléans, liefern um 1722 Zchngn für die Innenausgestaltung von Schloß Bagnolet; im Fall von Saint-Maur wird D. wahrsch. mit dem Vater verwechselt). 1717 Umgestaltung der Schloßgärten von Maisons für Jean René de Longueil, Marquis de Maisons, Parlaments-Präs. von Paris, und 1730 des Gartens am Pal.-Royal; etwa um diese Zeit fertigt D. auch Entwürfe für die Tuilerien. Zus. mit dem Vater arbeitet er zudem in den Gärten von Choisy-le-Roi, für die der mit ihm verwandte Architekt Jean-Charles Garnier d'Isle den Entwurf eines Labyrinths liefert (THC 7720). 1729 ist Carl Gustaf von Tessin D.s Gast. Am 30. 6. 1732 Bekanntgabe seines Todes in der Sitzung der Acad. royale d'archit., wo Garnier d'Isle bereits 1730 die Nachf. antrat. D. soll der Verfasser einer 1730 anonym publ. Biogr. von Le Nôtre sein (lt. einer handschriftl. Bemerkung auf einem Exemplar in der Bibl. des Institut de France; Père Desmolets, Continuation des mém. de litt. et d'hist., IX/2.). – Der in den Aufzeichnungen von Bachaumont (Paris, BN) als der beste Schüler von Le Nôtre bez. D. (... M. de La Chapelle le meilleur élève de feu M. Desgots, qui l'étoit du célèbre Le Nôtre) scheint sich eher der Gest. von Gärten als der Archit. verschrieben zu haben. Sein Œuvre ist erst z.T. bek.; die meisten der von Hårleman nach ihm kopierten Zchngn vermitteln den Eindruck von manierierten, recht monotonen Variationen, deren gesamte Abwechslung in formalen Abwandlungen bei der Gest. der Bosquets besteht (ein Achteck wird zum Kreis und umgekehrt). Tatsächlich sind auf diesen Zchngn öfter Bosquets als gesamte Gartenanlagen dargestellt; einige Zchngn sind wirklich für die Gärten der Tuilerien bestimmt, deren ebenes Gelände keine andere Wahl läßt, als die Raumaufteilung zw. Parterres und Bosquets zu variieren. Dieses Prinzip wurde im wesentl. von Theoretikern wie Dézallier d'Argenville festgeschrieben. D.s Karriere läßt v.a. den außergewöhnl. Char. der Laufbahn von Le Nôtre zu einer Zeit hervortreten, in der die Gest. von Gartenplänen wohl ausschl. Architekten oblag; D. und sein Vater verdanken ihre erfolgreichen Laufbahnen außerdem der Ernennung zu Architekten der „bâtiments du roi". 🏛 ANET, Schloß: Treppe. BAGNOLET, Schloß: um 1722. CHAMPS-SUR-MARNE, Schloß Champs: Gärten. CHOISY-LE-ROI, Schloß: Plan. CLIVEDEN/Bucks., Priv.-Arch.: Zchngn für Parterres und Bosquets, 1713. OBERSCHLEISSHEIM, BSGS, SG im Neuen Schloß: Entwurf für den Park, um 1701/04. PARIS: Jardin du Luxembourg, zw. 1721/25; Jardin du Pal.-Royal, um 1730; Jardin des Tuileries (Entwürfe). – Arch. nat.: CP, N III Seine 620, N III Seine 1224. – BN, Dép. des Estampes et de la Photogr. PERIGNY/Bourgogne: Schloß Périgny. PRECIGNE/Sarthe, Schloß Bois-Dauphin, Priv.-Arch. SABLE-SUR-SARTHE, Schloß Sablé: Park (zerst.); Kap., 1728/29. SAINT-CLOUD, Schloßpark: Insel. STOCKHOLM, NM, Graph. Slg, Slg Tessin-Hårleman: fast alle D. zugeschr. Zchngn wurden von Hårleman kopiert und sign. VERSAILLES: Jardins de Trianon, um 1722. 📖 ThB9, 1913. DBF X, 1965; DA VIII, 1996 (s.v. Fam. D.). – *A.-N. Dezallier d'Argenville*, Voyage pittoresque des environs de Paris, P. 1755; *J.-J. Guiffrey*, AAF 1853–1855, 275; *Lemonnier*, Procès-verbaux I, 1887, Briefe Nrn 110, 145, 155, 170; *R. Strandberg*, BSHAF 1960 (1961), 109–128; *id.*, Münchner Jb. der bild. Kunst, 3. Ser., 15:1964, 177–194; *id.*, Nieuws-Bull. van de Koninkl. Nederlandse oudheidkundige bond 1973 (9) 73; *id.*, The French formal garden, Wa. 1974, 41–67; *H. Puchta*, Ars Bavarica 3:1975, 66–69; *G. Jackson-Stops*, Formal garden designs for Cliveden, Nat. Trust year book 1976/77, 100–117; *E. D. Schmid*, Schloß Schleißheim, M. 1980; *R. Strandberg*, GBA 96:1980, 197–208; 99:1982, 131–146; *G. R. Smith*, Projects and mon. in the period of Roman Baroque, ed. *H. Hager/S. S. Munshower*, Pennsylvania State Univ., University Park 1984, 27–46. – Paris, Arch. nat.: CXVIII, 220 (Ehevertrag, 28. 3. 1701); Z[1J] 530 (Protokoll, 22. 5. 1717); BN, Bibl. de l'Arsenal: Ms. 4041 (Aufzeichnungen von Bachaumont). A. Rostaing

Desgots, *Jean* cf. **Desgots,** *Pierre* (1600)

Desgots, *Pierre* (I; Desgotz; des Gauds; des Gau[l]x; des Gauts; des Godz; des Got[h]s; d'Esgot), frz. Gärtnermeister, * um 1600 Paris, † vor 15. 5. 1675 ebd. Sohn des Gipshändlers Jean D., Vater von Pierre (II) D. (wie er wohnt D. in der Rue Saint-Vincent, Pfarr-Bez. Saint-Roch), Schwager von André Le Nôtre, dem Sohn von Jean Le Nôtre, und damit auch verwandt mit dem Schwiegersohn von letzterem, dem Gärtner Simon Bouchard. D. bekleidet das Amt des „jardinier ordinaire du roi". Seine Aufgabe besteht offenbar in der Betreuung des 1608–10 von Jean Le Nôtre am Hôtel von Kardinal François de La Rochefoucault angelegten Gartens. Für die Pflege der Palisaden und Alleen im Garten und Park der Tuilerien bezieht er 2500 livres (davon sind ab 1625 mindestens 250 livres für weitere Pflegearbeiten vorgesehen). 1625 Heirat mit Elisabeth Le Nôtre (Schwester von A. Le Nôtre). 1629 erwirbt D. zus. mit Bouchard (als Gärtner für die Orangerie des Tuileries zuständig) ein Morgen Land in der Siedlung Ville-l'Evêque „près du Roule" b. Paris und läßt dort ein Haus errichten. Nach einem Entwurf von Jacques Boyceau pflanzt D. mit Bouchard und J. Le Nôtre ein Blumen- und ein Broderie-Parterre und gestaltet Alleen am Pal. von Kardinal Richelieu (heute Pal.-Royal; für 750 livres); 18. 11. 1635 Vertragsabschluß zum Einebnen von Alleewegen und zur Anpflanzung von Hainbuchen im dortigen Park (für 1500 livres). Im Nachlaß-Inv. von D.s Ehefrau sind Meß- und Zeichengeräte aufgeführt, wie z.B. eine Boussole und ein Proportionszirkel, und große Mengen von Blumen, aber kein Buch. 10. 2. 1633 zweite Eheschließung. Wahrsch. legt D. 1668–70 im Rahmen der Umgestaltung des Parks der Tuilerien durch A. Le Nôtre weitere Alleen an. Da er Gärtner und Unternehmer (jardinier entrepreneur) ist, dient sein Einkommen auch der Entlohnung von im Dienst des Königs beschäftigten Gehilfen und zur Deckung laufender Ausgaben (Sand, Pflanzen). D. ist einer der Gärtnermeister des Königs, zu dessen Aufgabenbereich die Anpflanzung von Baumzeilen, die Pflege empfindl. Pflanzen und die Übertragung von Entwürfen für Parterres ins Gelände beinhaltet; die Planung von Gesamtanlagen wird hingegen v.a. Architekten übertragen. In seinem Nachlaß-Inv. sind Portr. des Königs und der Königin sowie vier kleinformatige Gem. verzeichnet. Wahrsch. ist D. auch verwandt mit einem *Jean D.*, der 1618 als Gärtner des Königs im Garten und Park der Tuilerien 950 livres für die Pflege der Palisaden und Alleenwege erhält und wahrsch. ein Geschäftspartner oder Mitarb. von J. Le Nôtre ist (in einem Arbeitsvertrag v. 2. 10. 1616 verspricht der Gärtnermeister *Jean D.*, ein Analphabet, dem Gärtner Jean Le Doux eine Beschäftigung im 1610 von J. Le Nôtre angelegten Garten an der Maison de Feydeau, Rue des Francs-Bourgeois). ThB9, 1913. DA VIII, 1996 (s.v. Fam. D.). – *A. Rostaing*, La bêche ou le compas. Le métier de jardinier au XVIIᵉ s., in: André Le Nôtre et les sc. de son temps (internat. Kolloquium in Sceaux, Okt. 1999; Publ. in Vorbereitung). – Paris, Arch. nat., Minutier central: XLV, 38 (Ehevertrag); 10. 2. 1625; LXXXVI, 210 (Vertrag, 21. 4. 1629); XLV, 62 (Nachlaß-Inv., 9. 1. 1632); XLV, 78 (Vertrag, 18. 11. 1635); XVI, 549 (Nachlaß-Inv., 15. 5. 1675). A. Rostaing

Desgots, *Pierre* (II), frz. Gärtner, Gartengestalter, * 1630 Paris, † 28. 1. 1688 ebd. Sohn von Pierre (I) D. und Elisabeth Le Nôtre, Neffe von André Le Nôtre, Vater von Claude D. Tätig als „jardinier ordinaire du roi" und „dessinateur des jardins du roi"; wahrsch. gestaltet D. außerdem Varianten zu Le Nôtre übertragenen Planungsaufgaben (z.B. Entwürfe für das Parterre du Nord zu Versailles, die Parterres des Schlosses von Issy, die Schloßanlagen von Vaux-le-Vicomte, Chantilly, Clagny und Choisy-le-Roi). D.s Zeichenmanier ist noch weitgehend unerforscht, und sehr oft wird er mit dem Vater oder seinem Sohn verwechselt; eine systemat. Analyse von D.s und den Zchngn aus dem Büro von Le Nôtre könnte zur Entdeckung weiterer eigenhändig ausgef. Zchngn führen. In den 1670er Jahren Zusammenarbeit mit dem Onkel in Chantilly; entsprechende Zchngn (Chantilly, Mus. Condé) stammen wohl von D. In den 1680er Jahren soll er in Saint-Maur gearbeitet haben; im 1703 über das dortige Schloß verfaßten Werk L'Archit. à la mode schreibt Nicolas Langlois die baul. Veränderungen Daniel Gittard zu und die nach einem Plan von Le Nôtre in den Gärten ausgef. Arbeiten einem gewissen Desgots. ⚭ 25. 11. 1654; verwitwet und 1671 zweite Ehe mit Marie Drouet, der Tochter des Oberhofmundschenks der Anna von Österreich. 1671 enthält D.s Bibl. 147 Bücher (u.a. hist. Abh. und Romane); in der Wohnung befinden sich Tapisserien, einige Gem. (u.a. ein Portr. des Prince de Condé) und graph. Bll. (z.B. zwei von Nicolas Poussin); bei seinem Tod besitzt er 226 Bücher (hist. und relig. Abh., v.a. Romane und Theaterstücke). – D.s Karriere verläuft anders als die des Vaters, da er wohl der unmittelbare Mitarb. von Le Nôtre ist; wahrsch. leitet er häufig die prakt. Umsetzung von dessen Projekten, die er zuvor vermutl. in die endgültige Fassung zu übertragen hatte. Der ohne direkte Nachkommen gebliebene Le Nôtre berücksichtigt auch die Interessen seiner Großneffen; so empfiehlt er den Schiffskapitän François dem Prince de Condé und ernennt Claude, den ersten Architekten der Nachkommenschaft, zu seinem Abgesandten in England. CHANTILLY, Schloß: THC 7862; Pläne, u.a. von ca. 1675/80. – Mus. Condé: 81 Q 11, 83 M 47. CHOISY-LE-ROI, Schloß: Plan. ISSY, Schloß: Parterre, 1681; THC 7938. PARIS, Bibl. de l'Institut: Ms. 1040, fol. 14. – Arch. nat.: CP N III Seine 620, N III Seine 1224. SAINT-MAUR, Schloß: Parterre, 1682. STOCKHOLM, NM, Graph. Slg, Slg Tessin-Hårleman: THC 7802. VAUX-LE-VICOMTE, Schloß: Plan, um 1656/58. VERSAILLES, Schloß: Gest.-Entwurf für die Außenanlagen im Parterre du Nord; THC 7803, THC 7924. – Schloß Clagny: Plan THC 1886. ThB9, 1913. DA VIII, 1996 (s.v. Fam. D.). – *G. Macon*, Les arts dans la maison de Condé, P. 1903; *G. Weber*, Brunnen und Wasserkünste in Frankreich im Zeitalter von Louis XIV, Worms 1985; *A. Rostaing*, André Le Nôtre et les jardins franç. du XVIIᵉ s., Mag.-Arbeit Paris, Ec. nat. des Chartes, I-V, 1995. – Paris, Arch. nat., Minutier central: XXXVI, 189 (Ehevertrag, 25. 11. 1654); XLV, 265 (Nachlaß-Inv., 2. 1. 1671); XVI, 531 (Ehevertrag, 16. 1. 1671); XVI, 590 (Nachlaß-Inv., 3. 2. 1688); XVI, 632 (ibid., 28. 11. 1709). Stockholm, NM, Graph. Slg, Slg Tessin-Hårleman. A. Rostaing

Desgotti, *Ignazio Eugenio Maria* → **Degotti,** *Ignazio Eugenio Maria*

Desgoux, *Joachim*, Bildhauer in Paris, 1749 Mitgl. der Acad. de St-Luc. 1763 noch genannt. ThB9, 1913. *Lami* I, 1910. – *Guiffrey*, 1915 (Repr. 1970).

Desgrange, *Jean-Baptiste-Charles*, Genre- und Stilllebenmaler, * 25. 10. 1821 Paris. Tritt ab 3. 4. 1844 in die EcBA Paris ein; Schüler von Michel Martin Drölling und Léon Cogniet. *G:* 1840–68 Paris, Salon. ThB9, 1913. *Bellier/Auvray* I, 1882; *Bénézit* III, 1976.

Des Granges, *David*, engl. Miniaturmaler, Kupferstecher, get. 24. 3. 1611 London (in der French Church in der Threadneedle Street, nochmals in der Annenkirche in Blackfriars), † um 1671/72 ebd. Einer von D.s Paten war George Heriot, kgl. Goldschmied und Juwelier. Die Fam. lebte im Pfarrbezirk St. Anne in Blackfriars (unweit der Fam. von Issac Oliver, Cornelis Jonson van Ceulen und Anton van Dyck) bis zu D.s Heirat mit Judith Hoskins am 7. 1. 1635 (oder 1636). Ihr Fam.-Name legt eine verwandtschaftl. Beziehung zu John Hoskins nahe und somit auch zu den Min.-Malern Samuel und Alexander Cooper. Die Fam. lebte in der Elm Street, Long Acre, im Pfarrbezirk St. Martin, wo D. bis 1671/72 dok. ist (Edmond 1978–80, 123 s.). 1672 wurden drei Personen mit Namen „Degrange" im Test. von Samuel Cooper gen., D. selbst jedoch nicht, so daß er da vermutl. nicht mehr lebte. – Die frühesten Min. stammen vom E. der 1620er Jahre und sind in Stil und Technik stark an Peter Oliver und John Hoskins angelehnt. Wie A. Cooper könnte D. von Oliver ausgebildet worden sein. Während der 1630er Jahre scheint er in einer Art Partnerschaft mit Hoskins gearbeitet zu haben, die vermutl. aus der verwandtschaftl. Beziehung zu diesem erwachsen ist; D. half bes. bei der Reprod. von dessen Bildern des Königs und des späteren Charles II nach Van Dyck (Versionen in der Buccleuch Coll., Schottland, der Nat. Portr. Gall. sowie im V & A, London). Höhepunkt dieser Periode war das Gem. von 1640, die sog. *Allegorie des Marchese del Vasto*, nach Tizian, damals in der R. Coll. (heute im Louvre, Paris). D.s Min.-Kopie (Slg des V & A im Ham House in Surrey) ist wahrsch. nach einem Editio princeps des P. Oliver von 1629 entstanden, das in jenem Jahr aus der R. Coll. entliehen wurde, um es auch von Richard Gibson kopieren zu lassen (die Min. von Gibson dat. 1640, jetzt in der Welbeck Abbey in Nottinghamshire). Bei Ausbruch der Bürgerkriege scheint D. zus. mit dem Hof London verlassen zu haben. Während des Interregnums war er mit Charles II in Schottland und produzierte dort eine Reihe von Portr. von ihm nach Adriaen Hanneman (Versionen in der Nat. Portr. Gall. und im Ham House), nach denen Nathaniel Thach ebenfalls arbeitete (Versionen der Thach-Kopie im Mauritshuis in Den Haag; als Leihgabe im V & A, London). Es war diese Arbeit, die 1671 zu dem Zahlungsgesuch an den König führte, in dem er, evtl. glaubhaft, aber in einer für solche Petitionen übl. Sprache, klagte, er sei „alt und gebrechlich, sein Augenlicht und seine Arbeitskraft lassen nach, er sei auf die Barmherzigkeit vermögender Personen angewiesen" (zit. nach Goulding, 1914/15, 29). Ein Verz. in der Anlage zu diesem Dokument nennt 13 Min. sowie deren Empfänger; die Liste zeigt, wie wichtig die Portr.-Min. war, um die Loyalität jener Personen im inneren Kreis des exilierten Königs bes. in dieser Zeit zu erwerben und zu erhalten. Nach der Restauration demonstrieren einige erlesene, verfeinerte Arbeiten D.s Resonanz auf den Einfluß neuer Hofporträtisten wie Jacob Huysmans (*Catherine of Braganza als Hirtin*, Slg Daphne Foskett) und liefern Hinweise (Portr. eines sog. *Brian Duppa*, V & A, London), daß er mit dem rotbraunen Schraffurstil, der mit Samuel Cooper verbunden war, experimentierte. Diese stilist. Variabilität und einige Werke von minderer Qualität mit dem Monogramm DDG haben dazu geführt, daß eine Reihe von Zuschr. ohne hinreichende Begründung (überwiegend aus kommerziellem Grund) erfolgte, so daß der Umfang seines Œuvres der Min.-Malerei gesprengt wurde und Verzerrungen der Beurteilung mögl. sind. George Vertue sah einen Stich von D.: *St. George on horseback* (nach Raffael), sign. „David des Granges Sculpsit 1628". D. wird auch als Ölmaler genannt: Das allg. bek. großformatige Öl-Gem. *The Saltonstall Family* (Tate Gall., London) wird D. zugeschrieben, obwohl die Komp. die Perspektivkenntnis der Renaiss., die D. geläufig war, unberücksichtigt läßt. 1658 zählt William Sanderson, ein kgl. Loyalist, D. zu den führenden Künstlern der brit. Schule neben Walker, Soest, Wright, Lely und Hales zu den „rare Artizans" (Graphice 1658, 20). Aber es existiert weder ein substantielles noch gesichertes Œuvre auf dem Gebiet der Ölmalerei, das den Ruf hier begründen ließe. Sanderson erwähnt ihn weder bei den Miniaturisten noch bei den Stechern. 🏛 DEN HAAG, RM. LONDON, Nat. Portr. Gall. – V & A. WINDSOR/Berks., Windsor Castle, R. Coll. 📖 ThB14, 1921. *Foskett* I, 1972; DA XIII, 1996 (s.v. Granges, David des). – *R. W. Goulding*, The Welbeck Abbey min., Walpole Soc. 4:1914/15; Vertue note books (I-VI) in the Walpole Soc., XVIII/XXX, Ox. 1929–30/1951–52; *M. Edmond*, Vol. of the Walpole Soc. 47:1978/80 (1980) 60–241, bes. 123 s.; *id.*, Hilliard and Oliver, The lives and works of two great miniaturists, 1983; *J. Murdoch*, Seventeenth-c. English miniatures in the coll. of the V & A Mus. (K), Lo. 1997. J. Murdoch

Desgranges, *Guillaume (Guillaume-Jacques-François)*, frz. Maler, Lithograph, * 10. 2. 1886 Avranches/ Manche, † 1. 2. 1967 Coutances/Manche. Stud. in Paris: Acad. Julian und EcBA bei Felix Cormon, Charles Albert Waltner (Rad.), Charles Léandre und Etienne-Maurice-Firmin Bouisset (Lith.). 1914–67 Konservator des Mus. in Coutances. – Lsch. und Portr. (auch Aqu. und Pastell). 🏛 AVRANCHES, Mus. d'Avranches. COUTANCES, Mus. Quesnel-Morinière: Vieille Normande, Salon 1913; Chaumières et coquelicots, 1927; Portr. de Désirée Laurene, 1940. NANTES, MBA: Tête de bretonne, Lith. 👁 *G:* ab 1906 SAfr. (1925 Gold-Med.). 📖 Vol, 1953. *Edouard-Joseph* I, 1930; *Bénézit* III, 1976. – Mitt. Mus. Quesnel-Morinière, Coutances; MBA, Nantes. K. S.-D.

Desgranges, *Jean-Baptiste* cf. **Desgranges,** *Nicolas*

Desgranges, *Nicolas l'aîné* cf. **Desgranges,** *Nicolas*

Desgranges, *Nicolas* (auch D. le vieux), frz. Goldschmied, Juwelier, * 6. 5. 1652 Luxeuil/Haute-Saône, † 26. 12. 1713 ebd. (begr. St-Martin). MZ: N D G, Wappen von Luxeuil. Im gleichen Beruf arbeiteten sein Vater *Nicolas D. l'aîné* (* viell. Epinal, † 7. 7. 1675 Luxeuil) und sein Bruder *Jean-Baptiste D.* (* 4. 6. 1644 Luxeuil; 1672 erw.). 🏛 SAINT-LOUP-SUR-SEMOUSE, Kirche: Kelch, E. 17. Jh. (ehem. in der Kirche von Ainville). 📖 *Brault-Lerch*, 1976. C. R.

Des Granges, *Paul* (Baron) → **Granges,** *Paul des* (Baron)

Desgrau, *Gabriel*, span. Maler in Valencia, malte 1501 eine Krippen-Darst. für die Kathedrale; 1502 nochmals erwähnt. 📖 *Sanchis y Sivera*, 1914.

Desgres, *Maurice (André)*, frz. Architekt, * 14. 3. 1892 Champigny, † 23. 11. 1976 Toulouse. Zunächst als Vermesser tätig; nebenbei Abendkurs an der Ec. des Arts et Métiers in Champigny. Gründet 1920 ebd. ein eig. Archit.-Büro. Zunächst für den Wiederaufbau von Saint-Quentin/Aisne zuständig. Später in Toulouse ansässig; Gutachter bei Gericht (ab 1930 am Handelsgericht, ab 1936 beim Zivilgericht). Ab 1964 Mitgl. im Ordre des architectes. – V.a. Wohnungs-, Industrie- und Gesellschaftsbau; fertigt mehrere Entwürfe für Flughäfen (z.B. für Blagnac/Haute-Garonne) und Flugzeughallen. 🏛 BLAGNAC: Hôtel Les Ailes, 1944. MOISSAC/Tarn-et-Garonne: Wiederaufbau, bes. des Stadtteils Sainte-Blanche, 1930–33. TOULOUSE, rue Neuve-de-la-Balance/ Ecke impasse Mas: Geschäftshäuser, 1936. – 3 bis, rue Clémenceau: D.s Wohnhaus, 1939. – 39, rue de la Gaité: Wohnhaus, 1941. 📖 Toulouse 1920–1940. La ville et ses architectes, Toulouse 1991 (WV). R. T.

Des Grés, *Oudot (Odot*; auch Oudot l'orfèvre de Dijon; Odot de Nuys), frz. Goldschmied, * Nuits-Saint-Georges/Côte-d'Or, 1360–99 nachw., lebte in Dijon, z.T. auch in den nahe gelegenen Orten Flagey-Echezeaux und Gilly-lès-Cîteaux. 1375 einer der Verfasser des Statuts der Goldschmiede von Dijon. Häufig für die Herzogin und den Herzog von Burgund tätig; 1387 in deren Auftrag Reise nach Paris, um Silbergeschirr als Geschenk für Karl VI. zu bestellen. 🏛 SAINTE-SABINE/Côte-d'Or, Kirche: Reliquiar der hl. Sabine, Silber, vergoldet (mit dem D. zugeschr. MZ „O"). 📖 *Laveissière* I, 1980. R. T.

Desgrilli, *Bernardo Sansone* → **Sgrilli,** *Bernardo Sansone*

Deshaies, *Arthur*, US-amer. Graphiker, * 6. 7. 1920 Providence/R. I., in den 60er Jahren in Norton/Mass., in den 80er Jahren in Tallahassee/Fla. ansässig. Stud.: 1939–42 Cooper Union SchA, New York; 1947/48 Rhode Island School of Design, Providence; 1948–50 Indiana Univ., Bloomington. Dort 1949–56 Lehrtätigkeit sowie 1956/57 am Pratt Inst., Brooklyn/N. Y., Pratt Graphic AC; ab 1963 Florida State Univ., Tallahassee. Stip.:

1952 Fulbright Fellowship (für Frankreich-Aufenthalt); 1959–62 MacDowell Colony Fellowship; 1960 Yaddo Fellowship; 1960 Tiffany Found. Grant; 1961 Guggenheim Fellowship (Creative printmaking). Teiln. an zahlr. bed. nat. und internat. Graphik-Ausst. – Experimentierte in der Druckgraphik mit innovativen Methoden und Techniken; so fertigte er z.B. Reliefdrucke von eigenhändig bearbeiteten Gipsblöcken (*Cycle of a Large Sea*, 1961/62). ⌂ BROOKLYN/N. Y., Brooklyn Mus. PEORIA/Ill., Bradley Univ. ⊙ *E:* u.a. 1964 Tallahassee, Little Gall. ▭ *Cummings*, 1968; WWAA, 1980. – *Sanjurjo*, 1993; *G. Baro*, 30 years of Amer. printmaking including the 20th Nat. Print Exhib. (K), N. Y. 1977. Ch. R.

Deshais, *Olivier*, Architekt, Bildhauer in Rennes, führte 1688 den Altar der hl. Jungfrau in der Kirche von Saint-Célerin/Sarthe aus, ferner Tabernakel und Statuetten für die Kirche in Cossé-le-Vivien/Mayenne. ▭ ThB9, 1913. *Lami*, 1906.

Deshaye, *Philippe* → **Deshayes,** *Philippe*

Deshayes (le jeune) → **Deshays,** *François Bruno*

Deshayes, *Célestin* → **Deshays,** *Célestin-Jean-François*

Deshayes, *Charles-Félix-Edouard (Charles)*, frz. Maler, * 9. 11. 1831 Toulon/Var, † nach 1895. Schüler von Bernard Jacques Sénéquier in Toulon und von François-Louis Français in Paris. Außer Lsch. im Stil seines Lehrers Français hat D. auch eine große Anzahl von Marinen und Stilleben gemalt. Français, der seit 1860 fast alljährl. in Cernay anzutreffen war, hat D. mitgenommen. 1872 wurde D. sogar für einige Zeit in Cernay ansässig (Angabe im Salonkatalog von 1872). Ansonsten wohnte er mit ständig wechselnden Adressen in Paris. D.s Lsch.-Gem. entstanden meist an der Seine in der Umgebung von Paris oder auch in den Vaux-de-Cernay. 1881 Reise nach Belgien. ⌂ FONTAINEBLEAU, Coll. de la ville: Lsch. LANGRES, Nouv. MAH: Journée d'été dans les cascades de Cernay-la-Ville, 1872. ROUEN, MBA: Figures de bergers. ⊙ *G:* 1864–95 mehrfach Paris, SAfr. ▭ ThB9, 1913. *Johnson/Greutzner*, 1976 (Repr. 1990); *Harambourg*, 1985; *Alauzen*, 1986; *Marchal/Wintrebert*, 1987; *Hardouin-Fugier/Grafe*, 1989; *Schurr/Cabanne* I, 1996. – *Schurr* III, 1976. H.-P. Bühler

Deshayes, *Eugène*, frz. Maler, Zeichner, Lithograph, * 1. 1. 1828 Paris, † 1890 ebd. Schüler seines Vaters Jean-Eléazard D. sowie von Alexandre-Gabriel Decamps (lt. Pariser Salon-Kat. 1875). – Malte (Öl, Aqu.) und zeichnete v.a. Marinen und Lsch. (u.a. Pariser Umgebung, Wald von Fontainebleau, Normandie, Bretagne, Dauphiné, Savoyen, Provence, Schweiz, Holland) in impressionist. Manier; sensible Stimmungsbilder, die bisweilen an Camille Corot, Eugène Boudin und Charles-François Daubigny erinnern. D. lithographierte nach eig. Zchngn sowie nach fremden Vorlagen, z.B. *Mon. et paysages de l'Orient* nach Philibert Joseph Girault de Prangey, 1851 (BN, Cab. des Estampes). D. ist nicht zu verwechseln mit dem Maler Eugène-François-Adolphe D. ⌂ BOSTON/Mass., MFA. CHARTRES, MBA. LA ROCHELLE, MBA. PARIS, Orsay. ROUEN, MBA et de la Céramique. ⊙ *G:* Paris: 1848–82 Salon; 1885 Salon de Blanc et Noir / 1870 Dublin, R. Hibernian Acad. ▭ ThB9, 1913. DBF X, 1965; *Bénézit* III, 1976; *Harambourg*, 1985; RoyalHibAcad I, 1986; *Schurr/Cabanne* I, 1996. – IFF, Après 1800 VI, 1953; *Schurr* I, 1975. H.-P. Bühler

Deshayes, *Eugène-François-Adolphe*, frz. Maler, * 1868 Algier, † 1939. – Öl, Aqu.; v.a. alger. Sujets und sonnendurchflutete, farbintensive Lsch. (Korsika, Provence, Balearen), auch nuancenreich ausgef. Ansichten der Ile-de-France; char. ein illustrativer Stil. D. ist nicht zu verwechseln mit dem Maler Eugène D. ⊙ *G:* ab 1894 Paris, SAfr. ▭ ThB9, 1913; Vol, 1953. *Schurr/Cabanne* I, 1996. – *Schurr* V, 1981. C. R.

Deshayes, *François Bruno* → **Deshays,** *François Bruno*

Deshayes, *Frédéric (Frédéric Léon)*, frz. Maler, * 30. 12. (oder 30. 11.) 1883 Paris, † 1970, lebte in Paris und auf Korsika. Schüler von Edmond Eugène Valton. – Lsch. und Marinen (u.a. Nordafrika, Italien), Figürl. (bes. Akte), Portr., Interieurs und Stilleben (u.a. Blumenbilder) in Öl, Aquarell. ⌂ PARIS, Lycée Hélène Boucher: dreiteiliges Fresko (zus. mit Pierre-Eugène Clairin und Edmond Sigrist). – Ehem. Mus. du Luxembourg. ⊙ *G:* Paris: ab 1911 Salon des Indépendants; ab 1913 Salon d'Automne (1919 Mitgl.); ab 1926 Salon des Tuileries / Bordeaux, Salon des Indépendants. ▭ Vol, 1953. *P. C. Giansily*, Dict. des peintres corses et de la Corse 1800–1950, Ajaccio 1993; Dict. des mon. de Paris, P. 1992; *Schurr/Cabanne* I, 1996; *Bénézit* IV, 1999. C. R.

Deshayes, *Gaspard*, frz. Stecher, Kupferstichverleger und -händler, * vor 1666, zw. 1691 (Heirat) und 1701 in Paris tätig. Am 20. 8. 1701 wurden in der Fa. in der rue de la Coutellerie nicht genehmigte Portr. des span. Königs beschlagnahmt. D. veröff. populäre Allegorien, zahlr. Portr. der Aristokratie und zeitgen. Genreszenen. ⌂ PARIS, BN. ▭ *M. Préaud u.a.*, Dict. des éditeurs d'estampes à Paris sous l'Ancien Régime, P. 1987. – IFF, GravXVIII III, 1954 (s.v. D., G.); *M. Grivel*, Le commerce de l'estampe à Paris au XVIIe s., Genève 1986; *R. Gaudriault*, Répert. de la gravure de mode franç. des origines à 1815, P. 1988. M. Préaud

Deshayes, *Henri*, frz. Bildhauer, Baumeister in der Normandie, beteiligte sich 1547–53 zus. mit seinem Bruder *Jean D.* sowie mit Martin und Michel Delafosse am Bau des neuen Narthex der Kirche in Lillebonne/Seine-Maritime nach Plänen und unter Ltg des Architekten Thomas de Caudebec. ▭ ThB9, 1913. *Lami*, 1898; *Bénézit* III, 1976. C. R.

Deshayes (Desaix; Desaiz; Desert; Des Hay[e]s; Des Herd; de Sée; de Sei), *Jean*, frz. Maler, * um 1483 Provence, † 24. 8. 1572 Lyon (89jährig, als Protestant in der Bartholomäusnacht getötet). Ab 1529 in Lyon nachw.; an den Dekorationen für die feierl. Einzüge des Dauphins (1533) und von Heinrich II. (1548) beteiligt. ▭ ThB9, 1913. *Audin/Vial* I, 1918; *Bénézit* IV, 1999 (beide auch s.v. Desert, Jean). R. T.

Deshayes, *Jean* (1547) cf. **Deshayes,** *Henri*

Deshayes (De Haye), *Jean*, frz. Stecher, Radierer, Zeichner, Maler(?), Herausgeber, lebte in Paris („en l'isle du Pal. au roi David"). Schüler von Claude Vignon (oder Simon Vouet). 1640 Meister, 1651 „juré"; bis 1671 nachweisbar. D. stach relig. Sujets, u.a. eine Kreuzabnahme nach C. Vignon. Hrsg. von Bll. von François Chauveau und Antoine Garnier. – Wahrsch. nicht, wie in manchen Quellen behauptet, ident. mit *Nicolas D.* ⌂ LYON, Bibl. mun.: St Benoît, Rad. PARIS, BN, Cab. des Estampes: L'Amour et Psyché (nach Dubois); Martyre de Ste Catherine. ▭ ThB9, 1913. *M. Préaud u.a.*, Dict. des éditeurs d'estampes à Paris sous l'Ancien Régime, P. 1987; *Bénézit* IV, 1999 (zwei Art.). – IFF, Grav-XVII III, 1954 (s.v. D., Nicolas); *Janneau*, 1965. – Mitt. M. Préaud, Paris. C. R.

Deshayes, *Jean-Baptiste Henri* → **Deshays,** *Jean-Baptiste*

Deshayes, *Jean Eléazard*, frz. Landschaftsmaler, Lithograph, * Paris, † 27. 7. 1848 ebd. Vater von Eugène D. (* 1828). Publ. (Lith.): *Herbier forestier*; *Traité du feuillage en général*; *Cahier de paysages à l'usage des commençants* (4 Bll.), 1821 (Paris, BN, Cab. des Estampes). Ill.: *Répert. des plantes utiles et des plantes vénéneuses* von E. A. Duchesne, Brüssel 1846. ⊙ *G:* 1793–41 Paris, Salon (Lsch. mit Figuren). ▭ ThB9, 1913. *Hardouin-Fugier/Grafe*, 1989; *Bénézit* IV, 1999. – IFF, Après1800 VI, 1953. C. R.

Deshayes, *Nicolas* cf. **Deshayes,** *Jean* (1640)

Deshayes, *Olivier*, frz. Bildhauer aus Rennes, 1683 und 1685 in Château-Gontier nachweisbar. 1688 mit einem Retabel für den Altar Notre-Dame in der Kirche von Saint-Célerin/Sarthe beauftragt. Zu einem unbek. Zeitpunkt liefert D. überdies ein Tabernakel und Statuetten an die Kirche von Cossé-le-Vivien/Mayenne. ▭ *Vial/Marcel/Girodie* I, 1912. R. T.

Deshayes (Deshaye), *Philippe*, frz. Maler, * Paris, † um 1665/66. Ab ca. 1634 in Bordeaux ansässig. Zunächst im Rathaus beschäftigt. 1643 führt D. in der Maison navale dekorative Malereien aus, die er 1644 für den Empfang des Duc d'Epernon, 1660 erneut anläßl. des Einzugs von Ludwig XIV. umgestaltet. 1648 Nachf. von Guilleaume Cureau als „peintre de la Ville"; ab 1660 porträtiert er die Schöffen der Stadt. ▭ ThB9, 1913. *Bénézit* IV, 1999. – *Janneau*, 1965. R. T.

Deshays (Deshayes), *Célestin-Jean-François (Célestin)*, frz. Maler, * 8. 1. 1817 Saint-Malo, † nach 1890. Schüler von Galletti (einem in den Lexika nicht verzeichneten Künstler). Ließ sich wohl E. der 1840er Jahre in Paris nieder. 1850 entdeckte er den Wald von Fontainebleau, v.a. die Gorge aux Loups und die Mare aux fées als Motiv (Salons 1857, 1864, 1882). Sein Namenseintrag im Melderegister der Auberge Ganne in Barbizon findet sich mit Datum 9. 9. 1850. Sicherl. bestand in den folgenden Jahren enger Kontakt zu den in Barbizon ansässigen Landschaftsmalern. Ab 1885 stellte D. fast ausschließl. Lsch. aus Pont-Aven und Rochefort-en-Terre in der Bretagne aus. ⊙ *G:* 1864–1890 Paris, SAfr. ▭ ThB9, 1913. *Bénézit* III, 1976 (s.v. Deshayes, Célestin); *Harambourg*, 1985. – *Delouche*, 1977. H.-P. Bühler

Deshays (Deshays de Colleville), *François Bruno*, frz. Maler, * 1732 Rouen, bis Jan. 1801 belegt, tätig in Paris. Jüngerer Bruder von Jean-Baptiste D. Agréé der Acad. R. am 23. 8. 1764; die festgesetzten Aufnahmestücke (Portr. von Noël Halle und Dandré-Bardon) hat er nie geliefert. In sign. Portr. seiner Frau (1768; Aukt. Hôtel Drouot, 14. 5. 1968, Nr 128) und eines Architekten (angebl. Juste-Nathan Boucher, 1770; Aukt. Pal. Galliéra, 21. 3. 1968) bezeichnet er sich als „Pictor Regis". V.a. ovale Schulter-Portr. zw. 1765 und 1770. Gibt 1779 wahrsch. die Malerei auf. ⌂ AUXERRE, MBA: Le marquis du Louvois en officier, sign., dat. 1772. ⊙ *G:* 1765, '67, '69, '71, '79 Paris, Salon. ▭ ThB9, 1913 (im Art. D., Jean-Baptiste Henri). – *Montaiglon*, Procès-verbaux VII, 1886. – Paris, Bibl. d'Art et d'Archéol.: Brief D.s vom Jan. 1801. A. Laing

Deshays (Deshays de Colleville; Deshayes), *Jean-Baptiste (Jean-Baptiste-Henri)*, frz. Maler, * 27. 5. 1729 Colleville (Rouen), † 10. 2. 1765 (Folgen eines Sturzes) Paris. Sohn des Malers *Jean-Dominique D.* (* 1700 Celle), Bruder von François-Bruno D. Nacheinander Schüler seines Vaters, von Jean Restout und François Boucher. Nach dem Gewinn des Prix de Rome von 1751 Stud. an der Ec. des Elèves Protégés (1751–54). Hieraus gehen die frühesten bek. Arbeiten *Psyche von den Nymphen vor dem Ertrinken gerettet* (1753; Versteigerung Christie's, London, 13. 12. 1991, Nr 60) und *Aurora entführt Cephalus* (1754; Priv.-Slg New York) hervor, die beide deutl. unter dem Einfluß von Boucher stehen und diesem auch zugeschr. waren; ist die Komp. noch additiv und die Farbgebung grell, so zeigt doch die Vor-Zchng für *Auroras Dienerin* (Versteigerung Sotheby's, London, 25. 4. 1978, Nr 79) D.s spätere Stärke einer großzügigen, kühnen Handhabung. Die ebenso dort entstandenen *Verkündigung* und *Heimsuchung* (beide verloren) führen zu einem Auftrag für drei mon. Gem. für St-André-de-la-Ville in Rouen (heute alle Rouen, MBA): *Begräbnis des hl. Andreas* (1760); *Der hl. Andreas betet sein Marterkreuz an* (Salon 1759; Ölskizze A. S. Ciechanowiecki Coll., Zchng Wien, Albertina) und *Geißelung des hl. Andreas* (Salon 1761; Ölskizze Salzburg, Barock-Mus.; Variante A. S. Ciechanowiecki Coll.). Vor der Ausf. geht D. 1754–57 nach Rom an die Acad. de France, wo er (nach einer anfänglichen, evtl. psychosomat. Krankheit) herausragt und u.a. die Boucher ganz nahestehende *Dormeuse* (Bremen, KH; ein Stich von Flodin, 1759, ist dem Grafen Tessin gewidmet) malt. Während eine 1757 dat. Ölskizze von *Tobit bestattet die Toten* (eine zugehörige Zchng in Wien, Albertina, fälschl. Boucher zugeschr.) noch Unsicherheiten zeigt, belegt die spätere Behandlung dieses Sujets (Beverly Farms, Jeffrey E. Horvitz Coll.) D.s Meisterschaft, die sich bes. auch in den Ölskizzen zum Andreaszyklus manifestiert. 1758 malt er für die Prieuré de Bellefonds in Rouen eine *Assomption* (zerst.; Ölskizze Minneapolis, Inst. of Arts). ⚭ 8. 4. 1758 in Paris die Tochter von Boucher, Jeanne-Elisabeth-Victoire (deren Schwester heiratet am selben Tag P.-A. Baudouin). 30. 9. 1758 Agréé der Acad. R. (er kann u.a. eine Vorstufe für das zweite Andreas-Gem. vorweisen); 26. 5. 1759 Mitgl. der Acad. R. mit dem Gem. *Venus verleiht dem toten Hektor Unsterblichkeit* (Montpellier, Mus. Fabre). 5. 7. 1760 adjoint à prof., z.T. dank des *Begräbnis des hl. Andreas*. D. entwirft für die Man. in Beauvais Tapisserien für sechs Szenen der *Ilias* (1761, '65 und '71 gewebt) und drei (von sechs geplanten) Szenen aus *L'Astrée* von Honoré d'Urfé (1763 und '73 gewoben).

Schüler: Jean-Baptiste Alizard, A.-J. Callot, J. Gamelin und F.-G. Ménageot. – Wie Boucher arbeitet D. mit zahlr. Ölskizzen auf Papier, Entwurfsskizzen und autonomen Zchngn in einer Vielzahl von Techniken (bes. aber stark getuschte Feder mit Weißhöhungen; die Kreiden sind oft gewischt); viele Arbeiten sind noch unerkannt oder falsch (bes. Boucher) zugeschr. Trotz der großen Nähe zum Schwiegervater eifert D. dem „grand goût" Italiens und des 17. Jh. nach. Daraus erklärten sich seine Bereitwilligkeit (ganz im Gegensatz zu Boucher), Altarbilder zu malen, und die begeisterte Aufnahme durch einige Kunstkritiker, bes. Diderot. Gleichwohl steht den Ambitionen der Mangel an intellektuellem wie stilist. Gehalt, die später den Neoklassizismus prägen, gegenüber, so daß er als ein verfrühter Anti-Rokoko-Maler erscheinen kann, der Grobheit und grelle Farben mit Kraft verwechselt und dem gelegentl. Struktur fehlt. Trotz aller Unausgewogenheit in seinem Œuvre verwehrte der verfrühte Tod D.s der frz. Malerei des 18. Jh. eine bed. Entwicklungsmöglichkeit. 🏛 ALBUQUERQUE, Univ. of New Mexico AM, A. S. Ciechanowiecki Coll. (Leihgabe). ANGERS, MBA. BAYONNE, Mus. Bonnat, Donation Jacques Petithory. BESANÇON, MBA. BEVERLY FARMS, Jeffrey E. Horvitz Coll. DOUAI, Mus. de la Chartreuse. – St-Pierre: Hochzeit Mariens, 1763. MONTREUIL, St-Symphorien: Bekehrung des Paulus, Salon 1765. NEW YORK, Metrop. Mus. NIMES, MBA. ORLEANS, MBA. OXFORD, Ashmolean Mus.: Le Dessin, Zchng (Fehl-Zuschr. an Louis Lagrenée). PARIS, Louvre. – Louvre, Cab. des Dessins. – Mus. Carnavalet. PASADENA, Norton Simon Mus. of Art. ROUEN, MBA. SALZBURG, Barock-Mus.: u.a. Vier Jahreszeiten, Skizze einer Deckenmalerei (Fehl-Zuschr. an Jean-Honoré Fragonard). SAN FRANCISCO, FA Mus. TOURS, MBA. VERSAILLES, Cathédrale St-Louis: Der Engel befreit Petrus aus dem Gefängnis, 1761 (Skizze im Mus. Lambinet); Vision des hl. Hieronymus. WASHINGTON/ D. C., Corcoran Gall. of Art: La Musique (Fehl-Zuschr. an Boucher). WORMS, Kunsthaus Heylshof. 📖 ThB9, 1913 (s.v. D., Jean-Baptiste-Henri). *L.-A. de Bonafous*, Dict. des artistes, I, P. 1776; Biogr. univ., XI, P. 1814; 2. Ausg., X, P. 1852; Nouv. biogr. gén., XIII, P. 1855; *Bellier/Auvray*, Suppl., 1887; DBF X, 1965; DA VIII, 1996. – Correspondance litt. 1765 (Febr.) 211 s.; Mercure de France 1765 (Okt.) 171–173; *J.-Fontaine-Malherbe*, in: Nécrologe des hommes célèbres de la France, I, P. 1767, 163; *C.-N. Cochin*, IIme lettre. Essay sur la vie de M. Deshays', in: L'année litt. 1765 (Juni); *P.-J.-E.-V. Guilbert*, Mém. biogr. et litt. sur les hommes remarquables de la Seine-Inférieure, I, Rouen 1812, 322; *P.-J. Mariette*, Abecedario, II, P. 1853/54, 95 s.; *Montaiglon*, Procès-verbaux VI, 1885, 204, 227, 267, 283; VII, 1886, 73 s., 81, 91, 138, 291; *J.-J. Guiffrey*, NAAF, 3e sér., IV, 1888, 4 ss.; Corresp. de Directeurs XI, 1901; *J. Locquin*, La peint. d'hist. en France de 1747 à 1785, P. 1912 (Repr. 1978), 205–207, 266–268; *G. Lundberg*, Le séjour à Paris de Pier Gustav Floding (1755–1764), in: AAF, nouv. période, XVII, 1932, 261, 277, 290; *M. Sandoz*, BSHAF 1958, 7–21; *id.*, GBA 38, 1951 (April-Juni) 129–146; *id.*, BSHAF 1967 (1968), 109–113; The age of Louis XV (K Mus. of Art), Toledo 1975, 33 s.; *M. Sandoz*, J.-B. D., P. 1977; *D. Diderot*, Salons, ed. *J. Seznec*, 2. Ausg., I, Ox. 1975, 50 s., 68, 87 s., 95, 120–123, 140, 168 s., 213–220; II, 1979, 23 s., 222; *E.-M. Bukdahl*, Diderot, critique d'art, I, Kph. 1980; II, 1982; *F. Baligand*, Rev. du Louvre 32:1982 (5/6) 386–388; Diderot et l'art, de Boucher à David (K La Monnaie), P. 1984, 172–178; Diderot et la critique de Salon, 1759–1781 (K Mus. du Brueil de Saint-Germain), Langres 1984, 53–58; Au temps de Watteau, Fragonard et Chardin (K MBA), Lille 1985, 79 s.
A. Laing

Deshays, *Jean-Dominique* cf. **Deshays,** *Jean-Baptiste*

Deshays de Colleville, *François Bruno* → **Deshays,** *François Bruno*

Deshays de Colleville, *Jean-Baptiste Henri* → **Deshays,** *Jean-Baptiste*

Deshêtres, *Jacques*, frz. Möbeltischler, † um 1770, tätig in Paris. 1747 ebd. als Meister zugelassen. – Spezialisiert auf hochwertige Sitzmöbel im Louis-quinze-Stil, zumeist mit floralem Schnitzwerk und Kannelüren. 🏛 BOUGES-LE-CHATEAU/Indre, Schloß: vier Sessel in elegant geschwungenen Formen und mit Schnitzereien. 📖 *Salverte*, 1985; *Kjellberg*, 1989 (Aukt.). R. T.

Deshington (Dishington), *Johan (Johan Dohndorf)*, norweg. Maler, Zeichner, * 2. 3. 1810 Bergen, † nach 1846 (verelendet) Kopenhagen. Sohn des Goldschmieds Christopher D. Stud.: vermutl. KA Stockholm. – War in den 1820er Jahren als Portr.-Maler in Bergen bek., zeichnete außerdem für G. C. W. Prahls lithograph. Druckerei, z.B. für *En samling af Norges mest eiendomlige Bondedragter*. Bereiste als Portr.-Maler südl. und östl. Landesteile, wo er z.B. in Mandal für kurze Zeit den jungen Adolph Tidemand in Aqu.-Malerei unterrichtete. Malte in den 1830er Jahren auch Portr. in Schweden (1837 in Göteborg, '38 in Stockholm), so 1837 Portr. der Söhne von Kronprinz Oscar. Bek. ist des weiteren eine Lith. *S:t Petri kyrka i Malmö* von 1842. 🏛 BERGEN, HM. 📖 ThB9, 1913. SvKL II, 1953; NKL I, 1982. – *Lemberger*, 1911 (s.v. Dishington; fälschlich England zugeordnet). G. Alfsen

Deshmukh, *Ashok Bhaskarrao*, ind. Maler, * 1. 6. 1956, lebt in Bombay. Seit ca. 1986 Doz. der Jamsethji Jijibhai SchA, ebd. 1976, '78, '79 Studentenpreis, Maharashtra State Art Exhibition. ⊙ *G:* 1982 Hyderabad: Min.-Bienn. 📖 *Naik*, 1986. K. Görtz

Deshmukh, *Panditrao*, ind. Maler, Dramaturg, * 2. 6. 1950 Kesarwadi/Maharashtra, lebt in Latur. Stud.: Chitrakalā Mahāvidyālaya, Nasik/Maharashtra. Um 1981 Doz. am Chitrakalā Mahāvidyālaya, Latur. – Abstrahierende Komp. mit expressiv kontrastierenden Form-Farbstrukturen. 📖 *Krishnan*, 1981; *Naik*, 1986.
M. Frenger

Deshoecks, *Jacob* → **Dishoecke,** *Jacob van* (1650)

Deshouches, *Robert-Bernard*, Bildhauer in Paris, am 12. 3. 1733 Mitgl. der Acad. de St-Luc, 1763 noch genannt. 📖 ThB9, 1913. – *Guiffrey*, 1915 (Repr. 1970).

Deshourmes, *Nicolas*, Maler, Bildhauer (Stein, Holz) aus Fougères/Ille-et-Villaine, 1505 in Rennes Mitarb. an der Dekoration für den Einzug der Königin Anne de Bretagne. 📖 ThB9, 1913.

Deshpande, *Ajay*, ind. Maler, Zeichner, * 6. 11. 1969

Bori/Maharashtra. Stud.: 1992 Malerei; 1997 Kunsterziehung. Seither freischaffend. 1991 Gold-Med. Hyderabad Art Soc. – D. zeigt u.a. in Öl und Kohle häufig Alltagsgegenstände, z.B. *Bicycle* (1999, Kohle-Zchng). 🏛 PUNE, Kiloskar Company. 👁 *G:* Pune: 1990 Four Dimensions; 1993 Art Trends; 1996, '97 Different Strokes / 1992 Nasik, Kalā Niketan / Bombay: 1995 Affordable Art; 1996 Bombay Art Soc.: Annual Exhib. / 1995 Bangalore: Kalā Mela. 📖 *Online:* Indiaart, 1999.

M. Frenger

Deshpande, *Gayatri*, ind. Malerin, * 7. 6. 1975. Stud.: Abhinav Kalā Mahāvidyālaya, Pune. – Abstrakte Komp. in Grau-Blau und Erdtönen. 👁 *G:* 1995 Bangalore, Mudra Art Found.: Kalā Mela 95 / Pune: 1992–94 Abhinav Kalā Mahāvidyālaya Exhib.; 1997 Different Strokes; 1998 Shakti Holiday Inn: Womens Day. 📖 *Online:* Indiaart, 1999.

M. Frenger

Deshpande, *Rahul Manohar*, ind. Illustrator, Maler, * 5. 6. 1971 Kolharpur/Maharashtra. Stud.: Sir Jamsethji Jijibhai Inst. of Applied Art, Bombay. Freischaffend tätig. – Realist. Aqu. von zurückhaltender Farbigkeit; bevorzugt Garten- und Lsch.-Motive. 👁 *G:* 1997, '98 Pune: Contemp. Trends' Exhib. 📖 *Online:* Indiaart, 1999.

M. Frenger

Deshpande, *Sudhir*, ind. Bildhauer, Maler, Emailkünstler, * 1954, lebt in Nasik/Maharashtra. Autodidakt. Mitgl.: Bombay Art Soc.; SCALA Internat. Artists Assoc., Larnaka/Zypern. Versch. Ausz., u.a. 1991 Vocational Award, Rotary Club Internat., Nasik. – Bevorzugt Metall und Holz; bes. Augenmerk liegt auf der Dauerhaftigkeit des Materials. D. schafft mon. Plastiken, deren Motive er sowohl aus seinem Verständnis klass. ind. Philosophie als auch der alltägl. Umwelt bezieht, sowie bewegl. Skulpt., in die er Wasser und Musik integriert. Zahlr. Skulpt. und Wandmalereien führte er für ind. Industrieunternehmen und staatl. Inst. aus, u.a. für die Wärmekraftwerke in Nasik und Bhusawal/Maharashtra. Seine Metall-Skulpt. *Powerful* (ca. 14 m hoch, 27 t schwer, Thermal Power Station of MSEB, Nasik), eine abstrahierte, an einen Ritter erinnernde Menschengestalt, erhielt 1992 einen Eintrag im Guinness-Buch der Rekorde. In einer seiner Skulpt. *The Perfect Balance* (bemalter Stahl, Bajaj Auto Ltd.) bringt D. überdimensionale Schraubenschlüssel und and., die Arbeitswelt in der Autofabrik bestimmende Werkzeuge auf einer hohen Metallsäule ins Gleichgewicht. *Life* (6 m, bemalter Stahl, Reliance Industries, Jamnagar) dagegen bezieht Windräder in versch. Formen in einen abstrakten Gesamtentwurf ein. 🏛 AURANGABAD/Maharashtra, Bajaj Auto Ltd. BERLIN, Slg S. Lewarenz. COBURG, Gal. für Emailkunst. JAMNAGAR/Gujarat: Reliance Industries. NEW DELHI, NG of Mod. Art. WARSCHAU, Gal. QQ. 👁 *E:* 1986, '89 Bombay, Jehangir AG / 1986 Bangalore, Alliance Français; Madras, Sarala's Art Center / 1987 Pune (Maharashtra), Balgandharva AG / 1996 Berlin, Ind. Kulturzentrum; Ev. Gemeindezentrum Hellersdorf / 2000 Bangalore, Karnataka Chitrakalā Pariṣad. – *G:* 1987 Nasik: State Art Exhib; Coburg: Internat. Email-Kunst-Ausst. / 1992 Tokio, Hakone Open Air Mus.: Exhib. of non-abstract Maquette / 1998 Larnaka (Zypern): Internat. Exhib. of Arts / 1999 Nasik: LOKMAT Exhib. / 2000 San Antonio (Tex.), Stonemetal Press Studio AG: Bra Art Exhib.; Net Exhib. Gall. 212. 📖 *Online:* Sudhir Deshpande, 2000.

M. Frenger

Desi, *Joan*, katalan. Maler, Kleriker, 2. H. 16. Jh. in Tortosa tätig. Benefiziar der Kathedrale zu Tortosa, Sohn von Julià D. Schuf 1576 das Dekor der Cap. del Sagrament der Kathedrale, 1599 das Retabel im Gebäude des Stadtrates. 📖 *Ráfols* I, 1951; Dicc. biogr. II, 1968.

W. H.

Desi, *Vicenç*, katalan. Maler, 1601 beteiligt an versch. Arbeiten seines Bruders Joan D. für die Kathedrale von Tortosa. Sohn des Malers *Julià D.*, welcher um 1600 ebd. tätig war. 📖 *Ráfols* I, 1951.

Dési Huber (bis 1928 Huber), *István*, ungar. Maler, Zeichner, Graphiker, * 6. 2. 1895 Nagyenyed (Aiud/Rumänien), † 25. 2. 1944 Budapest. Wegen Bankrott des Fam.-Geschäfts mußte D. die Schulbildung aufgeben. Wandernd durch das Land lebte er von Gelegenheitsarbeit. Soldat im 1. WK, bekam Tbc. Ausb. im Uhren- und Juwelierladen seines Vaters in Desch (Dés; Dej/Rumänien); begann Zeichnen zu lernen bei Sándor Szopos. 1921 Silberschmied in einer Silberwarenfabrik in Budapest. Künstler. Ausb. im Abendkurs der KGS, dann in der Freischule von Artúr Podolini Volkmann. 1924–27 Fabrikarbeiter in Mailand, erlernte die Rad. bei Béla Kron, in der er die ital. Lsch.- und Portr.-Studien gestaltete. Wandte sich dem Marxismus zu, der ihm einen festen Anhaltspunkt bei seinen weitläufigen künstler. Erkundungen bot. Analysierte die Trad., bes. die Gesch. der Moderne, und sah im reinen, einheitl. Formensystem des Kubismus die den Bestrebungen der Arbeiterschaft angemessene Ausdrucksweise. Mit der Reduktion der gesellschaftl. Fragen auf einfache Grundgesetze gelangte er zu einer sozialist.-humanist. Weltanschauung, die er mit allgemeinverständl. Mitteln propagieren wollte. Expressive, agitator. Kraft ist den frühen Graphiken eigen (*A IV. rend*/Die IV. Ordnung, Linolschnitt-Folge, 1928). Die dreiteiligen Zchngn der Folge *A látás dialektikája*/Dialektik des Sehens sind didakt. Ill. der Entwicklung vom naturgetreuen Bild zum konstruktiv-synthet. Denken. Die Gestalten seiner ersten Ölbilder erscheinen denn auch in strenger Konstruktion (*Vasmunkás*/Eisenarbeiter, 1931). Die langen Aufenthalte im Lungensanatorium in Budakeszi brachten ihn in nähere Verbindung mit der Natur und trugen zur Kräftigung des Kolorits bei (*Budakeszi vörös kémény*/Roter Schlot in Budakeszi, 1937). Nach 1937 reflektieren die kontrastierenden, wilden Farben die steigende innerl. Ruhelosigkeit D.s (*Kanca csikajával*/Stute mit Fohlen, 1942). Mit seiner publizist. Aktivität kam er in den Kreis progressiver Schriftsteller und porträtierte sie (*Gy. Illyés*; *A. József*; *M. Radnóti*). In Begleitung des Folkloristen Gy. Ortutay entstand 1938 das Portr. des Märchenerzählers *M. Fedics*. 1958 wurde D. postum mit dem Kossuth-Preis geehrt. 🏛 BAJA, Türr I. Múz. BUDAPEST, BTM. – Magyar NG. – Petőfi Irodalmi Múz. PÉCS JPM. SALGÓTARJÁN, Nógrádi Történeti Múz. SZEGED, Móra F. Múz. SZÉKESFEHÉRVÁR, Városi Képtár. SZOMBATHELY, Képtár. ✉ A művészetről (Ed. *A. Oelmacher*), Bp. 1959; Művészeti írások (Ed. *Á. Tímár*), Bp.

1975; Levelek a szülőföldre (Ed. *A. Huber*), Bu. 1982. ⊙ *E:* Budapest: 1928 Mentor Könyvkereskedés; 1930, '31 Kovács Ákos Szalonja; 1932, '38, '47 Ernst Múz.; 1941, '43 Almássy-Teleki Éva Műintézete; 1964 Magyar NG (K: O. M. Heil); 1985 Fészek Gal. (K: Á. Tímár). – *G:* 1926 Turin: Quadrienn. / 1927 Florenz: Internat. Kpst.-Ausst. / 1930–40 Budapest: Ausst. der Ges. Neuer Künstler (KUT). ▭ Vol, 1953; Vo5, 1961. MűvLex I, 1965; MagyFestAdat, 1988; LdK II, 1989; DA VIII, 1996 (Lit.). – *I. Dési Huber*, D. H. I., Bp. 1964; *O. Mezei*, D. H., Bp. 1972; *Gy. Horváth*, D. H., Bp. 1976 (Liste der Selbstzeugnisse; Lit.); *O. Mangáné Heil*, D. H., Bp. 1982. Á.No.

Desiato (Desiati), *Giovanni*, ital. Glockengießer aus Spoltore/Pescara, goß 1717 die Glocke für S. Nicola in Lama dei Peligni. Auch erw. als Gießer der Glocke von S. Tommaso in Ortona a Mare. ▭ *Ceci* II, 1937; *C. Marciano*, Riv. abruzzese 15:1962, 109–112; *O. Lehmann-Brockhaus*, Abruzzen und Molise, M. 1983 (Röm. Forsch. der Bibl. Hertziana, 23). G. W.

Desiato, *Giuseppe*, ital. Maler, Performancekünstler, * 12. 9. 1935 Neapel, lebt dort. Stud.: ab 1955 Ist. d'Arte Neapel. Debütiert als Maler; Teiln. an zahlr. Ausst. v.a. in Neapel. 1960 Lehrer an der Scuola d'Arte in L'Aquila. Beginnt Objekte, Zss. und Plakate einzupacken; fertigt Arbeiten aus versch. Mat., von ihm als „carte stracce" bezeichnet. Tritt gleichzeitig als Sänger und mit Improvisationen auf. 1963 Lehramt in Sorrent; in dieser Zeit Fotogr. von menschl. Gliedern (Hände, Füße, Genitalien). 1964 gestaltet er nach dem Tod von J. F. Kennedy eine große Komp. aus versch. Mat. Realisiert „monumenti inutili", kleine Altäre aus Pappkartons, die er mit Pin-up-Girls und Bildern aus Zss. beklebt. In Neapel veranstaltet er eine Performance, die er filmt (*Storia di un manichino*). 1965 an Ausst. in Basel, München und Bern beteiligt. 1966 Zusammenarbeit mit der Gruppe Linea-sud; Auseinandersetzung mit dem Prozeßcharakter künstler. Schaffens. Seit 1972 enge Zusammenarbeit mit der Avantgarde-Gal. Pari & Dispari von Rosanna Chessi in Reggio Emilia. 1973–76 Teiln. an wichtigen internat. Ausst.; 1976 Performance *Lamento del Sud* auf Arte-Fiera Bologna. In den 80er Jahren weiterhin Performances und Filme. ✉ Napoli 2 (16 Fotogr., 1 Serigraphie, Aktionen 1964–65); Napoli 4 (9 Fotogr. zu Storia di un manichino). ⊙ *E:* 1978 Triest, Capp. Underground / 1979 Bologna, Studio Cavalieri; La Spezia, Studio '74 / 1981, '84, '89 Neapel, Studio Morra (K) / 1983 Mailand, Mercato del Sale. – *G:* 1966 Mantua, Pal. di Mantegna: Nuove presenze / 1980 New York: 15. Annual Avantgarde Festival / 1995 Reggio Emilia, Civ. Mus.: Pari & Dispari. 25 anni di seduzione (K). ▭ DizBiogrMerid I, 1974; PittItalNovec/2 II, 1993 (Lit.); Diz. degli artisti ital. contemp., Mi. 1996 (Ausst., Lit.). – Lavoro e ricerca artist. a Reggio Emilia 1970/83 (K), Reggio Emilia 1983; PittItalNovec/3, 1994. E. K.

Desiderato, *Matteo*, ital. Maler, Freskant, * um 1752 Sciacca, † 1827 Catania. D. folgt der Trad. der sizilian. Maler des 18. Jh. und geht nach Rom, um die Ausb. bei seinem berühmten Landsmann Mariano Rossi zu vervollkommnen. Bleibt mindestens bis 1780 in der Stadt, heiratet eine Sizilianerin. Wird nachhaltig beeinflußt durch die flimmernde Farbigkeit des Corrado Giaquinto. Gleichzeitig orientiert an der sensiblen Palette des Pompeo Girolamo Batoni, der mit seinen Rückgriffen auf die klaren Farben des Seicento bzw. auf die Lichtbehandlung des Guido Reni dem Rokoko wichtige Impulse gab. Trennung von seiner Frau und endgültige Rückkehr nach Sizilien. Leitet 1780 die Arbeiten an Rahmungen und Stukkaturen einer Kap. der Kirche S. Benedetto in Catania, wo er sich niederläßt. Obwohl hier noch deutl. barocker Einfluß (bes. von Carlo Maratti) dominiert (zu den Hauptvertretern dieser Richtung zählen neben Olivio Sozzi auch Vito D'Anna und Pietro Paolo Vasta), kann sich D. behaupten, wie zahlr. wichtige Aufträge beweisen, aber auch seine anerkannte Malschule, die u.a. Sebastiano Lo Monaco (sein späterer Mitarb. bei der Freskierung des Pal. Biscari) sowie die eher bescheidenen Epigonen Luigi Montaldo, Amato Di Stefano und Antonio Pennisi absolvieren. Der Personalstil von D. erreicht nicht das Raffinement des Louis-seize (in Catania vertreten durch Marcello Leopardi) und findet, auch bei seinen engeren Schülern, keine nennenswerte Nachf.; man greift mit Rücksicht auf die Auftraggeber lieber auf vertrautere Vorbilder des röm. Barock zurück. Viell. ist es gerade die neue Gemessenheit und Glätte seiner Malerei, die ihn für den Auftrag qualifiziert, einen Salone des Pal. Biscari mit Szenen aus *Amor und Psyche* zu freskieren. Der Pal. wurde erb. durch Ignazio Vincenzo Paternò Castello, V Principe di Biscari und einflußreich-exzentr. Mäzen auf Sizilien, der den geschmackl. Verfeinerungen seiner Vettern in Neapel und Rom gegenüber stets offen war. Das dekorative Konzept des außergewöhnl. Pal. liefert Majer, offizieller Zeichner und Reisebegleiter des Fürsten. Die teilw. erh. Fresken, ausgef. zus. mit S. Lo Monaco, sind die einzige große erh. Freskenarbeit von D., abgesehen von seinen Ern. und Anpassungen „à la grecque" der Dekorationen des Giovanni Tuccari in der Kirche S. Benedetto von Catania. D. ist v.a. mit einer Ser. hervorragender relig. Gem. für Kirchen in Catania, Acireale und Licodia in Verbindung zu bringen. Deren große Klarheit erinnert an P. G. Batoni, die facettenreichen Lasurfarben hingegen an Marco Antonio Franceschini (als Beispiel hierfür können die 7 Lw. in Acireale stehen). Nach einer Lähmung wird D. von der Stadt Catania mit 3 Unzen unterstützt – in Ansehung seiner Verdienste um die Einführung seiner bed. Malschule. 🏛 ACIREALE, S. Michele Arcangelo: Rosenkranzmadonna und dominikan. Hll.; Opfer des Melchisedek; Elias und der Erzengel; Erzengel Raphael und Tobias; Erzengel Michael vertreibt die rebellierenden Engel; Die Blindenheilung des Tobias; Erzengel Raphael, alle Öl/Lw., um 1794. AGIRA, S. Maria Latina: Hl. Philippus, 1806. CATANIA, S. Nicola dell'Arena: Donato del Piano, Portr. – Collegiata: Hl. Fam. (im 2. WK zerst.). ▭ DBI XXXIX, 1991 (Lit.); *Sarullo* II, 1993. – *C. Siracusano*, La pitt. del Settecento in Sicilia, R. 1986, 374 ss. (Lit.); *ead.*, in: PittItalSettec I, 1989, 488 s. – Palermo, Bibl. centrale della Regione siciliana, ff. 782–789: *A. Gallo*, Not. di pittori e mosaicisti siciliani ed esteri che operarono in Sicilia, Ms. 15 H 18–19. C. Siracusano

Desideri, *Benedetto*, ital. Bildschnitzer, 1636–40 in Pistoia dok., auf Holz- und Elfenbeinarbeiten spezialisiert. Cousin des Francesco Desiderio. Vermutl. verwandt mit dem 1581 in der Zunft der Holzschnitzer von Pistoia angeführten Bildhauer *Giovanni di Jacopo D.* ▭ ThB9, 1913. S. C. M.

Desideri, *Francesco* → **Desiderio,** *Francesco*

Desideri, *Giovanni di Jacopo* cf. **Desideri,** *Benedetto*

Desiderii, *Giovanni Domenico (Gian Domenico)*, ital. Maler, Zeichner, * 1624 Caprarola/Viterbo, † 29. 8. 1667 Rom. Seit 1633 in Rom im Hause von Claude Lorrain dok., der ihn unterrichtete und dort bis 1657 als engen Mitarb. beschäftigte, bis er nach geforderter und gewährter Entlohnung für die Mithilfe an Claudes Gem. das Haus verließ. Bereits 1638 ist D. auch als Maler eigenständiger, von Claude beeinflußter Lsch. dok. und hoch gerühmt. Einziges erh., relativ gesichertes Gem. ist eine „GD f 1651" bez. *Lsch. mit Ponte Molle* (Priv.-Slg; vgl. Röthlisberger 1984). Zehn Lsch.-Zchngn in St. Petersburg (Ermitage, zwei davon mit D.s Namen bez.; vgl. Dobroklonsky 1961), zwei Lsch.-Zchngn in Rotterdam (Mus. Boymans; vgl. Knab 1956) und ein Bl. in London (V & A; vgl. Röthlisberger 1961) werden ebenfalls überzeugend mit D. in Verbindung gebracht. ▭ ThB9, 1913. DBI XXXIX, 1991 (Lit.); DA VIII, 1996. – *M. Dobroklonsky*, BurlMag 58:1930, 109; *E. Knab*, Bull. Mus. Boymans 7:1956 (4) 136 s.; *id.*, JbKS Wien 56:1960, 162 s.; *M. Dobroklonsky*, State Hermitage. Drawings of the Ital. School, 17th-18th, StP. 1961, 794; *M. Röthlisberger*, Claude Lorrain. The paint., New Haven 1961, 60 s.; *id.*, Claude Lorrain. The drawings, Berkeley 1968, Nr 1227 s.; *id.*, Im Licht von Claude Lorrain, M. 1983, 155 s.; *id.*, Apollo 120:1984, 96 s. S. C. M.

Monsù **Desiderio** → **Barra,** *Didier*

Desiderio (D. da Cattaro; Deziderij Kotoranin), Bildhauer, Franziskanermönch, schuf 1654 für die kleine Hl. Geist-Kirche in Kotor/Montenegro (Cattaro) ein Relief (heute in der Domkirche) der Mondsichel-Madonna mit knienden hl. Franziskus von Assisi und hl. Bernhardin von Siena, sign. mit OPVS FRATRIS DESIDERII A CATTARO ANNO DONI MDCLII. Es zeigt typ. Merkmale der provinziellen Barockkunst. ▭ ELU II, 1962; LEJ I, 1984; HBL III, 1993 (Lit.). – *A. Horvat/R. Matejčić/K. Prijatelj*, Barok u Hrvatskoj, Zagreb 1982, 745. V. Konjikusic

Desiderio, *Costantino*, ital. Maler in Neapel, nachw. 1772–85. Dok. als „pittore figurista" mit Zahlungsnotizen der Jahre 1783–85 für die Ausmalung von zwei Spiegelkabinetten, Bad, Kapelle (z.T. zerst.) sowie weiteren Zimmern im 1. und 2. Obergeschoß des Pal. Doria d'Angri, dessen hohes Ausstattungsniveau in Neapel neue Maßstäbe setzte. Die Arbeiten D.s wurden unter Beteiligung von Alessandro Fischetti ausgef.; publ. sind die Grisaillemedaillons eines Spiegelkabinetts und das ebd. zuerst Fedele Fischetti, dem Vater von Alessandro, zugewiesene Deckenbild einer *Aurora*. – Lt. DEB sign. D. 1772 eine *Madonna mit Hll.* (Lw.) in der Kirche S. Giovanni in Angri/Salerno und 1783 ein Fresko in der Sakristei der Kirche S. Maria del Lauro in Meta/Neapel. ▭ ThB9, 1913. DEB IV, 1973. – *C. Garzya*, Interni neoclassici a Napoli, N. 1978, 32, 34 s., 56, 58, 152, Taf. II; *M. R. Pessolano*, Il Pal. d'Angri, N. 1980, 50, 107; *N. Spinosa*, Pitt. napoletana del Settecento dal Rococò al Classicismo, N. 1987, 141. S. Pisani

Desiderio, *Cristina*, ital. Malerin, tätig E. 17. Jh. in Castellamare di Stabia/Neapel. ThB erw. eine sign. und 1695 dat. *Madonna mit Hll.* in S. Bartolomeo in Sigliano und einen *S. Vito* in S. Maria dell'Orto in Castellamare di Stabia. ▭ ThB9, 1913. *Galetti/Camesasca* I, 1951.

Desiderio (Desideri), *Francesco*, ital. Maler, Kupferstecher, Holzschneider, get. 23. 4. 1592 Pistoia, ebd. und in Rom tätig. Nicht zu verwechseln mit François de Nomé D. bzw. Monsù Desiderio (Didier Barra). Cousin des Holz- und Elfenbeinschnitzers Benedetto Desideri. Biograph. wenig belegt und als Maler in Pistoia nur noch urkdl. dok.: eine *Beschneidung*; eine *Hl. Klara* und eine Altareinfassung für S. Francesco, später nach S. Pier Maggiore gebracht; ebd. eine *Unbefleckte Empfängnis* und eine *Taufe Christi*; ein *Johannes in der Wüste* in S. Giovanni Battista. Erh. haben sich mehrere Kpst.-Ser. (9 Romveduten, sign. und dat. 1630, Berlin, SMPK, Kpst.-Kab.; 12 Lsch., sign. und dat. 1630–40, Rom, Gab. Naz. delle Stampe; 52 Veduten, Giovan Carlo de' Medici gewidmet, Florenz, Uffizien, GDS) sowie 18 teils monogr., Camillo Rinuccini gewidmete Hschn. mit Lsch.- und See-Darstellungen. ▭ ThB9, 1913. *Pelliccioni*, 1949; DEB IV, 1973; DBI XXXIX, 1991 (Lit.). – *A. Chiti*, Bull. stor. pistoiese 44:1942, 139 s.; *O. H. Giglioli*, Incisori toscani del Seicento (K), Fi. 1942, 55 s.; *L. Indrio*, in: MCiv. di Pistoia (K), Fi. 1982, 261. S. C. M.

Desiderio, *François de Nome* → **Nomé,** *François de*

Desiderio, *Vincent*, US-amer. Maler, * 1955 Philadelphia/Pa., lebt in New York. Stud.: bis 1977 Haverford College, Haverford/Pa.; 1977–78 ABA, Florenz; 1979–83 PAFA, Philadelphia. Stip.: 1987 Pollock/Krasner Found. Grant und Nat. Endowment for the Arts Fellowship. – Dem Fotorealismus nahestehende Ölmalerei zu zeitgen. sozialkrit. Themen, z.B. Fragen der Moral. ⌂ AACHEN, Ludwig Forum für Internat. Kunst. BUDAPEST, Mus. Ludwig. DENVER/Colo., AM. GREENVILLE/S. C., County Mus. of Art. NEW YORK, Metrop. Mus. ST. PETERSBURG, Russ. Mus., Slg Ludwig. SYRACUSE/N. Y., Everson Mus. of Art. ◉ *E:* 1986 Philadelphia, Lawrence Oliver Gall. / New York: ab 1987 mehrfach Lang and O'Hara Gall.; 1993 Marlborough Gall. / 1988 Greenville, County Mus. of Art / 1991 Denver, Metro Center for Arts. ▭ WWAA, 1991/92–1997/98. – Queens 1990. An invitational exhib. of contemp. art (K Queens Mus.), N. Y. 1990; *R. Platt/H. Posner*, The anxious salon. Narrative content in recent figurative paint. (K List Visual Arts Center), C., Mass. 1993; *E. R. Firestone*, Amer. art 10:1996 (2) 8–27. Ch. R.

Desiderio di Bartolomeo di Francesco → **Desiderio da Settignano**

Desiderio da Cattaro → **Desiderio** (1654)

Desiderio da Feltre (Desiderio di Giovanni), ital. Maler, * um 1451/52 Feltre, † nach 1493. Dok. erstmals 1467. Sohn und vermutl. anfängl. auch Schüler des aus Metz gebürtigen Malers Giovanni Francione. Forts. der Ausb. wohl bei Dario di Giovanni, mit dem er 1469 die Fassade des Pal. Raccola-Troyer in Ser-

ravalle/Vittorio Veneto und 1474 die Fassade des Pal. Montalban-Raccola in Conegliano bemalt haben soll. 1491–93 zus. mit Giacomo Collet Freskierung der Wände und Gewölbe im Dom von Conegliano (darunter *Hl. Stephanus*; *Hl. Laurentius*, dat. 1491; fingierte Tapisserien mit Blumen, Satyrn, Putten und Grotesken im Stil des Dario). ⊡ PittItalQuattroc II, 1986, 162; DBI XXXIX, 1991 (s.v. Desiderio di Giovanni). – *V. Botteon/A. Aliprandi*, Ricerche intorno alla vita e alle opere di Cima da Conegliano, Conegliano 1893, 36 s.; *G. Fiocco/L. Menegazzi*, Il duomo di Conegliano, Conegliano 1965, 68, 100; *G. Biasuz*, Arch. stor. di Belluno, Feltre e Cadore 38:1967, 127–132; 56:1976, 131–134; *M. De Mas*, Conegliano. Arte storia e vita, Mi. 1972, 104; La pitt. nel Veneto. Il Quattrocento, Mi. 1990, II, 557, 573.
S. C. M.

Desiderio da Firenze, ital. Bildhauer, Bronzegießer, * Florenz, 1. H. 16. Jh. v.a. in Padua tätig. Erstmals 1532 in Padua als Bildhauer und Gießer dok. mit einer Vorauszahlung für eine vergoldete bronzene Wahlurne für den Paduaner Stadtrat (Padua, MCiv.). Aufgrund des prestigeträchtigen Auftrages an den bis dahin in Padua kaum bek. D. und aufgrund stilist. Vergleiche vermutete die ältere Forsch., D. habe als Schüler und Mitarb. (Planiscig, Moschetti, Mariacher) und als Erbe (Cessi) des wenige Monate später verstorbenen Andrea Riccio gearbeitet. Die neuere Forsch. (Radcliff, Carrington) erkennt jedoch wohl zurecht eine deutl. florentin., an Andrea del Verrocchio und Antonio del Pollaiuolo orientierte Prägung D.s und schließt eine Lehre bei Riccio aus. Das zweite gesicherte Werk D.s ist der bronzene Deckel (Szenen aus dem Leben von Joh. Bapt. und vier Evangelisten) des Taufbeckens in der Johannes-Kap. von S. Marco in Venedig, für dessen Ausf. D.s Förderer Pietro Bembo diesen in einem Schreiben an Giambattista Ramusio bereits 1537 empfohlen hatte. 1545 wurde der Vertrag mit D. und Tiziano Minio geschlossen, wobei die stilist. eng an Minios Lehrer Jacopo Sansovino orientierten Reliefs vermuten lassen, daß Minio die künstler. bedeutendere Rolle und D. mehr die Aufgabe eines Gießers zukam. Planiscig unternahm erstmals den Versuch einer Zuschr. zahlr. Kleinbronzen an D., die in der späteren Lit. nur z.T. anerkannt wurden. Neben den beiden gesicherten Arbeiten in Padua und Venedig werden heute nur noch ein *Stehender Satyr* (London, V & A), ein *Dämon* (Belluno, MCiv.), zwei Türklopfer (Brescia, MCiv.) sowie ein Weihrauchgefäß (Amsterdam, RM) relativ einhellig zugeschrieben. ⊡ ThB9, 1913. DBI XXXIX, 1991 (Lit.); DA VIII, 1996. – *L. Planiscig*, Venez. Bildhauer der Renaiss., W. 1921, 148, 305, 396, 400–402, 551; *A. Moschetti*, Boll. del MCiv. di Padova 3:1927, 148 s.; *L. Planiscig*, ZBK 64:1930/31, 71–78; *Venturi* X. 3, 1937, 48 s.; *W. Arslan*, Proporzioni 3:1950, 184; *J. Pope-Hennessy*, Ital. bronze statuettes (K), Lo. 1961; *F. Cessi*, Arte veneta 16:1962, 230; *id.*, Padova 8:1962 (4) 39; *J. Pope-Hennessy*, BurlMag 105:1963, 18, 21; *F. Cessi* (Ed.), Andrea Briosco detto il Riccio, Trento 1965, 39, 48, 59; *id.*, Vincenzo e Gian Gerolamo Grandi, scultori, Trento 1967, 65–67; *G. Mariacher*, Bronzetti veneti del Rinascimento, Vi. 1971, 16, 34; *G. Lorenzetti*, Venezia e il suo estuario, ed. Trieste 1974, 206; *W. D. Wixom*, Renaiss. bronzes from Ohio coll. (K), Cleveland 1975; *A. Radcliff*, BurlMag 124:1982, 415–418; *B. Jestaz*, Mon. et mem. publiés par l'Acad. des inscr. et belles-lettres 25:1983, 25–54; *A. Radcliff*, in: *J. Martineau/C. Hope* (Ed.), The genius of Venice (K), Lo. 1983, 362; *J. Carrington*, Boll. del MCiv. di Padova 73:1984, 105 s.; *Huse/Wolters*, 1986, 189; *D. Banzato/F. Pellegrini*, Bronzi e placchette dei MCiv. di Padova (K), Pd. 1989; *B. Boucher*, The sculpt. of Jacopo Sansovino, New Haven/Lo. 1991, 151, 166, 277, 317. S. C. M.

Desiderio de Florentia cf. **Donati,** *Carlo Maria* (1471)

Desiderio di Giovanni → Desiderio da Feltre

Desiderio da Padova, ital. Steinmetz, Architekt in Padua, der lt. Inschrift 1240 die Wölbung von S. Sofia ausführte. Vermutlich ident. mit dem auf einem Erinnerungsstein im MCiv. in Padua genannten „Magister Desiderius da Padua murarius", der wohl für den Bau eines Pal. nahe S. Sofia verantwortl. war und auch mit dem Bau des Campanile von S. Sofia (1296) in Verbindung gebracht wird. ⊡ ThB9, 1913. – *C. Bellinati/L. Puppi*, Padova. Basiliche e chiese, Vi. 1975, 158. S. C. M.

Desiderio da Settignano (eigtl. Desiderio di Bartolomeo di Francesco, gen. Ferro), ital. Bildhauer, * zw. 1428 und 1431 Settignano (Prugniano) b. Florenz, † 1464 Florenz (am 16. 1. in der Kirche S. Pier Maggiore bestattet). Sohn des 1427 in Settignano ansässigen Steinmetzen *Bartolomeo di Francesco*, gen. Meo di Ferro, Bruder der Steinmetzen *Francesco* (* 1412/13) und *Geri di Bartolomeo* (* 1422/23). Obwohl D. in einer Vielzahl von Quellen gen. wird, sind die dok. gesicherten Daten über sein Leben eher spärlich. Das genaue Geburtsdatum ist aufgrund abweichender Altersangaben in den versch. Steuererklärungen nicht eindeutig nachweisbar, scheint jedoch eher um 1429–30 anzusetzen zu sein. Seit den 40er Jahren in Florenz ansässig, war D. zeitweilig viell. als Ass. in den Werkstätten von Donatello und der Brüder Rossellino tätig. Vasari bez. ihn als „imitatore della maniera di Donato", und Albertini erw. 1510 eine Zusammenarbeit beider Künstler in Florenz für die Pazzi-Kapelle bei S. Croce. Beides legt eine unmittelbare Schülerschaft D.s bei Donatello nahe. In seiner Steuererklärung von 1451 weist der Vater Bartolomeo di Francesco sich und die drei Söhne Francesco, Geri und D. als Steinmetzen aus. Unsicher bleibt dennoch, inwieweit D. in der väterl. Wkst. tatsächl. eine Ausb. erfuhr. Seit 1457 betreiben D. und Geri eine gemeinsame Bildhauer-Wkst. in unmittelbarer Nachbarschaft der Kirche S. Trinità in Florenz, was D.s Steuererklärung von 1458 bestätigt. Dazu gesellt sich zeitweise wahrsch. auch der dritte der Brüder, Francesco. 1453 erfolgt D.s Immatrikulation in die Arte dei Maestri di Pietra e Legname. Noch vor seinem Eintritt wird er im selben Jahr im Zusammenhang mit Arbeiten an Buggianos Kanzel in S. Maria Novella erwähnt, dessen Reliefs er zus. mit Antonio Rossellino begutachtet. Nach 1455 erhält D. den Auftrag für sein Hw., das Grabmal des Florentiner Kanzlers Carlo Marsuppini in der Kirche S. Croce in Florenz. Der Vertrag ist nicht erh., D. wird aber schon früh von Antonio Billi als Autor des Grabmals genannt. Das Marsuppini-Mon. baut direkt auf dem Grabmal des Leonardo Bruni auf und ist von entscheidender Bedeutung für die weitere Entwicklung des kommemorativen Grabmonumentes. Am 1. 8. 1461 wird D.s Sakramentstabernakel in der Kirche S. Lorenzo aufgestellt. Neben der bemalten Holzstatue der Maria Magdalena für die Kirche S. Trinità, die später von Benedetto da Maiano voll. wurde, ist dies zugleich sein einziges auch dok. zweifelsfrei belegtes Werk. Der Auftrag dafür dürfte annähernd zeitgleich mit demjenigen der Bronzekanzeln an Donatello ergangen sein. Der Tabernakel befand sich zunächst in der Capp. dei SS. Cosma e Damiano im südl. Querhaus von S. Lorenzo. Durch mehrere Versetzungen innerhalb der Kirche ist sein urspr. Zustand nicht erh., die heutige Aufstellung im nördl. Seitenschiff erfolgte erst 1948. Die Konzeption des Tabernakels wurde als Typus vorbildl. für spätere toskan. Beispiele des 15. Jh. 1461 nimmt D. an einem Wettb. für das Oratorium der Madonna della Tavola im Dom von Orvieto teil, an dem Giuliano da Maiano und Verrocchio ebenfalls beteiligt sind. In seinen Tagebüchern erw. der Maler Neri di Bicci 1461 und 1464 Madonnenreliefs von D. Dok. belegt ist auch D.s Einbeziehung in die Ausstattung der Kap. des Kardinals von Portugal in S. Miniato al Monte. Ein Zahlungsbeleg nennt 1463 „una testa del chardinale“, wobei unklar bleibt, ob es sich hierbei um eine Büste, eine Totenmaske oder das Reliefporträt des Kardinals handelt. D. war verh. mit einer Lisa, von seinen Kindern waren *Bernardino* (* 1462/63, immatrikuliert am 2. 12. 1489) und *Cornelio* (* 1463/64) Steinmetzen. – Wenngleich die immer wieder vermutete Schülerschaft bei Donatello nicht bewiesen ist, zeigt sein Stil bes. in den Reliefs dessen unmittelbaren Einfluß. Formenvokabular, szen. Aufbau und v.a. erzähler. Kraft der Reliefs D.s bleiben dabei gegenüber denjenigen Donatellos deutlich konventioneller, erlangen jedoch hohe Meisterschaft in einer zeichner.-delikaten Oberflächenbehandlung des Marmors. Diese baut direkt auf dem „rilievo schiacciato“ auf, einer von Donatello entwickelten Technik der extrem flachen Reliefierung des Marmors. Während dieses Relief bei Donatello jedoch ein genuin plastisches, mit Licht und Schatten arbeitendes Prinzip ist, erfolgt bei D. ein vorwiegendes „Zeichnen“ auf der Oberfläche des Steines. Ausgewogenheit und dekorative Harmonie der Komp. stehen hierbei im Vordergund, das szen.-erzähler. Element spielt gegenüber Donatello eine deutlich untergeordnete Rolle. Dafür rückt v.a. das Bild des Kindes und der Frau als ein humanes Konzept heiterer Würde in den Mittelpunkt. Die Figuren D.s sind von großer Zartheit, Lieblichkeit und einer bisweilen spieler. Eleganz gekennzeichnet. Auch in diesen Charakteristika stehen sie der Rossellino-Wkst. deutlich näher als dem dramat. psychologisierenden Expressionismus Donatellos. Sowohl die spärlich erh. Dok. als auch die kurze Lebensdauer D.s sind Gründe für Probleme der Zuschreibung. Der größte Teil seines Œuvres entstand in einem Zeitraum von nur etwa fünfzehn Jahren. – D. ist einer der bedeutendsten Florentiner Steinbildhauer in der Nachf. von Donatello, Schöpfer figürl. Marmorskulpturen, Reliefs, priv. Andachtsbilder und sakraler Ausstattungsgegenstände. Neben seinen Hauptwerken in Marmor arbeitete er auch Werke in Holz und Terrakotta sowie Repliken in bemaltem Stuck. Bereits zu Lebzeiten genießt D. höchste Anerkennung und Ruhm unter den Zeitgen., der sich rasch weiter ausbreitet und in zahlr. Quellen des 15. und 16. Jh. seinen Niederschlag findet (Neri di Bicci, Vasari, Albertini, Filarete, Gauricus, Cristoforo Landino, Giovanni Santi). – Die neuere Forsch. beschäftigt sich seit dem E. des 19. Jh. intensiv mit D.s Werk. Neben frühen Monogr. und zahlr. nachfolgenden Einzeluntersuchungen versch. Autoren legte Ida Cardellini 1962 einen grundlegenden Werkkatalog vor; er postuliert ein umfangreiches Œuvre, das, wohl fußend auf der Situation der Werkstattgemeinschaft, u.a. auch Zuschr. an D.s Bruder Geri enthält; diese bleiben aber spekulativ. Auf der Grundlage ihrer Studie erfolgt später eine Modifizierung und teilweise Reduzierung des stilkritisch zugeschr. Werkes, die sich, wie zuletzt bei Coonin (1995), auf einer rein dok. Basis abzusichern sucht. 🏛 BERLIN, SMPK, Bode-Mus., Skulpt.-Slg: Weibl. Büste, Marmor, um 1455. FLORENZ, Bargello: Madonna mit Kind, Marmor, um 1453; Johannes der Täufer, Marmor, um 1458–60. – S. Croce: Grabmal des Carlo Marsuppini, Marmor, um 1453–54. – S. Lorenzo: Sakramentstabernakel, Marmor, um 1460–62. – S. Trinità: Maria Magdalena, Holz (voll. von Benedetto da Maiano). LONDON, V & A: Madonna mit Kind, Marmor, um 1461–64. PARIS, Louvre: Jesuskind mit Täuferknabe, Marmor, um 1453–55. PHILADELPHIA/Pa., Mus. of Art: Madonna mit Kind, Marmor, um 1461. TURIN, Gall. Sabauda: Madonna mit Kind, Marmor, um 1450–53. WASHINGTON/D. C., NG of Art: Sakramentstabernakel, Marmor. WIEN, Kunsthist. Mus.: Lachender Knabe, Marmor. 👁 *G:* 1985 Detroit, Inst. of Arts: Ital. Renaiss. sculpt. in the time of Donatello (K) / 1986 Florenz, Forte di Belvedere: Donatello e i suoi. Scult. fiorentina del primo Rinascimento (K). 📖 ThB9, 1913; ThB13, 1920 (Geri di Bartolommeo da Settignano). LdK II, 1989; DBI XXXIX, 1991 (mit älterer Lit.); Dict. de la sculpt., P. 1992; DA VIII, 1996 (Lit.); *Bénézit* IV, 1999. – *Quellen: Neri di Bicci*, Le ricordanze (1453–75), ed. B. Santi, Pisa 1976; *Filarete*, Trattato di archit. (um 1460–64), ed. *A. M. Finoli/ L. Grassi*, Mi. 1972; Il Libro di Antonio Billi (1481–1530), ed. *C. Frey*, B. 1892; ed. *F. Benedettucci*, Anzio [1991]; *G. Santi*, La vita e le gesta di Federico di Montefeltro duca d'Urbino (nach 1482), ed. *L. Michelini Tocci*, Città del Vaticano 1985; *P. Gaurico*, De sculptura (Fi. 1504), ed. *P. Cutolo*, N. 1999; *F. Albertini*, Mem. di molte statue e pitt. della città de Florentia (Fi. 1510), ed. Fi. 1863; *Vasari*, ed. *Milanesi*, 1878–85, II, 483; III, 107–112; *C. Landino*, Scritti crit. e teorici, ed. *R. Cardini*, R. 1974. – *Weitere Lit.: C. Da Prato*, D. e diverse opere sue, Fi. 1890; *P. Giordani*, Rassd'A 8:1908, 151–154; *Venturi* VI, 1908; *P. Nye*, AiA 3:1914, 32–36; *G. De Nicola*, Rassd'A 17:1917, 153–160; *C. Kennedy*, The tomb of Carlo Marsuppini by D. and assistants, Northampton, Mass. 1928 (Stud. in the hist. and criticism of sculpt., 2); *id.*, The tabernacle of the sacrament by D. and assistants, ibid. 1929 (ibid., 5); *id.*, The Magdalen and sculpt. in relief by D. and his assistants, ibid. 1929 (ibid., 6); *id.*, Rd'A 12:1930 (2) 243–291

(Dok.); *L. Becherucci*, L'Arte 35:1932, 153–160; *W. R. Valentiner*, BurlMag 61:1932 (353) 52–61; *L. Planiscig*, D., W. 1942; *C. Bunt*, Connoisseur 113:1944, 26, 60; *E. P. Richardson*, ArtQu 11:1948, 280–285; *L. Planiscig*, Arte mediterranea 3:1949, 5–11; *E. Schaffran*, AMK 1:1956 (2) 2 s.; *I. Cardellini*, Crd'A 3:1956, 68–75; *ead.*, in: Studi in onore di Matteo Marangoni, Pisa/Fi. 1957, 182–189; *M. Lisner*, ZKW 12:1958 (1/2) 51–70; *I. Cardellini*, D., Mi. 1962 (WV, Lit.); *ead.*, Crd'A 9:1962, 110–112 (Dok.); *A. M. Schulz*, ArtB 45:1963 (1) 35–45; *ead.*, ArtB 46:1964 (2) 29–47; *F. Negri Arnoldi*, Paragone 15:1964 (171) 64–70; 15:1964 (175) 69–73; *id.*, D., Mi. 1966; *id.*, Paragone 18:1967 (209) 23–26; *U. Schlegel*, Jb-BerlMus 9:1967, 135–155; *J. R. Spencer*, Arte lombarda 13:1968 (1) 131–133; *R. Wittkower*, Stud. in the hist. of art (Wa.) 1971/72, 6–37 (St. Jerome in the Desert); *C. R. Mack*, Stud. in the architectural career of Bernardo di Matteo Ghamberelli called Rossellino, Ann Arbor 1972; *Venturi*, Index II, 1975; *C. Avery*, Connoisseur 193:1976, 186–195; *U. Middeldorf*, FlorMitt 23:1979, 297–312; *G. C. Vines*, D., Diss. Univ. of Virginia 1981; *D. Strom*, Pantheon 40:1982, 130–135; *S. O. Androsov*, Trudy Gos. Ordena Lenina Ėrmitaža 22:1982, 9–17; *J. Beck*, Flor-Mitt 28:1984 (2) 203–224; *S. B. Wilk*, Fifteenth-c. central Ital. sculpt., Boston, Mass. 1986 (Lit.); *J.-R. Gaborit*, in: Hommage à Hubert Landais. Art, objets d'art, coll., P. 1987, 97–103; *G. R. Goldner*, BurlMag 131:1989, 469–473; *J. Poeschke*, Die Skulpt. der Renaiss. in Italien, I, M. 1990, 140–143; *A. M. Schulz*, in: Verrochio and late Quattrocento Ital. sculpt., Fi. 1992, 179–188; *M. Dopychai*, Stud. zum ital. Humanistengrab, Diss. TH Damstadt 1993; *A. V. Coonin*, The sculpt. of D., Diss. The State Univ. of New Jersey, New Brunswick 1995; *A. Franci*, Paragone 46:1995 (1996) 18–24; *A. Bellandi*, Nuovi studi 2:1997 (4) 33–40; *C. Avery*, Art quart. of the Nat. Art Coll. Fund 1998 (Winter) 46–49; *A. Niehaus*, Florentiner Reliefkunst, M./B. 1998. T. Elsen

Desiderius, ital. Maler, Wappenmaler in Buda (Budapest), gestaltete den am 22. 1. 1526 von König Ludwig II. für Joannes de Campanellis de Bursel ausgestellten spätrenaissancist. Wappenbrief (Budapest, Ungar. Staats-Arch., DL 39350), dessen Text D.s Namen erwähnt. 🕮 ThB9, 1913. MagyKépLex, 1915 (s.v. Dezső); *D'Ancona/Aeschlimann*, 1949. – Matthias Corvinus und die Renaiss. in Ungarn (K Schloß Schallaburg), W. 1982, Nr 590; *É.Nyulásziné Straub*, Öt évszázad címerei, Bp. 1987. T. Wehli

Desidor, *Frantz*, Maler in Preßburg (Bratislava), 1743 und 1744 bezahlt für nicht näher gen. Arbeiten in der Stadt-Pfarrk. St. Martin und im Kirchenschulhaus in der unteren Wedritz/Preßburg. 🕮 *Petrová-Pleskotová*, 1970 (s.v. D., František). A. Petrová-Pleskotová

Desidor, *Joseph* (*József*; Hyacinthus a Jesu Nazareno), Maler, Trinitarier in Ungarn, * um 1742 Preßburg (Pozsony; Bratislava/Slowakei), † 4. 1. 1829 ebd. Verwandtschaft zu Frantz D. nicht nachgewiesen. Tritt 1758 dem Orden bei, als Prediger und Maler tätig in Wien, Komorn (Komárom; Komarno/Slowakei) und Óbuda (Budapest). 1784, bei der Aufhebung des Klosters Óbuda-Kiscell, wurden in seinem Besitz zahlr. eigenhändige Bilder inventarisiert. Ab 1784 Administrator der Preßburger Kirche. 🕮 *A. Schoen*, Óbuda Múltjából, Bp. 1935, 51 s.; *F. Fallenbüchl*, A rabváltó trinitárius szerzetesek Magyarországon, Bp. 1940, 156, 158. Á.No.

Desie, *Euclides Martins*, brasil. Maler, Zeichner, * Pitangueiras/São Paulo, 20. Jh. Stud.: Esc. de Artes Plást. de Ribeirão Prêto. – Beginnt als Porträtist; wendet sich dann nach abstrakter Phase wieder der Figürlichkeit zu; u.a. Aqu. zur Allegorie der Mütterlichkeit. ⊙ *E:* 1968 Santos, Gal. Celui-ci. – *G:* 1965 Campinas: Salão de Arte Contemp. 🕮 *Pontual*, 1969; *Cavalcanti* II, 1974. B. Th.

Desier, Tischler, Ebenist, um 1776 in Paris tätig. Fertigte leichte Möbel, bes. Vitrinen. Am 15. 5. 1880 wurde in Florenz auf der Aukt. San Donato eine sign. Rosenholz-Vitrine gehandelt, die aus dem Zimmer von Voltaire im Schloß des Marquis de Villette stammte. 🕮 ThB9, 1913. *Vial/Marcel/Girodie* I, 1912.

Designolle, *Ernest-G.*, frz. Aquarellist, * 1850 Beauvoir/Yonne, † 1941. Schüler von Henri-Joseph Harpignies, dessen Thematik und Stilvokabular er übernahm. Bes. die Technik der Weißaussparung im Aqu. beherrschte D. meisterhaft. In seiner Frühzeit lebte er in Clermont/Haute-Marne, in den späten 1880er Jahren in Jurques/Calvados und in der Spätzeit in Bléneau/Yonne. Ab 1906 Sociétaire des SAfr. 🏛 AUXERRE, MAH: Lsch. LA ROCHELLE, MAH: Lsch. ⊙ *G:* 1880–1921 Paris, SAfr. (Lsch.-Aqu.) / 1892 Paris, Expos. Blanc et Noir (8 Aqu.). 🕮 ThB9, 1913. *Harambourg*, 1985; *Marchal/Wintrebert*, 1987. – *C. Rameix*, L'éc. de Crozant, Limoges 1991. H.-P. Bühler

Designolle, *P.*, Bildhauer, der im Pariser Salon 1883 und '84 mit Portr.-Medaillons in Terrakotta und Gips vertreten war. Fertigte lt. Mackay auch Genreszenen und Gruppen. Ein gleichnamiger Landschaftsmaler stellte 1913 in der Londoner Alpine Club Gall. aus. 🕮 ThB9, 1913. *Johnson/Greutzner*, 1976; *Mackay*, 1977.

Desille, *Félix (Félix-Léon-Marie)*, frz. Zeichner, Buchhalter, * 20. 9. 1869 Laval, † Okt. 1952 ebd. Autodidakt. D. hinterließ eine für die Gesch. des Dép. Mayenne bes. wertvolle Slg (Laval, Arch. dép. de la Mayenne) mit 330 z.T. kommentierten Zchngn sowie Postkarten, Fotos, Zeitungsausschnitten und einer umfangreichen Dokumentation mit persönl. Anm., Anekdoten und Ergebnissen von Befragungen der Bevölkerung. Die 1892–1952 ausgef., größtenteils dat. Zchngn zeigen neben wenigen Lsch. v.a. Bauwerke (Wohnhäuser, Kirchen, Kap. und Baudenkmäler) aus dem Dép. Mayenne (180 allein aus der Stadt Laval und Umgebung), aus Paris (ab 1920 ist D. häufig dort und fertigt das Heft *Le Fureteur à Paris*) wie auch anderen frz. Regionen (das Heft *Le Fureteur en France*). Die Slg umfaßt ausschl. nach der Natur gez. Ansichten und reicht von hastig hingeworfenen Bleistiftskizzen über Feder-Zchngn, teilw. auch Gouachen bis zu sorgfältig ausgearbeiteten lavierten Darst. (z.B. *Le Logis du Chat à Forcé en 1915; Façade extérieure de l'ancienne halle aux toiles de Laval en 1932; Maisons de la rue Saint-Jean, à Laval en 1934*). 1913–52 veröffentlichte D. unter dem Pseud. Liz Zchngn in der Lokalpresse von Laval. 🕮 *J. Surcouf*, 303. La rev. des pays de la

Loire 1995 (47) 36–43. R. T.

Desille (Desilles; Des Isles; Desisle[s]), *Pierre*, frz. Baumeister, * Saint-Maximin b. Senlis, † vor März 1584 wahrsch. Paris. Ab ca. 1550 nachw. als Maurer (maçon) des Konnetabels Anne de Montmorency, für den D. an zahlr. bed. Vorhaben arbeitet: im Schloß von Montmorency; mindestens 1559–71 und 1578 am Schloß von Chantilly, wo er v.a. 1559 die Gal. errichtet; 1561 mit dem Bau der neuen Kirche in Nantouillet beauftragt; 1564 zus. mit Jacques Danvin im Schloß von Montceaux tätig (u.a. Fassadenarbeiten); Brückenbauten über die Oise; in den Schlössern von Offoix b. La Fère (1569) und Offémont b. Belfort (1570). 1578 am Wettb. um den Pariser Pont-Neuf beteiligt, an dessen Bau D. schließl. bis zum Tod mitwirkt (der Sohn *Guillaume D.* wird sein Nachf.); er nennt sich dort „maître des œuvres de maçonnerie pour le roi à Senlis". 1580 zudem am Schloßbau in Fontainebleau beschäftigt, wo auch D.s Bruder *Robert D.* tätig ist. 🕮 ThB9, 1913. DBF X, 1965. – *Hautecœur* VII, 1957; PKG VIII, 1984; *Grodecki* I, 1985. R. T.

Desille, *Robert* cf. **Desille,** *Pierre*

Desilles, *Guillaume* cf. **Desille,** *Pierre*

De Silus → **Desilve** (Maler-Fam.)

De Silva, *Frank*, austral. Maler, * 1913 Newcastle/ N. S. W., † 1981 (Verkehrsunfall) Queensland. Stud.: Sydney Art School bei Julian Ashton; Brisbane Central Technical College. Lehrtätigkeit: in den 70er Jahren Priv.-Unterricht; R. Queensland Art Society. Ausz.: 1957 H. C. Richards-Preis, Brisbane; 1965 McCaughey-Preis, Melbourne; Jahrhundert-Kunstpreis, Toowoomba; Kunstpreise von Redcliffe (1958, '66) und Rockhampton (1971). – Bek. durch Weide-Lsch. von Queensland in Öl und Aquarell. 🏛 BRISBANE, Queensland AG. CANBERRA, NG of Australia. CHRISTCHURCH/N. Z., Canterbury Univ. Coll. MEADVILLE/Pa., Allegheny College. MELBOURNE, NG of Victoria. TOOWOOMBA, AG. TOWNSVILLE, James Cook Univ. 👁 *E:* 1977 Toowoomba, Linton Gall. / 1978 Surfers Paradise, Eight Bells Gall. 🕮 *McCulloch*, 1968; 1977; I, 1984, 1994; *Germaine*, 1979; 1984; 1997. – *Campbell*, 1983; 1989. – Canberra, Nat. Libr. of Australia: Interview (auf Tonband) mit H. de Berg, 30. 3. 1963 (DeB 40). R. Smith

De Silva, *Minette*, Architektin aus Sri Lanka * 1915 Kandy, lebt dort. Stud.: Jamsethji Jijibhi SchA, Bombay; Architectural Assoc., London. Arbeitet zus. mit Otto Königsberger im Projekt Tatanagar in Mysore (heutiger ind. Bundesstaat Karnataka). Freundschaft mit Le Corbusier während seiner Arbeit in Chandigarh. A. der 50er Jahre Rückkehr nach Sri Lanka. Zunächst realisiert sie als erste Architektin ihres Landes versch. Privathäuser, später Aufträge für öff. Bauten. Mitbegr. der renommierten ind. Kunst-Zs. Märg. – D. ist geprägt durch die soz. und polit. Ideen Mahatma Gandhis und Jawaharlal Nehrus; sie bevorzugt trad. Mat. wie Holz und Stein und greift lokale Handwerks-Trad. auf. Ihre Entwürfe berücksichtigen klimat., topograph., soz. und wirtschaftl. Gegebenheiten des Standorts. Die Wiederbelebung der Kunst und des Handwerks auf Sri Lanka gehört zu ihren wichtigsten Anliegen. 🏛 KANDY: Haus Katunaratne, 1951; Kandy Arts Assoc., 1984. COLOMBO: Haus Pieris, 1953–56; Haus Amarasinghe, 1954. 🕮 Dict. de l'archit. du XXe s., P. 1996. – *E. Dissanayake*, M. D. S., Orientations 13:1982 (8) 40–51; *H. U. Khan*, Cont. Asian architects, Köln, 1995, 37 s. M. Frenger

Desilve (De Silus; de Silve; de Sylve), frz. Maler- und Vergolder-Familie in Valenciennes, um 1661 bis vor 1770 nachweisbar.

1. *Alexandre*, get. 31. 7. 1701 Valenciennes, † vor 1770. Sohn von 7, Bruder von 6, 2, Vater von 3, 4. 1712/13 Lehre bei Jean-Batiste Bondu. 1728 Meister. Bis 1736 in den Listen der Confrérie belegt; „compteur-juré". 1749 zweite Heirat; Trauzeuge war der Maler Guillaume Flament.

2. *François*, get. 10. 10. 1712 Valenciennes. Sohn von 7, Bruder von 1, 6. 1722/23 Lehre als Bildhauer bei Bauduin Leroy. 1739 Heirat in Lyon, dort tätig.

3. *François-Joseph*, get. 12. 6. 1733 Valenciennes. Sohn von 1, Bruder von 4. 1745 Meister. Er starb vermutl. früh.

4. *Jacques Marie*, get. 18. 2. 1736 Valenciennes. Sohn von 1, Bruder von 3. 1747/48 Lehrling bei Guillaume Lefebvre.

5. *Jean-Baptiste*, Begründer der Künstler-Familie. Vater von 7. Vor 1678 Meister; bis 1691 belegt. Die Witwe (1695 erw.) vollendete Vergoldungsarbeiten für die Confrérie St-Joseph.

6. *Jean-Baptiste Joseph*, get. 10. 4. 1707 Valenciennes, † 17. 10. 1739 ebd. Sohn von 7, Bruder von 1, 2. 1732/33 Lehre bei 1. 1733 Meister.

7. *Michel François*, * um 1661, † 2. 1. 1736 Valenciennes. Vater von 1, 2, 6, Sohn von 5. 1691 Meister. 1704/05 Vergoldungsarbeiten für die Kirche St-Géry. 1719–22, '28–30 Konnetabel der Confrérie St-Luc. Lehrlinge: Pierre-Joseph Delsaux (sein Stiefsohn ab 1697); Bernard Fromont.

🕮 *Audin/Vial* I, 1918 (zu 2); *Machelart*, 1987. C. R.

Desilvestro (De Silvestro), *Franz*, Maler, * 25. 9. 1877 Pera di Valle di Fassa/Trento, † 12. 3. 1918 Innsbruck. Zunächst Zimmermaler. Ausb. an der Staatsgewerbeschule Innsbruck. Danach Weiterbildung in Zürich und München zum Dekorationsmaler. 1915 Preis des Heimatschutz-Ver. für bemalte Marteln. – Malte sorgfältig ausgef., farbl. heiter gestimmte Stilleben, auch Lsch. und Porträts. 🏛 INNSBRUCK, Tiroler LM Ferdinandeum. 🕮 Vol, 1953 (Lit.). *Comanducci* II, 1971; *Weber*, 1944 (ed. *Rasmo*, 1977); *Fuchs*, Maler (19. Jh.) I, 1972; ÖKL V, 1979. D. T.

Desimé, *Francesc*, katalan. Bildhauer in Girona, verpflichtete sich 1845 mit Jaume Torrent und Lluís Viladevall zur Voll. des Retabels des Hauptaltars in der Kirche Nuestra Señora de los Dolores. 🕮 *Ráfols* I, 1951. W. H.

De Simone, *A.*, ital. Maler, 1851–1907 dok. Mitgl. einer Maler-Fam. aus Neapel. Auf Marine-Darst. in Öl und Gouache spezialisiert. Zahlr. Darst. v.a. engl. Marine-, Handels- und Priv.-Schiffe, häufig vor der Bucht von Neapel in mediterranem Licht. Malte auch einige Schlachten-Darst. wie *Das Bombardement von*

Alexandria (1882; Greenwich, Nat. Maritime Mus.). ⌂ GREENWICH, Nat. Maritime Mus.: 22 Schiffs-Portr. KRONBORG, Maritime Mus.: Jacht in der Bucht von Neapel. NEWPORT NEWS, Mariners Mus.: Amerikan. Barke. ▭ *Archibald*, 1980; *Brewington*, 1982; *N. de Piro*, The internat. dict. of artists who painted Malta, Valletta 1988; *K. Buchholz*, Ship portr. artists, Ha. 1997. S. C. M.

De Simone, *Alfredo*, urug. Maler, Illustrator, Konservator ital. Herkunft, * 29. 10. 1898 Lattarico/Cosenza, † 27. 1. 1950 Montevideo. Ab ca. 1901 in Uruguay. 1917–20 Schüler von Guillermo Laborde und Carmelo de Arzadun im Círculo de BA, Montevideo (mit Stip. dieser Einrichtung). 1924 urug. Staatsbürger. D. verkehrt in den Cafés der intellektuellen Bohème von Montevideo, bes. im Café Ateneo; dort malt er viele seiner Frühwerke. Daneben gestaltet er Buch-Ill. und arbeitet für den Lebensunterhalt in versch. Priv.-Betrieben. Von 1927 bis zum Tod Konservator am MN de Artes Plást. in Montevideo. Ausz.: u.a. 1930 Silber-Med. bei der Expos. Iberoamer. in Sevilla; 1940 und 1941 Premio Adquisición im Salón Mpal, Montevideo; 1941 Premio Banco de la República im Salón Nac. ebd. – D. malt v.a. Stadtansichten von Montevideo, zumeist aus typ. Stadtgebieten wie dem Hafenviertel. Bes. Ansehen erlangt er mit Darst. aus dem Barrio Sur, wo er lebt, malt jedoch zumeist die stillen Winkel der Vororte, zudem Stilleben, Portr. und Marinen. Im Frühschaffen am sog. „planismo" orientiert, entwickelt D. in den 30er Jahren eine sehr eigenständige, intensive, melanchol.-lyr. Malweise mit ausgeprägtem Impasto. Durch einen dicht gespachtelten Duktus modelliert er reliefhaft vibrierende Oberflächenstrukturen im Wechsel mit homogenen glatten Flächen. Seine Gem. wirken wie „Nahaufnahmen" (close up), und mit dieser auf den Vordergrund fixierten Darstellungsweise bricht er die trad. Perspektive auf; alle Bildelemente scheinen sich zu einer einzigen Szene zu vermischen, in der lebhafte Farbflecke und Zeichen D.s intensive Emotionen widerspiegeln. Sein Beitr. zur urug. Malerei besteht in der Interpretation der trostlosen, düsteren Stadt unter Verzicht auf figürl. Staffage, die das Gefühl von Verlassenheit, Einsamkeit und Tristesse vermittelt. Er zeigt eine in vielerlei Hinsicht real verfallende bzw. stark entstellte Archit., so daß sein Schaffen auch dok. wertvoll ist. D.s Œuvre ist das Spiegelbild von Dramatik, Einsamkeit, Zurückgezogenheit, Melancholie, Tragik und eines zum Pessimismus neigenden Zeitgefühls. ⌂ MERCEDES, Mus. Eusebio Ximénez. MONTEVIDEO, MN de Artes Plást. – Mus. „J. M. Blanes". – Banco Central. ⊙ *E:* Montevideo: 1942 Ateneo; Com. Mpal de la Cult.; 1943 Subte Mpal. – *G:* 1927 Buenos Aires (mit der Gruppe Teseo) / 1933–37 Montevideo, Salón Nac. ▭ EAAm I, 1968; PlástUrug II, 1975 (s.v. Simone, Alfredo de); DA VIII, 1996. – *E. Dieste*, Rev. Teseo 1923 (3); *J. P. Argul*, Proceso de las artes plást. del Uruguay, Montevideo 1975; *G. Peluffo*, Hist. de la pint. urug., Montevideo 1986; *A. Haber*, Uruguay, in: Lat. Amer. art in the 20th c., Lo./N. Y. 1996 (span. Ausg.: Arte latinoamer. del s. XX, Ma. 1996); *id./O. Larnaudie*, Montevideo y la plástica, Montevideo 1996. A. Haber

De Simone, *Carlo*, ital. Porzellan- und Majolikamaler in Neapel, 1. H. 19. Jh. Sohn des Miniaturmalers *Michele D.*, der seit 1773 in der kgl. Porzellanfabrik in Neapel arbeitete. Leitete 1847–48 das neue Ist. d'Arte in Castelli/Teramo in den Abruzzen und lehrte hier Majolikamalerei. In Neapel arbeitete er zw. 1835 und 1860 als Blumenmaler in der Fabrik von R. Giovine. Stand hier in Verbindung zur Majolikamaler-Fam. Giustiniani, bes. zu Paolo, dessen Tochter er heiratete. Erhielt versch. Preise, u.a. 1870 in London. ⌂ CASTELLI/Teramo, Pfarrk.: zwei bemalte Majolika-Taf. mit der Darst. des Herz Jesu, der hl. Anna und der Maria als Kind (Inschr.: „Carlo De Simone di Napoli, direttore della fabbrica di Castelli, p. 1848"). ▭ ThB31, 1937 (s.v. Simone, Carlo De). *Minghetti*, 1939 (auch zu Michele D.). – *L. Mosca,* Napoli e l'arte ceramica, N. 1908, 108–116; *A. De Eisner Eisenhof*, Le porcellane di Capodimonte, Mi. 1925; Il sogno di Principe. Il Mus. Artist. Industriale di Napoli (K), Fa. 1984, 126. B. Daprà

De Simone, *Carmelo*, ital. Maler, Bildhauer, * 1860 San Giovanni Gemini/Agrigent. 1890 Zus.-Arbeit mit Francesco Gattuso bei der Ausf. der Lw. *Grablegung Christi* (Lercara, S. Maria la Grande). In Lercara außerdem Dekorationsmalerei (Tempera) im pompeijan. Stil in der Aula des Pal. Com. und allegor. Gem. der sizilian. Provinzen im Hauptsaal der Elementarschule ebd. (beides verloren). ⌂ LERCARA, Pal. Scarlata: Dekoration, 1890. ▭ *Sarullo* II, 1993.

De Simone, *Francesco*, ital. Porzellanmodelleur in Neapel, dok. 1801–03. Wahrsch. Bruder des Luigi D. Tätig in der kgl. Porzellanfabrik in Capodimonte. Modellierte 1803 zwei Gruppen von *Lucius Papirius*, Büsten von *Cäsar* und *Homer* und *Laokoon*. ▭ ThB31, 1937 (s.v. Simone, Francesco de). *Minghetti*, 1939. E. K.

De Simone, *Francesco*, ital. Architekt, Ingenieur, Stadtplaner, * 1859 Lecce, † 1932 Neapel. Zunächst tätig in Trani/Apulien, danach in Neapel; hier Stud. und Promotion an der Scuola di Applicazione degli Ingegneri. V.a. als Stadtplaner tätig, entwarf D. aber auch zahlr. öff. und priv. Bauten. 1889 erarbeitet er einen (nicht realisierten) Plan des Bereichs um das Mus. Archeol. in Neapel, um diesen Stadtteil zu verschönern und zugleich einen städt. Knotenpunkt zu schaffen. 1900 beauftragt von der Kommune Trani mit dem Justiz-Pal. und der Gestaltung der Umgebung des Hafens (nicht realisiert). Aufgeschlossen gegenüber stilist. Neuerungen, errichtet er 1906 die *Palazzina Velardi*, einen in seiner vielfältig gegliederten Struktur bemerkenswerten Bau, der das erste Liberty-Gebäude in Neapel ist. Um 1919 entsteht der Entwurf des *Rione Carelli* in Posillipo, ein Residenzkomplex im Stil Liberty, erb. auf den Hügeln um Neapel, heute ziemlich verändert; von dem Orig.-Entwurf ist nur noch die Anlage der Gebäude entlang einer gewundenen Straße erkennbar. D. ist v.a. bek. als Autor des ersten Regulierungsplanes für Neapel, den er 1914/15 erarbeitet. Obwohl niemals umgesetzt, bleibt der Plan wegen seiner methodolog. Aspekte eines der interessantesten Ergebnisse techn. Stadtkultur. D. beschäftigte sich außerdem mit Transportfragen und publ. ein Projekt für eine Autostraße Rom-Neapel mit Blick auf den künftigen Zuwachs des Autoverkehrs und mit dem Krankenhausbau; so entwarf er das Hospital Cotugno in Neapel und die Sanatorien in Cosenza und Pozzuoli (1911). ✉ Progetto di un pal. di Giustizia e municipio di Trani, Trani 1900; Per la fognatura di Trani, Trani 1902; Piano regolatore della città di Napoli, N. 1917; Mi. ²1922; Breve cenno di un piano di riordinamento dei servizi portuale e ferroviario. App. al piano regolatore della città di Napoli, N. 1923; Autostrada Roma-Napoli, R. 1923; Per una nuova legislazione urbanistica, N. [1928]; La casa e gli agglomerati urbani economici e popolari, N. 1930; Piano di massima per integrare l'anello di circumvallazione del centro di Napoli e per decongestionare via Chaia, N. 1931. 📖 *Sorrenti*, 1990; DA VIII, 1996. – *R. De Fusco*, Il floreale a Napoli, N. 1959, 32 ss.; *G. Carlone/S. Pastore/M. Schiralli*, L'archit. napoletana del primo Novecento a Trani: F. D., progetto di un mercato coperto e pescharia, Molfetta 1984; *Bossaglia*, 1987, 406; *B. und G. Gravagnuolo*, Chiaia, N. 1990, 128; *P. Belfiore/B. Gravagnuolo*, Napoli. Archit. e urbanistica del Novecento, R./Bari 1994, 14 ss. K. Fiorentino

De Simone, *Giuseppe*, ital. Maler, Architekt, * 1841 Neapel. 1869 Prof. an der ABA Florenz; malte v.a. Interieurs. 🏛 NEAPEL, Ist. di BA: Veduta della Capp. Brancaccio in S. Angelo a Nilo. 📖 ThB31, 1937 (s.v. Simone, Giuseppe de). *Comanducci* II, 1971; DEB X, 1975. – Cat. biogr. della mostra di pitt. napoletana dell'Ottocento, N. 1922, 77, 94. F. Capobianco

De Simone, *Luigi*, ital. Porzellanmodelleur in Neapel, E. 18./A. 19. Jh., tätig in der kgl. Porzellanfabrik. Modellierte 1802/03 die Büsten von König Ferdinand IV., seiner Ehefrau Maria Carolina und der Kronprinzen in Biskuitporzellan. Schuf zus. mit and. Bildhauern die Statuen der kgl. Fam.-Mitgl. für die Triumphbögen anläßl. ihrer Rückkehr nach Neapel (1800). Lt. Dok. modellierte er auch eine Büste des Generals Acton in Biskuitporzellan. 📖 ThB31, 1937 (s.v. Simone, Luigi de). *Minghetti*, 1939. – *C. Minieri Ricci*, Gli artefici ed i miniatori della R. Fabbrica di Porcellane di Napoli, N. 1878; Napoli nobilissima 3:1896, 183; 10:1901, 10; *A. De Eisner Eisenhof*, Le porcellane di Capodimonte, Mi. 1925. B. Daprà

De Simone, *Luigi*, ital. Bildhauer, * 1802 Neapel, † 1826. Schüler des Valerio Villareale. Arbeitete Marmorbüsten von *Giovanni Meli* und *Piazzi*, beide im Bes. des Fürsten von Campofranco. Zusammenhang zu den anderen D. in Neapel unklar. 📖 *Sarullo* III, 1994.

De Simone, *Maurizio (Angelo Maurizio)*, ital. Maler, Graphiker, Zeichner, Mail-Art-Künstler, * 8. 3. 1938 Palermo, lebt dort und in Rom. Stud.: Liceo Artist. Palermo und Scuola libera del nudo der ABA ebd. Seit 1958 künstler. vielseitig aktiv. Zahlr. Ausz., u.a. 1965 1. Preis für Malerei der Stadt Canicattì; 1966 Gold-Med. Premio Telestar und Premio la Santuzza, 1967 Premio Sciacca Antica, 1971 Bienn. del Trittico. Gründet 1971 in Palermo das Kunstzentrum (mit Gal.) Il Capitello. Mitgl. versch. Akad., u.a. 1974 der Accad. Siculo-Normandia di Monreale. – Zchngn, Aqu. und Malerei in Öl, Acryl, Tempera und Mischtechniken mit Figürl., Stilleben, Lsch., anfangs kubist., ab ca. 1963 (Romaufenthalt mit Kontakten zu G. De Chirico, R. Guttuso u.a.) expressiv-spontan mit zeichner. Grundgestus. Daneben Entwürfe für Mon., Glasfenster, Briefmarken, Postkarten u.a.m. In den 80er Jahren Vertreter der Mail Art. Auch Mitarb. bei Zss. und Fernsehen. 👁 *E:* zahlr. seit 1964 Agrigento, Gall. Empedocle (Debüt); ab 1971 oft Palermo, Gall. Il Capitello / 1998 Voiron, Office de Tourisme (K: L. Zinna, Ausst.-Verz.). 📖 Artisti di Sicilia, Palermo 1969; Gente nostra II, 1969; *Comanducci* II, 1971 (s.v. DeSimone, Angelo Maurizio); AIC V, 1972; DizBiogrMerid I, 1974; Il centauro, I, La Spezia 1975; CatBolaffiMod XIII. 1, 1978; XIX, 1983; Cat. dell'arte mod. ital., XXVII, Mi. 1991; Diz. degli artisti ital. contemp., Mi. 1996. – D. S., Palermo 1983 (Artisti contemp. 3). – Mitt. D. G. M.

De Simone, *Michele*, ital. Maler, * 13. 8. 1893 Barletta, † 15. 5. 1955 Mailand. Stud. in Neapel bei Tommaso Celentano; anschl. in Mailand tätig. Malte in Öl impressive Lsch. des Tessin, der Lombardei und der venez. Lagune. Lebte einige Jahre am Comer See, kehrte nach dem Krieg nach Mailand zurück. 👁 *E:* 1943 Mailand (ca. 80 Gem.); 1957 ebd., Gall. Cordusio (Retr.). – *G:* 1921 Neapel: Bienn. / häufig Turin: Promotrice. 📖 *Comanducci* II, 1971; Ottocento. Cat. dell'arte ital. dell'Ottocento, XVII, Mi. 1988 (Lit.); *Sorrenti*, 1990. – *A. Avitabile* (Ed.), M. D. (K), N. 1984. K. B.-P.

De Simone, *Pietro*, ital. Maler, Miniaturmaler, Bildhauer, * 1845 Lecce, † 1920 ebd. Erste Ausb. im Jesuitenkolleg in Lecce; studiert gleichzeitig Zchng und Kalligraphie. 1867 Besuch von Anatomiekursen in Neapel, anschl. in Rom. Besucht hier das Atelier des Bildhauers Adamo Tadolini. Studienreisen nach Deutschland, Österreich und Frankreich. Wieder in Italien, tätig als Lehrer, u.a. der Prinzessinnen von Hohenlohe während ihres Aufenthaltes im Schloß von Duino/Triest. 1903 Rückkehr nach Lecce; Mitgl. der R. Comm. provinciale dei Monumenti. Malereien auf Pergament, Damast und Seide, sakrale Geräte in kirchl. und priv. Besitz. 🏛 *Gem.:* LECCE, S. Antonio a Fulgenzio: Beata Rita da Cascia. – S. Maria dell'Alto: S. Cuore di Gesu, 1882. – Ist. Marcelline, Capp.: S. Ambrogio e S. Carlo Borromeo. 📖 *Sorrenti*, 1990. – *C. Farese Sperken*, La pitt. dell'Ottocento in Puglia, Bari 1996. E. K.

De Simone, *Roberto*, ital. Maler, Graphiker, Konzept- und Videokünstler, * 1954 Rom, lebt dort. Autodidakt. Klass. Stud. am Collegio Nazareno; Medizin. Fak. Rom. M. der 70er Jahre gestaltet er mit Spachtel auf Lw. relig. Themen (*Crocifissione*) und Lsch. von melanchol.-trag. Atmosphäre. Graph. Arbeiten in Kaltnadel und Tusche (*Il tuorlo*; *Terra e mare*). Seit A. der 80er Jahre Hinwendung zur Konzept- und Videokunst; seine Realisationen erinnern an Marcel Duchamp und Joseph Kosuth (*Per dipingere i venti*, 1981; *Una tavolozza a colori viventi*, 1982; *Contiene una sorgente di radiazioni luminose*, 1984–87; *Linea combustibile*, 1988–91). 🏛 LONDON, Inst. of Contemp. Arts. ROM, Univ. 👁 *E:* Rom: 1976 Collegio Nazareno; 1979 Centro Arti Visive / 1980 London, Observatory Greenwich Park. – *G:* 1986 Marta (Viterbo), Bibl. Com.: Mandelzoom / 1988 Rom, ehem. Börse in Campo Boario: Giovani artisti a Roma. 📖 Cat. degli artisti del Lazio, I, R. 1977. – *S. Lux u.a.*, D. S. (K Mus. Laboratorio dell'Univ.), R. 1991. N. Corradini

De Simone, *Salvatore*, ital. Bildhauer, * 27. 4. 1867 Neapel, nachw. bis 1902. Stud.: Ist. di BA Neapel bei Giuseppe Bellisario und Antonino Licata sowie Scuola del Mus. Artist. Industriale bei Ignazio Perricci, Pasquale De Criscito und Salvatore Cepparulo. Genre-Darst. und sakrales Gerät in Silber, Bronze und Terrakotta. ⊙ *G:* ab 1888 Neapel: Promotrice / 1891 Palermo: Espos. Naz. (Silber-Med.) / Mailand: 1892 Trienn.; 1906 Espos. Naz. / 1894 Antwerpen: WA / 1895 Rom: Cultori e Amatori / Florenz: 1896–97 Festa dell'Arte e dei Fiori; 1901 Soc. di BA / 1898 Turin: Bienn. 📖 ThB31, 1937 (s.v. Simone, Salvatore de; Lit.). *E. Giannelli*, Artisti napoletani viventi, N. 1916 (Ausst., Werke); *Panzetta*, 1994. G. Salvagnini

De Simone, *Vincenzo*, ital. Majolikamaler, * 1845 Neapel, tätig ebd. Widmete sich der Dekoration von Majolikageschirr im Renaiss.-Stil. Schüler von Giuseppe Mancinelli am Ist. di BA in Neapel. Arbeitete in den Fabriken der Giustiniani und der Castellano. Erhielt eine Med. anläßl. der 1. Espos. marittima in Neapel. 📖 ThB31, 1937 (s.v. Simone, Vincenzo De). *Minghetti*, 1939; *Comanducci* II, 1971. – *Ceci* II, 1937. B. Daprà

De Simone, *Vincenzo*, ital. Maler, Bildhauer, Illustrator, Installations-, Video- und Performancekünstler, * 2. 7. 1939 Roccarainola/Neapel, lebt dort. Stud.: ABA Neapel bei Guido Tatafiore und Mario Colucci. 1964–74 in Bormio/Sondrio ansässig; es entstehen dadaist. geprägte, an Lucio Fontanas „Concetto spaziale" angelehnte Lw. und Bildobjekte. 1975 Rückkehr nach Roccarainola und Gründung der Gruppe Marigliano; Lehrtätigkeit an der Mittelschule von Cicciano/Neapel. 1976 präsentiert D. auf der Bienn. in Venedig *Teatro contadino*, entstanden unter Mitarb. seiner Schüler und der Bevölkerung. Auch später beruft er sich auf die bäuerl. Kultur Kampaniens und verwendet Zweige und Weidenruten, mit denen auf dem Land Weinreben oder and. Pflanzen verknotet werden (*Nodi*). 1977 entsteht zus. mit Bürgern von Roccarainola ein Wandgemälde. Ab A. der 80er Jahre malt er Hexentänze und Geisterspiele (*Folletti*) oder erot. Maskeraden mit Schneiderpuppen als Protagonisten (*Suicidio per amore*). 1986 fertigt er eine Reihe von Installationen mit Gips, Öl/Papier, Zweigen, Stöcken und Arbeitsgeräten (*Cristo spaventapasseri*; *Tentativo n. 1*; *Attento al lupo*). 1987 entsteht, angeregt durch die Taf. von Niklaus Manuel (Die Versuchung des hl. Antonius durch die Dämonen, 1520, Bern, KM), ein Zyklus von Zchngn, Bildern, Skulpt., Objekten und Installationen (*Tu solo devi scegliere tra Dio e l'idolo*). Für die Zs. ES zeichnet er das Leben von Gabriele D'Annunzio als Comic (N. 1980). ✉ Napoli Situazione 75, Marigliano 1975; Eco d'arte mod. 12:1976; IN 14:1976; Scuola Informazione 4:1978; K Gall. Triagono, Nola 1981. ⊙ *E:* 1967, '70 Bormio, MCiv. (K: R. Barletta) / Sondrio: 1967, '73 Studio Maspes-Romegialli; 1970 Gall. Indica / 1973, '82 Caserta, Studio Oggetto / 1975/76 Mercato San Severino, Officina 75 / 1976 Mailand, Gall. di Porta Ticinese / 1979 Nola, Gall. Triagono; Rom, Centro Morandi (K: A. Izzo) / 1980 Nocera Inferiore, Gall. Spazio dell'Agro / 1982 Florenz, Studio Inquadrature; Como, Gall. Pantharte / Neapel: 1982 Ist. Spagnolo e Libr. Marotta; 1983 Gall. Canzerli / 1983 Cosenza, Gall. Il Triangolo / 1985 Ischia, Castello Aragonese / 1986 Ancona, Studio Miele / 1988 Bern, KM (K: H. C. von Tavel). – *G:* Mailand: 1974 Studio A: V. D., Lucio Fontana (K: E. Crispolti) / 1976 Venedig: Bienn. / 1977 Rom, Gall. Alzaia: Attività estetica e territorio; Kassel: documenta / 1983 Francavilla al Mare: Premio Michetti; Neapel, Plexus 83. 📖 *G. Cortenova*, D'Ars 70:1974; *D. De Masi*, Teatro Contadino, Cicciano 1974; *E. Crispolti*, Arti visive e partecipazione soc., Bari 1977; *H. C. von Tavel*, V. D. Percorso, N. 1985; PittItalNovec/3, 1994. N. Corradini

De Simoni, *Luigi*, ital. Architekt, Karikaturist, * 4. 5. 1909 Rom, lebte dort. Promovierte in Archit., lehrte am Liceo Artist. in Rom und an der Univ. Mit seinem Namen unter einer kleinen Schwalbe sign. er hunderte humorist.-geistreicher Zchngn. Mitarb. an den satir. Zss. Il becco giallo (1930); Tutto; Marc'Aurelio (1944–45); Il Travaso (1946–55); Il Messaggero; La Tribuna illustrata. 📖 Enc. dell'umorismo, IV, Mi. 1964, 83 s.; *Gec (E. Gianeri)*, Storia della caricatura europea, Fi. 1967, 181, Abb. 427; *G. Guasta*, La Roma del travaso, R. 1973, 154; *Gec/Isca*, Professione umorista, T. 1973; *E. Cassoni*, Il cartellonismo e l'ill. in Italia dal 1875 al 1950, R. 1984, 39. P. Pallottino

De Simoni, *Publio*, ital. Maler, Bühnenbildner, Miniaturmaler, Kopist, * 16. 4. 1872 Rom, † 1. 3. 1948 ebd., Sohn des Komponisten und Kapellmeisters im Vatikan Luigi D., Bruder des Tiermalers *Attilio D.* War zunächst als Bühnenbildner in Stummfilmproduktionen von Enrico Guazzoni tätig (*Messalina*, 1910; *Madame Tallien*, 1916); nach einem kurzen Aufenthalt in Frankreich als Portr.- und Lsch.-Maler in Öl und Aquarell tätig. War auch ein anerkannter Miniaturmaler und Kopist. Leiter des Ist. professionale femminile Maria di Savoia in Rom. Beschäftigte sich auch mit Keramik und der Malerei auf Stoff. In den letzten 12 Jahren seines Lebens mit Rest.-Arbeiten in der Sistin. Kap. und in den Vatikan. Mus. befaßt. 📖 *Comanducci* II, 1971. K. B.-P.

Desimpelaere, *Werner*, belg. Architekt, * 1. 8. 1942 Roeselare. Stud.: 1966 Hoger Inst. St. Lucas, Gent (Städtebau). In Brügge tätig. Vors. der Gruppe Planning, zus. mit Paul Lievevrouw und Jan Tanghe (Konzept) Ltg der Archit.-Abt., einige Wettb.-Preise. – Neben Neubauten und Rest. entwickelt D. Strukturpläne der hist. Innenstädte von Brügge und Oostende sowie die Verkehrsplanung von ca. 25 Gemeinden in Flandern. Auf der Grundlage der Gruppen-Philosophie von Planning strebt D. an, das Zus.-Leben innerhalb komplexer Archit. zu stimulieren. 🏛 *mit Planning:* BRÜGGE: Bischöfl. Arch., 1990. BRÜSSEL: Hauptgebäude BAC, 1984. – Europa-Parlament, 1985. GENT: Polizeikaserne, 1990. KNOKKE: Rathaus. OOSTENDE: Kath. Industriële Hogeschool, 1985. TERDUINEN-NIEUWPOORT: Ferienzentrum für Kranke und Behinderte, 1985. ✉ *Tecno* (Ed.), Group planning partnership. Vision and reality, Mi. 1986. 📖 LWBK III, 1994 (Werke). U. R.

Desin, *Andrija* → **Andrija Desin Brusac**

Desina de Risa, Steinmetz, Baumeister in Ragusa (Dubrovnik) und Serbien, aus einer südapulischen Fam. Vater des Steinmetzen Blaž (Vlaho). Am 30. 8. 1281 verpflichtete sich der in Ragusa ansässige D. im Vertrag mit dem Stifter, Mönch David aus dem serb. Herrschergeschlecht der Nemanjiden, zus. mit seinem Sohn in Serbien im Kloster Davidovica b. Brodarevo eine Kirche zu errichten. Der 1282 voll. Kreuzkuppelbau mit zwei Seitenkuppel-Kap. und zwei got. Bögen unter der Zentralkuppel ist dem sog. Raška-Stil der serb. Archit. des MA zuzuordnen. 🕮 ELU II, 1962; LEJ I, 1984 (Lit.). – *D. Nagorni*, Miscellanea byzantina Monacensia 23:1978, 201–204, Anm. 122 (Lit.); *C. Fisković*, Eseji. Dalmatinski majstori 13.–16. stoleća u Srbiji, Split 1982, 105 s. D. Nagorni

Désindes (Des Indes), *Claude*, frz. Holzbildhauermeister, * Paris (Pfarr-Bez. Saint-Jean), † 12. 8. 1729 Nancy (begr. im Kirchenschiff von Notre-Dame). Sohn eines Pariser Weinhändlers. Ab 1685 in Nancy ansässig; ⚭ 11. 6. 1686 Catherine Dieudonné (ein Sohn Gabriel); nach deren Tod zweite Ehe mit Marguerite Perrin, Tochter des Gerichtsschreibers Jean Perrin (eine 1712 geb. Tochter). Befreundet mit der Bildhauer-Fam. Manhuis (Manuisse); am 14. 2. 1707 Pate eines Sohnes von Jean Manhuis. – D. arbeitete mit dem wohlriechenden, für Skulpt. bes. geeigneten Holz „bois de Ste-Lucie" (Weichselkirsche), das zumeist für relig. Werke Verwendung fand. Sein Œuvre ist bislang nicht nachg., einige Skulpt. wurden viell. jedoch etwas übereilt berühmteren Zeitgen. zugeschr., z.B. Toussaint Bagard sowie Mitgl. der Fam. Foul(l)on und Manhuis. Wahrsch. gestaltete D. Andachtsobjekte wie Kruzifixe, Heiligenfiguren, Reliquienkästchen, Hostienschachteln und Rosenkränze; derartige Gegenstände aus der in Frage kommenden Zeit befinden sich in Nancy, Mus. hist. lorrain. 🕮 ThB9, 1913. *Lami*, 1906; *Vial/Marcel/Girodie* I, 1912. – *Jacquot* I, 1900; *H. Demoriane*, Connaissance des arts 1968 (191) 90–93; *P. Marot*, Pays lorrain 1968 (1) 1–46 (Stud. zur Fam. Foullon). – Nancy, Arch. mun.: Pfarr-Reg. der Kirchen St-Sébastien und Notre-Dame. M.-C. Marmois-Iochum

Desindo, *Johann Maria Philipp de*, österr. Architekt, fertigte 1612 das Trauergerüst (als Stich überliefert) im Prager Veitsdom zur Trauerfeier für Kaiser Rudolf II. 🕮 ThB9, 1913. – *M. Brix*, WJbKg 26:1973, 226 s., 254.

Desing, *Anselm* (eigtl. *Franz Josef Albert*), dt. Architekt, Theologe, Universalgelehrter, Benediktinermönch, * 15. 3. 1699 Amberg, † 17. 12. 1772 Ensdorf/Oberpfalz. Stud.: 1715–17 Univ. Wien (Phil.). 1718 Eintritt in das Benediktinerkloster Ensfelden und Theologie-Stud. in Michelfeld. 1723 Priesterweihe ebd. 1725–31 Lehrer am Ordensgymnasium in Weihenstephan. 1737–43 Prof. der Univ. Salzburg. Ab 1761 Abt in Ensdorf. Publ. in versch. Wiss.-Zweigen. Maßgebl. an der Gründung der Ritter-Akad. am Stift Kremsmünster beteiligt; nach D.s Entwurfs-Zchngn (1747) wurde dort 1748–59 die „Mathemat. Turm" gen. Sternwarte (Modell ebd. erh.) errichtet. 🕮 ADB V, 1877; NDB III, 1957; ÖKL V, 1979 (Lit.); Dt. biogr. Enz., II, M. u.a. 1995. – *I. Stegmann*, Stud. und Mitt. zur Gesch. des Benediktinerordens 4:1929 (Erg.-H. 4) 3–106; *L. Pühringer-Zwanowetz*, WJbKg 32:1979, 135–172; 43:1990, 181–190 (Quellen); *A. Rabenalt*, Stud. und Mitt. zur Gesch. des Benediktinerordens 101:1990, 103–120. – München, Univ.-Bibl.: Nachlaß. – Mitt. G. Wacha, Linz. D. T.

Desio (Künstler-Fam.) → **Decio** (Künstler-Fam.)

Desipi, *Lorenz von* → **Sype,** *Lorenz van de*

Desipris, *Dimitrios*, griech. Maler, * 1780 Tripotamos/Tinos, † 1866 Konstantinopel. Vater von Fragkiskos D. Stud.: Malerei in Konstantinopel, wo er auch sein eig. Atelier gründete. Malte Heiligenbilder für Kirchen in Konstantinopel und Tinos sowie Porträts. Sein Stil vereinigt die byz. Malerei und ein westl. klassizist. Gefühl. 🕮 *Lydakis* III, 1976, 382; IV, 1976; *Piompinos*, 1984; LEK I, 1997. – *G. I. Dorizas*, Oi Tinioi kallitechnis kai ta mouseia tis Tinou, At. 1979, 34–37; *N. Papastratou*, Chartines eikones. Orthodoxa thriskeutika charaktika 1665–1899, I, At. 1986, 287; *A. Papas*, Polites zographoi kai agiographoi tou dekatou enatou kai eikostou aiona, At. 1984, 42. I. Kotoulas

Desipris, *Fragkiskos*, griech. Heiligenbildmaler, Fotograf, * 1808 Konstantinopel, † 1886 ebd. Sohn und Schüler von Dimitrios D. Nach 1837 in Tinos eig. Atelier, ab 1849 in Ermoupolis/Syros als Fotograf und Heiligenbildmaler tätig. Befaßte sich ferner mit Kpst. (v.a. relig. Themen). 🏛 Syros, Kathedrale. – Georgios-Kirche. – Nikolaos-Kirche. – Koimisis Theotokou. Tinos, Kirche. 🕮 *Lydakis* III, 1976, 382; IV, 1976; LEK I, 1997. – Ermoupolis v. 24. 12. 1865; *G. I. Dorizas*, Oi Tinioi kallitechnis kai ta mouseia tis Tinou, At. 1979, 37–41; *I. Travlos/A. Kokkou*, Ermoupoli, At. 1980, 44, 88, 91, 94, 99, 186, Abb. 18b; *A. Papas*, Polites zographoi kai agiographoi to dekatou enatou kai eikostou aiona, At. 1984, 42; *N. Papastratou*, Chartines eikones. Orthodoxa thriskeutika charaktika 1665–1899, At. 1986, I, 30, 224, 229, 286–288, Abb. 308; II, 541–543, 593; *Ch. Christou*, Mod. Greek engraving, At. 1994 (Greek art). I. Kotoulas

Désiré, *Simon-Claude*, frz. Bildhauer, * um 1625 Châtillon-sur-Seine/Côte-d'Or, † 1708 Saint-Etienne/Loire. Schwiegervater und Lehrer von Jean Coursodon. 1641–52 Ausgestaltung des Schlosses in Sury-le-Comtal/Loire, zunächst zus. mit dem Bildhauer Pierre Jouvenet; lt. DBF beendet D. die Tätigkeit dort mit Boiserien für einen „chambre rouge" gen. Raum. Anschl. läßt er sich in Saint-Etienne nieder und eröffnet eine fortan sehr produktive Wkst. mit zahlr. Mitarb. (u.a. der Schwiegersohn, François Lamoureux, Jean Coustou und Pierre Vaneau). Die erste bek. Arbeit in Saint-Etienne ist ein Retabel für die Schuhmachermeister der Stadt von 1657. Für das Couvent des Dames relig. de Ste-Catherine-de-Sienne fertigt D. die Kanzel, 1665 ein Retabel und 1681 den plast. Schmuck am Kirchenportal, v.a. Figuren der Hll. *Dominikus; Petrus Martyr* und *Margareta*. Anschl. arbeitet er für die Kirche Notre-Dame ein Retabel (Kostenvoranschlag 1690), 1693 die Kanzel mit den *Vier Evangelisten* (lt. DBF D.s Hw. und als einziges erh.), das Chorgestühl (Vertrag von 1695) und 1700–01 Boiserien (ein Retabel von 1693 ist wohl ebenfalls für diese Kirche bestimmt). 1701 gibt D. wahrsch. die Wkst. auf und lebt bis zum Tod im Hôpital de la Charité. 🕮 ThB9, 1913 (Lit.). *Audin/Vial* I, 1918 (Werke, Lit.); DBF X, 1965; *Bénézit* IV, 1999. – *Fauconnier*, Bull. du Vieux Saint-Etienne 1969 (75) 19. R. T.

Désiré-Lucas, *Louis-Marie (Louis)*, frz. Maler, Lithograph, * 15. 10. 1869 Fort-de-France/Martinique, † 1949 Paris (Douarnenez lt. Schurr/Cabanne). Stud.: EcBA bei Adolphe William Bouguereau, Tony Robert-Fleury und Jules Lefebvre. Ab 1897 in Vannes, später in Belz b. Saint-Cado ansässig. Zahlr. Ausz.: 1901 Stip.; 1910 Prix Rosa Bonheur; 1937 Ehren-Dipl.; 1910 Ritter der Ehrenlegion; 1943 Mitgl. des Institut. – Frauen-Portr. (*La Tricoteuse*, 1897; *Le Vœu du petit mousse*, 1900) und ländl. Genreszenen, v.a. aus dem breton. Alltagsleben (u.a. Prozessionen und oft Fischer- und Bauernhütten; z.B. *La Bénédicte*) sowie pastos-körnige Lsch. (*L'Eglise dans la vallée*, 1928), dabei zunächst tonale Hell-Dunkel-Malerei, später (Umzug nach Saint-Cado) farb- und lichtreich. Auch Lith. (nach eig. Werken) und Radierungen. Mehrfach an Ausst. in Deutschland (1896 Münchner Glaspalast; Berlin, Frankfurt, Köln, Düsseldorf) beteiligt. 🏛 BORDEAUX, Mus. BREST, Mus. PARIS, Orsay. – MNAM. QUIMPER, Mus. 👁 *E:* 1906 Paris, Gal. des Artistes mod. – *G:* Paris: ab 1893 SAfr. (1897 lobende Erw.; 1898 Med. 3. Kl.; 1899 Med. 2. Kl.; 1909 Med. 1. Kl.); 1900 WA (Bronze-Med.); 1905 Salon d'Automne / 1936 Venedig, Bienn. 📖 ThB9, 1913; Vo5, 1961. *Bénézit* III, 1976; *Schurr/Cabanne* I, 1996. – Livre D'Or, 1921; *M.-P. Piriou*, Arts de l'Ouest 1995, 173–186. K. S.-D.

Désiron, *Louise*, belg. Malerin, * 1900 Sarte-lez-Huy, † 1983. Stud.: 1915–28 Acad. R. des BA, Lüttich, bei Evariste Carpentier und François Maréchal. – V.a. Lsch. und Blumenstücke (auch Rad.). 🏛 LÜTTICH, Mus. de l'Art wallon. 👁 *G:* 1924–73 Lüttich, Cercle R. des BA (1924 Mitgl.). 📖 DPB I, 1995. K. S.-D.

Desislavić (Desisalić), serb. Goldschmiede-Fam., 2. H. 16./A. 17. Jh. in Sarajevo tätig, nur bek. durch überlieferte Dokumente. Ihre Abstammung bringt man in Beziehung mit den im 14. Jh. in Cattaro (Kotor) tätigen Goldschmieden Gambe-Desislavić und dem um 1466 am Hofe des Herzogs Stijepan in Herzegowina erw. Fam.-Zweig.

1. *Dragobrat*, evtl. Bruder von 3 und 4. Erw. in einer Bemerkung in einem Gebetbuch, das 1564/65 im Hause D. in Sarajevo Dmitar Dijak geschrieben und illuminiert hat.

2. *Ivan*, 1622 in Sarajevo als letzter der Fam. D. belegt.

3. *Mihailo*, Bruder von 4 und evtl. von 1. Mehrmals gen. zw. 1554 und 1557.

4. *Nikola*, M. 16. Jh., erw. als Bruder von 3.

5. *Todor* (Vuković; Vuković-D.), Ikonenmaler, * Maine b. Budva. Ausb. vermutl. in Ragusa (Dubrovnik) oder Cattaro. Sign. und dat. 1568 eine Ikone der *Gottesmutter Hodigitria* (Sarajevo, UG). Zugeschr. werden ihm auch zwei Ikonen im MSPC. Seine Arbeiten weisen sowohl westl. als auch ital.-kret. Einflüsse auf.

📖 ELU II, 1962 (zu 3; Lit.): ELU IV, 1966 (zu 4; Lit.); *Mazalić*, 1967; LEJ I, 1984 (Lit.).

V. Konjikusic

Desislavić, *Obrad* → **Gambe,** *Obrad*

Desisle, *Pierre* → **Desille,** *Pierre*

Desjardins ([Des] Jardin[s]), lothring. Fam. von Maurermeistern, Steinmetzen, Architekten und Bauunternehmern, um 1550–1650 nachw., wohnhaft in Nancy.

1. *Claude*, * um 1575 Nancy, † 1650 ebd. (als Mitgl. der Congrégation mariale des Jésuites in der Eglise des Minimes zu Nancy beigesetzt). Sohn von 2, Bruder von 3; ⚭ 1599 Anne Richard, die Tochter des Zimmermeisters Jean Richard (Nancy, Arch. dép. de Meurthe-et-Moselle [AD54]: 3 E 1300); ⚭ 1625 in zweiter Ehe Françoise Simonin; in dritter Ehe verh. mit Sébastienne Thiéry. D.s Laufbahn beginnt kurz vor 1602; zunächst errichtet er im Auftrag von Henri d'Arquilles zus. mit 2 eine Kap. am Dorfrand von Morey (AD54: 3 E 1301). 1603 Ausf. von Arbeiten an der Halle Neuve der Kirche St-Nicolas. In der Folge schließt er sich bei seinen wichtigsten Vorhaben mit dem Schwager Nicolas de Chamagne zus.; sie bauen u.a. in Nancy die Halle des Rathauses und den Brunnen am Vieil-Hôpital (1604/05), die provisor. Kap. als Vorläufer der Primatialkirche (1608), das Haus des Primas von Lothringen (1609) und in Marainville-sur-Madon das Schloß für Nicolas de Gleysenove (1611–13; AD54: 3 E 1329). 1614–25 als Bauunternehmer der Befestigungsanlagen von Marsal gen. und häufig im Dienst des herzogl. Verwaltungsapparates. Als Stadtarchitekt von Nancy errichtet bzw. restauriert er versch. öff. Gebäude: 1614/15 nimmt D. Umgestaltungsmaßnahmen an den Kirchen Notre-Dame und St-Epvre vor (AD54: 3 E 1861; 3 E 1396). Am 7. 6. 1616 von Alix Leclerc als „conducteur des ouvrages au bâtiment du couvent du monastère" der Congrégation Notre-Dame in Nancy eingesetzt (AD54: 3 E 1947). Außerdem übernimmt er zahlr. Aufträge von Privatleuten ganz unterschiedl. Stellung.

2. *Didier*, * um 1550, † zw. Aug. 1615 und März 1616. Vater von 1 und 3. Nacheinander Heirat mit Isabillon De Laune, Elisabeth Morlet und Marthe Bernier; aus der ersten Ehe stammen 1, Barbe, die Chamagne heiratet (Bauführer bei den Gebäuden des jüngeren Sohnes von Herzog Karl III., François de Vaudémont), Anne (verh. mit dem Ziegeleibesitzer Jacques Migaye) und Jessé; 3 entstammt der zweiten Ehe. In den Reg. der Rechnungskammer von Lothringen befinden sich zahlr. Dok. zu offiziellen Aufträgen von 1580 bis 1613 betr. Besichtigungen der Gebäude auf den Besitzungen des Herzogs, Gutachten, Entwürfe sowie die Ltg und Abnahme von Baumaßnahmen; so arbeitet D. z.B. 1588 zus. mit dem ital. Ing. Ieronimo Citoni an den Befestigungsanlagen der Salzsiedereien in Dieuze. Weitere wichtige Aufgaben: 1603 als „maître-maçon juré de la ville de Nancy" erw.; ab 1605/07 bis zum Tod bei der Ltg von Arbeiten im „parterre" des Schloßparks von Autrey-sur-Madon (AD54: 3 E 1304) als „maître-conducteur des bâtiments du comte François de Vaudémont" genannt.

3. *Gaspard*, auch Bildhauer, * um 1580 Nancy, † nach 1623. Sohn von 2, Bruder von 1. Um 1613 Aufnahme der Berufstätigkeit. ⚭ 2. 2. 1615 Catherine, die Tochter des Ing. Jean L'Hôte (Ehevertrag v. 7. 12. 1614; AD54: 3 E 1312). 1615 zeichnet D. die Pläne für das größtenteils von Chamagne errichtete Gebäude der öff. Waage von Nancy; Claude Deruet erwirbt das allg. als „Romaine" bez. Haus und gestaltet es zu einem eindrucksvollen Stadthaus um. Nach dem Tod von 2 übernimmt D. das Amt des „maître ou architecte des bâtiments du comte de Vaudémont" und errichtet einen Brunnen im „parterre" des Schloßparks von Autrey-sur-Madon (AD54: 3

E 2038). Am 29. 10. 1619 von Elisée d'Haraucourt mit dem Hauptaltar für die Eglise des Carmes von Nancy beauftragt; er wurde durch je eine korinth. und eine Kompositordnung horizontal gegliedert und sollte mit weißem Stein aus Sorcy und schwarzem Marmor gefertigt werden; der plast. Schmuck bestand aus acht Figuren, u.a. einer *Hl. Theresa, zwei Gläubige unter ihrem Mantel beschützend*, vergleichbar mit Darst. der Barmherzigen Jungfrauen (AD54: 3 E 2041).

▭ ThB9, 1913 (s.v. D., Claude; Didier; Gaspard). Dict. des châteaux de France. Lorraine, Nancy 1978, 33, 156. – *H. Lepage*, Les arch. de la ville de Nancy, I-IV, Nancy 1865; *id.*, Inv.-sommaire des arch. dép. Meurthe-et-Moselle, Nancy 1873–88; *Jacquot* III, 1902, 15; *J. Choux*, Lotharingia 3:1991, 123–129. C. Georgel

Desjardins → **Bogaert,** *Martin van den*

Desjardins, *A.*, Lithograph, A. 19. Jh. in Orléans, der nach ital. Meistern arbeitete. ▭ ThB9, 1913. *Bénézit* IV, 1999.

Desjardins, *Antoine* (gen. *Tony*), frz. Architekt, * 29. 7. 1814 Lyon, † 11. 6. 1882 Belmont/Ain. Sohn des Händlers Pierre D. und von Mayron du Sormet, Vater von Paul Auguste D., Schwiegervater des Architekten Louis Jean de Sainte-Marie Perrin. Stud.: ab 1835 EcBA Lyon bei Antoine-Marie Chenavard; 1836 1. Preis für Archit. (Entwurf einer Pfarrk.); ab 1837 EcBA Paris bei Jacques Félix Duban. Rückkehr nach Lyon und im Planungsbüro von Louis Gaspard Dupasquier tätig. 1848 bis an sein Lebensende Diözesanarchitekt von Lyon; 1854–70 zudem Chefarchitekt der Stadt. – 1851 mit der Rest. des Erzbischöfl. Pal. und der Kathedrale beauftragt, erneuert D. 1856 das Dach der Apsis und stockt 1861 das Kirchenschiff auf. Diese Variante der Rest. löst eine heftige Kontroverse aus, so daß schließl. 1940 der urspr. Zustand wiederhergestellt wird. Zw. 1851 und 1864 legt D. sieben versch. Entwürfe für die Rest. und Ausstattung des Pal. St-Jean gen. Erzbischöfl. Pal. vor; zur Ausf. gelangen jedoch nur die Vergrößerung der Kap. (1849–51), die Erneuerung von deren Ausstattung (in den 1930er Jahren entfernt) und die Angleichung der w. an die s. Fassade (1851–54; nach D.s Tod Weiterführung aller beg. Arbeiten durch den Sohn). D. errichtet und restauriert zahlr. sakrale Bauwerke in Lyon wie auch in den Dép. Rhône und Loire (cf. WV). 1854–66 widmet er sich der grundlegenden Umgestaltung des Lyoner Rathauses zum Gebäude der Präfektur des Dép. Rhône und baut v.a. den Großen Festsaal sowie Wohnungen für den Kaiser und den Präfekten. 1857 folgt im oberen Hof des Rathauses das Nymphäum (1886 von Abraham Hirsch voll.). Anschl. Rest. des ehem. Théâtre des Célestins (später abgebrannt) und des Mont-de-Piété (zerst.). Zus. mit dem Ing. G. Martin baut D. 1858/59 die Halles des Cordeliers gen. Markthalle (1971 abgerissen), bei der er sich mit einigen Abweichungen an den Pariser Hallen von Victor Baltard und Félix Emmanuel Callet orientiert. Außerhalb von Lyon vollendet D. das Hospice d'Aligre in Bourbon-Lancy/Saône-et-Loire und dekoriert ein Café in Paris (Passage des Princes). Zudem errichtet er zahlr. Priv.-Häuser in Paris (rue d'Hauteville) und Lyon, Landhäuser in den Dép. Rhône (Ecully, Saint-Didier-au-Mont-d'Or, Champagne-au-Mont-d'Or, Odenas) und Ain (Fitignieu), die Schlösser des Erzbischofs Monseigneur de Bonald in Vernaison/Rhône (heute Altersruhesitz), La Bâtie in Marlieux/Ain und Pinot in Bourbon-Lancy sowie das „la Favorite" gen. Haus im Stadtteil Saint-Irénée von Lyon. Ebd. gestaltet er die Grabmäler der Fam. d'Aubarède-Aynard und Pomiès-Causse (Friedhof Loyasse) sowie Combalet (Friedhof La Guillotière). – 1858 Ritter der Ehrenlegion. Ämter: Repetitor, dann bis 1848 Prof. für Zeichnen an der Ec. de La Martinière in Lyon; Chefarchitekt der Mon. historiques. Mitgl.: 1845 Soc. des Amis-des-Arts (1873 Sekretär); 1851 Soc. acad. d'Archit. de Lyon (1853/54 Schatzmeister; 1859–74 mehrfach Präs.); 1856 Acad. lyonnaise des Sc., Belles-Lettres et Arts (1878/79 Präs.); 1873 Comm. mun. beim Conseil mun.; Conseil dép. des Bâtiments civils du Rhône; Soc. de Géografie de Lyon; Soc. impériale et centrale d'Archit. de Paris; Soc. des Antiquaires du Nord; korr. Mitgl. der Comm. des Mon. hist. und im Comité impérial des Travaux hist. beim Minist. de l'Instruction publique. ⌂ LYON: *Sakralbauten:* Chap. des Massues, 1840–42 (später in Notre-Dame du Point-du-Jour umbenannt, 1971 abgerissen); Voll. der Kirche St-Joseph de Tassin-la-Demie-Lune, 1842 (beg. von Pierre Bossan und Louis Bresson); Vergrößerung des Kultraumes in der Kirche der Loge du Change, 1850er Jahre; Kirche St-Polycarpe: Teil der Innenausgestaltung, 1852; Kirche St-Pierre-de-Vaise, 1853–63; Grand Séminaire de St-Irénée, 1855–60; Pensionat und Kap. der Kartäuser, 1855; Ausstattung der Kirche St-Bruno-les-Chartreux, 1855–64; Kirche St-Bernard, 1859–66; Arbeiten in der Krypta der Kirche St-Irénée, um 1860–63; Kirche St-André, 1860–64 (1897–1901 vom Sohn fertiggestellt); Pensionnat du Sacré-Cœur au Point-du-Jour. – *Profanbauten:* pl. Lyautey (früher pl. Louis XVI): Brunnen, 1862–65 (zus. mit den Bildhauern Guillaume Bonnet und E. Clause). – pl. Carnot (bis 1876 auf der pl. de l'Impératrice, der heutigen pl. des Jacobins): Denkmal für den Bürgermeister und Präfekten Vaïsse, 1868 (mit mehreren Bildhauern, u.a. Philippe Fabisch). – Parc de la Tête d'Or, n. Rand: Zollhaus. – Bürgermeisteramt des Stadtviertels La Croix-Rousse (zus. mit Sainte-Marie Perrin). – Saint-Rambert-l'Ile-Barbe: Petit Lycée. – Viehmarkthalle. – Vaise: Schlachthof. – rue Luizerne: Polizeirevier. – pl. Bellecour: Wache und Café. – Pal. St-Pierre: Flügel zur rue de l'Hôtel-de-Ville. – *Kirchen im Dép. Rhône:* ANSE: 1856–61. BELLEVILLE-SUR-SAONE: Rest. von Notre-Dame, 1845–53; CENVES: 1858–83. CHATILLON D'AZERGUES: Rest. der Schloß-Kap., 1849. FLEURIE: 1857–60; JARNIOUX: Rest. L'ARBRESLE: Kap., 1853. MARNAND: 1846–68. ODENAS: Kap. Notre-Dame-de-Brouilly. PIERRE-BENITE: 1846/47. SAINT-GEORGES-DE-RENEINS: Rest. SALLES-ARBUISSONNAS-EN-BEAUJOLAIS: Rest., 1842. TARARE: Rest. von St-André, 1869. VALSONNE. VILLECHENEVE: 1877. VILLEFRANCHE-SUR-SAONE: Rest. von Notre-Dame-des-Marais (Hauptfassade, 1849; Bau der Turmspitze, 1862). – *Kirchen im Dép. Loire:* AMBIERLE: Rest., 1854. BOURG-ARGENTAL: Rest. CHARLIEU: Rest. der Abtei, 1852–54 (Auftrag der Mon. hist.). FIRMINY: St-Firmin, um 1860. MONTBRISON: St-

Pierre, 1870–74. RIVE-DE-GIER, Schloß Petin: Rest. der Kap. ROANNE: Notre-Dame des Victoires, 1858–84 (vom Sohn voll.). ✉ Projet pour un Cercle des arts à construire sur l'emplacement de la boucherie des Terreaux, Lyon 1841; Chap. de Châtillon d'Azergues, Lyon 1854; Qu'est-ce que l'archéologie?, Lyon 1856 (öff. Ansprache in der Acad. impériale des sc., belles-lettres et arts de Lyon v. 24. 6. 1856); Not. sur l'hôtel de ville de Lyon et sur les rest. dont il a été l'objet, Lyon 1861; Monogr. de l'hôtel de ville de Lyon, P. 1867 (mit hist. und deskriptivem Text); Not. sur les antiquités du village de Vieu, en Val-Romey (Ain), Lyon 1869; Souvenir d'un voyage à Rome. La catacombe St-Calliste, Lyon 1873; L'art des étrusques et leur nationalité, Lyon 1874; Rome. Le Mont Palatin, Lyon 1874; Naples et ses environs, Lyon 1875; Florence, Lyon 1876; Ravenne, Lyon 1876; L'art des étrusques et leur nationalité, in: Enc. d'archit., 2. Ser., 1876; Les travaux archéol. de M. Flouest, Lyon 1877; Venise, Lyon 1877; La Vénus de Vienne. Note sur les restes de murailles antiques situées à Vienne, au-dessous du mont Pipet. Le Temple romain de Vienne en Dauphiné, Tours 1880; La Ligurie, Lyon 1881; La question des théâtres, Lyon 1881. ⊙ *G:* Paris: 1853, '59 (ehrenvolle Erw.) SAfr.; 1855 WA. ▭ ThB9, 1913 (Lit.). *Delaire*, 1907; *Audin/Vial* I, 1918; DBF X, 1965. – Congr. archéol. de France 1934 (1935), 268; *Hautecœur* VII, 1957, 106; *F. Bercé*, Les premiers travaux de la Comm. des Mon. hist. 1837–1848, P. 1979, 124 (Abb.), 163; *G. Gardes*, La pl. Gailleton à Lyon et son décor 1773–1978, in: Le rôle de Lyon dans les échanges artist. entre l'Europe du N et le monde méditerranéen. Archit. et décors à Lyon au XIXe s., Lyon. Inst. d'hist. de l'art de l'Univ. de Lyon 2:1980, 14 (Sonder-Nr); *B. Marrey*, Rhône-Alpes, P. 1982 (Les guides du XXe s.), 205 s.; Le Faubourg Poissonnière. Archit., élégance et décor (K Rathaus 10. Arr.), P. 1986, 286; *D. Leborgne*, Les Champs-Elysées et leur quartier (K Mus. Jacquemart-André), P. 1988, 122; De la rue Impériale à la rue de la République. Archéologie, création et rénovation urbaines (K Pal. St-Jean), Lyon 1991, Abb. 42; Le Pal. St-Jean. Urbanisme, archit. ameublement, coll. (K Pal. St-Jean), Lyon 1992, 61; *J.-M. Leniaud*, Les cathédrales au XIXe s., P. 1993, 100 et passim; *B. Bergdoll*, Léon Vaudoyer. Historicism in the age of industry, N. Y. 1994, 205; *D. Bertin*, Rev. de l'art 106:1994, 58 (Öffnung der rue Impériale, Lyon); *J. Charon-Bordas*, Les sources de l'hist. de l'archit. relig. aux Arch. nat., de la Révolution à la séparation, 1789–1905, P. 1994, 159; Demeures du sacré (K Arch. nat.), P. 1995, 17; *L. Marmey*, Une œuvre de Tony D. Le Grand Séminaire de Lyon, Mag.-Arbeit Univ. Lyon II, 1995; *C. Cadieu-Dumont*, Archit. des édifices cultuels lyonnais au XIXe s., 1802–1905. Guide des sources, Lyon 1996, 49 et passim; *S. Gaubert/R. Cohu*, Arch. d'architectes, P. 1996, 131; Archit. du sacré. Les lieux de culte à Lyon au XIXe s. (K Pal. St-Jean), Lyon 1996; *H. Hours u.a.*, Lyon, le cimetière de Loyasse, Lyon 1996, 67, 233, 260; *C. Loupiac/C. Mengin*, L'archit. mod. en France, I: 1889–1940, P. 1997, 98; *J.-M. Leniaud*, Les bâtisseurs d'avenir, P. 1998, 63, 94. – Lyon, Arch. mun.: 475 Wp 5 (Kirche und Presbyterium St-Bernard, 1854–88); 475 Wp 20 (Kirche St-André, La Guillotière, Ber. D.s, 1855); 475 Wp 23 (Kirche und Presbyterium St-Pierre, Vaise, 1845–53); 3 S 1407 (St-André, La Guillotière, 1862); 3 S 634 (St-Pierre, Vaise, 1878); Arch. dép. du Rhône: V 296 (Bau- und Instandhaltungsarbeiten an den Diözesanbauten); 42 J, Fonds Cateland (Arch. der Fam. D. 1849–1906); Arch. diocésaines et paroissiales (Arch. von St-André, La Guillotière; D.s Schr.-Verz.). Paris, Arch. nat.: F/19/7730 (Entwurf Tauf-Kap. der Lyoner Kathedrale v. 30. 5. 1851); F/19/7230 (Personalakte der Diözesanarchitekten und -inspektoren); F/19/4544 (Prüfung eines Rest.-Entwurfs); AJ/52/362 (Studentenakte der EcBA); Arch. der Comm. des mon. hist.: 81/69/550 (Salles); 82/109/1 (Charlieu); 81/69/5312 (Belleville); 81/69/593/1 (Notre-Dame-des-Marais); 45/5/1 (Ambierle); Roanne, Arch. mun. Tarare, Arch. mun. F. Doulat

Desjardins, *Charles-Jules*, frz. Zeichner, * 10. 12. 1818 Le Havre, † 23. 1. 1884 ebd. 🏛 LE HAVRE, Mus. Malraux: 2 Aqu., 1 Zchng. ▭ *Bénézit* IV, 1999. – Mitt. Mus. Malraux. K. S.-D.

Desjardins, *Claude* → **Desjardins** (Maurer-Fam.)

Desjardins, *Didier* → **Desjardins** (Maurer-Fam.)

Desjardins, *Gaspard* → **Desjardins** (Maurer-Fam.)

Desjardins, *Georges*, Bildhauer in Neufchâteau/Vosges, fertigte 1786 zwei Altäre für die Kirche in Pexonne/Meurthe-et-Moselle. ▭ ThB9, 1913 (s.v. Desjardins, G.). *Lami* I, 1910; *Vial/Marcel/Girodie* I, 1912. – *Jacquot* I, 1900, 325. – Nancy, Arch. dép. de Meurthe-et-Moselle: C 425. M.-C. Marmois-Iochum

Desjardins, *Isnard (Louis-Joseph Isnard)*, frz. Stecher, Radierer, Lithograph, * 14. 1. 1814 Paris, † 16. 11. 1894 ebd. Stud.: EcBA Paris bei Antoine Jean Gros und Auguste Fauchery. D. arbeitete einige Jahre als Tapisseriezeichner für die Gobelins, bevor er sich der Reprod.-Graphik widmete. Stach Ill. u.a. für *Chants et chansons populaires de la France*, P. 1842/43; *Gal. ... de Versailles* von Gavard, P. um 1844. Bek. sind die im Salon ausgestellten Bll. *La déclaration soufflée* nach Alexandre Marie Guillemin (1847); *Le marché sur la plage* nach Auguste Delacroix (1850); *Œillets et roses* nach Pauline Girardin (1852); *Chiens de chasse* nach Alexandre-Gabriel Decamps (1853) und *La marée descendante* nach A. Delacroix (1857). – D. ist v.a. bek. durch die Anwendung eines speziellen Vierfarbendrucks (gen. „gravure Desjardins"); er publ. *Coll. d'aqu. des premiers peintres franç., reprod. en fac-simile.* 🏛 PARIS, BN, Cab. des Estampes. ⊙ *G:* Paris: 1844–88 Salon; 1855 WA (Ausz.). ▭ ThB9, 1913 (s.v. D., Joseph Isnard Louis). DBF X, 1965; *Bénézit* IV, 1999. – IFF, Après1800 VI, 1953; L'art d'ill. Frz. Buch-Ill. des 19. Jh. (K), Wolfenbüttel 1985. C. R.

Desjardins, *Jacques*, Ebenholzschnitzer, 1652 für den kgl. Hof tätig. ▭ ThB9, 1913.

Desjardins, *Jacques* (eigtl. Bogaert, *Jacobus van den*), Bildhauer, Gießer niederl. Herkunft, get. 4. 2. 1671 Breda, † 7. 4. 1737 Grand-Montreuil b. Versailles. Sohn des Händlers Jan van den Bogaert aus Breda, Neffe des Bildhauers Martin van den Bogaert, nach dessen Tod D. 1697 erstmals in Paris nachw. ist, wo er 1700 Marie Brocard heiratet. D. steht im Dienst des Königs und arbeitet im wesentlichen im Auftrag der Bâtiments du roi in Versailles, Meudon, Marly, Paris (Tuileries, Dôme des Invalides, Kathedrale Notre-Dame) und für die Abteikirche von Saint-Denis. Da sich seine Tätigkeit fast immer zus. mit anderen Bildhauern und Gießern vollzieht, ist anzunehmen, daß er v.a. mit techn. Aufgaben (Guß und Vergoldung) betraut wird. In Versailles ist D. hauptsächlich mit der Ausschmückung der von Robert de Cotte erb. Kap. beschäftigt: er liefert die Bronzeornamente am Hochaltar und an den Seitenaltären, die Baluster an Chor und Empore, die Appliken am großen Portal (1710–12) und Basen für Pilaster in der Vorhalle (1715). Für die Appartements des Duc de Berry, der Duchesse de Bourgogne und des Duc d'Antin gießt er 1712/13 ebenfalls Bronzen. Die Tätigkeit im Park bezieht sich auf den Bosquet de la Renommée (1699–1701) und die vergoldeten Bleibaldachine der Bains d'Apollon. In Marly-le-Roi hinterließ D. zahlr. Werke: die Bronzen für die Globen von P. Vincenzo Maria Coronelli (1704–07); für den Schloßsalon acht mehrarmige Leuchter für den Balkon, 1705/06; Ornamente für die Büffets; Zchng für den Balkon, 1706; vergoldete Bronzen für die Appartements (1714). Im Rahmen der Ausgestaltung des dortigen Parks beteiligt er sich 1699 am Guß der großen Gruppen (*Flüsse* von Nicolas Coustou und Corneille van Clève; *Ruhmesgöttin* von Antoine Coyzevox), 1703 am Bleiguß der Gruppe junger Tritonen mit Muscheln für das Bassin der Kaskade Rivière sowie von Vasen für eine Kaskade und die Bains d'Agrippine. In Meudon fertigt D. den Ornamentschmuck der Kamine im Kab. und in der Antichambre des Grand Dauphin (1699–1700) sowie für den Altar der Kap. (1702/03), die Maske am Büffet im Appartement neuf (1704) und die Konsole an der Treppe (1709). Im Dôme des Invalides arbeitet D. 1700/01 an den Hängezwickeln und liefert 1705/06 das Wappen (Bronze) des Königs für dessen Statue. In der Kathedrale Notre-Dame ist er 1712–14 mit der Balustrade der von Cotte ausgef. umfangreichen Chordekoration und den Ornamenten der beiden Altäre beschäftigt. Da sowohl die Aufgaben des Bildhauers als auch des Gießers in D.s Händen liegen, ist er für die Ziselierung von Bronzestatuen zuständig, u.a. einer *Aurora* von Philippe Magnier (1701/02) und der Engel in der Kathedrale Notre-Dame (1714). Darüber hinaus fertigt er kleinere Gegenstände, wie z.B. Agraffen zur Aufstellung bzw. Rest. von Marmorstatuen in Versailles, Marly-le-Roi (1702) und im Jardin des Tuileries (1716/17), und repariert 1708 die Pumpe der Bronzegruppe La Samaritaine auf dem Pariser Pont-Neuf. Durch seine Beziehungen zu Cotte erhält er den Auftrag zum Bronzeschmuck für die Kamine des von letzterem für den Kurfürsten von Köln erb. Schlosses in Bonn. – D. verfügt über ausgezeichnete techn. Fertigkeiten, hinterließ aber wahrsch. kein künstlerisch eigenständiges Œuvre; Hypothesen, nach denen ihm Kleinbronzen zugeschr. werden, sind nach wie vor unbegründet. Die Bronzefigur einer schlummernden Frau, die sich 1766 bei Blondel de Gagny (Paris, Pl. Vendôme) befand und die Hébert D. zuschrieb, wurde wenig später als Werk von Robert Le Lorrain identifiziert. Mitunter werden D. die nach den Modellen seines Onkels gegossenen Bronzen zugeschr.; das einzige in diesem Kontext zu erwähnende Stück könnte die „Van de Boghaert 1699" bez. Statuette eines schlummernden Kindes sein. ⌂ BOSTON/Mass., MFA: Schlummerndes Kind. PARIS, Kathedrale Notre-Dame, Chor: Ornamente. VERSAILLES, Château, Kap.: Schlösser; Balustrade; Ornamentschmuck. ▭ ThB9, 1913. *Hébert*, Dict. pittoresque et hist. ..., I, P. 1766; *Jal*, 1872; *Lami*, 1906; *Souchal* I-IV, 1977–93. – *J. Guiffrey* (Ed.), Comptes des Bâtiments du Roi sous le règne de Louis XIV, IV, P. 1896; V, P. 1901 (im Index mit dem Schlosser *Nicolas D.* verwechselt); *H. Stein*, BSHAF 1932, 153–159; *M. Leyendecker*, Bull. de la Comm. des antiquités des arts de Seine-et-Oise 1943, 100 s. (Schloß-Kap. Versailles); *H. Swarzenski*, Annual report. The MFA (Boston) 88:1963, 48 s.; *R. A. Cecil*, Apollo 87:1968 (72) 95–99; *Rambaud* I, 1964, 249–252; II, 1971, 386; *D. Lewis*, Stud. in the hist. of art 6:1974, 142–155; *L. Seelig*, Stud. zu Martin van den Bogaert gen. Desjardins (1637–1694), Diss. München 1973, Altendorf 1980, 21, 264; *G. Bresc-Bautier/A. Pingeot*, Sculpt. des jardins du Louvre, du Carrousel et des Tuileries, I, P. 1986, 1 s.; *S. Castelluccio*, Le château de Marly sous le règne de Louis XVI, P. 1991, 73. G. Bresc-Bautier

Desjardins, *Jean*, Ebenholztischler, Ebenist in Paris, 1636–57 in kgl. Diensten stehend. Ein gleichnamiger Ebenist in Paris wurde 1755 Meister und lebte noch 1775; ein anderer gleichnamiger Ebenist wurde ebd. 1783 Meister. ▭ ThB9, 1913. *Vial/Marcel/Girodie* I, 1912.

Desjardins, *Jean Louis*, Bildhauer, 1752 in Paris nachw., Mitgl. der Acad. de St-Luc. ▭ ThB9, 1913. *Lami* I, 1910. – *Guiffrey*, 1915 (Repr. 1970).

Desjardins, *Louis*, frz. Maler, † vor 1732 (lt. Bénézit), ab 1680 in Nantes belegt; malte 1710 ein Retabel (Hauptaltar) für Bodilis/Finistère und 1712 ein Retabel für Tressaint/Côtes-du-Nord. ▭ *Bénézit* III, 1976; *Castel/Thomas/Daniel*, 1987. C. R.

Desjardins, *Louis-Léon*, frz. Maler, * 7. 3. 1823 Amiens, † 25. 6. 1914 Guéret/Creuse. Schüler von Horace Vernet in Paris. Kam 1847 nach Guéret, dort bis 1892 Zeichenlehrer am Gymnasium. Lehrer des Malers Silvain Paul Frédéric Grateyrolle. Teiln. an zahlr. regionalen Ausst. (u.a. Limoges, Rouen, Reims, Bordeaux, Toulouse). – V.a. vorimpressionist. Lsch. der Creuse-Region (bes. um Guéret) in der Art von Théodore Rousseau und Henri Joseph Harpignies; auch Portr. ⌂ GUERET, Mus. mun.: Les tilleuils de Châteauvieux; Un coin du village de Colombier. PAU, MBA: Bords du Taurin le matin, 1865. ◉ *E:* 1930 Guéret, Mus. mun. (Retr.; 65 Werke). – *G:* 1857–74 Paris, Salon. ▭ ThB9, 1913. DBF X, 1965; *Harambourg*, 1985; *Schurr/Cabanne* I, 1996. – *M. Henriot*, Bull. de la Soc. sc., hist. et archéol. de la Corrèze 1933, 143 s.; *C. Rameix*, L'éc. de Crozant, Limoges 1991 (Lit.). H.-P. Bühler

Desjardins, *Martin* → **Bogaert,** *Martin van den*

Desjardins, *Nicolas* cf. **Desjardins,** *Jacques* (1671)

Desjardins, *Nicolas*, frz. Ingenieurarchitekt, * Paris, ab 1620 im Dienst des Königs. ⚭ 1632 in Paris; lt. Ehevertrag derzeit „architecte ordinaire du roi". 1640 erneut in diesem Amt dok., 1643 als „ing. du roi". 1664 vom Festungsbaumeister und Commissaire gén. des fortifications, Nicolas Louis de Clerville, zum „ordonnateur des travaux" beim Wiederaufbau der Festung Château-Trompette in Bordeaux ernannt, die als vorbildlich für eine gelungene Synthese von Elementen der Zivil- und Militär-Archit. und als schönstes frz. Militärbauwerk aus der Zeit von Ludwig XIV. gilt. Die Grundfläche des 1653 wahrsch. nach Plänen von Pierre de Conty de la Mothe d'Argencourt beg. Baus wird nun nach N verdoppelt, und da D.s gestalter. Einfühlungsvermögen wohl ausgeprägter ist als seine ing.-techn. Kenntnisse, verwendet er für eine Festung ungewöhnl. üppigen plast. Schmuck aus der Zivilarchitektur. Bes. hervorzuheben und sehr bed. für die Untersuchung der Archit. des 17. Jh. sind die drei Portale (Zchngn in Bordeaux, Bibl. mun.): die von dorischen Säulen flankierte Porte Dauphine (um 1668, Tusche-Zchng von Louis-Guy Combes; Tympanon mit zwei Delphinen, einer Koncha, Girlanden und weiterem dekorativen Beiwerk, das an François Mansart erinnert); die von in Nischen eingestellten Säulen flankierte Porte de la Mer, eine Rarität in der frz. Architektur. Die zw. 1670 und 1676 erb. Porte royale (Tusche-Zchng von Combes; üppig dekorierter Tympanon mit Büste von Ludwig XIV. [beschädigt, Bordeaux, Mus. d'Aquitaine] zw. Justitia und Fortitudo) stammt nicht von D., da er nach der Nichtbefolgung einiger Anweisungen von Clerville 1670 aus dem Amt entlassen wird; vermutl. lieferte er jedoch den Entwurf des den beiden Vorgängern sehr ähnl. Portals. Das 1685 voll. Bauwerk (Gesamtansicht von 1754 in Paris, Mus. des plans-reliefs) verdankt wohl seinen ungewöhnl. Char. v.a. dem ambionierten Vorgehen von D. und Clerville; zudem greifen die offiziellen Behörden des Königs aufgrund der weiten Entfernung von Paris kaum ein, und durch die günstige militärstrateg. Lage der Festung haben die beiden Baumeister freie Hand und ausreichende Mittel zur Verfügung. Ihrer eigtl. Nutzung dennoch nie zugeführt, wird die funktionslos gewordene Anlage A. des 19. Jh. abgerissen (heute dort die Pl. des Quinconces). 📖 *A. March*, Bull. mon. 154:1996 (4) 317–327. R. T.

Desjardins, *Pasquier*, Maler in Paris, der 1561 an der Festdekoration zum Einzug von Karl IX. mitarbeitete. 📖 ThB9, 1913.

Desjardins, *Paul Auguste*, frz. Architekt, * 27. 11. 1847 Lyon, † 15. 5. 1925. Sohn von Antoine D. Bis 1867 Schule in Lyon. Anschl. Stud.: EcBA ebd. beim Vater und beim Maler Jean-Baptiste Danguin; 1868–73 EcBA Paris bei Charles-Auguste Questel; als Freiwilliger im Krieg 1870/71 (Ausf. von topogr. Arbeiten für das Kriegs-Minist.). 1873 Rückkehr nach Lyon; leitet das Planungsbüro des Vaters bis zu dessen Tod 1882 und unterstützt ihn v.a. bei der Rest. der Kathedrale und des Erzbischöfl. Pal. in Lyon. Ab 1882 Weiterführung versch. Baustellen des Vaters: Voll. der Kirchen Notre-Dame des Victoires in Roanne/Loire (Bau des Glockenturms, 1885/86) und St-André in Lyon (1897–1901); Innenausgestaltung der Kathedrale (1889). 1873–82 „inspecteur des travaux diocésains" ohne offizielle Berufung, die erst am 18. 7. 1882 zum „inspecteur des édifices diocésains de Lyon" erfolgt. Inspecteur von Louis Jean de Sainte-Marie Perrin: 1876–90 bei der Lyoner Veterinärschule, 1877/78 bei der Pförtnerloge und den Sprechzimmern im Diözesanseminar. Des weiteren baut und restauriert D. Mietshäuser (u.a. in Lyon, cours Charlemagne, 1884/85), Schlösser und Villen in den Dép. Rhône, Ain und Drôme: die Schlösser von Lentilly/Rhône, 1883/84, Dieulefit/Drôme, Musin, Laroche, Volognat/Ain, Villen in Collonges-au-Mont-d'Or, 1883, Oullins, 1884/85, La Mulatière, alle Dép. Rhône, und Saint-Rambert-en-Bugey/Ain, 1886. Zudem errichtet er mehrere Industrieanlagen (u.a. in Lyon), einen Komplex mit Arbeiterwohnungen in Lyon-Perrache (1884/85), eine Arbeiterstadt in Saint-Rambert, Schulen (Mädchenschule und Kindergarten in Lyon-Saint-Irénée) und Pensionate in Lyon. Schließl. gestaltet D. Grabmäler (Grab-Kap. in Vals/Ardèche, 1885/86), führt Rest.-Maßnahmen an Kirchen im Dép. Rhône durch (Freitreppe der Kirche von Valsonne), entwirft die Pfarrk. in Saint-Etienne/Loire, das Presbyterium in Pontcharra-sur-Turdine/Rhône und die Sakristei der Kirche Notre-Dame des Marais in Villefranche/Rhône. In Cenves/Rhône 1883/84 Bau von Kirche, Schule und Bürgermeisteramt. Als „inspecteur des travaux de l'archevêché" entwirft er 1901 versch. Projekte, setzt die erzbischöfl. Verwaltungsgebäude instand, gestaltet 1902/03 die Freifläche zw. dem Erzbischöfl. Pal. und der Kathedrale und stattet 1909–15 die städt. Bibl. aus. – Mitgl.: 1882 Conseil dép. des bâtiments civils du Rhône und Soc. acad. d'archit. de Lyon (1887/88 stellv. Sekretär, 1891/92 Sekretär, 1899/1900 Vize-Präs.); 1887 Soc. lyonnaise des BA (im Verwaltungsrat); Soc. prov. des architectes franç.; Soc. centrale des Architectes franç.; Assoc. pour la défense mutuelle des architectes; Soc. de Secours pour les artistes de Paris et de Lyon; Ehren-Mitgl. der Union architecturale de Lyon. Ausz.: 1901 Officier d'Académie. ✉ Not. biogr. sur Paul Duranson et not. biogr. sur Claude-Emile Perret de la Menue, Ann. de la Soc. acad. d'archit. de Lyon 10:[ca. 1876], 73, 83; Compte rendu des travaux de la Soc. acad. d'archit. de Lyon pendant les années 1891 et 1892, ibid. 11:18[ca. 1892]. 📖 ThB9, 1913. DBF X, 1965. – *E. L. G. Charvet*, Lyon artist. Architectes. Not. biogr. et bibliogr., Lyon 1899, 127 s.; *C. de Vaulchier*, Acad. d'Archit. Cat. des coll. 1750–1900, I, P. 1988, 298; *J.-M. Leniaud*, Les cathédrales au XIXe s., P. 1993, 663 s.; *J. Charon-Bordas*, Les sources de l'hist. de l'archit. relig. aux Arch. nat., de la Révolution à la séparation, 1789–1905, P. 1994, 164; *S. Gaubert/R. Cohu*, Arch. d'architectes, P. 1996, 131; *C. Cadieu-Dumont*, Archit. des édifices cultuels lyonnais au XIXe s., 1802–1905. Guide des sources, Lyon 1997, 91, 95, 128, 130. – Lyon, Arch. dép. du Rhône: V 296 (Bau- und Instandhaltungsarbeiten an Gebäuden der Diözese, Akten nach Architekten); 42 J, Fonds Cateland (Arch. der Fam. D.). Paris, Arch. nat.: F/19/8044 (Einzelakten der Diözesaninspektoren und -architekten). F. Doulat

Desjardins, *Pierre*, frz. Maler, * 1700 Nantes, † 1774 ebd. Gen. wird ein roh ausgef. Gem. *Auferstehung Christi* im Chor der Kirche in Saint-Sulpice-sur-Loire. 📖 ThB9, 1913. *Bénézit* IV, 1999.

Desjardins, *Simon*, Holzbildhauer, Tischler, Vergolder in Dijon, 1663–78 nachweisbar. Vergoldete 1671 einen von Ligier Guillier gelieferten Rahmen; fertigte 1674–77 das Orgelgehäuse in der Kirche St-Bénigne in Dijon. ▭ ThB9, 1913. *Vial/Marcel/Girodie* I, 1912; *Laveissière* I, 1980.

Desjardins, *Tony* → **Desjardins,** *Antoine* (1814)

Desjardins-Faucher, *Huguette*, kanad. Graphikerin, Aquarellmalerin, Batikkünstlerin, * 27. 2. 1938 Montreal, lebt dort. Ebd. Stud.: 1955–62 EcBA bei Albert Dumouchel und André Jasmin. 1964/65 Mitarb. des Atelier Libre de Recherches Graphiques. D. lehrt seit 1971 an der Univ. du Québec in Montreal. ⌂ OTTAWA, NG of Canada. ▭ *A. Comeau*, Artistes plasticiens, Ml. 1983. – *C. C. Hill/P. B. Landry* (Ed.), Canad. art (K NG of Canada), I, Ottawa 1988. C. R.

DesJarlait, *Patrick Randy* cf. **DesJarlait,** *Patrick Robert*

DesJarlait, *Patrick Robert* (Nagawbo, engl.: Boy Of the Woods), US-amer. Maler, Werbegraphiker, Chippewa-Indianer, * 1. 3. 1921 Red Lake/Minn., † Nov. 1972, war in New Hope/Minn. ansässig. Vater des Malers *Patrick Randy D.* (* 1952, Lehrtätigkeit an der Schule für indian. Kunsthandwerk im Red Lake Reservat). D. wuchs in einer trad. indian. Umgebung auf. Ausb.: bis 1935 Indian Training School, Pipestone/Minn.; 1939 High School, Red Lake; 1940–41 Phoenix Junior College, Phoenix/Ariz. Ab 1948 als Werbegraphiker u.a. Produktion von Animationsfilmen für das Fernsehen. – Indian. Genreszenen nach dem Vorbild europ. und lateinamer. Malerei, bes. der Wandmalerei der mexikan. Muralisten, die durch eine mon., durch das „genau kalkulierte Zusammenspiel von Farben und Formen" (G. Hoffmann) beinahe abstrakte Komp. zu Sinnbildern für die Kraft und lebenserhaltenden Tätigkeiten des Menschen werden (*Maple Sugar Time*, um 1946; *Making Wild Rice*, um 1947, beide Aqu.). ⌂ MINNEAPOLIS/Minn., Campbell Mitcun Advertising Agency. – Hist. Soc. PHOENIX/Ariz., Heard Mus. TULSA/Okla., Philbrook Mus. of Art. WASHINGTON/D. C., Dept. of the Interior. ⊙ *E:* 1945 San Diego, FA Gall. / 1946 St. Paul (Minn.), St. Paul Gall. and SchA / Minneapolis, Amer. Indian Center: 1972 Gedächtnis-Ausst.; 1995–97 P. D. Touring Exhib. ▭ *Snodgrass*, 1968; *Falk*, 1985. – *G. Hoffmann* (Ed.), Indian. Kunst im 20. Jh., M. 1985; *R. Matuz* (Ed.), Native North American artists, Detroit u.a. 1998. Ch. R.

DesJarlait, *Robert D.*, US-amer. Maler, Wandmaler, Illustrator, Autor, Chippewa-Indianer, * 18. 11. 1946 Red Lake/Minn., lebt in Minneapolis/Minn. Autodidakt. – Acryl; Graphit-Zchngn. ✉ Rethinking stereotypes. Native Amer. imagery in art and ill., Coon Rapids 1993. ▭ WWAA, 1991/92–1997/98 (Werke, Ausst., Publ.). C. R.

Desjatkin, *Boris Vasil'evič*, russ. Maler, * 21. 7. 1948 Irkutsk, † Nov. 1996 ebd. Stud.: 1969–74 Kunst-FS Irkutsk. – Portr., Lsch., Genre-Gem., Stilleben (*Natjurmort*, 1975; *Pervoe utro*, 1990). ⌂ BARNAUL, MBK des Altaj. IRKUTSK, KM. KEMEROVO, MBK. ⊙ *E:* 1978, '88, '89 Irkutsk. ▭ Chudožniki Irkutskoj oblasti (K), Irkutsk 1976, 5; 5-ja chudožestvennaja vystavka „Sibir' socialističeskaja" (K), Barnaul 1980, 24; Vystavka, posvjaščennaja 60-letiju Irkutskoj organizacii SCh Rossii (K), Irkutsk 1993, 17 (Biogr.). N. Beloglazova

Desjatkin, *Georgij Danilovič*, russ. Maler, Textilgestalter, * 6. 7. 1926 Staro-Ežeevo/Baschkirien, lebt in Čeboksary. Stud.: 1949–54 Kunst-FS Sverdlovsk (Ekaterinburg); 1954–60 HS für angew. Kunst (ehem. Stieglitz-FS) Leningrad (St. Petersburg). 1960–64 in der Weberei des Autonomen Gebiets Gorno-Altajsk tätig; 1965–80 im Baumwollkombinat Čeboksary. – Entwirft Stoffmuster für die Ser.-Produktion und gestaltet Teppiche (u.a. *Jubilejnyj*, Wolle, 1970), Gobelins u.a. Auch Gem., meist Lsch. (z.B. *Ledochod na Volge*, 1980; *Altaj. Gora Belucha*, 1998). ⌂ ČEBOKSARY, Čuvaš. KM. ▭ Zonal'nye chudožestvennye vystavki „Bol'šaja Volga" (K): 3-ja. Ul'janovsk 1969, Le. 1970; 5-ja. Kazan' 1979, Kazan' 1980; 6-ja, Čeboksary 1985; – 98, Nižnij Novgorod 1998; *Ju. Knjazev*, Sovetskaja Čuvašija v. 22. 6. 1975; *N. A. Urgalkina*, Chudožniki Čuvašii, Čeboksary 1989, 13, 90 s., 375, 415, 444. I. Fomičeva

Desjatov, *Pavel Alekseevič*, russ. Maler, * 1820, † 1888 Moskau. Vater von Vladimir Pavlovič D. Stud.: 1840er Jahre FS für Malerei und Bildhauerei ebd. bei Sergej Konstantinovič Zarjanko (1847 Künstler ohne Klassenrang). Titel der AK St. Petersburg: 1856 „agréé"; 1858 Akademiker für ein Portr. von *Friedrich (Fedor Fedorovič) Richter* (Mus. der AK ebd.). Lehrte in Moskau: 1848–88 FS für Malerei, Bildhauerei und Baukunst; 1860er Jahre Hof-FS für Archit.; 1860er-70er Jahre Stroganov-FS. – Bevorzugt Portr. (Öl), u.a. der Maler *Ivan Konstantinovič Ajvazovskij, Petr Vasil'evič Basin, Vladimir Lukič Borovikovskij, Fedor Antonovič Bruni, Aleksej Gavrilovič Venecianov, Aleksandr Andreevič Ivanov, Timofej Andreevič Neff, Aleksandr Osipovič Orlovskij, Vasilij Kuz'mič Šebuev, Silvestr Feodosievič Ščedrin*, des Historikers *S. M. Solov'ev* (1872), z.T. mit Genreelementen (z.B. *Ochotnik i starucha s devočkoj*; *Starucha, učaščaja doč' svoju gramote*, beide 1845). Auch religiöse Komp. (u.a. *Kreuzigung*, 1859, für die Kirche Troica-na-grjazi, ul. Petrovka, Moskau). ⌂ MOSKAU, Tret'jakov-Gal.: u.a. Portr. des Lehrers an der FS für Malerei, Bildhauerei und Baukunst, Nikolaj Jakovlevič Goljaškin, 1859. ⊙ *G:* u.a. 1858 St. Petersburg, AK / 1872 Moskau, Genossenschaft der Peredvižniki (beide K). ▭ ThB9, 1913 (s.v. Dessjatoff, Pawel Alexejewitsch). *Bénézit* III, 1976 (fälschl. als Dessiatoff, Powel Alexeievitch); ChudSSSR III, 1976 (Lit.); *Milner*, 1993 (s.v. Desyatov, Pavel Alekseevich). – *Z. I. Fomičeva*, Venecianov-pedagog, Mo. 1952, 51–53; *T. V. Alekseeva*, Chudožniki školy Venecianova, Mo. ²1982; *M. V. Nesterov*, Vospominanija, Mo. 1985; *Severjuchin/Lejkind*, 1992. – Mitt. A. F. Krašeninnikov, Moskau. V. Kulakov

Desjatov, *Viktor Aleksandrovič*, russ. Designer, Graphiker, Zeichner, * 21. 9. 1933 Omsk, lebt dort. Stud.: 1968–73 künstler.-graph. Fak. der Pädagog. HS ebd. bei Aleksej Nikolaevič Liberov; 1974 Zentrales Lehr- und Experimentalstudio des sowjet. Künstler-Verb. Moskau bei Evgenij Aleksandrovič Rozenbljum. Ab 1968 Chefgestalter der Stadt Omsk. – Entwürfe und Ausf. (zus. mit anderen) der architekton.-künstler. Ausgestaltung von Städten, Wohngebieten (u.a. der Geflügelfarm „Sibirskaja", Omsk), hist. Komplexen, öff. Einrichtungen (z.B. Kulturzentrum in Tara, 1995) sowie Rest. von Archit.-Denkmälern, Gest. von ethnogr. und denkmalgeschützten Bereichen und Gedenkstätten. Auch Interieur-Gest.: dekorative Gitter (u.a. *Znaki zodiaka*, Metall, Holz, 1967), Wand-Gem. (z.B. *Architekturnye pamjatniki SSSR*, Holz, Metall, 1969); Entwürfe für Leuchter und Möbel. Werbeplakate für sibir. Kunst-Ausst. (u.a. *Dlja Vas, omiči*, 1965; *Sibir' socialističeskaja*, 1967) sowie zum Thema Arbeit und Frieden (z.B. *Mir otstojali, mir sochranim*, 1985; *Množ'te trudovye podvigi, neftjaniki Sibiri*, 1987); Gebrauchsgraphik (u.a. Firmensignet für die Omsker Geflügelfarm „Sibirskaja", 1983), Zchngn für Buchverlage in Omsk (1960er-90er Jahre) und Bremen (Ides, 90er Jahre). 🏛 EKATERINOVKA/Gebiet Omsk, Künstlerheim: architekton.-künstler. Anlage; Gest. von Gebäude und Umfeld, 1975. OMSK, MBK. – Hist.-heimatkundl. Mus. – *Innen- und Außen-Gest.*: Pionier-Pal., 1976; Künstler-Ateliers, 1978; Musiktheater, 1980; Jugendcafé Alenuška, 1984. – Kazačij- bzw. Nikol'skij-Kathedrale: Rest. der Fassade, Umgestaltung des Innenraums zum Kammer- bzw. Orgelmusiksaal, 1982 bzw. 1986. – Serafimo-Aleksievskaja-Glockenturm: Rekonstr., 1995. PETROPAVLOVKA/Gebiet Omsk, Sanatorium und Touristenheim für Kinder: Entwurf zur architekton.-künstler. Anlage; Gest. von Gebäude und Umfeld, 1984 (immer beteiligt). 🕮 ChudSSSR III, 1976 (Lit.). – Vystavki proizvedenij chudožnikov Omska (K), Omsk 1968–70, '73, '76, '77, '82, '84–87; Sovetskoe monumental'noe isk. 75–77, Mo. 1979, 290; 5-ja chudožestvennaja vystavka „Sibir' socialističeskaja" (K), Barnaul 1980, 199; *N. Moročenko*, Omskie chudožniki-šestidesjatniki, Omsk 1995, 9, 46 s. N. Beloglazova

Desjatov, *Vladimir Pavlovič*, russ. Architekt, * 30. 6. 1855 Moskau, † nach 1917. Sohn von Pavel Alekseevič D. Stud.: bis 1875 FS für Malerei, Bildhauerei und Baukunst Moskau (Titel Archit.-Künstler mit Klassenrang). Eröffnete 1890 in Moskau ein Archit.- und Baubüro (zus. mit A. P. Petersen). – Vertreter des pseudoruss.-byz. Stils; v.a. Sakral-Archit. Entwarf auch Anbauten zur Schule im Moskauer Novodevič'e-Kloster, 1880er Jahre. 🏛 ČERKIZOVO, Tarasovka-Haltepunkt: Kirche, 1903. CHOMJAKOVO/Kr. Vereja: Kirche, 1894. GORODOK: Kirche Mariä Himmelfahrt, 1908. MOSKAU, Degtjarnyj pereulok 2: Wohnhaus, 1889. – ul. Ščepkina 61: Kirche Gottesmutter „Aller Leidenden Freude" beim Staroekaterininskaja-Krankenhaus, 1899. – Novokuzneckaja ul. 38: Altgläubigen-Kirche Mariä Schutz und Fürbitt, 1910. NOVO-ZAGOR'E, Nikolaus-Kirche: Refektorium, Glockenturm, Freitreppe, 1905. PAVLOVSKIJ POSAD, Mariä Schutz und Fürbitt-Basilius-Kloster: Glockenturm, 1890er Jahre. ŽIGALOVO/Kreis Zvenigorod, Kirche: Seitenkapellen, 1900. ZNAMENSKOE-GUBAJLOVO/Kreis Moskau, Kirche: Seitenkapellen, Glockenturm, 1902. 🕮 *A. F. Krašenninikov u.a.*, Zodčie Moskvy vremeni ėklektiki, moderna i neoklassicizma, Mo. 1998 (Archivalien). A. Krašeninnikov

Desjatyj, *Naum*, russ. Ikonenmaler aus Novgorod, 1642–43 Teiln. an der Ausmalung der Mariä-Himmelfahrt-Kathedrale des Moskauer Kreml. D. wird bei Zabelin und Rovinskij unter dem Namen Devjatyj geführt wie der ebenfalls aus Novgorod kommende Ikonenmaler *Michail Devjatyj* (evtl. sein Bruder), der gleichfalls an der oben gen. Ausmalung beteiligt war. 🕮 ChudSSSR III, 1976 (Lit.). – *Brjusova*, 1984 (s.v. Devjatov, Naum und Devjatov, Michail). N. Lavrent'eva

Desjeux, *Emilie*, frz. Malerin, Zeichnerin, * 9. 10. 1861 Joigny/Yonne, tätig in Paris. Schülerin von Bouguereau. ⊙ *G:* Paris: 1887–97 SAfr. (1884 Mitgl.); 1899 Union des Femmes Peintres et Sculpteurs (Mitgl.); 1900 WA (ehrenvolle Erw.). 🕮 ThB9, 1913. *Edouard-Joseph* I, 1930; *Bénézit* III, 1976.

Desjobert, *Eugène (Louis-Remy-Eugène)*, frz. Maler, Zeichner, Radierer, * 16. 4. 1817 Châteauroux/Indre, † 26. (oder 25.) 10. 1863 Paris. Schüler von André Jolivard, Claude-Félix-Théodore Aligny, Paul Huet (ab ca. 1836) und François-Louis Français (um 1850). D. hatte zahlr. Schüler, u.a. Armand Beauvais. 1863 Mitgl. der Ehrenlegion. – Malte und zeichnete Lsch. (u.a. Forez, Auvergne, Bretagne, Normandie, Jersey, Umgebung von Paris). Während die frühen Bilder eher narrativ und naturalist.-romant. sind, greift D. später, z.B. in *Le préau de Charenton, St. Maurice* (Mus. Le Mans), auf Stimmungswerte in Anlehnung an Théodore Rousseau und Corot zurück, die ihm Huet und Français über viele Jahre vermittelt hatten. Auch einige Kaltnadel-Rad., u.a. *Le pêcheur*, 1845. 🏛 ALGIER, MNBA. BESANÇON, MBA: L'automne dans les bois. BOURGES, Mus. du Berry: u.a. Paysage près de Granville, Bleistift-Zchng, aquarelliert, 1860. CHATEAUROUX, Mus. Bertrand. GUERET. Mus. mun.: Sous-bois avec peintres, Öl, 1861. LA ROCHELLE, MBA. LE MANS, Mus. MOULINS, Mus. dép. et mun.: Intérieur de forêt. MULHOUSE, MBA. PARIS, Mus. Carnavalet. ⊙ *G:* Paris: 1842–63 ('64 postum) Salon (mehrere Ausz., u.a. 1861 Med. 2. Kl.); lt. DBF 1855 WA (Ausz.). 🕮 ThB9, 1913. DBF X, 1965; *Bénézit* III, 1976; *Harambourg*, 1985. – *M. E. Souchois*, Not. hist. sur E. D., P. 1864 oder 1865; *P. Miquel*, L'éc. de nature 1975 (2) 213, 236; (3) 617; *C. Rameix*, L'éc. de Crozant, Limoges 1991. H.-P. Bühler

Deskey, *Donald* (eigtl. Desky), US-amer. Designer, Maler, * 23. 11. 1894 Blue Earth/Minn., † 29. 4. 1989 Vero Beach/Fla. Stud.: 1914 Mark Hopkins Inst., San Francisco; 1915–17 Univ. of California, Berkeley (Archit.); 1920–22 Art Students League, New York (Abendklassen); 1922–23 Ec. de la Grande Chaumière, Acad. Colarossi, Atelier Léger, alle Paris (Malerei). 1920 Graphikdesigner der Hop Advertising Company, Chicago; 1921–24 in New York eig. Werbeagentur zus. mit Charles Howell. Lebte 1925–26 in Paris. 1927–31 mit Philip Vollmer Ltg der Designfirma „D.-Vollmer Inc.", New York, anschl. eig. Büro und ca. 1943 Gründung von „D. D. Associates", bis 1976 Präsident. Lebte 1965–80 im Sommer in Blainfield House, Kirkoswald/Strathclyde. Lehrtätigkeit: 1922–24 Juniata College, Huntingdon/Pa. (Zeichnen, Malerei); 1930–36 New York Univ. (Industriedesign). Mitgl.: R. Soc. of Art; Amer. Architectural League, 1944 Mitbegr. der Amer. Soc. of Industrial Designers. – D. malte 1923–25 Lsch. (bes. von Pennsylvania) in pointillist. Manier. Inspiriert von der Pariser WA 1925 und vom Bauhaus in Dessau entwarf D. 1926/27 die ersten mod. Schaufensterauslagen für die Kaufhäuser Franklin Simon & Co. und Saks Fifth Avenue, New York. Er benutzte Industrie-Mat., z.B. mit Kupfer oder Messing verzinktes Eisenblech und Kork, für die Kulisse, eine akzentuierende Beleuchtung sowie abstrakte, kubist. Staffagen. Zu den ersten dekorativen Arbeiten gehören Wandschirme (1927–31, Entwürfe noch bis 1935), die die Gal. von Paul Theodore Frankl verkaufte. D. bemalte die faltbaren, z.T. asymmetr. und unterschiedl. hohen Seiten mit geometr., abstrakten Formen, angeregt von Gem. von Alexander Archipenko und von Fernand Léger sowie von De Stijl-Künstlern. Ab 1927 entwarf und verkaufte er funktionale und vielseitig verwendbare Sitzmöbel, Tische, Schreibtische und Lampen. Die z.T. deutl. aus seinen Möbelskizzen der Pariser WA entwickelten Einzelstücke waren bereits für die industrielle Fertigung geeignet. Daneben gestaltete er luxuriöse Inneneinrichtungen (nicht erh.) für New Yorker Bürger, wie z.B. 1927 ein Appartement an der Park Avenue für den Präs. von Saks Fifth Avenue, Adam Gimbel, und ca. 1930 eines für Helena Rubinstein. Für Abby Aldrich Rockefeller entwarf D. zw. 1928 und 1931 ein Graphikkabinett, Gem.- und Keramik-Gal. mit Wandverkleidungen aus Bakelit mit eingenuteten Aluminiumstreifen sowie Ankleide- und Badezimmer mit Glasbausteinwänden. Er konnte bei diesen Aufträgen v.a. mit mod. Möbelformen und neuartigen Mat. (exot. Hölzern, Aluminium, Bakelit, Glas, Lack) experimentieren. Für seine frühesten öff. Innenräume, einem Café mit Soda-Brunnen und einem Schönheitssalon im Kaufhaus Abraham & Strauss, Brooklyn, verwendete er 1928 als einer der ersten amer. Designer Stahlrohrstühle. Europ. beeinflußt waren auch die holzvertäfelten, mit horizontalen verchromten Bändern akzentuierten Wände und die fluoreszierende Lichtgebung im Café. Zus. mit Edward Durell Stone übernahm D. ferner die Archit. und Innenausstattung eines Hauses für Richard H. Mandel, Mount Kisco/N. Y. (1933–35). Wegen der Rezession begann D. ab 1931 verstärkt mit größeren Herstellern zusammenzuarbeiten, die zw. 1930 und 1934 über 400 seiner Möbelentwürfe realisierten. Die Ypsilanti Reed Furniture Company, Ionia/Mich., produzierte um 1930 auf D.s Veranlassung hin erstmals in den USA Stahlrohrmöbel für den breiten Markt. Zur WA 1933 in Chicago entwickelte D. für die Fa. Steinway einen der ersten mod. amer. Flügel in Macassar und Ebenholz und erhielt dafür 1937 eine Gold-Med. auf der Pariser WA. In den 1930er Jahren entwarf D. außerdem viele geometr. abstrakte Teppichmuster und Stoffe (z.T. für seine Möbel) und setzte sich für die Verwendung von synthet. Textilien aus Rayon oder Permatex ein. D.s bekannteste Arbeit ist die Innenausstattung der Radio City Music Hall (1932, z.T. erh.) im New Yorker Rockefeller Center mit 30 Lobbies, mehreren Raucherzimmern, Foyers, Lounges und dem S. L. „Roxy“ Rothafel-Appartement über dem Konzertsaal (zus. mit Wallace Kirkman Harrison). D. ließ Decken in Kupfer oder mit Blattgold (im Rothafel-Appartement) ausführen, verwendete Bakelit, edle Furniere, viele Spiegel und viel Glas und entwarf neben Lampen, Teppichen und Möbeln z.B. für ein Raucherzimmer eine mit Tabakmotiven bedruckte Wandverkleidung aus Aluminiumfolie. Führende Maler, Bildhauer und Designer (z.B. Stuart Davis, Yasuo Kuniyoshi, Ruth Reeves, Henry Varnum Poor) trugen unter D.s Leitung mit eig. Dekorationen zu einem der prunkvollsten zeitgen. Interieure in den USA bei. Viele weitere Aufträge für öff. Gebäude folgten, z.B. 1937 die Innenausstattung des New Yorker Nachtclubs „International Casino“ und des Hollywood Turf Club, Inglewood/Calif. In den 40er und 50er Jahren wurden D.s Einrichtungen konservativer und bes. auf Komfort ausgerichtet, z.B. 1948 der Rückbau des Truppentransporters „Argentinia“ zur urspr. Funktion als Kreuzfahrtschiff. D.s Möbel zeigen zunehmend runde und organ. Formen, stehen aber in ihrer Ornamentlosigkeit im Einklang mit früherem Design. D. konzentrierte sich auf Produktentwurf, -verpackung und Ausst.-Design; die einzige Möbel-Ser. (gegossene Aluminiumrahmen mit farbigem Plastik-Laminat) entstand 1957/58 für die Charak Furniture Company, Boston/Mass. Er interessierte sich bes. für Fertighäuser und entwickelte 1939 mit „Weldtex“ ein preiswertes Baumaterial aus Douglasien-Schichtholz, dessen Oberfläche in engem Abstand und unterschiedl. Tiefe und Breite eingenutet war, um wilde Maserung zu vermeiden. Es wurde z.B. für sein erstes Fertighaus, das Wochenendhaus „Sportshack“ (1940), verwendet, das mit kompletter Inneneinrichtung (Küchen und Badezimmereinheiten von General Motors) geliefert wurde. Speziell für Fertighäuser (u.a. seiner eig. 1946–47 bestehenden Fa. Shelter Industries Inc.) entwarf D. 1945 die „Ingersoll Utility Unit“, eine Küchen-Bad-Heizungs-Einheit auf 3 m^2 für die Fa. Borg-Wagner Corporation, Chicago. Die Fa. Brunswick, Balke and Collender, Chicago, baute nach D.s Ideen 1943–58 zahlr. standardisierte Freizeitzentren mit Billard- und Bowlingausstattung. Zus. mit mehreren Partnern und zwei ausländ. Firmen (Sigvard Bernadotte af Wisborg/Acton Bjoern, Kopenhagen; London Design Research Unit) lieferte „D. D. Associates“ Designkonzepte und Entwürfe u.a. für die Firmen Procter and Gamble (1949–76, v.a. Verpackungsdesign), Amer. Radiator & Standard Sanitary Corporation (Kücheneinrichtungen, 1957), Sinclair Refining Company (Firmendesign, 1954–56). In den 60er Jahren übernahm D. einige Innenausstattungen in New York (Marco Polo Club, Waldorf-Astoria Hotel, 1960, mit Russel Heston; Wall Street Club im Chase Manhattan-Gebäude, 1960–62) und gestaltete im Auftrag des amer. Wirtschafts-Minist. mehrere Messestände auf internat. Handelsmessen (z.B. 1962 für die Century 21 Expos., Seattle/Wash.). Bis 1980 war D. noch an Projekten seiner Fa. beteiligt, beschäftigte sich aber v.a. mit Malerei. – D. gilt als einer der bedeutendsten amer. Industriedesigner. In seiner künstler. innovativsten Phase zw. ca. 1925 und 1935 trug er wesentl. dazu bei, daß sich in den USA mod. Design und eine nüchtern-funktionalist. Ästhetik etablierten. Durch die Zusammenarbeit mit bed. Künstlern förderte er den amer. Modernismus und kreierte, beeinflußt von europ. Art déco-Entwürfen, einen typ. amer. Einrichtungsstil. Er besaß eine große Weitsicht für die Bedeutung der Konsumkultur im 20. Jh. und engagierte sich bereits um 1930 für die Zusammenarbeit zwischen Designern und Herstellern, indem er die Amer. Designers' Gall. und die Amer. Union of Decorative Artists and Craftsmen mitbegründete, die u.a. gegen zunehmende Plagiate vorging. NEW HAVEN/Conn., Yale Univ. AG. NEW YORK, Cooper-Hewitt Mus.: umfangreiche (Entwurfs-)Slg. – Metrop. Mus.: u.a. Sessel, 1928–29; Tische, ca. 1930. PHILADELPHIA, Mus. of Art: Wandschirm, 1928. RICHMOND, Virginia MFA. New York, Cooper-Hewitt Mus.: Nachlaß. *G:* New York: 1927 Macy's: Expos. of Art in Trade; 1928, '29 Amer. Designers' Gall. / 1983 New Haven, Yale Univ. AG: At home in Manhattan (K) / 1986–87 Brooklyn (N. Y.), Brooklyn Mus.: The Machine age in America 1918–1941 (K; Wander-Ausst.). Vol, 1953. WWAA, 1940/41–1962; *S. Jervis*, The Penguin dict. of design and designers, Lo. 1984; ContempDesigners, 1985; *Falk*, 1985; *P. Dormer*, Ill. dict. of twentieth c. designers, Lo. 1991; *K. B. Hiesinger/G. Marcus*, Landmarks of twentieth-c. design, N. Y./Lo. 1993; *M. Byars*, The design enc., Lo. 1994; DA VIII, 1996; Dict. internat. des arts appliqués et du design, P. 1996; *J. Banham* (Ed.), Enc. of interior design, I, Lo./Chicago 1997; Amer. nat. biogr., VI, Ox. u.a. 1999. – *M. Greif*, Depression modern. The thirties style in America, N. Y. 1975; *A. Balfour*, Rockefeller Center. Archit. as theater, N. Y. 1978; *E. Genauer*, Horizon 23:1980 (Febr.) 60–63; *J. Loring*, Architectural digest 41:1984 (Juli) 66–71; *A. Duncan*, Amer. Art deco, Lo. 1986; *D. A. Hanks/J. Toher*, D. D. Decorative designs and interiors, N. Y. 1987 (WV, Schriften); *id./id.*, Antiques 131:1987 (4) 838–845; *M. Komanecky*, ibid. 131:1987 (5) 1064–1077; *A. J. Pulos*, The Amer. design adventure, C., Mass. 1988; *D. A. Hanks*, Interior design 59:1988 (Mai) 306–309; *A. Berman*, Architectural digest 50:1993 (Okt.) 154–157; *B. Hillier/S. Escritt*, Art deco style, Lo. 1997. H. St.

Deskien, *Bauwin* cf. **Deskien,** *Mathys*

Deskien (de Chiens; de Hondt; de Key; le Kien; des Kiens; de Kyens; de Quiens), *Mathys*, Bildhauer in Gent, dok. 1517–42. Schwager des Bildhauers Bastiaen Crop. Ab 12. 8. 1517 Meister. Vor 1525 für die Kirche in Eeklo tätig, 1529–40 als Kerkermeister am Châtelet in Gent. D.s zweiter Sohn, *Bauwin (Bauduwyn) D.* († 1589) war ebenfalls Bildhauer und trat vor 1540 in die Genter Gilde ein. ThB9, 1913; ThB20, 1927 (s.v. Kien, Mathys de).

Deškin, *Ivan*, russ. Architekt, Baumeister, * um 1715, † nach 1750. Ausb. ab A. 1730er Jahre in der Archit.-Gruppe von Ivan Kuz'mič Korobov beim Admiralitätskollegium St. Petersburg. In den 40er Jahren Rekonstr. des ehem. Menšikov-Pal. in Oranienbaum b. St. Petersburg. Erh. sind von D. sign. Zchngn des Grundrisses und der Pal.-Fassade (St. Petersburg, Ermitage; Stockholm, NM). Ab 1749 beim Architekten Savva Ivanovič Čevakinskij in Kronštadt tätig. *E. A. Borisova*, Ežegodnik Instituta istorii isk., Mo. 1961, 164; *B. H. Hallström*, Russian architectural drawings in the Nat. Mus., Sth. 1963, 33; Architekturnaja grafika Rossii pervoj pol. XVIII v., Le. 1981, 37. A. Krašeninnikov

Deško, *Aleksandr Al'bertovič*, Maler in Weißrußland, * 5. 10. 1957 Minsk, lebt dort. Stud. ebd.: bis 1976 Kunst-FS; bis 1982 HS für bild. und Bühnenkunst bei Viktar Aljaksandravič Gramyka, Petr Serapionovič Krocholev, Aljaksej Antonavič Maračkin, Maj Vul'fovič Dancig. – In Öl bevorzugt Lsch. (*Boloto*, 1976; *Na Svisloči*, 1986; *Minskoe more*, 1988; *Casovnja Dunina-Marcinkeviča*, 1990), Stilleben und Portr. (*Nataša Suško*, 1991), die realist. gehalten sind und bisweilen romant. und dekorative Elemente aufweisen. Ab 1994 sind D.s Gem. stärker ideell ausgerichtet und assoziieren persönl. Erlebnisse (u.a. *Strakatanne konikaŭ u kanjušyne*; *Kupanie sil'fidy*, 1998; *Kliničeskaja smert' I/II*, 1999). *G:* seit 1983 v.a. Minsk, u.a. Kunst-Pal.: 1990 Ausst. Ökologie; 1996 Aqu.-Ausst. zum 10. Jahrestag von Černobyl'. Belaruski Sajuz Mastakoŭ, Minsk 1998 (s.v. Dzjaško, Aljaksandr Al'bertavič). G. Fatychava

Deško, *Leonid Ivanovič*, russ. Zeichner, Graphiker, * 10.(23.) 10. 1912 Čita, † 14. 10. 1985 Moskau, lebte in Chabarovsk. 1970 Verdienter Kulturschaffender der Russ. Föderation. – Polit. Karikaturen und Zchngn für Ztgn der Region Chabarovsk (u.a. Ticheokeanskaja zvezda); auch polit. Plakate. ChudSSSR III, 1976. – VSII Sprav. III-IV, 1973–76. N. Beloglazova

Dešković, *Andrija*, dalmatin. Baumeister, erb. 1444 lt. Archivangaben in Ston b. Ragusa (Dubrovnik) ein Haus und 1469 eine Steinbrücke in Doli b. Ston. Die in Lexika erw. Zusammenarbeit mit Ratko Brajković 1437 bezieht sich nicht auf D., sondern auf Andrija Petrović. ELU II, 1962; LEJ I, 1984; EHU I, 1995. P. Marković

Dešković, *Branislav (Branko)*, kroat. Bildhauer, * 11. 3. 1883 Pučišća auf Brazza (Brač), † 21. 8. 1939 Vrapče b. Zagreb. Stud.: 1903–05 ABA Venedig bei Antonio Dal Zotto; 1906–07 Wien im Kreis junger Dalmatiner, zu dem u.a. der Maler Frano Angeli Radovani gehörte. 1907–21 in Paris, wo er mit den Malern Gennaro Favai (Portr.-Büste, 1911 ausgestellt) und Vinko Foretić befreundet war sowie Rodins Anerkennung fand. 1908–10 Mitgl. der Gruppe Medulić. Während der Pariser Jahre Aufenthalte in Venedig, 1910 in Sarajevo (nicht erh. große Skulpt.-Gruppe *Borba Kraljevića Marka i Crnog Arapina*), Dalmatien sowie 1914–16 in Montenegro als Kriegsfreiwilliger (Zchng *Povlačenje srpske vojske*; Relief *Srpski vojnici u borbi*). Im Kreis der Emigranten um König Nikolaus I. von Montenegro in Paris Engagement für ein freies föderatives Jugoslawien. 1921 nach Anfällen geistiger Umnachtung als Folge des Bohèmelebens und polit. Widerstände Übersiedelung nach Split, wo er, mit dem Maler Ignjat Job befreundet und zeitweilig genesen, nur wenige Werke ausführt (*Pijanac; Pas koji se šulja*, beide 1932). – Als ausgewiesener Tierbildhauer nähert sich D. von allen kroat. Bildhauern am stärksten dem Impressionismus. Seine frühen Arbeiten (Portr. als Vollplastik oder Relief) sind akad. und spontan realist. (*Poprsje gospodina X*, 1904/05; *Poprsje gondolijerove žene*, 1905). In Paris Verselbständigung der Modellierung (*Poprsje Vale Michelija Tomića*, 1907) und Gest. der Formen im Spiel von Licht und Schatten. Beeinflußt von Pavel Petrovič Trubeckoj, entstand eine Reihe meisterhaft in Ton modellierter Pferde und Hunde in char. Posen

(*Pas koji se češe*,1907/08; *Naglo zaustavljeni pas*, 1908; *Odmor; Pas na tragu*, beide 1910). 1912–21 schuf er aus patriot. Gesinnung, z.T. auch beeinflußt von Antoine Bourdelle, Mon.-Plastiken in secessionist. geschlossen-stilisierten Formen zu hist. und allegor. Themen (Skizze zu *Balkanski blok*, 1913; *Kraljević Marko, Pobjeda Slobode*, 1918). ⌂ BOL/Brač, Gal. B. D. SPLIT, Gal. umjetnina. WASHINGTON/D. C., Mus. ZAGREB, Mod. gal. – Zbirka D. Mađer. ✉ Zašto smo Jugosloveni. Otvoreno pismo Jugoslovena Italijanima, P. 1918. ◎ *E:* 1910 Sarajevo, Velika realka / Split: 1940 Umjetnički salon Galić; 1983 Gal. umjetnina. – *G:* seit 1908, u.a. Paris: 1908, '11–14 Salon de la Soc. nat. des BA; 1920, '21 Salon d'Automne. 🕮 Vo1, 1953; Vo5, 1961 (falsches Geburtsjahr). MagyKépLex (falsche Angaben zum Geburtsort), 1915; ELU II, 1962 (falsches Sterbedatum); *Mazalić*, 1967; *Mackay*, 1977 (s.v. Deschkowitz, Branko); LEJ I, 1984; HBL III, 1993 (Lit.). – *O. Bihalji-Merin*, Jugosl. Skulptur des XX. Jh., Bgd. 1965 (Geburtsjahr, Sterbeort falsch); *D. Kečkemet*, Retr. B. D., Život umjetnosti 1967 (3/4) 115 s.; *K. Prijatelj*, Peristil 26:1983, 81–88; *Ž.Koščević* (Ed.), Skulptur in Kroatien 1950–90 (K Wilhelm-Lehmbruck-Mus.), Duisburg 1994. K. Kamenov

Deskubes, *Evgenij Evgen'evič* cf. **Deskubes,** *Evgenij Ivanovič*

Deskubes, *Evgenij Ivanovič*, Architekt belg. Abstammung in Rußland, * um 1860, † nach 1927. Vater von *Evgenij Evgen'evič D.* Stud.: Polytechn. HS Lüttich. Nach Kislovodsk berufen, um dort einen Kursaal (mit Theater, Restaurant, Kasino, Lesesaal, Freilichtbühne) und angrenzenden Park (samt Kinderspielplatz und Zoo) zu projektieren (1895–96 erb.). Errichtete ebd. zur gleichen Zeit auch die Villa des Barons R. V. Štejngel (später Gebäude der Stadt-Duma, 1918 im Bürgerkrieg abgebrannt). – D.s Sohn (* 1899 Vladikavkaz) stud. bis 1931 an der Polytechn. HS Baku und leitetet 1947 die Projektierungs-Abt. von Kasmorstroi. 🕮 Moskau, Ščusev-Archit.-Mus.: Fond biografičeskogo slovarja architektorov. A. Krašeninnikov

Deskur, *Józef Marian*, poln. Maler, Zeichner, Illustrator, * 20. 2. 1861 Warschau, † 9. 10. 1915 im Sanatorium b. Graz. Stud.: Phil. in Prag, daneben Zeichenschule bei František Čermak; anschl. 1880–83 AK München bei Gabriel Hackl, Alois Gabl und Wilhelm Lindenschmit sowie Priv.-Schule Bruno Piglheim und Fritz Uhde; danach Acad. Julian, Paris, bei Jules Lefebvre und Gustave Boulanger. Danach in Ostrów/Kr. Miechów, ab 1901 in Sancygniów/Kr. Pińczów ansässig. – D. ist hauptsächl. durch seine Ill.-Zchngn bekannt (*Märchen aus 1001 Nacht*, Tusche, Aqu.), malte aber auch in Öl. Zeichnete v.a. phantast.-symbol., exot., antike und Genremotive mit zahlr. Details und dekorativ stilisiert; häufig entstanden mehrere Arbeiten zu einem Thema. Gelegentlich auch Gebrauchskunst (Entwürfe für Eisentore, Möbel etc.). ⌂ KIELCE, Muz. Świętokrzyskie. KRAKAU, MN: Krieg (1 Karton eines urspr. aus 4 Kartons bestehenden Zyklus), 1898. OBLĘGORK, Muz. H. Sienkiewicza: Ill. zu Märchen aus 1001 Nacht. POZNAŃ, MN: Zyklus Sphinx, 7 Kartons, 1897–99. WARSCHAU, MN: Röm. Gastmahl, Tusche, Gouache, 1881; Emanzipierte Frau, Tusche. ◎ *E:* 1973 Warschau, Zeitgen. Gal. Ruch (Falt-Bl.). 🕮 ThB9, 1913 (s.v. D., Joseph). SłArtPolsk II, 1975. – *Stępień/Liczbińska*, 1994. A. Wierzbicka

Deskur, *Marta*, poln. Malerin, Installationskünstlerin, * 1962 Krakau, lebt dort. Stud.: 1980–82 ASP Krakau; 1983–88 EcBA Aix-en-Provence (1989–90 dort Zeichenlehrerin); 1986 School of Visual Arts, Bristol. 1992 Arbeitsaufenthalt an der School of Design in Altos de Chavon/Dominikan. Republik. – Meditativ wirkende, abstrakte Malerei, bei der sich D. auf einfache, aber wirksame Ausdrucksmittel beschränkt, wie z.B. variierende Texturen und Farbnuancen innerhalb von Farbfeldern, so daß das einfallende Licht auf der Bildoberfläche moduliert wird (*Hematyty 3*, natürl. Pigmente, Acryl/Lw., 1993). Außerdem Rauminstallationen, bei denen Wände und Decken mit einem Geflecht von Linien überzogen (*Modus 01. 1293–04. 01. 94*, 1993/94, Gal. Zderzak, Krakau) bzw. Effekte durch den Einsatz von Neonröhren erzielt werden (*Blauer Raum*, fluoreszierendes Licht, Pigmente, 1993, Łódź). ⌂ ALTOS DE CHAVON, Cultural Center Found. WARSCHAU, MN. ◎ *E:* 1991 Marseille, Gal. Carolin Serero; Warschau, Gal. Dziekanka; Szczecin, BWA, CSW; Wrocław, CSW / Krakau: 1993 Dom Polonii; 1994 Gal. Zderzak. 🕮 *R. Noyce*, Contemp. paint. in Poland, Roseville, N. S. W. 1995. Ch. R.

Deslandes, *Hélcio*, brasil. Maler, Zeichner, Architekt, Graphiker, * 1929 Belo Horizonte, lebt in São Paulo. Stud.: Univ. da Minas Gerais, Esc. de Arquit., Belo Horizonte. Seit 1951 auch als Gebrauchsgraphiker tätig: u.a. Buchumschläge für die Verlage Itatiaia (Belo Horizonte), Martins und Brasiliense (beide São Paulo). ◎ *G:* São Paulo: 1967 Bien.; Salão Paulista de Arte Moderna / 1967, '68 Campinas: Salão de Arte Contemp. 🕮 *Pontual*, 1969; *Cavalcanti* II, 1974. M. N.

Deslandes (eigtl. Delaune), *Jean-Baptiste*, frz. Bildhauer in Paris, 1762 Aufnahme in die Acad. de St-Luc, dort 1776 als Dir. (neben Ignace Cietti, Antoine Coliati, Jean-Andre Pichon) urkdl. genannt. 🕮 *Bénézit* III, 1976. – *Guiffrey*, 1915 (Repr. 1970; zwei Art.). C. R.

Deslandes, *Martine* cf. **Deslandes,** *Philippe*

Deslandes, *Philippe*, frz. Architekt, Stadtplaner, * 1933, † 1988 (Baustellenunfall). Stud.: bis 1961 (Dipl.) EcBA Paris bei Louis Gérald Arretche. In den Planungsbüros von Edouard Albert, Paul Bossard und Michel Andrault/Pierre Parat tätig. Nach einer Weltreise gründet D. 1964 zus. mit der Ehefrau *Martine D.* ein eig. Planungsbüro. 1966 zeigt er zur Einfamilienhaus-Ausst. Village-Expo in Saint-Michel-sur-Orge/Essonne zus. mit André Champetier de Ribes zwei Prototypen, auf die der Präs. des OCIL (Office de Construction immobilière et de Logement) aufmerksam wird; dieser Bauleiter gewinnt D. 1967 als beratenden Architekten. Fortan überwacht er, v.a. als Berichterstatter einer Komm. der „cellules et façades", zahlr. größere Wohnungsbauvorhaben. Parallel dazu errichtet er in den neuen Städten der Umgebung von Paris Wohnungen, Kinos, Bibl., Schulen und Einkaufszentren, häufig mit Verblendmauerwerk aus Ziegeln und mit dem bewußten Verzicht auf großflächige Bebauung. Zudem ist er verantwortlich für die Bebauungspläne der

Stadtzentren von Saint-Quentin-en-Yvelines und Cergy-Pontoise. 1971 errichtet D. in Paris (Rue Dunois, 13. Arr.) einen der bemerkenswertesten Wohntürme jener Jahre: durch den abgestuften Baukörper, Eckfenster und v.a. vorgefertigte Betonplatten mit dekorativen Elementen ergibt dieses 28geschossige Bauwerk eine bes. originelle Synthese. 1981 erhalten D. und seine Frau von der Acad. d'Archit. die Grande Méd. d'Archit. für ihr Gesamtwerk. 🏛 CERGY-PONTOISE/Val-d'Oise: Schulkomplex, 1982. CHATENAY-MALABRY/Hauts-de-Seine: Residenz La Baleine, 1971. GUYANCOURT/Yvelines (Neustadt von Saint-Quentin-en-Yvelines): Grundschule. MAISON-ALFORT/Val-de-Marne: Bibl., 1974. MELUN-SENART/Seine-et-Marne: Schule, 1983. MEUDON/Hauts-de-Seine: Haus, 1970. ROISSY-EN-BRIE/Seine-et-Marne: Residenz Ascot, 1971. ✉ Archit., in: Archit. d'aujourd'hui 1983 (Febr.); Merci Bercy, Votre logement 1984 (Febr.); Gaudin, l'étoile de Ménilmontant, ibid. 1987 (Sept.). 📖 *M. Emery/P. Goulet*, Guide archit. en France 1945–1983, P. 1983, 42, 61, 68, 79, 101, 104, 116; D. par D. – Regards, P. 1989.
S. Texier

Deslaugiers, *François*, frz. Architekt, * 3. 12. 1934 Algier. Dort betreut der Vater, Absolvent der Pariser Ec. polytechnique, eine Baustelle. Nach hervorragendem Schulabschluß Vorbereitung zum Aufnahme-Wettb. an die Pariser Ec. normale supérieure. D.s Onkel, ein Architekt, weckt jedoch sein Interesse an der Archit.; 1952 Wechsel an die EcBA Paris ins Atelier des Architekten Guy Lagneau. Zur Sicherung des Lebensunterhalts arbeitet D. für versch. Architekten und bildet sich im Selbststudium weiter; ab 1964 im Atelier von Louis Gérald Arretche, in dessen Planungsbüro er nach dem Abschluß mit Dipl. 1966 eingestellt wird. D. fühlt sich der Trad. der „beaux-arts" nicht verbunden, sondern wird auf die Villa Savoye von Le Corbusier aufmerksam und macht sich in der entsprechenden Fach-Lit. mit dem Schaffen von Frank Lloyd Wright und v.a. von Alvar Aalto vertraut. Bei der Planung eines Lyzeums für Paimpol/Côtes-du-Nord ist er noch erfolglos darum bemüht, das System „aufeinandergestapelter Kästen" aufzugeben; erst beim Auftrag von Arretche zu fünf regionalen Inf.-Zentren für das Finanz-Minist. bietet sich die Möglichkeit, Tragwerk und Zwischenwände getrennt voneinander zu betrachten. Von der mit dem Ergebnis zufriedenen Budget-Abt. wird D. nun mit einem wesentl. wichtigeren Zentrum für Nemours betraut; dort errichtet er ein Bauwerk, dessen Form von der Kombination der Funktionen bestimmt wird. Die Planungsphase beträgt etwas mehr als vier Jahre; 1979 Übergabe des Zentrums. Anschl. von den Architekten Paul Andreu und Antoine Grumbach mit Entwürfen von Glas- und Metallkonstruktionen beauftragt und Wettb.-Sieger bei der Beplanung einer durch Kompetenzwechsel vernachlässigten Hochebene mit einer Fläche von 40000 m^2 in der Cité des sc. von Paris-La Villette. Anschl. weiterer Auftrag von Andreu zur Gest. der Fassaden der von Johan Otto von Spreckelsen als Kubus in Betonkonstruktion ausgef. Grande Arche in Paris-La Défense mit der Maßgabe, mit 2450 2,80 m× 2,80 m großen Platten absolut ebene Wände zu schaffen, sowie zur Planung der Aufzüge zum Dach des Bauwerks (1984–89). 1986 gewinnt D. die Ausschreibung für den Erweiterungsbau des Justiz-Pal. in Nanterre, den er 1995/96 unter einer großen gläsernen Hülle realisiert. Außerdem übernimmt er mehrere Aufgaben zu infrastrukturellen Verbesserungen im Verkehrswesen: Bahnhof für die neue Standseilbahn in Paris-Montmartre (Entwurf von Roger G. Tallon), 1991; Viadukt Le Corbusier der Trasse des Hochgeschwindigkeitszuges (TGV) zw. Lille und Paris (mit Jean Muller), 1992–94; Schallschutzwand für eine Autobahn, 1998; Fußgängerbrücke über die Loire in Nantes, 1999. Zudem verwirklicht D. Baumaßnahmen für Mus.: Magazin für das Conservatoire nat. des arts et métiers in Saint-Denis, 1993; Innenausgestaltung des Mus. des Arts asiatiques in Nizza, 1997, und der Kap. St-Martin des Champs in Paris (Auftrag des Conservatoire nat. des arts et métiers), 1999. 📖 *P. Goulet/B. Marrey/C. Deslaugiers*, F. D., P. 1991.
B. Marrey

Deslauriers, Holzbildhauer in Saint-Pierre-du-Lorouër/Sarthe, 1769 Ausf. der Boiserien des Sebastian- und des Jakobsaltares der Kirche in Courdemanche. 📖 ThB9, 1913. *Vial/Marcel/Girodie* I, 1912.

Deslavier, *Nicolas*, frz. Ornamentmaler, Juli 1732–1.7. 1736 (Lösung des verlängerten Kontrakts) tätig in Schweden. Neben Guillaume Thomas Taraval und Lambert Donnay von Carl Hårleman (auf dessen zweiter Reise nach Paris vom Dez. 1731 bis Juli 1732) für Malerarbeiten beim Stockholmer Schloßbau engagiert. Lt. Kontrakt sollten sie für 3200 Livres pro Jahr und freie Wohnung drei Jahre in Schweden bleiben, Plafonds und Supraporten fertigen, aber auch Entwürfe zur Dekoration von Wänden, Treppenhäusern und Einrahmungen liefern. Zus. mit Taraval und Donnay dekorierte D. den Sveasalon des Schlosses, in dem die ornamentale, streng symmetr. und sehr dekorative Einrahmung des Plafonds in einem ruhigen und kraftvollen Rokokostil sein Werk ist. Zus. mit Taraval und Johan Pasch dekorierte er auch den Don Quichotte-Salon. 📖 ThB9, 1913 (s.v. Deslaviez, Nicholas). SvKL II, 1953 (s.v. Deslaviers, Nicolas). – *C. L. Looström*, Den svenska Konstakademien under första århundradet af hennes tillvaro 1735–1835, Sth. 1887; *A. Lindblom*, Stockholms slotts historia, III, Sth. 1941.
I. L. Ångström

Desler (Deseler), *Franz*, dt. Goldschmied in Frankfurt am Main, 1713–37 erwähnt. Sohn des Goldschmieds *Frantz Christoff D.* in Stockholm und Vater des Goldschmiedes *Johann Baptist D.* (get. 4. 2. 1720). 1713 Meister, Bürgerrecht. 1731 Geschworener. – Lt. urkdl. Erwähnung fertigt D. 1732 für den Koblenzer Hof Knöpfe und Ringe, 1734 faßt er die kurfürstl. Juwelen neu. Evtl. ident. mit *Daßler*, Juwelier in Frankfurt am Main, der 1747 dem Fürstbischof Franz Christoph von Hutten von Speyer für 3300 fl. ein mit Brillanten besetztes Bischofskreuz, eine Agraffe und einen Rubinring verkaufte. 📖 *Scheffler*, Goldschm. Hessen, 1976, Nr 372; *L. Böer*, Goldschmiede der Barockzeit und ihre Arbeiten für Kirchen des Dekanats Bruchsal, FiB. 1982, 258.
J. T.

Desler (Deßler), *Johann*, dt. Porträtmaler, tätig in Altdorf in der 2. H. des 17. Jh., wo er versch. Prof. der dortigen Univ. porträtiert. 📖 ThB9, 1913. S. H.

Desler, *Nikolaus Zacharias*, dt. Goldschmied in Nürnberg, 1667 mit Kleinodien für das Stift St. Florian nachgewiesen. 🕮 ThB9, 1913. S. H.

Deslien, *Jacques-Franç.* → **Delyen,** *Jacques-François*

Desliens, *Cécile*, frz. Malerin, * 1853 Château des Taillers b. Chavenon/Allier, † 1937, lebte in Tulle, ab 1885 in Paris. Schülerin von Hector Leroux und Soulié. Peintre officiel in Tulle. Sie arbeitete sehr oft zus. mit ihrer Schwester *Marie D.* (* 1856 ebd., † 1938; gleiche Ausb.); sie dekorierten den Hochzeitssaal des Bürgermeisteramtes von Tulle. Beide malten häufig gemeinsam (Sign.: C. M. D.), ihre eig. Bilder sind aber so ähnlich, daß eine eindeutige Zuordnung schwierig ist. – V.a. Blumen (viele Buketts) in einem harmon., prächtigen Kolorit, auch Portr. und Genrebilder. 🏛 RIOM, Mus. SAINT-BRIEUC, MAH: Bouquet d'œillets. TULLE, Mus. du Cloître: Lilas blancs sur un gueridon, Öl, um 1890–1910; Vendange au presbytère; Les Cloîtres de Tulle. 👁 *G:* 1883–1929 Paris, SAfr.; Salon des Indépendants, Salon Nat. des BA. 🕮 ThB9, 1913; Vol, 1953. DBF X, 1965; *Bénézit* III, 1976; *Hardouin-Fugier/Grafe*, 1989. – *Schurr* VI, 1985. C. R.

Desliens, *Marie* cf. **Desliens,** *Cécile*

Deslignières, *Alexandre* cf. **Deslignières,** *Marcel*

Deslignières, *André*, frz. Maler, Holzschneider, * 25. 9. 1880 Nevers, † 18. 12. 1968 Marines/Val d'Oise. Stud.: Ec. Germain Pilon, Paris. – Lsch., Akte, Genreszenen, dekorative Kompositionen. Umfangr. Ill. (oft Hschn.), u.a. für Charles-Louis Philippe *La Mère et l'enfant*, 1918, und *Le Père Perdrix*, 1921; Francis Jammes *La Rose à Marie*, 1919; Maurice Maeterlinck *Le Miracle de Saint Antoine*, 1919; F. Chaffiol-Debillement *Au Pays des eaux-mortes*, 1919; Francis Carco *Maman Petit doigt*, 1920; Claude Tillier *Belle Plante et Cornélius*, 1921; Edgar Alan Poe *Gordon Pym*, 1924; Maurice Genevoix *Rémi des Rauches*, 1926; Romain Rolland *Colas Breugnon*, 1927; Colette *La Maison de Claudine*, 1927; Gaston Roupnel *Nono*, 1928; sowie *Monologue du bon vigneron*. 🏛 LE HAVRE, MBA. PARIS, MAMVP. – BN. 👁 *G:* Paris: SAfr.; Salon de la Soc. Nat. des BA; Salon d'Automne (Mitgl.); ab 1910 Salon des Indépendants; Salon des Tuileries. 🕮 Vol, 1953. *Bénézit* III, 1976; *Witte* I, 1991; *Osterwalder*, 1890–1945, 1992; *P. C. Giansily*, Dict. des peintres corses et de la Corse 1800–1950, Ajaccio 1993. – IFF, Aprés1800 VI, 1953. K. S.-D.

Deslignières, *Marcel*, frz. Architekt, Aquarellmaler, * 25. 5. 1847 Paris, † 29. 7. 1914, lebt zunächst dort, später in Pontoise/Val-d'Oise. Sohn des Architekten *Alexandre D.* (* 1805 Paris, † 1865). Stud. in Paris: 1866 Ec. spéciale d'Archit.; 1867–76 (Dipl.) EcBA bei Charles-Auguste Questel und Jean Louis Pascal; erhält 1876 den Prix Achille Leclère vom Institut de France (Denkmalentwurf zur Verteidigung von Paris, 1873 in Le Bourget/Seine-Saint-Denis errichtet). 1876–78 unter Ltg von Louis Ernest Lheureux am Bau der Bibl. der Pariser Ec. de Droit beteiligt (rue Cujas, 5. Arr., in den 1960er Jahren abgerissen). Zu den WA 1878 und 1889 errichtet D. jeweils den Pavillon der Union céramique et chaufournière de France. Ämter: Inspecteur des promenades et jardins de Paris; ab 1872 Gutachter am Friedensgericht des 8. Arr.; ab 1879 Rapporteur diocésain; 1882–1902 Architekt der Diözese Carcassonne. Mitgl.: Soc. centrale; Fond. Taylor; Soc. d'excursions artist., sc. et industrielles; Soc. artist. de Pontoise; Mitbegr. der Soc. des Architectes diplômés par le gouv. (SADG; 1886 Vize-Präs., 1887–92 mehrfach Präs.). Ausz.: 1885 Ritter der Ehrenlegion; 1894 Officier d'Académie. Neben der Bautätigkeit mit Aqu.-Malerei beschäftigt, u.a. in der Normandie (z.B. *Vue prise sur le mont Saint-Michel*, Salon 1879). 🏛 *Bauwerke:* BLOIS: Fabrik Joly. PARIS, 14, boulevard de Strasbourg (10. Arr.): Theater der Comédie parisienne, 1880 (Hw.; ab 1897 Théâtre Antoine). – 14, rue de Commines (3. Arr.): Seidenfabrik Leloir frères, 1881. – 127, faubourg Saint-Honoré (8. Arr.): Gebäude für medizin. Einrichtungen, 1881. – Mietshäuser: rue Boissière: 1881; rue Lauriston: 1881 (beide 16. Arr.; jeweils zus. mit Joseph-Henri Deverin, für die Versicherungs-Ges. L'Union); 44, Rue de Châteaudun (9. Arr.): 1892 (für die Compagnie le Soleil). – Friedhof Père-Lachaise: Grab-Kap. der Fam. de Maureillan. – rue d'Argenteuil: Schule. SAINT-THIBAULT-DES-VIGNES/Seine-et-Marne, Schloß und Park: Eindämm- und Stützarbeiten. – *Entwürfe:* PARIS, EcBA: Studenten-Zchngn. – *Malerei:* PONTOISE, Tavet-Delacour: Coin de verdure à l'île Saint-Martin; L'abbaye de Jumièges, beide Aqu. ✉ Congr. annuel des architectes à l'EcBA, X^e session, 1882, Bull. de la soc. centrale des architectes v. 16. 6. 1882; Conférence sur l'emploi de la terre dans les constructions et les industries qui s'y rattachent en Orient, depuis l'origine du monde jusqu'au IVe s. avant notre ère, Rev. des arts décoratifs 1885 (Jan.); Vorw. zu: Soc. des architectes diplômés par le Gouvernement. Origines du dipl. et de la soc. (Vorw.), P. 1906. 👁 *G:* Paris: 1876–1913 SAfr. (1879, '80 Med.); 1878: WA (Gold- und Silber-Med.); 1889: WA (Bronze-Med.) / 1883/84 Nizza: Internat. Ausst. (Ehren-Dipl., Med.) / 1896 Versailles: Expos. des BA. 🕮 ThB9, 1913. *Bauchal*, 1887; *E. Brault* (Ed.), Les architectes par leurs œuvres (Ms. *A. Du Bois*), I-III, P. 1893, 317; *Delaire*, 1907; DBF X, 1965; *Harambourg*, 1985; *Dugast/Parizet* II, 1991; *Bénézit* IV, 1999. – Annuaire de la SADG 1914; *J. Mayer*, Cat. des plans et dessins des arch. de la Comm. des Mon. hist. II: Languedoc-Roussillon, P. 1982, 8; *C. de Vaulchier*, Acad. d'archit. Cat. des coll. 1750–1900, I, P. 1988, 260, 294, 297; Quand Paris dansait avec Marianne (K Petit Pal.), P. 1989, 86; *M.-J. Dumont*, La SADG. Hist. d'une soc. d'architectes, I: 1877–1939, P. 1989, 22 s., 25–28, 37, 79; 1889. La Tour Eiffel et l'Expos. univ. (K Orsay), P. 1989, 256; *G. Latour/F. Claval* (Ed.), Les théâtres de Paris, P. 1991, 182; *J.-M. Leniaud*, Les cathédrales au XIXe s., P. 1993, 664 s.; *J. Charon-Bordas*, Les sources de l'hist. de l'archit. relig. aux Arch. nat. De la Révolution à la Séparation. 1789–1905, P. 1994, 159; Le patrimoine des communes de la Seine-Saint-Denis, Charenton-le-Pont 1994, 85; *J.-P. Epron*, Comprendre l'éclectisme, P. 1997, 262; *L. und N. Chaudun*, Paris céramique. Les couleurs de la rue, P. 1998, 20, 90; *J.-M. Leniaud*, Les bâtisseurs d'avenir, P. 1998, 140, 142. – Paris, Arch. nat.: $AJ5^{12}362$ (Studentenakte der EcBA); $F^{19}7230$ (Personalakte als Diözesanarchitekt). C. Zuzinec

Deşliu, *Irina* → **Deschly,** *Irène*

Deslivres, *Pierre*, Goldschmied („orfèvre du Roy“) in Paris, mit Arbeiten 1510–20 belegt. ThB9, 1913.

Desloges (des Loges), *J.*, französischer Maler, 17. Jh. tätig. Belegt durch die sign. *Madonna* in der Kap. Notre-Dame de Montplacé b. Jarzé/Maine-et-Loire. ThB9, 1913.

Desloges, *Pierre*, Bildschnitzer in Paris, 1609 mit einem Vertrag über Grundbesitz in Fontainebleau genannt. ThB9, 1913.

Deslyens, *Jacques-François* → **Delyen,** *Jacques-François*

Desmadryl, *Narcisse-Edmond-Joseph (Narciso Edmondo José)*, frz. Stecher, Zeichner, Lithograph, Porträtmaler, Drucker, * 25. 11. 1801 Lille, † wahrsch. um 1890 Valparaíso. 1820–29 in Paris Zeichner für topogr. Darst.; publiziert u.a. den *Atlas du traité des opérations secondaires de la guerre*, P. 1825. Stud.: ab 1829 EcBA Paris bei Guillaume Lethière. Wandert 1849 nach Amerika aus; führt bereits E. 1850 in Santiago de Chile eine eig., von der Presse gelobte Wkst.; gründet 1853 ebd. die erste lithogr. Kunstdruckerei von Chile. U. a. Hrsg. des Lith.-Albums *Hombres célebres de Chile. Gal. Nac. o col. de biogr. y retratos*, S. Ch. 1854 (Texte von Hermógenes Irisarri/Miguel Luis Aunátegui). 1854–56 Jury-Mitgl. der Expos. Nac. in Santiago de Chile. 1857/58 in Buenos Aires; ebd. Publ. des Albums *Gal. de Celebridades Argentinas*. M. 1858 wieder in Santiago de Chile. 1860 Lithograph der Rev. del Plata in Buenos Aires. Zu einem unbek. Zeitpunkt Umzug nach Valparaíso; Prof. an der dortigen Esc. Naval. – Reprod.-Stiche und -Lith., u.a. nach Raffael (*La Sainte Famille*, Salon 1848), E. Delacroix, Ary Scheffer (*Marguerite sortant du temple*), Jean-Baptiste Oudry (*Chasse du renard*) und Alexandre-Gabriel Decamps. Zudem Stiche zur Buch-Ill. (z.B. *Plan du parc de Chambord* für die Descr. hist. et pittoresque du château de Chambord, P. 1821), geogr. Karten, u.a. *La carte de Cadiz et de ses environs*, nach 1823, und Portr. (Öl, Aqu., Lith.), so von *Pedro II empereur du Brésil* und *El coronel Bartolomé Mitre*, Öl, sign., dat. 1864 (Buenos Aires, Mus. Mitre). BUENOS AIRES, MNBA. – Mus. Hist. Nac. – Mus. Mitre. LUJAN, Mus. Colonial e Hist. de la Prov. de Buenos Aires. *G:* 1831–49 Paris, Salon. ThB9, 1913. *Merlino*, 1954; EAAm I, 1968; *Gesualdo/Biglione/Santos* I, 1988; *Bénézit* IV, 1999. – *Adhémar*, Lith., 1937; *H. Rodriguez Villegas*, Bol. de la Acad. Chilena 56:1989 (100) 337–408; *R. Brughetti*, Nueva hist. de la pint. y la escult. en la Argentina, Bs.As. 1991. R. T.

Desmaires (d'Aymes; Demer; Deney; Des Maires), *Corneille*, Bildhauer, Baumeister, * „bethzolin“/Diözese Trier („natif de bethzolin diocèse de Trèves“, evtl. Beilstein b. Cochem; Nancy, Arch. dép. de Meurthe-et-Moselle [AD54]: 1905), † 1620, tätig in Lothringen. Ab 1615 wohnhaft in Nancy; ⚭ 9. 2. 1616 ebd. Anne Thiébault, die Schwester des Bildhauers Georges Thiébault. Der erste bed., im April 1615 dok. Auftrag betrifft die Ausf. einer betenden Gestalt in Rüstung für das Grabmal von *Christophe de Bassompierre*, Staatsrat des Herzogs von Lothringen, in der Grab-Kap. der Fam. Bassompierre in der Eglise des Minimes zu Nancy. 1616/17 arbeitet D. zugleich auf zwei Baustellen außerhalb von Lothringen; er fertigt zus. mit Hermann Lieb (cf. Choux, 1970) und Gérard Collignon, Steinmetz in Sommerviller, den Lettner der Kirche Notre-Dame in Liesse/Aisne sowie zus. mit Jessé Drouin den Altar in der Haus-Kap. des Erzbischofs von Trier. Der plast. Schmuck des Altars bestand aus einer *Anbetung der Könige*, Basreliefs mit Allegorien auf *Religion* und *Kirche*, einem Hochrelief mit *Gottvater*, dazu einigen Halbreliefs; das Gesamtwerk sollte in der für die Altäre von Nancy typ. Art und Weise gefertigt und poliert werden („taillé et poly a la fasson qui se faict aux autelz de Nancy“; AD54: 3 E 1912). 1618 folgt der Auftrag zum Hochaltar für die Ordenskirche der Dames précheresses von Nancy mit einer *Madonnenstatue* in der Mittelnische der Bekrönung und zu deren Seiten jeweils mehrere Figuren von Hll. dieses Ordens, u.a. vom *Hl. Dominikus* und von der *Hl. Katharina von Siena*, sowie Engeln (AD54: 3 E 1040). Im Aug. 1619 durch den Stadtrat von Mirecourt mit dem Hochaltar der dortigen Pfarrk. betraut; E. Jan. 1620 läßt D. einen Arbeitsplan für die Anfertigung des Entwurfs vorbereiten (Epinal, Arch. mun. de Mirecourt: BB2), durch seinen unerwarteten Tod wird das Vorhaben jedoch vorübergehend unterbrochen; der noch minderjährige Schwager Thiébault vollendet und signiert das Werk unter Federführung von Abraham Luguet, dem Schwager von D.s Witwe. Letzterer übernimmt auch die anderen von D. beg. Aufträge: das Grabmal für *Nicolas de Haraucourt de Parroy* mit zwei betenden Gestalten, einer *Auferstehung* und vier Statuen in der Kirche von Haraucourt sowie drei Statuen für den Altar in der Eglise des St-Innocents von Rosières (AD54: 3 E 1008; 3 E 2043). – D.s Œuvre umfaßt liturg. Gerät und mon. Grabmäler, ausgef. nach den für die Altäre in den lothring. Kirchen A. des 17. Jh. verordneten Gestaltungsprinzipien; ein ständig wiederkehrendes Merkmal ist die Verwendung von zwei spezif. Materialien, nämlich weißem Stein aus der Region Meuse (Verdun, Sorcy) und aus Pont-à-Mousson für den Korpus des jeweiligen Werkes, die Statuen und versch. dekorative Elemente sowie von schwarzem Marmor aus Dinant für die Schäfte der Säulen und die Altartische. LIESSE/Aisne, Kirche Notre-Dame: Lettner. MIRECOURT/Vosges, Pfarrk.: Hochaltar. ThB9, 1913. *Lami*, 1906. – *H. Lepage*, Inv.-sommaire des arch. dép. Meurthe-et-Moselle, IV(2): sér. H, Nancy 1881; *Jacquot* II, 1901, 19; *H. Dassigny*, Origine du Maître-Autel de l'Eglise paroissiale de Mirecourt, Mirecourt 1920; *J. Choux*, Pays lorrain 51:1970, 141 ss.; *id.*, Lotharingia 3:1991, 57, 137; *P. Choné*, Pierre Fourier et les images, in: Saint Pierre Fourier en son temps, Nancy 1992, 52. C. Georgel

Desmaisons, frz. Maurermeister-, Bauunternehmer- und Architekten-Fam. in Paris, 1712–97 nachweisbar.

1. *André*, Maurermeister (Rue Sainte-Barbe), baut 1728 in der Rue Saint-Denis, 1740 in der Rue de la Lune/Ecke Rue de Notre-Dame de la Recouvrance. Bruder von 6.

2. *François*, Bauunternehmer, 1752 Aufträge in der Rue Saint-Jacques de la Bouche und der Rue Cul-de-Sacq du Chat Blanc. Verwandtschaftsbeziehung unbekannt.

3. *Jacques-François (Jacques*; auch D. de Jouy,

Jacques), Architekt, † 25. 5. 1789 Paris (Arch. nat. [AN], Minutier central [MC]: XCIX 717). Sohn von 6, Bruder von 5, 7 und 8; „architecte-juré du roi", ab 1752 „expert honoraire". Adressen: Rue de Jouy, Rue Dupuis, ab 1776 Rue de la Perle (AN, MC: LXI 465). Besitzt zus. mit der Ehefrau Marguerite-Juliette Buron zwei Häuser in Paris (10–11, rue d'Anjou) und läßt 1763 sein Haus im Dorf Le Petit-Charonne schätzen (AN: Z[1]J 883). Mütterlicherseits durch Heirat Onkel von Jacques-Louis David; 1782 dessen Trauzeuge und von ihm porträtiert (Salon 1785; Buffalo/N. Y., Albright-Knox AG). – 1759 baut D. mehrere Häuser zw. der Rue de Grenelle-Saint-Honoré und der Rue Bouloy (cf. Candille, 1973). Gutachtertätigkeit: 1757 Rue du Temple (AN: Z[1]J 840); 1763 Rue de la Fontaine du roi/Ecke Rue des Cinq Diamands (AN: Z[1]J 883); 1767 Rue Saint-Antoine (AN: Z[1]j 911); 1777 Pl. Maubert (AN: Z[1]J 1027).

4. *Jean-François* (eigtl. D. de Jouy), Baugutachter und -unternehmer, arbeitet 1740 in der Rue de Sèvres und der Rue du Bac, 1741 in der Rue de Seine und der Rue de Buci. 1757 an der Begutachtung eines Hauses beteiligt (Rue du Pont-au-Choux; AN: Z[1]J 839); 1777 Gutachter des Nachlasses von Pierre de Montholon (AN: Z[1]j 1027), 1778 im Faubourg Saint-Honoré (AN: Z[1]J 1188). Verwandtschaftsverhältnis zu den anderen D. ungeklärt.

5. *Jean-Nicolas*, Architekt, Bauunternehmer (Rue de Cléry), tritt 1745 die Nachf. des Vaters (6) an (AN, MC: XVIII 567). 1775 Bautätigkeit in der Rue Beauregard (AN: Z[1]j 991). Bruder von 3, 7 und 8.

6. *Nicolas* (auch Desmaisont), Maurermeister, Bauunternehmer, † 30. 1. 1755 Paris (AN, MC: LXI 465). Bruder von 1, Vater von 3, 5, 7 und 8. Ansässig in der Rue (Neuve) de Cléry. Widersetzt sich 1712 zus. mit anderen Maurermeistern einem Erlaß des kgl. Staatsrates. Nachg. Hausbauten: 1715 Rue des Prêcheurs; 1718 Rue Beauregard/Ecke Rue du Faubourg Saint-Honoré; 1724 Rue des Porcherons und am Hôtel de Matignon beteiligt; 1725 Rue de Cléry (AN, MC: CXIII 308), 1733 Rue Cul-de-sac Ménard/Ecke Rue Richelieu; 1739 Rue d'Anjou/Ecke Rue de la Ville l'Evêque. 1747 Hauskauf (2, rue Pélican).

7. *Pierre*, Architekt, * 1711, † 11. 1. 1795 ebd. (Section de la Fontaine de Grenelle; Paris, Bibl. d'Art et d'Archéologie: Ms. 1003, IV). Sohn von 6 und Marguerite Mosny, Bruder von 3, 5 und 8. Wohnhaft in der Rue de Verneuil; im Dienst des Königs tätig. Wahrsch. vom Vater ausgebildet, den D. bereits 1724 auf der Baustelle des Hôtel de Matignon unterstützt; nach Angabe von Jacques-François Blondel stellt er dort bereits seine Fähigkeiten unter Beweis (cf. Blondel, 1756). 1733 widmet er sich einer Aufgabe, auf die seine Fam. spezialisiert ist, der Rekonstr. eines Eckbaus (jambe d'encoignure), der auf vorkragenden Trompen am äußersten Ende der Gal. des von François Mansart erb. Hôtel de la Feuillade aufsitzt (Rue de La Vrillière und Rue Croix des Petits-Champs; AN, MC: XCII 474; cf. Frézier, 1739, 206; Gady, 1996). Anschl. arbeitet D. an den die Kirche der Theatiner umschließenden Klostergebäuden: 1746 baut er ein Portal zum Quai Voltaire (zerst.; Abb. des Entwurfs cf. Blondel, 1756), 1754 ein weiteres zur Rue de Bourbon-Saint-Germain (heute Rue de Lille; cf. Beaumont-Maillet, 1979/80); im selben Jahr durch D. Vermessung der Kelleranlagen unter der gen. Kirche (AN: Z[1]J 840). Auf eig. Rechnung rekonstruiert D. 1762 ein Haus (Rue de Bourbon-Saint-Germain/Ecke Rue de Poitiers, zerst.; cf. Gallet-Guerne, 1979). Am 21. 6. 1762 Aufnahme in die 2. Kl. der Acad. royale d'Archit. (AN: O[1] 1094); im Aug. äußert D. Vorbehalte zu einem Projekt von Julien-David Le Roy über die Gesch. der Akad. (AN: O[1] 1910; cf. Lemonnier, VII, 114 s.). 1763 liest er dort aus seiner einzigen schriftl. Abh. (zu Fundamenten von hist. Bauwerken; AN: O[1] 1930) und beteiligt sich eifrig an den Vorhaben der Akademie. Ab 1764 Lehrer von Louis Jean Desprez (AN: O[1] 1931/3). 1769 Rekonstr. eines Hauses für Sieur Choppin d'Arnouville (58, rue Dauphine; AN: Z[1]J 927); diesem Auftrag schließen sich weitere derartige Projekte an (Bauten und Studien), mit denen D. offenbar die für Mietshäuser typ. Merkmale ergründet: 1771 für das Kapitel der Chanoines de Saint-Honoré (Rue Saint-Honoré/Ecke Rue des Bons-Enfants); das symmetr. Gegenstück auf der anderen Straßenseite ist erh. und wird D. zugeschr. (AN: Y 9507; Abb. des Gebäudes cf. Loyer, 1994, 57). Ein ebenfalls 1771 entworfenes Projekt für Mathieu de Montholon (Rue Dauphine/Ecke Rue Mazarine; AN: Z[1] 491) bietet zus. mit dem gen. Rekonstr.-Entwurf von 1769 die Möglichkeit einer städtebaul. Ordnung des gesamten Stadtviertels. 1772 folgt ein Projekt für Sieur Lepaige de Quincy (zerst.; AN: Z[1]J 964). 1780 koordiniert D. den Vertragsabschluß zw. dem Maurermeister Niveleau und dem Finanzmakler Duruey für die Bebauung von dessen Grundstück (1, rue du Mail; cf. Gallet, 1995; AN, MC: XXI 497, 19. 10. 1780). Außerdem betätigt er sich als Baugutachter (architecte-juré-expert): 1747 für den Prior des Klosters Grand-Champs (AN: Z[1]J 759); 1749 im Auftrag der Gläubiger von Mlle de Trente, der Besitzerin des Hôtel d'Auvergne (AN, MC: IX 489); 1750 in Saint-Cloud (AN: Z[1]J 782); 1753 bei der Schätzung des Hôtel d'Evreux (cf. Gallet, 1995); 1757 für die Stadtpalais und Häuser von Louis-Antoine Colbert, Marquis de Seignelay (AN: Z[1]J 840), und bei einer Erbschaftsangelegenheit im Faubourg Saint-Antoine (AN: Z[1]J 839). D. erhält auch versch. Aufträge vom Erzbischof: zunächst für das Pal. de l'Archevêché (zerst.) auf der Ile de la Cité, bes. zum Bau der Ehrentreppe (Paris, BN, Dép. des Estampes et de la Photogr.: Ha 39); 1774 für die Dames relig. de Ste-Catherine im Faubourg Montmartre (AN, MC: XIII 387); 1778 auf den Besitztümern in Conflans/Val-de-Marne (cf. Gallet, 1959); für die Grands-Augustins in Paris (cf. Blondel, 1756; Gallet, 1995); für die Ordensgebäude vom Couvent du Carmel in Saint-Denis de l'Estrée/Seine-Saint-Denis im Auftrag von Madame Louise (Tochter von Ludwig XV.; cf. Gallet, 1995); 1780 Rest. der Kathedrale St-Gervais in Lectoure/Gers (AN: G[9] 138) und Nachf. von Jacques Germain Soufflot als Bauleiter der Kirche Ste-Geneviève, über die D. 1778 ein Gutachten fertigte (AN: 01/1694/23; cf. Gallet, 1959; Soufflot et son temps, 1980). 1769 in den Adelsstand erhoben (AN: O[1] 114). 1776 in die 1. Kl. der Akad. aufgenommen (AN: O[1] 1061). Aufgrund seiner allg. anerkannten Fachkompetenz auf dem Gebiet der Baukunst wird D.

1779 im Kontext des Wiederaufbaus des Pariser Pal. de Justice zus. mit Pierre-Louis Moreau-Desproux zum Bevollmächtigten (commissaire) für die Bebauung um die Cour du Mai ernannt. Das erfolgt bezeichnenderweise, als Joseph-Abel Couture mit techn. Problemen konfrontiert wird (AN: H[1] 747). Obwohl dessen Bauausführung bereits weit vorangeschritten ist, gelingt D. die Lösung der statischen Probleme am Hauptbaukörper durch einen massiven Portikus; so verleiht er der Fassade (in diesem Zustand erh.) das Aussehen eines öff. Bauwerks mit einer mon. Freitreppe und einer Kuppel „à la Franç." (AN: Z[1]J 1307). Ab 1781 wird ein zw. D. und den Bauunternehmern ausgebrochener Konflikt über den Fortgang der Bauarbeiten ausgenutzt und zwar von den widersprüchl., auch polit. Interessen des 1774 vom König angerufenen Parlaments einerseits und dem Dir. der Bâtiments, dem Comte d'Angiviller, andererseits, der zum Gebrauch seiner Weisungsbefugnis in der Acad. royale d'Archit., der D. untersteht, angehalten wird. Trotz seiner schwierigen Position wird D. von der Behörde Contrôle gén. des Finances weiterhin unterstützt und 1783 zum Abschluß der Arbeiten gemahnt (AN: O[1] 1692). Außerdem versucht Jacques Gondoin, 1781 Nachf. des zurückgetretenen Moreau-Desproux, ihn zu verdrängen (Paris, Arch. de l'Institut: b. 5); erst im 1783 berufenen Jacques-Denis Antoine findet D. einen wirkl. loyalen Kollegen. Mit ihm gestaltet er ab 1784 auf einem 1785 vom Architekten Samson-Nicolas Lenoir parzellierten Grundstück gegenüber der neuen Fassade des Pal. de Justice einen halbkreisförmigen Platz (um 1838 zerst.; AN: E 2612), zudem eine Achse zur Anbindung des Pont Rouge an die Ile de la Cité und die Ile Saint-Louis (AN: Q[1] 1133). 1785 zum Architekten der Juridictions et Prisons de Paris ernannt, arbeitet D. an den Gefängnissen L'Abbaye und Ste-Pélagie (cf. Gallet, 1995), baut das Gefängnis La Petite Force (Rue Pavée; cf. Gallet, 1959) und unterbreitet ein Projekt zur Gest. einer Pl. Louis XVI anstelle der Strafanstalt Grand Châtelet (cf. Deming, 1989). Ab 1788 beschäftigt er sich mit einem Umgestaltungsprojekt für die Ostfassade des Louvre (gescheitert; AN: O[1] 1677b); nach dessen Ablehnung wird er 1791 durch Pierre Giraud abgelöst. Das gen. Portr. von David zeigt nicht D., wie häufig irrtüml. angenommen, sondern den Bruder (cf. 3).

8. *Robert*, Architekt, Bauunternehmer, 1745 in der Rue des Rats nachw. (AN, MC: XVIII 567). Sohn von 6, Bruder von 3, 5 und 8.

📖 ThB9, 1913 (s.v. D., Pierre). *A. Lance*, Dict. des architectes franç., I-II, P. 1872; *Bauchal*, 1887 (alle zu 7); *Gallet*, 1995 (zu 4, 7). – *A. F. Frézier*, La théorie et la pratique de la coupe des pierres et des bois pour la construction des voutes, III, Strasbourg 1739; *J.-F. Blondel*, L'archit. franç., I-IV, P. 1752–56; Gaz. de France v. 28. 5. 1779; *F. C. Hébert*, Almanach pittoresque (...), P. 1779; Mercure de France 1782 (Jan.); *L. P. de Bachaumont*, Mém. secrets (...), Lo. 1783; *L.-V. Thiéry*, Almanach du voyageur à Paris, P. 1786; *id.*, Guide des amateurs et des étrangers voyageurs à Paris, P. 1787; *J. A. Dulaure*, Hist. de Paris, IV, P. 1847; *Lemonnier*, Procès-verbaux, VII-X, 1911–29; *H. Stein*, Le Pal. de Justice et la Ste-Chap. de Paris, P. 1912; *E. Clairin*, Nouv. rev. 1925 (alle zu 7); *L.-H. Lalande*, L'Hôtel de Matignon, GBA 1935 (Mai) 261 (zu 6, 7); *A. de Champeaux*, L'art décoratif dans le vieux Paris, P. 1938; *Hautecœur* III, 1950; IV, 1952; V, 1953; *M. Gallet*, BSHAF 1959 (1960), 91–100 (alle zu 7); *Rambaud* I, 1964 (zu 1, 6 [s.v. Desmaisont], 7); II, 1971 (zu 6 [s.v. Desmaisont], 7); *J.-M. Pérouse de Montclos*, Etienne-Louis Boullée. De l'archit. classique à l'archit. révolutionnaire, P. 1969 (zu 7); *M. Candille*, Cat. des plans et dessins d'archit. du fonds de l'ancien Hôtel-Dieu (...), Arpajon 1973 (zu 3, 7); *D. Gallet-Guerne/H. Gerbaud*, Les alignements d'encoignures (...), P. 1979 (zu 1, 2, 4, 6, 7); Soufflot et son temps (K Caisse nat. des mon. hist. et des sites), P. 1980; *L. Beaumont-Maillet*, Vieux Paris, P. 1979/80 (zu 7); *J. de la Monnneraye*, Terrier de la censive de l'archvêché (...), P. 1981 (zu 3, 6, 7); *M. D. Deming*, Rev. de l'art 1989 (83); *K. Fischer Taylor*, The pal. de justice of Paris (...), Harvard Univ., C., Mass. 1989 (beide zu 7); *W. Szambien*, Rev. de l'art 1989 (83) (zu 3, 7); *A. Schnapper/A. Sérullaz*, Jacques-Louis David (K Paris/Versailles), P. 1989 (zu 3, 6, 7); *W. Schöller*, Die Acad. royale d'Archit., 1671–1793, Köln u.a. 1993; *F. Loyer*, Paris, XIXe s., P. 1994; *A. Brette*, Atlas de la censive de l'archevêché (...), P. 1996 (17); *A. Gady*, Cah. de la Rotonde (P.) 1996 (17); *J.-F. Cabestan*, in: Paris, capitale des arts sous Louis XV, Ann. du centre Ledoux, P. 1997; *G. Lesterlin*, Rech. sur l'architecte Pierre D. (...), Mag.-Arbeit Paris-I, P. 1998; *id.*, Contribution à l'hist. de la reconstruction du Pal. de Justice (...), D. E. A. Paris-I, P. 1999. – Paris, Arch. nat. (AN); Bibl. d'Art et d'Archéologie; BN, Dép. des Estampes et de la Photogr.; Arch. de l'Institut (alle zu 7).

G. Lesterlin

Desmaisons, frz. Maler, Kupferstecher, um 1779–1834 in Paris tätig. ⚭ Radiererin Thérèse Chenu; evtl. Vater von Emile D. (lt. IFF, 1953). – V.a. Kpst. zur Ill. von Reise-Beschr., z.B. 11 Bll. für Lavallée, *Voyage pittoresque de l'Istrie et de la Dalmatie*, 1802, mehrere Bll. zur *Descr. de l'Egypte*, I-V, 1809–22, und für *Voyage pittoresque de Constantinople et des rives du Bosphore*, P. 1819 (Zchngn von Louis-François Cassas). Bek. sind zudem versch. Gem. (lt. ThB) bzw. Feder-Zchngn (lt. Bellier/Auvray) mit mytholog. Darst. (u.a. *Minerva und Neptun*); Hardouin-Fugier/Grafe erwähnt nach der Natur gez. Blumen. 🏛 MADRID, BN: Bll. zu Alexandre de Laborde, Voyage de l'Espagne, P. 1806–20 (einige Bll. auch in Paris, BN). 👁 *G:* 1779 Paris, Salon de la Correspondance. 📖 ThB9, 1913. *Bellier/Auvray*, 1882; *Páez Rios* I, 1981; *Hardouin-Fugier/Grafe*, 1989. – IFF, GravXVIII VII, 1951; IFF, Après1800 VI, 1953. R. T.

Desmaisons, *Emile (Pierre Emile)*, frz. Lithograph, * 19. 12. 1812 Paris, † 28. 1. 1880 Montlignon/Seine-et-Oise. Stud.: zunächst Ec. gratuite de dessin; ab 1827 EcBA Paris bei Guillaume Lethière und Jean Pierre Granger. Im Salon anfangs einige Portr.; im übrigen ab 1825 zahlr. Lith. (Genre, Sittenschilderung sowie Portr. zeitgen., z.T. europ. Persönlichkeiten) nach eig. Entwurf sowie nach zeitgen. frz., gelegentl. auch engl. Meistern (u.a. Achille Devéria, Jules David, Vincent Vidal), die bei versch. Verlegern, häufig auch im Ausland, erscheinen; lithogr. Folgen, u.a. *Assemblée nat., 1848, Gal. des* *représentants du peuple*, 5 Bde, 1848–49 (bei Basset). Als Nachf. seines Vaters Leiter des Verlagshauses D.; später Assoz. mit Cabasson. Ausz.: 1848 Med. 1. Kl.; 1861, '63 Rappel; 1863 Chevalier de la Légion d'honneur. 🏛 PARIS, BN, Cab. des Estampes. 👁 *G:* 1831–79 Paris, Salon. 📖 ThB9, 1913. DBF X, 1965; *Bénézit* III, 1976; *Lister*, 1984. – IFF, Après1800 VI, 1953. E. S.

Desmaisons, *Thérèse* → **Chenu,** *Thérèse*

Desmaisons de Jouy, *Jacques* → **Desmaisons** (Maurer-, Bauunternehmer-, Architekten-Fam.)

Desmaisons de Jouy, *Jean-François* → **Desmaisons** (Maurer-, Bauunternehmer-, Architekten-Fam.)

Desmaisont, *Nicolas* → **Desmaisons** (Maurer-, Bauunternehmer-, Architekten-Fam.)

Desmalter, *François Honoré Georges* → **Jacob** (Ebenisten-Fam.)

Dešman, *Katarina* cf. **Dešman,** *Miha*

Dešman, *Miha*, slowen. Architekt, * 4. 11. 1956 Ljubljana, lebt dort. Verh. und Zusammenarbeit mit *Katarina D.* (geb. Pirkmajer, * 3. 4. 1957 Ljubljana). Gemeinsames Stud.: 1975–81 Fak. für Archit., Bauwesen und Geodäsie der Univ. Ljubljana bei Marjan Mušič; Zusatz-Stud. Inst. für Urbanistik und Archit. Venedig. Tätig als selbständige Architekten; Mitgl. der Ljubljanaer Architekten-Ges. DESSA. Beide sind hervorgetreten mit Entwürfen für Schulen, öff. und kult. Bauten in Ljubljana und Umgebung sowie als Autoren zahlr. prämierter Wettb.-Projekte. D. ist auch befaßt mit Graphikdesign und publiziert über Architektur. Seit 1995 Chef-Red. der Zs. Arhitektov Bilten. 🏛 KAMNIK: Rehabilitationseinrichtung für behinderte Jugendliche (Rekonstr., Um- und Neubau zus. mit Matej und Vesna Vozlič), 1988–93, '96–97. LJUBLJANA: Ges. für Kultur und Kunst France Prešeren, 1989–91. – TRNOVO: Mütterheim, 1992–94. ✉ Prenova in prezidava Zavoda na usposabljanje invalidne mladine v Kamniku, in: Sinteza (Ljubljana) 1991 (87–90) 138–140 (zus. mit V. Vozlič). 👁 *G:* u.a. 1987 Barcelona: Bienn. / 1991–94 Ljubljana (Gal. DESSA), Klagenfurt, New York, Chicago, Kansas City, Albuquerque, Budapest, Kanada: Contemp. Archit. in Slovenia (Wander-Ausst.) / 1993–96 Ljubljana (Cankarjev dom), München, Regensburg, Klagenfurt, Triest, Udine, Athen: Mod. slowen. Architektur. Vom Kontext zum Detail (Wander-Ausst.; K) / 1995–98 Klagenfurt, Triest, Mailand, Graz: Alpen-Adria Parallelen in der Archit. (Wander-Ausst.). G. Zupan/J. Intihar Ferjan

Desmanes, *Séverin* (Demassués, *Severí*), frz. Glasmalermeister, * Châlons (Châlons-en-Champagne?), lebt 1485–92 in Avignon, anschl. in Carcassonne, später wohl in Barcelona. Lt. Vila-Grau fertigt D. Glasfenster für Kirchen ebd., in Tarragona und Zaragoza. 🏛 BARCELONA, Kirche Sa. Maria del Mar: Glasfenster zum Jüngsten Gericht, 1494 (spätgot. mit Frührenaiss.-Elementen). 📖 *Ráfols* I, 1951 (s.v. Demassués, Severí). – *J. Lasarte u.a.*, Els vitralls medievals de l'església de Sa. Maria del Mar a Barcelona, Ba. 1985; *G. M. Leproux*, Bull. mon. 145:1987 (3) 333 s. (zum Buch von Lasarte u.a.); *J. Vila-Grau*, in: Künstler. Austausch. 28. Internat. Kongr. für Kunstgesch. 1992, III, B. 1993, 427, 430. R. T.

Desmangles, *Albert*, haitian. Maler, Bildhauer, Zeichner, Schauspieler, * 31. 5. 1957 Port-au-Prince. Begann bereits mit sechs Jahren zu zeichnen. Ausb. bei seinem Bruder Henry Bastien D. in Zeichnen, Perspektive und Umgang mit Farbe (Gouache). Nach kurzer Tätigkeit als Buchhalter begann er sich ganz der Kunst zuzuwenden. 1975 Preis in einem Zeichen-Wettb. der Haitian-German Cultural Assoc. 1979 Ausb. bei seinem Onkel, dem Bildhauer *Paul Desmangles*, in Bildhauerei; ferner Kurse im techn. Zeichnen am Cultural Formation Center of Haiti. Als Schauspieler trat er mit der Young Theater Troupe, am Nat. Theater und mit der Gerard Resil's Troupe auf. Angeregt durch Bernard Sejourne, Jean-Rene Jerome und Nehemy Jean, begann er unterschiedl. ethn. Typen von Amerika zu studieren. Malte danach „Universal-Frauen", surrealistisch anmutende Darst. von Frauenköpfen unter bes. Ausnutzung von Lichteffekten (*Beautiful Women II*). 📖 *Online:* The art of Haiti by MadaliaArt, 1999. Ch. R.

Desmangles, *Paul* cf. **Desmangles,** *Albert*

Desmannes, *Joseph Arnold* → **Demannez,** *Joseph Arnold*

Desmannez cf. **Demannez,** *Joseph Arnold*

Desmant, *Louis (Louis-Etienne)*, frz. Keramiker, Glaskünstler, * 26. 5. 1844 Choisy-le-Roi/Seine, † 15. 8. 1902 Subles/Calvados. Nach Ausb. an der Man. Sèvres in versch. Man. tätig. Ab 1893 in Boulogne-sur-Seine, ab 1896 in Subles ansässig. Sein Sohn *Lucien-Adolphe D.* (* 1875, † 1929) übernahm die Werkstatt. – Lüsterkeramiken, Steinzeug und Irdenwaren mit Metallreflexen. 🏛 CAEN, Mus. KARLSRUHE, Bad. LM: Vase, Irdenware mit Lüsterdekor, um 1900. NANCY, Mus. PARIS, Orsay: Fayence-Teller, 1894; drei Glasvasen, um 1894/95 (alle Stücke mit Metall-Lüster). 👁 *G:* 1892–98 Paris, Salon Nat. des BA. 📖 ThB9, 1913. *D. Zühlsdorff*, Markenlexikon, Porzellan- und Keramik-Report 1885–1935, I, St. [1988]. – Bad. Landes-Mus. Karlsruhe, Jugendstil (K), Ka. 1987; Mus. d'Orsay. Cat. sommaire ill. des arts décoratifs, P. 1988. C. R.

Desmant, *Lucien-Adolphe* cf. **Desmant,** *Louis*

Desmarais (1748) → **Desmarest** (1703)

Desmarais (Boucher-D.; Desmarets), *Antoine-Victor*, frz. Architekt, 1728–58 nachw., tätig in Paris. Stud.: Acad. royale d'Archit. ebd. bei Jean l'Assurance; erhält 1728 den Grand Prix. Ab 1735 Zeichner im Dienst der Bâtiments du roi; um 1755 „contrôleur" an der Ec. militaire. – 1740 Bautätigkeit im Parc-aux-Cerfs. Bek. Werke: Hôtel d'Avejan, rue Saint-Thomas-du-Louvre, 1743; drei Häuser für den Marquis Doria, rue des Bourdonais und rue Bertin-Poirée, 1748 (alles zugeschr.); D.s eig. Wohnhaus, rue Princesse, 1758. 📖 *Gallet*, 1995. – *Rambaud* II, 1971. R. T.

Desmarais, *B.* cf. **Desmarest** (1703)

Desmarais (Desmarets; des Marais), *Jean*, frz. Bildhauer, 1531–49 in Angers tätig. Nachw. Arbeiten: 1531 zwei große Wappen für den Kamin im Rathaus; 1536 Kruzifix für die Kirche vom Hôtel-Dieu; 1537 acht Statuen, u.a. vom *Hl. Mauritius*, für die Fassade der Kathedrale, zus. mit Jean Giffard (alle in situ). Außerdem 1534 einer der Gutachter eines unvoll. Altarwerks von Michel Colombes in der Eglise des Carmes zu Nantes. Lt. Palustre dekoriert D. zus. mit Giffard und Jean de Lespine die Nord-Kap. der Kirche von Solesmes. – Viell. ident. mit einem *Jean Desmarets*, der sich lt. Durand nach dem Tod von Pierre Tarissel 1510 vergebl. um das Amt des „maître maçon de la ville d'Amiens" bewirbt. ▭ ThB9, 1913. *Lami*, 1898; *Bénézit* IV, 1999. – *L. Palustre*, La Renaiss. en France, III, P. 1885, 82, 135, 138, 142, 186; *G. Durand*, L'art de la Picardie, P. [ca. 1913], 23; *Hautecœur* I, 1943, 334. R. T.

Desmarais (Desmarest; Desmaretz), *Jean-Baptiste-Frédéric*, frz. Maler, Zeichner, * 1756 Paris, † 30. 4. 1813 Carrara. Stud.: ab 10. 3. 1781 Acad. royale de Peint. et de Sculpt. Paris bei Gabriel-François Doyen (ENSBA: A95, Ms. 97, 63); 1782 1. Med. für den Akt eines *Mannes, das Gesicht mit dem rechten Arm verdeckend* (ENSBA: Ms. 97, 35 ss.). 1783 erfolglos im Wettb. um den Rompreis mit einer *Auferweckung des Jünglings von Nain* (PV IX, 143 ss.), 1784 erneut mit *Christus und die Kanaaniterin* (PV IX, 190 s.). 1785 erhält D. den 1783 vorbehaltenen Grand Prix de Rome mit *Horaz tötet seine Schwester Camilla* (PV IX 230 s., 239, 254, 262). Mit der 1786 dat., „Desmarest élève de Doyen" bez. Zchng *Tod von Pyrrhos* schließt er die Pariser Zeit ab. Trotz der am 23. 2. 1786 empfangenen Urkunde als Stipendiat trifft er am 7. 9. 1786 auf eig. Kosten in Rom ein (CD XV 8746, 8747) und nutzt den Platz des der Akad. verwiesenen Barthélémy-François Chardigny. Seine Freunde werden die frz. Maler Jean-Baptiste Antoine Tierce, Nicolas-Didier Boguet, Bénigne Gagneraux, die Brüder Jacques Henri und François Sablet sowie Antoine-Laurent Castellan. 1787 zeigt er in der Ausst. der Accad. di S. Luca das Gem. *Pindar stirbt in den Armen von Téocène*, das J. W. von Goethe bewundert (Ital. Reise, 28. 8., in: Giornale delle BA 1787, 271); auch Jean-Germain Drouais äußert sich in einem Brief an Jacques-Louis David dazu lobend (cf. David, 1880–82, 45), und der Ber. der Ausst.-Kommissare ist ermutigend (PV IX, 384 s., CD XV, 8860, 194: Brief von Jean-Baptiste-Marie Pierre an den Comte D'Angivillers; 8862, 195). 1788 präsentiert D. dort das am „Bacchus" von Nicolas Poussin orientierte Gem. *Paris mit einem Apfel in der Hand*, Skizzen zum *Tod der Kleopatra* und zum *Bankett Didos für Äneas*, das nach Auffassung der Kommissare Genialität ausstrahlt, und die Zchngn *Selbstmord von Lucretia; Minerva bringt Odysseus nach Italien* und *Cornelia, Mutter der Griechen* (PV IX, 386, CD XV, 8964, Brief von Pierre an D'Angivillers, 303, Giornale delle BA 1788, 223). 1789 sendet D. als Pflichtübungen Kopien nach M. M. Caravaggio (*Ecce Homo*, 1788) und einem Fresko von Domenichino in der röm. Kirche S. Gregorio Magno (*Martyrium des hl. Andreas*, CD XV, Brief v. 10. 9. 1788, CD XV, 8987, 9015, 9023) nach Paris. Für die zweite Komp. erhält er die doppelte Gratifikation für die Rückreise nach Frankreich (CD XV 9097). 1790 schickt er Studienköpfe, die von Anne-Louis Girodet-Trioson als akad. Erfolg gelobte Skizze *Schwur auf den Körper von Lucretia* (oder *Schwur von Brutus*) und einen 1791 in Rom ausgestellten Akt nach dem Gem. „Theseus und Äthra" von Poussin (PV X, 149, CD XV, 9114, CD XVI, 8948, 8951 und 9044, 27. 2. 1791). Da das Kopieren auch an der ABA Florenz eine geförderte und für die frz. Künstler lukrative Beschäftigung ist (Florenz, Uffizien, 1792–1803, XXVI bis XXI, Verz. der Genehmigungen zum Kopieren), malt D. 1797 dort eine weitere Kopie des gen. Werkes von Poussin nach dem Gem., das der Großherzog der Toskana, Ferdinand III., 1793 in Paris erworben hatte (Florenz, Uffizien; Florenz, AG XXVII, 52, 11. 4. 1797). Mittlerweile als Poussin-Experte angesehen, beglaubigt D. das Bild „Tod des Germanicus" im Pal. Pretorio in Pistoia (cf. Tolomei, 1821, 41). Obwohl sein Aufenthalt im Pal. Mancini im Sept. 1790 endet, bleibt er bis E. 1793 in Rom, wo er enge Freunde hat: Louis Gauffier (nach dessen Tod 1801 adoptiert D. die Tochter Faustine, spätere Gesellschaftsdame von Elisa Baciocchi-Bonaparte) und Barthélemy Corneille, dessen Witwe Orsola Nocchi er heiratet (AA, g59, 23. 11. 1801). 1792 malt er die beiden an Plutarch orientierten Gem. *Lucius Tarquinus Collatinus trifft Lucretia bei der Arbeit an* (2. 12. 1977 bei Christie's, London, versteigert) und *Kleombrotus und Leonidas* (1806 im Pariser Salon; Brief von 1806 von General Henri Clarke an François-Xavier Fabre, Montpellier, BM: Ms. 64 f6) für priv. Auftraggeber und fertigt die Skizze *Achilleus entläßt Briseïs* (1806 im Pariser Salon) sowie zwei Zchngn mit Darst. zum *Aufbruch von Gaius Gracchus*. Außerdem widmet sich D. dem populären Porträtfach; für Angelo Roncioni malt er die Konversationsszene *La fam. Roncioni* (die Vor-Zchngn *Portr. de Francesco, Teresa, Isabella et Angelo Roncioni* in Pisa, Priv.-Slg), die er am 14. 5. 1793 von Rom nach Pisa schickt. Davon ausgehend kann ihm auch ein *Portr. de famille* aus dieser Slg zugeschr. werden. 1792 weiterer Auftrag von Roncioni zu einer *Enthauptung des Joh. Bapt.* für die Kirche S. Giovanni in Spazzavento in Pisa (Sept. 1794 voll., wahrsch. zerst.; AS Pisa, Roncioni 84, c140; Skizze in Pisa, Priv.-Slg). Die letzte Bestellung von Roncioni an D. gilt dem Bühnenvorhang für das Theater in Sarzana (Jan. 1796 bezahlt; ASP, Roncioni, c165). Unter den gegebenen polit. Umständen ist die Toskana derzeit die von den aus Rom vertriebenen frz. Künstlern bevorzugte Gegend, und in diesem Kontext entwickelt sich D.s Laufbahn. Als einer der letzten frz. Künstler verläßt er das frankreichfeindl. Rom und wird auf den Listen der Emigranten in Italien erw.; von F. Cacault am 27. 9. 1793 in Pisa nachg. (CD XVI 9664), wo er im Febr. 1795 noch ist (CD XVI 9526), ehe er nach Florenz geht (CD XVI 9605). Die Denunziation D.s und seiner Freunde Gauffier, Corneille, Fabre, Gagneraux und Tierce durch Jean-Baptiste-Joseph Wicar und Desvosges am 14. 1. 1794 in der Soc. populaire et républicaine des arts als Vaterlandsfeinde (PV der Commune gén. des Arts) erklärt seine Entscheidung für eine Laufbahn in Italien. Zw. 1793 und 1795 arbeitet er u.a. in der neuen Alabaster-Man. von Volterra zus. mit Corneille, dem Lehrer von Lorenzo Bartolini; mit letzterem hat D. in Carrara fortwährend Unstimmigkeiten. 1793 wird der von Tommaso Puccini (Sekretär der ABA Florenz und ab Jan. 1793 Dir. der Uffizien ebd.) protegierte D. mit Gauffier, Gagneraux und Fabre in den Lehrkörper der „Accad. del nudo" berufen (Florenz, A. A c51). Am 21. 7. 1797 (A. A f88 bis) wird er Ass., 1804

Prof. (Florenz, A. A h 104); der von D. im Aug. 1803 angestrebte Posten als Dir. der Akad. wird jedoch Pietro Pedroni zuerkannt (A. A h43 bis). Als Präs. der von Stefano Tofanelli geleiteten ABA in Lucca (1812 Nachf. von Tofanelli, um die Villa Marlia, Residenz von Elisa Baciocchi, auszuschmücken) versucht D. nach dem Tod von Puccini 1811 vergeblich, auch dessen Posten zu erlangen. Pietro Nocchi, Niccolò Monti, Francesco Nenci, Giuseppe Collignon (Konkurrent beim Auftrag zu einem Gem. für den Dom in Pisa), Leopoldo Neofreschi und Giuseppe Bezzuoli sind seine bekanntesten Schüler. Neben Puccini erteilt auch Francesco Tolomei, Dir. der Accad. delle sc., lett. e arti von Pistoia, Aufträge an frz. Künstler; um 1795 betraut er D. mit einer *Himmelfahrt* für den Erzbischöfl. Pal. in Pistoia, für den er außerdem 1795–1800 zus. mit Boguet Fresken gestaltet; D. malt einen Zyklus mit fünf großformatigen Komp., die themat. vom Wutausbruch des Achilleus bis zum Tod von Hektor reichen, und deren Skizzen Tolomei „eifersüchtig" aufbewahrt. Auch die Zchngn *Schicksal der Penelope; Abschied von Hektor; Aufbruch von Paris* und *Weigerung von Achilleus* entstehen nach lit. Vorlagen von Homer. Lt. E. Baciocchi ist D. einer der vier besten Maler der Akad. der Toskana. Kurz nach der Übernahme des Herzogtums Massa-Carrara in ihren Bes. am 29. 4. 1806 gründet Elisa die Banca Elisiana, die das Monopol im Marmorhandel hält, und ernennt D. im Namen des Vizekönigs von Italien, Eugène de Beauharnais, am 25. 7. 1807 zum Prof. für Malerei und Zeichenlehrer an der Accad. Eugeniana (ASL, Seg. Gab. 35, I, c85; ASM, Leggi e decreti, b10). Nach der Aufgabe des Wohnsitzes in Florenz (Via San Bastiano 6) läßt sich D. im Sept. 1807 im ehem. Kloster S. Francesco von Carrara nieder. Sein Aufstieg wird unaufhaltsam, und am 16. 12. 1807 wird er stellv. Dir. des dortigen Mus. (ASL, GG, 114, Nr 5015); am 27. 3. 1809 ernennt ihn Elisa, seit dem 3. 1. 1809 Großherzogin der Toskana, zum Vize-Präs. der Akad. (ASM, BE, 203, f602; ASL, GG, 138, Nr 604; ABAC BO, Bd XIII, Nr 51). Am 6. 10. 1810 ist er zugleich Prof. für Malerei, Vize-Präs. und Dir. des Mus. und Inspektor der Schulen (ASL GG 193, Nr 9010; ASL SG 90, VI, 212–218); lt. Campori (1873) hinterläßt D. als Seele des florierenden Inst. später eine schmerzl. Lücke. Am 10. 4. 1808 Vorbereitung von zwei großformatigen Gem. und einer Zchng zum *Mon. à la gloire d'Elisa* als Allegorie zu Ehren der als Wohltäterin der Künste engagierten Elisa (ASM BE 203, 1258). Anläßl. der Ernennung Elisas zur Großherzogin am 3. 1. 1809 fertigt D. die Skizze *Les grands hommes de la Toscane qui font appel à son Altesse pour les gouverner* (ASM BE 203, f538). 1812 unterzeichnet D. einen Vertrag mit Elisa zur Ausf. ihres Portr. (BSM, Brief von G. Bonanni an seinen Sohn Pietro, 13. 1. 1812). 1812 erhält er den Auftrag zu einer Freskomalerei in einem Raum ihrer Villa Marlia in Lucca. Obwohl D. derzeit in der Toskana zu den weniger bek. Künstlern gehört, wird er großzügig protegiert durch Elisa, die Carrara zum größten europ. Skulpt.-Zentrum entwickeln will. Obwohl frz. Künstler (Charles Dupaty, Joseph Chinard, Denis Antoine Chaudet) dort tätig sind, bildet die Akad. zahlr. ital. Schüler aus, u.a. Pietro Tenerani, der D.s Büste nach einem Modell von Corneille gestaltet. Der Lehrbetrieb unter der Ägide von D. und Bartolini (Prof. für Skulpt.) wird völlig durch die kaiserl. Ideologie beherrscht, die von der Rückbesinnung auf das Idealbild der Antike geprägt ist. D.s allegor. Stiche (*Pygmalion und Galatea; Apelles und Campaspe*) entsprechen dieser akad. Lehrmeinung. Zum Verbleib der umfangreichen Slg von Marmor-Skulpt., Zchngn, Büchern und Druckgraphiken, die die Akad. nach D.s Tod durch Vermittlung von P. Bargigli erwerben wollte, ist nichts bekannt. Der David-Schüler Joseph Franque wird D.s Nachf., und dessen letztes Gem., *Ödipus und Antigone*, wird im Salon 1814 postum ausgestellt. 🏛 BELGRAD, MN: Kleombrotus und Leonidas. FLORENZ, Uffizien, Gab. Disegni e Stampe, Coll. Santarelli: Schicksal der Penelope; Abschied von Hektor; Aufbruch von Paris; Weigerung von Achilleus; Aufbruch von Gaius Gracchus. LONDON, Colnaghi's Gall.: Schwur auf den Körper von Lucretia. MAILAND, Priv.-Slg: Abfahrt von Gaius Gracchus. MONTPELLIER, Mus. Fabre: Horaz tötet seine Schwester Camilla; Schwur auf den Körper von Lucretia; Theseus findet das Schwert seines Vaters; Achilleus entläßt Briseïs; Himmelfahrt; zwei Stiche (Pygmalion und Galatea; Apelles und Campaspe). NEW YORK, Priv.-Slg: Lucius Tarquinus Collatinus trifft Lucretia bei der Arbeit an. OTTAWA, NG of Canada: Paris mit einem Apfel in der Hand. PARIS, ENSBA: Mann, das Gesicht mit dem rechten Arm verdeckend; Horaz tötet seine Schwester Camilla. – Louvre: Tod von Pyrrhos. – Priv.-Slg: Selbstmord von Lucretia. PISA, Priv.-Slg. PISTOIA, Pal. Arcivescovile: Himmelfahrt. ROM, Gall. Naz. d'Arte Mod.: Portr. einer Familie. 📖 ThB9, 1913. DBI XX-XIX, 1991; *Bénézit* IV, 1999. – *D. Fiorillo*, Gesch. der Mahlerey in Frankreich, Göttingen 1805 (Gesch. der Künste und Wiss., 3); *F.-S. Delpech*, Examen raisonné des ouvrages de peint., sculpt. et gravure exposés au Salon du Louvre en 1814, P. 1814; *F. Tolomei*, Guida di Pistoia, Pistoia 1821, 41, 122–126, 187; *T. Trenta*, Stefano Toffanelli, Mem. e doc. per servire all'istoria del Ducato di Lucca, VII, Lucca 1834, 192; *M. Missirini*, Quadro delle arti toscane dalla loro rest. fino ai tempi nostri, Forli 1837, 16; *id.*, Celebrità ital. 1847, 81; *M. Trenta*, Della vita e delle opere del pittore Pietro Nocchi di Lucca, Lucca 1855; *L.-E. Dussieux*, Les artistes franc. à l'étranger, P. 1856, 281, 314 ss.; *H. Gérard*, Correspondance de François Gérard, P. 1867, 57, 63; *O. Raggi*, Intorno alla storia dell'ABA di Carrara, Carrara 1869, 15–19, 53 et passim; Cat. della raccolta di disegni autografi antichi e mod. donata dal prof. Emilio Santarelli (K Uffizien), Fi. 1870, 799; *Campori*, Mem., 1873, 308 s.; *S. Bongi*, in: Inv. del R. Arch. di Stato in Lucca, III, Lucca 1880, 267; *E. Lazzoni*, Carrara e la sua ABA, Carrara 1880, 147; *O. Raggi*, Della vita e delle opere di Pietro Tenerani, Fi. 1880, 53 et passim; *J. David*, Jacques Louis David, 1748–1825. Souvenirs et doc. inédits correspondance Drouais-David, I, P. 1880–82, 42–45; *G. Duplessis*, Cat. de la coll. de pièces sur les BA, imprimées et mss. recueillie par Pierre-Jean Mariette, Charles-Nicolas Cochin et M. Deloynes ..., Salon 1806 et 1814. Dép. des Estampes de la BN, P. 1881; *D. Maccio*, Arte e storia 3:1884, 122 s.; *P. Marmot-*

tan, Lettre d'Elisa à Lucien Bonaparte, Marlia 24. 6. 1808, in: Elisa Bonaparte. Mém. et doc., P. 1898, 184 s.; *L. Morfini/G. Stocchi*, Due lettere di Lorenzo Bartolini, [P.] 1898, 12; *E. Ridolfi*, Guida di Lucca, Lucca 1899; *E. Rodocanachi*, Elisa Napoléon en Italie, P. 1900; *P. Marmottan*, Les arts en Toscane sous Napoléon. La princesse Elisa, P. 1901, 22, 29, 43 ss., 80–86, 142, 181, 202 ss.; *id.*, Rev. hist. 1902 (79) 324–323 (Lucien Bonaparte in Florenz); *H. Lapauze*, Procès-verbaux de la Commune gén. des arts de la peint., sculpt., archit. et gravure (...) et de la Soc. populaire et républicaine des arts, P. 1903, 201; *A. Chiti*, Tommaso Puccini, Pistoia 1907; *J. Guiffrey*, Liste des pensionnaires de l'Acad. de France à Rome, 1663–1907, P. 1908; *P. Cornu*, BSHAF 1909, 74; *A. Fontaine*, Les coll. de l'Acad. royale de Peint. et de Sculpt., P. 1910, 223; *G. Tigri*, Guida di Pistoia, Pistoia 1910; *D. Maccio*, Guiseppe Bezzuoli, pittore fiorentino, Fi. 1912, 8; *A. Bellini-Pietri*, Guida di Pisa, Pisa 1913, 262, 307; *A. Joubin*, GBA 1920 (Febr.-März) 63–80; *A. Chiti*, Ricordi del pittore pistoiese N. Monti, Pistoia 1924, 35 ss.; *H. Lapauze*, Hist. de l'Acad. de France à Rome, P. 1924; I, [2]1955, 394 ss., 420 ss.; *P. Marmottan*, GBA 1925 (Jan.) 15–34 (Nicolas-Didier Boguet); *A. Joubin*, Cat. des peint. et sculpt. exposées dans les gal. du mus. Fabre, Montpellier 1926, Nrn 475 s., 713; *P. Marmottan*, GBA 1926 (März) 281–300 (Louis Gauffier); *A. Chiti*, Pistoia. Guida stor. artist., Pistoia 1931; *F. Boyer*, BSHAF 1936, 210–230; *M. Tinti*, Lorenzo Bartolini, R. 1936, 56; *P. Blunt*, La villa R. di Marlia, Lucca 1937; *B. Lossky*, BSHAF 1939, 1–14 (Sonderdruck aus BSHAF 1938, 184); *E. Fiumi*, Rass. volterrana 14:1942, 218 (Alabaster-Man. von Marcellon Inghirami); *J.-W. von Goethe*, Voyage en Italie, 1787, P. 1951, 211; *A. Chiti*, Guida artist. di Pistoia, Pistoia 1956; *M. Praz*, La casa della vita, Mi. 1958; [2]1979, 160, 183 s.; *D. Corsi* (Ed.), Regesto del carteggio priv. dei principi Elisa e Felice Baciocchi, 1803–1814, R. 1963, 51, 139 ss.; *G. Hubert*, La sculpt. dans l'Italie napoléonienne, P. 1964, 41, 327 ss.; *A. Forlani-Tempesti*, in: Disegni ital. della coll. Santarelli (K Uffizien), Fi. 1967; *F. Boyer*, Le monde des arts en Italie et la France de la Révolution et de l'Empire, T. 1969, 9 ss., 76; *M. Praz*, Scene di conversazione, R. 1970/71, 237–240; *S. Pinto*, Sfortuna dell'Accad., in: Cult. neoclassica e romantica nella Toscana Granducale (K Pal. Pitti), Fi. 1972, 11–16; *P. Arizzoli-Clémentel/A. Gonzales-Palacios*, Connaissance des arts 1973 (Juli) 76–82; *N. Volle*, in: Néoclassicisme franç. (K), P. 1974, Nr 39; *F. Mannu Pisani*, Antichita viva 1976 (6) 45 s.; *G. Morolli*, in: Florence et la France (Kolloquium Florenz 1977), Fi. 1979, 341–387; *S. Pinto*, in: Scritti di storia dell'arte in onore di Ugo Procacci, Mi. 1977, 614–621; *C. Sisi*, in: Cult. dell'Ottocento a Pistoia (K), Pistoia 1977, 13, 21, 36, 40, 99 s.; *U. van de Sandt*, BSHAF 1977 (1979), 171–178 (frz. Künstler im Giornale delle BA und den Mem. per le BA); *S. Pinto/E. Spaletti*, in: Lorenzo Bartolini (K), Fi. 1978; *P. Rosenberg*, Les relations artist. entre la Toscane et la France sous la Révolution franç., ibid., 129–151; *P. Marandel*, Antologia di BA 1980/81, 12–17, Abb. 6 s. (Rompreis 1785); *R. Carozzi*, in: Scult., marmo, lavoro (K), Mi. 1981, 219–232; *L. Pellicer*, Le peintre François-Xavier Fabre, 1766–1837, Diss. Univ. Paris IV, 1982; *S. Laveissière*, in: Bénigne Gagneraux, 1756–1795 (K Gall. Borghese), R. 1983; *G. L. Mellini*, Labyrinthos 1983 (3/4) 91–128 (Francesco Nenci); ibid., 56–70 (Giuseppe Bezzuoli); *J. Garms*, Röm. hist. Mitt. 26:1984, 431–452 (Bilderzyklus im Dom von Pisa); *S. Russo u.a.*, in: Il principato napoleonico dei Baciocchi 1805–1814. Riforma dello stato e soc. (K Lucca), Lucca 1984, 219–232; *R. Michel/P. Ramade*, in: Jean-Germain Drouais 1763–1788 (K MBA Rennes), s.l. 1985, 13–23 et passim; *F. Borroni Salvadori*, Labyrinthos 1986 (10) 81–92; *M. Cozzi*, Alabastro. Volterra dal Settecento all'art deco, Fi. 1986, 33–52; *P. Vasic*, Sveske Drustva istoricara umetnosti 9:1986 (17) 120 s.; *G. L. Mellini*, Labyrinthos 1987 (12) 74–84; *R. Michel*, Rev. du Louvre 1987 (3) 187–199; *S. Susinno*, in: Le Stanze della mem. (K Rom), Mi. 1987, 74 s., 104, Nr 44; *R. Giovanelli*, Labyrinthos 1988/89 (13–16) 433; *B. Gallini/L. Michel*, in: La Révolution franç. et l'Europe (K), P. 1989, 292 ss., 618–621; *J. F. Méjanès*, in: Acquisitions du Cab. des Dessins du Louvre 1984–1989 (K), P. 1990, Nr 168, 112 s.; *R. Ciardi/C. M. Siccam*, in: Settecento pisano. Pitt. e scult. a Pisa nel sec. XVIII, Pisa 1990, 27–43, 229–295; *N. McWilliam*, A bibliogr. of salon criticism in Paris from the July Monarchy to the Second Republic, 1831–1851, C. 1991 (Cambridge stud. in the hist. of art), 166–175 (Salon 1806); *E. Spaletti*, in: Il primo '800 ital. La pitt. tra passato e futuro (K), Mi. 1992, 79 s.; *A. Cahen*, BSHAF 1993 (1994), 76; *H. Palouzié*, J. B. D., son milieu, son temps, Diss. Univ. Paul Valéry Montpellier, 1994; *A. Ambrosini*, in: L'immagine immutata. Le arti a Pisa nell'Ottocento, Pisa 1998, 117–146. – Carrara, Arch. ABA (A.B.A.C.): Atti Accademici, 1810–1815; Boll. officiale delle leggi e decreti del Principato di Lucca e dei Piombino; Arch. della Cattedrale: Lib. Mort. 1799–1825. Florenz, Arch. ABA (A. A.): Repert. alfabetico degli Affari dell'Accad. 1611–1850; Repert. chronologico, 1793–1850, f. 50; Arch. Gall. (A. G.), Copisti: Filze XXVI à XXXI, 1792–1803. Lucca, Arch. di Stato (A. S. L.); Gran Giudice; Minist. della Giustizia, dell'Interno e degli Affari Esteri; Segreteria di Stato e di Gab. del Principato Lucchese; Bibl. Statale (B. S. L.): Carteggio di Bernardino e Pietro Nocchi pittori lucchesi. Massa, Arch. di Stato (A. S. M.); Governo degli Stati di Massa-Carrara; Arch. Dominazione Francese Leggi e Decreti; Banca Elisiana; Bibl. Civ. (B. C. M.): Epistolario di Giuseppe Bonanni al figlio Pietro a Parigi. Montpellier, Bibl. mun. (B. M.): Ms. 64, 26 Aktenbündel mit den Nrn F 2 bis F 27 (eigenhändige Korr. von frz. und ital. Künstlern, ital. Gelehrten und Kunstsammlern an Baron Fabre). Paris, ENSBA, Bibl.: A 95, Ms 97 (Protokolle der Acad. royale de Peint. et de Sculpt., 1648–1793, nach den Orig.-Reg., aufbewahrt in der EcBA); Soc. de l'hist. de l'art franç. (S.H.A.F.): PV IX, 1889, X, 1892 (Korr. der Dir. der Acad. de France in Rom mit den Surintendants des Bâtiments, nach den Mss. der Arch. nat., 1666–1797); CD XV, 1906, XVI, 1907. Pisa, Arch. di Stato (A. S. P.): Roncioni 84, Entrata e Uscita 1787–1799. Rom, Giornale delle BA: (GIO) 1787, 271–1788, 223 s. H. Palouzié

Desmarais, *Joseph* → **Desmaretz,** *Joseph*

Desmarais, *Rose-Anna* (Schwester Marie-Jérôme-de-la-Croix), kanad. Malerin, * 20. 5. 1882 Saint-Marc-sur-Richelieu/Que., † 17. 6. 1953 Outremont/Que. 1901 Eintritt in die röm.-kathol. Ordensgemeinschaft der Sœurs des Saints Noms de Jésus et de Marie in Hochelaga b. Montreal, dort 1903/04 Schülerin von Artémise Hébert (Schwester Marie-Eustachium) und 1905/06 von Antoinette Tellier (Schwester Marie-Louise-de-Savoie) in Montreal. D. lehrte 1906–18 in Valleyfield/Que. und zwischenzeitlich 1914–17 in Windsor/Ont. 1918–52 Ordensschwester und Malerin in Outremont/Que. (gleichzeitig Weiterbildung an der Univ. und der EcBA in Montreal, an KSch in Detroit/Mich. und Chicago/Ill. sowie 1926/27 in Florenz und Rom). D. unterrichtete zahlr. Schüler (aus sieben kanad. Gemeinden), z.B. Germaine Bérard (Schwester Marie-Philippine, Malerin im Kloster in Winnipeg/Man.). – Bek. sind ca. 600 Werke (v.a. relig., hist. Darst. und Portr.) für Kirchen und andere relig. Einrichtungen (Klöster, Séminaires, Collèges) in Kanada (Quebec, Ontario, Alberta) und in den USA (Michigan, New York, Rhode Island, Louisiana); malte auch Lsch. 🏛 LONGUEUIL/Que., Mus. du Centre Marie-Rose: Unsere Gründerinnen erhalten von Pater Allard die Ordensregel. MONTREAL, Basilika Notre-Dame: Unbefleckte Empfängnis Mariens, 1932; Krönung Mariens, 1933. – Séminaire de St-Sulpice: Portr. Monsieur Bouhier. OKA/Que., Kirche: Verkündigung, 1933. OUTREMONT, Maison mère des Sœurs des Saints Noms de Jésus et de Marie: Geheimnisse des Rosenkranzes (14 Gem.), 1928/29; Sonntagsevangelien (28 Gem.), 1930; Kreuzwegstationen (14 Gem.); Sieben Hauptsünden; Maria mit Rose; Mutter Marie-Rose mit Nimbus. ✉ Précis d'hist. de l'art (mit Ill.), Outremont. ⊙ *G:* 1936 Trois-Rivières (Que.): Concours nat. de dessin. 📖 *B. Mulaire*, in: *Karel*, 1992. – *S.N.J.M.*, Petite chronique de la Congrégation des Sœurs des Saints Noms de Jésus et de Marie, Outremont 1951–1953, 436–441; *O. Maurault*, La paroisse, Ml. 1957, 74; *C. Quirion-de Girardi*, Okami 13:1998 (3) 16–19; (4) 10–12. B. Mulaire

Desmaré, *Lucien*, belg. Maler, Zeichner, Lithograph, * 1905 Brüssel, † 1961 ebd. Stud.: Akad. in Schaerbeek, Anderlecht, Lüttich und Amsterdam. 1930 Grand Prix de Brabant. – Lsch. (z.B. Nordsee bei Zeebrugge, z.T. mit Genremotiven aus dem Fischer-Milieu). 🏛 SCHAERBEEK, Städt. Slg. 📖 DPB I, 1995. K. S.-D.

Desmaré, *Mathieu*, belg. Bildhauer, * 1. 4. 1877 Brüssel-Laken. Stud.: Acad. r. des BA Brüssel und bei Charles van der Stappen und Constantin Meunier. U. a. Mitgl. der Künstlergruppen Pour l'Art und Doe stil voort. Beteiligt an der Bauplastik des neuen Rathauses in Laken, für das er auch die Bronzegruppe *Familie* schuf. Ferner Büsten, u.a. die einer *Mutter* (Pal. R., Brüssel) und Grabmäler. 🏛 BRÜSSEL-Schaarbeek: Denkmal für die Gefallenen von 1914–18. ⊙ *G:* 1910 Brüssel: WA. 📖 ThB9, 1913; Vol, 1953. *Bénézit* III, 1976; *Arto*, 1978.

Desmarées (Demarées; [de] Marée[s]; [des] Marets), *Georges (Georg[e])*, schwed.-dt. Maler, * 29. 10. 1697 Gimo (Gimoby/Upland)/Schweden, † 3. 10. 1776 München. Sohn hugenott. Einwanderer aus Frankreich. 1710–24 Lehr- und Gesellenzeit in Stockholm bei Martin van Meytens d.Ä., einem Onkel seiner Mutter, bei dem er sich den internat. Porträtstil, orientiert an Hyacinthe Rigaud und Nicolas de Largillière, aneignete. Ab 1720 sind erste selbständige Portr. schwed. Aristokraten und Patrizier nachweisbar. Eine vom schwed. Hof veranlaßte Studienreise führte D. 1724 über Amsterdam (Stud. der niederl. Maler, u.a. Rembrandt) nach Nürnberg, wo er zehn Monate die Zeichen-Akad. besuchte und Johann Kupezky begegnete. 1725 reiste D. über Augsburg, München und Innsbruck mit einem Zwischenaufenthalt in Rom nach Venedig. Er arbeitete dort in der Wkst. von Giovanni Battista Piazzetta, ohne von ihm beeinflußt zu werden. Vielmehr erfolgte die Orientierung an den Portr. von Rosalba Carriera und Jacopo Amigoni. Allg. wurde D. von der Farbigkeit der venez. Künstler angeregt. Für spätere Kirchen- und Andachtsbilder verarbeitete er röm. und bolognes. Eindrücke. 1727/28 nochmals in Nürnberg, anschl. Augsburg. In beiden Städten entstanden zahlr. Patrizier-Portr., die zumeist nur in Stichen überliefert sind. 1730 an den Münchner Hof berufen, wo die Herstellung von 70 Bildern für die Ahnen-Gal. eine größere Wkst. erforderte. 1731 konvertierte er, wohl aus Gründen der Opportunität, zur kath. Kirche. In der Folge entstanden zahlr. Repräsentations-Portr. für Hof und Adel. D.s Künstler-Portr. (*Franz Joachim Beich*; *Joseph Georg Winter*; *Egid Quirin Asam*) nehmen wegen ihrer unkonventionellen Auffassung eine Sonderstellung ein. 1742 begleitete D. Kurfürst Carl Albrecht zur Kaiserkrönung nach Frankfurt am Main. 1745 in München nach dem Österr. Erbfolgekrieg ohne Aufträge, trat er in den Dienst von Clemens August am Hof zu Bonn, wo er in den folgenden Jahren frz. Anregungen hinsichtlich der Koloristik aufnahm, aber auch solche der neben ihm arbeitenden Maler Carlo Carloni und Johann Nepomuk Schöpf. Seit 1749 wieder in München, 1752 an den Kasseler Hof, 1753/54 nochmals nach Bonn berufen, um mit kurzen Unterbrechungen (1763 Würzburg; 1767 Mainz) ab 1754 endgültig in München zu bleiben, wo er zunehmend auch vom gehobenen Bürgertum Aufträge erhielt und sich dem Künstlerkreis um den Geheimrat J. C. von Lippert anschloß. – In Stockholm war D. daran beteiligt, mit Martin van Meytens die dortige konventionell-provinzielle Porträtistik auf internat. Standard zu bringen. Die damaligen Portr. verraten aber noch kaum eine eig. Handschrift. Neben dem wesentl. Einfluß von Kupezky und den ital. Eindrücken orientierte sich D. an der frz. und Wiener Hofmalerei (Vetter Martin van Meytens d. J.). In der Münchner Wkst. mit mehreren Mitarb. entstanden zahlr. Wiederholungen, immer gediegen, aber nicht durchweg von hoher Qualität. In den späteren Jahren ist eine Neigung zum Steifen und Stereotypen nicht zu übersehen. Etwa 30 Bildnisse erreichen höchste Qualität (darunter *F. J. Beich*, 1744; *Kurfürst Clemens August*, 1746; *Gräfin Holnstein*, 1754; *Kurfürst Max III. Joseph von Bayern mit Graf Salern*, 1755; Bildnisse für den bad. Hof 1755/56; *Herzogin Maria Anna im Domino*, 1755). Die Valeurs der stofflichen Qualitäten und der Lichtführung tragen gelegentl. nahezu impressionist. Züge und bleiben auch von den Zeitgen. zumeist unerreicht. Viele der Kirchenbilder sind zerst. oder verschollen. Der gesamte Umfang von D.s Werk läßt sich kaum abschätzen, da vieles in süddt. Priv.-Bes. befindliche noch unerforscht ist. Zahlr. Werke sind nur durch Stiche überliefert. Unterscheidungen zw. D.s Werken und selbständigen Bildern der Mitarb. sind oft nur schwer möglich. Zu erwähnen sind auch die wenigen Min., zumeist nach Großausführungen gefertigt. Neben Antoine Pesne und Louis de Silvestre gehört D. zu den typ. ausländ. Hofmalern, nimmt aber hier eine führende Stellung ein, die in der zeitgen. Lit. bes. gewürdigt wurde. 🏛 *Portr.*: Nach ThB befinden sich ca. 70 Bildnisse in schwed. Mus. und Priv.-Slgn. AUGSBURG, StKS: Elias Landsberger, 1766; Maria Elisabeth von Lippert, 1768. BERCHTESGADEN, Schloß: zahlr. Bildnisse der Wittelsbacher. BONN, Rathaus: Kurfürst Clemens August als Erzbischof von Köln, 1754. – Univ.: Kurfürst Clemens August als Landesherr, 1754. BRÜHL, Schloß Augustusburg: Kurfürst Clemens August als Hochmeister des Dt. Ordens, 1746; Kurfürst Clemens August mit dem Pagen von Weichs; Kurfürstin Maria Anna Sophie im roten Jagdkleid, um 1755; Herzogin Maria Anna Karoline; Kaiser Karl VII., Kaiserin Maria Amalia 1742–1754; Kurfürst Max III. Joseph von Bayern als Knabe; Fürstbischof Johann Theodor von Bayern. DELDEN: Mehrere Portr. der Grafen von Wassenaar, 1725 und 1745. DRESDEN, GG AM: Maria Josepha von Baden, 1755; Kurfürstin Maria Anna Sophie, um 1770; Clemens Wenzeslaus, Kurfürst von Trier, 1770; Prinz Karl von Sachsen, 1771. ERLANGEN, Priv.-Bes.: Christiane von Pfalz-Zweibrücken, um 1770. ETTAL, Benediktinerabtei: Kaiser Karl VII., Kaiserin Maria Amalia, 1742–1745. FREISING, Diözesan-Mus.: Egid Quirin Asam, um 1740; Fürstbischof Joseph Freiherr von Welden, 1761. Fasanerie b. FULDA: Kaiser Karl VII., Kaiserin Maria Amalia, 1742–1745. HAMBURG, KH: Selbstbildnis, 1771. HAMELN, Priv.-Bes.: Kinderbildnis Kurfürst Max III. Joseph; Kinderbildnis; versch. Kinderbildnisse der Wittelsbacher. HEIDELBERG, Kurpfälz. Mus.: Kinderbildnis Graf Franz Ludwig von Holnstein. KASSEL, Staatl. Mus., GG AM: Landgraf Wilhelm VIII. von Hessen; Landgräfin Marie, beide 1752/53. LAUPHEIM, Mus.: mehrere Bildnisse der Freiherren von Welden. MADRID, Mus. Thyssen-Bornemisza: Franz Karl von Soyer, Maria Rosalia von Soyer, um 1750. MAINZ, LM: Kurfürst Emmerich Joseph von Breidbach-Bürresheim. MÜNCHEN, BSGS: Selbstbildnis mit Tochter, 1760; Erhard Winterhalter mit Fam., 1762; Herzogin Maria Anna Charlotte im Domino, um 1750; zwei Bildnisse des Malers B.A. Albrecht. – Bayer. NM: Erhard Winterhalter; Frau Winterhalter. – Lenbachhaus: Gräfin Holnstein, 1754; Fräulein Kappler, 1770. – Residenz, Ahnen-Gal.: 70 Bildnisse der Wittelsbacher, ab 1730; Kurfürst Max III. Joseph mit Graf Salern; Max III. Joseph (in ganzer Figur), um 1755. – StA: sieben Bildnisse der Grafen von Leyden. – SM: F. X. Lunglmayr, Frau Lunglmayr, 1760. – Wittelsbacher Ausgleichfonds: Max III. Joseph als kaiserl. Prinz. – Priv.-Bes.: Johann Kaspar von Lippert, Frau von Lippert, 1768; Kurfürst Carl Albrecht, Kurfürstin Maria Amalia. – Schloß Nymphenburg: Zwerg Boruslawsky, 1759. NÜRNBERG, GNM: Selbstbildnis, 1725; Bildnis F. J. Beich, 1744. OBERSCHLEISSHEIM, BSGS, SG im Neuen Schloß: Kurfürst Max III. Joseph von Bayern zu Pferde, 1758; Kurfürst Ferdinand Maria von Bayern, 1758. RIEDEN/Obb., Priv.-Bes.: Herzog Clemens Franz, Herzogin Maria Anna Charlotte, 1760. SALEM/Bodensee, Priv.-Bes.: Kaiserin Maria Amalia; Maria Josepha von Baden im weißen Kleid; dieselbe im blauen Kleid; Kurfürstin Maria Anna Sophie von Bayern; Kurfürst Max III. Joseph von Bayern (alle 1755/56). SEEHOF/BW, Schloß: Kurfürstin Elisabeth Auguste von der Pfalz. STOCKHOLM, NM: Gerhard Schelf mit Fam. SÜNCHING/Oberpfalz, Schloß: Joseph Franz von Seinsheim, 1763; Adam Friedrich von Seinsheim; mehrere Angehörige der Fam. Seinsheim und Preysing. UPPSALA, Univ.-KS: Johann Arckenholtz, 1753. WARSCHAU, MN: Moses Wolf, 1753/54. WIEN, Kunsthist. Mus.: Kaiserin Josepha Maria, 1764. WINHÖRING/Obb., Priv.-Bes.: Ignaz Felix Graf von Toerring, 1759. WOLFENBÜTTEL, Herzog-August-Bibl.: Eva König-Lessing, 1770. WÜRZBURG, Residenz: Adam Friedrich von Seinsheim. – Mainfränk. Mus.: Maria Theresia von Preysing, 1762. – *Altarbilder*: BRÜHL, Schloß Augustusburg: Hl. Clemens; zwei Andachtsbilder. DIESSEN/Obb., Pfarrk.: Kreuzigung Christi, 1739. KAUFBEUREN, St. Martin: Glorie des Hl. Martin (ehem. Hochaltarbild), 1744. LANDSHUT-Seligenthal: Glorie des Hl. Antoninus. MÜNCHEN, Angerkloster: Maria mit Kind und Johannesknaben, 1738. – Hl. Geist: Hl. Antonius. – Theatinerkirche: Verkündigung. – Schloß Nymphenburg: Hl. Karl Borromaeus, 1739. PFLAUMDORF/Obb., Kirche: Hl. Johannes von Nepomuk, 1739. POLLING/Obb.: Verkündigung, 1763/64. 🕮 ThB24, 1930 (s.v. Marées, George de). SvKL II, 1953; *Schidlof* II, 1964; *Kindler*, ML I, 1964; SvK, 1974; *Bauer*, GEM II, 1976; NDB XVI, 1990; *Schweers* I, 1994; DA VIII, 1996; *Bénézit* IV, 1999. – *G. Kircher*, MüJb, N. F., 12:1937/38, 40–46; *W. Holzhausen*, Kurköln. Hofmaler des 18. Jh., Köln 1957; *H.-H. von Reden*, Nieder-dt. Beitr. zur Kunstgesch. 5:1966, 161–198; *B. von Roda*, Adam Friedrich von Seinsheim. Auftraggeber zw. Rokoko und Klassizismus, Neustadt, Aisch 1980; *L. Seelig*, Die Ahnen-Gal. der Münchner Residenz, in Quellen und Stud. zur Kunstpolitik der Wittelsbacher vom 16. bis 18. Jh., M. u.a. 1980; *E. Eichner*, Das kurpfälz. Portr. im 18. Jh., Diss. Heidelberg 1981; PKG X, 1984; *L. Koch*, Weltkunst 62:1992, 2118–2121; 67:1997, 2757–2759; *id.*, Schönere Heimat 86:1997, 217–219; *A. Ziffer*, Nymphenburger Porzellan (K Slg Bäuml), St. 1997. L. Koch

Desmares, frz. Goldschmiede-Fam., 1700–1815 v.a. in Bayeux/Calvados tätig.

1. *Daniel-Toussaint (Daniel)*, * 2. 11. 1741 Bayeux, † 1815. Sohn von 3 und 4, Bruder von 7. Ab 1765 Meister in Caen; Meisterstück: Mehrarmleuchter, Silber. 1785 als „ancien juge consul et officier de l'Univ." dok.; 1790 Zunftvertreter bei einer Versammlung des Dritten Standes im Rathaus von Caen. Ein Portr. D.s von einem unbek. Maler ist in einer Priv.-Slg ebd. 🏛 CAEN, MBA: Kaffeekanne, sog. „marabout"-Form, an der Tülle große Kartusche mit Blattrelief, Rokoko, Griff aus schwarzem

Holz mit Silberappliken, dat. 1772.

2. *Etienne*, 1723 Meister in Bayeux. Bruder von 5, Vater von 3, Schwiegervater von 4. Stellt 1731 auf einer Messe in Balleroy/Calvados 21 Silberringe aus. Mindestens bis 1742 tätig.

3. *Gabriel*, * 1707 Bayeux, † 12. 6. 1750 ebd. Sohn von 2, ⚭ 4, Vater von 1 und 7. Ab 1733 Meister in Bayeux. 1750 dok. als Schöffe der Stadt und Notabel des Pfarr-Bez. Saint-Malo.

4. Veuve *Gabriel* (geb. Le Flamand, *Catherine*), läßt im Juni 1750 nach dem Tod des Ehemannes (3) ihr MZ registrieren. Mutter von 1 und 7. Fertigt wahrsch. v.a. Gebrauchsgegenstände in Silber; 1772–74 werden z.B. Bestecke und Salzstreuer sowie Jetons aus ihrer Wkst. erwähnt. Vermutl. bis zum Jahr VII (1798/99) tätig. 🏛 CAEN, MBA: Ragoutlöffel, Silber, um 1774/75 (11. 11. 1978 Ankauf in Paris, Hôtel Drouot).

5. *Olivier*, † 29. 7. 1743 Bayeux, dort tätig. Bruder von 2, Vater von 6. Ab 1700 Meister. 1713–19 mehrfach „garde". 1731 Beschlagnahme versch. Werke durch die Monnaie de Caen (u.a. 21 Ringe, kleine Silbertasse, fünf Salzstreuer). 1742 Aufgabe der Berufstätigkeit.

6. *Pierre*, * 23. 11. 1711 Bayeux. Sohn von 5. Lehre in Falaise/Calvados. 1742 als Meister für Bayeux zugelassen; Meisterstück: Kaffeelöffel.

7. *Thomas Gabriel François*, * 26. 3. 1743 Bayeux, † 30. 12. 1768 ebd. Sohn von 3 und 4, Bruder von 1. Ab 1758 Lehre bei Jacques Godefroy in Caen; 1768 als Meister in Bayeux zugelassen; Meisterstück: Kaffeelöffel.

📖 *Cassan*, Normandie, 1980. – *F. Debaisieux*, Rev. du Louvre 30:1980 (1) 54 ss.; *S. Brault-Lerch*, ibid. 33:1983 (5/6) 395 s. (zu 1, 3). R. T.

Desmares, Bild- und Ornamentschnitzer in Rouen, wo er um 1467 unter Ltg von Philippot Viart am Chorgestühl der Kathedrale arbeitete. 📖 ThB9, 1913.

Desmares, *Charles*, Maler, ab 1458 Meister in Tournai. 📖 ThB9, 1913.

Desmares, *Jean (Jean-Denis)*, frz. Bildhauer, 1755 Aufnahme in die Acad. de St-Luc; 1764 „expert". D. lebte noch 1786. Verwandt mit dem Bildhauer *Guillaume-Barnabé D. (Desmaretz)*, der 1750 Mitgl. der Acad. de St-Luc wurde und bis 1763 belegt ist. 📖 ThB9, 1913. *Lami* I, 1910; *Vial/Marcel/Girodie* I, 1912. C. R.

Desmares, *Martin* → **Desmarest,** *Martin*

Desmares, *Michel*, Bildhauer, Tischler in Rouen, schnitzte 1660 zus. mit Guillaume Thuillier das Orgelgehäuse der Kirche St-Vincent ebd. 📖 ThB9, 1913. *Vial/Marcel/Girodie* I, 1912.

Desmares, *Olivier* → **Desmares** (Goldschmiede-Fam.)

Desmares, *Pierre* → **Desmares** (Goldschmiede-Fam.)

Desmares, *Thomas Gabriel François* → **Desmares** (Goldschmiede-Fam.)

Desmarest (Desmarets), frz. Architekt, * 1703, † 1770, tätig in Paris. Stud.: EcBA ebd. bei Jean l'Assurance; erhält 1728 den Rompreis (Schloßentwurf). V.a. Bau von Priv.-Häusern zus. mit seinem Lehrer. 1748 mit der Rekonstr. von drei Häusern des Marquis Doria beauftragt; lt. Du Peloux Voll. des von Assurance beg. Hôtel du Luxembourg. – Lt. ThB viell. ident. mit einem als „dessinateur des bâtiments du roi" beschäftigten Architekten *B. Desmarais*. 📖 ThB9, 1913. *Bellier/Auvray*, 1882 (s.v. Desmarets); *Delaire*, 1907; *Du Peloux* I, 1930. – *Rambaud* I, 1964 (beide s.v. Desmarets). R. T.

Desmarest, *Jean-Baptiste Frédéric* → **Desmarais,** *Jean-Baptiste-Frédéric*

Desmarest, *Jules Gabriel Joseph*, frz. Architekt, * 30. 10. 1833 Paris, † 10. 11. 1917. Stud.: 1853–59 EcBA Paris bei Charles-Auguste Questel; ab 1857 in der 1. Kl.; erhält zahlr. Erw. und Medaillen. Vor 1871 in Carcassonne niedergelassen; ebd. zum Architekten des Dép. Aude berufen. Mitgl.: Soc. régionale des Architectes du Midi de la France; Soc. des Arts et Sc. de Carcassonne. Nach der Pensionierung zw. 1895 und 1907 Umzug nach Toulouse, wo D. bis ans Lebensende bleibt. Mitgl. der Soc. des Artistes franç.; im SAfr. 1882 mit dem Entwurf einer Anstalt (asile d'aliénés) für das Dép. Aude vertreten. Teiln. an den Wettb. um die protestant. Kirche von Toulouse, 1869 (3. Preis, zwei Projekte), und das Rathaus von Carcassonne (1. Preis). 1899 Offizier der Ehrenlegion. 🏛 CARCASSONNE: Schulen; Gach-Anstalt; mindestens ein Grabmal auf dem Friedhof St-Michel (zus. mit dem Bildhauer Nelli). 📖 *Delaire*, 1895; 1907. – Croquis d'archit. Intime club 4:1869 (Aug.)f. 6; *C. Daly*, Archit. funéraire contemp. Spécimens de tombeaux, P. 1871, 2. Abt., A1, Abb. 18. – Paris, Arch. nat.: f^{21} 2901–02, AJ^{52} 362; Soc. des Artistes franç., Arch. O. Liardet

Desmarest, *Louis*, frz. Maler, * Paris, M. 19. Jh. Schüler von Gosse, P. Barrias, Cambon, J. Blanc und Jules Breton. 👁 *G:* 1873–82 Paris, Salon (v.a. Portr.). 📖 ThB9, 1913. *Bénézit* III, 1976.

Desmarest, *Louis-François*, frz. Architekt, Restaurator, * 17. 7. 1814 Compiègne, † 1882, in Rouen tätig. Stud.: 1836 EcBA Paris bei Vaudouyer. 1846 Inspecteur des travaux de l'église St-Ouen; 1850 Arch. diocésain de Rouen; 1852 Arch. en chef du dép. de la Seine-Inférieure und Mitgl. der Acad. de Rouen. Als Zeichner für das Mag. pittoresque und die Rev. de l'archit. tätig. 1865 Ritter der Ehrenlegion. – Rest. in Rouen: u.a. Marienkapelle der Kirche St-Ouen; Kathedrale Notre-Dame (u.a. das Portail des Libraires; Zus.-Arbeit mit Jacques Eugène Barthélemy); Salle des Assises und Salle des Pas-Perdus im Justizpalast; Hôtel de la Préfecture; Gefängnisse (z.B. im Vorort Bonne-Nouvelle). Entwarf die Statue *Napoléon I* für die Pl. de l'Hôtel-de-ville in Rouen. 📖 *Bellier/Auvray*, Suppl., 1887; *Delaire*, 1907; DBF X, 1965. – *J.-M. Leniaud*, Les cathédrales au XIXe s., P. 1993. C. R.

Desmarest (Desmares), *Martin*, frz. Maler, 17. Jh. in Paris tätig. Schüler von François Claude (Frère Luc). – V.a. Portr., Historienbilder und relig. Szenen (*Unterweisung der Jungfrau Maria*); auch Zchngn, z.B. die Rötel-Zchng *Das Jüngste Gericht* (Paris, Louvre). Nach D. stachen u.a. Cars, Gerard Edelinck und Bernard Picart (Allegorien) sowie Scotin, Nicolas de Larmessin und Thomassin. 📖 ThB9, 1913. – Janneau, 1965 (s.v. Desmaretz, Martin). K. S.-D.

Desmarests, *Armand* → **Desmarets,** *Armand*

Desmarets, französischer Lithograph, 1. H. 19. Jh. Bek. sind *Massacre de la prison de l'Abbaye* nach Lethière (1833) und eine *Allegorie* (Paris, BN).

ThB9, 1913. – IFF, GravXVII XVII, 1988.

Desmarets (1686) cf. **Desmarets,** *Armand*

Desmarets (1703) → **Desmarest** (1703)

Desmarets, *Antoine-Victor* → **Desmarais,** *Antoine-Victor*

Desmarets (Desmarests), *Armand*, Sieur de Saint-Sorlin, frz. Zeichner, fertigte die Zchngn zum 1664 in Paris ersch. *Livre de touttes sortes de chiffres par alphabets redoublés ...*, wofür Armand-Jean Charpentier ca. 100 Bll. stach (ein Exemplar soll in der Bibl. mun. von Rouen, ein weiteres in der Pariser Bibl. Doucet sein). Nach ThB wohl ident. mit einem von Bradley gen. Miniaturisten *Desmarets*, der E. des 17. Jh. die Feder-Zchngn zum Ms. *Horoscope astrologique des Rois de l'Europe, vers la fin du XVIIe s. Par Bardi Velclaire* ausführte (Einband aus grünem Saffianleder mit dem Wappen von Ludwig XIV.; Paris, BN). Lt. IFF wahrsch. eng verwandt mit dem frz. Schriftsteller Jean D. de Saint-Sorlin. ThB9, 1913. *Bradley* I, 1887; *Bénézit* IV, 1999. – IFF, GravXVII III, 1954. R. T.

Desmarets, *François Adrien*, frz. Bildhauer, * Paris, 19. Jh. tätig. Schüler von Fauconnier. – V.a. Genremotive (z.B. das Basrelief *Les Souvenirs du peuple* nach Horace Vernet) und Portr.-Medaillons. LILLE, MBA: Kinder-Portr., Bleistift-Zchng. *G:* 1848–52 Paris, Salon. ThB9, 1913. *Lami* II, 1916; *Bénézit* IV, 1999. – Mitt. MBA, Lille. K. S.-D.

Desmarets (Desmaretz), *J.*, frz. Zeichner, Stecher, 1. H. 18. Jh. Zeichnete die Ill. (gestochen von Simon Henri Thomassin) zu *L'âne d'or* von L. Apulée, P. 1736 (dt.: Metamorphosen [Der goldene Esel] von L. Apuleius). D. stach die Ser. *Recueil des têtes et des figures* (59 Bll.) nach Nicolas Poussin, Paris. ThB9, 1913.

Desmarets, *Jean* (1510) cf. **Desmarais,** *Jean*

Desmarets, *Jean* (1531) → **Desmarais,** *Jean*

Desmarets (des Marets), *Pierre*, frz. Bildhauer, * Pont-à-Mousson/Meurthe-et-Moselle; fertigte 1540/41 Brunnenskulpturen für das Pal. ducal in Nancy; beteiligte sich 1543 an der Dekoration der Kap. des Klosters Ste-Claire in Pont-à-Mousson. ThB9, 1913. *Bénézit* III, 1976. C. R.

Desmarets (Desmaretz; des Maretz), *Sébastien*, frz. Stecher (Crayonmanier), Radierer, um 1800–1820 belegt. Stach u.a. Ill. für „Principes de dessin et d'anatomie" von L. Lafitte. PARIS, BN, Cab. des Estampes. ThB9, 1913. – IFF, Après 1800 VI, 1953. C. R.

Desmaretz, *Jean-Baptiste Frédéric* → **Desmarais,** *Jean-Baptiste-Frédéric*

Desmaretz (Desmarais), *Joseph*, frz. Maler in Paris, dort 1748 „professeur" der Acad. de St-Luc. – Hist., relig., mytholog. Sujets. *G:* 1751/52 Paris, Salon. *Guiffrey*, 1915 (Repr. 1970). C. R.

Desmaretz, *Martin* → **Desmarest,** *Martin*

Desmaretz, *Sébastien* → **Desmarets,** *Sébastien*

Desmarowitz (D.-Bräger), *Dorothea*, dt. Illustratorin, * 1940 Berlinchen/Neumark, lebt in Großhansdorf b. Hamburg. Stud.: 1964–68 HBK Hamburg bei Theo Garve, Hans Thiemann, Rudolf Hausner; 1968–70 Fachlehrer-Ausb. an der FHS für Technik ebd. Nach kurzer Lehrtätigkeit seit 1971 als Illustratorin von Kinderbüchern, Schallplattenhüllen u.ä. tätig. Seit 1981 auch Autorin und Hrsg. von Kinderbüchern, spezialisiert auf Koch- und Märchenbücher: u.a. *Kinderkochbuch* (zus. mit Sybil Gräfin Schönfeld), Ravensburg 1979; *Berg und Tal begegnen sich*, 1985; *Die geheimnisvolle Nacht*, 1995; *Kochbuch für Kinder*, 1998; *Backbuch für Kinder*, 1999. Künstler in Hamburg, Ha. 1982; Hamburg literarisch, Ha. 1990, 59. – Mitt. D. S. Ge.

Desmarquais, *Hippolyte (Charles-Hippolyte)*, frz. Maler, * 1. 7. 1823 Bouray/Seine-et-Oise, † 1910, lebte in Paris. Schüler seines Bruders *Jules D.* – Lsch. (u.a. Umgebung von Paris, Wald von Fontainebleau, Seine-Ansichten, Pyrenäen, Provence), die weitgehend naturalist. empfunden sind und in ihrem nuancenreichen Kolorismus an die Malerei des François-Louis Français anschließen. LÜTTICH, MBA. *G:* Paris: 1848–1910 Salon (1893 Med. 3. Kl.); 1889, 1900 WA (Ausz.). ThB9, 1913. *Harambourg*, 1985; *Bénézit* IV, 1999. H.-P. Bühler

Desmarquais, *Jules* cf. **Desmarquais,** *Hippolyte*

Desmarquest-la-Chapelle, *Pauline* → **Auzou,** *Pauline*

Desmarquets, *Pauline* → **Auzou,** *Pauline*

Desmartin, *Pierre*, frz. Maler, Händler, 1619–22 in Paris (Gal. du Louvre) nachweisbar. Arbeitete für den kgl. Hof; 1619 bezahlt für eine zus. mit Martin Bourgeois gemalte Ballettdekoration. ThB9, 1913. – *Fleury*, 1969. C. R.

Desmarz, *Nicolò* (Nicolaus dictus Mars), ital. Maler aus Rom. War 1304–23 mit Filippo und Giovanni Rustici in Frankreich für den Hof tätig, u.a. für Philipp den Schönen und im Schloß von Poitiers (Hauptsaal). Erhielt den Titel „peintre du roi" und 1309 eine jährl. Pension. ThB9, 1913. *L. Dimier*, Les primitifs français, P. s.a., 16; *J. Gardner*, BurlMag 129:1987 (1011) 381–383. K. S.-D.

Desmazes (Desmases), *Bernard*, frz. Bildhauer, Baumeister in Montpellier, dort 1479 für die Kirche Notre-Dame-de-Tables tätig. Beteiligte sich an der Errichtung des Brunnens St-Berthomieu und am Bau der Stadtbefestigungen. Bis 1498 nachweisbar. ThB9, 1913. *Lami*, 1898. C. R.

Desmazes, *Guillaume*, Steinmetz aus Cruéjouls/Aveyron, fertigte um 1509 zus. mit A. Salvanah das Portal und die darüberliegende Rosette für die Kirche St-Jean-Baptiste in Espalion/Aveyron. ThB9, 1913.

Desmazières, *Erik*, frz. Stecher, * 1948 Rabat. – Phantast.-surreale Komp., Archit.-Ansichten, hist. Darst. (*Le Sac de Rome*, 1986), Stilleben (*Coloquintes*, 1983), Figurenszenen (*Les Caprices*, 1988), die wie Synthesen aus Versatzstücken klass., v.a. ital. Renaiss.-Malerei anmuten, dabei altmeisterl. präzise Technik. Auch Buch-Ill., u.a. für Herman Melville *Benito Cereno*, P. 1980. NEW YORK, Public Libr. PARIS, BN. PURCHASE/N. Y., Neuberger Mus. SAN FRANCISCO, FA Mus., Achenbach Found. for Graphic Arts. *E:* Paris: 1974, '77, '79, '83 Paris, Gal. Bernier; 1982, '90 Gal. Sagot-le-Garrec; 1995 Arsène Bonafous-Murat (K) / 1975 Genf, Gal. Bernard Letu / New York: 1979 Horizon Gall.; 1981, '83, '91 Fitch-Febvrel Gall. / 1980 Washington (D. C.), Gage Gall.

 M. *Katzenstein*, Print rev. 1985 (20) 78–91; Art news 84:1985 (Jan.) 37; *G. Burn*, ArtsRev 40:1988, 722 s.; *C. Comentale*, Art et métiers du livre 1992 (173) 10–13; The print collector's newsletter 25:1995, 224–227; *G. Galli*, E. D., in: Grafica d'arte 1996 (27) 25–27 (8 Abb.). K. S.-D.

Desmazures, *Michel-François* cf. **Desmazures,** *Pierre*

Desmazures (des Mazures), *Pierre*, frz. Goldschmied, † vor 5. 2. 1713 Paris, dort 1703 Meister. MZ: Lilie, bekrönt, zwei Körner, P D, Haus. D.s Neffe, der Goldschmied *Thomas D.* († 21. 1. 1741 Paris; 1705 Lehre bei Louis Loir; 1713 Meister; MZ: Lilie, bekrönt, zwei Körner, T D M, Sonne), fertigte u.a. 1725/26 zus. mit Léonard Mercier eine Wasserkanne (im Besitz der Sœurs de la Congrégation de Notre-Dame in Montreal/Que.); dessen Sohn *Michel-François D.* († vor 26. 11. 1748) wurde 1729 Goldschmiedemeister (MZ: Lilie, bekrönt, zwei Körner, M F D, Halbmond). PARIS, MAD: runde Kompottschale, 1707/08. *Nocq* II, 1927. – *J. Trudel*, Silver in New France (K NG of Canada), Ottawa 1974 (zu D., Thomas); *G. Mabille*, Orfèvrerie franç. des XVIe, XVIIe, XVIIIe ss. (K), P. 1984. C. R.

Desmazures, *Thomas* cf. **Desmazures,** *Pierre*

Des Melliers, *Robert*, Maler, 1506–11 für die Kirche in Gisors/Eure tätig. Malt 1506 in der Kap. St-Jean die Nische der skulpturalen Grablegungs-Gruppe aus. 1508 gestaltet er ein Tuch mit den Passionsinstrumenten und die *Kreuzigung* auf der Vorderseite des Altars. 1509 Bleimalerei zur Ausschmückung der Überdachung der Kap. St-Nicolas; 1511 Figuren und Einhörner im Gewölbe der Kap. Notre-Dame. Keine Werke erhalten. Evreux, Arch. dép.: G 2014, G 2016, G 2124. E. Hamon

Desmet, *Anne*, brit. Graphikerin, * 14. 6. 1964 Liverpool, lebt in London. Stud.: 1983–86 Ruskin School of Drawing and FA, Worcester College, Oxford, bei Jean Lodge; 1987–88 Central School of Art and Design, London, bei Bernard Cheese und Norman Ackroyd. 1989–90 Stip. der Brit. School, Rom; 1990 Artist in Residence, Oriel 31, Newtown/Powys. Lehrtätigkeit: 1989 Leeds Polytechnic; 1990–91 und 1998 RA, London; seit 1991 Middlesex Univ. Seit 1998 Hrsg. der Zs. Printmaking Today. Ausz.: 1994 Gordon Tuffrey Memorial Award; 1997 S. Dawson Taylor Award, beide R. West of England Acad., Bristol. Mitgl.: 1988 R. Soc. of Painter-Printmakers; 1991 Soc. of Wood Engravers. – D.s Haupttechnik ist der Holzstich, ihr bevorzugtes Motiv die klass. röm. Archit. und deren Nachleben und Verwandlung im ital. Stadtbild. Die präzise Gebäude-Darst. wird durch surreale Details, verschobene Perspektiven und Bauelemente aus versch. Epochen akzentuiert und damit variiert. Seit 1990 entstehen v.a. Collagen aus mehrfach gedruckten Holzstichen oder Linolschnitten, z.T. auch auf der Rückseite von durchscheinendem Japanpapier (*Ideal City*, 1991) sowie kombiniert mit farbigen Papieren. Durch Falten, Reißen, Schneiden der Papiere erzeugt D. flache Strukturen und die Illusion von Dreidimensionalität. Ein wichtiges Thema ist der Zeitverlauf bzw. hist. Spuren in Bauwerken und Metamorphose; z.B. mutiert in einer Ser. von neun Stichen eine Giraffe zunächst zu einem Bagger und dann zu Archit. (*Progress/Progression*, 1990, Ashmolean Mus., Oxford). In den letzten Jahren entstehen auch Häuserszenen Londons (*London Gardens*, 1998). Zu D.s Auftragsarbeiten gehören 23 Holzstich-Ill. für die Times (1991–93), ein Logo für Sotheby's Auctioneers, London (1996) und 1995 ein Film für das BM und die NG, London, über die Holzstich-Technik. CAMBRIDGE, Fitzwilliam Mus. CHAMALIERES, MAC. LONDON, Brit. Libr. – BM. – V & A. MANCHESTER, Univ. MOSKAU, Ex Libris Mus. OXFORD, Ashmolean Mus. – Balliol College. – Worcester College. Art rev. 50:1998 (Mai) 35. *E:* Oxford: 1990 Ruskin School of Drawing and FA; 1998 Ashmolean Mus. (K) / London: 1991, '92, '94, '96, '98 Duncan Campbell; 1992 R. Overseas League / 1993, '95 Moskau, Ex Libris Mus. WWArt, 1998; *Buckman*, 1998. – *R. Simmons*, Printmaking today 2:1993 (2) 10–11; *C. Courtney*, Art monthly 1994 (181) 38–39; *J. Hamilton*, Wood engraving and the woodcut in Britain c. 1890–1990, Lo. 1994; Interview mit Silvia Horn, Woman's hour, BBC Radio 4, 9. 1. 1996. H. St.

Desmet, *Etienne* (Smet, *Etienne de*), belg. Bildhauer, * 21. 12. (lt. Bénézit 23. 9., lt. Waterschoot 21. 9.) 1943 Gent. Stud.: 1958–66 Koninkl. Acad. voor Schone Kunsten, ebd., bei Jan Burssens, Berten Coolens, Robert Heylbroeck, Albert Servaes, Wilfried Sybrands und Pierre Vlerrick; 1968–73 Nat. Hoger Inst. voor Schone Kunsten, Antwerpen, bei Mark Macken. Ab 1967 wiederholt in Carrara tätig. Ansässig in Heusden. Ausz.: 1964 Prix De Vigne, Gent, und Prix Richard, Frankreich; 1965 Prix Deleu de sculpt., Gent; 1968 Prix Paul Doyen, Brüssel; 1969 Prix Hendrickx, Antwerpen, und Prov.-Preis für Bildhauerei, Ost-Flandern; 1970 Rembrandt Bugatti-Preis für Tier-Skulpt., Antwerpen. – Einzelmotive aus der Natur, z.B. Früchte, Vogelembryo, in vergrößertem Maßstab aus Marmor, Stahl und Polyester. D. bearbeitet den Marmor virtuos, ohne sich vom Mat. formal einschränken zu lassen. Später spielt die Polarität zw. der männl. und weibl. Existenz eine wichtige Rolle. E. der 70er Jahren sind es v.a. pflanzl. Formen, die er in elegante Plastiken mit erot. symbol. Assoziation umsetzt. Die fleckenlosen, glatten Oberflächen der Arbeiten, nunmehr auch aus schwarzem Marmor bzw. Bronze, vermitteln Sinnlichkeit. D.s Werk zw. Neorealismus und Neoklassizismus entwickelt sich zu einer Variante des Pop Art. ANTWERPEN, Openlucht-Mus. voor Beeldhouwkunst Middelheim. *E:* 1967 Heusden, eig. Atelier / 1968–69 Gent, Zaal Bouckaert / Deurle, Mus. Dhondt-Dhaenens. – *G:* 1990 Bornem: Mon. (K). *Bénézit* III, 1976; *Arto*, 1995. – *H. Waterschoot*, Een kwarteeuw plast. kunst in Oost-Vlaanderen 1945–70, Gent 1971; *E. de Keyser*, La sculpt. contemp. en Belgique, Br. 1972; Kunstbeeld in Vlaanderen vandaag, Tielt 1982. U. R.

De Smet, *Gustave* → **Smet,** *Gustave de*

De Smet, *Lorraine*, US-amer. Malerin, * 5. 5. 1928 Passaic/N. J., in Fairfield/N. J. ansässig. Stud.: 1979–84 Art Students League, New York, bei Issac Soyer, Harvey Dinnerstein, David Leffel, Hillary Holmes und Richard Goetz; 1986 Montclair AM School, N. J. 1994 Millburn-Short Hills Award of Merit. – Öl. WWAA, 1991/92–1997/98 (Werke, Ausst.). C. R.

Desmet, *Marcel*, frz. Architekt, * 1892, † 1973 Nizza. Stud.: EcBA Paris. Zunächst Zusammenarbeit mit Jean Maillard; 1930–56 in Casablanca tätig. – Vertreter einer nüchtern-funktionalen Bauweise, die für nachfolgende Architekten richtungweisend ist. 🏛 CASABLANCA, rue Savorgnande-Brazza: Wohnkomplex mit großem Innenhof, 1931/32. – Pl. de la Gare: Mietshaus, 1935. – Boulevard de la Gare: Mietshaus, 1934/35; Mietshaus (Sozialwohnungen), 1936. ✉ *M. D. u.a.*, Quelques réalisations, Strasbourg [ca. 1936]. 📖 Dict. de l'archit. du XXe s., P. 1996. R. T.

De Smet, *Pierre-Jean* (gen. Blackrobe), Jesuit, Missionar, Maler, Zeichner, Illustrator, Autor, * 30. 1. 1801 Dendermonde/Flandern, † 23. 5. 1873 St. Louis/Mo. Ausb. am Séminaire in Mechelen. Kam 1821 in die USA, trat den Jesuiten in Baltimore/Md. bei; Noviziat in Florissant/Mo.; 1827 ordiniert. 1838 Eintritt in die Missionsstation St. Joseph bei Council Bluffs im Gebiet der Potawatomi-Indianer. 1840–44 Aufbau von Missionsstationen in Oregon entlang des Flußes Columbia (z.B. 1841 mit Pater Nicolas Point die St. Mary's Station); Kontakt u.a. zu den Indianerstämmen Kalispel, Cœur d'Alène, Flathead. D. war ab 1851 auch als Vermittler zw. den Indianern und der US-Reg. tätig (z.B. 1868 Aufruf an Sitting Bull). – Westernszenen, einschl. indian. Sujets; topograph. Aufzeichnungen. ✉ Letters and sketches. With a narrative of a year's residence amoung the Indian tribes of the Rocky Mountains (Ill. gestochen von Pierre-Etienne Duval), Pa. 1843 (frz. Ausg., Mechelen 1844); Oregon missions and travels in the Rocky Mountains, 1847 (frz. Ausg., Gent 1848); New Indian sketches, Boston 1865. 📖 *Groce/Wallace*, 1957 (s.v. Smet, P.-J. de); *Samuels*, 1976; *Karel*, 1992 (s.v. Smet, P.-J. de). – *F. Deyncodt*, Rév. père P.-J. de Smet ... missionaire belge aux Etats-Unis, Br. 1878; *H. M. Chittenden/A. T. Richardson*, D. Life, letters and travels, 4 Bde, 1905. C. R.

Desmet, *Vivian Jean*, belg. Architekt, Ingenieur, * 21. 2. 1932 Brügge. Stud.: Rijks-Univ., Gent. Praktika bei Giovanni Ponti in Mailand und J. Trenteseau in Brüssel. Dort ab 1958 selbständig tätig. Zus. mit J. Depuydt 1961 Eröffnung eines Entwurf- und Studiobüros. – Ein- und Mehrfamilienhäuser, Industriebauten und Sportzentren. Ab 1968 auch Rest. und Renovierungen in der Innenstadt von Brügge mit eingehenden Untersuchungen der Bausubstanz. D. greift Maßstab und Strukturierung der Umgebung auf bzw. lehnt auffälliges Formenspiel ab. 🏛 BRÜGGE, Haus Vanderghote (ehem. Brauerei): Umbau zu Sozialwohnungen. – Gerichtshof. – Ehem. Karthäuserkloster, Bruno-Kap. mit Hausgang, Pforte und Einfahrt: Rest. 1979–85. – St. Clarastraat: Clarendam (36 Sozialwohnungen), 1987/88. – Eekhoutstraat/Willemstraat, Haus De Abdij: Rest., 1991/92. ZEEBRUGGE: Dienst- und Zollgebäude der Transport-Gesellschaft. 📖 LWBK II, 1993. U. R.

Desmet (De Smet), *Yves*, belg. Multimediakünstler, Maler, Philosoph, * 1946 Gent. Stud.: Hoger Inst. St. Lucas (Mon.-Kunst); Rijks-Univ. (Mod. Phil.), beide Gent. 1968 Ltg der Gal. Plus-Kern in Gent. Prof. am Hoger Inst. St. Lucas ebd. und Gastdozent an der TH Eindhoven. Ansässig in St. Amandsberg. Ausz.: 1977 Preis, Assoc. belge des Critiques d'Art; Stip. des belg. Staates. Gründungs-Mitgl.: Centrum voor Constructieve Vormgeving, Gent. – 1964–70 vertritt D. eine geometr., abstrakte Malerei, gestaltet baugebundene monochrome Reliefs sowie minimalist. Konstruktionen verbunden mit konkreter Poesie. Danach wendet er sich multimedialen Projekten, dem sog. „relationalen Werk", zu, mit dem er an internat. Kunstveranstaltungen teilnimmt. D. lenkt die Aufmerksamkeit des Betrachters auf das Spannungsfeld zw. Form und Inhalt, Raum und Zeit, Natur und Kultur, um ihm einfache, fundamentale Elemente näherzubringen. Die Wahl des Mediums (Fotografie, Zchng, Plastik, Dichtung) hängt von der konzeptionellen Idee ab, wobei auch hier eine geometr. analyt. Formensprache vorherrschend ist. 🏛 ANTWERPEN, Mus. van Hedendaagse Kunst. BRÜSSEL, MRBAB. – Vlaamse Gemeenschap. – Belg. Staat. GENT, Mus. van Hedendaagse Kunst. – Crédit Comm. – Banque de Paris. – Banque des Pays-Bas. NIJMEGEN, Mus. 👁 *E:* 1977 Gent, Cultureel Informatief Centrum / 1979 Eindhoven, Sted. Van Abbe-Mus. / 1980 Köln, Belg. Haus; Deurle, Mus. Dhondt-Dhaenens / Gent: 1983 Mus. van Hedendaagse Kunst; 1984 St. Lucas-Inst. / 1984 Eindhoven, TH. – *G:* 1982 Tielt: Kunstbeeld in Vlaanderen vandaag (K); Brüssel, Atelier 340: Animal and vegetable in contemp. Belgian art (K) / 1990 Bornem: Mon. 📖 *Arto*, 1995; DPB I, 1995. – Mus. van Hedendaagse Kunst Gent (K), Br. 1982. U. R.

Desmeures, *Victor Jean*, frz. Maler, * 18. 5. 1895 Lyon. Stud.: ABA Lyon und Acad. Ranson, Paris, bei Roger Bissière. – V.a. Lsch. (Lyon und Umgebung). Auch Fresken, u.a. für das Hôtel des Postes in Lyon, die Eglise des Ternes in Paris und eine Schule in Limoges. 👁 *G:* Paris: ab 1924 Salon d'Automne; Salon des Tuileries; Salon du Sud-Est (Gründungs-Mitgl.); 1937 WA (Gold-Med.). 📖 *Bénézit* III, 1976. K. S.-D.

De Smidt, *Abraham*, Aquarellmaler, * 1829 Kapstadt, † 1908 Brighton/East Sussex. Schüler von Thomas William Bowler. 1872–90 Generalinspektor in Südafrika. 🏛 KAPSTADT, South African NG. 📖 Berman, 1983. – *Gordon-Brown*, 1975. C. R.

Desmidt, *Thomas H.*, US-amer. Maler, * 6. 9. 1944 Sheboygan/Wis. Stud.: Lincoln College, Ill.; Layton SchA; Syracuse Univ., N. Y. Lehrtätigkeit: seit 1970 Virginia Commonwealth Univ., Richmond. 📖 WWAA, 1980–1997/98 (Werke, Ausst.). C. R.

Desmit, *Alexandre (Alexandre-Louis-Benjamin)*, frz. Historien- und Genremaler, * 29. 11. 1812 Dunkerque/Nord, † 3. 5. 1885 ebd. Stud.: Akad. Antwerpen bei Mathieu Ignace van Bree. Teiln. an Ausst. in Antwerpen (1837), Brüssel, Gent, Rotterdam, Den Haag und Köln. D. war Dir. der Akad. in Dunkerque. Bek. ist v.a. das Bild *Henri IV chez Gabrielle d'Estrées*. 🏛 DUNKERQUE, MBA: Un mariage sous Louis XV (Salon 1839); Jean Bart capturant une frégate (Salon 1859); Religieux du mont St-Bernard rappelant à la vie un jeune Savoyard sauvé des neiges (Salon 1861). 👁 *G:* 1839, '59–70 Paris, Salon. 📖 ThB9, 1913. DBF X, 1965; DPB I, 1995. C. R.

Desmit, *Charles (Charles-Philip)*, fläm. Silberschmied, * Brügge, † 5. 8. 1791 Kortrijk. Vater der Kunstschmiede *Philip D.* (* 19. 2. 1755 Kortrijk, † 22. 11. 1805 ebd.; 1780 Mitgl. der Zunft der Gold- und Silberschmiede) und *Jacques D.* (* 21. 9. 1760 Kortrijk, † 31. 5. 1818 ebd.; dort 1787 Meister der Zunft der Gold- und Silberschmiede; Entwürfe belegt). 1744 Meister in der Zunft der Gold- und Silberschmiede in Brügge. Übersiedlung nach Kortrijk, dort 1747 ⚭ und als Meister belegt. – Tafelbesteck, Kaffee-, Öl- und Essigkannen, Rechaud, Kerzenleuchter und eine Pyxis in Silber. 🏛 BELLEGEM, St. Amanduskerk: Kerzenleuchter. BRÜGGE, Gruuthuse-Mus.: zwölf Gabeln und Löffel, 1784. HARLEBEKE, Augustinerinnen: Gabel und Löffel, 1752 und '68. KORTRIJK, St. Rochuskerk: Kerzenleuchter. – St. Maartenskerk: Bucheinband; Pult (beides Philip D.). – Sted. Mus. voor Oudheidkunde: Rechaud; Kaffeekanne (Philip D.). MOEN, St. Elooiskerk: Pyxis. 📖 LWBK II, 1993. – *P. Debrabandere*, De Kortrijkse edelsmeedkunst, Kortrijk 1979, 200–206. U. R.

Desmit, *Jacques* cf. **Desmit,** *Charles*

Desmit, *Philip* cf. **Desmit,** *Charles*

Desmoles, *Arnoud* → **Arnaud de Moles**

Desmond, *Alice Curtis*, US-amer. Malerin, Autorin, * 19. 9. 1897 Southport/Conn., lebte in Newburgh/N. Y. Stud.: Parsons School of Design, New York. 📖 WWAA, 1953–1962 (Ausst., Buch-Publ.); *Falk*, 1985. C. R.

Desmond (Desmond-Smith), *Nerine (Nerina Constantia)*, südafrikan. Malerin, Graphikerin, Illustratorin, * 1908 Constantia/Kapstadt. Stud.: 1938 Central SchA, London, bei Charles Robinson. 1938–53 Mitgl. der New Group (Ausst.). 1961 Fellow des Internat. Inst. of Arts and Letters. 1966/67 Kuratorin der Tatham AG in Pietermaritzburg. Ill.: u.a. *Tales of the Malay Quarter* von Du Plessis; *Bantu tales* von P. Price. – Betonte in den 1950er Jahren die Komp. und dekorative Elemente, in den 1960er Jahren die narrative Darst. (z.T. in Spachteltechnik). Sujets: u.a. Hererofrauen mit Schaf- und Ziegenherden, Voortrekker-Szenen, afrikan. Lsch., Stillleben. 🏛 BLOEMFONTEIN, A. C. White Gall. DURBAN, AG. EAST LONDON, Ann Bryant AG. JOHANNESBURG, AG. KAPSTADT, South African NG. KIMBERLEY, William Humpreys AG. PRETORIA, AM. ✉ *G:* u.a. 1961 São Paulo: Bien. / 1963, '64 Kapstadt, South African NG / 1979 Nürnberg: Aqu. aus Südafrika. 📖 *Berman*, 1983. – *Jeppe*, 1963. C. R.

Desmons, *Iluchar*, frz. Zeichner, Lithograph, * 1803, ab 1840 in Rio de Janeiro ansässig. Dort ab 1843 als Zeichenlehrer tätig. Fertigt 1854 13 Stadtveduten von Rio de Janeiro, die 1855, evtl. nach seiner Rückkehr, in Paris bei Lemercier als Lith.-Album *Panoramas de la Ville de (São Sebastião de) Rio de Janeiro* erschienen. 🏛 RIO DE JANEIRO, BN. 👁 *G:* 1858 Rio de Janeiro: Esp. Geral de BA (mit Vista de Laranjeiras; Vista do Campo do Machado, beide später Praça Ducque de Caxias). 📖 *Pontual*, 1969; *Cavalcanti* II, 1974; *Teixeira Leite*, 1988. – L'arte del Brasile, Mi. 1982. M. N.

Desmont, frz. Bildhauer. Um 1752–64 in Laon tätig. Viell. ident. mit der gleichnamigen Person, die in Laon 1758 Françoise Laurent heiratete und 1793 ebd. in der rue St. Martin ein Haus erwarb. Fertigte 1764 Türschmuck für die Abtei Saint-Nicaise in Reims (nach der Zerst. der Abtei 1792 an das Hauptportal der Kathedrale ebd. überführt). 🏛 LAON, Mus. archéol. mun.: Gips-Medaillon Kardinal Rochechouart. 📖 ThB9, 1913. *Vial/Marcel/Girodie* I, 1912. – Mitt. Mus. de Laon. K. S.-D.

Desmouceaux, *Noël* → **Desmousseaux,** *Noël*

Desmoulin, *Fernand*, frz. Maler, Radierer, * 5. 6. 1853 Javerlhac/Dordogne, † 14. 7. 1914 Venedig. Ab 1871 in Paris, dort zunächst kurzzeitig Medizin-Stud. Wandte sich autodidakt. der Malerei sowie Feder-Zchngn zu. Später Schüler von Adolphe William Bouguereau und Luc-Olivier Merson (Malerei) sowie Félix Bracquemond (Rad.). 1898 Ritter, 1903 Offizier der Ehrenlegion. – Lsch. und Veduten (u.a. Brügge, Prag, Monaco, Venedig). Rad., u.a. nach Jean-Baptiste-Simon Chardin (*La Pourvoyeuse*), Alfred Stevens (*La Jeune Veuve*), Théodule Ribot (*Femmes au Sermon*) sowie zahlr. Portr. von Politikern, Monarchen (*Ferdinand de Lesseps*; die Zaren *Nikolaus II.* und *Alexander III.*), Malern (*Ernest Meissonier*) und Schriftstellern (*Emile Zola, Guy de Maupassant, Joris-Karl Huysmans, Paul Alexis, Léon Hennique, Henry Céard, Paul Alexis* für Les Soirées de Médan sowie *Alexandre Dumas, Alfred de Musset, Maurice Rollinat*). Erwähnenswert ist die Serie (Zchng und Aqu.) mit mediumist. Szenen (z.B. *La famille de l'Esprit*; *La Suppliciée*; *L'Effroi douloureux*), die 1900–02 angeregt durch eine spiritist. Sitzung entstand und in der sich D. automatist. Zchngn des späteren Surrealismus näherte (daher 1965 Rezeption durch André Breton). Widmete sich in den letzten Jahren seines Lebens der Verschönerung von Gefängnissen. 🏛 BRANTOME, Mus. Ferdinand Desmoulin (Werk-Slg; Mus. vor 1940 gegr., 1950 eröffnet). 👁 *E:* 1995 Brantôme, Mus. de Brantôme. – *G:* Paris: 1889 WA (Bronze-Med.); ab 1890 Salon; ab 1892 Salon de la Soc. Nat. des BA (1892 Mitgl.); 1900 WA (Bronze-Med.). 📖 ThB9, 1913; Vo5, 1961. *Bénézit* III, 1976. – *H. de Weindel*, La vie illustré v. 21. 12. 1900; *J. Secret*, Périgord actualités v. 11. 11. 1972; *Schurr* VI, 1985; *D. Dussol*, Le Festin 1995 (16) 49–55; Soc. Hist. et Archéol. du Périgord 1999. – Mitt. A.-M. Pons, Rathaus Brantôme. K. S.-D.

Desmoulins, *Antoinette*, wallon. Zeichnerin, Aquarellistin, Buchillustratorin, Kalligraphin, Baumeisterin, Schriftstellerin, * 1. 3. 1612 Mons, † 5. 12. 1692 Lüttich. Tochter des Malers *Jean D.* 1640 Eintritt in die Benediktinerinnenabtei von Paix Notre-Dame in Lüttich, 12. 1. 1642 Gelübde. Ausb. unbek., bei Klostereintritt als Künstlerin mit maler. Talent bez. – Nach 1640 zahlr., archival. belegte Zchngn, Aqu. und Entwürfe für Stickereien, Werke mit relig. Liedertexten und der Bearbeitung der „Vitae". Von D. ist ein Text-Fragm. in frz. und wallon. Sprache erh., dat. nach 1642. D.s Hw. ist der Bau ihrer Abteikirche, den sie 1675–90 betreute (Schlaganfall, voll. von Arnold du Hontoire). Überliefert sind v.a. ihre Buch-Ill., die sie eigenständig ausführt bzw. deren Ausf. betreut: neben dem Kopieren von Texten Ausgestaltung von Anfangsbuchstaben, Titelseiten und Basde-pages. In der Zugrundelegung der antiken Kunst in Komp.-Weise, Formensprache und Details reflektiert D. den Geist der Renaiss. und greift Elemente des Manierismus auf. ⌂ LÜTTICH, Abtei Paix Notre-Dame: Ceremoniale; Dreiteiliges Brevarium, 1676–82, beides Buch-Ill. ▭ NBW IX, 1981. – *G. Lemeunier*, Connaître la Wallonie. L'art baroque et la classique en Wallonie, Charleroi 1971. U. R.

Desmoulins, *Charles-Emile*, frz. Maler, * La Mûre/Isère, 19. Jh. Schüler von Narcisse Diaz de la Peña. D. lebte im Forsthaus von Franchard im Wald von Fontainebleau und scheint fast ausschließl. Ansichten des dortigen Waldes gemalt zu haben. Im Pariser Salon debütierte er 1878 mit *Fond des gorges de Franchard.* ⊙ *G:* 1878–80 Paris, SAfr. ▭ ThB9, 1913. DBF X, 1965; *Bénézit* III, 1976; *Harambourg*, 1985. H.-P. Bühler

Desmoulins, *François*, Schriftstecher, Schreiber, Kalligraph in Lyon, zw. 1625 und 1648 tätig. Das Schrift-Hb. *Le Paranimphe de l'escriture ronde financiere et italienne* (Lyon, 1. Ausg. 1625, 2. Ausg. 1644) wurde von D. zusammengestellt und gestochen. 1637 stach er in Marseille den *Plan illustré des îles de Saint-Honorat et Sainte-Marguerite* (Paris, BN). ▭ ThB9, 1913. *Audin/Vial* I, 1918. – *N. Rondot*, Les graveurs d'estampes à Lyon au XVIIe s., 1896, 54; *C. Bonacini*, Bibl. delle arti scrittorie e della calligrafia, Fi. 1953, Nr 519 s.; IFF, GravXVII III, 1954. M. Préaud

Desmoulins, *François-Antoine*, frz. Miniaturmaler in Paris. 1777 Mitgl. der Acad. de St-Luc ebd. – Portr. des Dauphin, 1787 (ehem. Slg Bernard Franck), und *Dame in hellrosa Kleid*, 1785 (ehem. Slg Warneck, Wien). – Unklar, ob verwandt mit dem Zeichner indones. Motive (für P. Sonnerat, Voyage à la Nouv. Guinée, P. 1776) namens *F. A. D.* ▭ ThB9, 1913 (s.v. Desmoulins, F. A.). *Schidlof* I, 1964; *Bénézit* III, 1976; *L. Haks/G. Maris*, Lex. of foreign artists who visualized Indonesia, Utrecht 1995. K. S.-D.

Desmoulins, *François-Barthélemy-Augustin*, frz. Historien- und Porträtmaler, * 1788 Paris, † 2. (oder 8.) 1. 1856 ebd. ⌂ LE PUY-EN-VELAY, Mus. Crozatier: La fuite de Henriette Marie de France, reine d'Angleterre (Salon 1835). VERSAILLES, Gal.: La prise de Lisbonne, le 25. 10. 1147; Le combat de Saalfeld, le 10. 10. 1806. ⊙ *G:* 1819–45 Paris, Salon (1822 Med. 2. Kl.). ▭ ThB9, 1913 (s.v. D., Auguste François Bartélemy). *Bénézit* III, 1976. C. R.

Desmoulins, *Georges*, frz. Maler, * 28. 9. 1882 Pont-Saint-Vincent/Meurthe-et-Moselle, † 8. 5. 1959 Beaulieu/Haute-Loire. ⊙ *G:* ab 1908 Nancy, Salon. ▭ *Harcos*, 1991.

Desmoulins (Des Moulins), *J.-B. S. F.*, frz. Kupferstecher, * 1740 b. Paris, ebd. tätig. Stach für „Cab. Poullain", 1781; „Voyage pittoresque de Naples et de Sicile" von Abbé Saint-Non, P. 1781–86; „Voyage aux Indes Orientales et à la Chine" von Sonnerat, P. 1782. Faksimile seiner Sign.: Des, zwei Windmühlen (Piktogramme für Moulins). ⌂ PARIS, BN, Cab. des Estampes. ▭ ThB9, 1913. – IFF, GravXVIII VII, 1951. C. R.

Desmoulins, *Jean*, frz. Baumeister (maître-maçon), tätig in Evreux und Dreux, 1507/08 von Ambroise Le Veneur (1501–11 Dechant, 1511–31 Bischof von Evreux) mit der Rekonstr. des Eingangspavillons zur dortigen Dechanei beauftragt. Das Gebäude (nicht erh.) mit Türmchen an den Ecken war üppig mit mon. plast. Schmuck versehen. Der als „maître de l'œuvre dudit portail" erw. D. erhält 5 sous pro Arbeitstag und wird zudem für die Bereitstellung der Gußformen (pour faire faire les moules) bezahlt, was keinen Zweifel an seiner Verantwortlichkeit für die Gesamtkonzeption läßt. Zur gleichen Zeit ist der Bau des n. Armes im Querschiff der Kathedrale von Evreux im Gang, und persönl. Kontakte zw. D. und dem 1504 dort als Werkmeister dok. Jean Cossart sind nicht ausgeschlossen. 1512 ist D. in Dreux nachw., und am 21. 4. 1516 verpflichtet er sich zus. mit Clément (I) Métezeau vertragl. zur Fertigstellung des Belfrieds an dem im Flamboyant-Stil erb. dortigen Rathaus. Derzeit lebt er als „maître maçon" einige Kilometer nordwestl. von Dreux in L'Estrée/Eure, wird von zwei Gehilfen (serviteurs, ouvriers à tailler et expers dudict mestier) unterstützt und bezieht einen Tageslohn von 5 sous tournois. 1524–34 zus. mit Thibaut Métezeau, dem Sohn von Clément, an der Rekonstr. der Kirche St-Pierre in Dreux beteiligt; dort wird D. die Westfassade, bes. deren prächtiges Portal, zugeschr.; bemerkenswert ist die auffallende Ähnlichkeit mit dem n. Arm des Querschiffs der Kathedrale von Evreux. ▭ ThB9, 1913. *Bauchal*, 1887. – *F. Blanquart*, Comptes de dépenses pour la construction du pavillon d'entrée du doyenné d'Evreux, 1507–1511–1527–1531, Evreux s.a. Y. Gallet

Desmoulins, *Jean* (1612) cf. **Desmoulins,** *Antoinette*

Desmoulins, *Jean-Baptiste* → **Maillou,** *Jean-Baptiste*

Desmoulins, *Jean Emmanuel (Emmanuel)*, frz. Maler, Stecher, * 17. 8. 1793 Amiens. Stud.: ab 1819 EcBA Paris bei Antoine Jean Gros. – V.a. hist. Darst. und Porträts. ⌂ PARIS, BN, Cab. des Estampes: Napoléon (à Sainte-Hélène), Rad., um 1820; Mausolée de Henri II, duc de Montmorency (à Moulins) nach Dufour, Kpst., um 1820. ⊙ *G:* 1821, '22, '24 Paris, Salon. ▭ ThB9, 1913. *Bénézit* IV, 1999. – IFF, Après1800 VI, 1953. C. R.

Desmoullins (Desmoulins), *Nicolas*, frz. Maler, Stikker. Arbeitete für die Kirche Saint-Pierre in Saumur, 1625–36, und vermutl. für das Schloß Lorière/Sarthe (ebd. zwei Gem., 1671 dat.). ▭ ThB9, 1913. *Bénézit* III, 1976. K. S.-D.

Desmousseaux (Desmouceaux), *Noël*, frz. Maler, † 20. 1. 1783 Paris, war dort Mitgl. der Acad. de St-Luc. Verwandt mit dem Pariser Maler *Guillaume D.* (Mitgl. der Acad. de St-Luc), der D.s Nachlaß verwaltet. ▭ ThB9, 1913. – *Guiffrey*, 1915 (Repr. 1970).

Desmoutiers, *Nicolas*, frz. Fayencier, * um 1680, † 24. 10. 1750 Saint-Amand-les-Eaux/Nord, dort tätig. 1707 erstmals dok., 1719 als Bürger und Händler. Spätestens 1725 gründet D. die älteste Fayence-Man. von Saint-Amand-les-Eaux. 1735 überläßt er sie der Tochter Marie-Josèphe als Mitgift zur Vermählung; 1736 verpachtet sie die Man. an den Fayencier Martin-Claude Dorez. – D.s Œuvre ist anhand eines Fundes von 1944 rekonstruierbar, der bis auf einen Krug und eine Platte jedoch nur aus Scherben besteht (alles in Saint-Amand-les-Eaux, Mus. mun.). Die Fundstücke (zumeist Fragm. von großen runden Platten, dazu von Tellern, Schalen, einer Tasse, von Näpfen und Wassertöpfen) sind aus hellem, bräunlichgelbem Ton von recht grobkörniger Textur. Die Oberseiten sind mit matter Zinnglasur versehen, die Rückseiten hingegen in der Art früher niederl. Fayence glasiert. Die Scherben ermöglichen auch Rückschlüsse auf das Dekor, das mit stilisierten Pflanzen und Früchten teilw. Einflüsse der niederl. Fayence des 17. Jh., also vor dem großen Aufschwung in Delft, zeigt; auch ital. und Antwerpener Stilelemente sind erkennbar (Fragm. eines Tellers mit blauem Dekor aus drei großen stilisierten Früchten). Andere Stücke (Fragm. eines Tellers mit blauem und schwarzem Dekor, hochgot. Motiv mit Rosette) mit Merkmalen aus der Hochgotik und stark stilisierten vegetabilen Motiven gehören zur Gruppe der sog. „faïences du Nord de la France". Weitere Fragm. stammen von Platten mit einem „au cavalier" gen. Dekor mit einem lange Zeit nur auf Fayencen aus Desvres und Hesdin bezogenen Figurentypus. 🕮 *G. Becquart/ J. Bonifas*, Les faïenciers de Saint-Amand au XVIIIe s. (K), Saint-Amand-les-Eaux 1985 (45 Nrn, davon Nrn 1–23 D. zugeschr.); *A. Faÿ-Hallé/C. Lahoussois*, Frz. Fayencen des 18. Jh., M. 1986. R. T.

Desmuraille, *Jean-Baptiste*, Porzellanmaler in der Man. von Saint-Amand-les-Eaux/Nord, 4. V. 18. Jh. 🕮 ThB9, 1913. *Honey* I, 1949.

Desmurget (De Murgez), *François*, Maler, 1649–52 als Hofmaler der Königin von Frankreich gen. 🕮 ThB9, 1913. – *Janneau*, 1965.

Desmurs, frz. Bildhauer in Paris, dort 1771–78 Schüler der Ec. acad. ⊙ *G:* 1791, '93 Paris, Salon (u.a. 1793 die Terrakottabüsten *Voltaire* und *Rousseau*). 🕮 ThB9, 1913. C. R.

Desmutés → **Collignon** (Bildhauer-Fam.)

Des Mutets → **Collignon** (Bildhauer-Fam.)

Desnault → **Desnos** (Goldschmiede-Fam.)

Desnault, *Jacques*, Bildhauer in Paris, dort ab 1674 Mitgl. der Acad. de St-Luc. 1682 noch am Leben. 🕮 ThB9, 1913. – *Guiffrey*, 1915 (Repr. 1970).

Desneiges, *Pierre*, frz. Maler, * um 1677 Paris, † 5. 6. 1738 Grenoble. Sohn eines gleichnamigen Malers. 1725 Auftrag des Rathauses Grenoble für Portr. von hochrangigen Persönlichkeiten der Stadt. 🕮 ThB9, 1913. *Bénézit* IV, 1999.

Desney, *Paul (Paul Thomas*; geb. Deszsényi, *Pál Tamás*), ungar.-austral. Architekt, Maler, Dichter, * 4. 5. 1946 Budapest, lebt in Sydney. Großneffe von Joseph Bard (Vize-Präs. der R. Soc. of Lit. und internat. Präs. des Schriftstellerverbandes P.E.N.). Seit 1950 in Australien, 1955 naturalisiert; 1956 Registrierung der Namensänderung. Stud.: 1963–67 Univ. of Sydney; 1966–69 Malerei bei John Ogburn. 1965–68 Architektenanwärter am Commonwealth Dept. of Works; 1968 bei (Philip) Taranto, (Scott) Wallace and Associates. 1966–67 erforscht er die einheim. Kultur und Archit. in Papua-Neuguinea, 1969–70 in Indien, Indonesien, Nepal und SO-Asien. Seit 1970 schreibt und übersetzt (aus dem Ungar.) er Poesie (Publ. 1971–84; 1973–74 Vize-Präs. der Poetry Soc. of Australia und Associate Ed. von „New Poetry"). 1971–74 Govt. Architects Branch, New South Wales Dept. of Public Works. 1974–75 baut D. im Auftrag von (Norman) Edwards, (Peter) Hall and Associates das Community Health Centre in Lawson (Sydney). 1975–82 Partnerschaft mit dem ehem. Kommilitonen Swetik Korzeniewski; 1981–85 Tätigkeit für (Laurence) Tang, (Peter) O'Neill Pty Ltd., gleichzeitig 1981–87 auch eig. Aufträge; 1987–96 arbeitet D. als Architekt der Austral. Construction Services für das föderale Dept. of Administrative Services bes. an architekton. Projekten für Aborigines (1989–93 Leiter der unter kommerziellen Druck aufgegebenen Aboriginal Projects Group „Gunyah"); seit 1993 eig. Büro. Lehrtätigkeit: 1974 Workers Education Assoc. (Poesie); 1975–80 Univ. of Sydney; 1985–87 Sydney Inst. of Technology; 1994 Univ. of New South Wales (Aboriginal Community Liaison); seit 1995 Inst. of Technical and Further Education, SW-Sydney. – D. sieht Archit. in jeder Hinsicht als Kunstform an. Er ist beeinflußt durch die Schriften von Louis Kahn (mit dem sein zeitweiliger Geschäftspartner Korzeniewski zusammenarbeitete) und Louis Sullivan, bes. von dessen Konzept, daß Archit. in poet. Weise den Bedürfnissen des Volkes entsprechen solle. D. bevorzugt es, Gebäude mit geringem Budget für Gemeinden und ethn. Gruppen zu bauen und greift dabei auf lokale und autochthone Trad. zurück, ohne sich um vergängl. Moden zu kümmern. In symbiot. Weise sieht D. Beziehungen zw. Kultur, soz. Struktur und Archit. als wesentl. an und fundiert daher (ähnl. wie Béla Bartók in der Musik) sein Schaffen fest im kult. Umfeld. In seiner Poesie verwendet D. gelegentl. architekton. Metaphern. 🏛 AUBURN/N. S. W.: Ana-Kindergarten, 1981 (zus. mit Korzeniewski; Preis des R. Austral. Inst. of Architects). BARGO/N. S. W.: Neugestaltung des Wirrimbirra Sanctuary (Gesamtentwurf und Bau des Besucherzentrums), ab 1999. BLAXLAND/N. S. W., Hawkins Parade: Haus Saunders, 1985. BUCCRABENDINNI CREEK ROAD VIA BOWRAVILLE/N. S. W.: Haus Allen, 1986. DARETON, Namaljira Precinct: Wohnungsbauten und Infrastruktur, 1990. EMPIRE BAY: Wohnungsbauten, 1990. GRIFFITH: Aboriginal Community and Cult. Centre, 1992. NEWTOWN, 35–39 Dickson Str.: Kidsville, 1978 (unter Beibehaltung der Außenmauern; zus. mit Korzeniewski). SYDNEY, Kensington, Inglethorpe Ave.: Whitehead House, 1982 (Anbau). – Hurstville, Forest Road: Bürogebäude, ab 1984 (zus. mit L. Tang für Tang O'Neill). – St. Leonards, Atchison Str.: Bürogebäude, 1985 (zus. mit L. Tang für Tang O'Neill). – Birchgrove, Gipps Str.: Haus Harris, 1987 (Anbau). – Dept. of Administrative Services, 1987–89 (Commonwealth Award for Excellence). – Surry Hills, Baptist Str.: Haus Thomson, 1996. – Riverview, Carranya Road: Haus Lewis, 1998. – Northbridge, Strathallen Ave.: Haus Kerr, 1999 (Anbau). WAMBA WAMBA: Doppelhaus, 1992. 🖂 *(Poesie):* Three fragments, New poetry 20:1972 (Aug.); Postcards, ibid.; On putting the cat out, ibid. 21:1973 (Febr.); The muse in archit., ibid.; Black sands, ibid. (Juni). ⊙ *G:* 1982–89 Sydney, Harrington Street Artists Cooperative Gall., Chippendale. 🕮 Transition (Mb.) 1:1979 (1) 11–13; Archit. Australia 71:1982 (6) 18 s.; Independent education (Sydney) 13:1983 (2) 18 s.; Archit. and urban-

ism (Japan) 11:1983 (158) 91–95; Archit. d'aujourd'hui 1983 (April)V; Transition 3:1983 (2) 37–40; Internat. architect (Lo.) 1984 (4) 48 s.; ArchitRev 1985 (Dez.) 52 s.; *J. Taylor*, Austral. archit. since 1960, Canberra 1990; Social justice for indigenous Australians 1992–93 (Federal Parliament, Budget related paper No. 7), Canberra 1992; Inquiry into the commercialisation of public sector operations (Federal Parliament, Joint Committee of Public Accounts, submission No. 23), Canberra 1993.
R. Smith

Desnickaja, *Aleksandra Grigor'evna* cf. **Desnickaja,** *Ol'ga Vasil'evna*

Desnickaja, *Ol'ga Vasil'evna*, russ. Malerin, * 4. 12. 1922 Petrograd (St. Petersburg), lebt dort. Mutter der Malerin *Aleksandra Grigor'evna D.* (* 8. 10. 1951 Leningrad; bek. u.a. *Nevskij prospekt*, 1975; *Mart. Malaja Nevka*, 1980). Stud.: 1944–50 Repin-KHS Leningrad bei Michail Ivanovič Avilov. – Lsch. (u.a. *Krym. More i skaly*, 1955), auch Genre-Gem. (z.B. *Ėskalator [Leningradskoe metro]*, 1967; *Chleb. Blokada*, 1980) und Portr. in der Trad. der russ. realist. Malerei. ▭ ChudSSSR III, 1976 (Lit.). – VSII Sprav. IV, 1975; V, 1981; Chudožnik 1976 (12) 33; Iskusstvo 1981 (1) 37 (beide zur Tochter); Chudožnik 1981 (1) 8; Zonal'naja vystavka proizvedenij leningradskich chudožnikov (K), Le. 1983, 13.
N. Lavrent'eva

Desnickij, *Boris Matveevič*, russ. Bühnenbildner, Graphiker, Zeichner, * 4.(17.) 11. 1903 Vladivostok, † nach 1970 Moskau. Stud.: 1920er Jahre bei Aleksej Alekseevič Sapožnikov, Petr Savvič Utkin, Saratov; A. 30er Jahre bei Grigorij Georgievič Filippovskij, Moskau. 1927–29 Mitgl. der LEF [Linke Front der Künste]. – Bühnenbilder mit maler. und plast. Elementen (u.a. zu P. I. Čajkovskij, *Evgenij Onegin*, 1933, Weißruss. Opern- und Ballett-Theater Minsk; K. M. Simonov, *Russkij vopros*, 1943, Theater im Kulturhaus Magadan; M. Ju. Lermontov, *Maskarad*, 1951, Schauspieltheater Kaluga). Buch-Gest. und -Ill. (u.a. zu R. Grinvud, *Mister Banting v dni mira i v dni vojny*, 1943; D. V. Grigorovič, *Guttaperčivyj mal'čik*, 1957; I. A. Krylov, *Basni*, 1968). Auch Aqu. (1958–61) nach Motiven russ. Volksmärchen sowie zu A. S. Puškin, *Ruslan i Ljudmila*; Ch. Perrault, *Krasnaja šapočka* [Rotkäppchen]; L. N. Tolstoj, *Tri medvedja*. Ferner Ausstattung für den Spielfilm *Poslednij tabor* (1936) und beteiligt an der Rekonstr. von *Putevka v žizn'* (1957), Arbeit an Diafilmen (1948–50, u.a. B. N. Polevoj, *Povest' o nastojaščem čeloveke*). Entwürfe für das Fresko *Parad gigantov* (1936, Flughafen Moskau). ✉ Počemu Mišutka letal v Afriku, 1970 (Text, Ill., zus. mit A. S. Nekrasov). ▭ ChudSSSR III, 1976 (Lit.). – Vokrug sveta 1960 (10) 7–9; VSII Sprav. I, 1965 (ohne Initialen).
K. Chačaturjan

Desnol → **Nole** (Bildhauer-Fam.)

Desnoll → **Nole** (Bildhauer-Fam.)

Desnos (Denos; Desnault; Desnots; Desnoz), frz. Goldschmiede-Familie, 1571–1789 in Rouen belegt. Zahlr. Mitgl.: u.a. *Jehan Desnoz* (1571 Meister, bis 1605 nachg., MZ: Wildschweinkopf); sein Neffe *Jehan Desnoz* (1605 Meister, bis 1613 erw., MZ: Fischflosse, J D); dessen Sohn und Vater von Pierre Denos in Toulouse *Jean D.* (lt. Cassan: zugeschr. Kreuz, 1689, in Anneville); *Pierre D.* (1696–1728 nachg., Kelch und Patene, 1696, '98, in der Kirche auf der Halbinsel Cotentin); *Pierre D.* (1768–89 belegt). ▭ *Cassan*, Normandie, 1980.
C. R.

Desnos, *Auguste* cf. **Desnos,** *Louise*

Desnos, *Ferdinand*, frz. Maler, * 29. 7. 1901 Pont-Levoy/Loir-et-Cher, † 16. 11. 1958 Paris. Cousin von Robert D. Zunächst Bäcker, Winzer und Hauswart, wandte sich in den 20er Jahren autodidakt. der naiven Malerei zu. Ab 1927 bis A. 30er Jahre in Paris, danach in Blois und Pont-Levoy ansässig, 1948 Rückkehr nach Paris. 1961 gründete sich die Soc. des Amis de F. D. – Naiv-poet. Lsch., Genre (oft bäuerl. Milieu), Tierbilder (*Cerf dans un bois*) und v.a. ab 1950 phantast.-märchenhafte Komp. (*Le paradis terrestre*). ⌂ PARIS, MNAM. TOURS, MBA. ⊙ *E:* 1943: Paris, Gal. La Boétie; Blois, Noyer de France / 1943, '63 Tours, MBA (Retr.; K) / Paris: 1956 Gal. Romi; 1962 Gal. Lucie Weil / 1980 Pontoise, Mus. Tavet-Delacour (K) / 1993 Nizza, Mus. d'Art Naïf Anatole Jakovsky (K). – *G:* Paris: 1931–58 Salon des Indépendants; Salon des Tuileries; Salon d'Art Sacré; 1945: Salon des vrais Indépendants; Salon d'Hiver. ▭ DBF X, 1965; *Bauer*, GEM II, 1976; *Bénézit* III, 1976; *Jakovsky*, 1976 (Lit.); EAPD, 1989. – *R. Nacenta*, Ec. de Paris, Recklinghausen 1960; *B. Dorival*, Rev. du Louvre 11:1961, 86–93; *id.*, L'Ec. de Paris, NM der mod. Kunst, M. 1962; *J. Busse*, F. D., 1901–1958, Genève 1963; *E. Schlumberger*, Connaissance des arts 1983 (381) 62–69; Drouot (Aukt.), P. 5. 2., 9. 7. 1992.
K. S.-D.

Desnos, *Jean* (1689) cf. **Desnos** (Goldschmiede-Fam.)

Desnos, *Jean*, frz. Ebenist, Möbelgestalter, * 1910 Paris. Stud.: in Paris 1923–27 Ec. Boulle; danach tätig für die Magasins du Louvre unter Etienne Kohlmann sowie für Athélia des Trois-Quartiers, dort Ltg des Dekorationsateliers. 1937 in Lyon künstler. Dir. der Fa. Rambaud Dantoine (Produktion nach D.s Entwürfen). Nach dem 2. WK Lehramt an der ENSBA Paris. – Bevorzugt in zahlr. Hotelmöblierungen einfache Formen, sparsames Dekor, Eiche, Esche und Sykomore, in luxuriöseren Entwürfen stärker geometrisch-massive Formen und verfeinerte Dekors (graviertes Glas und Kupfereinlegearbeiten). Die Beine sind aus Schmiedeeisen. Auch Arbeiten in Palisander, Ebenholz, Mahagoni und lackiertem Holz. ▭ *Kjellberg*, 1994.
K. S.-D.

Desnos, *Louise* (*Louise-Adélaïde*; geb. Robin), frz. Malerin, * 25. 8. 1807 Paris, dort bis 1870 nachweisbar. Schülerin von Louis Hersent und dessen Ehefrau Louise Marie Jeanne Hersent. – V.a. Portr. (u.a. *Le roi Louis-Philippe*), auch hist., relig. Darst. und Genrebilder. Der Miniaturmaler *Auguste D.* (1819 nachg.; wahrsch. Schüler von Jean-Baptiste-Jacques Augustin) ist lt. Schidlof viell. verwandt mit D. ⌂ CHALON-SUR-SAONE, Mus.: Le déjeuner à la ferme, 1865. VERSAILLES, Mus.: zahlr. Portr., u.a. Frédéric-Sigismond, Baron de Berckheim; Vicomte Pierre de Castex; Comte A. Charles Guilleminot; Baron Mouton-Duvernet. ⊙ *G:* 1831–53 Paris, Salon (u.a. 1835 Porträt von Mme Hersent, das 1862 dem Musée du Luxembourg geschenkt wurde). ▭ ThB9, 1913. *Schidlof* I, 1964 (zu D., Auguste); DBF

X, 1965; *Bénézit* IV, 1999. C. R.

Desnos, *Pierre* → **Denos,** *Pierre* (1672)

Desnos, *Pierre* (1696) cf. **Desnos** (Goldschmiede-Fam.)

Desnos, *Pierre* (1768) cf. **Desnos** (Goldschmiede-Fam.)

Desnos, *Robert*, frz. Lyriker, Schriftsteller, Filmszenarist, Kritiker, Maler, Zeichner, * 4. 7. 1900 Paris, † 8. 6. 1945 (Typhus) Konzentrationslager Theresienstadt. Cousin von Ferdinand D. 1939 Soldat. 1940 Mitgl. der Résistance. 1944 Gefangenschaft und Deportation nach Auschwitz, Buchenwald, Flossenburg, Flöha/Sachsen und Theresienstadt. – 1919 Kontakte zu Benjamin Péret, Roger Vitrac und André Breton. Schloß sich 1922 dem Surrealistenkreis um Breton und Louis Aragon (Hrsg. der surrealist. Zs. Littérature) an, wurde dabei (mit Traumprotokollen in halbbewußtem, schlafähnlichem Zustand; *Deuil pour deuil*, 1924) ein Hauptvertreter der écriture automatique. Publ. in Littérature u.a. *Les Nouvelles-Hébrides ou Les pénalités de l'enfer* (mit eig. automat. Zchngn ill.). In Annäherung an die surrealist. automat. Bildfindung entstanden u.a. Ill. für die Zs. La Révolution Surréaliste und für Kinderbücher (nicht publ.). D.s Zchngn erschienen u.a. 1924 in Feuille libre. Auch Ölmalerei (z.B. *Mort d'André Breton*, 1922; *Ci-Git Eluard*, 1922; *Mort de Max Morise*, 1923) und Graffiti. Freundschaftl. Kontakte zu zahlr. Künstlern, die z.T. D.s Werke illustrierten, z.B. André Masson (*C'est les bottes de sept lieues cette phrase „je me vois"*, 1926; *Les sans-cou*, 1934), Louis Roux (*L'Etat de veille*, 1943), Picasso, Labisse. Angeregt durch Marcel Duchamp entstand D.s *Prose Sélavy*. Zeigte früh Interesse für den Film; produzierte dabei 1928 (nach eig. Gedicht) mit Man Ray den surrealist. Film *L'étoile de mer* und war auch als Filmkritiker für die Zs. Le Merle tätig. Bis 1927 der Surrealistengruppe verbunden, wurde D. 1929 als „dissidenter Surrealist" wegen polit. und journalist. Aktivitäten (Engagement für die Volksfront) ausgeschlossen. ✉ Ecrits sur les peintres, P. 1984 📖 *S. Alexandrian*, Dict. de la peint. surréaliste, P. 1973; Dict. gén. du surréalisme et de ses environs, Fribourg 1982; EAPD, 1989; *M. Naumann* (Ed.), Lex. der frz. Lit., L. 1987; *J.-P. Clébert*, Dict. du surréalisme, P. 1996. – IFF, Après1800 VI, 1953; *R. Buchole*, L'évolution poétique de R. D., Br. 1956; *Y. Desnos*, Les confidences de Youki, P. 1957 (Mem. der Ehefrau); *M. A. Caws*, The surrealist voice of R. D., Amherst, Mass. 1977; *H. Becker*, Geteilte Nächte. Erotiken des Surrealismus, Ha. ²1993. K. S.-D.

Desnots → **Desnos** (Goldschmiede-Fam.)

Desnoues (Des Noves; Novesius), *Guillaume*, frz. Wachsmodelleur, Chirurg, * 1650, † 1735. In Genua Chefchirurg des dortigen Hospitals und Prof. für Anatomie. Ca. 1699–1717 Zusammenarbeit mit La Croix. Wandte sich E. 17. Jh. mit Gaetano Zumbo der Herstellung von anatomisch-patholog. Wachsmodellen für den Anatomieunterricht zu, die D. 1711 in der frz. Akad. der Wiss. in Paris und 1719 in London ausstellte. 🏛 PARIS, MN d'Hist. naturelle. 📖 *Pyke*, 1973. K. S.-D.

Desnoyer, *François (François Eugène Louis Victor)*, frz. Maler, Bildhauer, Illustrator, Dekorationsmaler, * 30. 9. 1894 Montauban, † 21. 7. 1972 Perpignan. Lebte in Paris, Sète und Saint-Cyprien/Pyrénées-Orientales. Ab 1913 auf Anraten von Antoine Bourdelle in Paris; wird dessen Schüler an der Zeichenschule der Man. des Gobelins. Bis 1914 und 1919–23 Ausb. an der Ec. des Arts décoratifs; Bekanntschaft mit Maurice Brianchon, Raymond Jean Legueult, Roland Oudot, Charles Walch und Gabriel Couderc. Stellt ab 1922 in den Pariser Salons aus. 1924 Ausz. mit dem Prix Blumenthal, 1949 mit dem Grand prix de la peint. contemporaine. 1925 Teiln. an der Expos. internat. des Arts décoratifs in Paris, 1937 an der WA ebd. Ab 1930 viele Reisen durch Europa, wobei D. zahlr. Lsch. gestaltet. 1936–47 Prof. an der Ec. des Arts décoratifs in Paris. 1938 Zusammenarbeit mit Albert Marquet. 1941 Mitgl. der Gruppe der Jeunes peintres de trad. franç. (u.a. neben Jean René Bazaine, Léon Gischia, Charles Lapicque). 1942 Ausst. im MNAM, Paris. 1949 zum „peintre officielle de la marine" ernannt. 1952 mit Raoul Dufy, Fernand Léger, Jacques Lipchitz und Bourdelle bei der Bienn. in Venedig. 1958 Ausst. mit der Gruppe Montpellier-Sète im Mus. Fabre, Montpellier (u.a. mit Jean-Raymond Bessil, Couderc, Georges Dezeuze, Pierre Fournel, Maurice Elie Sarthou). 1969 Gründung der Fond. François et Souza Desnoyer in Saint-Cyprien. – D.s Malerei, eine eigenwillige Synthese aus Elementen von Fauvismus und Kubismus, umfaßt zahlr. Lsch., Portr. und Alltagsszenen, bes. Jahrmärkte, Bälle und Hafenansichten. Bei Öl-Gem., wie z.B. *La foire du trône, l'escale*, setzt er seine optimist. Lebenshaltung durch ein strenges Konstruktionsprinzip und lebhafte Farben künstler. um. 🏛 ALBI, Mus. Toulouse-Lautrec. BESANÇON, MBA. BORDEAUX, MBA: Le port de Bordeaux, 1952. CASTRES, Mus. Goya. CERET, MAM: Akte. DIJON, MBA: L'atelier, rue Tournefort; La toilette, 1939. GRENOBLE, Mus. de la ville: L'écheveau, 1937. LILLE, MBA: La femme en rose. MADRID, CARS. MARSEILLE, Mus. Cantini: Paysage de Savoie; Le chenal de Palavas, 1951. MONTAUBAN, Mus. Ingres. MONTPELLIER, Mus. Fabre: Les joutes à Sète, 1947; Le port d'Osaka, 1968. PARIS, MAMVP. – MNAM. – Mus. de la Marine: Quai des esclaves à Venise; Cargo Grec à Sète, 1950. SAINT-CYPRIEN, Fond. François et Souza Desnoyer. SAINT-DENIS, MAH: Les joutes à Sète, 1955. SAINT-ETIENNE, MAM. SETE, Mus. Paul Valéry. TOULOUSE, Mus. des Augustins. 👁 *E:* Paris: 1938 Gal. Au sans pareil: Copies de voyage (K: A. Lhote); 1942 Gal. Marcel Guiot: F. D., peint.; 1967 Mus. Bourdelle (K: J. Cassou) / Montauban, Mus. Ingres: 1952; 1968: Cinquante ans de peint. (K; Vorw.: R. Mesuret); 1973: D. et ses amis (K); 1983: Le Languedoc ou les villes rouges (K) / 1952 Montpellier, Mus. Fabre; Avignon, Mus. Calvet (K: A. Chamson); Marseille, Mus. Cantini / 1955 Besançon, MBA; Arnhem, Gemeente-Mus. / London: 1955 Marlborough Gall.; 1966 Adams Gall. / 1972 Saint-Denis, MAH / 1999 Sète, Mus. Paul Valéry. – *G:* Paris: 1939 Gal. de l'Elysée; 1941 Gal. Braun: Peintres de trad. franç.; 1944 Gal. de France: Dix peintres subjectifs (K; Vorw.: B. Dorival); 1952 MAD: Tapisserie franç. 1949–1952; 1954 Mus. Galliera: Les peintres témoins de leur temps; 1960 Salon d'Automne: Hommage à F. D. (K: G. Besson); 1978 Grand Pal.:

L'art mod. dans les mus. de prov.; 1993 Louvre: Copier-Créer, de Turner à Picasso (K: M. Laclotte/J. P. Cuzin) / 1964 Japan: Internat. Ausst. der figurativen Kunst (Wander-Ausst.) / 1971 Marseille, Mus. Cantini: 100 artistes provençaux; Montauban, Mus. Ingres: L'éc. de Montauban (K: P. Barousse) / 1976 Montauban, Mus. Ingres. 🕮 Vol, 1953. *R. Charmet*, Dict. de l'art contemp., P. 1965; *P. Cabanne*, Dict. internat. des arts, P. 1979; *L. Harambourg*, L'Ec. de Paris 1945–1965, Neuchâtel 1993; *Bénézit* IV, 1999. – *B. Dorival*, D., P. 1943; *id.*, Les étapes de la peint. franç. contemp., P. 1946, 239–312; *G. Besson*, Le point. Rev. artist. et litt. 36:1947 (Dez.) 2–13; *G. Diehl*, Hist. de la peint. mod., P. 1950, 229; *J. Bouret*, Eloge de F. D., [P.] 1958; *J. Cassou*, Panorama des arts plast. contemp., P. 1960, 631; *P. Cabanne*, Le midi des peintres, P. 1964, 93 s.; *P. Duchein*, Bull. du Mus. Ingres 24:1968, 24–35; *J. Leymarie*, in: Depuis 45, II, Br. 1969, 63; *R. Huyghe*, L'art et le monde mod., P. 1970, 28 s., 194, 238 s.; *S. Desnoyer*, D., sa vie, son œuvre, ses amis, ses voyages, Montfermeil 1977; *F. Lequenne*, Vision sur les arts 1980 (131); *R. Barotte*, ibid. 1982 (141); Jean Cassou, 1897–1986. Un mus. imaginé (K BN), P. 1995; Le front populaire et l'art mod. 1936–1939. Hommage à Jean Zay (K MBA), Orléans 1995. A. Jaylet

Desnoyer, *Jean*, frz. Maler, * 1894 Montauban, † 1972. Kurzzeitig in Paris, ab 1952 in Sète ansässig. 1957 Griechenlandreise. – V.a. Marinestücke, dabei Annäherung an Fauvismus und Kubismus. 🕮 Schiffahrt und Kunst in Frankreich (K), Ha. 1987. K. S.-D.

Desnoyers (Boucher-Desnoyers), *Auguste-Gaspard-Louis*, Baron, frz. Kupferstecher, Zeichner, Herausgeber, * 20. 12. 1779 Paris, † 16. 2. 1857 ebd. Sohn eines Verwaltungsoffiziers. Erste Ausb. bei de Wailly, sollte die neugegründete Ec. Polytechnique besuchen. Die Eltern geben jedoch D.s künstler. Neigung nach, der ersten Graphikunterricht bei Louis Darcis erhält. Die frühen Bll. sind in Punktiermanier gestochen (*C'est sans malice*, nach eig. Komp., 1796; *Héloïse et Abailard*, nach Robert Lefèvre). Während der frz. Revolution tritt D. in das Atelier von Guillaume Lethière ein und erhält dort Unterricht in Zeichnen, Öl-, Min.-, Aqu.-Malerei und Anatomie. Die erlernten Maltechniken macht D. sich später in seinen eig. Gemäldekopien zu nutze, die ihm dann als Vorlagen für Kpst. dienen. Erster Salonerfolg 1799 mit dem Stich *Venus désarmant l'Amour* nach R. Lefèvre, der ihm einen „Prix d'encouragement" und einen Auftrag für *Esperance soutient l'homme jusqu'au tombe* nach Armand Charles Caraffe einbringt (Salon 1801). 1800 tritt D. in das Graphikatelier von Alexandre Tardieu ein, und schon 1806 wird er gemeinsam mit diesem als Lehrer des Stechers Jean-Louis Potrell erwähnt. D. beschickt bis 1846 regelmäßig den Salon, wo er 1804 mit einer Gold-Med. ausgezeichnet wird (*La belle Jardinière* nach Raffael). Er bekommt den Auftrag, das Portr. Napoleons nach François Gérard zu stechen, für das er 30. 000 Franc vom Staat erhält und das mit dem gen. Stich nach Raffael und *Belisarius* nach Gérard (1806, Gem., verschollen) D.s Ruf als herausragenden Kupferstecher festigt. Für beide Stiche wird D. außerdem im Bericht von 1808 an Napoleon über die Entwicklung der Künste in Frankreich lobend hervorgehoben, er erringt 1810 eine „Première mention honorable" im Wettb. um den Prix decennal, und die Drucke sind Teil von Napoleons KS im kaiserl. Pal. von Trianon. D.s erfolgreiche Karriere zur Zeit des Empires ist weiter belegt in Denons Auftrag für die Zchng eines Medallienentwurfs (*Capitulation d'Ulm et de Memmingen*, ausgeführt von Louis Jaley; D. erhält 48 Franc für die Zchng [Arch. de la Monnaie de Paris, N-1, 5: 11. 1. 1808]), sowie Denons Vorschlag 1812, D. eine Professur an der geplanten Pariser Stecherschule anzubieten. D. wird von Zeitgen. v.a. für die genaue Zchng und seine Fähigkeit, den Char. eines Gem. im Kpst. nachempfinden zu können, geschätzt. Er ist einer der bedeutendsten Vertreter des akad. Stils im Kpst. des 19. Jh., der v.a. mit Stichen nach Raffael und mit Reproduktionen nach zeitgen. Künstlern wie Gérard hervortritt. 1816 erhält D. einen Sitz im Institut de France, 1820 wird er Ritter und 1838 Offizier der frz. Ehrenlegion, erhält 1822 den St. Michaels Orden, wird 1825 zum „Premier Graveur" ernannt sowie in das Beratergremium der kgl. Mus. gewählt und 1828 zum Baron geadelt. D. ist außerdem Mitgl. der Berliner KA und ausgezeichnet mit ausländ. Orden. Für die Vorbereitung von Stichen nach Werken Raffaels reist D. seit 1818 wiederholt nach Italien (1818–19, 1833), England (1820, 1830) und Deutschland (1841) wo er mit außerordentl. Ehren empfangen wird. D. arbeitet an der Stichserie *Musée Français* mit, ist Zeichner, Stecher und Hrsg. eines Graphikkompendiums (1821) nach Werken der Antike und ital. Renaiss. und illustriert 1824 Quatremère de Quincys Monogr. zu Raffael, die er in einer 2. und erweiterten Aufl. 1852 herausgibt. D. ist freundschaftl. verbunden mit dem Maler und Graphiker Jean-Baptiste Isabey, und er unterstützt dessen Sohn Eugène Isabey in der Kandidatur für die ABA. Die neue Lith.-Technik hat er selbst nur in wenigen Versuchen ausprobiert, ist aber durch seinen Sitz an der ABA an der Förderung der Lith. in Frankreich mitbeteiligt. 1816 empfiehlt er der frz. Regierung, im Rahmen einer Kommission zur Bewertung der Reproduktionslithographie, die Niederlassung und Unterstützung von Godefroy Engelmanns lithogr. Anstalt in Paris (Paris, Institut de France, Arch. de l'ABA, 2E6, 2. 11. 1816). 🏛 PARIS, BN. – Louvre. ✉ Recueil d'estampes gravées d'après des peint. antiques, ital. etc., P. 1821; Funérailles de M. Tardieu, P. 1844; App. à l'ouvrage intitulé Hist. de la vie et des ouvrages de Raphaël par M. Quatremère de Quincy, P. 1852. 👁 *G:* Paris: 1799–1846 Salon; 1983/84 Gal. nat. du Grand Pal.: Raphaël et l'art français. 🕮 ThB9, 1913 (Lit.). *Bellier/Auvray* I, 1882; DBF VI, 1954 (beide s.v. Boucher-Desnoyers); *Bénézit* IV, 1999. – *J. Le Breton*, Présentation à S. M. l'Empereur et roi ... du rapport hist. sur l'état et les progrès des BA en France ..., P. 1808 (Neudruck 1989); Rapports et discussions ... sur les ouvrages admis au Concours pour les Prix décennaux, P. 1810; *G. Ferrario*, Le classiche stampe..., Mi. 1836; BSHAF 1878, 219; NAAF, 3. Ser., II, 1886, 33, 333; V, 1889, 224; VI, 1890, 22; *R. Schneider*, Quatremère de Quincy et son intervention dans les arts, P. 1910; IFF, Après1800 VI, 1953; *C. O. Zieseniss*, BSHAF 1967, 290; *N. E. Cunningham*, The image of Thomas Jefferson in the public eye ..., Charlottesville 1981; *S. J. Taylor*, Nouv. de l'estampe 88/89:1986, 6–16; *A. Griffiths*, Medal 1990 (16) 16–30; *L. Propeck*, Dominique Vivant Denon, l'œil de Napoléon, P. 1999, 206 s. – Paris, Arch. de la Monnaie de Paris, N-1, 5: Quittung für Zchng des Medaillenentwurfs Capitulation d'Ulm ...; Arch. nat., LH 306–307: Dokumentation der frz. Ehrenlegion; Fond. Custodia, D., 1994–A. 648: Korr. mit J. B. Isabey père; J. B. Isabey, 6588. Los Angeles, Getty Center Libr., Architectural designs and correspondance, Ser. II: Korr. mit Jacques Ignace Hittorff. – *Online: G. McKee*, The image of France, Online, ARTFL Project, 1999.

S. Anderson-Riedel

Desnoyers, *Charles*, kanad. Bildhauer, Kunsttischler, „cultivateur", * 5. 5. 1806 Saint-Vincent-de-Paul/Que., † 19. 2. 1902 Saint-Jean-Baptiste-de-Rouville/Que., lebte dort ab 1830. V.a. Kirchendekorationen, z.B. 1837 für die Kirche Ste-Rosalie in Saint-Hyacinthe/Que. zus. mit Pierre-Salomon Benoît (gen. Marquette); 1845–65 für die Kirche von Saint-Jean-Baptiste-de-Rouville (u.a. Rest. des Gestühls; Ornamente nach Motiven des AT und NT sowie Akanthusblätter) und 1865–68 für die Kirche in Saint-Mathias-de-Rouville/Que. (Täfelung der Sakristei; Beichtstuhl). 🕮 *A. Comeau*, Artistes plasticiens, Ml. 1983 († Saint-Hyacinthe); *Karel*, 1992. C. R.

Desnoyers, *Jean* (gen. Chaponnet), frz. Porzellanmodelleur, 1748 (Lehrling), 1749–50 in der Man. Sèvres tätig. Viell. ident. mit *Jean D.*, der als 19jähriger 1753 bei der Auswanderung nach Tournai in Lille verhaftet wird. Vgl. auch Desnoyers-Chaponnet. 🕮 ThB9, 1913; AKL18, 1998 (s.v. Chaponnet). *Lami* I, 1910; *Honey* I, 1949. – *Tardy*, Porcelaines, 1967.

Desnoyers, *Jean* (1749) cf. **Chaponnet** (1768)

Desnoyers, *Jean-François-Langin*, frz. Maler, Miniaturist, * 1775 oder 1776 Versailles, † 1846, lebte in Rennes, dort Museumskurator. – U. a. hist. und relig. Bilder; Werke in Kirchen (Dép. Vendée, Bretagne, Deutschland, Italien). 🏛 Rennes, MBA: u.a. Selbstporträt (auch als Min.). 🕮 ThB9, 1913. *Bénézit* III, 1976 (s.v. Langin-D., J.-F.). C. R.

Desnoyers, *Magloire*, kanad. Daguerreotypist, Lithograph, 1847–52 in Montreal nachweisbar (eig. Atelier). 1848 reproduzierte D. das Portr. „Jacques Cartier" von Théophile Hamel. D.s Daguerreotypie *Louis-Hippolyte La Fontaine* (1848) wurde (vermutl. in New York) lithographiert und 1849/50 in der Ser. Gal. nat. du Canada publiziert. 1850 veröffentliche D. die Portr.-Lith. *Barthélemy Joliette* (Stadtgründer) nach seiner eig. Daguerreotypie. 🕮 *Karel*, 1992. C. R.

Desnoyers, *Pierre-Hubert*, frz. Medailleur, * 1767 Caen, 1792–1839 tätig. Schüler von Alphonse-François-Joseph Girard. Im Dienst des Duc d'Angoulême tätig. – Neben Med. umfaßt D.s Repert. Kameen, Intaglios und Jetons für die Freimaurer. ⊙ *G:* 1814–34 Paris, Salon. 🕮 ThB9, 1913. *Forrer* I, 1904; *Bénézit* III, 1976. – *H. Bozenthal*, Skizzen zur Kunstgesch. der mod. Med.-Arbeit (1429–1840), B. 1840; *T. Marvin*, Med. of the Masonic Fraternity, Boston/Mass. 1880. J.-M. Darnis

Desnoyers-Chaponnet, d.Ä., Blumenmaler in der Porzellan-Man. Sèvres, nachg. 1788–1804 und 1810–28 (lt. Bénézit: 1768–95). Ein *D. d. J.* war ebd. als Blumenmaler 1788–90 (lt. Bénézit: 1776–1800) tätig. 🕮 ThB9, 1913. *Honey* I, 1949; *Bénézit* IV, 1999. – *Tardy*, Porcelaines, 1967.

Desnoyers Delorme, *Marguerite-Louise-Amédée* → **Duronseray,** *Marguerite-Louise-Amélie*

Desnoz → **Desnos** (Goldschmiede-Fam.)

Desobeaux, *Pierre* → **Desaubeaux,** *Pierre*

De Sobleau, *Michel* → **Desubleo,** *Michele*

De Sobleo, *Michel* → **Desubleo,** *Michele*

Desoches, *Jacques René* cf. **Desoches,** *René Gabriel*

Desoches, *Jean Baptiste Gabriel* cf. **Desoches,** *René Gabriel*

Desoches, *Jean Jacques*, frz. Porzellanmodelleur aus Paris, 1769–74 in Fürstenberg/Weser tätig. Entstammt einer angesehenen Künstler-Fam. aus Paris. Ausb. an der dortigen Acad. royale de Peint. et de Sculpt. beim Bildhauer Pierre-Philippe Mignot. Ab 1769 Modellmeister an der Porzellan-Man. in Fürstenberg (Nachf. von Simon Feylner). D. fertigt die Modelle für sämtl. 1770 dort entstandenen Reliefporträt-Medaillons, für fast alle 1771/72 ausgef. Büsten und bis 1774 für den größten Teil der Büsten nach Antiken wie auch die seiner obersten Dienstherrn und von deren Verwandten, Herzog Carl I. und Erbprinz Carl Wilhelm Ferdinand von Braunschweig, die er wohl bei Aufenthalten in der Zweigstelle von Braunschweig mehrfach sah. – In hohem Maß gelingt es D., den Ausdruck der inneren Bewegung von antiken Vorbildern nachzuempfinden und wiederzugeben; mit dem Geschick des Bildhauers ist er in der Lage, die Wesenszüge der jeweiligen Gestalt herauszuarbeiten (z.B. *Proserpina*, 1771, Braunschweig, HAUM; *Niobe*, 1774, Fürstenberg, Mus. der Porzellan-Man.). In seiner Fürstenberger Zeit ist er dort der wichtigste Künstler für Arbeiten in Biskuitporzellan (u.a. *Venus Medici*, 1771, Fürstenberg; *Niobe und drei ihrer Töchter*, 1774, Braunschweig; Gesamt-Verz. cf. Wolff-Metternich, 1981). Die von D. entworfenen Figuren und Gruppen zeigen den Einfluß von Etienne-Maurice Falconet sowie des engen Zusammenwirkens der Pariser Akad. mit der Porzellan-Man. in Sèvres. Spuren des frz. Klassizismus sind auch an der Gestaltungsweise einiger Büsten erkennbar, z.B. an *Kaiser Marcus Aurelius* sowie einem *Christus* (beide 1772, Braunschweig), der an Pâte tendre-Stücke aus Sèvres erinnert. Mit Vorliebe scheint D. zu größeren Rundgruppen vereinte Figuren zu gestalten, v.a. *Die Kaffeegesellschaft* (1770, mit Monogr. von Herzog Carl II. von Braunschweig, heute in Fürstenberg); weiterhin umfaßt sein Repert. zierl., reizvolle allegor. Min.-Figuren (z.B. *Die vier Jahreszeiten als frz. Bauern*, 1769/70, Fürstenberg; *Die fünf Sinne*, 1770, Braunschweig), große Göttergruppen sowie einige kunstgewerbl. orientierte Stücke (ThB nennt Arm- und Kronleuchter mit Figuren). D.s Modelle gelten als die schönsten im späten 18. Jh. in Fürstenberg entstandenen Werke. 🏛 Braunschweig, HAUM: umfangreiche Slg, u.a.: Neptun mit zwei Tritonen im Wasser, 1769/70; Liebespaar mit Vogelbauer, 1770; Philippine Charlotte Herzogin von Braunschweig-Lüneburg, Anna Amalia, Herzogin von Sachsen-Weimar, Bildnismedaillons, beide 1770; Marchand à oiseaux; Älterer Sohn des

Laokoon; Jüngerer Sohn des Laokoon, alle 1771; Herzog Carl I. von Braunschweig-Lüneburg, 1772, Bildnisbüsten. DORTMUND, Mus. für Kunst und Kulturgesch.: Vulkan mit zwei Genien in der Werkstätte, 1769/70. FÜRSTENBERG, Mus. der Porzellan-Man.: umfassende Slg. GÖTTINGEN, StM: Laokoon, 1772. HANNOVER, Kestner-Mus.: Marchande à crème, 1771. MÜNSTER, Westf. LM: Marchand à oiseaux, 1771. ▭ ThB9, 1913 (s.v. Desoches). *Danckert*, 1992. – *L. Schnorr von Carolsfeld*, Porzellan der europ. Fabriken, I, Bg. [6]1974; *B. von Wolff Metternich*, Keramos 1981 (92) 19–68 (Portr.-Büsten der Man. Fürstenberg); *A. Lorenz*, Weißes Gold aus Fürstenberg (K Münster/Braunschweig), Bg. 1988; *B. von Wolff Metternich*, Kunst & Antiquitäten 1992 (7/8) 26–29 (Marchand à oiseaux); *H. Westhoff-Krummacher*, Keramos 1993 (142) 3–14 (Die Kaffeegesellschaft). R. T.

Desoches, *René Gabriel*, frz. Maler, „peintre-vernisseur", † 15. 7. 1758 Paris, dort tätig. 1751, '53 urkdl. genannt. Mitgl. der Acad. de St-Luc. Die Söhne *Jean Baptiste Gabriel D.* und *Jacques René D.* arbeiteten im gleichen Beruf. ▭ ThB9, 1913. – *Wildenstein*, 1966.

Desogus, *Antioco*, sard. Silberschmied, ansässig in Cagliari, 1724 für einen Kelch mit Patene für die Confraternita del Rosario von Senorbì/Cagliari bezahlt. ▭ Cagliari, Arch. Arcivescovile, Causa Pia, Senorbì, 3, f. 140 r. A. Pillittu

Desogus, *Gianni* (Xiandès), ital. Maler, Holzschneider, Bildhauer, * 26. 2. 1920 Iglesias/Cagliari, lebt dort. Autodidakt. Initiator der Künstlergruppe „Sardes" und wichtige Persönlichkeit im lokalen Kunstbetrieb. Seit 1960 Teiln. an zahlr. regionalen und nat. Ausst.; versch. Preise für Graphik. ⌂ IGLESIAS/Cagliari, Gall. Sardes. ⊙ *E:* 1952 Carpi. ▭ *Comanducci* II, 1971. – *Branca*, 1973, 224 s.; *G. Colomo*, Albo artisti sardi, Fi. 1991, 48. A. Pillittu

De Soissons, *Louis (Louis Emmanuel Jean Guy de Savoie-Carignan)*, Viscount d'Ostel, Baron Longroy, brit. Architekt, * 31. 7. 1890 Montreal, † 23. 9. 1962 London, tätig in Welwyn/Herts. und London. D. verbringt die Jugend in England und studiert an der EcBA in Paris, wo er drei Med. gewinnt. Anschl. Ausb. bei J. H. Eastwood und an den RA Schools in London. Ausz.: RA Reise-Stip., 1913 RIBA Henry Jarvis Scholarship an der Brit. School at Rome, 1923 Fellow des RIBA, 1945 RIBA Distinction in town planning, 1953 Mitgl. der RA. – Nach Kriegsdienst 1914–18, u.a. in Italien, arbeitet D. zus. mit Philip Hepworth und dann mit George Grey Wornum, bis er 1920 zum planenden Architekten der Welwyn Garden City (Hw.) ernannt wird, einer von Ebenezer Howard initiierten Gartenstadt in der Nachfolge der Letchworth Garden City/Herts. In Welwyn entstehen in den nächsten Jahren teilw. zus. mit A. W. Kenyon nahezu alle öff. Gebäude, darunter 1928 das Theater sowie zahlr. priv. Wohnhäuser. Bei den schlichten, meist neogeorgian. Bauten verwendet D. bevorzugt Ziegelsteine. Großen Erfolg haben die ringförmig um eine Sackgasse angelegten Einfamilienhäuser. Es folgt ein Auftrag der Wedgwood Porzellan-Man. zu einer Villenanlage in Barlaston/Staffs. Ferner plant D. mehrere Kriegsgräberstätten für die Imperial War Graves Commission in Italien und Griechenland. In den 1950er Jahren wird D. Seniorchef der Büro-Gem. D., Peacock, Hodges & Robertson, die das ganze priv. und öff. Bau-Spektrum abdeckt. Prominente Werke in London sind das George VI Memorial (1955, Carlton Gardens) sowie die behutsame Rest. der Nash Terraces im Regent's Park. ⌂ EXETER/Devon: St. James Park Estate, 1933. LIVERPOOL: Haig Homes, 1929 (mit Wornum). LONDON, Clapham: Larkhall Estate, 1928 (mit Wornum). – Kenington, Sancroft Str.: Newquay House, 1934. – Regent's Park: R. College of Obstetricians & Gynaecologists, 1954–58. – St. James's: Carlton House, 1948; 5–7 Carlton Gardens. ⊙ *G:* London: 1921–62 RA; 1933–51 BI. ▭ *Waters* I, 1975; *Johnson/Greutzner*, 1976; RoyalAcadExhib II, 1977; *Wodehouse*, 1978; *Billcliffe* I, 1990; DA VIII, 1996. – *R. Orfeur*, ArchitRev 63:1928 (April) 138–144; *T. Chambers*, ibid. 66:1929 (Juli) 7–16; *R. Lutyens*, Country life 109:1951, 396 s.; *A. Oswald*, ibid. 112:1952, 1564–1567; *C. V. Baker*, Housing 21:1959 (Juni) 19–22; Builder 203:1962, 623, 787 (Nekr.); RIBAJ 69:1962, 431 (Nekr.); Times v. 24. 9. 1962, 18 (Nekr.); *F. J. Osborn*, The genesis of Welwyn Garden City, Lo. 1970 (Repr. 1973), 24 s.; Cat. of the drawings coll. of the RIBA, III, Farnborough 1972; *R. Filler*, A hist. of Welwyn Garden City, Chichester 1986; *M. de Soissons*, Welwyn Garden City. A town designed for healthy living, C. 1988. S. H.

Desoje, Kalligraph, tätig zw. 1232 und 1235 am Hof des bosn. Herrschers Ban Matija Ninoslav. ▭ *Mazalić*, 1967. – *V. Glušac*, Povelje Matije Ninoslava, Banja Luka 1912; *G. Čremošnik*, Glasnik Zemaljskog muz. 3, Sarajevo 1948. V. Konjikusic

Desolme, *Desamparados (María de los Desamparados)*, katalan. Malerin, 2. H. 19. Jh. in Valencia aktiv. Schülerin von Plácido Francés y Pascual an der ABA de S. Carlos, ebd. Ausz.: 1867 Expos. Nac., Valencia; 1868 Expos. Aragonesa, ebd. – Neben relig. Themen auch Portr. und Blumenstücke. ▭ *Aldana Fernández*, 1970; Cien años II, 1988.

Desolo, *Natale*, ital. Maler, in Castelminio di Resana/Treviso tätig, wo er eine lt. Inschr. 1450 dat. *Muttergottes mit Hll.* (nicht erh.) in der Sakristei der Pfarrkirche malte. ▭ *Melchiori*, ed. *Bordignon Favero*, 1968, 163, 195, 233. S. C. M.

Desom, *Carl* → **Som,** *Carl de*

Désombrages, *Joseph Vézien*, frz. Maler, Bühnenbildner, * 4. 11. 1804 Lyon, † 1873 ebd. Stud.: 1819–27 EcBA Lyon bei Pierre Henry Révoil und Antoine Berjon. Ansichten von Lyon, Lsch., Genre und Blumenbilder (Öl, Aqu., Kohle-Zchngn); gelegentl. Figuren sowie einige Lith. (mytholog. und relig. Sujets). Außerdem tätig am Grand Théâtre und am Théâtre des Célestins in Lyon (dekorative Gem. und Bühnenbilder). ⌂ LYON, MBA: Bateau à vapeur pris par les glaces de la Saône (ehem. Hôtel de Ville); L'entrée de la rue de la Barre à Lyon. LE PUY-EN-VELAY, Mus. Crozatier. PARIS, BN, Cab. des Estampes. ⊙ *G:* 1833–65 Lyon, Salon. ▭ ThB9, 1913. *Bénézit* III, 1976; *Harambourg*, 1985; *Hardouin-Fugier/Grafe*, 1989. – *F. Desvernay*, Le Vieux-Lyon à l'expos. de 1914, Lyon 1914; IFF, Après 1800 VI, 1953; *Hardouin-Fugier/Grafe*, 1992; *ead./id.*, La peinture lyonnaise au XIXe s., P. 1995. E. S.

Desombre, *Thibault*, frz. Möbeldesigner, * 10. 6. 1958 Lille, in Paris tätig. Arbeitete zunächst als Kunsttischler in versch. Wkstn, danach Stud. an der Pariser Ec. nat. des Arts décoratifs bei Jean-Claude Maugirard und Daniel Pigeon. D. entwarf 1983 (V. I. A.-Stip.) den Prototyp seines verstellbaren Relaxsessels *Diazo* (Holz, Metall, Leder; für Philippe Parent). Fertigte im gleichen Jahr zus. mit Marc Held priv. Möbel für das Elysee in Paris. Eröffnete 1987 ein Designerstudio in Paris. Im Auftrag der V. I. A. entwarf D. 1986 den kleinen Tisch *Tolu* (für Socca Line) und 1988 die Bettcouch *Djema*. Gestaltete 1988 die kleinen Kastenmöbel *Tao* (für Transfert) sowie die Kollektion *Shakers* (für Grange), für die er den Grand Prix du Salon internat. du Meuble (Paris) erhielt. Realisierte 1989 die Sessel *Lagos* (für Socca Line) und *Oka* (für Christian Farjon) sowie 1990 den Stuhl *Zina* (Buche, furniert mit Birkenholz; für Socca Line), mit dem er den Grand Prix de la critique du meuble contemp. gewann. 🕮 *Kjellberg*, 1994; Dict. internat. des arts appliqués et du design, P. 1996. C. R.

Desoras, *Jenny* → **Berger,** *Jenny*

Désoria, *Jean Baptiste François*, frz. Maler, * 1758 (lt. Schurr/Cabanne 1768) Paris, † 21. 9. 1832 Cambrai/Nord. Schüler von Restout (wohl nicht wie lt. ThB von Jean Restout d. J., da dieser 1768 gest. ist); Prix Latour; E. der 1780er Jahre dreijähriger Aufenthalt in Italien sowie in Deutschland. Danach Zeichenlehrer an Gymnasien in Evreux, Rouen und Metz; ab Febr. 1832 Dir. der Acad. in Cambrai. – Œuvre: v.a. Portr., die sich z.T. an Jacques-Louis David orientieren; außerdem mytholog., hist. und relig. Sujets. Ausz.: 1810 Medaille. 🏛 *Alle Öl:* BAYEUX, Mus. Baron Gérard: Achille délivrant Iphigénie au moment où Calchas allait l'immoler, Salon 1798. CAMBRAI, Mus. mun.: Ulysse et Pénélope, 1828 (lt. Bénézit). CHICAGO, Art Inst.: Portr. d'Elisabeth Dunoyer, 1797. PARIS, Comédie Franç.: Fauchard de Grandmesnil dans le rôle d'Harpagon, Salon 1817. ROUEN, MBA: Portr. d'homme, 1804; (lt. Bénézit:) Pierre Corneille chez lui dans une soirée d'hiver, Salon 1819. VERSAILLES, Château: Charles-François Letourneur, Salon 1798. ◎ *G:* Paris: 1782 (oder '83) Salon de la Corr.; 1791–1822 Salon. 🕮 ThB9, 1913. *Bénézit* III, 1976; *Schurr/Cabanne* I, 1996. E. S.

Désormaux, *Anne-Ernestine* → **Panckoucke,** *Ernestine*

Desormeaux (des Ormeaux), *Jean-Baptiste*, frz. Maler, † vor 29. 10. 1736, ab 1701 belegt. Schüler von Michel Corneille. Peintre du roi in Paris, bemalte zus. mit François Verdier und Louis Silvestre die Pententifs der Kuppel in der Kirche St-Roch. Louis Desplaces und Gaspard Duchange stachen D.s Arbeiten. 🕮 ThB9, 1913. – *Hautecœur* III, 1950; VII, 1957; *Janneau*, 1965; *Wildenstein*, 1966. C. R.

De Sortis, *Eduardo (Edoardo)*, ital. Bildhauer, * Sept. 1861 Neapel, † Montecassino (als Mönch). Stud.: ABA Neapel. Orientiert an der klass. röm. Kunst. ◎ *G:* 1887 Neapel: Promotrice napoletana (Testa, Bronze); 1889 ibid. (Romano antico; Un cavaliere del secolo passato). 🕮 ThB31, 1937 (s.v. Sortis, Eduardo De). *Bessone-Aurelj*, DizScultArchit, 1947; *Panzetta*, 1994; *Vicario*, 1994. – Ill. ital. 1889 (7) 11. G. Salvagnini

Desosiers, *Guillaume* → **Desozier,** *Guillaume*

DeSoto, *Lewis D.*, US-amer. Konzept- und Installationskünstler, * 3. 1. 1954 San Bernardino/Calif., lebt in San Francisco. Stud.: bis 1978 Univ. of California, Riverside; 1978–81 Claremont Graduate School, Claremont/Calif. Seit 1988 Prof. für Kunst, San Francisco State Univ. 1992 California Arts Council Fellowship; 1996 Artist-in-Residence, ArtPace, San Antonio/Tex.; 1996–97 Artist Fellowship, Nat. Endowment for Arts; 1997–98 Artist-in-Residence, List Visual AC, Massachusetts Inst. of Technology, Cambridge; 1999 Eureka Fellowship, Fleishhacker Found. – D.s bevorzugte Ausdrucksmittel sind seit den frühen 80er Jahren Multimedia-Installationen, mit denen er auf die spezif. Bedingungen sozial definierter Räume reagiert. Seine Projekte, von ihm „interventions" genannt, basieren auf genauen Analysen der phys., hist. und sozialen Gegebenheiten des jeweiligen Ortes. Er arbeitet bei Raumeingriffen mit Licht- und Farbeffekten, dem Einsatz von Geräuschen, Düften, Alltagsobjekten und zeitgen. Bildproduktion (Fotogr., Video). Elemente, die auf authent. Erfahrung körperl.-sinnl. Erlebnisse zielen, werden dabei häufig mit solchen kombiniert, die die visuelle, mediadisierte Wahrnehmung ansprechen. Meist verändert D. die Raumwirkung durch Ein- und Abgrenzungen oder durch gezielte Eingriffe in die gegebenen Lichtverhältnisse. Über Lautsprecher werden Außengeräusche oder Stimmen eingespielt, die zur Aufhebung der gewohnten Trennung von Innen und Außen führen. Sich wiederholende Abläufe (tropfendes Wasser) oder Videos, die Bilder im Zeitraffer oder in Realzeit präsentieren, irritieren die lineare Zeitwahrnehmung des Betrachters, der dadurch in eine Situation gebracht wird, die ihn von der Alltagswahrnehmung entfernt. Ziel der „interventions" ist es, den Rezipienten in einen kontemplativen Zustand zwischen Wachheit und Traum zu versetzen, der es ihm ermöglichen soll, nicht gekannte Zusammenhänge zwischen den präsentierten Dingen oder bislang verborgene Energien und Bedeutungen zu entdecken. So führt z.B. die Inszenierung eines auf einem schwebenden Tisch stehenden glühenden Heizgerätes (*Edison Song*, 1990), dessen Summen über einen Verstärker als hörbare „Musik" übertragen wird, dazu, daß man die Transformation von Energie gesteigert über mehrere Sinneskanäle aufnimmt (Augen, Ohren, Haut). Thema vieler „interventions" ist der Versuch, ein Bewußtsein für die Verbindung des Menschen zum Kosmos (repräsentiert als Natur, Kultur- oder Technikgeschichte) herzustellen. Das Konzept von D. beruht auf einer Verbindung von indian. kosmolog. Einheitsvorstellungen mit taoist., buddhist. und modernen phänomenolog. Theorien. In einigen seiner Arbeiten setzt er sich in Kombination von Text, Bildern, Geräuschen und Objekten gezielt mit den Mythen der Cahuilla-Ethnie, der seine Vorfahren entstammen, auseinander (*Tahualtapa Project*, 1983–88; *Tahquitz*, 1994). 🏛 FRIBOURG, Mus. d'Art et d'Hist. LOS ANGELES, Mus. of Contemp. Art. NEW YORK, MMA. ✉ *D./R. Solnit*, Kingdoms, Riverside 1993; Blast, N. Y. 1993. ◎ *E:* 1986 Seattle, Nine-

One-One Contemp. Arts Center / 1987 Washington, Jones/Troyer Gall. / 1989 Seattle, Silver Image Gall. / 1990 Sausalito (Calif.), Headlands Center for the Arts, Fort Barry / 1991, '94, '95, '97, '98 (K: D. Cameron) Santa Monica (Calif.), Christopher Grimes Gall. / 1992, '95 San Francisco, Cheryll Haines Gall.; London, Wise Taylor Partnerships/Rose Court (K) / 1993 Stockholm, Mod. Mus.; Riverside, California Mus. of Photography / 1994 Santa Fe (N. Mex.), Center for Contemp. Art / 1995 Des Moines (Ia.), AC (K) / 1996 San Antonio (Tex.), ArtPace (K) / 1997 Barcelona, Metronòm / 1998 Cambridge (Mass.), List Visual AC (K: J. L. Riddell) / 1999 New York, Bill Maynes Gall. – *G:* 1988 Seattle, AM: Photogr. Memory (K) / 1989 Kansas City, Neslon-Atkins Mus. of Art: Night Light (K) / 1990 Long Beach (Calif.), Mus. of Art: Waterworks (K) / 1992 New York, The New Mus. of Contemp. Art: The spatial drive / 1994 Denver, AM: Visions of America. Landscape as Metaphor in the Late Twentieth Century (K: M. Friedmann u.a.) / 1995 Porto, Fund. De Serralves: Threshold/Limiares (K); San Francisco, De Young Mus.: Facing Eden (K) / 1996 Barcelona, MAC: Fragments (K) / 1998 San Diego, Mus. of Contemp. Art: Double Trouble (K) / 1999 Bozen, versch. Museen: Mir. Art in Space (K). 🕮 WWAA, 1991/92–1997/98. – *J. Biren*, Reflex 3:1989 (7/8) 26; *R. Solnit*, Artspace 16:1992 (1–2) 36–40; *L. Rinder*, Shift 14:1993, 58–63; *T. C. Hummer*, Dialogue 1994 (11–12) 13–15; Tate 10:1996 (Winter) 48–52; *R. Solnit*, Kunstforum 136:1997 (2–5) 117–131; *T. Cohn*, Artweek 1998 (10) 13 s. A. Weber

Desoto (De Soto), *Rafael María*, puertorikan. Maler, Wandmaler, Bildhauer, Illustrator, * 1904 Audilla, lebt in Bellport/N. Y. Stud.: bei Fernando Díaz Mackenna; Sem. Conciliar de S. Ildefonso, beide San Juan; 1925 Columbia Univ.; 1933 Pratt Inst.; 1935–37 Art Student's League, alle New York; bei George Bridgeman, E. Dickerson und Isaac Soyer. Zahlr. öff. Aufträge, u.a. *Lady of the island* (Stein, 1975) für die Montfort Brothers in Manorville/New York. 1933–60 zahlr. Plakate und Ill. für Zss. und Bücher. Lehrtätigkeit: u.a. 1962–82 State Univ. of New York, Farmingdale/Long Island. Zahlr. Ausz.: 1925 Nat. Poster Art Alliance Award, New York State Armory; 1972 Preis „Emily Griffin", Nat. Arts Club. – Realist. Lsch., Portr., Figürliches und relig. Gem. in Aqu., Acryl, Öl, Tempera und Kasein. 🏛 BRADENTON, South Florida Mus. NEW YORK, State Univ. PATCHOGUE/N. Y., Knights of Columbus Hall: New world, Öl/Lw., 1966. SAN JUAN, MBA. – Pin. del Sem. Conciliar de S. Ildefonso. TALLAHASSEE/Fla., State Capitol. TUCKAHOE/N. Y., Westchester Medical Center: Lens of life, Fresko, 1938. 👁 *E:* 1970 Bradenton, South Florida Mus. / 1973 East Islip (N. Y.), Brookwood Hall AG / 1974 Ponce, Mus. de Arte; San Juan, MBA (K) / 1975, '79 New York, Lincoln Center for Performing Arts, Avery Fisher Hall. 🕮 WWAA, 1980; 1984; 1991/92; 1993/94. – *O. Delgado*, Hist. de la pint. en Puerto Rico, Ma. 1976 (s.v. Soto, R. M. de). M. N.

Desoubleay, *Michel* → **Desubleo,** *Michele*

Desouches, *Charles*, frz. Bildhauer, * Paris, † 1905. Schüler von Adolphe Victor Geoffroy-Dechaume. – Portr.-Büsten, Statuen, Gruppen in Gips. 👁 *G:* 1868–1905 Paris, SAfr. (Mitgl.; 1901 ehrenvolle Erw.). 🕮 ThB9, 1913. *Lami* II, 1916 (Werke); *Mackay*, 1977; *Bénézit* IV, 1999.

Desouches, *Jean* cf. **Des Oulches,** *Colas*

Desouches, *Marie Claire*, frz.-mexikan. Malerin, * 1912 Ligny, lebt in Mexiko-Stadt. Stud.: bei Henri Daime; Wkst. Fontaney; Acad. Libre de Calorossi; Ec. des Arts Decoratives et des BA, Paris (1935 Gold-Med.). Ab 1968 Wkst. für Schmuck, der auf D.s eig. Malerei basiert. – V.a. zartfarbige Traum-Lsch. kosm. Ausmaße mit phantast. Vegetation, Städten, Brücken und Schlössern, meist in Ocker-, Violett- und Gelbtönen. 👁 *E:* Mexiko-Stadt: 1961, '63 Gal. Excelsior; 1972 Casa del Arquitecto; 1975, '76 Gal. de Arte Contemp.; 1977 Gal. Coyoacán; 1979 Fomento Cult. 🕮 Artistas plást. México 77, Méx. 1977; DPM, Contemp. III, 1979. M. N.

Des Oulches (Desoulches), *Colas (Nicolas)*, Ornamentbildhauer, A. 16. Jh. in Bourges tätig. Arbeitet von April 1512 bis Nov. 1513 beim Bau des Nordturms der Kathedrale; 1513 v.a. an zwei antikisierenden Baldachinen. Verwandt mit den zwei Bauhandwerkern *Jean Desouches l'aîné* und *le jeune*, die 1495–96 am Schloß Amboise tätig waren. 🕮 ThB9, 1913. – *L. de Grandmaison*, Comptes de la construction du château d'Amboise (1495–1496), P. 1912. – Bourges, Arch. dép.: 8 G 389. E. Hamon

Desousa, *Ricardo*, brasil. Maler, Zeichner, * 1949 Rio de Janeiro. Autodidakt. Erste Gem. 1964, 1965 erste Zchng. 👁 *E:* 1966 Rio de Janeiro, Clube dos Decoradores. – *G:* 1965 Rio de Janeiro, Salão do IV Centenário. 🕮 *Cavalcanti* II, 1974. S. de A.

Desouslevrès, *Samuel*, schweiz. Emailmaler, um 1798 in Genf erwähnt. 🕮 ThB9, 1913. *Brun*, SKL I, 1905.

De Soutterant, *F. A.*, Miniaturmaler, der 1797, in London wohnend, ein Damen- und ein Herren-Portr. ausstellte. Im Pariser Louvre befand sich das Portr. eines lachenden Mädchens, bez. „Souhaitrond", das viell. von D.s Hand ist. 🕮 ThB31, 1937 (s.v. Soutterant, F. A. de). *Graves*, RA II, 1905; *Foskett* I, 1972 (s.v. Soutterant, F. A. de).

De Souza, *Fernando*, urug. Bildhauer, Graphiker, * 29. 8. 1959 Montevideo, † 24. 6. 1991 ebd. Stud. in Montevideo: ab 1974 bei Edgardo Ribeiro; ab 1981 bei Guillermo Fernández; ab 1984 Esc. de Grabado im Club de Grabado. – In der Frühphase graph. Arbeiten und Reliefs, später v.a. Skulpt.; 1985–90 publ. D. im Club de Grabado zahlr. Sieb- und Offsetdrucke. Hervorzuheben sind ab M. der 80er Jahre gefertigte abstrakte Holz- und Metall-Skulpt., mit denen er Dialoge zw. beiden Materialien initiiert. Durch die Konfrontation von geschliffenem und gewachstem Holz mit rostigem Metallschrott erzeugt er Kontraste zw. Farben und Texturen, polierten, schmiedbaren, neuen, rostigen, harten und gebrauchten Materialien. Die Metallteile repräsentieren Neues und Vergehendes, Volumen, Hohlräume und Krümmungen; die Holzelemente bestehen aus gepreßten, sorgfältig verleimten und genagelten Schichten. Daneben entstehen einige Arbeiten mit figürl. Bezügen, v.a.

zu Fragen der Geschlechter. ⌂ Maldonado, Mus. de Arte Amer. Montevideo, Minist. de Educación y Cult. – Alianza Uruguay y Estados Unidos. – Aeropuerto Nac. de Carrasco. – Banco de la República Oriental del Uruguay. Salto, Mus. Hist. Mpal. San Jose, Teatro Macció. ⊙ *E:* Montevideo: 1984 Gal. Espacio Univ.; 1987 Alianza Uruguay y Estados Unidos. – *G:* 1986 Montevideo, Concurso Paul Cézanne / 1989 Maldonado, Mus. de Arte Amer.: Concurso Pan Amer.; Buenos Aires: Bien. de Arte Joven. 📖 *J. Abondanza*, La presencia invisible, in: F. D. Escult. (K Mus. y Arch. Hist. Mpal), Montevideo s.a.; *A. Torres*, La voluptuosa madera, contra la ausencia, in: ibid.; *A. Haber*, El País v. 8. 5. 1987. A. Haber

Desovol, katalan. Schmiedemeister, realisierte 1383 versch. Kunstschmiedearbeiten für die Kathedrale von Barcelona. 📖 *Ráfols* I, 1951.

Desoy, *Antoni*, Silberschmied in Girona, * Genua, E. 18./A. 19. Jh. Vermutl. Autor der 5-Peseten-Münze mit der Büste Fernando VII, die in den letzten Tagen der napoleon. Belagerung 1809 in Girona geprägt worden war. 📖 *Ráfols* I, 1951. W. H.

Desozier (Desosiers; des Hoziers; des Osiers), *Guillaume*, frz. Maler, Vergolder in Paris, 1669 als Meister in die Acad. de St-Luc aufgenommen; bis 1697 dort urkdl. genannt. Peintre du roi und Kammerdiener der Königin. 1691/92 vergoldet D. die Kuppel im Invalidendom. Vermutl. ident. mit Guillaume Desauziers. 📖 ThB9, 1913. *Guiffrey*, 1915 (Repr. 1970). – *Janneau*, 1965 (auch s.v. Des Hoziers, Guillaume). R. T.

Desoziers, *Antoine* → **Desauziers,** *Antoine*

Despaches, *Claude* → **Despeches,** *Claude*

Despagne, *Artus*, frz. Bildhauer (lt. Bénézit auch Maler), 1. H. 19. Jh. Schüler von Giraudet. – Genre-Darst. ⊙ *G:* 1824–35 Paris, Salon. 📖 ThB9, 1913. *Mackay*, 1977; *Bénézit* IV, 1999.

Despallargues, *Pedro* → **Espalargues,** *Pere* (1519)

Desparcies, Holzbildhauer, bek. durch die Sign. auf dem 1687 ausgef. Hochaltar der Kirche in Montroland (Montrolland/Loire?). 📖 ThB9, 1913. *Brune*, 1912; *Bénézit* IV, 1999.

Desparmet-Fitz-Gérald, *Xavier*, frz. Maler, * 13. 1. 1861 Bégney b. Bordeaux. Schüler der Pariser EcBA bei Alexandre Cabanel, Alexandre Rapin und Alfred Philippe Roll. Malte Lsch., Archit.-Ansichten, Strände und Hafenbilder, v.a. aus Südfrankreich, Spanien und Algerien. Ab E. des 19. Jh. in Bordeaux ansässig. ⊙ *G:* 1880–1912 Paris, SAfr. / 1890–99 ebd., Salon de la Soc. Nat. 📖 ThB9, 1913. *Harambourg*, 1985; *Bénézit* IV, 1999. H.-P. Bühler

Despasa, *Antonio*, sard. Maler, dok. 1422–56. Sklave des Vorhangmalers Pere Alexandri aus Barcelona. Erhält nach sieben Jahren am 21. 2. 1429 die Freiheit und läßt sich in Barcelona als Maler nieder. 📖 La Corona d'Aragona. Un patrimonio comune per Italia e Spagna (secc. XIV-XV) (K), Cagliari 1989, 393 s. – Barcelona, Arch. Hist. de Protocolos: *J. Reniu*, vol. 3, Manual 17, 21. 2. 1429; *B. Montserrat*, vol. 10, Manual 10, 17. 12. 1437; *H. Ça Canonima*, vol. 8, Manual, 1. 7. 1456; Inst. Mun. de Hist. de l'Ayuntamiento: Consejo de Ciento, 19, 7, c. 12 v., 1449. A. Pillittu

Despax, *Guillaume*, Tischler in Châteaudun, 1726 und 1730 erw. mit Arbeiten am Gestühl der Kirche St-Pierre in Nottonville und dem Auftrag für Altarretabel und Täfelung in der Kirche von Romilly-sur-Aigre. 📖 ThB9, 1913. *Vial/Marcel/Girodie* I, 1912.

Despax, *Jean-Baptiste*, frz. Maler, * 17. 6. 1710 (nicht 1709) Toulouse, † 3. 11. 1773 ebd. Sohn eines Händlers. Beginnt frühzeitig eine Ausb. bei dem Maler Antoine Rivalz und wird sein Mitarb.; ⚭ 16. 11. 1751 dessen Tochter Louise. 1742–46 Aufenthalt in Paris; Schüler von Jean Restout und Begegnung mit Carle Van Loo. Nach der Rückkehr in die Heimatstadt Aufnahme in die kurz zuvor auf Initiative des Architekten Guillaume Cammas gegr. Soc. des Arts de Toulouse, aus der D. bald wieder ausgeschlossen wird. Ab Jan. 1751 erneut Mitgl. der mittlerweile in Acad. royale de Peint. de Toulouse umbenannten Einrichtung; ab 1757 deren Dir., ab 1769 Professor. Ein geplante Reise nach Italien 1765 muß D. wegen Erkrankung in Aix-en-Provence abbrechen; Rückkehr nach Toulouse. – Bedeutendster Maler des 18. Jh. in Toulouse. 1737 Auftrag zur von Rivalz beg. Ausgestaltung der Eglise des Carmélites déchaussés, den D. jedoch erst nach der Rückkehr aus Paris ausführt; diese bemerkenswerte, *Elias und Elisäus*, der *Madonna* und der *Apotheose der hl. Theresa von Avila* gewidmete Malerei (in situ, D.s Hw.) steht in der Trad. bed. Pariser Dekorationen der ausgehenden Herrschaftszeit von Ludwig XIV. Nach der Voll. (vor 1752) mehren sich die Aufträge für relig. Einrichtungen in Toulouse und Umgebung, die D. bisweilen in kurzer Zeit mit Unterstützung von Mitarb. ausführt: für die Oratorianer von Notre-Dame-de-la-Dalbade (in situ), die Benediktiner von Notre-Dame-de-la-Daurade, die Confrérie des Pénitents gris (15 heute verstreute Öl-Gem., neun davon in der Kirche St-Exupère, Toulouse), die Kleriker von St-Nicolas in Toulouse (1759–68, in situ; Vor-Zchng ebd., Mus. Paul-Dupuy), die Bernardins de Grandselve (heute in der Kirche von Grenade/Haute-Garonne), die Zisterzienser von Boulbonne (heute in der Kirche von Tremesaygues/Ariège), die Sœurs de la Visitation in Toulouse (1752–57) und Montpellier, die Karmeliter von Pamiers und Agen, die Klarissen von Montauban und die Ordensherren von Montréal/Aude (*Szenen aus dem Leben des hl. Vinzenz*, in situ). D. arbeitet auch für andere Auftraggeber und gestaltet einige Porträts. Seine Malweise unterliegt kaum Veränderungen und ist geprägt von Jean (III) Jouvent, den er mehrfach kopiert. Zudem orientiert an Antoine Coypel, was ihm den Beinamen „Coypel toulousain" einbringt. Während D. Figurengruppen geschickt arrangiert, Frauen und Heranwachsende anmutig zeichnet, Köpfe älterer Menschen charaktervoll wiedergibt und bemerkenswerte, voluminöse Draperien mit großzügigem Faltenwurf gestaltet, ist die Farbgebung weniger eindrucksvoll, zwar ausgewogen, jedoch etwas schematisch. Jean François Faure, François-César Derôme und François Bertrand sind seine besten Schüler. – Werke in Aukt.: *Autoportrait à la palette*, Paris, Drouot Montaigne, 26. 6. 1990; *Portr. du cardinal de Bernis*, ebd., Hôtel Georges V, 9. 4. 1991. Nach D.s Vorlagen ausgef. Stiche: Portr. de Jeanne de Lestonac, fondatrice des religieux de Notre-Dame, 1742; Portr. du jésuite

Jean-Pierre Cayron; Portr. du poète Pierre Godolin, alle von Louis François Baour; Tod der hl. Monika, 1769, von Joseph François Foulquier; Plan et élevation du chœur de la cathédrale de Toulouse, von Claude Lucas; Darst. der feierl. Einzüge von Ludwig XI., der Königin Eleonore von Österreich und vom Dauphin Franz II. in Toulouse, alle von Louise Magdeleine Cochin (geb. Horthemels). 🏛 TOULOUSE, Bibl. mun.: Portr. de Loménie de Brienne, achevêque de Toulouse. – Hôtel d'Assézat, Acad. des Sc., Inscr. et Belles-Lettres de Toulouse: Portr. de Ch.-Cl. Martin de Saint-Amand. – Mus. des Augustins: Das Mahl bei Simon dem Pharisäer, 1754 (urspr. für das Refektorium der Basilika Notre-Dame-de-la-Daurade); Heimsuchung Mariä, nach Jouvenet; Portr. du jésuite Jean-Pierre Cayron; Christi Himmelfahrt, Skizze; Darbringung im Tempel, nach Restout; Anbetung der Könige (Skizze zu einem Gem. in der Kirche von Cintegabelle/Haute-Garonne). – Basilika St-Sernin: Grabmal und Reliquienschrein des hl. Sernin, von Pierre Lucas und Etienne Rossat nach D.s Entwürfen, 1741–59. 📖 ThB9, 1913. – *R. Mesuret*, Le dessin toulousain de 1730 à 1800 (K Mus. Paul-Dupuy), Toulouse 1954; *J. Penent*, Le portr. toulousain de 1550 à 1800 (K Mus. des Augustins), Toulouse 1987; *P.-F. Bertrand*, Congr. archéol. de Toulouse 1996 (in Vorbereitung). P.-F. Bertrand

Despeche, *Pierre* → **Despesches** (Maler-Fam.)

Despeches → **Despesches** (Maler-Fam.)

Despeches (Despaches), *Claude*, Landschaftsmaler in Marseille, um 1760 Mitgl. der Acad. 📖 ThB9, 1913.

Despêches, *Florent* → **Despesches** (Maler-Fam.)

Despeches, *Hugues* → **Despesches** (Maler-Fam.)

Despeches, *Jean* → **Despesches** (Maler-Fam.)

Despeches, *Jean-Baptiste*, frz. Maler, ⚭ 25. 6. 1727 in Aix-en-Provence mit dem Titel „peintre en tapisserie de verdures de la ville de Marseille". Vermutl. verwandt mit der Maler-Fam. Despesches. 📖 *J. Boyer*, GBA 113:1971 (Juli-Sept.) 113. R. T.

Despeches, *Pierre* → **Despesches** (Maler-Fam.)

Despecioli, *Giacomo Antonio* → **Spicciotti,** *Giacomo Antonio*

Despencier (Depencier), *Jean* oder *Roger le*, Architekt, Bildhauer in Rouen, 1535–38 in der Kirche St-Jean tätig; 1538 bezahlt für das Tabernakel. 📖 ThB9, 1913.

Despérais (Depérais), *Claude Antoine*, frz. Porzellanmaler, * 1777. Schüler der Man. Sèvres und für diese 1794–1821/22 als Ornamentmaler tätig. Schuf dabei z.B. ein Tafelservice mit Tierkreiszeichen und Weinkühler mit ägypt. Motiven. Sign. D. P. – In Sèvres wurden weitere Fam.-Mitgl. erw.: die Blumenmalerin *Julie Françoise D. (Depérais)* (* 1777), 1791–1815 beschäftigt; ein *Déperais* (* 1764 lt. ThB) arbeitete dort 1767–79 (lt. Honey) als Reparateur und 1780–98 (1765–98 lt. Lami) als Bildhauer. 📖 ThB9, 1913. *Lami*, 1910 (zu Déperais); *Honey* I, 1949; *Bénézit* III, 1976. – *J. Wilson*, Apollo 102:1975, 50–60; *C. Truman*, Connoisseur 202:1979, 148–155 (Abb.). K. S.-D.

Despérais, *Julie Françoise* cf. **Despérais,** *Claude Antoine*

Desperières (Des Perriers), Madame, frz. Malerin, * 1787 Paris. Stellte 1812–19 im dortigen Salon Portr. und Genrebilder aus. 🏛 AVIGNON, Mus.: Portr. de Louis XVIII. BORDEAUX, MBA: Duchesse d'Angoulême, Portr. 📖 ThB9, 1913. *Bénézit* IV, 1999.

Desperret, *Auguste*, frz. Zeichner, Lithograph, Holzschneider, Kunstsammler, * Lyon, † 1865 Paris. Schüler von Guillaume Lethière. Tätig für Grandville, dessen Zchngn er in Hschn. übertrug. Nach Grandvilles Tod Mitarb. des Kpst.-Kab. im Louvre, später der Zs. La Caricature (u.a. Karikaturen gegen Louis-Philippe, 1831–35). Sign.: Desperet, E.-A.; Desperrets; Auguste Desp.; A. Desperet; Auguste D.; A. Dept.; A. D. 🏛 PARIS, BN. 📖 ThB9, 1913. *Audin/Vial* I, 1918; *Bénézit* III, 1976. – IFF, Après1800 VI, 1953; *K. Schrenk*, Die republikan.-demokrat. Tendenzen in der frz. Druckgraphik zw. 1830 und 1852, Marburg/Lahn (Diss.), 1976; *id.*, Hist. et critique des Arts 13–14:1980, 81. K. S.-D.

Des Perriers (Madame) → **Desperières** (Madame)

Desperroy, *Jean* cf. **Desperroy,** *Martin*

Desperroy (Desperroiz; Desperroys), *Martin*, frz. Baumeister, Zimmermann in Rouen, † um 1530 (lt. Bellier/Auvray). Sohn von *Jean D.*, Zimmermeister der Stadt Rouen (um 1470 „syndic" seiner Zunft). Um 1508 (lt. DBF) von Kardinal Georges d'Amboise mit der Errichtung des Tragwerks für das Schloß in Gaillon/Eure beauftragt, wo D. lt. ThB 1518 (erneut/noch?) tätig ist. 1510–18 zus. mit dem Architekten und Bildhauer Rouland Le Roux Gest. eines Brunnens am Hôtel de Lisieux in Rouen. Als Architekt der Kathedrale ebd. fertigt D. die Pläne zum Wiederaufbau des Glockenturms, soll dann lt. DBF allerdings gestorben sein (1544 von Robert Becquet voll.). Wohl auch am Bau der Kirche St-Maclou in Rouen beteiligt (Glockenturm und Laterne). 📖 ThB9, 1913. *Bellier/Auvray*, 1882; DBF X, 1965. R. T.

Despesches (Despeches), frz. Maler-Fam., 1586–1682 nachw., zumeist in Dijon, aber auch in Aix-en-Provence, Paris und Grenoble tätig. Vermutl. verwandt mit Jean-Baptiste Despeches. Laveissière nennt einige Werke, die keinem D. eindeutig zuzuschreiben sind (nach Angaben im Inv. Devosge [Dijon, Arch. mun.]): *Joh. Ev. auf Patmos; Heilige Familie*, dat. 1643, beide ehem. in der Eglise des Carmélites zu Dijon; die 35 Aqu. umfassende Slg *Livre des oiseaux de la ménagerie de Versailles, 1710*, bez. Despesches Del. et pinx. anno 1680 (evtl. von 2?). – Folgende, nach Antoine (1830) gen. Vertreter der Fam. werden einschl. der ihnen zugewiesenen Werke von Laveissière nur mit Vorbehalt namentl. zit. und sind ihm nicht bek.: ein *Nicolas D.* soll Malereien für die Eglise des Bernardines in Dijon ausgef. haben. Dessen Bruder *Florent D.* († 1710 Dijon) ist angebl. im Schloß von Versailles und in Paris im Atelier von Charles Le Brun tätig (evtl. mit 2 oder viell. mit 3 verwechselt?); ihm werden folgende Gem. für Kirchen in Dijon zugeschr.: *Milchwunder* für den Chor der Eglise des Bernardines; Hochaltarbild der Eglise des Cordeliers; *Heilige Familie* (vermutl. nach Simon Vouet) für den Hochaltar der Eglise des Carmélites. Ein dritter, namentl. nicht bek. Bruder soll im allg. auf weißer Seide gemalt haben, z.B. von Blumenbordüren gerahmte Darst. eines *Ecce homo* und einer *Madonna* für die Kap. im Gemeindehaus von Dijon. Einer der drei Brüder soll außerdem den kleinen

Salon in einem Garten der Rue Saint-Philibert zu Dijon (heute 20, rue Condorcet) ausgemalt haben.

1. *Florent* (*Florant*; auch Despêches), * Til-Châtel/Côte-d'Or, † 14. 7. 1637 (Pest) Dijon (wahrsch. in Til-Châtel begr.). Vater von 4 und 5. Ab 1586 Einwohner von Dijon. 1615 „maître juré" seiner Zunft. Mindestens von 1627 bis zum Tod „garde des peint., tableaux, armoiries et décors de la ville". – Beteiligt sich 1615 an der Dekoration eines Triumphbogens für eine Vermählung, zu der er außerdem drei Exemplare einer Hochzeitserzählung illustriert, und wirkt an der Ausgestaltung einer weiteren Festlichkeit mit (lt. Laveissière evtl. zu Ehren der Vermählung von Ludwig XIII.). Erhält 1615/16 Bezahlung für die Mitarb. an einem figurengeschmückten Theater anläßl. eines Feuerwerks auf der Pl. de la Ste-Chap., 1619 für einen Triumphbogen. Stellt 1626 eine Inschr. und vier Zchngn für eine (nicht näher bez.) Kirche in Rechnung. 1628 Vorbereitung eines Freudenfeuers. 1629 zus. mit 4 und Philippe Quentin Gest. eines Triumphbogens für den Einzug von Ludwig XIII. 1629/30 in der Ste-Chap. beschäftigt. 1632 neben 4 an Vorbereitungen zum Einzug des Prince de Condé (30. 9.) beteiligt. 1635 Rest.-Arbeiten am Rathaus. 🏛 DANCEVOIR/Haute-Marne, Kirche: Maria erscheint dem hl. Dominikus oder evtl. Milchwunder, sign., dat. 1620. DIJON, Kirche St-Michel, Kap. St-Jean l'Ev., gen. Chap. des Gros: Christus am Ölberg; Kalvarienberg; Traum des hl. Jakob; Christus bei Kaiphas; Grablegung; Austeilung des Abendmahls; an einer Wand der Kap. die Inschr. „L'A. 1588 FLORANT DESPESCHES DE TILCHATEL A PAIN CE CHAPEILE" (lt. Truchis evtl. unter Mitwirkung von Evrard Bredin). NARBONNE, MBA: Die heilige Familie und Stifterfiguren, Triptychon, sign., dat. 1603.

2. *Hugues*, get. 16. 8. 1633 Dijon, mindestens bis 1669 dort ansässig. Sohn von 4, Bruder von 3. 1648 Taufpate einer Tochter des Malers Claude Rouhet. 1662 nachw. als „maître peintre de la ville de Dijon". ⚭ um 1662 Anne Faulx, Schwester des Malers Hugues Faulx; 1667 ist der kgl. Bildhauer J. Royhier Taufpate bei einer Tochter D.s, 1669 der Bildhauer und Architekt Jean Dubois bei einem Sohn. Zw. 1669 und 1675 Übersiedlung nach Paris. Ebd. weitere Kindtaufen, u.a. 1675 (der Maler Claude Perrin als Pate) und 1679 (der Maler Jean Delamonce als Pate). In der Pariser Man. royale des Gobelins als „peintre du roi" beschäftigt; erhält zw. 1680 und 1682 (lt. Janneau) drei Zahlungen für Entwurfs-Zchngn zu bestickten Bildteppichen für den König.

3. *Jean*, get. 2. 4. 1640 Dijon, begr. 11. 8. 1672 Paris (Pfarr-Bez. Saint-Germain l'Auxerrois). Sohn von 4, Bruder von 2. Noch 1649 in Dijon; ⚭ 1670 in Paris. Ebd. „peintre ordinaire de la Reyne". 1672 ist der befreundete Maler Jean Lemoyne Pate bei einem Kind D.s.

4. *Luc* (auch Despêches), * Dijon (?, lt. Boyer, 1971) oder Umgebung (lt. Ronot, 1979), † 1648 oder 1649. Sohn von 1, Bruder von 5, Vater von 2 und 3, Schwiegervater von Faulx (verh. mit D.s Tochter Prudence). 1619–26 (zumeist zus. mit 5) in Aix-en-Provence tätig; nachw. als „maître paintre de la ville de Dijon résidant audit Aix". Dort ausgef. Arbeiten: 1619/20 Verkündigungsaltar (zerst.) für die Eglise de l'Annonciade; 1620 versch. Werke für den Erzbischöfl. Pal.: Verkündigungsaltar; Deckenmalerei mit *Gottvater und den vier Evangelisten*; Supraporte zur *Bekehrung des hl. Paulus*, Tempera, alles für die Kap.; zudem Ausgestaltung der Gal. (alles zus. mit 5). Im Nov. 1622 Ausf. dekorativer Arbeiten für den Einzug von Ludwig XIII. in Aix-en-Provence; für das aus diesem Anlaß 1623 ebd. ersch. Buch von J. de Galaup-Chasteuil, *Discours sur les arcs triomphaux dressés en la ville d'Aix à l'heureuse arrivée de (...) Louis XIII*, zeichnet D. eine Folge von sieben mit dem Monogr. LD sign. Allegorien als Stichvorlagen für Jacques de Maretz. Außerdem bemalt er 1622 eine Fahne mit der *Rosenkranzmadonna* für die Pfarrk. in Meyrargues/Bouches-du-Rhône. Mindestens ab 1629 wieder in Dijon (vgl. 1) 1634/35 für die Gest. einer Inschr. zu Ehren der hl. Anna bezahlt. Gründet 1635 zus. mit Quentin die Confrérie de St-Luc in der Eglise des Jacobins (Bruderschaft der Maler, Glasmaler, Bildhauer, Vergolder und Graveure). 1636 Taufpate bei einem Sohn des Malers Claude Mugnier. 1636/37 und 1644 nachw. als „peintre ordinaire du roi et de Monseigneur le Prince" (de Condé). 1647–49 „garde des peint. et décors de la ville". 1647 als „peintre de Monseigneur le Prince et de la ville" für die Rest. eines zu festl. Anlässen genutzten Wappenschildes bezahlt. 1647/48 leitet D. die Vorbereitungen zum Einzug des Prince de Condé und wirkt selbst an der Gest. eines Triumphbogens mit. 🏛 BEAUNE, Hôtel-Dieu: Verkündigung, sign. (Datum unleserl.). DIJON, MBA: Darst. zur Passion Christi, bez. Despesches pingebat (ehem. in Dijon, Eglise des Carmélites; Zuschr.); Heilige Familie. – Kathedrale St-Bénigne: Verklärung Christi (1643 von Pérard im Couvent des Cordeliers von Dijon erw.; trad. D. zugeschr., könnte lt. Laveissière ebenso von Benoît Dubois stammen). – Pfarrk. Notre-Dame, Sakristei: Unterweisung der Maria (verschollen, von Fuyot, 1910, erw.; Zuschr.). LUCENAY-L'EVEQUE/Saône-et-Loire, Kirche: Christi Geburt; Die heilige Familie an der Krippe (Zuschr. von Ronot, 1979, zuvor Jean Tassel zugeschr.). OUGES/Côte-d'Or, Kirche: Maria erscheint dem hl. Bernhard, sign., dat. 1641 (vermutl. zerst.).

5. *Pierre* (auch Despeche), * Til-Châtel, bis 1638 in Dijon bekannt. Sohn von 1, Bruder von 4. Von 1616–28 in Aix-en-Provence; 1619/20 Mitarb. von 4 (vgl. dort). Lt. Vertrag v. 21. 1. 1628 (cf. Boyer, 1971) malt D. in der Kathedrale St-Sauveur ein Altarbild des *Hl. Karl* (verschollen). 1628–33 in Grenoble tätig (dort ausgef. Werke cf. Maignien, 1887). Um 1633/35 Ankunft in Dijon; 1635 Taufpate beim Sohn des Malers Jean de La Court, 1636 beim Sohn des Malers Jacques Huguenot.

📖 ThB9, 1913 (zu 2–5). *Laveissière* I, 1980 (WV, Lit.). – *J. Pérard*, Mém. sur le Couvent des Cordeliers, Almanach ... de Bourgogne 1780 (zu 2); *E. Maignien*, Les artistes grenoblois ..., Grenoble 1887, 118 s. (zu 5); *P. de Truchis*, Mém. de la Comm. des antiquités de la Côte-d'Or 14:1901–05 (zu 1); *E. Fyot*, L'église Notre-Dame de Dijon, Dijon 1910, 193 (zu 4); *Janneau*, 1965 (zu 2–4); *J. Boyer*, GBA 113:1971 (Juli-Sept.) 112 s. (zu 4), 113 (zu 5); *H. Ronot*, BSHAF 1979 (1981), 63–68 (zu 4); La peint. en Provence au XVIe s., Marseille 1987, 154. 156, 158 (zu 4, 5). – Dijon, Arch. mun.: R 1 (Inv.

Devosge); Bibl. mun.: f° 162 (*P.-J. Antoine*, Les mon. de Dijon, 1830 [Ms.]). – Mitt. J. Boyer, Paris. R. T.

Despesches, *Florent* (1710) cf. **Despesches** (Maler-Fam.)

Despesches, *Nicolas* cf. **Despesches** (Maler-Fam.)

Despeut, frz. Zeichner, belegt durch die Sepia *Vue de l'ancien Mus. de Lille*, 1826 (Lille, MBA). 🕮 *Bénézit* III, 1976; IV, 1999. – Mitt. MBA, Lille. K. S.-D.

Despiau, *Anne* cf. **Corbil,** *Pierre*

Despiau, *Charles (Charles Albert)*, frz. Bildhauer, Zeichner, * 4. 11. 1874 Mont-de-Marsan/Landes, † 28. 10. 1946 Paris. Vater und Großvater sind Stukkateure. Schulbesuch in Mont-de-Marsan. Anschl. Abendkurse (Zeichnen, Bildhauerei, Geige). Stud.: 1892–95 Ec. des Arts décoratifs Paris bei Hector Lemaire, parallel erste Versuche mit Steinbildnerei. 1894 Mißerfolg beim Aufnahme-Wettb. an die EcBA; als freier Student im Atelier von Ernest Barrias eingeschrieben. Im März 1895 schließl. als Dritter an der EcBA angenommen (neben Henri Bouchard und Paul Maximilien Landowski, Atelier Barrias). Ab 1900 vernachlässigt D. das Stud., ist bis 1901 für den Bildhauer Alfred Jean Halou tätig und bildet sich autodidakt. in Pariser Mus., wie dem Louvre und den Mus. d'Ethnographie, de Sculpt. comparée et d'Art indochinois (stark von der Kunst der Khmer beeinflußt); 1901 verläßt er die EcBA. Er findet Unterstützung bei einigen Persönlichkeiten der Kunstszene (Georges Wernert, Claude Roger-Marx, Georges Duhamel) und v.a. bei Auguste Rodin, der zunächst auf die Büste *Convalescente* (1903), dann auf die Büste von *Paulette* (1907) aufmerksam wird. Schließl. als ausführender Steinbildhauer bei ihm eingestellt, wird D. neben Antoine Bourdelle einer der von Rodin am meisten geschätzten Mitarb. (von 1907 bis 1917). ⚭ 1904 Marie Rudel (keine Kinder). Im selben Jahr Mitgl. der Soc. nat. des BA, 1905 in der Comm. d'examen. Bei Rodin Bekanntschaft mit Lucien Schnegg, dessen formvereinfachende Theorien D.s Auffassungen entsprechen. 1923 Gründer des Salon des Tuileries (mit Aristide Maillol, Bourdelle, Léon Ernest Drivier, Louis Dejean, Halou, Robert Wlérick und Henry Arnold). Zu D.s Freunden gehören die beiden letztgenannten Bildhauer, die Architekten Auguste Perret und Louis Süe, der Komponist Edgard Varèse, der Pianist F. Planté und v.a. die Maler André Derain, Othon Friesz, Edmond Céria, Charles Dufresne, André Dunoyer de Segonzac, Léopold-Lévy und Henry de Waroquier. In Frankreich nimmt D.s Karriere erst ab 1925 Gestalt an, vorher begeistert er amer. Kunstsammler und ist zunächst in den USA erfolgreich (1927 erste Einzel-Ausst. in New York). Ab 1927 als Korrektor in der Acad. scandinave, einer von einem Schweden gegr. und von Bildhauern ganz unterschiedl. Herkunft besuchten Schule. E. der 30er Jahre innerhalb der Bewegung unabhängiger Bildhauer neben Maillol am meisten bewundert. Außer in den USA genießt D. hohes Ansehen in Skandinavien und Osteuropa (zahlr. Ausst.). 1937 Sitz im Komitee zur Auswahl der Bildhauer für die WA (einziger Vertreter seines Kunstbereiches). Auftrag des frz. Staates zum Hauptdenkmal dieser Ausst., einem 5 m hohen *Apollo*, den D. bis zum Tod nicht vollendet. Der 2. WK bricht gerade aus, als er mit 65 Jahren endlich auch in Frankreich anerkannt wird. Polit. völlig desinteressiert, tritt D. auf Drängen von Arno Breker, dessen Bekanntschaft er in den 20er Jahren in Paris gemacht hatte, die berüchtigte Reise nach Deutschland (voyage en Allemagne) an; im Gegenzug sichert Breker die Freilassung von ca. 100 als Bildhauergehilfen tätigen frz. Kriegsgefangenen zu. Außerdem signiert D. ein dem Schaffen von Breker gewidmetes Buch, das anläßl. von dessen Ausst. 1942 in Paris erscheint. Nach der Befreiung Frankreichs macht sich D. wegen seiner Haltung große Vorwürfe, erträgt die Schmach nicht und geht 1946 buchstäbl. daran zugrunde. – Nach dem Tod von Schnegg von allen Bildhauern, die sich dem Einfluß von Rodin entziehen wollen, als Wegbereiter einer anti-akad. Kunst anerkannt, gestaltet D. im Bestreben um zugleich zeitgemäße wie auch zeitlose Schönheit klare, klass. vollendete Formen. Er sucht v.a. die Authentizität in einer ganz und gar der figürl. Skulpt. immanenten Logik, womit er sich eindeutig einer mod. Kunstauffassung anschließt. Im wesentl. als Gestalter von Portr.-Büsten bewundert, hinterläßt er auf diesem Gebiet zahlr. Hw.: *Jeune fille des Landes*, 1908; *Cra-Cra*, 1918; *Madame Derain*, 1923; *Madame Othon Friesz; Zizou*, beide 1924; *Line Aman-Jean*, 1925/26; *Madame Fontaine*, 1933; *Odette*, 1934; *Claude Raphaël-Leygues*, 1937; *Madame Jannink*, 1945/46. Zudem fertigt er seine die Zeit prägenden Statuen, wie *Eva*, 1923; *Adolescente*, 1929; *Odette assise*, 1936/37; *Assia*, 1937, und betätigt sich als Zeichner (v.a. Akte, zumeist Frauen und gegen Ende seines Lebens einige Lsch. aus der Region Landes). Er illustriert die Werke H. Gunson, *L'enfance studieuse*, P. 1928; C. Beaudelaire, *Poèmes*, Lausanne/P. 1933, und H. de Montherlant, *Les Olympiques*, P. 1943. Als arbeitsbesessener Einzelgänger unterrichtet D. kaum Schüler, beeinflußt dennoch nachhaltig die figürl. Bildhauerei „de trad. classique" des 20. Jh. in Frankreich und ganz Europa. 🏛 ALGIER, MNBA: ca. 20 Skulpt.; Zchngn. KÖLN, Mus. Ludwig. LUGANO, MAM. MONTAUBAN, Mus. Ingres. MONT-DE-MARSAN, Mus. Despiau-Wlérick (im Donjon Lacataye). NEW YORK, Metrop. Mus. – MMA. PARIS, MNAM: umfangreichste Slg mit 244 Skulpt., Bronzen, Gipsen; 242 Zchngn. – MAMVP: 33 Skulpt.; Zchngn. PHILADELPHIA/Pa., Mus. of Art. PRAG, NG. ST. LOUIS/MO., AM. SAINT-TROPEZ, Mus. de l'Annonciade. STOCKHOLM, Mod. Mus. WASHINGTON/D. C., NG of Art. ZÜRICH, Kunsthaus. – *Öff. Denkmäler:* CAMPANA/Argentinien: L'Eloquence (Denkmal für Aristobulo del Valle), 1914. COLPACH/Luxemburg: Le Réalisateur (Denkmal für Emile Mayrisch), 1937. MONT-DE-MARSAN: La Liseuse (Denkmal für Victor Duruy), 1907; Gefallenendenkmal, 1922. VILLENEUVE-SUR-LOT: Odette assise (Denkmal für Georges Leygues), 1945. ✉ *R. Lucot*, Nos tailleurs d'images, P. 1942 (Film). 👁 *E:* New York: 1927 Brummer Gall.; 1929 Fifty-Sixth Street Gall.: Twenty-nine sculpt. by C. D.; 1934 Brummer Gall.: Sculpt. by D.; 1948 Buchholz Gall.: C. D. sculpt. / 1928 Buffalo (N. Y.), FA Acad.: A group of portr. heads by the french sculptor C. D. / 1930 Brüssel, Pal. des BA: Retr.; Rochester (N. Y.), Univ., Memorial AG: Sculpt. by C. D. / 1932 Chicago, Arts Club; Denver (Colo.), AM: Loan exhib. of sculpt. by C. D.; Basel, KH: C. D. / 1937 London, Zwenner Gall.: Dessins de D.; 1938 ebd., Wildenstein and Co. Gall.: Sculpt. by D.; Rouen, MBA et de la Céramiqie: C. D., sculpt. et dessins / Mont-de-Marsan: 1971 Mus. D.-Wlérick: Hommage à D.; 1972 Donjon Lacataye; 1975 ebd.: C. D. 1874–1946; 1993 Centre d'Art contemp.: Hommage à D. / 1974 Paris, Mus. Rodin: C. D., sculpt. et dessins; Tokio/Osaka, Center of Contemp. Sculpt. / 1993 Paris, Gal. Maltier-Vercher: C. D. et la sculpt. de son temps / 1997/98 Kumamoto u.a.: C. D. 1874–1946 (Wander-Ausst. durch Japan; K mit Biogr. und vollst. Bibliogr., Texte in Jap. und Frz.) / 1998/99 München, BSGS, NP: C. D. Zchngn (K: M. Semff, vollst. Bibliogr.). – *G:* Paris: 1898–1900 SAfr.; 1901–21 Soc. nat. des BA; 1923 Salon d'Automne; 1923–44 Salon des Tuileries; 1925: Expos. internat. des Arts décoratifs; 1937: Expos. internat. des arts et techniques dans la vie mod.; Petit Pal.: Les maîtres de l'art indépendant 1897–1937; 1953 ebd.: Un s. d'art franç.; 1957 Mus. Rodin: Rodin, ses collaborateurs, ses amis; 1974 Mus. Bourdelle: La Bande à Schnegg; 1987 MAMVP: Paris 1937. L'art indépendant / 1939 Boston (Mass.), Inst. of Contemp. Art: A show of sculpt. C. D., A. Maillol; New York, MMA: Art in our time / 1940 Amsterdam, Sted. Mus.: Rondom Rodin. Honderd jaar fransche sculpt. / 1950 Den Haag, Haags Gemeente-Mus.: Franse Beeldhouw Kunst. Rodin, Bourdelle, Maillol, D. / 1958 Mont-de-Marsan, Théâtre mun.: Expos. des œuvres de deux sculpteurs montois. C. D. et R. Wlérick destinées à leur mus. / 1959 Dortmund, Mus. am Ostwall: Frz. Plastik des 20. Jh.; Charleroi u.a., Pal. des BA: De Maillol à nos jours (Wander-Ausst.) / 1962 Mont-de-Marsan, Mus. du Donjon Lacataye: C. D. et R. Wlérick. Inauguration des premières salles du mus. du Donjon Lacataye. 🕮 ThB9, 1913; Vol, 1953. Dict. de la sculpt., P. 1992; DA VIII, 1996; *Bénézit* IV, 1999. – *L. Deshairs*, Art et décoration 1909 (Nov.) 171–176; *C. Roger-Marx*, D., P. 1922 (WV); *J. Alazard*, Art et les artistes 1926 (Okt.) 7–12 (Zchngn); *A. Basler*, D., P. 1927; N. Y. 1927; *F. Watson*, The arts 1927 (Dez.) 319–330; *C. Roger-Marx*, Print collectors quart. 1929, 145–164 (Graphik); *L. Deshairs*, C. D., P. 1930 (Verz. der Skulpt.); *C. Roger-Marx*, Renaiss. 1931, 186–291 (Zchngn); *G. Kahn*, Art et les artistes 1932 (Febr.; Sonder-Nr); *M. Raynal*, Minotaure 1933 (Dez.); Hommage à C. D., Renaissance 1938 (Juni; Sonder-Nr) 1–15; *J. Alazard*, GBA 1939 (Febr.) 103–117; *W. George*, D. vivant. L'homme et l'œuvre, Lo. u.a. 1947; P. 1948; *M. Gauthier*, C. D., P. 1949; *W. George*, D., Am. 1954; Lo. 1958; N. Y. 1959; *M.-N. Pradel*, Rev. du Louvre 12:1962 (Jan.) 44–48 (Vermächtnis von Madame D. an die Mus. nat.); *F. Daulte*, Œil 1974 (Okt.) 8–13; Assia sublime modèle (K Mus. mun.), Mont-de-Marsan 1993; *E. Lebon*, C. D. Cat. raisonné de l'œuvre sculpté, Diss. Univ. Paris I Panthéon-Sorbonne, 1995; Kunst des 20. Jh. Mus. Ludwig Köln (K), Köln 1996. E. Lebon

Despić-Simonović, *Iva*, serb. Bildhauerin, Medailleurin, Malerin in Kroatien und Bosnien-Herzegowina, * 15. 8. 1891 Hrastovica b. Petrinja, † 12. 7. 1961 Vasin Han b. Sarajevo. Stud.: 1907–10 KGS Agram (Zagreb) bei Robert Frangeš Mihanović und Rudolf Valdec; in München und Paris (1914 Teiln. an Ausst.). Bis 1920 lebte sie in Zagreb, danach, von einem Aufenthalt in Belgrad unterbrochen, in Sarajevo. Als seinerzeit einzige mit Bildhauerei befaßte Künstlerin in Bosnien-Herzegowina schuf sie neben wenigen Mon.-Plastiken (*Spomenik majkama junaka; Kosturnica na Krfu*) impressionist. modellierte Portr.- und Klein-Plastiken, v.a. Kindergestalten (*Djeca u snijegu; Dobri prijatelji*, beide 1923; *Bato svira*, 1925). In Belgrad fertigte sie Portr.-Büsten der Mitgl. des Königshauses sowie and. Persönlichkeiten des gesellschaftl. Lebens, u.a. *Pribićević* (1927). Bei ihren 1910–20 entstandenen Medaillons (v.a. Kinderköpfe im Profil) und den Plaketten (*Utjeha*, 1923) orientierte sie sich an der Früh-Renaiss., wandte sich aber dann impressionist. Gest. zu (*Starica*, Med., vor 1920). D. war auch mit Malerei befaßt. 🏛 MOSTAR: Portr.-Büsten der Dichter A. Šantić, O. Đikić, des Romanciers S. Ćorović. ZAGREB, Mod. gal.: Med. ✉ Interview, in: Novosti v. 25. 11. 1937, 11. ⊙ *E:* Zagreb: 1910 Salon Ulrich (zus. mit Ljubo Babić); 1916 (zus. mit Zdenka Pexidr) / 1927 Belgrad. – *G:* seit 1914, u.a. 1927 London, RA / 1932 Sarajevo / 1975 Belgrad: Jugoslovenska skulptura 1870–1950 (K). 🕮 ELU II, 1962 (falsches Geburtsdatum); *Johnson/Greutzner*, 1976 (Repr. 1990); RoyalAcadExhib II, 1977 (beide fälschl. als Despie, Iva); LEJ I, 1984 (Geburtsdatum 18. 4. 1890); HBL III, 1993 (Lit.). – *S. Tihić*, Oslobođenje (Sarajevo) v. 13. 8. 1961, 6 (Nekr.). Ch. N.

Despie, *Iva* → **Despić-Simonović,** *Iva*

Despierre, *Adèle* → **Despierres,** *Adèle*

Despierre, *Alexis*, frz. Architekt, * 14. 5. 1832 Bourg-en-Bresse/Ain, † 12. 6. 1880 Lyon. Schüler eines Charles Martin aus Bourg-en-Bresse. In Ceyzeriat/Ain errichtet D. das Priv.-Haus von Monsieur Jayr (ehem. Ministre des travaux publics) und die Halles de Belley. Ab 1870 in Lyon; Bau von zahlr. Stadtvillen, Presbyterien und Kirchen. 🕮 *Audin/Vial* I, 1918. R. T.

Despierre, *Henri*, frz. Architekt, * 6. 10. 1835 Bourg-en-Bresse/Ain, † 4. 12. 1909 Lyon. Ausstattung von Banken (u.a. Crédit lyonnais und Union gén. in Lyon), Bau der Sparkasse in Givors/Rhône und des Grand Cercle internat. in Vichy sowie von priv. Wohnhäusern, Rest. von Schlössern (Cornod/Jura, Entwurfs-Zchngn zus. mit Henri Feuga, 1835 im Lyoner Salon; Bramafan in Sainte-Foy-lès-Lyon; Dutel in Denicé, beide Dép. Rhône). 🕮 ThB9, 1913. DBF X, 1965. R. T.

Despierre (eigtl. Ceria), *Jacques*, frz. Maler, Graphiker, Aquarellist, Medailleur, Keramiker, Freskant, Mosaizist, Tapisseriekartonentwerfer, Glasmaler, * 7. 3. 1912 Saint-Etienne, † 3. 12. 1995 Paris. Sohn von Edmond Ceria. Gymnasial-Ausb. am Collège Stanislas in Paris. Ab 1930 Stud. an der EcBA ebd. bei Lucien Simon; Ausb. als Maler v.a. beim Vater und bei Charles Dufresne, D.s eigtl. Lehrer. Im Frühschaffen zumeist graph. Arbeiten, v.a. Gest. von Briefmarken. 1930 Auftrag von Jean-Gabriel Daragnès zur Ill. des bibliophilen Werkes *Esthétique des proportions dans la nature et dans les arts* von Matila Ghyka, das D.s Denkweise nachhaltig beeinflußt. 1936 erster offizieller Auftrag. In der Folge gemeinsame Ausst. mit der Malergruppe Forces Nouvelles in der Gal. Carmine (zus. mit Francis Gruber, Paul Ullmann,

Francis Tailleux) und 1937 im ersten Salon des jeunes Artistes (Gal. Wildenstein). 1938 erste Einzel-Ausst. in der renommierten Pariser Gal. Jeanne Castel; im Ergebnis Ausz. mit dem Prix Paul Guillaume. Um die gleiche Zeit mit seiner ersten Freskomalerei für die Ec. du Blanc-Mesnil b. Paris beschäftigt. 1944 Mitbegr. des Salon de Mai, dessen Name auf eine Idee von D. zurückgeht. Nach dem 2. WK widmet er sich sowohl der Lehrtätigkeit als auch anspruchsvollen, sehr unterschiedl. dekorativen Arbeiten: Bemalung von Möbeln, Gest. von Vasen für die Porzellan-Man. in Sèvres, Tapisseriekartons, Teppiche, Dekorationen für Passagierschiffe, Ill. von bibliophilen Ausg., Mosaiken, Fresken und Staffeleimalerei. Lehrämter in Paris: 1948 Acad. de la Grande Chaumière; 1949 Ec. des Métiers d'Art; 1950 Ec. normale supérieure des Arts décoratifs, wo D. als Atelierleiter für Wand-Gest. 1965–80 zahlr. frz. und ausländ. Studenten unterrichtet. 1969 Wahl in die ABA. – Von Anklängen an klass. und barocke Vorbilder im Frühschaffen bis hin zu einer immer stärker vom vergeistigten Streben nach dem Licht geprägten neokubist. Auffassung stellt D.s Œuvre eine außergewöhnl. komplexe Synthese in der frz. Kunst der 2. H. des 20. Jh. dar. Als Lsch.-Maler gestaltet er mit bemerkenswertem Einfühlungsvermögen Ansichten aus Italien, der Provence, der Somme-Bucht, von den Ufern der Loire, aus dem Tal der Seine, von Paris und aus Griechenland. D. läßt sich anfangs von mytholog., im 2. WK von relig. Themen inspirieren und erweist sich als geschickter Interpret der menschl. Gestalt (Bauleute, Fischer, Gärtner, Akte und badende Griechinnen). Eine Zeitlang begeistert er sich für Ser. mit Rennpferden, wendet sich jedoch in den letzten 20 Schaffensjahren erneut der Lsch. zu und gestaltet schließl. Stilleben, zumeist Blumensträuße und Früchte in wechselnder Farbgebung. D. hat einen nach absoluter Unabhängigkeit strebenden Char. und ist ein Klassiker der heutigen Zeit. Er verwirklicht in subtiler Weise eine Art von Licht, das in der Nachf. der Kubisten, aber auch von Nicolas Poussin und Eugène Delacroix steht; nach seiner Aussage wird der Geist durch das Licht ergänzt. – Dekorative Arbeiten: 20 großformatige Mosaiken für Bildungseinrichtungen, 1938–73; fünf bemalte Möbelstücke, 1942 (für die Compagnie des Arts franç.); 24 Tapisserien und sieben Teppiche, 1943–73, ausgef. in Aubusson und der Man. des Gobelins; acht Porzellanvasen, 1945, gefertigt in der Man. von Sèvres; dekorative Paneele für die Passagierschiffe La Marseillaise und Liberté, beide 1945; Joffre, 1949; Maréchal Leclerc und Flandre, beide 1951; Cambodge und De Lesseps, beide 1952; Tahitien und Pierre Loti, beide 1953; France, 1961; ca. 100 Med., Jetons und dekorative Plaketten für die Monnaie de Paris, 1964–87; alle Glasfenster der Basilika Notre-Dame in Liesse/Aisne, 1974–80; großformatige Mosaiken (78 m^2) für die Verwaltungsstadt von Orléans, 1981. – Buch-Ill. (bibliophile Ausg.): Gérard de Nerval, *Promenades et souvenirs*, P. 1930; Paul Morand, *Milady*, P. 1944; Rainer Maria Rilke, *Journal florentin*, P. 1946; Paul Vialar, *L'éperon d'argent*, P. 1957; Pierre Cabanne (Vorw.), *Carnet de Grèce*, P. 1969; Saint-Augustin, *La Cité de Dieu*, P. 1980; Mitarb. an Gesamtausgaben von Jean Giraudoux, François Mauriac und Maurice Genevoix. 🏛 CASTRES, Mus. Goya. HONFLEUR, Mus. Eugène Boudin. LIMOGES, Mus. mun. NARBONNE, MBA. ORLEANS, MBA. PARIS, MNAM. – MAMVP. ✉ Eloge d'Edouard Gœrg, 1970 (Antrittsrede in der ABA). 👁 *E:* Paris: 1947 Libr. Charpentier; 1949, '51 Gal. de l'Elysée; 1957 Gal. R. Drouet; 1959 (K Vorw. J. Bouret), '61, '66 Gal. M. Guiot; 1970 Gal. de Paris (K Vorw. P. Cabanne); 1973 Monnaie: Dessins, peint., intégrale des méd. et plaquette (Retr., K Vorw. P. Dehaye; mit Radio-Interview mit R. Bouillot); 1977 (K Vorw. P. Dehaye), '82 Gal. R. Guiot; 1988 Gal. J. P. Joubert; 1990 Gal. Y. Gastou / 1953 (K Vorw. J. Bouret), '62 Le Havre, Gal. Hamon / 1967 Caracas, Gal. Castillo / 1974 Saint-Etienne, Maison de la Cult.: Retr. / 1978 London, Wildenstein Gall. / 1984, '87, '90, '93 Lyon, Gal. Saint-Hubert / 1987 Saint-Denis, MAH: Retr. / 1988 Clermont-Ferrand, Gal. C. Vallée (K Vorw. R. Bouillot) / 1989 Val (Corrèze), Schloß: Retr. / 1989–94 Dinard und Honfleur, Gal. Daniel Besseiche. – *G:* Paris: Salon de Mai; Salon d'Automne; Salon des Tuileries; Salon Comparaisons; 1939/40 Groupes Gal. J. Dufresne; 1944 Gal. de France: Peintres subjectifs / 1948 New York: Art franç. contemp. (Wander-Ausst.) / 1951 São Paulo: Bien. / 1960 Zürich, Salon de Mai / 1961 Nizza, Pal. Méditerrannée: Dix peintres autours de Jacques Villon; Amsterdam, Salon de Mai / 1962 Tokio, Salon de Mai; Vevey: Maîtres de l'aqu. au XXe s. / 1963 Caracas: Cent ans de peint. franç. / 1974 Fontainebleau, Salon Nouv. Ile de France (Ehrengast); 1975 Gentilly, Cercle d'Art: Hommage à D. 📖 Vol, 1953. *P. Cabanne*, Dict. des arts, P. 1971; *L. Harambourg*, L'Ec. de Paris 1945–1965, Neuchâtel 1993; *Bénézit* IV, 1999. – *R. Huyghe*, La peint. actuelle, P. 1945; *B. Dorival*, Les étapes de la peint. franç. contemp., III, P. 1948; *M. Zahar*, J. D., P. 1950 (Monogr.); *R. W. Hove*, Apollo 1954; *Y. Taillandier*, Connaissance des arts 1958; Peint. du XXe s., P. 1960; *R. Barotte*, Esculape 1961; *P. Cabanne*, Hist. de la médecine 1961; *J. Dalevèze*, Nouv. litt. 1969; *R. Huyghe/J. Rudel*, L'art et le monde mod., P. 1970; *R. Bouillot*, Tout prevoir AGMF 1978 (April); 1987 (Febr.); *id.*, Œil 1986 (377) 56–61. – *Lit. zur Med.-Kunst:* Bull. du Club franç. de la méd. 1965 (7) 12; *P. Belmondo*, ibid. 1970 (29) 10; *J. Dalevèze*, ibid. 1973 (39/40) 8–13; Cat. des éd. de la coll. gén. de la Monnaie de Paris, IV, P. 1981, 612–637; *J.-M. Darnis/B. Letavernier*, Pour le 20e anniversaire du Club franç. de la méd., P. 1983, 114. – Mitt. J.-M. Darnis, Paris. R. Bouillot

Despierres (Despierre), *Adèle*, frz. Malerin, * 1837 Paris, stellte im dortigen Salon 1861–65 Lsch. und Stillleben aus. Schülerin von Grenet. 📖 ThB9, 1913. *Harambourg*, 1985; *Bénézit* IV, 1999.

Despierres, *Henri*, frz. Holzbildhauer in Alençon, begr. 24. 1. 1667 ebd. Vater von Jacques D. und der Miniaturmalerin *Louise D.* (verh. mit dem Tischler und Bildhauer Gilles Duvieulx); Bruder des Bildhauers *Isaac D.* (tätig ebd.). 1647 Meister. 📖 ThB9, 1913. *Lami*, 1906; *Vial/Marcel/Girodie* I, 1912.

Despierres, *Isaac* cf. **Despierres,** *Henri*

Despierres, *Jacques*, frz. Bildhauer, Architekt, 1680 in Sées/Orne, 1691 in Alençon tätig. Sohn von Henri D.,

Bruder von Louise D. Führte 1680–84 eine Altarrückwand für die Kirche St-Germain in Argentan/Orne aus. ▭ ThB9, 1913. *Vial/Marcel/Girodie* I, 1912.

Despierres, *Louise* cf. **Despierres,** *Henri*

Despiet, *Jean*, frz. Baumeister in Dijon, errichtet 1698 den Pont des Chavanes in Chalon-sur-Saône. Evtl. ident. mit dem Maurer *Despiot(s)*, der 1684 den Farbanstrich im Chor der Pfarrk. Notre-Dame zu Dijon erneuert. ▭ *Laveissière* I, 1980. R. T.

Despin, *Jacques*, Bildhauer in Lille, 1519–39 nachweisbar. 1519 fertigte er 30 steinerne Statuen für den Lettner der Kirche St-Pierre, 1520 weitere 17. 1524 Arbeiten an den Türen und Chorschranken der Kathedrale. 1539 Alabasterstatue des *Hl. Martin*. ▭ *Bénézit* IV, 1999.

Despina (Despina Milica), Stickerin, † 1554. Tochter des serb. Despoten Jovan Branković, Frau von Joan Neagoja IV Basarabe, Woiwode der Walachei (regierte 1512–21). Im MSCP und NM in Belgrad sind Teile eines liturg. Gewandes (Felon) erh., die mit Texten in altslaw. und der Jahreszahl 1519 versehen sind. Ein weiteres liturg. Gewand (Epitrachilion) befindet sich im Kloster Xenophontos auf Athos und zeigt die Portr. ihres Mannes mit den drei Söhnen sowie ein Selbst-Portr. mit den drei Töchtern. Die Arbeiten sind gekennzeichnet durch Reichtum an Mat. und präzise Ausführung. ▭ ELU II, 1962; LEJ I, 1984. – *M. Valtrović*, Starinar 1889 (6) 99–105; *D. Stojanović*, Umetničk vez u Srbiji od XIV do XIX v., Bgd. 1959, 13, 58. V. Konjikusic

Despinay, *Pierre*, frz. Bildhauer, wohnhaft in Rouen, verpflichtet sich am 16. 2. 1436 zu einem Grabmal für den Beamten Colart Louvel aus Pont-de-l'Arche/Eure. Das nach einem Vorbild im Couvent des Augustins zu Rouen zu fertigende Werk (Stein mit Alabaster und schwarzem Marmor, verschollen) sollte mit einer Männer- und einer Frauengestalt mit je einem Wappenschild versehen sein. ▭ *Beaulieu/Beyer*, 1992. R. T.

Despine, *Antoine de* → **Peney,** *Antoine de*

D'Espine de la Frenière, *Jean-Baptiste-François* → **Espine de la Frenière,** *Jean-Baptiste-François d'*

Despiney, *Antoine de* → **Peney,** *Antoine de*

Despiot cf. **Despiet,** *Jean*

Desplá, *Antonio*, span. Maler, M. 15. Jh. in Valencia tätig. Sohn des Malers Pedro D. 1461 letzmalig als Zeuge erwähnt. ▭ *Sanchis y Sivera*, 1914. W. H.

Desplà, *Bernat*, katalan. Baumeister aus Valencia, 1298 von Jaume II zum kgl. Baumeister für zivile und militär. Bauaufgaben ernannt. ▭ Dicc. biogr. II, 1968. A. M.

Desplá, *Jaime Alberto*, Maler in Barcelona, 1408 belegt. Evtl. Vater des Malers *Luis D.*, 1494 ebd. aktiv. ▭ ThB9, 1913.

Desplá, *Luis* cf. **Desplá,** *Jaime Alberto*

Desplá (Dezpla), *Pedro*, span. Maler, Holzbildhauer, * Játiva/Valencia, † 27. 2. 1456 ebd., in Valencia tätig. Vater von Antonio D. Schuf 1400 vier bemalte Halbreliefs aus Holz sowie vier Wappen des Gobernador, die über dem Portal des Regierungsgebäudes in Valencia angebracht wurden. In den Rechnungsbüchern des Amtsbezirks (Bailia, folio 393) gibt es einen Hinweis darauf, daß D. für ein Castell „ein noch erh. Retabel" geschaffen habe; 1428 erneut nachweisbar; 1443 taxierte D. ein Gem. von Jacomart, und 1445 ernannte er Pedro Martin zu seinem Procurador. Vermutl. ident. mit dem gleichnamigen Maler, der 1400 im Llibre de Aveynaments (Valencia, Arch. Mpal) als Einwohner von Valencia erw. wurde. ▭ ThB9, 1913. *Aldana Fernández*, 1970. – *Sanchis y Sivera*, 1914. W. H.

Desplaces, *Louis* (eigtl. Compagnon-Desplaces, *Philippe-Louis*), frz. Kupferstecher, Radierer, Zeichner, * 1682 Paris, † vor 18. 2. 1739 ebd. Stark inspiriert von Girard Audran (viell. sein Lehrer) fertigte D. zahlr. Stiche, bes. nach Jean Jouvenet (u.a. *Jésus élévé en croix*; *St Bruno*; *Vénus faisant forger par Vulcain des armes pour Enée*) und Nicolas Fouché (u.a. *Vénus désarmant l'Amour*; *L'Amour piqué par un Abeille*; *Pomone*; *Baigneuse*; *L'Education de la Vierge par Ste Anne*). Er lieferte Bll. für Reprod.-Slgn, u.a. *Hist. d'Enée painte dans la Gal. du Pal.-Royal par Antoine Coypel*, 1717–21; *Figures de françoises et comiques* und *Figures de différents caractères* (1726–28) von Antoine Watteau; *Œuvre de Juste-Aurèle Meissonier*, 1734; *Peint. de l'Hôtel Lambert* (Gem. von Charles Le Brun und Eustache Le Sueur, gezeichnet von Bernard Picart), 1740; *Grande Gal. de Versailles* (Gem. von Charles Le Brun, gezeichnet von Jean-Baptiste Massé), 1752. Bek. sind auch Stiche von bed. Skulpturen aus den Jardins de Versailles (oft von Nicolas Bertin gezeichnet), so *Les Quatre Parties du Monde* und *Les Quatre Heures de Jour*. Neben zeitgen. Künstlern (u.a. auch François Boucher, Charles Parrocel und Louis de Boullogne le Jeune) stach D. auch nach alten Meistern (u.a. Veronese, Tizian, Rubens). ⌂ PARIS, BN, Cab. des Estampes. – Louvre, Chalcographie. ▭ ThB9, 1913. DBF X, 1965. – IFF, GravXVIII VII, 1951; *Rambaud* I, 1964; II, 1971; *H. Guicharnaud*, Rev. du Louvre et des Mus. de France 35:1985 (4) 265–274; *F. Baratte*, ibid. 40:1990 (2) 119–22; *M. Bouchat*, Bull. de l'Inst. Archéol. Liégeois 97:1985, 5–39. C. R.

Desplagnes, *Marc*, frz. Architekt, * 27. 5. 1863 Persanges b. Savigny/Rhône, † 25. 9. 1931. Stud.: ab 1883 EcBA Paris bei Antoine Georges Louvier; 1885 1. Preis für Archit. (mit Gold-Med.). Anschl. in Lyon tätig, bis 1893 bei Louis Maurice Antoine Bresson; führt dann ein eig. Büro und leitet schließl. das von Marcel-André-Félix Bellemain. – Rest. des Schlosses Bellegarde/Loiret, Neubau von Schloß La Grange-Robert in Sainte-Julie/Ain und Errichtung sakraler Bauwerke, bes. der Klöster der Petites sœurs des pauvres in Vaise b. Lyon und der Pères Oblats in Lyon. ▭ DBF X, 1965. R. T.

Desplanches, *Etienne* (gen. de Rouen), frz. Bildhauer, 1554–1602 in Rouen belegt. Fertigte 1554 u.a. zwei Reliefs für das Orgelgehäuse der Kirche St-Jean. 1563 Vertrag über einen Kalvarienberg für den neuen Lettner der Kathedrale Notre-Dame sowie 1564 über drei Madonnenstatuen (zwei für den Hauptaltar und eine für den Altar der Chap. Notre-Dame). 1566 für die Kirche St-Maclou tätig. 1577 Ausf. des Retabels (Hauptaltar) für die Kirche St-Michel. Fertigte 1591 eine Pietà-Statue für die Chap. de la Belle-Verrière der Kathedrale. Bek. sind auch Arbeiten für die Pfarrk. der Gemeinden Saint-Jean, Saint-Laurent, Saint-Etienne-la-Grande-Eglise und Saint-

Candé-le-Vieux. 🕮 ThB9, 1913. *Bénézit* III, 1976. C. R.

Desplanques, *Alfred*, frz. Maler, * 1853 Tourcoing, † 1930, in Tourcoing tätig. Schüler von Jean-Joseph Weerts und Emile-Auguste Carolus-Duran. Portr. und Genreszenen. 🏛 TOURCOING, Mus. mun. des BA. 👁 *G:* 1889–1905 Paris, SAfr. 🕮 ThB9, 1913. *Marchal/Wintrebert*, 1987. – *J.-E. van den Driessche*, Arts trad. populaires 4:1956, 46–49. K. S.-D.

Desplats, *Marie-Louise*, frz. Malerin, * um 1890 Guitalens, † um 1973, lebte in Guitalens. – Lsch., Blumenbilder in Öl, Aqu. 🕮 *G.-L. Marchal*, L'art à Castres au XIXe s., III, Castres 1987. C. R.

Despléchin (père) cf. **Despléchin,** *Edouard-Désiré-Joseph*

Despléchin, *Edouard-Désiré-Joseph*, frz. Bühnendekorationsmaler, * 12. 4. 1802 Lille, † 13. 3. 1870 Paris. Evtl. Sohn eines als *D. père* nachw. Malers, der 1820 und 1834 in Lille ausstellt (u.a. eine *Vue prise près de Lannoy*). In Paris Schüler von Pierre-Luc-Charles Cicéri. Mitgl. der um 1833/34 gegr. Soc. Séchan, Feuchères et Cie; 1841 Neugründung der Ges. unter den Namen der Mitbegr. „Séchan, Despléchin, Diéterle"; 1848 aufgelöst. U. a. an den Dekorationen für die 27 Ballett- und Opernaufführungen beteiligt, die Charles Séchan im Auftrag der Acad. de Musique gestaltet. 1849 Gründung eines eig. Ateliers; intensiviert seine Tätigkeit an der Oper. Mit den von Séchan angeleiteten Künstlern restauriert D. 1838 die Säle der Opéra-comique und der Variétés in Paris, die Prov.-Theater von Lille, Charleville, Saint-Quentin, Douai, Calais, Moulins und Versailles, im Ausland das Brüsseler Théâtre de la Monnaie (1843) sowie Theater in Gent und Dresden. Überdies Mitarb. an den Vorbereitungen zu versch. öff. Festen: La distribution des drapeaux sous l'Arc de Triomphe, 10. 5. 1848; La Fête de la Concorde, 21. 5. 1848; La célébration du premier anniversaire de la République, 1849. Für den Mailänder Bahnhof malt D. zwei allegor. Wandbilder. Im Pariser Salon zeigt er 1848 die Zchng *Vue prise des environs de Dresde*, 1852 das Gem. *Un parc; Souvenir de Chenonceaux*. 1854 Ritter der Ehrenlegion. 🏛 PARIS, Bibl.-mus. de l'Opéra. 🕮 ThB9, 1913 (Lit.). *Bénézit* IV, 1999. – *M. A. Allévy*, La mise en scène en France dans la première moitié du XIXe s., P. 1938; *C. Join-Diéterle*, Les décors de scène de l'Opéra de Paris, P. 1988; *N. Wild*, Décors et costumes du XIXe s., II, P. 1993; Les salons retrouvés (K Calais u.a.), II, [Lille] 1993 (s.v. D. père). – Paris, Arch. nat.: AJ 13 440 (WV). C. Join-Diéterle

Desploix, *Jehan (Johan)*, Illuminator, siedelt 1446 von Brügge nach Tournai um. 🕮 ThB9, 1913. LWBK II, 1993.

Despo, *Jan* → **Despotopoulos,** *Ioannis*

Despoal, *Romeu* → **Poal,** *Romeo des*

Despodov, *Stefan (Stefan Borisov*; sign. Despo), bulg. Karikaturist, Gebrauchsgraphiker, Trickfilmzeichner, Illustrator, * 2. 10. 1950 Kjustendil, lebt in Sofia. Stud.: 1969–74 KHS ebd. bei Aleksandăr Poplilov. Arbeit als Bildredakteur im Verlag Narodna kultura. Seit 1972 zahlr. Ausz. auf in- und ausländ. Karikatur-Ausst. und Festivals, z.B. 1973 Sarajevo, 3. Preis; 1975 Berlin (West), Spezialpreis; 1976 Akşehir, Sonderpreis; 1998 Bukarest, Hauptpreis. – Bek. hauptsächl. für seine pointierten, iron.-witzigen oder sarkast.-skurrilen sozialkrit. Karikaturen, oft in Zyklen (u.a. *Inflacija; Glad; Genii*). Auch sein gebrauchsgraph. Werk ist ästhet. provokativ und bissig, so Plakate, oft zu Filmen (*Asja*, 1978; *Ravnovesie*, 1982), und Gest. von Videokassettenhüllen (*Svetata godina*/Das hl. Jahr, 1989, Preis von „Bălgarsko video" für die beste Gest.). D.s karikaturist. Portr. von *Bertolt Brecht* ist Motiv einer Briefmarke zum 100. Geburtstag des Dichters 1998. 🏛 BERLIN, Europazentrum. GABROVO, Haus des Humors und der Satire. ISTANBUL, Karikatur-Mus. SARAJEVO, Slg Ugrafis. SOFIA, Nat. KG. 👁 *E:* u.a. Sofia: 1975 Theater „Sofija"; 1982 / 1983 Luxembourg. – *G:* zahlr. seit 1970, u.a. 1972, '73 Razgrad: Nat. Ausst. junger Karikaturisten (jeweils 1. Preis) / 1981 Lahti: Plakat-Bienn. (lobende Erw. der Sektion Kulturplakat) / 1999 Zemun: Internat. Karikatursalon. 🕮 EIIB I, 1980; Enc. „Bălgarija", V, Sofija 1986. – *I.-M. Dorfstecher*, in: *P. Zimmermann* (Red.), Werbung für Kunst durch Kunst, B. 1984, 29–36 (als Despodoff, Stefan); Izkustvo 1989 (4). S. Jähne

Despoinetas, griech. Maler, schuf 1698 für das Kloster Vatopediou auf dem Berg Athos die Darst. des *Prodromos* (sign., dat.). 🕮 *Piompinos*, 1984. F. Nt.

Despois, *André Jean Antoine*, frz. Maler, * 23. 7. 1787 Foissy/Yonne. Stud.: ab 1807 EcBA Paris bei Jacques-Louis David und Antoine Jean Gros. Teiln. an Ausst. auch in Cambrai, Douai, Lille, Toulouse. – V.a. Portr. (Napoleon, Ludwig XVIII.), Historien- und Genrebilder (bes. Szenen der Napoleonkriege), Lsch. (einige stach J. Bishop). – D.s Ehefrau *Eugénie D.* (* Nov. 1795 Paris) stellte 1819 und '24 im Pariser Salon Portr.-Min. aus. 🏛 SAINT-OMER, Mus.: Vue de la tour de Voga, 1828. SOISSONS, Mus.: Portr. du conseiller à la Cour de cassation, 1813. 👁 *G:* 1810–34 Paris, Salon. 🕮 ThB9, 1913. *Schidlof* I, 1964 (zu D., Eugénie); DBF XI, 1967; *Marchal/Wintrebert*, 1987. C. R.

Despois, *Eugénie* cf. **Despois,** *André Jean Antoine*

Despois de Folleville, *Jules Hector*, frz. Ornamentbildhauer, Autor, Lithograph(?), * 26. 1. 1848 Rouen, † 1929 Sèvres. Stud.: EcBA Rouen. Ab 1876 Rest. von Mon. ebd. Erhielt 1895 ein Ehrendiplom auf der Expos. internat. du Travail in Paris. Beteiligte sich 1899 an der skulpturalen Dekoration des Pariser Grand Palais. Auch Lehrtätigkeit. – Hist. und allegor. Sujets. 🏛 PARIS, BN, Cab. des Estampes: Lith.-Alben: u.a. L'ornement par la nature ... botanique de l'ornementiste, 1882; L'ornement d'après la plante ..., 1888. 🖂 Art décoratif à Rouen de Louis XII à Henri II dans la pierre et le bois de construction (Studie). 🕮 *Bénézit* III, 1976; *Mackay*, 1977. – IFF, Après 1800 VI, 1953 (s.v. D., Henri). C. R.

Despont, *Arnaldo*, Goldschmied in Barcelona, 1386 für einen Becher bezahlt. 🕮 ThB9, 1913.

Desponts, *Ernest-Sosthène*, frz. Maler, Porträtist, * 13. 6. 1858 Chaource/Aube, bis 1889 in Castres belegt. Stud.: EcBA Toulouse; EcBA Paris bei Adolphe William Bouguereau und Tony Robert-Fleury (1883 Ausz.). 🏛 CASTRES, Mus.: Deux mendiants, Öl (1887 Paris, Salon). – Portr. du maréchal Soult en sergent (nach Vincent Nicolas Raverat), 1888; Portr. de Pierre de Foucaud, sénéchal de Castres, Zchng (Kopie). ⊙ *G:* ab 1879 Castres, Salon / 1887 Toulouse, Salon. 🕮 *G.-L. Marchal*, L'art à Castres au XIXe s., III, Castres 1987.

C. R.

Desporte, frz. Pastellmaler, belegt durch das Portr. *Abbé Povillon-Pierard*, 1786 (Reims, MBA). 🕮 *Bénézit* III, 1976. K. S.-D.

Desportes, *Claude-François*, frz. Maler, Schriftsteller, * 11. 1. 1695 Paris, † 31. 5. 1774 ebd. (in den Gal. du Louvre). Sohn und Schüler von François D. Am 25. 9. 1723 Aufnahme in die Acad. royale de Peint. et de Sculpt. mit der Darst. *Gibier mort, fruits, chat et perroquet* (Paris, Louvre). 1737 und 1739 im Pariser Salon vertreten. – Bei den meisten bek. Gem. greift D. auf bereits vom Vater behandelte Motive von Jagdszenen und Stilleben zurück und fertigt damit häufig nur Kopien, deren Faktur qualitativ minderwertiger als die des Vorbildes ist. 1748 Aufgabe der Malerei zugunsten von kunsttheoret. Arbeiten; in den Sitzungen der Acad. de France hält D. seine regelmäßig geschriebenen Vorträge (Paris, ENSBA, Bibl.). Eine von D. 1748 verfaßte Biogr. des Vaters bildet die Ausgangsbasis für alle weiteren Forsch. über diesen. 🏛 BESANÇON, MBA: Nature morte aux pièces d'orfèvrerie et gibier mort. TROYES, MBA et d'Archéologie: Gibier gardé par deux chiens, 1766. 🕮 ThB9, 1913. DBF XI, 1967.

P. Jacky

Desportes, *Constant*, frz. Maler, * um 1778. Früchtestücke. 🏛 DOUAI, Mus. de Douai. 🕮 *Pavière*, Flower II, 1963; *Bénézit* III, 1976 (* 1778). K. S.-D.

Desportes, *Francisque* → **Deportes,** *Francisque*

Desportes, *François*, frz. Maler, * 24. 2. 1661 Champigneulles/Haute-Marne, † 20. 4. 1743 Paris. Sohn der Landwirte Pierre D. und Elisabeth Dugay, Vater von Claude-François D., Onkel von Nicolas D. Ab 1763 in Paris. Schüler des Tiermalers Nicasius Bernaerts, der D. seine von Frans Snyders übernommene fläm. Malweise vermittelt. Nach dem Tod von Bernaerts um 1678/79 weitere Ausb. an der Acad. royale de Peint. et de Sculpture. Anschl. gestaltet D. bis zu seinem Tod mehrfach zus. mit Claude (III) Audran Innendekorationen, bes. im Pariser Hôtel de Bouillon, im Schloß von Anet für den Duc de Vendôme und in Clichy für den Großprior; ein Plafond ebd. ist das einzige erh. Werk dieser Art. 1692/93 in der Man. des Gobelins an der Retuschierung der Kartons zur *Tenture des Indes* beteiligt, macht sich D. bei dieser Gelegenheit mit der Kunst des fläm. Tiermalers Pieter Boel vertraut. Nach der Heirat mit Angélique Eléonore Françoise Baudot 1692 lebt er in gesicherten Verhältnissen und kann so in der Umgebung von Paris nach der Natur malen; eine Slg von mehreren Hundert Öl-Studien mit Lsch., Bll., Blumen, Gemüse, Früchten und Tieren (Sèvres, MN de Céramique) stammt zum größten Teil von 1692–1700. D. macht sich auch einen Namen als Porträtist; 1695 reist er nach Warschau, wird vom frz. Botschafter de Polignac bei Hof eingeführt und ist bis zum Tod von Johann III. Sobieski (17. 6. 1696) offizieller Porträtist der kgl. Familie. Als erste Arbeit fertigt D. ein Portr. von *Johann III.*, das dessen Zustimmung findet; 1696 folgt u.a. ein Portr. von *Königin Maria Casimira Luise* (nicht ident. mit einer von ThB zugeschr. Darst. in Nürnberg, GNM). Des weiteren porträtiert er deren Vater *Henri de la Grange d'Arquien* (als Geschenk an den Papst gesandt und durch einen Kpst. von Robert van Audenaerde bek.) sowie Wojewoden und poln. Senatoren; aufgrund fehlender Sign. kann keines der in Polen ausgef. Portr. zweifelsfrei identifiziert werden. Auf Geheiß von Ludwig XIV. kehrt D. Ende 1696 nach Frankreich zurück und gibt die Porträtmalerei allmählich wieder auf. 1699 mit dem sehr erfolgreichen *Autoportrait en chasseur* (Paris, Louvre) als „peintre d'animaux" in die Acad. royale de Peint. et de Sculpt. aufgenommen; erhält eine Wohnung im Louvre und ist bis zum Tod regelmäßig im Salon vertreten. 1700 erfolgt der erste Auftrag von Ludwig XIV.; für die Antichambre im Winterappartement des kleinen Schlosses in der Ménagerie von Versailles malt D. fünf Werke, von denen *Hallali de daim* (Paris, Assemblée nat.) wohl am deutlichsten an seine fläm. Vorbilder erinnert. Er wird nicht nur wegen dieser Szenen von Hunden im Kampf mit ihrer Beute und von Wild bewachenden Hunden geschätzt, sondern auch aufgrund der realist. Portr. der schönsten Jagdhunde aus der Meute des Königs. Nach dieser 1702 erteilten Aufgabe für das Schloß in Marly erhält er 1714 einen weiteren Auftrag von Ludwig XIV. und hat für diese Art von Jagdstücken inzwischen eine Vorliebe entwickelt. Der Grand Dauphin, ebenfalls ein leidenschaftl. Parforcejäger, betraut D. 1702 und 1709 mit versch. Jagdszenen für sein Schloß in Meudon. Wie auch fläm. Vorgänger zeigt D. Tiere in ihrer natürl. Umgebung, in der Menschen, wenn überhaupt, allenfalls Staffage sind. Im 1. V. des 18. Jh. ist er mit derartigen, häufig großformatigen Komp. recht erfolgreich, sowohl bei wohlhabenden Franzosen, von Baron Hogguer (1704, 1707) bis zum Ratsherrn Claude Glucq (1725), als auch Ausländern und malt 1712 in England für Lord Stanhope. Die gleiche Wertschätzung wie von Ludwig XIV. erfährt D. vom Regenten Philipp von Orléans, den er davon überzeugt, gemeinsam zu malen. Er arbeitet auch für das Pal.-Royal, und mit der Darst. *Nature morte de gibier prêt à mettre en broche*, 1716 (Paris, Mus. de la Chasse et de la Nature), weist er bereits auf Elemente der Malweise eines Jean Siméon Chardin. 1717 gestaltet D. für das Château de la Muette, das der Regent gerade seiner Tochter, der Duchesse de Berry, geschenkt hatte, zwei der bemerkenswertesten Komp., in denen er Tiere, Archit.-Elemente, Musikinstrumente und Stilleben miteinander kombiniert (Grenoble, Mus. de Peint. et de Sculpt.; Lyon, MBA). D.s Bilder fanden würdige Plätze in den Residenzen des Duc d'Antin in Longueville (1710/11), im Pariser Hôtel der rue Neuve-Saint-Augustin (1715), in den Appartements der Tuilerien (1720) und im Schloß von Petit-Bourg (1724). Während der Régence (1715–23) sind die Gebrüder Pâris, angesehene Finanziers, D.s eifrigste Bewunderer, für deren Anwesen in Croixfontaine er interessante Werke gestaltet. Im Auftrag des Duc de Bourbon malt er für das Schloß in Chantilly, einmal 1719 (*Débuché de cerf*, Senlis, Mus. de la Vénerie) und erneut 1725. Von diesem Jahr an muß er sich mit Jean-Baptiste Oudry vergleichen und den Erfolg mit Jagdstücken teilen. Stilleben bilden unbestritten den qualitätvollsten Teil in D.s Œuvre; darin entfaltet er eine hervorragende Malweise, die prachtvolle, einem geschickt dosierten Helldunkel untergeordnete Farbgebung und einen unvergleichl. Sinn für das Arrangieren von versch. Gegenständen, deren Texturen gegensätzl. sind und sich gegenseitig zur Geltung bringen. 1706 offeriert er mit *Nature morte à la niche de marbre* (Paris, Minist. de la Justice) eine neue Sichtweise auf das von ihm dargestellte Wild, das im Hintergrund in einer Nische hängt, einem bereits bei den holl. Malern des 17. Jh. beliebten Motiv. In deren Nachf. beherrscht D. virtuos die Trompe-l'œil-Malerei. Er zeigt versch. Szenen mit erlegtem Wild, deren „schweigendes Dasein" häufig durch Hunde oder Katzen gestört wird. Ab 1725 bezieht er auch Gegenstände aus Gold und Silber in Stilleben ein, um so im Zusammenwirken mit schweren Samtstoffen den Eindruck von Prunk und Überfluß zu verstärken und dabei geschickt mit den durch das Nebeneinander dieser versch. Materialien entstehenden Effekten zu spielen; die Komp. *Nature morte au bas-relief* (Salon 1737, Gien, Mus. internat. de la Chasse) ist wohl ein Hw. dieses Genres. Ab den 1720er Jahren malt D. in der Art von Jean-Baptiste Belin d.Ä. sog. „tableaux de buffet" (*Buffet*, 1726, New York, Metrop. Mus.) und zahlr. bescheidener anmutende Stilleben, bei denen die Wirkung von Edelmetall den idealen Kontrapunkt zu Früchten und Stoffen bildet (*Nature morte à la terrine de pêches et aux deux perdrix*, um 1739/40, Stockholm, NM). Im Spätwerk erhält D. 1735 von Philibert Orry den Auftrag zu einer Folge mit Tapisseriekartons für die Tenture *Nouvelles Indes* (1737–41 regelmäßig im Salon); obwohl er dabei die Grundkonzeption der von Frans Jansz. Post und Albert Eckhout im 17. Jh. unter demselben Titel gemalten Kartons übernimmt, erneuert und erfindet er Komp. von phantast.-exot. Wesensart, die mit dem Char. des von Jean-Philippe Rameau in der Pariser Oper aufgeführten Werkes „Indes Galantes" vergleichbar ist. Ludwig XV., der eigtl. Oudry den Vorzug gab, übermittelt auch D. weiterhin Aufträge. 1729 malt D. für dessen kleine Appartements im Schloß von Versailles fünf Jagdstücke (heute in einer Priv.-Slg); 1739 porträtiert er die Hunde des Königs für das Spielzimmer im Schloß Compiègne; 1742/43 beteiligt er sich an der Ausgestaltung des Schlosses in Choisy-le-Roi, stirbt allerdings vor Fertigstellung einer bed. Darst. eines Büffets für den dortigen Speisesaal. 🏛 BRAUNSCHWEIG, HAUM. CHAMBORD, Schloß: Diane et Blonde en arrêt devant des faisans, 1702. COMPIEGNE, Schloß: Pompée et Florissant, chiens de Louis XV, 1739. DETROIT/Mich., Inst. of Arts: Allegorie de l'Eté, 1711. DUBLIN, NG of Ireland: Trophée de chasse gardé par un lévrier, 1707. FONTAINEBLEAU, MN du Château: Sanglier assailli par sept chiens, 1702. GUERET, Mus. de la Sénatorerie: Le cheval rayé, 1737. KARLSRUHE, SKH. LONDON, Wallace Coll.: Fontaine, fruits, chiens et gibier mort, 1715. LOS ANGELES, County Mus. of Art: Chien en arrêt devant des perdrix. PARIS, Louvre: Autoportrait, 1699. – Mus. d'Hist. naturelle: Casoar et oiseaux exotiques, 1742. POZNAŃ, MN. RALEIGH, North Carolina Mus. of Art: Bouquet de fleurs au lièvre mort. RENNES, MBA: Hallali de loup, 1725. ST. PETERSBURG, Ermitage: 3 Gem. ⊙ *E:* 1920–21 Beauvais, Gal. nat. de la Tapisserie: L'atelier de F. D. / 1961 Compiègne, Schloß: Paysages de F. D. / 1982–83 Paris, Louvre: L'atelier de D. (K: L. Duclaux/T. Préaud) / 1994 Mexiko (D. F.), Centro Cult. de Arte Contemp.: F. D., peintre franç. du XVIIIe s. Œuvre de la coll. de Sèvres / 1998 Paris, Fond. Mona Bismarck; Gien, Mus. internat. de la Chasse: D., tableaux de chasse (K: P. Jacky; zahlr. farbige Abb.). – *G:* 1975–76 Toledo (Ohio), Mus. of Art u.a.: Le s. de Louis XV (Wander-Ausst.; K: P. Rosenberg) / 1977 London, BM: French landscape drawings / 1980–81 Cambridge, Fitzwilliam Mus.; London, RA: Paint. from nature / 1985 Lille, MBA: Au temps de Watteau, Fragonard et Chardin / 1991 Bordeaux, MBA: Trophées de chasse / 1993–94 Versailles, Château: Versailles et les tables royales / 1995–96 Amiens, MBA; Versailles, Château: Les chasses exotiques de Louis XV. 📖 ThB9, 1913. SłArtPolsk II, 1975 (Lit.); DA VIII, 1996 (s.v. Fam. D.). – *A. J. Dézallier d'Argenville*, Abrégé de la vie des plus fameux peintres, I-IV, P. 1762; *L. Chennevières u.a.* (Ed.), La vie de Monsieur D. (...) écrite par son fils ..., II, P. 1854, 98–113; *F. Engerand*, Inv. des tableaux commandés et achetés par la dir. des Bâtiments du roi, I, P. 1901; *L. Hourticq*, GBA, N. S., 2:1920 (4) 117–136; *G. Lechevalier-Chevignard*, Rev. de l'art ancien et mod. 38:1920, 164–174; *H. Quignon*, Rev. de l'art franç. et de l'industrie de luxe 9:1920, 353–358; *G. de Lastic*, Connaissance des arts 107:1961, 56–65; *M. Faré*, La nature morte en France. Son hist. et son évolution du XVIIe au XXe s., I, Genève 1962, 155–160; *id./F. Faré*, La vie silencieuse en France. La nature morte au XVIIIe s., Fribourg 1976; *G. de Lastic*, Connoisseur 196:1977 (Dez.) 290–299; *id.*, Œil 1982 (Dez.) 40–47; *id.*, Rev. du Louvre 39:1989 (4) 233 ss.; *H. Opperman*, in: Le paysage en Europe (Kolloquium 1990), P. 1994, 173–189; *A. Tacke*, Die Gem. des 17. Jh. im GNM. Bestands-Kat., Mainz 1995; *P. Jacky*, Rev. du Louvre 46:1996 (3) 62–70; 47:1997 (3) 58–65; *id.*, Connaissance des arts 1998 (7) 48–55; *id.*, F. D. (1661–1743). Monogr. et cat. raisonné, Diss. Univ. Paris IV-Sorbonne, 9 Bde, 1999. P. Jacky

Desportes, *Henriette*, frz. Malerin, * 18. 4. 1877 Paris, lebte dort, in Tanger/Marokko (Villa Mandris) und in Dinan/Côtes-du-Nord. Schülerin von Marcel Baschet, Massé und François Schommer. Ausz.: Prix Gallimard-Jaubert (für *Repas à la Ferme*, Salon 1906); Reise-Stip. (für *Quand ils ne sont plus en mer*, Salon 1908). – Interieurs, Genremotive, marokkan. Sujets (1912/13). ⊙ *G:* bis 1930 Paris, SAfr. (1901 Mitgl.). 📖 ThB9, 1913; Vol, 1953. LivreD'Or, 1914; 1921. C. R.

Desportes, *Jeanne* cf. **Delion,** *Louis-Hyacinthe*

Desportes, *Mélanie*, frz. Malerin, die 1837–44 im Pariser Salon Portr. u.a. ausstellte. 📖 ThB9, 1913.

Desportes, *Nicolas*, frz. Maler, * 15. 7. (nicht 17. 7.) 1718 Paris (nicht Busancy/Ardennes), † 26. 9. 1787 ebd. Neffe und Schüler von François D. Als Porträtist von Hyacinthe Rigaud ausgebildet. Am 30. 7. 1757 in die Acad. royale de Peint. et de Sculpt. aufgenommen (*Deux chiens qui se disputent la dépouille d'un sanglier mourant*, Fontainebleau, MN du Château). 1755–71 zeigt D.

im Pariser Salon regelmäßig Küchenstücke und Jagdszenen in der Art von François D., jedoch ist seine Faktur schwächer, die Farbwirkung mitunter sehr unnatürlich. ⌂ LONDON, Wallace Coll.: Deux chiens, gibier mort et fontaine, 1755. PARIS, Louvre: Chiens et lapins dans un paysage, 1757. SEVRES, MN de Céramique: Hallali de loup, 1725. ▭ ThB9, 1913. P. Jacky

Desportes, *Ulysse Gandvier*, US-amer. Maler, Kunsthistoriker, * 12. 4. 1920 Winnsboro/S. C., in Staunton/Va. ansässig. Stud.: u.a. College of William and Mary, Williamsburg/Va., bei Julian Binford, Marion Montague Junkin und Theresa Pollak; EcBA Paris bei Maurice Brianchon. Lehrtätigkeit: ab 1962 Mary Baldwin College, Staunton. ▭ WWAA, 1980–1997/98. C. R.

Desportes de la Fosse, *Emma* (*Emma-Andrée-Félicité*; geb. Beuselin), frz. Malerin, * 1810 Paris, † 19. 5. 1869 ebd. Schülerin von Auguste Jean-Baptiste Vinchon. – V.a. Blumen, Früchte; Öl, Aqu., Pastell. ⌂ AMIENS, Mus. de Picardie: Fleurs et fruits, Öl/Lw., 1865. ⊙ *G:* Paris: 1835–68 Salon; 1855 WA. ▭ ThB9, 1913. DBF XI, 1967; *Bénézit* III, 1976; IV, 1999; *Hardouin-Fugier/Grafe*, 1989. – Mitt. Mus. de Picardie, Amiens. C. R.

D'Esposito, *Vincenzo*, ital. Marinemaler in Malta, * 1886, † 1946. – Bek. sind kleinformatige Hafenszenen von Malta (Aqu.) in feiner Ausführung. ⌂ LONDON, Nat. Maritime Mus. ▭ *N. de Piro*, The internat. dict. of artists who painted Malta, Valletta 1988. – Exhib. of Ottocento art in Malta (Ausst.-Faltbl.), Valletta 1988. I. D.

Despot, *Ante*, kroat. Bildhauer, Medailleur, * 1. 12. 1919 Mandalina b. Šibenik, lebt in Zagreb. Nach Beendigung des Lehrerseminars in Šibenik Stud.: 1941–46 ABK Zagreb (Dipl.) bei Frane Kršinić (Unterbrechung durch Teiln. am Volksbefreiungskampf); 1946–50 Mitarb. in den Meister-Kl. von Antun Augustinčić und F. Kršinić. Mitgl. der Grupa 5 (mit Branko Becić, Zdenko Grdiš, Josip Poljan, Zlatko Slevec). 1950–76 Leiter der Abt. Bildhauerei an der Schule für angew. Kunst Zagreb; 1976–78 ebd. Dir. des Zentrums für Kunsterziehung. Teiln. an Künstlerkolonien in Rovinj (ab 1963), Primošten (ab 1974), Ilok (ab 1982). – In vielen Mat. Kleinplastiken und Skulpt. im öff. Raum (*Rudar*, Mursko Središće); mehrere Mon. und Gedenkstätten zu den Leiden im 2. WK (Reliefs am Denkmal in Trpinja b. Vukovar, 1977, zus. mit Želimir Janeš). Auch zahlr. realist. Portr.-Plastiken (*Pero Findrik*, 1955; *Doktor Betlheim*, 1974) und Akte (*Odmor*, 1965; *Torzo I, II*, 1983) in vereinfachten Volumen und geschlossenen Konturen. D. ist auch ein erfolgreicher Medailleur (*Marin Getaldić*, 1953; *650. Jahrestag der Apotheke in Dubrovnik*, 1967; *Ljudevit Gaj*, 1972). ⌂ KARLOVAC: Ljubavnici, 1969. ŠIBENIK: Ribič I. – Denkmal für den Volksbefreiungskampf, 1980. ZÜRICH: Ribič II. ⊙ *G:* nat., u.a. Likum seit 1950 / 1982 Zagreb: Trienn. kroat. Bildhauerkunst. ▭ HBL III, 1993. – Kroat. Med. und Kleinplastik (K), B. 1981. Ch. N.

Despot, *Nikola*, kroat. Architekt, * 26. 3. 1910 Prag, † 7. 7. 1991 Zagreb. Stud.: bis 1935 (Dipl.) Techn. Fak. der Univ. Zagreb. Ebd. tätig als Projektant: 1937–41 Zentralamt der Arbeiterkrankenversicherung, 1948–50 Projektierungs-Inst.; als Lehrkraft: 1941–48 Technik- und Bauschule, 1950/51 Graphikschule, 1952–75 (Pensionierung) KGS. Teiln. an Wettb.: 1937 Split, Banats-Pal. (mit Vladimir Turin, Vido Vrbanić; 1. Preis); 1954 Chicago, Enrico-Fermi-Denkmal. D. projektierte 1937–41 mehrere Tbc-Sanatorien (u.a. in Knez-Selo b. Niš, 1937; Kasindola b. Sarajevo, 1938) und Verwaltungsgebäude der Arbeiterkrankenversicherung (z.B. in Belgrad und Dubrovnik). Später neben Interieurs auch Gest. von Ausst., u.a. in Zagreb: Umetnički paviljon, Seefahrt-Ausst., 1950; Messegelände, Landwirtschafts-Ausst., 1955; Ausst. der Fa. Jugovinil: 1955 Brüssel, 1960 Belgrad. Außerdem gestaltete er die ständige Astronomie-Ausst. im Technik-Mus. Zagreb. ⌂ BANJA LUKA: Ambulanz, 1937–41. ZAGREB, Interieurs: Erdgeschoß des Hotels Belgrad; Bahnhofsrestaurant; Ilica: Buchhandlung Znanje. – Komplex Auto-Hrvatska, 1946. ✉ Svjetlo i sjena, Zagreb 1966. ▭ HBL III, 1993. Ch. N.

Despotopoulos, *Ioannis* (*Jan*; Despo, *Jan*), griech. Architekt, Architekturtheoretiker, * 7. 1. 1903 Chios, † 1. 10.(30. 9.?) 1992. Verbringt seine Kindheit auf Chios, wo er auch die Schule beendet. Stud.: ab 1922 (lt. DA 1924–25) am Bauhaus in Weimar bei Hannes Meyer; anschl., da das Bauhaus in Griechenland nicht anerkannt wird, bis 1927 (lt. DA 1928) an der TH Hannover (Abschluß mit Preis des Dt. Staates). Kontakte zu Freunden und Lehrern dieser Stud.-Zeit begleiten D. sein ganzes Leben lang. In den nächsten zwei Jahren Aufenthalt in Berlin bei Erich Mendelsohn und am Bauhaus aktiv, das nach Dessau verlegt wurde. Mitarb. u.a. von Gropius sowie russ. Spezialisten bei Forsch. zu Ursprüngen des mod. Theaters. 1930 Rückkehr nach Griechenland und bis 1940 auf seiner Heimatinsel Chios tätig; anschl. als Freischaffender Niederlassung in Athen; dort zudem als Mitarb. des techn. Dienstes des Erziehungs-Minist. zuständig für die Entwicklung und den Neubau von Schulgebäuden. Es folgen zwei Preise in Archit.-Wettb. und eine Reihe architekton. Projekte (Sanatorium, Kino-Theater, Privathäuser u.a.). Ab 1933 ordentl. Mitgl. und Delegierter Griechenlands des Internat. Kongresses für Neues Bauen (CIAM); ein Jahr später Mitgl. der HS-Gemeinschaft in Hannover. Ab 1943 Prof. für Entwerfen an der TH Athen (1946 wegen polit. Ansichten entlassen). In derselben Periode zudem als Vors. an vielen wiss. Komm. der griech. Techn. Kammer (1986 Ausz.) beteiligt. 1947 auf Einladung des Svenska Inst. Niederlassung in Schweden, wo er bis 1961 bleibt. Unterrichtet als Prof. Bauwesen und Städtebau an den TH in Stockholm und Göteborg sowie der Univ. in Uppsala. Gleichzeitig hält er zahlr. Vorträge auf Kongressen zu Archit. und Städtebau, v.a. in Skandinavien und West-Deutschland. In dieser Periode intensiv befaßt mit Gebäuden des Gesundheits- und Sozialwesens sowie Kulturzentren in elf schwed. Städten sowie mit weiteren städtebaul. Forsch. in N-Schweden und in Karachi/Pakistan. Diese Forsch. sind Bestandteil der Anwendung neuer Ideen, die er in seinem theoret. Werk durch Publ., Vorträge und Bekanntmachungen entwickelte. Für seine Dienste in Schweden vom schwed. König mit dem Ehrendiplom ausgezeichnet. Die schwed. Periode ist D.s fruchtbarste, sowohl in theoret. als auch in prakt. Hinsicht. 1961 Rückkehr nach Griechenland und erneut Prof. für Entwerfen an der TH Athen. Gleichzeitig freiberufl. tätig. Die wichtigsten Projekte dieser Periode sind das neue Rote-Kreuz-Krankenhaus (nicht verwirklicht) und das Kulturzentrum der Hauptstadt (1959 1. Wettb.-Preis), von dem einzig das Konservatorium 1969–85 realisiert wurde, ein ausgewogener neo-rationaler Bau, der als interessantester unter den großen öff. Athener Bauten der Nachkriegsgeschichte gilt. Ab 1964 außerordentl. Mitgl., ab 1966 ordentl. Mitgl. der AK Berlin. 1965 berufen zum Prof. der AK München und der TU Stuttgart (wegen seiner Verpflichtungen in Athen jedoch nicht angenommen). – Das umfangreiche von D. hinterlassene theoret. und architekton. Werk ist für die mod. griech. Archit.-Gesch. außerordentl. bedeutend. Es umfaßt 130 architekton. Studien zu Krankenhäusern, Schulen, Kinos, Hotels, Kirchen, Märkten, Kulturzentren, Bädern, Schwimmhallen, Wohnbauten und and. städtebaul. Konstruktionen sowie Forsch. zu Themen wie Wiederaufbau in Europa; Die städtebaul. Bildung der Volksgemeinschaft als Vollendung und Ausbreitung der „griech. produktiven Stadt-Gemeinschaft"; Die grundlegenden griech. Elemente in der Bildung und Entwicklung der Kunst und des Städtebaus im Islam; Griech. genossenschaftl. Städte im 16.–18. Jh., und ist, abgesehen von einigen Bekanntmachungen in diversen Kongreßakten zum größten Teil noch unpubliziert. ✉ Die ideolog. Struktur der Städte (Vortrag AK Berlin 1966), 1973 (Schr.-Reihe der AK, 4); 1997 (griech.). 📖 DA VIII, 1996. – *H. M. Wingler*, Das Bauhaus, Köln 1975; AK 1979–1987. Die Mitgl. und ihr Werk, B. 1987. M. Kardamitsi-Adami

Despotov, *Mirče*, makedon. Holzschnitzer, Baumeister, * 1802 Osoj b. Debar, † 1883 ebd. Gehört zur Fam. Mirčev. Sohn des Schnitzers *Despot Mladenov*, Vater u.a. des Schnitzers und Tischlers Aleksi Mirčev. Erb. u.a. Kasernen in Debar und große türk. Wohnhäuser (Konak) in Tetovo. Schuf auch Ikonostase (Metropolitenkirche in Serrä/Griechenland, Zuschr.). 🏛 SKOPJE, Mus.: 2 Holzdecken aus einem Tetovoer Konak, verziert mit pflanzl. Motiven. 📖 *Vasiliev*, 1965. B. S.

Despotović, *Veljko*, serb. Szenograph, * 1. 10. 1931 Zagreb, lebt in Belgrad. Stud.: bis 1958 (Dipl.) Fak. für Archit. der Univ. Belgrad bei Aleksandar Deroko. 1950–58 Ass. des Bühnenbildners Miomir Denić am Nat.-Theater Belgrad (Ausstattung von ca. 50 Aufführungen; Film *Krvava košulja* von Ž. Skrigin, 1954). 1978–80 Honorar-Doz. an der Fak. für Film, Theater, TV der Univ. Novi Sad. Ausz.: u.a. 1979 Filmfestival Pula, Silberne Arena; Herceg Novi, 1. Preis für den Film *Urnebesna tragedija*; Preis des serb. Künstler-Verb. für sein Lebenswerk, beide 1995. – D.s Szenenbilder enthalten eine poet. Note, sind rustikal oder imaginär in der Formsprache. Er ist Production Designer u.a. in den Filmen *Čovjek iz hrastove šume* von M. Popović, 1962; *Skupljači perja* von A. Petrović, 1966/67; *Ko to tamo peva* von S. Šijan, 1980; *Memed* von P. Ustinov, 1982; *Die Verliebten* von J. Meerapfel, 1986; *Gorila se kupa u podne* von D. Makavejev, 1993; Art Dir. u.a. in *The Cross of Iron* von S. Packinpah, 1976; *Nož* von M. Lekić; *Dimenticati* von P. Vivi, beide 1998. ✉ Škola filma: filmska scenografija, in: Film (Bgd.) 2:1977, 62; Profesija: filmski scenograf, in: Književna reč (Bgd.) 25:1996 (483/484) 26. 👁 *E:* Belgrad: 1979 Salon Muz. primenjene umetnosti (K: V. Gavrik); 1994 (beide Szenographieskizzen). – *G:* u.a. 1975 Belgrad: FEST: Jugoslovenska filmska scenografija 1945–75 / 1986 Paris. 📖 Internat. directory of cinematographers, set- and costume designers in film, III, M. u.a. 1983; LEJ I, 1984. – *R. Petronić/Lj. Milenković-Talić*, Filmografija srpskog dugometražnog igranog filma 1945–95, Bgd. 1996; *P. Volk*, Srpski film, Bgd. 1996. M. Heraković

Despouy Rezart, *Mauricio*, chilen. Architekt, * 1907, † 1979. Stud.: bis 1930 (Dipl.) an der Esc. de Arquit. der Univ. de Chile, Santiago de Chile (1945–75 hier Prof.). – Vertreter des Internat. Style; z.T. an Le Corbusier orientiert (z.B. Appartementhaus Calle Lastarría 26, 1936). Entwarf v.a. Wohn(hoch)häuser, teilweise in Kombination mit Ladenzonen (u.a. La Portada de Vitacura, 1965; Tres Torres de Vitacura, 1973). 🏛 SANTIAGO DE CHILE: Edificio Comercial, 1935; Edificio Providencia, 1945; Wohnhaus La Teja, 1965. 📖 *M. Cuadra*, Archit. in Lateinamerika, Diss. 1987, Da. 1991.

Despradel, *Carlos*, dominikan. Maler, Architekt, Keramiker, * 1951 Santiago. Stud.: Esc. de BA, ebd., bei Yoryi Morel; Archit. an der Univ. Autónoma, Santo Domingo; Malerei und Zeichnen an der Asoc. Pro-Educación y Cult.; Esc. de Diseño, Altos de Chavón; Keramik 1984 am Centro Nac. de Artesanía bei Minoru Okuda und 1986 in Faenza. – D.s Keramik-Skulpt. verbinden organ. Elemente mit relig. Motiven und knüpfen an die einheim. indian. Gefäßkunst an. 📖 EAPD, 1989. – *C. A. Gerón*, Enc. de las artes dominicanos, Santo Domingo, 1991; *E. J. Sullivan* (Ed.), Latin Amer. art in the twentieth c., Lo. 1996. M. N.

Despradel de Houellemont (Kanky de Houellemont), *Carmen Cristina*, dominikan. Malerin, * um 1940 Santo Domingo. Stud. ebd.: ENBA bei José Vela Zanetti und Gilberto Hernández Ortega; danach bei Pedro García de Villena und Julia S. de Guerra. Als Doz. tätig. – Vom Impressionismus beeinflußte farbhelle Gem., v.a. Stillleben. 👁 *E:* seit 1987. 📖 *C. A. Gerón*, Enc. de las artes dominicanas, Santo Domingo 1991. M. N.

Despradelle (Despradelles), *Constant-Désiré*, frz.-US-amer. Architekt, Zeichner, * 1862 Chaumont, † 2. 8. 1912 Boston. Stud.: 1886 EcBA, Atelier Pascal. 1886–89 Reisen in Europa. 1893 Übersiedlung nach Boston anläßlich seiner Berufung an das Massachusetts Inst. of Technology, wo er bis zu seinem Tod lehrte. Daneben priv. Büro in Partnerschaft mit Stephen Codman als Codman and D. in Boston. Zus. mit Guy Lowell Berater für die Neubauten des Boston MFA. 1910 Lehrtätigkeit an der Harvard Univ., Cambridge/Mass. Mitgl.: AIA; Soc. of BA Architects (Vize-Präs.). D. erhielt bereits während des Stud. bed. Preise sowie 1899 den 3. Preis beim Wettb. für die Univ. of California, Berkeley; 1900 eine Gold-Med. des Pariser Salons. – D.s Œuvre umfaßt v.a. Archit.-Zchngn, -Skizzen und Pläne zu einigen der damals renommierten Wettb., nur wenige Bauten. Verwurzelt mit der trad. Beaux-Arts Archit., zeigen seine Entwürfe auch modernist. Züge. Er kultivierte die spontan wirkende Archit.-Skizze in Tusche oder Kohle mit starken Schwarz-weiß-Kontrasten und unscharfer Kontur. Mit seinem „Beacon of Progress" setzte er die europ. Standardform des mon. Obelisken für ein die amer. Kultur verherrlichendes Denkmal ein. Neben der Lehre schuf D. somit ein weiteres Beispiel für die Wechselbeziehungen zw. Frankreich und den USA und für seine Vision, eine Synthese der europ. Archit.-Trad. in Amerika einzuführen. Letzte Auswirkungen schlugen sich in der Wettb.-Formulierung des Paris Prize von 1913 für die Gestaltung der Südspitze von Manhattan, New York, nieder. Sein Werk fand erst nach seinem Tod mit einer Gedächtnis-Ausst. Anerkennung. 🏛 BOSTON: Peter Brent Brigham Hospital (Wettb.). CAMBRIDGE, Massachusetts Inst. of Technology Hist. Coll.: u.a. Zchngn zum Beacon of Progress, 1900; Studienblatt mit typolog. Grundrißskizzen nach Durand; Skizzen und Zchngn zum Wettb. für die Univ. of California in Berkeley; Skizzen und Zchngn zur Western Univ. of Pennsylvania in Pittsburgh, 1908. ✉ The beacon of progress, The technology rev. 2:1900, 306 s. 👁 *E:* 1913 Boston, Copley Hall. – *G:* 1908 London, franco-brit. Ausst. 📖 *Delaire*, 1907; *Withey*, 1970. – Pencil points 6:1925 (Mai) 58–70; RIBA j. 66:1958–59, 124–130; *L. Wodehouse*, Amer. architects from the Civil War to the First World War, Detroit, Mich. 1976; *A. Sky/M. Stone*, Unbuilt America, N. Y. 1976; *W. Oechslin*, Archithese 18:1976, 13–21; *id.*, Daidalos 5:1982 (Sept.) 99–112; Werk, Bauen und Wohnen 39:1985 (Jan.-Febr.) 25; *R. Jay*, J. of the Soc. of Architectural Historians 46:1987 (Juni) 145–156.

M. Römisch

Despreaux, *Marin*, Maler, * um 1655, begr. 12. 4. 1685 Paris. 📖 ThB9, 1913.

Desprée, *Louis Jean* → **Desprez,** *Louis Jean*

Després, *Antoine*, frz. Goldschmied, * 17. 1. 1723 Saint-Laurent-en-Beaumont, † 21. (oder 22.) 11. 1802 Grenoble. 1733–41 Lehre bei Charles Chusin in Gap/ Hautes-Alpes. 1760 Meister in Grenoble (Place aux Herbes). 1777 „juré". MZ: D P, bekrönt, darunter Stern. Lt. G. Godefroy/R. Girard ist D. nicht ident. mit dem ebenso aus der Dauphiné stammenden „chimiste Dupré" († 1772), der 1759 in Versailles, Le Havre, Belleville und Dunkerque eine von ihm erfundene „liqueur de feu" (griech. Feuer) militär. anwandte. 🏛 GRENOBLE, Mus. Dauphinois: Ragoutlöffel, um 1770–72. 📖 DBF XI, 1967. – *G. Godefroy/R. Girard*, Les orfèvres du Dauphiné, Genève 1985 (* Chardenot-en-Beaumont). C. R.

Després, *Jean (Jean-Eugène-Gilbert)*, frz. Gold- und Silberschmied, Juwelier, Maler, * 15. 6. 1889 Sauvigny-le-Bois b. Avallon/Yonne (wohl nicht in Souvigny/Allier, wie oft angegeben), † 13. 11. 1980 Avallon. Ab 1905 in Paris. Goldschmiedelehre in einem Atelier in der Rue de Vertu; daneben Zeichenstunden an den Ec. de la ville de Paris. Bei häufigen Besuchen im Bateau-Lavoir, einem Zentrum des Kubismus, kommt er in Kontakt zu avantgardist. Künstlern wie Amedeo Modigliani, Chaïm Soutine, Paul Signac und v.a. Georges Braque. Während des 1. WK leistet D. seinen Wehrdienst als Zeichner von Flugzeugmotoren, eine Tätigkeit, die sein späteres künstler. Schaffen tief beeinflussen sollte. Nach dem Krieg eröffnet er einen Laden mit Wkst. in Avallon (erst später einen weiteren in Paris). Hier findet D. rasch seinen unverwechselbaren Stil und entwickelt sich zu einem herausragenden Vertreter der sich als Künstler verstehenden Juweliere. Zu D.s wichtigen Ser. zählen die *Bijoux glacés* von 1929–37, die surrealist. Gläser von Etienne Cournault inkorporieren, und in ähnl. Weise um 1937 die *Bijoux céramiques* mit neuklassizist. Keramikmedaillons von Jean Mayodon, dem Dir. der Man. von Sèvres, im Zentrum der Arbeiten. Ab 1930 fertigt D. die *Bijoux moteurs*, Armbänder, Ringe u.a. in der Form von Motorteilen (Pleuelstangen, Zahnräder u.ä.). Während einer regen nat. und internat. Ausst.-Tätigkeit (erstmals 1925 anonym auf der Pariser Expos. Internat. des Arts Décoratifs et Industriels Mod.) gewinnt D. zahlr. Preise. Er lebt zurückgezogen und hat weder Kinder noch Schüler; im Angesicht des Todes bestimmt er die Auflösung seines Geschäftes. – Fern von trad. Konzepten entwirft D. originelle, avantgardist. Goldschmiedeobjekte und individuellen Schmuck. Es geht ihm dabei nicht um die Erlesenheit der verwendeten Steine oder Metalle. Statt dessen fertigt er solide, kraftvolle Stücke, die sich durch streng geometr., gleichsam architekton. Formen sowie kühne, reine Linien auszeichnen und deutl. den Einfluß von Kubismus und Mechanismus zeigen. Als Mat. bevorzugt er Silber, kombiniert mit Lacken und Halbedelsteinen oder sogar mit bemaltem Glas und Keramik, daneben aber auch die typ. Werkstoffe des Art déco wie Elfenbein, Ebenholz und Galuchat. In den 20er und 30er Jahren ist D. ebenso der unumstrittene Protagonist in der Erneuerung der Gest. von Tafelgeschirr. Mit seinen oftmals stark gehämmerten Kreationen in Zinn, Silber und versilberten Metallen, die sich gleichfalls durch einfache Formen, harmon. Volumina und bescheidene Ornamentierung auszeichnen, ist D. beständig auf der Suche nach neuen funktionalen Lösungen. 🏛 AVALLON, Mus. de l'Avallonais. BERLIN, Bröhan-Mus. PARIS, MAD. – Mus. Galliera. PFORZHEIM, Schmuck-Mus. 👁 *G:* Paris: ab 1928 regelmäßig Soc. des Artistes Décorateurs, Salon d'Automne, SAfr., Salon des Indépendants; ab 1929 Union des Artistes Mod.; 1937 WA / internat. Ausst. dekorativer Kunst: u.a. 1938 Brüssel; 1939 San Francisco; 1947 São Paulo; Rio de Janeiro. 📖 Dict. internat. des arts appliqués et du design, P. 1996; Dict. internat. du bijou, P. 1998. – *G. Besson*, J. D. (Gal. d'Art Braun, Bull. des expos., 2), P. 1931; *J. Fougère*, J. D., P. 1952; Art déco Schmuck und Bücher aus Frankreich (K Schmuck-Mus.), Pforzheim 1975; *Y. Brunhammer*, Cah. de l'UCAD 1978 (1) 19–21; *id.*, Connaissance des arts 1979 (324) 72; *S. Raulet*, Le bijou Art déco, P. 1984; *M. Gabardi*, Les bijoux de l'art déco aux années 40, P. 1986; Slg Karl H. Bröhan, IV: Metallkunst. Vom Jugendstil zur Moderne, B. 1990; *M. Gabardi*, 1930. Nuove tendenze nell'arte del gioiello (K Sotheby's), Mi. 1997; *ead.*, J. D., Mi. 1999.

M. Gabardi

Després, *Jean Louis* → **Desprez,** *Louis Jean*

Després, *Michel-Richard* → **Desprez,** *Michel Richard*

Desprest, *J. B.* → **Desprets,** *J. B.*

Despret, *Adam* cf. **Despret,** *Noël*

Despret, *Georges*, frz. Glaskünstler, Ingenieur, Unternehmer belg. Herkunft, * 7. 12. 1862 Binche/Hainaut, † 24. 12. 1932 Paris. 1896 als Franzose naturalisiert. Entstammt einer Unternehmer-Fam. der Eisenhütten- und Glasindustrie. 1885 Abschluß als Dipl.-Ing. an der Ec. des Mines in Lüttich und Übernahme der Fa. Glacerie de Jeumont als Nachf. seines Onkels Hector D. Einf. neuer Produktlinien und Einbau eines kleinen, Experimenten vorbehaltenen Ofens im Werk. Wahrsch. stellt sich D.s Interesse an der Pâte-de-verre-Technik in den 1890er Jahren bei Versuchen ein, die Produktbreite der in der Fa. hergestellten Spezialgläser zu erweitern. Die Notwendigkeit der Zusammenarbeit mit einem Plastiker kommt ihm gelegen, da er keine künstler. Ausb. hat. Deshalb überläßt er einem künstler. Mitarb. die Festlegung der Form, leitet davon selbst mehrere Gußformen ab und untersucht die Farben wie auch die Veränderungen der Glasmasse. So fertigt er ganze Serien nach einem in einer Skala von versch. Farben jeweils unterschiedl. interpretierten Modell. Diesem Verfahren gemäß entstehen v.a. Statuetten und Masken, so z.B. *Sémiramis* oder *Cléo de Mérode; La femme aux as; Marianne* (Paris, MAD); *Blériot* (Jeumont), und offene Formen, bes. Schalen. Außerdem reproduziert D. Plaketten (*Alexandre Charpentier*), Basreliefs (*Jean Goujon*) und antike Tanagrafiguren. Zu den ersten Mitarb. gehören der Orientmaler Charles Toché, die Schülerin Marguerite de Glori (die er 1920 heiratet) und der Keramiksammler Georges Nicolet, D.s künstler. Berater, mit dem er 1902–06 im Pariser Salon de la Soc. nat. des BA ausstellt. Die belg. Bildhauerin Yvonne Serruys ist die begabteste Mitarb., die bemerkenswerte Modelle liefert (*Le poisson sautant*, Corning; *Faunmaske*, Düsseldorf); ab 1906 bläst sie auch Glas, das im selben Jahr im Pariser Salon gezeigt wird. Danach beteiligt sich D., durch seine leitenden Funktionen in den Compagnies réunies des Glaces et Verres spéciaux du Nord völlig ausgelastet, bis 1930 nur noch an den wichtigsten Industrie-Ausst. (Welt- u.a. internat. Ausst.); Ausz. mit mehreren Grands prix. 1912 schenkt er dem Pariser Mus. Galliera eine bed. Slg mit mehr als 60 Stücken (heute ebd., Petit Pal.). Der 1. WK setzt seiner Tätigkeit ein jähes Ende, die Glashütte in Jeumont wird völlig zerstört. Danach nimmt D. die Tätigkeit als Glaskünstler wieder auf, jedoch nicht in Jeumont, sondern er lebt fortan in Paris. Vermutl. befaßt er sich nun nicht mehr mit Pâte-de-verre-Verfahren und arbeitet nur noch sporad. zus. mit seinem Neffen, dem Bildhauer Pierre Le Fagays. 🏛 BRAUNSCHWEIG, HAUM. BRÜSSEL, MRBAB. CHARLEROI, Mus. du Verre. CORNING/N. Y., Mus. of Glass. DÜSSELDORF, KM. FREIBURG im Breisgau, Augustiner-Mus. JEUMONT/Nord, Rathaus. KÖLN, MAK. LÜTTICH, Mus. du Verre. NORFOLK/Va., Chrysler Mus. PARIS, MAD. – Mus. des Arts et Métiers (Conservatoire Nat. des Arts et Métiers, Paris). – Petit Pal. – Priv.-Slgn der Fam. D. 👁 *G:* Paris: Pal. Galliera: 1910 Expos. de la verrerie et de la cristallerie artist.; 1951: L'art du verre; 1982: Verreries contemp. / 1968 Düsseldorf: Meisterwerke der Glaskunst aus internat. Priv.-Bes. / 1976 Köln: Slg Silzer. Kunsthandwerk vom Jugendstil bis zum Art déco. 📖 *J. Henrivaux*, Rev. technique de l'Expos. univ. de 1900, P. 1902, 17 s.; *E. Bénédictus/R. Escholier*, La pâte de verre. G. D. et François Décorchemont, Art décoratif 9:1907, 211–216; *G. Kahn*, G. D. et la pâte de verre, Goût mod. 1:1926 (1) 8–11; *E. Trelcat*, Verriers, maîtres de forges, métallurgistes et soldats. La fam. D., 1512–1929, Lille 1929; *A.-L. Carré*, Estampille. L'objet d'art 1991 (250) 76–83. – Paris, Arch. nat.: F12 5128 (Akte der Ehrenlegion); MAD, Centre de verre: Fotoalbum (Hommage du personnel des Compagnies réunies des glaces et verres spéciaux du Nord de la France à leur administrateur délégué Monsieur G. D. en souvenir du cinquantenaire de la fondation des glaceries de Jeumont 1859–1909). A.-L. Carré

Despret, *Noël*, frz. Maler, † um 1660, in Valenciennes tätig, dort vor 1624 Meister sowie Mitgl. der Confrérie St-Luc. Zw. 1624 und 1645 Ausf. versch. Arbeiten, z.B. 1631 Wandmalereien für die Rekollektenkirche. Sein Sohn, der Maler *Régnier François D.* (get. 2. 12. 1628 Valenciennes), wurde 1662 Meister, restaurierte und rahmte Gem. des Rathauses in Valenciennes (z.B. „La lévee du siège de Valenciennes" von Peeter Snayers). Im gleichen Beruf arbeitete auch der Sohn *Adam D.* (* 23. 8. 1635 Valenciennes, † 1678 oder davor), der 1675 für die Abteikirche in Crespin einen Kruzifixus (sign.) malte (1918 zerst.). 📖 *Machelart*, 1987. C. R.

Despret, *Régnier François* cf. **Despret,** *Noël*

Desprets (Desprest), *J. B.*, belg. Maler, * 1778, † 1821, v.a. in Brüssel tätig. Blumen- und Früchtebilder. 👁 *G:* 1808–14 Gent, Salon / 1811, '15 Brüssel, Salon. 📖 ThB9, 1913. *Pavière*, Flower III. 1, 1964; *Bénézit* III, 1976; *Flippo*, 1981; DPB I, 1995. K. S.-D.

Desprevyn, *Jacques* → **Dasprevyn,** *Jacques*

Desprey, *Louis Antoine Prudent*, frz. Bildhauer, * 22. 3. 1832 Châtillon-sur-Seine/Côte-d'Or, † 1892 Paris. Stud.: ab 1851 EcBA Paris bei François Jouffroy und Louis-Messidor-Lebon Petitot. V.a. Portr.-Büsten und -Medaillons meist zeitgen. Persönlichkeiten sowie Allegorien (Marmor, Gips, Bronze, Terrakotta), in Paris u.a. für die Kirche Val-de-Grâce (1869), das Hôtel de Ville (1881), den Pal. de Justice (1878) und das Inst. de France (1882); zu nennen auch die Bronzestatue *Bolívar* (1884) für die Stadt Bogota (Auftrag der kolumbian. Reg.); ferner häufig Genre (Statuen, Statuetten). Ausz.: 1857, '85 Mention honorable. 🏛 TROYES, MBA: Monseigneur Cœur, Bronze-Büste (Replik der Marmorfassung, Salon 1861). 👁 *G:* 1853–91 Paris, Salon. 📖 ThB9, 1913. *Lami* II, 1916; *Laveissière* I, 1980; *Kjellberg*, 1987. – Paris, Arch. nat. E. S.

Desprez (gen. Ballon), Bildhauer, fertigte 1669 zus. mit Pierre Merzeau die Chorbalustrade in der Kirche von La Ferté-Bernard. 📖 ThB9, 1913.

Desprez, frz. Porzellanhersteller, Chemiker, 1774–86 als Modelleur in der Man. Sèvres tätig. Errichtete 1793 eine Porzellan- und Steingut-Man. in der Rue des Récollets-du-Temple. 1812 Zus.-Arbeit mit seinem Sohn, der 1825 die Man. übernahm und sie in die Rue des Morts-Saint-Martin verlagerte. 📖 ThB9, 1913. – *Tardy*, Porcelaines, 1967. C. R.

Desprez, *Auguste*, frz. Maler, 1834–36 im Pariser Salon mit Lsch. und Städteansichten vertreten. 📖 ThB9, 1913. *Brune*, 1912; *Harambourg*, 1985.

Desprez, *Charles Louis Emilien*, frz. Maler, * 17. 9. 1818 Maisons-Alfort, lebte in Algier. Schüler von Cogniet und Calame. – Lsch. aus Frankreich, Deutschland, Oberitalien, Ansichten aus Algier. ⊙ *G:* 1848–52 Paris, Salon. ▭ ThB9, 1913. *Harambourg*, 1985; *Bénézit* IV, 1999.

Desprez, *François*, frz. Holzstecher, Illustrator, 1562 bis um 1573 nachw., tätig in Paris. Von D. ill. Publ.: *Receuil de la diversité des habits qui sont de présent en usaige*, P. 1562; ²1564; ³1567 (Kostümbilder aus Frankreich, Deutschland und der Schweiz); *Songes drôlatiques de Pantagruel*, Mappe mit 120 Karikaturen des frz. Hofstaates in Gestalt von grauenerregenden Tieren, P. 1565 (Paris, BN, Dép. des Estampes). ▭ *Bénézit* IV, 1999 (s.v. Des Prez, F.). – *J. Adhémar*, Graphis 1954 (54) 330–333; *R. Gaudriault*, Répert. de la gravure de mode franç. des origines à 1815, P. 1988. R. T.

Desprez, *Jean Louis* → **Desprez,** *Louis Jean*

Desprez, *Louis*, frz. Bildhauer, * 7. 7. 1799 Paris, † 16. 11. 1870 ebd. Stud.: ab 1813 EcBA Paris bei Giuseppe-Francesco Bosio; 1822 2. Rompreis mit *Jason enlevant la toison d'or* (Flachrelief), 1826 1. Rompreis mit *La mort d'Orion*; 1827–30 Aufenthalt an der Acad. de France in Rom. Entgegen dem Reglement kehrt D. wegen Krankheit vorzeitig zurück; Antoine-Chrysostome Quatremère de Quincy interveniert beim Innenminister im Sinne einer partiellen Einbehaltung des Stip.; dem wiederholten Widerspruch von D. (Künstlerpetition; Unterstützung bes. durch Pierre-Narcisse Guérin) wird 1831 stattgegeben. – Umfangreiches Œuvre: dekorative Skulpt. für Kirchen und öff. Gebäude in Paris (staatl. und städt. Aufträge); Portr. hist. und zeitgen. Persönlichkeiten; klass. und allegor. Sujets, z.T. in kleinerem Format und in Bronze. Ausz.: 1831 Med. 2. Kl.; 1843 Med. 1. Kl.; 1851 Chevalier de la Légion d'honneur. 🏛 AIX-EN-PROVENCE, Mus. Granet: Milon de Croton (Kopie nach Pierre Puget), Bronze, 1834/35. AMIENS, Mus. de Picardie: L'ingénuité, Marmor, Salon 1843. AVIGNON, Mus. Calvet: u.a. Moïse assis tenant les Tables de la Loi (Kopie nach Michelangelo), Bronze, 1833/35. BLOIS, Château: Louis de France, dit le Grand Dauphin, fils de Louis XIV, Marmor-Büste, Salon 1836. BORDEAUX, MBA: Raymond Brascassat, Marmor-Büste, 1867. DOUAI, Mus. de la Chartreuse: L'innocence ou jeune fille jouant avec un serpent, Bronze, 1830 (Marmor-Orig. zerst.). EPINAL, Mus. internat. de l'Imagerie: Faune au chevreau (Antiken-Kopie), 1828. FONTAINEBLEAU, Quartier militaire du Génie des Héronnières: Louis de France, dit le Grand Dauphin, fils de Louis XIV, Gips-Büste, 1835. GRENOBLE, Mus. de peint. et de sculpt.: Séduction, Marmor. LE PUY-EN-VELAY: Mus. Crozatier. PARIS, Assemblée Nat.: Le général Foy, Marmor, Salon 1837 (lt. Bénézit); La raison. – Bibl. Ste-Geneviève. – Friedhof Père-Lachaise: Anne-Louis Girodet-Trioson, Marmor-Büste, 1826. – Inst. de France. – Jardins des Champs-Elysées: Diane au milieu des roseaux, 1840. – Kirchen: St-Augustin: St Athanase, Stein, Auftrag 1862; St Basile. – St-Germain-l'Auxerrois, Portal und Vorhalle: 16 Hll.-Statuen, Stein, 1841. – St-Gervais-St-Protais: St Jean-Baptiste prêchant dans le désert, Flachrelief, Gips, 1829. – Ste-Madeleine: St Mathieu, Stein, Auftrag 1837. – St-Merri, Portal: 5 Hll.-Statuen, Stein, 1842. – St-Nicolas-des-Champs, Portal: u.a. 6 Hll.-Statuen, Stein, 1843. – Louvre: Bossuet; Bourdaloue; Germain Pilon, jeweils Stein, 1856. – Pl. St-Sulpice, Fontaine des Quatres-Evèques: Fléchier, Stein, Auftrag 1843. – Tour St-Jacques-la-Boucherie: St Roch, Stein, 1855. RIOM, Mus. Francisque Mandet: L'innocence ou jeune fille jouant avec un serpent, Marmor (verkleinerte Replik). ROM, Kirche S. Lorenzo in Lucina: Les bergers d'Arcadie, Relief, 1830 (Mon. Nicolas Poussin; Auftrag von François René de Chateaubriand). TARBES/Hautes-Pyrénées, Mus. Massey: Pierre Puget, 1835. VERSAILLES, Château: Bernard de Nogaret, Gips-Büste, 1838; Charles-Maurice de Talleyrand-Périgord, prince de Bénévent, Marmor-Büste, 1839; François de Lanoue, Gips-Büste, 1840. ⊙ *G:* Paris: 1824–72 Salon; 1855 WA (Mention honorable). ▭ ThB9, 1913. *Lami* II, 1916; *Kjellberg*, 1987 († 15. 11. 1870); Dict. des mon. de Paris, P. 1992; Bénézit IV, 1999. – *Riccoboni*, 1942; *A. Le Normand/G. Hubert*, La trad. classique et l'esprit romantique. Les sculpteurs de l'Acad. de France à Rome, 1824–1840, R. 1981; La sculpt. franç. au XIXe s. (K Gal. nat. du Grand Pal.), P. 1986; Peint. et sculpt. du XIXe s. La coll. du Mus. de Grenoble (K), P. 1995. – Paris, Arch. nat. E. S.

Desprez (Desprée; Després), *Louis Jean (Jean Louis)*, frz. Bühnenbildner, Architekt, Graphiker, Zeichner, Maler, get. 28. 5. 1743 Auxerre, † 19.(nicht 17.) 3.1804 Stockholm (begr. auf dem Friedhof der Jakobskirche; Grab unbek.). Vater Perückenmacher. Stud. in Paris: 1755 bei Charles-Nicolas Cochin; ab 1763 (erstmalig dok., vermutl. aber schon früher) Acad. R. d'Archit., u.a. bei Jacques-François Blondel (einige Zchngn D.s wurden in dessen Cours d'architecture... publ., Rad. von Marillier), erhielt viele Preise und Med., 1766 einen Archit.-Preis für den Entwurf eines *Temple funeraire destiné à honorer les cendres des rois et des grands hommes* (die danach von Louis Gustave Taraval ausgef. Rad. [Paris, BN] widmete D. Voltaire, der ihm in einem Brief v. 6. 7. 1770 dankte); 1766 Anstellung als Zeichenlehrer an der Pariser Ec. Militaire; ab 1768 Stud. bei Charles de Wailly (stach für ihn Plan und Interieur des Pal. Serra in Genua, reprod. in Diderots Encyclopédie), auch bei Pierre Desmaisons. Viell. wegen „einer gewissen künstlerischen Hartnäckigkeit" erhielt D. erst 1776, nach vielen Versuchen, den großen Rompreis. War dort E. Aug.-Dez. 1777, ging dann als Illustrator zu Abbé Richard de Saint-Nons *Voyage pittoresque, ou description des royaumes de Naples et de Sicile*, u.a. mit Dominique Vivant Denon und Jean Benjamin Delaborde, in den Süden. Zeichnete Archit. (Skizzenbücher, KA Stockholm), dok. in Neapel u.a. die Ausgrabungen am Isistempel in Pompeji. Nach Aufenthalten auf Sizilien und Malta im Jan. 1779 Rückkehr nach Rom, fertigte nach den Skizzen aquarellierte Vorlagen (insgesamt 136) für *Voyage pittoresque* ... . Begann 1781 zus. mit Francesco Piranesi die Ed. einer Serie kol. Kontur-Rad. mit Motiven aus Rom und Neapel (Rad. von Piranesi nach Vorlagen von D., der die Rad. aquarellierte). Im gleichen Jahr erschien in Paris eine Folge von sieben Bll. *Ouvrages d'architecture des sieurs D. et Panseron*. Er fertigte kaum Archit.-Entwürfe für die Acad. R., die ihm trotzdem das Stip. wiederholt verlängerte und gestattete, die Wohnung in der frz. Akad. in Rom noch zwei Jahre zu behalten. Befaßte sich 1781–83 fast ausschl. mit Ölmalerei und konnte im Nov. 1783 Papst Pius IV. sein erstes Gem., *Der hl. Vater erteilt den Segen vom Balkon der Peterskirche*, präsentieren (Auftrag der Fam. Borghese, in ital. Priv.-Bes.). Wurde vermutl. in dieser Zeit als Bühnenbildner an das Teatro Aliberti engagiert (erw. in einem Brief von F. Piranesi, ab 1783 schwed. Kunstagent in Rom, an Karl Fredrik Fredenhielm), für das er A. 1784 eine stark beachtete Dekoration für ein Ballett über Henry IV fertigte. Am 23. 3. Atelierbesuch durch den theaterbegeisterten schwed. König Gustav III, der einen Bühnenbildner für seine hist. Stücke suchte. Lt. dem am 28. 4. 1784 von Johan Tobias Sergel aufgesetzten Kontrakt sollte D. für 4800 Livres Gehalt zwei Jahre in Schweden bleiben und für die Dekorationen sowohl des Kgl. Theaters in Stockholm als auch der Hoffeste, Karusselle etc. verantwortlich sein. Verließ im Juli 1784 Rom, war im Herbst in Stockholm bereits mit *Drottning Kristina* beschäftigt, hatte Atelier und Wohnung im Arsenal in Makalös (alter Stadt-Pal. Jakob De la Gardies). D.s Ankunft erregte die schwed. Künstlern, da der König versprochen hatte, nur Mitgl. der schwed. KA am Hof zu engagieren. Formal wurde das Problem durch D.s Wahl in die KA im Febr. 1785 gelöst, aber Mißtrauen und Neid (mit Ausnahme von Sergel) blieben. Im Juni 1785 Reise nach Finnland für Ill. zu einer nie realisierten Voyage pittoresque (erh. nur eine Ansicht von Åbo [Turku], Stockholm, Kgl. Bibl.); im Sommer auch Szenographie und Illuminationen für ein Karussell auf Drottningholm. Am 19. 1. 1786 wurde die Uraufführung von *Gustaf Wasa* ein großer Erfolg, am 1. 7. erfolgte die Vertragsverlängerung um 12 Jahre, viell. auch deshalb, weil der König D.s Archit.-Talente entdeckt hatte. Setzte die Arbeit am Theater fort (1786–88 Dekorationen für 8 Inszenierungen), wurde am 12. 5. 1788 zum „ersten Architekten" (Hofarchitekt) von Gustav III berufen. 1789 erneute Reise nach Finnland (für Studien zu Schlachten-Gem. aus dem schwed.-russ. Krieg; Resultat: einige lavierte Zchngn). Herbst 1789 bis Frühling 1790 Aufenthalt in London (vgl. 8), arbeitete dort auch an den Dekorationen für *Aeneas in Cartagho* für Gustav III (Uraufführung erst 1799). Auf der Rückreise einige Monate in Göteborg, fertigte die Dekorationen zu *Vulcani utbrott*, einer burlesken Pantomime in 5 Akten. Zurück in Stockholm bekam er die letzte große Bestellung von Gustav III (11 Gem. mit Kriegsmotiven für eine geplante Gal. in Drottningholm). Wurde 1791 (nach Jean Eric Rehn) Zeichenlehrer von Kronprinz Gustav (IV) Adolf; widmete Ekaterina II einen Tempel der Unsterblichkeit (detaillierte Entwürfe in Aqu. bzw. Tusche in einem Album in St. Petersburg, Ermitage). Nach dem Tod Gustavs III im März 1792 veränderte sich D.s Lage radikal (wurde nicht zu den Begräbnisvorbereitungen herangezogen; 1798 keine Vertragsverlängerung; ein Obelisk nach D.s Entwurf 1800 zwar auf Slottsbacken aufgestellt, jedoch ohne seinen Namen zu nennen); auch die Hilfsversuche des Herzogs und späteren Königs Gustav IV Adolf konnten die einsetzende materielle Not nicht lindern: 1797 (nach Louis Masreliez) Ernennung zum Prof. an der KA (trat die Stellung nie an), 1799 zum ersten Architekten des Königs, 1802 zum schwed. Gesandten für die schönen Künste in Italien (war aber zu schwach zur Reise). Erhielt nur noch wenige Aufträge: u.a. Entwürfe zu einer bescheidenen Villa für den frz. Ballettmeister Louis Gallodier auf Drottningholm (im Sept. 1792 durch den Herzog gebilligt; erh.); Entwürfe für Einrichtungsdetails der inneren Gal. des Kgl. Mus. (1793); Entwürfe für eine Palastanlage auf Djurgården, Stockholm, für den span. Minister Corral (nur ein bemerkenswertes klassizist. Wirtschaftsgebäude ausgef.; zerst.); Entwürfe für einige Bauten im Park von Karl Wahrendorffs Sturehov (8 Vorschläge zu Burgen, Türmen und Ruinen publ. im Album *Différents Dessins de Fortresse et de Tour, dans le goût antique et gothique, projetté pour la terre de Sturehof [...]*. „Composés par L. J: Desprez, premier architecte de sa Mte le Roi de Suède", Priv.-Bes.); Entwürfe für Terrinen etc. (für Carl Fredrik Fredenheims Plaitre- und Stahlgießerei auf Djurgården); für eine Altartafel (1796, '98 eingeweiht) in der dt. (Kristinen-) Kirche zu Göteborg (das Hauptrelief, die Kreuzigung, zeigt nur entfernte Ähnlichkeit mit den Orig.-Aqu. von D.). Vermutl. hat er auch beim Bau des Gutes von Östanå/ Uppland mitgewirkt, obwohl Johan Daniel Degenaer als der offizielle Architekt gilt (lt. Wollin sind mindestens die zwei Säulen vor dem Haupteingang von D.). Arbeitete auch weiter für das Theater: Dekorationen 1792 für die Neuaufnahme von *Drottning Kristina*; 1794 für Marsolliers Opera comique *Die zwei Savoyarden* und für Jakob De la Gardies hist. Schauspiel *Falu Bure*; 1797 für das kgl. Gelage am 31. 10. im Reichssaal des Stockholmer Schlosses. Im gleichen Jahr Umbauvorschläge für die KA, Stockholm. 1799, 1800, '03, '04 Teiln. an deren Ausst. 1801 Fontäneprojekt für Drottningholm. Am 17. 1. 1802 Dekorationen für das Begräbnis des Erbprinzen von Baden in der Riddarholmskirche, 1804 für dasjenige von Herzog Fredrik Adolf ebd. Sandte 1802 zwei Bde Archit.-Entwürfe an den Kaiser in Wien. Präsentierte 1803 einen grandiosen Stadtplan für die Umgebung des Schlosses (Entwürfe verschollen, Ms. in Stockholm, Kgl. Bibl.). Ein letzter Versuch, Geld zu beschaffen, waren die „Transparent-Tafeln" mit bibl. Motiven, die D. in Zusammenarbeit mit dem kath. Abbé Moretti in der Stockholmer Nikolaikirche zeigte. Die Hauptquelle für die Kenntnis von D.s Tätigkeit in Schweden ist seine Denkschrift mit dem Verz. eig. Werke und derer, die er mit seinen Schülern schuf (Stockholm, Riksarkiv). – *D. als Bühnenbildner*: D. war eines der originellesten Szenographie-Talente seiner Zeit. Sein Interesse für das Theater erwachte schon in Frankreich, vermutl. unter dem Einfluß von Charles de Wailly, für den er die Szenerie für „Le Palais de Celeste" stach. Viell. führte er mit de Wailly auch Bühnenbilder aus. Viele von D.s graph. Werken, z.B. *L'îsle de Cythère* (viell. ident. mit einer der zwei großen Zchngn mit Theatermotiven, die er 1774 der KA Paris präsentierte) und *Le Temple de l'Amour* (Paris, BN), stehen seinen Bühnendekorationen nahe. Eine unsign. Rad. mit Motiven aus Voltaires Semiramis (Stridbolt, 1993;

Abb. in Gustavian Opera, 1991) und ein anonymer Kpst. *Triomphe des Arts modernes ou Carnaval de Jupiter*, eine burleske Allegorie (Paris, BN), können D. zugeschr. werden, evtl. auch eine unsign. Zchng (frz. Privatbesitz, früher Charles de Wailly zugeschr.) mit Theatermotiven (Stridbolt, 1993). D.s bühnenbildner. Tätigkeit in Italien wird neben Piranesis Brief nur durch eine Zchng Erik Palmstedts auf seiner Italienreise 1779–80 mit der Inschr. „Neptuni Tempel nach Desprez" bezeugt. In Stockholm hatte das neue Opernhaus von Carl Fredrik Adelcrantz mit seiner ausgeklügelten Maschinerie gerade geöffnet; D.s erstes Projekt, Dekorationen und Kostümentwürfe für *Drottning Kristina* von Gustav III und Johan Henrik Kjellgren (Musik Johann Gottlieb Naumann, Uraufführung am Dreikönigsfest 1785), war aber für das von Erik Palmstedt entworfene Theater im Schloß Gripsholm konzipiert (Dekoration zum 1. Akt, ein Phantasiebild von Magnus Gabriel de la Gardies Stockholmer Garten [jetzt Kungsträdgården], noch auf der Bühne ebd. zu sehen). D. assistierten die Maler Johan Gottlob Bruselle und Johan Zelander, vermutl. führte er aber viele Dekorationen selbst aus. Sein nächstes Projekt, *Gustaf Wasa* von Gustav III, wurde das einzige Werk, zu welchem er alle Dekorationen entwarf (nur 3 der 12 Originalskizzen erh., zus. mit vielen Kostümentwürfen, die and. durch Kopien von D.s Schülern bek.). Ausgehend von Abb. des alten Stockholm (vermutl. sah er das alte Schloß Tre Kronor in der „Suecia antiqua et hodierna" von Erik Dahlbergh) und eig. Italien-Erinnerungen (z.B. im 3. Akt an Sizilien, vgl. Bjurström, 1990) erschuf er eine neue, phantast. Wirklichkeit in strahlenden Farben. Man kann auch Einflüsse von Piranesis Rad., den Veduten Fragonards und Hubert Roberts und der vorromant. Szenographie von Pietro di Gonzaga sehen. *Gustaf Wasa* bedeutete den endgültigen Bruch mit den szen. Konventionen des Barock und Klassizismus und war ein Vorläufer des romant. Historizismus des 19. Jh. Für alle folgenden Inszenierungen der Stockholmer Oper wurden alte Dekorationen zus. mit den neuen von D. gebraucht; es gab schon Dekorationen nach Vorlagen des Pariser Jean Démosthène Dugourc (so entwarf D. für die 5 Szenen in Glucks *Armide*, Premiere Jan. 1787, nur 3 Dekorationen); auch eig. Werke benutzte D. wieder (z.B. die Dekoration des 1. Akts von *Armide*, komplettiert mit einem Tempel, für den 1. Akt in *Electra*). Insgesamt machte D. neue Dekorationen für 35 Szenen für das Schauspieltheater („Bollhuset"), die Oper und die beiden Hoftheater auf Drottningholm und Gripsholm (siehe Inv. öfver Kong. Teatrarnas Dekorationer, 1809; die meisten Orig. verschollen, viele aber als Kopien von D.s Schülern erh.). Für die Oper blieb im Orig. nur Didos Audienzhalle (Drottningholm) erh., von den Dekorationen für „Bollhuset" eine Gartenszene *Jardin orné de cascades* (Drottningholm) und von denen für Drottningholm, außer einigen Dekorationsteilen, ein architekton. Hintergrund (sog. Stora peristylen). Interessant ist die wechselnde Gest. des Tempels zu Leopolds Oper *Frigga* (Musik Olof Åhlström), urspr. von Gustav III als Komödie für Gripsholm geschrieben. D.s erster Vorschlag (um 1787, Drottningholms Teatermuseum, Rad. H. G. Hensigen, kol. von Per Estenberg) enthält einen klassizist. Tempel in nord. Umgebung (evtl. angeregt durch einen Entwurf von Jean-Baptiste Collet zu einer neuen Oper in Paris, gestochen von Ransonette). Bei der Opernaufführung in der Stockholmer Oper war Friggas Tempel zu einem dor. Tempel in einem Berg umgewandelt (Zchng von D. in St. Petersburg, Ermitage; Kopie von Estenberg in Drottningholms Teatermuseum), flankiert von Runensteinen. Hendriksen (1994) führt die Idee des Tempels auf den dor. Tempel von François Joseph Bélanger in „Folie Sainte-James" zurück. Viell. ist er auch eine Widerspiegelung der Freimaurer-Ideen Gustavs III und D.s. Für A. F. Ristells und J. Chr. Haeffners Oper *Electra* machte D. eine Skizze für das Grab Agamemnons (Kopie von P. Estenberg, Priv.-Bes.) mit einem kassettierten Gewölbe, ein ausgezeichnetes Beispiel des „genre sombre" oder „genre sépulcral" des Vorromantizismus (mit gewisser Ähnlichkeit zu den Werken des frz. Bühnenbildners Pierre Adrien Pâris). D.s Entwurf für den 3. Akt mit dem Tempelplatz von Mykene (versch. Versionen und Kopien) ist eine bizarre Mischung versch. nord. und ägypt. Stilelemente, das Triumphgewölbe im Hintergrund endet in einer Pyramide. Schuf auch Entwürfe für das Theater auf Munkbro, Stockholm, u.a. für *Ariadne auf Naxos*, 1786. Viele Kopien von D.s Theaterdekorationen sind in Rußland, wo er sehr populär war. Graf Šeremetev benutzte D.s Entwürfe im Theater in seinem Pal. Ostankino (Moskau). D.s Schüler waren Georg Carl Bauman, Adam Peter Homberg und Emanuel Limnell. – *D. als Architekt:* D. war sehr kreativ. Viele nie ausgef. Projekte zeugen davon, daß der Ausdruck der Gebäude für ihn wichtiger war als die Funktion (man ahnt den Bühnenbildner). Char. ist die deutl. Aufteilung der versch. Gebäudeteile in selbständige Blöcke; einige Entwürfe sind typ. Beispiele der sog. Revolutions-Archit. Frankreichs mit ihren elementaren geometr. Formen wie Kugel, Zylinder und Würfel (Botanicum, Uppsala). Typ. sind weiterhin schwere dor. Säulen, godronnierte Kapitelle, rundbogige Fenster im Erdgeschoß und breite Gürtelgesimse. Bei den Archit.-Aufträgen für Gustav III muß man, zumindest bei Haga und Drottningholm, dessen Einfluß in Betracht ziehen. 1) Haga: Ab A. 1788 zus. mit seinem Ass. Carl Christoffer Gjörwell d. J. Hauptverantwortlicher, dort aber schon ab 1787 tätig, zunächst mit Umarbeitungen von Entwürfen des zuvor leitenden Architekten Olof Tempelman. Dessen urspr. Pläne für einen Corps de Garde versah D. mit kupfergedeckten Fassaden im Form von drei röm. Zelten (sog. Koppartälten; 1787, vergrößert 1788; das mittlere Zelt 1953 abgebrannt, 1963–64 nach Entwürfen von Ragnar Hjorth wieder erb.). Der von Tempelman projektierte und schon beg. Palast, ein Zentralgebäude von zieml. anspruchlosen Proportionen, wurde von D. durch zwei lange Flügel, ein enormes Treppenhaus und einen mon. Vorhof vergrößert; geplant war auch eine Skulpt.-Gal. mit 60 über 12 Meter hohen Säulen. Der Bau kam nie weiter als bis zu den Grundmauern (die sog. Slottsruinen), aber die erh. Entwürfe und ein detaillierter Holzmodell von 1791 zeigen eine grandiose Anlage ohne Parallelen in der schwed. Architektur. Lindahl (1989) schlägt Kaiser Hadrians Villa Adriana als Leitbild des Königs und D.s vor. Hinter dem

Corps de Garde wurde 1788–89 ein Gasthaus für die kgl. Fam. nach Entwürfen von D., aber viell. auf einer Skizze von Gustav III basierend, errichtet, lt. Wollin eines der interessantesten Gebäude D.s (unter Gustav IV Adolf in eine Orangerie umgewandelt, seit 1961 Künstler-Wkstn). Für Haga entwarf D. auch Obelisk, Fontäne, Ställe und versch. Tempel. Von letzteren erb. wurden der für die gleichnamigen Skulpt. von Sergel vorgesehene Amor-und-Psyche-Tempel (zerst.; die Skulpt. nie dort aufgestellt) und der Chin. Tempel (1997–98 rest. unter Verwendung von D.s Original-Aqu. für die Ausmalung). Für den Günstling Gustavs III, Gustav Maurits Armfelt, entwarf D. die Villa Armfelt in Frescati, genau gegenüber Haga (1792 in sehr vereinfachter Weise voll. erhalten). 2) Drottningholm: D.s erster größere Archit.-Auftrag betraf die festl. Umrahmung der Einweihung (19. 8. 1787) der Brücke zur Kersöinsel. Aufgrund seiner phantasievollen Lösung wurde D. im Herbst für den Bau versch. Gebäude im Park verantwortlich. Der König hegte für Drottningholm grandiose Pläne, wie aus einer lavierten Panorama-Zchng von D. hervorgeht (lt. Olausson von 1788, lt. Wollin von 1791). Schon E. 1787 lagen D.s Entwürfe zu Türmen etc. vor, im März 1788 konnte er dem König die Entwürfe eines „götischen" und eines chin. Turmes sowie eines klass. Tempels präsentieren. Lt. Olausson (1986) geht die Idee des (nie ausgef.) chin. Turmes auf den Wunsch Gustavs III zurück, den berühmten chin. Turm im Désert du Roi in Paris von Monville nachzubilden. 1792 begann die Errichtung des „Götiska tornet", die jedoch bei der Innendekoration gestoppt wurde (Tod des Königs im März). Auch für einen „paestischen" (aus Paestum) Tempel gab es Pläne, die von D.s Schüler Fredrik Samuel Silfverstolpe kopiert und später für einen Tempel auf Söderfors bruk/Uppland verwendet wurden. D. erarbeitete auch vier Variationen zur Einrahmung der Skulpturengruppe Castor und Pollux, die zus. mit vielen and. von F. Piranesi für den König in Rom gekauften antiken Skulpt. 1785 nach Stockholm kam. Für Drottningholms Schloßtheater fertigte er die Entwürfe des sog. Déjeunersalons, ein Festzimmer mit großen Fenstern an der W-Seite des Gebäudes (im Sommer 1791 fertig, sofort genutzt). Eine geplante Kirche und ein großes Stallgebäude mit Säulenportikus wurden wegen Gustavs Tod nicht ausgef. 3) Stockholm: Gustav III hegte Pläne, die Nikolaikirche („Storkyrkan") und die Riddarholmskirche abzureißen, um eine neue Stadtkirche und kgl. Grabkirche nach dem Vorbild des Pantheons zu bauen; die Pläne von Carl Wijnbladh, Tempelman, Palmstedt und D. (u.a. eine Kirche in Form eines griech. Kreuzes, von Säulen umgeben) blieben jedoch unverwirklicht. 4) Tavastehus (Hämeenlinna/Finnland): Die Stadtkirche ebd. nach Entwürfen von D. gehört zu den wenigen schwed. Pantheonnachbildungen, die erb. wurden (1792–98). Zwar lagen schon Entwürfe von Carl Fredrik Adelcrantz vor, aber der König gab 1789 den Auftrag an D. Bis 1892 (Umbau in eine Kreuzkirche) stand der Altar in der Mitte des Kirchenraumes, umgeben von ansteigenden, wie im Amphitheater angeordneten Bankreihen. 1835 wurde ein Turm zugefügt. 5) Uppsala: Das Botanische Inst. (1807 voll.) ist eines den wenigen Gebäude von D., die ausgef. wurden; zugrunde liegen von D. 1788 überarbeitete Pläne von Tempelmans von 1787. Ebenfalls inspiriert vom Pantheon, bekommt der zentrale Saal Oberlicht durch eine Laterne über einer kassettierten Kuppel. Von 1791 stammen zwei Rest.-Vorschläge zum Schloß zu Uppsala. 6) Schloß Karlberg, Solna (b. Stockholm): Obwohl Gjörwell die Umbau-Entwürfe (1792) sign. hat, ist eine definitive Händescheidung zw. Gjörwell und D. beim großen Zweiflügel-Anbau (beg. 1793) zum urspr. Barockschloß unmögl.: die Flügel haben die für D. typ. funktionale Fassade mit Glattputz; während Gjörwells Italienreise übernahm D. den Umbau der Kap. Der Entwurf einer kombinierten Altar- und Kanzelaufstellung ist von Estenberg sign., geht aber vermutl. auf einen Entwurf von D. zurück. Dessen Einfluß ist des weiteren im Diana-Tempel aus Ziegel und Gotlandstein im Park deutl. (urspr. Neptunustempel gen., gehauen 1791–92 von Joh. A. Göthe), obwohl die Entwürfe von Gjörwell sign. sind. 7) Rosersberg/Uppland: Lt. Vahlne (1988) liegt den unsign. Plänen für eine (nie ausgef.) Schloß-Kap. auf Herzog Karls Landsitz ein Entwurf von D. zu einer pyramidenförmigen Kirche zugrunde; des weiteren sieht er eine Verbindung zw. D.s Darst. von Neapels Katakomben in *Voyage pittoresque* ... und den Pläne für das Kircheninnere. 8) Skara: D.s Umbauvorschläge von 1788 für die dortige Domkirche sind die ersten in Schweden, die Respekt für die Eigenart des MA zeigen. 9) London: D.s Entwürfe für einen Neubau anstelle des abgebrannten King's Theatre wurden von seinem Schüler Henrik Beskow gestochen. Unbek. ist jedoch, ob die Pläne beim Wiederaufbau verwendet wurden. Lt. Abraham Niclas Edelcrantz sollten er und ein and. Architekt (der Pole Michael Nowosielski) den Bau des Theaters in Submission ausführen. 10) Rußland: Eine bed. Anzahl Zchngn (z.T. laviert), Aqu. und Stiche in schwed. und russ. Slgn zeugt von D.s lebhaften Verbindungen zum russ. Hof. 1792–94 nahm er im Auftrag des Magnaten Graf N. P. Šeremetev am Wettb. um ein „großes und schönes Haus" für den Grafen in Moskau teil (nicht ausgef.; Entwürfe in Stockholm, Kgl. Bibl., und Moskau, Pal.-Mus. Ostankino). Schickte auch Entwurfs-Zchngn für die Rekonstr. des Šeremetev-Hauses Fontannyj dom in St. Petersburg. – *D. als Graphiker, Zeichner und Maler*: Sein frühestes bek. Werk ist wahrsch. eine undat. allegor. Sepia-Zchng der Ec. R. des Ponts et Chaussées (Paris, Mus. Carnavalet). Ungefähr die Hälfte der bek. Rad. und Kpst. gehört der frz. Zeit an: zwei Portr. (*Jean Rodolphe Perronet; Antoine de Chésie*) und zahlr. Archit.-Entwürfe (Gal., ein Reposoir, Grabmäler, Altäre, Baldachine; vgl. IFF, Grav XVIII VII, 1951) in phantast. ägypt.-röm. Stilmischung. Arbeitete in Italien in der neuen Aquatinta-Technik (u.a. vier „ägyptische" Grabkammerphantasien), das bedeutendste Bl. ist *Die Einnahme von Selinunt durch Hannibal*. Einzigartig ist die Rad. *La Chimère de M. Desprez* (publ. 1771, 1789 als Karikatur auf Marie-Antoinette neu verlegt), ein dreiköpfiges Ungeheuer mit Fledermausflügeln, eine abgehäutete Menschengestalt fressend, das lt. Van Holten an got. Wasserspeier und die Grotesken z.B. in Callots „Versuchung des hl. Antonius" erinnert. Stilist. nahe steht ihr der Kpst.

IN MORTE VITA (Paris, Inst. Tessin). Aus D.s schwed. Zeit stammen 15 Rad., u.a. *Der Sieg von Hogland*, zwei Operndekorationen (Drottning Kristina 3. Akt, Frigga) und ein Bl. zu Gustavs III Besuch in Göteborg 1790 (mit einer Teilansicht der Stadt und Truppenparade). Schuf auch Karikaturen, z.B. die rätselhaften vier satir. Darst. in einer Arztpromotion, denen D. in einer Erklärung Namen aus der Commedia dell'arte gab. Ca. 1800 fertigte D. zwei große Linien-Rad.: *Promotion médicale* und *Indulgences plénières* (später als Aquatinta von Johan Fredrik Martin überarbeitet). Die Aqu. für Saint-Nons Reisewerk beweisen, wie souverän D. die Ausdrucksmittel der phantast. Landschaft beherrschte. Die Zahl seiner Öl-Gem. ist sehr gering. 1784 begann er (auf Bestellung des Königs) das Gem. von dessen Besuch der Weihnachtsmesse in der Peterskirche (1786 voll., Stockholm, NM), dem es jedoch an der Frische der vorbereitenden Aqu. mangelt. Von der Bestellung Gustavs III (1790) von 11 Gem. zum russ. Krieg wurden nur drei fertig, *Der Sieg von Svensksund* (1790, Schloß Drottningholm), *Der Sieg von Hogland* (1794, Schloß Rosersberg), eine Apotheose auf den Befehlshaber Herzog Karl, und *Der Ausbruch aus dem Viborgschen Meerbusen* (1801, Stockholm, Sjöhistoriska mus.), mit der dramat. Atmosphäre und der Vorliebe für phantast. Hintergründe mit großartigen Himmels- und Beleuchtungseffekten das interessanteste der drei. Aus dieser Zeit stammen auch zwei Gem. mit Archit.-Motiven (Norrköping, KM): eines zeigt D.s Vorschlag zu einem Mon. für Johan Hartvig Bernstoff in Kopenhagen, das zweite ein Projekt für einen Obelisk auf Brunkebergstorg, Stockholm. Voll. 1797 im Auftrag von Gustav IV Adolf ein Gem. vom Besuch Gustavs III in Tivoli (Drottningholm); stellt 1801 und '03 zwei Gem. in der KA aus (*Atheniensisk högtid* und *Therons grav*), beide verschollen, letzteres aber von einem Aqu. bek.). Das nie voll., von Gustav III bestellte *La réception des chevaliers des Séraphins* (Kardinal de Bernis in Rom zugeeignet) scheint verschwunden zu sein. Schuf auch einige wertvolle Veduten in Tusche, Gouache und Aqu., von denen die mit schwed. Landschaftsmotiven die interessantesten sind (*Blick über Uppsala*, ebd., Residenz). Nur als Kopien sind die beiden mon. Öl-Gem. mit Motiven von Stockholm bek., die D. um 1797 Gustav IV Adolf verehrte. Bemerkenswert ist auch ein Aqu. von 1792, das das Treffen von Gustav III mit Lehrern und Studenten in Uppsala schildert (NM). Während die Komp. seiner Gem. der frz. Kunst des 18. Jh. entlehnt war, kamen die Figuren aus der ital. Malerei. Im Gegensatz zu den Neoklassizisten legte D. großen Wert auf das Kolorit. 🏛 BERLIN, SMPK, Kunst-Bibl. BESANÇON, MBA. FLORENZ, Uffizien. GÖTEBORG, KM. LILLE, MBA, Mus. Wicar. LINKÖPING, Läns-Mus. LONDON, BM. MONTPELLIER, Mus. Fabre. NORRKÖPING, KM. PARIS, BN. – Hôspital de Salpêtrière. – Inst. Tessin. – Louvre. – Mus. Carnavalet. ST. PETERSBURG, Ermitage. STOCKHOLM, Drottningholms Teatermuseum. – KA. – Kgl. Bibl. – NM. – Nordiska mus. – Stiftelsen för musikkulturens främjande. – Slottsarkivet. – SM. – Sjöhistoriska mus. UPPSALA, Univ.-Bibl. WIEN, Albertina. 📖 ThB9, 1913 (Lit.). SvKL II, 1953 (Lit.); ESp IV, 1957; DBF XI, 1967 (falsches Geburtsdatum); DEAU II, 1968; *Laveissière* I, 1980 (Richtigstellung des Geburtsdatums); *Gallet*, 1995; DA VIII, 1996. – *Hautecœur* IV, 1952; V, 1953; VII, 1957; *G. Lindahl*, Universitetsmiljö. Byggnader och konstverk vid Uppsala universitet, Uppsala 1957; *P. Bjurström*, Teaterdekorationer i Sverige, Sth. 1964; *A. Busiri Vici*, Apollo 85:1967 (2); *Adhémar*, Druckgrafik, 1968; *Börsch-Supan* I, 1971; *W. von Kalnein*, in: The age of Neo-Classicism (K), Lo. 1972; L.-J. D. 1743–1804 (K), P. 1974; Piranesi et les Français (K), R. 1976; *A. Beijer*, Drottningholms slottsteater på Lovisa Ulrikas och Gustaf III:s tid, Borås 1981; *M. Olausson*, GBA 108:1986 (Mai-Juni) 181–190; *B. Vahlne*, Nyinredningen av Rosersbergs slott 1797–1818 – en ikonologisk studie, Sth. 1988 (Skrifter från Kungl. Husgerådskammaren 7); *G. Lindahl*, Bebyggelsehistorisk tidskr. 1989:17–18; *K. Malmström*, Centralkyrkor inom svenska kyrkan 1820–1920, Kungl. Vitterhets Historie och Antikvitetsakademien, Västervik 1990; *P. Bjurström*, in: Festschrift to Erik Fischer. European drawings from six c., Kph. 1990; *id.*, Scenography at Gripsholm, in: *I. Mattsson* (Ed.), Gustavian Opera. Swedish Opera, Dance and Theatre 1771–1809, Sth. 1991; *B. Stridbolt*, D.s urban scenes, in: ibid.; *I. Rosell/U. Sjöberg*, Karlberg Slott och Skola, II, Sth. 1992; L. J. D. Tecknare, teaterkonstnär, arkitekt, Sth. 1992 (Nationalmusei utställningskatalog 550); *R. van Holten*, Grafikeren, ibid.; *M. T. Knapas*, Kyrkobyggandet i Finland 1760–1809. Kyrkobyggnader 1760–1860, III, Borås 1993 (Sveriges Kyrkor 217); *S.Å. Nilsson*, Det sköna 1700-talet, Sth. 1993; *M. Olausson*, Den Engelska parken i Sverige under gustaviansk tid, Sth. 1993; *id.*, L. J. D. som arkitekt, in: Solen och Nordstjärnan. Frankrike och Sverige på 1700-talet, Sth. 1993 (Nationalmusei utställningskatalog 552); *B. Stridbolt*, Dugourcs och D.s insatser för den svenska nationella operan, in: ibid.; *ead.*, in: *H. van Boer* (Ed.), Essays in honor of Hans Åstrand. Studies in the hist. and interpretation of music (N. Y./Ontario) 40:1993; *id.*, Nordic Theatre Studies 6:1993 (3); *K. Hendriksen*, Konsthistorisk tidskr. 63:1994 (1) 1–11; *J. Norrman*, Forum Navale 1994 (50); *U. Sjöberg*, Carl Christoffer Gjörwell 1766–1837, Västervik 1994 (Monografier utgivna av Stockholms stad 98); L.-J. D. (K), Auxerre 1994; La chimère de monsieur D. (K), P. 1994; *L. Berg Villner*, Tempelman. Arkitekten Olof Tempelman 1745–1816, Västervik 1997; *B. Gabrielsson*, D.-verk funna i Karlshamn, Carlshamniana 1998 (årg. 13), Karlshamn 1996. – Mitt. A. F. Kraševinnikov, Moskau.

I. L.Ångström

Desprez, *Michel*, Maler in Tours, 1560 im Dienst der Stadverwaltung für den Einzug von Franz II. und Maria Stuart tätig. 📖 ThB9, 1913.

Desprez (Després), *Michel Richard*, französischer Architekt, * um 1755, tätig in Paris. Stud.: Acad. Royale de l'Archit. Paris. Ab 1782 in Rom, dort 1783 3. Preis (Archit.) der Accad. di S. Luca (unter anderem für den Entwurf *Nobile e magnifico Palazzo per commodo della guidicatura*). 📖 *F. Boyer*, BSHAF 1957 (1958), 273–288; *W. Oechslin*, GBA 77:1971, 201–238; *Marconi/Cipriani/Valeriani*, 1974; *W. Schöller*, Die „Acad.

Royale d'Archit.", 1671–1793, Köln u.a. 1993.
K. S.-D.

Desprez (des Preis; des Près), *Pierre*, Maler in Valenciennes, malte 1394–98 für die Stadt und den Grafen von Hainaut Wappen, Fahnen u.ä. Auch Zahlungen der Kathedrale von Cambrai dok. 🕮 ThB9, 1913.

Desprez, *Simone*, frz. Malerin, * 15. 10. 1882 Amiens, † 23. 5. 1970 Paris. Schülerin von René Prinet und André Lhote. – Lsch., Stilleben, Portr., u.a. *Edouard Estaunié, Romancier.* ⊙ *G:* Paris: ab 1912 Salon nat. des BA; Salon d'Automne; Salon des Artistes indépendants; ab 1933 Salon des Tuileries. 🕮 *Bénézit* IV, 1999.

Desprez-Bourdon, *Jeanne Claire Antoinette (Jeanne)*, frz. Malerin, * 24. 6. 1876 Toulon, lebte in Paris. Schülerin u.a. von Ernest Hébert, Tony Robert-Fleury und Jules Lefebvre. – Genrebilder, Interieurs. ⊙ *G:* ab 1898 Paris, SAfr. (1903 Mitgl.; Une convalescente, 1904). 🕮 ThB9, 1913; Vol, 1953. *Alauzen*, 1986. C. R.

Despuig, *Antonio*, span. Maler, 18. Jh. Stud.: RABA de S. Fernando, Madrid; Accad. di S. Luca, Rom; bei Francisco Preciado de la Vega. 🕮 ThB9, 1913.

Despuix (Despuig; Puig), *Bartolomé (Bartolomeu [de])*, katalan. Bildhauer, 1382–89 an der Kathedrale von Barcelona, u.a. an den Türmen, tätig. 🕮 ThB9, 1913. Dicc. biogr. II, 1968. H. van Hees

Despujol, *Jean Pierre Joseph*, frz. Medaillenstecher, 1781–89 belegt. Wie sein Freund Jean-Baptiste-Antoine Cadet de Beaupré war D. Schüler von Clodion in Paris. 1786 „agréé" der Acad. de Peint. et de Sculpt. in Valenciennes, wo er einige Zeit lebte, ein Stadtsiegel und Modelle für Med. der gen. Akad. (1785–88) fertigte. Lt. ThB Ausf. von Med. für die Pariser Freimaurerloge. 🕮 ThB9, 1913 (s.v. Despujol). *Machelart*, 1987. – Acad. de Peint. et de Sculpt. à Valenciennes au XVIIIe s. (K MBA), Valenciennes 1986. C. R.

Despujols, *Jean* (Pseud. als Autor: Jean Sincère; Jeanjol; Vandays), frz. Maler, Autor, Komponist, * 19. 3. 1886 Salles/Gironde, † 26. 1. 1965 Shreveport/La. D. stammt aus einer Lehrer-Fam., die von den Werten des ländl. Umfelds in der Grande Lande Girondine, vom Weinbau um Bordeaux und von frz.-republikan. Auffassungen geprägt ist. 1909–11 Stud. an der EcBA Bordeaux bei Paul François Quinsac nach akad. Prinzipien und im Respekt vor den klassizist. Trad. dieser Stadt. 1914 Sieger beim Wettb. um den Rompreis für Malerei; D. kann jedoch erst nach dem 1. WK (Ehrenlegion mit sechs Erw. für heldenhafte Führung) 1919–23 an der Acad. de France in Rom studieren. Die Heirat mit einer Italienerin erleichtert ihm die Aufnahme enger Beziehungen zu anderen Stipendiaten. Eine größere Anzahl von ihnen findet sich unter dem Einfluß des Malers Jean Théodore Dupas aus Bordeaux in der später auch in Paris bek. gewordenen Vrg Groupe de Rome zus.; mit ihren Untersuchungen zur Malerei wollen die Mitstreiter im Rahmen einer frz. Grundhaltung eine Verbindung zw. Trad. und Moderne herstellen. Nach dieser Maxime werden im Italien der „Rückkehr zur Ordnung" die ersten Werke gefertigt und die Prinzipien für spätere Auseinandersetzungen der Ecole néo-classique erarbeitet, zu deren leidenschaftlichsten Verfechtern und Theoretikern D. gehört. Er läßt sich nun in Paris nieder und ist ab 1924 Prof. an der Ec. amér. des BA in Fontainebleau. Die eig. künstler. Tätigkeit umfaßt die Teiln. an zahlr. Salons (1931 Gold-Med. im SAfr.) sowie an Ausst. mit der Gruppe Tradition-Evolution und die Gest. von mon. Komp. im öff. Auftrag. In seinen Schr. setzt sich D. mit philosoph., pädagog. und Fragen der Malerei auseinander. An die Vergabe des Prix de l'Indochine der Soc. des Artistes coloniaux 1936 an D. ist die konkrete Aufgabe gebunden, die Staaten von Indochina zu bereisen, um vor deren unwiderrufl. Veränderung durch europ. Einflüsse von den Lsch., Völkern und ihrer Lebensweise zu berichten. Dabei läßt er sich vom Prinzip „Voir, Comprendre, Aimer" (Sehen, Verstehen, Lieben) leiten. 328 registrierte Werke, zunächst von deskriptivem Char., zeichnen seine Rundreise nach, dazu kommen eine sehr wichtige Foto-Slg, ein Tagebuch und von ihm komponierte Musikstücke. Der Themenkreis ist recht typ. für D.: Portr., v.a. von jungen Frauen, Lsch., zumeist mit einem Gewässer, Bäumen, üppiger Vegetation, berühmte Bauwerke und bisweilen Genreszenen. Die Sichtweise entspricht weitgehend der des vorherigen Schaffens als Porträtist, Historien- und Lsch.-Maler. D. begibt sich in eine Sphäre einstiger Erhabenheit, in der die Menschen auf reichhaltigere Trad. zurückblicken können als die Initiatoren der Veränderungen. D. nutzt die seit langem von ihm praktizierten Techniken Öl, Bleistift- und Feder-Zchng, z.T. farbig ausgelegt, zudem Aqu., Tusche und Gouache. Die für 1939 in der Orangerie des Pariser Jardin des Tuileries geplante Ausst. mit den Werken aus Indochina kommt durch den Ausbruch des 2. WK nicht mehr zustande. Mittlerweile mit einer US-Amerikanerin verh., siedelt D. zu deren Fam. nach Shreveport/La. über und nimmt ihre Staatsbürgerschaft an; zur Sicherung des Lebensunterhalts der Fam. malt er fortan Porträts. Sein Hauptanliegen sieht er jedoch in der Aufarbeitung und Popularisierung der Slg aus Indochina, die Algur H. Meadows 1969 käufl. erwirbt. Dafür läßt er im Centenary College von Shreveport das Meadows Mus. of Art errichten, wo seither die „Coll. J. D., peint. et dessins d'Indochine" nebst Schr. u.a. Dok. D.s aufbewahrt wird. 🏛 *Bis 1936 (wenn nicht anders gen., Öl/Lw.):* BEAUVAIS, Mus. dép. de l'Oise: La Gloire du Pays Basque, 1925. BORDEAUX, Mus. d'Aquitaine: L'agriculture, 1925. BOULOGNE-BILLANCOURT, Mus. des Années Trente: A mon ami Janjol, Selbstbildnis, 1920–24; Jean Clergue, 1930–35. PARIS, ENSBA: La Passion de la Vierge, 1914. – MNAM: La Pensée, 1929. – Rathaus 14. Arr., Festsaal: La Vocation sanitaire du XIVe arr., Fresko, 1933. SAINT-QUENTIN, Mus. Antoine Lécuyer: Maternité bleue, auf Karton aufgezogen, 1936. SAN ANTONIO/Tex., Witte Mus.: Le Muguet, la femme au lapin, 1927. SYDNEY, Barry Humphries Coll.: Vénus, la jeune fille en fleur, 1926. USA, Priv.-Slg: L'heure du berger, 1931. – *Werke aus Indochina:* SHREVEPORT, Meadows Mus. of Art: mehrere Hundert Gem., Zchngn, Gouachen, Aqu., 1936–38, u.a.: Duo; Autoportr. indochinois; Bonze assis à l'éventail; Hieu; Jeune fille Davak; Jeune fille Wouni de Malu-Thuang; Jeune homme Davak; L'Aspara vivante; Le lettré; Me-Hin; Thaï blanche de Chin-Neua; Saem dans ses habits de festival; Thaï noire de Thuan-Chau; Xuan, alles Portr.; Danse à Angkor; La chasse au tigre à Dar-Lak; La crémation du moine; Le bus annamite, Genreszenen; Angkor; Jonques à l'encre dans la mer bleue; La montagne aux quatre-vingt-dix-neuf collines; Remontée des rapides du Mékong; Rochers à proximité de Loo-Bang; Temps de tempête à Mui-Nai; Tigre dans les ruines d'Angkor, alles Lsch. – *US-amer. Werke:* zahlr. in Shreveport ausgef. Portr. in US-amer. Priv.-Slgn. washing ✉ L'homme qui se bat, 1919, 183 pp. (Verse-Slg, Mschr., Priv.-Slg); L'épitinikaire ou introduction humanisée à la jouissance intégrale, I-II, P. 1928, 450 pp.; Les bases réorganisatrices de l'enseignement de la peint., P. 1929; Adveniat Regnum Tuum. Essai d'une construction du temporel sur une base spirituelle généralisée à tous les ordres d'activités, 1932, 423 pp. (Mschr., Priv.-Slg), alle unter Pseud. Jeanjol; Jean Dupas, peintre et décorateur, L'art et les artistes 1935, 223–229; Théorie nouv. de l'harmonie des couleurs, P. 1935, 48 pp. (Mschr., Priv.-Slg); *R. W. Moore/M. Owen/J. D.*, Portr. of Indochina, Nat. geogr. mag. 99:1951, 461–490; Voyage d'un Réfractaire en Indochine et autour du Monde, I-VII, 1936–40 (Reisetagebuch aus Indochina mit 328 Zchngn und Gem., zahlr. Fotos; Shreveport, Meadows Mus. of Art, unter Pseud. Jean Sincère). ⊙ *E:* 1951 Washington (D. C.), Smithsonian Institution / 1952 Shreveport, Centenary College of Louisiana. – *G:* Paris: 1924, '31 SAfr.; 1925 Expos. internat. des Arts décoratifs, industriels et mod.; 1926, '29 Salon des Indépendants; 1926, '27 Salon des Tuileries. 📖 Vol, 1953. – *J. Baschet*, Le Salon de 1924, Ill. v. 10. 5. 1924; *A. Alexandre*, Renaiss. de l'art franç. et des industries de luxe 1925 (Aug.) 338–348; *D. Berthoud*, La peint. franç. d'aujourd'hui, P. 1937; *A. Lhote*, Peint. d'abord, P. 1942, 126 ss.; *G. Poisson*, La femme dans la peint. mod. franç., P. 1955; *B. Ceysson*, Peindre, sculpter dans les années 30 en France, in: L'art dans les années 30 en France (K), Saint-Etienne 1979; Indochina revisited. A portr. by J. D., Shreveport 1986 (Film des Meadows Mus. of Art); *J. du Pasquier/V. de Raigniac*, René Buthaud (Entretiens avec Jacques Sargos), Bordeaux 1987; *N. Grangé-Palard*, Rech. sur J. D. (1886–1965), I-II, Mag.-Arbeit Univ. Bordeaux 1993; *id.*, Festin 1995 (16) 7–11. N. Palard

Desques, *Enguerrand*, Dekorationsmaler, um 1461 an der Kathedrale in Noyon tätig. 📖 ThB9, 1913.

Desrais (Des Rais), Bildhauer, 1749–50 an der Man. in Sèvres beschäftigt. 📖 ThB9, 1913. *Lami* I, 1910.

Desrais, *Claude-Louis*, frz. Zeichner, auch Maler, * 1746 Paris, † 25. 2. 1816 ebd. Entstammt einer Künstler-Fam. (die Verwandtschaftsbeziehung zum Maler Etienne D. wie auch zu dessen Brüdern und Neffen ist bislang nicht geklärt). Stud.: ab 1764 Acad. royale de Peint. et de Sculpt. Paris; v.a. jedoch Schüler von Francesco Casanova, unter dessen Einfluß sich D. auf hist. und Genreszenen orientiert. 1768–72 Teiln. an der Expos. de la Jeunesse mit relig. Gem. (*Martyrium der hl. Agnes; Martyrium des hl. Laurentius*) und galanten mytholog. Darst. (*Les Amours de Jupiter*). Mit eindeutiger Vorliebe für mit Tusche oder Gouache ausgelegte Feder-Zchngn eignet sich D. den kräftigen Helldunkel-Kontrast seines Lehrers an, erreicht allerdings nicht dessen feine Faktur, die eher Parallelen zu Charles Parrocel aufweist. Zwar ist er noch im Salon 1799 mit *Triomphe de Bacchus dans les Indes* vertreten, entwickelt sich aber bereits in den 1770er Jahren zu einem der vielseitigsten Genrezeichner des letzten Drittels im 18. Jh. mit der Spezialrichtung des Kostümbildes: *La Gall. des modes et costumes franç.*, 1778–87 (zus. mit François Louis Joseph Watteau), und *Le Cab. et mag. des modes*, 1785–89. D. liefert Zchngn, oftmals mit galantem Char., zur Ill. von lit. Werken, z.B. für Claude Joseph Dorat, *Les Rêveries*, 1771, und Charles Pinot Duclos, *Le confessions du comte de * * **, 1776 (weitere Beispiele cf. Cohen, 1912). Außerdem beteiligt er sich an der Ill. zahlr. volkstüml. und ephemerer Publ. (Abecedarien, Almanache, Werke der Reihe Bibl. bleue). Als Chronist des öff. Lebens von Paris zeichnet D. z.B. *Tirage de la loterie à l'Hôtel de Ville*, 1772; *Catastrophe de la Montgolfière de Janinet et de Miollan*, 1784; *Promenade du Jardin du Pal.-Royal*, 1787 (Paris, Mus. Carnavalet) und liefert einige Portr. für *La gal. univ. des hommes qui se sont illustrés dans l'Empire des lettres depuis le s. de Léon X*, 1787–89. Wahrsch. ist er der Initiator der stilist. Erneuerung, mit der die Ill. des Rokoko zu Ende geht, und ebnet damit den Weg für andere Künstler, wie z.B. für Louis Binet, Antoine François Sergent-Marceau und Jean-François Janinet. Ab 1789 interpretiert D. im wesentl. Themen des Zeitgeschehens, mitunter in allegor. Form (*Destruction de la Bastille*, 1789, Stuttgart SG, GrS; *Triomphe de Bonaparte*, 1802, Mus. Carnavalet; 16 Zchngn in Paris, Fond. Dosne), und ist damit während der Frz. Revolution und im Ersten Kaiserreich einer der meistbeschäftigten Vorlagenzeichner für Stecher. – Obwohl D.s Œuvre von Einfallsreichtum und Vielseitigkeit geprägt ist, zeigen doch einige Bll. Anleihen von anderen Künstlern seiner Zeit, wie Louis Félix Delarue und Augustin de Saint-Aubin, woraus heute heikle Zuschr.-Probleme resultieren (cf. Leclair, 1984). P. de La Vaissière (1983) kommt auf die von ihm selbst vorgenommene Zuschr. eines Bl. von Delarue (Paris, Louvre, 27603) zurück und betrachtet es getrennt von einem anderen Bl. dieses Künstlers (mündl. Mitt. Sept. 1999). Zu den zahlr. Stechern nach D.s Zchngn gehören u.a. Nicolas Dupin, Louis Lecœur, Jean-Baptiste Patas und Etienne Claude Voysard. 🏛 *Zchngn:* BERLIN, SMPK, Kpst.-Kab. BESANÇON, MBA. CAMBRIDGE/Mass., Harvard Univ. AM. EPINAL, Mus. dép. des Vosges (unter dem Namen François Watteau). NEW YORK, Cooper-Hewitt Mus. PARIS, Mus. Carnavalet. – Mus. de la Mode et du Costume. – MN des Arts et Trad. populaires. – BN, Cab. des Estampes. – Fond. Dosne. ROUEN, MBA et de la Céramique. – Bibl. mun. SAN FRANCISCO, FA Mus., M. H. de Young Memorial Mus. STUTTGART, SG, GrS. VIZILLE, Mus. de la Révolution franç. (Zuschr.). 📖 ThB9, 1913 (Lit.). *Bellier/Auvray* I, 1882; DBF XI, 1967; *Bénézit* IV, 1999. – Avant-Coureur 1:1760 (25) 385; 2:1761 (27) 419 s.; *Renouvier*, 1863; *E. de Goncourt*, La maison d'un artiste, I, P. 1881, 69 s.; *H. Cohen*, Guide de l'amateur de livres à gravures du XVIIIe s., P. 1912; D. (K Gal. Paul Prouté), P. 1967; *P. de La Vaissière*, in: L'art de l'estampe et la Révolution franç. (K Mus. Carnavalet), P. 1977; *id.*, in: La Révolution franç., le Premier Empire. Dessins du Mus. Carnavalet (K), P. 1983, 41–45; *A. Leclair*, BurlMag 126:1984 (972) 152–156; *F. Tétart-Vittu*, Nouv. de l'estampe 91:1987, 16–21; *Gaudriault*, 1988; *E. Launay*, Les frères Goncourt collectionneurs de dessins, P. 1991; *F. Tétart-Vittu*, in: Le dessin sous toutes ses coutures. Croquis, ill., modèles, 1760–1994 (K Mus. de la Mode et du Costume), P. 1995; *G. Maës*, Les Watteau de Lille. Louis Watteau, 1731–1798, François Watteau, 1758–1823, P. 1998. S. Raux-Carpentier

Desrais, *Etienne*, frz. Maler, Vergolder, Bildhauer, † vor 20. 7. 1740 Paris, dort ab 1707 belegt; „ancien directeur" der Acad. de St-Luc. Er besaß eine Kunsthandlung (u.a. über 500 Gem., darunter zahlr. Kopien, bes. nach Watteau) auf dem Pont Notre-Dame. Seine Brüder *René D.* (1705, '07 nachg.) und *Louis D.* (1707, '11 erw.) sowie seine Neffen, die Gebrüder *Louis-André D.* und *Jean D.*, arbeiteten im gleichen Metier. ▭ ThB9, 1913. *Vial/Marcel/Girodie* I, 1912; *Rambaud* I, 1964; II, 1971 (Inf. zu D. werden René zugeschr.). – *Guiffrey*, 1915 (Repr. 1970). C. R.

Des Rais, *Guillaume* → **Derais,** *Guillaume*

Desrais, *Jean* cf. **Desrais,** *Etienne*

Desrais, *Louis* cf. **Desrais,** *Etienne*

Desrais, *Louis André* cf. **Desrais,** *Etienne*

Desrais, *Réne* cf. **Desrais,** *Etienne*

Desreu, *Jacques* → **Desroeulx,** *Jacques*

Desreumaux, Miniaturmaler aus Paris, arbeitete 1785/86 in Lille. ⊙ *G:* 1785 Lille, Salon. ▭ ThB9, 1913. *Schidlof* I, 1964 (s.v. Desremaux); *Bénézit* IV, 1999.

Desrignier, Holzbildhauer, 1677–83 für versch. Arbeiten in kgl. Diensten in Versailles und auf Schloß Clagny bezahlt. ▭ ThB9, 1913. *Vial/Marcel/Girodie* I, 1912.

Des Rioux (De Messimy), *Deena (Victoria Coty)*, frz.-US-amer. Malerin, Designerin, * 7. 12. 1941 Cambridge/Mass., A. der 1980er Jahre dort und in New York tätig. – Acryl auf Leinen. ⊙ *E:* 1978 New York, Ward-Nasse Gall. ▭ WWAA, 1980–1984 (Ausst.). C. R.

Desrivières, *Elisa* (geb. Leroy), frz. Malerin, * Niort, † 1891. Schülerin von Léon Cogniet und Franz Xaver Winterhalter. – Portr. (oft Pastell), z.B. *René Caillé* (sign. E. Leroy), und *Comte de Fontanes* nach Robert Lefjèvre (beide Niort, MBA). ⊙ *G:* 1848–82 Paris, Salon. ▭ ThB9, 1913. *Bénézit* IV, 1999. – Mitt. MBA, Niort.

Desrivières, *Gabriel*, frz. Maler, * 12. 2. 1857 Paris. Schüler von Léon Gérôme. Ab 1884 Mitgl. der Soc. des Artistes franç. – Lsch., Stilleben, Portr. Das Mus. de Louviers besitzt kein Werk von D. (falsche Inf. bei Bénézit). ⌂ LOUVIERS, Mus. mun. ⊙ *G:* Paris: 1879–1903 Salon; 1898 Salon de la Soc. Nat. ▭ ThB9, 1913. *Bénézit* III, 1976. – Mitt. Mus. de Louviers.

Desrochers → **Brien** (Künstler-Fam.)

Desrochers, Fächermaler in Paris, 1. H. 19. Jh. Bemalte in den Formen und Dekoren des 17. und 18. Jh. Fächer aus feinem Leder. ▭ ThB9, 1913.

Desrochers, *Etienne* (eigtl. Jahandier, *Etienne*), frz. Kupferstecher, * 6. 2. 1668 Lyon, † 8. 3. 1741 Paris, dort ab 1688 urkdl. nachweisbar. Graveur du Roi; 1723 Mitgl. der Akad. (mit den Portr. *François Verdier* nach Jean Ranc und *Charles Poerson* nach Nicolas de Largillière; beide in der Chalcographie im Louvre). Stach zunächst relig. Sujets (z.B. ein *Abendmahl* nach Rubens) und mytholog. Motive (z.B. *Io* und *Danae* nach Correggio); auch Ill., u.a. ein allegor. Frontispiz für *Homère vengé* ... von François Gacon, P. 1715. Bek. wurde D. aber v.a. durch zahlr. Porträtstiche; erhielt 1723 vom Kaiser Karl VI. eine Gold-Med. für dessen Porträt. D. publ. 1725 die *Recueil de Portr. des Personnes, qui se sont distinguées tant dans les Armes que dans les Belles-lettres et les Arts comme aussi la Fam. R. de France et des Cours étrangères*, 1725 (ca. 600 Portr.; die Ser. wurde nach D.s Tod von Gilles Edme Petit weitergeführt). D. stach u.a. nach Charles Le Brun, Jean-Baptiste Corneille, François Mansart, Antoine Dieu, Carlo Maratta und Nicolas Lancret. ⌂ PARIS, BN, Cab. des Estampes. – Louvre, Chalcographie. ▭ ThB9, 1913; AKL3, 1990 (s.v. Andier des Rochers, Jean). *Audin/Vial* I, 1918; DBF XI, 1967; *Bénézit* IV, 1999. – IFF, Grav XVII VII, 1951 (s.v. D., Etienne-Jahandier); GBA 107:1986 (Mai/Juni) 196. C. R.

Desrochers-Drolet, *Françoise*, kanad. Emailkünstlerin, * 21. 8. 1921 Quebec, E. der 1960er Jahre in Ottawa/Ont. ansässig. Stud.: bis 1944, '49 EcBA Quebec. D. arbeitete in Quebec, Montreal (ab 1957), Port Cartier/Que. (1960–63) und Ottawa. Zahlr. Ausz.: u.a. 1949–57 versch. Preise, Canad. Handicraft Guild; 1954 Grand Prix, Concours artist. de la Prov. de Québec; 1957 1. Preis, Canad. Ceramics; 1967 Stip., Conseil des Arts du Canada. – D. beschäftigte sich zunächst mit Keramik. Nach einer Europa-Reise 1948 (v.a. Limoges/Frankreich und Italien) widmete sich D. der Emailkunst (verwendete bes. Kupfer); sie gestaltete dekorative Objekte (u.a. Teller, Plaketten, Gefäße), Schmuckstücke, Figuren (u.a. Tierformen) in vielfältigen Farben und Mustern. ⌂ FAENZA, Mus. Internaz. delle Ceramiche. QUEBEC, Mus. du Québec. ⊙ *E:* u.a. Montreal: 1951 Office prov. de l'artisanat; 1958 MBA (mit Claude Picher) / 1952 Toronto (Ont.), FA Gall. T. Eaton / 1953 Quebec, Maison de anciens de Laval / 1954 Ottawa, Robertson Gall. (mit den „Painters Eleven"). – *G:* u.a. 1952 Quebec, Mus. du Québec: Retr. de l'Art du Canada Franç. (K) / 1958 Brüssel: WA (lobende Erw.); Paris: Expos. de la Prov. de Québec / 1961 Toronto: 50th Anniversary Exhib. of the Canad. Handicraft Guild (Ausz.) / 1967 Montreal: WA. ▭ Le Petit J. v. 22. 11. 1953; Ottawa J. v. 24. 3. 1954; Montréal Gaz. v. 3. 3. 1958; Le Droit (Ottawa) v. 28. 3. 1967; Ottawa J. v. 28. 3. 1967. – Ottawa, NG of Canada: Dossier F. D. C. R.

Desroches, Architekt(?), 1728–66 teils zus. mit Jacques-Ange Gabriel mit Arbeiten an Portal und Türmen der Kathedrale von Orléans beauftragt. ▭ ThB9, 1913.

Desroches, *Blaise* → **Parthenay,** *Jean Baptist de*

Desroches, *Clément*, frz. Illuminator, * La Flèche/Diözese Angers, 1494 Einwohner von Vence auf der Durchreise nach Aix-en-Provence. Verpflichtet sich am 19. 2. 1494 ebd. zu einem zweibändigen Graduale für das Couvent des Frères minimes, auszuführen nach dem Vorbild des Graduale im dortigen Couvent de Ste-Claire. Lt. Vertrag soll dieser „scriptor de forma" das Werk auf Velin schreiben und illuminieren; es ist in mit weißem

Ziegenleder bespanntes Holz einzubinden und mit einer Spange zu verschließen; ferner ist darin zu vermerken, daß Bruder Honorat Jordan aus dem betreffenden Kloster die Herstellungskosten übernimmt. Zudem wird festgelegt, daß D. während seiner Arbeit im Kloster untergebracht und versorgt wird; er erhält dafür 100 florins, wovon die Hälfte für die Anschaffung von Velin in Aix-en-Provence oder, falls dort nicht ausreichend verfügbar, in Lyon zu verwenden ist. Am 8. 1. 1495 Rechnungslegung über 40 florins, 25 davon für den Kauf von Velin; am 17. 3. 1500 Kreuzen des Vertrags zur beidseitigen Zufriedenheit. 📖 Aix-en-Provence, Außenstelle der Arch. des Bouches-du-Rhône: 309 E 525 f° 415. J. Boyer

Desroches, *Etienne*, frz. Bildhauer, * Dijon, † um 1730 ebd. Bei einer Kindtaufe 1719 ist der Bildhauer Guillaume Dubois Pate. 1723 mit Boiserien und dem Chorgestühl für die Klosterkirche der Ursulinerinnen beauftragt (1725 bezahlt; Entwürfe von Jean-Baptiste Bouchardon); nach eig. Zchngn fertigt D. für denselben Orden Kandelaber. 1726 schnitzt er für die Confrérie des Trois Rois in der Kirche St-Michel ein vergoldetes Holzreliquiar. Laveissière nennt zudem mehrere in einem Ms. von 1830 erw. Altaraufsätze mit Heiligenfiguren für die Kirche St-Pierre (zerst.). 1731 übernimmt der Bildhauer und Maler Edme Marlet D.s Haus; 1732 ist dessen Witwe dort urkdl. belegt. 📖 ThB9, 1913. *Vial/Marcel/Girodie* I, 1912; *Laveissière* I, 1980. R. T.

Desroches, *Francisque (Francisque Joannès)*, frz. Holzschneider, Zeichner, Illustrator, * 1886, † um 1965. Stud.: 1902–06 EcBA Lyon (1939–45 Lehrtätigkeit). – Ill. für Tic-Tac von A. Bermaine, Lyon 1935. – V.a. Figürl., Lsch. 🏛 PARIS, BN, Cab. des Estampes. 👁 *G:* ab 1907 Lyon, Salon. 📖 IFF, Après1800 VI, 1953; *E. Hardouin-Fugier/E. Grafe*, La peint. lyonnaise au XIXe s., P. 1995. C. R.

Desroches, *Numa (Nina)*, haitian. Maler, * um 1802, † um 1880. Stud. der Zchng an der kgl. Schule von Milot. Am Hofe von König Henri Cristophe als Page tätig. – Nur vier Gem. von D. sind überliefert, davon drei Versionen des *Pal. de Sans Souci* in detailliert-naiver Aufsicht. 📖 EAAm I, 1968 (s.v. D., Nina). – *U. Stebich*, Haitian art (K), N. Y. 1978; Kunst aus Haiti (K Staatl. KH), B. 1979; *V. Poupeye*, Caribbean art, Lo. 1998. M. N.

Desrode, *Jean-Baptiste* → **Dérodé,** *Jean-Baptiste*

Desrodé, *Nicolas* → **Derodé,** *Nicolas* (1602)

Desroeulx (Desreu), *Jacques*, Goldschmied in Tournai (ab 1626 Bürger), 1613–43 mit Zahlungen nachw., u.a. für einen silbernen Pokal (1627) und ein Kruzifix (1643) für die Kap. der Tuchhalle. 📖 ThB9, 1913.

Desrome → **Derome** (Buchbinder-Fam.)

Desrotois, Wachsmodelleur, 1686 in Paris erwähnt. 📖 ThB9, 1913.

Desroziers (Deroziers), *Nicolas*, frz. Maler, † 25. 2. 1665 Paris, lebte dort. Evtl. Vater von Guillaume Desauziers. Lt. Janneau in Versailles tätig; ThB nennt die Zahl von 14 Gem. in D.s Nachlaß. 📖 ThB9, 1913. – *Guiffrey*, 1915 (Repr. 1970); *Janneau*, 1965 (s.v. Deroziers). R. T.

Desruelles, Bildhauer in Cambrai, lieferte 1680/81 ein steinernes Kruzifix für das Croix de Justice vor dem Couvent des Récollets. 📖 ThB9, 1913. *Bénézit* IV, 1999.

Desruelles, *Félix-Alfred*, frz. Bildhauer, * 7. 6. 1865 Valenciennes, † 2. 3. 1943 La Flèche/Sarthe. Vater der Malerin Rémine Camille Bonnaure-D. Ab 1879 Schüler des klassizist. Bildhauers René Fache an der Acad. de Valenciennes, wo D. alsbald bemerkenswerte Leistungen erbringt. 1883–95 mit Stip. seiner Heimatstadt Stud. an der EcBA Paris bei Alexandre Falguière; 1889 erstmals zum Wettb. um den Rompreis zugelassen; 1891 2. Rompreis mit *Apoll singt bei den Hirten*, 1893 erneut für *Das goldene Zeitalter*. Ab 1883 alljährl. im Pariser Salon vertreten, wo D. mehrere Ausz. und offizielle Aufträge des frz. Staates erhält. 1897 Med. 2. Kl. für *Job und Pastorale* (Gips vom Staat erworben für das MBA in Valenciennes; Marmorfassung, 1901, im Auftrag des Staates für das MBA in Lille) und 1914 Gold-Med.; 1900 bei der Pariser WA Gold-Med. für die Marmorgruppe *Job* (Valenciennes, MBA). ⚭ 1913 Rémyne Delbarre; nach deren Tod 1930 späte zweite Ehe mit seiner Schülerin und Mitarb. Germaine Oury-Cerf. Ab 1931 Prof. an der Ec. nat. des BA. 1939 Wahl in die ABA. Aufgrund der jüd. Herkunft der Ehefrau im 2. WK gemeinsame Flucht nach La Flèche. 1946 offizielle Überführung von D.s sterbl. Überresten auf den Friedhof St-Roch in Valenciennes. – Anfangs Gest. lebendiger, kraftvoller Portr.-Büsten, z.B. *Eugène Delacroix* (Marmor, 1894, Versailles, Château) und *Henri Eugène Le Sidaner* (Valenciennes, MBA, Garten). Ab ca. 1910 fertigt D. zahlr. durch Einfallsreichtum gekennzeichnete Denkmäler für Persönlichkeiten seiner heimatl. Region: *Jean-Baptiste Carpeaux* (1910, Valenciennes); *Jean-Baptiste Trystram* (1911, Dunkerque); *Henri Ghesquière* (1922, Lille); Grabmal des Abgeordneten *Henri Durre* (1923, Valenciennes); *Ernest Deceuninck* (1926, Armentières/Nord); *Henri Legrand* (1928, Valenciennes); *L'abbé Jules Lemire* (1929, Hazebrouck/Nord); *Léon Trulin* (1933, Lille). Zudem Ausf. von bemerkenswerten Gefallenendenkmälern für Suippes/Marne, Commentry/Allier, Arras, Le Quesnoy/Nord, v.a. jedoch für Auchel/Pas-de-Calais (1927) und Lille (die weithin bek. *Fusillés Lillois*, 1929). Seit 1959 trägt der Platz neben der Kirche St-Germain-des-Prés in Paris mit einem von D. gearbeiteten Brunnen den Namen Square Félix-Desruelles. 🏛 BRÜSSEL, MRBAB: Jeune fille, Statue, Bronze, 1929. CAMBRAI, MAH: Job, Statue, Gips, 1896. LE CATEAU-CAMBRESIS/Nord: Job, 1896. LILLE, MBA: Pastorale, Marmor, 1901; Parque Athropos, Bronze, um 1923; Mon. aux Fusillés, zwei Fassungen, Gips bzw. Bronze, beide um 1925, alles Hochreliefs. MAUBEUGE: Georges Paillot, Medaillon, Bronze. VALENCIENNES, MBA: Inconnu; Eugène Chigot, 1887, beide Gips; Rémi Romain Duquesnoy, Bronze, 1888, alles Büsten; Job, Statue, Marmor, 1896; Pastorale, Gruppe, Gips, 1897; Paul Louis Sautteau, Büste, Marmor; L'enfant prodigue, Statue, in Gips wie auch in Stein, alles 1899; Julien Adolphe Déjardin, Büste, Bronze, um 1900 (1986 aus dem Garten gestohlen); Le rieur, Kopf, Gips, 1907; Charles Joseph Tauchon, Büste, Bronze; Jeune berger, Statue, 1913; Mon. aux Morts de Commentry, Hochrelief, Gips, 1923/24; Mère et enfant, Statuette, 1927; L'instituteur Henri Legrand, Statue, 1928; Faucheur, Fragm. eines Basreliefs; Veille d'attaque, Basrelief, beide 1931; Jeune berger debout, 1934; Jeune bergère assise et songeant, 1935, beide Statuen, alles Gips; Mère et enfant, Medaillon, Bronze. VERSAILLES, Château. ▭ ThB9, 1913. *Kjellberg*, 1987. – *J. Kunmunch*, in: De Carpeaux à Matisse. La sculpt. franç. de 1850 à 1914 dans les mus. et les coll. publ. du nord de la France (K), Lille 1982, 200–203; *J. van Lennep*, Cat. de la sculpt. Artistes nés entre 1750 et 1882 (K MRBAB), Br. 1992; *J.-C. Poinsignon*, Sortir de sa réserve (K MBA), Valenciennes 1992, 283–296; *V. Breye*, La coll. de sculpt. du Pal. des BA de Lille au XXe s., D. E. A. Univ. Lille III, II, Lille 1998, 14–19.

A. Scottez-De Wambrechies

Des Ruelles, *Pierre* → **Deruelle,** *Pierre*

Desruelles, *Rémine* → **Bonnaure-Desruelles,** *Rémine Camille*

Desrues, *Victor* cf. **Detournelle,** *Athanase*

Desruet, *Claude* → **Déruet,** *Claude* (1588)

Desruisseau, *Rose-Marie (Rosemarie)*, haitian. Malerin, * 30. 8. 1933 Port-au-Prince, † 1988. Stud. ebd.: 1948 Centre d'Art bei Lucien Price; 1958 ABA d'Haïti bei Amerigo Montagutelli und Georges Remponeau (dort ab 1974 Doz.); bei Pétion Savain; 1967–72 Ethnographie. 1974 1. Preis „Jacques Roumain". – Figurativ-stilisierte Gem. in kräftigen Farben mit Stilleben, hist. Themen und v.a. über die Riten des Voodoo-Kultes. ⊙ *E:* 1976 Washington (D. C.), Howard Univ. ▭ *B. La Duke*, Compañeras. Women, art & soc. change in Latin America, San Francisco 1985; *G. Bloncourt*, La peint. haïtienne, P. 1986; *E. Pataki*, Haitian paint. Art and kitsch, Chicago 1986; Succession de Madame R. M. D., peintre haïtien 1933–1988 (Aukt.-Kat.), P. 1992. – *Online:* Studio wah, 1999.

M. N.

Desruisseaux, *Jacques Millets* → **Millets-Déruisseaux,** *Jacques*

Desrumaux, *Pierre Paul*, frz. Maler, Lithograph, * 22. (nicht 23.) 3. 1889 Lille, † 9. 4. 1990 Wasquehal b. Lille, lebte in Paris, dann in La Madeleine-lez-Lille. Schüler von Pharaon de Winter, Jules Adler und Fernand Sabatté. 1930–33 Stip. der Fond. Wicar, 1934–35 der Casa Velásquez in Madrid. In den 50er Jahren Dir. der EcBA Lille. Mitgl. der Soc. des Artistes franç. – Figürl. Darst., ländl. Szenen, Porträts. ▭ Vol, 1953. *Bénézit* III, 1976; IV, 1999. – Mitt. A. Scottez-De Wambrechies, Lille.

C. F.

Dessailliant, *Michel* (gen. Richeterre), frz. Maler, Porträtist, * Frankreich, 1701–1710/11 (1723?) in Neufrankreich (Montreal, Quebec) nachweisbar. 1701 in Montreal durch Quittung für ein Portr. der *Madame Repentigny* (nicht erh.) belegt. 1703 in Quebec nachg., 1706 viell. in Detroit tätig (zugeschr. Gem. für Sieur A. L. de la Mothe Cadillac). Am 22. 12. 1706 in Quebec an der Erstellung des Nachlasses des Gewässerkundlers Jean Deshayes beteiligt. Restaurierte 1707 ein Gem. für das Hôtel-Dieu in Montreal. Am 25. 10. 1710 stellte D. einen Schuldschein („obligation") zugunsten eines Sieur Jean Crespin aus. Kehrte wahrsch. im Frühjahr 1711 nach Frankreich zurück und kam viell. 1715(?) erneut nach Neufrankreich. – Das einzige bek. sign. Werk von D. ist das feinsinnig ausgef. postume Portr. der *Mère Louise Soumande de St-Augustin*, 1708 (Hôpital-Général, Quebec; ebd. auch zwei Kopien). Zugeschr. werden D. u.a. die Portr. *J.-B. Hertel, Chevalier de Rouville* und *Z. F. Hertel, Sieur de la Fresnière* (beide um 1710; McCord Mus., Montreal) sowie *L'Abbé Jospeh Séré de la Colombière* und *J.-F. Juchereau, dite de St-Ignace* (beide 1723[?]; Hôtel-Dieu, Quebec). ⌂ *Zuschr.:* QUEBEC, Hôtel-Dieu: Ex-voto de l'Ange Gardien, Öl, 1707; Madame Regnard-Duplessis en Ste Hélène, Öl, 1707. SAINTE-ANNE-DE-BEAUPRE/Que., Mus.: Ex-voto de Madame Riverin et ses enfants, 1703; Ex-voto de Louis Prat, Öl, 1706; Ex-voto du Capitaine Edouin, Öl, 1709. ▭ *C. Tanguay*, Dict. généalogique des familles canad. depius la fondation de la colonie jusqu'à nos jours, III, Ml. 1871–90, 352; DCB II, 1969. – *Reid*, 1973; *F.-M. Gagnon*, Premiers peintres de la Nouvelle-France, II, Qu. 1976, 111–132; *G. Morisset*, Peintres et tableaux, II, Qu. 1936/37, 49–54; *id.*, M. D. de Richeterre, in: La Patrie du Dimanche v. 29. 10. 1950; *id.*, La peint. trad. au Canada-franç., Ottawa 1960, 35–37; *J. Trudel u.a.*, Le grand héritage. L'église cath. et les arts au Québec (Mus. du Québec), Qu. 1984, 114 s.

F.-M. Gagnon

Dessain, *Emile François*, frz. Maler, Radierer, Lithograph, * 2. 6. 1808 Valenciennes, † 8. 11. 1882 ebd. Stud.: Acad. de Valenciennes beim Großvater, dem Maler Jacques François Momal; ab 1824 in Paris bei Alexandre Denis Abel de Pujol, anschl. bei Antoine-Félix Boisselier und Pierre-Luc-Charles Cicéri. Stellt v.a. Lsch. in nord-frz. Städten aus: 1830 und 1834 Cambrai, 1829 und 1831 Douai, 1834 Lille, 1819–35 und 1872 Valenciennes; ab 1827 auch im Pariser Salon vertreten. Zus. mit dem Freund Virgilio Narcisso Diaz de la Peña malt D. im Wald von Fontainebleau. 1844 präsentiert er eine *Vue intérieure du mus. de Bruxelles*. Nach einer gescheiterten Ehe geht er um diese Zeit nach St. Petersburg und erwirbt hohes Ansehen durch zahlr., zumeist in Pastell ausgef. Portr. von berühmten Personen; die Zaren-Fam. und Fürst Voroncov stellen D. in ihren Dienst. 1866 Rückkehr nach Paris; 1870 im Salon mit der Pastellarbeit *Lisière de bois*. In den letzten Lebensjahren in Valenciennes ansässig. ⌂ DOUAI, Mus. de la Chartreuse: Animaux dans une prairie (im 2. WK verschollen). VALENCIENNES, MBA: Zénobie trouvée mourante sur les bords de l'Araxe, hist. Lsch., 1827. – Bibl. mun.: Skizzen-Slg. ✉ Quelques souvenirs d'un voyage au Caucase, 1850 (Ms. in Valenciennes, Bibl. mun.). ▭ ThB9, 1913 (Lit.). *T. Guédy*, Dict. universel des peintres anciens, mod. et contemp., P. 1892; *Harambourg*, 1985; *Bénézit* IV, 1999; *A. Roussard*, Dict. des peintres à Montmartre, P. 1999. – *J. Potier*, Livret hist. (...) du Mus. de Valenciennes, Valenciennes 1841; Le Courrier du Nord v. 11. 11. 1882; Annuaire statistique du dép. du Nord 1883; Tableaux, gravures etc. ... provenant de la coll. de feu Monsieur E. D., Valenciennes 1883; Les salons retrouvés (K Calais u.a.), II, Lille 1993. – Valenciennes, Bibl. mun.: *E. D. Fromentin*, L'Ecole valenciennoise (Ms.), III, 165–200.

J. C. Poinsignon

Dessales (Dessalles), *Ferdinand*, frz. Maler in Marcigny-sur-Loire/Saône-et-Loire, E. 19. Jh. Zeichenlehrer am Séminaire in Semur-en-Brionnais. Dekorierte 1884 die Chap. Notre-Dame de Romay in Paray-le-Monial und 1890 einen Teil der Kirche in Chambilly/Saône-et-Loire. ▭ *Laveissière* I, 1980. C. R.

Dessales-Quentin, *Robert,* frz. Landschaftsmaler, * 25. 8. 1885 Brantôme, † 17. 5. 1958 Périgueux. Schüler v. Jean Paul Laurens. Mitgl. Soc. des Artistes franç. Ritter der Ehrenlegion. ▭ Vol, 1953. *Bénézit* IV, 1999.

Dessalle → **Bonneau** (1834)

Dessalle, *Pierre-Augustin,* frz. Architekt, * 7. 9. 1787 Montpellier, ab 1810 in Paris ansässig. Stud.: EcBA ebd. bei Jules Denis(?) Thierry und Hippolyte-Louis Lebas. Rückkehr nach Montpellier; errichtet dort das Karmeliterkloster und ein Waisenhaus sowie in versch. Orten des Dép. Hérault Kirchen, Schulen und Priv.-Häuser. ▭ ThB9, 1913. *Delaire,* 1907; DBF XI, 1967. R. T.

Dessalles, *Etienne* (gen. Liévain), frz. Maler, Glasmaler, 1481–1503 nachw. in Amboise, Plessis-lès-Tours und Paris, † um 1530. Als „peintre du roi" gestaltete er dekorative Malereien und Glasgemälde. ▭ ThB9, 1913. *Bénézit* IV, 1999.

Dessanti, *Cesco,* ital. Maler, Zeichner, * 1926 Rovigno, lebt in Rom. Stud.: ABA Zagreb. Bis in die frühen 50er Jahre expressionist. Sprache mit unruhig-konvulsiven Zeichen und dissonanter Farbgebung zur bildhaften Umsetzung von Ängsten des mod. Menschen. Stellt sich auch später sozio-existentiellen Themen; seine Zchngn sind bes. James Ensor verpflichtet (*Figure,* 1964; *Amanti; Violenze,* 1965). An die Malerei der Fauves knüpft er mit den Ölbildern von 1970 an (*La donna del lago; L'incontro; La pannocchia bianca*). Verwendet 1975–76 farbige Tinten, Temperafarben und Collagen auf bereits beschriebenem Papier und betont den dramat. Charakter der Darst. mit großen, schwarzen Flecken, die eine drohende Katastrophe symbolisieren sollen. ⊙ *E:* 1954 Bergamo, Gall. dell'Orologio / Brescia: 1955 Gall. della Loggia; 1960 Gall. Alberti; 1971 Gall. Schreiber (K: M. Venturoli) / Rom: 1956 Gall. dell'Incontro; 1961 Bottega dei Vageri; 1967 Gall. Ariete (K); 1975 Gall. Astrolabio / 1961 Triest, Gall. Moncenisio / 1962 Neapel, Gall. Chiurazzi / Mailand: 1963 Gall. Vinciana; 1972 Gall. Ciovasso; 1973 Gall. Il Giorno / 1965 Florenz, Gall. Il Fiore / 1967 Civitanova Marche, Centro Marche; Ascoli Piceno, Pal. Mun. / 1967, '73 Piacenza, Gall. Città di Piacenza / 1971 Crema, Gall. Il Graffito / 1997 Zagreb, Gal. Miroslav Kraljević. – *G:* 1959 Rom: Quadrienn. / 1974, '76 Fiume: Mostra del Disegno. ▭ *Comanducci* II, 1971. – *G. Caproni,* C. D. (K), Civitanova Marche 1977. – *Online:* Gal. Miroslav Kraljević, Zagreb (1999). N. Corradini

Dessar, *Jean-Baptiste* cf. **Dessar,** *Joseph*

Dessar (Desar[t]; Desat; Dessart), *Joseph,* frz. Bildhauer, 1744–63 in Lyon belegt. Dort Ausf. von Arbeiten für das Hôpital général de la Charité und das Hôtel du Parc. 1763 Auftrag für die plast. Dekoration des Grand Séminaire (Pl. Croix-Pâquet). D.s Vater, der Bildhauer *Marc D. (Desasse)* ist 1682–1744 in Lyon nachweisbar. D.s Sohn, der Maler *Jean-Baptiste D.* (* 7. 3. 1744 Lyon) wurde 1765 Schüler der EcBA Paris. ▭ ThB9, 1913 (s.v. D., Joseph und Desasse, Marc). *Audin/Vial* I, 1918. C. R.

Dessar, *Louis Paul,* US-amer. Maler, * 22. 1. 1867 Indianapolis/Ind., † 14. 2. 1952 Preston/Conn. (lt. Vo5; Old Lyme/Conn. lt. EAAm). Stud.: City College und NAD, New York; EcBA Paris bei Adolphe William Bouguereau, Tony Robert-Fleury. Um 1892 Rückkehr nach New York, verbrachte die Winter in der Stadt, die Sommer in der Künstlerkolonie Old Lyme/Conn. (Pleinair-Malerei). Ausz.: 1899, 1900 Hallgarten Prize der NAD. – Angeregt durch Gem. der Schule von Barbizon (die er in Amerika kennenlernte, als er die Frau eines Kunstsammlers porträtierte), begann er nach einem zweiten Frankreichaufenthalt diese Malweise aufzugreifen, wurde ein Vertreter des sog. amer. Tonalismus und wegen seiner farblich nuancierten, friedvollen pastoralen Lsch. mit Menschen und Tieren der „Millet von Amerika" genannt. D. strebte nach ständiger Vervollkommnung der Licht- und Farbbehandlung und arbeitete als Perfektionist ca. zwei Jahre an einem Werk. Auch Genreszenen und Portr. 🏛 BROOKLYN/N. Y., Brooklyn Mus. LYON, MBA. MONTCLAIR/N. J., AM. NEW YORK, Metrop. Mus. OMAHA/Nebr., Joslyn AM. ST. LOUIS, AM. WASHINGTON/ D. C., NG. ⊙ *G:* zahlr. mit Ausz., u.a. 1893 Chicago, Columbian Expos. / 1900 Paris: WA / 1901 Buffalo, Pan-Amer. Expos. ▭ ThB9, 1913; Vo5, 1961. WWAA, 1940/41; 1984 (Nekr.); EAAm I, 1968; *Falk,* 1985; AAA III, 1986. – *W. H. Gerdts/J. W. Andersen,* En plein air. The art colonies at East Hampton and Old Lyme 1880–1930 (K), Old Lyme, Conn./East Hampton, N. Y. 1989. Ch. R.

Dessar, *Marc* cf. **Dessar,** *Joseph*

Dessart, d.Ä., frz. Ornamentbildhauer in Paris, dort 1768–70 an der Dekoration der Hauptfassade des Pal. Bourbon unter Ltg von Antoine Mathieu Le Carpentier beteiligt. D. erhielt 1771–82 Zahlungen für Arbeiten an der Kirche Ste-Geneviève und an den Gebäuden der Ec. de Droit. Sein im gleichen Beruf tätiger Sohn *D., d. J.,* arbeitete 1784–91 ebenso für die Kirche Ste-Geneviève. ▭ ThB9, 1913. *Lami* I, 1910. C. R.

Dessart, *Claude Henri,* frz. Porzellanmaler, * 27. 12. 1832 Paris, lebte dort. Stud.: ab 1852 EcBA Paris bei Gréhant, Lequien und Liénard. D. malte bes. nach Gem. (Louvre) u.a. von Rubens, Veronese, Subleyras. ⊙ *G:* 1855–78 Paris, Salon (u.a. Portr.). ▭ ThB9, 1913. *Neuwirth* I, 1977. – *Tardy,* Porcelaines, 1967. C. R.

Dessart, *Joseph* → **Dessar,** *Joseph*

Dessarteaux, *Mathieu,* frz. Tapisserist aus Aubusson, ab 1753 nachw.; D. entstammt einer im 16.–18. Jh. dort tätigen Tapisseristen-Fam., zu der u.a. sein Vater *Samuel D.* gehört, der 1736 ein Geschäft in Paris führt. Mitunter Zusammenarbeit mit dem Teppichwirker Pierre Mage aus Aubusson. 1753 beauftragt D. den Maler Jacques Nicolas Julliard mit sechs Lsch. als Vorlagen zu einer Tenture. 1754 erwirbt er von Charles-Michel-Ange Challe Gem. mit figürl. Darst., die ihm als Modelle für Sessel- und Sofabezüge dienen. Um 1755 zählt er zu den sieben wichtigsten Tapisseristen und Händlern aus Aubusson mit Geschäft in Paris. ▭ *P.-F. Bertrand/D. und P. Chevalier,* Les tapisseries d'Aubusson et de Felletin, P. 1988, 140–144, 193. P.-F. Bertrand

Dessarteaux, *Samuel* cf. **Dessarteaux,** *Mathieu*

Dessau, *Ingrid* (geb. Petersson), schwed. Textilkünstlerin, Industriedesignerin, * 1923 Svalöv, lebt in Malmö. Verh. mit dem dän. Innendekorateur Kaj D. Stud.: 1939–45 HS für angew. Kunst Stockholm bei Eivor Fischer und Barbro Nilsson. Erste Berufspraxis bei Märta Måås-Fjetterström in Båstad; 1945–49 arbeitete D. bei Kristianstads läns hemslöjd; lebte 1949–52 in den USA; 1954–78 Chefdesignerin bei Kasthalls Teppichfabrik in Kinna; 1970–84 bei Kinnasand AB verantwortlich für die jährlichen Kollektionen der Gardinenstoffe sowie für die Abstimmung speziell entworfener Einrichtungsstoffe in Zusammenarbeit mit Architekten. Seit 1953 auch freiberuflich als Designerin für handgewebte und geknüpfte Teppiche sowie dekorative Textilien tätig. Handgewebte Arbeiten produzierte D. anfänglich für die Kunstgew.-Ver. von Kristianstad und Malmö, später auf einem Webstuhl im eig. Atelier in Malmö. Handgeknüpfte Teppiche wurden seit 1976 bei Hitex in Svängsta produziert. D. wirkte bei großen öff. Aufträgen zur Einrichtung von Kirchen, Restaurants, Banken und Versammlungsräumen in Schweden sowie z.B. 1985 der schwed. Botschaft in Ar-Riyad mit. Am umfassendsten arbeitete sie beim Umbau des Reichtagsgebäudes in den 80er Jahren mit, wo sie neben and. Textilkünstlern für Teppiche, Möbelstoffe und Gardinen verantwortlich war. In den 90er Jahren erhielt D. Aufträge für Tischdecken aus Leinendamast in Zusammenarbeit mit der Klässbols Leinenweberei in Arvika, z.B. 1991 Tischdecken und Servietten für das Nobelbankett im Stadthaus von Stockholm (Service von Gunnar Cyrén). 1993 fertigte D. Servietten nach dem Entwurf von Karin Björqvist für König Carl XVI Gustav zu dessen 20-jährigem Dienstjubiläum als Geschenk vom Reichstag und der Regierung. Ausz.: 1955 Lunning-Preis; 1990 Prinz Eugen Medaille. – D., eine der bed. Textilkünstlerinnen Schwedens, verwendet versch. Wirk- sowie Knüpf- und Handwebtechniken. Ihre Muster orientieren sich an den Möglichkeiten und Grenzen der Techniken bei trad. Handwebarbeiten ebenso wie bei den mod., industriell gefertigten Arbeiten. Das Mat. wählt sie in Abstimmung zu den Techniken mit höchsten Ansprüchen an Qualität. Ihre Farbwahl ist durchdacht und raffiniert. 🏛 GÖTEBORG, Röhsska Konstslöjd-Mus. MALMÖ, Mus. STOCKHOLM, NM. ⊙ *E:* 1953 (Debüt) Stockholm, Gal. Mod. (mit der Keramikerin Signe Persson-Melin). – *G:* zahlr. seit 1953, u.a. 1966 Sacramento (Calif.): Internat. Textile Expos. (15 Gold-Med.) / 1986 Stockholm, NM: The Lunning Prize (K). 📖 Konstlex., 1972; SvK, 1974; *C. Naylor*, Contemp. Designers, Chicago/Lo. 1990 (Lit.); NKKL, 1991; Dict. Internat. des arts appliqués et du design, P. 1996. – *E. Zahle*, Skandinav. Kunsthandwerk, M./Z. 1963; *G. Lundahl*, Form 82:1986 (642) 10s.; Svenska textilier 1890–1990, Lund 1994. B. Hovstadius

Dessau, *Paul Lucien*, brit. Maler, * 1909, lebte meist in London. Stud.: Hornsey Art School; St. Martin's SchA, London. – Blumenstücke und Figürliches in Öl (Sign.: Paul Dessau oder PAUL DESSAU). Arbeiten im Kunsthandel. 🏛 NEW YORK, Mus. of the City of New York: Fireman's gear; Fireman's nightmare. OTTAWA, Canadian War Mus. STOKE-ON-TRENT, Hanley AG. WORCESTER, AG. ⊙ *G:* 1942–60 London, RA / 1960 Edinburgh, RSA. 📖 WWArt, 1972; *Waters* I, 1975; *Bénézit* III, 1976; RoyalAcadExhib II, 1977; RSA Exhibitors I, 1991; *D. Buckman*, Dict. of artists in Britain since 1945, Bristol 1998. – Mag. of Art 34:1941 (Aug.) 369. K. F.

Dessau Goitein, *Emma*, dt. Malerin, Holzschneiderin, * 20. 9. 1877 Karlsruhe, † 17. 9. 1968 Perugia. Tochter des Rabbiners ungar. Herkunft Gabor Goitein. Ausb. an der Malschule für Frauen in Karlsruhe. Ab ca. 1897 in London, dort Ausb. bei Hubert von Herkomer, Bushey. 1897 erstes Selbst-Portr. und Bildnis des Bruders Ernst. Um 1900 Rückkehr nach Deutschland. ⚭ jüd. Physiker Bernhard Dessau, Umzug nach Bologna. D. führt dort einen regen kult. Salon in ihrem Hause. Besuch der Kurse für Anatomie und der Aktschule an der ABA Bologna. 1904 Teiln. am Zionist. Kongreß in Basel. 1904 Öl-Entwurf im Liberty-Stil für das Frontispiz des Buches „Die Idee des Zionismus" (1907). Anschl. dauerhaft in Perugia ansässig; auch hier umfangreiche kult. Aktivitäten. Bekanntschaft mit Aldo Capitini und Walter Binni. Beginnt erfolgreich mit der Technik des meist farbigen Hschn. und ist bis 1938 auf zahlr. Ausst. vertreten. Danach aufgrund ihrer jüd. Herkunft während des 2. WK in Perugia bei Freunden im Untergrund lebend. Nach dem Krieg entstehen nur noch wenige künstler. Arbeiten, v.a. Portr. nahestehender Personen. – D.s Malerei, v.a. ihre Portr.-Kunst, blieb weitgehend der akad. Trad. des 19. Jh., speziell dem Vorbild Hubert von Herkomers verhaftet. Öffnete sich aber, v.a. in der auf zahlr. Reisen entstehenden Lsch.-Malerei und in ihren graph. Arbeiten, bes. den Exlibris, teilweise dem späten Impressionismus und dem mod. Liberty-Stil. 🏛 CARPI, Mus. della Xilografia ital.: Hschn. LONDON, BM: Hschn. PERUGIA, Mus. ABA: Figura che legge, 1900; Bambini che suonano, 1913; Nudo femminile, um 1930; La visita nello studio, 1938. ⊙ *E:* Perugia: 1922 Circolo di Cult. Femminile; 1933 Circolo Femminile Aganoor Pomphilj / 1934 Rom, Sala dei Cultori d'Arte a Pal. Doria / 1936 Mailand, Gall. Arcimboldi. – *G:* Mailand: 1904 Espos. Internaz. (Bronze-Med. für ein Exlibris); 1926 Mostra d'Arte del Fanciullo d'Italia / Florenz: 1909 Espos. Donatelliana Artist. Internaz.; 1922 Pal. Pitti: Fiera Internaz. del Libro; 1933 Mostra del Sindacato Naz. Facista di BA / 1925 Terni, Mostra Artist.-Industriale / 1930 Bozen: Bienn. d'Arte / Turin: 1932, '33, '38 Espos. Sociale Amici dell'Arte; 1938 Prima Mostra Prov. del Sindacato BA / 1933 Perugia, VII Festa del Libro e della Fiera d'Arte di Foligno / 1938 San Remo, Villa Municipale Concorso Femminile del Ritratto in Pitt. 📖 Vol, 1953. *Servolini*, 1955; *Comanducci* II, 1971; *Witte* I, 1991; PittItalNovec/1 II, 1992 (Lit.). – Mostra di pitt., xilografie, acqueforti. E. D.-Dario Neri (K), Pe. 1922; *P. Scarpa* (Ed.), La pittrice E. D. a Pal. Doria (K), R. 1934; *id.*, Mostra personale della pittrice E. D. (K), Mi. 1936; *F. S. Dessau*, La Rass. mensile d'Israel 35:1969, 151–156; *A. Toaff*, Gli ebrei a Perugia, Pe. 1975 (Deputazione di Storia Patria per l'Umbria. Fonti per Storia dell'Umbria), 185 s.; Il Liberty a Bologna e nell'Emilia Romagna (K GAM), Bo. 1977 (Werke, Lit.). A. St.

Dessauges, *Guy*, schweiz. Maler, Graphiker, Dekorateur, Bühnenbildner, Innenarchitekt, Schmuckgestalter, * 17. 9. 1924 Lausanne, lebt in Herrliberg. Stud.: 1940–45 EcBA, Lausanne; 1946–49 Acad. de la Grande Chaumière, Paris, bei Othon Friesz. 1949–55 abwechselnd in Paris und Bern tätig, hier Zusammenarbeit mit Franz Fedier; lebt vom Verkauf von Armreifen. 1954 Auftrag zur Gest. eines Zimmers im Haus des Comité d'accueil aux étudiants étrangers in Paris (unvoll.). 1955–65 Chefdekorateur beim Schweiz. Fernsehen in Zürich. Erfindet 1962 das Zylinderhaus. 1965–75 nicht künstler. tätig. 1970–75 als Projektdesigner ebd., anschl. freischaffend als Maler und bei versch. Fernsehproduktionen. – Anfangs Arbeiten in der Art der geometr. Abstraktion, die D. bald mit lyr. Elementen verbindet. Ab 1955 intuitiv-freie Gem. mit Nähe zu Informel und abstraktem Expressionismus, wobei er die stimmungsvolle Komp. aus Flächen, Linien und Farben an Lsch. oder Figurvorbildern orientiert; dabei auch in der Technik Verwendung der Mittel von Dripping und Tachismus. Die polychromen Gem. mit Tendenz zum kalligraph. Ornament zeigen lyr. Stimmungen (z.B. *Rote Landschaft*, 1957), schwarzweiße Arbeiten wie *Die Schlacht* (1957) erinnern dagegen an Werke von Jackson Pollock. Ferner entstehen Rad., Zchgn, Gouachen und Linolschnitte, denen D. durch Variation der Tonlage den Char. von Monotypien verleiht. 🏛 AARAU, Aargauer Kunsthaus. BERN, KM. 👁 *E:* 1956 Bern, Gal. 33 / Zürich: 1957, '60 Gal. Chichio Haller; 1967 Zum Grauhoff. 📖 Vo5, 1961. *Plüss/Tavel* I, 1958; LZSK, 1981; KVS, 1991; Biogr. Lex. der Schweizer Kunst, I, Z. 1998. – *E. Wismer/P.-A. Jaccard*, Werke des 20. Jh. (K Aargauer Kunsthaus), Aarau 1983. T. Gr.

Dessaur, *Morris (Maurits) Jacob*, niederl. Lithograph, Graveur, Maler, Verleger, * 20. 12. 1799 Amsterdam. Bis 1856 dort tätig, vor 1864 verzogen. – Bek. sind eine Lsch. auf einer Lotterieanzeige eines Metternichschen Landgutes, 1826, und das Bildnis *Baron D. H. Chassé*. 👁 *G:* 1854, '56 Amsterdam. 📖 ThB9, 1913. *Waller*, 1938; *Scheen*, 1981. U. R.

Dessausse, *Claude* → **Dussausse,** *Claude*

Dessauvage, *Jacques Pieter Frans* (Pseud.: Dessauvage, *Tjok*), belg. Keramiker, * 15. 4. 1948 Izegem. Stud.: 1967–69 Hoger Inst. St. Lucas, Gent, bei Joost Maréchal. Eig. Atelier in St. Eloois-Winkel. 1981 Teiln. am Keramikworkshop von Jose Vermeersch, zus. mit Philippe Bouttens, Netty van Heuvel, Anton Reynders und Olaf Stevens (Präsentation in Gent, Arnold's AG). Mitgl.: Acad. internat. de Céramique, Gent. – Skulpturale Keramik in Mischtechnik, anfängl. als gedrehte *Meilensteine*, später als doppelwandige Schalen. Bereits in den frühen Arbeiten gestaltet D. die äußere Form dynam., von rhythm. Bewegungen, Einschnitten, Ritzen und eingefügten Elementen dekorativ strukturiert, spannungsreich zw. hellen und dunklen Partien. Anschl. experimentiert er mit der Gestalt von Tassen, ohne jedoch reine Gebrauchsgegenstände zu fertigen. Aufgrund der Doppelwandigkeit kann er die Außenseite eigenständig und durchbrochen modellieren. 🏛 BRÜSSEL, Mus. r. d'art et d'hist. GENT, Sted. Mus. voor Sierkunsten. HAMBURG, MKG. OOSTENDE, Provinciaal Museum voor Moderne Kunst. 📖 LWBK I, 1992; *Arto*, 1995. – Keramiek in Vlaanderen (K), Tielt 1986. U. R.

Dessauvage, *Marc*, belg. Architekt, * 13. 3. 1931 Moorslede, † 29. 12. 1984 Brügge. Stud.: Hoger Inst. St. Lucas, Gent; Nat. Hoger Inst. voor Bouwkunst en Stedebouw, Antwerpen. Praktikum bei Hugo van Kyck. Leitender Architekt der Diozöse Namur. Ausz.: 1957 Preis Univerbel und 1. Entwurfspreis für das Cultureel Centrum, Brügge (zus. mit J. Lantsoght); 1959 prämierter Kirchenentwurf, Wettb. Pro Arte Christiana; 1963 fünfjährl. Archit.-Preis, Prov. W-Flandern; 1968 2. Preis, Ideen-Wettb. für Kirchenbau in Utrecht. – Neben Wohnungen, Gartenappartements und öff. Gebäuden spezialisiert sich D. auf den Kirchenbau. 1962–70 errichtet er in der Diözese Namur fünfzehn Kirchen mit einer neuen, vorbildhaften Archit., die auf dem Konzept der Kirche als multifunktionaler Begegnungsstätte basiert. Grundlage sind 1962 eingeführte lithurg. Neuerungen mit der Plazierung der Altarfront zur Gemeinde und dem Tabernakel an die Seite oder in den Hintergrund bzw. ab 1965 mit der Verwendung beweglicher lithurg. Einrichtungen. Das Wesen der Kirche wird nicht mehr rein architekton. begründet, sondern von den handelnden Personen bestimmt. D. arbeitet mit auf den Menschen bezogenen Maßstäben und klaren Formen. 🏛 AARSCHOT: St. Rochusmemorial, 1965. BOSVOORDE-FLOREAL: Notre-Dame du Perpétuel Secours, 1969. BRÜGGE, St. Andriesabdij: Gäste-Kap., 1960. EZEMAAL: St. Adelgonde, 1965. – St. Caroluskerk, 1969. GENT, Benediktinerkloster St. André: Kap. JETTE-DIELEGEM: St. Jozefkerk, 1968. KESSEL-LO: Kirche Don Bosco, 1970. LOUVAIN-LA-NEUVE: Fak. für Lit. und Wiss., 1975. VOSSELAAR: Kirche St. Jozef Ambachtsman, 1967. WESTMALLE: St. Pauluskerk, 1967. – Monasterium Magnificat, 1970. WILLEBROEK: Kap. St. Jozef Ambachtsman, 1964. – Kirche vom Hl. Kreuz, 1968. 📖 LWBK II, 1993; *Arto*, 1995. – *F. Debuyst*, Kunst und Kirche 1980 (4) 208–210. U. R.

Dessauvage, *Tjok* → **Dessauvage,** *Jacques P. Frans*

Dessaux, *Albert*, schweiz. Bildhauer, Keramiker, Maler, * 17. 7. 1890 Lausanne. Stud.: 1908–12 EcBA Genf. Reisen nach Paris und Südfrankreich. Als Lehrer für Bildhauerei und Malerei 1926–34 an versch. priv. Schulen der W-Schweiz, 1934–39 in Nizza tätig. Ab 1939 Hinwendung zur Keramik. Nach 1945 v.a. Porträts, auch Blumenstücke und Städtebilder (*Straßenansicht bei Lutry*). 📖 *Plüss/Tavel* I, 1958; Art price index internat. '94, I, Boston 1993. K. Schütter

Dessaux, *Berthe-Augustine-Aimée-Marie*, frz. Malerin, Zeichnerin, * 30. 9. 1848 Castres. Schülerin von Emile Signol. – V.a. Pastelle. 👁 *G:* 1879–81 Paris, Salon. 📖 *Bellier/Auvray*, Suppl., 1887; *G.-L. Marchal*, L'art à Castres au XIXe s., III, Castres 1987. C. R.

Dessaux de Romilly, *Jacques Etienne*, frz. Fayencier(?), Fayencefabrikant, gründete 1753 eine Fabrik in Orléans, die 1757 Gérault Deraubert übernahm. 📖 ThB9, 1913.

Dessave, Porträtmaler in Paris, bek. für ein 1779 auf der dortigen Expos. de la Jeunesse an der Pl. Dauphine ausgestelltes Pastellbildnis *M. Genillion*. 📖 ThB9, 1913.

Dessel, *Thérèse van* → **Nègre,** *Thérèse*

Dessen, *Liv*, norweg. Zeichnerin, Malerin, * 24. 4. 1935 Løten, lebt in Oslo. Stud.: 1971–72 School of the MFA Boston/Mass.; 1977–78 Asker Malschule Oslo. – Vertreterin der lyrischen Abstraktion in Malerei und großformatigen Zchngn in Kohle, Bleistift oder Kreide. Ausgangspunkt ist meist eine Lsch., teilweise mit einzelnen erkennbaren Elementen. GOL, Kommune. LØTEN, Kommune. OSLO, NG. SANDEFJORD, Kommune. SKIEN, FG. *E:* Oslo: 1980 Gall. LNM; 1984 KV; 1989 Gall. Kampen; 1994, '99 Tegnerforbundet / 1985 Hamar, KV / 1987 Holmestrand, KV / 1991 Porsgrunn, Øvre Frednes / 1997 Skien, Ibsenhuset; Furnes, Gall. Vikerødegården; Sandefjord, KV. – *G:* seit 1977, u.a. 1983 Paris, Salon d'Automne / 1988 Rijeka: Bienn. der Zchng. Østlendingen v. 25. 1. 1985; Arbeiderbladet v. 25. 5. 1989; Tønsberg Blad v. 3. 9. 1997. G. Alfsen

Dessen, *Nini Anker*, norweg. Textilkünstlerin, Malerin, Zeichnerin, * 21. 4. 1937 Moss, lebt in Oslo. Stud.: 1957–62 Staatl. Handwerks- und Kunstindustrieschule ebd., zunächst Archit., 1960–62 (Dipl.) dort Textilkunst bei Kjellaug Hølaas; 1962–63 bei ihr Bildweberei; 1964 Univ. Bonn; 1966–67 Staatl. Lehrerschule für Gest. Oslo; 1970–71 Central School of Art and Design London. Ausz.: u.a. 1963 1., 3. und 4. Preis des Wettb. zum 150-jährigen Jubiläum der norweg. Textilindustrie; 1970 Preis des 2. internat. Wettb. für Textildesign in Paris. – D. ist vielseitig künstlerisch tätig. 1965–70 war sie Gestaltungslehrerin an der Rudolf Steiner-Schule in Oslo und hat sich gleichzeitig mit ihrer eig. Textil-Wkst. etablieren können. D. wechselt in ihrer Arbeitstechnik zw. applizierten, gestickten und gewebten Bildteppichen. Seit 1985 arbeitet sie mit Webern in Aubusson zus., die Teppiche nach ihren Aqu. unter D.s kontinuierl. Aufsicht weben. D. verdichtet die Stimmungen der Natur in Arbeiten mit einem beinahe lyrischen Char. zwischen Traum und Wirklichkeit. Motive können Bäume und Blätter, Wasser, Hügel und Berge sein. Ihre Formensprache wechselt zw. leicht figurativ, abstrakt und nonfigurativ, bewegt sich aber sukzessive zur Abstraktion hin. Die Formate variieren zw. kleinen intimen und großen repräsentativen, ebenso die Farbigkeit von farbintensiven, leuchtenden Bildern bis zu lichten, verhaltenen Werken. D. malt auch in Acryl und Öl, schuf früher Zchngn, Graphik und Bilder in Stoffdrucktechnik. In den 90er Jahren fertigte sie des weiteren dekorative keram. Arbeiten. BORRE, KS der Kommune: Aqu. FORT LAUDERDALE/Fla., Seven Seas Cruises, Schiff Seven Seas Navigator: 2 Triptychen, Textil, Acryl. LOS ANGELES, Princess Cruises, Schiff Sun Princess: Webbilder und Malerei, kombiniert mit Applikation (letzteres zus. mit dem Künstler Magne Austad). MIAMI, Royal Caribbean Cruise Line, Schiffe Monarch of the Seas, Majesty of the Seas, Legend of the Seas, Splendour of the Seas, Rapsody of the Seas, Enchantment of the Seas, Vision of the Seas, Eagle I, Voyager of the Seas: Webbilder, keram. Ausschmückung, Malerei- und Textilcollagen (z.T. zus. mit Magne Austad). MOLDE, Sportplatz: Keram. Ausstattung (mit Magne Austad). ØSTFOLD, KS: Aqu. OSLO, KS der Kommune. – Psychiatr. Klinik der Univ., Vinderen: Applikation mit Stickerei. – Stovner Gemeindehaus: dgl. – Kathedralschule: Webbild. – Hovseterheim: Aqu. – Norges Bank: Gem., Mischtechnik. – Versicherungs-Ges. Vesta: Applikationen mit Stickerei. – Vinderen Eldresenter: Webbild. ULLENSAKER, Sessvollmoen: Applikation mit Stickerei. VESTFOLD, KS: Aqu. *E:* 1980 Oslo, Munch-Mus.; Moss, Gall. F. 15 / 1982, '85 Oslo, Gall. Mod. Kunst / 1987, '90, '91, '95, '97 Paris, Gal. Robert Four / 1992 Newcastle upon Tyne, Hatton Gall. / 1993 Haugesund, BG / 1994, '97 Oslo, Gall. Haaken. Dict. of Scandinavian Biogr., Lo. 1972; NKL I, 1982. – Bonytt/Hjem & Fritid 1992 (7) 94–98.

S. Rømcke Thue

Dessenis, *Alfons (Alphonse)*, belg. Maler, Zeichner, * 1874 Gent, † 1952 Wemmel, lebte in La Hulpe. Stud.: Acad. R. des BA; Ec. industrielle, beide Gent. 1901–21 Aufenthalt in St. Martens-Latem, Mitgl. der Künstlergemeinschaft. Befreundet mit Albijn van den Abeele, Acosta, George Minne, Maurice Niekerk, Jules de Praetere, Valerius de Saedeleer und Karel und Gustave van de Woestijne. Anschl. ansässig in Wemmel und Stockel-Crainhem. Gründungs-Mitgl.: Kunst en Kennis; 1902 Open Wegen (Sekretär). – Lsch.-Ansichten des Lys, Portr., Genres und Blumenstilleben in impressionist. Malweise (auch Pastelle). D. entwickelt einen eigenständigen Stil mit festen Formen und nervöser Pinselführung, z.B. Portr. von *Gustave van de Woestijne*, 1905. In der hellen Palette mit großen Farbflecken folgt D. Emile Claus. Gehört zur ersten Generation der im Künstlerdorf St. Martens-Latem tätigen Künstler, ohne jedoch deren Konzeption vollst. zu übernehmen. Nach 1922 verlieren D.s Arbeiten (v.a. Schloßansichten) an maler. Leichtigkeit und farbl. Ausgewogenheit. Außerdem Illustrationen. BRÜSSEL, MRBAB. DEINZE, Mus. van Deinze en Leiestreek. DINANT, Städt. Slg. *G:* 1913 Gent: WA. Vol, 1953. *Berko*, 1981; *Flippo*, 1981; *Arto*, 1995; *P./V. Berko*, Dict. van Belg. en Holl. bloemenschilders geb. tussen 1750 en 1880, Br. 1995; DPB I, 1995; *Schurr/Cabanne* I, 1996. – *P. Haesaerts*, Laethem-St-Martin. Le village élu de l'art flamand, Br. 1970; *S. Goyens de Heusch*, Het impressionisme en het fauvisme in België, Ant. 1988; *Schurr* VII, 1989; *P. Boyens*, St.-Martens-Latem. Kunstenaarsdorp in Vlaanderen, Tielt 1992; Schatten uit Dinant. Kunstwerken uit de verzameling van de stad Dinant (K), Oostende 1992. U. R.

Desserprit, *Roger*, frz. Metallplastiker, * 9. 3. 1923 Buxy/Saône-et-Loire, † 1985. Stud.: ab 1939 Malschüler in Chalon-sur-Saône, 1941–43 EcBA Paris. Ab 1948 ausschl. Bildhauerei. Ausz., u.a. 1957 Bienn. Bordeaux (1. Preis) und Trienn. Mailand (Ehren-Dipl.). – Zunächst Arbeiten (Flachreliefs) in Holz. Ab 1951 Eisen, Kupfer, Bronze und andere Metalle (oft in Kombination), wobei D. in Annäherung an das Bauhaus eine Synthese von Skulpt. und Farbe anstrebt. Um 1967 erste leuchtende Skulpturen. Arbeitet auch mit Zement und Beton. 1957 dekorative Plastik, Statuen, für die Kirche St-Jacques in Amiens (mit Jacques Quinet). Metall-Skulpt. für das *Mémorial de la Déportation* in Paris, Square de l'Ile-de-France (1961 erb. von Georges-Henri Pingusson). Abstrakt-figurative Formsprache. GRENOBLE, MBA. PARIS, MAM. *E:* 1951 Paris, Gal. Colette Allendy /

1959 Mailand, Gall. del Grattacielo / 1991 Paris, Gal. Franka Berndt Bastille (K). – *G:* Paris: 1949 Salon des Surindépendants; ab 1950 Salon des Réalités Nouv.; ab 1959 Salon de la Jeune Sculpt.; Salon des Comparaisons. 🕮 Vo5, 1961. EU SEDA III, 1969; *Falossi*, PPC, 1975; *Bénézit* III, 1976; *Mackay*, 1977. – *Kjellberg*, Le nouv. guide des statue de Paris, P. 1988. K. S.-D.

Dessertenne, *Jacques-Henri* cf. **Dessertenne,** *Jacques Maurice*

Dessertenne, *Jacques Maurice*, frz. Maler, Zeichner, * 28. 11.(lt. Bénézit 28. 12.) 1867 Roussillon/Seine-et-Oise, in Paris ansässig. Schüler von Joseph Blanc, Jean Paul Laurens, Etex und Charles-Gabriel Forget. – Portr., Genre und Historienbilder. – D.s Sohn *Jacques-Henri D.* war Maler, Zeichner (* 11. 1. 1906 Paris) und Schüler des Vaters; ein Werk im Mus. d'Autun. 🏛 LIMOGES, Mus. mun.: La grille de la Logietta d'Antonio Gay à Venise, Feder-Zchng, 1892. ⊙ *G:* 1897–1913 Paris, SAfr. 🕮 ThB9, 1913. *Bénézit* III, 1976. – Mitt. Mus. mun., Limoges. K. S.-D.

Dessès (eigtl. Demètre Verginie), *Jean*, griech. Modegestalter, * 6. 8. 1904 Alexandria, † 2. 8. 1970 Athen. Verbringt die Jugendzeit in Ägypten; besucht die Ec. franç. in Kairo und studiert ebd. Jura. Ab 1924 in Paris, um dieses Stud. abzuschließen. Der Verkauf einiger Skizzen an den Modesalon Jane (Rue de la Paix) hat D.s Einstellung als Modezeichner zur Folge; 12 Jahre dort tätig. 1937 verfügt er über das notwendige Eigenkapital zur Eröffnung des eig. Modehauses „Jean Dessès" (maison de „haute couture, modes, fourrures", 37, av. George V). 1946 Gründung der Ges. „parfums Jean Dessès" und als Partner von Guy Laroche (Geschäftsführer) in der GmbH „l'Institut Laroche", die Schönheitsinstitute betreibt. Im Herbst 1949 Verlegung von D.s Modesalon ins Hôtel Eiffel (1, rue Rabelais/Ecke 17, av. Matignon). Die Fertigung der Kollektion „Dessès Diffusion" überträgt er zwei US-amer. Konfektionären. 1950–52 mit Carmen-Mallet Carven, Robert Piguet, Paquin und Jacques Fath einer der fünf „couturiers associés", die sich kurzzeitig im Prêt-à-porter-Bereich betätigen (erster derartiger Versuch einer Gruppe von bed. Modegestaltern vor der 1957 von Jacques Heim ins Leben gerufenen Gruppierung „Prêt-à-porter Création"). Auch danach entwirft D. weiterhin Prêt-à-porter-Kleidung: 1955 präsentiert er die Kollektion „Jean Dessès-Diffusion", 1956 eröffnet er eine Boutique in den Gal. Lafayette. 1958 Umzug des Modehauses D. nach 12, Rond-Point des Champs-Elysées. Ab 1963 ist D. in Athen ansässig, wo er bereits seit 1955 eine Modeboutique führt. – D.s Erfolg beruht auf sorgfältig drapierter Musselinkleidung in Ton-in-Ton aufeinander abgestimmten oder Kontrastfarben. 1951 äußert er dazu (in: La femme chic), daß er nach dem Vorbild von Germaine Grès die Modelle eigenhändig drapiert und zusammensteckt sowie die Farbauswahl selbst trifft. 🕮 *V. Guillaume*, in: *B. Remaury* (Ed.), Dict. de la mode au XXe s., P. 1994; *M. Shaw*, in: *R. Martin* (Ed.), Contemp. fashion, N. Y. u.a. 1995. – *C. R. Milbank*, Coutures. Les grands créateurs, P. 1986; Robes du soir (K Mus. de la Mode et du Costume), P. 1990. V. Guillaume

Dessez, *Leon E.*, US-amer. Architekt, * 1858 Washington/D. C., † 26. 12. 1918, lebte in Washington. Ausb. bei Hornblower & Poindexter (später Hornblower & Marshall). Dann Zeichner bei Colonel Casey (Entwürfe für das Washington Mon.), später beim U. S. Navy Yard. D. entwarf u.a. eine Schule (Georgia Ave.), das Gallagher Hospital und das Soldiers' Home Hospital. Architekt der St. James Episcopal Church in Leesburg/Va. 1887 Mitgl. des Washington Chapter des AIA (1896 Fellow). 🕮 *Withey*, 1956. C. R.

Dessì, *Franciscus*, Goldschmied in Cagliari, wohnhaft im Viertel Stampace, dok. 1546 zus. mit Jacobus Miquel. 🕮 *C. Aru*, Arch. stor. sardo 16:1926, 177. A. Pillittu

Dessì, *Gianni,* ital. Maler, Zeichner, * 19. 1. 1955 Rom, lebt dort. Stud.: ABA Rom. Beginnt E. der 70er Jahre mit stark pastosem Farbauftrag und der Gest. reliefartiger Oberflächen mit abstrakten Zeichen. Später bevorzugt er Grau- und Schwarztöne (*Canvivio*, 1981; *De Umbris Idearum*, 1981, Helmond, Gemeente-Mus.) oder die Bearbeitung der Lw. durch tiefe Schnitte (*Taglio corto*, 1985). A. der 90er Jahre geht er zu ovalen Formen über (*Altopiano*; *Girotando*, 1993) oder bemalt Spiegel mit stark verdünnten Ölfarben (*Punto d'argento*, 1990; *Vie*, 1991). ✉ Autopresentazione, in: Kat., Messina 1991. ⊙ *E:* Rom: ab 1980 Gall. Ferranti; ab 1985 Gall. Sperone / Paris: 1980 Gal. Lambert; 1994 Gal. Di Meo (K: G. Careri u.a.); Hôtel de Giallifet / 1981 Amsterdam, Swart Gal. / Berlin: 1981, '82, '85 Gal. Folker Skuliuma; 1991 Gal. Volker Diehl / 1982 Lausanne, Gal. Gonet / New York: 1983 Salvatore Ala Gall. (K: G. Agamben); 1985, '87, '91 Sperone Westwater Gall. / 1984 Frankfurt am Main, Gal. Lupke / 1987, '89 Los Angeles, Louver Gall. / 1989 Basel, Gal. Triebold / 1990 Venedig, Gall. Il Capricorno; Siena, Gall. Alessandro Bagnai (K: M. Colapietro) / 1991 Messina, Gall. Arrigo / 1992 Mailand, Gall. Gian Ferrari. – *G:* Rom: Gall. Ferranti: Artemisia; 1984 Pastificio Cerere: Ateliers; 1986 Quadrienn.; 1988 Gall. Sperone: Bianchi, D., Gallo; Villa Medici: Trait d'Union; 1991 Pal. dei Congressi: 60–90 Trent'anni di Avanguardie Romane; 1993 Pal. delle Espos.: Tutte le strade portano a Roma / 1980, '81 Groningen, Mus.: D. u. a. / São Paulo: 1981 Bienn.; 1989 MBA: Aspetti della pitt. ital. dal dopoguerra a oggi / 1982 Paris: Bienn. des Jeunes; Modena, Gall. Civ. und Pisa, Pal. Lanfranchi: Forma senza forma (K: E. Bargiacchi) / 1983 Graz, Künstlerhaus und Neue Gal. am LM Joanneum: Eros, Mythos, Ironie (K: W. Fenz u.a.); Pisa, Pal. Lanfranchi: Critica ed Arte / 1984, '86, '93 Venedig: Bienn. / New York: 1984 MMA: An internat. survey of recency paint. and sculpt.; 1986 Facchetti Gall.: Poetic Space; 1991 John Good Gall.: La metafisica della luce; 1994 N. Y. Studio School: The brushstroke and its guises / 1985 Nizza, Centre d'Art Contemp.: L'Italie aujourd'hui; Imola, Chiostro di S. Domenico: Anni Ottanta / 1986 London, Riversides Studio: D. u. a. / 1988 Verona, GAM: Le Scuole Romane / 1991 Wien, MMK (Stiftung Ludwig), Pal. Liechtenstein: Roma Interna (K: R. Fuchs); Gal. Hilger: Amor-Roma / 1992 Perugia, Rocca Paolina: Artisti a Roma; Memphis, AM: Contemp. Ital. Paint.; Toulouse, Centre d'Art Contemp.: Concordentiae; Lingen, KV: Roma aeterna / 1993 San Marino,

GAM: L'astrazione ridefinita. ⊡ CatBolaffiMod XIX, 1983; Cat. dell'arte mod. ital., XXVII, Mi. 1991 ss.; PittItalNovec/2 II, 1993; Diz. degli artisti ital. contemp., Mi. 1996. – *I. Mussa*, Flash art 1981 (103); *J. van Adrichem*, Mus.-J. 26:1981 (5) 205–213; *A. Bonito Oliva*, Il sogno ital. La coll. Franchetti a Roma, Mi. 1987; *G. Verzozzi*, Flash art 1987 (136) 81–85; *B. Mantura*, Dal ritorno all'ordine al richiamo della pitt. 1920–1987 (K Darmstadt/Bielefeld), Mi. 1988; *G. Villa*, Flash art 1991 (163); *R. Pic*, Coloquio artes 35:1993 (98) 40–46; PittItalNovec/3, 1994; *P. Deggiovanni*, Tema celeste 1994 (34) 100 s.; *D. Eccher* (Ed.), G. D. (K Trento, Gall. Civ. d'Arte Contemp.), Mi. 1995; *T. De Chiaro*, Terzo occhio 21:1995 (4) 50 s. – *Online:* Rom, Gall. Com. d'Arte Mod. e Contemp. N. Corradini

Dessì, *Giovanni*, sard. Silberschmied, * um 1745 Serri/Nuoro, dok. bis 1812, wohnhaft in Cagliari im Viertel von Villanova. 1787 zum Maggiorale del Gremio degli Argentieri gewählt. Dok. 1799 und 1812 als Gutachter des Tribunals. ⊡ Argenti. Arredi sacri e profani nella Sardegna sabauda (K), s.l.e.a. A. Pillittu

Dessì, *Giovanni Antioco*, sard. Maurermeister, nachw. 1620–36. Wohnt im Viertel Stampace in Cagliari, bez. als „picapedrer" und „pedrapiquer". 1620–22 in der Pfarrk. von Monserrato/Cagliari wahrsch. beim Bau der Kap. unter dem Glockenturm tätig. Führt 1629 zus. mit *Francesco Mucheli* den Bau des Glockenturmes und einer Kap. der Pfarrk. S. Barbara in Villacidro/Cagliari fort, die beim Tod des „picapedrer" Antonio Carta aus Cagliari noch unvoll. war. ⊡ *M. Corda*, Arti e mestieri nella Sardegna spagnola, Cagliari 1987, 50, 87, 172–174; *A. Pillittu*, Studi sardi 29:1991, 413. A. Pillittu

Dessì Magnetti, *Michele*, ital. Architekt, 19. Jh. Schüler von Gaetano Cima. 1862 als Zivilarchitekt in Alghero/Sassari mit der neuen Fassade der spätgot. Kathedrale S. Maria (16. Jh.) beauftragt, die er in neoklassizist. Formen unter Einbeziehung einer Vorhalle anlegte. ✉ Cagliari, Bibl. Univ.: Tema d'architettura civile, 1859, Gall. 25. 7. 65/35. ⊡ *S. Naitza*, Archit. dal tardo '600 al Neoclassicismo purista, Nuoro 1992, 236; *F. Segni Pulvirenti/A. Sari*, Archit. tardogotica e d'influsso rinascimentale, Nuoro 1994, 119. A. Pillittu

Dessiatoff, *Powel Alexeievitch* → **Desjatov,** *Pavel Alekseevič*

Dessien, *Otto von*, Architekt, * 22. 7. 1863 Reval (Tallinn), † nach 1917. Stud.: 1883–91 Polytechn. Inst. Riga (Titel Ingenieur-Architekt). 1891–92 Studienreisen in Deutschland und Österreich. 1895 Übersiedlung nach Moskau. Architekt der Moskauer Filiale der Versicherungs-Ges. Rossija (1899–1903), des Elizaveta-Inst. für Höhere Töchter und der Filiale für Minderjährige des Nikolaj-Waisenhauses (1904–05) sowie der Moskauer Kanzlei für die Institutionen der Kaiserin Marija (ab 1906). 1898 1. Wettb.-Preis für das Projekt eines Hauses der Barmherzigen Schwestern in Riga. – D. verband als Eklektizist Elemente von Renaiss. und Barock. Entwarf öff. Gebäude, u.a. das 3. Mädchengymnasium Moskau (1915, Bol'šaja Ordynka 15) und Mietshäuser (z.B. Potapovskij pereulok 5, 1911, erb. von I. F. Červenko). Leitete 1913 den Bau der Pädagog. Frauenkurse (Devič'e pole, Ecke Malaja Caricynskaja/Vselenskij pereulok; heute Malaja Pirogovskaja 29) und erb. im Hof ebd. 1914 ein dreistöckiges Gebäude für das Dienstpersonal (später um zwei weitere Etagen aufgestockt). 🏛 MOSKAU, Obolenskij pereulok 19: Haus M. A. Panteleev, 1895–97. – Sretenskij bul'var 6: Mietshaus der Versicherungs-Ges. Rossija, 1899 (zus. mit Nikolaj Michajlovič Proskurin). – Miljutinskij pereulok 5: zweiter Komplex der Zentralen Telefonstation, 1901–07 (nicht 1907–08 oder '14; damals das höchste Gebäude der Stadt). – Voroncovo pole 5–7: Hospital und Obdachlosenhaus der Ev. Ges., 1904–14. – ul. Petrovka 15, Hof: Wohnflügel, 1905. – Voroncovskaja ul. 37: Fabrikgebäude. – ul. Desjatiletija Oktjabrja (ehem. Vselenskij pereulok): Gouvernanteninternat, 1912. – Petroverigskij pereulok 8: Petrovskij-Knaben-Lehranstalt, 1912–16. OMSK, ul. Lenina (ehem. Černavinskij-Prospekt): Gebäude der Moskauer Ladenzeilen, 1903. ⊡ *A. F. Krašeninnikov u.a.*, Zodčie Moskvy vremeni ėklektiki, moderna i neoklassicizma, Mo. 1998 (s.v. Dessin fon, Otton Vil'gel'movič; Lit.). – Album Academicum des Polytechnicums zu Riga. 1862–1912, Riga [1912], 163; *I. Buseva-Davydova/M. Naščokina*, Architekturnye progulki po Moskve, Mo. 1996 (falsche Jahresangaben). – Mitt. J. Krastiņš, Riga. A. Krašeninnikov

Dessier, *M.*, Stecher, fertigte 1716 das Portr. des Amsterdamer Arztes *J. Curvus Semmedo*. ⊡ ThB9, 1913.

Dessio, *Carl (Carlo)*, österr.(?) Ingenieur in Wien, 1653–55 erwähnt. 1655 bezahlt für die Errichtung einer Ehrenpforte für den röm. König Leopold I. ⊡ Jb. der kunsthist. Slgn in Wien 75:1979, Nrn 594, 720, 850, 882. D. T.

Dessirier, *Jean*, frz. Maler, Graphiker, Bildhauer, * 21. 5. 1944 Clamart/Hauts-de-Seine, lebt dort. Zunächst Ausb. als Glaser. In Paris Schüler von Henri Goetz an der ehem. Acad. André Lhote. – Malereien (v.a. Portr.) auf Metall (Zink, Feinblech); polychrome Portr.-Büsten und Figurenplastik in Holz, Blei, Zink. ◉ *E:* Paris: 1985 Fond. Chaillot-Gallière; 1987, '91 Gal. Grise; 1987 Air France; 1989, '92 Gal. Aux mystères d'Eleusis; 1993 Gal. Marie Mamias; 1994 Espace Jean Torrens / 1993 Tokio, Gal. Seijo Post / 1997 Suresnes, Dassault Systèmes / 1998 Clamart, Toulaho, Maison-atelier des Architekten Le Caron / 2000 Genf, Gal. Benoît de Gorski. ⊡ *Online:* Homepage D., 2000. C. R.

Dessjatoff, *Pawel Alexejewitsch* → **Desjatov,** *Pavel Alekseevič*

Deßler, *Johann* → **Desler,** *Johann*

Dessmann (Dessmair; Thesner), *Nicolaus*, dt. Goldschmied in Augsburg, † nach 1588. 1574 Eintritt in die Schmiedezunft, ⚭ Christina Jäger. ⊡ *A. Werner*, Augsburger Goldschmiede, Au. 1913, Nr 781; *Rosenberg* I, 1922, Nr 372; *Seling* III, 1980. C. D.-H.

Dessner, *Murray*, US-amer. Maler, * 11. 11. 1934 Philadelphia/Pa., lebt dort. Ebd. Stud.: PAFA (später Lehrtätigkeit); bei Franklin Chenault Watkins und Hobson Pittman. – Acryl. 🏛 PHILADELPHIA, Mus. of Art. ◉ *E:* u.a. 1984, '86 New York, Vorpal Gall. / Philadelphia: 1991 Levy Gall.; 1996 Locust Center. ⊡ WWAA, 1980–1997/98 (Werke, Ausst.). C. R.

Dessomes, *Edward E. (Edouard C.)*, US-amer. Maler, Schriftsteller, Arzt (frz. Abstammung), * 17. 11. 1845 New Orleans/La., † 21. 2. 1908 Mandeville/La. (oder New Orleans). Kam 1860 nach Paris, dort Schüler des Collège Ste-Barbe, danach Medizinstudium. Künstler. ambitioniert versuchte sich D. zunächst als Literat; er schrieb die Romane „Femme et statue" (P. 1869) und „Jacques Morel" (P. 1870). Wenig erfolgreich, widmete sich D. nun der Malerei und wurde nach 1870/71 Schüler von Léon Bonnat und Jules Dupré. Kehrte 1887/88 über New York nach New Orleans zurück (stellte dort 1890 aus) und ließ sich im ländl. Covington/La. als Arzt nieder, malte Lsch. und Porträts. D. veröffentlichte zwei Erzählungen in Comptes rendus de l'Athenée Louisianais (1891, 1901) und wurde 1907 Französischlehrer an der Tulane Univ. in New Orleans. 🕮 Enc. of New Orleans artists 1718–1918, New Orleans 1987; *Karel*, 1992. – *Farr Thompson*, 1970. C. R.

Dessoulavy, *Thomas*, brit. Maler, Zeichner, zw. 1828 und 1848 in Rom tätig. – Ital. Lsch. und topogr. Ansichten (bes. antike Ruinen) in Öl/Lw. Für Sir W. Drummond, Odes of Horace, 1828, fertigte D. eine Ser. griech. Ansichten in Aqu. nach Skizzen von Sir William Gell. Arbeiten im Kunsthandel. 🏛 HANNOVER, Niedersächs. LM: Die Villa Raffael in Rom, vor 1838. ⊙ *G:* London: 1829–48 RA; 1831, '40 BI / 1835 Edinburgh, RSA. 🕮 ThB9, 1913. RSA Exhibitors I, 1991; *Schweers* I, 1994. – *A. P. Oppé*, English drawings, Stuart and Georgian periods, in the coll. of His Majesty the King at Windsor Castle (K), Lo. 1950; *L. Schreiner*, Nieder-dt. Beitr. zur Kunstgesch. 12:1973, 269–280. K. F.

Dessouslavy, *Georges (Georges-Henry)*, schweiz. Maler, Graphiker, Illustrator, * 13. 7. 1898 La Chaux-de-Fonds, † 21. 8. 1952 Yverdon. Stud.: 1914 EcBA La Chaux-de-Fonds bei Georges Aubert, Le Corbusier und Léon Perrin; 1915/16 KGS Basel bei Albert Mayer; bei Alfred Blailé in Neuchâtel; 1916–20 EcBA Genf bei Eugène Gilliard. 1920–30 Ltg eines Malergeschäfts in La Chaux-de-Fonds. Kopiert auf Reisen nach Paris Gem. von Honoré Daumier und Edouard Manet. Ab 1930 freier Maler sowie Lehrtätigkeit an der EcBA in La Chaux-de-Fonds. 1951 Übersiedlung nach Coppet. Ausz.: 1949 erster Preis für Schweizer Malerei. – D. war zeitlebens v.a. an einer die Oberfläche betonenden Malerei interessiert, was seine Begeisterung für den Postimpressionismus, bes. Cézanne, Bonnard und Vuillard, erklärt. In den 20er Jahren entstehen Lsch., Stilleben und Portr., orientiert an der ital. Renaiss. und am Impressionismus. Ab den späten 20er Jahren dominieren Stilleben, die häufig mit dem Messer gearbeitet sind und eine strenge gezeichnete Komp. zeigen (*Tranche de melon*, 1932). In den 30er Jahren entstehen intime Darst. von Frauen, Mutter-Kind-Szenen, Halbakte, Interieurs mit Figuren, Stilleben, Blumen und Toilettenszenen, die in der Trad. des Postimpressionismus stehen und deren Farb-Komp. v.a. an Bonnard und Vuillard angelehnt ist. Als Hw. dieser Phase gelten die Wand-Gem. *Le Doubs; La plage; Le port*, die D. 1937–39 im Bahnhof von Neuchâtel schuf. Etwa ab 1946 ordnen sich die Farb-Komp. zugunsten einer zeichner. Durchgestaltung der Motive unter. Figuren und Objekte werden präzise konturiert, die Fläche nach postkubist. Vorbildern wie Fernand Léger, Juan Gris oder Raoul Dufy geometr. gegliedert und die Farbe in begrenzten Feldern gefaßt; Kinder werden zum bevorzugten Motiv (*Mère et enfant devant la roulotte*, 1948). Das 1950–52 ausgeführte Triptychon im Bahnhof von La Chaux-de-Fonds gilt als radikalste Formulierung dieses geometr. Malstils. D.s maler. Werk wird begleitet von Zchngn, Lith. sowie zahlr. Buch-Ill., u.a. zu Texten von Gustave Flaubert. 🏛 AARAU, Aargauer Kunsthaus. LA CHAUX-DE-FONDS, MBA. – Bahnhofshalle: Fresken, 1950–52. NEUCHATEL, MAH. – Bahnhof: Fresken, 1937–39. PAYERNE, Kaserne: Fresken, 1944. RUYERES-ST-LAURENT, Kap. St. Lorenz, Apsiskalotte: Wand-Gem., 1946. ST. GALLEN, KM. WINTERTHUR, KV. ⊙ *E:* 1953 La Chaux-de-Fonds, MBA: Retr. / 1955 Basel, KH (mit Heinrich Danioth und Johann Peter Flück). – *G:* 1936 Venedig: Bienn. 🕮 *Plüss/Tavel* I, 1958; Schweizer Lex., II, Luzern 1992; Biogr. Lex. der Schweizer Kunst, I, Z. 1998. – *C. Baratelli*, L'impartial v. 2. 3. 1979; *B. Wismer/ P.-A. Jaccard*, Werke des 20. Jh. (K Aargauer Kunsthaus), Aarau 1983; Stiftung Oskar Reinhart Winterthur (K), III, Z. 1984; L'art neuchâtelois, Hauterive 1992. – La Chaux-de-Fonds, Bibl. de la Ville: Ms 64. T. Gr.

Dessurne, *Mark*, brit. Maler, * 1825, † 4. 5. 1885, anfangs in Glasgow, dann in London tätig. Stud.: RA Schools, London. – Bes. schott. Lsch., Seestücke und Figürliches (*Maid of Judah; Paradise Lost*) in Öl und Aquarell. Bilder zu relig. und hist. Themen beeinflußt von Sir Joseph Noel Paton. ⊙ *G:* London: 1842–74 Soc. of Brit. Artists; 1861–67 BI / 1847–59 Edinburgh, RSA / 1861–67 Glasgow, GI / 1866, '71, '73 Dublin, R. Hibernian Acad. 🕮 ThB9, 1913. *Johnson* I, 1975; *Wood*, 1978 (Repr. 1991); RoyalHibAcad I, 1986; *Billcliffe* I, 1990; RSA Exhibitors I, 1991; *McEwan*, 1994. – *Brook-Hart*, 1974. K. F.

Dessus-la-Mare, *François Edme* (gen. Lamare), frz. Bildhauer, * 25. 1. 1750 Paris, lebte in Angers, arbeitete dort 1781 zus. mit Jacques Gaultier am Chor der Kathedrale St-Maurice; restaurierte 1804 ebd. das Tabernakel des von ihm ausgef. Hauptaltars. 🕮 ThB9, 1913. *Lami* I, 1910; *Vial/Marcel/Girodie* I, 1912 (* 25. 6. 1750). C. R.

Dessvargues, *Claude*, frz. Holzschneider in Lyon, dort 1683 (Taufe einer Tochter) und 1684 belegt. Wahrsch. verwandt mit dem Holzschneider *Jean D.* († 14. 11. 1693 Romenay/Saône-et-Loire; 1676 Heirat in Lyon). Beide fanden Aufnahme im Hôtel-Dieu, später im Aumône-Général von Lyon. 🕮 ThB9, 1913. *Audin/Vial* I, 1918. C. R.

Dessvargues, *Jean* cf. **Dessvargues,** *Claude*

Dessy, *Nicola*, ital. Karikaturist, * 27. 3. 1905 Serramanna/Cagliari, † 15. 11. 1967 Venedig. Unterrichtete Mathematik in Cagliari und Venedig; für ca. 25 Jahre Mitarb. an Zss. und Journalen. Bemüht um die Vermittlung der antiken und mod. sard. Kunst, veranstaltete D. zahlr. Ausst. (v.a. Graphik) im In- und Ausland. Schuf Karikaturen von Künstlern, Literaten, Musikern, Politikern, Fürsten und Bürgern. ⊙ *E:* 1967/68 Venedig, Gall. S. Stefano / 1968 Cagliari, Assoc. degli Amici del Libro.

▭ *Comanducci* II, 1971; *G. Falossi*, Pittori e scultori ital. del 900, Mi. 1988.

Dessy, *Paola*, ital. Keramikerin, Bildhauerin, Graphikerin, Designerin, Illustratorin, * 1937 Sassari, auf Sardinien tätig. Nach einer anfängl. kurzen gegenständl. Periode in graph. und keram. Arbeiten experimentiert sie mit neuen Materialien. Widmet sich der kunsthandwerkl. Gest. und Illustrationen. 1961–66 Mitgl. Gruppo A, 1976 Gruppo della Rosa. Lehrt Zeichnen nach der Natur am Ist. Statale d'Arte di Sassari. Zeichnet vorwiegend Lsch. (1968 Einzel-Ausst. in Nuoro). In den Ausst. der 80er Jahre zeigt D. u.a. aus Terrakotta und Schnur nachgebildete Bücher oder Buchseiten, deren Oberflächen von engen Furchen durchzogen sind. Siebdruck zu *Stato e società* (in: 12 artisti per Antonio Pigliaru, s.l., 1993); Ill. zu *La tonnara Saline. Trad. e riti di una tonnara* von S. Rubino (Alghero 1994). ⌂ CAGLIARI, Bibl. Univ.: Alberi d'inverno, Rad.; Conchiglia, Graphit/Pastell auf Wachs, 1986; Mare, Pastell/Wachs, 1987; abstrakte Drucke: Kaltnadel, 1987; Gaufrage, 1986; Farblinolschnitt, 1987. ◉ *E:* 1969 Cagliari, Gall. A. Simula. – *G:* 1957 Venedig: Mostra internaz. di incisione ital. contemp. ▭ EU SEDA III, 1969; *Comanducci* II, 1971. – Cat. alfabetico per autori del patrimonio artist. della Regione sarda. 1949–1981, Cagliari 1981, 68; *S. Naitza*, in: Nuove tendenze a confronto negli anni dell'Autonomia. Venticinque anni di ricerca artist. in Sardegna (1957–1983) (K), Nuoro 1983, 66 s.; Far libro. Libri e pagine d'artista in Italia (K), Fi. 1989, 160.

A. Pillittu

Dessy, *Stanislao (Stanis)*, ital. Maler, Zeichner, Graphiker, Bildhauer, Bühnenbildner, Kunstkritiker, * 24. 8. 1900 Arzana/Nuoro, † 21. 10. 1986 Sassari. Klass. Stud. in Cagliari, dann ab 1917 Rom, Ist. Superiore di BA bei Duilio Cambellotti, Paolo Paschetto, Camillo Innocenti, Vittorio Grassi, Giovanni Prini, Onorato Carlandi. 1921 Rückkehr nach Cagliari, trifft hier Luigi Caldanzano, Filippo Figari, Felice Melis Marini, der ihn um 1925 in der Rad. unterweist, sowie Francesco Ciusa. Letzterer nimmt ihn bis 1922 in seiner Keramik-Wkst. auf. D. widmet sich der Bildhauerei und stellt die Gipsarbeit *Cinzio* 1923 in Turin aus. 1922 zus. mit Luigi Caldanzano Ausgestaltung des Teatro all'aperto der Badeanstalt Lido (nicht erh.). 1923–28 Zchngn und Hschn. für die Zs. Il Nuraghe und Einband-Gest. für die gleichnamige Buch-Ausg. Führt 1924 Bühnenbilder auf Sardinien aus (zus. mit Anton Giulio Bragaglia). Ab 1926 in Sassari, wo er Kontakte zu Mario Delitala, Mario Paglietti und dem Bildhauer Eugenio Tavolara aufnimmt; arbeitet als Werbegraphiker. 1926 entwirft D. für die Eisenbahnen der sard. Region von Sulcis neue Sitzbänke und verziert die Bahnhofsfassaden. 1928–31 Mitarb. der Wochen-Ztg Il Lunedì dell'Unione, die eine Debatte gegen den Folklorismus in der sard. Kultur auslöst, auf die Giuseppe Biasi reagiert. D. vertritt dabei eine vermittelnde Position. Ab 1928–29 beginnt D. mit Hschn., die ihm in den 30er Jahren beträchtl. Ansehen verschaffen. Heiratet 1929 Ada Dessy und tritt der Famiglia Artistica Sarda bei. 1930 Jury-Mitgl. der I Mostra Sindacale Sarda; Ausf. der ersten Radierungen. 1930–31 kurzer Studienaufenthalt in Paris. 1933 Jury-Mitgl. der IV Mostra Sindacale Sarda. 1934 enge Freundschaft mit Carlo Alberto Petrucci, Dir. der Regia Calcografia Naz., der im folgenden Jahr D. in einem Beitr. zum sard. Hschn. umfangreich würdigt. D. gründet die Scuola Com. d'incisione in Sassari, aus der bald das Ist. d'Arte hervorgeht, geleitet von Filippo Figari. Dort unterrichtet D. Zeichnen und graph. Techniken bis zu seiner Pensionierung. Widmet sich 1935 v.a. der Rad., teilt sich im selben Jahr mit Mario Delitala den Preis für Hschn. auf dem Concorso della Regina anläßl. der Siegesfeier zum 1. WK (mit *La Brigata Sassari a Casera Zebio*). 1938 gewinnt das Werbeplakat für Sardinien von D. und Eugenio Tavolara den Wettb. des Tourismus-Büros. Nach dem 2. WK beginnt 1945–46 seine Zus.-Arbeit (Hschn., Zchngn) mit der Ztg Il solco (1945) und den Zss. Riscossa (1945–46), Il Convegno (1946, 1959). Ab 1947 Kunstkritiker für den Corriere dell'Isola. 1952 führt er ausschl. Rad. aus. 1953 Mitgl. der Accad. delle Arti del Disegno von Florenz. Seitdem ist er aktiv in der Organisation Sardiniens für die Mostre dell'incisione ital. (1950–53, '56, '59). E. 50er und A. 60er Jahre ist D. eingebunden in den Streit der Erneuerer gegen seine Generation und in die heftige Debatte um die gegenständl. und abstrakte Kunst. Ab 1966 Mitarb. bei der Tages-Ztg La Nuova Sardegna. 1970 beendet D. seine Lehrtätigkeit. ⌂ ALGHERO/Sassari, Kathedrale: Kuppeldekoration mit Hll.-Figuren, 1933–34. CAGLIARI, Camera di Commercio: allegor. Bilder, Öl/Lw., 1926–27. – Pal. delle Ferrovie: Ausgestaltung des Konferenzsaales, 1926–27. – Bibl. Univ.: u.a. Aqu., Rad., 1936–61, Hschn., 1930–34, Lith., 1954–67. – GAM. – Coll. della Regione Sarda. – Priv.-Slg. MAILAND, Civ. Racc. Bertarelli: Rizzeddu, Vernis mou, 1952. ORANI/Nuoro, Pfarrk.: Predigt des hl. Franziskus an die Vögel, Öl/Lw., 1934. ROM, GAM: Capo Caccia, Aqu., um 1926–27; L'agnellino stanco; L'uomo dalla verruca, Hschn., 1934. SASSARI, Scuola di S. Giuseppe: Innendekoration, 1934. – S. Apollinare: 4 Bilder mit Hll., Öl/Lw., 1936. – Friedhof, Kap.: 4 Evangelisten, Wanddekoration, 1949. – *Slgn:* Dessy. – Circolo sassarese. – Com. – Banco di Sardegna. – Camera di Commercio. – Priv.-Slg. TURIN, MCiv.: Alla fonte, Hschn., 1930. ✉ Isola v. 7. 4. 1929; L'incisore [Giuseppe Biasi], in: Giuseppe Biasi 1885–1945. In memoria, Sassari 1947, 29–31; Convegno 12:1959 (2); 18:1965 (6) 7–11. ◉ *E:* Sassari: 1926 Bottega d'Arte Clemente; 1944 Gall. Dei Portici; 1946 Gall. L'Acquario; 1977 Mostra antologica / Cagliari: 1932, '49 Gall. Palladino (K); 1958 Amici del Libro; 1959 Gall. Il Cenacolo; 1967, '70 Gall. A. Simula (K); 1988 GAM (Retr.). – *G:* Cagliari: 1921, '25 Mostra Regionale d'Arte Sarda; 1928 Mostra Caldanzano; 1929 Primavera Sarda; 1931, '33, '36, '39 Mostra Sindacale Sarda / Turin: 1923 Quadrienn.; 1928–29 Promotrice / Rom: 1925 Bienn.; 1931–39, '51 Quadrienn.; 1950 GAM / 1925 Mostra itinerante sulla nave „Italia" / Sassari: 1928 Bienn. d'Arte Sarda; 1930, '32, '34, '37 Mostra Sindacale Sarda (Preis für Graphik) / 1930, '38 Chicago: Espos. internaz. di litogr. e xilografia / 1930, 1934–42, '52 Venedig: Bienn. / 1933 Brüssel: 8. Salon; Neapel: Amici dell'arte/ Warschau: 1933 (Ehren-Dipl.),

1936 (lobende Erw.) Espos. internaz. di xilografia / 1935, '38 Nuoro: Mostra sindacale Sarda (Preis der Partito Naz. Fascista für Malerei) / 1935 Paris: Rass. d'arte ital. dell'Ottocento e del Novecento; Riga: Espos. ital. d'arte graf. / 1937 Berlin: Rass. d'arte ital. dell'Ottocento e del Novecento / 1939 Kaunas: Mostra del Bianco e del Nero / 1957 Nuoro: Bienn. Naz. di pitt. „Premio Sardegna" (Preis des Tourismus-Büros, Nuoro für die Graphik Cavalcando nel bosco). ▭ Vol, 1953. *Servolini*, 1955; EU SEDA III, 1969; *Comanducci* II, 1971; Pitt-ItalNovec/1 II, 1992 (Bibliogr.). – *R. Carta Raspi*, Artisti, poeti e prosatori di Sardegna, Cagliari 1927, 339–344; *L. Servolini* (Vorw.)/*C. Ratta* (Ed.), L'incisione orig. sul legno in Italia, Bo. [1929], Taf. 243–244, L; Eroica 1931 (Aug./Sept.); 1934 (Aug./Sept.); *C. Ratta* (Ed.), Artisti mod. ital., Bo. [1932], 10, Taf. 40–41; *L. Servolini*, La tecnica della xilografia, Mi. 1935; *R. Branca*, Che cos'è la xilografia, Ge. 1938, Taf. 44–45; *R. Papò/G. Cavallo*, Cat. ill. del Gab. delle Stampe „Anna Marongiu Pernis" della Bibl. Univ. di Cagliari, Cagliari 1951, 16 s.; *S. D.*, Convegno 11:1958 (4); *R. Branca*, La xilografia in Sardegna, Cagliari 1965, 55–64 et passim, Taf. 125–148, 157–160 und Abb. im Text; *id.*, Breviario di xilografia, Cagliari 1967, 41, 92–94; *C. Maltese/R. Serra* (Ed.), in: Sardegna, Mi. 1969, 395; *Branca*, 1973; *S. Naitza*, Gli artisti sardi nella coll. civ. 1900–1970, I, Cagliari 1973; II, 1985, 15 s., 18; *P. Dessy/E. Piras* (Ed.), L'opera graf. di S. D., Sassari 1977; *S. Naitza*, Arte in Sardegna tra realismo e folklore (K Nuoro), Cagliari 1977, 33 s., 46 s., 99 s. et passim, Taf. 72–75; *G. Colomo*, Albo gen. degli artisti sardi, Fi. 1978, 162–164; Cat. alfabetico per autori del patrimonio artist. della Regione sarda. 1949–1981, Cagliari 1981, 68–70; *S. Naitza*, Artisti sardi nella coll. civ. 1900–1970 (K Gall. Com.), Cagliari 1985; *id./M. G. Scano*, Quarant'anni d'incisione in Sardegna, 1930–1970 (K Quartu Sant'Elena), Cagliari 1986, 23–27, 41 s. et passim; *G. Altea/P. Dessy/M. Magnani* (Ed.), S. D. Opere 1918–1982 (K), Sassari 1988 (Brief-Slg); *G. Altea/M. Magnani*, Le matite di un popolo barbaro. Grafici e illustratori sardi 1905–1935, Sassari 1990, 176 s.; *ead./id.*, Pitt. e scult. del primo '900, Nuoro 1995, 205, 254–261, 268, 270, 278, 283, 286–288 et passim.

A. Pillittu

Dessyllas, *Pantelis*, griech. Bühnen- und Kostümbildner, Maler, * 6. 3. 1936 Nikaia/Piräus, lebt in Klosterneuburg. Stud.: 1953–55 Malerei an der ABK Athen; 1955–59 (Dipl.) Akad. für angew. Kunst Wien, Meisterklasse für Bühnenbild und Filmgestaltung bei Otto Niedermoser; parallel dazu Dramaturgie am Reinhardt-Seminar. 1962–65 selbständige Filmausstattungen für WDR und ZDF, Rosenhügel-Studios in Wien, Carlton-Film, Konstantin-Filmverleih in München. Außerdem als Graphiker beteiligt an den Disney-Produktionen *Das Wunder der weißen Hengste* und *Johann Strauss* sowie am MGM-Film *Die Reise*. Ab 1965 an der Staatsoper in Wien tätig; 1969–70 Lehrauftrag beim Bühnenbild-Seminar an der Internat. Sommer-Akad. in Salzburg; 1971–97 Leiter für Dekorationswesen der österr. Bundestheater; 1976–85 Lehramt der ABK Wien. Ausz.: 1981 Kainz-Med. für das Stück *Jim Knopf* im Burgtheater Wien; 1987 Professur; 1996 Österr. Ehrenkreuz; 1997 Ehren-Med. der Bundeshauptstadt Wien in Gold. – Klar gegliederte, an der Realität und an versch. Stilrichtungen, die vom Barock bis zur Sachlichkeit reichen, orientierte Bühnenbilder, zu denen er meist auch die Modelle selbst ausführt. Seit 1973 Entwürfe zu 120 Bühnenbildern in aller Welt, u.a. am Stadttheater St. Gallen (F. von Suppé, *Boccaccio*, zus. mit Robert Herzl, 1988), v.a. jedoch für die Wiener Staatsoper (u.a. *Rigoletto*, 1983, in gleicher Ausstattung noch 1999 aufgeführt), Volksoper (*Ungar. Hochzeit*, 1981; *Die Fledermaus*, Neuinszenierung zus. mit Robert Herzl, 1999), Kammeroper, für das Wiener Burg- und das Akad.-Theater sowie das Theater an der Wien. Seit 1991 (*Cosi fan tutte*) tätig für das Megaron in Athen. Arbeitet auch für Freilichtbühnen: in den 80er Jahren für die Festspiele in Bregenz, seit 1986 für Festspiele in Mörbisch, für das antike Theater in Taormina/Sizilien, 1992–97 für die Festspiele in Schloß Schönbrunn in Wien. ✉ Das Bühnenbild in den Werkstätten, in: *R. Hartmann*, Oper, St. 1977. ◎ *E:* 1981 Wien, Theater-Mus. (K). ▭ P. D. Theater-Wkst. (K Österr. Theater-Mus.), W. 1999 (WV). – Mitt. D.

D. T.

De St. Leu, *Daniel*, brit. Uhrmacher, zw. 1753 und 1797 in London belegt. Stand im Dienst von George III. Rivers & Son traten als Uhrmacher der Königin 1765 D.s Nachfolge an. – Qualitätvolle Taschenuhren mit Gravur, Repetitionsuhren, Schlagwerkuhren in goldenen Doppelgehäusen und Uhren mit Zylinderhemmung. Für den span. Hof fertigte er eine Stutzuhr in Silbergehäuse. 🏛 LONDON, Guildhall Mus. – London Mus. ▭ Britten's old clocks, 1973.

K. F.

Desta, *Gebre Kristos*, äthiop. Maler, Graphiker, Dichter, * 1932 Harare, † 29. 3. 1981 Oklahoma City. Sohn eines trad. Buchkopisten und -illuminators. Stud.: 1958–61 Werkschule für Bildende Künste und Gest., Köln. 1962 Reisen durch Europa. In Addis Abeba lehrte D. 1963–75 an der KA (1965 Haile Selassi I.-Preis) und war 1976–78 Dir. der NG. 1978 Exil in Deutschland und in den USA. – Semi-abstrakte Darst. mit geometrisierender und expressionist. Tendenz; char. sind u.a. stilisierte menschl. Skelette und eine bevorzugte Anwendung der Kreisform. D. verband Sujets der äthiop. Volkskunst, Kirche und Kultur mit mod. (westl.) Ausdrucks- bzw. Gest.-Mitteln (u.a. Materialcollagen, pastos bemalt); bes. beschäftigten ihn existentialphilosoph. und relig. Fragen. Später auch lichtintensive Kompositionen (Blumenbilder). ▭ *Brown*, 1966; LdK II, 1989 (s.v. Gebre Kristos D.; Lit.); *K.-F. Schaedler*, Lex. afrikan. Kunst und Kultur, M. 1994. – *Ströter-Bender*, 1991; *J. Kennedy*, New currents, ancient rivers. Contemp. African artists in a generation of change, Wa./Lo. 1992; Kunst aus Afrika heute. Meisterwerke der Slg Peus, Hamburg (K Ludwig Forum für Internat. Kunst), Aachen 1993.

C. R.

Destables, *Jules*, frz. Bildhauer, * Bouconville/Aisne, † 1897. Mitgl. der Soc. des Artistes franç. ◎ *G:* 1868–77 Paris, Salon (Portr.-Büsten). ▭ ThB9, 1913. *Lami* II, 1916; *Bénézit* IV, 1999.

Destada, *Alejandro*, span. Gold- und Silberschmied vermutl. ital. Herkunft, kam M. 16. Jh. nach Katalonien.

1562 Meisterprüfung (Halskette) und Mitgl. in der Barceloneser Goldschmiedezunft. 🕮 ThB9, 1913. *Ráfols* I, 1951.

De Staebler, *Stephen*, US-amer. Keramiker, Bildhauer, * 24. 3. 1933 St. Louis/Mo., lebt in Berkeley/Calif. Stud.: 1950–54 Princeton Univ., Princeton/N. J. (Abschluß in Religion); 1951 Black Mountain College, Ashville/N. C. 1954–55 Armeedienst. Weitere Stud.: 1958 Keramik bei Peter Voulkos; 1958–61 Univ. of California, Berkeley (Kunstgesch.). Lehrt 1957–58 Gesch. und Kunst an der Chadwick School, Rolling Hills/Calif., seit den 60er Jahren an der San Francisco State Univ., 1967–92 dort als Prof. für Skulptur. – Nach ersten Arbeiten in Bronze gibt die Begegnung mit P. Voulkos den entscheidenden Impuls für D.s Hinwendung zur Keramikskulptur. Geprägt durch Voulkos' von ästhet. Trad. und techn. Eingrenzungen befreiten Umgang mit der Keramik entstehen „Landschaften" als horizontale Bodenskulpturen und später als große Wandreliefs, die in der Oberflächenstruktur wie geolog. Schnitte durch Erdformationen wirken. In den 70er Jahren wird in schrittweiser Annäherung die menschl. Figur zum zentralen Gestaltungsthema, das in Metamorphosen aus Figur und Lsch. die Verbindung von Mensch und Natur, aber auch die Entstehung und den Untergang von Leben verkörpert. Der Mensch gewinnt zunächst nur symbolhaft in Form des „X"-Reliefs, deutlicher dann in statuarischen Sitzfiguren und später säulenartigen Stelen, die von Tonmassen umrahmt werden, an Gestalt, bis er sich schließlich verselbständigt und in Torsi, Körperteilen und Masken erscheint. Typ. ist das Zusammenfügen der Plastiken aus einzeln geformten und gebrannten Teilen, das sie wie archäolog. Assemblagen erscheinen läßt. Dabei werden die Einzelteile aus versch. Tonmassen geformt, die mit Oxiden in Erd-, aber auch Pastelltönen gefärbt oder vor dem Brennen bestrichen werden und so in ihrer Vielfalt das Fragmentarische der Skulpturen verstärken. Seit den 80er Jahren kehrt D. zur Bronze zurück, die es ihm ermöglicht, überlebensgroße, freistehende Figuren zu formen. Auch hier bleibt die Oberflächenstruktur der Keramiken weiterhin bestimmend und wird zusätzlich durch eine Bemalung in kräftigen Ölfarben verfremdet. Ausz.: 1961 1. Preis für Skulpt., Richmond AC, Richmond/Calif.; 1965 Zellerbach Memorial Prize in the Art of Sculpt.; 1992 Fourth Rodin Grand Prize Exhib., Utsukushi-gahari Open Air Mus., Japan. 🏛 BERKELEY, Univ. AM. – Holy Spirit Chapel, Newman Hall. MINNEAPOLIS, Inst. of Arts. NEW YORK, Amer. Craft Mus. OAKLAND, Oakland Mus. SAN FRANCISCO, MMA. – FA Mus. – City College. – Embarcadero Station. SAN JOSE, New State Building. – Convention Center. ✉ The inside of the outside, Ceramics monthly 1986 (7) 36–38. ⊙ *E:* 1974 Oakland, Oakland Mus. / 1977–79 San Francisco, James Willis Gall. / 1982 ebd., John Berggruen Gall. / 1983 Vancouver, Emily Carr College of Art and Design / 1988 San Francisco, MMA / 1994–95 New York, CDS Gall. – *G:* zahlr. nat. seit 1962. 🕮 WWAA, 1980–1997/98; GEA, Craftsmen, 1985. – *E. Levin*, Ceramics monthly 1981 (4) 54–59; *S. Edwards*, ibid., 60–62 (Interview); *T. Albright*, Artnews 1982 (1) 86–90; *J. Burstein*, Amer. ceramics 1984 (1) 42–51; *D. Ashton*, ArtsMag 1984 (3) 140–144; *T. Albright*, Art in the San Francisco bay area 1945–1980, Berkeley 1985, 138–141, 271–272; *P. Tuchman*, Connoisseur 1987 (Febr.) 62–69; *Clark*, Ceramics, 1987; *D. B. Kuspit*, Ceramics monthly 1988 (7) 27–30; *M. Megged*, ArtsMag 1988 (5) 38–39; *D. Ketcham*, Artnews 1989 (8) 152–157; *J. Shahn*, Sculpt. rev. 42:1993 (4) 6–9 (Interview); *D. Apostolos-Cappadona*, Art, creativity and the sacred, N. Y. 1996. B. Ostermann

Destailleur, *Alfred* → **Destailleur,** *Henri-Prosper-Alfred*

Destailleur, *Emma* → **Leroux de Lincy,** *Emma*

Destailleur, *François Hippolyte*, frz. Architekt, * 22. 3. 1787 Paris, † 15. 2. 1852 ebd. Vater des Architekten Hippolyte-Alexandre D., der Malerinnen Hélène-Charlotte-Juliette de Bourge und Emma Leroux de Lincy sowie des Malers Henri-Prosper-Alfred D., Schwiegervater der Architekten Romain de Bourge und Leroux de Lincy. Stud.: ab 1805 EcBA Paris und bei Charles Percier. Gewinnt 1808 einen von Napoleon I. veranstalteten Wettb. um den Bau einer Orangerie; D.s Projekt wird nicht ausgef., aber der Preis ermöglicht ihm einen dreijährigen Aufenthalt in Italien. Im gesamten Berufsleben übt er administrative Funktionen aus und ist zugleich als selbständiger Architekt tätig. Durch Fürsprache des Architekten Pierre François Léonard Fontaine erhält D. seine ersten Aufträge vom Duc de Vicence, bes. in Caulaincourt/Aisne (1811 Bau einer Kirche und Instandsetzung des Schlosses). 1812 errichtet er für den Comte de Loménie das Schloß in Dienville/Aube. 1816 erweitert er das von der Duchesse d'Orléans erworbene Hôtel de Roquelaure in Paris (246, boulevard Saint-Germain, 7. Arr.; ab 1839 Sitz des Minist. de l'Equipement et des Transports, gegenwärtig vom Minist. chargé des relations avec le Parlement). Ab 1817 Architekt des Finanz-Minist.; vom Vorgänger Pierre-Nicolas Bénard übernimmt D. die 1813 beg. Baustelle eines Postamtes (rue de Rivoli, 1. Arr.) und errichtet darauf das Gebäude für das Finanz-Minist. (1870 niedergebrannt, Wiederaufbau durch den Sohn), wofür er 1825 Ritter der Ehrenlegion wird. 1825–28 baut D. in Saint-Mandé/Val-de-Marne das mit dem Nachlaß von Michel-Jacques Boulard (ehem. Tapissier der „bâtiments de la Couronne") gegr. Hospiz St-Michel und ab 1825 ein gleichnamiges Hospiz in Paris (35, av. Courteline, 12. Arr.; am 24. 4. 1830 eingeweiht). Zudem übernimmt er Bau und Ausstattung zahlr. priv. Hôtels in Paris und von Schlössern in der Prov. (cf. WV). Weiterhin Architekt des Justiz-Minist. (1819), vom Hôtel de la Monnaie (1833), und der Imprimerie royale (1835). Mitgl.: 1840 Soc. centrale. 🏛 GURCY-LE-CHATEL/Seine-et-Marne: Schloß des Comte d'Haussonville, 1839(?). LA FERTE-BERNARD/Sarthe: Schloß Jumillac. NOGENT-SUR-VERNISSON/Loiret: Schloß Kalbrenner, 1827. PARIS: priv. Hôtels: av. Marigny: für Baron Delmas, 1825; 8 und 10, rue d'Astorg (beide 8. Arr.): zwei Häuser für Rosalie-Charlotte-Antoinette-Léontine de Noailles, 1836; rue Vaneau: für den Duc d'Harcourt; rue Barbet-de-Jouy (beide 7. Arr.): Hôtel de Viard und Hôtel de Pas, alle 1840; 13, rue Vaneau: Hôtel Delaforest, gen. Hôtel Lebel, 1843–45 (heute

Sitz des Generalsekretariats der Reg.). – Friedhof Père-Lachaise: Grabmal des Marquis de Caulaincourt, 1827. – Gest. des Passage Jouffroy (9. Arr.), 1845/46 (zus. mit Bourge; 1847 eingeweiht). – Imprimerie nat.: Johannes Gutenberg, Statue, 1851 (zus. mit Pierre-Jean David d'Angers). SERRANS b. Nantes: Rest. des Schlosses, 1829. VALVINS/Essonne: Schloß des Duc de la Trémoille, 1838. ⊙ *G:* 1837 Paris, SAfr. ▭ ThB9, 1913. *E. Brault* (Ed.), Les architectes par leurs œuvres (Ms. *A. Du Bois*), I-III, P. 1893, 39 s.; *Delaire*, 1907; DBF XI, 1967; Dict. des églises de Paris, catholique, orthodoxe, protestant, P. 1995; Dict. des mon. de Paris, P. 1995; DA VIII, 1996 (s.v. Fam. D.). – *C. de Vaulchier*, Acad. d'archit. Cat. des coll. 1750–1900, II, P. 1988, 68–73; *J. Hargrove*, Les statues de Paris, P. 1989, 347; *B. Lemoine*, Les Passages couverts en France, P. 1989, 121; *B. Pons*, L'Hôtel de la Chancellerie, Mon. hist. 1991 (Jan./Febr.) 97, 112; *J.-M. Leniaud*, Viollet-le-Duc ou les délires du système, P. 1994, 142; *J.-M. Pérouse de Montclos*, Le guide du patrimoine. Paris, P. 1994, 116, 375, 410, 427, 441; Berlin zw. Residenz und Metropole. Photogr. von Hermann Rückwardt, 1871–1916, B. 1994, 46; *W. de Robien*, Mon. hist. 1995 (März) 53–56 (Hôtels Greffulhe und Gramont); *S. Gaubert/R. Cohu*, Arch. d'architectes, P. 1996, 153; Félix Duban, 1798–1870. Les couleurs de l'architecte (K Schloß Blois), P. 1996, 190; *P. Pinon*, Paris, biogr. d'une capitale, P. 1999, 150. – Paris, Acad. d'Archit. (Fonds D.). C. Zuzinec

Destailleur, *Hélène-Charlotte-Juliette* → **Bourge,** *Hélène-Charlotte-Juliette de*

Destailleur, *Henri-Prosper-Alfred* (eigtl. *Alfred; Louis-Henri-Alfred*), frz. Maler, Konservator, * 17. 4. oder 17. 5. 1816 Paris, mindestens bis 1880 in Chalon-sur-Saône ansässig. Sohn des Architekten François Hippolyte D., Bruder der Malerinnen Hélène-Charlotte-Juliette de Bourge und Emma Leroux de Lincy sowie des Architekten Hippolyte-Alexandre D. Stud.: ab 1839 EcBA Paris bei Léon Cogniet und Emile Signol. Längere Reise durch Europa (Aufenthalte in Deutschland, Belgien, Italien und der Schweiz, bes. in Luzern), Afrika und die USA; 1857/58 in New York, stellt D. in der Nat. Acad. of Design Portr. und Genreszenen aus. Ab 1867 Dir. der kommunalen Zeichenschulen von Chalon-sur-Saône und Konservator am dortigen Mus., dessen Kat. D. 1876 zus. mit Lucien Paté verfaßt (veröff. in: Inv. gén. des richesses d'art de la France. Prov., I, P. 1878). – D.s Œuvre umfaßt Portr., relig. und Genreszenen, ländl. und Stadtansichten, u.a. einen *Hl. Beatus* für die Stiftskirche in Luzern; *Promenade de Schwitzerhof*, Salon 1866; *Portr. de l'évêque de St-Claude*, Salon 1868; *Portr. de Caroline Sancy, supérieure de l'hôpital de Chalon*, 1873; *Les joueurs de boule, à Rome*, um 1874; *Une rue à Tunis*, um 1880. 🏛 CHALON-SUR-SAONE, Mus. Denon: Les Ménines, 1865 (nach dem Gem. Las Meninas von D. Velázquez). ⊙ *G:* 1863–68 Paris, Salon. ▭ ThB9, 1913. DBF XI, 1967; *Laveissière* I, 1980; *Karel*, 1992; *Bénézit* IV, 1999. R. T.

Destailleur, *Hippolyte-Alexandre (Hippolyte-Alexandre-Gabriel-Walter)*, frz. Architekt, Kunstschriftsteller, * 27. 9. 1822 Paris, † 17. 11. 1893 ebd. Sohn von François Hippolyte D., Vater von Walter-André D., Bruder der Malerinnen Hélène-Charlotte-Juliette de Bourge und Emma Leroux de Lincy sowie des Malers Henri-Prosper-Alfred D. Stud.: ab 1842 EcBA Paris bei Achille François René Leclère. Von Beginn seiner Laufbahn auf eine historisierende Bauweise spezialisiert, beginnt D. 1854 mit der Konzeption für die Erweiterung und Ausstattung des Hôtel d'Haussonville in Paris (35, rue Saint-Dominique/rue de Bourgogne, 7. Arr., 1854–64 erb., heute Sitz der Zentralverwaltung des Kultus-Minist.). 1861 Durchbruch der Rue François Ier (8. Arr.) nach D.s Plänen. 1865/66 und 1869–73 wird nach seiner Konzeption das 1835/36 von Jacques Félix Duban erb. Hôtel Pourtalès (Rue Tronchet, 8. Arr.) in zwei Bauphasen unter Bewahrung der alten Fassade völlig entkernt und im Inneren grundlegend neu gestaltet. 1880 Entwurf im Louis-quatorze-Stil für das Hôtel Cahen d'Anvers (2, rue de Bassano/rue Georges Bizet, 8. Arr., 1880/81 erb.), das D. mit Boiserien ausstattet, die Germain Boffrand 1709 für das Hôtel de Mayenne gestaltet hatte. Neben größeren Bauwerken Errichtung von Grabmälern: 1863 für den Maler Louis Hersent (Friedhof Père-Lachaise, zus. mit den Bildhauern François Gaspard Aimé Lanno und Doussamy); 1874–76 für die Fam. Collard (Friedhof Montparnasse, mit den Bildhauern Jules Franceschi und Doussamy); Grabdenkmal für den 1879 verstorbenen kaiserl. Prinzen (Sohn von Napoleon III.; 6, rue de la Bourdonnais, 7. Arr.). Auch außerhalb von Frankreich erfolgreich tätig, realisiert D. mehrere bed. Aufträge für die Fam. Rothschild: 1842–55 Ausstattung von Schloß Schillersdorf in Moravien für Salomon de Rothschild; Bau des Pal. für Albert de Rothschild in Wien, 1876 (Heugasse 24–26, 1955 abgerissen), und des Schlosses im engl. Waddesdon Manor bei Aylesbury/Bucks. für Ferdinand de Rothschild, ab 1880 (1889 vom Sohn fortgesetzt; heute Heimstatt bed. Kunst-Slgn). 1872 Schloß-Rest. für den Fürsten Hans Heinrich XI. von Pless im oberschles. Pless (heute Pszczyna/Polen); 1872–75 Bau von dessen Palais in Berlin (Wilhelmstraße 78). In Farnborough/Hants. errichtet D. 1881 die Grab-Kap. für Napoleon III. und den kaiserl. Prinzen, 1881–86 das Schloß für Kaiserin Eugénie und 1883–88 die St. Michael's Abbey. 1883 Reise nach Berlin; im Auftrag von Prinz Friedrich Carl von Preußen fertigt D. Entwürfe für ein großes Schloß in Stadtnähe (nicht ausgef.). Neben der prakt. Tätigkeit trägt er eine umfangreiche Slg mit Ornamentstichen aus dem 16.–18. Jh. zus., die er 1879 dem KGM in Berlin verkauft. Später ergänzt er die Slgn um Zchngn, Graphiken und wertvolle Bücher, die das Cab. des Estampes in der Pariser BN 1890 zum großen Teil erwirbt. Ausz.: 1878 Ritter der Ehrenlegion; 1890 Med. de l'archit. priv. der Soc. centrale. Ämter: 1846 Sous-inspecteur des travaux de la Ville de Paris; 1852 Architekt des Justiz-Minist., der Imprimerie nat. und des Hôtel des Monnaies als Nachf. seines Vaters. Mitgl.: Abt. Archit. in der ABA (1885 und 1894 Präs.); Fond. Taylor; Caisse de défense mutuelle des architectes. – Berckenhagen (1970) wertet D. als typ. Architekten des 19. Jh., der für seine Entwürfe Elemente aller Baustile vom MA bis zum Barock aufgreift. Trotz intensiver Beschäftigung mit Bau- und Dekorationsformen vergangener Epochen zur Vorbereitung von Rest.-Arbeiten an Schlössern und Hôtels und trotz der Verfügbarkeit entsprechender Unterlagen (Ornamentstich-Slg) gelingen ihm adäquate Rest. nach heute gültigen Kriterien wohl in den wenigsten Fällen (z.T. wurden Elemente bei späteren Rest. wieder entfernt, z.B. am Schloß von Courances). Durch die vielfältigen und bed. Arbeiten für hochrangige Auftraggeber aus ganz Europa gilt D. dennoch als herausragender Architekt seiner Zeit. AUTEUIL/Hauts-de-Seine: Tribünen der Pferderennbahn, 1873. COURANCES/Essonne: Rest. des Schlosses von Baron de Haber. FRANCONVILLE/Val-d'Oise: Schloß für den Duc de Massa (nach dem Vorbild des Schlosses Maison-Laffitte von François Mansart). MAINTENON/Eure-et-Loir: Rest. des Schlosses. MOUCHY-LE-CHATEL/Oise: Rest. des Schlosses, 1856–61. PARIS, 77, rue de Varenne (7. Arr.), Hôtel Biron: Mutterhaus des Ordens der Dames du Sacré-Cœur, 1859/60 (heute Hauptgebäude vom Lycée Victor Duruy und MN Auguste Rodin). – 176 (ehem. 118), boulevard Haussmann: Wohnhaus für Monsieur Cramail, 1866. – 123, rue Saint-Dominique (7. Arr.): Hôtel de Béhague, 1866/67 (1895–1904 vom Sohn umgestaltet; seit 1939 Sitz der Rumän. Botschaft). – Boulevard de Courcelles: Hôtel Mouchy, 1867–74. – 60, boulevard de la Tour-Maubourg (7. Arr.): Hôtel de Noailles, 1868. – 37, rue de Courcelles (8. Arr.): Hôtel für Monsieur Cramail, 1877. – Rue Les Cases (7. Arr.), Basilika Ste-Clotilde: Chap. des Catéchismes (1878 Auftrag, 5. 2. 1881 Weihe). VAUX-LE-VICOMTE/Seine-et-Marne: Rest. des Schlosses für Alfred Sommier, 1875. VOUZERON/Cher: Château de la Triboulette für Baron Eugène Roger, 1887–93. – *Entwürfe:* BERLIN, SMPK, Kunst-Bibl.: Coll. Destailleur (19 Bde mit 1651 Entwurfs-Zchngn, 1855–89; 1967 von priv. im Pariser Kunsthandel erworben, Geschenk an die Bibl.; detaillierte Angaben cf. Berckenhagen, 1970). PARIS, Conservatoire nat. des Arts et Métiers, Centre de documentation d'hist. de la construction XIXe-XXe s. Ancienne serrurerie franç. 1551–1776, GBA v. 1. 4. 1859, 23; Recueil d'estampes relatives à l'ornementation des appartements aux XVIe, XVIIe et XVIIIe ss., I-II, P. 1863; Not. sur quelques artistes franç., architectes, dessinateurs, graveurs, du XVIe au XVIIIe s., P. 1863; *J. A. Du Cerceau*, Les plus excellents bastiments de France (1576), ed. *G. H. D.*, I-II, P. 1868–70. ThB9, 1913. *Delaire*, 1907; DBF XI, 1967; *Dugast/Parizet* II, 1991; Dict. des mon. de Paris, P. 1995; Dict. des églises de Paris, catholique, orthodoxe, protestant, P. 1995; DA VIII, 1996 (s.v. Fam. D.). – *P. d'Estailleur-Chantereine*, GBA 54:1959 (Juli/Aug.) 13–16 (Schloß Waddesdon Manor); *Berckenhagen*, 1970 (vollst. Verz. der Bauwerke und aller Zchngn der Coll. Destailleur in Berlin, SMPK, Kunst-Bibl.); *R. Wagner-Rieger*, Wiens Archit. im 19. Jh., W. 1970 (Pal. Rothschild); *H. Mielke u.a.*, Fünf Architekten aus fünf Jh. Zchngn von Hans Vredeman de Vries ... (K Wander-Ausst.), B. 1976; Le parisien chez lui au XIXe s. (K Arch. nat.), P. 1976, 62; Le Faubourg Saint-Germain. La rue de Varenne (K MN Auguste Rodin), P. 1981, 82; *P. Siguret*, Chaillot, Passy, Auteuil, le Bois de Boulogne. Le 16e arr., P. 1982, 197, 248, 287; Le Faubourg Saint-Germain. La rue Saint-Dominique (K MN Auguste Rodin), P. 1984, 214; *C. Lamy-Lassalle*, BSHAF 1987, 245–256 (La Chap. des Catéchismes); *C. de Vaulchier*, Acad. d'archit. Cat. des coll. 1750–1900, I, P. 1987, 273–287, 293; *D. Van Zanten*, Designing Paris. The archit. of Duban, Labrouste, Duc and Vaudoyer, C., Mass. 1987, 119 s.; *B. Toulier*, Le Château solognot au XIXe s., Mon. hist. 1989 (164) 56–63; *B. Garnier*, Hist. de l'art 1990 (12) 69–79 (plast. Schmuck in den Gärten von Vaux-le-Vicomte); *G. Rousset-Charny*, Les pal. parisiens de la Belle Epoque, P. 1990, 38 s.; *B. Toulier*, Châteaux en Sologne, P. 1991 (Cah. de l'inv., 26) 34, 61, 202, 210, 256–259; Le XVIe arr., Chaillot-Passy-Auteuil, P. 1992, 161 s.; L'œuvre des architectes de l'Ec. franç. au milieu du XVIIe à nos jours (K Pal. du Rhin), Strasbourg 1992, Nrn 578 s.; Die Rothschilds (K Jüd. Mus. Frankfurt am Main), Sigmaringen 1994, 254 ss., 261 ss.; *B. Evers* (Ed.), Kunst in der Bibl. Zur Gesch. der Kunst-Bibl. und ihrer Slgn (K), B. 1994; *D. Van Zanten*, Building Paris. Architectural institutions and the transformation of the French capital, 1830–1870, C., Mass./N. Y. 1994, 179 s., 183–187; Waddesdon Manor, Apollo 1994 (April, Sonder-Nr); Mém. de marbre. La sculpt. funéraire en France 1804–1914 (K Bibl. hist. de la ville de Paris), P. 1995, 410; *F. Colin-Bertin*, VIIe arr., P. 1995 (Le guide du promeneur), 80; *P. Prévost-Marcilhacy*, Les Rothschild, bâtisseurs et mécènes, P. 1995, 343–347, 350, 355–358, 364; *S. Gaubert/R. Cohu*, Arch. d'architectes, P. 1996, 146, 153, 164; Félix Duban, 1798–1870. Les couleurs de l'architecte (K Château de Blois), P. 1996, 144 ss.; *A. Geraghty*, Apollo 1996 (Jan.) 9–12 (St. Michael's Abbey, Farnborough); Architekten als Designer (K Berlin), M. 1998. – Berlin, SMPK, KGM; Kunst-Bibl.: OZ 107. Paris, BN (Fonds D.); Arch. nat.: 536 AP (Fonds D.), AJ[52]363 (Studentenakte der EcBA); Acad. d'Archit. (Fonds D.). C. Zuzinec

Destailleur, *Louis-Henri-Alfred* → **Destailleur,** *Henri-Prosper-Alfred*

Destailleur (D'Estailleur), *Walter-André*, frz. Architekt, * 12. 7. 1867 Thiais/Val-de-Marne, † März 1940 Paris. Sohn von Hippolyte-Alexandre D. Stud.: ab 1890 EcBA Paris bei Honoré Daumet und Charles Girault. Zunächst Mitarb. des Vaters; 1893 Übernahme von dessen Planungsbüro. Ausz.: 1936 Ritter der Ehrenlegion. Mitgl.: Soc. centrale; Abt. Archit. der ABA (1902 und 1919 Präs.). – Spezialisiert sich wie sein Vorgänger auf den priv. Wohnungsbau im Renaiss.-, Louis-quinze- und Louis-seize-Stil für eine im wesentl. aus der Aristokratie stammende Klientel. Fast drei Viertel seiner Tätigkeit betrifft Rest.-Vorhaben, Erweiterungsmaßnahmen und Innenausgestaltungen. *Bauwerke:* BELLEAU/Aisne: Rekonstr. der Kirche, 1929. KAIRO: Plan für eine Gartenstadt in Kasr el Beg. LOECHES/Alcalá de Henares, Dominikanerkloster: Pantheon der Herzöge von Alba, 1905–13. MADRID: Casa de Errazu, 1920. MOUVAUX/Nord: Hôtel Flipeau-Mazurel, 1927–30. PARIS: 51, rue François I: Hôtel Roger, 1900. – 57, rue La Boétie: Hôtel Wildenstein, 1903. – 1, rue Le Tasse: Hôtel L. de Errazu, 1904. – 88, av. Foch: Hôtel L. Renault, 1914. – rue Matignon/Ecke rue Ponthieu: Mietshaus, 1912. – Friedhof Père Lachaise: Grabmäler von Leroux, 1895, Letellier, 1912, und Roger, 1924. SAINZ-GOAZEC/Finistère: Schloß Trévarez, 1894–1904. – *Rest.- und Umgestaltungsmaßnahmen:* CHAMPS: Schloß, 1896–99. COMBE COURT/Surrey: 1909. FARNBOROUGH/ Hants., Farnborough Hill: 1906–10. FONTAINE-SOUS-JOUY/Eure: Schloß La Ronce, 1934. LA CELLE-SAINT-CLOUD/Yvelines: Schloß, 1927. MADRID: Pal. de Agrela, 1907; Pal. de Liria, 1911–13, 1921; Pal. de Fernán Nuñes, 1923; Casa Yturbe, 1911; Casa Parcent, 1922–24. PARIS, rue Tronchet: Hôtel de Pourtales, 1895–1901. – rue Saint-Dominique: Hôtel de Béarn, 1895–1904. – rue d'Astorg: Hôtel Mouchy; rue Matignon: Hôtel Jousselin, beide 1896. – rue P. Charron: Hôtel Bourg de Boza, 1902–05. – Pl. de la Concorde: Hôtel Crillon, 1907–09. – boulevard Flandrin: Hôtel Lenoir, 1916. – av. Georges V: Botschaft Spaniens, 1920. – av. Foch: Hôtel Rothschild, 1922–29. – rue La Boétie: Gal. Rosenberg, 1925. – rue de Grenelle: Hôtel Bauffremont, 1932. – rue de Monceau: Hôtel, 1934–38. ROUBAIX: Hôtel Mazurel, 1927. SENLIS: Maisons Carter, 1929. TRIEL-SUR-SEINE/Yvelines: Villa D., 1928–30. WADDESDON MANOR/Bucks.: 1891–98. – *Entwürfe:* PARIS, Conservatoire nat. des Arts et Métiers. ⊙ *G:* 1904 Saint-Louis: WA. ▭ ThB9, 1913 (* 12. 6. 1867). *Delaire*, 1907; DBF XI, 1967; *Dugast/Parizet* II, 1991; Dict. des mon. de Paris, P. 1995. – *P. F. Sageret*, Almanach et annuaire des bâtiments des travaux publics et de la voirie ..., P. 1925–39; *P. Destailleur-Chantereine*, GBA 54:1959 (Juli/Aug.) 13–16 (Schloß Waddesdon Manor); Le parisien chez lui au XIXe s. (K Arch. nat.), P. 1976, 110; *A. Blunt*, Apollo 1977 (Juni) 409–415 (Waddesdon Manor); *B. Pons*, Grand et petit hôtel de Béague. Hôtel de Béarn, in: Le faubourg Saint-Germain, la rue Saint-Dominique (K MN Auguste Rodin), P. 1984, 214 ss.; Pal. et grands hôtels d'Europe, P. 1984, 23; *D. Van Zanten*, Designing Paris. The archit. of Duban, Labrouste, Duc and Vaudoyer, C., Mass. 1987, 120; *D. Leborgne* (Ed.), Les Champs-Elysées et leur quartier (K Mus. Jacquemart-André), P. 1988, 146; *F. Talon*, Les grands hôtels de voyageurs, in: Les Champs-Elysées et leur quartier, P. 1988, 152 ss.; *M. Le Goffe*, Une dynastie d'architectes. Les D., Brest 1989; *G. Rousset-Charny* (Ed.), Les pal. parisiens de la Belle Epoque (K), P. 1990; *id.*, Classicisme dans les années 1900, in: Le 16e arr., Chaillot, Passy, Auteuil..., P. 1991, 162; *G. Joudiou/ P. Wittmer*, Cent jardins à Paris et en Ile-de-France, P. 1992, 111; *B. Toulier*, Châteaux en Sologne, P. 1992, 202, 210; *J.-M. Pérouse de Montclos* (Ed.), Le guide du patrimoine. Paris, P. 1994, 130 s., 178, 427; *P. Prévost-Marcilhacy*, Les Rothschild, bâtisseurs et mécènes, P. 1995, 321, 343–347, 364; *S. Gaubert/R. Cohu*, Arch. d'architectes, P. 1996, 146; Du Palais au palace. Des grands hôtels de voyageurs à Paris au XIXe s. (K Mus. Carnavalet), P. 1998, 41. – Berlin, SMPK, Kunst-Bibl.: OZ107. Paris, Arch. nat., Fonds D.: CP 536AP/01...98; Inst. franç. d'Archit., Dok. Quimper, Arch. dép. du Finistère, Fonds de Trévarez: 109 J. – Mitt. C. Zuzinec, Paris. C. Loupiac

Destain, *André François*, wallon. Maler, * 1. 12. 1732 Lüttich, † vor 1783. – Verwechslung mit dem Werk von François D. ▭ ThB9, 1913. U. R.

Destain, *François*, Lütticher Maler, * um 1685, † 6. 8. 1760 Chênée. ⚭ Jeanne Février, 1725–43 zehn gemeinsame Kinder getauft. Vor 1723 Artilleriekapitän unter Joseph Clemenz von Bayern. 1724 beantragt D. eine Lotterie zum Verkauf eines von Joseph Clemenz bestellten Gem. – D. malt Hll., mytholog. Figuren und Portr.: Min.-Portr., 1724 belegt; *Gruppenbildnis J. C. F. de Goer de Herve und seiner Schwester Isabella Henriette Antoinette mit Kindern*, sign., 1732; zwei ganzfigurige Portr. von *Marguerite Haguet* und ihrem Ehemann *Guillaume Harlez*, sign., dat. 1740 oder '46; Schild einer Confrèrie de la Visitation de Notre-Dame de St-Remy, sign., dat. 1747; Bildnis eines Unbekannten, sign., dat. 1752 (Priv.-Slg); *Vertumne et Pomone*, 1753 bestellt von der Gerichtskanzlei des Adelsstandes. Im Zeugenstand bez. sich D. 1746 als Historienmaler. Daneben Lsch. und Stadtansichten. 1731–33 malt D. eine Vorlage für einen herald. Kalender der Kathedrale St-Paul in Lüttich, mit einer *Ansicht von Lüttich*, die jedoch nicht gestochen wird. Er greift dabei auf eine Vorlage von Jean-Baptiste van Loo und eines Kalenders aus Hildesheim zurück. 1753 Aufträge für das erzbischöfl. Pal. der Stadt. Schüler: J. Bernimoulin. 🏛 BLAIMONT, Kap.: St. Lambert, sign., dat. 1740. LÜTTICH, Mus. d'Asembourg: Herald. Kalender (fälschl. D. zugeschr.). ⊙ *G:* 1881 Lüttich: Expos. de l'art ancien au pays de Liège. ▭ ThB9, 1913. DPB I, 1995. – *J. Philippe*, Cat. des peintres de l'éc. liégeoise 15.–19. s., Liège 1955; *id.*, Inv. archéol. du Pays de Liège. Le sculpteur Jean-Pierre Heuvelman, Liège 1963 (Sonderdruck); *M. Bouchat*, Bull. de l'Inst. archéol. liégeois 97:1985, 5–39; *id.*, in: La peint. liégeoise des 17e et 18e s., Liège 1986. U. R.

Destain, *Joseph Gabriel*, frz. Architekt, Fortifikationsoffizier, nach 1716 in Schweden tätig, † Dez. 1740 Stockholm (begr. auf dem Friedhof der Jakobskirche). Mit 14 Jahren Unterricht bei seinem Vater in Zchng, Archit. und Mathematik. Stud. in Paris bei mehreren hervorragenden Architekten; auch zwei Jahre Skulptur-Stud. Drei Jahre im Dienst des Prinzen von Lothringen, beteiligt an einem Schloßbau in der Nähe von Nancy. Danach ein Jahr Dienst bei einem Ing. Thomas (Konstruktion von Kanonen und and. Kriegs-Mat.). Kam 1716 zus. mit dem frz. Militär und Fachautor J. C. Folard nach Schweden und wurde als „Dessinateur" in der Fortifikation angestellt. Verlor wie viele and. 1719 seine Anstellung und sollte lt. einem kgl. Brief (v. 6. 7. 1719) 200 Taler Silber für seine Rückreise nach Frankreich bekommen. Viell. wegen Problemen mit der Auszahlung des Geldes blieb D. aber in Schweden. Bekam 1722 als Kapitän seinen Abschied aus der Fortifikation. 1730 Lehrer der kgl. Pagen in Schreibkunst und frz. Sprache. Wurde vermutl. schon 1719 Sekretär von Reichsrat Graf Magnus Julius De la Gardie, der ihn aus Barmherzigkeit in sein Haus aufnahm und ihn zum Lehrer seiner Kinder machte. 1720 begann der Bau einer neuen Schloßanlage (dreigeschossiges Hauptgebäude, zwei Flügel auf der Seeseite; später stark verändert) auf De la Gardies Tullgarn/Södermanland mit D. als Baumeister und vermutl. auch als Architekten, obwohl keine Pläne von D.s Hand erh. sind (voll. 1727). D.s Entwürfe für Bergshammar und Björksund dagegen sind erh. (in den betreffenden Guts-Arch.). Um 1727 endete D.s Tätigkeit als Architekt abrupt, viell. weil Carl Hårleman aus Frankreich zurückgekommen und ein zu großer Konkurrent geworden war. Lt. Selling war aber D.s kurzes Gastspiel in der schwed. Architekturgeschichte nicht ohne Bedeutung. Er gab einigen der bedeutendsten Güter in Schweden die architekton. Form und bildet mit seinen einfachen, klaren und streng symmetr. Gebäuden ein Glied zwischen Tessins Barock und Hårlemans Rokoko. D. folgte hauptsächl. der schwed. Tradition und zeigte nur in einigen Details, z.B. in der Vorliebe für hohe frz. Fenster, seine ausländ. Ausbildung und Herkunft. 🏛 BERGSHAMMAR/Södermanland: Hauptgebäude des Gutes von Johan Gabriel Sack, 1720–27. BJÖRKSUND/Södermanland: Hauptgebäude des Gutes von Graf Nils Göransson Gyllenstierna, voll. 1727. TULLGARN/Södermanland: Schloß, 1720–27. 📖 ThB9, 1913 (s.v. Desteng). SvBL XI, 1945 (Lit.); SvKL II, 1953. – *G. Selling*, Svenska herrgårdshem under 1700-talet, Sth. 1932 (Repr. Sth. 1991); *S.Å. Nilsson*, Det sköna 1700-talet, Sth. 1993. I. L.Ångström

Destape, *Louis Alexandre*, frz. Marinemaler, * Paris, 1880–81 Ausst. im dortigen SAfr. Das Bild *Plage de Berneval*, ehem. im MBA Caen, ist seit der Zerstörung des Mus. im 2. WK verschollen. 📖 ThB9, 1913. *Harambourg*, 1985.

Destappe, *François-Jacques-Marie-Maurice (François-Maurice)*, frz. Maler, Radierer, * Paris, 19. Jh. Schüler von Jules Achille Noël, Victor Dupré und Emile Bin. V.a. Ansichten von Hafenstädten in der Normandie und Bretagne, aus den Niederlanden und aus Vietnam. D. war auch als Radierer tätig (z.B. *Cahier de six marines*). 🏛 LONDON, V & A: Cabane de pêcheurs au bord de la mer (Rad.). 👁 *G:* 1866–82 Paris, SAfr. (Debüt mit Bateau à vapeur remorquant un brick marchand americain, souvenir d'Honfleur) 📖 ThB9, 1913. *Harambourg*, 1985; *Bénézit* IV, 1999. H.-P. Bühler

Destarac, *Michèle*, frz. Malerin, * 1. 9. 1943 Paris, lebt ebd. Aufenthalte u.a. in Deutschland, dort Auseinandersetzung mit dem Expressionismus. – Ab 1958 abstrakt-poet. Malerei in Annäherung an Aqu.-Technik. 👁 *E:* 1972 Paris / 1984 New York, Denise Cadé Gall. – *G:* Paris: 1964 Bienn.; 1973 Salon des Réalités Nouv. 📖 *Bénézit* III, 1976. – *M. Perlman*, Art news 84:1985 (Febr.) 146 s. K. S.-D.

Destay, *Jean*, Sieur du Briou, frz. Maler, * um 1614, † 3. 3. 1685, lebte in Morlaix und 1638–45 in Brest. Peintre de la Marine. Malte 1638 ein Gem. des Rosenkranz-Retabels für Pédernec/Côtes-du-Nord und 1645 das Retabel für Landébaëron/Côtes-du-Nord. 📖 *Castel/Thomas/Daniel*, 1987. C. R.

D'Este, *Alessandro*, ital. Bildhauer, * 20. 8. 1783 Rom, † 8. 12. 1826 ebd. Sohn des Bildhauers Antonio D. und der Teresa Arrigoni. Bruder von Giuseppe D. Vermittelt durch seinen Vater und mit diesem schon sehr jung im Atelier von Antonio Canova, wo er bis zu dessen Tod 1822 arbeitet. Neben Adamo Tadolini ist D. der Vorzugsschüler von Canova. Beginnt als Steinmetz an den Sacri Pal. Apostolici und ist dann mit seinem Vater an der Einrichtung des Mus. Chiaramonti beteiligt, zu dessen Vize-Dir. er 1805 berufen wird. D.s erstes dok. Werk ist ein *Mars*, um 1803 (verschollen). 1809 wird Canova (nunmehr „presidente perpetuo dei Virtuosi della Rotonda") vom Papst mit neuen Büsten und Hermen von Künstlern und Literaten für das Pantheon beauftragt. Er überträgt 1813 D. die Bildnisse von *Brunelleschi*, *Tizian*, *Michelangelo*, *Tasso* und *Dante* und 1815 die von *Bramante*, *Giotto*, *Giulio Romano*, *Domenichino* und *Nicola Pisano*. Da die Slg zu umfangreich zu werden droht, läßt Staatssekretär Kardinal Consalvi einen zusätzl. Raum in der Protomoteca Capitolina des Pal. dei Conservatori einrichten. 1812 realisiert D. ein Flachrelief mit 26 Figuren der *Fama* und 22 Portr.-Medaillons namhafter Persönlichkeiten für das zweite Gab. dell'Imperatore im Pal. del Quirinale (damals Pal. Imperiale). D. bekleidet zahlr. wichtige Ämter: Sekretär des Ispettorato delle BA (während der frz. Verwaltung 1809–14) und Vize-Konservator des Mus. Imperiale del Vaticano. Nach der Rückkehr von Papst Pius VII. wird D. am 10. 6. 1815 zum Coadiutore für Skulpt. der Pal. Apostolici und (durch Beschluß von Kardinal Naro) wenig später zum Vize-Dir. (Dir. war sein Vater) der Mus. ernannt; zus. mit seinem Bruder Giuseppe ist er an der Neuordnung der Slgn beteiligt. Von Kardinal Consalvi wird er nach Paris zu Canova geschickt, der dort zus. mit Abate Sartori die von Napoleon (nach dem Vertrag von Tolentino) geraubten Kunstgüter zurückholen sollte. Dies droht am Widerstand der Reg. von Louis XVIII (im Bündnis u.a. mit Zar Alexander) zu scheitern; dem sich aber England (v.a. Lord Wellington, der Viscount of Castlereagh und Sir William Hamilton), Österreich und Preußen entgegenstellen. Als Canova nach London abreist, bleibt D. in Paris, um die Rückführung der Kunstschätze weiter voranzubringen (er erwirkt mit finanzieller Beteiligung Englands den Transport von 166 Objekten). Im Jan. 1816 Rückkehr nach Rom und (mit 3 Gegenstimmen) Wahl zum Mitgl. der Accad. di S. Luca, wo er 1819–23 anwesend ist und wo sich D.s Portr. von Stefano Tofanelli befindet. Rest. im Auftrag von Canova und nach dessen Anweisungen Arme und Kopf des in Ostia aufgefundenen „Antinoos lateranense". Nach Canovas Tod 1822 erklärt sich D. gegenüber der Accad. di S. Luca bereit, ohne Honorar eine Statue von Canova anzufertigen (Arch. Stor. dell'Accad. di S. Luca, Brief von D. an Francesco Massimiliano Laboureur v. 22. 10. 1822). Skulptiert dann eine *Canova-Büste* als en face-Darst. im vorgerückten Alter, auch Ehrenbezeigung des Schülers an seinen Lehrer, der D. nicht nur vorzugsweise schätzte, sondern ihm auch testamentar. erlaubt, sein Atelier zu nutzen und ihm 300 Scudi vermacht. 27. 11. 1823 ⚭ Matilde Salviucci. D. ist, bes. auch bei seiner Arbeit für die Vatikan. Mus., maßgebl. durch seinen Vater geprägt. Von diesem wurden einem Alessandro D., einem gleichnamigen Verwandten, die (Canova gewidmeten) Mem. von A. Canova in Auftrag gegeben. Erwähnenswert ferner ein *Cestiario* und ein *Gladiatore* von D. 🏛 ROM, Pin. Capitolina: Raffaele Stern, Herme, Marmor, 1820–23. – Città del Vaticano, 2. Loggia von Raffael: Raffael, Büste, Marmor. ✉ *A. D./G. D'Este*, Elenco degli oggetti esistenti nel Nuovo Braccio del Mus. Chiaramonti, R. 1822. 📖 ThB11, 1915 (s.v. Este, Alessandro d'). *G. Garollo*,

Diz. biogr. univ., Mi. 1907; *Vicario*, 1990; DBI XX-XIX, 1991 (Lit.); *Panzetta*, 1994; DA X, 1996 (s.v. Este, Fam.). – *G. Melchiorri*, Guida metodica di Roma e suoi contorni, R. 1856, 510; *A. Ferrajoli* (Ed.), Lett. inedite di A. Canova al cardinale Ercole Consalvi, R. 1888, 6, 25; *A. Campani*, Arch. stor. dell'arte 5:1892, 192; *Ricco-boni*, 1942; *C. Pietrangeli*, Capitolium 27:1952 (7/8) 184 s.; *L. Cicognara*, Lett. ad Antonio Canova, ed. *G. Venturi*, Urbino 1973, 7, 14; *S. Susinno*, in: L'Accad. Naz. di S. Luca, R. 1975, 263, Anm. 66; TCI Roma e dintorni, 1977, 82, 265; *Incisa della Rocchetta*, 1979; Storia-ArteItal (Einaudi) VI. 1, 1981, 69; VI. 2, 1982, 961; *C. Pietrangeli*, I Mus. Vaticani, cinque sec. di storia, R. 1985, 121, 125 s., 128 s., 140; *F. Botti*, in: Bertel Thorvaldsen, 1770–1844. Scultore danese a Roma (K), R. 1989, 97. – Rom, Arch. Stor. dell'Accad. di S. Luca: Registro delle Congregazioni economiche 1813–19, vol. 72, n. 28, cc. 290 s.; n. 58, c. 38 v.; n. 59, c. 60 v.; Arch. Stor. Capitolino: Curia Capitolina 28. 8. 1827, Confutatio pro ereditas Alexandri d'Este; 14. 5. 1822, Quietanza pro domino d'Este; 19. 1. 1822, Enfiteusi pro Venerabilis Arciospitalis S. Jacopi Incurabili et Alexander d'Este; 6. 3. 1822, Emancipatio pro dominus Alexander d'Este; 23. 7. 1822, Successori Ferruzzi, Retrovenditio pro Eugenio Rasponi, Aloisius Ferrucci et Alexander d'Este; 12. 4. 1823, Venditio pro dominus Alexander d'Este; Bibl. Apostolica Vaticana: Deposito B 290, collocazione provvisoria. E. Debenedetti

D'Este, *Antonio*, ital. Bildhauer, Restaurator, Kunsthändler, * 1754 Venedig, † 13. 9. 1837 (Cholera) Rom. Vater von Giuseppe und Alessandro D. Erster Unterricht bei Giuseppe Torretti († 22. 2. 1773) in Venedig; parallel dazu Abendkurse an der Accad. del Nudo und Besuche der Gall. Farsetti; Freundschaft mit Antonio Canova. Mit Giovanni Ferrari, dem Nachf. in Torrettis venez. Atelier, reist D. 1775 nach Rom. Nach anfängl. Zus.-Arbeit trennen sich die beiden Bildhauer wegen versch. Differenzen, und D. setzt seine Ausb. vermutl. zunächst im Atelier von Massimiliano Trombetta und dann von Francesco Massimiliano Laboureur fort. E. 1779 geht er zu Ferdinando Lisandroni; seit dieser Zeit hält sich auch Canova in Rom auf. 1779 ⚭ Teresa Arrigoni. Nach seiner venez. Ausb. orientiert sich D. an überwiegend restaurator. tätigen Meistern wie Laboureur, der die Skulpt. des Casino Borghese rest., und Lisandroni, der bes. für die Mus. Vaticani arbeitet, daneben aber auch als Porträtist Hervorragendes leistet (z.B. seine beiden Büsten von Papst Pius VI.). D. kann bei letzterem den ihm weniger vertrauten Bereich der Portr.-Kunst vertiefen. Die Rest.-Arbeiten führen fast 15 Jahre beide in einem gemeinsamen Atelier in der Nähe von S. Ignazio (wohl im Gebäude des Seminario Romano, das nach Aufhebung der Compagnia di Gesù unbenutzt war) aus. Beide Bildhauer sind häufig an den wichtigsten Rest. dieser Epoche beteiligt; ebenso an den signifikantesten Ankäufen antiker Kunstwerke. Sie agieren in den frühen 80er Jahren auch als Kunsthändler, etwa im Auftrag des vermögenden engl. Sammlers H. Blundell, Earl of Ince, für den D. zahlr. Werke erwirbt und rest., z.B. die in den Albaner Bergen gefundene Muse *Urania*. Hinzu kommen Rest. an einem *Faun* der vatikan. Slgn oder an Skulpt., welche die Brüder Hope angekauft hatten. Canova erw. anläßl. seiner Englandreise von 1815 u.a. einen *Apoll und Hyazinth* in der Gal. des Thomas Hope, den D. rest. hatte. Überdies scheint Lisandroni 1783–92 das Monopol auf das sogen. „risarcimento" (Ausbesserung, Ergänzung) aller bei den päpstl. Ausgrabungen in der Villa dei Quintili gefundenen Kunstwerke innegehabt zu haben. Fest steht, daß Lisandroni und D. in Beantwortung einer Art Meldepflicht für Besitzer antiker Kunstwerke, die anläßl. der Einsetzung von Papst Pius VII. am 1. 10. 1802 gefordert worden war, folgende Aufstellung liefern (Arch. di Stato di Roma): 11 Statuen, 30 Torsi, 78 Köpfe und Büsten, 2 Flachreliefs, 298 Ornamentteile und 2 reliefierte Säulentorsi, die alle zus. von den Mus. Vaticani für 1700 Scudi angekauft werden. Um 1800 beendet D. seine eigenständige Arbeit mit Lisandroni, um sich vollst. der Verwaltung des Ateliers seines Freundes Canova zu widmen (nachdem er lange beide Tätigkeiten gleichzeitig ausgeübt hatte; cf. A. D., Mem. di Antonio Canova ..., Fi. 1864). Mit dem Eintritt von D. in Canovas Atelier (Via di S. Giacomo) wurde dessen Verwaltung spürbar effektiver. D. übernimmt neben detaillierten und diffizilen Pflichten auch die Unterhaltung der Kontakte zu versch. Mäzenen, bringt Verträge zum Abschluß und setzt die Auftragshonorare für Arbeiten fest. D.s bed. Stellung betr. auch die chalkograph. Aktivitäten von Canovas Atelier, zumal er Beziehungen zu den besten Stechern der Zeit hat, die er an (häufig venez.) Auftraggeber vermittelt, wie aus seinem Briefwechsel (1793–1802) mit Conte Daniele Ippolito degli Oddi in Padua hervorgeht (dort gen. namhafte Stecher wie Pietro Fontana, Raphael Morghen, Pietro Marco Vitali und Giovanni Volpato, deren Drucke D. in Adelskreisen von Padua und bes. Venedig verbreitet). Wohl wegen seiner Kompetenz in diesem Bereich gründet er 1794/95 zus. mit Tommaso Piroli und Pietro Marco Vitali eine Ges., die nach Werken von Canova stechen läßt (u.a. ein der Akad. in Padua dediziertes Album). Trotz seiner zahlr. Verpflichtungen widmet sich D. weiterhin der Bildhauerei (nach Schließung der Wkst. bei S. Ignazio in einem kleinen Atelier bei den Ursulinerinnen). Canova selbst verschafft ihm schon 1790 einen ersten wichtigen Auftrag: die Kopie des *Apoll von Belvedere* für Stanislaus II. August, König von Polen, (zus. mit der Kopie des Herkules Farnese von Giuseppe Angelini) für den Salon in Schloß Lazienki b. Warschau (ebd. erh., sign.). Neben der Tätigkeit als Restaurator und Händler mit antiker Kunst oder Kopist antiker Werke ist D. auch Autor von Portr. und Genre-Darstellungen. Die erste Gelegenheit dazu bietet sich 1792/93 mit dem Auftrag für eine Büste des *Conte Domenico Ippolito degli Oddi*. 1795 folgt eine bed. *Herme des Canova* in zeitgen. Kleidung (heute Tempio di Possagno). Deren Stich von T. Piroli trägt eine Inschr. des bergamask. Autors E. Q. Visconti und ist char. für jene Periode, in der die beiden Künstler mit P. M. Vitali ihre Sozietät zur Reprod. von Reliefs des A. Canova gründeten. Die Jahre 1794/95 sind sehr produktiv, v.a. im Bereich der Portr.-Plastik: in den ersten Monaten des Jahres 1795 (während einer Neapel-Reise) skulptiert D. im Auftrag von Sir J. F. E. Acton zahlr. Portr. (cf. Brief an Conte D. I. degli Oddi).

Es folgt die *Stele Pesaro*, nach Zchng von Canova, aufgestellt in der röm. Kirche S. Marco (zum Gedenken an den 16jährig gest. Leonardo, Sohn von Pietro Pesaro, dem venez. Botschafter in Rom). Das Projekt geht zurück auf Canovas Entwurf (erh. in Bassano) für das Mon. Ganganelli. 1798 dat. eine weitere *Büste von Canova* im Profil, dann gestochen von Pietro Bettelini (während das letzte Canova-Portr. von D., heute im MN Krakau, von R. Morghen gestochen wurde). Alles weist darauf hin, daß D. die Kpst.-Kunst immer vertrauter wurde und er mit jenen führenden Meistern zusammenarbeitet, derer sich auch Canova bedient. E. 18./A. 19. Jh. entsteht die Herme *G. Volpato*, Gips (Possagno, Gipsoteca), gefolgt von einer Herme des Senators *Antonio Renier* (im 1. WK verloren). In diese Zeit gehört eine *Grablegung Christi*, Flachrelief, Marmor, für Fam. Widdmann in Venedig (heute Chicago, Art Inst.), der lt. M. Misserini ein Gipsentwurf von Canova zugrunde liegt (ein Kpst. von Vitali nach diesem Werk ist verloren). 1805 voll. D. im Auftrag von Canova und zus. mit seinen Söhnen Giuseppe und Alessandro die erfolgreiche Neuordnung des Mus. Chiaramonti. Gleichzeitig skulptiert er den Sarkophag von Kardinal *Carlo Rezzonico* (1780–99 Erzpriester im Lateran) für die Capp. del Crocifisso im Querschiff von S. Giovanni in Laterano. Ab 1808 erhält D. zahlr. Ehrentitel: Ehren-Mitgl. der ABA Venedig; 1810 Mitgl. der Accad. Pontificia di S. Luca (u.a. als Consigliere, später und zus. mit Filippo Albanici als Censore für die Bildhauer-Kl.); 1811 Conservatore der Malereien im Vatikan; 1814 (während der frz. Besatzung) vom röm. Präfekten zum Komm.-Mitgl. für die Aufstellung der dem neapolitan. Königshaus gehörigen farnes. Kunstobjekte berufen; am 10. 4. 1815 (nach Rest. der päpstl. Macht) zum Dir. der Mus. Vaticani berufen, mit seinem Sohn Alessandro als Stellv.; am 22. 3. 1817 Ehren-Mitgl. der Accad. romana di archeol., am 7. 11. dgl. der R. ABA in Carrara; am 14. 11. 1829 unter dem Namen „Euforbo“ Mitgl. der röm. Accad. Arcadia; am 12. 8. 1830 Ehren-Mitgl. der Accad. di lett., sc. ed arti der Valle Tiberina Toscana. Ab 1815 mit Bildnissen hervorragender Persönlichkeiten beschäftigt, die für das Pantheon bestimmt waren und 1820 in die Protomoteca Capitolina gelangen: 1820 entstehen die Hermen *Andrea del Sarto* und *Giambattista Piranesi*; 1817 diejenigen von *Girolamo Tiraboschi* und *Alessandro Verri* und die Büste *Annibale Caro*, 1817 (im Auftrag der Herzogin E. Devonshire); das nach der Natur entstandene Portr. von *Papst Leo X.* ist ein Auftrag der Accad. Arcadia. In Canovas Test. v. 11. 8. 1815 wird D. zum Test.-Vollstrecker bestimmt; Canova vermacht ihm außerdem seine Werkzeuge und räumt ihm die Möglichkeit ein, sein Atelier zu benutzen. Zw. 1820 und '22 wird D. noch von Canova mit dessen Gipsbüste betraut, die mit jener identifiziert werden konnte, die sich nach D.s Tod in seinem Haus befand (cf. Inv. des Notars Gallesani v. 25. 9. 1837, im Auftrag von Giuseppe D., mit Auflistung aller Objekte des väterl. Hauses in der Via della Frezza, 57). Sowohl in diesem Inv. als auch in D.s Test. finden sich bis heute nicht identifizierbare Werke von D. Darüber hinaus beschreibt das Inv. den Kunst-Bes. von D., der Aufschluß über seinen persönl. Geschmack und zugleich über die kult. Neuorientierung des frühen 19. Jh. gibt, u.a. weil sich darin Werke finden, die er in seiner Eigenschaft als Dir. für die vatikan. Slgn vorgesehen hatte. Seine Canova-Biogr. schreibt D. v.a. wegen der 1824 von Misserini publ. Angaben, die von seiner Auffassung erhebl. abwichen. Wohl wegen des Test. von Canova (1815) zu seinen Gunsten bringt D. eine Gedenk-Taf. in der Straße mit Canovas Atelier an. Kurz vor seinem Tod ändert Canova jedoch seine letztwilligen Verfügungen, und D. wird dort nicht mehr erwähnt. Das Atelier erbt nunmehr Abate Sartori, der es nach Canovas Tod schließen läßt. – Spezialisiert auf Rest. und Kopien antiker Kunst, verlegt sich D. im Laufe seines Schaffens v.a. auf Büsten und Hermen, bei denen er das Bildnis gewöhnl. mit dem Profil einer zweiten Person verbindet, prächtiger Grabmäler in klass. Form (meist versehen mit Medaillons, die das Portr. der Verstorbenen tragen), Flachreliefs in der Art des Canova oder Gedenk-Med. zu großen festl. Anlässen, etwa wie jene für die feierl. öff. Exequien zu Ehren von Canova. Wenige Arbeiten lassen die (wenn auch nur kurze) Lehrzeit bei Massimiliano Laboureur erkennen, so als wollte er die Verbindung zu seinen röm. Ausgangspunkten wiederherstellen. Bedeutsam ist auch D.s Rolle für die in Canovas Atelier ausgeübte Kpst.-Kunst und die Schaffung eines einheitl.-eigenständigen Corpus von Stichen nach Werken von Canova. 🏛 BERGAMO, Accad. Carrara: Giacomo Carrara, Büste, Marmor, 1804. MAILAND, Mus. Teatrale alla Scala: Nicola Tacchinardi, Büste, Marmor. MONTPELLIER, Mus. Fabre: Comte Daru, Herme, Marmor, 1812. NEAPEL, MN di Capodimonte: Canova, Büste, Marmor, 1808. PADUA, Liceo classico: Titus Livius, Statue, Marmor, 1825. ROM, S. Marco: Der sel. Gregor Babarigo verteilt Almosen, Flachrelief, Marmor, 1803. – Ehem. Slg Leopoldo Cicognara: Antike Vasen, Kopien des Mus. Borghese, 1807–09. – Mus. di Pal. Braschi: Pietro Lupi, Büste, Marmor, 1810. – Mus. Vaticani: Canova, Büste, Marmor, 1832. SYRAKUS, MN: Archimedes, Statue, Gips, um 1825–26. VENEDIG, Gall. dell'Accad.: Selbst-Portr., Marmorbüste, 1811. ✉ Mem. di Antonio Canova, scritte da A. D. e pubbl. per cura di Alessandro D'Este con note e doc., Fi. 1864; ed. *P. Mariuz*, Bassano del Grappa 1999. 📖 ThB11, 1915 (s.v. Este, Antonio d'). DBI XXXIX, 1991 (Lit.); *Panzetta*, 1994; DA X, 1996 (s. v. Este, Fam.). – *Riccoboni*, 1942; Il Settecento a Roma (K), R. 1959; *C. Pietrangeli*, Strenna dei romanisti 1967, 381–388; *Buchowiecki* II, 1970; *Moschini Marconi* III, 1970, 227; *L. Cicognara*, Lett. ad Antonio Canova, ed. *G. Venturi* Urbino 1973, 4, 7, 15, 71, 125 s., 136, 152, 166; *D. Kaczmarzyk*, MN w Warszawie. Rzeźba europ. od XV do XX wieku, War. 1978 (Kat.); Christie's (Aukt.), Lo. 8. 12. 1981, Nr 130; StoriaArteItal (Einaudi) VI. 2, 1982; Bertel Thorvaldsen 1770–1844. Scultore danese a Roma (K), R. 1989; *G. Pavanello*, Antologia di BA 1990 (35–38) 13–22; *O. Rossi Pinelli*, in: Collezionismo e ideologia. Mecenati, artisti, teorici dal classico al neoclassico, ed. *E. Debenedetti*, R. 1991 (Studi sul Settecento romano, 7) 265; *A. Canova*, Scritti, I, ed. *H. Honour*, R. 1994 (Ed. naz. delle opere di Antonio Canova), 60 s., 65, 70 s., 120, 221, 344, 390, 421; *N. Stringa*, Arte veneta 47:1995,

100–107; *M. R. Sforza*, Pietro Vitali, A. D. e la Calcografia Canoviana, Tesi di laurea, Univ. di Roma La Sapienza 1997/98, 141–205. – Rom, Arch. Capitolino: Acquisizione di testamento di A. D. Fondo Arch. Urbano, Sezione XIX, protocollo 153, c. 9031; Inv. di A. D., c. 10436; Arch. di Stato: Camerale II, A. B. A., b. 7, n. 200; bb. 18–27; Arch. Stor. del Vicariato di Roma: Posizioni matrimoniali 71/1804, VI, notaio Gaudenzi; Arch. Stor. dell'Accad. di S. Luca: Statuti dell'insigne Accad. Romana di S. Luca, R. 1812, 28; Arch. Stor. dei Mus. Vaticani: 1814–25, Corrispondenze diverse, cartella IX, fasc I, n. 19; Organizzazione e affari dei Mus., cartella VII, fasc. 2, n. 16; Bibl. Apostolica Vaticana: Deposito, B 291, collocazione provvisoria. Bassano, Bibl. Civ.: Mss. Canoviani, n. 6089; Carteggio Canoviano, Commissioni, I, 1–6, lett. di Marcello Bacciarelli da Varsavia del 31. 7. e del 27. 9. 1789. Venedig, Bibl. del Civ. Mus. Correr: Epistolario Moschini, lett. del 18. 4. 1807; Mss. PD 307/ XLIII, n. 13. E. Debenedetti

D'Este, *Gea*, ital. Malerin, Bildhauerin, Graphikerin, Assemblagekünstlerin, * 13. 7. 1943 Venedig, lebt dort. Stud.: bis 1965 ABA Venedig (Dipl.). Debütierte 1968 als Malerin. Wandte sich nach einer kurzen gegenständl. Phase der Plastik zu. In ihren postkonstruktivist. und minimalist. Arbeiten verwendet sie ungewöhnl. Materialien wie Perspex, Aluminium und Polyurethan. 1977 1. Preis der Bienn. della piccola scult. in Padua. Setzt sich in ihren Assemblagen der 80er Jahre mit Zeitphänomenen wie Technisierung, Konsumzwängen und dem daraus erwachsenden Unbehagen auseinander. ⊙ *E:* 1973 Rom, Gall. Fiamma Vigo (K: U. Apollonio) / 1975 Udine, Gall. Plurima 1; Venedig, Gall. Segno Grafico / 1977 Turin, Gall. Doria / 1978 Triest, Gall. Tommaseo (K); Florenz, Gall. Studio Inquadrature 33. – *G:* 1979 Graz: Trigon / 1987 Venedig, Gall. Bevilacqua La Masa: Il bosco di Arianna (K). 📖 Cat. Veneto I-II, 1974; PittItalNovec/2 II, 1993 (Lit.). E. K.

D'Este, *Giuseppe*, ital. Stecher, Zeichner, Architekt (?), * 19. 3. 1779 Rom, dort tätig, 1837 letztmalig nachw. Sohn von Antonio, Bruder von Alessandro D. Gemeinsam mit diesen 1805 an der Neuordnung und Einrichtung des Mus. Chiaramonti beteiligt (im Auftrag von Antonio Canova). Als Stecher Ausb. bei Giovanni Volpato und Alessandro D. Beteiligt an einer Mappe von zehn Drucken u.d.T. *Baccanti* nach Werken von Canova (zus. mit Martino De Boni und Giovanni Petrini). D. stach u.a. nach Leonardo, Guido Reni und Gerard Honthorst. Veranlaßt am 25. 9. 1837 ein genaues Inv. vom Nachlaß seines Vaters. 🏛 ROM, Calcografia Naz. VENEDIG, Mus. Correr, GDS. 📖 ThB11, 1915 (s.v. Este, Giuseppe d'). *Servolini*, 1955; *Comanducci* II, 1971; DBI XXXIX, 1991 (im Art. D., Antonio). – Venezia nell'età di Canova, 1780–1830 (K), Ve. 1978. S.-W. S.

De Stefani, *Girolamo*, ital. Maler, * 18. 7. 1913 Vittorio Veneto, lebte in Venedig. Stud.: ABA Venedig. V.a. Stilleben, expressive Lsch., einfühlsame Portr. sowie Darst. tätiger Fischer und Hafenarbeiter; auf das wesentliche beschränkte, plast. betonte, kraftvoll-schlichte Komp. und kräftiges Helldunkel. 🏛 ARIZONA, Univ. AM. ST. PETERSBURG, Ermitage. VENEDIG, MAM. ⊙ *E:* 1953 Bologna, Gall. Voltone / Venedig: 1956, '58, '60, '62, '68 Gall. Bevilacqua La Masa; 1962 Gall. S. Stefano / 1957 Mailand, Gall. Cairola / 1968 Rom, Gall. Tele Europa / 1972 Turin, Gall. Cassiopea. – *G:* 1947, '51, '55, '59 Rom: Quadrienn. / 1956 Venedig: Bienn. / 1957 Bologna, Mostra Naz. d'Arte Sacra. 📖 Vo4, 1958 (s.v. Stefani, Girolamo de). AIC II, 1966; ASA Italia IV, 1971; *Comanducci* II, 1971. S.-W. S.

De Stefani, *Massimo*, ital. Maler, Graphiker, * 9. 9. 1918 Bologna, † 1996. Arbeitete urspr. als Physiker. Malte in den 60er Jahren lyr.-phantast. verfremdete, einfache geometr. Formen in reinen, flächigen Farben und einer ordnenden Präzision, angelehnt an geometr. Abstraktionen von Osvaldo Licini (*Punto e contrappunto*; *Sestante*). Später Komp. von abstrakten Zeichen und Symbolen, die teilw. an Surrealismus und Pop Art erinnern; in den 90er Jahren große Farbflächen im Dialog mit geometr. Restzeichen. ⊙ *E:* 1997 Wiesbaden, Gal. Zuta. – *G:* 1972 Tarent: Bienn. 📖 *F. De Santi*, M. D. (K Gall. L'Appordo), T. 1973. N. Corradini

De Stefani, *Vincenzo*, ital. Maler, Freskant, Radierer, * 6. 3. 1859 Verona, † 2. 4. 1937 Venedig. Stud.: ABA Verona bei Napoleone Nani. Seine ihn, neben Giacomo Favretto, beeinflussenden Mitschüler waren Angelo Carlo Dall'Oca Bianca, Alessandro Milesi und Francesco Danieli. 1883 in Rom im Atelier von Cesare Maccari. Danach auf Capri, ab 1886 wieder in Verona. Läßt sich nach Heirat zunächst in Torri del Benaco am Gardasee nieder, lt. DBI bereits 1887 Umzug nach Venedig, wo er an der ABA lehrt. Lt. PittItalOttoc (1991) erst ab 1898 in Venedig aufgrund der verweigerten Ernennung zum Dir. der ABA Verona. In Venedig Freundschaft mit Beppe Ciardi und Pietro Fragiacomo (*Autoritratto con Ciardi e Fragiacomo*, 1921, Verona, Priv.-Bes.). 1887 Mitgl. der ABA Verona, 1891 Accademico d'onore der ABA Venedig. Die dt. Malerei des Symbolismus wird für D.s Malerei nun bestimmender. 1890 beginnt er mit mon. Freskoarbeiten, u.a. mit den an Cesare Maccari und dem Naturalismus eines Filippo Carcano orientierten, patriot. Risorgimento-Szenen in San Martino della Battaglia. Malt versch. Villen aus, u.a. in Nizza und am Gardasee (1898–1905). Ein weiteres, heute zerst. Fresko entstand in einer Villa in Crocetta Trevigiana (1906–08). Widmet sich 1914–17 unter der Anleitung von Emanuele Brugnoli der Radierung. Ab ca. 1922 wandelt sich sich sein Stil erneut, nun beeinflußt von Malern des ital. Neo-Klassizismus wie Felice Casorati, Ettore Beraldini und Guido Trentini; die Produktion nimmt auffallend zu. – D. widmete sich der Lsch., dem Portr., dem dramat. und episod. Bild und der Genremalerei. Bei allen Werken D.s ist ein Hang zum Eklektizismus in Bezug auf die gen., oft befreundeten Künstler nicht zu verkennen. 🏛 MAILAND, Coll. della Fam. Artist.: In montagna; Montanina; Triste convalescenza. ROM, Gall. Naz. d'Arte Mod.: Benaco marino, Öl; Madre e figlia, Rad. SAN MARTINO DELLA BATTAGLIA/Desenzano, Turm: Assalto dei granatieri della guardia nella battaglia di Pastrengo; Assalto della batteria zig-zag nella guerra di Crimea, Fresken, beide 1890. UDINE, MCiv.: Mercato di Santa Margherita. VENEDIG, MAM Ca'Pesaro: Selbst-Portr., 1901; Armonie di sera,

1906; Meriggio, 1887; Quiete del mezzogiorno, 1897; In osteria, 1897. – Coll. della Cassa di Risparmio: Una azalea, 1911; Perla al sole (Canale della Giudecca), 1922. – Pal. Corner am Canal Grande (heute Pal. della Prefettura): Trionfo della Venezia; La processione del Doge, Fresko (im Neo-Renaiss.-Stil), 1897 (zus. mit Giuseppe Vizzotto Alberti). VERONA, Gall. Civ. d'Arte Mod.: La Lisa, 1889; Un'ombra, 1908. – SS. Apostoli: Transito di S. Giuseppe, Altar-Gem. ✉ Curriculum vitae (17. 4. 1895), Ms., Venedig, Arch. stor. arti contemp. ⊙ *E:* 1939 Mailand, Gall. Dedalo (K) / 1939 Verona, Saloni della Gran Guardia. – *G:* 1885 Florenz, Soc. Promotrice / Venedig: 1887 Espos. Naz.; 1895, '97, '99, 1901, '05, '07, '09, '10, '12 (35 Gem.), '20, '22, '24, '26, '28, '30, '32 Bienn. / 1892 München, KA / 1898 Turin, Espos. Naz. / 1910 Mailand, Accad. di Brera. 📖 ThB31, 1937 (Lit.); Vo4, 1958 (beide s.v. Stefani, Vincenzo De). *Galetti/Camesasca* I, 1951; *Servolini*, 1955; *Comanducci* II, 1971; *Luciani*, 1974; DEB X, 1975 (s.v. Stefani, Vincenzo de); DBI XXXIX, 1991 (Lit.); PittItalOttoc II, 1991 (Lit.); *Bénézit* XIII, 1999 (s.v. Stefani, Vincenzo de). – Il Gazzettino v. 4. 4. 1937 (Nekr.); Il Piccolo della Sera v. 6. 4. 1937 (Nekr.); *V. Costantini*, V. D., Mi. 1939; Mostra di due secoli, 1750–1950 (K), Vr. 1950, 20, 23; TCI Venezia e dintorni, 1969; TCI Lombardia, 1970; *P. Brugnoli* (Ed.), La pitt. a Verona dal primo Ottocento a metà Novecento, I, Vr. 1986, 45, 49, 269–274; *B. Meneghello*, Ann. Soc. BA di Verona 1858–1921, Vr. 1986; Finarte (Aukt.) 678, Mi. 14. 3. 1989, Nr 34; Da Boccioni a Vedova. Opere del XX sec. nella coll. della Cassa di Risparmio di Venezia (K MAM di Ca' Pesaro), Ve. 1992, 52 s.; La Bienn. di Venezia. Le Espos. Internaz. d'Arte 1895–1995, Mi. 1996. A. St.

De Stefanis (Destefanis), *Luigi*, ital. Bildhauer, * 6. 9. 1887 Turin, lebte dort. Sohn eines Steinhauers. Schüler von Giovanni Guarlotti und Gaetano Cellini am Ist. professionale, Turin. Besuchte die Ateliers von Pietro Canonica und Luigi Contratti. 1933 Teiln. am Concorso per il Mon. ai Martiri fascisti in Turin. V.a. Denkmalsplastik und Genredarstellungen. 🏛 TURIN, Civ. GAM: L'umana pietà, Marmorbüste. – *Gefallenen-Mon.:* FINALE LIGURE. FONTANETTO PO. MOMBARUZZO. PEGLI. VIGEVANO. ⊙ *G:* Turin: 1913 Promotrice di BA; 1916–18 Circolo degli artisti; 1923 Quadrienn. / 1921 Neapel: Mostra Naz. d'arte dei grigio-verdi; Pavia: Espos. Naz. Chiaro di luna; Rom: Bienn. romana / Mailand: 1929 Fiera: Mostra di motivi montani; 1931 Gall. Micheli / 1930, '31, '34 Montecatini Terme: Espos. della Soc. di BA di Firenze / 1933 Florenz: Quadrienn. del Sindacato Naz. Fascista BA / 1936 Venedig: Bienn. / 1937 Neapel: Quadrienn. del Sindacato Naz. Fascista BA / 1939 Spotorno: Premio Bagutta. 📖 *Padovano*, 1951; *Panzetta*, 1994; *Vicario*, 1994. – Emporium 1921 (318) 332; 1923 (341) 311; La Fiamma 1923 (19) 4; 1929 (3) 4; Lo scultore e il marmo 1924 (23) 3; 1933 (25) 3; Artista mod. 1927, p. CI; 1934, 237; Giorn. dell'arte 1930 (36) 6; 1931 (13) 5; (14) 5; TCI Emilia-Romagna, 1971, 254. G. Salvagnini

De Stefano, *Armando*, ital. Maler, Graphiker, * 17. 11. 1926 Neapel, lebt dort. Stud.: ABA Neapel, bei Emilio Notte. Debütiert 1947 als Mitbegr. des Gruppo Sud (zus. mit Raffaele Lippi, Guido Tatafiore, Tarchetti, Florio, Renato De Fusco und Vincenzo Montefusco). Schließt sich später dem ital. Movimento Realista um Renato Guttuso, Renzo Vespignani und Ugo Attardi an und entwickelt eine Formsprache, die sich auf der Auseinandersetzung mit Caravaggio und der neapolitan. Seicento-Trad. (Giovanni Battista Caracciolo, Jusepe de Ribera) gründet. Lehrt 1950–92 Malerei an der ABA Neapel. E. der 50er Jahre bemüht sich D. um eine Synthese aus Trad. und Forderungen der Mod., wobei das Figürl. eher angedeutet als klar definiert ist. A. 70er Jahre erneut realist. Phase mit einer Ser. ausdrucksstarker Gem. zum Ausbruch der Cholera in Neapel (*Napoli bandiera gialla*, 1973). 1973 Darst. von hist. Persönlichkeiten und Ereignissen aus der Gesch. seiner Heimatstadt, die symbolhaft und allegor. das mod. Leben in Neapel verkörpern (*La fuga di Ferdinando e Carolina*; *Il ritorno del Cardinal Ruffo, Tribuna d'onore*; *Morte al Duca Maddaloni*). 1976 voll. D. den Gem.-Zyklus *Storia di Odette*, welchem zahlr. Entwürfe auf Lw. vorangegangen waren (*Odette e l'anarchico*; *Crocifissione*; *Deposizione di Odette*, 1974). Ab M. 80er Jahre Auseinandersetzung mit dem Thema „Außenseiter der Ges." und Darst. von geistig und körperl. Behinderten, Obdachlosen, Zigeunern, Exkommunizierten, Homosexuellen und Alten in einem Realismus, der trotz aller Anteilnahme unversöhnl. wirkt (*Il circo escluso*; *Villa della Lobra*, 1987; *Michel Petrucciani tribute*, 1992; *La pazza*, 1998). 🏛 BUDAPEST, SzM. FLORENZ, GAM di Pal. Pitti. LIDICE, MSU. MOSKAU, Puškin-MBK. NEAPEL, Univ. PISA, Univ., GDS. ROM, Gall. Naz. d'Arte Mod. TURIN, Civ. GAM. ✉ Il Mercato dei miti, R. 1982; Immagini di una rivoluzione. Napoli 1799, N. 1989. ⊙ *E:* 1950 Rom, Gall. Internaz. / Mailand: 1972 Gall. L'Agrifoglio (K: G. Grassi/A. Miele); 1974 Gall. 32 (K: M. De Micheli); 1979 Banca Popolare / 1975 Cremona, Gall. 23 / 1975, '78 Florenz, Gall. Santacroce (K: A. Fratta) / 1975 Neapel, Gall. Apogeo / 1976 Palma de Mallorca, Sala Pelaires; Viareggio, Gall. Ferretti; Palermo, Pal. Arcivescovile / 1977 Trient, Gall. Il Castello; Bari, Gall. David / 1978 Turin, Gall. Davico / 1999 Monza, Gall. Marieschi (K: M. Prisco). – *G:* 1950 Reggio Emilia: Bienn. / 1950, '52, '58 Venedig: Bienn. / 1951 Francavilla al Mare: Premio Michetti / ab 1952 Bari: Maggio di Bari / 1957 Florenz: Premio Il Fiorino / Neapel: 1957 Premio Mancini; 1971 Pal. R.: Nuova Figurazione; 1984 Accad. Pontano (K: A. Fratta); 1991 Castel Sant'Elmo: Fuori dall'ombra / 1958 San Marino: Bienn. / 1961 Premio Villa S. Giovanni; Premio Golfo della Spezia / 1972 Rom: Quadrienn. / 1978 Toronto, Madison Gall.: Dimensions of realism (K: J. Purdie) / 1998 Pontedera, Mus. Piaggio: Entr'acte; Cava dei Tirreni, Mus. della Badia Benedettina: Ultime atmosfere del Novecento ital. 📖 Vo4, 1958 (s.v. Stefano, Armando de). *Comanducci* II, 1971; DizBiogrMerid I, 1974; DEB X, 1975 (s.v. Stefano, Arando di); CatBolaffiMod XIII. 1, 1978 ss.; Diz. degli artisti ital. del XX sec., I, T. 1979; CatBolaffiGraf XIII, 1983; Cat. dell'arte mod. ital., XXVII, Mi. 1991; PittItalNovec/2 II, 1993. – *G. Testori* (Einf.), D. Odette e il jolly (K), Mi. [1978]; *R. Crovi*, Il Profeta,

Mi. 1981; *N. D'Antonio*, D. (K), Bassano del Grappa 1984; *id.*, Disegni di A. D., Bassano del Grappa 1986; *V. Paliotti*, Arte 22:1992 (235) 102–105; PittItalNovec/ 3, 1994; *A. Fratta* (Ed.), Lo studio del rettore e i dipinti di A. D., N. 1995; *id.*, A. D. L'Eden degli esclusi, N. [1997]; *C. Malberti* (Ed.), A. D. L'Eden degli esclusi, Monza 1999; *M. A. Macciocchi* (Ed.), Eleonora Fonseca Pimentel, N. 1999. N. Corradini

De Stefano, *Gabriele*, ital. Maler, Radierer, Bildhauer, * 7. 11. 1936 Reggio Calabria, lebt in Rom. Autodidakt. Beginnt A. 60er Jahre mit einer soz. engagierten, von Emil Nolde und George Grosz inspirierten Malerei. Auch seine Tuschen der frühen 70er Jahre sind von dramat. Intensität und greifen krit. soz. Randerscheinungen auf (*La stazione*; *Gli edili*; *Madre calabrese*). Später realisiert D. große Skulpt. in Kunstharz und Bronze, die sich an den Environments von Edward Kienholz und Duane Hanson orientieren (*Vietnamita morente*; *Pestaggio*; *Il Rigetto*; *La morte bianca*). In seinen Öl-Gem. *Quelli che vanno* und *Quelli che restano* nutzt D. dramat. überhöhte Modi der Pop Art und eine von metall. Grau bis zu grünl. Bronzetönen reichende Palette. ⊙ *E:* Rom: 1960 Pal. delle Espos.; 1963 Gall. Bilico; 1965 Gall. Battaggia; 1968 Linea Club; 1970 Gall. L'Ancora; 1971, '73 Gall. La Vetrata; 1972 Gall. La Margherita; 1973 Gall. I Volsci; 1976 Gall. Ca' d'Oro / 1961 London, Krane Kalman Gall. / 1962 Lausanne, Gal. Beyer / 1963 Mailand, Gall. Tornese / 1969 Grosseto, Gall. Aldobrandeschi / Reggio Calabria: 1972 Gall. Due Mondi; 1973 Gall. L'Antica Pesa; 1975 Centro Il Messaggio / 1974 Cortina d'Ampezzo, Gall. Cortina / 1975 Ferrara, Pal. dei Diamanti. – *G:* 1960–68 Rom: Quadrienn. / 1966 Spoleto: Festival dei Due Mondi. 🕮 DizBiogrMerid I, 1974; Il centauro, I, La Spezia 1975. – *J. Prévert*, G. D. (K), R. 1975; *D. Micacchi*, G. D. Il recupero della figura umana, R. 1975. N. Corradini

Destefano, *Renato*, brasil. Maler, Bildhauer, * 1921 São Paulo, † 1967 ebd. Stud. der Bildhauerei an der EBA, São Paulo. ⊙ *G:* São Paulo: ab 1948 Salão Paulista de BA ('52 Bronze-Med.; '54, '56 Silber-Med.; '59 Kleine Gold-Med.); 1957, '59, 1962 (Reise-Preis), '67 (Große Silber-Med.; Sala especial als postume Hommage) Salão Paulista de Arte Mod. 🕮 *Pontual*, 1969 (s.v. De Stefano, Renato); *Cavalcanti* II, 1974. M. F. M.

De Stefano, *Vincenzo*, ital. Maler, * 12. 3. 1861 Barletta, † 1942 ebd. Schüler von Giovanni Battista Calò in Barletta, anschl. Stud.: 4 Jahre ABA Neapel bei Filippo Palizzi und Domenico Morelli. Aufenthalt in Rom, dann Rückkehr nach Barletta. Prof. für Zchng an der Scuola tecnica in Andria, dann in Trani. Widmete sich der Genremalerei, der röm. sowie bes. der heimatl., apul. Lsch. Schuf eine Reihe von Archit.-Veduten und versch. Portr. von Bürgern in Barletta, Andria und Trani; u.a. des Anatomen *Mariano Sante* und des Schriftstellers und Malers *Massimo Taparelli d'Azeglio* (beide Barletta, Pal. Com.). D.s Witwe schenkte 1942 eine umfangreiche und repräsentative Slg seiner Werke an die Stadt Barletta. 🏛 BARLETTA, MCiv.: Interno di S. Maria del Popolo, 1894. – Pal. Com.: zahlr. Gem. ⊙ *G:* 1882 Neapel, Soc. Promotrice Salvator Rosa / 1885, '89 Rom, Soc. Promotrice / 1894 Mailand, Accad. di Brera / Bari: 1900 Mostra Artist. Prov. (Gold-Med.); 1917 Mostra Artist. Pugliese. 🕮 ThB31, 1937 (s.v. Stefano, Vincenzo De). *E. Giannelli*, Artisti napoletani viventi, N. 1916; *Comanducci* II, 1971; MercatoArtItal, 1971; DEB X, 1975 (s.v. Stefano, Vincenzo de); *Bénézit* XIII, 1999 (s.v. Stefano, Vincenzo de). – *C. Farese Sperken*, La pitt. dell'Ottocento in Puglia, Bari 1996 (Lit.). A. St.

Destefanou, *Xenofon*, griech. Bildhauer, * 1945 Athen. Stud.: ABA Rom (Abschluß 1973). Mitgl. der Kammer für Bild. Künste Griechenlands und des Verb. griech. Bildhauer. – D.s figürl. Werke sind gekennzeichnet durch pralle Oberflächen, realist. und oftmals auch farbige Gestaltung. ⊙ *G:* 1978 Athen-Philothei: Glyptiki '78. 🕮 *Lydakis* V, 1981; LEK I, 1997. D. Pavlopoulos

Desteng → **Destain,** *Joseph Gabriel*

Dester, *Godefroy*, frz. Ebenist in Paris, † 24. 12. 1805 ebd. Ab 1768 bek.; 1774 Meisterzulassung; mindestens bis 1790 tätig. – Als sehr vielseitiger Künstler mit florierender Wkst. fertigt D. zunächst Kommoden mit Chinalack (Louis-quinze), später Bonheurs-du-jour (Übergangsstil) mit Marketerie (v.a. Blumenvasen). Der größte Teil seiner Produktion besteht aus sorgfältig gearbeitetem Louis-seize-Mobiliar mit dezentem Bronzeschmuck und Marketerie, zumeist Blüten im Rautengitter: Kommoden, flache Büffets, Bureaux, Sekretäre, Tische und zierl., schlichte Kleinmöbel (z.B. Sekretär mit Gitter- und Blütenmarketerie, um 1780, Christie's, London, 29. 6. 1972; Frisiertisch mit Schubkästen, marketierte Blumensträuße, 6. 5. 1976 in Paris, Hôtel Drouot, versteigert). Für D. typ. blaßgelbe und grünl. Farbharmonien entstehen durch die Verarbeitung von Zitronenholz und gefärbtem Ahorn; Mahagonimöbel sind äußerst sparsam, teilw. nur mit Kannelierungen verziert und wirken v.a. durch das kostbare Material (z.B. Sekretär, um 1785, 6. 4. 1976 bei Christie's, London; Bureau à cylindre, mit vergoldeten Bronzen und kannelierten Füßen, 18. 10. 1985 in Paris, Hôtel Drouot, versteigert). Eine Ausnahme in D.s Repert. bildet eine prunkvolle Louis-seize-Kommode mit Porzellantafeln und üppigem Bronzeschmuck, u.a. Karyatiden (urspr. ein Paar, das der Comte d'Artois 1785 für sein Schlafzimmer im Pariser Pal. du Temple erwarb; 1987 bei Christie's, London). 🏛 FONTAINE-HENRY/Calvados, Schloß: Lackkommode nach chin. Art. PARIS, Mus. Cognacq-Jay: kleiner Tisch mit Vierpaßmarketerie, Zitronenholz und Sykomore, Louis-seize. 🕮 *Vial/Marcel/ Girodie* I, 1912; *Ledoux-Lebard*, 1965; *Salverte*, 1985; *Ledoux-Lebard*, 1989; *Kjellberg*, 1989 (Aukt.). – *M. Jourdain*, Apollo 40:1944, 16 ss.; Christie's, internat. mag. (Lo.) 4:1987 (4) 24; 8:1992 (12) 12; *J. D. Augarde*, Estampille 1988 (215) 20–31; *A. Pradère*, Die Kunst des frz. Möbels, M. 1990. R. T.

Desterbecq, *François (Jean-François)*, Zeichner, Graphiker, Maler, Kunst- und Buchhändler, * 28. 10. 1807 Ath, † 1896 Schaerbeek (Brüssel). Schüler von Julien Joseph Ducorron und L. A. Paulmier (Brüssel). 1826–30 Stecher im Bureau topographique militaire in Gent. 1830/31 in Brüssel, bis 1839 in Leiden tätig, 1840–46 in Den Haag. Gründet dort 1840 das Etablissement géographique. Anschl. bis 1849 in Brüssel ansässig. –

Neben einigen Gem. (Lsch., Portr., *Kreuzabnahme*) v.a. Landkartenstiche sowie Rad. und Lith. 🕮 ThB9, 1913. *Waller*, 1938; *Berko*, 1981; *Flippo*, 1981; *Scheen*, 1981; *Arto*, 1995; DPB I, 1995 (s.v. Desterbecq, Jean-François). U. R.

Desterbeke, *Jan Baptista*, Illuminator, 1662/63 in Antwerpen zum Meister ernannt. 🕮 ThB9, 1913.

Destere (Destre), *Louis de*, Maler, ab 1693 in Gent Meister. 🕮 ThB9, 1913.

Destez, *Paul (Paul Louis Constant)*, frz. Maler, Radierer, Zeichner, Illustrator, * 1851 Paris, † 1919. Schüler von Léon Bonnat. Ill. (Pariser Publ.): u.a. *Les Premières illustrées ... saison théâtrale 1881/82* von Raoul Toché, 1882; *Les Joujoux parlants* von L. Lemonnier, 1892; *Ma cousine Pot-au-feu* von L. de Tinseau, 1893; *Brichanteau comédien*, *Le Prince Zilah*, *Brichanteau célèbre* von J. Claretie, 1913/14. Presse-Ill. für Figaro illustré und Sourire. 🏛 NANTES, Mus.: Intérieurs Louis XVI, fünf Pastelle. PARIS, BN, Cab. des Estampes. 👁 *G:* 1876–80 Paris, Salon (u.a. Portr.). 🕮 ThB9, 1913. *Bénézit* III, 1976; *Osterwalder*, 1890–1945, 1992. – IFF, Après 1800 VI, 1953. C. R.

Desti, *Giacomo* (gen. il Cardellino), ital. Maler aus Crema, 2. H. 17. Jh. tätig. Auf Interieurs mit Frucht- und Blumenstilleben spezialisierter Maler, dessen Beiname sich von dem häufig in seinen Gem. auftauchenden Stieglitz herleitet. Ihm werden zahlr. Gem. zumeist in Priv.-Slgn sowie trad. drei *Interieurs mit Stilleben* in der Gall. Tadini in Lovere zugeordnet, die zuletzt von Salerno, der zu Unrecht grundsätzl. die Existenz D.s anzweifelt, Antonio Gianlisi zugeschr. wurden. 1768 auch als Quadraturmaler in der Pfarrk. von Casaletto Ceredano tätig. Die erh. Malereien zeigen einen von klaren, einfachen Linien geprägten Illusionismus. In ders. Kirche hat sich ein mäßig qualitätvoller *Hl. Franz Xaver* erh. (Bezahlung 1770 dok.), der ebenso wie eine nur mehr überlieferte *Muttergottes* in Bagnolo Cremasco auf eine weitere Tätigkeit D.s als Maler relig. Darst. hinweist. 🕮 ABA, Tadini, Lovere. Cat. di quadri esistenti nella pin., Lovere 1929, 121; *Bombelli*, 1957; *L. Carubelli*, Arte lombarda 42/43:1975, 218 s.; *Salerno*, NatMorta, 1984, 370, 403. S. C. M.

Destián, *Juan de*, span. Steinmetzmeister in Navares de las Cuevas, erb. vor 1584 einen Glockenturm für die Kirche zu Castillejo de Mesleón/Segovia und 1586 den Kirchturm in Cerezo de Arriba/Segovia. 🕮 *Villalpando/Vera*, 1952. – *Quintanilla*, 1962. W. H.

Destigny, *Lucie*, frz. Malerin, * Paris. Schülerin von Jean Raymond Lazerges und Adolphe Yvon. – Portr. und Figurenbilder. 🏛 BESANCON, MBA: Portr. Napoléon III (Kopie nach Dubufe). 👁 *G:* 1865–68 Paris, Salon. 🕮 ThB9, 1913. – Christie's (Aukt.), Lo. 25. 7. 1980. K. S.-D.

Destinval, *Giraud*, Architekt in Marseille, fertigte die Entwürfe für das Théâtre Franç. (eröffnet 1804). 🕮 ThB9, 1913.

Destombes, frz. Architekten aus Roubaix, 1850–1931 nachw.; Begünstigung ihrer 1877–1931 ausgeübten spezif. künstler. Tätigkeit durch privilegierte familiäre Beziehungen zu Persönlichkeiten aus der Wirtschaft und zu kirchl. Würdenträgern aus der Region.

1. *Paul*, * 24. 11. 1850 Roubaix, † 7. 2. 1919 ebd. Sohn des Grundbesitzers Louis D., Neffe von Cyrille-Jean-Baptiste D., 1876–98 Generalvikar der Diözese Cambrai und ein bed. Vertreter der kath. Kirche in Nordfrankreich. Schulbesuch in Roubaix. Stud.: 1868–78 an der von Emile Trélat gegr. Ec. spéciale d'Archit. in Paris; 1870/71 Unterbrechung der Ausb. als Kriegsfreiwilliger (in Cambrai stationiert). ⚭ 3. 4. 1877 Laure Pennel. Ab 1878 als Architekt in Roubaix niedergelassen, beginnt D. mit der Ausf. von priv. Aufträgen. Am 8. 11. 1879 Zulassung als „architecte des communes et du dép."; nimmt eine intensive Tätigkeit im Sakralbau auf und praktiziert eine von ma. Gestaltungsprinzipien geprägte, zumeist neogot.-eklektizist. Bauweise. Nach dem unerwarteten Tod von Charles Leroy 1879, dem Wegbereiter der neogot. Archit. im Arr. Lille und Erbauer der Basilika Notre-Dame de la Treille, übernimmt D. dessen führende Rolle bei der Weiterentwicklung der relig. Kunst in Nordfrankreich. Sein Handeln wird dadurch stimuliert, daß im Baugewerbe Lehrlinge und Handwerker tätig sind, die in der am 15. 5. 1878 in Lille eröffneten Außenstelle der von Baron Jean Baptiste Charles François de Bethune in Belgien gegr. Ec. de St-Luc mit ma. Handwerkstechniken vertraut gemacht wurden. D. errichtet zahlr. Kirchen und Klöster, zudem Profan- und priv. Bauwerke, bei denen er vom fläm. Manierismus und vom Art nouveau beeinflußten regionalen Besonderheiten zum Durchbruch verhilft. Ab 1882 Mitgl., 1896 Präs. der Soc. régionale des Architectes du Nord de la France. 1898 Ritter im Orden vom Hl. Georg dem Großen. Mitarb. an den wiss. Aufgaben der wichtigsten auf regionaler Ebene aktiven Ges. von Gelehrten: 1892 Soc. de Géographie de Lille; 1899 Soc. d'Et. de la Prov. de Cambrai; 1902 Soc. d'Emulation de Roubaix. 🏛 *Wenn nicht anders angegeben, Dép. Nord:* ABSCON: Kirche, 1892/93. AMBLETEUSE/Pas-de-Calais: Villen La Huchette und St-Michel, beide 1905; Villen L'Entente Cordiale und Elizabeth, beide 1906. ARMENTIERES: Kirche St-Joseph, 1882 (nach 1918 Wiederaufbau); Kirche St-Roch, 1884 (zerst.); Kirche Le Sacré-Cœur, 1900. AVESNES-LE-SEC, Rest. von Schloß Déjardin-Verkinder. BERSEE, Kirche: Chor; Vergrößerung des Schiffs, 1879–81. BONDUES: Kirche St-Vaast, 1890–93. CAMBRAI: Collège Notre-Dame, 1900. CAMPHIN-EN-CARAMBAULT: Umgestaltung der Kirche, 1884. CAPPELLE-EN-PEVELE: Kirche, 1882/83. CROIX: Kirche St-Pierre, 1889–92. CYSOING-QUENNAUMONT: Kirche, 1909. FLETRE, Kirche: Glockenturm, 1902. GODEWAERSVELDE: Trappistenabtei Ste-Marie du Mont des Cats, 1891–98 (1918 zerst., 1919–26 orig.-getreuer Wiederaufbau); Kirche, 1902–04. GRUSON: Kirche, 1888. HONDEGHEM: Kirche, 1910/11. LILLE, rue Voltaire: Couvent de l'Adoration Réparatrice, 1886. – rue d'Angleterre: Kloster Notre-Dame de la Treille, 1887–89. – boulevard Victor Hugo: Heim für unheilbar Kranke (gen. Hôpital des Cinq-Plaies), 1879; Hospital St-Antoine, 1888–90. – rue Maurein (ehem. rue de la grande allée): Cercle des Etudiants d l'Univ. catholique, 1901. LOON PLAGE: Kirche, 1891–99. LYS-LES-LANNOY: Kirche St-Luc, 1899–1901. MALO-LES-BAINS: Kirche und Gebäudekomplex der Pfarrei Notre-Dame-du-Sacré-

Cœur, 1895–1903 (1950 Rekonstr.); Klinik von Dr. Villette, 1897 (heute Inst. maritime); Villen der Fam. Catrice, Damez und Delécaille. PROVIN: Kirche, 1895–98 (zerst.); Presbyterium, 1900. ROUBAIX: Couvent de la Visitation, 1878; Eglise du St-Rédempteur, 1881–84 (zerst.); rue de Crouy: Schule der Frères des Ec. chrétiennes, 1892; Schulkomplex Linné, 1908–10; zahlr. Priv.-Häuser und Villen (z.B. 149, rue de Lille: 1905; 147, rue de Lille: 1910); Grabmal für Théodore Barrois. TEMPLEMARS: Kirche, 1882/83. TEMPLEUVE, Kirche: Wiederaufbau der Schiffe und des Glockenturms, 1882–85. WATTIGNIES-L'ARBRISSEAU: Kirche Notre-Dame, 1890. WATTRELOS: Kirche St-Vincent-de-Paul, 1897 (zerst.).

2. *Paul (Paul-Louis-Xavier-Marie)*, * 4. 1. 1878 Roubaix, † 28. 1. 1931 Paris (begr. auf dem Friedhof von Pantin/Seine-Saint-Denis). Sohn von 1. Schulbesuch in Roubaix. Stud.: ab 1898 EcBA Paris bei Noël Marcel Lambert. ⚭ 1901 ebd. Marie Prévost. 1905 Rückkehr nach Roubaix zwecks Zusammenarbeit mit 1. Nach dem Erlaß des Gesetzes zur Trennung von Kirche und Staat 1905 und der Verstreuung der relig. Orden außerhalb Frankreichs sieht sich das Bürgertum in Nordfrankreich mit dem Problem der Lösung der Gesellschaften und der Institutionen von der kirchl. Bindung konfrontiert. Architekten und Bauhandwerker, die plötzlich keine Aufträge mehr von Kirchen, relig. Schulen und Klöstern bekommen, haben Schwierigkeiten und werden von Unternehmungen in den frz. Kolonien angelockt. 1911 erweist sich die Weiterführung des väterl. Planungsbüros als kompliziert. 1912 und 1913 Reisen nach Nordafrika. Nach Ausbruch des 1. WK 1914 und seiner Mobilisierung 1915 (in einer Pioniereinheit) übernimmt D. im Juni 1916 zus. mit Albert Laprade unter Ltg des Chefarchitekten Henri Prost (ehem. Mitstudent) einen Auftrag für Marokko. 1916–20 an der Ausf. der Erweiterungspläne für die Städte Meknès und Fès beteiligt wie auch für Rabat, wo D. zudem folgende Bauvorhaben verwirklicht: Résidence gén., Hauptbahnhof, Postamt und das eig. Wohnhaus La Huchette. Nach dem Tod der Ehefrau und der Rückkehr nach Frankreich im Sept. 1920 teilt D., der nicht in die Genossenschaften zum Wiederaufbau einbezogen wird, seine berufl. Tätigkeit zw. Paris und Roubaix, wo er ein umfangreiches Programm im Sozialwohnungsbau in Angriff nimmt. Ab 1909 Mitgl. der Soc. régionale des Architectes du Nord de la France. 🏛 AMBLETEUSE/Pas-de-Calais, rue Notre-Dame: Villa Réquillart, 1906; Villa Mektoub, 1926; Villa Les Courlis, 1927. BLINGEL/Pas-de-Calais: Gestüt Wattinne, 1926. HONDEGHEM/Nord, Kirche: Wiederaufbau nach einem Brand, 1913. PETIT-IVRY (Ortsteil von Ivry-sur-Seine)/Val-de-Marne: Presbyterium, 1922. RENESCURE/Nord, Kirche: Wiederaufbau, 1927. ROLLANCOURT/Pas-de-Calais: Mühle Wattinne, 1926. ROSENDAEL/Nord: Kirche St-Zéphirin, 1912. ROUBAIX: Priv.-Häsuer: u.a. 236, rue de Lille: 1907; 145 bis, rue de Lille: 1924. – Handelsniederlassung Krélinger, 1923. – rue de Barbieux: Altenheim Lucien Lagache, 1923–26. – rue Jean Macé, rue Henri Vernet, rue Van Dyck, rue Rubens: Komplex von ca. 100 Häusern mit Sozialwohnungen, 1924–31. – Schulkomplex Linné: Kindergarten, 1930. ⊙ *G:* 1911 Roubaix: Expos. internat. (Pavillon von Belgien; Handelskammer, beide im Stil der fläm. Renaiss.).

📖 *Delaire*, 1907 (zu 2). – *P. Villain*, L'archit. et la construction dans le Nord, Lille 1898, 131–134 (zu 1); *P. D.*, ibid. 1911, 37–44 (zu 1); La Trappe des Flandres. L'abbaye cistercienne de Ste-Marie-du-Mont, 1826–1847, 1898–1950, Lille 1950; L'œuvre de Henri Prost, archit. et urbanisme, P. 1960; Façades de Roubaix. Œuvres des architectes D. (K Rathaus), Roubaix 1989; *M. Jeanson*, Bull. de la Soc. d'émulation de Roubaix 1994 (6) 1–10 (zu 1); *A. Plateaux* (Ed.), Les églises de la Pévèle franç. Hist. et archit. du IXe au XXe s., Liège/Br. 1994, 485 (zu 1); Dunkerque. Dunes, briques et béton, Lille 1995 (Cah. du patrimoine, 41; zu 1). – Godewaersvelde/Nord, Arch. de l'abbaye de Ste-Marie du Mont des Cats. Lille, Arch. dép. du Nord: Ser. O (nach Kommunen); Arch. hist. du diocèse de Lille (nach Pfarr-Bez.). Wasquehal, Priv.-Arch. von C. Destombes.

M.-J. Lussien-Maisonneuve

Destorrens, *Ramon* → **Destorrents,** *Ramón* (1351)

Destorrent, *Ramon* → **Destorrents,** *Ramón* (1351)

Destorrents, *Gregori*, span. Illuminator, tätig zw. 1340 und vor 1360 in Barcelona. Vater von Ramón (I) D. 1340 als Illuminator einer von König Pedro el Ceremonioso in Auftrag gegebenen Bibel gen. Ein Dok. von 1360, nach seinem Tod ausgestellt, teilt mit, daß sein Sohn 70 sueldos für die Illumination erhielt, die D. für zwei Bücher geschaffen hatte. Die Beziehung von D. und seinem Sohn mit dem katalan.-aragones. Königshaus plaziert diese Familie von Miniaturisten zu den wichtigsten Illuminatoren des 14. Jh. jenseits der Tätigkeit von Ferrer und Arnau Bassa. Unter diesem Aspekt ist auch die noch ungeklärte Verbindung von D. und Ramón D. (1351) mit Ramón D. (1380), dem Vater von Rafael D., zu sehen. 📖 *J. M. Madurell*, Scrinium (Ba.) 1954 (11–14); *J. Hernando*, Llibres i lectors a la Barcelona del s. XIV, 2 Bde, Ba. 1995, I, doc. 205.

F. Ruiz i Quesada

Destorrents, *Rafael* (ab 1406 Gregori, *Rafael*), span. Illuminator, Maler, Miniaturist, * 1375, † 1443/1445. Sohn von Ramón (II) D. Versch. Dok. bezeugen D.s Aktivitäten als Maler. 1403 wurde ihm die Illuminierung des *Misal de Sa. Eulalia* (cod. 116) der Kathedrale von Barcelona vergütet, eines der wichtigsten Werke der katalan. Internat. Gotik. 1405 zum Subdiakon, Diakon und Priester geweiht. Da der Bischof von Barcelona, Joan Ermengol, der Auftraggeber des Meßbuches war, nimmt man an, daß D. auch das von König Martín el Humano aus Valencia geschickte Psalter illuminiert hat. 1410 arbeitet D. an einem Meßbuch des Consell de la Ciutat von Barcelona und ist ab 1419 in Lleida ansässig, wo er als Benefiziar der Kathedrale erscheint. Obwohl dort bis 1442 oft dok., muß er den Wohnsitz zw. dieser Stadt und Barcelona gewechselt haben. Schon im Vertrag von 1425 über das Retabel der elftausend Jungfrauen und Sa. Ursula für die Kirche Sant Boi del Llobregat wird er als Priester von Barcelona bez. Dort setzt er auch sein Test. auf, das zw. 1443 und 1445 vollstreckt wurde. 1442 arbeitet D. mit Martorell am Gem. der Jungfrau vom Hochaltar der Kathedrale von Lleida, und es ist möglich, daß er an der Malerei zur Erweiterung dieses Ensembles beteiligt war. Die

Verknüpfung von D.s Werken mit den neuen Stilmerkmalen der Internat. Gotik erscheint aufschlußreich, und seine Originalität muß man im Vergleich mit der Malerei von Gerau Gener, Joan Mates, Lluís Borrassà und Ramón de Mur beurteilen. Als Zuschr. hat J. Planas D. mit der Min. eines Psalter in Verbindung gebracht, in der der *S. Juan Evangelista* (ms. 88) vorkommt und das gegenwärtig Teil eines Stundenbuches im Mus. Episcopal von Vic ist, sowie mit sieben Min. des *Oficios de devoción privada* (ms. a III. 1; fol. 87v-213) des Real Monasterio in San Lorenzo de El Escorial. ◫ *Ráfols* I, 1951 (s.v. Gregori, Rafael); Dicc. biogr. II, 1968; Spanish Artists I, 1993; DA VIII, 1996. – *J. Mas*, in: Inv. de la Sagristia de la Seu de Barcelona, Ba. s.a.; *A. Rubió i Lluch*, Doc. per la hist. de la cult. catalana mig-eval, I, Ba. 1908; Expos. de Códices miniados esp. (K), Ma. 1929; *Ferreres*, Hist. del Misal Romano, Ba. 1929; *J. Lladonosa*, La antigua parroquia de S. Martín de Lérida, Lleida 1944; *J. M. Madurell i Marimon*, Anales y Bol. de los Mus. de Arte de Barcelona 1952 (10) 147–148 ss.; Expos. hist. del libro esp. (K), Ma. 1952; *J. M. Madurell i Marimon*, Scrinium (Ba.) 1953 (8–10) 7–8, doc. 1–3; *id.*, ibid. 1954 (11–14) 4–5, doc. 1–3; *J. Ainaud de Lasarte*, Årsbok för Svenska Statens Konstsamelingar 8:1960, 37–50; *P. Bohigas*, La il. y la decoración del libro manuscrito en Cataluña. Período gótico y renacimiento, 2 Bde, Ba. 1965–67; *A. Duran i Sanpere*, Barcelona y la seva hist. L'art i la cult., Ba. 1975; *F. Sricchia Santoro*, Prospettiva 1976 (6) 11–29; *P. Bohigas/A. Fabrega*, El Missal de Sa. Eulàlia. La decoració i la il. del Missal de Sa. Eulàlia, Ma. 1977; *J. M. Madurell i Marimon*, Quaderns d'arqueol. i hist. de la ciutat 1980 (18) 141–151; *J. Planas i Badenas*, Bol. del Mus. e Inst. „Camón Aznar" 1984 (16) 33–62; *id.*, D'Art 1984 (14) 73–81; *id.*, R. D., in: Thesaurus/estudis. L'art als Bisbats de Catalunya, 1000–1800, Ba. 1986; Pia Almoina. Thesaurus (K), Ba. 1986; *J. Planas i Badenas*, Reales sitios 28:1991 (108) 49–56; *id.*, Bol. del Mus. e Inst. „Camón Aznar" 1994 (57) 93–124; *R. Alcoy i Pedrós*, Lambard 1995 (8) 182, 186–191; *F. Fité i Llevot/C. Berlabé*, Locus amoenus 1996 (2) 103–110, docs. 1, 3, 5–7, 16, 20; *J. Planas i Badenas*, El esplendor del gótico catalán. La min. a comienzos del s. XV, Lleida 1998. F. Ruiz i Quesada

Destorrents (Torrent), *Ramón* (I), katalan. Miniaturist, Maler, tätig zw. 1351 und 1362 (vermutl. ident. mit dem Meister von Iravalls). Sohn von Gregori D. Die frühesten Dok. informieren über D.s Tätigkeit als Miniaturist, aber eine Vergütung von 1353 erweist ihn als einen der wichtigsten Maler Kataloniens nach dem Tod von Ferrer Bassa und Arnau Bassa. Pere el Cerimoniós verfügt darin die Zahlung von 10 Pfund, um die Retabel der kgl. Kapellen von Mallorca und Valencia fertig zu malen, die, von Ferrer Bassa begonnen worden waren. 1356 läßt der König 12 Pfund an D. für dessen farbl. Fassung des Retabels des Schlosses von Lleida zahlen, das Ferrer Bassa und Arnau Bassa geschaffen hatten. 1357 wird Pere Serra Lehrling von D. 1358 beauftragt er den Bildhauer Pere Moragues mit sieben Holz-Skulpt. für den Hochaltar der Kirche Sa. Maria del Pi in Barcelona und stellt die Kosten für die Verschickung eines Retabels über die sieben Lobgesänge der Hl. Jungfrau in Rechnung, die er für die Königin gemalt hatte. Zuletzt dok. 1362 als Maler von Sternzeichen-Darst. auf einem Globus, den der Astrologe Dalmau Planes für den König gefertigt hatte. Die kgl. Aufträge und der Lehrvertrag mit Pere Serra bezeugen die Bedeutung dieses Künstlers. Da Verrié die gen. Beziehung des Malers mit dem Retabel der kgl. Kap. auf Mallorca kannte, identifizierte er die Mitteltafel des Werkes mit dem Gem. der *Hl. Anna mit Maria als Kind* im MN de Arte Antiga in Lissabon. Da Werk und Dok. des mallorquin. Bildes übereinstimmen, schlug er vor, D. mit dem anonymen Meister von Iravalls gleichzusetzen, dem Autor der Retabel von Sa. Marta der Kirche Iravalls/Cerdaña. Diesem werden zugeschr.: versch. Gem. der drei von Enrique de Trastámara für die Kirche Nuestra Señora de Tobed in Auftrag gebenenen Retabel (Prado, Madrid; Mus. Maricel de Mar, Sitges; Mus. Diocesà, Barcelona; Privat-Slgn); die Hll. Marta und Eulalia der Kathedrale von Barcelona; der Hauptteil eines S. Vicente gewidmeten Retabels, aufbewahrt im Mus. Diocesà, ebd.; mehrere Gem. des Convento del Santo Sepulcro in Zaragoza; die Bankdecke(?) von S. Onofre der Kathedrale in Barcelona; mehrere Tafeln eines Poliptychons (MN, Krakau; MBA, Lille; MN d'Art de Catalunya, Barcelona). Kürzlich hat man die Tafel der *Hl. Anna mit Maria als Kind* z.T. auch Arnau Bassa zugeschr. (Verrié, 1992), wodurch sich D.s Anteil relativiert. Die künstler. Trad. der Wkst. der Serra erschwert in Bezug auf D. die Festlegung der Autorenschaft; viell. gehören einige der Gem. aus dem umfangreichen, D. zugeschr. Werk der frühen Produktion der Gebrüder Serra an. Deshalb ordnet ihnen Rosa Alcoy die dem Meister von Iravalls am nächsten stehenden Gem. zu. Versch. dok. Hinweise von 1380–91, die sich auf den Miniaturisten Ramón D. (II) beziehen, veranlaßte sie, ihn mit dem gleichnamigen Maler zu verbinden und so D. mit dem anonymen Meister von Rubió gleichzusetzen. Trotzdem ist sehr wahrsch., daß die Pest, die Barcelona ab 10. 1. 1362 heimsuchte, D.s Leben wie auch dem von Francesc Serra ein Ende setzte, da der letzte dok. Hinweis vom 15. Jan. jenes Jahres stammt. ◎ *E:* Barcelona: 1952 Saló del Tinell; 1986 Centre Cult. de la Caixa de Pensions; 1992 Kirche Sa. Ana; 1998 MN d'Art de Catalunya / 1991 Sabadell, Sede Caixa de Sabadell / 1997 Madrid, Prado / 1999 Palma de Mallorca, Llotja. ◫ ThB33, 1939 (s.v. Torrent, Ramon des); ThB37, 1950 (s.v. Meister von Iravalls). Dict. de la peint., P. 1991; Spanish artists I, 1993; Enc. dell'arte medievale, V, R. 1994; DA VIII, 1996. – *A. Rubió i Lluch*, Doc. per la hist. de la cult. catalana mig-eval, I, Ba. 1908, doc. CLXXIV; II, Ba. 1921, doc. CXXVI ss.; *J. Gudiol i Cunill*, La pint. mig-eval catalana, in: Els trescentistes, II, Ba. [1924]; *J. Ainaud de Lasarte/F.-P. Verrié*, Tabla con Sa. Marta y otras figuras, in: La pint. gótica en la catedral de Barcelona, Ba. 1940–42 (unveröff.); *F.-P. Verrié*, Anales y Bol. de los Mus. de Arte de Barcelona 1944 (2, 1) 67–76; 1944 (2, 3) 63–65; 1948 (6) 321–340; *J. M. Madurell i Marimon*, ibid. 1950 (8) 12–15, doc. 4, 7, 8; 1952 (10) 19–20, 33, doc 398, 407; *F.-P. Verrié*, Barcelona divulgación hist. 1951 (8) 241–245; *M. Durliat*, Arts anciens du Roussillon. Peint., Perpinyà 1954; *J. Guidol i*

Ricart, Guía artíst. de la prov. de Barcelona, Ba. 1954; *id.*, Pint. gótica, Ma. 1955 (Ars Hispaniae, 9); *F.-P. Verrié*, La pint. gótica, in: L'art català, Ba. 1957; *M. Durliat/ G. Maillet*, R. D. et le retable d'Iravals, in: Tramontane 1958, 45–47; *J. A. Gaya Nuño*, La pint. esp. fuera de España, Ma. 1958; *J. Ainaud de Lasarte*, Pitt. spagnola dal periodo romanica a El Greco, Bergamo 1964; *P. Bohigas*, La il. y la decoración del libro manuscrito en Cataluña. Período gótico y renacimiento, Ba. 1965–67; *J. Guidol y Ricart*, Pint. medieval en Aragón, Zaragoza 1971; *M. S. Frinta*, in: Actas del XIII congreso internac. de hist. del arte, Granada, I, 1976; *J. Sureda i Pons*, El gòtic català. Pint., I, Ba. 1977; *G. Llompart*, La pint. medieval mallorquina, su entorno cult. y su iconogr., 4 Bde, Palma de Mallorca 1977–80; *J. Guidol i Ricart/S. Alcolea i Blanch*, Pint. gótica catalana, Ba. 1986; *F.-P. Verrié*, in: Thesaurus. L'art dels bisbats de Catalunya. 1000–1800, Ba. 1986; *R. Alcoy i Pedrós*, R. D. i taller. Predel·la de Sant Onofre, in: Millenum. Hist. i art de l'església catalana, Ba. 1989; *J. Ainaud de Lasarte*, La pint. catalana. De l'esplendor del gòtic al barroc, Genf/Ba. 1990; *J. Figuerola/B. Montobbio*, R. D. Sant Vicenç, in: Splendor vallès. Art cristià del Vallès (872–1880), Sabadell 1991; *S. Alcolea i Blanch*, Taula de Sa. Marta i Sa. Eulàlia. R. D., in: Catalunya medieval, Ba. 1992; *F.-P. Verrié*, Calvari. R. D.; Sa. Anna i la Verge. Arnau Bassa i R. D., beide in: ibid.; *R. Alcoy i Pedrós*, D'Art 1993 (19) 121–143; *J. Hernando*, Llibres i lectors a la Barcelona del s. XIV, 2 Bde, Ba. 1995; *J. Sureda*, R. D., in: Gold backs 1250–1480, Lo. 1996; *id.*, in: Cathalonia. Arte gótico en los ss. XIV-XV, Ma. 1997; *F.-P. Verrié*, R. D. S. Matías, in: ibid.; *R. Alcoy i Pedrós*, La pint. gòtica, in: *X. Barrral i Altet* (Ed.), Art de Catalunya. Pint. antiga i medieval, VIII, Ba. 1998; *M. Rosa Manote u.a.*, Guia art gòtic del MN d'Art de Catalunya, Ba. 1998; *J. Planas i Badenas*, El esplendor del gótico catalán. La min. a cominezos del s. XV, Lleida 1998; *F. Ruiz i Quesada*, in: Bagliori del medioevo. Arte romanica e gotica dal MN d'Art de Catalunya, Ve. 1999; MN de Arte Antiga, Lissabon (K Bonn), M. 1999 (Die großen Slgn, 8); *R. Alcoy i Pedrós*, El retaule de Sa. Anna de la cap. del castell reial de Mallorca. Dels Bassa a R. D., Palma de Mallorca (im Druck).

F. Ruiz i Quesada

Destorrents, *Ramón* (II), span. Illuminator, 1380–1391 nachweisbar. Vater von Rafael D.; vermutl. Sohn von Ramón (I) und Enkel von Gregori D. Der lange Zeitraum zw. der letzten Erw. von Ramón (I) D. im Jahr 1362 und der ersten von D. (II) im Jahr 1380 läßt vermuten, daß es sich um zwei versch. Künstler der selben Familie von Illuminatoren handelt, zumal D. auch in keinem Dok. als Maler erw. ist. Im Mai 1391 wird seine Frau Llorença als Witwe, Vormund seiner Tochter Angelina und seines Sohnes Jaume beurkundet, bezeugt von seinem Sohn Rafael D. Der Tatbestand, daß der mögl. Großvater von D. Gregori hieß und daß Rafael D. seinen Nachnamen in Gregori verwandelt hat, könnte mit dem mögl. Pseud. Gregori dieses Teils der Familie zusammenhängen. So ist zu beachten, daß sich die Königin Yolanda 1390 auf einige Stundenbücher bezieht, an denen der Meister Gregori arbeitete, ein Illuminator, welcher D. gewesen sein könnte. Wegen der Ähnlichkeit zw. D. und Rafael D. hat man D. einige Illuminationen der *Oficios de devoción privada* (ms.a.II. 1) des Real Monasterio de El Escorial zugeschr. (fol. 1–11). ⌂ Vic, Mus. Episcopal. 📖 ThB33, 1939 (s.v. Torrent, Ramon). *Bosque*, 1965; Dicc. biogr. II, 1968; Spanish artists I, 1993. – *J. M. Madurell i Marimon*, Anales y Bol. de los Mus. de Arte de Barcelona 1952 (10) 66–67, 82, 147, doc. 455, 456, 457, 568; Paragone 1953 (37) 49–56; *J. M. Madurell i Marimon*, Scrinium (Ba.) 1954 (11–14) 4; *G. Maillet*, Un curieux retable de Ste-Marthe, Chalons-sur-Marne 1956; *A. E. Pérez Sánchez*, Goya 1968 (83) 290–299; *M. S. Frinta*, Actas del XXIII congreso internac. de hist. del arte, I, Granada 1976; StoriaArteItal (Einaudi) III, 1979; *J. Planas i Badenas*, El esplendor del gótico catalán. La min. a comienzos del s. XV, Lleida 1998.

F. Ruiz i Quesada

Destors, *Denis Louis (Denis)*, frz. Architekt, * 26. 10. 1816 Gonesse/Val-d'Oise, † 26. 5. (nicht 22. 5.) 1882 Choisy-le-Roi/Val-de-Marne. Stud.: ab 1836 EcBA Paris bei Jean Jacques Marie Huvé und François Debret. Dessen Mitarb. bei der Rest. der Abtei von Saint-Denis/ Seine-Saint-Denis, neun Jahre als Zeichner, ab 1847 als „sous-inspecteur". Als erstes eigenständiges Werk errichtet D. 1840 ein Haus in Paris (6. arr., rue Dauphine/rue du Pont-de-Lodi). 1842 erhält er die 1. Med. beim öff. Wettb. um den Hospitalbau in Meaux/Seine-et-Marne. Sein Hw. ist das in Paris für Abraham de Camondo erb. Hôtel de Camondo (61, rue Monceau, 8. arr.; Dekoration von Collignon; 1875 Med. der Soc. centrale). Bau von weiteren Wohngebäuden in Paris, Strasbourg (für Monsieur Hecht) und Compiègne (für den Comte de Beaussier) sowie von zahlr. Schlössern, u.a. Bussière im Elsaß, Neverlée im Dép. Loiret und im Ardèche (für die Comtesse d'Andigné). Zudem plant D. eine Straßenkreuzung für Epiais-lès-Louvres/Val-d'Oise und gestaltet versch. Grabstätten. Architekt der Königin von Schweden. Mitgl.: 1847 Soc. centrale (1871 Schatzmeister); 1853 Fond. Taylor; 1881 Präs. vom Cercle des maçons et tailleurs de pierre. 1875 Stifter einer alljährl. an der EcBA Paris vergebenen Medaille. ⌂ *Bauwerke:* Le Vesinet/Yvelines, 6, av. du Belloy: Haus, 1867. Paris, 7, rue Beaujon (8. arr.): Haus für die Comtesse de Bussière, 1877. – 56–58, rue des Saints-Pères (7. arr.), Hôtel der Comtesse de Castries: Umgestaltung des Hofes, 1879. – 15, boulevard Haussmann/18–20, rue du Helder (9. arr.): zwei Mietshäuser für den Comte Clary, 1881/82. – rue Faber (7. arr.): Hôtel der Vicomtesse de Chazelles. – av. Hoche (8. arr.): Hôtel von Monsieur Sabatier und Madame Hausslauer. Roucy/Aisne: Anstalt für geistig Behinderte, 1861/62. – *Entwürfe:* Paris, EcBA: Studenten-Zchngn. ✉ Congr. annuel des architectes à l'EcBA, 9. Sitzung, 1881; Not. sur la vie et les œuvres de Gabriel Davioud, ..., lue au Congr., séance du 14 juin 1881, P. 1881. ◉ *G:* 1865, '77 Paris, SAfr.; 1878 ebd.: WA. 📖 ThB9, 1913. *Delaire*, 1907; DBF XI, 1967; *Dugast/ Parizet* II, 1991. – Moniteur des architectes 1880, col. 80, 95, 110, 128, 158, 173, Abb. 23, 29, 31, 36, 47 s., 51, 58; *Hautecœur* VII, 1957, 227 s.; Grandes et petites heures du Parc Monceau (K Mus. Cernuschi), P. 1981,

87; *A. Jacques*, La carrière de l'architecte au XIXe s. (K), P. 1986, 59; Le Vésinet. Modèle franç. d'urbanisme paysager, 1858–1930, P. 1989, 52; *C. C. Mead*, Charles Garnier's Paris Opera. Architectural empathy and the renaiss. of French classicism, N. Y./C., Mass. 1991, 287; *D. Van Zanten*, Building Paris. Archit. institutions and the transformation of the French capital, 1830–1870, C., Mass./N. Y. 1994, 197. – Paris, Arch. nat.: AJ[52]363 (Studentenakte der EcBA). C. Zuzinec

Destouches, *Cajetan* (irrtüml. *Charles*), dt. Medailleur, * 1769(?), † 22. 2. 1833 München. Fertigte als Graveur an der kurfürstl. Münze zu München um 1784 seine erste erh. Med. auf das Fürstenpaar Carl Theodor und Elisabeth Auguste und wurde 1804 pensioniert, weshalb das Geburtsdatum fragl. erscheint. Seine zahlr. Konventionstaler und Med. waren in der Reg.-Zeit von Carl Theodor noch dem Rokoko verpflichtet, unter Maximilian IV. hingegen hatte er sich dem Empire-Stil zugewandt. ⌂ HEIDELBERG, Kurpfälz. Mus.: 3 Med., 1784, '92, '95. ▭ ThB9, 1913 (Lit.). – Carl Theodor und Elisabeth Auguste. Höf. Kunst und Kultur in der Kurpfalz (K Kurpfälz. Mus.), Heidelberg 1979. S. P.

Destouches, *Charles* (1769) → **Destouches,** *Cajetan*

Destouches, *Charles* (1817) cf. **Destouches,** *Louis-Nicolas-Marie*

Destouches, *Jean*, Bildhauer in Paris, 1565 für Arbeiten am Grabmal von Heinrich II. bezahlt. ▭ ThB9, 1913. *Lami*, 1898.

Destouches, *Johanna von*, dt. Malerin, Dichterin, * 3. 6. 1869 München, † 12. 1. 1956 ebd. Nach staatl. Lehrerinnenexamen Gesangs- und Klavierunterricht. Stud.: KGS München bei Olga Weiß. 1897 erste Ausst. im Münchner KV. Danach Schülerin von Else Gürleth-Hey, anschl. eigenes Atelier. – Blumenbilder in Aqu. und Öl. ⌂ MÜNCHEN, BSGS, NP. ▭ Vo1, 1953; Vo5, 1961. *Zils*, 1913; Münchner Maler I, 1981 (Lit.); *Bosl*, Erg.-Bd, 1988 (Lit.); *Ries*, 1992; *Schweers* I, 1994. S. P.

Destouches, *Laurent*, frz. Architekt in Paris, ab 1741 bekannt. Huissier de la Chambre und Contrôleur des Bâtiments du roi. 1751–63 Chefarchitekt von Paris (maître des Bâtiments de la Ville; Nachf. seines Schwiegervaters Jean Baptiste Augustin Beausire). 1752 legt D. (lt. ThB) einen Gest.-Entwurf für die Pl. Louis XV vor (heute Pl. de la Concorde; zugunsten von Jacques-Ange Gabriel abgelehnt). ⌂ PARIS, rue du Doyenné: Hôtel de Surbeck; rue des Bons-Enfants: Hôtel de Novion, beide 1741. – rue Plâtrière/rue Verdelet/rue Coq-Héron, ehem. Hôtel d'Armenonville: Rest. und Umbau zum Postamt, nach 1750 (1755 lt. ThB; später zerst., lt. Gallet Wiederaufbau durch Julien Guadet). ▭ ThB9, 1913. *Du Peloux* I, 1930; DBF XI, 1967; *Gallet*, 1995. – *Hautecœur* IV, 1952; VII, 1957. R. T.

Destouches, *Louis-Nicolas-Marie*, frz. Architekt, * 8. 5. 1789 Paris, † 1850 ebd. Stud.: ab 1805 EcBA Paris bei Charles Percier und Léon Vaudoyer; 1814 Rompreis (Entwurf: Bibl.-Mus.). Wahrsch. anschl. Aufenthalt in Rom (1817 ebd. Geburt des Sohnes *Charles D.*). Ab 1826 Architekt der Bâtiments civils und der Veterinärschule in Maisons-Alfort, 1828–31 des Mus. d'Hist. naturelle in Paris. 1829 2. Preis beim öff. Wettb. zur Umgestaltung der Pl. de la Concorde ebd. (Modell im Salon 1831). Ab 1832 Architekt des Pariser Panthéon, wo D. 1846–50 umfangreiche Baumaßnahmen durchführt. Außerdem errichtet er zahlr. Priv.-Häuser (bes. in der Rue Tronchet und der Rue Voltaire). – Der gen. Sohn studiert ab 1836 an der EcBA Paris bei D. und Hippolyte-Louis Lebas und ist ebenfalls Architekt in Paris († 1906). ▭ ThB9, 1913. *Delaire*, 1907 (auch s.v. D., Charles); DBF XI, 1967; *Dugast/Parizet* II, 1991 (s.v. D., Charles). – *Hautecœur* VI, 1955. R. T.

Destouches (Detouche[s]), *Paul Emile*, frz. Maler, * 16. 12. 1794 Dampierre/Seine-Inférieure, † 11. 7. 1874 Paris. Stud.: ab 1815 EcBA Paris bei Jacques-Louis David, Pierre-Narcisse Guérin, Antoine-Jean Gros und Anne-Louis Girodet-Trioson. Zunächst hist. und v.a. relig. Sujets (z.T. für Kirchen); dann Genre, das sich mit Erfolg am Vorbild von Jean-Baptiste Greuze orientiert. Ausz.: 1819, '27 Med. 1. Klasse. Nach D. stachen u.a. Jean Pierre Marie Jazet, Alexandre Vincent Sixdeniers, Jean Alexandre Allais, Edme Jean Ruhierre; Lith. von Hyacinthe-Louis-Victor-Jean-Baptiste Aubry-Lecomte. ⌂ CHERBOURG, Mus. Thomas Henry: Schéhérazade, Salon 1824 (lt. Bénézit). LEIPZIG, MBK: Jeune fille au lit, 1839; Le convalescent. NANTES, MBA: L'attente du bal masqué, Salon 1831; Le départ pour la ville, Salon 1834. PARIS, Panthéon. ROUEN, MBA: La croisée (lt. Bénézit). ⊙ *G:* 1817–41 Paris, Salon. ▭ ThB9, 1913. *Graves*, BI, 1908; DBF XI, 1967; *Bénézit* III, 1976 (s.v. Detouche, Paul-Emile); Dict. des mon. de Paris, P. 1992; *Schurr/Cabanne* I, 1996 (s.v. Detouche, Paul-Emile). – *Schurr* I, 1975. E. S.

Destouesse, *André (André-Maurice)*, frz. Bildhauer, Maler, * 18. 1. 1894 Bordeaux, † 23. 7. 1968 Crain/Yonne, tätig in Paris. Stud.: EcBA Bordeaux. ⊙ *G:* ab 1926 Paris, Salon des Indépendants (Portr.-Büsten, Lsch., Figürliches). ▭ Vo1, 1953. *Mackay*, 1977; *Bénézit* IV, 1999.

Destourbet (Duturbet; de Tourbé; de Tourbet), *Gabriel* (gen. Bourgeois), frz. Maler, * Langres, ab 1658 in Lyon nachg., dort 1671, '78 „maître de métier". Lt. Bénézit 1672 und 1679 ebd. belegt. D.s Witwe heiratete am 19. 9. 1689 den Maler François Palatin aus Marseille. ▭ ThB9, 1913. *Audin/Vial* I, 1918; *Bénézit* IV, 1999. – *Marcel*, 1935; *Janneau*, 1965. C. R.

Destournelles, *Athanase* → **Detournelle,** *Athanase*

Destours → **Duchateau**

Destre, *Jacomo (Jacopo) dalle* (gen. Jacomo da Treviso), ital. Maler, M. 16. Jh. in Venedig tätig, wo er vermutl. in der Wkst. seines Vaters Vincenzo D. im Sprengel von S. Lio arbeitete. 1543 und '44 in wirtschaftl. schwierigen Umständen. ▭ ThB9, 1913. DBI XXXI, 1985 (im Art. Dai Destri, Vincenzo). – *G. Ludwig*, JbPrKS/Beiheft, 26:1905, 41. S. C. M.

Destré (irrtüml. Destrée; Destrez), *Julien*, fläm. Bildhauer, Architekt, Ingenieur, * 1611 Lille † 22. 3. 1678 ebd. (begr. im Chor der Kirche Ste-Marie-Madeleine, dort auch D.s Epitaph), tätig in Lille. Wahrsch. Autodidakt. 1631 kurz nach der Hochzeit Aufnahme in die Bürgerschaft der Stadt. 1634 dok. als Mitgl. der Holzbildhauerzunft, ab 1641 als Feldvermesser; 1642 erw. als Stadtarchitekt, bevor er 1649 zum Ing. ernannt und zuständig für die Erhebung der Weinpacht wurde. 1652/53 Erbauer der Bourse des Marchands; durch dieses außergewöhnl. Bauvorhaben steigt D. zu den Notabeln der Stadt auf, er genießt Ehrungen und kommt zu Wohlstand. Anschl. Betätigung als Geschäftsmann und Immobilienspekulant. 1671 im Amt des Stadtarchitekten durch den Baumeister (maître-maçon) Simon Vollant ersetzt. Als gefragter Gutachter zum „maître des œuvres" der um eine homogene Bebauung bemühten Stadt berufen, arbeitet D. eine 1674 verabschiedete Verordnung zur Regelung der Bautätigkeit aus, die fortan von seinen Auffassungen geprägt wird. Zudem errichtet er das Empfangsgebäude zum Hospice Gantois (1656) und versch. nicht erh. Bauwerke: Einfahrt zur Cour des Bons-Enfants (1661), sein eig. Haus (7, rue du pal. Rihour, 1664), die Häuser der Nrn 41–45 in der Av. de Peuple Belge (1666) und die Nr 29, rue des Célestines. Eine der Hermen an der Fassade eines Hauses in der Rue des Manneliers zeigt wahrsch. D.s Selbstbildnis. – Mit der Errichtung der Börse hält in Lille eine veränderte Bauweise Einzug; 24 Priv.-Häuser, deren Erdgeschoßzonen für Handelseinrichtungen bestimmt sind, beziehen sich auf einen der Geschäftstätigkeit vorbehaltenen Innenhof mit Säulengang. Die Gliederung der Maueröffnungen im Erdgeschoßbereich und v.a. der Char. des plast. Schmucks sind vom Antwerpener Manierismus beeinflußt, den D. durch Stich-Slgn kennengelernt haben muß. Aber durch die symmetr. Gestaltungsweise, ausgewogene Proportionen und die erstmalige Verwendung von Säulenordnungen in Lille wird eine Verbindung zur klass. Trad. hergestellt. Im übrigen ist das Gebäude komplexer als es zunächst erscheint, da versch. plast. Motive ganz offenkundig auf eine frz. Quelle zurückgehen; dabei ist bes. an die 1633 von Pierre Collot veröff. Ornamentstichfolge „Pièces d'archit." zu denken. Dieses repräsentative und in seiner Art bedeutendste Bauwerk in Frankreich prägte bis zur frz. Eroberung 20 Jahre lang die Archit. der Wohnhäuser in Lille. Im Arch. dép. du Nord (Plan Lille 398) befindet sich die Kopie (1729) eines Plans von François de Canlers und D. zur Erweiterung von Lille 1672. 🏛 LILLE: Börse, 1653. – 31, rue des Célestines. – 214, rue de Paris. – 11, rue des Manneliers. ⊙ *G:* 1967–68 Lille, Hospice Comtesse: Louis XIV en Flandre. 📖 ThB9, 1913. – *L. Quarré-Reybourbon*, Réunion des soc. des BA des dép. 1892, 312; *C. Dehaisnes*, Le Nord mon. et artist., Lille 1897, 77 ss.; *A. Feulner*, Un guide à travers les mon. de la Vieille Ville, Lille 1918 (dt. Ausg.: Ein Führer durch die BD der Altstadt, Lille 1918); *F. Beaucamp*, La Flandre et l'Artois. Recueil de doc. sur l'archit. civile, Lille 1923, 2 s.; *P. Parent*, L'archit. civile à Lille au 17ᵉ s., Lille 1925, 99–107; *Hautecœur* I, 1943, 787; II. 1, 1948, 13–17; *P. Francastel*, Les architectes célèbres, II, P. 1959, 271; *H. Leclercq*, Bull. du Comité flamand de France 17:1964, 263–270; *id.*, J. D., ce mal connu ..., Plein Nord 1978 (4130) 36 ss.; *id.*, Mélanges offerts à R. Robinet, 1982, 153 ss.; *L. Trénard* (Ed.), Hist. de Lille, II, Toulouse 1981, 242–245; *J. Dion*, Rev. du Nord 71:1989, 363–375; *C. Lesage*, Bulletin de la Comm. historique du Nord 49:1999, 97–126. L. Baudoux-Rousseau

Destre, *Louis de* → **Destere,** *Louis de*

Destre, *Vincenzo dalle* (Destre, *Vincenzo dai*; auch gen. Vincenzo da Treviso), ital. Maler, * wohl Treviso, † vor 21. 4. 1543, in Treviso und Venedig tätig. Sohn eines aus Polcenigo gebürtigen Schmiedes, Vater des Jacomo dalle D. Erstmals 1471 dok. in Treviso. Schüler von Gerolamo da Treviso d.Ä., mit dem er vermutl. 1488 für den Bischof von Feltre arbeitete. 1492 erstmals als Meister gen., dekorierte er 1495 zus. mit Giovanni Bellini, Alvise Vivarini, Cristoforo da Parma, Lattanzio da Rimini und Francesco Bissolo den Saal des Großen Rates im Dogen-Palast in Venedig. A. 16. Jh. wieder in Treviso belegt, wo er 1500 in S. Giovanni al Tempio und 1501 für die Scuola dei Barbieri arbeitete (Fahne mit *Hll. Cosmas und Damian*). Um 1505 ließ er sich in Venedig (vermutl. im Sprengel von S. Lio) nieder, wo er wohl bis 1537 blieb und in den Akten der Scuole Grande von S. Giovanni Evangelista (1518) und S. Maria della Misericordia (1527) sowie in der Malerzunft (1530) dok. ist. und vermutl. zus. mit Pier Maria Pennacchi an den Decken-Gem. von S. Maria dei Miracoli arbeitete. 1537 Rückkehr nach Treviso; dort vermutl. Aufenthalt bis zu seinem Tode. Lediglich drei gesicherte Werke haben sich erh.: das 1503 für SS. Michele e Cristoforo in Treviso entstandene und damals von Lorenzo Lotto und Pennacchi begutachtete Altar-Gem. des *Hl. Erasmus zw. den Hll. Johannes und Sebastian* (heute in S. Leonardo; die Figuren von Maria und Kind erst später hinzugefügt), das ihn als wenig begabten, an seinem Lehrer (und dessen Pala del Fiore im Dom von Treviso) sowie an Alvise Vivarini (und dessen von Marco Basaiti voll. *Hl. Ambrosius mit Hll.* in der Frari in Venedig) orientierten Maler ausweist, sowie zwei sign. Kopien nach einer *Darbringung im Tempel* von Giovanni Bellini im Mus. Correr (wohl um 1495), auf der D. sich als Schüler Bellinis bez. („Vincentius de Tarvixio discipulus ioannis Bellini") und im MCiv. in Padua, deren lebendiges Kolorit den Einfluß Lottos zeigt und daher vermutl. nach dessen Begutachtung des Erasmus-Gem. 1503 zu datieren ist. Zugeschr. werden D. eine *Muttergottes mit Kind und Hll. Andreas und Liberalis* (ehem. S. Severo, Venedig) sowie eine *Hl. Fam.* (beide Treviso, MCiv.) und eine *Muttergottes mit Kind und Hll. Petrus und Johannes* (New Orleans/La., Mus. of Art). 📖 ThB9, 1913. *Galetti/Camesasca* I, 1951; *Zampetti* I, 1969; DEB IV, 1973; DBI XXXI, 1985 (s.v. Dai Destri, Vincenzo; Lit.); PittItalCinquec II, 1987 (s.v. Dalle Destre, Vincenzo); DA VIII, 1996. – *G. Ludwig*, JbPrKS 26:1905 (Beih.) 37–41; *Moschini Marconi* I, 1955; *F. Heinemann*, Giovanni Bellini e i Belliniani, Ve. 1962; *G. Nepi Scirè*, Not. da Pal. Albani 3:1973, 35; *Favaro*, 1975, 143; *Zeri*, 1976; *G. Liberali*, Doc. sulla riforma cattolica pre e post tridentina a Treviso (1527–1577), VII-VIII, Treviso 1977, 346; *V. Sgarbi*, Prospettiva 10:1977, 43 s., 48; Lorenzo Lotto a Treviso (K) Treviso 1980, 1–10, 83; *G. Nepi Scirè*, Bd'A 6:1980, 40; *ead.*, in: *P. Zampetti/V. Sgarbi* (Ed.), Lorenzo Lotto. Atti del convegno internaz. di studi per il V centenario della nascità (Asolo 1980), Ve. 1981, 39; TCI Venezia, 1985; La pitt. nel Veneto. Il Quattrocento, Mi. 199O; TCI Veneto, 1992. S. C. M.

Destrée, *Johannes Joseph (Jan-Josephus; Johannes Josephus)*, niederl. Maler, * 27. (lt. Scheen: 18.) 3. 1827 Laeken (Brüssel), † 17. 3. 1888 Den Haag, dort tätig. Schüler von Bartholomeus Johannes van Hove und Andreas Schelfhout. Mitgl.: Pulchri Studio, Den Haag. – Naturnahe weiträumige Lsch. und Strandbilder, v.a. mit Motiven aus Scheveningen. D. legt bes. Wert auf die Darst. von Licht und Atmosphäre mit wolkenverhangenem Himmel. ⌂ AMSTERDAM, Sted. Mus. – Rijks-Prentenkab. BERLIN, SM. BRÜSSEL, MRBAB. DEN HAAG, Gemeente-Arch. – Gemeente-Mus. HAARLEM, Teylers Stichting. ⊙ *G:* u.a. 1882 Paris, Salon / 1885 Glasgow, GI; Liverpool, Walker AG. ▭ ThB9, 1913. *Flippo*, 1981; *Scheen*, 1981; DPB I, 1995. – *Schweers* I, 1994; *S. Goyens de Heusch*, Het impressionisme en het fauvisme in België, Ant. 1988. U. R.

Destrée, *Julien* → **Destré,** *Julien*

Destrée-Danse, *Marie* → **Danse,** *Marie*

Destreez, *Jules Constant*, frz. Bildhauer, * 5. 4. 1831 Gisors/Eure, lebte in Paris. Schüler von Henri de Triqueti. Fertigte u.a. die Marmorbüste *Rameau* (für das Minist. des BA) und *Die Stadt Saint-Etienne*, Stein, 1881 (Paris, Rathausfassade). – V.a. Portr.-Büsten, Heiligen- und Genre-Figuren. Das Mus. in Amiens besitzt kein Werk von D. (entgegen Zitat bei Kjellberg). ⌂ CHARENTON, Pfarrk.: Hl. Lukas, Statue (Zuschr.). PARIS, Montmartre-Friedhof: Flachrelief am Grabdenkmal von L.-A. Pauwels. – Kirche St-Georges-de-la-Villette: Hl. Georg, den Drachen besiegend, 1874 (Sopraporte). ROUEN, Mus.: Gefangener, Statue. ⊙ *G:* 1855–94 Paris, Salon (SAfr.). ▭ ThB9, 1913. *Kjellberg*, 1987; Dict. des mon. de Paris, P. 1992. – *Renard*, 1985. – Mitt. Mus. d'Amiens. C. R.

D'Estrella, *Theophilus Hope*, US-amer. Fotograf, Maler, * 6. 2. 1851 San Francisco/Calif., † 29. 10. 1929 Berkeley/Calif. Taubstumm. Besuch der California School for the Deaf (1860–73) und der Univ. of California (1873–76) in Berkeley. Stud.: 1879–84 School of Design, San Francisco, bei Virgil Williams (1881 Alvord Award). D. lehrte 1876–79 und 1884–1929 an der California School for the Deaf (einer seiner Schüler war Granville Redmond). Mitgl.: u.a. San Francisco Art Assoc.; California Camera Club (ab 1891). – Alben mit Fotos von taubstummen Kindern in ihrem Alltag sowie Reisebildbände (u.a. Sierra Nevada); kleine Öl-Gem., Aqu. ⌂ BERKELEY, Bancroft Libr. FREMONT, California School for the Deaf Archives. SAN FRANCISCO, California Hist. Soc. ⊙ *G:* 1901 San Francisco, First Photographic Salon (1. Preis). ▭ *Browne/Partnow*, 1982; *Hughes*, 1986. C. R.

Destrem, *Casimir*, frz. Maler, * 24. 3. 1844 Toulouse, lebte ebd. und in Paris. Stud.: EcBA Paris bei Léon Bonnat. – Genre- und Historienbilder, bibl., mytholog. Darst., Portr., Lsch. ⌂ FECAMP, Mus.: Scène rustique, 1880. PARIS, ehem. Mus. du Luxembourg: La fin du jour, 1885. REIMS, MBA: Rébecca, 1888. ROCHEFORT, MAH: Ruth et Booz, 1886. TOULOUSE, Mus.: La St-Roch, bénédiction des animaux dans la campagne du Languedoc, Salon 1878; Coup de vent, sign., Salon 1884. ⊙ *G:* Paris: 1874–1912 Paris, SAfr. (1885 Mitgl.); 1889 WA (Silber-Med.) ▭ ThB9, 1913. LivreD'Or, 1921; DBF XI, 1967; *Bénézit* IV, 1999. – *Baron Desazars*, Rev. des Pyrenées 1897 (9) 87 s.; *E. Roschach*, Le Mus. de Toulouse, Toulouse 1908, Nr 73, 74. – Mitt. Mus. des Augustins, Toulouse. C. R.

Destreu, *Jean*, Holzbildhauer, 1520 in Namur für Arbeiten am Stadthaus bezahlt. ▭ ThB9, 1913.

Destrez, *Julien* → **Destré,** *Julien*

Destri, *Angelo*, ital. Maler, Zeichner, * 3. 1. 1922 Cerri d'Arcola/La Spezia, † 8. 5. 1985 Lerici/La Spezia. Autodidakt. A. 50er Jahre Parisaufenthalt, Kontakt zu Albert Camus und Auseinandersetzung mit der Malerei von Bernard Buffet. Später v.a. weibl. Gesichter in zahlr. Zchngn und Öl-Gem., die an Amedeo Modigliani erinnern. In den 70er und 80er Jahren malt D. Figürl., Stilleben und Lsch. (*Natura morta con lume*; *Giovanetta con la treccina*, 1981; *La cucitrice*, 1982; *Ombre del crepuscolo*, 1984). ⌂ AUPS/Var, Mus. PISA, Mus. di S. Matteo. ⊙ *E:* 1956 La Spezia, Gall. Adel / 1985 Lerici, Gall. Ganci. ▭ EU SEDA II, 1969; *Beringheli*, 1991. – *F. Battolini u.a.*, A. D., Lerici 1987. N. Corradini

Destri, *Carlo*, ital. Maler, Bildhauer, * 4. 11. 1895 Pisa, † 19. 8. 1977 Albinea/Reggio Emilia. 1898 übersiedelt D.s Fam. nach Reggio Emilia. Sein frühes *Ritratto Nerone* (1911) steht unter dem Einfluß von Rembrandt. Verarbeitet später Anregungen von Antonio Fontanesi bzw. auf diesen zurückgehende Beobachtungen des Lichts von Ottorino Davoli (*Paesaggio*; *Abbeverata*, 1925). E. der 20er Jahre Folge von Öl-Gem., in denen D. die betonte Plastizität der toskan. Malerei des Quattrocento für sich wiederentdeckt (*La madre del pittore*; *Autoritratto*; *Ritratto virile*, Pisa). In dieser Zeit enge Freundschaft mit dem Bildhauer Ferruccio Orlandini. 1932 Premio beim Concorso Naz. Al Bersagliere. Malt 1935 Frauengesichter und Portr., in denen Figürl. und Ambiente eng miteinander verwoben sind (*Donna che prega*; *Garibaldino*; *Ritratto del pittore Manicardi*). 1935–65 Lehrtätigkeit an der Scuola d'Arte G. Chierici in Reggio Emilia. 1939 realisiert er die *Statua di don Cottolengo* für die Kirche von Montericco di Albinea sowie die Büste des *Maestro Gianferrari* (Gips). A. der 40er Jahre v.a. teilnahmsvolle Darst. des bäuerl. Lebens (*Il seminatore*; *Aratura*; *Contadino che ara*; *Il vangatore*). Wegen seiner antifaschist. Gesinnung muß D. 1943 nach Barisella, dann nach Bergonzano (zu dem Maler Arturo Bottazzi) flüchten. Malt 1944 zus. mit Bruno Olivi einen Tempera-Zyklus für die Kirche Madonna della Battaglia in Quattro Castella/Reggio Emilia. 1944/45 Folge von Partisanen-Portr. (*Ritratto femminile* oder *La partigiana*; *I partigiani*, Reggio Emilia, Civ. Mus.). 1949 für die Kirche in Frassinedolo eine *Pietà* in Öl und einen Zyklus von Wandmalereien in Eitempera (*Vita e martirio dei SS. Vincenzo ed Anastasio*). In den 50er Jahren wiederum soz. engagierte Motive (*Ritratto del contadino*; *Vecchia contadina*, Reggio Emilia, Cassa di Risparmio; *Lo straccivendolo*, um 1955) und Portr. junger Frauen (*Ritratto di ragazza*, Reggio Emilia, Cassa di Risparmio; *Ritratto di donna con cappello*). A. der 60er Jahre Auseinandersetzung mit dem Informel und materialbetonter Malerei, aber bald Rückkehr zu einer gefühlsbetont-intimen

Naturauffassung (*Paesaggio con la Pietra di Bismantova*, 1965; *Paesaggio*, 1973; *Paesaggio marino*, 1975). ⌂ PISA, Mus. di S. Matteo. REGGIO EMILIA, Civ. Mus. – Cassa di Risparmio. ▭ *Panzetta*, 1994. – *B. Bertazzoni/G. A. Rossi*, Otto statue di scultori reggiani, Reggio Emilia 1985; *U. Nobili*, C. D. (K Antico Foro Boario), Reggio Emilia 1987. N. Corradini

Destriche, frz. Goldschmiede-Familie in Angers und Château-Gontier, 1642–1817 nachweisbar.

1. *Jacques*, get. 31. 8. 1642 Angers, begr. 25. 3. 1732 ebd. Bruder von 4, Vater von 2 und 3. 1668 Meister. 1678–80, 1702–04, '10–12 „juré-garde". Nahm 1680 Pierre Labbé und 1684 Jacques Peltier in die Lehre. Arbeiten in den Kantonen von Mortagne-sur-Sèvre/Vendée (Reliquiar, vor 1673?), Montrevault/Maine-et-Loire (Kelch und Patene, 1687) und Chemillé/Maine-et-Loire (Kelch, um 1704). – D.s Schwager René Bouffard († 1703) wurde 1664 Goldschmiedemeister in Angers.

2. *Louis*, get. 30. 5. 1672 Angers, Sohn von 1, Bruder von 3. 1701 Meister; bis 1702 in Angers belegt.

3. *Olivier*, get. 31. 1. 1680 Angers, begr. 18. 8. 1755 ebd. Sohn von 1, Bruder von 2. Lehre u.a. bei 1 und François Renou. Heiratete 1726 Marthe Amyraut (Witwe von Pierre Hugé). 1727 Meister. Nahm 1732 seinen Stiefsohn Pierre Hugé zum Lehrling. 1732–34 „juré-garde". Nach D.s Tod führte die Witwe das Geschäft weiter.

4. *Yves*, get. 19. 11. 1650 Angers, begr. 31. 1. 1727. Bruder von 1, Vater von 5. 1681 Meister in Château-Gontier. Schwager von René Bouffard.

5. *Yves*, get. 6. 9. 1682 Château-Gontier, begr. 12. 12. 1755. Sohn von 4, Onkel von 6. 1708 Meister in Château-Gontier. Nahm 1711 Pierre Damourette de Mortraize und 1726 François Pottier le jeune zur Lehre.

6. *Yves*, get. 29. 1. 1713, begr. 25. 6. 1779. Vater von 7, Neffe von 5. 1725 Lehre bei Jean-Baptiste Tostée in La Flèche. 1737 Meister in Château-Gontier.

7. *Yves-Marie*, get. 26. 1. 1750 Château-Gontier, † 20. 1. 1817 ebd. Sohn von 6. Lehre beim Vater. 1782 bis ca. 1785 „juré-garde". 1790/91 Maire von Château-Gontier.

▭ *M. Jacob u.a.*, Les orfèvres d'Anjou et du bas Maine, P. 1998 (Cah. du patrimoine, 50). C. R.

De Strobel (Strobel), *Daniele*, ital. Maler, Bildhauer, * 30. 3. 1873 Parma, † 8. 6. 1942 Camogli. Stud.: Ist. di BA Parma bei Cecrope Barilli; 1891/92 Scuola del nudo und R. Ist. di BA Rom. Auf einer Reise nach München beeindruckt von Franz von Stuck, Hans Makart und Hans von Marées. Lebt ab den 1890er Jahren abwechselnd in Mailand, Venedig und Rom; läßt sich spätestens 1913 in Parma nieder. 1925 an die Accad. di Brera in Mailand berufen und zieht anschl. nach Camogli. Preise: u.a. 1906 Premio Fumagalli, Mailand, für sein Hw. *Faida in Comune*; 1909 Silber-Med. Rom. – Aus einer österr. Fam. stammend, ist D. stark von nord. Einflüssen geprägt (u.a. auch Arnold Böcklin). Im *Portr. der Mutter* von 1892 (erstes dat. Werk) orientiert er sich stilist. an den Präraffaeliten, ebenso wie in den großformatigen Gem. zw. 1904 und 1908 (*Romeo und Julia*; *Il rogo*; *Il boia*). 1908 ill. er die *Storia di Parma* von Bazzi Benassi (2 Bde). Die zeitgen. Moderne spielt in seiner Malerei keine Rolle, ledigl. die Auseinandersetzung mit dem Divisionismus ist in Gem. wie der *Leggenda del Re Teodorico* (1910), dem *Portr. seiner Frau* (1919) oder den beiden Taf. *Novella di Nastagio degli Onesti* (1921) spürbar. 1915 freskiert er die Camera di Commercio in Parma (heute Cassa di Risparmio) mit regionalen Sujets, z.B. der Herstellung von Tomatensauce (pomodori passati) und Parmesankäse (parmigiano). In seiner Mailänder Zeit widmet er sich v.a. dem Thema Pferd, speziell den Gewinnern des großen Rennens von S. Siro, und greift dabei auf ältere Vorbilder zurück, namentl. Jacques-Louis David, Théodore Géricault und Eugène Delacroix. ⌂ MAILAND, GAM. PARMA, Pin. Stuard. ROM, Gall. Naz. d'Arte Mod. ⊙ *G:* 1899, 1903, '05 Venedig: Bienn. ▭ ThB32, 1938 (s.v. Strobel, Daniele). *Galetti/Camesasca* I, 1951; *Comanducci* II, 1971; DEB X, 1975 (s.v. Strobel, Daniele de); *Beringheli*, 1991; PittItal-Novec/1 II, 1992 (Lit.); *Panzetta*, 1994 (Lit.); *Bénézit* XIII, 1999 (s.v. Strobel, Daniele de). – *R. Tassi*, Magnani, Bocchi, D.: tre pittori di Parma tra Ottocento e Novecento, Parma 1974; *id.*, La corona di primule, Parma 1994 (Lit.). S. P.

Destroz, *Francisco*, span. Bildhauer, 1687 bezahlt für das Retabel für den Altar Santísimo Cristo Crucificado der Cap. de la Misericordia in Tui. ▭ *E. Iglesias Almeida*, Arte y artistas en la antigua diócesis de Tui, Tui 1989.

Destruité, *Jean*, Maler in Paris, ab 1665 Mitgl. der Acad. de St-Luc. ▭ ThB9, 1913. – *Guiffrey*, 1915 (Repr. 1970).

Destrumel, *Guillaume-Antoine*, frz. Tischlermeister, † 1741, tätig in Paris (1740 wohnhaft in der rue de Bourbon-Villeneuve). Vater des Tischlers *Jacques-Philippe D.* und des in Nantes tätigen Bildhauers *Louis D.*, Schwiegervater der Tischler Jacques Malot und Jean-Etienne Saint-Georges. – Spezialisiert auf Sitzmöbel; bek. ist ein Paar Marquisen in leicht geschwungenen Formen (Louis-quinze; am 7. 7. 1985 in Rambouillet verkauft). ▭ *Salverte*, 1985; *Kjellberg*, 1989. R. T.

Destrumel, *Jacques-Philippe* cf. **Destrumel,** *Guillaume-Antoine*

Destrumel, *Louis* cf. **Destrumel,** *Guillaume-Antoine*

Destunis (Destuni), *Georgij Spiridonovič*, russ. Maler, Lithograph, * 24. 11.(6. 12.) 1812, † nach 1862 wahrsch. St. Petersburg. Mal- und Zeichen-Ausb. in Venedig, später Stud. an der Univ. St. Petersburg (ebd. ansässig). – Lsch. mit Genreelementen (Öl, u.a. *Oblomok lesnogo staržila*; *Iz okrestnostej Rima*; *V ožidanii otkrytija*). Lith. für Bd. 2 des Karikaturenalbums „Znakomye" von N. A. Stepanov (StP. 1858, u.a. *U vsjakogo, moj brat, svoe bremja*; *Dačnyj vopros*). Karikaturen für die Zs. Iskra (StP. 1861–62). ⌂ MOSKAU, Puškin-MBK. ⊙ *G:* u.a. 1875 St. Petersburg, AK. ▭ ChudSSSR III, 1976 (Lit.). – Neopublikovannye karikatury „Iskry" i „Gudka". 1861–62 gg., Mo./Le. 1939, 13: Iskusstvo 1986 (3) 34; *G. Ju. Sternin*, Chudožestvennaja žizn' Rossii serediny XIX v., Mo. 1991. V. Kulakov

Desture, *Josset (Jean?)*, Goldschmied, 1396–1400 in Paris für den Herzog von Orléans tätig. ▭ ThB9, 1913.

Desubleo (Desoubleay; Desublei; de Sobleau; de Sobleo; de Subleo; Rainieri; Zobleos), *Michele (Michel*; gen. Michele Fiammingo), ital. Maler fläm. Herkunft, * 1601/02 Maubeuge, † nach 10. 11. 1676 Parma. Stiefbruder von Nicolas Régnier. Erste Ausb. wahrsch. bei Abraham Janssens I; ist dann viell. Régnier zwischen 1621 und '25 nach Rom gefolgt, der dort 1615–25 ansässig war. Ein Hinweis darauf könnte das nicht erh., aber in der Slg des Kardinal Vincenzo Giustiniani 1638 dok. Bild *Susanna und die Alten* sein (1812 von Charles Paul Landon als Rad. publ., Cat. de la coll. Giustiniani, P. 1812, 41 s.). Vor 1636 kommt D. nach Bologna, besucht die Schule von Guido Reni und malt die Altartafel mit dem *Hl. Urban* für die gleichnamige Kirche in Castelfranco (nicht erh.). Mit der *Hl. Fam. und Engeln* von 1640 für die Pfarrk. S. Maria Assunta in Borgo Panigale ist das erste Werk greifbar, unmittelbar gefolgt von dem 1641 von Lorenzo de' Medici bezahlten Gem. *Herminia und Tankred* für die Villa della Petraia (heute Florenz, Uffizien; Rad. 1795 von L. Lastri, damals Ottaviano Vannini zugeschr.). Vermutl. vor 1640 zu datieren sind u.a. *Atalante und Meleager* (Priv.-Slg) und ein *Joh. Bapt.* (1988 bei Leasarte, Mailand, ausgestellt, Standort unbek.), der als einziges Werk D.s caravaggeske Züge trägt. A. der 1640er Jahre ist wahrsch. u.a. die Halbfigur einer *Juno* (Standort unbek.) entstanden, die darauf hinweist, daß D. neben den großen Aufträgen für Altartafeln und mytholog. Themen auch kleine Bilder für priv. Auftraggeber malt. In Bologna soll D. an der Accad. di Disegno des Herzogs Ettore Ghislieri unterrichtet haben, gemeinsam mit Francesco Albani, Guercino, Alessandro Tiarini und Giovanni Andrea Sirani. In die Bologneser Zeit dat. Cottino (1992) zwei Versionen des *David* (Budapest, SzM; Aberdeen, Haddo House) und bez. erstere, die trad. Domenichino zugeschr. wird, als eines der Hw. von D. In dem *Bildnis eines Mannes* (Priv.-Slg) will er außerdem ein um 1640 gemaltes *Selbstbildnis* erkennen. Von einem and. Bildnis, dem *Portr. des Prof. Fortunio Liceti*, kennt man nur die Rad. von Giovanni Georgi (Urbania, Bibl.) mit der Inschr.: „Michael de Sobleo delineavit. Jo. Georg. sculpsit". Ob D. das Portr. nur gezeichnet oder auch gemalt hat, ist nicht überliefert. Eine Halbfigur der *Berenice* (Sassuolo, Priv.-Slg) stammt wahrsch. aus der selben Zeit. A. der 1650er Jahre schließt die Accad. Ghislieri, wahrsch. ein Grund für D., nach Venedig überzusiedeln, wo Régnier lebt. Im Aug. 1654 schickt er von Venedig aus das Gem. mit dem *Hl. Franziskus in Ekstase* nach Sassuolo und bezieht ab 1655 eine Rente vom Ospedale degli Incurabili. Für die Gem. der venez. Zeit sind idealisierte Formen und metallisch wirkende Farben char., die auf frz. Einflüsse schließen lassen, weshalb nicht dokumentierte Paris-Aufenthalte vermutet werden. Neben den großen Altartafeln wie der *Madonna della Rosa* (Modena), einem seiner Hw., malt D. in Venedig auch Bilder wie *Sofonisba empfängt den Giftbecher von Massinissa* und *Tod der Sofonisba* (Turin, Priv.-Slg), die *Allegorie der Musik* (Mailand, Priv.-Slg) und Einzelfiguren wie eine *Sibylle* (Priv.-Slg) und einen *Joh. Bapt.* (Standort unbek.). 1663 ist D. nicht mehr in den venez. Malerlisten notiert, man weiß von einem kurzen Mailand-Aufenthalt, bevor er sich 1665 endgültig in Parma niederläßt. Bereits hier entsteht wahrsch. die Zchng *Meleager, der Atalante den Wildschweinkopf darbietet* (Florenz, Uffizien, GDS), eine der wenigen bek. Zchngn D.s (eine weitere will Pulini, 1995/96, in dem *Kopf einer Frau mit Turban*, Madrid, BN, als Vor-Zchng zu *Sofonisba trinkt den Giftbecher* erkannt haben). Aus Inv. zeitgen. Priv.-Slgn geht hervor, daß D. in Parma auch zahlr., bislang nicht identifizierte Portr. gemalt hat. In diesen letzten Jahren entstehen u.a. Gem. wie *Tankred und Herminia* (Priv.-Slg) oder das *Urteil des Paris* (Standort unbek.). Hier verfaßt er auch seine beiden Test. (22. 2. 1668 und 4. 10. 1672), in denen er seine Besitztümer in Maubeuge den Kindern seiner Schwestern vermacht, seinen künstler. Nachlaß jedoch den in Italien lebenden Töchtern des Stiefbruders und speziell einige Bilder seinen Test.-Vollstreckern (im 1. Test. Giuseppe Fava, Carlo Fagandini und Giovanni Remigio Pavesi, im 2. Test. Pavesi, Paolo Berardi und Michele Zileri, von denen ledigl. Fava als Maler dok. ist). Dadurch sind einige Gem. von D. dok., jedoch nicht identifiziert. – Der Schüler Guido Renis lehnt sich stilist. an den Meister an, greift aber auch Einflüsse von Domenichino, Guercino u.a. auf und setzt sie in eine eigene, teilw. purist. Malweise um, die auch durch frz. Elemente eines Simone Vouet bereichert wird; dazu behält er die in Flandern gelernte Verwendung klarer Farben bei. Sein Werk, noch von Sobotka (ThB) als „wenig bedeutend" charakterisiert, ist seit den Forsch. von L. Peruzzi (1985/86), G. Cirillo/G. Godi (1986, '95), A. Cottino (1992) u.a. aufgewertet worden. Neue Arch.-Funde haben gezeigt, daß etl. Bilder von D. kop. wurden (meist von Fava). So wurden ihm zwei Bilder mit dem *Raub der Europa* zugeschr., das erste befand sich auf der Auktion von Sotheby's London am 7. 12. 1988, das zweite bei Christie's New York (16. 1. 1992). 1995 im Bes. der Gall. Altomani in Pesaro, stammt es wahrsch. von Fava. Ebenso scheint von den beiden Versionen des *Traum Jakobs* nur dasjenige von D. zu sein, das sich früher in einer venez. Priv.-Slg befand (Verbleib unbek.); bei demjenigen in der Slg Piasecka Johnson in Princeton handelt es sich wohl auch um eine Kopie. Zwar ist sich die Forsch. in den Zuschr. nicht immer einig, als sicher gilt jedoch, daß D. zu den bedeutenden Malern des Seicento gehört haben muß. Das von Cottino (1992) erstellte WV wird wahrsch. noch mehrfach revidiert werden müssen. 🏛 ALBANO, S. Paolo: Büste einer Frau (früher Pietro Andrea Barbieri zugeschr.). BASEL, KM: Madonna mit gefalteten Händen. BOLOGNA, S. Maria di Galliera: David mit dem Haupt Goliaths, 1630/40. – S. Giacomo: Vision des hl. Augustinus, vor 1650. – SS. Dionigi e Donnino: Hl. Fam. – Ritiro di S. Pellegrino: Salome mit dem Haupt des Täufers. – Pin.: Jungfrau Maria; Joh. Bapt. als Prediger in der Wüste. – Coll. Com. d'Arte: Apoll; Diana, um 1630/40. DUBLIN, NG: Joh. Bapt. in der Wüste (auch Simone Cantarini zugeschr.). FANO, PCiv.: David mit dem Haupt Goliaths, vor 1627 (früher Domenichino zugeschr.). KOPENHAGEN, Statens Mus. for Kunst: Diana, vor 1650(?). LONDON, Apsley House: Venus und Adonis (auch Venus und Mars), 1630/40 (trad. Carlo Cignani zugeschr.) MODENA, Banca Popolare della Emilia: Madonna della Rosa; Takred tauft Clorinda. – Chiesa del Paradisino: Der Traum Josephs, 1654. MONSELICE, S. Giacomo: Verklärung; Berufung der Söhne des Zebedäus, um 1640. Ehem. MONTICELLI TERME, Villa S. Anna: Die göttl. Liebe besiegt die profane Liebe (lt. Cottino heutiger Standort unbek.). PARMA, S. Maria Assunta: Maria in der Glorie mit Kind und Hll. – Gall. Naz.: Kreuzigung Christi. ROM, Pal. di Montecitorio: Odysseus vor Nausikaa, vor 1664 (früher Guido Reni zugeschr.). – Pal. Colonna, Appartements: Rebekka und Elieser; Kain und Abel. SASSUOLO, S. Francesco: Der hl. Franziskus in Ekstase, 1654. SIENA, PN: Herkules und Omphale, um 1641 (wahrsch. im Auftrag Lorenzo de' Medicis für die Villa della Petraia). VENEDIG, S. Maria degli Scalzi: Maria mit Kind und Hll., vor 1664. – S. Zaccaria: Christus im Garten von Gethsemane (urspr. in S. Croce in Giudecca). YORK, City Art Gall.: Venus mit 2 Tauben, Öl (Zuschr. Pulini, 1995; vorher Spadarino zugeschr.; ein zweites Gem. mit diesem Thema, ehem. London, Trafalgar Gall., ebenfalls D. oder Kopie?). ▭ ThB9, 1913. *Galetti/Camesasca* I, 1951; DEB IV, 1973; PittItalSeic II, 1988 (Lit.); DBI XXXIX, 1991 (WV, Lit.); *De Maere/Wabbes*, 1994; DPB I, 1995. – *C. C. Malvasia*, Felsina pittrice (1678), I-II, Bo. 1841; *G. Campori*, Racc. di cat. ed inv. inediti, Md. 1870; TCI Venezia e dintorni, 1969; TCI Emilia-Romagna, 1971; *E. Borea*, Prospettiva 11:1977, 75–77; *P. Torriti*, La PN di Siena. I dipinti dal XV al XVIII sec. (K), Ge. 1978; Gall. Uffizi, 1980; *C. Valone*, Arte veneta 38:1984, 79–86; *L. Peruzzi*, Paragone 37:1986 (431–433) 85–92; *C. Cirillo/G. Godi*, Parma nell'arte 1986 (2), 43–50; L'arte degli Estensi (K Gall. Estense/Gall. Civ.), Md. 1986; *E. Riccomini*, Arte a Bologna 1:1990, 121–125; *A. Cottino*, in: *M. Pirondini/ E. Negro* (Ed.), Scuola di Guido Reni, Md. 1992, 207–233 (WV, Lit.); La Pin. Civ. di Fano. Cat. gen., Fano 1993; Der Glanz der Farnese (K Wander-Ausst.), M./ N. Y. 1995; *M. Pulini*, Atti e mem. – Accad. Clementina 35/36:1995/96, 107–115 (Lit.); *G. Cirillo/G. Godi*, Parma per l'arte, N. S., 1:1995 (1) 17–40 (Lit.); Napoli. Meisterwerke aus dem MN di Capodimonte (K Bonn), Köln 1996. – Parma, Arch. della Soprintendenza ai Beni Art. e Stor., *E. Scarabelli Zunti*, Doc. e mem. di BA parmigiane, IV, 1651–1700, fol. i 86r-94r. S. P.

Desuò, *Uldino*, ital. Bildhauer, Keramiker, Mosaikkünstler, * 21. 3. 1929 Villanova Marchesana/Rovigo, lebt in Novara. Zunächst tätig als Mitarb. des Keramikers und Bildhauers Zulimo Aretini. 1958–64 dessen Nachf. als techn. und künstler. Dir. der Keramikfabrik Ceramica d'Arte Aretini in Fontivegge/Perugia. 1966–72 künstler. Leiter einer Keramikfabrik in Borgovercelli; lehrt daneben Skulpt. am Centro Designer von Nino Di Salvatore in Novara. Arbeitete Mosaiken in Saudi-Arabien und Ghana, eine große Skulpt. in Massino Visconti/Novara, eine *Via Crucis* im Collegio S. Carlo di Borgo San Martino, Casale Monferrato, ferner Paneels und Reliefs für Kirchen. Ausgehend von Kubismus und Futurismus, kam D. zunehmend zu fragmentar. Formen und einer archaisierenden Formsprache. ⌂ BORGO SAN MARTINO/Alessandria, S. Carlo: Via Crucis, polychromer Ziegel, 1964. CASTELLANZA, Fond. Pagani: Skulpt., Bronze, 1985. MAILAND, S. Giovanni della Pace: Holzskulpturen; Reliefs, Ziegel, 1975. NOVARA, Chiesa Papa Giovanni: Wandskulptur, polychromer Ziegel, 1973. – Banca d'Italia: Skulpturen, Holz, Ziegel, Bronze, 1989. ◉ *E:* 1957–95 regelmäßig Novara, Gall. Gruna / 1973 Vercelli, Gall. Ghittino / 1981 Mailand, Il Mercante / 1983 Vigevano, Il Centro. – *G:* 1956 Gubbio: Mostra naz. ceramica / 1958 Rom: Mostra naz. arte giovanile / 1985, '87, '89 Castellanza, Fond. Pagani: Mostra internaz. della piccola scult. / 1986 Novara, Assessorato alla cult.: Antologia di scult. / 1999 Omegna (Verbania): Frammenti e macerie. ▭ CatBolaffiMod IX, 1974; ASA Italia XII, 1975. – *B. Rosa*, Aspetti di pitt. e scult. contemp. ital., Novara 1974. – Mitt. D. E. K.

Desurmont, *Ernest*, frz. Genre- und Landschaftsmaler, * 15. 11. 1870 Tourcoing, dort tätig, bis 1904 erwähnt. Schüler von Evariste Carpentier und P. Dupuy. ◉ *G:* Paris: ab 1897 SAfr. (Mitgl.); Salon de la Soc. des BA. ▭ Vol, 1953. *Marchal/Wintrebert*, 1987.

Desvachez, *David Joseph*, frz. Kupferstecher, Maler, Musiker, * 30. 6. 1822 Valenciennes, † 20. 5. 1902 Lüttich (nicht Brüssel). Lebt ab 1830 mit den Eltern in Brüssel; Ausb. am dortigen Konservatorium (Violine) und an der von Luigi Calamatta geleiteten Ec. de gravure. D. unterstützt ihn in dessen Brüsseler Atelier; ab 1845 sein Vertreter in Paris. Zudem an der EcBA ebd. Schüler von François Edouard Picot. Rückkehr nach Brüssel; ⚭ 1847 ebd. Zahlr. Reprod.-Stiche, u.a. nach Rubens, A. van Dyck, François Joseph Navez und Louis Gallait. Im Salon belge erhält D. 1857 eine Gold-Med. für das *Portr. de S. A. R. la princesse Charlotte* nach Franz Xaver Winterhalter. 1849–88 auch im Pariser Salon vertreten; 1861 Med. 3. Kl. für *Compromis des Nobles à Bruxelles, 1566* nach Edouard de Biefve; 1864 Gold-Med. für die *Madonna mit dem Buch* nach Raffael. 1874–79 Prof. für Zeichnen und Malerei an den Acad. de Valenciennes. Chevalier de l'Ordre de Léopold de Belgique. Julien Dillens fertigte ein Portr.-Medaillon (verschollen) für D.s Grabmal in Brüssel-Ixelles. ⌂ VALENCIENNES, MBA. ▭ ThB9, 1913 (Lit.). *Seyn*, Dict. I, 1935; *Bénézit* IV, 1999. – *E. Laut*, Album de l'Union artist., litt. et sc. de Valenciennes 1891; La Ligue artist., (Br.) 1903; *E. Fromentin*, Rev. agricole de Valenciennes 56:1904 (5); IFF, Après1800 VI, 1953; *E. Delaby*, Mém. d'Ixelles 1994 (54). – Valenciennes, Bibl. mun.: *E. D. Fromentin*, L'Ecole valenciennoise, III, 201–215 (Ms.).
J. C. Poinsignon

Desvallières, *George (George Olivier)*, frz. Maler, Entwurfszeichner, Graphiker, * 14. 3. 1861 Paris, † 5. 10. 1950 Seine-Port/Seine-et-Marne. Entstammt einer kunstsinnigen Bürger-Fam. (Enkel des Schriftstellers, Dichters und Dramatikers Ernest Legouvé), Vater von Sabine D. und Richard D. Nach dem Abitur mit dem Einverständnis der Eltern Ausb. bei Jules-Elie Delaunay und Gustave Moreau und Aufnahme eines Stud. an der Pariser Acad. Julian; dort Freundschaft mit René Ménard und Lucien Simon. 1882 kurzer Aufenthalt in Italien; 1884 erneut mehrere Monate dort. 1883 Debüt im SAfr. (*Portr. de Mlle D[esvallières]*); fortan mit zahlr. weiteren Portr. dort vertreten, so dem *Portr. de Mme Charles*

Layet (SAfr. 1891, verschollen); 1888 gibt D. mit den relig. Darst. eines *Christuskopfes* (verschollen) und einer *Hl. Jungfrau* (Helsinki, Ateneum) einen Vorausblick auf sein künftiges Schaffen. 1889 Heirat (sechs Kinder). 1890 ehrenvolle Erw. im SAfr. für zwei Portr.; 1894 ebd. Med. 2. Kl. für ein Portr. und einen *Narziß* (alles verschollen). In diesen Jahren stellt D. regelmäßig auch im Cercle Volney aus (*Verkündigung*, 1897, verschollen). Nach dem Tod von Moreau durchlebt er um 1898 eine schwierige Phase, in der er v.a. mondäne Portr. und auf esoter. Auffassungen basierende Komp. malt, bei denen er als Hommage an den verstorbenen Lehrer Themen aus der Mythologie bzw. der Antike interpretiert. Zur Pariser WA 1900 mit der Pastellarbeit *Tireurs d'arc* (Silber-Med.; geht in den Bes. von Simon über), dem großformatigen Pastell *Les Joueurs de balles* (1894, Paris, Priv.-Slg) und *L'Orgie* (1898). Er verläßt nunmehr den SAfr. 1901 Debüt im Salon der Soc. nat. des BA mit dem großformatigen Gem. *Aeternum transvertere* (vom frz. Staat erworben, Standort unbek.). Um die gleiche Zeit malt er die *Gesch. der Nausikaa* zur Dekoration der Rotunde im Speisezimmer seiner Wohnung. Nach Voll. der Darst. *Orpheus* (Salon 1902, Mulhouse, MBA) entzieht er sich dem noch wirkenden Einfluß von Moreau und wendet sich zunehmend zeitgen. Themen zu; während eines dreimonatigen Aufenthalts in England 1903 findet die künstler. Neuorientierung ihren Abschluß. Wieder in Paris, verkehrt er mit Georges Rouault, Albert Marquet und Henri Matisse, mit denen er 1903 den Salon d'Automne gründet (*Choses* vues, souvenirs de Londres, Kurashiki, Ohara Mus. of Art). Außerdem stellt D. in der Soc. des Pastellistes aus. 1905 zeigt er im Salon d'Automne 25 Ill. zum Gedicht *Rolla* von A. de Musset neben relig. Darst., wie z.B. *Christus und Maria Magdalena* (Tokio, NM of Western Art). Ab 1905/06 Freundschaft mit dem Musikkritiker Jacques Rouché, der D. in den folgenden Jahren mit zahlr. dekorativen Malereien für sein Priv.-Haus in der Ebene von Monceau beauftragt; die Werke für den Musik- und den großen Salon (*Eros; Weinberg; Griechenland*) sowie *Herkules im Garten der Hesperiden* (Paris, Orsay; 1914 im Salon der Soc. nat. des BA) sind zugleich seine letzten mytholog. Malereien. Ab 1907 arbeitet er neben Maurice Denis als künstler. Chronist der Rouché gehörenden Zs. Grande Rev. und liefert zahlr. Titelblätter und Culs-de-lampes. Zur von der Soc. nat. des BA organisierten Expos. rétr. de portr. de femmes sous les trois républiques (1909 Paris, Schloß Bagatelle) zeigt D. das *Portr. de Mme Pascal Blanchard* (1903 bereits in der Soc. nat. des BA ausgestellt, verschollen). 1910 durch Fürsprache von Paul Hippolyte Flandrin und Denis in die Soc. de St-Jean aufgenommen (mit einer *Verkündigung*, 1911 im Salon der Soc. nat. des BA, verschollen). In der durch die Soc. de St-Jean organisierten Expos. internat. d'Art relig. im Nov./Dez. 1911, für die D. das Plakat gestaltet, werden auch einige Gem. von ihm gezeigt. Unter dem Einfluß von Rouché, ab 1911 Besitzer des Théâtre des Arts, interessiert er sich nun auch für die Schauspielkunst und präsentiert z.B. 1913 im Salon d'Automne Modelle für Dekorationen und Kostüme zur Oper *Orphée* von Christoph Willibald Gluck und zum Ballett *Istar* von Vincent d'Indy. D.s tiefe kath. Gläubigkeit gewinnt mit seiner Aufnahme 1913 in den Tiers-Ordre de St-Dominique, Fraternité du Faubourg Saint-Honoré, noch an Bedeutung. 1914 zeigt er im Salon der Soc. nat. des BA ein *Projet de vitraux en l'honneur de St Vincent de Paul* für die diesem Hl. gewidmete Kap. in der Kirche Sacré-Cœur in Paris-Montmartre und beginnt eine Ser. von Ill. zu *La princesse lointaine* von Edmond Rostand (erst 1920 voll.). Als Freiwilliger aktiv im 1. WK engagiert. Das Kriegsgeschehen unterbindet fast vollständig D.s künstler. Tätigkeit. Erst eine Dienstfreistellung in den letzten Kriegsmonaten in Nizza und danach sein Aufenthalt in Causiers b. Barcelonnette/Alpes-de-Haute-Provence als Kommandant eines Kriegsgefangenenlagers ermöglichen ihm, die Malerei wieder aufzunehmen (*Intérieur*, Öl/Lw., Standort unbek., Abb. in L'Art sacré 1938 [Mai]). Im Krieg verliert er einen der beiden Söhne und gelobt sich, im Fall des eig. Überlebens künftig ausschl. relig. Stoffe zu behandeln. Zus. mit Denis gründet D. 1919 die Ateliers d'art sacré, um den epischen Geist der ma. Handwerker wieder aufleben zu lassen und die relig. Malerei in Frankreich zu erneuern. Er übernimmt eine führende Rolle bei der durch die Soc. de St-Jean 1920 organisierten neuen Expos. internat. d'Art chrétien, wo er Elemente seines Werkes *Drapeau du Sacré-Cœur*, bestimmt für die Kirche Ste-Madeleine in Verneuil-sur-Avre/Eure (1919), und Entwürfe zu Glasfenstern zeigt. Er ist mit seiner umfangreichen Produktion jährl. auf mehreren großen Ausst. in Paris vertreten, ab 1923 auch im Salon des Tuileries (*L'Eglise douloureuse*, 1926, Paris, Petit Pal.), widmet sich jedoch fortan vorwiegend dekorativen Arbeiten für sakrale Bauwerke. Bereits 1922 dekoriert er im Auftrag von Rouché die Kap. von dessen Schloß Saint-Privat b. Nîmes (cf. Rey, 1989). Es folgen Malereien für die Kirchen St. John Bapt. in Pawtucket/Rhode Island (1926) und Ste-Barbe in Wittenheim/Haut-Rhin (1927); Entwürfe von Glasfenstern für das Ossuarium in Douaumont/Meuse (1927 Salon des Tuileries); *Exvoto* für die Kirche von Saint-Fargeau/Seine-et-Marne (1928); *Apotheose der hl. Barbara* für die Kirche in Wittenheim (1929 und 1930 Salon d'Automne); Ausgestaltung der Schule St-Aspais in Fontainebleau (1932); *Kreuzweg* für die Eglise du St-Esprit in Paris (1934); Entwürfe zu Glasfenstern für die Kirche von Itriché (im selben Jahr durch Marguerite Félicité Huré ausgef.) und Ausgestaltung des Chors im Grand Séminaire von Meaux, alles 1937. Zur Internat. Ausst. 1937 ehrt die Stadt Paris D. in einem separaten Raum (Nr 23) im Rahmen der sog. Expos. des maîtres de l'art indépendant. Ab 1920 entstehen auch Buch-Ill., bes. zu Henri Lavedan, *Monsieur Vincent, aumônier des galères*, P. 1934; Henri Ghéon, *Ste Thérèse de l'Enfant-Jésus, Cahiers clandestines du témoignage chrétien* (Vorw. Père P. Chaillet), P. 1946. 1930 Wahl in die ABA und Ausz. als Kommandeur der Ehrenlegion. 🏛 BEAUVAIS, Mus. dép. de l'Oise: L'Orgie, Öl/Lw., 1897. BOULOGNE-BILLANCOURT, Mus. des Années 30. DIJON, Mus. Magnin: Tête de guerrier maure, Kohle, Pastell, 1888. EPINAY-SUR-SEINE/Seine-Saint-Denis, Kirche Notre-Dame-des-Missions: L'Afrique, Öl/Lw., 1931. HELSINKI, Ateneum. MULHOUSE, MBA. NIMES, MBA:

Un Condottiere, Öl/Lw., Salon 1885. PARIS, Orsay: L'Ascension du poilu, um 1915; En mém. du sacrifice de la guerre. L'apothéose, Öl/Papier, auf Lw. aufgezogen, um 1920. – Louvre: La Pietà d'Avignon, Öl/Holz (nach Enguerrand Quarton). – Petit Pal. POITIERS, Mus. de la Ville de Poitiers et de la Soc. des Antiquaires de l'Ouest: Tête d'homme, Öl/Lw., 1892. ROUEN, MBA et de la Céramique: Portr. de Mme Robert Vallery-Radot, Öl/Lw. SEINE-PORT, Kirche: In Memoriam, Öl/Lw., 1920. TOURCOING, MBA: Brotsegnung, Öl/Lw. (SAfr. 1891). ✉ Enquête sur la séparation des BA et de l'Etat. Réponse de G. D., Arts de la vie 1904 (Okt.); Vorw. zu: L'Œuvre de Gustave Moreau, P. 1905; kunstkrit. Beitr. in versch. Ausg. der Grande rev. 1907–11; Art chrétien, Rev. de la jeunesse v. 10. 12. 1912; Projet d'une éc. d'art placé sous la protection de Notre-Dame de Paris, Notes d'art et de l'archéologie de la Soc. de St-Jean 1912; L'Etat d'âme de l'art relig. mod., in: Notes d'art et d'archéologie de la Soc. de St-Jean 1914 (März) 50 ss. (Rechenschaftsbericht zu einer Konferenz am 16. 2. 1914); G. Moreau et quelques-uns de ses élèves (Vorw. K Gal. Georges Petit), P. 1926; Not. sur la vie et les œuvres de M. René Ménard, P. 1933. ⊙ *E:* Paris: 1910, '13, '21 Gal. Druet; 1925 MAD: Expos. des œuvres de G. D.; 1938 Gal. Marseille: Expos. G. D. 🕮 ThB9, 1913; Vol, 1953. *Edouard-Joseph* I, 1930; DA VIII, 1996; *Bénézit* IV, 1999. – *E. Legouvé*, Fleurs d'hiver, fruits d'hiver, P. 1890, 175–186; *R. Serlat*, Rev. enc. 1892, 573; *I. Stannik*, Art et décoration 1902 (6) 168–174; *C. Roger-Marx*, Rev. univ. 1904, 644; *C. Saumier*, ibid., 44; *P. Hepp*, Art et les artistes 1910 (6) 62–68; *L. Dimier*, Rev. d'action franç. 1912 (Juli-Okt.); 1913 (März); *P. Cornu*, Art et décoration 1913 (3) 69–82; *P. Hepp*, Cah. de l'amitié de France 1913 (4); *M. Denis*, Théories, P. 1920; *T. Klingsor*, L'art franç. depuis vingt ans. La peint., P. 1921, 43 s.; *R. Escholier*, La peint. franç. au XXe s., P. 1924, 29 ss.; *P. Ladoué*, Vie catholique v. 11. 4. 1925; *L. Réau*, in: Hist. de l'art, ed. *A. Michel*, VIII, P. 1926, 609, 626; *M. Brillant*, L'art chrétien en France au XXe s., P. 1927; *id.*, Vie catholique 23:1927 (4) 38; *G. Rouault*, Souvenirs intimes, P. 1927; *R. Vallery-Radot*, Rev. des jeunes v. 10. 5. 1928; *id.*, Art et les artistes 1929 (100) 1–32; *P. du Colombier*, Arts 1933, 23, 32 ss., 118, 206; *R. P. Régamey*, Vie intellectuelle v. 1. 10. 1933, 650–653; *R. Girod de l'Ain*, Rev. des jeunes 1934 (Okt.); *O. Merlin*, Temps v. 6. 9. 1936; *M. Florisoone*, BA 1937 (235); *P. Villoteau*, Petit j. v. 10. 10. 1938; *A. Garreau*, G. D., P. s.a.; *id.*, G. D., Angoulême 1942; D. à l'Hôtel Rouché, P. 1987 *J.-P. Rey*, D. et la guerre de 1914–1918, BSHAF 1988 (1989), 197–211; *N. J. Troy*, Modernism and the decorative arts in France: Art nouveau to Le Corbusier, New Haven/Lo. 1991; L'art sacré au XXe s. en France (K Mus. mun.), Boulogne-Billancourt 1993; *J.-P. Greff*, Art sacré en Europe, 1919–1939 ..., in: Un art sans frontières ..., P. 1994, 157–174; *E. Bréon/M. Lefrançois*, Le Mus. des Années 30, P. 1998. – Mitt. G. Fries, Paris.

D. Lobstein

Desvallières, *Richard*, frz. Kunstschmied, Dekorateur, Bildhauer, Illustrator, * 4. 1. 1893 Paris, † vor März 1962 Paris oder Seine-Port/Seine-et-Marne, wo er begraben wurde. Sohn von George D., Bruder von Sabine D., Neffe des Theater- und Vaudeville-Autors Maurice D. Nach anfängl. Versuchen in Malerei und Zchng entscheidet er sich mit 15 Jahren für das Schmiedehandwerk. Die Umstände seiner Ausb. sind unbekannt. Bereits 17jährig debütiert er auf dem Salon d'Automne, wird 1911 Mitarb. von André Mare und ist als solcher 1912 (mit schmiedeeisernen Gittern für Fassade und Interieur) neben Raymond Duchamp-Villon, Roger de La Fresnaye, seiner Schwester Sabine D. u.a. an dem Projekt der „Maison cubiste" beteiligt. Ab 1919 setzt er diese Zus.-Arbeit mit der Compagnie des arts franç. von Louis Süe und Mare fort. Soldat im 1. WK, ist er wie seine Schwester stark durch den Tod seines Bruders Daniel D. (gefallen März 1915) und die Hinwendung seines Vaters zur relig. Kunst geprägt. Arbeiten in relig. und kirchl. Auftrag machen einen wesentl. Teil seines Œuvres aus, bes. char. sein in Schmiedeeisen ausgef. figürl. Schmuck für Kommunionbänke. Auf dem Salon d'Automne 1922 stellt er einen Kalvarienberg aus, bestimmt für Hardecourt-au-Bois/Somme, zum Gedenken an den dort gefallenen Wissenschaftler Augustin Cochin; 1930 den von ihm geschmiedeten Degengriff für das Geschenk, das die Soc. du Salon d'Automne ihrem Vize-Präs., seinem Vater, überreicht. Sein umfangreichstes Werk scheint die Ausstattung der von den Architekten Marc Brillaud de Laujardière und Raymond Puthomme erb., 1933 gew. Kirche Ste-Agnès in Alfort (heute Maisons-Alfort/Val-de-Marne) zu sein: mon. Portal mit acht Reliefs in getriebenem Kupfer, Kommunionbank, Gitter der Tauf-Kap., Dekoration des Orgelkastens, Turmkreuz. 1938 entwirft er den Altar mit Ausstattung für die von seinem Vater mit Wandmalereien und Glasfenstern dekorierte Kap. St-Yves in der Cité du Souvenir, einer Siedlung für Opfer des 1. WK, in Paris (XIV. Arr.). 1942–45 in Lyon ansässig, hat sich D. im letzten Teil seines Lebens stark für den Gesellenverein „Compagnonnage du Devoir du Tour de France" engagiert (sein Bruderschaftsname: Parisien la Bonne Volonté). Mehrere Häuser der Compagnons besitzen Werke von ihm: Lyon, Strasbourg (mon. Portal), Paris und Angers. – Die betont handwerkl. Ausrichtung seiner Technik hat D. sowohl von den Verfahren industrieller Fertigung als auch von den stilist. Tendenzen seiner Zeit (Art déco) in gewisser Weise entfernt gehalten, was ihm eine anachronist. Note verleiht. Seine ausgesprochen dreidimensionale figürl. plast. Konzeption von der künstler. Form (Subes, 1948) macht aus ihm einen mod. Eisenplastiker, der – vergleichbar den Anhängern der direkten Behauung des Steins – die unmittelbare Auseinandersetzung mit dem Material sucht, um sich auszudrücken. – Ill.: Hermann Hesse, *Poèmes étrangers*, P. 1952 (mit einem von D. gez. Portr. des Dichters); Abel Boyer, *Le Tour de France d'un compagnon du Devoir*, P. 1957. ✉ George D. Sa vie, son œuvre, Bull. de la Soc. d'hist. et d'art du diocèse de Meaux 2:1951, 35–42; Beitr. für die Verbands-Zs. Compagnonnage (Paris). ⊙ *G:* Paris: 1910–22, '27–28, '30, '33–34, '36 Salon d'Automne; 1923–24 Salon des Tuileries; 1925 Expos. internat. des arts décoratifs et industriels mod. (Pavillon d'art contemp., Compagnie des arts franç., Süe et Mare; Chorschranke der von der Soc. de

Saint-Jean im „Village franç.“ eingerichteten Kirche, mit Jacques Droz als Architekt, Maurice Denis, George D. u.a.); 1937 Expos. internat. des arts et des techniques dans la vie mod.: Pavillon des artistes décorateurs. ▭ Vol, 1953. *Edouard-Joseph* I, 1930; *J. Galtier-Boissière* (Ed.), Nouv. dict. des contemp., in: Crapouillot 1958 (42:Okt.); *P. Kjellberg*, Art Déco, P. 1981; *Kjellberg*, 1994. – Notes d'art et d'archéol. 23:1911 (11–12); *P. Léon*, Expos. internat. des Arts décoratifs..., Paris 1925. Rapport gén., II-IV, P. 1925–29; *H. Clouzot*, La ferronnerie mod., I-III, P. 1926–30; *A.-H. Martinie*, Expos. des arts décoratifs, Paris 1925. La ferronnerie, P. 1926–29; *R. Subes*, Ferronnerie mod., P. [1948]; *M.-N. Pradel*, La maison cubiste en 1912, Art de France I:1961, 176–186; Souvenir de R. D., Compagnonnage 22:1962 (241:März) 1–5, 11; *R. Foulk*, The extraordinary work of Süe and Mare. La Compagnie des arts franç. ... (K The Foulk Lewis Coll.), Lo. 1979; *A. Duncan*, Art Deco furniture, Lo. 1984; *N. J. Troy*, Modernism and the decorative arts in France. Art nouveau to Le Corbusier, New Haven/Lo. 1991; *J.-C. Vigato*, in: Les années 30 à Maisons-Alfort (K Théâtre Claude-Debussy, Maisons-Alfort), Choisy-le-Roi 1991, 15; *G. Brunel/M.-L. Deschamps-Bourgeon/Y. Gagneux*, Dict. des églises de Paris, P. 1995; *N. Zapata-Aubé* (Ed.), André Mare. Cubisme et camouflage, 1914–1918 (K Mus. mun. des BA), Bernay 1998; *G. Poisson* (Ed.), Dict. des mon. d'Ile-de-France, P. 1999. G. Fries

Desvallières, *Sabine (Sabine Claire)*, frz. Stickerin, * 22. 2. 1891 Paris, † 16. 2. 1935 Mazamet/Tarn. Tochter von George D., Schwester von Richard D. Debütiert sehr jung im Salon d'Automne, wo sie regelmäßig ausstellt (u.a. 1912 Kaminschirm für die von André Mare präsentierte „Maison cubiste“; 1913 samtene Vorhänge, die als Eigentum von Jacques Doucet angezeigt sind). Wie ihre Brüder ist sie stark durch den dominierenden Vater geprägt, der sich seit etwa 1905 immer deutlicher der relig. Kunst zuwendet. Der Tod ihres Bruders Daniel D. im 1. WK (März 1915) wird für die ganze Künstler-Fam. ein relig. verstandenes Schlüsselerlebnis. D. schließt sich der 1917 von Valentine Reyre und Maurice Storez gegr. christl. Künstlervereinigung L'Arche an, die eine thomist. Ästhetik vertritt. Sie konzentriert sich auf Stickerei von Meßgewändern und Altarausstattung. In den 1919 von Maurice Denis und ihrem Vater gegr. Ateliers d'art sacré, in denen der Geist der ma. Bauhütte wieder aufleben soll, übernimmt sie die Leitung der Stickerei-Wkst. und stellt ihre Arbeiten nunmehr in der Sektion „Art religieux“ der Soc. nat., ab 1922 des Salon d'Automne aus. Auch Mitgl. der Soc. de St-Jean. 1926 vom Klarissenkloster in Mazamet mit einer Arbeit beauftragt, wird sie dort im Mai 1927 Ordensschwester mit dem Namen Marie de la Grâce. ⊙ *G:* Paris: 1909–24 Salon d'Automne; 1920–21 Salon de la Soc. Nat. des BA; 1923–24 Salon des Tuileries. ▭ Vol, 1953. *Edouard-Joseph* I, 1930. – Sœur Marie de la Grâce, par une de ses compagnes, Mazamet/P. 1937; *M.-N. Pradel*, La maison cubiste en 1912, Art de France I:1961, 176–186; L'art sacré au XXe s. en France (K Mus. mun.), Boulogne-Billancourt 1993, 18, 20. G. Fries

Desvalls, *Joan A.* (Valls, *Jaime*), katalan. Gartenarchitekt, E. 18. Jh. in Barcelona tätig. Zus.-Arbeit mit dem ital. Architekten Domenico Bagutti bei Planung und Realisierung des Labyrinths von Horta in der Sommerresidenz des Marqués de Alfarrás. ▭ *Ráfols* I, 1951.

Des Varennes, *Arthur*, frz. Lithograph, Zeichner in Huismes/Indre-et-Loire, 1864–72 nachweisbar. V.a. bek. durch karikative Darst. von (kuriosen) Lebensgewohnheiten im 2. Kaiserreich. ⌂ PARIS, BN, Cab. des Estampes: u.a. En peu partout ou les ridicules de la vie. Album caricatural, Angers (ersch. bei J. Lemesle) 1864/65. ▭ IFF, Après1800 VI, 1953. C. R.

Desvarennes, *Charles-Léon* cf. **Desvarennes,** *Charles-Léopold*

Desvarennes, *Charles-Léopold* (gen. Sarra), frz. Maler, * 1702 Nancy, † 15. 7. 1774 ebd. Er stand im Dienste von Stanislaus I. Leszczyński, für den auch sein Bruder, der Maler *Charles-Léon D.* (* um 1711, † 1783 Nancy), arbeitete. Viell. verwandt mit Louise-Geneviève Sarra, die 1717 in Paris den Maler Jean-Baptiste Piolet heiratete. ▭ ThB9, 1913. *Bénézit* XII, 1999 (s.v. Sarra, Charles Léopold). – *G. Voreaux*, Les peintres lorrains du XVIIIe s., P. 1998 (wohl irrtüml. s.v. D., Claude-Léopold). – Mitt. G. Voreaux, Vandœuvre. C. R.

Desvarreux, *Raymond*, frz. Maler, Zeichner, * 26. 6. 1876 Pau, † 17. 12. 1961 Paris. Sohn von James Desvarreux-Larpenteur. Stud.: EcBA ebd. bei Jean Léon Gérôme und Edouard Detaille. 1901–14 im Pariser Salon mit stark an letzterem orientierten Szenen zur frz. Revolutions-Gesch. und zum Ersten Kaiserreich (1910 Med. 3. Kl., 1913 Gold-Med.). 1911/12 am *Panorama de Waterloo* von Louis Dumoulin beteiligt. Ab 1903 Mitgl. der militär-hist. Ges. Sabretache, ab 1913 der Soc. des peintres militaires. Während des 1. WK malt D. im Auftrag des Pariser Mus. de l'Armée 150 Bilder und veröffentlicht Zchngn in der Publ. La guerre documentée. Anschl. auf Lsch. und Jagdszenen spezialisiert. Nach 1945 Rückkehr zur Militärmalerei mit Themen aus dem Ersten Kaiserreich. 1959 zum „peintre de l'armée“ ernannt; stellt bis zum Tod im Salon de l'Armée aus. ⌂ ARRAS, MBA: Vers la frontière, an II. PARIS, Mus. de l'Armée: Carnot à Wattignies; 150 Gem. aus dem 1. WK. – Coll. de la Ville: Les bataillons parisiens à Jemmapes. SAINT-DIZIER, Rathaus: dekorative Malerei. ▭ ThB9, 1913; Vol, 1953. DBF XI, 1967. – *R. Desvarreux*, Rev. de la Soc. des amis du Mus. de l'Armée 1962 (66) 45. F. Robichon

Desvarreux-Larpenteur, *James*, US-amer.-frz. Maler, Zeichner, * 20. 10. 1847 Baltimore/Md., † um 1933 vermutl. Paris. Vater von Raymond Desvarreux. Aufgewachsen in St. Paul/Minn. 1865–67 in einer Kunsthandlung tätig. Übersiedelte 1867 nach Paris, dort 1869/70 Stud. an der EcBA bei Adolphe Yvon und Isidore Pils sowie Schüler von Emile van Marcke. D. pendelte zw. Paris und St. Paul (1883, '86–89, '93). – V.a. Lsch. mit weidendem Vieh (Schafe, Rinder) in Öl. ⌂ MONTREAL/Que., David M. Stewart Mus. ST. PAUL, Minnesota Hist. Soc.: Tusch-Zchng. ⊙ *G:* Paris: 1879, 1911 SAfr. / 1885 New York, NAD / 1887 St. Paul: Minnesota State Fair / 1893 Minneapolis (Minn.): Industrial Expos. / 1909 Seattle (Wash.): Alaska-Yukon-Pacific Expos. (Gold-Med.). ▭ ThB9, 1913. *Falk*, 1985; *Karel*, 1992 (s.v. Larpenteur, James Desvarreux). – *C. Rameix*, L'éc. de Crozant, Limoges 1991. C. R.

Desvaux, frz. Historienmaler, 18. Jh. in Poitiers tätig. Mitgl. der dortigen Akademie. Bek. durch *Johannes d. T. als Kind* (Poitiers, Mus. Rupert de Chièvres). ▭ *Bénézit* IV, 1999. – Mitt. Mus. Rupert de Chièvres, Poitiers. K. S.-D.

Desvaux, *Auguste*, frz. Maler, Lithograph, * 15. 5. 1813 Avranches/Manche. – Vor allem relig. Sujets. ⌂ AVRANCHES, Basilika St-Gervais: Kreuzigung Christi, sign., dat. 1838. PARIS, BN, Cab. des Estampes: u.a. L'Eucharistie console ..., 1853. ▭ ThB9, 1913. – IFF, Après1800 VI, 1953. C. R.

Desvergnes, *Charles Jean-Cléophas*, frz. Bildhauer, * 19. 8. 1860 Bellegarde/Loiret, † 1928 Bellevue. Stud.: EcBA Paris bei François Jouffroy, Henri-Michel-Antoine Chapu und Emile Thomas (Stip. der Stadt Bellegarde); 1877, '79 versch. Med. bei Atelier-Wettb.; ab 1881 Teiln. am Wettb. um den Rompreis, den D. 1889 erhält. Aufenthalt in Rom. Œuvre: v.a. Portr. (Statuen, Büsten, Reliefs); außerdem Allegorien, dekorative Skulpt. (u.a. *Les sc.*, 1900, für den Pal. des Lettres, des Sc. et des Arts in Paris), sowie Denkmäler (z.T. Eisenguß) in der frz. Provinz, u.a. *Le commandant Arago défendant l'entrée du faubourg Bannier contre les Allemands en 1870* (Orléans); *Mon. aux enfants de la Seine-et-Marne morts pendant la guerre de 1870* (1901); *Mon. de la défense nat.* (Melun, 1902). Ausz.: 1892 Mention honorable; 1895 Med. 1. Kl.; 1904 Chevalier de la Légion d'honneur. ⌂ ANGERS, MBA: Gaston Thys, Bronze-Relief. BOURGES, Mus. du Berry: Ste Jeanne de Valois. MEUNG-SUR-LOIRE: Mon. Jehan de Meung. ORLEANS, MBA: Le courage (lt. Bénézit). PARIS, Orsay: Thomy-Thiéry, Marmor-Büste, 1902–03. – Petit Pal., Fassade: L'hist.; L'archéologie, beide Auftrag 1900. VERSAILLES, Offiziersschule: Lazare Carnot, Büste. ⊙ *G:* Paris: ab 1880 Salon; 1900 WA (Silber-Med.). ▭ ThB9, 1913. *Mackay*, 1977; Dict. des mon. de Paris, P. 1992; DA VIII, 1996; Bénézit IV, 1999. – *H. Cabezas*, Rev. d'archéologie mod. et d'archéologie gén. 3:1985, 175, 177, 190 (L'hist.; L'archéologie); *Renard*, 1985; La sculpt. franç. au XIXe s. (K Gal. nat. du Grand Pal.), P. 1986; *P. Kjellberg*, Le nouv. guide des statues de Paris, P. 1988. E. S.

Desvergnes, *Joannes*, frz. Maler, 18. Jh. in der Touraine tätig, dort belegt durch sign. und dat. Gem., darunter drei Versionen der *Présentation de la vierge au temple* (ehem. Kathedrale St-Gatien, Tours, 1744; Kap. des Hospital Bretonneau, Tours; Kirche von Chançay/Indre-et-Loire), in denen sich D. kompositor. auf Simone Vouet (Présentation de l'enfant Jésus au temple, 1641) bezieht. Ferner *Résurrection*, 1754, und *St Saturnin* (themat. und kompositor. Annäherung an den Wandteppich der Kathedrale von Angers) für die Kirche von Villiers-au-Bouin/Indre-et-Loire, sowie *Ste Néomadie* (Kopie nach François Lemoyne, 1728) und *Annonciation*, 1755, für die Kirche Louestault/Indre-et-Loire. D. sign. z.T. auch Desvergnhes. ▭ Bull. de la Soc. archéol. de Touraine 44:1994, 221–232. K. S.-D.

Desverno (Des Verno), ital.(?) Maler des 19. Jh. Arbeitete in Paris und München und malte Min. der kgl. Fam. von Bayern und Schweden, die sich u.a. in Berlin (Hohenzollern-Mus. im Schloß Monbijou) befanden. ▭ *Foster*, 1926. – *Lemberger*, 1911. S. P.

Desvernois, *Joseph-Eugène*, schweiz. Maler, Zeichner, * 10. 3. 1790 Lausanne, † 12. 1. 1872 ebd. 1814–15 Aufenthalt in Paris. – D. fertigte lt. Brun hauptsächl. Kopien an und gab Zeichenunterricht. Bek. ist die Zchng *Am Genfer See*, 1815 (Priv.-Bes.). ▭ *Brun*, SKL I, 1905; *Bénézit* III, 1976. – Art price index internat. '94, I, Boston 1993. G. L.

Desvignes, Bildhauer, schmückte 1477–79 in Rouen die Treppe der Bibl. aus (erb. von Guillaume Pontifs). ▭ ThB9, 1913.

Desvignes, *Emily* → **Bicknell,** *Emily E.*

Desvignes, *Gabrielle-Marie-Thérèse*, frz. Malerin, * Paris, 19. Jh. Schülerin von Faustin Besson. – Lsch., Blumenbilder. ⊙ *G:* 1876–80 Paris, Salon. ▭ *Bellier/Auvray*, Suppl., 1887; *Hardouin-Fugier/Grafe*, 1989. C. R.

Desvignes, *Herbert Clayton*, brit. Maler, zw. 1831 und 1863 in London tätig. Vater und Lehrer der Tiermalerin und Schauspielerin Emily E. Bicknell, die D. nach seiner Erblindung assistierte. – Qualitätvolle Sport-, Jagd- und Kutschenszenen, Lsch., ländl. Szenen, Weidevieh und bes. Rennpferde. Am Gem. *The watering place* arbeitete D. zus. mit Edwin Henry Boddington. Nach den Gem. *Sweetmeat with jockey and trainer*, sign., dat. 1845, und *The Baron, winner of St. Leger 1845* stach Charles Hunt, nach *Dan, a bloodhound* stach J. West Giles. ⊙ *G:* London: 1833–61 RA; 1835–63 Soc. of Brit. Artists; 1840–63 BI. ▭ ThB9, 1913. *Wood*, Animal, 1973; *Johnson* I, 1975; *Wood*, 1978 (Repr. 1991); *Mitchell*, 1985; *Wingfield*, 1992. K. F.

Desvignes, *Louis*, frz. Bildhauer, Medailleur, * 1905 Le Creusot/Saône-et-Loire, ansässig in Paris. Schüler von Raoul Charles Verlet und Henri Alfred Auguste Dubois. Mitgl. der Soc. des Artistes franç. (1932 Gold-Med.). ▭ Vol, 1953. *Bénézit* III, 1976. – Cat. des éd. de la coll. gén. de la Monnaie de Paris, III, P. 1979, 144–147. J.-M. Darnis

Desvignes (irrtüml.: Devignes; Devigny), *Peter Hubert*, engl. Architekt, Ingenieur, Möbelentwerfer, * 1804 Istanbul (nicht London), † 27. 12. 1883 Hither Green/Kent (heute Lewisham). Stud.: ab 1823 RA London bei William Atkinson (Silver-Isis-Med. der R. Soc. for the encouragement of Arts für korinth. Kapitell; Silber-Plakette für Zchng nach einer Büste). 1835 Teiln. am Wettb. für die Houses of Parliament. 1836 lernte D. vermutl. in London den Fürsten Alois Josef II. von und zu Liechtenstein kennen und trat 1837 in dessen Dienst. Bis 1849 leitete D. die Neuausstattung des barocken Majorats-Pal. Liechtenstein in Wien. Lieferte auch Entwürfe für den ab 1845 umgestalteten fürstl. Liechtenstein'schen Landsitz (u.a. für das Glashaus) in Eisgrub/Mähren (heute Lednice). Nach seinem Wiener Aufenthalt fand D. in England keinen berufl. Anschluß mehr. – Da der Umfang seiner frühen Arbeiten in England nicht bek. ist, belegt sind ledigl. Stallungen für einen Kaufmann in Liverpool, gilt das innerhalb von 12 Jahren rest.

Wiener Stadt-Pal. Liechtenstein mit dessen Interieurs in Neo-Rokoko als D.s Hauptwerk. Ein durch einen Schwibbogen mit dem Pal. verbundener, ebenfalls neu erb. Pavillon auf der Stadtbastei (nicht erh.) ist die einzige dok. Außen-Archit. von D. Er arbeitete bei Ausstattung des Pal. und des Pavillons mit lokalen Handwerkern, deren dabei erworbener Ruf den eig. teilw. überschattete. D.s Möbelentwürfe wurden von der Fa. Carl Leistner ausgef., bei der damals Michael Thonet angestellt war. Einige z.T. stark an Piranesi anlehnende Bühnenbildentwürfe D.s sind im Londoner Kunsthandel aufgetaucht. Eine Aufriß-Zchng *An elevation of a design for an entrance to a nobleman's villa* wurde am 14. 10. 1998 bei Christie's in London verkauft. ⌂ VADUZ, Slgn des Fürsten von Liechtenstein. ◉ *G:* 1824, '25, '29–32 London, RA. ▭ *Graves*, RA II, 1905; *Johnson* I, 1975 (s.v. D., P. H.); *Colvin*, 1995. – Cat. of the designs offered for the New Houses of Parliament now exhibiting in the NG, Lo. 1836; *F. Windisch-Graetz*, AMK 10:1965 (79) 16–19; *R. Wagner-Rieger/W. Krause* (Ed.), Historismus und Schloßbau, M. 1975; *K. Eggert*, Der Wohnbau der Wiener Ringstraße im Historismus 1855–96, Wb. 1976; *A. Machatschek*, Österr. Zs. für Kunst und Denkmalpflege 31:1977, 51–57; *Kreisel* III, 1983; *E. B. Ottilinger*, Österr. Zs. für Kunst und Denkmalpflege 45:1991 (1/2) 59–66; *Z. Novak*, ibid. 48:1994 (1/2) 59–63; *C. Witt-Dörring*, Parnass 1995 (11) 72–78; *E. B. Ottilinger/L. Hanzl*, Kaiserl. Interieurs. Die Hofkultur des Wiener Hofes im 19. Jh., W. 1997; *M. C. M. Huey*, P. H. D. und die Neo-Rokoko-Neugestaltung des Stadt-Pal. Liechtenstein 1837–49, Dipl.-Arbeit Univ. Wien, 1999 (Typoskr.). – Wien/Vaduz, Fürstl. Liechtenstein'sches Haus-Arch.: Briefe, Rechnungen, Fotografien.
M. Huey

Desvignes, *Pierre*, frz. Baumeister in Rouen, erb. ab 1511 den Lettner (1592 von anderer Hand voll.) und 1521 einige Altäre für die Kirche St-Laurent (alle Arbeiten 1677 zerst.). ▭ ThB9, 1913.

Desvignes, *Victorine Augustine Josèphe Marie* → **Desgardin,** *Victorine*

Deswarte, *Francis (Francis Jean)*, frz. Maler, Zeichner, Werbegraphiker, Plakatkünstler, Verleger, Schriftsteller, * 9. 2. 1919 Saint-Ouen-l'Aumône/Seine-et-Oise, † 16. 5. 1985 Lyon. Autodidakt. Aufgewachsen in Lille. 1935 Schüler des Séminaire in Hazebrouck/Nord; 1937/38 Noviziat in der Benediktinerabtei von Saint-Wandrille. D. ließ sich 1942 in Lyon nieder, wo er Monique Garnier heiratete. Er begann im gleichen Jahr als Zeichner bei dem Goldschmied Favier und machte erste drucktechn. Erfahrungen in der Druckerei Audin und bei der Dominikaner-Zs. Economie et Humanisme. Gleichzeitig beschäftigte er sich mit Kalligraphie und Ill. (*Jour des Morts* von P. Claudel; *Palme* von P. Valéry). D. fertigte zahlr. relig. Darst. (für den Verlag Ange Michel, Pl. Bellecour) in von Sachkenntnis und Profundität geprägter Ausführung. Auf dem Gebiet der Gebrauchsgraphik arbeitete er (ab 1961 eig. Verlag) für die Industrie (Berliet; Câbles) und die Stadt Lyon (Festival de Charbonnière; Foire Internat.; Bimillénaire). Um die Verbindung von Gebrauchsgraphik und bild. Kunst darzustellen, publizierte D. 1964 das *Livre de la marque* (Variationen zum Polyeder in „Melancholie I" von Dürer), an dem 40 Künstler (u.a. André Cottavoz, Modest Cuixart, André Ducaroy, Marcel Dumont, Maurice Ferréol, Nato Frascà, Jacques Truphémus) mitarbeiteten und das die intensive künstler. Atmosphäre der 1960er Jahre in Lyon widerspiegelte. In Fortsetzung der großen Trad. des Lyoner Druckwesens (einschl. der Typographie) entwickelte D. (auf Dürer und Luca Pacioli aufbauend) 1968 ein Alphabet (Schriftbild). Als Maler gestaltete D. zunächst große geometr. Schwarzweiß-Collagen (auch als Serigraphien). Später entstanden geometr. Malereien in Acryl (anfangs farbig, dann in Schwarz oder in Weiß, letzteres mit großem Erfolg), vielflächige und labyrinth. Kompositionen. Gleichzeitig Ausf. von Filzstift-Zchngn, farbig, improvisierend. Ab 1965 beschäftigte sich D. mit der Dichtkunst. ⌂ CALUIRE, Slg Béraud. LYON, MBA. – Couvent des Sœurs St-Charles, Portal, Tabernakel im Oratorium, Salle de conseil: Dekorationen, 1979. – Hôtel de Ville. – Slgn (Bénédicte et Sylvie D.; Monique D.-Garnier; Andrée Giraud; Gabriel Lévigne; Jean Aster). TURIN, Slg Bianchini. ✉ Le galet noir m'observe, P. 1966 (30 Gedichte); Le silence noir impossible, Lyon 1984; L'été vert, Lyon 1986 (Texte); La combe baisée, in: Traitements de Textes. Rev. d'art et de litt. (Tassin-La-Demi-Lune) 1989 (7; Sonder-Ausg., erstellt von Alberto Rosa); La nuit n'est jamais trop longue, in: Aube mag. (Vénissieux) 1993 (49). ◉ *E:* 1959 Mailand, Frz. Kulturzentrum / 1960 Turin, Frz. Kulturzentrum / 1966 Barcelona, Gal. René Métras (mit Text von Michel Seuphor; 1. Preis für abstrakte Kunst, Katalonien) / Lyon: 1968 Gal. L'Inattendu (Rue Auguste Comte): Du noir au blanc (mit M. Seuphor und Ascain); 1974 Gal. Verrière: Verrière expose F. D.; 1978 Auditorium Maurice Ravel: F. D. (K); 1982 Gal. Verrière (mit M. Cuixart); 1984 Gal. Le Pantographe (Filzstift-Zchngn); Gal. Verrière (Malereien); Libr. des Nouveautés (Lesung aus Le silence noir impossible); 1985 Mus. de l'Imprimerie et de la Banque: D. et le signe graphique (postum; K) / 1969 Bourg-Saint-Maurice, Les Arcs 1600: Structures graphiques de F. D.; Paris, Gal. Katia Granoff (Collagen). – *G:* 1976–77 Paris, Grand Pal.: Jeunes et grands d'aujourd'hui / Lyon: 1976–83 Salon du Sud-Est; 1980 ELAC: Prix de la Critique Lyonnaise '79: Bourgey, D., M. Dumont, Gasquet; 1982 Gal. Verrière: 1962-Gal. Verrière-1982. ▭ *R. Morel*, Témoignage chrétien v. 22. 8. 1947; *J.-J. Lerrant*, Le progrès dimanche (Lyon) v. 29. 3. 1964; *C. Jacqout*, F. D. Sa vie, son œuvre, 1919–1985, Mémoire de maîtrise unter Ltg von G. Chomer, Univ. Lumière Lyon 2, 1992; *J.-P. Laroche*, Si tu es sage, tu auras une image. Imagerie populaire, relig. et profane du fonds Michel Chomarat de la Bibl. de Lyon, Lyon 1998, 119. S. Deswarte-Rosa

Desy → **Deseyn,** *Norbert*

Desyatov, *Pavel Alekseevich* → **Desjatov,** *Pavel Alekseevič*

De Syllas, *Leo*, brit. Architekt, * 24. 7. 1917 Holmwood/Surrey, † 30. 1. 1964 (Autounfall) b. Le Kef/Tunesien. Stud.: ab 1933 bei Albert E. Richardson an der Bartlett School of Archit. des Univ. College, London, ab 1936 ebd. an der Architectural Association. Nach dem

Diplom 1939 gründet D. zus. mit zehn anderen Absolventen die „Architect's Co-Operative Partnership" (ACP) als Alternative zu den meist hierarchisch organisierten Archit.-Büros. Schwerpunkt ihrer Arbeit bilden Projekte mit sozialem Charakter, wie z.B. die im strukturschwachen Brynmawr/South Wales gelegene Rubber Factory (1947–52, später Dunlop Rubber Factory). Doch zunächst arbeitet D. während des 2. WK und unmittelbar danach auf den Karib. Inseln und konzipiert u.a. für die Reg. von Barbados 1945 den Generalplan von Bridgetown. 1947 Rückkehr nach London und Entwurf versch. Schulbauten, darunter die Schule von Chaddesden/Derbys. Anschl. Tätigkeit für die ACP v.a. in Westafrika. In Lagos/Nigeria gründet D. eine Filiale des Büros und plant die Hafenanlagen sowie das Bristol Hotel und in Ghana Wohnunterkünfte am Volta-Stausee in Akosombo. Parallel zu derartigen Projekten, die ihn auch nach Asien führen, arbeitet er immer wieder in England, wo 1963 der Wettb. zur St. Paul's Cathedral Choir School gewonnen wird. Wichtig ist D.s permanentes Engagement für die Architectural Association, für deren Zus.-Arbeit mit der Kwame Nkrumah Univ. of Sc. and Technology in Kumasi/Ghana er verantwortl. ist. 🕮 DNB, 1961–70, 1980; DA II, 1996 (im Art. Architects' Co-Partnership). – *E. Carter*, The Times v. 7. 2. 1964, 17 (Nekr.); JRIBA 74:1967, 229–238. S. H.

Desyllas, *Stylianos*, griech. Maler, * 1873 Kerkyra, † nach 1913 London. Stud.: KA Kerkyra; ABA Venedig; nach 1900 in München bei Nikolaos Gyzis. Kämpfte mit dem Dichter L. Mabilis im griech.-türk. Krieg 1897; freundschaftl. verbunden mit dem Kreis des Dichters K. Theotokis und mit and. Dichtern seiner Heimatstadt. 1905 Ehe mit einer Engländerin und Niederlassung in London. D. hat nicht viel gearbeitet, weil er wohlhabend und finanziell unabhängig war. Keine Ausst. in Griechenland. – D.s Malerei bewegt sich im Klima des dt. Impressionismus in reicher, betonter Farbigkeit. Er fertigte zudem Kopien nach Gem. dt. Maler in dt. Sammlungen. ⊙ *G:* München: 1910 Sezession; 1912 Glaspalast. 🕮 *Lydakis* IV, 1976 (Lit.); LEK I, 1997. – O kallitechnis 1910 (4) 124; 1910 (6) 190 s.; 1910 (7) 224; 1911 (13) 37; 1912 (29) 171; *Lydakis*, Gesch., 1972; *T. Spiteris*, Treis aiones neoellinikis technis 1660–1967, III, At. 1979, 76; *M. Papanikolaou*, „To mple alogo". Themata istorias kai kritikis tis technis, Thessaloniki 1994, 208.
D. Pavlopoulos

Deszsényi, *Pál Tamás* → **Desney,** *Paul*

Detaille, *Albert*, frz. Maler, Fotograf, Schriftsteller, Verleger, * 12. 2. 1903 Marseille. Sohn eines Fotografen (Nachf. von Nadar). Stud.: EcBA Marseille bei Louis Maistre und Marius Antoine Barret (Rompreis); in Paris Schüler von Giovanni Leonardi und Raoul Dufy. Mitgl. der Acad. Marseille. – Lsch. und Genreszenen der Provence (oft Aqu.) in Annäherung an Raoul Dufy, Dunoyer de Segonzac und Yves Brayer. Auch Ausst.-Organisator (Daumier und Nadar) und Kunst-Dozent. 🏛 CASSIS, Mus. mun. CHATEAU-GOMBERT, Mus. des Arts et Trad. populaires du Terroir Marseillais. MARSEILLE, MBA. ✉ *D./H. Algoud*, Autour des mas et des bastides, Marseille 1964 (mit Fotogr. von D.); Les noyaux de cerises. Une enfance marseillaise, Marseille 1978 (mit eig. Ill.). ⊙ *E:* Marseille: 1922 Gal. Olive; 1948 Gal. Jouvéne; 1951 Maison Suisse; 1958 Gal. Mérenciano; 1974 Soc. Générale / 1927 Paris, Gal. Montparnasse / 1976 Cassis, Hôtel de ville. – *G:* 1912–13 Paris, Salon de Mai. 🕮 *Bourdet-Guillerault*, 1979; *Alauzen*, 1986. – *Alauzen*, 1984. K. S.-D.

Detaille, *Charles (Jean Baptiste Charles)*, frz. Maler, Illustrator, * 1852 Saint-Germain-en-Laye, † 14. 3. 1894 Beaulieu-sur-Mer, Schüler seines Bruders Edouard D. in Paris. D. arbeitete für frz. Zss. (u.a. Le sport; La vie sportive; L'art et la mode; La vie mod.; Les lettres et les arts). Besuchte wahrsch. 1879 New York (lt. Karel). – V.a. Sportmotive, bes. Jagd- und Reitszenen, u.a. Portr. bek. Rennpferde in Frankreich und Großbritannien. 🏛 NEW YORK, Hist. Soc.: Public Road Couch „The Comet", Aqu., 1890. PARIS, BN, Cab. des Estampes. ⊙ *G:* ab 1875 Paris, Salon (Aqu.). 🕮 ThB9, 1913. DBF XI, 1967; *Karel*, 1992; *Bénézit* IV, 1999. – IFF, Après1800 VI, 1953; Amer. landscape and genre paint. in the New-York Hist. Soc. (K), I-III, N. Y./Boston 1982. C. R.

Detaille, *Edouard (Jean-Baptiste Edouard)*, frz. Maler, * 5. 10. 1848 Paris, † 24. 12. 1912 ebd. Bruder von Charles D. Ab 1867 im Atelier von Ernest Meissonier, dessen herausragender Schüler D. wird. Bereits mit den ersten Gem. erregt er Aufmerksamkeit (*Halte des tambours*, 1. Med. im Salon 1868; *Repos pendant la manœuvre, camp de Saint-Maur*, 1869), und weitblickende Beobachter sehen ihn bereits als Nachf. von Meissonier. Der Dt.-Frz. Krieg 1870/71 bestimmt jedoch D.s weiteren Weg; er folgt nicht den Spuren seines mit Genreszenen bek. gewordenen Lehrers, sondern entscheidend für ihn ist die Erfahrung des Krieges, in dem er viel zeichnet. Ab 15. 9. 1870 im 8. Bataillon der Mobilgarde; kämpft in der Schlacht von Champigny, ist während der Belagerung von Paris an zahlr. Aktionen beteiligt und begegnet dem Tod dort aus nächster Nähe. Da die Niederlage von 1871 in den nachfolgenden 20 Jahren einen der qualvollsten Gedanken im öff. Bewußtsein Frankreichs darstellt, machen D.s Gem., die als einzige denen seines Mitschülers und Freundes Alphonse de Neuville ebenbürtig sind, fortan von sich reden und bedeuten die größten künstler. Ereignisse in der Abt. Malerei des Pariser Salons. Die absichtl. provokator. Komp. *Les Vainqueurs* mit plündernden preuß. Soldaten wird aus diplomat. Gründen vom Salon 1872 zurückgewiesen. Im Anschluß malt D. eine Reihe erfolgreicher Werke, die über mehrere Generationen das Bild der Franzosen über den Krieg 1870/71 prägen: *En retraite* (1873); *Charge du 9e cuirassiers à Morsbronn* (1874); *En reconnaissance* (1876); *Salut aux blessés* (1877), in der urspr. Fassung mit vor dt. Gefangenen salutierenden frz. Offizieren ebenfalls vom Salon abgewiesen; *La division Faron à Champigny* (1879) und als Abschluß dieses Zyklusses die 1881–83 gemalten Darst. *Panorama de la bataille de Champigny* und *Panorama de la bataille de Rezonville*. D. bricht mit der trad. Schlachtenmalerei des Zweiten Kaiserreichs und präsentiert eine Sichtweise des mod. Krieges, in dem individuelles Heldentum gegenüber der

Feuerkraft nur noch eine untergeordnete Rolle spielt, z.B. in *Coup de mitrailleuse* (1871), wo dt. Soldaten reihenweise getötet werden. Allein seine konformist. Haltung in sozialen und ästhet. Fragen hindert D. daran, derartige Überlegungen weiter zu treiben. Er interessiert sich auch für die im Zusammenhang mit dem Wiedererstarken der gesamten Nation formierte neue frz. Armee und zeigt sie auf den großen Pariser Boulevards (*Le régiment qui passe*, 1875), in zahlr. Manöverszenen, an denen er als Reserveoffizier teilnimmt, und bei *Distribution des drapeaux* (1881, Auftragswerk des frz. Staates). Vier Jahre arbeitet er an der exemplar. mon. Komp. *Types et uniformes de l'armée franç.*, die die Zeit von 1789 bis 1889 überspannt. Anschl. erweitert er seine Inspirationsquellen und präsentiert 1888 ein Sittenbild der Armee des frz. Staates mit dem bek. Gem. *Le Rêve*, auf dem junge Soldaten von frz. Ruhmestaten vergangener Tage träumen. Ab 1890 nimmt D.s Ansehen beständig zu; er malt weiterhin Szenen aus der Zeitgeschichte, z.B. *Les Victimes du devoir* (1894), eine Hommage an die Feuerwehr, und Auftragswerke des frz. Staates anläßl. des Begräbnisses von Louis Pasteur (1895) und der Truppenparade von Châlons-en-Champagne (1896), mit der die frz.-russ. Allianz besiegelt wird. Das wiedererwachende Interesse an der Person von Napoleon I. und der ruhmreichen Gesch. des Ersten Kaiserreichs findet in D. einen der eifrigsten Maler; er hält für seine Generation Wesenszüge des Kriegers fest, der die demütigende Niederlage ins Erhabene steigert. Auch auf diesem Gebiet überragt er zeitgen. Künstler, da er den moral. Gedanken ausfindig macht, der das Fundament der Historienmalerei sichert: von *Sortie de la garnison de Huningue* (1892) bis zu *La victoire est à nous, soir d'Iéna* (1900) strahlt der Ruhm des Ersten Kaiserreichs auf das Zweite aus. In diesem Sinn illustriert D. zus. mit Frédéric Masson das 1895 publ. Werk *Cavaliers de Napoléon*. Ab 1900 gerät D.s Vorrangstellung ins Wanken aufgrund der Entwicklung der Kunst und einem gewissen allg. Desinteresse an der Militärmalerei, obgleich er von den jungen Historienmalern als Oberhaupt einer Malschule geachtet wird. Er gestaltet nun umfangreiche dekorative Komp. für das Pariser Rathaus und das Panthéon; mit der für dessen Apsis ausgef. Komp. *Chevauchée de la gloire* (1905) zieht er das Resümee der Sehnsüchte einer ganzen Generation. D.s Werdegang impliziert auch zahlr. schmeichelhafte Ehrungen; ihm wird die Wertschätzung von Herrschern aus aller Welt zuteil: Ausz. als „grand officier" der frz. Ehrenlegion und mit dem russ. Stanislausorden; Mitgl. der RA in London. Außerdem ist D. stolz auf die Freundschaft mit Zar Alexander III., der ihn zum Malen seiner Truppen nach Rußland beruft, und mit dem Prinzen von Wales, dem späteren engl. König Eduard VII., den D. porträtieren soll. Sogar Kaiser Wilhelm II. bekundet mehrfach seine Hochachtung durch Einladungen nach Berlin. Bemerkenswert ist auch D.s sozialer Aufstieg; dank eines beachtl. Vermögens ist er 1876 in der Lage, ein hochherrschaftl. Haus am Boulevard Malesherbes zu bauen und einen aufwendigen Lebensstil zu pflegen. Außerdem spielt er eine bed. Rolle in mondänen Kreisen (Vize-Präs. der äußerst distinguierten Union artist.), verkehrt zeitlebens mit zahlr. Malern und Schriftstellern und engagiert sich stets im künstler. Leben von Paris: 1895–97 Präs. der Soc. des Artistes franç.; Gründer der Ges. Sabretache, der zahlr. Freunde der Militär-Gesch. angehören; Initiator bei der Schaffung des Mus. de l'Armée. Zudem Mitgl. der Comm. du Vieux-Paris, in der sich D. für die Rettung zahlr. durch die Immobilienspekulationen am E. des 19. Jh. vom Abriß bedrohter Gebäude einsetzt. 1907 gründet er zus. mit Maurice Leloir die Soc. de l'Hist. du Costume. 1892 Wahl in die ABA; als deren Präs. (ab 1905) wirkt D. an der Organisation der Ausb. von Künstlern mit. Durch seine Dynamik und Intelligenz trägt er jedoch in erster Linie zur Weiterentwicklung der Kunstszene bei und unterstützt dabei auch weniger begabte Kollegen mit finanziellen Zuwendungen und Aufträgen, malt sogar täuschend ähnlich in der Manier von Neuville, um dessen Witwe zu helfen. D.s Aqu. gelangen in wohltätige Lotterien, wie z.B. die des Waisenhauses der Künste. Obwohl er mitunter auch in weniger rühml. Angelegenheiten verwickelt ist und sich von der Kampagne gegen Alfred Dreyfus und von antisemit. Bestrebungen mitreißen läßt, lehnt er es doch stets ab, die Ges., denen er vorsteht, mit hineinzuziehen. D. stirbt als einer der letzten Vertreter der frz. Historienmalerei. 🏛 BAYONNE, Mus. Bonnat. BOSTON/Mass., MFA: Ölbild. CHALON-EN-CHAMPAGNE, Rathaus: La Rev. de Châlons. CHANTILLY, Mus. Condé. DUBLIN, NG of Ireland: 2 Gem. DUNKERQUE, MBA: Colonne d'infanterie allant tenter un coup de main. GRENOBLE, Mus. de Peint. et de Sculpt.: Skizze zum Panorama de Rezonville; LONDON, NG. LYON, MBA. MARSEILLE, MBA. NANTES, MBA. NEW YORK, Forbes Mag. Coll.: zahlr. Gem. – Metrop. Mus.: Champigny, décembre 1870. PARIS, Mus. de l'Armée: zahlr. Gem. aus D.s Vermächtnis. – Orsay: Le Rêve. – Eglise du Panthéon: La Chevauchée de la gloire. – Rathaus: dekorative Malereien. – Pal. du Luxembourg: Sortie de la garnison de Huningue. – Mus. Carnavalet. PHILADELPHIA/Pa., Mus. of Art: Grenadiers at the Camp of Saint-Maur, Öl/Lw., sign., dat. 1869. REIMS, Mus. St-Remi: Charge du 9e cuirassiers à Morsbronn. RIOM, Mus. Francisque Mandet: Skizze zum Panorama de Rezonville. ST. PETERSBURG, Ermitage. SARASOTA/Fla., Ringling Mus. of Art: En retraite. SEDAN, Mus. du Château fort: Prise de Sfax. SYDNEY, AG of New South Wales: Vive l'Empereur. VERSAILLES, Château: mehrere Gem. ✉ Les grandes manœuvres, Text von *Major Hoff*, P. 1884; Les grandes manœuvres de l'armée russe. Souvenirs du camp de Krasnoïé-Sélo, P./StP. 1886; Types et uniformes. L'Armée franç., Text v. *J. Richard*, I-II, P. 1885–89; Cavaliers de Napoléon, Text v. *F. Masson*, P. 1895. 🕮 ThB9, 1913. DictNatContemp IV, 1906; Livre-d'Or, 1910; *Schurr/Cabanne* I, 1996; DA VIII, 1996. – Petit Bottin des lettres et des arts, P. 1886; *H. Béraldi*, Les graveurs du XIXe s., V, P. 1886; *J. Martin*, Nos peintres et sculpteurs, P. 1897; *M. Vachon*, D., P. 1898; Gos. Ermitaž. Zapadnoevropejskaja živopis' (K), I, Le. 1976; *J. Humbert*, E. D. L'héroïsme d'un s., P. 1979; *F. Robichon*, BSHAF 1979 (1981), 259–270 (Panoramen von Champigny und Rezonville); NG of Ireland ill. summary cat. of paint., Dublin 1981; *F. Ro-*

bichon, ZAK 42:1985 (4) 281–287; Europ. paint. in the MFA, Boston. An ill. summary cat., Boston 1985; Peint. et sculpt. du XIXᵉ s. La coll. du Mus. de Grenoble (K), P. 1995; *F. Robichon*, L'armée franç. vue par les peintres, 1870–1914, P. 1998. F. Robichon

Détalla, *David*, schweiz. Stecher, Zeichner, Ziseleur, * 1761 Genf, † 1836 ebd. Ab 1798 Mitgl. der Genfer Soc. des Arts; 1826–1832 Dir. der Ec. de modelage, ebd. ▭ ThB9, 1913. Biogr. Lex. der Schweizer Kunst, I, Z. 1998. C. D.-H.

Détanger, *Germain*, frz. Maler, * 27. 7. 1846 Lyon, † 25. 1. 1902 ebd. Dort 1860–62 Stud. an der EcBA bei Joseph Benoît Guichard. Dekorationsmalereien für zahlr. Kap. und Kirchen in Lyon (u.a. Séminaire St-Jean) und Umgebung, z.B. in Yssingeaux, Saint-Chamond, Saint-Etienne-des-Oullières und Anse. Außerdem Dekorationen für den Cercle du Commerce und die Préfecture du Rhône in Lyon. 1874 Rest. der Gem. von Pierre-Louis Cretier (heute im Pal. des BA, Lyon). Befreundet mit Henri Bidauld. – Stilleben (u.a. Blumen), Portr., Figürl., Lsch., relig. Darst., Genreszenen. – D.s Tochter, die Malerin *Reine Anne Louise D.-Nermord* (* Lyon) war Schülerin ihres Vaters sowie in Paris von Jean Paul Laurens, Emmanuel Frémiet und Jean-Joseph Benjamin-Constant; sie stellte ab 1892 (bis 1899 unter ihrem Mädchennamen) in Lyon und ab 1896 in Paris (SAfr.) Stilleben, Figürl., Portr., Interieurs aus. ◉ *G:* ab 1865 Lyon, Salon (Öl, Aqu., Kohle-Zchngn). ▭ ThB9, 1913 (s.v. D. und D.-Nermord). DBF XI, 1967; *Bénézit* IV, 1999. – *E. Hardouin-Fugie/E. Grafe*, Répert. des peintres lyonnais du XIXᵉ s. en Bugey (K), Lacoux 1980. C. R.

Détanger, *Pierre*, frz. Maler in Lyon, dort 1869 Schüler von Joseph Guichard an der EcBA. ◉ *G:* 1873–83 Lyon, Salon (Blumen, Stilleben, Lsch.). ▭ ThB9, 1913. *Hardouin-Fugier/Grafe*, 1989.

Détanger-Nermord, *Reine Anne Louise* cf. **Détanger,** *Germain*

Detant (de Létan), *Denis-Louis (Dionisio Luigi)*, frz. Architekt in Rom, beteiligte sich 1762 am Concorso Clementino der Accad. di S. Luca und erhielt den 2. Preis der 1. Kl. für seine Entwürfe (Lustschloß eines Prinzen). Nicht in den Akad.-Verz., jedoch in mehreren Briefen des Akad.-Dir. Charles Joseph Natoire erwähnt. 1762 Sekretär eines röm. Senators; nach dessen Tod 1765 wurde D. von Natoire bis 1766 im Pal. Mancini einquartiert. 🏛 ROM, Accad. Naz. di S. Luca: 17 Zchngn. ▭ *F. Boyer*, BSHAF 1957 (1958), 280; *D. Stillman*, J. of the Soc. of architectural historians 32:1973, 43–66; *Marconi/Cipriani/Valeriani*, 1974.

Détári Dettár, *György*, ungar. Maler, Zeichner, * 8. 4. 1892 Mezőhegyes, † 17. 2. 1951 Budapest. Stud.: Pädagog. HS der Actio Catholica; HBK Budapest bei Károly Ferenczy; 1909 Wien; ab 1910 Italien (1911–12 Venedig, Rom). Reisen nach Tripolis, Alexandria, Kairo. Schließt sich 1911 auf Einladung von Zoltán Remsey der Künstlerkolonie in Gödöllő an. Malt A. 1910er Jahre symbolist. Bilder unter dem Einfluß von Aladár Körösfői Kriesch und Sándor Nagy (*Ecce homo*; *Úton*/Auf der Straße; *Gondolkodó*/Denkender; *Istenek alkonya*/Götterdämmerung). Erste Ausst.-Teiln. 1912 mit einem Selbstbildnis auf der Frühlings-Ausst. in der Budapester KH. 1914–17 Wehrdienst. Nach 1920 wird D. ein char. Vertreter der zweiten Generation der Künstlerkolonie. Seine die Pleinair-Trad. mit den stilisierenden Formen der Secession vereinende Lsch.-Malerei zeigt v.a. die Stadt Gödöllő und ihre Umgebung (*Szentjakabi tórészlet*/Seedetail in Szentjakab). Daneben stellt er 1920 auch Fresken-Studien aus (*Mulandóság*/Vergangenheit; *Csiga-biga gyere ki*/Schnecke im Haus, komm heraus). Erweitert den Themenkreis in den folgenden Ausst. mit Lsch. vom Balaton, Hajdúszoboszló und Pécs sowie Selbst-Portr., volkstüml. Genreszenen und symbol. Komp. (*Álom*/Traum; *Szimbólum*/Symbol; *Jó pásztor*/Guter Hirt). In den 30er Jahren erscheint als neues Motiv die Lsch. der Tiefebene, bes. die Puszta Hortobágy. Arbeitete in Öl, Aqu., Tempera, Pastell, zeichnete in versch. Techniken, entwarf während der Räterepublik 1919 auch Plakate. 🏛 BÉKÉSCSABA, Munkácsy M. Múz. BUDAPEST, Magyar NG. GÖDÖLLŐ, Városi Múz. SALGÓTARJÁN, Nógrádi Történeti Múz. ◉ *E:* 1920 Mátyásföld / Budapest: 1923 Helikon Gal.; 1924 Nemzeti Szalon. – *G:* seit 1912, u.a. 1919–30 Gödöllő / 1920–32 Budapest, Nemzeti Szalon / 1920–22 Balassagyarmat / 1923 Pécs / 1924 Jászberény / 1925 Mátyásföld, Rákosliget / 1928 Békéscsaba, Szarvas, Makó. ▭ Vo1, 1953 (s.v. Dettár, György). MagyKépLex, 1915; MűvLex I, 1965; MagyFestAdat, 1988. – A Műbarát 3:1923, 52; *e. a. [A. Elek]*, Az Ujság v. 29. 4. 1923; 21. 9. 1924; *-th.-*, Magyarság v. 29. 4. 1923; Képzőművészet 3:1929 (24) 220; 7:1933 (57) 38 s.; *Gy. Theisler*, Műv 18:1977 (3) 2 s. – Gödöllő, Városi Múz.: *L. Hegedüs*, Művészek Gödöllőn a XX. század első felében, Ms. 1979–80. E. Révész

Detbarg (Detbarn), *Lorenz*, dt. Goldschmied, begr. 3. 7. 1694 Lübeck. 🏛 LÜBECK, Petrikirche: Oblatenpyxis, 1664. – Dom: Patene, 1681. ▭ ThB9, 1913.

Dété, *Eugène*, frz. Holzschneider, * 7. 11. 1848 Valenciennes, † 6. 3. 1922 Paris. Erste Ausb. wahrsch. in Valenciennes; in Paris Schüler von Cosson, Burn Smeeton und Auguste Tilly. Nach dem Krieg 1870/71 in London tätig; 1878 Rückkehr nach Paris. Präs. der Soc. artist. de la gravure sur bois. 1904 Eröffnung einer Buchhandlung in Paris (2, rue Séguier). Mitarb. bei versch. Zss., u.a. The Graphic; Le Monde ill.; L'art et les artistes; Rev. ill.; im Auftrag der Soc. artist. du livre ill. fertigt D. zahlr. Buch-Ill.: u.a. für *Le Journal*, Clovis Hugues, 1890; *Fêtes galantes*, Paul Verlaine; *Stello*, Alfred de Vigny, 1901 (nach Georges Scott); *La Cathédrale*, Joris Karl Huysmans, 1920; *Rouen d'hier et d'aujourd'hui*, Georges Dubosc (beide nach Charles A. A. Jouas); *Physionomies et Physiologies*, 1932 (nach Honoré Daumier). – D.s Tochter, Schülerin und spätere Mitarb., die Holzschneiderin *Jeanne Flore D.* (* 13. 7. 1888, † 9. 12. 1932 Paris), ist verh. mit dem Schriftsteller Manoël Gahisto und Mitgl. der Soc. des Artistes franç. (1907 ehrenvolle Erw.). 🏛 LILLE, MBA. VALENCIENNES, MBA. ◉ *G:* Paris: ab 1879 Paris, Salon (1884 ehrenvolle Erw.; 1899 Med. 3. Kl.; 1903 Med. 2. Kl.); 1900: WA (Bronze-Med.). ▭ ThB9, 1913; Vo5, 1961. Dict. biogr. ill. du Nord, P. [1908]; *Bénézit* IV, 1999. – *M. Gahisto*, La vie valenciennoise v. 20. 6. 1909; Bull. de l'art ancien et mod. v. 15. 3. 1922, 25; *A. Mabille de Poncheville*, Le Télégramme du Nord v. 21. 3. 1922; Art et décoration 1932 (Febr.); IFF, Après1800 VI, 1953. – Valenciennes, Bibl. mun.: *E.-D. Fromentin*, Hommes et choses relatifs à Valenciennes (Ms.), II, 137–140. J. C. Poinsignon

Dété, *Jeanne Flore* cf. **Dété,** *Eugène*

Deteix, *Adolphe*, frz. Maler, * 7. 7. 1892 Amplepuis/ Rhône, † 1967 ebd., lebte in Paris, in den Sommermonaten in der Lyoner Region. Schüler von François Flameng und Gabriel Ferrier. – Lsch., Blumenbilder; Fresken und Mosaiken für die Kirche in Barcelonnette/ Alpes-Hautes-Provence. ⊙ *E:* 1923 Lyon, Gal. Pouillé-Lecoultre. – *G:* Lyon: 1921, '24–39 Salon de la Soc. lyonnaise des BA (1925–36 Mitgl.; 1929, '30 Med.) / Paris: SAfr. (Mitgl.); ab 1925 Salon d'Automne; Salon des Indépendants. ▭ Vol, 1953. *S. Couvra*, Dict. des artistes exposant à Lyon dans l'entre-deux-guerres 1919–1939, Lyon 1998; *Bénézit* IV, 1999. S. Couvra

De Teliga, *Sarah*, austral. Malerin, Graphikerin, Innen- und Bühnenausstatterin, * 1957 Sydney. Stud. ebd.: 1972–76 Nat. Art School; 1980–83 Drama Studio. Wurde u.a. mit Entwürfen für Kinsela's Theatre/Restaurant, 1983/84, sowie für das Restaurant der AG of New South Wales, 1987, beide Sydney, beauftragt. 🏛 CANBERRA, NG of Australia. HAMILTON, AG. ⊙ *E:* ab 1982 Sydney, Mori Gall. / 1982, '88, '91 Melbourne, Realities Gall. ▭ *McCulloch*, 1968; 1977; I, 1984; 1994; *Germaine*, 1984; I, 1990; 1991; 1997. R. Smith

De Teliga, *Stan (Stanley Frederick)*, austral. Maler, Bildhauer, Kurator, * 1. 4. 1924 Poznań, † 18. 3. 1998 Sydney. Ab 1926 in Australien, 1933 eingebürgert. 1942–46 Kriegsdienst in der R. Austral. Air Force. Stud.: 1947–51 East Sydney Technical College. Lehrtätigkeit in Sydney: 1951–54 Univ. of Sydney; AG of New South Wales; 1966–75 Nat. Art School (1974–75 Leiter); ab 1975 Alexander Mackie College of Advanced Education; 1982–84 City Art Institute. 1954–60 Keeper of Art, Tasmanian Mus. and AG, Hobart; 1960–66 Dir. der Blaxland Gall., Sydney. 1968–70 ermöglichen drei Stip. Studienreisen außerhalb Australiens. Preise: 1963, '65 (Bronze-Med.) Austral. Fashion Fabric Design Award; 1967 Manila Art Prize; 1969 Westfield Art Prize; Southern Cross Art Prize; 1972 Rockdale Art Prize; 1978 Brit. Council Grant. – D. zeigt in semifigurativen Lsch. und abstrakteren Arbeiten ein bes. Interesse an verfeinerter Artikulation der Maloberfläche und betont die visuellen Effekte breiter Pinselstriche. 🏛 ADELAIDE, AG of South Australia. BRISBANE, Univ. of Queensland AM. CANBERRA, Austral. Nat. Univ. – NG of Australia. – Parliament House. HOBART, Tasmanian Mus. and AG. LAUNCESTON, Queen Victoria Mus. and AG. NEWCASTLE/N. S. W., Region AG. ORANGE/N. S. W., Regional Gall. PENRITH/ N. S. W., Lewers Bequest & Regional AG. SYDNEY, AG of New South Wales. – Manly AG and Mus. – Univ. of New South Wales. ⊙ *E:* 1958 Melbourne, MMA of Australia / 1959 Hobart, Priv.-Haus / Newcastle (N. S. W.): 1961 Region AG; 1963 Von Bertouch Gall. / Sydney: 1962–89 mehrfach Macquarie Gall.; 1974, '79 Bonython Gall.; 1984 Ivan Dougherty Gall. (Retr.) / Canberra: 1966, '72 Macquarie Gall.; 1975 Anna Simons Gall.; 1981, '87, '91 Solander Gall. / 1968 Brisbane, Johnstone Gall. – *G:* ab 1947 Sydney, Contemp. Art Soc. ▭ Who's who in Australia, Mb. 1955–1982; *McCulloch*, 1968; 1977; I, 1984; 1994; *Germaine*, 1979; 1984; I, 1990; 1997; WWAVA, 1991; 1995 (s.v. Deteliga); *Robb/Smith*, 1993 (s.v. Teliga). – *M. Horton*, Present day art in Australia, Sydney 1969; *K. Bonython*, Mod. Austral. paint., 1960–1970, Adelaide 1970; *M. Horton* (Ed.), Austral. painters of the '70s, Sydney 1975; *K. Bonython/E. Lynn*, Mod. Austral. paint., 1970/1975, Adelaide u.a. 1976; *K. Bonython*, Mod. Austral. paint. 1950–1975, Adelaide 1980; *Campbell*, 1983; 1989; Art and Australia 36:1998 (1) 109 s. – Canberra, Nat. Libr. of Australia: Interview mit Hazel de Berg, 17. 8. 1965 (DeB 136; Tonband). D. E. L. Thomas

Detengof (Detingof), *Karl Ivanovič*, Maler evtl. dt. Herkunft in Rußland, * 26. 5.(7. 6.) 1815 St. Petersburg. Sohn eines Markscheiders bei Hofe. Stud.: 1824–31 AK ebd. (Zögling; 1831 Abschlußzeugnis). – Lsch. ▭ ChudSSSR III, 1976 (s.v. Detingof, K. I.). – *N. M. Moleva/Ė.M. Beljutin*, Russkaja chudožestvennaja škola 1-oj pol. XIX v., Mo. 1963. V. Kulakov

Detering, *Dascha*, dt. Malerin, Illustratorin, Graphikerin, * 1911 Kiev, lebt in Hamburg. Kommt 1922 mit ihrer Fam. nach Bramsche, seit 1923 in Hamburg ansässig. 1933–35 Stud. Malerei und Graphik an der HBK Hamburg bei Rudolf Neugebauer, Hugo Meier; von 1936–39 Priv.-Unterricht bei Fritz Kronenberg. Von 1943–76 als wiss. Zeichnerin und Graphikerin im Mus. für Völkerkunde in Hamburg tätig. Dort zunächst für die wiss. Abb. zuständig, gestaltet sie später auch die Ausst.-Plakate und Museumsführer. 1946 entstehen ihre Aqu. für die Ausst. „Schattenspiele der Völker" ebd.; 1941 erste eigene Ausst. als freie Malerin: Lsch.-Aqu., Reiseskizzen und -Zchngn, die sie z.T. vor der Natur ausführt. Wie auch in den bed. Museumsarbeiten, die durch ihre Anschaulichkeit den Vorzug vor der Fotogr. erhalten, erfaßt sie den Gegenstand in klaren Komp. mit dem Blick für das Wesentliche. Beachtenswert auch ihre als Linol-Drucke gearbeiteten Ill. russ. Märchen. ✉ Auswanderung und Rückkehr, in: Münsterstraße – Gesch. und Geschichten, Bramsche 1998 (Bramsche einst und jetzt, IV), 63 ss.; Zur Rolle der Graphik in der Museumsethnologie, in: Mus. 1990. Festschr. für Helga Rammoer, Lübeck 1990. ⊙ *E:* 1943 Bergedorf, Schauburg-Stube / Hamburg: 1976 Mus. für Völkerkunde (Retr.; Faltblatt); 1999 Gemeindehaus St. Nicolai, Lsch.-Aqu. / 1998 Bramsche, Tuchmacher-Mus. / 1999 Tübingen, Schloß-Mus. – *G:* 1959 Höxter, Kloster Corvey, Vrg bild. Künstlerinnen / Hamburg: 1960 KH; 1964 Kunsthaus, Gedok (K); Halle der Nationen, Berufsverb. Bild. Künstler. ▭ Künstler in Hamburg, Ha. 1982. – Mitt. D. S. Ge.

Detering, *Oscar (Heinrich Oscar; Oskar)*, dt. Maler, Illustrator, * 25. 5. 1872 Barmen (heute Wuppertal-Barmen), † 6. 4. 1943 Düsseldorf. Stud.: 1893–94 KA Düsseldorf in der Elementarklasse bei Heinrich Lauenstein; später (nicht vor 1904) ebd. Schüler von Julius Paul Junghanns. Zeitlebens in Düsseldorf ansässig, wo er u.a. 1918–43 dem Künstler-Ver. Malkasten angehörte (dort auch Vorstands-Mitgl.). 1899 ⚭ Henriette Buschfeld. – D. malte mit Öl-, Aqu.- und Deckfarben Figurenbilder, Lsch., Portr., Tier- und Jagdszenen. Einen umfassenden Werkkomplex bilden zahlr. Arbeitsszenen der Schwerindustrie mit Schmelz-, Walz-, Preß- und Schmiedeprozessen u.ä., darunter die Öl-Gem. *Arbeiter in der Stahlfabrik* (1917; Köln, Aukt. Van Ham v. 8. 4. 2000, Nr 1612) und *Am Glühofen* (1918; ehem. Priv.-Bes. Dr.-Ing. Lauber, Essen), *Inneres einer Montagewerkstatt* (1926; ehem. Düsseldorf, Schieß-Defries A.-G.) und *Aufbau eines großen Portalfräswerkes*. D. schuf auch mon. Fresken, z.B. im Sitzungssaal der Maschinenbau- und Kleineisen-Berufsgenossenschaft in Düsseldorf und im Kasino der Rheinmetall, ebd. (beide im 2. WK zerst.). Ferner malt er Industrielandschaften, z.B. das Öl-Gem. *Erinnerung an das 200jährige Bestehen der Fa. Joh. Wilh. Scheidt, Kettwig an der Ruhr. 1720–1920* (um 1920), und mehrere Motive aus Industriehäfen wie die für Gustav Krupp von Bohlen und Halbach anläßl. des 100jährigen Krupp-Jubiläums ausgeführte Marine *Die Germaniawerft von der Kieler Seite gesehen* (um 1912; Verbleib unbek.). Auf dem Gebiet der Figuren- und Tiermalerei entstanden u.a. ikonogr. und stilist. an Werke seines Lehrers Junghanns erinnernde Darst. des Pflügens, Viehhütens und Viehtreibens sowie das Öl-Gem. *Begegnung zwischen Pferde-Knecht und Magd auf dem Feldweg* (Meerbusch, Meerbuscher Kunstauktionshaus Rosthal, 187. Kunst-Aukt., 12. 6. 1999, Nr 2067), aber auch das Ölbild *Hinter der Front (Rüstungsarbeiterinnen)* (Öl/Lw., 1916, Dortmund, Westfäl. Industrie-Mus.). D. gestaltete außerdem dekorative Wand-Gem. in Düsseldorfer Privathäusern (davon eines erh.) und illustrierte das Kinderbuch *Die kleine Wilde* (Elberfeld 1897). D.s Werke kennzeichnet eine vom Düsseldorfer Detailrealismus des 19. Jh. abgerückte, kompositor. und kolorist. von Spätimpressionismus und Jugendstil beeinflußte, formvereinfachende Auffassung mit flächig aufgelöstem, breitem und pastosem Farbauftrag und einem – auch in Staffelei-Gem. – freskenhaft monumentalisierten Figurenstil. Portr. des Künstlers schufen Hans Kohlschein (Karikatur, Zchng, Düsseldorf, Künstler-Ver. Malkasten) und Wilhelm Wunderwald: „Der Malkastenvorstand 1926" (Karikatur, Zchng, 1926, Düsseldorf, Künstler-Ver. Malkasten). 🏛 DÜSSELDORF, Künstler-Ver. Malkasten: Schlußbild zur Jahrtausendfeier der Rheinlande 1925 (Glocke vor dem Düsseldorfer Rathaus), nicht ausgef. Entwurf, Deckfarben, 1925. – SM: Walzwerk in Düsseldorf, Aqu., 1917. 📖 Vol, 1953. *Dressler* II, 1930; *Ries*, 1992; Lex. der Düsseldorfer Malerschule, I, M. 1997. – Friedrich Krupp AG Essen-Ruhr. 1812–1912, Essen 1912, 250; Große Kunst-Ausst. (K), Dd. 1922, Nr 253; Kunst und Technik (K Folkwang-Mus.), Essen 1928, 52, Nrn 368–371; Juryfreie Kunst-Ausst. (K), Dd. 1930, Nr 130; *E. Grund*, Schiess-Nachrichten 21:1941 (1/2) 20, 21; Hundert Jahre Künstlerverein Malkasten Düsseldorf 1848–1948, Dd. 1948, 53, 148, 175, 176; *T. Basten*, Kettwig in alten Ansichten, II, Zaltbommel 1987, Abb. 29; Industrie im Bild. Gem. 1850–1950. Eine dt. Priv.-Slg (K Westfäl. LM für Kunst und Kultur-Gesch.), Münster 1990, 8, 10, 26, 87 (Nr 44), 91; *J. Jensen/R. Jürgens*, Kiel im ersten Jh. der Kieler Woche (K Kieler Stadt- und Schiffahrts-Mus.), I, Neumünster 1982, 60; *E. Schmacke* (Ed.), Industriebilder. Gem. einer Epoche, Münster 1994, 29, 83, 161 (Nr 51), 168; *I. Bodsch* (Ed.), Feste zur Ehre und zum Vergnügen. Künstlerfeste des 19. und frühen 20. Jh. (K SM), Bonn 1998, 292 (Nr 198), 294 (Nr 199). – Düsseldorf, Hist. Arch. der Rheinmetall GmbH (Fotogr. der Kasino-Fresken); Künstler-Ver. Malkasten (4 Fotogr.). – Mitt. Ernst Detering, Düsseldorf. C. Roth

Determann, *Walter*, dt. Maler, Holzschneider, * 7. 2. 1889 Hannover, † 27. 6. 1960 Weimar. Neben der kaufmänn. Tätigkeit in Dresden Ausb. bei Guido Richter. Stud.: ab 1912 KGS Weimar bei Fritz Mackensen und Julius Gari Melchers; 1914 Meisterschüler. 1914–18 Soldat an der Westfront und Verwundung. Danach in Weimar tätig. Zunächst für drei Jahre Anschluß an das Bauhaus. 1920 Obmann der Schülerschaft ebd., u.a. architekton. Entwurfs-Zchngn. 1926–29 mehrmals Studienaufenthalte in Spanien und der Provence, v.a. in Cagnes. Perfektioniert dort seine expressiven, lichterfüllten Lsch. und jahreszeitl. Darst. in kräftigen Farben und scharfen Konturen. Danach v.a. Motive aus Thüringen und der Rhön, in der Spätzeit in aufgelösteren Formen mit kräftigem Pinselstrich. Daneben Stilleben, Portr. und Aktstudien. Auch Aqu. und Holzschnitte. 🏛 WEIMAR, SM. ⊙ *E:* 1954, '61 Weimar, Städt. Kunst-Kab. 📖 Vol, 1953. – W. D. (K SM), Weimar 1972; *H. M. Wingler*, Das Bauhaus, Köln 1975. – ArchAKL. – Mitt. StA Weimar. D. T.

Determeyer, *Carl*, dt. Maler, * 30. 6. 1897 Karlshafen/Weser, † 2. 5. 1976 Münster, lebte dort. Stud.: vor 1. WK Archit. und Kunstgesch. in Münster, danach KA in Düsseldorf und München. 1941–45 Kriegsmaler in Potsdam und an der Ostfront in Rußland (Kessel von Demjansk). – Malte Lsch. und Archit.-Bilder (ausschl. in Aqu.), v.a. hist. Baubestände in Münster und im Münsterland, auch in Alt-Würzburg. Verbindet Präzision mit Poesie und Atmosphäre. 📖 *H. Ebert*, Künstlerlex. für Münster und Umgebung, Text-Bd, Münster ²1996. – Westermanns MH, 146:1929, 609–616; 154:1933, 437–444; Velhagen & Klasings MH, 49:1934/35 (2) 558; 52:1938 (2) 233–40; Annette v. Droste-Hülshoff zum 200. Geburtstag (K), Münster 1996. A. R.

Deterre, *Eugène Napoléon*, belg. Maler, * 30. 10. 1810 Brügge, † 26. (lt. ThB) oder 28. 8. 1842 Brüssel. Stud.: Sted. Acad. voor Schone Kunsten, Brügge; Schüler von Augustus van den Steene. Ansässig in Gent, ab 1833 in Brüssel. 1836 Maler des Herzogs von Arenberg, bis 1839 Reise durch Deutschland und Belgien, um Ansichten von dessen Besitzungen zu malen. – Lsch. und Genres, die im Kolorit die realist. Malerei in Belgien vorbereiten. ⊙ *G:* 1834 Cambrai / 1842 Brüssel: Expos. nat. 📖 ThB9, 1913. *Berko*, 1981; *Flippo*, 1981; *Arto*, 1995; DPB I, 1995 (Ausst.); LWBK V, 1996. – Les salons retrouvés (K Calais u.a.), II, [Lille] 1993. U. R.

Deters, *Ėrna Vladimirovna* → **Deeters,** *Erna von*

Deters, *Hans* → **Deterson,** *Hans*

Deters-Ackermann, *Renate*, dt. Bildhauerin, Kuratorin, * 29. 1. 1953 Berne/Wesermarsch, lebt ebd. Stud.: 1974–79 HdK in Bremen, Schülerin von Waldemar Otto. Ab 1978 Aufträge für Rest.-Arbeiten. Seit 1987 Lehraufträge an der Werkschule in Oldenburg. D. arbeitet vorwiegend figurativ-realist. in Terrakotta. Projekte mit anderen Künstlern in psychiatr. Anstalten und Gefängnissen. 🕮 R. D.-A. und Hans Hermann Precht, Dokumentation zur Ausst. Lemwerder ist überall, Delmenhorst 2000. J. M. Henneberg

Deterson (Deters; Dettersen; Detterson; Dittersen), *Hans (Antz; Ivan; Johann[es])*, dt. oder holl. Maler in Rußland, † 1655 Moskau. 1643–55 „etatmäßiger" (žalovannyj) Meister der Rüstkammer des Moskauer Kreml. Bed. Vertreter der sog. frjažskaja parsuna (porträthafte Bildnisse in ital. Trad.). Führte im Auftrag der Zarenfamilie zahlr. Arbeiten aus (Fahnen, Wandbehänge, Decken-Gem.). Bek. ist v.a. sein Vollbildnis von *Patriarch Nikon* (um 1655, bis 1941 im Heimatkunde-Mus. Istra, verschollen). 🕮 ThB9, 1913 (s.v. Detterson, Johann). ChudSSSR III, 1976 (Lit.). – *B. R. Vipper*, Archit. russkogo barokko, Mo. 1978, 16, 98; *Brjusova*, 1984 (s.v. Deters, Hans). N. Lavrent'eva

Deth, *Lubertus Teunis van*, niederl. Kupferstecher, Zeichner, * 27. 3. 1814 Gouda, † 22. 12. 1875 Amsterdam. Stud.: 1839–48 Rijks-Akad. ebd. – 4 Bll. mit Aktstudien, dat. 1842 und 1844, erhalten. 🕮 ThB9, 1913. *Waller*, 1938; *Scheen* I, 1981.

Detheux, *Robert*, belg. Maler, * 1932 Brüssel. Stud.: Inst. Saint-Luc Brüssel. Lehrer (Graphik) an der Acad. Tournai. 1953, '54, '71 Prix Jeune Peint. – Zunächst Plakatkünstler und Dekorateur. 1976 Gem.-Serie zum Motiv Bauch und Bauchnabel. Es folgen Arbeiten, in denen D. graph. Gestaltungselemente (Kalligraphie) und Malerei kombiniert (z.B. 1985 Gal. Abras). 1986 Collage-Bilder. 🏛 BRÜSSEL, Communauté franç. de Belgique. – Crédit Comm. 👁 *E:* 1985 Brüssel, Gal. Abras (K). 🕮 DPB I, 1995. K. S.-D.

Dethier (de Thier; de Tieer), *Hendrik*, holl. Maler, Radierer, get. 31. 10. 1610 Dordrecht, † nach 1634. 1631 Mitgl. der Gilde in Dordrecht. Die wenigen erh. Werke zeigen Einflüsse von Rembrandt und Jacob Gerritsz. Cuyp, die beide als D.s Lehrmeister erw. sind. Ein sign., 1634 dat. Portr. von *Jeanne de Neille* (holl. Priv.-Slg; gezeigt 1894 in Utrecht, Oude Schilderkunst, Nr 438) ist deutl. von Cuyp beeinflußt; es gibt davon zwei Repliken (holl. Priv.-Slg und ehem. Dieren, Kunsthaus Katz). Das Pendant, ein postumes Portr. des 1602 gest. Ehemannes der Dargestellten, *Louis de Geer*, wurde, wahrsch. ebenfalls von D., nach einem früheren Bild gemalt. Die *Büste eines alten Mannes mit Bart* (1633; 1993 im Kunsthandel) und die Rad. eines *Greisenkopfes* nach Rembrandt (1633) zeigen dessen Einfluß. Vosmaer erw. eine weitere, von D. sign. Rad. nach Rembrandts *Bildnis der Saskia* in Kassel. Die Rad. *Bildnis des Predigers Johan Dibbets* (1634) nach einer Vorlage des Monogrammisten A. V. P. (1626) zeigt Verse, die ebenfalls von D. sign. sind. Weitere Bilder sind nur von Erw. her bekannt. Die von Wurzbach D. zugeschr. drei Bilder, die am 17. 4. 1715 als Gem. von D'Tiverd aus der Slg Nic. van Suchtelen in Hoorn versteigert wurden, stammen wahrsch. von dem Maler Daniël Thievaert. 🕮 ThB9, 1913. *Wurzbach*, NKL I, 1906; *Waller*, 1938 (s.v. Thier, Hendrik de); *Hollstein* V, 1951. – *C. Vosmaer*, Rembrandt, D. H. 1868; Art price index internat. '94, I, Boston 1993. R. E. O. Ekkart

Dethleffs, *Johan* → **Detlefs,** *Johan*

Dethleffs, *Ursula*, dt. Malerin, Zeichnerin, Graphikerin, Keramikerin, Textil- und Materialkünstlerin, * 6. 7. 1933 Ottersweier/Baden, lebt in Isny/Allgäu. Tochter und Schülerin der Malerin Friedel D.-Edelmann und des Fabrikanten Arist D., Begründer der gleichnamigen Caravanproduktion. Lebt bis 1939 im Wohnwagen, danach in Isny. Bereits 1937 erste künstler. Versuche, 1943 erste Hinterglasbilder. Ihnen folgen 1945 Bildteppiche mit collagierten Materialien, Keramiken und 1946 graph. Arbeiten (Hschn., Linolschnitt, Feder-Zchng). Bereits 1947 erste Ausst. in versch. Städten und erste Akt-Darst. nach lebenden Modellen. 1950–52 Schülerin von Richard Ott in München. Anschl. zahlr. Ausst. im In- und Ausland, die mit Reisen in die USA, nach Asien und Afrika verbunden sind und durch die folklorist. Elemente in ihre Bilder einfließen. Weiterbildung u.a. durch Wilhelm Fischer, Walter Schautz und v.a. Max Ackermann. Auf dessen Anregung 1960 erste Versuche mit abstrakten Collagen, keram. Materialbildern, Hinterglasbildern und Bildteppichen. Preise u.a.: 1950 Kunstpreis der Jugend Saulgau; 1968 Kunstpreis Kempten. 🏛 DORTMUND, Mus. am Ostwall. ISNY/Allgäu, Nicolaikirche: Fenster. – Friedhofs-Kap.: Fenster. – Rathaus: Bildteppich. 👁 *E:* 1967 Dortmund, Mus. am Ostwall (K) / 1986 Freiburg im Breisgau, Augustiner-Mus. (K). – *G:* 1993 Ochsenhausen, Fruchtkasten beim Kloster: Klass. Moderne im dt. Südwesten (K). 🕮 Vo5, 1961. *Ficus*, 1977 (Lit.); *Nagel*, 1986. – Künstler-Verz. BW II, 1982; Klass. Moderne im dt. Südwesten (K), Ochsenhausen (Fruchtkasten beim Kloster) 1993 (Lit.). S. P.

Dethleffs-Edelmann, *Friedel* (geb. Edelmann), dt. Malerin, * 30. 11. 1899 Hagsfeld b. Karlsruhe, † 24. 9.(10.?) 1982 Isny/Allgäu. 1915 Priv.-Schülerin von Wilhelm Trübner in Karlsruhe. Weitere Ausb.: 1916–18 Großherzogl. Malerinnenschule in Karlsruhe, 1919 angebl. eine der ersten Studentinnen der KA, aber erst ab 1921/22 in Namenslisten aufgeführt; ab 1922 figürl. Zeichnen bei Hermann Gehri, 1923 Graphik bei Ernst Würtenberger, 1925 dessen Meisterschülerin. 1928 Paris-Aufenthalt, 1929 Reise nach Florenz. 1930 Silber-Med. für Gem. *Altmodischer Strauß* in der Ausst. Das Badische Kunstschaffen. 1931 ⚭ Fabrikanten Arist Dethleffs aus Isny/Allgäu, der ihr ein Atelier im Wohnwagen konstruiert. 1932 Silber-Med. und 1. Preis in der Ausst. Süddt. Kunst für *Selbstbildnis*, 1932. Ab 1933 Reisen mit Wohnwagen durch Europa. Ab 1938 in Isny lebend, übernimmt Wohnwagen-Fabrik ihres Mannes. 1947 Gründung der Sezession Oberschwaben-Bodensee. In den 50er und 60er Jahren Reisen mit dem Wohnwagen durch Europa, den Vorderen Orient, nach Rußland bis zum Kaukasus. 1974 Bundesverdienstkreuz. – In den frühen 20er Jahren entstanden zunächst zahlr. Lsch. in der Nachfolge von Hans Thoma (z.B. Schwarzwald-Motive); daneben impressionist.-skizzenhafte Aqu. mit Strandszenen auf Borkum. In den 20er und 30er Jahren, der produktivsten Schaffensphase, v.a. Blumenstücke und Portr. im Stil der Neuen Sachlichkeit. Die Stilleben wirken reglos und verfremdet, z.B. *Winterastern*, 1925 (StG Karlsruhe), *Masken*, 1928 (Slg Land-Kreis Ravensburg). Das bekannteste Werk, *Selbstbildnis*, 1932 (BSGS, München), ist von nüchterner Klarheit. Nach 1933 war D. weiterhin erfolgreich. Nun naturalist.-idealisierende Malweise; Frauenbildnisse in alt-dt. Manier und hierarchisch strukturierte Fam.-Portr., z.B. *Bildnis mit Mann und Kind* 1935/37 (Slg Dethleffs, Isny), entsprachen nat.-sozialist. Idealen. Unterbrechung der künstler. Arbeit im 2. WK. Danach in den Portr. Forts. der altmeisterl. Malweise, Stilleben zeigen abstrahierende Tendenzen. A. der 50er Jahre Übergang zur Abstraktion; fleckiger Farbauftrag in Stilleben und Lsch., erdige Töne, zunehmend leuchtende Farben. Ab 1967 Collagen, v.a. Foto-Collagen in surrealen Kombinationen. ⌂ FRIEDRICHSHAFEN, Bodensee-Mus. KARLSRUHE, StG im Prinz-Max-Palais. MÜNCHEN, BSGS. TÜBINGEN, Regierungspräsidium. ◈ *E:* 1961, '71, '80 (Retr.) Friedrichshafen, Bodensee-Mus. – *G:* Karlsruhe: 1923 Große Dt. Kunst-Ausst.; 1932 Badischer KV: Süd-dt. Kunst. Die Frau im Bilde. ▭ Vol, 1953. *Nagel*, 1986; *Mülfarth*, 1987; Künstler-Verz. BW III, 1982. – *H. H. Hofstätter*, Die Malerin F. D.-E., Isny 1980; Frauen im Aufbruch, Künstlerinnen im dt. Südwesten 1800–1945 (K), Ka. 1995. A. R.

Dethlefsen, *Reimer Diedrich*, dän. Gold- und Silberschmied, * 1791, † 1836 Sønderborg. Schwiegervater von Hans Eli Detlefsen. – Neben liturg. Gerät (Kelch) v.a. Gewand- und Tafelsilber (z.B. Riechdöschen). ⌂ BROAGER, Kirche. FLENSBURG, StKS. HAMBURG, Altonaer Mus. KOLDING, KM Trapholt. SØNDERBORG, Schloß. ▭ *Bøje* III, 1982. – Mitt. U. Schulte-Wülwer, Flensburg. W. B.

Dethlefsen, *Richard Jepsen*, dt. Architekt, * 24. 8. 1864 Grönland b. Ekensund/Kr. Sonderburg (heute Egernsund auf Broager/Dänemark), † 24. 3. 1944 Heinrichswalde/Ostpreußen (Slavsk; das Grabmal ehem. auf dem Friedhof der Luisenkirche in Königsberg [heute Kaliningrad]). Oberbaurat, Bauinspektor, Dombaumeister, Provinzialkonservator. D. entstammt einem alten Nordschleswiger Geschlecht, das im Sundewitt ansässig war. Stud.: Archit. und Kunstgesch. an der TH Hannover unter Hase, Stier und Köhler, 1889 Regierungsbauführer, seit 1890 in der preuß. Bauverwaltung, 1893 Regierungsbaumeister, 1894/95 Tätigkeit für die Regierung in Schleswig, 1902–36 Provinzialkonservator für Ostpreußen, 1907 Kreisbauinspektor und Vorstand des Hochbauamtes II in Königsberg, 1910 Baurat, 1913 Prof. und Dr. phil. h. c. der Phil. Fak. der Albertus-Univ. Königsberg. 1928 Oberbaurat, 1929 Ruhestand. Wohnte in Königsberg, Luisenallee 11. 1911–44 Dir. des Ostpreuß. Heimat-Mus. Königsberg, 1923 Mitgl. der Preuß. Akad. des Bauwesens, 1942 des Forschungskreises der Albertus-Univ. Königsberg, Mitgl. im Ver. für Volkskunde, Mitarb. im Arbeitsausschuß für Naturdenkmalpflege, seit 1914 Einflußnahme auf Gestaltung der Kriegerdenkmäler und Friedhöfe, Ehren-Mitgl. des Bundes Dt. Architekten und des Kunstgewerbe-Ver. für Ostpreußen. Rest. 1901–07 den Dom in Königsberg, erbaut 1906 den Bismarck-Turm auf dem Galtgarben und einige Schulen; beteiligt am Wettb. für die reformierte Kirche in Magdeburg. ⌂ EGERNSUND auf Broager/Dänemark (ehem. Ekensund/Nordschleswig): Kap., 1907–09. MÖLLN/SH: Wiederherstellung der Nicolaikirche, 1896/97. SŁUPSK/Polen (ehem. Stolp/Pommern): Wiederherstellung der Schloßkirche, 1899. ZIELENZIG/Brandenburg: Wiederherstellung der Johanniterkirche, 1900. ✉ Bauernhäuser und Holzkirchen in Ostpreußen, B. 1911; Die Domkirche in Königsberg nach ihrer jüngsten Wiederherstellung, B. 1912; Führer durch das ostpreuß. Heimat-Mus., Königsberg 1913; Das schöne Ostpreußen, M. 1916; Stadt- und Landhäuser in Ostpreußen, M. 1918. ▭ Schleswig-Holstein. Biogr. Lex., III, Neumünster 1974; Altpreuß. Biogr. III, Marburg 1975. – Dt. Konkurrenzen 4:1895 (10); *G. Kloss/S. Seele*, Bismarck-Türme und Bismarck-Säulen, Petersberg 1997. G. Kloss

Dethlefsen, *Sønnike*, dän. Maler, 1686–1705 nachweisbar, lebte vermutl. in Tønder. V.a. handwerkl. Malerarbeiten; mit der Bemalung der Empore und des Gestühls der Kirche von Møgeltønder (1692–94) zeigte er sich jedoch als ein fähiger Figurenmaler. ⌂ FARETOFT/Südschleswig, Kirche. MØGELTØNDER, Kirche. TØNDER, Kristkirche. ▭ *Weilbach* II, 1994. U. Kjær

Dethloff, *Peter Hans*, US-amer. Maler, Wandmaler dt. Herkunft, * 8. 9. 1869 (oder 7. 8. 1869) Barnsdorf (Bärnsdorf?)/Deutschland, um 1940 in Los Angeles/Calif. ansässig. Stud.: bei William Gaethe und Christian von Schneidau; Californian Art Inst., Los Angeles. Ab ca. 1915 in Salt Lake City, 1920–40 in Los Angeles tätig. – Portr. ⌂ SALT LAKE CITY/Utah, St. Mary's Acad. Chapel: Decken-Gem., Fresko. ▭ WWAA, 1940/41; AAW II, 1981; *Moure*, 1984; *Falk*, 1985; *Hughes*, 1986; *K. Bott*, Dt. Künstler in Amerika – Amer. Künstler in Deutschland, Weimar 1996 († 1934). Ch. R.

Dethomas, *Maxime (Maxime Pierre)*, frz. Maler, Zeichner, Graphiker, Bühnenbildner, * 13. 10. 1867 Garges-les-Gonesse, † 21. 1. 1929 Paris. Stud.: ab 1887 Ec. des Arts décoratifs, Paris, bei Henri Gervex, Ferdinand Humbert und Léon Bonnat; ab 1891 bei Eugène Carrière. D. hatte Kontakte zu den Nabis und stellte mit ihnen 1895 in der Gal. Le Barc in Boutteville aus. Befreundet mit Degas und bes. mit Toulouse-Lautrec, der ihn in „Maxime Dethomas au bal de l'Opéra", 1896 (NG of Art, Washington/D. C.) porträtierte. D. arbeitete für versch. Zss. (z.B. La vie parisienne; La grande rev.) und fertigte Ill., u.a. zu *Les esquisses vénitiennes* von H. de Régnier, 1906; *Le trust* von P. Adam, 1910; *La plus belle hist. de monde* von R. Kipling, 1919; *Théâtre complet* von Molière, 1923; *Les mauvais bergers* von O. Mirbeau; *Œuvres complètes* von A. France, I, IX, XIII, 1925–27; *La nuit du bourreau de soi-même* von F. Mauriac, 1929. Teiln. an Ausst. in Lyon, Nantes, Mannheim (1906), Frankfurt (1908), Barcelona und Turin (1911), San Francisco (1915). Lehrte ab 1926 an der Pariser Ec. des Arts décoratifs. – In der Art von Toulouse-Lautrec, Jean Louis Forain und Théophile Alexandre Steinlen fertigte D. Zchngn (bes. Kohle), Pastelle, Aqu., Plakatentwürfe (z.B. für das Théâtre de l'Atelier de Lugné-Poé) und Druckgraphiken (Lith.) v.a. mit Pariser und ital. Sujets, auch Porträts. Neben Malerei und Graphik widmete sich D. bes. der Theaterdekoration und entwarf zahlr. Bühnenbilder, u.a. für: Théâtre des Arts (1910 von Jacques Rouché gegr.); Opéra (1913–27 war D. deren „chef des services artist."); Opéra-Comique; Théâtre du Châtelet; Théâtre-Franç.; Théâtre du Trianon lyrique. ⌂ ALBI, Mus. Toulouse-Lautrec: Toulouse-Lautrec, Zchng; Portr. à l'atelier, Kohle-Zchng, aquarelliert; Selbstporträt, Kohle-Zchng. BORDEAUX, MBA: La dame en noir, Gouache. MOSKAU, Puškin-MBK: Calomniateurs, Kohle, Pastell; Dame à côté d'un miroir, Pastell auf Karton. PARIS, Bibl. de l'Arsenal: Dekorations- und Kostüm-Entwürfe für „L'enfant et les sortilèges" von Maurice Ravel, 1927. – Mus. de l'Opéra. – Louvre, Cab. des Arts graphiques, fonds du Mus. d'Orsay (ehem. Mus. de Luxembourg): Le sollicité et le solliciteur, Kohle-Zchng. ⊙ *E:* Paris: 1900 Gal. des artistes mod.: Dessins de M. D.; 1903 Gal. Durand-Ruel: Croquis de Paris et croquis d'Italie de M. D.; 1905 Gal. de l'Art décoratif: Esquisses vénitiennes; 1908 Gal. Bernheim: Portr. d'hommes; 1928 Gal. Simonson: dessins et aqu. de M. D. – *G:* Paris: ab 1903 Salon d'Automne (Mitbegr.); ab 1912 Salon des Humoristes / ab 1904 Bordeaux, Salon des Amis des Arts en prov. / Brüssel, Salon de la Libre Esthétique. ▭ ThB9, 1913; Vol, 1953. ESp IV, 1957 (Verz. der Theaterdekorationen); *Osterwalder*, 1800–1914, 1989; *Fanelli/Godoli* I, 1990; *Bénézit* IV, 1999. – *G. Mouveau*, Art et décoration 1922 (Jan.) 19–26; *C. Roger-Marx*, Chantecler v. 2. 2. 1929; *Pinturicchio*, Le Carnet de la semaine v. 3. 2. 1929; IFF, Après1800 VI, 1953; *M. Milhou*, Du Moulin Rouge à l'Opéra. Vie et œuvre de M. D. (1867–1929), Bordeaux 1991; Toulouse-Lautrec et ses amis (K Mus. Toulouse-Lautrec), Albi 1992, 30–32. D. Lobstein

Dethuin, *Jean*, Bildhauer in Mons, Gehilfe des Bildhauers Jacques Dubroeucq († 1584) bei den Arbeiten für Stiftskirche Ste-Waudru. ▭ ThB9, 1913.

Dethurens, *Michelle*, schweiz. Keramikerin, * 1943 Genf, lebt in Carouge. Autodidaktin, sporad. Lehrgänge an der Ec. des Arts Décoratifs, Genf. Seit 1980 eig. Atelier in Carouge. – Gefäßkeramik und freie Arbeiten in Steinzeug, selten als Fayencen. Durch die Kombination versch. keram. Mat. und Oberflächenbehandlungen sind jeweils unterschiedl. taktile und skulpturale Qualitäten angesprochen. Dabei nutzt D. wahlweise Salzbrand oder Schmauchbrand, aber auch die rohe, z.T. polierte oder mit versch. Strukturen versehene Oberflächenwirkung. ⌂ CAROUGE, Mus. de Carouge. GENF, Mus. Ariana. ⊙ *G:* u.a. 1983, '84, '92 Spiez: Spiezer Keramik-Ausst. / 1991 Winterthur: 16. Keramik-Bienn. / 1993 Carouge, Mus. de Carouge: Concours Internat. de Céramique. ▭ WWCCA, 1996 (Ausst., Lit.). K. Schütter

Deti, *Kule*, alban. Baumeister, Steinbildhauer, * vor 1730 Vithkuq/Korça, † nach 1769. Erhielt um 1750 den Titel als Meister und Steinbildhauer an der Schule für angew. Künste bei S. Marco in Venedig. M. 18. Jh. beteiligt am Bau und der steinernen Dekoration einiger Kirchen in der Gegend um Korça und Kosturi (im heutigen Griechenland). 1759–64 einer der Hauptbaumeister der Klosterkirche Hll. Peter und Paul in Vithkuq (Korça; erh.) unter Ltg des alban. Architektes Gjikë Lena. ▭ *I. M. Qafëzezi*, Gazeta e Korçës v. 27. 5. 1936; *A. Papakozma*, Manastiri Shën Pjeter e Pavli në Vithkuq. Datimi, urbanistika, arkitektura, mjeshtrit e ndërtimit, Monumentet (Tiranë) 1983 (1) 84 s. Gj. Frashëri

Detigkofer, *Rudolf* → **Dettikofer,** *Rudolf*

Detilleux, *Guillaume*, belg. Maler, * 1886 Lüttich, † 1961. Mitgl. der Gruppen L'Escalier (1926) und L'Atelier (1934) in Lüttich. – Lsch. in Annäherung an den Expressionismus. ⊙ *G:* Lüttich, Cercle R. des BA. ▭ *Arto*, 1978; DPB I, 1995. K. S.-D.

Detilleux, *Jean-François*, belg. Bildhauer, Plastiker, * 1950 Wépion. Stud.: 1968–71 Inst. Supérieur d'Archit. Saint-Luc, Brüssel. – V.a. Skulpt. (Bronze, Marmor), daneben dreidimensionale Objekte (z.B. marouflierte Rahmen mit Schaum- und Harzwülsten), in denen D. plast. und maler. Gestaltung verbindet und dabei wesenhaft Dingwelt und Kunst hinterfragt. ⌂ BRÜSSEL, Comm. franç. ⊙ *E:* 1979 Auvernier, Gal. Numaga Auvernier / 1990 Brüssel, Gal. X+. ▭ DPB I, 1995. K. S.-D.

Detilleux, *Servais (Servais-Joseph)*, belg. Maler, * 10. 9. 1874 Heusy-les-Verviers, † 1940 Brüssel(?). Stud.: 1888 ABA Lüttich bei Emile Delpérée; 1891–96 und 1899–1900 ABA Brüssel bei Jan Frans Portaels und Charles van der Stappen. – Zunächst graph. Ill. für Zss. Wandte sich v.a. Portr. von Persönlichkeiten des öff. Lebens zu (z.B. die Maler *Brunin* und *Mayers*; die Generäle *Jungbluth* und *Leman*; *Léopold II*, 1912), daneben realist. Ansichten alter Stadtviertel, Lsch., Historienbilder, Genreszenen, Akte, z.T. durch Symbolismus und Postimpressionismus angeregt. ⌂ ROM, Mus. Vaticani: Überführung der Reliquien der Hl. Agnes. VERVIERS, MBA. ⊙ *G:* 1910 Brüssel: WA. ▭ ThB9, 1913; Vol, 1953. *Arto*, 1978; *Berko*, 1981; *Flippo*, 1981; DPB I, 1995. K. S.-D.

Detingof, *Karl Ivanovič* → **Detengof,** *Karl Ivanovič*

Detinov, *Sergej Agap'evič*, russ. Maler, Fachautor, * 5.(17.) 12. 1880 Moskau, † nach 1927. Stud.: 1902–13 FS für Malerei, Bildhauerei und Baukunst Moskau bei Valentin Aleksandrovič Serov (bis 1911; 1906–10 Ausst. [K]; 1913 Titel Künstler). – Bes. Lsch. (u.a. *Gorod. Motiv XVII veka*, Öl, 1906; *Večer*, Pastell, 1907; *Kust del'finiuma*, Öl, 1909), auch Stilleben (*Floksy*, Öl, 1907), Interieurs (u.a. *Freski Spas-Neredicy*, Tempera, 1927). ✉ Vserossijskij s''ezd zodčich, Starye gody 1914 (Febr.); Monastyrskie i cerkovnye archivy kak istočniki russkogo isk., Chudožestvennaja žizn' 1915 (4–5). ⊙ *G:* u.a. 1907 St. Petersburg: Genossenschaft der Unabhängigen / 1927 Moskau: 1. Gem.-Ausst. der Repin-Künstler-Ges. (alle K). ▭ ChudSSSR III, 1976. – VSII Sprav. I, 1965; V. Serov v perepiske, dokumentach i interv'ju, II, Le. 1989. V. Kulakov

Detius, *Hieronimus* → **Decio,** *Hieronimus*

De Tivoli, *Serafino*, ital. Maler, * März 1826 Livorno, † 1. 11. 1892 Florenz. Kam 1838 mit der Fam. nach Florenz. Dort zus. mit dem Bruder *Felice D.* (* 15. 3. 1827 Livorno) im Atelier des österr.-ungar. Malers Károly Markó d.Ä., von dem er in die Lsch.-Malerei eingeführt wird. 1848/49 als Freiwilliger an der Verteidigung Roms durch Garibaldi beteiligt. Lernt dabei Nino Costa, Eleuterio Pagliano und Domenico Induno kennen. Hinwendung zur mod. frz. Lsch., zunächst vermittelt durch die in der Trad. von Pierre Henry de Valenciennes, Achille Etna Michallon und Camille Corot stehenden Künstler der frz. Akad. in der Villa Medici in Rom. Zurück in Florenz, gehört D. zum Kreis des legendären Caffè Michelangelo, in dem u.a. auch Telemaco Signorini, Vito D'Ancona und das Haupt der Gruppe, Angiolo Tricca, verkehren. Stellt 1850 erstmals in der Soc. Promotrice in Florenz einige Gem. zu Themen des Risorgimento aus (*Veduta della Villa Corsini*; *Veduta di S. Pietro in Montorio dopo l'assedio dei francesci*). Gleichzeitig zeigt D. einige röm. Lsch., die von der Kritik für ihre „Anmut der Farbe" gelobt werden (L'Arte 1851). Werke D.s dieser frühen Jahre sind kaum erhalten. 1852 folgen weitere Lsch., die bereits im Freien in der röm. Campagna und in der Gegend um Casentino entstanden waren. D. avanciert zum geistigen Führer der Macchiaioli-Bewegung (lt. Telemaco Signorini „chiamato il papà della macchia"), deren künstler. Ziel eine aus Flecken („macchie") aufgebaute, freie, Ton-in-Ton gehaltene und vor der Natur geschaffene Lsch.-Malerei war. 1854 Freundschaft mit Odoardo Borrani. Mit diesem und mit den Malern Telemaco Signorini, Károly Markó d. J., András Markó, Francesco Saverio Raffaele Altamura, Nicola La Volpe, Lorenzo Gelati, Carlo Ademollo und wahrsch. auch Curio Nuti malt D. regelmäßig in der Lsch. um Siena bei Staggia. 1855 zus. mit Altamura Reise nach Paris zur WA. Dort Begegnung mit der Malerei von Barbizon, bes. den Werken von Constantin Troyon, Théodore Rousseau, Alexandre-Gabriel Decamps und Rosa Bonheur, welche D. bereits durch seinen Bruder Felice, Giuseppe Palizzi und Enrico Gamba bek. gewesen waren. In Paris auch Bekanntschaft mit Domenico Morelli. 1864–73 mit dem Bruder Felice in London, anschl. bis 1890 wieder in Paris, jedoch immer in Kontakt zum Florentiner Künstlerkreis der Macchiaioli. 1879 Ehren-Mitgl. der ABA Florenz. D.s Malerei wurde, beeinflußt durch den frz. Impressionismus, im Laufe der Jahre immer flüssiger, lichterfüllter und verkürzter im Pinselstrich, das dargestellte Motiv trat gegenüber dem vehementen, skizzenhaften Farbauftrag immer mehr in den Hintergrund. Im Febr. 1892 erkrankte er schwer und verbrachte die letzten Monate seines Lebens ausschl. im israelit. Krankenhaus von Florenz. ⌂ FLORENZ, GAM di Pal. Pitti: Una pastura, 1859. GENUA, Mus. dell'Accad. Ligustica di BA: L'Innocenza, 1866. LIVORNO, MCiv. G. Fattori: Paesaggio. MAILAND, GAM: La lettera alla mamma, um 1864. ROM, Gall. Naz. d'Arte Mod.: Paesaggio, 1855/59. TURIN, Civ. GAM: Pascolo, 1860. ◎ *G:* 1866 Genua, Soc. Promotrice / London: 1866 British Inst.; 1867, '68, '69 RA. ▭ ThB33, 1939 (s.v. Tivoli, Serafino De; Lit.). *Galetti/Camesasca* I, 1951; *Comanducci* II, 1971; *Luciani*, 1974; CatBolaffiOtt XII, 1983; DEB XI, 1976 (s.v. Tivoli, Serafino de); DBI XXXI, 1985 (Lit.); Ottocento. Cat. dell'arte ital. XVII, Mi. 1988; *Billcliffe* I, 1990; PittItalOttoc II, 1991 (Lit.); *Bénézit* XIII, 1999 (s.v. Tivoli, Serafino de). – L'Arte v. 28. 6. 1851; *A. Cecioni*, Scritti e ricordi, Fi. 1905, 296–301; *N. Costa*, Quel che vidi e quel che intesi, Mi. 1927, 139 s.; *P. Bargellini*, Caffè Michelangiolo, Fi. 1944, 170 s., 176, 222–227; *L. Vitali* (Ed.), Lett. dei Macchiaioli, T. 1953, 249–252; *R. De Grada*, I Macchiaioli, Mi. 1967, 92; *J. Bouret*, L'Ec. de Barbizon et le paysage franç. au XIXe s., Neuchâtel 1972, 251; *Caramel/Pirovano* I, 1975; *P. Dini* (Ed.), Lett. inedite dei Macchiaioli, Fi. 1975, 183–192; *Monteverdi*, Storia I, III, 1975; Toskan. Impressionen (K BSGS), M. 1975; *P. Dini/S. Pinto* (Ed.), I Macchiaioli (K), Fi. 1976, 333 s.; *B. Paolozzi Strozzi*, Antichità viva 16:1977 (1) 48–51; *F. Bellonzi*, Archit., pitt., scult. dal Neoclassicismo al Liberty, R. 1978, 99, 110, 116, 694; *A. Marabottini/V. Quercioli* (Ed.), Diego Martelli. Corrispondenza inedita, R. 1978; *D. Durbè/G. Matteucci* (Ed.), 30 Macchiaioli inediti o mai più visti da tempo e 7 celebri dipinti di nuovo proposti (K), R. 1980, 96 s.; The Macchiaioli. Masters of realism in Tuscany (K Manchester City AG/Edinburgh City AC), R. 1982, 109; I Macchiaioli nelle coll. pistoiesi e le evidenze cult. dell'epoca (K), Pistoia 1983, 18 s., 21, 34; Il Mus. dell'Accad. Ligustica di BA. La Pin. (K), Ge. 1983; *E. Spaletti*, Gli anni del Caffè Michelangelo, R. 1985, 81–85, 109–113, 172 s., 231 s.; *P. Dini* (Ed.), Dal Caffè Michelangiolo al Caffè Nouvelle Athènes (K), T. 1986, 22, 25, 58, 92; The Macchiaioli. Painters of Ital. life 1850–1900 (K), L. A. 1986, 75, 108; Il valore dei dipinti dell'Ottocento 4:1986/87; *K. Lankheit*, Von der napoleon. Epoche zum Risorgimento. Studien zur ital. Kunst des 19. Jh., M. 1988, 161, 167, 169, 154; Il secondo '800 ital. (K Pal. Reale), Mi. 1988; *V. B. Mann* (Ed.), Gardens and ghettos (K The Jewish Mus. New York), Berkeley u.a. 1989, Nr 254, 283 s.; *D. Tiscione* (Ed.) Gli Italiani a Parigi. 70 testimonianze pittoriche di 40 artisti ital. (K Gall. La Navicella), Savona 1989, 77–79; *A. Boime*, The art of the Macchia and the Risorgimento, Chicago/Lo. 1993; *R. M. Olson*, Ottocento. Romanticism and revolution in 19th-c. Ital. paint. (K), N. Y./Fi. 1993, 182, Nr 182; Treasures untraced. An inv. of the Ital. art treasures lost during the Second World War, R. 1995, Nr 554 s.

A. St.

Detjen, *Jona (Marga Charlotte*; geb. Wessels), dt. Holzbildhauerin, Malerin, * 17. 2. 1906 Oldenburg, † 30. 11. 1992 ebd. 1921–1924 Lehre als Holzbildhauerin. Stud.: 1921 Abendschule am Werkhaus in Oldenburg; 1924 KGS Hannover; in den 20er und 30er Jahren Schülerin der Oldenburger Maler Hugo Zieger, Wilhelm Kempin, Gerhard Bakenhus, 1946–50 von Heinz Liers. – V.a. Aqu. und Zchngn, die sie nur gelegentl. in Ausst. präsentierte. ◎ *E:* 1978 Oldenburg, Gal. der Nordwest-Ztg. ▭ *Wietek*, 1986. – Oldenburg, Kulturgeschichtl. Arch. der Oldenburg. Lsch. – Mitt. StA Oldenburg (Todesdatum).

J. M. Henneberg

Detjens, *Johann Christopher*, dt. Goldschmied in Hamburg, 1746–83 erwähnt. 1746–53 Lehre beim Goldschmied Johann Gerhard von Holten. 1775 Bürgerrecht und Meister. MZ: ICD. ⌂ HAMBURG, Mus. für Hamburg. Gesch.: ein Paar Zuckerstreuer. ▭ *Scheffler*, Goldschm. Niedersachsen I, 1965, Nr 520 (weitere Werke).

J. T.

Detjens, *Johann Nicolaus*, dt. Goldschmied, * 3. 3. 1778 Stade, † 11. 7. 1841 Bremervörde. 1794–1800 Lehre beim Goldschmied Jacob Suhr in Stade. 1806 ⚭ der Witwe des Goldschmieds Ernst Wilhelm Meyer. Danach in Bremervörde tätig. 🏛 STADE, HM: 5 Knöpfe, Zuschr. 🕮 *Scheffler*, Goldschm. Niedersachsen I, 1965, Nr 5. J. T.

Detke, *Wiktor*, poln. Maler, * 1899 Dąbrowa Górnicza, † 1. 8. 1944 (von dt. Truppen erschossen) Warschau. Stud.: ab ca. 1920 Freie Mal- und Zeichenschule Ludwika Mehofferowa in Krakau. Dort eng befreundet mit Hanna Krzetuska und Kazimierz Chmurski, mit denen er im Herbst 1924 zu weiteren Stud. nach Paris aufbrach. Ca. 1927/28 leitete D. ein Atelier für Malerei der Lubliner Filiale der Mehoffer-Schule. Verh. mit der Schauspielerin Helena Gruszecka. Mitgl.: 1930 Künstlergilde Jednoróg (Einhorn; zahlr. Ausst.); Grupa Dziesięciu (Die Zehn), Krakau; Związek Zawodowy Polskich Artystów Plastyków (Berufs-Verb. Poln. Künstler). 1932 einjähriger Aufenthalt mit der Ehefrau in Persien. Danach in Warschau ansässig. – Seit der Kindheit mit dem Becken von Dąbrowa verbunden, interessierte er sich bes. für die Industrielandschaft; ferner Portr., Stilleben sowie Genreszenen in Öl und Aquarell. In Persien malte er Lsch. und Genrebilder, außerdem Szenen nach den Fresken im Pal. Ali-Kapu in Isfahan. 🏛 BĘDZIN, Muz. Zagłębia: Sitzende Frau, Aqu., Tusche, sign. 1932. WARSCHAU, MN: Bankowa-Hütte; Dąbrowa Górnicza; Hochöfen, alles Öl. ◉ *E:* 1934 Warschau, Salon Garliński: Persien in Bildern. 🕮 SłArtPolsk II, 1975. – J. M., Kurier Czerwony v. 4. 1. 1932; *Wojciechowski* II, 1974 (auch Dettke); Polska bibliogr. sztuki 1801–1944, I. 1, Wr. 1975. H. Bartnicka-Górska

Detl, *Franz Anton* → **Tadl,** *Anton*

Detl, *Sylvester*, österr. Kupferstecher in Graz, 17. Jh. Stach eine Ansicht von Schloß Seckau/Stmk. 🕮 ThB9, 1913. ÖKL V, 1979. D. T.

Detlavs, *Eduards*, lett. Keramiker, * 13. 5. 1919 Jaundzedonas, Gemeinde Jaunlaicene/Kr. Valka, † 11. 2. 1992 Riga. Stud.: 1946–49 KGS Kuldīga bei Jēkabs Bīne; 1949–53 KA Lettlands, Riga bei Georgs Kruglovs. Arbeitete 1952–64 im Kombinat „Māksla", 1955–57 als Leiter der Keramik-Wkst.; 1964–77 in der Keramikfabrik des Lett. Kunstfonds; 1977 Gründer und bis 1982 Leiter des Keramikstudios „Logs" beim Kunstfonds (alles Riga), das einen starken Einfluß auf die Entwicklung der zeitgen. balt. Keramik ausübte. – Arbeitete ausschl. in Schamotte. D.s Hauptinteresse galt, bedingt durch seine Zugehörigkeit zu der in der UdSSR verbotenen nat.-religiösen Bewegung Dievturi (Götterhalter), der lett. Ethnogr. und Archäologie (Geschirrsets *Senatne*/Altertum, 1968; *Atmiņas par senatni*, 1980). Schuf auch programmat. Blumenvasen (*Baltā grupa*/Weiße Gruppe, 1980), zahlr. Gruppen von Gartenkeramik (*Pilskalns*, 1981), stilisierte Naturformen (*Pūpēži*, 1977) sowie abstrakte und dekorative Komp. (*Dekoratīva grupa*, 1980). 🏛 RIGA, Dekoratīvi lietišķās MM. – Lett. Kunstfonds. SIGULDA, Keramikas Dārzs. ◉ *E:* 1971 (mit Vitālijs Kalva), '72 (mit Eižens Ausiņš, N. Siliņš), '80 Riga (alle K). – *G:* seit 1954 in Lettland, Moskau, im Ausland. 🕮 ChudSSSR III, 1976 (Lit.); MAB I, 1995. – *E. Dundsdorfs* (Red.), ARCHIVS, Mb. 1976; VSII Sprav. V, 1981. J. Kukulis-Baltinavietis

Detleffesz., *Hans*, Goldschmied, 1599 im Amtsbuch der Rigaer Goldschmiede erwähnt als Autor zweier vergoldeter Becher (nicht erh.). 🕮 ThB9, 1913. – *A. Buchholz*, Goldschmiedearbeiten in Livland, Esthland und Kurland, Lübeck 1892; *V. Vilīte*, Goldschmiede Lettlands. Verz. der MZ und Werke, Rīga 1993, Nr 91. V. Vilīte

Detleffs, *Andreas* cf. **Detleffs,** *Hinrich*

Detleffs, *Hinrich*, dt. Goldschmied, * 10. 1. 1654 Wilster, † 2. 1. 1705 Meldorf. ⚭ 1681; 1687 Bürger in Meldorf. Der Sohn *Andreas D.* (* 1686) ist ebenfalls Goldschmied. 🏛 MELDORF, LM: 2 Krankenflaschen, 1692/93, 1694/95. 🕮 *H. Stierling*, Goldschmiedezeichen von Altona bis Tondern, Neumünster 1978, 263. J. T.

Detlefs (Dethleffs), *Johan (Hans)*, Bildhauer in Schleswig-Holstein. Erhielt 1652 eine Zahlung für „Bilder und Gesichter", die er für die Kunstkammer des Schlosses Gottorp schuf. 1689 in Flensburg nachw., wo er den dt.-dän. Bildhauer Hans Buchholtz traf. 🕮 ThB9, 1913. – Die BKD der Prov. SH, II, Kiel 1888, 356; III, Kiel 1889, 10. G. Bremer

Detlefsen, *Dietrich*, dt. Goldschmied in Eckernförde, 1877–97 erwähnt. – Mehrere Tee- und Eßlöffel (1885–94) in Priv.-Bes. 🕮 *B. Zeitzschel*, Die Gold- und Silberschmiede im östl. SH, Neumünster 1998. J. T.

Detlefsen, *Hans*, dt. Gebrauchsgraphiker, Briefmarkengestalter, * 2. 6. 1923 Tilsit/Ostpreußen (heute Sovetsk), † 3. 6. 1992 Chemnitz. ⚭ Linde D. 1937–40 Lehre als Maler. 1941 Soldat. Stud.: 1947/48 an der Meisterschule für das gestaltende Handwerk Weimar. 1948/54 tätig als Plakatmaler, anschl. bis 1960 Werbe- und Atelierleiter bei der DEWAG Karl-Marx-Stadt (Chemnitz), seither freischaffend. 1961 Gründung einer Design-Arbeitsgruppe mit Manfred Gottschall und Joachim Rieß, die sich auf die Gest. von Briefmarken, Signets, Drucksachen, Plakaten und Ausst. konzentriert (zus. mehr als 400 Entwürfe für Briefmarken, von denen die meisten als Wertzeichen erschienen). – Von D. wurden mehr als 130 Briefmarken herausgegeben, z.B. die Ser. *Internat. Jahr der Menschenrechte* (1968), *Fernsehturm Berlin* (Block; 1969 Ausz. Goldene Briefmarke), *Musikinstrumenten-Mus. Leipzig* (1980) sowie die Ser. zur dt. Währungsunion mit 9 Städtemotiven (1990). ◉ *G:* 1982–83 Dresden: 9. Kunst-Ausst. der DDR (K) / 1997 Wasserschloß Klaffenbach: Postgrafik aus Chemnitz (auch Linde D.) 🕮 Sonntag (B.) 1970 (35) 9–11; Sammler-Express 28:1974 (19) 440 u.a.; BK 33:1985 (9) 406–408. – Mitt. Linde D., Chemnitz. V. F.

Detlefsen, *Hans Eli*, dän. Gold- und Silberschmied, * 1820, † 1884 Sønderborg. 1860 Bürgerrechte ebd. Schwiegersohn von Reimer Diedrich Dethlefsen. – Bek. sind ein Riechdöschen sowie versch. Besteckteile. 🏛 SØNDERBORG, Schloß. 🕮 *Bøje* III, 1982. W. B.

Detlefsen, *Lasse*, dän. Maler, Graphiker, * 4. 12. 1948 Frederiksberg/Kopenhagen. Autodidakt. D.s Werke der 60er Jahre sind surrealist. orientiert mit Schwerpunkt auf die menschl. Figur in mehr oder minder unwirklicher Umgebung. In den 70er/80er Jahren dominieren realist. Alltagsfiguren in kontrastvoller Umgebung von perfektionistisch ausgeführten architekton. Modulen. Die visionäre Außenwelt wird vorwiegend abstrakt mit Primärfarben dargestellt, um den Abstand zw. Mensch und Umgebung zu zeigen. In einer Serie Portr., z.B. *Ena*, 1985, nähern sich Raum und Figur, indem eine abstrakte, raumschaffende Bandschlinge in fast phosphoreszierender Farbe vor einer schwarzen Bildfläche schwebt, die durch einen weißen Schnitt eine realist. Ansicht freigibt. Später dominiert die reine Abstraktion als fließender Strom von kleinen, farbigen Strichen auf einer total schwarzen Bildfläche. ⌂ KOPENHAGEN, Tårnby, Kommune, Bibl. – Gentofte, Kunst-Bibl. – Gladsaxe, Bibl. MARIBO, Storstrøms Amts KM. – *Dekorationen*: ANDEBØLLE, Jugendschule. KOPENHAGEN, Tårnbyparken. ◉ *E:* Kopenhagen: 1969-83 mehrfach Gal. Passepartout; 1986-87, '89 Gal. Knabro / 1984 Maribo, Storstrøms Amts KM. ▭ *Weilbach* II, 1994. V. Rasmussen

Detlefsen, *Linde*, dt. Graphikerin, Gebrauchsgraphikerin, Buchillustratorin, Graphikdesignerin, * 26. 1. 1944 Flöha, lebt in Chemnitz. ⚭ Hans D. 1962–64 Lehre als Plakat- und Schriftenmaler. Stud.: 1964–67 FS für angew. Kunst Berlin-Schöneweide. 1967–70 Mitarb. am Zentral-Inst. für Gest. Berlin. 1968–71 Stud. FS für Werbung und Gest. Berlin (Abschluß Gebrauchsgraphiker); 1970–85 ebd. Fachschullehrerin (Fach Entwurf). Daneben 1976–78 Stud. HGB Leipzig (HS-Dipl.) und 1980–81 TH Karl-Marx-Stadt (Chemnitz) FS-Pädadogik. Seit 1985 freischaffend als Graphikerin tätig. 1993 Ausz. Frankfurter Buchmesse für Lehrbuch *Musikus 1/2*, Verlag Volk und Wissen. Ca. 200 realisierte Arbeiten für Kinder: u.a. Lehr-, Bilder-, Malbücher, Plakate, Spiele, Kalender, Bastelbogen, Karten, Ill. in Kinder-Zss. bis hin zu kompletten Kommunikationssystemen in Kindergärten. Ill. zu Kinderbüchern, u.a. Paula Dehmel, *Kinderküche* (B. 1977, [7]1987) und Benno Pludra, *Es war ein Ei* (B. 1980). Außerdem Graphik-Design für kult. Einrichtungen und die Wirtschaft (Signets, Plakate, Drucksachen etc.). ◉ *G:* ca. 30, u.a. Berlin: 1980 Beste Plakate; 1983 DDR-Zentrum für Kinder-Lit. (Wander-Ausst.) / 1982–83 Dresden: 9. Kunst-Ausst. der DDR (K) / 1998 Chemnitz, Neue Sächs. Gal.: Sächs. Poster und Plakate. ▭ Bibliogr. Ill. Bücher der DDR, D. 1974 ss.; *H. Rademacher*, Gebrauchsgraphik in der DDR, D. 1975. – Mitt. D. V. F.

Detler (Dettler), *Franz (Franz D.)*, österr. Medailleur, * 1785 Wien, † nach 1835. Stud.: ABK Wien, Graveurschule. 1814–17 Korrektor, 1815 Mitgl. der ABK und Reichelpreis; 1822/23 Rom-Stip. 1811–17 selbständiger Graveur, dessen Arbeiten auch in der Möbel- und Uhren-Herstellung verwendet wurden. Med. sind von D. nur aus der Zeit zw. 1813 und 1816 bekannt. Er schuf 1814 zus. mit Leopold Heuberger zahlr. Portr.-Med. auf Teilnehmer am Wiener Kongreß u.a. Zeitgen., die von der Feilschen Fabrik in Wien als einseitige Hohlpressungen in Messing, später auch als Eisengüsse wahrsch. von der Eisenkunstgießerei des Grafen Rudolf Wrbna in Horovice ausgef. wurden. Aus den 20er Jahren sind mehrere mit „Detler" sign. Taufpfennige als Silberhohlprägungen mit Filigranrahmen erhalten. D.s Arbeiten sind wenig subtil und kaum eigenständig. Seine besseren Arbeiten entstanden nach fremden Entwürfen. Von seinen Portr.-Pressungen bzw. Eisengüssen zu erw. sind *König Max Josef von Bayern; Königin Luise von Preußen; Rudolf Graf Wrbna.* ⌂ WIEN, Kunsthist. Mus.: Rückkehr des Papstes nach Rom, nach Heinrich Füger, 1814; Wiederherstellung des Königreichs Neapel, 1815; Preis-Med. anläßl. der Stiftung des Joanneums in Graz, 1815; Hochzeit Kaiser Franz I. mit Karolina Augusta, nach Heinrich Füger, 1816. ▭ ThB9, 1913. ÖKL V, 1979. – *F. Batári*, Múz. Evkönyve 6:1963, 23 ss.; Der Wiener Kongreß (K), W. 1965; *W. Wagner*, Gesch. der ABK, W. 1967; *W. Cerny*, Mitgl. der Wiener Akad., W. 1978; *Kreisel* III, 1983; *H. Ottomeyer/P. Pröschel*, Vergoldete Bronzen, M. 1986; *F. Kaltenböck* (Mitarb.), Die Wiener Uhr, M. 1988. K. Schulz

Detler, *Josef* cf. **Detter,** *Joseph*

Detlof, *Karl Friedrich* → **Dettloff,** *Karl Eduard*

Detloff, *Karl Friedrich* → **Dettloff,** *Karl Eduard*

Detloff (Dedtlof; Dietloff; Ditloff; Tetlof), *Paul*, Goldschmied in Toruń (Thorn), * um 1638, † um 1691. Abstammung unbekannt, viell. verwandt mit der Goldschmiede-Fam. D. in Gdańsk (16./17. Jh.). 1650–55 Lehre in der Wkst. von Jakub Sax. Nach der Gesellenwanderung erhielt er 1661 die Erlaubnis der Thorner Zunft, in der Wkst. seines ehemaligen Meisters zu arbeiten (sog. Mutjar) als Voraussetzung für die Zulassung zur Meisterprüfung (1662 bestanden). 1662 Bürgerrecht. Lehrlinge: ab 1663 Georg Jötzke, Georg Habenstreit (1652 freigesprochen), D.s Sohn *Peter Bogumil D.* (1684 freigesprochen). MZ: „PD" im quadrat. Feld. – D. war ein char. Vertreter des Thorner Barocks. Die Erzeugnisse zeichnen sich durch gut ausgewogene Proportionen, einwandfreie ornamentale Dekoration sowie durch eine gewisse Leichtigkeit und durchbrochene Gest. aus, die bei preuß. Erzeugnissen selten anzutreffen sind. Bes. Kirchengerät, u.a. Monstranzen (Kirchen in Gozdów, Byczyna und Połajewo), Kelche (Pakość, Golub, Górka Klasztorna, Nieszawa, Puck, Sierpc, Wielka Łąka), Dosen (Chełmno, Nowa Wieś Królewska), Pacificale (Byszewo), Weihrauchbehälter (Kruszwica, Nieszawa, Pelplin), ewige Lampen (Służewo, Toruń). ⌂ POZNAŃ, MN: Leuchter. TORUŃ, Johanneskirche: 2 Kelche; Altarkreuz; Beschlag für ein Muttergottesbild mit Jesusknaben. WARSCHAU, MN: Leuchter. ▭ Słownik biogr. Pomorza Nadwiślańskiego, I, Gdańsk 1992 (Art. D., Paweł; Detloffowie). – *Lepszy*, 1933; *J. Samek*, Polskie rzemiosło artystyczne, czasy nowożytne, War. 1984; *M. Woźniak*, Sztuka złotników toruńskich okresu manieryzmu i baroku, War./Poznań/Toruń 1987, 68; *T. Chrzanowski/M. Kornecki*, Złotnictwo toruńskie. Stud. o wyrobach cechu toruńskiego od wieku XIV do 1832 roku, War. 1988, 66 s. – Toruń, Arch. Państwowe, Cech złotników: sygn. 4, 5, 6; Kat. II I 97, s. 60. J. Tandecki

Detloff, *Peter Bogumil* cf. **Detloff,** *Paul*

Detlov, *F.* → **Djatlov,** *F.*

Detlov, *Karl* cf. **Denysenkov,** *Ovksentij Ivanovyč*

Detmar, *Lionel Gordon*, brit. Architekt, * 1. 7. 1879 Sutton/Surrey, † 9. 4. 1910 (Pferdesturz) Epsom/Surrey, tätig in Sutton/Surrey. Neffe und ab 1896 Schüler von Walter Hilton Nash, danach Mitarb. von John A. Belcher, 1900–01 von Leonard Aloysius Scott Stokes und James Glen Sivewright Gibson; gleichzeitig besucht D. die RA Schools in London. Bis 1905 Partner von Nash. Sein erster eigenständiger Bau ist 1908 der French Applied Art Pal. in London. Zus. mit dem neuen Partner Theodore Gregg voll. er dort 1910 die Eis- bzw. Rollschuhbahn in Maida Vale. Für die London & Midland Banks errichtet er versch. Filialen, z.B. in Putney, Notting Hill und Willesden. Viele Jahre beschäftigt sich D. mit dieser Bauaufgabe und arbeitet bis zum Tod an der Publ. „The designs of banks, English and foreign". Weiterhin entstehen versch. Landhäuser. – 1901 Associate des RIBA, 1902 Gewinn des Reise-Stip. der Architectural Association. ⌂ BENHILTON/Surrey, All Saints: Chorschranken. ◎ *G:* 1904–06 London, RA. ▭ ThB9, 1913. *Johnson/Greutzner*, 1976; RoyalAcadExhib II, 1977; *Gray*, 1985; *M. Beasley*, Five c. of artists in Sutton, Sutton 1989; *Brown/Haward/Kindred*, 1991; DBA, 1993. – Builder v. 9. 5. 1908, 531 s.; 98:1910, 444 (Nekr.); RIBAJ 17:1910, 492 (Nekr.). S. H.

Detmer, *Clawes* → **Ditmer,** *Clawes*

Detmers, *Julius*, dt. Maler, † 1896 oder 1897 Berlin. 1846 und zw. 1856 und 1878 auf den Ausst. der Berliner Akad. vertreten. Boetticher (1891) nennt zwei von Wilhelm Witthöft nach D. gestochene Blätter. Gut dok. ist D.s Mitarb. ab 1863 an dem (in Fotogr. überlieferten) Zyklus Wilhelm von Kaulbachs im Treppenhaus des Neuen Mus. Berlin. Kaulbach bescheinigte ihm bald „mehr farben sinn und mehr verständniß der formen" als seinen bisherigen Mitarbeitern. D. war am „Reformationsbild" und an den Nebenbildern „Italia", „Germania" und „Friedrich der Große" beteiligt. Die Nebenbilder übertrug er weitgehend selbständig auf die Mauer und führte weiterhin Teile der ornamentalen Partien in Grisaille aus. D.s Ehefrau wird im Berliner Adreßbuch 1897 als Witwe genannt. ▭ ThB9, 1913. *Boetticher* I. 1, 1891 (Repr. 1948). – *Börsch-Supan*, 1971; *Börsch-Supan*, Malerei, 1988; *A. Menke-Schwinghammer*, Welt-Gesch. als „Nationalepos". Wilhelm von Kaulbachs kulturhistor. Zyklus im Treppenhaus des Neuen Mus. in Berlin, B. 1994, 21 s. G. Seelig

Detmers, *William Raymond*, US-amer. Graphiker, Autor, * 20. 6. 1942 Pontiac/Mich., lebt in Pine Bluff/Ark. Stud.: bis 1968 Miami Univ., Oxford/Ohio; 1970 Univ., Cincinnati/Ohio. Lehrt seit 1988 am Culver-Stockton College in Canton/Mo. – Lith., Intaglio. ◎ *E:* u.a. 1991 Canton, Culver-Stockton College, Mabee Found. Gall. / 1992 Keokuk (Iowa), AC. ▭ WWAA, 1980–1997/98 (Werke, Ausst.). C. R.

Detmold, *Edward Julius*, brit. Illustrator, Graphiker, Maler, * 21. 11. 1883 Putney (London), † 1. 7. 1957 (Suizid) Montgomery/Powys. Sohn des Elektro-Ing. Edward D.; evtl. verwandt mit Henry Edward D. Künstler. Entwicklung und Tätigkeit eng verknüpft mit seinem Zwillingsbruder *Maurice (Charles Maurice) D.* (* 21. 11. 1883 Putney, † 9. 4. 1908 [Suizid] Hampstead/London); gelegentl. gemeinsames Arbeiten am gleichen Bild. Bereits als Kinder von den Naturalien und den jap. Farb-Hschn. in der Slg ihres Onkels, Dr. E. B. Shuldham, beeindruckt, zeichnen sie auch Tiere im Londoner Zoo. Künstler. frühreif, stellen beide (erst 13jährig) 1897 in der RA und im R. Inst. of Painters in Water Colours aus. Auf den Rat von Edward Burne-Jones hin besuchen sie keine Kunstschule und bilden sich autodidakt. weiter. Kauf einer Druckpresse. 1897 erste Rad., 1898 Publ. eines Rad.-Portfolios von Tieren. 1899 veröff. J. M. Dent die Zchng-Ser. *Pictures from Birdland.* Ab 1899 auch Farb-Hschn. 1903 entstehen 16 Ill. zum *Jungle Book* von Rudyard Kipling (Buch-Publ. Lo. 1908, erneut 1916). Am 12. 1. 1905 werden beide Associates der R. Soc. of Painter-Etchers and Engravers, treten aber bereits im Nov. 1905 wieder aus. Die Zwillinge verbringen einen Teil jeden Jahres in Ditchling (lt. Waters in Steyning, beide in Sussex). An ihren Aqu., Rad. und Aquatinten naturkundl. Sujets ist v.a. das fein gezeichnete Gefieder und Blattwerk hervorzuheben. 1912 liefert D. Beitr. für die Ill. London News. Ab 1923 entstehen versch. Genre-Rad. mit ind. und arab. Motiven (z.T. in größerem Format). In den frühen 20er Jahren läßt er sich in Montgomery in Wales nieder und zieht sich in den 30er Jahren von der Ges. zurück. Zahlr. Buch-Ill., u.a.: *The Fables of Aesop*, 1909; *Life of the Bee* von M. Maeterlinck, 1911; *The Book of Baby Dogs* von Charles J. Kaberry, 1915; *Fabre's Book of Insects* von Joan H. C. Fabre, 1921; *Rainbow Houses for Boys and Girls* von Arthur V. Hall, 1923; *Tales from the Thousand and One Nights*, 1924. Daneben 1911–15 Ill.-Beitr. zu Büchern von Florence E. Dugdale. – Neben den bereits in der Jugend entscheidenden Einflüssen von jap. Hschn. und von Albrecht Dürer zeigt sich bei D. auch die Wirkung des Art nouveau. Er verbindet detaillierte Naturtreue mit Stilisierung. Vielfach bettet er seine Sujets in eine phantast. Lsch. oder Archit. ein. ⌂ CAMBRIDGE, Fitzwilliam Mus. GLASGOW, Hunterian AG. LONDON, BM. – V & A. ✉ Life, Lo.(?) 1921. ◎ *E:* 1900 London, FA Soc. (mit Maurice D.). – *G:* 1897–1935, u.a. London: 1897, 1905, '06, '15, '29 RA (Maurice D.: 1897, '99, 1904–06); 1899 New English Art Club (beide D.) / 1901, '03 (M. D.: 1901–03, '05) Glasgow, GI. ▭ ThB9, 1913 (s.v. D., Charles Maurice und E. J.); Vol, 1953. DNB, 2. Suppl. I, 1912 (s.v. D., Charles Maurice); *Johnson* II, 1975 (v.e. D., Maurice); *Waters* I, 1975 (s.v. D., Edward Julian; v.e. D., Charles Maurice); *Johnson/Greutzner*, 1976; RoyalAcadExhib II, 1977 (v.e. D., C. M., und D., Maurice); *Houfe*, 1981 (v.e. D., Charles Maurice); *Peppin/Micklethwaith*, 1983 (zu Charles Maurice and E. J. D.); *Billcliffe* I, 1990 (v.e. D., C. Maurice); *Spalding*, 1991; Brit. printmakers 1855–1955, Devizes 1992; *Osterwalder*, 1890–1945, 1992; *A. Windsor* (Ed.), Hb. of mod. Brit. paint. 1900–1980, Aldershot 1992 (v.e. D., Charles Maurice). – *D. Larkin* (Ed.), The fantastic creatures of E. J. D., Einf. v. *K. Nicholson*, Lo. 1976; *N. Alfrey/R. Verdi*, Charles Maurice (1883–1908) and E. J. (1883–1957) D. (K Heslington Hall, Univ. of York u.a.), York 1983; *M. Clarke*, BurlMag 126:1984 (971) 110–113 (Rez.); *E. Harvey-Lee*, Antique collecting 25:1991 (Febr.) 25–30. G. B.

Detmold, *Henry Edward*, brit. Maler, * 1854 Thames Ditton/Surrey, † 1924. Entgegen Wood (1978) nicht der Vater von Edward Julius und Maurice D., evtl. aber mit ihnen verwandt. Stud. in Düsseldorf, Brüssel, München, schließl. bei Carolus-Duran in Paris. Lebt 1879–80 in Tunbridge Wells/Kent, 1882 in Paris, ab 1883 in London, ab 1893 in Hastings/Sussex, 1902 in Nizza, später(?)

erneut in Paris. D. arbeitet in Cornwall mit den Künstlern der Newlyn School und wird 1887 von Stanhope Forbes bereits als alter Bekannter erwähnt. – Lsch. und Seestücke, oft als marines oder ländl. Genre, u.a. mit Motiven aus N-Afrika, Frankreich und Cornwall. ⌂ LEEDS, City AG. MANCHESTER, City AG. ⊙ *G:* u.a. London: 1879–93 R. Soc. of Brit. Artists; 1882–98 RA / 1880–1902 mehrfach Glasgow, GI / 1882–85, 1907 Paris, Salon / 1885, '93, '94 Dublin, R. Hibernian Acad. ▭ ThB9, 1913. *Johnson* I, 1975; *Wood*, 1978 (Repr. 1991); RoyalHibAcad I, 1986; *Billcliffe* I, 1990; *Wingfield*, 1992. – *M. Facos*, Bull. NM (Sth.) 18:1994 (1) 58–67. G. B.

Detmold, *Maurice* cf. **Detmold,** *Edward Julius*

Detoma, *Alfonz* cf. **Fischer,** *József* (1873)

Detoma (De Toma) *Anton (Antonio)*, ital. Stukkateur, * 1821 Rima (oder Varallo/Novara?), † 25. 10. 1895 Varallo/Novara. Ausb. in der Wkst. der Viotti in München. ab 1844 in Stockholm für den schwed. König tätig. Führte dort bis 1847 den Stuck im Festsaal des kgl. Schlosses aus. Nach 10 Jahren (lt. Debiaggi: 7) in schwed. Diensten arbeitete D. in Schwerin und anschl. in Berlin, wo er den Stuckmarmor der Ruhmeshalle im Zeughaus ausführte, außerdem auch im Kronprinzen-Pal., kgl. Mus., in der Residenz des preuß. Königs, im Rathaus und der Börse arbeitete. 1856 Übersiedlung nach Wien, veranlaßt durch Heinrich Ferstel. Als k. k. Hofkunstmarmorierer und Stukkateur war D. an den meisten repräsentativen Bauten der Wiener Ringstraße beteiligt und bildete hierfür zahlr. Handwerker als Nachwuchs aus. Stuckierte außerdem Schlösser für Ludwig II. von Bayern und war auch in Bukarest, Esztergom (Dom, 1886), Triest und Venedig tätig. – Von den zahlr. Stukkateuren aus dem Val Sesia, die im 19. Jh. überall in Europa arbeiteten, war D. neben Giovanni Rappa der bedeutendste und an den europ. Höfen gefragteste Meister. Seine eklektizist. Stukkaturen von hoher Qualität sind mitunter kaum von Marmorarbeiten zu unterscheiden. – Sein gleichnamiger Sohn (* Berlin, † 1940 Rom; Stud.: TH Wien [Archit.]) war Schüler, dann Mitarb. bei seinem Vater und spezialisiert auf Verarbeitung von Kunstmarmor. Er dekorierte zahlr. Pal. und Denkmäler in Österreich-Ungarn und Deutschland und erb. in Wien das Waisenhaus Lainz, die apostol. Nuntiatur und die ital. Botschaft. ▭ ThB9, 1913. MagyKépLex, 1915 (s.v. Detoma, Antal); SvKL II, 1953; *Debiaggi*, 1968 (s.v. De Toma, Antonio; Lit.). – Berlin und seine Bauten, B. 1877 (Repr. 1984); Dt. Bau-Ztg 15:1881 (77) 428; *R. Wagner-Rieger* (Ed.), Die Wiener Ringstraße, W., IV, 1972; VIII. 1, 1972; IX. 1, 1973; VIII. 3, 1974; VII, 1976; IX. 2, 1976; XI, 1979 (Werke); *Dehio*-Bayern III: Schwaben, 1989. D. T.

De Tomi, *Enrico*, ital. Maler, * 12. 12. 1912 Venedig, lebte in Rom. Arbeitete ungegenständl. und verwendete ungewöhnl. Materialien. Beteiligte sich an Ausst. in Rom, u.a. seit 1952 an der Quadriennale. ▭ Vo4, 1958 (s.v. Tomi, Enrico de). *Comanducci* II, 1971. G. W.

De Tommasi (De Tomasi), *Attilio*, ital. Maler, Freskant, * 11. 9. 1889 Cassano Valcuvia/Varese, † 23. 10. 1964. Stud.: Accad. di Brera und Scuola di Castello Sforzesco, Mailand, bei Giuseppe Palanti, Grandi und Alcide Davide Campestrini. Freskierte zahlr. Kirchen, v.a. im Osten Frankreichs. Stellte 1927 erstmals in Basel aus. ⊙ *E:* 1936 Belfort / 1942–44 Varese, Circolo artist. ▭ Vo4, 1958. *Comanducci* II, 1971.

De Tommasi, *Publio*, ital. Maler, * 6. 4. 1848 Rom, † 20. 9. 1914 ebd. Stud.: ABA Rom. Atelier in der Via Margutta 53B. Spezialisierte sich auf die Genre- und Kostümmalerei in Innenräumen und im Freien in Öl und Aqu., wobei einmal gefundene Komp. häufig wiederholt wurden. ⌂ SYDNEY, AG of New South Wales: Gem. ⊙ *G:* 1884 Turin: Mostra Naz. ▭ ThB33, 1939 (s.v. Tommasi, Publio De). *Comanducci* II, 1971; DEB X, 1975 (s.v. Tommasi, Publio de); *Bénézit* XIII, 1999 (s.v. Tommasi, Publio de). – Il valore dei dipinti dell'Ottocento ital. 4:1986/87. A. St.

Detoni, *Marijan*, kroat. Maler, Zeichner, Graphiker, * 18. 4. 1905 Kreutz (Kőrös; Križevci), † 11. 5. 1981 Zagreb. Stud.: 1924–28 KA ebd. bei Ljubo Babić, Tomislav Krizman; nach kurzer Tätigkeit in der Kgl. Landesdruckerei 1928–29 Spezial-Kl. bei Vladimir Becić ebd. 1929 Rückkehr nach Križevci. 1932–35 (Verbot) Mitgl. der Gruppe Zemlja; Beginn intensiver Beschäftigung mit Zchngn und Graphik (*Cigla*, 12 Linolschnitte, 1932). 1933–36 Zeichenlehrer in Vukovar, 1936–42 in Karlovac (Bekanntschaft mit dem Maler Ljudevit Šestić). 1933 Stip. für Studienaufenthalt in Paris; 1939 Stip. der frz. Reg. ebd.; Bekanntschaft mit dem Maler Leo Junek. 1942–45 Teiln. am Volksbefreiungskrieg: Arbeit in der Red. der Ztg Borba in Drinić; zahlr. Frontskizzen; Delegierter u.a. der II. Tagung des Antifaschist. Rates der Nat. Befreiung Jugoslawiens (AVNOJ) 1943 in Jajce; 1944 mit einer Künstlergruppe Aufenthalt in Cazzano. 1945–75 Prof. und Leiter der Spezial-Kl. für Graphik an der ABK Zagreb. Ab 1963 Mitgl. der JAZU, 1972–75 deren Vizepräsident. Ausz.: u.a. 1957 Preis der Stadt Zagreb; 1970 AVNOJ-Preis; Silber-Med. der Accad. internaz. Tommaso Campanella; 1971 V. Nazor-Preis für sein Lebenswerk. – Mit den grotesken und karikaturist. Zügen seines Frühwerks (*Oglas, daje se na znanje; Placmuzika u Gornjem gradu*, beide 1929) fügt sich D. in die sozialkrit. Orientierung der Gruppe Zemlja ein. Deren Streben nach eigenständigem künstler. Ausdruck stützte sich auf volkstüml. Einfachheit und europ. Vorbilder wie Pieter Brueghel, George Grosz, Frans Masereel. Um 1935 wird sein Stil expressiver, weniger narrativ, konzentriert auf den Kern des von starkem soz. Engagement geprägten Themas (*Prehrana*, 1935; *Misli na Španiju*, 1936). Nach einem impressionist. Intermezzo (*Pejzaž*, 1937) entstehen *Fantazije oronulog zida I, II* (1938), in denen D. sein Informel der Nachkriegszeit in einem freien, gleichsam durchlässigen und aufgelösten linearen Pinselstrich vorwegnimmt, der für die Schaffensperiode 1939–42 char. ist (*Kalnička simfonija*, 1939). Diese Phase, deutl. beeinflußt von L. Junek und Raoul Dufy und zugleich Synthese der Pariser Erfahrungen, ist zeitweilig von Farbigkeit und Expressivität geprägt (*Mladić*, 1939; *Gvirc*; *Mali pejzaž s Kupe*, beide 1940). Nach 1945 folgt eine Phase des Sozialist. Realismus, in der er eig. Kriegserfahrungen verarbeitet (*Prelaz preko Neretve*, 1946; *Rušenje pruge*, 1948). Um 1952 wendet er sich einer optimist., visionären und phantasmagor. Thematik sowie erneut Formproblemen zu (*Ulica velikog grada*, 1952; *Autoportret*, 1953; *Šest djevojaka*, 1954; *Svjetlucanje plave noći I, II*, 1956). Sich zw. Surrealismus und Informel bewegend, gelangt er zum Orphismus und Bildern mit kosm. Lsch. (*Zvijezde i ostaci nečega*, 1964/67; *Noćna bitka*, 1967), die er mitunter in Assoziation zum Uhrmechanismus als Mechanik kosm. Sphären mit sich berührenden oder ineinandergreifenden Kreisen interpretiert (*Urarski stol*, 1967; *Svemirska komedija*, 1968; *Cvjetovi*, mehrere Versionen, 1968/69). D. ist der produktivste kroat. Graphiker zw. den beiden Weltkriegen. Den künstler. Höhepunkt erreicht er mit seiner zweiten Mappe *Ljudi sa Seine* (30 Linolschnitte, Vukovar 1934), einer gelungenen Synthese von sozialkrit. Inhalt eines „Romans in Bildern", Form (geschlossene Komp., abstrakte Rhythmen von Kränen, Schleppern, extreme Verkürzungen) und Technik. Interesse am Gest.-Problem und Liebe zum Detail dominieren in der Mappe *Tračnice* (42 Linolschnitte, 1942) neben der narrativen Bl.-Gest., die er in den acht phantast. Linolschnitten *Cvijetovi mašte* (1941) aufgegeben hatte. Die letzten beiden Mappen sind mit ihrer zittrigen und pointillist. Zchng (*Plodovi uzbuđenja tisuću devet sto četrdeset prve i druge*, 12 Lith., Karlovac 1941/42) bzw. dem scharfen Kontrast zw. den weißen Formen und dem schwarzen Grund (*Mapa U*, 35 Linolschnitte, 1941/43) sowohl Ausdruck seiner Phantasmagorien wie sichtbarer Reflex der Kriegsleiden. Der Stil einzelner Graphik-Bll. entspricht den Phasen in D.s Malerei (*Akt*, Farb-Hschn., 1939/40; *Rušenje pruge u istočnoj Bosni*, Monotypie, 1944; *Kola*, 1959; *Srebro*, 1963, beides Aquatinta). ⌂ BELGRAD, MSU. KARLOVAC, Gradski muz. RIJEKA, Mod. gal. SARAJEVO, UG. VINKOVCI, Gal. umjetnosti. ZAGREB, Mod. gal. – MSU. – Kab. grafike HAZU. – Hrvatski povijesni muz. ✉ Evo ti košulje (Tagebuch über die V. Offensive im Volksbefreiungskrieg), Zagreb 1964. ⊙ *E:* 1930 Križevci, Hrvatski dom / Zagreb: 1932 Salon Ulrich; 1940 Dom likovnih umjetnika; 1957 Kab. grafike JAZU; 1961 (mit Vanja Radauš), '79 (Retr.) Mod. gal. / 1965 Osijek, Gal. likovnih umjetnosti / 1967 Rom, Studio d'arte mod. (mit Antun Kuduz und Josip Restek); Belgrad, Dom JNA / 1969 Karlovac, Gal. Vjekoslav Karas / 1975 Gornja Stubica, Muz. seljačkih buna. – *G:* zahlr. nat. und internat., u.a. mit der Gruppe Zemlja: 1930 Ljubljana; 1931 Paris; 1932 Zagreb; 1935 Belgrad / 1965 Berlin: Intergrafik / 1966 Krakau: Internat. Graphik-Bienn. / 1968 Alexandria: Bienn. ▭ Vo1, 1953; Vo5, 1961. ELU II, 1962; *Bauer*, GEM II, 1976; LEJ I, 1984; HBL III, 1993 (Lit.). – BK 1959, 570; *M. Severin/A. Reid*, Engraved bookplates. Europ. exlibris 1950–70, Pinner 1972; *S. Ostojić*, Politika v. 13. 5. 1981, 16 (Nekr.); *I. Subotić*, ArtJ 52:1993 (1) 69–71; *D. Ivanuša*, Umjetnost hrvatskog antifašističkog otpora (K), Zagreb 1994. K. Kamenov

De Tonnancour, *Jacques (Jacques Godefroy)*, kanad. Maler, Fotograf, * 13. 1. 1917 Montreal, lebt ebd. Dort 1937–40 Stud. an der EcBA sowie Schüler von Goodridge Roberts an der Art Assoc. of Montreal. Lehrtätigkeit: 1937–40 Montreal SchA and Design; 1954–68 EcBA ebd.; 1959 Univ. of Brit. Columbia, Vancouver; 1960 Mount Allison Univ., Sackville/N. B.; 1969–82 Univ. du Québec, Montreal. Seit 1939 Kunstkritiker für versch. Ztgn in Montreal. Dort Ausf. von Wandbildern u.a. für Planétarium Dow, 1965; Univ. de Montréal, 1968; U-Bahnstation St-Henri, 1979; Edifice La Laurentienne, 1986. Mitgl.: Contemp. Art Soc.; Conseil des artistes peintres du Québec (Ehren-Mitgl.); Soc. d'Entomologie du Québec (emeritiertes Mitgl.). Ausz.: 1945/46 Stip. der brasil. Reg.; 1958 Canada Council Grant (1969 Med.); 1979 Officer, Order of Canada; 1980 Philippe Hébert-Preis und -Med., Soc. St-Jean-Baptiste de Montréal; Ehrendoktor: 1986 Concordia Univ. und 1990 McGill Univ., Montreal; 1992 Officier, Ordre Nat. du Québec. – D.s frühe Arbeiten (bes. Lsch.) waren stark beeinflußt von Roberts, Paul-Emile Borduas und Alfred Pellan. In den 1940er Jahren malte er v.a. Lsch., Portr. und Stilleben im Stil der Ec. de Paris (v.a. Raoul Dufy und Henri Matisse) sowie von Pablo Picasso. D. entwarf 1948 das Manifest der von Pellan gegr. Künstlergruppe „Prisme d'yeux" (Opposition zu den Automatistes), die ca. 15 Künstler umfaßte. 1950–55 erlebte D. eine künstler. Krise, die v.a. die Loslösung von seinem ausgeprägten Picasso-Einfluß betraf. 1955–60 widmete er sich der Darst. von Laurentia-Lsch.; die Ausf. wurde zunehmend abstrakter, beginnend mit kalligraph. Formen und mit minimalist. Gegenüberstellungen zweier Ebenen (Erde-Himmel) endend; benutzte später auch eine Farbwalze. In den 1960/70er Jahren entstanden Reliefcollagen, „fossilierte" und „hieroglyph." Gem. (bemalte Komp. aus Metall, Textil, Papier). 1982 gab D. die professionelle Malerei auf. Seitdem widmet er sich der Natur-Fotogr. (Insekten). ⌂ FREDERICTON/N. B., Beaverbrook AG. HAMILTON/Ont., AG. LONDON/Ont., London Regional Art and HM. MONTREAL, Coll. de la Ville de Montréal. – Concordia Univ. – Lavalin. – MAC. – Univ. de Montréal. OSHAWA/Ont., Robert McLaughlin Gall. OTTAWA, NG of Canada. QUEBEC, Mus. du Québec. SHERBROOKE/Que., Univ. de Sherbrooke. TORONTO, AG of Ontario. – Hart House (Univ. of Toronto). – Imperial Oil. VANCOUVER, Univ. of Brit. Columbia. – AG. WINNIPEG/Man., AG. ⊙ *E:* Montreal: 1943 Dominion Gall.; Collège Jean-de-Brébeuf; 1945 Gal. Parizeau; 1949 (mit Albert Dumouchel), '56 (mit Louis de Conzague Pascal Archambault) MBA; 1958, '59, '61 Gal. Denyse Delrue; 1964 Gal. Camille Hébert; 1966 Gal. Agnès Lefort; 1966, '69, '75, '76, '77 Gal. Mira Godard; 1984 Gal. de l'Univ. du Québec (K); 1999 MAC (K) / Toronto: 1944 Hart House (Univ.); 1956, '58, '62, 63 Laing Gall.; 1975–77, '80 Gal. Mira Godard / 1946 Rio de Janeiro, Bildungs-Minist. / 1956 Ottawa, Foyer de l'art / 1966 Vancouver, AG (Wander-Ausst. 1967 MAC Montreal und Mus. du Québec, Quebec; K). – *G:* u.a. Ottawa, NG of Canada: 1957, '59, '61, '68 Bienn. Exhib. of Canad. Art (K); 1973 Painters of Quebec. Maurice and Andrée Corbeil Coll. (K) / Montreal: 1957 MBA: 35 peintres dans l'actualité (K); MAC: 1967 Panorama. Peint. au Québec, 1940–1966 (K); 1976 Trois générations d'art québeçois. 1940, 1950, 1960 (K); 1976 De la figuration à la non-figuration dans l'art québéçois (K); 1980 Tendances actuelles au Québec (K); 1974 Terre des Hommes, Pavillon du Québec: Les

Arts du Québec (K) / 1958 Venedig: Bienn.; Brüssel: WA / 1962 Bordeaux: Festival artist.: L'art au Canada (K) / 1966 Quebec, Mus. du Québec: Paint. vivante du Québec. 25 ans de libération de l'œil et du geste (K) / 1977 Toronto, AG of Ontario: Les Laurentides. Peintres et paysage (K) / 1979 Stratford (Ont.), The Gall.: 20th c. Canad. Drawings (K) / 1980 Edmonton (Alta.), AG: The Contemp. Arts Soc., Montreal 1939–1948 (K; 1981 MAC Montreal) / 1991 Saint-Jérôme (Que.), Centre d'expos. du Vieux-Pal.: Laurentides. Panorama pict. de 1899 à nos jours (K). 🕮 Vo4, 1958 (s.v. Tonnancour, Jacques Godefroy de). *MacDonald* I, 1975 (Repr. 1977); *A. Comeau*, Artistes plasticiens, Ml. 1983; DA XXXI, 1996 (s.v. Tonnancour, Jacques Godefroy de). – *S. Leclerc/C. Ekemberg*, Montréal et l'art du mon. (zweisprachig), Ml. 1985; *B. Lamarche*, Le Devoir v. 3./4. 7. 1999, D-7.
D. Lessard

De Tora, *Gianni*, ital. Maler, Installationskünstler, * 12. 8. 1941 Caserta, lebt in Neapel. Stud.: ABA Neapel. In den frühen 50er Jahren expressionist. orientierte Gem. in Öl und Emailfarben (*Gli astronauti*, 1962; *Morte nello spazio*; *Nautilus Duemila*, 1963). Später Hinwendung zum Informel und 1967–68 zur Nuova Figurazione (*Putsch*, Graphit/Papier; *Il mondo H5*, Öl/Lw.). 1968 Paris-Aufenthalt; 1970–72 inspiriert von der Wahrnehmungstheorie und Bevorzugung der Kreisform als Schema für die bestmögliche Darst. des Lichtes (*Riflessione*; *Mutazioni del Sole, Il cerchio riflesso*). 1975–80 Mitgl. der Gruppe Geometria e ricerca; folgt Anregungen von Max Bill und realisiert geometr. Sequenzen aus den Grundformen Quadrat, Kreis und Dreieck in Acryl (*Struttura-sequenza*, 1975; *Diagonalmente*; *Yang Yin*, 1976; *Sequenza ambietale*, 1980). 1980 Installation im Mus. del Sannio von Benevent und Hinwendung zur Mail Art. 1983 versieht er spiegelnde Oberflächen mit dreieckigen Rahmen aus Holz (*Specchio delle mie brame*). Später verwendet er Gips, Gold, Acryl, Collage und Aqu. für eine Folge von Arbeiten auf Holz, deren Lyrismus seinem maler. Schaffen einen neuen Aspekt verleiht (*L'occhio che si dice la finestra dell'anima...*, *Il silenzio è d'oro*). A. 90er Jahre realisiert D. eine Ser. von Komp. aus unterschiedl. Mat. auf quadrat. Holzunterlagen (*Sequenza*, Emaille, Acryl, Graphit, Stahl und Eisen, 1992). 🏛 AREZZO, GAM. BUDAPEST, SzM. FIGUERAS, Mus. de Jocs. GALLARATE, GAM. LISSABON, Mus. do Chiado. LOS ANGELES, County Mus. of Art. MATERA, MCiv. MAUBEUGE, MAM. PESCIA/Pistoia, MCiv. RAVENNA, ABA. ROM, Banco di S. Spirito. SAINT-PAUL-DE-VENCE, Mus. Mun. SÃO PAULO, MAM. STOCKHOLM, Mod. Mus. 👁 *E:* Neapel: 1970 Gall. S. Carlo (K: A. Del Guercio); 1975 Studio Ganzerli; 1980 Gall. Marotta / Venedig: 1973 Gall. Numero; 1979 Gall. Segno Grafico; 1981 Gall. Verifica 8+1 / 1974 Florenz, Gall. Inquadrature 33 (K: S. Orienti/L. V. Masini) / 1975 Rom, Gall. Artecom (K: E. Crispolti) / 1976 Bozen, Gall. Domenicani; Como, Gall. Il Salotto / 1977 Trient, Gall. Nove Colonne / 1978 Mailand, Gall. Variazioni; Bergamo, Gall. 2B Internat. / 1979 Turin, Citybank / 1981 Scafati (Salerno), Centro Sud-Arte / 1983 Caserta, Studio Oggetto / 1984 Amalfi, Antichi Arsenali / 1985 Arezzo, Logge del Vasari (K: A. Izzo) / 1986 Bari, Centrosei / 1987 Vancouver, Ist. Ital. di Cult. (K: M. A. Picone Petrusa/G. Peretta) / 1991 Saint-Paul-de-Vence, Mus. (K: P. Restany) / 1992 Bologna, Teatro Dehon / 1993 Gallarate, GAM. – *G:* 1975 Marigliano: Situazione '75; Rom: Quadrienn. / 1980 Benevent, Mus. del Sannio: Geometria e Ricerca / 1982 São Paulo: Bien. / 1985 Neapel, Castello di Baia: Sapere-sapore; Gall. Acomearte: In itinere / 1990 Florenz, Uffizi: La posta in gioco / 1992 Turin, Lingotto: Libri d'artista. 🕮 ASA Italia IV, 1971; DizBiogrMerid I, 1974; Il centauro, I, La Spezia 1975. – *E. Crispolti*, Arti visive e partecipazione soc., Bari 1978; *L. P. Finizio*, L'immaginario geometrico, N. 1979; *B. D'Amore*, G. D., dell'immagine esatta, N. 1981; *L. P. Finizio/M. Vitiello*, Arte oggi in Campania, Mi. 1986; *E. Crispolti*, Attraverso la seconda metà del Novecento in Italia (K), Arezzo 1992; PittItalNovec/3, 1994.
N. Corradini

Detouche, *Henri (Henri Julien)*, frz. Maler, Zeichner, Radierer, Lithograph, Illustrator, Autor, * 10. 1. 1854 Paris, † März 1913 ebd. Sohn von Laurent D. Schüler seines Vaters sowie von Ulysse-Louis-Auguste Butin. D. publizierte eig. druckgraph. Werke (*Les cinq sens*; *Souvenirs d'Espagne*; *Les Sept péches capitaux*, alle 1900), fertigte Presse-Ill. (u.a. für La Plume; Le Courrier franç.; L'Art mod.; La Chronique parisienne; Le Panurge; Le parisien de Paris; Le Journal) und Buch-Ill. (u.a. zu *Entrée de clowns* und *Les comédiens*, beide von F. Champsaur; *Les clés de Saint Pierre* von H. Rebell). D. schrieb auch selbst, so Propos d'un peintre, 1895; De Montmartre à Montserrat, 1899 (beide mit eig. Ill.); Les peintres de la femme intégrale, 1906; Sous la dictée de sa vie, 2 Bde, 1906–08 (alle in Paris veröff.). Teiln. an prov. Ausst. in Nantes, Roubaix und Versailles. – Zunächst Aqu., Pastell, Zchngn (v.a. Frauenmotive), später v.a. Rad. und Aquatinten (1885–1913), Kaltnadel-Rad. (1885–92) und Lith. (1886–1901) u.a. mit span. Sujets. 🏛 PARIS, BN, Cab. des Estampes. 👁 *G:* Paris: ab 1882 SAfr. (1889 Mitgl.; 1908 lobende Erw.); Salon des Humoristes; Salon des Peintres-Graveurs (Mitgl.); Expos. des Arts incohérents; Salon du Blanc et Noir / 1896 Brüssel, Soc. r. des Aquarellistes belges (Intimités de mer). 🕮 ThB9, 1913. *Bénézit* IV, 1999; *Bailly-Herzberg*, 1985; *Osterwalder*, 1800–1914, 1989; *Fanelli/Godoli* I, 1990; *Schurr/Cabanne* I, 1996 (s.v., D., Henry). – H. D., in: Figures contemp. tirées de l'album Mariani, VII, P. 1902; IFF, Après1800 VI, 1953; *H. Dorra*, GBA 103:1984 (1381) 85–90; *Schurr* VI, 1985.
D. Lobstein

Detouche, *Laurent (Laurent-Didier)*, frz. Maler, * 29. 7. 1815 Reims, † 28. 4. 1882 Paris. Vater von Henri D. In Paris zunächst Jura-Stud., ab 1838 Schüler von Paul Delaroche und Joseph Nicolas Robert-Fleury an der EcBA. – Hist. und relig. Darst., Portr., Genrebilder in der Art von P. Delaroche. 🏛 CHALONS-EN-CHAMPAGNE, Mus. mun.: Général Herbillon, Portr., 1851. DUNKERQUE, MBA: Les derniers moments de Charles IX, 1859. ORLEANS, MBA: Le supplice de Jeanne d'Arc, 1841. PONTOISE, Mus.: Bernard de Palisset brûlant ses meubles. REIMS, Kathedrale: St Paul ermite, 1840. – MBA: Pellisson à la Bastille, 1842; Une dernière soirée de garçon, 1842; Le bain;

Sully enfant échappe à la St-Barthélemy, 1846; Les petits amateurs, 1848; Le noces de Cana, 1851; La bataille de Reims, 1854; Christophe Colomb endormi, 1864; La mort de Coligny, 1865. ✉ Notice sur la vie et les ouvrages de Véronèse, 1852. ◎ *G:* 1841–80 Paris, Salon. 📖 ThB9, 1913. DBF XI, 1967; *Bénézit* III, 1976; IV, 1999. C. R.

Detouche, *Louis-Constantin*, frz. Uhrmacher, * 20. 10. 1810 Paris, bis 1871 nachweisbar. Ausb. in Genf u. London. In seiner Wkst. (200 Mitarb.) wurden auch Präzisionsinstrumente, kunsthandwerkl. Stücke u.ä. hergestellt. 🏛 PARIS, Conservatoire des arts et métiers: astronom. Regulator (dort ab 1859). 📖 DBF XI, 1967. C. R.

Detouches, *Paul Emile* → **Destouches,** *Paul Emile*

Detournelle (Destournelles), *Athanase (Athanasius)*, frz. Architekt, Zeichner, Stecher, Autor, * 24. 2. 1766 Paris, † 1807 ebd. Architect de la Ville de Paris; mehrere Entwürfe mit Armand Charles Caraffe (Verz. Szambien). D. arbeitete für versch. Zss. (z.B. J. de sc. et litt.); um 1800 gab er selbst ein J. d'archit., peint. et sculpt. heraus. Publ. (Stich-Slgn) in Paris: u.a. *Les funérailles* (1802) und mit Guillaume-Edouard Allais und Antoine-Laurent-Thomas Vaudoyer *Projets d'archit. et autres productions de cet art qui ont mérité les grands prix accordés par l'Acad., par l'Inst. nat. de France et par des jurys du choix des artistes et du gouv.* (1802–06). – D.s Sohn *Victor D.*, gen. *Desrues* (* 1794 Paris, † 1850; ab 1812 EcBA Paris bei Peyre) war ebenso Architect de la Ville de Paris. 🏛 PARIS, Allée du Séminaire: Fontaine de la Paix (Entwurf 1806; bis 1822 auf der Pl. Saint-Sulpice, 1822–1935 auf dem Marché Saint-Germain). – BN, Cab. des Estampes: u.a. Bl. in: Recueil de projets d'archit., um 1802. ◎ *G:* 1795–1806 Paris, Salon (Entwurf-Zchngn bzw. Baupläne). 📖 ThB9, 1913. *Delaire*, 1907; DBF XI, 1967; Dict. des mon. de Paris, P. 1992. – *Hautecœur* V, 1953; VI, 1955; IFF, Après1800 VI, 1953; *W. Szambien*, Rev. de l'art 1989 (83) 45/46. C. R.

Detournelle, *Victor* cf. **Detournelle,** *Athanase*

Detourny, Maler aus Tours, 1508 an der Ausschmückung der Chap. du Lydieu im Schloß Gaillon beteiligt. 📖 ThB9, 1913.

Détraz, *Antoine* (D.-Lebouteux, *Antoine-François*), schweiz. Fotograf, * 1821 Lausanne, † 12. 6. 1900 Genf. Schweiz. Fotopionier; evtl. 1839/40 Bau einer Kamera an der Ec. Moyenne und erste Daguerreotypien(?); 1848–49 Chemiker an der Acad. Lausanne; betreibt ab 1849 dort ein Fotostudio für Portr., Lsch. und Archit. (zuerst Daguerreotypien, dann Kollodium-, evtl. auch Papier-Negative). 1855–74 häufig in Paris, wahrsch. Zus.-Arbeit mit Benjamin oder Edouard Delessert oder Olympe Aguado. 1860 Atelier in Vevey; 1862–64 Dir. des von Constant Delessert gegr. Atelier Photogr. du Grand-Pont, Lausanne. 1878–1900 Studio in Genf. Foto-Publ.: *Châteaux et villas des bords du Lac Léman* (3 Bde), 1887. 🏛 LAUSANNE, Mus. de l'Elysée. 📖 *Auer*, 1997. – *E. Breguet*, 100 années de photogr. chez les Vadois 1839–1939, Lausanne 1981; *R. Perret*, Frappante Ähnlichkeit, Pioniere der Schweizer Fotogr., Brugg 1991; Photogr. in der Schweiz von 1840 bis heute, Bern 1992. T. K.

Detre, *Constant* → **Detre,** *Szilárd*

Detre, *Júlia* → **Detre,** *Villő*

Detre, *Roland* (eigtl. *Lóránd*), ungar.-US-amer. Maler, Graphiker, * 22. 1. 1903 Budapest, ansässig in Denver/Colo. Stud.: 1920–24 HBK Budapest bei János Vaszary. 1922 Stip. der Szinyei-Ges. 1924 tätig in der Künstlerkolonie Nagybánya. In der 2. H. 20er Jahre Aufenthalt in Berlin, in der 1. H. 30er Jahre in Paris. Kehrt kurz vor Ausbruch des 2. WK krank nach Ungarn zurück; Behandlung in einem Budapester Lungensanatorium, dort Freundschaft mit dem Maler István Dési Huber. A. 40er Jahre Emigration in die Schweiz, ab 1951, nach kurzem Aufenthalt in New York, in Denver. – Während der Pariser Jahre wurde die Entwicklung von D.s Malerei (Lsch., Stilleben) u.a. durch die Ecole de Paris beeinflußt. In den 50er Jahren entwickelte sich in Darst. des Alltags, der Umgebung, der Lsch. und Bildern der Erinnerung in sehr dichter maler. Form sein Personalstil. Hinter den tachist. Fakturen der durch feste Formen und große, lebendige Farbflecken gekennzeichneten „halbabstrakten" Arbeiten scheinen reale Motive auf. Die späteren Arbeiten zeigen eine noch stärkere Wende in Richtung Abstraktion. 🏛 DENVER/Colo., AM. ◎ *E:* 1945 Bern, KH / 1948 Lausanne, Gal. de la Guilde du Livre / 1949 Paris, Gal. Breteau / 1952, '58 New York, The Artists' Gall. / 1958, '59 Taos, La Gall. Escondida / 1960 Los Angeles, Parsons Gall. / Denver: 1963 Jewish Community Center; 1973 Colorado Woman's College; 1979 St. Charles on Wazee / 1963 Aspen, Jerome Hotel / 1964 Boulder, Public Libr. / 1967 Budapest, Kulturális Kapcsolatok Intézete / 1976 Littleton, Edgar Britton Gall. / 1978 Grand Junction, Western Cultural AC. – *G:* 1922–37 Budapest, u.a. 1926, '37 Neue Ges. Bild. Künstler (KUT) / Paris: 1931 Ed. Bonaparte: Art Hongrois Mod.; 1946 MAM: Expos. Internat. / 1959 Chicago, Univ. of Illinois: Contemp. Amer. paint. and sculpt. / 1968 New York, New School AC: The humanist trad. 📖 *Bénézit* III, 1976; MagyFest-Adat, 1988. – *M. B.*, Arts (France) v. 14. 10. 1948; *B. G.*, Art News 1952 (April); *Gy. Szabó*, Élet és Irodalom v. 16. 9. 1967; *Gy. Kovács*, Műv 8:1967 (12) 40; *F. Sobók*, Magyar Hírek v. 23. 9. 1967; Tisztelet a szülőföldnek (K Műcsarnok), Bp. 1982; *Á.Tímár* (Ed.), Dési Huber István levelei Detre Lórándnak, Műv 26:1985 (5) 6–8. – Budapest, Magyar NG, Archiv. – *Online:* westword. com (1999). L. Százados

Detre, *Szilárd (Constant*; eigtl. Dittmann, *Szilárd*), ungar. Maler, Zeichner, Puppenspieler, * 2. 1. 1891 Budapest, † 10. 4. 1945 Moulins/Allier, ab 1936 frz. Staatsbürger. Stud.: 1909–10 Jura in Budapest; 1911 Acad. Colarossi in Paris; 1911–15 Freischule von Simon Hollósy in München. 1915–18 Soldat an der ital. Front, Verwundung, silberne Tapferkeits-Med. 1918–27 tätig in Budapest. 1919 Mitbegr. des Verb. Bild. Künstler ebd. (mit der Räterepublik 1919 aufgelöst). 1919 Mitarb. von Géza Blattner bei der Inszenierung der secessionist. *Wayang játékok*/Wayang Spiele, die im Innerstädt. Theater (Belvárosi Színház) aufgeführt wurden. Malt Portr. (*I. Tisza* nach Gyula Benczúr; Minister-Präs. *Graf I. Bethlen*) und in den Sommern Lsch. (*Falurészlet*/Dorfdetail, Magyar NG). 1927 Übersiedlung nach Paris. Mit Blattner Mitbegr. des Puppenspieltheaters Arc-en-Ciel, wirkt bei der Gestaltung kubist. Schattenspiele und grotesker Marionetten-Vorführungen mit. Gründet in der 1. H. 30er Jahre mit seiner Frau sein eig. Puppentheater Cou-cou für Kinder. Die 1935 in Budapest ausgestellten farbigen Tusche-Zchngn stellen sein Pariser Milieu dar, bes. hinter den Kulissen des Theaters und Zirkus, aber auch bei den Menschen der Vorstädte. Die Kritiker hoben seine virtuose Eleganz und erlesene Farbigkeit hervor und stellten seinen Stil auf die Ebene von Toulouse-Lautrec, Jules Pascin und Marcel Vértes. ⌂ BUDAPEST, Magyar NG. ⊙ *E:* 1935 Budapest, Ernst Múz. (K: B. Lázár). – *G:* 1927 Budapest, Nemzeti Szalon: Ausst. der Ges. Neuer Künstler (KUT). ▭ MűvLex I, 1965; Magyar színházművészeti lex., Bp. 1994; *Bénézit* IV, 1999 (s.v. D., Constant; falscher zweiter Vorname). – *K. Vámossy*, A hazai bábjáték, Bp. 1941, 44; *Gy. Módy*, Alföld 11:1960 (5) 96 s. A. Rum

Detre, *Villő (Júlia)*, ungar. Innenarchitektin, Designerin, * 26. 8. 1943 Budapest, lebt dort. ⊚ Csaba Csontos. Stud.: HS für Kunstgew. Budapest, 1967 Dipl. als Innenarchitekt-Designer. 1967–93 Innenarchitektin beim Entwurfsbüro für öff. Gebäude (KÖZTI), dann selbständig. 1991–97 Ausschuß-Mitgl. der Kammer und des Verb. Ungar. Architekten. Ausz.: 1992 Noémi Ferenczy-Preis; 1993 Ybl-Preis für innenarchitekton. Gestaltung bed. öff. Gebäude und für Möbelentwürfe, u.a. für die Serienproduktion (Prototyp eines Möbelsystems für Jugendliche, 1976 preisgekrönt; Schulmöbel-Set, 1977–78, mit Zsófia Csomay). ⌂ *Innenarchitekton. Gest.:* BUDAPEST, Fővárosi Elektromos Művek, Konferenzsäle, 1994. – Kindergarten der Lauder-Stiftung, 1997. – Hotel Flamenco, 1983; Möbel im Top Club ebd., 1996. – Hotel Korona, 1988–90. – Hotel Olympia, 1973 (mit Sándor Bedécs). – Magyar Rádió, Studios im Esterházy-Pal., 1993. – Városház utca 16, Gemma Juwelierladen, 1987. KESZTHELY, Helikon kastély, Hotel und Veranstaltungsräume, 1977–78. MISKOLC, Vasgyári Kórház, Chirurgie, 1983. ▭ *J. Vadas*, Művészet 1977, Bp. 1978, 52 s. (Jb. der Kunst); Magyar Építőművészet 1986 (5) 38 s.; 1992 (2–3) 20 s.; *G. Schéry* (Ed.), Évek, művek, alkotók, Bp. 1995. F. Vámossy

Detrell Díaz, *Miguel Angel*, mexikan. Zeichner, * 24. 12. 1953 Mexiko-Stadt, lebt dort. Als Jugendlicher erblindet; Autodidakt. – Ertastbare figurative Zchngn von Kindheitserinnerungen und Inspirationen aus Musik und Lektüre. ⊙ *E:* Mexiko-Stadt: 1976 Gal. Rive Gauche; 1979 Casa de la Cult., Delegación Benito Juárez / 1977 Pénjamo (Guanajuato), Inst. Nac. de Antropología e Hist. ▭ Artistas plást. México 77, Méx. 1977; DPM, Contemp. III, 1979. M. N.

De Treville, *Richard*, US-amer. Maler, Cartoonist, * 17. 11. 1864 (1854 lt. Karel) Beaufort/S. C., † 25. 2. 1929 Alameda/Calif. Wahrsch. Autodidakt. 1892 Übersiedlung nach Kalifornien, zunächst in Stockton, nach 1910 in San Francisco (Cartoonist für Park Presidio News), zuletzt in Alameda. – Lsch. (San Francisco Bay, Yosemite, Tahoe und N-Kalifornien) und wenige, lt. Hughes jedoch meisterhafte Portr. in Öl. ⌂ OAKLAND/Calif., AM. ⊙ *E:* 1926 San Francisco, White House Dept. Store. ▭ AAW III, 1985; *Hughes*, 1986; *Karel*, 1992 (s.v. Treville, Richard de). Ch. R.

Détrey, *Narcisse Alexandre*, frz. Bildhauer, * 28. 6. 1793 Breurey-les-Favernay/Haute-Saône, † 27. 4. 1881 Reims. Ab 1827 in Reims ansässig, dort zunächst als Optiker, später auch als Farbenhändler tätig. – Statuette des Abgeordneten *Ernest-Louis de Villeneuve*, 1840 (Gips, MBA, Reims). ▭ ThB9, 1913. *Bénézit* III, 1976; *Mackay*, 1977. – Mitt. MBA, Reims. K. S.-D.

Détrez, *Ambroise*, frz. Maler, * 3. 4. 1811 Paris, † 28. 7. 1863 Valenciennes. Stud.: um 1830 wahrsch. einer der ersten Schüler von Constant Dutilleux in Arras; EcBA Lille bei Edouard Liénard und Augustin-Phidias Cadet de Beaupré; ab 1842 in Paris bei Léon Cogniet (mit Stip. des Dép. Nord). 1849 wieder in Lille. Ab 1856 Prof. für Zeichnen und Malerei an den Acad. de Valenciennes. An Ausst. v.a. mit Lsch. beteiligt: 1831 Douai, 1834 Lille, 1833 Valenciennes, 1835 dort mit den Darst. *Vue du château de Chinon* und *Vue de la Loire à Saumur*; Lith. danach in der Rev. du Salon de Valenciennes de 1835. Neben Lsch. v.a. Portr. (z.B. *Docteur Gachet*, Valenciennes, MBA), Gem. für Kirchen und Genreszenen. ⌂ DOUAI, Mus. de la Chartreuse. LILLE, MBA. VALENCIENNES, MBA. ⊙ *G:* 1842–52 Paris, Salon. ▭ ThB9, 1913. *Bellier/Auvray* I, 1882; *T. Guédy*, Dict. universel des peintres anciens, mod. et contemp., P. 1892; *Marchal/Wintrebert*, 1987; *Bénézit* IV, 1999. – Rev. du Salon de 1835, Valenciennes 1835, 20 s.; *A. Pauly*, Rev. artist. 5:1863, 279; Rev. agricole de Valenciennes 1863 (Aug.) 316; *H. Verley*, Essai de biogr. lilloise contemp., Lille 1869, 73; Cat. du Mus. de Lille, Lille 1902, Nrn 249 ss.; Bicentenaire de l'EcBA de Lille, 1755–1955, Lille 1955; Les Salons retrouvés (K Calais u.a.), II, Lille 1993, 54; *I. Carr-Harris*, Un ami du Dr Gachet, le peintre A. D. (1811–1863), ed. Ec. supérieure d'arts plast., Valenciennes 1999; *id.*, Un ami du Dr Gachet, le peintre A. D. (1811–1863), 8 sérigraphies en portfolio, Valenciennes 1999. – Valenciennes, Bibl. mun.: *E. D. Fromentin*, L'Ecole valenciennoise (Ms.), III, 217–222. J. C. Poinsignon

Détrez, *Jules-Henri*, frz. Landschaftsmaler, * 14. 8. 1893 La Sentinelle/Nord, † 17. 2. 1986 Paris, dort tätig. Schüler von Jules-René Hervé. Stellte im SAfr. Lsch. der Loire, des Eure-Tals, Ansichten von Paris und Nogent-le-Roi aus. ▭ Vol, 1953. *Bénézit* III, 1976; IV, 1999. J. C. Poinsignon

Dětřich (1357) → **Theodoric** (1359)

Détrier, *Pierre-Louis*, frz. Bildhauer, * 25. 7. 1822 Vougécourt/Haute-Saône, † 1897, lebte zumindest bis 1896 in Montreuil-sous-Bois/Seine. Schüler von Paul Joseph Raymond Gayrard. – Vielseitiges Œuvre mit Portr.-Büsten, mytholog., hist. und allegor. Gruppen, Figuren, Reliefs und Medaillons (Bronze, Gips, Marmor, Terrakotta): z.B. *L'Angélus, paysanne priant*, vergoldete Bronzestatuette (2. 12. 1983 in Paris, Hôtel Drouot, versteigert); *Unschuld und Freundschaft*, Gipsgruppe, Salon 1868; *Bernard de Jussieu*, Gipsstatue, Salon 1878; *Le Caprice*, Basrelief, Bronze, 1879; allegor. Büste *Frühling*. ⌂ LANGRES, Nouv. MAH: Der Morgen, Basrelief, um 1891; E. de Massey, Portr.-Medaillon, 1893, beide Terrakotta. ⊙ *G:* 1866–96 Paris, Salon (1885 ehrenvolle

Erw.). 🕮 ThB9, 1913. *Lami* II, 1916 (WV); *Mackay*, 1977; *Kjellberg*, 1987; *Bénézit* IV, 1999. – Mitt. MAH, Langres. R. T.

Detrixhe, belg. Maler-Fam., wahrsch. von 1663–1775 in Lüttich tätig.

1. *Henri*, Historien-, Archit.-, Portr.-, Blumenmaler, * zw. 1712 und 1715 Lüttich(?), † 8. 8. 1775 ebd. Sohn von 3, mit dem (siehe dort) D. und seine Schwester Anne-Marie 1736 (24jährig) und 1740 (26jährig!) im Haus „Chapeau d'Or" am Lütticher Markt, Pfarr-Bez. Saint-André, erw. werden; später im Pfarr-Bez. Saint-Michel ansässig. 1742 dekoriert D. den Sitzungssaal des „Conseil ordinaire" im Pal. der Fürstbischöfe mit Gem., die seine wichtigsten erh. Werke sind: vier sehr subtil ausgef., von Blumen (in der gewandten Malweise von Jean-Georges-Christian Coclers) und dekorativen Rocaille-Motiven gerahmte Allegorien von Tugenden sowie fünf Gerechtigkeitsbilder zu Themen aus der antiken Gesch.: *Gerechtigkeit des Trajan; Gerechtigkeit des Kambyses; Zaleukos läßt sich ein Auge ausstechen; Kamillus und der Schulmeister von Falerii; Kamillus vertreibt die Gallier*. Es sind Kopien nach 1689/90 von Englebert Fisen für denselben Raum ausgef., 1734 bei einem Brand zerst. Gem.; D. arbeitet nach den erh. „modellos" von Fisen. Lt. Angaben in den Rechnungsbüchern von relig. Einrichtungen in Lüttich erhält ein Maler D. (dieser und/oder 3) mehrfach Zahlungen: 1740 von der Stiftskirche St-Martin, 6. 5. 1743 vom Hospital Mostard (Rest. von Gem.), 5. 11. 1752 von der Stiftskirche Ste-Croix, 12. 8. 1755 von der Marienbruderschaft in der Kirche St-Remacle-au-Pont (für einen Altarvorsatz), 1764 von der Stiftskirche St-Denis, 1741, 1773 und 1774 von der Kathedrale (für weitere Altarvorsätze). Gem. D.s befanden sich außerdem in der Kirche der Rekollekten (heute St-Nicolas) in Outre-Meuse. Entweder D. oder 3 kopiert offenbar 1751 ein 1652 von André Marckon (gen. Romanique) gemaltes Portr. der *Anne-Emérentiane de Valdès* (verschollen; Kopie in Lüttich, Mus. d'Art relig. et d'Art mosan). Im Aug. 1756 erstellt D. ein auf Schätzungen beruhendes Verz. der Gem.-Slg des verstorbenen François-Henri de Cochem, ehem. Berater des Fürstbischofs. Am 15. 11. 1761 für versch. im Auftrag des Kanonikers von Bierset im dortigen Schloß ausgef. Arbeiten bezahlt, bes. für Attiken und Kamindekorationen mit Blumenvasen sowie für eine großformatige Tapisserievorlage (Öl, für einen Salon) mit Ansichten alter röm. Paläste. Am 24. 4. 1762 überträgt D. einen Garten an der Chaussée Saint-Gilles an Gabriel Thyot. Der Kanoniker Henri Hamal besaß A. 19. Jh. in seiner Slg zwei kleinformatige Gem. D.s mit *Bouquets de fleurs* (Versteigerung H. Hamal, 17. 3. 1824, Nr 61), dazu vier Zchngn (Lüttich, Cab. des Estampes). 🏛 AIGREMONT, Schloß: Vase de fleurs; Fillette nourrissant un chien, beide 1740. ANTHISNES, Kirche St-Martin: Kreuzigung, 1752 (Zuschr.). FEXHE-LE-HAUT-CLOCHER, Kirche St-Martin: Kreuzigung (Kopie nach Fisen, Zuschr.). FIZE-FONTAINE, Kirche St-Lambert: Himmelfahrt, um 1749 (Zuschr.). KERNIEL, Kirche St-Pantaleon: Anbetung der Hirten (Zuschr.). LÜTTICH, Hôtel de Bocholtz: Vase de fleurs (stammt aus dem Haus eines Kanonikers, Rue Saint-Thomas, Nr 9). NEERREPEN, St. Ludgeruskerk: Kreuzigung (Zuschr.).

2. *Jean*, † 21. 8. 1703 Lüttich. Verwandtschaft zu 1 und 3 ungeklärt (viell. Vater von 3). Nur bek. durch eine Erw. von Hamal, der ihn als Schüler von Bertholet Flémal bezeichnet. Dieser soll D. (1663?) auf einer „Himmelfahrt" für den Hochaltar der Dominikanerkirche in Lüttich als Apostel dargestellt haben.

3. *Jean*, Historien- und Wappenmaler, * um 1670 Lüttich, † 30. 12. 1762. Vater von 1. Am 27. 10. 1727 zahlt D. an den Maler und Wappenherold Simon-Joseph Abry 5 florins für genealog. Unters. über den verstorbenen Grafen Guillaume de Rivière d'Arschot, die er für die Ausf. von Wappenschilden aus Anlaß von dessen Tod benötigt. 1736 und 1740 dok. (cf. 1.). Für die Lütticher Kirche St-Jean l'Evangéliste soll D. lt. Hamal vier großformatige Ölbilder mit den *Kirchenvätern* gemalt haben. Das einzige sichere, erh. Werk ist eine *Steinigung des hl. Stephan* (1. 12. 1714 mit 60 florins bezahlt; Hoeselt, Kirche St-Etienne), zu der er sich von einem Stich nach einer frz. oder ital. Vorlage inspirieren ließ. Durch vergleichende Analyse könnten ihm vermutl. je eine *Kreuzigung* in Lummen (Auferstehungskirche) und Alt-Hoeselt (Kirche St-Lambert) zugeschr. werden. Den knappen Angaben über einen Maler D. in versch. Lütticher Rechnungen des 18. Jh. ist nicht zu entnehmen, ob von 1 oder D. die Rede ist. Offensichtl. war er bestenfalls ein guter Handwerker.

🕮 ThB36, 1947 (zu 1, im Art. Woot [de Trixhe], Tilman; kein Bezug der Fam. D. zu ihm). DPB I, 1995. – *H. Hamal*, Not. sur les objets d'art, avec le nom des auteurs, qui se trouvaient dans les églises de la ville de Liège en 1786, ed. *R. Lesuisse*, in: Bull. de la Soc. des bibliophiles liégeois 19:1956, 220, 227, 240, 251 s.; *J. Helbig*, La peint. au pays de Liège et sur les bords de la Meuse, Liège 1903, 258; *R. Forgeur*, Le pal. de Liège, Liège 1965, 19 s.; *B. Lhoist-Colman*, Le livre de comptes de Simon-Joseph Abry, peintre et héraut d'armes liégeois (1675–1756), Liège 1990, 42, 168; *P.-Y. Kairis*, Les tableaux de justice d'Englebert Fisen pour le pal. de Liège, Art & fact 15:1996, 134–137. – *Online:* Dict. informatisé des artistes liégeois (Univ. de Liège). – Mitt. M. Lefftz, Ramillies. P.-Y. Kairis

De Trobriand, *Philippe Régis Denis de Keredern*, Comte, frz.-US-amer. Offizier, Amateurmaler, Zeichner, Autor, * 4. 6. 1816 Château des Rochettes b. Tours, † 15. 7. 1897 Bayport/N. Y. Stud.: 1834 in Tours; bis 1837 in Poitiers (Jura). 1840 als Baron in Paris; 1841 bis Sommer 1842 in den USA und Kanada. 1844–47 in Venedig. Danach in New York als Maler und Theaterkritiker (der New Yorker Oper) für das Mag. Le Courrier des Etats-Unis (N. Y.) tätig. D. begleitete 1848 Lord Stanley zu den Niagarafällen und fertigte viele Zchngn (im Auftrag der Pariser Zs. L'Illustration). 1848/49 zus. mit Baron Alphonse de Rothschild Reise in den Süden und Osten der USA sowie nach Kuba. Wieder in New York, gründete D. 1849 die Rev. de Nouveau-Monde. 1851 in Frankreich; 1854 in New York, Mitarb. von Le Courrier des Etats-Unis (1854–61 Redakteur des Feuilletons; ab 1854 Theaterkritiker der neuen New Yorker Oper). 1854 Besuch der Niagarafälle; malte ein kinet. Panorama.

In der NAD stellte D. 1860 zwei Kohle-Zchngn und das Öl-Gem. *Le Pal. de Doges et l'escalier monumental à Venise* aus. Im Sezessionskrieg (naturalisiert) bei den Unionstruppen Oberst, später Generalmajor. 1866 in Brest/Frankreich; malte *La Bataille de Gettysburg*. Ab 1867 wieder in den USA, wo D. versch. Militär-Forts bes. entlang des Missouri besuchte. 1874/75 in Frankreich; Titel des Comte. Befehligte 1875–79 US-Truppen in New Orleans/La., wo er sich anschl. niederließ und dort 1884 in die World's Industrial and Cotton Centennial Expos. involviert war. – Zahlr. ill. Reise-Beschr.; Lsch. (u.a. Montana, Dakota, Wyoming, Utah), Ansichten von Forts, militär. Motive, indian. Portr. (z.B. Sitting Bull) und Genreszenen (Öl, Aqu., Bleistift- und Kohle-Zchngn). 🏛 BISMARCK, Hist. Soc. of North Dakota. GREAT FALLS/Mont., C. M. Russell Mus. NEW YORK, Hist. Soc.: venezian. und kuban. Ansichten, z.B. Puentes Grandes, Cuba, Aqu. ✉ Le rebelle. Nouvelle canad., in: Le Courrier des Etats-Unis 1841 (Dez.); Quatre ans de campagnes à l'armée du Potamac, 1867/68 (in engl. Ausg., Boston 1889); Vue militaire dans le Dakota. Notes et souvenirs, 1867–1869, P. 1926 (in engl. Ausg., Saint Paul, Minn. 1951). 📖 *Samuels*, 1976; Enc. of New Orleans artists 1718–1918, New Orleans 1987; *Karel*, 1992 (s.v. Trobriand, Philippe-Régis-Denis de Keredern de). – *M.-C. Post*, The life of memoirs of Comte Régis de Trobriand, N. Y. 1910. C. R.

Detrois, *Alba*, frz. Malerin, * 15. 8. 1863 Paris, dort tätig. Schülerin von Eugénie Juliette Faux-Froidure. 👁 *G:* ab 1910 Paris, SAfr. (Mitgl.). 📖 *Edouard-Joseph* I, 1930; *Bénézit* IV, 1999.

Détroulleau (Detrolleau), *Jean-Baptiste*, frz. Ebenist, * 1737, † um 1782 wahrsch. Paris, lebte dort. Wohl Vater eines gleichnamigen, 1809 in Paris dok. Ebenisten. 1767 Meister. 1782 Geschäftsübernahme durch die Witwe (mindestens bis 1788 tätig). – D. hinterließ sehr schlichte, häufig nur mit Schmetterlingsflügeldekor furnierte Möbel im Louis-quinze- und Louis-seize-Stil, z.B. eine Kommode mit drei Schubkästen (Louis-quinze, Rosen- und Veilchenholzfurnier; 6. 5. 1977, Paris, Hôtel Drouot, versteigert), und einen zweitürigen Eckschrank in Mahagoni (25. 5. 1987, ebd.). Kjellberg nennt überdies einen originellen Louis-seize-Sekretär mit auffälliger Marketerie (Lsch. mit röm. Kriegern; 1986 in Paris verkauft). 📖 *Vial/Marcel/Girodie* I, 1912; *Ledoux-Lebard*, 1965; *Salverte*, 1985; *Kjellberg*, 1989 (Aukt.); *Ledoux-Lebard*, 1989. – *A. Pradère*, Die Kunst des frz. Möbels, M. 1990 (s.v. Detrolleau, Jean-Baptiste). R. T.

Detroy, *Léon*, frz. Maler, Zeichner, * 1857 Chinon, † 1955 Saint-Germain-d'Arcé/Sarthe. Um 1877 EcBA Paris bei Jean-Paul Laurens (zus. mit Albert Lebourg). D. beendete bald die akad. Ausb., um sich der Freilichtmalerei zu widmen. Die Freundschaft mit dem Dichter Maurice Rollinat (wohnte in Fresselines) ermöglichte ihm den Zugang zu den Lsch. der Creuse-Region. Er kam 1888 nach Gargilesse und weilte abwechselnd dort, in Fresselines und Crozant. D. begegnete mehreren impressionist. bzw. post-impressionist. Malern, so Edouard Monet (1888 in Fresselines), Louis Anquetin, Léon Bonnard, Edouard Vuillard und Armand Guillaumin (um 1891/92 in Agay), die ihn alle in seiner Maltechnik und Farbgestaltung stark beeinflußten. Zu D.s Schülern gehörten Marcel Coucy, André Villebœuf und Gaston Thiery. D. bereiste Frankreich, die Niederlande, Belgien, Italien und den Mittleren Osten. – V.a. Creuse-Lsch. (gilt neben A. Guillaumin als „maître de Crozant"), auch Portr. und Stilleben (u.a. Blumen- und Früchtestücke). D.s Atelierbestand wurde in Versailles (22. 6. 1960 und 27. 10. 1961, Hôtel des Chevau-Légers; 14. 11. 1960, Trianon Pal.) verkauft. 🏛 CHATEAUROUX, Mus. Bertrand: Moulin sur la Creuse, Öl. MULHOUSE, MBA: Charles Oulmont, Portr., Zchng, 1905; Ehem. PARIS, Hôtel Drouot: Aukt. v. 17. 2. 1984: Le Souk, Pastell; Aukt. v. 11. 12. 1989: Jeune femme lisant, Öl, 1935; Aukt. v. 20. 11. 1994: La Creuse à Gargilesse, Öl; Venise, la Guidecca, Öl, 1909. SAINT-AMAND-MONTROND, Mus. St-Vic: Neige à Gargilesse, Öl, um 1920. 👁 *E:* Paris: 1904, '05 (K: A. Willette) Gal. Th. Belin; 1910 Gal. des artistes mod.; 1929 Gal. Dru. – *G:* Paris: Salon Nat. des BA; Salon des Pastellistes. 📖 *Schurr/Cabanne* I, 1996; *Bénézit*, IV, 1999. – *H. Frantz*, La Plume 1900, 758 s.; Les cah. de l'Acad. Anquetin 1978 (27) 7–28; *Schurr* IV, 1979, 141; *C. Rameix*, L'éc. de Crozant, Limoges 1991. D. Lobstein

Detroyat, *Hélène*, frz. Malerin, Illustratorin, Tapisseristin, 20. Jh., * Paris. Entwürfe für Tapisserien und Buch-Ill. (Colette Vivier *La Maison des petits bonheurs*, 1940; Paris, BN). 🏛 PARIS, MNAM. 👁 *G:* Paris: 1933 Salon des Tuileries; Salon d'Automne; Salon des Indépendants. 📖 *Bénézit* III, 1976. – *A. Chamson*, Art et décoration 1946 (2) 127–135; *P. Moe/E. Poulsson*, Kunst og kultur 35:1952, 13–28; IFF, Après1800 VI, 1953; *M. Jarry*, Wandteppiche des XX. Jh., M. 1975. K. S.-D.

Détroyat, *Louis Hippolyte*, frz. Landschaftsmaler, * Lorient/Morbihan. Schüler von Luigi Loir. 👁 *G:* 1880, '81 Paris, Salon (Lsch. in Öl und Aqu.). 📖 Vol, 1953. *Bellier/Auvray*, Suppl., 1887; *Harambourg*, 1985; *Bénézit* IV, 1999.

Detry, *Arsène*, belg. Maler, * 1897 Koekelberg (Brüssel), † 1981 Mons. Aufgewachsen am Montmartre in Paris. Stud.: ABA Mons bei Charles Caty und Alfred Duriau; 1917–19 ABA Brüssel bei Constant Montald. 1924–27 Aufenthalt in Paris. 1925 Mitgl. der Gruppe „L'essaim". Ab 1927 in Frameries ansässig. 1928 erste Ausst. in Mons. Mitbegr. der Gruppe „Les loups". 1981 Teiln. an Ausst. mit der Gruppe „Polyptyque" in Wien (Gal. der Akad.). Ausz.: u.a. 1919 Montald-Preis; 1943 Oleffe-Preis; 1948 Prix du Hainaut; Prix de la Ville de Mons; 1968 Alexandre André-Preis. – Lsch. und Ortsansichten (bes. Borinage-Region): char. sind u.a. strenger komp. Aufbau und warme Farbgebung. 🏛 BRÜSSEL, MRBAB. CHARLEROI, Mus. comm. des BA. MONS, MBA. 📖 Vol, 1953. DPB I, 1995 (Lit.). – *Y. Vasseur*, Les demeures d'A. D. 1897–1981. Un s. de peint., Br. 1983; *J. Mambour-Deboulle u.a.*, Mons. Deux s. d'art, Br. 1989. C. R.

Detsch, *Alexander*, dt. Kupferstecher, Sohn des Stechers *Samuel D.* 1643 Heirat in Nürnberg. 📖 ThB9, 1913.

Detschev, *Danail* → **Dečev,** *Danail*

Detschewa, *Vania* → **Dečeva,** *Vanja*

Detsy, *József* cf. **Hofrichter,** *József*

Dettár, *György* → **Détári Dettár,** *György*

Dettelbach, *Bernd-Wolf,* dt. Graphiker, * 1951 Pinneberg, lebt in Hannover. Stud.: 1972–75 Freie Graphik an FHS für Gest. Hamburg, 1975–80 Kunstpädagogik und Freie Kunst an der HBK Braunschweig. 1980–82 Projekte mit Strafgefangenen. – Figürl. Darst., v.a. leidende Menschen am Rande der Gesellschaft; Rad. und Mischtechniken. ▭ Bienn. hannoverscher Künstler '84 (K), Hn. 1984. A. R.

Detter, *Joseph,* österr. Maler, † 1842 Wien. 1840 dort tätig. Zeigte 1841 ein Aqu. mit dem Interieur einer Kirche. Wahrsch. ident. mit dem Maler *Josef Detler,* von dem auf der Wiener Akad.-Ausst. 1850 das Gem. *Sakristei des Veitsdomes in Prag* gezeigt wurde. ⊙ *G:* 1841 Wien, Akad. ▭ *Fuchs,* Maler (19. Jh.), Erg.-Bd I, 1972; ÖKL V, 1979. D. T.

Detter, *Rudolf* cf. **Detter,** *Theodor*

Detter, *Theodor,* österr. Maler, Graphiker, Illustrator, * 1. 9. 1886 Wien, † 1. 11. 1957 Gmunden/OÖ. Sohn des Architekten *Rudolf D.* Stud.: KA München(?). Angebl. Schüler von Franz von Stuck. Vor 1914 für die Zs. Muskete tätig. Im 1. WK Soldat und Verwundung. Ab 1918 in Wien, um 1930 in Muskau tätig. 1933/34 in der Schweiz, 1943/44 in Feldkirch, danach in Gmunden ansässig. – Nach heiteren, humorist. Ill. der Frühzeit malte D. v.a. Portr., häufig im konventionellen Geschmack seiner Auftraggeber. Überzeugender sind seine Selbstbildnisse. Am freiesten gestaltete D. skizzenhaft-kolorist. Genreszenen mit relig. Motiven in breiter, lockerer Pinselführung (*Aus der Synagoge,* um 1920); am dichtesten die Gem. *Letztes Abendmahl* und *Grablegung* (beide 1954), die expressionist. und kubist. Elemente aufgreifen. Daneben entstanden expressive Blumenstücke, in den letzten Lebensjahren stark farbige, kleinformatige Bilder und abstrakte Kompositionen. ⌂ LINZ, Oberösterr. LM. WIEN, Albertina. – HM. – Österr. Gal. ⊙ *E:* 1986 Wien, Österr. Gal. (K). ▭ *Fuchs,* Geb. Jgg. I, 1976. – Österr. Kunst 5:1934 (3) 13 s. D. T.

Detterbeck, *W. Erich,* dt. Glasmaler, * 30. 4. 1935 Bamberg, lebt in Köln. Geometr. Komp. als Hinterglas-Malerei. ▭ Künstler-Ateliers in Köln, Köln 1985 (Ausst.-Verz.). A. R.

Detterl, *Johann Georg,* österr. Stukkateur, † 15. 10. 1785 Wien. 1747 Eheschließung ebd. 1757 Meister- und Bürgerrecht. Betrieb eine in der Spätzeit kaum noch lohnende Wkst., die 1773 seinen Sohn *Johann Paul D.* als Gesellen beschäftigte. Ein Stukkateur *Laurenz D.* heiratete 1748 in Wien. ▭ *Sailer,* 1943. D. T.

Detterl, *Johann Paul* cf. **Detterl,** *Johann Georg*

Detterl, *Laurenz* cf. **Detterl,** *Johann Georg*

Dettersen, *Johann* → **Deterson,** *Hans*

Detthow, *Eric,* schwed. Maler, Graphiker, * 27. 2. 1888 Öxnered/Vassända-Naglum, † 25. 12. 1952 Stockholm. Stud.: 1912–13 KA ebd.; 1913–15 Acad. La Palette Paris bei Henri Le Fauconnier; 1916–18 Radierschule KA Stockholm. Lebte ab 1919 v.a. in Paris. Mitgl. der Ausst.-Organisation für den Salon d'Automne. – D. orientierte sich an der frz. Kunst, anfangs an Cézanne und Seurat, später an Dufresne, Friesz und Segonzac. Malte Lsch., Figuren-Komp., Portr. und Stilleben, wählte häufig die frz. Lsch. als Motiv (u.a. *Sydfranskt landskap,* 1928; *Rivieralandskap,* 1931, beide Stockholm, Mod. Mus.) und betonte deren architekton. Formen. Sein Pinselstrich war breit und pastos, die Farben klar und etwas trocken. Das Gem. *Trubaduren* (ebd.) weist leichte kubist. Einflüsse auf, während *Landskap från Midi* (ebd.) seinen persönl. Stil dokumentiert. Malte in den 20er und 30er Jahren einige Barszenen in großangelegten Komp. (z.B. *Cafészene,* Norrköping, Mus.). Schuf auch eine Reihe von Frauen-Portr. (u.a. *Sittande ung dam,* 1928, Stockholm, Mod. Mus.), einige als Akte. Seine Portr. (z.B. *Kritikern,* 1920, ebd.; *Damporträtt,* 1935, ebd.) sind Beispiele gekonnter psycholog. Interpretation. Bevorzugte als Graphiker Rad. und Kaltnadel, oftmals skizzenhaft mit malerischen Effekten. D. war in das frz. Kunstleben integriert, während er in Schweden eher eine Außenseiterposition einnahm. ⌂ MALMÖ, KM. NORRKÖPING, Mus. PARIS, MNAM. STOCKHOLM, Mod. Mus. ⊙ *E:* Stockholm: 1923 Svensk franska KG; 1930, '36 Gal. Mod.; 1932 Konstnärshuset; 1952 Gal. Blanche: Gedenk-Ausst. (K: R. Hoppe) / Paris: 1926 Gal. de l'Etoile (K: A. Basler); Gal. Granoff; 1942 Inst. Tessin; 1944 Gal. Drouant David; 1947 Gal. De Bussy / 1936 Lund, Skånska KM / Göteborg: 1949 Gal. Aveny; 1952 KH. – *G:* ab 1913 (Stockholm, Allg. Schwed. KV), u.a. ab 1920 Paris, Salons / 1928, '48 Venedig: Bienn. ▭ Vol, 1953; Vo5, 1961. SvKL II, 1953; SvK, 1974; NKKL, 1991; *Bénézit* IV, 1999 (2. Art. irrtüml. als Delthow, Eric-Otto). – Svenska kopparstickare och etsare, Sth. 1944; Nutida svensk måleri, I, Sth. 1948–50; *S. Alfons/B. Lindwall,* Svensk konstkrönika under 100 år, Sth. 1952; *H. Sallberg/G. Jungmarker,* Svensk grafik under tre sekler, Sth. 1957; *G. Lilja,* Svenskt måleri under 1900-talet, Sth. 1968. T. Björk

Detti, *Bernardino d'Antonio del Signoraccio dei* → **Bernardino d'Antonio del Signoraccio**

Detti, *Cesare Augusto (Cesare Auguste),* ital. Maler, Zeichner, * 28. 11. 1847 Spoleto, † 19. 5. 1914 Paris. Stud.: ab 1862 Accad. di S. Luca Rom bei Francesco Podesti (1865 Dipl.). Ausst.-Debüt 1872 in Neapel und Rom. Der frz. Kunsthändler Goupil lädt ihn 1876 nach Paris ein, wo D. sich ab 1880 niederläßt. 1881 Mitgl. der Assoc. degli Acquarellisti in Rom. 1889 Vize-Präs. des ital. Komitees der WA in Paris. D.s Werke in Rom sind noch von der Genremalerei eines Bartolomeo Pinelli und der Hist.-Malerei seines Lehrers Podesti geprägt. In der Folge gewinnen die Werke von Mariano Fortuny Bedeutung für D., in Paris dann v.a. die von Ernest Meissonier und seinem Landsmann Giovanni Boldini. Ein Schüler von Jean-Léon Gérôme, der Spanier Ignacio de Léon y Escosura, wurde D.s Schwager, und die Tochter Anna heiratete den Sekretär Escosuras, Luigi Parmeggiani. Dieser, Escosura und Louis Marcy betrieben in Paris eine Gal., in der auch D. mitwirkte. Gehandelt wurde mit Stil-Kopien von Möbeln, Majoliken, Schmuck und Waffen, die zahlr. auf den Komp. D.s als Motive zu finden sind. D. widmete sich bes. der gewissenhaft ausgef., genrehaften Figuren-Komp. in hist. und exot. Gewand in oftmals impressionist., an Giuseppe De Nittis geschultem Stil. Seine ansprechenden Bilder waren gefragt und kamen in ital. Mus. und viele amer. Slgn; zahlr. Werke auf dem Kunstmarkt. 🏛 FLORENZ, Uffizien: Selbst-Portr., 1902. OBERLIN/Ohio, Allen Memorial AM: Das verlorene Spiel, 1889. REGGIO EMILIA, Gall. Civ. Parmiggiani, Sala Cesare Detti: 24 Gem. ROM, Minist. dei beni cult. e ambientali, Ist. S. Michele: La Malincolia. SPOLETO, Pal. Com.: Gem. (Schenkungen des Künstlers 1894, 1896 und 1912 sowie seiner Tochter Anna 1914 und 1937). TURIN, Civ. GAM: Giulietta e Romeo. 👁 *G:* Paris: 1878 Salon; 1879 Espos. univ.; 1881 SAfr.; 1889 WA (Bronze-Med.); 1891 Salon de la Soc. nat. des BA; 1900 WA (Silber-Med.); 1910 Salon / London: 1888 Expos. Ital.; 1889 RA. 📖 ThB9, 1913 (s.v. Detti, Cesare A.); Vo5, 1961 (s.v. Detti, Cesare). *Comanducci* II, 1971; DEB IV, 1973; CatBolaffiOtt XII, 1983; Ottocento. Cat. dell'arte ital., XVII, Mi. 1988; *Osterwalder*, 1800–1914, 1989; DBI XXXIX, 1991 (Lit.); *Schurr/Cabanne* I, 1996; *Bénézit* IV, 1999 (s.v. Detti, Cesare Auguste). – L'illustrazione ital. v. 31. 5. 1914, 539 (Nekr.); Corriere di Spoleto v. 24. 5. 1914 (Nekr.); IFF, Après 1800 VI, 1953; *Schurr* IV, 1979; Il valore dei dipinti dell'Ottocento 4:1986/87; *G. Ambrosetti/E. Farioli*, Guida introduttiva alla Civ. Gall. Anna e Luigi Parmeggiani (K), Reggio Emilia 1988; *C. Juler*, Les orientalistes de l'éc. ital., P. ^{2}1992 (Les orientalistes, 5); Art price index internat. '94, I, Boston 1993. A. St.

Detti, *Edoardo*, ital. Architekt, Stadtplaner, Architekturtheoretiker, * 16. 1. 1913 Florenz, † 24. 12. 1984 ebd. Stud.: Fac. di Archit. in Florenz (1940 Dipl.). 1940–44 Ass. von Giovanni Michelucci, unter dem er 1941 am Projekt eines Mus. Galileiano, dem Bau des Centro Didattico Naz. und der Innen-Gest. des Pal. Gerini in Florenz beteiligt ist. 1943 Teiln. an der Resistenza. Nach 1945 Mitgl. der Comm. urbanistica für den Wiederaufbau von Florenz. 1946 Innen-Rest. von Florentiner Häusern und Villen (Casa Cappellini; Villa Schneider) und Bau des Palazzetto per uffici e abitazione Bini in Prato. 1946/47 Teiln. am Wettb. zur Rekonstr. des Ponte S. Nicolò und Prämierung seines Projektes „Città sul fiume" beim Wettb. für das Gebiet um den Ponte Vecchio. 1946–55 Doz. für Dekoration an der Florentiner Fac. di Archit. 1947–57 beteiligt an der Rekonstr. des Ponte alle Grazie in Florenz (zus. mit Giovanni Michelucci, Riccardo Gizdulich, Danilo Santi und P. Melucci). 1947–48 Reisen nach Paris, in die Schweiz und nach Holland, wo er die Bebauungspläne von Rotterdam und Amsterdam studiert. Im Rahmen der Ausst. „La casa ital. nei sec." im Pal. Strozzi gestaltet D. 1948 versch. Wohnensembles. Gleichzeitig Einrichtung von Florentiner Villen und Geschäften (Villa Fabbricotti; Agenzia di viaggi Globus; Negozio Gensini) und zus. mit Danilo Santi und Leonardo Savioli Entwurf zu einem Wohnhaus in Verona. 1949 mit der Überarbeitung des Generalbebauungsplanes von Florenz beauftragt. 1950 Pläne zu Florentiner Wohn- und Geschäftsbauten, in enger Zusammenarbeit mit D. Santi und L. Savioli (Casa Contini-Bonacossi; Casa del Turco; Negozio Parke, Davis & C.). Gestaltet 1951 mit Oskar Stonorov die Frank-Lloyd-Wright-Ausst. im Pal. Strozzi. 1953 Rest. der Villa Malagola in Godo/Ravenna. 1954/55 verantwortl. für kunstwiss. Filmdokumentationen: Civiltà millenarie; Storia di una piazza – La Piazza di Pisa; Lucca città comunale. Arbeitet 1954–56 am Bebauungsplan für Livorno. 1956 realisiert D. das Grabmal *Piero Calamandrei* auf dem Friedhof in Trespiano/Florenz und projektiert eine Wohneinheit zu einem Mietshaus in Livorno. 1956–60 Ausbau und Einrichtung des GDS der Florentiner Uffizien (zus. mit Carlo Scarpa). In dieser Periode erarbeitet D. auch den Bebauungsplan von Pontedera/Pisa. 1957–60 Erweiterung des Ospedale di S. Maria delle Croci in Ravenna (mit P. Marello). 1957–1962 Bebauungsplan von Massa. 1958 mit C. Scarpa an der Rekonstr. der Kirche in Firenzuola/Florenz und am Bau der Albergo Minerva in Florenz beteiligt sowie Auftrag zum Bebauungsplan von Impruneta/Florenz. 1960 Bau eines klar rationalist. geprägten Verwaltungsgebäudes (edificio condominiale) in Marina di Carrara, 1960–64 Bau des Quartiere INA Casa S. Leonardo in Massa. 1960–67 Rekonstr. der Casa Ronchi-Abbozzo in S. Felice a Ema/Florenz. 1964–66 Stud.-Reisen nach Buenos Aires, Rio de Janeiro, Basel, Wien, New York, Paris und Jerusalem. 1966 Einrichtung von Bauten der Florentiner Druckerei Il Bisonte, 1967 des Büchermagazins der Nuova Italia Editrice. 1970 auf Einladung des Budapester Polytechnikums in Ungarn. 1971 rest. D. in Antella/Florenz das Backsteinpflaster und 1975 bis um 1982 in Arezzo den Pal. Corboli, ein ma. Haus sowie den Palazzaccio (zus mit G. F. Di Pietro). 1974, '76 und '81 Aufenthalte in China. 1979–80 Rekonstr. des Pal. Com. in Ponsacco/Pisa und eines Hotelkomplexes in Ripa del Sasso/Urbino. In den frühen 80er Jahren Rest. und Rekonstr. der hist. Komplexe La Ginestra und Bartolea in Montevarchi/Arezzo, der Fortezza Priamar in Savona sowie des Castello und Mus. Vinciano in Vinci/Florenz. 🏛 FLORENZ: Sede della Nuova Italia Editrice (heute IBM), 1968–71 (zus. mit C. Scarpa). LIVORNO: Scuola Elementare del Quartiere Venezia, 1961. – Liceo Sc. Enriquez, 1961–68. MASSA: Pal. di Giustizia, 1961–76 (zus. mit L. Caldarelli). SESTO FIORENTINO: Komplexbau mit Supermarkt, Wohnungen, Büros und Versammlungsräumen, 1965–70 (zus. mit P. Donati). URBINO: Ist. Tecnico Industriale, 1961–81. ✉ Archit. 7:1941, 280–285; Critica fascista v. 15. 4. 1942; Ill. toscana 8:1942, 23–26; La nazione del popolo v. 4. 9. 1944; 21. 11. 1944; 12. 7. 1946; La nuova città 1945 (1/2) 44 s.; 1946 (3) 14–19; 1946 (6/7) 35–39; Il Mondo v. 7. 4. 1945; 21. 4. 1945; Monti e boschi 1950 (12) 552–561; Rev. nac. de arquitectura 10:1950, 443–450; Architetti 1951 (8/9) 33–36; Toscana, in: La Pianificazione regionale, R. 1952; Urbanistica 1953 (12) 43–46; 1954 (14) 102–105; 1955 (15/16) 125–129; 1956 (20) 72–77; 1957 (21) 116; 1957 (22) 111–120; 1958 (23) 48 s.; 1963 (39) 75–86; 1965 (42/43) 132 ss.; 1966 (48); 1971 (57) 75–86; 1971 (58) 78 ss.; Selearte 1953 (6) 15–23; La Regione 1954 (2) 25–29; Comunità 1954 (23) 38–42; Crd'A 21:1954, 161–177; 24:1957, 489–504; 25/26:1958, 73–101; Il Ponte 3:1955, 298–301; 1966 (Nov./Dez.) 1460–1470; L'urbanistica, in: Il Michelangiolo, Fi. 1957; Italia nostra 1957 (2) 4–18;

1968 (67); Pirelli 1959 (6) 66–71, 83; Riv. di Livorno v. 1. 6. 1963; Quad. della Prov. Livorno 1965 (8) 3 s.; *E. D./G. F. Di Pietro u.a.*, Città murate e sviluppo contemp., Mi. 1968; Firenze scomparsa, Fi. 1970; Museologia 1974 (4); Urbanistica. Informazioni 1975 (19); Casabella 1978 (434) 10–14; Urbanistica, in: Enc. del Novecento, VII, R. 1984; Controspazio 1984 (23) 61–66. ▭ DEAU II, 1968; Dict. de l'archit. du XXe s., P. 1996. – *F. Brunetti*, L'archit. in Italia negli anni della ricostruzione, Fi. 1986; *G. Ciucci/F. Dal Co*, Archit. ital. del Novecento, Mi. 1990; *S. Polano*, Guida all'archit. ital. del Novecento, Mi. 1991; *P. Duboy* (Ed.), E. D. (1913–1984), architetto e urbanista (K Florenz), Mi. 1993.

N. Corradini

Dettikofer (Detigkofer), *Rudolf*, schweiz. Glasmaler, 1520–56 in Luzern dokumentiert. Mitgl. der Lukas-Bruderschaft. ▭ *Brun*, SKL I, 1905. C. D.-H.

Dettke, *Wiktor* → **Detke,** *Wiktor*

Dettler, *Franz* → **Detler,** *Franz*

Dettler-Paetzold, *Gertrude*, dt. Malerin, * 16. 3. 1891 Berlin, tätig ebd., in den 1930er bis 50er Jahren in Naumburg/Saale, zuletzt 1974 in Wiesbaden ansässig. Stud. in Berlin: 1909 Städt. KGS Charlottenburg, 1908–10 KA, 1915–16 Unterrichtsanstalt des KGM. Anschl. ca. zwei Jahrzehnte Kunsterzieherin (Lyzeum). – V.a. Portr., Stilleben, Lsch. (häufig als Folgen) und Städtebilder aus Süd- und Mitteldeutschland, Pommern und dem Samland, z.B. *Naumburger Marktplatz mit Wenzelskirche* (1932; 1933 Ankauf Reg.-Bez. Merseburg); *Höffartsspitze-Allgäu* (1935; 1940 Ankauf Reg.-Bez. Schneidemühl/W-Preußen); *Großes Blumenstück*; *Frühling*; *Ernte* (alle 1950; 1952 Ankauf Gut Wendelstein an der Unstrut); auch Interieurs (*Bauernzimmer aus dem Dithmarschen*, Folge, 1934). – Öl, Tempera, Aqu., Zeichnungen. ⊙ 1932 Naumburg, SM. ▭ Vol, 1953. – ArchAKL. V. F.

Dettling (Dedling; Tettling), *Hans*, schweiz. Glasmaler, * 27. 8. 1604 Schwyz, † 20. 12. 1677 ebd. Nach den schwyzer Landesrechnungen war D. ein vielbeschäftigter Künstler, tätig für Kirche und Privatpersonen. Dok. ist die Lieferung zweier Fenster für die Kirche St. Wendelin in Greppen/Kt. Luzern (1648). Mitgl. der Lukas-Bruderschaft Luzern. ▭ ThB9, 1913. *Brun*, SKL I, 1905; IV, 1917 (Suppl.); HBLS II, 1924; Biogr. Lex. der Schweizer Kunst, I, Z. 1998. – *Boesch*, 1955. C. D.-H.

Dettling, *Heinrich*, schweiz. Maler, 1522–65 in Schwyz und Basel nachgewiesen. ⚭ Elsbeth Wagner. 1563 führt er eine Fahne für eine Kap. in Ingenbohl/Kt. Schwyz aus. ▭ ThB9, 1913. *Brun*, SKL I, 1905. – *Rott* III, 1938. C. D.-H.

Dettlinger, *Josef*, dt. Bildhauer, * 10. 9. 1865 Heuweiler, † 5. 4. 1937 Freiburg im Breisgau. 1897 ⚭ Maria, geb. Bär. Ausb. bei Bildhauer Wilhelm Walliser in Freiburg, ab 1895 hier eig. Wkst. (Deutschordenstraße 5). In Freiburg gefördert durch den Diözesanbaumeister Max Meckel, Zusammenarbeit mit dem Kirchen- und Faßmaler Carl Schilling. 1896 schuf D. für die Freiburger kath. Pfarrk. St. Georgen den Choraltar, der ihn weithin bek. machte (Auftrag durch Meckel, den Flügelaltar der Pfarrk. Kaysersberg im Oberelsaß zu kopieren). Auch die Beziehungen zum Schriftsteller und Freiburger Stadtpfarrer Heinrich Hansjakob führten immer wieder zu Aufträgen. 1896 entstand so die Kopie eines Flügelaltärchens (Basel, Barfüßer-Mus.) als Kreuzaltar für die Pfarrk. St. Martin in Freiburg, gefolgt von drei Altärchen für deren Antoniuskapelle (1900) und einer *Kreuzigungsgruppe* (1908) an der Außenwand der Kirche; auch die *Backmuldenmadonna*, das *Antoniusaltärchen* und ein Reliefbild der *Grablegung Christi* für die Hansjakob-Grabkapelle in Hofstetten/Kinzigtal schuf der Künstler im Auftrag des Freiburger Stadtpfarrers. Der vielseitige D. erhielt zahlr. Aufträge für Kirchen der Erzdiözese Freiburg und im benachbarten Elsaß. Altäre, Kreuzwegstationen, Kanzeln und Einzelstatuen blieben erh., u.a. in: Gengenbach; Freiburg, Münster (Heinstätter Altar im Chorumgang); Karlsruhe; Liebfrauen; Kirchhofen; Ehrenstetten; Neustadt; Elzach; Forchheim; Villingen; Strasbourg, Alt St. Peter. ▭ *E. Huber*, Vom Schwarzwald zur Baar – Kunst- und Geschichtsstätten, Sigmaringen 1978, 22; *Schnell*, Kl. Kunstf., 1199, 1979, 14; 1283, 1981, 13 ss.; *H. Brommer*, in: Festschr. St. Martin in Freiburg im Breisgau, M. 1985, 217–224; Bad. Ztg (FiB.) v. 31. 10. 1985; *Schnell*, Kl. Kunstf., 1794, 1989, 20 ss.; *H. Brommer*, Kleiner Führer Gengenbach – St. Marien, Lindenberg 1999, 9 s. – Mitt. Freiburg, StsA; StA.

H. Brommer

Dettloff, *Adam*, poln. Architekt, * 1852 Krakau, † 6. 1. 1914 Nizza. Stud.: EcBA Paris (1870 Med.). Zus.-Arbeit mit Charles Garnier beim Bau des Casinos in Monte-Carlo. Tätig in S-Frankreich. ⌂ CIMIEZ: Pal. Rafaelli. MENTON-GARAVAN: Casino „Des Grottes". NIZZA: Hotel Imperial; Villen „Oktawia" und „Leliwa" für poln. Aristokraten; Schloß Beaumettes. PARIS: Wohnhäuser im Stadtteil St-Augustin; Teiln. am Bau der Markthallen. ▭ *Łoza*, 1954. – Nekr.: Bull. polonais 1914 (307); Kurier Warszawski 1914 (32); Świat 1914 (8). – Warschau, Inst. Sztuki Polskiej Akad. Nauk: *A. Nitsch*, Leksykon architektów i budowniczych, Mschr.

H. Faryna-Paszkiewicz

Dettloff (Detlof; Detloff), *Karl Eduard* (irrtüml. *Friedrich*), dt. Maler, * 3. 4. 1804 Danzig, † nach 1857 Memel(?). D. ist ident. mit dem bei ThB ohne Vornamen erw. Dettloff. Malt in Danzig v.a. Stadtansichten und Genrebilder, seine Motive findet er bei Flößern, im Schiffs- und Handelsmilieu. Nimmt von 1837–50 fast regelmäßig an den Ausst. des Danziger KV teil. Das Gem.-Verz. des SM ebd. nennt 1902 das Seestück *Kastell an der schott. Küste*, das D. auf seiner Schottlandreise 1843 gemalt hat. 1850 Umzug nach Memel. Zeigt 1857 im KV Kiel das Gem. *Leuchtturm von Danzig*. ▭ ThB9, 1913. Altpreuß. Biogr., I, Königsberg 1941 (Repr. Marburg 1974). – *Wietek*, 1986. S. Ge.

Dettmann, *Edith*, dt. Malerin, Graphikerin, * 4. 8. 1898 Stralsund, † 6. 9. 1987 ebd. Stud.: 1916–20 Unterrichtsanstalt des KGM Berlin; 1920–23 AK Düsseldorf, 1923–25 ebd. erste Meisterschülerin bei Adolf Münzer. Ab 1925 freischaffend in Düsseldorf. Beschäftigung mit marxist. Gedankengut, 1932 Eintritt in die KPD. Während ihrer Ausst. in der Düsseldorfer KH 1934 öff. Auseinandersetzung mit einem national-sozialist.

Kunstkritiker; verunsichert kehrt sie in die Heimatstadt zurück. Fortan in Stralsund tätig (v.a. Stilleben und Lsch.). Nach 1945 Vertreterin für Bild. Kunst in der Landesregierung von Meckl.-Vorpommern. Fehlende Anerkennung in Zusammenhang mit den Kunstdiskussionen jener Jahre führen ab 1949 zur Schaffenspause, die erst 1965 beendet wird. Ab 1977 nicht mehr künstler. tätig. – Von der impressionist. Malweise der Düsseldorfer Akad. beeinflußt, gelangt sie mit krit. Milieuschilderungen von Dörfern und Vorstädten am E. der 20er Jahre zur Neuen Sachlichkeit. Nach der offenen Gegnerschaft zur national-sozialist. Kunstdoktrin ab 1934 Beschränkung auf Stilleben und Lsch. der Küste in kleinteiliger, scharf konturierter Malweise. Starke Hell-Dunkel-Kontraste und expressive Details von beklemmender Eindringlichkeit spiegeln ihre seelische Verfassung wider. Versuche, nach 1945 neue Gestaltungsmittel zu entwickeln, gibt sie wieder auf, was möglicherweise zur Schaffenskrise 1949–65 beitrug. Danach wieder Stilleben, Küsten-Lsch. und Genrebilder, in denen Harmonie von Mensch und Natur episodenhaft gestaltet werden (Badende, Liebespaare, Spaziergänger). Das anklagende Bild *Mütter von Hiroshima*, 1972, bleibt Ausnahme. Mit heller Farbigkeit, lyr. Grundstimmung und der puppenhaften Gleichförmigkeit der Gesichter sind die Darst. nicht frei von Sentimentalität. 🏛 *Alle Öl:* GREIFSWALD, SM. HALLE, Staatl. Gal. Moritzburg: Mädchen am Fischteich, 1931; Stillleben mit Tulpen, 1933; Alte Scheune bei Ummanz, 1937; Altefähr auf Rügen, 1940; Flüchtlingskinder, 1946; Aufbau, 1946. KIEL, Pommersche Stiftung: Stralsund im Winter, 1936. LEIPZIG, MBK: Erholung am Strand, 1966. ROSTOCK, KH: Mädchen mit Kaninchen, 1936; Weidenlandschaft, 1965; Natur und Technik, 1967; Spaziergänger im Park, 1967. SCHWERIN, Mus.: Stilleben mit zerteiltem Kürbis, 1947. STRALSUND, Kulturhistor. Mus.: Drei Mädchen im Boot, 1936; Stilleben mit langer Pfeife, 1936; Stilleben mit Mädchen am Fenster, 1936; Abend bei Arkona, 1938; Alter Bauernhof auf Ummanz, 1938; Blick auf Gager, 1939; Blick in Dorf Devin, 1965; Bauernfamilie, 1965; Spaziergänger am Wasser, 1968; Stiller Abend an Rügens Küste, 1969; Zwei Mädchen vor Haus mit Anbau auf Rügen, 1971; Kühe auf der Weide, 1972; Freundschaft – Biologiestudentinnen, 1972; Jugendweihe, 1973; Jugend vor Tanzlokal, 1973; Krieg und Frieden, 1974. 👁 *E:* Düsseldorf: 1923 Akad.; 1934 KH / 1936 Greifswald, Mus. / 1948, '68, '78 (K), '82, '98 (K) Stralsund, Kulturhist. Mus. / 1956 Halle, Gal. Moritzburg (K) / 1973 Rostock, KH (K) / 1974 Schwerin, Mus.; Berlin, Gal. Arkade (K). 📖 Vol, 1953. *Schweers* I, 1994; *G. Grewolls*, Wer war wer in Meckl.-Vorpommern?, Bremen 1995. – *M. Riemschneider*, Heute und morgen (Schwerin) 2:1948 (8) 544 s.; Dt. Lsch. (K Gal. Moritzburg), Halle 1956, 37; *G. Förster*, Nationalzeitung (B.) v. 24. 10. 1973; *A. Beygang*, Neue Zeit (B.) v. 1. 11. 1973; *P. Briese*, Ostseezeitung (Rostock) v. 30. 9. 1973; *G. Meyer-Rienecker*, Schweriner Volkszeitung v. 22. 1. 1974; Dt. bild. Künstlerinnen von der Goethezeit bis zur Gegenwart (K NG), B. 1975; *K.-P. Manke*, Nord-dt. Neueste Nachr. (Rostock) v. 18. 11. 1976; Weggefährten – Zeitgenossen (K Altes Mus.), B. 1979; *K. Kuhirt*, Kunst der DDR 1945–59, L. 1982, 263; *I. Grunert*, Ostseezeitung (Rostock) v. 5. 8. 1983; *A. Kossert*, Meist schön und still und unbewegt, in: Gewerkschaftsleben (B.) 1985 (10) 41; *F. Schulz*, Der Demokrat (Schwerin) v. 18. 9. 1987; *G. Förster*, Almanach Ostseebezirk (Rostock) 1988 (11) 70; *A. Münster*, Künstlerinnen in Düsseldorf von 1918 bis 1933, Magisterarbeit Justus-Liebig-Univ. Gießen 1991, 32, 55 ss.; 80–84, 227 (Anm. 319); *G.-H. Vogel/B. Lichtnau*, Rügen als Künstlerinsel von der Romantik bis zur Gegenwart, Fischerhude 1993, 64, 66, 117, 142; *M. Papenbrock*, Entartete Kunst, Exilkunst, Widerstandskunst in west-dt. Ausst. nach 1945, Weimar 1997; *F. Jelen*, Rugia J. 2000, Stralsund 1999, 22–28. – Mitt. C. Roth, Bochum.

L. Hartmann

Dettmann, *Ludwig Julius Christian (Ludwig)*, dt. Maler, Graphiker, Illustrator, * 25. 7. 1865 Adelby b. Flensburg, † 19. 11. 1944 Berlin. Sohn eines Zollbeamten. Stud.: 1882–84 KGS Hamburg bei F. Woldemar und Paul Düffke, 1884–89 Stipendiat der Berliner KA, Schüler von E. Bracht, Woldemar Friedrich und F. Skarbina. Während des Stud. zeichnete D. für versch. ill. Blätter, darunter die „Leipziger Illustrierte Ztg" und „Schorers Familienblatt". Nach Abschluß der Akad. freischaffend in Berlin tätig. Bereits 1888 hatte er zusammen mit seinem Freund August Westphalen drei große Dioramen von der nächtl. Überführung der Leiche Kaiser Wilhelms I. vom Pal. zum Dom gemalt und sie nach einer Begutachtung durch Paul Meyerheim und Adolph Menzel in Eigenregie ausgestellt. 1889 Studienreisen nach Paris, Holland und London. In der Folgezeit entstanden v.a. Aqu. und Deckfarbenbilder der märk. und nieder-dt. Lsch. sowie der nord-dt. Küsten, die impressionist. Einfluß erkennen lassen. Ab 1892 wandte er sich verstärkt der Genremalerei zu. Naturnähe steigerte in Verbindung mit gefühlsbetonter Innerlichkeit und einem bisweilen auch idyll.-sentimentalen Char. die Popularität der nun zunehmend von dt. Mus. angekauften Werke. Es entstanden großformatige Triptychen (*Heilige Nacht*, 1893; *Volkslied*, 1894; *Arbeit*, 1895) und mon. Wandbilder in Kasein-Technik für die Ausstattung öff. Räume in Berlin, Hamburg, Danzig, Königsberg und Kiel. D. lehrte 1895 beim Ver. der Berliner Künstlerinnen und erhielt den preuß. Professorentitel. Im Winter 1897/98 reiste er anläßl. der Internat. Kunst-Ausst. in Venedig nach Italien. 1900 Dir. der Königsberger KA, deren Wiederbelebung D. mit Engagement betrieb. Man bescheinigte ihm pädagog. Geschick und beachtl. Lehrerfolge. 1909 Dr. phil. h. c. der Univ. Königsberg. Unternimmt 1910/11 eine Reise nach Sizilien, Neapel und Rom. 1912 Mitgl. der Preuß. ABK, 1921 Senator. Das Amt als Akad.-Dir. in Königsberg legte D. 1916 nieder, nachdem er bereits seit 1915 als offizieller Kriegsmaler zuerst an der Ost-, später auch an der Westfront tätig war. Die über 400 Kriegs-Zchngn und Pastelle sind heute verloren. Sie wurden 1916 in der Preuß. Akad. und 1934 dann im Berliner Zeughaus und in anderen dt. Städten ausgestellt. 17 der urspr. wohl 25 Faksimiledrucke umfassenden Mappe *Weltkrieg* (1929) im Arch. der Berliner HdK vermitteln ebenso wie das 1938 erschienene ill. Kriegstagebuch *Ostfront* noch einen Eindruck von diesen Arbeiten, die als umfassende Bildreportagen dokumentar.-naturalist., z.T. auch skizzenhaften Char. tragen. D. lebte nach Ende des 1. WK bis zum Tod in Berlin. 1928 nahm er für den Scherl-Verlag am Zeppelin-Transatlantikflug von Hugo Eckener teil. Bis 1937 Vors. des Ver. Berliner Künstler, außerdem Mitgl. der Berliner Akad., der AK in Dresden, der Münchener Sezession und der Mailänder Kgl. Akademie. – Mit der lichtbetonten Ausf. der frühen Aqu. und der unakadem. Auffassung der Bilder vom ländl. Leben steht D. sowohl Max Liebermann als auch Fritz von Uhde nahe. Er bereicherte die Gattung des relig. Genres v.a. um realist. aufgefaßte Motive aus dem nord-dt. Volksleben und übertrug die aus der Freilichtmalerei gewonnene Farbnuancierung in Verbindung mit einer ungezwungenen Komp.-Weise auch auf das Historienbild. Die häufig gewählte Form des Triptychons kam seinen erzähler. Bestrebungen entgegen. Der anfangs mod., naturalist. Formensprache, mit der der junge D. in den 90er Jahren des 19. Jh. Anstoß erregte, steht der konservativ-trad. Inhalt der späteren Werke gegenüber. Seine mon. Bilder für öff. Räume lassen eine Tendenz vom illusionist. Stil zu dekorativ-flächenhafter Vereinfachung erkennen. Ausz.: Med. und Preise u.a. in Bremen 1890, München und Dresden 1892, Wien 1893, Berlin 1894, Wien 1895, Venedig 1897 (Großer Preis, daraufhin Ehren-Mitgl. der AK Mailand), Paris 1900, Chicago 1904, Berlin 1909. 🏛 *Zu Schweers, 1994, sind zu ergänzen*: BERLIN, Berlin-Mus.: Blühende Kastanien, Öl. – SMPK, Kpst.-Kab.: Frühlingstag im Grunewald; Sommerabend, beide 1892. FLENSBURG, St. Petri, Altar: Der sinkende Petrus, 1909. KREFELD, Kaiser-Wilhelm-Mus.: Nach dem Regen, Aqu. 1892 (Dauerleihgabe der NG Berlin, entgegen der Angabe bei Rogner, 1965, nicht verloren). LEIPZIG, MBK: Entenhüterin am Moorgraben (1989 vom Staatl. Kunsthandel Potsdam erworben). LÜNEBURG, Ostpreuß. LM: zwei Pastelle; eine Farb-Lith. VENEDIG, MAM Ca' Pesaro: Heilige Nacht, 1892. – *Ausstattung öff. Räume*: BERLIN, Reichspost-Mus.: Der Brieftaubenverkehr, 1897 (zerst.). Ehem. DANZIG, TH: drei Wandbilder, 1905/06. HAMBURG, Norddt. LM Altona: 4 Wandbilder für den Kollegiensaal des Neuen Altonaer Rathauses, 1899/1900. KIEL, Univ., Aula: Sämann, 1911 (zerst.). – Neues Rathaus, Foyer: Hoch- und Tiefbau, 1913. – Schleswig-Holstein. Landes-Bibl.: Mittelteil des Triptychons Erstürmung der Düppler Schanzen, sign., dat. 1914. Ehem. KÖNIGSBERG, KA: drei Fassadenbilder zur Erinnerung an die Freiheitskriege von 1813 (32 Meter Länge; Oldenburg, LM: Reprod. der Entwurfkartons). ✉ Mit dem „Zeppelin" nach Amerika, B. 1929; Ostfront. Ein Denkmal des dt. Kampfes in Bildern und Tagebuchblättern, B. 1938; Lebenserinnerungen (Tl 1), Nordelbingen 42:1973, 23–69; (Tl 2), ibid. 44:1975, 79–106. 👁 *E:* 1897 Berlin, Sonderschau im Rahmen der Großen Kunst-Ausst. / 1908 Flensburg, Ver. für Kunst und Kunstgewerbe; Königsberg, KV / 1915/16 Berlin AK; Königsberg, KV (Bilder aus dem 1. WK) / 1925 Flensburg, Ver. für Kunst und Kunstgewerbe / 1934 Berlin, Zeughaus (K; 230 Kriegsbilder) / 1935 Flensburg, KGM (anläßl. des 70. Geburtstages) / 1940 Berlin, Sonderschau auf der Frühjahrs-Ausst. der Preuß. AK / 1949, '65 Flensburg, StM, Gedächtnis-Ausst. – *G:* Berlin: 1886 bis 1942 fast kontinuierl. AK (1886, '91 einschl. der Internat. Kunst-Ausst. und ab 1893 der Großen Kunst-Ausst.; 1899 Sezession; sporadisch ab 1892 München, Sezession) / 1913, '14 Wien; Künstlerhaus: Jahres-Ausst. / 1936 Venedig: Bienn. 📖 ThB9, 1913; Vol, 1953 (s.v. Dettmann, Ludwig). *F. Neubert* (Ed.), Dt. Zeitgen.-Lex., s.l. 1905; *Jansa*, 1912; *Rump*, 1912; *Feddersen*, 1984; *Ries*, 1992; *Davidson* II. 2, 1992; *Schweers* I, 1994. – *H.-W. Jensen*, Jb. des Angelner Heimat-Ver. 1893, 7–18; *F. Deibel*, Velhagen und Klasings MH 25:1911 (2); *R. Graul*, Dt. Kunst in Wort und Bild, L. 1911, Taf. 74; *F. Deibel*, L. D., Bielefeld/L. 1912 (Velhagen & Klasings Volksbücher, 62); *A. Koeppen*, Die mod. Malerei in Deutschland, Bielefeld/L. 1914, 23; ^{3}1925, 69, Abb. 20; *H. M. Elster*, Die Horen (B.) 1:1924/25, 329–344; *M. Schempp*, Ostdt. MH 5:1925 (11) 984–1002; *F. Fuglsang*, Nordelbingen 19:1950, 50–60 (Rede anläßl. der Eröffnung einer Gedächtnis-Ausst. im Flensburger Mus.); *L. Martius*, Kunst in SH 2:1952, 67–91 (bes. 72–76); *F. Fuglsang*, Kunst in SH 6:1956, 89–110 (bes. 102); *L. Martius*, Schleswig-holstein. Maler in europ. Mus., Heide 1956, 22, Nr 36; *ead.*, Die schleswig-holstein. Malerei im 19. Jh., Neumünster 1956, 385–390; *H. Ebert*, Kriegsverluste der Dresdener GG, D. 1963; *E. Schlee*, Schleswig-holstein. Volksleben, Flensburg 1963, 31–35, Abb. 58; *id.*, Das alte Föhr in bildl. Dok., Flensburg 1968, 65–69, Taf. VIII, Abb. 73, 79; *Bernhard*, 1965; *H. W. Jensen*, Die Heimat 80:1973 (6) 161–165; 80:1973 (7) 191–195; *F. Gross*, Jesus, Luther und der Papst im Bilderkampf 1871–1918, Marburg 1989; *I. Wirth*, Berliner Malerei im 19. Jh. Von der Zeit Friedrichs des Großen bis zum 1. WK, B. 1990, 445 s.; Profession ohne Trad., 125 Jahre Ver. der Berliner Künstlerinnen (K), B. 1992, 86 s.; *R. Meyer-Bremen* (Ed.), Die Ausst.-Kat. des Königsberger KV (20. Jh.), Köln u.a. 1993; *M. Potztal*, L. D. (1865–1944). Stud. zu Leben und Werk, Mag.-Arbeit Hamburg 1999. P. Kathke

Dettmann, *Paul*, dt. Bildhauer, * 17. 4. 1860 Hamburg, † nach 1913. Stud. in Dresden bei Ernst Julius Hähnel, Rückkehr nach Hamburg. D. spezialisiert sich auf Grabmäler, die er entweder mit freiplast. Figuren, wie der sitzenden Trauernden am Grabmal der Fam. Dörner (Bronze, 1904), oder mit Reliefs, wie bei dem der Fam. Froelich von 1909, beide Friedhof Ohlsdorf in Hamburg, ausstattet. Weitere bek. Grabmäler sind das der Fam. Bremer, Dircks (1909), Heyde (1913), alle ebd., sowie das der Frau Kerber auf dem Joh.-Friedhof in Nürnberg. Mit Hera und Leander und einer Bacchantin entstehen auch größere Gruppen. Stellt 1895 im KV zu Hamburg aus, 1905 nimmt er mit einer Gipsbüste *Die Alte* an der Frühjahrs-Ausst. des KV in der Hamburger KH teil. 📖 ThB9, 1913. *Rump*, 1912; *Mackay*, 1977. – *B. Leisner u.a.*, Der Hamburger Friedhof Ohlsdorf. Gesch. und Grabmäler, II, Ha. 1990, 64, 87 s., 109. S. Ge.

Dettmann, *Rolf*, dt. Maler, Zeichner, Illustrator, Graphiker, * 25. 2. 1915 Mönchengladbach, † 7. 3. 1992 Kronenburg/Eifel. Stud.: KA Düsseldorf, u.a. bei Werner Heuser, später Schüler von Julius Paul Junghanns, 1935 bei Werner Peiner. 1936 Übersiedlung nach Kronenburg, zus. mit Peiner und vier Mitstudenten; ebd. Gründung der Peinerschen Land-Akad. der KA Düsseldorf; dort bis 1944 als „Geselle" (Schwerpunkt alt-dt. Maltechnik). Später baute sich D. Haus und Atelier in Kronenburg. Soldat; Gefangenschaft. 1945–48 Gehilfe in der Landwirtschaft, dabei intensive Eindrücke vom Leben in der Eifel. Naturnahe Stud. zu Lsch. und Menschen der Eifel (Bräuche der Eifel, Tusche-Zchngn). 1959–65 Stud.-Reisen v.a. in Süd- und Westeuropa. 1970–80 Kunsterzieher in Dahlem. Als Repräsentant der Kronenburger Malerschule blieb die Stadt immer sein bevorzugtes Thema und Motiv. Seit den 70er Jahren entstehen häufig surreale Darst. in Anlehnung Giorgio De Chirico (*Kronenburg*, 1989) oder René Magritte (*Die Tasse*, 1981), zu den Bereichen Mensch und Landschaftszerstörung sog. Umweltbilder. 1974 Zyklus *Dürer-Metamorphosen*. Anfangs v.a. Arbeiten in Bleistift, Kohle, Tusche, dann Aqu., Gouache, später meist Öl-Gem. in „gouacheartiger Wirkung". Graphik, Farbstift- und Sepia-Zchngn, Monotypie, Rad. und Linolschnitt. – Ausz.: 1961 Kunstpreis der Europ. Vrg bild. Künstler von Eifel und Ardennen (als erster dt. Künstler); 1985 Bundesverdienstkreuz; 1987 Rheinlandtaler. ✉ Eifeler Bräuche im Jahreskreis und Lebenslauf, Köln 1981; Das Kylltal, Köln 1986. ⊙ *E:* 1986 Kronenburg, Bildungsstätte des Kultus-Minist. 📖 *S. Theisen*, Eifel-Jb. 1973, 87 ss.; *id.*, Dürer-Metamorphosen: R. D. – ein Zeichner des Absurden, Köln 1975; *M. Weber*, Eifel-Jb. 1985, 108–112; Die Eifel 1985 (2) 96 s.; 1986 (4) 242 s.; *W. Rosen*, Jb. Kr. Euskirchen 1985, 152 ss.; R. D. 50 Jahre in Kronenburg, Festschr., Dahlem 1986; Rhein. Heimatpflege 1987, 314; *M. Weber*, R. D., Die Eifel 87:1992 (3) 205 s.; *C.-P. Joist*, Eifel-Jb. 1997, 17 s.; *C.-P. Joist* (Ed.), Landschaftsmaler der Eifel im 20. Jh., Düren 1997, 207–210. M. Losse

Dettmann, *Udo*, dt. Maler, Objekt- und Installationskünstler, * 5. 12. 1950 Kolberg/Brandenburg, lebt in Berlin und Hamburg. 1967–75 Lehre und Tätigkeit als Kartograph in Hamburg, Stud.: 1976–81 Malerei an der FHS für Gest. in Kiel bei Harald Duwe. Seit 1981 freischaffend; 1983 Paris-Stip. des Landes SH; 1987 Atelier-Stip. im Künstlerhaus Lauenburg; 1995 Stip. der Casa Baldi in Rom. 1981 Kunst- und Kulturpreis Bad Segeberg; 1985 Kunstpreis Bad Nauheim. – Mit seinen frühen realist. Werken stellt sich D. in die Trad., die, über seinen Lehrer Duwe, zu den Realisten des späten 19. Jh. führt. Hauptmotiv ist der Mensch, den er ironisch-kritisch in seinen Lebensbedingungen darstellt. Zunehmend setzt sich D. mit malerischen Formfragen im Grenzbereich zw. Bild und Objekt auseinander, er läßt die Grenzen des Tafelbildes hinter sich. Die Illusion von Räumlichkeit erzielt D., indem er auf kastenförmigen Leinwänden malerisch gestaltete Flächen mit Objekten, oftmals übermalte Fundstücke, zu einer Malerei im Dreidimensionalen zusammenfügt. Die Gegenstände, die er für die Bilder auswählt, weisen dem Betrachter durch ihre Modifikation im Werk neue Wege der Wahrnehmung. Seit 1989 gelegentlich Inszenierungen von Malerei-Akustik-Aktionen, deren Mitschnitte in Form von Tonträgern in kleiner Aufl. erscheinen. 🏛 SCHLESWIG: Schleswig-Holstein. LM. ⊙ *E:* 1983, '85 Panker (SH), Torhaus-Gal. / 1984 Paris, Maison du Japon; Sylt, Akad. am Meer / 1985 Kiel, Univ., Smart und relaxed (K); Norderstedt, Rathaus / 1986 Bonn, Erich-Ollenhauer-Haus (K) / 1991 Schwerin, Gal. am Dom; Hamburg, Patriot. Ges. (K) / 1994 Berlin, Gal. Am Scheunenviertel (K); Bad Oldesloe, Stormarnhaus (K) / 1997 Hamburg, Chapel Art Center (K). – *G:* 1981 Wolfsburg, StG: Forum junger Kunst 1981 (K) / 1983 Hamburg, Altonaer Mus.; Kaiserslautern, Pfalz-Gal. / 1984 Antwerpen, Kgl. KA; Fåborg, KV; Lübeck, Dom-Mus. / 1985 Graz, Kunst-Lsch. SH / 1984–85, '86, '91 Kiel, Landesschauen. – *Malerei-Akustik-Aktionen*: u. a 1989 Apenrade, Knivsberg / 1990 Kiel, Sechseckbau / 1991 Magdeburg, Telemann-Halle / 1994 Berlin, Gal. Am Scheunenviertel. 📖 *Bremer* I, 1997. S. Ge.

Dettmar, *Alexander*, dt. Maler, * 1953 Freiburg im Breisgau, lebt in Berlin. Um zu malen ist D., der Autodidakt, ständig auf Wanderschaft. Nach eigener Aussage ist sein Rucksack das Atelier. Bei Reisen durch Frankreich, Nordeuropa und zuletzt Deutschland übt er die Pleinair-Malerei in ihrer urspr. Weise aus, seine Vorbilder sind Maurice Utrillo (weiße Phase) und Werner Heldt. Stadt-Lsch. gehören zu den bevorzugten Motiven. Zw. Gegenständlichkeit und Abstraktion malt er Straßenzüge, kulturelle Bauwerke, Gebäudegruppen, Plätze, ordnet sie zu fast perspektivlosen, menschenleeren Räumen, meist vor weiß-grauem Hintergrund; Personen treten genrehaft in Innenräumen auf. Die umfangreichen Bilderfolgen, die D. selbst als Romane bez., erscheinen thematisch einheitlich, z.B. der 1992 entstandene Zyklus *Steine für die Ewigkeit*: 62 Bilder von Grabsteinen des jüd. Friedhofes Schönhauser Allee in Berlin. 1994 führt er das Mal-Aktionen-Projekt „Auf Goethes Spuren" durch, für das er, beginnend in Staufen, einige in Deutschland liegende Stationen des Dichters wie Weimar, Frankfurt am Main u.a. abwandert. ⊙ *E:* 1988 Köln, Gal. Winterscheid-Barth / 1989 Brüssel, Gal. Contrast / 1990 Como, Gal. L'Arco / 1991 Bernau, Hans-Thoma-Mus.; Cuxhaven, Burg zu Hagen (K); Itzehoe, Kreis-Mus. Prinzesshof (K); Strasbourg, Gal. Bultel / 1993 Bremen, KH; Berlin, Martin-Gropius-Bau; Stade, Schwedenspeicher-Mus.: Stade-Stadt über dem Horizont (K) / 1994 Staufen, Goethe-Inst.: Auf Goethes Spuren (K); Frankfurt am Main, Schirn-KH; Weimar, Stadtschloß / 1995 Güstrow, Wollhalle: Paradies des Nordens (K); Worpswede, Forum für zeitgen. Kunst / 1996 Siegburg, SM: Berlin (K) / 1997 Würzburg, Marmelsteiner Kab. (K: J. Lenssen) / 1999 Altenburg, Landratsamt: Mitte Deutschlands – Thüringen (K). 📖 *R. Valenta*, Baden-Württ. 41:1994 (1) 54 s. S. Ge.

Dettmar-Partzsch, *Eleonore* → **Partzsch,** *Eleonore*

De Tullio, *Luigi*, ital. Graphiker, Maler, Illustrator, Keramiker, * 5. 10. 1920 Mailand, lebte dort. Ab 1938 Lehre bei einem Goldschmied (graph. Techniken); Stud.: Scuola d'Arte del Castello und Accad. di Brera Mailand. Lebt 1940–45 auf Sardinien. In dieser Zeit v.a. sard. Lsch. in Hschn., Linolschnitt, Rad. und Öl, später auch Metallschnitt. Mitgl. des Gruppo di Posizione. 1957 in Antibes und Ligurien; malt in dieser Periode bes. farbintensiv. 1958 Graphikmappe *Cron. Jugoslave*. Ab den 60er Jahren nur noch als Verleger und Drucker tätig. MAILAND, GAM: Stilleben, um 1939. *E:* 1943 Cagliari, Gal. Paladino (alle Werke bei Luftangriff zerst.). – *G:* 1940 Mailand, Sindacale d'Arte Lombarda. *Servolini*, 1955; *Comanducci* II, 1971. S.-W. S.

De Tuoni, *Mario*, ital. Maler, Freskant, * 17. 10. 1910 Spresiano/Treviso, lebte dort. Stud.: Ist. d'Arte Venedig (1938 Dipl. in Dekoration und Fresko). Debütiert 1937. Bis 1944 hauptsächl. Kirchendekorationen im Veneto. Ab 1945 v.a. gestisch freie, zartfarbige Lsch.-Aqu. und Malerei in Öl (z.B. großformatige weibl. Figuren und Lsch.), z.T. pastos, in tekton. verfestigten Formen. CONEGLIANO, Scuola Enologica. TREVISO, MCiv. – *Kirchendekorationen, meist Fresken*: PIOMBINO DESE. RESANA DI TREVISO. SALVAROSA DI CASTELFRANCO. VISNADELLO. *E:* 1964, '67 Spresiano, Gall. Nova Domus / Treviso: 1965 Gall. Città di Treviso; 1969, '70 Gall. Mignon; 1972 Gall. Giraldo / 1968 Vicenza, Gall. Il Dialogo; Ravenna, Gall. La Baracca / 1969 Udine, Gall. Il Sagittario / 1970 S. Donà di Piave, Gall. del gruppo 70 / 1972 Venedig, Gall. Fabbri. *Màdaro*, 1970; Pitt. e scult. dell'Italia contemp., VI, R./Mi. 1971; Cat. Veneto I, 1974. S.-W. S.

Deturck, *Julien (Julien-Jules-Alphonse)*, frz. Maler, Zeichner, Kupferstecher, Radierer, * 23. 2. 1862 Bailleul/Nord, bis 1937 in Paris nachweisbar. Stud.: EcBA Lille bei Alphonse-Victor Colas (Gold-Med., Reise-Stip.); EcBA Paris bei Alexandre Cabanel, Achille Jacquet und Léon Bonnat sowie bei Louis Pierre Henriquel-Dupont und Levasseur. 1888 2. Rompreis (Kpst.). Ill.: Dict. de l'Acad. des BA; Rev. de l'art ancien et mod.; Soc. franç. des Amis des Arts; Hist. du costume antique von Léon Heuzey, 1922. Gründer und Dir. der Soc. septentrionale de gravure. 1927 Grand Prix de l'Institut. – Anfängl. zahlr. Portr. (Pastelle, Kreide- und Rötel-Zchngn), aber v.a. bek. sind seine graph. Arbeiten (nach eig. und fremden Vorlagen). AMIENS, Mus. BAILLEUL, Mus. LILLE, MBA: La première pipe, nach Pieter I Coecke van Aelst, Kpst. (Soc. septentrionale de gravure 1908); Nymphe enlevée par un faune, nach A. Cabanel, Kpst. (Soc. septentrionale de gravure 1925; Prix Ary Scheffer). PARIS, BN, Cab. des Estampes. – Petit Pal.: La Liseuse, nach Jules Lefebvre, Kpst. (Salon 1903). – Louvre, Cab. des Dessins et des Gravures: Danseuse voilée, Rad. 1894. *G:* Paris: ab 1894 SAfr. (1895 Mitgl.; u.a. 1932 Christ au tombeau, nach Jean-Jacques Henner, Kpst.; erhielt dafür den Prix Delphin Petit); 1900 WA (Silber-Med. für den Kpst. Rêve d'Eros nach Jules Louis Machard). LivreD'Or, 1921; DBF XI, 1967. – IFF, Après1800 VI, 1953. C. R.

De Turczynowicz, *Wanda* (verh. Hermann), US-amer. Malerin, * 16. 6. 1908 Krakau/Polen, in El Paso/Tex. ansässig. Stud.: in La Jolla/Calif. bei (Alfred H.?) Hetherington; Ontario College of Art, Toronto, bei Beach. Gründerin und 1956 Präs. der El Paso Art Association. – Öl, Aqu. *G:* bis 1983 El Paso, Mus. of Art. WWAA, 1980–1993/94 (Werke, Ausst.). C. R.

Detvay, *Jenő*, ungar.-frz. Fotokünstler, Fotographiker, * 23. 7. 1956 Budapest, lebt seit 1980 in Paris. Autodidakt. 1987 Stip. des frz. Staats im Centre Nat. des Arts Plastique. Seit 1994 ist D. auch in Budapest tätig, u.a. als Gründer und Leiter einer der ersten Privat-Gal. für Fotokunst (Bolt Gal.). – Die Werke von D. fixieren Momentaufnahmen bzw. Erlebnisse der priv. Vergangenheit und der Gesch.: es sind „Dokumente" und „Tagebuchbilder", die eine Landkarte der Erinnerung mit priv. Topogr. aufzeichnen. Als Baukomponenten dienen Schutt und Fragm. der Geschehnisse des Alltags, wiederkehrende und sich neu erklärende Motive, Manien bzw. in der Welt einer Individualmythologie wichtig und kultisch (zum Teil eines Ritus) gewordene alltägl. Gegenstände (z.B. die zum Wesensattribut und symbol. Alter Ego gewählte Figur des Zwerges, die oft zentral als leidendes Subjekt der Ereignisse auftritt). All diese Werke, häufig als Ergebnis eines aktionsähnl. Fotografierens entstanden, und die diese verwendenden Graphiken tragen die Spuren der persönl. Manipulationen und Gesten (verkratzte Negative, übermalte Fotos usw.). Im Mittelpunkt stehen physiolog.-biolog. Dasein, Körper und Sexualität, Sehnsucht und Leidenschaft. In einer betont subjektiven Annäherungsweise mischen sich Märchenhaftigkeit und Animalität mit Spielerischem und Spontaneität des kindl. Daseins. Die geschichteten Oberflächen, die collageartig kombinierten Techniken (Foto, Graphik, Gem.) und Motive bzw. ihre persönl.-assoziative Aneinanderreihung zum Stillleben oder Genrebild ergeben eine individuelle „Lebenscollage", die in den Ausst. manchmal auch in Form von Installationen erscheint. BUDAPEST, Inst. Français. KECSKEMÉT, Magyar Fotográfiai Múz. Interview von *K. Szűcs*, Balkon 2000 (3–4). *E:* Budapest: 1988, '90 Liget Gal.; 1992 Nemzeti Színház; 1992, '96 (K: K. Szűcs) Óbudai Pince-Gal.; 1994 Bolt Gal. (K: G. Bellák); 2000 Inst. Franç. (K); Óbudai Társaskör (K: K. Szűcs) / 1990 Paris, L'Inst. Europeen d'Art / 1992 Kiskunhalas, Művelődési Központ; Sárvár, Gal. Arcis. – *G:* u.a. 1987, '88, '90, '91 Toronto, Del Bello Gal.: Internat. Miniature Art Exhib. KMML I, 1999. – Az első kiállítás (K Bolt Gal.), Bp. 1994; *G. Bellák*, in: Koncept (K Gradska Gal.), Zagreb 1996; Állatok (K Bolt Gal.), Bp. 1997; Kép és szöveg (K Bolt Gal.), Bp. 1998; XI. Esztergomi Fotó-Bienn. (K Vár-Múz./Magyar Fotográfiai Múz./Budapest Gal.), Esztergom/Kecskemét/Bp. 1998; *M. Auer/J. Streff*, Histories d'œufs, Neuchâtel 1999, 190, 244; *K. Szűcs*, in: Erotika és szexualitás a magyar képzőművészetben/Erotics and sexuality in Hungarian art (Ed. *G. Andrási*), Bp. 1999; XXS (K Bolt Gal.), Bp. 1999. L. Százados

Detwiller, *Frederick Knecht*, US-amer. Maler, Graphiker, Illustrator, Architekt, * 31. 12. 1882 Easton/Pa., † 20. 9. 1953 New York. Entstammt der A. des 19. Jh. nach Amerika ausgewanderten schweiz. Fam. der Dätwyler (Detwiler; Detweiler). Zunächst Jura-Ausb., dann Kunst-Stud.: Columbia Univ., New York (Kunst und Archit.); EcBA (Archit.) und Acad. Colarossi (Malerei), Paris; Ec. Amer. des BA in Fontainebleau; Ist. di BA, Florenz. 1914 Rückkehr in die USA. Weiterbildung an der Art Students League, New York. 1927–36 organisierte D. die Wander-Ausst. „F. K. D.-System of Graphic Art Education", um das Verständnis für graph. Techniken und deren Ausdrucksmöglichkeiten zu fördern. 1933–36 beteiligt an der Gründung der Artists of Carnegie

Hall sowie später der Salons of America und der Soc. of Amer. Artists. Malte 1938 als Gast der Canad. Pacific Railway Company Motive des Nimpkesh-Stammes in Alert Bay/Alaska. – Ansichten von New York und amer. Gebirgs-Lsch. in Öl und Aqu. Schuf das Triptychon *The Eclipse*, eine symbol. Darst. der Sonnenfinsternis vom 24. 1. 1925. Ferner Druckgraphik mit Rad., Lith. und einer von D. entwickelten Technik der Zinkographie, ein Lith.-Mischverfahren unter Einbeziehung von Tusche. ⌂ AMSTERDAM, RM, Rijksprentenkab. BROOKLYN/N. Y., Brooklyn Mus. BRÜSSEL, Bibl. royale Albert Ier, Cab. des Estampes. CAMBRIDGE/Mass., Fogg AM. CHICAGO, John H. Vanderpoel Art Assoc. HARTFORD, Connecticut State Libr. LONDON, Imperial War Mus. – BM. – V & A. NEW YORK, Mus. of the City. – Public Libr., Print Division. – Hist. Soc. – Amer. Mus. of Natural Hist. – Metrop. Mus. OTTAWA, Public Arch. of Canada. PARIS, BN. – Mus. Carnavalet. SALEM/Mass., Peabody Mus. VANCOUVER/B. C., City Mus. WASHINGTON/D. C., Libr. of Congress. – Smithsonian Institution. – NG of Art. – NM of Amer. Art. ✉ Beitr. zu: Prominent Americans of Swiss origin, N. Y. 1932; The story of a statue, 1943. – Zahlr. Art. für Print, Connoisseur u.a. Kunst-Zss. 📖 Vol, 1953. WWAA, 1940/41; 1953; 1956 (Nekr.); *Plüss/Tavel* I, 1958; *Fielding*, 1984; *Falk*, 1985. – Amer. landscape and genre paint. in the New-York Hist. Soc., I, N. Y./Boston 1982. Ch. R.

Detyniecki, *Mieczysław*, poln. Maler, Graphiker, Zeichner, * 28. 11. 1938 Wesoła b. Warschau, lebte bis 1974 in Warschau, danach in Venezuela, jetzt in Caracas ansässig. Stud.: 1956–62 ASP Warschau (Graphik bei Andrzej Rudziński, Malerei bei Aleksander Kobzdej). Lehrtätigkeit: ab 1963 ebd. (1963–64 Adjunkt; ab 1969 Ass. in der Lith.-Wkst., Fak. Graphik); ab 1976 Dekan der Fak. Kunst der Univ. Simon Rodriguez in Caracas, dort Gründer der Graph. Werkstatt. Ausz.: 1972, '75 für Zchng und Graphik, Venezuela; 1973 für die beste Graphik des Jahres, Warschau. – Freie Graphik (Rad., Aquatinta, Lith.), Zchng und Ölmalerei mit häufig mehrfigurigen Szenen, bei denen die zwar deformierten, jedoch anatomisch adäquaten Figuren dramat. agieren. Die in Venezuela entstandenen Arbeiten unterscheiden sich von denen der poln. Zeit durch ein derberes, gesättigtes Kolorit und eine ausgeprägtere Sinnlichkeit. D.s Reflexionen über die menschl. Existenz haben ihre Wurzeln im europ. Expressionismus, werden aber der „neuen Figuration" zugeordnet. D. gestaltete u.a. den graph. Zyklus *Das Schicksal des Menschen*, 1965, sowie Rad. zur Buch-Ed. des Inst. de Diseño Fund. Neumann *Sichtbares, Ausdrückbares*, Caracas 1976. ⌂ BYDGOSZCZ, MLW. EINDHOVEN, Sted. Van Abbemuseum. GDAŃSK, MN. GENF, MAH. MERIDA, MAM. OLSZTYN, Muz. Warmii i Mazur. PARIS, BN. SKOPJE, MSU. WARSCHAU, MN. – Muz. Wojska Polskiego. WROCŁAW, MN. ZÜRICH, Cab. des Estampes. ✉ Interview: Słowo Powszechne 1973 (247). ◉ *E:* 1968 Kopenhagen, Gal. ICAST; Flensburg, Städt. Gal. / 1970 Warschau, Gal. des Poln. Künstler-Verb. / Caracas: 1971 Gal. Arte-Grabado; 1974 Gal. Viva Mexico, Centro de Arte Nuevo; 1979 Gal. Durban; 1982 MAC; 1983 Alianza Francesa / Maracaibo: 1971 Centro de BA; 1972 Gal. Gaudi; 1979 Gal. Nueva Vision / 1973 Krakau, Gal. der Vrg der Kunsthistoriker / 1973–74 Wander-Ausst. durch die BRD / 1984 Warschau, Gal. Studio (K: Z. Taranienko [Einf.], mit Nachdrucken von Texten von M. Traba, 1979; J. Calzadilla, 1982; A. Hallström, 1982). 📖 SłArtPlast, 1972. – *K. Piwocki*, Hist. ASP w Warszawie 1904–1964, Wr. 1965; *Z. Taranienko*, Gal. Studio (1972–1997), Wystawy i dzieła, War. 1998, 20.

U. Makowska

Deū, mittelind. Bildhauer, schuf 1154 zur Zeit des Paramāra-Fürsten Yaśodhavala eine Darst. des Hindu-Gottes Brāmā in Bāgh (Bhā Distr., Madhya Pradesh). 📖 *H. V. Trivedi* (Ed.), Inscr. of the Paramāras, Chandellas, Kachchapaghātas and two minor dynasties New Delhi, II, 1980, 241 s. H. Plaeschke

Deu (1928) → **Bassa,** *Jaume*

Déu, *Carles*, katalan. Baumeister, 18. Jh., zus. mit seinem Bruder *Jaume D.* an der Erweiterung der Pfarrk. in Sant Feliu de Codines beteiligt. 📖 *Ráfols* I, 1951.

A. M.

Déu, *Joan*, katalan. Stickermeister in Barcelona, 1536 erstmals durch Vertrag mit dem Maler Jaime Forner nachweisbar. Rest. 1550 die Fahne der Sa. Eulalia, das Kummet des Pferdes, auf dem der Träger der Fahne ritt, sowie die Dalmatika. 1555 arbeitete D. für die Kathedrale zu Barcelona. 📖 *Ráfols* I, 1951. W. H.

Deu, *Marko*, slowen. Architekt, Designer, Plakatgestalter, * 7. 5. 1928 Ljubljana, lebt dort. Stud.: bis 1960 (Dipl.) Fak. für Archit., Bauwesen und Geodäsie der Univ. Ljubljana bei Edvard Ravnikar. 1960–68 bei der Fa. Jelovica in Škofja Loka angestellt, projektierte er 1960 das erste Fertigteilhaus für den Klub KKK in Portorož. 1964 schuf er Entwürfe für Montagehäuser in den Wohnsiedlungen: Vlae in Skopje (zus. mit Boštjan Hafner); Murgle in Ljubljana (zus. mit France Ivanšek). 1968–90 (Pensionierung) war er in der Marketing-Abt. der Fa. Iskra in Ljubljana verantwortl. für alle Ausst.- und Messeprojekte und entwarf die Interieurs der Iskra-Vertretungen im Ausland, u.a. in Warschau, Berlin, Sofia. Er führte bes. bei der Messe-Archit. originelle Neuerungen ein. Seit 1989 schuf er zus. mit den Architekten Mia Zrnec und Niko Zupan mehrere Projekte für öff. und Fabrikgebäude in Rußland. 1998/99 projektierte er vier Multimediasäle für die Fa. Elektrogospodarstvo Slovenije. Daneben Plakat-Gest. (mehrfach ausgezeichnet) für Messen, Kunst-Ausst. und zu polit. Themen. Ausz.: u.a. 1985 Plečnik-Med. (zus. mit Iskra-Mitarb. für Ausst.). 📖 *M. Verk/A. Bajec/M. Deu*, Komuna (Ljubljana) 3:1965; *S. Bernik*, Novejša slovenska arhitektura (K Mod. gal.), Ljubljana 1968. B. Ilich Klančnik

Deu, *Matjaž*, slowen. Architekt, Designer, * 8. 8. 1946 Ljubljana, lebt dort. Stud.: bis 1972 (Dipl.) Fak. für Archit., Bauwesen und Geodäsie der Univ. Ljubljana bei Niko Kralj. 1973–77 ebd. am Inst. für Design zunächst freier, dann ständiger Mitarb., 1977–97 Assistent. 1977–83 auch Honorarkraft für Konstruktion und Design in der Abt. für Holzverarbeitung der Biotechn. Fak. Ljubljana. Seit 1997 freischaffend auf versch. Gebieten des Graphik- und Industriedesigns. Entwirft Ausst.-Pavillons, Ausst.-Ausstattungen, Möbelmessen. Übernimmt auch Innenausstattungen und Archit.-Aufträge. Als Möbeldesigner arbeitet er eng mit der Holzindustrie zus., setzt sich für Systemlösungen und kombinierbare universelle Anbaumöbelprogramme ein. Preise auf Möbelmessen: 1977 für Pavillon des Holzindustrieunternehmens LIP Bled und System Dota (mit N. Kralj); 1979 für Polstermöbelsystem *Pinguin I, II* (beide Belgrad); 1984 für System *Tubus*; 1985 für Liege *Kameleon* (beide Skopje). D. meldete zahlr. Möbelpatente an, z.B. 1982 für verstellbare Kindermöbel, 1983 für die Systeme *Kvadro* und *Rakun*, 1986 für die Systeme *Kivi* und *Flamingo*. 🕮 *M. Kržišnik*, M. D. arhitekt. Oblikovanje 1977–1996. 21 projektov, Ljubljana 1997. B. Ilich Klančnik

Deu Amat, *Josep*, katalan. Architekt, E. 19./A. 20. Jh. Enkel des Baumeisters *Josep D. Busquets* (Stud. bis 1870/71; bis 1917 in Barcelona tätig). Stud.: bis 1926 Esc. de Arquit., Barcelona. Ab 1940 in Caracas/Venezuela. 🕮 *Ráfols* III, 1954 (Anh.). – *Bassegoda Nonell*, 1973 (s.v. D. Busquets, José). A. M.

Deu Busquets, *Josep* cf. **Deu Amat,** *Josep*

Deu Virgili, *Jaume (Jaime)*, katalan. Maler, Illustrator, * 1920 St-Aubin/Frankreich, seit 1933 in Sabadell/Katalonien, später in Bellaterra ansässig. – Vom Expressionismus Übergang zur Abstraktion mit strukturierten Farbflächen. Neben Öl-Gem. auch Wandbilder und Illustrationen. ⊙ *E:* 1956 La Coruña. 🕮 *Ràfols* I, 1985; DPEE IV, 1994. M. B. E.

Deũa cf. **Devaũ**

Deubel, *Joseph* → **Deibel,** *Joseph*

Deuber → **Deber** (Zinngießer-Fam.)

Deuber, *Carl*, schweiz. Maler, Glasmaler, Graphiker, Zeichner, * 1937, Bürger von Ussbühl, lebt in Reichenburg/Schwyz. Lehre als Schrift- und Dekorationsmaler. 1957–62 Kursbesuche an der KGS Zürich. 1963–67 tätig in Paris, Stockholm, Kopenhagen und München. – Zeichner. geprägte Natur- und Traum-Lsch. in Acryl und Aqu. sowie bes. kleine, skizzenhafte Tusch- und Bleistift-Zchngn. Außerdem Entwürfe zu Glas-Gem. in klaren, von Bauhaus und Konstruktivismus beeinflußten Formen (*Urschweiz*, 1990, 2. Preis beim Schwyzer Wettb. für Glasmalerei). 🏛 RAPPERSWIL, Stadtgemeinde. REICHENBURG, Altenheim. ST. GALLENKAPPEL, Gemeinde. TUGGEN, Gemeinde. 🕮 Kulturschaffende im Kt. Schwyz, Schwyz 1993. D. T.

Deuberge, *Ida* → **Deurbergue,** *Ida*

Deubergue, *Louis* → **Deurbergue,** *Louis*

Deubert, *August Heinrich Eduard*, dt. Goldschmied, * 28. 11. 1820 Quedlinburg, † 21. 12. 1874 ebd. Sohn des Goldschmieds *Christoph Otto D.* ⚭ 1848. Ab 1852 Lehrherr. – Fertigte u.a. Tafelsilber (Eß- und Teelöffel in Priv.-Bes.). Der Sohn *Gottlieb Wilhelm Eduard Robert D.* (* 5. 2. 1851) war ebenfalls Goldschmied. 🕮 *Scheffler*, Goldschm. Mittel/NO-Dtld, 1980, Nr 11. J. T.

Deubert, *Christoph Otto* cf. **Deubert,** *August Heinrich Eduard*

Deubert, *Gottlieb Wilhelm Eduard Robert* cf. **Deubert,** *August Heinrich Eduard*

Deubler, *Jan Zygmunt* → **Deybel von Hammerau,** *Jan Zygmunt*

Deubler (Deibler), *Johann*, dt. Bildhauer, † 1582 München. Erst in Wien, später in München. Wie sein gleichnamiger Sohn († nach 1590) Ausf. von kleineren Werken. 🕮 ThB9, 1913.

Deubler, *Leonardo* → **Deubler,** *Padre Leonardo*

Deubler, Padre *Leonardo (Leonhard)*, dt. Architekt, Bildhauer, Jesuitenpater, * 13. 1. 1689 Bamberg, † 5. 5. 1769 Lissabon. Patenkind von Johann Leonhard Dientzenhofer. Tritt 1709 in den Jesuitenorden ein. Lt. Richter (1997) bis ca. 1720 in Bamberg tätig; 1720 nach Quito geschickt. 1722–25 leitet D. dort den Bau des größten Teils der Hauptfassade der ab ca. 1605 errichteten barocken Jesuitenkirche (Iglesia de la Compañía, erh.); aufgrund von Ähnlichkeiten mit Kirchen in Rom stammen die Pläne vermutl. von dort. Die Fassade wirkt wie ein mon. Steinaltar, die Nischen mit Heiligenstatuen sind durch Säulen und Pfeiler gegliedert; ein großes Chorfenster wird von einem halbkreisförmigen Tympanon bekrönt. Am plast. Schmuck ist D. eigenhändig beteiligt, u.a. mit der Gest. von Salomon. Säulen, Apostelbüsten und der Fassadeninschrift. 1725 Unterbrechung der Arbeiten, da D. nach Kolumbien gesandt wird (erst um 1760/65 Voll. der Fassade durch den ital. Laienbruder Venancio Gandolfi). 1726 zum Rektor des Jesuitenkollegs von Popayán berufen. Zu einem unbek. Zeitpunkt Rückkehr nach Quito; 1735–43 Ausf. von Hauptaltar und Kanzel der Jesuitenkirche (lt. Gretenkord, 1993, nach dem Vorbild der röm. Mutterkirche Il Gesù; zus. mit Bartolomé Ferrer und Jorge Vinterer; 1747 von Bernardo de Legarda vergoldet). Ab 1743 viele Jahre in den jesuit. Missionen von Maynas/Ekuador tätig (kein Werk bek.). Bei der Vertreibung der Jesuiten 1767 gelangt er über die brasil. Hafenstadt Belém nach Lissabon und findet Unterkunft im Gefängnis, wo er stirbt. Lt. López u.a. (1989) soll D. auch ein bed. Mathematiker gewesen sein. 🕮 EAAm I, 1968; *Vargas Ugarte*, 1968; *Gretenkord*, 1993. – *F. A. Plattner*, Dt. Meister des Barock in Südamerika im 17. und 18. Jh., Basel u.a. 1960; *J. G. Navarro*, Guía artíst. de la ciudad de Quito, Quito 1961; *id.*, Bol. de la Acad. Nac. Hist. 47:1964, 143–159; *P. Kelemen*, Baroque and Rococo in Latin America, N. Y. ^{2}1967; *J. M. Vargas*, Patrimonio artíst. ecuatoriano, Quito 1967; Arte ecuatoriano, II, Ba. 1976; *D. Bayón/M. Marx*, Hist. of South Amer. colonial art and archit., N. Y. 1989; *S. S. López u.a.*, Arte iberoamer. desde la colonización a la independencia, II, Ma. 1985, ^{3}1989 (Summa artis, 29); *M. Cuadra*, Archit. in Lateinamerika, Diss. 1987, Da. 1991; *A. Richter*, Die Bamberger Fassaden-Skulpt. von 1690–1720 und ihre Bildhauer, Lichtenfels 1997 (Schr.-R. Hist. Ver. Bamberg, 34). R. T.

Deubner, *Esther* (*Esther M.*), dt. Textil- und Objektkünstlerin, Wandmalerin, * 1929 Trieb, lebt in Mengen-Schallstadt. Stud.: 1950–55 Berlin, HBK (Wandmalerei, Weben). 1954 Meisterschülerin von Hans Orlowski. 1955/56 Rom-Stip. Ausz.: 1968 1. Preis der Stadt Freiburg; 1974 Staatspreis Baden-Württ. Studienaufenthalte: 1970/71 New Mexico und Arizona (USA); 1977 Guatemala und New Mexico. – Modifiziert Landschaftsimpressionen, z.B. in der „Canyon-Serie", 1979–86, mit den bildner. Mitteln der Weberei; subtiler Einsatz von Oberflächenstruktur und Farbigkeit. 🏛 KARLSRUHE, Bad. LM. OLDENBURG, LM. WÜRZ-

BURG, Univ.-Bibl., Lesesaal. 🕮 Zeitgen. dt. und brit. Kunsthandwerk (K Frankfurt am Main/Birmingham), Ffm. 1978; Künstler-Verz. BW V, 1981/82; *Hesse*, 1987; Zeitgen. Kunst in Franken (K Schweinfurt), Schweinfurt 1994. M. S.

Deubner, *Max*, dt. Architekt, * 1884 Riga/Lettland, † 31. 8. 1947 Neustadt/Holstein. Stud.: 1903–04 Ing.-Wiss. und 1908–12 Archit. am Polytechn. Inst. Riga; Weiterbildung an der Univ. Bonn (1906) und an der Polytechn. HS Dresden (1908). – Wohnhäuser und öff. Gebäude in Riga. 🕮 *J. Krastiņš*, Rīga. Jugendstilmetropole, Rīga 1996. V. F.

Deuchar, *David*, schott. Radierer, Zeichner, Siegelschneider, Juwelier (lt. Christie's mag.), * 1745 b. Montrose/Angus (lt. McEwan; lt. Grant: * 1743 Edinburgh), † 1808, lebte in Edinburgh. Freund des Goldschmieds James Gilliland, erster Lehrer von Henry Raeburn, den er auch bei David Martin einführt. 1788 (1803 publ.) Rad.-Folge *Dance of Death* nach Hans Holbein d. J. Heute v.a. bek. für *A Coll. of Etchings after the Most Eminent Masters of the Dutch and Flemish Schools. Particularly Rembrandt, Ostade, Cornelis Bega and Van Vliet* (Edinburgh 1803, 2 Bde), in die D. auch einige eig. Komp. aufnimmt. Daneben zeichnet und radiert er Portr. von Bürgern Edinburghs. D. wird von Raeburn wie auch von David Wilkie geschätzt. 🏛 GLASGOW, AG and Mus. 🕮 ThB9, 1913. *Grant*, Etchers, 1953; *McEwan*, 1994. – *A. S. Marks*, BurlMag 116:1974 (853) 202–209; Christie's, internat. mag. 8:1991 (8) 25. G. B.

Deuchars, *Louis Reid*, brit. Bildhauer, Maler, * 1871 Lanarkshire, † 1927. Stud.: 1887/88 Glasgow SchA. A. der 1890er Jahre tätig in Glasgow. Ab ca. 1895 Gehilfe des Bildhauers George Frederick Watts in Compton b. Guildford/Surrey. Nach dessen Tod von der Witwe Mary Seton Watts weiter beschäftigt, arbeitete z.B. drei Jahre an der Modellierung von dekorativen Terrakottaziegeln für die Compton Mortuary Chapel b. Guildford. Danach in Aldourie b. Inverness wahrsch. Organisation einer weiteren Töpfer-Wkst.; 1902 dort erste Begegnung mit dem Architekten Sir Robert Lorimer. Danach Ass. von William Goscombe John in London (lt. McEwan 1903–08 Aufenthalt dort). 1908–19 Zus.-Arbeit mit Lorimer, ansässig überwiegend in Edinburgh. – Bes. Statuetten (u.a. Bronze, Marmor, Gips) mit Portr. (*G. F. Watts*, Terrakotta), Darst. aus der antiken Mythologie und zu relig. Themen. D.s Stärke lag v.a. in der Ausf. kleinplast. Arbeiten, obwohl er immer wieder größere Formen anstrebte. Im Auftrag von Lorimer gestaltete er Modelle für Skulpt. und weitere bauplast. Dekorationen in Kirchen und Wohnsitzen, häufig von Alexander und William Clow in Holz bzw. mitunter auch von Joseph Hayes in Stein ausgeführt. Zum maler. Œuvre gehören Lsch. in Öl. 🏛 BALMANNO CASTLE/Tayside: Grotesken mit Affen-Darst. am Dachfirst. CUPAR/Fife, St. James Church: Cherubim, in Holz ausgef. von den Gebrüdern Clow. DUNBLANE, Cathedral: Engel. EDINBURGH, St. Giles Cathedral, Thistle Chapel: u.a. Modelle für einen Engel über der Tür (in Holz ausgef. von den Gebrüdern Clow); Bronzelampe in Gestalt eines fackeltragenden Engels (1912 auf der Arts and Crafts Exhib. in London gezeigt); dekorativer Schlüssel; Türgriff. – St. Mary's Cathedral: ganzfiguriges Portr. von Bischof Dowden, in Bronze gegossen von den Henshaws. – Old St. Paul, Jeffrey Str.: Madonna und Kind, Stein. GLENELG: War Memorial, Entwurf von Lorimer, 1920. GREYSTOKE/Cumbria, Kirche: Basrelief mit Portr. von Howard nach einer Fotogr. – *Dekorationen für Kamine in:* DUNROBIN CASTLE/Sutherland, Salon: nach 1915. MARCHMONT/Lothian, Haus von Sir R. McEwan, Speisezimmer (außerdem Modelle für Putten und Faune im Musikzimmer, ausgef. von den Gebrüdern Clow). 🕮 ThB9, 1913. *Graves*, RA II, 1905; *Johnson/Greutzner*, 1976; RoyalAcadExhib II, 1977; *Billcliffe* I, 1990; RSA Exhibitors I, 1991; *McEwan*, 1994. – *L. M. Boreham*, Architectural Heritage Soc. of Scotland. J. and annual report 15:1988, 14–20; BS, Fife, 1988; BS, Edinburgh, 1991; BS, Highland, 1992. Ch. R.

Deuchars, *Marion*, brit. Graphikdesignerin, Malerin, * 16. 1. 1964 Falkirk/Central, lebt in London. Stud.: 1983–87 Duncan of Jordanstone College of Art, Dundee (Ill., Graphik); 1988–89 R. College of Art, London (Ill.). Lehrtätigkeit: 1990 Duncan of Jordanstone College of Art; 1992 Suffolk College of Art, Ipswich, und Brighton College of Art; seit 1995 London Inst., R. College of Art, London. – D. gestaltet Buchumschläge (Verlage: u.a. Longman, Penguin Books, Faber & Faber), redaktionelle Ill. (Zss. und Ztgn: u.a. Elle, Marie Claire, Sunday Telegraph, Independent), Verpackungen (u.a. für Marks & Spencer, Sony, Levis, Sainsburys), Werbung (u.a. für Esso, Volkswagen), Firmenbroschüren und Jahresberichte. Daneben erhält sie von Firmen wie Credit Suisse, Cancer Reserach, Saatchi & Saatchi Design Gem.-Aufträge, entwirft Teppich- und Keramikmuster und befaßt sich z.Z. mit digitaler Kunst für Internetseiten. Mit großer Flexibilität entstehen heitere, harmon. Arbeiten (Acryl oder Gouache auf Papier oder Lw.), die durch ihre intensive Farbgebung mit breitem, formendem Pinselduktus und einer sorgfältig durchdachten Beziehung der sparsam dargestellten Objekte untereinander und im Raum die jeweiligen Aufgaben erfüllen. 👁 *E:* 1987 Edinburgh, Gilded Balloon Gall. / 1991 London, Gabriele Skelton Ltd. 🕮 Who's who in graphic design, Z. 1994. – Creative rev. 10:1990 (6) 46; *J. Wells*, Graphics internat. 52:1998 (Febr.) 49. – Mitt. Heart, London (D.s Agentur). H. St.

Deucher, *Peter*, schweiz. Architekt, * 1914 Bern, † 1965 Baden/Aargau. Ab 1947 ebd., v.a. Umbauten von Kirchen, wie der 1862 errichteten St. Johannes-Kirche in Dottikon/Aargau, 1962–64, und der Kirche St. Peter und Paul in Küssnacht/Schwyz, 1963; daneben Kinderdorf Klösterli im Empert und Schulhaus (beides in Wettingen), Gebäude der Buchdruckerei in Baden. 🕮 *Jenny* I, 1971; Neue kirchl. Kunst in der Schweiz, III, Zug 1976 (Sakrale Kunst, 11); *V. Münzel*, Badener Künstler seit 1800, Badener Neujahrs-Bll. 1981. N. B.

Deuchert, *Heinrich*, dt. Maler, * 25. 2. 1840 Darmstadt, † 6. 5. 1923 Allmannshausen am Starnberger See. Ausb. an der großherzogl. Zeichenschule Darmstadt bei Karl Ludwig Seeger, Stud.: ABK München bei Joachim Leonhard Raab. Ab 1870 Ausst.-Beteiligung im Münchner KV, 1900–13 Glas-Pal. – Bayer. Lsch.,

Jagdbilder und Geflügel in Öl, außerdem das Tafelwerk *Schmetterlinge Mitteleuropas* und Ill. zu T. Schefers *Bekannte vom Lande*, Nü. 1895. ▥ MÜNCHEN, BSGS, NP. ▭ ThB9, 1913 (Lit.); Vo5, 1961 (Lit.). Münchner Maler I, 1981 (Lit.); *Ries*, 1992; *Schweers* I, 1994. – *S. Wichmann*, Münchner Lsch.-Maler im 19. Jh, Weyarn 1996. S. P.

Deucht, *Vera* → **Dajht-Kralj,** *Vera*

Deucker, *Karl (Georg Heinrich Karl)*, dt. Kupfer- und Stahlstecher, * 23. 6. 1801 Niederzündorf b. Köln, † 2. 12. 1863 Frankfurt am Main. Sohn und Schüler eines 1805–18 in Frankfurt am Main, dann in Wiesbaden tätigen Holzschneiders. Stud.: 1824–27 KA München bei Carl Ernst Christoph Heß; danach ABA Mailand bei Giuseppe Longhi. Zunächst als Stahlstecher in Wiesbaden, ab 1830 in Frankfurt, kurzzeitig in Darmstadt tätig. 1832 in Frankfurt Lehrer und Leiter der von Georg Joseph Cöntgen gegründeten Zeichenschule. 1854 Professor. – Stiche zu hist. und biblischen Themen meist nach Vorlagen zeitgen. Künstler, wie Jakob Becker und Edward Jakob von Steinle, u.a. nazaren. Bll. zu Shakespeares *Othello* nach Ludwig Sigismund Ruhl. ▭ ThB9, 1913. – *G. Albricci*, Rass. di studi e di not. Castello Sforzesco 1982 (10) 69–166. D. T.

Deucz → **Deutsch** (Goldschmiede-Fam.)

Deudero Alorda, *José*, span. Maler, * 1952 Palma de Mallorca, lebt dort. Stud. ebd.: ab 1964 Esc. de Artes y Oficios; bei Pedro Sureda. 1977 Mitbegr. des Ateliers „Santo Cristo". Ausz.: u.a. 1981 2. Preis für Malerei, Santa María del Camí/Mallorca. – V.a. zeichner. geprägte, skizzenhafte Lsch., urbane Szenen und Figurenbilder. ◎ *E:* Palma de Mallorca: 1977 Gal. Universo; 1978 Círculo de BA; 1982 Gal. Moyá / 1979 Vitoria, Caja de Ahorros / 1980 Inca (Mallorca), Gal. Cunium. ▭ *Ràfols* I, 1985; DPEE IV, 1994. – *Sabater* II, 1982. M. N.

Deudin, *Jehan*, Gold- und Silberschmied, 1427–77 in Douai/Nord belegt; 1442–45 und 1464/65 Arbeiten für die Collégiale St-Amé. ▭ *N. Cartier*, Les orfèvres de Douai, Douai 1995 (Cah. du patrimoine, 42). C. R.

Deue, *Michel*, Sticker, 1510 bezahlt für ein Meßgewand für die Kirche von Congé-sur-Orne. ▭ ThB9, 1913.

Deüelle Lüski, *Aim*, israel. Graphiker, Fotograf, Kunstkritiker, Philosoph, * 8. 6. 1951, lebt in Tel Aviv. Stud.: 1971–72 KA Bezalel, Jerusalem; 1974–77 ENSBA, Paris. Stud. der Phil.: 1972–73 Univ. Tel Aviv; 1976–79 College de France, Paris, bei Michel Foucault und Claude Levi-Strauss; 1977–80 Univ. Paris bei Gilles Deleuze. Eröffnet 1980 ein Atelier für Mode- und Werbe-Fotogr. in Tel Aviv. Seit 1982 schreibt er für die Kunst-Mag. Kav, Muses und Studio sowie für die Tages-Ztgn Haaretz (1985–87) und Yediot Aharonot (1989–96). 1994–95 Gastkurator u.a. in Ramat Gan, Mus. of Art (Painting – Above and beyond) und Herzliya, Mus. of Art. 1994–95 Initiator und Hrsg. des Kunst-Mag. Reading. 1988–95 Mitarb. der Open Democratic School for Jews and Arabs in Tel Aviv-Yafo; dort auch Phil.-Lehrer. 1989–97 Hrsg. und Autor des phil. Mag. Metaphora (zus. mit Tenenbaum und Gur-Zeev; Univ. Tel Aviv, Cohen Inst. of Hist. and Phil. of Science and Ideas). Seit 1998 Doz. für Phil., Ästhetik und Kunst an versch. KSch sowie an der Camera Obscura Art School, Tel Aviv. 1998 Gast-Prof. für Phil. an der ENSBA, Paris. Ausz.: 1995 Foto- und Kunstpreis des Israel Mus., Jerusalem. ▥ HAIFA, Mus. of Art. TEL AVIV, Mus. of Art. ✉ Town and Utopia, Tel Aviv 1991; To the memorial of Hilmi Shousha, Tel Aviv 1997. ◎ *E:* Paris: 1976 Gal. des BA; 1976–79 Mona Lisa-Punk (Video-Installation) / 1986 Tel Aviv, Sara Levi Gall. – *G:* 1978 Tel Aviv, Artists House: Group Exhibit 78 / 1997 Paris, Gal. des BA: Connection Implicit. ▭ Mitt. D. A. Han.

Deuent, *J.*, Miniaturmaler in London, der 1808 in der dortigen RA eine Herrenporträt-Min. ausstellte. ▭ ThB9, 1913. *Foskett* I, 1972.

Deuenter, *Henrich von* → **Deventer,** *Heinrich von*

Deuerlein, *Johann Hieronymus*, dt. Maler in Würzburg, dort 1619 Schüler von Johann Ulrich Bühler und 1624 als Meister Aufnahme in die Lukasgilde. Malte ein Votivbild der Madonna (im Domkreuzgang) und das Gem. *Triumph der Religion* (in der kath. Pfarrk. St. Peter). ▭ ThB9, 1913. C. R.

Deufel, *Guido*, dt. Keramiker, * 23. 9. 1955 München, lebt ebd. Stud.: 1976–79 an der ABK München bei Franz Eska Keramik. 1979 Gesellenprüfung; nach 1979 ebd., Abt. Keramik bei Klaus Schultze. Gefäßkeramik, architekturgebundene und freie keram. Objekte, in Irdenware, z.T. grob schamottiert, gedreht oder frei aufgebaut. Die aufgetragene Feldspat-, Asche- oder Mattglasur, bzw. die aufgepinselte Engobe kann mit Ritztechnik, Pinsel-oder Schlickermalerei akzentuiert sein. Brand im Elektroofen. Ritzmarke. ◎ *G:* 1984 Coburg: Keramik heute in Bayern / 1985 Spiez: 10. Spiezer Keramik-Ausst. ▭ WWCCA, 1996. K. Schütter

Deuffer, *Dietrich Peter* → **Denffer,** *Dietrich Peter*

Deul, *Ewald*, dt. Graphiker, Zeichner, Holzbildhauer, * 1. 3. 1907 Luckenwalde, lebte ebd., in Potsdam und zuletzt in Berlin. Dreijährige Ausb. als Holzbildhauer bei Cirillo Dell'Antonio (figürl. Schnitzen) und Roth an der niederschles. Holzschnitzerschule Bad Warmbrunn (Cieplice Zdrój). – D. trat v.a. in den 50er und 60er Jahren mit Zchngn (Portr.), Rad. (auch Kaltnadel) und Lith. hervor, u.a. Archit.-Ansichten, z.B. *An der Waisenbrücke in Berlin*, Rad., ca. 1957. Als Bildhauer in der DDR kaum tätig. ◎ *G:* 1953 Dresden: 3. Dt. Kunst-Ausst. (K) / 1964 Berlin, NG: Unser Zeitgenosse (K). ▭ Vo5, 1961. – Zehn Jahre bild. Kunst in der DDR (K Dt. AK), B. 1959; BK 1960, 49 s.; BK 1967, Farbtafel vor p. 80. V. F.

Deulhergue, *Auguste Vra*, frz. Maler. Belegt durch ein 1826 dat. Frauen-Portr. im Mus. mun. von La Roche-sur-Yon. ▭ *Bénézit* III, 1976. – Mitt. Mus. mun., La Roche-sur-Yon. K. S.-D.

Deulin, *Aleksej Konstantinovič*, russ. Maler, * 14. 3. 1900 Baku, † 6. 8. 1959 Moskau. Stud. ebd.: 1923–29 FS für Handwerk, Genossenschafts- und Kleinindustrie; 1936–39 Fortbildung an der KHS; 1946–52 Höhere pädagog. Kurse an der FS für angew. Kunst bei Vasilij Nikolaevič Bakšeev, Igor' Ėmmanuilovič Grabar'. Lehrtätigkeit: 1939–59 Kunstpädagog. FS Moskau. – In der Trad. der russ. realist. Kunst und beeinflußt vom Impressionismus sowie dem Werk seiner Lehrer bevorzugt lyr. Lsch. (u.a. *Aj-Petri*, 1938; *Pered zachodom solnca*, 1947; *Lesnye dali*, 1949; *V lesu. Sokolova pustyn'*, 1952), für die weiches Kolorit mit reichen Farbschattierungen und ein freier, leichter Strich char. sind. Auch Gem. zum 2. WK (*Tanki na marše*, 1941; *Voennoplennye*, 1943), Genre-Gem. (*Pered ėkzamenami*, 1949) sowie Portr. und Stilleben. Bemalung von Holzgegenständen (Schatulle *Parad fizkul'turnikov na Krasnoj ploščadi*, 1952). ⊙ *E:* 1949 (K), '60, '62 Moskau. ▭ ChudSSSR III, 1976. – VSII Sprav. III-V, 1973–81. N. Voronina

Deully, *Auguste-Désiré-Louis*, frz. Maler, * Febr. 1829 Armentières/Nord, † 29. 7. 1885 Paris. Schüler von Léon Cogniet. – Portr. und Stilleben (auch in Pastell). ⌂ LILLE, MBA: Portr. der Tochter, Öl/Lw., 1877. ⊙ *G:* 1875–80 Paris, Salon. ▭ ThB9, 1913. *Bellier/Auvray*, Suppl., 1887; *Bénézit* III, 1976; IV, 1999. – Mitt. MBA, Lille. K. S.-D.

Deully, *Eugène-Auguste-François*, frz. Maler, * 16. 11. 1860 Lille, † Dez. 1933. Stud. in Paris: Ec. des Arts décoratifs und EcBA bei Jean Léon Gérôme, Auguste Barthélemy Glaize und Léon Glaize. 1892 Reise-Stip. (Italien, Niederlande, Belgien). Danach Zeichenlehrer am Collège Ste-Barbe in Paris. 1897–1912 Chefkonservator am MBA in Lille. 1927 Officier de la Légion d'Honneur. – Anfängl. symbolist., relig. und mytholog. Sujets, später zahlr. Portr. (z.B. *Léon Duvauchel*, 1895 SAfr.; *Madame Eugène Deully*, 1910) und Genreszenen (z.B. *Premiers beaux jours*, 1904 SAfr.). ⌂ DOUAI, Mus. de la Chartreuse: Orphée (1892 Med. 1. Kl., Salon; 1900 Bronze-Med., WA). DUNKERQUE, MBA: Pommiers en fleurs, Öl (1913 SAfr.). SAINT-OMER, Mus. de l'Hôtel Sandelin: Portr. d'un général; Portr. de Jean-Pierre, baron du Teil; Gem. nach Alfred de Jaubert (Mus. Versailles); Portr. de Jean, chevalier du Teil (alles Kopien). TOURCOING, Mus. mun. des BA: Les tourments de St Jérôme (1889 Med. 3. Kl., SAfr.). ⊙ *G:* 1880–1933 Paris, SAfr. (u.a. 1888 lobende Erw. für Le rêve et la réalité) / 1893, '1904 Arras, Union artist. du Pas-de-Calais / Lyon, Soc. lyonnaise des BA (1894 Grand Prix) / Nantes, Soc. des Amis des Arts / Roubaix-Tourcoing, Soc. artistique. ▭ ThB9, 1913. LivreD'Or, 1921; *Edouard-Joseph* I, 1930; DBF XI, 1967; *Bénézit* IV, 1999; *Marchal/Wintrebert*, 1987. – IFF, Après1800 VI, 1953. D. Lobstein

Deulofeu, *Agustí*, katalan. Maler, schuf 1690 ein kleines Retabel für die Pfarrk. von Bescano/Girona. ▭ *Ráfols* I, 1951.

Deulofeu Bonnin, *Roger*, frz.-span. Maler, Zeichner, Illustrator, * 1929 Paris, † 1977. Autodidakt. Ab 1940 in Palamós, ab 1955 in Palafrugell/Girona ansässig. 1953–55 Aufenthalt in Paris; dort zahlr. Ill., u.a. für Gedichte von Mallarmé, Baudelaire und Rimbaud. – Vom Impressionismus und Gauguin beeinflußte Lsch. und Marinen in Öl, Aqu., Pastell, Tusche und Kreide sowie figurale Komp. und Interieurs. ▭ *Ràfols* I, 1985; DPEE IV, 1994. M. N.

Deulofeu Pascual, *Esteve*, katalan. Maler, Zeichner, * 1919 Palafrugell/Girona, lebt seit 1965 in L'Hospitalet de Llobregat/Barcelona. Stud.: Esc. de Artes y Oficios, Palafrugell; bei Enric Porta Mestre in La Pobla de Segur. – Strukturreiche, von Farbkontrasten bestimmte Figurenbilder, Stilleben sowie v.a. Lsch.-Gemälde. ⊙ *E:* 1972 Barcelona, Cercle Artístic de Sant Lluc (Debüt). ▭ *Ràfols* I, 1985; DPEE IV, 1994. M. N.

Deumbergue, *Louis* → **Deurbergue,** *Louis*

Deumier, *Pierre*, père, frz. Kunstschlosser („serrurier des bâtiments du roi"), in den 1760er Jahren in Paris (Pl. du Carrousel) ansässig. Fertigte u.a. ein neoklassizist. Untergestell für einen Marmorkonsolentisch für den poln. Königshof in Warschau (um 1766, Los Angeles, J. P. Getty Mus.) sowie Metallarbeiten für Türen, Bilderrahmen der Portr.-Gal. und Spiegel des Boudoir. Schuf 1762 Chorgitter für die Kirche St-Germain l'Auxerrois in Paris und war 1765 für das Schloß von Chantilly (Pavillon des Vénus) sowie das Pal. Royal in Paris tätig. D. und *Pierre D.*, fils (beide „serruiers du roi et de la ville" gen.), sind in den 1770er und 1780er Jahren durch mehrere Aufträge (Paris, Arch. Nat.) belegt, darunter nach 1777 architekton. Bronzearbeiten (für Fenster und Türen) zus. mit Etienne-Henry Dumas oder Isaac-Louis Thibault für Pierre Gouthière, der im Auftrag von Claude Baudarts de Sainte-James für das Hôtel am Pl. de Vendôme, Paris, arbeitete. ▭ ThB9, 1913. – *H. Ottomeyer/P. Pröschel*, Vergoldete Bronzen, I-II, M. 1986; *D. H. Cohen*, J. P. Getty Mus. Journal 19:1991, 75–98. K. S.-D.

Deumier, *Pierre* (fils) cf. **Deumier,** *Pierre*

Deuna, *Pedro* → **Euna,** *Pedro d'* (1492)

Deuntzer, *Johan Jacob*, dän. Architekt, * 19. 9. 1808 Kopenhagen, † 11. 6. 1875 ebd. Stud.: ab 1817 KA Kopenhagen. Ausz.: 1829 kleine und 1833 große Silber-Med. der KA; 1833 C. F. Hansen-Med. 1850 Bürgerrechte als Maurermeister in Kopenhagen. ⌂ KOPENHAGEN, Bredgade 56 (1869). ▭ *Weilbach* II, 1994. Weilbach-Red., Kph.

Deuò, *Luigi* cf. **Devò,** *Luigi*

Deuquet, *Gérard (Gérard-Paul)*, belg. Maler, * 1936 Charleville, lebt in Brüssel. Stud. ebd.: 1951–55 Inst. Saint-Luc und 1955–58 Inst. supérieur des Arts visuels, La Cambre. Führt 1966–74 eine priv. KSch in Brüssel. Ab 1972 Prof. der ABA Charleroi. – Zunächst phantast.-symbolist., z.T. erot., später abstrakt-figurativ. Evoziert auf beschnittenen Bildträgern dreidimensionale Strukturen durch fiktive architekton. und mechanist. Elemente, wobei die Farbe zentrale Bedeutung besitzt. ⌂ CHARLEROI, MBA. ▭ *Arto*, 1978; DPB I, 1995. K. S.-D.

Deur, *Abraham Jansz.*, holl. Kartenstecher, * vermutl. Amsterdam, ab 10. 10. 1666 ebd. Bürger, noch 1714 dort dok. Vater von Johannes D. und Jacob D. – Stach zahlr. Landkarten mit Vignetten u.ä. ▭ ThB9, 1913. *Wurzbach*, NKL I, 1906; *Waller*, 1938 (Lit.).

Deur, *J. van (der)*, Maler, E. 17. Jh. Malte Lsch., z.T. zus. mit einem Antwerpener Maler Vervoort (1752 und 1764 in Antwerpen versteigert) und Kinderbilder (1763 ebd. in Auktion). ▭ ThB9, 1913. *Wurzbach*, NKL I, 1906.

Deur, *Jacob* cf. **Deur,** *Johannes*

Deur, *Jo(h)annes*, holl. Kupferstecher, 1699–1714 in Amsterdam nachw., um 1709 auch in Delft. Wie sein Bruder, der Kupferstecher *Jacob(us) D.* (dok. 1709–12 in

Amsterdam und Delft, 1713–14 in Amsterdam), Schüler seines Vaters Abraham Jansz. D. Zus. mit Luggert van Anse, Thomas Doesburg und Pieter Ruyter (oder Sluiter) fertigten beide die große Karte von *'t Hoogheemraadschap van Delfland* (Rathaus, Delft) mit zahlr. Wappen und allegor. Figuren. D. stach ferner einige der indones. Sujets in *D'Amboinsche Rariteitkamer* (Am. 1705) von Georg Eberhard Rumphius, und einer der Brüder stach vermutl. die Darst. in *Beknopte beschryving van Italien* (Am. 1703). ▭ ThB9, 1913. *Waller*, 1938; *E. Morpurgo*, Nederlandse klokken- en horlogenmakers vanaf 1300, Am. 1970; *L. Haks/G. Maris*, Lex. of foreign artists who visualized Indonesia, Utrecht 1995. B. Th.

Deur, *Joris*, holl. Baumeister, Bildhauer in 's-Hertogenbosch, schuf 1618–21 das Arsenal, 1628 das Marienhäuschen (nach Modell von François Simons) auf dem Markt (beide nicht erh.) sowie eine Orgel und einen Steinaltar (1625 geliefert) für die St.-Janskathedraal. ▭ ThB9, 1913. *Wurzbach*, NKL I, 1906.

Deurbergue, *Alexandre* → **Deurbergue,** *Louis*

Deurbergue, *Ida (Ida-Louise)*, frz. Malerin, * 7. 11. 1857 (lt. Schurr/Cabanne 1859) Paris, † 1934. Schülerin von Emile Auguste Carolus-Duran, Jean-Jacques Henner und Mme Thoret. – V.a. Portr. (u.a. Selbst-Portr., Öl, 1881) und Blumenbilder in Öl, Pastell. ⊙ *G:* Paris: ab 1879 SAfr. (Mitgl. ab 1888); 1896 Union des femmes peintres et sculpteurs. ▭ ThB9, 1913. *Hardouin-Fugier/Grafe*, 1989 (s.v. Deuberge, Ida); *Schurr/Cabanne* I, 1996; *Bénézit* IV, 1999 (s.v. Deubergue, Ida Louise). C. R.

Deurbergue (Daubergue; Dembergue; Deu[m]bergue; Dorbergue), *Louis* (gen. *Alexandre*), frz. Ziseleur, * 9. 12. 1815 Paris, † 4. 2. 1868 ebd. Schüler von Feuchère; bereits 1842 nachw. als Ziseleur. Wkst. in 17, dann 21, rue des Trois Bornes, Rue de fondeurs, wo auch A. Soyer und D.s Geschäftspartner Eck und Durand ansässig sind. Ab Dez. 1848 auf Empfehlung des Bronzegießers C. Matifat für den Goldschmied Jean-Valentin Morel tätig. An der Ziselierung eines durch den Goldschmied François Désiré Froment-Meurice für den Duc de Luynes gefertigten Tafelaufsatzes beteiligt; erhält dafür 1851 zur WA in London einen Preis als Mitarbeiter. Im Auftrag des Goldschmieds Emile Froment-Meurice ziseliert D. einen Tafelaufsatz für den Herzog von Medina-Celi. Zur Erinnerung an die Pariser WA 1855 ziseliert er die Figuren für eine Pendule von Vauvray. Mitwirkung an weiteren Tafelaufsätzen, z.B. einem von Napoleon III. an Charles Christofle in Auftrag gegebenen Werk (1855 bei der Pariser WA) und einem 1862 zur Expos. des produits de l'industrie in Paris gezeigten Stück für das Pariser Rathaus. Zu dieser Ausst. zeigt Gueyton ein Schild mit einer von D. ziselierten *Szene aus dem Krimkrieg* nach einem Entwurf von Léonard Morel-Ladeuil, Lemaire präsentiert eine bronzene Schenkkanne mit der Darst. *Danse des Willis*, gleichfalls ein Ergebnis der Mitarb. von Morel-Ladeuil und D. Zur Pariser WA 1867 werden Gewehre von Franck mit von D. ziselierten Silberornamenten gezeigt; von ihm stammen zudem die Figur *Erigone Dionysos* und eine Silberschale. 1858 erhält D. nach einem Gutachten von Villemsens eine Ausz. der Soc. libre des BA für eine Vase aus getriebenem Silber mit Allegorien zu den *Sieben Todsünden*; diese 1859 in der Abt. Bildhauerei präsentierte Vase wird für die Lotterie der Ausst. erworben. Lt. Nachlaß-Inv. arbeitet D. für zahlr. Bronzegießer (Frères Lerolle, Royer, Susse, Bernard) und Goldschmiede (Harleux). ⌂ PARIS, Orsay: Schild mit einer Darst. aus dem Krimkrieg. PHILADELPHIA/Pa., Mus. of Art. ▭ *Lami* II, 1916 (s.v. Deunbergues, Alexandre). – GBA 3:1859, 36; Art au 19e s. 3:1858, 50; 5:1860, 20, 32 s., 44 s. – Arch. de Paris, Etat-civil: Wählerlisten; Arch. nat.: O^{5}1699, Minutier central: et. XXXII/626 (Nachlaß-Inv. v. 27. 2. 1868); Fond. Taylor. A. Dion-Tenenbaum

Deurdin, *Jehan*, Tapetenwirker in Paris, der 1385/86 dem Herzog von Burgund zwei Tapeten in der Art von Arras lieferte. ▭ ThB9, 1913.

Deurell, *Sven (Sven Alfred Otto)*, schwed. Maler, * 7. 7. 1904 Stockholm, † 20. 5. 1967 Paris. Stud.: 1923, '26–27, '30–31 Valand-Malschule Göteborg bei Tor Bjurström und KA Stockholm; Reisen nach Norwegen, Dänemark, Frankreich. – Malte in Öl bes. Lsch., auch Figuren-Komp. (u.a. *Violincellisten*, Stockholm, Mod. Mus.), einige Portr. und Stilleben (z.B. *Stilleben med tomater*, ebd.). Seine Lsch., so *Trädgård i maj* (ebd.), deren Motive er in Halland, Öland und Frankreich wählte, sind aus großen, dennoch kolorist. fein strukturierten Farbflächen aufgebaut. Das Gem. *Sommardag på heden* (ebd.) ist mit wenigen breiten horizontalen Farbstrichen gemalt. D. schuf auch baugebundene Arbeiten, z.B. ein Wand-Gem. für das Karolinska Krankenhaus in Stockholm. In seiner Kunst knüpfte D. an die kolorist. Trad. der schwed. Malerei an, die von Ivan Gustaf Aguéli und Karl Isakson eingeleitet wurde. ⌂ GÖTEBORG, KM. STOCKHOLM, Mod. Mus. – NM. ⊙ *E:* Stockholm: 1940, '44, '46, '49, '52, '54, '62, '65 Färg och Form; 1969 KA: Gedächtnis-Ausst. (K: F. Hatz) / 1944, '50 Göteborg, KH / 1945 Norrköping / 1949 Borås / 1955 Malmö, Mus. ▭ Vol, 1953; SvKL II, 1953; SvKL V, 1967 (Suppl.); SvK, 1974; NKKL, 1991. – *E. Melin*, Konstrevy 28:1952, 90 s.; *B. Lindvall*, ibid 30:1954, 90–95; *E. Wretholm*, Ord och bild 1953, 385–393. T. Björk

Deurem, *Claes*, Bildhauer, 1468 für den Herzog von Burgund tätig. ▭ ThB9, 1913.

Deuren, *Gerrit Arentsz. van* → **Deurs,** *Gerrit Arentsz. van*

Deuren, *Joseph van*, Goldschmied, 2. H. 18. Jh. tätig in Mechelen, fertigte für den Kanonikus van Caster ebd. ein Weihwasserbecken, für die Kirche von Boortmeerbeeck ein Ziborium und für die Kirche St. Pierre in Sempst einen Kelch. ▭ ThB9, 1913.

Deuren (Durren), *Olivier van (Olivier Pietersz. van;* fälschl. D., *Otto van)*, niederl. Maler, get. 21. 12. 1666 Rotterdam, † zw. 4. und 10. 2. 1714 ebd. Vermutl. Schüler von Peter Lely, Caspar Netscher und Frans van Mieris (lt. einem Gedicht von David van Hoogstraten). 1697, 1705, '09 und '13 Hoofdman der Lukasgilde in Rotterdam. – Portr. und Historien. Der *Jüngling am Studiertisch*, gestochen von Pierre Viel (Marseille, Priv.-Slg), verweist auf Einfluß von Godfried Schalcken, hingegen der *Eremit in der Felsenhöhle*, dat. 1684 oder '94 (ehem. Dresden, GG Alte Meister), auf die Arbeiten von Van Mieris;

D.s Genauigkeit im Detail und der Mat.-Darst. zeigen das Vorbild von Adriaen van der Werff. Naumann (1981) schreibt D. sieben eehem. Van Mieris zugewiesen Gem. zu. 🏛 AMSTERDAM, De Smeth (Aukt. v. 1. 8. 1810): Alte Frau in einer Nische. BRÜSSEL, Pauwels (Aukt. v. 22. 8. 1903): Portr. einer alten Frau. LONDON, NG. NEW YORK, Christoph Janet (1978): Junger Astronom (Zuschr.). 📖 ThB9, 1913. *Kramm* II, 1858 (auch s.v. Deuren, Otto van). – *O. Naumann*, Frans van Mieris, Doornspijk 1981, I, 145; II, 144, 147, 163 s., 166; *MacLaren* I, 1991; Rotterdamse meesters uit de Gouden Eeuw (K Rotterdam), Zwolle 1994. U. R.

Deurer, *Joan*, katalan. Maler auf Mallorca, 14. Jh. 🏛 INCA, Pfarrk.: Muttergottes. 📖 Dicc. biogr. II, 1968.

Deurer, *Ludwig Friedrich*, dt. Maler, Zeichner, * 16. 5. 1806 Mannheim, † 30. 12. 1847 (Scharlach) ebd. Sohn von Peter Ferdinand D. Kindheit in Mannheim, ab 1811 in Augsburg. Erster Zeichenunterricht beim Vater. Ab 1824 Ausb. als Tiermaler an der Akad. Nürnberg und bei Johann Adam Klein; E. 1825 bis um 1832 KA München. Ab 1826 Kontakte zu Albrecht Adam; seit 1829 in den Akad.-Klassen von Julius Schnorr von Carolsfeld und Peter von Cornelius. Zw. 1826 und 1833 regelmäßige Studienreisen nach Obb. und in die Alpen, z.T. in Begleitung von Carl Rottmann. 1828 erste Italienreise; Herbst 1834 bis Sommer 1836 zweiter Romaufenthalt; März 1844 bis Juni 1845 dritte Romreise. Dort Bekanntschaft mit Thorwaldsen und Friedrich Overbeck, Joseph Anton Koch u.a. D.s Werk besteht v.a. aus Zchngn und Studien. Als Pferde- und Tiermaler unter dem Einfluß von J. A. Klein und A. Adam. In die detailgetreuen und plast. Zchngn fließen seit 1826 Elemente und Themen der Münchner Genre- und Lsch.-Malerei ein; nach 1828 erste Genre-Ölbilder *Parthie aus Tivoli* (ehem. Karlsruhe) und 1832 *Szene in der Campagna* (verschollen). A. der 30er Jahre unter Einfluß von Rottmann Reduktion der Lsch.-Zchngn auf große einfache Formen, bevorzugt einen linearen, auf Umrißformen aufbauenden Zeichenstil. Die „reine Linie" bestimmt auch die unter dem Einfluß von Schnorr und Cornelius entstandenen relig. Sujets. Hinwendung zur relig. inspirierten Historienmalerei; ab 1834 Vorarbeiten am Karton des Hw. *Die Kreuzfahrer vor Jerusalem*, das D. 1836 in Rom vollendet. E. 1836 muß D. nach Deutschland zurückkehren, um die familieneigene Posthalterei zu führen (Rückgang der künstler. Aktivität). 1839 Gold-Med. für Gewerbefleiß des Bad. Großherzogtums. Zw. 1837–44 entstehen wenige ausgereifte Zchngn; 1842 das Ölbild *Türkisches Reiterbildnis* (Fam.-Bes.). Während der dritten Romreise (1844) Wiederaufnahme der Lsch.-Zchng; Rückgriff auf den differenziert plast. Zeichenstil der 20er Jahre. Juni 1845 Rückkehr nach Deutschland, wegen finanzieller Schwierigkeiten kann der in Rom gefaßte Entschluß, zur Malerei zurückzukehren, nicht mehr verwirklicht werden. – Sign. um 1825/26 z.T. mit „LD" und „LDino". 🏛 *Priv.-Bes.:* Portr. Antonie D., Öl, undat. HEIDELBERG, Kurpfälz. Mus., GrS: Madonna delle Fiebre, um 1844. KARLSRUHE, SKH: Parthie aus Tivoli mit heimkehrenden Vignerolen, nach 1828 (Verbleib unbek.). LINDAU, StM Haus Cavazzen: Der Mangturm in Lindau, Aqu., 1840. LÜBECK, Mus. für Kunst und Kulturgeschichte: Kleiner Wasserfall in der Faukenschlucht, Zchng, laviert, 1830. MANNHEIM, StKH: Die Kreuzfahrer vor Jerusalem, Öl, 1836; Die Höhlen der Cervara, Aqu., 1835. – GrS: Hain der Egeria, 1828; Häuser in Olevano, 1844; Die Burg von Olevano von der Serpentara aus, 1844; Ansicht von Civitella, 1844. – Reiß-Mus.: Pferdebildnis, 1817; versch. Rad. MÜNCHEN, Staatl. GrS: Villa des Maecena, 1826; Portr. Peter von Cornelius, 1835 (irrtüml. Zuschr. an Peter Ferdinand D.). NÜRNBERG, Städt. GrS: Portr. Johann Adam Klein, 1825. ROM, Bibl. Hertziana: Portr. Peter Ferdinand D., 1835. VADUZ, Stiftung Ratjen: Blick auf Rocca S. Stefano, Aqu., um 1835. WÜRZBURG, Martin-von-Wagner-Mus. der Univ.: Ansicht von Ariccia, 1844; Panorama von Rom, 1844; Blick vom Pincio in Rom gegen St. Peter, um 1844; Blick gegen den Monte Celio, um 1844; Blick vom Esquilin auf St. Clemente, um 1844. ✉ Frankfurt am Main, Fam.-Bes.: Briefnachlaß und Tagebuchfragmente D.s und seiner Ehefrau Antonia, geb. Hout. 👁 *G:* 1832, '38 München, KV / 1840 Mannheim und Karlsruhe, KV / 1990 Würzburg, Martin-von-Wagner-Mus. der Univ. (K). 📖 ThB9, 1913. *Müller/Singer* I, [4]1920. – *H. Tenner*, Mannheimer Kunstsammler und Kunsthändler bis zur M. des 19. Jh., Diss. Heidelberg 1966; *F. Waldeck*, Alte Mannheimer Fam., 1–4. Tl, Mh. 1987 (Repr.); *Börsch-Supan*, Malerei, 1988; Unter ital. Himmel wächst wahre Kunst hervor, Peter Ferdinand D. (1777–1844) – Ludwig D. (1806–1847) (K), Mh. u.a. 1997; *S. Wagner*, L. D., Leben und Werk, Diss. Frankfurt am Main 1995, Ffm. 1999. S. Wagner

Deurer, *Peter Ferdinand*, dt. Maler, Zeichner, * 5. 1. 1777 Mannheim, † 9. 1. 1844 München. Vater von Ludwig Friedrich D. 1793 Ausb. unter Johann Christian von Mannlich in Mannheim, dann AK Düsseldorf und Kassel. 1799 während der frz. Besetzung entscheidend an der Rettung der Mannheimer Kunstschätze beteiligt. Noch vor 1806 zum Kurfürstl. Bayer. Hofmaler ernannt, 1811 Berufung als Gal.-Inspektor nach Augsburg; seit 1820 auch im Vorstand der dortigen KSch tätig. 1824 (nach anderen Quellen erst 1826) kündigt D. den Staatsdienst auf und geht nach Rom, wo er bis 1843 lebt. Dort studiert er bes. die Werke von Raffael und arbeitet um 1828 bis '42 an seinem Hw., der Kopie (Öl) der *Borghesischen Grablegung* nach Raffael (Karlsruhe, SKH). In Rom ist D. im Vorstand der dt. Künstler-Bibl. und im Bund Dt. Künstler tätig; pflegt freundschaftl. Umgang mit Martin von Wagner, August Koch, Johann Christian Reinhard, Bertel Thorvaldsen, Friedrich Overbeck und Peter von Cornelius und nach 1836 bes. mit Wilhelm von Kaulbach. Um 1802–06 entwirft D. Wanddekorationen für das Morass-Pal. in Heidelberg und wahrsch. auch für das Seeligmann-Pal. in Leimen. In Augsburg entstehen vorwiegend Portr. der örtl. Honoratioren, z.B. des *Freiherrn von Schaezler*, Öl, 1816 (Augsburg, StKS); großes Portr. *König Maximilian I. von Bayern* (München, BSGS, NP). In Rom widmet er sich vorzugsweise dem Kopieren nach Raffael, daneben entstehen Lsch.-Zchngn. Erh. Blätter zeigen v.a. ital. Sujets, die durch eine char. Handschrift, in sorgfältigen kurzen, parallelen Schraffuren mit z.T. ornamentaler Wirkung gekennzeichnet sind. D. legt gemeinsam mit seiner zweiten Ehefrau, Wilhelmine von Globig-Jagdsheim, eine Slg mit ca. 30 Werken der ital. Renaiss. und einigen Niederländern an (darunter Vorstudien zu Peruginos Auferstehung, Rubens' Antwerpener Altar, Botticellis Madonna mit Christusknabe und Johannes [Frankfurt am Main, Städel] und P. Bordones Bathseba im Bade [Köln, WRM]). Der Verbleib des größten Teils der Slg ist nicht mehr zu rekonstruieren. AUGSBURG, StKS: Madonna mit dem Christkind, 1824 (Verbleib unbek.). MANNHEIM, StKH: Neapolitan. Fischer, Öl; La grotta di Nettuno a Tivoli, I und II, Zchngn. – Reiß-Mus.: Allegorie der Schiffahrt nach Joseph Fratrel d. J., lavierte Zchng, 1795; Portr. August von Kotzebue, Zchng, nach 1818. MÜNCHEN, BSGS, NP: Selbstbildnis, Öl, 1817. – Staatl. GrS: Werners Kapelle zu Bacharach, Zchng, 1825; Tivoli, der Vestatempel, Zchng, 1827. WÜRZBURG, Martin-von-Wagner-Mus. der Univ.: Engelsburg in Rom, Zchng, 1823. *G:* 1980 München, Völkerkunde-Mus.: Wittelsbach und Bayern, Krone und Verfassung (K) / 1988 Barcelona, Fund. Caixa de Pensions, Entre la Illustració i el Romanticisme 1780–1850 (K) / 1990 Würzburg, Martin-von-Wagner-Mus. der Univ.: Neuerwerbungen 1988/89 (K) / 1992 Moskau, Puškin-MBK: Dt. Zchngn und Aqu. 1880–1920 aus der StKH Mannheim (K). ThB9, 1913. *Müller/Singer* I, ^{4}1920. – Harmonie-Almanach (Mh.) 1803, 6; *E. Keller*, Elenco di tutti gli pittori, scultori ..., R. 1830; *N. Lieb*, Führer durch die StKS Augsburg, Au. 1953; *W. Zorn*, Johann Lorenz und Ferdinand Benedikt von Schaetzler – Lebensbilder aus dem Bayer. Schwaben, III, M. 1954; *N. Lieb/W. Effenberger/E. Nerdinger*, 1712–1962. Prinzip, Trad., Verpflichtung, Au. 1962; *H. Tenner*, Mannheimer Kunstsammler und Kunsthändler bis zur M. des 19. Jh., Diss., He. 1966; *F. Waldeck*, Alte Mannheimer Fam., I-IV, Mh. 1987 (Nachdr. der Ausg. von 1920, 1922 und 1923); *Börsch-Supan*, Malerei, 1988. Unter ital. Himmel wächst wahre Kunst hervor, Peter Ferdinand D. (1777–1844) – Ludwig D. (1806–1847), Mh. u.a. 1997; *S. Wagner*, L. D. 1806–1847. Leben und Werk ..., Diss. Frankfurt am Main 1995, Ffm. 1999. S. Wagner

Deurinc, *Claes*, Bildhauer, 1467/68 in Brügge tätig anläßl. der Hochzeit von Karl dem Kühnen. ThB9, 1913 (s.v. Deurine, Claes und Devrinc, Claes). LWBK VI, 1997.

Deuringer, *Hansjörg (Hans Georg)*, Südtiroler Maler, Graphiker, * 13. 2. 1871 Bozen oder Rovereto, † 16. 1. 1960 Diessen am Ammersee. Bis 1918 aktiver Offizier in der bayer. Armee. Ab 1920 Stud.: ABK München bei Julius Dietz und Adolf Ferdinand Schinnerer. Zog 1940 nach Diessen am Ammersee. – Lsch., Portr., Stilleben, Graphik. Vo1, 1953. *Fuchs*, Maler (19. Jh.), Erg.-Bd I, 1978; ÖKL V, 1979 (Lit.); *H. P. Rachinger*, Lex. der Ammerseemaler I, 1993. S. P.

Deurs, *Caroline van (Caroline Alexia Schønheyder van)*, dän. Malerin, * 28. 10. 1860 Frederiksberg/Kopenhagen, † 29. 9. 1932 Kopenhagen. 1879 Schülerin von Vilhelm Kyhn. 1896–98 Stud. in Paris. – Kinder-Portr. und Genrebilder, z.B. *De første læretimer, en munk og en dreng*, 1897 (ausgestellt in Paris). Auch Interieurs und Lsch. in verhaltenem Naturalismus, orientiert an ihrem Lehrer. *G:* 1898–1927 mehrfach Kopenhagen, Charlottenborg: Frühjahrs-Ausst. ThB9, 1913; Vo5, 1961. *Gelsted*, 1942; *Weilbach* II, 1994. I. Holmstrup

Deurs (Deuren), *Gerrit Arentsz. van*, niederl. Maler, † vor 1702. Ab 2. 4. 1657 Mitgl. der Lukasgilde in Haarlem. Von ihm stammen vermutl. die sign. Bilder *Zo de ouden zongen, zo pijpen de jongen*, 1663 (Johannesburg, Mun. AG) und eine *Allegorie von Glauben, Hoffnung und Barmherzigkeit*, 1664 (Oslo, NG). Die Sign. wurden auch als „G. J. Deurs" gelesen und einem ansonsten unbek. fläm. Maler zugeschr.; wahrsch. lauten sie aber „G. V. Deurs". Die Bilder zeigen den Einfluß des fläm. Caravaggismus und von Jacob Jordaens. Viell. war D. fläm. Herkunft. Ein „G. V. Deurs" sign., nicht dat. *Fischstilleben* befand sich vor 1939 in der Slg Jaskowska in Warschau. Slatkes schreibt D. noch weitere Caravaggisten-Bilder zu, u.a. in Columbus/Ohio, Columbus Gall. ThB9, 1913. DPB I, 1995. – *W. Tomkiewicz*, Cat. of paint. removed from Poland by the German occupation authorities during the years 1939–1945, I: Foreign paint., War. 1950, Nr 129 (Abb.); *A. P. de Mirimonde*, Jb. Koninkl. MSK, Ant. 1965, 116–118; *H. Miedema*, De archiefbescheiden van het St. Lukasgilde te Haarlem, Alphen aan den Rijn 1980; *L. J. Slatkes*, Simiolus 12:1981–82 (2/3) 171 s.; *J. Carman*, Dutch paint. of the 17th c. (K Johannesburg AG), Johannesburg 1988, 26–28, 88. R. E. O. Ekkart

Deurwerders (Deurwaerder; Doorweerders), Maler-Fam., 1620–90 in Antwerpen nachgewiesen.

1. *Artus*, 1620/21 Lehrling von Hans van Beeck; ab 1632/33 Meister. 1635 Lehrer von Pieter Thys, 1644/45 von Fransis van Hese.

2. *Bernaert*, vermutl. Sohn von 1; 1664/65 als Meistersohn freigesprochen. V.a. relig. Themen, lt. ThB (BNB und DPB schreiben diese jedoch 3 zu) u.a. *Anbetung der Hirten* (1777 in Gent dok.).

3. *Martin (Marten)*, begr. 3. 6. 1690. 1644/45 Ausb. bei Artus Quellinus; 1646/47 Meister. Zugeschr. wird ihm eine *Anbetung der Hirten* (1777 im Bes. der Jesuiten in Gent) mit guter Komp. und klarem, lebendigem Kolorit, die vermutl. ident. mit dem bei 2 erw. Gem. ist.

ThB9, 1913. BNB V, 1876 (zu 3); *Wurzbach*, NKL I, 1906 (zu 1); DPB I, 1995 (zu 3).

Deurzen, *James van* → **Van Deurzen,** *James*

Deus, *Axel*, dt. Fotograf, Bildhauer, Performancekünstler, Installationskünstler, * 16. 1. 1957 Hamburg, lebt in Darmstadt. Stud.: 1979–83 an der FHS für Gest. Darmstadt. 1984/85 in New York, seit 1986 in Darmstadt, ab 1991 auch in Frankfurt am Main tätig. *E:* Darmstadt: 1994 Kunstpunkt; 1997 Kommunale Gal. – *G:* 1995 Darmstadt, Garten-Ausst. / 1996 Ober-Ramstadt: 4. Internat. Künstlermeeting. Kunstszene Darmstadt A-Z, Da. 1997 (Ausst.-Verz.). V. F.

Deus, *Gustav Adolf*, dt. Maler, Graphiker, Architekt, * 5. 2. 1931 Köln, lebt ebd. Nach Archit.-Lehre im väterl. Atelier Besuch der Kölner Werkschulen. In Locarno Assistenz bei Neufert (1954) und Oppliger (1959/60). Seit 1964 freischaffend als Maler und Graphiker tätig. Malt und zeichnet abstrahiert figurativ (v.a. Lsch., Stadt-Lsch.), auch plast. Wand-Gest. und Beton-Sand-Malereien. 1999 Internet-Projekt Millenium, Cyber Gal., Köln. 🕮 KüNRW II, 1967; Künstlerateliers in Köln, Köln 1985; Künstler in Köln, Köln 1989; Kunstadressbuch Köln ..., Dd. 1997 (1996) (Ausst.-Verz.). – Mitt. D. A. R.

Deus, *João de*, brasil. Maler, tätig in Minas Gerais; führte 1725 zus. mit Alexandre da Silva die maler. Ausstattung der Casa da Câmara e Cadeia in Ouro Preto aus. Für die Hauptkirche Nossa Senhora da Conceição in Mariana malte D. 1735 das Inkarnat der Hl. Jungfrau und fertigte 1738 für die Statuen der Jungfrau Maria und des Christuskindes je ein Blumengebinde. 🕮 *Martins* I, 1974. M. F. M.

Deus, *João de*, brasil. Ornat- und Deckenmaler, um 1732 tätig in Salvador/Bahia. Führte ebd. zahlr. Innenraumausmalungen in Kirchen und Privathäusern aus. ✉ Descrição analítica da estátua equestre de el-rei D. José I, por Joaquim Machado de Castro; Descrição fúnebre das exéquias de el-rei D. João V (1751 in Rom von D. José in Auftrag gegeben); Discurso sôbre a utilidade do desenho, 1788; Diálogo da vida solitária. 🕮 GEPB VIII, 1942/43; *Cavalcanti* II, 1974. M. F. M.

Deus, *João de*, portug. Dekorationsmaler, 1751–88 für zahlr. relig. und priv. Auftraggeber tätig. Schüler von José António Narciso. 🕮 GEPB VIII [ca. 1941]; *Pamplona* II, 1991. R. P.

Deus, *João de*, brasil. Maler, Dekorateur, Szenograph, * 1774 São Paulo, tätig bis M. 19. Jh. u.a. in Rio Pardo. Zeichenlehrer, u.a. von Manuel de Araújo Pôrto-Alegre. Um 1820 zus. mit José Simeão de Oliveira als Deckenmaler und Dekorateur für den späteren Graf de Santo Ângelo tätig. Zw. 1834 und 1839 als Flaggenmaler überliefert, als solcher während der Revolution 1835 in einen Prozeß verwickelt. 🕮 *Cavalcanti* II, 1974. – *A. Damasceno*, Artes plást. no Rio Grande do Sul (1755–1900), Pôrto Alegre 1971. S. de A.

Deus, *Valdeci de*, brasil. Malerin, * 1952 Boa Nova/Bahia, tätig in São Paulo. Schwester von Valdomiro de D. Autodidaktin. Seit dem 18. Lebensjahr künstler. tätig. – Malt Szenen aus dem Alltag der Landbevölkerung Bahias. Im Gegensatz zur paulistan. Bewegung primitivist. Malerei mit ihrer folklorist. Tendenz, zu deren Hauptvertretern der Bruder zählt, folgen D.s Bilder einer elementar-naiven Darst.-Weise. ⊙ *G:* 1971 São Paulo, Mus. de Arte Contemp. da Fundação Armando Alvares Penteado; Inst. de Cult. Brasil.-Amer.: 17 Pintores Ingênuos de São Paulo. 🕮 *Cavalcanti* II, 1974. M. F. M.

Deus, *Valdomiro de* (*Waldomiro de*; eigtl.: Sousa, *Valdomiro de Deus*), brasil. Maler, Zeichner, * 12. 6. 1944 Boa Nova/Bahia, tätig in São Paulo. Bruder von Valdeci de D. Autodidakt. 1959 Übersiedlung nach São Paulo, wo er zunächst Hilfsarbeiter ist und sich nebenbei der Zchng widmet. Bei einer Ausst. seiner Arbeiten im Viaduto do Chá als Begabung entdeckt, realisiert er 1962 seine erste Einzel-Ausst. im Parque da Agua Branca. – D. zählt mit seinem umfangreichen Werk zu den herausragenden Künstlern des brasil. Primitivismus. Seine Zchngn und Malereien sind von großer Vitalität und Prägnanz. Die Einbeziehung von Text, der Zeichenstil und die überwiegend myst. Sujets verweisen auf Comic-Geschichten; häufig bevölkern Marsmenschen, Ufos und Raketen seine Bilder. Bes. Aufmerksamkeit erregt jedoch die unorthodoxe und provokante Behandlung relig. Themen, die D. in Bezug zur heutigen Realität stellt und mit Alltagsszenen kombiniert. Neben in Miniröcke gekleidete Madonnen begegnet der Betrachter ebenso unversehens einem im roten Rolls-Royce sitzenden Gott in kurzen Hosen. ⊙ *E:* São Paulo: 1965 Gal. São Luiz; 1966 Gal. Directa; Gal. Kiart; Gal. da Vinci; 1968 Gal. Varanda; Aliança Francesa; 1990 Portal Gal. de Arte; 1992 Centro de Arte Primitiva; 1993 Pin. do Estado / Paris: 1966 Gal. Jansen; 1969 Gal. Antoinette; 1982 Mus. Internat. D'Art Naif Anatole Jankovski; 1987 Gal. L'Oeil de Boeuf / Rio de Janeiro: 1966 Meia Pataca; 1969 Gal. Voltaico; 1973 MNBA / 1971 Bologna, Gall. La Colonna; Gall. D. Bernardi; Florenz, Gall. Arno / 1985 Mailand, Gal. do Centro Cult. Italo-Brasil. / 1986 Campinas, MAC / 1987 Joinville, Mus. de Arte / 1989 Goiânia, Gal. Itaú / 1995 Piracicaba, Casa das Artes / 1997 Catanduva, Gal. de Arte da Casa da Cultura. – *G:* São Paulo: 1966 Salão Paulista de Arte Mod.; 1967 Bien. (3. Preis); 1980 Salão Paulista de Artes; 1985 Bien. / 1966 Salvador: Bien. Nac. de Artes Plásticas / 1971 München, Slg Holzinger: Bilder aus Brasilien / Paris: 1988 Mus. D'Art: L'Art Brasilien / 1994 Frankfurt am Main: Zeitgen. Naive Kunst aus Brasilien. 🕮 *Pontual*, 1969; *Cavalcanti* II, 1974; *Jakovsky*, 1976; *Teixeira Leite*, 1988. – Arte 86. Anuario latinoamer. de las artes plast., Bs.As. 1987. M. F. M.

Deusch → **Deutsch** (Goldschmiede-Fam.)

Deusch, *Matthaeus* → **Deisch,** *Matthaeus*

Deuse, *Pierre*, belg. Maler, Zeichner, Architekt, * 8. 3. 1940 Argenteau/Lüttich, lebte dort, ab 1981 in Visé. Stud.: 1959–62 Archit.; 1963–65 Malerei bei Jean Julémort, Inst. supérieur des BA Saint-Luc, Lüttich. 1968–78 Prof. am Inst. St-Luc, ab 1979 Inst. supérieur des BA St-Luc, beide Lüttich. Mitgl.: Soc. r. des BA de Liège (Sekretär); 1990 Mitbegr. des Centre d'Art sacré contemp. Fra Angelico. Ausz.: 1969 Prix Darchis; 1972 Stip. des frz. Kulturministeriums. – Zunächst Bildobjekte aus bemalten Holzteilen, später abstrakt-figurative Lsch., Architekturansichten und sakral bestimmte Motive (neben Öl auch Pastell und Tusche/Papier). Zahlr. Werke im Bes. des belg. Staates. 🏛 BRÜSSEL, Banque Nat. de Belgique: Comme un souffle leger, Acryl, 1999; Cantique des créatures de St. François d'Assise, Öl/Papier, 1996. LÜTTICH, Mus. de l'Art wallon. ⊙ *E:* Lüttich: 1970 Gal. Dany Collette; 1973 Gal. I.P.P.A.; 1978 Gal. Soc. r. des BA; 1980 Gal. C.G.E.R.; 1996 Gal. St. Luc; 1999 Mus. d'Art wallon, Salle St.-Georges (Retr.; K) / 1971 Gent, Gal. Oranje; Verviers, Gal. Primaver / Brüssel: 1972, '74, '80 Gal. Armorial; 1973 Gal. Flat; (voraussichtl.) 2000 Fond. pour l'Art belge contemp. / 1987 Theux, Gal. La Marotte / Mons: 1988 Gal. d'Haudrecy; 1997 Konservatorium / 1998 Visé, Gal. d'Art contemp. / 1999 Hannut, Centre Cult.; Orval, Abbaye / 2000 Morges (Schweiz), Gal. Pro Arte Kasper. 🕮 DPB I, 1995. – *J. Parisse*, Actuel XX. La peint. à Liège au XXe s., Liège

1975; La Libre Belgique v. 4. 1. 1976; 28. 5. 1976; 23. 2. 1979; 7. 3. 1980; 24. 7. 1991; La Wallonie v. 11. 4. 1977; 13. 5. 1978; *J. Parisse*, L'art a la parole. Chron. RTB Liège 1964–1977, Liège 1978; *J. Puraye*, La Fond. Lambert Darchis à Rome, Alleur 1993; *S. Rey*, L'Echo v. 16. 4. 1999. – Mitt. D. K. S.-D.

Deuskar, *Kavita*, ind. Malerin, * 20. Jh. Hyderabad. Stud.: 1963 M. S. Univ. Baroda bei K. G. Subramanyan; bis 1966 Malerei und Bildhauerei am College of FA and Archit., Hyderabad; um 1981 Doz. ebd. Ausz.: Gold-Med., Hyderabad Art Soc.; Preis der Andhra Pradesh Lalit Kalā Akad. – Spezialisiert auf Wandmalerei. 🏛 HYDERABAD, Salar Jung Mus. – State Mus. – Andhra Pradesh Lalit Kalā Akad. NEW DELHI, NG of Mod. Art. WERL, Kunst-Gal. ⦿ *E:* 1969, '74 Hyderabad / 1978 Werl; Bochum. – *G:* 1981 Hyderabad (mit der Friends Artists Group; K). M. Frenger

Deuss (Meier-D.), *Edda (Edda Henny)*, dt.-schweiz. Malerin, * 1. 7. 1877 Oberwesel, † 5. 6. 1936 Zürich. Stud.: KGS ebd., unterbrochen von Aufenthalten in Paris; danach Damen-Akad. München bei Heinrich Knirr. Zunächst dort, dann zwei Jahre in Berlin, schließl. in Zürich tätig. – Malte Portr., Figürliches und Blumenbilder. 📖 *Plüss/Tavel* I, 1958. D. T.

Deussentis, *Antony*, Baumeister in Lectourne, 1452, '75 (als Stadtbaumeister) und '77 erw., wohl beteiligt am Justizpalast. 📖 ThB9, 1913.

Deusser (Deußer), *August (Friedrich August)*, dt. Maler, * 15. 2. 1870 Köln, † 28. 10. 1942 Konstanz. 1883–86 Lehre als Dekorationsmaler in Köln; arbeitete einige Jahre in diesem Beruf bei einer Kölner Fa.; 1887–89 Kurse an der Kölner KGS. Stud.: 1892–97 KA Düsseldorf v.a. bei Peter Janssen, zuletzt dessen Meisterschüler. Während des Stud. Beginn der Freundschaft mit dem Maler Max Clarenbach. Nach der Ausb. arbeitete D. 1897–1902 in einem Meisteratelier im Akad.-Gebäude; wohnte zw. 1899 und 1902 zur Ausf. eines großen Auftrages in Kleve. 1902 ⚭ Malerin Elisabeth-Eugenie Albert. Lebte 1906–12 in Monheim b. Köln, 1912–17 in Wiesbaden. 1917 bezog D. das Schloßgut Arcen b. Venlo. 1917–24 Prof. für Historienmalerei an der KA Düsseldorf; zu seinen Schülern zählen hier Fritz Burmann, Paul Gehlofen, Bernard Gobiet, Hermann Hundt, Will Tschech und Heinz Wever. Akad.-Dir. Fritz Roeber bestimmte D. zu seinem Nachfolger; nach dessen Tod 1921 lehnte D. aber aus gesundheitl. Gründen ab und gab 1924 auch die Professur auf. In Düsseldorf seit 1891 u.a. Mitgl. des akad. Künstler-Ver. „Laetitia", der „Freien Vrg Düsseldorfer Künstler", 1895–1906 des Künstler-Ver. „Malkasten". 1899–1902/03 Mitbegr. des „St. Lucas-Club", 1903 des „Ausst.-Verbandes Düsseldorf", 1909 des „Sonderbund". In Köln 1901 Mitorganisator der „Ausst. von Werken geborener Kölner", 1902 Mitbegr. der „Vrg Cölner Künstler", 1909 des „Kölner Künstlerbundes 1909" sowie später der „Kölner Sezession" (seit 1912 deren Präs.). 1929 Mitgl. der „Rhein. Sezession". Schon in der Jugend entwickelte D. eine bes. Vorliebe für Pferde und die kräftige Farbigkeit militär. Uniformen, so daß Kürassier-, Reiter- und Pferdebilder den markantesten Themenkomplex seines Œuvres ausmachen. Zu den frühesten Werken zählen Manöverstudien sowie Darst. ma. Kriegsszenen in silbergrauen und schwarzen Farbvaleurs, darunter *Karl der Kühne vor Neuss* (1898), mit denen D. sich dem Kreis der mod. Düsseldorfer Militär- und Pferdemalerei anschloß. Sein erster größerer Erfolg auf diesem Gebiet war 1898 der Ankauf des Gem. *Die Verschwörung der Ritterschaft in der Mark* (1897) durch die Verbindung für hist. Kunst (1906 dann im Bes. des Preuß. Kultus-Minist.). In den 90er Jahren malte D. zuweilen reportagehafte Szenen von Kaiser-Manövern und andere Themenbereiche als Abb.-Vorlagen für die Leipziger „Illustrirte Ztg". 1899 1. Preis bei der Konkurrenz um die Ausschmückung des Sitzungssaales im Kreishaus Kleve mit dem Entwurf zu der mon. Historie *Der Abend nach der siegreichen Schlacht bei Cleverham*. Nach Meinungsverschiedenheiten mit dem KV wegen der zu progressiven Tendenz des 1902 fast fertiggestellten Wandbildes brach D. die Arbeit ab; die Auftraggeber ließen das Gem. 1903 übertünchen. Aufgrund der Kontroversen mit den in Düsseldorf tonangebenden Vertretern einer konservativen Kunstauffassung gab D. sein Meisteratelier an der KA und die Historienmalerei auf und widmete sich nun ganz ländl. Sujets. Nach den Vorbildern des Düsseldorfer Malers Gregor von Bochmann und der Haager Schule (bes. George Hendrik Breitner) entstanden dunkeltonige naturalist.-spröde Wiedergaben der Landarbeit. 1904 verstärkte Hinwendung zu stimmungshaften Eifeler und rhein. Fluß- und Industrielandschaften. Unter dem Einfluß des frz. Spätimpressionismus hellte D. das Kolorit deutl. auf; die Malweise wurde skizzenhaft-locker. Aufgrund der Ablehnung seiner Werke in Düsseldorf zog sich D. 1906 nach Monheim b. Köln zurück. Auf dem Weg zu einer reinfarbigeren Malerei in stilist. Nähe zu dt. Impressionisten wie Max Liebermann und Wilhelm Trübner schuf er etwa seit 1905 die ersten der zahlr. Darst. häufig einzelner oder zur Gruppe zusammengeschlossener weiß uniformierter Kürassiere zu Pferd vor weiten Landschaftsgründen. Reiterszenen ab 1909 sind gekennzeichnet durch flächige Formvereinfachung und lebendigere Bewegungsmotive. D. versuchte durch starkes kunstpolit. Engagement und Auseinandersetzung mit aktuellen Kunsttendenzen, die verkrusteten, von der Düsseldorfer KA und dem KV vertretenen künstler. Werturteile zu bekämpfen und gründete 1908 mit den Malern Julius Bretz, Max Clarenbach, Walter Ophey, Wilhelm Schmurr, Alfred Sohn-Rethel, Otto Sohn-Rethel und dem Architekten Joseph Maria Olbrich die Künstlergruppe „Weißer Nessel". 1909 ging aus ihr unter D.s Leitung die erste „Sonderbund-Ausst." in der KH Düsseldorf hervor. Im gleichen Jahr Mitbegr. des kunstpolit.-programmat. „Sonderbund Westdt. Kunstfreunde und Künstler", Mitorganisator und Juror der progressiven Düsseldorfer „Sonderbund-Ausst." 1910, '11 und '12, letztere aufgrund des reaktionären Düsseldorfer Protestes im progressiveren Köln veranstaltet. 1915 erfolgte D.s Rückzug aus der Kunstpolitik. Unstimmigkeiten und Verlegung des Sonderbund-Sitzes nach Köln hatten bereits 1912 zum Zusammenschluß der reinen Düsseldorfer Künstlergruppe „Die Friedfertigen" geführt, der außer D. lediglich Clarenbach, Ophey und Schmurr angehörten, die jedoch nur 1913 in Düsseldorf ausstellte. Die „Sonderbund"-Jahre gelten als D.s bedeutendste aber auch krit. zu betrachtende Schaffenszeit. Um 1910/11 gelangte D. in Auseinandersetzung mit Cézanne, den Nabis, den Fauves und den Pointillisten auf der Suche nach einem Individualstil in eine experimentelle, nachahmende Phase, die er selbst als „dekorative" bezeichnete. Es entstanden wechselweise pastos oder lasierend gemalte Kürassier-, Reiter- und Pferdesportszenen, Ansichten Kölns, der Kölner Umgebung und des Domes. Ab 1910 zahlr. Selbst-Portr., einige Damenbildnisse, wie *Elisabeth-Eugenie D. mit Sohn Ernst* (um 1911), einige Interieurs sowie ornamentale Blumenbilder. Um 1911 folgen weitere Versuche, die industrialisierte Lsch. mit expressivem Kolorit wiederzugeben, darunter *Arbeiterblöcke in Barmen* und *Fabrikstädtchen*. 1912–16 lebte die Fam. in Wiesbaden, wo D. anfangs mittelrhein. Flußlandschaften, Hafenszenen, Stadtmotive und Dorfansichten mit kubisch formvereinfachten Häusern, Kirchen und Viadukten malte. 1913 Rückkehr zur Historienmalerei. Während des 1. WK entstanden militär. Paradeszenen und Darst. von Kavallerieschlachten der Befreiungskriege 1813–15 sowie des Dt.-Frz. Krieges 1870/71, z.T. in jahrelanger Arbeit durch akrib. Einzelstudien vorbereitet (u.a. *Die Schlacht bei Mars la Tour*, 1913–17; *Die Schlacht bei Fère le Bain*, um 1913/17); D. wählte dabei eine eigenwillige stilist. Verschmelzung des Kolorits, der zeichner. und kleinteiligen Figuren- und Raumauffassung von Meistern der Renaiss., des Manierismus und Barock mit der leuchtenden Farbigkeit und der skizzierenden Malweise der Avantgarde. In gleicher Art malte er seit E. der Wiesbadener Zeit Pferdegruppen, hist. Genreszenen (*Deutzer Schützenfest 1877*, vor 1917) und erstmals bibl. Motive des AT und NT (*Kreuzigung*, vor 1917; *Kindermord zu Bethlehem*, um 1917); außerdem zahlr. Figurenbilder (zumeist Akte) mit Szenen aus der griech. Mythologie, für die er vereinzelt Kostüme der Gegenwart wählte (*Galathea*, um 1917; *Urteil des Paris*, um 1917). Während der 1917 angetretenen Professur an der KA Düsseldorf setzte D. den in Wiesbaden eingeschlagenen Weg fort und verarbeitete spätmittelalterl. Tafelmalerei (*Hl. Christopherus*, um 1918; *Röm. Reiter*, um 1918) oder orientierte sich am Figurenstil von Sandro Botticelli (*Jungbrunnen*, um 1918). Auf den 1. WK reagierte D. mit Darst. mod. Kriegsschiffe und Seegefechte. 1924 bis A. der 30er Jahre lebte er abwechselnd auf Schloß Arcen und im Parkhotel in Düsseldorf und malte nur noch wenig (Maas-Lsch., Pferde und Militärszenen), zuletzt in einer zeichner.-akrib. Altmeistermanier. Um 1930 beendete D. seine künstler. Tätigkeit, reiste nach Italien, Ägypten und in die Schweiz und lebte von 1939 bis zum Tod im Insel-Hotel Konstanz. D.s maler. Œuvre umfaßt ca. 500 Gemälde. Er hinterließ auch etwa 1700 Zchngn (Bleistift, Tusche, Kreide), häufig laviert und aquarelliert, die aber meist nur als Studien und Skizzen zur Vorbereitung von Gem. dienten; nur wenige Bll. waren als autonome Werke gedacht. Mit Druckgraphiken trat D. nur um die Jh.-Wende hervor (u.a. *Düsseldorfer Rosenmontagszug*, Lith., 1898). D. suchte konsequent den Anschluß an die frz. Moderne, blieb dabei aber zuweilen der äußeren Nachahmung verhaftet. Aus der Unsicherheit, nur ein lokaler Avantgardist zu sein, jedoch nichts eigentl. Unverwechselbares zu schaffen, resultierten immer wieder stilist. Neuorientierungen und Richtungswechsel, die ihn schließl. zu einem virtuosen Eklektizismus führten. Dennoch hat D. mit seiner Malerei als auch durch kunstpolit. Engagement der Moderne im Rheinland zum Durchbruch verholfen. 🏛 BAD SALZUFLEN, StA. BAD ZURZACH/Schweiz, Deusser-Mus.: Nachlaß, ca. 400 Öl-Gem. und 300 Bll. Graphik; 64 Skizzenbücher. BONN, Rhein. LM. DÜSSELDORF, KM. – SM. ESSEN, Mus. Folkwang. KÖLN, SM. – WRM. MONHEIM, Gemeinde. SCHLESWIG, Schleswig-Holstein. LM. ZÜRICH, Kunsthaus. 📖 ThB9, 1913; Vol, 1953. *Bauer*, GEM II, 1976; *Ries*, 1992; *Schweers* I, 1994; Lex. der Düsseldorfer Malerschule, I, M. 1997. – *R. Klein*, Dt. Kunst und Dekoration 3:1898/99, 161, 165, 167 s. (falscher Vorname Carl); *H.-W. Schmidt*, Die Förderung des vaterländ. Gesch.-Bildes durch die Verbindung für hist. Kunst 1854–1933, Marburg 1985, 117, 119, 251; Renaiss. der Renaiss. (K Weser-Renaiss.-Mus. Schloß Brake), V, M./B. 1992, 53 s. (Nr 43); *V. Hartwich*, Max Clarenbach. Ein rhein. Landschaftsmaler. 1880–1952, Diss. Köln 1990, Münster/Ha. 1992, 12 s., 18, 20, 45 s., 68 s., 72, 93, 94; *K. Drenker-Nagels* (Ed.), A. D. – Leben und Werk (mit Verz. der Gem. im D.-Mus. Bad Zurzach und anderen öff. Slgn), Köln 1995. – Düsseldorf, Künstler-Ver. Malkasten: Bildnis D., Zchng von Hans Kohlschein, um 1903. C. Roth

Deusser-Albert, *Elisabeth-Eugenie* cf. **Deusser,** *August*

Deustamben (Diostamben), *Pedro (Petro)*, span. Architekt, † nach 1149 León. Voll. den zweiten Wiederaufbau der Kollegiatskirche S. Isidoro ebd. (geweiht 1149), offenbar nach eig. Plänen. Zugeschr. wird ihm ferner eine Brücke über den Río Esla bei Benavente. 📖 ThB9, 1913. *M. Gómez-Moreno*, Cat. mon. de la prov. de León, León 1979. A. M.

Deusy, *Ernest (Ernest François Joseph)*, frz. Amateurmaler (Aqu.), * 23. 4. 1823 Bapaume/Pas-de-Calais, † 30. 3. 1897 Faverolles/Indre. Anwalt. Bürgermeister von Arras; Député du Pas-de-Calais. Vize-Präs. der Soc. artésienne des amis des arts und Ehrenpräsident der Union artist. du Pas-de-Calais. D.s große Kunst-Slg wurde 1897 in Arras versteigert. 👁 *G:* Arras: 1886–93 Soc. artésienne des amis des arts (Lsch.); 1893 Union artist. du Pas-de-Calais. 📖 *Marchal/Wintrebert*, 1987 (Werke, Lit.). C. R.

Deutch, *Carol* → **Deutsch,** *Carol*

Deutechum, *Baptist van* → **Doetechum,** *Baptista van*

Deutesfeld, *Ilka*, dt. Malerin, * 1953 Cuxhaven, lebt in Bremen und bei Schwerin. Stud. in Bremen: 1972–75 Malerei an der HS für Gest., 1976–82 für das Lehramt in Kunst und Technik an der Univ. ebd. Ab 1985 freischaffend. Zus. mit anderen Künstlerinnen gründet D. 1986 in Bremen die Künstlergemeinschaft Atelierhof. Als deren Leiterin 1988–94 organisiert sie Ausst. von über 100 Künstlern. 1987 Förderpreis für Bild. Kunst der Stadt Buxtehude; Stip. der Hansestadt Rostock. – In den frühen Arbeiten favorisiert D. die realist. Gest. ihrer Motive, die wie in dem ersten großformatigen Bild

Altes span. Ehepaar (Öl) aus dem Bereich Arbeit und Leben stammen. Frauen-Figuren und Selbstbildnisse folgen. Ab 1981 beginnt sie Gegenstände wie Netze, Nägel, Lappen in ihre Werke einzuarbeiten, um durch optische Effekte die Wahrnehmung zu irritieren. D. verzichtet zunehmend auf figürl. Motive; Archit.-Formen und Lsch.-Elemente bestimmen in den 90er Jahren die Bildthemen: Brückenteile, Stufen, Türme, Wasser. Flächige, z.T. mit Streifen durchsetzte Hintergründe fügt sie in surreal wirkende Bild-Zusammenhänge, deren Perspektiven sich als Illusion erweisen. Paradox erscheinen auch die Felsformationen der Bilder *Megalithsituationen I-III* (Acryl auf Lw. oder Sperrholz, 1998/99): Mon., von der Schwerkraft befreite Gesteinsbrocken schweben durch den Raum und berühren sich. Dafür bevorzugt D. erdgebundene Mat. wie Ton, Sand, Graphit sowie erdige Farbtöne. 🏛 BLAGNAC: Stadtverwaltung. BUXTEHUDE: Stadtverwaltung. LÜNEBURG: Bezirks-Reg. OSTERHOLZ-SCHARMBECK: Graphothek. ⊙ *E:* 1982 Berlin, Gal. Andere Zeichen / 1987, '89, '92 Hamm, Gal. Kley / 1988 Blagnac, Kulturzentrum; Buxtehude, Zwinger; Stade, Gal. SK / Bremen: 1991 GaDeWe; 1995 Finanzkontor; 1998 Frauenstadthaus / Rostock: 1995 Gal. Möller; 1997 Hanse-Gay; 1999 Bernsteinhaus / 1995, '96 Köln, Ges. für Wirtschaftspsychologie – *G:* Bremen: 1986, '87, '91 Atelierhof / 1987 Hillegom, Kunsthaus: Positionen / 1989 Bonn, Frauen-Mus.: Scriptorale (K); Groningen, De Voorruit / 1993 Stade, Schwedenspeicher / 1998 Achim, KV: Extraversionen (K); Brüssel, Europa-Parlament; Rostock, Gal. am Alten Markt (K) / 1999 Chicago, A. R. C.-Gall. 📖 Kunstmarkt (K), Göttingen 1981; Werkstattspuren (K), Bremen 1981; *Evers*, 1983; *W. Kirchgässer*, Atelier 2:1989; *S. Grötsch*, Mix 12:1992, 159; Weserkurier v. 30. 12. 1995; Achimer Kreisblatt v. 23. 9. 1998. – Mitt. D. S. Ge.

Deuticke-Szabo, *Christa* (geb. Engelmann), österr. Malerin, Sportlerin, * 11. 12. 1894 Wien, † 23. 2. 1958 ebd. Stud.: Graph. Lehr- und Versuchsanstalt Wien; KGS ebd. bei Hermann Grom-Rottmayer. Auch Reiterin, Schwimmerin und Weltmeisterin in Eiskunstlauf. – Ab 1914 Gem. mit Lsch. vom Arlberg, aus Hohen Tauern und Kärnten sowie Reisemotive aus Spanien, von Korsika und aus der Schweiz. 📖 *Fuchs*, Geb. Jgg. I, 1976; ÖKL V, 1979 (Lit.). – Das Kunst-Bl. 11:1927, 444. D. T.

Deutmann, *Frans (Franz Wilhelm Maria)*, niederl. Maler, Zeichner, * 27. 3. 1867 Zwolle, † 18. (lt. ThB: 16.) 7. 1915 Blaricum. 1884 Schüler von Jan Derk Huibers. Stud.: Koninkl. ABK, Antwerpen, bei Charles Verlat. Ansässig in Zwolle, 1884 in Deutschland, anschl. in Antwerpen, mit einer Unterbrechung in Paris und 1891/92 in London. 1892–1903 in Amsterdam, dann in Laren und Blaricum tätig. – Ländl. Genres und Bauerninterieurs mit ruhiger Staffage unter dem Einfluß Larener Künstler. Nach fremder Vorlage aquarelliert D. einen *Indones. Jungen*, ca. 1910 (Haarlem, Teylers Mus.). Des weiteren Portr. und Selbstbildnisse in zarten Farbabstufungen. Schüler: Eduard Gerdes; Theodora Elisabeth Wolterbeek Muller. 🏛 AMSTERDAM, RM: Lsch. mit Ziegen. – Sted. Mus. DEN HAAG, Gemeente Mus. LAREN, Singer Mus. LEIDEN, Rijksprenten-Kab. ⊙ *G:* 1891/92 London, R. Soc. of Brit. Artists, R. Inst. of Oil Painters. 📖 ThB9, 1913; Vo5, 1961 (beide s.v. Deutman, Frans). *Hall*, Portr., 1963; *Johnson/Greutzner*, 1976; *Scheen*, 1981; *L. Haks/G. Maris*, Lex. of foreign artists who visualized Indonesia, Utrecht 1995; *P./V. Berko*, Dict. van Belg. en Holl. bloemenschilders geb. tussen 1750 en 1880, Br. 1995. – *M. D. Henkel*, Kunstchronik, N. F., 23:1912, 471 s.; *L. Heyting*, De wereld in een dorp. Schilders, schrijvers en wereldverbeteraars in Laren en Blaricum 1880–1920, Am. 1994. U. R.

Deutranya, *Joan*, katalan. Sticker in Perpiñán, 1524 beauftragt, für die Pfarrk. S. Sebastián in Palau del Vidre/Vallespir ein Meßgewand mit Figuren versch. Heiliger anzufertigen. 📖 *Ráfols* I, 1951. W. H.

Deutsch (Daicz; Daycz; Deucz; Deusch; Deuttcz), Goldschmiede-Fam. in Toruń (Thorn), 1541 bis 1. H. 17. Jh.

1. *Abel*, * A. 16. Jh., † nach 1587 Toruń. Verwandt mit 4 (1587 unter dessen Erben gen.). 1572 Geselle, mindestens um 1574 Meister (Aufnahme des ersten Lehrlings Michel Ebert). Weitere Lehrlinge: Hans Tiedeke (1580 freigesprochen), Jerge Rechelwitz.

2. *Elias*, * um 1550 Toruń, † nach 1594 ebd. Verw. mit 4 (1587 unter dessen Erben gen.). 1572–80 als Geselle erwähnt. Mindestens ab 1584 Meister (Aufnahme des ersten Lehrlings Michel Nicke, 1588 freigesprochen). D.s Lehrling Albrecht Bisschoff wurde 1591 freigesprochen. 1593 als Vormund der Kinder von Albrecht Goldschmid erw. 1594 Ältester der Zunft und Sachverständiger bei der Bewertung von Silberwaren.

3. *Hans* (Deusch), 2. H. 16. Jh. – 1. H. 17. Jh. tätig. Viell. mit 1, 2 und 4 verwandt. Mindestens ab 1590 Meister (Aufnahme des einzigen erw. Lehrlings Christof Steinborn, sicher ident. mit dem späteren Meister Krzysztof Stenborn oder Stenbergen).

4. *Lucas* (gen. „der alte"), * A. 16. Jh., † vor 1587 Toruń. Vor 1541 Meister (Aufnahme der Lehrlinge Melcher Lubicz und Crostoff Meller). Zu seinen Lehrlingen gehörten auch die Söhne *Lucas* (1561) und *Zacharias D.* (1567). 1544 mit Hausbesitz in der Altstadt erwähnt.

📖 *E. v. Czihak*, Die Edelschmiedekunst früherer Zeiten in Preußen, II: Westpreußen, L. 1908, 27 (zu 1); 28 (zu 2); 34 (zu 3); 11 (zu 4); *T. Chrzanowski/M. Kornecki*, Złotnictwo toruńskie. Stud. o wyrobach cechu toruńskiego od wieku XIV do 1832 roku, War. 1988, 46, 112 (zu 3); 127 (zu 1–4). – Toruń, Arch. Państwowe: Cech złotników: sygn. 4, 5; Kat. II IX 13 k. 3 (zu 1); sygn. 4, 5; Kat. II IX 13 k. 3; 14 k. 117; 15 k. 15 (zu 2); sygn. 4, s. 43 (zu 3); sygn. 4, 5; Kat. II IX 6 k. 189, 190, 192v, 201, 255v, 7 k. 438v, 13 k. 3 (zu 4). J. Tandecki

Deutsch, Porzellanmaler, Vergolder, 1803–19 für die Man. Sèvres tätig, bes. Ausf. von Ornamentdekor. Sign. „Dh". 📖 ThB9, 1913. *Honey* I, 1949. – *X. de Chavagnac/M. de Grollier*, Hist. des man. franç. de porcelaine, P. 1906, 319; *G. Lechevallier-Chevignard*, Man. de porcelaine de Sèvres, II, P. 1908, 131; *M. Brunet/T. Préaud*, Sèvres, P. 1978, 258, 363. P. Thoma

Deutsch, *Alexandra*, dt. Malerin, * 24. 5. 1968 Karlsruhe, lebt in Wiesbaden und in Jockgrim/Pfalz. Tochter von Karl-Heinz D. Stud.: 1987/88 an der Erziehungswissenschaftl. HS in Landau/Pfalz 1988–95 Johannes-Gutenberg-Univ. Mainz, Fachbereich Bild. Kunst; 1992 Studienaufenthalt in Dijon. Seit 1997 freischaffend. Ausz.: 1993 Stip. der Stiftung zur Förderung der Kunst in der Pfalz; 1996 Perron-Kunstförderpreis für Malerei, Frankenthal; 2. Preis für Malerei, Gal. im Uhrenturm, Dierdorf. MAINZ, Slg des Kultus-Minist. von RP. ROCKENHAUSEN, Mus. Pachen. *E:* 1990 Jockgrim, Zehnthaus / 1993 Mußbach, Herrenhof (K); Mainz, Frankfurter Hof (K) / 1996 Landau, Kreishaus südl. Weinstraße / 1997 Rodalben, KH Servas; Frankenthal, Gal. C. Riede / 1998 Bobenheim-Roxheim, Rathaus / 1999 Ludwigshafen, Landeszentrale für Priv. Rundfunkveranstalter; Dahn, Kreis-Gal. / 2000 Darmstadt, Gal. Lenk; Essenheim, KV; Bad Bergzabern, Art-Gal. am Schloß. – *G:* seit 1989 u.a. Mainz, Eisenturm; Kaiserslautern, Pfalz-Gal.; Landau, Villa Streccius; Jockgrim, Zehnthaus; Karlsruhe, Staatstheater; Pirmasens, Messe; Wiesbaden, Gedok; Frankfurt am Main und Dijon, Rathaus. Jb. des Bundes Bild. Künstler, Kaiserslautern 1998. H. Pachen

Deutsch, *Antoine* cf. **Deutsch,** *Joseph* (1770)

Deutsch, *Boris*, US-amer.-russ. Maler, Zeichner, Graphiker, * 4. 6. 1892 (mitunter irrtüml. 1895) Krasnogorka/Kasachstan (nicht Litauen), † 16. 1. 1978 Los Angeles. Kurzzeitige Stud. an der KA Riga und KGS Berlin, im wesentlichen Autodidakt. Ab 1916 in Seattle/Wash. (lt. Vollmer u.a. zunächst in Chicago), ab ca. 1920 in Los Angeles. Dort Werbegraphik und Szenenentwürfe für Filme. In den 30er Jahren zahlr. Aufträge für Wand-Gem. durch die Works Progress Administration (u.a. in Postämtern von Hot Springs/N. Mex., Reedley/Calif., sowie 11 Wand-Gem. im Los Angeles Terminal Annex Post Office). – Ausdrucksvolle, von seiner russ. Herkunft geprägte Portr., Genreszenen (bes. jüd. Motive) und symbol. Komp. in Öl, Aqu., Tusche, farbiger Kreide. Außerdem Stadtansichten (*Manhattan Skyline*, Öl/Lw.) und abstrakte Arbeiten. Zuletzt Experimente mit Monotypien und and. Drucktechniken. DENVER/Colo., AM. LOS ANGELES, County Mus. of Art. OAKLAND/Calif., Mills College. PITTSBURGH/Pa., Carnegie Inst. PORTLAND/Ore., AM. SAN DIEGO, FA Mus. SAN FRANCISCO, MMA. – FA Mus., California Pal. of the Legion of Honor. WASHINGTON/D. C., NM of Amer. Art. *E:* ab 1926 zahlr. in Kalifornien, u.a. 1926, '29, '41 Los Angeles, County Mus. of Art. Vol, 1953. WWAA, 1940/41–1962; *Moure*, 1984; *Falk*, 1985; *Hughes*, 1986; *Severjuchin/Lejkind*, 1994 (s.v. Dejč, Boris). Ch. R.

Deutsch, *Britta*, dt. Holzbildhauerin, * 13. 3. 1968 Trier, lebt ebd. Stud.: 1988–92 Kunsterziehung und Phil. an der Johannes-Gutenberg-Univ. Mainz; 1989/90 Studienaufenthalt in Paris; 1992–96 bild. Kunst an der Johannes-Gutenberg-Univ. Mainz; Dipl. als Holzbildhauerin. 1997/98 Lehrauftrag an der FHS Wiesbaden. Ausz.: 1996 Förderstip. der Johannes-Gutenberg-Univ. Mainz. MAINZ, Slg des Kult.-Minist. von RP. ROCKENHAUSEN, Mus. Pachen. *E:* Mainz: 1994 Atelier Guido Ludes; 1996 R+T-Gal.; Foyer des Landtages RP; 1998 Gal. Kleines Haus im Staatstheater / 1995 Essenheim, KV / 1996 Neukirchen am Großvenediger (Österreich), Leopold-Kohr-Akad. / 1998 Trier, Gal. Junge Kunst; Frankfurt am Main, Maingas AG, Hauptwache. – *G:* u.a. 1993 Mainz Atelierhaus Gal. Lampenfabrik / 1994–95 Essenheim: Abheben, Projekt des KV Essenheim (K) / 1996 Ludwigshafen, Trier, Neuwied, „Junge Rheinland-Pfälzer Künstler", Ludwigshafen, KV (K) / Trier: 1996–97 Kulturzentrum Tuchfabrik, Jahres-Ausst. der Ges. für Bild. Kunst (K); 1997 Kulturzentrum Tuchfabrik, 9. Jahres-Ausst. der „editions traves"; Europ. ABK; Gal. Junge Kunst; 1998 Kulturzentrum Tuchfabrik; Mus. Simeonstift / 1997 Saarbrücken, HM Saar (K) / 1998 Schönecken/Eifel, Altes Amt; Sprinkange/Luxemburg, Sprénkénger Haff; Simmern, Schloß: Trierer junge Kunst; Jockrim/Pfalz, Gal. Zehnthaus (K) / 1999 Simmern/Hunsrück, F. K. Ströher-Slg im Schloß; Frankfurt am Main, Paulskirche. H. Pachen

Deutsch (Deutch), *Carol*, belg. Maler, Pelzhändler, jüd.-ungar. Abstammung, * 1894 Antwerpen, † Auschwitz (Konzentrationslager). Zw. den WK in Oostende tätig. – Marinen, Lsch., Stadtansichten, Figuren, Stillleben und Akte vom Realismus bis Art déco. Sign.: Carol. Sammler zeitgen. belg. Kunst. Befreundet mit James Ensor, der ihn porträtiert. OOSTENDE, Sted. MSK. *E:* 1929 Brüssel, Gal. Manteau (K mit Vorwort von Ensor). – *G:* 1931, '34 Oostende, Gal. Studio. LWBK I, 1992; DPB I, 1995. – *S. Arnold*, L'éc. de peint. d'Ostende, Lo. 1946; *A. Schyrgens*, Le monde inconnu des artistes, Dinant 1957, 160; *N. Hostyn*, in: De Plate 1984, 130; *id.*, Beeldend Oostende, Brugge 1993; *F. C. Legrand*, Ensor. Naargeestig en charmant, Ant. 1993. – Mitt. N. Hostyn, Oostende. U. R.

Deutsch, *David*, US-amer. Maler, Zeichner, Bildhauer, * 1943 Los Angeles, lebt in New York. Stud.: 1966 Univ. of California, Los Angeles; 1968 California Inst. of Arts, Valencia. – 1968–69 entstehen ausschl. Metallskulpturen und auf dem Boden liegende Materialassemblagen, auch mit elektr. Ventilatoren, sowie minimalistische Kästen, die D. mit auslaufendem Öl füllt. Wie John Alberty arbeitet er um 1970 mit (aufblasbaren) Kunststoffen, die bemalt werden, wobei auch Farbe injiziert wird. 1972 übersiedelt D. nach New York. Seit E. der 70er Jahre entstehen meist extrem querformatige Landschaftsgemälde, u.a. mit Darst. modernist. Archit. und Skulpt. In den 90er Jahren malt D. Galeriebilder, die aus hunderten kleiner, illusionist. gerahmter Gem. im Bild bestehen, die Lsch. und Portr. zeigen. Während D. zu Beginn zu dem Kreis der kaliforn. Konzeptualisten wie Allen Ruppersberg, Ed Ruscha und William Wegman zu rechnen ist, steht er um 1980 im Zusammenhang der Transavanguardia und neoexpressiver Tendenzen. BOSTON/Mass., MFA. BROOKLYN/N. Y., Brooklyn Mus. LOS ANGELES, County Mus. of Art. MINNEAPOLIS/Minn., Walker AC. NEW YORK, MMA. – Whitney. *E:* 1981, '82 New York, A. Nosei Gall. / 1983 Chicago, B. Balkin Gall.; Cambridge (Mass.), Hayden Gall. (mit Peter Campus, K) / 1984 San Francisco, Fuller Goldeen Gall. / 1985, '87, '89 Stockholm, Gal. 5 / 1985, '87, '89 (K) New York, Blum Helman Gall. / 1987 ebd., M. Audiello /

1988 Paris, Gal. Montenay / 1989 Wesleyan Univ. E. & C. Zikha Gall. / 1992 New York, C. Burgin Gall. / 1993 ebd., J. Gorney Gall., Basilico FA. – *G:* 1972 Kassel, documenta. 🕮 WWAA, 1991/92–1997/98. – *J. Livingston*, AiA 58:1970 (5) 126–131; *R. H. Cohen*, Drawing 3:1981 (2) 25–30; Shift. LA/NY (K Newport Harbor AM), Newport Beach, Calif. 1982; *A. B. Oliva*, Transavanguardia (K Gall. Civica), Modena 1982; Young talents award 1963–83 (K County Mus.), L. A. 1983; New York paint. today (K Carnegie Inst.), Pittsburgh 1983; *L. Woodville*, ArtsMag 58:1983 (1) 18; *K. McShine*, An internat. survey of recent paint. and sculpt. (K MMA), N. Y. 1984; *D. Craven*, ArtsMag 58:1984 (9) 125–129; *M. Moorman*, Art news 84:1985 (5) 118; New visions in contemp. art (K, AM), Cincinnati 1986; *H. Cotter*, Flash art 1986 (126) 49; *D. Lurie*, ArtsMag 60:1986 (5) 137; *A. Sturtevant*, ibid. 60:1986 (10) 42 s.; *M. Haus*, Art news 86:1987, 128; *G. Henry*, AiA 75:1987 (11) 185 s.; *B. Schwabsky*, Flash art 1987 (135) 109; A certain slant of light. The contemp. Amer. landscape (K Art Inst.), Dayton, Ohio 1989; *P. McCoy*, ArtsMag 64:1989 (1) 74; *U. Helman*, Bomb (USA) 1989 (29) 88–95; *G. R. Denson*, Flash art 1989 (148) 131; *G. Galligan*, ArtInternat 1989 (8) 54 s.; Romance and irony in recent Amer. painting (K AG of Western Australia), Perth 1991; The libr. (K J. Baer Gall.), N. Y. 1991; *K. Johnson*, AiA 80:1992 (11) 138 s.; Drawing the line against aids (K Peggy Guggenheim Mus.), Ve./N. Y. 1993; *P. Gardner*, World art (Australien) 1995 (4) 30–33; *id.*, Art news 93:1994 (10) 124–129; *F. Daftari*, Projects 59 (K MMA), N. Y. 1997; Deep storage (K Haus der Kunst), M. 1997.
A. Strobl

Deutsch, *Elias* → **Deutsch** (Goldschmiede-Fam.)

Deutsch, *Ernő József* → **Deutsch,** *József*

Deutsch (Dryden), *Ernst*, Werbegraphiker, Modedesigner, Innenarchitekt ungar. Abstammung, * 3. 8. 1887 Wien, † 16. 3. 1938 Los Angeles. Ausb.: KGS Wien, außerdem Unterricht bei Gustav Klimt. Mitgl. des Dt. Werkbunds und im Ver. der Plakatfreunde Berlin. Entwickelte in Berlin zw. 1907 und 1914 einen einflußreichen werbegraph. Stil, dessen Charakteristik eine mit graziler Strichführung auf das Wesentliche reduzierte naturalist. Zchng war, die er mit wenigen Farben, z.T. nur mit einer Farbe wirkungsvoll kolorierte und mit serifenbetonter Schrift kombinierte. Hauptsujets seiner Entwürfe (u.a. für Anzeigen, Prospekte, Ill. und Plakate) waren elegant gekleidete Menschen („Endlich sehen die eleganten Berliner so aus, wie meine Zeichnungen", Klinger, 1913). In Berlin v.a. Entwürfe für die Firmen Kersten & Tuteur (Bekleidung), Manoli (Zigaretten), Mercedes (Schreibmaschinen), Richards Grill (Restaurant), Admirals Casino (Tanzlokal) sowie Stummfilmplakate (u.a. zum Film *Komödianten* mit Asta Nielsen). 1915 und 1916 Plagiat-Vorwürfe, wegen starker Anlehnung einiger Entwürfe an engl., frz. und amer. Vorlagen. 1917 ersch. in Wien 13 Faksimilelichtdrucke *Galante Frauen*. Ab 1919 in Wien unter dem Namen Dryden bes. für Modegeschäfte (Knize & Co., Hello) als Werbegraphiker, Modedesigner und Innenarchitekt tätig; daneben zahlr. Plakatentwürfe. Der Bruder Fritz Georg (* 1892 Wien) leitete bis etwa 1926 als Werbefachmann das Atelier von D. Ab 1926 in Paris ansässig und vornehml. als Illustrator tätig (Entwürfe für die Berliner Mode-Zs. „Die Dame"). Sein werbegraph. Stil gerät hier stark unter den Einfluß des frz. Art déco. Ab 1933 in New York Modeentwürfe für die Firmen Saks Fifth Avenue, Macy's, Marshall Field & Co. und Germaine Monteil. Ab 1934 bis zu seinem Tod in Hollywood als Designer für die Kostüm-Ausstattung von neun Filmen verantwortlich (u.a. für *The garden of Allah* mit Marlene Dietrich). 🏛 BERLIN, SMPK, Kunst-Bibl.: 51 Plakate, zw. 1907–19. LONDON, V & A: 11 Plakate, zw. 1907–19. STUTTGART, SG: 41 Plakate, zw. 1907–19. WIEN, Albertina: 26 Plakate, zw. 1907–19; 6 Plakate, ab 1919. – Stadt- und Landes-Bibl.: 3 Plakate, ab 1919. ZÜRICH, MfG: 5 Plakate, zw. 1907–19. ✉ London, Aukt. Bonhams v. 2. 12. 1987: bed. Teil des künstler. Nachlasses aus dem Bes. von Anthony Lipman, Walton-on-Thames/Surrey. ⊙ *G:* 1914 Köln, Werkbund-Ausst. 🕮 ThB9, 1913. *Fuchs*, Geb. Jgg. I, 1976; ÖKL V, 1979. – *J. Klinger*, Mitt. des Ver. Dt. Reklamefachleute 1913 (38) 83; *E. E. H. Schmidt*, ibid. 84 s.; *H. Popper*, ibid. 1914 (6) 212; *H. Meyer*, Das Plakat 6:1915 (Juli) 150 ss. (und Beil.); *H. Reimann*, Die Schwarze Liste, L. 1916, 98–102; *K. Popitz u.a.*, Das frühe Plakat in Europa und den USA, III, B. 1980, Nrn 517–568 (Plakate bis 1914 in dt. Slgn); *A. Lipmann*, E. Dryden, M./Luzern 1989 (dt. Ausgabe der engl. von 1989); *B. Denscher*, Österr. Plakatkunst 1898–1938, W. 1992. – London, Ernst Dryden Arch.: Aukt-Kat. Bonhams, Sale Number 23968.
B. Sülzen

Deutsch, *François-Joseph*, frz. Maler, Lithograph, * 12. 3. 1784 Niderviller/Meurthe, † 18. 2. 1860 La Flèche/Sarthe, lebte dort. Schüler von Anne Louis Girodet-Trioson. 1818–49 Zeichenlehrer am Collège in La Flèche. – Hist. und relig. Darst., Genrebilder, allegor. Fresken (Prytanée, La Flèche). 🏛 ANGERS, MBA: Marine. ⊙ *G:* 1822–37 Paris, Salon / 1825 Lille, Salon (Bronze-Med.) / 1825, '27 Douai, Salon (1825 Silber-Med.). 🕮 ThB9, 1913 (s.v. D., J.). – Les salons retrouvés (K Calais u.a.), II, [Lille] 1993.
C. R.

Deutsch, *Friedhelm*, dt. Graphiker, * 1932 Oberhausen. Stud. an Werkkunstschule Düsseldorf. Gebrauchs- und freie Graphik; geschriebene Zchngn verbunden mit Geometrie; ⚭ *Friederike Deutsch-Fiedler*, Graphikerin (* 1940). 🕮 KüNRW IV, 1968; *H. J. Orth*, Düsseldorf creativ, Dd. 1980 (Ausst.-Verz.).
A. R.

Deutsch, *Fritz*, dt. Goldschmied, Bildhauer, Maler, Restaurator, * 1921 Reichenberg, lebt in Köln. Stud.: Metallbildhauerei an den Kölner Werkkunstschulen bei Joseph Jaekel; anschl. im Atelier von Hanns Rheindorf, ebd.; nach dem 2. WK erneut Kölner Werkkunstschulen, Malerei bei Anton Wolff, Goldschmiedekunst bei Elisabeth Treskow; 1955 Goldschmiedemeister. – Fertigt Schmuck sowie sakrale und profane Gegenstände; ferner Restaurierungen, z.B. 1968 das Comburger Antependium (1. H. 12. Jh.) zus. mit E. Treskow. 🕮 KüNRW II, 1967; *E. Adelmeier*, Goldschmiede-Ztg Europ. jeweler 66:1968 (10) 1018 s.
T. Gr.

Deutsch, *Hans* (1590) → **Deutsch** (Goldschmiede-Fam.)

Deutsch, *Hans (Hans Emil)*, schweiz. Maler, Graphiker, Zeichner, Glasmaler, * 18. 4. 1927 Wangen/Schwyz, Bürger von Hugelshofen und Dotnacht/Thurgau. Stud.: 1943–45 KGS Luzern; 1945–47 KGS St. Gallen; 1948–49 KA München (Malerei; Kunstgesch.). Ab 1949 zahlr. Reisen v.a. im Mittelmeerraum. 1950 in Rorschach, ab 1959 in Rorschacherberg/St. Gallen ansässig. 1956 Professur. 1978 Rembrandt-Preis; Ehren-Mitgl. der Accad. Internaz. di Art-Lettere-Sc. in Rom; 1982 Albrecht-Dürer-Med. – Lsch., v.a. Berg-, Bodensee- und Reisemotive, häufig Häfen und Segelboote, auch Stilleben und Figürliches, in leuchtenden, klaren Farben, verknappten, flächig-stilisierten, geometrisierenden und umrißbetonten Formen und lebhafter Binnenstruktur. Auch Glas- und Wand-Gem., Reliefs (Bad Ragaz, Thermalbad), Pastelle, Hschn., Lith. und Linolschnitte. ⌂ ARBON, Glasbeton AG: Glasfenster, 1978. GOSSAU/St. Gallen, St. Othmar-Schulhaus: Wandbild, 1969. ST. GALLEN, KM. ◉ *E:* 1962 Arbon, Schloß; Genf, Gal. Club / 1966, '71 Zürich, Gal. Walcheturm. ▭ *Plüss/Tavel* I, 1958 (Ausst.); LZSK, 1981; KVS, 1991; Biogr. Lex. der Schweizer Kunst, I, Z. 1998. – *M. E. Friedrich*, Bodensee-Hefte 37:1986 (12) 6–15; H. E. D., Rorschacherberg 1990; *D. Larese*, 50 Jahre Thurgauer Künstlergruppe, Amriswil 1991. D. T.

Deutsch, *Hans Rudolf Emanuel* → **Manuel,** *Rudolf*

Deutsch, *Heinrich A.*, österr. Bildhauer, * 23. 2. 1925 Wien, lebt dort. Stud. ebd.: 1939–41 Techn. Lehr- und Versuchsanstalt; 1941/42 bei dem Bildhauer Gustav Gurschner; 1942 ABK bei Fritz Behn. Danach Soldat. Erneutes Stud.: ab 1945 ABK Wien bei Josef Müllner; 1948–50 ABA Paris bei Marcel Antoine Gimond; 1951 erneut ABK Wien, Dipl. bei Franz Santifaller; 1951–53 Akad. für angew. Kunst ebd., Keramikklasse von Robert Obsieger. Ab 1953 in Wien tätig. 1959 Mitbegr. des ersten Symposiums europ. Bildhauer in St. Margarethen/Burgenland. – Bes. Skulpt. und Reliefs (v.a. Keramik, Kunststein) für Wiener Wohnhäuser. Außerdem Portr. sowie formreduzierte, z.T. zur Abstraktion geführte Bronzestatuetten mit einer weichen, auf Licht und Schattenwirkung bedachten Oberflächenmodellierung. ⌂ WIEN, Burgtheater: Hedwig Bleibtreu, Büste. – Österr. Gal.: Portr. und Statuetten, Bronze. – Donaupark: Brunnen, Kunststein. – Schweizergarten, Ecke Südbahnhof: Staatsgründungsdenkmal, abstrakte Komp. – Auhof-Str., Städt. Wohnanlage: Hauszeichen mit Tier-Darst., 1953. – 18. Bez., Czartoryskigasse 62–68: Musikinstrumente, Keramikmosaik, 1954. – 3. Bez., Hofmannsthalgasse/Leber-Str.: Zwei abstrakte Seehunde. – 13. Bez., Oscar-Straus-Park: Straus-Denkmal, Bronze. – Hermes-/Wolkersbergen-Str.: Tanzende weibl. Figur (jeweils 1959). – 11. Bez., Kaiserebersdorfer Str. 41–43: Aphorismus, 1968. – 20. Bez., Spielmanngasse 5: Keim, Kunststein, 1970. ▭ ÖKL V, 1979. – *G. Kapner*, Freiplastik in Wien, W. 1970; *Gy. Sebestyén*, Burgtheater-Gal., W. 1976; Wiener Bez.-Kulturführer, XI (Siemering), M./W. 1980; XX, 1981; XIII (Hietzing), 1982; XVIII, 1982; XXII (Donaustadt), 1985; Kunst des 20. Jh., Bestands-Kat. der Österr. Gal., I, W. 1993. D. T.

Deutsch, *Herman*, austral. Stecher, Lithograph, Verleger, Drucker, * ca. 1833 Preußen(?), † 1870 oder viell. auch später. Lebte bis 1856 offenbar in Gleiwitz. Jan. 1857 Ankunft in Victoria. Um 1859 in Ballarat als Stecher und Lithographiedrucker etabliert. 1859 Veröff. des *Ballarat Album*, 16 Ansichten mit Szenen, die Ballarat noch als provisor. Stadt des Goldrauschs zeigen, Lith. von François Cogné (1829–83) nach Fotogr. von William Bardwell. 1860 Einbürgerung als brit. Staatsbürger. Bis 1865 in Ballarat nachgewiesen, veröffentlichte zahlr. Lith. von Ansichten, Denkmälern, Sportveranstaltungen und and. Genrethemen. Bis 1870 an Finanzspekulationen beteiligt, dann Insolvenzerklärung. ⌂ CANBERRA, NG of Australia. – Nat. Libr. of Australia. MELBOURNE, La Trobe Libr., State Libr. of Victoria. SYDNEY, Dixson Gall. and Mitchell Libr., State Libr. of New South Wales. ▭ *Kerr*, 1992; *McCulloch*, 1994. R. Smith

Deutsch, *Ignác*, ungar.-dt. Maler, * 1846 Vágvecse (Veča/Slowakei), bis 1897 nachw. in München. Stud.: 1866–68 ABK Wien; ab 1868 Akad. München, 1873–73 mit ungar. Staats-Stip., dank dem Erfolg seines Bildes *In seinen Studien gestörter Gelehrter*, in der Ausst. der Ges. Bild. Künstler in der Budapester KH. Danach lebte er in München. ◉ *G:* 1897 Budapest, Műcsarnok: Winter-Ausst. (Einschlummernd). ▭ MagyKépLex, 1915; *P. Ujvári*, Magyar Zsidó Lex. Bp. 1929. – *Gy. Fleischer*, Magyarok a bécsi képzőművészeti Akadémián, Bp. 1935. *K. Lyka*, A táblabíró világ művészete, Bp. [3]1981; *id.*, Nemzeti romantika, Bp. [2]1982. E. Révész

Deutsch, *Johann Ignaz*, dt. Büchsenmacher, get. 16. 8. 1656 Würzburg, † 15. 12. 1721 ebd. Lehre in Wien. 1683 Heirat in Würzburg. 1684 Meister ebd. 1690–1715 mehrmals Zunftgeschworener. 1692 städt. Zeugwart. Bezahlte 1706 Steuerschulden mit der Lieferung von 10 Flinten. ▭ *Trenschel*, 1991 (Quellen). – *E. Heer*, Der neue Støckel, I, Schwäbisch Hall 1978. D. T.

Deutsch, *Johannes*, österr. Maler, Graphiker, Medienkünstler, * 22. 10. 1960 Linz, lebt in Wien. Stud.: 1975–80 FS für Gebrauchsgraphik in Linz bei Johannes Schreiber; 1990–92 postgradual an der Städelschule in Frankfurt am Main (Neue Medien). 1984–89 Kustos am Sigmund-Freud-Mus. in Wien. – D. begann als Maler farbkräftiger, figurativer Ölbilder, in denen sich eig. Traumerfahrungen in dialogartigen Szenarien widerspiegeln. Das Erkennen und Beherrschen der unbegrenzten formalen und techn. Möglichkeiten der computergenerierten Kunst und die damit gegebene Manipulation der vom Künstler gewählten, meist fotogr. Vorlagen eig. Bilder brachte D. seit 1990 dazu, die neuen elektron. Medien in einen umfassenden Diskurs um die Möglichkeiten der Wahrnehmung einzubinden. Seine Computergraphiken, stets aus opt. Versatzstücken verschiedenster Wirklichkeiten entstehend, bleiben den Prinzipien des Malerischen eng verbunden und verstehen sich als Erweiterung und versuchte Utopien herkömmlicher graph.-malerischer und fotogr. Medien. Themat. ist D. um die Erforschung und Dokumentation eines psycholog. vielschichtigen, metamorphen Menschenbildes bemüht. Das Portr. seines Sohnes interpretierte er in zahlr. Computergraphiken. D. ist v.a. als Mittler zw. ikonograph. Traditionen und experimenteller Medienkunst von Bedeutung. 🏛 GRAZ, Neue Gal. Joanneum. INNSBRUCK, Tiroler LM Ferdinandeum. LINZ, Neue Gal. – Oberösterr. LG. – SM Nordico. SALZBURG, Rupertinum. WIEN, Albertina. – MMK. – Slg des Bundes. – Kultur-Abt. der Stadt. ✉ Die Wiederkehr der Welt in der Abstraktion, in: *J. J. Taupe*, Neue Arbeiten 1992–1995, Klagenfurt 1995. 👁 *E:* Wien: 1988 (K), '91 Gal. Stubenbastei; 1992 MMK (K); 1995 (K), '98 Gal. Chobot; 1996 KH Wien-SchauFenster (K) / Graz: 1989 Forum Stadtpark; 1992 Neue Gal. Joanneum (K); 1997 Gal. Schafschetzy / 1990 Budapest, Fészek Gal. (mit Klára Borbás, K) / Linz: 1991 KV Paradigma (K); 1993 Gal. Maerz (K); 1994, '97 Gal. Figl; 1997 SM Nordico, Stifterhaus (K, mit Lit.) / 1991 Wels, Gal der Stadt (mit K. Borbás); Rom, Österr. Kultur-Inst. / 1992, '98 Villach, Gal. Holzer; 1992, '94 Eltville am Rhein, Gal. Ribbentrop / 1994, '98 Köln, Gal. Schüppenhauer / 1994 Ljubljana, Städt. Gal. (K); Piran, Obalne Gal. / 1995 Zagreb, MMK; Rijeka, MMK / 1998 Innsbruck, LM Ferdinandeum; Bonn, KM; Frankfurt, KV; Bielefeld, KV; Krems, KH. 📖 Wien, Arch. Kultur-Abt. – Mitt. D. (1995). W. Hilger

Deutsch, *Joseph*, frz. Porzellanmaler, Fayencemaler, 18. Jh. Zunächst in Strasbourg, nach 1755 bis ca. 1780 in Niderviller/Moselle mit Lsch.- und Trompe-l'Œil-Dekor für die Fayence-Man. tätig (1773–78 v.a. Holzmaserungsdekor). Arbeitete 1794–1802 in Paris als Blumenmaler und Vergolder. Lt. Honey vermutl. ident. mit einem Maler *Joseph Delruch*. – D.s Sohn *Antoine D.* (* 5. 12. 1771) war ab 1802 Schüler der EcBA, Paris; ein um 1784 geb. Sohn war 1796–1802 ebd. Schüler von Le Guay. 🏛 FRANKFURT am Main, Mus. für Kunsthandwerk: Dekor für ein Weihwasserbecken (Bildhauer: Charles Sauvage), Email-Farben, 1778/79 (gewidmet D.s 2. Ehefrau Madeleine). LONDON, V & A: Lsch. auf Porzellan mit Holzdekor, sign., 1774. 📖 *Honey* I, 1949; *Lotz*, Avant 1800, 1994. – *H. Haug*, Faenza 39:1953, 147–150; *Hüseler* III, 1958; *G. Haug/F. Deflassieux*, Lunéville, Niderviller, Saint-Clément, P. 1973; *M. Bauer*, Europ. Fayencen (K Mus. für Kunsthandwerk), Ffm. 1977; Faïences franç. (K Grand Pal.), P. 1980. K. S.-D.

Deutsch, *József (Ernő József)*, ungar. Gebrauchsgraphiker, * 12. 2. 1901 Budapest, 1943 letztmals ebd. erwähnt (Presseartikel über seine Verurteilung wegen Fälschung von Lebensmittelkarten), wurde wahrsch. Opfer der Judenverfolgung. Besucht 1917 kurz die KGS ebd., wird aber als untauglich abgewiesen. Arbeitet in einer Goldschmiede-Wkst., dann als Fotoretuscheur. Wird autodidaktisch zu einem der meist beschäftigten Filmplakatentwerfer der 20er/30er Jahre in Budapest. 1926 nimmt die UFA seinen ersten Plakatentwurf an, dem viele weitere folgen, oft in dekorativer, flächenhafter, den Rhythmus der Wiederholung nutzender Form (*Fiu ez a lány?*/Ist dieser Junge ein Mädchen?; *Moskau*, beide 1926; *Verdun*, 1929). Verleiht auch dem populären Filmplakat einen individuellen Char., das mit melodramat. Motiven oder Star-Portr. operiert (*A hóhér fia*/Sohn des Henkers; *Dalolj Bolond*/Singing fool, beide 1929). Entwirft des weiteren bemerkenswerte Werbeplakate in emphat.-klassizisierendem Stil (*Fővárosi Serfőző Rt.*/Hauptstädt. Bierbrauerei AG), in sachl. Auffassung (*Senator*, 1929) oder mit der Eleganz der Art déco (*Palmira szappan*/Palmira Seife, 1930; *Senator*, 1930). 🏛 BUDAPEST, Országos Széchényi Könyvtár. 👁 *G:* 1929 München: Das internat. Plakat. 📖 MagyFestAdat, 1988. – 100 + 1 Jahre ungar. Plakatkunst (K), Dortmund 1987. K. Bakos

Deutsch, *Julio (Julije)*, kroat. Architekt, * 29. 9. 1859 Geppersdorf (Kopřivná/Tschechien), † 9. 6. 1922 Zagreb. Vater von Pavao D. Stud.: TH (Dipl.) Wien bei Friedrich König und Heinrich von Ferstel; in Belgien, Niederlanden, Deutschland; auch im Atelier von Ludwig Tischler. War in Paris bei Camille Lefèvre am Mausoleum von Adolphe Thiers tätig. Ab 1888 in Agram (Zagreb), arbeitete zunächst im Archit.-Büro von Kuno Weidmann. 1889 gründete er zus. mit seinem Wiener Stud.-Kollegen Leo Hönigsberg die Projektierungs- und Bau-Fa. Hönigsberg & D. Die beiden Partner bauten zahlr. Gebäude v.a. in Zagreb, teils nach eig. Projekten (eine genaue Autorenschaft ist bis zum Tod von Hönigsberg 1911 nicht feststellbar), teils nach fremden Projekten, u.a. Kroat. Nat.-Theater (1895; Helmer & Fellner); Direktionsgebäude der Staatl. Eisenbahn (1901; Ferenc Pfaff). Mit der Realisierung von Projekten junger, in der Fa. angestellter Architekten führten sie in Zagrebs Archit. den Secessionsstil ein, z.B. das Verwaltungsgebäude der Handels- und Gewerbekammer, Mažuranićev trg 14 (heute Ethnogr. Mus., 1903; Vjekoslav Bastl). Sie projektierten öff. und Wohngebäude v.a. am Lenucijeva potkova gen. repräsentativen Ring der Unterstadt sowie Sommerhäuser (heute Stadtteil Tuškanac Nr 21, 56), entwickelten den Typ des Wohn-Pal., Eckgebäude krönten sie häufig mit Kuppeln (Frankopanska ul. 2, 1894). Die verwendeten Stilelemente der Neo-Renaiss., des Neobarock und des Neorokoko gehören zur Spätphase des Historismus. 🏛 KRIŽEVCI: Synagoge (umgebaut). SLAVONSKA POŽEGA: Finanzamt, 1896. ZAGREB: Häuser: Teslina ul. 5, 1890; Preradovićeva ul. 37; Strossmayerov trg 10: Haus Schlesinger (1907–08 zum Hotel Palace umgebaut), beide 1892; Starčevićev trg 6: Haus Starčević, 1894/95; Trg kralja Tomislava 18: Haus des Malers Vlaho Bukovac. – Amruševa 2: Bez.-Gericht, beide 1896. 👁 *G:* Zagreb: 1891 Jubiläumsforstwirtschafts-Ausst.; 1901 Ausst. von C. M. Medović, O. Iveković & Co. / 1896 Budapest: Milleniums-Ausst. / 1912 Belgrad: IV. Jugosl. Kunst-Ausst. 📖 ELU II, 1962; LEJ I, 1984; HBL III, 1993 (Lit.); DA XIV, 1996. – *S. Knežević*, Zagrebačka zelena potkova, Zagreb 1996. K. Kamenov

Deutsch, *Kálmán* → **Déri,** *Kálmán*

Deutsch, *Karl Ferdinand*, deutschbalt. Lithograph, * 22. 1. 1807 Riga (lt. Lenz), † 23. 6. 1881 ebd. Gründete 1841 in Riga eine lithogr. Anstalt, die später (lt. Siliņš nach D.s Tod) die Fa. Alexander Grosset übernahm. In D.s Anstalt entstanden Original-Lith. und eine große Anzahl Reprod., Portr. bekannter balt. Kulturschaffender und Politiker sowie Stadtansichten von bemerkenswertem, techn. hohem Niveau, darunter auch Farb-Lith. (lt. MAB die ersten in Lettland in Farbdruck gefertigten Plakate und Postkarten mit Ansichten von Riga und einheim. Lsch.). D. lithographierte z.B. *Rīgas skats ar plo-*

stu tiltu (Rīgas panorāma), 1841, und u.a. die Portr. von *Dr. C. Napiersky*, 1842, und *Generalgouverneur M. von der Pahlen* (nach Zchngn von Gustav Wilhelm Rosenberg), *Komiker R. von Lehmann*, 1841 (nach Hermann Schlichting). RIGA, Valsts MM. – Rīgas Vēstures un kuģniecības muz. – Latvijas Vēstures muz. ThB9, 1913. *Neumann*, LbK, 1908 (Werke); *Lenz*, 1970; MAB I, 1995. – Senā Rīga gleznās, zīmējumos un gravīrās, Rīga 1937; *J. Siliņš*, Latvijas māksla: 1800–1914, I, Sth. 1979; *R. Bēms*, Apceres par Latvijas mākslu simt gados, Rīga 1984; *R. Lapiņa*, Senā Rīga grafikā, Rīga 1989.

A. Brasliņa

Deutsch, *Karl-Heinz*, dt. Bildhauer, * 26. 3. 1940 Karlsruhe, lebt in Jockgrim/Pfalz. Vater von Alexandra D. 1954–57 Lehre als Keramik-Modelleur; Stud.: 1960–65 ABK Karlsruhe. Seit 1965 freischaffend. 1965–77 nebenberufl. Lehrtätigkeit an der Heinrich-Hübsch-Schule, Karlsruhe; ab 1973 Doz. für plast. Gestalten an der FHS RP, Abt. Kaiserslautern; seit 1988 Prof. ebd.; 1977–80 Lehrauftrag für Plastik an der Erziehungswissenschaftl. HS Landau/Pfalz. Ausz.: 1973 Pfalzpreis für Plastik; 1978 Förderpreis des Landes RP; 1997 Kunstpreis der Vrg Pfälzer Künstler. Auf Plätzen im öff. Raum in Germersheim, Landau und Frankenthal stehen Großplastiken; Wand-Gest. in und an öff. Gebäuden u.a. in Ludwigshafen, Mainz und Zweibrücken. KAISERSLAUTERN, Pfalz-Gal. MAINZ, LM. ROCKENHAUSEN, Mus. Pachen. *E:* 1973 Karlsruhe-Durlach, Gal. Schneider-Sato / 1975 Neustadt an der Weinstraße; 1975 KV; 1997 Herrenhof / 1976 Deidesheim, Stadthalle / 1978, '90 Jockgrimm, Zehnthaus / 1979, '84, '95 (K) Landau, Villa Streccius / 1980 Sistiana (Italien), Kulturverwaltung / 1981 Kiel, Gal. B.; Speyer, KV; Saalfelden (Österreich), Gal. Simmerl / Kaiserslautern: 1981 Pfalz.-Gal. (K); 1982 Gal. Accent / 1982 Koblenz, Künstlerhaus Metternich / 1983 Homburg, SM; Nackenheim, Werkstatt-Gal.; Innsbruck (Österreich) Wkst.-Gal.; Salzburg, Gal. Pointer / 1984 Neuwied, Gal. Feldkirche; Landstuhl, Burg-Gal. / 1985 Udine (Italien), Laboratoria 2 / 1987 Flohnheim, Gal. Kreiter; Straßburg Gal. Maison d'Art Alsacien / 1988 Dierdorf, Gal. im Uhrturm / 1989 Lyon, Gal. Hermes / 1990 Kirchheimbolanden, Gal. Waldherr; Oberwesel, Gal. Di Da Art / 1992, '96 Landau, Gal. Z / 1997 Rodalben, KH Servas / 1999 Pirmasens, Karolinensaal. – *G:* u.a. 1965 Dt. Kunstpreis der Jugend in Stuttgart und Bochum. Who's Who in the arts, München 1975. – Lebendiges Rheinland-Pfalz, Heft 4:1983; H. Frien, Porträts und Profile, Speyer 1992; 50 Jahre Pfälz. Sezession (KHM der Pfalz Speyer u.a.), Ostfildern 1995; Dokumentation des BBK RP, Bad Kreuznach 1998.

H. Pachen

Deutsch, *Leopold* cf. **Deutsch,** *Moritz*

Deutsch, *Lipót* cf. **Deutsch,** *Moritz*

Deutsch, *Lucas* → **Deutsch** (Goldschmiede-Fam.)

Deutsch, *Ludwig*, frz. Maler, Illustrator österr. Herkunft, * 13. 5. 1855 Wien, † vor 17. 5. 1935 Paris. Ab 1907 frz. Staatsbürger. Stud.: 1872–77 ABK Wien bei Anselm Feuerbach; anschl. EcBA Paris bei Jean-Paul Laurens und Acad. Julian ebd. 1879 Salondebüt mit dem *Portr. de M. Koch* (verschollen); alsbald auf hist. und Genreszenen spezialisiert (*Le Hallebardier*, Öl/Lw., 1880; 27. 1. 1995 in Paris, Hôtel Drouot, Nr 14, versteigert). Ab 1883 infolge von zahlr. Reisen nach Ägypten, denen weitere folgen, bei fast allen Werken vom Alltag in Kairo inspiriert (*El Azhar, univ. arabe du Caire*, Salon 1890, heute Priv.-Slg). Ausz. im Salon: 1884 ehrenvolle Erw. (*La Jeune favorite*, verschollen); 1907 Med. 3. Kl. (*Le Maître*, 28. 10. 1987 bei Christie's, New York); 1910 Med. 2. Kl. (*La Barque du Nil*, verschollen); bis 1925 im Salon vertreten. 1900 Ausz. mit einer Gold-Med. zur Pariser WA. Ab 1909 wird D.s Technik gelöster und der Duktus schwungvoller, was bei der Saloneinsendung dieses Jahres bes. deutlich wird (*La Procession du Mahmal au Caire*, Öl/Lw., Priv.-Slg). Außerdem für mehrere Illustrierte tätig. Zu Lebzeiten wenig geschätzt, gehört D. im Kunsthandel heute zu den gefragtesten Orientmalern. Am 17. 5. 1935 Versteigerung seines Atelierbestandes in Paris, Hôtel Drouot. LOS ANGELES/Calif., J. Paul Getty Mus.: Garde nubien, Öl/Lw., 1895. ThB9, 1913. *Fuchs*, Maler (19. Jh.) I, 1972; ÖKL V, 1979; *Bénézit* IV, 1999. – *Thornton*, 1993.

D. Lobstein

Deutsch, *Marie-Theres*, dt. Architektin, * 14. 8. 1955 Trier, lebt in Frankfurt am Main. Stud. in Frankfurt am Main: 1976–79 Archit. FHS, 1980–85 ABK, Städelschule bei Günther Bock und Peter Cook. Seit 1985 eig. Büro in Frankfurt am Main (1987–89 mit Klaus Dreissigacker); 1990–92 Gast-Prof. FH Detmold für Innen-Archit. und Experimentellen Entwurf, 1992/93 Gast-Prof. Univ./Gesamt-HS Kassel für Archit./Entwurf. Ausz.: 1999 Vorbildl. Bauen in Hessen (Umbau Haus Stoeckle/Helming, Frankfurt am Main, 1998). Wettb.-Siege, u. a. temporärer Musikpavillon Alte Oper (1988) und Aerospace-Mus. Frankfurt am Main (1988), Platzgestaltung Großbieberau (1991). Zahlr. Projekte wie die Revitalisierung der Mainuferpromenade, Frankfurt am Main (seit 1996), u. a. mit Bar im Eisernen Steg (1997). Weitere Werke: Tisch aus Beton und Federstahl (1986), Raumskulpt. an den Städt. Bühnen, Ballett Frankfurt (1990). FRANKFURT am Main: Kino Harmonie, 1985. – Haus Gaul, Umbau und Sanierung, 1987–91. – Ausst.-Halle Portikus, 1987 (mit Klaus Dreissigacker). – Privat-Mus. für Ulrich Rückriem, 1988. – Gal. Friedman-Guinness, 1988. – Kindertagesstätte Nieder-Erlenbach, Erweiterung, 1988–94. URBERACH: Haus Winkler/Sabel, Umbau, 1991. Baumeister 85:1988 (Febr.) 9; Architekten in Hessen, Wb. 1994; *B. Kalusche/W.-C. Setzepfandt*, Frankfurt am Main. Archit.-Führer, B. ^{2}1997; Dt. Architektenblatt 1998 (6) 35 s.; Bauwelt 90:1999 (10) 460. – *Online:* Homepage, 2000. – Mitt. D.

N. B.

Deutsch, *Matthes*, dt. Plattner, in Landshut zw. 1485 und ca. 1510 tätig. Nicht ident., aber sicher verwandt mit dem Harnischmeister gleichen Namens, der 1482–88 in Landshut urkdl. gen. ist. D. fertigt 1487–96 mehrere Rüstungen für die sächs. Kurfürsten Friedrich den Weisen und Johann den Beständigen, darunter einen Küraß (Dresden, HM, Rüstkammer, Nr M12 s.). Die wenigen erh. Rüstungen (z.B. Rennzeug auf Schloß Ambras, Innsbruck) sind von hoher Qualität. Ihre Verzierungen haben Ähnlichkeit mit Nürnberger Werken, so daß dort ein Aufenthalt mögl. erscheint. Aufgrund der ihm zugewiesenen

Sign. in Form eines Lindenblattes wird D. auch Meister der Lindenblattmarke genannt. 🏛 MOSKAU, Staatl. HM: Kolbenturnierhelm, um 1500 (bis 1945 Paris, Mus. de l'Armée). 🕮 *L. Robert*, Cat. des coll. composant le Mus. d'Artillerie en 1889, P. 1889–91, Nr G. 3, Taf. 25; *M. von Ehrenthal*, Führer durch das kgl. HM zu Dresden, D. ³1899, Nr C 1. 2; *A. von Reitzenstein*, MüJb, 3. F., 5:1954, 144; *B. Thomas*, JbKS Wien, N. F. 16:1956, 50; *J. Mann*, Europ. arms and armour (K Wallace coll.), I, Lo. 1962, Nr A193; *A. von Reitzenstein*, Waffen- u. Kostümkunde 5:1963 (2) 89–95; *E. Egg* (Ed.), Maximilian I. (K), Inn. 1969, 126, Nr 486; *A. V. B. Norman*, Wallace coll. cat. Europ. arms and armour, III, Lo. 1986, 73, Nr A193. S. H.

Deutsch, *Moritz (Mór)*, ungar.-österr. Maler, * 1815 Buda (?; Budapest), † 1882 Wien. Urspr. Zimmermaler, lebte davon auch A. der 1840er Jahre in Pest. Stud.: 1834–40 (mit Unterbrechung) ABK Wien, Historienmalerei bei Leopold Kupelwieser; 1842 ABA Venedig sowie in Rom. Debütierte 1834 in der Ausst. der Pester ev. Schulen mit röm.-antikisierenden Darstellungen. 1843–59 Teiln. der Ausst. des Pester KV, stellt als Anhänger von Károly Markó d.Ä. romant. Ideal-Lsch., Biedermeier-Portr. und Genreszenen aus (*Pannonia, Beschützerin der schönen Künste*, 1843; *Ruth und Boas, Ital. Räuber-Fam.*, 1846; *Der Förster, Der Toilettentisch*, 1858; *Die verdünnte Suppe*, 1859). Ab 1861 Mitgl. des Wiener Künstlerhauses und Teiln. der Ausst. der Ges. Bild. Künstler in Pest. 1864–68 und 1871–73 Mitinhaber der 1858 von seinem Bruder, *Leopold (Lipót) D.* gegr. Steindruckerei in Pest (1873 siedelte Leopold D. nach Wien um und wurde dort selbständiger Lithograph und Verleger). In den 60er Jahren erschienen bei ihnen mehrere ill. Blätter (Magyaroszág és a Nagyvilág; Család Lapja; Képes Világ), sie druckten auch Beilagen zahlr. Zss. (u.a. Családi Kör; Magyar Divatfutár). 🏛 BUDAPEST, BTM. – Magyar NG. – Magyar NM. – Országos Széchényi Könyvtár. 🕮 ThB9, 1913 (Lit.). MagyKépLex, 1915 (Ausst.; Lit.); *P. Ujvári*, Magyar Zsidó Lex., Bp. 1929; *Fuchs*, Maler (19. Jh.) I, 1972; ÖKL V, 1979. – *Schmidt*, 1951; *T. Gerszi*, A magyar kőrajzolás története a XIX. sz., Bp. 1960; *K. Lyka*, A táblabíró világ művészete, Bp. ³1981. E. Révész

Deutsch, *Niklaus Manuel* → **Manuel,** *Niklaus*

Deutsch, *Pavao*, kroat. Architekt, * 23. 6. 1897 Agram (Zagreb), † 24. 4. 1948 ebd. Sohn von Julio D. Stud.: bis 1921 (Dipl.) TH Wien; 1926 Promotion TH Zagreb. Ab 1923 führte er zus. mit dem Architekten Aleksandar Freudenreich die Projektierungs- und Bau-Fa. des Vaters unter dem Namen Freudenreich & Deutsch. Sie beteiligten sich u.a. an den Wettb. für: 1930 Jüd. Krankenhaus; 1931 Gebäude der Stadtwerke (beide Zagreb), Banatskrankenhaus in Split, Pal. der Ersten Kroat. Sparkasse in Dubrovnik. – D. trug zur Entwicklung der mod. kroat. Archit. der 20er und 30er Jahre durch sein Bestreben bei, ein neues Raumkonzept von Krankenhäusern zu schaffen. 🏛 KARLOVAC: Hrvatski dom, 1926. SPLIT-Veli Varoš: Grundschule, 1923. ZAGREB Petrinjska ul. 7, 1929. – Trg Burze 4, 1931. – Bosanska ul. 24: Wohnhaus Fam. D., vor 1932. – Ilica 53, 1932. – Gajeva ul. 2b, 1933. – Buconjićeva ul. 37, 1938. – Petrinjska ul. 71: Hotel Astoria (ehem. Beograd), 1938. 🖂 Art. zu Flachdächern und Archit.-Elementen von Gärten, in: Građevinski vjesnik, 1932; Naš vrt, 1934. 🕮 ELU II, 1962; LEJ I, 1984; HBL III, 1993 (Lit.). K. Kamenov

Deutsch, *Richard*, US-amer. Bildhauer, Keramiker, Maler, * 1953 Los Angeles/Calif., lebt in Davenport/ Calif. Stud.: 1976 Univ. of California, Santa Cruz. – Marmor. 🏛 CHICAGO/Ill., McDonald's Corporation. HOUSTON/Tex., Shell Oil Corporation. LOS ANGELES, Patrick J. Lannon Found. OAKLAND/Calif., Mills College. SANTA CRUZ, Ocean View Park: Terrazzo-Skulpt. (1984 Auftrag). WASHINGTON/D. C., Renwick Gall. 👁 *G:* u.a. 1987 San Francisco (Calif.), Jewish Community Mus. / 1988 Palo Alto (Calif.), Cult. Center. 🕮 WWAA, 1993/ 94–1997/98 (Ausst., Ausz.). – *M. Kangas*, Amer. ceramics 2:1983 (3) 34–41; *P. Dormer*, The new ceramics, Lo. 1986. C. R.

Deutsch, *Rudi* → **Dayan,** *Rudi*

Deutsch, *Rudolf Friedrich von*, dt. Maler, Bildhauer, Schriftsteller, * 27. 10. 1835 Moskau, lebte lt. Dressler (1921) in Berlin. Stud.: ab 1856 KA Dresden; ab 1860 in Darmstadt bei Heinrich Hoffmann (Malerei). 1863–66 in Italien, u.a. in Olevano, danach in Berlin tätig. Gab 1881 die Malerei wegen eines Augenleidens vorübergehend auf und arbeitete als Bildhauer (Berlin, Theater des Westens: *Die größte Macht der Welt*, Figurengruppe, zerst.). Ab 1906 erneut als Maler tätig. – Malte mytholog. und biblische Szenen (*Rückkehr des Tobias*, mit idealisierender Rhein-Lsch., gestochen von Franz Paul Massau), außerdem einige Genreszenen. 👁 *G:* 1868–81 Berlin, Akad.-Ausst. 🕮 ThB9, 1913 (Lit.). *Dressler* II, 1930. – *L. Gierse*, Relig. Graphik aus der Zeit des Kölner Dombaus 1842–1880 (K), Köln 1980. D. T.

Deutsch, *Zacharias* cf. **Deutsch** (Goldschmiede-Fam.)

Deutsch-Fiedler, *Friederike* cf. **Deutsch,** *Friedhelm*

Deutschbauer (Ropac), *Julius*, österr. Maler, Konzeptkünstler, * 25. 12. 1961 Klagenfurt, lebt seit 1983 in Wien. Bruder des Salzburger Galeristen Thaddäus Ropac. 1977–80 Ausb. als techn. Zeichner. Autodidakt. – Anfangs minimalist., oft monochrome Bilder, sodann Objektkästen mit Fundgegenständen und formal streng konzipierte Buchobjekte. Seit 1988 entstanden Plexiglaskästen mit Wortbildern und -kombinationen, Untersuchungen zum Verhältnis von Wort, Singgehalt und Gegenstand. 1996 zeigte D. in der Wiener Secession die Installation *Bibelstunde*, spiegelnde Taf. mit Namen aus dem AT, wobei er unter opt. Einbeziehung des Betrachters die Wiederholbarkeit hist. Phänomene aufzuzeigen versuchte. Er agierte 1996 als Kurator einer sarkast.-feminist. Themen-Ausst. (Wien, Gal. Steineck) und baut seit 1997 im Wiener Mus.-Quartier die „Bibl. ungelesene Bücher" auf, ein iron. Beweis der Unmöglichkeit, alle kulturell relevanten Bücher lesen zu können. Zuletzt dominiert das Konzeptionelle und eine witzig agitierende Plakatkunst. 🏛 SALZBURG, Slg des Landes. WIEN, Slg des Bundes. – Kultur-Abt. der Stadt. 👁 *E:* 1988 New York, Bess Cutler Gall. (K) / 1988, '89, '92, '95 (K), '97 Salzburg, Gal. Ropac / Wien: 1993 Servitengarage; 1994, '98 Gal. Steineck; 1996 Secession / 1994 Klagenfurt, Kärntner LG (K) / 1996 Rom, Gall. Il Carmine / 1997 Basel: Art 28'97. 🕮 Bettina Steigenberger im Gespräch mit J. D., W. 1995; Krieg (K Kärntner LG; Interview mit Danielle Spera), Klagenfurt 1996. – Wien, Arch. Kultur-Abt. W. Hilger

Deutschendorf, *Fritz*, dt. Gebrauchsgraphiker, Briefmarkengestalter, * 31. 12. 1914 Stettin (Szczecin), lebte in Erfurt. 1931–38 Lehre und Tätigkeit als Lithograph, 1938/39 Gebrauchsgraphiker, daneben Abend-Stud. an der KGS Stettin. Seit E. des 2. WK freischaffend in Erfurt. – Plakate, z.B. *Erfurt blüht*, 1950, Signets, Briefmarken der DDR (über 50 Ed.), weiterhin Fernseh- und Kinowerbung, Verpackungsgestaltung. ⊙ *G:* 1982/83 Dresden: 9. Kunst-Ausst. der DDR (K). 🕮 *H. Rademacher*, Gebrauchsgraphik in der DDR, D. 1975. V. F.

Deutscher, Porzellanmaler, 1766–67 in der Fayence-Man. in St. Georgen am See b. Bayreuth tätig. 🕮 ThB9, 1913. C. R.

Deutscher, Maler aus Holitsch (Holics; Holič/Slowakei), nachw. 1814–15. Die in der Zs. Erdélyi Múz. 1814 bzw. 1817 (Hefte 1, 6) ersch. Portr. *G. Bethlen* (sign.) und *M. Kenderesi* (sign. 1815) stach Sámuel Nagy in Klausenburg (Kolozsvár; Cluj-Napoca/Rumänien) nach den Bildnissen des aus Holitsch (wahrsch. aus der Majolikamaler-Fam.) stammenden „Deutscher". Er ist vielleicht mit dem *J. D.* ident., dessen Sign. von einem auf Aukt. aufgetauchten Min.-Portr. eines ungar. Adeligen bek. ist. Nicht ausgeschlossen ist die Identität mit *Ignaz D.*, der bis 1807 Maler der Holitscher Man. war (vgl. C. Schirek, Die k. k. Majolika Geschirrfabrik in Holitsch, Brünn 1905, 99). 🕮 ThB9, 1913 (irrtüml. als D., N.). MagyKépLex, 1915. – Kilényi Hugó ... gyüjteménye (2. Aukt.-K Ernst Múz.), Bp. 1917, Nr 220; *Pataky*, 1951. Á.No.

Deutscher, *Alois* cf. **Deutscher,** *Hubert*

Deutscher, *Franz*, mähr. Büchsenmacher in Brünn (Brno/Tschechien), * 4. 12. 1815 Hermesdorf b. Mährisch-Schönberg (Dolní Temenice u Šumperka), † Nov. 1863 Brünn. Ca. 1831–34 Lehrling in Mährisch-Schönberg, danach Geselle in versch. Orten Österreichs, 1843 Meister in Landskron/Böhmen (Lanškroun), ab 1845 in Brünn. Fertigte Jagdgewehre, Scheibenbüchsen und Pistolen mit Perkussionsschlössern. 🏛 BRNO, Muz. města. HLUBOKÁ NAD VLTAVOU, Lovecké muz. 🕮 *J. Vaněk*, Brněnští puškaři 1650–1900, Brno 1993. J. Vaněk

Deutscher, *Hubert*, Fayencemaler, 1791/92 v.a. in Mähren nachweisbar. Offenbar in der Fayence-Man. Holitsch (Holiče/Slowakei) ausgebildet, in der auch sein Vater *Alois D.* als Maler tätig war (24 Jahre; 1792 bereits verstorben). Arbeitete dort nach seiner 1791 erfolgten Freisprechung kurze Zeit als Geselle, trat vor dem 2. 2. 1792 in die Graf Montelabate'sche Man. in Bistritz am Hostein (Bystřice pod Hostýnem) ein, wo er noch Ende April tätig war. Wechselte dann in die fürstl. Dietrichstein'sche Fayencefabrik in Mährisch Weisskirchen (Hranice), wo er nachweisl. im August sowie Okt.-Dez. 1792 arbeitete. 🕮 ThB9, 1913. – *E. Révhelyi*, A tatai majolika története, Bp. 1941. P. Thoma

Deutscher, *Ignaz* cf. **Deutscher** (1814)

Deutscher, *J.* cf. **Deutscher** (1814)

Deutscher, *N.* → **Deutscher** (1814)

Deutschländer, *B. von* cf. **Deutschlender,** *Johan Gottfried von*

Deutschlender (Deutschländer), *Johan Gottfried von*, schwed. Offizier, Miniaturmaler, * 24. 11. 1684 Stockholm, † 26. 4. 1776 Smälteryd. Großvater des Malers Johan Wilhelm Wångberg. Schuf ein amateurhaftes Min.-Portr. eines Priesters. Nach einer Vorlage von D. stach Carl Erik Bergqvist ein Portr. des Offiziers und Dichters Gustav Lithén und des Kanzleirates A. A. von Stiernmann. D.s Sohn *Bernhard von D.* (* 22. 12. 1716 Folkärna, † 18. 6. 1783 Smälteryd) war ebenfalls Offizier und Min.-Maler (Portr. *Karl XII*, Gouache/Pergament, Zorn-Mus. Mora). 🏛 GÖTEBORG, KM. 🕮 ThB9, 1913 (auch zum Sohn, s.v. Deutschländer, B. von). SvKL II, 1953; *Schidlof* I, 1964. W. St.

Deutschmann, *Christian*, schles. Maler, Kalkschneider, * 1613, † 8. 6. 1651 Breslau. Geburtsbrief aus Breslau wird 1627 „in die Lade gelegt". 1644 soll er eine *Geburt Christi* als Meisterstück malen, 1645 Meister. 1648 läßt er mit Ehefrau Maria eine Tochter taufen. 1649 Ausb. von Hens George Schnabel. – Viell. ident. mit *Hans D.* (gleiche Adresse auf der Schmiedebrücke, verh. mit Maria, die 1651 an der gleichen Krankheit wie D. stirbt), dessen Geburtsbrief aus Breslau 1620 „in die Lade gelegt" wird, Lehrzeit bei Hans Ruschel. 🕮 ThB9, 1913. – *H. Luchs*, Zs. des Ver. für Gesch. und Alterthum Schlesiens 5:1863, 39; *A. Schultz*, ibid. 8:1868 (2) 394. B. Lejman

Deutschmann, *Franz Josef* → **Deutschmann,** *Joseph*

Deutschmann, *Hans* (1620) cf. **Deutschmann,** *Christian*

Deutschmann, *Johannes*, Goldschmied in Bistritz (Beszterce; Bistriţa/Rumänien), † 1878. MZ: ID kursiv in zwei Varianten. 1936 befanden sich ein Schlüssellochschild mit graviertem Eichenkranz und ein Kaffeekännchen mit graviertem Wappen der Grafen Bethlen von ihm in Priv.-Besitz. 🏛 BISTRIŢA, Lutheran. Kirche: vergoldeter Kelch mit glatter Kuppe und Birnennodus. 🕮 MagyKépLex, 1915 (s.v. D., János). – *Kőszeghy*, 1936; *H. Klusch*, Siebenbürg. Goldschmiedekunst, Bu. 1988, 76. A. Grotte

Deutschmann (Teutschmann), *Joseph (Franz Josef)*, österr. Bildhauer, * 3. 12. 1717 Imst/Tirol, † 28. 5. 1787 St. Nikola b. Passau. D. arbeitete als Großplastiker, Altar- und Kanzelbauer, Steinbildhauer und Elfenbeinschnitzer. Erste Ausb. beim Imster Bildhauer Baltasar Jais, als Stationen seiner Wanderschaft werden die Wkstn von Jakob Schletterer in Wien und von J. G. Bschorer in Donauwörth vermutet. 1739 trat er in die Wkst. von Joseph Matthias Götz ein und wurde dessen Nachfolger als Klosterbildhauer des Augustinerchorherrenstifts von St. Nikolai b. Passau. Als Lehrling ist u.a. sein Neffe Franz Anton Zauner überliefert. 1747 arbeitete D. für Kloster Fürstenzell Beichtstühle und Chorgestühl, 1748 für Kloster Aldersbach Kanzel und Beichtstühle. Es folgen u.a. zwei Seitenaltäre und Beichtstühle für die Pfarrk. Michaelsbuch (1751), Altar und Kanzel für die Schloßkapelle des Mettener Sommerschlößchens Himmelberg (1758), das Chorgestühl für die Stiftskirche Engelszell

(1763), zwei Seitenaltäre und Kanzel für die Filialkirche Rettenbach, Altäre und Kanzel für die Chorherren-Stiftskirche Suben (1768–70), acht Altäre in Asbach (um 1780) sowie die Kanzel und zwei Seitenaltäre in Thurnstein (1782–84). Berühmtestes Werk ist die Ausstattung der Bibl. in Fürstenzell mit zwölf Atlantenfiguren und einer Fülle allegor. Putten. 1755 schuf D. für den Abt von Niederaltaich eine Bischofskrümme aus Elfenbein (heute München, Bayer. NM), die seine Begabung auch als Kleinplastiker beweist. 🏛 INNSBRUCK, Tiroler LM Ferdinandeum. LONDON, V & A. MÜNCHEN, Bayer. NM. NÜRNBERG, GNM. PASSAU, Oberhaus-Mus. ⊙ *G:* 1954 London, V & A (K) / 1958 München, Residenz (K) / 1972 München, SM (K) / 1975 Passau, Studienkirche St. Michael (K) / 1984 Stift Reichersberg (K). 🕮 ThB9, 1913. ÖKL V, 1979; *Bosl*, 1983. – *E. Egg*, Kunst in Tirol, Inn./W./M. 1973; *G. Schäffer*, Beil. zum Amtl. Schul-Anz. für den Reg.-Bez. Niederbayern 4: 1977, 7–16; *H. Schindler*, Bayer. Bildhauer, M. 1985, 154 ss.; *H. Kahlhammer*, Ostbair. Grenzmarken 29:1987, 88–94; *Dehio*-Bayern II: Ndb., 1988; *H. Vogl*, J. D., 1717–1787. Weißenhorn, 1989; *E. Lehmann*, Die Bibl.-Räume der dt. Klöster in der Zeit des Barock, B. 1996. P. Thoma

Deutschmann, *Willy*, dt. Maler, Radierer, * 28. 2. 1880 Oberflörsheim b. Alzey, † 25. 11. 1960 Petersbächel b. Pirmasens. Landvermesser in Pirmasens. Stud.: ab 1906 KA München bei Heinrich Heidner und Hermann Hahn. Heiratet in München seine Kommilitonin *Katherina Burkewitsch* (* 1874 Rußland). 1914–17 Internierung in Rußland. Danach in Petersbächel ansässig. – Stimmungsvolle Pleinairmalerei mit Pfälzer Lsch.-Motiven aus dem Wasgau. 🕮 Vol, 1953. *V. Carl*, Lex. der Pfälzer Persönlichkeiten, Edenkoben 1995. – *Bernhard*, 1965. D. T.

Deutta (Daitte; Teudte), *Daniel*, österr. Baumeister, erb. in Gmünd/Kärnten 1607–15 für die Fam. von Raitenau den W-Trakt des Alten Schlosses (seit 1886 Ruine) und 1641/42 deren Kap. in der Stadtpfarrkirche. 🕮 ÖKL V, 1979. D. T.

Deuttcz → **Deutsch** (Goldschmiede-Fam.)

Deutzmann, *Willi*, dt. Maler, Graphiker, Zeichner, * 5. 2. 1897 Solingen, † 28. 8. 1958 ebd. 1908–10 Zeichenunterricht an der gewerbl. Fortbildungsschule Solingen bei Heinrich May. 1911 Lehre als Damaszierer, daneben Abendkurse bei Carl Reschke und Paul Woenne. 1916–18 Soldat. Danach in Solingen tätig. Zunächst Geselle in einer Damaszierer-Wkst.; 1918 und 1924 Weiterbildung (Akt- und Figurenzeichnen) bei Ludwig Füllbeck. 1919–40 selbständiger Damaszierer. 1928 Mitgl. im Solinger Künstlerbund. 1939 Paris-Reise mit den befreundeten Georg Meistermann und Willy Schürmann. 1940 künstler. Durchbruch (*Müngstener Brücke*; Wettb.-Ausz. der Industrie- und Handelskammer Wuppertal). Danach freiberufl. Maler. 1941 Auftrag der Wuppertaler Lackfabrik Herbertz, wo er den dort tätigen Oskar Schlemmer kennenlernt. 1944 Zerst. seines Ateliers bei einem Luftangriff. 1947 Beginn einer lebenslangen Freundschaft mit dem Philosophen Paul Heidecker. 1948 Mitbegr. der Künstlergruppe „Junger Westen". 1955 Nachfolger von Füllbeck als Leiter der Klasse für Akt- und Figurenzeichnen an der FS Solingen. – D. gehört in Solingen zu den prominentesten Malern der Nachkriegszeit. Debütiert hier 1928 beim Künstlerbund und konzentriert sich zunächst auf Lsch., Blumen und Portr.-Studien in Aquarell. Daneben genau beobachtete, sozialkrit. Alltagsszenen in Bleistift, Kohle, Kreide und Feder, z.T. als Karikaturen in der Art von Heinrich Zille. Nach öff. Kritik an 1937 gezeigten, mit dem Schaffen von Emil Nolde verglichenen Aqu., beschränkt er sich auf Blumen- und Pflanzen-Darst. und gelangt zur Ölmalerei. In den 40er Jahren erfolgreich mit v.a. stimmungsvollen Lsch. (häufig Wintermotive) aus dem berg. und Waldecker Land, aus dem Hunsrück und Riesengebirge. Nach 1945 knüpfen seine Öl-Gem. an die stark farbigen Aqu. von 1937 an, verbunden mit unterschiedl. Stilelementen der klass. Moderne. Die Temperamalerei auf dickem, saugfähigem Karton, später auf Preßpappe, führt von der früheren Detailgenauigkeit zu reduzierten Formen im großzügigen, breitpinseligen Duktus. 🏛 BOCHUM, Städt. KS. HAGEN Karl-Ernst-Osthaus-Mus. MÜNSTER, Landesbank. ROM, GAM. SOLINGEN, Klingen-Mus.: künstler. Nachlaß mit 80 Werken ab 1920. – Stadtsparkasse. WUPPERTAL, Von der Heydt-Mus. ⊙ *E:* Solingen: 1932 Buchhandlung Weber; 1957, '58, '62, '67, '77 (zus. mit Paul Ern und J. August Preuße), '87 (K) Solingen, Klingen-Mus.; 1966 Stadtsparkasse / 1951 Itzehoe, KV / 1952 Bochum, Haus Metropol / Wuppertal: 1952 Studio für Neue Kunst; 1957 SM (zus. mit Carl Barth) / 1957 Kassel, KV (zus. mit C. Barth und Emil Schumacher) / 1965 Düsseldorf, Gal. May. 🕮 Vol, 1953. *Schweers* I, 1994. D. T.

Deuvs, *Hans (Hans Otto)*, dän. Maler, * 16. 5. 1887 Farsø, † 8. 9. 1916 ebd. Bruder der Schriftsteller Thit Jensen und Johannes V. Jensen. Stud.: an der Schule von Gustav Vermehren; 1907–09 KA Kopenhagen; danach an der Künstlerschule bei Johan Rohde; außerdem in Belgien und Paris. – Die frühen Portr. der Eltern (1908) zeigen D.s psycholog. Einfühlungsvermögen in betonter Hell-Dunkel-Malerei und der Trad. verbunden, sowohl im Stil als auch in der Komposition. Daneben auch Lsch. Alle Werke befinden sich in Fam.-Besitz. 🕮 Vo5, 1961. *Weilbach* II, 1994. M. Meinhardt

Deux, *Fred* (als Schriftsteller auch Douassot, *Jean*), frz. Zeichner, Schriftsteller, * 1. 7. 1924 Boulogne-Billancourt, lebt seit 1985 in La Châtre/Indre. Entstammt einer Arbeiterfamilie. Ab 1940 Lehre in einem Industriebetrieb. Ab 1943 in einer Résistance-Gruppe der FTP (Francs-Tireurs et Partisans). Nach dem 2. WK drei Jahre bei der frz. Militäreinheit Goum in Marokko. 1947 läßt sich D. in Marseille nieder; als Angestellter einer Buchhandlung entdeckt er die Lit. für sich (Blaise Cendrars, Henry Miller, André Breton, Benjamin Péret) und befreundet sich mit den Hrsg. der Cahiers du Sud. Durch einen Kat. über Paul Klee wird 1948 D.s Interesse an der Malerei geweckt; sinngemäß schreibt er, in seinem Kopf sei ein Feuer entbrannt. Er beginnt nun zu schreiben und autodidakt. zunächst zu malen, später zu zeichnen. 1951 in Paris Begegnung mit Breton und Mitwirkung bei den Surrealisten. Heirat mit der Graphikerin und Zeichnerin Cécile Reims (verh. Reims-Deux). 1952 lernt er Hans Reichel kennen, der ihn als Beobachter bei einer Arbeitssitzung in seinem Atelier gewähren läßt. 1954 Teiln. an einer Ausst. der Surrealisten in der Pariser Gal. L'Etoile scellée; danach Trennung von ihnen. Während einer Tuberkulosetherapie von C. Reims 1957 im Ain beginnt D. dort die Arbeit am Roman La Gana, der 1958 unter dem Pseud. Jean Douassot in der von Maurice Nadeau ed. Coll. Les Lettres Nouvelles veröff. wird. Unter diesem Pseud. erscheinen weitere Bücher. Seit den 60er Jahren regelmäßige Personal-Ausst.: 1962 bei Daniel Cordier in Paris, seit 1970 bei Alphonse Chave in Vence, 1980–90 bei Jeanne Bucher in Paris, 1993 bei Lambert-Rouland und 1997 bei Thessa Herold. Seit 1966 sticht C. Reims nach D.s Œuvre. – 1948 erste künstler. Versuche mit Farbflecken und vom Schaffen eines Klee geprägten Zchngn; D. spricht daher von „Kleepathologie". In den 60er Jahren verändert sich seine Zchng; von Tuschearbeiten und Farbflecken wechselt er zu Bleistift-Zchngn (1964–69), dann zu großformatigen Arbeiten in aquarellierter Tusche (1970–75). 1974 zeichnet er die Folgen *Spermes noirs* und *Spermes colorés*. 1976 Rückkehr zu, nunmehr großformatigen, Bleistiftzeichnungen. 1982/83 gestaltet D. *Autoportraits* und *Passions* (Zchngn). Aus den auf die Ränder von Zchngn geschriebenen Texten entstehen die mit Fred Deux sign. Bücher. Seit 1985 sind Schreiben und Zeichnen untrennbar miteinander verbunden. ⌂ BOCHUM, Mus. Bochum. ISSOUDUN, Mus. St-Roch. MARSEILLE, Mus. Cantini. PARIS, MNAM. – *Druckgraphik nach D.:* cf. Pernoud u.a., 1996. ✉ *Als Jean Douassot:* Sens inverse, P. 1960; La Perruque, P. 1969; Nœud coulant, P. 1971. – *Als F. D.:* Gris, P. 1978; Lettres à mon double, P. 1983; Kaddisch, P. 1984; Voies de passage, Marseille 1984; Sous la mémoire, 1988; Entre les lignes, Montpellier 1992; Le Partage, P. 1995; A vif, 24 CD, Marseille 1998. – 121 von D. besprochene Tonbänder (1999 von ihm in der Pariser BN deponiert). – *Einzel-Ausg.:* Processus, I-III, 1974/75; Bréviaire; Missel; Gris; Ambassadeurs debout; Ambassadeurs couchés, alle 1976; La matrice; Commentaires; Imprécis du corps; Les Essais; Répertoire; Le Livre des louanges, alle 1977; La Règle; Le dessin bien tempéré; Le petit livre de Tsilla Rems; Involutions; Cassure; Filtre des limbes; Œuvres au gris; Chair de papier; L'oubli, alle 1978; Traité de coagulation; Memorandum; Psautier; Recto Verso; Appogiature; Triptyques; Reliquaires, alle 1979; Trepalium; Harmoniques; Kaddisch; La malmort; Le rituel; Voies de passage, alle 1980; L'O de l'œil; Lettres à mon double; Legs au miroir, alle 1981; La vie m'agit, 1987. – *Bücher und Slgn mit Druckgraphik nach D.s Zchngn:* cf. Pernoud u.a., 1996. ◉ *E:* 1972 Paris, CNAC / 1989 Marseille, Mus. Cantini: F. D., l'œuvre graph. (K: O. Cousinou); Paris, ENSBA / 1995 Bochum, Mus. Bochum u.a.: Retr. (Wander-Ausst.) / 1997 Issoudun, Mus. St-Roch. 📖 *A. Jouffroy/O. Cousinou*, F. D. L'œuvre graph., Actes Sud 1990; *P. Wat*, Miroir des questions, P. 1995; *E. Pernoud u.a.*, F. D. L'œuvre gravé (K), Issoudun 1996; *S. Picard u.a.*, F. D. Dessins et gravures 1949–1995, P. 1997; *B. Noël*, F. D. La chair du double, P. 1997. P. Wat

Deuzan (Denzen; Deuzain), *Louis* (oder *Henry*), frz. Goldschmied aus Blois, ab 1510 in Paris „orfèvre du roi". Lieferte 1515 zus. mit Pierre Mangot u.a. eine goldene Krone für das Begräbnis von Ludwig XII. 📖 ThB9, 1913. *Nocq* I, 1926.

Deuzler, *Hans Rudolf* → **Denzler,** *Hans Rudolf*

Dev (Łarabegean, *Markar Avetisi*; Gharabegian, *Margar Avetisi*), armen. Maler, Karikaturist, Dichter, * 18. 1. 1901 Teheran, † 8. 4. 1976 ebd. D.s Neigung zu Malerei und Dichtkunst zeigte sich bereits in der Schulzeit in Teheran und Isfahan. Erster Unterricht in Malerei bei Maurice Fabri, danach an der vom pers. Hofkünstler Kemal el Molki gegr. und geleiteten Schule. 1921 bis ca. 1930 Lehrer an der armen. Haykazyan-Schule in Teheran. In den 30er Jahren eig. Atelier, das im Iran sehr bek. wurde und in dem D. zahlr. Schüler ausbildete. Mitgl.: Künstler-Verb. des Iran (für seine aktive Tätigkeit Ausz. durch die iran. Prinzessin Shams Pahlevi); Verb. der armen. Schriftsteller des Iran (Vize-Präs.). – Lsch. und Stilleben in impressionist. Manier in Öl und Aqu., auch Portr., u.a. *Schauspielerin Araks Makaryan*, Öl, 1926; *Selbstbildnis*, Öl, 1943, sowie zahlr. Genreszenen zum Alltag im Iran. Ferner Ill. zu Romanen des armen. Schriftstellers Vrtanes Papazyan. 1920–42 Karikaturen für die armen. satir. Ztg Bobox und für Parskahaj tarec̔oyc̔ (Jb. der pers. Armenier). D.s häufig vertonte Gedichte wurden in Armenien und der armen. Diaspora sehr populär und in weitere Sprachen übersetzt. ⌂ EREVAN, NGG. – Mus. für Lit. und Kunst E. Čarenc. ISFAHAN, Prälatur der armen. Kirche. TEHERAN, Prälatur der armen. Kirche. ✉ Im ergere (Meine Lieder), Teheran 1947; Ays erkar čampan (Dieser lange Weg), E. 1963; Hatentir (Ausgewählte Werke), E. 1973 (alle in armen. Sprache). ◉ *E:* 1962 Erevan. 📖 *Stepanyan* I, 1973; *Dznuni*, 1977; Haykakan Hamaṙot Hanragitaran (Kleine Armen. Enz.), II, E. 1995. – *O. Avédissian*, Peintres et sculpteurs arméniens, Le Caire 1959; Iranahay ardi grołner (Zeitgen. armen. Schriftsteller des Iran), Tl 1, Teheran 1964, 131–140; Yusamatean banastełc-nkarič Devi grakannkarčakan ev mšakut̔ayin gorcuneutean yisnameay yobeleani aṙtiv (Ed. anläßl. des 50jährigen Jubiläums von D.s lit.-künstler. und kultureller Tätigkeit), Teheran 1974; *A. Navasargian*, Iran-Armenia. Golden Bridges, 20th c. Iranian-Armenian painters, Glendale 1997, 58–61.

L. Chookaszian

Dev (eigtl. Singh, *Baldev*), ind.-schweiz. Maler, Collage- und Objektkünstler, Lyriker, * 5. 9. 1947 Ludhiana/Indien, lebt in Rubigen. Seit 1979 überwiegend in der Schweiz, zuweilen auch in Nizza ansässig. Thematisiert stets die polare Gegenüberstellung von östl. und westl. Kultur, von Traum und Realität auf einer meditativen Basis. In großformatigen, meist hochrechteckigen Bildern treten geheimnisvolle Schriftbilder und skripturale Zeichen in mehreren Ebenen auf, überlagern sich als Collage und führen in eine imaginäre, geistige Räumlichkeit. Eingefügte Gegenstände, wie etwa eine Vogelfeder, verweisen auf Erlebnis und Natur. Ein häufig vorkommendes Symbol ist das Dreieck, das Gemeinsames versch. Religionen und Kulturen zu verbinden sucht. Häufig sind die Gem. von einer dominanten Farbe bestimmt, die vorwiegend aus der sandig-braunen, intensiv blauen oder vereinzelt auch grünen Farbskala schöpft. D. veröff. eig. Gedichtbände (z.B. Vidroh, 1970), daneben auch Fotogr. und Lithographien. ⊙ *E:* 1979 Nairobi, African Arts Heritage / 1981 Bern, Gal. Marbach / 1983–86, '89 Köln, Gal. Hoffmann / 1983, '85, '87 Zürich, Gal. Esther Hufschmid / 1984–89 Basel: Art Basel / 1984, '86, '89 Nürnberg, Gal. Johanna Ricard / 1987 Bern, Gal. H / 1988 Hamm, Gal. Kley; München, Gal. Svetlana; Basel, Gal. Atrium / 1989 Frankfurt am Main: Art Frankfurt; Warschau, Gal. Foksall. 🕮 *V. B. Smith* (Ed.), Internat. directory of exhibiting artists, I-II, Ox./Santa Barbara 1982; KVS, 1991. – Bild. Kunst im Kt. Bern heute – eine Übersicht, Bern 1985; *Hesse*, 1987; D. (K.), K. 1989. – *Online:* Homepage D., 1999. S. Schü.

Dev, *Saša (Aleksander)*, slowen. Architekt, * 26. 3. 1903 Lukovica b. Laibach (Ljubljana), † 13. 8. 1967 Maribor. Stud.: 1921–22 München; bis 1927 (Dipl.) Techn. Fak. der Univ. Ljubljana bei Jože Plečnik. Ab 1928 selbständiger Architekt in Maribor, unterhielt ebd. 1931–41 (bis 1935 zus. mit Jaroslav Černigoj) ein Projektierungsbüro. Als führende Hochhausprojektanten gehörten D. und Černigoj zu den ersten Vertretern des Funktionalismus in Maribor, deren Dir.-Gebäude der Sozialversicherung (1930–31) zw. den WK beliebtes Leitbild für ein Bürogebäude mit Fassadenkrümmung und horizontalen Fensterbändern war. Die 1931–32 zus. erb. Sparkasse der Dravska banovina (heute Kreditbank Maribor, Tyrševa 2) ist das erste Gebäude in Stahlbetonskelettbauweise in Slowenien. Als D.s Hauptwerk gilt der Wohnblock Gradišče (früher Hutter-Block, 1940–41; mit Černigoj 1. Preis im internat. Wettb.) auf einem Areal zw. vier Straßen (Maister, Razlag, Heroja Staneta, Prešeren). Die glatten Außenwände und die zweckmäßige Anordnung der Wohnungen sind char. für den Funktionalismus. Nach dem 2. WK entwarf D. u.a. Industrieobjekte in Maribor und Bauden im Pohorje-Gebirge. 🏛 MARIBOR, Ul. talcev 3: ehem. Haus der Versicherungs-Ges. Drava, 1937–40. VUHRED: Wohnsiedlung beim Elektrizitätswerk, nach 1945. ⊙ *G:* 1998/99 Ljubljana: Tank! Die slowen. hist. Avantgarde. 🕮 ELU II, 1962; LEJ I, 1984 (Lit.). – *J. Pirkovič-Kocbek*, Izgradnja sodobnega Maribora. Mariborska arhit. in urbanizem med leti 1918 in 1976, Ljubljana 1982. B. Ilich Klančnik

Deva, ind. Bildhauer (sūtradhāra) aus Gujarāt, 14. Jh., Sohn des Bildhauers Maṇḍana. Schuf unter Ltg von Bhīma Śāha eine über 4 t schwere Bronzestatue des Gottes Tīrthaṅkara Ṛṣabhanātha für den jainist. Pittalhara-Tempel in Dilwāḍā auf dem Berge Ābū/Sirchi Distr., Rāfasthān. 🕮 *J. Vijayati*, Holy Abu. A tourist guide to Mount Abu and its jaina shrines, Bhavnagar 1954; *A. Gosh* (Ed.), Jaina art and archit., II-III, New Delhi 1975. H. Plaeschke

Devā, ind. Architekt (sūtradhāra), errichtete zur Zeit des Sultans Maḥmūd I. 1499 zus. mit Virā unter Ltg von Malik Śrī Bihāmad die monumentale Stufenbrunnenanlage *Dadā Eari's Wall* in Asārva/Ahmadābād. 🕮 *J. E. Abott*, Epigraphia Indica 4:1896/97, 297–300; Mārg 39:1985/86 (3) 2 (Abb.). H. Plaeschke

Devā, ind. Architekt (sūtradhāra) aus Citorgaṛh, 1587 zur Zeit des Sultans Bāhadara von Gujarāt im Auftrag des Ministers Karmasiṁha beteiligt am siebten Neubau des jainist. Puṇḍarīka-Tempels in Śatruñjaya/Pālitānā Distr., Kathiāwāḍ. 🕮 *G. Bühler*, Epigraphia Indica 2:1894, 47; *R. C. Agrawala*, J. of the Indian Soc. of Oriental Art, N. S., 1:1965/66, 31. H. Plaeschke

Deva, ind. Miniaturmaler (citāra), 1. H. 18. Jh., Sohn von Nathu. Gehörte der Holzbearbeiterkaste (sutar) an, vertrat die Mewār-Schule der Rājastāṇī-Malerei. Tätig als Hofmaler des Mahārāna Jagat Siṅgh II., den er auf zwei Min. porträtierte: Bei der Verfolgung eines ausgebrochenen Elefanten (1746, Melbourne, NG of Victoria) und 1750 als Zuschauer bei einem Elefantenkampf (1750, ebd.). Ein Reiter-Portr. (1761, ebd.) des Mahārāna Ari Siṅgh von Mewār (Reg.-Zeit 1761–73) wird D. ebenfalls zugeschrieben. 🕮 *A. Topsfield*, Paint. from Rajasthan in the NG of Victoria (K), Mb. 1980. H. Plaeschke

Deva, ind. Miniaturmaler (citāra), M. 19. Jh. D. gehörte der Udaipur-Schule der Rājasthāṇī-Malerei an. Malte 1851 einen Elefanten, der aus Menschen- und Tierfiguren komponiert ist sowie eine Frau und Dämonen auf einem aus Menschen zusammengesetzten Pferd reitend (beide Melbourne, NG of Victoria, sign.). 🕮 *A. Topsfield*, Paint. from Rajasthan in the NG of Victoria (K), Mb. 1980. H. Plaeschke

Deva, *Meena*, ind. Malerin, * 8. 9. 1944 Lahore/Pakistan, lebt in New Delhi. Stud.: Sarada Ukil SchA, New Delhi; Triveni Kalā Sangam, ebd. Gründungs-Mitgl. der Künstlergruppen Young Artists and Writers Group 1966 und New Group 1974. – Vereinfachende Menschen-Darst. mit flächigen Formen. ⊙ *G:* 1973, '76 New Delhi: Nat. Exhib. 🕮 *Krishnan*, 1981. K. Görtz

Devadāsa, ind. Architekt (sūtradhāra), * Citorgaṛh, beteiligte sich 1587 zur Zeit des Sultans Bāhadara von Gujarāt im Auftrag des Ministers Karmasiṁha am siebten Neubau des jainist. Puṇḍarīka-Tempels in Śatruñjaya/Pālitānā Distr., Kathiāwāḍ. 🕮 *G. Bühler*, Epigraphia Indica 2:1894, 47; *R. C. Agrawala*, J. of the Indian Soc. of Oriental Art, N. S., 1:1965/66, 31; *P. Brown*, Indian archit. (Buddhist and Hindu periods), Bombay 1965, 134 s. H. Plaeschke

Devadāsa, ind. Baumeister (sūtradhāra), 17./18. Jh., Vater des Baumeisters Khatā. Beteiligt am Bau der mon. Brunnenanlage in Sevaṣi/Baroḍā Distr., Gujārāt. 🕮 Annual report on Indian epigraphy for 1966/67, 25. H. Plaeschke

Devade, *Marc*, frz. Maler, Bildhauer, * 5. 11. 1943 Paris, † 31. 10. 1983 ebd. Ab 1962 Stud. der Phil.; zögert die Entscheidung zw. Malerei und Dichtkunst hinaus. 1966 Veröff. einer Gedichtauswahl in der Zs. Tel guel, anschl. endgültige Hinwendung zur Malerei. Bereits bei den ersten Gem. zeigt sich D.s Interesse an der chin. Malerei wie auch am abstrakten Expressionismus US-amer. Prägung, das durch die Zss. Artforum und Art in America sowie durch Texte des kurz zuvor aus den USA zurückgekehrten Chefredakteurs von Tel Quel, Marcelin Pleynet, erregt wurde. D. nennt sein erstes großformatiges Gem. *Ch'i* (chin. für Hauch/Atem), ist ein Maoist der ersten Stunde in Westeuropa und erweitert unablässig seine Kenntnisse über chin. Kult., bes. über Kalligraphie, durch die der Umgang mit Zeichen an Bedeutung gewinnt. 1969–71 malt D. eine Ser. mit Bildern, deren Farbmodulationen und Entstehungsprozeß er auf Vor-Zchngn millimetergenau plant; damit steht er den US-amer. Künstlern Frank Stella, Kenneth Noland und Ellsworth Kelly nahe und bemüht sich um ein Malergebnis, bei dem eine Beziehung zw. Farbe, Fläche und Zchng negiert wird. 1970 erstmalige Teiln. an einer Ausst. der Gruppe Support/Surface (Paris, MAMVP, ARC) und erste Personal-Ausst. (Paris, Gal. Le Haut-Pavé). Mit dem ebenfalls 1970 publ. Text D'une peint. chromatique kündigt D. die Hinwendung zu einer Malerei an, bei der Tusche eine maßgebl. Rolle spielt; 1972 entsteht eine Bilderserie mit Tusche, deren dünnflüssige Konsistenz und transparente Wirkung vielfältige Anregungen bieten. U. a. neben Louis Cane 1972 Mitbegr. der Zs. Peint., cah. théoriques, die sowohl auf prakt. als auch auf theoret. Ebene keine Malerei vom Typ „nouv. avant-gardiste" propagiert, sondern auf eine neue Malpraxis in Wechselwirkung mit einer Neuinterpretation der marxist.-leninist. Weltanschauung und der von Mao Tse-tung verweist; das Ganze vollzieht sich in Verbindung mit Auseinandersetzungen zu polit. und ökonom. Fragen. Mit der Ausst. von großformatigen Gem. (200 cm×200 cm) in der Pariser Gal. Templon erreicht D. 1974 den Höhepunkt seiner künstler. Entwicklung, bricht aber zugleich mit der Gruppe Support/Surface und dem Maoismus. Zw. 1975 und 1977 löst er sich mit seiner Malerei in zunehmend düsteren Farbtönen von der Thematik „sujet-social-peintre" und nähert sich nach dem Vorbild von Cane dem Repert. der relig. Ikonogr. der west-europ. Kunst; im Gegensatz zu Cane, der auch die relig. Ikonogr. übernimmt, malt D. weiterhin abstrakt. E. 1978 gestaltet er erste Ölbilder, zu denen er sich von einer autobiogr. Arbeit im Kontext der Ergründung der eig. seelischen Befindlichkeiten anregen läßt. Da sich er im Gegenstrom zur für die 80er Jahre typ. Rückbesinnung auf die gegenständl. Darstellungsweise befindet, ist keine Gal. mehr zur Ausst. von D.s Arbeiten bereit. Neben der Veröff. des Textes Je persiste et je signe organisiert er 1981 auf eig. Kosten eine Ausst. mit seinen letzten, vorwiegend in Braun- und Blautönen gehaltenen Triptychen, die dem Betrachter inkarnatfarbene Bilder ausgehöhlter Körper nahebringen oder ihn in grenzenlose kosmische Räume locken. ✉ D'une peint. chromatique, théorème écrit à travers la peint., Tel quel 1970 (41) 72–88; Note pour la théorie matérialiste de la pratique picturale, in: Support-Surface (K MAMVP), P. 1970 (Nachdruck in: Peint. Cah. théoriques 1971[1]45–54) Notes sur une peint. opérant dans de beaux draps, in: Louis Cane (K Gal. Daniel Templon), P. 1970 (Nachdruck in: Peint. Cah. théoriques 1971[1]55–63); Présentation de „Extraits de la correspondance de Paul Cézanne", Paint. Cah. théoriques 1971 (1) 87–90; Matérialisme nécessaire ou matérialisme dialectique, ibid., 121–125; Pourquoi une rev.?, VH 101 1971 (5) 82–88; Notes préléminaires ou comment voir la Chine en peint., Peint. Cah. théoriques 1972 (2/3) 75–87; Positions en question, ibid., 132 s.; Lutte-Critique-Autocritique-Réforme-Transformation, ibid., 139–143; Révolutionner la peint. ou peindre la révolution, Bull. paroissial du curé Meslier 1972 (4) 6–11; La peint. et son double, Peint. Cah. théoriques 1972 (4/5) 49–81; Dates, repères, références et commentaires, ibid. 1973 (6/7) 76; La peint. vue d'en bas, ibid. 1974 (8/9) 19; Note sur la Chine et la modernité, ibid., 119; Note sur la situation idéologique et politique en peint., ibid., 191; Hist.-critique d'une peint., P. 1975; La matière du sujet de la peint., Peint. Cah. théoriques 1975 (10/11) 85; Théorie ou les figures de la peint., ibid. 1978 (12) 54; Ecrits théoriques, I-III, P. 1989–90. ◎ *E:* Paris: 1972–76 Gal. Daniel Templon; 1977 Gal. Gerard Piltzer; 1978 MAMVP (K: C. Millet); 1981 Gal. des Blancs-Manteaux, Espace expos.; 1986 Gal. Regards; 1997 Gal. Bernard Jordan-Devarrieux; 1998 Gal. Bernard Jordan / 1973 London, Inst. of Contemp. Arts / 1977 Düsseldorf, Gal. La Bertesca / 1979 Lissabon, Gal. Quadrum / 1983, '89 Toulouse, Gal. Jacques Girard / 1984 Le Havre, MBA. – *G:* Paris: 1971 Bienn. (mit Support/Surface); Gal. Yvon Lambert: 1971 Peint., cah. théoriques n° 1; 1972 Peint., cah. théoriques n° 2; 1974 Mus. Galliera: L'art au présent; Gal. Daniel Templon: Festival d'Automne; 1975 Gal. Mollet-Viéville: Peint., cah. théoriques n° 10–11; MAMVP: 1977 Bienn.; 1978 Abstraction analytique; 1979 Tendances de l'art en France 68–78; 1998 Jeu de Paume: Les années Support/Surface / 1971 Nizza, Théâtre-Maison de la Cult.: Support/Surface / 1972 Acireale (Sizilien): Rassegna Internat. d'Arte: La Riflessionne sulla pitt. / 1975 Düsseldorf, Gal. La Bertesca: Analyt. Malerei / 1977 Philadelphia (Pa.), Olympia Gall.; Bonn, KM: Bilder ohne Bilder / 1978 Basel, Kunstmesse: Aspects de l'art franç. / 1981 Stockholm, Liljevalchs KH: Fran Frankrike / 1982 Oxford, MMA: The Sujet of paint. / 1982–84 Mainz u.a.: 20 Jahre Kunst in Frankreich 1960–80 (Wander-Ausst.) / 1986 Meymac, Abtei St-André, Centre d'Art contemp. / 1988 Köln, Gal. Schuppenhauer / 1991 Saint-Etienne, MAM: Support/Surface (K; Vorw. B. Ceysson) / 1993–94 Tokio u.a.: Support/Surface (Wander-Ausst.). 🕮 *P. Sollers/M. Pleynet*, M. D. (K Gal. du Haut-Pavé), P. 1970; *M. Pleynet*, M. D. (K Gal. D. Templon), P. 1972; *L. Cane*, Art press 9:1974, 12; *C. Millet*, ibid., 12 ss. (Interview); M. D. (K Paris/Mailand), P. 1975 (Interview mit *G. Joppolo*); *B. Lamarche-Vadel*, Art press 18:1975, 21 ss.; *id.*, Cimaise 1976 (125/126) 58; *C. Francblin*, Art press 6:1977, 35; *C. Millet*, ibid. 11:1977, 22 s.; Vingt-cinq ans d'art en France 1960–1985, P. 1986; *C. Minière*, L'art en France 1960–1995, P. 1995. M. Caron

Devadinna, ind. Maler oder Bildhauer (rūpadakṣa) aus Bārāṇasī, 1./2. Jh. Beteiligt an der Ausgestaltung der Jogīmārā-Höhle im Rāmgaṛh Nill/Surguja Distr., Madhya Pradesh. 🕮 Annual report of the Archeol. Survey of India 1903/04, 128; *K. Deva*, Mārg 7:1953/54 (1) 38 s.; *C. Sivaramamurti*, Indian sculpt., New Delhi 1961. H. Plaeschke

Devāditya, zentralind. Baumeister, 10./11. Jh.; beteiligt am Bau des Viśvanātha-Tempels in Khajurāho/Chatarpur Distr. 🕮 *A. Cunningham*, Archeol. survey of India report 2:1871, 424; *N. Ahmad*, Khajurahe, New Delhi 1985. H. Plaeschke

Devāditya, südind. Architekt (sūtradhāra), Sohn des Ālādana; leitete 1254 die Rest. und Erweiterungsbauten am Śiva-Vaidyanātha-Tempel, Dabhoi/Baroda Distr., Gujārāt. 🕮 *G. Bühler*, Epigraphia Indica 1:1892, 20–32. H. Plaeschke

Devagana, zentralind. Bildhauer (rūpakāra), Sohn des Ratnasiṁha; errichtete 1149 zur Zeit des Kalacuri-Fürsten Pṛthvīdeva II. den Śiva-Bilvapāṇi Tempel in Sāmbā/ Bilāspur Distr., Madhya Pradesh. 🕮 *R. N. Mishra*, in: *F. M. Asher/G. S. Gai* (Ed.), Indian epigraphy. Its bearing on the hist. of art, New Delhi u.a. 1985, 185–190.
H. Plaeschke

Devair (Devais; Devert; Devos), frz. Goldschmied, um 1723–49 in Paris nachw., fertigte Tabatieren in Gold und Schildpatt. 🕮 ThB9, 1913.

Devakāpadī, ind. Architekt (sūtradhāra), zur Zeit des Paramāra-Fürsten Bhoja I. (1010–55) vermutl. Leiter (nach Stellung der Steinmetzzeichen im Portalbereich) beim Bau des Śiva-Tempels in Bhojpur/Raison Distr., Madhya Pradesh. An dem Bau waren u.a. die Baumeister Sarupanātha, Jejū und Amatadhaja beteiligt. 🕮 *B. M. Pande*, The date and the builders of the Śiva Temple at Bhojpur, in: Mālwā through the ages, ed. *M. D. Kare*, Bhopal 1981, 170–175. H. Plaeschke

Deval, *Antoine*, französischer Baumeister, ab 1762 zumeist in der Auvergne tätig. In Clermont-Ferrand an der Bebauung der Rue Neuve und der Pl. Saint-Genès beteiligt; in Riom Errichtung der Comédie. 1769 liefert D. das Projekt zu einem Hôtel mit ionischen Pilastern und einem Mezzanin für den Abbé de La Villéon (an der Pariser Rue de Gramont). 🕮 *Gallet*, 1995.
R. T.

De Val, *Antonio*, ital. Bildhauer, * 1895 Neapel, † 1977 Camogli. Autor von Reliefs und Keramiken, v.a. aber bemerkenswerten weibl. Statuetten im Art déco und Tierplastiken. ◉ *G:* 1925 Rom: Bienn. / 1934, '36 Venedig: Bienn. 🕮 *Panzetta*, 1994. – La Bienn. di Venezia. Le Espos. Internaz. d'Arte 1895–1995, Mi. 1996.

Deval (Devall), *John*, d.Ä., brit. Steinmetz, Bildhauer, * 1701, † 1774, tätig in London. 1718 dort Lehre bei Joshua Fletcher; 1727 „Freeman" und Tätigkeit für Andrews Jelfe. Anschl. eröffnet D. eine eig. Wkst., in die später auch sein gleichnamiger Sohn eintritt. D. arbeitet mehrfach für die Krone und ist u.a. als „Chief mason" für die kgl. Paläste und den Tower zuständig. 1742–52 leitet er den Bau des Foundling Hospital. 1760 zum „master mason" ernannt, ein Amt, das er bis zu seinem Tod bekleidet und das danach vom Sohn übernommen wird. Priv. Aufträge werden häufig in Zusammenarbeit mit Samuel Wyatt (Shugborough/Staffs.), William Chambers (London, Somerset House) und Robert Adam ausgef., darunter 1755 ein Kamin für Weald Hall/Essex (zerst.) und ein weiterer für Nostell Priory/Yorks. (1767). In Woburn Abbey/Beds. fertigt D. zw. 1751 und 1756 mehrere figurative Kamine und zwei Reliefs. 🕮 *Gunnis*, 1968. – BE, Bedfordshire and the county of Huntingdon and Peterborough, 1974 (Repr.); *G. Beard*, Craftsmen and interior decoration in England, 1660–1820, N. Y. 1981.
S. H.

Deval (Devall), *John*, d. J., brit. Steinmetz, Bildhauer, * 1728, † 1794, tätig in London. Sohn und Mitarb. von John D. d.Ä., dessen Amt als „master mason" der kgl. Paläste er 1774 übernimmt. In London arbeitet D. 1777–86 an der Nord- und Südfassade des Somerset House. Ab 1784 bekleidet er zusätzl. das Amt des „master" der Mason's Company, in dem ihn sein Sohn *John D.*, ebenfalls Steinmetz und Bildhauer, ab 1793 unterstützt. Für die nach einem Brand 1788 neu errichtete R. Chapel in Greenwich führt D. sämtl. Marmorarbeiten aus. Weiterhin fertigt er zahlr. Kamine (u.a. Attingham Park/Salop., 1785, und Bedford House in London, 1787). Sein wichtigstes figurales Werk ist das über 6m hohe Wandgrab für den Zimmermann Thomas Spackman († 1786) in St. Peter, Clyffe Pypard/Wilts. mit lebensgroßer Standfigur. 🏛 EARSHAM/Norfolk, Earsham Hall: Kamine, 1783. 🕮 *Gunnis*, 1968; *Clapp* I, 1970. – BE, North-West and South Norfolk, 1962 (Repr. 1973); BE, Wiltshire, ²1975; *G. Beard*, Craftsmen and interior decoration in England, 1660–1820, N. Y. 1981 (im Art. Devall, John, sen.). S. H.

Deval, *Pierre (Pierre Jean Charles)*, frz. Maler, Pastellist, Illustrator, Holzschneider, * 20. 8. 1897 Lyon, † 1993. Stud.: bei Jeanne Bardey; in Paris: 1916 EcBA bei Fernand Cormon und 1916/17 Acad. de la Grande Chaumière bei Lucien Simon und René Ménard; bei Durand-Duchez. Die Freundschaft mit dem Schriftsteller Jacques Rigaut ermöglichte D. den Zugang zur Dada-Bewegung. Hrsg. von Promenoir, der ersten avantgardist. Kunst-Zs. in Lyon (Febr. 1921-Juni 1922), für die u.a. Pierre Combet-Descombes, Claude Dalbanne, Emile Didier, Jean Epstein, Sergej Esenin, Georges Hilaire, Jean Lacroix, Fernand Léger, Auguste Lumière, Amédée Ozenfant und Le Corbusier Beiträge lieferten. 1922–24 Stud.-Aufenthalt (Stip.) in Algier (Villa Abd-El-Tif), wo er Albert Marquet traf. Danach in Südfrankreich (Dép. Var) ansässig, dort Begegnungen u.a. mit Henri Matisse, Charles Camoin und Pierre Bonnard. 1929–47 Einzel-Ausst. in Lyon, Paris, Mulhouse, Strasbourg, Genf und Brüssel. – Figürl. (bes. Frauen, Kinder), Akte, Portr., Lsch. und Stilleben in einer postimpressionist. und von der Moderne geprägten Malweise. 🏛 ALGIER, MNBA. LYON, Mus. Saint-Pierre. MULHOUSE, MBA: Vue de La Valette, Öl/Karton, 1944/45. NARBONNE, MAH: Le repos, Pastell. PARIS, MNAM. – BN, Cab. des Estampes: u.a. Ill. in L'éc. des indifférents von J. Giraudoux (1926) und Contes roses von A. Derdal (1934). – Ehem. Mus. du Luxembourg. TOKIO, NM of Western Art. TOULON, Mus. ◉ *E:* Lyon: 1924, '34 Gal. Saint-Pierre; 1925 Gal. Maire-Pourceaux. – *G:* Lyon: ab 1916 Salon de la Soc. lyonnaise des BA; 1919, '21–38 (jährl.) Salon d'Automne; 1924, '25 Salon des Humoristes; ab 1927 Salon du Sud-Est (Mitgl.); 1927–30 Gal. des Archers; 1929 Gal. Pouillé-Lecoultre / Paris: ab 1921 Salon d'Automne (Mitgl.); Salon des Indépendants (Mitgl.); Salon des Tuileries (Mitgl.) / 1924 Venedig: Bienn. (K). 🕮 Vol, 1953. *Alauzen*, 1986; *S. Couvra*, Dict. des artistes exposant à Lyon 1919–1939, Lyon 1998; *Bénézit* IV, 1999. – IFF, Après1800 VI, 1953; *S. Couvra*, Marius Mermillon et la vie artist. à Lyon 1919–1939, Diss., Lyon 1997.
S. Couvra

De Valenzano, *Federico*, Landschaftsmaler, * Neapel, 2. H. 19. Jh. in Paris tätig. Schüler von Palizzi. Ausst.-Teiln. in Paris (1863 ehrenvolle Erw.). Bek. sind Lsch.-Darst. (Neuilly, Normandie, Montigny) in den Mus. von Chambéry und Nizza. 🏛 LE HAVRE, Mus. Malraux.

🕮 ThB34, 1940. *Bénézit* X, 1976 (beide s.v. Valenzano, Frédéric de); *Comanducci* II, 1971. – Mitt. Mus. Malraux, Le Havre.

Devall, *John* → **Deval,** *John* (1701)

Devall, *John* → **Deval,** *John* (1728)

Devalle, *Beppe*, ital. Maler, Graphiker, Zeichner, * 8. 4. 1940 Turin, lebt in Mailand. Stud.: Accad. Albertina Turin (Bühnenbild). Lehrtätigkeit an der Accad. di Brera Mailand 1977–80 (Formtheorie), danach Malerei. Malt A. 60er Jahre großformatige Gem. in Tempera (*Santa Godula*; *Autoritratto allo specchio*); gleichzeitig Tusche-Zchngn, die an Paul Klee erinnern (*Il paese dei campanelli*, 1960) sowie Temperabilder, die von Arshile Gorky beeinflußt sind (*La fuga del giovane poeta*; *Persone*). 1962–63 entstehen Blattfolgen zu *The Catcher in the Rye* von J. D. Salinger, zu *Alice's Adventures in Wonderland* und zu *Trough the Looking-Glass* von L. Carrol. Um 1963 orientiert an der amer. Pop Art; realisiert unter Einbeziehung von Massenmedien Fotomontagen mit soz. Themen (*Performance*; *Price and Truck*). 1964–65 kol. Bleistift- und Kugelschreiber-Zchngn sowie Collagen aus Zss.-Bildern und typograph. Rastern (*Tornado*; *Ranken*; *Diet*). 1966–69 malt D. in Acryl auf Papier große Komp. mit Rautenprismen, Tetraedern und Pyramiden (*Complesso*; *Prospettiva*; *African Tree*). In den 70er Jahren verzichtet D. auf die großen Formate und Acrylfarben, um sich wieder der Fotomontage zuzuwenden (*Greta Garbo*, 1971; *Lisa*, 1972; Portr. *Giulio Paolini*, 1974; *Summer-Evening*, 1979). Ab 1984 zeichnet er verstärkt, v.a. Portr. und wirklichkeitsnahe Stillleben. In den 90er Jahren erneute Verwendung von Fotos aus Mode-Zss., überarbeitet mit Tusche und Graphit (*Sean Dickson*; *Sushil Dade*). Gleichzeitig überdimensionale Komp. in Pastell und Kohle auf Packpapier (*Big Gym*; *Nudo rosa*). In der Folgezeit malt D. großformatige Darst. bek. Persönlichkeiten (*Khomeini*; *S. Rushdie*; *Ch. M. Schulz*). 🏛 FRANCAVILLA AL MARE, Fond. Michetti: È un simbolo il giglio, 1963, Pastell, farbiger Kugelschreiber/Papier auf Lw. PARMA, MAM: Scotch/Coiffurre, 1973, Tusche und Harz auf einer Illustriertenseite. 🖂 Alternative attuali, L'Aquila 1965; Marcatre 1970; Dichiarazione, in: *C. Brizio*, Graphicus 1972 (Juni); Nac 3:1973; Una scuola di pitt. (K), Fossano 1986; Happy few, Mi. 1994. ⊙ *E:* Turin: 1964 Gall. Galatea (K: L. Carluccio); 1969, '71 Gall. Stein; 1973, '84, '88 Gall. Documenta; 1979 Pal. Chiablese (K: M. Rosci/P. Fossati); 1995 Pal. Graneri (K: M. Rosci); 1998 Gall. Arti Assortite / Mailand: 1965 Gall. Milano; 1969 Gall. Blu; 1975 Gall. Cocorocchia (K: F. Caroli); 1983, '92 Gall. Lorenzelli; 1987 Saletta Feltrinelli / Rom: 1968, '69, '71 Gall. Condotti 85; 1977 Gall. Lastaria (K: P. Fossati) / Bologna: 1969 Gall. La Nuova Loggia; 1987 Gall. Nuova 2000 / Ferrara: 1976 Pal. dei Diamanti; 1996 Pal. Massari / 1980 Ivrea, Centro Olivetti / 1980, '84 Brescia, Gall. Multimedia / 1983 Viggiù, Mus. Butti / 1992 Monza, Villa R. / 1993 Cherasco, Pal. Salmatoris. – *G:* Turin: ab 1958 Soc. Promotrice BA; 1960 Quadrienn.; 1961 Circolo degli artisti: D., Mattia; 1965 Gall. Narciso: Dieci anni di pitt. in Piemonte; GAM: 1967 Mus. Sperimentale; 1973 Combattimento per un'immagine; 1977 Ultimi quindici anni d'arte in Italia / 1963–68 L'Aquila, Castello Svevo: Alternative attuali / 1963–70 Francavilla al Mare: Premio Michetti / 1964 Brüssel, Mus. d'Ixelles: Phases / Venedig: 1966, '72, '82 Bienn.; 1985 Ca'Vendramin Calergi: Piemonte anni Ottanta / Mailand: 1966 Premio S. Fedele; 1967 Padiglione Arte Contemp: Salone Internaz. dei giovani; 1972 Gall. Blu: Il mito della macchina; Gall. Vinciana: Quale chiarezza; 1973 Trienn.; 1979 Bienn.; 1991 Rotonda della Besana, Arco della pace; 1994 Arte a Milano / 1968 Graz, Neue Gal. am LM Joanneum: 3. internat. Malerwoche / Ljubljana: 1969 Internat. Malerwochen; 1996 GAM: Sogni di carta / 1970 Imola, Pal. Com.: Nuove presenze nell'arte ital. / Bologna, GAM: 1970 Gennaio '70; 1985 Recenti acquisizioni / Modena: 1970 Sala della Cult.: Arte e critica; GAM: 1987 Il disegno ital. del dopoguerra; 1990 Acquisizioni recenti / 1972 Ravenna, ABA: Morgans' Paint. / 1974 Verona, Mus. di Castelvecchio: Dal progetto all'opera / 1975 Livorno, Mus. Progressivo d'Arte Contemp.: In progress / 1982 Glasgow, Kelvingrove AG and Mus.: Torino Arte / 1987 Frankfurt am Main, KV: Ital. Zchngn / 1994 Cremona: Bienn. 🕮 DEB IV, 1973; Diz. degli artisti ital. del XX sec., I, T. 1979; CatBolaffiMod XIX, 1983; Cat. dell'arte mod. ital., XXVII, Mi. 1991; PittItalNovec/2 II, 1993; Arte contemp. ital., Novara 1998. – *D. Trento*, Stamp out, T. 1988; *M. Rosci/ G. Palmieri*, A tourist trop, Mi. 1994; *M. M. Lamberti* (Ed.), Fotomontaggi 1968–1983, T. 1998. N. Corradini

Devallée, *Jean Baptiste*, frz. Bildhauer in Cranne/ Mayenne, 1699 bezahlt für versch. Arbeiten (u.a. Tabernakel, Retabel, Kanzel) für die dortige Kirche. Zus.-Arbeit mit seinem Sohn. 🕮 ThB9, 1913. *Vial/Marcel/ Girodie* I, 1912 (zwei Art.); *Bénézit* IV, 1999. C. R.

Devambez, *André Edouard (André Victor)*, frz. Maler, Graphiker, Illustrator, * 26. 5. 1867 Paris, † 18. 3. 1944 (nicht 1943) ebd. Sohn des 1870–1900 in Paris tätigen Stechers und Druckers *Edouard D.* Stud.: ab 1885 Acad. Julian, Paris, bei Jean-Joseph Benjamin-Constant und Jules Joseph Lefebvre. 1889–1943 im SAfr. vertreten. 1890 Rompreis für das Gem. *Verleugnung des hl. Petrus* (Paris, ENSBA); 1893–96 Aufenthalt in der Villa Medici in Rom. Erhält 1898 im SAfr. eine Med. 2. Kl. für die Darst. *Bekehrung der Maria Magdalena* (Cholet, MBA). 1907 im Pariser Salon des Humoristes vertreten (*Théâtre Victor Hugo*, veröff. in der Zs. Le Rire v. 1. 3. 1902). Parallel dazu fertigt D. Ill. für die Presse (u.a. Illustration und Figaro illustré) und für Bücher (z.B. zu Emile Zola, *La Fête à Coqueville*, 1898). 1911 Ritter, 1930 Offizier der Ehrenlegion. Im 1. WK schwer verwundet; sammelt in der Zeit Material für zahlr. Zchngn und Gem. (*La Pensée aux absents*, Öl/Lw., 1924, Tourcoing, Mus. mun. des BA). Darüber hinaus Gest. von zahlr. Ill. für Werbezwecke (*D. graveur éditeur*, Lith., 1907), von Plakaten und Speisekarten. Ab 1927 Lehrtätigkeit an der EcBA; 1929 Mitgl. im Institut de France. Weitere Titel und Ehrenämter: 1932 Präs. der Salonjury; 1934 Peintre du Minist. de l'Air; 1934 Beauftragter für die Villa Medici, Rom, 1935 für die Casa Velázquez, Madrid. 🏛 AMIENS, Mus. de Picardie: Portr. de fam., Öl/ Lw., 1923. BEAUVAIS, Mus. dép. de l'Oise: umfangreiche Slg mit Gem., Zchngn, Graphiken. DIJON, MBA: L'Expos. de 1937 vue de la Tour Eiffel, Öl/Karton, 1937. MULHOUSE, MBA: L'homme à la robe de chambre verte, Öl/Lw. PARIS, Mobilier nat.: Ser. mit 12 Gem. für die Frz. Botschaft in Wien (dort nie nachg.), Öl/Lw., 1910. – Mus. de la Légion d'Honneur et des Ordres de Chevalerie: Le Maréchal Joffre remettant des décorations pendant la Grande Guerre, Öl/Lw., 1920. – Orsay: La Charge, Öl/Lw., 1902; La Réception de l'Ec. Normale par le Conseil de l'Univ., Skizze, 1905–09; Plage, Yport, beide Öl/Holz; Concert Colonne, 1933; André-Marius Aillaud et Jacques Pierre, 1937, beide Öl/Lw. – Petit Pal.: L'Escorte du Président Wilson, pl. Saint-Augustin, Öl/Lw. (SAfr. 1919). – Pal. des Instituts, Coll. de l'Acad. franç.: Portr. collectif des membres de l'Acad. franç., Öl/Lw., 1935. – Sorbonne: Fusion de l'Ec. Normale de de la Sorbonne. Réception de l'Ec. Normale par le Conseil de l'Univ., Öl/Lw. (SAfr. 1909). REIMS, MBA: Fête au village, Aqu. STRASBOURG, Inst. d'Hist. de l'Art: umfangreiche Slg mit Zchngn und Skizzen. VERSAILLES, Château: La Barricade, Öl/Lw. (SAfr. 1911). ⊙ *E:* Paris: 1913, '29 Gal. Georges Petit; 1933 Gal. Charpentier; 1945 ENSBA: Expos. rétr. A. D. (1867–1944) / 1988 Beauvais, Mus. dép. de l'Oise: A. D. (1867–1944). Présentation d'une donation (K: M. Ménégoz) / 1992 Neuilly-Plaisance, Salle des Fêtes: A. D. 1867–1944. Peint., dessins, lith. (K: N. Bertrand/M. Ménégoz). ▭ ThB9, 1913 (auch s.v. Devambez [zu D., Edouard]); Vol, 1953. *Osterwalder*, 1890–1945, 1992; *Schurr/Cabanne* I, 1996; *Bénézit* IV, 1999. – *L. Vauxcelles*, Art et décoration 1907 (1. Quart.) 31–40; *J. Baschet*, Illustration 1924 (Weihnachts-Ausg.) v. 28. 1. 1933, 125 s.; IFF, Après1800 VI, 1953, 472 s. (auch s.v. Devambez [zu D., Edouard]); *W. Van Hasselt*, Bull. Institut de France. ABA 1957 (Okt.); *P. Moisy*, Rev. de l'art 1974 (23); *M. Menegoz*, Cat. raisonné des œuvres d'A. D., Mag.-Arbeit Inst. d'Hist. d'Art Strasbourg, 1985/86; Bull. de la Soc. industrielle de Mulhouse 1987 (4) 140. D. Lobstein

Devambez, *Edouard* cf. **Devambez,** *André Edouard*

Devan, *M. V.*, ind. Maler, Kunstkritiker, * 1928, lebt in Madras. In den 60er Jahren als Kunstkritiker tätig; publ. unter dem Pseud. MVD u.a. in der Kunst-Zs. Artrends zu zeitgen. Künstlern. – Malt in Öl v.a. Sujets des Alltags (z.B. *Homage to hero*, 1965) in einer simplifizierenden, abstrahierenden Darst.-Weise, in der Archit. zu geometr. Dekoration wird. Bes. in den Akt-Darst. zeigt sich der Einfluß von Kolozhi Cheerambuttar Sankaran Paniker. ▭ *R. K.*, Artrends 5:1966 (2/3) 8; Indian art since the early 40s. A search for identity, Madras 1974; *Y. Dalmia*, Indian contemp. art post independence, New Delhi 1997; *N. Tuli*, The flamed-mosaic. Indian contemp. paint., Ahmedabad 1997. K. Görtz

Devananda, zentralind. Baumeister, 10./11. Jh., beteiligt am Bau des Viśvanātha Tempels in Khajurāho/Chatarpur Distr. ▭ *A. Cunningham*, Archeol. survey of India report 2:1871, 424; *K. K. Chakravarty*, The art of India. Khajurāho, New Delhi 1985. H. Plaeschke

Devanath, *P. S.*, ind. Maler, * 1962 Madras, lebt dort. Stud.: Malerei am Govt. College of Arts and Crafts, Madras. 1984 Stip. des Tamil Nadu Ovia Nunkalai Kuzhu. Ausz.: 1980–82 Victoria Technical Inst. Award, Madras; 1981 Adyar Gate Hotel Exhib. Award, ebd.; 1982 Mysore Dassara Exhib. Award, Mysore; 1984 VTI Mahatma Gandhi Birth Centenary Memorial Prize. – D. bevorzugt Motive aus dem ländl. Südindien, die er in unmittelbar-sensualist. Form wiedergibt. Einen weiteren Schwerpunkt stellen Bilder mit relig. Inhalt dar. Dabei greift er klass. Motive auf, z.B. das Butterkugeln stehlende Kind Kṛṣṇa. ⌂ CHANDIGARH, Alliance Française. MADRAS, Govt. Mus. – Adyar Gate Hotel. – Trans World Garnat India Privat Limited. ⊙ *E:* 1985 Bangalore, Kritika Gall. – *G:* 1980–83 Mysore: Mysore Dassara Exhib. / 1980–85 Madras, VTI Mahatma Gandhi Birth Centenary Memorial: Award Exhib. / 1981 Madurai: Art Movement in Tamil Nadu / 1981–82 Calcutta, AFA / 1981–84 Bombay: Asian Christian Council Exhib. / 1981, '82, '85 Madras: Tamil Nadu Ovia Nunkalai Kuzhu Annual Exhib. of Art / 1981 Raipur, Mahakoshal Kalā Pariṣad: All India Art Exhib. / 1982 Chandigarh: All India Exhib. of Graphic / 1982 Bhubaneshwar: Inter-State Exchange of Art Exhib. / 1982–83 Bangalore: Alliance Française „Nuances" / 1983, '84 New Delhi, Lalit Kalā Akad.: Nat. Exhib. of Art / 1985 Bangalore, Chitra Kalā Pariṣad / 1986 Madras, Grindlay's AG. ▭ Who is who of artists, ... in Tamil Nadu, Madras 1989. K. Görtz

Devancourt → **D' Arancour,** *Laurent*

Devane, *John*, brit. Maler, * 1954 Blackpool/Lancs., lebt in London. Stud.: 1972–75 Liverpool College of Art; 1977–80 R. College of Art, London. 1978 vom Imperial War Mus. beauftragt, das militär. Leben auf Zypern zu dokumentieren. – Figürl. Malerei in stilist. Nähe zu Werken von Clement McAleer und Terence Clarke. ⊙ *E:* 1983 Stoke-on-Trent, Foyer Gall.; London, Paton Gall. (mit John Monks). ▭ GEA, EP, 1985; *Spalding*, 1991. – *T. Clarke*, Artscribe 22:1980 (April) 42–45; *M. R. Beaumont*, ArtsRev 35:1983 (23) 661. K. F.

De Vanna, *Domenico*, ital. Maler, Freskant, Restaurator, * 19. 8. 1896 Terlizzi/Bari, † 1980 Neapel. Stud.: ab 1910 Ist. di BA Neapel, bei Michele Cammarano (Figürl. und Lsch.) sowie bei Amedeo Boschetti, Tedeschi und Paolo Vetri. Debütiert 1912; häufige Studienreisen durch Europa (v.a. Deutschland und Holland). A. der 20er Jahre orientiert am Liberty, z.B. in einer Folge weibl. Portr. und in *Le signore in una terrazza sul mare* (1920). 1930 (Comanducci: 1953) Übersiedlung (lt. DizESA nur mehrmonatiger jährl. Aufenthalt) nach Atrani, wo er kontinuierl. in Il Romitaggo ausstellt; Gründung der gleichnamigen Zs., in der sich D. krit. mit Gegenwartskunst auseinandersetzt, sowie Herausgabe seiner eig. Kataloge. – Malt v.a. Pleinair-Lsch. in klass.-trad. Manier, Interieurs, Figürl. und Portr.; teilw. mit romant., melanchol. Grundtenor. ⌂ AMALFI, Mus. stor.: La sfilata dei Cavalieri nelle regate delle quattro Repubbliche ital. ATRANI, Municipio. BARI, Consiglio Prov. BERGAMO, Racc. dell'Ist. Arti Graf. NEAPEL, Municipio. – Consiglio Com. – Camera di Commercio. PALERMO, GAM. RAVELLO, Ente Turistico. – Comune. RIMINI, Hotel Palace. ROM, Patrimonio Artist. al Quirinale: Inverno ad Amalfi, um 1937. SALERNO, Ente Turistico. VERUCCHIO/Forlì, Comune. ⊙ *G:* 1922 Venedig: Bienn. / 1927 Turin: Quadrienn. / 1953 Bari,

Mostra Naz. di Maggio. ▭ EU SEDA III, 1969; Gente nostra III, 1970; *Comanducci* II, 1971; DizESA III, 1971; *Sorrenti*, 1990; PittItalNovec/1 II, 1992. – *R. Minervini*, D. D., pittore, N. 1923; *M. Gargano*, D. D., un maestro della pitt., Terlizzi 1990; *L. Dello Russo*, Tradizione e modernita nella pitt. di D., Terlizzi 1992 (Quad. di cult. locale). S.-W. S.

Devannis, *Jacopo*, ital. Maler aus Brindisi. Sign. 1570 eine *Anbetung der Hirten* in S. Benedetto in Brindisi, in der der Einfluß des Sieneser Manieristen Marco Pino zu erkennen ist. ▭ DEB IV, 1973. – *M. S. Calò*, Contributi alla storia dell'arte in Puglia, Bari 1969. G. W.

Devant, *Jean François Maurice du* → **Sand,** *Maurice*

Devanthéry, *Patrick*, schweiz. Architekt, * 2. 7. 1954 Sion/Wallis. Stud.: Lausanne Ec. Polytechnique Fédérale, Dipl. 1980. 1981–83 Mitgl. des Schweizer Inst. in Rom (Forschungen zur Barock-Archit.). Seit 1983 Büro mit Inès Lamunière in Carouge bei Genf, später auch in Lausanne; 1984–90 Ass. von Bruno Reichlin, Ec. d'Archit., Genf; seit 1989 Redakteur der Archit.-Zs. Faces – J. d'archit. de l'Univ. de Genève. Lehrtätigkeit: u.a. 1993/94 Gast-Prof. ETH Zürich, 1996, '99 Gastdozent in Harvard, Graduate School of Design. D. und Lamunière entwerfen Gebäude in schlichten Formen mit vielfältigen Bezügen zw. innerer und äußerer Gestaltung, auch zahlr. kleine Projekte wie An- und Umbauten an Wohnhäusern. Daneben befassen sie sich mit behutsamen Rest. von Bauten des 20. Jh. (z.B. Aula de Ec. Polytechnique Fédérale, Lausanne) und archit.-geschichtl. Forschungen sowie Ausst. („Le Corbusier à Genève 1922–32", Lausanne 1987, mit Kat.; „Carlo Mollino baut in den Bergen", Archit.-Mus. Basel, 1991, mit Kat.); zahlr. Wettb.-Teilnahmen. ⌂ CAROUGE: Stadtbücherei, 1997/98 (mit Isabelle Charollais, Nicola Sansonnens). CUGY, Chemin de Faulieu: Haus Gringet, 1994–96 (mit Patrick Aeby). GENF, Boulevard-de-la-Tour 1: Studentenwohnheim, 1986–93 (mit I. Charollais). – Gare de Cornavin: Rampe und Verkaufsflächen, 1991–93 (mit Sébastien Schmidt), Westflügel (im Bau). – Hotel Cornavin, 1996–99, Umbau und Erweiterung. GRAND-SACONNEX/Genf: Grundschule und Freizeitzentrum, 1989–95 (mit Olivier Andréotti). PULLY, Gymnasium von Chamblandes: Erweiterungsbau, 1992–96 (mit I. Charollais und Michel Barth). SAILLON, Thermalbad: neue Fassade, 1991–92 (mit O. Andréotti). VILLARS-SAINTE-CROIX: Kommunales Betriebsgebäude, 1986–90 (mit Lionel Bionda). ✉ Archit. suisse 1987 (80) 7–10; Faces 1991 (21) 4–7; 1992 (23) 8 ss.; 1996/97 (40) 23 ss.; Archithese 1993 (4) 24–27 ⊙ *G:* 1988 Zürich, Archit.-Forum: Positionen. P. D., Inès Lamunière, Patrick Mestelan, Bernard Gachet (K) / 1996 Luzern, Archit.-Gal.: Four examples (K) / 1997 Lausanne, MAD (Wander-Ausst.). ▭ *I. Rucki/D. Huber* (Ed.), Architektenlex. der Schweiz 19./20. Jh., Basel u.a. 1998. – *M. Steinmann/P. Gueissaz*, Faces 1990 (16) 22–28; *R. Ruata*, Faces 1992 (23) 9 s.; *H. Frei*, ibid. 20 s.; *A. Grimoldi*, Faces 1993 (29) 43–48; *B. Reichlin*, Faces 1994 (32) 30–35; Architektur, Basel 1997. – *Online:* Homepage devanthery-lamuniere, 1999 (WV, Bibliogr.). N. B.

Devaraj, *Dakoji* → **Dakoji,** *Devraj*

Devarājā, ind. Bildhauer, 2. H. 12. Jh., Sohn von Somarāja, tätig unter der Herrschaft der Candella-Dynastie in Mahoba/Hamirpur Distr., Uttar Pradesh. ▭ *A. Cunningham*, Archeol. survey of India report, 21:1884/85, 72 s. H. Plaeschke

Devaranne, *Charles Frederic Auguste* cf. **Devaranne,** *Siméon Pierre*

Devaranne, *Joseph Frederic Albert* cf. **Devaranne,** *Siméon Pierre*

Devaranne, *Siméon Pierre*, dt. Goldschmied, Modelleur, Gießer, Fabrikant, * 23. 4. 1789 Berlin, † 31. 8. 1859 ebd. Vater des Bildhauers *Charles Frederic Auguste D.* (* 12. 2. 1819 Berlin, Lehre wahrsch. beim Vater und beim Bildhauer Ludwig Wilhelm Wichmann, † 29. 5. 1854 Berlin) sowie des Modelleurs und Graveurs *Joseph Frederic Albert D.* (* 21. 3. 1823 Berlin, um 1850 zus. mit dem Bruder Kompagnon der väterl. Firma, † 1. 9. 1852 Berlin). 1801–07 Lehre beim Goldschmied Johann Christian Sondershausen. ⚭ 1809, 1814 Bürgerrecht. Im gleichen Jahr Amtsmeister (Meisterstück: ein Paar Ohrringe mit Perlen) und mehrfach Lehrherr. 1819 eig. Wkst. und Monopol zum Vertrieb von Erzeugnissen der Berliner Medaillen-Prägeanstalt. Firmiert um 1822 als Juwelier und Fabrikant von Gold-, Silber- und feinen Eisengußwaren. 1825 durch Pariser Juwelier umfangreiche Aufträge für Eisenschmuck. 1836 Wkst.-Neubau. 1847/48 Stadtverordneter. Ausz.: 1827 Kleine Denkmünze für Kunstfleiß; 1829 Ernennung zum Akad. Künstler. MZ: Devaranne (oder: Dev.) Ac. Künstler à Berlin. – Um 1817 v.a. Bijouterien und erste Eisengußversuche in reicher Filigran- und Durchbruchtechnik (z.B. *Schmetterlinge*, 1821). Unter dem Namen D. führte er neben zahlr. eigenen auch die Modellentwürfe anderer in Silber oder Messing aus, z.B. Statuettenguß in großer Zahl nach Modellen des älteren Sohnes (*Ruhende Nymphe auf Hirsch*, 1838; *Friedrich Wilhelm II.*, 1840) und des Bildhauers Johann Carl Wilhelm Kratzenberg (*Regierender König im Krönungsornat*, 1840; Serie von berühmten Engländern, u.a. *Herzog von Wellington*, 1840). Ab 1842 zus. mit Johann Conrad und Philipp Conrad Moritz Geiß auch Guß von Architekturteilen, plast. Bauschmuck, Möbelbeschlägen, später von Plastiken und Standbildern in Zink unter Aufsicht von Karl Friedrich Schinkel. Mit seinem Wirken gilt D. weit über Deutschlands Grenzen hinaus als einer der bed. Eisenkunst- und Zinkgießer der Schinkel-Zeit. ⌂ BERLIN, Märkisches Mus.: Punschlöffel. ▭ *Scheffler*, Goldschm. Berlin, 1968, Nr 1603; *Börsch-Supan*, 1971; *Trier/Weyres* V, 1981; *U. Kieling*, BK 1984 (7) 326–328 (Lit.); *B. Tewes*, Weltkunst 65:1995 (12) 1678 ss. (Lit.). J. T.

Devarenne, *Anatole*, frz. Aquarellmaler, Zeichner, Graphiker, * 25. 7. 1880 Andeville/Oise, † 25. 5. 1954 ebd. Schüler von Georges Léon Alfred Perrichon. ⊙ *G:* Paris: ab 1921 Salon d'Automne (Mitgl.; u.a. zwei Creuse-Lsch., 1929); SAfr. (Mitgl.; 1923 lobende Erw.); Salon des Tuileries. ▭ Vol, 1953. *Bénézit* IV, 1999. – *C. Rameix*, L'éc. de Crozant, Limoges 1991. C. R.

Devarenne, *Gabriel*, frz. Zeichner, begr. 18. 11. 1786 Lyon. 1768 Heirat in Paris. 1775 Taufe eines Sohnes in

Lyon. D. arbeitete für den Garde-Meuble de la Couronne in Lyon. ▭ ThB9, 1913. *Audin/Vial* I, 1918. C. R.

Devarenne, *Jean*, frz. Textilzeichner, Blumenmaler, * 19. 1. 1743 Lyon, † 6. 10. 1809 Oullins/Rhône. Partner und Zeichner der Man. D. & La Marche. Lehrte 1799–1806 Blumenmalerei in Lyon. ▭ ThB9, 1913. *Audin/Vial* I, 1918; *Bénézit* IV, 1999. – *E. Hardouin-Fugier/E. Grafe*, La peint. lyonnaise au XIXe s., P. 1995.

De Vargas, *Ugo*, ital Karikaturist, Illustrator, * 1905 Bibbiena, nachw. bis 1938. Begann in den 30er Jahren als Illustrator für Kinder- und satir. Zss. (Il Balilla; Marc'Aurelio, 1933). 1938 Mitarb. am Corriere dei Piccoli, für den er die Figur des Piraten *Ghigno Fosco* schuf. Die gleichzeitig entstanden *Buffalmacco* und *Calandrino* zeigen eine Vorliebe für Darst. aus dem ma. Ambiente. Außerdem Mitarb. an Mondo Fanciullo (Mi. 1934), Il Travaso (R.), Bertoldo (Mi. 1937), Il Milione (Mi. 1938). ✉ La cintura di castità, R. 1967; *U. D./B. Nider*, Al tempo de la cintura di castità, R. 1967 ▭ Annitrenta. Arte e cultura in Italia (K), Mi. 1982 (Lit.). – Mitt. S. de Capua, Bibl. Naz. Centrale, Florenz. E. K.

Devaris, *Ioannis* cf. **Devaris,** *Stylianos*

Devaris, *Stylianos*, griech. Ikonen- und Kirchenmaler, * 1745 Levkas, † 5. 11. 1813 ebd. Bedeutendstes Mitgl. der Künstler-Fam. D., die als Abgrenzung gegen and. gleichnamige Fam. auch den Nachnamen Kornaros verwendete. 1762–1816 biogr. Einträge in den Kirchenbüchern von Levkas sowie weitere, seine Person betreffende Dokumente. Arbeitete v.a. auf der ion. Insel Levkas. Wandmalereien, Ikonen (sign.) sowie Bildausstattung und Vergoldung von Templonanlagen sind 1770–1813 belegt, z.T. in Zusammenarbeit mit *Ioannis D.*, vermutl. einem jüngeren Bruder (bek. Arbeiten 1750–1819). ⌂ *Wand-Gem.:* LEVKAS, Mavra-Kirche: 1783. – Apostel-Kirche: 1793, '94, '97. – *Templonanlagen:* LEVKAS, Kirche der Hl. Paraskevi. – Anargyri-Kirche, beide um 1778/80. – Kirche der Darstellung Mariä im Tempel, 1813. – *Ikonen:* ATHEN, Byz. Mus.: Hl. Nikolaos, 1770; Christus der Hohepriester, 1770; Evangelist Johannes, 1802. – Slg Pampouki: Hl. Anargyri. – Slg Kalliga: Hl. Dimitrios. LEVKAS, Mus.: bemalte Bema-Tür und Festbildikonen. PHRYNIO/Levkas: Kirche Charalampos: Gottesmutter, Christus, Ioannes Prodromos, 1773. ▭ *Lydakis* IV, 1976; *Piompinos*, 1984; *Chatzidakis* I, 1987. – *K. G. Zesiou*, Armonia 1900 (1) 229, 235; *P. G. Rontogiannis*, Epetiris Etaireias Leukaditikon Meleton 1973 (3) 350–367; *P. L. Bokotopoulos*, Eikones tis Kerkyras, At. 1990, 123. A. Sucrow

Devars, *Giovanni Battista*, ital. Maler, † 19. 8. 1794 Turin. 1773 in Frankreich nachg. und an den savoy. Minister des Auswärtigen empfohlen. Mitgl. der Confraternita di S. Luca in Turin. Bek. u.a. durch 4 Aqu. mit Militärparaden von 1792/93. Obwohl eines dieser Bll. mit „De Vars" bez. ist, scheint ein Zusammenhang mit der savoy. Adels-Fam. Regard de Vars et Clermont ausgeschlossen. ▭ Schede Vesme II, 1966. S.-W. S.

Devas, *Anthony*, brit. Maler, * 8. 1. 1911 Bromley/Kent, † 21. 12. 1958 London. Stud.: 1927–30 Slade School of FA, London, bei Henry Tonks. ⚭ 1931 Malerin und Schriftstellerin Nicolette Macnamara (D.s Kommilitonin). War danach mit der Euston Road School verbunden, bevor er 1942 in den New English Art Club gewählt wurde. 1942 begann er an dem bek. Portr. seiner Schwägerin Caitlin zu arbeiten, der Ehefrau des Dichters Dylan Thomas. Tätig in London, daneben jährl. Aufenthalte in Tenby/Wales. Mitgl.: 1953 RA (Associate); R. Soc. of Portr. Painters. – Zunächst Lsch., Blumenstücke, Akte und Genreszenen (Öl und Aqu.) in einer den engl. Impressionisten nahestehenden Manier, danach dem Zeitgeschmack entsprechende Porträts. 1957 von der Honourable Artillery Company beauftragt mit einem Portr. von Königin Elizabeth II. ⌂ ABERDEEN, Mus. and AG: Girl in a Lace Blouse, Öl, 1939. DERBY, Mus. and AG. LEEDS, City AG: Nude, Zchng, 1944. LONDON, Tate Gall.: Mrs Wilson, Öl, 1939; Mrs Dylan Thomas, Öl, 1942–43. – Arts Council of Great Britain: Six O'Clock News, Öl, 1940. – Imperial War Mus.: The Matron of Charing Cross Hospital, Öl, 1941. MANCHESTER, City AG: Mrs Creswick Atkinson, Öl, 1947. PRESTON, AG: At The Couturier, Öl, 1955. SHEFFIELD, Graves AG. TENBY, Mus. and Picture Gall. ⊙ *E:* London: 1936 Cooling Gall.; 1937 Wildenstein Gall.; 1941, '59 (K) Agnew's / 1991 Sheffield, Graves AG (K). – *G:* London: 1940–59 RA; 1942 Leicester Gall. (mit Graham Bell, Thomas Carr und Lawrence Gowing). ▭ Vo5, 1961. RoyalAcadExhib II, 1977; *A. Windsor* (Ed.), Hb. of mod. Brit. paint. 1900–1980, Aldershot 1992; *Buckman*, 1998. – *N. Macnamara*, Two flamboyant fathers, Lo. 1966. A. Windsor

Devasahayam, *M. S.*, ind. Maler, * 1926 Cuddalore, lebt in Karur. Stud.: Govt. College of Arts and Crafts, Madras. 1997 Forsch.-Stip. des Tamil Nadu Ovia Nunkalai Kuzhu, Madras. Schüler von Devi Prasad Roy Chowdhury. Ausz.: 1948 1. Preis für Portr., All India Congress Exhib.; 1977 State Award Best Art Teacher; 1988 Best Exhib. Award, The East Sheen Trust, London; 1989 Best Poster Design, Indian Nat. Trade Union Congress, Coimbatore; Ovia Nunkalai Kuzhu, Madras. Gründer und Präs. der United Paint. Assoc., Tiruchirapalli. – D. fiel bereits als Kind wegen seines Talentes im Umgang mit Aqu.-Farben auf. Im Stud. arbeitete er auch mit Öl-, Pastell- und Temperafarben. Anschl. unternimmt er ausgedehnte Reisen durch das ländl. Südindien, wo er, fasziniert von der Schönheit der Lsch. und der Natürlichkeit der Landbevölkerung, zum Aqu. zurückkehrt, um atmosphär. Erscheinungen wie Nebel oder Staub am besten einfangen zu können. Die Stärke von D.s Arbeiten liegt in der ausgezeichneten Technik und dem realist. Stil; er zeigt gleichermaßen das Geheimnisvolle der Natur und den harten Alltag der Landbevölkerung mit einem Anflug von Romantik. ⌂ LONDON, The East Sheen Trust. MADRAS, Govt. Guest House. – Tamil Nadu Ovia Nunkalai Kuzhu. TIRUCHIRAPALLI, Bharat Heavy Electricals. – Regional Engineering College. ▭ Who is who of artists, ... in Tamil Nadu, Madras 1989. – *A. S. Raman*, The Southern Accent, Madras 1998. K. Görtz

De Vasconcellos, *Josefina Alys Hermes* (verh. Banner), brit. Bildhauerin, Illustratorin, Dichterin, Musikerin, * 26. 10. 1904 Molesey-on-Thames/Surrey, um 1984 in Little Langdale/Ambleside, Westmorland ansässig. Tochter des brasil. Generalkonsuls. Stud.: Bournemouth SchA; Regent Street Polytechnic, London; Acad. de la Grande Chaumière, Paris, bei Antoine Bourdelle; bei Libero Andreotti in Florenz; RA Schools, London; auch in Rio de Janiero. Um 1925 Ausf. von Kruzifix, Tabernakel, Kandelaber und Statue für den Hochaltar der Kirche von St-Valéry, Varengeville-sur-Mer/Normandie, 1926 Statue *St Hubert* (Bronze) für die Kirche St-Jacques, Dieppe. ⚭ 1930 Maler Delmar Harmood Banner, wurde auf seinen Einfluß hin 1931 getauft und blieb eine überzeugte christl. Künstlerin. Beide lebten und arbeiteten in Surrey, 1940 Übersiedlung nach Little Langdale im Lake District. Lehrtätigkeit am Pelham House, Calderbridge; Gründung von Ausb.-Zentren für sozial schwache Kinder in Duddon Valley und in Millom (The Harriet Trust). Gründungs-Mitgl. der Soc. of Portr. Sculptors (Ausst.). Ausz.: Member of the Brit. Empire; Fellow der R. Soc. of Brit. Sculptors. – Hauptsächl. Auftragswerke für Kirchen und Kathedralen in Großbritannien. Daneben Adels-Portr. (*Lord Denning*, 1969) sowie romant.-lyr. Plastiken. Arbeitete die Skulpt. direkt aus Stein, Holz oder Plexiglas bzw. schuf Modelle für den Guß in Bronze, Aluminium und Blei. Ferner Ill. zu Gedichtbänden (*The Cup* von F. Johnson, 1938). Schrieb auch Gedichte und komponierte Musikstücke. 🏛 ALDERSHOT: Nat. War Memorial to the Battle of Britain, u.a. Christ The Judge, Portlandstein, 1950. COVENTRY, Kathedrale: Reconciliation, Bronze (Abguß auch in Hiroshima, Peace Park Hall). GLASGOW, City AG: Ducks, Marmor, 1946. LONDON, St. Paul's Cathedral. OLDHAM, AG: Winter, Plexiglas, 1958. RIO DE JANEIRO, MNBA: St. Hubert, Bronze, 1926. SHEFFIELD, Graves AG: Refugees, Stein, 1949. SOUTHAMPTON, AG: Music in Trees, Stein, 1933. ⊙ *E:* 1947, '55 London, R. Soc. of Painters in Watercolours (mit Banner) / 1987 Bradford, AG and Mus. und Univ. of Bradford: Sculpt., Poems and Music (mit Banner) / 1988 Kendal, Abbot Hall Mus. and Gall. / 1991–92 Manchester, Cathedral: Christmas Exhib. of Sculpt., Paint. and Poems. – *G:* 1926–66 London, RA / Paris, Salon. 📖 Vo5, 1961 (s.v. Vasconcellos, Jesephina). WWArt, 1972; 1974; 1984; RoyalAcadExhib II, 1977; *Billcliffe* I, 1990. – *L. Clifford*, Sculptor J. D., Southampton 2000 (in Vorbereitung). A. Windsor

Devasī, zentralind. Architekt (sūtradhāra), tätig 1296 in Chowki Dhatala/Mandsaur Distr., Madhya Pradesh. 📖 Annual report on Indian epigraphy 1968/69, 62. H. Plaeschke

Devasī, nordind. Architekt (sūtradhāra), 14. Jh., beteiligt am Bau der Nebenschreine des des Tempels in Jāgeśvar/Almora Distr., Uttar Pradesh. 📖 Annual report on Indian epigraphy 1959/60, 117. H. Plaeschke

Devasiha (Devasiṁha), nordind. Bildhauer (rūpakāra), schuf zus. mit Sahana 1255 ein Bildwerk des Cāhamāna-Fürsten Dinakara Meghanāda (heute im Mus. Menal) für einen Śiva-Tempel in Menal/Citorgarh Distr., Rājasthān. 📖 *R. Sharma*, Epigraphia Indica 37:1967/68, 155–158. H. Plaeschke

Devasiṁha, nordind. Bildhauer, Sohn des Baumeisters und Bildhauers Pāha, schuf 1437 ein Bildwerk des Jinas Pārśvanātha im Cāmpājī-ka-Mandir in Macchīṁdā/Udaipur Distr., Rājasthān. 📖 Annual report on Indian epigraphy for 1970/71, 117. H. Plaeschke

Devasurendra Haṅgidiva, sinhales. Maler, Großvater von Devasurendra Muhandiram, 1. H. 19. Jh. Schuf Zchng eines Tiringitale. 📖 *A. K. Coomaraswamy*, Mediaeval Sinhalese art, N. Y. [2]1956. H. Plaeschke

Devasurendra Muhandiram, sinhales. Maler, Enkel von Devasurendra Haṅgidiva, 2. H. 19. Jh. Schuf ein Skizzenbuch zur sinhales. Mythologie nach dem Rupāvaliya (ehem. Slg A. K. Coomaraswamy). 📖 *A. K. Coomaraswamy*, Mediaeval Sinhalese art, N. Y. [2]1956. H. Plaeschke

Devaū, nordind. Baumeister (sūtradhāra), schuf 1045 zur Zeit des Paramāra-Fürsten Pūrṇapāla zus. mit *Deūa*, *Dhāreśvara* und Lahaṁpaśra einen mon. Stufenbrunnen in Bhāḍūṇḍ (Jodhpur Distr., Rājasthān). 📖 Annual report on Indian epigraphy for 1969/70, 62; J. of the Bombay branch of the R. Asiatic Soc. 23, s.l.e.a., 75 ss. H. Plaeschke

Devauchelle, *Armand (Jean Baptiste Armand)*, frz. Maler, * 7. 2. 1829 Puilly/Ardennes, lebte in Paris. Schüler von Honoré-Gaspard Delaroche. – V.a. Lsch. 🏛 RIO DE JANEIRO, MNBA. ⊙ *G:* 1838 Cambrai, Salon / 1838, '39, '64 Paris, Salon. 📖 ThB9, 1913 (s.v. D., Jean Armand). *Cavalcanti* II, 1974; *Harambourg*, 1985. – Les salons retrouvés (K Calais u.a.), II, [Lille] 1993. C. R.

Devaud, *Jean-François*, frz. Maler, Bildhauer, Zeichner, * 2. 8. 1947 Vuillafans, lebt seit 1973 in der Schweiz. Stud.: 1967–70 Lit.-Wiss. in Strasbourg. Danach arbeitet er bis 1972 in Marokko als Lehrer. – Malt in Öl und Aqu., auch Zchng und Ill. Ferner baubezogene Kunst und Holzskulpturen. ⊙ *G:* seit 1973, u.a. 1977–78 Genf, Mus. Rath: Auto-portrait? / 1979 Lausanne, Mus. cantonal des BA: Horizon 80. 📖 LZSK, 1981; KVS, 1991; Biogr. Lex. der Schweizer Kunst, I, Z. 1998. G. L.

Devaud, *Jean-Pierre*, schweiz. Keramiker, Bildhauer, * 4. 12. 1933 Fribourg, lebt in Neuchâtel. Stud.: Ec. Suisse de Céramique, Chavannes-Renens, 1952 Diplom; Kurse an der Ec. cantonale des BA, Lausanne. 1952–62 in der keram. Industrie tätig. Seit 1963 eig. Wkst. in Neuchâtel; eröffnete 1972 die Gal. Et Caetera in Auvernier. Ausz.: 1975 und 1976 1. Preise des Concorso Internaz. della Ceramica d'Arte, Faenza. – Gefäß- und Baukeramik sowie Plastik in Bronze. Ausgehend von der Arbeit an der Drehscheibe variiert D. Gefäße durch Verformen oder Modellieren. Das Glasieren, experimentell um individuelle Dekormöglichkeiten bereichert, dient bei Gefäßen wie bei baugebundenen Arbeiten der Steigerung des plast. Ausdrucks. Ritzsignatur. 🏛 COLOMBIER, Zeughaus: Ausstattung der Empfangshalle. FAENZA, Mus. Internaz. delle Ceramiche. GENF, Mus. Ariana. NEUCHÂTEL, Stadtrat, Sitzungssaal: Wandrelief. ⊙ *E:* 1977 Neuchâtel, MBA. – *G:* 1971 Winterthur, Gewerbe-Mus.: Schweizer Keramik heute / 1976 Genf, Mus. Ariana: Céramique Suisse Contemp. 📖 LZSK, 1981; KVS, 1991; WWCCA, 1996; Biogr. Lex. der Schweizer Kunst, I, Z. 1998. K. Schütter

Devaud, *Noël*, schweiz. Maler, Graphiker, Bildhauer, Goldschmied, * 22. 3. 1934 La Chaux-de-Fonds, lebt in Cortaillod/Neuchâtel. Stud.: 1949–51 Ec. d'Art La Chaux-de-Fonds (Goldschmiedeklasse), Abendkurse bei Claude Loewer. 1951/52 prägendste Phase als Schüler von Georges Dessouslavy. Mitarb. an dessen Fresken im Bahnhof von La Chaux-de-Fonds und 1953/54 bei Louis René Moilliet (Glasfenster der Kap. im Burgerspital Bern). 1953–56 in Montreux, 1956–57 in Vevey und 1957–64 in Basel tätig. Seit 1986 keine Teiln. an Ausst. mehr. – Nach anfängl. kurzer figurativer Phase seit 1957 nonfigurative, von D. als „suggestiv" bez. Malerei nach alten Meistern, bes. nach Matthias Grünewald, Hieronymus Bosch, Francisco de Goya, gegenwärtig nach Georges de La Tour und Malern des 17. Jh. mit Interesse an bildanalyt. Fragen. Die formale Matrix seiner Gem. bildet dabei stets der Goldene Schnitt und der Zusammenhang von Teil und Ganzem. Die Funktion des Triptychons mit seinen Wandlungen *du chaos primordial/des quatres éléments/et du chaos final* (Polyptychon, 1965–71, priv. Bes.) dient der Evokation elementarer Energien von Farbe und Form, einer phys. Gnosis. Vielseitige Techniken, bes. Öl, auch Lith., Rad., Aqu., gegenwärtig Acryl. Arbeitet in akrib. Malweise mit mehrschichtigen Lasuren. ⌂ PAYERNE, Spital: Triptyque de St. Sébastien, 1960/61. VEVEY, Alimentarium: Pomme, 1985. ◉ *E:* La Chaux-de-Fonds: 1953 MBA; 1966 Club 44; 1985 Gal. du Manoir / 1967 Basel, Nikolaus Knöll / 1971 Montreux, Gal. Vieux Cartier. – *G:* La Chaux-de-Fonds: 1954–62 Amis des arts; 1956–68 Gal. Numaga. ▭ *Plüss/Tavel* I, 1958; KVS, 1991; Biogr. Lex. der Schweizer Kunst, I, Z. 1998. – L'art neuchâtelois, Hauterive 1992; *C. Givord*, Nouvelle rev. neuchâteloise 11:1994 (43) 32–36. – Mitt. D. Th. Greub

Devaud de Madelin, *Eugène*, schweiz. Maler, * 11. 3. 1906 Porsel, lebt in Lausanne. Arbeitet bis 1928 in der Landwirtschaft. Hauptsächl. Autodidakt, aber auch Unterricht bei Jean-Charles Rambert. – Malt naturalist. Schweizer Landschaften. ▭ *Plüss/Tavel* I, 1958. G. L.

Devaulx, *Alexandre-Henri (Henry-Alexandre)*, frz. Bildhauer, * Paris, 2. H. 19. Jh. Lt. ThB Schüler von Edmond (Georges Augustin?) D. Im Salon Allegorien und Genre (Figuren, Flachreliefs) sowie Portr.-Büsten und -Medaillons (Gips, Bronze). Ab 1888 (Mention honorable) Mitgl. der Soc. des Artistes français. ◉ *G:* ab 1876 Paris, Salon. ▭ ThB9, 1913. *Mackay*, 1977; *Bénézit* IV, 1999. E. S.

Devaulx, *Edmond-Georges-Augustin*, frz. Bildhauer, * Paris, 19. Jh. Lt. Mackay Sohn von A. H. (Alexandre-Henri?) D. Schüler seines Vaters sowie von Ernest Hébert. Im Salon Portr.-Büsten und -Medaillons (Bronze, Gips). ◉ *G:* 1880–93 Paris, Salon. ▭ ThB9, 1913. *Mackay*, 1977; *Bénézit* IV, 1999. E. S.

Devaulx, *Ernest-Théophile*, frz. Bildhauer, * 9. 5. 1831 Paris, † 1901. Lt. Lami Sohn von François-Théodore D.; sicherl. nicht, wie Mackay angibt, von A. H. (Alexandre-Henri?) D. Salondebüt mit einer Portr.-Büste seines Vaters (*Feu D., statuaire*); weiterhin v.a. Portr.-Büsten und -Medaillons zeitgen. und hist. Persönlichkeiten in Marmor, Gips und Terrakotta (z.B. *Léonard de Vinci à quinze ans*, Marmor-Flachrelief, Salon 1875, ehem. Nemours/Seine-et-Oise, Château-Mus.; *Jean de la Fontaine*, Gips-Medaillon, Salon 1878, für die Soc. hist. et archéol., Château-Thierry); außerdem gelegentl. mytholog. Sujets, Genre und dekorative Skulpt. (Gruppen, Flachreliefs). ◉ *G:* 1872–82 (oder '83) Paris, Salon. ▭ ThB9, 1913. *Lami* II, 1916; *Mackay*, 1977; *Bénézit* IV, 1999. E. S.

Devaulx, *François-Théodore (Théodore-François)*, frz. Bildhauer, * 15. 9. (oder 4.) 1808 (lt. Mackay 1802) Paris, † 21. 1. 1870. Vater(?) von Ernest-Théophile D. Stud.: ab 1823 EcBA Paris bei Etienne Jules Ramey; 1833 2. Rompreis; 1834 Prix de la tête d'expression. – Portr.-Büsten und -Medaillons in Bronze, Gips, Marmor; relig. und mytholog. Sujets sowie Genre. Staatl. Aufträge, u.a. *Amphitrite* (Marmor, 1866) für den Hof des Louvre. ⌂ CHAMBERY, MAH: Victor-Emmanuel II, Metall-Büste, 1859. PARIS, Friedhof Père-Lachaise: Jean-Adolphe Beaucé, Bronze-Büste, Salon 1855. – Kirche Val-de-Grâce, Fassade: Ste Scholastique; St Benoît, beide Stein, 1866 (Kopien nach François Anguier). – Pont d'Iéna: Guerrier grec, Stein (Modell Salon 1849; Med. 2. Kl.). VERSAILLES, Château: Henri-Pierre Bouscarin, général de brigade, Marmor-Büste (Auftrag 1869; voll. von Ernest-Théophile D.), sign. 1871, Salon 1872. ◉ *G:* Paris: 1845–82 (lt. Bénézit 1872) Salon; 1855 WA. ▭ ThB9, 1913. *Lami* II, 1916; *Mackay*, 1977; *Kjellberg*, 1987; Dict. des mon. de Paris, P. 1992; *Bénézit* IV, 1999. – Paris, Arch. nat.; Arch. de la Seine. E. S.

Devaulx, *Henry-Alexandre* → **Devaulx,** *Alexandre-Henri*

Devaulx (Devaux; de Vaulx), *Paul*, frz. Kupferstecher, * um 1650 Paris. Sohn eines Sekretärs des Präsidenten Thou. Beginnt am 22. 12. 1664 die Lehre bei Jean-Baptiste I Humbelot (4 Jahre); nimmt am 12. 7. 1683 selbst einen Lehrling auf. Bek. ist nur ein mon. Kpst. (9 Platten, Gesamtformat ca. 2 × 1,5 m) nach dem *Abendmahl* von Rubens, hrsg. von Pierre Landry. Viell. verwandt mit dem Kupferstecher Jean Devaux, wahrsch. aber nicht verwandt mit dem Goldschmied und Kupferstecher René Devaux. ▭ ThB9, 1913 (s.v. Devaulx, P.). *Jal*, 1867. – IFF, GravXVIII VII, 1951; IFF, GravXVII III, 1954. M. Préaud

Devaulx, *Théodore-François* → **Devaulx,** *François-Théodore*

Devaulx de Chambord, *Claude-Fernand-Maximilian* → **Chambord,** *Fernand de*

Devaux, frz. Bildhauer, Bronzegießer in Paris, arbeitete 1685 im Atelier von François Girardon; erhielt bis 1690 Zahlungen für Arbeiten in den Tuilerien und im Schloß von Versailles. ▭ ThB9, 1913.

Devaux, frz. Bildhauer, fertigte 1689–91 Nischen für die von Jean Dubois ausgef. Statuen im Chor der Kap. des Grand Séminaire (heute Ec. militaire) in Autun/Saône-et-Loire. ▭ *Laveissière* I, 1980. C. R.

Devaux, *Auguste*, frz. Maler, Autor, * 15. 5. 1819 Avranches, † 6. 5. 1890 Le Havre. In Paris Schüler von Ingres. D. lehrte in Le Havre. – V.a. relig. Darst. ⌂ LE HAVRE, Kirche St-François: drei Gem. – Eglise de l'Immaculée-Conception. ✉ De l'origine des beaux-arts et de l'influence que la religion à toujours exercée seur leur développement, 1876; St Martin de Tours et son époque, 1878; Une méthode pour l'enseignement du dessin, 1881. 🕮 DBF XI, 1967. C. R.

Devaux, *Etienne-Philippe* (Devo, *Stepan[-Filipp] Petrovič*), Architekt in Rußland, * 1805 Schweiz, † 1849 Odesa. Stud. in Paris. 1825–29 in Frankreich tätig, 1829–31 in Griechenland, ab 1831 in Rußland. 1838 zum Architekten des Krimsüdufers ernannt, später Architekt des Gouv. Taurien. – Öff. Bauten in Sevastopol' (steinerne Anlegestelle; Quarantänestation; Zollamt; Kirche), Evpatorija und Saki. Schuf 1843 den Generalplan von Simferopol', der Hauptstadt des Taur. Gouvernements. Lt. unveröff. Erinnerungen von M. B. Michajlova soll D. ferner mehrere Kirchen auf der Krim errichtet haben. 🕮 Moskau, Ščusev-Archit.-Mus.: Fond biografičeskogo slovarja architektorov. A. Kraševinnikov

Devaux, *Eugène*, belg. Maler, Zeichner, Graphiker, * 4. 2. 1822 Tournai, † 5. 11. 1914 Schaerbeek (Brüssel). Stud.: ABA, Tournai. 1853 als Gegenkandidat zu Joseph Stallaert für die Ltg der ABA vorgeschlagen, nach Streitigkeiten viertägiger Gefängnisaufenthalt. Übersiedlung nach Brüssel. – Neben naturnahen Lsch. v.a. Portr. (u.a. *König Leopold I.; Minister Bara*) sowie Selbstbildnisse (Aqu.-Min., Pastell). D. ist jedoch v.a. als Zeichner tätig. Befreundet mit Louis Gallait, dessen Gem. D. reproduziert. 🏛 BRÜSSEL, MRBAB. – Ausländeramt. TOURNAI, MBA. – Gericht. ⊙ *G:* 1900 Paris: WA. 🕮 *Berko*, 1981; *Flippo*, 1981 (Lit.); *Arto*, 1995; DPB I, 1995. U. R.

Devaux, *François Alexandre*, frz. Bildhauer, * 24. 2. 1840 Fécamp/Seine-Inférieure, † Aug. 1904 Rouen. Schüler der Ec. mun. in Rouen, wo er später auch Bildhauerei lehrte. D. fertigte u.a. 1873 relig. Statuen (Stein) für das Hauptportal der Kirche in Caudebec-lès-Elbeuf/Seine-Maritime. – V.a. Portr.-Büsten und -Medaillons in Marmor und Bronze. ⊙ *G:* 1870–99 Paris, Salon. 🕮 ThB9, 1913. *Lami* II, 1916 (Werke); *Mackay*, 1977; *Bénézit* IV, 1999. C. R.

Devaux, *Jean*, frz. Kupferstecher in Paris, dort 1745 (Taufe einer Tochter) belegt. Er stach vermutl. das Portr. *Bossuet* nach Hyacinthe Rigaud. 🏛 PARIS, BN, Cab. des Estampes: u.a. Portr. R. P. Ange de Joyeuse; Portr. Nicolas Cornet. 🕮 ThB9, 1913. – IFF, GravXVIII VII, 1951; IFF, GravXVII III, 1954. C. R.

Devaux, *Jehan* cf. **Devaux,** *Martin*

Devaux, *Jules-Ernest*, frz. Maler, * 8. 5. 1837 Melun/Seine-et-Marne. Stud.: ab 1856 EcBA Paris; außerdem Schüler von Alexandre Marie Guillemin. Im Salon relig. Sujets und Genre. Um 1882 tätig in Ecouen/Seine-et-Oise. 🏛 DUNKERQUE, MBA: La leçon de lecture, Salon 1868 (lt. Bénézit). ⊙ *G:* 1863–68 Paris, Salon. 🕮 ThB9, 1913. *Bénézit* IV, 1999. E. S.

Devaux (Devaulx; de Vau[l]x), *Martin*, frz. Baumeister, Bildhauer, 1508–58 in Troyes belegt. Schüler von Jean Gailde und 1508–13 dessen Mitarb. am Umbau der Kirche Ste-Madeleine. Arbeitete 1513 am Portal der Kirche St-Jacques und 1515/16 am Portal der Kirche St-Pierre. Ab 1516 erneut Arbeiten an der Kirche Ste-Madeleine (u.a. Lettner; got. Porte du cimetière, 1525; Turm, ab 1531). 1520 für die Kirche St-Pantaléon tätig. Leitete 1533 die Arbeiten in der Kirche St-Jean (ab 1555 Uhrturm; 1558 Chor voll.), für die auch 1530–58 sein Sohn *Jehan D.* arbeitete. 🕮 ThB9, 1913 (zwei Art.). *Bauchal*, 1887 (s.v. Vaux, M. de; Vaux, Jehan de); DBF XI, 1967. C. R.

Devaux, *Paul*, frz. Holzschneider, Lithograph, Illustrator, Maler, * 28. 5. 1894 Vesse/Allier (heute Bellerive-sur-Allier), † 25. 3. 1949 Bellerive-sur-Allier. D. begann eine Ausb. als Lithograph in Clermont-Ferrand, die durch die Teiln. am 1. WK vorzeitig endete. Er wurde verwundet und genas in Dijon, wo die ersten Hschn. (Ansichten von Dijon) entstanden. Danach realisierte D. in seinem Atelier in Bellerive-sur-Allier druckgraph. Ser. (oft auf der eig. Presse); bek. sind *Vieux Dijon et campagnes bourbonnaise*; *Le Penêt* (sign. mit dem Pseudonym Jean Chapouteux); *Les coins curieux et pittoresques du Bourbonnais*; *Quelques paysages Bourbonnais*, 1928; *Les maisons qui meurent*, 1938; *Solitudes xylographiques*, 1947; *Le vernet. Haut-lieu insoupçonné*, 1947. Buch-Ill.: *La bonne morte* von C. Maurras, 1926; *Allen* von V. Larbaud, 1929; *La fôret. Tronçais en Bourbonnais* von J. Cuvelier, 1930; *Vichy. Ville de charme* von M. Constantin-Weyer, 1933 (Lith.); *Les hommes de la route* von A. Chamson, 1935. Auch Ill. zu Werken von A. Gervais, H. de Jouvenet und M. Renard. D. arbeitete für zahlr. Zss. (z.B. Primo, Partisan, Septimanie, L'élan, Notre Temps, Cahiers du Bourbonnais) und gestaltete Plakate, Kalender, Postkarten. Teiln. an Ausst. in Berlin, Genf, Paris (BN), Argenteuil, Nancy, Moulins (1931), Montluçon und Vichy. 1948 Mitbegr. der Acad. de Vernet, die Künstler und Schriftsteller (u.a. die mit D. befreundeten Valery Larbaud und Emile Guillaumin) zusammenführte. Die von Robert Mermet gefertigte Büste von D. (nicht erh.) befand sich im Bürgermeisteramt von Vernet/Allier. – V.a. Lsch., auch architekton. Motive; figurativer Stil, manchmal mit kubist. Elementen versehen. – D.s Sohn und Schüler *Robert D.* (* 25. 8. 1919 Vichy/Allier, † 23. 12. 1996 Billy/Allier) stellte Hschn. in der Region von Vichy aus. 🏛 CUSSET/Allier, Mus. de la tour prisonnière. PARIS, BN, Cab. des Estampes. VICHY, Mus. mun. et médiathèque. ⊙ *E:* 1986 (mit Lucien Pénat), '97 Vichy, Médiathèque Valery Larbaud. – *G:* Paris: ab 1927 Salon des Indépendants; 1931 Salon Internat. du livre d'Art. 🕮 Vol, 1953. *Bénézit* IV, 1999. – IFF, Après1800 VI, 1953; *F. Constantin-Weyer*, Cahiers du Bourbonnais 1998 (165). – Vichy, Mediathèque V. Larbaud, Akten-Nr 10760. N. Chabrol

Devaux, *Paul* (1650) → **Devaulx,** *Paul*

Devaux, *Pierre*, frz. Bildhauer, * 1865 Tassin/Rhône, † 1938 Lyon, lebte in Lyon und Paris. Stud.: ab ca. 1883 EcBA Paris; bei Danguin und Joseph Hugues Fabisch. ⚭ mit Anne D.-Raillon. D. arbeitete drei Jahre im Atelier von Thomas. Ausz.: 1887 Prix de la Soc. des Amis des Arts de Lyon für *Louise Labbé*; 1888 Prix de Paris für *Sophocle*. – V.a. Portr.-Büsten und -Reliefs, Statuen. 🏛 LYON, MBA: Buste du peintre Chenevard, Marmor. ⊙ *G:* Lyon, Salon (1888 Med. 3. Kl. für Amour captif); 1889–1909 Paris, SAfr. (1890 lobende Erw.). 🕮 ThB9, 1913. DBF XI, 1967; *Bénézit* IV, 1999. – Mitt. S. Couvra, Lyon. C. R.

Devaux, *Regnault* → **Denaux,** *Regnault*

Devaux, *René*, frz. Kupferstecher, Zeichner, Goldschmied in Paris. 1702 Schüler von Michel Gérard Edelinck. D. nahm 1714 Pierre-Silvain Mornet zum Lehrling. PARIS, BN, Cab. des Estampes: u.a. Portr. M. G. Edelinck (nach Jean Tortebat); Dessins d'orfèvrerie, genre Bourdon. ThB9, 1913. – IFF, GravXVIII VII, 1951; IFF, Après1800 VI, 1953; *Rambaud* II, 1971. C. R.

Devaux, *Robert* cf. **Devaux,** *Paul*

Devaux (de Vaux), *Thérèse*, frz. Kupferstecherin, 2. H. 18. Jh. Schülerin von Danzel. Sie stach u.a. nach Alexis Grimou und Bartolomé Esteban Murillo. PARIS, BN, Cab. des Estampes. ThB9, 1913. – IFF, GravXVIII VII, 1951. C. R.

Devaux-Raillon, *Anne (Anna)*, frz. Malerin, * 1891 Lyon, † 1968. ⚭ Pierre Devaux. Stud.: EcBA in Lyon und Paris; bei François Flameng. D. gründete 1927 in Lyon den Salon des Femmes (Ausst.) und engagierte sich als Feministin für andere Künstlerinnen. Ankäufe durch den frz. Staat: 1927 *La vallée des Usses* (Salon des Femmes, Lyon); 1928 *Première neige*. – Figürl., Portr., Blumen, Lsch.; dekorative Panoramen. LYON, Bourse du travail, Eingangshalle: Les tailleurs de pierre, Wandbild, 1929–36. *G:* Lyon: ab 1912 Salon de la Soc. lyonnaise des BA; ab 1919 Salon d'Automne; 1927 Gal. Pouillé-Lecoultre / ab 1917 Paris, SAfr. Vol, 1953. *S. Couvra*, Dict. des artistes exposant à Lyon dans l'entre-deux-guerres 1919–1939, Lyon 1998. – *ead.*, Marius Mermillon et la vie artist. à Lyon dans l'entre-deux-guerres 1919–1939, Diss. Lyon 1998. S. Couvra

Devayani, ind. Miniaturmaler der Basohli-Schule der Pahāṛī-Malerei, schuf 1695 das Kolophon einer Cittarasamañjarī-Hs. (NM New Delhi; V & A, London). D.s Namensansetzung allerdings beruht auf einer Fehllesung von W. G. Archer (Indian paint. ..., 1952), die er im selben Jahr noch korrigierte (Mārg 6:1952, 27). *B. N. Goswamy*, Roopa-lekha 32:1961 (2) 45; *W. G. Archer*, Indian paint. from the Punjab Hills, Lo. u.a. 1973. H. Plaeschke

Devdariani, *Tamaz*, georg. Bildhauer, * 17. 6. 1937 Tbilisi, lebt dort. Stud.: 1955–61 AK Tbilisi bei Silovan Kakabadze, Konstantin Merabišvili. Titel Verdienter Künstler Georgiens. – Neben freien Skulpt. wie typisierten Portr. von Zeitgenossen (u.a. *Krankenschwester*, 1963; *Junge Keramikerin*, 1960er Jahre) und Genre-Komp. (Bronze, Gips, getönt) ab den 60er Jahren künstler. Metallbearbeitung (Treibarbeit), u.a. eine Ser. zum georg. Heldenepos „Der Recke im Tigerfell" von Š. Rustaveli (Messing, Aluminium, 1966–67, partiell in der NGG Tbilisi). D. tendiert in den Formen der Reliefs und Figuren zu dekorativer Verallgemeinerung und betont rhythm. Elementen. TBILISI, NGG. ChudSSSR III, 1976 (Lit.). – *S. Eršalova*, Keramika i čekanka Gruzii, Le. 1975; Izobrazitel'noe isk. Gruzinskoj SSR, Mo. 1986. S. Chromčenko

Devdatt, nordind. Miniaturmaler, tätig im Atelier des Moghul-Kaisers Shāh Jahān (1628–58). Malte vermutl. die Min. mit dem Portr. des bek. Derwischs *Shaikh Daula* aus Gujrāt/Lāhore (Dublin, Chester Beatty libr.). *T. W. Arnold/J. V. S. Wilkinson*, The libr. of A. Chester Beatty. A cat. of the Indian min., I-II, Lo. 1936 (irrtüml. Dilwarāt); *S. P. Verma*, Mughal painters and their work, Delhi u.a. 1994. H. Plaeschke

Devdjuk, *Mykola Vasyl'ovyč* cf. **Devdjuk,** *Vasyl' Hryhorovyč*

Devdjuk, *Vasyl' Hryhorovyč*, ukrain. Holzschnitzer, Metallgestalter, * 16. 6. 1873 Staryj Kosiv, † 3. 5. 1951 ebd. (Kosiv). Ausb. beim Schnitzer Vasyl' Jurijovyč Škribljak in Javoriv sowie bei den Metallgestaltern Nykora und Dmytro Dudčak in Brustorov; 1904 KGS Wien. Lehrte 1905–14 an der Schnitzschule Kosiv und eröffnete 1923 ebd. eine Privatschule. Ausz.: 1909 Stryj, 1. Landwirtschafts-Ausst.; 1912 Kolomyja, Heimkunst-Ausst., beides Gold-Med. – Fertigte dekorativ verzierte Gebrauchsgegenstände (geschnitzt; Inkrustation, Perlmutt, Glasperlen, Metall, Branddekor). – D.s Sohn *Mykola Vasyl'ovyč D.* (* 12. 12. 1904 Kosiv) erhielt seine Ausb. beim Vater. Fertigte Möbel, dekorative Schatullen und Teller, Streitäxte u.a. (geschnitzt, verziert, Buntholzintarsien, Perlmutt). ČERNIVCY, Heimatkunde-Mus. KIEV, Ukrain. Volkskunst-Mus. (M. V. D.) KOLOMYJA, Huzulen-Volkskunst-Mus. L'VIV, Mus. für Ethnographie und Volkskunst. SChU, 1973; ChudSSSR III, 1976 (falsches Geburtsjahr); MU, 1992; MU, 1997. – *O. H. Solomčenko*, Hucul's'ke narodne mystectvo y joho majstry, Kyïv 1959, 17–20; *M. Dolyns'ka*, Majstry narodnoho mystectva Ukraïns'koj RSR, Kyïv 1966, 76; Istorija ukraïns'koho mystectva, VI, Kyïv 1968, 338; *D. N. Goberman*, Isk. guculov, Mo. 1980, 18; Hucul'ščyna. Istoryko-etnohrafyčne doslyždennja, Kyïv 1987, 398; *O. Solomčenko*, Skarbnycja hucul's'koho mystectva, Ivano-Frankivs'k 1987, 11; *O. Kratjuk*, V. D., Kolomyja 1993. T. Kara-Vasylijeva

Devé, *Agathe* cf. **Devé,** *Eugène*

Devé, *Emile Jean* cf. **Devé,** *Eugène*

Devé, *Eugène*, frz. Maler, * 22. 9. 1826 Rouen, † April 1887. Ab 1849 Beamtenlaufbahn im Finanz-Minist.; als Zahlmeister freiwillige Teiln. am Krimkrieg (Ausz. und Beförderung). Nach der Rückkehr gibt D. die Verwaltungstätigkeit auf und wird Schüler von Camille Flers. Im Salon techn. virtuose Lsch. der Seine (u.a. Mündung bei Le Havre) und Eure, der Umgebung von Fécamp, Rambouillet, Fontainebleau sowie gelegentl. von Nizza und Hyères (häufig Weiden mit Kuh- und Schafherden); sie stehen in ihrem Realismus und der Intimität dem Lehrer Flers, in der poet. Stimmung, dem durchsichtig-zarten Pinselstrich und der Sicherheit der Farbgebung Camille Corot nahe, mit dem D. befreundet ist und gemeinsam arbeitet. – Seine Ehefrau *Agathe D.* (* Paris) zeigt im Salon 1877–78 Portr.; ihr gemeinsamer Sohn *Emile-Jean Devé* (* 26. 11. 1866 Paris) ist Schüler von Jules Lefebvre und Tony Robert-Fleury; er ist im SAfr. und im Salon d'Hiver mit Marinebildern vertreten. AMIENS, Mus. de Picardie: Rentrée du troupeau, Öl. ORLEANS, MBA. ROUEN, MBA: Intérieur de la forêt de Fontainebleau, La gorge-aux-loups; Crépuscule, beide Öl. *G:* 1861–85 Paris, Salon. ThB9, 1913. *Harambourg*, 1985; *Schurr/Cabanne* I, 1996; *Bénézit* IV, 1999. – *Schurr* VI, 1985. E. S.

Deveau, *Joseph Nectaire*, kanad. Kunsthandwerker, Zimmermann, Geiger, Erzähler, * 3. 11. 1904 Cheticamp/ N. S., † Juni 1986 ebd., lebte dort. – Volkskünstler. Arbeiten; v.a. Windräder und Möbelstücke. ⌂ HALIFAX, AG of Nova Scotia. ◎ *G:* 1989 London, Canada House: Nova Scotia Folk Art. ▭ *B. Riordon*, Nova Scotia folk art. Canada's cult. heritage (K AG of Nova Scotia), Halifax 1989. M. D. O'Neill

Deveaud-Fabre, *Henriette*, frz. Malerin, Miniaturistin, * 6. 9. 1866 Paris, lebte dort. Schülerin von Delphine de Cool. – V.a. Portr.-Min. ◎ *G:* ab 1881 Paris, SAfr. (1906 Mitgl.). ▭ *Bénézit* IV, 1999. – ArchAKL. C. R.

Deveaux, *Jacques Martial (Martial)*, frz. Kupferstecher, Radierer, Zeichner, * 18. 7. 1825 Paris, † 1891. Stud.: ab 1846 EcBA Paris bei Achille Louis Martinet. 1848 Rompreis. D. lebte 1869 in Arnouville-les-Gonesse/Seine-et-Oise. – Stach Portr. nach eig. und fremden Vorlagen (z.B. *H. Lebas* nach Alexandre Cabanel, Salon 1865) und Gem.-Reprod. nach alten Meistern. ⌂ PARIS, Louvre, Chalcographie: Le cardinal de Richelieu, nach Philippe Champaigne (Salon 1889). – BN, Cab. des Estampes. ◎ *G:* Paris: ab 1864 Salon (u.a. 1889 Med. 1. Kl.); 1889 WA (Silber-Med.) ▭ ThB9, 1913. DBF XI, 1967; *Karel*, 1992; *Bénézit* IV, 1999. – IFF, Après1800 VI, 1953. C. R.

Deveaux (DeVeaux), *James*, US-amer. Maler, Zeichner, * 12. 9. 1812 Charleston, † 28. 4. 1844 Rom. Um 1830 Ausb. bei Henry Inman, Thomas Sully und John Rubens Smith in Philadelphia; auch Zusammenarbeit mit James Bowman (voll. einige von dessen Portr.). 1832–35 in Charleston, Columbia/S. C. und Camden; 1836–38 mit John Houston Mifflin Reise nach England und Paris (u.a. Besuch der EcBA); danach in New York, South Carolina und Virginia, viell. auch in New Orleans tätig. Ab 1841 bis zu seinem Tod Aufenthalt in Italien. In Florenz befreundet mit Thomas Pritchard Rossiter, gemeinsame Skizziertouren in die Umgebung. In Rom u.a. Stud. an der Amer. Drawing Academy. Mitgl.: NAD New York. – Bes. Portr., relig. Gem. und Genreszenen; Kopien nach alten Meistern in Italien. ⌂ CHARLESTON/ S. C., Carolina Art Assoc.: Selbst-Portr., 1843–44. NEW YORK, Hist. Soc. ▭ ThB34, 1940 (s.v. Veaux, James de; wohl irrtüml. * 1813). *Groce/Wallace*, 1957; *Soria*, 1982; *R. L. Wright*, Artists in Virginia before 1900, Charlottesville 1983. – *Farr Thompson*, 1970; Amer. landscape and genre paint. in the New-York Hist. Soc., I, N. Y./Boston 1982; *F. C. Furman*, Coll. 4:1992 (2) 6–11; *A. Gebbia*, Veltro 38:1994 (5–6) 263–74. Ch. R.

De Veaux (De Vaux), *John J.*, irischer Gemmenschneider, Siegelstecher, Wachsmodelleur, * um 1796, bis 1836 in Dublin tätig, auch einige Zeit in London. Schüler und später Partner von George Brown, dessen Wkst. er übernahm. 1821 stellte D. den Kopf der Sappho in Karneol geschnitten aus; 1823 stach er mit Brown das Siegel von Nathaniel Alexander, Bischof von Meath. 1830 gen. als Seal and Gem engraver to His Majesty und 1831 als Crest engraver to His Lieutenant and the Duke of Sussex. Das nach Sir Francis Legatt Chantrey als Gemme geschnittene Portr. von Sir Robert Peel reprod. Freebairn anaglyptographisch. Daneben korallenrot gefärbte Wachsmedaillons. Arbeiten im Kunsthandel. ⌂ DUBLIN, NM: u.a. Duke of York, Gipsmedaillon. LONDON, BM: Blücher, Wachsmedaillon. – Nat. Portr. Gall.: Frederick Augustus, Duke of York; William IV, beides Wachsmedaillons. ◎ *G:* 1827 Dublin, R. Hibernian Acad. / 1832–34 London, RA. ▭ *Graves*, RA II, 1905 (s.v. De Vaux, S. J.); *Strickland* I, 1913; *Gunnis*, 1968; *Pyke*, 1973; RoyalHibAcad I, 1986. K. F.

Devecchi (de Vec[c]hi), *Antonín*, Schnitzer in Prag, * um 1694, † 8. 6. 1724 ebd. Sohn des Schnitzers *František D.*, der am 30. 5. 1695 das Bürgerrecht in Prag-Neustadt erhielt. Schuf für den Černín-Pal. eine Loge mit reichen Schnitzereien in frz. Manier. ▭ *Toman* I, 1947. B. S.

Devecchi, *František* cf. **Devecchi,** *Antonín*

De Vecchi, *Gabriele*, ital. Maler, Bildhauer, Designer, Architekt, * 18. 3. 1938 Mailand, lebt dort. Stud.: Accad. di Brera Mailand; promoviert 1979 am Mailänder Politecnico in Architektur. Seine Zchngn und Komp. aus unterschiedl. Mat. während der 2. H. der 50er Jahre sind vom Informel beeinflußt (*Studio per Don Chisciotte*, 1957; *Cassetta su tela*, 1959). 1959 Hinwendung zur Arte programmata und kinet. Kunst (*Superficie in vibrazioni*, Rom, Gall. Naz. d'Arte Mod.) sowie mit Giovanni Anceschi, Davide Boriani, Gianni Colombo und Grazia Varisco Begr. des Gruppo T (auch „Miriorama"). Realisiert 1959 ein Ensemble von Parallelepipeden aus synthet. Mat., die Form und Raumposition verändern (*Scultura da prendere a calci*, Bologna, GAM). Ab 1960 Teiln. an Ausst. des Gruppo T; 1963–69 Mitgl. des Gruppo Nuove Tendenze. 1962 Ltg der im Fam.-Bes. befindl. Silberschmiede, Gest. von kinet. Objekten (*Rotolineare*, Aluminium und Perspex) und Lichtinstallation auf der Piazza del Duomo in Mailand (zus. mit Vittoriano Viganò, Bruno Munari und Livio Castiglioni). 1963–64 Silberschmuck in unterschiedl. Formen und kreisenden Perspex-Strukturen, die den Betrachter opt. verwirren (*Strutturazione triangolare*; *Ambiente e strutturazione triangolare*). Es folgen das Multiple-Objekt *Lpano. Nul 65* (Amsterdam) und die Beteiligung an städtebaul. Maßnahmen (*Segnali luminescenti nel sottopassagio di Viale Scarampo*, 1968). Entwirft 1970 zus. mit Corinna Morandi die Silberschmuck-Kollektion *Arganta* und 1973 Objekte in Alabaster. Lehrt 1974 an der Accad. di Brera Technik- und Mat.-Kunde und entwirft mit seinen Studenten ein Mehrzweckmöbel für Kinder. 1975 Doz. für Wahrnehmungstheorie und Entwürfe für die Silber-Kollektion *Minimal*. 1979 zus. mit Enzo Mari Gest. der Ausst. Design & Design in der Mailänder Gall. Blu. 1980–81 Realisierung der beiden Silberschmuck-Kollektionen *Silber and Stone* und *Carré* für das Unternehmen Calderoni Gioielli. 1981 Vize-Präs. der ital. Sektion des World Crafts Council und engagiertes Eintreten für Förderung des Kunsthandwerkes und junger Projektemacher. Auch in den 80er und 90er Jahren Design-Entwürfe zu Silberobjekten (*Brocca Anselmo*, 1982; *Caffettiera Lancesvetta*, 1983; *Vaso Biconvess*, 1985; *Vaso Vela*, 1992; *Invaso*, 1995). Seit 1991 Doz. für Silber-Design am Ist. Europ. di Design

in Mailand. 1995 gestaltet D. Möbel aus Kristall (*Tavolo Romeo*; *Scrivania Achaab*) und Elemente für die Stadtmöblierung (*Sitzbank*, Travertin) 🏛 AMSTERDAM, Sted. Mus. BOLOGNA, GAM. CAGLIARI, GAM. CIUDAD BOLIVAR/Venezuela, MAM Jesús Soto. DENVER/Colo., MMA: Teiera Emisfera, Silber, 1985. EINDHOVEN, Sted. Van Abbemuseum: Ambiente a ombre portate, 1966. GALLARATE, GAM. GENT, Mus. voor Sierkunst: Caffettiera Ivizio, Silber, 1993. NÜRNBERG, KH: Deformazione assonometrica, 1964. PARIS, MAD: Strutturatione triangolare x 4, 1964. ROM, Gall. Naz. d'Arte Mod. TURIN, Civ. GAM: Intermittenza ottica, Metallplatten, Emaille, 1967. ZAGREB, Gal. Suvremene umjetnosti: Ambiente a strutture cromatiche, 1965. ✉ Kat. Miriorama 3, Mi. 1960; Il Verri 22:1966; Lineastruttura 1:1966; G Z 4:1987. 👁 *E:* Mailand: 1960 Gall. Pater; 1966 Gall. Vismara; 1969 Gall. Diagramma; 1989 Gall. Arte struktura / 1970 Neapel, Gall. Il Centro (K: L. Vergine) / 1995 Zürich: Meister-Silber. – *G:* Mailand: 1960, '68 Trienn.; 1962 Show room Olivetti: Arte programmata (K: U. Eco); 1967 Gall. Ariete: Luce, movimento, Europa; 1969 Bienn.; 1971 Mus. Poldi Pezzoli: Milano 70/70; Gall. Cenobbio Visualità: Peint. en plein air; 1983 Pal. R.: Arte programmata e cinetica; 1992 Castello Sforzesco: Ornamenta; 1993 Pal. Bagatti Valsecchi: Argenti ital. del XX sec.; 1995 Pal. della Permanente: Due sec. di scult.; Pal. della Trienn.: Un cuore per amico / 1963 San Marino: Bienn. / 1963, '65, '68 Zagreb, Gal. Suvremene umjetnosti: Nove Tendencije / 1964, '70, '76, '86 Venedig: Bienn. / Paris: 1964 MAD: Nouvelle Tendance; 1983 MAM: Electra; 1990 Salon du Meuble: Moi et de moi; 1991 Design et mutations / Bern: 1965 KH: Licht und Bewegung; 1966 Gal. Actuel: Edition Mat / Rom: 1965 Gall. Obelisco: Arte cinetica; 1968 Gall. Naz. d'Arte Mod: Cento opere d'arte ital. dal Futurismo a oggi; 1970 Pal. delle Espos.: Vitalità del negativo; 1973 Quadrienn. / 1966 Eindhoven, Sted. Van Abbemuseum: Kunst-Licht-Kunst / 1968 Grenoble, Maison de la Cult.: Cinétisme-spectacle-environnements / 1969 Como, Piazza del Duomo: Campo urbano / 1970 Oslo, Kunstnernes Hus: Visuelt Miljo; Prato, Pal. Pretorio: Due decenni di eventi artist. in Italia 1950–1970; Osaka: Expo / 1973 Volterra: Volterra '73 / Turin: 1976 GAM: Arte ital. 60/77; 1985 Castello di Rivoli: Il Mus. sperimentale di Torino (K: M. Bandini/R. Maggio Serra); 1995 Pal. di Caccia di Stupenigi: La sindrome di Leonardo / 1979 Mantua, Casa del Mantegna: L'ombra; Monza, Bibl. Civ.: Le radici dell'arte contemp. / 1982 London, Inst. of Contemp. Arts: Arte ital. 1960–82 (K: C. Tisdall u.a.) / 1990 Florenz, Fortezza da Basso: Nove progetti per Richard Ginori / 1992, '95 Hanau: Silber-Trienn. / 1994 München: Gestalttendenz Handwerk; Hanau u.a.: Schmuck und Gerät; New York, Guggenheim Mus.: Ital. Metamorphosis. 📖 DizBolaffiScult, 1972; PittItalNovec/2 II, 1993; *A. Pansera* (Ed.), Diz. del design ital., Mi. 1995. – *G. Dorfles*, Ultime tendenze nell'arte d'oggi, Mi. 1961; *B. Munari*, Domus 1961 (371); *T. Sauvage*, Arte nucleare, Mi. 1962; *U. Eco*, Opera aperta, Mi. 1962; *G. Ballo*, La linea dell'arte ital. dal Futurismo ai giorni nostri, Mi. 1964; *U. Apollonio u.a.*, Arte d'oggi, R. 1965; *G. Mariacher*, Argenti ital., Mi. 1965; *L. V. Masini*, Domus 1965 (422); *G. Rickey*, Constructivism, N. Y. 1967; *E. Crispolti*, Ricerche dopo l'informale, R. 1968; *F. Menna*, L'arte mod., XIII, Mi. 1969; *id.*, La regola e il caso, R. 1970; *F. Popper*, L'arte cinetica, T. 1970; *Tomassoni*, 1971; *L. Vergine*, Attraverso l'arte, R. 1976; *I. Mussa*, Il gruppo Enne, R. 1977; *E. Crispolti*, Extra media, T. 1978; StoriaArteItal (Einaudi) VII, 1982; *A. Luukela Imperiali*, Interni 1981 (336); *G. Celant*, L'inferno dell'arte ital., Ge. 1990; Industrial design, Ba. 1991 (Europ. masters, 3); *G. Dorfles*, Abitare con arte 5:1991; *B. Fitoussi*, Objets affectifs. Le nouveau design de la table, P. 1993; *T. F. Giacobone* (Ed.), Argenti ital. del XX sec., Mi. 1993; *A. Pansera*, Storia del disegno industriale ital., Bari 1993; PittIalNovec/3, 1994; *L. Somaini/C. Cerritelli*, Jewelry by artists in Italy 1945–95, Mi. 1995; *E. Biffi Gentili* (Ed.), La sindrome di Leonardo: Artedesign in Italia 1940–75, T. 1995; *G. Anceschi u.a.*, G. D., Mi. 1995; *L. Vergine*, L'arte in trincea, Mi. 1996.
N. Corradini

De'Vecchi, *Giovanni* (1536) → **Vecchi,** *Giovanni de* (1536)

Devèche, *Alexandre* cf. **Devèche,** *André*

Devèche, *Alexandre* (Bildhauer) cf. **Deglane,** *Henri*

Devèche, *André*, frz. Möbelgestalter, Tapisserist, * 18. 4. 1909 Paris, bis in die 1980er Jahre tätig. Sohn von *Pierre D.* († 1941), Enkel von *Alexandre D.*, beide Dekorateure. Ab 1925 Mitarb. des Vaters zus. mit dem Bruder *Georges D.* (ab 1935 eig. Entwürfe). 1937–39 Stud. der Kunstgesch. in Paris und London, dabei Auseinandersetzung mit engl. Archit. und Möbel-Gest. (v.a. Stühle). Ab 1941 Ltg des väterl. Betriebs. Gründet 1943 die Gal. Maison du Décorateur (dort 1948–60 Kunstmäzenatentum). – Zahlr. öff. und priv. Inneneinrichtungen. In den 40er Jahren Aufträge durch das Mobilier nat., u.a. in Paris für das Kab. des Wirtschafts-Minist., das Minist. für auswärtige Angelegenheiten, das Dekanat der Wiss. Fak. an der Sorbonne. Ferner tätig für das Château de La Boissière, die Comtesse de la Rochefoucauld sowie das Hôtel Crillon, Paris. D.s zeitlos anmutender Stil zeigt Anregungen durch die Antike, Renaiss. und engl. Kunst des 18./19. Jh. Die kompakten Möbel und Stühle sind oft aus Sykomore-, Palisander- und Akazienholz mit Verzierungen aus Bronze und Cloisonné-Email, z.B. das 1944–45 für das Mobilier nat. ausgef. *Cab. de collectionneur* aus Palisander mit Bronze-Figuren (Les Heures du jour) und Emailarbeiten (Sternzeichen) von Paul-Louis Mergier. Auch bemalte Möbel und Wandteppiche (zus. mit Georges D.). Einrichtungen für das Hôtel Plaza-Athénée, das Hôtel Ritz in Paris sowie ein Pal. bei Beirut. Verfasser von Büchern über Archit. und engl. Kunststile. 📖 *Kjellberg*, 1994. K. S.-D.

Devèche, *Georges* cf. **Devèche,** *André*

Devèche, *Pierre* cf. **Devèche,** *André*

Devedeux, *Louis*, frz. Maler, * 8. 7. 1820 Clermont-Ferrand, † 1874 Passy. Stud.: Ec. de dessin, Clermont-Ferrand, bei Félix Bachellery; ab 1836 EcBA Paris bei Paul Delaroche und Alexandre-Gabriel Decamps. Danach errichtete D. in Clermont-Ferrand ein Atelier, das damals als der künstler. Mittelpunkt in der Auvergne galt; zu seinen Schülern gehörten Antoine Roux und Michel Peghoux. D. ließ sich später in Paris nieder, wo er u.a. mit den Künstlern Auguste Laurens, Léonard Morel-Ladeuil, Théodore Frère, Edouard Frère und Antoine Vollon befreundet war. Er beteiligte sich an Ausst. in Moulins/Allier (1843, '44), Clermont-Ferrand (1863, '80), Hamburg (1872), Wien (1876). – Portr., Akte, hist. Darst., Genrebilder, oriental. Szenen (hier stark beeinflußt von A.-G. Decamps), wenige Lsch. ⌂ CLERMONT-FERRAND, MBA: u.a. Portr. du Duc de Morny. DIJON, MBA. KOPENHAGEN, Rasmussen Mus. MEAUX, Mus. Bossuet: Les ruines. MULHOUSE, MBA: Jeunes orientales (oder Femmes turques). NEW YORK, Metrop. Mus.: Haremsszene. PARIS: BN, Cab. des Estampes: zahlr. Rad. und Farbendrucke. – Louvre: Portr. de Mme Devedeux, 1850. – Pal. du Sénat: Embarquement de Marie Stuart. – Petit Pal. RENNES, MBA: Marchands d'esclaves. RIOM, Mus. Mandet. SAINT-JEAN-D'HEURS, Kirche: L'Agonie au jardin des Oliviers. ST. PETERSBURG, Ermitage. THIERS, MBA. ⊙ *G:* Paris: 1838–75 Salon (u.a. 1867 Vente d'esclaves, angekauft für die Gal. de l'Empereur); 1885 Expos. Portr. du siècle. ▭ ThB9, 1913. DBF XI, 1967; *Bénézit* IV, 1999. – *G. Marc*, Les BA en Auvergne et à Paris, P. 1889; *D. Devynck/A. Ehrard*, Etienne Clémentel et les arts (K Mus. Mandet), Riom 1985, 34, 91 s.; *A. M. de Gardelle u.a.*, Mon. hist. 1995 (197) 100–103. – Clermont-Ferrand, Bibl. Mun. et Inter-Universitaire: fonds G. Dedevises du Dézert, Ms 1699. N. Chabrol

Deveer, *Johann Daniel* → **Veer,** *Joh. Daniel*

Devegetales (De Vegetales), *Jugo*, US-amer. Keramiker, * 25. 5. 1925 Los Angeles/Calif., in Glenside/Pa. ansässig. Stud.: 1970 California State Univ., Northridge; 1971 San Francisco Art Inst.; 1973 Tyler SchA, Temple Univ., Philadelphia/Pa. D. lehrte 1974–82 am Moore College of Art and Design in Philadelphia. ▭ WWAA, 1984; 1991/92 (Werke, Ausst.). C. R.

De Vegni, *L.*, ital. Kupferstecher in Neapel, 1. H. 19. Jh. Tätig für die *Storia della Pitt. ital.* von G. Rosini (1839–45) und zus. mit seinem Bruder *A. D.* für den *Atlante ill., ossia Racc. dei principali mon. ital.* von Zuccagni/Orlandini (Fi. 1845). Außerdem bek. durch Stadt- und Lsch.-Ansichten, u.a. von Rom, *Veduta del Lago di Nemi* und *Veduta di Nepi* (beide 1844). ▭ *Servolini*, 1955; *Comanducci* II, 1971. – *G. Giubbini*, Genova nelle vecchie stampe (K), Ge. 1970, Taf. 89 s. S.-W. S.

Devel, *P.* cf. **Devel,** *Pieter*

Devel, *Pieter*, Kupferstecher, Radierer, 1. H. 18. Jh. in Brüssel(?) tätig. Lieferte für Les délices des Pays-Bas, ed. bei Foppens, Br. 1711, das Titel-Bl. sowie für Corporis humani anatomiae von Phil. Verheyen (2. Aufl. Br. 1716) das Titel-Bl. mit dessen Porträt. Lt. BNB ident. mit dem gleichnamigen Kupferstecher, der in der 2. H. 18. Jh. perspektiv. Archit.-Veduten stach. Mit P. DEVEL SCULP. sign. sind zahlr. Ansichten von Kirchen aus Saint-Omer, Arras, Mons, Lüttich, 's-Hertogenbosch u.a. für die 1769 in Lüttich hrsg. Ausgabe der Délices des Pays-Bas. Von diesem Künstler stammen außerdem Ansichten der Kirche St-Martin in Utrecht und des Rathauses von Tervere, sign. P. DEVEL SCULPT. BRUX. Zugeschr. wird ihm ein Folio-Bl. mit der Inschr. S. MARTINI APUD ULTRAJECTUM A° MDCLX TURRIS ET BASILICA. ▭ ThB9, 1913. BNB V, 1876; *Wurzbach*, NKL I, 1906 (s.v. Devel, P.).

Develle, *François-Napoléon*, frz. Architekt, * 31. 12. 1805 Dijon, † 19. 11. 1878 Dunkerque (begr. in Lille). Der Vater, ein ehem. Armeeoffizier, ist Steuereinnehmer in Recey-sur-Ource und Châtillon-sur-Seine, beide Dép. Côte-d'Or, dann in Bar-sur-Aube/Aube, wo D. nacheinander die Schule besucht. 1831 Aufnahme in die 1. Kl. der EcBA Paris; ab 6. 1. 1832 im Atelier von Jean Nicolas Huyot. Im Aug. 1833 trifft D. mit den besten Empfehlungen in Dunkerque ein, um beim Stadtbaumeister Charles Henry (1797–1837) eine Stelle als „commis d'architecte" anzutreten. Am 7. 11. 1836 als „architecte des communes et du dép. du Nord" zugelassen, leitet er nach dem Tod von Henry 1837 die Arbeiten der Stadt und des Arr. Dunkerque im Rahmen der Zuständigkeit des Dép. du Nord. In diesem Amt entfaltet er eine intensive Tätigkeit und setzt eine auf das jeweilige Vorhaben abgestimmte funktional-eklektizist. Bauweise durch; Zivilbauten und Einrichtungen der Infrastruktur sind neoklassizist., Sakralbauten ma. Vorbildern nachempfunden mit Schwerpunkt auf neogot. Bauformen. Beim 1866 erb. Presbyterium der Pfarrk. St-Eloi greift D. hingegen auf Elemente des fläm. Manierismus zurück (spezielle Form des Staffelgiebels [pignon à pas-de-moineaux], steinerne Fensterkreuze, Gewölbejoch im Ziegelmauerwerk), die derzeit noch als ungewöhnl. gelten, sich unter dem Einfluß der Architekten der nachfolgenden Generation um Louis-Marie Cordonnier schließl. jedoch durchsetzen. Per Beschluß der Präfektur ab 1839 Mitgl. der kurz zuvor gegr. Comm. hist. du Nord. 1868 Mitbegr., 1875/76 Präs. der Soc. dép. des Architectes du Nord de la France. ⌂ BISSEZEELE/Nord: Kirche St-Adrien, 1855–57. DUNKERQUE: Weiterführung des Theaterbaus, 1838–45; Zollkaserne, 1845–48; Wachhaus und Eingang zum Friedhof, 1849–51; Justiz-Pal., 1855–64; Erweiterungsbau der Kirche Notre-Dame des Dunes, 1858/59; Couvent des Rédemptoristes (zerst.); Feuerwache, beide 1858–60; Markthalle, 1862/63; Kirche, Presbyterium und Pfarrsaal von St-Martin, 1863–67; Protestant. Kirche, 1866/67; Presbyterium der Kirche St-Eloi, 1866–68 (1940 zerst.); Umgestaltung des Priv.-Hauses von Benjamin Morel zu einem Mus., 1873–77; Zollhaus und städt. Schulen (z.T. zerst.). ROSENDAEL/Nord: Rathaus (1933 abgerissen). ✉ Bull. de la Comm. hist. du dép. du Nord 2:1844, 201 ▭ ThB9, 1913. *Delaire*, 1907. – Bull. de la Soc. des architectes du dép. du Nord 11:1878/79 (1881) 4, 27; *G. Duriau*, Mém. de la Soc. dunkerquoise 47:1907, 283–302; *M. Tomasek*, Rev. de la Soc. dunkerquoise d'hist. et d'archéologie 27:1993, 195–214; Dunkerque. Dunes, briques et béton, Lille 1995 (Cah. du patrimoine, 41) 129–132, 275. – Dunkerque, Arch. mun.: 1 M 18, 2 M 1, 7, 9 s., 3 M 1, 4 M 1, 7–11, 21, 5 M 1, 3 s.; Baugenehmigungen nach Jahren geordnet. Lille, Arch. dép. du Nord: Ser. 4 N 274–276, O (nach Kommunen). M.-J. Lussien-Maisonneuve

Develle, *G.* → **Develle,** *Louis Dominique Grandjean*

Develle, *J.* → **Develle,** *Louis Dominique Grandjean*

Develle, *Louis Dominique Grandjean* (eigtl. Filbert), frz.-US-amer. Dekorationsmaler, Bühnenbildner, Historienmaler, * um 1799 Paris, † 22. 6. 1868 New Orleans/La. Schüler von Pierre-Luc-Charles Cicéri, Paris. D. beteiligte sich 1824 an den Dekorationen der Kathedrale zu Reims anläßl. der Krönung von Karl X. und arbeitete danach drei Jahre an einem Theater in Le Havre. D. kam 1829 nach New Orleans/La., um dort bis ca. 1857 für das Orleans Theatre zu arbeiten. Gleichzeitig Lehrtätigkeit (einer seiner Schüler war Léon Pomarède, um 1830). 1842 Teiln. an Dekorationen für die St. Louis Cathedral anläßl. der Gedenkfeier für den verstorbenen Ferdinand, Sohn des Königs Louise Philippe. 1846 (während des Mexikan. Kriegs) begleitete D. Auguste Châtillon an den Rio Grande; es entstanden das mon. hist. Gem. *La bataille de Resaca de la Palma* (Washington/D. C., Weißes Haus) sowie Portr. von Offizieren der Schlacht von Palo Alto, z.B. *Zachary Taylor*. 1861 (mit Varnout) am French Opera House (Nachf. des Orleans Theatre) und 1863–65 (mit Ernest Cicéri und Campbell) am Varities Theatre tätig. Dekorierte 1864 Proszenium und Vorhang der Acad. of Music. – D.s gleichnamiger Sohn (* ca. 1820 Paris, † 10. 5. 1885 New Orleans) soll im gleichen Metier gearbeitet haben, was nicht belegt ist. ▭ *Groce/Wallace*, 1957 (s.v. D., J.); Enc. of New Orleans artists 1718–1918, New Orleans 1987; *Karel*, 1992 (s.v. D., J.). – *Farr Thompson*, 1970 (s.v. D., G.). C. R.

Develly (Devély), *Jean Charles*, frz. Porzellanmaler, * 1. 10. 1783 Paris, † 28. 12. 1862 Sèvres (cf. Brunet, 1956). 1813–48 für die Porzellan-Man. ebd. tätig. Das bed. Werk, das vor allem zeit- und sozialgeschichtl. Themen behandelt, aber auch Landschafts- und Tiermalerei beinhaltet, umfaßt Porzellanmalereien auf Guéridons, Vasen, Service oder Kabinettschränkchen sowie zahlr. werkvorbereitende Gouachen und Lithographien. D. sign. mit vollem Namen oder mit den Initialen „ID". Zu seinen ersten Arbeiten zählt ein 1816 nach eig. Originalkarton ausgef. Porzellan-Gem. mit der Darst. des Besuchs von Ludwig XVIII. in der Man. Sèvres. Unter der Direktion von Alexandre Brongniart erhielt D. 1818 den Auftrag zur Ausf. von zwei Vasen, die die Überführung und Enthüllung des Reiterstandbilds von Heinrich IV. auf dem Pont-Neuf zeigen, 1821 folgt ein Guéridon mit derselben Szene. 1825 entsteht sein Hw., ein Tisch mit Szenen der Krönung Karls X. (die zahlreichen Originalentwürfe dazu in der Man. sowie im MFA Boston). Zur Beobachtung der Krönungszeremonie wurde D. nach Reims gesandt. 1820–35 führte er nach eig. Entwürfen das *Service des arts industriels* aus, das den Beginn des Industriezeitalters in Frankreich dokumentiert. 1839 hielt er auf einer Bildplatte den Kongreß der Keramiker aller Völker fest. Das *Service de la culture des fleurs* (1821–24) oder das *Service agronomique* (1831–44) z.B. zeigen sein Interesse an Naturbeobachtung, außerdem setzt er lit. Vorlagen von Montalembert, La Fontaine oder Milton in Porzellanmalerei um. Am Ende seiner Laufbahn steht das 1841–48 ausgef. *Service animaux*, das D.s hervorragendes Können als Tiermaler zeigt. ⛫ BOSTON, MFA, Forsyth Wickes Coll. FONTAINEBLEAU, MN du Château. KANSAS CITY/Mo., Nelson-Atkins Mus. of Art. LONDON, V & A. MADRID, Pal. Real, Salón de Carlos III. PARIS, Louvre. PROVIDENCE, Rhode Island School of Design, Mus. of Art. REIMS, Pal. du Tau Trésor de la Cathédrale. SEVRES, MN de Céramique. ▭ ThB9, 1913. *Honey* I, 1949; *Neuwirth* I, 1977; *Hardouin-Fugier/Grafe*, 1989; *Bénézit* IV, 1999. – *M. Brunet*, Bull. des Mus. de France 12:1947 (8) 35 ss.; IFF, Après1800 VI, 1953; *M. Brunet*, Positions des thèses soutenues par les anciens élèves de l'Ec. du Louvre de 1944 à 1952 ..., P. 1956, 137–140; *R. J. Charleston*, Apollo 98:1973 (139) 185–191; *M. Brunet*, Cah. de la céramique, du verre et des arts du feu 58:1976, 56–65; *C. Nordenfalk*, Sèvres et les cinq sens, Sth. 1984; *M. Brunet*, Ant. di BA 31/32:1987, 18–27; *P. Ennès*, J. of the MFA (Boston) 2:1990, 89–106; *E. M. Zafran*, ibid. 3:1991, 77–86; *O. Fairclough*, Print quart. 11:1994, 410–419; *L. Newman*, Antiques 145:1994 (4) 552–561. P. Thoma

Develly, *Jean Louis* → **Veilly,** *Jean Louis de*

Devély, *Jean Charles* → **Develly,** *Jean Charles*

Devemy, *Louis Joseph*, frz. Maler, * 5. 8. 1808 Lille, † 14. 12. 1874 Paris. Zunächst Anwalt in Douai. Ab 1845 in Lille, ab 1852 in Paris als Maler tätig. ⛫ LILLE, MBA: Nature morte (lt. Bénézit). ▭ ThB9, 1913. *Bénézit* IV, 1999. E. S.

Devendra Mulācarivā, sinhales. Architekt, leitete 1784 den Bau der Audienzhalle in Kandy sowie der Māligāva-Bibl. ebd. und der Maṇḍapa in Mīdeṇiya. ▭ *H. W. Cave*, The book of Ceylon, Lo. u.a. 1908; *A. K. Coomaraswamy*, Mediaeval Sinhalese art, N. Y. [2]1956. H. Plaeschke

Devenet, *Claude-Marie*, frz. Bildhauer, * 28. 10. 1851 Uchizy b. Tournus/Saône-et-Loire, † ebd. D. absolviert eine Lehre in einem Handelsunternehmen in Chalons. Stud.: 1872–74 EcBA Lyon; danach EcBA Paris bei Augustin Alexandre Dumont, Auguste Patey und Georges Henri Lemaire. – V.a. Portr. (Büsten, Medaillons, Plaketten, Med.); außerdem hist. und relig. Sujets, Allegorien und Genre. 1899–1911 Zeichenlehrer am Collège Ste-Barbe in Paris; danach Rückkehr nach Uchizy. Ausz.: 1882 Med. 3. Klasse. ⊙ *G:* Paris: 1879–1905 Salon bzw. SAfr.; 1900 WA (Bronze-Med.). ▭ ThB9, 1913. DBF XI, 1967; *Mackay*, 1977; *Bénézit* IV, 1999. E. S.

Devenish, *John*, austral. Architekt, Stadtplaner, * 13. 12. 1944 Sydney, † 17. 8. 1990 Melbourne. Stud.: bis 1967 und 1977 (Master's Degree für Stadt- und Landplanung) Univ. of New South Wales, Sydney. 1967–72 tätig für das Commonwealth Dept. of Works ebd. 1975–81 Leiter eines interdisziplinären Teams, das sich im Auftrag der Wohnungsbaukommission von New South Wales mit dem sog. Woolloomooloo Redevelopment Project, einem Konzept zur Sanierung und baul. Neugestaltung (überwiegend mit Wohnbauten) eines großen hist. innerstädt. Gebiets zw. dem Zentrum von Sydney und Kings Cross, beschäftigte und internat. Anerkennung errang. Arbeitete danach im Minist. of Housing in Victoria, v.a. 1981–83 beteiligt an der Ausf. versch. innovativer und preisgekrönter Wohnungsbauprogramme als Lückenbebauung in Melbourne. Ab 1987 General-Dir. im Victoria's Public Works Dept.; 1988 Dir. für Design und Entwicklung des neu gegr. Minist. of Housing and Construction in Victoria. D. war der führende Reg.-Architekt im Staat Victoria und bek. für hervorragende Entwürfe im öff. Wohnungsbau. ⊏⊐ DA VIII, 1996. Ch. R.

Deventer, *David Friedrich Andreas* cf. **Deventer,** *Johann Christian* (1687)

Deventer, *Eduard*, dt. Maler, Graphiker, * 12. 7. 1864 Hamm. Zunächst Anstreicher, Tapezierer, Glaser, Stuben- und Dekorationsmaler, danach Stud. an den KGS Düsseldorf und München (dazu nichts bek.). 1886–90 Staats-Stip. an der Unterrichtsanstalt des Kgl. KGM Berlin; Prämie für eine Reise nach Italien und Sizilien. Weitere Studienreisen nach Libyen (Tripolis) und 1890–92 nach Tunesien (Tunis). Zunächst Aufträge für Dekorationsmalerei in priv., öff. und sakralen Bauten. 1896 in Posen (Poznań) Gold-Med. für ein Diorama und figürl. Malereien; übernahm ebd. die Leitung einer Malklasse. Nach einer ausgedehnten Studienreise durch Holland, Belgien, Frankreich (Paris), England, Schottland und Dänemark gab er die Lehrtätigkeit in Posen wieder auf, um sich in Berlin als freier Künstler niederzulassen; lebte um 1912 in Berlin-Zehlendorf, um 1930 in Berlin-Steglitz. Stud. und kopiert auf den zahlr. Auslandsreisen die Malweise alter Meister und trat v.a. mit Archit.- und Lsch.-Darst. aus Italien und Deutschland hervor (Öl-Gem. und Aqu.), darunter *Pinienlandschaft b. Rom*; *Kanal in Venedig*; *St. Markuskirche in Venedig*; *Burg Wertheim* (ehem. Berlin, Städt. Slg); *Dt. Winterlandschaft* u.a., außerdem auch holl. Lsch.-Motive wie *Kanal in Volendam* und bürgerl. Portr. (auch mehrere Kaiserbildnisse, u.a. für Hamm, Rathaus oder Oberlandesgericht). Für die Kirche in Lissa/Posen malte er ein Altarbild. In der Serie „Farbige Künstler-Lith." des Leipziger Verlages B. Voigtländer ist D. mit dem Blatt Nr 200, *Unter Birken*, zw. 1903 und 1912, vertreten. ⊙ *G:* 1911/12, '32 Berlin, Große Berliner Kunst-Ausst. ⊏⊐ ThB9, 1913. *Jansa*, 1912; *Dressler* II, 1930; *Ries*, 1992; Lex. der Düsseldorfer Malerschule, I, M. 1997 (Künstleranhang). – *C. Roth*, Des Kaisers neue Bilder, Diss. Bochum (in Vorbereitung). C. Roth

Deventer, *Friedel*, dt. Graphiker, Fotomontagekünstler, Karikaturist, Objektkünstler, * 1947 Meschede. Stud.: HBK Kassel (Abschluß 1972). Zeichnet seit 1966 polit. und gesellschaftskrit. Graphiken und Karikaturen, die sich meist mit innenpolit. und zeitkrit. Themen auseinandersetzen. 1969 Mitbegr. des Kollektivs „Demokrat. Grafik Hamburg". A. der 70er Jahre erste Fotomontagen, Objekte und polit. Plakatmotive, mit denen er v.a. die Politik westdt. konservativer Parteien und Politiker thematisierte. Ausz.: 1968 2. Preis der Heinrich-Zille-Stiftung für Krit. Graphik, Hannover; 1976 Kunstpreis Kunst im öff. Raum, Modellprojekte, Bremen; Preis der 6. Internat. Graphik-Bienn. Warschau. ⊙ *E:* 1971 Berlin, Kunstamt Neukölln (K) / 1973 Berlin, Elefanten Press Gal. – *G:* 1972 Berlin-Köpenick: Polit. Graphik, Künstler gegen F. J. Strauß / 1973 Essen: Das polit. Plakat / 1974 Hanoi: Antiimperialist. Solidarität / 1974 Hamburg, Kunstvereinigung: Aspekte der engagierten Kunst / 1976 Fischerhude, Atelier im Bauernhaus: Berufsverbot. ⊏⊐ *Flemig*, 1993. – Unter die Schere mit den Geiern. Politische Fotomontage in der Bundesrepublik und Westberlin, B. 1977. H. Kronthaler

Deventer (Deuenter; Dewenter), *Heinrich von (Henrich von)*, Maler in Toruń, 1. H. 17. Jh., * vermutl. ebd. Verbrachte das letzte Probejahr (sog. mutjar) ab dem Johannesquartal 1631 bei dem Meister Michel Pezelt. 1632 Meister (Meisterstücke *Kreuzigung mit Schächern und Volksmenge* in Öl, *Christus im Jordan* in Aqu. zur Quartalsversammlung am Michaelistag 1632 vorgelegt). 1633 Bürgerrecht als einheim. Bürger. Bis 1638 in Zunftakten erwähnt. ⊏⊐ SłArtPolsk, Uzup. t. II, 1993 (Lit.). – Toruń, Arch. Państwowe: Cech malarzy, rzeźbiarzy i lakierników, sygn. 4, s. 77, 80, 82, 83, 85, 87, 93, 96. B. Dybaś

Deventer, *Jacob van* (eigtl. Roelofs, *Jacob*), niederl. Kartenzeichner, * um 1505 (lt. Meurer: 1510–15) Deventer (oder Umgebung), † A. Mai 1575 Köln. Stud.: 1520 Univ. Löwen (Medizin). Dann als Mathematiker tätig. ⚭ Barbara Smets (vermutl. auch D.s Mitarb.). 1544 Übersiedlung nach Mechelen, später nach Brüssel, Dordrecht und Köln. Zahlr. Reisen durch die Niederlande. Geograph von Kaiser Karl V. und König Philipp II. von Spanien. – D. nimmt für Karl V. 1536–47 die niederl. Provinzen (Brabant, Holland, Gelderland, Friesland, Zeeland) auf und erstellt damit die erste Landesvermessung nach mod. Methoden (1:180000). Die Originale sind nicht überliefert, jedoch zahlr. Kopien, u.a. von Sebastian Münster, Tramezini, Lodovico Guicciardini, Abraham Ortelius und Braunius. 1552 zeichnet D. einen Gesamtplan der Niederlande. Vermutl. für strateg. Zwecke Philipps II. erfaßt D. 1558–71 alle damals im span. Herrschaftsgebiet befindl. Städte, befestigten Anlagen und Dörfer der Niederlande, Belgiens, Nordfrankreichs und Westdeutschlands. Er kartographiert darin die Ortszugänge, nächste Umgebung, Wasser- und Straßenverläufe sowie Darst. der Hauptgebäude (1:7400, 1:8400). Seine Karten galten als zuverlässig und basieren neben einigen älteren Vorlagen (u.a. nach Leo Sibrandus) hauptsächl. auf eig. Vermessungen nach der Methode von Regnier Gemma Frisius, mit der er viell. vor 1536 zus.-gearbeitet hatte. Von dem dreibändigen Atlas mit urspr. viell. ca. 320 Karten (lt. and. Angaben: 250 Bll.) sind heute 228 Pläne (u.a. Madrid, NB) erh., wobei es sich sowohl um Entwürfe als auch um fertige Arbeiten handelt: urspr. waren von jedem Bl. zwei Exemplare vorhanden, die in den damaligen kgl. Atlanten in Brüssel und Madrid gesammelt wurden. D. schuf damit den ersten Städteatlas der Karten-Gesch., was ihm bereits zu Lebzeiten die Anerkennung als Vater der Kartographie einbrachte. 🏛 ARNHEM, Arch. BRÜSSEL, Bibl. R. Albert Ier. HAARLEM, Arch. LEEUWARDEN, Arch. ⊏⊐ ThB9, 1913. *Wurzbach*, NKL I, 1906; LGB II, 1989. – Doc. topogr. relatifs à la ville de Gand. 16e-18e s., Gand 1914; *E. Sisi*, Palladio 12:1962, 26–60; *P. H. Meurer*, Burgen und Schlösser 20:1979 (1) 43–48; *F. Hellwig*, Das Bild der Erde ... ital. Kartographie des 16. und 17. Jh. (K), Köln 1983; *G. Overdiep*, De plattegrond van de stad Groningen door J. van D. uit omstreeks 1565 ..., Alphen aan den Rijn 1984; *A. de Smet*, in: *F. de Nave* (Ed.), Liber amicorum Leon Voet, Ant. 1985, 461–482 (De gulden Passer, 61/63). U. R.

Deventer, *Jan Frederik van*, niederl. Maler, Aquarellist, Zeichner, Radierer, * 27. 11. 1822 Brüssel,

† 29. 11. 1886 Amsterdam. Bruder von Willem Antonie van D. Stud.: 1939/40 ABK, Den Haag, bei seinem Onkel Hendrikus van de Sande Bakhuyzen. Tätig in Brüssel, 1841–79 in Den Haag ('41 auch in Loosduinen), anschl. in Gent und Amsterdam. Mitgl.: 1852 Koninkl. Akad. Amsterdam. – Ab 1841 stellt D. v.a. Lsch. mit Vieh sowie einige Rad. aus. 🏛 DEN HAAG, Gemeente-Mus. HAARLEM, Teylers Stichting. HOORN, Westfries Mus. LEIPZIG, MBK. ROTTERDAM, BvB. 📖 ThB9, 1913. *Waller*, 1938; *Scheen*, 1981. – *C. Stolwijk*, Uit de schilderswereld. Nederlandse kunstschilders in de tweede helft van de 19e eeuw, Leiden 1998. U. R.

Deventer, *Johann Andreas* cf. **Deventer,** *Johann Christian* (1687)

Deventer, *Johann Christian*, dt. Goldschmied, * 27. 8. 1687 Soest, † 21. 8. 1736 ebd. Weitere Mitgl. der Goldschmiede-Familie sind der gleichnamige Sohn (Juwelier, † 1751 Den Haag) und Neffe *Johann Andreas D.* († 15. 10. 1774), dessen Sohn *David Friedrich Andreas D.* (* 23. 3. 1741, † 1. 4. 1805) und dessen Sohn *Johann Gottlieb Andreas D.* (* 24. 9. 1776, † 24. 2. 1827). MZ: ICD. 🏛 SCHWEFE, Ev. Pfarrk.: 3 Kelche, 1719. SOEST, Burghof-Mus.: Stadtspielmannszeichen, Silber. – Stadtverwaltung, Ratssilber: Kaffeekanne, 1727. 📖 *H. Schwartz*, Westf. 29:1951, 249 ss.; *Scheffler*, Goldschm. Rhld-Westf., II, 1973, Nr 6; *Dehio-Westf.*, 1986, 511. J. T.

Deventer, *Johann Gottlieb Andreas* cf. **Deventer,** *Johann Christian* (1687)

Deventer, *Johannes (John) van*, niederl. Maler, Zeichner, * 21. 6. 1903 Leiden, † 13. 7. 1952 Kerbournec en St-Pierre-Quiberon. In Leiden Schüler von H. D. Wassink. 1930 Übersiedlung nach Amsterdam. – Malte neoimpressionist. Stadtansichten, Markt- und Straßenszenen sowie Landschaften. 🏛 LEIDEN, Sted. Mus. de Lakenhal. 📖 *Scheen* I, 1969. T. Gr.

Deventer, *Joost van* cf. **Dobbelmann,** *Theo*

Deventer, *Willem Antonie van*, niederl. Maler, Graphiker, Zeichner, * 30. 6. 1824 Den Haag, † 29. 5. 1893 ebd. Bruder von Jan Frederik van D. Zunächst Schüler seines Onkels Hendrikus van de Sande Bakhuyzen, anschl. Stud.: 1843–46 Akad. Den Haag; hier Freundschaft mit Willem Roelofs, Jan Weissenbruch und Jacob Maris. 1844 Seereise ins Mittelmeer. 1856–62 in Amsterdam ansässig. Ab 1862 wegen zunehmender Sehschwäche nur noch eingeschränkt künstler. tätig. – Begann früh mit dem Malen von Flußansichten und Seestücken in gemäßigt impressionist. Ausf., z.B. *Ansicht des IJ nahe Zeeburg* (1856, Amsterdam, HM), die z.T. mit Ölskizzen vorbereitet oder durch Aqu. mit ähnl. Sujets begleitet wurden. Dabei malte D. die weitläufigen Vordergründe seiner Komp. mit breitem Pinselstrich, denen ein betonter Mittelgrund (meist Abschnitte mit Wasser) mit vielfältigen Tonwerten und eine differenzierte Darst. von Himmel und Wolken folgten. Ferner Zchngn (u.a. 1852, vermutl. auf einer Normandiereise entstanden), Lith., Rad. sowie großformatige Aquarelle. 🏛 AMSTERDAM, RM. – Nederlands Hist. Scheepvaart Mus. DEN HAAG, Gemeente-Mus. HAARLEM, Teylers Stichting. OTTERLO, RM Kröller-Müller. ROTTERDAM, BvB. – Maritiem Mus. Prins-Hendrik. SCHIEDAM, Sted. Mus. 📖 ThB9, 1913. *Scheen*, 1981. – Niederl. Landschaftsmaler. Meisterwerke des 18. und 19. Jh. (K RM Amsterdam), St./Z. 1997. T. Gr.

Devenyi, *Denes*, kanad. Fotograf, Journalist, Ingenieur, * 1932 Gyula/Ungarn. Kam 1957 nach Victoria/B. C., lebt in Vancouver/B. C. Stud.: Müszaki Egyetem, Budapest (Ing.); Univ. of Brit. Columbia, Vancouver. Arbeitete in den frühen 1960er Jahren als freischaffender Fotojournalist. Lehrte 1968–70 künstler. Fotogr. an der Simon Fraser Univ. in Burnaby/B. C. und 1968–88 an der Univ. of Brit. Columbia in Vancouver. 1977–87 Mit-Hrsg. und Kolumnist des Mag. Photo Life. – D. gehört zu den bek. Förderern der kreativen Fotogr. in Brit. Columbia, basierend auf den pädagog. und ästhet. Auffassungen von László Moholy-Nagy und György Kepes sowie auf dem psycholog. Konzept von M. Csíkszentmihályi. Bei den eig. Aufnahmen orientiert sich D. an der humanist.-sozialen Fotogr. von Henri Cartier-Bresson und André Kertész. ✉ Stranger to myself, Vancouver 1973; Brit. Columbia professional engineer 1976 (Dez.); Event 5:[1977]3; Photogr. is a window, Vancouver 1978; Vancouver Sun v. 7. 11. 1981. 👁 *E:* Vancouver: AG: The Artist Observed (Wander-Ausst.); 1963 Univ. of Brit. Columbia AG: Lonely in Crowds (auch gezeigt 1965/66 in Paris und Prag); 1965 New Design Gall.; 1970 Mary Frazee Gall. / 1973 North Vancouver, Gall. of Photogr. / 1987 Budapest, Obudai Selyemgombolyitó / 1989 Bièvres, Mus. franç. de la Photogr. (Retr.). O. Botar

Devenyi, *Esther*, kanad. Malerin, * 1957 Vancouver/B. C. (ungar. Eltern), lebt dort. Stud.: Univ. of Brit. Columbia, ebd.; 1984/85 Banff School of FA, Alta. (Advanced Art Program); 1988 Univ., Regina/Sask. – Fotorealist. Malereien nach eig. Aufnahmen von Alltagsobjekten. 🏛 BANFF, School of FA. CALGARY/Alta., Glenbow Mus. 👁 *E:* 1985 Banff, The Other Gall. / Calgary: 1985 Kensington FA Gall.; 1993 Trepanier Gall. / 1994 Vancouver, Atelier Gall. 📖 *D. Devenyi*, Photo life 11:1985 (5). O. Botar

Dévényi, *János*, ungar. Metallkünstler, Bildhauer, * 16. 10. 1934 Békéscsaba, lebt in Budapest. Ausb. als Silberschmied im Atelier des Budapester Uhren-Schmuck-Unternehmens (Óra-Ékszer Vállalat). Weiterbildung A. 60er Jahre im Dési-Huber-Kreis der Bild. Künstler bei Ferenc Laborcz. 1975 SZOT-Preis. – D. fertigt aus Kupfer, oft auch aus Bronze, Stahl und Aluminium zumeist Gebrauchs- und Ziergegenstände (z.B. Schmuck, dekorative Plastiken und Reliefs für Interieurs). Dabei versucht er den Formenreichtum der Goldschmiedekunst und der Trad. des Handwerks vergangener Zeiten (z.B. der Kunst der Urungarn) den Erfordernissen der mod. Welt entsprechend umzugestalten. Ausgehend von den Eigenschaften des Mat. strebt D. in seinen oft symbolbeladenen Werken, die ethnogr., natürl. und architekton. Elemente gleichermaßen verwenden, nach einem Gleichgewicht von Funktion und Dekoration. 🏛 BUDAPEST, Intransmas Bürohaus: Stahl-Relief, 1971. SZABADSZÁLLÁS, Apotheke: Fassadenrelief. SZÉKESFEHÉRVÁR, Arbeiterheim: Relief, 1973.

✉ Interview von *E. Sass*, Békési Élet 1974 (1) 115–119. ◈ *E:* Budapest: 1966 Kulturhaus des III. Bez.; 1976 Fővárosi Művelődési Ház; Csili Klub; 1997 Közéleti Mozgalom (K: L. Bereczky) / 1973 Békéscsaba, KISZÖV / Kazincbarcika: 1973 Művelődési Központ; 1980 Városi Kiállítóterem / 1974 Miskolc, Rónai S. Művelődési Ház / 1975 Martfű / Salgótarján: 1976 Művelődési Központ; 1980 Ifjúsági Ház / 1978 Törökszentmiklós / Várpalota: 1981 Ifjúsági Ház; 1997 Művelődési Központ (K: L. Bereczky) / 1981 Hatvan, Hatvani Gal. (K: G. Deme). ▭ KMML I, 1999. – *A. Tasnádi*, Népszava v. 20. 2. 1976. L. Százados

Dévényi, *János*, ungar. Maler, Graphiker, * 2. 6. 1956 Székesfehérvár, lebt in Budakeszi. Stud.: 1977–81 Pädagog. HS Eger (Kunst); 1981–85 HBK Budapest, Malerei bei Jenő Benedek d. J., János Blaskó und Tibor Bráda. 1981–84 Grundschullehrer in Budapest, ab 1984 Doz. der Kunst-Fak. der Pädagog. HS in Eger. Seit 1986 Teiln. der Landes-Ausst. und 1986–91 der Jahres-Ausst. des Studios Junger Künstler. – Die als Grundlage oft Zeitungspapier oder Reprod. verwendenden Graphiken, Acryl- oder Tempera-Gem. D.s sind zumeist durch Zeichen und Symbole einer in Bruchstücke zerbrochenen Welt bzw. derer Fragm. in wuchtig-organ. oder streng-geometr. Formen bestimmt. Für die Arbeiten der 80er Jahre sind unruhige biomorphe Figuren, Körperausschnitte, kräftige Farben und schwungvoll-gestische Pinselstriche charakteristisch. Dagegen sind die Werke der 90er Jahre durch große, klare Elementarformen und eine mehr diszplinierte und konstruktive Sprache gekennzeichnet, auch wenn die an manchen Stellen fast formauflösenden Pinselstriche und Farbflecken erh. blieben. ◈ *E:* Eger: 1981 Tanárképző Főiskola; 1987 Ifjúsagi Ház; 1991 Művészklub / Budakeszi: 1981, '83 Művelődési Ház / Budapest: 1982 Marczibányi téri Iskola; 1987 Lila Iskola / 1988 Tatabánya, Kernstok Terem (K: P. Dippold); Nyíregyháza, Pál Gy. Terem. / 1989 Vásárosnamény, Művelődési Központ; 1989 Jászberény, Kortárs Gal.; Miskolc, Szemere B. Szakmunkásképző Intézet Kollégiuma / 1990 Békéscsaba, Tégla Gal. ▭ KMML I, 1999. – Elsőévesek (K Almássy téri Szabadidőközpont), Bp. 1985; *P. Kádár*, Dolgozók Lapja v. 14. 1. 1988; Stúdió '88 (K Ernst Múz.), Bp. 1988; *Szalóczi*, Egyetemi Lap (Miskolc) v. 4. 12. 1989; *G. Rideg*, Magyar Nemzet v. 4. 1. 1992; Kolllázs '98 (K Vigadó Gal.), Bp. 1998. L. Százados

Devenyi, *Margaret (Margit)*, kanad. Malerin, Chemikerin, * 1930 Szeged/Ungarn. Kam 1957 nach Victoria/B. C., lebt in Vancouver/B. C. Stud. der Chemie am Eötvös Loránd Tudományegyetem in Budapest; priv. Kunststudien in Ungarn bei Jenő Benedek und in Victoria bei Duncan de Kergommeaux und Herbert Siebner. – Bek. sind v.a. großformatige Blumenbilder; char. sind reiches Kolorit und ungezwungene, lockere Pinselführung. ⌂ BURNABY/B. C., AG. – Simon Fraser Univ. Coll. VANCOUVER, Univ. of Brit. Columbia Faculty Club. ◈ *E:* Vancouver: 1970 Mary Frazee Gall.; 1971, '74 Expos. Gall.; 1976 West Vancouver, Gall. 22; 1979, '80 Univ. of Brit. Columbia Faculty Club; 1981 Move Gall.; 1984 Gall. Six-of-One; 1989, '93, '94 Artworks Gall. / 1977 Kamloops (B. C.), Parnassus Gall. / 1985 Burnaby, AG / 1987 Budapest, Óbudai Selyemgombolyitó. O. Botar

Dévényi, *Monika*, ungar. Malerin, * 11. 3. 1961 Budapest, lebt dort. Stud.: 1982–89 HBK ebd. bei Ignác Kokas, Gábor Dienes. 1990 Studienreise nach Österreich, 1991, '97 nach Israel. Seit 1986 Mitgl. des Studios Junger Künstler (Ausst.-Teiln.). – Entscheidend für D. waren der Meisterkurs bei László Lakner (1984) und die Zusammenarbeit mit György Chesslay (1987): diese Einflüsse und das Transzendenz-Erlebnis archaischer Figuren bilden die Grundlage für ihre zwar abstrakt gebundene, aber in Fragm. die Figur bewahrende, expressiv-surrealist., schwungvolle Malerei. Die Motive Meer, Wind, Stein und andere Naturelemente spielen eine große Rolle. Neben den großformatigen, die Natur als sich aufeinanderschichtende esoter. Räume interpretierenden Gem. in Öl und Mischtechnik (auch Öltempera-Technik wie Van Eyck) entwirft sie seit 1987 mon. Gobelins (*Belgrádi Gobelinek*/Gobelins von Belgrad, 1987–88). Seit 1991 arbeitet sie im Sinne einer neugedeuteten Pleinair-Malerei (*Az ismereteken kívül*/Außer den Kenntnissen, 1991, Öl/Lw.) und beginnt 1997 ihre Lw. mit Installationen zu kombinieren, manchmal unter Verwendung von Glas. ⌂ BELGRAD, Ungar. Botschaft. BUDAPEST, BKD Bank. – OTP Bank. – Zrínyi M. Katonai Akad. – Zsidó Múz. NEW YORK, Ungar. Generalkonsulat. PAKS, Képtár. SZENTENDRE, Katonai Főiskola. ◈ *E:* 1988 Kecskemét, GAMF Gal. / Budapest: 1989 Stúdió Gal. (K: A. Mucsi); 1991 Fortuna 11 Gal.; 1995 Duna Gal.; 1999 Fészek Gal. (K: P. Fitz) / 1991 Jerusalem, Gal. Nora / 1998 Paks, Művelődési Központ; Feldkirch, LKH. ▭ KMML I, 1999. – *Gy. Szegő*, Műv 30:1989 (4) 39 s.; *M. Molnár*, Új Művészet 2:1991 (4) 56; *-elel- [L. Lóska]*, ibid. 7:1996 (1–2) 91. Cs. Markója

Dévényi, *Sándor*, ungar. Architekt, * 27. 11. 1948 Pécs, lebt dort. Stud.: TU Budapest, 1973 Dipl. als Architekt, 1980 Fachingenieur für Denkmalpflege, 1980 Dr. der Künste; 1980–82 Meisterklasse des Verb. Ungar. Architekten (MÉSZ). 1973–75 Arbeit im Konstruktionsbüro für Industriebauten IPARTERV, Budapest. Seit 1975 in Pécs, bis 1980 bei BARANYATERV, 1980–87 im Entwurfsbüro von S-Transdanubien, ab 1987 in der Kleingenossenschaft Pécsi Építész Iroda, seit 1990 in der GmbH Dévényi & Co. Mitbegr. der Károly Kós Vrg; Präs. der Kammer der Architekten von S-Transdanubien; Mitgl. der Ungar. KA. Ausz.: 1988 Ybl-Preis für seine architekton. Tätigkeit im hist. Stadtkern von Pécs; 1986, '87, '90 Wohnhaus des Jahres-Preis; 1994 Pro Architektura; 1996 1000-Jahr-Preis der Stadt Pécs; 1999 Kossuth-Preis für die Erhaltung und Ergänzung der zum Weltkulturerbe gehörenden Pécser Innenstadt. – D. ist neben György Csete der bedeutendste Vertreter der Pécser Architektur. Sein Schaffen ist eine individuelle Variante der ungar. organ. Archit., mit prägnanter Konstruktivität, Neudeutung historisierender Elemente und postmod. Dekorativität. Seine neueren Werke sind auch von der Auffassung des Dekonstruktivismus beeinflußt, doch auch in diesen bewahrt er seine char. Sonderstellung. ⌂ PAKS: Rentnerheim, 1987. PÉCS, Gerberhaus: denkmalpflegerische Rest., 1975–85. – Aradi vértanúk útja, Kálvária alagút, Straßen um die Innenstadt: Lückenbebauung, partiell Neubau, 1981–85 (mit István Kistelegdi). – *Kellerumbauten:* Kellerklub der Univ., 1976–82; Berg-Mus., 1982; Aquarium und Terrarium, 1985. – *Einfamilienhäuser:* István utca 5, 1986; Miklós utca 20, 1989; Nyíl utca 18, 1994. – *Wohngebäude:* Villa am Mecsek, 1986; Vom Blitz getroffenes Haus, 1978–84; Haus mit Stierköpfen, 1981–85; Hochzeitshaus, 1984; Römerhof, 1990; Munkácsy-Hof, 1991; Makár-Gehöft, 1992–98. – Dom-Gaststätte, 1987. SIÓFOK: Pension, 1991 (mit Ágnes Lugosi, Gyula Kászonyi). ✉ Vallomások, Bp. 1996; Interview von *T. Aknai*, Echo 1999 (3) 2–5. ⊙ *E:* 1985 Pécs, Kis-Gal. / 1989 Budapest, Budapest Gal. Kiállítóháza (K mit Interview von M. Sulyok). – *G:* 1982 Paris: Bienn. / Budapest: 1983 Zichy Kastély: Építészeti Tendenciák Magyarországon 1968–81; 1985 BNV: Magyar élő építészet / 1991 Venedig, Bienn.: Architettura organica ungherese (K). 📖 KMML I, 1999. – Magyar Építőművészet 1989 (6) 15–23, 31–36; *G. Schéry* (Ed.), Évek, művek, alkotók, Bp. 1995; *Z. Bachman* (Ed.), Könyv az építészetről, Pécs 1999; Új Magyar Építőművészet 1999 (3) 2, 36. F. Vámossy

Devere, frz. Stecher, Maler, E. 18. Jh. in Paris tätig. Bek. sind versch. Portr., u.a. *Prinz Heinrich von Preußen* und *Graf Cagliostro* sowie eine Folge span. Kostüme. 📖 ThB9, 1913. *Bénézit* IV, 1999.

Devere, *Giovanni Paolo*, ital. Bildhauer, * 1732 Verona, † 4. 5. 1760 ebd. Schüler des Giovanni Angelo Finali. 📖 ThB9, 1913.

Deverell, *Tim (Timothy Deems)*, kanad. Zeichner, Aquarellist, Maler, * 29. 12. 1939 Regina/Sask. Stud. in Saskatoon/Sask.: 1955–58 Technical Inst., bei Ernest Lindner, Henri Bonli; 1956 AC bei Trudy Fischer; Univ. of Saskatchewan, 1957 bei Peter Sinclair, 1957–58 bei Roy Kiyooka, Art McKay, Ken Lochhead; Emma Lake Artists' Workshop, Emma Lake/Sask., bei Will Barnet; 1959–63 Art Students League, New York, bei T. Stamos, George Grosz, Charles Alston, Morris Kantor, Harry Sternberg. Preise: 1963 Edward McDowell-Stip. der Art Students League; 1972, '74 Canada Council Award. – Mit kleinen, meist delikat gemalten Formen füllt D. die Bildfläche entweder ganz oder teilweise. Zunächst abstrakt, wie ein undefinierbarer Schwarm erscheinend, erinnern sie bei näherer Betrachtung sowohl an menschl. Gestalten wie an pflanzliche oder tierische Organismen. 🏛 OTTAWA, Canada Council Art Bank. SASKATOON/Sask., Mendel AG. ⊙ *E:* New York: 1961 Barone Gall.; 1962 Kornblee Gall.; 1963 Arts Students League Gall.; 1971, '73, '75 55 Mercer Gall. / 1976 Vancouver (B. C.), Bau-Xi Gall. / 1983 Toronto, The Saxe Gall. – *G:* 1961 Houston (Tex.), Contemp. AM: The emerging figure / 1968 Ottawa, NG of Canada: Seventh bienn. of Canad. paint. / 1983 New York, 55 Mercer Gall.: 12th Anniversary Show / 1991 Toronto, 291 Gall.: Aspects of Abstraction. 📖 GEA, NAP, 1985; *M. Newman*, Biographical dictionary of Saskatchewan artists. Men artists, Saskatoon 1994. – Artnews 63:1965 (9) 16; 70:1971 (8) 14; *W. Domingo*, ArtMag 46:1971 (2) 60; *R. Mayer*, ibid. 47:1973 (5) 74; *R. P. Smith*, Artforum 11:1973 (8) 87. B. St.

Deverell, *Walter Howell*, brit. Maler, Zeichner, * 1. 10. 1827 Charlottesville/Va., † 3. 2. 1854 Kew. Lebte ab 1829 in England. Stud. in London: 1844 Sass's Acad.; ca. 1846–48 RA. 1848 Assistant Master der Government School of Design (sein Vater Walter Ruding D. war dort Sekretär). Lebte ab 1852 in Kew. Mitgl.: Cyclographic Soc. – D. stand den Präraffaeliten nahe, war jedoch kein Mitgl. der Bruderschaft, obgleich ihn sein Mentor und enger Freund Dante Gabriel Rossetti, mit dem er im Winter 1851/52 ein Atelier teilte, als Nachfolger von James Collinson vorgeschlagen hatte. D. trug 1850 für zwei Ausgaben der Zs. „The Germ" Ill. und Gedichte bei und entwarf 1853 einen Holzschnitt für das Titelblatt des Gedichtbandes von William Allingham „Day and Night Songs" (Lo. 1854). Den Prinzipien der Bruderschaft folgte D. bes. in der komplizierten Komp. *Banishment of Hamlet* (Öl, ca. 1851, verbrannt; Studie im Ashmolean Mus., Oxford). D.s Gesichtszüge sind sowohl in eig. als auch in Gem. von z.B. Holman Hunt und Ford Madox Brown wiederzufinden; Model stand ferner mehrfach die angeblich von D. entdeckte Elizabeth Siddal (Viola in *Twelfth Night*, Akt II, Szene IV, 1850, Forbes Mag. Coll., N. Y.). Von D. sind 15 Öl-Gem. bek., davon zwei zerstört und drei mit ungeklärtem Standort. Zu den bed. Arbeiten gehören drei Gem. zu Szenen aus Shakespeares „Twelfth Night" und „As you like it", die D.s char. theatralische Posen und seine Detailgenauigkeit (bes. Kostüme) zeigen. Ab 1852 malte er in einer weniger aufwendigen Technik und freieren Formgebung allegor. Genre-Gem. wie z.B. *The Pet* (ca. 1853, Tate Gall.) und *The grey parrot* (1854, Melbourne, NG of Victoria), einige Portr. und Alltagsthemen (*The Irish Vagrants*, 1853–54, Johannesburg, AG). 🏛 BIRMINGHAM, City AG: As you like it (Akt IV, Szene I, The mock marriage of Orlando and Rosalind), 1853; Zchngn. CAMBRIDGE, Fitzwilliam Mus.: Selbst-Portr., ca. 1847. GATESHEAD, Shipley AG: As you like it (Akt III, Szene II. Rosalind and Celia as Ganymede and Aliena in the Forest of Arden), 1850. LONDON, Tate Gall.: Eustatia, ca. 1853; Zchngn. MELBOURNE, NG of Victoria: Zchngn. OXFORD, Ashmolean Mus.: Wykeham D., Öl; Zchngn. ⊙ *G:* London: 1847–53 RA; 1853 BI; 1984 Tate Gall.: The Pre-Raphaelites (K). 📖 ThB9, 1913. *Wood*, 1978 (Repr. 1991); DA VIII, 1996. – *J. Abse*, The art gall. of Britain and Irland, Lo. 1975; *D. Brown*, Master drawings 16:1978 (3) 287–293; *R. A. Jeffrey*, BurlMag 126:1984 (974) 283 s.; *M. Lutyens*, in: *L. Parris* (Ed.), Pre-Raphaelite papers, Lo. 1984; *E. Shefer*, ArtB 67:1985 (3) 437–448; *R. A. Jeffrey*, J. of Pre-Raphaelite studies 6:1986 (2) 83–92; *S. P. Casteras*, Images of Victorian womanhood in English art, Lo. u.a. 1987; *S. Wildman*, Visions from love and life (K Mus. and AG), Birmingham 1995; *R. Engen*, Pre-Raphaelite prints, The graphic art of Millais, Holman Hunt, Rossetti and their followers, Lo. 1995. – San Marino, Cal., Huntington, Libr.: Korrespondenz; Memoiren. H. St.

Devereux, *Bessie E.* (Mrs W. P. Devereux), austral. Töpferin, Porzellanmalerin, Holzschnitzerin, 1914–30 belegt. Stud.: vermutl. nur Holzschnitzerei bei L. J. Harvey am Brisbane Central Technical College. Ab 1914 in Brisbane tätig, anscheinend um 1927 bei der Delta Pottery. In den 20er Jahren Mitgl. der Arts and Crafts Soc. of New South Wales, Sydney. Ab 1928 in Melbourne. Dort 1929 Beirats-Mitgl. der Arts and Crafts Soc. of Victoria. Ging 1930 nach Großbritannien. – Stellte zunächst nur Holzschnitzereien aus, 1923 zum ersten Mal Keramik. Mit der Hand geformte oder auf der Töpferscheibe gedrehte Steingutware mit Unterglasuren, Sgraffiti und aufgetragenen Dekorationen, zu den Motiven gehören die heim. Fauna in Silhouetten-Darst. sowie um 1927 abstrakte Muster im Sinne des Art déco. ⌂ BRISBANE, Queensland AG. SYDNEY, Mus. of Applied Arts and Sc. ◉ *E:* Brisbane: 1914 bis ca. 1928 Arts and Crafts Soc.; 1922 bis ca. 1926 R. Nat. Assoc. / 1927 Sydney, Arts and Crafts Soc. of New South Wales / 1928 Melbourne, Arts and Crafts Soc. of Victoria / 1929 Canberra, Artists Soc. 📖 *P. Timms*, Austral. studio pottery and china paint., Mb. 1986. R. Smith

Devereux, *George T.*, US-amer. Holzschneider, Zeichner, * um 1810–14 Massachusetts. Schüler von Abel Bowen. 1837–44 in Boston/Mass. tätig, dort 1842–44 Partnerschaft mit Samuel E. Brown. Danach zog D. nach Philadelphia/Pa., dort 1847–50 und 1855–60 belegt. Zeichnete (von anderen gestochen) und stach selbst (nach eig. und fremden Vorlagen) Ill. (Zuschr.), u.a. für „The pictural hist. of the U. S. A.“, Hartford 1848; „The pictural sketch-book of Pennsylvania“ von E. Bowen, Philadelphia 1852; „Illustrated Amer. News“, I, N. Y. 1853; „The New York J.“, I, II, N. Y. 1853/54; „Boadicea ... “ von A. E. Bell, u.a. Buffalo [1855]; „Merrie England“ von G. Greenwood, Boston 1855; „The weekly novelette“, Boston 1857–62. – Im gleichen Beruf arbeitete auch sein Bruder *Nicholson (Nicholas) B. Devereux* (* um 1813 Massachsuetts), der 1834 Mitarb. der Boston Bewick Company war, bis 1842 in Boston arbeitete und dann nach Philadelphia zog, wo er 1849–60 nachg. ist (1845–60 Fa. D. & Company; 1860 bei D. wohnhaft). 📖 *Groce/Wallace*, 1957. – *Hamilton* I, 1968; II, 1968 (Suppl.). C. R.

Devereux, *Nicholson B.* cf. **Devereux,** *George T.*

Devereux, *Richard*, brit. Bildhauer, Zeichner, Fotograf, * 1956 Lincoln, seit 1979 dort tätig. Stud.: 1974–77 Portsmouth College of Art (Stip.). – In Objekten, Fotografien und Zchngn reflektiert D. über die Heiligkeit der Erde (Werk-Slg *In Stillness and in Silence*; Wander-Ausst. 1994). ⌂ LONDON, Tate Gall. OXFORD, Bodleian Libr. ◉ *E:* 1979 Brighton, Axis Gall. / 1987 Bath, Artsite Gall.: Assembled Rites. – *G:* u.a. seit 1980 regelmäßig Roche Court (Wilts.), New Art Centre und Sculpt. Garden. 📖 *Spalding*, 1991; *D. Buckman*, Dict. of artists in Britain since 1945, Bristol 1998. – *S. Snoddy*, ArtsRev 39:1987 (9. Okt.) 695; The journey. A search for the role of contemp. art in relig. and spiritual life (K Usher Gall.), Lincoln 1990. K. F.

Devereux, *Walter (Walter Alan)*, austral.-brit. Architekt, Maler, Radierer, * viell. 1890er Jahre Sydney. Stud.: 1916 Queensland Inst. of Architects, Brisbane; Architectural Assoc., London. 1924 Studienreise durch Europa, 1927 durch die USA. 1923–27 Archit.-Büro mit Francis R. Hall, Brisbane. 1924–27 Beirats-Mitgl. der Queensland Art Soc. (1925 Vize-Präs.). 1925 Associate des Queensland Inst. of Architects (1926–27 Beirats-Mitgl.). Ging 1927 über die USA nach Großbritannien. 1930 assoziiert mit dem brit. Architekten Douglas Tanner, Teiln. an der Daily Mail Ideal Homes Exhibition. Um 1936 Partner von R. B. Henderson and Associates, Melbourne. Ab 1938 wahrsch. als Beamter für Planung beim Middlesex County Council. ⌂ MELBOURNE: Wohnblock mit 6 Wohnungen, R. Parade und Walker Str., Parkville, 1936. – Haupteingang für die Langham House Flats, Domain Road, South Yarra, 1936. ◉ 1923–25 Brisbane, Queensland Art Soc. (Gem., Rad.). 📖 *D. Watson/ J. McKay*, Directory of Queensland Architects to 1940, Brisbane 1984. R. Smith

Devéria, *Achille (Achille Jacques Jean Marie)*, frz. Maler, Zeichner, Lithograph, Illustrator, * 6. 2. 1800 Paris, † 23.(oder 24.) 12. 1857 ebd. Älterer Bruder von Laure D. und Eugène D., mit dem er mehrfach zusammenarbeitet, und auf dessen Ausb. er Einfluß nimmt; Vater von Théodule D., Schwiegervater von Paul-Alfred Colin, auch verwandt mit Henri-Victor D. Schüler des Vignettenzeichners Louis Lafitte und des Malers Anne-Louis Girodet-Trioson. 1822 Salondebüt mit Vignetten und Portr.-Zchngn von Persönlichkeiten des 17. Jh.; mit wenigen Ausnahmen stellt D. bis 1850 alljährl. dort aus, v.a. Gem. und Aqu. mit relig., hist. und mytholog. Szenen sowie Porträts. Neben vielen Werken in Priv.-Slgn sind folgende bes. erwähnenswert: *La Lettre ou les Nouvelles de la Reine de Navarre* (Paris, Louvre), das D.s Vorliebe für die hist. Anekdote zeigt; *Kreuzigung* (Ballon/Sarthe, Kirche); *Apotheose der hl. Klotilde* (Paris, Kirche St-Roch). Mehrfach unterstützt D. seinen Bruder Eugène in Form von Studien und mit Ideen, bes. beim Gem. *Geburt Heinrichs IV.* (die Skizze *Le Bouffon d'Henri d'Albret* in Pau, MN du Château) und der Ausschmückung der Kathedrale Notre-Dame-des-Doms in Avignon. Für das Schloß in Versailles malt er die Portr. *François-Alexandre Frédéric, Duc de la Rochefoucauld-Liancourt* und *La Fam. Déveria* (beide in situ). Die bed. Position in der romant. Schule verdankt er jedoch seinen Zchngn und Lith. (3000 Lith. werden ihm zugeschr.). Wie der Bruder kennt er viele frz. bild. Künstler, Schriftsteller, Musiker, Schauspieler, Sänger und Kunsthandwerker seiner Zeit persönlich. 1829 Heirat mit der Tochter des angesehenen Lithographen und Druckers Charles Etienne Pierre Motte, Céleste Motte (sieben Kinder). Die vielfältigen Beziehungen bieten D. die besten Voraussetzungen zur Schaffung einer außergewöhnl. wertvollen Portr.-Gal., viell. der bedeutendste Teil seines Œuvres. Béraldi zählt ca. 450 Portr. auf, von denen die besten 1828–35 entstehen, darunter die Bildnisse von *Camille Roqueplan; Eugène D.*; mehrfach von der eig. Fam.; von *Marie d'Orléans; David d'Angers; Henri Grevedon*; von den Schriftstellern *Alexandre Dumas; Alphonse de Lamartine; Prosper Mérimée; Alfred de Vigny; P. J. Duret; René de Chateaubriant; Marie d'Agoult* und *Alfred de Musset*; von den Musikern und Komponisten *Franz Liszt* (mehrfach); *Ch. Plantade; Catruffo; Henri Herz; T. Huerta*; von den Sängern und Tänzern *Rubini; La Malibran* und deren Schwester *Pauline García-Viardot; Tamburini; Juliette und Judith Grisi;*

Mme Eckerlin; Lablache; Fanny Essler; Marie Taglioni; von den Schauspielern *Talma; Monvel; Rachel* (in der Rolle *La Juive*); *Mme Dorval* und *Mlle Mars*. Ab 1824 pflegt D. eine enge Freundschaft zu Victor Hugo, den er mit seinen Angehörigen in familiären Situationen darstellt; bes. bemerkenswert ist die berühmte Porträtbüste von *V. Hugo* (Lith., 1829), auf der er in voller Autorität und Würde zu sehen ist (Paris, Maison de Victor Hugo). Vertreter des Klerus, Wissenschaftler und Politiker fehlen allerdings in diesem Zusammenhang, außer denen, die in der *Gal. des représentants du peuple* (1848) vertreten sind, und einigen anderen, wie z.B. *König Ludwig-Philipp* (Zchngn, Chantilly, Mus. Condé). Als sehr produktiver Illustrator ist D. außerdem an der Hrsg. zahlr. lit. Werke beteiligt, u.a. von Auguste de Chambure, Hugo, Dumas, Casimir Delavigne, George Sand, Rabelais, J. de La Fontaine, J. J. Rousseau, M. de Cervantes, W. Shakespeare, Goethe, W. Scott und Daniel Defoe, sowie einer *Ste Bible* (13 Bde, 1828–34). Neben Ill. und Vignetten für die Lit. gestaltet er eigenständige Serien, deren Hw., *Les Heures du jour* (um 1829), 18 kolorierte Lith. mit der Darst. des Tagesablaufs einer jungen Pariserin der gehobenen Ges. zeigt. Daraus ergibt sich die Gelegenheit, hübsche Frauen aus dem Verwandten- und Bekanntenkreis in familiären Verhältnissen und bei versch. Tätigkeiten zu porträtieren, u.a. die Ehefrau *Céleste; Annette Boulenger; Louise und Cécile de Radepont*; seine Schwester *Laure* und *Marie Mannessier-Nodier*. Dabei zeigt er eine selten anzutreffende Eleganz beim Zeichnen und ebensolches kompositor. Geschick. Zw. 1831 und 1839 erscheint die bed. Folge *Costumes hist.* in zwei fast ident. Versionen aus zwei versch. Verlagshäusern, zum einen von Osterwald et Fonrouge, zum anderen von Rittner et Goupil. In der Bibl. Jacques Doucet, Paris, sind alle 125 vom letztgenannten Verleger publ. Bll. mit Bühnen- und festl. Kostümen nach D.s Erfindung. Seine häufige Teiln. an Festen und mondänen Veranstaltungen bietet ihm die Möglichkeit zur Gest. vergnügl. Sujets aus dem Pariser Leben: Bälle, Konzerte, Musikstunden und Genreszenen (viele davon in Priv.-Slgn). Hervorzuheben ist das Album *Soirée de Carnaval* mit 12 Bll. (Paris, Mus. Carnavalet). Weitere Folgen: *Souvenirs du théâtre anglais à Paris*, 1827 (zus. mit Louis Candide Boulanger); *Types de femmes de tous les pays; Le Goût nouv.; L'Alphabet varié*, alle 1831 und jeweils auch mit Portr.; *Le Langage des fleurs*, 1831/32; *Gal. hist. des hommes célèbres d'Italie*, 1838. Auch zur von Alexandre Brongniart (Dir. der Man. in Sèvres) initiierten Wiederbelebung der Kunst des Glasfensters, die unter Ludwig-Philipp einen weiteren Aufschwung nimmt, trägt D. mit der Ausf. von mehreren Aufträgen bei. Er zeichnet für zwei Fenster im Treppenhaus Henri II des Louvre zwei Kartons: *Le Roi Dagobert revenant de la chasse; Le Sacre de Pépin le Bref* sowie zwei *Szenen aus dem Leben von Karl dem Großen* (1840/41, alles in Sèvres, MN de Céramique). Vorrangig wird er mit Glasfenstern für Residenzen des Königs betraut, z.B. für die Schloß-Kap. und die Kirche von Eu (1841/423 eingesetzt); für die Kap. St-Louis in Dreux zeichnet er einen *Schutzengel*, für die Kap. von Carheil eine *Notre-Dame d'Auray* (1847). Außerdem fertigt er Entwürfe zu Glasfenstern für die Kirche in Sèvres (mit den Hll. *Ludwig* und *Philipp*, 1839–47), die Kathedrale St-Louis in Versailles (*Verkündigung; Himmelfahrt*, 1848) und die Pariser Kirche St-Roch (*Hl. Dionysius*, als Gegenstück *Denis Affre*, des 1848 auf den Barrikaden getöteten Erzbischofs von Paris, 1850). Bereits 1852 erfolgt die Schließung des Ateliers für Glaskunst in Sèvres. Im letzten Lebensabschnitt übernimmt D. administrative Aufgaben; 1848 aufgrund großer Sachkompetenz zum stellv. Konservator ins Cab. des Estampes der Pariser BN berufen; 1855 ebd. Chefkonservator. Dieses Amt übt er mit großem Erfolg aus, und die Klassifizierung und Ordnung der Slgn ist ihm zum großen Teil zu verdanken. Neben dieser verantwortungsvollen Tätigkeit fertigt er 50 Zchngn zur Ill. des Werkes *La Vie d'Esope* (1851/52). – Da D. bereits in der Jugend für den Unterhalt der Fam. aufkommen muß, stellt er die Malerei zugunsten des einträglicheren Gebiets der Ill. zurück. Das qualitätvolle Œuvre ist ein bed. Zeitzeugnis der intellektuellen und mondänen Ges., und z.T. bringt er ein erot. wirkendes Einfühlungsvermögen zum Ausdruck. Sein weicher, subtiler und geschickter Duktus hält dem Vergleich mit den Zchngn von J. A. D. Ingres stand. 🏛 *Malerei:* BALLON/Sarthe, Kirche. BEAUNE, MBA et Marey: Odaliske. BORDEAUX, MBA: Herrenbildnis; Damenbildnis. PARIS, Louvre. – Comédie Franç.: Rachel dans le rôle de Roxane. – Kirche St-Roch. PAU, MN du Château. SAINT-BRIEUC, MAH: Odaliske. VERSAILLES, Château. – *Zchngn und Druckgraphik (Haupt-Slgn):* ANGERS, MBA. CHANTILLY, Mus. Condé. MONTPELLIER, Mus. Fabre. PARIS, BN, Cab. des Estampes. – Comédie Franç. – Mus. Carnavalet. – Maison de Victor Hugo. – Bibl. Jacques Doucet. SEVRES, MN de Céramique. VILLEQUIER, Mus. Victor-Hugo. 👁 *E:* Paris: 1952 Gal. Schneider: Achille et Eugène D., croquis, dessins, aqu.; 1984 Louvre des antiquaires, Gal. Bayser: A. D. (1800–1857). Reflets de l'art romantique dans la vie parisienne; 1985 Mus. Renan-Scheffer: A. D. Témoin du romantisme parisien 1800–1857 (K: D. Morel). – *G:* Paris: 1822–50 Salon; 1951 Maison de Victor Hugo: Victor Hugo et les artistes romantiques; 1980 BN: La Comédie Franç. 1680–1980 / 1962 Versailles, Château: La Comédie franç. / 1974 Lyon, MBA: La femme vue par des lithographes romantiques (K) / 1977 London, Heim Gall.: The finest drawings from the Mus. of Angers (K) / 1979 Morlanwelz, Mus. royal de Mariemont: L'ill. en France et en Belgique de 1800 à 1914 (K) / 1986 London, Shepherd Gall.: French 19th c. watercolors, drawings, pastels, paint. and sculpt. / 1987 Le Havre, Maison de la Cult.: Le dessin XVIe-XXe s. à travers une coll. havraise (Coll. Vercier). 📖 ThB9, 1913. DBF XI, 1967; *P. Larousse*, Grand dict. univ. du XIXe s., VI. 1, P. 1982; DA VIII, 1996; *Bénézit* IV, 1999. – *A. Dumas*, Mém., P. 1881; *H. Béraldi*, Les graveurs du XIXe s., III, P. 1885; *M. Gauthier*, La vie et l'art romantiques. Achille et Eugène D., P. 1925; IFF, Après1800 VI, 1953; *R.-A. Weigert*, A. D. Les Heures de la Parisienne. 1840, P. 1957 (Costumes et modes d'autrefois, 5); *J. Wilhelm*, Bull. du Mus. Carnavalet 1960 (Juni); *C. Baudelaire*, Œuvres complètes, P. 1966, 504, 826 s., 902, 904, 1039, 1062, 1112, 1156, 1192, 1302, 1428, 1687; Coll. de Madame J. S. ... Œuvres dessinées d' Achille et Eugène D. (Aukt. Hôtel Drouot), P. 24. 4. 1967; *G. J. Lacambre*, Rev. de l'art 1970 (Glasfenster in der Kap. von Carheil); *F. Sinnassamy*, Note sur les portr. chez Balzac et ses rapports avec D., puis Monnier, GBA, 6. Ser., 83:1974 (Mai/Juni) 359–366; *N. Blondel/P. Bracco*, Estampille. L'objet d'art 1980 (118) 10–19 (Glasfenster im 19. Jh. in Sèvres); *P. Comte*, La Naissance d'Henri IV, Rev. du Louvre 1981 (2); *B. Segal Wright*, ArtsMag 1981 (Febr.); *B. Foucart*, Le Renouveau de la peint. relig. en France (1800–1860), P. 1987; *W. Kloss/C. Timbrell*, Bull. – Mus. of Art and Archaeology, The Univ. of Michigan 9:1989–91, 48–57; *P. Ennès*, Rev. du Louvre 42:1992 (1) 65–71, Anlagen 1 s. (Glasfenster Pavillon de l'Horloge, Louvre); Les années romantiques. La peint. franç. de 1815 à 1850 (K MBA Nantes u.a.), P. u.a. 1995, 378 s., 459. – Sèvres, Arch. de la Man.: Kartons P. B. 20–23; V. P. D. Ojalvo

Devéria, *Eugène (Eugène François Marie Joseph)*, frz. Maler, * 22. 4. 1805 Paris, † 3. 2. 1865 Pau. Sohn von Louis-François-Marie D., Angestellter im Marine-Minist., und von Désirée-Françoise Chaumont aus Saint-Domingue, Bruder von Achille und Laure D., auch verwandt mit Henri-Victor D.; Vater von Marie D., die oft seine Mitarbeiterin war, bes. bei den Arbeiten in der Kathedrale von Avignon. Zunächst Schüler des älteren Bruders, dann von Anne Louis Girodet-Trioson; ab 1818 Stud. an der EcBA Paris beim akad. Prinzipien verpflichteten Guillaume Lethière. 1824 Salondebüt mit fünf Gem.; 1827 erfolgreich mit der neben vier weiteren Werken präsentierten *Geburt Heinrichs IV.* (Paris, Louvre; eigenhändige Replik in Pau, MBA; Skizzen in Quimper, MBA, Montpellier, Mus. Fabre, und Pau, MN du Château; Aqu.-Studien in Paris, BN, Cab. des Estampes, und Pau, MBA); Pracht und Farbenvielfalt des kolossalen Öl-Gem. erinnern in gewisser Weise an die großen Werke von Veronese (Paolo Caliari), als dessen Nachf. D. von Kritikern bereits gesehen wird. Die Prognose, er könne Eugène Delacroix als Anführer der romant. Schule verdrängen, bestätigt sich im weiteren Schaffen jedoch nicht. Bis 1838 genießen D. und die beiden Geschwister das glanzvolle und intensive Leben der romant. gesinnten Jugend; sie empfangen in ihrem Haus (Rue de l'Ouest) Victor Hugo, Alexandre Dumas d.Ä., Delacroix, Louis Candide Boulanger, Alfred de Vigny, Alfred de Musset, Pierre-Jean David d'Angers und den jungen Franz Liszt, werden zu Soireen ins Pal. de l'Arsenal und zu Charles Nodier eingeladen und gehören zum Zenakel um Hugo. Der Erfolg mit der *Geburt Heinrichs IV.* bewirkt offizielle Aufträge, aber bis auf wenige Ausnahmen, bes. bei Portr., knüpft D. nicht mehr an die schwungvolle, mitreißende Malweise an. Bei hist. Darst. im Geschmack des 16./17. Jh. wiederholt er zumeist den gleichen, diagonal aufwärtssteigenden Bildaufbau, so bei *La Mort de Jeanne D'Arc* (Salon 1831, Angers, MBA); *La Mort de Jeanne Seymour* (Salon 1847, Valence, Mus. mun.); einer Szene aus Heinrich VIII. von William Shakespeare (Salon 1859, Le Havre, MBA, Replik in Orléans, MBA); *La Mort de Calvin* (um 1850, Noyon, Mus. Calvin), einem ganz schlichten Werk im Geist der holl. Malerei des 17. Jh., und der Komp. *La Réception de Christophe Colomb par Ferdinand et Isabelle* (Salon 1861, Clermont-Ferrand, MBA, Entwurf in Pau, MBA), bei der D. etwas von seiner früheren Darstellungsweise anklingen läßt. Auch von öff. Einrichtungen erhält er mehrere Aufträge zu dekorativen Malereien, so 1828 zu einem Plafond in der Salle d'Amasis im Louvre (1832 ausgef., Salon 1833) mit der zentralen Darst. *Puget présentant sa statue de Milon de Crotone à Louis XIV dans les jardins de Versailles* (Skizze, auf Gips gemalt, im Louvre, Studien im Magazin der BN); die Wölbungen dekoriert er mit vier Episoden aus der Regentschaft von Ludwig XIV., die acht Medaillons mit Bauwerken aus der gleichen Zeit. Während der Julimonarchie erhält er von Ludwig-Philipp für das Mus. hist. in Versailles Aufträge zu vier Schlachtenszenen aus dem 16./17. Jh. und zu drei hist. Portr. (alle in Versailles, Château). 1834 malt er zus. mit Achille D. für die Kirche St-Léonard in Fougères fünf großformatige Szenen aus dem Leben Christi (alle in situ, Skizzen in einer Priv.-Slg), von denen bes. die *Kreuzabnahme* große Nähe zu Rubens zeigt. 1836 folgen für die Kap. Ste-Geneviève in der Pariser Kirche Notre-Dame de Lorette die beiden Gem. *Die hl. Genovefa gibt der Mutter das Augenlicht zurück* und *Apotheose der hl. Genovefa* (beide in situ). Das Jahr 1838 bringt eine Wende für D.: vom Erzbistum Avignon wird er um die Ausgestaltung der Kathedrale Notre-Dame des Doms ersucht, wodurch er auf das mondäne, unbeschwerte Pariser Leben verzichten muß. Das ihm anvertraute Programm ist umfangreich und schwierig, dennoch stellt er sich couragiert und aus Überzeugung der Aufgabe, die er nur wegen einer Reise nach Mailand als Begleiter des frz. Gesandten zur Krönungszeremonie des österr. Kaisers unterbricht. Wieder in Avignon, setzt er die Arbeit fort, aber Anstrengung und Feuchtigkeit schaden seiner körperl. Verfassung, und im Sept. 1840 muß er aus gesundheitl. Gründen aufgeben. Durch die Folgen eines verheerenden Rhône-Hochwassers in Avignon im Okt. 1840 wird seine Gesundheit völlig zerrüttet. So beschließt er, seine Verhältnisse zu ordnen, und heiratet am 5. 2. 1841 seine Partnerin, mit der er bereits seit ca. 1822 zusammenlebt, und legitimiert damit die gemeinsame Tochter Marie. Ab Juli 1841 Kuraufenthalt in Les Eaux-Bonnes im Béarn, der so wohltuend ist, daß D. in der Gegend bleiben will; er läßt sich in Pau nieder, eröffnet ein Atelier, unterrichtet Schüler und verdient den Lebensunterhalt mit Porträts. Er malt und zeichnet Dorfszenen und Personen in landestyp. Tracht (bed. Slg in Pau, MBA), führt ein schlichtes Leben und tritt 1843 zum Protestantismus über, dem er kompromißlos folgt. Nebenbei unternimmt er zahlr., oftmals lange Reisen: 1845 verbringt er fünf Monate in Paris und besichtigt die ind. Gal. von G. Catlin, wo er Skizzen für die Komp. *Réception de Christophe Colomb* fertigt; es folgen Aufenthalte in Holland (1849, 1864), Schottland und England (1849–54). 1856 restauriert D. in der Kathedrale zu Avignon die z.T. durch Feuchtigkeit beschädigten Malereien; die mit sicherer Hand ausgef. Werke von recht beachtl. Qualität geben ein sanftes, relig. Gefühl wieder, ohne manieriert zu wirken, und zeigen D.s Vorliebe für das Spiel mit Lichteffekten. Neben hist. und relig. Darst. interpretiert er zeitgen. Ereignisse und gestaltet Genreszenen: *Le roi Louis-Philippe 1er prête serment* (Salon 1831, Gem. und Skizze in Versailles, Château); *Inauguration de la statue d'Henri IV à Pau, 27 août 1843* (1845, Salon 1846, ebd.); *Le Signal* (1840/41, Pau, MBA); *Femme lisant à ses enfants* und *Femmes et enfants jouant avec un chien* (beide in Béziers, MBA); *Jeunes femmes assises* (1827, Louvre); *Marc Bothzaris rentre à Missolonghi* (Salon 1838); *Bas-bretons en prière devant une croix* (Salon 1838, Avignon, Mus. Calvet); *Jeunes filles ramassant du bois* (Orléans, MBA). Alltagsszenen aus dem Béarn gehören mit ihrem Charme, der erfrischenden Ausstrahlung und dem dok. Wert zu den Hw. der zweiten Schaffensperiode (bemerkenswerte Slg in Pau, MBA, u.a. *Retour du Marché*). D. ist auch ein vielseitiger Porträtist und widmet sich diesem Fach je nach Bedeutung des Modells mehr oder weniger intensiv. – D.s Leben und auch seine Kunst sind von Kontrasten geprägt: anfangs einfallsreich und glanzvoll, neigt er bald zu einer nur von zeitweiligem Erfolg unterbrochenen stereotypen Darstellungsweise. ⌂ AIX-EN-PROVENCE, Mus. Granet. ALGIER, MNBA. ANGERS, MBA. AUTUN, Mus. Rolin. AVIGNON, Mus. Calvet. BEAUNE, MBA. BERNAY, Mus. mun. BESANÇON, MBA. BEZIERS, MBA. BREMEN, KH. CAEN, MBA. CHATEAUROUX, Mus. Bertrand. CLERMONT-FERRAND, MBA. DIJON, Mus. Magnin. FLORENZ, Uffizien. GRENOBLE, Mus. de Peint. et de Sculpt. GUINGAMP, Mus. LANGRES, Mus. du Breuil de Saint Germain. LE HAVRE, MBA. LILLE, MBA. LOURDES, Mus. pyrénéen. MINNEAPOLIS/Minn., Inst. of Arts. MONTPELLIER, Mus. Fabre. MOULINS, Mus. dép. et mun. NOYON, Mus. Calvin. OXFORD, Ashmolean Mus. PARIS, Louvre, Dép. des peint.; Dép. des arts graph. – Mus. de l'Assistance publique. – BN, Réserve des estampes. PAU, MBA. – MN du Château. QUIMPER, MBA. ROTTERDAM, BvB. ROUEN, MBA. TOUL, Mus. mun. VALENCE, Mus. mun. VERSAILLES, Château. – *Werke in Kirchen u.a. Baudenkmälern:* AVIGNON, Kathedrale Notre-Dame des Doms. FOUGERES/Ille-et-Vilaine, Kirche St-Léonard. PARIS, Louvre, Salle d'Amasis: Plafond. – Kirche Notre-Dame de Lorette. PAU, Kirche St-Martin. ✉ Journal, 8 Bde mit Mss. (Pau, Bibl. mun.); Souvenirs d'E. D., Tarbes 1868. ⊙ *E:* 1952 Paris, Gal. Schneider: Achille et E. D. Croquis, dessins, aqu. / 1965 Pau, MBA: E. D., Paris 1805 – Pau 1865 (K: D. Ojalvo). – *G (alle mit K):* Paris: 1824–61 Salon; 1951 Mus. Victor Hugo: Victor Hugo et les Romantiques; 1995/96 Grand Pal.: Les années romantiques. La peint. franç. de 1815 à 1850 (Wander-Ausst.) / 1980 New York, Shepherd Gall.: Christian imagery in French nineteenth c. art 1789–1906 / 1993 Vannes, Mus. de la Cohue: Autour de Delacroix. La peint. relig. en Bretagne / 1997/98 Orléans, MBA: Le temps des passions. Coll. romantiques des mus. d'Orléans. ▭ ThB9, 1913. *Bellier/Auvray*, Suppl., 1887; DBF XI, 1967; *Bénézit* III, 1976; *P. Larousse*, Grand dict. univ. du XIXe s., I, P. 1982; DA VIII, 1996 (im Art. Fam. D.); *Schurr/Cabanne* I, 1996. – *Alone* (eigtl. *S. Peyre*), E. D. d'après des doc. orig. 1805–65, P. 1887; *P. Lafond*, E. D. et son j. inédit, P. 1896; *A. Marcel*, E. D. et ses peint. de Notre-Dame des Doms à Avignon, Mém. de l'Acad. de Vaucluse 1911; *M. Gauthier*, La vie et l'art romantiques. Achille et Eugène D., P. 1925; *G. Schlumberger*, Mes souvenirs 1844–1928, I, P. 1934; *C. Robert*, in: Hôtel Drouot. Cat. de la vente. Œuvres dessinées d'Achille et E. D., P. 24. 4. 1967; *P. Comte*, Un portr. par E. D., Rev. du Louvre 1972 (8) 503; *F. Debaisieux*, Un tableau d'E. D., ibid., 501 s.; *C. Constans*, MN du château de Versailles. Cat. des peint., P. 1980; *P. Comte*, Rev. du Louvre 31:1981 (2) 137–141 (Geburt Heinrichs IV.; Neuerwerbungen); *R. Rapetti*, BSHAF 1984 (1986), 207–227 (Dekoration der Chap. de la Vierge, Kathedrale Avignon); *C. Constans*, MN du château de Versailles. Les peint. (K), I, P. 1995; *A. Denis/I. Julia*, L'art romantique, P. 1996. D. Ojalvo

Devéria, *Henri-Victor*, frz. Maler, * 1829 Paris, † Juli 1897 ebd. Verwandt mit Laure D. sowie seinen Lehrern Achille und Eugène D. – Hist. Darst. (*Louis XV à Marly*, 1866), Lsch. (*Une vue de Royat*, 1872) und Genreszenen, z.B. die lt. Schurr verträumt anmutende und die maler. Atmosphäre von Werken eines Antoine Watteau ausstrahlende *Réunion dans un parc* (1874 dat., Paris, Louvre). ⊙ *G:* 1859–72 Paris, Salon. ▭ ThB9, 1913. DBF XI, 1967; *Bénézit* III, 1976. – *Schurr* I, 1975 (s.v. D., Victor). R. T.

Devéria, *Laure*, frz. Blumenmalerin, Zeichnerin, * 9. 10. 1813 Paris, † 11. 5. 1838 ebd. (lt. Bénézit, 1999; begr. auf dem Friedhof Montparnasse, Grabmal von Etienne Hippolyte Maindron). Schwester von Achille und Eugène D., auch verwandt mit Henri-Victor D. – Bek. sind u.a. ein *Portr. de femme entourée d'une couronne de fleurs*, 1833, und Zchngn als Lith.-Vorlagen, z.B. für ein *Album de fleurs* (24 Lith.). Ihre beiden Brüder haben D. zahlr. Portr. gewidmet. ⌂ COMPIEGNE, MN du Château: Aqu. PARIS, Louvre: 3 Zchngn. – MN d'Hist. naturelle: Blumenstudien. – BN, Cab. des Estampes. ⊙ *G:* 1833–38 Paris, Salon (1837 Med. 3. Kl.). ▭ ThB9, 1913. Pavière, Flower III. 1, 1964; DBF XI, 1967; *Bénézit* III, 1976; *Hardouin-Fugier/Grafe*, 1989. – *M. Gauthier*, La vie et l'art romantiques. Achille et Eugène D., P. 1925; *D. Ojalvo*, Eugène D. (K MBA), Pau 1965; *Hardouin-Fugier/Grafe*, 1992. R. T.

Devéria, *Théodule*, frz. Fotograf, Konservator, * 1831 Paris, † 1871 ebd. Sohn von Achille D. Stud.: Koptisch und Arabisch an der Ec. des Langues orientales in Paris. Beginnt 1853 zu fotografieren. 1855 Aufnahme einer Tätigkeit im Louvre, Abt. Ägyptologie; ab 1860 ebd. zweiter Konservator. 1858/59 zus. mit dem Ägyptologen Auguste Mariette Reise nach Ägypten; fotografiert 1859 die Ausgrabungen von Memphis und die Ruinen des Tempels von Idfu (Wachspapierverfahren). 1861/62 zweiter, 1865 dritter Aufenthalt in Ägypten. Fertigt eine Fotoreportage über die Arbeiten von Mariette. ⌂ PARIS, BN. – Orsay (Magazin des Dép. des Antiquités égyptiennes vom Louvre). ✉ Rapport sur deux scarabées égyptiens, Bull. de la Soc. impériale des antiquaires de France 1857; Not. de quelques antiquités relatives au basilicogrammate Thouth ou Teti pour faire suite au mém. de M. Samuel Birch sur une patère égyptienne du Mus. du Louvre, 1858; Spécimen de l'interprétation des écritures de l'ancienne Egypte, 1858; Noub, la déesse d'or des égyptiens, 1858; Lettre à M. Cailliaud sur un ostracon égyptien, Mém. de la Soc. des antiquaires de France 1861; La nouv. table d'Abydos comparée aux autres listes royales de l'ancienne Egypte rédigées sous les Ramessides ou antérieurement, Rev. archéol. 1865; Le Papyrus de Neb-Qed, exemplaire hiéroglyphique du Livre des morts, reproduit, décrit et précédé d'une introduction mythologique, 1872; Mus. du Louvre. Cat. des mss. égyptiens écrits sur papyrus, toile, tablettes et ostraca, en caractères hiéroglyphiques, hiératiques, démotiques, grecs ... qui sont conservés au Mus. égyptien du Louvre, 1872; *G. Maspero* (Ed.), Mém. et fragm., I-II, 1896/97; Le papyrus judiciaire de Turin et les papyrus Lee et Rollin, Bibl. égyptologique 1897. ⊙ *G:* 1854 London, Photogr. Soc. / Paris: 1988 Pal. de Tokyo: Destination l'Orient; 1989 Orsay: L'invention d'un regard; 1991 Pal. de Tokyo: Egypte chambre noire. ▭ *Auer*, 1992; Dict. mondial de la photogr., P. 1994. – *A. Jammes/E. P. Janis*, The art of French calotype, Pr. 1983; *N. Perez*, Focus East, N. Y. 1988; *A. Fleig*, Rêves de papier, Neuchâtel 1997. I.-C. Le Mée

Deveril, *Herbert*, austral. Fotograf, Fotolithograph, 1864–80 nachweisbar in Ballarat, Melbourne und Wellington. 1864 entstanden Fotos von St. Kilda, einer Vorstadt von Melbourne. Um 1866 Partnerschaft mit Thomas Flintoff in Ballarat, A. 1873 Eröffnung eines Ateliers in Melbourne. Zwischendurch tätig im Photolithography Dept. der Reg. von Victoria. Ab 1873 leitender Beamter des neu gegr. Photolithographic Dept. im Government Printing Office in Wellington/N. Z. sowie M. der 1870er Jahre Reg.-Fotograf von Neuseeland. Später Eröffnung eines eig. Ateliers in Wellington. – Großformatige Aufnahmen von neuseeländ. Lsch., Reg.-Gebäuden, Zügen, Brücken sowie Portr. (u.a. von Maoris). 🏛 WELLINGTON, General Assembly Libr. – Main Coll.: Portr. Mrs Henderson. ⊙ *G:* 1876 Philadelphia: Centennial Exhib. / 1879 Sydney: Internat. Exhib. / 1880 Melbourne: Internat. Exhib. ▭ *Kerr*, 1992. Ch. R.

Déverin, *Edouard* (*François-Henri-Edouard*; gen. Tiburce), schweiz. Zeichner, Karikaturist, Architekt, Autor, * 24. 9. 1854 Lausanne, † 10. 7. 1894 ebd. Archit.-Stud.; arbeitete im Büro von Henri Assinare (beteiligt an Entwürfen für das Hôpital cantonal und die Ec. de chimie in Lausanne). 1884–87 publizierte D. die polit.-satir. Zs. Les croquis vaudois (mit eig. Texten und Ill.). ✉ *D./L. Monnet*, Favey et Grognuz à l'Expos. de 1878 (ill. Novelle). ▭ *Brun*, SKL I, 1905; Biogr. Lex. der Schweizer Kunst, I, Z. 1998. C. R.

Déverin, *Edouard (Edouard-Georges-Eugène)*, frz. Zeichner, Illustrator, Dichter, * 6. 6. 1881 Paris, lebte dort. Sohn von Joseph Henri D., Bruder von Roger D. Karikaturist für L'œuvre und Music-hall illustré. Er illustrierte (zus. mit Roger D.) den eig. Gedichtband *Flânes*, publ. 1911. 1925 gründete D. zus. mit André Warnod den Salon des Ecrivains. Auf der Auktion v. 22. 5. 1985 (Hôtel Drouot, Paris) wurde eine Slg mit mehr als 300 Zchngn (bestimmt als Titel-Bll. für Gedicht-Bde und Romane, z.B. um 1898 für Invectives von P. Verlaine) versteigert. – Symbolist. Zchngn im Stil des Art nouveau. ⊙ *G:* 1914, '23 Paris, Salon des Humoristes. ▭ Vol, 1953. *Bénézit* IV, 1999. – *Schurr* VI, 1985. C. R.

Déverin, *Joseph Henri (Henri)*, frz. Architekt, * 6. 2. 1846 Paris, † 1921. Vater von Edouard und Roger D. Stud.: ab 1865 EcBA Paris bei Honoré Daumet und Juste Lisch. Ab 1877 in der Comm. des Mon. hist.; zudem Gutachter am Friedensgericht des 11. Arr. in Paris. Bau von Priv.-Häusern ebd. (u.a. 82, quai de Jemappes, 10. Arr., 1897) und in der frz. Prov. sowie von Mietshäusern für die Pariser Versicherungs-Ges. L'Union (rue Boissière und rue Lauriston, beide 16. Arr., 1881, jeweils zus. mit Marcel Deslignières; 87, rue d'Avron, 20. Arr., zus. mit H. Guillenard). Mit dem Marmorbildhauer J. Piret gestaltet D. das Grabmal für J. N.-H. F. Walter auf dem Friedhof in Versailles. 1896 Umgestaltungsentwurf für die Gärten am Pal.-Royal in Paris. D. unterbreitet den Vorschlag zur Aufstellung einer durch ein symbol. Schiff verkörperten Statue der Stadt Paris in der Apsis der Kathedrale Notre-Dame. 15. 4. 1881 Kostenvoranschlag für ein Theater in Niort/Deux-Sèvres (aus finanziellen Gründen von der Stadtverwaltung abgelehnt). 1890 2. Preis beim Wettb. um das Mon. des Girondins in Bordeaux. Ab 2. 8. 1897 Chefarchitekt der Dép. Vienne, Deux-Sèvres und Vendée (dort 1898 Nachf. von Pierre-Joseph-Edouard Deperthes), später auch vom Dép. Loire-Atlantique. D. restauriert zahlr. Bauwerke, u.a. das Schloß in Nantes (1904 Ausz. mit dem Prix Duc [Preis des Institut de France]) sowie die Kirche von Saint-Jouin-de-Marnes und die Kirche St-Pierre in Airvault, beide Dép. Deux-Sèvres. 1919 pensioniert. Weitere Ausz.: 1889 Officier d'Acad.; 1897 Officier de l'Instruction publique; 1904 Ritter der Ehrenlegion sowie Med., Prix Dejean und Große Silber-Med. der Soc. centrale des Architectes. Mitgl.: Soc. centrale; Union syndicale des Architectes français. 🏛 *Entwürfe:* NANTES, Mus. Dobrée, Fonds d'iconogr. locale et régionale. PARIS, Acad. d'Archit. – Arch. de la Comm. des Mon. hist. ✉ L'art Khmer, Vortrag in der Union syndicale des Architectes franç., Paris, 18. 4. 1891; Cent plans types de constructions urbaines pour l'utilisation de terrains variés avec avertissement explicatif, P. s.a.; Album. Rêves et réminiscences d'archit. pittoresque, s.l. 1895; La résurrection du Pal.-Royal. Exposé d'un projet P. [1896–1905]; L'hôtel de ville au château de Nantes, P./Nantes 1902. ⊙ *G:* Paris: 1878–1920 SAfr. (1878 Med. 3. Kl.; 1882 Med. 2. Kl.; 1894 Med. 1. Kl.); 1889 (Bronze-Med.), 1900 (Grand Prix): WA / 1883 München: Internat. Kunst-Ausst. / 1885 Antwerpen: WA / 1893 Chicago: WA (Med.). ▭ *Delaire*, 1907; DBF XI, 1967; *Dugast/Parizet* II, 1991. – *Y. Christ*, Paris des utopies, P. 1970, 40; Les concours des Mon. hist., de 1893 à 1979 (K Hôtel de Sully), P. 1981, 116; *C. Cosneau*, L'Echappé Belle. Sites et mon. de Loire-Atlantique (K Nantes, Mus. dép. de Loire-Atlantique/ Paris, BN), Nantes/P. 1987, 52 et passim; *C. de Vaulchier*, Acad. d'Archit. Cat. des coll. 1750–1900, I, P. 1988, 74; *C. Laroche*, 303. Arts, rech. et créations 1990 (23); *G. Bienvenu*, Hist. de l'art 1994 (27) 40; *M. Eleb/A. Debarre*, L'invention de l'habitation mod., Paris 1880–1914, P./Br. 1995, 324 s., 334 s., 353; Théâtres attendus. Une hist. du théâtre de Niort, de la réalisation en 1800 d'un théâtre néoclassique à l'ambitieux projet d'un „Théâtre mun." abandonné en 1914 (K MBA), Niort 1996, 11 s.; *S. Gaubert/R. Cohu*, Arch. d'architectes, P. 1996, 82, 154; *M.-P. Halgand*, 303. Arts, rech. et créations 54:1997 (3. Quart.) 40. F. Doulat

Déverin, *Roger*, frz. Maler, Illustrator, Dekorateur, Keramiker, * 14. 5. 1884 Paris, † 1971. Sohn von Joseph Henri D.; Bruder von Edouard D. Befreundet mit Victor Charreton, der D. inspirierte und ihn zum künstler. Schaffen im Dorf Murols (heute Murol) im Massif du Sancy/Auvergne veranlaßte (sog. „éc. de Murols"). Zus.-Arbeit mit den Pariser Gal. Lorenceau, Siot-Decauville und Marcel-Bernheim. In Paris Teiln. an Ausst. im Salon d'Automne, Salon des Indépendants, Salon der Soc. des Peintres de Montagne, Salon des Décorateurs (Entwürfe für Möbel). Ill.: u.a. *Le Latin mystique* von R. de Gourmont; *Flânes* von und mit Edouard D., publ. 1911. – Malte v.a. Lsch. der Auvergne und Küstenansichten in Öl, Aqu., oft in Kleinformat. ⌂ EPINAL, Mus. dép. des Vosges: La rue du moulin du beurre. POITIERS, Mus. de la Ville. ⊙ *E:* 1953 Paris, Foyer des Artistes (zus. mit Edouard D.). – *G:* 1994 Clermont-Ferrand, Conseil Général du Puy-de-Dôme: L'éc. de Murols (Vue du col de la Croix St Robert, Öl). ▭ Vol, 1953. *Bénézit* IV, 1999. – *B. Chavanne/B. Gaudichon*, Cat. raisonné des peint. des XIXe et XXe ss. ... dans les coll. du Mus. de la Ville de Poitiers ..., Poitiers 1988; *N. Chabrol*, L'éc. de Murols, peintres des paysages et des neiges d'Auvergne, Brioude 1993; *R. Le Roy Wattiaux/J. Daures/R. Lefevre*, Cent ans de peint. de montagne 1898–1998, P. 1999. N. Chabrol

De'Veris, *Filippolo* → **Veris da Milano,** *Filippolo de*

De'Veris, *Franco* → **Veris da Milano,** *Lanfranco de*

De Veroli, *Carlo*, ital. Bildhauer, * 30. 4. 1890 Carrara, † 8. 11. 1938 Neapel. Neffe des Arturo Dazzi. Erste Ausb. in Carrara. Siedelte jung nach Neapel über; begann hier mit dekorativen Arbeiten an der Gall. Umberto Primo. In Neapel Kontakt zu Vincenzo Gemito. Nach dem 1. WK Mitarb. an versch. Gefallenendenkmälern. Nachfolgend in Rom tätig. Gewann 1930 den Wettb. für die Athleten-Statuen der ital. Provinzen für das Foro Italico. Stilist. beeinflußt von Arturo Dazzi, Bourdelle und Rodin, neigte D. zunehmend zu plast. Vereinfachung. Seine zahlr. für das faschist. Regime ausgef. Arbeiten haben die typ. Rhetorik der Zeit. 1936 Gold-Med. der Trienn. Mailand. ⌂ ROM, Foro Italico: 10 Athleten-Statuen. – Pal. dell'Accad. di Educazione Fisica, Fassade: Athleten-Statuen (zus. mit Silvio Canevari). – Gall. Naz. d'Arte Mod. ⊙ *G:* 1922, '24, '28, '30, '32, '34, '36, '38, '40 Venedig: Bienn. ▭ Vo5, 1961 (s.v. Veroli, Carlo De). *Vicario*, 1990; *Panzetta*, 1994. – *Riccoboni*, 1942 (weitere Werke); TCI Roma e dintorni, 1977; La Bienn. di Venezia. Le Espos. Internaz. d'Arte 1895–1995, Mi. 1996. E. K.

Devers, *Giuseppe (Joseph)*, ital. Keramiker, Maler, Majolika- und Porzellanmaler, * 7. 8. 1823 Turin, † 6. 4. 1878 (oder 10. 6. 1882) ebd. Stud.: bis 1845 R. Accad. Albertina Turin bei Galivet, wo er, dem Geschmack des Königs Carlo Alberto folgend, sich auf Porzellanmalerei spezialisierte, inspiriert durch die Werke von Abraham Constantin. Seine 6 Teller mit dem Wappen von Savoyen und Kopien berühmter Portr. der kgl. Slg (Turin, Pal. R.) beeindruckten den König so, daß er D. 1846 für drei Jahre zur Ausb. an die Man. von Sèvres schickte. Dort experimentierte D. mit glasierten Terrakotten im Stil der della Robbia. Lernte u.a. Ary Scheffer kennen und kopierte dessen *Christuskopf* (bemalte Terrakotta, sign. und dat. 12. 2. 1850) sowie eine *Muse* (sign. und dat. 1854; beide Turin, MCiv.), für die er auf der Industrie-Ausst. in Turin 1858 eine Gold-Med. erhielt. Dem prestigeträchtigen Auftrag von 1852, zahlr. Porzellantafeln mit Galanterieszenen für den Salon der Königin Adelaide im Schloß von Moncalieri auszuführen, folgte der Titel des kgl. Malers und die Finanzierung einer mon. Komp. mit *Sechs Schutzengeln* (bemalte und gebrannte Kacheln, 4,5 x 6 m; 1853 in Paris ausgestellt). 1853 eröffnete D. ein eig. Atelier, lernte daneben bis 1855 im Atelier von François Rude Bildhauerei und hatte große Erfolge, v.a. durch öff. Aufträge wie die 48 Medaillons für das Pal. de l'industrie, 1855, im Stil der urbinat. Keramik des 16. Jh. (nicht erh.) und Vasen mit ital.-frz. Themen wie *Die Schlacht von Solferino* und *Krimkrieg* (beide 1859, Standort unbek.), für die er zahlr. Preise erhielt (u.a. 1862 London, Med. der 1. Kl.; 1863 Nevers, Gold-Med., verliehen von Napoleon III.). 1867 für die Außendekorationen der ital. Pavillons bei der WA Paris zum Ritter des Königreichs Italien ernannt. 1868 berief ihn Antonio Salviati nach Venedig, wo D. dessen Man. die Emailmalerei auf Glas und Mosaiktechnik unterrichten sollte. Anschl. dekorierte D. die Fassadengiebel der Kirche St-Ambroise in Paris mit Mosaiken aus glasierter Lava. 1871 mußte er Paris wegen des Kriegs verlassen und erhielt an der Accad. Albertina in Turin einen Lehrstuhl für Keramikmalerei. Obwohl er noch an Ausst. teilnahm (1872 Turin mit einem *Bildnis von Velasquez*), verblaßte sein Ruhm, wahrsch. aufgrund des geänderten Geschmacks, und er war bald vergessen, so daß noch nicht einmal sein genaues Todes-Dat. ermittelt werden kann. – Ein Portr. auf Lw., sign. „J. Devers de Turin 1855 pinxit 1861" (lt. ThB9 in der medizin. Fak. der Univ. von Paris), zeigt, daß D. auch als Maler gearbeitet hat. Seine Entwürfe für die Keramikfabrik J. Loebnitz in England wurden bis 1930 produziert. ⌂ AVIGNON, Mus. Calvet: Urania, Malerei auf Lava, 1858. LONDON, V & A: einige bemalte Keramiken, 1862, 1865–67. PARIS, St-Eustache: 4 Terrakotta-Reliefs im Stil der della Robbia mit musikal. Themen, 1858/59. ▭ ThB9, 1913 (Lit.; 2. Art. s.v. Devers, J.). *Minghetti*, 1939; *Comanducci* II, 1971; *E. Cameron*, Enc. of pottery and porcelain, N. Y. u.a. 1987; DBI XXXIX, 1991 (Lit.); Dict. des mon. de Paris, P. 1992; *Panzetta*, 1994. – *Schidlof*, 1911; *Hautecœur* VII, 1957; Cult. figurativa e architettonica negli Stati del Re di Sardegna 1773–1861 (K), III, T. 1980. S. P.

Devers, *J.* cf. **Devers,** *Giuseppe*

Devers, *Joseph* → **Devers,** *Giuseppe*

Devert → **Devair**

Deverte, *Gaston-Eugène*, frz. Holzschneider, * Saint-Ouen/Seine-Saint-Denis. Schüler von Georges Auguste(?) Thévenin. Beteiligte sich an der Ill. (nach Zchngn von Maurice Denis) des 1903 in Paris publ. Buches „L'Imitation du Jésus-Christ". ⊙ *G:* 1895, '98, 1905, '11 (lobende Erw.) Paris, SAfr. (u.a. 1895 Le bénédicité nach Jean Siméon Chardin). 🕮 *Bénézit* IV, 1999. – IFF, Après1800 VI, 1953; L'art d'ill. Frz. Buch-Ill. des 19. Jh. (K), Wolfenbüttel 1985. C. R.

Devesa (D. i Pinadella), *Celestí*, katalan. Bildhauer, Maler, * 19. Jh. Olot, † 1935 Tossa de Mar/Girona. Schüler von Josep Berga i Boix. V.a. Bildhauer, insbes. Grabdenkmäler (Marmor), davon einige noch auf dem Friedhof von Olot, und Krippenfiguren. D. übte großen Einfluß auf örtl. Künstler aus. 🕮 *Ráfols* I, 1951; DPEE IV, 1994. – *Garrut*, 1974. H. van Hees

Devesa, *Joan*, span. Bildhauer, 19. Jh. Schuf die *Nuestra Señora de la Misericordia* im Hauptteil des Retablo mayor des Cap. de la Casa de Caridad sowie, aus Anlaß eines Besuches des Königs, einen Thron und zwei Schemel für das Presbyterium der Kathedrale in Barcelona. 🕮 *Ráfols* I, 1951. M. Ha.

Devesa, *Pere Màrtir*, katalan. Bildschnitzer, schuf den 1813 geweihten Altar der Kap. S. Sebastián in der Pfarrk. von Sallent. 🕮 *Ráfols* I, 1951.

Devessy, *Anthony*, ind. Maler, * 1920, lebte 1961 in Bombay. Stud.: Govt. Art School, Kerala; Haldankar's FA Inst., Bombay. Kopierte drei Jahre lang die Fresken im Pal. von Cochin. Zahlr. Ausst. im In- und Ausland. – D.s Interesse an Phil. und Metaphysik schlägt sich auch in seinen Arbeiten nieder. 🕮 *Sanyal* 1961. K. Görtz

Devetta, *Edoardo*, ital. Maler, * 12. 2. 1912 Triest, lebte dort. Nach Ausübung versch. Berufe 1940 Militärdienst. Dort Freundschaft mit Fiorenzo Tomea, unter dessen Einfluß D. zu malen beginnt; 1942 Debüt. 1946 Mitgl. der Gruppe Arte Classica Moderna. 1951 in Forlì 1. Preis im Concorso Naz. di Pittura. D. verarbeitet sensibel unterschiedl. Impulse: anfangs an Cézanne orientierte Portr. und postimpressionist. Lsch.; nach 1945 teilw. kubist. geprägt, dann Hinwendung zu informeller Kunst – dabei bleibt die Farbe immer wichtigstes Ausdrucksmittel: von rissig-stumpfer Materialität (*Concerto*, 1946) bis zu weich-geschmeidiger Transparenz (*Fiori*, 1966). Oft schlägt D. in seinen Werken einen märchenhaften oder metaphor. verfremdeten Ton an. 🏛 FOGGIA, GAM. GORIZIA, GAM. MAILAND, GAM. PADUA, GAM. TREVISO, MCiv. TRIEST, GAM del Civ. Mus. Revoltella: Dintorni di Trieste, Öl, um 1947; Festa in mare, Öl, 1963. UDINE, MAM. ⊙ *E:* Triest: 1951 ss. Gall. Com.; 1966 Gall. Torbandena / 1956 Padua, Gall. del Libraio / 1958 Venedig, Gall. S. Stefano / 1959 Mailand, Gall. S. Babila / 1963 Udine, Gall. del Girasole / 1965 Biella, Gall. La Meridiana; Locarno, Gall. La Flaviana / 1971 Rom, Gall. Zanini (K). – *G:* 1947 Forlì, Premio Garzanti / 1948 ss. Rom: Quadrienn. / 1951 Padua: Triveneta / 1964 Mailand, Premio Cinisello Balsamo. 🕮 Gente nostra I, 1968; AIC III, s.a.; *Comanducci* II, 1971; PittItalNovec/ 2 II, 1993. – *F. Firminiani/S. Molesi* (Ed.), Cat. della GAM del Civ. Mus. Revoltella (K), Trieste 1970; *Caramel/Pirovano*, 1974. S.-W. S.

Devevey, *Charles*, frz. Maler, * Demigny/Saône-et-Loire. Schüler von Jules Lefebvre und Gustave Clarence Rodolphe Boulanger. 🏛 BEAUNE, MBA: La grand rivière (1884 Schenkung von D.). ⊙ *G:* 1879, '80 Paris, Salon (Interieurs). 🕮 *Bellier/Auvray*, Suppl., 1887; *Laveissière* I, 1980. C. R.

Devey, *George*, brit. Architekt, * 23. 2. 1820 London, † 4. 11. 1886 Hastings/Sussex. Neben dem Stud. am King's College London Zeichen- und Aqu.-Unterricht bei John Sell Cotman und James Duffield Harding. Ab 1837 ebd. Ausb. als Architekt bei Thomas Little, wo D. bis 1846 als Ass. bleibt. Anschl. reist er mit Coutts Stone über Deutschland, das Elsaß und Italien (Venedig, Mantua, Rom und Neapel) nach Griechenland. Nach der Rückkehr im gleichen Jahr Eröffnung eines eig. Büros in London, in dem zeitweilig Charles Francis Annesley Voysey tätig ist. 1856 Fellow des RIBA. – Auf Vermittlung des Vaters erhält D. von Philip Charles Sydney, 1st Baron De L'Isle, seinen ersten wichtigen Auftrag, die Neugestaltung von Penshurst/Kent. Dort entwirft er am Leicester Square zw. 1848–51 mehrere kleine, aus Fachwerk und Ziegelsteinen errichtete Cottages, die sich nahtlos in die vorhandene, aus dem 15. Jh. stammende Bausubstanz einfügen. Dabei werden regionale Arbeitsmethoden übernommen und lokale Werkstoffe wie Bruchstein und glasierte Kacheln verwendet. Damit ist D. einer der ersten Architekten des 19. Jh., die sich lokaler Bautraditionen bedienen. 1851 folgt für Philip Sydney, 2nd Lord De L'Isle, die Rest. und umfangreiche Erweiterung von Penshurst Place (Abschluß 1870), einer der bedeutendsten und besterhaltenen Baukomplexe des 14. Jh. Weitere Arbeiten schließen sich in der unmittelbaren Umgebung an, darunter South Park für Sir Henry, später Lord Hardinge (1850–54). Dessen Pflegesohn Sir Walter James, später Lord Northbourne, beauftragt D. um 1856 mit der umfangreichen Erweiterung von Betteshanger House/Kent. Dort verwendet er erstmals roten Ziegelstein und die sog. holl. Giebel, die später im „Queen Anne revival" bevorzugt werden. Der weitläufige, unregelmäßige Grundriß resultiert aus der fünfundzwanzigjährigen Bauzeit. Es entsteht ein Konglomerat von sukzessiv hinzugefügten Anbauten in unterschiedl. Baustilen und Materialien. Teilweise spielt die Integrierung von groben Hausteinen in Ziegelmauern, wie z.B. am James-Turm, einen pseudo-hist. Befund vor, der als bes. Form des Historismus zu deuten ist. Sein erstes großes Landhaus ist Akeley Wood in Akeley/Bucks. für Charles Pilgrim (1866–67). D.s häufig untereinander befreundete Auftraggeber stammen größtenteils aus dem höheren Adel oder aus Bankiersfamilien, wie der Bankier Robert Abel Smith, für den er 1871–78 mit Goldings/Herts. eine Villa im Stil des Neotudor plant. Mehrfach gehört auch die Fam. Rothschild zu den Auftraggebern, darunter Leopold von Rothschild, für den D. die Vergrößerung eines teilw. aus Fachwerk bestehenden Cottage in Ascott/Bucks. (1873–87) übernimmt. Die zahlr., hinter hohen Mauern verborgenen und inmitten von großen Ländereien gelegenen und der Öffentlichkeit kaum zugängl. Landhäuser waren relativ wenig bek., zumal die Werke des zurückgezogen lebenden D. fast nie in den einschlägigen Zss. publ. wurden. Aus diesem Grund hat er weitaus weniger Beachtung gefunden als beispielsweise Richard Norman Shaw, William Eden Nesfield und Philip Webb, die ebenfalls bevorzugt Landhäuser gebaut und sich teilweise Anregungen bei D. geholt haben. – Nach dem Tod von D. übernehmen sein

Juniorpartner James Williams und der wichtigste Zeichner des Büros, Arthur Castings, die laufenden Aufträge. WV bei Allibone, 1991; *Auswahl:* AMBERLEY/Glos.: Culver Houser, Umbau. BENENDEN/Kent: Pfarrhaus, 1869. BETTESHANGER HOUSE/Kent, Erweiterungen, 1856–82. BOLTON/Lancs.: Smithills Hall, Umbau, 1874–86. BRANTINGHAM THORPE/Yorks., Erweiterungen, 1868–78. BROOMFORD MANOR/Devon, 1871–73. DENNE HILL/Kent, 1871–73. EYTHROPE/Bucks.: The Pavilion, 1876–79. GAUNTS HOUSE/Dorset, 1870–86. GOLDINGS/Herts., 1871–77. HARLESTONE/Northants.: Schule, 1883–85. HIGH HALL/Yorks.: Bishop Burton, 1871–75. LEIGH/Kent: Hall Place, 1871–74 (teilw. zerst.). LYNNWOOD/Hants., 1871–77. MELBURY SAMPFORD/Dorset: Melbury House, 1884–86. MINLEY/Hants., Minley Manor: Pförtnerhaus, Orangerie, Stallungen, 1886–87. NONINGTON/Kent: Nonington College of Physical Education (ehem. St. Alban's Court), 1875–78. PEMBURY/Kent: Pembury Grange (ehem. Calverley Grange), 1867–70. PENSHURT/Kent: Hammerfield and Steam Hammer Lodge, 1856–59. PITCHFORD HALL/Salop., Umbau, 1883–84. SEND/Surrey: Send Holme, 1875–77. WALMER CASTLE/Kent, Anbauten, 1871–75. WARE/Herts.: Blakesware House, 1876–79. WEEDON/Bucks.: Lillies, 1869–71. WENDOVER MANOR/Bucks., 1876–77. WICKWAR/Glos.: Pfarrhaus, 1864. WILCOTE HOUSE/Oxon., Erweiterungen, 1866–77. *G:* 1841–48 London, RA. ThB9, 1913. *Macmillan* I, 1982; DBA, 1993; *R. Desmond*, Dict. of Brit. and Irish botanists and horticulturists, Lo. 1994; DA VIII, 1996. – Builder 52:1886, 728 (Nekr.); *P. G. Stone*, Building news v. 12. 11. 1886, 721 (Nekr.); *W. H. Godfrey*, JRIBA 12:1906, 501–525; *id.*, ArchitRev 21:1907, 23–30, 83–88, 293–306; *J. Williams*, Architectural Association j. 24:1909, 95–103; BE, ..., 1951 ss.; *Hitchcock*, 1968; *M. Girouard*, Country life 149:1971, 744–747, 812–815; *M. Binney*, Country life 151:1972, 1090–1093; Cat. of the drawings coll. of the RIBA, III, Farnborough 1972; *Service*, 1977; *M. Girouard*, Country life 164:1978 (4245) 1602–1605; (4246) 1722–1725; *Dixon/Muthesius*, 1978; *Wodehouse*, 1978; *M. Girouard*, The Victorian country house, Lo./New Haven ^{2}1979, 83 ss.; *J. Franklin*, The gentleman's country house and its plan 1835–1914, Lo. 1981; *D. Watkin*, The English vision. The picturesque in archit., landscape and garden design, Lo. 1982; *J. Brown*, Art and archit. of English gardens, Lo. 1989, 108 s.; *J. Allibone*, G. D., architect 1820–1886, C. 1991; BS, Highland, 1992; *J. Williams*, A companion guide to archit. in Ireland, 1837–1921, Dublin 1994. S. H.

Devez, *Joseph* (Dewez, *Josef*), Architekt, * Brüssel, † nach 1804 Brünn(?). Wurde am 28. 11. 1786 zum Mitgl. der ABK Wien ernannt. 1796–1804 bei der k. k. mähr.-schles. Provinzialbaudirektion und Straßenbaukommissarien in Brünn tätig. ÖKL V, 1979. – *Cerny*, 1978. B. Indra

Deveza, *Antônio*, brasil. Schnitzer, 19. Jh., tätig in der Kiche Bom Jesus, Rio de Janeiro. *Cavalcanti* II, 1974. B. Th.

Deveza, *Chlau*, brasil. Maler, Zeichner, Graphiker, * 1922 Rio de Janeiro, lebt ebd. Sohn von Raul D., Bruder von Cleusa D., Vater von Marcel D. Erster Malunterricht beim Vater Raul D.; später Schüler von Argemiro Cunha am Liceu de Artes e Ofícios, Rio de Janeiro. Stud.: ENBA, ebd. bei Augusto Bracet, Rodolfo Chambelland, Henrique Cavaleiro und Laco Paraná; 1955 Graphik bei Oswaldo Goeldi; 1957 Acad. Julian und Acad. de la Grande Chaumière, Paris (mit Reisepreis des Salão Nac. de BA). Doz. für Malerei an der Esc. Fluminense de BA und dem Inst. de BA da Guanabara in Rio de Janeiro sowie an der EBA in Niterõi. In den 1950er Jahren Mitbegr. des Clube de Gravura ebd.; Mitgl. der Acad. Brasil. de BA; Präs. der Assoc. dos Artistas Plást. do Estado de Guanabara. Jury-Mitgl. zahlr. offizieller Salons. – Zus. mit Sigaud, Honório Peçanha und Darwin unterstützte D. die Bewegung Movimento dos Artistas Mod. Independentes. D.s gegenständl. Arbeiten zeigen eine Vorliebe für die menschl. Gestalt in Alltagssituationen, oft auch ein bes. Interesse für die soz. Thematik. RIO DE JANEIRO, MNBA. – Col. Ernani Galvêas: Sem pão e sem água. *E:* 1959 Florenz, Gall. d'Arte Internac.; Paris: Salon del'Art Libre, Gal. Royale. – *G:* 1948 (Bronze-Med.), '50 (Silber-Med.), '76 (Gold-Med.) Rio de Janeiro: Salão Nac. de BA / 1966 São Paulo: Salão Paulista de BA (Silber-Med.) / 1970 (Gold-Med.), '71 (Goldene Palette) Petrópolis: Salão Petropolitano de BA. *Pontual*, 1969; *Cavalcanti* II, 1974; *Medeiros*, 1988; *Teixeira Leite*, 1988. – Diners 41:1967; *J. Medeiros*, Pint. brasil. contemp., S. P. 1976. J. St.

Deveza, *Cleusa*, brasil. Keramikerin, * 1924 Rio de Janeiro. Tochter von Raul D., Schwester von Chlau D. Stud. ebd.: ab 1952 Esc. Tecnica Nac. bei Gutmann Bicho; Companhia Brasil. de Cerâmica, MAM; 1954 bei Elze Wedege Arede. *G:* Rio de Janeiro: 1953 Salão Mpal de BA (ehrenvolle Erw.); 1957 (Bronze-Med.), '73 (Gold-Med.) Salão da Soc. dos Artistas Nacionais; 1971 Salão Nac. de BA (ehrenvolle Erw. und Bronze-Med.) / 1953 Niterói: Salão Fluminense de BA (ehrenvolle Erw.) *Cavalcanti* II, 1974. J. St.

Deveza, *Manuel Francisco dos Santos*, brasil. Schnitzer, E. 19./A. 20. in der Hospizkirche in Rio de Janeiro tätig. *Cavalcanti* II, 1974. B. Th.

Deveza, *Marcel*, brasil. Zeichner, Maler, * 1951 Rio de Janeiro. Sohn von Chlau D., Enkel von Raul D. Stud.: Atelier Livre de Artes Plást. bei Maria de Lourdes Novais. Mitgl. der Assoc. de Artistas Plást. und der Soc. Brasil. de BA in Rio de Janeiro. *G:* Rio de Janeiro: 1966 Salão de Arte Mod. (Debüt); '68 Mus. da Imagem e do Som; '71 MAM: Feira de Arte; '73 Salão de Maio da Soc. Brasil. de BA (Bronze-Med.) / 1971 Petrópolis, Salão Petropolitano de BA. *Cavalcanti* II, 1974. J. St.

Deveza, *Raul*, brasil. Maler, Dekorateur, Szenograph, * 1891 Rio de Janeiro, † 1952 Manaus. Vater von Chlau und Cleusa D., Großvater von Marcel D. Stud.: Liceu de Artes y Ofícios bei José Santos und Isaltino Barbosa; ENBA, bei João Batista da Costa, beide Rio de Janeiro; 1920 Acad. Julian, Paris. Dort Mitarb. bei der Zs. Rio-Paris. Mitgl. der Acad. Brasil. de BA. Ausz.: 1918 Bronze-Med., 1919 Silber-Med., 1948 Gold-Med., Salão Nac. de BA; 1922 Bronze-Med., Expos. Internac. do Centenário da Independência do Brasil, alle Rio de Janeiro; 1942, '50 Preis Antônio Parreiras, Salão Fluminense de BA, Niterói; 1952 Kleine Silber-Med., Salão Paulista de BA. – Lsch. und Figurenbilder sowie zahlr. Bühnenbild- und Kostümentwürfe für Theater, Clubs und Karneval; ferner Schaufensterdekorationen. ⌂ NITEROI, Mus. A. Parreiras: Praia da Preguiça; Bahia. RIO DE JANEIRO, MNBA: Dama de ouros, 1937. ⊙ *G:* 1939 New York: WA. ⊡ *Braga*, 1942; EAAm I, 1968; *Pontual*, 1969; *Cavalcanti* II, 1974; *Medeiros*, 1988; *Teixeira Leite*, 1988. M. N.

Devèze, *Fernand*, frz. Maler, * Avignon, lebte dort. Schüler von Adrien Jules Flour; beeinflußt von Alfred Lesbros. – Lsch. und Genreszenen. ⊙ *G:* Paris: 1922–34 Salon des Indépendants; 1936 Salon des Tuileries. ⊡ Vol, 1953. *Camard/Belfort*, 1974; *Alauzen*, 1986. C. R.

Devī, *Bindeshwari*, ind. Kunsthandwerkerin aus Bihār, * um 1940. Flechtet aus gefärbtem Sikki-Gras Gebrauchsgegenstände, z.B. Körbe und Spielzeug sowie phantast. Komp. aus Tier- und Menschengestalten, u.a. einen von einem Tierparkbesuch inspirierten Baum mit Affen, Elefanten, Papageien. ⊙ *G:* 1976 Berlin, Ausst.-Zentrum am Fernsehturm. ⊡ *K. Krahl*, EAZ 18:1977, 347–354. H. Plaeschke

Devi, *J. V. Subhashini*, ind. Malerin, Bildhauerin, * 1920. Stud.: Śilpa Kalā Śala bei Siddalinga Swami, Mysore. Teiln. an versch. Ausst. in Mysore, Bangalore, Calcutta, Delhi und Madras. Erhält 1999 in Bangalore den MTV Acharya Award für ihr Lebenswerk. Mitgl.: Mysore FA Soc.; All India FA and Crafts Soc., New Delhi. – D.s Werk ist inspiriert von trad. ind. Archit. und Skulpt., die sie während ihrer Reisen durch Indien studierte. ⌂ BANGALORE, Venkatappa AG. ⊡ *Sanyal* 1961. M. Frenger

Devi, *Renu*, ind. Malerin, Graphikerin, * 12. 11. 1925 Calcutta, lebt in Cuttack/Orissa. Stud.: Kalā Bhavan der Visvabharati Univ., Santiniketan; Lehrerkolleg am C. T. I., New Delhi; Serigraphie in Lucknow. Tätig als Kunsterzieherin an der Capital Girl High School, Bhubaneshwar/Orissa. Organisiert Mal-Wettb. und Ausst. für Kinder. Publiziert zu Design und erhielt für ihre wiss. Arbeiten mehrfach Ausz. – Darst. von Fam. in trad. Gewändern. ⊙ *E:* 1954 Puri / 1956 Sambalpur / 1958 Behrampur. – *G:* 1975 Calcutta: All India Annual Exhib. ⊡ *Krishnan*, 1981. K. Görtz

Devi, *Vimala*, ind.-span. Malerin, Schriftstellerin, * Goa, lebt seit M. der 1940er Jahre in Katalonien. Beginnt als Schriftstellerin. Reisen nach Südamerika und Europa; in London Hinwendung zur bild. Kunst. – Im Gefolge von Picasso und Francis Bacon figurative Gem., die sich zu einer von dynam.-rhythm. Linien und effektvoller Farbigkeit bestimmten Abstraktion wandeln. ⊙ *E:* 1975 Vilanova i La Geltrú, Gal. La Mulasa. ⊡ *Ràfols* I, 1985. M. N.

Devi Dās, nordind. Miniaturmaler der Marwar-Schule von Jodhpur, 16. Jh. Vertreter der Rājasthāṇī-Malerei. Illustrierte Teile der Kṛṣṇa-Legende (signiert, Sammlung des Mahārāja, Ummed Bhavan, Jodhpur). ⊡ *S. Sharma*, Krishna Leela theme in Rajasthani miniatures, Meerut 1987. H. Plaeschke

Devi Prasad, ind. Keramiker, * 1921 Dehra Dun, lebt in New Delhi. Stud.: 1938–44 Kalā Bhavan, Santiniketan. 1944 Mitbegr. und bis 1962 Mitgl. der Kunst-Abt. im Inst. Nai Talim, Gandhi Aśram, Sevagram/Gujarat; 1956–62 Hrsg. der Zs. Nai Talim. 1973–83 freischaffender Keramiker, London. 1978 Gast-Prof. für Keramik, Vishwa Bharati Univ., Santiniketan. Nach der Rückkehr nach Indien dort mit eig. Studio tätig; um 1985 Berater des Rural Development Programme, Indian Inst. of Technology, New Delhi. Daneben engagiert sich D. seit seinem Stud. in der ind. Unabhängigkeitsbewegung; sein Engagement für den Gandhi Aśram und die Tätigkeit 1984 als Hrsg. der Zs. Gandhi Mārg belegen die enge Verbundenheit mit dem Gedankengut Mahatma Gandhis. Als Generalsekretär (1962–72) und Präs. (1973–75) der War Resisters Internat. setzte er seine pazifist. Arbeit in London fort. – D. fertigt v.a. Gebrauchskeramik; Form und Dekor sind von klass. Formen und Motiven Indiens und Chinas inspiriert, während die Glasuren meist von ihm entwickelt werden. Dabei mißt D. dem chem.-analyt. Ansatz eher geringe Bedeutung bei; neue Glasurrezepte entstehen aus einem ganzheitl. Ansatz als Ergebnis langer Erfahrung und Experimenten. ✉ The holistic approach in pottery, Art heritage 15:1994/95. ⊙ *E:* 1976 Boston (Mass.), Massachusetts Inst. of Technology / 1978 Santiniketan, Vishwa Bharati Univ., Zentral-Bibl. / London: 1980 Old Bull Gall.; 1981 Mandeer Gall.; 1982 Ponder's End Libr. / 1982 Oerschot (Niederlande), Kunstzaal Lebra / New Delhi: 1985 Lalit Kalā Akad.; 1990, '91, '95 Art Heritage Gall. (K) / Bombay, Jehangir AG. – *G:* London: 1976, '78, '81 Forty Hall, Enfield Art Circle; 1977 Harringway Art Circle; 1979, '81 Finchley: Indian Artists' Show; 1981 Chelsea Town Hall: British Artists' Show; 1982 William Mores Gall.: Indian Artists-United Kingdom; Barbican Art Centre: Festival of India / New Delhi: 1991 L. T. G. AG; Art Heritage Gall. (K). M. Frenger

Deviatov, *Jacov Mihailovich* → **Devjatov,** *Jakov Michajlovič*

Dević, *Georgije*, serb. Holzschnitzer, * vermutl. Stara Palanka (hatte dort seine Wkst.), tätig zw. 1827 und 1863, meist in der Vojvodina. Eine gewisse Ähnlichkeit des Frühwerks mit den Arbeiten von Marko Vujatović aus Sremski Karlovci spricht dafür, daß D. viell. bei ihm gelernt hat. D. war im 2. V. 19. Jh. ein geschätzter Meister für Ikonostase und Kirchenmobiliar. Seine Arbeiten charakterisieren eine gewisse Überfülle an Motiven und ein Streben zum Prunkvollen, eine Art Barockisierung der klass. Formen. Die Details sind sehr präzise ausgef., auch die techn. Qualität ist von sehr hohem Niveau. ⌂ *Ikonostase in orthodoxen Kirchen von:* ADAŠEVCI, 1827. BAČKA PALANKA, 1836. DEČ, 1834–39. DOBANOVCI, 1836. G. TOVARNIK, 1842 (im 2. WK zerst.). KUPINOVO, 1841 (teilw. im 2. WK zerst.). KUVEŽDIN, Kloster, 1834. LEDINCI, 1838. MIHALJEVCI, 1846. RUMA, Kirchen St. Nikolaus und Allerheiligen, beide 1847. ŠARENGRAD, 1828. SRBOBRAN, 1859–63. SUBOTIŠTE, 1857. – *Kirchenmobiliar:* BAČKA PALANKA, 1836. BELGRAD, Kathedrale St. Michael (Saborna crkva),

1845. ▭ ELU II, 1962; LEJ I, 1984. – *M. Lesek*, Građa za pručavanje spomenika kulture Vojvodine (Novi Sad) 1959 (3) 180; *D. Medaković*, Srpska umetnost u XIX v., Bgd. 1981, 164 s.; *B. Vujović*, Saborna crkva u Beogradu, Bgd. 1996, 69, 71–76. V. Konjikusic

Dević, *Vojislav (Voja)*, kroat. Architekt, Städteplaner, Maler, * 14. 3. 1925 Novi Sad, † 15. 12. 1981 Zagreb. Stud.: Fak. für Archit. der Univ. Zagreb (1951 Dipl.); 1966/67 zur Qualifizierung in den USA. 1951–55 tätig im Projektierungsbüro Plan Zagreb, danach ein Jahr Leiter des Projektierungsbüros in Kočevje; 1958–72 Leiter der Abt. für Regional- und Raumplanung am Inst. für Städteplanung der SR Kroatien; mehrere Aufenthalte in Guinea. 1972–81 erneut bei Plan Zagreb, gründet er die Abt. für Städte- und Raumplanung. Erarbeitet (mit and.). u.a.: städtebaul. Programme für: Bosanski Šamac, 1961; Zadar, 1968; Daruvar, 1972; städtebaul. Projekte: Microrayon Regbane in Conakry, 1963; Zentrum von Dervent, 1965; Wohnblock Slavonija in Slavonski Brod, 1971; Generalbebauungspläne von: Makarska, 1968; Nova Gradiška, Beli Manastir, beide 1969; Regionaler Entwicklungs- und Raumordnungsplan für Slawonien und Baranja, 1972. Des weiteren u.a. städtebaul. Ausführungspläne für: Versorgungszentrum in Daruvar, 1973; Sport- und Erholungszentrum in Belišće, 1975–77; Wohnanlagen Južna Dubrava und Petruševec in Zagreb, 1978; Raumpläne für Križevci, Bjelovar, beide 1974–78; Varaždin, Koprivnica, beide 1980; Generalbebauungspläne für: Slavonski Brod, 1975–80; Čazma, 1980; Raumordnungspläne für die Gemeindeverbände Bjelovar, 1974–78, Varaždin, 1978–80. – Ab 1973 malte D. lyr. Aqu. in pleinairist. Manier. ⊙ *E:* 1982 Zagreb (Gem.). ▭ HBL III, 1993. Ch. N.

De Vicenzo, *Alfredo* → **Vicenzo,** *Alfredo de*

De Vico, *Andrea*, ital. Ornamentzeichner, * 1818 Rom, † 19. 5. 1887 Florenz. Ab 1860 Prof. an der ABA Florenz (Lehrer u.a. von Carlo Coppoli und Federico Pedulli). ✉ Trenta tav. di ornamenti archit. greci ..., disegnati e rest. per A. de Vico, R. 1862. ▭ ThB34, 1940 (s.v. Vico, Andrea de). *Comanducci* II, 1971; DEB XI, 1976 (s.v. Vico, Andrea de). S.-W. S.

De Vico, *Angelo*, ital. Bildhauer, * 1853 Penne. Vater von Raffaele D. Geht 1869 nach Florenz, um im Atelier von Giovanni Dupré zu arbeiten und später an der ABA zu studieren. Arbeitet ferner in den Ateliers von Vincenzo Consani und Augusto Rivalta; freundschaftl. Kontakt zur Gruppe der Macchiaioli. Wieder in Penne, lehrt D. an der Scuola d'Arte Plastik und ist dort gleichzeitig über 30 Jahre Direktor. ⊙ *G:* ab 1880 Turin: Promotrice di BA. ▭ DBI XXXIX, 1991 (im Art. D., Raffaele); *Panzetta*, 1994. S.-W. S.

De Vico, *Raffaele*, ital. Architekt, Landschaftsgestalter, * 18. 4. 1881 Penne/Teramo, † 15. 8. 1969 Rom. Sohn des Bildhauers Angelo D. Stud.: Ist. Tecnico in Chieti (Dipl. 1901); ABA in Rom, bei Ettore Ferrari (Sektion Archit., 1907 Dipl. als Lehrer für architekton. Zeichnen). 1908–14 Mitarb. des Architekten Pompeo Passerini, der D. die Ltg der Arbeiten am Pal. per l'Ist. Internaz. di Agricoltura (heute Villa Lubim) in der Villa Borghese anvertraut. 1914 Lehrstuhl für Archit. an der ABA in Rom. Gewinnt 1915 den Wettb. um ein Wasserreservoir für die Villa Borghese (1922–25 im Stil des Neo-Seicento realisiert). 1923 Berater des Servizio Giardini der Comune di Roma und 1923–24 Gest. des Parco della Rimembranza der Villa Glori. 1925 Entwurf des Parco di Monte Mario, wovon jedoch nur ein kleiner Teil verwirklicht wird. 1926 Plan für den Giardino del Colle Oppio und Anlage des Giardino di Villa Palazzetti (einer der zwei kleinen Brunnen erb. aus hist. Fragm.). 1927 Aufstellung eines Travertin-Brunnens auf der röm. Piazza Mazzini. 1928 Rest. der Pflanzschule von S. Sisto vecchio (zus. mit Alberto Galimberti) und des Teatro in Ostia. Baut 1929 im Turiner Parco del Valentino einen (von röm. Villen inspirierten) Pavillon und arbeitet an der Gest. des Parco degli Scipioni in Rom. A. 30er Jahre realisiert D. ein Wasserbecken an der Porta Maggiore, gestaltet versch. röm. Gärten und Parks (Parco Virgiliano; Parco di Monte Testaccio, Parco Savello all'Aventino [Giardino degli aranci], 1932) und projektiert einen neuen Sitz der ABA in Rom (nicht ausgef.). 1933–36 leitet er die Arbeiten zur Erweiterung des Zoolog. Gartens in Rom, 1939 in beratender Funktion beteiligt am Grünflächen-Gesamtkonzept der geplanten WA (E42). 1941 Rest. der Villa Acerbo in Caprara d'Abruzzo/Chieti. 1951 bis A. 60er Jahre Vors. für Wiederherstellung und Pflege des Baum- und Pflanzenbestandes des Ente EUR in Rom (Giardini degli ulivi; Parco del Ninfeo e del Turismo; Giardino delle Cascate). ⌂ Rom, Cimitero Mon. del Verano: Grab- und Gedenk-Mon. für die Gefallenen des 1. WK, 1922–1931. – Parco Virgiliano: Entwurf, 1930. – Ente Naz. Idrocarburi: Wasserspiele. – Piazza Venezia: Bepflanzung, 1931. – Parco della Resistenza, 1939. – Villa Alfano (Via Appia Antica): Garten, 1940. – Villa und Parco Cecilia Pia (Via Appia Pignatelli), 1950. Ronciglione/Viterbo: Villa Igliori, 1935. ▭ DBI XXXIX, 1991 (Lit.). – *M. De Vico Fallani/I. Belli Barsali*, R. D. e i giardini di Roma, Fi. 1985 (Lit.); *M. De Vico Fallani*, in: Giardino europ. del Novecento, 1900–1940. Atti del III Colloquio internaz. (Pietrasanta 27.–28. 9. 1991), Fi. 1993. N. Corradini

Devicque, *Julien-Hippolyte*, frz. Maler, Lithograph, * 13. 8. 1821 Paris. Schüler von François Dubois. Im Salon zuerst Blumenbilder (Lith.), dann Lsch. und Archit.-Darst. aus Saint-Denis und der Umgebung von Paris (Aqu., Zchngn mit China-Tusche, Gouachen, Lith.). 1871 wegen Unterstützung der Pariser Kommune Deportation nach Neu-Kaledonien (Festungshaft); 1879 Begnadigung und Rückkehr nach Frankreich. Weiterhin künstler. tätig, z.B. *Vue de Numbo (Camp des déportés, Noumea)*, Lith., 1880, bei Lemercier; Henri Rochefort, *L'évadé*, 1880, Frontispiz. ⌂ Paris, BN, Cab. des Estampes. ⊙ *G:* 1859–66 Paris, Salon. ▭ ThB9, 1913. *Maitron* II. 5, 1968; *Harambourg*, 1985; *Bénézit* IV, 1999. – IFF, Après1800 VI, 1953. – Paris, Arch. nat. E. S.

De Vidal, *Aldo*, ital. Maler, Stecher, Lithograph, Freskant, * 27. 5. 1912 Lorenzago di Cadore/Belluno, lebte dort. Autodidakt. Gestaltet ab E. 30er Jahre expressionist. Themen von Not und Leiden (*La siesta*, 1938). Auch später Darst. aus dem harten Leben der Gebirgsbewohner, mit markanter Zeichengebung (*Il boscaiolo ferito*, 1945). Während des 2. WK in der Resistenza Bekanntschaft mit

Emilio Vedova. Wandert 1949 nach Argentinien aus und vervollkommnet dort seine Technik der Wandmalerei. Zurück in Italien, lädt D. Künstlerkollegen aus seiner Heimat ein, Häusermauern in Cibiana/Belluno mit Motiven von alten Handwerken und Berufen des Valle del Cadore zu bemalen. Malt in der 60er und 70er Jahren Figürl., Tiere, Felsen und Pflanzen, ohne jemals illustrativ zu wirken. In den 80er Jahren strenge und schlichte Komp. von starkem emotionalen Gehalt (*Boscaiolo*, 1981; *Un incontro in montagna*; *Il pastore cieco*; *Il minatore cieco*, 1982). Als Graphiker realisiert D. das Plakat *La danza dei caprioli* und ist 1976 mit Tono Zancanaro an dem Plakat *Omaggio a Tiziano* beteiligt. 1980 führt er in Rom (in der Nähe der Soc. Cinematografica Dorigo) eine Ser. von Fresken aus. ⌂ BELLUNO, GAM. – Ente del Turismo. LORENZAGO, Municipio. MOSKAU, Puškin-MBK. VICENZA, GAM. ◎ *E:* 1979 Cortina d'Ampezzo, Terrazza Martini / 1982 Venedig, MAM di Ca' Pesaro (K: P. Rizzi/S. Maugeri). – *G:* 1947 Premio Auronzo / 1980 Piazzola sul Brenta, Villa Simes: Incisori veneti per il IV centenario del Palladio. ▭ AIC II, 1966; ASA Italia IV, 1971; Cat. Veneto I, 1974. – *P. Rizzi*, A. D., Belluno 1978. N. Corradini

Devidasa (Devidas; Devīdāsa), Pahāri-Maler, Hindu, tätig zw. 1680 und 1720. Stammt aus einer Maler- und Zimmermanns-Fam. aus Nurpur. Sohn des Min.-Malers Kripal; sein Großvater Ratto sowie seine Söhne Thokaru, Golu und Nikku waren ebenfalls Maler. Am Hofatelier von Rāja Kirpāl Pāl (Reg.-Zeit 1678–93/95) von Basohli tätig. D. ist einer von drei namentl. erw. Basohli-Malern, der einzige aus dem 17. Jh. Im Kolophon eines verstreuten Basohli-Ms. der *Rasamañjarī* (Blühender Zweig der Liebe; 1694/95 für den Herrscher von Basohli gefertigt; nur 17 der urspr. 135 oder 138 Ms.-Seiten erh. und heute in versch. Slgn in Indien, Pakistan und den USA) des ost-ind. Dichters Bhanudatta (2. H. 15. Jh.) wird D. als ausführender Maler genannt. Seine Ill. befinden sich jeweils auf der Vorderseite, das entsprechende Kapitel des Sanskrit-Textes in der Devanagari-Schrift auf der Rückseite. Auffallend ist die stilist. Nähe zu einem früheren, ebenfalls verstreuten Rasamañjarī-Ms. (um 1660–70) aus dieser Region, das Goswamy/Fischer D.s Vater und Lehrer Kripal zuschreiben. Auch wenn diese Zuschr. falsch sein sollte, muß D. das Ms. gut gekannt haben, da er den gleichen Komp.-Schemata folgt und sie nur unwesentl. verändert. Sein bewußter Verzicht auf stark leuchtende Farben und die damals übl. Verzierungen mit Käferflügelstücken zwingt ihn zur Entwicklung eig. Farb- und Dekorationsmuster, was ihn deutl. von seinen Zeitgen. unterscheidet. D. bevorzugt warme Rot-, Braun-, Ocker- und Grüntöne. Seine Hintergründe sind flach und monochrom gehalten: in Natur-Darst. bleibt der Himmel ein schmaler Streifen am oberen Bildrand. D.s Archit.-Darst. nehmen Bezug auf die lokalen Trad.; die Betonung liegt mehr auf Ornamenten und Dekoration als auf der Funktion. Im Gegensatz zu seinem Vorgänger zeigt D. seine Nāyakas und Nāyikās nicht durchgängig als göttl. Wesen, sondern als junge Pahāri-Adlige in ortsübl. Kleidung und mit entsprechendem Schmuck. Nur wenn sie ausdrückl. als die göttl. Paare Śiva/Pārvathyī, Rāma/Sītā oder Kṛṣṇa/Rādhā erw. werden, stellt D. sie auch als solche dar. Hierdurch wird dem urspr. profanen Text der Verehrungsaspekt entzogen, der in dem früheren Ms. eine sehr große Rolle spielt. Ohne die Zustimmung des Auftraggebers ist eine solche Handlungsweise undenkbar. Bestätigt wird diese Annahme durch das Kolophon, das weder eine bes. Anrufung an die Götter enthält, noch den Stifter als den Anhänger eines bestimmten Gottes oder Kultes lobpreist. Mindestens eines von beiden wäre bei einem devotionalen Text jedoch zu erwarten. Ein Vergleich zw. D.s Ill. (Varanasi, Bhārat Ka lā Bhavan, fol. 130) und der entsprechenden Ill. des Vorgänger-Ms. (Cleveland, Cleveland Mus. of Art, 65. 249, fol. 5, 13) macht diese bes. künstler. Haltung deutlich. Beide Min. zeigen Kṛṣṇa vor einer nicht benannten Frau. D. folgt in seiner Darst. exakt der Beschreibung des Textes: Kṛṣṇa mit einer Pfauenfeder in der Mitte des Diadems, blauen Lotossen als Ohrschmuck und einer Flöte in der Hand. Das frühere Ms. stellt dagegen Kṛṣṇa in dieser Min. ebenso wie in allen and. Min. des Ms. dar. Die unterschiedl. Intentionen zeigen sich auch in der Reaktion der Nāyikā: Bei D. hat sie sich erhoben und kommt grüßend auf den blauen Gott zu, während sie im and. Fall kniet und in einer verehrenden Haltung verharrt. Kṛṣṇa bleibt hier der unerreichbare, verehrungswürdige Gott, bei D. dagegen ist er gleichzeitig Liebhaber und Gott und somit kein abstraktes Wesen mehr. ⌂ BOSTON/Mass., MFA. CHANDIGARH, Govt. Mus. and AG. JAMMU, Dogra AG. KARACHI, NM of Pakistan. LAHORE, Lahore Mus. NEW DELHI, NM. NEW YORK, Metrop. Mus. SAN DIEGO/Calif., Mus. of Art, Binney Coll. VARANASI, Bhārat Kalā Bhavan. ZÜRICH, Rietberg: Einzel-Bl. der Rāgiṇī Sanehī, RVI 1204, um 1609 (Zuschr.). ◎ *G:* 1990 Zürich, Mus. Rietberg: Pahari-Meister (K). ▭ *H. Sastri*, Indian pictorial art as developed in book-ill., Baroda 1936; *K. Khandalavala*, Pahāri min. paint., Bombay 1958; *M. S. Randhawa/S. D. Bhambri*, Roopa-lekha 36:1967 (1/2) 1–124; *W. G. Archer*, Indian paint. from the Punjab Hills, I-II, Lo. u.a. 1973; *M. C. Beach*, Mughal and Rajput paint., C. u.a. 1992 (The new Cambridge hist. of India, I. 3); *B. N. Goswamy/E. Fischer*, Pahari masters. Court painters of Northern India, Z. 1992; *S. Kossak*, Indian court paint., 16th-19th c. (K), Lo. 1997; *A. K. Das*, in: *V. C. Ohri/R. C. Craven, Jr.* (Ed.), Painters of the Pahari schools, Mumbai 1998. K. Görtz

Devidayal, *Meera*, ind. Malerin, * 22. 3. 1947 Delhi, lebt in Bombay. 1966 priv. Kunstunterricht; 1967–75 Stud. an der Jamsethji Jijibhai SchA, Bombay. – Öl-Gem. mit Szenen des ind. Alltagslebens in formklarer, naiv-phantast. Art. ◎ *E:* Bombay: 1975, '77 Taj AG; 1981 Gall. Chemould; 1986 Jehangir AG / 1978, '84 (K) New Delhi, Art Heritage / 1981 Baroda, Urja AG. – *G:* Bombay: 1975 Indo-US Group Show; 1976 Gall. Chemould: Monsoon Show; 1977 Jehangir AG: Monsoon Show; 1987 Goethe-Inst. (Max Mueller Bhavan). ▭ *Krishnan*, 1981; *Naik*, 1986 (s.v. Devidyal, Meera). M. Frenger

Deviditta, nordind. Miniaturmaler aus der Fam. des Pandit Seu, dem Sandal-Geschlecht und der Zimmermann-Maler-Kaste (tarkhan-citrākari), † 1876.

Sohn von Gursahai, Bruder von Dhananjaya, Vater von Ṣiv Saran. Sein Name ist aus acht Eintragungen im Pilgerregister von Harīdwār belegt. D. lebte zunächst in Basohli, arbeitete dann im Dienst der Sikh-Fürsten von Lahore, ab 1866 am Hofe des Fürsten Mahendra Singh von Patiāla. LONDON, BM: Portr. des Mahārāja Dhyān Singh. *B. N. Goswamy*, Indian economic and social hist. rev. 3:1967 (2) 174–184; *W. G. Archer*, Indian paint. from the Punjab Hills, Lo. 1973; *B. N. Goswamy/ E. Fischer*, Pahari-Meister. Höf. Malerei aus den Bergen Nord-Indiens, Z. 1990. H. Plaeschke

Devienne, *Adolphe*, frz. Landschaftsmaler, 1840–48 im Pariser Salon vertreten. ThB9, 1913. *Harambourg*, 1985.

Devienne, *Albert*, frz. Architekt, * 20. 10. 1855 Cléry-sur-Somme/Somme, † 23. 2. 1942. Stud.: bis 1874 (Dipl.) Ec. spéciale d'archit. Paris; ab 1874 EcBA ebd. bei Ernest Georges Coquart; zudem Absolvent des Inst. der Soc. acad. de Lyon. Erhält an der EcBA zahlr. Ausz.: u.a. 1876 Prix Jaÿ; 1882 Prix Godebœuf; 1883 Prix Rougevin; Prix Abel Blouet; 1881–85 viermal am Wettb. um den Rompreis beteiligt (1884 2. second Grand Prix; 1885 1. second Grand Prix); 1887 Abschluß mit Dipl. (Entwurf eines Landhauses), auch als Lehrer für wiss. Zeichnen. Als Stadtarchitekt von Paris restauriert D. die Kirchen St-Sulpice (Nord- und Südturm, 1911–13), St-Germain-des-Prés und St-Pierre de Montrouge. Zudem Bau der Gendarmeriekaserne in Neuilly-sur-Seine/Hauts-de-Seine und eines Mietshauses in Paris (191, rue Saint-Maur). Ämter: Inspecteur im Service d'archit. des promenades der Stadt Paris; Inspecteur bei den WA 1889 (für das Pal. des BA et des Arts libéraux) und 1900 in Paris (Mitarb. beim Bau des Grand Pal. auf den Champs-Elysées). Mitgl.: 1887 Soc. des Architectes diplômés par le gouv. (SADG); 1909 Soc. centrale; Soc. des prix du Salon. Ausz.: 1900 Ritter der Ehrenlegion; Officier d'acad.; Ritter des kgl. Ordens von Kambodscha; 1922 Prix Dejean. PARIS, EcBA: Zchngn aus der Studienzeit. *G:* 1874, '76, '87 (Med.), 1926 (Ehren-Med.) Paris, SAfr. *Delaire*, 1907; DBF XI, 1967; *Dugast/ Pariset* II, 1990. – *A. Jacques/R. Miyake*, Les dessins d'archit. de l'EcBA, P. 1987, 81, 153; *C. de Vaulchier*, Acad. d'Archit. Cat. des coll. 1750–1900, I, P. 1988, 300; *F. Seitz*, Une entreprise d'idée. L'Ec. spéciale d'archit., 1865–1930, P. 1995, 145, 150, 176. C. Zuzinec

Devienne, *Georges*, frz. Radierer, * 25. 8. 1881 Calais, gefallen im 1. WK. Bek. für Farb-Rad. Vol, 1953. *Edouard-Joseph* I, 1930; *Bénézit* IV, 1999.

Devieur-Robelin, *Charles* → **Robelin,** *Charles*

Devieux, *Charles* → **Robelin,** *Charles*

Devifie, *Hilarius* → **Duvivier,** *Hilarius*

Devige, *Bernard*, frz. Zeichner, * 8. 5. 1787 Angoulême, † 23. 1. 1862 ebd. Schüler von Bénédict Alphonse Nicolet. Feder-Zchngn. ThB9, 1913. *Bénézit* IV, 1999.

Devigne (Devisne), Bildhauer, frz. Herkunft, um 1706 in Melbourne Hall/Derbys. tätig. Kehrte vermutl. im gleichen Jahr nach Frankreich zurück. MELBOURNE HALL: Steinsockel für die Bleifiguren und eine Jahreszeitenvase von John Nost sowie zwei Blumen- und Fruchtkörbe, alles 1706. *Gunnis*, 1968. – BE, Derbyshire, ²1978 (Repr. mit Korrekturen 1979). K. F.

De Vigne, *Edouard* → **Vigne,** *Edouard De*

Devigne, *Edouard* → **Vigne,** *Edouard De*

Devigne, *Jacques*, frz. Medailleur, * 1925, tätig in Paris. Stud. ebd.: Collège technique Boulle; ENSBA bei Henri Dropsy; 1954 Rompreis für die Med. *Jeunes filles Musiciennes*. Arbeitet seit 1959 für die Monnaie de Paris und ist auf den Med.-Stich spezialisiert. Bull. du club franç. de la méd. 1967 (14) 31; Les graveurs d'acier et la méd. (K Monnaie de Paris), P. 1971, 531; *J.-M. Darnis/B. Letavernier*, Pour le 20ᵉ anniversaire du Club franç. de la méd., P. 1983. J.-M. Darnis

Devignes, Porzellanmaler, um 1807 in der Man. von Sèvres beschäftigt. ThB9, 1913.

Devigny, *Peter Hubert* → **Desvignes,** *Peter Hubert*

Devilāl, nordind. Maler, tätig zur Zeit der Mahārānas Fateh Singh (1885–1930) und Bhupal Singh (1930–48) von Mewar. Sohn des Malers Pannanlal Mewara, Bruder von Caturbhuj und Candralal, Vertreter der späten Mewar-Schule der Rajasthani-Malerei. *R. K. Vashista*, Art and artists of Rajasthan, New Delhi 1995, 89. H. Plaeschke

Devilat Rocca (Devilat), *Fernando*, chilen. Architekt, * 30. 6. 1906 Santiago de Chile, lebte dort. Stud.: Univ. de Chile und bis 1927 (Abschluß) Univ. Católica, ebd.; danach mit Guggenheim-Stip. in den USA; 1932–33 in Dänemark, Deutschland, Schweden und Frankreich. Ab 1927 Architekt im Büro für öff. Wohlfahrt. Lehramt an der Esc. de Arquitectos der Univ. Católica in Santiago de Chile. Mitgl. der Asoc. de Arquitectos de Chile. – Bes. Krankenhausbauten und Sanatorien. PUTAENDO: Tuberkulose-Sanatorium. SANTIAGO DE CHILE, Univ. Católica: Medizin. Schule und Krankenhaus. TEMUCO: Hospital. Vol, 1953. WWLA IV, 1947.

Devillario, *René (René-Marie-Léon)*, frz. Maler, * 2. 4. 1874 Saint-Didier-les-Bains/Vaucluse, † 7. 8. 1942 Paris. Schüler von Jean Paul Laurens sowie an der EcBA Paris von Jules Lefébvre, Tony Robert-Fleury und Jean-Jacques Henner (dessen Einfluß bes. 1900–14 sichtbar ist). 1901 Rompreis. 1930 Ritter der Ehrenlegion. – V.a. Portr. (bes. von Frauen), weibl. Figuren, Genre- und Interieurszenen sowie einige atmosphär.-poet. Lsch. AVIGNON, Mus. Calvet: Eglogue, 1901; Le soir au théatre antique d'Arles; Jeune fille au piano; Portr. du Dr Victorin Laval, 1914 (alle in Öl). CARPENTRAS, Mus.: Portr. de Mme Pansier, Femme et chat; Vue du Beaucet (alle in Öl). MONTPELLIER, Mus. Fabre: La lettre, Öl. *G:* 1896–42 Paris, SAfr. (Mitgl.; 1914 Silber-Med., 1925 Gold-Med.). ThB9, 1913; Vol, 1953. *Camard/Belfort*, 1974; *Alauzen*, 1986. C. R.

Deville, Holzbildhauer in Paris, 1687–89 in kgl. Diensten im Schloß Trianon tätig. ThB9, 1913. *Vial/ Marcel/Girodie* I, 1912.

Deville, Porzellanmaler, 1758–64 in der Man. in Sèvres tätig. ThB9, 1913. *Honey* I, 1949.

Deville (de Ville), *André-Nicolas*, frz. Architekt, Ingenieur, * 1662, † 7. 3. 1741 Lyon. Vater von Nicolas-François D. Im Dienst des Königs tätig. Unter Ltg von

Sébastien Le Prestre de Vauban Bau der Befestigungsanlagen von Mont-Dauphin (um 1712), Embrun, beide Dép. Hautes-Alpes, und Cherasco/Piemont. Trassierung einer Straße durch die Berge von Tarare/Rhône. 1730 Errichtung der Kaserne von Montbrison/Drôme. Arbeiten in Lyon: 1724 Planung und Nivellierung der Pl. Louis-le-Grand (heute Pl. Bellecourt); ab 1737 am Quai de Retz beschäftigt; Bau der Maison des Comtes. 🕮 ThB9, 1913. *Audin/Vial* I, 1918; *Du Peloux* I, 1930. R. T.

Deville (De Ville), *Antoine*, frz. Festungsbaumeister in Istrien, * 1596 Toulouse, † wohl 1674. Stud. der Kriegsbaukunst anhand der Schriften von Jean Errard. Zunächst Minenexperte, wurde er als Teiln. an zahlr. Gefechten im Dienst des Prinzen von Savoyen Festungsbaumeister. 1630–35 in venez. Diensten, leitete bis 1632 in Pola (Pula) neben der Herrichtung des verödeten Hafens den Bau der Festung (später nach fremden Entwürfen voll.). Diente ab 1635 am frz. Hof, wurde geadelt. Inspizierte und verbesserte im Auftrag von Kardinal Richelieu an der Oise die Festungen von Verberie, Beaumont und Pont-Sainte-Maxence. 1637 Teiln. an den Schlachten bei Corbieu und Landrecy, 1639 bei Hesdin. – D. hat Verdienste um eine Festungsbaukunst, die zw. den ital. Ansätzen (Francesco Pacciotto) und dem bis zum Äußersten vervollkommneten frz. Modell von Sébastien Leprestre de Vauban liegt. ✉ Les fortifications du chevalier Antoine Deville, Lyon 1628; ibid. 1636; Pyctomachia veneta seu de pugna Venetorum in Ponte, Ve. 1633; Descriptio portus et urbis Polae antiquitatum, Ve. 1633; Obsidion corbiensis, P. 1637; Le siège de Landrecy, 1637; Le siège de Hesdin, 1639; De la charge des gouverneurs des places, P. 1639. 🕮 DBF XI, 1967; HBL III, 1993. – *A. v. Zastrow*, Gesch. der beständigen Befestigung, L. 1854 (Repr. Osnabrück 1983); *P. Hourmat/R. Poupel*, Bull. de la Soc. des Sciences Lettres et Arts de Bayonne 140:1984, 121–153; *A. Fara*, Il sistema di castello e la città, Ge. 1989. K. Kamenov

Deville, *Henry (Henri; Henry-Wilfrid)*, frz. Architekt, Radierer, Holzschneider, * 24. 7. 1871 Nantes. Ab 1907 in New York tätig, dort druckgraph. Ausb. bei Henry Winslow; 1908 Schüler von Auguste Lepère in Paris. Rückkehr nach New York, wo D. 1914 Rad. (38 Ansichten dieser Stadt) ausstellte. Bei Ausbruch des 1. WK wieder in Frankreich (Einberufung zur Armee). Arbeitete um 1919–24 v.a. als Architekt (Wiederaufbau). Danach erneut v.a. als Radierer tätig; stach Ansichten von Nancy und Paris. Bis 1932 in Frankreich nachweisbar. – In graph. Arbeiten wurde D. inspiriert von Canaletto sowie von James Abbott MacNeil Whistler, Jean Emile Laboureur und Charles Meryon. 🏛 PARIS, BN, Cab. des Estampes: v.a. Archit.-Motive von New York, Rad. ✉ French artist's discovery of New York, in: Internat. studio 1914 (Zuschr.). 🕮 Vol, 1953. *Bailly-Herzberg*, 1985; *Karel*, 1992; *Bénézit* IV, 1999. – IFF, Après1800 VI, 1953. C. R.

De Ville, *James S.*, brit. Bildhauer, * 1776, † 6. 5. 1846, tätig in London. In frühen Jahren ist D. für Joseph Nollekens mit dem Guß von Modellen beschäftigt. Möglicherweise hat er auch dort seine Ausb. erhalten. Auf eig. Rechnung scheint er zunächst Gipsabgüsse bek. Skulpt. vertrieben zu haben, deren Gußformen sich in seinem Besitz befanden, u.a. aus dem Nachlaß von Nollekens. 1809 wird D. von John Flaxman in einem Brief als „figure maker" bez., im Nachruf auch als Lampenmacher und Phrenologe. Von den Portr.-Büsten sind nur wenige erhalten, darunter die des jungen William Thackeray in der Nat. Portr. Gall., London, aus dem Jahr 1822. 🏛 LONDON, Nat. Portr. Gall.: William Blake, Gipsmaske, 1823. OXFORD, Radcliffe Libr.: J. S. Duncan, Büste, 1825. ⊙ *G:* 1823–36 London, RA. 🕮 ThB9, 1913 (s.v. Deville, J. S.). *Gunnis*, 1968; *Johnson* I, 1975. – Gentleman's mag. 1846, Tl 2, 104 (Nekr.). S. H.

Deville, *Jean*, frz. Maler, Holzschneider, * 27. 11. 1872 Lyon, † 1951, lebte in Paris. Schüler von Le Goff und Maximilien Luce, mit dem D. auch befreundet war. – Lsch., Portr., Stilleben (u.a. Blumenbilder), Genremotive; seine Arbeiten werden der „Jeune Peint. Franç." und „l'Art vivant" (1910–25) zugeordnet. 🏛 HONFLEUR, Mus.: Effet de neige, 1920. LYON, MBA: Hschn. ⊙ *G:* ab 1893 Lyon, Salon / Paris: 1902–10, '26 (Retr.), Salon des Indépendants; Salon des Tuileries; ab 1907 Salon d'Automne (Mitgl.); 1908 Salon Nat. des BA (Portr. de Nietzsche, Hschn.) 🕮 ThB9, 1913; Vol, 1953. *Bénézit* III, 1976; IV, 1999. C. R.

Deville, *Jean*, frz. Maler, Stecher, * 23. 6. 1901 Charleville/Ardennes, † 17. 4. 1972 Chamonix. In Paris Schüler von André Lhote; später im Atelier d'Art Sacré bei Maurice Denis und Georges-Olivier Desvallières; ab 1931 Graphik, angeregt durch Yves Alix und Gérard Cochet. 1938 Mitgl., später Präs. der Soc. de la Jeune Gravure Contemp.; 1945 Präs. der Union artistique des Ardennes. Ausz.: 1959 Ritter der Ehrenlegion. – V.a. Rad., daneben Lith. und Monotypien. Expressive, z.T. surreal anmutende bibl., hist. und soziale Szenen, in denen D. Angst und Tod thematisiert, dabei Annäherung an James Ensor und Félicien Rops. Auch Lsch., Figuren (Frauen, Kinder), Portr., Vignetten und Buch-Ill., z.B. für Jean de Sponde *Sonnets et Stances de la mort*, 1946. 🏛 BELFORT, MAH. BOSTON, MFA. CHARLEVILLE, Mus. Arthur Rimbaud. PARIS, BN. PHILADELPHIA/Pa., Mus. of Art. TOKIO, NM of Western Art. WIEN, Albertina. ⊙ *G:* 1948 Venedig: Bienn. 🕮 *Bailly-Herzberg*, 1985; *Bénézit* IV, 1999. – IFF, Après1800 VI, 1953; *C. Bouret*, J. D., œuvre gravé, 1932–1972, P. 1976. K. S.-D.

Deville, *Joseph Henri*, schweiz. Maler, Aquarellist, Lithograph, Stecher, * Dez. 1803 Genf, † 20. 11. 1857 ebd. Ausb. bei Nicolas Schenker in Genf sowie in Paris bei Louis Aimé Grosclaude und Antoine Jean Gros. 1844–50 (lt. älteren Quellen: bis 1846) Zeichenlehrer der EcBA Genf. 1846 Italienreise. Bereits als Schüler von Schenker als Stecher tätig für das *Mém. pour les traveaux de guerre* (publ. von Dufour, 1820). Mit Portr.-Lith. nach fremden Vorlagen am *Album de la Suisse romande* beteiligt. 🏛 GENF, Mus. Ariana. – Mus. Rath. 🕮 ThB9, 1913. HBLS II, 1924. D. T.

De Ville, *Joseph Vicars*, brit. Maler, * 1856 Eaton/Derbys., † 1925, lebte in Wolverhampton. Arbeitete in Birmingham bei einer Farbenhändler-Fa. Mitgl.: R. Birmingham Soc. of Artists (1906 Associate, 1917 Fellow). – Lsch. und ländl. Szenen in Wales und den Midlands. Werke bes. im Kunsthandel. ◎ *G:* u.a. seit 1876 Birmingham, R. Soc. of Artists / 1887–1914 London, RA / 1913–24 Glasgow, GI / 1919–24 Edinburgh, RSA. 📖 ThB9, 1913 (s.v. Deville, Vickers). *Fisher*, 1972; *Waters* I, 1975; *Johnson/Greutzner*, 1976 (Repr. 1990); RoyalAcadExhib II, 1977; *Wood*, 1978 (Repr. 1991); *Billcliffe* I, 1990; RSA Exhibitors I, 1991. K. F.

Deville, *Jules*, frz. Tapisserist, Autor, * 1825 Paris, † Mai 1891 ebd. Dort Präs. der Chambre syndicale des tapissiers und „juge" am Tribunal de Commerce. ✉ Recueil de doc. et de statuts à la corporation des tapissiers de 1258 à 1875, 1875; Dict. du tapissier, 1878–1880. 📖 DBF XI, 1967. C. R.

Deville, *Louis*, frz. Reisender, Autor, Amateurzeichner, Anwalt aus Paris. Er ließ sich am 10. 6. 1854 in Liverpool auf der „Canada" nach Nordamerika einschiffen; Aufenthalte in Kanada (u.a. Halifax, Montreal, Quebec, Toronto) und in den USA (u.a. Boston, New York, Chicago, St. Paul, entlang des Mississippi). D. veröff. 1861 in Le Tour du Monde die Reise-Beschr. *Voyages dans l'Amerique septentrionale, Etats-Unis et Canada*; darin hauptsächl. Ill. nach eig. Zchngn (u.a. gestochen von Gustave Doré und Paul Huet), z.B. *L'Escalier des géants, près de la cascade de Montmorency*; *Les Immigrants à bord d'un steamer du Saint-Laurent*; *Mille-îles, à l'entrée du lac Ontario*; *Le Lac Pépin*. In Paris Publ. auch von anderen Reise-Beschr.: Excursions dans l'Inde, 1860; Une aventure sur la mer Rouge, 1862; Excursions dans le Cornouailles et le Devonshire, 1863; Une semaine sainte à Jerusalem, 1863. 📖 *Karel*, 1992. C. R.

Deville, *Martial(?)*, frz. Bildhauer und/oder Maler (ymachinator) aus Toulouse, verpflichtet sich am 18. 1. 1391 zur Ausgestaltung der Kap. der Zimmerleute in der Eglise des Frères Prêcheurs; ob die (nicht erh.) Dekoration aus einer Malerei oder einem plast. Schmuck bestand, ist nicht bek., da der Beruf des „ymachinator" beides impliziert. 📖 *Beaulieu/Beyer*, 1992. R. T.

Deville (de Ville), *Nicolas-François*, frz. Architekt, Ingenieur, * 1712 Mont-Dauphin/Hautes-Alpes (get. in Lyon), † 12. oder 18. 12. 1770 Lyon (begr. in Villeurbanne). Sohn von André-Nicolas D. Ab 1740 Chef-Ing. der Prov. Lyon. Mitgl. der Acad. royale des BA und der Acad. de Lyon. Leutnant in der Parforcejagd des Königs. 1760 Ruhestand. – Tätigkeit in Lyon: 1747 Ausf.-Pläne für den Abriß von unterird. Anlagen im Stadtviertel Halincourt und ebd. Bau eines Quais; 1749 Planung des Grenier d'Abondance (Kornspeicher); 1752 Bauleiter der Brücke St-Clair; 1758–60 Voll. der vom Vater beg. Arbeiten am Quai de Retz und Errichtung eines Deiches an der Tête-d'Or. Zudem Bau von zwei Holzbrücken über die Loire in Roanne und Fertigstellung der Kaserne in Montbrison. ✉ Acajou et Zirphile, 1744 (ins Ital. übersetzt); Eloge de Louis Bordes, Mercure de France 1748; Discours de réception (Antrittsrede in der Acad. de Lyon, Juli 1739; Ms.); Des mines de charbon de terre, 1739 (Ms.). 📖 ThB9, 1913. *Audin/Vial* I, 1918; DBF XI, 1967. R. T.

Deville, *Pierre-Gustave*, frz. Maler, * 13. 2. 1815 Chinon/Indre-et-Loire. Schüler von Ary Scheffer. Im Salon Portr., Tierbilder und Stilleben. Langer Aufenthalt in Spanien. ◎ *G:* 1851–59 Paris, Salon. 📖 ThB9, 1913. *Bénézit* IV, 1999. E. S.

Deville, *Roland*, frz. Bühnenbildner, * 5. 3. 1936 Paris, lebt in der Schweiz. Stud.: 1954/55 Paris, Ec. des Arts décoratifs; 1961–63 Strasbourg, Ec. superieure d'art dramatique. Danach bis 1970 ebd. Lehrauftrag. – Entwarf für zahlr. Aufführungen (bis 1992 ca. 250) in der Schweiz, in Frankreich, Belgien und Deutschland die Bühnenbilder und Kostüme, seit 1987 auch für den Film. Sein bes. Interesse gilt den Beleuchtungseffekten als wesentl. Bestandteil des Bühnenbildes. 📖 Schweizer Lex., II, Luzern 1992. G. L.

Deville, *Vickers* → **De Ville,** *Joseph Vicars*

Devillebichot, *Jean Auguste*, frz. Maler, Konservator, * 8. 11. 1804 Talant/Côte d'Or, † 16. 11. 1862 Dijon. Onkel von Sophie Rude (geb. Frémiet). Stud.: zuerst EcBA Dijon bei Anatole Devosge, dann EcBA Paris bei Léon Cogniet. Portr. und relig. Sujets in akad., die Linie betonendem Stil. 1839–48 stellv. Dir., '48–51 Adjoint, '51–54 Dir., '54–56 Prof. an der EcBA Dijon; ab 1856 Konservator am MBA, Dijon. Ein Portr. von D. malte S. Rude (Dijon, MBA). 🏛 CHALONS-SUR-SAONE, Mus. Denon: Portr. Sophie Rude, Zchng. DIJON, MBA: Selbst-Portr., Öl; Portr. Claude Rey, Öl; St Bernard (Skizze). MARSANNAY-LA-COTE/Côte d'Or, Kirche: St Bernard jeune dans sa cellule, Öl. TALANT, Kirche: Ste Philomène, Öl, vor 1853. ◎ *G:* 1840, '49, '58 Expos. Dijon. 📖 ThB9, 1913. *Laveissière* I, 1980; *Schurr/Cabanne* I, 1996; *Bénézit* IV, 1999. – *Schurr* II, 1972. E. S.

Devillers, *Christian*, frz. Architekt, * 4. 12. 1946 Paris. Verh. mit Marina D. Stud.: EcBA ebd. bei Georges-Henri Pingusson; Unités pédagogiques d'archit. Nr 6 (Paris-La Villette) und Nr 8 (Paris-Belleville); Univ. de Paris VIII (Magister auf dem Gebiet des Städtebaus); Univ. of Pennsylvania in Philadelphia (Abschluß als Master of Archit.); vom Aufenthalt dort bewahrt sich D. die Begeisterung für die Bauweise von Louis Kahn und Ludwig Mies van der Rohe. Anfangs bei Paul Bossard tätig; zus. mit Marina D. an versch. Wettb. beteiligt. Ab 1974 bei Paul Chemetov angestellt, ab 1979 Partnerschaft mit ihm. Sie sanieren 1978–82 das große Wohngebiet Montreynaud in Saint-Etienne/Loire und errichten 1981 ein bed. Wohnhaus in Pantin/Seine-Saint-Denis. Beide sind Mitgl. des 1960 gegr. interdisziplinären Planungsbüros Atelier d'urbanisme et d'archit. (AUA), das D. jedoch alsbald wieder verläßt, um 1984 ein eig. Büro zu gründen. 1983 baute er bereits allein das Parkhaus Les Chaumettes in Saint-Denis mit aus Glasbausteinen bestehenden, vorgefertigten Platten; dafür erhält er 1984 die Ausz. Equerre d'argent der Gruppe Moniteur. Als Verfasser von ca. 20 Art. mit theoret. und krit. Betrachtungen spielt er in der frz. Archit. fortan eine wichtige Rolle. Überdies stellt er Überlegungen zu städt. Bebauungsplänen an und sieht dort nicht nur Lösungs-, sondern auch Verbesserungsmöglichkeiten. Für seine Unters. zur Plaine-Saint-Denis n. von Paris, zur Umgestaltung der Uferzonen am ehem. Industriekanal von Roubaix/Nord und zum Umfeld der Pariser Gare d'Austerlitz erhält er 1998 den Grand Prix de l'urbanisme et de l'art urbain. D.s jüngste Bauwerke sind Beispiele eines minimalist. wie auch auf Perfektion ausgerichteten Konzepts: beim Passage des Prince (Paris, 2. Arr., Ecke Boulevard des Italiens/Rue de Richelieu) lehnt er den „façadisme" zugunsten einer „polyphonen" Fassade ab (1994); beim Wohnungsbau in Vitry-sur-Seine/Val-de-Marne (1998) zeigt sich großes Einfühlungsvermögen bezügl. Farbwahl und Materialeinsatz. Seit 1996 unterrichtet D. Städtebau an der Ec. nat. des ponts et chaussées. ✉ Typologie de l'habitat et morphologie urbaine, Archit. d'aujourd'hui 1974 (174) 18–23; La reconstruction d'une ZUP (Zone à urbaniser à priorité) europ., AMC 1981 (Juni-Sept.); Les derniers puritains, ibid. 1986 (Juni); La vieille morale de la vérité, à l'heure de la barbouille, Archit. d'aujourd'hui 1988 (259); Sur l'hist. et l'analyse architecturale. Lettre à Françoise Choay, Cah. de la rech. architecturale, Parenthèses (Marseille) 1990 (26) 94–103; *L. J. Kahn*, Silence et lumière. Choix de conférences et entretiens, 1955–1974, P. 1996 (Übers. aus dem Amer. von *C. D.* und *M. Bellaigue*); 2. korr. Ausg., 1997. 📖 Techniques et archit. 1977 (314); Archit. d'aujourd'hui 1979 (203); 1981 (215); 1994 (294); Archit. intérieure Créé 1984 (199); AMC 1984 (6); *P. Blin*, AUA. Mythe et réalités. L'atelier d'archit. et d'urbanisme, 1960–1985, P./Mi. 1988; Archit. d'aujourd'hui 1994 (294); *F. Chaslin*, Urbanisme 1998 (301); C. D. Le Grand Prix de l'urbanisme et de l'art urbain 1998, P. 1998. S. Texier

Devillers, *George*, Historien- und Porträtmaler in Paris, wo er 1804 (Gold-Med.) bis 1819 im Salon ausstellte. Schüler von David. 📖 ThB9, 1913. *Bellier/Auvray* I, 1882; *Bénézit* IV, 1999.

Devillers, *Marina*, Architektin, * 15. 9. 1947 Bukarest. ⚭ Christian D. Stud.: bis 1972 Univ. of Pennsylvania, Philadelphia. Danach in Paris ansässig, wo sie 1977 zus. mit ihrer Schwester *Lena Perot* (* 3. 8. 1945 Bukarest, † 1996?; 1976 Dipl., Inst. d'Etudes polit., Paris) ein Archit.-Büro eröffnete; spezialisiert auf sozialen Wohnungsbau (u.a. in Reims, Cergy-Pontoise und Chambéry). Sie entwarfen 1987 einen Häuserkomplex (143 Wohnungen) in Pierrefitte, dort auch in städtebaul. Maßnahmen involviert. 1988 Erneuerung und Ausbau des Rathauses in Aubervillers in einem streng geometr. orientierten Modernismus. 📖 DA VIII, 1996. – *C. Lorenz*, Women in architecture. A contemp. perspective, N. Y. 1990, 26 s. C. R.

Devillez, *Louis Henri*, belg. Bildhauer, Medailleur, Maler, * 19. 7. 1855 Mons, † 2. 2. 1941 Brüssel-Ixelles. Zunächst Besuch der ABA Mons (lt. ThB ABA Antwerpen, lt. Kjellberg ABA Brüssel), anschl. Schüler von Pierre Jules Cavelier an der EcBA Paris. D.s Erstlingswerk ist eine *Schlafende Bacchantin* (1878 Paris, WA, 1879 im Pariser Salon Gold-Med.). Im Anschluß führte er v.a. Porträtbüsten und Reliefs in Bronze, Marmor, Terrakotta und Gips aus; außerdem ca. 30 Med., Plaketten sowie mytholog. und allegor. Figuren, darunter die Bronzestatue *Le Réveil* (Brüssel, Botan. Garten). Als Hw. gilt die Bronzegruppe *Guibal et Devillez père*, die 1902 in Mons vor der Ec. des Mines eingeweiht wurde. D. war v.a. auch als Sammler zeitgen. Kunst bek. und hinterließ dem Louvre die bedeutendste Slg von Werken des Malers Eugène Carrière, zu dem er engen Kontakt pflegte. 🏛 AVIGNON, Mus. Calvet. BELFORT, MAH. BRÜSSEL, MRBAB. MEISE, Jardin botanique de l'Etat. MONS, MBA: Portr. de Alexandre Gendebien, weißer Marmor, sign. 1880. – F. P. H., rue de Houdain. – Hôtel de ville. 👁 *G:* 1878, '89 Paris: WA / 1882 Mons, Expos. des BA / Brüssel: 1884 Expos. gén. des BA; 1893 Salon. 📖 ThB9, 1913. *Forrer* I, 1904; BNB XXXI, 1961 (Suppl. III. 1; s.v. D., Emile-Henri-Louis); *Bénézit* III, 1976; IV, 1999; *Mackay*, 1977; *Arto*, 1978; *Kjellberg*, 1987. – *J. Mambour-Deboulle u.a.*, Mons. Deux s. d'art, Br. 1989. – Mitt. G. van der Meer, Den Haag; Mus. comm. de Mons. P. Thoma

Devillié, *Charles (Charles Antoine)*, frz. Maler, * 10. 3. 1850 Roanne/Loire, † 9. 5. 1905 Riorges/Loire. Sohn des Stuckmalers *Louis D.* Nach 1871 in Paris Lehre als Stuckmaler; später Ltg des väterl. Betriebs in Roanne. Wandte sich daneben der Malerei zu: in Roanne Zeichenschüler von Henri Sénart und in Paris Schüler der Acad. Suisse. – Impressionist. Lsch., Portr., Interieurs (nicht dat.) in Annäherung an die Schule von Barbizon und im Spätwerk an Claude Monet. 🏛 ROANNE, MBA Joseph Déchelette. 👁 *E:* Roanne: 1926; 1980 MBA Joseph Déchelette (K). 📖 DBF XI, 1967; *Harambourg*, 1985; *Schurr/Cabanne* I, 1996. – *Schurr* III, 1976; *J. Cherpin*, C. D. 1850–1905. Peintre impressionniste, Marseille 1978. K. S.-D.

Devillié, *Louis* cf. **Devillié,** *Charles*

Devillier, *Charles Arthur*, US-amer. Glaskünstler, Designer, * 23. 7. 1951 Baton Rouge/ La., A. der 1980er Jahre in Laurel/Md. ansässig. Stud.: bis 1977 Louisiana State Univ., Baton Rouge. – U. a. Tafelglasmalereien in Kirchen. 📖 WWAA, 1980; 1984 (Werke, Ausst.). C. R.

Devilliers, *Hyacinthe-Rose*, frz. Maler, Illustrator, * 15. 10. 1808 (lt. Bellier/Auvray; lt. ThB 1794) Paris. Stud.: ab 1815 (lt. Bellier/Auvray) EcBA Paris bei Antoine-Jean Gros und Pierre-Narcisse Guérin. Im Salon Portr. und hist. Sujets. Ill. u.a. für *Guide pittoresque de l'étranger dans Paris et ses environs* (gestochen von Antoine Bertrand, ed. bei Jules Renouard, P. ca. 1844). 🏛 PARIS, BN, Dép. des imprimés. 👁 *G:* 1831–46 Paris, Salon. 📖 ThB9, 1913. *Bellier/Auvray* I, 1882; *Bénézit* IV, 1999. – IFF, Après1800 VI, 1953; L'art d'illustration. Frz. Buch-Ill. des 19. Jh. (K), Wolfenbüttel 1985; Les salons retrouvés (K Calais u.a.), II, [Lille] 1993. E. S.

Devilliers de Maisonrouge, *Joseph*, frz. Architekt, 1746 Ausb. an der Acad. royale d'Archit. in Paris. 1774 zeitweilig Bauleiter am Schloß von Bénouville/Seine-Maritime (nach Plänen von Claude Nicolas Ledoux; erh.); zudem liefert D. Entwürfe für die Gartengestaltung sowie versch. Ausstattungsstücke, z.B. Öfen, Brunnen und Kamine. 1783 von der Marquise de La Rivière für den Entwurf eines Hôtel in Paris (Rue Saint-Dominique) bezahlt. 📖 *Gallet*, 1995. R. T.

Devilly, *Théodore-Louis*, frz. Maler, Konservator, * 28. 10. 1818 Metz, † 24. 12. 1886 Nancy. Stud.:

zunächst Ec. mun. de dessin, Metz; danach ebd. Schüler von Charles Laurent Maréchal (Zus.-Arbeit und Freundschaft; 1833 gemeinsame Reise nach Belgien und Holland); Versuche mit Hschn.; ab 1834 EcBA Paris bei Paul Delaroche; lt. DBF auch Schüler von Alfred Decaen. 1841 (oder '42) aus familiären Gründen Rückkehr nach Metz; bis 1853 (oder '70) Mitarb. im Atelier für Glasmalerei von Maréchal (Zchngn). Zahlr. Reisen in Frankreich und nach Algerien. 1864 Dir. der Ec. de dessin et de sculpt., Metz. Nach dem dt.-frz. Krieg 1870/71 optiert D. für Frankreich und siedelt nach Nancy über; ab 1871 Dir. der Ec. de dessin (Reorganisation) und Konservator am MBA (Ankäufe); ab 1882 Dir. der neugegründeten Ec. régionale des BA. – Bek. sind v.a. militär. Sujets und Schlachtenbilder, die dem Vorbild von Eugène Delacroix folgen und von diesem geschätzt wurden; außerdem mytholog. Sujets, Jagdszenen, Lsch. der Vogesen (bes. Aqu.) sowie Genreszenen; gelegentl. Buch-Ill. (lithogr. Zchngn). Ausz.: 1852 Med. 3. (oder 2.) Kl.; 1857, '59, '61 Rappel. Ein Portr. von D. zeichnete Henri Royer. ⌂ BORDEAUX, MBA: Le marabout de Sidi-Brahim, Salon 1859. METZ, MBA: u.a. Bataille de Solferino, Salon 1861; Bivouac dans la neige, Salon 1867. NANCY, MBA: u.a. La mort du Sergent Blandan au combat de Béni-Méred, Salon 1882. ⊙ *G:* Metz: 1840, '41 Salon (lt. Bellier/Auvray); 1861 Expos. univ. (Ehren-Med.) / 1852–82 (lt. ThB und Schurr 1840–82) Paris, Salon / 1867 Lyon, Expos. univ. (Große Med.). ▭ ThB9, 1913. *Bellier/Auvray* I, 1882; DBF XI, 1967; *Harcos*, 1991; *Schurr/Cabanne* I, 1996; *Bénézit* IV, 1999. – *T. Knoepfler*, T. D., peintre messin. Notes et souvenirs, Austrasie 1905 (Okt.) 129–163; IFF, Après1800 VI, 1953; *D. H. Barry*, Pays lorrain 60:1979 (1) 40–46; *Schurr* V, 1981. – Nancy, Arch. mun. E. S.

Devin, *André*, frz. Architekt, * 1905 Sedan, † 1983 Marseille. Stud.: bis 1930 (Dipl.) EcBA Paris bei Paul Bigot. Anschl. in Marseille ansässig; baut zus. mit Eugène Chirié zahlr. Kinos und Cafés. Beim Wiederaufbau des im 2. WK zerst. Alten Hafens in verantwortl. Position, schließl. neben Fernand Pouillon Stellvertreter des Chefarchitekten Perret; v.a. Gest. der Fassaden zu den Quais. Ab 1952 Architekt des Gewerbegebietes Marseille Saint-Gabriel. – Durch die trad. Ausb. zunächst von Auguste Perret, später v.a. von Willem Marinus Dudok, Franco Albini und Richard Josef Neutra beeinflußt; Vertreter von an mediterranen Bauformen orientierten mod. Auffassungen. ⌂ *1963–80 ausgef. Werke:* AVIGNON: Rest. der Kartause von Bonpas. MARSEILLE: Fa. Benoit; mehrere medizin. Einrichtungen der Univ.; Hôpital Nord; Hôpital de la Timone (zus. mit René Egger). ▭ Dict. de l'archit. du XXe s., P. 1996. R. T.

Devin, *François*, Kupferstecher, am 20. 9. 1705 (Beerdigung seiner Ehefrau) in Paris urkdl. belegt. Wahrsch. ident. mit dem Stecher *F. Devin*, der E. des 17. Jh. Lsch. nach Louis de Silvestre stach. ▭ ThB9, 1913. *Herluison*, 1873. – IFF, GravXVII III, 1954. C. R.

Devincenti ([De] Vincenti), *Antonio Felice (Antonio Felicio)*, ital. Ingenieur, Architekt, Offizier, * 1690 Vigone (um 1690 Turin?), † 9. 9. 1778 Turin. Trat noch jung in das Turiner Bataillon der Kannoniere ein und bewährte sich als Soldat in Sizilien und Sardinien, so daß er 1774 Infanterie-Generaloberstleutnant und Oberst des Artillerieregiments wurde. Daneben spezialisierte er sich auf militär. Archit. und wurde 1773 von Vittorio Amedeo III. zum Leiter des Congresso degli Edili ernannt. 1714–20 im von Savoyen regierten Sizilien mit der Vermessung des Stadtplans und Kastells von Termini Imerese beauftragt. 1720 verliert Savoyen Sizilien an Österreich und erhält im Austausch Sardinien, wo D. sich bis 1734 aufhält und die Festungen der Küste ausbaut. 1722 entwirft er die in Cagliari geplante Basilika S. Maria di Bonaria (Modell im Ist. di Disegno der Ing.-Fak. Cagliari), die erst nach den modifizierten Plänen von Giuseppe Viana errichtet wird (Fassade erst 1956 voll.). Zurück in Turin, ist D. zwar auch noch an der Entwicklung neuer Projekte für Sardinien beteiligt (z.B. Pal. R. und Univ. von Cagliari), wendet sich aber v.a. dem Bau des Arsenals in Turin zu. Um die nach Plänen von Carlo Morello bereits 1659 erb. Gießerei errichtet er das nach Andreas Schlüters Zeughaus in Berlin größte barocke Arsenal. Erster Bauabschnitt 1738–42, voll. 1760–83 (Nachf. von D. ist Ignazio Renato Camillo Birago di Borgaro) als ein rechteckiger Gebäudekomplex um große Höfe mit Büros, Wkst., Gießereien, Magazinen, Wohnungen etc. (heute Sitz der Scuola d'Applicazione Genio Artiglieria). Daneben beschäftigte er sich noch mit anderen Projekten wie 1749 in Nizza mit dem Bau des Hafens (Orig.-Plan Turin, Bibl. Naz., Album Tavigliano; Kopien: ebd., Arch. di Stato; Nizza, Arch. dép.) mit Giov. Batt. Borra und Francesco Michaud (1770–83 von Filippo Nicolis di Robilant voll.), dem Entwurf für das Zifferblatt des Uhrturms und 1756 dem zur Vergrößerung des Augustiner-Konvents von Nizza. 1760 entwarf er die Brücke in Cuorgnè über den Orco und 1762 die in Moncalieri über den Sangone (Pläne Turin, Arch. di Stato). ▭ ThB34, 1940 (s.v. Vincenti, De). *Brayda/Coli/Sesia*, 1963; DBI XXXIX, 1991 (Lit.). – Reclams Kunstf. Italien 1. 2, 1982; *D. Foussard/G. Barbier*, Baroque niçois et monégasque, P. 1988; TCI Torino e Valle d'Aosta, 1996. S. P.

De Vincentis (De Vincentiis), *Francesco*, ital. Maler, * 2. H. 19. Jh., † 1938 Chieti. Vermutl. aus Chieti stammend; erhielt seine Ausb. an der ABA in Neapel bei Stanislao Lista und Filippo Palizzi. Er kehrte dann in seine Heimat zurück, übersiedelte 1894 nach Lucera. Reisen nach London und Paris; ließ sich 1905 endgültig in Chieti nieder. Hier Prof. für Zchng am Ist. Tecnico. D. schuf relig. Darst. und Porträts. Von ihm ein Gem. in L'Aquila, S. Bernardino. ⌂ TERAMO, PCiv.: Der Antiquar; Lesender Mann; Alte Frau in der Küche; Landschaft. – Mus. d'arte C. Barbella: Lsch. ▭ TCI Abruzzo e Molise, 1965; *D. V. Fucinese*, Arte e archeol. in Abruzzo (Bibliogr.), R. 1978; PCiv. di Teramo, Mi. 1998. G. W.

De Vincenzi, *Giorgio*, ital. Maler, Graphiker, Zeichner, * 19. 12. 1884 Ferrara, † 1965 Bologna. Autodidakt. Debütiert 1907 in Rimini. Unmittelbar nach dem 1. WK im kult. Leben Ferraras integriert. E. der 1920er Jahre Übersiedlung nach Bologna, wo er intensiv ausstellt. – Lokale Lsch.-Motive in kontrastreichen, leuchtenden, beinahe kristallin klaren Farben, häufig mit Gegenlichteffekten. Außerdem Blumenbilder, u.a. *Orti bo-*

tanici. Später v.a. Porträts. Neben Gem. v.a. Kohle- und Bleistift-Zchngn sowie Rad. und Stiche. 🏛 BOLOGNA, Gall. Com. d'Arte. – Coll. della Cassa di Risparmio. FERRARA, Municipio. ⊙ *E:* Mailand: 1921 Gall. Vinciana; 1923 Gall. Borgonuovo; 1925 Gall. Geri; 1926 Bottega di Poesia. – *G:* Bologna: 1927, '34 Mostra naz. del paesaggio; 1932–64 Sindacato BA Emilia e Romagna / 1936, '48, '50 Venedig: Bienn. 📖 Vo5, 1961 (s.v. Vincenzi, Giorgio De). *Comanducci* II, 1971; PittItalNovec/1 II, 1992 (Ausst.). – Le coll. d'arte della Cassa di Risparmio in Bologna, III, I disegni, Bo. 1977. D. T.

De Vincenzo, *Giovanni,* ital. Bildhauer, Zeichner, * 1. 6. 1932 Apice/Benevento, lebt in Neapel. Stud.: ABA Neapel. Debütiert in den 50er Jahren mit kompakt und mon. strukturierten Werken. Später expressionist.-surreal beeinflußte Darst. von abgezehrten, bizarren menschl. Figuren und Tieren in Ton, Gips, Zement und Eisen (*Apocalisse*; *Grande pescatore*, 1964; *Astronauti*, 1965; *Lotte di galli*, 1967; *Don Chisciotte*, 1970). In den 70er Jahren wendet sich D. mytholog. Archetypen des Mittelmeerraumes zu und gießt eine Ser. von Bronzen zum Thema Metamorphosen (*La rinascita*; *La consapevolezza*; *La purità*; *La sopraffazione*). Arbeitet in den 80er und 90er Jahren in Bronze (*Colomba*; *Cavaliere*), Eisen (*Società*) und Holz (*Radici*). Ass. am Lehrstuhl für figürl. und ornamentale Plastik des Liceo Artist. in Neapel. Gelegentl. auch Arbeiten in Tempera, Zchngn und Serigraphien. 🏛 MORANO CALABRO/Cosenza, Comune. NEAPEL, GAM. RAVENNA, Mus. Dantesco. ROM, Gall. Naz. d'Arte Mod. SAN GIORGIO A CREMANO, Mus. ⊙ *E:* 1965 Rom, Gall. Penelope (K: D. Morosini) / Mailand: 1966 Gall. 32; 1974 Centro Arte Internaz. (K: M. De Micheli); 1980 Gall. degli Osti (K: F. Passoni); 1989 Mus. di Milano (K: F. Ogliari); 1991 Pal. Borromeo / S. Giorgio a Cremano (Neapel): 1971 Pal. Com. (K: A. Miele); 1973, '75 Gall. S. Giorgio / 1972 Pozzuoli. Gall. Stress / 1977 Neapel, Gall. Apogeo. – *G:* Neapel: ab 1961 Premio Gemito; 1966 Gall. Leonardo: Dimensioni del linguaggio figurale / 1962, '67 Carrara: Bienn. / 1962, '69 Florenz, Premio Il Fiorino / 1963 Verona: Bienn. / 1963, '69 Premio Suzzara / 1965 Rom: Quadrienn. / 1967 Mailand, Premio Ramazzotti / 1990 Bologna Gall. Artespaziodieci. 📖 EU SEDA III, 1969; ASA Italia IV, 1971; *Comanducci* II, 1971; DizBolaffiScult, 1972; DizBiogrMerid I, 1974. – *C. Ruju*, Arti 1966 (1) 30 ss.; *G. Andreani*, Apologia del Logos (K), Fi. 1991. N. Corradini

Devine, *Jed (J. E.)*, US-amer. Fotograf, * 31. 8. 1944 Mount Kisco/N. Y., in New York ansässig. Stud.: 1967 Yale Univ., New Haven/Conn.; 1972 Yale's SchA and Archit., ebd. Lehrt seit 1977 an der State Univ. of New York in Purchase. Publ.: The Bethesda Terrace (Aufnahmen aus dem New York Central Park, 1979–83). 🏛 NEW YORK, Metrop. Mus. – MMA. – Seagram Coll. 📖 *Browne/Partnow*, 1982. – *H. Shorr*, ArtsMag 61:1987 (6) 36 s. C. R.

Deviné, *Jules Charles*, frz. Maler, Schriftsteller, Kunstkritiker, * 18. 9. 1873 Hirson/Aisne, lebte in Paris, dort bis 1914 belegt. Autodidakt. – Atmosphär.-pittoreske Lsch. ⊙ *G:* ab 1908 Paris, Salon des Indépendants / 1913 Vichy: Expos. (Silber-Med.). 📖 LivreD'Or, 1921. C. R.

Devinov-Njurenberg, *David Markovič* → **Njurenberg-Devinov,** *David Markovič*

Devinská, *Edita*, slowak. Keramikerin, * 22. 4. 1949 Bratislava, lebt in Prag. Stud.: 1964–68 KGS Bratislava; 1969–75 HS für angew. Kunst Prag bei Otto Eckert; 1975–76 mit Stip. am Ist. Statale d'Arte per la Ceramica Faenza bei Leoni und Chili. – Vielseitiges Schaffen: Entwürfe von Gebrauchsgegenständen für die Serienproduktion (Vasen, Dosen, Schalen, Aschenbecher), von Figuralplastik und Fliesen, Ausf. baugebundener Arbeiten (Springbrunnen, keram. Wände), freie Arbeiten (Kleinplastik, Reliefs, Schmuck, Objekte). Auch Mat.-Experimente, bei denen spontane Modellierungsspuren (bei Vasen) bes. reizvoll sind; ihre Spezialität sind in der Form gegossene Vasen. Beim Dekor v.a. von der Natur inspiriert. 🏛 FAENZA, Mus. Internaz. delle Ceramiche. ✉ Interview: Mladá fronta v. 29. 11. 1984. ⊙ *E:* 1981 Prag. – *G:* u.a. 1976 Faenza, Internat. Keramik-Ausst. (Gold-Med.). 📖 Slov. českých a slovenských výtvarných umělců, II, Ostrava 1998. – *P. Drdácká*, Výtvarná kultura 1981 (5) 55 s.; *ead.*, Für Sie aus der Tschechoslowakei 1981 (4) 32 s.; *M. Klivar*, Glasrevue 42:1987 (8) 25–29. Ľ.Novotný

De Virgilio, *Guido*, ital. Maler, * 26. 6. 1917 Sant'Anastasia/Neapel, lebte seit 1946 in Rom. Davor langer Schweiz-Aufenthalt; tätig in Genf, zugehörig einer Gruppe von Lsch.-Malern (deren typischster Vertreter Charles de Ziégler ist); mehrmals in Paris. Geprägt durch die frz. Malerei des späten 19. Jh. und das ital. Novecento. 1946 Rückkehr nach Italien und vielfältige stilist. Experimente. Ab 1954 Freundschaft und Zus.-Arbeit mit Ugo Rambaldi (dem Führer der Spoletini), die für D. prägend wird, v.a. bei seiner Auseinandersetzung mit Cézanne. ⊙ *E:* 1956 Rom, Gall. La Feluca / 1957 Ferrara, Gall. Cosmé / 1958 Venedig, Gall. S. Stefano. 📖 *Comanducci* II, 1971. S.-W. S.

De Virgilio, *Luigi*, ital. Maler, * 18. 12. 1904 Fano, † 1974 ebd. Grundschullehrer. Ausb. in Zeichnen an einer lokalen KSch. Ab 1945 autodidakt. als Maler tätig. – Verbindet trad. Strömungen der Malerei des 19. Jh. 🏛 FANO, MCiv. 📖 *Comanducci* II, 1971 (Ausst.); MercatoArtItal, 1971. – La Pin. Civ. di Fano. Cat. gen., Fano 1993. D. T.

Devis, *Anthony* (irrig: *Anthony Thomas*), brit. Maler, Zeichner, * 18. 3. 1729 Preston/Lancs., † 26. 4. 1816 Albury/Surrey. Sohn des Tischlers Anthony D. aus zweiter Ehe. D. war viell. Ass. seines Halbbruders Arthur D. in London, wo er ab 1742 nachweisbar ist und um 1762 mit seinem Bruder, dem Silberschmied *John D.*, zusammenlebte, der später u.a. D.s Gem. rahmte. 1753–61 Councilor of Preston. Lebte ab 1780 in Albury/Surrey. – D. malte Landsitze und Parks des engl. Adels und des wohlhabenden Bürgertums sowie Kopien für die Innendekoration der Wohnsitze (u.a. nach Canaletto, Paul Bril, Annibale Carracci). Dabei kamen ihm wahrsch. die Kontakte und das Vorbild seines Halbbruders Arthur D. zugute, dessen Portr. D. u.a. kopierte. Dat. Öl-Gem. von D. sind erst ab 1762 bek., z.B. malte er 1770 für William Aislabie sechs Öl-Gem. auf Kupfer von den Tempeln und Grotten in Studley Royal/Yorks. (Priv.-Slg). Die einfachen, idealisierten Lsch.-Komp. (Öl, Aqu., z.T. später gestochen) mit dekorationsartigen Figuren lehnen sich deutl. an Claude Lorrain, Gaspard Dughet und an die holl. Lsch.-Malerei des 17. Jh. an. Die zunehmend pastoraler und lieblicher werdenden Szenen zeigen u.a. zeitgen. Moden wie z.B. die Bildrahmung durch überhängende Zweige oder Felsen. D.s Maltechnik ist jedoch unmalerisch und oberflächlich. Er malte außerdem genreartige Gem. und Min. sowie Gem. mit einzelnen Baumarten nach dem Buch „Sylva, or a discourse of Forest Trees" (Lo. 1664) von John Evelyn. Auf Reisen durch England entstanden topogr. Zchngn (Kreide, Kohle, Bleistift, Tusche), z.B. ab 1755 v.a. in Wales (u.a. Wasserfälle von Aberdulais und Ystradfellte, Landsitze, Ruinen in Glamorganshire) und in den frühen 1760er Jahren im Lake-District. D.s Zchngn des Landsitzes Enville/Staffs. wurden von der Man. Wedgwood 1773 als Vorlagen für das Tafelservice mit dem grünen Frosch für Katharina II. von Rußland verwendet, bek. sind jedoch keine Originalvorlagen, sondern nur vergleichbare Ansichten. Nach M. der 1780er Jahre scheint D. keine Aufträge mehr angenommen zu haben und fertigte v.a. Ansichten der engl. Südküste (Sussex, Hants., Devon) sowie nach Reiseskizzen anderer Künstler von Irland und vom europ. Kontinent an. D. verbesserte und kopierte ferner A. der 1790er Jahre die in Italien und Spanien entstandenen Zchngn seines Schülers William Assheton, arbeitete als Gem.-Restaurator und befaßte sich mit Schnitzerei und Tischlerei. D. war ein eklekt. Künstler, dessen Stärke in topogr. Zchngn lag. Char. ist seine unterbrochene und gestrichelte Linienführung. 🏛 ABERDEEN, AG. ABERYSTWYTH, Nat. Libr. of Wales. AUCKLAND, City AG. BATH, Victoria AG. BELFAST, Ulster Mus. BIRMINGHAM, Mus. and AG. BLACKPOOL, Grundy AG. BOLTON, Mus. and AG. BOSTON, Mus. of FA. BRISTOL, Mus. and AG. CAMBRIDGE, Fitzwilliam Mus. CARDIFF, NM of Wales. DUBLIN, NG of Ireland. DUDLEY, Mus. and AG. EASTBOURNE, Towner AG. EDINBURGH, NG of Scotland. KENDAL, Abbot Hall AG. KNUTSFORD, Tabley House. LEEDS, City AG. LEICESTER, Leicester Mus. and AG. LONDON, BM. – Courtauld Inst. – Tate Gall. – V & A. MANCHESTER, City AG. – Whitworth AG. NEW HAVEN, Yale Center for Brit. Art. NEWPORT, AG. NORWICH, Castle Mus. OXFORD, Ashmolean Mus. PRESTON, Harris Mus. and AG. UPTON HOUSE/Warwicks. WINDSOR, Windsor Castle, R. Coll. WORTHING, Mus. and AG. YORK, City AG. 👁 *E:* 1939 London, Squire Gall. (K). – *G:* London: 1761, '63 Free Soc.; 1772, '81 RA / 1937 Preston, Harris Mus. and AG: Twelfth Annual Spring Exhib. (K). 📖 ThB9, 1913 (s.v. D., Anthony Thomas). *Grant*, Dict., 1952; *Grant*, ChronolHist III, 1958 (Repr. 1973); *Mallalieu* I, 1976; *Waterhouse*, Dict., 1981; DA VIII, 1996. – *S. H. Pavière*, Antique collector 5:1934 (3) 41–44; 6:1935 (3) 83–85; *id.*, Walpole Soc. 25:1936–37, 115–166; *id.*, The D. family of painters, Leigh-on-Sea 1950; Drawings by A. D. (K Harris Mus. and AG), Preston 1956; *E. Young*, Auckland City AG quart. 1977 (64) 8–10; *S. Whittle*, A. D. (1729–1816). A picturesque traveller (K Harris Mus. and AG), Preston 1993; *H. Young* (Ed.), The genius of Wedgwood (K V & A), Lo. 1995. H. St.

Devis, *Anthony* (1688) cf. **Devis,** *Arthur*

Devis, *Arthur*, brit. Porträtmaler, * 12. 2. 1712 Preston/Lancs., † 25. 7. 1787 Brighton. Sohn des Tischlers *Anthony D.* (* um 1688, † nach 1762) aus erster Ehe. Vater von Arthur William D. und Thomas Anthony D. Verließ Preston zw. 1722 und 1728. Ass. oder Schüler von Peter Tillemans in London, ab 1742 dort eig. Atelier, ab 1783 Ruhestand in Brighton. Mitgl.: 1761 Soc. for the Encouragement of Arts, Manufactures and Commerce; 1763 Free Soc. of Artists, 1768 Präs. – D. kopierte bei Tillemans Gem. von Marco Ricci, Giovanni Paolo Pannini und Pieter van Bloemen und malte bis 1733 v.a. ital. Ansichten. Die graph. Klarheit, der dünne Farbauftrag und die panoramaartige Weite der Lsch. im Werk von D. gehen sicher auf Einflüsse von Tillemans zurück (*Hoghton Tower from Duxon Hill*, 1935, Priv.-Slg). D. konzentrierte sich anschl. wahrsch. aus finanziellen Gründen auf Konversationsstücke, d.h. auf kleinformatige Ganzfigur-Portr. in häuslicher oder Lsch.-Umgebung für den Landadel und das aufstrebende Bürgertum (zw. 1742 und 1745 Aufträge v.a. aus der Gegend um Preston, wo sein Vater im Gemeinderat war). Frühe Arbeiten sind stilist. mit der niederl. Genremalerei (*Lady in a Drawing Room*, 1740–41, New Haven) und mit Arbeiten von Gawen Hamilton (*Children in an Interior*, ca. 1742–43, New Haven) vergleichbar. Die Figuren in repräsentativen Räumen mit zunächst auffallenden Licht-Schatten-Kontrasten entstehen aus einem Netzwerk von horizontalen und vertikalen Linien. Um 1747/48 wurde D.s Palette frischer, die Beleuchtung ausgeglichener, und die Darst. zeigt frz. Rokokoeinflüsse (*The Duet*, 1749, London, V & A). Dank einer Gliederpuppe als Modell agieren die Figuren nun in versch., z.T. symbol. Haltungen und Gesten, u.a. nach Vorlage von Stichen von Antoine Watteau sowie des Anstandsbuchs von François Nivelon „Rudiments of Genteel Behaviour". Die perspektiv. einfachen Interieurs sind fast immer erfunden, z.T. mit Hilfe von architekton. Musterbüchern; sinnbildl. Gegenstände oder z.B. Möbel und Porzellan aus dem Fam.-Besitz weisen jedoch auf den Auftraggeber und dessen gesellschaftl. Status hin. Die Komp. ist bühnenartig angelegt, char. ist eine hervorragende Ausarbeitung der versch. Mat. sowie eine starke Konturierung. Die wenig in ihrer Größe variierenden Figuren wirken u.a. durch ihre flächige Darst. und undifferenzierte Lichtgebung steif und marionettenartig. D. befaßte sich deutl. intensiver mit Ausstattung, Kostüm oder Lsch. als mit der Physiognomie und Anatomie der Porträtierten. Die meisten Aufträge erhielt D. zw. 1748 und 1758, darunter v.a. Portr. in der Lsch., bei denen er die Figuren in leichter Aufsicht kurz hinter dem z.T. durch botan. Details betonten Vordergrund zeigt und im Mittelgrund häufig einen Flußlauf integriert. Die auf den Auftraggeber bezogenen Lsch. sind trotz Vorlage von Archit.-Zchngn oder eig. Studien deutl. vereinfacht wiedergegeben (*Sir John Shaw and His Family in the Park at Eltham Lodge, Kent*, Chicago). Um 1750 entstanden, viell. beeinflußt von D.s Ateliernachbar Benjamin Wilson, einige Gem. mit dunklerer, reduzierter Farbgebung und starken Helldunkelkontrasten, die Gefühlsbewegungen hervorheben (*Assheton Curzon with His Tutor, Dr Roger Mather*, um 1754, Priv.-Slg). Weil D. neue Kunstströmungen und z.B. die natürlichere Darstellungsweise von Johann Zoffany nicht aufgriff, verlor er ab 1760 zunehmend an Bedeutung und verlegte sich anschl. wahrsch. auf Gem.-Restaurierungen, wie z.B. ab 1762 in Arbury Hall/Warwicks. für Sir Robert Newdigate, der zuletzt sein wichtigster Förderer war. 1769 malte D. zwei Gem. für William Hastings (verschollen), und 1777 restaurierte er die Painted Hall im Greenwich Hospital. Von D. sind zudem Min., Portr. auf Glas und vier Selbst-Portr. bekannt. Zu seinen Schülern gehörte der Schwiegersohn Robert Marris. Stilist. ähnliche Lsch.-Darst. weisen auf eine Zus.-Arbeit mit Anthony D. hin und vermutl. kooperierte D. auch mit John Seymour (*Leak Okeover, Rev. John Allen and Captain Chester in the Grounds of Okeover Hall, Staffs.*, um 1745–47, New Haven). Dieselben Auftraggeber und formale Affinitäten führten mehrfach zu irrigen Zuschr. von D.s Werken an Edward Haytley. D.s fehlende Ausb. in Portr.-Malerei zeigte sich in maskenhaften Gesichtern, affektierten Posen und altmod. Manierismus, er besaß aber ein bes. Gespür für Maßstab, Plazierung und Raumillusion und war einer der wenigen Künstler, die sich ganz auf Konversationsstücke spezialisiert hatten. Mit der fast gleichwertigen Behandlung von Lsch. und Portr. leistete D. jedoch einen wichtigen Beitrag zu der engl. Trad. des Portr. in der Landschaft. 🏛 BIRMINGHAM, City Mus. and AG. BOSTON/Mass., MFA. CHICAGO, Art Inst. FORT WORTH, Kimbell AM. KEDLESTON/Derbys. KINGSTON UPON HULL, Ferens AG. LANCASTER, City Mus. LANHYDROCK/Cornwall. LEICESTER, Leicestershire Mus. and AG. LIVERPOOL, Walker AG. LONDON, Nat. Portr. Gall. – Tate Gall.: u.a. The James family, 1751. – V & A. MANCHESTER, City AG. MELBOURNE, NG of Victoria: The Clavey Family, 1754. NEW HAVEN/Conn., Yale Center for Brit. Art. NEW YORK, New York Univ., Inst. of FA. PRESTON, Harris Mus. and AG. SAN FRANCISCO, FA Mus. UPPARK/Sussex. UPPERVILLE/Va., Paul Mellon Coll. UPTON HOUSE/Warwicks. WASHINGTON/D. C., NG of Art. WIMPOLE HALL/Cambs. WOLVERHAMPTON, AG. 👁 *G:* 1761–80 London, Free Soc. / 1937 Preston, Harris Mus. and AG: Twelfth Annual spring exhib. (K). 📖 ThB9, 1913. DNB XIV, 1888; *Kindler*, ML II, 1980; *Waterhouse*, Dict., 1981; *M. Beasley*, Five c. of artists in Sutton, Sutton 1989; *Wingfield*, 1992; DA VIII, 1996. – *S. H. Pavière*, Antique collector 5:1934 (3) 41–44; *S. Sitwell*, Conversation pieces, Lo. 1936; *S. H. Pavière*, Walpole Soc. 25:1936–37, 115–166; *id.*, Country life 81:1937 (13. 3.) 60–64; *R. Edwards*, ibid. 102:1947 (19. 9.) 575; *S. H. Pavière*, The D. family of painters, Leigh-on-Sea 1950; *C. Neve*, Country life annual 1972, 44–50; *J. Burke*, Art bull. of Victoria 18:1977, 21–24; *E. G. D'Oench*, The conversation piece. A. D. and his contemporaries, New Haven 1980; *R. Wark*, ArtB 63:1981 (3) 520–521; *R. Parkinson*, BurlMag 123:1981 (934) 58–61; *A. Ribeiro*, ibid. 125:1983 (969) 778–781; Polite soc. by A. D. (K Harris Mus. and AG), Preston 1983; *Cormack*, 1985; *D. Sutton*, Country life 183:1989 (20. 7.) 78–81; *C. Flint*, Eighteenth-c. stud. 29:1995–1996 (2) 127–152. H. St.

Devis, *Arthur William*, brit. Maler, Zeichner, * 10. 8. 1763 London, † 11. 2. 1822 ebd. 19. Kind und Schüler des Malers Arthur D., Bruder von Thomas Anthony D. Stud.: ab 1774 RA, London. D. lebte 1785–95 vornehmlich in Calcutta nach einer im Auftrag der East India Company 1783 begonnenen Reise als Zeichner an Bord des Schiffes „Antelope", mit dem er Schiffbruch an den Palauinseln erlitt (Zchngn der Bewohner als Ill. in: George Keate, An account of the Pelew Islands, Lo. 1788), und einjährigem Aufenthalt in Canton. Als bis 1790 gefragter Porträtist der Kolonialgesellschaft (*Sir Robert Chambers; Lady Chambers*, um 1789, New Haven) malte er u.a. zwei Portr. von Warren Hastings (eines für William Larkins 1784–85, New Delhi, Government House). Die selten dat. und sign. Gem. zeigen in der eleganten Anmut den Einfluß des Vaters. Innenräume malte D. schlicht vereinfacht, Außenszenen oft mit großen ind. Bäumen und bes. würdevolle Darst. von ind. Bediensteten (u.a. in Konversationsstücken). Daneben fertigte er auf zahlr. Reisen Skizzen für Lsch.-Gem. an. 1792–95 malte er nach Studien in Santipur, Tamluk und Calcutta in der Ser. *Arts, Manufactures and Agriculture of Bengal* wahrsch. als erster brit. Künstler die Alltagsbeschäftigungen der Inder in Städten und Dörfern von Bengalen und Bihar (26 Öl-Gem., u.a. *The manner in which money is coined in India*, ca. 1792, Oxford). Die beabsichtigte Veröff. in England als Stich-Slg u.d.T. „The Economy of Human Life" kam aus finanziellen Gründen nicht zustande und von den fünf erwähnten gestochenen Darst. sind nur zwei bek. (*A Loom with the Process of Winding off the Thread*; *A Pottery with the Various Utensils in General Use*, Punktstich um 1800, beide London, India Office Libr.). Anschl. malte D. v.a. Historien-Gem., z.B. das großformatige Gem. *Lord Cornwallis receiving the sons of Tipu Sultan as hostages*, 1793–1805 (Priv.-Slg), wofür er in Madras ca. 60 brit. Offiziere und die Geiseln porträtierte. Er führte auch Dekorationen für die Festivitäten 1793 zum ersten Jahrestag des Sieges von Cornwallis über Tipu aus. 1795 wieder in England, befaßte er sich in Gem. zunächst weiterhin mit dem ind. Kriegsgeschehen (u.a. *Major-general David Baird discovering the body of Tipu Sultan*, 1799–1802, Aukt. Christie's, Lo. 17. 3. 1978), zeitgen. Ereignissen sowie Portr.-Malerei. Nach seiner Bankrotterklärung 1800 unterstützte ihn John Biddulph of Ledbury, der u.a. Fam.-Portr. in Auftrag gab und zahlr. Gem. von D. erwarb. Für *The death of Nelson* (1805–07, London, Nat. Maritime Mus.) fertigte D. Studien während eines dreiwöchigen Aufenthalts auf dem Schiff „Victory" an. Er assistierte zudem bei der Autopsie von Nelson, woraufhin ein von ihm mehrfach wiederholtes (auch als Min.) sowie vielfach kopiertes und reproduziertes Halb-Portr. des Generals entstand (Original verschollen, Portr. für Admiral Benjamin Page, 1805, London, Nat. Maritime Mus.). 1815 begleitete D. John Augustus Atkinson zum Schlachtfeld von Waterloo und malte die Portr. in dessen Schlacht-Darst. (1816, RA, London). 🏛 CROFT CASTLE/Herts. EDINBURGH, Scottish Nat. Portr. Gall. ESHER/Surrey, St. George: Apotheose der Prinzessin Charlotte Augusta, um 1817. LONDON, India Office Libr.: Marquis Cornwallis, 1792–93; Sir William Jones, ca. 1793. – Nat. Portr. Gall. – R. Coll. LOS ANGELES, County Mus. of Art. NEW HAVEN, Yale Center for Brit. Art. OXFORD, Ashmolean Mus. PORTSMOUTH, R. Naval Mus. – HMS Victory. PRESTON, Harris Mus. and AG. SPRINGFIELD/Mass., MFA: Suetonius and Temperance Heatley, Calcutta, ca. 1785–86. UPTON HOUSE/ Warwicks. ⊙ *E:* 1979 London, Eyre and Hobhouse Ltd.: A. D. An exhib. of oil paintings. Arts and Manufactures of Bengal (K). – *G:* London: 1775–80 Free Soc.; 1781–1816 RA; 1806–19 BI / 1937 Preston, Harris Mus. and AG: Twelfth Annual spring exhib. (K). 🕮 ThB9, 1913. DNB XIV, 1888; *Grant*, Dict., 1952; *Waterhouse*, Dict., 1981; *Wingfield*, 1992; DA VIII, 1996. – A descriptive cat. of a few Asiatic subjects ... painted by A. D., Lo. 1821; *S. H. Pavière*, Walpole Soc. 25:1936–37, 115–166; *id.*, The D. family of painters, Leigh-on-Sea 1950; *Archer II*, 1969; *N. Alexander*, Connoisseur 202:1979 (812) 120–123; *M. Archer*, India and Brit. portraiture 1770–1825, Lo./N. Y. 1979; *id./R. Lightbown*, India observed. India as viewed by Brit. artists 1760–1860 (K V & A), Lo. 1982; *R. Walker*, The Nelson portraits, Portsmouth 1998. H. St.

Devis, *Cecil Clark*, brasil. Maler, 20. Jh. ⊙ *G:* 1920 Rio de Janeiro: Salão Nac. de BA (kleine Gold-Med.). 🕮 *Cavalcanti* II, 1974. B. Th.

Devis (D. Estefan), *Fernando*, kolumbian. Maler, Zeichner, Graphiker, Ingenieur, * 13. 7. 1939 Honda, † 12. 9. 1993 Santa Fé de Bogotá. Kindheit und Jugend in Spanien; ab 1961 in Kolumbien. Stud.: 1956–61 Ingenieurwesen an der Univ. Pittsburgh/USA; 1961 Univ. de los Andes, Bogotá (Dipl.-Ing.); 1972–76 Atelier David Manzur, ebd. 1984 Ill. für die Buch-Ed. *Homenaje a Neruda* der Graphik-Wkst. Arte Dos Gráfico, Bogotá. Ausz.: u.a. 1975 1. Preis Corporación Financiera Colombiana, ebd.; 1976 2. Preis Salón de Artistas Nac., Ibagué. – V.a. Variationen zu alten Meistern der europ. Kunst. D. kombiniert in seinen Bildern deren Hauptmotive entweder liebevoll-iron. mit gemalten Alltagsgegenständen seiner Umgebung (trop. Früchte, Zigaretten, Getränkedosen) oder mit Darst. seiner Arbeitsutensilien (Stifte, Farbtuben). Tromp-l'œil-Effekte und Vanitas-Elemente verstärken zudem den Stillebencharakter seiner Gem. (z.B. *Variación sobre Zurbarán*, 1990, Acryl/Lw.). D.s letzte Werke tragen expressive Züge und zeigen Tendenzen zur Abstraktion (z.B. Aqu.-Zyklus *El Exhibicionista*, 1993). 🏛 IBAGUE, MAM. MIAMI, AM at Florida Intern. Univ. SANTA FE DE BOGOTA, Mus. de Arte Actual. 🖂 Mitos del Río Magdalena, Bogotá 1983; No fueron bárbaros especializados, in: Tres décadas de arte uniandino (K Bibl. Luis Angel Arango), Bogotá 1989; Un trompo, un Mohán y un Amanecer, Santa Fé de Bogotá 1993. ⊙ *E:* 1979 Bogotá, Gal. Agrupar 85 / 1980 Miami, Gall. Virginia Miller / Bogotá: 1983 Gal. de los Navas; 1984 Gal. Iriarte / 1987 Barranquilla, Gal. Elida Lara / 1988 Hamburg, Gal. Müller-Sarmiento; Bogotá, Gal. Acosta Valencia / 1989 Brüssel, Gal. Diálogos; Ibagué, Bibl. Darío Echandía (Retr.) / Santa Fé de Bogotá: 1993 MAM (Retr.; K); 1997 Gal. Espacio Alterno / 1998 Ibagué, Bancafé (K). 🕮 *E. Serrano*, Cien años de arte colombiano 1886–1986, Bogotá 1986; *C. Calderón Schrader u.a.*, 50 años Salón Nac. de Artistas, Bogotá 1990; Forma y Color Colombia, Santa Fé de Bogotá 1992 und 1993. – Mitt. Arte Dos Gráfico, Santa Fé de Bogotá. M. Schatz

Devis, *John* cf. **Devis,** *Anthony*

Devis, *Thomas Anthony*, brit. Porträt-, Genremaler, * 15. 9. 1757 London, † 28. 9. 1810 ebd. Sohn von Arthur D., Bruder von Arthur William D. Lebte in London. Stud.: ab 1773 RA, ebd. (1778 Silber-Med.). – D. wird häufig mit Anthony D. verwechselt. Er malte in der Art der holl. Malerei des 17. Jh. Portr. und Genre-Gem. (allg. nur wenig Werke bek., u.a. Aukt. Christie's Scotland, Edinburgh 13. 11. 1991). 🏛 PRESTON, Harris Mus. and AG. ⊙ *G:* London: 1775–79 Free Soc.; 1777–79 Soc. of Artists; 1782, '88 RA; 1807 BI. 🕮 ThB9, 1913. *Waterhouse*, Dict., 1981; DA VIII, 1996. – *S. H. Pavière*, Walpole Soc. 25:1936–37, 115–166; *id.*, The D. family of painters, Leigh-on-Sea 1950. H. St.

Devišev, *Igor' Borisovič*, russ. Graphiker, * 3. 6. 1954, lebt in Stavropol'. Rad., meist Lsch.-Motive (u.a. Ser. *Putešestvija po Oke*, 1982; *Stavropol'*, Farb-Rad., 1984). Auch Siebdruck (z.B. Ser. *Večernij gorod*, 1988). 🕮 Respublikanskaja chudožestvennaja vystavka „Golubye prostory Rossii" (K), Mo. 1984, 21; 7-ja chudožestvennaja vystavka „Sovetskaja Rossija" (K), Mo. 1985, 37; Vsesojuznaja vystavka proizvedenij molodych chudožnikov (K), Mo. 1989, 44. S. Butarygina

Deviševa, *Nadežda Michajlovna*, russ. Graphikerin, Zeichnerin, * 17. 6. 1947 Moskau, lebt dort. Stud.: 1968–72 Fak. für angew. Kunst der Textil-HS Moskau bei Aleksandr Sergeevič Trofimov, Vadim Jakovlevič Kulakov. Ausz.: 1978 Dipl. der Moskauer Filiale der sowjet. Künstler-Verb. für die beste Arbeit des Jahres; Preis des Kommunist. Jugend-Verb. Komsomol Moskau; 1995 I.-Nivinskij-Dipl. für die Lith.-Ser. *Kosmos* (1987–95). – Freie Graphik in versch. Techniken; schuf u.a. die Serien *Muzej-usad'ba Kuskovo XVIII v.* (Lith., 1976–81); *Kamaz* (Linolschnitt, 1978–80); *Sovetskaja Čukotka segodnja* (Linolschnitt, Lith., 1980–82); *Gorod Gorochovec* (Linolschnitt, 1984); *Vologodskie napevy* (Lith., 1987); *Staraja Smolenskaja doroga* (Monotypie, Pastell, 1991); *Koški* (Monotypie, 1992); *Naturnyj klass* (Rad., 1994); *Zolotoe kol'co. Moskva* (Rad., 1996). 🏛 BARCELONA, Taller Gal. Fort. KÖLN, Mus. Ludwig. MOSKAU, Keramik-Mus. im Landsitz Kuskovo. – Mus. für Gesch. und Rekonstr. der Stadt Moskau. – Raumfahrt-Mus. – Mus. für Kunsthandwerk. TORONTO, Del Bello Gall. ⊙ *E:* Moskau: 1983 Ausst.-Saal der Filiale des Künstler-Verb.; 1989 Nivinskij-Studio, Čeljuskinskaja-Kulturhaus; 1992 Raumfahrt-Mus.; 1997 Gal. Usad'ba; 1998 Firma IBS. – *G:* 1995, '97 Toronto: Min. art. 🕮 Vsesojuznaja vystavka „Strana rodnaja" (K), Mo. 1978, 21; Chudožnik 1979 (10) 6; 1983 (10) 34; 1986 (1) 62; 1990 (2) 24 s.; Moskovskij chudožnik v. 4. 7. 1980; 4. 3. 1983; 27. 7. 1986; Vsesojuznaja chudožestvennaja vystavka „Molodost' strany", Mo. 1982, 10; Vystavka proizvedenij. N. D., G. Mal'ceva, L. Rominča (K), Mo. 1983, 4–6, 8–13; Iskusstvo 1983 (5) 76; 15-ja vystavka proizvedenij molodych moskovskich chudožnikov (K), Mo. 1985, 99; Ženščiny-chudožniki Moskvy – Vsemirnomu kongressu ženščin (K), Mo. 1987, 26. N. Tjurina

Devisme → **Devisme,** *Gérard*

Devisme, *G.*, frz. Stecher, um 1800–06 in Paris erw.; stach u.a. Ansichten der Pariser Salons (mit Antoine Maxime Monsaldy) sowie nach Jean-Louis Demarne. 🏛 PARIS, BN, Cab. des Estampes. 🕮 ThB9, 1913. – IFF, Après1800 VI, 1953. C. R.

Devisme, *Gérard*, engl. Kaufmann, Architekt, 2. H. 18. Jh. in Portugal tätig. Errichtete um 1770 in Benfica (heute zu Lissabon) den klassizist. Pal. de Devisme (erh.; auch Quinta da Infanta D. Isabel Maria gen.; zeitgen. Stich mit Gartenanlage von J. Wells, 1794), der neben engl. auch frz. Einflüsse aufweist. D., in erster Linie Kaufmann, war während der Reg.-Zeit des Premierministers Marquês de Pombal zus. mit seinem Sozius, dem Schweizer Purry, mit dem Privileg des „pau-brasil" (Aufkäufer des Brasilienholzes) ausgestattet. 🕮 *J.-A. França* Lisboa pombalina e o iluminismo, Li. 1987; *id. u.a.*, Arte portugués, Ma. 1989 (Summa artis, 30; s.v. Devisne); *F. Santana*, Dic. da hist. de Lisboa, Li. 1994 (Lit.); *P. Pereira*, Hist. da arte portug., III, Li. 1995. R. P.

Devisne (1706) → **Devigne**

Devisne (1770) → **Devisme,** *Gérard*

Devisov, *Petr* → **Ermolaev,** *Petr* (1779)

Devisse, *Jean-Baptiste*, frz. Kupferstecher, E. 18. Jh./A. 19. Jh. belegt. 🏛 PARIS, BN, Cab. des Estampes: u.a. La mort du Chevalier d'Assas en 1760, nach Francesco Casanova; La mère sévère, nach Jean-Baptiste Greuze; Bll. in „Description de l'Egypte", um 1807. 🕮 ThB9, 1913. – IFF, GravXVIII VII, 1951; IFF, Après1800 VI, 1953. C. R.

De Visser, *John*, kanad. Fotograf, * 8. 2. 1930 Veghel/Niederlande, in den 1980er Jahren in Port Hope/Ont. ansässig. D. kam 1952 nach Kanada und arbeitete in Toronto. Erwarb 1954 seine erste Kamera und erlernte autodidaktisch das Fotografieren, wobei er sich von Walker Evans, Henri Cartier-Bresson und Ernst Haas inspirieren ließ. 1957 kaufte das Maclean's Mag. einige Aufnahmen, für die D. versch. Ausz. erhielt. Ab 1961 ausschl. freiberufl. für zahlr. Mag. (u.a. Life, Sports Ill., Esquire, Star Weekly, Canad. Art) tätig. Mitgl.: u.a. R. Canad. AFA. Publ.: u.a. Canada. A year of the land, Ottawa 1967 (erhielt dafür die Nat. Film Board's Gold Med.); This rock within the sea, Tor. 1968 (mit F. Mowat); Rivers of Canada, Tor. 1974 (mit H. MacLennan); Between friends, Tor. 1976; Canada. Pictures of a great land, [Agincourt, Ont.] 1976; Canada with love, Tor. 1983. 🏛 OTTAWA, Canad. Mus. of Photography. – Nat. Film Board of Canada. – NG of Canada. ✉ Review. On photogr., in: Globe and Mail v. 28. 1. 1978. ⊙ *E:* 1970 St. John's (Nfld.), Memorial Univ. AG / 1972 London (Ont.), AG / 1981 Ottawa, Nat. Film Board Photo Gall.: Newfoundland. – *G:* 1958 Brüssel: WA / 1963 New York: WA / 1967 Montreal: WA / Ottawa, Nat. Film Board Photo Gall.: 1969 Image/6; 1970 The Magic World of Childhood; A Time to Dream; 1977 From an Icicle I Made Winter; 1979 Canad. Tableau; 1981 Photojournalism / 1970 Osaka: WA. 🕮 Ontario artists, 1978; *Browne/Partnow*, 1982. – Trans-Canada, in: Toronto telegram weekend mag. v. 4. 5. 1968; A home for photo exhib., in: Globe and Mail v. 9. 7. 1970, 7; *H. Parsons*, Camera Canada 1971 (8) 5–10 (Interview); J. D. Fact as fantasy, in: Maclean's mag. 1973 (Dez.) 34 s.; *C. C. Hill/P. B. Landry* (Ed.), Canad. art (K NG of Canada), I, Ottawa 1988. A. Kunard

Devit, *Joannes* cf. **Dewitte,** *Anton Rudolf*

De Vita, *Giovanni*, ital. Maler, Aquarellist, * 29. 11. 1906 Chiaramonte Gulfi/Ragusa, † 13. 6. 1990 ebd. Kam nach techn. Stud. autodidakt. zur Malerei und Zchng. 1929 beteiligt an der Dekoration der rest. Kathedrale von Messina. Malte 1931 die *Grablegung* für das Sanktuarium von Gulfi und nachfolgend das Altarbild der Kirche S. Maria del Poggio in Viterbo. Lebte 1948–56 in Buenos Aires; hier Teiln. an zahlr. Ausst., versch. Preise. 1957 Rückkehr nach Chiaramonte. 1971 zum Benemerito der Accad. Univ. G. Marconi ernannt; 1972 Gold-Med. der Mostra d'arte sacra. Lsch., Genrebilder in Öl und Aqu. 🏛 CHIARAMONTE GULFI, Pin. De Vita: 51 Gem. aus D.s Nachlaß. ⊙ *E:* 1952 Buenos Aires, Banca Municipal. 🕮 *Merlino*, 1954 (Ausst.); EAAm I, 1968; *Gesualdo/Biglione/Santos* I, 1988. – *Online:* Homepage der Pin. D., Chiaramonte Gulfi (WV). E. K.

De Vita, *Luciano*, ital. Stecher, Maler, Bildhauer, Bühnenbildner, * 24. 5. 1929 Ancona, † 14. 7. 1992 Bologna. Stud.: ABA Bologna. 1955 ebd. Ass. von Giorgio Morandi. 1961 Lehrstuhl für Graph. Techniken an der ABA Turin, 1962 an der Accad. di Brera Mailand; 1976–92 dgl. für Graphik an der ABA in Bologna. In den frühen 50er Jahren radiert D. eine Folge von Bll., die an Rembrandt, Goya und Ensor erinnern (*Calvario*, 1952; *Fucilazione*, 1953–54; *La Crocifissione*, 1954). 1955–59 weitere Rad. von Lsch., Bäumen und Blumen, deren nervösverworren wirkende Zeichengebung dem Informel von Wols nahesteht (*Radice*; *Grande foglia*, 1958). Später durch Max Ernst und die Symbolik von Picasso beeinflußt (*Deucalione e Pirra*, 1959–60; *I mutanti*, 1960; *Il serpente di bronzo*, 1963; *Tre figure*, 1964). Malt 1964 in kompakter Dichte pastos geschichtete Komp. mit Köpfen, Augen und phantast. Lebewesen (*Testa*; *Grande tondo nero del Leardo*; *L'occhio di Glauco*). Ab 1965 Hinwendung zur Plastik; bevorzugt große Figuren und Objekte aus Holz, die in unterschiedl. Ambiente (Barock bis Surrealismus) aufgestellt sind (*L'altare di Bologna*, 1967). 1971 entstehen die 12 Stiche des Zyklus *Nel mio giardino*, 1973 in Tempera und Tusche ein *Bestiario*. 1978 gießt D. sein *Teatrino per Turandot* in Bronze. Als Bühnenbildner liefert er für das Teatro Com. in Bologna Bühnen- und Kostümbilder u.a. zu: *Turandot* von G. Puccini (1969); *Othello* von G. Verdi (1971 und 1980) und *L'Angelo di fuoco* von S. Prokofjew (1973). 1974 inszeniert er im Cortile des Archiginnasio von Bologna *Le Veglie di Siena* von O. Vecchi. Stattet 1976 in Como (Auditorium di S. Francesco) *Orfeo ed Euridice* von C. W. von Gluck aus und 1978 an der Mailänder Scala *Il Castello del Principe Barbablù* von B. Bartok. Besorgt 1979 die Regie von *Turandot* und 1981 die Kostümbilder zu *Aida* von G. Verdi. 🏛 BOLOGNA, GAM. CAGLIARI,

GAM. PARMA, Gall. Naz. TURIN, Civ. GAM. ◎ *E:* 1962 Modena, Gall. del Tempo Libero (K: Z. Krzisnik) / 1964 New York, Osborne Gall.; Verona, Gall. Ferrari / Bologna: 1964, '67, '71 Gall. de'Foscherari (K: P. Bonfiglioli); 1975 GAM (K: A. Emiliani); 1992 Pal. Pepoli Campogrande (K: A. Emiliani); 1993 Teatro Com.: L'avventura di L. D. scenografo (K) / Parma: 1966 Gall. Naz. (K: R. Barilli u.a.); 1973 Gall. della Rocchetta (K: A. C. Quintavalle) / Rom: 1966 Gall. La Nuova Pesa; 1967, '69, '71 Gall. Il Nuovo Torcoliere / 1966 Cremona, Gall. I Portici; Venedig, Gall. dell'Accad. / 1967 Mantua, Gall. Greco; Como, Gall. La Colonna. – *G:* 1956, '60 Venedig: Bienn. / 1956, '59, '86 Rom: Quadrienn. / 1961 Ljubljana: Expos. Internat. de Gravure; São Paulo: Bienn. / Bologna: 1962 Pal. di Re Enzo: Nuove prospettive della pitt. ital.; 1983 GAM: L'Informale in Italia; 1997 Mus. Archeol.: L'anima e le forme / 1963 Livorno, Mus.: L'Informale in Italia; Florenz, Premio Fiorino / 1965 L'Aquila, Castello Svevo: Alternative attuali / 1966 Krakau: Bienn. / 1967 Turin, GAM: Mus. Sperimentale / 1977 Padua: Bienn. del Bronzetto / 1984 Berlin, Intergrafik / 1988 Imola, Chiostro di S. Domenico: L'Arte ital. dopo l'Informale. 🕮 AIC I, 1965; *Comanducci* II, 1971; DEB XI, 1976 (s.v. Vita, Luciano de); CatBolaffiMod XIII. 1, 1978; Diz. degli artisti ital. del XX sec., I, T. 1979; PittItalNovec/2 II, 1993; *Bénézit* XIV, 1999 (s.v. Vita, Luciano De). – *E. Riccomini*, L. D. incisore, Parma 1961; *A. Emiliani*, Le acqueforti di L. D., 2 Bde, Bo. 1964 (WV); *Tomassoni*, 1971; PittItalNovec/3, 1994; *G. Di Genova*, Storia dell'arte ital. del '900, I. 2, Bo. 1994. N. Corradini

De Vita, *Pier Lorenzo*, ital. Illustrator, Comiczeichner, * 26. 11. 1909 Castiglione Olona/Varese, † 7. 4. 1990 Dumaso/Como. Debütierte als Zeichner für den Verlag Vecchi. Begann 1938 eine langjährige Tätigkeit für den Verlag Mondadori als Zeichner von Disney-Geschichten in Zusammenarbeit mit seinem Sohn *Massimo D.* (* 29. 5. 1941 Mailand). In seinem unverwechselbaren humorvoll-iron. und realist.-beschreibenden Stil zeichnete er Ill. und Comics: *Il Balilla*, 1928; *Primarosa*, 1933; *Jumbo*, 1934; *L'Auto ital.*, 1934; *Mondo fanciullo*, 1934–35; *Topolino*, 1938–43, 1947–49; *Scena ill.*, 1936–38; *Corriere dei piccoli*, 1936–42; *Paperino*,1938–40; *L'Audace*, 1940–41; *L'Intrepido*, 1941; Alben *Pecos Bill* und *Oklahoma*, 1949–51; *Topolino*, 1957–58; *Zorro*, 1966–71. Unter seinen Comic-Abenteuern sind v.a. zu erwähnen: *Saturnino Farandola da Robida* und *La Primula Rossa del Risorgimento* nach Texten von C. Zavattini (1938–40); unter seinen Figuren: *Martin Muma/più leggero di una piuma* für den Corriere dei piccoli (1938–42). Ill.: S. Asciamprener, *Canti*, Mi. 1939; C. Dickson, *Le cinque scatole*, Mi. 1941; G. Simoni, *Giornale di bordo*, Mi. 1941; O. Ginesi, *Presagi di gloria*, Mi. 1949. 🕮 *M. Horn/L. Secchi*, Enc. mondiale del fumetto, Mi. 1978; *F. Fossati*, Das große ill. Ehapa Comic Lex., St. 1993. – *C. Della Corte*, I fumetti, Mi. 1961, 125 s.; *G. Forte*, Gli eroi di carta, N. 1965; *C. Bertieri* (Ed.), AZ-comics, Ge. 1969, 140, 168; *E. Ferraro*, Sgt. Kirk 1969 (20) 57, 63; *G. Strazzulla*, I fumetti, Fi. 1970, 44, 169; *L. Becciu*, Il fumetto in Italia, Fi. 1971, 133; *G. Genovesi*, La stampa periodica per ragazzi, Parma 1972, 107; *C. Carabba*, Corrierino, Corrierona, Rimini/Fi. 1976, 89; *G. Strazzulla*, Fumetti di ieri e di oggi, Bo. 1977, 189; *V. Alessandrelli*, Il Fumetto 4:1978 (Dez.); *G. Bono*, Foto di famiglia. P. L. D., Tex 1979 (229); Annitrenta. Arte e cult. in Italia (K), Mi. 1982, 587; *G. Pazienti/R. Traini*, Fumetto alalà, R. 1986, 81; *P. Pallottino*, Storia dell'ill. ital., Bo. 1988, 319; *G. Brunoro/L. Gori/L. Tamagnini*, P. L. D. (F. Giacomini), Il fumetto 24:1990, I–XVI; *P. Pallottino/L. Magri* (Ed.), 99 % : un sec. di illustratori ital. dal 1840 al 1940 (K Mus. dell'Ill.), Ferrara 1995. P. Pallottino

Devita, *Sebastiano (Sebastiano [Gioacchino] Giuseppe; Sebastijan)*, dalmatin. Maler, * 20. 3. 1740 Spalato (Split), † nach 1797 Dalmatien(?). Stud.: ABA Venedig bei Giuseppe Angeli, Francesco Bonazza, Jacopo Guarana, Pietro Longhi, Domenico Maggiotto, Francesco Zugno. Ebd. erw. als Wettb.-Teiln. 1763 und 1767 (1. Preis für Zchng eines männl. Aktes; ABA-Arch.). 1768–74 Mitgl. der Fraglia pittorica Venedigs. 1778, '79 erw. in den Dok. des Veneto liberal collegio dei pittori nell' Accad. di pitt. e scult.; 1787, '92 ebd. zum Consigliere gewählt, 1789 Lehrer für Figur. Zeitweilig in Diensten des Grafen Obizzi. Für dessen Castello del Catajo b. Padua schuf er das Fresko *Anbetung der Könige* (1782) und das Gem. *Hl. Fam.* (beide nicht erh.). 1780 weilte D. als Gem.-Taxator in Zara (Zadar). Ein *Selbstbildnis* befand sich lt. Inv. von 1782/84 in den Uffizien. – Die erh. Werke, v.a. Altartafeln, sind vom spät-venez. Settecento beeinflußt und weisen D. als konservativen, zum Eklektizismus neigenden Maler aus. Aufgrund unterschiedl. Sign. (u.a. Joseph de Vita; Sebastian de Vita Spalatro; Sebastiano Joseph[us] Dev[ita]) wurde früher die Existenz zweier Maler D. (Giuseppe; Sebastiano) angenommen. 🏛 FOJNICA, Franziskanerkloster: Gottesmutter zw. den Hll. Rochus und Sebastian, 1784. ROVIGO, Kirche S. Domenico (ehem. S. Antonio Abbas): Hl. Dominikus mit and. hll. Dominikanern, 1770. SPLIT, Kirche St. Dominikus: Hl. Vinzenz Ferrer erweckt ein Kind. – Kirche zum hl. Kreuz: Gottesmutter mit Kind und Hll., 1778. – Kirche St. Philippus: Hl. Franz Xaver vor dem Kruzifix, 1788. – Klarissinnenkloster: Gottesmutter mit Kind und Hll. – Kirche Jungfrau Maria von Pojišan: Jungfrau Maria von Carmel. – Kloster der Ordensschwestern auf Lovreto: Gottesmutter mit Kind und Hll. 🕮 ThB9, 1913. MagyKépLex, 1915 (s.v. D., Sebestyén); LEJ I, 1984; DBI XXXIX, 1991 (Lit.); HBL III, 1993 (Lit.); *Bénézit* XIV, 1999 (s.v. Vita). – *C. Brisighella*, Descr. delle pitt. e scult. della città di Ferrara (18. Jh.), ed. *M. A. Novelli*, Ferrara 1991; *S. Meloni Trkulja*, Prilozi umjetnosti u Dalmaciji 33:1992, 399–404. Ch. N.

De Vitis, *Themis*, US-amer. Maler, Wandmaler, Designer, Kunstkritiker, * 3. 11. 1905 Lecce/Italien, A. der 1960er Jahre in New York ansässig. Stud.: ABA in Rom, Venedig, Mailand; Fashion Inst. of Technology, New York. 🕮 WWAA, 1959–1962 (Werke, Ausst.). C. R.

De Vito, *Camillo*, ital. Maler, Gouachemaler, tätig in Neapel E. 18. Jh./1. H. 19. Jh. War auf Ansichten des Golfes von Neapel und Darst. der Ausbrüche des Vesuvs in der Gouachetechnik spezialisiert. Die erste nachw. Vedute D.s trägt den Titel *Eruzione del Vesuvio del 1794 da Torre del Greco* (Neapel, Priv.-Bes.). Die zweite Darst. eines Vesuv-Ausbruches von 1815 malte D. für die *Racc. di tutte le vedute che esistevano nel Gab. del Duca della Torre rappresentanti le eruzioni del monte Vesuvio* (1815). Weitere Gouachen folgten: *L'eruzione del Vesuvio del 1820* (Neapel, MN di S. Martino), *L'eruzione di cenere del 22 Ottobre 1822* und *L'eruzione del Vesuvio del 1828* (beide Neapel, Priv.-Bes.). 1831 erscheinen zwei Rad. nach Vorlagen D.s in der *Descr. dell'Isola Ferdinandea* von Benedetto Marzolla (*Il Nuovo Vulcano uscito dal mare della Sicilia nel 1831*; Tages- und Nachtansicht; beide Neapel, Priv.-Bes.). Letztmals 1845 erw. als „pittore di vedute di Napoli" mit Atelier im Pal. Majo im Largo Vittoria 10. ▭ PittItalOttoc II, 1991 (Lit.). – *T. Santangelo*, in: Gouaches napoletane del Settecento e dell'Ottocento (K), N. 1985, 222 s.; *L. Martorelli*, in: Scritti di storia dell'arte in onore di Raffaello Causa, N. 1988, 397 ss.; Napoli nelle gouaches del '700 e '800 (K), N. 1990, 203–206. A. St.

De Vittori Reizel, *Raphael*, ital. Bildhauerin, Keramikerin, * 1952 Mailand, lebt in Comabbio/Varese. Stud.: Accad. di Brera Mailand (Bildhauerei). Langer Aufenthalt in Holland und Reisen in die USA, nach Polynesien und S-Afrika. Realisiert in den 90er Jahren Terrakotten, die durch archaische Mythologien inspiriert sind, und drückt das zeitlose Thema der Mann-Frau-Beziehung in einer an präkolumbian. Plastik erinnernden Formensprache aus. ⊙ *E:* Mailand: 1983 Gall. S. Barnaba; 1984 Gall. Il Baguttino; 1987 Centro Sinantropo; 1998 Chiostri della Soc. umanitaria: 12 donne della Bibbia (K: R. Bossaglia/A. Schwarz) / 1985 Varese, Gall. 3 / 1986, '87 Venedig, Centro Venezia e l'Europa / 1987 Azzate (Varese), Villa Com. / 1997 Gavirate, Chiostro di Voltorre (K: R. Barletta). – *G:* Mailand: 1983 Fiera Internaz.; 1992 Gall. Zunino: Scult. Contemp. / 1985, '87 Castellanza, Fond. Pagani: Mostra Internaz. di Scult. / 1990 Brebbia (Varese): Bienn. ▭ *E. Fabiani*, D. (K), Mi. 1993; *A. Schwarz*, Eva, Europa e altro (K Spazio Tikkun), Mi. 1999. N. Corradini

De Vive, *Tommaso* → **De Vivo,** *Tommaso*

Devivier-Bloemink, *Cornelia Johanna* → **Bloemink,** *Cornelia Johanna*

De Vivo, *Antonio*, ital. Maler, Illustrator, * 5. 9. 1915 Scafati/Salerno, lebte in Florenz. Sohn des Antiken-Restaurators und Zeichners *Giuseppe D.*, dessen Arbeiten sich u.a. im Mus. di Napoli (Sala dei Gioielli) befinden. D. geht in jungen Jahren nach Florenz, dann nach Chiusi della Verna und malt dort für den Sacro Monte die Gem. *Io sono crocifisso con Cristo* und *Venerdì Santo*, weswegen er auch den Ehrennamen „Asceta del Pennello" erhält. D.s Arbeiten sind charakterisiert durch emotional betonte Spiritualität, poet. Kontemplation und meisterhaften Einsatz von Licht, Schatten und Farbe. Liefert Ill. zu *Arno sopra i Ponti* von P. Lazzeri. Mitgl. der Accad. dei 500 in Rom, der Accad. di Sc. ed Arti in Mailand und Cavaliere der Ital. Republik. ⌂ BIBBIENA, Chiesa dell'Ospedale. CHIUSI DELLA VERNA, Pfarrk. VERNA, Santuario. WASHINGTON/D. C., Weißes Haus: Un goccia di luce sul seme della civiltà. ▭ *Comanducci* II, 1971; DizBiogrMerid I, 1974. S.-W. S.

De Vivo, *Tommaso*, ital. Maler, * 1790 Orta di Atella, † 1884 Neapel. Sohn eines Pietro D. und der Elisabetta Marchesini. Stud. früh an der ABA Neapel; kopierte Gem. aus dem Kgl. Mus. zum Verkauf. Unterstützt durch Luigi de' Medici, Fürst von Kalabrien, weitere Ausb. in Rom. Besucht ab 1821 das Atelier von Vincenzo Camuccini; verbindet die Strenge des röm. Neoklassizismus mit dem eig. Stil. In dieser Zeit realisiert er einige phantast. Archit.-Studien, gesammelt in zwei Alben (Neapel, MN di Capodimonte, GDS). 1824 kopiert er als Prüfung für sein Stip. die *Grablegung* von Caravaggio, nachfolgend in der Kirche S. Francesco di Paola; 1826 zus. mit einem *Bacchus* (Neapel, MN di Capodimonte) auf der 1. bourbon. Bienn. ausgestellt. 1829 Auftrag zu Zchngn für *Il Vaticano descritto e ill.* von E. Pistolesi; von Rom aus nimmt er weiterhin an den bourbon. Ausst. teil mit v.a. mytholog. Gem. oder Porträts. Zus. mit and. Künstlern erhält D. den begehrten Auftrag zu einigen Gem. für den bourbon. Tempel von S. Francesco di Paola in Neapel: von D. stammen *S. Francesco di Paola che riceve da S. Michele l'emblema dell'ordine*; *La Morte di S. Andrea Avellino*, sign. und dat. 1836, in dem starken Klassizismus angelehnt an Camuccini; *Immacolata*; *Cristo in croce* (nach A. van Dyck). Das erste Werk wurde zunächst dem Franzosen Bergér zugeschr.; D.s Gem. für die 1. rechte Kap. (heute in der 2. Kap.) wurde 1830 als „abbozzo in grande" im R. Mus. Borbonico ausgestellt. D.s *Immacolata* (2. linke Kap.) ersetzte ein mittelmäßiges Gem. gleichen Themas von G. Landi. 1838 Mitgl. der Accad. dei Virtuosi in Rom. Um 1840 zeichnet er für Rad. zu *La Storia di Francia* und *Storia del Regno* (Neapel, MN di Capodimonte, GDS) und malt den dantesken Zyklus von drei *Allegorie della divina commedia* in Öl für das kgl. Haus (heute in den Pal. R. von Neapel und Caserta). Ebenfalls in den 40er Jahren des 19. Jh. präsentiert D. u.a. *Ritratto di Cardinale*, *Gruppo di pastori con contadina che allatta un bambino* (1841), *Sully lacera il contratto nuziale alla presenza di Enrico IV* (1843), ausgef. für den Minister Santangelo, und *Avvenimenti nel chiostro di S. Angelo a Baiano*, von der Kirche wegen des dargestellten Gegenstandes zensiert und, um die Zerst. zu verhindern, in den Pal. Farnese gebracht. 1847 Übersiedlung nach Neapel, dort unter Ferdinand II. von Bourbon Generalinspektor der kgl. Pin. und Lehrtätigkeit an der ABA. In zweiter Ehe ⚭ Santa Mariani, Witwe des Kupferstechers Filippo Zoia. D.s gefestigter Ruhm verschafft ihm zahlr. wichtige kirchl. Aufträge, wie z.B. ein *Hl. Januarius* für die Kirche S. Maria delle Grazie in Toledo (1847) und die Ausschmückung der Kap. des Marchese Saluzzo in S. Domenico Maggiore; daneben weiterhin Teiln. an den bourbon. Ausst. mit überwiegend hist.-affirmativen Bildern (*Galileo Galilei*; *Portr. B. Cenci*; *B. Censi rinchiusa in Torre Savelli*). Aus dieser Zeit auch zwei Pendants von „Trobadour-Malerei" für den kgl. Pal.: *Lo studio di Salvator Rosa* (sign. und dat. 1849) und *Lo Zingaretto alla presenza della Regina Giovanna*. 1851 stellt er im R. Mus. Borbonico *Il ratto delle spose veneziane* aus, 1853 die von Filippo Palizzi beeinflußten Gem. *Due* *zampognari ed un capretto* und *Asino cavalcato da due contadini* für den Grafen von Syracus. 1852/53 malt er in Zusammenhang mit der neogot. Rest. der Kirche S. Domenico Maggiore (unter der Ltg von Federico Travaglini) die Tondi zw. den Bögen des Hauptschiffes mit Hll. des Dominikanerordens auf Goldgrund. 1856 entsteht die *Allegoria della Forza e della Timidezza con Marte e Venere*, 1869 von der Königin Margherita von Savoyen erworben. 1860 malt er zu Ehren der Einheit Italiens das große hist.-allegor. Gem. *Italia e i suoi Geni*, ein Geschenk an den Senat (Rom, Pal. di Montecitorio), sowie die *Allegoria dell'America*, aufbewahrt bei den Erben. 1885, ein Jahr nach seinem Tod, stellt die Promotrice di BA ein 1820 entstandenes Bildnis aus. 🏛 CASERTA, Pal. R.: La morte di Eudosia, 1835; Pius IV., 1846; Prometeo, sign., 1854; Tizio divorato dall'avvoltoio; La Zingara che predice a Sisto V l'ascesa al pontificato. NEAPEL, MN di Capodimonte: Diomede che scende dal carro, 1830; La presa di Napoli per via di uno Stratagemma dei soldati del re Alfonso (auf Bienn. 1837); Allegoria del Paradiso di Dante; Citarea abbraccia amore (1843 ausgestellt). – Pal. R.: Caino spaventato da Dio, 1833; Storie di Giuditta, 3 Gem. sign., dat. 1841, '45, '48. TERRACINA, Tempio del Redentore: S. Felice libera gli schiavi. 📖 ThB34, 1940 (s.v. Vivo, Tommaso de). *Comanducci* II, 1971; DEB XI, 1976 (s.v. Vivo, Tommaso de); CatBolaffiOtt XIII, 1984; Ottocento. Cat. dell'arte ital. dell'Ottocento, XVII, Mi. 1988; *Sorrenti*, 1990; DBI XXXIX, 1991 (Lit.); PittItalOttoc II, 1991 (Lit.). – *C. Arcasenza*, Delle pitt. ad olio esposte nel Real Mus. Borbonico il mese di giugno 1833, N. 1833, 11; *T. Bruni*, Il cavalier T. D. pittore 1790–1854, Pescara 1904; *Ceci* I, 1937; *C. Lorenzetti*, ABA di Napoli, Fi. 1952, 219; CI Campania, 1963; TCI Napoli e dintorni, 1976; *G. A. Galante*, in: Guida sacra della città di Napoli, ed. *N. Spinosa*, N. 1985, 142, 220, 251, 253, 259; *F. C. Greco u.a.* (Ed.), La pitt. napoletana dell'Ottocento, N. 1993; Civiltà dell'Ottocento. Le arti figurative (K), N. 1997; *F. Capobianco/K. Fiorentino*, Il tempio dei Borbone. La chiesa di S. Francesco di Paola, N. 1999, 36 s., 81 s., 86. F. Capobianco

Devj → Demirović, *Josip*

Dev'janin, *Anatolij Mychajlovyč*, ukrain. Graphiker, Zeichner, Illustrator, Karikaturist, * 20. 9.(3. 10.) 1911 Charkiv, † 15. 7. 1986 Kiev. Stud.: 1931–37 Ukrain. Polygraphie-HS Charkiv bei Mychajlo Hordijovyč Derehus, Vasyl' Illič Kasijan. Lehrte 1962–66 ebd. 1969 Verdienter Kulturschaffender der Ukraine. – D. gehört mit seiner freien und Buchgraphik zur ukrain. graph. Schule, deren bed. Vertreter im 20. Jh. neben seinem Lehrer M. H. Derehus auch Vasyl' Hryhorovyč Kryčevs'kyj und Heorhij Ivanovyč Narbut waren. Char. für D.s trad.-realist. Arbeiten sind kräftige Zchng, meisterhafte Beherrschung der versch. Techniken (bevorzugt Tusche, Aqu., Lith.) und Hang zur gemäldehaften Ausarbeitung. Im 2. WK tätig für die Front-Ztgn Geroi Rodiny, Za Radjans'ku Ukraïnu, Molod' Ukraïny, Za čest' Bat'kivščyny, schuf Ser. polit. Karikaturen und dok. reportagehafter Skizzen (*Frontovy dorohi*, Tusche, Feder, Bleistift, 1941–45; *Zvil'nenyj Budapešt*, 1944; *Po Rumyniï*, 1945–46, beide Schwarz-Aqu., Bleistift). Als freie Arbeiten bevorzugt Lsch. (*Chreščatyk vzymku*, Farb-Lith., 1954; *Kyïv. Večorije*, Aqu., 1958; *Vydubyc'kyj monastyr u Kyjevi*, 1966, *Kyïvs'ki vulyci*, 1981–84, beide Tusche, Feder, Bleistift), auch Portr. (*M. V. Hohol' za robotoju*, Lith., 1952) und genrehafte Darst. (*Kutočok samšytovoho haju u Chosti*, Tusche, Bleistift, 1965). Ill., u.a. zu H.-Chr. Andersen, *Skazki*, 1937; A. S. Puškin, *Metel'*, 1949, beide Tusche, Feder; P. Myrnyj, *Chiba revut' voly, ja jasla povni?*, Aqu., Tusche, Feder, 1954; V. Zakrutkin, *Sotvorenie mira*, Lith., 1958, '68. Schuf auch Plakate, u.a. zu den Filmen *Lestnica v nebo*, 1966; *Krest i mauzer*, 1968, beide Aqu., Gouache. Publ. von Karikaturen (Tusche, Feder) in dem Bd *Smijtes' na zdorov'ja*, 1960. 🏛 CHARKIV, KM. KANIV, Ševčenko-Gedenk-Komplex. KIEV, Nat. KM. L'VIV, NM. ⊙ *E:* Kiev: 1971 Ausst.-Saal des Künstler-Verb.; 1981 Mus. für ukrain. Kunst (jetzt Nat. KM). – *G:* zahlr. seit 1945, u.a. 1945 Wien: Arbeiten von Künstlern der 1. Ukrain. Front / 1965 Paris: Sowjet.-ukrain. Graphik / 1980 Athen: Ausst. sowjet.-ukrain. Kunst. 📖 SChU, 1973; ChudSSSR III, 1976 (Lit.); MU, 1992; MU, 1997. – Istorija ukraïns'koho mystectva, V, Kyïv 1967, 333; VI, Kyïv 1968, 31, 33, 37, 222; VSII Sprav IV-V, 1975–81; Vsesojuznaja chudožestvennaja vystavka „My stroim kommunizm" (K), Mo. 1981; *V. Afanas'jev*, Ukraïns'ke radjans'ke mystectvo 1960–1980-ch rokiv, Kyïv 1984, 159; Vystavka tvoriv chudožnykiv-veteraniv vijny (K), Kyïv 1985. V. Ruban

Devjatkin, *Boris Sergeevič*, russ. Lackminiaturmaler, * 13. 6. 1932 Michalicha/Gebiet Ivanovo, lebt in Choluj. Stud.: 1947–49 künstler. Berufsschule ebd. bei Petr Ivanovič Ivakin. Ab 1949 in der Fabrik für Lackmalerei Choluj tätig. – Bemalung von Gegenständen aus Papp-Maché (Eitempera, Gold, Lack) mit Archit.-Denkmälern, Früchten, Blumen, Vögeln, teilw. ornamental umrahmt (u.a. Puderdose *Ornament s golubjami*, 1958; Plakette *Kreml'*, 1962; Dose *Vasilij Blažennyj*, 1966). 🏛 CHOLUJ, KM. MOSKAU, Volkskunst-Mus. 📖 ChudSSSR III, 1976. – „Isk. Choluja." Vystavka, posvjaščennaja 50-letiju Cholujskoj fabriki chudožestvennoj lakovoj miniatjury (K), Mo. 1986, 25. N. Lavrent'eva

Devjatkin, *Sergej Efremovič*, russ. Maler, Zeichner, * 26. 9.(8. 10.) 1870 St. Petersburg, † nach 1940 ebd. (Leningrad). Stud.: ab 1890 AK Petersburg (Gasthörer) bei Il'ja Efimovič Repin (1893, '94 kleine Silber-Med.; 1895 Künstler 3. Klassenranges). Mitgl.: Künstlergenossenschaft St. Petersburg (1904–24); Kundiži-Ges. (1909–31); Ges. der Maler-Individualisten Petrograd (1920–30). – Portr., bevorzugt von Kulturschaffenden und Wissenschaftlern (z.B. *Akademik A. Ja. Danilevskij*, 1916; *Prof. L. I. Moiseev*, 1929), auch Genre-Gem. (*Vozvraščenie rybakov*, 1916). 🏛 KRASNODAR, KM. ST. PETERSBURG, Ermitage: Portr. L. A. Kasso, 1911. – Theater-Mus.: Portr. der Schauspieler P. M. Arnol'd, Pastell, 1902; K. A. Varlamov, 1907. ✉ Kak griby na skovorodku popali [Kinderbuch, Text und Ill.], Le. 1926. ⊙ *G:* ab 1890 St. Petersburg, u.a. Ges. russ. Aquarellisten. 📖 ChudSSSR III, 1976 (Lit.). – VSII Sprav. I, 1965; Portret v russkoj živopisi kon. XIX-nač. XX vv. (K), Le. 1975, 41 s.; *Severjuchin/Lejkind*, 1992. N. Lavrent'eva

Dev'jatnin, *Volodymyr Vasyl'ovyč*, ukrain. Szenograph, Zeichner, * 8. 1. 1891 Wilno (Vilnius/Litauen), † 14. 9. 1964 Dniprodzeržyns'k. Stud.: 1912–14 FS für Malerei, Bildhauerei und Baukunst Moskau bei Konstantin Alekseevič Korovin. – Gest. von Aufführungen des Ukrain. Schauspieltheaters Dnipropetrovs'k (O. Kornijčuk, *Zahybel' eskadry*, 1937) und des Russ. Schauspieltheaters ebd. (C. Goldoni, *Sluga dvuch gospod*, 1938; H. Balzac, *Evgenija Grande*, 1939; K. Simonov, *Russkij vopros*, 1946–47). In den 30er Jahren auch beteiligt an der Ausstattung von Spielfilmen im Kiever Filmstudio VUFKU (später im. Dovženko). Daneben Aqu.-Zyklen (*Hoholivs'ka sjuïta*, 1944–52, mit Tusche; *Bohatyri*, 1946–64). ⊙ *E:* 1965 Dnipropetrovs'k (K). – *G:* seit 1928. ▭ SChU, 1973. – VSII Sprav. I, 1965, 230 (fälschl. als Devjatin). A. Pivnenko

Devjatov, *Jakov Michajlovič*, russ. Bildhauer, 2. H. 19. Jh. Stud. bei Ivan Ivanovič Podozerov. – Portr., z.B. des Generals *M. D. Skobelev*, Gips, 1879; der Schriftsteller *I. S. Turgenev*, Med., Wachs, 1885; *P. V. Žukovskij*, Gips, 1891; *Imperator Aleksandr III*, Relief, Wachs. ⊙ *G:* 1879, '88, '91 St. Petersburg, AK (K). ▭ ThB9, 1913 (s.v. Dewjatoff, Jakow Michajlowitsch). ChudSSSR III, 1976; *Bénézit* III, 1976 (s.v. Dewiatoff, Jakov Michailovitch); *Mackay*, 1977 (s.v. Deviatov, Jacov Mihailovich). V. Kulakov

Devjatov, *Michail* cf. **Desjatyj,** *Naum*

Devjatov, *Michail Michajlovič*, russ. Maler, Zeichner, * 15. 11. 1928 Leningrad, lebt dort (St. Petersburg). Vater von Sergej Michajlovič D. Stud.: 1944–49 Kunst-FS Sverdlovsk (Ekaterinburg); 1949–55 Repin-KHS Leningrad bei Andrej Andreevič Myl'nikov, Viktor Michajlovič Orešnikov. 1957–59 Aspirantur ebd. Lehrte ab 1959 ebd., ab 1977 Prof. 1968 Promotion in Kunst-Wiss. Ab 1976 Ltg der Wkst. für Rest. und Maltechnik an der Repin-KHS. Ausz.: 1958 Silber-Med. der WA Brüssel (für *Oktjabr'skij veter [V. I. Lenin]*); 1983 Verdienter Kunstschaffender der Russ. Föderation. 1973–77 Chefredakteur des Verlages Chudožnik RSFSR, Leningrad. – In der Trad. der russ. realist. Malerei bes. Portr. von Kulturschaffenden und Wissenschaftlern (u.a. des korr. Mitgl. der Akad. der Wiss. *M. I. Budyko*, Öl, 1975; *Narodnyj artist O. Borisov*, Kohle, 1980), auch genrehafte Gem. (z.B. *Otčij dom*, Tempera, 1982). A. 80er Jahre Kopien nach Portr. von Teiln. am Großen Vaterländ. Krieg 1812 (aus der Militär-Gal. der Ermitage, für das Panorama-Mus. „Schlacht von Borodino", Moskau). Zahlr. kunstwiss. Publikationen sowie Artikel für das „Enciklopedičeskij slovar' junogo chudožnika" (Mo. 1983). 🏛 MOSKAU, Mus. des Moskauer Akad. Künstlertheaters MChAT. NOVOVJATSK, Mus. des Mechanikwerkes. ST. PETERSBURG, Ermitage. – Theater-Mus. – Puškin-Schauspieltheater. UL'JANOVSK, KM. VOLGOGRAD, Panorama-Mus. der Schlacht von Stalingrad. ✉ Publ. über Farbarten, Malgründe usw. u.a. in: Novoe v materialach živopisi. Tezisy dokladov Inst. Repina. Naučnaja sessija. 1961, Le. 1961, 66 s.; Soobščenija Vsesojuznoj central'noj naučno-issledovatel'skoj laboratorii konservacii i restavracii (VCNILKR), vyp. 7, Mo. 1963, 6–19; ibid. vyp. 14, Mo. 1965, 69–98; Chudožnik 1967 (7); Voprosy chudožestvennych obrazov, vyp. XII. Tematičeskij sb. naučnych trudov Inst. Repina, Le. 1974, 33–40; Junyj chudožnik 1979 (10). ⊙ *E:* 1959 Leningrad. – *G:* u.a. 1967 Montreal: WA. ▭ ChudSSSR III, 1976. – Vsesojuznaja vystavka portreta „Družba" (K), Vil'njus 1974, 63; VSII Sprav. IV, 1975; V, 1981; Chronika chudožestvennoj žizni – 1973, Mo. 1975, 136; Iskusstvo 1976 (1) 78; 1982 (7) 77 s.; *Ju. I. Nechorošev*, Poėzija žizni – pravda isk., Le. 1977, 7; *N. Ja. Malachov*, Ob istoričeskom značenii sovetskogo izobrazitel'nogo isk., Mo. 1978, 75, 85; *A. N. Šefov*, Obraz Lenina v sovetskom izobrazitel'nom isk., Le. 1980, 164 s.; Izobrazitel'noe isk. Leningrada, Le. 1981, 15, 119, 465; Chudožnik 1981 (1) 25; 1982 (5) 33; (10) 15; 1987 (10) 24; Neva 1987 (5) 200 s.; *G. Kekuševa*, Tvorčestvo 1990 (4) 24 s. N. Lavrent'eva

Devjatov, *Naum* → **Desjatyj,** *Naum*

Devjatov, *Sergej Michajlovič*, russ. Maler, Graphiker, * 1955 Leningrad, lebt dort (St. Petersburg). Sohn von Michail Michajlovič D. Stud.: bis 1981 Repin-KHS Leningrad. – Bevorzugt Gem. zum zeitgen. Leben. Schuf inspiriert von Reisen in den Fernen Osten u.a. das Gem. *Kurily tože granica* (1983). Stilleben (*Tulskij samovar*, 1982). Buch-Ill. (zu V. Hugo, *Devjanosto tretij god*, Le. 1987). ▭ Vystavka proizvedenij molodych leningradskich chudožnikov. 1979 (K), Le. 1982, 5; *V. Torbik/T. Degtjareva*, Smena v. 3. 7. 1982; Respublikanskaja chudožestvennaja vystavka „Golubye prostory Rossii" (K), Mo. 1984, 6; Chudožnik 1984 (10) 30 s.; Sovetskaja živopis'-6, Mo. 1984. N. Lavrent'eva

Devjatyj, *Michail* cf. **Desjatyj,** *Naum*

Devjatyj, *Naum* → **Desjatyj,** *Naum*

Devlan (Devlin), *Francis Daniel*, US-amer. Maler, * 15. 12. 1835 Paterson/N. J., † 6. 6. 1870. Aufgewachsen in Reading/Pa., dort um 1852 Schüler von James Arthur Benade, mit dem er gemeinsam das Gem. *Landscape with Cattle* malte (1853 in der PAFA Philadelphia ausgestellt). Während des Sezessionskrieges als Cartoonist für Leslie's Ill. News tätig. – Malte v.a. Lsch. ⊙ *G:* bis 1866 Philadelphia, PAFA. ▭ *Groce/Wallace*, 1957; EAAm I, 1968; *Young*, 1968. C. R.

Devletkil'deev (Davletkil'deev), *Kasim Saliaskarovič (Askarovič)*, baschkir. Maler, Zeichner, * 11. 4. 1887 Kutul' (Mar'ino)/Gouv. Ufa, † 19. 1. 1947 Ufa. Stud.: bis 1914 Stieglitz-FS für techn. Zeichnen St. Petersburg bei G. I. Kotov, Matvej Genrichovič Manizer; 1916–17 AK ebd. (Gasthörer). Ab 1917 in Ufa ansässig; 1917 Mitgl. des dortigen Kunstzirkels. 1926 Mitbegr. der Ufaer Filiale der Assoz. der Künstler des revolutionären Rußland (AChRR). Lehrtätigkeit: 1914–16 Kunst-FS Petrograd (St. Petersburg); 1919 1. Studio für bild. Kunst der Eisenbahn-Wkst. Ufa; 1930–35 Baschkir. Kunst-FS ebd.; 1930–37 Baschkir.-tatar. pädagog. Kurse. 1928–35 mehrere ethnograph. Expeditionen, Mat.-Slg zur baschkir. Folklore und dekorativ-angew. Kunst für die Kollektion des KM Ufa. – D. gilt als einer der ersten professionellen baschkir. Maler. Bevorzugt Darst. des Alltagslebens, Lsch. und Typen-Portr., meist als Aqu. (z.B. *Na molitve*, 1918; *Cvety raznye*, 1928, '35; *Molodoj ochotnik na medvedja*; *Devuška-baškirka v golubom*; *Kryl'co* *baškirskoj izby*; *Motiv Inzerskogo zavoda*, alle 1928; *Derevnja Novo-Usmanovo*, 1933), auch als Zchngn (u.a. *Starik*, 1928; *Susal*; *Baškirskij čuval*, 1933, alle Kohle; Portr. von Kämpfern der baschkir. Kavallerie-Division, Skizzen-Album, 1940) und in Öl (z.B. Portr. des Schauspielers *G. M. Mingažev* in der Rolle des Starcen im Stück „Baškirskaja svad'ba" von M. Burangulov, 1937). Auch Gem. zur Gesch. Baschkiriens (u.a. *Puškin sredi baškir*, 1936, unvoll.; *Perechod Salavata k Pugačevu*; *Tanec sredi bojcov*, beide 1940). ⌂ UFA, Baschkir. KM. ⊙ *E:* 1967, '70 Ufa. – *G:* seit 1916, u.a. 1928 San Diego (Calif.). ▭ ChudSSSR III, 1976 (Lit.; z.T. falsche Angaben); Baškortostan. Kratkaja ènc., Ufa 1996, 249, 251, 253, 257, 270. – VSII Sprav. III, 1973; Iskusstvo 1973 (5) 78; Izobrazitel'noe isk. avtonomnych respublik RSFSR, Le. 1973, 26; *Kušnerovskaja*, 1974; Problemy razvitija sovetskogo isk. i isk. narodov SSSR. Tematičeskij sb. naučnych trudov Instituta Repina, vyp. 2, Le. 1975, 17 s., 20 s.; vyp. 6, Le. 1976, 75, 77 s.; Chudožnik 1976 (2) 28 s.; 1983 (4) 36 s.; IIN SSSR VIII, 1977; *Červonnaja*, 1978 (Bibliogr.); *ead.*, Vzaimodejstvie chudožestvennych kul'tur narodov SSSR, Mo. 1982, 40; Trudy Akademii Chudožestv SSSR, vyp. 2, Mo. 1984, 31. I. Fomičeva

Devlin, *Charles H.*, US-amer. Architekt, * 1858 San Francisco/Calif., † 12. 11. 1928, lebte in San Francisco. Partnerschaft mit seinem Bruder *Leo J. Devlin* († 1933); Büro im Pacific Building; spezialisiert auf röm.-kathol. Kirchenbauten. Eines der bek. Arbeiten der D. Brothers ist der Anbau an die St. Ignatius Church (Fulton Str./ Potter Ave.), der zur Zeit ihrer Weihung 1914 als der größte Stahlskelettbau westl. von Chicago/Ill. galt. Beide entwarfen auch das St. Patrick's Seminary im San Mateo County sowie versch. Konfessionsschulen und andere Einrichtungen in der Bay-Region. ▭ *Withey*, 1956. C. R.

Devlin, *Duncan* cf. **Devlin,** *George*

Devlin, *Francis Daniel* → **Devlan,** *Francis Daniel*

Devlin, *George*, brit. Maler, Graphiker, * 8. 9. 1937 Glasgow, lebt ebd. Bruder des Künstlers *Duncan D.* Stud.: 1955–60 Glasgow SchA. 1969 Gründung einer Malschule, seit 1988 befindlich in Vétheuil/Val d'Oise. In den 1960er Jahren Aufenthalte in Griechenland und in der Sahara, 1974–79 in Paris, Spanien, Italien, den Niederlanden und 1987 in Deutschland; 1992 Reise nach Singapur, Hongkong, Japan und Malaysia, 1998 nach Bangalore/Indien. 1977 Präs. der Glasgow League of Artists. 1991 Artist in Residence in Dinan. Lehrtätigkeit: Glasgow College of Building and Printing. Ausz.: 1961 Maclaine-Watters Med., RSA; 1970 Cargill Award, 1977 Exhib. of the Year Award, beide GI. Mitgl.: 1964 R. Scottish Soc. of Painters in Watercolour; 1989 GI; Glasgow Art Club. – D. entwarf 1973 Kostüme für eine Inszenierung von Walter Gore am Schott. Ballett, Glasgow, ferner Ill. für die Ztg Scotsman und den Verlag MacLellan. Seine Lsch.-Gem. (Öl, Aqu.) entstehen ausschl. in Pleinairmalerei mit lichtbedingten Farbeffekten und abstrakten Mustern. D. malt in breitem Pinselduktus bes. Lichtspiegelungen auf Wasseroberflächen (Küsten- und Bootsszenen), seltener auch Porträts. ⌂ ABERDEEN, AG. CHELMSFORT, Essex County Council. DINAN, City Coll. EDINBURGH, City Coll. – Scottish Arts Council. – Scottish NG of Mod. Art. GLASGOW, Univ. of Strathclyde. LEICESTER, Univ. of Leicester. LOCHGILPHEAD, Argyll and Bute County Council AG. LONDON, Arts Council of Great Britain. – R. Coll. MILNGAVIE, Lillie AG. ⊙ *E:* Edinburgh: 1969, '72, '94 (K), '97 Scottish Gall.; 1970 Demarco Gall. / 1984 Paris, Gal. Mandragore / 1988 Den Haag, Kultur-Minist. / Glasgow: 1989 Kelly Gall.; 1997 Roger Billcliffe FA (K) / 1991, '94, '96 (K) London, Portland Gall. / 1992 Stenton, Macaulay Gall. / 1993 Stow-on-the-Wold, Fosse Gall. (K). ▭ WWArt, 1972–1998; *McEwan*, 1994; *J. Halsby/P. Harris*, Dict. of Scottish painters, Edinburgh 1998. – London, V & A: Dokumentation. H. St.

Devlin, *Harry (Harry Arthur)*, US-amer. Maler, Cartoonist, Illustrator, Autor, * 22. 3. 1918 Jersey City/N. J., lebt in Westfield/N. J. Stud.: 1939 Syracuse Univ., Syracuse/N. Y.; in New York bei Hans Hofmann; Kean College of New Jersey, Union. – Öl. 1983–85 Präs. der Assoc. of Artists of New Jersey. ▭ WWAA, 1953–1997/98 (Werke, Ausst., Publ.). C. R.

Devlin, *Johnny*, US-amer. Karikaturist, Comiczeichner, † 1942, lebte in New York. Arbeitete in den 20er Jahren als humorist. Karikaturist für versch. Tages-Ztgn und zeichnete ab A. der 30er Jahre den von Milt Gross geschaffenen und von der New York World vertriebenen Gag-Comic-Strip *Looy Dot Dope*. M. der 30er Jahre schuf er den kurzlebigen eig. Comic-Strip *Honey Dear* und arbeitete kurz danach als Ass. für den Zeichner Rube Goldberg. Er zeichnete an dessen Strips *Lala Palooza* und *Side Show* und arbeitete A. der 40er Jahre auch an Goldbergs Werbecomics für Pepsi Cola mit. 1937–42 veröffentlichte D. die eig. Ser. *Dewey Drip; Millie the Model* und *Philpot Veep* sowie diverse Gesch. nach Comic-Strip-Charakteren anderer Zeichner in den von Everett Arnold verlegten Comic Books wie Crack Comics, Feature Funnies und Smash Comics. Nach D.s Tod übernahm der Zeichner Bernard Dibble den größten Teil seiner Serien. ▭ *R. Goulart* (Ed.), The enc. of Amer. comics, N. Y./Ox. 1990. – *J. Steranko*, The Steranko hist. of comics, II, Reading 1972, 91 ss.; *D. Gifford*, The Amer. comic book cat. The evolutionary era 1884–1939, Lo. 1990; *M. Horn* (Ed.), 100 years of Amer. newspaper comics, N. Y./Avenel 1996 (s.v. Nize Baby). H. Kronthaler

Devlin, *Joyce (Joyce Frances)*, kanad. Malerin, * 28. 8. 1932 Fort Fraser/B. C. Stud.: 1951–54 Vancouver SchA; 1954–56 R. West of England College of Archit. (Wand-Gest.), Bristol. 1954 Emily Carr-Stip. – Bekannt wurde D. mit Landschaften, v.a. jedoch durch ihre Porträts. Darunter sind mehrere offizielle Aufträge, u.a. *The Rt. Hon. Lester B. Pearson (Prime Minister), The Hon. Ed Schreyer* (Premier von Manitoba, später Governeur Gen. of Canada). Daneben entstehen Collagen sowie Darst. zu Motiven aus Märchen und Phantasie, auch sich der Abstraktion nähernde Komp. in Öl, Aqu., Tempera, Acryl. Viele Werke wurden von Industriekonzernen erworben (Petro Canada, Ottawa; Esso Resources Canada, Shell Oil Coll., Husky Oil Coll., alle Calgary/Alta.; Mulvey and

Banani Electrical Design Co., Toronto). ⌂ OTTAWA, Univ. of Ottawa, Child Study Centre: Wand-Gem. – City of Ottawa Coll. ◎ *E:* u.a. 1966–72 Ottawa, Robertson Gall. / 1972 Toronto, Picture Loan Soc. / 1972–75 Ottawa, Wallack Gall. / 1976 Quebec, Maison des Jesuits / 1981 London, Patrick Seale Gall. / Ottawa: 1995 Karsh-Masson Gall.: J. D. and Susan Feindel, Mon. installations; 1996 Ashbury College. 🕮 *B. McKendry*, Dict. of folk artists in Canada, Elginburg, Ont. 1988; *MacDonald* I, 1997; *B. McKendry*, An ill. companion to Canad. folk art, Kingston, Ont. 1999. – *G. Cannon*, En route 5 1977 (6) 35–36, 38–40, 56; *M. Harris*, Financial Post mag. v. 1. 8. 1984, 44. – Ottawa, NG of Canada, Dokumentation: Dossier D. B. St.

Devlin, *Leo J.* cf. **Devlin,** *Charles H.*

Devlin, *Lucinda Alice*, US-amer. Fotografin, * 18. 12. 1947 Ann Arbor/Mich., lebt in Hattiesburg/Miss. Stud.: bis 1974 Eastern Michigan Univ., Ypsilanti (engl. Lit., Kunst, Fotogr.). Lehrtätigkeit: 1977–88 Syracuse Univ., N. Y.; 1989–94 State Univ. of New York, New Paltz. Ausz.: 1978 Light Work Photogr. Grant des New York State Council for the Arts; 1979 Creative Artists Public Service; 1992 Nat. Endowment for the Arts (beides Stip.). – Dokumentar-Fotogr., hauptsächl. von Innenräumen; Aufsehen erregte ihre Ser. *Omega Suites*, schonungslos realistische Aufnahmen von Todeskammern in den USA. ⌂ CHARLOTTE/N. C., Mint Mus. of Art. HAMILTON/N. Y., Colgate Univ., Picker AG. PARIS, BN. PRINCETON/N. J., Univ. AM. SYRACUSE/N. Y., Light Work. ✉ Creative camera 1994 (326) 32–35 (Kat.-Auszug). ◎ *E:* 1993 Washington (D. C.), Tartt Gall.: The Omega Suites / 1994 Charlotte, Light Factory: Evidence of Death / 1998 Bochum, Gal. m, Haus Weitmar: Un-Räume. The Omega Suites. 🕮 *Browne/Partnow*, 1982; WWAA, 1997/98. – *D. Hlynsky*, Blackflash (Canada) 11:1993 (3) 4–8; Kunstforum internat. 141:1998 (Juli-Sept.) 358–360; Räume. L. D., Andreas Gursky, Candida Höfer (K Kunsthaus Bregenz), Köln 1999. Ch. R.

Devlin, *May* (*Mary*; verh. Dale), schott. Malerin, Zeichnerin, Stecherin, * Dumbarton, zw. 1922 und 1936 in Glasgow, in den 30er Jahren auch in London tätig, nach 1935 in Bridge of Weir/Strathclyde. Stud.: Glasgow SchA. Lehrtätigkeit: Bearsden Acad. – Lsch. und Küstenszenen, meist in Aqu. (*Evening solitude; The old coal cart; Moorland*), auch als Rad. (*Cloisters, Monreale, Silicy*). ◎ *G:* 1922–35 Glasgow, GI; R. Scottish Soc. of Painters in Water Colours / 1925–35 Edinburgh, RSA. 🕮 Vol, 1953. *Waters* I, 1975; *Johnson/Greutzner*, 1976 (Repr. 1990); *Billcliffe* I, 1990; RSA Exhibitors I, 1991; *McEwan*, 1994. K. F.

Devlin, *Stuart Leslie*, brit. Silberschmied, Juwelier, Designer, Bildhauer, * 9. 10. 1931 Geelong/Vic., lebt in Angmering-on-Sea/West Sussex. Stud.: 1945–47 Gordon Inst. of Technology, Geelong; 1948–50 Ausb. bei der Fa. T. Gaunt and Co., Melbourne (kirchl. Silber); 1958–60 R. College of Art, London (Industriedesign, Gold- und Silberschmiedekunst); 1960–62 Columbia Univ., New York. Lehrte 1962–63 an der Prahan Technical School, Melbourne. 1964–65 Schulinspektor, Art in Technology Schools, Victoria Education Department. 1965–88 Wkst. in London, ab 1973 mit eig. Gal. und 1978–84 in Partnerschaft mit dem Duke of Westminster. 1966 Freeman, 1972 Liveryman, 1995/96 Erster Zunftmeister der Worshipful Company of Goldsmiths. Ausz.: 1980 Companion of the Order of St. Michael and St. George; 1982 Kgl. Goldschmied und Juwelier; 1988 Officer of the Order of Australia. – D.s Silberarbeiten um 1958–60 mit geometr. Formen und glatten Oberflächen zeigen skandinav. und Bauhaus-Einfluß (zwei Teekannen, 1958; Kaffeeservice, 1959, beide Goldsmiths' Hall). Nach organ. Skulpt. in Messing und Stahl (1960–62) und dem Entwurf der sechs austral. Dezimalmünzen (1963/64) konzentrierte sich D. ab 1965 auf Silber in einfacher, funktionaler Form mit aufwendiger Dekoration. Char. sind gehämmerte Oberflächen, durchbrochene Flächen, wie z.B. ein Geflecht aus kleinsten Figuren, sowie ein ausgeprägter Kontrast zw. strukturierten und glatten Zonen. D. erhielt Aufträge für Sporttrophäen, Tafelaufsätze, Präsentationsstücke, zeremonielles Silber (z.B. Insignien für den Londoner Stadtteil Brent, 1966) und gestaltete zunehmend Tafelsilber, Zierobjekte und seit 1971 Schmuck. Eine Wkst. mit bis zu 60 Mitarbeitern und eigens entwickelte Techniken zur seriellen Herstellung einzelner Komponenten ermöglichten immer kompliziertere und luxoriösere Objekte, die mit reichem Edelstein- und Perlbesatz den Objets de vertue des 18. Jh. entsprechen. Seit 1967 kreiert D. sog. *Surprise eggs*, die beim Öffnen komplizierte florale und figürl. Komp. enthüllen und die ebenso wie speziell dekorierte *Christmas Boxes* seit 1973 jährlich einmal in limitierter Aufl. verkauft werden. 1975 entwarf D. ferner eine ähnlich dekorative Möbel-Ser. aus Rosenholz mit filigraner Schnitzerei, die er wie die seit 1981 angefertigten dekorativen Skulpt. (Stahl, Messing, Holz) in von ihm gestalteten Inneneinrichtungen anwendete. Neben prestigeträchtigen Aufträgen von der brit. kgl. Fam. (u.a. für Staatsgeschenke), dem Adel, der Industrie oder Institutionen (*Rosenwasserschale*, 1983, für den Ersten Zunftmeister der Worshipful Company of Goldsmiths, Lord Astor of Hever) und weltweitem Export seiner Kollektionen wurde D. auch mit der Gest. von Münzen für über 38 Länder (u.a. Seychellen, Singapur, Äthiopien, Buthan) und zahlr. Gedenk-Med. (z.B. Gedenk-Med. an Kapitän Cooks Reise nach Australien, 1970) beauftragt. 1987 entwickelte er speziell für champagnerfarbene Diamanten der austral. Argyle-Mine eine exemplar. Schmuckkollektion und Zierobjekte (200 Modelle). Seit 1988 zeichnet D. mit CAD-Programmen am Computer und erreicht damit eine noch exaktere Umsetzung seiner Ideen; u.a. entwarf er damit auch medizin. Instrumente für endoskopische Operationen und 1997 Medaillen für die olymp. Sommerspiele in Sydney 2000. D. ist in erster Linie Designer, der in der Trad. der Fa. Fabergé v.a. opulente Gegenstände kreiert. Der hohen Qualität der Ausführung steht allerdings manchmal eine unkontrollierte, übersteigerte Dekoration gegenüber. ⌂ BATH, Univ.: Zepter, 1966. CANTERBURY, Kathedrale: Altarkreuz und Kerzenleuchter, 1970; Altarkreuz, 1980. LICHFIELD, Kathedrale: Patene, 1990. LONDON, Clothworkers' Company. – City

Univ.: zeremonielles Silber, 1967–68. – Worshipful Company of Goldsmiths: umfangreiche Slg. – V & A. – R. College of Art.: Kaffeeservice. – R. Soc.: Tafelaufsatz, 1960. – Stationers' Company. MELBOURNE, La Trobe Univ.: Zepter, 1968/69. NOTTINGHAM, Univ.: Vizechancelors cup. PARKVILLE, Univ. of Melbourne: Zepter, 1965. STOCKTON/Cal., Univ. of the Pacific: Zepter, 1965. ✉ Lord Astor's rosewater dish, Antique collector 54:1983 (12) 88–90; Goldsmiths rev. 1996/97, 4 s. ⊙ *E:* 1962 New York, Thibaut Gall. / 1965 Sydney, Terry Clune Gall. / London: 1968–72 Collingwood Gall. (K); 1983 Goldsmiths' Hall (K). – *G:* London: 1967 Goldsmiths' Hall: The Goldsmith today (K); 1979 V & A: The way we live now (K); 1991 V & A: The Lichfield Cathedral silver commision (K). ▭ *McCulloch*, 1968; 1984; Who's who in Australia, Mb. ^{20}1971; *H. Newman*, An ill. dict. of silverware, Lo. 1987; Who's who in Australasia and the Far East, C. 1991; DA VIII, 1996; Who's who, Lo. 1999. – *L. B. Archer*, Design 1960 (137) 65; Jeweller and metallworker v. 1. 9. 1968, 18–20; *G. Hughes*, Mod. silver throughout the world 1880–1967, Lo. 1967; Numismatic circular 78:1970 (5) 191; *D. Coombs*, Connoisseur 186:1974 (747) 18–23; *U. Robertshaw*, Illustrated London news 1975 (März) 61–63; *R. Hughes*, Crafts 1984 (67) 43–44; *J. Banister*, Antique dealer and collectors' guide 1983 (Nov.) 55–56; *H. Clifford*, 20th c. silver (K Crafts Council), Lo. 1993; *D. Beasley*, Goldsmiths rev. 1995/96, 2 s.; *C. Partridge*, Times v. 3. 12. 1997; *T. Harrod*, The crafts in Britain in the 20th c., New Haven/Lo. 1999. – London, Goldsmiths' Hall: Dokumentation. H. St.

Devlin, *Wende*, US-amer. Malerin, * 27. 4. 1918 Buffalo/N. Y., in Westfield/N. J. ansässig. Stud.: 1940 Syracuse Univ., Syracuse/N. Y. – U. a. Portr.; Acryl, Öl. ⊙ *E:* u.a. 1988 Madison (N. J.), Schering Plough. ▭ WWAA, 1991/92–1997/98 (Werke, Ausst.). C. R.

Devò, *Luigi*, Maler frz. Herkunft in Rom, tätig um 1779. Schüler von Domenico Corvi. – Ein ebenfalls in Rom tätiger gleichnamiger Maler (in den Dok. auch *Luigi de Vau[s]* oder *Deuò*), lt. Schede Vesme viell. ident. mit dem von Zani gen. Maler *Luigi Antonio Devò*, wird 1732 im Zusammenhang mit drei (unvoll.) Bildern mit Putten und Blumen im Briefwechsel zw. dem sard. Agenten Orengo in Rom und dem Minister D'Ormea in Turin genannt. ⌂ ASCOLI PICENO, Kathedrale: Madonna mit Hll., 1779. – S. Pietro Martire: Rosenkranzmadonna. – S. Francesco. ▭ ThB9, 1913. Schede Vesme II, 1966. – TCI Marche, 1962. E. K.

Devò, *Luigi Antonio* cf. **Devò,** *Luigi*

Devo, *Stepan Petrovič* → **Devaux,** *Etienne-Philippe*

Devočkina, *Nina Fedorovna*, russ. Malerin, Textilkünstlerin, * 16. 11. 1932 Ivanovo, lebt dort. Stud.: 1948–53 Kunst-FS Ivanovo bei Ivan Nikandrovič Nefedov, Ivan Dmitrievič Kalašnikov. 1955–59 im Galanteriewaren-Artel Ivanovo tätig. – Bevorzugt Textilmalerei (auf Tüchern bzw. dekorative Wandbilder, u.a. *Akademičeskaja dača*, 1974; *Pesnja o tekstil'nom krae*, 1985), auch Tafel-Gem. (z.B. *V starom dome. Veranda*, 1983; *Natjurmort s babuškinym platkom*, 1984). ⌂ IVANOVO, KM. ⊙ *E:* 1964, '82 Ivanovo. ▭ ChudSSSR III, 1976 (Lit.). – VSII Sprav. V, 1981; 6-ja vystavka „Chudožniki Nečernozem'ja" (K), Kostroma 1985, 16, 85; *K. I. Mokrov*, Chudožniki tekstil'nogo kraja, Le. 1986, 125, 130, 146, 168. I. Fomičeva

De Voge, *François* → **Devosge,** *François* (1732)

Devoge, *François* → **Devosge,** *François* (1732)

Devoir, *Louis-Lucien-Victor*, frz. Dekorateur, Dekorationsmaler, * 24. 3. 1808 Paris, † 13. 7. 1869 Lyon, lebte in Paris und Lyon. Zus. mit Michel Pourchet Ausf. von Bühnenbilder für die Opéra de Paris: 1. Akt zu *La tentation* (entworfen von Edouard Bertin), 1832; *Les mohicans*; *La chatte métamorphosée en femme* (1837) und *Les martyrs* (1840). Chefdekorateur des Théâtre de la Porte Saint-Martin, dort Bühnenbilder zu *Don Juan de Marana*, 1836; *Les mystères de Paris* (1844); *La juive de Constantine* (1846). Fertigte zus. mit M. Pourchet die Dekorationen zu *Le naufrage de la Méduse* (1839) für das Théâtre de la Renaissance. Später lebte D. in Lyon, wo er für das Grand-Théâtre und das Grand Théâtre du Caire tätig war. ▭ *Audin/Vial* I, 1918. – *N. Wild*, Décors et costumes du XIXe s., II, P. 1993. C. R.

Devoja, südind. Bildhauer (rūvāri), 1. H. 12. Jh. Vertreter der Hoyśala-Schule, beteiligt an der Ausschmückung des Hoyśaleśvara-Tempels in Halebīd/Hassan Distr., Karnātaka. ▭ *B. L. Rice*, Inscr. in the Hassan distr., Mangalore 1902 (Epigraphia Carnatica 5. 1), XXXVIII; *P. K. Acharya*, Enc. of Hindu archit., Lo. 1946 (Repr. New Delhi 1994), 814. H. Plaeschke

De Vol, *Eugene (Alfonzo Eugene Julian)*, US-amer. Maler, * 2. 3. 1885 Illinois, † 7. 1. 1929. Ehemann von Pauline Hamill D. Stud.: u.a. Chicago AFA bei Jonas Lie. Ab 1921 Dir. der San Diego AFA, Calif. ▭ *Moure*, 1984; *Hughes*, 1986. C. R.

De Vol, *Pauline Hamill*, US-amer. Malerin, Illustratorin, * 7. 10. 1893 Chicago/Ill., † 18. 7. 1974 San Diego/Calif. In erster Ehe mit Eugene D., in zweiter Ehe (um 1940) mit John S. Rea verheiratet. Stud.: Chicago AFA; bei Cyril Kay-Scott und Rudolph Schaeffer. 1929–41 Dir. der San Diego AFA, danach Leiterin des AC in La Jolla/Calif. ⌂ SAN DIEGO, FA Society. ⊙ *G:* 1935 San Diego: California Pacific Internat. Exhib. ▭ Vol, 1953. *Moure*, 1984; *Falk*, 1985 (zwei Art.); *Hughes*, 1986. C. R.

Devolder, *Roland*, belg. Maler, Zeichner, Graphiker, * 1938 Oostende, dort tätig. Vater von Steven D. Stud.: 1956–62 Acad. R. des BA Gent. Lehrer an der Sted. Acad. voor Schone Kunsten Oostende. Ausz.: 1972 ehrenvolle Erw., Preis Jeune Peint. Belge; 1973 Bronze-Med., Europapreis für Malerei, Stadt Oostende. – Magisch-realist. Komp., belebt mit großäugigen, distanzierten Figuren: zarte Mädchen, Frauen, betagte Männer, Tiere und Phantasiewesen. D. zeigt die Grenzen menschl. Kommunikation im Bild des Individuums, das als Fremder im eig. Leben wandelt. Neben Stummheit entsteht der Eindruck von Melancholie. In den 80er Jahren arbeitet er mit Acryl und Aqu. auf graviertem Grund. Bek. wurde D. v.a. durch Rad. und lavierte Zchngn. Darüber hinaus auch Skulpt. ⌂ BRÜGGE, Prov. de Flandre Occidentale. BRÜSSEL, Bibl. R. Albert Ier, Cab. des Estampes. – Fond. pour l'Art belge contemp. – Vlaamse Gemeenschap. –

Slg König Boudevin. OOSTENDE, Sted. MSK. ⊙ *E:* 1994 Stockholm: The human and artistical dimension in the work of R. D. (K). – *G:* 1992 Maaseik, Kunst-Gal. den Peroun. 🕮 LWBK III, 1994 (Ausst.); *Arto*, 1995; DPB I, 1995. – *N. Hostyn*, Beeldend Oostende, Brugge 1993. U. R.

Devolder, *Steven* (Pseud.: Kraplack), belg. Maler, Graphiker, * 21. 3. 1966 Oostende, dort tätig. Sohn von Roland D. Stud. in Gent: Kunsthumaniora St. Lukas (plast. Kunst); Hoger Inst. voor Beeldende Kunsten St. Lukas (freie Graphik). – Abstraktionen und gegenständl. Komp. (Figuren, Interieurs) in Malerei, Linolschnitt und für Plakate. 🏛 OOSTENDE, MSK. ⊙ *E:* 1987 Brügge, Gal. Y. Clement; Oostende, Gal. de Peperbusse 🕮 LWBK III, 1994. – *N. Hostyn*, Beeldend Oostende, Brugge 1993. – Mitt. N. Hostyn, Oostende. U. R.

Devoll (De Voll), *Frederick Usher (F. Usher)*, US-amer. Maler, * 15. 12. 1873 Providence/R. I., † 13. 3. 1941 ebd., lebte dort. Ausb.: Rhode Island School of Design, Providence; bei William Merritt Chase, Mowbray, Charles Webster Hawthorne und Robert Henri in New York; bei Jean Paul Laurens in Paris. Danach in Providence ansässig. – Qualitätvolle Herbst- und Winter-Lsch. 🏛 CHICAGO, Vanderpoel Art Assoc. MILWAUKEE/Wis., Art Inst. MUSKEGON/Mich., Hackley AG. NEW ORLEANS/La., Delgado Mus. – Newcomb College. PROVIDENCE, School of Design. SAINT JOHN/N. B., Saint John AC. SPRINGFIELD/Ill., Art Assoc. SYRACUSE, AM. ⊙ *G:* 1915 San Francisco: Panama-Pacific Expos. (Silber-Med.). 🕮 ThB9, 1913. WWAA, 1940/41; *Falk*, 1985. Ch. R.

De Vollan, *Franc Ivanovič* → **Volland,** *François*

Devolli (Bengu), *Adrian*, alban. Maler, Restaurator, * 16. 6. 1955 Tirana, lebt dort. Sohn von Hysen D. Stud.: 1974–79 KHS Tirana. Restaurator am Inst. für Denkmalpflege ebd. Ausz.: 1. Preise in der Nat. Ausst. in Tirana im Nov. 1989. – Bek. für seine Stilleben und Landschaften, motivisch einfach, jedoch oft stilist. unterschiedl. gemalt mit lyr., dramat. oder auch romant. Intentionen. Durch die harmon. Komp. und die warme Farbgebung in Braun, Ocker und Weiß kommt D.s Liebe zur Natur zum Ausdruck. 🏛 TIRANA, Gal. Kombëtare e Arteve Figurative. 🕮 *K. Dilo*, Zeri i Popullit v. 19. 6. 1989, 3; *P. Kokushta*, Drita v. 26. 6. 1989, 7; *A. Kuqali*, ibid. v. 10. 12. 1989, 1–3. Gj. Frashëri

Devolli (Bengu), *Hysen*, alban. Maler, Szenograph, Zeichner, Graphiker, * 11. 8. 1924 Tirana, lebt dort. Vater von Adrian D. Stud.: 1946–52 KA „Nicolae Grigorescu" Bukarest. 1952–89 Bühnenbildner am Volkstheater und am Opern- und Ballett-Theater in Tirana. Ausz.: Naim Frasheri-Med. 3. und 2. Kl.; 1960 Titel Verdienter Maler. – D. debütiert bereits 1942 auf der anläßl. des ersten nat. Wettb. organisierten Ausst. für Malerei und Plastik in Tirana mit figürl. Komp. auf Lw. (*Tre katundarë në kuvendim*) und Portr. (*Fytyrë kleriku*), in denen seine Begabung für trad. Motive und Alltags-Darst. zum Ausdruck kommt. Deutliche patriot. Gefühle spiegeln sich in den einfachen Motiven des Lebens, die er in der ersten Ausst. nach dem Krieg (1945) zeigt. Publ. in den 50er Jahren zahlr. Zchngn in der Tagespresse. Schildert in den 60er und 70er Jahren vorwiegend in Öl/Lw. Ereignisse des Befreiungskrieges (*Zonja Çurre*, 1962; *Dorëzimi i armëve*, 1967, beide Tirana, Gal. Kombëtare...) und den Wiederaufbau des Landes (*Në kantier*, 1975, ebd.). Seine Arbeiten sind figürl. dramat. komponiert, jedoch fehlt oft die psycholog. akzentuierte zentrale Figur. D.s Tendenz zur Dramatik tritt gegen E. 80er Jahre auch durch eine breite, pastose Pinselführung in Gem. zu trad. hist. Themen hervor (*Kënga polifonike*, 1989, Tirana, Gal. Kombëtare...). D. ist einer der besten alban. Szenographen, zu nennen sind v.a. die Bühnenbilder zum Ballett *Cuca e Maleve*, zur Komödie *Prefekti*, zum Drama *Perkolgjinajt* und zur Oper *Rusalka*. Er hat auch eine beträchtl. Kollektion von Briefmarken entworfen. 🏛 TIRANA, Gal. Kombëtare e Arteve Figurative: Werk-Slg, u.a. Selepçi te pusi i Shijakut te Tiranës, 1942; Skënderbeu, 1959, beide Öl; zahlr. Lsch. und Stilleben. ⊙ *G:* zahlr. nat. und internat. seit 1942, u.a. 1966 Alexandria: Bienn. 🕮 I pari Konkurs Kombëtar dy vjeçar për pikturë, skulpt. e vizatim (K Minist. e Arsimit dhe Ministria e Kulturës Popullore, Shtypshkronja profesionale artizanale Tiranë), Tiranë 1942; *F. Stamo*, Drita v. 16. 12. 1962; Artet Figurative Shqiptare Piktura (K), Tiranë 1978, 83 s.; *A. Kuqali*, Historia e Artit Shqiptar, Tiranë 1988, 112 s.; Motive Shqiptare (Album per Ekspozitën 1996), Tiranë 1996, 6, 24. Gj. Frashëri

Devolster cf. **De Wilstar,** *John Jacob*

Devolvé-Carrière, *Elise* → **Carrière,** *Elise*

Devooght, *Pieter*, belg. Bildschnitzer, E. 17. Jh. in Kortrijk tätig. – Für städt. Aufträge sind Zahlungen belegt: 1683 für Arbeiten am Rathaus; an Fronleichnam 1686 für einen Altar der kleinen Halle am Marktplatz (zus. mit dem Tischler Frans de la Fosse). D. gestaltet das Modell einer Med. anläßl. der Hochzeit von König Karl II. von Spanien mit Maria-Anna von Pfalz-Neuburg, wofür ihm 1690 und '91 vier fläm. Pfund vergütet werden. 🕮 LWBK II, 1993. U. R.

Devooght, *Robertine (Roberte)*, belg. Malerin, * 8. 11. 1904 Brügge, † 5. 9. 1979 Loppem. Großnichte von Bruno van Hollebeke. Stud.: 1925–28 Sted. Acad. voor Schone Kunsten Brügge, bei Jef van de Fackere; 1928/29 im Atelier Guillaume van Strydonck in Brüssel; 1929/30 Acad. R. des BA, ebd., bei Alfred Théodore Joseph Bastien; 1930–32 Koninkl. ABK Antwerpen, bei Félix Gogo und Baron Isidore Opsomer. 1940–46 Lehrerin an der Sted. Acad. voor Schone Kunsten Brügge. 1948 ⚭ René van den Berghe. Mitgl.: 1936–40 De Maffia, Brügge. – Anfängl. realist., akad. Figurenmalerei, häufig Auftragsarbeiten für Einzel-Portr. (Kinder) und Gruppenbildnisse: *Vorstand des fläm. Bruderbundes*, 1937 (Brügge, Mus. voor Folklore); 1947 für die Koninkl. Gilde St-Sebastiaan *Portr. van de Eed.* Die großen Gruppenbildnisse bereitet D. in zahlr. Einzelstudien vor. Später locker-pastose, expressionist. Malerei mit relig. Motiven, Stilleben und Blumen. Auseinandersetzung mit den Künstlern von Cobra und dem dt. Expressionismus, Einfluß von Chaïm Soutine und Georges Rouault. 🏛 BRÜGGE, Coll. Communale: Portr. der Mutter, 1966. – Koninkl. Gilde St-Sebastiaan. ⊙ *E:* Brügge: 1936, '38 Studio S. Salvador; 1954 Gal. Unicum; 1970 Concertgebouw: Retr.

(K). – *G:* 1966 Spa: Hedendaagse Belg. Schilderkunst. ▭ LWBK I, 1992; DPB I, 1995. U. R.

Devooux, *Esprit-Michel,* frz. Architekt, Geometer, * 2. 5. 1705 Aix-en-Provence, † um 1785 Marseille. Sohn des Maurermeisters *Jean D.* (* 1646 Aix-en-Provence, † 1726 ebd.), Neffe von Pierre D. Fertigt 1741, 1753 und 1762 durch Honoré Coussin gestochene topogr. Karten von Aix-en-Provence mit stilisierten Ansichten der wichtigsten öff. Denkmäler der Stadt an den Rändern. Umzug nach Marseille; als Architekt und Geometer der gleichnamigen Prov. gestaltet D. 1779 eine topogr. Karte der Stadt (mit 600 livres vergütet). Sein Schaffen als Architekt ist noch zu untersuchen. ▭ Aix-en-Provence, Arch. mun.: GG 55. V. f° 23; GG 17 f° 49 v°; BB 109 f° 244; CC 779, CC 780. Marseille, Arch. des Bouches-du-Rhône, Fonds de l'Intendance de Provence: C 2616 f° 85; C 2617 fos. 41. 95. J. Boyer

Devooux, *Jacques* cf. **Devooux,** *Pierre*

Devooux, *Jean* cf. **Devooux,** *Esprit-Michel*

Devooux, *Pierre,* frz. Architekt, * 1633 Aix-en-Provence, † 2. 10. 1700 ebd. Entstammt einer ab E. 16. Jh. dort ansässigen Fam. von Maurermeistern und Steinmetzen aus Montjustin/Alpes-de-Haute-Provence; Sohn des Architekten *Jacques D.* (1610–80 in Aix-en-Provence tätig), Onkel von Esprit-Michel D. Zunächst Mitarb. des Vaters auf versch. Baustellen, u.a. am Rathaus (1665) seiner Heimatstadt und an der Kirche von La Seyne-sur-Mer/Var. Anschl. nimmt D. den Titel eines Architekten an und baut nach eig. Entwürfen den Pavillon de Lenfant, das Schloß von Montjustin (beide 1677), das Hôtel de Séguiran (1679), den Flügel der Trésoriers gén. de France im Pal. comtal (1681), die Eingangs-Kap. (1682) und die Fassade (1686) der Chap. des Pénitents blancs, das Hôtel de Maliverny (1682), mehrere Bürgerhäuser im Stadtviertel Mazarin, u.a. für sich selbst, die Umspannstelle für Postkutschpferde (1683–86), die Porte de la Plateforme (1689) und das Couvent des Bernardines (1690). Außerdem wird nach D.s Plänen und unter seiner Ltg die Kirche in Callian/Var errichtet. Als Architekt der Assemblée gén. des Communautés de Provence übernimmt er neben der Trassierung der Straße zw. Aix-en-Provence und Toulon 1686 den Wiederaufbau mehrerer bei Marmortransporten nach Versailles beschädigter Brücken über den Fluß Arc. ▭ *J. Boyer,* L'hôtel de ville d'Aix-en-Provence, Aix-en-Provence 1944; *id.,* L'archit. relig. de l'époque classique à Aix-en-Provence, Aix-en-Provence/P. 1972; *id.,* Quatre pavillons aixois du XVIIe s., Le Courrier d'Aix 1982 (Jan.-April); *id.,* Le Pal. comtal d'Aix-en-Provence du roi René à 1787, in: Aspects de la Provence. 500e Anniversaire de l'union de la Provence à la France, Marseille 1983, 55–95; *id.,* Le château de Montjustin, L'ère du temps (Trets) 1992 (5) 74–80; *id.,* Les portes fortifiées d'Aix-en-Provence et Arles, Provence hist. 44:1994 (176) 155–171; *id.,* Bull. de la Soc. d'ét. sc. et archéol. de Draguignan et du Var 39:1998, 55–70 (Kirchenbau in Callian/Var). – Aix-en-Provence, Arch. mun.: Ser. GG; Außenstelle der Arch. des Bouches-du-Rhône. Toulon, Arch. dép. du Var (Arch. mun. de Callian). J. Boyer

Devore, *Marie-Denise* → **Chirade-Devore,** *Marie-Denise*

DeVore, *Richard E.,* US-amer. Keramiker * 27. 4. 1933 Toledo/Ohio, lebt in Fort Collins/Colo. Stud.: bis 1955 Pädagogik, Univ. von Toledo, Ohio; bis 1957 Malerei und Keramik bei Maija Grotell, Cranbrook Acad. of Art, Bloomfield Hills/Mich. 1957/58 Lehrer für Keramik, ebd.; 1958–66 am Flint Junior College, Flint/Mich.; 1966–78 Leiter der Keramik-Abt. der Cranbrook Acad. of Art; seit 1978 Prof. an der Colorado State Univ., Fort Collins. Ausz.: 1966, '71 Michigan Potters' Assoc. Prize; 1976, '80, '86 Nat. Endowment for the Arts Grant; 1987 Fellow, Amer. Craft Council. – Während das Œuvre der 60er Jahre durch die Vielfalt keram. Formen und Techniken geprägt ist, arbeitet D. seit 1969 mit wenigen radikal reduzierten Grundformen, die sein Werk fortan in offensichtl. Kontrast zur konstruktivist.-expressiven Richtung der amer. Keramik stellen. Die fast archaisch wirkenden schmalen, zylindr. und offenen schalenförmigen Steinzeuggefäße werden nach einer Reihe von Vorzeichnungen über einem unteren gedrehten Teil nahezu papierdünn mit der Hand bis zum manchmal unregelmäßigen Rand ausmodelliert. Oft sind Fuß oder Standring so schmal, daß die Gefäße, bes. die Schalen, zu schweben scheinen. Nach mehrfachem Glasieren werden die Stücke auf unkonventionelle Weise gebrannt (in ölgetränktes Zeitungspapier gewickelt und in einer Mülltonne in Brand gesteckt). Die matt-dunkle Glasur und das Craquelé, manchmal als gemaltes Cloisonné, bestimmen die unruhig-lebendige Oberfläche der Gefäße. Dabei wird die Variation dieser Grundformen durch Dualitäten wie männlich/weiblich, Vorder-/Rückseite oder hell/dunkel bestimmt, die die intellektuellen Qualitäten der Arbeiten D.s offenbaren. ⌂ ATLANTA/Ga., High Mus. of Art. CLEVELAND/Ohio, Mus. of Art. DENVER/Colo., AM. HANNOVER, Kestner-Mus. KANSAS CITY/Mo., Nelson-Atkins Mus. of Art. LONDON, V & A. LOS ANGELES, County Mus. of Art. MILWAUKEE/Wis., Milwaukee AM. NEW HAVEN/Conn., Yale Univ. AG. NEW YORK, Metrop. Mus. – Amer. Craft Mus. OMAHA/Nebr., Joslyn AM. PHILADELPHIA/Pa., Mus. of Art. ROTTERDAM, BvB. ST. LOUIS/Mo., AM. SALT LAKE CITY, Utah MFA. SHEBOYGAN, Kohler Coll. of Contemp. Ceramics. WILMINGTON, Delaware AM. ✉ Color, texture & light, in: Studio potter 1986. ◉ *E:* 1971, '72, '75, '78 Birmingham, Yaw Gall. / 1975, '79 Evanston (Ill.), Gall. of Amer. Ceramics / 1976 San Francisco, Braunstein-Quay Gall.; Philadelphia, Helen Drutt Gall. / 1977 Washington, Fendrick Gall. / 1978 Buffalo (N. Y.), Freudenheim Gall. / 1983 Milwaukee, AM / 1987, '93, '95 Birmingham (Mich.), Hill Gall. / 1987–96 häufig New York, Max Protech Gall. / 1988 St. Louis, Greenberg Gall.; Seoul, East-West Contemp. Ceramics. ▭ WWAA, 1991/92–1997/98. – *G. Clark,* Amer. potters, N. Y. 1981; *G. Nordland,* R. D. Pottery, Chicago 1981; *F. Rubenfeld,* Amer. craft 1983 (5) 34–38; *D. Kuyken-Schneider/H. Spielmann,* 5 Künstler – 5 Wege in der Keramik, Ha./Rotterdam 1983, 36–48, 91; *G. Clark,* Ceramic echoes. Hist. references in contemp. ceramics, Kansas City 1983, 153; *P. Dormer,* The new ceramics, Lo. 1986, 34 s., 195; *P. Smith/E. Lucie-Smith,*

Amer. craft today, N. Y. 1986, 295; *Clark*, Ceramics, 1987; *M. Dunas/S. Bodine*, Amer. ceramics 1989 (4) 18–27; *M. Drexler Lynn*, Clay today, L. A. 1990, 58 s., 179 s.; *M. Margetts* (Ed.), Internat. crafts, Lo. 1991, 33, 215. B. Ostermann

Devorecký, *Ferdinand Damasus* → **Deworezky,** *Damasus*

Devos → **Devair**

Devos, *Bérénice*, belg. Malerin, Zeichnerin, * 21. 11. 1922 Damme (lt. DPB: Brügge) , † 12. 8. 1993 Aalst. Stud.: 1941–45 Acad. R. des BA, Brüssel; Nat. Hoger Inst. voor Schone Kunsten, Antwerpen, bei Walter Vaës, A. van Dijck und Albert Saverys; Acad. libre, Paris. Ausz.: 1952 2. Rompreis; 1953 Preis Kamiel Huysmans; 1957 3. Preis Pro Arte Christiana (*Hl. Franziskus mit Christus und Aposteln*). Prof. an der Sted. Acad. voor Schone Kunsten in St.-Niklaas, ab 1968 an der Koninkl. ABK in Antwerpen. – Portr., figürl. Komp. (christl. Motive), Akte und Stilleben (Blumen) in kraftvoll postexpressionist. Malweise, erinnern in den 60er Jahren an Arbeiten von Edvard Munch, Henri de Toulouse-Lautrec, Pierre Bonnard und Edouard Vuillard. D.s techn. ausgefeilte Öl-, Tempera- und Pastellbilder in kühler Farbigkeit werden im Pinselstrich zunehmend lockerer. ⌂ ROTTERDAM, städt. Besitz. ⊙ *E:* 1961 Höchst, Studio Hermann Haindl. ▭ LWBK III, 1994; *Arto*, 1995; DPB I, 1995. – Frankfurter Rundschau v. 25. 4. 1961. U. R.

Devos, *Georges Louis*, Holzschneider, * Valdampierre/Oise, E. 19./A. 20. Jh. Schüler von Charles Barbant. D. stach u.a. *Patala* nach Taylor und *L'édit contre les juifs* nach Alexandre Bida. ⌂ PARIS, BN, Cab. des Estampes: u.a. La vengeance des peaux de biques (nach C. Le Blant) für „Les Chouans" von Honoré de Balzac, um 1910. ⊙ *G:* ab 1881 Paris, Salon (1888 lobende Erw.). ▭ ThB9, 1913. *Bellier/Auvray*, Suppl., 1887; *Bénézit* III, 1976. – IFF, Après1800 VI, 1953. C. R.

Devos, *Léon*, belg. Maler, Radierer, * 24. 3. 1897 Petit-Enghien, † 18. 4. 1974 Percy-sous-Thil (lt. Mertens: Uccle). 1909 Mechanikerlehre. 1914–18 Soldat. Stud.: 1918 ABA Mons, bei Alfred Duriau und Charles Caty; Acad. R. des BA Brüssel, bei Constant Montald und Jean Delville. Gleichzeitig als Versicherungsvertreter tätig. 1920 Schüler am Inst. de gravure, Paris. 1927 wieder in Brüssel, arbeitet gelegentl. als Dekorateur. 1939–67 Prof., 1948 Dir. der Acad. R. des BA in Brüssel. Mitgl.: Pour l'Art; Bon Vouloir; Orientations; Présence; Acad. R. de Belgique. 1928 Gründungs-Mitgl. von Nervia. Mitgl.: Soc. des Sc., des Lettres et des Arts du Hainaut. Ausz.: 1937 Prix du Hainaut; 1950 Prix Garden Club (Pittsburgh/Pa., Carnegie Inst., Internat. Expos.: *Bouquet de juin*). – Nach anfängl. Briefmarkenentwürfen wendet sich D. der post-impressionist. Malerei zu. Er gehört zu den Hauptvertretern der wallon. Malerei und zur Schule von Mons. Neben familiären Interieurs, Lsch. und Stilleben v.a. weibl. Akte (auch als Rad.). Gestaltet techn. perfekt, pastos und mit intensiven Farben subtile Übergänge vom Licht zum Schatten. Neben intimist. Einflüssen steht er Arbeiten von Anto-Carte und Louis Buisseret nahe, auch Wirkungen von Vincent van Gogh und Henri Rousseau. Einen Schwerpunkt in D.s Schaffen bilden die Portr., v.a. seiner Ehefrau und von Kindern. Zus. mit Jacques Maes malt er die Historien-Taf. *La Prestation de serment du roi Léopold III* (Brüssel, Pal. des Nations). In den 50er Jahren zunehmend abstrahierende Elemente. Die späten Gem. mit Meeresfrüchten und Herbstblumensträußen zeichnen sich durch lockeren Pinselstrich und breite Farbpalette aus. ⌂ ANTWERPEN, Koninkl. MSK. BRÜSSEL, MRBAB. – Mus. d'Ixelles. BUDAPEST, SzM. CHARLEROI, MBA. GENT, MSK. HAINE-ST-PIERRE, Rathaus. LA LOUVIERE, Mus. LÜTTICH, Mus. de l'Art Wallon. MONS, MBA. NAMUR, Mus. Prov. TOLEDO/Ohio, Mus. of Art: Susanna. TOURNAI, MBA. ⊙ *E:* 1967 Retr.: Mons, MBA; Namur, Maison de la Culture. – *G:* 1927 Antwerpen: Trienn. / 1932–38 Venedig: Bienn. / 1957 Warschau: Belg. Kunst vom E. 19. Jh. bis A. 20. Jh. / 1980 Brüssel: MRBAB: 150 Ans d'Art belge; Acad. R. de Belgique: 150 Ans de Vie artist. ▭ Vo1, 1953. *Wilenski* II, 1960; *Arto*, 1995; DPB I, 1995. – *R. Bodart*, L. D., Ant. 1952; *P. Mertens*, La jeune peint. belge 1945–1948, Br. 1975; *G. Camus*, Bull. de la Cl. des BA de l'Acad. R. de Belgique 57 1975 (4) 109–116; *P. Dupont*, L. D., Br. 1988. U. R.

Devos, *Pierre*, belg. Maler, Bildhauer, Keramiker, * 7. 8. 1917 Brüssel, † 1972 Mater. Schwiegersohn von Constant Permeke. Stud.: 1934/35 ABA Tournai; 1937/38 Ec. nat. supérieure d'archit. et des arts visuels La Cambre, Brüssel, bei Charles Counhaye. In Oudenaarde ansässig. Ausz.: 1950 Preis für Malerei, 1951 für Bildhauerei; 1958 Gold-Med., WA, Brüssel. Mitgl.: Nat. Komitee für plast. Kunst. – Portr.-Büsten und mon. Malerei in klaren Komp., eleganten Linien und Formen. Bis 1950 deutl. Einfluß von Permeke. Um 1958–60 gibt D. die Bildhauerei auf und malt nunmehr vorwiegend traumversunkene Frauenfiguren in leeren Bildräumen. Die Arbeiten stehen zw. Symbolismus und Surrealismus. ⌂ GENT, Mus. van Hedendaagse Kunst. JABBEKE, Prov. Mus. Constant Permeke. KORTRIJK, MSK. TOURNAI, MBA. ⊙ *E:* 1974 Gent, MSK: Retr. ▭ Vo5, 1961. *Wiemeersch*, 1973; *Arto*, 1995; DPB I, 1995. – *P. Caso*, P. D., Br. 1956. U. R.

De Vos, *Wim (Willem Pieter)*, austral. Graphiker, Maler, Bildhauer, * 1947 Den Haag, lebt wahrsch. in Hamersley/Perth. Seit 1959 in Australien. Stud.: 1963–77 Central Technical College, Brisbane; 1978–80 Brisbane College of Art; 1981–82 Jan van Eyck Acad., Maastricht. Seit 1973 lehrt D. für das Queensland Education Dept. an höheren Schulen und Colleges of Technical and Further Education. 1985 Artist-in-Residence am Brisbane Inst. of Art. Seit 1990 produziert er Künstlerbücher, in denen er Ansichten und Geräusche austral. Lsch. in Erinnerung ruft. – D.s oft handkolorierte und z.T. bossierte Graphiken (v.a. Rad., Aquatinta, Kaltnadel und Power-Engraving) sind abstrakte oder semiabstrakte visuelle Analogien zu Hörerfahrungen. ⌂ BRISBANE, Griffith Univ. – State Libr. of Queensland. CANBERRA, Nat. Libr. of Australia. FREMANTLE, City Art Coll. KNOXVILLE, Univ. of Tennessee, Libr. of Internat. Contemp. Printmakers. MAASTRICHT, Jan van Eyck Acad. STANTHORPE/Qnsld., AG. SYDNEY, State Libr. of New South Wales. TOOWOOMBA, AG. ⊙ *E:* Brisbane: 1979 Terrace Gall.;

1981 Paddington Gall.; 1984–86 Michael Milburn Gall.; 1988 Grahame Gall.; 1989 State Libr. of Queensland; 1995 Michel Sourgnes / 1988 Toowoomba, Darling Downs Inst. of Advanced Education; Thomas Rowland Gall. / 1994 Dalby, Regional AG. ▭ *Germaine*, 1984; I, 1990; 1997. – *L. Wood* (Ed.), Directory of Austral. printmakers 1982, Mb. 1982; W. D., Maastricht 1982; Print Council of Australia. Directory 1988, Mb. 1989; *S. Grishin*, Austral. printmaking in the 1990s, Sydney 1997. R. Smith

Devosge, *Anatole (Anat[h]oile; Anatoire; Natoire)*, frz. Maler, Zeichner, * 13. 1. 1770 Dijon, † 8. 12. 1850 ebd. Sohn von François (III) D. und sein Schüler an der Ec. de dessin in Dijon; 1783 2., 1784 1. Preis für Malerei; 1787 Teiln. am Wettb. um den Rompreis (aufgrund von Unregelmäßigkeiten nicht vergeben). Ab 1788 in Paris Schüler von Jacques-Louis David. 1791 vom Vater zus. mit dem Bildhauer Claude-François Borne nach Saint-Nicolas-lès-Cîteaux geschickt, um in der ehem. Abtei Cîteaux Grabmäler und Kunstwerke zu zeichnen. Im selben Jahr erhält D. bei einem unter Vorsitz von Antoine Chrysostome Quatremère de Quincy in Paris veranstalteten Wettb. 1500 francs für die Allegorie *Ein Franzose opfert sich für das Vaterland*. Bis E. 1791 Freiwilliger im 2. Bataillon der Côte-d'Or; anschl. Rückkehr nach Dijon. Ab 1801 Prof. für Malerei und Stellv. des Vaters an der Ec. de dessin in Dijon (derzeit der Ec. centrale angegliedert). 1802/03 (Jahr XI) erneute Ausz. mit 1500 francs für eine Ölskizze zum *Frieden von Amiens*. 1803 Aufenthalt in Rom, wo D. wahrsch. eine Szene zur *Verbannung des Kimon* malt (Gold-Med. im Salon 1806; heute in Dijon, MBA). 1805 noch in Rom nachw. und Rückkehr nach Dijon. 1811 Nachf. des verstorbenen Vaters an der Ec. de dessin, deren Dir. ab 1813 (Amtsantritt erst 1814). 1833 organisiert D. in Dijon eine Personal-Ausst. zugunsten Bedürftiger (v.a. mit einer Darst. zum *Kampf des Erzengels Michael mit dem Drachen*, 1847 von der Stadt Dijon erworben, heute ebd., MBA). 1838 erste Schenkung einer Werkauswahl an das Museum. 1839 reicht D. seinen Rücktritt von den Ämtern an der Ec. de dessin ein (abgelehnt); Jean Auguste Devillebichot wird ihm als Stellv. zur Seite gestellt; 1843 weiteres vergebl. Rücktrittsgesuch und Ernennung zum Ritter der Ehrenlegion. Vorm Tod stiftet D. der Stadt Dijon seine Slgn mit dem vom Vater gegr. Fundus der Ec. de dessin, dessen Werken, den eig. und denen von Studenten, bes. 21 Studien des eng mit ihm befreundeten Pierre-Paul Prud'hon, zwei durch Jean-Baptiste Paul Cabet voll. Skulpt. von François Rude sowie die komplette priv. Bibliothek. – Nach Angaben von Laveissière (1980) umfaßt D.s Œuvre neben Zchngn v.a. Gem. mit mytholog. Darst., hist. Szenen aus dem Altertum und dem MA, mod. Allegorien, Darst. aus dem AT und dem NT, Heiligenfiguren sowie Porträts. ⌂ *Malerei:* CHALON-SUR-SAONE, Mus. Denon: Madonna; Hl. Johannes; Frauenkopf; Männerkopf. DIJON, MBA: Götterversammlung, Skizze; Anakreon singt seine Lieder, um 1800; Herakles und Philoktetes (Salon 1812); Vertumnus und Pomona, Entwurf (1837 in Dijon ausgestellt); Daphnis und Chloë; Entführung der Deïanira (beide im Magazin); Von Mißgunst erfüllte Aglaure, Entwurf, um 1837; Erziehung von Kamillus; St-Bernard réconciliant Guillaume, duc d'Aquitaine, avec l'évêque de Poitiers (unvoll., dazu eine Skizze); Abels Tod; Christi Auferstehung; Predigt des hl. Johannes; Martyrium des hl. Laurentius; Hl. Paulus, alles Skizzen; Anathoile Devosge, docteur en Sorbonne, prieur de l'abbaye de Cherlieu, oncle du peintre († 1812). – Mus. Magnin: Tod der Sophonisbe. – *Zchngn:* DIJON, MBA: umfangreicher Bestand (D.s Vermächtnis; Auswahl cf. Laveissière, 1980). ⊙ *G:* 1793, '95, '98, 1801, 1806, 1812 Salon. ▭ ThB9, 1913. *Laveissière* I, 1980 (WV, ausführl. Bibliogr.); *Schurr/Cabanne* I, 1996. – Dijon, MBA, Arch.: Korr. mit dem Vater. – Mitt. H. Meyer, Dijon. R. T.

Devosge, *Benoît* cf. **Devosge,** *François* (1666)

Devosge, *Claude François* (I), frz. Bildschnitzer, * 16. 1. 1675 Chambéry, † 25. 1. 1726 Gray/Haute-Saône. Sohn von François (I) D., Vater von Claude François (II) D., Michel D. und des im 18. Jh. in Gray tätigen Bildhauers *Philippe D.*, Großvater des ebd. ansässigen Bildhauers *François (II) D.* und von François (III) D. Das einzige bek. Werk ist ein 1723 für die Franziskaner von Gray ausgef. Altarblatt. ▭ ThB9, 1913 (auch s.v. D., François [II] und D., Philippe). *Vial/Marcel/Girodie* I, 1912. H. Meyer

Devosge, *Claude François* (II), frz. Bildhauer, Architekt, * 1697 Gray/Haute-Saône, † 5. 12. 1777 Dijon. Sohn von Claude François (I) D., Bruder von Michel D. und *Philippe D.*, Vater von François (III) D., bei dem D. nach Aufgabe der Berufstätigkeit lebt. ⚭ 17. 8. 1729 Jeanne-Philippe Faivre in Gray. Kein Werk bekannt. ▭ ThB9, 1913. *Laveissière* I, 1980. H. Meyer

Devosge, *Claude François* (1732) → **Devosge,** *François* (1732)

Devosge (Devosges), *Eugénie*, frz. Landschaftsmalerin, M. 19. Jh. tätig, vermutl. in Versailles ansässig (lt. Salon-Kat. 1847, jedoch nicht nachw.). Verwandtschaftsbeziehungen zu den gleichnamigen Künstlern sind nicht geklärt. – Bek. sind v.a. Ansichten aus Versailles (*Vue de la porte du hameau à Trianon, effet du matin*, Salon 1837) und Umgebung (*Vue prise dans les bois de Satory près de Versailles [Loir-et-Cher]*, um 1838) sowie aus der Touraine (*Vue prise en Touraine*, Salon 1848); Bénézit nennt das Gem. *Paysage boisé animé de personnages* von 1857 (21. 3. 1980 in Köln versteigert). Lt. Chavanne/Gaudichon malt D. lebendig wirkende, teilw. anekdotenhafte Darst. in der Art von François-Edouard Bertin und Alexandre Pau de Saint-Martin und zeigt Anklänge an Ill. (Lith.) der 1830er Jahre. ⌂ POITIERS, Mus. de la Ville et de la Soc. des Antiquaires de l'Ouest: Eglise de campagne, Öl/Lw., sign. E. Devosges. ⊙ *G:* 1837–48 Paris, Salon. ▭ ThB9, 1913. *Harambourg*, 1985; *Bénézit* IV, 1999. – *B. Chavanne/B. Gaudichon*, Cat. raisonné des peint. des XIXe et XXe ss. ... dans les coll. du Mus. de la Ville de Poitiers et de la Soc. des Antiquaires de l'Ouest, Poitiers 1988; Les salons retrouvés (K Calais u.a.), II, [Lille] 1993. R. T.

Devosge (Devosges), *François* (I), frz. Bildhauer, * Grenoble, mindestens ab 1666 dort tätig. Sohn eines Bildschnitzers *Benoît D.*, Vater von Claude François (I) D. Ab 1670 Einwohner von Salins/Jura, wo D. mit der Fertigstellung von Hochaltar und Kanzel der Kirche Notre-Dame Libératrice betraut wird (vom 1668 verstorbenen Alexandre de La Motte unvoll. hinterlassen). Ab 1672 in Chambéry, fertigt D. zunächst Wappen; 1673 Auftrag zum Altarretabel für die Chap. de Bellerive. 🕮 ThB9, 1913. *Vial/Marcel/Girodie* I, 1912 (auch s.v. D., Benoît); Schede Vesme II, 1966. R. T.

Devosge, *François* (1701) cf. **Devosge,** *Claude François* (1675)

Devosge (De Voge; Devoge), *François* (III; eigtl. *Claude François* [III]), frz. Maler, Zeichner, Lehrer, * 25. 1. 1732 Gray/Haute-Saône, † 22. 12. 1811 Dijon. Enkel von Claude François (I) D., Sohn von Claude François (II) D., Vater von Anatole D. Frühzeitig entfaltet sich D.s künstler. Talent; bereits 14jährig malt er für das Couvent des Carmes déchaussés in Gray und die Pfarrk. ebd. Auf Empfehlung des Lyoner Bildhauers Michel Perrache 1746–51 in Paris im Atelier von Guillaume (II) Coustou. Am grauen Star erkrankt, büßt D. durch eine mißlungene Operation 1754 in Dijon die Sehkraft eines Auges ein und ist so zur Aufgabe der künstler. Tätigkeit gezwungen. Nach einem weiteren, nunmehr erfolgreichen Eingriff 1756 in Paris beim kgl. Augenarzt Jacques Daviel legt sich D. endgültig auf die Malerei fest. Um 1759 mehrmonatige Ausb. in Paris im Atelier von Jean-Baptiste Deshays. Vom Marquis de Paulmy protegiert, geht er E. 1760 nach Dijon zu dessen Schwager Claude-Philibert Fyot de la Marche, ehem. Erster Präs. des Parlaments von Burgund, und erhält den Auftrag zur Ill. von dessen Werken *L'Hist. de la législation franç.* und *L'origine des impôts établis en France*, die jedoch nicht voll. werden. 1761–63 liefert D. für die Corneille-Ausg. von Voltaire Ill., die allerdings nicht verwendet werden. 1764 Heirat in Dijon mit seiner Cousine Marie, der Tochter des Bildhauermeisters Claude Saint-Père; D.s Freund, der Kupferstecher und Medailleur Louis Gabriel Monnier, ist Trauzeuge. Um diese Zeit wird D. in Dijon in einen Kreis von Künstlern eingeführt, die sich allwöchentl. im Haus des Architekten Edme Verniquet (Pl. Saint-Jean) treffen; dort fungiert er als Ausbilder bei Studien nach dem lebenden Modell und überwacht die Haltung des Modells. 1765 gründet D. eine unentgeltl. Zeichenschule in der Rue Chanoine (heute 30, rue Jeannin), die neben Künstlern auch Kunsthandwerker ausbildet (anfängl. nur 25 Schüler, im zweiten Jahr bereits 80). Fortan ist D.s Biogr. eng mit dem Geschick der Schule verbunden; bis 1801 ist er der einzige Prof., bis zum Tod deren Direktor. Mit Unterstützung von Bénigne Legouz de Gerland, Amtmann von Dijon, unterbreitet D. der Burgund. Ständeversammlung das Konzept zur offiziellen Gründung einer Zeichenschule (1767 anerkannt). Um jene Zeit werden dort 146 Schüler in sechs Kl. unterrichtet; die 1768 auf Initiative von Legouz de Gerland eingeführten Ausz. werden ab 1770 alljährl. von der Ständeversammlung offiziell an die besten Schüler der jeweiligen Kl. für Malerei, Bildhauerei und Ornamentzeichnen verliehen. Ab 1769 wird die Schule durch den Prince de Condé protegiert. Auf D.s Antrag werden 1775 zwei außerordentl. Preise bewilligt und im Vierjahresturnus an je einen Maler und einen Bildhauer verliehen, die nach einem Jahr Stud. an der Ec. de dessin in Dijon nach Rom geschickt werden. 1776 erstmalige Vergabe des Rompreises, dem bis 1787 vier weitere folgen. Die Stipendiaten des Staates sollen Kopien nach alten Meistern und Antiken zur Ausschmückung des Pal. des Etats und für die Slgn des im Aufbau befindl. Mus. an die Schule in Dijon einsenden. Der als hervorragender Pädagoge anerkannte D. verwendet mit beispielloser Einsatzbereitschaft den größten Teil seiner Zeit und des eig. Einkommens für die Entwicklung der Schule. Allerdings werden seine zeichner. Fähigkeiten allzu oft unterschätzt; da er die Zchngn und Vorlagen zur Ausb. der Studenten bereitstellen muß, fertigt er ein breites Spektrum an Studien: Akte, Muskelmänner, Studien von versch. Körperteilen, Studienköpfe, Kopien nach Werken von zeitgen. Künstlern (u.a. Jean-Baptiste Greuze, Bouchardon), Tiere, Rokoko- und von der Antike inspirierte Ornamente. D. ist auch ein vielseitig interessierter Sammler und trägt auf eig. Kosten für die Studenten Kunstwerke zus., wofür die Burgund. Ständeversammlung ab 1783 eine jährl. finanzielle Zulage bereitstellt. Zahlr. dieser Werke befinden sich im *Album Devosge* (Dijon, MBA): 152 Zchngn aller Schulen sowie zahlr. Stiche, Skulpt. und Abgüsse nach berühmten antiken Skulpturen. D. bemüht sich auch um ein endgültiges Domizil für die Schule, die zunächst in der Gal. de Bellegarde im Logis du roi ist und um 1780 in den Saal (heute Salle de Flore) des Flügels Notre-Dame im neuen Pal. verlegt wird. D. liefert zahlr. Zchngn zur Ausgestaltung des Raumes, die ihn, im Gegensatz zur landläufigen Meinung, als geschickten Zeichner ausweisen. Er konzipiert nacheinander drei Dekorationsentwürfe für den „Salle des Festins" gen. Raum mit Gedenk-Darst. der Siege des Prince de Condé, Allegorien auf die eroberten Städte und Trophäen über den Fenstern; außerdem sind eine Plafondmalerei und vier Halbrelieffiguren vorgesehen. Da die Schule während der alle drei Jahre stattfindenen Tagungen der Ständeversammlungen jeweils umziehen muß, wird sie 1787 endgültig im neuen Ostflügel des Pal. untergebracht, dessen Bau auf D.s Vorschlag von der Ständeversammlung beschlossen wurde. Das Projekt zur Gründung eines der Schule angeschlossenen Mus. wird gleichzeitig genehmigt; es wird in der Salle Condé eingerichtet, vor der sich die als Salon Condé bek. Gem.-Gal. zu Ehren des Prince de Condé befindet. Studenten der Schule dekorieren teilw. selbst die Salle des Statues, bes. mit an antike Vorbilder angelehnten Basreliefs nach D.s Entwurfszeichnungen. Im Verlauf seiner Karriere unterbreitet D. weitere Dekorationsprojekte: für das Schloß von Montmusard, einem Besitztum von Jean-Philippe Fyot de la Marche (12 Komp. mit *Szenen aus dem Leben des Apoll*), das Hôtel Chartraire de Montigny (Arabeskenfolgen), versch. sakrale Bauwerke (Modernisierung des Chors der Pfarrk. Notre-Dame, Hochaltar der Ste-Chap.) sowie Grisaillen für die Freimaurerloge von Dijon. Während der Frz. Revolution kümmert sich D. um den Fortbestand der Schule; als dem Directoire de la Côte-d'Or unterstellte Dép.-Schule arbeitet sie nun ohne Zuschüsse. 1795 wird sie der Ec. centrale de Dijon angegliedert; D. wird zum Prof. für Zeichnen berufen und Mitgl. des Direktoriums der Einrichtung (1801 wird der

Sohn Anatole D.s Stellv.). Einige Absolventen der Schule haben überregionalen Erfolg, so z.B. Bénigne Gagneraux, Pierre-Paul Prud'hon, Claude Ramey und François Rude. Da D. die Anerkennung der Pairs genießt, wird er am 8. 1. 1768 zum „associé libre de l'Acad. de Dijon", 1779 zum „membre vétérant" ernannt. 1792 erhält er den Auftrag zur Inventarisierung der von Emigranten hinterlassenen Kunst-Slgn und der aus den verstaatlichten relig. Einrichtungen stammenden Werke; das im Ergebnis entstandene „Inv. Devosge" gen. Verz. (Kopie in Dijon, MBA) wird im Nov. 1794 der Bezirksverwaltung übermittelt. 1804 stellt D. einmalig im Pariser Salon aus (*Adam und Eva*, Zchng). – Verschollene bzw. zerst. Gem. (lt. Laveissière, 1980): *Les Carmes illustres*, 24 monochrome Medaillons (1813 bereits zerst.) für den Kreuzgang im Couvent des Carmes déchaussés von Gray, vor 1746; sieben Gem. mit *Szenen aus dem Leben des hl. Franz* (vor 1813 verloren gegangen) für den Chor der Eglise des Cordeliers ebd.; *C.-P. Fyot de La Marche, premier président au parlement de Bourgogne, remettant à son fils [J.-P.] ses lettres de provision [en 1757]*, 1762, überliefert durch eine Zchng D.s und einen Stich von Monnier. 🏛 *Malerei:* BATTRANS/Haute-Saône, Kirche: Der hl. Petrus als reuiger Sünder. DIJON, MBA: Hl. Anna mit der Madonna (Verkleinerung nach Deshays; Salon 1761; im Magazin); Mariä Himmelfahrt (ehem. in der Kirche des Couvent des Feuillants in Fontaine-lès-Dijon/Côte-d'Or). GRAY/Haute-Saône, Pfarrk., Chor: Christi Geburt; Darbringung im Tempel, beide vor 1746. LANGRES, Mus. du Breuil de St Germain: Portr. d'Edme Gaulle. SAINT-MARCEL/Saône-et-Loire, Kirche, Chor: Martyrium des hl. Marcellus, 1779. TOULONGEON/Saône-et-Loire, Kirche: Christi Geburt, 1761 (drei lebensgroße Darst.). – *Zchngn* (gesamtes Verz. cf. Laveissière, 1980): CHANTILLY, Mus. Condé: Vue de la salle des Festins. DIJON, MBA: mytholog., antike, relig. und allegor. Darst.; Portr.; Entwurfs-Zchngn zu dekorativen Zwecken, u.a. zur Ausgestaltung des Pal. des Etats und des Mus. (heute MBA); Studien-Slg als Unterrichtsmaterial. – Bibl. mun.: Entwurfs-Zchngn für Dekorationen. PARIS, BN, Cab. des Estampes, Coll. Hénnin: Vue de la salle des Etats lors de l'ouverture d'une séance triennale, 1775. 📖 ThB9, 1913. *Laveissière* I, 1980 (WV mit Gem., Zchngn, Ill.; Stiche nach D.; ausführl. Bibliogr.); DA VIII, 1996. H. Meyer

Devosge (Devosges), *Jean-Claude*, frz. Architekt aus Gray/Haute-Saône, 1734–70 tätig. Lt. Brune Bruder oder eher Sohn von Claude François (I) D. Leitet 1734 den Wiederaufbau einer Brücke in Gray und fertigt die Pläne für die Kaserne ebd. Zus. mit dem Bildhauer Jacques Perrette errichtet D. in Besançon die Springbrunnen Fontaine du Doubs (1747) und Ronchaux (1770). 📖 *Brune*, 1912. – *Hautecœur* III, 1950; VII, 1957. R. T.

Devosge (Devosges), *Michel* (bei Lami irrtüml. *Denis*), frz. Bildhauer, * 3. 11. 1711 Gray/Haute-Saône, † 1800. Sohn von Claude François (I) D., Bruder von Claude François (II) D. und *Philippe D.* Zumeist im Dép. Jura tätig: 1742 Gest. von Bilderrahmen für das Rathaus in Dôle; 1747/48 Arbeiten für das Karmeliterkloster in Bletterans; 1751–54 Altar und Kanzel für die Kirche des Tiercelinerordens in Dôle; 1755–70 Ornamentschmuck für einen Brunnen an der Pl. d'Armes in Salins; 1758 Büste des Rechtsgelehrten *Belon* für die Bibl. in Dôle; Orgelgehäuse für die Kirche ebd.; Terrakottastatuen von *Urania; Apollo Kitharödos* und *Belisar* (lt. ThB in Dôle, Mus. mun.). In Besançon fertigt D. Steinstatuen der vier Evangelisten für die Chap. du Refuge (1762) und eine Gruppe der *Caritas* für die Fassade des Hospitals du St-Esprit. 📖 ThB9, 1913. *Lami* I, 1910; *Vial/Marcel/Girodie* I, 1912. R. T.

Devosge, *Natoile* → **Devosge,** *Anatole*

Devosge, *Philippe* cf. **Devosge,** *Claude François* (1675)

Devosges v.e. **Devosge**

Devosse, *Cornelis* (Vos, *Cornelis de*), fläm. Maler, zw. 1558(?) und 1577 (1580) urkdl. in London belegt. 📖 *Waterhouse*, 1988. – *Auerbach*, 1954. K. F.

Devoti → **Devoty,** *Jan Albert*

Devoti, *C.* → **Devoty,** *Karel Antonín*

Devoto, *Antonio*, ital.-argentin. Bildhauer, * 4. 5. 1906 Chiavari/Genua, † 4. 4. 1989 Buenos Aires. Stud.: Scuola d'Arte, Chiavari. Lebte seit 1923 in Argentinien. Ass. bei den Bildhauern Agustín Riganelli, Alfredo Bigatti, José Fioravanti und Luis Falcini. Zahlr. Reisen durch Lateinamerika; 1950–51 in Italien Stud. der Kunst der Antike und der Renaiss. sowie 1961 und 1973 Reisen durch Europa. Prof. für Zeichnen an der ENBA „M. Belgrano" und der Mutual de Egresados de BA, beide Buenos Aires. Zahlr. Ausz.: u.a. 1935 Preis Ima Sumac, Salón Nac.; 1939 Premio Unico a Extranjeros, beide Buenos Aires; 1. Preise 1946 beim Salón de Rosario und 1950 beim Salón Nac. Sanmartiniano; 1953 Großer Preis, Salón de Santa Fe; 1964 Großer Preis, Salón Mpal de Artes Plást. „M. Belgrano", Buenos Aires. – D. war ein Einzelgänger, dessen Werk wenig Verbreitung fand, obgleich er regelmäßig an nat. Salons teilnahm. Die menschl. Gestalt, v.a. die Frau, bildet eine Konstante seiner Arbeit wie z.B. die Akt-Darst. *Bañista* (1940, '42), *Figura* (1943), *Frutos* (1944) und *Mujer peinándose* (1945). Die Körper sind schwer, kräftig, voluminös, mit vollen runden Brüsten, womit sie Besonderheiten der archaischen und präkolumbian. Skulpt. aufzugreifen scheinen. In den Salons von 1953 und 1954 zeigt er einfache Frauen aus Vorstädten, wartend oder waschend. Nach seiner Europareise gelangte er in den 60er Jahren zur Synthese von Figur und Bewegung. D. bewahrte die dynam. Vision der Futuristen: Die Masse greift in den Raum hinein und die rundl. oder kantigen Formen ergeben sich aus der Vereinigung versch. Flächen als Ergebnis dieser Bewegung. Die Ikonogr. bezieht sich auf trad. argentin. Themen wie Szenen mit Pferden und Reitern, obgleich D. auch die weibl. Gestalt nicht ausläßt (Hw.: *La doma; Maternidad; Mujer kolla; Casa de avestruz; Toreo; Idilio en el mar*). Gestaltete in Gips, Zement, Bronze und Stein. In seinen letzten Lebensjahren hob die Kritik v.a. die perfekte Verbindung von Merkmalen antiker Skulpt. mit denen der Moderne hervor. 🏛 BAHIA BLANCA, Mus. Mpal de BA. BUENOS AIRES, Mus. Mpal de Artes Plást. „E. Sívori". CORDOBA, Mus. Prov. de BA „E. A. Caraffa". LA PLATA, Mus. Prov. de BA. LA RIOJA, Mus. Mpal de BA. RIO MARINA/Elba: Alegoría al minero. ROSARIO, Mus. Mpal de BA „J. B. Castagnino". SAN RAFAEL, MBA. SANTA FE, MBA „R. Galisteo de Rodríguez". SANTA ROSA, Mus. Prov. TUCUMAN, Mus. Prov. de BA. ⊙ *E:* Buenos Aires: 1980, '81 América Gal. de Arte (K); 1987 Salas de Pozzi; 1999 Gal. De Santi (K) / 1982 (K: G. Beringheli), '84 Genua, Gall. del Grattacielo / 1983 Livorno, Bottega d'Arte / 1984 Mailand, Fond. Pagani / 1985 Castellanza, Fond. Pagani. – 📖 EAAm I, 1968; *Gesualdo/Biglione/Santos I*, 1988; *Beringheli*, 1991. – *R. Pla*, Plástica. Anuario 1946 (Bs.As.) 8:1947, 112–113; *J. M. Taverna Irigoyen*, Aproximación a la escult. argentina de este s., Santa Fe 1967; *E. H. Gené*, Pluma y Pincel (Bs.As.) 2:1977 (38–39) 13; *A. Galli*, La Nación (Bs.As.) v. 24. 10. 1987; 40 escultores argentinos, Bs.As. 1988; La Nación v. 5. 4. 1989 (Nachruf); *R. Brughetti*, Nueva hist. de la pint. y la escult. en la Argentina, Bs.As. 1991. P. Corsani

Devoto, *Francesco*, ital. Maler in Genua, gen. in einem Dok. vom 23. 4. 1581, wonach der Maler Cesare Corte durch Nicolò Bardalino aus La Spezia beauftragt wird, eine *Auferstehung Christi*, die (der wahrsch. verstorbene) D. unvoll. gelassen hatte, für die Kirche S. Agostino in La Spezia zu vollenden (Gem. verschollen). – D. kann viell. mit Francesco Spezzino identifiziert werden, der 1579 an der Pest starb (cf. ThB31, 1938); lt. Soprani (1674, 33–35) und Ratti (1768, 98 s.) Schüler von Luca Cambiaso und Giovanni Battista Castello, gen. il Bergamasco. 📖 ThB9, 1913. DEB IV, 1973. – La Pitt. del Cinquecento a Genova e nel Liguria, Ge. 1999. – Mitt. D. Sanguineti, Rapallo. E. K.

Devoto, *James* cf. **Devoto,** *John*

Devoto, *John (James [?])*, Maler, Bühnenmaler, Zeichner, Illustrator ital. Abstammung, * vermutl. Frankreich, 1708–52 in England belegt, v.a. in London tätig. 1708 Ass. des Historienmalers Gerard Lanscroon in Burley-on-the-Hill/Rutland. 1718 nimmt er in London als „Master Hist. Painter" einen Lehrling. 1719 erster bek. Entwurf für ein Bühnenbild, das einen Pal.-Hof mit Galerien in der Art einer Prospettiva ad Angolo der Galli-Bibiena zeigt und auch die Kenntnis von Stichen der Werke von Filippo Juvarra und Righini nahelegt. In London von John Rich als Bühnenmaler des Lincoln's Inn Fields Theaters beschäftigt. 1723 malt er bereits für das konkurrierende Drury Lane Theatre das antike Rom als Bühnenbild für *Julius Caesar* von Shakespeare (1727 dort Bühnenbilder für *The Miser* von J. Thurmond, 1733 für *The Harlot's Progress* von T. Cibber). In dem Stich „A Just View of the Brit. Stage" von 1724 parodiert William Hogarth das Drury Lane mit einer vorgebl. „by MD-V-to" entworfenen Szene im Gefängnis von Newgate. 1735 Bühnenbilder *Jupiter and Io* sowie *Mother Shipton's Wish or Harlequin's Origin* und 1741 *Harlequin Student or The Fall of Pantomime* für das Goodman Fields Theatre. Daneben Arbeiten für das New Wells Theatre. Für die Saison 1738–39 schickt D. Bühnenbilder an das White Swan Theatre in Norwich. 1744 evtl. von David Garrick für das Bühnenbild einer priv. Aufführung von *All for Love* von John Dryden beschäftigt. Auch Entwürfe für Wanddekorationen und Kartouchen. 1735 Ill. für *Dict. Polygraphicum* von John Barrow. Ein gestochenes Portr. D.s von *G. van der Gucht* wird 1768 in „An Astrological Coll. ... translated from Leovitius ... by Robert Turner" verwendet. Zwei von einem *James D.* sign. Bleistift-Portr. (ca. 1730) im BM, London, stammen evtl. von D. Ein 1766 für den Kat. der Soc. of Artists verwendetes Frontispiz und ein 1776 dort ausgestelltes Stilleben gehen evtl. auf einen gleichnamigen Sohn zurück. 🏛 KASSEL, GG AM. LONDON, BM. 📖 ThB9, 1913 (auch s.v. D., James). ESp IV, 1957; *Long*, 1966 (s.v. D., James); *Mallalieu* I, 1976; *Waterhouse*, Dict., 1981. – *H. Hammelmann*, Book illustrators in eighteenth c. England, New Haven/Lo. 1975; *E. Croft-Murray*, J. D. A baroque scene painter, Lo. 1953 (Soc. for Theatre Research pamphlet ser., 2, 1952); *J. Simon*, English baroque sketches (K Marble Hill House), Lo. 1974; *S. M. Rosenfeld*, Georgian scene painters and scene paint., C. 1981; Flights of fantasy (K Clarendon Gall.), Lo. 1986; *B. Schnackenburg*, GG AM Kassel (K), Mainz 1996. G. B.

Devoto, *Teodora Hortensia*, argentin. Malerin, Bildhauerin, Zeichnerin, * 5. 9. 1918 Buenos Aires, † 19. 10. 1952 ebd. Stud.: Acad. Nac. de BA; Agrupación Plást. Argentina, Buenos Aires. Ausz.: 1949 1. Preis beim Salón der Soc. Hebraica Argentina. ⊙ *E:* 1953 Buenos Aires, Soc. Hebraica Argentina. 📖 *Merlino*, 1954; EAAm I, 1968; *Gesualdo/Biglione/Santos* I, 1988.

Devoty, *Jan Albert (Jan)*, böhm. Holzschnitzer, Bildhauer, 1723–57 belegt, tätig vorwiegend in O-Böhmen. Vater von Karel Antonín D. Lt. biogr. Notizen seines Enkels (Domherr Josef František D.) war D. in Italien und arbeitete auch an den Statuen der Peterskirche in Rom. Ließ sich um 1720(?) in Hrochowteinitz (Hrochův Týnec) nieder; 18. 11. 1732 Heirat; 1734, '36, '38, '40, '45, '47 Kindstaufen. D.s Frau Anna starb am 11. 3. 1786 (71jährig) als Witwe bei Karel Antonín D. in Königgrätz (Hradec Králové). – D. war u.a. wahrsch. an der Fertigung der steinernen Statuen beteiligt, die die Treppe zur Prämonstratenser Wallfahrts-Kap. Mariens (ab 1718 gebaut, 1785 aufgehoben) in Hrochowteinitz einrahmten. Kořán schreibt ihm die Statuen des *Hl. Josef* (jetzt bei Haus Nr 143 in der Stadt), *Hl. Norbert* (jetzt in Dašice) und des *Hl. Johann von Nepomuk* (jetzt in Kunětice) zu. D. war ein guter Bildhauer, der versuchte, die ital. Schulung mit dem einheim. expressiven Schaffen des Kreises um Mathias Bernhard Braun zu verbinden. 🏛 KAMENIČKY U HLINSKA, Friedhof: Hl. Johann von Nepomuk, 1723. MEDLEŠICE, Umgebung des Schlosses: in Richtung Chrudim Kreuzigungsstatue, 1756; beim Weg nach Dřenice Hl. Johann und Paul, Statue, 1757 (möglicherweise zus. mit Karel Antonín D.). NOVÉ HRADY, Kirche Hl. Jakob der Ältere, Altar des Judas Thaddäus: Schnitzereien, 1742. PARDUBICE, Kirche der schmerzensreichen Jungfrau Maria: steinerne Nischenfiguren der Fassade und geschnitzte im Interieur (Hll. Andreas, Josef), um 1740. VČELÁKOV: Hl. Johann von Nepomuk, Statue, 1740. 📖 *Toman* I, 1947 (2. Art. unter Devoti, fälschl. als Maler bez.). – *I. Kořán*, Umění 19:1971, 161 s., 181; UPČ I, 1977; II, 1978; III, 1980; *I. Kořán*, in: Matyáš Bernard Braun 1684–1738, Sb. vedecké konference v Praze (1984), Praha 1988, 112 s.; DČVU 2. 2, 1989. V. Naňková

Devoty, *Karel Antonín (Karel)*, böhm. Holzschnitzer, Bildhauer, * 11. 6. 1738 Hrochowteinitz (Hrochův Týnec), † 15. 11. 1817 Königgrätz (Hradec Králové), tätig vorwiegend in O-Böhmen. Sohn von Jan Albert D., Vater u.a. des Bildhauergesellen *Mauritius Jan Nepomuk Alois D.* (* 1777, † 1800). Lehre beim Vater; vierjähriger Italienaufenthalt (wie sein Vater bei der Peterskirche in Rom tätig). Ließ sich um 1760 in Königgrätz nieder; 6. 2. 1770 Heirat; 1773 Hauskauf; 1770, '73, '77, '78, '80, '82, '84, '87 Kindstaufen. D.s Frau Juliana starb am 22. 5. 1787 (46jährig). Neue Trauung 6. 11. 1791 in Prag, Kindstaufen in Königgrätz 1793, '94. Besaß ebd. 1773–77 das Haus Nr 64, ab 1780 das Haus am Kleinen Platz (heute Nr 213). – Im Prager Kunstgew.-Mus. (UPM) sind fünf Entwürfe D.s für Altar (1801), Kanzeln und Beichtstuhl (1770er Jahre) erh., die Poche (DČVU) fälschl. mit der Einrichtung der Kirche in Chroustovice identifiziert, die jedoch von 1751 und '58 stammt und auch nicht ähnl. ist. Kořán schrieb D. vier Entwurfs-Zchngn zu (im Bez.-Arch. [OA] Poděbrady): Entwürfe für die Werke in Úmyslovice (1770), Pňov-Předhradí und für die Kanzel der Kirche in Vrbice (1770, letztere zerst.). D.s Werk zeigt eine Uneinheitlichkeit der Form; massige Figuren mit breiten Gesichtern und versch. geformter Draperie bezeugen, daß ihm der Übergang zum neuen Stil nicht leicht fiel. 🏛 CHRUDIM, Rathaus, Portalgiebel: Justitia, Charitas, Statuen, 1808. CHVALKOVICE, Chaussee nach Jaroměř: Hl. Ägidius, Statue, sign. „C. Devoti fecit 1782". HRADEC KRÁLOVÉ, Hl. Geistkirche, Beinhaus: Kreuzigungsaltar, 1779 (nicht erh.); klassizist. Herrichtung einiger Altäre im Interieur der Kirche, 1803. – ehem. Jesuitenkirche Mariä Himmelfahrt: Kanzel; Bildhauerausstattung des Alois-, Barbara-, Franz Xaver- und Kreuzaltars, alles nach dem Brand von 1762, Zuschr. – ehem. Priesterseminar, Eingangsportal: Hl. Johann von Nepomuk, Statue, 1776 (Zuschr.). – Haus Nr 163 v Kopečku: Nischenstatue Hl. Johann von Nepomuk, 1774 (Zuschr.). – HRADEC KRÁLOVÉ II-KUKLENY, Kirche St. Anna, Hauptaltar: zwei Engel beim Tabernakel, 1777; Seitenaltar: Hl. Josef, Statue, E. 1770er Jahre. HRADEC KRÁLOVÉ IV-NOVY HRADEC KRÁLOVÉ, Kirche St. Antonius: Hauptaltar, 1773–77; Taufbecken, 1777; Kanzel, 1778. JOSEFOV, Kirche Mariä Himmelfahrt, Hauptaltar: 2 Engel, 1808. MALÍN, vor der Pfarre: Hl. Johann von Nepomuk, Statue, vor 1817. MEDLEŠICE, beim Schloß: dgl., 1770er Jahre. MĚSTEC KRÁLOVÉ, Kirche St. Margarete: Aloisaltar, 1799. NOVÉ HRADY, hinteres Schloßtor: plast. Gestaltung, 1786–87. PARDUBICE, Městské Muz.: Hl. Josef, Statue, 1817, mit Anschrift von D. PŇOV-PŘEDHRADÍ, Kirche Mariä Himmelfahrt: Kanzel, 1777 (Zuschr.). ÚMYSLOVICE, Kirche St. Leonhard: Hauptaltar, Entwurf 1770, Ausf. bis 1780 (Zuschr.); Kanzel, 1770 (Zuschr.; nicht erh.). 📖 *Toman* I, 1947. – *O. J. Blažíček*, Sochařství baroku v Čechách, Praha 1958, 257, 270, 293, Anm. 343; *I. Kořán*, Umění 19:1971, 162–167, 182 s.; UPČ I-IV, 1977–82; DČVU 2. 2, 1989, 738, 817.
V. Naňková

Devoty, *Mauritius Jan Nepomuk Alois* cf. **Devoty,** *Karel Antonín*

Devouges (Devouge), *Louis-Benjamin-Marie*, frz. Maler, * 1770 Paris, † 19. 7. 1842 ebd. Schüler von Jean Baptiste Regnault, Jacques-Louis David und Jean Louis Demarne (*Portr.*, 1796). Zahlr. Portr., Genreszenen, hist., mytholog. und relig. Sujets, letztere u.a. für die Kathedrale in Orléans (Salon 1822), die Kirche von Saint-Caradec/Bretagne und die Kap. des Hospitals in Bicêtre. 1812 Zeichenlehrer am Collège in Lyon. Reise nach Rußland (Gem. für die Gal. des Prinzen Naryškin). Beitr. für die Slg *Mus. en plein air au choix des enseignes les plus remarquables de Paris* (Lith. von Edouard Wattier). 🏛 ATHEN, Mus. Benaki: Serment des combattants; Portr. Kitsos Tzavellas. BOURDEILLES/Dordogne, Mus.-Château: Portr. F. de Montmorency; Portr. du maréchal d'Aubeterre; Portr. du comte de La Forêt. STOCKHOLM, NM: Satyre et bacchante dans une grotte; Nymphe nourrie par une chèvre (lt. Bénézit). 👁 *G:* 1793–1839 Paris, Salon. 📖 ThB9, 1913. *Audin/Vial* I, 1918; DBF XI, 1967; *Bénézit* IV, 1999. – *J. Secret*, Bull. de la Soc. hist. et archéol. du Périgord 103:1976 (3) 204–206; *A. Delivorrias*, Guide to the Benaki Mus., At. 1988.
E. S.

Devoy, *Thomas*, austral. Maler, * um 1792 County Wexford/Irland(?), † 9. 10. 1870 Sydney. Um 1828 Ankunft in New South Wales, lebte in Sydney. – Ölmalerei bes. mit Portr., auch hagiograph. Darst., Szenen aus der klass. Mythologie sowie Stilleben. 👁 *G:* 1849 Sydney, Soc. for the Promotion of the FA in Australia. 📖 *Kerr*, 1992. – *E. Buscombe*, Artists in early Australia and their portr., Sydney 1979.
R. Smith

Devraj, *Dakoji* → **Dakoji,** *Devraj*

Devreese (De Vreese), *Constant (Constant Fidel)*, belg. Bildhauer, * 5. 6. 1823 Kortrijk, † 22. 11. 1900 ebd., dort tätig. Sohn des (Kunst-?)Schlossers Jan Medard, Vater und Lehrer von Godefroid D. Stud.: bis 1845 Sted. Acad. voor Schone Kunsten Kortrijk (1845 2. Preis Modellieren); ABA Löwen, bei Charles Henri Geerts; 1845–49 Acad. R. des BA Brüssel, bei Louis Jéhotte (1848, '49 Ausz.), Praktikant bei Eugène Simonis. 1850 wieder in Kortrijk ansässig, ab 1855 Lehrer an der Sted. Acad. voor Schone Kunsten in der eigens für ihn eröffneten Bildhauereiklasse (Modellieren, Bildhauerei). ⚭ 1860 Virginie, Tochter des Musikers Jan van de Wiele. Befreundet mit Henri und Louis Robbe. Mitgl. und Dekan der Rederijkers De Kruisbroeders; Vorstands-Mitgl. Les Amis des BA, beide Kortrijk. Ausz.: 1890 Croix Civique de 1er Cl. – In jungen Jahren modelliert D. Figuren in Wachs. Zus. mit Simonis arbeitet er an der Skulpt. des *Godefroid von Bouillon*. Später erhält er zahlr. Aufträge für mon. Bildnisse, u.a. *Breydel en Robrecht van Artois*; *Jan van de Wiele* (Ausst. Kortrijk, 1902, zerst.); *Pierre Adolphe Vande Wiele* (verschollen), und für Rest. an Plastiken: 1866 *Hl. Katharina* von André Beauneveu (Onze-Lieve-Vrouwekerk, Katharinen-Kap.). Des weiteren fertigt er neogot. lebensgroße Statuen, u.a. 1860 *Hl. Apollonia* für den Beginenhof; 1867 eine Maria und die flandr. Grafen für die Giebelnischen am Rathaus (vierzehn Plastiken, zerst.); 1878 Terrakotta-Skulpt. des *Hl. Amandus* (St. Amandscollege) sowie kurz danach des *Hl. Ignatius van Loyola* (Jesuitenresidenz, Garten); 1885 *Hl. Joseph* und *Madonna von Lourdes* für das Passionistenkloster. Darüber hinaus entwirft er Modelle für Bauornamente nach hist. Vorlagen, u.a. 1875 Schnitzwerk der Balken der Großen Halle (zerst.), 1882–85 Wiederherstellung des Hauptportales von St. Maartenskerk (u.a. mit *Reiterbildnis des Hl. Martin*). Seltener sind historisierende Allegorien, z.B. Salon Kortrijk *Breydel méditant l'affranchissement de sa patrie*, 1859, sowie für den Schloßgarten des Prinzen de Ligne in Belœil 1862 *Tritons, die onder de bescherming van de Liefdegod zwemmen naar Neptuno* und sechs große Vasen. D.s Arbeiten verweisen auf das Werk von Paul Joseph Bouré, Antoine Sopers und die frz. Schule (François Rude, Jean-Baptiste Carpeaux), u.a. *Kind slapend op sijn trommel*, als ein naturgetreues Bildnis seines Sohnes (Kortrijk, MSK, Gipsreplik, 1880). Die romantisierende Komp. *De laatste broodkorst* gilt als verschollen. D.s Sohn gestaltet eine Portr.-Büste der Eltern. D. widmet sich als Dilettant der Schauspielerei. ⌂ HARELBEKE, St. Salvatorkerk: Apostel Petrus und Paulus, 1858. KORTRIJK, Onze-Lieve-Vrouwekerk: Lebensgroße Statuen der Hll. Joseph, Augustin, Antonius, 1868; Karl der Große, 1870. PONT-A-CELLES, Pfarrk. ⊙ *G:* Salon: 1847 Gent (Pius IX.); 1859, '65, '74, '81 Kortrijk; 1866 Brügge / 1880 Brüssel: Expos. Hist. de l'Art Belge. ▭ ThB34, 1940 (s.v. Vreese, Constant de). NBW VII, 1977; *Arto*, 1995; LWBK V, 1996. – La sculpt. Belge au 19ᵉ s. (K), Br. 1990. U. R.

Devreese, *Godefroid*, belg. Bildhauer, Medailleur, * 19. 8. 1861 Kortrijk, † 31. 8. 1941 Brüssel. Tätig in Brüssel. Sohn von Constant D., unter dessen Anleitung er die ersten Skulpt. fertigte. Schüler der Akad. von Kortrijk, später Stud. an der Brüsseler Akad. bei Eugéne Simonis und Charles van der Stappen. Freundschaft mit dem Brüsseler Architekten Victor Horta, der 1888 in D.s Atelier erstmals seine Projekte ausstellte. Gemeinsam entwarfen sie Denkmäler, wie das für den Dichter *Prudens van Duyse* in Dendermonde, 1892 (D.: Statue; Horta: Sockel). 1894 baute Horta für D. das Atelier in der Rue des Ailes 69 in Brüssel-Schaerbeek. Ab 1890 wandte D. sich verstärkt der Med.-Kunst zu, beeinflußt von der frz. Schule um Jules-Clément Chaplain und Oscar Roty. Als D.s erste bed. Med. gilt jene auf *Charles Buls*, 1899. Sie wurde mittels des in Frankreich neu aufkommenden Reduzierverfahrens gefertigt, welches in Belgien durch Paul Dubois (Du Bois) und Fernand Dubois eingeführt wurde. Diese Vorgehensweise erlaubt dem Medailleur, das Motiv im größeren Format zu entwerfen und zu modellieren, anstatt mit Hammer und Stichel im kleinen Rund zu arbeiten. Die in Rückbesinnung auf die Renaiss. modellierten Arbeiten sind Vorlagen für Guß-Med., die weicher und lebendiger wirken als die für die Prägung vorgesehenen gestichelten Werke. Ausz.: 1885 2. Rompreis; 1889 1. Preis der Acad. r. des BA, Brüssel (Concours trienn.) und Gold-Med. bei der Ausst. Schöner Künste in Köln; Ritter des Leopoldordens. – D. schuf zahlr. Portr.-Büsten, Mon. sowie über 400 Med. und Plaketten (cf. Willenz, 1986). Sein Portr. malte Servais Detilleux. ⌂ *Werke im öff. Raum u.a.:* BRÜSSEL: Pl. de Brouckère, 1897. – Jardin botanique 1894–1910. – Hôtel de ville, 1900. – Grand-Pl. (Maison de Bataliers), 1901. – Justiz-Pal., 1937. – B.-Laeken: Château Royal (Fassade), 1904–08. – B.-St-Gilles: Maison comm., 1904. – Hôtel comm., 1937. MONS, Inst. Warocque, 1911 (Kopie im Mus. de Mariemont). – *Werke in Museen:* BRÜSSEL, MRBAB. KORTRIJK, Sted. Mus. MARIEMONT, Mus. NANTES, Mus. d'hist. naturelle. PARIS, Orsay. TERVUREN, Africa-Mus. – Heemkundig Mus. TILL-MOYLAND, Mus. Schloß Moyland. WASHINGTON/D. C., NG of Art. ⊙ *E:* 1941 Brüssel, Bibl. Royale / 1993 Brüssel-Schaerbeek, Hôtel Comm. (K). – *G:* Paris: 1892 SAfr.; ab 1895 Soc. Nat. des BA / 1900 Brüssel: Jh.-Ausst.; Frankfurt am Main: Mod. Med. / 1908 Berlin: Belg. Kunst / 1907, '09, '34 Venedig: Bienn. / 1914, '23 Edinburgh, RSA / 1915 Brighton: Mod. belg. Kunst. ▭ ThB9, 1913; ThB34, 1940 (s.v. Vreese, Constant „de"). *Forrer* I, 1904; VII, 1923; *Arto*, 1978; BNB XLIII, 1983 (Suppl. XV. 1); *Kjellberg*, 1987; RSA Exhibitors I, 1991; LWBK V, 1996. – *A. de Witte*, Gaz. numismatique franç. 7:1903, 337–353; 15:1911/12, 121–180; *L. Solvay*, Annuaire de l'Acad. r. de Belgique 109:1943, 1–35; *M. Weisser*, Med. und Plaketten, Dortmund 1980; *P. J. Foulon*, Cah. de Mariemont 1981 (12) 50–66; *A. J. Hennebert*, G. D. Sculpteur-médailleur. Approche biogr. et cat. des méd., Br. 1983; *C. Dulière*, ibid. 1993/1994 (24/25) 148–173; *A. M. Willenz*, G. D., Le médailleur, Br. 1986; *F. Borsi/ P. Portoghesi*, Victor Horta, St. 1991; *J. van Lennep*, Cat. de la sculpt. Artistes nés entre 1750 et 1882 (K MRBAB), Br. 1992; *E. Wynhoff*, Med. und Plaketten des Jugendstils aus der Slg van der Grinten (in Vorbereitung).
E. Wynhoff

Devres, *Tuğrul*, türk. Architekt, Mitte 20. Jh., tätig in Ankara. Entwarf und erbaute gemeinsam mit Vedat Özsan mon. Großbauten für Verwaltung und Wirtschaft. In ihrer Konzeption und Fassadengliederung orientieren sich D.s Entwürfe an Vorbildern der internat. Moderne, v.a. Aalto und Mies van der Rohe, und sind damit char. für eine der Hauptströmungen in der türk. Archit. der 50er Jahre. ⌂ ANKARA, Hauptgeschäftsstelle der Etibank, 1955–60. ▭ *R. Holod/A. Evin* (Ed.), Mod. Turkish Archit., Philadelphia 1984. S. B.

Devreton, *Baltasar*, frz. Architekt, erb. ab 1761 die Kirche Sa. Victoria in Córdoba, die 1772 zum Teil zerstört und von Ventura Rodríguez rekonstr. wurde (voll. 1788). Verstärkte 1768–69 den vom Einsturz bedrohten Glockenturm der Neuen Kathedrale in Salamanca. ▭ *J. Camón Aznar u.a.*, Arte esp. del x. XVIII, Ma. 1984, ^{4}1991 (Summa artis, 27). A. M.

Devrez, *Désiré (Désiré Henry Louis)*, frz. Architekt, * 3. 12. 1824 Douai, † 11. 10. 1896 Paris. Stud.: ab 1844 EcBA Paris bei Jean Charles Laisné und Hector Horeau. Bereits im selben Jahr beginnt D.s administrative Laufbahn als Bauaufseher in der Pariser Stadtverwaltung; ab 1855 „inspecteur" bei der städt. Wasserwirtschaft. Ab 1860 „inspecteur" der 5. Abt. (9./10. Arr.) des kommunalen Bauamtes; dann „inspecteur" im 14. Arr. unter Emile Vaudremer. 1871 Berufung zum Stadtarchitekten des 15. Arr. (Nachf. von Louis Adolphe Janvier) und dort mit dem Rathausneubau beauftragt (31, rue Péclet, 1873–76, in der Nähe des für das Quartier Vaugirard zuständigen Vorgängerbaus). Des weiteren errichtet D. 1873 zwei Kindergärten (rue Quinault und 17, rue des

Volontaires) und das Collège Georges Duhamel (13, rue des Volontaires), 1873–78 einen Schulkomplex (19, rue Blomet) mit Jungen- und Mädchenschule sowie Behindertenanstalt. Für die bisher geleistete Arbeit mit dem Titel „architecte honoraire" geehrt und in den Conseil d'archit. de la Ville de Paris aufgenommen. 1875 verläßt D. das städt. Bauamt von Paris (Vaudremer als Nachf.). Am 16. 5. 1853 übernimmt er neben seinen kommunalen Aufgaben das Amt des „vérificateur-adjoint" (kurz darauf in „contrôleur-adjoint" umbenannt) im Service des Edifices diocésains. Mit der Berufung zum „contrôleur" am 31. 3. 1854 ist D. auch für die Bautätigkeit in Douai zuständig. Am 2. 2. 1857 zum Diözesanarchitekten von Orléans ernannt (Nachf. von Emile Boeswillwald). Ab 26. 2. 1866 „architecte-rapporteur" beim Comité des inspecteurs gén. des édifices diocésains. Nach der Aufgabe des Amtes in Orléans 1874 Diözesanarchitekt von Meaux/Seine-et-Marne, ab 1886 auch von Paris; ebd. restauriert D. die Türme der Kathedrale Notre-Dame. Im Dez. 1890 aus gesundheitl. Gründen Aufgabe der Funktionen in Meaux und Paris. 17. 1. 1891 zum „inspecteur gén. honoraire" ernannt. Ab 1866 Mitgl. der Comm. des Mon. hist. und mit der Rest. der Kathedrale von Tréguier/Côtes-d'Armor betraut; in diesem Bauwerk errichtet D. außerdem 1883–88 das Grabmal für den Hl. Yves als Ersatz des während der Frz. Revolution verschollenen Vorgängers aus dem 15. Jh. Er fertigt Aufmaße der alten Häuser von Rouen und Orléans sowie der Abtei von Mont-Saint-Michel. 1872 unterbreitet er im Auftrag von Kardinal Guibert ein Projekt für die Kirche Sacré-Cœur in Paris-Montmartre; 1874 Teiln. an einem Wettb. um dieses Bauwerk (erfolglos). Auftrag zur Errichtung der provisor. Kirche im erst 1851 gegr. Pariser Pfarr-Bez. La Trinité (rue de Clichy, 9. Arr.; 1861–67 von Théodore Ballu durch die Eglise de la Trinité ersetzt). Daneben baut D. Wohngebäude in Paris, Grabmäler, Zuschauertribünen für Rennbahnen, Ferienhäuser, bes. 1869 die Villa Honoré in Trouville, und gestaltet Parkanlagen. Außerdem Architecte du Gouvernement. Mitgl.: Soc. du diner des 50 (am 15. 3. 1862 gegr.); ab 1877 Soc. centrale. Ausz.: 1867 Ritter der Ehrenlegion; Kommandeur des päpstl. Ordens St-Grégoire-le-Grand. 🏛 *Entwürfe:* PARIS, Arch. de la Comm. des Mon. hist. (bes. Aufmaße von alten Häusern in Rouen und von Schloß Châteaudun). ✉ Not. sur la ville et le château de Châteaudun, avant l'incendie de 1723, P. s.a. 👁 *G:* Paris: 1861–85 SAfr. (1861, '67 Med. 2. Kl.); 1878: WA (Med. 1. Kl.) / 1873 Wien: WA / 1876 Philadelphia (Pa.): WA / 1883 München: Internat. Kunst-Ausst. 📖 *E. Brault* (Ed.), Les architectes par leurs œuvres (Ms. *A. Du Bois*), I-III, P. 1893; *Delaire*, 1907; *J. Hillaret*, Dict. hist. des rues de Paris, P. 1963; DBF XI, 1967; *Dugast/Parizet* II, 1991. – *C. Garnier*, A travers les arts, P. 1869; P. ²1985, 76 s., 249; Construction mod. 1896/97 v. 24. 10. 1896, 48 (Nekr.); *Hautecœur* VII, 1957, 100, 161; Les concours des mon. hist. de 1893 à 1979 (K Hôtel de Sully), P. 1981, 116; La Pioche et l'aiguille. Calais industriel et mon. 1817–1914 (K MBA et de la Dentelle), Calais 1981, 70; *D. Rouillard*, Le site balnéaire, Br. 1984, 91, 117, 184; L'éc. primaire à Paris 1870–1914 (K Rathäuser 2. und 15. Arr.), P. 1985, 99 s.; Paul Abadie, architecte 1812–1884 (K MN des Mon. franç.), P. 1988, 194, 213, 219, 226, 253; *M. Gaillard*, Votre mairie. Son hist., P. 1992; *A.-M. Chatelet*, Paris à l'éc., „qui a eu cette idée folle ..." (K Pavillon de l'Arsenal), P. 1993, 283, 289, 297; *J.-M. Leniaud*, Les cathédrales au XIXe s., P. 1993, 89 et passim; *J. Charon-Bordas*, Les sources de l'hist. de l'archit. relig. aux Arch. Nat., P. 1994, 159; *J. Lucan/A.-J. Arlot*, Paris des faubourgs. Formation, transformation (K Pavillon de l'Arsenal), P. 1996, 129; *A. Thomine*, Les premiers architectes mun., in: *G.-A. Langlois/K. Bowie*, Le XVe arr. L'étendue de la réussite (K Rathaus 15. Arr.), P. 1996, 177–185; *J.-M. Leniaud*, Les bâtisseurs d'avenir, P. 1998, 156. – Paris, Arch. nat.: F/19/7230 (Personalakten der Diözesanarchitekten und -inspektoren); Arch. de la Seine: V36 M32 (La Madeleine; D. als Mitgl. der Comm. du Conseil des travaux d'Archit.). F. Doulat

Devriendt, *Daniël*, belg. Bildhauer, * 24. 3. 1907 Wilskerke, † 1988 Mar del Plata. Zunächst Lehre bei Jan Verleye (Bildhauerei in Holz, Marmor, Granit), anschl. Stud. an der Acad. voor Schone Kunsten Brügge bei D. Inghels; Acad. voor Schone Kunsten Gent bei Geo Verbanck; danach Ass. von Constant Permeke und in Berlin bei Arno Breker. 1957 Übersiedlung nach Argentinien. Gründete in Mar del Plata eine Fa. für kunsthandwerkl. Keramiken. – Gestaltete v.a. dekorative Bau-Skulpt., u.a. Giebelschmuck, Türportale und Schornsteinverkleidungen im Stil des Art déco; ferner figurative Arbeiten. 🏛 KOEKELBERG, Basilika. OOSTENDE, Godelievekerk. 📖 LWBK I, 1992. – *N. Hostyn*, Beeldend Oostende, Brugge 1993. T. Gr.

Devriendt, *Juliaan* cf. **Devriendt,** *Samuel*

Devriendt, *Robert*, belg. Maler, * 23. 3. 1955 Brügge. Stud.: 1972–75 Acad. voor Schone Kunsten ebd.; 1975–78 Koninkl. Acad. voor Schone Kunsten Gent. 1983 zus. mit André Willocx Gründung von De Lege Ruimte in Brügge. – A. der 80er Jahre expressive Acryl-Gem. mit breiten Bürstenstrichen in dunklen Rot-, Braun-, Schwarz- und Grautönen, die zw. Abstraktion und Gegenständlichkeit changieren (*De Slachting II*, 1982). E. der 80er Jahre treten figurative Elemente deutlicher hervor, grüne und blaue Farbakzente (jetzt auch in Öl) lockern die dramat. Komp. auf, die häufig an romant. Lsch. erinnern. Seit A. der 90er Jahre auch Installationen. 👁 *E:* 1983, '85 Gent, Gal. CD / 1984 Koksijde, Gal. De Zondag / 1987 Antwerpen, Internat. Cultureel Centrum (K) / 1989 Gent, Mus. voor Hedendaagse Kunst / 1991 ebd., Gal. Joost Declercq / 1999 New York, Nicole Klagsbrun Gall. 📖 LWBK II, 1993. – *J. Fontier*, Yang 20:1984 (117) 22–26; 3 x schilderen (K), Middelburg 1985; *J. Fontier*, Kreatief 1987 (1); *W. van den Bussche*, Modernism in paint. (K MMK), Oostende 1992. T. Gr.

Devriendt, *Samuel (Samuel Marie Jean Albert)*, belg. Maler, * 14. 11. 1884 Brüssel-Schaarbeek, † 26. 7. 1974 Sint-Antonius-Brecht. Sohn des Malers *Juliaan D.*, der ab 1900 Dir. der Koninkl. Akad. voor Schone Kunsten in Antwerpen war, wo D. ausgebildet wurde. Dort beginnt dessen Freundschaft mit Joë English. Teiln. am 1. WK, danach in Brügge tätig. A. der 20er Jahre voll. er zus. mit dem Vater die Wandmalereien im Got. Saal des dortigen Rathauses. Ferner in Gem. Auseinandersetzung mit Kriegserlebnissen, wie *Kerstnacht 1914 aan de IJser*. Auch Buch-Ill. und Arbeiten für wiederaufgebaute Kirchen, u.a. *Kreuzwegszenen* für die Kap. von Spermalie. Ausst. in Gent, Brüssel, Doornik, Antwerpen, zuletzt 1952, '54, '59. ▭ NBW VII, 1977; LWBK III, 1994. – *M. E. Belpaire*, S. D., in: Gestalten in 't Verleden, Brugge 1947. C. F.

Devrient, *Eduardo*, dt. Maler, * 10. 11. 1868 Konstanz, lebte ab 1890 in Argentinien. Autodidakt. Studienreisen durch die Schweiz, Deutschland, Italien, Uruguay und Argentinien. ⊙ *E:* 1944–46 Buenos Aires, Gal. Müller. ▭ *Merlino*, 1954; EAAm I, 1968; *Gesualdo/Biglione/Santos* I, 1988.

Devrient, *Wilhelm*, dt. Maler, Stecher, Lithograph, * 1799 Berlin, † nach 1866. Neffe des Schauspielers Ludwig D.; gehörlos. 1815–21 AK Berlin. 1820–66 regelmäßig auf den Berliner Akad.-Ausst. mit Zchngn, Druckgraphik und Gem. vertreten, darunter Portr., Lsch. und Genredarstellungen. V.a. lith. Repr. von Gem. anderer Künstler. Ein Genrebild D.s um einen Hund wurde am 16. 2. 1993 bei Christie's versteigert. ⌂ BERLIN, SM: Gebirgssee, 1860. ▭ ThB9, 1913. – *Gläser*, 1930; *F. Wendland*, Berlins Gärten und Parke, B. 1979, 9; Verz. der Bestände des künftigen SM Berlin (K), B. 1994; Die Kunst hat nie ein Mensch allein besessen (K AK), III. 4/11., B. 1996. G. Seelig

Devriese, *Jeffrie*, belg. Bildhauer, Maler, Zeichner, * 26. 3. 1949 Torhout. – Anfangs Zchngn und Gem.; seit 1980 Skulpt. aus versch. Mat., ab 1984 ausschl. aus Bronze (im Wachsausschmelz-Verfahren), die auf bearbeitete steinerne Sockel montiert werden. Die surreal gestalteten Skulpt. zeigen an die menschl. Figur angelehnte Formen mit Vogelköpfen, die häufig zw. Platten oder Scheiben eingezwängt sind. ⌂ TORHOUT, Denkmal: Ode an die Arbeit, 1985. ⊙ *E:* 1988 Roeselare, Gal. Deman; Oostende, Den Artiest / 1990 Gent, Gal. Resonans; Brügge, Gal. Minotaurus / 1992 Oostende, Gal. De Peperbusse. ▭ LWBK II, 1993. – Mitt. N. Hostyn, Oostende. T. Gr.

Devrim (Devrin), *Nejat (Néjad; Nejat Melih)* (Néjad, *Mehmed D.*), türk. Maler, Druckgraphiker, * 1923 Istanbul, lebt in Frankreich. Sohn der türk. Malerin Fahrünnisa Zeyd. Stud.: bis 1947 KA Istanbul (Malerei) bei Léopold Lévy, gleichzeitig erste druckgraph. Versuche; anschl. Weiterbildung in Paris; dort seit 1950 in Kontakt mit der Gruppe „Les Mains Eblouis" (gemeinsame Ausst.); Studienreisen durch Europa; dann wieder in der Türkei, seit etwa 1956 in Paris. – D. war einer der ersten türk. Künstler, die rein abstrakt arbeiteten. Seit 1945/46 entwickelte er einen eigenen, an einer geometr. Formensprache orientierten Weg zur Abstraktion, mit starker lyr. Ausdruckskraft in der Verwendung der Farbe. Hauptsächlich in Frankreich tätig, behielt er auch in seinen Werken die enge Bindung an die w.-europ. Kunst. So sind die Themen seiner Bilder der w. Lebenswelt entnommen (*Nächtliches Paris*, 1953; *Manhattan*, 1980) und sein Stil bleibt von osman.-islam. Traditionen unberührt. Dennoch übten D.s Entwürfe zu Beginn der 50er Jahre nachhaltigen Einfluß auf die Entwicklung einer abstrakten Malerei in der Türkei aus. ⌂ ISTANBUL, Resim ve Heykel Müz.; PARIS, MNAM. ⊙ *E:* 1956 Paris, Gal. M. C. Coard / 1957 New York, Iolas Gall.; Zodiak Gall. / 1958 Brüssel, Palais des BA. – *G:* Paris: 1947 Gal. Allard; 1953 Studio Facchetti; ab 1948 Salons de Mai, Réalités Nouvelles. ▭ Vo1, 1953; Vo3, 1956 (s.v. Néjad); Vo6, 1962 (s.v. Néjad, Mehmed D.). – *N. Berk*, İstanbul Resim ve Heykel Müzesi (K), Istanbul 1972, 40–41; Die Gesch. der türk. Malerei, Genf 1989. S. B.

Devrinc, *Claes* → **Deurinc,** *Claes*

Devrine, Maler, 1788 in La Rochelle tätig; Schüler von Calet an der Acad. royale in Paris. ▭ ThB9, 1913.

Devrits, *Charles*, frz. Stecher, Radierer, Lithograph, um 1830 (lt. ThB) bis 1854 belegt. ⌂ PARIS, BN, Cab. des Estampes: u.a. Ser. von 19 Lith. mit gesellschaftspolit. Sujets, 1848. ▭ ThB9, 1913. – IFF, Après1800 VI, 1953. C. R.

Devsy, *A.*, ind. Maler, * 1921, lebt in New Delhi. Stud.: drei Jahre am State Inst., Kerala; fünf Jahre am Haldankar's FA Inst., Bombay. Doz. an der Lalit Kalā Akad., New Delhi. Sekretär des Artists Centre, Bombay und Mitgl. des Chitra Kalā Pariṣad, Kerala. Ausz. der Bombay Art Soc. und der All India FA and Crafts Soc., New Delhi. – Geometr. strukturierte Lsch. in irrealer Räumlichkeit. ⊙ *G:* 1973 New Delhi: Nat. Exhib. ▭ *Krishnan*, 1981. K. Görtz

Devterevon → **Agapios Devterevon**

De Vuez, *Arnould* → **Duez,** *Arnould*

De Vylder, *Gustaf (Adolf Gustaf Magnus)*, schwed. Zeichner, Xylograph, * 1827 Norrköping, † 1908 Nottebäck/Småland. Stud. KA Stockholm. Zw. 1852 und 1872 als Xylograph in Stockholm u.a. für die Verlage Norstedt und Bonniers tätig. Schuf auch reportagehafte Bilder von seinen Reisen durch Südamerika und Afrika und naturwiss. Illustrationen. Seine Kinderbücher *Djurpanorama* und *Den lilla Aesopus* (beide 1859) sind mit eig. Hschn. (kol.) illlustriert. – Sein Bruder *Louis (Louis Charles) D.* (* 1825 Norrköping, † 12. 11. 1899 Matarengi/Tornedalen) war zunächst als Xylograph und Buchhändler in Stockholm tätig, verließ A. der 1850er Jahre Schweden, ließ sich nach Aufenthalten in Christiania (Oslo), Kopenhagen und Frankreich in Deutschland nieder, wo er in den 1860er Jahren als Fotograf in Frankfurt am Main wirksam war. ⌂ STOCKHOLM, Kgl. Bibl. ▭ SvKL II, 1953. – *L. Johannesson*, Xylografi och pressbild, Sth. 1982; *ead.*, in: Konsten 1845–1890, Signums svenska konsthistoria, Sth. 2000. T. Björk

Dew, *Bryan*, neuseeländ. Maler, Graphiker, * 1940 Hastings/N. Z. Stud.: 1958–61 Elam SchA, Univ. of Auckland; 1963–66 R. College of Art, London (Graphikdesign); danach Indiana Univ., Bloomington. Anschl. 20 Jahre tätig als Graphikdesigner und Illustrator in New York. – Sozialkrit. Malerei, häufig mit satir. Anklängen, beeinflußt u.a. von Max Beckmann, George Grosz, James Ensor und Chaïm Soutine, deren Werke D. durch Reprod. kennengelernt hatte (*Wedding Breakfast*, 1961; *Anniversary*, 1963). Setzte sich auch mit dem Schaffen amer. Maler der 1930er Jahre wie Jack Levine, Edward Hopper, Thomas Hart Benton, Grant Wood auseinander, deren Anliegen, eine von den europ. Kunsttheorien unabhängige, eigenständige nat. Malerei zu entwickeln, D. aufgriff. 🏛 AUCKLAND, City AG: Jubilee, 1963. 📖 *G. Docking*, Two hundred years of New Zealand paint., Mb. 1971; *D. H. Binney*, Art New Zealand 1990 (54) 68–71. Ch. R.

Dewaele, *Daniël*, belg. Objektkünstler, Maler, Graphiker, * 5. 9. 1950 Knokke. Stud.: Sted. Acad. voor Schone Kunsten Brügge. Anschl. in Brügge tätig: 1969–73 Designer, 1973–81 staatl. Zeichenlehrer, 1982/83 Animator in der Jugendbegegnungsstätte, danach Bibl.-Sekretär an der Sted. Acad. voor Schone Kunsten. Außerdem 1973–84 freiberufl. Entwerfer für Gebrauchsgraphik. – Seit M. der 70er Jahre entwickelt D. seinen Kunstbegriff: Kunst als soziale Aktivität, um gängige Kunstwahrnehmungen zu durchbrechen. In Interviews ermittelt er das Verhältnis zw. Kunst und Gesellschaft. In Installationen führt er eine Interaktion zw. Massenmedien (Video, Rundfunk, Telefon, Teletext, Buch) vor, um die zur Diskussion gestellte Problematik zu dokumentieren. Inhalt und v.a. Verlauf der Aktionen werden vom Publikum bestimmt. Grundlage der Konzeption kann auch konkretes soziales Engagement sein, z.B. *Kunst tegen apartheid*, 1977; *Een zwarte sculptuur*, 1977; *Kunst tegen werkloosheid*, 1979; *Philosophical Mixture*, 1986. D. versteht sich als Katalysator, der das gesellschaftl. Material sammelt und in einen größeren Zusammenhang (die Kunst) stellt. Die Ergebnisse publiziert er in Buchform, veröff. u.a. vom Internat. Cult. Centrum in Antwerpen. 🏛 ANTWERPEN und GENT, Mus. voor Hedendaagse Kunst. ✉ Verboden toegang, Ant. 1978; Kunst tegen werkloosheid, Turnhout 1979; Kunst als aktiviteit, in: Kreatief 18:1984 (2/3) 78–90; De overdrachtelijk gemaakte immaterialiteit, in: Amarant 8:1985 (32) 3–12; Intermedia Art. Art and Soc. Are there Solutions?, Gent 1985. ⊙ *E:* 1977 Knokke, Actual Art Gal. / 1978 Aalst, New Reform Gal. / 1979, '97 Turnhout, Cult. Centrum De Warande / 1980 Paris, Sorbonne: Kunst en Samenleving / Brügge: 1984 De Lege Ruimte; 1991 Gal. Vanbavel-Verplancke; 1997 De Bond, Kunstfabriek / 1985 Gent, Mus. voor Hedendaagse Kunst / 1987 Hasselt, Prov. Mus.: Linksbowen (mit Mario Callens, Dirk de Vos, K) / 1989 Antwerpen, Mus. voor Hedendaagse Kunst (K) / 1992, '93 Mons, Gal. Koma. – *G:* u.a. 1983 Bonn, Rhein. LM: Egal, Hauptsache gut! / 1984 Jerusalem, Israel Mus.: The aesthetics of communications / 1989 Oxford, MMA: Art and Soc. / 1990–96 Antwerpen, Mus. van Hedendaagse Kunst: '93 I AM YOU (Wander-Ausst.) 📖 DPB I, 1995; LWBK IV, 1995. U. R.

Dewaele, *Jules*, belg. Bildhauer, Innenarchitekt, * 25. 6. 1915 Ingelmunster, † 15. 5. 1980 ebd. Vater von Koenraad D. Autodidakt. Zunächst Arbeiten mit versch. Steinsorten, z.T. miteinander kombiniert; danach freistehende Konstruktionen aus Betonverschalungen, die mit dem Raum spielen; D. verwendet dabei gelegentl. auch Metall. ⊙ *E:* Brügge: 1973 Huidenvettershuis; 1975 Gal. Boudewijnpark (K). 📖 LWBK III, 1994. T. Gr.

Dewaele, *Koenraad*, belg. Keramiker, * 17. 11. 1953 Ingelmunster, Sohn von Jules D. Zunächst Entwerfer für Kunsthandwerk im Atelier von Pia Manu in Ingelmunster; anschl. Stud. an der Sted. Acad. voor Schone Kunsten bei Geert Roygens. Ausz.: 1992 Lenteselectie, VIZO Kunstambacht. – Phantasievolle abstrakte Arbeiten, in denen gerade Linien häufig durch die Textur der Mat. unterbrochen werden. D. hebt die char. Eigenschaften der versch. Mat. hervor. 📖 LWBK III, 1994. T. Gr.

Dewagut (Dewaguth), *Bartlme* (gen. Walch), Maurermeister „welscher“ Herkunft in Leoben/Stmk, † Okt. 1559. Wohnt 1542 ebd. bei seinem Bruder, dem Baumeister Wilbold Walch. 1547 Vertrag zum Bau des Rathauses. 1560 Reparaturarbeiten in der Pfarrkirche. Eine Tochter heiratete Bernhard Schwarz. D.s Söhne *Georg D.* und *Paul D.* waren auch Maurer. Letzterer rechnete 1556/57 vom Vater beg. Arbeiten am Rohbau des Rathauses ab, war 1563 einer der am Neubau der Fleischbänke beteiligten Meister und ist noch 1578 erwähnt. 📖 *Kohlbach*, 1961. D. T.

E F G H

N O P R

W X Y Z

A B C D

I K L M

S T U V